建築施工技術士

계약/가설/토공/기초
철근콘크리트 공사별 요약

길잡이 I

金宇植 著

建築施工 技術士
建築構造 技術士
建設安全 技術士
土木施工 技術士
土質基礎 技術士
品質試驗 技術士

PROFESSIONAL-ENGINEER

예문사

현대인은 생활 곳곳에서 국제화·세계화의 흐름을 감지하고 있으며, 대외시장 개방에 따른 경쟁에서 살아남기 위해 시야를 확대하고 실력을 연마하기 위한 일련의 노력을 기울이고 있다.

건축분야도 예외가 아니어서 고급 건축기술자들의 위치는 날로 높아지고 있고, 이들에 대한 사회적 기대와 책무 또한 증대되고 있다.

이러한 시점에서 기술사 자격취득은 사회적으로 요청되는 필수적 과제이며, 건축분야에서 얻을 수 있는 최고의 권위와 명예를 뜻한다.

사회적·개인적으로 최고의 명예를 상징하는 기술사(professional engineer) 자격을 취득하기 위한 노력은, 결국 자기 자신에 대한 도전이며 자신과의 싸움인 것이다. 만약 여러분이 새로운 것에 직면했을 때, '막연하다'라는 단어를 내뱉는다면 그것은 자기 개발을 위한 자세가 결여되고 목표의식을 상실한 상태와 같다고 할 수 있을 것이다.

성취하기 위해서는 항상 꾸준한 노력과 뚜렷한 목표의식이 뒤따라야 하며, 그러한 책임감과 사명감을 갖고 노력하는 수험자들은 결국 건축분야의 훌륭한 기술자가 되리라 필자는 믿는 바이다.

본서의 발간 의도는 바로 그러한 수험자들의 길잡이가 되고자 하는 데 있으며, 지침서의 역할을 다하기 위해 논리적이고 체계적으로 자료를 정리하여 최대한의 효과를 볼 수 있도록 하였다.

본서는 다음 사항에 중점을 두고 기술되었다.

1. 건축공사 표준시방서 기준
2. 한국산업인력공단의 출제경향에 맞추어 내용 구성
3. 기출문제를 중심으로 각 단원의 흐름 파악에 중점
4. 공정관리를 순서별로 체계화
5. 각 단원별 요약, 핵심정리
6. Item화에 치중하여 개념을 파악하여 문제를 풀어나 가는 데 중점

끝으로 본서의 발간을 함께한 이맹교 교수와 예문사 정용수 사장님 및 편집부 직원들의 노고에 감사드리며, 본서가 출간되도록 허락하신 하나님께 영광을 돌린다.

저자 金宇植

기술사 시험준비 요령

기술사를 준비하는 수험생 여러분들의 영광된 합격을 위해 시험준비 요령 몇 가지를 조언하겠으니 참조하여 도움이 되었으면 한다.

1. 평소 paper work의 생활화

① 기술사 시험은 논술형이 대부분이기 때문에 서론·본론·결론이 명쾌해야 한다.
② 따라서 평소 업무와 관련하여 paper work를 생활화하여 기록·정리가 남보다도 앞서야 시험장에서 당황하지 않고 답안을 정리할 수 있다.

2. 시험준비에 많은 시간 할애

① 학교를 졸업한 후 현장실무 및 관련 업무 부서에서 현장감으로 근무하기 때문에 지속적으로 책을 접할 수 있는 시간이 부족하며, 이론을 정립시키기에는 아직 준비가 미비한 상태이다.
② 따라서 현장실무 및 관련 업무 경험을 토대로 이론을 정립·정리하고 확인하는 최소한의 시간이 필요하다. 단, 공부를 쉬지 말고 하루에 단 몇 시간이든 지속적으로 할애하겠다는 마음의 각오와 준비가 필요하며, 대략적으로 400~600시간은 필요하다고 생각한다.

3. 과년도 및 출제경향 문제를 총괄적으로 정리

① 먼저 시험답안지를 동일하게 인쇄한 후 과년도문제를 자기 나름대로 자신이 좋아하고 평소 즐겨 쓰는 미사여구를 사용하여 point가 되는 item 정리작업을 단원별로 정리한다.
② 단, 정리시 관련 참고서적을 모두 읽으면서 모범 답안을 자신의 것으로 만들어낸다. 처음 시작은 어렵겠지만, 한 문제 한 문제 모범답안이 나올 때는 자신감이 생기고 뿌듯함을 느끼게 될 것이다.

4. Sub-note의 정리 및 item의 정리

① 각 단원별로 모범답안 정리가 끝나고 나면, 기술사의 1/2은 합격한 것과 마찬가지이다. 그러나 워낙 방대한 양의 정리를 끝낸 상태라 다 알 것 같지만 막상 쓰려고 하면 '내가 언제 이런 답안을 정리했지?' 하는 의구심과 실망에 접하게 된다. 여기서 실망하거나 포기하는 사람은 기술사가 되기 위한 관문을 영원히 통과할 수 없게 된다.
② 자! 이제 1차 정리된 모범답안을 약 10일간 정서한 후 각 문제의 item을 토대로 sub-note를 정리하여 전반적인 문제의 lay-out을 자신의 머리에 입력시킨다. 이 sub-note를 직장 또는 전철이나 버스에서 수시로 꺼내 보며 지속적으로 암기한다.

5. 시험답안지에 직접 답안작성 시도

① 자신이 정리작업한 모범답안과 sub-note의 item 작성이 끝난 상태라 자신도 모르게 문제제목에 맞는 item이 떠오르고 생각이 나게 된다.
이 상태에서 한 문제당 서너 번씩 쓰기를 반복하면 암기하지 못 하는 부분이 어디이며, 그 이유가 무엇인지 알게 된다.

② 예를 들어 '콘크리트의 내구성에 영향을 주는 원인 및 방지대책에 대하여 논하라'라는 문제를 외운다고 할 때 크게 그 원인은 중성화(탄산화), 동해, 알칼리 골재반응, 염해, 온도변화, 진동, 화재, 기계적 마모 등을 들 수 있다. 이때 중(탄), 동, 알, 염, 온, 진, 화, 기로 외우고, 그 단어를 상상하여 '중동에 홍해바다 있어 알칼리와 염분이 많고 날씨가 더우니 온진화기'라는 문장을 생각해 낸다. 이렇듯 자신이 말을 만들어 외우는 것도 한 방법이라 하겠다. 그 다음 그 방지대책은 술술 생각이 나서 답안정리가 자연히 부드럽게 서술된다.

6. 시험 전일 준비사항

① 그동안 앞서 설명한 수험준비요령에 따라 또는 개인적 차이를 보완한 방법으로 갈고 닦은 실력을 최대한 발휘해야만 시험에 합격할 수 있다.

② 그러기 위해서는 시험 전일 일찍 취침에 들어가 다음날 맑은 정신으로 시험에 응시해야 한다. 시험 전일 준비해야 할 사항은 수검표, 신분증, 필기도구(검은색 볼펜), 자(20cm 정도), 연필(샤프), 지우개, 도시락, 음료수(녹차 등), 그리고 그동안 공부했던 모범답안 및 sub-note철 등이다.

7. 시험 당일 수험요령

① 수험 당일 시험입실 시간보다 1시간~1시간 30분 전에 현지교실에 도착하여 시험대비 워밍업을 해보고 책상상태 등을 파악하여 파손상태가 심하면 교체해야 한다. 그리고 차분한 마음으로 sub-note를 눈으로 읽으며 시험시간을 기다린다.

② 입실시간이 되면 시험관이 시험안내, 답안지 작성요령, 수검표, 신분증검사 등을 실시한다. 이때 시험관의 설명을 귀담아 듣고 그대로 시행하면 된다.
시험종이 울리면 문제를 파악하고 제일 자신있는 문제부터 답안작성을 하되, 시간배당을 반드시 고려해야 한다. 즉, 100점을 만점이라고 할 때 25점짜리 4문제를 작성한다고 하면 각 문제당 25분에 완성해야지, 많이 안다고 30분까지 활용한다면 어느 한 문제는 5분을 잃게 되어 답안지가 허술하게 된다.

③ 따라서 점수와 시간배당은 최적배당에 의해 효과적으로 운영해야만 합격의 영광을 안을 수 있다. 그리고 1교시가 끝나면 휴식시간이 다른 시험과 달리 길게 주어지는데, 그때 매 교시 출제문제를 기록하고(시험종료 후 집에서 채점) 예상되는 시험문제를 sub-note에서 반복하여 읽는다.

④ 2교시가 끝나면 점심시간이지만 밥맛이 별로 없고 신경이 날카로워지는 것을 느끼게 된다. 그러나 식사를 하지 않으면 체력유지가 되지 않아 오후 시험을 망치게 될 확률이 높다. 따라서 준비해온 식사는 반드시 해야 하며, 식사가 끝나면 sub-note를 뒤적이며 오전에 출제되지 않았던 문제 위주로 유심히 눈여겨 본다.

⑤ 특히 공정관리 시험에서 서술형이 아닌 계산 도표문제가 출제되면 답안은 연필과 자를 이용하여 1차적으로 작성하고 검산을 해본 뒤 완벽하다고 판단될 때 볼펜으로 작성해야 답안지가 깨끗하게 되어 채점자에게 피곤함을 주지 않는다. 그리고 공정관리 문제는 만점을 받을 수 있는 유일한 문제이기 때문에 반드시 정답을 맞혀야 합격할 수 있다.

⑥ 답안작성시 고득점을 할 수 있는 요령은 일단은 깨끗한 글씨체로 그림, 영어, 한문, 비교표, flow-chart 등을 골고루 사용하여 지루하지 않게 작성하되, 반드시 써야 할 item, key point는 빠뜨리지 않아야 채점자의 눈에 들어오는 답안지가 될 수 있다.

⑦ 만일 시험준비를 많이 했는데도 전혀 모르는 문제가 나왔을 때는 문제를 서너 번 더 읽고 출제자의 의도가 무엇이며, 왜 이런 문제를 출제했을까 하는 생각을 하면서, 자료정리시 여러 관련 책자를 읽으면서 생각했던 예전으로 잠시 돌아가 시야를 넓게 보고 관련된 비슷한 답안을 생각해 보고 새로운 답안을 작성하면 된다. 이것은 자료정리시 열심히 한 수험생과 대충 남의 자료만 달달 외운 사람과 반드시 구별되는 부분이라 생각된다.

⑧ 1차 합격이 되고 나면 2차 경력서류, 면접 등을 준비해야 하는데, 면접 시 면접관 앞에서는 단정하고, 겸손하게 응해야 하며, 묻는 질문에 또렷하고 정확하게 답변해야 한다. 만일 모르는 사항을 질문하면, 대충 대답하는 것보다 솔직히 모른다고 하고, 그와 유사한 관련사항에 대해 아는 대로 답한 뒤 좀 더 공부하겠다고 하는 것도 한 방법이라 하겠다.

⑨ 이상으로 본인이 기술사 시험준비할 때의 과정을 대략적으로 설명했는데, 개인차에 따라 맞지 않는 부분도 있을 수 있다. 그러나 상기 방법에 의해 본인은 단 한번의 응시로 합격했음을 참고하여 크게 어긋남이 없다고 판단되면 상기 방법을 시도해 보기 바라며, 수험생 여러분 모두에게 합격의 영광이 있기를 바란다.

국가기술자격검정수험원서
인터넷 접수(견본)

※ 종로기술사학원 홈페이지(http://www.jr3.co.kr)

※ 한국산업인력공단 홈페이지(http://www.q-net.or.kr)

1. 원서 접수 바로가기 클릭

2. 회원가입

   1) 회원가입 약관
   2) 본인 인증
      ① 공공 I-PIN 인증
      ② 휴대폰 인증
   3) 신청서 작성
   4) 가입완료

3. 개인접수

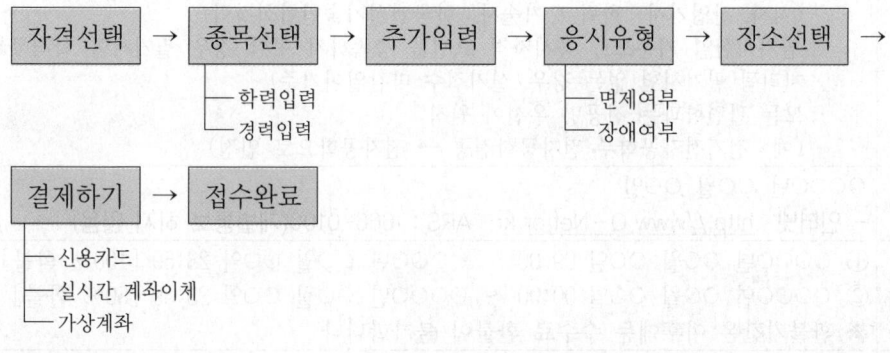

4. 수험표, 영수증 출력

【수험표 견본】

시험명	0000년 정기 기술사 00회			
수험번호	12345678	시험구분	필기	사진
종목명	건축시공기술사			
성명	홍길동	생년월일	○○○○년 ○○월 ○○일	

시험일시 및 장소	일시 : ○○○○년 ○○월 ○○일 (일) 08:30까지 입실완료 장소 : ○○○○학교 　　　－ 주소 : ○○ ○○○구 ○○동 　　　－ 위치 : ○호선지하철 ○○역 ○번 출구 접수기관 : ○○지역본부 결제일자 : ○○○○년 ○○월 ○○일　　　○○○○년 ○○월 ○○일 인터넷 : http://www.Q-Net.or.kr　　　한국산업인력공단 이사장
응시자격 안내	응시자격항목 : 기사 자격 취득 후 동일직무분야에서 4년 이상 실무에 종사한 자 서류제출기간 : 해당사항 없음 서류제출장소 : 해당사항 없음 제출서류안내 : 해당없음 　　※ 외국학력취득자의 경우 응시자격 서류제출 시 공증절차가 필요하오니 다음 사항을 　　　반드시 확인바랍니다. 　　　(http://www.q-net.or.kr 〉 원서 접수 〉 필기 시험 안내 〉 외국학력서류제출안내) 　　－ 실기접수기간 이전에도 응시자격 서류제추른 가능하나 경력서류는 4대보험 　　　가입 증명을 할 수 있는 경우에 한하며, 학력서류는 상시 제출가능함 　　－ 학력서류는 학사과정에 한하며 석·박사 과정은 경력으로 인정 　　－ 실기시험 접수기간내(4일)에 응시자격서류(원본)를 제출해야 동회차 실기시험 　　　접수가능함 　　－ 온라인 학력서류제출은 필기합격(예정)자 발표일까지 가능 　　　(기사, 산업기사 : 학력 / 기술사 : 한국건설기술인협회경력) 　　－ 필기시험일 기준으로 응시자격 요건을 충족하지 못한 경우 필기시험 합격무효 　　　처리됨(필기시험 없는 경우, 실기접수 마감일이기준) 　　－ 모든 관련학과는 전공명 우선이 원칙 　　　(예 : 전기전자공학부 전자공학전공 → 전자공학으로 인정)
합격(예정)자 발표일자	○○○○년 ○○월 ○○일 － 인터넷 : http://www.Q-Net.or.kr　ARS : 1666-0100(개별통보 하지 않음)
검정수수료 환불안내	① ○○○○년 ○○월 ○○일 09:00 ~ ○○○○년 ○○월 ○○일 23:59 [100% 환불] ② ○○○○년 ○○월 ○○일 00:00 ~ ○○○○년 ○○월 ○○일 23:59 [50% 환불] ※ 환불기간은 이후에는 수수료 환불이 불가합니다.
실기시험 접수기간	○○○○년 ○○월 ○○일 09:00 ~ ○○○○년 ○○월 ○○일 18:00
기타사항	
◎ 선택과목 : [필기시험 : 해당 없음] ◎ 면제과목 : [필기시험 : 해당 없음] ◎ 장애 여부 및 편의요청 사항 : 해당없음 / 없음 　(장애 응시편의사항 요청자는 원서접수기간내에 장애인 수첩 등 관련 증빙서류를 시험 시행기관에 제출해야 하며 심사결과에 따라 편의제공 내역이 달라질 수 있음)	

응시자 유의사항

1. 수험표에 기재된 내용을 반드시 확인하여 시험응시에 착오가 없도록 하시기 바랍니다.
2. 수험원서 및 답안지 등의 기재착오, 누락 등으로 인한 불이익은 일체 수험자의 책임이오니 유의하시기 바랍니다.
3. 수험자는 필기시험 시 (1)수험표 (2)신분증 (3)흑색사인펜 (4)계산기, 필답시험시 (1)수험표 (2)신분증 (3)흑색사인펜(정보처리) (4)흑색 또는 청색볼펜 (5)계산기 등을 지참하여 시험시작 30분 전에 지정된 시험실에 입실완료해야 합니다.
4. 시험시간 중에 필기도구 및 계산기 등을 빌리거나 빌려주지 못하며, 메모리 기능이 있는 공학용계산기 등은 감독위원 입회하에 리셋 후 사용할 수 있습니다.(단, 메모리가 삭제되지 않는 계산기는 사용불가)
5. 필기(필답)시험 시간 중에는 화장실 출입을 전면 금지합니다.(시험시간 1/2 경과 후 퇴실 가능)
6. 시험관련 부정한 행위를 한 때에는 당해 시험이 중지 또는 무효되며, 앞으로 3년간 국가기술자격시험을 응시할 수 있는 자격이 정지됩니다.
7. 필기시험 합격자는 당해 필기시험 합격자 발표일로부터 2년간 필기시험을 면제받게 되며, 실기시험 응시자는 당해 실기시험의 발표 전까지는 동일종목의 실기시험에 중복하여 응시할 수 없습니다.
8. 기술사를 제외한 필기시험 전종목은 답안카드작성 시 수정테이프(수험자 개별지참)를 사용할 수 있으나(수정액, 스티커 사용불가) 불완전한 수정처리로 인해 발생하는 불이익은 수험자에게 있습니다.(단, 인적사항 마킹란을 제외한 "답안마킹란"만 수정 가능)
9. 실기시험(작업형, 필답형)문제는 비공개를 원칙으로 하며, 시험문제 및 작성답안을 수험표 등에 이기할 수 없습니다.

※ 본인사진이 아니면서 신분증을 미지참한 경우 시험응시가 불가하며 퇴실조치함
※ 통신 및 전자기기를 이용한 부정행위 방지를 위해 금속탐지기를 사용하여 검색할 수 있음
※ 시험장이 혼잡하므로 가급적 대중교통 이용바람
※ 수험자 인적사항이나 표식이 있는 복장(군복, 제복 등)의 착용을 삼가 주시기 바람

※ 10권 이상은 분철(최대 10권 이내)

비번호

※비번호란은 수험자가 기재하지 않습니다.

제   회
국가기술자격검정 기술사 필기시험 답안지(제1교시)

제1교시	종목명	

답안지 작성시 유의사항

1. 답안지는 표지 및 연습지를 제외하고 **총7매(14면)**이며, 교부받는 즉시 매수, 페이지 순서 등 정상여부를 반드시 확인하고 1매라도 분리되거나 훼손하여서는 안 됩니다.

2. 시행 회, 종목명, 수험번호, 성명을 정확하게 기재하여야 합니다.

3. 수험자 인적사항 및 답안작성(계산식 포함)은 검정색 또는 청색 필기구 중 한 가지 필기구만을 계속 사용하여야 합니다.(그 외 연필류·유색필기구·2가지 이상 색 혼합사용 등으로 작성한 답항은 0점 처리됩니다.)

4. 답안정정 시에는 두 줄(=)을 긋고 다시 기재 가능하며, 수정테이프(액)등을 사용했을 경우 채점상의 불이익을 받을 수 있으므로 사용하지 마시기 바랍니다.

5. 연습지에 기재한 내용은 채점하지 않으며, 답안지(연습지포함)에 답안과 관련 없는 특수한 표시를 하거나 특정인임을 암시하는 경우 답안지 전체가 0점 처리됩니다.

6. 답안작성 시 홈(구멍)이나 도형 등 그림이 없는 직선자(템플릿 사용금지)만 사용할 수 있습니다.

7. 문제의 순서에 관계없이 답안을 작성하여도 되나 주어진 문제번호와 문제를 기재한 후 답안을 작성하고 전문용어는 원어로 기재하여도 무방합니다.

8. 요구한 문제수보다 많은 문제를 답하는 경우 기재 순으로 요구한 문제수 까지 채점하고 나머지 문제는 채점대상에서 제외됩니다.

9. 답안작성 시 답안지 양면의 페이지 순으로 작성하시기 바랍니다.

10. 기 작성한 문항 전체를 삭제하고자 할 경우 반드시 해당 문항의 답안 전체에 대하여 명확하게 X표시(X표시 한 답안은 채점대상에서 제외) 하시기 바랍니다.

11. 시험시간이 종료되면 즉시 답안작성을 멈춰야 하며, 종료시간 이후 계속 답안을 작성하거나 감독위원의 답안제출 지시에 불응할 때에는 채점대상에서 제외됩니다.

12. 각 문제의 답안작성이 끝나면 "끝"이라고 쓰고 다음 문제는 두 줄을 띄워 기재하여야 하며 최종 답안작성이 끝나면 그 다음 줄에 "이하여백"이라고 써야 합니다.

※ 부정행위처리규정은 뒷면 참조

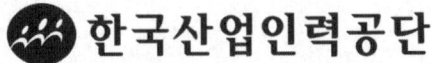

한국산업인력공단

부 정 행 위 처 리 규 정

국가기술자격법 제10조 제4항 및 제11조에 의거 국가기술자격검정에서 부정행위를 한 응시자에 대하여는 당해 검정을 정지 또는 무효로 하고 3년간 이법에 의한 검정에 응시할 수 있는 자격이 정지됩니다.

1. 시험 중 다른 수험자와 시험과 관련된 대화를 하는 행위

2. 답안지를 교환하는 행위

3. 시험 중에 다른 수험자의 답안지 또는 문제지를 엿보고 자신의 답안지를 작성하는 행위

4. 다른 수험자를 위하여 답안을 알려주거나 엿보게 하는 행위

5. 시험 중 시험문제 내용과 관련된 물건을 휴대하여 사용하거나 이를 주고 받는 행위

6. 시험장 내외의 자로부터 도움을 받고 답안지를 작성하는 행위

7. 사전에 시험문제를 알고 시험을 치른 행위

8. 다른 수험자와 성명 또는 수험번호를 바꾸어 제출하는 행위

9. 대리시험을 치르거나 치르게 하는 행위

10. 수험자가 시험시간에 통신기기 및 전자기기[휴대용 전화기, 휴대용 개인정보 단말기(PDA), 휴대용 멀티미디어 재생장치(PMP), 휴대용 컴퓨터, 휴대용 카세트, 디지털 카메라, 음성파일 변환기(MP3), 휴대용 게임기, 전자사전, 카메라 펜, 시각표시 외의 기능이 부착된 시계]를 사용하여 답안지를 작성하거나 다른 수험자를 위하여 답안을 송신하는 행위

11. 그 밖에 부정 또는 불공정한 방법으로 시험을 치르는 행위

번호			

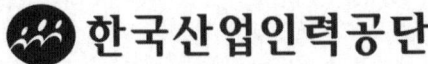

한국산업인력공단

전체 목차

〈Ⅰ권〉

1장 계약제도
2장 가설공사
3장 토공사
4장 기초공사
5장 철근콘크리트공사

1절 철근공사
2절 거푸집공사
3절 콘크리트공사
4절 특수 콘크리트공사
5절 콘크리트의 일반구조
공사별 요약

〈Ⅱ권〉

6장 P.C 및 Curtain wall 공사
  1절 P.C 공사
  2절 Curtain wall 공사
7장 철골공사 및 초고층 공사
  1절 철골공사
  2절 초고층 공사
8장 마감 및 기타
  1절 조적공사
  2절 석공사, 타일공사
  3절 미장·도장 공사
  4절 방수공사
  5절 목·유리·내장 공사
  6절 단열·소음 공사
  7절 공해·해체·폐기물·기타

8절 건설기계
9절 적산
9장 녹색건축
10장 총 론
  1절 공사관리
  2절 시공의 근대화
11장 공정관리
  1절 개론
  2절 Data에 의한 공정표, 일정계산 및 bar chart 작성
  3절 공기단축
  4절 인력부하도
공사별 요약

〈Ⅲ권〉

부 록
  1절 과년도 출제문제
  2절 출제경향 분석표

Ⅰ권 목차

1장 계약제도 | 2

- 계약제도 기출문제 ··· 3
1. 건축시공 계약제도의 분류 및 특성 ································· 6
2. 공동도급(Joint venture) ·· 14
3. Turn key 방식(설계 · 시공 일괄계약방식) ··················· 19
4. SOC(social overhead capital : 사회간접자본) ············· 23
5. 신기술 지정제도 ·· 27
6. 기술개발 보상제도의 필요성 ······································· 31
7. P.Q(Pre-Qualification) 제도(입찰참가자격 사전심사제도) ··· 34
8. 입찰방식 ··· 40
9. 입찰순서 ··· 44
10. 낙찰제도 ·· 50
11. 공사도급계약제도상의 문제점 및 개선 대책 ·················· 54
12. 건설업에서 하도급 계열화 ·· 58
13. 물가변동 ·· 61
永生의 길잡이-하나 : 人生案內 ···································· 65

2장 가설공사 | 66

- 가설공사 기출문제 ··· 67
1. 가설공사계획 ·· 70
2. 가설공사 항목 ·· 74
3. 가설공사비의 구성 ··· 78
4. 가설공사의 안전시설 ··· 81
5. 가설공사가 전체 공사에 미치는 영향 ···························· 87
永生의 길잡이-둘 : 그 다음에는 ··································· 91

3장 토공사 | 92

■ 토공사 기출문제 ··· 93
1. 토공사계획 ··· 102
2. 토공사계획 수립 시 사전조사 ································· 110
3. 지반조사의 종류와 방법 ··· 115
4. Boring ··· 121
5. 토질주상도(土質柱狀圖), 시추주상도 ······················ 124
6. 지반개량공법 ··· 127
7. 흙파기공법 ··· 140
8. 흙막이공법 ··· 146
9. 흙막이공사의 H-pile에 토압작용 시 pile에 대한 힘의 균형관계 도시 ···· 154
10. Earth anchor 공법 ·· 158
11. Soil Nailing 공법 ·· 166
12. 지하연속벽(Slurry wall) 공법 ································· 171
13. 안정액 관리방법 ·· 178
14. S.C.W(Soil Cement Wall) 공법 ····························· 183
15. Top down 공법(역타공법) ·· 189
16. SPS(Strut as Permanent System : 영구 구조물 흙막이) 공법 ······ 195
17. 배수공법 ··· 204
18. 터파기공사에서 강제 배수 시 발생하는 문제점 및 대책 ·············· 213
19. 영구배수(dewatering)공법 ·· 217
20. 흙막이공사 시 주변 지반의 침하원인 및 방지대책 ················ 223
21. 지하 흙막이 시공의 계측관리(정보화 시공) ···················· 227
22. 흙막이 굴착 시 지하수 대책 ···································· 231
23. 흙막이공사의 근접 시공 ··· 236
24. 지하외벽 합벽처리 공사 ··· 241
永生의 길잡이 - 셋 : 인생의 종착지는 어디인가요? ···················· 245

4장 기초공사 | 246

- 기초공사 기출문제 ·· 247
1. 기초의 종류 ··· 252
2. 기성 Con'c pile의 시공 ·· 265
3. 기성 Con'c pile의 박기공법 ·· 273
4. SIP(Soil cement Injected Precast pile) 공법 ····················· 279
5. 기성 Con'c pile의 이음공법 ·· 283
6. 기성 pile의 지지력 판단방법 ·· 286
7. 파일항타 시 결함 ··· 293
8. 현장타설 Con'c 말뚝의 종류와 특성 ································· 298
9. Prepacked Con'c pile ·· 309
10. 부력을 받는 지하 구조물의 부상방지 대책 ····················· 313
11. 기초의 부동침하 원인 및 대책 ··· 318
12. Underpinning 공법 ·· 322
永生의 길잡이 - 넷 : 길은 ·· 327

5장 철근콘크리트공사 | 328

1절 철근공사 | 328

- 철근공사 기출문제 ·· 329
1. 철근의 가공·이음·정착·조립·피복두께 ···················· 332
2. 철근 prefab 공법 ··· 340
3. 철근공사의 문제점 및 개선방향(합리화 방안) ···················· 345
4. 철근콘크리트보의 구조원리 ·· 349
永生의 길잡이 - 다섯 : 세상 쉬운 것이 천국 가는 길! ····················· 353

2절 거푸집공사 | 354

- 거푸집공사 기출문제 ·· 355
1. 거푸집의 종류 및 특징 ··· 360
2. 대형 시스템 거푸집 ·· 371
3. Sliding form ·· 375
4. 콘크리트 측압 ··· 381

5. 거푸집 및 동바리 존치기간과 시공 시 유의사항 ················· 385
6. 거푸집공사의 안전성 검토 ······································ 389
7. 거푸집공법의 문제점 및 개선책 ································· 393
永生의 길잡이 - 여섯 : 삶의 가치를 아십니까? ·················· 397

3절 콘크리트공사 | 398

■ **콘크리트공사 기출문제** ··· 399
1. 철근콘크리트 시공계획 ··· 410
2. 시멘트의 종류 및 품질관리시험 ································· 415
3. 콘크리트용 골재의 종류 및 품질관리시험 ······················ 421
4. 콘크리트에 사용되는 혼화재료 ································· 426
5. 콘크리트의 배합설계 ·· 434
6. 콘크리트의 시공연도에 영향을 주는 요인 ······················ 440
7. 현장콘크리트공사의 단계적 시공관리(품질관리) ················· 446
8. 콘크리트 타설방법 및 공법별 유의사항 ························· 450
9. 콘크리트 펌프 공법의 장단점, 문제점 및 대책 ··················· 455
10. 콘크리트 줄눈의 종류, 기능 및 설치 의의 ······················ 460
11. 콘크리트공사의 양생(보양 ; curing) ·························· 466
12. 콘크리트공사의 품질관리시험(품질검사 시기와 항목) ············ 470
13. 콘크리트의 압축강도 시험 ····································· 476
14. 콘크리트 구조물의 비파괴 시험 ································ 484
15. 콘크리트 강도에 영향을 주는 요인(콘크리트의 품질관리) ········· 488
16. 콘크리트의 내구성 저하 원인 및 방지대책(열화의 원인 및 예방대책) ·· 492
17. 해사(海砂) 사용에 따른 염해대책 ····························· 498
18. 콘크리트의 탄산화 요인 및 대책 ······························ 503
19. 콘크리트의 건조수축 ·· 508
20. 콘크리트 구조물의 균열 원인 및 방지대책
    (콘크리트 품질저하 원인 및 방지대책) ························· 512
21. 콘크리트 구조물의 균열 보수·보강대책 ························· 519
22. 콘크리트 표면에 발생하는 결함 ································ 524
23. 콘크리트 구조물의 누수 발생 원인 및 방지대책 ················· 528
24. 콘크리트의 성질 ·· 531

4절 특수 콘크리트공사 | 536

- 특수 콘크리트공사 기출문제 ··· 537
1. 특수 콘크리트의 종류 및 특징 ·· 544
2. 레미콘(ready mixed Con'c) ··· 554
3. Prestressed Con'c ·· 560
4. 한중콘크리트(콘크리트 동해방지를 위한 시공법) ···················· 564
5. 서중콘크리트 타설 시 문제점과 대책 ··· 569
6. Mass Con'c ·· 572
7. 경량콘크리트 ··· 575
8. 진공콘크리트(vacuum Con'c) ·· 579
9. 고성능 콘크리트(High Performance Concrete) ························ 583
10. 유동화 Con'c ·· 587
11. 고강도 Con'c ·· 591
12. 섬유 보강 Con'c(F.R.C ; Fiber Reinforced Con'c) ················ 597
13. 제치장 Con'c(exposed Con'c) ·· 602
14. 환경친화형 콘크리트(Eco-Con'c) ·· 606
15. 팽창콘크리트 ··· 610

5절 콘크리트의 일반구조 | 614

- 콘크리트의 일반구조 기출문제 ··· 615
1. 골재부족 현상 시 공급방안 ··· 618
2. 플랫 슬래브(flat slab, 무량판 slab) ·· 621
3. 건축물의 내진구조 ··· 624
4. 콘크리트 구조물의 안전진단 ·· 631

공사별 요약 | 636

※ INDEX

영생의 길잡이

- 永生의 길잡이 – 하나 : 人生案內 ······································· 65
- 永生의 길잡이 – 둘 : 그 다음에는 ································· 91
- 永生의 길잡이 – 셋 : 인생의 종착지는 어디인가요? ······· 245
- 永生의 길잡이 – 넷 : 길은 ·· 327
- 永生의 길잡이 – 다섯 : 세상 쉬운 것이 천국 가는 길! ······· 353
- 永生의 길잡이 – 여섯 : 삶의 가치를 아십니까? ··············· 397
- 永生의 길잡이 – 일곱 : 어느 사형수의 편지 ···················· 695
- 永生의 길잡이 – 여덟 : 예수 그리스도는 누구십니까? ········· 1023
- 永生의 길잡이 – 아홉 : 어쩌면 당신은 ·························· 1189
- 永生의 길잡이 – 열 : 하나님께 이르는 길 ······················ 1235
- 永生의 길잡이 – 열하나 : 성경은 무슨 책입니까? ·············· 1365
- 永生의 길잡이 – 열둘 : 죽음 저편 ································· 1483
- 永生의 길잡이 – 열셋 : 꿈을 이루는 8가지 마음 ··············· 1497

1장 | 계약제도

1. 건축시공 계약제도의 분류 및 특성 ······················ 6

2. 공동도급(Joint venture) ····························· 14

3. Turn key 방식(설계ㆍ시공 일괄계약방식) ··········· 19

4. SOC(social overhead capital : 사회간접자본) ···· 23

5. 신기술 지정제도 ································· 27

6. 기술개발 보상제도의 필요성 ···················· 31

7. P.Q(Pre-Qualification) 제도
   (입찰참가자격 사전심사제도) ·················· 34

8. 입찰방식 ······························ 40

9. 입찰순서 ······························ 44

10. 낙찰제도 ····························· 50

11. 공사도급계약제도상의 문제점 및 개선 대책 ······· 54

12. 건설업에서 하도급 계열화 ···················· 58

13. 물가변동 ····························· 61

계약제도 기출문제

1	1. 건축시공계약제도에 대하여 다음 각 항별로 설명하라. [79, 25점] 　㉮ 분류　　　㉯ 장단점　　　㉰ 책임과 권한 2. 실비정산식 시공계약제도에 대하여 설명하여라. [87, 25점] 3. 실비정산식 계약제도 [97전, 15점] 4. 정액 보수가산 실비계약 [97중후, 20점] 5. 파트너링(Partnering) 공사수행방식 [98후, 20점] 6. 성능발주 방식에 대하여 기술하시오. [98중후, 30점] 7. 성능발주 방식 [01전, 10점] 8. 파트너링(Partnering) [02전, 10점] 9. 정액도급(Lump-Sum Contract) [03전, 10점] 10. 건설 산업에서의 IPD(Integrated Project Delivery) [11전, 10점] 11. 전문건설업체의 적정 수익률 확보와 기술력발전을 위한 계약제도의 종류와 특징에 대하여 서술하시오. [13중, 25점] 12. 건설공사 Project의 Partnering 계약방식의 문제점 및 활성화 방안에 대하여 설명하시오. [14전, 25점] 13. 통합발주방식(IPD : Integrated Project Delivery) [14중, 10점] 14. 종합심사낙찰제에서 일반공사의 심사항목 및 배점기준에 대하여 설명하시오. [20후, 25점] 15. 일식도급 [22중, 10점]
2	16. 공동도급(共同都給 : joint venture) [78후, 5점] 17. 공동도급(joint venture)방식에 대한 다음 물음에 답하시오. [81후, 25점] 　㉮ 특징　　　㉯ 이점　　　㉰ 상호 간의 의무사항에 관하여 기술하여라. 18. 한 공사를 수주함에 있어 두 개 이상의 건설회사가 자본·자재 등을 출자하여 함께 수주하는 도급 방식을 무엇이라 하는가? [94후, 5점] 19. 공동도급(joint venture) [95중, 10점] 20. 공동도급방식의 방법과 장단점을 설명하고 국내에서의 시행실태를 기술하시오. 　[99중, 30점] 21. 공동도급공사에서 공동이행방식과 분담이행방식 [01중, 10점] 22. 계약형식 중 공동도급(Joint Venture)의 공동이행방식과 분담이행방식의 정의와 장단점에 대하여 설명하시오. [21후, 25점] 23. 공동도급 계약시 공동이행 방식에 의한 현장운영 현황을 기술하시오. [01후, 25점] 　(목적·장단점·현실태·문제점·개선방안 등) 24. 주계약자형 공동도급 [07후, 10점] 25. 공동도급방식의 기본사항과 특징을 설명하고, 조인트 벤처(Joint Venture)와 컨소시움(Consortium) 방식을 비교 설명하시오. [10중, 25점] 26. 주계약자형(主契約者型) 공동도급 [11후, 10점] 27. 공동도급공사에서 Paper Joint의 문제점 및 대책에 대하여 설명하시오. [16후, 25점] 28. 계약형식 중 공동도급(Joint Venture)에 대하여 설명하시오. [19후, 25점]
3	29. 설계·시공 일괄계약방식(turn key방식) 및 국내 건설시장에서의 적용상 문제점에 대하여 설명하여라. [88, 25점] 30. 턴키 방식(turn key system) [92전, 8점] 31. 건설공사의 계약방식에서 CM 방식과 turn key(턴키) 방식의 가장 큰 차이점을 설명하시오. [95중, 10점] 32. 설계·시공 분리방식과 설계·시공 일괄(일명 턴키 방식)의 차이점을 설명하고, 각각의 장단점을 기술하시오. [95중, 30점] 33. 턴키 베이스의 발주자와 수급자의 측면에서 특성을 설명하고 현행제도의 문제점과 제도 개선방향을 설명하시오. [97후, 30점]

계약제도 기출문제

3	34. 우리나라 공공공사에서 현재 실시하고 있는 설계, 시공일괄방식(turn key base contract system)에 대한 문제점을 제시하고 개선방안을 기술하시오. [98후, 30점] 35. Fast track 턴키 수행방식 [99후, 20점] 36. 설계시공일괄발주방식(Design-Build or Turn Key)과 설계시공분리발주방식(Design-Bid-Build)의 특징 및 장단점을 비교 설명하시오. [08후, 25점]
4	37. BOO & BOT [97중후, 20점] 38. B.T.L [05중, 10점] 39. 건설사업 발주방식에서 BTL(Build Transfer Lease)과 BTO(Build Transfer Operate) 사업의 구조를 설명하고 특성을 비교하여 기술하시오. [07중, 25점] 40. BOT(Build Operate Transfer)와 BTL(Build Transfer Lease) [19후, 10점]
5	41. 건설현장에 신공법을 적용할 경우 사전 검토사항을 구체적으로 기술하시오. [02전, 25점] 42. 신기술 적용 및 절차, 문제점, 대책에 대하여 기술하시오. [05전, 25점] 43. 건설신기술지정제도에 대하여 설명하시오. [19후, 25점]
6	44. 기술개발 보상금제도의 필요성에 대하여 논하여라. [92후, 30점] 45. 건설산업 경쟁력 강화를 위한 기술개발의 필요성과 추진방안에 대하여 기술하시오. [06중, 25점]
7	46. 입찰참가자격 사전심사제도 [95전, 10점] 47. 사전 자격 심사제도(P.Q 제도)의 필요성과 정책방안을 논술하시오. [96후, 30점]
8	48. 제한경쟁입찰 [07중, 8점] 49. 국토교통부 고시에서 지정하고 있는 대형공사 등의 입찰방법 심의기준에 근거한, 일괄·대안·기술제안 등 기술형 입찰의 종류와 특성을 쓰고 적용효과와 개선방향을 설명하시오. [21중, 25점]
10	50. 최저가 낙찰제도의 장단점과 발전 방향에 대하여 기술하시오. [01전, 25점]
11	51. 우리나라의 공사도급제도상의 문제점을 열거하고, 그 개선대책을 설명하여라. [89, 25점] 52. 부실건축 방지를 위한 입찰제도 개선방안을 제시하시오. [94후, 25점] 53. 국내 건설 발주체계의 문제점 및 개선방안에 대하여 설명하시오. [19전, 25점]
12	54. 하도급업체의 선정 및 관리방법 [00후, 25점] 55. 하도급업체의 선정 및 관리시 점검사항에 대하여 기술하시오. [05전, 25점] 56. 관급공사에서 하도급업체 선정 시 유의사항에 대하여 설명하시오. [15후, 25점] 57. 원도급업체가 전문협력업체를 선정하는 방법과 관리하는 기법을 설명하시오. [16전, 25점]
13	58. 물가변동에 의한 계약 금액의 조정방법을 설명하시오. [01중, 25점] 59. 물가변동에 따른 계약금액의 조정절차 및 내용에 대하여 설명하시오. [08중, 25점] 60. 건축공사에서 설계변경 및 계약금액 조정의 업무흐름과 처리절차를 설명하시오. [20전, 25점] 61. 물가변동(Escalation) [19전, 10점] 62. 물가변동으로 인한 계약금액 조정 [20후, 10점] 63. 단품(單品)슬라이딩 제도 [08후, 10점] 64. 공사계약기간 연장사유 [21전, 10점] 65. 공사계약 일반조건에서 규정하는 설계변경 사유와 설계변경 단가의 조정방법을 설명하시오. [22전, 25점] 66. 물가변동으로 인한 계약금액 조정방법(품목조정률, 지수조정률)을 비교하여 설명하시오. [22후, 25점]

계약제도 기출문제

기 출	67. 공사입찰방식과 공사도급계약내용의 요점에 대하여 설명하라. [76, 25점] 68. 부대입찰제도에 대해서 설명하고 시행상 예상되는 문제점과 대책에 대하여 설명하여라. [93후, 30점] 69. 해외건설 진출을 위한 경쟁력 확보차원에서 전문업체(하도급업체) 육성방안에 대하여 설명하시오. [14전, 25점] 70. 건축공사에서 설계변경 및 계약금액 조정업무의 업무흐름도와 처리절차에 대하여 설명하시오. [15전, 25점] 71. 건설공사에서 발주자에게 제출하는 하도급계약 통보서의 첨부서류와 하도급계약 적정성 검토에 대하여 설명하시오. [21전, 25점]
용 어	72. NSC(Nominated sub-contractor) 방식 [13전, 10점] 73. 입찰에 있어서 경쟁자간에 미리 낙찰자를 협정하여 낙찰자를 정하기 위하여 공모(모의)하는 것은? [94후, 5점] 74. 부대입찰제 [00후, 10점] 75. 부대입찰제도 [06중, 10점] 76. 대안입찰 [92후, 8점] 77. 기술제안입찰제도 [12후, 10점] 78. 전자 입찰제도 [04중, 10점] 79. 건설 CITIS(Contractor Integrated Technical Information System) [04전, 10점] 80. 입찰제도 중 TES [05전, 10점] 81. 시공능력 평가제도 [03후, 10점] 82. 시공능력 평가제도 [05후, 10점] 83. 시공능력 평가제도 [09후, 10점] 84. 낙찰자 결정을 위한 적격 심사제도 [99전, 20점] 85. 건설공사 입찰제도 중에서 종합심사제도 [13후, 10점] 86. 최고가치(Best Value)낙찰제도 [06전, 10점] 87. 최고가치(Best Value)입찰방식 [09전, 10점] 88. 최고가치(Best Value)입찰방식 [12전, 10점] 89. Letter of Intent(계약의향서) [06후, 10점] 90. LOI(Letter of intend) [13전, 10점] 91. 제안요청서(RFP ; Request For Proposal) 92. Cost plus time 계약 [02중, 10점] 93. Lane Rental 계약방식 [04후, 10점] 94. 절대공기 [06전, 10점] 95. 건설공사비 지수 [04후, 10점] 96. 건설공사비지수(Construction Cost Index) [19후, 10점] 97. 순수내역 입찰제도 [08중, 10점] 98. 순수내역 입찰제도 [10후, 10점] 99. 순수내역 입찰제도 [16후, 10점] 100. 물량내역 수정입찰 제도 [11중, 10점] 101. 건설업법 규정에 의한 공사도급계약에 명시하여야 할 사항을 기술하여라. [88, 15점] 102. 직할시공제 [11중, 10점] 103. 건설공사 직접시공 의무제 [14중, 10점] 104. 총사업비관리제도 [17중, 10점] 105. BTO-rs(Build Transfer Operate-risk sharing) [17중, 10점] 106. 추정가격과 예정가격 [18전, 10점]

건축시공 계약제도의 분류 및 특성

● [79(25), 87(25), 97전(15), 97중후(20), 98중후(30), 98후(20), 01전(10), 02전(10),
03전(10), 11전(10), 13중(25), 14전(25), 14중(10), 20후(25), 22중(10)]

I. 개 요

① 건축주는 설계도서에 따라 건축물을 시공하기 위해서 직영계약방식이나 도
급계약방식 등으로 건축물을 축조해 갈 수 있다.
② 계약방식의 선정은 공사의 규모 및 경제적·사회적 입지조건에 따라 건축
주가 결정한다.

II. 계약제도의 분류

1) 직영방식

2) 도급방식

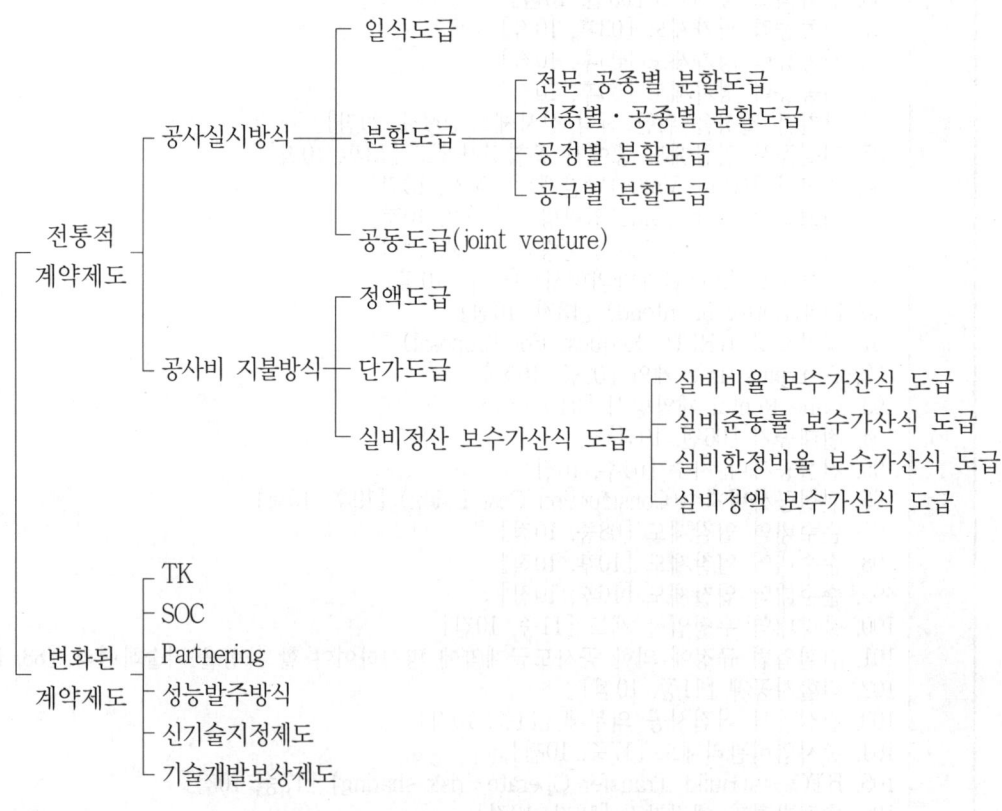

Ⅲ. 계약제도의 종류별 특성

1. 일식도급(一式都給)

1) 의 의

하나의 공사 전부를 도급업자에게 맡겨 노무, 재료, 기계, 현장 시공업무 일체를 일괄하여 시행하는 도급방식

2) 장 점

① 계약과 감독 수월
② 확정적인 공사비
③ 책임 한계 명확
④ 가설재의 중복이 없어 공사비 절감

3) 단 점

① 건축주 의향이 충분히 반영되지 않음.
② 도급업자의 이윤이 가산되어 공사비가 증대됨.
③ 말단노무자 지불금이 적어져 조잡한 공사가 우려됨.

2. 분할도급(分割都給)

1) 의 의

공사를 여러 유형으로 세분하여 각기 따로 전문도급업자를 선정하여 도급계약을 맺는 방식

2) 장 점

① 우량시공 기대
② 건축주와 시공자와의 의사소통 원활

3) 단 점

① 현장사무 복잡
② 경비 증대

4) 종 류

① 전문 공종별 분할도급
   전체 공사를 건축·기계설비·전기설비 등으로 세분하여 계약하는 방식

② 직종별·공종별 분할도급

건축·기계설비·전기설비 등을 또 다시 세분하여 하도급 전문업자와 계약하는 방식으로, 직영제도에 가까운 것으로 건축주의 의도를 철저히 반영하는 방식

③ 공정별 분할도급

정지·골조·마무리 공사 등의 공정별로 나누어 도급하는 방식

④ 공구별 분할도급

대규모 공사에서 구역별로 공사를 구분하여 발주하는 방식

3. 공동도급(joint venture)

1) 의 의

1개 회사가 단독으로 도급을 맡기에는 공사규모가 큰 경우 2개 이상의 건설회사가 임시로 결합, 조직, 공동출자, 연대책임하에 공사를 수급하여 공사완성 후 해산하는 방식

2) 장 점

① 융자력 증대

② 기술의 확충

③ 위험분산

④ 시공의 확실성

⑤ 신용의 증대

3) 단 점

① 경비 증대

② 조직의 상호간 불일치

③ 업무 흐름의 혼란

4) 종 류

① 공동이행방식

공동도급에 참여하는 시공자들이 일정비율로 노무·기계·자금 등을 제공하여 새로운 건설조직을 구성하여 공동으로 시공하는 방식

② 분담이행방식

시공자들이 목적물을 분할(공구별 등) 시공하여 완성해 가는 시공방식으로 연속 반복되는 단일공사에 주로 적용

③ 주계약자형 공동도급

　　자신의 분담공사 이외에 도급된 전체 공사에 대해 관리, 조정하며 다른 계약자의 계약이행(공사 진행)에 대해서도 연대책임을 지는 방식으로 전문건설업체의 적정 수익률 확보와 기술력 발전에 도움

4. 정액도급

1) 의 의

공사비 총액을 확정하여 계약

2) 장 점

① 공사관리업무 간편
② 자금·공사 계획의 수립 명확

3) 단 점

① 공사변경에 따른 도급액의 증감 곤란
② 이윤관계로 공사가 조악해질 우려

5. 단가도급

1) 의 의

공사금액을 구성하는 단위 공사부분에 대한 단가만을 확정하고, 공사가 완료되면 실시수량의 확정에 따라 정산하는 방식

2) 장 점

① 공사의 신속한 착공
② 설계변경 용이

3) 단 점

① 자재·노무비 절감의욕 결여
② 단순한 작업, 단일공사에 채용

6. 실비정산 보수가산식 도급(cost plus fee contract)

1) 의 의

공사의 실비를 건축주와 도급업자가 확인하여 정산하고, 건축주는 미리 정한 보수율에 따라 도급자에게 보수를 지불하는 방식

2) 장 점
① 양심적인 시공 가능
② 우량의 공사 기대
③ 도급업자는 불의의 손해를 입을 염려 없음.

3) 단 점
① 공사기일 지연 가능
② 공사비 절감의 노력 결여

4) 종 류
① 실비비율 보수가산식 도급

공사의 진척에 따라 정해진 실비와 이 실비에 미리 계약된 비율을 곱한 금액을 시공자에게 보수로 지불하는 방식

② 실비준동률 보수가산식 도급

미리 여러 단계로 실비를 분할하여 공사비가 각 단계의 금액보다 증가될 때는 비율보수를 체감하는 방식

③ 실비한정비율 보수가산식 도급

실비에 제한을 두고 시공자에게 제한된 금액 내에서 공사를 완성시키도록 책임을 지우는 방식

④ 실비정액 보수가산식 도급

실비의 여하를 막론하고 미리 계약된 일정액의 보수만을 지불하는 방식

7. Turn key 방식

1) 의 의
'기업주는 열쇠만 돌리면 쓸 수 있다'는 뜻에서 나온 말로 시공자는 대상계획의 기업, 금융, 토지조달, 설계, 시공, 기계기구 설치, 시운전, 조업지도까지 건축주가 필요로 하는 모든 것을 조달하여 건축주에게 인도하는 도급계약방식

2) 장 점
① 설계·시공의 communication 우수
② 책임 한계 명확
③ 공사비 절감

3) 단 점
① 설계 우수성 반영 불가

② 건축주 의도 반영 곤란

③ 총공사비 산정 사전파악 곤란

8. SOC(Social Overhead Capital)

1) 의 의

SOC(사회간접자본)란 사회간접시설인 도서관, 대학교사, silver town, 도로, 철도, 항만 등을 건설할 때 소요되는 자본이다.

2) 필요성

① 사회간접시설 확충의 요구

② 국가재정기반의 미흡

③ 기업의 투자확대의 기회의 창출

④ 기업 및 국가의 경쟁력 강화

3) 분류

① BOO(Build – Operate – Own)

② BOT(Build – Operate – Transfer)

③ BTO(Build – Transfer – Operate)

④ BTL(Build – Transfer – Lease)

9. Partnering(IPD : Integrated Project Delivery)

1) 의 의

발주자가 직접설계 및 시공에 참여하여 발주자·설계자·시공자 및 Project 관련자들이 하나의 team으로 조직하여 공사를 완성하는 제도이다.

2) 기대효과

① 시공의 능률향상

② Claim 축소

③ 공기단축 및 공사비용 절감

④ VE제도의 활성화

3) 분 류

① 장기 Partnering

② 단기 Partnering

10. 성능발주방식

1) 의 의

건축공사 발주 시 설계도서를 쓰지 않고, 건물의 성능을 표시하여 그 성능만을 실현하는 것을 계약내용으로 하는 방식

2) 장 점

① 시공자의 창조적 활동 가능
② 시공자가 재료나 시공법 선택
③ 설계자와 시공자의 관계개선

3) 단 점

① 건축물의 성능을 정확하게 표현하기 어려움.
② 건축주가 성능을 확인하기 어려움.
③ 시공자의 우수한 기술력이 있어야 함.

11. 신기술 지정제도

1) 의 의

건설업체가 개발비를 투자하여 신기술이나 신공법을 개발하였을 경우, 그 새로운 기술이나 공법을 보호하여 주는 제도이다.

2) 필요성

① 신기술 개발 투자의욕 확대
② 건설업체의 기술경쟁력 확대
③ 건설시장 개방화에 대응

12. 기술개발 보상제도

1) 의 의

공사진행중에 시공자가 기술을 개발하여 공사비 절감 및 공기단축의 효과를 가져왔을 경우, 그 공사비 일부를 시공자에게 보상하는 제도이다.

2) 필요성

① 업체의 기술경쟁력 강화
② 기술개발 의욕 확대
③ 부실시공 방지
④ 양질의 시공 및 공기단축 유도

Ⅳ. 결 론

① 건축시공에 앞서서 도급방식의 선정은 건축주가 여러 가지 조건을 종합하여 적합한 방식을 채택하여야 한다.

② 건축물을 적정한 품질로 시공하기 위해서는 표준공기의 준수 및 합리적인 원가절감 노력이 필요하며, 이러한 신기술 능력들을 이끌어내기 위해서는 이익의 적정배분이 이루어질 수 있는 도급계약방식의 연구개발이 무엇보다 필요하다.

<table>
<tr><td>문제
2</td><td>공동도급(Joint venture)</td></tr>
</table>

● [78후(5), 81후(25), 94후(5), 95중(10), 99중(30), 01중(10), 01후(25), 07후(10), 10중(25), 11후(10), 16후(25), 19후(25), 21후(25)]

I. 개 요

① 1개 회사가 단독으로 도급을 맡기에는 공사규모가 큰 경우 2개 이상의 건설회사가 임시로 결합, 조직, 공동출자하여 연대책임하에 공사를 수급하여 공사완성 후 해산하는 방식

② 신용의 증대, 기술의 확충, 위험분산, 시공의 확실성 등의 장점도 있으나 경비가 증대되는 문제도 내포되어 있다.

II. 공동도급의 특수성

1) 단일 목적성

특정한 건설공사를 대상으로 하여 당해 협정에서 정한 것만 효력이 발생함.

2) 공동 목적성

구성원은 이윤의 극대화를 꾀함.

3) 임의성

참여는 자유의사이며, 강제성은 없음.

4) 일시성

공사준공과 동시에 해체됨.

III. 특 징

1) 장 점

① 융자력 증대　　　　② 기술의 확충
③ 위험분산　　　　　④ 시공의 확실성
⑤ 신용의 증대

2) 단 점

① 경비 증대　　　　　② 조직 상호간의 불일치
③ 업무 흐름의 혼란　　④ 하자부분의 책임 한계 불분명

Ⅳ. 공동도급 운영방식

1) 공동이행방식

① 공동도급에 참여하는 시공자들이 일정비율로 노무·기계·자금 등을 제공하여 새로운 건설조직을 구성하여 공동으로 시공하는 방식

② 건축공사에 적합

2) 분담이행방식

① 시공자들이 목적물을 공종별·공정별·공구별로 분할하여 시공하는 방식

② 토목공사나 연속 반복되는 단일공사에 적합

3) 주계약자형 공동도급

① 주계약자는 자신의 분담공사 이외에, 전체공사의 계획·관리·조정 업무를 담당

② 공사 전체의 계약이행에 대해서 연대책임을 짐.

Ⅴ. 상호간 의무사항

① 특정 회사의 색채를 띠지 않아야 함.

② 현장원 편성의 공평성을 유지해야 함.

③ 구성원 상호간의 의견을 존중함.

Ⅵ. 문제점

1) 지역업체와 공동도급 의무화

① 공사의 종류, 규모에 관계없이 의무적으로 지역업체와 공동도급 문제

② 기술능력 차이에서 문제 발생 소지

2) 도급한도액 실적 적용

① 도급한도액 및 실적이 부족한 업체와 공동도급시 합산하여 적용

② 부실시공 우려

3) 공동체 운영

① 서로 다른 조직원 편성에서 오는 이해 충돌

② 구성원의 시공능력 차이로 인한 장애

4) 발주상

① 업체간의 joint venture 기피현상
② Joint venture 대상 및 자격범위 불명확

5) 하자발생 시 책임

① 하자발생 시 책임 기피
② 공동이행방식일 때 문제 소지

6) 재해시 책임소재

① 현장에서 재해발생 시 상호 책임 회피
② 긴급대책 수립 안 될 수도 있음.

7) 대우문제

① 회사간 대우수준이 다름.
② 격차해소를 위한 대책마련 필요함.

8) 조직력 낭비

Project의 일시성으로 인한 조직효율 저하 우려

9) 기술 격차

시공능력 차이에 따른 효율적 공사관리 어려움.

10) Paper joint

① 서류상으로는 공동도급으로 수주를 한 후 실질적으로는 한 회사가 공사 전체를 진행시키며, 나머지 회사는 서류상(형식적)으로만 공사에 참여하는 것
② 문제점 및 대책

문제점	대책
• 대형 공사 수주시 시공능력의 격차가 커서 공동 시공에 지장을 초래 • Joint Venture를 악용한 일종의 담합 형태 • 도급자에게 불이익을 초래 • 공동책임을 악용하여 부실시공 우려 • 기술이전이 불가능 • 재해발생 시 책임소재 불분명	• 도급한도액 및 실적이 비슷한 업체간 공동도급 유도 • 적격낙찰제도(종합낙찰제도)로 우량 시공업체 선정 • 외국업체와의 공동도급 투자확대로 신기술 도입 • 공동지분율 조정으로 분쟁 해소 • PQ(입찰참가자격 사전심사제도)의 활성화로 부적격업체 배제 • 공사착수전 시공범위와 책임소재 명문화 • 시공기술능력 보유 여부를 평가척도로 활용 • Paper Joint 방지를 위한 제도적 보안장치 강구

Ⅶ. 대 책

1) 도급한도액, 실적 적용 대책

　① 구성원 각 사의 도급한도액 범위 내에서 지분율 확정

　② 회사 규모에 맞추어 지분 확정

2) 건설업의 E.C화

　① Software 측면의 영역확대

　② 기술개발 및 기술교류 촉진 활성화

3) ISO 9000 인증획득

　① 국제표준화로 대외 경쟁력 확보

　② 외국업체 신기술 도입, 기술 전수

4) 공동도급제도 활성화

　① 공동개발 투자확대

　② 제도개선

5) 사무업무 표준화

　자동화, 전산화

6) 업체의 기술개발

　① 기술개발 투자확대

　② 전문업종 개발

7) 고급기술인력 육성

　해외연수 및 기술교류를 통한 전문인력 육성

8) 공동지분율 조정

　분쟁해소책 마련

9) 감독기관의 실행 여부 점검

　공동도급사에 대한 시공계획, 하도급 선정 등 확인·점검

10) P.Q 제도 활성화

　기술능력 위주로 유도

11) 기술상 대책

　① 기술상 책임 한계 명확히 구분

　② 기술 수준 비슷한 업체끼리 연결

12) 책임소재 명문화

공사착수 전 시공범위와 책임 소재 명확히 명시

13) 조직력 정비

① Part별 담당자 지정
② 조직운영계획 사전협의 실시 및 이행

14) 발주상 대책

① 공동도급제도 활성화
② 시공기술능력 보유 여부를 평가 척도로 활용

15) Paper joint 대책

제도적 보안장치 강구

Ⅷ. 공동도급(Joint venture)과 컨소시엄(Consortium)의 비교

구분	공동도급(Joint venture)	컨소시엄(Consortium)
개념	공동자본을 출자하여 법인을 설립하고 기술 및 자본 제휴를 통하여 공사 수행	각기 독립된 회사가 하나의 연합체를 형성하여 공사를 수행
자본금	투자 비율에 따라 참여사가 공동출자	공동비용의 모든 비용은 각 참여사 책임
회사 성격	유한주식회사의 형태	독립된 회사의 연합
운영	만장일치제 원칙(경우에 따라 지분 비례에 따른 권력 행사)	만장일치제 원칙(의견의 일치가 되지 않을 경우 중재에 회부)
배당금	출자비율에 따라 이익 분배	각 회사의 노력에 의해 달라진다.
소유권 이전	특별한 경우 이외엔 불가	사전 서면동의에 의해 가능
참여공사의 유형	소형 및 대형 Project	Full turn key
P/Q 제출	Joint venture 명의	각 회사별로 제출
선수금	지분율에 따라 분배	계약금액에 따라 분배
Claim	투자비율에 따라 공동부담	각 당사자가 책임

Ⅸ. 결 론

① 건설업의 대외개방 문제와 관련하여 중소건설업체의 원활한 수주를 위하여 현행 제도의 미비점을 보완, 정착, 발전하도록 한다.
② 공동도급의 발전을 위하여 사무업무의 표준화를 통한 제도의 활성화와 산·학·관·연이 합심하여 연구·노력해야 한다.

| 문제 3 | **Turn key 방식(설계 · 시공 일괄계약방식)** |

● [88(25), 92전(8), 95중(30), 95중(10), 97후(30), 98후(30), 99후(20), 08후(25)]

I. 개 요

① '건축주는 열쇠만 돌리면 쓸 수 있다'는 뜻에서 나온 용어로서 모든 요소를 포함한 도급방식이다.

② 시공자는 대상계획의 사업발굴, 기획, 타당성 조사, 설계, 시공, 시운전, 인도, 조업, 유지관리까지 건축주가 필요로 하는 모든 것을 조달하여 건축주에게 인도하는 도급계약방식이다.

II. Turn key 계약방식의 종류

1) 성능만 제시

설계도서는 제시하지 않고 성능만을 제시하여 모든 설계도서를 요구하는 방식

2) 기본설계도서 제시

기본적인 설계도서만 제시하고 구체적인 설계도서를 요구하는 방식

3) 상세설계도서 제시

상세설계도서가 제시되고 어떤 특정한 부분만 요구하는 방식

III. 특 징

1) 장 점
① 설계 · 시공의 communication 우수
② 책임 한계 명확
③ 공사비 절감
④ 공기단축
⑤ 신공법의 연구 및 개발

2) 단 점
① 설계우수성 반영 불가
② 건축주 의도 반영 곤란
③ 총공사비 산정 사전파악 곤란
④ 최저낙찰자로 품질저하 우려

Ⅳ. 문제점

1) 실적 위주 경쟁

시공능력 보유 여부에 상관없이 실적 유지를 위한 dumping 경쟁

2) 발주자의 설계 미참여

발주자측의 전문기술자가 심사에서 제외시 발주자의 의도에 맞지 않는 설계가 선정될 우려성

3) 대형 건설사 유리

도급공사 위주의 중·소 건설회사는 자금·기술력 등 software 부분에서 대형 건설사에 비해 불리한 입장

4) 하도급업체 계열화

전문공사능력을 보유한 하도급업체의 계열화가 미흡

5) 심사기준 미흡

제시된 설계 및 기술제안서를 객관적으로 평가할 수 있는 심사기준 및 평가능력 미흡

6) 최저가 낙찰

최저가 낙찰에 따른 부실시공 우려 및 기술개발에 따른 의욕저하

7) 입찰준비일수 부족

설계도서 작성, 신공법 적용 및 기술제안서 작성, 내역작성 등에 필요한 소요 일수 부족으로 설계변경 빈번

8) 과다한 경비 부담

탈락시 설계비 및 잡비 큰 부담

Ⅴ. 개선대책

1) 대상공사의 선정

① 심의대상 공사의 축소
② 감리업체 사전 선정으로 발주 및 입찰시 참여

2) 입찰제도의 개선

① 기본설계로 입찰
② 적절한 입찰기간 산정 및 입찰 제한요소 배제

3) 발주방법의 개선

　발주자 참여로 의사 반영

4) 중앙심사위원회의 개선

　① 평가항목별 배점기준 마련　② 부적격 사유 명문화

5) 설계평가 배정기준 마련

　① 설계평가의 객관성 유지　② 신공법 채택시 배려

6) 낙찰자 선정방법 개선

　① 기술평가는 금액 아닌 설계 위주

　② 최저낙찰제를 폐지하고 적격낙찰제나 부찰제 실시

7) 참여업체 실비보상

　탈락사에 대한 설계용역비 실비지급

8) E.C화의 정착

　Software 기술력 배양

9) 선진업체와 joint venture

　① 선진건설업체와 joint venture를 통한 기술력 배양

　② 공동 연구 · 투자 실시

10) 종합건설업제도 시행

　건설사에 설계와 시공을 함께 할 수 있는 제도적 장치 마련

11) 하도급업체 육성 및 계열화

　① 전문 시공능력을 갖춘 하도급업체 육성 및 계열화

　② 전문건설업체는 hardware 주력

　③ 종합건설업체는 software 주력

12) 기술개발 보상제도

　기술개발 보상제도 활성화로 적극 동참 유도

13) 신기술 지정 및 보호제도

　특허기간 연장 및 특허권 사용료 상향 조정

14) 기술개발 투자확대

　① 기술개발 투자에 따른 각종 혜택 부여로 동기 유발

　② 국제경쟁력 확보

15) Fast track시스템 적용

① 총 공사기간 단축

② 조기완공으로 경제성 증가

③ 공종별 전문기관 선정가능

Ⅵ. 설계 · 시공 일괄계약방식과 설계 · 시공 분리계약방식의 비교

항목	설계 · 시공 일괄계약방식 (Design-Build)	설계 · 시공 분리계약방식 (Design-Bid-Build)
정의	• 건축주는 열쇠만 돌리면 쓸 수 있다는 뜻에서 유래 • 사업발굴 · 기획 · 타당성 조사 · 설계 · 시공 · 시운전 · 인도 · 조업 및 유지관리까지 책임지는 도급	설계는 건축사 사무실에서 실시하며 시공은 설계도서에 맞추어 도급자 선정 후 시공
책임 한계	• 설계 · 시공을 한 회사에서 하므로 책임한계 명확	• 문제점 발생 시 설계자와 시공사에서 서로 책임 전가 • 책임 한계 모호
의사 전달	건축주 의도 반영 곤란	건축주의 의도 전달이 비교적 양호
설계 · 시공의 communication	대단히 우수	미흡
기술력 향상	신공법의 연구 및 개발 활동 활발	미흡(시공자는 설계도서대로만 공사를 완료하려는 의도)
공기 단축	고속궤도방식 추구로 공기단축 가능	설계도서 완료후 공사 착공하므로 시간적 낭비
기획 의도	공기단축 및 공사비 절감	설계 우수성 반영
공사비 계획	총공사비 사전파악 곤란	설계 완료후 공사비 산출가능

Ⅶ. 결 론

① Turn key 계약방식은 아직 국내에서는 그 실적이 미흡하나 유럽 등 선진국에서는 이미 정착된 제도로서 문제 발생 시 책임 소재가 분명하기 때문에 건축주의 신뢰성을 높일 수 있는 제도이다.

② 건설업의 환경변화에 대응하기 위해서는 국제경쟁력이 있는 신기술제도의 도입 및 정착이 필요하며, turn key 방식은 국제경쟁력에 대응할 수 있는 제도라고 보아지며, 정착화를 위한 정부 차원의 노력이 필요하다.

| 문제 4 | **SOC(social overhead capital : 사회간접자본)** |

● [97중후(20), 05중(10), 07중(25), 19후(10)]

Ⅰ. 개 요

① SOC(사회간접자본)란 사회간접시설인 도서관, 대학 학생회관 및 기숙사, 도로, 터널, 공항, 철도, 복지시설 등을 건설할 때 소요되는 자본이다.

② 사회간접시설의 확충에 대한 요구가 증대되고 있으며, 이를 위한 정부와 기업간의 협조로 인해 SOC사업이 활성화되고 있으며, 최근에는 BTL에 의한 사업이 많이 시행되고 있다.

Ⅱ. SOC의 필요성

① 사회간접시설 확충의 요구
② 국가재정 기반의 미흡
③ 기업의 투자 확대 기회의 창출
④ 기업 및 국가의 국제경쟁력 강화

Ⅲ. SOC의 변천사

시 기	연 도	특 징
태동기	1993년 이전	1. 개별법에 의한 시행 : 남산 1호 터널, 원효대교 등 2. 1991년 민자유치 특례법 제정 3. 특혜 시비로 좌초
도입기	1994~1998년	1. 사회간접자본시설에 대한 민자유치촉진법령 추진 2. 사업 타당성 미실시와 대규모성 및 혼란으로 성과 미비
성장 전단계	1999~2002년	1. 1998년 법개정(사회간접시설에 대한 민간투자법) 2. 제안사업 활성화 3. 외국인 및 재무적 투자자 참여
성장기	2003년 이후	1. 재무적 투자자의 사업 참여에서 사업 주도 시작 2. 경쟁 체제 수용과 경쟁을 감안한 사업계획

Ⅳ. SOC 분류별 특징

1. BOO(Build - Operate - Own)

1) 정의

① 사회간접시설을 민간사업자가 주도하여 project를 설계·시공한 후 그 시설의 운영과 함께 소유권도 민간에 이전하는 방식이다.

② 설계·시공 → 운영 → 소유권 획득

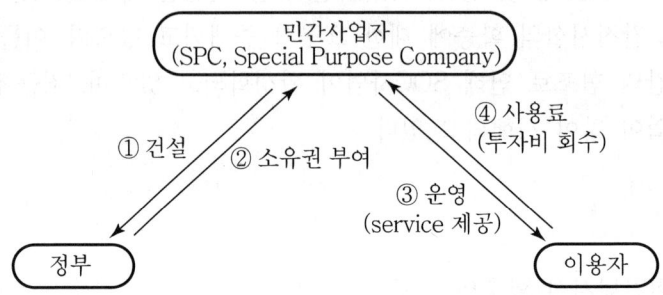

2) 특징

① 장기적인 막대한 자금의 투자 및 수익성이 보장된다.

② 수익성보다 공익성이 강해서 기업의 불확실성이 초래된다.

③ 부대사업의 활성화가 도모된다.

④ 해외자본의 국내 유치효과가 있다.

2. BOT(Build - Operate - Transfer)

1) 정의

① 사회간접시설을 민간사업자가 주도하여 project를 설계·시공한 후 일정 기간 동안 시설물을 운영하여 투자금액을 회수한 다음, 그 시설물과 운영권을 무상으로 정부나 사회단체에 이전해 주는 방식이다.

② 설계·시공 → 운영 → 소유권 이전

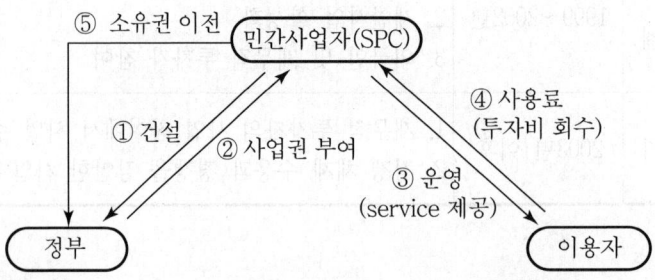

2) 특징

① 사회간접시설의 확장을 유도한다.

② 정부의 재정 미흡을 대처하는 방식이다.

③ 개발도상국가에서 외채의 도움이 없어도 가능한 사업이다.

④ 유료도로, 도시철도, 발전소, 항만, 공항 등의 사업에 적용한다.

3. BTO(Build - Transfer - Operate)

1) 정의

① 사회간접시설을 민간사업자가 주도하여 project를 설계·시공한 후 시설물의 소유권을 공공 부분에 먼저 이전하고 약정 기간 동안 그 시설물을 운영하여 투자금액을 회수해가는 방식이다.

② 설계·시공 → 소유권 이전 → 운영

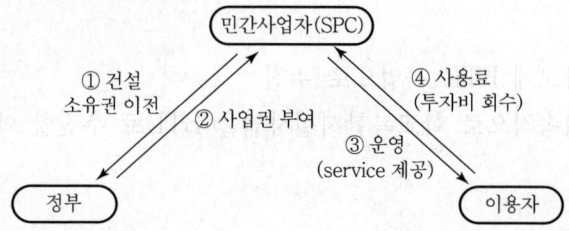

2) 특징

① 준공과 동시에 국가 또는 지방자치단체 등 공공단체에 소유권이 귀속된다.

② 도로, 철도, 항만, 터널, 공항, 댐 등의 기본 사회간접시설에 적용된다.

4. BTL(Build - Transfer - Lease)

1) 정의

① 민간사업자가 공공시설을 건설(build)한 후 정부에 소유권을 이전(transfer, 기부체납)함과 동시에 정부에 시설을 임대(lease)한 임대료를 징수하여 시설투자비를 회수해가는 방식이다.

② 설계·시공 → 소유권 이전 → 임대료 징수

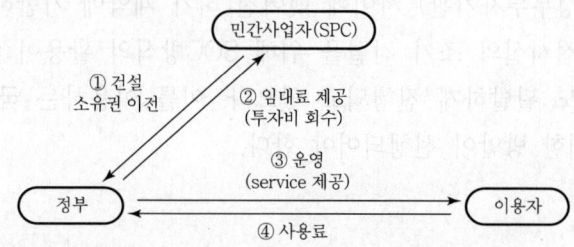

2) 특징

① 민간사업자의 투자자금 회수에 대한 risk 제거

② 정부의 재정지원 부담 감소로 최근에 SOC사업으로 BTL이 많이 적용됨.

③ 민간사업자의 활발한 참여와 경쟁 유발

④ 정부는 이용자들로부터 시설 사용료를 징수하여 건설회사에 임대료를 지급해야 하고 사용료 수입이 부족할 경우 정부재정에서 보조금을 지급해야 함.

3) BTL 사업계획(학교복합시설 실례)

① 학교복합시설 : 학교부지에 지역주민의 수요가 많은 시설

$$
학교복합시설 \begin{cases} 문화시설 : 도서관, 수영장, 체육관 \\ 복지시설 : 어린이집, 노인복지시설 \\ 주차장 \end{cases}
$$

② 전국 학교에 BTL 사업으로 추진

③ 향후 지속적으로 학교복합시설사업을 BTL로 추진할 예정

V. 개선방향

① 정부의 치밀하고 객관성 있는 타당성 평가 필요

② Financing 능력 및 project 창출 능력의 강화 요구

③ 민관합동방식의 사업추구 필요

④ SOC 사업추진절차의 간소화 요구

⑤ 국제협력 형태의 수주 필요

⑥ 계약 형태의 고도화·다양화에 적극 대응

VI. 결 론

① SOC 방식의 구조는 프로젝트 건설 및 운영을 위해 민간사업자(SPC)와 정부(또는 정부투자기관) 사이에 맺어진 허가 계약에 기반하게 된다.

② 사회간접시설의 조기 건설을 위해 SOC방식의 활용이 높아지고 있으며, 국내에서도 활발하게 진행되고 있으나, 이를 이용하는 국민들의 만족도를 높이기 위한 방안이 선행되어야 한다.

문제
5
신기술 지정제도

● [02전(25), 05전(25), 19후(10)]

I. 개 요

① 건설업체가 많은 개발비를 투자하여 신기술이나 신공법을 개발하였을 때 그 새로운 기술이나 공법을 보호하여 주는 제도이다.

② 신기술이란 국내 최초로 개발하거나 외국에서 도입하여 개량한 기술로 신규성, 진보성, 현장 적용성이 있고 당해 보급이 필요하다고 인정되는 기술로서, 기술 사용 시 사용자로 하여금 기술사용료를 지급하도록 한다.

II. 필요성

1) 신기술개발 투자 의욕 확대

① 기술개발 통한 원가 절감

② 기술개발 투자 확대의 유도

2) 기술 경쟁력 확대

전문기술자 능력 배양 및 육성

3) 대외 경쟁력 제고

① 국제경쟁력 고취

② 건설시장 개방화에 대한 대응

III. 보호내용

① 공공(公共)공사에서 우선 사용

② 신기술 개발자는 신기술을 사용한 자에게 기술사용료 지급 청구 가능

③ 최초 보호기간 5년, 7년 이내에서 재연장

④ 공공 발주공사 수의계약 가능

⑤ 신기술 사용으로 공사비 절감시 공사비 절감액을 시공자에게 보상

Ⅳ. 신기술 적용 시 사전검토 사항

1) 신규성

   기존 기술과의 차별성과 우수성이 있는 기술

2) 진보성

   품질·공사비·공기가 향상된 기술

3) 시장성

   활용 가능성·선호도 등 시장성이 있는 기술

4) 현장적용성

   시공성·안전성·환경친화성 등 건설현장 적용 가치가 있는 기술

5) 구조안정성

   설계·시공·유지관리 등에서 구조적 안정성이 인정되는 기술

6) 보급성

   기술보급의 필요성이 인정되는 기술

7) 경제성

   설계, 시공, 유지관리 등에서 비용절감효과가 있는 기술

Ⅴ. 신기술 신청절차

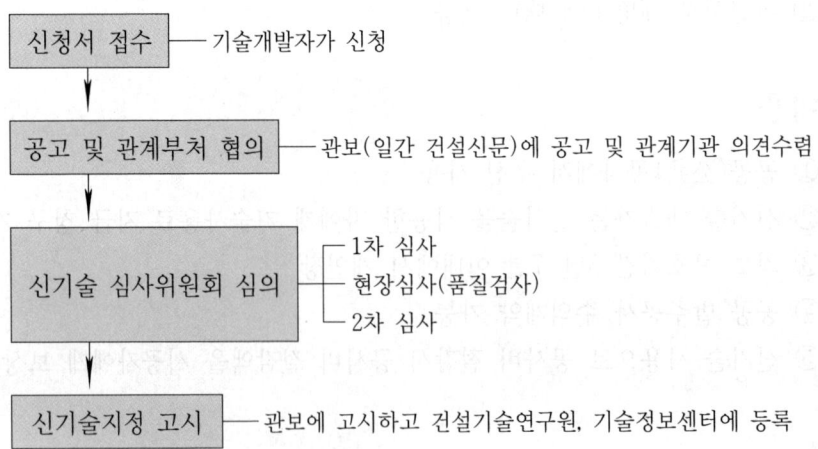

Ⅵ. 문제점

1) 사용실적 저조
   ① 신기술 및 공법 적용에 대한 위험도 우려
   ② 적용 기피현상

2) 현장시험 시공 미실시
   ① 충분한 현장경험 없이 이론적 도입
   ② 시공성·안전성에 대한 불확실

3) 짧은 보호기간
   ① 최고 보호기간 12년
   ② 보호기간 내 개발비용 회수 곤란

4) 정부 지원대책 미흡
   ① 시험 시공을 신기술 개발자가 책임
   ② 세제, 금융지원, 신기술 확산 노력 부족 등의 실질적인 지원 미비

5) 건설업체 기술개발 투자 외면
   ① 품질검증 위한 시험시공비용 과다
   ② 신기술의 성능 및 가치에 따라 다양한 기술 사용료 가능성 제한

6) 신청서류 복잡
   신청서류 과다 및 복잡

7) 인정범위 구체화되지 않아 실적 저조
   신기술 인정범위 한계 불분명

Ⅶ. 개선대책

1) 신기술 사용 활성화
   ① 신기술 사용 시 혜택 부여
   ② 신기술에 대한 홍보 및 안전성 검토

2) 신기술 홍보
   신기술 등록시 정부 차원의 홍보

3) 신기술 보호기간 연장
   보호기간 연장으로 개발비용 회수 등 개발이익 확보

4) 실질적 지원책 강구

① 세제, 금융상의 지원
② 공공(公共)공사 수의계약 활성화

5) 건설업체 기술개발 투자 유도

① 시험 시공비 지원
② 정부 차원의 지원으로 건설업계의 신기술 개발의욕 고취

6) 신청서류 간소화

신청서류 통폐합으로 지정절차의 간소화

7) 신기술 평가방법 정립

건설연구원 등 전문기관에 위탁, 전문성 확보

8) 사후관리제 도입

① 결과 분석 자료화
② 지정된 신기술 품질 확보

9) 보상제도의 활성화

① 세부절차 규정 확립
② 절차의 간소화

10) 건설업체의 능력 배양

① 기술의 집약화
② 산·학·연 협력체제 구축
③ 해외시장 보호정책 수립

11) 적산제도의 개선

① 품셈을 폐지하고 실적공사비 적산제도 도입
② 신기술 지정시 개발자가 품을 산정하여 정부 공인기관에서 검증 후 반영

Ⅷ. 결 론

① 신기술 지정보호제도의 활성화는 건설업체들의 신기술 개발투자의 증대와 건설업체의 능력을 배양시키는 요인이 된다.
② 정부에서는 건설시장 개방에 대비한 기술경쟁력 제고 대책의 일환으로 이와 같은 신기술 지정제도를 활성화하여 국제경쟁력 변화에 대응해야 한다.

기술개발 보상제도의 필요성

● [92후(30), 06중(25)]

I. 개 요

① 발주자와 시공자간에 설계도서에 의하여 계약한 후 공사 진행중에 시공자가 기술을 개발하여 공비절감 및 공기단축의 효과를 가져올 경우 계약금액을 감하지 않고 공사비 절감액 일부를 시공자에게 보상하는 제도이다.

② 건설시장의 개방에 대한 적극적인 대응책으로서 건설업체의 지속적인 기술개발이 요청되며 정부의 기술개발 촉진을 위한 제도로서 그 지원책이 강화되어야 한다.

II. 필요성

1) 경쟁력 확보

V.E 기법의 국내 건설업 정착과 기술개발

2) 기술개발 투자

신공법 개발과 기술개발 보상제도의 정착

3) 기술개발 유도

기술개발 보상제도의 정착으로 기술개발 투자 의욕 확대

4) 공기단축

공정계획에 따른 각 공종별 기술개발로 공기단축

5) 공사비 절감

기술개발을 통한 원가절감으로 공사비를 절감

6) 양질의 시공유도

기술개발을 통한 시공능력 배양으로 품질향상

7) 안전계획

안전한 작업환경 조성으로 기술개발

8) 시공계획

면밀한 시공계획으로 공사의 품질향상 및 비용 절감

9) 공사관리

공법의 품질 및 안전과 생산성 향상으로 공사비 절감

10) 노무계획

전문기술자 능력배양 및 육성으로 성력화

11) 자재계획

자재의 건식화로 인한 인력 절감 및 기술력 향상

12) 장비계획

장비의 소형화로 기동력 증대 및 장비의 효율성 극대

13) 시공법

특수공법 채용으로 안전 및 품질 향상

14) 기술축적

기술력 배양으로 인한 기술경쟁력 향상 및 공사비 절감

15) 가설공사

가설공사의 표준화 및 경량화로 인력 절감

16) 수송계획

신속한 운반방법과 효율적인 작업동선계획으로 공기 및 공비 단축

17) 양중계획

작업의 능률성 제고로 안전성 및 경제성 확보

18) 하도급관리

하도급 계열화의 촉진으로 전문기술력 배양

19) 실행예산

기술개발로 인한 원가절감으로 실행예산 감축

20) 현장원 관리

전 현장원의 V.E 기법 이해 및 참여로 원가 절감

Ⅲ. 문제점

1) 사용실적 저조

활용 기피현상

2) 심의절차 복잡

　① 심의시간이 많이 소요

　② 신청서류 복잡

3) 심의기준 불분명

　① 심의기준의 미정립 및 미확립

　② 공정한 전문 공인 심사기관 선정 문제

4) 신기술 개발에 대한 정책적인 배려 미흡

　① 실질적 지원 미비

　② 신기술 확산 노력 부족

Ⅳ. 개선대책(추진방안)

① 사용의 활성화

② 심의절차 간소화

③ 심의기준 확립

④ 정부의 실질적인 기술개발정책 시행

Ⅴ. 기술개발보상제도 적용사례

공사명	시공사	적용 기술명	보상액(억원)
주암댐 광역상수도공사	동아건설산업(주)	이태리 CIFA사의 연속타설거푸집	2.9
부산 제2 도시고속도로 건설공사	대림산업(주)	영국 RMDI사의 경간철골거더	0.6
진주시 나불천 복개공사	태영(주)	이동식 강재트러스동바리	5.3
전남율촌공단 매립공사	현대건설(주)	매립시공공법	100
안양체육관 지붕철골트러스공사	두산건설(주)	매립시공공법	9.0

Ⅵ. 결 론

① 기술개발보상제도의 정착은 보상제도 절차의 간소화와 작업성 개선 및 정부의 실질적인 지원책 등이 활성화될 때 하루 빨리 정착이 될 것이다.

② 건설업의 환경변화에 대응하기 위해서는 기술개발의 투자확대와 기술개발을 통한 원가 절감으로 대외 경쟁력을 키워나가야 한다.

문제 7 | P.Q(Pre-Qualification) 제도(입찰참가자격 사전심사제도)

● [95전(10), 96후(30)]

Ⅰ. 개 요

① P.Q 제도란 공공(公共)공사 입찰에 있어서 입찰 전에 입찰참가자격을 부여하기 위한 사전자격심사제도로서 발주자가 각 건설업자의 시공능력을 정확히 파악하여 그 능력에 상응하는 수주기회를 부여하는 제도를 말한다.

② 적용 공종대상 공사는 300억 이상 모든 공사, 200억 이상 10개 공종의 공사 등에 적용된다.

Ⅱ. 필요성

1) 건설업 개방에 따른 국제경쟁력 강화
   ① 건설업체의 전문화 유도
   ② 하도급 계열화 촉진

2) 부실공사 방지
   ① 덤핑 입찰에 의한 과다경쟁 방지
   ② 품질 확보

3) 공사규모의 대형화, 고급화 추세
   ① 기술개발 투자 확대
   ② 자본 및 인력의 확보

4) 건설수주의 pattern 변화
   ① 발주방식의 turn key화
   ② 건설사업의 package화

Ⅲ. 주요 심사내용(2015년 1월 개정)

1. 경영상태 부문
   ① 회사채에 대한 신용평가등급
   ② 기업어음에 대한 신용평가등급
   ③ 기업신용평가등급

2. 기술적공사이행능력 부문(100점)

  1) 시공 경험

    공사실적과 대상공사에 대한 시공능력과 경험

  2) 기술능력

    ① 기술자 보유현황

    ② 신기술개발 및 활용 실적

  3) 시공평가 결과

    시공경험 평가를 위해 제출된 실적에 대한 시공평가 결과 점수

  4) 지역업체 참여도

    공사참여 지분율로 산정

  5) 신인도

    ① 건설재해, 제재처분사항 및 부실벌점 여부

    ② 계약이행과정의 성실성

Ⅳ. 적용대상 공사 (11개 공종)

    ① 교량건설공사

    ② 공항건설공사

    ③ 댐축조공사

    ④ 철도공사

    ⑤ 지하철공사

    ⑥ 터널공사가 포함된 공사

    ⑦ 발전소 건설공사

    ⑧ 쓰레기소각로 건설공사

    ⑨ 폐수처리장 건설공사

    ⑩ 하수종말처리공사

    ⑪ 관람집회시설공사

Ⅴ. P.Q 제도 flow chart(P.Q 심사절차)

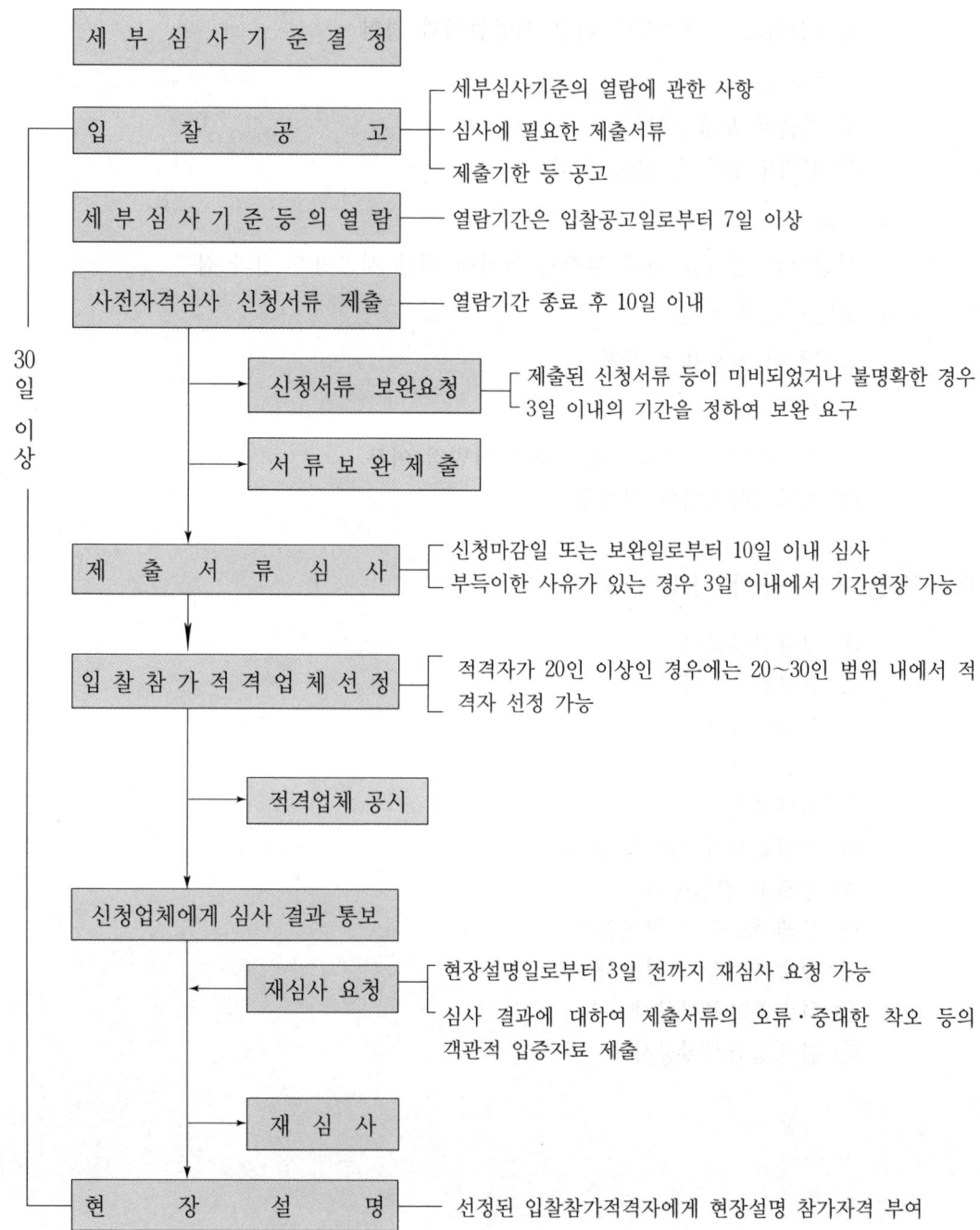

세 부 심 사 기 준 결 정

입 찰 공 고
— 세부심사기준의 열람에 관한 사항
심사에 필요한 제출서류
제출기한 등 공고

세 부 심 사 기 준 등 의 열 람 — 열람기간은 입찰공고일로부터 7일 이상

사전자격심사 신청서류 제출 — 열람기간 종료 후 10일 이내

신청서류 보완요청 — 제출된 신청서류 등이 미비되었거나 불명확한 경우
3일 이내의 기간을 정하여 보완 요구

서 류 보 완 제 출

제 출 서 류 심 사 — 신청마감일 또는 보완일로부터 10일 이내 심사
부득이한 사유가 있는 경우 3일 이내에서 기간연장 가능

입 찰 참 가 적 격 업 체 선 정 — 적격자가 20인 이상인 경우에는 20~30인 범위 내에서 적
격자 선정 가능

적격업체 공시

신청업체에게 심사 결과 통보

재심사 요청 — 현장설명일로부터 3일 전까지 재심사 요청 가능
심사 결과에 대하여 제출서류의 오류·중대한 착오 등의
객관적 입증자료 제출

재 심 사

현 장 설 명 — 선정된 입찰참가적격자에게 현장설명 참가자격 부여

30일 이상

Ⅵ. 문제점

1) P.Q 심사기준 미정립
   ① 전문 공인심사기관 부족
   ② 시공능력 평가기준 미비
   ③ 내역심사기준의 미정립

2) 적용대상 공사의 제한
   적용대상 공사 선정의 불합리 - 토목공사에 많이 배정

3) 등록서류 복잡
   입찰서류 과다 및 복잡

4) 중소업체에 불리
   현행 적용대상 금액 300억원 이상

5) 실적 위주 참가문제
   ① 도급한도액에 의한 실적 위주의 참가제한
   ② 경쟁요소 배제 - 입찰참가 기회 박탈

6) 적격업체 탈락 우려
   저가낙찰제로 인한 탈락 우려

7) 건설업계의 능력 부족
   ① 하도급 계열화 미정착
   ② 기술개발 투자 미흡
   ③ Software 능력 부족

Ⅶ. 대책(정책방안)

1) P.Q 심사기준의 정립
   ① 공정한 전문심사기관의 선정
   ② 시공능력평가 기술개발
   ③ 내역심사기준 마련

2) 대상공사 항목의 확대
   ① 대상공사 종목의 다양화
   ② 일반 건설공사에도 확대 실시

3) 등록서류 간소화
   ① 입찰서류의 간소화
   ② 신청서류 종목 축소

4) 중소업체의 불리한 문제 해결
   적용대상 금액의 하향 조정

5) 실적 위주 참가문제 해결
   ① 도급한도액의 폐지
   ② 기술능력·시공능력으로 평가

6) 적격업체의 탈락문제 해결
   ① 저가낙찰제의 폐지
   ② 적격낙찰제도 도입 시행

7) 종합건설업제도 실시
   ① 업체의 전문화, 특성화
   ② 원·하도급자간의 하도급 계열화 추진
   ③ 기술능력 향상

8) 업체의 기술개발
   ① 전문업종 개발
   ② 전문기술자 능력 배양 및 육성
   ③ 자체 기술개발로 원가절감

9) 시공기술 개발
   ① 신재료, 신공법
   ② 연구활동 강화 및 투자

10) 시공의 기계화 및 robot화
   ① 시공기술의 향상
   ② 생산성 향상
   ③ Cost down

11) 공사관리기술의 근대화
   ① 시공계획의 합리화
   ② Software 기술 향상

12) ISO 9000 인증 추진

품질에 대한 고객들의 인식 증대

13) ISDN의 적극적인 활용(정부종합통신망)

건설정보체계 확립

14) 건설업의 국제화

① 국제언어능력 배양
② 기술 경쟁력 확보

15) 정책적 지원 강화

① 정부의 일관된 정책 필요
② 제도의 현실화

Ⅷ. 결 론

① 건설업 개방화에 따른 P.Q 제도는 대상공사 항목의 확대 실시와 실적 위주의 참가문제에 대한 대처방안과 심사기준의 평가정립을 세워야 한다.
② 건설업체에서도 기술개발에 대한 투자 확대와 E.C의 능력배양으로 내실을 다져야 하며, 선진국의 앞선 기술력 향상 제도를 과감히 도입하여 정착시킬 때 P.Q 제도가 자리를 잡게 될 것이다.

<table>
<tr><td>문제
8</td><td>입찰방식</td></tr>
</table>

● [07중(10), 21중(25)]

I. 개 요

① 입찰방식의 종류에는 입찰자에게 공사가격을 써내게 하고 경쟁에 의해 계약을 체결하는 방식과 특정업체를 건축주가 직접 지명하는 특명입찰방식이 있다.

② 여러 업체의 견적을 비교하고 검토하여 그 중에서 가장 적격업체와 계약을 체결하게 된다.

II. 분 류

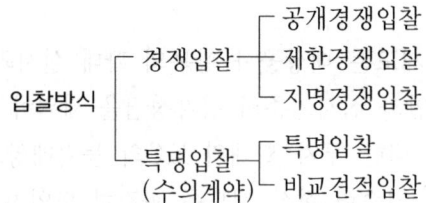

```
                      ┌─ 공개경쟁입찰
          ┌─ 경쟁입찰 ─┼─ 제한경쟁입찰
입찰방식 ─┤          └─ 지명경쟁입찰
          └─ 특명입찰 ─┬─ 특명입찰
            (수의계약)  └─ 비교견적입찰
```

III. 종류 및 특성

1. 공개경쟁입찰(general open bid)

   1) 의 의

      입찰참가자를 공모(신문지상, 공고, 게시 등)하여 유자격자는 모두 참가할 수 있는 기회를 주는 입찰방식

   2) 장 점

      ① 공사비 절감
      ② 담합 가능성 줄임.
      ③ 자유경쟁 의도에 부합됨.

3) 단 점

① 입찰사무 복잡
② 부적격업체 낙찰시 부실공사 유발
③ 과열경쟁으로 건설업의 건전한 발전 저해

2. 제한경쟁입찰(limited open bid)

1) 의 의

입찰참가자에게 업체자격에 대한 제한을 가하여 양질의 공사를 기대하며, 그
제한에 해당되는 업체라면 누구든지 입찰에 참가할 수 있도록 한 방식

2) 장 점

① 중소건설업체 및 지방건설업체 보호
② 공사 수주와 편중 방지
③ 담합 우려 감소

3) 단 점

① 업체의 신용과 양질의 공사 확보 곤란
② 균등기회 부여 무시, 경쟁원리 위배

3. 지명경쟁입찰(limited bid)

1) 의 의

공개경쟁입찰과 특명입찰의 중간방식이고, 그 공사에 가장 적격하다고 인정되
는 3~7개 정도의 시공회사를 선정하여 입찰시키는 방식

2) 장 점

① 공사 특성에 맞는 적격업체 선정
② 시공의 질 향상 도모
③ 건축주의 신뢰도 확보

3) 단 점

① 소수 업체 입찰시 담합 우려
② 입찰참가자 선정 문제

4. 특명입찰(individual negotiation)

1) 의 의

건축주가 시공회사의 신용, 자산, 공사경력, 보유기재, 자재, 기술 등을 고려하여 그 공사에 가장 적합한 1명을 지명하여 입찰시키는 방식

2) 장 점

① 양질의 시공 기대
② 업체 선정 및 사무 간단
③ 공사 보안유지에 유리

3) 단 점

① 공사금액 결정의 불명확
② 부적격업체 선정 우려
③ 부실공사 유발

5. 비교견적입찰

1) 의 의

발주자나 건축주가 그 공사에 가장 적합하다고 판단하는 2~3개 업체를 선정하여 견적 제출을 의뢰하고 그 중에서 선정하는 방식으로, 일종의 특명입찰에 해당된다.

2) 장 점

① 발주자가 신뢰하는 업체 선정
② 입찰업무 간단
③ 특명입찰의 장점 이용

3) 단 점

① 입찰참가 희망업체의 기회부여 박탈
② 발주자와 시공자간의 신뢰 상실시 조잡한 공사

Ⅳ. 문제점

① 경쟁입찰 제한요소
② 시공능력이 아닌 가격 위주
③ 기술능력 향상방안 미흡
④ 저가입찰 및 심의기준 미흡
⑤ 예가 작성 시 임의 감액

Ⅴ. 개선대책

① 내역입찰제도 확대
② 공개경쟁입찰제도로 입찰참가 기회 부여
③ 종합낙찰제도방식 적용
④ 정부 노임단가 현실화
⑤ 기술개발능력 향상방안 제도화

Ⅵ. 결 론

① 건설업 개방에 대비하여 현재 금액 위주 업체 선정방식에서 탈피하여 능력
과 기술 위주의 입찰방식이 필요하다.
② 입찰 참가 희망자에게 균등한 기회를 부여하는 공개경쟁입찰방식을 장려하
고, 건설시장 개방화에 대비한 경쟁사회원리에 맞는 과감한 입찰방식이 필
요하다.

문제 9 입찰순서

Ⅰ. 개 요

① 건축주가 해당 공사를 수행하기 위하여 시공자를 선정하기 위해서는 공사 입찰순서에 의하여 선정한다.

② 이때 공사에 대하여 입찰공고를 하여 최종업체 선정을 위한 낙찰까지의 일련의 과정을 거치게 된다.

Ⅱ. 입찰방식의 분류

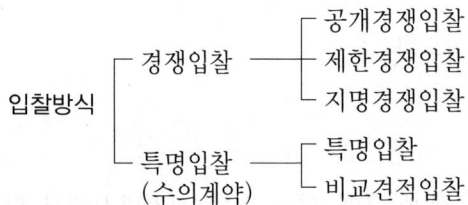

```
                    ┌ 공개경쟁입찰
        ┌ 경쟁입찰 ─┼ 제한경쟁입찰
입찰방식 ┤          └ 지명경쟁입찰
        └ 특명입찰 ─┬ 특명입찰
          (수의계약)  └ 비교견적입찰
```

Ⅲ. 순서 flow chart

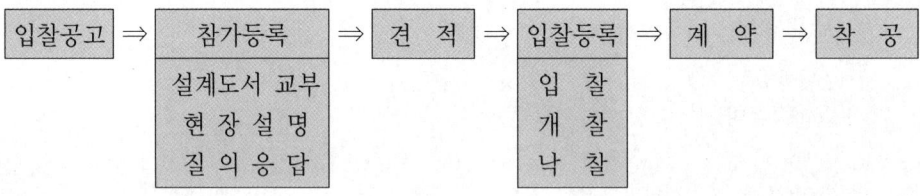

입찰공고	⇒	참가등록	⇒	견 적	⇒	입찰등록	⇒	계 약	⇒	착 공
		설계도서 교부 현 장 설 명 질 의 응 답				입 찰 개 찰 낙 찰				

Ⅳ. 순서별 특징

1. 입찰공고

1) 공개경쟁입찰

① 관보, 신문, 게시판 등에 공고
② 공고 내용
  ㉮ 공사명
  ㉯ 설계도서 열람장소
  ㉰ 입찰보증금
  ㉱ 입찰자격
  ㉲ 입찰방법
  ㉳ 현장설명 일시 및 장소
  ㉴ 입찰 일시 및 장소
  ㉵ 유의사항

2) 지명입찰

서류 및 전화로 입찰응모 통보

2. 참가등록

현장설명을 참가하기 위해서는 현장설명 참가에 필요한 등록서류를 제출한다.

3. 설계도서 교부

현장 설명시 또는 사전에 교부한다.

4. 현장설명

① 도면, 시방서에 표기 곤란한 사항 등을 설명
② 일정금액 이상 시 현장설명 참가 의무화
③ 현장설명 내용
  ㉮ 인접대지
  ㉯ 인접도로
  ㉰ 지상 및 지하 매설물
  ㉱ 대지의 고저
  ㉲ 수도, 우물 등의 급수

ⓑ 동력 인입

ⓒ 지질, 잔토 처리

ⓓ 가설물 위치 및 공사용 부지

5. 질의응답

① 설계도서 및 현장 설명시 의문사항에 대해서 질의응답을 한다.

② 즉시 응답할 수 없는 사항은 추후 입찰 전까지 입찰예정자 전원에게 서면으로 회신한다.

6. 견 적

① 설계도서를 받고 현장설명을 들은 후 입찰할 때까지의 기간을 견적기간이라 한다.

② 입찰자는 입수된 입찰도서와 현장설명서에 의해 적산 및 견적으로 입찰가를 결정한다.

③ 견적기간은 일정기간 내에 작성하여 제출한다.

7. 입찰등록

① 입찰참가자는 입찰보증금 및 입찰에 필요한 제반 서류를 제출한다.

② 입찰보증금

ⓐ 입찰가격의 5% 이상으로 현금, 유가증권, 보험 등으로 대체한다.

ⓑ 낙찰자가 계약 미체결시 국고에 귀속된다.

ⓒ 입찰보증금 면제사유에 해당하는 경우에는 면제가 가능하다.

8. 입 찰

① 입찰공고시에 지정된 시간과 장소에서 시행한다.

② 입찰참가자는 견적금액을 기입한 입찰서를 제출한다.

③ 입찰금액 또는 내역명세서를 첨부하는 경우도 있다.

9. 개찰, 재입찰, 수의계약

1) 개 찰

① 일반적으로 관계자 입회하에 개찰한다.
② 민간공사의 경우 부재 개찰이 대부분이다.

2) 재입찰

개찰 결과 입찰가격이 예정가격을 초과할 때에는 일정기간 후 희망자에 한하여 재입찰한다.

3) 수의계약

재입찰 후에도 예정가격 초과 시 최저입찰자로부터 순차적으로 교섭하여 희망자와 예정가격 이내로 계약을 체결한다.

10. 낙 찰

① 개찰 결과 미리 정해진 낙찰제도방법에 의해서 낙찰자를 결정한다.
② 낙찰방법에는 제한적 최저가와 적격 낙찰제도 등에 의한 방법이 있다.
③ 적정 낙찰자가 없을 경우 재입찰한다.

11. 계 약

① 계약체결
　㉮ 낙찰자가 결정되면 계약보증금을 납부한다.
　㉯ 계약이행보증서 및 보험계약서를 제출한다.
　㉰ 건축주와 도급자간에 쌍방 서명날인하여 계약을 체결한다.
② 계약서류
　㉮ 계약서
　㉯ 설계도(도면)
　㉰ 시방서
　㉱ 내역서
　㉲ 공정표
　㉳ 현장설명서
　㉴ 질의응답서

③ 도급계약내용

  ㉮ 공사개요

  ㉯ 도급금액

  ㉰ 공사기간

  ㉱ 공사대금 지불방법(기성)

  ㉲ 설계변경

  ㉳ 공사중지 손해 부담

  ㉴ 천재지변 손해 부담

  ㉵ 연동제(escalation)

  ㉶ 인도·검사 시기

  ㉷ 하자보증사항 등

12. 착 공

관계기관에 착공 관련 서류를 제출한 후 공사를 착공한다.

Ⅴ. 문제점

1) 경쟁 제한요소

① 제한경쟁입찰, 지명경쟁입찰 등으로 참가 제한

② 수의계약에 의한 부조리, 비리 성행

③ 실적 위주의 덤핑(dumping) 성행

2) 입찰제도상의 불합리

① 총액입찰방식으로 낙찰식 수주

② 내역서 작성 미비하여 금액결정 후 작성

3) 낙찰제도상의 문제

① 금액 위주 낙찰자 선정

② 적격업체 선정 곤란

③ 투찰금액 관심 집중으로 건설기술 개발지연

VI. 개선대책

1) 경쟁 제한요소의 배제

   공개경쟁입찰로 균등기회 부여

2) 부대입찰제도의 활성화

   ① 건설업체의 하도급 계열화 도모
   ② 공정한 하도급의 거래질서 확립

3) 대안입찰제도의 활성화

   기술능력 향상 및 개발

4) 내역입찰제도의 확대 시행

   ① 공사금액 100억 미만에도 확대 실시
   ② 모든 공사에 적용

VII. 결 론

① 입찰순서는 가능한 합리적으로 수행하여 시공자에게 불편을 주어서는 안 되며, 특히 담합이나 덤핑의 우려가 있으므로 주의하여야 한다.
② 가능한 공개입찰에 의한 자유경쟁을 통하여 원가절감을 하고 최적시공자를 선정하기 위하여 연구·개발되어야 한다.

낙찰제도

● [01전(25)]

Ⅰ. 개 요

① 낙찰자 선정은 입찰순서에 따라 미리 정해진 선정방법에 의하여 충분히 공사를 추진할 수 있다고 판단되는 업체를 발주자가 선택하는 것을 말한다.

② 낙찰제도의 문제점이 부실시공의 원인이 될 수 있으므로 제도상 보완 및 개선이 요구된다.

Ⅱ. 낙찰제도의 분류

① 최저가 낙찰제
② 저가심의제(입찰금액 적정성 심사제)
③ 부찰제(제한적 평균가 낙찰제)
④ 제한적 최저가 낙찰제(lower limit)
⑤ 적격 낙찰제도(적격심사제도)
⑥ 최고 가치(best value) 낙찰제도

Ⅲ. 선정방법별 특징

1. 최저가 낙찰제

1) 의 의
① 예정가격 범위 내에서 최저가격으로 입찰한 자를 선정
② Dumping으로 인한 부실시공 우려

2) 특 징(장단점)
① 업체의 기술개발과 경쟁력 배양 가능
② 경쟁원리실천
③ 신기술 및 신공법의 적용확대
④ 공사비 절감
⑤ 적격업체 선정곤란
⑥ Dumping 우려
⑦ 부실시공 우려

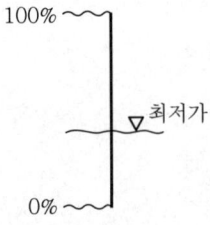

2. 저가심의제(입찰금액 적정성 심사제)

1) 의 의

① 예정가격 85% 이하 업체 중 공사 수행능력을 심의하여 선정
② 공사비 내역, 공사계획, 경영실적, 기술경험 등 전반에 대한 심의

2) 특 징

① 부실공사 사전 예방
② 최저가 낙찰제와 부찰제의 장점만 선택하여 활용
③ 심의기관의 비전문성으로 심사의 어려움.
④ 심사기관 소요, 행정력 낭비
⑤ 심사기준이 미비

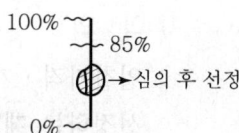

3. 부찰제(제한적 평균가 낙찰제)

1) 의 의

예정가격과 예정가격의 85% 이상 금액의 입찰자 사이에서 평균금액을 산출하여 이 평균금액 밑으로 가장 접근된 입찰자를 낙찰자로 선정하는 방식이다.

2) 특 징

① 도급자의 적정이윤 보장
② 덤핑을 방지하므로 시공품질 확보
③ 업체의 과다경쟁 및 경쟁계약의 원칙 위배
④ 기업의 기술개발, 계획 수주 등 합리적
   경영 유도 미흡

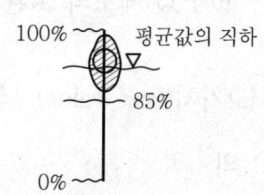

4. 제한적 최저가 낙찰제도(lower limit)

1) 의 의

① 부실공사를 방지할 목적으로 예정가격
   대비 90% 이상 입찰자 중 가장 낮은 금
   액으로 입찰한 자를 결정하는 방식
② 중소기업보호육성책의 일환

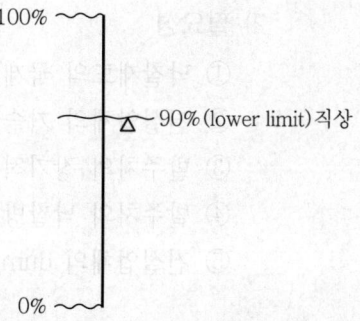

2) 특 징

① Dumping 방지로 부실공사 예방
② 시장경쟁원리 배제로 기술개발 저해
③ 예가 탐지를 위한 부조리 발생 우려

5. 적격낙찰제도(적격심사제도)

1) 의 의

입찰가격·기술능력을 포함한 종합적인 판단으로 최저가 입찰자를 낙찰자로 선정하는 제도로서 종합낙찰제도라고도 한다.

2) 특 징

① 낙찰제도 중 가장 합리적인 제도
② 업체의 시공능력 위주로 낙찰, 시공기술 향상과 기술개발 및 전문화 유도
③ 공사비보다 능력 중시
④ 평가의 객관성 미흡
⑤ 중소기업의 불리한 제도
⑥ P.Q 제도의 보완 필요

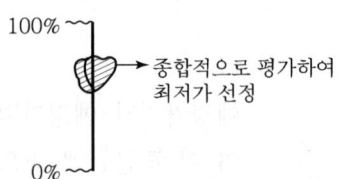

100%

종합적으로 평가하여 최저가 선정

0%

6. 최고가치(best value) 낙찰제도

1) 의 의

LCC(life cycle cost)의 최소화로 투자의 효율성을 얻기 위해 입찰가격과 기술능력을 종합적으로 평가하여 발주처에 최고가치를 줄 수 있는 업체를 낙찰자로 선정하는 제도이다.

2) 필요성

① 낙찰제도의 국제표준화 필요
② 건설업체의 기술발전 및 품질향상 제고
③ 발주처의 장기적인 비용절감
④ 발주처의 낙찰방법 선택폭 확대
⑤ 건설업체의 dumping 방지 및 수익성 향상

Ⅳ. 낙찰제도의 문제점

    ① 능력평가를 배제한 가격 위주의 결정방식
    ② 예정가격의 비현실화
    ③ 심의기관, 심의기준의 미비
    ④ 기술능력 향상방안 미흡

Ⅴ. 대 책

    ① 종합건설업 면허제도 도입 : 설계 및 시공 능력개발
    ② 예정가격의 합리화 : 누락항목 방지
    ③ 부대입찰제도 활성화 : 하도급의 계열화, 전문건설업체 기술개발 유도
    ④ P.Q 제도 보완 및 확대 실시 : 부실공사 예방, 적격업체 선정
    ⑤ 내역입찰제도 정착 : 대외 경쟁력 확보, dumping 방지

Ⅵ. 결 론

    ① 현행제도의 개선 및 보완, 업체의 체질개선이 무엇보다 필요하며, 시공품질이 확보되고, 부실공사를 사전에 예방할 수 있는 낙찰자 선정방법이 요구된다.
    ② 도급자의 적정이윤이 보장되고 기술개발과 경쟁력이 배양되는 제도의 도입이 바람직하다.

공사도급계약제도상의 문제점 및 개선 대책

● [89(25), 94후(25), 19전(25)]

Ⅰ. 개 요

① 공사도급제도란 건축주가 공사 시공을 하기 위해 시공자를 선정하는 제도
로서 많은 문제점을 내포하고 있다.
② 건축공사의 적정 시공의 확보와 입찰 및 계약제도에 대한 개선대책이 필요
하다.

Ⅱ. 공사도급계약제도의 분류

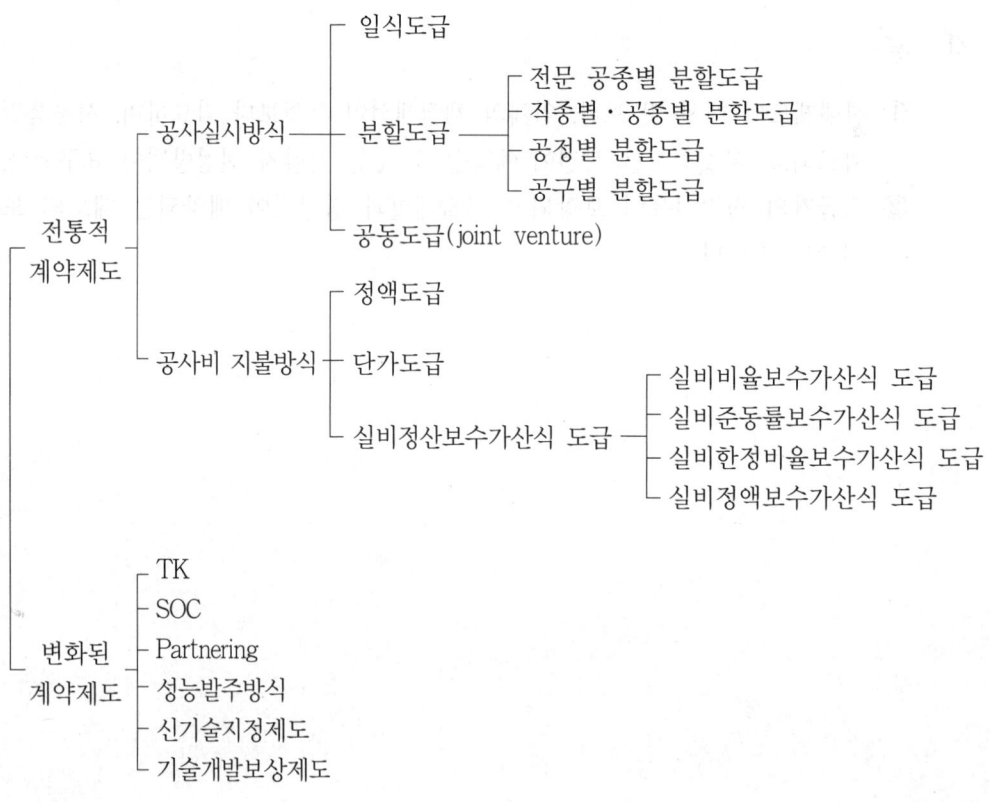

Ⅲ. 문제점

1) 경쟁 제한요소

    ① 제한경쟁입찰, 지명경쟁입찰 등으로 참가 제한

    ② 수의계약에 의한 부조리와 비리 성행

    ③ 실적위주의 덤핑(dumping) 성행

2) 입찰제도상의 불합리

    ① 총액입찰방식으로 당첨식 수주

    ② 내역서 작성 미비하여 금액 결정 후 작성

3) 낙찰제도상의 문제

    ① 금액 위주 낙찰자 선정

    ② 적격업체 선정 곤란

    ③ 투찰금액 관심집중으로 건설기술 개발지연

4) 예정가격의 미비

    ① 노임단가 비현실화

    ② 일부 경비항목 누락

    ③ 발주처에 따라 단가 상이

5) 기술능력 향상방안 미흡

    ① 기술보상제도의 형식화

    ② 신기술 지정 및 보호제도의 활성화 미흡

6) 저가입찰 심의제의 난점

    ① 심사기준 미비로 실질적인 심사 곤란

    ② 직접공사비 탐지 위한 부조리 발생

7) 건설개방에 따른 기술경쟁체제 미흡

    ① 신기술·신공법 개발 유도조항 실천 미흡

    ② 관리능력 배양에 대한 조항 미비

8) 부적당업체 제재 미흡

    부적당업체 제재 조항 미흡

9) 동일계열사 설계·시공 동시발주 금지

    ① 기술경쟁력 약화

    ② 종합건설업 활성화 방해

Ⅳ. 개선대책

1) 부대입찰제도의 활성화

　건설업체의 하도급 계열화 및 하도급 거래질서 확립

2) 대안입찰제도의 활성화

　기술능력 향상 및 개발

3) 내역입찰제도의 확대시행

　공사금액 100억 미만에도 확대 실시

4) 예가, 설계가(設計價) 부당감액 개선

　정부노임단가 및 순수공사비의 현실화와 경비비용 추가

5) 기술능력 위주 낙찰제도 실시

　최저낙찰제도 폐지 및 적격낙찰제도 활성화

6) 저가심의제 기준 마련

　맹목적 저가투찰 제재 강화 및 저가심의제의 문제점 보완

7) 기술능력 및 개발 위주로 전환

　① 기술지정과 보호제도의 강력시행 및 유도
　② 기술능력 배양 및 체질개선 유도

8) 부적당업체 제재 강화

　하자 발생업체, 부실시공업체, 안전사고 다발업체의 제재 강화

9) P.Q 제도 시행

　적격업체 선정으로 시공성 확보 및 부실시공 방지

10) 기업체 전문화 유도

　하도급업체 계열화 및 부대입찰제도 활성화

11) 신기술 제안제도 활성화

　기업체의 향상된 기술력을 이끌어내어 대외 경쟁력 증대

12) 도급한도액 개편 및 폐지

　자유경쟁 의도에 위배되므로 개편 및 폐지 필요

13) 감리제도 활성화

　감리의 역량 및 책임 강화

14) 설계 · 시공 동시발주 금지제도 폐지

건설시장 개방에 따른 국제경쟁력의 강화를 위해 필요

15) 종합낙찰제 확대 실시

부실시공 방지 및 신뢰성 확보

16) 지역제한 입찰제도 개선

Paper joint 방지 및 부적격 업체 배제

17) 감사제도 강화

부실시공 방지 및 품질개선을 위한 감사제도와 벌점제도 강화

18) 보증제도 도입

책임시공을 위한 입찰 · 낙찰 · 시공에 대한 보증제도 도입

V. 결 론

① 적절한 도급제도의 개선 및 부실공사의 방지를 위한 적정업체의 선정이 중요하다.
② 건축공사 시공 및 공사금액을 종합적으로 평가하는 도급계약제도의 개발과 체계화된 건설 행정이 필요하다.

건설업에서 하도급 계열화

● [00후(25), 05전(25), 15후(25), 16전(25)]

Ⅰ. 개 요

① 건설공사의 하도급에 있어서 일반적으로 원도급자가 하도급자를 선정 시 가격, 능력, 실적 등을 고려하여 자유롭게 선택한다.

② 하도급 계열화란 원도급자가 하도급자의 능력, 실적 등이 우수한 업체를 미리 등록시켜 하도급 등록제에 의해 하도급자를 선정하는 제도이다.

Ⅱ. 필요성

① 부실시공 방지

② 공정한 거래로 분쟁 제거

③ 원·하도급자간의 불신 제거

④ 시공기술의 전문화 유도

Ⅲ. 하도급업체의 선정방법(선정 시 유의사항)

1) 기술능력 보유

① 건설 기술자의 보유 현황

② 특수공법 기술의 보유 유무

2) 시공경험

① 업체 설립연도에 따른 공사 실적 파악

② 대상공사에 대한 시공능력과 경험 유무

3) 경영상태 파악

① 재정자립도

② 부채비율 및 연간 순이익 비율

③ 총보유 자본과 자본 회전율

4) 대외 신인도

① 우수시공업체 지정 여부

② ISO 9000 인증 획득 여부

③ 부실시공으로 인한 벌점의 유무 파악

5) 능력 위주 선정

지연, 학연의 배제

6) 품질 및 안전관리능력

① 품질시공이 가능한 system 보유
② 하자처리에 대한 적극성

Ⅳ. 문제점

1) 전문건설업체의 시공능력 부족

① 장비의 전근대화
② 기능공의 고령화 및 기능인력 부족

2) 전문건설업체의 경영능력 부족

① 공사수주 능력 부족으로 인한 연고권에 의한 경영방식
② 실제 시공에 참여하지 않고 재하청으로 불신 초래

3) 건설업체의 인식 부족

① 정부의 대기업 위주 정책
② 전문건설업체의 시공 및 경영 능력에 대한 불신

4) 정부의 정책적인 지원 미약

하도급 계열화시 세제, 실태조사 면제, 수주 등에 대한 혜택 미비

5) 신뢰성 결여

① 원·하도급자간의 불신풍조
② 금품수수 및 하도대금 과다삭감 등의 부당거래

6) 전문건설업체 및 우수 전문건설업체의 부족

Ⅴ. 정착방안

1) 전문건설업체의 전문성 확보

① 기술개발 투자 확대
② 견적능력 배양 및 기능인력 육성

2) 전문건설업체의 경영혁신

① 전문기술의 개발을 통한 원가 절감

② 전문업종에 대한 개발과 투자

3) 건설업체의 인식 전환

① 상호신뢰를 바탕으로 협력관계 유지
② 기술이전 등 연대의식 고취

4) 정부의 실질적인 지원방법 강구

① 관련법 개정에 의한 일괄적인 정책 추진
② 우수업체 실질적인 혜택 부여
③ 공정거래 저촉업체 제재 강화

5) 신뢰성 확보

공정한 거래로 하도급 계열화 추진

6) 전문건설업체 수의 적정 유지

일반 건설업체 수와의 적정 비례 유지

7) 하도급 계열화 활성화 방안

① 부대입찰제도의 의무적 시행
② 내역입찰제의 확대

8) 업계의 자발적인 시정 노력

① 공개적이고 건전한 하도급 등록제 실시
② 하도급 등록업체의 능력, 실적 등에 대한 심사 강화

Ⅵ. 결 론

① 하도급 계열화의 활성화와 조기 정착을 위해서는 정부 차원에서의 실질적인 지원책이 요구된다.
② 전문건설업체는 투자 확대와 전문화로 공사수행에 대한 향상·노력이 필요하며, 원·하도급자간에는 신뢰를 바탕으로 한 협력관계를 유지하는 인식 전환이 바람직하다.

문제 13 물가변동

● [01중(25), 08중(25), 08후(10), 19전(10), 20전(25), 20후(10), 21전(10), 22전(25), 22후(25)]

Ⅰ. 개 요

① 중앙 관서의 장이나 그 위임을 받은 공무원은 공사·제조·용역 등 공공공사의 입찰일 이후 물가변동, 설계 변경 등으로 인하여 계약금액을 조정할 수 있다.

② 물가변동시 계약금액의 조정은 기간, 등락, 청구 요건에 따라 조정되며, 이에 따른 세밀한 관리가 필요하다.

Ⅱ. 계약금액 조정의 요인

- ┌ 물가변동(escalation)
- ├ 설계 변경
- └ 기타 계약 내용의 변경

Ⅲ. 물가변동시 계약금액 조정요건

조정 요건 ┬ 절대 요건 ┬ 기간 요건
                            └ 등락 요건
           └ 선택 요건 ── 청구 요건

1) 기간 요건

① 입찰일 후 90일 이상 경과

② 전(前) 조정기준일로부터 90일 이상 경과 후 다음 조정 가능

2) 등락 요건

품목조정률 또는 지수조정률이 3% 이상 증감

3) 청구 요건

절대요건이 충족되면 계약 상대자의 청구에 의해 조정

Ⅳ. 물가변동에 의한 계약금액의 조정절차

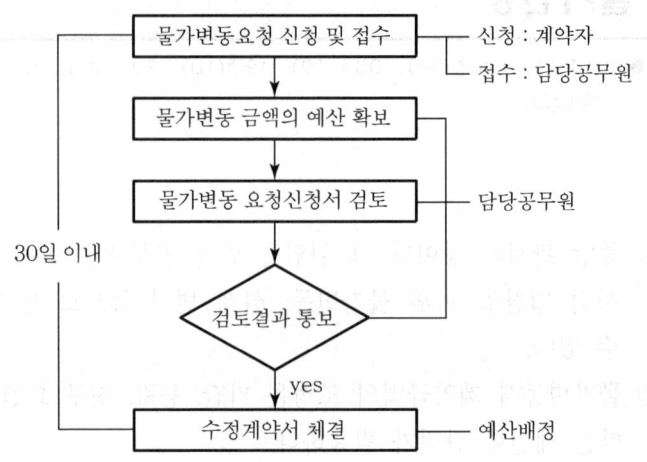

물가변동에 의한 계약금액의 조정요인이 발생하면, 담당공무원은 물가변동에 의한 계약금액 조정요청을 받는 즉시 추가로 예산편성을 우선적으로 신청해야 한다.

Ⅴ. 계약금액 조정방법

1. 물가변동(escalation)

1) 조정 기준

① 입찰일을 기준으로 90일이 경과한 후 각종 품목 및 비목의 가격 변동으로 품목조정률 또는 지수조정률이 3% 이상 증감된 때

② 물가변동으로 인한 계약금액 조정은 계약조건에 의해 처리되며, 품목조정률 과 지수조정률 중 계약서에 명기된 한 가지 방법을 택일

2) 품목조정률(산출방법)

조정 기준일 전에 이행 완료할 계약금액을 제외한 계약금액에서 차지하는 비율로서 기획재정부장관이 정하는 바에 의거하여 산출

3) 지수조정률(산출방법)

① 한국은행에서 조사하여 공표한 생산자 물가 기본 분류 지수 및 수입 물가지수

② 국가, 지자체, 정부 투자기관이 인허가하는 노임, 가격 및 요금의 평균지수

③ 위 내용과 유사한 지수로 기획재정부장관이 정한 지수

4) 품목조정률과 지수조정률의 비교

구 분	품목조정률	지수조정률
적용대상	• 거래실례가격 또는 원가계산에 의한 예정가격을 기준으로 체결한 계약	• 원가계산에 의한 예정가격을 기준으로 체결한 계약
특 징	• 당해 비목에 대한 조정 사유를 실제대로 반영 • 계산이 복잡	• 조정률 산출 용이 • 당해 비목에 대한 조정 사유 미 반응
용 도	• 단기적 소규모 공사 • 단순 공종 공사	• 장기적 대규모 공사 • 복합 공종 공사

5) 조정시 유의점

① 조정 신청서 접수 후 30일 이내에 조정
② 계약금액 조정 후 조정 기준일로부터 90일 이내에는 다시 조정을 하지 못함
③ 동일한 계약에 대하여는 품목조정률과 지수조정률을 동시에 적용하지 못함
④ 조정 기준일 전에 이행 완료할 부분은 적용 제외

2. 설계 변경

① 시공 중 예기치 못한 사태의 발생이나, 공사 물량의 증감계획 변경 등으로 당초 설계내용을 변경할 경우
② 설계 변경 절차

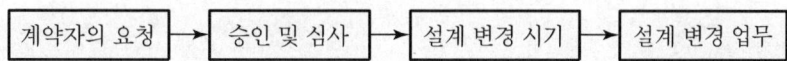

계약자의 요청 → 승인 및 심사 → 설계 변경 시기 → 설계 변경 업무

3. 기타 계약내용의 변경

① 물가변동, 설계변경 이외의 계약내용의 변경
② 증감분에 대한 일반관리비율 및 이윤율은 산출내역상의 것
③ 일반관리비 및 이윤율은 기획재정부장관이 정하는 비율 이내로 함

Ⅵ. 단품(單品)슬라이딩 제도

① 단품 슬라이딩 제도란 46개 건축자재 중 특정자재가격이 90일 동안 15% 이상 변동할 경우 해당 자재에 한해 개별적으로 물가변동 조정을 할 수 있는 제도

② 2006년 12월 29일 이후 입찰 공고된 공사

③ BTL 사업은 단품 슬라이딩제도가 현재 적용되지 않음

Ⅶ. 결 론

① 계약 금액 조정은 현장에서 자주 발생되고 있으나, 사전에 이에 대한 준비를 하지 않을 경우, 현장 업무의 가중으로 시공관리가 소홀해진다.

② 공무부에서는 계약금액 조정에 대한 사전준비로, 신속한 업무처리가 되도록 준비하여야 한다.

永生의 길잡이 - 하나

人生案内

인간은 어디서 와서 어디로 가며, 왜 사는가. 이 세 가지는 가장 보편적이고 근본적이며 본질적인 물음이다. 남녀의 性行爲에서 수십억 중의 정자 하나가 卵子 하나를 만나서 생긴 것이 인간이다. 인간을 형성하고 있는 化學的 요소를 분석하면 약간의 지방, 鐵分, 당분, 석회분, 마그네슘, 인, 유황, 칼륨 등과 염분과 대부분의 수분이 전부다. 아마 화학약품점에서 몇 천원이면 살 수 있을 것이다. 거기다 고도로 발달한 동식물의 생명체가 들어 있다고 생각해 본다. 그러나 그런 思考로는 인간의 의미와 목적은 모른다. 자연에게 물어봐도 답이 없고, 자신이나 과학이나 철학이나 종교에게 물어봐도 대답할 수 없다.

나를 만든 분만 알고 있다. 사람은 하나님의 형상으로 만들어졌고 天下보다 소중한 사랑의 대상이라고 성서가 가르쳐준다.

성서는 인생의 안내도, 그리고 예수님은 그 길의 案內者다. 이 세상은 우리의 영원한 주소가 아니다. 호출이 오면 언제라도 떠나야 하는 出生과 死亡 사이의 다리 위를 통과하는 나그네. 예수가 그 길이요, 생명이다.

chapter

2장 | 가설공사

Professional Engineer Architectural Execution

1. 가설공사계획 ··· 70
2. 가설공사 항목 ·· 74
3. 가설공사비의 구성 ·· 78
4. 가설공사의 안전시설 ······································· 81
5. 가설공사가 전체 공사에 미치는 영향 ················· 87

가설공사 기출문제

1	1. 가설공정계획의 기본방침 [83, 5점] 2. 건축공사 시공을 위한 가설공사 계획수립에 대하여 기술하여라. [93, 30점] 3. 종합가설계획에서의 고려사항 [00후, 25점] 4. 도심지 지하 4층, 지상 20층 규모의 오피스건물 신축공사의 종합가설공사 계획수립 시 유의사항을 설명하시오. [07전, 25점] 5. 공동주택 가설공사의 특성 및 계획 시 고려사항을 설명하시오. [07후, 25점] 6. 대지가 협소한 도심공사에서 지하 6층, 지상 20층 이상 건축물의 효율적 시공을 위한 종합가설계획을 설명하시오. [10후, 25점] 7. 건축현장의 친환경 요소를 고려한 가설공사 계획에 대하여 설명하시오. [12후, 25점] 8. 도심지 지하 4층, 지상 20층, 연면적 30,000m² 규모의 업무시설 신축공사 시 공통가설 계획을 수립하고 각 항목에 대하여 설명하시오. [13중, 25점] 9. 지하4층, 지상20층 건축물의 공통가설공사계획을 수립하고 항목별 유의사항에 대하여 설명하시오. [15중, 25점] 10. 건축공사에서 가설공사의 특징과 가설용수 및 가설전기와 관련하여 계획수립 시 고려 사항에 대하여 설명하시오. [16중, 25점]
2	11. 기준점(bench mark) [01후, 10점] 12. 규준틀(batter board) 설치방법 [02전, 10점] 13. 가설공사에 있어서 다음 사항을 설명하시오. [03중, 25점] 　　1) 공통 가설공사와 직접가설공사의 주요항목 　　2) 공사, 품질에 미치는 영향 　　3) 가설 계획 시 유의사항 14. 건축공사에서의 Bench Mark [11전, 10점]
3	15. 도심지에 위치한 지하 2층, 지상 18층, 연건평 10,000평 규모의 철골철근콘크리트조 건 물을 신축함에 있어 [77, 25점] 　　㉮ 공사비 내역서 작성 시 고려해야 할 가설공사비의 항목을 열거하여 설명하라. 　　㉯ 사용이 예상되는 각종 시공 기계 및 장비의 종류를 용량, 규격별로 기술하라. 16. 실행 예산으로서의 가설공사비 구성에 대하여 기술하여라. [86, 25점]
4	17. 고층 건축공사의 낙하물 방지망 설치방법 [00중, 10점] 18. 낙하물 방지망 설치방법 [13후, 10점] 19. 낙하물 방지망 [20중, 10점] 20. 추락 및 낙하물에 의한 위험방지 안전시설 [21후, 10점]
5	21. 건축공사 시공 시 가설공사가 전체 공사에 미치는 영향에 관하여 설명하여라. [81후, 25점] 22. 가설공사가 품질, 공정, 원가 및 안전에 미치는 영향에 대하여 설명하시오. [11후, 25점] 23. 가설공사가 본공사의 공사품질에 미치는 영향을 설명하시오. [16전, 25점]
기 출	24. 외부강관비계의 조립설치 기준 및 시공 시 유의사항을 설명하시오. [07전, 25점] 25. 가설공사에서 강관비계의 설치기준 및 시공 시 유의사항에 대하여 설명하시오. [19전, 25점] 26. 가설공사 중 가설통로의 종류 및 설치기준에 대하여 설명하시오. [14후, 25점] 27. 건설현장에 설치되는 가설통로의 경사도에 따른 종류와 설치기준, 조립·해체 시 주의 사항을 설명하시오. [22전, 25점]

가설공사 기출문제

기출	28. 건설현장의 가설울타리와 세륜시설 설치기준을 설명하시오. [16후, 25점] 29. 건설현장의 세륜시설 및 가설울타리 설치기준에 대하여 설명하시오. [18후, 25점] 30. 주상복합현장 1층(층고 8m)에 시스템비계 적용 시, 시공순서와 시공 시 유의사항에 대하여 설명하시오. [18전, 25점] 31. 건축물 외부에 설치하는 시스템비계의 재해유형, 조립기준, 점검·보수사항 및 조립·해체 시 안전대책에 대하여 설명하시오. [21중, 25점]
용어	32. 가설공사에서 강관비계의 설치기준 [13후, 10점] 33. 외부비계용 브래킷(Bracket) [12전, 10점] 34. 성능검증가설기자재 [14중, 10점] 35. 가설계단의 구조기준 [15전, 10점] 36. 고층건축물 가설공사의 SCN(Self Climbing Net) [15중, 10점] 37. 가설용 사다리식 통로의 구조 [15후, 10점] 38. 현장 가설 출입문 설치 시 고려사항 [20중, 10점] 39. 시스템비계 [21전, 10점] 40. 건설기술진흥법상 가설구조물의 안전성 확인 대상 [21중, 10점]

기도하기 전에 반드시 기도가 절실한 것인가 자신에게 물어봐라.
그렇지 않으면 기도하지 마라.
습관적인 기도는 참되지 못하기 때문이다.

- 탈무드 -

가설공사계획

● [83(5), 93(30), 00후(25), 07전(25), 07후(25), 10후(25), 12후(25), 13중(25), 15중(25), 16중(25)]

I. 개 요

① 가설공사는 공사 목적물의 완성을 위한 임시 설비로서 본 공사를 능률적으로 실시하기 위해 필요한 가설적인 제반시설 및 수단을 말하며, 공사가 완료되면 해체·철거·정리되는 임시적으로 행하여지는 공사이다.

② 일반적으로 설계도서에 표시되지 않으며 가설공사의 양부에 따라 공사 전반에 걸쳐 영향을 미치게 되므로 가설계획 초기부터 철저한 사전계획에 의해 추진되어야 하며, 공통 가설공사와 직접 가설공사로 대별할 수 있다.

II. 가설공사계획 시 고려사항

① 본 공사에 지장을 주지 않는 설치위치를 설정할 것
② 본 공사의 공정과 설치시기를 조정할 것
③ 반복사용으로 전용성을 높일 것
④ 가설설비의 조립 및 해체가 용이할 것
⑤ 가설설비의 규모가 적정할 것

III. 가설공사의 특성

① 도면에 표시되지 않고 시공자가 계획하여 시공
② 최소한의 설비로 최대한의 효과 유도
③ 가설자재의 반복 사용
④ Unit한 부재를 사용하여 조립·해체 용이

Ⅳ. 가설공사의 항목 분류

1. 공통 가설공사

공사 전반에 걸쳐 공통으로 사용되는 공사용 기계 및 공사관리에 필요한 시설

1) 대지조사

부지측량 및 지반조사

2) 가설도로

현장 진입로, 현장 내 가설도로, 가설교량

3) 가설울타리

시방서에 정하는 바가 없을 때에는 지반에서 1.8m 이상의 가설울타리 설치

4) 가설건물

가설 사무실·숙소·식당·세면장·화장실·경비실 등

5) 가설창고

시멘트창고, 위험물 저장창고, 자재창고 등

6) 공사용 동력(가설전기)

전력 인입, 변전시설, 가설조명 설치

7) 용수설비(가설용수)

수도 인입 및 지하수 설치

8) 시험설비

가설사무소와 근접한 위치에 시험실 설치

9) 공사용 장비

토공사용 장비, 양중장비, 자재·인력 수송장비

10) 운 반

재료의 반입·반출, 시공장비의 반입·반출, 현장 내 소운반

11) 인접건물 보상 및 보양

인접건축물 피해보상, 인접건축물 및 지하매설물 보양

12) 양수 및 배수 설비

① 고소 작업 시 공사용수는 고압펌프로 양수
② 현장 내 오수와 배수 등은 여과시킨 후 배수

13) 위험방지설비

공사 중 위험한 장소에는 울타리, 목책 또는 줄을 쳐서 위험 표시

14) 종말 정리청소

공사용 잔재, 콘크리트 찌꺼기, 벽돌 파손재, 합성수지재 등 불용잔재 처리

15) 기　타

① 통신설비 : 가설전화, 작업용 무전기, 공중전화 등을 설치
② 냉난방설비 : 가설사무소 및 작업장의 안전한 곳에 설치
③ 환기설비 : 지하실, pit, 작업장 등에 환기 및 비산 먼지를 방지하기 위한 설비 설치

2. 직접 가설공사

본 공사의 직접적인 수행을 위한 보조적 시설

1) 규준틀 설치

규준틀을 건축물의 모서리 및 기타 요소에 설치

2) 비계공사

건물의 외벽과 내부 천장 등에 공사 시 필요한 비계를 매고 비계다리를 설치하여 사용한다.

3) 안전시설

추락의 위험이 있는 곳이나 낙하물의 위험이 있는 곳에 안전시설 설치

4) 건축물 보양

공사 중 또는 작업 후 재료의 강도 및 구조물의 보호를 위해 보양

5) 건축물 현장정리

현장 내의 여러 자재 및 작업 잔재물 등을 정리 청소

V. 가설재의 개발방향

1) 강재화

① 강도상 안전하고 내구성 우수
② 접합이 확실하고 전용성 향상

2) 경량화

　① 취급 및 운반 용이

　② 가설부재의 체적 축소

3) 표준화(규격화, Standardization)

　① Unit한 부재의 사용으로 조립 및 해체 용이

　② 경제적이며 공기단축

4) 단순화(Simplification)

　① 단순한 구조의 가설재

　② 조립·해체 용이

5) 전문화(Specialization)

　① 각 부문별 전문화

　② 전용 횟수 증대

6) 재질향상

　① 경량 가설재의 개발

　② 가설재의 고강도화 개발로 전용 횟수 증가

Ⅵ. 결 론

① 가설공사는 본 공사를 합리적이고 능률적으로 실시하기 위한 기본요소가 되므로 공사내용과 현장조건에 맞는 적정 규모로서 사용의 편리함이 요구된다.

② 가설공사계획은 경제성, 안전성 등에 대한 사전 검토가 필요하며, 가설공사가 전체 공사에 미치는 영향을 고려하여 경제적이고 안전한 가설계획을 세워야 한다.

문제 2   가설공사 항목

● [01후(10), 02전(10), 03중(25), 11전(10)]

I. 개 요

① 가설공사는 본 공사의 완성을 위한 임시설비로 공사가 완료되면 해체 및 철거가 행하여지는 임시적인 공사이다.

② 가설공사의 항목은 크게 나누어 공통 가설공사와 직접 가설공사로 분류된다.

II. 가설공사의 특성

① 도면에 표시되지 않고 시공자가 계획하여 시공

② 최소한의 설비로 최대한의 효과 유도

③ 가설자재의 반복 사용

④ Unit한 부재를 사용하여 조립·해체 용이

III. 가설공사 항목

1. 공통 가설공사

공사 전반에 걸쳐 공통으로 사용되는 공사용 기계 및 공사관리에 필요한 시설

1) 대지조사

① 부지측량 : 경계측량, 현황측량, bench mark

② 지반조사 : 기초지질조사, 지하수조사, 지하매설물조사

2) 가설도로

① 현장진입로

② 현장 내 가설도로 및 가설교량

3) 가설울타리

① 시방서에 정하는 바가 없을 때에는 지반에서 1.8m 이상의 가설울타리 설치

② 가설울타리 종류 : 담장 울타리, 철조망 울타리, 철망 울타리 등

4) 가설건물

① 가설 사무실 · 숙소 · 식당 · 세면장 · 화장실 · 경비실 등
② 건물의 위치 확인 후 가설물의 규모, 위치 등 결정

5) 가설창고

① 시멘트창고, 위험물 저장창고, 자재창고 등
② 가설사무실과 가까운 곳에 설치하여 관리

6) 공사용 동력(가설전기)

① 전력 인입시 가설전선을 보호하기 위해 튜브 또는 케이블 사용
② 변전시설을 설치하여 책임자를 두어 관리
③ 작업 및 안전사고 예방, 방범 등에 지장이 없도록 가설조명장치 설치

7) 용수설비(가설용수)

① 수도 인입 및 지하수 설치
② 가설용수는 공사용, 식수용, 방화용, 위생설비, 청소용 포함

8) 시험설비

① 가설사무소와 근접한 위치에 시험실을 설치한다.
② 본 공사용 투입자재, 모래, 자갈, 벽돌, 레미콘 등의 압축강도 test 및 기타 시험을 한다.

9) 공사용 장비

① 공사용 장비는 적재하중의 초과 및 과속 등을 피하고 안전운행
② 공사용 장비의 수시 점검 및 운전자에 대한 안전교육 등 안전관리 철저
③ 공사용 장비 : 굴삭기, 덤프, 컴프레서, 타워크레인, 호이스트 등

10) 운 반

① 재료의 반입 및 반출
② 현장 내 소운반
③ 기계 및 시공장비의 반입 및 반출

11) 인접 건물 보상 및 보양

① 인접 건축물 피해보상
② 지하매설물 복구
③ 인접 건축물 및 지하매설물 보양

12) 양수 및 배수 설비

　① 고소 작업 시 공사용수는 고압펌프로 양수

　② 현장 내 오수·배수 등은 여과시킨 후 배수

13) 위험방지설비

　① 공사 중 위험한 장소에는 울타리, 목책 또는 줄을 쳐서 위험 표시

　② 야간에는 빨간색 전구를 써서 표시

　③ 특히 주의해야 할 곳은 감시원 배치

14) 종말 정리청소

　① 불용 잔재처리 : 공사용 잔재, 콘크리트 찌꺼기, 벽돌 파손재, 합성수지재

　② 오물처리 : 쓰레기 및 오물류

15) 기　타

　① 통신설비 : 가설전화, 작업용 무전기, 공중전화 등을 설치

　② 냉·난방설치 : 가설사무소 및 작업장의 안전한 곳에 설치

　③ 환기설비 : 지하실, pit, 작업장 등에 환기 및 비산 먼지를 방지하기 위한 설비 설치

2. 직접 가설공사

본 공사의 직접적인 수행을 위한 보조적 시설

1) 규준틀 설치

　① 규준틀을 건축물의 모서리 및 기타 요소에 설치

　② 규준틀의 종류 : 수평규준틀, 귀규준틀, 세로규준틀

2) 비계공사

　① 건물의 외벽, 내부 천장 등의 공사에 필요한 비계를 매고 비계다리를 설치하여 사용한다.

　② 비계의 종류 : 외부비계, 내부비계, 수평비계, 비계다리 등

3) 안전시설

　① 추락의 위험이 있는 곳이나 낙하물의 위험이 있는 곳에 안전시설 설치

　② 안전시설 종류 : 안전난간대, 안전선반, 낙하물 방지망, 위험표지 등

4) 건축물 보양

① 공사 중 또는 작업 후 재료의 강도 및 구조물의 보호를 위해 보양
② 보양 종류 : 콘크리트보양, 타일보양, 석재보양, 창호재보양, 수장재보양 등

5) 건축물 현장정리

① 공사 중 또는 끝난 후에는 재료운반작업 등으로 오염 및 손상 방지
② 현장 내의 여러 자재 및 작업잔재물 등을 정리 청소

Ⅳ. 가설재의 개발방향

1) 강재화

강도상 안전하고 접합이 확실하며, 내구성이 있어야 함.

2) 표준화

Unit한 부재의 사용으로 조립 및 해체 용이

3) 규격화

가설재의 대량생산으로 인력 절감 및 경제성 확보

4) 경량화

취급 및 운반의 용이 및 가설부재의 체적 축소

5) 시설의 동력화

조립 및 설치의 자동화 · 기계화

6) 재질향상

가설재의 고강도화 및 경량화로 전용 횟수 증대

Ⅴ. 결 론

① 가설공사는 본 공사를 위해 일시적으로 행하여지는 시설 및 설비이다.
② 가설항목에 대한 경제성, 안전성, 시공성 등을 고려하여 보다 합리적이고 능률적인 계획과 실시가 이루어져야 한다.

문제
3
가설공사비의 구성

● [77(25), 86(25)]

Ⅰ. 개 요

① 가설공사비란 본 공사의 원활한 추진을 목적으로 본 공사 진행에 맞추어 시공되는 가설공사에 소요되는 비용을 말한다.

② 가설비용은 공사의 내용 및 규모와 사용 가설재의 종류에 따라 가설공사비의 구성이 달라질 수 있으나, 가설공사가 전체 공사에 미치는 영향을 고려하여 가설공사비가 증대되지 않도록 합리적인 계획과 사전 검토가 필요하다.

Ⅱ. 가설공사비의 구성 및 분류

1) 가설공사비의 구성

일반적으로 전체공사비의 10%에 해당

① 가설재료비 : 3%

② 가설노무비 : 2%

③ 전력용수비 : 3%

④ 기계기구비 : 2%

2) 가설공사비의 분류

① 공통 가설비

공사 전반에 걸쳐 공통으로 사용되는 공사용 기계 및 공사관리에 필요한 시설

② 직접 가설비

본 공사의 직접적인 수행을 위한 보조적 시설

Ⅲ. 가설공사비의 구성

1. 공통 가설공사비

1) 대지조사

부지측량 및 지반조사

78

2) 가설도로

현장진입로, 현장 내 가설도로, 가설교량

3) 가설울타리

시방서에서 정하는 바가 없을 때에는 지반에서 1.8m 이상의 가설울타리 설치

4) 가설건물

가설 사무실·숙소·식당·세면장·화장실·경비실 등

5) 가설창고

시멘트창고, 위험물 저장창고, 자재창고 등

6) 공사용 동력(가설전기)

전력 인입, 변전시설, 가설조명 설치

7) 용수설비(가설용수)

수도 인입 및 지하수 설치

8) 시험설비

가설사무소와 근접한 위치에 시험실 설치

9) 공사용 장비

토공사용 장비, 양중장비, 자재·인력 수송장비

10) 운 반

재료의 반입·반출, 시공장비의 반입·반출, 현장 내 소운반

11) 인접건물 보상 및 보양

인접건축물 피해보상, 인접건축물 및 지하매설물 보양

12) 양수 및 배수 설비

① 고소 작업 시 공사용수는 고압펌프로 양수
② 현장 내 오수 및 배수 등은 여과시킨 후 배수

13) 위험방지설비

공사 중 위험한 장소에는 울타리, 목책 또는 줄을 쳐서 위험 표시

14) 종말 정리청소

공사용 잔재, 콘크리트 찌꺼기, 벽돌 파손재, 합성수지재 등 불용잔재 처리

15) 기　타
　　① 통신설비 : 가설전화, 작업용 무전기, 공중전화 등을 설치
　　② 냉·난방설비 : 가설사무소 및 작업장의 안전한 곳에 설치
　　③ 환기설비 : 지하실, pit, 작업장 등에 환기 및 비산 먼지를 방지 위한 설비
　　　설치

2. 직접 가설공사비

1) 규준틀 설치
　규준틀을 건축물의 모서리 및 기타 요소에 설치

2) 비계공사
　건물의 외벽, 내부 천장 등에 공사 시 필요한 비계를 매고 비계다리 설치 사용

3) 안전시설
　추락 위험이 있는 곳이나 낙하물 위험이 있는 곳에 안전시설 설치

4) 건축물 보양
　공사 중 또는 작업 후 재료의 강도 및 구조물의 보호를 위해 보양

5) 건축물 현장정리
　현장 내의 여러 자재 및 작업잔재물 등 정리 청소

Ⅳ. 결　론

① 가설공사비의 구성은 총공사비의 약 10%에 해당하는 금액으로 세밀한 계
　획과 진행에 의해 원가 절감을 최대한 할 수 있는 항목이다.
② 가설공사의 경제성, 시공성, 안전성 등에 대한 적정성 및 타당성의 검토로
　향후 개발이 더욱 가능한 분야라고 본다.

문제 4 **가설공사의 안전시설**

● [00중(10)]

Ⅰ. 개 요

① 가설공사의 특성은 일정한 기준이 없고 현장여건, 공사의 규모, 공사기간 등에 따라 다를 수가 있으므로 공사의 성격에 따른 계획수립과 안전에 대한 검토가 사전에 이루어져야 한다.

② 특히 가설공사는 소홀히 취급되는 공정으로 다른 공정에 비해 사고발생률이 높으므로 현장조건 및 타공정과의 연계성 등을 고려하여 안전성 확보에 유의해야 한다.

Ⅱ. 안전관리계획의 기본

① 제3자에 대한 안전 확보
② 인명의 존중
③ 작업환경의 개선
④ 안전의 제반사항 및 모든 규칙 존중

Ⅲ. 가설공사의 안전수칙

1) 작업내용을 정확히 파악하여 계획을 수립

계획 수립 시 무리한 계획은 피하고 여유 있는 계획을 수립하여 안전 확보

2) 작업착수 전 작업량, 인원 배치 등의 적정성 검토

신규 채용 근로자의 기능 정도와 건강상태 체크

3) 작업원의 복장, 보호구, 기구, 공구 등의 착용상태 확인 점검

안전모, 안전벨트의 착용상태 및 작업복장, 사용기구, 공구의 취급요령 등

4) 상·하층 동시작업 금지

상하 동시작업을 실시할 때에는 안전조치 후 작업 수행

5) 재해발생 우려시 관계자에게 즉시 보고

   재해 예상부분에 대한 사전예방 및 즉각 조치

6) 현장 정리정돈 철저

   현장 내의 자재 및 작업 잔재물 등을 정리정돈하여 깨끗한 작업환경 조성

Ⅳ. 안전시설의 종류 및 특성

1. 추락 방지망(안전 net)

1) 설치 목적

① 고소 작업 시 작업원의 추락방지를 위해 추락방지용(안전 net)으로 사용되는 방망

② 작업원의 추락 방지를 위한 목적으로 사용

2) 유의 사항

① 작업장소의 3~4.5m 아래에 설치

② 인장강도는 안전기준에 적합한 것을 사용

③ 철골 작업 시 내부에 높이 10m 이내마다 수평으로 설치

④ 용접 등으로 파손된 망은 즉시 교체

⑤ 설치 후 10m 높이에서 80kg의 무게로 낙하시험 실시

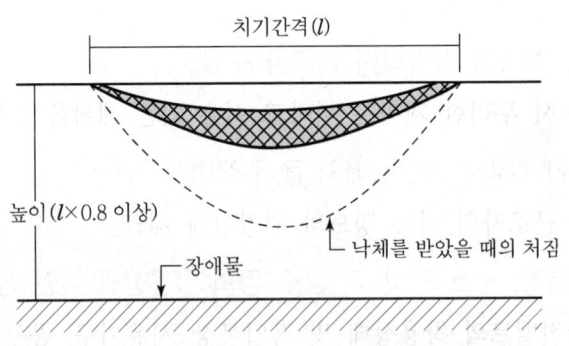

추락 방지망(안전 net)

2. 안전난간

1) 설치 목적

개구부, 작업 발판, 가설계단의 통로 등에서 작업원의 추락사고를 방지하기 위해 사용

2) 설치 기준

① 난간의 높이는 0.9m 이상
② 난간 중간대의 높이는 0.45m 이상
③ 사람이나 물체를 기대어도 도괴되지 않고 견딜 수 있을 것

3) 유의 사항

① 안전난간의 작업을 위해서 함부로 제거하지 말 것
② 안전난간에 재료를 기대어 두지 말 것
③ 난간대에 rope, 비계판 등을 설치하지 말 것

3. 낙하물 방지망

1) 설치 목적

고소작업 시 재료나 공구 등의 낙하로 인한 피해를 방지하기 위한 망

2) 설치 방법

① 높이가 20m 이하일 때는 1단 이상, 20m 이상일 때는 2단 이상 설치
② 첫단 망의 설치 높이는 지상에서 8m 이내 설치
③ 설치 간격은 10m를 기준
④ 내민 길이는 비계 외측으로부터 2m 이상
⑤ 설치 각도는 20~30° 유지
⑥ 망의 겹침 폭은 150mm 이상

4. 낙하물 방지선반(낙하물 방호선반)

1) 설치 목적

고소작업 시 재료나 공구 등의 낙하로 인한 피해를 방지하기 위한 합판 또는 철판

2) 유의 사항

① 풍압, 진동, 충격 등에 의해 탈락하지 않도록 견고하게 설치

② 방호선반의 깔판은 틈새가 없도록 설치

③ 내민 길이는 구조체의 외측으로 부터 2m 이상

④ 설치 높이는 지상으로 부터 8m 이내

⑤ 철판 설치시에는 두께 1.2mm 이상

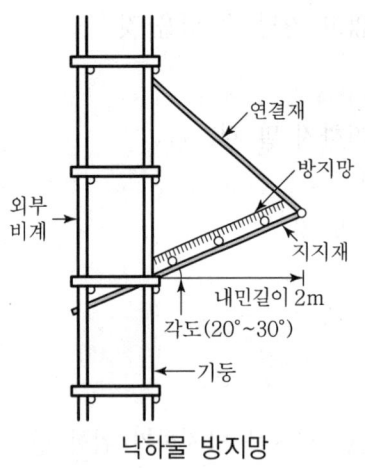

낙하물 방지망

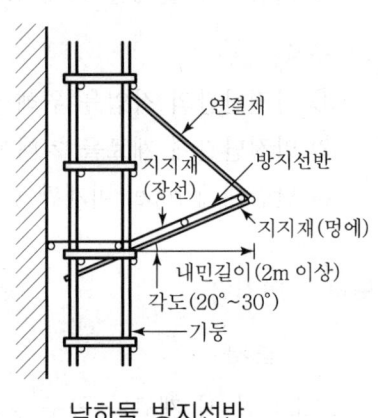

낙하물 방지선반

5. 보도방호구대

1) 설치 목적

① 보도상의 통행인을 위험에서 방호할 목적으로 설치

② 반드시 보도가 아니라도 통행인의 보호가 필요한 곳에 설치

2) 유의 사항

① 통행인의 보호구조틀은 철골조 또는 경량 철골조로 만들어 그 위에 발패널을 깔고 지붕 설치

② 지붕의 주위에는 낙하물이 밖으로 튀어나가지 않도록 0.6~1.0m 정도 높이의 징두리벽 설치

③ 지붕은 물매를 주어 물이 고이지 않게 함.

④ 천장은 없어도 되나 미관상 이중천장으로 많이 설치하고, 천장높이는 3m 이상으로 하며 천장에 조명시설 설치

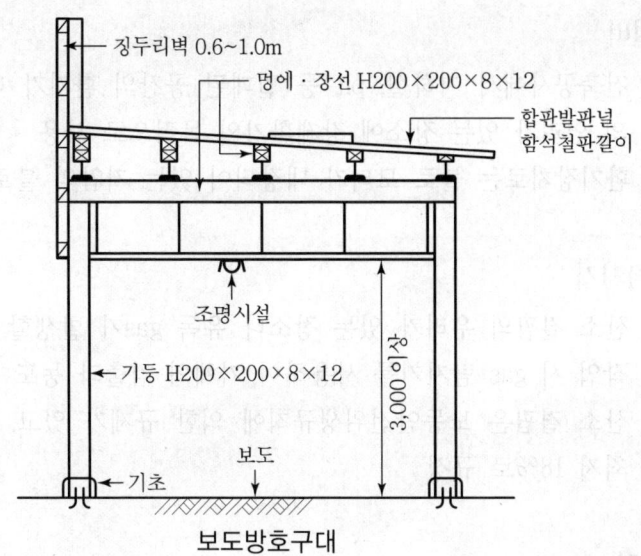

보도방호구대

6. 방호 Sheet(수직 방망)

1) 설치 목적

외부 발판에 설치하여 내부의 먼지, 쓰레기 또는 콘크리트 분말 등이 외부로 비산되지 않도록 방지

2) 유의 사항

① 화재 위험이 있는 작업 시에는 난연 처리된 보호망 설치
② 망을 붙여서 설치할 때 틈이 생기지 않도록 유의
③ 망연결에 사용되는 긴결재는 인장강도 100kg 이상의 것을 사용
④ 용접작업 등에 의해 파손시 즉시 교체

7. 안전선반

① 추락의 위험이 있는 개구부 주위 등에 잠정적으로 사용
② 고정식이 아니므로 해체 및 반복이 용이하나 안전난간의 대용 불가
③ 설치할 경우 위험장소에서 조금 떨어지게 하여 설치

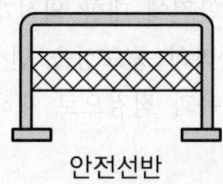

안전선반

8. 환기설비

　① 건축공사에서 지하실, pit 등 밀폐된 공간의 환기가 나쁜 장소나 산소 결핍
　　의 염려가 있는 장소에 강제환기의 목적으로 사용
　② 환기장치로는 블로 모터가 내장되어 있는 저압의 블로를 많이 사용

9. Gas 탐지기

　① 산소 결핍의 우려가 있는 장소나 유독 gas가 발생할 염려가 있는 장소에서
　　작업 시 gas 탐지기를 사용하여 기체의 검출과 농도 측정
　② 산소 결핍은 노동안전위생규칙에 의한 규제가 있고, 공기 속의 산소농도를
　　최저 18%로 규정

10. 기　타

　　위험표시 테이프(warning tape), 안전표시, 낙하물표시, 추락방지표시 등의 표
　　시물 부착

V. 안전대책

　① 가설공사계획 수립 시 실질적인 안전관리계획 수립
　② 현장 안전시설의 점검 및 안전교육 실시
　③ 위험공사 시공 시 안전관계자 입회하에 시공
　④ 안전보호구 비치 및 착용 지도
　⑤ 실무책임자 및 작업원의 안전의식 고취 및 강화
　⑥ 작업지시 단계에서부터 안전사항 철저 지시
　⑦ 안전관리의 조직운영 및 정기점검 강화로 안전관리 책임체제 확립

VI. 결 론

　① 가설공사의 안전에 대한 대책은 안전관리기준의 검토와 안전관리기법의 개
　　선 및 현장원 모두의 안전에 대한 의식개혁이다.
　② 현장원 모두가 안전관리의 중요성을 인식하고, 재해예상 부분에 대한 사전
　　예방과 철저한 사전교육과 점검으로 재해예방에 주력해야 한다.

가설공사가 전체 공사에 미치는 영향

● [81후(25), 11후(25), 16전(25)]

Ⅰ. 개 요

① 가설공사는 본 공사의 원활한 추진과 완성을 위한 임시설비로 본 공사가 완료되면 이동 또는 해체가 행해지는 보조시설이다.

② 가설공사의 양부에 따라 전체 공사에 영향을 미치게 되므로 면밀한 계획수립과 경제성, 안전성을 고려하여 시행되어야 한다.

Ⅱ. 가설공사의 특성

① 도면에 표시되지 않고 시공자가 계획하여 시공

② 최소한의 설비로 최대한의 효과 유도

③ 가설자재의 반복 사용

④ Unit한 부재를 사용하여 조립, 해체 용이

Ⅲ. 가설공사 항목

1) 공통 가설공사

① 대지조사

② 가설도로

③ 가설울타리

④ 가설건물

⑤ 가설창고

⑥ 공사용 동력(가설전기)

⑦ 용수설비(가설용수)

⑧ 시험설비

⑨ 공사용 장비

⑩ 운 반

⑪ 인접 건물 보상 및 보양

⑫ 양수 및 배수 설비

⑬ 위험방지설비

⑭ 종말 정리 청소

⑮ 기　타 : 통신설비, 냉·난방설비, 환기설비

2) 직접 가설공사

① 규준틀 설치

② 비계공사

③ 안전시설

④ 건축물 보양

⑤ 건축물 현장정리

Ⅳ. 전체 공사에 미치는 영향

1) 사전조사 철저

① 주변 환경조사, 지반조사 등을 정확히 실시하여 조사분석하고 시공계획 수립 철저

② 가설공사 진행시 사전조사 부족에 따른 공법 변경 및 수정으로 공기지연 발생

2) 가설공사 설치시기

① 가설공사 항목에 따라 본 공사 진행속도에 맞추어 설치

② 본 공사에 영향을 주지 않는 면밀한 시공계획 수립

3) 설치위치

① 본 공사의 진행상 지장이 없고 이용에 적절한 설치위치를 선정한다.

② 설치위치 선정에 따라 공기에 영향을 미친다.

4) 설치 규모 및 성능

① 본 공사의 구조, 규모에 따라 가설공사 필요항목 결정 및 가설규모 결정

② 가설 장비·설비·성능 등은 본 공사에 지장이 없는 범위 내에서 선정

5) 공사공정관리 측면

① 가설구조물, 시공장비, 시공설비의 효율성과 적용성 등에 따라 본 공사와의 공정관리에 지장 초래

② 공사의 입지적 조건에 따라 적재적소에 적량의 가설물 설치 또는 배치

6) 공사품질관리 측면

① 가설공사의 가설항목의 부적합 시 품질관리면에 영향을 미친다.
② 품질관리면에 영향을 미치는 가설항목
  ㉮ 재료의 운반 및 재료 적치장
  ㉯ 각종 조사 및 각종 시험
  ㉰ 시공장비 선택 및 시공시설 부적합

7) 공사원가관리 측면

① 가설공사의 특성상 현장관리자의 경험과 능력에 따라 원가절감 가능
② 가설공사는 보조시설이나 면밀한 계획하에 원가관리를 할 것
③ 가설재의 개발로 노무비 절감을 통한 원가관리

8) 공사안전관리 측면

① 가설공사는 다른 공정에 비해 사고발생률이 높으므로 안전성 확보에 유의
② 타공정과의 연계성을 고려하여 재해 예상부분에 대한 사전예방 및 즉각 조치

9) 동력·용수 설비의 적합성 검토

① 동력설비 및 용수설비의 적정용량 산출
② 동력용량 부족으로 인한 장비사용 불가능 및 용수 부족으로 인한 공사용수의 부족으로 공기지연과 공사비 증대 초래

10) 기계장비의 적합 및 반출입 검토

① 시공 기계장비의 수량, 규격, 성능 등을 사전조사하여 적합성 검토
② 공사진행에 따라 적정시기에 반출입으로 공기단축

11) 화재예방 및 방화설비

① 공사현장의 위험물을 저장하고 사용 시의 화재예방 및 방화설비 철저
② 불의의 사고로 인한 공사중단, 이중공사 등으로 공기지연 및 공사비 증대

12) 환경보전설비

① 공사계획 시 현장 주위의 사전조사를 철저히 하여 예상되는 공해요소에 대한 방지설비 및 방지책 마련
② 공해에 따른 민원 발생으로 공사중단 및 공기지연을 초래하여 공사비 증대

Ⅴ. 가설재의 개발방향

1) 강재화

① 강도상 안전하고 내구성 우수
② 접합이 확실하고 전용성 향상

2) 경량화

① 취급 및 운반 용이
② 가설부재의 체적 축소

3) 표준화(규격화, Standardization)

① Unit한 부재의 사용으로 조립 및 해체 용이
② 경제적이며 공기단축

4) 단순화(Simplification)

① 단순한 구조의 가설재
② 조립ㆍ해체 용이

5) 전문화(Specialization)

① 각 부문별 전문화
② 전용 횟수 증대

6) 재질 향상

① 경량 가설재의 개발
② 가설재의 고강도화 개발로 전용 횟수 증가

Ⅵ. 결 론

① 가설공사는 본 공사를 능률적으로 시공 및 진행시키기 위한 기본요소로 주 변환경과 지반조사 등 사전조사를 철저히 하여 시공계획을 세워야 한다.
② 가설공사의 경제성, 시공성, 안전성 등에 대한 검토와 끊임없는 연구개발로 가설공사가 전체 공사에 미치는 영향을 최소화해야 한다.

永生의 길잡이 - 둘

그 다음에는

한 젊은이가 명문 법과대학의 교수를 만날 약속을 했다. 교수를 만나서 법률공부를 하고 싶다고 했다. 교수는 그 이유를 물어보았다.

"변호사가 되고 싶습니다. 저의 재치와 웅변으로 사회명사가 되고자 합니다."

"그 다음에는?" 교수가 물었다.

"그 다음에는 외국에 가서 이름난 법률학교에서 공부하렵니다."

"그 다음에는?"

"그 다음에는 부자가 되어 이름을 날릴 것입니다."

"그 다음에는?"

"예, 그 다음에는 안정된 생활을 하게 되겠지요."

"그 다음에는?"

"그 다음에는 나이가 들면서 편안한 나날을 보낼 것입니다."

"그 다음에는?"

"그 다음에는 아마……… 죽게 되겠지요."

교수는 의자에 비스듬히 기대면서 조용하게 물었다.

"그 다음에는?"

젊은이는 더 이상 할 말이 없었다. 집에 돌아와서도 교수의 질문이 계속 귓가에 맴돌고 있었다. 죽은 다음에는 무슨 일이 있을까. 매우 근심에 싸여 기독교인 친구와 의논했다. 오래지 않아 젊은이는 그리스도를 영접하게 되었다.

chapter

3장 | 토공사

1. 토공사계획 ····································· 102
2. 토공사계획 수립 시 사전조사 ················· 110
3. 지반조사의 종류와 방법 ····················· 115
4. Boring ·· 121
5. 토질주상도(土質柱狀圖), 시추주상도 ·········· 124
6. 지반개량공법 ································· 127
7. 흙파기공법 ··································· 140
8. 흙막이공법 ··································· 146
9. 흙막이공사의 H-pile에 토압작용 시 pile에 대한
   힘의 균형관계 도시 ························· 154
10. Earth anchor 공법 ·························· 158
11. Soil Nailing 공법 ·························· 166
12. 지하연속벽(Slurry wall) 공법 ··············· 171
13. 안정액 관리방법 ···························· 178
14. S.C.W(Soil Cement Wall) 공법 ·············· 183
15. Top down 공법(역타공법) ··················· 189
16. SPS(Strut as Permanent System
    : 영구 구조물 흙막이) 공법 ················· 195
17. 배수공법 ··································· 204
18. 터파기공사에서 강제 배수 시
    발생하는 문제점 및 대책 ··················· 213
19. 영구배수(dewatering)공법 ··················· 217
20. 흙막이공사 시 주변 지반의 침하원인 및 방지대책 ·· 223
21. 지하 흙막이 시공의 계측관리(정보화 시공) ······ 227
22. 흙막이 굴착 시 지하수 대책 ················· 231
23. 흙막이공사의 근접 시공 ··················· 236
24. 지하외벽 합벽처리 공사 ··················· 241

토공사 기출문제

1	1. 건축물의 지하공사 계획 시 고려해야 할 사항을 열거하고, 계획순서에 대하여 기술하여라. [86, 25점]
	2. 지하공사계획 시 다음에 대하여 논하여라. [90전, 30점]
	  ㉮ 흙막이공법 선정
	  ㉯ 지하수 대책
	  ㉰ 현장 주변의 환경보전계획
	3. 도심지 지하터파기 계획 수립 시 고려사항에 대하여 기술하시오. [05전, 25점]

2	4. 토공사 계획수립을 위한 사전조사 사항에 대하여 설명하여라. [89, 25점] 5. 대규모 흙막이공사 계획에서 조사, 검토하여 할 사항을 들고 그 이유를 간단히 기술하시오. [98중전, 40점] 6. 도심지공사의 착공 전 사전조사(事前調査) [11후, 10점] 7. 건축현장의 지하토공사 시공계획 시 사전조사사항과 장비 선정 시 고려사항에 대하여 설명하시오. [12전, 25점] 8. 현장대리인이 착공 전 확인하여야 할 사항 중 대지 및 주변현황 조사에 대하여 설명하시오. [15후, 25점] 9. 대규모 도심지공사에서 지반굴착공사 시 사전조사사항, 발생되는 문제점 및 현상에 대하여 설명하시오. [20중, 25점]
3	10. 지반(地班)조사의 종류와 방법에 관하여 설명하라. [78후, 30점] 11. 표준관입시험 [78후, 5점] 12. N치(지내력 조사시) [79, 5점] 13. 표준관입시험 [84, 5점] 14. 표준관입시험 [91, 8점] 15. 표준관입시험 [18후, 10점] 16. 건축 구조물의 대형화에 따른 지정 및 기초 공사의 중요성과 주의사항에 대하여 기술하고, 공사안전을 위한 지반조사, 부지 주변, 및 근린 시설상황조사, 공사 중 계측관리에 관하여 중점적으로 논술하시오. [97후, 40점] 17. 지반투수계수 [01전, 10점] 18. Vane Test [03전, 10점] 19. N值(N Value) [03중, 10점] 20. 흙의 전단강도 [03후, 10점] 21. 흙의 전단강도 및 쿨롱의 법칙 [05중, 10점] 22. 토질조사 방법에 대하여 기술하시오. [06중, 25점] 23. 건축공사의 토질시험 [18후, 10점] 24. 토질 지반조사의 지하탐사법 및 보링(Boring)에 대하여 기술하시오. [09중, 25점] 25. 표준관입시험의 N치(N Value) [09중, 10점] 26. 표준관입시험의 N값 [20후, 10점] 27. 지반조사의 목적과 방법을 설명하고, 설계단계와 시공단계의 지반조사 자료가 서로 상이할 경우 대처방안에 대하여 설명하시오. [11전, 25점] 28. 지반조사의 목적과 조사단계별 내용 및 방법을 설명하시오. [22후, 25점] 29. Piezo-cone 관입시험 [11전, 10점] 30. 흙의 전단강도 [12전, 10점]
4	31. 흙의 전단강도 [18전, 10점] 32. 보링(boring)방법에 의한 지반조사에 관하여 기술하여라. [90후, 30점] 33. 건축물 기초 선정을 위한 보링 테스트(Boring Test)에서 보링 간격 및 깊이에 대하여 설명하시오. [10후, 25점]

5

34. 토질주상도(柱狀圖) [99중, 20점]
35. 토질주상도의 용도 및 현장시공 시 활용방안을 기술하시오. [01후, 25점]
36. 착공 전 시추 주상도 활용방안에 대하여 기술하시오. [05중, 25점]
37. 토질주상도(柱狀圖) [06전, 10점]
38. 토질주상도 [07중, 10점]
39. 지반조사에서 보링(Boring) 시 유의사항과 시추 주상도(柱狀圖)에서 확인할 수 있는 사항에 대하여 설명하시오. [15전, 25점]
40. 지반조사에서 보링(Boring) 시 유의사항과 토질주상도에 포함되어야 할 사항을 설명하시오. [21후, 25점]
41. 암질지수(Rock Quality Designation) [20전, 10점]

6

42. Soil Cement [77, 5점]
43. 연약지반에 대한 지반안전공법(지반개량공법)의 종류를 들고 각각 그 특징에 대하여 설명하라. [78전, 25점]
44. 지반개량공법에 대하여 설명하여라. [81전, 25점]
45. 중동지방에서의 지반안전공법에 관하여 기술하여라. [81후, 25점]
46. 지반개량공법의 종류를 열거하고, 각각 그 특성에 대하여 기술하여라. [86, 25점]
47. Sand Drain [93후, 8점]
48. 진공배수공법 [06후, 10점]
49. 부동침하를 방지할 목적으로 흙입자 사이의 공극을 시멘트, 벤토나이트, 약액 등으로 충전하여 연약지반을 개량하여 지내력을 증가시키는 공법을 무엇이라 하는가? [94후, 5점]
50. 건축공사에 적용되는 주요 지반안전공법에 관하여 기술하여라. [98중후, 30점]
51. J.S.P(Jumbo Special Pile) [99전, 20점]
52. JSP(Jumbo Special Pile) 공법을 설명하고 적용범위를 기술하시오. [01후, 25점]
53. JSP(Jumbo Special Pattern) 공법의 특성 [16전, 10점]
54. Soil Cement [02전, 10점]
55. 연약지반 지하층 구체 공사 시 검토할 사항을 기술하시오. [03전, 25점]
56. Sand Drain [04후, 10점]
57. 기초공사 중 JSP [05전, 10점]
58. H-Pile 토류벽에 L.W. Grouting 공법을 적용한 흙막이에서 발생할 수 있는 하자요인과 방지대책에 대하여 설명하시오. [10중, 25점]
59. 건축공사 흙막이 배면의 차수공법인 SGR(Soil grouting rocket)의 현장 적용범위와 시공 시 유의사항에 대하여 설명하시오. [11후, 25점]
60. LW(Labiles wasserglass) Grouting [13전, 10점]
61. 연약지반 공사에서의 주요 문제점(전단과 압밀 구분) 및 개량공법의 목적에 대하여 설명하시오. [14전, 25점]

7

62. 흙파기 기초공사에서
　㉮ 흙파기공법의 종류　　　　㉯ 흙막이공법의 종류
　㉰ 배수방법의 종류를 열거하고 각각에 대하여 설명하라. [77, 25점]
63. 흙파기공법에 관하여 설명하여라. [81후, 25점]
64. 인접지에 고층 건물이 있는 도심지 대지에서 지하 3층(깊이 약 12m)의 터파기공법을 기술하여라. [82후, 50점]
65. 트렌치 커트 공법(Trench cut method) [91후, 8점]
66. 지하실 흙파기를 할 때 중앙부분을 먼저 파고 기초 등 시설물을 설치한 후 시설물 등을 주위 흙막이벽의 버팀대받이로 한 후 주위의 흙을 파들어가는 공법은 무엇인가? [94후, 5점]

7	67. 흙파기 공사의 시공관리에 대하여 기술하시오. [95중, 40점] 68. 아일랜드공법과 트렌치 커트 공법 [96중, 10점] 69. 개착(Open Cut) 공법 [00후, 10점] 70. 토공사에서 Island Cut 공법과 Trench Cut 공법의 특징 및 시공 시 유의사항에 대하여 설명하시오. [12후, 25점]
8	71. 흙막이 공법에 대하여 기술하여라. [81전, 30점] 72. 흙막이벽의 종류를 설명하고 이에 따른 기초파기방법을 분류하여 각각 간단히 설명하여라. [84, 30점] 73. 흙막이 공법에 대하여 기술하여라. [85, 25점] 74. 흙막이공사에 있어서 다음 공법들의 적용 장소, 관리상 유의사항에 대하여 기술하여라. [88, 25점] ㉮ Island cut(15점) ㉯ Top-down(10점) 75. 지하층의 흙막이공사 중 스트러트(strut) 공법에 대하여 설명하시오. [97전, 30점] 76. 도심지 심층지하 흙막이공법 선정 시 고려사항 [02중, 25점] 77. 흙막이 공사의 IPS(Innovative Prestress Support) [06후, 10점] 78. 흙막이공사에서 Strut 시공 시 유의사항에 대하여 설명하시오. [11중, 25점] 79. 흙막이 공법 중 IPS 시스템(Innovative Prestressed Support Earth Retention System)의 공법순서 및 시공 시 유의사항을 설명하시오. [16전, 25점] 80. IPS(Innovative Prestressed Support)공법 [21전, 10점] 81. 도심지 흙막이 스트러트(Strut) 공법 적용 시 시공순서와 해체 시 주의사항에 대하여 설명하시오. [17전, 25점] 82. 도심지 공사에서 적용 가능한 흙막이 공법에 대하여 설명하시오. [19전, 25점] 83. 흙막이 공법을 지지방식에 따라 분류하고, 탑다운 공법 선정 시 그 이유와 장단점을 설명하시오. [20중, 25점] 84. 타이로드(Tie rod)공법 [21중, 10점]
9	85. 흙막이 공사의 H-pile에 토압이 작용할 때 철판말뚝 힘의 균형관계를 단면도를 통하여 도시하여 설명하여라. [90전, 30점] 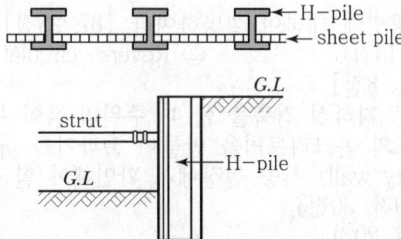 86. 토질별(모래, 연약점토, 강한점토) 측압분포 [02후, 10점] 87. 흙막이 벽체에 작용하는 1) 토압의 종류 2) 토압 분포도 3) 지지방법을 기술하시오. [03후, 25점] 88. 토공사 시 사면 안정성(斜面安定性) 검토에 관해 기술하시오. [06후, 25점] 89. 주동토압, 수동토압, 정지토압 [15중, 10점] 90. 정지토압이 주동토압보다 더 큰 이유 [19중, 10점]
10	91. Rock anchor [95전, 10점]

토공사 기출문제

10	92. Rock Anchor 공법의 용도와 시공방법을 기술하시오. [02전, 25점]
	93. Removal Anchor(제거용 Anchor) [03중, 10점]
	94. 제거식 U-Turn 앵커(Anchor) [07후, 10점]
	95. Jacket Anchor 공법 [08후, 10점]
	96. 어스앵커(Earth Anchor) 공법의 정의, 분류, 시공순서 및 붕괴방지대책에 대하여 설명하시오. [09후, 25점]
	97. 부력을 받는 건축물의 Rock Anchor 공사에서 아래 사항에 대하여 설명하시오. [10후, 25점]
	  1) 천공 직경을 앵커 본체(Anchor Body) 직경보다 크게 하는 이유, 천공 깊이를 소요깊이보다 크게 하는 이유
	  2) 자유장과 정착장 길이 확보 이유
	  3) Anchor Hole의 누수 대책
	98. 토공사에서 흙막이 Earth Anchor의 붕괴원인 및 방지대책에 대하여 설명하시오. [12후, 25점]
	99. 토공사에서 어스앵커(Earth anchor) 내력시험의 필요성과 시공 단계별 확인 시험에 대하여 설명하시오. [14후, 25점]
	100. 건축물의 기초저면에 설치하는 락 앵커(Rock Anchor)의 시공목적 및 장·단점과 시공단계별 유의사항에 대하여 설명하시오. [15중, 25점]
	101. 흙막이 공사에서 Earth Anchor 천공 시 유의사항과 시공 전 검토사항에 대하여 설명하시오. [15후, 25점]
	102. 흙막이공사에서 어스앵커(Earth Anchor)의 홀(Hole) 누수경로 및 경로별 방수처리에 대하여 설명하시오. [18전, 25점]
	103. 흙막이벽의 붕괴원인과 어스앵커(Earth anchor) 시공 시 유의사항 [22전, 25점]
	104. 어스앵커(Earth Anchor)의 홀(Hole)방수 [22후, 10점]

11	105. Soil Nailing 공법 [99중, 20점] 106. 지반 굴착 공사에서 사면안전 공법으로 활용되고 있는 Soil Nailing 공법의 개요와 장단점 및 시공 방법에 대하여 서술하시오. [01중, 25점] 107. 흙막이공법 중 쏘일네일링(Soil Nailing)공법과 어스앵커(Earth Anchor) 공법을 비교하여 설명하시오. [05후, 25점] 108. 압력식 Soil Nailing [15중, 10점]
12	109. 건축물의 기초공법에 대하여 설명하여라. [87, 25점] ① Slurry wall(15점) ② Reverse circulation(10점) 110. Tremie관 [93후, 8점] 111. 도심지에서 깊은 지하실 건축을 할 때 주위의 흙이 무너지는 것을 방지하기 위해 두께 800mm 정도의 콘크리트벽을 만들어 흙파기를 하는 공법은? [94후, 30점] 112. 슬러리 월(Slurry wall) 시공 현장에서 확인해야 할 품질관리 사항을 시공 순서대로 기술하시오. [99전, 30점] 113. Tremie관 [99전, 20점] 114. Slurry Wall 공사의 콘크리트 타설 시 유의사항을 기술하시오. [00중, 25점] 115. 벽체 상부에 Dry Wall이 설치되는 연속지중벽(Slurry wall) 공사의 굴착과 콘크리트 타설 방법에 대하여 논하시오. [01후, 25점] 116. Cap Beam [03후, 10점] 117. 지하 연속벽(Slurry Wall) 공법의 ① 장비동원 계획 ② 시공순서 ③ 시공 시 유의사항을 기술하시오. [04전, 25점] 118. Slurry Wall 공법에서 Guide Wall의 역할과 시공 시 유의사항을 기술하시오. [04중, 25점]

12	119. 트레미관을 이용하여 Slurry Wall 콘크리트 타설 시 유의사항 기준에 대하여 설명하시오. [04후, 25점]
	120. 지하토공사 작업 시 발생하는 Slime 처리방법에 대하여 기술하시오. [06전, 25점]
	121. 지하연속벽 시공 시 하자발생의 원인과 대책에 대하여 설명하시오. [08중, 25점]
	122. 트레미(Tremie) 관을 이용한 콘크리트 타설공법 [09후, 10점]
	123. Slurry wall공사 완료 후 구조체와의 일체성 확보를 위한 작업방안에 대하여 설명하시오. [15전, 25점]
	124. Slurry Wall공사에서 Guide Wall의 시공방법 및 시공 시 유의사항에 대하여 설명하시오. [16전, 25점]
	125. 도심지 지하굴착공사 흙막이 공법 중 CIP, SCW, Slurry Wall 공법의 장단점과 설계·시공 시 고려사항에 대하여 설명하시오. [21전, 25점]
	126. 슬러리월(Slurry Wall)공사 중 가이드월(Guide Wall) [22중, 10점]
	127. 도심지 지하굴착공사 흙막이 공법 중 CIP, SCW, Slurry Wall 공법의 장단점과 설계·시공 시 고려사항에 대하여 설명하시오. [21전, 25점]
13	128. 벤토나이트(Bentonite) [85, 5점]
	129. 벤토나이트(Bentonite) [90후, 10점]
	130. 지하 토공사에서 사용하는 안정액(安定液)에 대하여, 역할과 시공 시 관리사항을 기술하시오. [03중, 25점]
	131. 일수(逸水) 현상 [04중, 10점]
	132. Slurry Wall 공사의 안정액 관리방법에 대하여 기술하시오. [06전, 25점]
	133. Slurry Wall의 안정액 [07전, 10점]
	134. 지하연속벽 공사 중의 일수현상 [08중, 10점]
	135. Slurry Wall의 안정액 [12후, 10점]
	136. 지하연속벽(Slurry wall) 시공 시 안정액의 기능과 요구 성능 및 굴착 시 관리기준에 대하여 설명하시오. [16중, 25점]
	137. 지하연속벽 공사 시 안정액에 포함된 슬라임의 영향 및 처리방안에 대하여 설명하시오. [17전, 25점]
	138. 슬러리월 시공 시 안정액의 기능 [22후, 10점]
14	139. Soil cement 주열벽 [98후, 20점]
	140. S.C.W(Soil Cement Wall)공법 [00전, 10점]
	141. 주열식 흙막이 공법의 배치 방법과 특성에 대하여 기술하시오. [05중, 25점]
	142. 도심지 흙막이공사에 적용되는 주열식 흙막이벽 공법의 종류(Soil Cement Wall, Cast In Plate Pile, Packed In Plate Pile)를 비교 설명하시오. [06후, 25점]
	143. SCW(Soil Cement Wall)의 굴착방식, 공법적용 및 시공 시 고려사항에 대하여 설명하시오. [10후, 25점]
	144. 도심지 지하굴착공사 흙막이 공법 중 CIP, SCW, Slurry Wall 공법의 장단점과 설계·시공 시 고려사항에 대하여 설명하시오. [21전, 25점]
15	145. 대지의 좌우측면 및 후측면에서는 20층의 건축물이 있고 지하철이 있는 전면 넓은 도로에 접한 대지에 지하 7층, 지상 25층의 건축물을 건축하고자 할 때 현장 책임기술자로서 귀하가 택하고자 하는 지하굴착공법에 대하여 기술하여라. [90후, 40점]
	146. 지하공사 시 지반에 대한 영향을 최소화하고 지상공사까지를 합하여 공기를 단축할 수 있는 방안을 제시하시오. [94후, 25점]
	147. 역타공법(Top and Down 공법) [95전, 10점]
	148. 역타공법(Top Down 공법)의 특징, 시공순서 및 시공 시 유의사항에 대하여 설명하시오. [96중, 30점]

토공사 기출문제

15	149. 역타공법의 선정배경과 가설 및 장비 계획에 대하여 기술하시오. [01전, 25점]
	150. Top Down 공법 시공순서와 시공 시 주의사항에 대하여 기술하시오. [05전, 25점]
	151. 대지가 협소한 도심지 건축공사에서 골조공사를 효율적으로 시행하기 위한 1층 바닥 작업장 구축방안에 대하여 설명하시오. [11후, 25점]
	152. 지하구조물 구축용 Top Down 공법의 일반사항을 요약하고, 공기단축, 공사비 절감, 작업성 및 안전성 향상 등을 위해 응용적용사례를 설명하시오. [12중, 25점]
	153. Top Down 공법에서 철골기둥의 정렬(Alignment) [14전, 10점]
	154. Top Down 공법에서 Skip시공 [14중, 10점]
	155. 흙막이공법을 지지방식으로 분류하고 Top-Down 공법으로 시공계획 시 검토사항에 대하여 설명하시오. [18후, 25점]
	156. Top Down 공법의 특징과 공법의 주요 요소를 설명하시오. [20전, 25점]
	157. 흙막이 공법을 지지방식에 따라 분류하고, 톱다운 공법 선정 시 그 이유와 장단점을 설명하시오. [20중, 25점]
16	158. SPS(Strut as a Permanent System)에 대하여 설명하시오. [04후, 25점]
	159. 지하, 지상 동시공법(Up-Up 또는 Double Up공법)의 시공 프로세스에서의 내용을 간략하게 기술하시오. [06중, 25점]
	160. 흙막이 공사에 적용되는 SPS(Strut as Permanent System) 공법을 설명하시오. [07후, 25점]
	161. SPS(Strut as Permanent System)공법의 개요와 특징을 설명하고, Up-Up 공법의 시공순서에 대하여 설명하시오. [10중, 25점]
	162. 흙막이공사에서 CWS(Buried Wale Continuous Wall System) 공법과 SPS(Strut as Permanent System) 공법을 비교 설명하시오. [11중, 25점]
	163. SPS(Strut as Permanent System) Up-Up 공법에 대하여 설명하시오. [16후, 25점]
	164. 도심지 공사에 적합한 역타공법 중 BRD(Bracketed Supported R/C Downward)와 SPS (Strut as Permanent System) 공법에 대하여 설명하시오. [21전, 25점]
17	165. 웰 포인트(well point) 공법 [85, 5점]
	166. Well point 공법 [96중, 10점]
18	167. 터파기공사에서 차수공법을 기술하고 강제 배수 시 발생하는 문제점과 대책을 설명하시오. [92전, 30점]
	168. 지하수 수위가 높은 지반의 대규모 흙막이 공사에서 지하수 수압으로 인한 문제점 및 수압 방지 대책을 기술하시오.(단, 지하수위 G.L-8m, 굴착심도 30m, 지상 30층) [00전, 25점]
	169. 지하실 터파기 공사에서 강제 배수 시 발생하는 문제점과 대책을 설명하시오. [00중, 25점]
	170. 도심지공사에서 지하굴착할 때 강제배수공법 적용 시 발생될 수 있는 문제점 및 대책에 대하여 설명하시오. [12중, 25점]
19	171. 유공관을 사용한 지하영구배수(Dewatering) 공법에 대하여 기술하시오. [02후, 25점]
	172. 지하구조물에 작용하는 양압력(up-lifting force)을 줄이기 위한 영구배수공법에 대하여 기술하시오. [05중, 25점]
	173. 드레인 매트(Drain mat)배수시스템 공법 [05중, 10점]
	174. 바닥배수 Trench [06후, 10점]
	175. De-Watering 공법 [09중, 10점]
	176. 배수판(Plate) 공법 [16전, 10점]

토공사 기출문제

19	177. PDD(Permanent Double Drain) 공법 [17전, 10점] 178. 영구배수공법(Dewatering) [21후, 10점]
20	179. 흙막이공사에 있어서 주변 지반의 침하를 일으키는 원인을 열거 설명하고, 그 응급대책을 기술하여라. [76, 25점] 180. 현장 소장으로서 흙막이의 안전관리상 유의해야 할 사항을 기술하여라. [84, 30점] 181. 연약지반에서 흙막이공사 및 굴토 시공 시 주의사항에 대하여 논하여라. [92후, 30점] 182. 흙막이벽 설치기간 중에 발생하는 이상현상을 열거하고 그 원인, 발견방법 및 방지대책에 대하여 기술하시오. [98후, 40점] 183. 흙막이벽의 하자 유형을 기술하고 하자 발생에 대한 사전대책과 사후대책을 설명하시오. [99후, 40점] 184. 엄지 말뚝 흙막이 공사에서 주위의 지반이 침하하는 주요 원인과 방지대책을 설명하시오. [00중, 25점] 185. 흙막이벽 시공 시에 있어 주위지반 침하의 원인과 그 대책에 대하여 기술하시오. [05후, 25점] 186. 구조물의 침하발생 원인과 방지대책을 기술하시오. [06중, 25점] 187. 흙막이공사 시 주변침하 원인과 방지대책에 대하여 논하시오. [08전, 25점] 188. 지하 흙막이공사의 안전관리에 대하여 설명하시오. [08중, 25점] 189. 도심지 대형건축물 토공사 시 지하흙막이의 붕괴 전 징후, 붕괴원인 및 방지대책을 기술하시오. [09전, 25점] 190. 도심지 대형건축물 토공사 시 지하흙막이 벽의 붕괴 전 징후, 붕괴원인 및 방지대책을 설명하시오. [17중, 25점] 191. 흙막이벽 공사 중 발생하는 하자유형 및 방지대책에 대하여 설명하시오. [10중, 25점] 192. 흙막이 구조물의 설계도면 검토사항과 굴착 시 발생할 수 있는 붕괴형태 및 대책에 대하여 설명하시오. [14중, 25점] 193. 토공사에서 흙막이벽의 붕괴원인에 따른 대책 및 시공 시 주의사항에 대하여 설명하시오. [21후, 25점] 194. 흙막이벽의 붕괴원인과 어스앵커(Earth anchor) 시공 시 유의사항을 설명하시오. [22전, 25점] 195. 지하구조물 공사 시 발생하는 싱크홀(Sink hole)의 원인과 유형을 정의하고, 지하수 변화에 따른 싱크홀 방지 대책에 대하여 설명하시오. [19후, 25점]
21	196. 도심지의 지하 흙막이공사의 계측관리에 대하여 설명하여라. [93전, 30점] 197. 정보화 시공 [95중, 10점] 198. 지하 흙막이공사 시 계측관리 항목 및 유의사항에 대하여 기술하시오. [97중후, 30점] 199. 흙막이공사 시 계측관리 기기의 종류와 용도에 대하여 기술하시오. [98중후, 30점] 200. 흙막이공사에 필요한 계측관리 항목 및 유의사항에 대하여 기술하시오. [02전, 25점] 201. 흙막이공사의 지반계측에 있어서 다음 측정 대상에 대한 계측항목, 계측기기, 계측목적을 설명하시오. [02후, 25점] 1) 토류벽 2) 스트러트(strut) 3) 주변지반 4) 인접 구조물 202. 간극수압계(Piezometer) [03전, 10점] 203. 도심지 흙막이 공사의 계측관리 항목과 유의사항에 대하여 기술하시오. [07전, 25점] 204. 지하굴토공사에 사용되는 계측기기의 종류를 쓰고, 각 계측기기의 설치위치 및 용도를 설명하시오. [07후, 25점] 205. 지하흙막이 공사에서 고려해야 할 계측관리에 대하여 설명하시오. [10전, 25점]

토공사 기출문제

21	206. Tilt meter와 Inclinometer [13전, 10점]
	207. 건축물 신축공사 시 현장 측량관리 및 수직도 관리방법에 대하여 설명하시오. [13전, 25점]
	208. 공사착수 시점에서 측량 시 검토사항과 유의사항에 대하여 설명하시오. [13중, 25점]
	209. 도심지 지하흙막이 공사 시 계측기 배치 및 관리방안에 대하여 설명하시오. [14후, 25점]
	210. 흙막이 공사 시 계측관리를 위한 기기종류와 위치선정에 대하여 설명하시오. [19전, 25점]
	211. 흙막이 계측관리의 목적, 계측계획 수립 시 고려사항 및 계측기의 종류에 대하여 설명하시오. [19중, 25점]
	212. 지하흙막이 공사 시 계측항목과 계측관리방안에 대하여 설명하시오. [21중, 25점]
	213. 지하굴착공사에 사용되는 계측기의 종류와 용도, 위치선정에 대하여 설명하시오. [22후, 25점]
22	214. 도심지에서 굴착도가 25m 이상이고, 지상 20층의 건축물을 건축할 때 지하수 대책 및 굴착 방법에 대하여 기술하시오. [94전, 30점]
	215. 도심지공사의 굴착공사 중에 발생하는 지하수 처리방안에 대하여 설명하시오. [08중, 25점]
	216. 지하 굴착공사 시 지하수 처리방안에 대하여 설명하시오. [11중, 25점]
	217. 도심지에서 터파기 공사 중 지하수가 유입되면서 철골 수평 버팀대가 붕괴 발생 시 긴급 조치할 사항과 지하수 유입에 대한 사전 대책을 설명하시오. [18중, 25점]
23	218. 흙파기공사 시공계획 수립 시 근접시공의 유의사항과 주변구조물의 피해방지대책에 대하여 기술하여라. [93후, 35점]
	219. 도심지 밀집 지역 근접공사의 인접 시설물 및 매설물 안전대책에 대하여 기술하시오. [01전, 25점]
	220. 기존 구조물에 근접하여 터파기공사 및 말뚝박기공사를 시행할 때 예상되는 문제점과 대책을 기술하시오. [02후, 25점]
	221. 도심지에서 근접 시공 시 인접 구조물의 피해방지 대책에 대하여 설명하시오. [14후, 25점]
24	222. 도심지 공사에서 지하외벽의 합벽처리 공사와 관련하여 준공 후 발생되는 하자 유형을 열거하고 설계 및 시공상의 방지대책을 기술하시오. [01중, 25점]
	223. 건축공사에서 지하 흙막이 벽체와 외벽 콘크리트합벽공사 시 하자유형 및 방지대책에 대하여 설명하시오. [11후, 25점]
	224. 지하합벽 시공 시 흙막이 엄지말뚝 변위에 따라 발생되는 지하외벽의 단면손실에 대한 보강방법과 관련하여 다음사항을 설명하시오. [14후, 25점] 1) 설계 및 시공 시 고려사항 2) 시공상의 또는 지반조건에 따라 이격거리 이상의 변위 발생 시 보강방안
기출	225. 보강토 옹벽의 개요, 특징, 구성재료와 시공 시 유의사항에 대하여 기술하시오. [05중, 25점]
	226. 널말뚝식 흙막이공사의 하자발생요인 중에서 Heaving failure, Boiling failure 및 Piping 현상에 대한 방지대책에 대해 기술하시오. [09중, 25점]
	227. 건축 토공사 되메우기 후 흙의 동상(Frost Heaving) 발생원인과 방지대책에 대하여 설명하시오. [14중, 25점]
용어	228. 지내력시험 [93전, 8점]
	229. 토공사 지내력시험의 종류와 방법 [07중, 10점]

용어

230. 재하시험(載荷試驗) [77, 5점]
231. 평판재하시험(Plate Bearing Test) [00전, 10점]
232. 보일링(Boiling) 및 히빙(Heaving) [85, 5점]
233. Heaving 현상 [00전, 10점]
234. Boiling [02후, 10점]
235. Heaving 현상 [07후, 10점]
236. 보일링(Boiling)과 히빙(Heaving) [09전, 10점]
237. 흙막이 공사의 Boiling 현상 [11중, 10점]
238. 사질지반의 액상화(quick sand, boiling) [87, 5점]
239. 액상화(Liquefaction) [16후, 10점]
240. 사질지반에 널말뚝을 박고 배수하면서 기초파기를 하면 외부지반 수위와 기초파기 저
    면과의 수위차에 의해서 모래와 물이 함께 속출하는 현상은? [94후, 5점]
241. 액상화(液狀化) [03후, 10점]
242. 동결심도 결정방법 [15후, 10점]
243. DBS(Double Beam System) [17후, 10점]
244. 액상화 현상 [10전, 10점]
245. 샌드 벌킹(Sand bulking) [99후, 20점]
246. Sand Bulking [17전, 10점]
247. 흙의 연경도(Consistency) [04중, 10점]
248. 흙의 연경도(Consistency) [18중, 10점]
249. 지반의 압밀 [79, 5점]
250. 압밀현상(consolidation) [84, 5점]
251. 흙의 압밀침하 [09전, 10점]
252. Consolidation [03전, 10점]
253. 흙의 압밀(Consolidation) [15중, 10점]
254. 압밀도와 시험방법 [06중, 10점]
255. 흙의 간극비 [95전, 10점]
256. 예민비 [95후, 10점]
257. 예민비(sensitivity ratio) [02중, 10점]
258. 토사의 안식각(安息角) [77, 5점]
259. GPS 측량기법 [02중, 10점]
260. GPS(Global Positioning System) 측량 [12전, 10점]
261. Dam Up 현상 [05후 10점]
262. 지반의 팽윤현상 [12중, 10점]
263. 토량환산계수에서 L값과 C값 [13중, 10점]
264. 토공사에서 피압수 [13중, 10점]
265. 슬러리월(Slurry Wall) 공법의 카운트월(Count Wall) [17중, 10점]
266. GPS(Global Positioning System) 측량 [17중, 10점]
267. 초고층 공사에서의 GPS(Global Positioning System) 측량 [20중, 10점]
268. 흙의 투수압(透水壓) [15후, 10점]
269. 흙막이 벽체의 Arching 현상 [18중, 10점]
270. PPS(Pre-stressed Pipe Strut) 흙막이 지보공법 버팀방식 [19후, 10점]
271. MPS(Modularized Pre-stressed System) 보 [19후, 10점]
272. 표준사 [20중, 10점]

문제 1 토공사계획

● [86(25), 90전(30), 05전(25)]

Ⅰ. 개 요

① 최근 터파기 공사는 지하 설계깊이의 증가로 인해 대형사고가 우려되므로 철저한 지반조사를 통한 적정 시공법의 채택으로 대처하는 것이 토공사계획의 관건이다.

② 근접시공 시 발생할 수 있는 문제에 대한 대책을 철저히 수립하고, 사전조사한 자료를 토대로 적정하고 강성이 높은 공법을 채택하여야 하며, 계측관리를 철저히 시행하여 사전에 위험요소를 예방한다.

Ⅱ. 사전조사

① 입지조건 검토
② 지반조사
③ 설계도서 검토
④ 계약조건 검토

Ⅲ. 토공사계획 flow chart

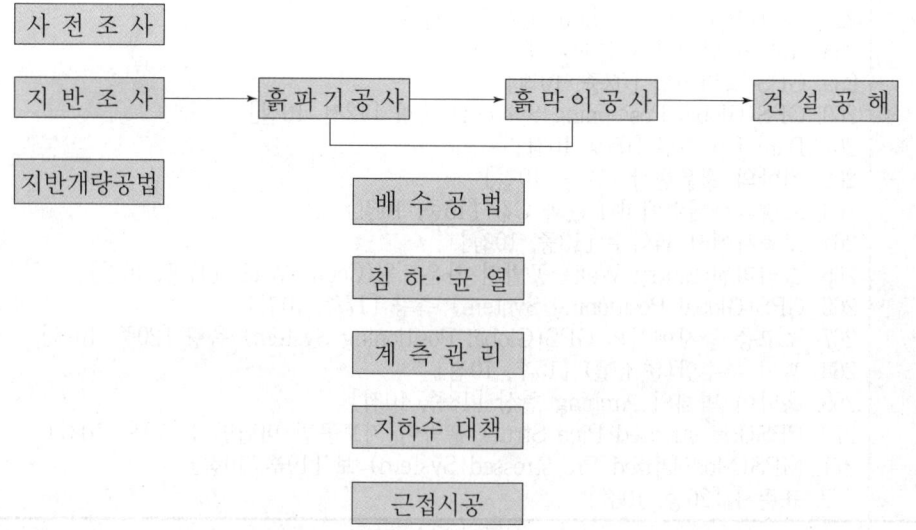

Ⅳ. 토공사계획

1. 사전조사

설계에서부터 계약조건, 입지조건, 공해·기상 등 일련의 검토 내용들을 공사 착수 전에 파악하고 본 공사 시 공기의 장기화를 막을 수 있어야 양질의 건축물을 얻을 수 있다.

① 설계도서 검토
② 계약조건 검토
③ 입지조건
④ 지반조사
⑤ 환경·공해
⑥ 계절·기상
⑦ 관계법규

2. 지반조사

지반조사란 토질·토층·지하수위·지반의 내력·장애물 상황 등을 조사하는 것을 말한다.

① 지하탐사법
　㉮ 터파보기(sound rod)
　㉯ 시험파기(test pit)
　㉰ 물리적 탐사
② Boring
　㉮ Auger boring
　㉯ 수세식 boring
　㉰ 충격식 boring
　㉱ 회전식 boring
③ Sounding
　㉮ 표준관입시험
　㉯ Vane test
④ Sampling
　㉮ 교란 시료
　㉯ 불교란 시료

103

⑤ 토질시험

　㉮ 물리적 시험

　㉯ 역학적 시험

⑥ 지내력시험

　㉮ 평판재하시험

　㉯ 말뚝박기시험

　㉰ 말뚝재하시험

3. 지반개량공법

지반조사 결과 원하는 지층에 지내력이 나오지 않을 경우 연약지반을 개량하여 지반의 지내력을 높이는 공법을 말한다.

1) 사질토 지반

① 진동다짐공법(vibro floatation)

② 모래다짐말뚝공법(composer 공법, sand compaction pile)

③ 전기충격공법

④ 폭파다짐공법

⑤ 약액주입공법

⑥ 동다짐공법(동압밀공법 : dynamic compaction 공법)

2) 점성토 지반

① 치환공법

　㉮ 굴착치환

　㉯ 미끄럼치환

　㉰ 폭파치환

② 압밀공법

　㉮ Preloading 공법(선행재하공법, 사전압밀공법)

　㉯ 사면선단재하공법

　㉰ Surcharge 공법(압성토공법)

③ 탈수공법(연직배수공법, vertical drain 공법, 압밀촉진공법)

　㉮ Sand drain 공법

　㉯ Paper drain 공법

　㉰ Pack drain 공법

④ 배수공법

㉮ Deep well 공법

㉯ Well point 공법

⑤ 고결공법

㉮ 생석회 말뚝공법

㉯ 소결공법

㉰ 동결공법

⑥ 동치환공법(dynamic replacement)

⑦ 전기침투공법

⑧ 침투압공법

⑨ 대기압공법(진공공법)

⑩ 표면처리공법

4. 흙파기공법

건축물의 기초를 설치하기 위하여 적당한 깊이로 땅을 파는 것을 흙파기라 하며, 지하수위가 높거나 피압수층의 지반에서는 흙파기공사 실시 전에 사전조사를 철저히 하여 적정한 공법을 채택하여야 한다.

① 구덩이모양

㉮ 구덩이파기

㉯ 줄파기

㉰ 온통파기

② 형식에 따른 분류

㉮ Open cut

㉠ 경사면 open cut

㉡ 흙막이 open cut

㉯ Island cut

㉰ Trench cut

5. 흙막이공법

흙막이공법은 흙막이 배면에 작용하는 토압을 지지하는 구조물로서 지지방식에 따른 분류와 구조방식에 따른 분류로 나누어 계획한다.

① 지지방식
  ㉮ 자립식
  ㉯ 버팀대식
    ㉠ 수평버팀대
    ㉡ 빗버팀대
  ㉰ Earth anchor식
② 구조방식
  ㉮ H-pile 공법
  ㉯ Sheet pile 공법
  ㉰ Slurry wall 공법
  ㉱ Top down 공법
  ㉲ 구체 흙막이공법
    ㉠ Well 공법
    ㉡ Caisson 공법

6. 배수공법

배수공법이란 지반 속의 간극수를 제거함으로써 지반의 밀도를 증가시켜 흙의
지지력을 높이는 공법을 말한다.
① 중력배수
  ㉮ 집수통 배수
  ㉯ Deep well 공법
② 강제배수
  ㉮ Well point 공법
  ㉯ 진공 deep well 공법
③ 영구배수공법
  ㉮ 유공관 설치공법
  ㉯ 배수관 설치공법
  ㉰ 배수판 공법
  ㉱ Drain mat 공법
④ 복수공법(recharge 공법)
  ㉮ 주수공법
  ㉯ 담수공법

7. 침하 · 균열

흙막이공사 시 흙막이 배면에 작용하는 토압 · 수압과 흙막이 재료 불량 · 과재하 등으로 발생하는 주변 지반의 침하 및 균열은 토공사계획 시부터 철저한 관리가 필요하다.

① Strut 불량
② 측 압
③ 뒤채움 불량
④ 배수계획 불량
⑤ 지표면 과재하
⑥ Boiling 현상
⑦ Heaving 현상
⑧ Piping 현상
⑨ 피압수현상
⑩ 소 단

8. 계측관리

계측관리란 고층화된 도심지의 근접시공 시 흙막이의 기울기, 균열 등에 대비하고, 토공사 시 토류벽의 변형 등을 미리 예측, 발견, 조치하기 위한 일련의 관리를 말한다.

① 인접구조물의 기울기 측정 : tilt meter, level, transit
② 인접구조물의 균열 측정 : crack gauge, crack scale
③ 지중수평변위 계측 : inclinometer
④ 지중수직변위 계측 : extensometer
⑤ 지하수위 계측 : water level meter
⑥ 간극수압 계측 : piezo meter
⑦ Strut 부재응력 측정 : load cell
⑧ Strut 변형 계측 : strain gauge
⑨ 토압측정 : soil pressure gauge
⑩ 지표면 침하 측정 : level, staff
⑪ 소음측정 : sound level meter
⑫ 진동측정 : vibro meter

9. 지하수 대책

주변 지반의 침하는 대형사고의 원인이 되어 사회 문제화되기도 하며, 원상복구도 어렵다. 이 때문에 침하의 원인이 되는 지하수 관리는 충분한 사전조사에 의한 관리가 필요하다.

① 차수공법
  ㉮ 흙막이 공법
    ㉠ Sheet pile 공법
    ㉡ Slurry wall 공법
    ㉢ Top down 공법
  ㉯ 고결공법
    ㉠ 생석회 말뚝공법
    ㉡ 소결공법
    ㉢ 동결공법
  ㉰ 약액주입공법
    ㉠ Cement grouting
    ㉡ L.W grouting
② 배수공법
  ㉮ 중력배수공법
  ㉯ 강제배수공법
  ㉰ 영구배수공법
  ㉱ 복수공법

10. 근접시공

도심지 신축건물이 대형화·고층화하고, 토지의 효율성 증대를 위하여 신축건축물과 인접건축물이 근접하고 있어 저소음, 저진동 공법의 개발과 정보화 시공이 절실히 요구된다.

11. 환경·공해

건설공사 시 발생하는 소음, 분진, 진동, 악취, 지반균열, 지하수오염 등은 토공사 계획 시 중요한 요인으로 작용하므로 철저한 관리가 요망된다.

V. 결 론

① 토공사계획은 주변 지반의 변화·토질·토층·지하수위·지내력·장애물 상황 등 철저한 사전준비조사가 무엇보다 중요하다.

② 토공사 시 발생할 수 있는 모든 요소들에 대하여 사전에 대비하고, 계측관리 등의 정보화 작업을 통해 공사현장의 안전성을 확보해야 한다.

<table>
<tr><td>문제
2</td><td></td></tr>
</table>

토공사계획 수립 시 사전조사

● [89(25), 98중전(40), 11후(10), 12전(25), 15후(25), 20중(25)]

I. 개 요

① 토공사란 흙파기·흙막이·운반·되메우기 등의 일련의 과정을 통하여 지하구조물 등을 구축하기 위한 공사를 말한다.

② 굴착공사 시 발생하는 대형 사고가 사회 문제화되기도 하므로 철저한 사전 준비 및 계측관리에 의한 시공이 필요하다.

II. 토공사계획 flow chart

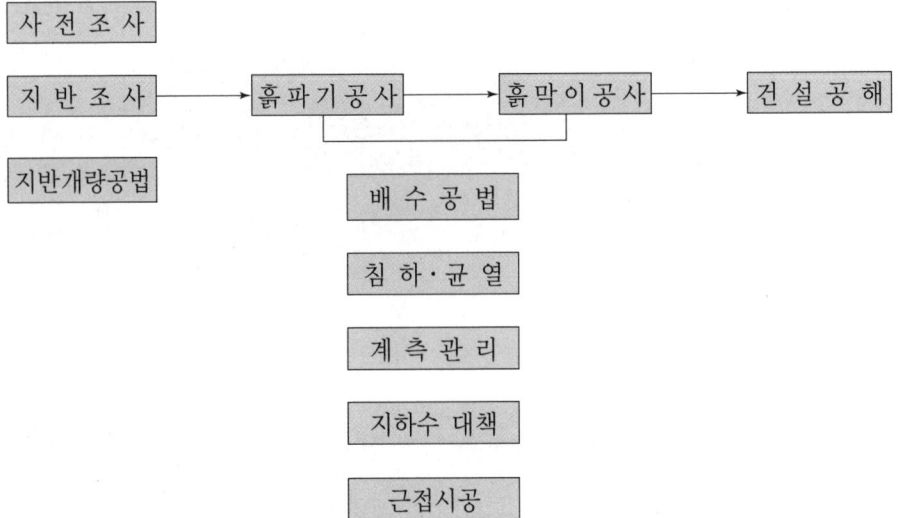

III. 사전조사

1. 설계도서 검토

① 설계도면·시방서·구조계산서 검토, 도면과 현장과의 차이점 분석

② 굴착단면 검토

2. 계약조건

① 제반 계약서 내용 숙지

② 관계법령, 법적 규제조건 조사

3. 입지조건

1) 부지 상황

① 도로경계선과 인접 건물의 경계선 확인
② 지반 고저차

2) 매설물

① 잔존 구조물의 위치 형상, 매설물의 위치, 치수
② 상수도, 하수도, 전기, 통신설비, gas관, pipe관

3) 공작물

① 전주, 가로수, 통신케이블, 수도 등 부지 외 공작물과 부지 내 공작물 파악
② 연못, 우물, 옥외등, 수목 등의 위치

4) 교통 상황

① 부지까지의 도로폭
② 주변 도로의 상황, 잔토처리장까지 경로

5) 인접 구조물

① 인접 건물과 거리, 구조 형식, 지하실 크기
② 특수 구조물 여부

4. 지반조사

1) 지반의 구성

① 지층의 구성 순서 파악
② 각층의 두께

2) 지층의 토질 성상

① 물리적 성상 : 단위용적 중량, 입도 분포
② 역학적 성상 : 점착력, 내부 마찰각, 1축압축강도
③ 수리적 성상 : 투수성, 간극, 수압

5. 지하수 상태

수위, 수압, 수량, 피압수 파악

6. 지반의 고저

    ① 전면도로와 지반의 고저차 분석

    ② 인접 건물의 G.L과 신축건물의 차이 분석

    ③ 도로 복구 여부 파악

7. 계절 및 기상

    ① 강우량, 집중호우, 하천범람, 지반침하 여부

    ② 안전상, 공기상 대책 수립

8. 환경공해 문제

    ① 소음, 분진, 진동 등에 대한 민원대책

    ② 지하수 사용 상황

9. 관계법규 조사

    ① 행정관청의 인허가 사항 검토

    ② 교통 통제 여부

10. 공사실적 조사

    인근에서 행해지고 있는 지하공사의 시공법

11. 고대 유적지 여부

    문화재 발굴 시 관계기관과 협의

Ⅳ. 토공사계획 시 검토사항

1) 흙파기공사

    굴토기계 선정, 흙파기 순서, 잔토처리 반출계획

2) 흙막이공사

    공법 선정, 가설구조물의 안전성, heaving, piping 검토

3) 배수 · 지하수

    배수공법, 배수경로 분석, 차수공법 검토

4) 근접시공

사면의 안전성, 측압, 소단, 피압수 굴착저면, boiling, 부동침하, underpinning 의 필요성 여부

5) 계측관리

위험 발생요소 사전 정보화

Ⅴ. 토공사 장비선정 시 고려사항

1) 공사 종류

① 토공사 종류에 따른 장비 선정
② 굴착·적재·운반·정지·다짐 등의 작업 종별을 고려하여 기계 선정

2) 공사 규모

① 대규모 공사에서는 대용량의 표준기계 사용
② 소규모 공사에서는 소형 수동장비의 사용

3) 운반 거리

지형, 토공량, 토질을 감안한 기계의 경제적 운반 고려

4) 시공성

① 현장 토질, 지형에 적합한 기계 선정
② 작업량에 충분한 용량을 갖춘 작업효율이 높은 기계 선정

5) 기계 용량

① 기계의 용량이 상승 시 기계 경비가 증대
② 기계 용량과 기계 경비의 관계를 검토하여 선정

6) 범용성

① 보급도가 높고 사용범위가 넓은 장비를 선정
② 특수기계 사용 시 작업현장의 지형 및 타공사의 전용성을 고려

7) 경제성

유지 보수가 쉬우며 타공사에 대한 전용 고려

8) 안전성

① 결함이 적고 성능이 안정된 기계
② 충분히 정비가 이루어진 기계

9) 무공해성
① 소음, 진동이 적은 기계
② 주변 환경에 영향을 미치지 않는 기계
③ 저소음, 저진동 기계 선정

Ⅵ. 결 론

① 토공사 시 사고가 발생하면 원상회복이 어렵고 사고의 결과도 인명피해를 동반한 대형사고가 많아 토공사계획 시 문제 발생요소들의 점검이 무엇보다 중요하다.
② 사전조사를 시행하여 신중한 공사계획을 수립해야 하며, 특히 계측관리를 통하여 토공사의 안전성 확보에 철저를 기하여야 한다.

<table>
<tr><td>문제
3</td><td>지반조사의 종류와 방법</td></tr>
</table>

● [78후(5), 78후(30), 79(5), 84(5), 91(8), 97후(40), 01전(10), 01후(25), 03전(10), 03중(10), 03후(10), 05중(10), 06중(25), 09중(10), 09중(25), 11전(25), 11전(10), 12전(10), 18전(10), 18후(10), 20후(10), 22후(25)]

I. 개 요

① 지반조사란 대지 내의 토층·토질·지하수위·지내력·장애물 상황 등을 조사하는 것을 말한다.

② 지반조사는 건축물의 기초 및 토공사의 설계·시공에 필요한 data를 구하기 위하여 실시한다.

II. 필요성(목적)

① 토질의 공학적 특성 파악
② 토층의 구조, 연속성, 두께, 횡방향 범위 파악, 토질 주상도 파악
③ 대표적인 시료 채취
④ 지하수위 및 피압수 여부 파악

III. 지반조사의 순서

1) 사전조사

현지 기존 구조물 파악 및 문헌을 통한 예비지식으로 지반의 상태를 추정하는 조사

2) 예비조사

① 자료조사 및 현장답사 결과를 근거로 구조물이 요구하는 제반사항 파악
② 자료조사, 현장답사, boring, sounding, 전단시험 등

3) 본조사

① 예비조사를 근거로 지반의 문제점에 대한 조사방법 선정 및 자료수집
② 지반조사, 암조사, boring, 물리적 탐사 등

4) 추가조사

기초형식 및 추정 지지층이 부적당할 때 본조사 결과의 보완·보강 목적으로 실시

Ⅳ. 지반조사 종류 및 방법

1. 지하탐사법

1) 짚어보기

① 직경 $\phi 9mm$ 철봉을 이용하여 인력으로 삽입, 지반의 저항 정도로 분석

② 지반의 경연 파악

2) 터파보기

① 소규모 공사에 적용하며 삽으로 구멍을 파보는 법

② 간격 5~10m, 구멍지름 1m 내외, 깊이 1.5~3m

3) 물리적 탐사법

① 지반의 구성층 및 지층변화의 심도를 판단하는 방법

② 전기저항식, 강제진동식, 탄성파식 탐사방법이 있으나 주로 전기저항식 이용

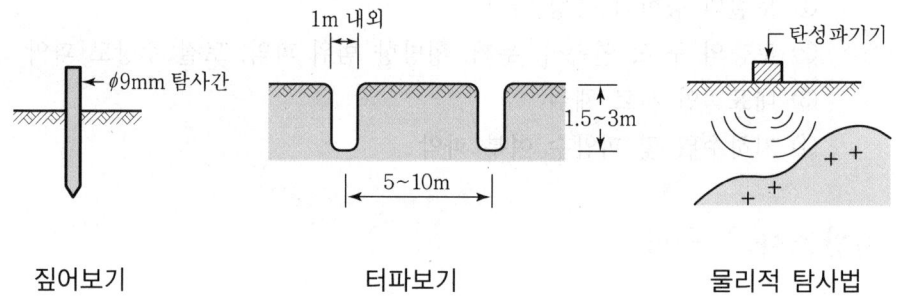

| 짚어보기 | 터파보기 | 물리적 탐사법 |

2. Boring

1) 의 의

① 지중에 $\phi 100mm$(35~500mm) 강관으로 천공 후 토사채취, 토질조사

② 흙의 지층 판단, 역학시험을 위한 시료 채취, 토층성상, 층두께, 지하수 확인

③ 표준관입시험, vane test

2) 종 류

① 오거 보링(auger boring)

연약 점성토 및 중간 정도 점성토에 적용, 깊이 10m 내외

② 수세식 보링(wash boring)

㉠ 충격을 주며, 펌프로 압송한 물의 수압에 의해 물과 함께 배출

㉡ 비교적 연질로 깊이 30m 내외, 침전 후 토질 판별

③ 충격식 보링(percussion boring)
㉮ Bit 끝에 천공구 부착, 상하 충격에 의한 천공
㉯ 일반적인 건축공사에 많이 적용, 토사 암반에도 천공 가능
④ 회전식 보링(rotary type boring)
Bit 회전시켜 천공하며, 비교적 자연상태 그대로 채취 가능

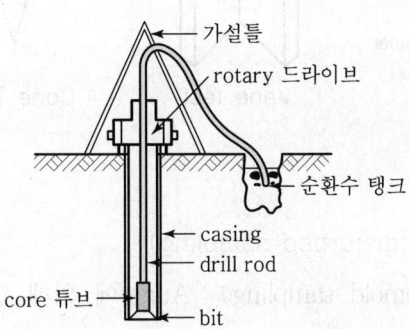

```
                          ── 가설틀
                      ── rotary 드라이브

                              ── 순환수 탱크

                ── casing
                ── drill rod
     core 튜브 ──
                ── bit
```

3. Sounding

1) 표준관입시험(S.P.T. : Standard Penetration Test)
① 중량 63.5kg, 높이 75cm에서 자유낙하, 30cm 관입시 타격횟수(N치)
② 흙의 지내력 판단, 사질토 적용

2) Vane test
① Boring의 구멍을 이용하여 vane(十자형 날개)을 지중에 소요깊이까지 넣은 후 회전, 저항하는 moment 측정
② 점토질 점착력 판단방법, 깊이 10m 내가 적당

3) Cone 관입시험
① 원추형 cone을 지중에 관입할 때의 저항력 측정
② 흙의 경연 정도 측정
③ Piezocone 관입시험은 지반의 지지력과 간극수압의 측정이 가능

4) 스웨덴식 sounding
① Screw point를 100kg으로 하중 혹은 회전
② 회전수와 관입량으로 토층의 상황 판단

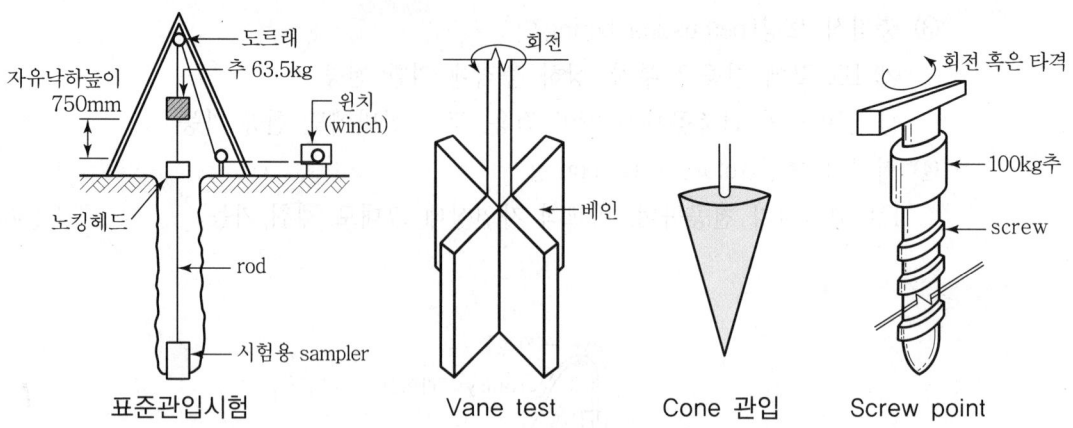

표준관입시험   Vane test   Cone 관입   Screw point

4. Sampling(시료 채취)

1) 교란 시료 샘플링(disturbed sampling)

리몰드 샘플링(remold sampling) : Auger에 의해 연속적으로 샘플을 채취하는 방법

2) 불교란 시료 샘플링(undisturbed sampling)

① Thin wall sampling : 연약한 점성토, 신뢰도 우수
② Composite sampling : 굳은 점토 혹은 모래에 적합
③ Dension sampling : 단단한 점성토에 적합
④ Foil sampling : 길고 연속적인 시료 가능, 연약지반 적용, 완전한 토질시험 가능

5. 토질시험

1) 물리적 시험(분류판별시험)

① 흙의 물리적 성질을 판단하는 시험, 안정성 판별
② 함수량, 비중, 입도, 액성한계, 소성한계, 단위체적 중량, 투수시험이 있다.

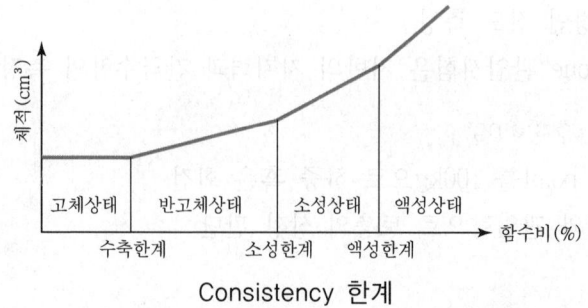

Consistency 한계

2) 역학적 시험

흙의 역학적 성질을 판단하는 가장 중요한 시험. 전단강도는 점착력(C)과 마찰각(ϕ)에 의해 결정

$$S = C + \bar{\sigma}\tan\phi \text{(쿨롱의 법칙)}$$

S : 전단강도
C : 점착력
$\bar{\sigma}$: 유효응력
ϕ : 내부 마찰각

① 직접전단시험 : 수직력을 가해 대응하는 전단력 측정
② 1축압축시험 : 직접하중을 가해 파괴시험
③ 3축압축시험 : 일정한 측압과 수직하중을 가해 공시체 파괴시험

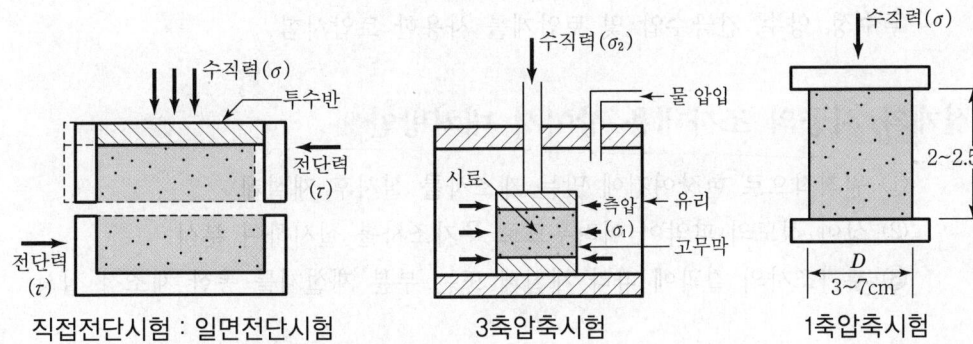

직접전단시험 : 일면전단시험　　　3축압축시험　　　1축압축시험

6. 지내력 시험

1) 평판재하시험(P.B.T. : Plate Bearing Test)

① 평판에 하중을 가하여 하중과 변위량의 관계에서 지반강도 특성 파악
② 단기하중은 장기하중의 2배

2) 말뚝박기시험

① 말뚝박기 장비를 이용하여 직접 관입량, rebound 측정
② 말뚝의 장기허용지지력 산정

$$R_a = \frac{F}{5S+0.1} = \frac{W \cdot H}{5S+0.1}$$

R_a : 말뚝지지력(t)

F : W · H(t · m)

W : hammer 무게(t)

H : 낙하고(m)

S : 말뚝 최종관입량(m)

3) 말뚝재하시험

① 말뚝의 지지력을 실물재하에 의해서 판단, 실제 설계 지지력 확인시 사용

② 연직재하 최대하중은 예상 장기 설계하중의 3배

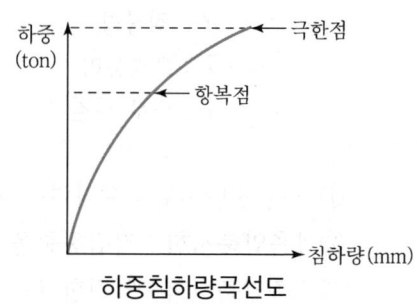

하중침하량곡선도

7. 기타 시험

투수성, 양수, 간극수압 및 토압계를 사용한 토압시험

V. 설계와 시공의 조사내용 상이시 대처방안

① 원칙적으로 현장여건에 맞는 재조사를 실시후 재설계

② 상이 정도의 파악이 어려우므로 추가조사를 실시하여 분석

③ 추가조사의 결과에 따라 재설계 또는 부분 재설계를 통한 재조정 실시

VI. 결 론

① 지반조사는 공사와 관련되는 토질의 제반 문제점들을 정확히 파악하기 위해 필요하며, 사전에 본공사에 소요되는 시간과 예산을 충분히 감안하여 종합적인 관점에서 지반조사를 실시해야 한다.

② 토질의 분포와 성질을 철저히 조사하는 일은 토공사를 합리적, 경제적으로 관리하는 데 있어서 대단히 중요하며, 조사방법의 선택과 활용은 공사의 성패를 결정하는 중요한 요건이 되고 있다.

<table>
<tr><td>문제
4</td><td>**Boring**</td></tr>
</table>

● [90후(30), 10후(25), 18전(10)]

Ⅰ. 개 요

① Boring이란 지중에 구멍을 뚫어 토질시료를 채취하여 지반의 깊이에 따른 지층의 구성상태를 파악하기 위한 지반조사의 한 방법이다.

② 지중의 토질 분포, 토층의 구성 등을 알 수 있고, 토질 주상도를 그릴 수가 있으며, 이것은 또 다른 조사법과 병용하기도 한다.

Ⅱ. Boring의 목적

① 토질의 관찰

② 토질시험용 sample 채취

③ 토사의 내부 마찰각 판단

④ 점착력 판정

Ⅲ. Boring 계획

1) Boring 깊이

① 경미한 건축물 : 기초폭의 1.5~2배

② 일반 건축물 : 20m 또는 지지층 이상

2) Boring 간격

① 구멍간격이 30m 정도로 하고, 중간지점은 물리적 지하탐사법에 의거 보충

② 동일 부지 내 3개소 이상 조사

3) Boring 천공

Boring 구멍은 수직으로 파는 것이 중요함.

4) 시 료

① 채취된 시료는 햇빛에 방치하지 말 것

② 자연상태 유지

Ⅳ. Boring 종류 및 시공방법

1) Auger boring

① 깊이 10m 이내의 보링에 쓰이는 송곳을 auger라 함
② 점토층에 적합한 나선형으로 되어 인력으로 지중에 틀어 박을 수 있는 auger

2) 수세식 boring(wash boring)

① 선단에 충격을 주어 이중관을 박고 물을 뿜어내어 파진 흙과 물을 같이 배출
② 흙탕물을 침전시켜 지층의 토질을 판별

3) 충격식 boring(percussion boring)

① 와이어 로프의 끝에 충격날(percussion bit)을 달고 600~700mm 상하로 이동하여 구멍 밑에 낙하 충격을 주어 토사, 암석을 파쇄 천공하고, 파쇄된 토사는 bailer로 배출
② 구멍 속에는 보통 이수(泥水)를 주입
③ 이수는 공벽에 붙어서 불침투막을 형성, 이수압과 같이 공벽 붕괴 방지
④ 흙막이의 이수는 황색 점토 또는 bentonite를 사용, mud mixer로 교반실시

4) 회전식 boring(rotary type boring)

① Bit를 회전시켜 천공하는 방법
② 이수는 로드(rod)를 통하여 구멍 밑에 이수 펌프로 연속하여 송수하고 slime을 세굴하여 지상으로 배출
③ Bit의 종류는 fish tail bit, crown bit, short crown bit, cutter crown bit, auger, sampling auger 등이 사용
④ 4명이 한 조가 되며, 조사속도는 1일 약 3~5m, 천공만을 할 때는 약 10m 정도

Ⅴ. Boring에 의한 시험

1. Sounding

1) 표준관입시험(standard penetration test)

① 모래의 전단력은 밀실도에 의해 결정되며, 불교란 시료 채취는 불가능하여 현지에서 직접 모래의 밀실도 측정에 주로 사용
② Sampler의 관입량이 300mm에 달하는 데 대한 타격횟수를 N값이라 하고, N값이 클수록 밀실한 토질

③ 진흙질 지반은 편차가 커서 신뢰성이 적으며, 점토질의 지내력시험은 불교란 시료를 원칙으로 함

2) Vane test

① 十자의 베인 테스터를 지반에 때려 박고 회전시켜 회전력으로 점토의 점착력을 판별

② 연한 점토질에 쓰이며 굵은 진흙층에는 테스터 삽입 곤란

③ 10m 이상의 길이가 되면 rod의 되돌음 등이 있어 부정확

2. Sampling

1) 불교란 시료(undisturbed sampling)

토질이 자연상태대로 흐트러지지 않게 채취하는 것, 보링과 병용 채취

2) Thin wall sampling

① 시료 채취기의 tube의 살이 얇게 된 것을 이용하여 시료 채취

② 무른 점토에 적당하며, 굳은 진흙층 또는 사질층도 사용 가능

3) Composite sampling

① Tube의 살이 두꺼운 것으로 시료 채취하는 방법

② 굳은 진흙 또는 파괴된 모래의 채취에 쓰이며, 살이 두꺼워 시료의 교란우려

3. 토질시험

① 물리적 시험

② 역학적 시험

Ⅵ. 결 론

① Boring은 지반조사방법 중 대표적인 방법으로 신뢰성이 높고 토질의 분포, 토층의 구성 등을 육안으로 확인 가능하며, 주상도를 그릴 수 있다.

② 형식적인 지반공사는 실제 공사에서 설계변경 과다로 공사비가 증대될 우려가 있으므로 사용 목적의 적합성 여부를 검토하여 적정한 방법을 선정하여야 한다.

토질주상도(土質柱狀圖), 시추주상도

● [99중(20), 01후(25), 05중(25), 06전(10), 07중(10), 15전(25), 20전(10), 21후(25)]

Ⅰ. 개 요

① 지질단면을 도화(圖化)할 때에 사용하는 도법으로, 지층의 층서(層序) · 포함된 제 물질의 상태 · 층두께 등을 누적하여 표시한 것을 토질주상도라 한다.
② 현장에서 boring test나 표준관입시험을 통하여 지반의 경연상태와 지하수위 등을 조사하여, 지하 부위의 단면상태를 예측할 수 있는 예측도이기도 하다.

Ⅱ. 주상도 기입 내용(확인할 수 있는 사항)

① 지반조사 지역   ② 조사일자 및 작성자
③ Boring 방법   ④ 지하수위
⑤ 심도에 따른 토질 및 색조   ⑥ 지층두께 및 구성상태
⑦ 표준관입시험에 의한 N치   ⑧ Sampling 방법

Ⅲ. 토질주상도 실례

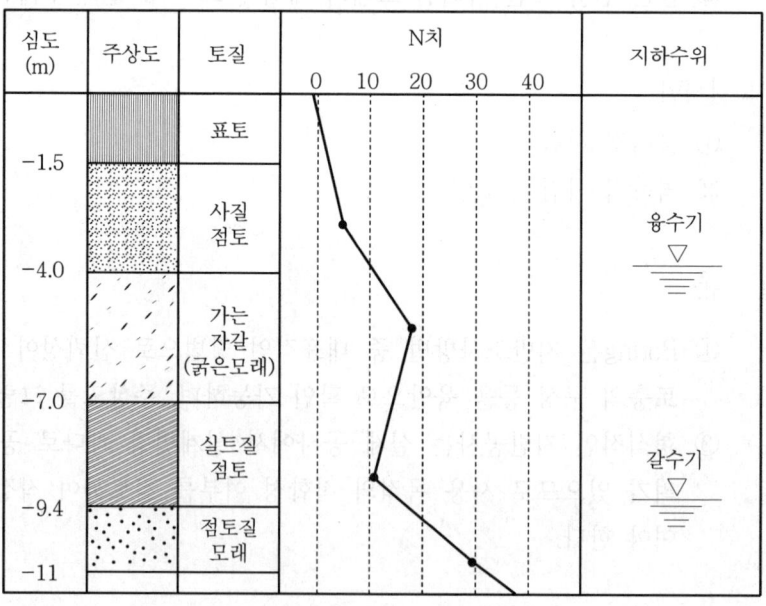

Ⅳ. 용도 및 활용방안

1) 지층의 파악

　① 토공사 계획을 위한 지층 파악
　② 지층 내의 매설물 및 공동부 유무 파악
　③ 기초의 설치 깊이 파악
　　㉮ 직접 기초 : 경질지반이 지표면 가까이 있을 경우
　　㉯ 깊은 기초(말뚝기초) : 경질지반이 지표면에서 깊은 곳에 있을 경우

2) 흙막이공법 선정

　① 토질을 파악하여 토질에 적합한 공법 선택
　② 흙막이의 설치 깊이에 따른 공법 선택
　③ 피압수 유무에 따른 공법 선택

3) 잔토량 산정

　① 토질에 따른 잔토량의 계산으로 전체 잔토처리량 산정
　② 잔토처리 장소의 선택
　③ 잔토처리 비용 및 장비의 선정

4) 공사일정 파악

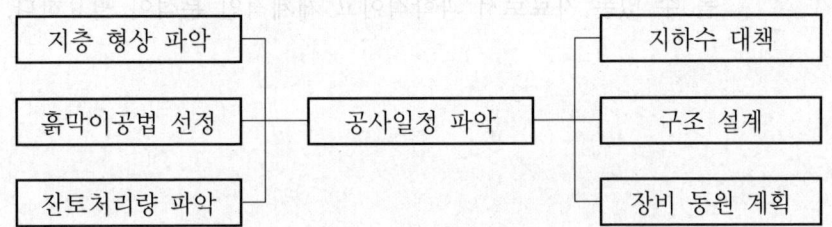

　토질주상도의 작성으로 전체 공사일정 및 공사비 파악이 가능

5) 흙의 지지력 산정

　① 지층별로 N치를 확인
　② N치로 사질토의 상대밀도 및 점토층의 전단강도 확인
　③ 기초설계 및 기초의 안정성 확인

6) 기초의 지지층 확인

　① 건물의 기초와 지지층을 연결하고 pile의 길이 산정
　② 기초 pile은 지지층에 도달
　③ 기초 pile의 두부는 기초 속에 묻혀 일체화 시공

7) 구조설계 자료

　① 가시설인 구조설계의 기본자료

　② 전체 건축물의 구조설계자료

8) 장비동원계획 수립

　토질 및 토층의 파악으로 장비계획 수립

9) 토공사 전체 공사비 설정

　① 공종별 공사비 산정

　② 공종별 하도업체에 대한 견적 확인

　③ 전체 토공사 공기산정 및 시공계획서 작성

10) 동 지역 공사의 자료

　같은 지역에서 공사 착공시 중요한 data로 활용

V. 결 론

① 토질주상도는 공법의 선정이나 공사일정 파악의 주요 근거자료가 되므로 면밀히 파악하도록 한다.

② 토공사의 가장 기초적인 자료로서 공사부지의 지질과 작업난이도를 파악해 볼 수 있는 자료로서 과학적이고 체계적인 분석이 필요하다.

문제 6 지반개량공법

● [77(5), 78전(25), 81전(25), 81후(25), 86(25), 93후(8), 94후(5), 98중후(30), 99전(20), 01후(25), 02전(10), 03전(25), 04후(10), 05전(10), 10중(25), 11후(25), 13전(10), 14전(25), 16전(10)]

Ⅰ. 개 요

① 지반조사를 하여 원하는 지층에 지내력이 나오지 않을 경우 연약지반을 개량하여 지반의 지지력을 높이는 공법을 말한다.

② 점성토에는 흙 사이의 간극수를 탈수하는 탈수공법과 펌프를 이용하여 배수하는 배수공법 및 연약지반을 약액주입하여 고결시키는 공법 등이 있다.

Ⅱ. 지반개량 목적

① 액상화 방지

② 부동침하 방지

③ 터파기공사의 안전성 확보

④ 지반의 전단강도 개선

⑤ 조성 택지의 안전성 확보

Ⅲ. 연약지반의 문제점

1. 전단

1)전단파괴 발생 용이

유효응력의 감소

2) 지반교란에 의한 강도 감소

① 건설기계의 주행 등에 원인

② 예측강도 이하의 현장강도 유지 우려

2. 압밀

1) 침하 발생

① 낮은 압력에 대한 침하량 산정

② 잔류침하량 발생

2) 지반강도 부족

　① 추가강도 부족

　② 지반강도 부족으로 침하발생

3) 연약지반개량시 장비전도 및 주행성불량

　① 연직배수공법 시공 시 장비전도

　② 성토장비의 주행성불량

3. 기타

1) 지반침하

　① 사질토 지반의 경우에는 일반적으로 침하량은 작음

　② 점성토의 침하는 사질토와 비교해서 더 위험함

2) 물의 영향

지하수에 의한 지반의 침하와 투수력에 의한 지반파괴의 문제 발생

3) 부마찰력 발생

부마찰력은 주위의 지반이 말뚝보다 더 많이 침하할 때 발생

4) 액상화 현상

포화된 연약지반이 지진하중, 진동 등을 받으면 지반강도가 저하되어 상부의 구조물 붕괴 우려

Ⅳ. 공법의 분류

1. 사질토 : $N \leq 10$

1) 진동다짐공법(vibro floatation)

2) 모래다짐말뚝공법(vibro composer 공법, sand compaction pile)

3) 전기충격공법

4) 폭파다짐공법

5) 약액주입공법

　① 현탁액형 : asphalt, bentonite, cement, JSP

　② 용액형 : LW, 고분자계

6) 동다짐공법(동압밀공법 : dynamic compaction 공법)

  2. 점성토 : $N \leqq 4$

   1) 치환공법

    ① 굴착치환
    ② 미끄럼치환
    ③ 폭파치환

   2) 압밀공법

    ① Preloading 공법(선행재하공법, 사전압밀공법)
    ② 사면선단재하공법
    ③ Surcharge 공법(압성토공법)

   3) 탈수공법(압밀촉진공법)

    ① Sand drain 공법
    ② Paper drain 공법
    ③ Pack drain 공법

   4) 배수공법

    ① Deep well 공법
    ② Well point 공법

   5) 고결공법

    ① 생석회 pile 공법
    ② 소결공법
    ③ 동결공법

   6) 동치환공법(dynamic replacement method)

   7) 전기침투공법

   8) 침투압공법

   9) 대기압공법

   10) 표면처리공법

  3. 사질토 · 점성토(혼합공법)

   1) 입도조정공법

   2) Soil cement공법

   3) 화학약제 혼합공법

V. 사질토 공법별 특성

1. 진동다짐공법(vibro floatation 공법)

① 수평방향으로 진동하는 vibro float를 이용, 사수와 진동을 동시에 일으켜 느슨한 모래 지반을 개량하는 공법이다.

② Vibro composer는 전단파, vibro float는 종파이므로 다짐효과는 vibro float 가 유리하다.

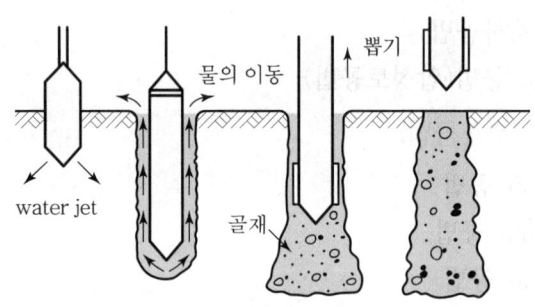

진동다짐공법

2. 모래다짐말뚝공법(vibro composer 공법, sand compaction pile 공법)

① Casing을 지상의 소정 위치까지 고정시킨다.

② 관입하기 곤란한 단단한 층은 air jet, water jet 공법을 병용한다.

③ 상부 hopper로 casing 안에 일정량의 모래를 주입하면서 상하로 이동 다짐 하여 모래말뚝을 완성해간다.

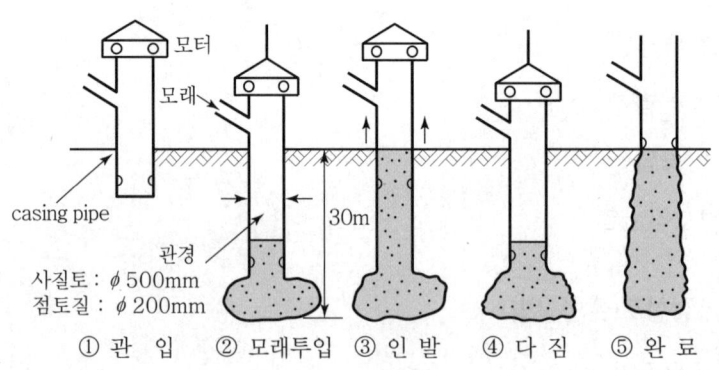

다짐말뚝공법

3. 전기충격공법

사질지반에서 water jet으로 굴진하면서 물을 공급하여 지반을 포화 상태로 만든 후, 방전 전극을 삽입하여 지반 속에서 고압방전을 일으켜 이때 발생하는 충격력으로 지반을 다지는 공법이다.

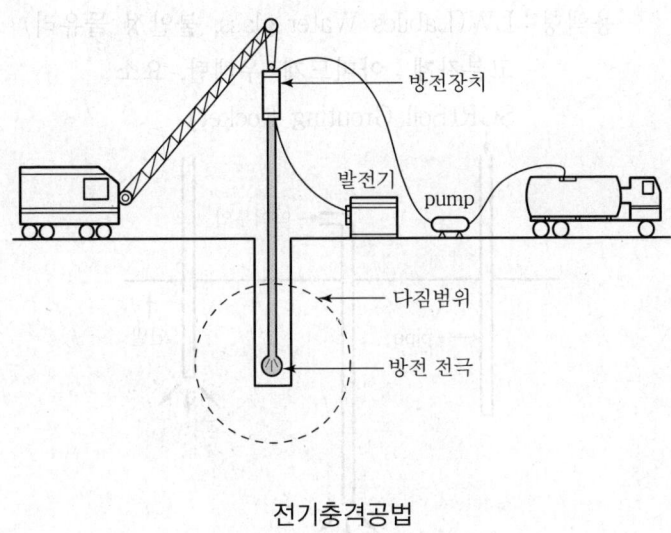

전기충격공법

4. 폭파다짐공법

① 지중에서 dynamite 등의 화약류를 폭파하여 급격한 가스의 압력을 발생시켜서, 그 압력으로 지반을 파괴하여 다지는 공법이다.

② 경제적으로 광범위한 연약사질층을 대규모로 다지고자 할 때 채택하는 공법이다.

③ 주위 지반에 대한 영향이 크므로 주의하여야 한다.

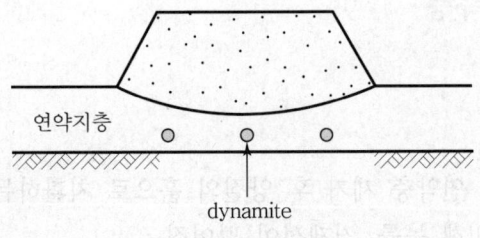

폭파다짐공법

5. 약액주입공법

① 지반 내에 주입관을 삽입하여 화학약액을 지중에 충전시켜 일정한 gel time 이 경과한 후 지반을 고결시키는 공법으로서 지반의 강도 증진을 목적으로 하는 공법이다.

② 용액 ┌ 현탁액형 : asphalt, bentonite, cement
      └ 용액형 : LW(Labiles Water glass, 불안정 물유리)

　　　고분자계 : 아미드계, 우레탄, 요소

　　　SGR(Soil Grouting Rocket)

약액투입
pipe
인발

① 주입관 관입　② 약액 주입　③ Gel time

약액주입공법

6. 동다짐공법(동압밀공법 : dynamic compaction method)

연약 지층에 무거운 추를 자유낙하시켜 지반을 다지고 이때 발생하는 잉여수 를 배수하여 연약지반을 개량하는 공법이다.

Ⅵ. 점성토 공법별 특성

1. 치환공법

1) 굴착치환공법

① 굴착기계로 연약층 제거 후 양질의 흙으로 치환하는 공법
② 타공법에 비해 능률, 경제성이 떨어짐.

2) 미끄럼치환공법

연약지반에 양질토를 재하하여 미끄럼 활동으로 지반을 양질토로 치환하는 공 법이다.

3) 폭파치환공법

① 연약지반이 넓게 분포되어 있는 경우 폭파 에너지를 이용하여 치환하는 공법이다.

② 폭파음 진동으로 주변 지반에 영향을 준다.

2. 압밀공법

연약지반에 하중을 가하여 흙을 압밀시키는 공법

1) Preloading 공법(선행재하공법, 사전압밀공법)

① 연약지반에 하중을 가하여 압밀시키는 공법으로 압밀침하를 촉진시키기 위하여 샌드 드레인 공법을 병행하여 사용

② 구조물 축조장소에 사전 성토하여 선행침하시켜 흙의 전단강도를 증가시킨 후 성토부분을 제거하는 공법

③ 공기가 충분할 때 적용

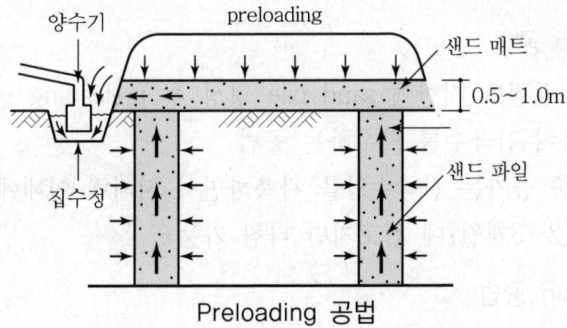

Preloading 공법

2) 사면선단재하공법

① 성토한 비탈면 옆부분을 0.5~1.0m 정도 더돋음하여 비탈면 끝부분의 전단강도를 증가시킨 후 더돋음부분을 제거하여 비탈면을 마무리하는 공법

② 흙의 압축 특성 또는 강도 특성을 이용

③ 더돋음을 제거한 후 다짐기로 다짐

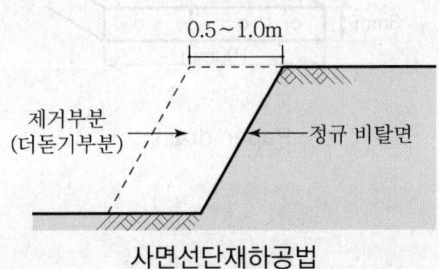

사면선단재하공법

133

3) Surcharge 공법(압성토공법)

① 토사의 측방에 압성토하거나 법면 구배를 작게 해서 활동에 저항하는 모멘트를 증가시키는 공법
② 측방에 여유용지가 있고 측방 융기를 방지하고자 할 때 적용
③ 압밀에 의해 강도가 증가한 후에는 압성토 제거

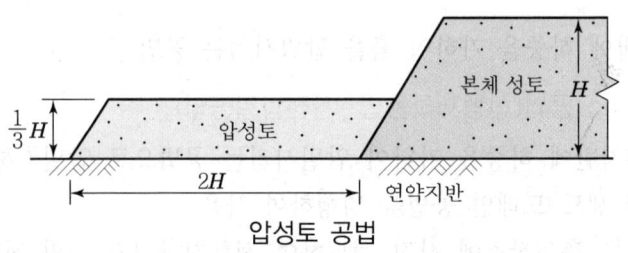

압성토 공법

3. 탈수공법(연직배수공법, vertical drain 공법, 압밀촉진공법)

지반 중의 간극수를 탈수시켜 지반의 밀도를 높이는 공법

1) Sand drain 공법

① 연약한 점질토 지반에 sand pile 형성 후 preloading 공법에 의한 성토하중을 가하여 간극수를 탈수하는 공법
② 재하하중 증가는 간극수압을 관측하면서 지지력 이내에서 단계적으로 증가
③ 단기간(2~3개월)에 점토지반 다짐 가능

2) Paper drain 공법

① 3mm, 폭 100mm의 드레인 paper를 특수 기계로 타입하여 연약지반 중에 설치하는 공법
② 사용 paper : 크리프트지, 케미칼 보드
③ 타입이 간단하고, 장시간 사용하면 열화하고 배수효과 감소

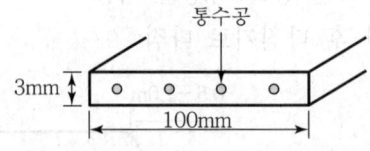

Paper drain

3) Pack drain 공법

① 바이브로 해머로 밑판이 있는 케이싱을 지중에 박고 타설 완료 후 케이싱
  내부에 주머니를 달아매서 그속에 모래를 채운 다음 케이싱 인발
② 이 공법에 사용되는 기계로 4개의 케이싱을 동시에 박아 4개의 드레인 시공
  가능

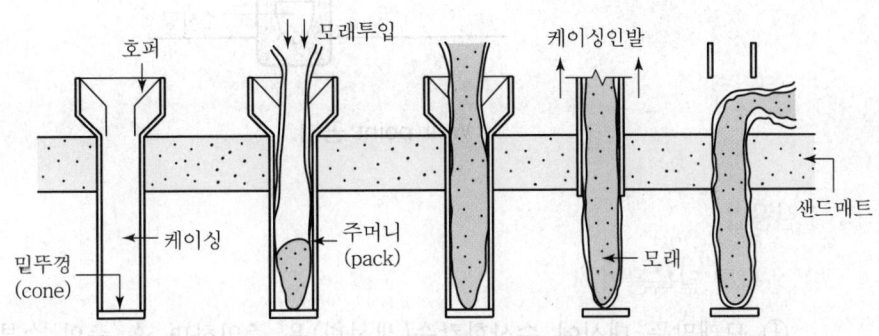

① 케이싱 박기 ② 주머니(pack) ③ 모래 충전 ④ 케이싱 인발 ⑤ 완성
              설치

Pack drain

4. 배수공법

1) Deep well 공법

① $\phi300\sim1,000$mm의 구멍을 기초바닥까지
  굴착하여 우물관을 설치하여 수중 pump
  로 배수하는 공법
② 우물관과 공벽 사이에 투수층이 좋은 필
  터를 충전

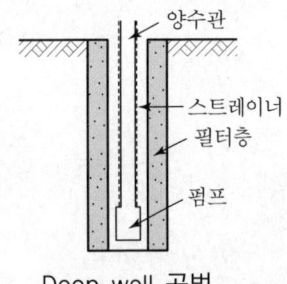

Deep well 공법

2) Well point 공법

① 소정의 깊이까지 모래말뚝을 형성하고 well point 설치
② 간극수의 투수성이 좋은 층에서는 건식 시공도 가능
③ 주로 사질 지반에서 투수성이 좋기 때문에 많이 사용
④ 보일링 현상에 대응하는 공법
⑤ 양수관의 간격은 1~2m

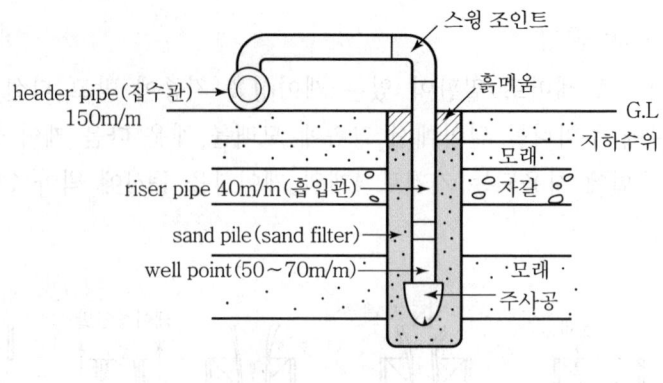

Well point 공법

5. 고결공법

1) 생석회 말뚝공법

① 모래말뚝 대신에 수산화칼슘(생석회)을 주입하면 흙 중의 수분과 화학반응 하여 발열에 의해 수분을 증발

② $CaO + H_2O \xrightarrow{\text{발열}} Ca(OH)_2$

③ 이 공법은 발열량이 많으므로 위험물 취급 시 주의

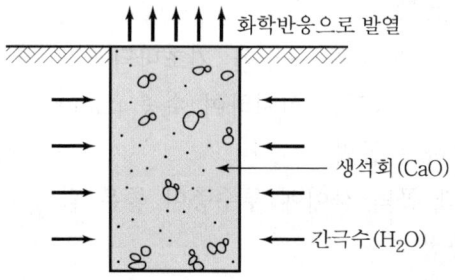

생석회 말뚝공법

2) 동결공법

① 동결관을 땅속에 박고, 이 속에 액체 질소 같은 냉각제를 흐르게 하여 주위 의 흙을 동결시켜서 일시적인 가설공법에 사용

② 이전 공법으로도 적용성 우수

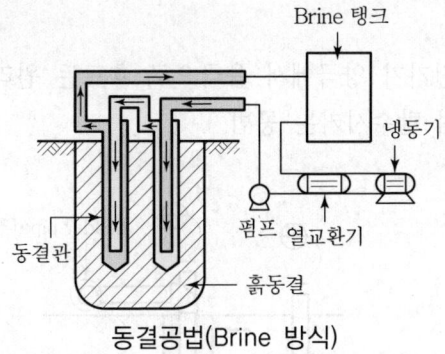

동결공법(Brine 방식)

3) 소결공법

점토질의 연약지반 중에 연직 또는 수평 공동구를 설치하고, 그 안에 연료를 연소시켜 고결 탈수하는 공법

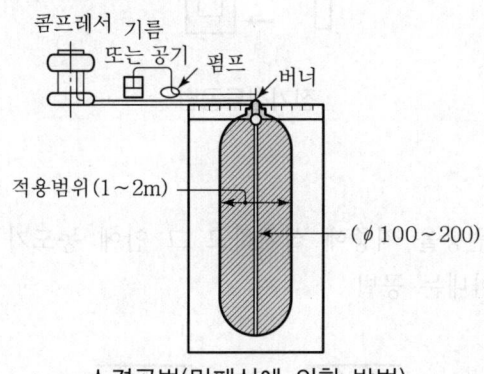

소결공법(밀폐식에 의한 방법)

6. 동치환공법(dynamic replacement)

Crane을 이용하여 무거운 추를 자유낙하시켜 연약지층 위에 미리 포설되어 있는 쇄석 또는 모래, 자갈 등의 재료를 타격하여 지반으로 관입시켜서 지중에 쇄석기둥을 형성하는 공법

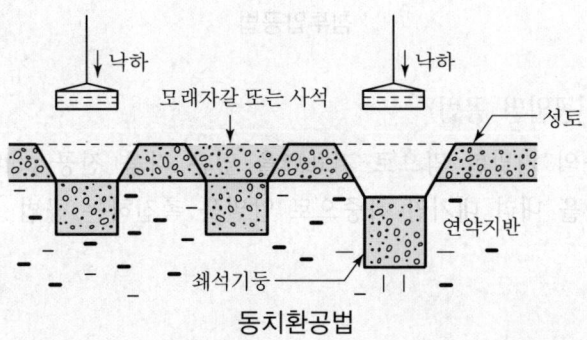

동치환공법

7. 전기침투공법

물의 성질 중 전기가 양극에서 음극으로 흐르는 원리를 이용하여 well point를 음극봉으로 하여 탈수시키는 공법

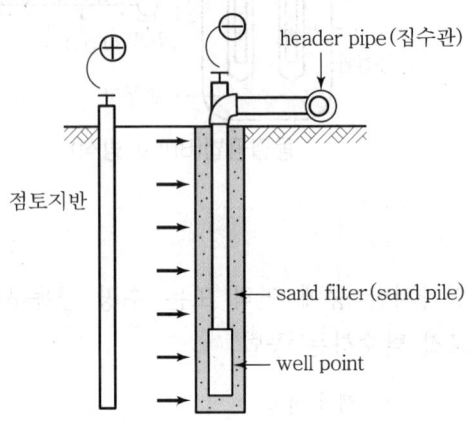

전기침투공법

8. 침투압공법

반투막 중공 원통을 지중에 설치하고 그 안에 농도가 큰 용액을 넣어 점토층의 수분을 빨아내는 공법

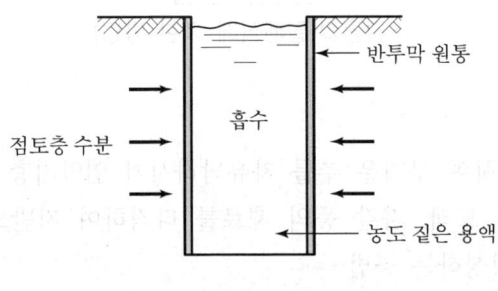

침투압공법

9. 대기압공법(진공압밀 공법)

비닐재 등의 기밀한 막으로 지표면을 덮은 다음 진공 pump를 작동시켜서 내부의 압력을 내려 대기압 하중으로 압밀을 촉진하는 공법

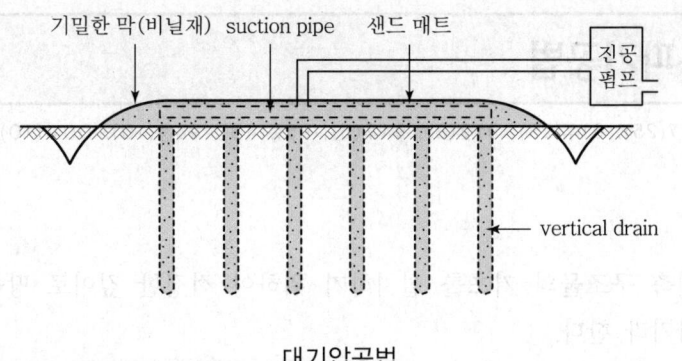

대기압공법

10. 표면처리공법

　　기초 지표면에 그라우팅, 철망, 석회, 시멘트 등을 부설하는 공법

Ⅶ. 사질토 · 점성토 공법별 특성

1. 입도조정공법

　　입도가 서로 다른 흙을 혼합하는 방법으로 운동장, 노반, 활주로 등에 사용

2. Soil cement 공법

　　흙과 cement를 혼합하여 지반의 전단강도를 높이는 공법

3. 화학약제 혼합공법

　　연약지반에 화학약제를 혼합하여 지반의 전단강도를 높이는 공법

Ⅷ. 결 론

①　지반개량공법은 흙파기 공사 시 주변 지반의 이완을 미연에 방지하거나 기초 저면의 지내력이 설계기준강도에 미달될 때 연약지반을 개량하여 지내력을 확보하는 것으로서 철저한 사전조사에 의한 적정한 공법의 선택이 무엇보다 중요하다.

②　지반개량공법은 공해성의 공법이 많으므로 앞으로 저공해성의 공법 개발이 필요하다.

문제 7	흙파기공법

● [77(25), 81후(25), 91후(8), 94후(5), 95중(40), 96중(10), 00후(10), 12후(25)]

Ⅰ. 개 요

① 건축 구조물의 기초를 설치하기 위하여 적정한 깊이로 땅을 파는 것을 흙파기라 한다.

② 흙파기공법은 공사 실시 전에 사전조사를 철저히 하여 지반에 적합하고 경제적이며 안전한 적정공법을 채택하는 것이 중요하다.

Ⅱ. 흙파기 전 사전조사

① 지하구조체의 형태, 규모, 범위 등 설계도서 검토

② 입지조건 파악

③ 지하수 및 지반상황 조사

④ 관계법규

Ⅲ. 공법의 분류

1) 모 양

① 구덩이파기

② 줄기초파기

③ 온통파기

2) 형 식

① Open cut
㉮ 비탈면 open cut 공법
㉯ 흙막이 open cut 공법

② Island cut 공법

③ Trench cut 공법

④ 지하연속벽(slurry wall) 공법
㉮ 주열식 공법
㉯ 벽식 공법

⑤ Top down 공법

⑥ 구체 흙막이공법
㉮ Well 공법
㉯ Caisson 공법

Ⅳ. 공법별 특징

1. 비탈면(경사, 法面) open cut 공법

흙파기를 하고자 하는 비탈면에 사면의 안전을 확보하고 기초파기를 하는 공법으로 비탈면 보양, 배수로, 집수정 설치하는 경미한 터파기공법

1) 장 점

① 지보공 흙막이가 없으므로 경제적임.
② 시공에 제약을 받지 않기 때문에 공기가 단축됨.
③ 배수가 용이하며 굴착깊이에 상관없음.

2) 단 점

① 경사면의 안전성 확보(사면 보양 필요), 비탈면 위험시 즉각적인 대처 곤란
② 넓은 부지 필요, 굴착 토량 증가가 많아 깊은 굴착 시 비경제적

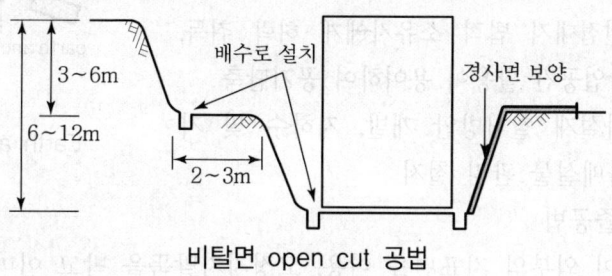

비탈면 open cut 공법

2. 흙막이 open cut 공법

붕괴하고자 하는 흙의 이동을 흙막이에 의해 지지시키면서 굴착하는 공법

1) 장 점

① 부지 전체의 건축물 구축으로 대지의 활용도 양호
② 반출 토사 감소

2) 단 점

① 흙막이 지보공으로 인한 작업의 장애
② 공사비 증가

3) 분 류

① 자립공법

㉮ 배면토 측압을 흙막이 벽체의 자립에 의해 지지하면서 흙파기하는 공법

㉯ 굴착깊이 제한, 근입장 여유 확보

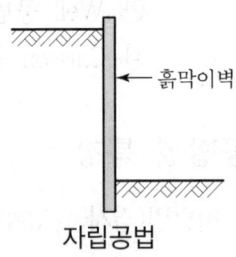

자립공법

② 버팀대공법

㉮ 일명 strut 공법이라 하며, 붕괴하고자 하는 흙의 이동을 버팀대로 지지하는 공법

㉯ 버팀대 시공으로 인한 작업 곤란, 흙막이 신뢰성 양호, 가설재 과다 투입

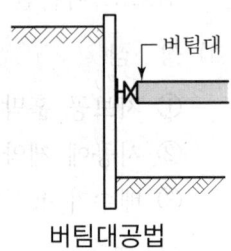

버팀대공법

③ Earth anchor 공법

㉮ 흙막이 벽체 배면토 깊이에 굴착하여 rod를 anchor시켜 cement paste 주입, 인발저항 확보 후 토압에 견디게 하는 공법

㉯ 인접대지 법적 소유자에게 허락 취득, 작업공간 활용이 용이하여 공기단축

㉰ 가설재 철거방안 개발, 지하수 및 지하매설물 관리 철저

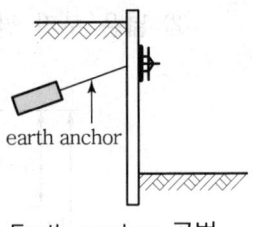

Earth anchor 공법

④ 당김줄공법

흙막이 외부의 지표면을 이용, 고정지지말뚝을 박고 어미말뚝을 당김으로써 흙의 붕괴에 저항하는 공법

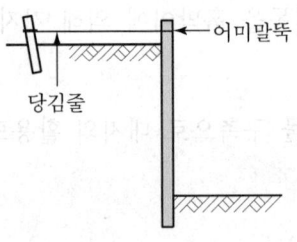

당김줄공법

3. Island cut 공법

비탈면을 남기고 중앙부를 먼저 흙파기한 후 구조물을 축조하고, 경사버팀대 혹은 수평버팀대를 이용하여 잔여 주변부를 흙파기하여 구조물을 완성시키는 공법으로서 일명 비탈면 open cut＋흙막이 open cut 혼용공법이라 한다.

1) 장 점

① 지보공 및 가설재 절약과 trench cut 공법보다 공기단축
② 얕은 지하구조물로 건축물 범위가 넓은 공사에 적합

2) 단 점

① 연약지반으로서 깊은 흙파기시에 불리
② Trench cut 공법보다 공기가 유리하나 open cut 공법보다 불리

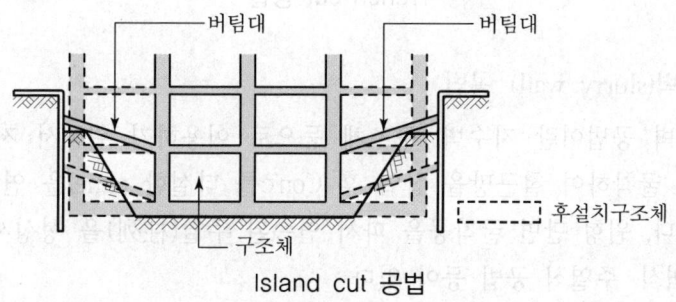

Island cut 공법

4. Trench cut 공법

지반이 연약하여 open cut 공법을 실시할 수 없거나 지하구조체의 면적이 넓어 흙막이 가설비가 과다할 때 적용하는 공법으로서 Island 공법의 반대형식으로 시공해 가는 공법이다.

1) 장 점

① 중앙부 공간 활용이 가능하며, 버팀대의 길이가 짧아 경제적이다.
② 흙막이 접합부 변형에 유리

2) 단 점

① 공기가 길고 흙막이의 이중설치(내측 흙막이)로 비경제적이다.
② 특수한 경우를 제외하고는 적용하지 않는다.

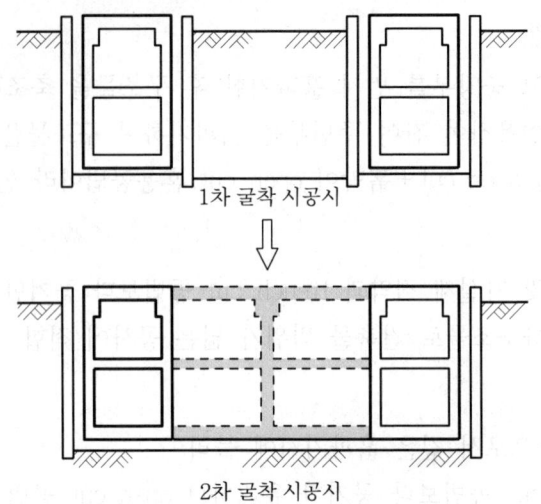

1차 굴착 시공시

2차 굴착 시공시

Trench cut 공법

5. 지하연속벽(slurry wall) 공법

지하연속벽 공법이란 지수벽, 구조체 등으로 이용하기 위해서 지하로 크고 깊은 트렌치를 굴착하여 철근망을 삽입 후 Con′c를 타설한 panel을 연속으로 축조하여 나아가거나, 원형 단면 굴착공을 파서 연속된 주열(柱列)을 형성시켜 지하벽을 축조하는 벽식, 주열식 공법 등이 있다.

1) 장 점

① 소음·진동이 적고 주변 대지 및 건축물에 영향이 적다.

② 차수효과가 크다.

2) 단 점

공기가 길고 비경제적이다.

6. Top down 공법

① 공기단축을 목적으로 지하굴착과 지상층 구조체 공사와 함께 병행하여 시공한다.

② 특징으로는 인접 영향 최소화, 협소대지 최대 활용, 공기단축에 유리하나 굴토작업 시 구조체의 응력계산 및 기술적인 어려움이 있다.

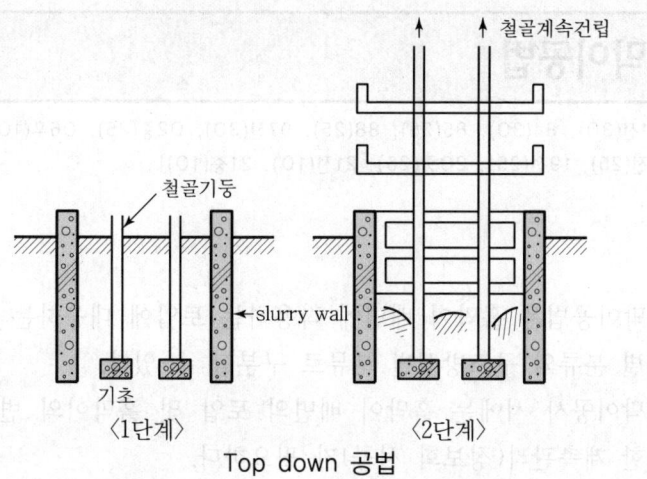

Top down 공법

7. 구체 흙막이공법
   ① 건물의 구체를 지보공으로 이용, 굴착하면서 지하구조물을 소정의 깊이까지 정착시키는 공법
   ② 연약지반, heaving 방지, 지보공 불필요, 공기단축 가능하나 구조체 균열, 부동침하, 정밀시공에는 불리

V. 흙파기공사 시 유의사항

1) 안전성 검토

   측압, 사면 안정, 소단, 지하수 저하로 인한 인접 대지의 피해, heaving, boiling, piping, 피압수

2) 지하수 대책

   차수공법, 배수공법, 복수공법, 고결안정공법

3) 계측관리 철저

   지하구조물 변위, 버팀대의 변형 및 변위, 인접 구조체의 crack 및 경사, 소음, 진동의 측정

VI. 결 론

   ① 흙파기공사는 충분한 사전조사와 합리적인 시공계획이 요구된다.
   ② 재해발생 시 복구가 어려우므로 공사 중 과학적인 정보화 시공을 통한 견실시공이 필요하다.

<table>
<tr><td>문제
8</td><td>흙막이공법</td></tr>
</table>

● [81전(30), 84(30), 85(25), 88(25), 97전(30), 02중(25), 06후(10), 11중(25), 16전(25), 17전(25), 19전(25), 20중(25), 21전(10), 21중(10)]

I. 개 요

① 흙막이공법은 흙막이 배면에 작용하는 토압에 대응하는 구조물로서 지지방식별 분류와 구조방식별 분류로 구분할 수 있다.
② 흙막이공사 시에는 흙막이 배면의 토압 및 흙막이의 변위상태를 파악하기 위한 계측관리(정보화 시공)가 필요하다.

II. 공법 선정 시 고려사항

① 흙막이 해체 고려
② 구축하기 쉬운 공법
③ 안전하고 경제적
④ 지반의 성상에 맞는 공법

III. 공법 분류

1) 지지방식

① 자립식
② 버팀대식(strut 공법)
　㉮ 수평버팀대식
　㉯ 경사버팀대식(빗버팀대식)
③ Earth anchor식

2) 구조방식

① H-pile 공법
② Steel sheet pile 공법
③ Slurry wall 공법
④ Top down 공법
⑤ 구체 흙막이(well, caisson)공법

Ⅳ. 공법별 특성

1. 지지방식

1) 자립식 흙막이공법

① 널말뚝 및 어미말뚝을 지중에 박아 흙막이 배면의 토압을 지지하는 방식
② 벽 배면에 작용하는 토압, 수압에 대하여 말뚝의 휨강성과 밑넣기부분의 가로저항에 의존하여 지지되는 방식

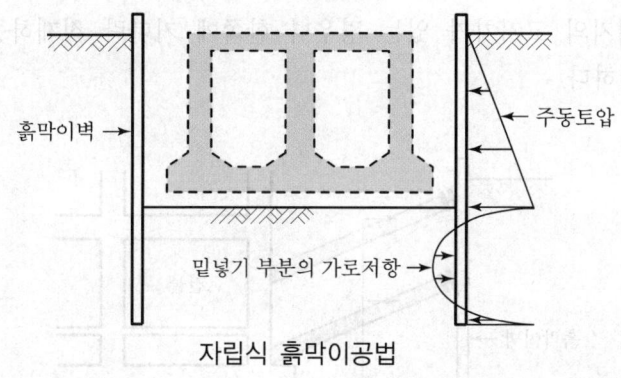

자립식 흙막이공법

2) 버팀대식 흙막이공법(strut 공법)

시가지에서 가장 일반적으로 사용되는 공법으로서 흙막이벽의 안쪽에 띠장, 버팀대 및 지지말뚝을 설치하여 지지하는 방식

① 수평버팀대식 흙막이공법
  ㉮ 버팀대식 공법으로서 가장 많이 사용되는 공법

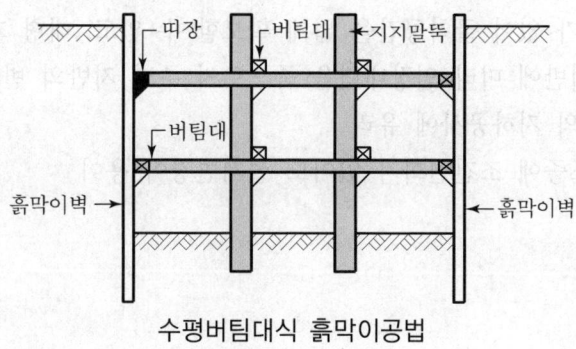

수평버팀대식 흙막이공법

  ㉯ 대지 전체에 건물 건립 가능
  ㉰ 경험이 풍부하고, 시공이 용이

ⓔ 온통파기가 되어 되메우기량이 적고, 건축물의 본체 공사가 순서대로 시공되며, 공기 단축 가능

② 경사버팀대식 흙막이공법(빗버팀대식 흙막이공법)

ⓐ Island 공법처럼 중앙부를 먼저 굴착하고, 본체를 구축한 후에 본체의 벽체에 경사지게 버팀대를 걸쳐 흙막이벽을 지지하면서 굴착하여 가는 방법

ⓑ 수평버팀대 공법보다 가설비 절감

ⓒ 버팀대의 길이가 짧아 버팀대의 변형률이 적음

ⓓ 건물의 형상이 복잡한 경우 유리하다.

ⓔ 대지의 고저차가 있는 경우나 한쪽에 커다란 적재하중이 있는 경우 유리하다.

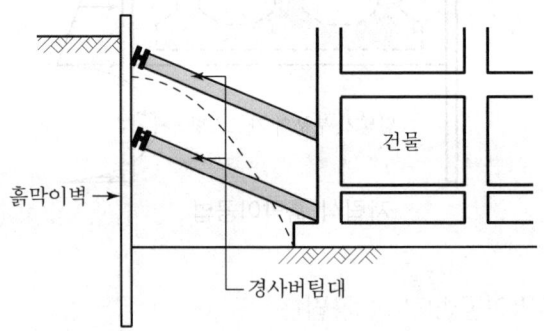

경사버팀대식 흙막이공법

3) Earth anchor식 흙막이공법

① 버팀대를 대신하여 흙막이벽 배면 지중에 anchor체를 설치하여 인장내력을 주어 지지하는 흙막이공법

② 버팀대가 없어 굴착공간을 넓게 확보할 수 있고, 대형 기계의 반입이 용이

③ 배면 지반에 미리 인장내력을 줌으로써 주변 지반의 변위 감소

④ 경사지의 지하공사에 유리

⑤ 시공 도중에 조건변화가 있어도 설계변경이 용이

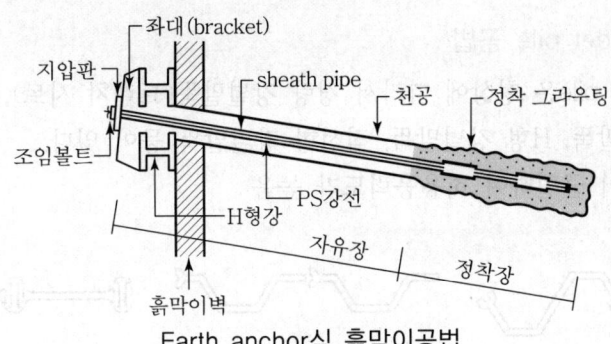

Earth anchor식 흙막이공법

4) IPS(Innovative Prestressed Support) 공법

Corner 버팀보에 설치된 정착장치에서 PS강선에 prestress를 긴장함으로써 인
장력에 의해 발생된 반력(reaction)으로 흙막이벽체를 지지하는 공법

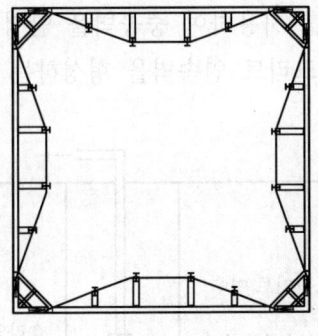
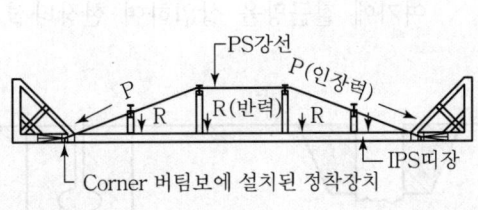

2. 구조방식

1) H-pile 공법

① 일정한 간격으로 H-pile(어미말뚝)을 박고 기계로 굴토해 내려가면서 토류
판을 끼워서 흙막이벽을 형성하는 공법

② 사용 자료의 입수가 용이하며, 시공이 단순

③ 공사비가 비교적 저렴하고, 어미말뚝 회수가 가능

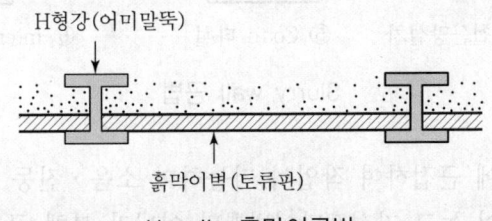

H-pile 흙막이공법

2) Steel sheet pile 공법

① Sheet pile은 형상에 따라서 경량 강널말뚝(트렌치 시트), U형 강널말뚝, I형 강널말뚝, H형 강널말뚝, 직선형 강널말뚝 등이 있다.

② 재질이 균일하여 허용응력도가 높음

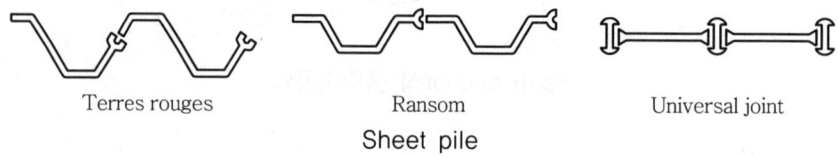

Terres rouges   Ransom   Universal joint

Sheet pile

③ 형식과 종류가 많고 적응성 우수

④ 전용률이 높고 boiling 현상과 piping 현상에 대한 저항력 우수

3) Slurry wall 공법

① 지중에 중공벽을 형성하고, 벤토나이트를 사용하여 중공벽을 안정시킨 다음 여기에 철근망을 삽입하여 현장타설 콘크리트 연속벽을 형성하는 공법

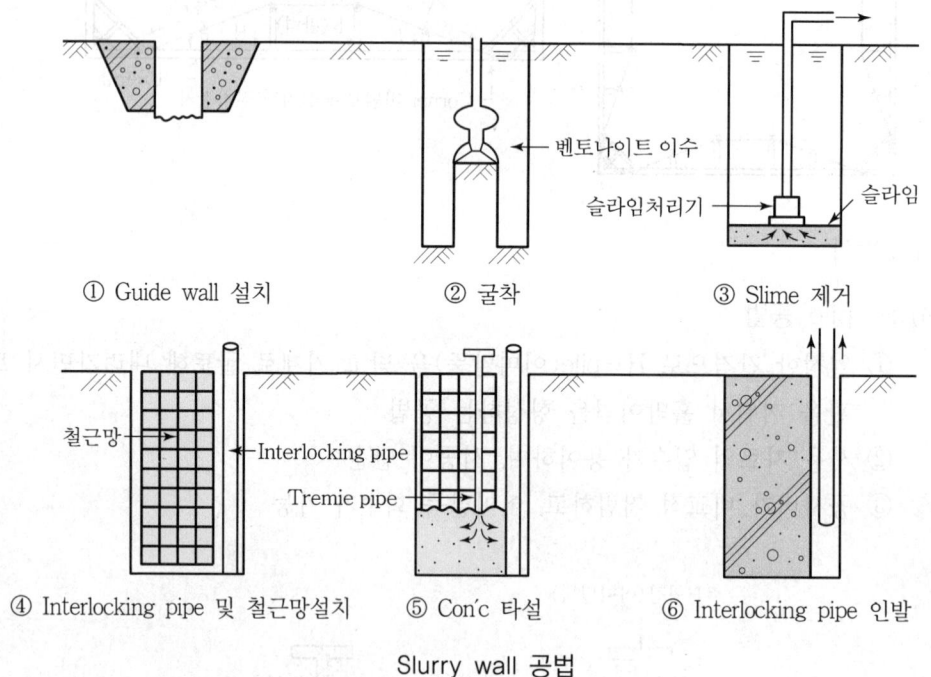

① Guide wall 설치   ② 굴착   ③ Slime 제거

벤토나이트 이수
슬라임처리기
슬라임

철근망
Interlocking pipe
Tremie pipe

④ Interlocking pipe 및 철근망설치   ⑤ Con'c 타설   ⑥ Interlocking pipe 인발

Slurry wall 공법

② 인접 건물에 근접하여 작업이 가능하며 소음·진동 등이 적음

③ 벽의 강성이 높고 가설흙막이벽뿐만 아니라 본체 구조벽이나 기초로도 이용

④ 벽의 접합부에 구조적 연속성을 취할 수 있고 지수성이 높음

⑤ 연약지반에서 경질지반까지 적용이 다양

⑥ 100m를 초과하는 대단히 깊은 벽도 가능

4) Top down 공법

① 지하의 굴착과 병행하여 지상의 기둥·보 등의 구조를 축조하면서 지하연속 벽을 흙막이벽으로 하여 굴착하면서 구조체를 형성해가는 공법으로서 역타공법이라고도 함

② 흙막이벽의 강성이 높아 주변 지반의 안전성이 높음

③ 1층 바닥을 앞서 시공한 후 그곳을 작업바닥으로 유효하게 이용할 수 있으므로 부지의 여유가 없는 경우 유리

5) 구체 흙막이공법

① 우물통 기초(well foundation)

㉮ 철근콘크리트조 우물통(지름 1~1.5m)을 지상에서 만들어 속을 파서 침하하는 방법과 기성재 철근콘크리트관을 이어 내리면서 침하하는 방법 및 전체의 우물통을 지상에서 구축 침하시키는 방법 등이 있다.

㉯ 침하시킬 때는 우물통 옆에 잔자갈을 채우며, 침하시키거나 밑창날 부분에서 물을 뿜어내며 내려 앉히는 방법이 쓰인다.

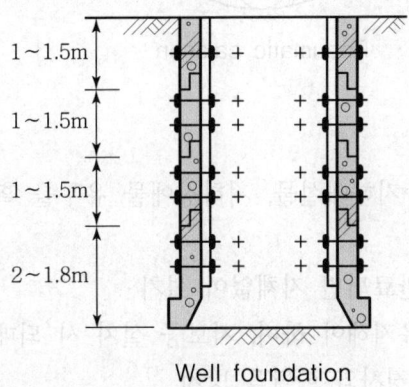

Well foundation

② 잠함기초(caisson foundation)

㉮ 개방잠함(open caisson)

지하구조체의 바깥벽 밑에 cutting edge(끝날)를 붙이고 지상에서 구축하여 하부 중앙에 흙을 파서 자중으로 침하

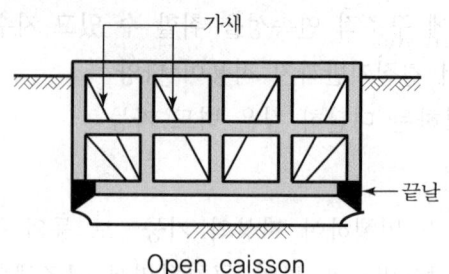

Open caisson

㉯ 용기잠함(pneumatic caisson)

용수량이 대단히 많고 깊은 기초를 구축할 때 쓰이는 공법으로 최하부 작업실은 밀폐되어 압축공기를 채워 물의 침입을 방지하면서 흙파기 작업을 하며 잠함병에 유의

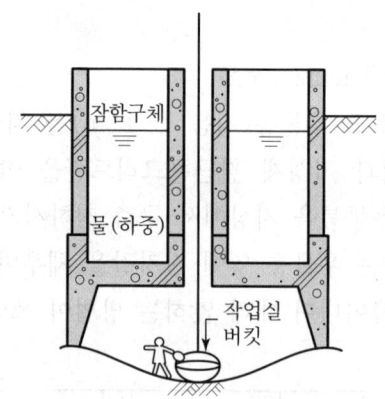

Pneumatic caisson

V. 안전대책

① 흙막이벽 시공 시 지하매설물, 지하장애물 유무를 확인하여 공사지연이 없도록 해야 한다.
② 지보공은 굴착이 완료되면 지체없이 설치
③ 버팀대는 직선을 유지해야 하며, 지보공 설치 시 되메우기를 철저히 시공
④ 강널말뚝 사용 시 경사와 이탈을 방지

VI. 계측관리

① Load cell(하중계)
Strut 부재가 흙막이 배면에 작용하는 토압에 얼마의 하중으로 견디는지를 측정

② Inclinometer(수평변위 경사계)

지하연속벽 시공 시 벽체 중심에 설치하여 토압에 대한 흙막이의 경사 정도를 측정

③ Strain gauge(변형계)

흙막이 배면 토압에 대응하는 strut의 변형 정도를 측정

Ⅶ. 결 론

① 근래에 지하구조물이 대형화됨에 따라 대형 붕괴사고 및 주변 건축물의 피해가 늘어 민원의 대상이 되고 있다.

② 정보화 시공(계측관리) 및 저소음, 저진동 공법의 개발 등을 통하여 흙막이 공사의 안전성을 높여야 한다.

문제	흙막이공사의 H-pile에 토압작용 시 pile에 대한 힘
9	의 균형관계 도시

● [90전(30), 02후(10), 03후(25), 06후(25), 15중(10), 19중(10)]

Ⅰ. 개 요

① 흙막이벽은 중량물의 적재, 중량차량의 왕래 등으로 인하여 과대측압이 발생할 우려가 있으므로, 토압에 대한 충분한 힘의 균형관계 해석 및 공사 중에 발생할 수 있는 설계 이외의 작업하중에 대해서도 충분히 고려하여야 한다.

② 흙막이 널말뚝은 그 주변의 토압, 수압에 견딜 수 있도록 구조설계를 하여 안전에 대비해야 한다.

Ⅱ. 흙막이의 구조 설계 시 유의사항

① 토압·수압으로 발생되는 측압에 견디어야 한다.

② 과대 변형을 억제해야 한다.

③ 토사나 물이 새지 않게 방지되어야 한다.

④ 터파기를 한 하부 지반이 안정되어야 한다.

Ⅲ. 토압의 종류

1) 주동토압

① 벽체가 전면으로 변위가 일어날 때의 토압을 의미하며, 정지토압보다 토압은 감소한다.

② 옹벽에서 발생한다.

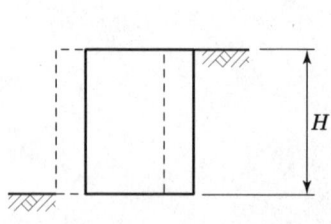
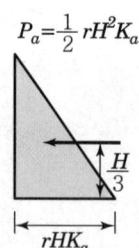

$P_a = \dfrac{1}{2} r H^2 K_a$

H : 구조물 높이(m)

γ : 흙의 단위중량(t/m³)

K_a : 주동토압계수

$\left[K_a = \dfrac{1-\sin\phi}{1+\sin\phi} = \tan^2\left(45° - \dfrac{\phi}{2}\right) \right]$

K_o : 정지토압계수($K_o = 1 - \sin\phi$)

K_p : 수동토압계수

$\left[K_p = \dfrac{1+\sin\phi}{1-\sin\phi} = \tan^2\left(45° + \dfrac{\phi}{2}\right) \right]$

ϕ : 흙의 내부 마찰각

2) 정지토압

① 벽체의 변위가 전혀 없는 상태의 토압을 의미한다.

② 지하 구조물에서 주로 발생한다.

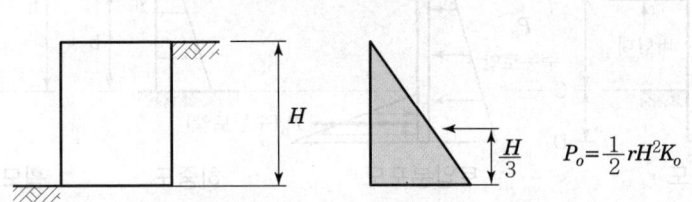

$$P_o = \frac{1}{2} rH^2 K_o$$

3) 수동토압

① 벽체가 배면으로 변위가 일어날 때의 토압을 의미하며, 정지토압보다 토압은 증대한다.

② 지하흙막이, sheet pile 등에서 발생한다.

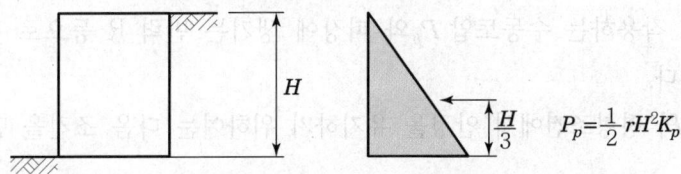

$$P_p = \frac{1}{2} rH^2 K_p$$

4) 토압관계

수동토압 > 정지토압 > 주동토압$(P_p > P_o > P_a,\ K_p > K_o > K_a)$

IV. 흙막이에 작용하는 토압 분포

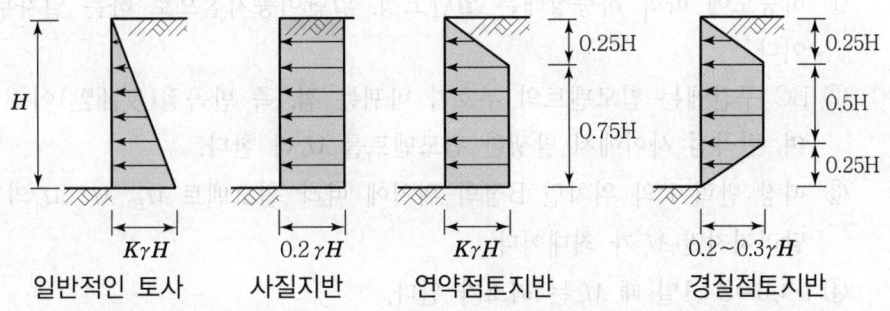

$K\gamma H$	$0.2\gamma H$	$K\gamma H$	$0.2 \sim 0.3\gamma H$
일반적인 토사	사질지반	연약점토지반	경질점토지반

K : 측압계수(주동 토압계수), γ : 습윤토의 단위체적 중량(t/m³), H : 기초파기 깊이(m)

V. 힘의 균형 도시

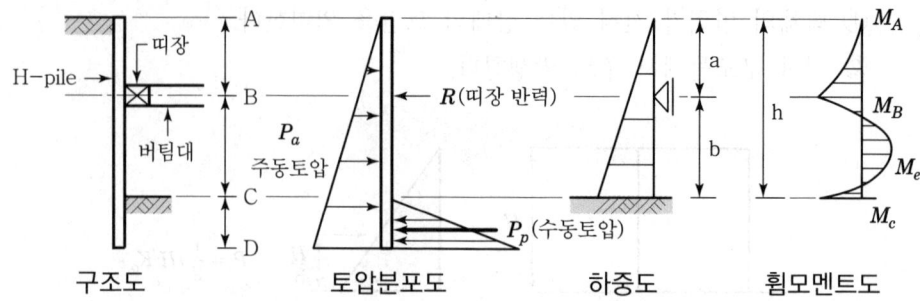

| 구조도 | 토압분포도 | 하중도 | 휨모멘트도 |

1) 구조도

토질·pile의 강성, 지하수위 등의 여러 요인에 따라 흙막이의 구조도와 밑둥넣기의 깊이가 달라지므로 설계 시 충분한 고려가 있어야 한다.

2) 토압분포도

① H-pile AC의 오른쪽으로 작용하는 주동토압 P_a는 밑둥넣기 CD의 왼쪽으로 작용하는 수동토압 P_p와 띠장에 생기는 반력 R 등으로 평형을 유지하게 된다.

② 힘의 평형조건에서 안정을 유지하기 위하여는 다음 조건을 만족하여야 한다.

$$P_a < R + P_p$$

3) 하중도

① 휨모멘트도(B.M.D)를 그려 띠장의 위치를 결정하기 위하여 ABC 구간의 주동토압을 하중으로 하는 등변분포하중도를 작성한다.

② A점은 자유단으로 하며, B점은 이동지점으로 하고, C점은 고정단으로 본다.

4) 휨모멘트도(bending moment diagram)

① 하중도에 따라 하중상태는 일단고정, 일단이동지점으로 하는 일차부정정보이다.

② BC 구간에는 휨모멘트의 부호가 바뀌는 점, 즉 반곡점(反曲點)이 2개 생기며, 반곡점 사이에서 발생한 휨모멘트를 M_e라 한다.

③ 띠장 반력 R의 위치인 B점의 위치에 따라 휨모멘트 M_B, M_c, M_e의 크기가 달라지지만 M_e가 최대이다.

④ a : b = 2 : 1일 때 M_e는 최소가 된다.

⑤ M_e에 의하여 pile의 단면이 결정되므로 B점의 위치는 중요하며, h/3점이 가장 합리적이다.

Ⅵ. 흙막이공사 시 주의사항

1) Strut 변형
① Strut의 단면적이 설계보다 작을 경우
② 재료의 변형, 뒤틀림, 좌굴 등이 있을 경우

2) 측압에 대한 배면토 이동
① 흙막이 배면에 작용하는 측압이 버팀대 반력보다 클 경우
② 연약지층으로 지반의 강성이 약할 때

3) 뒤채움 불량
① 뒤채움 시 다짐 공정없이 작업한 경우
② 뒤채움은 30cm마다 다짐기계를 이용하여 다짐

4) 지표면 과하중
① 흙막이벽의 계획하중 이상이 흙막이 배면에 적재하중으로 작용하는 경우
② 공사장 주변의 부설자재의 과하중시 흙막이 붕괴 위험이 있다.

Ⅶ. 결 론

① 흙막이는 토압·수압 등에 충분히 견디어야 하고, 과대변형이나 누수 발생이 없어야 하며, 특히 지반의 침하·균열에 유의해야 한다.
② 토압이 작용 시 힘의 평형조건인 $P_a < R + P_p$를 만족하며, pile 높이의 h/3인 지점에 버팀대를 두어 안전에 유의한다.

문제 10 Earth anchor 공법

● [95전(10), 02전(25), 03중(10), 07후(10), 08후(10), 09후(25), 10후(25), 12후(25), 14후(25), 15중(25), 15후(25), 18전(25), 22전(25), 22후(10)]

I. 개 요

① 흙막이벽 등의 배면을 원통형으로 굴착하고 anchor체를 설치하여 주변 지반에 지탱하는 공법이다.

② Earth anchor는 흙막이벽의 흙 붕괴 방지용, 교량에서의 반력용, 지내력 시험의 반력용 등 다양한 용도로 사용된다.

II. 분 류

1. 용도에 의한 분류

1) 가설용 anchor(Removal anchor, 제거식 U-turn anchor)

① 흙막이 배면에 작용하는 토압에 대응하기 위하여 설치하는 anchor로서 지하 구조체가 완성되면 되메우기 전에 철거한다.

② 지내력 시험의 반력용으로도 사용한다.

2) 영구용 anchor

① 구조물의 별도 보강이 필요할 때 사용한다.

② 옹벽의 수평저항력으로 작용된다.

③ 교량의 보강으로 쓰인다.

④ 구조물의 부상 방지용으로 쓰인다.

2. 지지방식별 분류

1) 마찰형 지지방식

① 일반적으로 널리 이용되는 지지방식으로, anchor체의 주면 마찰저항에 의해 인장력을 저항하는 방식이다.

② 주면 마찰저항력은 anchor체의 길이에 비례하지만 일정길이 이상은 효과가 없다.

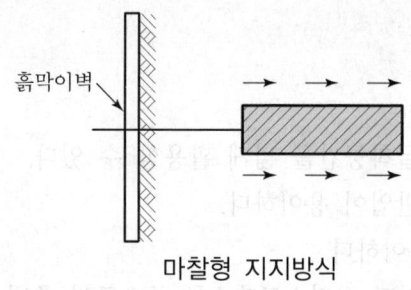

마찰형 지지방식

2) 지압형 지지방식

Anchor체 일부 또는 대부분을 국부적으로 크게 착공하여 앞쪽 면의 수동토압 저항에 의해 인장력에 저항하는 형식이다.

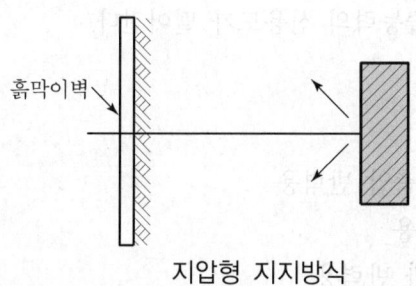

지압형 지지방식

3) 복합형 지지방식

① Anchor체 앞면에 수동토압 저항과 주면 마찰저항의 합에 의해 인장력에 저항하는 방식이다.

② 그러나 최대의 수동토압 저항과 최대주면 마찰저항에 대하여 변형량이 일치하지 않고 하중변위곡선이 다르므로 적용이 복잡해진다.

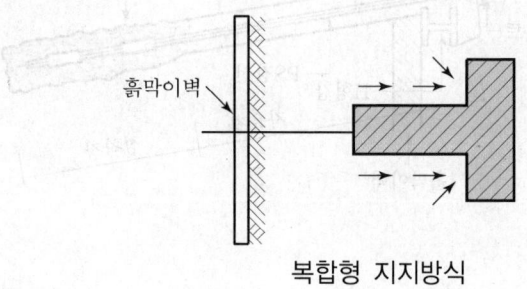

복합형 지지방식

Ⅲ. 특 징

1) 장 점

① 버팀대 없이 굴착공간을 넓게 활용할 수 있다.

② 대형 기계의 반입이 용이하다.

③ 공기단축이 용이하다.

④ 배면 지반에 미리 프리스트레스를 줌으로써 주변 지반의 변위를 감소시킨다.

⑤ 설계변경이 용이하며, 작업 스페이스가 적은 곳에서도 시공이 가능하다.

2) 단 점

① 시공 후 검사가 어렵다.

② 지중에서 형성되는 것으로 품질관리가 어렵다.

③ 기능공의 기술능력의 신용도가 떨어진다.

Ⅳ. 용 도(목적)

① 흙막이 배면 측압 반력용

② 흙 붕괴 방지용

③ 지내력 시험과 반력용

④ 교량에서 반력용

Ⅴ. 구조도

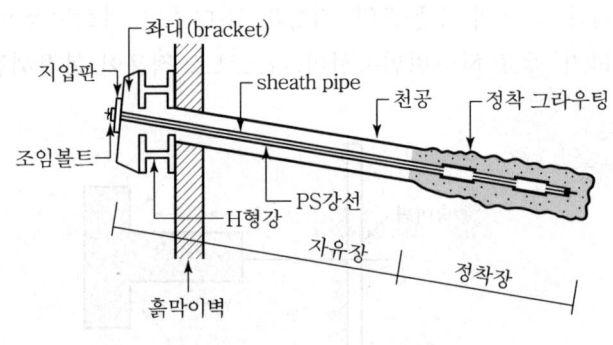

VI. 재 료

1) Grouting 재료

① Mortar = 시멘트 : 모래 : 물 = 1 : 1 : 0.5

② 가설 anchor = f_{28} > 20MPa

③ 영구 anchor = f_{28} > 25MPa

④ 골재 입도 : 2mm를 넘는 골재 사용

⑤ 용수 : 유기 불순물이 포함되지 않은 물

⑥ 혼화재 : grouting재의 팽창 유도를 위해 알루미나 분말 사용

2) 인장재

① 경사각이 70°를 초과하지 말아야 하며, 재료로는 PS강선을 주로 사용한다.

② PS강선에 녹이 발생되지 않도록 유의해야 한다.

③ 내피로성과 안정성이 있어야 한다.

④ 꺾이거나 휘어져도 절단되지 않아야 한다.

VII. 시공순서 flow chart

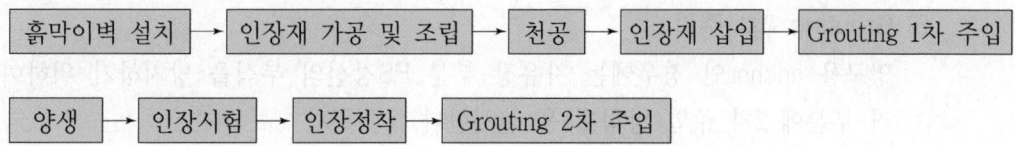

흙막이벽 설치 → 인장재 가공 및 조립 → 천공 → 인장재 삽입 → Grouting 1차 주입

양생 → 인장시험 → 인장정착 → Grouting 2차 주입

VIII. 시공순서(시공 단계별 유의사항)

1) 인장재 가공 및 조립

① 인장재는 주로 PS강선을 사용하며, 가공·조립은 정확해야 한다.

② 가공은 꺾이거나 휘어져서는 안 되며, 안전성이 커야 한다.

③ 조립 설계도서에 적합해야 하며, strand에 부착된 녹과 이물질은 시공 전에 반드시 제거해야 한다.

2) 천 공

① 공벽 유지를 위해 기계인발시 유의해야 한다(천천히 인발).

② 천공에 사용하는 물은 음료수·청정수를 사용해야 한다.

3) 인장재 삽입

① 인장재는 정착장에 안전하게 정착되도록 적정깊이를 유지해야 한다.

② 삽입시 주위 공벽이 무너지지 않게 천천히 삽입해야 한다.

4) Grouting 1차 주입

① Grouting재는 인장재에 부식 등의 나쁜 영향을 주는 성분이 없어야 한다.

② 공벽 주위와의 부착성이 확보될 수 있도록 시공되어야 한다.

5) 양 생

① 양생 시는 진동, 충격, 파손이 없도록 주의해야 한다.

② 기온의 변화 및 강우 후의 공벽 영향 등을 점검한다.

6) 인장시험

천공 후 grouting을 실시하여 양생을 하고 정착장의 인장력이 설계대로 확보되는지 확인하기 위하여 시험을 실시하여야 한다. 시험을 실시하여 합격 여부를 판정한 후 합격시는 인장정착을 하며, 불합격시 재시공하여야 한다.

7) 인장정착

시험합격 후 PS강선인 인장재를 bracket(좌대)에 정착한다.

8) Grouting 2차 주입

영구용 anchor인 경우에는 자유장 부분 PS강선의 부식을 방지하기 위하여 앵커 부분에 2차 주입(방청재)을 실시한다.

Ⅸ. 시공전 검토사항

1) 지중 장애물 조사

① 매설물, 매설 배관등의 조사 실시

② 공동구등 인접 구조물의 확인

2) 투수계수 확인

① 투수계수가 높은 지반에서는 순환수의 유출 주의

② 사전 지반 조사를 통한 지반성상 파악

3) 지하수위 확인

① 수압이 높은 모래지반에서는 piping, boiliong 대책 마련

② 지수box, 지수셔터 등의 대책 마련

4) 작업공간 확보

　① 굴착면에서 4~5m 정도의 장비공간 확보

　② 장비의 수평유지를 위한 지반보강

5) 허용오차 준수

　① 중심선 허용오차 ±2.5°이내 유지

　② 공벽의 휨 허용값 3m당 20mm이하

X. 시공 시 주의사항

1) 인장재

　① 부착된 녹 및 이물질 등을 제거해야 한다.

　② 부착력을 향상시켜야 한다.

2) Grouting재

　① 인장재의 부식 방지 및 방수효과가 있어야 한다.

　② 굴착면 주위로 grout재가 잘 스며들 수 있도록 해야 한다.

3) 공벽 붕괴

　① 기계인발시 공벽의 붕괴가 없도록 천천히 시공한다.

　② 기계 선정 시 저진동 기계를 선택하여 공벽 붕괴를 미연에 방지한다.

4) 청정수 사용

　① 순환수는 청정수, 음료수를 사용한다.

　② 해수는 인장재 부식의 원인이 되므로 사용하지 않는다.

5) 안전성

　① 인장 작업중에 안전선반 설치와 진동, 충격에 유의해야 한다.

　② 작업대는 기계선반과 별도로 고정하여 기계진동이 전달되지 않게 한다.

6) 주입압

Grout재의 주입압은 적정하게 유지해야 한다.

7) 피압수

철저한 지반조사를 통하여 피압수가 있는 지층은 사전에 파악되어야 한다.

8) 계측관리

① Anchor 두부에 load cell을 설치하여 하중상태를 점검한다.

② 강우 후 토류판 배면에 응력 손실을 계측관리한다.

XI. 시공 단계별 확인시험

시험의 종류		시험시기	시험장소	시험개수	
기본 시험	인발시험	계획 시	원위치	정착토질마다	1개 이상
	장기인장시험	계획 시	원위치	지반의 크리프 예상시	1개 이상
확인 시험	다(多) Cycle 인장시험	시공 후	원위치	시공앵커	3개 이상
	1 Cycle 인장시험	시공 후	원위치	모든 시공 앵커	전부

1) 계획 시

① 인발시험

㉮ 정착지반의 극한 마찰저항의 파악

㉯ 기본시험으로 계획 시 실시

② 장기인장시험

㉮ 정착지반의 크리프 특성 파악

㉯ 정착지반에 점성토층이 섞여 있는 경우 등에 실시

2) 시공후

① 다(多) Cycle 인장시험

㉮ 시공 앵커의 적성(내력, 변위 성상확인)

㉯ 시험개수는 시방서에 근거하여 결정

② 1 Cycle 인장시험

㉮ 시공 앵커의 내력확인

㉯ 모든 시공 앵커에 대해 실시

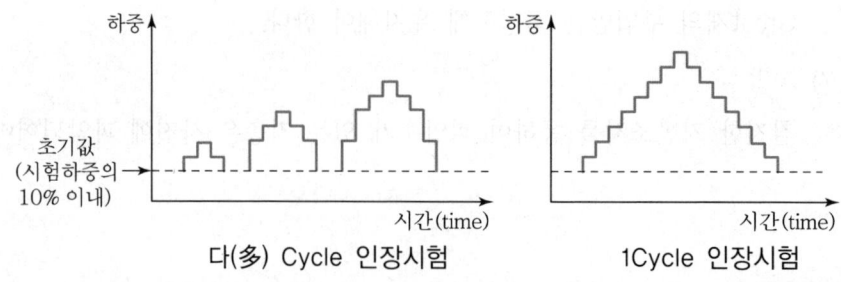

다(多) Cycle 인장시험   1Cycle 인장시험

XII. 결 론

① 어스 앵커는 지중에 시공되므로 Con´c의 품질관리가 어렵고, 검사가 용이하지 않은 단점이 있으나 설계변경 및 기존 구조체의 보수·보강에 유리한 점이 있다.

② 어스 앵커 공법은 무진동, 무소음의 공법에 가까워 앞으로도 많이 활용될 전망이다.

<table>
<tr><td>문제
11</td><td>Soil Nailing 공법</td></tr>
</table>

● [99중(20), 01중(25), 05후(25), 15중(10)]

Ⅰ. 개 요

① Soil nailing 공법은 흙과 nailing의 일체화에 의하여 지반의 안전을 유지하는 공법이다.
② 절토면이나 절토사면 또는 흙막이 공법으로 널리 사용되는 공법으로 중력식 옹벽과 같은 효과를 나타낸다.

Ⅱ. 용도

① 굴착면 또는 사면의 안정
② Tunnel의 지보체계
③ 기존 옹벽의 보강

Ⅲ. 사용 재료

구 분	재 료
인장재(nail)	• 주로 D29 이형철근을 사용
Grout재	• 보통 portland cement 및 조강 PC 사용
지압판	• 150×150×12mm나 200×200×8~10mm 철판 사용
콘크리트	• 설계 기준강도 180MPa 이상
Wire mesh	• 용접된 정사각형의 철망

Ⅳ. 장단점

1) 장점
① 작업 공간의 활용 가능
② 시공 용이 및 공기단축 가능
③ 다른 공법에 비해 경제적이므로 공사비 절감
④ 작업 시 소음·진동이 적음
⑤ 단계적 작업 가능

⑥ 특별한 기능도가 필요하지 않음
⑦ 다른 공법과 병용 공법으로 사용 가능

2) 단점

① 지반의 상대변위 발생 우려
② 지하수가 있을 경우 작업 곤란
③ 품질관리 난해
④ Rebound 발생의 조정 필요
⑤ 사용 용도가 제한적

V. 시공방법

굴착 → 1차 shotcrete → 천공 → Nail 삽입 → Grouting 실시 → 양생

→ 인장시험 → Nail 정착 → Wire mesh 설치 → 1차 shotcrete 타설

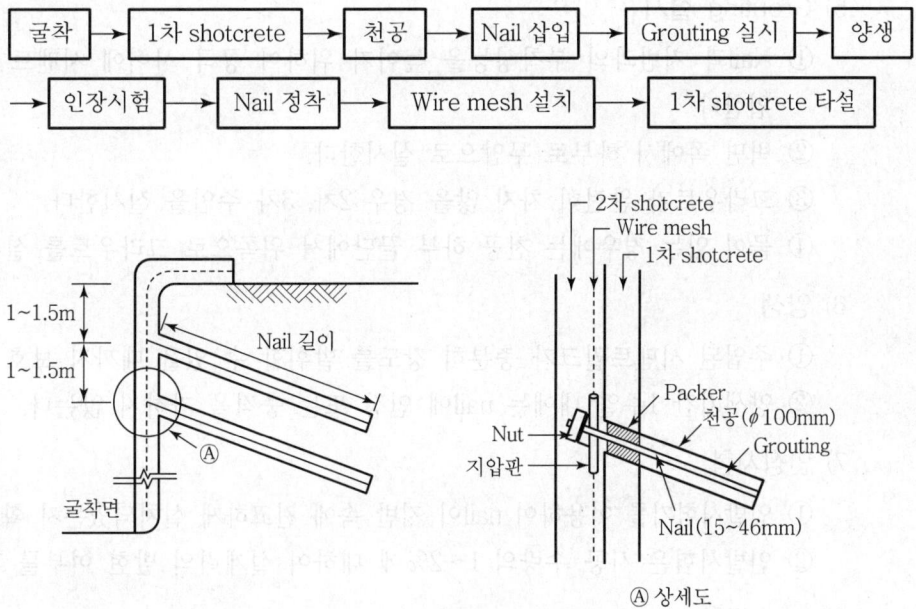
Ⓐ 상세도

1) 굴착

① 1차 굴착 깊이를 결정한 후 굴착한다.
② 단계별 굴착 깊이는 토질에 따라 다르다.
③ 보통 1.5m 이내로 한다.

2) 1차 shotcrete

① 굴착면을 보호하기 위해 실시한다.
② 두께 50∼100mm 두께로 전면판을 형성하여 일체화를 도모한다.

3) 천공

① Shotcrete를 타설하고 24시간 경과 후 실시한다.

② 오거를 이용하여 지반을 천공한다.

③ 주위의 지하매설물 확인 및 지반 교란 장비를 제한하여 선택한다.

④ 천공 입구에 집진장치를 한다.

⑤ 천공 시 여굴이 발생하지 않도록 하며 여굴 발생 시 shotcrete로 채운다.

⑥ 천공 내부는 그라우팅 완료시까지 청결하여야 하며 물로 청소하면 안 된다.

4) Nail 삽입

① 천공한 구멍 속에 철근 15~46mm를 이용하여 지반에 nail을 삽입한다.

② 천공 구멍의 붕괴 우려가 있을 시 casing을 설치한다.

5) Grouting 실시

① Nail과 지반과의 부착성능을 높이기 위하여 공극 사이에 시멘트 밀크를 주입한다.

② 벽면 쪽에서 하부로 무압으로 실시한다.

③ 그라우트가 완전히 차지 않을 경우 2차, 3차 주입을 실시한다.

④ 물이 있는 경우에는 천공 하부 끝단에서 위쪽으로 그라우트를 실시한다.

6) 양생

① 주입된 시멘트밀크가 충분히 강도를 발휘할 수 있을 때까지 보호 양생한다.

② 양생기간 1주일 내에는 nail에 인장 또는 충격을 가하지 않는다.

7) 인장시험

① 인발시험기를 이용하여 nail이 지반 속에 견고하게 설치되었는지 확인한다.

② 인발시험은 시공 수량의 1~2%에 대하여 설계력의 발현 여부를 확인한다.

8) Nail 정착

지반에 grouting되어 일체화된 nail에 지압판을 설치하고 nut를 이용하여 정착시킨다.

9) Wire mesh 설치

① 1차 shotcrete 위에 용접가공된 wire mesh를 설치한다.

② Wire mesh 위에 지압판 연결 철근(D16)을 설치한다.

10) 2차 shotcrete 타설

Nail의 설치가 완료되고 wire mesh의 설치 후 신속하게 shotcrete를 10~15cm 정도로 타설하고 2단계 굴착을 시작한다.

Ⅵ. 압력식 Soil Nailing

1) 정의

Soil Nailing 두부에 급결성 발포우레탄을 주입하여 패커 하단 정착부에 압력그라우팅(0.5~1MPa)을 실시, 구근을 형성하여 유효 지름 및 인발 저항력을 증가시킨 공법

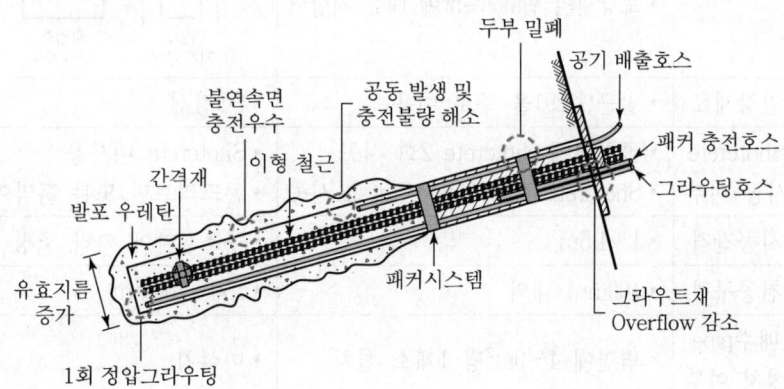

2) 특징

① 불연속면 충전 우수
② 그라우팅 품질 우수
③ 시공속도가 빠르고, 초기강도 우수
④ 인발저항력 증가
⑤ 유효지름 약 20% 증가 효과
⑥ 인발저항력 증가로 Nail 소요 개수 감소

Ⅶ. Soil nailing 공법과 Earth anchor 공법의 비교

구 분	Soil nailing 공법	Earth anchor 공법
적용지반	• 절리 암반	• 암반 또는 토사
용 도	• 기존 옹벽 보강 • 굴착면 및 사면 안정 • 터널의 지보체계	• 흙막이벽체 배면 보강 • 기초의 sliding 방지 • 건물부상방지(rock anchor) • 옹벽의 수평 저항용
지지방식	• 흙과 보강재의 마찰력 • 보강재의 인장응력과 전단응력 • 보강재의 휨moment에 대한 저항력	
인장재료	• 철근(D29)을 주로 이용	• PS강선
Shotcrete 시공 여부	• 굴착면에 shotcrete 2회 시공 • Shotcrete 사이에 wire mesh 시공	• Shotcrete 미시공 • 콘크리트면 또는 흙막이면에 시공
시공간격	• 1~1.5m	• 구조설계에 따라 조정
천공구경	• 100mm 내외	• 150~200mm
배수pipe 설치 여부	• 벽면에 4~9m²당 1개소 설치	• 미설치
인장시험	• Nail과 천공면의 부착력 확인시험 실시	• 설계 인장강도 발현 여부 확인시험 실시

Ⅷ. 결 론

Soil nailing 공법은 기초 굴착, 사면안정, 터널지보 등에서의 적용이 확대되고 있으므로, 앞으로 건설산업에서 기대되는 공법으로서 계속 연구·개발되어야 한다.

| 문제
12 | 지하연속벽(Slurry wall) 공법 |

● [87(25), 93후(8), 94후(30), 99전(30), 99전(20), 00중(25), 01후(25), 03후(10), 04전(25), 04중(25), 04후(25), 06전(25), 08중(25), 09후(10), 15전(25), 16전(25), 21전(25), 22중(10)]

I. 개 요

① 지하연속벽 공법이란 지수벽, 구조체 등으로 이용하기 위해서 지하로 크고 깊은 트렌치를 굴착하여 철근망을 삽입 후 Con'c를 타설한 panel을 연속으로 축조해 나가거나, 원형단면 굴착공을 파서 연속된 주열을 형성시켜 지하벽을 축조하는 벽식, 주열식 공법 등이 있는 바 벽식 위주로 설명한다.

② 굴착공벽의 붕괴 방지를 위해 bentonite 안정액을 사용하며 저소음, 저진동 공법으로 차수성이 우수하고 안전성 확보가 용이한 공법이다.

II. 공법의 종류

1) 벽식 공법

Bentonite를 이용하여 지하 굴착벽면의 붕괴를 막으면서 연속된 벽체를 구축하는 공법으로 BW(Boring Wall)이라고 한다.

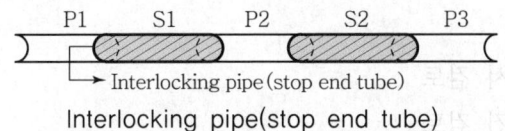

Interlocking pipe(stop end tube)

• 첫번째 panel은 P1 → P2 → P3 순서로 시공
• 두번째 panel은 S1 → S2 순서로 시공, interlocking pipe는 사용치 않음.

2) 주열식 공법

현장 타설 Con'c pile을 연속적으로 연결하여 지중에 주열식으로 흙막이벽을 형성하는 공법으로 CIP, SCW 등을 이용하여 벽체를 구축한다.

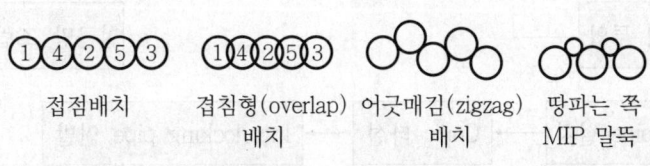

| 접점배치 | 겹침형(overlap)
배치 | 어긋매김(zigzag)
배치 | 땅파는 쪽
MIP 말뚝 |

주열의 배치방식

Ⅲ. 특 징

1) 장 점
  ① 소음·진동이 적다.
  ② 벽체의 강성이 크다.
  ③ 차수성이 높다.
  ④ 주변 지반에 대해 영향이 적다.

2) 단 점
  ① 공사비가 고가이다.
  ② Bentonite 이수처리가 곤란하다.
  ③ 굴착중 공벽의 붕괴 우려가 있다.

Ⅳ. 용 도

① 건축 구조물의 지하실
② 가설흙막이벽
③ 지하주차장, 상가의 외벽
④ 지하탱크, 옹벽, 각종 기초 구조물 등

Ⅴ. 사전조사

① 설계도서 검토
② 입지조건 검토
③ 지반조사
④ 공해, 기상조건 검토

Ⅵ. 시공순서 flow chart

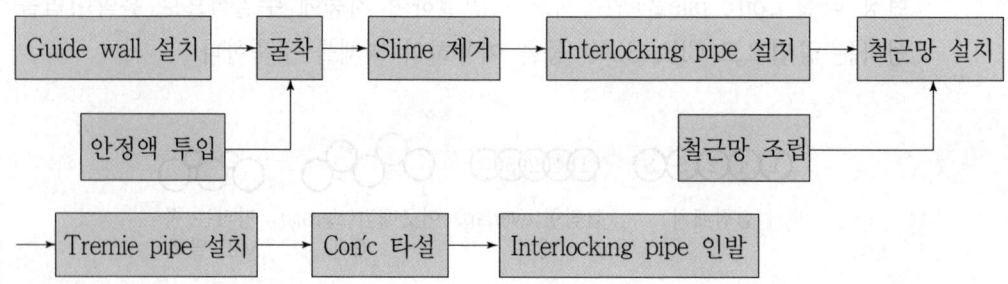

Ⅶ. 시공순서

1) Guide wall 설치

    ① 굴착장비의 충격에 견딜 수 있도록 견고하게 시공한다.

    ② 토압에 의한 변위가 생기지 않도록 버팀대를 설치한다.

    ③ 지표면이 경사지더라도 같은 높이로 시공한다.

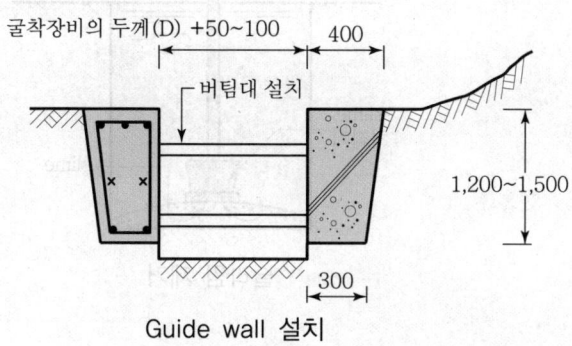

Guide wall 설치

2) 굴 착

    ① 안정액을 주입하면서 hydromill 또는 hydrofraise로 굴착하며, 지하연속벽 길이는 보통 5~6m 정도로 하며, 벽두께(D)는 보통 80cm 정도로 한다.

    ② 안정액을 plant로 회수하여 모래성분을 걸러내고 안정액을 기준에 맞게 재투입하는 desanding작업을 실시한다.

    ③ 암반 출현시 chisel 또는 BC cutter로 작업한다.

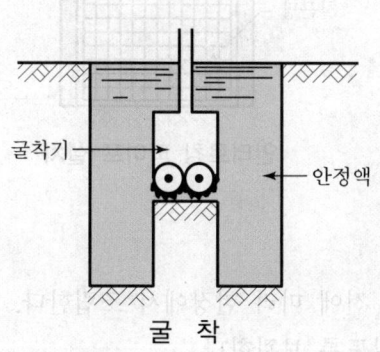

굴 착

3) Slime 제거

① 굴착을 끝낸 지 3시간 경과 후 슬라임이 충분히 침전되었을 때 slime 처리기로 제거한다.

② 모래 함유율이 5% 이내가 될 때까지 slime을 처리한다.

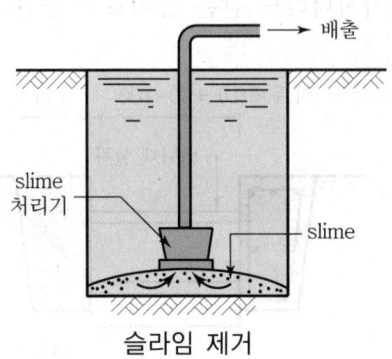

슬라임 제거

4) Interlocking pipe 설치

① 양쪽 panel을 일체화된 연결로 차수효과를 증대시킨다.

② Pipe는 벽두께보다 작은 것을 사용한다.

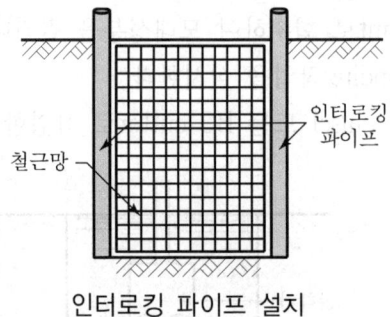

인터로킹 파이프 설치

5) 철근망 설치

① 철근망은 굴착 전에 미리 현장에서 조립한다.

② 녹이 생기지 않도록 보관한다.

③ 엘리먼트 계획과 철근망의 규격이 동일한지 확인한다.

6) Tremie pipe 설치

① ϕ275mm Con'c 타설용 관을 말한다.

② Tremie pipe는 Con'c에 1.5~2m 묻혀서 천천히 상승한다.

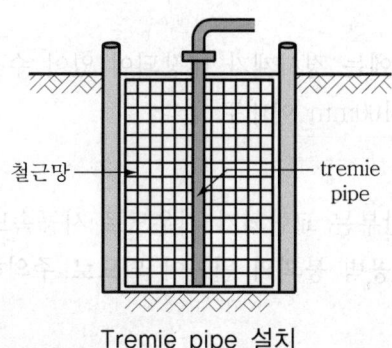

Tremie pipe 설치

철근망 / tremie pipe

7) Con'c 타설

① Tremie pipe를 통하여 중단없이 Con'c를 타설한다.
② Slump치 180±20mm로 하고 다짐기계 사용은 불가
③ Slime 제거 후 3시간 이내에 타설

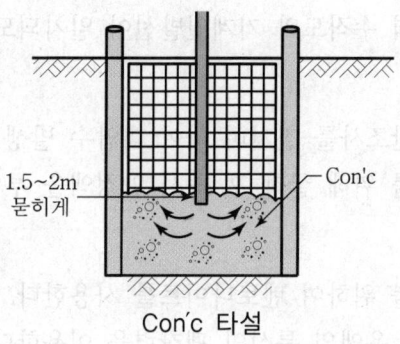

Con'c 타설

1.5~2m 묻히게 / Con'c

8) Interlocking pipe 인발

① Con'c 타설 완료 후 초기 경화가 이루어질 때 약간씩 인발하여 4~5시간 안에 완전히 인발한다.
② 인발이 용이하도록 Con'c 완료 후 2~3시간 후에 약간 유동시켜 놓는다.
③ 인발시기에 주의해야 한다.

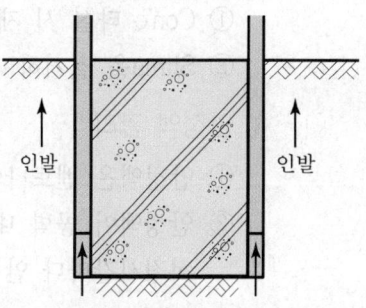

인발 / 인발

Interlocking pipe 인발

VIII. 시공 시 주의사항

1) 수직도 유지

① 최근 굴착기에는 경사계가 내장되어 있어 수직도 확인이 가능하다.
② 시공오차는 100mm 이내로 한다.

2) 선단지반 교란

① 굴착 시 선단부는 교란되기 쉬우므로 시공속도를 조정하여 천천히 시공한다.
② 급속시공은 공벽 붕괴의 원인이 되므로 주의하여 시공한다.

3) Slime 제거

① 지하연속벽 시공 시 slime은 구조체의 질을 떨어뜨리는 요인이 되므로 별도 관리가 필요하다.
② Slime 처리기를 이용하여 충분한 시간을 두어 제거하고, 특히 잔유물이 철근에 붙지 않도록 유의한다.

4) 기계인발시 공벽 붕괴

① 기계인발 속도는 공벽 붕괴에 유의하여 천천히 인발한다.
② 인발시 공벽 수직도와 기계인발선이 일치되도록 한다.

5) 피압수

① 사전에 지반조사를 철저히 하여 피압수 발생 지층을 파악해 두어야 한다.
② 공벽 관리를 위해 굴착 후 즉시 안정액을 투입하여야 한다.

6) 공벽 유지

① 공벽 유지를 위하여 벤토나이트를 사용한다.
② 벤토나이트 용액의 특성인 팽창력을 이용한다.

7) Con'c 품질 확보

① Con'c 타설 시 재료가 분리되지 않도록 한다.
② Slime을 철저히 제거하여 Con'c의 선단지지력을 확보해야 한다.

8) 안정액 관리

① 안정액은 벤토나이트 용액을 주로 사용한다.
② 안정액이 공벽 내에 장시간 있으면 gel화하여 slime이 되는 경우가 있으므로 적정시간마다 안정액을 교체하여 준다.

9) 규격관리

　① 단면 과소방지(slurry wall 단면 > 설계 단면)

　② 지지층까지 관입하여 지지력 확보

10) 공　해

Slime은 공해물질이므로 분리침전조를 설치하여 별도 관리한다.

IX. 계측관리

　① Strain gauge(변형계)

　② Crack gauge(균열 측정)

　③ Water level meter(수위계)

X. 문제점

　① 장비가 대형이다.

　② Slime 처리가 곤란하다.

　③ 전문기술자의 육성이 요구된다.

XI. 개선대책

　① 도시형 굴착장비의 개발이 시급하다.

　② Slime 처리시설이 확충되어야 한다.

　③ 기술정보를 저장관리(feed - back)한다.

　④ 축적된 기술이 부족하다.

XII. 결　론

　① 지하연속벽은 저소음, 저진동 공법에 가깝고 수밀성이 우수하며, 공해요소가 타공법에 비하여 적으므로 앞으로 많이 활용될 전망이다.

　② 도시형 굴착기계의 개발과 효과적인 slime 처리가 중요한 과제이다.

<table>
<tr><td>문제
13</td><td>안정액 관리방법</td></tr>
</table>

● [85(5), 90후(10), 03중(25), 04중(10), 06전(25), 07전(10), 08중(10), 12후(10), 16중(25), 17전(25), 22후(10)]

Ⅰ. 개 요

① 지하 굴착공사 시 공벽의 붕괴방지와 지반을 안정시키는 비중이 큰 액체를 안정액(安定液)이라 한다.

② 안정액은 지반의 상태, 굴착기계 및 공사조건 등에 적합한 안정액을 사용하여야 하며, 안정액 관리를 철저히 하여 사고 발생을 방지하여야 한다.

Ⅱ. 안정액의 요구성능

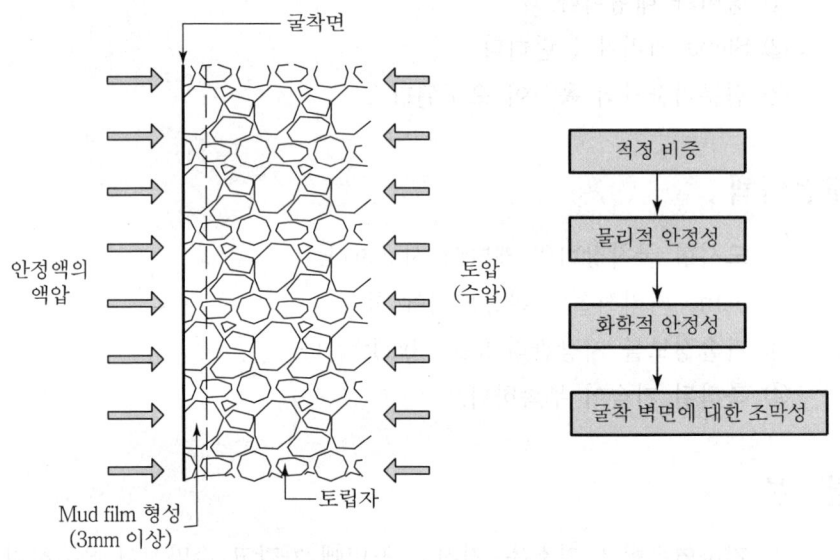

적정 비중을 유지하여 굴착 벽면에 대한 조막성(造膜性) 형성

Ⅲ. 안정액 역할

1) 굴착벽면 붕괴방지

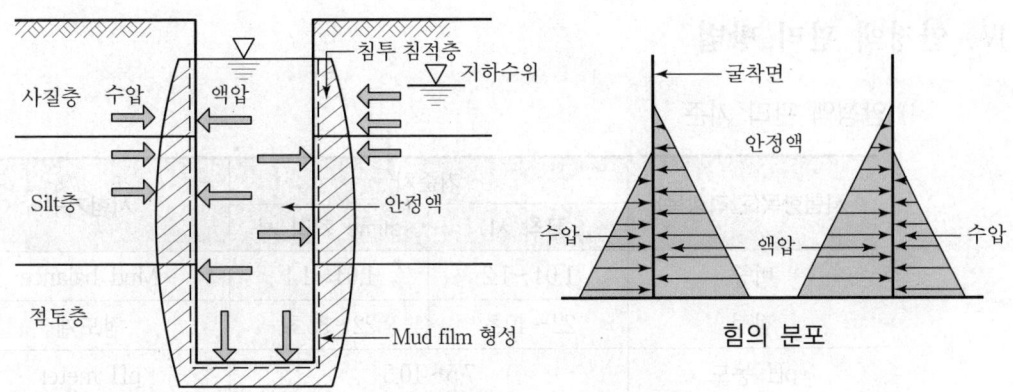

힘의 분포

① 굴착 벽면에 작용하는 토압과 수압을 안정액의 액압으로 저항
② 굴착면에 mud film(진흙막) 두께 형성
③ 굴착 벽면의 손상 방지

2) 굴착 토사 배출

안정액의 순환시 안정액 속에 있는 굴착 토사 부유물을 제거

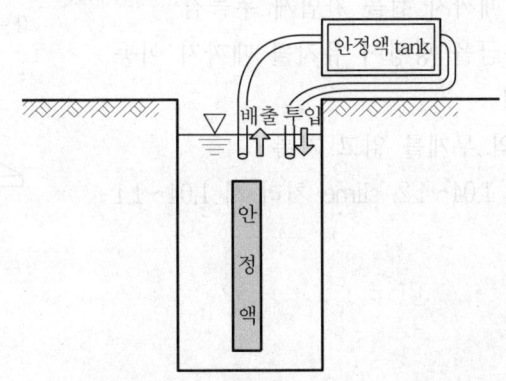

3) 부유물 침전 방지

① 안정액에 혼입된 토사 및 부유물의 저면퇴적 예방
② 콘크리트의 품질 관리에 효과적

4) 불투수막 형성

굴착 시 3mm 이하의 불투수막(mud film) 형성

5) 환경공해 방지

    수압 및 토압에 대한 가시설 설치 및 해체 과정 생략

Ⅳ. 안정액 관리 방법

1) 안정액 관리 기준

시험항목(관리항목)	기준치		시험기구
	굴착 시	slime 처리 시	
비중	1.04~1.2	1.04~1.1	Mud balance
점성	22~40초	22~35초	점도계
pH 농도	7.5~10.5		pH meter
사분율	15% 이하	5% 이하	Sand content tube
조막성 (Mud film 두께)	3mm 이상	1mm 이상	표준 filter press

2) 비중

    ① 안정액을 컵의 꼭대기까지 채우고 기포가 없어질 때까지 컵을 가볍게 두들김

    ② 저울 눈금을 평형이 유지될 때까지 이동 및 조정

    ③ 안정액의 무게를 읽고 기록

    ④ 굴착 시 1.04~1.2, slime 처리 시 1.04~1.1 유지

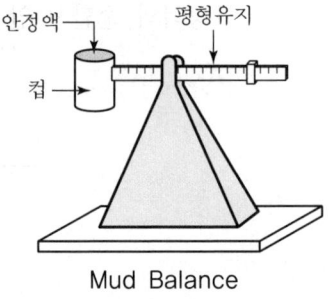

Mud Balance

3) 점성

    ① 점도계를 점도 측정대에 똑바로 세우고 밑에 beaker를 받침

    ② 배출구를 막고 채취한 안정액을 부음.

    ③ 안정액을 유출시켜 점도계에서의 유출 시간 측정

    ④ 굴착 시 22~40초, slime 처리 시 22~35초 유지

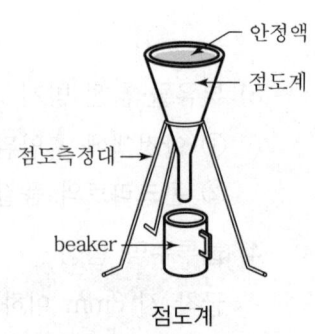

점도계

4) 사분율

① Sand content tube에 안정액을 75cc 채
   우고 청수를 250cc 눈금까지 넣어 흔들어
   섞음

② 이 액체를 200번체에 거르고 체에 물을
   부으면서 세척

③ 체에 있는 사분을 측정 tube에 넣고 완
   전히 침전시킨후 체적(%) 산정

④ 굴착 시 15% 이하, slime 처리 시 5% 이하 유지

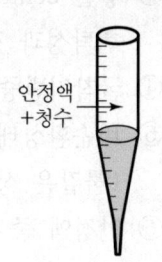

안정액
+청수 →

Sand content tube

5) 조막성(mud film 두께)

① 여과 실린더(안지름 76.2mm, 높이 63.5
   mm)에 안정액을 담고 3kg/cm²의 압력
   으로 30분간 가압

② 남은 안정액을 버리고, 여과지에 형성된
   mud film 두께와 여과 수량 측정

③ 굴착 시 3mm 이상, slime 처리 시 1mm 이상 유지

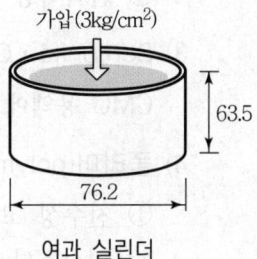

가압(3kg/cm²)

63.5

76.2

여과 실린더

6) Desanding

① 안정액을 plant로 회수하여 모래 성분을 걸러냄

② 안정액 기준에 맞추어 재투입

③ 안정액 수위는 일정하게 유지

7) 안정액의 폐기 처리

① 안정액 관리 기준에 벗어난 것은 폐기 처리

② 폐기 처리시 지정 업체와 협의

V. 안정액의 종류

1) Bentonite를 주체로 한 안정액

① Bentonite는 점토광물의 하나로 응회암, 석영암 등의 유리질 부분이 분해하
   여 생성된 미세점토로 물을 흡수하여 크게 팽창하고 건조하면 수축하는 성
   질이 있다.

② 물을 흡수하면 체적이 6~8배 팽창하므로 팽창 진흙이라고도 한다.

③ 좋은 bentonite란 100cc의 물에 8g의 bentonite를 혼합했을때 침전하지 않고 현탁성과 점성을 유지해야 한다.

④ 굴착지반중에 응집이 일어나 물의 이동과 지반의 붕괴방지

⑤ 비순환상태로 두면 gel화(끈적끈적한 상태)가 되고 순환 상태가 되면 sol화 (물같은 상태)되는 sol-gel-sol로 순환되는 성질을 지님

⑥ 안정액 중에서 가장 일반적으로 사용하는 대표적인 안정액이다.

2) CMC(Carboxy-methyl cellulose)를 주체로 한 안정액

① CMC란 펄프를 화학적으로 처리하여 만든 인공풀로서 물에 혼합하면 쉽게 녹아 점성이 높은 액체가 된다.

② 혼합량은 물 100cc에 대해 0.1~0.5g이다.

③ 반복사용이 가능하나 비중이 높은 안정액을 만들 수 없다.

3) Bentonite · CMC 혼합 안정액

CMC 용액에 bentonite를 2~3% 혼합한다.

4) 폴리머(polymer) 안정액

① 친수성 고분자 화학물로서 물에 용해되어 점성을 나타내는 것으로 전분, 알긴산소다, 한천, 고무, 젤라틴 등이 있다.

② 굴착 시 혼입되는 토사는 bentonite계보다 쉽게 분리된다.

③ 시멘트 염분에 의한 오염이 적다.

5) 염수 안정액

① 해수에 의해 안정액의 오염이 우려될때 상황에 따라 해수 또는 염수를 사용한다.

② Bentonite 안정액에서 필요한 성질을 얻을수 없을때 염수 중에서 점성이 높은 내염성 점토를 1~2% 정도의 농도로 첨가한다.

③ 시멘트 염분에 의한 오염이 적다.

Ⅵ. 결 론

안정액은 slurry wall 시공 시 주요 오염 원인이 되므로 철저히 관리하여야 하며, slime 처리 시설을 확충하고 도시형 굴착 장비의 개발이 시급하다.

문제 14

S.C.W(Soil Cement Wall) 공법

● [98후(20), 00전(10), 05중(25), 06후(25), 10후(25), 21전(25)]

Ⅰ. 개 요

① 지하연속벽 공법 중의 하나로서 soil에 직접 cement paste를 혼합하여 현장 콘크리트 pile을 연속시켜 지하연속벽을 완성시키는 공법이다.

② 개량된 MIP 공법으로서 차수성이 우수하고 공기를 단축시킬 수 있으나, 기술시공에 따라 강도의 편차가 크다.

Ⅱ. 공법의 종류

1) 연속방식

① 3축 auger로 하나의 element를 조성하여 그 element를 반복 시공함으로써 일련의 지중연속벽을 구축시킨다.

② N치 50 이하 토질에 적용한다.

③ 굴착순서 : 제1 element를 조성한 후 a_3를 가이드 공으로 하여 a_3에 a_4를 삽입, a_5, a_6을 연속 조성한다.

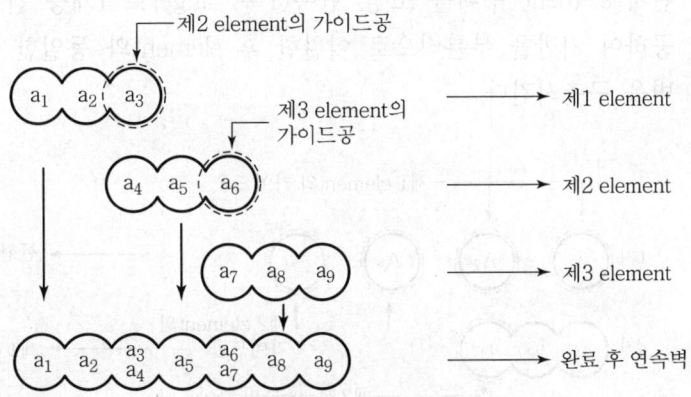

2) Element 방식

① 3축 auger로 하나의 element를 조성하여 1개공 간격을 두고, 선행과 후행으로 반복 시공함으로써 연속벽을 구축시킨다.

② N치 50 이하의 일반 토질에 널리 적용한다.

③ 굴착순서 : 제1 element를 조성하고, 1개공 간격을 두고 제2 element를 조성, a_3를 a_7의 가이드공, a_4를 a_9의 가이드공으로 하여 제3 element를 조성한다.

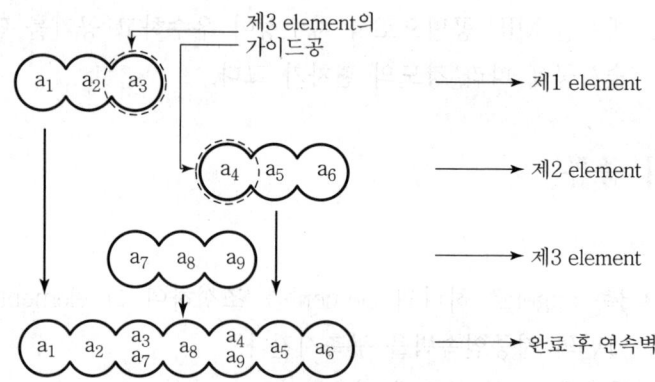

3) 선행방식

① 먼저 element 구획을 조성, 단축(1축) auger로 1개공 간격을 두고 선행 시공하여 지반을 부분적으로 이완한 후 element와 동일한 방식으로 지하연속벽을 구축시킨다.

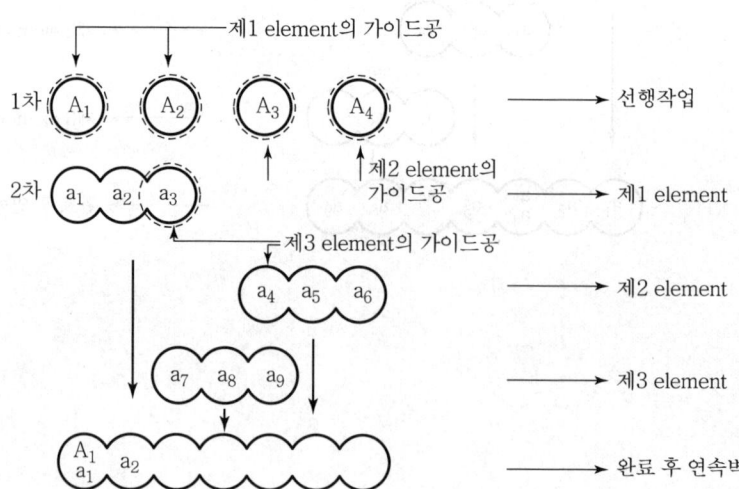

② 100mm 이상의 호박돌이 혼합된 층, 사력층, 연암층에 적용
③ 굴착순서
　㉮ 강력한 감속기를 장치한 단축(1축) auger로 A_1, A_2 등과 같이 1개공 간격을 두고 연속하여 선행 시공한다.
　㉯ A_1을 a_1의 가이드공, A_2을 a_3의 가이드공으로 하여 element 방식과 동일한 순서로 제1, 제2, 제3 element를 조성한다.

Ⅲ. 특 징

1) 장 점
　① Overlap(겹침방식)으로 인한 차수성 양호
　② 압축강도가 다른 공법에 비해 강해서 자체 토류벽으로 사용 가능
　③ 공기단축, 공사비 저가
　④ 소음·진동 및 주변 피해가 적으므로 도심지 공사도 가능
　⑤ Soil wall 설치시 철근 보강이 가능하므로 다목적으로 이용

2) 단 점
　① 시공 기술능력에 따라 품질이 현저히 차이난다.
　② 토사의 성질 양부가 강도를 좌우한다.
　③ 가시설 용도로 사용 후 철거가 곤란하다.

Ⅳ. 배치방법

1) 접점 배치
　① Con'c pile을 하나씩 접하여 배치하는 방식
　② 누수의 우려가 크므로 지하수가 없는 곳에 적당

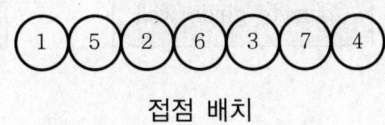

접점 배치

2) 겹침형(overlap) 배치
　① Con'c pile의 가장자리가 겹치도록 배치하는 방식
　② 차수형 흙막이 벽체 형성
　③ 지하수가 있는 곳에 배치하며 벽체의 강성 우수

겹침형(overlap) 배치

3) 어긋매김(zigzag) 배치

 ① 부지에 여유가 있는 곳에 적당

 ② 벽체의 강성이 우수

어긋매김(zigzag) 배치

4) 혼합 배치

 ① Con'c pile 형성 후 사이사이에 MIP 또는 약액 주입으로 보강하는 방식

 ② 지하수에 대한 차수효과 우수

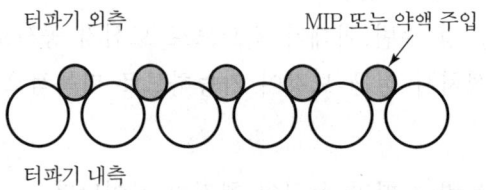

혼합 배치

V. 시공순서 flow chart

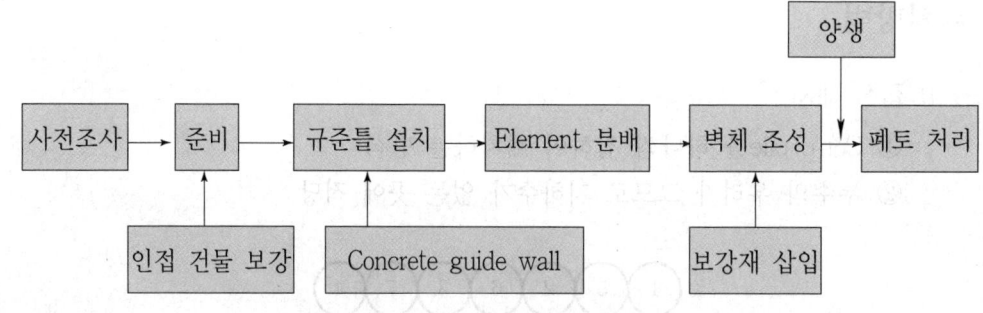

VI. 시공순서

 1) 사전조사

  ① 토질검사 및 지반성상 파악

  ② 지하장애물 여부, 근접 건물의 영향 분석

2) 준 비

① 인접 건물 보강 및 지하장애물을 제거한다.

② 장비투입, 재료반입, 작업공간 확보, 구조검토 후에 배합 결정한다.

③ 작업능률을 고려하여 축조공법을 선정한다.

3) 규준틀 설치

① 기준선 실 띄우기 및 보강재 간격을 표시한다.

② 수평·수직 유지용 guide wall을 시공한다.

4) Element 분배

① 지반의 성질과 작업 여건을 고려한다.

② 굴삭 위치를 분석한 후 element 분배, 간격이 SCW의 품질을 좌우한다.

5) 벽체 조성

① 소정의 심도까지 천공하여 혼합 벽체를 조성한다.

② 근입장 깊이를 고려하여 보강재를 삽입한다.

6) 양 생

① 소요강도 확보 전 지반의 충격 및 장비 이동을 금지한다.

② 4일간 양생을 확보한다.

7) 폐토처리

압밀토 교란으로 폐토 발생하면 장외로 반출한다.

Ⅶ. 시공 시 유의사항

① Soil cement 강도 확보(1축 강도가 점성토 0.1~2MPa, 사질토 2~8MPa, 모래자갈 6~12MPa)

② 근입장 깊이는 1.5~2m 유지

③ Augar 설치시 rod 수직도

④ 심재(보강재) 삽입은 일과 종료 1시간 전에 완료

⑤ 지하수 이동 여부를 사전에 조사

⑥ 도심지 근접 시공 시 계측관리를 통한 피해 방지

Ⅷ. 문제점

① 시공상태 확인 불가능 및 토질과 적합성 여부

② 지반 개량에 대한 판정 곤란
③ 주입재 혼합의 균질성 여부
④ 지하수 오염 및 환경보존대책

Ⅸ. 개선방향

① 기계화 시공을 위한 정밀 기계의 개발
② 수직도 판단 계측기기 및 굴착 저면 상태의 분석장비 개발
③ 폐토 및 환경보존대책 수립

Ⅹ. CIP, SCW, PIP 공법 비교

구 분	CIP (cast in place pile)	SCW (soil cement wall)	PIP (packed in place pile)
굴착 장비	1축 auger	3축 auger	Screw auger
적용지반	경질지반	양호한 토사의 사질 및 점토층	사질층 및 자갈층
지하수	지하수 無	지하수 有 적용 가능	지하수 有 적용 가능
주입재	mortar	cement paste	mortar
골재(자갈) 사용 여부	사용	미사용	미사용
굴착흙 처리	반출	흙과 cement paste 혼합	반출
경제성	불리	양호	보통
주열벽 강성	양호	불리	보통

Ⅺ. 결 론

① SCW 공법은 차수 및 인접 구조물 보강 목적으로 시공되는 지하연속벽 공법의 일종이다.
② Soil cement의 강도 확보와 품질관리를 위한 정밀기계 개발이 필요하며, 인접 구조물의 영향을 측정하기 위한 철저한 계측관리가 중요하다.

Top down 공법(역타공법)

● [90후(40), 94후(25), 95전(10), 96중(30), 01전(25), 05전(25), 11후(25), 12중(25), 14전(10), 14중(10), 18후(25), 20전(25), 20중(25)]

I. 개 요

① 역타공법은 지하 구조물의 시공순서를 지상에서부터 시작하여 점차 지하로 진행하면서 동시에 지상 구조물도 축조해 나가는 공법이다.

② 이 공법은 흙막이벽으로 설치한 지하연속벽을 본 구조체 벽체로 이용하고 기둥과 기초를 시공한 다음 지상에서부터 지하 1층, 지하 2층의 순으로 땅을 파내려 가면서 지하 구조물의 본체를 시공한다.

II. 공법의 필요성

① 도심지의 근접 시공
② 배수로 인한 주변 침하·균열
③ 공기단축
④ 인근 주변의 소음·진동 대책
⑤ 기술 축적

III. 특 징

1) 장 점

① 지하·지상의 동시 시공으로 공기단축이 용이하다.
② 지하 각층 바닥판 타설 시 지반면 이용으로 지보공이 필요없다.
③ 1층 바닥이 먼저 타설되어 작업장으로 활용이 가능하다.
④ 지하공사 중 소음 발생의 우려가 적다.
⑤ 가설자재를 절약할 수 있다.

2) 단 점

① 기둥, 벽 등 수직부재의 역 joint 발생으로 마감이 곤란하다.
② 사전 공사계획이 치밀해야 한다.
③ 전체 공사비가 증가할 우려가 있다.

189

Ⅳ. Top down 공법의 종류

1) 완전역타공법(full top down)

① 바닥 slab를 완전하게 시공하는 가장 안전한 공법이다.

② 굴착토 반출이 어렵다.

2) 부분역타공법(partial top down)

① 굴착토 반출이 용이하고 작업조건이 양호하다.

② 지하바닥 slab를 부분적(1/2~1/3)으로 시공

③ 지하층 상부는 slab, 하부는 strut 및 anchor로 지지

3) Beam 및 girder식 역타공법

① 지하 영구 구조물인 beam과 girder를 strut로 이용하여 steel 또는 Con'c beam을 시공하며, 지하층을 굴착하는 방식으로 토공 반출이 쉽다.

② 지하 철골 구조물의 beam과 girder를 시공하고 이것으로 지하연속벽을 지지한 후 굴착하는 공법이다.

③ Top down 중 가장 쉬운 방법이나 별도의 바닥 Con'c 공사가 요구된다.

Ⅴ. 시공순서 flow chart

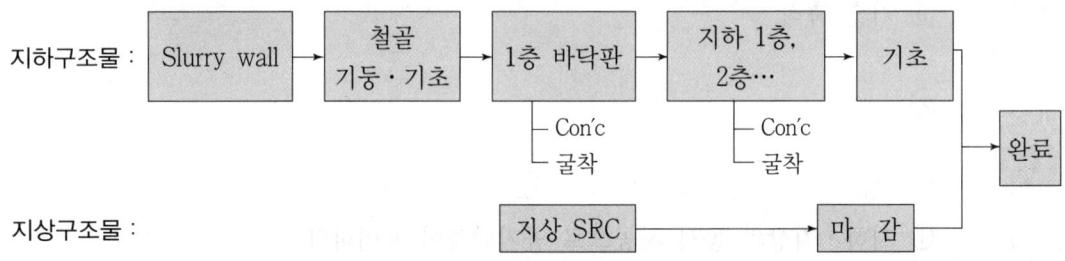

Ⅵ. 시공순서

1) Slurry wall

가이드 월을 설치하고 굴착하여 인터로킹 파이프를 설치하고 철근망을 삽입하여 트레미관을 통해서 현장타설 Con'c의 지하연속벽을 축조한다.

2) 철골 기둥ㆍ기초

① 기둥 위치에 steel casing pipe(대구경 1.5m)를 설치하고, clamshell과 리버스 서큘레이션 드릴 기계로 굴착한다.

② 굴착 후 크레인을 이용하여 철골기둥(steel column)을 설치하고, 기초철근 배근은 지상에서 조립하여 설치한다.

③ 기초부분은 Con'c 타설하고, 나머지 부분은 자갈 채움하여 설치된 철골기둥(steel column)의 이동 방지

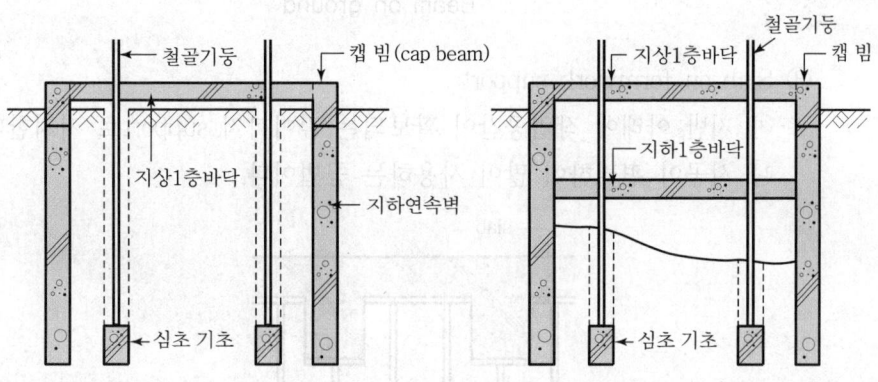

④ 철골기둥의 정렬

 ㉮ 지상으로 철골기둥이 3m정도 노출되도록 굴토 실시

 ㉯ 굴삭기 등을 장비로 밀었을 때 이동이 용이하게 굴토

 ㉰ 장비를 사용하여 철골기둥 단부의 위치를 고정

 ㉱ 조정가능 범위는 100mm 이내

 ㉲ 1층 바닥보기 RC조 일때는 L형강과 Turn buckle을 조합하여 고정

3) 바닥 slab 시공방법

① Slab on ground

 ㉮ 1층 바닥의 지반을 충분히 다짐한후 무근 Con'c를 타설한 후 1층 바닥 Con'c를 타설한다.

 ㉯ Slab 두께가 커지는 단점이 있다.

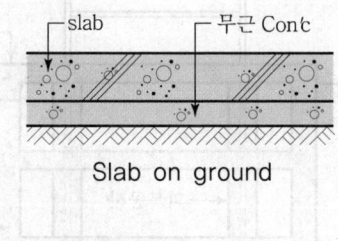

Slab on ground

② Beam on ground

 ㉮ Beam 하부를 지면에 닿게 시공하고, slab 밑은 support로 지지한다.

 ㉯ 타설 후 beam 사이에 있는 support와 form 해체가 어렵다.

191

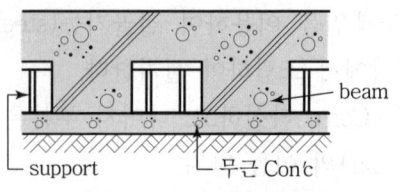

Beam on ground

③ Slab on formwork support

㉮ 지반 아래에 작업공간이 확보되는 깊이까지 support로 지지한다.

㉯ 시공이 편리하여 많이 사용하는 공법이다.

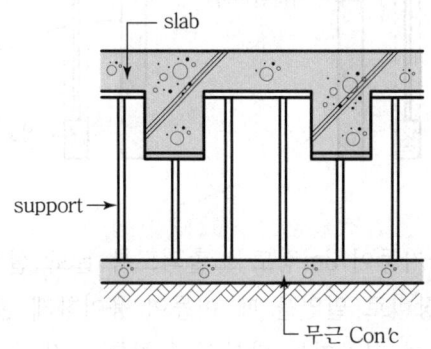

Slab on formwork support

4) 굴 착

지상 1층 바닥 slab 완료 후 지하 1층부터 굴착해 나간다.

5) 지하·지상 공사

① 지하 2층 정도에서 지상층도 동시에 완성해 나간다.

② 지하층과 지상층을 같은 시점에 완성하므로 공기단축에 용이하다.

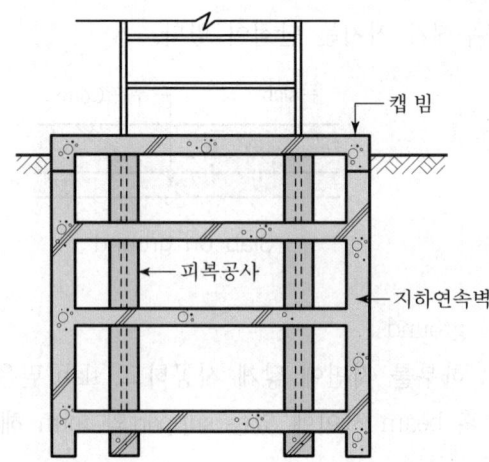

6) 마 감

① Top down 공법은 일반 공법의 반대로 역 joint가 발생한다.
② 역 joint 부분의 마무리법에는 그라우팅 주입법, 충전줄눈법, 직접타설법이 있다.

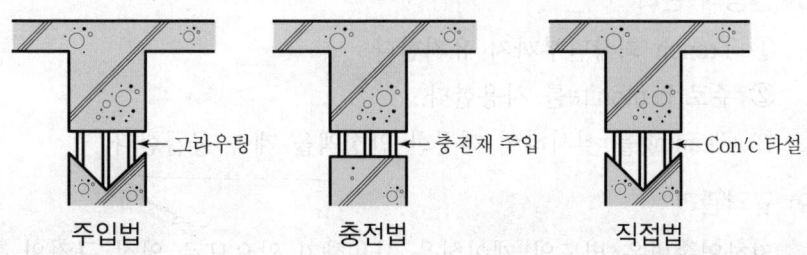

주입법   충전법   직접법

VII. 시공 시 주의사항

1) 수직도 유지

① 굴착 기계에 경사계 부착
② 시공오차 100mm 이내로 수직굴착한다.

2) 선단지반 교란

① 굴착 시 선단부는 교란되기 쉬우므로 시공속도를 천천히 해야 한다.
② 급속시공은 공벽 붕괴의 원인이 되므로 주의하여 시공한다.

3) Slime 제거

① 굴착이 끝난 후 3시간 방치, 침전 후 제거
② Air lift, compressor를 사용

4) 기계인발시 공벽 붕괴

① 기계인발시에는 천천히 뽑아 올린다.
② 인발시 공벽 수직도와 기계인발선이 일치되도록 한다.

5) 피압수

① 사전 지반조사를 철저히 하여 피압수 발생 지층을 파악한다.
② 공벽 관리를 위해 굴착 시 적기에 안정액을 투입한다.

6) 공벽 유지

① 공벽 유지를 위해 팽창성 물질인 bentonite를 사용한다.
② 공벽의 중간 부위가 붕괴되지 않도록 한다.

7) Con'c 품질 확보

① Con'c 타설은 중단없이 완료될 때까지 계속해야 한다.

② Slime을 철저히 제거하여 Con'c와 철근망의 부착 강도를 높인다.

8) 안정액 관리

① Trench 최상단부까지 유지한다.

② 주로 bentonite를 사용한다.

③ Cleaning을 실시하여 깨끗한 안정액을 계속 공급한다.

9) 규격관리

지하연속벽은 별도의 케이싱을 사용하지 않으므로 일정 규격의 확보가 어려우나 하이드로밀 계통의 기계는 버킷식보다 규격관리가 용이하다.

VIII. 문제점

① 공사비와 공기의 정확한 자료가 부족하다.

② 설계, 시공오차 기준이 미설정되어 있다.

③ 피복 마무리시 역 joint 문제가 있다.

④ 계측자료를 이용한 설계자료의 유추능력이 부족하다.

⑤ 각 부재에 대한 설계기준이 미비하다.

IX. 대 책

① 전문기술 인력 양성

② 타당성 있는 자료 확보

③ 설계 단계에서부터 시공계획 수립

④ 지하굴착 시 안전대책 철저 및 각 부재의 설계기준 마련

X. 결 론

① Top down 공법은 건설업 개방 및 UR 환경변화에 대응하기 위한 기술축적 공법으로서 저소음·저진동 공법이며, 주변 지반의 영향이 적어 민원 발생의 요소가 적다.

② 역 joint 처리 문제 및 steel column의 수직도 유지 등의 문제점이 있으나, 공기단축이 용이하며 도심지 근접 시공에 적합한 공법이다.

<table>
<tr><td>문제
16</td><td>SPS(Strut as Permanent System : 영구 구조물 흙막이)
공법</td></tr>
</table>

● [04후(25), 06중(25), 07후(25), 10중(25), 11중(25), 16후(25), 21전(25)]

I. 개 요

① Top down 공법은 가설 strut(버팀대) 공법의 성능을 개선하여 본구조체인 기둥, 보를 흙막이 버팀대로 활용하는 공법이다.
② SPS 공법은 top down 공법의 문제점인 지하공사 시 조명 및 환기 부족을 개선 및 가설공사비 절감을 위하여 개발된 공법으로 근래에 시공 빈도가 높은 공법이다.

II. Top down 공법의 문제점

① 지하 공사 시 자연채광 부족으로 시공 곤란
② 지하 환기 부족
③ 지하 조명설비 및 환기설비의 과다 설치
④ 수직부재의 역joint 발생
⑤ 수직부재의 콘크리트 공극 발생

III. SPS 공법 특징

구 분	특 징
환기·조명	• 지하 공사 시 철골보만 설치하여 아래로 진행하므로 환기 양호 • 최소한의 조명 시설로 작업가능하며, 나머지는 자연채광 이용 • Top down 공법에 비해 지하 작업장의 환기·조명이 양호
구조적 안정	• 철골과 RC slab가 띠장의 역할을 하므로 구조적으로 안정 • 가설 strut 해체 시 발생하는 지반 이완현상 감소 • 가설 띠장 해체 시 발생하는 지반 균열 방지
시공성	• 구조체 철골 간격이 가설재의 간격보다 넓어 작업공간 확보 • 굴착공사용 장비의 작업성 향상
공기	• 기초 완료 후 지상과 지하 동시 시공 가능 • 가설 strut의 해체 과정 생략으로 공기 감소

원가	• 가시설 공사비가 필요 없음 • 공기 단축 및 시공성 향상으로 원가 절감
환경친화적	• 인접 지반에 대한 피해 감소 • 폐기물 발생 저감

Ⅳ. SPS 공법 분류 및 flow chart

1) Up-up(double up) 공법
2) Down-up 공법

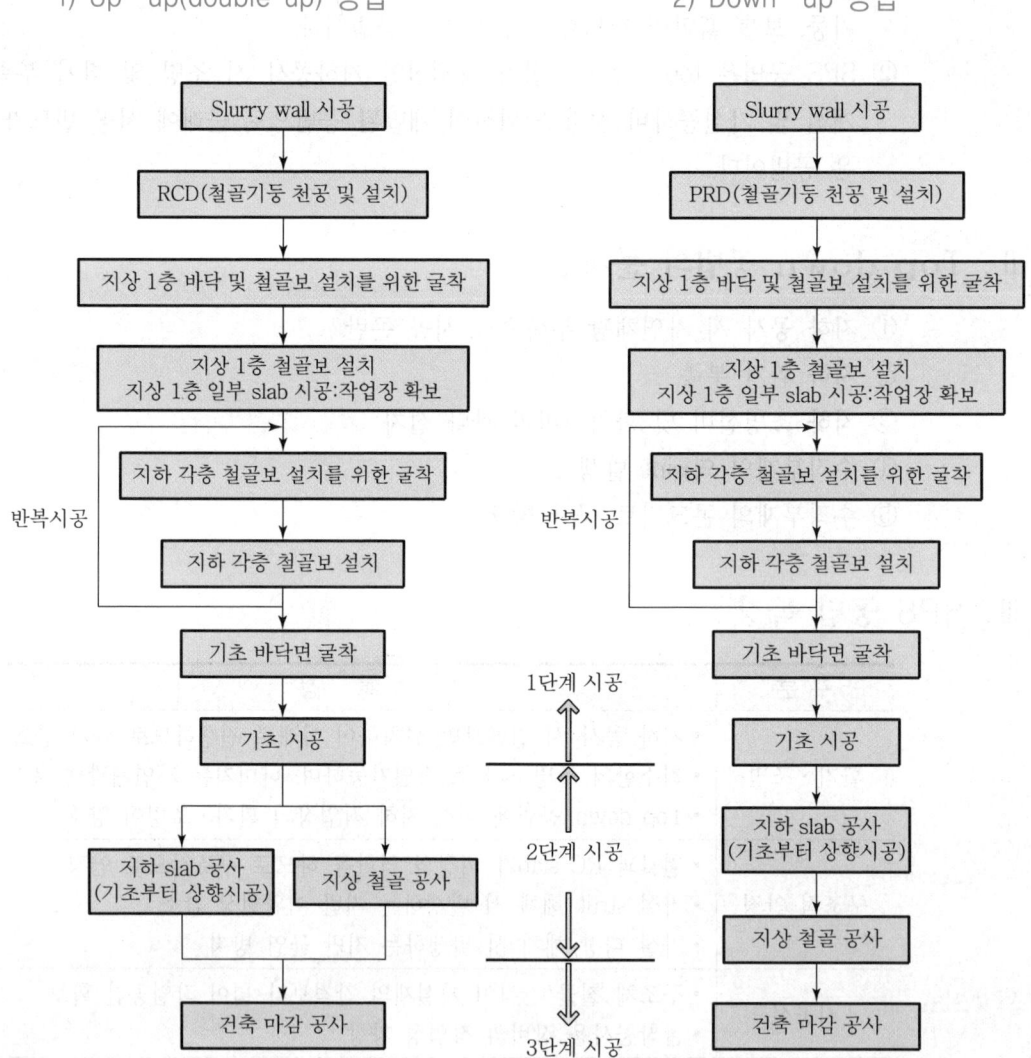

Ⅴ. 분류별 특징

구 분		Up - up 공법	Down - up 공법	Top down 공법
1단계 시공	지하구조체 하향작업	철골 기둥 · 철골보		
2단계 시공	지상 철골 공사	① up 동시작업	up ② ① down 순차작업	① 지상 ① 지하 동시작업
	지하 slab 공사	① up		
3단계 시공	건축마감 공사	마감공정 cycle에 의한 별도 시공		별도 시공

Ⅵ. SPS 공법의 시공

1) Slurry wall 시공

   ① 지하에 자립가능한 철근콘크리트 벽체를 구축

   ② 안정액을 이용하여 공벽 붕괴를 막으면서 지하에 연속된 벽체 형성

2) RCD(철골기둥 천공 및 설치)

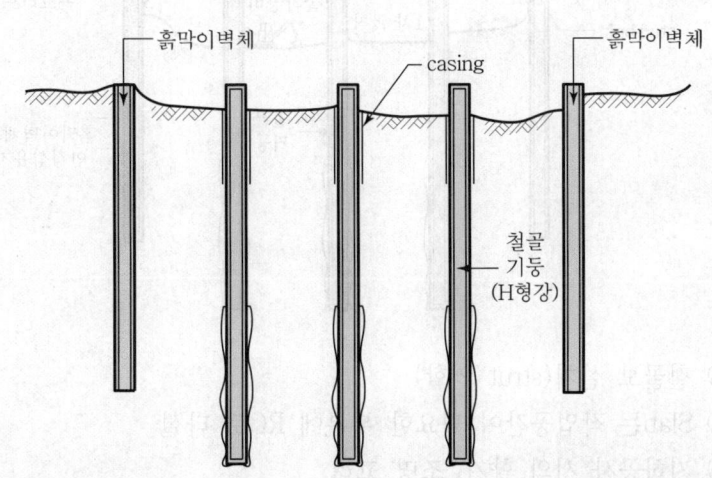

197

① Reverse circulation drill로 대구경의 구멍을 파서 철골기둥 설치
② 철골기둥(H형강) 설치를 위한 굴착 시 표층 casing을 설치하여 공벽 붕괴 방지
③ 천공 및 근입 시 이동이나 변형되지 않고 정확한 수직도 유지

3) 1차 굴착

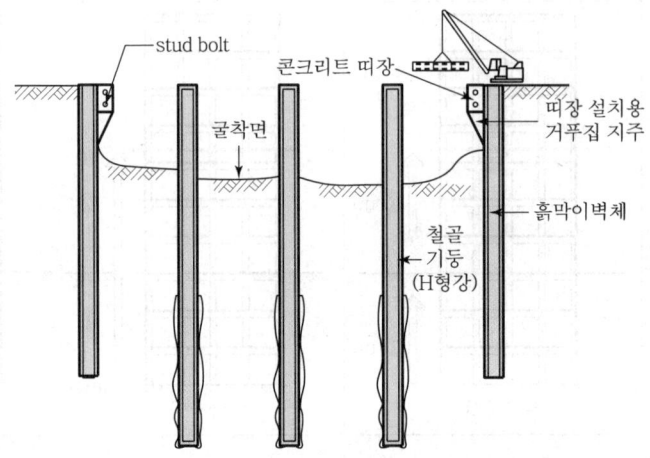

① 지상 1층 바닥 및 철골보 설치가 용이하도록 굴착
② 1차 굴토 후 콘크리트 띠장 시공
③ H-pile 플랜지 면에 stud bolt 설치

4) 지상 1층 철골보 설치 및 일부 slab 시공

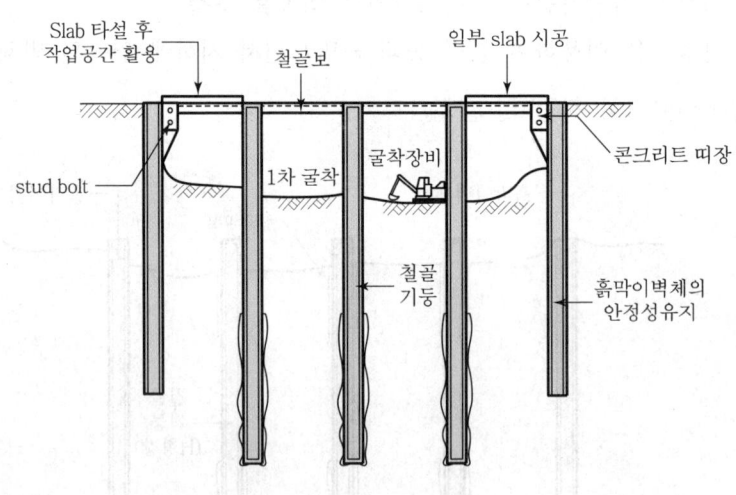

① 철골보 설치(strut 역할)
② Slab는 작업공간이 필요한 부분에 RC로 타설
③ 지하공사 시의 환기, 조명 고려

5) 지하 각층 굴착 및 철골보 설치(반복시공)

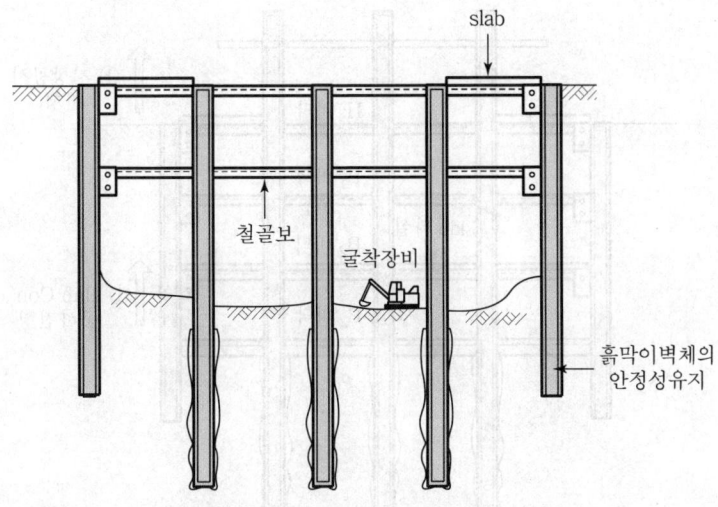

① 굴착 시 단부와 중앙부의 단차이를 이용하여 토압에 대한 흙막이벽체의 안정성 확보
② B_1, B_2, B_3 순으로 굴착하여 순차적으로 철골보 설치

6) 기초바닥면 굴착 및 기초시공

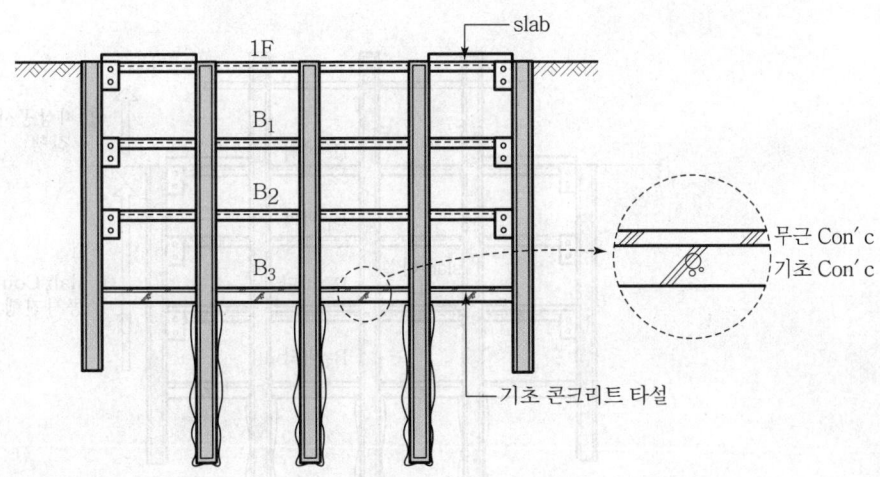

① 최하부층(B_3)까지 굴착 완료 후 기초 콘크리트 타설
② 기초 콘크리트 타설 후 내외부 벽체 및 slab를 하부에서 상부순으로 시공

7) Up - up 공법 : 지하 및 지상 동시 시공

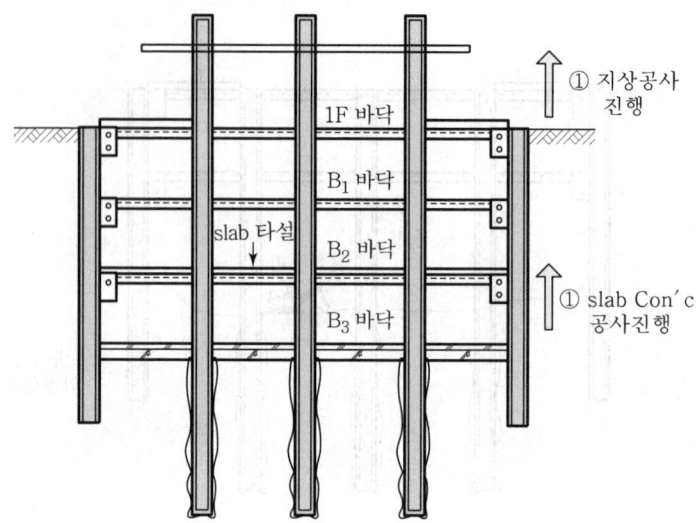

① 지하, 지상 구조체 공사의 동시 진행 가능(up - up공법)
② 지하는 B_3, B_2, B_1 순으로 slab Con'c 타설
③ 동시에 지상은 철골공사 진행
④ SPS 공법 중 up - up 공법의 활용도가 높다.

8) Down - up 공법 : 지하구조물 공사 후 지상구조물 공사 진행

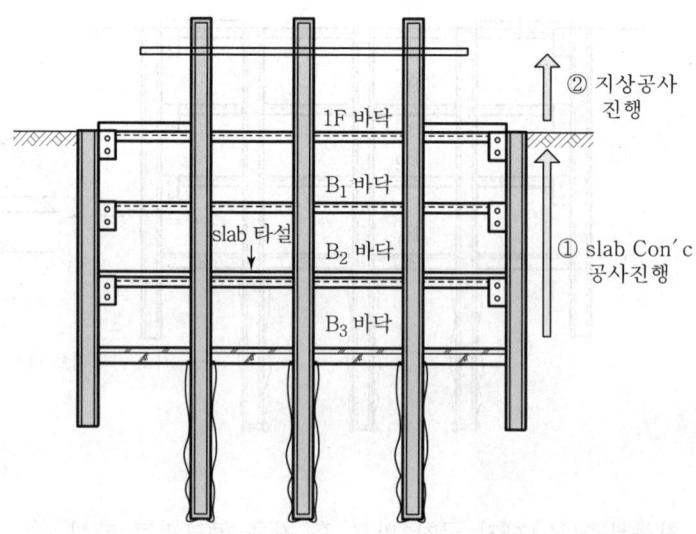

① 지하구조물인 slab Con'c 타설(B₃, B₂, B₁ 순) 완료 후 지상 철골공사 진행 (down‑up 공법)

② 지하 및 지상공사를 순차적으로 진행하므로 공기단축에 불리

③ 그러므로 up‑up 공법에 비해 그 활용도가 낮음.

Ⅶ. 시공 시 유의사항

1) 흙막이벽의 수직도 유지

① 차수성 있는 흙막이벽체 시공

② 내부 합벽화로 구조체의 일부가 되므로 수직 정밀도 확보

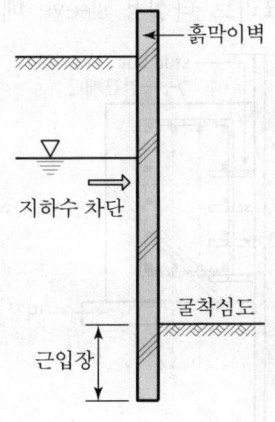

2) 철골 기둥 수직도 유지

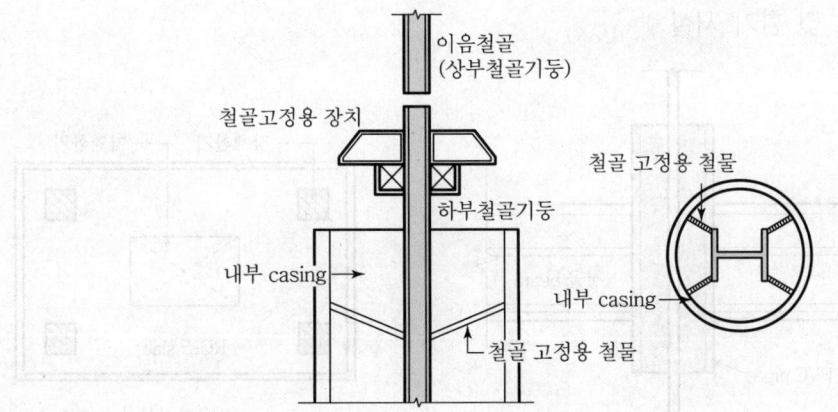

① 하부 기둥은 고정용 철물(주로 철근)로 내부 casing과 용접 접합

② 상부 기둥은 transit으로 수직을 유지하면서 하부 기둥과 접합

3) 외벽 콘크리트 타설

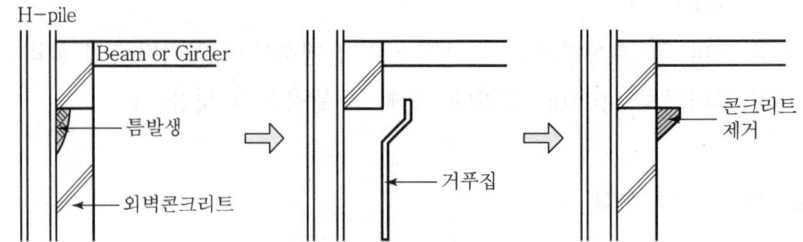

외벽 콘크리트 타설 시 벽체의 밀실화에 유의

4) 콘크리트 띠장 시공

① H-pile flange 면에 stud bolt를 설치 후 콘크리트 띠장 설치
② 콘크리트 띠장에 기초 콘크리트 타설용 sleeve 매입

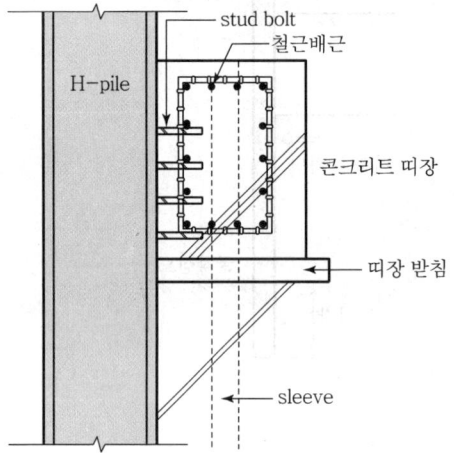

5) 조명 및 환기 시설

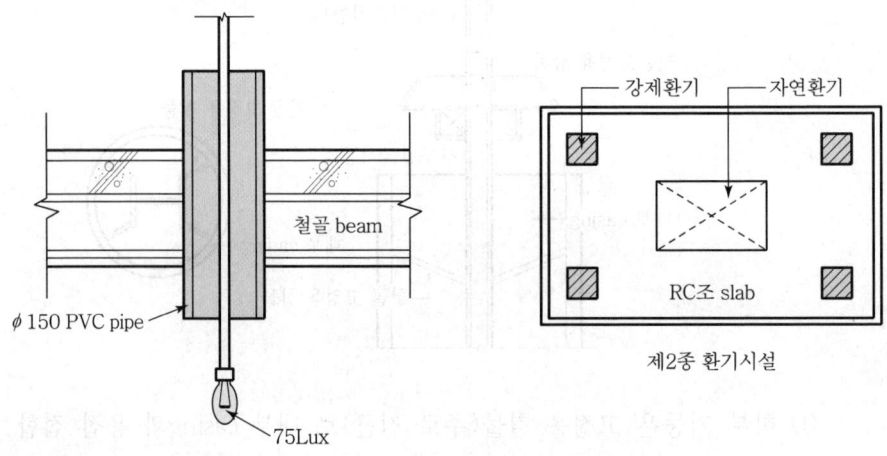

조명시설 설치를 위한 sleeve 및 강제환기설비 설치

6) 계측관리 철저

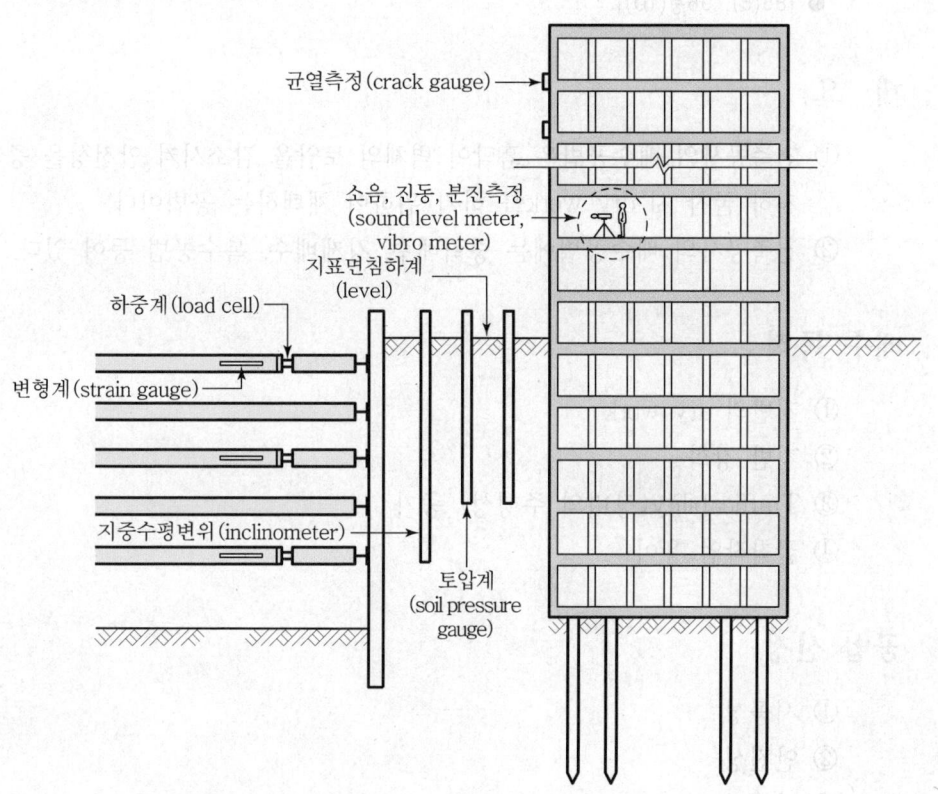

계측관리를 통한 주변 건물의 안정과 공사장 내의 안전을 도모

Ⅷ. 결 론

① SPS공법은 인접지반 및 환경에의 피해가 적으므로 점차 발전되어야 할 공법이다.

② SPS 지하 공사 시에는 공사 환경이 밀폐되어 있으므로 안전관리가 특히 요구된다.

문제 17 배수공법

● [85(5), 96중(10)]

Ⅰ. 개 요

① 건축공사의 배수공법은 흙막이 벽체의 토압을 감소시켜 안전성을 증가시키고 지하 굴착 시 dry work를 하기 위하여 채택하는 공법이다.
② 건축공사의 배수공법에는 중력배수, 강제배수, 복수공법 등이 있다.

Ⅱ. 배수 목적

① 지반의 dry work
② 지반 강화
③ Trafficability(장비의 주행성) 증가
④ 굴착작업 용이

Ⅲ. 공법 선정

① 시공성
② 안전성
③ 경제성
④ 무공해성

Ⅳ. 공법 분류

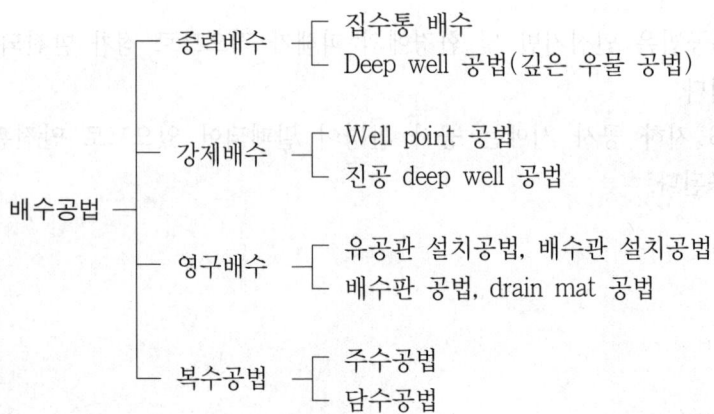

- 배수공법
  - 중력배수
    - 집수통 배수
    - Deep well 공법(깊은 우물 공법)
  - 강제배수
    - Well point 공법
    - 진공 deep well 공법
  - 영구배수
    - 유공관 설치공법, 배수관 설치공법
    - 배수판 공법, drain mat 공법
  - 복수공법
    - 주수공법
    - 담수공법

V. 공법별 특징

1. 집수통 배수

1) 의 의

① 터파기의 한 구석에 깊은 집수통을 설치하고, 여기에 지하수가 고이게 하여 수중펌프로 외부에 배수하는 것이다.

② 배수가 적으면 수동펌프로 가능하지만, 보통 공사에서는 전동식 sand pump, 다이어프램 펌프 등이 사용된다.

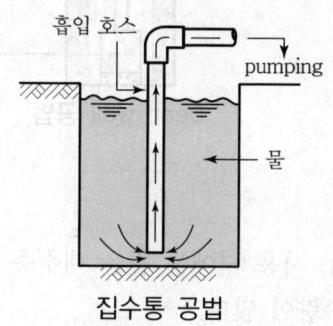

집수통 공법

2) 특 징

① 설비가 간단하고, 경비가 저렴하다.

② 용수 상황에 따라 집수통의 수량 조절이 용이하다.

3) 적 용

① 투수성이 좋은 사질 지반에 유리하다.

② 소규모의 용수 및 다른 용수공법의 보조공법으로 사용된다.

4) 유의사항

① 침투수에 따라 토사가 유입하므로 집수통 바닥 자갈깔기

② Sheet pile 배면과 수위 클 경우 큰 압력 발생

2. Deep Well 공법(깊은 우물 공법)

1) 의 의

① 터파기의 장내에 깊은 우물을 파고, casing strainer를 삽입하여 수중펌프로 양수하는 공법

② Strainer와 우물벽과의 공간에는 필터 재료(자갈 등)를 충전하여 strainer의 막힘을 방지할 필요가 있다.

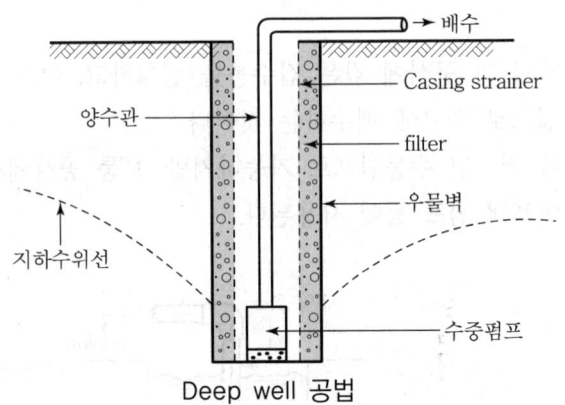

Deep well 공법

2) 특 징

① 고양정의 pump 사용 시에는 깊은 대수층 양수가 가능하다.

② 1개소당의 양수량이 많다.

3) 적 용

① 투수성이 좋은 지반에서 용수량이 많아 well point의 적용이 어려운 장소

② 넓은 범위의 지하수위 저하시에 적용한다.

③ Heaving 및 boiling 현상이 발생할 가능성이 있는 경우

4) 유의사항

① Well 굴착 시 우물벽 안정에 유의해야 한다.

② Filter 입경을 적절히 한다.

③ 우물고갈, 지반침하, 부동침하에 대한 대책 강구가 필요하다.

3. Well point 공법

1) 의 의

① Well point 공법은 강제배수공법의 대표적인 공법이며, 지멘스 웰 공법이 발전되어 개발된 공법이다.

② 인접 건물과 흙막이벽 사이에 케이싱을 삽입하여 지하수를 배수하는 공법이다.

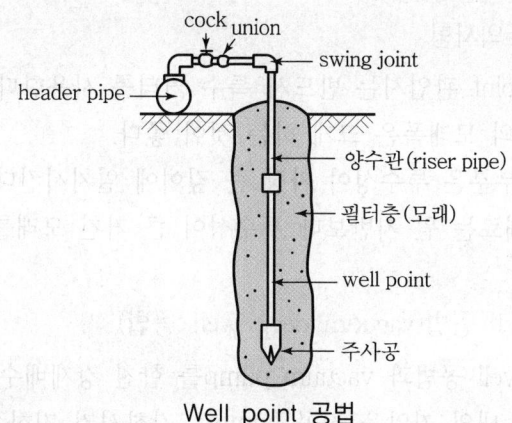

Well point 공법

2) 특 징

① 장 점
㉮ 이 공법의 개발로 굴착공사의 dry work가 비교적 용이해졌다.
㉯ 투수층이 비교적 낮은 사질 silt층까지도 강제 배수가 가능하다.
㉰ 흙의 안전성을 대폭 향상시킨다.
㉱ 공기단축이나 공비경감에도 크게 기여한다.

② 단 점
㉮ 압밀침하로 인한 주변 대지, 도로, 균열발생
㉯ 인근 건축물의 침하발생
㉰ 지하수의 수위저하로 우물 고갈

3) 시 공

① Riser pipe(양수관) 설치
㉮ Point와 연결된 riser pipe(양수관)를 water jet를 이용하여 대수층까지 관입시켜 그 주위에 필터층(모래)을 형성한다.
㉯ 양수관의 간격은 보통 1~2m로 한다.

② 스윙 조인트
관입된 well point는 swing joint를 거쳐서 header pipe로 연결된다.

③ Header pipe 연결
스윙 조인트를 거쳐 header pipe에서 진공 pump로 연결된다.

④ Pump 설치
㉮ Centrifugal pump, 진공펌프, separator tank에 연결한다.
㉯ 정전시를 대비하여 예비전원 및 예비펌프를 확보한다.

4) 시공 시 주의사항

① Well point 관입시는 반드시 특수 커터를 사용한다.
② 필터층의 모래폭은 크게 하는 것이 좋다.
③ Point 부분은 투수성이 가장 큰 깊이에 일치시킨다.
④ 필터 재료는 원 지반보다 투수성이 큰 거친 모래를 사용한다.

4. 진공 deep well 공법(vacuum deep well 공법)

① Deep well 공법과 vacuum pump를 합친 강제배수공법이다.
② 우물관 내의 기압을 진공 pump로 강하시켜 지하수를 빨아 모아서 pump로 배수한다.
③ 투수성이 작은 대수층에서는 수위 강하에 요하는 시간이 많이 걸리므로 well point 공법이나 deep well 공법 채택시 그 효율성이 떨어진다. 이때에는 진공 deep well 공법을 채택한다.

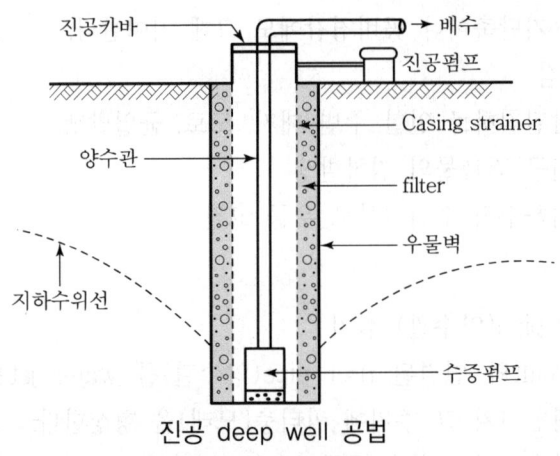

진공 deep well 공법

5. 유공관 설치공법

1) 의 의

외부 압력에 강하고 균열 및 찌그러짐이 없는 HDPE(High Density Polyethylene, 고밀도 폴리에틸렌)관에 작은 구멍의 흡수공을 설치하여 지중의 물을 배수하는 공법

2) 특 징

특 성	내 용
흡수성	• 요철부에 다량의 흡수공으로 흡수면적이 많음 • 토사에 의해 막힐 염려가 없음
경량성	• 경질 PE관으로 초경량 • 취급, 운반 및 시공 용이
고재질	• 뛰어난 내충격성 겸비 • 내산, 내알칼리성 및 부식이 없음
고강도	• Rib 형태로의 특수 가공 • 지중 매설시 형태 변화가 없음
내구성	• 고밀도 PE수지로 반 영구적 • 지반의 부동침하 등에도 안전

6. 배수관 설치공법

1) 의 의

① 지하 기초내 수직으로 hole을 설치하여 기초 상부 누름 콘크리트 사이로 배수관을 연결

② 연결된 배수관을 지하층에 설치된 집수정을 통해 외부로 배수하는 공법

2) 특 징

① 기초시공 전후 모두 시공 가능

② 지하수의 수량에 따라 설치공 조절

③ 지하 부력에 의한 건축물의 안전 도모

④ 기초 하부에 설치되는 PVC유공관의 막힘에 유의

⑤ 누름콘크리트내 설치되는 배수 pipe의 결로 방지

7. 배수판공법

1) 의 의

① 기초 상부와 누름콘크리트 사이에 공간을 두어 그 공간 속에서 물이 이동하여 집수정으로 모이게 하는 공법

② 지하실 마감 바닥과 물이 직접 접촉되는 것을 차단하여 지하실의 누수 및 습기를 방지

2) 시공상세도

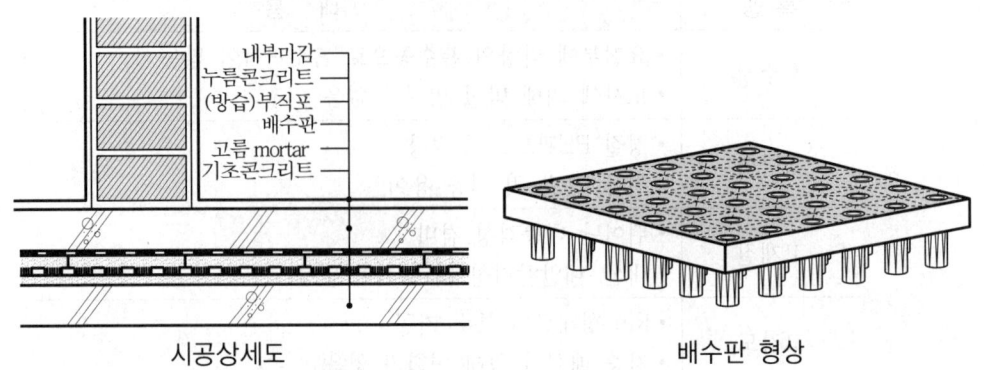

내부마감
누름콘크리트
(방습)부직포
배수판
고름 mortar
기초콘크리트

시공상세도   배수판 형상

8. Drain mat 배수공법

1) 의 의

① Drain mat 배수공법은 굴착저면 위 버림콘크리트 내에 유도수로와 배수로
를 설치하여 지하수를 집수정으로 유도하여 pumping 처리하는 영구 배수
공법이다.

② 지하수의 부력이 기초나 건물의 구조체에 영향을 미치지 않게 하므로 구조
적으로 안전성을 유지할 수 있는 공법이다.

2) 특 징

① 지하수의 부력 처리 속도가 빠름

② 단일공정으로 시공관리가 편리

③ 풍부한 안전율을 적용한 설계와 시공이 가능

④ 집수정에 모인 지하수의 재활용 가능

⑤ 기초 콘크리트 균열에 의한 누수 발생 예방

9. 주수공법

① 장내에서 양수한 물을 주수 sand pile을 통해 지중에 주입하여 인접 건축물
의 부동침하 등을 방지하는 공법이다.

② 굴착 저면이 인접 건축물의 기초면보다 낮을 때 사용한다.

③ 주수량은 양수량의 50% 전후를 목표로 한다.

④ 주수한 물에 의한 굴착면의 붕괴를 방지하기 위하여 도수 샌드 파일을 둔다.

⑤ 주수는 지반 교란이 안 되도록 정수압으로 한다.

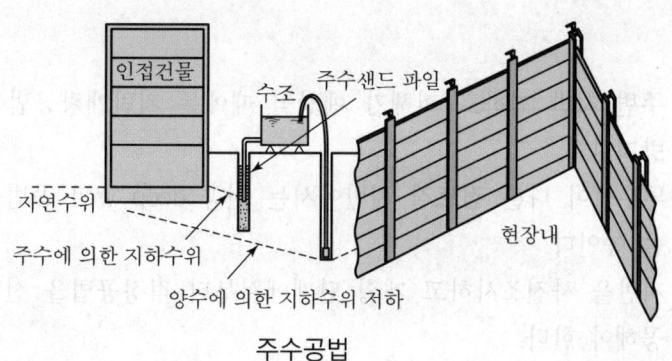

주수공법

10. 담수공법

① 흙막이벽을 지수벽으로 구축한다 해도 주변 지반의 수위를 자연상태로 유지하기란 대단히 어려우므로 주변 지반의 수위를 자연상태로 유지하기 위해서는 어느 정도 물의 보급이 필요하게 되는데 이때 담수공법을 적용하여 물을 채우게 된다.

② 흙막이벽에 작용하는 측압과 주수에 의한 수압은 흙막이벽의 붕괴를 가져올 수 있으므로 주의해야 한다.

③ 흙막이의 강성을 높이기 위해 버팀대의 단면적을 늘리는 것을 검토해야 한다.

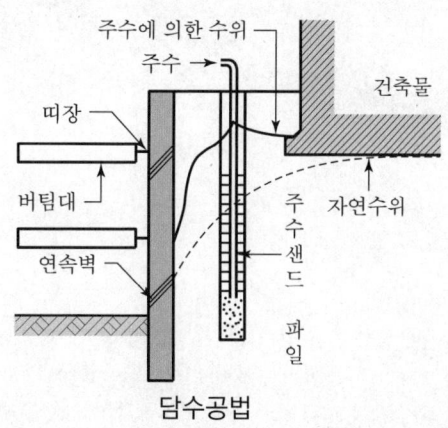

담수공법

Ⅵ. 문제점

① 수위 감소로 주변 지반에 침하가 발생한다.

② 투수성이 나쁜 점토질의 지반에서는 well point 공법의 효율이 떨어진다.

③ 인위적인 boiling 현상이 발생한다.

Ⅶ. 대 책

① 주변 지반 침하로 피해가 예상될 때에는 지반개량공법을 선정하여 미연에 방지한다.
② 투수성이 나쁜 점토질 지반에서는 진공 deep well 공법을 적용하여 효율성을 높인다.
③ 지반을 사전조사하고 계획 단계에서부터 적정공법을 선정하여 견실하게 시공해야 한다.
④ 복수공법을 채택하여 자연수위를 조정한다.

Ⅷ. 결 론

① 사전에 철저한 지반조사를 실시하고 토질에 적합한 공법을 선정하여 견실 시공하는 것이 무엇보다 중요하며, 주변 환경에 따라 배수공법을 채택함으로써 주변 지반 및 흙막이의 안전성을 확보할 수 있다.
② 각 지층에 적합한 다양한 공법의 개발이 필요하며, 계측관리를 통한 정보화 시공이 필요하다.

문제 18	터파기공사에서 강제 배수 시 발생하는 문제점 및 대책

● [92전(30), 00전(25), 00중(25), 12중(25)]

Ⅰ. 개 요

① 사전 지반조사 결과 지하수위가 높을 경우에는 흙파기공사 전에 시공계획 수립이 필요하며, 부적합한 공법의 채택으로 인한 문제가 발생되지 않도록 철저한 준비가 필요하다.

② 강제 배수가 과잉될 경우에 지반의 침하·건물의 지지력 저하 등의 문제가 발생할 수 있으며, 문제 발생 시 대응할 수 있는 대책이 마련되어 있어야 한다.

Ⅱ. 강제배수공법의 종류

① Well point 공법

② 진공 deep well 공법

Ⅲ. 강제 배수의 필요성

① 용수의 방지

② 굴착 사면의 안정

③ Quick sand, boiling 방지

④ Heaving 방지

⑤ 흙막이 틈 사이의 토사유출 방지

Ⅳ. 문제점

1) 지하벽 배면에 가해지는 수압 증가

① 시트 파일, 지하연속벽 등의 흙막이 배면이나 지하실 외벽에 작용하는 수압은 지하수면의 깊이에 비례한다.

② 흙막이벽이나 지하실 외벽은 수압으로 인해 큰 변형이 발생할 수 있다.

213

2) 부력의 작용

   ① 지하수면하에 있는 기초나 지하실 등에는 부력이 작용한다.

   ② 공사 중의 미완성 건축물은 중량이 부족하여 부력에 의해 떠오르는 수도 있다.

3) 연약 점성토층의 압밀저하

   ① 지하수위를 강하시키면 구조물에 작용하는 부력이 감소한다.

   ② 토립자의 공극이 줄어들면 압밀침하를 가져온다.

4) 지하수위의 변동 발생

   ① 지하수나 피압수의 수위는 일정하지 않고 항상 변동한다.

   ② 이들의 변동은 배수공사에 중대한 영향을 주므로 충분한 주의가 필요하다.

5) Heaving 현상 발생

   ① 점토지반에서 발생하며 흙막이벽 근입장이 견고한 지반에 못 미칠 때

   ② 흙막이벽 내외의 토사 중량차에 의해 발생

6) Boiling 현상 발생

   ① 사질지반에서 발생하며 근입장이 부족할 때

   ② 기초파기 저면수위와 지반 내 수위차가 심할 때

7) Piping 현상 발생

   ① 흙막이벽 재료의 강성 부족 및 차수성이 약할 때

   ② 흙막이벽 자체의 부실 시공

8) 주변에서의 지하수 이용

   ① 현장 주변에서 지하수를 이용하고 있는 경우에는 배수공법을 채택하면 우물고갈 등의 문제가 발생할 수 있다.

   ② 이 때문에 굴착공사가 불가능한 경우도 있다.

9) 액상화 현상 발생

   ① 사질층에서 물을 과잉 포함한 모래가 지진·진동(주로 횡력) 등을 받아 점착력을 상실하여 유동화되는 현상을 말한다.

   ② 일명 분사현상이라고도 하며, 전단강도가 상실되어 지지력을 기대할 수 없다.

10) 투수층이 큰 지층의 침하 발생

   ① 대수층 중에 우물을 파서 사용할 경우 우물 안 수위 강하로 인하여 침하한다.

   ② 지하수는 유동하므로 대수층 내의 수두에 경사가 생겨 우물 주변의 수두가 강하한다.

V. 대 책

1) 차수성 흙막이벽의 시공

    ① 차수성이 적은 흙막이벽체는 piping 현상으로 붕괴할 수도 있다.

    ② Sheet pile 공법이나 slurry wall 공법 등 차수성이 좋은 공법으로 시공한다.

2) 근입장을 깊게 시공

    ① Boiling 현상은 근입장을 불투수층까지 근입해야 안전하다.

    ② Heaving 현상을 막기 위해서 근입장을 경질지반까지 근입한다.

3) 복수공법 채택

    ① 흙막이 공사로 인하여 지하수위 저하시는 주수공법을 채택하여 수위를 조정한다.

    ② 흙막이벽 시공 시 주변 지반의 자연수위가 강하할 우려가 있으므로 담수공법을 채택하여 수위를 유지한다.

4) 뒤채움 실시

    ① 깬자갈, 모래, Con´c, 재활용 골재 등을 사용하여 뒤채움한다.

    ② 뒤채움재는 투수성이 좋아야 하며, 30cm마다 rammer, compactor 등으로 다진다.

5) 동결공법 채택

    ① 가스관을 지중에 매입하고 프레온이나 질소 가스를 투입하여 동결한다.

    ② 액상화, boiling 현상을 방지할 수 있다.

6) 인접 지반의 기초보강

    ① 배수공사로 인접 건물에 침하발생 우려가 있을 경우에는 복수공법을 시행한다.

    ② 복수공법의 채택이 어려울 경우 underpinning을 고려한다.

7) 정보화 시공

    ① Water level meter로 지하수위를 측정하여 압밀을 방지한다.

    ② Piezometer로 간극수의 수압, 이동 등을 파악하여 침하를 예방한다.

8) 피압수 방지

    ① 불투수층 상하에 큰 수압을 받고 있던 대수층이 있을 경우 상부에 토공사가 진행됨에 따라 압력에 의한 저면의 부풀음현상 발생

    ② 피압 대수층 속의 지하수를 양수하여 감압하면 방지할 수 있다.

9) Top down 공법 채택

① 흙막이벽을 콘크리트 지하연속벽으로 하여 밀실한 구조로 한다.

② 지하 구조체의 본 구조로도 이용되며, 차수성이 매우 좋다.

10) Heaving 방지

① 흙막이벽의 지표나 배면에 함몰이 발생하여 그 결과로 흙막이벽체가 붕괴로 연결될 수 있다.

② 벽 배면의 지하수위를 강하시켜 침투유속을 일정한도 이내로 유지한다.

11) 지반개량공법 실시

① Sand drain 공법을 사용하여 간극수압을 감소시켜 지반의 성질을 개량한다.

② 약액주입으로 지반을 고결하여 안정성을 높인다.

12) Underpinning 공법 실시

① 보조보강공법으로 이중널말뚝을 설치하여 인접 건축물의 침하를 방지한다.

② 차단벽을 설치하여 자연수위의 강하를 저지한다.

13) 배수대책 수립

① Boiling 현상 방지를 위하여 복수공법의 적용을 검토한다.

② 차수성이 우수한 slurry wall 공법이 적합하다.

14) 지하수 이용 금지

① 지하수의 이용은 수두를 낮추어 압밀침하하는 원인이 된다.

② 복수공법, 차수공법, underpinning 공법 등으로 보수·보강한다.

15) 도수 sand pile 설치

① 도수 샌드 파일을 설치하여 자연수위를 유지함으로써 주변 지반의 영향이 없도록 한다.

② 공사현장의 안정성 확보에 유리하다.

Ⅵ. 결 론

① 강제 배수의 적용은 주변 지반의 침하를 주는 중요한 요인이 될 수도 있으므로 공법 적용 시 압밀침하에 대한 대책을 철저히 수립해야 한다.

② 또한 지하연속벽(slurry wall, S.C.W) 등 차수성이 우수한 공법 선정이 공기 및 안전성 면에서 유리하다.

문제 19 영구배수(dewatering)공법

● [02후(25), 05중(25), 05중(10), 06후(10), 09중(10), 16전(10), 17전(10), 21후(10)]

Ⅰ. 개 요

① Dewatering 공법은 지하수로 인해 건축물에 양압력이 작용 시 건축물의 부상방지 및 피해를 막기 위한 영구배수공법이다.

② 높은 지하수위에 의한 양압력 발생 시 건축물 지하의 일반적인 방수공법으로 건물의 안정성을 보장할 수 없으므로 이에 대한 영구적인 조치가 필요하다.

Ⅱ. 수압에 의한 피해

① 구조물의 균열 발생
② 누수 및 일부 파손
③ 건축물 마감재 손상
④ 건축물 balance 저하
⑤ 건축물 부상

Ⅲ. 영구배수(dewatering)공법

1. 기초하부 유공관 설치공법

1) 의의

외부 압력에 강하고 균열 및 찌그러짐이 없는 HDPE(High Density Ployethlyene, 고밀도 폴리에틸렌) 관에 작은 구멍의 흡수공을 설치하여 지중의 물을 배수하는 공법

2) 특징

특 성	내 용
흡수성	• 요철부에 다량의 흡수공으로 흡수면적이 많음 • 토사에 의해 막힐 염려가 없음
경량성	• 경질 PE관으로 초경량 • 취급, 운반 및 시공 용이

특 성	내 용
고재질	• 뛰어난 내충격성 겸비 • 내산, 내알칼리성 및 부식이 없음
고강도	• Rib 형태로의 특수 가공 • 지중 매설시 형태 변화가 없음
내구성	• 고밀도 PE 수지로 반 영구적 • 지반의 부동침하 등에도 안전

3) 시공도

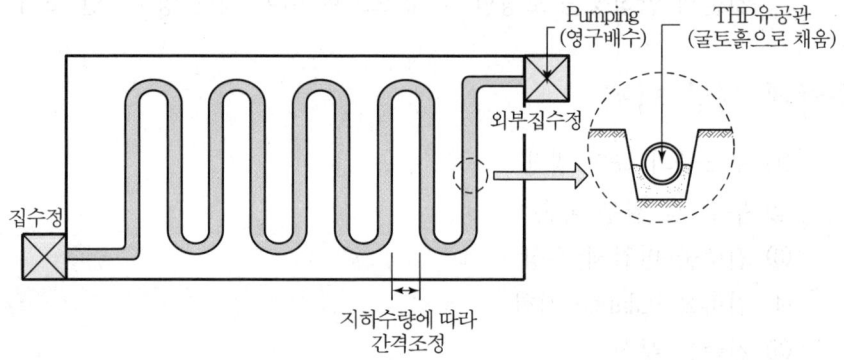

건축물 기초 하부에 THP유공관을 설치하여 집수정으로 연결시키고 pumping 하는 영구배수공법

2. 기초상부 배수관 설치공법

1) 의의

① 지하 기초 내 수직으로 hole을 설치하여 기초 상부 누름 콘크리트 사이로 배수관을 연결

② 연결된 배수관을 지하층에 설치된 집수정을 통해 외부로 배수하는 공법

2) 특징

① 기초시공 전후 모두 시공 가능

② 지하수의 수량에 따라 설치공 조절

③ 지하 부력에 의한 건축물의 안전 도모

④ 기초 하부에 설치되는 PVC유공관의 막힘에 유의

⑤ 누름콘크리트 내 설치되는 배수 pipe의 결로 방지

3) 시공도

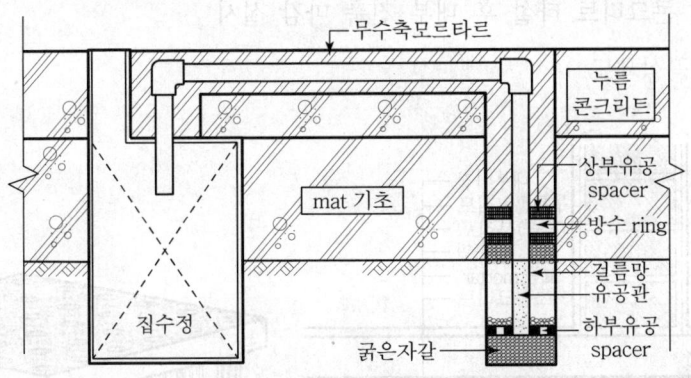

집수정에 설치된 pump로 지하수를 외부로 배수

3. 배수판공법

1) 의의

① 기초 상부와 누름콘크리트 사이에 공간을 두어 그 공간 속에서 물이 이동
하여 집수정으로 모이게 하는 공법

② 지하실 마감 바닥과 물이 직접 접촉되는 것을 차단하여 지하실의 누수 및
습기를 방지

2) 시공 순서

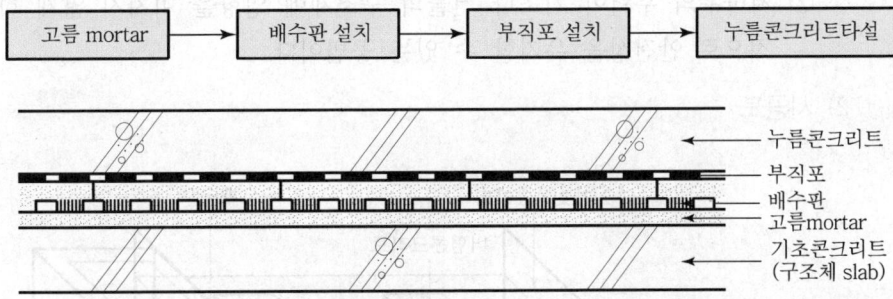

① 고름 mortar
바닥을 평활도를 유지하면서 집수정 방향으로 구배 시공

② 배수판 설치
연속하여 설치하고 절단 사용 가능

③ 부직포 설치
겹친 이음 길이 100mm 이상

④ 누름콘크리트 타설

콘크리트 타설 후 내부 건축 마감 실시

3) 시공상세도

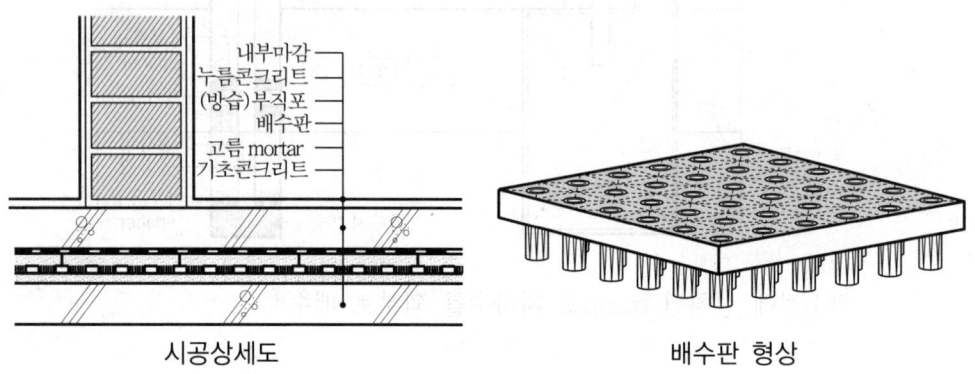

시공상세도   배수판 형상

4. Drain mat 배수공법

1) 의의

① Drain mat 배수공법은 굴착저면 위 버림콘크리트 내에 유도수로와 배수로를 설치하여 지하수를 집수정으로 유도하여 pumping 처리하는 영구배수공법이다.

② 지하수의 부력이 기초나 건물의 구조체에 영향을 미치지 않게 하므로 구조적으로 안전성을 유지할 수 있는 공법이다.

2) 시공도

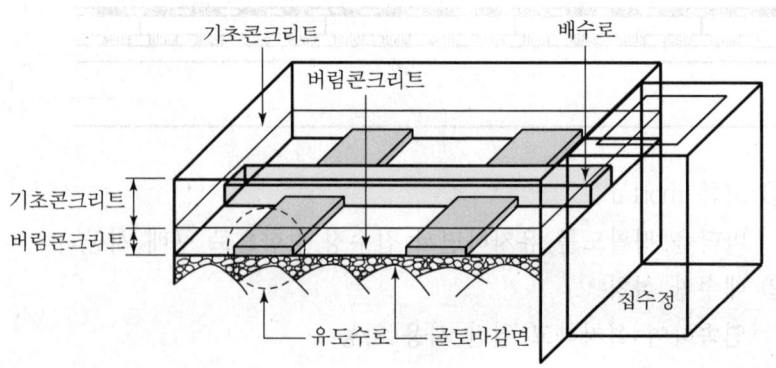

3) 특징

① 지하수의 부력 처리 속도가 빠름

② 단일공정으로 시공관리가 편리

③ 풍부한 안전율을 적용한 설계와 시공이 가능

④ 집수정에 모인 지하수의 재활용 가능

⑤ 기초 콘크리트 균열에 의한 누수 발생 예방

5. PDD(Permanent Double Drain) 공법

1) 정의

PDD(Permanent Double Drain)공법이란 굴착완료 후 굴착면에 설치한 드레인보드로 접수한 후 이중배수관인 PDD관을 통해 집수정으로 배수하는 공법이다.

2) 특징

① 트렌치를 굴착하지 않기 때문에 굴착공정 생략

② 드레인보드와 PDD관의 표준화로 시공성 우수, 공기 단축 가능

③ 후속 공정에 영향 없음

④ 시공두께는 60mm(PDD관 외경)

⑤ 버림콘크리트 두께에 관계없이 설치 가능

⑥ 버림층에 설치되는 영구배수공법의 단점인 통수능력의 부족을 이중배수관으로 극대화 함

⑦ 모든 지층에 적용가능함

Ⅳ. 시공 시 유의사항

1) 지하수 수량 파악

① 여름철 만수기 때의 수량을 기준으로 수량 계산

② 배수 능력이 충분하도록 시공

2) 구배 시공 철저

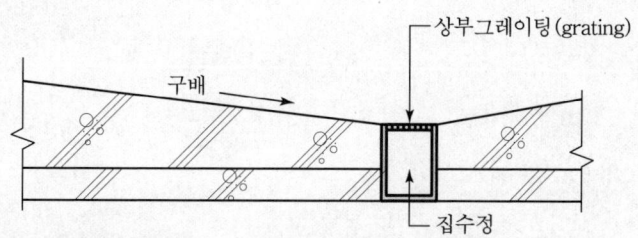

집수정으로 물이 집결될 수 있도록 구배 시공(1/100 이상)

3) 배수 pump 용량

    ① 자동 배수 pumping system 시공

    ② 집수정 1곳에 pump 2개 설치로 유사시 대비

    ③ 1日 집수량 < 1일 pump 능력

4) 유도 배관 막힘 방지

    ① 물의 이동이 자유롭게 시공 관리 철저

    ② 흙입자에 의한 배수관 막힘 방지

5) 집수정 시공

    ① 집수정 크기와 위치, 개수 파악

    ② 집수정 하부 견실한 기초 시공으로 부동침하 방지

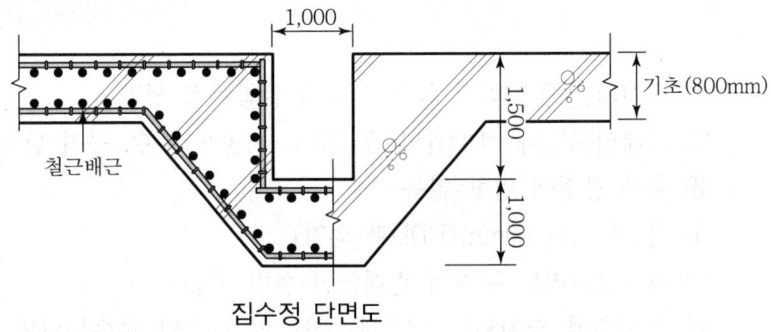

집수정 단면도

V. 결 론

① 사전에 철저한 지반조사를 실시하고 토질에 적합한 공법을 선정하여 견실 시공 하는 것이 중요하며, 주변 환경에 따른 영구배수공법을 채택함으로써 주변지반의 안전성을 확보할 수 있도록 한다.

② 지하실에 작용하는 부력과 지하수량의 파악이 우선되어야 하며 유입수량을 충분히 해소할 수 있는 자동 pumping 설비를 갖추어야 한다.

문제 20 흙막이공사 시 주변 지반의 침하원인 및 방지대책

● [76(25), 84(30), 92후(30), 98후(40), 99후(40), 00중(25), 05후(25), 06중(25), 08전(25), 08중(25), 09전(25), 10중(25), 14중(25), 17중(25), 19후(25), 21후(25), 22전(25)]

Ⅰ. 개 요

① 흙막이공사 시 주변 지반 침하원인은 흙막이 배면에 작용하는 토압과 저면 지반과의 수위차, 그리고 피압수에 의한 부풀음현상 등이 있다.

② 침하 방지대책으로는 철저한 사전조사, 시공 시의 계측관리 등이 있을 수 있다.

Ⅱ. 흙막이의 구비조건

① 주동토압을 저지할 수 있도록 강성을 높인다.

② 수밀성이 있을 것

③ 토질, 지하수위, 기초 깊이 등에 적합한 공법일 것

Ⅲ. 침하원인

1) Strut 변형

① Strut의 단면적이 설계보다 작을 경우

② 재료의 변형, 뒤틀림, 좌굴 등이 있을 경우

2) 측압에 의한 배면토 이동

① 흙막이 배면에 작용하는 토압이 버팀대 반력보다 클 경우

② 연약지층으로 지반의 강성이 약할 때

3) 뒤채움 불량

① 뒤채움시 다짐공정이 불량하거나 미실시된 경우

② H-pile 공사 시 토류판 뒤의 그라우팅이 불량인 경우

4) 배수로 인한 점성토 압밀침하

① 배수로 인한 토사의 유출로 지반이 압밀침하하는 경우

② Piping 현상에 의한 토사 유출

5) 지표면 과재하
① 흙막이벽의 계획하중 이상의 하중이 흙막이 배면에 작용하는 경우
② 흙막이벽 주변 부설자재의 과하중시

6) Boiling 현상
① 사질지반에서 발생하며 근입장이 부족할 때 발생
② 기초파기 저면수위와 지반 내 수위차가 심할 때 발생

7) Heaving 현상
① 점토지반에서 발생하며, 흙막이벽 근입장이 견고한 지반에 못 미칠 때 발생
② 흙막이벽 내외의 토사 중량차에 의해 발생

8) Piping 현상
① 흙막이벽 재료의 강성 부족 및 차수성이 약할 때
② 흙막이벽 자체의 부실 시공

9) 피압수에 의한 굴착 저면 부풀어오름
① 불투수층 사이의 피압수가 상부 흙의 하중이 제거되면서 작업장 저면의 굴착면이 부풀어오르는 현상
② 사전조사시 시공계획이 불충분한 경우

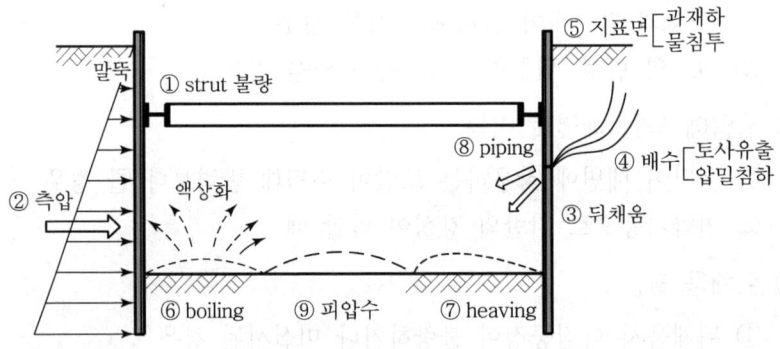

Ⅳ. 방지대책

1) 적정한 공법의 선정
① 경제성, 시공성, 안전성을 검토하여 적정한 공법을 선정한다.
② 차수성능 : H - pile < sheet pile < slurry wall

2) 사전조사 철저

  ① 설계도서의 숙지 및 지반조사 실시 등을 철저히 시행할 것
  ② 입지조건을 검토하여 안전하고 적정한 공법을 선택한다.

3) 흙막이 안전성 검토

  ① 측압에 대한 안전성 및 측압의 분포 파악
  ② 지하수의 수위 및 이동 등을 검토

4) 배수대책 수립

  ① Boiling 현상 방지를 위하여 복수 공법의 적용 검토
  ② 차수성이 우수한 slurry wall 공법이 적합

5) Underpinning

  ① 이중널말뚝박기 공법으로 측압 방지
  ② Pit 또는 well point 공법의 적용

6) 뒤채움 시공 철저

  ① 뒤채움시 시방서에 명시한 기준 준수
  ② 다짐재료 등이 적합한지 여부를 검토

7) 과재하 방지

  ① 사전계획 수립 시 가설자재의 적재가 한곳에 집중되는 것을 방지한다.
  ② 흙막이 주위에 대형 장비의 접근을 금지한다.

8) 토사유출 방지

  ① 연약지반에서 미세립의 토사가 지하수와 같이 흘러내리는 현상을 방지한다.
  ② Well point 공법으로 지하수 제거 후 그라우팅 및 약액주입 공법 적용

9) 물침투 방지

  ① 흙막이벽체는 차수성이 높은 공법으로 시공하고 품질관리를 철저히 한다.
  ② 굴착 저면으로부터의 물 유입을 방지한다.

10) Piping 방지

  ① 흙막이벽체를 밀실하게 시공하여야 한다.
  ② H-pile(토류판)은 차수성이 떨어지므로 L.W 공법으로 보강하기도 한다.

11) 피압수 방지

① 사전조사에 의한 지반조사로 피압수층을 파악한다.

② 피압수의 압을 유도 토출하여 압을 제거한다.

12) Boiling 방지

① 지하수위는 복수공법의 채택으로 적정 수위를 유지한다.

② 근입장 깊이를 불투수층까지 박는다.

13) 버팀대 성능

① 버팀대의 재료는 목재보다 강재가 더 우수하며, 시공성 및 안전성에 유리하다.

② 버팀대는 작업에 지장을 주지 않도록 계획하며, 흙막이 배면의 측압에 대하여 휨 등의 변형이 없어야 한다.

V. 결 론

① 흙막이 굴착 시에는 충분한 사전조사와 밀실한 흙막이 벽체의 설계, 엄격한 시공과 적절한 지하수 처리로 주변 지반의 변동을 최소화하는 것이 무엇보다 중요하다.

② 계측관리를 통한 정보화 시공으로 주변 지반의 침하로 인한 피해가 없도록 하여야 하며, 안전하고 경제적인 공법의 연구개발이 필요하다.

지하 흙막이 시공의 계측관리(정보화 시공)

● [93전(30), 95중(10), 97중후(30), 98중후(30), 02전(25), 02후(25), 03전(10), 07전(25),
  07후(25), 10전(25), 13전(10), 13전(25), 13중(25), 14후(25), 19전(25), 19중(25), 21중(25),
  21후(25)]

Ⅰ. 개 요

① 계측관리란 strut, 토압, 인근 건물 및 지반의 변형, 균열 등에 대비하고, 흙
  막이벽체의 변형 등을 미리 발견·조치하기 위하여 계측기기를 통한 정보
  화 시공을 말한다.

② 계측관리는 안전하고 경제적이며 우수한 지하 구조물을 완성하기 위하여 절
  대적으로 필요하며, 실정에 맞는 항목을 선정하여 합리적인 방법으로 시행해
  야 한다.

Ⅱ. 필요성

① 설계 시 예측치와 시공 시 측정치와 불일치

② 안정상태 확인

③ 향후의 변형을 정확히 예측

④ 새로운 공법에 대한 평가

Ⅲ. 계측 항목 선정

① 인접 구조물의 기울기, 균열 측정

② 지중의 수평·수직 변위 측정

③ 지하수위, 간극수압 측정

④ 흙막이 부재응력 측정

⑤ 토압 측정

⑥ 지표면 침하 측정

⑦ 발파 소음·진동 측정

Ⅳ. 계측관리 순서 flow chart

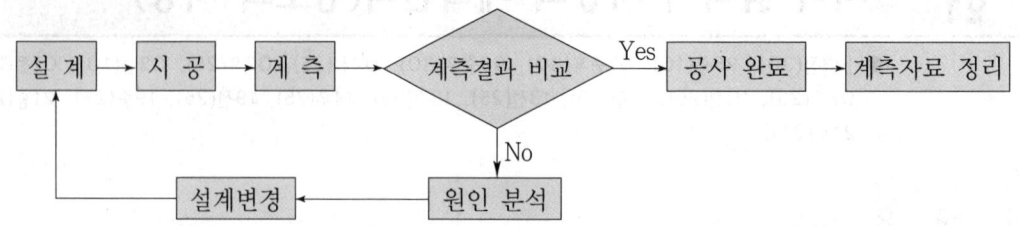

Ⅴ. 계측관리 항목

1) 인접 구조물 기울기 측정

① Tilt meter, level, transit
② 인접 구조물의 기울기 등을 측정하여 주변 지반의 변위를 알아보는 계측기

2) 인접 구조물의 균열 측정

① Crack gauge, crack gauge
② 지상의 인접 구조물의 균열 정도를 파악하는 계측기

3) 지중 수평변위 계측

① Inclinometer
② 지중 또는 지하 연속벽의 중앙에 설치하여 흙막이가 배면 측압에 의해 기울어짐을 파악하는 계측기

4) 지중 수직변위 계측

① Extensometer
② 지중에 설치하여 흙막이 배면의 지반이 토사 유출 또는 수위변동으로 침하하는 정도를 측정

5) 지하수위 계측

① Water level meter
② 지하수의 수위를 측정하는 계측기

6) 간극수압 계측

① Piezometer
② 지중의 간극수압을 측정하는 계측기

7) 흙막이 부재응력 측정

① Load cell

② 흙막이 배면에 작용하는 측압 또는 earth anchor의 인장력 측정

8) Strut의 변형 계측

① Strain gauge

② 흙막이 버팀대(strut)의 변형 정도를 측정

9) 토압 측정

① Soil pressure gauge

② 흙막이 배면에 작용하는 토압을 측정하는 계측기

10) 지표면 침하 측정

① Level, staff

② 현장 주위 지반에 대한 구조물의 침하 및 융기 정도 측정

11) 소음 측정

① Sound level meter

② 건설현장 주변의 소음 수준 측정

12) 진동 측정

① Vibro meter

② 건설현장에서 발생하는 진동을 측정하는 계측기

Ⅵ. 계측기 배치

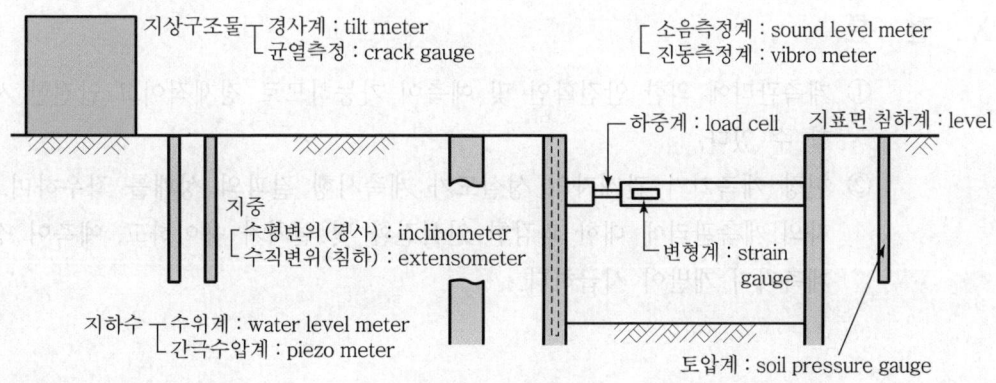

Ⅶ. 계측관리시 주의사항

① 구조물 및 지반의 안전성을 종합적으로 평가할 수 있는 계측항목 선정, 각 계측 결과가 서로 관련성을 갖도록 한다.
② 계측은 신속히 행하고 그 결과의 평가와 설계 시공에의 feed-back한다.
③ 계측기 등이 시공상 장애요소가 되지 않도록 주의하고, 안전한 계측작업이 가능하도록 한다.
④ 계기류는 정밀도, 내구성 및 방재성의 필요조건을 만족하도록 선정한다.
⑤ 계기에 의한 계측만이 아니라 현장기술자의 육안관찰에서 얻은 자료도 가산하여 종합적으로 평가한다.

Ⅷ. 문제점

① 신뢰도 및 오차
② 계측기기 고가
③ 시험요원 교육
④ 기술축적 빈곤

Ⅸ. 대 책

① 국산품 계측기기 개발
② 신뢰성 있는 계측관리 기법 개발
③ 시험요원 교육
④ Feed-back에 의한 기술축적

Ⅹ. 결 론

① 계측관리에 의한 안전확인 및 예측이 가능하므로 경제적이고 안전한 시공을 할 수 있다.
② 현장 계측기기 관계자의 성실도가 계측시행 결과의 성패를 좌우하며, 시공자의 계측관리에 대한 과감한 인식전환 및 설치가 용이하고, 예측이 정확한 계측기기 개발이 시급하다.

● [94전(30), 08중(25), 11중(25), 18중(25)]

I. 개 요

① 지하수라 하면 강우에 의하여 물이 토양의 틈새로 침입하여 불투수층에 이르면 고이게 되는데 이를 지하수라고 말한다.

② 지하수의 이동 및 변동은 굴착공사에 중대한 영향을 주므로 철저한 대책을 세워야 한다.

II. 사전조사

① 설계도서 검토
② 입지조건 검토
③ 지반조사 철저
④ 기상상태 점검

III. 공법 선정

① 시공성 검토
② 안전성 검토
③ 경제성 검토
④ 저공해성 검토

IV. 지하수 대책 분류

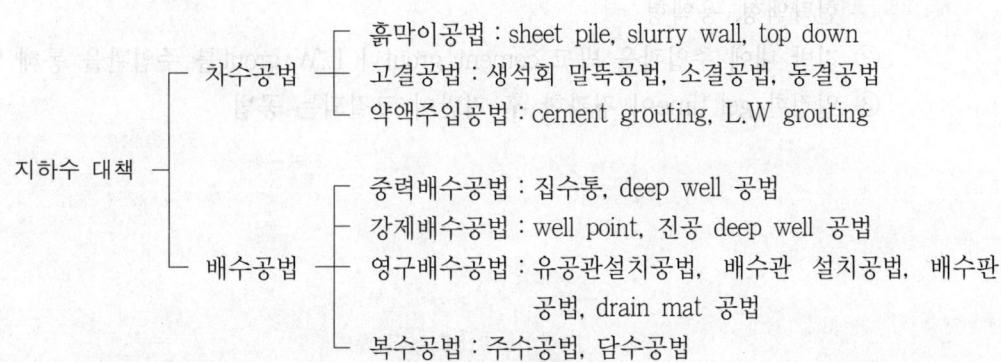

```
                              ┌─ 흙막이공법 : sheet pile, slurry wall, top down
                 ┌─ 차수공법 ─┼─ 고결공법 : 생석회 말뚝공법, 소결공법, 동결공법
                 │            └─ 약액주입공법 : cement grouting, L.W grouting
  지하수 대책 ───┤
                 │            ┌─ 중력배수공법 : 집수통, deep well 공법
                 │            ├─ 강제배수공법 : well point, 진공 deep well 공법
                 └─ 배수공법 ─┼─ 영구배수공법 : 유공관설치공법, 배수관 설치공법, 배수판
                              │                 공법, drain mat 공법
                              └─ 복수공법 : 주수공법, 담수공법
```

V. 차수공법

1) 흙막이공법

   ① 종 류

   Sheet pile, slurry wall, top down

   ② Sheet pile 공법

   U형, 직선형, H형의 sheet pile을 땅속에 압입 차수한다.

   ③ Slurry wall 공법

   가이드 월을 설치하고 벤토나이트 용액으로 공벽 유지하면서 Con´c 타설하여 지하연속벽을 구축한다.

   ④ Top down 공법

   Slurry wall을 먼저 구축하고 1층 바닥판을 만든 후 역순으로 지하 구조물을 축조한다.

2) 고결공법

   ① 종 류

   생석회 말뚝공법, 동결공법, 소결공법

   ② 생석회 말뚝공법

   $CaO + H_2O \longrightarrow Ca(OH)_2$ 발열하여 수분이 증발하면 탈수된다.

   ③ 동결공법

   땅속에 동결관을 묻고, 그속으로 액화질소, 프레온 가스를 주입하여 동결한다.

   ④ 소결공법

   지중에 천공한 후 연료를 주입하여 연소되면 고결 탈수되는 방법이다.

3) 약액주입공법

   ① 종 류

   현탁액형, 용액형

   ② 지반 내에 주입관을 박고 cement grout나 L.W grout를 주입관을 통해 압입

   ③ 일정한 gel time이 경과한 후 지반이 고결되는 공법

Ⅵ. 배수공법

1) 중력배수공법

① 종 류

집수통 공법, deep well 공법

② 집수통 공법

땅속에 집수통을 만들어 집수된 물을 소형 pump로 배수한다.

③ Deep well 공법

지중에 천공한 후 케이싱을 박고, 필터층을 형성한 후 수중 pump로 배수한다.

2) 강제배수공법

① 종 류

Well point 공법, 진공 deep well 공법

② Well point 공법

지중에 천공하여 well point를 설치하고 주위에 sand pile(필터층)을 형성하여 배수하는 공법이다.

③ 진공 deep well 공법

Deep well 공법과 같으나 중공부를 진공상태로 만들어 배수성을 높였다.

3) 영구배수공법

① 종 류

유공관 설치공법, 배수관 설치공법, 배수판 공법, drain mat 공법

② 유공관 설치공법

외부 압력에 강하고 균열 및 찌그러짐이 없는 THP(trip polyethylene pipe ; 고강도 폴리에틸렌 pipe)관에 작은 구멍의 흡수공을 설치하여 지중의 물을 배수하는 공법

③ 배수관 설치공법

지하 기초내 수직으로 hole을 설치하여 기초 상부 누름콘크리트 사이로 배수관을 연결하여 외부로 배수하는 공법

④ 배수판 공법

기초 상부와 누름콘크리트 사이에 공간을 두어 그 공간 속에서 물이 이동하여 집수정으로 모이게 하는 공법

⑤ Drain mat 배수공법

굴착저면 위 버림콘크리트 내에 유도수로와 배수로를 설치하여 지하수를 집수정으로 유도하여 pumping 처리하는 영구배수공법이다.

3장 | 토공사

4) 복수공법

① 종 류

주수공법, 담수공법

② 주수공법

인근 지반의 압밀침하 방지를 위해 인위적으로 자연수두를 조성

③ 담수공법

지하연속벽 공사 후 공사로 인한 자연수위 강하를 sand pile(주수용) 통해
수위 조정

Ⅶ. 계측관리

① Water level meter

지하수의 수위 측정

② Piezometer

지반 중의 간극수 수압을 측정하는 계측기

③ Load cell

흙막이벽 배면에 작용하는 측압을 받는 strut 반력 측정

④ Tilt meter

인근 구조물의 지반 변위에 대한 기울기 측정

Ⅷ. 문제점

① 측압에 의한 배면토 이동
② 배수에 의한 점성토 압밀침하
③ 지표면의 과하중
④ 피압수에 의한 굴착 저면의 부풀어오름.

Ⅸ. 대 책

① 적정한 공법의 선정
② 흙막이의 안전성 검토
③ 배수대책 수립
④ 토사 유출 방지

234

X. 결 론

① 사전조사를 철저히 시행하고 흙막이 설계 시 정확한 측압계산 및 계측관리를 통한 엄격한 시공으로 흙막이의 안전성을 확보하여야 한다.

② 전과정을 통해 철저한 품질관리와 안전 위주의 공법 선택으로 성실한 시공이 되도록 하여야 한다.

문제
23

흙막이공사의 근접 시공

● [93후(35), 01전(25), 02후(25), 14후(25)]

Ⅰ. 개 요

① 근래에 들어 도심지에 신축하는 건축물이 대형화, 고층화하고 있고, 토지의 효율성 증대를 목적으로 도심지의 건폐율과 용적률이 완화되고 있다.

② 이로 인하여 신설 건축물과 인근 건축물과의 거리가 더욱 가까워져 근접 시공이 불가피하게 되었다.

③ 근접 시공을 위하여는 저소음, 저진동 공법의 개발과 계측관리가 절실히 요구된다.

Ⅱ. 근접시공 특성 flow chart

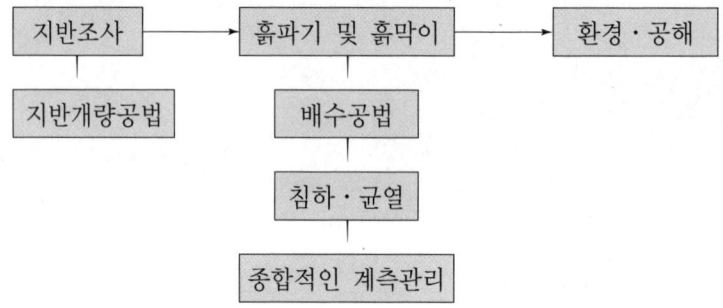

Ⅲ. 근접 시공 시 유의사항

1) Strut 불량

① 설계도서와 시방서에 명시된 규격과 단면에 적합하지 못한 경우

② 뒤틀림, 좌굴, 축선 불일치 등이 생긴 부재

2) 흙막이 배면 측압

① 흙막이 배면에 작용하는 측압에 대한 버팀대의 반력이 설계기준 강도에 적합하지 못한 경우

② 흙막이 재료의 차수성이 우수하지 못한 경우

③ 흙막이벽의 근입장 깊이가 설계치에 못 미치는 경우

3) 흙막이 배면 뒤채움 불량

① 흙막이 배면에 발생하는 뒤채움이 급속 시공으로 불충분한 다짐일 경우
② 뒤채움은 30cm마다 다짐기로 다지고 다짐 정도를 검사한다.

4) 배수계획 불량

① 지하수나 간극수가 많아 boiling, piping이 발생될 우려가 있는 경우
② 지하수가 많을 경우 인접 건물에 underpinning하고, well point나 deep well 공법을 적용한다.

5) 지표면 과재하

① 지표면에 집중하중이 발생하는 과하중 물체를 배치해서는 안 된다.
② 계획 단계에서부터 중량물의 배치는 흙막이벽 주위를 벗어난 곳에서 할 것

6) 흙막이 물침투

① 흙막이벽체의 차수성을 높인다.
② 흙막이공법은 차수성이 좋은 공법을 선택하는 것이 중요하다.

7) 압밀침하현상

① 지반조사를 철저히 하여 연약지반 개량공법의 적용을 고려한다.
② 차수성이 양호한 공법을 경제성 검토 후에 실시한다.

8) Boiling 현상

① 사질지반에 발생하는 현상
② 흙막이 배면 지하 수두와 작업장 내의 수두가 일치하지 않아 발생하는 현상이다.

9) Heaving 현상

① 점토지반에서 주로 발생하는 현상이다.
② 흙막이벽 배면에 측압에 의하여 흙막이 근입장 부족으로 작업장 안이 배불러오는 현상이다.

10) Piping 현상

① 점착력이 부족하고 수분을 많이 포함하고 있는 지층에서 발생한다.
② 흙막이벽의 차수성 부족 및 시공 시 품질 확보 미비

Ⅳ. 근접 시공에 대한 대책

1) 차수성 흙막이 공법
① Piping 현상으로 흙막이가 붕괴할 우려가 있다.
② 차수성이 좋은 sheet pile, slurry wall 공법을 채택한다.

2) 뒤채움재 다짐
① 깬자갈, 모래, Con'c 재활용 골재 등을 사용하여 뒤채움한다.
② 뒤채움재는 투수성이 좋아야 하며, 30cm마다 rammer, compactor 등으로 다짐한다.

3) 복수공법
① 흙막이벽 공사로 인하여 지하수위 저하시는 주수공법을 채택하여 수위를 조정한다.
② Slurry wall 공법 적용 시에도 지하수위가 변동이 있을 경우 담수공법을 채택한다.

4) 동결공법
① 가스관을 지중에 매입하고 프레온이나 질소 가스를 투입하여 동결한다.
② 액상화, boiling 현상을 방지할 수 있다.

5) 근입장 깊게
① Boiling 방지를 위해서는 근입장을 불투수층까지 근입한다.
② Heaving 방지를 위해서는 근입장을 경질지반까지 근입한다.

6) 흙막이 부재
① Strut는 설계도서에 명시한 대로 부재의 단면을 확보해야 한다.
② 흙막이벽 재료는 차수성이 높은 재료를 선택한다.

7) Well point 병행
① 흙 속의 간극수가 많은 경우 well point 공법을 병행한다.
② 근접하여 구조물이 있을 경우 underpinning하여 부동침하, 압밀침하를 방지한다.

8) 측압 방지
① Underpinning 공법을 적용하여 차수벽의 안정성 확보
② 약액주입공법으로 연약지반을 개량한다.

9) 뒤채움재 성실 시공

① 뒤채움재는 투수성이 뛰어나고 중량이 작은 재료를 선택한다.

② 뒤채움 후 다짐 시공 시 시방서와 특기시방에 사항을 준수한다.

10) 토사 유출 방지

① 차수성이 좋은 공법을 선택하여 시공한다.

② Underpinning 공법을 선택하여 지반을 안정시킨다.

11) 물침투 방지

① 연약지반 개량공법으로 약액주입하여 지반의 성질을 개량한다.

② 차단벽을 설치하여 물침투를 방지한다.

12) 피압수 분출 방지

① 지반조사시 피압수의 여부는 매우 중요하므로 정확한 자료 확보가 중요하다.

② 피압수 지역은 지중에 배수관을 박아 pump로 배수하여 피압을 미리 낮춘다.

13) Boiling 방지

① 흙막이 배면의 수두와 작업면의 수두 조정은 well point 공법을 적용하되 인접 구조물의 침하대책을 수립해야 한다.

② 흙막이의 근입장을 불투수층까지 박는다.

14) Heaving 방지

① 흙막이 배면의 연약지반에서 전단력이 파괴되면서 작업장으로 흙이 부풀어 오르는 현상이다.

② 흙막이의 근입장을 경질지층까지 박는다.

15) Piping 방지

① 흙막이벽체의 차수성이 떨어져 흙막이 배면 토사가 작업장 내로 유출된다.

② 차수성이 높은 흙막이공법을 채용한다.

V. 계측관리

① Crack gauge

인접 구조물의 균열을 측정, 사전에 방지한다.

② Inclinometer

Slurry wall 중간에 설치하여 흙막이의 경사도 측정

③ Extensometer

흙막이 배면에 흙막이벽과 가까이 설치하여 주변 침하 정도 측정

④ Piezometer

흙 속의 간극수를 측정한다.

Ⅵ. 환경공해

① 건설현장에서 발생하는 소음, 분진, 진동, 악취 등을 차단한다.

② 인근 도로의 교통장애와 인근 주민의 불안감을 최소화한다.

③ 인접 대지의 침하·균열이 발생하지 않도록 한다.

④ 현장 내의 오수는 지하수 수질오염, 우물고갈 등에 피해를 주지 않도록 한다.

Ⅶ. 결 론

① 근접 시공으로 인하여 발생할 수 있는 불안요소는 사전에 충분히 검토 및 대책을 수립하여 최소화하는 것이 중요하다.

② 과학적이고 체계적인 계측관리를 실시하여 인접 건축물의 피해가 발생되지 않도록 노력한다.

지하외벽 합벽처리 공사

● [01중(25), 11후(25), 14후(25)]

Ⅰ. 개 요

① 도심지 공사에서 지하공간 확보를 위하여 지하외벽 시공 시 흙막이벽(H-pile +
토류판, CIP 등)과 합쳐서 구조체인 외벽을 형성하는 것을 합벽처리라 한다.

② 합벽공사 시 조인트 부위 누수 등의 하자가 발생할 우려가 있으므로, 이에
대한 설계상, 시공상의 철저한 공사관리가 필요하다.

Ⅱ. 합벽처리 시공도

1) (H-pile + 토류판) + 지하외벽

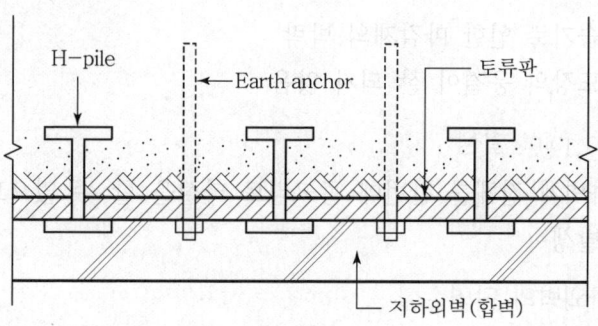

2) CIP + 지하외벽

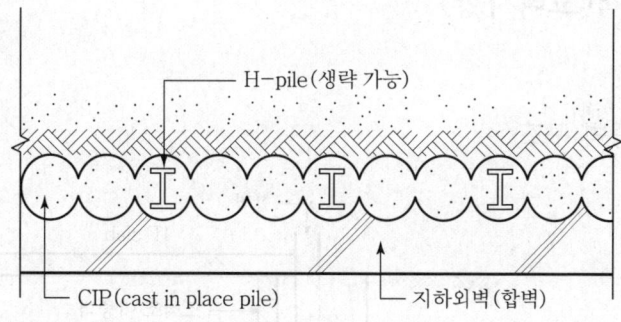

Ⅲ. 주요 하자유형

1) 누수

① 차수성이 부족한 흙막이벽 시공

② 합벽부위 방수 미시공

2) 토압에 의한 벽체 배부름

3) 결로현상 발생

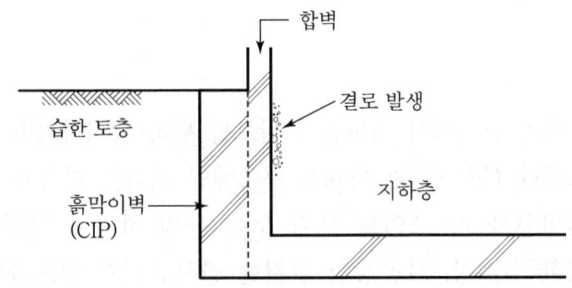

① 지중의 습기가 합벽을 통하여 지하실에 유입
② 지하벽은 항상 습기에 차 있는 경우가 많음

4) 마감재 박락

① 습기로 인한 마감재의 박락
② 도장의 응결이 잘 되지 않음

5) Cold joint 발생

지하벽체 전체를 한번에 콘크리트 타설을 할 수 없으므로 cold joint에 의한 누수 발생

6) 지하외벽의 단면손실

Ⅳ. 방지대책(고려사항)

1. 설계상

1) 이중벽 구조

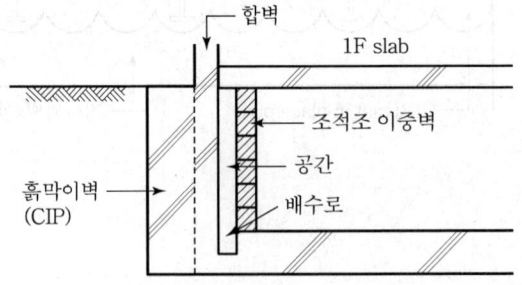

① 외벽에서 발생되는 물을 이중벽 속의 배수로를 통하여 집수정으로 집수

② 집수정의 물은 pump를 통하여 외부로 배수

③ 집수정은 영구 배수 system을 적용

2) 실내 방수

① 지하 안방수공법의 적용

② 시멘트 액체 방수가 아닌 성능이 좋은 방수공법 적용

3) 설계 변경

지하 흙막이벽을 차수성 높은 공법(slurry wall) 등으로 변경

2. 시공상

1) 무폼타이 거푸집 적용

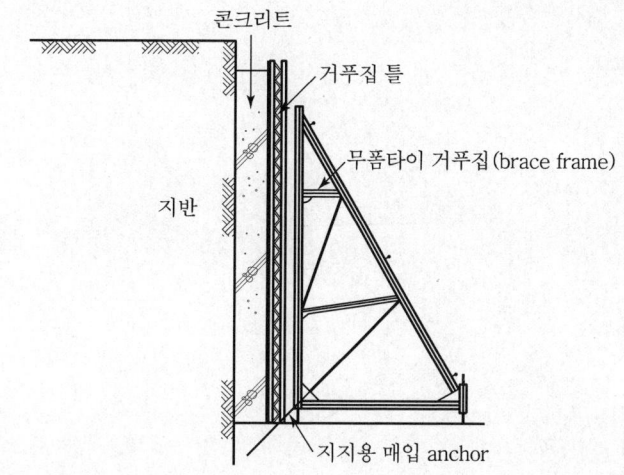

① 흙막이벽 공사 시 주로 사용

② 공법이 단순하고 시공이 용이

2) 외벽 관통 sleeve 처리

지하벽에서 생성되는 물을 sleeve로 처리

3) 방수턱 시공

지하 가장자리에 방수턱 시공

4) 콘크리트의 연속 타설 방안 마련

5) 합벽부에 불투수층 film 설치

V. 결 론

① 지하외벽의 합벽처리는 지하실 누수에 대한 대처가 마련된 후 임하여야 하며, 설계에서부터 이중벽 구조설치 등 대책 수립 후 시공하여야 한다.

② 합벽처리시의 하자처리를 위한 철저한 공사관리와 품질관리 및 정기적인 계측을 통한 데이터 관리가 필요하다.

永生의 **길잡이-셋**

인생의 종착지는 어디인가요?

이스라엘의 왕 솔로몬은 인생들에게 이렇게 권하고 있습니다.

너는 내일 일을 자랑하지 말라, 하루 동안에 무슨 일이 날는지 네가 알 수 없음이니라.

또 그리스도 예수의 종 야고보는 많은 일로 바빠 있는 현대인들에게 이렇게 말합니다.

들으라, 너희 중에 말하기를 오늘이나 내일이나 우리가 아무 도시에 가서 거기서 일년을 유하며 장사하여 이(利)를 보리라 하는 자들아 내일 일을 너희가 알지 못하는도다. 너희 생명이 무엇이뇨 너희는 잠깐 보이다가 없어지는 안개니라

사람이 이 땅에 태어나서 살아가는 동안 모양과 빛깔은 약간씩 다를 지언정 누구나 슬퍼하고 즐거워하며 또 많은 어려운 일들도 당하게 됩니다.

어떤 이는 부귀와 영화를 누리며 살아갑니다. 또 어떤 이는 일평생 수고와 슬픔을 당하기도 합니다.

그러나 우리 인생의 종착지는 어디인가요?

지혜 있는 자든 우매한 자든, 부자든 빈자든 세상에서 먹고 자고 번식하기를 거듭하다가 결국에는 죽음으로 돌아가는 것입니다.

인생의 연수가 칠십이라지만 그것은 영원에 비하면 진정 잠시 보이다가 사라지는 안개일 수밖에 없습니다.

우리의 생명이 과연 7, 80년을 견디어 줄 것인지. 그것마저도 우리에 겐 자신이 없습니다. 오늘 당장, 아니 1, 2분 후에 자신의 생명이 어떠한 일로 어떻게 될지 아는 사람은 없습니다.

성경은 하나님께서 인생들에게 영원한 생명을 주시는 유일한 책입니다. 성경은 하나님의 사랑과 구원 그리고 인생의 목적에 대해서 분명하게 가르쳐주고 있습니다. 당신도 성경 속에서 인생의 보화를 캐시기 바랍니다.

4장 | 기초공사

Professional Engineer Architectural Execution

1. 기초의 종류 ···································· 252
2. 기성 Con'c pile의 시공 ························ 265
3. 기성 Con'c pile의 박기공법 ···················· 273
4. SIP(Soil cement Injected Precast pile) 공법 ·· 279
5. 기성 Con'c pile의 이음공법 ···················· 283
6. 기성 pile의 지지력 판단방법 ···················· 286
7. 파일항타 시 결함 ····························· 293
8. 현장타설 Con'c 말뚝의 종류와 특성 ·············· 298
9. Prepacked Con'c pile ······················ 309
10. 부력을 받는 지하 구조물의 부상방지 대책 ······· 313
11. 기초의 부동침하 원인 및 대책 ················· 318
12. Underpinning 공법 ························· 322

기초공사 기출문제

1	1. 건축물 기초공법 4종을 열거하고, 그 시공 시 주의사항을 설명하여라. [81, 25점] 2. 말뚝기초의 종류를 들고 시공법에 대하여 기술하여라. [83, 25점] 3. 기성재 말뚝의 종류 및 그 특성과 이음에 대해 기술하시오. [95후, 30점] 4. 복합기초 [03전, 10점] 5. Floating Foundation [04후, 10점] 6. Caisson 기초 [04중, 10점] 7. Micro Pile [04후, 10점] 8. Floating Foundation [07후, 10점] 9. 부력기초(Floating Foundation) [10전, 10점] 10. 기초공사의 마이크로 파일(Micro Pile) [12후, 10점] 11. 건축공사에서 기초공사 형식 선정 시 고려사항과 품질확보방안에 대하여 설명하시오. [13중, 25점] 12. 기초에 사용되는 파일(Pile)의 재질상 종류 및 간격 [16전, 10점]
2	13. 도심지 기성콘크리트 말뚝공사의 준비사항과 공법을 기술하시오. [03후, 25점] 14. 공사 착수 전 기초의 안전성 검토 시 고려할 사항에 대하여 기술하시오. [04중, 25점] 15. 기성콘크리트 파일의 시공순서(flow chart) 및 두부정리 시 유의사항에 대하여 기술하시오. [09전, 25점] 16. 기성 콘크리트 말뚝공사 중 발생되는 문제점 및 대응방안에 대하여 설명하시오. [09후, 25점]
3	17. 기성 콘크리트 말뚝 매입 공정 중에서 선행 굴착(Pre-boring)공법에 대한 시공 시 유의사항을 기술하시오. [01전, 25점]
4	18. SIP(Soil Cement Injected Precast Pile) 공사 시 시공순서와 유의사항을 설명하시오. [04중, 25점] 19. SIP(Soil Cement-Injected Precast Pile)파일 공사의 시공순서와 유의사항을 기술하시오. [05후, 25점] 20. SIP(Soil Cement Injected Precast Pile) 공법의 특징과 시공 상 유의사항을 설명하시오. [07후, 25점] 21. SIP(Soil Cement Injected Precast Pile) 공법 시공 시 유의사항에 대하여 설명하시오. [13중, 25점]
6	22. 기성콘크리트말뚝의 이음 종류 [19중, 10점] 23. 시험 말뚝박기 [82전, 10점] 24. 리바운드 체크(rebound check) [91후, 8점] 25. 기성 콘크리트말뚝박기 공사의 시공품질관리 요점을 설명하고, 특히 현장에서 항타중 소정의 지지력에 도달하였는지 판단하는 방법을 설명하여라. [92전, 40점] 26. 시항타 [97중전, 20점] 27. 파일 동재하 시험(pile dynamic analysis) [98후, 20점] 28. 파일공사의 동재하 시험시 유의사항을 논하시오. [01후, 25점] 29. Pile Dynamic Analysis [03전, 10점] 30. Rebound Check [03중, 10점] 31. 기성 콘크리트말뚝박기의 시공상 고려사항 및 지지력 판단방법을 설명하시오. [07후, 25점] 32. Rebound Check [07후, 10점] 33. 기성콘크리트말뚝의 지지력 판단방법의 종류 및 유의사항에 대하여 설명하시오. [11전, 25점] 34. 파일의 시간경과 효과 [12전, 10점]

6

35. 시험말뚝 박기 [13중, 10점]
36. 지정공사에서 말뚝의 지지력 감소원인 및 방지대책에 대하여 설명하시오. [13후, 25]
37. 연약지반을 관통하는 말뚝항타 시 지지력 감소원인과 대책에 대하여 설명하시오. [22중, 25점]
38. 기성콘크리트 말뚝의 지지력 예측방법의 종류 및 특성을 설명하시오. [14중, 25점]
39. 아파트 현장의 PHC파일 시공 시 유의사항과 재하시험 방법에 대하여 설명하시오. [17전, 25점]

7

40. 파일 항타 시 발생하는 결함의 유형과 대책을 논하시오. [97중전, 30점]
41. 경사지층에서의 파일 시공 [97중전, 20점]
42. 콘크리트 Pile 항타 시 두부파손의 원인과 대책에 대하여 기술하시오. [03중, 25점]
43. PHC pile 말뚝의 두부정리 및 시공 시 유의사항에 대하여 기술하시오. [05중, 25점]
44. 기성콘크리트 파일공사 시 두부파손의 원인과 대책에 대하여 기술하시오. [07중, 25점]
45. 지정공사에서 PHC 말뚝(Pre-tensioned Spun High Strength Concrete Pile)의 두부(頭部) 정리 및 기초에 정착 시 유의사항에 대하여 설명하시오. [12후, 25점]
46. 공동주택현장의 PHC말뚝박기 작업 중, 허용오차 초과 시 조치요령에 대하여 설명하시오. [18전, 25점]
47. 기성콘크리트 말뚝의 시공방법과 말뚝의 파손원인 및 대책을 설명하시오. [20전, 25]
48. 기성콘크리트 말뚝 타입 시 말뚝머리 파손 유형과 유형별 파손 원인 및 방지대책에 대하여 설명하시오. [20후, 25점]
49. 건축물의 말뚝기초공사에서 발생하는 말뚝 파손원인 및 방지대책에 대하여 설명하시오. [22후, 25점]

8

50. 제자리말뚝 지정의 종류를 열거하고, 그 특성을 간단히 설명하라. [78후, 25점]
51. 현장 타설 파일(cast-in-place-pile)의 종류와 공법을 설명하라. [87, 25점]
52. 현장 타설 콘크리트말뚝 시공에서 고려할 사항을 기술하시오. [94전, 40점]
53. 제자리 콘크리트말뚝 시공 시 슬라임(slime) 처리방법과 말뚝머리 높이설정에 관한 유의사항을 기술하시오. [98후, 30점]
54. 현장 타설 콘크리트말뚝(bored cast in situ pile)의 시공 시 주의사항을 기술하시오. [99전, 30점]
55. 양방향 말뚝재하시험 [08중, 10점]
56. 현장 타설 콘크리트 말뚝의 건전도 시험 [10후, 10점]
57. 초고층 건축물의 중·대구경 현장 타설 콘크리트 말뚝의 종류 및 시공 시 유의사항에 대하여 설명하시오. [10후, 25점]
58. 대구경 콘크리트 현장말뚝 시공 시 발생할 수 있는 하자발생 유형 및 대책에 대하여 설명하시오. [12전, 25점]
59. 대구경 말뚝에서 양방향 말뚝재하시험 [13후, 10점]
60. 현장타설 말뚝의 건전도 시험 [15중, 10점]
61. RCD(Reverse Circulation Drill)의 품질관리 방법에 대하여 설명하시오. [18중, 25점]
62. 현장타설 말뚝공법의 공벽붕괴방지 방법 [20후, 10점]

9

63. CIP [92후, 8점]
64. Soil Cement Pile [04전, 10점]
65. 현장타설 콘크리트 말뚝 중 C.I.P(Cast in place), M.I.P(Mixed in place) 및 P.I.P (Packed in place)에 대하여 공법의 특징 및 시공 시 유의사항에 대하여 기술하시오. [09중, 25점]
66. 현장타설말뚝공법 중에서 Pre-Packed 콘크리트 말뚝의 종류 및 시공 시 유의사항에 대하여 설명하시오. [10중, 25점]

10	67. 부력이 작용하는 고층 건물에 대한 대책 방안을 기술하여라. [89, 25점] 68. 지하구조물 공사 중 지하수위 급격한 상승으로 인한 구조물의 부상을 방지하기 위한 공사 전 점검사항과 공사 중 점검사항을 설명하여라. [91전, 40점] 69. 대형지하구조물(사례 : 가로 80m, 세로 10m, 지상 20m) 공사에 있어서 지하수압에 대한 고려사항에 대하여 기술하시오. [96전, 30점] 70. 건축공사 시공 중 지하수 수압에 의한 부상을 방지하는 시공법의 종류와 그 특징을 기술하시오. [97전, 40점] 71. 부력을 받는 구조물의 부상방지대책에 대하여 기술하시오. [99중, 30점] 72. 지하수 수압에 의한 건축물의 부상방지대책으로서 지하수위 저하공법의 종류 및 시공 시 고려사항을 기술하시오. [00전, 25점] 73. 부력(浮力)으로 인한 건물의 피해를 해결하기 위한 방법에 대하여 기술하시오. [04전, 25점] 74. 지하수 수압에 의해 발생할 수 있는 지하구조물의 변위와 이를 방지하기 위한 설계 및 시공 시 유의사항에 대해 기술하시오. [06전, 25점] 75. 공동주택 지하주차장의 바닥면적 크기가 거대화됨에 따라 지면에 접하는 바닥층 공사에서 발생할 수 있는 부력 방지대책을 기술하시오. [06후, 25점] 76. 부력(浮力)과 양압력(揚壓力) [12중, 10점] 77. 구조물의 부력(UP-Lifting Force) 발생 원인 및 대책공법에 대하여 설명하시오. [14중, 25점] 78. 주상복합 건물의 지하수위가 G.L -7.5m에 있으며, 지하굴착 깊이는 30m일 때 지하수 부력에 대한 대응 및 감소방법에 대하여 설명하시오. [15후, 25점] 79. 부력을 받는 지하주차장에 발생하는 문제점 및 대응방안에 대하여 설명하시오. [18후, 25점] 80. 지하구조물의 부상요인 및 방지대책에 대하여 설명하시오. [19후, 25점] 81. 부력을 받는 지하구조물의 부상방지 대책에 대하여 설명하시오. [21중, 25점] 82. 지하수에 의한 부력 대처방안 [22전, 10점] 83. 지하구조물에 미치는 부력의 영향 및 부상방지공법에 대하여 설명하시오. [22후, 25점]
11	84. 건축물의 부동침하 발생원인과 대책에 대하여 기술하시오. [98전, 30점] 85. 기초 침하에 대하여 1) 종류, 2) 원인, 3) 방지대책을 기술하시오. [03후, 25점] 86. 건축물 기초침하의 종류와 방지대책을 열거하시오. [07전, 25점] 87. 도심지 건축공사에서 기초의 부동침하원인과 대책에 대하여 설명하시오. [10전, 25점] 88. 구조물의 부동침하 원인과 방지대책에 대하여 설명하시오. [15중, 25점] 89. 토공사에서 기초의 부등침하 원인과 침하의 종류 및 부등침하 대책에 대하여 설명하시오. [16중, 25점]
12	90. Underpinning 공법 [84, 5점] 91. 도심지 내 저층 건축물을 증축할 때 지하기초보강을 위한 Underpinning에 대하여 기술하시오. [96전, 30점] 92. 기존 건물에서 PC말뚝 기초의 침하에 의한 하자를 열거하고 보수, 보강 방법을 설명하시오. [99중, 40점] 93. 부동침하 시의 기초보강공법 [00후, 25점] 94. 기성재 말뚝기초의 침하 발생 시 보강방안에 대하여 설명하시오. [04후, 25점] 95. 기존 고층 APT에서 PC 말뚝기초의 침하에 의한 하자 및 보수보강방안을 기술하시오. [06중, 25점]

기초공사 기출문제

12

96. CGS(Compaction Grouting System) 공법의 특징 및 용도에 대하여 기술하시오. [07중, 25점]
97. Underpinning 공법에 대하여 종류별로 적용대상과 효과를 설명하시오. [08후, 25점]
98. CGS(Compaction Grouting System) [11중, 10점]
99. 파일의 Toe Grouting [11중, 10점]
100. 고층건축물의 인접현장에서 기초공사를 할 때 언더피닝(Underpinning) 공법 및 시공 시 유의사항을 설명하시오. [16전, 25점]
101. 언더피닝 공법이 적용되는 경우와 공법의 종류 및 시공절차에 대하여 설명하시오. [18중, 25점]
102. 언더피닝(Underpinning) [19전, 10점]
103. 구조물의 부등침하 원인 및 방지대책을 나열하고, 언더피닝(Underpinning)공법에 대하여 설명하시오. [19중, 25점]

기출

104. 피어(pier) 기초공법에 대하여 기술하여라. [86, 25점]
105. 해안 매립지에 위치한 건축공사에서 PC말뚝 공사에 관한 시공 시 관리방안을 기술하시오. [01중, 25점]
106. 지정공사에서 강관말뚝 공사 시 말뚝의 파손원인과 방지대책에 대하여 설명하시오. [15후, 25점]
107. 지정공사에서 기성 강관말뚝의 특징과 파손원인 및 대책, 용접이음 시 주의사항에 대하여 설명하시오. [21전, 25점]
108. 현장타설말뚝 시공 시 수직 정밀도 확보방안과 공벽붕괴 방지대책에 대하여 설명하시오. [17전, 25점]

용어

109 DRA(Double Rod Auger) 공법 [09중, 10점]
110. SDA(Separated Doughnut Auger) 공법 [20중, 10점]
111. 선단(先端)확장 말뚝(Pile) [12전, 10점]
112. 부마찰력 [01후, 10점]
113. 부마찰력(Negative Friction) [03후, 10점]
114. 부마찰력(Negative Friction) [05후, 10점]
115. 부마찰력(Negative Friction) [08중, 10점]
116. 말뚝기초의 부마찰력(Negative Friction) [10중, 10점]
117. 말뚝(Pile)의 정마찰력과 부마찰력 [11중, 10점]
118. 말뚝의 부마찰력(Negative Friction) [15중, 10점]
119. 현장콘크리트말뚝(Pile) 공내재하시험(Pressure Meter Test) [11중, 10점]
120. 팽이말뚝기초(Top Base) 공법 [14전, 10점]
121. Koden Test(코덴테스트) [15전, 10점]
122. PRD(Percussing Rotary Drill) 공법 [15전, 10점]
123. PRD(Percussing Rotary Drill) 공법 [21전, 10점]
124. 복합파일(합성파일, Steel & PHC Composite Pile) [16중, 10점]
125. 부력과 양압력 [17후, 10점]
126. 헬리컬 파일(Helical Pile) [17후, 10점]
127. 기초공사에서의 PF(Point Foundation) 공법 [18전, 10점]
128. 마이크로파일공법 [18후, 10점]

당신은 바로 자기 자신의 창조자이다.

- 카네기 -

| 문제 1 | 기초의 종류 |

● [81(25), 83(25), 95후(30), 03전(10), 04중(10), 04후(10), 07후(10), 10전(10),
12후(10), 13중(25), 16전(10)]

Ⅰ. 개 요

① 기초(foundation, footing)란 건물의 최하부에 있어 건물의 하중을 받아 이 것을 지반에 안전하게 전달시키는 구조부분이다.

② 기초는 크게 기초판 형식과 지정 형식으로 분류할 수 있다.

Ⅱ. 기초의 종류

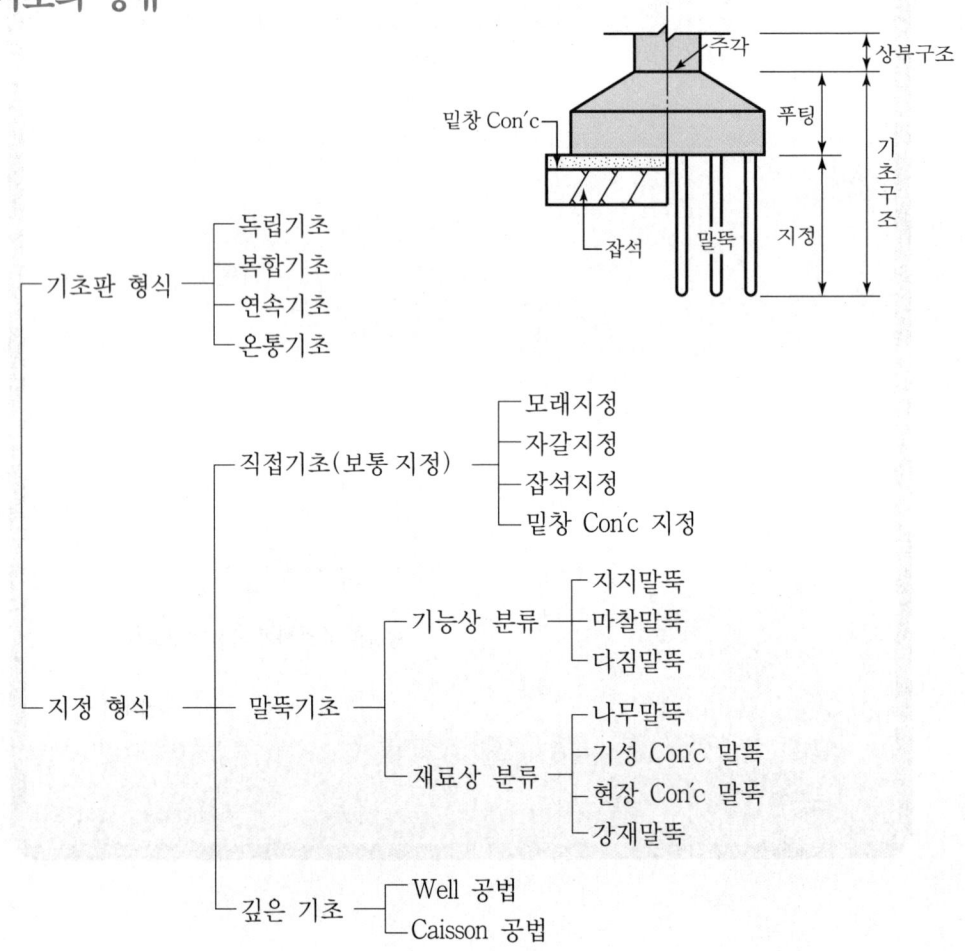

252

Ⅲ. 종류별 특성

1. 독립기초

    ① 단일 기둥을 하나의 독립된 기초로 지지하는 형식

    ② 낮은 건물, 공장, 창고 등 긴 span의 건물에 사용

2. 복합기초

    2개 이상의 기둥을 하나의 기초로 지지하는 형식

3. 연속기초

    일련의 기둥 또는 벽의 하중을 연속된 기초로 지지하는 형식

4. 온통기초

    ① 상부 구조의 전 하중을 하나의 기초 slab로 지지하는 형식

    ② 지반의 허용지지력이 작을 때 사용

5. 직접기초(보통 지정)

1) 모래지정

    ① 기초 하부의 지반이 연약하고 그 하부 2m 이내에 굳은 지층이 있을 때 굳은 층까지 파내어 모래를 넣고 물다짐을 하는 것

    ② 하중 및 지하유수(流水) 등으로 모래가 옆으로 밀려나가지 않도록 유의

2) 자갈지정

    ① 굳은 지반에 자갈을 얇게 펴고 다져서 밑창 Con'c를 평평하게 고르는 의미와 기초 하부부분의 배수의 한 방법으로 쓰인다.

    ② 두께 50~100mm로 자갈깔기를 하고 래머, 바이브로 래머 등으로 다진 후 그 위에 밑창 Con'c 또는 기초 Con'c를 부어넣는다.

3) 잡석지정

    ① 건축의 기초 또는 Con'c 바닥 밑에 지름 100~250mm 정도의 막돌 또는 호박돌 등을 옆세워 깔고 사춤자갈, 모래 반 섞인 자갈로 틈막이를 한 후 다진 것

    ② 잡석지정의 목적

        ㉮ 이완된 지표면의 다짐과 Con'c의 두께 절약

        ㉯ 바닥 밑의 방습 및 배수 처리

4) 밑창 Con'c 지정

　① 자갈지정, 잡석지정 등의 위에 기초 저부의 먹매김 등을 하기 위하여 최소 두께 50mm 정도의 밑창 Con'c를 하는 것

　② 배합은 1 : 3 : 6 정도로 하고, 윗면은 될 수 있는 대로 평탄하게 한다.

6. 지지말뚝

　① 경질지반까지 말뚝을 정착시켜 말뚝의 선단지지력에 의해 지지한다.

　② 말뚝의 본체는 기둥과 같은 역할을 한다.

7. 마찰말뚝

　말뚝둘레의 마찰저항에 의해 지지한다.

8. 다짐말뚝

　① 느슨한 사질토에 다수의 말뚝으로 지반을 압축한다.

　② 외주의 말뚝에 둘러싸인 부분은 말뚝을 박음으로써 세밀한 덩어리가 되어 지반개량 효과를 기대할 수 있다.

9. 나무말뚝

　① 소나무, 낙엽송 등의 곧고 긴 생목을 상수면 이하(보통 4~6m)에 박음

　② 경미한 구조 및 상수면이 낮은 곳에 사용

　③ 말뚝재의 허용압축강도는 5MPa

　④ 말뚝간격

　　㉮ 2.5d 이상

　　㉯ 0.6m 이상

　⑤ 특　징

　　㉮ 장　점

　　　㉠ 취급이 편리

　　　㉡ 공기, 시공, 가격면에서 유리

　　　㉢ 하중이 적고 상수면 얕은 곳에 유리

　　㉯ 단　점

　　　㉠ 말뚝 재료가 불균질

　　　㉡ 장착물 구입이 곤란

⑥ 시공 시 유의사항

㉮ 마찰력을 증대시키기 위해 겉껍질을 벗겨서 사용

㉯ 말뚝의 부식을 방지하기 위해 상수면 이하에 설치

㉰ 말뚝재의 휨 정도는 양단 중심선이 말뚝재 내에 있거나 말뚝길이의 1/50 이내

10. 기성 Con'c 말뚝(precast concrete pile)

1) 원심력 R.C. 말뚝(centrifugal reinforced concrete pile)

① 공장제작으로 단면은 중공 원통형이고 보통 R.C. 말뚝이라 부르며, 주로 기초말뚝에 쓰임.

② 지름 200~500mm 정도, 두께 40~80mm 정도

③ 길이는 15m 정도까지만 만들 수 있으나, 보통 5~10m 정도가 쓰임

④ 허용압축강도는 8MPa

⑤ 원심력으로 Con'c를 다지며 증기양생으로 제조

⑥ 특 징

㉮ 장 점

㉠ 재료가 균질하고 강도가 큼

㉡ 말뚝길이는 15m 이하로 경제적

㉢ 선단 지반에의 접착성이 우수

㉯ 단 점

㉠ 말뚝이음부분에 대한 신뢰성이 비교적 적다.

㉡ 중량물이며 보존, 운반, 박기 등에 주의가 필요하다.

㉢ 말뚝박기시 항타를 하기 때문에 말뚝 본체에 균열이 생기기 쉽다.

2) PSC 말뚝(prestressed concrete pile)

① 프리텐션방식 원심력 PSC 말뚝(pre-tensioning centrifugal PSC pile)

㉮ 사전에 PS강재에 인장력을 주고, 그 주위에 Con'c를 쳐 경화 후 PS강재를 절단하여 PS강재와 Con'c의 부착으로 프리스트레스를 도입하는 방법

㉯ 포스트텐션방식과의 차이점 : 말뚝을 성형한 다음에 프리스트레스 도입

㉰ 말뚝지름은 0.3~1.2m

② 포스트텐션방식 원심력 PSC 말뚝(post‑tensioning centrifugal PSC pile)

㉮ Con'c 타설 전에 시스(sheath)관을 설치하고 Con'c 경화 후 시스관 내에 PS강재를 넣어 긴장하여 단부에 정착시켜 프리스트레스를 도입하고 시스관 내를 시멘트 grouting하는 방법

㉯ 프리텐션방식과의 차이점 : 성형작업에 앞서 PS강재를 긴장하여 Con'c를 부어넣고 탈형하였을 때 프리스트레스를 도입

㉰ 말뚝지름은 0.5~1.8m

3) PHC 말뚝(Pre‑tensioning centrifugal PHC pile)

① 일반적으로 프리텐션방식에 의한 원심력을 이용하여 제조된 Con'c pile로 PHC pile에 사용하는 Con'c는 압축강도 80MPa 이상의 고강도로서 KS F 4306‑1988(Pretensioned high strength concrete)에 규정되어 있다.

② PHC pile용 PS강선은 auto‑clave 양생 시 높은 온도에 의한 긴장력 감소를 방지하기 위하여 relaxation이 작은 특수 PS강선을 이용한다.

③ PHC pile의 우수성

㉮ 설계지지력을 크게 취할 수 있다.
PHC pile의 Con'c 설계기준강도는 80MPa로 종래의 PSC pile 설계기준강도(50MPa)보다 크게 증진한다.

㉯ 타격력에 대하여 큰 저항력을 가진다.
Auto‑clave 양생에 의해 골재와 cement paste와의 결합이 강하기 때문이다.

㉰ 경제적인 설계가 가능하다.
Auto‑clave 양생으로 주문을 받고 늦어도 2일 후에는 납품이 가능하기 때문에 공사에 차질이 없어 경제적

㉱ 휨에 대한 저항력이 크다.
같은 크기, 같은 배근의 PSC pile과 PHC pile을 비교해 보면 축방향의 하중을 받으면서 휨을 받는 저항력은 PHC pile 쪽이 훨씬 더 높은 안전율을 갖고 있다.

㉲ Creep 및 건조수축이 현저하게 작다.
원심력 공시체에 의한 실험 결과에 의하면 auto‑clave 양생한 Con'c는 다른 Con'c와 비교해서 creep 및 건조수축이 상당히 작다.

㉳ 내약품성이 뛰어나다.
Auto‑clave에 cement 경화체의 구성이 긴밀하여 cement paste와 골재와의 밀착이 강하기 때문이다.

4) 말뚝간격

① 2.5d 이상

② 0.7m 이상

5) 시공 시 유의사항

① 말뚝 항타 중간에 전석층, 호박돌이 있을 때 타격 주의

② 말뚝의 수직을 유지할 것

③ 보관, 운반, 타입시 균열에 주의

④ 말뚝 두부처리 및 이음매 처리 철저

11. 현장 Con´c 말뚝

1) 관입공법

① Compressol pile

구멍 속에 잡석과 Con´c를 교대로 넣고 중추로 다지는 공법

② Franky pile

심대 끝에 주철제의 원추형 마개가 달린 외관을 추로 내리쳐서 소정의 깊이에 도달하면 내부의 마개와 추를 빼내고, Con´c를 넣어 추로 다져 외관을 조금씩 들어올리면서 선단 구근 요철말뚝을 형성하는 공법

③ Simplex pile

외관을 소정의 깊이까지 박고 Con´c를 조금씩 넣고 추로 다지며 외관을 빼내가는 공법

④ Pedestal pile

Simplex pile을 개량, 지내력 증대 위해 말뚝 선단에 구근 형성

⑤ Raymond pile

얇은 철판제의 외관에 심대(core)를 넣어 지지층까지 관입한 후 심대를 빼내고 외관 내에 Con´c를 다져넣어 말뚝을 만드는 공법

2) 굴착공법

① Earth drill 공법(Calweld 공법)

㉮ 미국의 칼웰드회사가 고안, 개발한 공법으로 칼웰드공법이라고도 한다.

㉯ 회전식 drilling bucket으로 필요한 깊이까지 굴착하고, 그 굴착공에 철근을 삽입하고 Con´c를 타설하여 지름 1~2m 정도의 대구경 제자리말뚝을 만드는 공법이다.

ⓐ Casing을 사용하지 않는 굴착을 기본으로 하여 개발된 공법이기 때문에 공벽의 붕괴 방지를 위해 bentonite 용액을 사용한다.

② Benoto 공법(All casing 공법)

㉮ 프랑스의 베노토사가 개발한 대구경 굴착기(hammer grab)에 의한 현장타설 말뚝공법이다.

㉯ 케이싱 튜브를 요동장치로 왕복요동 회전시키면서 유압잭으로 땅속에 관입시켜 그 내부를 해머그래브로 굴착하여 공 내에 철근을 세운 후 Con'c를 타설하면서 케이싱 튜브를 요동시켜 뽑아내어 현장타설 말뚝을 축조하는 공법이다.

㉰ All casing 공법이기 때문에 주위의 지반에 영향을 미치지 않고 안전하게 시공할 수 있으며, 장척말뚝(50~60m)의 시공도 가능하다.

③ R.C.D(Reverse Circulation Drill) 공법

㉮ 독일의 자르츠타사와 Wirth사가 개발한 공법이다.

㉯ 리버스 서큘레이션 드릴로 대구경의 구멍을 파고, 철근망을 삽입하고 Con'c를 타설, 현장타설 말뚝을 만드는 공법이다.

㉰ 보통의 로터리식 보링공법과는 달리 물의 흐름이 반대이고, 드릴 로드의 끝에서 굴착토사를 물과 함께 지상으로 올려 말뚝구멍을 굴착하는 공법으로 역순환공법 또는 역환류공법이라고도 한다.

3) Prepacked concrete pile

① C.I.P 말뚝(Cast - In - Place pile)

㉮ Earth auger로 지중에 구멍을 뚫고 철근망을 삽입(생략 가능)한 다음 모르타르 주입관을 설치하고, 먼저 자갈을 채운 후 주입관을 통하여 모르타르를 주입하여 제자리말뚝을 형성하는 공법

㉯ 지름이 크고 길이가 비교적 짧은 말뚝에 이용

② P.I.P 말뚝(Packed - In - Place pile)

㉮ 연속된 날개가 달린 중공의 screw auger의 머리에 구동장치를 설치하여 소정의 깊이까지 회전시키면서 굴착한 다음, 흙과 auger를 빼올린 분량만큼의 프리팩트 모르타르를 auger 기계의 속구멍을 통해 압출시키면서 제자리말뚝을 형성하는 공법

㉯ Auger를 빼내면 곧 철근망 또는 H형강 등을 모르타르 속에 꽂아서 말뚝 완성하기도 한다.

③ M.I.P 말뚝(Mixed-In-Place pile)

㉮ Auger의 회전축대는 중공관으로 되어 있고, 축선 단부에서 시멘트 페이스트를 분출시키면서 토사와 시멘트 페이스트를 혼합 교반하여 만드는 일종의 soil Con'c 말뚝이다.

㉯ Auger를 뽑아낸 뒤에 필요에 따라 철근망 삽입

4) 말뚝간격

① 2.5d 이상, 0.9m 이상

② 최대 1.5m

5) 시공 시 유의사항

① Slime 처리

말뚝선단 지지력이 저하되므로 수중 pump를 사용하여 slime 제거

② Con'c의 품질 확보

유동성이 큰 고강도 Con'c 사용 및 재료분리 방지

③ 구멍공벽 붕괴 방지

안정액 관리철저 및 정수압 유지

④ 굴착 시 수직도 정도 관리

굴착기계에 경사계를 부착하여 상시 수직도 check

⑤ 건설공해 최소화

무소음·무진동 공법 사용, 폐액관리 및 처리 철저로 환경오염 방지

12. 강재말뚝

1) 강재말뚝

강재말뚝공법은 단면형상에 따라 강관말뚝(steel pipe pile)과 H형강 말뚝(H--steel pile)이 있지만, 최근의 기초공사에는 강관말뚝이 주로 쓰인다.

2) 강관말뚝(steel pipe pile)

① 강판을 원통형으로 전기저항용접 또는 arc용접에 의하여 제조된 용접강관이 주로 쓰이며, 용접강관 중에서도 나선강관이 많이 쓰인다.

② 관의 외경은 약 0.4~1.0m까지의 36종이 있고, 길이는 12~15m 정도이다.

③ 강관말뚝은 장척말뚝으로 사용되는 수가 많으며, 현장용접에 의하여 이어쓴다.

④ 강관말뚝 타입에는 주로 디젤 해머를 사용한다.

3) H형강 말뚝(H – steel pile)

　① H형 단면으로 된 형강재로 압연형 강재와 용접형 강재로 구분되나 말뚝으로는 압연형 강재가 많이 쓰인다.

　② 이음방법으로는 맞댄용접과 덧판모살용접이음의 두 종류가 있으며, 용접 강도상 덧판모살용접이음이 좋다.

4) 말뚝간격

　① 2.5d 이상, 0.9m 이상

　② 최대 1.5m

5) 특　징

　① 장　점

　　㉮ 운반 및 시공 용이

　　㉯ 상부구조와 결합이 용이하여 장척 가능

　　㉰ 지지력이 크고 이음이 안전

　　㉱ 타격에 대한 저항이 크고 굳은 층 관통 가능(N＝50～70t)

　② 단　점

　　㉮ 재료비가 고가

　　㉯ 부식에 대한 대책 고려

　　㉰ 단척은 비경제적

6) 시공 시 유의사항

　① 강재의 부식 두께는 연간 0.05～0.1mm 정도

　② 방식방법

　　㉮ 판두께를 증가시키는 법

　　㉯ 도장법

　　㉰ 전기방식법

　③ 전기방식법이 유효하나 경상비가 많이 듦.

13. Well 공법(우물통기초)

1) 현장에서 상·하단이 개방된 철근 Con'c조 우물통(지름 1～1.5m)을 지상에서 만들어

　① 우물통 내에서 지반을 인력굴착 및 배토하면서 침하시키는 것

　② 기성재 철근 Con'c 관을 이어내리면서 침하시키는 것

　③ 지상에서 미리 전체 깊이의 우물통을 설치하고 침하시키는 법이 있다.

2) 우물통 모양

① 밑 벌린 우물통

우물통의 저부를 상부보다 크게 벌려 침하를 용이하게 한다.

② 원통형 우물통

밑창날 부분을 크게 하여 침하를 용이하게 한다.

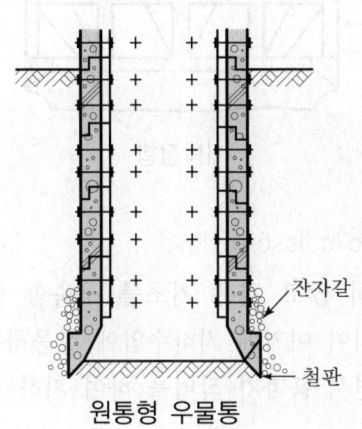

원통형 우물통

3) 침하방법

① 우물통 옆에 동그란 잔자갈을 채우며 침하시키는 방법

② 밑창날 부분에서 물을 뿜으며 내려앉히는 방법

③ 자중으로 잘 내려가지 않을 때는 우물통 위에 재하하여 침하

4) 특 징

① 말뚝형식에 비해 대규모의 준비

② 공사비가 비교적 많음.

③ 지지층 확인 가능

④ 하부구조의 강성이 큼.

14. Caisson 공법(잠함기초)

1) 개방잠함(open caisson)

① 지하 구조체를 지상에서 구축하여 바깥벽 밑에 끝날을 붙이고 하부 중앙 흙을 파내어 구조체의 자중으로 침하시키는 공법

② 끝날(cutting edge)은 강철재로 하여 침하 촉진과 구조체 보호

③ 잠함을 정착시키기 위하여 중앙부는 굳은 지반까지 먼저 파내고 철근 Con'c 의 기초를 구축한 다음 여기에 정착시킨 후 주변의 기초는 그후에 구축

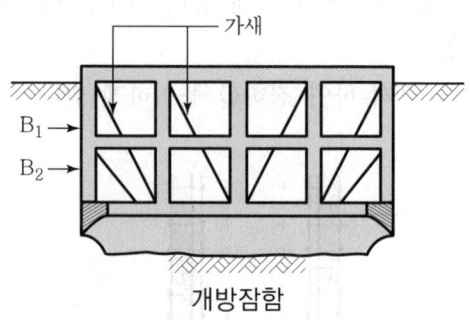

개방잠함

2) 용기잠함(pneumatic caisson)

① 용수량이 대단히 많고 깊은 기초를 구축할 때에 쓰이는 공법으로 최하부 작업실은 밀폐되어 여기에 지하수압에 상응하는 고압공기를 공급, 지하수의 침입을 방지하면서 흙파기 작업을 하여 지하 구조체를 침하시킨다.

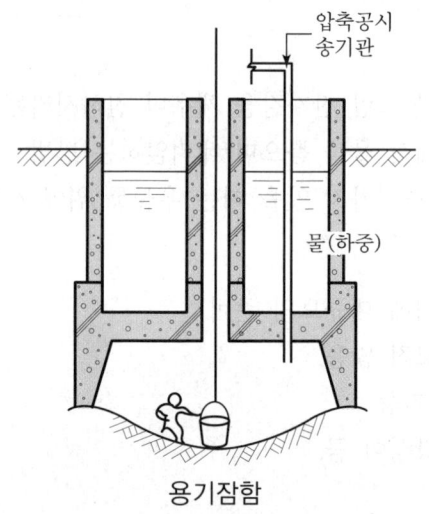

용기잠함

② 지하 구조체는 침하되는 대로 지상에서 이어 만들어 소기의 지반에 도달하 면 작업실에 Con'c를 채워넣어 기초를 구축한다.

③ 용기잠함공법은 컵을 거꾸로 하여 물속에 가라앉히면 컵 속에 물이 들어가 지 않는 원리를 이용한 것이다.

④ 특 징

㉮ 굴착에 있어 대형은 유압식 굴착기 사용, 소형은 인력 굴착

㉯ 기초 저면의 지반 확인 가능

㉰ 고압 내 작업으로 전문기술자 필요

㉱ 고기압 내에서 작업하므로 케이슨(잠함)병에 유의

Ⅳ. 기초형식 선정 시 고려사항

1) 선정순서

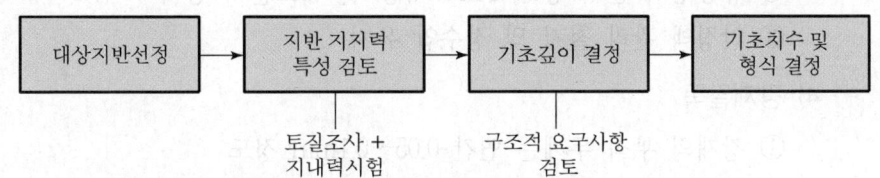

2) 지반조사 실시

① 예비조사, 본조사, 보완조사 등을 실시

② 지내력시험을 통한 물리적 역학적 특성 파악

3) Boring 실시

① 토질관찰, 토질 시험용 샘플 채취

② 지하수위 확인

4) 토질주상도 제작

① 지층확인, 공내수위 확인

② 시료 채취

5) 흙의 종류와 투수계수 파악

① 흙의 종류가 지반조사내용과의 일치 여부 파악

② 투수계수를 통한 배수성능 파악

Ⅴ. 재료별 품질확보 방안

1) 나무말뚝

① 마찰력을 증대시키기 위해 겉껍질을 벗겨서 사용

② 말뚝의 부식을 방지하기 위해 상수면 이하에 설치

③ 말뚝재의 휨 정도는 양단 중심선이 말뚝재 내에 있거나 말뚝길이의 1/50 이내

2) 기성 콘크리트말뚝

① 말뚝 항타 중간에 전석층, 호박돌이 있을 때 타격 주의
② 말뚝의 수직을 유지할 것
③ 보관, 운반, 타입시 균열에 주의
④ 말뚝 두부처리 및 이음매 처리 철저

3) 현장 콘크리트 말뚝

① 말뚝선단 지지력이 저하되므로 수중 pump를 사용하여 slime 처리
② 유동성이 큰 고강도 Con'c 사용 및 재료분리 방지
③ 안정액 관리 철저 및 정수압 유지

4) 강재말뚝

① 강재의 부식 두께는 연간 0.05~0.1mm 정도
② 방식방법
  ㉮ 판두께를 증가시키는 법
  ㉯ 도장법
  ㉰ 전기방식법
③ 전기방식법이 유효하나 경상비가 많이 소요

VI. 결 론

① 기초의 형태는 구조계산서와 지반의 조건, 건축물의 규모·용도 및 현장 여건에 따라 정해지며, 기둥, 보 등과 같이 건축물의 주요 구조부의 하나이다.
② 기초가 안정되지 못하면 건축물 전체가 구조적으로 불안정해지므로 기초시공의 철저한 품질관리가 무엇보다 중요하다.

문제 2	기성 Con'c pile의 시공

● [03후(25), 04중(25), 09전(25), 09후(25)]

Ⅰ. 개 요

① 기성 Con'c pile은 비교적 큰 내력을 필요로 하는 경우나 지하수위가 낮은 경우에 많이 사용하며, 일반적으로 15m 이내가 경제적이다.

② 선단지지력이 우수하며, 종류에는 원심력 철근 Con'c 말뚝과 프리스트레스트 Con'c 말뚝이 있다.

Ⅱ. 시공 flow chart

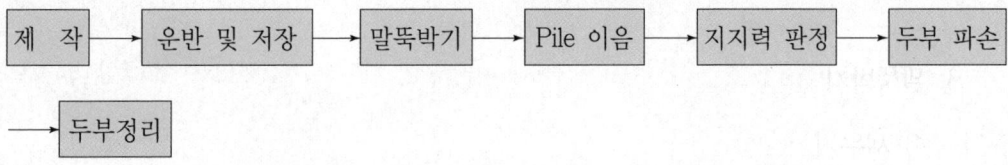

Ⅲ. 시 공

1. 재 료

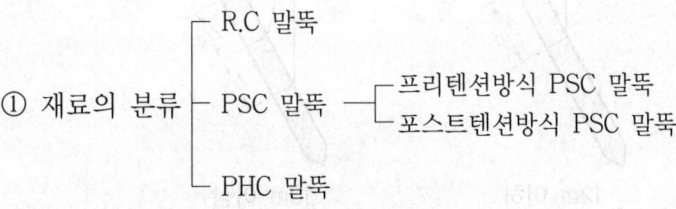

② 재료는 KS F 4301과 KS F 4303 등의 규정에 따라 제작함을 원칙으로 한다.

③ KS 제품이어야 하며, 재령이 28일 이상이어야 한다.

2. 운반 및 저장

　① 운반시 충격이나 손상을 주지 말 것

　② 제작 후 14일 이내의 운반은 금하며, 특수보양을 하여 말뚝 재질에 영향을
　　주지 않을 경우는 제외

　③ 임시 적치장소는 가능한 한 말뚝박기 지점에 가깝고 배수가 양호하며, 지반
　　이 견고한 곳

　④ 말뚝저장은 2단 이하로 하고, 종류별로 나누어 보관

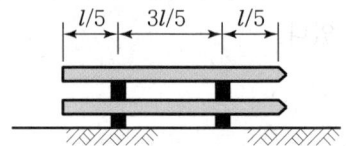

　⑤ 말뚝받침대는 동일 연직선상에 오게 한다.

3. 말뚝박기

　1) 세우기

　　① 2개소 이상의 규준대를 설치하고 수직으로 세움.

　　② 매다는 점의 위치 준수

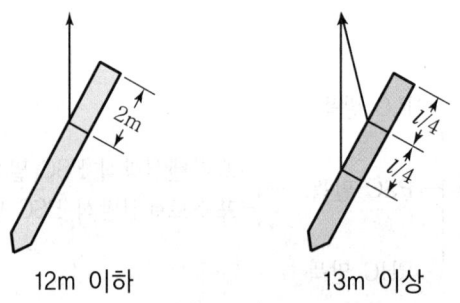

12m 이하　　　　　13m 이상

　2) 말뚝박기

　　① 말뚝박기 순서

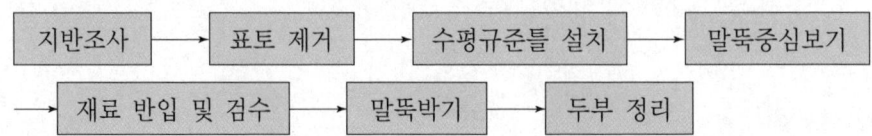

② 말뚝박기공법의 종류

㉮ 타격공법

항타기로 말뚝을 직접 타격하여 박는 공법으로 기계 종류에는 drop hammer, steam hammer, diesel hammer, 유압 hammer 등이 있다.

㉯ 진동공법

상하방향으로 진동이 발생하는 vibro hammer(진동식 말뚝타격기)를 사용하여 말뚝을 박는 공법

㉰ 압입공법

유압기구(압입기계)를 갖춘 압입장치의 반력을 이용하여 말뚝을 압입하여 박는 공법

㉱ Water jet 공법(수사법)

모래층, 모래 섞인 자갈층 또는 진흙층 등에 고압으로 물을 분사시켜 수압에 의해 지반을 무르게 만든 다음 말뚝을 박는 공법

㉲ Pre-boring 공법(선행굴착공법)

Auger로 미리 구멍을 뚫어 기성말뚝을 삽입 후 압입 또는 타격에 의해 말뚝을 설치하는 공법

㉳ 중공굴착공법

말뚝의 중공부에 스파이럴 auger를 삽입하여 굴착하면서 말뚝을 관입하고, 최종 단계에서 말뚝선단부의 지지력을 크게 하기 위하여 타격처리나 시멘트 밀크 등을 주입하여 처리하는 공법

③ 말뚝박기 시공 시 주의점 및 시험말뚝

㉮ 시험말뚝은 실제 말뚝과 똑같은 조건으로 하고, 실제 적용될 타격 에너지와 가동률로 말뚝을 박는다.

㉯ 말뚝은 정확히 수직으로 박고, 중단 없이 연속으로 박는다.

㉰ 관입은 소정의 위치까지 박되 예정 위치에 도달시키려고 무리하게 박지 않는다.

㉱ 타격횟수 5회에 총관입량이 6mm 이하인 경우는 거부현상으로 본다.

㉲ 기초면적 1,500m²까지는 2개의 단일 말뚝, 3,000m²까지는 3개를 설치한다.

㉳ 말뚝의 최종관입량은 5~10회 타격한 평균침하량으로 한다.

㉴ 말뚝은 기초밑면에서 150~300mm 위의 위치에서 박기를 중단한다.

㉵ 말뚝머리의 설계위치와 수평방향의 오차는 100mm 이하이다.

4. Pile 이음

1) 이음조건

① 경제적이어야 한다.

② 시공이 용이하고 단시간 내 이음이 가능해야 한다.

③ 이음내력이 확실해야 한다.

2) 이음의 종류

① 장부식

㉮ 시공이 간단하며 단시간 내 시공 가능

㉯ 연결부위의 파손율이 높다.

② 충전식

㉮ 말뚝이음부분을 Con'c로 충전하는 방법

㉯ 압축 및 인장에 저항 가능, 내식성 우수

③ Bolt식

㉮ 말뚝이음부분을 bolt로 죄여 시공, 이음내력 우수

㉯ 가격이 비교적 고가이며, bolt의 내식성이 문제

④ 용접식

㉮ 이음내력이 우수하나 bolt식과 같이 이음부의 부식성이 문제

㉯ 매우 우수한 강성으로서, 가장 우수한 이음임.

5. 지지력 판정

1) 정역학적 추정방법

① 설계 전에 여건상 재하시험을 실시하기 곤란할 때 이용

② 실공사 시에는 필히 재하시험에 의한 허용지지력 확인 필요

2) 동역학적 추정방법

① 말뚝의 hammer 타격 에너지와 말뚝의 최종관입량을 기준으로 하여 추정하는 것으로 실제로는 잘 맞지 않음.

② 다음의 경우는 적용 가능함.

㉮ 공사규모가 작고 비용면에서 재하시험을 못할 경우

㉯ 동일 지반에서 항타공식과 재하시험 결과를 비교할 때

㉲ 시공관리상 지지력 변동을 확인할 때

3) 재하시험에 의한 방법

① 일종의 실물시험으로 말뚝의 허용지지력을 직접적으로 산출

② 재하방법의 종류

㉮ 실물재하

㉯ 반력 pile을 이용하는 반력재하

㉰ 병용 방법 등

4) 소리와 진동의 크기

지지층 도달 1.5m 전 관입시에 진동과 소리가 최대

5) 관입량과 rebound check

관입량과 rebound check로 말뚝과 지반의 탄성변형량 확인

6) 시험말뚝박기

① 소정의 지지력 및 지반깊이 측정

② 항타 시공장비 및 작업방법 선정

7) 자료에 의한 방법

공사지역의 인접한 장소에서 실시한 신뢰성 있는 자료가 있을 때 간이적으로 이용하는 방법

8) Pre – boring(선행굴착)시 전류계 지침으로 추정

① 전류계 지침에 의해 이를 보고 깊이와 지지력 판단

② 경질지반 굴착 시 전류계 지침이 높음.

9) 공식에 의한 최종관입량 check(5~10회 평균값)

$$R = \frac{F}{5S + 0.1} = \frac{W \times H}{5S + 0.1}$$

R : 말뚝지지력(t)

F : W×H(t · m)

W : hammer 무게(t)

H : 낙하고(m)

S : 말뚝 최종관입량(m)

6. 두부파손

1) 원 인
① Hammer 용량 과다
② Cushion 두께 부족
③ 편타
④ Pile 경사
⑤ 지지층 경사

2) 대 책
① 적정 hammer 선정
② Cushion 두께 증가
③ 편타 방지
④ Pile의 연직도 확인
⑤ 지지층 지반조사
⑥ 지반조건에 맞는 시공법 선정

7. 두부정리

1) 원 칙
① 말뚝머리 절단은 pile에 충격을 주지 않는 기계 사용하여 소요길이 확보
② 두부 정리 완료된 pile은 기초 Con'c 타설 시까지 충격 및 오염 방지

2) 말뚝 강선 노출시
① 항타 완료 말뚝에 커팅선 버팀 상단면, 지반조성면 표시
② 10~20mm 깊이로 철근 절단 없이 커팅실시
③ 커팅선 상단 300mm 상부측 해머 및 파쇄기로 파쇄
④ 파쇄 후 300mm 이상 여장길이 확보 후 철근 절단
⑤ 철근을 수직으로 세움
⑥ 절단면을 정 또는 날망치로 마무리 실시
⑦ 두부 파손 및 균열발생 시 균열하단까지 재절단 후 버팀 Con'c 시공

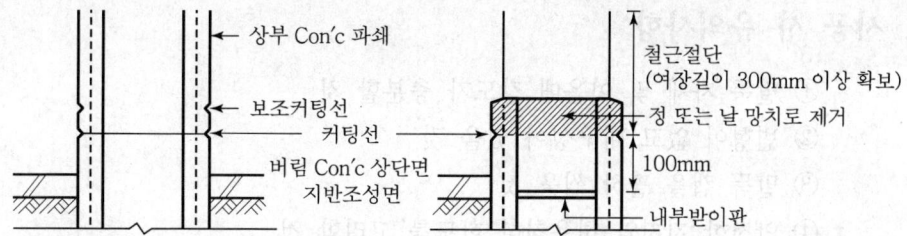

3) 말뚝 강선 절단시

① 버팀 Con'c 및 기초판에 매입되는 길이 산정 후 말뚝 절단
② 내부받이판을 공내 400mm 하부 설치 후 보강철근 삽입 후 콘크리트 타설
③ 말뚝 상단 노출 철근길이 300mm 유지
④ 필요시 보강철근 스트럽 사용

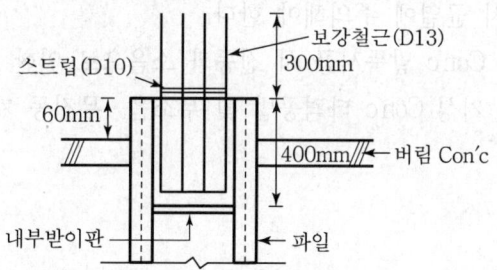

8. 건설공해

1) 소음·진동 발생 원인

① 기초 pile 항타기
② 기초 굴삭기

2) 대 책

① 저소음 타격공법 채택
   방음커버공법, 저소음 해머공법
② 저소음 기성말뚝공법 채택
   선행굴착공법, 중공굴착공법, water jet 공법, 압입공법
③ 현장타설 Con'c 말뚝으로 대체
   ㉮ Earth drill 공법
   ㉯ Benoto 공법
   ㉰ RCD 공법
   ㉱ Prepacked Con'c pile

Ⅳ. 시공 시 유의사항

① 말뚝 자체 및 이음매 강도가 충분할 것
② 변형이 없고 내구성이 있을 것
③ 말뚝 캡을 필히 씌울 것
④ 안전한 지지와 허용침하 한도를 고려할 것
⑤ 소음, 진동, 공사비, 공기를 고려할 것
⑥ 인접 건물 및 기존 건물에 대한 영향을 고려할 것

Ⅴ. 결 론

① 기성 Con'c 말뚝은 재료구입이 쉽고 시공이 용이하나 재료의 저장, 운반, 항타 시 균열에 주의해야 한다.
② 기성 Con'c 말뚝시공 시 진동과 소음으로 인한 건설공해에 대처할 수 있는 저소음 기성 Con'c 타격공법 및 무소음·무진동 기계장비의 개발이 필요하다.

문제
3

기성 Con´c pile의 박기공법

● [01전(25)]

Ⅰ. 개 요

① 기성 Con´c의 말뚝박기공법으로는 타격공법, 진동공법, 압입공법, water jet
공법, pre-boring 공법, 중공굴착공법 등이 있다.

② 건축물의 대형화로 인한 환경공해가 사회적으로 문제화되고 있으므로 소음
및 진동을 억제할 수 있는 무소음·무진동 공법인 압입공법, water jet 공법,
pre-boring 공법, 중공굴착공법 등이 많이 사용되고 있다.

Ⅱ. 사전조사

1) 설계도서의 검토

설계도, 시방서, 구조계산서, 내역서, 현장설명서, 질의응답서

2) 계약조건의 검토

공사내용, 공사기간

3) 입지조건 조사

① 대지 내(內)

경계선, 지반의 고저, 구 구조물의 상황

② 대지 주변

인접 도로, 인접 구조물, 부지 주변 구조물, 주민실태, 요양시설, 학교

③ 대지 주변 매설물

상하수도, gas관, 지하철, 지하구축물, 전력 및 전화선, 건물 기초

4) 지반조사

토질의 분포, 지층의 토질조사, 지하수 분포

5) 건설공해

소음, 진동, 분진에 따른 민원

6) 계절 및 기상

강우량, 강설량, 하천범람, 지반침하

7) 관계법규

보건, 환경, 소음에 대한 제반법규 저촉 유무

Ⅲ. 말뚝박기공법 선정 시 고려사항

① 공사기간 및 공사비
② 기성 Con'c pile의 종류
③ Pile의 총수량
④ 중간층을 포함한 지질 상황
⑤ 공사현장의 위치
⑥ 말뚝박기 기계의 능력

Ⅳ. 말뚝박기 순서 flow chart

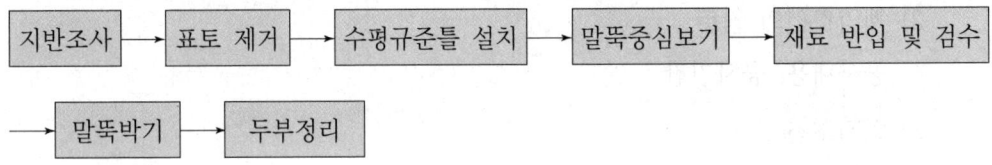

Ⅴ. 말뚝박기공법의 분류

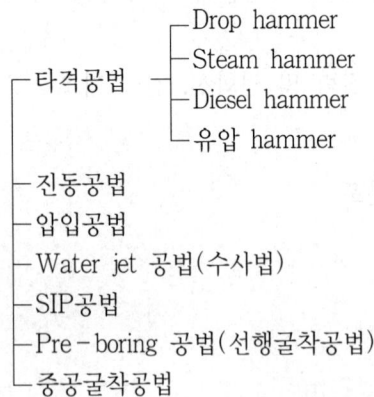

VI. 말뚝박기공법

1. 타격공법

1) 개 요

항타기로 말뚝을 직접 타격하여 박는 공법으로 기계 종류에는 drop hammer, steam hammer, diesel hammer, 유압 hammer 등이 있다.

2) Drop hammer(떨공이)

① 지름 45mm 정도의 쇠막대 또는 철관을 심대(rod)로 쓰고, 공이는 소요중량 300~600kg의 것을 사용하며, 윈치로 로프를 당겨 공이를 끌어올려 자유낙하로 말뚝을 타입한다.

② 가설틀은 사각틀 또는 평틀식으로 비계목을 짜고, 그 중심에 심대(rod)를 세운다.

3) Steam hammer

① 증기압을 이용해서 타입하는 기계로 실린더, 피스톤, 자동증기조작밸브 등으로 구성된다.

② 타격력 조정이 곤란하며, 요즘은 거의 사용하지 않는다.

4) Diesel hammer

① Diesel hammer는 단동식과 복동식이 있으며, 기계틀과 기동장치 및 공이(hammer) 등으로 구성된다.

② 타격시 디젤유가 압축, 폭발해서 공이를 원래의 높이까지 위로 오르며, 말뚝은 반작용으로 박아진다.

③ 타격 에너지가 크다.

5) 유압 hammer

① 유압을 이용하여 램을 상승시킨 다음 급속히 압력을 해제하여 낙하시킴으로써 타격 에너지를 얻는다.

② 램 낙하고 조절이 가능하고, 저소음 공법으로 기름이나 연기의 비산이 없다.

6) 타격공법의 특징

① 시공이 용이하며 타격속도가 빠르나 소음, 진동, 말뚝머리 파손이 우려된다.

② 시공에 유의하면 우수한 선단 지지력 및 내력을 얻을 수 있다.

2. 진동공법

1) 개 요

상하방향으로 진동이 발생하는 vibro hammer(진동식 말뚝타격기)를 사용하여 말뚝을 박는 공법

2) 특 징

① 연약지반에서 말뚝박는 속도가 다른 공법보다 빠르다.
② 말뚝머리에 손상이 적고 타입 및 인발을 겸용할 수 있다.
③ 말뚝박기시 소음이 적다.
④ 경질지반에서는 관입능력이 저하된다.

3. 압입공법

1) 개 요

압입기계를 갖춘 압입장치의 반력을 이용하여 말뚝을 압입하여 박는 공법

2) 특 징

① 압입하중의 측정에 의하여 말뚝의 지지력을 판정할 수 있다.
② 주변 지반을 교란하지 않는다.
③ 비교적 연약지반에 사용하며 소음, 진동이 적다.
④ 말뚝 두부의 파손이 거의 없다.
⑤ 대규모 설비가 필요하며 기동성이 떨어진다.
⑥ 큰 지지력을 기대하는 말뚝에는 부적당하다.

4. Water jet 공법(수사법)

1) 개 요

모래층, 모래 섞인 자갈층 또는 진흙층 등에 고압으로 물을 분사시켜 수압에 의해 지반을 무르게 만든 다음 말뚝을 박는 공법

2) 특 징

① 관입이 곤란한 사질지반에 유리한 공법
② 소음, 진동 적음.
③ 물러진 지반의 복구가 어려우므로 재하를 목적으로 하는 기초말뚝에는 사용금지

5. Pre – boring 공법(선행굴착공법)

1) 개 요

Auger로 미리 구멍을 뚫어 기성 말뚝을 삽입한 후 압입 또는 타격에 의해 말뚝을 설치하는 공법

2) 특 징

① 말뚝박기 시공 시의 소음 및 진동이 적다.
② 타입이 어려운 전석층이 있어도 시공이 가능하다.
③ 말뚝머리 파손이 적다.

6. SIP공법

1) 개 요

Auger로 cement paste를 주입하면서 굴진하고, 소정의 깊이에 도달하면 cement paste를 주입하면서 서서히 인발하여 기성말뚝을 삽입하는 공법

2) 특 징

① 무소음·무진동 공법으로 도심지에서 작업 가능
② 다양한 종류의 지층에 사용 가능
③ 공정이 단순하여 공기단축

7. 중공굴착공법

1) 개 요

말뚝의 중공부에 스파이럴 auger를 삽입하여 굴착하면서 말뚝을 관입하고, 최종 단계에서 말뚝 선단부의 지지력을 크게 하기 위하여 타격처리나 시멘트 밀크 등을 주입하여 처리하는 공법

2) 특 징

① 대구경 말뚝에 적합한 공법이다.
② 말뚝 파손이 없다.
③ 지질 판단이 용이하다.
④ 스파이럴 auger로 굴착하기 때문에 경질층 제거가 용이하다.

Ⅶ. 말뚝박기 시공 시 유의사항

① 최종관입량

5~10회 타격 평균값으로 하여 그 결과 기록유지

② 중단 없이 계속 수직박기

말뚝 끝이 일정한 깊이까지 닿도록 수직으로 계속박기

③ 두부정리

버림 Con'c 위 60mm 남기고 말뚝의 Con'c만 절단

④ 이어박기 수량 증가

예정 위치에 도달되어도 최종관입량 이상일 때 이어박기

⑤ 세우기

시공계획서에 따라 2개소 이상의 규준대를 설치하여 수직 세움.

⑥ 길이변경 검토

예정 위치에 도달하기 전 침하가 안 될 경우 검토하여 길이 변경

⑦ Pile 손상

말뚝머리에 나무 또는 합판 등의 쿠션재를 덮어 말뚝머리가 깨지는 것 방지

⑧ Pile 위치 확인

소정깊이까지 기초파기하고 정확한 말뚝 위치 확인

⑨ Pile 박기 간격

㉮ 중앙부 : 2.5d 이상 또는 750mm 이상

㉯ 기초판 끝과의 거리 : 1.25d 또는 375mm 이상

⑩ Pile 박기순서

중앙부 말뚝 먼저 박고, 주변부 말뚝을 박아 변이 방지

⑪ 시험항타

㉮ 실제 말뚝과 같은 무게와 단면을 가진 것

㉯ 실제 말뚝과 동일한 방법으로 시공

⑫ 인접말뚝 피해

항타 시 인접 말뚝이 솟아오르면 타격력을 증가시켜 원지반 이하로 다시 관입

Ⅷ. 결 론

① 기성 Con'c 말뚝박기공법 선정 시는 사전조사 및 공사의 규모, 말뚝의 종류, 지질상황, 공사의 조건 등을 고려하여 선정해야 한다.

② 말뚝박기 시공 시 철저한 품질관리와 말뚝박기 기계의 무소음·무진동의 장비개발로 건설공해 방지에 대처해야 한다.

| 문제
4 | SIP(Soil cement Injected Precast pile) 공법 |

● [04중(25), 05후(25), 07후(25), 13중(25)]

Ⅰ. 개 요

① SIP(soil cement injected precast pile)란 auger로 cement paste를 주입하면서 굴진하고, 지지층에 도달하면 cement paste를 주입하면서 서서히 auger를 인발한 후, 기성말뚝을 삽입하여 압입 또는 경타하는 공법이다.

② Auger의 회전은 역회전이 가능하여 굴진과 교반작업의 구분 시공이 용이하며, pre-boring 과 cement mortar 주입공법을 합한 공법이다.

Ⅱ. 특징

① 무소음 · 무진동공법으로 도심지에서 시공 가능

② 다양한 지층에서의 활용 가능

③ 공정이 단순하여 공기 단축

④ Auger 장비는 3축까지 사용 가능

⑤ 선단 지층이 단단한 경우는 1축(단축) auger로 풍화암까지 시공 가능

⑥ 아주 단단한 경암에는 시공 곤란

Ⅲ. 시공순서

1) Flow chart

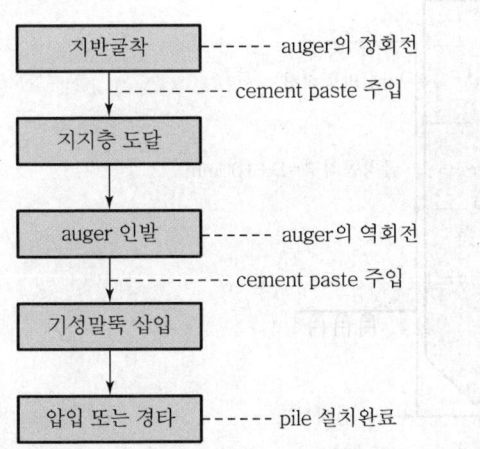

지반굴착 ------ auger의 정회전

↓ ---------- cement paste 주입

지지층 도달

↓

auger 인발 ------ auger의 역회전

↓ ---------- cement paste 주입

기성말뚝 삽입

↓

압입 또는 경타 ------ pile 설치완료

2) 시공순서도

① Auger를 지중에 삽입하여 cement paste를 주입하면서 굴진(정회전)

② 지지층 확인 후 설계심도까지 굴진

③ 설계심도까지 도달하면 auger를 상하 왕복하면서 원지반토와 교반

④ Cement paste를 주입하면서 auger를 인발(역회전)

⑤ 기성말뚝 자중으로 삽입

⑥ 압입이나 경타(타격)에 의해 말뚝설치 완료

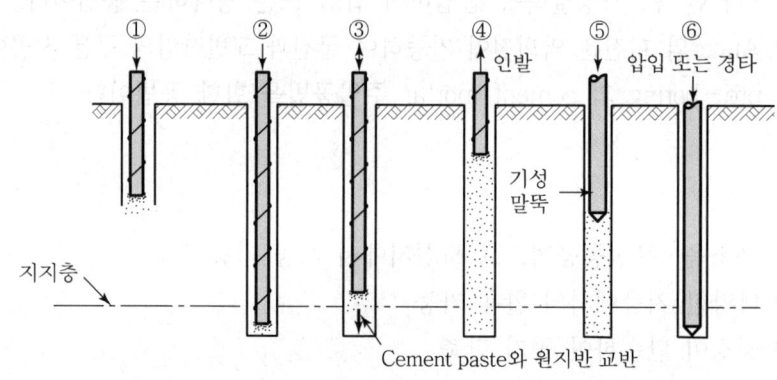

Ⅳ. 시공 시 유의사항

1) 지반 천공시 공벽붕괴 방지

① 말뚝 삽입시 공벽붕괴 방지가 목적

② 지반에 따른 auger의 굴착 및 인발 속도 조절

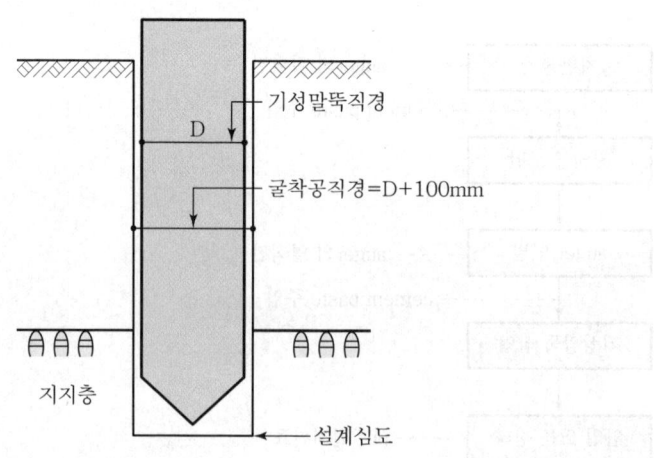

2) 수직도 확인

① 수직 및 수평 확인 후 굴착 진행

② 굴착중이나 굴착 후에도 수직도 check 철저

3) Auger 인발시 적정속도 유지

① Auger 굴진심도로 설계심도 확인

② Auger 인발시 적정속도 유지로 공벽붕괴 방지

③ Auger 인발 속도가 빠르면 공벽 붕괴

4) Cement paste 배합관리 철저

종 류	굴착 시 paste	선단부 paste
시멘트	120kg	400~800kg
물	450 ℓ	450 ℓ
벤토나이트	25kg	

5) 선단부말뚝 근입깊이 확인

① 말뚝 선단부가 지지층을 지나 설계심도까지의 근입깊이 확인

② 500mm 정도 선단부 cement paste 보강으로 선단지지력 확보

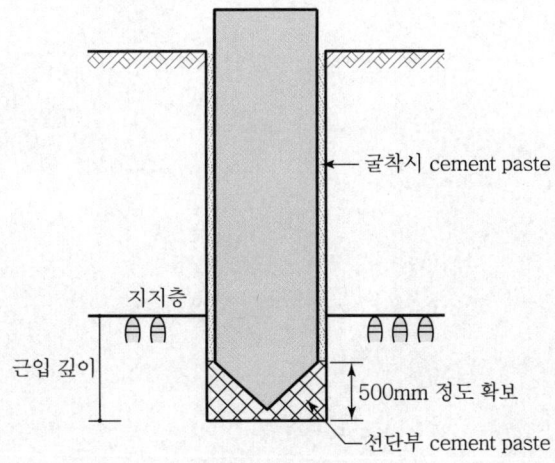

6) 시험말뚝으로 지지력 확인 후 말뚝 시공

① 말뚝재하시험으로 설계지지력 확보 여부 확인

② Auger 굴진 속도 및 인발속도 규정

V. 문제점 및 대책

문 제 점	대 책
공벽 붕괴	• 굴착 시 수직도 유지 • Auger 인발시 속도 규정 • Bentonite 배합 조절 • 설계심도까지 항타
최종 항타 시 진동·소음	• 법적 기준에 적합한 경타 실시 • 선단부 cement paste 배합 변경 후 압입으로 변경
시공관리 불가능	• 동재하 시험으로 시공 관리

VI. 결 론

① SIP공법은 선단부 cement paste의 품질관리에 따라 지지력의 차이가 많으므로 선단부 cement paste 배합관리를 철저히 하여야 한다.

② Auger 인발시 공벽붕괴에 유리하며, pile 경타시 소음에 대한 대비를 수립한 후 시공에 임하여야 한다.

문제 5 **기성 Con'c pile의 이음공법**

● [19중(10)]

Ⅰ. 개 요

① 기성 Con'c pile은 일반적으로 15m 이하의 말뚝을 많이 사용하기 때문에 15m 이상의 말뚝을 필요로 할 때에는 말뚝을 이음해서 사용한다.

② 기성 Con'c pile의 이음공법 종류에는 장부식, 충전식, bolt식, 용접식이 있다.

Ⅱ. 이음시 구비조건

① 이음시 강도 확보
② 내구성 및 내식성
③ 수직성 유지
④ 시공이 신속하고 간단

Ⅲ. 공법 선정 시 고려사항

① 시공성   ② 경제성
③ 무공해성 ④ 안전성

Ⅳ. 이음공법 분류

① 장부식 이음
② 충전식 이음
③ Bolt식 이음
④ 용접식 이음

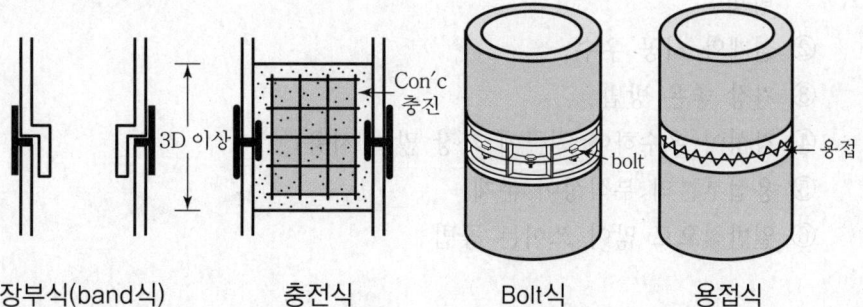

장부식(band식)   충전식   Bolt식   용접식

Ⅴ. 이음공법

1) 장부식 이음(band식 이음)

① 이음부에 band를 채워 이음하는 방법

② 구조가 간단하여 단시간 내 시공 가능

③ 타격시 < 형으로 구부러지기 쉽다.

④ 강성이 약하며 충격력에 의해 연결부위의 파손율이 높다.

⑤ 연약한 점토지반에서는 부마찰력에 의해 밑말뚝이 이음부에서 이탈하기 쉽다.

2) 충전식(充塡式) 이음

① 말뚝이음부의 철근을 따내어 용접한 후 상하부 말뚝을 연결하는 steel sleeve를 설치하여 Con'c를 충전하는 방법

② 압축 및 인장에 저항할 수 있다.

③ 내식성이 우수하다.

④ 이음부 길이는 말뚝직경의 3배(3D) 이상

3) Bolt식 이음

① 말뚝이음부분을 bolt로 죄여 시공

② 시공이 간단

③ 이음내력이 우수

④ 가격이 비교적 고가

⑤ Bolt의 내식성이 문제

⑥ 타격시 변형 우려

4) 용접식 이음

① 상하부 말뚝의 철근을 용접한 후 외부에 보강철판을 용접하여 이음하는 방법

② 설계와 시공 우수

③ 가장 좋은 방법

④ 강성이 우수하여 최근에 가장 많이 사용

⑤ 용접부분의 부식성이 문제

⑥ 일반적으로 많이 쓰이는 공법

Ⅵ. 시공 시 유의사항

① 이음부분의 강도가 확보될 것
② 이음 개소 최소화
③ 이음부분이 부식되지 않을 것
④ 타격시 이음부분의 변형이 없을 것
⑤ 말뚝의 수직 유지로 이음부 파손 방지

Ⅶ. 결 론

① 말뚝의 이음은 말뚝 내력의 20% 정도를 감소하는 결과를 가져오므로 정확한 지질조사를 바탕으로 지지력을 확보해야 한다.
② 말뚝의 이음공법에 대한 시공관리 및 시공방법의 개선을 위해서는 강성이 우수하고, 이음재의 내식성이 적은 부재의 연구개발이 필요하다.

문제
6

기성 pile의 지지력 판단방법

● [82전(10), 91후(8), 92전(40), 97중전(20), 98후(20), 01후(25), 03전(10), 03중(10),
07후(10), 07후(25), 11전(25), 11중(10), 12전(10), 13중(10), 13후(25), 14중(25),
17전(25), 22중(25)]

I. 개 요

① 기초말뚝의 지지력은 말뚝선단 지반의 지지력과 주면마찰력에 의하며, 말뚝의 허용지지력은 말뚝선단의 지지력과 주면마찰력의 합(合)을 안전율로 나눈 것을 말한다.

② 말뚝의 지지력에는 축방향 지지력, 수평지지력, 인발저항 등이 있으나, 보통 말뚝의 지지력이라 하면 축방향 지지력을 말한다.

③ 허용지지력을 추정하는 방법에는 정역학적 추정방법, 동역학적 추정방법, 자료에 의한 방법, 재하시험에 의한 방법 등이 있으며, 정확한 지지력을 추정하기 위해서는 재하시험을 하여야 한다.

II. 기성 pile의 종류

① 나무 pile

② 기성 Con'c pile

③ 강재 pile

III. 지지력 판단방법의 종류

① 정역학적 추정방법
  ㉮ Terzaghi 공식
  ㉯ Meyerhof 공식
② 동역학적 추정방법
  ㉮ Sander 공식
  ㉯ Engineering news 공식
  ㉰ Hiley 공식
③ 재하시험에 의한 방법

④ Rebound check
⑤ 소음과 진동에 의한 방법
⑥ 시험 말뚝박기에 의한 방법
⑦ 자료에 의한 방법
⑧ Pre-boring 시 전류계 지침에 의한 방법

Ⅳ. 허용지지력

1) R_a(허용지지력)= $\dfrac{R_u(\text{극한 지지력})}{F_s(\text{안전율})}$

2) 안전율(F_s : safety factor)

① 정역학 : $F_s=3$
② 동역학
  ㉮ Sander 공식 : $F_s=8$
  ㉯ Engineering news 공식 : $F_s=6$
  ㉰ Hiley 공식 : $F_s=3$

Ⅴ. 지지력 판단방법

1. 정(靜)역학적 추정방법

① 설계 전에 여건상 재하시험을 실시하기 곤란할 때 이용
② 실제 공사 시에는 필히 재하시험에 의한 허용지지력의 확인 필요
③ Terzaghi 공식(토질시험에 의한 방법)

$$R_u = R_p + R_f$$
$$= \pi r^2 \cdot q_u + 2\pi r \cdot \ell \cdot f_s$$

R_u : 극한지지력
R_p : 선단 극한지지력
R_f : 주면 극한마찰력
q_u : 단위면적당 선단지지력
f_s : 말뚝주면마찰력

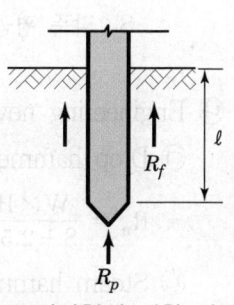

토질시험에 의한 방법

④ Meyerhof 공식(표준관입시험에 의한 방법)

$$R_u = 30 \cdot N_p \cdot A_p + \frac{1}{5} N_s \cdot A_s + \frac{1}{2} N_c \cdot A_c$$

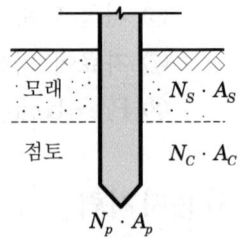

N_p : 말뚝선단의 N치
N_s : 모래지반 N치
N_c : 점토지반 N치
A_p : 말뚝선단 지지면적
A_s : 모래지반 말뚝주면면적(m^2)
A_c : 점토지반 말뚝주면면적(m^2)

표준관입시험에 의한 방법

2. 동(動)역학적 추정방법

1) 말뚝 hammer 타격 에너지와 말뚝의 최종관입량을 기준으로 하여 추정하는 것으로 실제로는 잘 맞지 않는다.

2) 다음의 경우에는 적용이 가능하다.

① 공사규모가 작고 비용면에서 재하시험을 못할 경우
   각종 항타공식을 통해 지지력을 종합적으로 판단하고 큰 안전율 적용

② 동일 지반에서 항타공식과 재하시험 결과를 비교했을 때
   항타 공식의 적용성을 충분히 확인한다.

③ 시공 관리상 말뚝지지력 변동을 확인할 때

㉮ Sander 공식

$$R_u = \frac{W \times H}{S}$$

W : 타격에 유효한 hammer 무게(kg)
H : hammer 낙하고(cm)
S : 말뚝 평균관입량(cm)

㉯ Engineering news 공식(Wellington 공식)

㉠ Drop hammer

$$R_u = \frac{W \times H}{S + 2.54}$$

㉡ Steam hammer

ⓐ 단동 : $R_u = \dfrac{W \times H}{S + 0.254} \Rightarrow R_a = \dfrac{W \times H}{F_s(S + 0.254)}$

ⓑ 복동 : $R_u = \dfrac{(W \cdot a \cdot p) \times H}{S + 0.254}$

　　　　a : 피스톤 유효면적

　　　　p : 평균유효증기압(t/cm^2)

ⓒ Hiley 공식

$$R_u = \cfrac{e_f F}{S + \cfrac{C_1 + C_2 + C_3}{2}} \times \cfrac{W_H + e^2 W_p}{W_H + W_p}$$

S : 말뚝의 최종관입량(cm)　　　F : 타격 에너지$(t \cdot cm)$

C_1 : 말뚝의 탄성변형량(cm)　　W_H : hammer의 중량(t)

C_2 : 지반의 탄성변형량(cm)　　W_p : 말뚝의 중량(t)

C_3 : cap cushion의 변형량(cm)　e^2 : 반발계수 ┌ 탄성 : e = 1

e_f : hammer의 효율(0.6~1.0)　　　　　　　　　└ 비탄성 : e = 0

위 공식에서 C_1, C_2는 항타 시험시 rebound check로 구한다.

3. 재하시험에 의한 방법

1) 정재하시험

① 말뚝을 박은 후 말뚝 위에 하중을 재하하여 하중과 침하량에 의해 지지력을 추정하는 방법이다.

② 말뚝 재하방법에는 실물재하방법, 반력 pile을 이용하는 방법 및 2가지를 병용하는 방법이 있다.

③ 재하하중은 설계하중의 2.5배 정도 필요하다(재하하중 = 설계하중 × 2.5배).

2) 동재하시험(pile dynamic analysis)

① 파일 동재하시험은 국내에 최근 도입된 시험방법으로 항타 시 말뚝 몸체에 발생하는 응력과 속도를 분석, 측정하여 말뚝의 지지력을 결정하는 방법으로 파일 두부에 가속도계와 strain gauge를 부착하여 가속도와 변형률을 측정하여 파일에 걸리는 응력을 환산하여 지지력을 측정하는 방법이다.

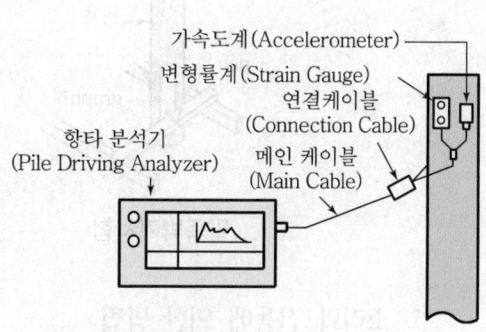

② 재하시험 특성 비교

구　분	정재하 시험	동재하 시험
방　　법	부지확보 등 복잡하다.	비교적 간단하다.
신　뢰　도	우수하다.	보통이다.
시　　간	소요시간이 길다.	소요시간이 짧다.
비　　용	많이 소요된다.	저렴하다.

4. Rebound check

1) 목 적
① 연약지반에서 말뚝 기초의 허용지내력 산정
② Rebound check에 따른 관입량으로 말뚝과 지반의 탄성변형량 확인

2) 방 법
① 선단부까지 말뚝 항타
② 말뚝의 일정부위에 기록지(graph지) 부착
③ 말뚝에 인접하여 연필(펜)을 꽂는 장치 부착
④ 항타에 따른 침하 및 반발력을 기록지에 도식
⑤ 타격횟수 5~10회를 타격하여, 1회 평균 관입량 산정
⑥ Rebound량을 측정하여 C_1과 C_2 값을 Hiley의 공식에 대입

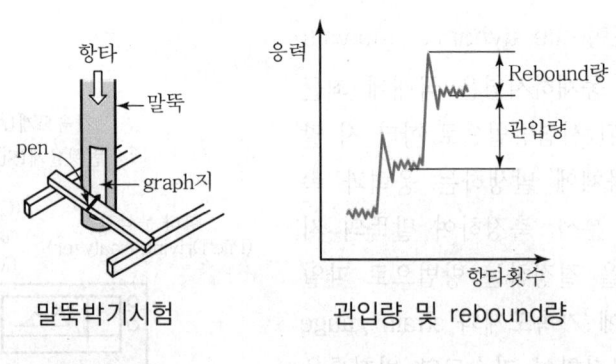

말뚝박기시험　　　　관입량 및 rebound량

5. 소리와 진동에 의한 방법
① 말뚝박기시 소리와 진동의 크기로 지지층 도달 확인
② 지지층 도달 전 1.5m 정도 관입시에 소리와 진동이 최대

6. 시험 말뚝박기(試抗打)에 의한 방법

1) 목 적

① 항타 장비 및 hammer 중량 결정
② 말뚝 길이 및 이음방법의 결정
③ 항타 작업방법 및 공기 예측

2) 방 법

① 기초 면적 1,500m²까지는 2개, 3,000m²까지는 3개의 단일시험말뚝 설치
② 시험은 실제 말뚝과 동일한 조건 및 실제 말뚝박기에 적용될 타격에너지와 가동률로 항타
③ 타격횟수 5회에 총관입량이 6mm 이하인 경우는 타입 거부현상으로 간주
④ 말뚝이 선단에 도달하면 rebound check 실시

7. 자료에 의한 방법

공사지역의 인접한 장소에서 실시한 신뢰성 있는 자료가 있을 때 자료를 참고 및 이용하는 간이적인 방법

8. Pre-boring시 전류계 지침에 의한 방법

① 전류계 지침의 높낮이로 판단하는 방법
② 경질지반의 굴착 시 전류계의 지침이 높게 되는데, 이를 보고 깊이와 지지력 판단

VI. 말뚝의 지지력 감소원인

① 지반침하
② 부마찰력 발생
③ 지하수위 상승
④ 파일파손
⑤ 무리말뚝 효과
⑥ 액상화 발생
⑦ 지하수위 변화
⑧ 이음부위의 파손 및 이탈
⑨ 경사지층에서의 시공
⑩ 파일의 시간경과효과(time effect) 중 relaxation현상 발생

Ⅶ. 방지대책

1) 말뚝간격 준수

① 무리말뚝 타입시 규정 간격 준수
② 말뚝간격은 직경의 2.5배 이상
③ 말뚝의 응력범위 이상

2) 지반개량

① 연약지반 개량공법 적용
② 지반의 압밀침하 후 말뚝타입

3) 말뚝표면 마찰저감제 도포

부마찰력 방지를 위한 말뚝 표면의 역청제등 도표

4) Pre-Boring

말뚝 타입위치에 천공기계로 사전 천공후 기성말뚝을 삽입

5) 지지층 확인

① 사전조사를 통한 지반 지지층 확인
② 지지층 도달시까지 타입

6) 지하수위 저하

① 지하수위 저감으로 간극수압 감소
② 간극수압 감소는 유효응력을 증가시키므로 지지력 감소 방지

Ⅷ. 결 론

① 기초 pile의 지지력 판단은 지질의 형태, 말뚝형식, 시공성, 경제성 등에 비추어 적당한 것을 선택 적용함이 타당하다.
② 지지력 산정공식은 실험실에서는 시험식 위주로 인하여 현장 적용 시 전문성의 결여와 현장에서는 경험치 위주의 불확실한 방법으로 인하여 미흡한 결과를 가져오므로 현장에서 적용이 가능한 실용성 있는 판단방법의 연구 및 개발이 필요하다.

파일항타 시 결함

● [97중전(30), 97중전(20), 03중(25), 05중(25), 07중(25), 12후(25), 18전(25), 20전(25), 20후(25), 22후(25)]

Ⅰ. 개 요

① 기성 Con'c 말뚝의 두부는 cushion 등으로 보호되지만, hammer의 타격에너지가 가장 크게 전달되는 부위는 파손되는 경우가 많다.

② 말뚝의 파손형태는 휨, 종방향, 횡방향, 이음부 파손, 말뚝두부 파손 등이 있으나, 그 중에서도 말뚝두부의 파손은 항타 시 pile 강도의 부족, 편타, cushion 두께의 부족 등의 원인에 의해 파괴되기 쉽다.

Ⅱ. 말뚝결함의 유형

① 말뚝두부 파손
② 말뚝두부 종방향 crack
③ 휨 crack(말뚝 중간부의 횡 crack)
④ 횡방향 crack
⑤ 말뚝 선단부 파손
⑥ 말뚝 이음부 파손

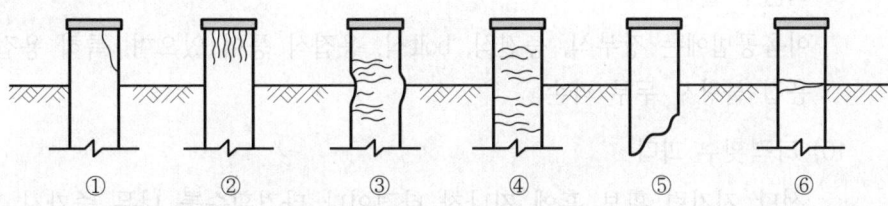

Ⅲ. 결함원인

1) 운반 및 취급 부주의

① 운반시 충격이나 손상을 주어 운반에 의한 부주의
② 배수가 불량하고 지반이 연약한 곳에 보관 취급 시

293

2) 말뚝강도 부족

   ① 시멘트, 골재, 철근, PS강선 등의 불량

   ② 제조시 원심력에 의한 불량과 양생부족

3) 편심항타

   ① 말뚝 항타 시 hammer 등에 의한 편심과 이질층의 지반에서의 편심

   ② 전석층의 영향으로 편심이 작용하여 말뚝 파손 발생

4) 타격 에너지 과다

   과다한 타격에 의한 파손 또는 타격 에너지의 과다

5) 축선 불일치

   Leader와 pile의 중심선이 일치하지 않아 타격시 파손

6) Hammer의 과다 용량

   말뚝의 무게에 비하여 hammer의 중량이 큰 경우

7) Cushion 두께 부족

   Cushion재는 주로 합판이나 두꺼운 목재를 사용하는데 지나치게 두께가 부족할 때 충격에 의한 파손

8) 연약지반

   연약한 점토나 사질 지반에서 타격시 중간부 또는 이음부에서 이완되어 인장균열이 발생하면서 두부가 파손

9) 이음부 불량

   이음공법에는 장부식, 충전식, bolt식, 용접식 등이 있으며, 특히 용접부 이음의 용접 불량시 두부 파손

10) 타격횟수 과다

   선단 지지력 확보 후에 지나친 타격이나 타격횟수를 너무 증가시 과에너지에 의해 두부파손

11) 지반경사

   지반의 이질층에 의한 경사에서 두부 파손

12) 지중 장애물

   지반 속에 호박돌, 전석, 암 등이 있을 때 말뚝 타격시에는 두부 파손

Ⅳ. 결함대책

1) 취급주의
   ① 운반시 충격이나 손상을 주지 말 것
   ② 말뚝저장은 2단 이하로 하고, 종류별로 나누어 보관

2) 강도 확보
   ① 재료의 품질을 검사하되, 특히 시멘트의 강도시험과 골재의 입도, 분포 등을 확인한다.
   ② 제조시 타설, 원심력, 양생에 주의하여 충분한 강도가 확보되도록 품질관리를 한다.

3) 편타 금지
   ① Pile의 연직도 check를 자주 시행
   ② 수직 허용오차는 $\ell/50$ 이하

4) 관입량 확인
   ① 말뚝이 50cm 관입할 때마다 측정
   ② 말뚝이 약 3m 이내 남았을 때는 말뚝관입량을 10cm마다 측정

5) 축선 일치
   ① 축선이 불일치하면 말뚝 단면의 일부에 과다한 충격력이 작용하여 두부가 파손된다.
   ② Leader와 pile의 중심선은 일치시킨다.

6) 적정 hammer의 선정
   ① 대용량의 hammer는 파손이 되므로 사용 금지
   ② 타격력을 조정할 수 있는 hammer 사용

7) Cushion의 두께 확보
   ① Cushion의 두께가 얇으면 타격시 충격에 의해 파손되므로 두께를 확보하여 파손을 방지한다.
   ② Cushion은 결속을 단단히 하여 충격시에 이탈되지 않도록 한다.

8) 시공법 선정
   ① 지반조사를 철저히 하여 지반조건에 맞는 시공법 선정
   ② 시험 말뚝박기를 하여 시공장비 및 작업방법 선정

9) 이음부 시공 철저

　① 이음시 내구성 및 수직성 유지

　② 용접이음시에 강성이 우수한 품질 확보

10) 타격횟수 엄수

　① RC 말뚝 : 1,000회 이하

　② PSC 말뚝 : 2,000회 이하

　③ 강재말뚝 : 3,000회 이하

11) 타입저항이 적은 말뚝 선정

　H-pile < PSC pile < RC pile순으로 저항은 커짐

12) 두부 보강

　① 두부에 합판 등의 쿠션재를 덮어 충격 최소화

　② 두부 파손시 보강판으로 보강

13) 연직도의 확인

　① 타격 초기에는 서서히 관입시켜 수직을 확인한다.

　② 말뚝의 연직도 check를 수시로 해야 하며, 수직허용오차를 $\ell/50$ 이내가 되게 한다.

14) 타절시기 결정

　① Rebound량과 관입량을 조사하여 적정한 타절 시기를 결정

　② 말뚝관입량과 rebound check로 지지력 추정

15) Friction cutter

　말뚝의 선단 파괴시 friction cutter를 붙여서 관입이 잘 되게 한다.

V. 말뚝 두부정리

1) 말뚝 강선 노출시

　① 항타 완료 말뚝에 커팅선 버팀 상단면, 지반조성면 표시

　② 10~20mm 깊이로 철근 절단없이 커팅실시

　③ 커팅선 상단 300mm 상부측 해머 및 파쇄기로 파쇄

　④ 파쇄 후 300mm 이상 여장길이 확보 후 철근 절단

　⑤ 철근을 수직으로 세움

　⑥ 절단면을 정 또는 날망치로 마무리 실시

⑦ 두부 파손 및 균열발생 시 균열하단까지 재절단 후 버팀 Con'c 시공

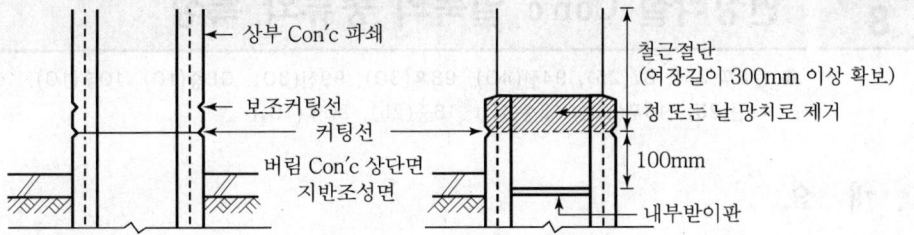

2) 말뚝 강선 절단시

① 버팀 Con'c 및 기초판에 매입되는 길이 산정 후 말뚝 절단
② 내부받이판을 공내 400mm 하부 설치 후 보강철근 삽입 후 콘크리트 타설
③ 말뚝 상단 노출 철근길이 300mm 유지
④ 필요시 보강철근 스트럽 사용

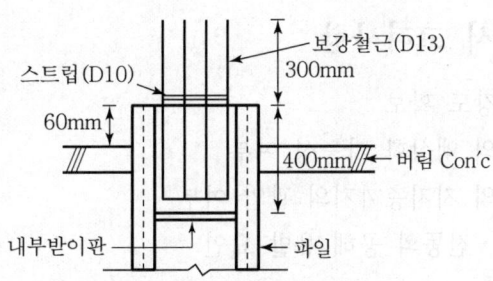

VI. 결 론

① 기초말뚝은 상부 건물의 하중을 받아 이것을 지반에 전달하는 구조부분이므로 말뚝재의 파손은 건축물 전체가 구조적으로 불안정해지는 결과를 가져오게 된다.
② 말뚝재의 강도 확보와 cushion재의 두께 확보 및 연직도 확보 등으로 말뚝 두부의 파손을 방지해야 한다.

현장타설 Con´c 말뚝의 종류와 특성

● [78후(25), 87(25), 94전(40), 98후(30), 99전(30), 08중(10), 10후(10), 10후(25), 12전(25), 13후(10), 15중(10), 18중(25), 20후(10)]

I. 개 요

① 현장타설 Con´c 말뚝이란 현장에서 소정의 위치에 구멍을 뚫고 Con´c 또는 철근 Con´c를 충전해서 만드는 말뚝을 말한다.

② 건축물이 고층화·대형화되어 감에 따라 기초공사 시 환경공해 및 근접 건물의 피해를 최소화하기 위해 소음, 진동이 없는 현장타설 Con´c 말뚝의 사용이 늘어나고 있다.

II. 공법 선정 시 고려사항

① 소요강도 확보
② 지반의 액상화 가능성 여부
③ 말뚝의 지지층까지의 관입 여부
④ 소음·진동의 공해 유발 요인

III. 현장타설 Con´c 말뚝의 분류

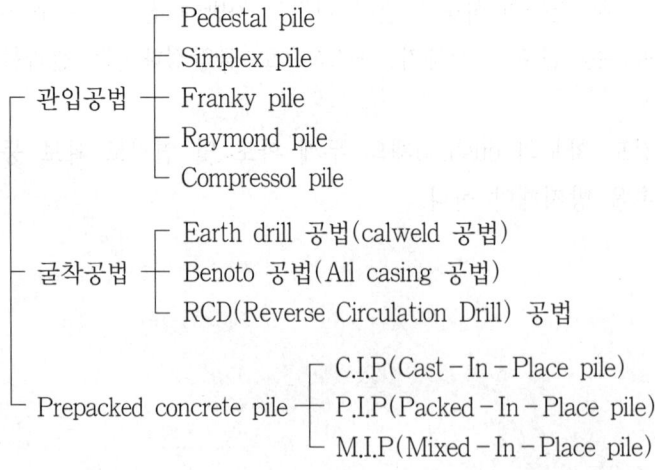

- 관입공법
  - Pedestal pile
  - Simplex pile
  - Franky pile
  - Raymond pile
  - Compressol pile
- 굴착공법
  - Earth drill 공법(calweld 공법)
  - Benoto 공법(All casing 공법)
  - RCD(Reverse Circulation Drill) 공법
- Prepacked concrete pile
  - C.I.P(Cast-In-Place pile)
  - P.I.P(Packed-In-Place pile)
  - M.I.P(Mixed-In-Place pile)

Ⅳ. 현장타설 Con'c 말뚝

1. 관입공법

1) Pedestal pile [외관＋내관, 구근 형성]

① Simplex pile을 개량하여 지내력 증대를 위해 말뚝 선단에 구근을 형성하는 공법

② 외관과 내관의 2중관을 소정의 위치까지 박은 다음 내관을 빼내고 외관 내에 Con'c를 부어넣고 내관을 넣어 다지며, 외관을 서서히 빼올리면 말뚝 선단이 구근을 형성

③ 구근은 파일 선단의 지지력 증대를 위해 형성

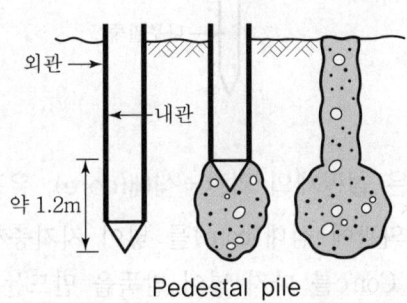

외관

내관

약 1.2m

Pedestal pile

2) Simplex pile [외관(철제 쇠신)＋추]

① 외관을 소정의 깊이까지 박고 Con'c를 조금씩 넣고 추로 다지며 외관을 빼내는 공법이다.

② 외관 끝에는 철제의 쇠신(steel shoe)을 대고 외관을 박는다.

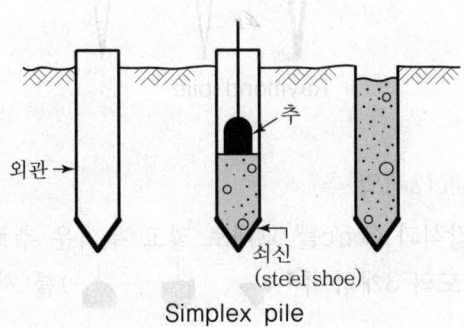

외관

추

쇠신
(steel shoe)

Simplex pile

3) Franky pile [외관(주철제 원추형의 마개) + 추, 합성말뚝]

  ① 심대 끝에 주철제의 원추형 마개가 달린 외관을 추로 내리쳐서 소정의 깊이에 도달하면 내부의 마개와 추를 빼내고 Con'c를 넣어 추로 다져 외관을 조금씩 들어 올리면서 말뚝을 형성하는 공법이다.

  ② 원추형 주철제 마개 대신에 나무말뚝을 사용하여 상수면 이하로 때려박은 다음 franky pile의 형성과정을 밟으면 합성말뚝이 된다.

  ③ 소음과 진동이 적어 도심지 공사에 적합하다.

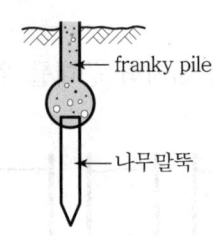

4) Raymond pile [얇은 철판제의 외관 + 심대(core), 유각(有殼)]

  ① 얇은 철판제의 외관에 심대(core)를 넣어 지지층까지 관입한 후 심대를 빼내고 외관 내에 Con'c를 다져 넣어 말뚝을 만드는 공법

  ② 연약지반에 사용

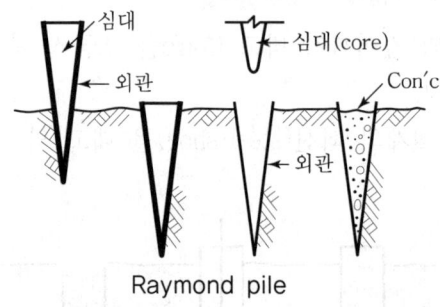

Raymond pile

5) Compressor pile(3개의 추)

  ① 구멍 속에 잡석과 Con'c를 교대로 넣고 무거운 추로 다지는 공법

  ② 1.0~2.5t 정도의 3개의 추(▼, ◗, ◖)를 사용하여 천공, 타설 및 마무리

  ③ 지하수가 많이 나지 않는 굳은 지반에 짧은 말뚝으로 사용

  ④ 원시적인 방법으로 근래에는 사용하지 않음

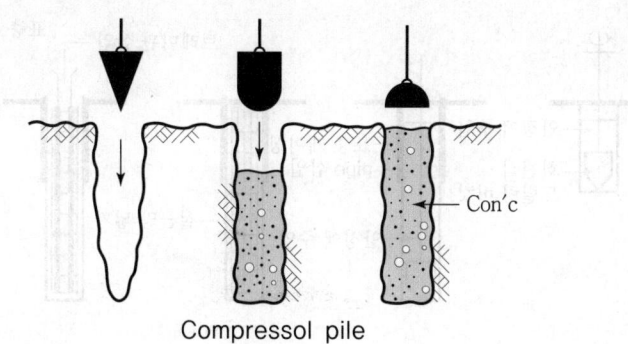

Compressol pile

2. 굴착공법

1) Earth drill 공법(Calweld 공법)

① 정 의

㉮ 미국의 칼웰드사가 고안, 개발한 공법으로 칼웰드 공법이라고도 한다.

㉯ 회전식 drilling bucket으로 필요한 깊이까지 굴착하고, 그 굴착공에 철근을 삽입하고 Con'c를 타설하여 지름 1~2m 정도의 대구경 제자리말뚝을 만드는 공법

② 특 징

㉮ 장 점

㉠ 제자리 Con'c pile 중 진동, 소음이 가장 적은 공법

㉡ 기계가 비교적 소형으로 굴착속도가 빠르다.

㉢ 좁은 장소에서도 작업이 가능하고 지하수 없는 점성토에 적당

㉯ 단 점

㉠ 붕괴하기 쉬운 모래층, 자갈층에는 부적당

㉡ 중간 굳은 층 굴착이 어렵다.

㉢ Slime 처리 불확실하여 말뚝의 초기 침하 우려

③ 시공순서 flow chart

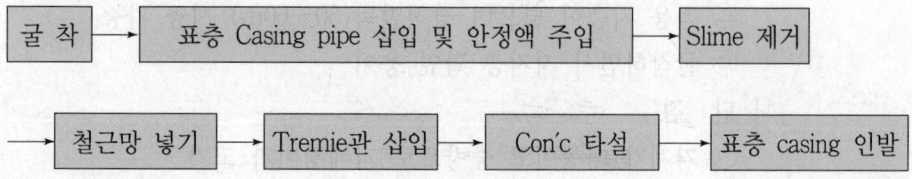

굴 착 → 표층 Casing pipe 삽입 및 안정액 주입 → Slime 제거

→ 철근망 넣기 → Tremie관 삽입 → Con'c 타설 → 표층 casing 인발

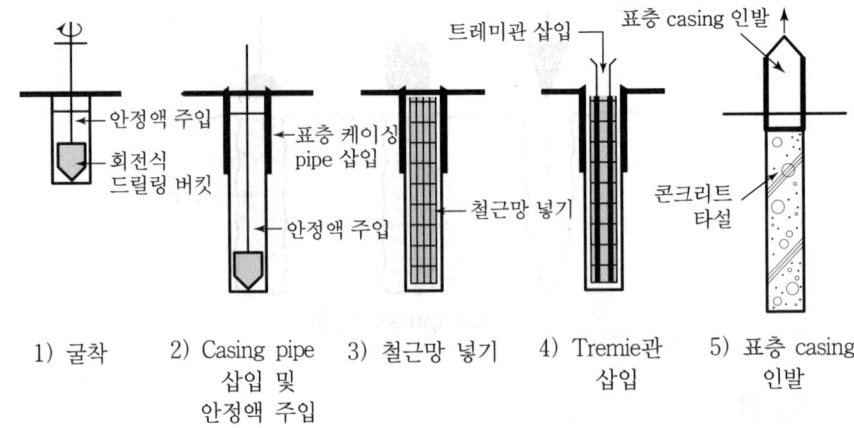

1) 굴착 2) Casing pipe 삽입 및 안정액 주입 3) 철근망 넣기 4) Tremie관 삽입 5) 표층 casing 인발

Earth drill 공법

④ 시공 시 유의사항

㉠ 지표면의 붕괴 방지를 위해 4~8m까지 표층 casing하고, bentonite로 공벽을 보호한다.

㉡ Slime 처리를 철저히 하여 지지력 확보

㉢ Con'c 타설 시 강도 유지와 재료분리 방지로 Con'c 품질 확보

㉣ 폐액처리 철저히 하여 환경공해 방지

2) Benoto 공법(all casing 공법)

① 정 의

㉠ 프랑스의 베노토사가 개발한 대구경 굴착기에 의한 현장타설 말뚝공법

㉡ 케이싱 튜브를 요동장치로 왕복요동 회전시키면서 유압잭으로 땅속에 관입시켜 그 내부를 해머 그래브로 굴착하여 공 내에 철근을 세운 후 Con'c를 타설하면서 케이싱 튜브를 요동시켜 뽑아내어 현장타설 말뚝을 축조하는 공법

② 특 징

㉠ 장 점

㉠ All casing 공법으로 붕괴성 있는 자갈층에 적당

㉡ 적용 지층이 넓으며 장척말뚝(50~60m) 시공 가능

㉢ 굴착하면서 지지층 확인 용이

㉡ 단 점

㉠ 기계가 대형이고 중량으로 기계경비가 고가

㉡ 느린 굴착속도

㉢ Casing tube를 빼는데 극단적인 연약지대, 수상(水上)에서는 반력이 크므로 적합하지 않음.

③ 시공순서 flow chart

Casing tube 세우기 → Hammer grab로 굴착 → 동시에 casing tube 삽입

→ 철근망 넣기 → Tremie관 삽입 → Con´c 타설 → Casing tube 인발

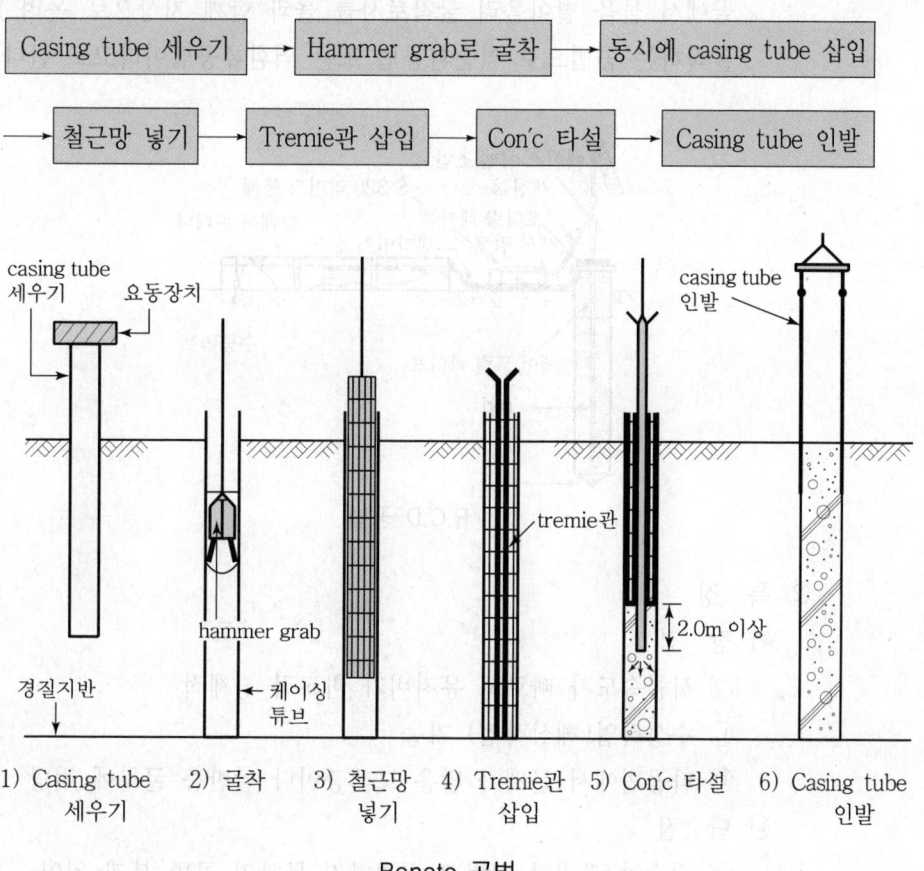

1) Casing tube 세우기   2) 굴착   3) 철근망 넣기   4) Tremie관 삽입   5) Con´c 타설   6) Casing tube 인발

Benoto 공법

④ 시공 시 유의사항

　㉮ 말뚝선단 및 말뚝주변의 지반이완 방지

　㉯ 유동성이 큰 고강도 Con´c 사용

　㉰ 피압수 차단 등 지하수 처리철저

　㉱ Con´c 타설 시 철근망이 뜨는 일이 있으므로 주의

3) RCD(Reverse Circulation Drill) 공법

① 정　의

　㉮ 독일의 자르츠타사와 Wirth사가 개발

　㉯ 리버스 서큘레이션 드릴로 대구경의 구멍을 파고 철근망을 삽입하고 Con´c를 타설하여 현장타설 말뚝을 만드는 공법

ⓓ 보통의 수세식 보링 공법과는 달리 물의 흐름이 반대이고 드릴 로드의 끝에서 물을 빨아올려 굴착토사를 물과 함께 지상으로 올려 말뚝구멍을 굴착하는 공법으로 역순환공법 또는 역환류공법이라고도 한다.

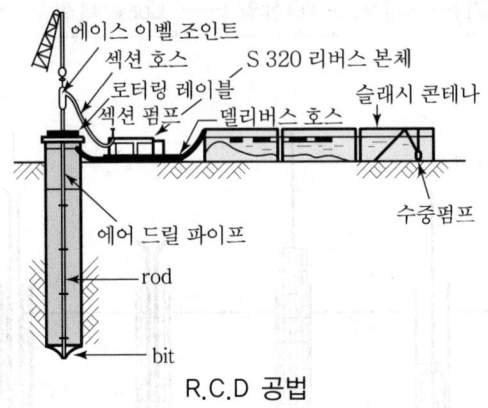

R.C.D 공법

② 특 징

㉮ 장 점

㉠ 시공속도가 빠르고 유지비가 비교적 경제적

㉡ 수상작업(해상작업) 가능

㉢ 타공법에서 문제가 많은 모래층이나 암반층 굴착에 적당

㉯ 단 점

㉠ 정수압 관리가 어렵고 적절하지 못하면 공벽 붕괴 원인

㉡ 다량의 물 필요

㉢ 호박돌층, 전석층 피압수시 굴착 곤란

③ 시공순서 flow chart

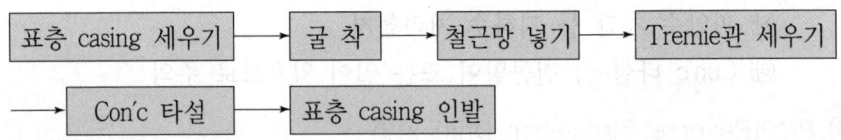

④ 시공 시 유의사항

㉮ 지하수위보다 2m 이상 물을 채워 공벽에 0.2kg/cm^2 이상의 정수압을 유지한다.

㉯ 굴착속도가 너무 빠르면 공벽 붕괴의 원인이 되므로 굴착속도를 지킨다.

㉰ Tremie 선단은 공저에서 100~200mm 띄워둔다.

4) 굴착공법의 특성 비교

굴착공법 종류	굴 착 기 계	공벽보호방법	적용지반
Earth drill 공법	drilling bucket	안정액(bentonite)	점토
Benoto 공법	hammer grab	casing	자갈
RCD 공법	특수 bit + suction pump	정수압(0.2kg/cm^2)	모래, 암반

3. Prepacked concrete pile

1) CIP 말뚝(Cast-In-Place pile)

① Earth auger로 지중에 구멍을 뚫고 철근망을 삽입(생략 가능)한 다음 모르타르 주입관을 설치하고, 먼저 자갈을 채운 후 주입관을 통하여 모르타르를 주입하여 제자리말뚝을 형성하는 공법

② 지름이 크고 길이가 비교적 짧은 말뚝에 이용

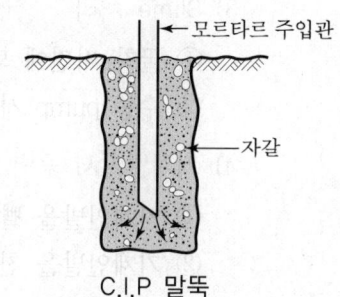
C.I.P 말뚝

2) PIP 말뚝(Packed-In-Place pile)

① 연속된 날개가 달린 중공의 screw auger의 머리에 구동장치를 설치하여 소정의 깊이까지 회전시키면서 굴착한 다음 흙과 auger를 빼올린 분량만큼의 프리팩트 모르타르를 auger 기계의 속구멍을 통해 압출시키면서 제자리말뚝을 형성하는 공법

② Auger를 빼내면 곧바로 철근망 또는 H형강 등을 모르타르 속에 꽂아서 말뚝을 완성하기도 한다.

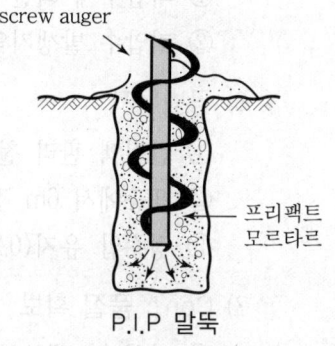
P.I.P 말뚝

3) MIP 말뚝(Mixed-In-Place pile)

① Auger의 회전축대는 중공관으로 되어 있고, 축선 단부에서 시멘트 페이스트를 분출시키면서 토사를 굴착하여 토사와 시멘트 페이스트를 혼합 교반하여 만드는 일종의 soil Con'c 말뚝이다.

② Auger를 뽑아낸 뒤에 필요에 따라 철근망을 삽입한다.

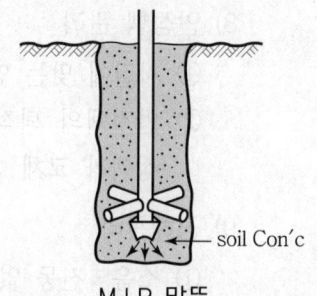
M.I.P 말뚝

305

V. 시공 시 주의사항

1) 수직도
   ① 굴착기계에 경사계 장착하여 수직도 check
   ② 오차 100mm 이내 시공

2) 선단지지 교란
   ① 구멍 내 수위가 지하수위보다 낮을 경우 공벽 붕괴
   ② 구멍 내 수위가 지하수위보다 높게 유지

3) Slime 처리
   ① 굴착 저면에 퇴적하여 말뚝선단 지지력이 저하
   ② 수중 pump 사용하여 제거

4) 기계인발시 공벽 붕괴
   ① 기계인발을 빨리 인발할 경우 공벽 붕괴현상 발생
   ② 기계인발을 천천히 하여 진공에 의한 흡인력 발생 방지

5) 피압수
   ① 피압수에 의한 부풀음으로 공벽 붕괴현상 발생
   ② 피압수 발생지역에 배수공법으로 수압 저하

6) 공벽유지
   ① 안정액 관리 철저
   ② 표층에서 6m 정도는 casing을 사용
   ③ 정수압 유지($0.2kg/cm^2$ 이상)

7) Con'c 품질 확보
   ① 타설 시 재료분리 방지
   ② 유동성이 큰 고강도 Con'c 사용

8) 안정액 관리
   ① 지질에 맞는 안정액 선택
   ② 안정액의 퇴적으로 인하여 굴착심도를 유지하지 못하기 때문에 신선한 안
      정액과 교체

9) 공해관리
   ① 소음·진동 없는 공법 채용
   ② Bentonite 분리시설 및 건조처리

10) 규격관리
　　① 말뚝단면 과소 방지(말뚝단면 > 설계단면)
　　② 지지층에 1m 이상 관입시켜 지지력 확보

11) 말뚝머리 높이설정
　　기준선보다 0.5~1.0mm 높게 시공

VI. 하자발생유형

1) 말뚝선단 지반의 연약화
　　① 지반이 굴착에 의해 연약해지는 경향
　　② 지반 연약화 원인 ┬ Benoto : 요동, 충격
　　　　　　　　　　　├ RCD : 회전, 흡입
　　　　　　　　　　　└ Earth Drill : 회전, 흡입

2) 말뚝주변의 지반 연약화
　　① 느슨한 모래지반의 간극수압 상승
　　② 유효응력의 저하

3) 공벽붕괴
　　① Benoto에서는 Casing선굴진으로 공벽붕괴를 방지
　　② RCD 및 Earth Drill은 Casing 설치에 따른 공벽붕괴 우려

4) 콘크리트재료 분리
　　① Slump가 규정에 맞지 않을 경우
　　② 트레미관의 상승속도 과다
　　③ 연속 타설이 되지 않았을 경우

5) Slime 발생
　　① 선단지지력 저하
　　② Conc 타설 시 철근망을 밀어올림

6) Conc 타설 시 철근 상승 문제
　　① 수직정도 불량
　　② 철근망 조립 및 연결 불량
　　③ Spacer 시공 불량

7) Boilling 현상
　　사질토 등의 투수성 지반굴착 시

8) Casing 매몰

Ⅶ. 하자방지대책

1) 지반교란 방지
   ① Pile 선단부 시공 시 충격을 최소화
   ② 공내수위 유지

2) 공벽붕괴 방지
   ① 정수압 및 안정액의 수두유지
   ② 투수가 큰 지반일 경우 Grouting 또는 Slurry안정액 사용
   ③ Boiling 또는 피압수 존재시 공내수위 조정
   ④ 철근조립과 삽입시 수직정도 유지

3) 콘크리트 재료분리 방지
   ① Slump 유지(180±20mm)
   ② 혼화재 사용

4) Con'c 타설 시 철근 부양 방지
   ① 굴착 및 철근망의 수직도 유지
   ② Spacer 적당한 간격 설치

5) Boilling 현상 방지
   Casing 내 공내수위 조절

6) Slime 제거
   ① Air Lifting or Suction Pump등으로 제거
   ② 안정액 사용 시 비중 및 모래함량, 점성 등의 규정 준수

Ⅷ. 결 론

① 도심지 건축물이 고층화·대형화되어 감에 따라 기초 말뚝지정을 시공함에 있어서 인접 건물의 피해와 환경공해 발생을 방지하기 위한 방법으로 현장 타설 Con'c 말뚝이 확대 시행되고 있다.
② Slime 관리 및 처리를 철저히 하여야 하며 환경공해 관리와 굴착기계의 소형화로 시공성을 향상시키고 무소음·무진동 공법의 기술 개발과 연구에 박차를 가해야 한다.

| 문제 9 | **Prepacked Con'c pile** |

● [92후(8), 04전(10), 09중(25), 10중(25)]

Ⅰ. 개 요

① Prepacked Con'c pile이란 기초의 지정공사에서 소정의 위치에 구멍을 뚫고 Con'c 또는 주위의 흙을 이용해서 만드는 제자리말뚝을 말한다.

② 흙막이벽 및 차수벽을 형성하기 위하여 사용되기도 한다.

Ⅱ. 특 징

1) 장 점

① 무소음·무진동 공법

② 지반 여건에 따라 길이, 규격 조정 가능

③ 굴착기계가 소형으로 협소한 장소에서도 작업 가능

④ 공사비 저렴

2) 단 점

① 지중에 형성되므로 지지층 확인 곤란

② 공벽 붕괴 우려

③ 경암반층 시공 곤란

Ⅲ. 종 류

① CIP(Cast – In – Place pile)

② PIP(Packed – In – Place pile)

③ MIP(Mixed – In – Place pile)

Ⅳ. Prepacked Con'c pile

1. CIP(Cast - In - Place pile)

1) 정 의

① Earth auger로 지중에 구멍을 뚫고 철근망을 삽입(생략 가능)한 다음 모르타르 주입관을 설치하고, 먼저 자갈을 채운 후 주입관을 통해 모르타르를 주입하여 제자리말뚝을 형성하는 공법이나, 주로 slurry wall의 주열식 공법으로 적용된다.

② 지하수 없는 경질지층에 사용

③ 지름이 크고 길이가 비교적 짧은 말뚝에 이용

2) 시공순서 flow chart

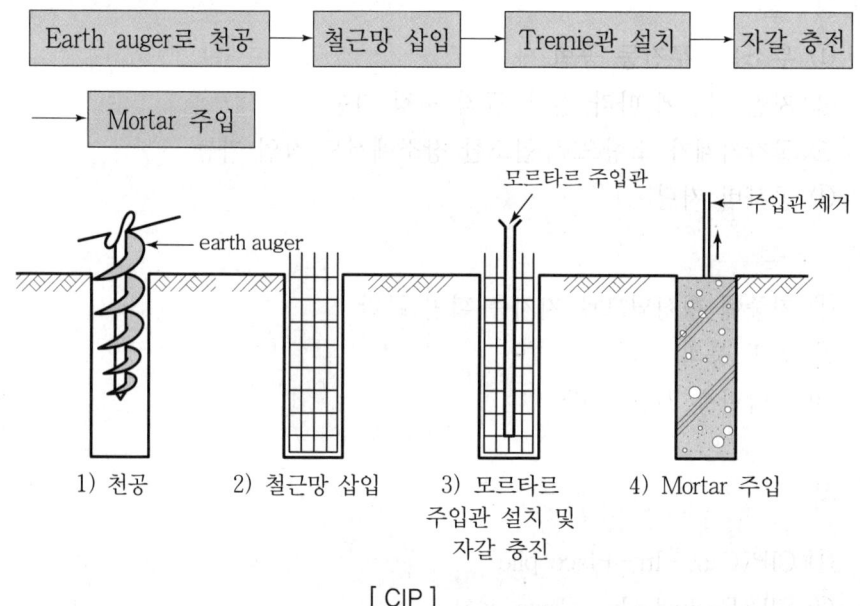

[CIP]

2. PIP(Packed - In - Place pile)

1) 정 의

① 연속된 날개가 달린 중공의 screw auger의 머리에 구동장치를 설치하여 소정의 깊이까지 회전시키면서 굴착한 다음 흙과 auger를 빼올린 분량만큼의 프리팩트 모르타르를 auger 기계의 속구멍을 통해 압출시키면서 제자리말뚝을 형성하는 공법

② Auger를 빼내면 곧바로 철근망 또는 H형강 등을 모르타르 속에 꽂아서 말

뚝을 완성하기도 한다.

③ 사질층 및 자갈층에 유리

2) 시공순서 flow chart

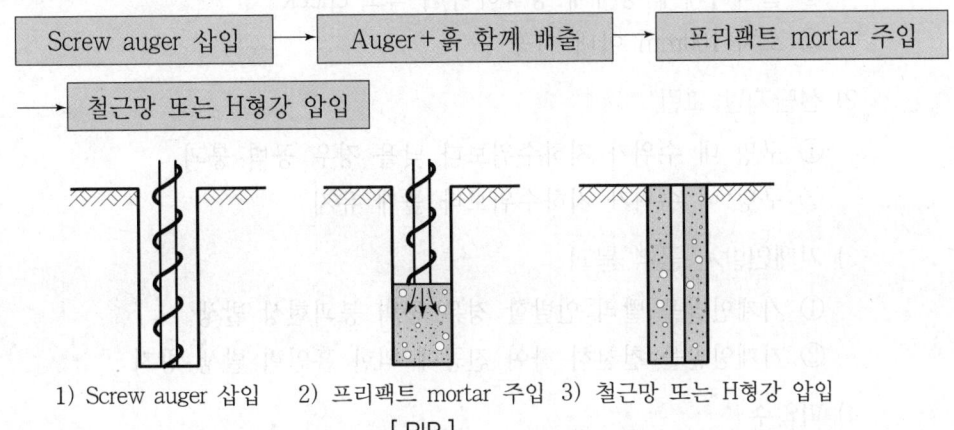

Screw auger 삽입 → Auger+흙 함께 배출 → 프리팩트 mortar 주입

→ 철근망 또는 H형강 압입

1) Screw auger 삽입   2) 프리팩트 mortar 주입 3) 철근망 또는 H형강 압입

[PIP]

3. MIP(Mixed - In - Place pile)

1) 정 의

① Auger의 회전축대는 중공관으로 되어 있고, 축선 단부에서 시멘트 페이스트를 분출시키면서 토사를 굴착하여 토사와 시멘트 페이스트를 혼합 교반하여 만드는 일종의 soil Con'c 말뚝임.

② Auger를 뽑아낸 뒤에 필요에 따라 철근망 삽입 가능

③ 비교적 연약지반에 사용

2) 시공순서 flow chart

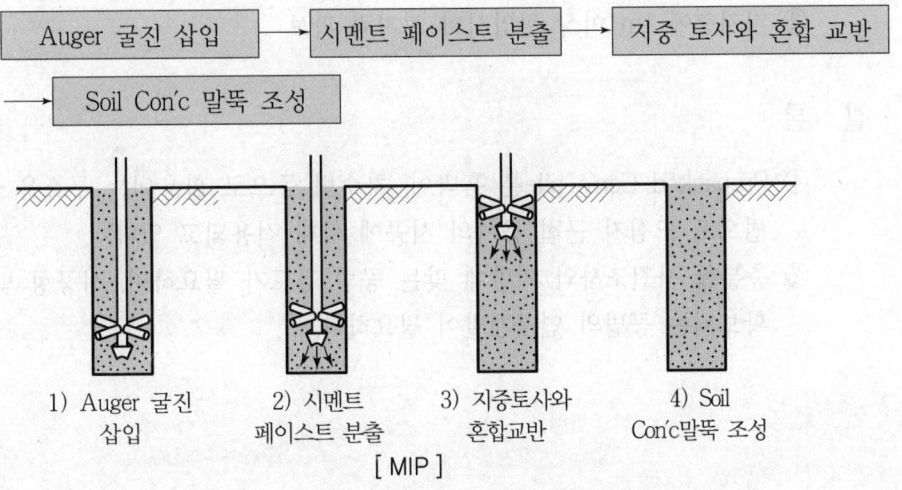

Auger 굴진 삽입 → 시멘트 페이스트 분출 → 지중 토사와 혼합 교반

→ Soil Con'c 말뚝 조성

1) Auger 굴진   2) 시멘트   3) 지중토사와   4) Soil
   삽입   페이스트 분출   혼합교반   Con'c말뚝 조성

[MIP]

V. 시공 시 주의사항

1) 수직도

① 굴착기계에 경사계 장착하여 수직도 check
② 오차 100mm 이내 시공

2) 선단지반 교란

① 구멍 내 수위가 지하수위보다 낮을 경우 공벽 붕괴
② 구멍 내 수위가 지하수위보다 높게 유지

3) 기계인발시 공벽 붕괴

① 기계인발을 빨리 인발할 경우 공벽 붕괴현상 발생
② 기계인발을 천천히 하여 진공에 의한 흡인력 발생 방지

4) 피압수

① 피압수에 의한 부풀음으로 공벽 붕괴현상 발생
② 피압수 발생지역에 배수공법으로 수압 저하

5) 공벽유지

표층 casing 사용

6) 품질확보

① 재료분리 방지
② 내구성 확보

7) 규격관리

① 말뚝단면 과소 방지(말뚝단면 > 설계단면)
② 지지층에 1m 이상 관입시켜 지지력 확보

VI. 결 론

① Prepacked Con'c pile은 흙막이, 차수벽 등으로 활용되는 무소음·무진동 공법으로 도심지 근접 공사의 시공에 확대 적용되고 있다.
② 충분한 사전조사와 지반에 맞는 공법 검토가 필요하며, 시공성 및 안전성이 확보되는 공법의 연구개발이 필요하다.

문제
10

부력을 받는 지하 구조물의 부상방지 대책

● [89(25), 91전(40), 96전(30), 97(40), 99(30), 00전(25), 04전(25), 06전(25), 06후(25), 12중(10), 14중(25), 15후(25), 18후(25), 19후(25), 21중(25), 22전(10), 22후(25)]

Ⅰ. 개 요

① 지하 구조물은 지하수위에서 구조물 밑면 깊이만큼 부력을 받으며, 건물의 자중이 부력보다 적으면 건물이 부상하게 된다.

② 구조물의 부상으로 인한 부재의 균열, 누수, 파손 등 여러 가지 문제점들이 공사 중 혹은 공사 완료 후에도 발생되며, 특히 구조적인 문제는 심각하게 대두되고 있다.

Ⅱ. 부력의 영향

① 건축물 balance 잃음.

② 부재의 균열

③ 건축물의 누수 및 파손

④ 피압수 용출

⑤ 건축물 붕괴

Ⅲ. 부력의 발생 원인

1) 지하피압수

압력 수두차에 의해 건물의 기초 저면이 뜨는 현상 발생

2) 지하수위 변동

매립지대, 계곡지대 등에 건물이 위치할 때 우기시 지하수위의 상승으로 부력이 발생

3) 지반 여건

건물이 불투수층이 강한 점토층이나 암반층에 위치할 때 물의 유입으로 인한 수위 증가로 기초 저면에 부력 발생

4) 건물의 자중

부력보다 건물의 자중이 적을 때 건물이 떠오르는 현상 발생

Ⅳ. 부상방지 대책

1) Rock anchor 설치

① 부력과 건물 자중의 차이가 클 경우 또는 부력 중심과 건물 자중의 중심이
   일치하지 않을 경우 채용
② 부력에 저항하도록 기초 저면의 암반까지 anchor시킴.
③ 고층 건물에 사용

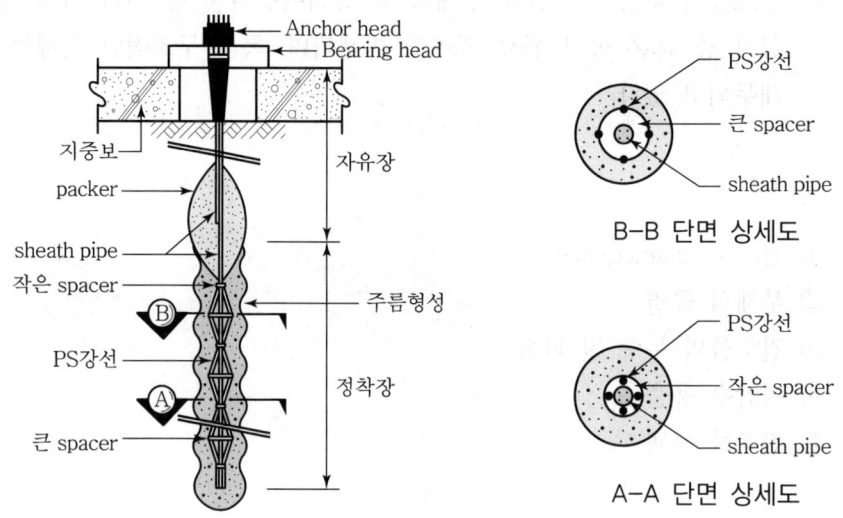

Rock anchor 공법

2) 마찰말뚝 이용

① 부력에 대항하는 하중을 말뚝의 마찰력으로 저항
② 기초 하부 말뚝의 수량을 증가시켜 마찰력 증대
③ 지하구조가 깊지 않는 건물에 사용

3) 인접 건물에 긴결

① 인접 건물에 긴결하여 수압 상승에 저항
② 인접 건물주의 동의서 필요

4) 강제배수공법

유입 지하수를 강제로 pumping하여 외부로 배수

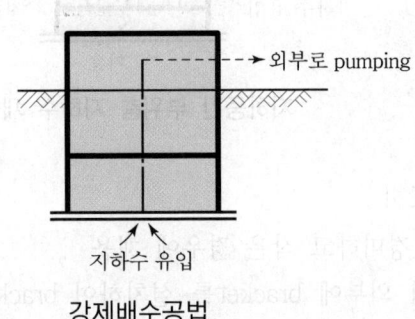

강제배수공법

5) 구조물 자중 증대

① 부력과 건물 자중의 차이가 적을 경우 채용
② 구조체의 단면 증대 또는 지하 2중 slab 내에 자갈, 모래 등을 채워 건물의
   자중 증가로 부력에 대항
③ 기초판을 지하실 벽 밖으로 확장하여 건물의 고정하중 증대
④ 건물의 자중은 부력의 1.25배(안전율) 이상
⑤ 규모가 클 때에는 경제적 부담 가중

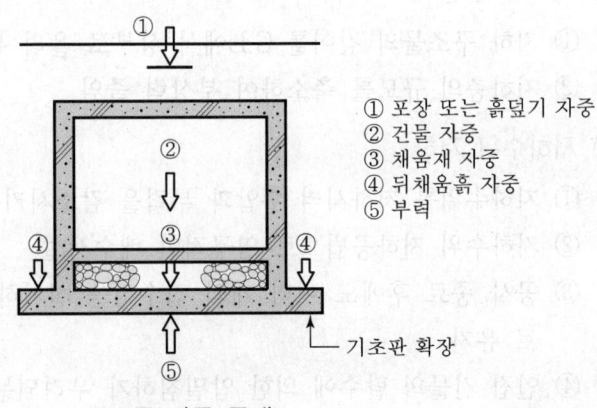

① 포장 또는 흙덮기 자중
② 건물 자중
③ 채움재 자중
④ 뒤채움흙 자중
⑤ 부력

기초판 확장

구조물 자중 증대

6) 지하중간 부위층 지하수 채움

① 지하층이 깊을 경우 채용
② 지하수 출입이 자유로우며 지하수조 형성

315

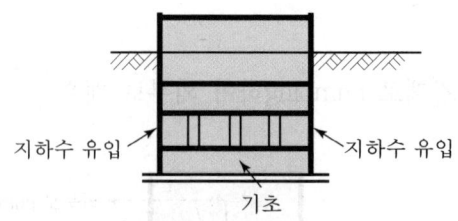

지하중간 부위층 지하수 채움

7) Bracket 설치

① 건물이 경미하고 작은 경우에 채용

② 지하 벽 외부에 bracket를 설치하여 bracket 상부의 매립토 하중으로 하부 수압에 대항

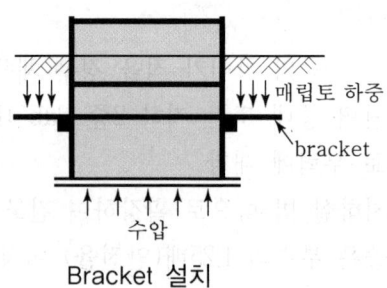

Bracket 설치

8) 구조물 변경

① 지하 구조물의 깊이를 G.L에서 상부로 올려 부상력 줄임

② 지하층의 규모를 축소하여 부상력 줄임

9) 지하수위 저하

① 지하수위를 저하시켜 수압과 부력을 감소시키는 이중 효과

② 지하수위 저하공법으로 영구적인 배수시설

③ 공사 종료 후에도 여러 개의 집수정을 설치하여 지하수위를 일정수준 이하로 유지

④ 인접 건물의 탈수에 의한 압밀침하가 우려되는 곳에는 채용 불가능

10) 기 타

① 연약지반의 경우 고정하중과 적재하중 검토

② 지하수조는 내부 수압과 물의 자중에 의한 영향을 고려하여 설계

③ 지하실 바닥은 부력을 받으므로 철근배근은 역배근으로 해야 하며, 응력뿐 아니라 처짐에 대한 것도 고려

V. 결 론

① 건축물의 대형화·고층화로 기초의 깊이가 깊어져 부력에 따른 건축물의 영향은 공사 도중에도 발생되며, 많지는 않지만 공사 종료 후에도 나타난다.

② 지하실이 깊어질수록 지하수의 영향은 증대하여 부력 또한 커지므로 정확한 지질조사를 토대로 사전대책이 이루어져야 하며, 효율적인 대처방안이 설계 및 시공 측면에서 검토되어야 한다.

문제 11	기초의 부동침하 원인 및 대책

● [98전(30), 03후(25), 07전(25), 10전(25), 15중(25), 16중(25), 19중(25)]

I. 개 요

① 건축물이 세워진 후 시간이 경과함에 따라 부분적으로 균열이 발생하는데 발생 원인으로는 부동침하에 의한 것, 외력에 의한 것, 온도변화에 의한 것 등이 있다.

② 부동침하는 상부구조에 일종의 강제 변형을 주는 것으로 인장응력과 압축응력이 생기고, 균열은 인장응력에 직각방향으로, 침하가 적은 부분에서 침하가 많은 부분에 빗방향으로 생기는 것이 보통이다.

II. 부동침하에 의한 영향

① 상부구조물 균열
② 지반의 침하
③ 구조물 누수
④ 단열 및 방습 효과 저하

III. 침하의 종류

1) 탄성침하(S_e : elastic settlement)

① 재하와 동시에 일어나는 즉시 침하
② 하중을 제거하면 원상태로 환원한다.
③ 모래지반에서는 압밀침하가 없으므로 탄성침하를 전 침하량으로 한다.

2) 압밀침하(S_c : consolidation settlement)

① 점성토 지반에서 탄성침하 후에 장기간에 걸쳐서 일어나는 침하
② 하중을 제거하여도 침하상태로 남음.
③ 자중 또는 외력을 받아 토립자 중의 간극수가 빠져 나가면서 그 부피가 줄어들며 침하되는 것

3) 2차 압밀침하(S_{cr} : creep settlement)

① 점성토의 creep에 의해 일어나는 침하

② 압밀침하 완료 후 계속되는 침하현상으로 구조물의 균열 발생 원인

4) 침 하

① 사질토의 침하=S_e

② 포화점토의 침하=S_e+S_c

③ 불포화점토의 침하=S_e+S_{cr}

Ⅳ. 부동침하의 원인

1) 연약지반

연약지반 위에 기초시공

2) 연약층 지반두께 차이

연약지반의 분포깊이가 다른 지반에 기초를 시공

3) 이질 지반

종류가 다른 지반에 기초를 시공했을 때 연약지반에 부동침하

4) 지하 매설물

지하 매설물 또는 hole로 인한 부분침하 현상

5) 경사지반

지반의 경사로 인한 기초 sliding 현상 발생

6) 다른 기초

서로 다른 기초 복합시공으로 인한 부동침하

7) 기초 제원

기초 제원의 현저한 차이로 인한 부동침하 발생

8) 인근 터파기

인근 지역에서 부주의한 터파기로 인한 토사 붕괴로 부동침하

9) 지하수위

지하수위 변동으로 인한 지하수위 상승

10) 증 축

부주의한 증축으로 인한 하중 불균형으로 부동침하

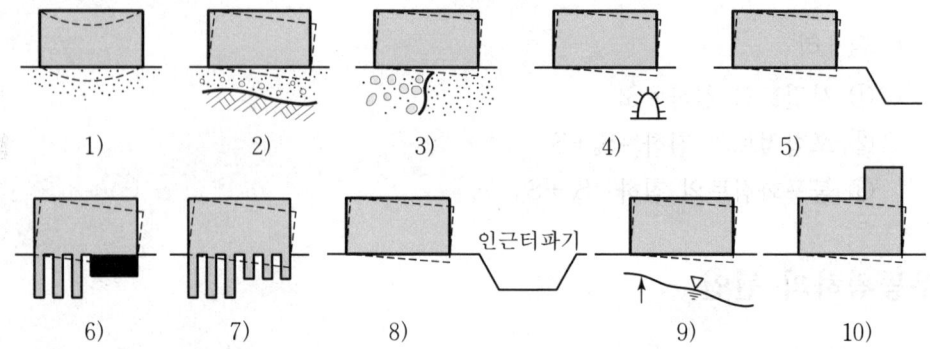

1)	2)	3)	4)	5)
6)	7)	8)	9)	10)

Ⅴ. 부동침하 대책

1) 연약지반 개량

① 지반개량공법으로 연약지반 개량

② 고결법, 치환법, 강제압밀공법, 다짐공법 등 사용

2) 경질지반에 지지

① 사전 지반조사로 지반에 맞는 공법 검토

② 말뚝의 선단 지지력 확보

3) 건물의 경량화

① 건물의 자중을 줄임.

② 건물의 P.C화 및 건식화

4) 마찰말뚝 이용

① 말뚝간격을 조밀하게 시공

② 말뚝둘레의 마찰저항에 의해 지지

5) 평면길이

① 건물의 평면길이를 짧게 하여 하중 불균형 방지

② 평면길이가 길 때(60m 이상) expansion joint 설치

6) 지하실 설치

① 굳은 층이 깊이 있는 연약지반에서 사용

② 연약지반에서 굴착한 흙의 중량과 건축물 중량이 균형을 이루도록 만든 기초 공법(floating foundation)을 채용한다.

7) 지하수위 대책

① 지하수위 저하시켜 수압변화 방지

② 중력배수공법, 강제배수공법 등 사용

8) 건물중량

① 건물 전체의 중량 balance 고려

② 건물의 형상 및 중량 균등 배분

9) 기초에 대한 대책

① 이질지반이 분포할 경우 복합기초를 사용하여 지지력 확보

② 동일 지반에서는 기초의 제원을 통일하여 부동침하 방지

10) Underpinning 공법 실시

① 건물의 침하나 경사를 미연에 방지

② 이중널말뚝공법, 차단벽설치공법 등 사용

11) 기 타

① 이웃 건물과의 거리를 멀게

② 건물 증축시 불균등 하중 고려

③ 상부 건축물의 강성 증대

Ⅵ. 결 론

① 공사 완료 후 부동침하로 인한 균열이 발생되면 보수도 어려울 뿐만 아니라, 건축물의 내구성에도 많은 영향을 미치게 된다.

② 사전조사 단계에서부터 충분한 검토와 지반조사로 지반에 맞는 기초공법을 선정하고, 시공 시 철저한 품질관리로 기초의 부동침하에 대비해야 한다.

문제 12 Underpinning 공법

● [84(5), 96전(30), 99중(40), 00후(25), 04후(25), 06중(25), 07중(25), 08후(25),
11중(10), 16전(25), 18중(25), 19전(10), 19중(25)]

Ⅰ. 개 요

① Underpinning이란 기존 건축물의 기초를 보강하거나 또는 새로운 기초를
설치하여 기존 건물을 보호하는 것을 말한다.
② 기울어진 건축물을 바로잡을 때나 인접한 토공사의 터파기 작업 시에 기존
건축물의 침하를 방지할 목적으로 underpinning할 때도 있다.

Ⅱ. 공법의 적용

① 건축물이 침하하여 복원할 경우
② 건축물을 이동할 경우
③ Quick sand 현상으로 인하여 건축물이 기울 경우
④ 기존 건축물의 지지력이 부족할 경우
⑤ 기존 구조물 밑에 지중 구조물을 설치할 경우

Ⅲ. 사전조사

① 설계도서 검토 ② 계약조건 검토
③ 입지조건 검토 ④ 지반조사
⑤ 건설공해, 기상

Ⅳ. Underpinning 공법의 종류

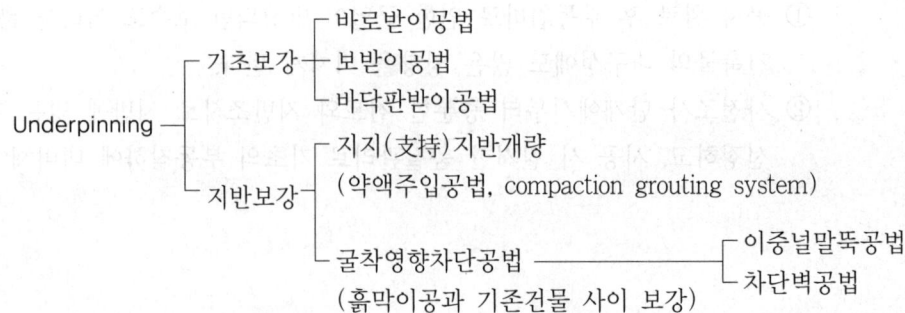

V. 종류별 특징

1) 바로받이 공법

① 철골조나 자중이 비교적 가벼운 건물에 적용
② 기존 기초 하부에 신설기초 설치

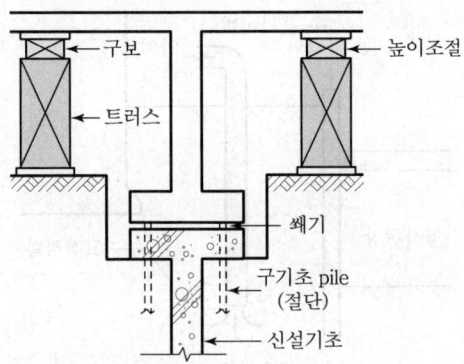

2) 보받이 공법

① 기존하부에 신설보를 설치
② 기존 기초를 보강

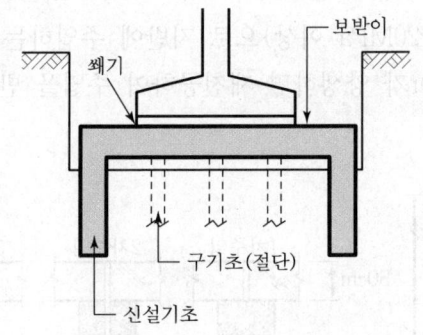

3) 바닥판받이 공법

바닥판 전체를 신설 구조물이 받치는 공법

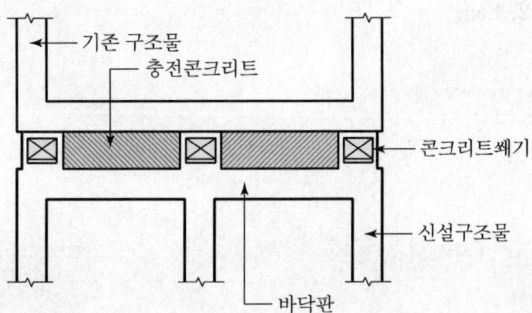

4) 약액주입 공법

① 고압으로 약액을 주입하면서 서서히 인발

② 약액의 종류로는 물유리, 시멘트 페이스트 등이 있음.

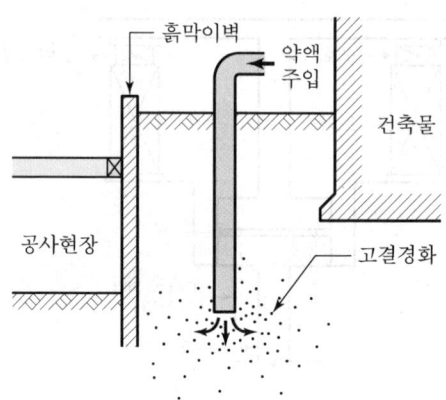

5) Compaction grouting system(CGS공법)

① Mortar를 초고압(20MPa 이상)으로 지반에 주입하는 공법

② 1차주입 후 mortar가 양생하면 재천공하여 주입을 반복

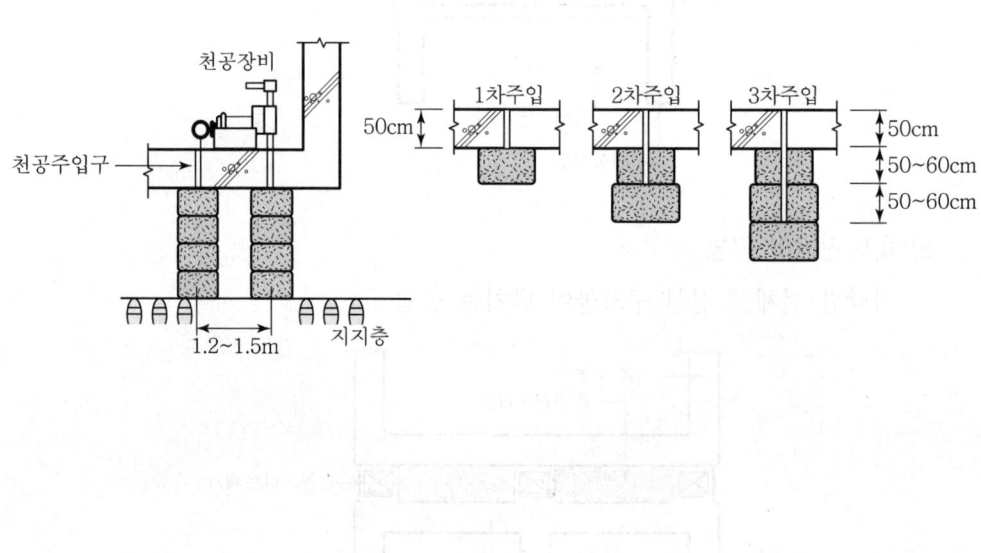

6) 이중널말뚝 공법

　① 인접 건물과 거리가 여유있을 때 이중널말뚝공법 적용
　② 지하수위를 안정되게 유지하여 침하 방지

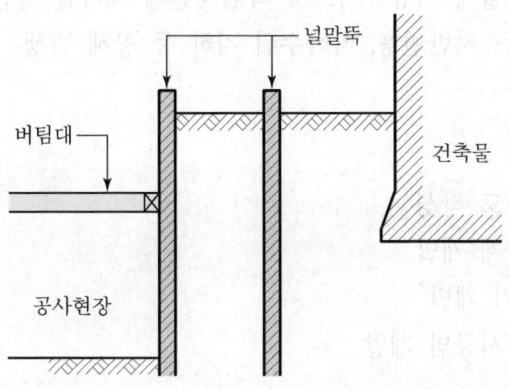

7) 차단벽 공법

　① 상수면 위에서 공사가 가능한 경우 적용
　② 건물 하부 흙의 이동을 막음.

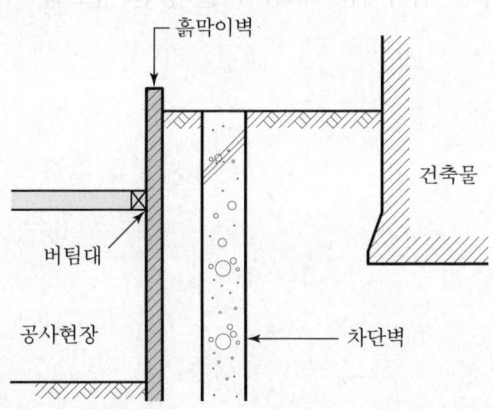

VI. 시공 시 유의사항

　① 부동침하가 생기지 않도록 기초형식을 기존의 것과 동일하게 한다.
　② 시공 시에는 기초의 부동침하가 허용치 이내가 되도록 관리한다.
　③ 계측관리를 하여 안전에 대비한다.
　④ 흙막이 및 주변 상황을 조사한다.
　⑤ 하중에 관한 조사를 실시한다.

Ⅶ. 문제점

① 지하 매설물(가스관, 상하수도, 전기통신)이 많다.
② 공간이 협소하여 기계화 시공이 어렵다.
③ 기존 건축물이 사용중이므로 작업시간에 제약을 받는다.
④ 소음, 진동, 지반변형, 지하수위 저하 등 공해 발생

Ⅷ. 개발방향

① 지하 지형도 작성
② 소규모 기계 개발
③ 계측관리기 개발
④ 저공해성 시공법 개발

Ⅸ. 결 론

① 언더 피닝 공사에서는 대상 건축물에 관한 사전조사 및 하중받이 바꿈에 관한 충분한 검토가 무엇보다 중요하다.
② 변위의 측정을 위하여는 계측기기를 통한 정보화 시공이 바람직하다.

永生의 길잡이 - 넷

길은……

철학자는 "길은 생각하는 데 있다"고 말합니다.

과학자는 "길은 창안하는 데 있다"고 말합니다.

입법자는 "길은 법을 정하는 데 있다"고 말합니다.

정치가는 "길은 시간을 잘 보내는 데 있다"고 말합니다.

애주가는 "길은 마시는 데 있다"고 말합니다.

애연가는 "길은 담배 피우는 데 있다"고 말합니다.

정신의학자는 "길은 대화 속에 있다"고 말합니다.

독재자는 "길은 겁을 주는 데 있다"고 말합니다.

재벌은 "돈으로 길을 살 수 있다"고 말합니다.

산업가는 "길은 일하는 데 있다"고 말합니다.

종교인은 "길은 열심히 기도하고 예배드리는 데 있다"고 말합니다.

사탄은 "길은 없다"고 말합니다.

5장 | 철근콘크리트공사

1절 철근공사

1. 철근의 가공 · 이음 · 정착 · 조립 · 피복두께 ········ 332
2. 철근 prefab 공법 ································· 340
3. 철근공사의 문제점 및 개선방향(합리화 방안) ···· 345
4. 철근콘크리트보의 구조원리 ························· 349

철근공사 기출문제

1. 철근피복두께를 표로 작성 [77, 8점]
2. 철근의 이음, 정착 및 피복에 대하여 설명하여라. [81전, 25점]
3. 철근콘크리트조 건물의 철근공사에서 다음 사항에 대하여 설명하여라. [84, 25점]
   ㉮ 가　공　　　　　　　　　㉯ 이　음
   ㉰ 정착길이　　　　　　　　㉱ 조립(배근)
   ㉲ 피복두께
4. 철근의 이음과 정착 [89, 25점]
5. Sleeve Joint [89, 8점]
6. 슬리브 조인트(sleeve joint) [91전, 8점]
7. 철근의 이음 및 정착길이 [95후, 15점]
8. 철근피복두께 [97중전, 20점]
9. 콘크리트 피복두께 [98중전, 20점]
10. Sleeve Joint [00중, 10점]
11. 철근피복두께의 필요성과 건축표준시방서 상에서의 피복두께기준에 대하여 기술하시오. [02전, 25점]
12. 콘크리트 타설 시 철근의 피복두께가 과다하게 시공될 경우 발생되는 문제점을 기술하시오. [03전, 25점]
13. 철근콘크리트 공사에서의 철근이음 방법의 종류와 시공 시 유의사항을 기술하시오. [03중, 25점]
14. 철근 정착 위치 [03중, 10점]
15. 철근의 부착강도에 영향을 주는 요인 [04전, 10점]
16. Grip Joint [04중, 10점]
17. 철근피복 두께 [06중, 10점]
18. 철근의 정착 및 이음에 대하여 기술하시오. [07중, 25점]
19. 나사식 철근이음 [08중, 10점]
20. Sleeve Joint [08후, 10점]
21. 철근이음공법 중 기계식 이음방법의 특성 및 장단점을 설명하시오. [08후, 25점]
22. 철근이음의 종류 중 기계적 이음의 품질관리 방안에 대하여 설명하시오. [19후, 25점]
23. 철근의 기계식 이음의 종류별 장단점을 기술하고 품질관리시험 기준을 설명하시오. [21중, 25점]
24. 철근의 피복두께의 목적 [09중, 10점]
25. 철근의 부착강도 [10전, 10점]
26. 철근과 콘크리트의 부착력 [19중, 10점]
27. 철근의 이음(접합) 공법의 종류 및 특성에 대하여 설명하시오. [12후, 25점]
28. 현장치기 콘크리트 피복두께 [14후, 10점]
29. 콘크리트타설 후 기둥과 벽체의 철근피복두께가 설계기준과 다르게 시공되는 원인과 수직철근 이음위치 이탈 시 조치사항에 대하여 설명하시오. [14전, 25점]
30. 철근콘크리트의 부위별 피복두께 기준 및 피복두께 확보방법에 대하여 설명하시오. [16전, 25점]
31. 철근피복두께를 유지해야 하는 이유와 최소피복두께 기준에 대하여 설명하시오. [20전, 25점]
32. 철근콘크리트 공사에서 철근배근 오류로 인한 콘크리트 피복두께 유지가 잘못된 경우에 구조물에 미치는 영향에 대해서 설명하시오. [16중, 25점]

1

철근공사 기출문제

1	33. 철근콘크리트 공사에서 철근배근 오류로 인하여 콘크리트의 피복두께 유지가 잘못된 경우, 구조물에 미치는 영향에 대하여 설명하시오. [19중, 25점] 34. 철근콘크리트 기둥철근의 이음 위치 [19중, 10점] 35. 철근 피복두께 기준과 피복두께에 따른 구조체의 영향 [21후, 10점] 36. 콘크리트의 최소 피복두께 [22후, 10점]
2	37. 철근 prefab 공법 [93후, 8점] 38. 조립식 철근공법(prefab 공법) [97전, 15점] 39. 철근 선조립 공법 [97중전, 20점] 40. 구조용 용접 철망의 사용 목적과 시공 시 유의사항에 대하여 기술하시오. [98중후, 30점] 41. 철근콘크리트 공사에서 철근 Pre-fabrication 공법에 대하여 설명하시오. [00중, 25점] 42. 다음 공법을 설명하고, 일반적인 공장생산방식의 현황에 대하여 기술하시오. [02중, 25점] 　1) 철근 선조립 공법 　2) 타일 선부착 공법 43. 철근의 선조립 공법에 대하여 기술하시오. [05후, 25점] 44. 용접 철망을 이용한 철근 선조립공법에 대하여 기술하시오. [06후, 25점] 45. 용접철망의 사용목적과 시공 시 유의사항을 설명하시오. [22전, 25점] 46. 철근콘크리트공사에서 철근 선조립공법에 대하여 설명하시오. [07후, 25점] 47. 철근 선조립 공법 [08후, 10점] 48. 철근콘크리트 공사에서 철근 선조립 공법의 특징과 시공상 유의사항에 대하여 설명하시오. [16전, 25점] 49. 철근 격자망 [19전, 10점]
3	50. RC조 고층 아파트의 건축 공사에서 철근공사의 시공 실태와 개선 방안을 현장적 측면에서 기술하시오. [99중, 40점] 51. 철근공사에서 철근의 loss를 줄이기 위한 설계 및 시공방법에 대하여 설명하시오. [08중, 25점] 52. 현장 철근공사의 문제점 및 개선방안과 시공도면(Shop Drawing) 작성의 필요성에 대하여 기술하시오. [09전, 25점] 53. 철근콘크리트 공사에서 철근의 손실(Loss) 발생요인과 절감방안에 대하여 설명하시오. [13전, 25점]
4	54. 철근콘크리트보의 응력을 설명하고, 이에 대응하는 배근방법에 대하여 기술하여라. [85, 25점] 55. 철근콘크리트보의 구조원리에 대하여 설명하여라. [89, 25점] 56. 균형철근비 [06후, 10점] 57. 균형철근비 [18후, 10점] 58. 균형철근비 [20중, 10점]
기출	59. 건축현장에서 사용되는 철근의 강도별 종류, 용도, 표시방법, 관리방법에 대하여 설명하시오. [11전, 25점] 60. 철근표준공작도 작성 시 유의할 사항을 설명하여라. [83, 25점] 61. 건축공사에서 철근의 가스압접이음 시공 검사기준(KS 등) 및 시공 시 유의사항에 대하여 설명하시오. [12중, 25점] 62. 철근의 벤딩마진(Bending Margin) [12후, 10점]

철근공사 기출문제

용어

63. 고강도 철근 [05중, 10점]
64. 고강도 철근 [07전, 10점]
65. Mat 기초공사의 Dowel Bar 시공방법 [07전, 10점]
66. 철근의 압접 [79, 5점]
67. 철근 가스 압접 [98중전, 20점]
68. 철근 Gas 압접 [06후, 10점]
69. 철근의 가스압접부 형상기준 [16후, 10점]
70. 배력철근 [13전, 10점]
71. 배력철근과 온도철근 [16중, 10점]
72. 코일(Coil)형 철근 [14후, 10점]
73. 나사형 철근 [17전, 10점]
74. 하이브리드 FRP(Fiber Reinforced Polymer) 보강근 [17중, 10점]
75. Dowel Bar [19후, 10점]
76. 철근부식 허용값 [20후, 10점]
77. 철근 결속선의 결속기준 [20후, 10점]
78. 내진철근(Seismic Resistant Steel Deformed Bar) [21후, 10점]

철근의 가공 · 이음 · 정착 · 조립 · 피복두께

● [77(8), 81전(25), 84(25), 89(8), 89(25), 91전(8), 95후(15), 97중전(20), 98중전(20), 00중(10), 02전(25), 03전(25), 03중(25), 03중(10), 04전(10), 04중(10), 06중(10), 07중(25), 08중(10), 08후(10), 08후(25), 09중(10), 10전(10), 12후(25), 14후(10), 16전(25), 16중(25), 20전(25), 21후(10), 22(10)]

Ⅰ. 개 요

① 콘크리트는 압축에는 강하나 인장에는 약하므로 이 점을 보완하기 위하여 콘크리트와 선팽창계수가 비슷한 철근으로 하여금 인장력을 부담토록 한 것이다.

② 철근콘크리트에서 응력 전달을 충분히 하기 위하여 철근의 이음, 정착 및 피복두께 등의 확보가 중요하다.

Ⅱ. 철근공사 flow chart

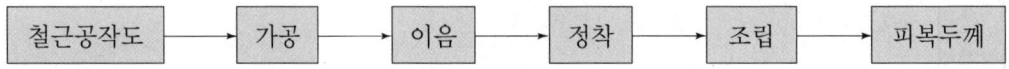

철근공작도 → 가공 → 이음 → 정착 → 조립 → 피복두께

Ⅲ. 철근공작도(shop drawing)

1) 정 의

철근구조도에 의해 시공 편의상 실제로 가공 · 절단 및 구부리기 공작을 하기 위하여 철근의 모양 · 치수 · 개수 등을 표시한 상세 설계도면

2) 종 류

① 기초 상세도

② 기둥 · 벽 상세도

③ 보 상세도

④ 바닥판 상세도

⑤ 기타 상세도(계단, cantilever)

Ⅳ. 가 공

1) 절단가공

Shear cutter, 전동톱, 절단망치 등의 이용 및 기타 기계적 방법 사용

2) 구부리기

① 중간부 : bar bender 이용, 말단부 : hooker pipe 등 사용
② 철근의 가공은 가열가공은 금하고 상온에서 냉간가공한다.
③ Hook 가공
   ⑦ 원형철근 말단부에 원칙적으로 hook을 설치한다.
   ⑭ 이형철근은 생략하나 다음 경우는 hook을 설치한다.
      ㉠ Stirrup · hoop
      ㉡ 기둥 · 보의 단부
      ㉢ 굴뚝의 주근

V. 이 음

1. 이음길이

1) 겹친이음

① 압축철근 이음길이
  ⑦ f_y가 400MPa 이하인 경우 : $l_l = 0.072 f_y d$ 이상
    f_y가 400MPa 초과할 경우 : $l_l = (0.13 f_y - 24)d$ 이상
  ⑭ 이음길이는 300mm 이상이어야 한다.
    단, f_{ck}가 21MPa 미만인 경우 겹친이음의 길이를 1/3 증가시킨다.

② 인장철근 이음길이
  ⑦ A급 이음인 경우 : $l_l = 1.0 \, l_d$　　　　l_d : 인장철근의 정착길이
    B급 이음인 경우 : $l_l = 1.3 \, l_d$

A급 이음	배근량이 해석상 요구되는 철근량의 2배 이상이고, 겹친 구간에서 이음 철근량이 전체 철근량의 1/2 이하인 경우
B급 이음	A급 이음에 해당하지 않는 경우

  ⑭ 이음길이는 300mm 이상이어야 한다.
    단, ㉠ 각 철근의 이음부는 서로 600mm 이상 엇갈리게 설치한다.
      ㉡ 완전용접이나 기계적 이음은 750mm 이상 엇갈리게 설치한다.

2) 용접이음

철근의 용접이음은 플러시 버트(flush butt, 전기저 항용접) 용접과 아크(arc) 용접이 있고, 조립 시에는 주로 아크용접이 쓰인다. 이음길이는 5d 이상으로 한다.

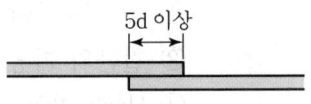

3) Gas 압접

① 19mm 이하 : D≧1.2d
② 22mm 이상 : D≧1.5d

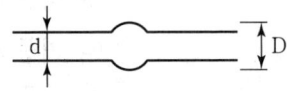

2. 이음 위치

① 응력이 작은 곳
② 기둥은 바닥에서 50cm 이상 및 높이의 3/4 이하 지점
③ 보는 span의 1/4 지점

3. 이음공법

1) 겹친이음(lap joint)

① 결속선을 철근이음 1개소에 대하여 두 군데 이 상 두 겹으로 감쳐 결속한다.
② 일반적인 이음이다.

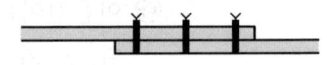

2) 용접이음

① 용접봉과 철근 사이에 전류를 통하여 용접하 는 이음이다.
② Arc 용접, flush butt 용접 등이 있다.

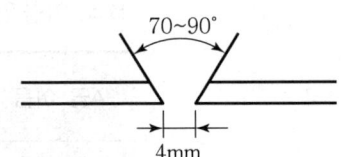

3) Gas 압접

① 철근의 접합면을 직각으로 절단하여 맞대고 압력 을 가하면서 옥시 아세틸렌 가스(oxy acetylene) 의 중성염으로 가열하여 접합부가 부풀어올라 접 합하는 방식
② 구조적으로 유리하고 가공 공사비가 감소한다.

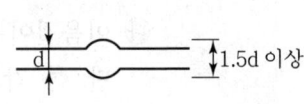

4) Sleeve joint(슬리브 압착)

① 강재 sleeve를 현장에서 유압 jack으로 압착한다.
② 인장 · 압축에 대하여 완전한 전달 내력을 확보한다.

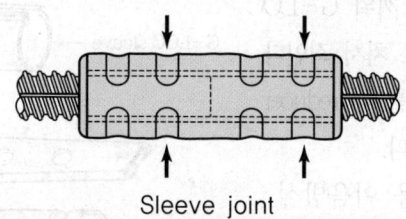
Sleeve joint

5) Sleeve 충전공법

Sleeve 구멍을 통하여 에폭시나 모르타르를 철근과 sleeve 사이에 충전하여 이음하는 방법

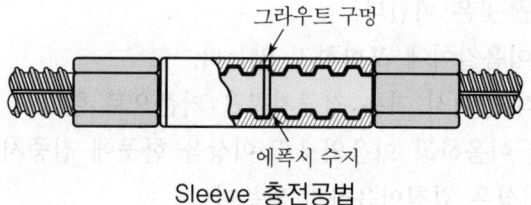

그라우트 구멍
에폭시 수지
Sleeve 충전공법

6) 나사이음

① 철근에 숫나사를 만들고 coupler 양단을 nut로 조여서 이음하는 방식
② 조임확인시험을 실시한다.

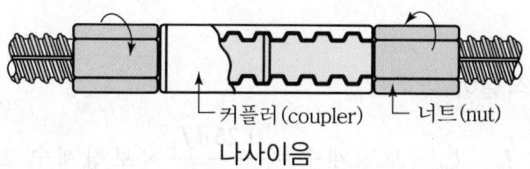

커플러(coupler) 너트(nut)
나사이음

7) Cad welding

① 철근에 sleeve를 끼워 연결하고, 철근과 sleeve 사이의 공간에 화약과 합금(cad weld alloy) 혼합물을 충전하여 순간 폭발로 녹여 공간을 메워 이음한다.
② 화재 위험이 없고 기후에 관계없이 작업할 수 있다.
③ 동일 규격 철근에 사용하고 외관검사 불가하다.
④ 굵은 철근(보통 D28 이상)에 주로 사용한다.

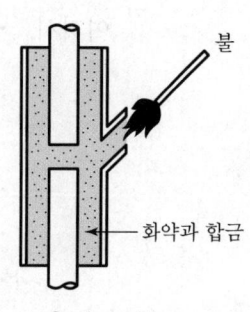

불
화약과 합금
Cad weld

335

8) G-LOC splice

① 깔대기 모양의 G-LOC sleeve
를 하단 철근에 끼우고 이음
철근을 위에서 끼워 G-LOC
wedge를 망치로 쳐서 죄인다.
② 철근 규격이 다를 때 reducer
insert를 사용한다.
③ 수직 철근 전용 이음방식

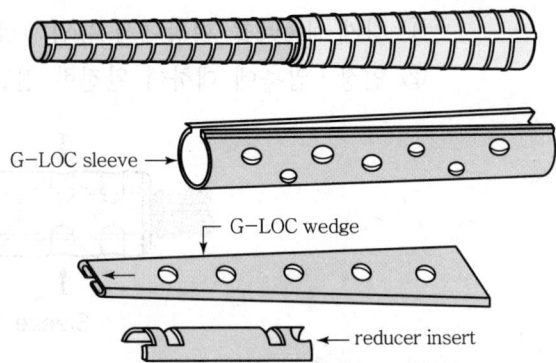

G-LOC sleeve

G-LOC wedge

reducer insert

4. 이음시 주의사항

① 응력이 큰 곳은 피한다.
② Hook은 이음길이에 포함하지 않는다.
③ 철근 규격 상이시 가는 철근지름을 기준으로 한다.
④ 엇갈리게 이음하고 이음의 1/2 이상을 한곳에 집중시키지 않는다.
⑤ 28mm 이상은 겹침이음하지 않는다.
⑥ 이음길이의 허용오차는 10% 이내이다.

Ⅵ. 정 착

1. 정착길이

1) 압축철근 정착길이

① 정착길이 $l_d = l_{db} \times 보정계수 = \dfrac{0.25\,d\,f_y}{\sqrt{f_{ck}}} \times 보정계수 \geq 0.04\,d\,f_y$

여기서, $\cdot\, l_{db}\,(기본정착길이) = \dfrac{0.25\,d\,f_y}{\sqrt{f_{ck}}}$

$\cdot\, l_d$: 정착길이(mm)

$\cdot\, l_{db}$: 기본정착길이(mm)

$\cdot\, d$: 철근의 공칭지름(mm)

$\cdot\, f_y$: 철근의 설계기준 항복강도(MPa)

$\cdot\, f_{ck}$: 콘크리트의 설계기준강도(MPa)

보정계수

요구되는 철근량을 초과하여 배근된 경우의 보정계수	소요 철근량 / 실제 철근량
지름 6mm 이상, 간격 100mm 이하인 나선철근이나 중심간격 100mm 이하인 D13 띠철근으로 횡보강된 경우의 보정계수	0.75

② 압축철근의 정착길이(l_d)는 200mm 이상이어야 한다.

2) 인장철근 정착길이

① 정착길이 $l_d = l_{db} \times$ 보정계수 $= \dfrac{0.6\,d\,f_y}{\sqrt{f_{ck}}} \times (\alpha\beta\lambda\gamma)$

여기서, · l_{db}(기본정착길이) $= \dfrac{0.6\,d\,f_y}{\sqrt{f_{ck}}}$

· 보정계수 $= \alpha\beta\lambda\gamma$

보정계수

철근배근 위치계수(α)	상부 철근	$\alpha = 1.3$
	기타 철근	$\alpha = 1.0$
에폭시 도막계수(β)	에폭시 도막 철근	$\beta = 1.2 \sim 1.5$
	일반 철근	$\beta = 1.0$
경량 콘크리트계수(λ)	경량 콘크리트	$\lambda = 1.0 \sim 1.3$
	일반 콘크리트	$\lambda = 1.0$
철근 굵기계수(γ)	D19 이하의 철근	$\gamma = 0.8$
	D22 이상의 철근	$\gamma = 1.0$

② 인장철근의 정착길이(l_d)는 300mm 이상이어야 한다.

2. 정착위치

① 기둥 주근은 기초에 정착
② 지중보 주근은 기초 또는 기둥에 정착
③ 보 주근은 기둥에 정착
④ 작은보 주근은 큰보에 정착
⑤ Slab 주근은 보 또는 벽체에 정착
⑥ 벽 주근은 보, Slab, 기둥에 정착

3. 정착기준

기둥 중심선 외측에 정착

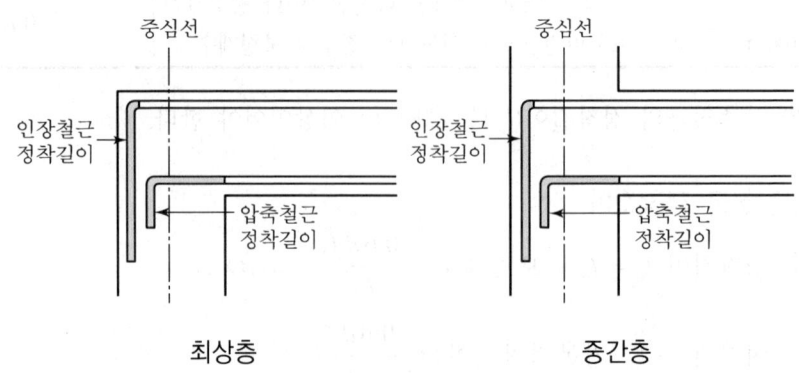

| 최상층 | 중간층 |

4. 정착시 주의사항

① 부재 중심선을 넘겨 정착한다.

② Hook은 정착길이에 포함하지 않는다.

③ 정착길이의 허용오차는 10% 이내이다.

Ⅶ. 조 립

1) 철근의 순간격

① 동일 평면에서 평행하는 철근의 순간격은 25mm 이상, 또는 공칭지름 이상

② 나선철근, 띠철근 기둥에서 종방향 철근의 순간격은 40mm 이상, 또는 공칭 지름의 1.5배 이상

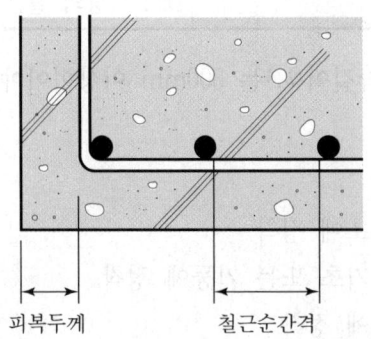

피복두께   철근순간격

2) 조립순서

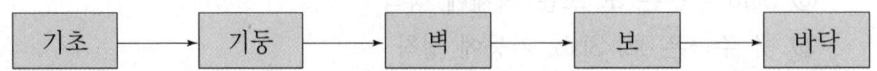

기초 → 기둥 → 벽 → 보 → 바닥

3) 조립 시 주의사항

① 설계도, shop drawing에 의해 정확히 배근한다.

② 조립 전에 철근의 유해물(녹, 흙, 기름, 먼지)을 제거한다.

③ 철근 교차부에는 #18~#20 철선으로 결속한다.

④ 철근간격을 유지하기 위해 spacer를 사용한다.

⑤ 콘크리트 타설 완료할 때까지 움직이지 않게 조립한다.

⑥ 주근은 외부 쪽에, 부근은 내부 쪽에 두는 것을 원칙으로 한다.

VIII. 피복두께

1) 철근 피복의 목적

① 내화성   ② 내구성   ③ 부 착   ④ 방 청

⑤ 콘크리트 타설 시 골재의 유동성

2) 피복두께 최소값

부위 및 철근 크기			피복두께
흙, 옥외공기에 접하지 않는 부위	슬래브, 장선, 벽체	D35mm 이하	20mm
		D35mm 초과	40mm
	보, 기둥		40mm 이하
흙, 옥외공기에 접하는 부위	노출되는 콘크리트	D16mm 이하	40mm
		D19mm 이상	50mm
	영구히 묻혀 있는 콘크리트		75mm
수중에서 타설하는 콘크리트			100mm

* 피복두께의 시공 허용오차는 10mm 이내로 한다.

3) 피복두께 과다 시 문제점

① 구조적으로 불리   ② 자중증대   ③ 비경제적

④ 콘크리트 단면증대   ⑤ 재료분리 발생

IX. 결 론

① 철근의 가공에서 조립까지 일련의 작업에서 품질을 확보하기 위해서는 사전에 공작도를 작성하여 구조적으로 안전하고 내구성 있는 배근이 되도록 시공하는 것이 무엇보다 중요하다.

② 철근 작업의 합리화를 위해서는 철근의 prefab화가 필요하다.

문제 2	철근 prefab 공법

● [93후(8), 97전(15), 97중전(20), 98중후(30), 00중(25), 02중(25), 05중(25), 06후(25), 07후(25), 08후(10), 16전(25), 19전(10), 22전(25)]

Ⅰ. 개 요

① 철근의 prefab 공법이란 골조공사에 사용하는 철근을 기둥, 보, 바닥, 벽 등 사용 부위별로 미리 조립해 두었다가 현장에서 접합하는 공법이다.

② 공기단축, 작업환경 개선, 안전성 확보 등으로 공사의 합리화 추구 및 건설의 공업화 발전에 필요하다.

Ⅱ. 필요성

① 작업의 단순화 및 시공정도의 향상

② 현장작업 감소로 공기단축

③ 검사 확인 및 관리의 용이성

④ 구조체 공사의 시스템화

Ⅲ. 공법의 분류

1) 기둥 · 보철근의 prefab화

① 철근 선조립 공법

철근조립공사를 거푸집공사보다 선행작업, 넓은 건축물 공사에 적용

② 철근 후조립 공법

거푸집공사 후 철근조립공사

2) 벽 · 바닥철근의 prefab화

① 용접 철망(welded wire mesh) 사용

② 고강도 철근을 결속선으로 조립하여 사용

3) 철근 pointing 공법

SRC조에서 기둥 · 보 철근을 철골에 touch하는 pointing 용접

Ⅳ. 특 징

1) 장 점
① 성력화
기계화·공업화 생산이 가능하므로 숙련 철근공이 많이 필요하지 않다.
② 품질향상
㉮ 철근의 간격, 이음길이, 정착원칙 준수, 공업화 자재를 사용함으로써 재래공법에는 실제적으로 시공할 수 없는 hoop, stirrup, hook의 제작 및 접합이 용이하다.
㉯ 나선 시공가능, X형 배근을 적용한다.
③ 안전성
지상 선가공 조립과 고소작업의 축소로 위험요소를 최소화한다.
④ 공기단축
현장작업의 공정 축소, 주공정의 감소 및 기후, 계절에 영향이 없으므로 공기단축이 가능하다.
⑤ 관리의 용이
공업화 생산으로 공장에서 T.Q.C 적용
⑥ 기계화
현장에서 건설장비 사용이 확대된다.
⑦ System화
제품의 규격화, M.C화

2) 단 점
① 운 반
중량에 비해 부피의 증가로 운반비 증대 및 운반 시 곤란
② 정도 관리
㉮ 보, 부재 등 단부에 anchor의 부착으로 운반 시 파손 우려
㉯ 양중장비 사용 시 충격으로 인한 정도의 문제
③ 접합방법
㉮ 접합과 시공순서의 혼란
㉯ 접합공법 선정 시 구조적인 응력의 손상

V. 철근의 이음공법

1) 겹친이음

25mm 이하 철근에 사용, 이음길이 충분히 확보한다.

2) 용접이음

① 주근과 주근 이음시 축재를 일치시켜 용접
② 보의 주근이나 매달기근은 교차부 용접
③ 용접의 종류 : arc 용접, 전기압접, 가스압접

3) Gas 압접

접합 철근의 축에 직각되도록 절단하고 연마한 뒤 1,200~1,300℃로 가열하여 30MPa로 서서히 가압하여 접합, 용접 돌출부는 1.5d 이상이면 양호하다.

4) Sleeve 압착

철근 축방향으로 맞댄 후 강관 sleeve로 연결, 유압을 이용하여 압축으로 연결한다.

5) Sleeve 충전

Sleeve로 끼우고 epoxy나 mortar 등으로 충전하여 이음한다.

6) 나사이음

Coupler와 nut를 이용하여 이음한다.

7) Cad welding

① 이음 철근에 sleeve를 끼워 접합공간에서 순간 폭발 에너지로 접합
② 규격이 다른 철근 사용이 곤란하며, 검사시 비파괴검사로 확인

8) G-LOC splice

① G-LOC sleeve, wedge, reducer insert 사용하여 이음.
② 수직 철근이음.
③ 규격 상이한 철근에 사용

VI. 시공 시 유의사항

1) 평면의 단순화, 규격화

① 기계화 생산제품의 현장 적용성을 감안한다.

② 공장 가동의 능률을 도모하고 반복 생산이 가능하도록 설계 시 충분한 검토가 필요하다.

2) 이음접합의 최소화

① 제작, 도면 작성, 시공, 생산 및 운반이 가능한 범위 내에서 최소화한다.
② 현장 작업의 축소를 도모한다.

3) 운반 고려

① 운반이 곤란하거나 운반시 파손, 손상이 큰 제품은 현장 내에서 제작하는 것을 검토한다.
② 접합부 작업이 용이한 방안을 검토한다.

4) 적절한 접합공법 선정

구조 기능상 경제성과 시공성을 고려하여 접합공법을 선정한다.

5) 접합부 구조 검토

현장 접합부위가 구조적으로 취약하지 않도록 검토한다.

6) 양중장비의 여유 용량 파악

운반·양중 계획의 사전조사를 철저히 한다.

7) 자재 반입

① 작업 순서에 맞게 자재를 제작하여 반입한다.
② 야적장을 확보한다.

Ⅶ. Prefab화 문제점

① 운반비 증가로 인한 실질적인 원가 상승
② 접합부의 취약
③ 기술개발 미비 및 초기투자 과대
④ 공장 생산의 호환성 미비

Ⅷ. 대 책

① 철근이음 및 가설방법의 표준화
② 정착방법 개발 및 표준화
③ Prestress를 적용하는 경우의 구조적 해석
④ 작업 여건에 적합한 방법 선정

IX. 개발방향

① 철근 생산의 합리화 : Bar 철근에서 coil 철근, 공장 주문 가공
② 재료의 합리화 : 고강도 철근 사용, 대경 철근 사용, 에폭시 코팅 철근 사용
③ 시공의 합리화 : 안전공법의 개발

X. 결 론

① 구조물의 합리화를 위하여는 철근 및 거푸집을 동시에 prefab화할 수 있는 공법의 개발이 필요하다.
② 철근의 조립, 이음, 가공방법 표준화 등은 설계 전의 철저한 사전계획이 중요하다.

| 문제 3 | 철근공사의 문제점 및 개선방향(합리화 방안) |

● [99중(40), 08중(25), 09전(25), 13전(25)]

Ⅰ. 개 요

① 최근 건축물은 대형화와 고층화되고 있으나, 인력 부족 및 고령화로 인하여 공기 및 품질관리면에서 문제가 되고 있다.
② 철근공사는 현장의 시공 인력 부족을 해소하기 위해서 prefab화하여야 하며, 거푸집·철근·콘크리트 공사를 동시에 합리화하여야 한다.

Ⅱ. 철근공사의 flow chart

설계도서 검토 → 공작도 작성 → 가공 → 이음 → 정착 → 조립 → 피복두께 확보 → 검사

Ⅲ. 문제점

1) 노동력의 부족
   ① 건축구조물의 대형화 및 기능공의 고령화에 따라 숙련공 부족
   ② 3D 업종 기피현상

2) 작업능률의 저하
   ① 현장에서의 작업이 많고 후속 공정과의 동선 혼란으로 작업능률 저하
   ② 건축물 규격이 다양하고 공정이 복잡
   ③ 기계화 시공이 곤란

3) 부착력 감소
   ① 철근 보관의 어려움으로 인한 표면 부식
   ② 방청시 부착력 감소로 concrete 강도 저하

4) Concrete 타설 영향
   ① 겹친이음시 철근 배근의 복잡으로 인한 concrete 유동성 저하
   ② 좁은 간격의 철근 배근으로 타설 시 철근 주위 공극 발생

5) 철근의 loss 발생

① 이음길이의 증가

② 재료낭비 증가

6) 내구성 저하

① Concrete 탄산화로 녹 발생 → concrete 균열 → 강도 저하

② 부착강도 저하로 인한 내구성 감소

7) 내열성 저하

외력에 의한 고온(500℃ 이상)시 강도 저하

8) 공사기간

① 골조공사와 설비·전기 공사와의 마찰로 인하여 공기에 미치는 영향이 큼.

② 공정상 critical path가 되어 여유가 없음.

③ 계절, 기후의 변화로 인한 공기지연

9) 이음정착

① 이음시 응력 확보의 불확실

② 정착방법의 비능률화

10) 강 도

① 복잡한 형상으로 인한 시공 품질 저하 및 강도 저하

② 피복두께의 균등한 확보 미흡

Ⅳ. 개선방향(합리화 방안)

1) 설계상

① 평면의 표준화 및 규격화

② 이음, 정착의 단순화 system 개발

2) 시공상

① 작업공간 확보, 수직운반 및 수평이동과 세우기 방식의 개발

② 접합부의 단순화

③ 이음방식의 기계화, 시공의 robot 적용, 구조응력의 computer 활용화

3) 재료상

① 필요치수의 주문방식 정착화

② High tension bar, 용접철망(welded wire mesh), 부착성 좋은 재료 등의 개발

③ 표면 부식방지 신재료 개발

4) 가공장비

① 기계화로 대량 가공하는 생산설비의 개발
② 가공의 robot화

5) 대체공법

① 강섬유 보강 concrete
② 미리 인장된 철망 개발

6) Prefab화

① 미리 공장 제작하여 운반 후 현장조립만으로 철근공사 합리화
② 대량생산, 기후, 계절 영향 최소화 및 원가절감

7) 시공의 합리화

거푸집공사와 철근공사의 동시 복합 공법

8) 자동화 및 robot화

① 가공, 이음, 접합의 기계화
② 현장 정착 시공의 robot화

9) 작업의 system화

철근공사의 세우기, 거푸집공사의 조립, concrete 공사의 타설 및 존치기간 후
해체까지 system화

10) 생산방식 변화

① Bar 형태에서 coil 형태로 생산방식 변화
② 규격생산에서 주문방식으로 생산방식 변화

11) 재해예방

공장생산과 현장시공의 기계화로 재해발생 요소의 제거

12) 용접철망(welded wire mesh) 공법 확대

① 항복강도 높아 강재 소요량 절약
② 부재의 응력 분포가 균등하여 균열제어에 효과
③ 성력화(labor saving) 및 작업의 단순화
④ 시공이 용이하여 공기단축 기여

13) Epoxy 수지도장 철근 확대

① 철근 부식요인을 차단함으로써 내구성, 강도 저하의 방지
② 환경변화로 인한 외력 영향 차단

347

V. 결 론

① 철근공사의 개선을 위해 부재를 단순화·규격화하고, 이음정착방법을 개발해야 한다.

② 현장 가공 조립에서 공장 제작, 현장 설치의 prefab화가 선행되어야 하며, 동시에 재료의 개발, 생산방식의 변화, 생산기계의 자동화 및 시공의 robot화 등을 통한 지속적인 연구개발이 필요하다.

● [85(25), 89(25), 06후(10), 18후(10), 20중(10)]

I. 개 요

① 철근콘크리트(R.C : Reinforced Concrete)는 압축력에는 강하나 인장력에 약한 콘크리트에 인장력이 강한 철근으로 보강한 합성구조이다.
② 압축력은 콘크리트가 부담하고 인장력은 철근이 부담하며, 고정하중·적재하중·시공하중에 견디는 합리적인 구조물이다.

II. 보의 종류

① 단순보(simple beam)
  일단은 hinge, 타단은 roller인 보
② 고정보
  양단이 fix인 보
③ 캔틸레버보
  일단은 fix이고, 타단은 자유단인 보
④ 내민보
⑤ 게르버보(gerber beam)
⑥ 연속보

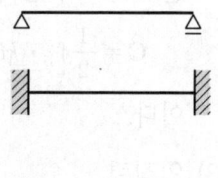

III. 보의 응력

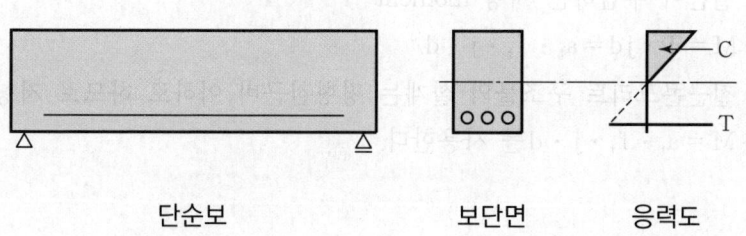

| 단순보 | 보단면 | 응력도 |

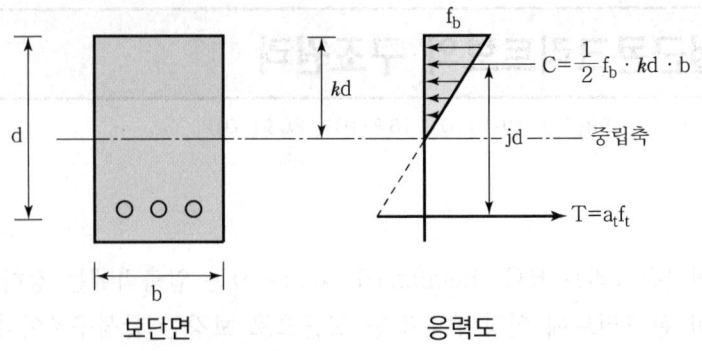

보단면   응력도

1) 중립축

중립축의 상부는 압축력이 작용하고, 하부는 인장력이 발생한다.

2) 압축력

콘크리트의 압축력은 응력도에서 중립축 상부부분의 면적으로

$$C = \frac{1}{2} f_b \cdot kd \cdot b$$

이다.

3) 인장력

철근의 인장력은 인장철근의 단면적(a_t)과 철근의 허용인장응력도(f_t)의 곱으로

$$T = a_t \cdot f_t$$

이다.

4) 저항모멘트

① Con'c가 부담하는 저항 moment

$$M = C \cdot jd = \frac{1}{2} f_b \cdot kd \cdot b \cdot jd = \frac{1}{2} f_b k j b d^2$$

② 철근이 부담하는 저항 moment

$$M = T \cdot jd = a_t \cdot f_t \cdot j \cdot d$$

③ 철근콘크리트 구조물의 설계는 평형철근비 이하로 하므로 저항모멘트
$M = a_t \cdot f_t \cdot j \cdot d$를 사용한다.

Ⅳ. 철근의 배근

1) 주철근

휨모멘트도(B.M.D : Bending Moment Diagram)에서 휨모멘트가 그려진 부분에 인장력이 발생하므로 그 부분에 철근을 배근한다.

	단 순 보	고 정 보	캔틸레버보
하 중 도			
B.M.D			
주근 배근도			

2) 늑근(stirrup)

보에 전단력이 작용할 때 콘크리트가 부담하는 전단력 이외의 전단력은 늑근이 부담하며, 전단력은 단부에서 크고 중앙에서 작으므로, 단부에서는 늑근간격을 좁게 하고 중앙으로 갈수록 넓게 한다.

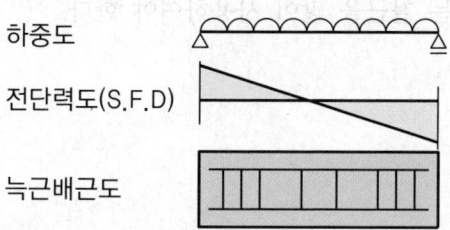

Ⅴ. 평형철근비

1) 평형철근비

① 콘크리트의 최대압축응력이 허용응력에 달하는 동시에, 인장철근의 응력이 허용응력에 달하도록 정한 인장철근의 단면적을 평형철근 단면적이라 하고, 이때의 철근비가 평형철근비이다.

② 가장 경제적인 설계법이나 취성파괴가 일어나므로 채택하지 않는다.

2) 평형철근비 이하(과소철근비)

① 인장측 철근의 허용응력도가 압축측 콘크리트의 허용응력도보다 먼저 도달할 때의 철근비

② 구조물이 파괴되기 전 징후가 나타나면 서서히 파괴되는 연성파괴를 유발한다.

③ 철근콘크리트 구조물에서는 안전성이 확보되므로 평형철근비 이하로 설계해야 한다.

3) 평형철근비 이상(과다철근비)

① 압축측 콘크리트의 허용응력도가 인장측 철근의 허용응력도보다 먼저 도달할 때의 철근비

② 구조물의 파괴시 사전의 변화없이 급작스럽게 파괴되는 취성파괴 유발

Ⅵ. 결 론

① 철근콘크리트 구조물은 평형철근비 이하로 설계하여 취성파괴를 방지하고 건물 붕괴시 안전에 대비하여야 한다.

② 콘크리트의 품질향상에 노력하여 철근과 콘크리트의 부착성이 좋도록 가능한 굵은 철근보다는 가는 철근을 많이 사용하여야 한다.

永生의 길잡이 – 다섯

세상 쉬운 것이 천국 가는 길!

"하나님이 세상을 이처럼 사랑하사 독생자(예수 그리스도)를 주셨으니 이는 저를 믿는 자마다 멸망치 않고 영생을 얻게 하려 하심이니라." (요한복음 3장 16절)

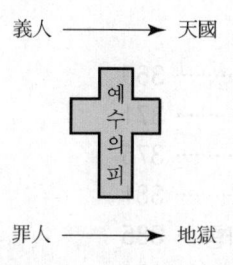

義人 ──→ 天國

罪人 ──→ 地獄

"하나님이 세상을 이처럼 사랑하사 독생자(예수 그리스도)를 주셨으니 이는 저를 믿는 자마다 멸망치 않고 영생을 얻게 하려 하심이니라."(요한복음 3장 16절)

하나님은 그의 아들이신 예수 그리스도를 이 세상에 보내어 우리를 대신하여 십자가에 죽게 하심으로 우리의 죄값을 감당케 하시고 하나님과 우리 사이에 십자가 다리를 놓아 지옥에 갈 수 밖에 없었던 죄인인 우리를 의인으로 만들어 천국에 가게 하셨습니다.

1. 죄인은 지옥행! 의인은 천국행!

죄인은 영원히 꺼지지 않는 지옥 불에 떨어지게 되고, 의인은 생로병사가 없는 영원한 천국에 가게 됩니다.

2. 모든 사람은 죄인!

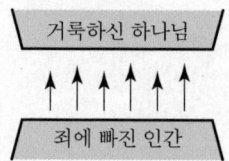

모든 인간은 죄인이므로 지옥에 가게 됩니다.

사람들은 끊임없이 선행, 철학 등 자기 힘으로 천국에 가려고 하나 결국은 허사입니다.

천국은 결코 선행, 지식 등으로는 갈 수 없습니다.

3. 죄인이 의인되는 길

① 예수의 피를 믿으면 모든 죄인은 의인이 되어 천국에 갑니다.

　"피 흘림 없이는 죄 사함이 없느니라."

② 성경은 예수 그리스도를 영접하는 모든 사람에게 영원한 생명을 약속하셨습니다. 착한 일을 많이 했다고 천국에 가는 것은 아니며, 오직 구원의 기준은 예수 그리스도를 믿는 믿음입니다.

Q : 당신의 생애에서 돈, 명예, 출세보다도 더 중요한 것은?

A : 영원한 내세(천국)를 준비하는 일입니다.

2절 거푸집공사

1. 거푸집의 종류 및 특징 ······························· 360
2. 대형 시스템 거푸집 ······························· 371
3. Sliding form ······································· 375
4. 콘크리트 측압 ····································· 381
5. 거푸집 및 동바리 존치기간과 시공 시 유의사항 ·· 385
6. 거푸집공사의 안전성 검토 ························ 389
7. 거푸집공법의 문제점 및 개선책 ················· 393

거푸집공사 기출문제

1	1. 거푸집의 종류를 열거하고, 각 종류의 특징을 논하여라. [80, 25점] 2. Gang form [98전, 20점] 3. 클라이밍 폼(climbing form) [98후, 20점] 4. 대형 시스템 거푸집(gang form, climbing form, slip form, tunnel form, euro form 등)의 종류별 특성과 현장 적용조건에 대하여 설명하시오. [99후, 30점] 5. 골조공사에 적용되는 무비계공법을 열거하고 공법별 특성을 기술하시오. [01전, 25점] 6. 알루미늄합금 프레임 거푸집 [02후, 10점] 7. Metal Lath 거푸집 [06후, 10점] 8. 골조공사 시 Aluminum Form System의 장단점, 시공순서, 유의사항을 기술하시오. [07전, 25점] 9. 대형 system 거푸집의 종류를 나열하고 설명하시오. [08전, 25점] 10. Aluminum form [08중, 10점] 11. 알루미늄 거푸집(Aluminium Form) [12중, 10점] 12. 알루미늄 거푸집(AL Form) [18중, 10점] 13. 알루미늄 거푸집 공사 중 Drop Down System 공법 [18후, 10점] 14. 알루미늄 거푸집을 이용한 아파트 구조체 공사 시 유의사항에 대하여 설명하시오. [19전, 25점] 15. 알루미늄 폼의 장단점을 유로 폼과 비교하고, 시공 시 유의사항에 대하여 설명하시오. [21후, 25점] 16. 고층 건축물의 외벽에 적용 가능한 System Form의 종류와 시공 시 유의사항에 대하여 설명하시오. [12후, 25점] 17. 터널 폼(Tunnel Form)의 모노 쉘(Mono Shell) 방식 [13중, 10점] 18. 지하층 합벽용 무폼타이 거푸집공법(Tie-less Form work)의 특징 및 시공 시 유의 사항에 대하여 설명하시오. [13중, 25점] 19. 공동주택 외벽 거푸집 갱폼 제작 시 세부 검토사항에 대하여 설명하시오. [17전, 25점] 20. 공동주택 철근콘크리트 공사의 갱폼(Gang form) 시공 시 위험요인과 외부 작업발판 설치기준, 설치 및 해체 시 주의사항에 대하여 설명하시오. [21전, 25점]
2	21. 거푸집의 경제적 공법을 예를 들어 기술하여라. [82후, 20점] 22. 다음에 기술한 공법을 설명하고, 아파트에 적용할 재래식 라멘(rahmen)공법과 비교하여 장단점을 기술하여라. [84, 20점] 　㉮ 터널(tunnel) 공법　　　　　㉯ 벽식 대형 패널(panel) 공법 23. 거푸집 공사에 사용하는 터널폼의 종류 및 특성에 대하여 설명하시오. [18후, 25점] 24. 초고층 건물 RC 공사에서 대형 거푸집 panel 시공법을 논하고 재래식 공법과 비교하여 장단점을 논하여라. [92후, 30점] 25. 거푸집 공법 시스템(system) 선정 시 고려할 점에 대하여 기술하시오. [97후, 40점] 26. 거푸집 선정 시 고려할 사항 및 발전방향에 대하여 설명하시오. [20중, 25점] 27. 도심지 고층건축공사에서 옥상측벽용 노출 Con'c 대형거푸집 설치의 고정방법 및 유의사항에 대하여 기술하여라. [01후, 25점] 28. 시스템(system) 거푸집에 대하여 기술하시오. [01후, 25점] 29. 거푸집공사의 생산성을 향상시키기 위한 방안을 기술하시오. [03전, 25점] 30. 초고층 건물 코어월(Core wall) 거푸집공법 계획 시 종류별 장단점을 비교하여 기술하시오. [09전, 25점] 31. 초고층 건축공사의 거푸집 공법 선정 시 고려사항에 대하여 설명하시오. [10전, 25점]

거푸집공사 기출문제

2	32. RCS(Rail Climbing System)공법의 특징과 시공 시 유의사항을 설명하시오. [17중, 25점] 33. RCS(Rail Climbing System) Form [20전, 10점] 34. 시스템 거푸집 중 갱폼(Gang Form)의 구성요소 및 제작 시 고려사항에 대하여 설명하시오. [18전, 25점] 35. 갱폼(Gang form)의 제작 시 고려사항 및 케이지(Cage) 구성요소에 대하여 설명하시오. [19중, 25점] 36. 갱폼(Gang Form) 시공 시 재해예방대책을 설명하시오. [22전, 25점]
3	37. Sliding form [83, 5점] 38. 사일로를 시공할 때와 같이 콘크리트 거푸집을 쉬지 않고 조금씩 끌어올리며 시공하는 거푸집 공사는? [94후, 5점] 39. 슬라이딩 폼 [95후, 15점] 40. ACS(Auto-Climbing System) Form과 Sliding Form 공법을 비교 논술하시오. [06중, 25점] 41. Auto Climbing System Form [07후, 10점] 42. 거푸집 공사 중 Gang Form, Auto Climbing System Form, Sliding Form의 특징 및 장단점을 비교하여 기술하시오. [09중, 25점] 43. 슬라이딩 폼(Sliding Form) [10전, 10점]
4	44. 거푸집의 측압 [83, 5점] 45. 콘크리트의 측압에 대하여 설명하여라. [89, 25점] 46. 거푸집의 고려하중 및 측압 [00전, 10점] 47. 콘크리트 헤드(Concrete head) [01전, 10점] 48. 콘크리트 타설 시 거푸집에 작용하는 측압 [01중, 10점] 49. 콘크리트 타설 시 거푸집 측압의 특성 및 영향요인에 대하여 기술하시오. [02전, 25점] 50. 기둥 콘크리트 타설 시 거푸집에 미치는 측압의 분포를 비교, 도시(圖示)하고 설명하시오. [06전, 25점] 51. Concrete 타설 시 거푸집 측압에 영향을 주는 요소 [07전, 10점] 52. 콘크리트 타설 시 거푸집 측압에 영향을 주는 요소 및 저감대책에 대하여 기술하시오. [09전, 25점] 53. 콘크리트 타설과정에서 콘크리트의 거푸집 측압 증가요인, 측압 측정방법 및 과다 측압발생 시 대응방법에 대하여 설명하시오. [11중, 25점] 54. 철근콘크리트공사의 거푸집에 작용하는 하중 [12전, 10점] 55. 벽체두께에 따른 거푸집 측압 변화 [14중, 10점] 56. 콘크리트 타설 시 온도와 습도가 거푸집측압, 콘크리트공기량 및 크리프(Creep)에 미치는 영향에 대하여 설명하시오. [14후, 25점] 57. 생콘크리트 거푸집 측압 [15후, 10점] 58. 콘크리트 타설 시 거푸집 측압의 특성과 측압에 영향을 미치는 요인에 대하여 설명하시오. [19전, 25점] 59. 콘크리트 타설 시 거푸집에 대한 고려하중과 측압 특성 및 측압 증가 요인에 대하여 설명하시오. [19중, 25점]
5	60. 거푸집 존치기간을 표로 작성하라. [77, 8점] 61. 철근콘크리트공사에서 거푸집 및 동바리의 존치기간에 대하여 설명하여라. [91후, 30점]

62. Camber [96전, 10점]
63. 거푸집의 해체 및 존치기간 [96후, 15점]
64. 거푸집 존치기간이 철근콘크리트 강도에 미치는 영향과 이를 반영한 거푸집 전용계획에 대하여 기술하시오. [99전, 30점]
65. 콘크리트 타설 시 거푸집 공사의 점검 항목과 처짐 및 침하에 따른 조치사항에 대해 설명하시오. [99중, 30점]
66. 거푸집 및 동바리 해체(떼어내기) 기준에 대하여 각 부위별로 기술하고 기준시기보다 조기 탈형할 수 있는 강도 확인 방법을 설명하시오. [01전, 25점]
67. 거푸집 공사의 동바리 시공관리상 Con'c 타설 전, 타설 중, 해체 시 유의사항을 기술하시오. [02후, 25점]
68. 현장에서 거푸집의 가공·제작과 조립, 설치상태를 점검하려고 한다. 이때 유의해야 할 사항을 기술하시오. [03중, 25점]
69. 동바리 바꾸어 세우기(Reshoring) [03후, 10점]
70. 층고가 높은 슬래브 콘크리트 타설 전 동바리 점검사항에 대하여 기술하시오. [04후, 25점]
71. 층고 6M인 R.C 조건물의 골조공사 거푸집 시공 시 동바리 바꾸어 세우기(Reshoring)의 시기와 유의사항을 설명하시오. [07전, 25점]
72. 건축공사 현장에서 사용되는 동바리의 종류를 나열하고 각각 장단점을 설명하시오. [08전, 25점]
73. 지하구조물 보조기둥(Shoring column) [08전, 10점]
74. 거푸집 및 지주의 존치기간 미준수가 경화콘크리트에 미치는 영향에 대하여 설명하시오. [10중, 25점]
75. 거푸집존치기간(국토해양부제정 건축공사표준시방서 기준) [12중, 10점]
76. 콘크리트 슬래브 처짐(Camber) [12후, 10점]
77. 철근콘크리트 공사 시 캠버(Camber) [20전, 10점]
78. 콘크리트 양생과정에서 처짐방지를 위한 동바리(支柱)바꾸어 세우기 방법에 대하여 설명하시오. [14전, 25점]
79. 주상복합건축물 구조에서 하부층은 라멘조이며, 상부층은 벽식구조로 계획된 전이층(轉移層)의 트랜스퍼 거더(Transfer Girder)의 콘크리트 이어치기면 처리, 철근배근 및 하부 Shoring 시공 시 유의사항에 대하여 설명하시오. [14후, 25점]
80. 콘크리트 슬래브의 거푸집 존치기간과 강도와의 관계 [16전, 10점]
81. 콘크리트 거푸집의 해체시기(기준) [21후, 10점]
82. 거푸집의 존치기간 [22전, 10점]
83. 콘크리트공사의 거푸집 존치기간, 거푸집 해체 시 준수사항과 동바리 재설치 시 준수사항에 대하여 설명하시오. [22후, 25점]

84. 거푸집에 작용하는 각종 하중으로 인하여 사고 유형 및 대책을 기술하시오. [01후, 25점]
85. 부위별 거푸집(동바리 포함)에 작용하는 하중과 하중에 대응하기 위한 거푸집 설치방법(동바리 설치방법 포함) 및 콘크리트 타설방법을 설명하시오. [22전, 25점]
86. 거푸집 공사의 안전사고를 예방하기 위한 검토사항을 거푸집설계 및 시공단계별로 기술하시오. [03전, 25점]
87. 거푸집 공사의 구조적 안전성 검토방법에 대하여 기술하시오. [07중, 25점]
88. 거푸집 동바리와 관련된 안전사고의 원인과 대책에 대하여 기술하시오. [09전, 25점]
89. 건축현장의 거푸집 공사에서 발생되는 거푸집붕괴의 원인과 대책을 설명하시오. [12전, 25점]

거푸집공사 기출문제

6

90. 거푸집 공사에서 시스템 동바리 조립·해체 시 주의사항과 붕괴원인 및 방지대책을 설명하시오. [12중, 25점]
91. 공동주택 공사에서 거푸집 시공계획을 수립하기 위한 고려사항 및 안전성 검토방안에 대하여 설명하시오. [13후, 25점]
92. 가설 거푸집 동바리 및 비계에 대한 붕괴 메커니즘에 대하여 설명하시오. [15후, 25점]

7

93. 현장 제작 거푸집 공법의 문제점을 열거하고, 그 개선책을 기술하여라. [86, 25점]
94. 비계 및 거푸집 공사의 현황 및 문제점을 들고 개선방향에 대하여 기술하시오. [97중후, 40점]
95. 동바리 시공 시의 문제점과 기술상의 대책 [00후, 25점]
96. 거푸집공사에서 발생할 수 있는 문제점과 그 방지대책에 대하여 설명하시오. [08중, 25점]

기출

97. 철근콘크리트 공사 중 거푸집 시공계획 및 검사방법에 대하여 설명하시오. [11전, 25점]
98. 철근콘크리트 공사에서 거푸집이 구조체의 품질, 안전, 공기 및 원가에 미치는 영향과 역할에 대하여 설명하시오. [10중, 25점]
99. 지하주차장 거푸집 작업에서 동바리 수평연결재 및 가새 설치 시 주의사항에 대하여 설명하시오. [13중, 25점]
100. 지하주차장 보 하부 Jack Support 설치 시 현장에서 사전에 검토할 사항을 설명하시오. [15후, 25점]
101. 거푸집공사에서 시스템동바리(System Support)의 적용범위, 특성 및 조립 시 유의사항에 대하여 설명하시오. [16후, 25점]
102. 잭서포트(Jack Support), 강관시스템서포트(System Support)의 특성과 설치 시 유의사항에 대하여 설명하시오. [19중, 25점]
103. 거푸집공사에서 시스템 동바리와 강관동바리의 장단점을 비교하고, 동바리 조립 시 유의사항에 대하여 설명하시오. [21후, 25점]

용어

104. Flying form [87, 5점]
105. 거푸집 박리제 [97중전, 20점]
106. 박리제의 종류와 시공 시 유의사항에 대하여 설명하시오. [19후, 25점]
107. 기둥 밑잡이 [99중, 20점]
108. 시스템 동바리(System Support) [10중, 10점]
109. 와플폼(Waffle-form) [01후, 10점]
110. Key stone plate [03중, 10점]
111. Composite Deck Plate(합성데크) [04전, 10점]
112. Ferro deck [04중, 10점]
113. Pecco Beam [05중, 10점]
114. 가설공사의 Jack Support [12후, 10점]
115. 잭서포트(Jack Support) [16중, 10점]
116. 컵록 서포트(Cuplock Support) [19전, 10점]
117. 철재 비탈형(非脫型) 거푸집 [13전, 10점]
118. 비탈형 거푸집 [18후, 10점]
119. 거푸집 공사에서 드롭헤드 시스템(Drop Head System) [14후, 10점]
120. 거푸집 공사에서 Stay-in-place Form [16중, 10점]
121. 거푸집의 수평 연결재와 가새 설치 방법 [19중, 10점]

실패한 고통보다 최선을 다하지 못했음을 깨닫는 것이 몇 배 더 고통스럽다.

- 앤드류 매튜스 -

문제 1

거푸집의 종류 및 특징

● [80(25), 98전(20), 98후(20), 99후(30), 01전(25), 02후(10), 06후(10), 07전(25), 08전(25), 08중(10), 12중(10), 12후(25), 13중(10), 13중(25), 17전(25), 18중(10), 18후(10), 19전(25), 21전(25), 21후(25)]

Ⅰ. 개 요

① 거푸집은 Con'c를 타설하기 위해 설계도서에 명시된 형상을 동일하게 형성시켜 주고, Con'c가 경화될 때까지 외기영향을 최소화하는 데 목적이 있다.

② 거푸집 공사비는 구조체 공사비의 20~30%를 차지하므로 적절한 공법을 선택하는 것이 무엇보다 중요하다.

Ⅱ. 거푸집 요구조건

① 가공 용이, 치수정확

② 수밀성 확보, 내수성 유지

③ 가격 저렴, 경제성

④ 외력에 강하고 청소·보수 용이

Ⅲ. 거푸집 분류

1) 일반 거푸집

① 목재 form

② 금속재(metal) form

③ 알루미늄 form

2) 특수 거푸집(전용 form, 대형 form)

① 벽전용 거푸집 : 대형 panel form(gang form), climbing form

② 바닥전용 거푸집 : table form, flying shore form

③ 벽·바닥전용 거푸집 : tunnel form(mono shell, twin shell)

④ 연속 공법

㉠ 수직 : sliding form, slip form

㉡ 수평 : travelling form

⑤ 무지주공법 : bow beam, pecco beam

⑥ 바닥판공법 : deck plate, waffle form, half slab, W식

Ⅳ. 거푸집의 종류 및 특징

1. 목재 form

거푸집용 12mm 이상의 합판 혹은 널판재에 멍에, 장선으로 보강한 거푸집

1) 장 점

① 시공성 및 가공성이 용이하고 재료 수급이 쉬움
② 비교적 외력에 강하며 청소·보수 용이

2) 단 점

① 전용 횟수가 적고 파손이 크므로 비경제적
② 해체 시 안전성 미흡

2. 금속재(metal) form

보통 철재 패널(metal form)과 알루미늄 패널이 있으나 철재 패널이 많이 보급되고 있다.

1) 장 점

① 전용 횟수가 50회 정도로 전용성 높음
② 마감 치수가 정확하고 제치장 Con'c에 유리
③ 조립·해체 간단

2) 단 점

① 300×1500mm 패널 중량에 15kg 정도로 자중이 큼.
② 목재와 접합 시 곤란
③ Concrete에 철판의 녹, 오염

3. 알루미늄 form

알루미늄 재료를 거푸집 프레임으로 사각틀을 구성하고 coating 합판을 rivet으로 고정하여 반복사용하도록 제작된 거푸집

1) 장 점

① 경량으로 설치시간이 단축
② 내식성과 용접성이 우수
③ 전용률이 높고 강성이 좋음

2) 단 점

① 고가로 초기 투자비 과다

② 기능공 교육 및 숙달기간 필요

4. Gang form(대형 panel form)

연속해서 사용할 수 있는 위치에 대형 panel로 unit화하여 반복 사용하는 공법

1) 장 점

① 시공능률 향상

② 노동력 절감, 공기단축

③ 가설재 절약, 무비계 가능

2) 단 점

① 초기 투자비 과다

② 양중장비 설치

③ 제작 시, 해체 후 보관장소 필요

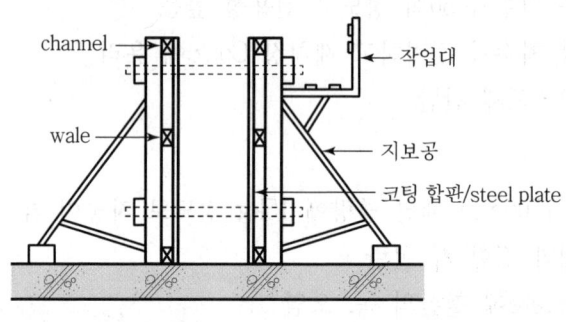

Gang form

5. Climbing form

벽체용 거푸집으로 갱폼에 거푸집 설치를 위한 비계틀과 기타설된 콘크리트의 마감작업용 비계를 일체로 조립·제작하여 사용하는 공법

1) 장 점

① Joint 감소

② 조립·해체 용이

③ 반복 사용으로 원가 절감

④ V.H 타설 공법 적용

2) 단 점

① 초기 투자비 과다

② 양중장비 필요

6. Table form

바닥판 거푸집을 table 모양으로 만들어서 슬래브 콘크리트 타설 후 대형 양중기를 사용하여 반복적으로 전용하는 공법

1) 장 점

① 조립·해체 용이

② 노무절감

2) 단 점

① 양중장비 필요

② 초기 투자비 과다

7. Flying shore form

거푸집의 장선, 멍에, 동바리를 unit화하여 수평·수직 이동할 수 있도록 한 대형 바닥판 거푸집공법

1) 장 점

① 거푸집의 처짐량이 적음

② 기계화작업으로 시공능률 향상

③ 노동력 절감

2) 단 점

① 건물 형태의 제약

② 대형 양중장비 필요

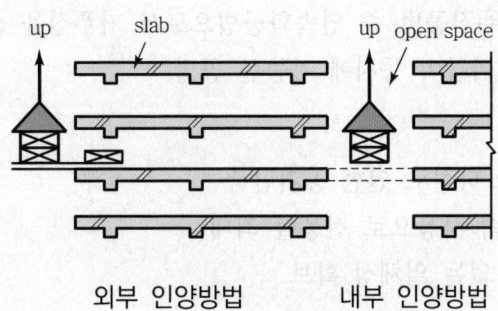

외부 인양방법   내부 인양방법

8. Tunnel form

벽체와 바닥 거푸집을 일체화하여 unit로 구성한 대형 전용 steel form 공법

1) 장 점

① 한중 콘크리트 타설 시 보양에 유리

② 보가 없고 콘크리트면이 평활한 마감면에 작업능률 최대

③ 시공성이 용이하여 공기단축, 원가절감, 노동력 감소

2) 단 점

① 초기 투자 과다, 전용 횟수가 적은 공사에 비경제적

② 철재 거푸집 녹이 콘크리트 노출면 오염

③ 중량으로 양중장비 필요

3) 종 류

① Mono shell form

설계된 unit에 맞춰 1개를 ∏형으로 제작

② Twin shell form

두 쪽의 ㄱ자형 거푸집을 맞대놓고 중간을 연결

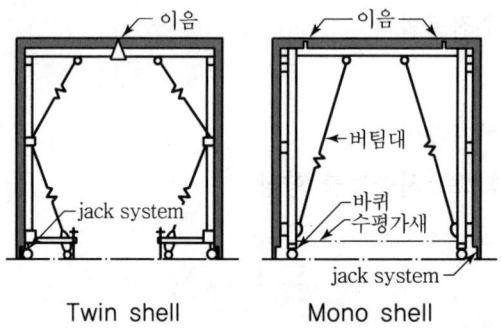

Twin shell   Mono shell

9. Sliding form

대형 전용 거푸집공법 중 연속화공법으로서 거푸집을 상부로 수직 이동하면서 Con'c 타설과 마감이 동시에 가능한 공법

1) 장 점

① 연속 Con'c 타설로 인한 공기단축

② 거푸집 연속 사용으로 전용률 최대

③ 시공 joint 없는 일체성 확보

2) 단 점

　① 연속 작업으로 인한 인원, 장비, 자재의 충분한 여유 확보

　② 상승 속도에 따라 Con'c 품질 좌우

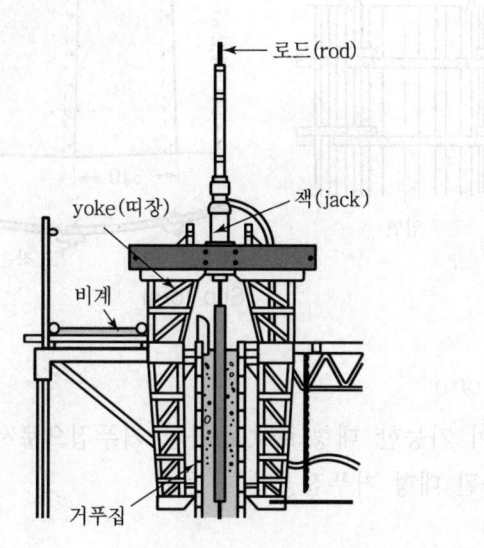

Sliding form

10. Slip form

　Sliding form의 일종으로 단면변화가 있는 구조물의 연속 Con'c 타설 공법

1) 장 점

　① 연속 사용으로 전용률 높음.

　② 거푸집이 taper져서 올라가면서 직경 또는 단면이 변함.

2) 단 점

　품질 정밀도 유지가 어려움, 기술축적 미비

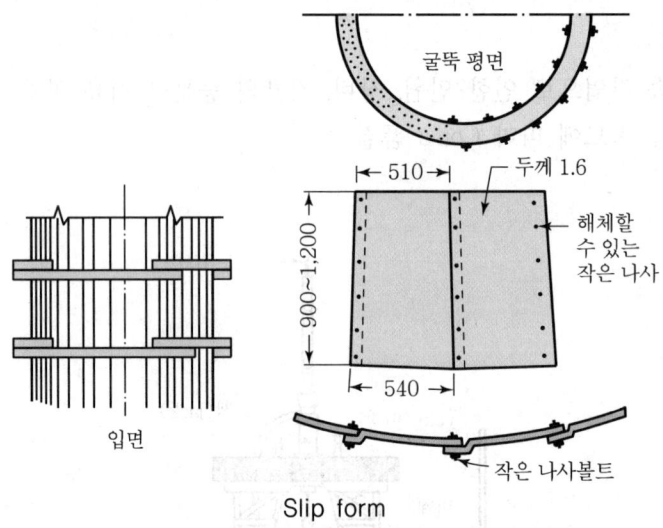

굴뚝 평면

입면

510

두께 1.6

900~1,200

해체할
수 있는
작은 나사

540

작은 나사볼트

Slip form

11. Travelling form

수평이동이 가능한 대형 system화된 거푸집으로서 장선, 멍에, 동바리가 일체화, unit화된 대형 거푸집공법

1) 장 점

① 공기단축

② 시공정밀도 우수

③ 시공관리 용이

④ 자재절약, 원가절감

2) 단 점

① 초기 투자 과다

② 이동·해체 장비 필요

12. Bow beam

철골 트러스와 유사한 가설보를 양측에 고정시키고, 바닥 거푸집 형성하는 무지주(無支柱) 공법

Bow beam

1) 장 점

① 층고가 높고 큰 span에 유리

② 지주가 없으므로 하부를 작업공간으로 활용

③ 구조적 안정

2) 단 점

　　① 설치시 소형 인양장비 필요

　　② 한정된 공사에 적용(철골공사)

　　③ 초기 투자비용 높음.

13. Pecco beam

　　Bow beam과 유사하나 안보에 의한 span 조절이 가능한 무지주공법

1) 장 점

　　① 철골 beam 간격이 복잡한 경우 작업 가능

　　② 공기단축, 작업 용이

2) 단 점

　　① 중앙부 처짐 우려

　　② 설치, 해체 시 작업발판 필요

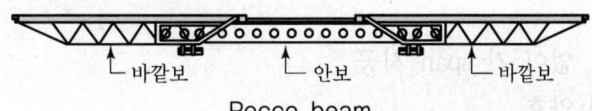

바깥보　　　안보　　　바깥보

Pecco beam

14. Deck plate

　　철골구조에 지주 없는 거푸집재로 사용하거나 하부면에 내화피복하여 구조체
　　일부로도 사용

1) 장 점

　　① 무지주공법, 해체작업 생략

　　② 공기단축

　　③ 철골 작업 시 안정성 확보

2) 단 점

　　① Slab 진동·충격에 불리

　　② 중앙부 처짐 우려

　　③ 공사비가 비싸다.

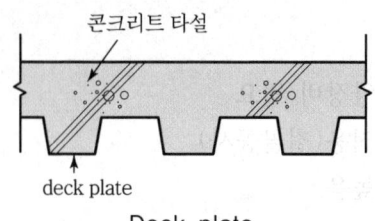

콘크리트 타설

deck plate

Deck plate

15. Waffle form

의장효과와 층고 확보의 목적으로 서울지하철 중앙청 역사 천장과 같이 사각형의 Con'c가 일정한 질서를 갖추어 튀어나오도록 설치하는 거푸집을 말한다.

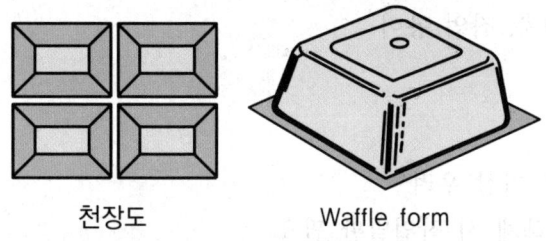

천장도   Waffle form

1) 장 점

① 작은보 없이 긴 span 시공

② 시공성 양호

③ 의장과 동시 작업

2) 단 점

① 설계 당시부터 격자간격 계획

② 전용성 부족

16. Half slab(omnia form)

Omnia 철근을 하부 slab에 매입하여 공장에서 대량 생산으로 P.C 제품화하여 현장반입 · 설치하고, slab 상부를 현장에서 topping Con'c를 타설하여 일체화시키는 바닥판 공법으로 P.C에서의 half slab를 의미한다.

1) 장 점

① 공장생산으로 고품질 확보

② 가설재 절약으로 원가절감

③ 작업공간 확보, 공기단축

2) 단 점

　① 처짐, 휨 발생

　② 운반 양중 시 충격으로 인한 파손

　③ 다기능 숙련공 확보

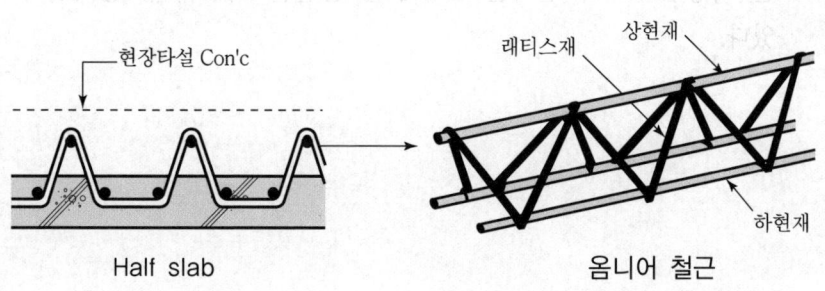

Half slab　　　　　　　　　옴니어 철근

17. W식

철골조 부재 사이에 lattice beam을 걸어 고정하고, 합판 대신 아연골형 철판을 거푸집으로 사용하는 공법으로 지주없이 장 span에 Con'c 타설이 가능하다.

1) 장 점

　① 동바리가 없으므로 작업공간 활용, 후속공정 선투입이 가능

　② 가설자재 절약으로 원가절감

　③ 공정축소로 인한 공기단축

　④ Deck plate에 비해 장 span 가능

2) 단 점

　① Lattice beam 설치시 작업발판 설치

　② 중앙부 처짐, 휨응력 사전 검토

　③ 자재가 중량물이므로 소운반 계획과 작업순서 및 동선 확보

V. 개발방향

　① 설계의 표준화, 규격화, 단순화

　② AL, plastic 거푸집 개발

　③ 재료의 강철화, 경량화

　④ 대형 거푸집 활성화

　⑤ 양중기계 개발 및 시공의 robot화

Ⅵ. 결 론

① 건설업의 환경변화 및 재래공법의 문제점을 해소하기 위해서는 대형 거푸집의 활성화가 필요하다.

② 설계의 표준화, 재료의 강철화, 시공의 robot화 등을 위해서는 대형 거푸집을 사용함으로써 건축물의 우수한 품질을 확보하며, 공기단축도 꾀할 수 있다.

문제
2

대형 시스템 거푸집

● [82후(20), 84(20), 92후(30), 97후(40), 01후(25), 01후(25), 03전(25), 09전(25),
10전(25), 18전(25), 18후(25), 19중(25), 20전(10), 20중(25), 22전(25)]

Ⅰ. 개 요

① 대형 시스템 거푸집이란 거푸집과 동바리가 일체화 또는 대형 panel로 unit
화되어 반복 사용을 가능하게 한 것을 말한다.

② 조립·해체가 용이하고 전용성, 안전성이 있어야 하며, 특히 거푸집 자체의
강성이 요구되며, 고층 APT 측벽 등에 사용한다.

Ⅱ. 재래식 거푸집의 문제점

① 인력에 의존한 제작, 조립

② 반복 사용 불가능, 구조물 형태 복잡

③ 특수 마감의 부적합

④ 시공오차가 크고 대량 생산 불가능

⑤ 내구성 감소

Ⅲ. 장 점

1) 반복 사용

① 동일 단면, 동일 형상을 반복 사용하므로 시공능률 및 노동력 절감

② 전용으로 인한 자재의 효율화

2) 시공능률 향상

① 양중장비의 활용

② 조립·해체의 기계화, 단순화

3) 노동력 절감

① 형상이 큰 것을 그대로 이동하므로 능률향상

② 운반, 조립, 해체의 기계화

4) 공기단축

① 선부착 공법 등에 의한 마감공사 병행 시공

② 거푸집 시공을 위한 가설 발판공정의 제거

371

5) 시공오차 축소

  ① 각 부재의 unit화 및 접합의 기계화로 시공 정도 동일

  ② 강성이 높은 거푸집으로 변형 방지

6) 경제성

  ① 반복 사용으로 전용성이 높아 경제적

  ② 해체작업이 용이하고 자재 파손 최소화

7) 가설재 절약

  ① 각 부재의 unit화 및 대형 거푸집 자체에 시공발판 부착

  ② 반복사용으로 인한 거푸집 투입자재 절약

8) 안전성

  ① 설계 당시부터 거푸집의 응력계산

  ② 작업이 간단하여 안전에 유리

IV. 단 점

1) 거푸집의 중량

  ① 부재 하나의 무게가 무겁고 크므로 인력 운반이 불가능

  ② 양중장비 필요

2) 건물 형상

  ① 설계 당시부터 전용 거푸집 고려

  ② 기존 설계에 맞도록 하려면 건축 표준화가 안 됨.

3) 기능공 양성

  재래식 기능공으로는 시공이 불가능, 제작, 조립, 해체의 운용방법이 필요

4) 안전관리

  거푸집이 크고 중량물이므로 풍하중, 지지력 및 양중 이동시 안전관리에 유의

5) 제작 전용 보관장소

  ① 작업장 및 야적장 필요

  ② 도심지에서는 적용이 어려움.

V. 시공법

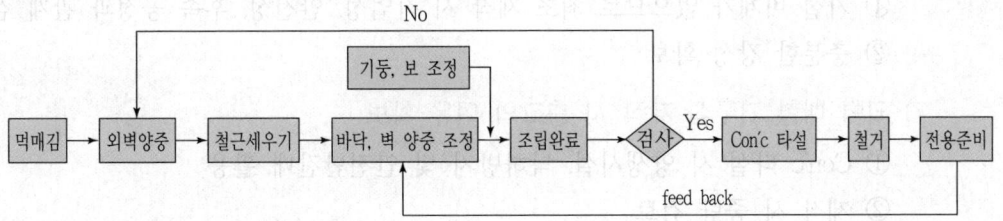

1. 시공순서

    ① 기초 및 바닥판 형성 : 공작도 작성, 대형 거푸집 제작, 양중장비 설치

    ② 먹매김

    ③ 대형 외벽 거푸집 양중 및 가고정 : 풍압, 외부충격, 응력 확보

    ④ 철근 세우기

    ⑤ 내부 거푸집 양중하여 조정, 조립 : 기둥, 보, 슬래브의 조정, 조립 병행

    ⑥ 조립 완료 : 검사

    ⑦ Con'c 타설 : bucket식, pump식

    ⑧ 반복 이동조립

2. 시공시 유의사항

1) 내구성 확보

    합판 탈형시 손상이 심하므로 전용 횟수 검토하고 영구적인 자재 사용

2) 거푸집 강도 및 긴결재 간격

    ① 양중시 변형 방지를 위해 거푸집 강성 확보

    ② 외벽의 보수가 어려우므로 거푸집 변형, 측압의 응력 유지

3) 수밀성 유지

    ① Cement paste 누출 방지

    ② 하부층 외벽 마감과 병행

4) 전용성 최대화 계획

    ① 전용 방법, 방법 횟수, 이동시 용이성 확보

    ② 콘크리트 양생방법, 양생기간과 전용시기 검토

5) 양중 시설의 적정 여부

    거푸집의 수량, 형상, 중량 및 입지조건의 적합성

6) 가설 발판의 안정성

   ① 가설 비계가 없으므로 최초 제작 시 작업성, 안전성, 후속 공정과 관계 검토

   ② 충분한 강성 확보

7) 외벽 대형 거푸집 제작 시 층고의 여유 확보

   ① Con'c 타설 시 양생시설, 낙하방지 및 안전난간대 활용

   ② 제작 시 중량 검토

8) 전용의 용이성

   재사용 시 청소, 보수 용이

9) 경량화

   ① 양중장비의 여유 용량을 파악, 거푸집 분할

   ② 구성재의 종류 최소화

Ⅵ. 문제점

   ① 건물의 형상

   ② 거푸집 중량과 양중설비

   ③ 풍하중, 중량물 이동시 안전대책

   ④ 기능공 양성 및 숙련도 확보 문제

Ⅶ. 개발방향

   ① 가능한 한 거푸집 대신에 P.C 공법 적용, half slab 개발

   ② 골조공사와 마감공사 복합자재 개발하여 공기단축

   ③ 거푸집, 철근 공사의 병행과 prefab화

   ④ 시공의 robot화 개발

Ⅷ. 결 론

   ① 대형 거푸집 공법으로의 확대는 설계의 표준화, MC화가 선행되어야 하며, 전 사업장을 통하여 적용할 수 있는 높은 전용률의 확보가 필요하다.

   ② Half slab 개발, 공기단축기법 활용, 기계화 시공을 통한 대형 거푸집 공법의 개발이 있어야 한다.

문제
3

Sliding form

● [83(5), 94후(5), 95후(15), 06중(25), 07후(10), 09중(25), 10전(10)]

Ⅰ. 개 요

① Sliding form은 silo 등 일정한 평면을 가진 벽체로 둘러싼 구조물에 적합하고, 일정한 속도로 거푸집을 상승시키면서 연속하여 Con'c 타설하는 수직활동 거푸집공법이다.

② 거푸집 높이는 약 1~1.2m 정도, 상승속도는 기온·계절에 관계 있으나 1일에 약 5~8m 상승 가능하며, 연속 타설하므로 joint가 없고 균질한 품질을 확보할 수 있다.

Ⅱ. 특 징

1) 장 점

① Con'c 연속 타설로 인한 공기단축

② 외부 비계 생략과 거푸집의 높은 전용으로 원가절감

③ 연속 타설에 의한 Con'c의 일체성 확보

④ 작업 공정이 단순하여 비교적 안전한 공법

2) 단 점

① 시작하면 작업종료 때까지 중단 없이 연속작업

② 구조물 형태에 따라 공법 적용 제약

③ Con'c의 균일한 품질은 일정한 상승속도에 좌우

Ⅲ. 공법의 분류

1) Sliding form

① 단면변화가 없는 구조물에 적용하며, Con'c의 연속 타설

② 거푸집 높이 1~1.2m 정도

③ 1일 상승높이 5~8m 정도

④ 주야 연속작업으로 인한 충분한 여유인원 확보

⑤ 빌딩 코어, silo, 교각 등에 적용

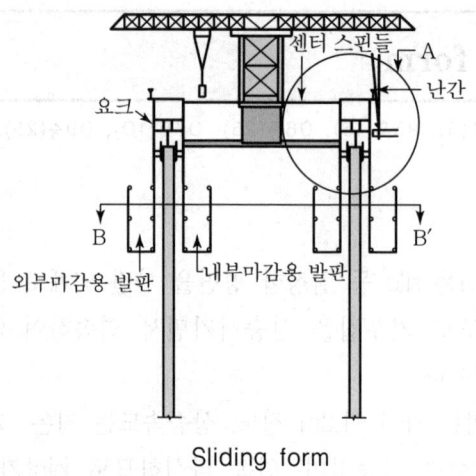

Sliding form

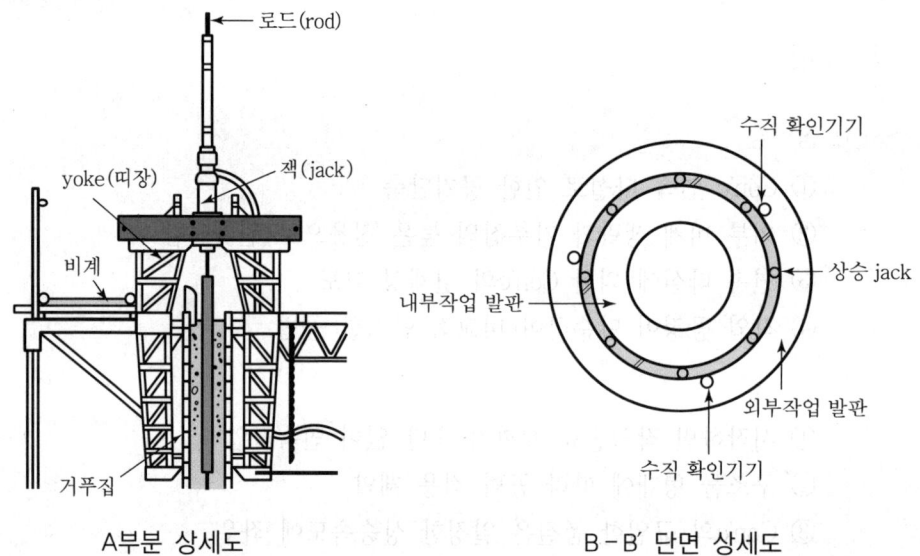

A부분 상세도 　　　　　　　　　　B-B' 단면 상세도

2) Slip form

① 단면변화가 있는 구조물에 적용하며, Con'c 반복 타설

② 거푸집 높이 0.9~1.2m 정도

③ 1회 타설높이 0.9~1.2m, 1일 3~5회 정도 반복 타설

④ 시공 시 안전성, 정밀도 고려하여 주간에만 작업

⑤ 급수탑, 수신탑, 전망대 등에 적용

Ⅳ. 시공순서

1. Flow chart

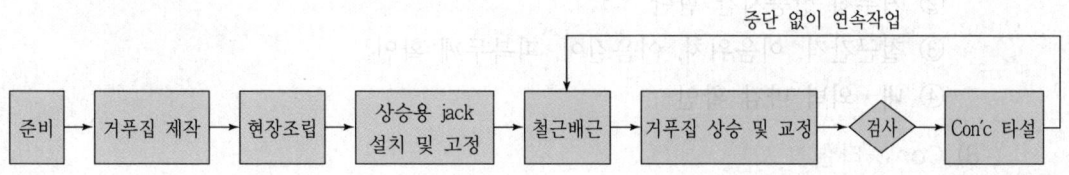

중단 없이 연속작업

준비 → 거푸집 제작 → 현장조립 → 상승용 jack 설치 및 고정 → 철근배근 → 거푸집 상승 및 교정 → 검사 → Con'c 타설

2. 시공순서

1) 준 비

① 설계도서 검토 및 거푸집 공작도 작성
② 공정계획 및 시공계획 수립
③ 인원, 장비 확보 및 자재수급 계획

2) 거푸집 제작

① 공작도에 의한 정밀제작
② 내·외벽 마감용 발판 설치

3) 현장조립

① 먹매김에 의한 정밀도 확보
② 변형 방지를 위한 거푸집의 내구성 강도 및 수밀성 확보

4) 상승용 jack 설치 및 고정

① Jack 여유 용량 및 rod를 적기에 연결
② 수직도 검사(수직 확인기기 거푸집에 부착)

5) 철근 배근

① 이음길이·간격·위치·검사 및 피복두께 확보
② 자재의 수직·수평 이동 동선과 작업공간, 작업의 용이성 여부

6) 거푸집 상승 및 교정

① 1일 상승높이는 5~8m 정도
② Con'c 타설 후 상승시간 준수
　콘크리트 타설 후 상승시간을 준수하며, 시간당 300mm 기준
③ 상승하면서 계속하여 수직을 확인하고 이상시에는 jack을 조정하여 거푸집 교정

377

7) 검 사

① 거푸집 수직도 여부 확인
② 거푸집 상승시간 판단
③ 철근간격, 이음위치, 이음길이, 피복두께 확인
④ 내·외벽 마감 확인

8) Con'c 타설

① 한 회사에서 Con'c를 지속적으로 공급, 균질한 품질을 획득 위함.
② 시공속도 조절은 jack의 조절 및 Con'c 혼화제로 조절

Ⅴ. 시공 시 유의사항

① 거푸집 제작 시 내·외벽 마감작업용 발판설치
② 주간·야간 연속작업으로 인한 충분한 기능공 확보와 돌발사태 발생 시 여유인력 확보
③ Con'c 공급 시 연속 공급능력 및 문제 발생 시 대처방안 모색
④ 가설공사로 동력, 야간조명시설, 양중장비, 작업발판, 안전난간, 추락방지망 등 설치
⑤ 수평 및 연직 상태를 계속해서 확인
⑥ 거푸집 탈형 시 Con'c 손상 및 균열 예방
⑦ Jack 여유용량 및 rod에 가해지는 하중
⑧ 야간작업, 고소작업으로 인한 안전사고
⑨ Con'c의 적정한 W/B비, slump값, 혼화제를 사용하여 품질을 확보
⑩ 우기 중 공사 시 W/B비 변경, 상승속도 조절로 품질유지
⑪ 철근간격, 이음위치, 이음길이, 피복두께 원칙에 준수
⑫ 최상부 slab Con'c 타설 시 지보공의 지지력 확보

Ⅵ. 전망

① 생산성이 높은 공법이므로 응용 가능 부분의 개발
② 하절기가 짧은 북쪽 지방에서 활성화
③ Con'c 타설방법의 성력화
④ 상승장비의 단순화·자동화
⑤ 시공 robot 개발

Ⅶ. ACS(auto climbing system) form

1) 정의

ACS form은 1개를 높이로 제작된 system form을 hydraulic jack과 climbing profile을 이용하여 상승시키며 1개층 높이의 콘크리트를 타설하는 거푸집공법이다.

2) ACS form 시공순서

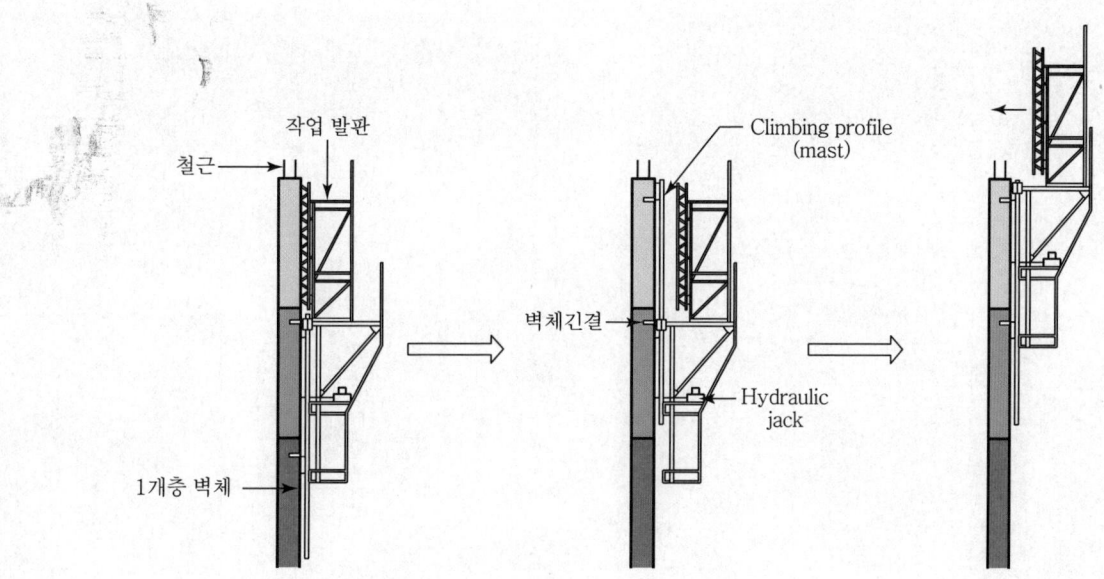

철근 / 작업 발판 / 1개층 벽체 / Climbing profile (mast) / 벽체긴결 / Hydraulic jack

- • 거푸집 설치 및 콘크리트 타설
- • 거푸집 탈형
- • Climbing profile 상승준비
- • 거푸집 unit 상승
- • 철근 배근
- • 거푸집 부착

3) 특징

① 양중장비가 필요없이 스스로 상승하므로 self climbing form이라고도 함.
② 벽체의 변형(두께, 평면 등)에 대처 가능
③ Embed plate 설치가 자유로움
④ 초고층 건축의 RC core 부분에 많이 채택

Ⅷ. 결 론

① Sliding form은 Con'c를 연속 타설함으로써 공기단축 및 거푸집의 높은 전용률로 원가절감이 가능하며, joint가 없는 균질한 Con'c를 확보할 수 있다.

② Sliding form 공법의 적용범위를 확대시켜 초고층 건물, core 부위 등 응용 가능한 부분의 개발과 시공의 성력화 및 robot 개발이 무엇보다 시급하다.

콘크리트 측압

● [83(5), 89(25), 00전(10), 01전(10), 01중(10), 02전(25), 06전(25), 07전(10), 09전(25), 11중(25), 12전(10), 14중(10), 14후(25), 15후(10), 19전(25), 19중(25)]

Ⅰ. 개 요

① 콘크리트 측압이란 Con'c가 유동하는 동안 중량의 유체압으로서 수직재 거 푸집에 작용하는 압력을 말한다.

② 거푸집은 측압에 견딜 수 있도록 설계되어야 하기 때문에 거푸집 설계에 중요한 의미를 갖는다.

③ 측압은 Con'c의 윗면에서의 거리와 단위용적 중량의 곱으로 표시한다.

Ⅱ. Con'c head

1. 정 의

Con'c head란 Con'c를 부어넣은 윗면에서부터 아래 깊이로 최대측압이 작용하 는 깊이를 말하는 것으로서, 최대측압은 타설함에 따라 윗면으로 이동한다.

2. 측압의 상태

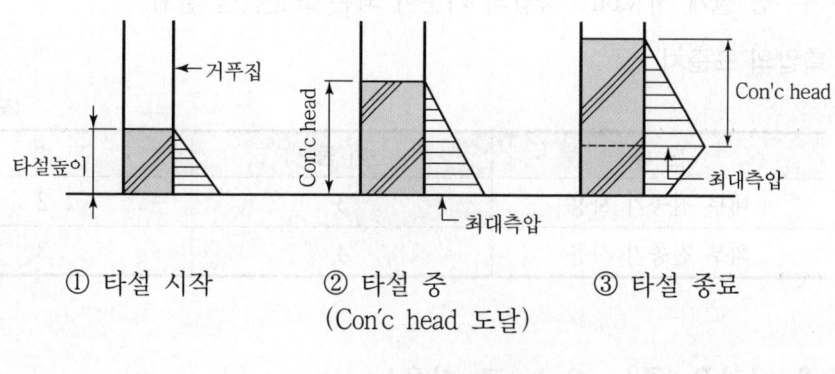

① 타설 시작   ② 타설 중   ③ 타설 종료
(Con'c head 도달)

Con'c 측압의 분포

3. 인력다짐 시 측압

1) Con'c head

① 벽 0.5m

② 기둥 1.0m

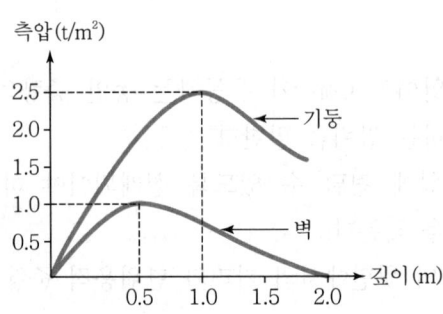

2) Con'c 측압의 최대값

① 벽 1.0t/m² (0.5m×2.3t/m³＝약 1.0t/m²)

② 기둥 2.5t/m² (1.0m×2.3t/m³＝약 2.5t/m²)

Ⅲ. 진동다짐 시 측압의 표준치

1) 정 의

거푸집 설계 시 Con'c 측압의 기준이 되는 표준값을 말함.

2) 측압의 표준치

(단위 : t/m²)

분 류	기 둥	벽
내부 진동기 사용	3	2
외부 진동기 사용	4	3

Ⅳ. 측압에 영향을 주는 요소(큰 경우)

① Form 수평단면이 클수록

② Form 표면이 평활할수록

③ Con'c slump치가 클수록

④ Con'c 시공연도가 좋을수록

⑤ 철골·철근량이 적을수록

⑥ 외기 온도, 습도가 적을수록

⑦ 부배합일수록

⑧ 타설속도가 빠를수록

⑨ 다짐이 충분할수록

⑩ 타설 시 상부에서 직접 낙하할 때

⑪ 벽체 두께와 측압은 상관관계가 없음

Ⅴ. 측압의 측정방법

1) 수압판에 의한 방법

금속제의 수압판을 거푸집면 바로 아래에 장착하고, Con'c와 직접 접촉시켜 그 측압에 의한 탄성 변형에서 측압력 측정방법

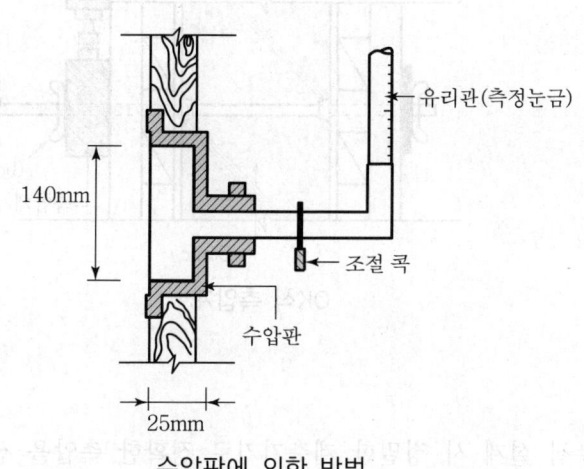

수압판에 의한 방법

2) 수압계를 이용하는 방법

수압판에 직접 스트레인 게이지를 부착, 그 수압판의 탄성 변형량을 정기적으로 측정하여 실제 수치를 파악하는 방법

3) 죄임철물의 변형에 의한 방법

거푸집 죄임철물(separator)이나 죄임 본체인 bolt에 strain gauge를 부착시켜 응력변형을 일으킨 양을 정기적으로 파악하여 측압으로 환산하는 방법

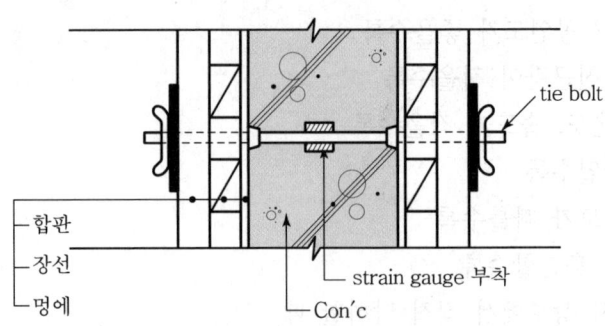

합판
장선
멍에

tie bolt

strain gauge 부착

Con´c

죄임철물의 변형에 의한 방법

4) OK식 측압계

거푸집 죄임철물 본체에 유압 jack을 장착하여 전달된 측압을 bourdon gauge
에 의해 측정하는 방법

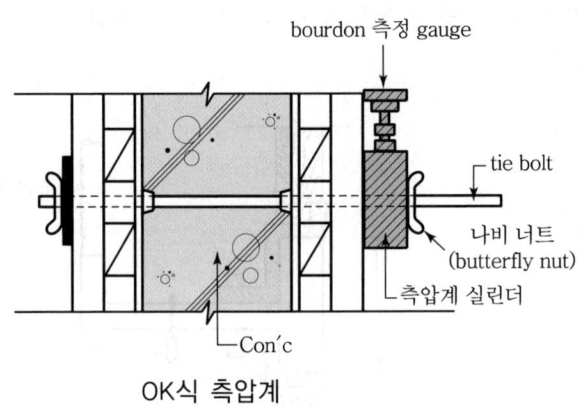

bourdon 측정 gauge

tie bolt

나비 너트
(butterfly nut)

측압계 실린더

Con´c

OK식 측압계

VI. 결 론

① 거푸집 설계 시 정밀한 계측기기로 정확한 측압을 산출함으로써 측압에 의
한 변화를 사전에 파악할 수 있으며, 거푸집공법으로 인한 원가절감 및 품
질 확보로 안전한 시공을 할 수 있을 것이다.

② 측압에 대한 data 분석과 거푸집과 측압의 관계를 정확히 파악할 수 있는
기계의 개발이 무엇보다 필요하다.

문제
5

거푸집 및 동바리 존치기간과 시공 시 유의사항

● [77(8), 91후(30), 96전(10), 96후(15), 99전(30), 99중(30), 01전(25), 02후(25), 03중(25), 03후(10), 04후(25), 07전(25), 08전(25), 08전(10), 10중(25), 12중(10), 12후(10), 14전(25), 14후(25), 16전(10), 21후(10), 22전(10), 22후(25)]

I. 개 요

① 거푸집, 동바리의 존치기간은 Con′c가 소요강도를 확보하여 외력 또는 자중에 충분히 견딜 수 있을 때까지의 양생기간을 말한다.

② 거푸집의 존치기간은 Con′c 강도에 중대한 영향을 주므로 시방서에 지정한 날짜는 엄수하여야 한다.

II. 거푸집 존치기간

1) 콘크리트 압축강도를 시험할 경우

부재	콘크리트 압축강도(f_{cu})
확대기초, 보옆, 기둥, 벽 등의 측벽	5MPa 이상
슬래브 및 보의 밑면, 아치 내면	설계기준압축강도 2/3 이상 또한 14MPa 이상

2) 콘크리트 압축강도를 시험하지 않을 경우

시멘트의 종류 / 평균기온	조강포틀랜드시멘트	보통포틀랜드시멘트 혼합시멘트 A종	혼합시멘트 B종
20℃ 이상	2일	4일	5일
20℃ 미만 10℃ 이상	3일	6일	8일

III. 거푸집 시공 시 주의사항

1) 강성 및 강도 확보

① Con′c 타설 시 거푸집이 변형 및 파열되지 않도록 강도 유지

② 변형시 구조물의 정도 불량 및 파열시 공사재해 유발

2) 거푸집 수밀성 유지

① 조립 후 간극, 틈을 최소화

② 타설 시 모르타르나 시멘트 paste 유출되면 품질 저하

3) 공작도 작성 후 제작

① Con'c의 품질에 영향이 크므로 사전 계획에 의한 form 제작

② 해체 시 방법, 순서 및 제거 시기 등을 고려하여 설치

4) Form 재료

① Con'c 구조체의 마감처리 관계 파악 후 재료 선택

② 목재 사용 시 나뭇결 반영, metal form 사용 시 평활하고 광택 있는 면을 확보할 수 있으나, 녹으로 인한 오염 피해 고려

5) 조립, 해체 용이

① 해체 시 파손되지 않도록 하고, 조립의 역순으로 해체 가능하도록 제작

② 안전한 제작, 해체 시 공사재해 예방을 염두에 두고 제작

6) 매입 철물

① 천장 배관용 insert, sleeve류 설치 여부 확인

② 개구부 box의 매입 여부

③ 밀폐된 상태의 거푸집은 청소구, 점검구를 두도록 한다.

7) 균등한 긴장도 유지

① Tie bolt의 간격, 배치, 강도 등을 파악 후 동일하고 균등하게 설치

② 측압에 견딜 수 있도록 제작

8) 정밀시공

① Con'c 구조도에 나타난 치수, 부재의 위치, 형상에 준하여 시공

② 부득이 발생하는 시공오차는 마감 시공 시 흡수할 수 있는 곳에 설치

③ 수직, 수평으로 정확히 검사

Ⅳ. 동바리(받침기둥, 지주) 존치기간

1) 원 칙

① 동바리 상부층에 Con'c 타설 후 하부층의 동바리 해체가 원칙

② 콘크리트의 압축강도를 시험한 후, 존치기간 이상 확보 후 해체

③ 작업하중, 집중하중이 특히 클 때는 하중이 없어질 때까지 동바리를 존치

2) 존치기간

Slab 밑, 보 밑은 설계기준강도의 100% 이상 확인 후 해체

Ⅴ. 동바리(받침기둥, 지주) 시공 시 유의사항

1) 균등한 응력 유지

① 버팀대, 장선, 멍에를 완전히 고정하고 위치, 간격은 동일 조건하에 같은 치수를 유지한다.

② 동바리의 위치는 멍에의 중심에 설치하고 헐거움이 없도록 한다.

2) 동바리 전도 방지

① 버팀대, 로프(rope), 체인(chain), 턴 버클(turn buckle) 등에 의해 좌굴 및 넘어지는 것을 방지한다.

② 연결 부위의 강도를 확보한다.

3) 동바리 교체 원칙적으로 불가

① 큰보 하부의 동바리

② 바로 위층의 작업하중, 집중하중 등 큰 하중이 있을 때

4) 교체시 순서 준수

① 모든 동바리를 동시에 또는 무질서하게 바꾸어 세우기해서는 안 된다.

② 큰보, 작은보, slab 하부 순서로 한 부분씩 시행한다.

5) 동바리 교체시 원칙

① 압축강도가 소요강도의 1/2 이상 시 일부 동바리를 교체한다.

② 동바리 상부에 두꺼운 머리받침판(900cm^2)을 설치한다.

6) 충격, 진동 금지

① Con'c 양생에 지장이 없도록 신속히 교체한다.

② 지나친 동바리의 버팀은 Con'c 품질 확보에 좋지 않다.

③ 충격 및 진동을 금지한다.

Ⅵ. 거푸집 완료 후 검사

① 동바리는 긴결 여부 및 동바리의 균등 배치, 긴장도

② 설비, 전기의 배관상태 및 누락 여부

③ 거푸집 내 청소상태

④ 거푸집의 수밀성, 타설 시 이동, 부상, 침하 등 점검

⑤ 시공오차, 정밀도, 품질의 정도

Ⅶ. 결 론

① 거푸집 동바리의 존치기간은 Con´c의 품질과 구조물의 강도 및 내구성에 영향이 크다.

② 거푸집 시공 시 수밀성, 시공오차의 최소화, 변형을 방지할 수 있는 강도가 필요하며, 충분한 존치기간을 확보하여 외기, 외력에 의한 영향이 없도록 원칙을 준수해야 한다.

거푸집공사의 안전성 검토

● [01후(25), 03전(25), 07중(25), 09전(25), 12전(25), 12중(25), 13후(25), 15후(25)]

Ⅰ. 개 요

① 거푸집은 Con'c 공사의 가설에 해당하는 공정으로 가공용이, 안정성 확보, 수밀성 등이 확보되어야 하며, 안전사고에 특히 유의하여야 한다.

② 안전성 검토는 하중계산, 강도계산 및 처짐계산 검토 등을 통하여 안전시공에 만전을 기해야 한다.

Ⅱ. 거푸집 구비조건

① 가공용이, 치수정확

② 수밀성 확보, 내수성 유지

③ 가격저렴, 경제성

④ 외력에 강하고 청소, 보수 용이

Ⅲ. 안전성 검토 flow chart

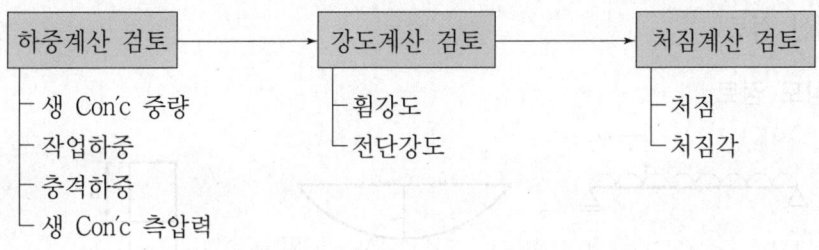

Ⅳ. 안전성 검토

1. 하중(외력)계산 검토

바닥판·보 밑의 거푸집은 생(生) Con'c 중량·작업하중·충격하중을 고려해야 하며, 벽·기둥·보 옆의 거푸집은 생(生) Con'c 중량·생 Con'c 측압을 고려해야 하고, 거푸집 자중은 고려하지 않아도 된다.

1) 생(生, fresh) Con'c 중량

아직 굳지 않은 미경화 Con'c의 중량은 2,300kg/m³로 계산한다.

2) 작업하중

① 강도계산용 : 360kgf/m²

② 처짐계산용 : 180kgf/m²

3) 충격하중

① 강도계산용 : 1,150kgf/m²(Con'c 중량의 1/2)

② 처짐계산용 : 575kgf/m²(Con'c 중량의 1/4)

4) 생 Con'c의 측압력

① 측압은 거푸집 부재를 경제적으로 하기 위하여 벽·기둥·보 옆의 거푸집 설계 시 고려한다.

② 측압의 설계용 표준치

(단위 : t/m²)

구 분	내부 진동기 사용 시	외부 진동기 사용 시
벽	2	3
기 둥	3	4

2. 강도계산 검토

1) 휨강도 검토

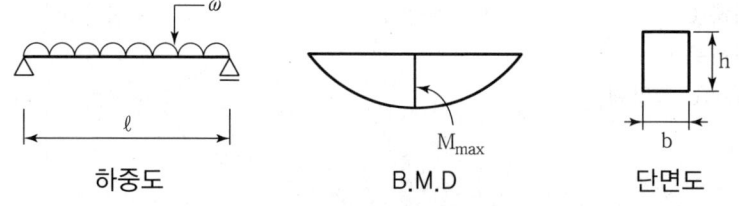

| 하중도 | B.M.D | 단면도 |

① 최대 휨모멘트 $M_{max} = \dfrac{\omega \ell^2}{8}$

② 휨응력 $\sigma = \dfrac{M_{max}}{Z} = \dfrac{\dfrac{\omega \ell^2}{8}}{\dfrac{bh^2}{6}} \leq f_b$(허용휨응력도)

2) 전단강도 검토

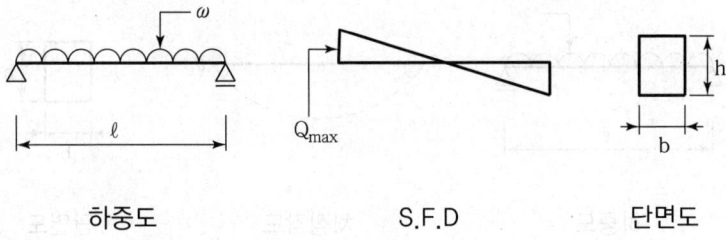

하중도   S.F.D   단면도

① 최대 전단력 $Q_{max} = \dfrac{\omega \ell}{2}$

② 전단응력 $\tau = \dfrac{3}{2} \times \dfrac{Q_{max}}{A} = \dfrac{3}{2} \times \dfrac{\dfrac{\omega \ell}{2}}{bh} \leqq f_s$ (허용전단응력도)

3. 처짐계산 검토

1) 처짐 검토

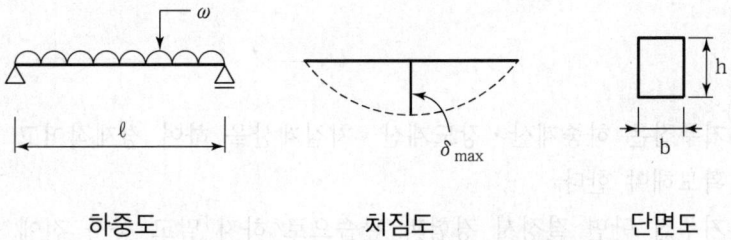

하중도   처짐도   단면도

최대처짐 $\delta_{max} = \dfrac{5\omega \ell^4}{384EI} \leqq$ 허용처짐량

영계수 $E = \dfrac{\sigma}{\varepsilon} = \dfrac{\dfrac{P}{A}}{\dfrac{\Delta \ell}{\ell}} = \dfrac{P \ell}{A \Delta \ell}$ (kg/cm²)

단면 2차 모멘트 $I = \dfrac{bh^3}{12}$ (cm⁴)

2) 처짐각 검토

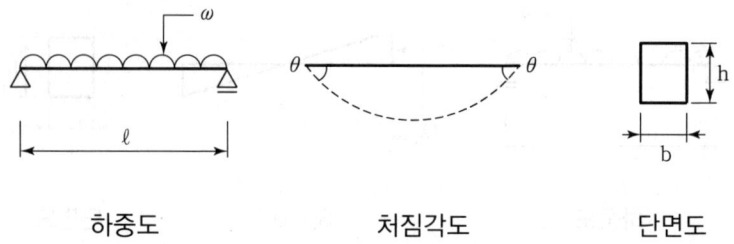

| 하중도 | 처짐각도 | 단면도 |

최대처짐각 $\theta = \dfrac{\omega \ell^3}{24\text{EI}} \leqq$ 허용처짐각

V. 거푸집 시공 시 주의사항

① 안전성 검토
② 내구성 확보
③ 수밀성 유지
④ 전용의 용이성

VI. 결 론

① 거푸집은 하중계산·강도계산·처짐계산을 하여 경제적이고 안전한 단면을 확보해야 한다.
② 거푸집 단면 결정시 경험과 관습으로 하지 말고 공사 전에 충분한 계산에 의한 검토가 필요하며, 특히 전산에 의한 합리적인 계산방법이 연구, 개발되어야 한다.

문제 7 거푸집공법의 문제점 및 개선책

● [86(25), 97중후(40), 00후(25), 08중(25)]

I. 개 요

① 거푸집공법은 숙련공 부족·자재 수급의 곤란·낮은 전용률·비효율적 공법 등으로 공사비·공기면에서 문제점이 많다.

② 설계의 표준화·M.C화·자재의 경량화·강재화·시공의 기계화·robot화 등을 통하여 대형 거푸집의 활성화 및 합리적인 system을 개발하여 건설시장 개방에 대응하여야 한다.

II. 거푸집의 요구조건

① 외력에 의한 안전한 강도 및 내구성을 확보할 것

② 부피가 작고 경량이며, 운반에 용이할 것

③ 가공·조립이 간단하고 해체가 용이하며, 구성재의 종류가 간단할 것

④ 제작 후 시공오차가 적고 수밀성을 확보할 것

⑤ 청소·보수 및 전용이 용이할 것

III. 문제점

1) 안전관리

① 지지 support의 설치상태 불안

② 설치, 해체 시 복잡성으로 안전사고 우려

2) 공해유발

① 현장 작업 시 거푸집 충격음, 절단 및 가공시 공구·장비의 소음

② 비산·분진 발생

3) 숙련공의 부족

① 숙련공의 고령화 및 3D 업종 기피

② 건설산업의 환경변화에 대한 대응 미숙

4) 재료의 낭비

① 재래방식의 한계, 전용성 부족

② 반복 사용이 아닌 경우 자재과다 투입

5) 작업능률 저하

  ① 설계 당시부터 작업계획 미흡

  ② 상·하층 동시 작업은 사실상 불가능

6) 표준화, 규격화의 어려움

  ① 구조물 형태의 복잡성, 비규격화

  ② 새로운 공법에 대한 인식 부족

7) 경제성

  ① 조립·해체 시 공정의 종류가 다양하여 재료 낭비 및 손상 많음.

  ② 거푸집 존치기간의 장기화

  ③ 투입자재의 대량 소요

  ④ 전용성 부족

  ⑤ 인력에 의존

8) 수밀성 저하

  ① 시공오차가 크므로 수밀성 부족

  ② 이음부위 과다

9) 내구성 감소

  ① 목재 다수 사용

  ② 거푸집 조립 시 복잡함으로 인하여 정밀도 저하

10) 기후, 계절의 영향

  ① 풍우 및 온도·습도에 많은 영향 받음.

  ② 우천시 및 동절기에 작업중단 및 능률 저하

Ⅳ. 개선책

1) 설계의 규격화, 표준화

  ① 전용이 가능하도록 치수의 M.C화 구축

  ② 단위 치수의 표준화

2) 사전계획

  ① 설계 당시부터 거푸집공법 선정

  ② 철근과 동시 병행 작업계획의 수립

3) 양중장비 다양화

① 쉽게 조작할 수 있는 소규모 장비 개발

② 설치·해체 및 이동이 가능한 기계 적용

4) 양산 system화

① 공업화 대량 생산 및 대형화

② 철근, 거푸집의 prefab화

③ Con'c 공법의 P.C화

5) 대형 거푸집공법 개발

① 거푸집과 지보공의 일체화

② 시공계획, 공정계획의 합리화

6) AL 거푸집공법 개발

① 거푸집 이동시 경량화로 인한 노동력 절감

② 운반, 양중 시 효율 증대

③ 내식성, 내구성 확보

7) Prefab화

① 공장 대량생산 system화

② 기계화 작업으로 공기단축, 성력화

③ 현장 조립 시 안전하므로 생산의욕 창출

8) Plastic 거푸집 개발

① 고강도 거푸집 개발

② 형상의 복잡성에 쉽게 적응할 수 있는 거푸집 생산

9) 자재의 강철화

① 반복 사용함으로써 자재절약, 원가절감

② 철재 거푸집이 강도, 구조상 접합성은 용이하나 중량은 증대

10) 경량화

① 운반·조립·설치는 용이하나 해체 시에는 안전성 확보

② 양중장비의 적용성 및 효율 증대

11) 타일 선부착 거푸집 활용

① 거푸집 변형 문제 해소로 인한 마감 병행 복합공법으로 동시작업

② 공정 축소로 인한 공기단축, 원가절감

12) 무지보공화

① 상하 동시작업 가능

② 가설재 절약 및 공기단축

③ Bow beam, pecco beam 적용

13) 현장 form 공정 단축

① Con'c 공업화 생산, P.C 개발, half slab 적용

② 가설재 절약

③ 계절영향 최소화, 전천후 작업 활성화

14) 시공의 기계화 · robot화

① 거푸집 탈부착의 기계화

② 층고가 높은 공간 해체 시 또는 위험한 외벽 작업 시 robot 적용

15) 전문 건설업 육성

① 거푸집공법의 적절한 적용 방안 및 기능공 양성

② 각 사업장의 전용률 확대

③ 대형 거푸집 관리방안 및 효율적인 LCC 적용

V. 개발방향

① 능률의 극대화를 위한 기계화

② 조립 · 해체가 용이한 unit화

③ 정보화 및 computer를 이용한 전산화

④ 재해예방 및 시공의 성력화를 위한 robot 개발

VI. 결 론

① 건설산업의 환경변화와 수요자의 요구충족 및 국제 건설시장에 대응하기 위하여 노동집약적인 재래식 공법에서 벗어나야 한다.

② 공업화, prefab화를 통한 대형 거푸집의 활성화가 필요하고, 높은 전용률과 장비 · 기계를 사용하여 공기단축 및 원가절감을 통해 시장개방에 대비하여 경쟁력을 키워 나가야 한다.

永生의 길잡이 - 여섯

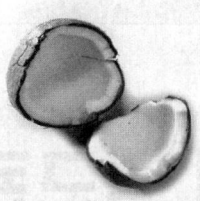

삶의 가치를 아십니까?

힘차게 허공을 가르던 지휘자의 손이 갑자기 멈추었다.

수많은 대원들의 눈길이 지휘자에게 모아졌다. "거기 제3바이올린은 지금 뭐해요?" 그때서야 제3바이올린의 근영이는 깜짝 놀랐다. 오케스트라의 그 많은 소리 중에 너무나도 보잘 것 없는 소리, 1, 2 바이올린도 아니고, 가끔 가뭄에 콩나듯 한 번씩 내는 그 작은 소리가 안 났다고 멈추다니, '나 하나쯤 소리 내지 않는다고 무슨 큰 지장이야 있을라구....'라고 생각했던 근영이는 내심 놀랐다. 그제서야 불평과 짜증이었던 자기의 위치가 갑자기 크게 느껴져 왔다.

우리들도 가끔 이런 생각을 할 수 있다.

'이 세상의 많고 많은 사람들 중 나 하나쯤 사라진다고, 나의 소리를 내지 않는다고 무슨 일이 일어날까?'라고 생각하며 그냥 나의 자리를 포기하거나 주저앉아 버리고 있지 않은지... 또 '내가 사라지면 더욱 잘 될거야'라고 생각하지는 않는지...

한낱 이름없는 돌과 민들레도 길가 모퉁이 한 곳에 자리잡고 있고, 하루살이조차도 그렇게 날개짓을 하고 있는데 창조주 하나님께서 나를 이 땅에 태어나게 하고, 살게 하며 지금 이곳에서 나의 소리를 내게 하신 의도가 있음에도 나의 소리를 스스로 포기할 것인가?

이 소리는 어느 누구도 나 대신 내어줄 수가 없다.

세계 인구 가운데 나와 비슷한 너는 많이 있지만 '나'는 단 한 사람뿐이다. 나의 소리가 필요해서 나를 창조한 것이다. 이제 나의 소리를 내자. 가치있는 나만의 소리를 위해 오늘도 연습해야 하지 않겠는가?

이제 조금 작고 서투르더라도 나의 삶을, 나만의 소리를 뜨겁게 연주하자.

3절 콘크리트공사

1. 철근콘크리트 시공계획 ································· 410
2. 시멘트의 종류 및 품질관리시험 ··············· 415
3. 콘크리트용 골재의 종류 및 품질관리시험 ········ 421
4. 콘크리트에 사용되는 혼화재료 ················· 426
5. 콘크리트의 배합설계 ······························· 434
6. 콘크리트의 시공연도에 영향을 주는 요인 ········ 440
7. 현장콘크리트공사의 단계적 시공관리(품질관리) 446
8. 콘크리트 타설방법 및 공법별 유의사항 ········· 450
9. 콘크리트 펌프 공법의 장단점, 문제점 및 대책 ·· 455
10. 콘크리트 줄눈의 종류, 기능 및 설치 의의 ······· 460
11. 콘크리트공사의 양생(보양 ; curing) ············· 466
12. 콘크리트공사의 품질관리시험
    (품질검사 시기와 항목) ·························· 470
13. 콘크리트의 압축강도 시험 ······················· 476
14. 콘크리트 구조물의 비파괴 시험 ··············· 484
15. 콘크리트 강도에 영향을 주는 요인
    (콘크리트의 품질관리) ··························· 488
16. 콘크리트의 내구성 저하 원인 및 방지대책
    (열화의 원인 및 예방대책) ····················· 492
17. 해사(海砂) 사용에 따른 염해대책 ············· 498
18. 콘크리트의 탄산화 요인 및 대책 ·············· 503
19. 콘크리트의 건조수축 ······························· 508
20. 콘크리트 구조물의 균열 원인 및 방지대책
    (콘크리트 품질저하 원인 및 방지대책) ········· 512
21. 콘크리트 구조물의 균열 보수 · 보강대책 ········ 519
22. 콘크리트 표면에 발생하는 결함 ··············· 524
23. 콘크리트 구조물의 누수 발생 원인 및 방지대책 528
24. 콘크리트의 성질 ···································· 531

콘크리트공사 기출문제

1	1. 철근콘크리트조 5층 사무실 시공 시에 공정을 순서대로 기술하여라. [82전, 50점] 2. 철근콘크리트공사 계획 시 고려할 사항을 열거하고, 각각에 대하여 기술하여라. 　[86, 25점] 3. 콘크리트 공사의 시공성에 영향을 주는 요인과 시공성 향상방안에 대하여 설명하시오. 　[10전, 25점] 4. 시멘트 종류별 표준 습윤 양생기간 [13후, 10점]
2	5. 보통 포틀랜드 시멘트를 사용한 콘크리트를 현장 타설(외기온도 20℃) 할 때 다음을 　설명하시오. [03후, 25점] 　1) 응결개시 시간　　2) 응결종결 시간　　3) 경화개시 시간 6. MDF(Macro Defect Free) 시멘트 [09후, 10점] 7. 강열감량(强熱減量) [09후, 10점] 8. 콘크리트에서 초결시간과 종결시간 [13중, 10점]
3	9. 골재 함수량 [98전, 20점] 10. 세골재의 입도가 시멘트 몰탈시공에 미치는 영향에 대하여 기술하시오. [03전, 25점] 11. 최근 골재 수급난과 관련 부순골재 사용 시 콘크리트 품질 특성에 대하여 설명하시오. 　[04후, 25점]
4	12. 콘크리트에 사용되는 혼화제의 종류를 열거하고, 각각의 사용 목적을 간단히 설명하여 　라. [84, 25점] 13. 콘크리트용 혼화제 [22후, 10점] 14. 콘크리트 성능개선을 위해 첨가하는 재료의 종류와 특징을 설명하시오. [18중, 25점] 15. 콘크리트 유동화제 [90후, 10점] 16. 혼화(混和) 재료 [00중, 10점] 17. 혼화재료 [21중, 10점] 18. Pozzolan(포졸란) [03후, 10점] 19. 콘크리트 혼화재료의 감수제의 적용방식 및 특징, 용도에 대하여 기술하시오. 　[05중, 25점] 20. 플라이애시(Fly-Ash)가 치환된 레디믹스트 콘크리트가 현장에 납품되고 있는데 이에 　대하여 시공관리상 현장에서 조치하여야 할 사항을 기술하시오. [05후, 25점] 21. 콘크리트 공사에 사용되는 혼화재료의 종류와 특징에 대하여 기술하시오. [07중, 25점] 22. 혼화재 [08전, 10점] 23. 실리카 흄(Silica Fume) [09전, 10점] 24. 석회석 미분말(Lime Stone Powder) [09중, 10점] 25. 콘크리트용 유동화제(Super Plasticizer) [11전, 10점] 26. CfFA(Carbon-free Fly Ash) [16후, 10점] 27. 내한촉진제 [17전, 10점] 28. 내한촉진제 [21전, 10점] 29. 콘크리트 배합 시 응결경화 조절제 [20중, 10점]
5	30. 소요 슬럼프를 표로 작성하라. [77, 9점] 31. 콘크리트 배합설계에 관하여 설명하여라. [81후, 50점] 32. 콘크리트의 배합설계법을 기술하여라. [82후, 30점] 33. Slump test [83, 5점]

콘크리트공사 기출문제

5	34. 콘크리트의 배합설계에 대하여 기술하여라.(단, A급 관리일 때를 예시하여라.) [87, 25점] 35. 잔골재율 [97전, 15점] 36. 콘크리트의 시험 비비기 [97전, 15점] 37. 잔골재율 [00중, 10점] 38. 콘크리트 골재 입도 [07후, 10점] 39. 잔골재율 [11전, 10점] 40. 시방배합과 현장배합 [13전, 10점] 41. 물 – 결합재비(Water-Binder Ratio) [20후, 10점]
6	42. 시공연도에 영향을 주는 요인 [96후, 15점] 43. 콘크리트의 시공연도(Workability) [20중, 10점] 44. Slump flow [01중, 10점] 45. 콘크리트 타설 시 시공연도에 영향을 주는 요인과 시공연도 측정방법에 대하여 기술하시오. [05후, 25점] 46. 콘크리트 시공연도(Workability)에 영향을 주는 요인과 측정방법에 대하여 설명하시오. [12후, 25점] 47. 굳지 않은 콘크리트의 성질에 대해 쓰고, 콘크리트의 시공성에 영향을 주는 요인에 대하여 설명하시오. [21중, 25점]
7	48. Remicon의 품질관리에 관하여 설명하여라. [81후, 30점] 49. 콘크리트 품질관리와 시험에 대하여 써라. [87, 25점] 　㉮ 콘크리트 제조 시에 있어서의 품질관리(7점) 　㉯ 현장지점에 있어서의 콘크리트의 품질관리(6점) 　㉰ 공사현장에서의 운반의 개시부터 타설까지의 품질관리(6점) 　㉱ 치기 직전에서의 콘크리트의 품질관리(6점) 50. 콘크리트 공사(레미콘 사용)의 시공관리를 함에 있어서 준비, 계획, 레미콘 수송, 시험, 치기, 양생 등 단계별로 유의하여야 할 사항(check point)을 열거하여라. [89, 25점] 51. 철근콘크리트 공사에 있어서 레미콘이 batcher plant를 출발하여 현장타설이 완료될 때까지의 다음 각 단계별 품질관리 요점을 설명하여라. [91후, 40점] 　㉮ 운반　　　　㉯ 타설　　　　㉰ 다짐　　　　㉱ 양생 52. 콘크리트 공사의 품질관리 순서를 기술하여라. [92전, 30점] 53. 콘크리트의 품질관리와 품질검사 [96중, 10점] 54. 공사 현장에서 콘크리트의 품질을 확보하기 위한 방법에 대하여 논하시오. [98전, 30점] 55. 현장타설 콘크리트 품질관리의 중요성과 방법을 단계(타설 전, 타설 중, 타설 후)별로 기술하시오. [06중, 25점] 56. 현장타설 콘크리트의 품질관리 방안을 단계별(타설 전·중·후)로 설명하시오. [21전, 25점] 57. 콘크리트 타설 시 진동다짐 방법 [07전, 10점] 58. 콘크리트 공사의 품질유지를 위한 활동을 준비단계, 진행단계 및 완료단계로 나누어 설명하시오. [07후, 25점] 59. 콘크리트 타설 전(前) 및 타설 중(中) 품질관리 방안에 대하여 설명하시오. [11중, 25점] 60. 콘크리트 타설 전에 현장에서 확인 및 조치할 사항에 대하여 설명하시오. [20후, 25점]

7	61. 지붕층 콘크리트 타설 시 시공단계별 품질관리 방안에 대하여 설명하시오. [20중, 25점] 62. 현장 콘크리트 타설 전 시공확인 사항과 레미콘 반입 시 확인사항에 대하여 설명하시오. [21후, 25점]
8	63. VH 타설공법 [93후, 8점] 64. VH 분리 타설공법(수직·수평분리) [95, 10점] 65. 콘크리트 부어넣기 주의사항 [97후, 20점] 66. VH 분리 타설공법 [01전, 10점] 67. 건축공사에 있어서 Concrete의 V.H(수직, 수평) 분리 타설공법의 개요와 적용 목적을 기술하시오. [04전, 25점] 68. 콘크리트의 수직-수평 분리타설 방법과 시공 시 유의사항을 설명하시오. [19후, 25점] 69. 건축물 기둥 콘크리트 타설 시 다음 사항을 설명하시오. [08전, 25점] 　　1) 타설방법(콘크리트 시방서 기준) 　　2) 한 개의 기둥을 연속으로 타설하여 완료하는 것을 금지하는 이유 70. 건설 현장에서 콘크리트의 운반 및 타설방법에 대하여 설명하시오. [08중, 25점] 71. 기둥과 슬래브(Slab) 부재의 압축강도가 다른 경우 콘크리트 품질관리방안에 대하여 설명하시오. [10후, 25점] 72. 지하주차장의 효율적 배수를 위한 슬래브 구배시공에 대하여 설명하시오. [13후, 25] 73. 현장에서 콘크리트를 타설할 때 현장에서의 준비사항 및 주변 조치사항을 설명하시오. [16전, 25점] 74. 콘크리트 타설 계획의 수립내용에 대하여 설명하시오. [19전, 25점]
9	75. 콘크리트 펌프 [78후, 3점] 76. Concrete pump [83, 5점] 77. 콘크리트 펌프공법의 장단점에 대하여 기술하여라. [86, 25점] 78. 펌프카를 이용한 콘크리트 타설 시 유의할 사항에 대하여 기술하시오. [97전, 40점] 79. 콘크리트 Pump에 의한 현장 콘크리트 타설 시 Pump 압송을 향상시키기 위한 콘크리트 배합상의 대책과 시공상의 유의사항에 대하여 기술하시오. [01중, 25점] 80. 콘크리트 플레이싱 붐(concrete placing boom) [01후, 10점] 81. CPB(Concrete Placing Boom) [08전, 10점] 82. CPB(Concrete Placing Boom) [19후, 10점] 83. 콘크리트 펌프 압송 시 압송관 막힘 현상의 원인과 대책에 대하여 설명하시오. [10전, 25점] 84. 콘크리트 펌프타설(Concrete Pumping) 시 검토사항 [10후, 10점] 85. 건축현장에서 콘크리트 펌프(Pump) 압송 타설 시 발생할 수 있는 품질저하의 원인과 대책에 대하여 설명하시오. [12전, 25점] 86. 콘크리트의 펌프 압송 시 유의사항에 대하여 설명하시오. [19후, 25점] 87. 콘크리트 타설 시 배관의 압송폐색현상의 원인과 방지대책에 대하여 설명하시오. [15중, 25점] 88. 현장에 도착한 콘크리트의 슬럼프(Slump)가 배합설계한 값보다 저하되어 펌프카(Pump Car)로 타설하기 곤란한 경우에 슬럼프(Slump)저하의 원인과 조치방안에 대하여 설명하시오. [16중, 25점] 89. 콘크리트 타설 중 압송배관 막힘 현상 발생 원인과 대책에 대하여 설명하시오. [17전, 25점]

90. 생콘크리트 펌프 압송 시 막힘현상의 원인 및 예방대책과 막힘 발생 시 조치사항에 대하여 설명하시오. [19중, 25점]
91. 초고층 건축 공사에서 콘크리트 타설 시 고려사항과 콘크리트 압송장비의 운용방법에 대하여 설명하시오. [20중, 25점]
92. 초고층 공동주택에서 콘크리트 타설 시 고려사항과 콘크리트 압송장비(CPB : Concrete Placing Boom) 운용방법에 대하여 설명하시오. [22중, 25점]
93. 초고층 건축물 콘크리트 타설 시 압송관 관리사항과 펌프 압송 시 막힘현상의 대책에 대하여 설명하시오. [21후, 25점]
94. 건축물의 신축이음(expansion joint)에 대하여 설명하시오. [84, 20점]
95. Dummy joint [87, 5점]
96. Settlement joint [88, 5점]
97. 콘크리트의 균열에 대비한 줄눈(joint)의 종류, 기능 및 설치 위치에 대하여 논하여라. [90전, 30점]
98. 콘크리트 이어치기 [97중전, 20점]
99. 콘크리트 구조의 construction joint에서 구조 성능저하 및 방수결함을 방지하기 위한 기술적인 처리방안을 기술하시오. [97중후, 40점]
100. 콘크리트 이어치기 및 콜드 조인트(cold joint) [97후, 20점]
101. Construction joint, expansion joint,와 control joint를 각기 비교 설명 [98전, 20점]
102. Control Joint [00후, 10점]
103. Delay joint [01전, 10점]
104. Sliding Joint [02전, 10점]
105. 고층 아파트 지하 주차장 익스펜션조인트(Expansion Joint) 시공 시의 유의사항 [02중, 25점]
106. Delayed joint [02중, 10점]
107. Control Joint [02후, 10점]
108. 콘크리트 타설을 부득이 이어치기로 할 경우 위치 및 시공방법 등 유의사항을 기술하시오. [03전, 25점]
109. 시공이음(Construction joint) [05중, 10점]
110. 콘크리트 이어붓기면의 요구되는 성능과 위치 [05후, 10점]
111. Delay joint(Shrinkage Strips : 지연조인트) [06후, 10점]
112. 구조체 신축이음(Expansion Joint) [07후, 10점]
113. 콘크리트 Joint의 종류 [09전, 10점]
114. 시공이음(Construction Joint)과 팽창이음(Expansion Joint) [09중, 10점]
115. 철근콘크리트 공사에서 Expansion Joint와 Control Joint(균열유도줄눈)의 시공방법에 대하여 설명하시오. [10중, 25점]
116. 건축물의 철근콘크리트공사 중 익스팬션 조인트(Expansion joint)를 시공해야 할 주요 부위와 설치위치, 형태에 관하여 설명하시오. [22후, 25점]
117. 콘크리트 구조물의 균열방지를 위하여 설치하는 줄눈의 종류 및 시공 시 유의사항에 대하여 설명하시오. [12전, 25점]
118. 콘크리트 공사에서 이어붓기면의 이음위치와 효율적인 이어붓기 시공방법에 대하여 설명하시오. [13후, 25점]
119. 철근콘크리트 공사에서 시공이음(Construction Joint) 시공 시 유의사항에 대하여 설명하시오 [20전, 25점]

10	120. 옥상 누름콘크리트의 신축줄눈(Expansion Joint)과 조절줄눈(Control Joint)의 단면을 도시하고, 준공 후 예상되는 하자의 원인 및 대책에 대하여 설명하시오. [14전, 25점] 121. 시공줄눈(Construction Joint)의 시공 위치 및 방법 [16전, 10점] 122. 공동주택 평지붕 옥상 신축줄눈 배치기준과 줄눈시공 시 유의사항에 대하여 설명하시오. [16중, 25점] 123. 콘크리트공사의 콜드 조인트(Cold Joint) 방지대책 [22전, 10점]
11	124. 콘크리트 제품의 촉진 양생방법에 관하여 그 종류와 특성에 대하여 설명하시오. [95전, 30점] 125. 프리쿨링(Pre-Cooling) [01후, 10점] 126. Curing compound(큐어링 컴파운드) [02전, 10점] 127. 콘크리트 공시체의 현장 봉합(밀봉)양생 [05후, 10점] 128. 콘크리트의 양생방법 [06중, 10점] 129. 철근콘크리트 공사의 공기단축과 관련하여 콘크리트 강도의 촉진 발현 대책을 설명하시오. [09후, 25점] 130. 콘크리트공사 표준 습윤양생 기간 [22중, 10점]
12	131. 콘크리트의 품질시험방법 [00후, 25점] 132. Flow Test [03전, 10점] 133. 콘크리트 배합의 공기량 규정목적 [05전, 10점] 134. 콘크리트의 현장 품질관리를 위한 시험에서 ① 타설 전 ② 타설 중 ③ 타설 후를 구분하여 기술하시오. [09중, 25점] 135. 현장에서 콘크리트의 동시 타설량이 대량이어서 복수의 공장에서 공급받는 경우의 콘크리트 품질확보방안에 대하여 설명하시오. [10중, 25점] 136. 굳지 않은 콘크리트의 공기량 [15전, 10점]
13	137. 현장타설 구체 콘크리트의 압축강도를 공시체로 추정하는 방법에 대하여 설명하시오. [99후, 30점] 138. 레미콘의 압축강도검사 기준과 판정기준 [02후, 10점] 139. 레미콘의 압축강도시험에 대하여 다음을 설명하시오. [03후, 25점] 　1) 시험 시기, 횟수, 시료채취 방법 　2) 합격 여부 판정방법 140. 건축공사 표준시방서에 따른 레미콘 강도시험용 공시체 제작의 다음 사항에 대하여 설명하시오. [04전, 25점] 　1) 시험횟수　　2) 시료채취 방법　　3) 합격 판정기준 141. Concrete 압축강도시험의 합격판정기준을 다음 경우에 따라 설명하시오. [07전, 25점] 　1) 1일/회 타설량 150m³ 이하 　2) 1일/회 타설량 200~450m³일 때 142. 철근콘크리트 구조물의 표준양생 28일 강도를 설계기준강도로 정하는 이유와 압축강도 시험의 합격 판정 기준을 설명하시오. [19중, 25점] 143. 구조체 관리용 공시체 [09후, 10점] 144. 콘크리트의 품질시험검사 중 표준양생공시체의 압축강도 시험결과가 불합격되었다. 불합격 시 조치에 대하여 설명하시오. [11후, 25점] 145. 콘크리트 압축강도 시험방법과 구조체 관리용 공시체 평가방법에 대하여 설명하시오. [15중, 25점]

콘크리트공사 기출문제

13	146. 콘크리트 구조물의 28일 압축강도가 설계기준강도에 미달될 경우, 현장의 처리절차와 구조물 조치방안에 대하여 설명하시오. [17중, 25점]
14	147. 콘크리트 구조물과 철골구조물의 비파괴시험 종류를 각각 기술하시오. [96전, 40점] 148. Schumidt hammer [96전, 10점] 149. 반발 경도법 [04중, 10점] 150. 콘크리트의 비파괴검사 [10중, 10점] 151. 콘크리트 비파괴 검사 중 슈미트해머방법의 특징, 시험방법, 강도추정방식에 대하여 설명하시오. [15중, 25점] 152. 슈미트해머의 종류와 반발경도 측정방법 [18중, 10점]
15	153. 철근콘크리트의 강도에 영향을 주는 요인을 설명하여라. [76, 25점] 154. 콘크리트 강도를 좌우하는 요소를 항목별로 설명하라. [79, 25점] 155. 현장치기 콘크리트에 있어서 강도에 영향을 미치는 시공에 대하여 설명하여라. [84, 25점] 156. 콘크리트의 압축강도에 영향을 미치는 현장 시공에 대한 유의할 사항을 기술하시오. [94전, 30점]
16	157. 콘크리트 내구성에 영향을 주는 원인을 설계, 재료, 시공 각 항목별로 기술하여라. [88, 30점] 158. 콘크리트의 내구성에 대하여 다음을 논하여라. [90전, 30점] 　① 동해　　　② 중성화　　　③ 염해 159. 콘크리트 내구성에 대하여 설명하여라. [93전, 30점] 160. 콘크리트 내구성에 영향을 미치는 염해, 동해, 중성화를 방지할 수 있는 시공방법에 대해 기술하시오. [95중, 30점] 161. 철근콘크리트조 구조물에서 나타나는 열화현상의 종류, 예방대책 및 보수방법에 대하여 기술하시오. [96전, 40점] 162. 콘크리트 품질 및 내구성을 저해하는 요인을 설명하고, 건축 생산 현장에서의 콘크리트 품질 및 내구성 향상 방안을 약술하시오. [97후, 30점] 163. 철근콘크리트 구조물의 내구성 향상 방안에 대하여 기술하시오. [98중전, 30점] 164. 전기적 부식 [99후, 20점] 165. 철근콘크리트 구조물에서의 철근 부식 원인과 방지대책 [00후, 25점] 166. 콘크리트 내구성 저해 원인과 방지대책을 설명하시오. [01중, 25점] 167. 콘크리트의 동결융해를 방지할 수 있는 대책에 대하여 설명하시오. [08후, 25점] 168. 철근부식의 발생 Mechanism과 철근의 녹(Rust)이 공사품질에 미치는 영향 및 관리 방안에 대하여 설명하시오. [08후, 25점] 169. 콘크리트 구조물의 내구성에 영향을 미치는 요인과 내구성 저하 방지대책에 대하여 설명하시오. [10전, 25점] 170. 콘크리트의 내구성 저하요인 및 방지대책에 대하여 설명하시오. [12전, 25점] 171. 철근콘크리트 구조의 내구성에 영향을 미치는 요인과 내구성 저하 방지대책에 대하여 설명하시오. [20전, 25점] 172. 콘크리트 내구성 저하요인에 대하여 설명하시오. [22중, 25점] 173. 콘크리트 내구성시험(Durability test) [13후, 10점]
17	174. 철근콘크리트 공사에 있어서 콘크리트의 세골재로써 해사를 사용할 경우에 관하여 기술하여라. [89, 25점]

콘크리트공사 기출문제

Professional Engineer Architectural Execution

17	175. 철근콘크리트 구조물의 염해 및 염해방지대책을 설명하여라. [91후, 30점] 176. 콘크리트 염해 [96중, 10점] 177. 염분 함유량의 허용치를 초과한 철근콘크리트 구조물의 방식방법의 종류와 그 특성을 기술하시오. [96후, 30점] 178. 콘크리트 염분함량기준 [06전, 10점] 179. 해변에 접하는 건축물의 콘크리트 요구성능, 시공상 유의사항 및 염해방지대책에 대하여 기술하시오. [09전, 25점] 180. 해사의 제염(制鹽)방법 [13후, 10점] 181. 철근콘크리트 구조물의 철근 부식과정과 염분함유량 측정법에 대하여 설명하시오. [14후, 25점]
18	182. 콘크리트 중성화(中性化) [96중, 10점] 183. 콘크리트 중성화 [06중, 10점] 184. Concrete 중성화의 진행속도와 Mechanism을 설명하시오. [07전, 25점] 185. 콘크리트 중성화에 대하여 다음을 기술하시오. [08전, 25점] 　　1) 개요　　　　2) 중성화 진행속도　　　3) 중성화에 의한 구조물의 손상 186. 건축물의 장수명화(長壽命化)와 관련하여 콘크리트의 중성화 기구(Mechanism) 및 방지대책에 대하여 설명하시오. [11후, 25점] 187. 혼화재 다량치환 콘크리트의 중성화 억제대책에 대하여 설명하시오. [13중, 25점] 188. 콘크리트의 중성화가 구조물에 미치는 영향과 예방대책 및 사후 조치방안을 설명하시오. [17중, 25점] 189. 콘크리트 중성화의 영향 및 진행과정과 측정방법에 대하여 설명하시오. [18후, 25점] 190. 콘크리트 탄산화 과정과 탄산화 측정방법 및 탄산화 저감대책에 대하여 설명하시오. [22후, 25점]
19	191. 현장타설 Concrete의 건조수축을 유발하는 요인과 저감대책을 기술하시오. [02전, 25점] 192. 콘크리트 타설 후 발생하는 소성수축균열과 건조수축균열에 대하여 다음 사항을 설명하시오. [02후, 25점] 　　1) 발생기구(Mechanism)　　　2) 균열 양상 　　3) 발생시기　　　　　　　　4) 방지대책 193. Concrete 건조수축에 대하여 진행속도와 4개의 영향인자를 쓰고 각 영향인자와 건조수축과의 관계를 설명하시오. [07전, 25점] 194. 콘크리트 자기수축(自己收縮) [10후, 10점] 195. 고강도 콘크리트의 자기수축(自己收縮, Self Shrinkage) 현상과 저감방안에 대하여 설명하시오. [11전, 25점] 196. 콘크리트의 건조수축과 자기수축 [17후, 10점]
20	197. 건축물에 있어서 콘크리트의 균열 원인과 그 대책에 대하여 기술하라. [77, 25점] 198. 철근콘크리트 구조물의 균열발생 원인과 방지대책에 대하여 기술하여라. [91전, 30점] 199. 철근콘크리트 구조물의 균열발생에 대한 그 원인과 공사 전 대책과 공사 후 보수공법에 대하여 기술하시오. [94전, 25점] 200. 콘크리트 공사의 시공 시 균열방지대책 [96후, 15점] 201. 공동주택 콘크리트 측벽의 균열 발생원인 및 방지대책에 관하여 기술하시오. [00전, 25점] 202. 건축물 신축공사 시 지하주차장 1층 상부 슬래브의 균열방지대책에 관하여 기술하시오. [00전, 25점]

203. 아파트 옥상 바닥 누름 콘크리트의 균열 발생 및 들뜸 원인에 관한 방지대책으로 시공상 고려사항을 기술하시오. [00전, 25점]
204. 아파트 발코니 균열발생의 원인 및 방지대책에 대하여 기술하시오. [01전, 25점]
205. 철골 구조물의 슬래브 공사에서 데크플레이트(Deck plate) 상부콘크리트의 균열 발생원인 및 억제대책에 관하여 기술하시오. [01전, 25점]
206. 콘크리트의 균열 발생원인 중 시공적 요인에 의한 균열 저감대책에 대하여 설명하시오. [01중, 25점]
207. 신축 건물의 지하층 벽체에 다음과 같이 균열이 발생하였다. 균열원인과 균열저감 대책을 기술하시오. [02전, 25점]
    • 시공일자 : 서울 소재 6월 27일 (Con'c 타설 2일 후 비가 내림)
    • 콘크리트 : 240kgf/cm² 타설구획 및 1회 타설높이를 사전계획 수립, 시공하였고 거푸집 탈형 후 기건 양생함
    • 벽체 : 두께 80cm, 높이 4m, 기둥간격 10m
    • 균열 : 최초발견 - 타설 후 20일 경과 균열폭 - 0.4~0.5mm
    • 균열길이 : 벽높이의 ⅔ 정도의 수직균열 진행 - 3개월 후 균열폭 0.7mm로 증대
208. 미경화 콘크리트의 침하균열에 대하여 ① 발생시기 ② 원인 ③ 대책을 기술하시오. [03전, 25점]
209. Slab Concrete 타설 후 소성수축균열이 발생하였을 경우 현장 조치 방안을 기술하시오. [04전, 25점]
210. 소성수축균열 발생 시 현장관리방안 [04후, 10점]
211. 콘크리트의 소성수축균열(Plastic Shrinkage Crack)과 자기수축균열(Autogenous Shrinkage Crack) [19중, 10점]
212. Con'c 타설 시 조기발생(1일 이내)하는 균열의 종류와 원인 및 대책에 대하여 기술하시오. [05전, 25점]
213. 콘크리트 타설 후 발생하는 건조수축균열의 현장저감대책에 대해서 기술하시오. [06전, 25점]
214. 콘크리트 타설 시 발생하는 침하균열의 예방법과 발생 후 현장조치 방법 [07전, 10점]
215. 콘크리트 침하균열 [19후, 10점]
216. 콘크리트 침하균열(Settlement Crack) [22전, 10점]
217. 내력벽식 구조 공동주택에서 발생하는 균열의 종류와 방지대책에 대하여 기술하시오. [07중, 25점]
218. 콘크리트 균열의 종류별 발생원인과 보수보강공법에 대하여 설명하시오. [08후, 25점]
219. 대규모 공장건축물 바닥콘크리트 타설 시 구조적 문제점 및 시공상 유의사항에 대하여 기술하시오. [09전, 25점]
220. 소성수축균열(Plastic Shrinkage Crack) [09중, 10점]
221. 콘크리트의 플라스틱 수축균열 [21후, 10점]
222. 내구성이 요구되는 콘크리트 구조물에 콘크리트 양생 중 소성수축균열 발생 시 그 원인과 복구대책에 대하여 설명하시오. [09후, 25점]
223. 철근콘크리트구조의 균열발생 원인과 억제대책에 대하여 설명하시오. [10중, 25점]
224. Deck Plate 상부에 타설한 콘크리트에 발생하는 균열의 원인 및 대책에 대하여 설명하시오. [10후, 25점]
225. 현장 콘크리트 타설 후 경화되기 전에 발생하는 초기 균열 및 방지대책에 대하여 설명하시오. [12후, 25점]

20	226. 콘크리트의 건조수축 균열 [12후, 10점] 227. 공동주택 콘크리트 구조체 균열의 하자 판정 기준과 조사방법에 대하여 설명하시오. [14중, 25점] 228. 공동주택에서 지하주차장 슬래브의 균열 발생원인과 방지대책에 대하여 설명하시오. [15중, 25점] 229. 콘크리트타설 후 경화하기 전에 발생하는 콘크리트의 수축균열(Shrinkage Crack)의 종류 및 그 각각의 원인과 대책을 설명하시오. [16전, 25점] 230. 공동주택 지하주차장 Half PC(Precast Concrete) Slab 상부의 Topping Concrete에서 발생되는 균열의 원인과 원인별 저감방안에 대하여 설명하시오. [16후, 25점] 231. 콘크리트 공사에서 균열발생의 원인 및 대책을 설명하시오. [18전, 25점] 232. 철근콘크리트 할렬균열 [18중, 10점] 233. 콘크리트 구조물에 발생하는 균열의 유형별 종류, 원인 보수·보강대책에 대하여 설명하시오. [22중, 25점]
21	234. 콘크리트 구조물의 균열 보수·보강 대책을 설명하시오. [94후, 25점] 235. 철근콘크리트 공사에서 균열발생을 방지하기 위한 시공상의 대책과 시공 후에 발생된 균열의 보수·보강 방법에 대하여 기술하시오. [96중, 40점] 236. 콘크리트 구조물의 균열 보수 및 보강방법에 대하여 기술하시오. [98중후, 40점] 237. 콘크리트 구조물의 부위별 구조 보강공법 [00후, 25점] 238. 강판보강공법 [03전, 10점] 239. Concrete의 보수·보강공법에 대하여 기술하시오. [03중, 25점] 240. 콘크리트 구조물 보강공법의 종류와 시공방법을 기술하시오. [03후, 25점] 241. 탄소섬유 시트 보강법 [06후, 10점] 242. 탄소섬유 시트 보강공법의 특징 및 적용분야, 시공순서, 부위별 보강방법을 설명하시오. [22전, 25점] 243. 철근콘크리트 공사 중 콘크리트의 구조적 균열과 비구조적인 균열의 주요 요인과 보수·보강 방법에 대하여 설명하시오. [16전, 25점] 244. 옥상누수와 지하누수로 구분하여 누수 보수공사 공법에 대하여 설명하시오. [18중, 25점] 245. RC조 건축물의 증축 및 리모델링공사에서 주요 구조부의 보수·보강공법 및 시공 시 품질 확보방안에 대하여 설명하시오. [21전, 25점] 246. 콘크리트 구조물에 발생하는 균열의 유형별 종류, 원인 보수·보강대책에 대하여 설명하시오. [22중, 25점]
22	247. 콘크리트 표면에 발생하는 결함의 종류 및 방지대책에 대하여 기술하시오. [05전, 25점] 248. 콘크리트 동해의 pop out현상 [05전, 10점] 249. 콘크리트 표면에 발생하는 결함 [08중, 10점] 250. 콘크리트 타설 후, 응결 및 경화과정에서 콘크리트의 표면에서 발생할 수 있는 결함의 종류와 원인 및 대책에 대하여 기술하시오. [09중, 25점] 251. 콘크리트 블리스터(Blister) [12후, 10점] 252. 콘크리트 블리스터(Blister) [18후, 10점] 253. Pop-out 현상 [13전, 10점] 254. 최근 1~5년 정도 경과한 옥외 주차장바닥이나 도로 등에서 콘크리트 표면이 벗겨지는 피해현상이 자주 발견되는데, 그 발생원인과 방지대책에 대하여 설명하시오. [13중, 25점]

22	255. 건축구조물 공사에서 콘크리트 표면의 기포발생 원인과 저감대책에 대하여 설명하시오. [14중, 25점]
	256. 콘크리트 구조물 표면의 손상 및 결함의 원인과 방지대책에 대하여 설명하시오. [19전, 25점]
	257. 콘크리트 구조물 표면의 손상 및 결함의 종류에 대한 원인과 방지대책에 대하여 설명하시오. [21후, 25점]
23	258. 철근콘크리트 구조물의 누수발생 원인을 열거하고, 그 방지대책에 대하여 기술하시오. [95전, 40점]
	259. 콘크리트 구조물의 누수발생의 원인 및 방지대책에 대하여 설명하시오. [12후, 25점]
24	260. 콘크리트의 성질을 미경화(未硬化) 콘크리트와 경화(硬化) 콘크리트로 구분하여 설명하시오. [13후, 25점]
	261. 굳지 않은 콘크리트의 성질에 대해 쓰고, 콘크리트의 시공성에 영향을 주는 요인에 대하여 설명하시오. [21중, 25점]
기 출	262. 콘크리트 공사가 부실 시공되는 원인을 열거하고 그 대책을 기술하시오. [95후, 30]
	263. 철근콘크리트 공사에서 콘크리트 체적변화의 요인 및 방지대책을 기술하시오. [97전, 30점]
	264. 공사중지로 방치된 구조체 공사를 다시 시공할 때 고려해야 할 점을 설명하시오. [01후, 25점]
	265. 옥상 파라펫(Parapet) 콘크리트 타설 시 바닥 콘크리트와의 타설구획 방법을 단면으로 도시하고 시공 시 유의사항을 기술하시오. [02전, 25점]
	266. 우기(雨期) 시 지하 골조공사의 시공관리에 대하여 기술하시오. [03전, 25점]
	267. 거푸집 공사로 인하여 발생하는 콘크리트 하자에 대하여 기술하시오. [06중, 25점]
	268. 콘크리트 타설 시 발생되는 수화열이 미치는 영향과 제어공법 [02중, 25점]

	269. Bleeding에 대하여 다음을 설명하시오. [08전, 25점]
	  1) 개요 2) 블리딩 시 발생하는 균열
	  3) 균열발생 시 현장조치 방법 4) 블리딩 시 수분증발속도에 영향을 주는 요인

	270. 콘크리트 공사에서 Bleeding 발생원인 및 저감대책에 대하여 설명하시오. [15전, 25점]
	271. 굳지 않은 콘크리트의 블리딩에 의해 발생하는 문제점과 저감대책을 설명하시오. [22후, 25점]
	272. 비벼진 콘크리트에서 굵은 골재의 재료분리 원인 및 영향을 주는 요인과 방지대책에 대하여 기술하시오. [05중, 25점]
	273. 철근콘크리트 공사에서 재료분리의 종류와 특징 및 방지대책에 대하여 설명하시오. [15후, 25점]
	274. 굳지 않은 콘크리트의 재료분리 발생원인과 대책, 구조에 미치는 영향에 대하여 설명하시오. [21후, 25점]
	275. 콘크리트의 물·시멘트비와 관련된 사항에 대하여 설명하여라. [81, 25점] ㉮ 물·시멘트비의 선정방법 ㉯ 물·시멘트비의 적정범위
	276. 서중 콘크리트 타설 시 콜드 조인트 방지대책 [02중, 25점]
	277. 철근콘크리트 공사의 공기단축을 위한 방안에 대하여 설명하시오. [17후, 25점]
	278. 철근콘크리트 골조공사에서 결로방지재를 선매립하는 경우, 발생 가능한 하자 유형과 방지 대책에 대하여 설명하시오. [19중, 25점]

기 출	279. 철근콘크리트 기초와 주각부에 접한 지중보 시공 시 유의사항에 대하여 설명하시오. [20중, 25점] 280. 콘크리트 공사에서 수직도 유지를 위한 기준 먹매김 방법과 유의사항에 대하여 설명 하시오. [20후, 25점] 281. 레디믹스트 콘크리트의 적절한 수급과 품질을 확보하기 위해 공장 방문 시 확인할 사 항에 대하여 설명하시오. [20후, 25점]
용 어	282. 블리딩(Bleeding) [85, 5점] 283. 블리딩 현상 [95후, 15점] 284. Bleeding [03중, 10점] 285. 블리딩(Bleeding) 현상 [21점, 10점] 286. 아직 굳지 않은 모르타르 또는 콘크리트에 있어서 물이 상승하여 표면에 고이는 현상 은? [94후, 5점] 287. 일정한 하중을 장기간 가하는 경우에 시간의 경과에 따라 concrete의 처짐이 서서히 진행되는 현상을 무엇이라 하는가? [94후, 5점] 288. False set(헛응결) [96전, 10점] 289. 크리프(Creep) [02후, 10점] 290. 크리프(Creep) 현상 [10후, 10점] 291. 콘크리트의 크리프(Creep) [15중, 10점] 292. 콘크리트 Creep [21전, 10점] 293. 수화반응 [02후, 10점] 294. 시멘트 수화반응의 단계적 특징 [15중, 10점] 295. Water gain 현상 [04중, 10점] 296. 콘크리트의 수화열 [93전, 8점] 297. 콘크리트 응결경화 [04후, 10점] 298. Concrete Kicker [07중, 10점] 299. 레이턴스(Laitance) [09후, 10점] 300. 콜드 조인트(Cold joint) [91전, 8점] 301. Cold joint [03중, 10점] 302. 콜드 조인트(Cold Joint) [09후, 10점] 303. 콘크리트 타설 시 굵은골재의 재료분리 [09중, 10점] 304. 알칼리(Alkali) 골재반응 [13전, 10점] 305. 콘크리트의 모세관 공극 [13중, 10점] 306. 초속경 시멘트 [16중, 10점] 307. 포졸란 반응 [17전, 10점] 308. 무근콘크리트 슬래브 컬링(Curling) [19전, 10점] 309. 콘크리트의 수분증발률 [21중, 10점]

문제
1 **철근콘크리트 시공계획**

● [82전(50), 86(25), 10전(25), 13후(10)]

I. 개 요

① 콘크리트 시공계획은 재료, 배합, 시공의 단계적인 계획을 통하여 콘크리트 타설 전후의 품질시험으로 양질의 콘크리트가 될 수 있도록 전공정에서 철저한 품질관리를 하는데 그 목적이 있다.

② 콘크리트공사는 구조적인 안전과 압축강도, 내구성, 수밀성이 요구되며, 전체공사비 중의 비중이 크므로 공기 내 최소비용으로 완료되어야 한다.

II. 시공계획 flow chart

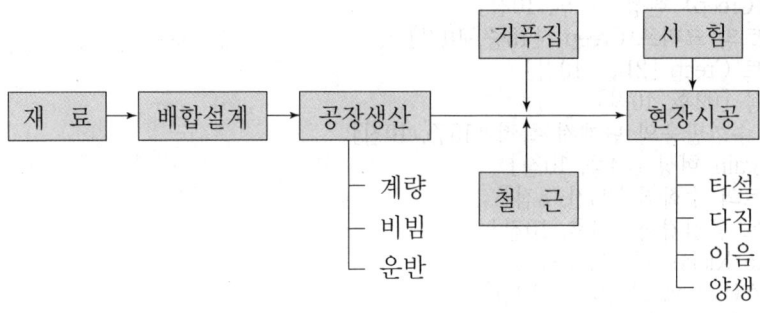

III. 시공계획

1. 재 료

1) 물

① 물은 청정수(淸淨水)로 흙, 기름, 산 등 유기불순물이 없어야 한다.

② 해수는 철근콘크리트에 절대 사용해서는 안 된다.

2) 시멘트

① 시멘트는 강도가 크고 분말도가 적당($2,800 \sim 3,200 cm^2/g$)해야 한다.

② 풍화된 시멘트는 사용하지 않는다.

3) 골 재

① 골재는 강도가 크고 입도가 좋은 것을 사용한다.

② 골재는 불순물이 함유되지 말아야 한다(염도 : 0.04% 이하, 당도 : 0.2% 이하).

4) 혼화재료

① 콘크리트의 성질을 개선하고 시멘트, 물 등의 재료 사용을 감소시킨다.

② 성능 및 요구 품질에 적합한 혼화재료를 사용해야 한다.

2. 배합설계

1) 물결합재비(water cement ratio)

① W/B비는 압축강도와 내구성을 고려하여 정한다.

② 일반 콘크리트의 W/B비는 원칙적으로 60% 이하로 한다.

2) Slump치

① 콘크리트의 consistency(반죽질기)를 나타내며, workability의 양부(良否)를 결정한다.

② 일반적인 slump치는 180mm 이하이다.

3) 굵은 골재의 최대치수(G_{max})

① G_{max}는 철근 굵기 및 간격과 최소 피복두께에 따라 결정된다.

② 최대치수는 허용범위 내에서 크게 해야 강도가 커진다.

4) 잔골재율

① 잔골재율$\left(\dfrac{s}{a}\right) = \dfrac{\text{sand}}{\text{aggregate}} = \dfrac{\text{sand}}{\text{gravel} + \text{sand}} \times 100\%$ (용적비)

② S/a는 허용범위 내에서 적어야 강도가 커진다.

5) 단위수량

① 콘크리트 $1m^3$ 중에 포함되어 있는 물의 중량

② 단위수량은 허용범위 내에서 적게 한다(최대 $185kg/m^3$).

3. 공장생산

1) 계 량

① 계량은 계량기, wacecreter(워세크리터 ; 골재 계량) 등으로 정확히 한다.

② 골재계량에는 중량계량과 용적계량이 있다.

2) 비 빔

① 비빔시간은 규정시간의 3배 이내로 한다.

② 기계비빔이 손비빔보다 10~20% 유리하고, 회전속도는 1m/sec이다.

3) 운 반

① 콘크리트 비빔 시작부터 부어넣기 종료까지 시간의 한도

㉮ 외기온 25℃ 이상일 때는 1.5시간 이내

㉯ 외기온 25℃ 미만일 때는 2시간 이내

② 운반시에는 콘크리트의 재료분리가 발생되지 않도록 한다.

4. 현장시공

1) 타 설

① 시공에 적절한 소요 슬럼프치를 유지한다.

② 콘크리트 타설 속도 및 원칙을 준수한다.

2) 다 짐

① 다짐은 공극을 줄이고 철근과 Conˊc를 밀착시켜 부착강도를 증대시킨다.

② 진동시간은 5~15초, 사용간격은 0.5m 이내, 진동기는 수직으로 사용한다.

3) 이 음

① Joint는 콘크리트의 건조수축 및 온도변화에 의한 균열을 방지한다.

② 콘크리트 접합부에 cold joint가 생기지 않게 한다.

4) 양 생

① 초기양생이 전체강도의 70%이므로 매우 중요하다.

② 콘크리트 노출면을 일정한 기간 동안 습윤상태로 보호

습윤양생기간의 표준

일평균 기온	보통포틀랜드 시멘트	고로 슬래그 시멘트 플라이 애시 시멘트 B종	조강포틀랜드 시멘트
15℃ 이상	5일	7일	3일
10℃ 이상	7일	9일	4일
5℃ 이상	9일	12일	5일

5. 시 험

1) 시멘트 시험

① 분말도, 안정성 시험
② 비중, 강도 시험

2) 골재시험

① 혼탁 비색법, 체가름 시험
② 마모, 강도 시험

3) 타설 전 시험

① 강도, 공기량, bleeding 시험
② Slump, 염화물 시험

4) 타설 후 시험

① Core 채취법
② 비파괴시험(schumidt hammer, 초음파법, 방사선법)

6. 거푸집 계획

① 거푸집은 강도, 정밀도, 수밀성, 가공성이 있어야 한다.
② 거푸집 존치기간을 준수해야 한다.

7. 철근계획

① 철근공사는 응력전달을 충분히 하기 위해 이음, 정착, 피복두께 확보가 중요하다.
② 이음위치는 응력이 적은 곳에 해야 하며, 한 곳의 이음이 1/2 이상이 안 되게 하고 엇갈리게 이어야 한다.

8. 공정계획

① 지정 공기 내에 공사예산에 맞추어 정밀도 높은 시공을 하기 위한 계획이다.
② 세부 공사에 필요한 시간과 순서 등을 경제성 있게 공정표로 작성한다.

9. 품질계획

① 품질관리를 plan → do → check → action에 따라 시행한다.
② 하자발생의 방지계획을 수립한다.

10. 원가관리

    ① 실행예산의 손익 분기점을 분석하고 일일공사비를 산정한다.

    ② L.C.C 개념을 도입하여 V.E 기법을 활용한다.

11. 안전계획

    ① 재해는 무리한 공기단축, 안전설비의 미비, 안전교육 미실시로 발생한다.

    ② 안전교육을 철저히 시행하고, 안전사고시 응급조치계획을 세운다.

12. 건설공해

    ① 저소음 · 저진동 공법을 채택한다.

    ② 폐기물의 합법적인 처리와 재활용 대책을 세운다.

13. 노무계획(man)

    ① 인력 배당계획을 수립하여 적정인원을 계산한다.

    ② 합리적인 man power를 관리한다.

14. 자재계획(material)

    ① 적기에 구입하여 공급하도록 계획한다.

    ② 자재의 수급계획은 주별 · 월별로 미리 수립한다.

15. 장비계획(machine)

    ① 최적 기종을 적기에 투입하여 장비 효율을 극대화한다.

    ② 가동률 및 실제 작업시간을 향상시킨다.

16. 공법계획(method)

    ① 시공조건을 감안하여 공법을 최적화하기 위한 계획을 한다.

    ② 품질, 안전, 생산성 및 위험을 고려한 공법을 선택한다.

Ⅳ. 결 론

    ① 철근콘크리트는 Con'c의 품질을 위해 시공의 6요소(man, material, machine, money, method, memory)에 따라 시공계획이 검토되어야 한다.

    ② 콘크리트공사는 강도, 내구성이 충분하여야 콘크리트의 가장 취약점인 균열을 막을 수 있으며, 건조수축 및 탄산화 등을 방지하는 양질의 안전한 구조물을 생산할 수 있다.

| 문제 2 | 시멘트의 종류 및 품질관리시험 |

● [03후(25), 09후(10), 09후(10), 13중(10)]

Ⅰ. 개 요

① 일반적으로 많이 사용되고 있는 portland cement는 석회질 원료와 점토질 원료를 혼합, 소성한 clinker에 석고를 가하여 분쇄한 것이다.

② 시멘트의 화학조성상 가장 중요한 성분은 석회(CaO, 산화칼슘), 산화철(Fe_2O_3, 산화제2철)과 석고를 첨가한 무수황산(SO_3, 3산화유황) 등이 있다.

③ 시멘트의 품질관리시험에는 분말도 시험, 안정성(팽창도 시험), 시료채취, 비중, 강도시험, 응결시험, 수화열 시험 등이 있다.

Ⅱ. 시멘트의 분류

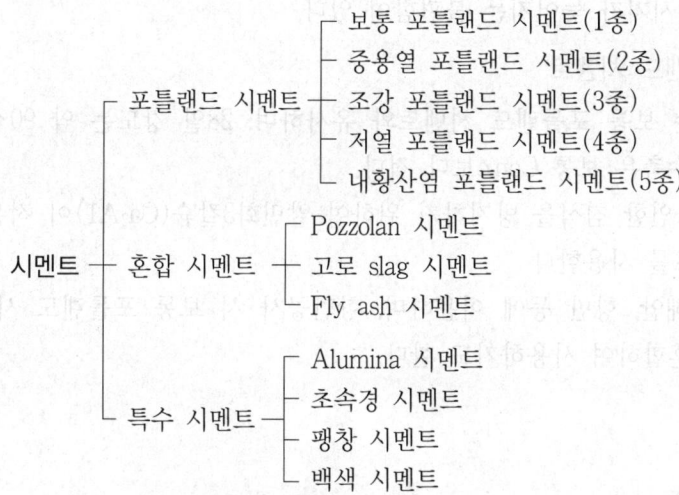

```
                        ┌─ 보통 포틀랜드 시멘트(1종)
                        ├─ 중용열 포틀랜드 시멘트(2종)
            포틀랜드 시멘트 ┼─ 조강 포틀랜드 시멘트(3종)
                        ├─ 저열 포틀랜드 시멘트(4종)
                        └─ 내황산염 포틀랜드 시멘트(5종)

                        ┌─ Pozzolan 시멘트
시멘트 ─┼─ 혼합 시멘트 ───┼─ 고로 slag 시멘트
                        └─ Fly ash 시멘트

                        ┌─ Alumina 시멘트
            특수 시멘트 ───┼─ 초속경 시멘트
                        ├─ 팽창 시멘트
                        └─ 백색 시멘트
```

Ⅲ. 시멘트의 종류별 특성

1. 포틀랜드 시멘트

1) 보통 포틀랜드 시멘트

① 특수한 경우를 제외한 일반적인 공사에 사용되는 Con'c이다.

② 혼화재를 첨가하여 성질을 개량할 경우 강도를 증진시킬 수 있다.

2) 중용열 포틀랜드 시멘트

① 초기 강도 발현은 늦으나 콘크리트의 장기 강도에는 유리하다.

② 서중 Con'c에 많이 사용한다.

③ 경화시 발열량이 적어 건조수축으로 인한 균열이 적다.

④ 초기 강도 확보가 어려워 양생기간이 길어진다.

3) 조강 포틀랜드 시멘트

① 경화속도가 빨라서 초기 강도 확보에 유리하며, 7일 강도가 보통 포틀랜드 시멘트의 28일 강도와 같고 한중콘크리트에 사용한다.

② 수화열이 높기 때문에 건조수축으로 인한 구조체의 균열이 발생한다.

4) 저열 포틀랜드 시멘트

① 중용열 포틀랜드 시멘트보다 수화열이 적게 나오도록 만든 시멘트이다.

② 건조수축이 적으며, 초기 강도 발현이 지연된다.

③ Mass 콘크리트, 수밀 콘크리트 등에 사용된다.

④ 거푸집 탈형시기가 늦어지는 불편함이 있다.

5) 내황산염 포틀랜드 시멘트

① 초기 강도는 보통 포틀랜드 시멘트와 유사하며, 28일 강도는 약 90% 정도이며, 건조수축은 보통 Con'c보다 적다.

② 황산염으로 인한 침식을 방지하기 위하여 알민화3칼슘(Ca_3A1)이 적은 내황산염 시멘트를 사용한다.

③ 온천지대, 해안, 항만 등에 이용하며, 항만공사 시 보통 포틀랜드 시멘트에 fly ash를 혼합하여 사용하기도 한다.

2. 혼합 시멘트

1) Pozzolan 시멘트

① 실리카 시멘트에 혼합된 실리카는 천연 및 인공인 것을 총칭하여 pozzolan이라 한다.

② 천연산 포졸란에는 화산회, 규조토, 응회암, 규산백토 등이 있다.

③ 인공 포졸란에는 fly ash, 소점토 등이 있다.

④ 모르타르 내의 공극 충전효과가 크고, 투수성이 현저히 작아진다.

⑤ Bleeding이 감소하여 백화현상이 적어지고, Con'c의 화학적 저항력이 향상되며, 장기 강도가 증대된다.

⑥ 단위수량의 증가로 강도상 불리할 수 있고, 동결융해에 대한 저항성이 적다.

2) 고로 slag 시멘트

① 수화열이 작고 장기 강도가 크며, 내구적이다.

② 해수, 하수, 지하수, 광천수 등에 대한 내침투성이 우수하다.

③ 수화열이 낮아 댐과 같은 mass Con′c에 사용한다.

3) Fly ash 시멘트

① 화력발전소에서 생성되는 미분탄회로써 원형의 상(狀)을 가진 유리모양의 미소립자 석탄회를 fly ash라 한다.

② 혼합성, 유동성이 좋아진다.

③ 수화열이 낮아 건조수축으로 인한 균열이 적다.

④ 콘크리트의 장기 강도가 좋아진다.

3. 특수 시멘트

1) Alumina 시멘트

① 포틀랜드 시멘트는 규산석암이 주체로 된 시멘트인 데 반해 알루미나 시멘트는 알루민산 석회를 주광물로 사용한 시멘트이다.

② 응결이 포틀랜드 시멘트에 비해 길어지나 경화가 급속히 진행되어 6~8시간이면 포틀랜드 시멘트 3일 강도와 같고, 24시간이면 28일 강도와 같다.

③ 긴급공사, 한중 Con′c에 유리하다.

④ 내화성이 좋아 내화 Con′c로 사용되며, 화학약품, 기름, 염류에 대한 저항력이 강하다.

2) 초속경 시멘트

① 재령 1~2시간에 압축강도가 10MPa에 도달한다.

② 혼화제(응결·경화 조절제)의 사용으로 응결·경화의 시간을 조절할 수 있다.

③ 낮은 온도에서도 장기간에 걸쳐 안정된 강도발현을 얻을 수 있다.

④ 긴급보수공사(도로, 철도, 교량 등)에 사용되며, 또한 뿜칠 콘크리트, 그라우트재에 사용된다.

3) 팽창 시멘트

① 물과 반응하여 경화과정에서 팽창하는 성질을 가진 시멘트를 말한다.

② 콘크리트 자체의 팽창력 증대로 철근의 신장을 일으켜 콘크리트의 압축응력을 발생하여 prestress가 도입되는 효과가 된다.

③ 콘크리트의 건조수축으로 일어나는 인장응력을 팽창력으로 저지하여 건조수축에 의한 균열방지효과가 있어 균열보수에 사용한다.

④ 팽창력이 큰 경우 프리스트레스 원리로 인장강도가 개선된다.

⑤ 팽창에 의한 prestress를 화학적 prestress 또는 self stressing prestress라 한다.

⑥ 팽창 시멘트를 수축보상 시멘트(self stressing cement)라고도 한다.

4) 백색 시멘트

① 포틀랜드 시멘트의 주원료인 석회석과 점토는 착색성분이 포함되지 않은 것을 사용한다.

② 물과 혼합한 후 2~3시간 경과하면 백색이 10% 저하된다.

③ 수화가 진행되면서 7일 정도 경과하면 원상 회복한다.

④ 백색 포틀랜드 시멘트는 철분을 극도로 줄여 공기 중이나 물 속에서도 경화가 이루어지므로 보관 및 취급에 유의해야 한다.

⑤ 타일 줄눈용, 타일 시멘트 등으로 사용된다.

5) MDF(Macro Defect Free) Cement

시멘트 입자가 대단히 미세한 분말구조로 되어 있는 고수밀성 콘크리트에 이용되는 시멘트

Ⅳ. 시멘트의 품질관리시험

1. 분말도 시험

① 시멘트 분말도는 시멘트 입자의 가늘고 굵음을 나타내는 것으로 콘크리트의 성질을 예측할 수 있으며, 시험방법에는 비표면적 시험과 체가름법이 있다.

② 비표면적 시험에서 단위는 cm^2/g으로 표시되며, 보통 시멘트의 경우 2,800~3,200cm^2/g이다.

③ 분말도가 클수록, 즉 미세할수록 표면적은 증가하고 수화작용은 빨라지며 강도는 세진다.

2. 안정성 시험(soundness test)

① 시멘트 약 100g에 물 25%의 cement paste를 만든다.

② 약 13cm^2의 유리판 위에 놓고, 유리판 밑에서 가만히 두드려 외측에서 내측으로 밀어 지름 10cm, 중심두께 1.5cm의 가장자리로 갈수록 얇은 pad를 만든다.

③ 일정한 온도와 습도의 습기함에 넣고 24시간 저장 후 수중보양을 27일 한 후 팽창성과 갈라짐, 뒤틀림을 검사한다.

3. 시료채취

① 시멘트 50t 또는 그 단수마다 평균 품질을 나타내도록 5kg 이상의 시료 채취

② 포대일 경우는 15t 또는 그 단수마다 한 포로 함.

③ 각 포대에서 같은 양의 시멘트를 취하여 이것을 4분법으로 하여 한구를 시료로 함.

4. 비중시험

① 르 샤틀리에 비중병에 탈수한 정제 광유를 넣고, 온도를 일정하게 하여 표면의 눈금을 읽는다.

② 여기에 100g의 시멘트를 넣고, 흔들어 공기를 내보내고, 눈금을 읽는다.

$$시멘트 \ 비중 = \frac{시멘트 \ 중량(g)}{비중병의 \ 눈금자(cc)}$$

③ 비중시험은 2번 이상 하고, 측정값의 차가 0.01 이내로 되면 그 평균값으로 하며, 비중은 최소 3.05 이상, 보통 3.15 정도이다.

5. 강도시험

① 시멘트의 강도시험은 휨시험과 압축시험을 한다.

② 휨시험용의 공시체는 단면 4cm×4cm, 길이 16cm의 네모기둥을 쓰고, 압축시험에는 휨시험 공시체의 절반을 사용한다.

③ 압축강도시험은 3일, 7일, 28일의 재령으로 휨시험과 병행한다.

④ 시간 관계상 28일 시험을 생략할 수도 있다.

6. 응결시험

① 시멘트의 성분 중 알루민산 삼석회($3CaO \cdot Al_2O_3$)가 많으면 응결이 빨라지게 되나 풍화된 시멘트에는 알루민산 삼석회가 적어 응결이 느리다.

② 표준 묽기의 cement paste를 온도 20±3℃, 습도 80% 이상 유지할 때, 응결 시작은 1시간 후, 종결은 10시간 이내로 규정하고 있으나, 일반적으로 시결 1.5~3.5시간, 종결은 3~6시간 정도이다.

③ 시멘트 풀이 10~20분이 경과한 후에 굳어지고 → 다시 묽어지고 → 정상적으로 굳어가는 현상을 헛응결 또는 이상 응결(false setting)이라고 한다.

7. 수화열 시험

수화열은 70cal/g 정도이며, 조강 포틀랜드 시멘트는 수화열이 많고, 중용열 포틀랜드 시멘트는 수화열이 적다.

V. 시멘트 저장

① 시멘트 창고는 통풍이 되지 않게 하여야 한다.
② 마루높이는 지면에서 300mm 이상으로 하고 방습적이어야 한다.
③ 시멘트는 반입한 순서대로 꺼내어 쓰도록 한다(fast in fast out).
④ 단시일 사용분 이외의 것은 13포대 이상을 쌓지 않는다.
⑤ 3개월 이상 저장한 시멘트는 사용 전에 시험하여야 한다.

VI. 결 론

① 건축물의 요구 성능에 적합한 시멘트를 선택하여 철저한 품질시험을 거쳐서 사용하여야 한다.
② 운반 및 저장시 관리 소홀로 인한 풍화가 없도록 하고 Con'c의 시공성을 개선하며, Con'c의 내구성을 증대시키는 시멘트의 개발이 무엇보다도 중요하다.

문제 3	콘크리트용 골재의 종류 및 품질관리시험

● [98전(20), 03전(25), 04후(25)]

Ⅰ. 개 요

① 골재는 깨끗하고 견고하며 내구적이어야 하며, 유해량의 흙, 먼지, 유기불순물 등이 포함되지 않고 소요의 내화성 및 내구성이 있어야 한다.

② 골재의 품질관리시험은 혼탁 비색법, 공극률, 체가름 시험, 마모시험, 유해물 시험, 강도시험 및 흡수율 시험 등이 있다.

Ⅱ. 골재의 구비조건

① 청정, 견고, 내구적이어야 한다.

② 흙, 먼지, 유기불순물 등이 포함되어서는 안 된다.

③ 강도는 cement paste 이상이어야 한다.

④ 자갈은 둥글고 표면이 거칠어야 한다.

⑤ 모래는 미세립분이나 염분이 포함되지 않아야 한다.

Ⅲ. 골재의 분류

1) 입경에 따라

① 모래(잔골재) : 5mm체를 거의 다 통과하며, 0.08mm체에 거의 다 남는 골재

② 자갈(굵은 골재) : 5mm체에 거의 다 남는 골재

2) 산지에 따라

① 천연골재 : 강모래나 강자갈

② 인공골재 : 암석을 부수어 만든 쇄석

3) 비중에 따라

① 경량골재 : 비중이 2 이하로 경량 Con'c에 사용

② 보통골재 : 비중이 2.5 정도로 보통 Con'c에 사용

③ 중량골재 : 비중이 3 이상으로 중량 Con'c에 사용

Ⅳ. 골재의 품질관리시험

1. 유기불순물 시험(혼탁 비색법)

① 모래에 함유하는 유기불순물의 유해량을 알기 위한 시험방법이다.

② 일정분량의 유리병에 수산화나트륨(NaOH) 3% 용액을 넣고 흔들어 잘 섞고, 24시간 후에 윗물 빛깔을 표준 빛깔과 비교해본다.

③ 표준 빛깔보다 진한 것은 유해량의 유기불순물을 포함한 것이다.

2. 공극률 시험

① 골재의 단위용적에 대한 실적 백분율을 실적률이라 하며, 그 공극의 백분율을 공극률이라 한다.

② 골재의 공극률이 적으면 콘크리트의 밀도, 마모, 수밀성, 내구성이 증대된다.

$$공극률(\%) = \frac{(G \times 0.999) - M}{G \times 0.999} \times 100(\%)$$

  G : 비중
  M : 단위용적 중량(t/m³)

3. 체가름 시험(조립률 : Fineness Modulus, F.M)

① 골재의 체가름 분포(골재 입도)를 간단히 표시하는 방법으로 조립률(F.M)이 있다.

② 80mm, 40mm, 20mm, 10mm, 5mm, 2.5mm, 1.2mm, 0.6mm, 0.3mm, 0.15mm의 10개 체를 사용하여 가적 잔류율의 누계를 백으로 나눈 값

$$F.M(조립률) = \frac{80mm \sim 0.15mm \, 체까지의 \; 가적 \; 잔류율의 \; 누계}{100}$$

예) 다음 주어진 표를 보고 굵은 골재의 조립률을 구하여라.

체 번 호	잔류량(g)	잔류율(%)	가적 잔류율(%)
80mm		0	0
40mm	20	10	10
20mm	60	30	40
10mm	60	30	70

체 번 호	잔류량(g)	잔류율(%)	가적 잔류율(%)
5mm	40	20	90
2.5mm	20	10	100
1.2mm			100
0.6mm			100
0.3mm			100
0.15mm			100
소 계	200	100	710

해설) $F.M = \dfrac{10+40+70+90+(100\times5)}{100} = \dfrac{710(\text{가적 잔류율 누계})}{100} = 7.1$

③ 골재 입자의 지름이 클수록 조립률이 크다.
④ 일반적으로 골재의 조립률은 잔골재는 2.3~3.1, 굵은 골재는 6~8 정도가 좋다.

4. 마모시험

① 포장용 콘크리트와 dam용 Con'c에 사용되는 굵은 골재는 마모저항을 측정하여 마모한도를 정할 수 있다.
② 굵은 골재의 마모함량 한도는 50%이다.
③ 로스엔젤레스 시험기(안지름 710mm, 내측길이 510mm의 양끝이 밀폐된 강철재의 원통형)
④ 철구(지름이 약 46.8mm, 무게 390~445g의 주철 또는 강철) 12개 사용

$$\text{마모율}(\%) = \frac{\text{시험 전 시료의 무게} - \text{시험 후 시료의 무게}}{\text{시험 전 시료의 무게}} \times 100(\%)$$

5. 강도시험

① 골재 입자의 강도는 직접 시험할 수 없기 때문에 일반적으로 부서지는 세기를 이용하고 있다.
② 영국 규준(B.S)에서 일정입도의 골재를 용기에 채우고 압축기로 가압해 40t 재하 때의 골재의 파쇄율 또는 파쇄율이 10%일 때의 화물 중량으로 골재의 세기를 나타내도록 하고 있다.
③ 일정배합의 콘크리트를 만들 때 콘크리트 강도로 비교하는 시험방법도 있다.
④ 경량골재는 물결합재비 40%의 콘크리트를 만들 때의 세기에 의해 강도 구분을 정하고 있다.

6. 흡수율 시험

1) 굵은 골재의 밀도 및 흡수율 시험(KS F 2503)

① 콘크리트 배합설계에 있어서 굵은 골재의 절대용적을 알기 위하여 시험한다.

② 굵은 골재의 공극과 사용수량을 조절하기 위하여 시험한다.

③ 일반적으로 밀도가 큰 골재는 강도가 크며, 흡수량이 적고, 내구성이 크다.

④ 굵은 골재의 밀도란 표면건조포화상태에서의 골재의 밀도를 말한다.

⑤ 시험용 기구는 저울, 철망태, 물탱크, 흡수천, 건조기, 체, 시료 등이 있다.

⑦ 표면건조포화상태의 밀도(D_s) : $D_s = \dfrac{B}{B-C} \times \rho_w \text{(g/cm}^3)$

⑭ 절대건조상태의 밀도(D_d) : $D_d = \dfrac{A}{B-C} \times \rho_w \text{(g/cm}^3)$

⑮ 진밀도(D_A) : $D_A = \dfrac{A}{A-C} \times \rho_w \text{(g/cm}^3)$

⑯ 흡수율(Q) : $Q = \dfrac{B-A}{A} \times 100 (\%)$

B : 표면건조포화상태에서의 시료의 질량(g)

C : 시료의 수중중량(g)

ρ_w : 시험온도에서의 물의 밀도(g/cm³)

A : 절대건조상태의 시료의 질량(g)

2) 잔골재의 밀도 및 흡수율 시험(KS F 2504)

① 콘크리트 배합설계에 있어서 잔골재의 절대용적을 알기위해서 시행한다.

② 잔골재의 공극과 사용수량을 조절하기 위하여 시험한다.

③ 일반적으로 밀도가 큰 골재는 강도가 크며, 흡수량이 적고, 내구성이 크다.

④ 잔골재의 밀도란 표면건조포화상태에서의 골재의 밀도를 말한다.

⑤ 시험용 기구는 저울, 플라스크(flask), 원뿔형몰드, 다짐봉, 건조기, 시료분리기 등이 사용된다.

⑦ 표면건조포화상태의 밀도(d_s) : $d_s = \dfrac{m}{B+m-C} \times \rho_w \text{(g/cm}^3)$

⑭ 절대건조상태의 밀도(d_d) : $d_d = \dfrac{A}{B+m-C} \times \rho_w \text{(g/cm}^3)$

⑮ 진밀도(d_A) : $d_A = \dfrac{A}{B+A-C} \times \rho_w \text{(g/cm}^3)$

⑯ 흡수율(Q) : $Q = \dfrac{m-A}{A} \times 100 (\%)$

m : 표면건조포화상태에서의 시료의 질량(g)

C : 시료와 물로 검정된 용량을 나타낸 눈금까지 채운 플라스크의 질량(g)

B : 검정된 용량을 나타낸 눈금까지 물을 채운 플라스크의 질량(g)

ρ_w : 시험온도에서의 물의 밀도(g/cm³)

A : 절대건조상태의 시료의 질량(g)

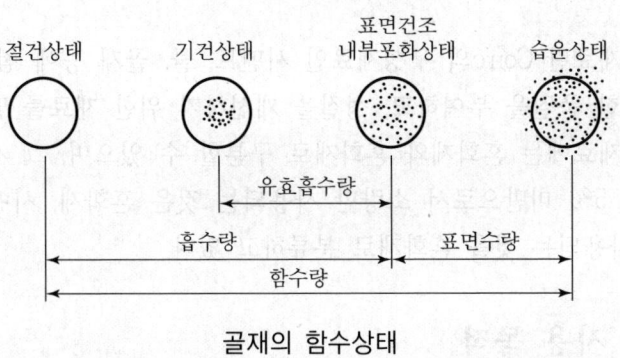

골재의 함수상태

V. 골재의 취급 및 저장

① 골재의 저장장소는 평탄하고 배수가 좋아야 하며, 저장량을 증가하기 위하여 옹벽을 만들기도 한다.

② 지면에는 콘크리트를 치거나 판재 또는 철판을 깔아 토사의 혼입을 막는다.

③ 반입, 반출시 평면적으로 되어 교통의 교차가 없도록 한다.

④ 골재의 쌓아두기는 골재가 사면으로 흘러 대소립의 분리가 일어나지 않도록 한다.

⑤ 콘크리트에 유해한 흙, 먼지, 유기불순물 등이 혼입되지 않도록 한다.

VI. 결 론

① 골재는 콘크리트의 구성요소 중 하나로서 골재의 품질은 콘크리트의 품질에 직접적인 영향을 주므로 시험을 통한 철저한 품질관리가 필요하다.

② 골재의 시험은 주로 실험실에서 많이 행해지며, 시험 후 결과까지의 시간이 길어 현장에서 간단히 시험할 수 있는 시험기계의 연구 개발이 필요하다.

문제
4

콘크리트에 사용되는 혼화재료

● [84(25), 90후(10), 00중(10), 03후(10), 05중(25), 05후(25), 07중(25), 08전(10), 09전(10), 09중(10), 11전(10), 16후(10), 17전(10), 20중(10), 21전(10), 21중(10), 22후(10)]

I. 개 요

① 혼화재료란 Con'c의 구성재료인 시멘트, 물, 골재 등에 첨가하여 콘크리트에 특별한 품질을 부여하고, 성질을 개선하기 위한 재료를 말한다.

② 혼화재료에는 혼화제와 혼화재로 구분할 수 있으며, 그 사용량이 시멘트 중량의 5% 미만으로서 소량만 사용되는 것은 혼화제, 시멘트 중량의 5% 이상 사용되는 것을 혼화재로 분류하고 있다.

II. 혼화재료의 사용 목적

① 시공연도 개선
② 초기 강도 증진
③ 응결시간 조절
④ 내구성 개선
⑤ 수밀성 증진

III. 혼화재료의 선정 시 고려사항

① 콘크리트의 설계기준 강도를 그대로 유지시킬 것
② 시공연도를 향상시킬 것
③ 콘크리트의 고강도화
④ 유해한 성질이 없을 것

IV. 혼화재료의 분류

1) 혼화제(混和劑, agent)

① 첨가량이 시멘트 중량의 5% 미만으로서 약품적 성질만 가지고 있다.
② 사용량이 적어 배합 설계 시 중량 계산에서 제외한다.
③ 종류로는 표면활성제, 응결경화 조절제, 방수제, 방청제, 방동제, 발포제, 수중 불분리성 혼화제, 유동화제 등이 있다.

2) 혼화재(混和材, admixture)

① 첨가량이 시멘트 중량의 5% 이상으로서 cement의 성질을 개량한다.
② 사용량을 배합 설계 시 중량계산에 포함한다.
③ 종류로는 pozzolan, 고로 slag, fly ash, 팽창재, 착색재 등이 있다.

Ⅴ. 혼화재료의 종류

1) 혼화제(混和劑)

① 표면활성제(AE제, 감수제, AE 감수제, 고성능 AE 감수제)
② 응결경화 조절제(촉진제, 지연제, 급결제)
③ 방수제
④ 방청제
⑤ 방동제
⑥ 발포제
⑦ 수중 불분리성 혼화제
⑧ 유동화제(流動化劑)

2) 혼화재(混和材)

① 고로 slag 미분말
② Fly ash
③ Silica fume
④ 팽창재
⑤ Pozzolan
⑥ 착색재(着色材)

Ⅵ. 종류별 특징

1. 혼화제(混和劑)

1) AE제(Air Entraining agent, 공기연행제)

① 정 의
㉮ AE제는 굳지 않은 Con′c의 성질을 개량하여 콘크리트의 시공성을 향상시키고, 동결융해에 대한 저항성을 증대시키기 위하여 사용된다.
㉯ 일반적으로 콘크리트에는 혼화제를 첨가하지 않아도 자연적으로 1~2% 정도의 공기(entrapped air)를 포함하고 있다.

　　㉰ AE제를 첨가하여 공기(entrained air)량을 3~5% 증가시키면 시공연도를 향상시킬 수 있다.

　② 특　징

　　㉮ 단위수량이 적어진다.

　　㉯ 동결융해에 대한 저항성이 높다.

　　㉰ 시공연도가 좋아지고 재료분리, bleeding이 감소된다.

　　㉱ 수밀성이 향상된다.

　　㉲ 공기량이 증가되면 slump가 증대된다.

　　㉳ AE제에 의한 지나친 공기량 증가(7% 이상)는 콘크리트의 내구성을 저하시킨다.

　　㉴ 공기량 1% 증가시 콘크리트의 압축강도는 3~5% 감소한다.

2) 감수제

　① Cement 입자를 분산시켜 시공연도를 향상시키므로 단위수량을 감소시킨다.

　② 내동해성을 증대시킬 목적으로 사용한다.

　③ 콘크리트 강도 향상에는 도움이 되지 않는다.

　④ 감수효과는 4~6%로 비교적 적다.

3) AE 감수제(AE water reducing agent)

　① 콘크리트 중에 미세기포를 연행시키면서 작업성을 향상시키는 한편 분산효과로 인한 단위수량을 감소시킨다.

　② AE제만 첨가한 경우는 감수효과가 8%인 데 반해 AE 감수제를 사용하면 10~15%의 감수효과를 기대할 수 있다.

4) 고성능 감수제

　① 시멘트를 더욱 효과적으로 분산시켜 단위수량을 대폭적으로 감수시킬 수 있다.

　② 감수효과는 20~30%로 최대이다.

　③ 고강도 콘크리트 제조시 사용된다.

5) 고성능 AE 감수제

　① AE 감수제에 비해 감수효과가 뛰어나고 slump 손실이 적다.

　② 감수효과는 20% 내외이다.

　③ 압축강도 50MPa 이상의 고강도 콘크리트 제조에 사용된다.

6) 응결경화 조절제

① 촉진제(accelerator)

㉮ 적당량의 염화칼슘을 콘크리트에 혼입하여 응결을 촉진시킨다.

㉯ 조기강도가 증대된다.

㉰ 건조습도에 대한 팽창 및 수축이 증대된다.

② 지연제(retarder)

㉮ 유기 혼화제가 시멘트 입자 표면에 흡착하여 시멘트와 물과의 반응을 차단하고 시멘트 수화열의 생성을 억제한다.

㉯ 장기 강도가 증대된다.

㉰ 서중 콘크리트에 사용된다.

③ 급결제(急結劑)

㉮ 염화칼슘, 규산소다 등을 기본성분으로 사용하며, 급경제(急硬劑)라고도 한다.

㉯ 황산염에 대한 저항이 떨어지고 알칼리 골재 반응이 촉진된다.

㉰ 콘크리트의 slump가 빨리 감소된다.

7) 방수제(water proofing agent)

① 정 의

미세한 물질을 혼입하여 공극을 충전하거나 발수성의 물질을 도포, 흡수성을 차단하는 성능을 가진 혼화제를 방수제라 한다.

② 방수재료

㉮ 콘크리트 공간 충전 재료

소석회, 암석분말, 규조토, 규산백토, 염화암모늄

㉯ 발수성 재료

명반, 수지, 비누

㉰ 시멘트의 수산화칼슘 [$Ca(OH)_2$]유출 방지 재료

염화칼슘, 금속비누, 지방산과 석회의 화합물, 규산소다

8) 방청제(corosion inhibiting agent)

① 방청제는 콘크리트 중의 염분에 의한 철근의 부식을 억제할 목적으로 사용되는 혼화제이다.

② 철근의 부식은 일종의 전기화학반응에 의해서 일어난다.

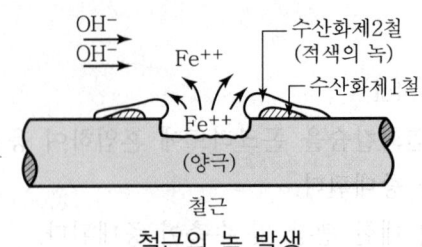

철근의 녹 발생

③ 이것은 양극 및 음극 반응으로 분류되며, 전기반응의 진행과 정지에 따라 방청을 달리한다.

④ 부식 억제재의 종류

㉮ 음극부형 : 양극 반응을 억제한다.

㉯ 양극부형 : 음극 반응을 억제한다.

㉰ 혼합형 : 양극의 반응을 동시에 억제한다.

9) 방동제(내한 촉진제)

① 콘크리트의 동결을 방지하기 위해 염화칼슘·식염 등이 쓰이지만, 이것을 다량 사용하면 강도저하 및 급결작용이 발생한다.

② 특히 식염은 철근콘크리트공사에는 절대 사용해서는 안 된다.

10) 발포제(gas foaming agent)

① 발포제는 시멘트에 혼입되는 경우 화학반응에 의해 발생하는 가스를 이용하여 기포를 형성한다.

② 가스의 종류

수소가스, 산소가스, 아세틸렌 가스, 탄산가스, 암모늄 가스

③ 가장 많이 사용하는 방법은 금속 알루미늄과 시멘트 중의 알칼리와 반응하여 발생하는 수소가스를 이용하는 방법이다.

11) 수중 불분리성 혼화제

① 수중에 투입되는 콘크리트가 물의 세척작용을 받아서 시멘트와 골재가 분리되는 것을 방지한다.

② 유동성이 있어 간극에 대한 충전성이 뛰어나다.

③ Bleeding 현상을 억제시키며 콘크리트의 강도 및 내구성을 증대시킨다.

12) 유동화제(super plasticizer)

① 감수제의 기능을 더욱 향상시켜 시멘트를 효과적으로 분산시키고 강도에 영향없이 공기연행 효과만으로 시공연도를 좋게 한 것이다.

② 단위수량을 감소시키고 건조 수축량이 적은 양질의 Con'c를 얻을 수 있다.

2. 혼화재(混和材, admixture)

1) 고로 slag 미분말

① 정 의

용광로 방식의 제철작업에서 선철과 동시에 주로 알루미노 규산염으로 구성되는 슬래그가 생성되며, 용융상태의 고온 슬래그를 물, 공기 등으로 급냉 및 입상화하여 분쇄한 것을 고로 slag 미분말이라 한다.

② 냉각방법에 따른 종류

㉮ 서냉 slag(괴상 slag)

도로용(표층, 노반, 충전)·콘크리트용 골재, 항만재료, 지반개량재, 시멘트·크링커 원료, 규산석회 비료 등

㉯ 급냉 slag(입상화 slag)

고로 시멘트용, 시멘트 클링커 원료, 콘크리트 혼화재, 경량기포 콘크리트(ALC 원료), 지반 개량재, 콘크리트 세골재, 아스팔트용 세골재, 규산석회 비료, 항만재료

㉰ 반급냉 slag(팽창 slag)

경량콘크리트용, 경량매립재, 기타 보온재

2) Fly ash

① 정 의

Fly ash는 화력발전소 등의 연소보일러에서 부산되는 석탄재로서 연소 폐가스 중에 포함되어 집진기에 의해 회수된 특정 입도범위의 입상잔사를 말하며, pozzolan 계의 대표적인 혼화재로서, 특히 Carbon의 함량을 줄인 Fly ash를 CfFA(Carbon free Fly Ash)라 한다.

② 특 징

㉮ 장 점

㉠ 초기 강도 증진은 늦으나 장기 강도는 크다.

㉡ 플라이 애시는 구상의 미립자로, 볼 베어링(ball bearing) 작용을 하여 시공연도가 개선된다.

㉢ 수화발열량이 적다.

㉣ 알칼리 골재반응을 억제한다.

㉤ 황산염에 대한 저항성이 크다.

㉥ 콘크리트의 수밀성이 향상된다.

　　㉯ 단　점

　　　㉠ 재령 확보를 위해 초기 양생이 중요하다.

　　　㉡ 연행 공기량이 감소한다.

　　　㉢ 응결시간이 길어진다.

3) Silica fume

　① Silicon 또는 ferro silicon 등의 규소합금 제조시 발생하는 폐가스를 집진하여 얻어진 부산물로서 초미립자($1\mu m$ 이하)이다.

　② 이산화규소(SiO_2)가 주성분으로 고강도 Con'c를 제조하는 데 사용된다.

4) 팽창재

　① 물과 반응하여 경화하는 과정에서 콘크리트가 팽창하는 성질을 가지게 하는 혼화재이다.

　② 보통 콘크리트에 비해 균열 발생이 거의 없다.

　③ 균열보수 공사, grouting 재료 및 PS 콘크리트에 사용된다.

5) Pozzolan

　① 정　의

　　포졸란은 시멘트가 수화할 때 생기는 수산화칼슘 [$Ca(OH)_2$]과 화합하여 콘크리트의 강도 및 해수 등에 대한 화학적 저항성·수밀성 등을 개선하기 위해서 사용되며, 콘크리트 증량재로 사용된다.

　　㉮ 천연 포졸란

　　　화산재, 응회암, 규산백토, 규조토

　　㉯ 주성분에 따른 분류

　　　실리카 알루미나계, 실리카계, 흑요석, 응회석, 규조토, 소성점토

　② Pozzolan이 Con'c에 미치는 영향

　　㉮ 시공연도가 향상(적절한 입형과 입도 분포가 필요)

　　㉯ 수화열 감소(mass Con'c에 적용)

　　㉰ 장기 강도 증진(적절한 양생 필요)

　　㉱ 내황산염 등 화학성능 향상 [$Ca(OH)_2$]가 적어지기 때문

　　㉲ 수밀성 향상(공극 감소)

　　㉳ 알칼리 골재반응 억제효과

6) 착색재(着色材)

착색재는 콘크리트와 모르타르에 색을 입히는 혼화제로서 본래의 콘크리트 특성과 함께 마무리재로서의 기능도 함께 갖는 착색 Con'c 또는 컬러 Con'c라 한다.
① 빨강 : 산화제2철
② 파랑 : 군청
③ 갈색 : 이산화망간
④ 노랑 : 크롬산바륨
⑤ 초록 : 산화크롬
⑥ 검정 : carbon black

Ⅶ. 문제점

① 시공 실적 저조
② 시방서의 기준 미비
③ 품질에 대한 신뢰성 결여

Ⅷ. 개발방향

① 정부 차원의 신뢰성 회복
② 제조회사의 연구 및 투자 확대
③ 시방서의 기준 정립
④ 실적에 대한 자료 홍보

Ⅸ. 결 론

① 혼화재료는 Con'c의 시공연도 개선, 초기 강도 증진 등 Con'c 성질과 품질을 우수하게 하는 재료로서 적절하게 사용하면 강도·내구성·수밀성 등을 확보할 수 있을 것이다.
② 향후 시방서의 기준정립, 제조회사의 연구비 투자확대 및 기술개발 노력이 필요하다.

<table>
<tr><td>문제
5</td><td>콘크리트의 배합설계</td></tr>
</table>

● [77(9), 81후(50), 82후(30), 83(5), 87(25), 97전(15), 00중(10), 07후(10), 11전(10), 13전(10), 20후(10)]

Ⅰ. 개 요

① 콘크리트의 배합설계라 함은 강도, 내구성, 수밀성 등을 가진 콘크리트를 경제적으로 얻기 위해 시멘트, 물, 골재, 혼화재료를 적정한 비율로 배합하는 것을 말한다.

② 배합에는 시방배합과 현장배합이 있으며, 시방배합은 시방서 또는 책임 기술자에 의한 배합이고, 현장배합은 시방배합의 콘크리트가 될 수 있도록 현장에 따른 골재의 입도 및 함수상태에 따라 정해지는 배합을 말한다.

Ⅱ. 배합의 요구 성능

① 소요강도 확보
② 내구성 확보
③ 균일한 시공연도
④ 단위수량 감소

Ⅲ. 배합의 종류

1. 시방 배합

① 시방서 또는 책임 기술자가 지시한 배합
② 골재 입도
  ㉮ 5mm체를 다 통과하고 0.08mm체에 남는 골재 : 잔골재
  ㉯ 5mm체에 다 남는 골재 : 굵은 골재
③ 골재의 함수상태 : 표면건조 내부 포화상태
④ 단위량 표시 : 1m³당

2. 현장배합
   ① 현장 골재의 표면수량, 흡수량, 입도 상태를 고려하여 시방배합의 결과에
      가깝게 현장에서 배합한다.
   ② 골재 입도
      ㉮ 5mm체를 거의 다 통과하며, 0.08mm체에 거의 다 남는 골재 : 잔골재
      ㉯ 5mm체에 거의 다 남는 골재 : 굵은 골재
   ③ 골재의 함수상태 : 공기 중 건조상태 또는 습윤상태
   ④ 5mm체를 통과하는 굵은 골재의 양 및 혼화재의 양 고려
   ⑤ 단위량 표시 : mixer 용량에 의해 1batch량으로 변경

Ⅳ. 배합설계 flow chart

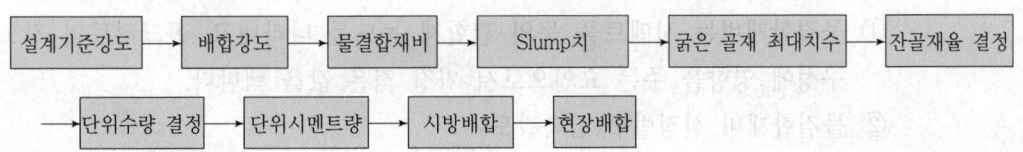

Ⅴ. 배합설계순서

1) 설계기준강도(f_{ck})
   ① 구조계산의 기준이 되는 설계기준강도는 Con'c의 28일 압축강도이다.
   ② 설계기준강도(f_{ck})
      ㉮ $f_{ck} = 3 \times$ 장기허용응력도
      ㉯ $f_{ck} = 1.5 \times$ 단기허용응력도
   ③ 일반적으로 f_{ck}는 18, 21, 24, 27, 30, 35MPa 등을 사용하며 40MPa 이상은
      고강도 콘크리트이다.

2) 배합강도(f_{cr})
   ① 구조물에 사용된 콘크리트의 압축강도가 설계기준강도보다 작아지지 않도
      록 현장 콘크리트의 품질변동을 고려하여 콘크리트의 배합강도(f_{cr})를 설계
      기준강도(f_{ck})보다 충분히 크게 정해야 한다.
   ② 현장 콘크리트의 압축강도 시험값이 설계기준강도 이하로 되는 확률은 5%
      이하여야 하고 또한 압축강도 시험값이 설계기준강도의 85% 이하로 되는
      확률은 0.13% 이하여야 한다.

435

③ 콘크리트의 압축강도 시험값이란 굳지 않은 콘크리트에서 채취하여 제작한 공시체를 표준양생하여 얻은 압축강도의 평균값을 말한다.

④ 배합강도의 결정은 ②항의 조건을 충족시키도록 다음의 두 식에 의한 값 중 큰 값을 적용한다.($f_{ck} \leq 35MPa$일 때)

$$f_{cr} \geq f_{ck} + 1.34s(MPa)$$
$$f_{cr} \geq (f_{ck} - 3.5) + 2.33s(MPa)$$

$$s : 압축강도의 표준편차(MPa)$$

⑤ 콘크리트 압축강도의 표준편차는 실제 사용한 콘크리트의 30회 이상의 시험실적으로부터 결정하는 것을 원칙으로 한다.

3) 물결합재비(W/B비)

① 물결합재비는 시멘트풀 등의 결합재 농도를 나타내고, 콘크리트의 강도, 내구성에 영향을 주는 요인으로서 가장 적은 값을 택한다.

② 물결합재비 선정방법(압축강도)

$$\frac{51}{f_{28}/k + 0.31} \ (\%)$$

f_{28} : 콘크리트의 재령 28일 압축강도
k : 시멘트 강도

4) Slump test

① 시공연도의 양부를 측정

② 시험기구

수밀성 평판, 시험통, 다짐막대, 측정계기

③ 시험법

㉮ 수밀성 평판을 수평으로 설치한다.

㉯ 시험통을 철판 중앙에 밀착한다.

㉰ 비빈 콘크리트를 100mm 높이까지 부어넣는다.

㉱ 다짐막대로 윗면을 고르고 25회 다진다.

㉲ ㉰, ㉱를 두 번 되풀이한다.

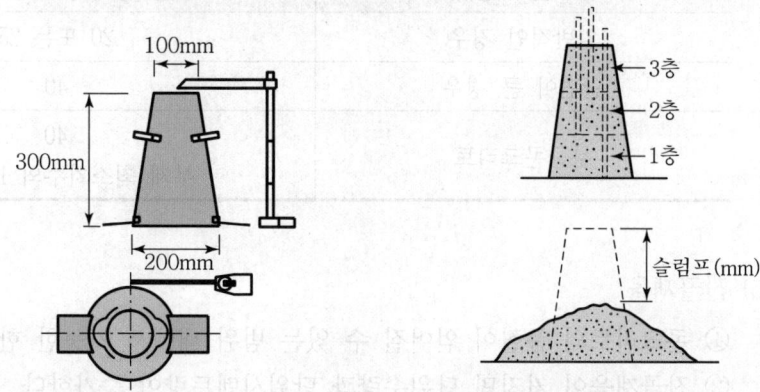

슬럼프	좋 음		나 쁨	
150~180mm		균등한 슬럼프 충분한 끈기가 있다.		끈기가 없고 부분적으로 무너진다.
		덤핑하여 내리지만 끈기가 있다.		덤핑으로 터슬터슬 허물어진다.
200~220mm		미끈하게 넓혀지고 골재의 분리가 없다.		밑기슭은 시멘트풀이 흘러내린다.
				골재가 분리되어 위에 뜬다.

슬럼프 시험

표준 슬럼프값

종	류	슬럼프 값(mm)
철근콘크리트	일반적인 경우	80~150
	단면이 큰 경우	60~120
무근콘크리트	일반적인 경우	50~150
	단면이 큰 경우	50~100

단, 진동기를 사용할 경우

5) 굵은 골재 최대치수(G_{max})

다음 표의 범위에서 부재 최소치수의 1/5, 피복 두께 및 철근의 최소수평, 수직
순간격의 3/4을 초과해서는 안 된다.

구조물의 종류	굵은 골재의 최대치수(mm)
일반적인 경우	20 또는 25
단면이 큰 경우	40
무근콘크리트	40 부재 최소치수의 1/4 이하

6) 잔골재율

① 콘크리트의 품질이 얻어질 수 있는 범위 내에서 가능한 한 적게 한다.

② 잔골재율이 커지면 단위수량과 단위시멘트량이 증가한다.

7) 단위수량

① 콘크리트 1m^3 중에 포함되어 있는 물의 양을 말한다.

② 설계기준강도와 시공연도 내에서 최소화한다.

8) 단위시멘트량

① 굳지 않은 콘크리트 1m^3 중에 포함된 시멘트의 질량이다.

② 시험에 의해 소요강도, 내구성 및 수밀성을 유지하도록 결정한다.

9) 시방배합

① 계량은 1회 계량분의 0.5% 정밀도 유지

② 투입시 동일한 조합 콘크리트는 소량 mixing하고, 믹서 내면에 시멘트 풀을 발라 둔다.

③ 비빔시간은 일반적으로 3분으로 하고, 10분 이상부터는 강도의 변화가 없다.

④ Slump의 조정 : 180mm 이하에서 약 1.2%, 180mm 이상에서 약 1.5%

⑤ 골재 분리와 유동성 조정

⑥ 공기량 조정 : 공기량 1% 증가는 강도 3~5% 정도 감소, slump 약 20mm 증가

10) 현장배합

시방배합을 현장배합으로 고칠 경우 고려 사항

① 잔골재의 표면수로 인한 bulking 현상

② 현장의 골재계량방법과 KS F 2505 규정에 의한 방법과의 용적의 차

③ 골재의 함수상태

④ 5mm체를 통과한 굵은 골재의 양과 혼화재의 물 탄 양 고려

Ⅵ. 문제점 및 대책

1) 문제점

① 설계기준강도를 높이는 경향, 비경제적 요소
② 배합설계는 설계자의 분야라는 의식
③ 현장배합 타설 시 정확한 계량 미실시

2) 대 책

① 구조 계산치에 의한 적정한 설계기준강도 설정
② 현장관리자의 책임의식 고취
③ 정확한 계량으로 현장배합
④ 시험배합의 측정, 관리 철저

Ⅶ. 결 론

① 콘크리트 구조체의 배합설계는 시방배합을 통하여 현장배합에 적용함으로써 콘크리트의 균일한 품질을 확보할 수 있다.
② 콘크리트에서 물결합재비와 굵은 골재 최대치수의 결정은 콘크리트의 강도를 결정하는 중요한 요소이므로 시공연도 내에서 물결합재비를 적게 하고, 굵은 골재 최대치수는 크게 해야 하며, 적정량의 혼화재를 사용하여 시공연도를 높여 시공하는 것이 무엇보다 중요하다.

| 문제 6 | 콘크리트의 시공연도에 영향을 주는 요인 |

● [96후(15), 01중(10), 05후(25), 12후(25), 21중(25)]

I. 개 요

① 콘크리트가 타설 시 밀실하게 채워지기 위해서는 유동성이 필요하며, 시공연도란 타설 용이성의 정도와 재료분리에 저항하는 정도를 나타내는 것으로 Con'c에 사용되는 재료와 시공 시 온도에 영향을 받는다.

② Workability에 영향을 주는 요인으로는 시멘트의 성질, 골재의 입도, 혼화재료, 물결합재비, 굵은 골재 최대치수, 잔골재율, 단위수량 등이 있다.

II. Workability의 특성

① 콘크리트의 강도와 시공성에 영향
② 굳지 않은 콘크리트의 품질을 측정하는 기준
③ Con'c의 유동성, 분리성 판정
④ 재료분리에 저항하는 정도
⑤ 콘크리트 배합비 구하는 기준

III. 시공연도에 영향을 주는 요인

1) 시멘트의 성질

① 시멘트의 종류, 분말도, 풍화의 정도 등이 영향을 준다.
② 분말도가 높은 시멘트는 시멘트 풀의 점성이 높아지므로 consistency(반죽질기)는 적게 된다.
③ 풍화한 시멘트나 이상응결을 나타낸 시멘트는 workability가 현저하게 떨어진다.

2) 골재의 입도

① 골재 중 0.3mm 이하의 세립분은 콘크리트의 점성을 높여주고, plasticity를 좋게 한다.
② 입자가 둥근 강자갈인 경우는 시공연도가 좋고, 평평하고 세장한 입형의 골재는 재료가 분리되기 쉽다.

3) 혼화재료

① 감수제는 반죽질기를 증대시키며 감수율이 5~10% 정도 된다.

② Pozzolan을 사용하면 시공연도가 개선되며, 특히 fly ash는 구형(球型)으로 볼 베어링 역할을 하므로 시공연도를 개선한다.

4) 물결합재비(W/B비)

물결합재비를 높이면 시멘트의 농도가 묽게 되어 시공연도가 향상되나, 물결합재비를 너무 높이면 콘크리트의 강도를 저하시키는 요인이 된다.

5) 굵은 골재 최대치수(G_{max})

① 굵은 골재의 치수가 작을수록 시공연도가 향상된다.

② 입도가 균등할수록 작업성이 좋다.

6) 잔골재율 $\left[\dfrac{S}{a} \times 100(\%) = \dfrac{sand}{aggregate} \times 100(\%) = \dfrac{sand}{gravel + sand} \times 100(\%)\right]$

① 잔골재율이 클수록 콘크리트의 시공연도는 향상된다.

② 잔골재율이 커지게 되면 콘크리트의 강도를 저하시키는 요인이 되므로 유의해야 한다.

7) 단위수량

① 단위수량이 커지면 consistency가 증가하고 slump치도 증가한다.

② 재료분리가 생기지 않는 범위 내에서 단위수량을 증가하면 시공연도가 좋아진다.

8) 공기량

① 콘크리트에 적당량의 연행공기를 분포시키면 ball bearing 작용을 하여 시공연도가 향상된다.

② 공기량 1%가 증가하면 slump는 20mm 정도 커지고, 강도는 4~6% 감소하므로 주의해야 한다.

9) Con'c의 성질

① 분말도가 높은 시멘트를 사용한 Con'c는 시멘트 풀의 점성이 증대되어 consistency(반죽질기)는 떨어진다.

② 분말도가 너무 낮으면 시멘트 풀의 점성이 떨어져 consistency는 크게 되어 재료분리가 쉽게 일어나므로 주의해야 한다.

10) 배 합

① 배합시 물결합재비(W/B비), 잔골재율(S/a), 골재 입도 및 각 재료의 구성 비율이 workability에 영향을 준다.
② 단위 수량이 증가할수록 건조수축이 증대되어 균열이 발생한다.

11) 비빔시간

① 유동화제를 사용하여 타설할 경우 콘크리트 비빔에서 타설까지의 시간이 매우 중요하다.
② 유동화제를 사용할 경우 비빔시작부터 30분까지 타설하여야 하며, 30분이 지나면 효과가 감소한다.

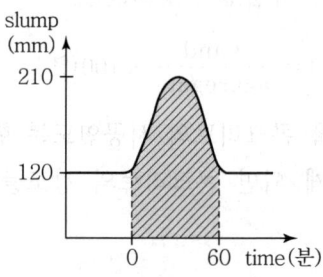

유동화제의 성질

12) 온 도

① 콘크리트의 온도가 높을수록 시공연도가 저하된다.
② 기온이 25℃ 이상에서는 수송으로 인한 slump의 저하로 시공연도가 저하된다.

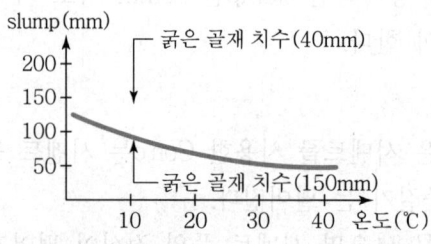

Con'c의 비빔온도와 slump

IV. 시공연도 측정방법

1. Slump test

1) 슬럼프 시험기구

수밀성 평관, 시험통, 다짐막대, 측정기구

2) 시험방법

① Con'c를 시험통(slump test cone) 안에 1/3씩 3층으로 나누어 부어 넣는다.

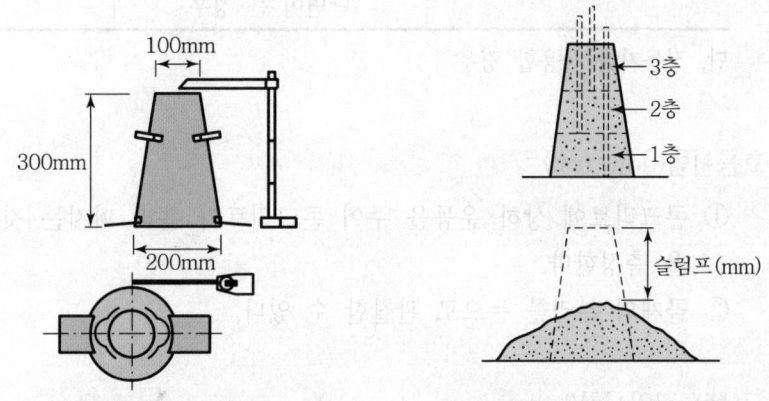

슬럼프	좋 음		나 쁨	
150~180mm		균등한 슬럼프 충분한 끈기가 있다.		끈기가 없고 부분적으로 무너진다.
		덤핑하여 내리지만 끈기가 있다.		덤핑으로 터슬터슬 허물어진다.
200~220mm		미끈하게 넓혀지고 골재의 분리가 없다.		밑기슭은 시멘트풀이 흘러내린다.
				골재가 분리되어 위에 뜬다.

슬럼프 시험

② 다짐막대(길이 500mm, $\phi16$ 정도의 철봉)으로 그 층의 길이만큼(1층은 다짐막대가 평판에 닿지 않도록 하고, 2, 3층은 전층에 닿지 않을 정도) 각각 25회씩 균등하게 다진다.

표준 슬럼프값

종	류	슬럼프값(mm)
철근콘크리트	일반적인 경우	80~150
	단면이 큰 경우	60~120
무근콘크리트	일반적인 경우	50~150
	단면이 큰 경우	50~100

단, 진동기를 사용할 경우

2. 흐름시험(flow test)

① 콘크리트에 상하 운동을 주어 콘크리트가 흘러 퍼지는 것에 따라 변형저항을 측정한다.

② 골재의 분리를 눈으로 관찰할 수 있다.

3. 구(球) 관입시험(ball penetration test)

① Kelly ball 관입시험이라고도 하며, 구를 콘크리트 표면에 놓았을 때 구의 자중에 의하여 구가 콘크리트 속으로 관입되는 깊이를 측정하여 시공연도 측정한다.

② 관입값의 1.5~2배가 slump 값과 거의 비슷하다.

4. Vee-bee test

① 진동대 위에 원통용기를 고정시켜 놓고, 그속에서 slump 시험을 실시한 후 투명한 플라스틱 원판을 콘크리트 면 위에 놓고, 진동을 주어 플라스틱 원판의 전면이 콘크리트 면 위에 완전히 접할 때까지의 시간을 초(second)로 측정하는 시험이다.

② 측정값을 vee-bee degree 또는 침하도라 한다.

5. Remolding test

① Slump mould 속에 Con'c를 채우고, 원판을 콘크리트 면에 얹어 놓고, 흐름 시험판에 약 6mm 정도의 상하 운동을 주어 콘크리트가 유동하여 내외의 간격을 통하여 내륜의 외측으로 상승한다.

② 콘크리트 표면의 내외가 동일한 높이가 될 때까지 반복하여 낙하횟수로 시공연도를 측정한다.

6. 다짐계수시험(compacting factor test)

① A용기에 콘크리트를 다져서 B용기에 낙하시킨 다음 다시 C용기에 낙하시킨다.

② 이때 C용기에 채워진 Con'c의 중량(w)을 측정한다.

③ C용기와 동일한 용기에 콘크리트를 충분히 채워 다진 후 중량(W)을 측정하여 w/W의 값을 구하여 그 값을 다짐계수라 한다.

Ⅴ. 결 론

① 콘크리트의 시공연도는 물결합재비, 굵은 골재 최대치수, 잔골재율, 단위수량 등에 의하여 영향을 받게 되며, 시공연도(workability) 측정방법에는 slump test, flow test, 구 관입시험, vee-bee test 등이 있다.

② Workability를 측정하는 방법이 반죽질기의 정도와 숙련기술자의 판단에만 의존하고 있어 보다 실용적이고, 정확한 측정방법의 개발이 요구된다.

| 문제 7 | 현장콘크리트공사의 단계적 시공관리(품질관리) |

● [81후(30), 87(25), 89(25), 91후(40), 92전(30), 96중(10), 98전(30), 06중(25), 07전(10), 07후(25), 11중(25), 20중(25), 20후(25), 21전(25), 21후(25)]

Ⅰ. 개 요

① 콘크리트의 품질관리에서 중요하게 고려되야 할 사항은 구조물의 강도, 내구성, 수밀성 등을 향상시키면서 경제적인 시공을 하는 것이다.

② 콘크리트의 단계적 시공관리는 비빔·운반시에는 재료가 분리되지 않게 하고, 타설·다짐은 균일하고 밀실하게 하여 충분한 양생을 하는 데 있다.

Ⅱ. 콘크리트 공사의 flow chart

시공계획 → 준비 → 계량 → 비빔 → 운반 → 타설 → 다짐 → 이음 → 양생

Ⅲ. 단계별 시공관리

1) 시공계획

① 레미콘 공장의 선정과 현장까지의 거리계획

② 레미콘의 운반시간은 도로교통량 및 정체시간을 고려한 계획

③ 레미콘의 운반방법 등 결정

2) 준 비

① 콘크리트 타설 전에 설비·기계 기구의 유무를 확인한다.

② 철근 배근 및 거푸집의 상태 등을 점검한다.

③ 기상상태 및 인력배치와 콘크리트 타설용 기계의 안전한 설치 등을 점검한다.

3) 계 량

① 재료의 계량오차는 계량기 자체에 의한 오차와 계량기에서 공급할 때 생기는 동력오차가 있다.

② 계량오차는 계량기를 수시로 점검하여 정비·보수함으로써 줄일 수 있다.

③ 일반적으로 콘크리트 공사에 사용되는 계량기의 정밀도는 최대용량의 0.5% 정도이다.

④ 재료공급에 의한 동력오차는 거의 피할 수 없다.

⑤ 골재 계량에는 중량 계량과 용적 계량이 있다.

계량오차의 허용범위

재료의 종류	시공기준코드(KCS)
물	-2 ~ +1%
시 멘 트	-1 ~ +2%
골 재	3%
혼화제(용액)	3%
혼 화 재	2%

4) 비빔(mixing)

① 콘크리트 재료는 반죽된 콘크리트가 균질해질 때까지 충분히 혼합한다.

② 비빔방법에는 손비빔과 기계비빔이 있으나, 기계비빔이 강도면에서 10~20% 유리하다.

③ Mixer의 회전속도는 1m/sec가 보통이며, 초과 시 재료분리가 발생한다.

④ 가경성 비빔은 90초 이상, 강제성 비빔은 60초 이상이며 강제식이 우수하다.

⑤ 혼합시간은 시험에 의하여 정해지는 것이 원칙이며 3배 이상 초과해서는 안 된다.

5) 운 반

① Truck agitator : batcher plant에서 적재한 콘크리트가 분리되지 않도록 교반하면서 주행 운반하는 truck으로서 slump치가 50mm 이하 콘크리트는 배출이 곤란하다.

② 종 류

㉮ Central mixed Con′c

비빔이 완료된 콘크리트를 agitator truck에 적재하여 굳지 않게 섞으면서 현장으로 운반

㉯ Shrink mixed Con′c

비빔이 반 정도 된 Con′c를 운반 도중에 완전히 비빔하여 현장에서 타설하는 방식

㉰ Transit mixed Con′c

㉠ Dry mix한 재료를 운반하여 현장에서 타설하는 운반방식

㉡ 건축공사에서는 잘 사용하지 않음

447

6) 타 설

① 재료 및 ready mixed Con'c(remicon) 확보
② 타설 직전의 콘크리트 품질검사
③ 거푸집, 철근검사 및 매설물(설비, 전기공사용 배관, insert) 확인
④ 타설장비, 운반장비, plant 가동 등 기계기구의 준비와 정비
⑤ 거푸집 내의 청소 및 양생 급수설비의 확인

7) 다 짐

① 콘크리트의 다짐은 공극을 적게 하고, 철근 및 매설물 등을 밀착시켜 균일하고 치밀하게 채움으로써 양질의 콘크리트를 얻을 수 있다.
② 다짐에는 내부 진동기(봉상 진동기), 외부 진동기(거푸집 진동기), 표면 진동기가 있다.
③ 진동기는 수직으로 사용한다.
④ 진동시간은 한 장소에서 5~15초간 진동시키는 것이 적당하다.
⑤ 진동기 삽입간격은 500mm 이하로 하고, 뺄 때는 구멍이 생기지 않도록 한다.
⑥ 철근이나 거푸집은 진동시키지 않는다.

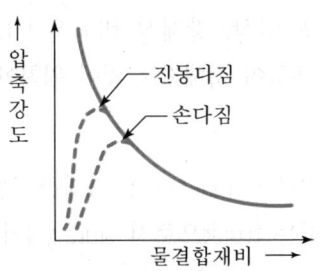

콘크리트의 강도와 물결합재비의 상호관계

8) 이음(joint)

① 종 류

㉮ Construction joint(시공이음)
㉯ Movement joint(function joint, 기능줄눈)
　㉠ Expansion joint(신축이음)
　㉡ Contraction joint(수축줄눈, control joint ; 조절줄눈)
　㉢ Sliding joint
　㉣ Slip joint

② 이음은 Con´c에 완전 밀착해서 부착강도를 확보해야 한다.
③ 이어치기할 때는 laitance를 제거한 후 깨끗이 청소하고, 살수하여 습윤하게
한다.

9) 양생(curing)
① 양생방법
습윤양생, 증기양생, 전기양생, 피막양생, 고압증기양생(autoclaved curing),
고주파 양생 등이 있다.
② 직사광선이나 바람에 의해 수분이 증발하지 않도록 보호
③ 콘크리트 노출면을 일정한 기간 동안 습윤상태로 보호
④ 거푸집 판이 건조될 우려가 있는 경우에는 살수할 것
⑤ 막양생을 할 경우에는 충분한 양의 막양생제를 균일하게 살포

Ⅳ. 결 론

① 콘크리트의 품질을 향상시키기 위하여는 계량부터 양생까지 전과정에 대하
여 사전계획을 세우고, 거푸집의 존치기간을 준수하는 것이 중요하다.
② 콘크리트 품질 저하의 요인이 되는 cold joint 방지를 위하여 레미콘 운반시
간 및 온도에 대한 대책을 수립하고, 강도 확보를 위해 양생을 충분히 해야
한다.

문제
8

콘크리트 타설방법 및 공법별 유의사항

● [93후(8), 95(10), 97후(20), 01전(10), 04전(25), 08전(25), 08중(25), 10후(25), 13후(25), 16전(25), 19전(25)]

I. 개 요

① 콘크리트 타설방법은 품질 확보 및 성능의 변화가 가장 적은 방법을 선정하여 시공에 철저를 기해야 한다.

② 콘크리트의 소요성능 및 강도를 확보하기 위해서 타설계획 수립, 타설구획, 1일 타설량, 인원 및 가구 등을 점검한 후 경제적이고 안전한 방법으로 시공해야 한다.

II. 타설계획

① 재료시험 및 검사와 운반로 확보, 운반장비의 준비

② 타설방법 및 인원과 기구의 배치

③ 타설 구획 및 타설량과 타설기간, joint 처리방법

④ 타설 원칙에 따라 타설 시 유의사항을 지키고 긴급사태시 조치방안

III. 타설 전 준비

① 철근 · 거푸집 공사의 시공도 확인

② 설비 · 전기공사의 매입관, 고정철물 등의 매설물 누락 여부 점검

③ 거푸집 변형 및 콘크리트 품질 저해 요인 제거

④ 타설계획의 확인

IV. 타설방법

1) 근접 타설

① 접근하여 수직 타설하고, 1.5m 이내로 낙하높이 유지

② 재료분리가 생기지 않게 하고, 취급 단계는 될 수 있는 대로 줄임.

2) 재료분리(segregation) 방지

① 흘러 내리게 하면 재료분리가 심해져서 표면에 곰보현상 발생

② 목적한 위치에 수평을 유지하고, 중단 없이 타설하는 것이 유리

3) 시공 joint 방지

① 순환타설 경우에 먼저 타설한 위치로 돌아오는 시간은 1.5~2시간 이내

② Cold joint 발생 시 laitance는 wire brush로 제거

4) 자유낙하 타설 금지

① 자유낙하하면 재료분리가 발생하여 불량 Con'c가 되므로 낙하높이는 1.5m 이내로 가급적 낮게 하여 타설

② 1.5m 이상 시 drop chute(깔대기관)를 사용하여 수직으로 낙하

5) 불량 콘크리트 사용 금지

① 장시간 운반 및 대기로 재료분리가 된 콘크리트

② 가수(加水)한 콘크리트는 반출하여 폐기

6) 이음 위치 준수

① 구조물의 강도에 영향이 적은 곳

② 이음길이가 짧게 되는 위치

7) 타설 원칙 준수

① 작업구획은 완료될 때까지 계속해서 부어 넣고 먼 곳으로부터 가까운 곳으로 타설

② 타설작업은 낮은 곳에서부터 기둥, 벽, 계단, 보, 바닥판 순서로 진행

8) 철근·거푸집 변형 방지

① 콘크리트 pipe 배관 및 이동할 때 철근·거푸집의 변형 방지

② 전기·설비 작업 시 철근배근의 흐트러짐 방지

9) 부착력 확보

① 접속부분은 진동 다짐하여 밀실하게 시공

② 철근의 진동은 금지(부착력 저하)

10) 수평타설 유지

① 한 구획에서 콘크리트 타설은 표면이 거의 수평되도록 함.

② 부분 함몰현상이 생기지 않도록 다짐 철저

11) Bleeding·laitance 방지

① 재료분리(segregation) 및 공극 생성 방지

② Pozzolan 사용하고 다짐을 철저히 함.

V. 타설공법 분류

1) 운반방법에 의한 분류

① Bucket 공법
② Chute 공법
③ Cart 공법
④ Pump 공법
⑤ Press 공법

2) 타설방법에 의한 분류

① Pocket 타설공법
② V.H(Vertical Horizontal) 분리타설공법
③ Tremie pipe 타설공법
④ 콘크리트 분배기(Concrete distributor)
⑤ CPB(Concrete Placing Boom)

VI. 공법별 유의사항

1) Bucket 공법

① Crane(tower, truck) 이용하여 bucket을 올려 직접 타설
② 재료분리가 없고, 이동이 간단하나 양중장비 및 안전대책이 필요
③ 최상층은 시공이 용이하나 중간층 타설은 곤란

2) Chute 공법

① 연결부가 새지 않게 하고 재료분리 방지
② 운반거리(3~6m)는 짧게, 경사는 27° 이상

3) Cart 공법

① 간단한 타설 시 이용하며, 운반거리는 40m 이내
② 재료분리 발생 방지

4) Pump 공법

① Pipe의 설치 및 이동시 철근·거푸집에 변형 발생 금지
② 압송관의 폐색 및 터짐사고 방지
③ 성 능
$30 \sim 50m^3/h$, 수직거리 : $40 \sim 60m$, 수평거리 : $200 \sim 300m$

5) Press 공법

① Pump 공법과 유사하고, 좁은 장소에서 운반 유리

② 콘크리트 유동성 확보에 유의(slump 저하 원인)

6) Pocket 타설공법

① 자유낙하 타설이 곤란할 경우 수직 거푸집 측면의 투입구에 포켓을 만들어 타설하는 공법

② 벽이 높거나 경사진 경우에 채택

7) V.H(Vertical Horizontal) 분리타설공법

① 기둥·벽 등 수직부재를 먼저 타설하여 완전 침하 후 보상단 slab 등 수평 부재를 나중에 타설하는 방법

② 슬래브 하부의 밑에서 이음타설

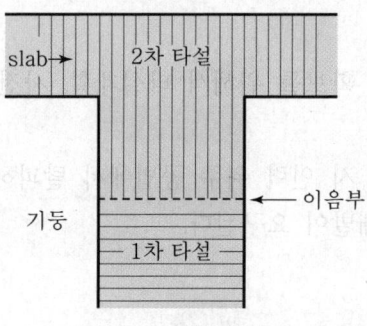

V.H 분리 타설

8) Tremie pipe 타설공법

① 지하연속벽 및 제자리 Con´c pile 등의 타설 및 Con´c와 slime이 혼합되지 않도록 하기 위해 사용하는 방법

② 트레미관 끝은 콘크리트 속에 1.5~2m 묻힌 상태에서 타설

9) 콘크리트 분배기(Concrete distributor)

① 콘크리트 타설 장소 바닥에 rail을 설치하여 콘크리트 분배기를 직선으로 이동시키면서 타설

② 분배기는 회전이동 가능

③ 콘크리트 타설 시 철근에 진동 및 충격 최소화

10) CPB(Concrete Placing Boom)

① 별도의 수직상승용 mast에 연결된 boom을 통해 콘크리트 타설
② 철근에 영향을 주지 않고 적은 인원으로 타설 가능
③ 수직상승용 mast 별도 설치 필요
④ 저층일 경우 경제성 불리

Ⅶ. 안전관리

① 작업자의 자세, 복장 불량과 미숙련 · 부주의 예방
② 무리한 작업과 공구의 불안전 제거
③ 기상조건(한서, 풍우) 등 고려
④ 반복적인 안전교육으로 재해 예방

Ⅷ. 결 론

① 콘크리트 품질 확보를 위해서 타설계획, 사전준비, 타설방법의 준수가 무엇보다 중요하다.
② 콘크리트 타설 시 인력 위주 공법에서 탈피하여 기계화, robot화 등 새로운 공법의 연구 개발이 요구된다.

문제
9

콘크리트 펌프 공법의 장단점, 문제점 및 대책

● [78후(3), 83(5), 86(25), 97전(40), 01중(25), 01후(10), 08전(10), 10전(25), 10후(10), 12전(25), 15중(25), 16중(25), 17전(25), 19중(25), 19후(10), 19후(25), 20중(25), 21후(25), 22중(25)]

Ⅰ. 개 요

① 최근 건축물이 대형화, 고층화되고 있고, 3D 기피현상에 따른 인력 부족 문제로 인하여 콘크리트 운반공법의 기계화가 가속화되고 있으며, 콘크리트 펌프 공법은 성력화에 부응하는 공법이다.

② 콘크리트 펌프 공법의 종류에는 piston식과 squeeze식이 있다.

Ⅱ. 콘크리트 펌프 공법의 분류 및 성능

1) 분 류

① Piston type pump

㉮ 기계식   ㉯ 유압식

② Squeeze type pump

2) 성 능

① 수평거리 : 200~300m

② 수직거리 : 40~60m

③ 압송량 : 30~50m³/h

Ⅲ. 장 점

1) 공기단축

① 재래공법인 winch와 bucket 등에 의한 공법은 콘크리트의 타설속도가 느려 공기가 지연된다.

② 펌프 공법은 타설속도가 빨라 공기의 단축이 가능하며 최근 건설현장에서 많이 채택되고 있는 공법이다.

2) 경제성

① 공기단축과 노무절감 등을 통한 경제성이 확보된다.

② 품질향상과 안전성에 따른 공사비가 절감된다.

3) 안전성

① 인력에 의존하던 작업에 비해 장비 자체의 결함만 줄이면 안전성 확보가 용이하다.

② 기계작업에 의한 공법이므로 안전성이 확보된다.

4) 품질형성

① Con'c 운반 시간을 줄여 Con'c joint를 줄여준다.

② 저층과 고층에 관계없이 균일한 품질을 확보할 수 있다.

5) 노무절감

① 건설현장의 인건비 상승으로 인하여 콘크리트 운반작업을 기계화함으로써 노무절감의 효과가 있다.

② 기계작업이므로 성력화(省力化, labor saving)가 가능하다.

6) 기계화

① 기계화함으로써 콘크리트의 품질 확보가 용이하다.

② 초기 투자비는 많으나 공기절감, 노무절감, 품질향상을 기대할 수 있다.

IV. 단 점

1) 압송거리 한계

① 수평거리는 200~300m 정도로서 압송거리에 한계가 있다.

② 압송거리를 높이기 위한 대책 마련이 필요하다.

2) 수직높이의 한계

① 수직높이에 대한 거리는 40~60m 정도이어서 20층 이상 건물에는 한계가 있다.

② 보통 10층 이상 되는 건물에는 별도의 압축기가 필요하다.

3) 압송관의 폐색(閉塞)

① Con'c pump에 사용되는 콘크리트에는 시멘트를 $10kg/m^3$, 잔골재율을 2~3% 정도 증가시킨다.

② 부순돌의 경우 실적률이 60% 이하인 것은 Con'c pump용으로 사용하지 않는다.

4) 압송의 slump 저하

① Con´c의 slump는 50~150mm 범위가 적절하다.

② 보통 Con´c의 경우 압송시간 30분을 가정할 때 5~10mm 정도의 감소현상이 발생한다.

5) Con´c 균열

① Pump car를 통하여 배출되는 콘크리트는 재료분리, slump 저하 등으로 콘크리트에 균열 등이 발생한다.

② 균열된 콘크리트는 내구성, 강도, 수밀성이 저하되어 열화(劣化)된다.

V. 문제점

1) 수평거리 한계

① 최근 건축물의 대형화에 따라 수평거리가 커진다.

② 수평거리는 수직거리보다 압송이 쉬우나, 그 거리에는 300m 이하로 한계성이 있다.

2) 수직 운반거리

① 아파트의 경우 25층까지 허용되며, 일반 건축물도 고급화되어 가고 있는 추세이다.

② 수직 운반거리는 60m 이하 정도 펌프 공법에서는 문제가 된다.

3) 압송관 막힘현상

① 운반시간의 지연 등으로 slump가 저하되면 압송관이 막힌다.

② 굵은 골재의 최대치수가 크거나 잔골재율이 적으면 막힘현상이 발생한다.

4) Slump 저하

① 배합설계나 레미콘의 운반시간 지연 등으로 slump가 저하된다.

② Slump 저하는 펌프공법시 큰 문제점으로 막힘현상을 유발시킨다.

5) 압송시 품질변화

① 펌프카에 의한 타설은 콘크리트의 균열 발생 원인이 된다.

② 압송시 slump 저하와 배합의 변화가 발생한다.

6) 철근과 거푸집의 거동

① 철근의 흐트러짐이 발생하여 간격 유지에 방해가 된다.

② 거푸집의 변형이 발생한다.

VI. 대 책

1) 단위수량과 시멘트량 증가

   ① 시멘트량을 10kg/m³ 정도 더 늘려 사용한다.
   ② 물결합재비 유지를 위한 단위수량을 증가시킨다.

2) 골재 입도 조정

   ① 잔골재율이 낮으면 강도는 커진다.
   ② 세골재가 적으면 pipe 폐색사고가 발생한다.

3) 압송조건 고려한 시공연도 결정

   ① 압송을 좋게 하기 위하여 slump치를 높이게 되면 강도는 떨어진다.
   ② Slump치를 변화시키지 않고 타설을 원활히 하기 위하여 유동화제를 첨가한다.

4) 폐색(閉塞) 사고 예방

   ① 관 내(內) 재료분리 방지
   ② 세골재를 적정범위 내에서 많이 사용
   ③ 장시간 압송장비를 정지해서는 안 됨.
   ④ 타설 직후 청소 철저

5) 단시간 내 타설

   ① Slump 저하 방지
   ② Cold joint 발생 억제

6) 배관 이동시간 단축

   ① 압송관 배관은 최단거리로 함.
   ② 배관의 이동은 가급적 짧게 함.

7) 압송관 구배

   ① 상향 구배가 되도록 함.
   ② 하향 구배에서는 골재가 관 내에서 재료분리됨.

8) 가수 금지

   ① W/B비가 커져 강도가 저하된다.
   ② Con'c에 균열이 발생한다.

9) 연속 타설
 ① Cold joint 방지
 ② Pipe 폐색사고 방지
10) 압송관의 정비 및 청소
 ① 고장으로 인한 작업 중단 우려
 ② 폐색으로 압송관 파열방지를 위해 정기적으로 정비

Ⅶ. 결 론

① Con´c pump 공법은 건설업의 환경변화(UR 개방)에 대응하고 갈수록 심각해지는 기능인력의 노령화·부족화를 해소하기 위하여 필요한 공법이며, 보다 효율적이고 인력감소가 가능한 공법 개발을 위해 기업체의 기술투자 노력이 절실히 요구된다.
② Con´c 품질의 특성을 실현하면서 초고층까지 pumpability를 충족시킬 수 있는 공법 개발이 필요하다.

문제
10

콘크리트 줄눈의 종류, 기능 및 설치 의의

● [84(20), 87(5), 88(5), 90전(30), 97중전(20), 97중후(40), 97후(20), 98전(20), 00후(10),
01전(10), 02전(10), 02중(25), 02중(10), 02후(10), 03전(25), 05중(10), 05후(10), 06후(10),
07후(10), 09전(10), 09중(10), 10중(25), 12전(25), 13후(25), 14전(25), 16전(10), 16중(25),
20전(25), 22전(10), 22후(25)]

I. 개 요

① 콘크리트의 구조물은 외기의 온도변화나 건축수축 등에 의해 균열이 발생하므로 방지대책으로 줄눈(이음)을 설치해야 한다.
② 줄눈(이음)은 설계 시부터 고려되어야 하며, 균열의 정도나 온도변화 등에 따라 적절한 공법을 선정해야 한다.

II. Joint(이음, 줄눈)의 분류

```
┌─ Construction joint(시공이음)
│
│                         ┌─ 신축이음(expansion joint, 팽창이음)
│                         ├─ 수축줄눈(contraction joint, 조절줄눈, 균열유발줄눈 : control joint)
└─ Movement joint ────────┤─ Sliding joint
   (Function joint, 기능줄눈) ├─ Slip joint
                          └─ Delay joint
```

III. 종류별 기능 및 설치 위치

1. 시공이음(construction joint)

1) 정 의

① 기능상 필요해서가 아니라 시공상 필요에 의해 줄눈을 두는 경우로서 타설 시 일정기간, 중단 후 새로운 콘크리트를 이어칠 때 생기는 이음면이다.
② Construction joint는 누수, 강도상 취약, crack 발생 등의 원인이 되므로 가능한 두지 않는 것이 좋다.

2) 발생 이유

① 노무 미조달, vibrator 등 장비 고장
② 레미콘 도착 지연

③ 시공 중에 1일 마무리할 수 있는 지점에 설치

④ 시공 시 water stop(지수판)을 사용

3) 설치위치

① 구조물의 강도상 영향이 적은 곳

② 이음길이와 면적이 최소화 되는 곳

③ 1회 타설량과 시공순서에 무리가 없는 곳

4) 시공 시 주의사항

① 시공이음은 전단력이 적은 곳에 설치한다.

② 방수를 요하는 곳은 지수판을 설치한다.

③ 수화열, 외기온도에 의한 온도응력 및 건조수축 균열을 고려하여 위치를 결정한다.

④ 전단력이 큰 곳은 가급적 피한다.

⑤ 이음면은 부재의 압축력을 받는 방향과 직각으로 설치한다.

5) Cold Joint

① 부어 넣기 경과시간이 25℃를 초과할 때는 2시간, 25℃ 이하일 때는 2.5시간이 지난 후에 이어치기 Con′c 타설 시 발생한다.

② Con′c 내에 생긴 불연속층으로서 서중 Con′c에서 많이 발생한다.

③ 구조체에 미치는 영향으로는 강도, 내구성, 수밀성의 저하 및 열화의 결정적인 요인이 되기도 한다.

2. 신축 이음(expansion joint)

1) 정 의

건축 구조물의 온도변화에 따른 균열 방지, 부동침하 및 진동 등을 고려하여 설치한다.

2) 기 능

① 온도, 습도 변화에 따른 콘크리트 수축·팽창 저항

② 온도구배에 의한 온도균열 방지

③ Mass Con′c 등에 많이 사용

④ 기초의 침하가 예상될 때 유도용 joint

3) 신축이음의 종류

① Closed joint(막힌 joint)

② Butt joint(맞댄 joint)

③ Clearance joint(트인 joint)

④ Settlement joint(침하 joint) : 지하 기초의 부동침하가 예상될 때 설치한다.

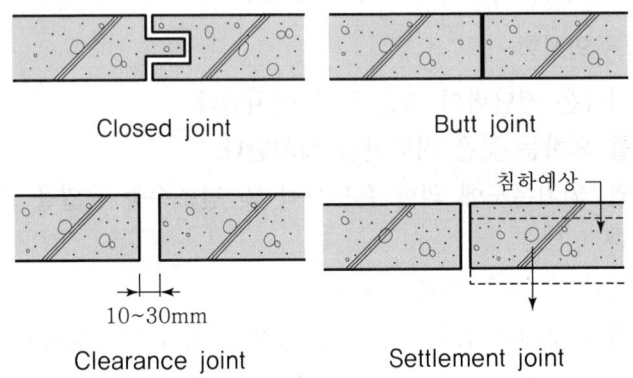

Closed joint   Butt joint

10~30mm

Clearance joint   Settlement joint

4) 시공

① Double wall method

㉮ Expansion joint 부분을 중심으로 양쪽이 벽으로 되어 있는 방법

㉯ 우수한 방수 효과

㉰ 차음성, 단열성 우수

㉱ 벽두께 과다로 실내 유효 면적 감소

㉲ 공사비 증대

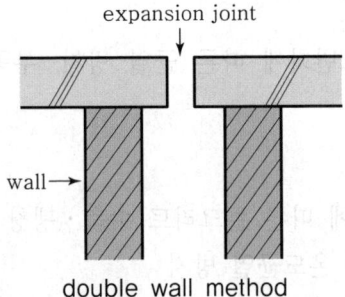

expansion joint

wall→

double wall method

② Single wall method

㉮ Expansion joint 부분에서 한쪽에 벽이 있는 방식

㉯ 일반적인 방식

㉯ 실내 이용률은 높으나 방수·단열 등에 불리

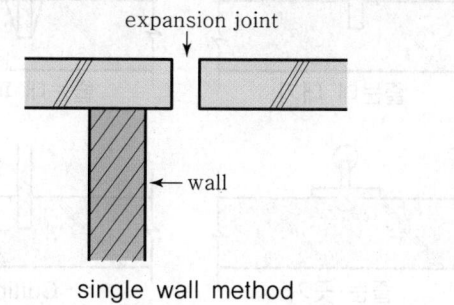

single wall method

③ Non wall method

Expansion joint 주위에 벽이 없는 방법

5) 시공 시 주의사항

① Joint는 확실하게 끊어준다.
② Joint에 발생하는 변형량을 고려한 방수공법으로 선정한다.
③ 충분한 방청처리를 한다.
④ 유지·관리가 용이한 재료를 선정한다.

3. 수축 줄눈(contraction joint, 조절 줄눈 ; control joint, dummy joint)

1) 정 의

① 콘크리트는 건조수축으로 인하여 콘크리트내에 인장응력이 발생하며, 이 응력에 의한 콘크리트의 변형을 방지하기 위해 수축줄눈이 시공된다.
② Control joint(조절줄눈) 또는 dummy joint(맹줄눈)이라고도 한다.

2) 기 능

① 건조수축, 외력 등 변형 억제
② 단면 결손부를 설치하여 균열 유도
③ 수화열, 온도습도에 의한 수축 대응

3) 시공 시 주의사항

① 균열제어 목적에 타당하게 설치한다.
② 경화 후 cutting한다.
③ 필요시 줄눈재와 지수판을 설치한다.

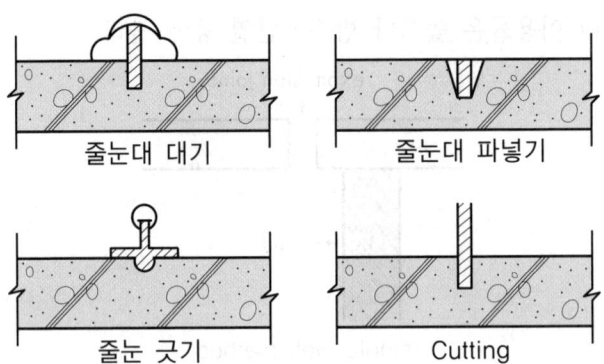

줄눈대 대기   줄눈대 파넣기

줄눈 긋기   Cutting

4. Sliding joint

① Sliding joint란 바닥판 또는 보의 지지를 단순지지로 작용시키기 위해 미끄럼판을 설치하여 sliding 되게 한 joint이다.

② Sliding 재료로는 방수지, 고무 등을 이용한다.

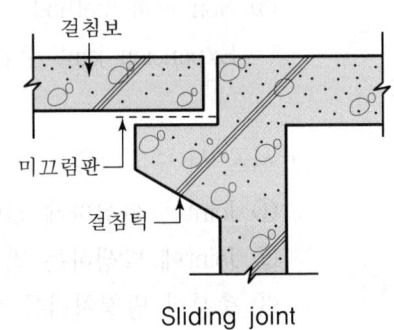

걸침보 / 미끄럼판 / 걸침턱

Sliding joint

5. Slip joint

① 조적조 벽체 위에 bond beam 없이 얹혀지는 경우 조적조 상부에 두는 joint이다.

② 온도변화에 대응한다.

③ 내력벽의 수평균열을 제어한다.

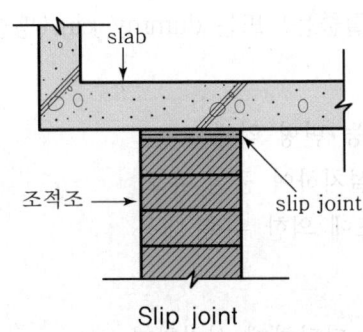

slab / 조적조 / slip joint

Slip joint

6. Delay joint

① 장span의 구조물 시공 시 수축대(shrinkage strips, 폭 1m 정도 남겨 놓음)만 설치하고, 콘크리트 타설 후 초기수축(보통 4주 후)을 기다렸다가, 그 부분을 콘크리트 타설하여 일체화한다.

② 100m를 초과하는 구조물에 expansion joint의 설치 없이 시공이 가능하다.

IV. 문제점

① Joint 부분에서 하자 발생
② 정확한 줄눈위치 선정이 어려움.
③ Joint 보강재의 신축 미흡
④ 설계 시 joint 누락

V. 대 책

① Joint 보강재 선정 시 신축성 고려
② 계획 단계에서 줄눈 위치 선정
③ 이음부에 하자 방지 대책 수립
④ 설계 시 이음 위치 검토
⑤ 시공 시 joint 충전재 밀실 시공

VI. 결 론

① 콘크리트 타설 중에 cold joint가 발생하지 않도록 해야 하며, 운반계획 시 철저한 사전조사를 통하여 시공하여야 한다.

② 특히 설계 시 이음 위치의 검토, 신축성 고려, 충전재의 밀실 시공 등을 통하여 온도변화나 건조수축에 의한 균열에 대비하여야 한다.

문제 11 콘크리트공사의 양생(보양 ; curing)

● [95전(30), 01후(10), 02전(10), 05후(10), 06중(10), 09후(25), 22중(10)]

Ⅰ. 개 요

① 양생(curing)이란 시멘트의 수화반응을 촉진시키기 위한 조치로서 양질의 콘크리트를 얻기 위해서는 알맞게 배합된 Con′c를 타설한 후 경화의 초기 단계에서 적절한 양생법을 채택하여야 한다.

② 콘크리트 양생에는 습윤양생, 전기양생, 증기양생, 피막양생 등이 있고, 서중 Con′c에 사용하는 precooling, pipe cooling 등이 있다.

Ⅱ. 양생에 영향을 주는 요소

① 양생온도
② 습 도
③ 양생 중의 진동·충격
④ 과대하중

Ⅲ. 양생의 종류

① 습윤양생(wet curing)
② 증기양생(steam curing)
③ 전기양생(electric curing)
④ 피막양생(membrane curing)
⑤ Precooling
⑥ Pipe cooling
⑦ 단열 보온양생
⑧ 가열 보온양생

Ⅳ. 양생의 특성

1. 습윤양생(wet curing)

1) 습윤 유지하기 위한 방법
  ① Sheet 보양, 거적 또는 살수
  ② 스프링클러(sprinkler) 이용
  ③ 타설 전 거푸집 등에 살수하여 건조방지

2) 습윤양생 시 주의사항
  ① 직사광선이나 바람에 의해 수분이 증발하지 않도록 보호
  ② 콘크리트 노출면을 일정한 기간 동안 습윤상태로 보호
  ③ 거푸집 판이 건조될 우려가 있는 경우에는 살수할 것
  ④ 막양생을 할 경우에는 충분한 양의 막양생제를 균일하게 살포

2. 증기양생(steam curing)

  ① 증기양생이란 거푸집을 빨리 제거하고 단시일 내에 소요강도를 발현시키기 위해 고온의 증기로 양생하는 방법
  ② 한중 Con′c에는 증기보양이 유리
  ③ 종 류
    ㉮ 저압 증기양생(low pressure steam curing) : 상압 증기양생
    ㉯ 고압 증기양생(high pressure steam curing) : autoclaved curing

3. 전기양생(electric curing)

  ① Con′c 중에 저압교류를 통하게 하여 콘크리트의 전기저항에 의하여 생기는 열을 이용하여 양생하는 방법
  ② 한중 Con′c에 많이 사용하는 양생법

4. 피막양생(membrane curing)

  ① 콘크리트 표면에 피막양생제(curing compound)를 뿌려 Con′c 중의 수분증발을 방지하는 양생방법으로 포장, Con′c 양생에 이용한다.
  ② 피막양생제(curing compound)로는 검은색, 담색, 흰색이 있다.
  ③ 검은색은 직사광선이 없는 곳에 쓰인다.

5. Precooling

① 물·조골재의 일부 또는 전부를 냉각

② 서중 또는 mass Con'c에 사용

③ 얼음 사용 시에는 비빔 완료 전에 완전히 녹이도록 한다.

6. Pipe cooling

① Mass Con'c에 이용한다.

② Pipe의 지름, 간격, 통수의 온도와 양생기간 등에 대하여 충분히 검토해서 정해야 한다.

③ 통수방법(냉각속도, 냉각기간, 냉각순서)이 적당치 못하면 오히려 부재 내 온도차가 크게 되어 균열발생이 원인이 된다.

④ Pipe cooling은 물 이외에도 공기에 의한 방법도 있다.

7. 단열 보온양생

① 한중콘크리트에서 온도 저하 방지를 위한 보양방법

② Sheet 등으로 차단보양

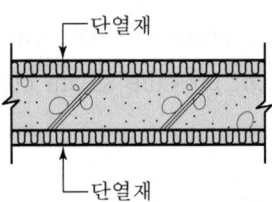

단열 보온양생

8. 가열 보온양생

종 류 ┬ 공간가열 : 효율은 떨어지나 가장 많이 사용
      ├ 표면가열 : 효율이 50~60%이고 slab 등에 적합
      └ 내부가열 : 효율이 100%이나 열관리가 곤란

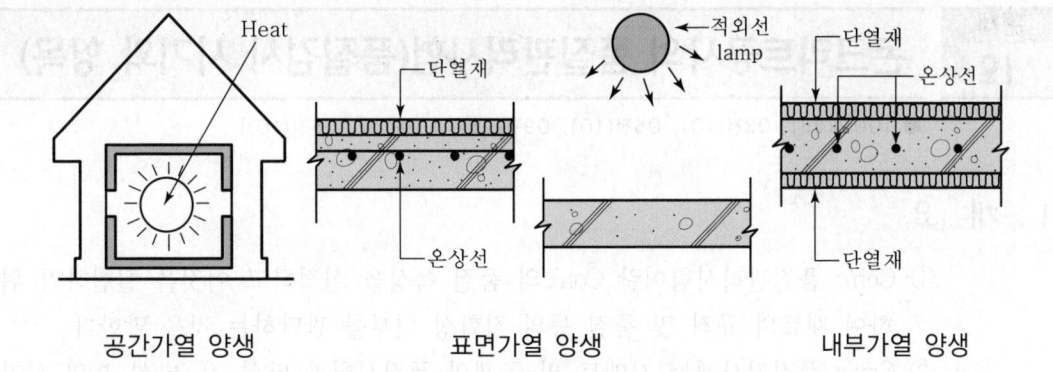

공간가열 양생　　　　표면가열 양생　　　　내부가열 양생

Ⅴ. 양생 시 주의사항

① 초기 동결융해 방지에 유의한다.
② 초기 양생 후 습윤양생을 충분히 한다.
③ 직사광선, 급격한 건조 및 찬 공기를 방지한다.
④ 국부가열이 되지 않도록 주의한다.
⑤ Con´c 온도는 5일간 2℃ 이상 유지한다.

Ⅵ. 개발방향

① 시공성이 좋은 양생방법을 개발한다.
② 혼화재를 이용한 방안을 연구한다.
③ 스프링클러 system을 이용한다.

Ⅶ. 결 론

① 콘크리트의 양생은 Con´c 강도 향상, 내구성, 수밀성 확보에 지대한 영향을 미치므로 세심한 주의를 요한다.
② 시공이 좋은 양생방법의 개발과 혼화재를 이용한 방안 등이 계속 연구 발전되어 콘크리트 강도 향상에 이바지해야 한다.

| 문제 12 | 콘크리트공사의 품질관리시험(품질검사 시기와 항목) |

● [00후(25), 03전(10), 05전(10), 09중(25), 10중(25), 15전(10)]

I. 개 요

① Con´c 품질관리시험이란 Con´c의 품질 특성을 설정하고 이것을 실현하기 위하여 재료의 규격 및 품질 등의 적합성 여부를 판단하는 것을 말한다.

② Con´c 품질검사에는 시멘트 및 골재의 품질시험과 타설 전, 타설 후의 시기적 시험이 있다.

II. 품질관리시험의 분류

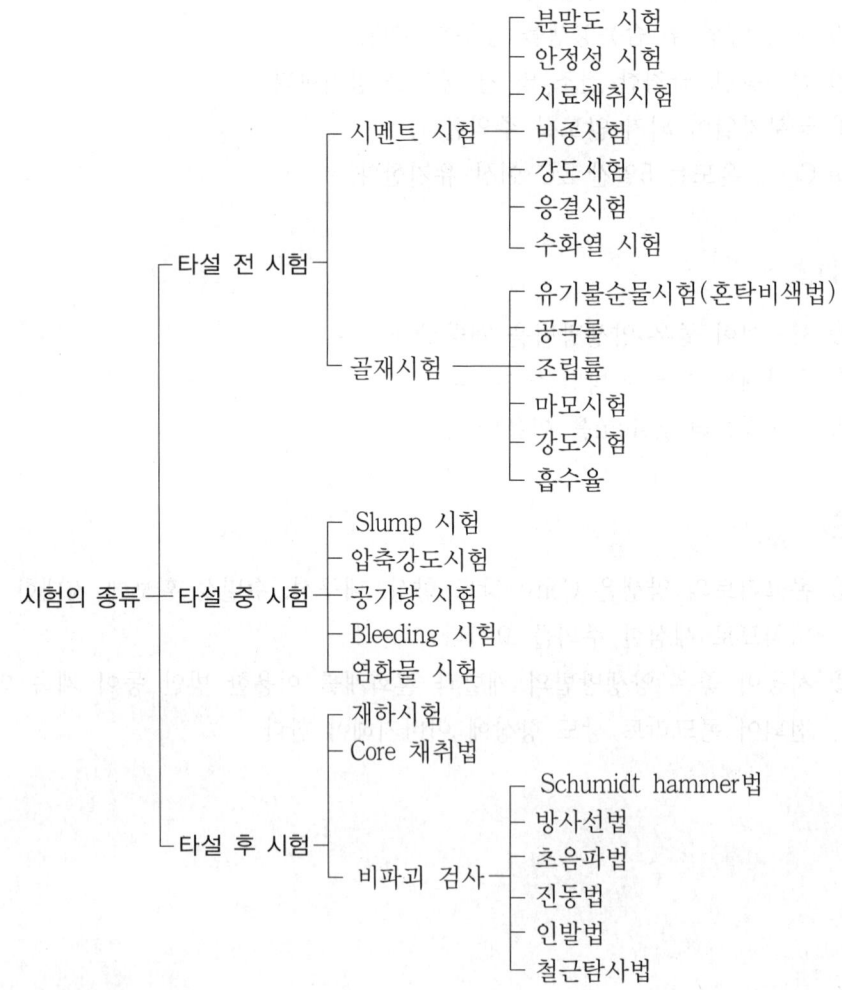

- 시험의 종류
  - 타설 전 시험
    - 시멘트 시험
      - 분말도 시험
      - 안정성 시험
      - 시료채취시험
      - 비중시험
      - 강도시험
      - 응결시험
      - 수화열 시험
    - 골재시험
      - 유기불순물시험(혼탁비색법)
      - 공극률
      - 조립률
      - 마모시험
      - 강도시험
      - 흡수율
  - 타설 중 시험
    - Slump 시험
    - 압축강도시험
    - 공기량 시험
    - Bleeding 시험
    - 염화물 시험
  - 타설 후 시험
    - 재하시험
    - Core 채취법
    - 비파괴 검사
      - Schumidt hammer법
      - 방사선법
      - 초음파법
      - 진동법
      - 인발법
      - 철근탐사법

Ⅲ. 시멘트의 시험

1) 분말도 시험(fineness test)

① 시멘트 분말도는 시멘트 입자의 가늘고 굵음을 나타내는 것으로 콘크리트의 성질을 예측할 수 있으며, 시험방법에는 비표면적 시험과 체가름법이 있다.

② 비표면적 시험에서 단위는 cm^2/g으로 표시되며, 보통 시멘트의 경우 2,800~3,200cm^2/g이다.

③ 분말도가 클수록, 즉 미세할수록 표면적은 증가하고 수화작용은 빨라지며 강도는 세진다.

2) 안정성 시험(soundness test)

① 시멘트 약 100g의 시료를 유리판 위에 놓고 두드려 지름 10cm, 중심두께 1.5cm의 가장자리로 갈수록 얇아지는 pad를 만든다.

② 습기함에 24시간 저장 후 수중보양 27일 한 후 팽창성과 갈라짐, 뒤틀림 등을 검사한다.

3) 시료채취

① 시멘트 50t마다 또는 시멘트 포대 15t마다 그 단수의 한 포를 시료로 한다.

② 각 포대에서 같은 양의 시멘트를 취하여 4분법을 하며 한구의 시료로 한다.

4) 비중시험

르 샤틀리에 비중병에 탈수된 정제 광유를 넣고, 표면 눈금을 읽고, 여기에 100g의 시멘트를 넣고 흔들어 공기를 보내어 눈금을 읽는다.

$$시멘트\ 비중 = \frac{시멘트의\ 중량(g)}{비중병의\ 눈금자(cc)}$$

5) 강도시험

① 시멘트의 강도시험은 휨시험과 압축시험이 있다.

② 휨시험용 공시체는 단면 40mm×40mm, 길이 160mm의 네모기둥을 쓰고, 압축시험에는 휨시험 공시체의 절반을 사용한다.

6) 응결시험

① 표준묽기의 cement paste를 온도 20±3℃, 습도 80% 이상 유지할 때 응결시작은 1시간 후, 종결은 10시간 이내로 규정하여 응결시험 실시

② 보통은 시결 1.5~3.5시간, 종결은 3~6시간 정도가 많음.

7) 수화열 시험

① 수화열은 70cal/g이다.

② 조강 포틀랜드 시멘트는 수화열이 많고, 중용열 포틀랜드 시멘트는 수화열이 적다.

IV. 골재의 시험

1) 유기 불순물 시험(혼탁 비색법)

① 모래에 함유하는 유기 불순물의 유해량을 알기 위한 시험방법이다.

② 일정분량의 유리병에 수산화나트륨(NaOH) 3% 용액을 넣고 흔들어 잘 섞고, 24시간 후에 윗물 빛깔을 표준 빛깔과 비교하여 짙을 때 유해 불순물이 있는 것으로 판정한다.

2) 공극률 시험

① 골재의 공극률이 적으면 콘크리트의 밀도, 마모, 내구성이 증대된다.

② 공극률$(\%) = \dfrac{(G \times 0.999) - M}{G \times 0.999} \times 100(\%)$

$\qquad$ G : 비중

$\qquad$ M : 단위용적 중량(t/m³)

3) 조립률(체가름 시험)

① 골재의 체가름 분포(골재입도)를 간단히 표시하는 방법으로 조립률이 있다.

② FM(조립률)$= \dfrac{80mm \sim 0.15mm \,체까지의\; 가적\; 잔류율\; 누계}{100}$

4) 마모시험

① 로스엔젤레스 실험기

$\qquad$ 안지름 : 710mm, 내측길이 : 510mm의 양끝이 밀폐된 강철재의 원통형

② 마모율$(\%) = \dfrac{시험\; 전\; 시료의\; 무게 - 시험\; 후\; 시료의\; 무게}{시험\; 전\; 시료의\; 무게} \times 100(\%)$

5) 강도시험(골재의 세기시험)

영국규준(British Standard)에서 일정입도의 골재를 용기에 채우고 압축기로 가압해 40t 재하 때의 골재의 파쇄율로 골재의 강도를 표시한다.

6) 흡수율 시험

① 굵은 골재의 흡수율 시험

㉮ 콘크리트 배합설계에 있어서 골재의 절대용적을 알기 위해서 한다.

㉯ 사용수량을 조절하기 위해서 한다.

② 잔골재의 비중 및 흡수율 시험

㉮ 콘크리트 배합 설계 시 잔골재의 절대용적을 알기 위해서 한다.

㉯ 잔골재의 흡수율은 1% 정도이다.

V. 타설 중 시험

1) Slump 시험

① 수밀성 평판을 수평으로 설치하여 시험통을 철판 중앙에 밀착한다.

② 비빈 콘크리트를 100mm 높이까지 부어 넣어 다짐막대로 윗면을 25회 다진다.

③ 2회 반복하여 Con'c의 무너진 높이 및 모양을 측정한다.

2) 압축강도시험

① 압축강도 시험시기와 횟수

㉮ 1일 1회 이상

㉯ 구조물의 중요도와 공사의 규모에 따라 150m³ 마다 1회

㉰ 콘크리트의 배합이 변경될 경우

② 1회의 시험에는 3개의 공시체를 채취한다.

③ 채취한 공시체는 표준보양을 하여 압축강도를 검사한다.

3) 공기량 시험

① AE콘크리트의 경우에는 공기량의 검사를 실시한다.

② 공기량 측정방법은 압기식의 air meter가 있다.

③ 시험은 slump test와 같이 되도록 자주 실시한다.

④ 측정치와 지정 공기량의 차가 표에 표시한 허용치 이하이면 합격이다.

4) Bleeding test

① 블리딩된 물을 시험기구로 빨아낸다.

② 처음 60분은 10분 간격으로, 그 후로는 30분 간격으로 빨아낸다.

③ 블리딩 양을 측정한다.

$$블리딩 \; 양(cm^3/cm^2) = \frac{V(블리딩수 용적)}{A(실험표면적)}$$

473

④ 블리딩이 크면 재료분리가 심하다.

⑤ 단위수량을 줄이면 블리딩 양을 줄일 수 있다.

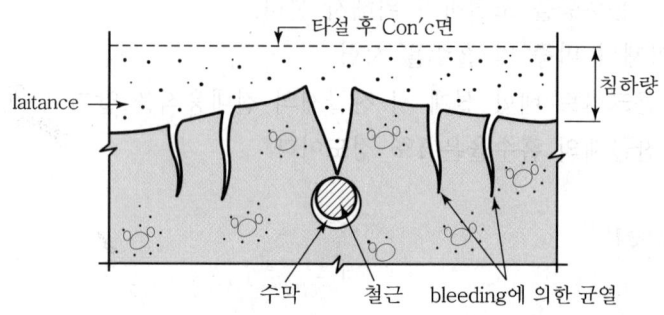

Bleeding 현상

5) 염화물 시험

① 레미콘에서 교반기를 고속으로 회전시킨 후 최초 부분을 제외한 나머지 부분채취

② 시료를 한번 거른 후 흡인투과 또는 원심분리하여 채취한 액 또는 bleeding 수를 정제수로 희석한다.

③ 동일 시료액으로 3회 행하고, 시험 결과는 질량 %로 소수점 이하 3자리까지 구한다.

Ⅵ. 타설 후 시험

1) Core 채취법

① 타설된 Con'c에서 시험하고자 하는 부분의 core를 채취하고, 채취부분은 보수·보강한다.

② 철근이 없는 지점에서 채취한다.

2) Schumidt hammer

Con'c 표면의 타격시 반발의 정도로 강도를 추정한다.

3) 방사선법

X선 또는 γ선을 이용하는 것으로 투과선량에 의해 밀도, 철근의 위치와 크기, 내부 결함 등을 조사한다.

4) 초음파법(음속법)

물질 중의 전달음의 고유 특성을 이용한 것으로서 파동속도로 동탄성계수, 압축강도 추정, 파형으로 균열의 깊이를 측정한다.

5) 진동법

피측정물 공진 때의 동적 특성치에 의해 강도를 추정한다.

6) 인발법

콘크리트에 미리 bolt를 설치, 인발강도로 Con'c 강도 추정한다.

7) 철근탐사법

철근의 깊이가 깊은 곳과 철근간격이 좁고 복배근과 같이 밀실하게 배근된 부재에는 측정하기 어렵다.

Ⅶ. 시험제도의 개선

① 레미콘 공장 실험실 시험에서 현장 시험관계자 입회
② 정부공인 기관의 공신력 증대
③ 현장 실험실 운영의 법적 기준 강화
④ 현장 감독·감리·시공자 인식 전환 필요

Ⅷ. 결 론

① Con'c 품질은 재료의 타설 전 시험이 타설 후 시험 결과에 큰 영향을 미치며, 품질시험의 목적은 Con'c의 특성인 내구성, 강도, 수밀성을 적정 수준으로 유지하면서 경제적 생산을 도모하는 데 있다.
② 소요품질 확보와 원가절감이 될 수 있도록 과학적인 시험방법이 도입되어야 한다.

문제
13

콘크리트의 압축강도 시험

● [99후(30), 02후(10), 03후(25), 04후(25), 07전(25), 09후(10), 11후(25), 15중(25), 17중(25), 19중(25)]

I. 개 요

구체 콘크리트의 압축강도는 구조체의 내구성을 좌우하는 가장 중요한 사항이
므로 철저한 품질관리 및 시공관리로 설계기준강도 이상이 되도록 하여야 한다.

II. 압축강도를 공시체로 추정하는 방법

1) 재령 28일 강도 추정법

① 공시체는 3개 이상 제작함

② 24~48시간 이내 탈형 후 수중 양생

③ 양생 수조의 온도는 20±3℃

④ 시험 24시간 전에 수조에서 공시체를 꺼냄

⑤ 시험장치에 의해 압축강도시험 실시

⑥ 가장 정확한 시험법

⑦ 압축강도의 계산

$$f_{cu} = \frac{P(하중)}{\pi\left(\dfrac{d_1 + d_2}{2}\right)^2}$$

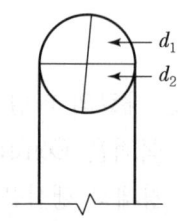

㉮ 3개 이상 시험하여 평균값

㉯ 평균값보다 10% 이상 편차 시 무시

2) 재령 7일 강도 추정법

① 공시체의 제작시험방법은 28일 강도 추정법과 동일

② 28일 강도추정식

Con'c 치기 후 4주간 예상 평균 기온	보통 포틀랜드 시멘트 (MPa)	조강 포틀랜드 시멘트 (MPa)
15℃ 이상	$f_{28}=1.35f_7+3$	$f_{28}=f_7+8$
5~10℃	$f_{28}=1.35f_7-1$	$f_{28}=f_7+5$
2~5℃	$f_{28}=1.35f_7-2$	$f_{28}=f_7+4$
0~2℃	$f_{28}=1.35f_7-3.5$	$f_{28}=f_7+2$
10~15℃	$f_{28}=1.35f_7+1$	$f_{28}=f_7+6.5$

여기서, f_{28} : 28일 압축강도

f_7 : 7일 압축강도

3) 55℃ 온수 양생 추정법

① 공시체를 제작

② 24시간에 28일 강도를 추정

③ 양생방법

양생온도	상온	55±3℃	20±3℃
양생시간	3시간 방치	20.5시간	0.5시간
	전치시간	온수양생	후치시간
		전양생시간(24시간)	

4) 급속 경화 양생법

① 콘크리트 속에서 모르타르 채취(1,500g)

② 급결제(18g) 첨가 후 혼합

③ 공시체 제작

④ 온도 70℃, 습도 100%의 조건에서 90분간 양생

⑤ 추정식에 의해 28일 강도 추정

5) 압축강도 판정방법

현장에서 3회 연속한 압축강도시험값의 평균이 설계기준강도보다 작을 확률은 1% 이하로 하며, 각 시험값이 설계기준강도보다 3.5MPa 이하로 작을 확률도 1% 이하여야 한다.

Ⅲ. 압축강도 시험횟수

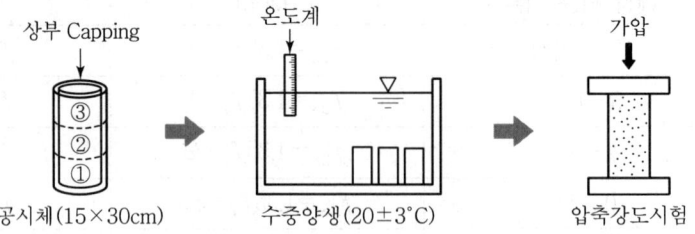

상부 Capping

③
②
①

공시체(15×30cm)

온도계

수중양생(20±3°C)

가압

압축강도시험

① Concrete 타설량 150m³당 1회 시험
② Concrete 타설량 150m³ 이하 시 1회 시험

Ⅳ. 구조체 관리용 공시체

1. 시료채취방법(압축강도 검사기준) (KS F 2401)

1) 공시체 시료 채취 방법

① 공시체는 운반차량마다 3개씩 채취함
② 28일 강도용 공시체는 콘크리트 배출량의 1/4, 2/4, 3/4 배출시점에서 채취
③ 7일 강도용 공시체는 콘크리트 배출량의 1/2 배출시점에서 채취

2) 공시체 제작(레미콘 150m³마다 다음과 같이 1회 실시)

① 28일 강도용 공시체는 3개조 9개 제작
② 28일 강도 추정을 위한 7일 강도용 공시체는 1개조 3개 제작

3) 공시체 양생

① 공시체의 탈형 후 현장 수중양생 실시
② 급격한 온도 변화나 햇볕이 닿는 곳은 피함

4) 공시체 검사

① 1회 시험에 3개의 공시체 시험
② 공시체 3개의 평균값을 기준

2. 압축강도 판정기준(합격 판정기준)

1) $f_{ck} \leq 35MPa$ 경우

다음의 기준을 모두 만족하여야 한다.
① 연속 3회의 시험값의 평균이 설계기준강도 이상
② 1회 시험값은 설계기준강도 3.5MPa 이상

2) $f_{ck} > 35MPa$ 경우

다음의 기준을 모두 만족하여야 한다.
① 연속 3회의 시험값의 평균이 설계기준강도 이상
② 1회 시험값은 설계기준강도의 90% 이상

3) 불합격 시 조치

① 3개의 시험 Core를 채취하여 강도시험 실시
② 3개의 시험 Core의 강도가 설계기준강도의 85%를 초과하고 공시체 각각의 강도가 설계기준강도의 75%를 초과하면 합격
③ 3개의 시험 Core가 위 '②'의 강도를 만족하지 못할 경우에는 재시험을 실시하며, 결과에 따라 필요한 조치방안 마련

V. 콘크리트 강도시험용 공시체 제작방법(KS F 2403)

1) 공시체의 수

동일 조건의 시험에 대하여 3개 이상, 시험목적에 따라 정함

2) 압축강도시험을 위한 공시체

① 공시체의 지름 150mm : 굵은 골재 최대치수가 50mm 이하인 경우
② 공시체의 지름 150mm 미만 : 지름은 굵은 골재 최대치수의 3배 이상, 100mm 이상
③ 표준공시체는 지름 150mm이며, 직경 : 높이의 비는 1 : 2이다.

3) 공시체 제작

① 몰드는 비흡수성으로 시멘트에 의해 침식되지 않는 재료로 제작
② 같은 층으로 나누어 콘크리트 시료를 채운 후 다짐봉으로 윗면을 고름
③ 공시체의 지름 150mm인 경우 : 3층, 25회 다짐
   공시체의 지름 150mm 이내인 경우 : 700mm²당 1회의 비율로 다짐
④ 나무망치로 옆면을 가볍게 두드려서 공기구멍 제거

4) 공시체의 윗면 마무리 : 평면으로 마무리

① 몰드를 떼어내기 전 캐핑 시 : 레이턴스 제거, 공시체 강도 이상 모르타르로 평면 마무리
② 캐핑을 하지 않을 시 : 연마 마무리

5) 휨강도시험을 위한 공시체

   ① 공시체의 치수 : 단면은 정사각형, 길이는 한 변의 길이의 3배보다 80mm 이상 길게 함(일반적으로 150mm×150mm×530mm)

   ② 굵은 골재 최대치수가 50mm 이하 : 공시체 한 변의 길이 150mm

   ③ 공시체 한 변의 길이가 150mm 미만 : 변의 길이는 굵은 골재 최대치수의 3배 이상, 100mm 이상

   ④ 다짐횟수 : 1,000mm²당 1회의 비율로 다짐

6) 인장강도시험을 위한 공시체

   ① 지름 : 굵은 골재 최대치수의 4배 이상, 150mm 이상

   ② 길이 : 지름 이상, 지름의 2배 이상을 초과해서는 안 됨

7) 몰드 떼어내기 및 양생

   16시간 이상 3일 이내 몰드를 떼어내고 경화되는 동안 시험체 윗면은 수분증발을 방지하며 양생온도는 20℃를 표준으로 강도시험을 할 때까지 양생

8) 공시체의 함수 상태

   ① 양생 수조에서 꺼낸 즉시 강도시험

   ② 건조하기 시작하면 강도값이 커진다.

9) 공시체의 온도

   ① 표준 시험은 20℃ 전후

   ② 온도가 낮을수록 강도값은 커진다.

Ⅵ. 레미콘 현장 반입 시 품질시험 항목

   ① 필수 시험 항목

     ㉮ 슬럼프 또는 슬럼프 플로

     ㉯ 공기량

     ㉰ 염화물 함유량 : 0.3kg/m³ 이하

     ㉱ 압축강도 시험 : 3조의 평균값이 설계기준강도 이상

   ② 기타 확인 사항

     ㉮ 운반시간 : 90분 이내

     ㉯ 최고 또는 최저 온도

     ㉰ 혼화재의 사용 비율 등

VII. 표준편차(s)를 구하는 방법

1) 표준편차(s)

$$S = \sqrt{\frac{\sum (X_i - \overline{X})^2}{n-1}}$$

여기서, n : 시료의 수

X_i : 각 시료의 값

$\overline{X}$: n개 시료의 평균값

2) 콘크리트 압축강도의 표준편차(s)

① 실제 사용한 콘크리트의 30회 이상의 시험실적으로부터 결정하는 것을 원칙

② 시험 횟수가 29회 이하이고 15회 이상인 경우

표준편차＝계산한 표준편차×보정계수

시험횟수	표준편차(s)의 보정계수
15	1.16
20	1.08
25	1.03
30 이상	1.00

③ 콘크리트 압축강도의 표준편차를 알지 못할 때, 또는 압축강도의 시험횟수가 14회 이하인 경우

설계기준강도 f_{ck}(MPa)	배합강도 f_{cr}(MPa)
21 미만	$f_{ck}+7$
21 이상 35 이하	$f_{ck}+8.5$
35 초과	$f_{ck}+10$

VIII. 콘크리트 강도 시험값의 계산

1) 압축강도시험(1축 압축)

$$\sigma = \frac{P}{A}$$

여기서, A : 직경(mm²), P : 하중(N)

2) 인장강도 시험(쪼갬인장시험)

$$\sigma_t = \frac{2P}{\pi Dl}$$

여기서, D : 직경(mm), l : 길이(mm)

3) 휨강도(3등분 재하법)

$$휨강도 = \frac{P \cdot l}{b \cdot d^2}$$

4) 압축강도와 인장강도의 비(취도계수)

$$취도계수 = \frac{압축강도}{인장강도} ≒ (10 \sim 13)$$

IX. 압축강도 부족 시 대처방안

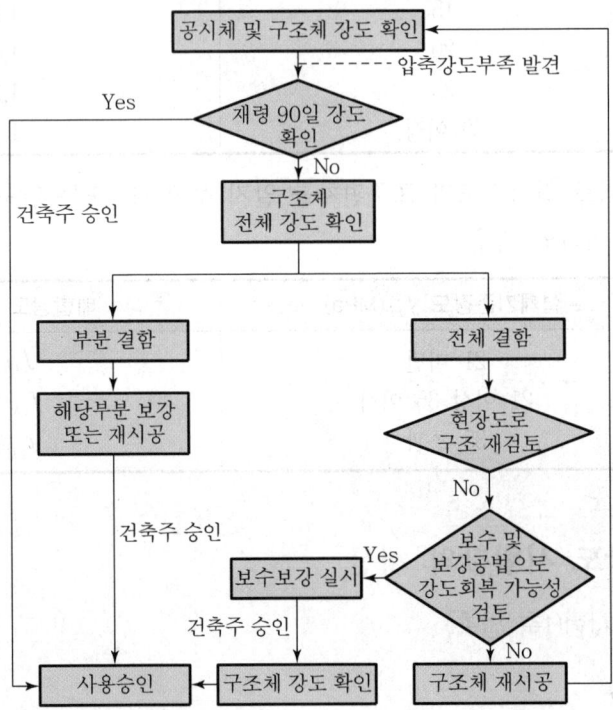

구조체의 압축강도 부족 시 원인 분석과 함께 건축주의 승인하에 보수, 보강 및 사용이 승인되어야 한다.

X. 결 론

① 콘크리트의 압축강도 증대를 위해서는 시공의 합리화와 지속적인 품질관리 program의 개발 등을 통하여 단순시공이 되어야 한다.

② 콘크리트의 압축강도 부족 시 최악의 경우에는 구조체의 재시공이라는 엄청난 결과를 초래하므로 시공 전후 품질관리가 매우 중요하다.

콘크리트 구조물의 비파괴 시험

● [96전(10), 96전(40), 04중(10), 10중(10), 15중(25), 18중(10)]

Ⅰ. 개 요

① 비파괴 시험은 콘크리트 압축강도를 추정함은 물론 내구성 진단, 균열의 위치, 철근의 위치 등을 구조체의 파괴 없이 파악할 수 있는 시험이다.

② 비파괴 시험은 기계적, 전기적, 음향적인 방법 등을 사용하여 콘크리트의 강도를 측정한다.

Ⅱ. 필요성

① 압축강도 측정

② 내구성 진단

③ 균열의 위치 · 깊이 · 폭

④ 철근의 위치 · 개수

Ⅲ. 경화 Con'c의 시험 종류

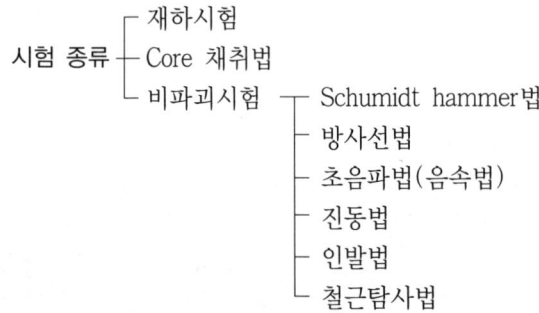

Ⅳ. 비파괴 시험

1. Schumidt hammer법(타격법, 반발 경도법)

1) 콘크리트 표면을 타격하여 반발의 정도를 구하는 것으로, 콘크리트 강도를 추정하는 방법이다.

2) 추정하는 장치가 소형, 경량으로 조작이 용이하여 광범위하게 사용된다.

3) 시험방법

① 측정 위치

벽, 기둥, 보 측면

② 측정 지정

평활한 면, 간격 30mm로 가로 5개, 세로 4개의 교점 20개 측정

4) 유의사항

① Con'c 재령 28일 대상으로 한다.

② 측정면으로서는 균질하고, 평활한 평면부를 고른다.

③ 표면이 칠해져 있는 경우 제거하고 노출시킨다.

④ 타격은 수직면에서 직각으로 행하고 서서히 힘을 가해 타격을 일으킨다.

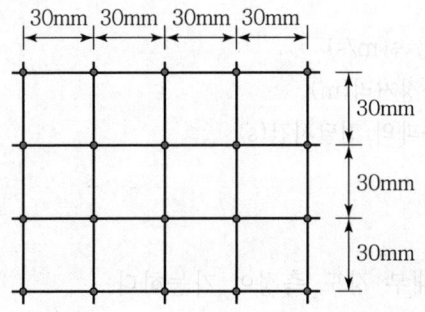

5) 특 성

① 구조가 간단하고 사용이 편리하다.

② 비용이 저렴하다.

③ 구조체의 습윤 정도에 따라 시험 결과가 달라진다.

④ 신뢰성이 부족하다.

6) 강도추정방식

① 20곳을 측정하여 평균값을 정수로 표시하여 측정치 산정

② 평균치보다 ±20% 이상의 값은 배제

③ 나머지의 측정치로 구한 평균을 그 측정개소의 반발도로 함

④ 반발도를 통해 추정된 강도를 Concrete 재령에 따른 보정계수로 보정후 강도 추정

2. 방사선법

　　① X선 발생장치 또는 방사선 동위원소 CO 등에서 방사되는 X선, ɣ선을 이용하는 방법이다.

　　② Con'c에 조사하여 그 투과선량에서 밀도, 철근의 위치와 크기 또는 내부결함 등을 조사한다.

3. 초음파법(음속법)

　1) Con'c 중의 음속의 크기에 의해 강도를 추정하는 것으로, 음속은 피측정물의 소정의 개소에 붙인 발신자와 수신자의 사이를 음파가 전하는 시간을 측정하여 다음 식에 의해 정한다.

$$V_t = \frac{L}{T}$$

　　　　　V_t : 음속(m/s)
　　　　　L : 측정거리(m)
　　　　　T : 음파의 전달시간(s)

　2) 특　성

　　① 콘크리트의 내부 강도 측정이 가능하다.

　　② 타설 후 6~9시간 후 측정이 가능하다.

　　③ 강도가 작을 경우 오차가 크고 철근 영향이 크다.

　　④ 음속 측정장치는 50~100kHz 정도의 초음파를 이용한다.

　3) 실용화를 위한 표준화 필요

　　① 음속 측정장치

　　② Con'c 함수율, 철근 재하응력 등의 영향 파악

　　③ 강도, 품질 판정기준

4. 진동법

　　① Con'c 공시체에 공기로 진동을 주어 그때의 공명·진동으로 Con'c 탄성계수를 측정한다.

　　② Con'c 품질변화, 퇴화·침식 현상을 추적할 수 있다.

　　③ 전단계수, 포아송비를 구하여 동결 여부를 판단한다.

5. 인발법

① 철근과 Con'c의 부착효과를 조사하기 위한 것으로 철근의 종류를 바꾸어 다른 조건을 동일하게 하여 시험하면 철근의 지름이나 표면상태가 미치는 영향을 시험할 수 있다.

② 초기 강도 판정에 주로 사용한다.

③ 구조물의 부착응력에 영향을 주는 요인

㉮ 콘크리트의 피복두께

㉯ 보강철근의 현상이나 철근량

㉰ 주근의 배치방향

㉱ 부재 단면적의 조합(휨모멘트, 전단력, 축력의 상호작용)

㉲ 재하방법

6. 철근탐사법

① 철근탐사법은 전자유도에 의한 병렬공진회로의 진폭 감소를 응용한 것으로 콘크리트 구조물의 철근탐사 등에 쓰인다.

② 주의사항

㉮ 콘크리트의 균질성 판정, 품질변화의 조사

㉯ 측정위치 제한

㉰ 재질에 따른 전파거리 선정 필요

V. 결 론

① 첨단 과학기술을 통하여 정확하고 편리한 검측방법을 개발하여 현장에서 쉽게 사용될 수 있도록 하여야 한다.

② 고성능 검사장비의 개발로 품질 향상을 도모하고, 모든 검사의 system화를 통하여 합리적인 검사방법의 체계화를 이루어야 한다.

| 문제 15 | 콘크리트 강도에 영향을 주는 요인(콘크리트의 품질관리) |

● [76(25), 79(25), 84(25), 94전(30)]

Ⅰ. 개 요

① Con′c의 강도에 영향을 주는 요인으로는 Con′c의 재료·배합·시공 등이 있으며, W/B비(물결합재비)와 재료의 품질이 강도의 결정에 중요한 부분으로 작용한다.

② Con′c의 강도 저하는 내구성 및 수밀성이 떨어져 건축물의 구조적인 문제가 야기되기도 하므로 Con′c 제조 전과정에서의 품질관리가 필요하다.

Ⅱ. 요인별 분류

① 재료 : 물, 시멘트, 골재, 혼화재료

② 배합 : W/B비, slump치, 굵은 골재의 최대치수, 잔골재율

③ 시공 : 운반, 타설, 다짐, 이음, 양생

④ 시험 : 압축강도, slump test 공기량, 염화물 측정

Ⅲ. 강도에 영향을 주는 요인

1. 재 료

1) 물

① 물은 기름, 산, 유기 불순물 등 콘크리트나 철근에 나쁜 영향을 미치는 물질이 함유되어서는 안 된다.

② 특히 철근콘크리트공사에서는 해수를 절대 사용해서는 안 된다.

2) 시멘트

① 시멘트는 풍화된 cement를 사용하지 말아야 한다.

② 강도가 크고 분말도가 적당($2,800 \sim 3,200 \text{cm}^2/\text{g}$)해야 한다.

③ 콘크리트는 cement paste와 골재의 강도가 좌우된다.

3) 골 재

① 골재는 강도가 크고 불순물이 함유되지 말아야 한다.

② 골재는 입도, 입형이 고른 것이 좋다.

4) 혼화재료

① 콘크리트의 성질을 개선하고, 또한 cement의 사용량을 감소시키기 위하여 사용한다.

② 혼화재료로 쓰이는 혼화제 및 혼화재는 품질이 확인된 것이 아니면 사용해서는 안 된다.

2. 배 합

1) 물결합재비(W/B비)

① 물결합재비는 소요강도와 내구성을 고려하여 정해진다.

② 물결합재비가 커지게 되면 콘크리트의 강도, 내구성, 수밀성, 균열저항성 등이 저하되는 요인이 된다.

2) Slump치

① 레미콘에 의한 운반시 slump치 저하로 강도에 영향을 준다.

② Slump치가 커지면 콘크리트의 시공성은 좋아지지만 bleeding 및 재료분리가 많아진다.

3) 굵은 골재 최대치수(G_{max})

① 철근 Con'c 구조체 시공 시 콘크리트의 유동성을 좋게 하기 위해서는 너무 큰 골재의 사용은 피하는 것이 좋다.

② 철근의 간격 및 시공연도가 허용되는 내에서 최대한 큰 골재를 사용한다.

4) 잔골재율

① 잔골재율을 작게 하면 Con'c의 강도, 내구성, 수밀성이 향상된다.

② 잔골재율이 커지게 되면 시공성은 향상되나 bleeding 현상 및 Con'c 재료분리현상이 많아진다.

3. 시 공

1) 계 량

① Con′c 재료의 정확한 계량은 콘크리트의 강도, 내구성, 수밀성에 영향을 미친다.

② 계량오차는 계량기의 수시 점검으로 정비, 보수함으로써 줄일 수 있으나, 동력 오차가 발생하면 정비, 보수가 불가능하므로 사전발생을 억제하는 방안이 필요하다.

2) 비 빔

① 콘크리트의 비빔방법은 크게 손비빔과 기계비빔이 있다.

② 손비빔은 효율이 떨어져 잘 사용되지 않으며, 기계비빔으로 시공하면 콘크리트의 강도 증대에도 손비빔보다 10~20% 유리하다.

3) 운 반

① Batcher plant에서 적재한 Con′c 그대로를 강도의 변화없이 운반하여야 한다.

② 콘크리트 비빔 시작부터 부어 넣기 종료까지의 시간은 외기온이 25℃ 미만의 경우에는 120분, 25℃ 이상의 경우에는 90분을 한도로 한다.

4) 타 설

① Con′c 타설 직전의 품질관리검사가 철저히 이루어져야 한다.

② 타설 시 Con′c 재료의 중량 차이에 의한 재료분리가 없도록 주의하여 시공한다.

5) 다 짐

① 콘크리트의 다짐은 공극을 줄이고, 철근과 Con′c를 완전 밀착시켜 부착강도 및 내구성의 증대를 가져온다.

② 진동시간은 5~15초, 사용간격은 50cm 이내, 진동기는 수직으로 사용한다.

6) 이 음

① Joint는 Con′c의 건조수축 및 온도변화에 의한 균열을 방지한다.

② 콘크리트 접합부에 cold joint가 생기지 않게 한다.

7) 양 생

① Con′c 타설 후 Con′c의 초기 건조수축에 의한 균열을 방지한다.

② 부어 넣은 후 3일간은 보행 금지하고, 7일 이상 습윤양생한다.

4. 시 험

1) Slump test

① Slump test는 Con´c의 반죽질기를 측정하는 시험이다.

② 일반적인 slump치는 50~150mm 범위이다.

2) 압축강도시험

① 압축시험은 경화한 콘크리트의 각종 시험 중에서 가장 중요한 시험이다.

② 철근콘크리트의 구조설계에는 압축강도만 고려되고, 인장강도나 휨강도, 전단강도는 무시, 압축강도로부터 다른 강도의 대략적인 값을 추정할 수 있다.

3) 공기량 시험

① 굳지 않은 Con´c 중의 공기량은 콘크리트의 시공연도, 강도, 내구성에 큰 영향을 미친다.

② AE Con´c의 공기량 측정시험은 Con´c의 강도 유지, 시공성 확보에 중요한 시험이다.

4) 염화물 측정시험

① 자동 염분 측정기에 의한 시험으로 골재의 염화물 이온량은 0.02% 이하로 한다.

② 레미콘의 염화물 함유량 기준은 염소이온량으로서 0.3kg/m³ 이하로 규정하고 있다.

Ⅳ. 결 론

① 콘크리트의 강도 저하 요인은 불량 재료의 사용, 배합설계의 부적정, 시공 불량, 형식적인 시험 등으로 인하여 발생하고 있다.

② 콘크리트의 강도 증대를 위해서는 시공의 합리화와 지속적인 품질관리 노력을 통하여 시공능력을 향상시켜야 한다.

문제	콘크리트의 내구성 저하 원인 및 방지대책(열화의 원인
16	및 예방대책)

● [88(30), 90전(30), 93전(30), 95중(30), 96전(40), 97후(30), 98중전(30), 99후(20), 00후(25), 01중(25), 08후(25), 10전(25), 12전(25), 13후(10), 20전(25), 22중(25)]

Ⅰ. 개 요

① Con´c 구조물의 내구성이란 성능 저하 및 외력에 대하여 저항하며, 요구하는 역학적·기능적 성능을 보유하는 능력으로 압축강도 및 수밀성과 함께 Con´c에 매우 중요한 성능이다.

② Con´c의 내구성을 저하시키는 열화 원인으로는 염해, 중성화, 알칼리 골재반응, 동결융해 등이 있으며, 방지대책으로는 강도가 크고 유기 불순물이 포함되지 않은 재료의 사용이 필수적이다.

Ⅱ. 내구성 저하 원인

1. 물리·화학적 작용

1) 염 해

① 염해란 Con´c 중에 염화물이 존재하여 철근을 부식함으로써 Con´c 구조물에 손상을 입히는 현상을 말한다.

② 밀실한 Con´c는 알칼리성이 높아 철근 표면에 부동태피막을 생성하여 강재를 부식으로부터 보호한다.

2) 탄산화

① 탄산화란 공기 중의 탄산가스 및 산성비로 인하여 콘크리트의 수산화칼슘(강알칼리)이 탄산칼슘(약알칼리)으로 변화되는 일련의 과정을 말한다.

② 탄산가스의 농도가 높을수록, 습도가 낮을수록, 온도가 높을수록 Con´c의 탄산화는 빨라진다.

3) 알칼리 골재반응(AAR : Alkali aggregate Reaction)

① 알칼리 골재반응이란 Con´c 중의 수산화 알칼리와 골재 중의 알칼리 반응성 광물(silica, 황산염)과의 사이에 일어나는 화학반응을 말한다.

② 알칼리 골재반응은 알칼리 실리카 반응, 알칼리 탄산염 반응, 알칼리 실리게이트 반응의 세 종류로 분류되고 있다.

2. 기상작용

1) 동결융해

① Con'c에 함유되어 있는 수분이 동결하면 동결팽창(9%)할 수 있는 양의 수분이 Con'c 사이를 이동하여 그때 생기는 수압으로 Con'c를 파괴하는 현상을 말한다.

② Con'c의 초기 동해에 대한 저항성은 강도, 함수량, 연행 공기량, 기포의 크기와 분포에 따라 다르나, 일반적으로 압축강도가 5MPa 이상이 되면 동해를 받지 않는다.

2) 온도변화

① 양생하는 동안 급격한 온도변화, 특히 갑작스런 냉각은 표면에 균열을 발생시켜 내구성이 저하되는 원인이 되기도 한다.

② 가열양생을 했을 경우나 mass Con'c를 시공하는 경우에 양생이 끝나고, Con'c가 낮은 기온으로 갑자기 노출될 수 있는데 이때 발생하는 인장응력으로 균열이 발생한다.

3) 건조수축

① Con'c 타설 후 Con'c 중의 수분이 증발하면서 건조수축이 일어난다.

② 급격한 건조수축은 bleeding 현상으로 인하여 Con'c의 내구성을 현격히 저하시킨다.

3. 기계적 작용

1) 진동 · 충격

① Con'c 타설 후 7일 동안은 작업하중, 충격 · 진동 등을 방지해야 한다.

② Con'c 양생 중의 진동 · 충격은 내구성 저하의 요인이 된다.

2) 마모 · 파손

① Con'c의 재령이 경과한 후에도 과적재 하중은 피해야 한다.

② 구조체 자중이 많이 걸리는 곳에서 과중량의 기계 적재는 구조체의 붕괴에 원인이 되므로 주의해야 한다.

3) 설계상 원인

① 복잡한 설계와 과감한 design 등이 구조적으로 내구성을 저하시키는 요인이 된다.

② 균열 방지 및 유도용 joint의 미설계로 Con'c의 내구성을 저하시킨다.

4) 시공상 원인

① 현장에서 Con'c 타설 시 가수는 내구성 저하 원인이 된다.

② 시험배합을 통한 품질검사를 거치지 않은 혼화제를 사용한 경우 오히려 내구성 저하 원인이 되기도 한다.

Ⅲ. 방지대책

1. 재 료

1) 물

① 물은 기름, 산, 유기 불순물, 혼탁물 등 Con'c나 강재의 품질에 나쁜 영향을 미치는 유해양 물질을 함유해서는 안 된다.

② 지하수는 유해 함유량 검사를 거친 후 사용한다.

2) 골 재

① 굵은 골재는 깨끗하고, 내구적이며, 유기 물질을 함유해서는 안 되며, 특히 내화적이어야 한다.

② 잔골재는 적정한 입도를 가져야 하며, 먼지·흙 등의 유해량은 함유해서는 안 된다.

3) Cement

① 시멘트의 성질은 수분에 접하면 화학반응하여 경화하기 시작하는데, 이것을 수화반응이라고 한다.

② 중용열 portland cement는 조강 포틀랜드 시멘트보다 발열량이 적어 Con'c의 내구성을 향상시킨다.

4) 혼화재료

① 혼화재료는 cement, 물, 골재와 같이 첨가되어 Con'c의 성질을 개선하거나 특별한 품질을 부여하기 위한 재료이다.

② 혼화재료를 유효 적절히 첨가하면 Con'c의 시공성 향상은 물론 내구성도 향상된다.

2. 배 합

① 물결합재비 감소

② Slump치 증대

3. 시 공

　① 가수 방지

　② 다짐 및 초기 양생 철저

4. 물리·화학적 작용 방지

1) 염해 방지

　① Con'c 중의 염소이온량을 적게 하고, 밀실한 Con'c로 시공한다.

　② 철근의 피복두께를 충분히 취해 균열폭을 작게 제어한다.

　③ 철근은 수지 도장하고, Con'c면은 합성수지 도장 처리하면 염해를 억제할 수 있다.

2) 탄산화 방지

　① AE제나 AE 감수제 등이 혼화제를 사용하면 탄산화에 대한 저항성이 향상된다.

　② 타일·돌붙임 등을 양호하게 시공하면 탄산화를 지연시키는 데 유효하다.

3) 알칼리 골재반응 방지

　① 알칼리 골재반응에 대하여 무해하다고 판정된 골재를 사용한다.

　② 저알칼리형의 portland cement를 사용한다.

4) 화학적 침식 방지

　① 무기산이나 황산염에 대하여는 적당한 시공대책이 필요하다.

　② 내황산염 portland cement, 중용열 포틀랜드 시멘트, 고로 cement, fly ash cement 등은 해수에 대한 내구성이 있다.

5) 고압전류 방지

　① 전식이란 고압전류가 Con'c로부터 철근으로 흐르게 되면 철근에 밀착된 Con'c가 연화하여 부착강도가 떨어지는 것을 말한다.

　② Con'c가 건조하여 있을 때에는 전류가 통하기 어려우며, 전식에 의한 피해도 적다.

5. 기상적 작용 방지

1) 동결융해 방지

　① AE제 또는 AE 감수제를 사용하여 적정량(조골재의 최대치수에 따라 4~6% 정도)의 entrained air를 연행시켜 경화속도가 빨라져 동해를 방지한다.

② Entrained air의 기포는 Con'c 경화 후에도 물로 충만되지 않고, 동결시 이동수분의 피난처가 된다.

2) 온도변화 방지

① 온도변화에 의한 내구성 저하를 방지하기 위하여는 내부 온도 증가를 줄이고, 냉각의 시점을 지연시켜 냉각속도를 제어하고 Con'c의 인장변형 능력을 증대시킨다.

② Precooling과 pipe cooling 등을 사전에 계획한다.

3) 건조수축 방지

① 골재의 크기를 크게 하고, 입도가 양호한 골재를 사용한다.

② 조절줄눈의 적절한 배치는 Con'c의 건조수축을 억제하고, 내구성 저하에 따른 균열발생을 제어한다.

6. 기계적 작용 방지

1) 진동 · 충격

① Con'c 타설 후 7일 동안은 일체의 하중요소를 방지한다.

② 양생 중의 현장 내 출입을 철저히 통제할 필요가 있다.

2) 마모 · 파손

① 마모 · 파손에 대한 저항성을 높이기 위해서는 물결합재비가 적은 배합으로 하고, 골재의 마모 저항성을 크게 향상시킨다.

② 충분한 습윤양생을 하여 압축강도를 증대시킨다.

7. 기 타

1) 소성수축 균열 방지

① 소성수축 균열을 방지하기 위해서는 타설 초기에 외기로부터 노출되지 않도록 보호하는 것이 중요하다.

② 습윤 손실을 방지하기 위하여 Con'c 표면에 공기를 포화시키는 것이 필요하다.

2) 침하균열 방지

① 침하균열을 방지하는 방안으로는 거푸집의 정확한 설계 및 충분한 다짐을 위한 시간계획이 필요하다.

② Con'c의 slump를 최소화하고, Con'c의 피복두께가 증가함으로써 침하균열을 감소시킬 수 있다.

3) 철근의 부식 방지

① 흡수성이 낮은 Con'c를 사용하고, Con'c의 피복두께를 늘린다.
② 철근은 코팅하여 사용하고, Con'c는 부식을 막는 혼화제를 사용하는 방법 등이 있다.

4) 시공불량 방지

① 양생기간을 충분히 하여 건조수축을 방지한다.
② 거푸집의 존치기간은 충분히 하고, 충분한 다짐 및 cold joint 방지 등이 필요하다.

5) 과하중 방지

① Con'c 구조물의 시공 중 유발되는 하중은 실제 사용 하중보다 클 수 있으므로 별도의 설계와 계획 수립이 필요하다.
② 설계자는 시공 시에 구조물에 걸리는 건설하중을 고려하여야 하며, 건설하중의 제한사항도 명기하여야 한다.

6) 설계불량 방지

① 부재의 각이 진 코너부분에는 응력이 집중되므로 joint 계획이 필요하다.
② 구조물의 기초 설계의 잘못은 부동침하의 원인이 되므로 유의해야 한다.

Ⅳ. 결 론

① 건축물의 완성 후 정기적인 점검 및 성능저하의 진행상황을 정확히 진단하고, 조기에 적절한 보수·보강을 행하여 성능저하의 진행을 될 수 있는 한 억제하여야 한다.
② 고성능 감수제의 활용으로 내구성, 수밀성, 강도를 증대시켜 내구성 저하 원인을 미연에 방지한다.

해사(海砂) 사용에 따른 염해대책

● [89(25), 91후(30), 96중(10), 96후(30), 06전(10), 09전(25), 13후(10), 14후(25)]

I. 개 요

① 염해란 콘크리트 중에 염화물(CaCl)이 철근을 부식시킴으로써 Con'c 구조체에 손상을 입히는 현상을 말한다.

② 염해에 대한 피해를 줄이기 위해서는 배합수, 골재, 시멘트 등에 대한 품질관리시험이 요구되며, 현장에서도 염도 측정을 통한 지속적인 관리가 필요하다.

II. 염분 함유량 규제치(염화물 이온량 ; Cl^-)

① 해사 : 모래 절건중량의 0.02% 이하
            (염화나트륨으로 환산하면 0.04% 이하)
② 콘크리트 : 콘크리트의 체적으로 $0.3kg/m^3$ 이하

III. 염해의 문제점

① 강도저하
② 균 열
③ Con'c의 열화
④ 내구성 저하

IV. 염해대책

1. 재 료

1) 청정수

① 물은 깨끗하고 유해량의 기름, 산, 알칼리, 유기불순물 등을 포함해서는 안된다.

② 마실 수 있는 정도이면 좋고, 염도 측정을 실시해서 허용치 이하가 되어야한다.

2) 중용열 portland cement

① 중용열 portland cement는 경화의 진행 속도가 느리나 장기 강도가 크다.

② 염해에 대한 저항성이 크다.

3) 해사 억제

① 해사를 쓰는 것은 골재의 부족현상으로 어쩔 수 없는 현실이나 골재의 염분 함유량은 허용치 이하이어야 한다.

② 강우, 살수 및 하천 모래를 혼합하여 염도를 줄인다.

4) AE제

① AE제를 사용하여 Con′c의 강도, 내구성, 수밀성을 증대시킨다.

② 강도, 내구성, 수밀성 등이 좋아지면 염해에 대한 저항력이 높아진다.

2. 철근 부식 대책

1) 아연도금

① 철근의 아연도금은 염해에 대한 저항력이 높다.

② 철근의 염화물 이온반응을 억제한다.

2) Epoxy coating

① Epoxy coating을 해서 철근의 방식성을 높인다.

② 정전 spray로 평균 도막두께 150~300μm으로 한다.

3) 방청제

① 방청제를 사용하여 철근의 부식을 억제한다.

② 아질산계 방청제를 사용한다.

4) 철근의 부동태막 보호

① 강알칼리(pH 12.5~13) 속의 철근 표면에 얇은 부동태막(수산화제2철)이 형성되는 것을 말한다.

② 철근의 부동태막은 강알칼리성에서만 유지되며, 철근 부식을 막아준다.

3. 배   합

1) 물결합재비 감소
① 물결합재비가 작아지면 강도, 내구성, 수밀성이 좋아진다.
② Con'c의 강도, 내구성, 수밀성이 커지면 염해에 대한 저항성이 높아진다.

2) Slump치
① Slump치가 작아지면 염해에 대한 저항성이 좋아진다.
② Slump치는 염해에 직접 영향은 없으나, Con'c의 강도, 내구성, 수밀성이 좋아지면 염해에 대한 저항성이 향상된다.

3) 굵은 골재 최대치수
① 굵은 골재 최대치수를 크게 하여 강도, 내구성, 수밀성을 높인다.
② 강도의 증대로 염해에 대한 저항성이 높아진다.

4) 잔골재율
① 잔골재율이 낮으면 Con'c의 내구성, 수밀성이 높아진다.
② 강도, 내구성, 수밀성이 좋아지므로 철근의 부동태막이 보호된다.

4. 시   공

1) 콘크리트 표면 coating
① Con'c 타설 후 제물치장 Con'c를 하며 방수 성능을 높인다.
② Con'c 표면에 도막방수 등을 실시한다.

2) 피복두께
① 시공 시 spacer를 설치하여 피복두께를 유지한다.
② 피복두께는 철근의 부식 및 염해 방지 등의 역할을 한다.

3) 다짐 철저
① 다짐을 철저히 하고, 공극률을 작게 하여 철근 Con'c의 강성을 높인다.
② 철근 Con'c의 강성 증대로 염해에 대한 저항력이 커진다.

4) 초기 양생
① Con'c의 초기 양생은 균열을 방지하여 염분의 침투를 막는다.
② 철근의 부동태막을 보호하며 염해에 대한 부식을 방지한다.

5. 염분 제거방법

1) 자연 강우

① 자연 강우에 의한 염분 제거는 장기간 방치 시 효과가 있다.
② 강우량이 많은 계절을 택해 염분제거를 계획한다.

2) Sprinkler 살수

① 골재 1m³에 대하여 6회 정도 살수한다.
② 염분(NaCl) 농도 측정 후 0.04% 이상 시는 재살수한다.

3) 하천 모래와 혼합

① 바다모래를 sprinkler로 살수한 후 강모래와 혼합한다.
② 바다모래를 염분(NaCl) 측정하여 0.04% 이하의 염분도를 보여도 강모래와 섞어 사용한다.

4) 제염제 사용

제염제는 효과가 뛰어나지만 고가이므로 경제적인 면을 고려해야 한다.

5) 준설선에서 세척

준설선에서 끌어올려 맑은 물로 여러 번 세척한다.

6) 제염 플랜트에서 세척

① 모래 체적의 1/2 이상의 담수를 사용하여 세척한다.
② 세척물의 염분으로 환경문제가 야기된다.

V. 구조물의 방식방법

1) 외부 차단

① Con'c 타설·미장·도장·뿜칠 등
② 침투방수·sylbester 방수·피막방수·에폭시방수·발포제 도포·빗물침입 금지 등

2) 단면 증가

① 피복두께 증가·건식판 붙임·표면타일 시공 등

Ⅵ. 염분 함유량 측정법

1) 질산은 적정법

① 실험실에서 화약약품에 의한 시험방법으로 KS에 규정된 시험방법이다.

② 전문지식이 필요하고 번거로우나, 정확한 값을 얻을 수 있어 주로 실험실에서 사용된다.

③ 시험에서 bleeding수를 취하여 여과지에 통과시켜 깨끗한 정제수를 만든 후 갈색 피펫에 정제수를 넣어 갈색 비커에 한 방울씩 떨어뜨려 비커 속의 약품색이 담황색으로 변할 때를 기준으로 염분 함유량을 측정한다.

2) 이온 전극법

① 간이 시험방법인 염화물량 측정기로서 신속하고 간편하게 측정할 수 있어, 주로 현장에서 많이 사용되며, 측정시간은 보통 10분 이내이다.

② 측정시 표준액(0.1%와 0.5%)과 정제수로 염정조정을 실시한 후 본시험을 실시한다.

③ 모래의 경우 500g 시료에서 물 : 모래＝1 : 1 중량비율로 혼합하여 NaCl를 측정하며, 모래 건조중량의 0.02% 이하가 되어야 한다.

④ 콘크리트의 경우 모르타르만 취하여 Cl^-를 측정하며, 콘크리트의 체적으로 $0.3kg/m^3$ 이하이어야 한다.

3) 시험지법(quantab법)

① 시험지를 이용하는 간이 측정법으로 조작방법이 간단하여 현장에서 누구나 측정할 수 있으며, 시험지는 재사용할 수 없으므로 사용 후 폐기처리한다.

② 모세관의 흡인현상을 이용하여 블리딩수를 빨아들여 중크롬산(다갈색)과 염소이온을 반응케 하여 백색의 산화물을 생성시켜 백색이 변색한 부분의 길이로 염소이온 농도를 측정한다.

Ⅶ. 결 론

① 해사의 사용은 골재의 품귀현상으로 어쩔 수 없는 현실이나 철저한 염도측정을 통하여 재료의 품질을 확보하는 것이 무엇보다 중요하다.

② 해사에 대한 효율성이 좋은 제염장치 및 염도 측정기의 개발이 필요하며, 해사 산지에서 현장까지 허용염분함유량 이하가 될 수 있도록 운반 및 관리하는 것이 중요하다.

문제 18

콘크리트의 탄산화 요인 및 대책

● [96중(10), 06중(10), 07전(25), 08전(25), 11후(25), 13중(25), 17중(25), 18후(25), 22후(25)]

Ⅰ. 개 요

① Con'c의 화학적 작용으로 인하여 공기 중의 탄산가스가 콘크리트의 수산화칼슘과 반응하여 강알칼리성의 Con'c가 약알칼리화되는 현상을 탄산화라 한다.

② 탄산화를 방지하기 위해서는 Con'c의 강도, 내구성, 수밀성을 증대시키고, 환경적으로 탄산화될 수 있는 요인을 제거하여야 한다.

Ⅱ. 탄산화 이론

1) 탄산화란 공기 중의 탄산가스의 작용으로 인하여 콘크리트 중의 수산화칼슘이 서서히 탄산칼슘으로 되어 콘크리트가 알칼리성을 상실하는 것을 말한다.

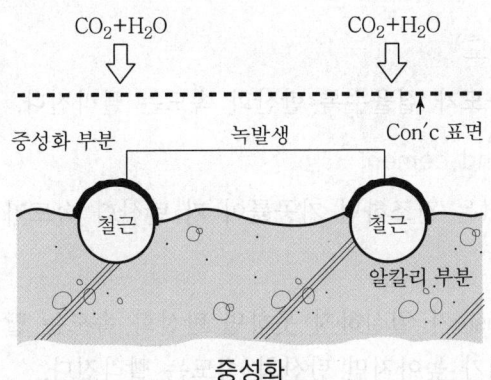

중성화

2) $Ca(OH)_2 + CO_2 \rightarrow CaCO_3 + H_2O$

$Ca(OH)_2 + 산 = 탄산화$

3) Con'c 탄산화

철근 부식으로 팽창 → Con'c 균열발생 → Con'c 열화 → 내구성 저하

4) 탄산화 시험방법

① Con'c 표면 피복을 깎아 청소

② 페놀프탈레인 1%에 에탄올 용액을 섞어 분사 살포

③ pH 8.2~10인 알칼리 부분 : 홍색 > 8.2

④ 탄산화 부분 : 무색 < 8.2

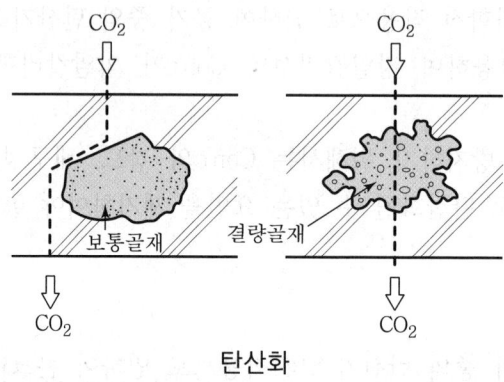

탄산화

Ⅲ. 탄산화의 요인

1) 탄산가스의 농도

탄산가스의 농도가 짙을수록 탄산화 속도는 빨라진다.

2) 중용열 portland cement

중용열 cement는 건조하면 기공률이 커 탄산화 속도가 빠르다.

3) 물결합재비

① Cement paste가 밀실하지 못하면 탄산화 속도는 빨라진다.

② 물결합재비가 높아지면 탄산화 속도는 빨라진다.

4) 습 도

습도가 낮을수록 탄산화는 빨라진다.

5) 경량골재

경량골재는 골재 자체의 공극이 크고 투수성이 크므로 일반적으로 경량콘크리트는 보통 콘크리트보다 탄산화 속도가 빠르다.

6) 온 도

온도가 높을수록 탄산화가 빨라진다.

7) 혼합 시멘트

① 혼합 시멘트는 수화에 의해 발생하는 수산화 칼슘의 양이 적다.

② Silica 또는 fly ash 등의 가용성 규산염이 pozzolan 반응으로 결합하기 때문에 탄산화 속도는 보통 portland보다 빠르다.

8) 실내의 탄산화

① 실내의 탄산화 속도가 실외 탄산화 속도보다 빠르다.

② 공기 중의 CO_2가 침입하여 탄산화가 촉진된다.

9) 산성비

산성비의 pH가 산성에 가까울수록 탄산화가 빠르다.

10) 재 령

단기 재령일수록 탄산화가 빠르고, 장기 재령일수록 늦다.

Ⅳ. 탄산화 대책

1) 혼화제 사용

AE제나 AE 감수제 등의 혼화제를 사용함으로써 탄산화에 대한 저항성을 높일 수 있다.

2) 타일 및 돌붙임마감

타일 및 돌붙임 등의 마감이 양호하면 탄산화를 지연시키는 데 유효하다.

3) 피복두께 두껍게

피복두께를 두껍게 하면 산성비의 침투가 불리해져 탄산화를 지연시킨다.

4) 콘크리트면 균일

콘크리트면이 균일하지 못하면 국부적으로 탄산화가 빨리 일어나므로 시공 시 균질성을 유지한다.

5) 미장 위 paint 마감

제치장 Con'c보다는 모르타르 마감 위 painting한 쪽이 탄산화 속도를 지연시키는 데 유효하다.

6) 장기 재령유지

단기 재령시는 탄산화 속도가 빠르고, 장기 재령시는 탄산화 반응이 늦다.

7) 기공률

기공률이 적고 입도 분포가 좋은 유해 물질이 없는 골재를 사용하면 탄산화 반응에 대한 저항성을 높일 수 있다.

8) 부재의 단면

부재의 단면이 클수록 탄산화 속도가 늦어진다.

9) 단위수량 감소

물결합재비를 적게 하는 배합 설계를 하여야 탄산화 반응이 늦어진다.

10) Bleeding 방지

단위수량을 적게 하여야 bleeding을 방지할 수 있다.

11) 다짐 및 양생

다짐을 충분히 하고, 양생을 충분히 하여야 탄산화 반응이 늦어진다.

12) Joint 방지

타설 이음 개소를 가급적 적게 함으로써 수밀성이 좋아져서 탄산화 반응이 늦어진다.

13) 탄산가스(CO_2 gas)

탄산가스의 영향이 적도록 환경을 유지한다.

14) 습도 및 온도

습도는 높고, 온도가 낮을수록 탄산화에 저항력이 커진다.

Ⅴ. 문제점

① Con'c 품질에 대한 자세 미정립
② 품질보증에 대한 제도적 장치 부족
③ 품질에 대한 인식 결여
④ 기능공의 질 저하

Ⅵ. 개선대책

① 품질에 대한 인식변화
② 품질 및 기술경쟁력 확보 여건 조성
③ 품질보증체계 확립
④ 건설자재 품질향상

Ⅶ. 결 론

① 탄산화를 방지하기 위해서는 고품질 Con'c 생산에 대한 기술투자 확대 및 고성능 혼화제의 개발과 양질의 재료를 선정하는 것이 중요하다.

② 고강도 Con'c의 개발로 탄산화 및 화학적 반응에 대하여 우수한 저항성을 갖게 되었으나, 아직 건설현장에서의 적용 사례가 미약하므로 고성능 콘크리트의 실용화가 선행되어야 한다.

문제
19 **콘크리트의 건조수축**

● [02전(25), 02후(25), 07전(25), 10후(10), 11전(25), 17후(10)]

Ⅰ. 개 요

① Con'c경화 후 수분이 증발하면서, Con'c의 체적감소로 수축이 발생하게 되는 현상이 건조수축이다.

② 건조수축은 균열을 발생시키며, 그로 인한 물의 침입으로 철근이 부식하여 구조체의 강도를 저하시킬 수 있으므로 유의해야 한다.

Ⅱ. 건조수축 균열 mechanism

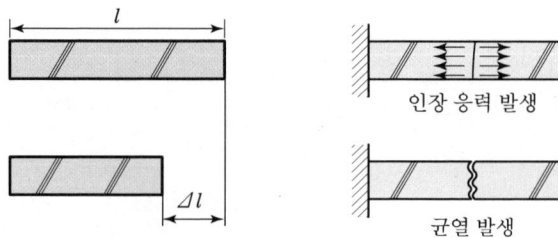

구속이 없는 경우 건조수축   구속이 있는 경우 건조수축

Ⅲ. 건조수축 진행속도

건조수축의 진행속도는 영향인자에 따라 다르며, 또한 환경 조건에 따라 다르게 나타난다.

1) Carlson의 실험

[시험조건]

• 상대습도 50%

• 사용골재 : sandstone(비중 2.47, 흡수율 5%)

• 노출 콘크리트

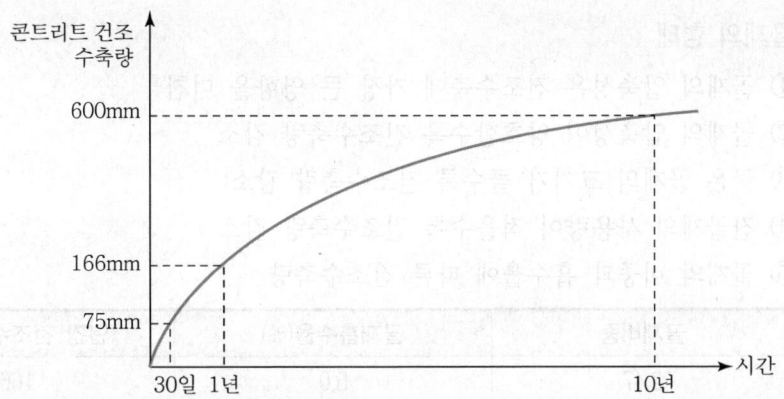

양생초기에는 콘크리트의 건조가 급격히 진행되나 시간이 흐를수록 진행속도가 느림

2) 건조시 콘크리트에 발생하는 응력

① 콘크리트의 수축력
② 주변 기타설된 콘크리트 및 지반의 구속력
③ 콘크리트의 탄성계수
④ 콘크리트의 creep와 응력 이완

Ⅳ. 건조수축에 영향을 주는 인자(요인)

① Cement의 성분 및 분말도
② 골재의 형태, 크기 및 흡수율
③ W/B비, 함수비, 단위수량
④ 혼화재료의 유무 및 종류
⑤ 배합성분
⑥ 양생방법
⑦ 부재의 크기

Ⅴ. 영향인자와 건조수축과의 관계

1) 시멘트

① 시멘트의 화학성분이 건조수축에 영향을 미침
② 시멘트의 분말도가 높을수록 건조수축량 증가

2) 골재의 형태

① 골재의 압축성은 건조수축에 가장 큰 영향을 미침

② 골재의 압축성이 양호할수록 건조수축량 감소

③ 굵은 골재의 크기가 클수록 건조수축량 감소

④ 잔골재의 사용량이 적을수록 건조수축량 감소

⑤ 골재의 비중과 흡수율에 따른 건조수축량

골재비중	골재흡수율(%)	1년간 건조수축(mm)
2.47	5.0	166
2.75	1.3	68
2.67	0.8	47
2.74	0.2	41
2.66	0.3	32

3) 함수비

① 물의 양이 적을수록 건조수축량 감소

② 물의 양을 24kg/m³ 감소시키면 1년 후 건조수축량 15% 감소 가능

4) 배합성분

① 물결합재비가 적을수록 건조수축량 감소

② 단위수량이 적을수록 건조수축량 감소

③ 단위수량과 건조수축과의 관계

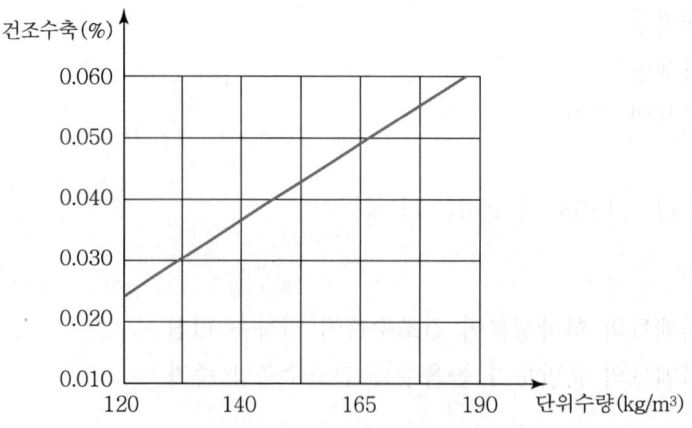

VI. 건조수축의 원인

① 분말도가 높은 cement

② 불량한 입도의 골재, 흡수율이 큰 골재

③ 단위수량이 클수록

④ 경화촉진제, 염화칼슘제 등의 사용

⑤ Pozzolan계 혼화재 사용(건조수축 및 단위수량이 증가함.)

VII. 대책(건조수축 감소)

① 중용열 portland cement 사용

② 수축줄눈(contraction joint) 설치

③ 골재의 흡수율이 작을수록

④ 굵은골재 최대치수가 클수록

⑤ 단위수량은 작을수록

⑥ 증기양생은 건조수축을 감소시킴.

⑦ 부재의 크기가 클수록

⑧ 입도가 양호한 골재 사용

⑨ 철근의 배치 및 시공이 좋을수록

⑩ 팽창 cement의 사용

VIII. 결 론

① 건조수축은 콘크리트 건조과정에서 발생하며, 장기간 콘크리트에 악영향을 미치므로 이에 대한 사전 대비가 필요하다.

② 급격한 건조수축으로 인해 균열이 유발되면 전체 구조물의 내구연한을 단축시키는 결과를 초래하므로, 콘크리트 타설 후부터 유지관리에 이르러 건조수축에 대한 지속적 관리를 하여야 한다.

콘크리트 구조물의 균열 원인 및 방지대책(콘크리트 품질저하 원인 및 방지대책)

● [77(25), 91전(30), 94전(25), 96후(15), 00전(25), 01전(25), 01중(25), 02전(25), 03전(25), 04전(25), 04후(10), 05전(25), 07전(10), 07중(25), 08후(25), 09전(25), 09중(10), 09후(25), 10중(25), 10후(25), 12후(25), 12후(10), 14중(25), 15중(25), 16전(25), 16후(25), 18전(25), 18전(25), 18중(10), 19중(10), 19후(10), 21후(10), 22전(10), 22중(25)]

I. 개 요

① 콘크리트 구조물의 균열 원인으로는 재료분리·건조수축·탄산화·동결융해 등이 있으며, 심할 경우는 구조의 안전성을 위협하기도 한다.

② 콘크리트의 품질저하를 방지하기 위해서는 설계에서부터 재료, 배합, 타설, 양생에 이르는 전과정에서의 품질관리가 필요하다.

II. 콘크리트의 균열 종류

1. 굳지 않은(미경화) Con'c의 균열

1) 소성수축 균열

① 노출면적이 넓은 slab에서 타설 직후에 bleeding 속도보다 증발속도가 빠를 때 발생하는 균열이다.

② 소성수축에 의한 균열은 건조한 바람이나 고온저습한 외기에 노출될 경우 일어나는 급격한 습윤 손실로 인한 것이다.

③ 소성수축 균열을 방지하기 위해서는 타설 후 초기의 외기노출을 피해야 한다.

④ 습윤 손실을 방지하기 위해서는 안개 nozzle을 사용하여 콘크리트 표면 위를 살수하거나 덮개를 덮어 보호하는 방법 등을 사용한다.

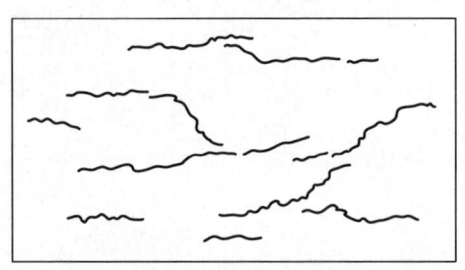

콘크리트의 전형적인 소성수축 균열

2) 침하 균열

 ① Con'c를 타설하고 다짐하여 마감작업을 한 이후에도 콘크리트는 계속하여 침하하게 되는데 이것으로 인해 침하 균열이 발생한다.

 ② 철근의 직경이 클수록, slump가 클수록 침하 균열은 증가한다.

 ③ 방지책으로는 거푸집의 정확한 설계, 충분한 다짐, slump 최소화 등이 있을 수 있다.

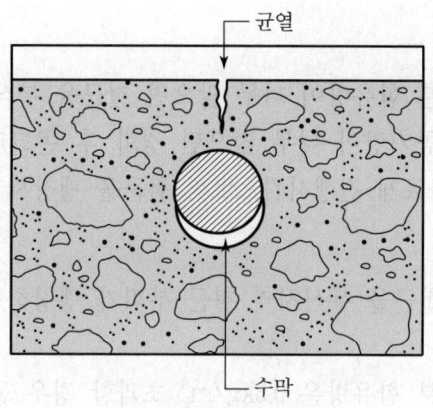

침하로 인한 균열 발생

2. 굳은(경화) Con'c의 균열

 ① 건조수축으로 인한 균열

 ② 열 응력에 의한 균열

 ③ 화학적 반응에 의한 균열

 ④ 기상 작용에 의한 균열

 ⑤ 철근의 부식으로 인한 균열

 ⑥ 시공 시 과하중으로 인한 균열

Ⅲ. 구조물의 균열 원인

1) 재료불량

 ① 시멘트는 풍화한 것을 사용하게 되면 동결융해에 대한 저항력이 떨어져 균열이 발생한다.

 ② 골재 강도가 낮고, 원형이 아닌 이형 골재는 시멘트와의 사이에 공극이 많아져 균열의 원인이 된다.

513

2) 배합불량

① 물결합재비가 너무 크면 Con'c 균열의 원인이 된다.

② 굵은 골재 치수의 결정을 너무 작게 하면 Con'c 강성이 떨어져 외부에 대응하는 저항력이 떨어져 균열이 발생한다.

3) 시공불량

① 운반시 재료분리가 발생하면 균열의 원인이 된다.

② Con'c의 초기양생이 불량한 곳은 건조수축에 의한 균열이 발생한다.

4) 시험불량

① 레미콘에 염분 함유량이 너무 많으면 철근을 부식시켜 균열을 발생시킨다.

② 콘크리트의 공기량이 너무 많으면 경화 후 콘크리트에 공극을 발생시켜 물의 침투를 빠르게 진행시킴으로써 철근을 팽창시켜 균열이 발생하기도 한다.

5) 염 해

① Con'c 내의 철근을 부식시켜 철근 부피가 팽창하여 콘크리트의 균열을 일으킨다.

② 레미콘의 염분 함유량은 $0.3kg/m^3$ 초과할 경우 균열이 발생될 우려가 많다.

6) 탄산화

① $CaO(석회) + H_2O \xrightarrow{\text{수화반응}} Ca(OH)_2$: 수산화칼슘(강알칼리 성분)

② $Ca(OH)_2 + CO_2(탄산가스) \xrightarrow{\text{탄산화 반응}} CaCO_3 + H_2O \rightarrow 수분침투 \rightarrow 철근부식 \rightarrow 팽창 \rightarrow 균열$

7) 알칼리 골재반응(A.A.R 반응 : Alkali Aggregate Reaction)

골재 중의 반응성 물질과 시멘트 중의 알칼리 성분이 반응하여 gel상(狀)의 불용성 화합물이 생겨 콘크리트가 팽창함으로써 균열이 발생하는 현상

8) 동결융해

① 동절기에 Con'c 타설하여 여름이 되면 콘크리트 내부의 수분이 녹으면서 부피 감소로 침하균열한다.

② 빙점 이하의 온도에서 콘크리트 타설 시 동결하여 균열이 발생한다.

9) 온도변화

① 콘크리트의 두께가 80cm 이상이 되면 콘크리트 발열량과 외기의 온도차에 의한 온도 구배가 생겨 균열이 발생한다.

② Precooling, pipe cooling 등의 사전계획이 없는 경우 균열이 발생한다.

10) 건조수축

① Con'c는 타설 후 급격한 건조 시 수축으로 인한 균열이 발생한다.

② 재료 선정 시 분말도가 큰 시멘트를 사용할 경우 균열이 발생한다.

11) 설계원인

① 설계의 미숙으로 인하여 joint 설치를 도면상에 기재하지 않아 균열이 발생한다.

② 건축물의 길이가 길 경우 expansion joint를 설치하지 않으면 수축팽창하여 균열이 발생한다.

IV. 대 책

1) 청정수 사용

① 물은 청정수를 사용하여야 하며, 불순물이 없어야 한다.

② 음료수 및 지하수를 사용하며, 우물물을 사용하지 않는다.

2) 풍화된 시멘트 사용 금지

① 시멘트는 풍화하지 않도록 저장 및 관리를 철저히 해야 한다.

② 시멘트는 발열량이 적고 수화열이 적은 것이 좋다.

3) 해사 사용 금지

① 골재의 염분(NaCl) 함유량이 0.04%가 넘는 경우 사용하지 못하게 한다.

② 레미콘의 염분 함유량이 $0.3kg/m^3$가 넘는 경우 사용하지 못한다.

4) 쇄석 억제

① 깬 자갈 속에는 황산염의 함유량이 많으므로 사용을 억제한다.

② 쇄석은 유해물이 많으므로 강자갈을 섞어 세척해서 사용한다.

5) 혼화재 사용

① 유동화제를 사용하여 콘크리트의 유동성을 증가시킴으로써 감수효과 기대

② 유동성이 증대되어 콘크리트 내의 공극률이 감소하여 물침투 방지

6) 물결합재비

① 적정한 혼화재를 사용하고, 시공연도 내에서 물결합재비를 낮춘다.

② 물결합재비가 낮아지면 건조시 침하균열, bleeding 현상 등에 의한 균열이 작아진다.

7) 골재의 최대치수

① 골재의 최대치수는 철근간격, 시공연도 내에서 최대로 하여야 단위수량이 적어진다.
② 단위수량의 저하로 균열이 방지된다.

8) 잔골재율

① 잔골재율이 작아지면 콘크리트의 단위수량이 감소되어 균열이 방지된다.
② 단위수량이 저하되면 콘크리트의 건조시 bleeding 현상이 적어져서 재료분리에 의한 균열 발생이 적어진다.

9) 운 반

① 기온이 높을 때 mixer truck에 덮개를 덮어 slump 저하 및 재료분리를 방지한다.
② 장시간 운반 또는 대기시 pump car pipe 내의 재료가 분리되는 것을 방지한다.

10) 타 설

① 수직재의 콘크리트 타설 시는 slab에 받아 서서히 밀어 넣어야 재료분리가 방지되고 균열이 생기지 않는다.
② 진동다짐은 시간과 간격을 준수하여 재료분리가 생기지 않도록 한다.

11) 다 짐

① 다짐은 진동다짐기계보다는 손다짐하는 것이 재료분리가 적어 균열이 방지된다.
② 균열은 다짐이 과하면 재료분리가 생기고 거푸집 변형이 발생한다.

12) 이 음

① 이음은 Con'c의 균열을 억제 또는 유도한다.
② 이음의 설계는 매우 중요하므로 설계 시부터 면밀한 검토가 필요하다.

13) 양 생

① 초기 건조수축에 의한 균열방지를 위하여는 양생을 철저히 하여야 한다.
② 초기양생기간이 경과한 후에도 습윤양생을 실시한다.

14) 시험

시공 전·중·후 시험을 철저히 하며, 강도, slump, 염화물 함유량, 공기량, bleeding 등의 시험을 실시한다.

15) 동결융해

① 빙점 이하에서는 콘크리트를 타설하지 않는다.

② 겨울에 어쩔 수 없이 Con'c를 타설할 시는 온풍시설을 하고, 조강 portland cement 및 적정한 혼화제를 사용한다.

16) 온도변화

① 콘크리트의 두께가 두꺼운 경우 온도구배에 의한 온도균열이 발생한다.

② 방지책으로 precooling, pipe cooling 등의 양생법이 있다.

17) 건조수축

① Con'c 타설 후 일광으로 인한 급격한 균열을 방지한다.

② 재료 선정 시 분말도가 작은 중용열 portland cement를 사용한다.

18) 기계적 작용

① Con'c 양생 중에 기계적인 진동, 충격 등을 방지해야 한다.

② 타설 후 7일간은 충격을 주지 않는다.

V. 균열 조사방법

1) 현황조사

① 조사대상 전체에 대해 조사하여 균열면적을 산정하며, 망원경등을 이용한 원거리조사를 허용

② 안전상 문제가 의심되는 경우에는 근접육안조사를 실시하며, 문제로 인정되면 정밀안전진단을 실시

③ 안전에 영향이 없을 것으로 예상되는 경우에는 근접조사를 실시

④ 장비 : 망원경, 고배율카메라

2) 근접조사

① 근접조사는 저층부분(1~2층)를 대상으로 실시

② 조사부위에서 들뜨거나, 조사에 장애가 되는 사항만 제거하고 육안조사 실시

③ 균열 폭 측정 및 누수·백화 등 확인

④ 근접조사 결과 확인된 하자를 토대로 현황조사의 물량을 보정함

⑤ 근접조사에서 균열이 발생한 전체면적을 계산하고, 그 중에서 하자로 확정된 균열면적의 비율을 백분율로 환산하여, 근접조사 하자율을 산정함

⑥ 근접조사하자율(%) = $\dfrac{\text{근접조사 균열하자확정면적}(\text{m}^2)}{\text{근접조사균열발생면적}(\text{m}^2)}$

Ⅵ. 결 론

① 콘크리트의 타설 후 초기 건조수축에 의한 균열이 전체 Con'c의 품질을 좌우하는 중요한 요소가 되므로 Con'c 타설 후 초기 균열 방지를 위해 양생을 충분히 실시한다.

② 콘크리트 균열의 원인이 되는 재료선정, 배합설계, 시공 등의 철저한 품질관리를 통하여 강도·내구성·수밀성이 확보되는 Con'c를 생산하여야 한다.

문제 21 | 콘크리트 구조물의 균열 보수·보강대책

● [94후(25), 96중(40), 98중후(40), 00후(25), 03전(10), 03중(25), 03후(25), 06후(10), 16전(25), 18중(25), 21전(25), 22전(25), 22중(25)]

I. 개 요

① 구조물에 발생된 균열은 방수 및 외관을 해칠 뿐만 아니라 내부 철근이 공기나 습기에 노출되어 철근의 부식을 진행시킴으로써 내구성 및 안전성에 큰 영향을 미치게 된다.

② 일정한 폭(0.2mm) 이상의 균열은 그 원인을 파악하여 적절한 보수·보강 공법을 선정하고 내력과 안전도를 회복하도록 해야 한다.

II. 균열 원인

① 과다 하중으로 인한 균열

② 시공불량 및 양생 미흡

③ 레미콘의 품질저하

④ Con'c의 건조수축에 의한 균열

III. 보수·보강 대책

품질을 원래 수준으로 유지하는 것이 보수이고, 더 좋게 하는 것이 보강이다.

1) 표면처리공법

① 균열이 발생한 부위에 cement paste 등으로 도막을 형성하는 공법이다.

② 균열의 폭이 좁고 경미한 잔 균열 발생 시 적용한다.

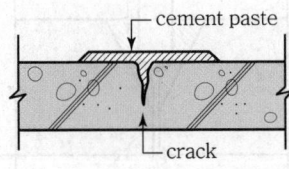

표면처리공법

2) 충전공법(V-cut)

　① 균열의 폭이 대단히 작고(약 0.3mm 이하) 주입 곤란한 경우 균열의 상태
　　에 따라 폭, 깊이가 10mm 되게 V-cut, U-cut을 한다.

　② 잘라낸 면을 청소한 후 팽창 모르타르 또는 epoxy 수지를 충전하는 공법
　　이다.

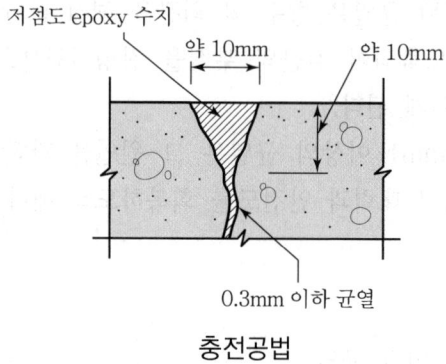

충전공법

3) 주입공법

　① 에폭시 수지 그라우팅 공법이라고도 한다.

　② 균열의 표면뿐만 아니라 내부까지 충전시키는 공법이다.

　③ 두꺼운 Con'c 벽체나 균열 폭이 넓은 곳에 적용한다.

　④ 균열선에 따라 주입용 pipe를 100~300mm 간격으로 설치한다.

　⑤ 주입 재료로는 저점성의 epoxy 수지를 사용한다.

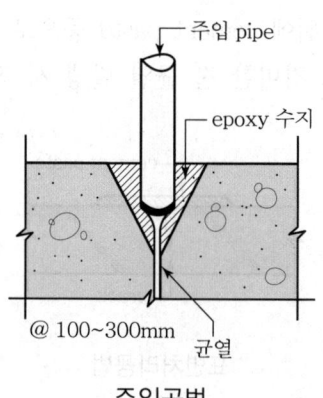

주입공법

4) 강재 anchor 공법

① 꺾쇠형의 anchor체로 보강하는 공법
이다.

② 균열이 더 이상 진행되는 것을 방지
한다.

③ 틈새는 시멘트 모르타르로 충전한다.

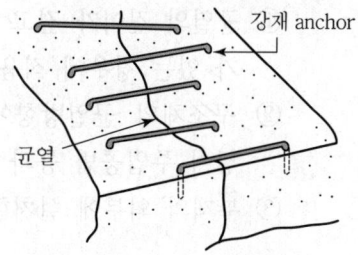

강재 anchor 공법

5) 강판부착공법

① 부재 치수가 작은 구조의 보강공법이다.

② 균열 부위에 강판을 대고 anchor로 고
정한 후 접촉 부위를 epoxy 수지로
접착한다.

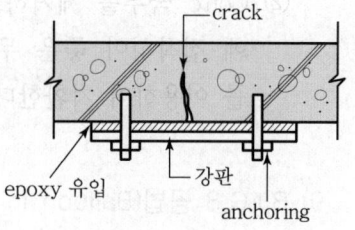

강판부착공법

6) 탄소섬유 Sheet 공법

① 강화섬유 sheet인 탄소섬유 sheet를 접
착제로 콘크리트 표면에 접착시켜 보
강하는 공법

② 시공이 편리, 복잡한 형상의 구조물에
적용 가능하다.

③ 초벌 및 정벌 epoxy 접착제의 충분한
접착효과가 필요하다.

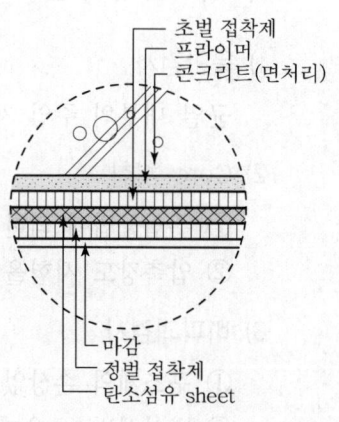

탄소섬유 Sheet 공법

7) Prestress 공법

① 균열의 깊이가 깊고 구조체가 절단될 염려가 있는 경우에 적용한다.

② 구조체의 균열방향에 직각되게 PS강선을 넣어 주입공법 등과 병행하여 사용된다.

③ 부재의 외부에 설치한다.

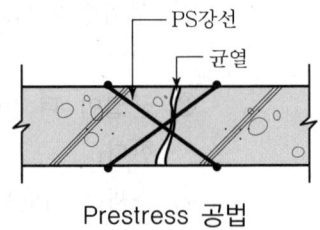

Prestress 공법

8) 치환공법

① 열화 또는 손상 부위가 작고, 경미할 때 적용

② Con'c 국부를 제거하고, 깨끗이 청소한 후에 접착성이 좋은 무기질·유기질 접착제를 이용하여 치환한다.

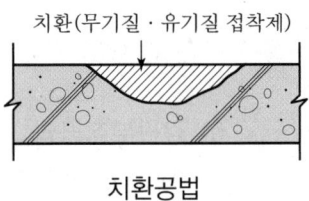

치환공법

9) B.I.G.S 공법(Balloon Injection Grouting System)

① 고무 튜브에 압력을 가하여 균열 심층부까지 충전 주입하는 공법이다.

② 균일한 압력관리가 용이하다.

Ⅳ. 보수 후 검사확인

1) 육안검사

균열 내부의 주입 재료에 대한 확인이 곤란하며 정확성이 떨어진다.

2) Core 채취

① 주입공법에 의한 접착강도를 확인한다.

② 압축강도 시험을 할 수 있다.

3) 비파괴검사

① 구조체의 손상없이 내부 상태를 파악한다.

② 방사선법, 초음파법, 전자파법 등이 있다.

V. 결 론

① 콘크리트의 균열 원인은 다양하고 Con'c 특성상 완전히 없앨 수는 없으나, 설계 단계부터 유지보수 단계에 이르는 공정별 품질관리를 통하여 줄일 수 있다.

② 구조물의 균열 발생은 내구성ㆍ안전성 저하 및 오염ㆍ누수 등의 원인이 되므로 강도의 회복과 미관회복을 위해서 보수ㆍ보강 공법은 매우 중요하다.

<table>
<tr><td>문제
22</td><td>콘크리트 표면에 발생하는 결함</td></tr>
</table>

● [05전(25), 05전(10), 08중(10), 09중(25), 12후(10), 13전(10), 13중(25), 14중(25), 18후(10), 19전(25), 21후(25)]

Ⅰ. 개 요

① 콘크리트 표면에 발생하는 결함은 재료, 시공, 양생과정에서 품질관리 부족으로 발생하며 이를 방지하기 위해서는 제조과정에서 양생에 이르는 전 과정을 통해 철저한 품질계획이 필요하다.

② 결함의 종류에 따른 적절한 방지대책을 통해 콘크리트의 내구성 회복이 가능하다.

Ⅱ. 결함의 종류 및 방지대책

1) Honey comb(곰보)

콘크리트 표면에 조골재가 노출되고 그 주위에 모르타르가 없는 상태

원 인	대 책
• 다짐 부족 • 시공연도 불량 • 거푸집 사이로 mortar 누출 • 재료분리 발생	• 거푸집의 밀실시공 • 거푸집 및 동바리 강성유지 • 운반 및 타설 중 재료분리방지 • 진동기 사용규정 준수 • 피복두께 확보

2) 백화

콘크리트의 노출표면에 흰색의 가루가 발생하는 현상

원 인	대 책
• 시멘트의 수산화칼슘과 공기 중의 탄산가스의 반응 • 층간 joint부에 물침입 • 우수처리 미비	• 방수제의 도포로 물침입 방지 • 유효한 마감재 시공 • 층간 joint부 밀실 시공 • 백화 발생 시 마른 솔로 제거

3) Dusting

① 콘크리트 표면이 먼지와 같이 부서지고 먼지의 흔적이 표면에 남아 있는 현상

② 콘크리트의 껍질이 벗겨지는 현상

원 인	대 책
• 거푸집 청소 불량 • 전용한도 초과 거푸집 사용 • Silt가 함유된 골재 사용 • 과다한 마무리로 인한 laitance	• 거푸집 청소 및 박리제 도포 • 거푸집판의 교체 • 물로 씻은 후 골재 사용 • Slump치를 낮게 • 표면에 물기가 없을 때 마무리 실시

4) Air pocket(기포)

① 수직이나 경사진 콘크리트의 표면에 10mm 이하의 구멍이 발생하는 현상
② 콘크리트가 조금씩 파여 보임

원 인	대 책
• 박리제의 과다 사용 • 거푸집면의 진동다짐 부족	• 진동다짐 시 콘크리트 속의 기포 제거 • 거푸집면의 두드림으로 기포 방출 • 박리제의 적정 사용

5) 얼룩 및 색 차이

콘크리트 표면에 거푸집 조임철물 등에 의한 녹물이 흘러내리는 현상

원 인	대 책
• 거푸집 해체 시 조임용 철물 방치 • 철근 노출 • 제조사가 다른 시멘트 사용	• 철근 및 철물 제거 후 동색의 mortar 충진 • 같은 제조사의 시멘트 사용

6) Cold joint

① 콘크리트 표면에 길게 불규칙한 선이 발생
② 콘크리트 간의 접착 불량

원 인	대 책
• 신구 콘크리트 간의 타설시간 초과 • 진동기의 사용 부족 • 레미콘 수급 차질	• 구콘크리트에 10cm 이상 진동다짐 • 레미콘 수급계획 철저 • 레미콘 타설계획 철저

7) Pop out 현상

콘크리트 속 수분의 동결융해작용으로 콘크리트 표면의 골재 및 모르타르가 팽창하면서 박리되어 떨어져 나가는 현상

원 인	대 책
• 콘크리트 동결융해 • 알칼리 골재 반응	• AE제 사용 • 동결융해 방지 • 저알칼리 시멘트 사용

8) 콘크리트 블리스터(Blister)

밀실한 표면마감으로 인하여 내부의 공기와 블리딩 수가 외부로 빠져나오지 못해 콘크리트 표면 내부에 공극을 형성하는 현상

원 인	대 책
• 콘크리트의 미건조 • 과도하거나 불충분한 진동다짐	• 구조체 완전 건조 후 마감 실시 • 적절한 진동다짐 실시

9) 균열

콘크리트면에 전체적으로 또는 부분적으로 불규칙적인 균열 발생

원 인	대 책
• Cement의 이상 응결 및 팽창 • 반응성 골재 또는 풍화암 사용 • 콘크리트의 건조수축 • 다짐부족으로 인한 침하균열 • 양생 부족	• 재료의 실험 실시 • 습윤 양생 • 거푸집 및 동바리 존치기간 확보 • 철근의 피복두께 확보 • 시공 시 철저한 다짐 실시

Ⅲ. 결함의 처리

1) 표면처리

① 콘크리트 표면에 도막 형성으로 방수성 확보
② 부위별 처리 또는 전체 처리 실시

2) 단면 증대

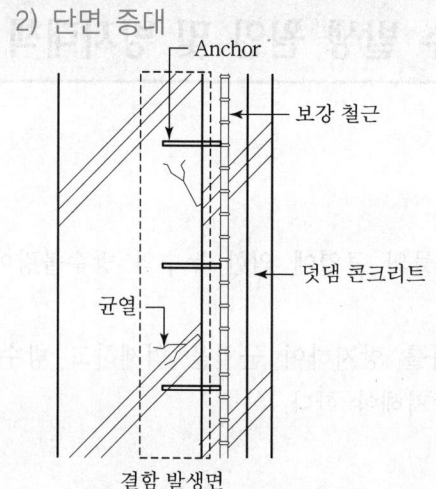

① 기존콘크리트면에 철근을 보강하고 덧댐 콘크리트 타설
② 구조적인 보강 방법
③ 기존 콘크리트의 면처리로 부착성 확보

IV. 결 론

콘크리트 표면의 결함은 우수 및 CO_2의 침입을 용이하게 하여 구조물의 내구성 저하의 원인이 되며 또한 미관을 저해시키므로 콘크리트 타설과정에서 밀실한 콘크리트가 되기 위해 관리해야 한다.

문제 23 콘크리트 구조물의 누수 발생 원인 및 방지대책

● [95전(40), 12후(25)]

I. 개 요

① 콘크리트 누수 발생원인은 구조물의 균열에 의한 누수와 방수불량에서 오는 누수가 있다.

② 구조물의 강성 유지와 부동침하를 방지하여 균열을 억제하고 방수공사의 접합 및 정밀시공으로 누수를 방지해야 한다.

II. 누수의 발생 원인

1) 구조체의 균열 발생

① 건조수축에 의한 균열

② 부동침하에 의한 구조체 균열

2) 콘크리트 시공불량

① 다짐 부족으로 인한 재료분리 발생

② 불량재료 사용

3) 방수 불량

① 방수재료 및 공법의 부적합

② 방수 시공 불량

4) 물리·화학적 반응

① 염해 및 동결융해

② 탄산화·알칼리 골재반응

5) Construction joint

① 이물질 제거, 보강근, shrinkage strip 설치 불량에 의한 누수 발생

② 계량에서 운반까지의 시간을 2시간 이내에서 시공한다.

6) Cold joint 발생

① Con´c 수급 및 운반시간의 차질로 발생한다.

② 기온 25℃ 이하시는 2시간 30분 이내 타설해야 하며, 기온 25℃ 초과 시 2시간 이내에 타설해야 한다.

7) 개구부 주위 시공 불량

① 창·문틀 주위 사춤 모르타르 불량시 누수가 발생한다.
② 개구부 주위의 철근 보강근 누락으로 균열이 발생한다.

8) 관통부 주위 시공 불량

① Pipe나 전선관 관통부위 시공 불량으로 누수가 발생한다.
② Separator 구멍 등의 마무리 미흡으로 누수가 발생한다.

9) Con'c block조 외벽 사용

① Bond beam이나 철근 보강근 미설치로 균열이 발생한다.
② 줄눈의 건조수축 팽창으로 균열 및 누수가 발생한다.

Ⅲ. 누수 방지대책

1) 설계상 대책

① 소요 단면적 및 철근량 확보
② 부동침하 방지 설계
③ 신축줄눈의 설계
④ 내진설계

2) 배합상 대책

① 수밀 Con'c 배합
② W/B비, 단위수량, slump치 가능한 범위 내에서 적게
③ 건조수축 적게 하는 혼화제 사용

3) 콘크리트 시공상 대책

① 타설 속도 및 순서 준수
② 충분한 다짐으로 밀실 Con'c 타설
③ 재료분리 방지

4) 양생 시 대책

① 초기 습윤상태 유지
② 급격한 수분증발 방지
③ 양생온도의 유지

5) 방수공법 선정

① 용도에 맞는 방수공법을 선정한다.

② 방수층은 정밀 시공하고, 접합은 밀실하게 한다.

6) 알칼리 골재반응 방지

① 저알칼리 시멘트를 사용한다.

② 쇄석 사용을 자제한다.

7) 염해에 대한 방지

① 살수하여 염도를 낮추며, 철근에 방청 도포를 한다.

② 골재의 제염장치에 의한 품질관리를 한다.

8) 탄산화 발생방지

① $Ca(OH)_2 + CO_2 \rightarrow CaCO_3 + H_2O \rightarrow$ 철근부식 $\rightarrow$ 부피팽창 $\rightarrow$ 균열

② Con'c를 강알칼리 상태로 유지관리한다.

9) Expansion joint 설치

① 온도변화에 대하여 균열을 방지한다.

② 길이가 긴 건물은 50m마다 설치한다.

10) 개구부 주위 처리

① 개구부 주위는 철근을 보강하고, 사춤 모르타르를 충전한다.

② Sealing재는 투수성이 강한 제품을 선정한다.

Ⅳ. 결 론

① 콘크리트 구조물의 누수는 강도, 내구성, 수밀성 등이 저하되어 구조체에 균열이 발생하므로 나타나게 된다.

② 누수방지를 위해서는 콘크리트 제조부터 양생에 이르는 전과정을 통하여 사전에 철저한 품질관리가 이루어져야 예방이 가능하다.

문제 24 콘크리트의 성질

● [13후(25), 21중(25)]

I. 개 요

① 콘크리트의 성질은 경화 Con'c 성질과 미경화 Con'c 성질로 구분할 수 있으며, 미경화 Con'c의 성질에는 시공성, 반죽질기, 성형성, 마감성 등이 있으며, 이러한 성질들을 만족시키기 위해서는 적절한 혼화재료의 사용이 중요하다.

② 경화 Con'c의 성질은 압축강도, 탄성변형, 내구성, 체적변화 등이 있으며, 특히 압축강도는 다른 강도에 비하여 비교적 크고, 또한 Con'c 부재의 설계에 매우 중요하게 적용된다.

II. 굳지 않은(미경화) 콘크리트의 성질

1) Workability(시공성)

① 균일하고 밀실한 콘크리트를 치기 위해서는 Con'c 운반에서 타설까지의 공정에서 재료분리가 발생되지 않도록 하며, 시공법에 따른 적당한 시공연도를 갖지 않으면 안 된다.

② 이 작업성에 관련한 Con'c의 성질을 workability라 한다.

2) Consistency(반죽질기)

① 반죽질기는 일반적으로 단위수량의 다소에 의한 Con'c 연도를 표시한 것이다.

② 반죽질기는 Con'c의 전단저항과 유동속도에 관계된다.

③ 콘크리트의 반죽질기는 workability를 나타내는 지표가 될 수도 있다.

3) Plasticity(성형성)

① 거푸집에 쉽게 다져 넣을 수 있는 콘크리트의 성질을 말한다.

② 거푸집을 제거하면 천천히 형상이 변하기는 하지만 허물어지거나 재료가 분리되지 않는 Con'c의 성질을 말한다.

4) Finishability(마감성)

굵은 골재 최대치수, 잔골재율, 잔골재의 입도, 반죽질기 등에 따르는 마무리하기 쉬운 정도를 나타내는 굳지 않은 Con'c의 성질을 말한다.

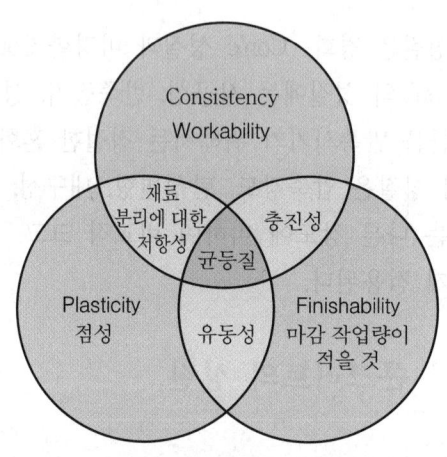

아직 굳지 않은 콘크리트의 제성질의 관계

5) Compactibility(다짐성)

① 다짐이 용이한 정도를 나타낸 콘크리트의 성질이다.
② 혼화재료의 사용은 다짐성을 좋게 하고, Con'c의 품질은 좋아진다.

6) Mobility(유동성)

① Con'c의 유동성을 나타낸 콘크리트의 성질을 말한다.
② 유동화제의 사용은 유동성을 좋게 하고, 시공성도 향상시킨다.

7) Viscosity(점성)

① Con'c 내에 마찰저항(전단응력)이 일어나는 성질을 말한다.
② 차진 성질을 말한다.

Ⅲ. 굳은(경화) Con′c의 성질

1) 탄성변형

① Con′c가 외력의 작용에 의해 탄성범위 내에서 생기는 변형, 즉 물체에 생긴 변형도가 탄성한도를 넘지 않는 상태에서 일어난 변형을 말한다.

② 물체에 하중이 가해져 응력을 발생시키고, 변형이 일어날 때 탄성한도 이하의 하중을 0으로 하면 변형은 제거된다. 이와 같은 성질의 변형을 말한다.

2) 압축강도

① 콘크리트의 강도라고 하면 압축강도를 의미한다.

② 물결합재비의 영향이 크며, 재령 28일 강도를 사용한다.

3) 인장강도

① 압축강도의 1/10~1/13 정도이다.

② 인장시험에서 시험편이 절단될 때까지 인장하중을 평행부의 단면적으로 나눈 값이다.

4) 휨강도

① 휨 moment가 가해진 때의 강도를 말한다.

② 압축강도의 1/5~1/8 정도이다.

5) 전단강도

① 전단력에 의한 저항 강도

② Con′c 재료에 가할 수 있는 최대의 전단력을 원래의 단면적으로 나눈 값이다.

6) 부착강도

① 경화한 철근콘크리트조에서 콘크리트 속 철근이 외력에 의해 분리되려고 할 때 버티는 저항력을 말한다.

② 철근과 콘크리트의 부착강도는 철근의 모양이나 콘크리트의 품질 등에 의해 차이가 난다.

7) 피로강도

① 구조물에 반복하중이 걸리면 이 반복하중에 의한 응력이 재료의 항복점 이하에서 장시간 반복됨으로써 파괴되는 현상을 '피로한도'라 한다.

② 무한한 반복하중에도 견딜 수 있는 응력의 극한값을 '피로강도'라 한다.

8) 체적변화

① 수분의 변화에 대한 체적변화가 발생한다.

② 온도변화에 대한 체적변화가 발생한다.

Con′c의 열팽창계수 $= 1 \times 10^{-6}/℃$

9) 내구성

① Con′c가 파손, 노후, 부식, 부패, 균열, 마모됨이 없이 그 사용연한을 길게 유지할 수 있도록 하는 성질을 말한다.

② Con′c가 큰 내구성을 갖게 하려면 W/B비가 적어야 하며, 굵은 골재 치수는 크게 하고, 잔골재율은 작게 하여야 한다.

10) Creep

① 정 의

콘크리트에 일정한 하중을 장기간 재하하면 하중의 증가 없이도 변형은 시간에 따라 증가하는 바 그 변형을 크리프라 한다.

② Creep가 증가하는 경우

㉮ 경과시간이 길수록

㉯ 건조상태일 때

㉰ 초기재령에서 재하시

③ 대 책

㉮ 양질 재료 사용

㉯ 물결합재비 적게

㉰ 초기 양생 철저

㉱ 응력 집중 방지

㉲ 거푸집 제거시기 준수

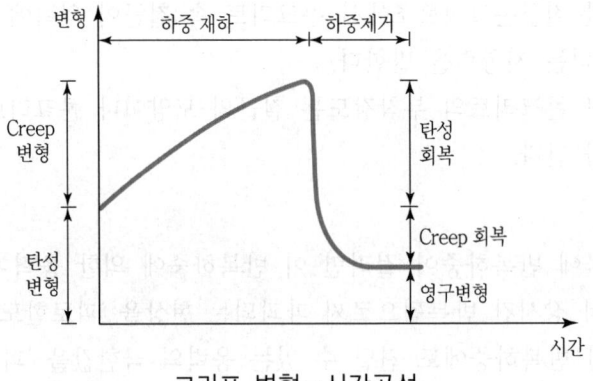

크리프 변형 – 시간곡선

Ⅳ. 결 론

① 콘크리트는 강도, 내구성, 수밀성, 유동성, 철근의 부착성 등에 있어서 구조체의 강성을 높일 수 있어야 한다.

② Slump치를 최소로 하는 범위 내에서 성능이 확보된 혼화재료를 사용하여 시공연도를 좋게 하고, 경화된 콘크리트의 강성을 높이는 것이 중요하다.

5장 | 철근콘크리트공사

4절 특수 콘크리트공사

1. 특수 콘크리트의 종류 및 특징 ·························· 544
2. 레미콘(ready mixed Con'c) ··························· 554
3. Prestressed Con'c ································· 560
4. 한중콘크리트
   (콘크리트 동해방지를 위한 시공법) ················· 564
5. 서중콘크리트 타설 시 문제점과 대책 ············· 569
6. Mass Con'c ······································· 572
7. 경량콘크리트 ······································· 575
8. 진공콘크리트(vacuum Con'c) ····················· 579
9. 고성능 콘크리트(High Performance Concrete) ·· 583
10. 유동화 Con'c ····································· 587
11. 고강도 Con'c ····································· 591
12. 섬유 보강 Con'c
    (F.R.C ; Fiber Reinforced Con'c) ················· 597
13. 제치장 Con'c(exposed Con'c) ··················· 602
14. 환경친화형 콘크리트(Eco-Con'c) ················· 606
15. 팽창콘크리트 ······································· 610

특수 콘크리트공사 기출문제

2	1. 건축공사 현장에서 콘크리트 타설에 앞서 레미콘공장과의 협의사항과 현장에서 사전준비할 사항을 기술하여라. [93후, 35점]
	2. 트럭 애지테이터(truck agitator) [95중, 10점]
	3. Dry Mix [96전, 10점]
	4. 건축현장에서 레미콘 공장의 선정기준과 레미콘 발주 시 유의사항을 기술하시오. [99전, 30점]
	5. 레미콘의 운반시간 관리규준에 대하여 KS규정과 건축공사표준시방서 규정을 비교 설명하고 유의사항을 기술하시오. [02후, 25점]
	6. 콘크리트의 호칭강도 [02후, 10점]
	7. 레미콘 회수수의 슬러지를 효율적으로 활용하는 방안에 대하여 설명하시오. [04후, 25점]
	8. 콘크리트시방서와 KS기준에 의한 「레미콘 운반시간의 한도규정」을 준수하기 위한 현장 조치사항에 대하여 기술하시오. (기온 26℃일 때) [06전, 25점]
	9. 레미콘의 호칭강도 [07전, 10점]
	10. 레미콘 운반시간의 한도규정 준수에 대하여 다음을 설명하시오. [08전, 25점]
	    1) 일반콘크리트의 경우(콘크리트시방서 기준)
	    2) KS규정의 경우
	    3) 운반시간의 한도규정을 초과하지 말아야 하는 이유
	11. 레미콘 가수(加水)의 유형을 들고, 그 방지대책에 대하여 설명하시오. [09후, 25점]
	12. 레미콘의 호칭강도와 설계기준 강도의 차이점 [09후, 10점]
	13. 레디믹스트 콘크리트 납품서(송장) [12중, 10점]
	14. 건설공사의 부실공사를 방지하고, 품질을 확보하기 위한 레디믹스트 콘크리트 공장의 사전점검·정기점검·특별점검에 대하여 설명하고, 불량자재의 기준 및 처리 시 유의사항에 대하여 설명하시오. [15전, 25점]
	15. 레디믹스트 콘크리트의 설계기준강도 및 호칭강도 [16후, 10점]

3	16. Prestressed Con'c의 주재료인 시멘트, 골재, 콘크리트, 강재의 품질 [76, 10점] 17. PSC(Pre-Stressed Con'c) [80, 5점] 18. Post-tension [83, 5점] 19. Prestressed Con'c [91전, 10점] 20. PS콘크리트를 현장에서 시공하는 방법으로 강재를 여러 차례 걸쳐 긴장시키는 공법은? [94후, 5점] 21. Prestress 공법 중에서 long-line 공법 [95전, 10점] 22. Post Tension 공법 [00후, 10점] 23. Pre-stressed Con'c [04전, 10점] 24. 프리스트레스트 콘크리트(Prestressed Concrete) [20전, 10점] 25. 프리스트레스트(Pre-Stressed) 콘크리트의 공사방법과 건축공사에 적용 시 장점에 대하여 설명하시오. [10중, 25점] 26. 프리스트레스트 콘크리트의 특징, 긴장방법 및 시공 시 유의사항에 대하여 설명하시오. [15후, 25점]
4	27. 한중(寒中)콘크리트 [78후, 5점] 28. 한중 콘크리트 [82전, 10점] 29. 한중 콘크리트의 초기 동해방지를 위한 양생방법에 대하여 기술하여라. [88, 20점] 30. 콘크리트 동해방지를 위한 시공방법에 대하여 설명하여라. [93전, 30점] 31. 콘크리트의 적산온도 [96후, 10점] 32. 한중 콘크리트 타설 시 주의사항과 보온양생방법에 대하여 기술하시오. [97후, 30점] 33. 한중 콘크리트를 설명하고 양생 초기에 주의하여야 할 관리내용을 열거하고 설명하시오. [99중, 30점]

34. 적산온도 [99중, 20점]
35. 동절기 콘크리트 공사의 시공관리 [00후, 25점]
36. 동절기 콘크리트 공사의 보양방법에 대하여 설명하시오. [04전, 25점]
37. 한중 콘크리트 적산온도 [04후, 10점]
38. 동절기 콘크리트의 초기동해방지 대책과 소요압축강도(50kgf/cm²)를 확보하기 위한 현장 조치사항을 기술하시오. [06전, 25점]
39. 한중 콘크리트 적용범위 [06전, 10점]
40. 콘크리트 적산온도 [08전, 10점]
41. 한중 콘크리트 [10전, 10점]
42. 한중 콘크리트 타설 시 발생할 수 있는 초기 동해의 원인 및 방지대책에 대하여 설명하시오. [10후, 25점], [18전, 25점]
43. 한중(寒中) 콘크리트의 배합, 운반 및 타설 시 유의사항에 대하여 설명하시오. [12전, 25점]
44. 한중콘크리트의 적산온도 [15전, 10점]
45. 혹한기 콘크리트 공장 제조 시 소요재료 가열방법 및 공사 현장 주요 관리사항에 대하여 설명하시오. [15전, 25점]
46. 일일 평균기온 4℃ 이하 시 콘크리트의 양생방법 [16전, 10점]
47. 한중 콘크리트의 품질관리 방안과 양생 시 주의사항에 대하여 설명하시오. [17전, 25점]
48. 동절기 콘크리트 공사 시 초기동해 발생원인 및 방지대책에 대하여 설명하시오. [18전, 25점]
49. 한중콘크리트의 타설 시 주의사항 및 양생 시 초기양생, 보온양생과 현장품질관리에 대하여 설명하시오. [22전, 25점]
50. 서중(暑中) 콘크리트 [78후, 5점]
51. 서중 콘크리트 [80, 5점]
52. 서중 콘크리트 타설 시 발생하는 문제점과 그 대책을 설명하시오. [94후, 25점]
53. 서중 콘크리트와 한중 콘크리트 [96중, 10점]
54. 서중 콘크리트 타설 시의 주의사항에 대해서 기술하고, 양생방법에 대해서 설명하시오. [96후, 30점]
55. 건축 생산현장에서 서중(暑中) 콘크리트의 시공계획을 기술하시오. [98중전, 30점]
56. 하절기 철근콘크리트 공사에서 서중 콘크리트 타설 시 문제점 및 시공 시 고려사항을 기술하시오. [00전, 25점]
57. 서중 Concrete(Hot Weather Concrete) 타설 시 유의사항을 기술하시오. [04중, 25점]
58. 서중 콘크리트 제조 운반 타설 시 다음 운반관리사항을 설명하시오. [04후, 25점]
   1) 콘크리트 온도 관리방안   2) 운반 시 슬럼프 저하 방지대책
   3) 타설 시 콜드조인트 방지대책   4) 타설 후 양생 유의사항
59. 서중 콘크리트 재료의 사용 및 생산 시 주의사항에 대하여 설명하시오. [20중, 25점]
60. 서중 콘크리트 적용범위 [04후, 10점]
61. 서중(暑中) 콘크리트 시공 시 발생할 수 있는 문제점을 제시하고 방지대책에 대하여 기술하시오. [06후, 25점]
62. 서중 콘크리트의 배합설계 시 유의사항, 운반 및 부어넣기 계획에 대하여 설명하시오. [08후, 25점]
63. 서중 콘크리트 공사에서 서중환경이 굳지 않은 콘크리트의 품질에 미치는 영향과 그 방지 대책을 설명하시오. [09후, 25점]
64. 서중(暑中) 콘크리트 [10중, 10점]
65. 서중 콘크리트 시공 시 발생하는 영향과 각종 재료준비, 운반, 타설, 양생과정에 대하여 설명하시오. [11중, 25점]
66. 서중 콘크리트 타설 시 공사관리방안에 대하여 설명하시오. [11중, 25점]

특수 콘크리트공사 기출문제

5	67. 일정상 공정이 지연되어 부득이 일평균 기온이 25℃ 또는 최고 온도가 30℃를 초과하는 하절기 콘크리트 공사에서 발생되는 문제점과 조치방안에 대하여 설명하시오. [16중, 25점] 68. 서중 콘크리트의 현장관리방안에 대하여 설명하시오. [17후, 25점] 69. 초고층 건축시공 시 서중콘크리트 시공관리의 문제점 및 대책에 대하여 설명하시오. [22중, 25점]
6	70. 단면이 두꺼운 콘크리트 부재의 온도 균열을 막기 위한 시공상의 유의점 [87, 5점] 71. 보통 부재 단면의 최소치수가 80cm 이상이고, 내부 최고온도와 외기 온도의 차가 25℃ 이상이 예상되는 경우의 콘크리트를 무엇이라 하는가? [94후, 5점] 72. Mass 콘크리트 타설 시 현장에서 유의사항을 기술하시오. [97전, 30점] 73. 대형 건축 구조물에서의 mass concrete 시공관리상 고려할 사항에 대하여 기술하시오. [97중전, 30점] 74. 매스 콘크리트의 특성과 시공 시 유의사항을 기술하시오. [99후, 30점] 75. Mass Concrete의 온도 균열을 방지하기 위한 시공 대책을 기술하시오. [00중, 25점] 76. Mass concrete 타설 시 온도균열 방지대책 [01중, 10점] 77. Mass concrete의 온도 구배 [03후, 10점] 78. 매스(Mass)콘크리트에서 발생하는 온도균열의 특징과 방지 대책에 대하여 기술하시오. [04전, 25점] 79. 한중, 매스 콘크리트를 기초매트에 타설 시 콘크리트의 시공계획을 기술하시오. [05전, 25점] 80. 매스콘크리트 시공 시 균열 발생원인과 그 대책에 대하여 기술하시오. [05후, 25점] 81. 콘크리트 균열 유발 줄눈의 유효 단면감소율 [08전, 10점] 82. 온도균열지수 [08후, 10점] 83. 매스콘크리트(Mass Concrete) 구조물의 온도균열 발생원인 및 대책에 대하여 설명하시오. [10전, 25점] 84. 매스콘크리트의 수화열 저감방안 [11중, 10점] 85. 매스콘크리트(Mass Concrete)의 온도균열 발생원인 및 내외부 온도차 관리방안에 대하여 설명하시오. [13후, 25점] 86. 매스(Mass)콘크리트의 온도충격(Thermal Shock) [14전, 10점] 87. 매스콘크리트의 온도균열 발생 메커니즘(Mechanism)과 균열방지 대책에 대하여 설명하시오. [17후, 25점] 88. Mass Concrete의 온도균열 방지를 위한 사전 계획과 시공 시 유의사항에 대하여 설명하시오. [20전, 25점] 89. 매스콘크리트의 수화열에 의한 균열의 발생원인과 구조체에 미치는 영향 및 대책에 대하여 설명하시오. [20후, 25점] 90. 매스콘크리트 타설 시 발생하는 온도균열의 원인과 균열 제어대책을 설명하시오. [21전, 25점]
7	91. 경량(輕量)콘크리트 2종류 이상을 열거하고, 다음 각 항별로 설명하시오. [78전, 25점] 　㉮ 경제성　　㉯ 종류　　㉰ 성질　　㉱ 시공상의 주의사항 92. 경량(輕量)콘크리트 [78후, 5점] 93. 경량콘크리트 [90후, 8점] 94. 경량 콘크리트 [11전, 10점] 95. 경량 골재 콘크리트의 정의 및 종류, 배합, 시공에 대하여 설명하시오. [22전, 25점] 96. 기포콘크리트시공 [82전, 10점] 97. 기포 Concrete [00중, 10점] 98. 경량기포콘크리트의 특성 및 시공 시 주의사항에 대하여 설명하시오. [17전, 25점]

특수 콘크리트공사 기출문제

7

99. 경량기포콘크리트의 종류 및 선정 시 고려사항에 대하여 설명하시오. [18후, 25점]
100. 바닥온돌 경량기포콘크리트의 멀티폼(Multi Foam) 콘크리트 [11중, 10점]

8

101. 진공배수(Vacuum De-Watering)공법의 특성을 설명하시오. [07전, 25점]
102. 대규모 바닥 콘크리트 타설 시 진공배수공법에 대하여 기술하시오. [01후, 25점]
103. 진공(眞空)콘크리트(Vacuum Con´c) [78후, 5점]
104. 진공콘크리트(Vacuum Con´c) [81전, 6점]
105. 진공콘크리트(Vacuum Con´c) [90후, 8점]
106. 진공배수 콘크리트 [99후, 20점]
107. 진공콘크리트 [06전, 10점]
108. 진공탈수 콘크리트 공법(Vacuum Dewatering Method) [10중, 10점]
109. 콘크리트 진공배수공법 [18후, 10점]

9

110. 고성능 콘크리트(high performance Con´c)에 대하여 기술하시오. [97전, 30점]
111. High performance Con´c [97후, 20점]
112. 고성능 콘크리트 [04후, 10점]
113. 고성능 콘크리트 [08전, 10점]
114. 굳지 않는 고성능콘크리트의 성능평가방법에 대하여 설명하시오. [08중, 25점]
115. 콘크리트 성능의 향상을 위해 사용되고 있는 고성능 콘크리트의 시공 시 유의사항에 대하여 설명하시오. [11중, 25점]

10

116. 유동화 콘크리트의 사용 시 품질관리방법에 대하여 논하여라. [92후, 40점]
117. 저slump Con´c에 유동화제를 사용하여 Con´c의 강도를 증진시키는 방법에 대하여 설명하시오. [94후, 25점]
118. 고유동(초유동) 콘크리트의 특성과 유동성 평가 방법을 설명하시오. [00중, 25점]
119. 초유동(고유동) 콘크리트를 Slab와 기둥에 타설 시 유의사항을 일반 콘크리트와 비교하여 설명하시오. [03후, 25점]
120. 고층 건축물 공사에서 초유동 콘크리트의 유동성 평가방법과 시험방법에 대하여 설명하시오. [14후, 25점]
121. 초유동 자기 충전 콘크리트의 품질관리 방안 및 시공 시 유의사항에 대하여 설명하시오. [16중, 25점]
122. 고유동 콘크리트의 자기충전(Self-Compaction) [18전, 10점]

11

123. 벽식 구조의 초고층(25~30층)공사에서 고강도 콘크리트의 품질관리 및 시공에 대하여 설명하여라. [90후, 30점]
124. 고강도·유동화 콘크리트의 성질 및 개발현황과 건축생산에 있어서 그 적용성 및 문제점에 대하여 설명하시오. [96후, 30점]
125. 고강도 콘크리트 품질관리에 대하여 아래 항목에 의거 기술하시오. [97중후, 30점]
    ㉮ 배합관리 ㉯ 운반관리 ㉰ 비비기관리 ㉱ 타설관리 ㉲ 보양관리
126. 고강도 Concrete의 특성과 시공 시 유의사항에 대하여 기술하시오. [03중, 25점]
127. 콘크리트의 고강도화 방법과 현장 적용을 위한 재료, 시공 측면의 관리기술에 대하여 기술하시오. [04전, 25점]
128. 콘크리트 구조물 화재 시 발생하는 폭열현상에 대하여 설명 및 방지대책에 대하여 설명하시오. [04후, 25점]
129. 고강도 콘크리트의 재료와 배합 및 시공 시 유의사항에 대하여 설명하시오. [05후, 25점]
130. 고강도 콘크리트의 내화성을 증진시키기 위한 방안을 기술하시오. [06전, 25점]
131. 초고층 건축물에 사용되는 고강도 콘크리트의 내화성을 증진시키는 방안에 대하여 기술하시오. [07중, 25점]
132. 고강도 콘크리트의 폭열 현상 및 방지대책에 대하여 설명하시오. [07후, 25점]

11	133. 초고강도 콘크리트, 초유동화 콘크리트의 제조원리 및 적용사례에 대하여 설명하시오. [08후, 25점] 134. 비폭열성 콘크리트 [09전, 10점] 135. 고강도 콘크리트의 제조방법 및 내화성을 증진시키기 위한 방안에 대하여 기술하시오. [09중, 25점] 136. 고강도 콘크리트(High strength concrete) [12전, 10점] 137. 고강도 콘크리트의 폭렬현상 발생원인과 제어대책 및 내화성능 관리기준에 대하여 설명하시오. [12중, 25점] 138. 고강도 콘크리트의 폭렬현상 발생원인과 방지대책 및 내화성능 관리기준에 대하여 설명하시오. [21중, 25점] 139. 고강도 콘크리트의 제조방법 및 사용에 따른 장점에 대하여 설명하시오. [13전, 25점] 140. 폭렬발생 메커니즘 [14중, 10점] 141. 콘크리트 구조물의 화재 시 발생하는 폭렬(爆裂)현상 및 방지대책을 설명하시오. [17중, 25점]
12	142. G.R.C [93전, 8점] 143. 섬유보강 콘크리트 [98중후, 20점] 144. 섬유보강 콘크리트 [00후, 10점] 145. S.F.R.C(Steel fiber reinforced concrete) [01중, 10점] 146. 섬유보강 콘크리트 [06중, 10점] 147. G.F.R.C(Glass Fiber Reinforced Concrete) [08전, 10점] 148. GFRC(Glass Fiber Reinforced Concrete) [22중, 10점] 149. 콘크리트에 사용하는 하이브리드 섬유(Hybrid fiber 혹은 Cocktail fiber)의 사용목적 및 실용화 실례(實例)에 대하여 설명하시오. [11후, 25점] 150. 강섬유 콘크리트의 재료, 배합, 시공 시 단계별 관리방법에 대하여 설명하시오. [13후, 25점]
13	151. 제치장 콘크리트(Exposed Concrete)의 시공 시 고려사항을 기술하시오. [00전, 25점] 152. 노출 콘크리트 벽체의 시공품질 관리사항을 거푸집, 철근, 콘크리트 공사별로 기술하시오. [02전, 25점] 153. 제치장 콘크리트 품질확보를 위한 거푸집 설계 및 시공 시 유의사항을 기술하시오. [03후, 25점] 154. 제치장 콘크리트의 특징 및 품질관리 방안에 대하여 기술하시오. [07중, 25점] 155. 노출 콘크리트 마감공법의 다음 항목에 대해여 각각 영향요인과 관리방법을 서술하시오. [08전, 25점] 1) 색채균일성 2) 균열방지 3) 충전성(재료분리저항) 4) 내구성 156. 제치장콘크리트(Exposed Concrete)의 거푸집 설치, 철근배근 및 콘크리트 타설 시 유의사항에 대하여 설명하시오. [11후, 25점] 157. 건축공사에서 노출콘크리트 구조물의 품질확보를 위한 시공계획 및 시공 시 유의사항에 대하여 설명하시오. [14중, 25점] 158. 외부 벽체를 노출콘크리트 구조로 시공할 경우, 요구성능 및 시공 시 유의사항에 대하여 설명하시오. [18전, 25점]
14	159. 폴리머 콘크리트 [98중전, 20점] 160. 녹화(綠化) 콘크리트 [01중, 10점] 161. 환경친화형 콘크리트 [02전, 10점] 162. 다공질 콘크리트(Porous Concrete) [03전, 10점] 163. 식생 콘크리트 [05전, 10점] 164. 자연친화 녹화콘크리트 [08후, 10점]

특수 콘크리트공사 기출문제

14	165. 환경친화형 콘크리트(Eco-concrete)의 정의, 분류, 특성 및 용도에 대하여 설명하시오. [09후, 25점] 166. 균열 자기치유(自己治癒) 콘크리트 [11후, 10점] 167. 자기치유 콘크리트 [21중, 10점] 168. 지오폴리머 콘크리트(Geopolymer Concrete) [11후, 10점] 169. 포러스 콘크리트(Porous Concrete) [15후, 10점] 170. 시멘트 생산과 이산화탄소 발생의 상관관계를 제시하고, 점차 확대되는 친환경 콘크리트의 사용 전망에 대하여 설명하시오. [20후, 25점] 171. 저탄소 콘크리트(Low Carbon Concrete) [22중, 10점]
15	172. 팽창콘크리트의 사용목적과 성능에 영향을 미치는 요인에 대하여 설명하시오. [16후, 25점] 173. 팽창콘크리트 [04전, 10점] 174. 팽창콘크리트 [95중, 10점] 175. 팽창콘크리트 [08중, 10점]
기출	176. 철근콘크리트 구조물의 화재발생 시 구조안전에 미치는 영향을 설명하고, 구조물 피해의 조사내용과 복구방법에 대하여 설명하시오. [11전, 25점] 177. 철근콘크리트 구조 건축물에 화재발생 시 구조물의 피해조사방법과 복구방법을 설명하시오. [21중, 25점] 178. 중량콘크리트에 대해서 설명하여라. [93후, 30점] 179. 수밀성콘크리트의 효율적인 품질관리를 위하여 (1)재료 (2)배합 (3)타설에 대하여 설명하시오. [12전, 25점] 180. 수중(水中) 콘크리트의 재료와 배합 및 타설방법을 기술하시오. [02후, 25점] 181. 콘크리트 공사용 고로슬래그 미분말(Slag Powder)을 첨가한 콘크리트의 특징을 설명하고, 현장에서 사용 시 문제점과 대책을 설명하시오. [12중, 25점] 182. 흙막이공사에서 숏크리트(Shotcrete)의 건식공법과 습식공법을 비교설명하고, 숏크리트 타설 시 Rebound 저감방법을 설명하시오. [13후, 25점] 183. 고내구성 콘크리트의 적용대상, 피복두께 및 시공 시 고려해야 할 사항에 대하여 설명하시오. [16후, 25점] 184. 해양콘크리트의 요구성능과 시공 시 유의사항에 대하여 설명하시오. [17후, 25점]
용어	185. 수밀(水密)콘크리트 [78후, 5점] 186. 수밀 콘크리트 [05후, 10점] 187. 수밀 콘크리트 [90후, 8점] 188. 프리팩트 콘크리트(prepacked Con´c) [77, 5점] 189. 프리팩트 콘크리트(prepacked Con´c) [78후, 5점] 190. 프리팩트 콘크리트(prepacked Con´c) [81전, 6점] 191. 프리팩트 콘크리트(prepacked Con´c) [90후, 8점] 192. AE 콘크리트 [78후, 5점] 193. AE 콘크리트 [90후, 8점] 194. 수중콘크리트 [78후, 5점] 195. 자기응력 콘크리트(Self Stressed Concrete) [12중, 10점] 196. 루나 콘크리트(Lunar Concrete) [16후, 10점] 197. 노출바닥 콘크리트공법 중 초평탄 콘크리트 [17중, 10점] 198. 콘크리트의 표면층 박리(Scaling) [18전, 10점] 199. 콘크리트의 스케일링(Scaling) 동해 [22후, 10점] 200. 스마트콘크리트 [21후, 10점]

행동의 씨앗을 뿌리면 습관의 열매가 열리고,
습관의 씨앗을 뿌리면 성격의 열매가 열리고,
성격의 씨앗을 뿌리면 운명의 열매가 열린다.

– 나폴레옹 –

특수 콘크리트의 종류 및 특징

1. 개 요

① 특수 콘크리트란 구조물의 용도, 중요성, 환경조건 등 여러 가지 조건 중 특별한 하나의 요구되는 성능을 선택하여 그것을 만족시킬 만한 재료선택, 배합설계, 시공 등 일련의 과정을 거쳐 특수한 성능을 최대한 발휘하도록 만든 콘크리트를 말한다.

② 최근의 건축물은 고층화·대형화되어감에 따라 구조체에 고강도·고수밀·고내구성을 요구하게 되었고, 따라서 고강도·고유동의 특수 콘크리트가 많이 시공되고 있는 추세이다.

2. Ready mixed Con'c

1) 의 의

공장에서 제조배합하여 현장까지 운반하여 타설하는 콘크리트

2) 특 징

① 장 점

품질 확실, 협소한 장소에도 대량구입 가능, 노무절감

② 단 점

운반 중 재료분리, slump치 저하, 진입로 확보 곤란

3) 종 류

① Central mixed Con'c(완전 비빔 운반)

② Shrink mixed Con'c(반비빔 운반)

③ Transit mixed Con'c(dry mix, 현장 물비빔)

3. Prestressed Con'c

1) 의 의

PS강재를 사용하여 prestress를 도입한 콘크리트

2) 특 징

① 장 점

균열 방지, 강재부식 방지, 탄산화 방지, 탄력성·복원성 큼, 장 span 가능

② 단 점

내화성능 주의, 진동 주의, 고도기술에 의한 품질관리 필요

3) 종 류

① Pre-tension 공법(미리 인장력을 주어 콘크리트 타설)

② Post-tension 공법(sheath pipe 이용, 콘크리트 타설 후 인장력을 줌.)

4. 한중 Con'c

1) 의 의

① 하루 평균기온이 4℃ 이하 조건에서 시공되는 콘크리트

② 타설 완료 후 24시간 동안 일최저기온 0℃ 이하가 예상되는 조건에서 시공되는 콘크리트

③ 초기동해 위험이 있는 경우에서 시공되는 콘크리트

2) 양생법

① 단열 양생

② 가열 보온 양생

㉮ 공간 가열 양생

㉯ 표면 가열 양생

㉰ 내부 가열 양생

5. 서중 Con'c

1) 의 의

하루 평균기온이 25℃ 또는 하루 최고온도가 30℃를 넘는 시기에 시공되는 콘크리트

2) 양생법

① Precooling(재료 및 거푸집은 차게 할 것)

② Pipe cooling(구체 내에 pipe 설치, 냉각수로 온도조절)

6. Mass Con'c

1) 의 의

보통 부재 단면의 최소 치수가 0.8m 이상이고, 하단이 구속된 경우에는 두께 0.5m 이상의 벽체 등에 적용되는 콘크리트

2) 양생법

① Precooling

② Pipe cooling

7. 경량 Con'c

1) 의 의

기건 비중이 2.0 이하, 단위중량이 $1,400 \sim 2,000 kg/m^3$ 정도의 경량콘크리트

2) 특 징

① 장 점

자중이 적고 노동력이 절감되며, 내화·단열·방음 등의 효과가 있음.

② 단 점

시공이 복잡하고 투수성과 건조수축이 크며, 탄산화가 빠름.

3) 종 류

① 보통 경량 Con'c(경량골재)

② 기포 Con'c(기포 생성)

③ 다공질 Con'c(골재와 시멘트만 사용, 하수구 필터층 형성)

④ 톱밥 Con'c(톱밥을 골재로 함. 못을 박을 수 있는 콘크리트)

⑤ 신더 Con'c(석탄재를 골재로 사용)

8. 중량 Con'c

1) 의 의

방사선(X선, γ선, 중성자선)의 차폐 목적, 비중 $3.2 \sim 4.0$ 정도의 중량골재를 사용한 콘크리트

2) 중량골재

① 철광석

② 중정석(비중 4.5 정도)

③ 자철광

9. 수밀 Con'c

1) 의 의

물이 침투하지 못하도록 만든 콘크리트

2) 특 성

거푸집은 수밀하고 견고하게, 격리재 구멍은 방수 모르타르로 충전, 산·알칼리·해수·동결융해에 대한 저항력이 크고, 풍화를 방지하며, 전류의 해가 적다.

3) 배 합

① 물결합재비 55% 이하

② Slump치는 180mm 이하

③ 굵은 골재 치수는 가급적 작게

10. Vacuum Con'c(진공콘크리트)

1) 의 의

진공 mat·진공 pump 등을 이용, Con'c 속에 잉여수를 제거한 콘크리트

2) 특 성

초기·장기 강도 증대, 경화 수축 감소, 표면경도·Con'c 마모 저항 증대, 동해에 대한 저항성 증대

3) 시공법

타설 후 표면을 고르고 진공 mat를 설치하여, 진공 pump의 가동으로 수분·공기를 제거하면서 대기 가압 다짐한다.

11. Prepacked Con'c

1) 의 의

미리 굵은 골재를 채워 놓고, 그 공극을 cement mortar로 주입한 콘크리트

2) 특 성

건조수축이 적고, 내구성·수밀성이 뛰어나며, 부착력이 크고, 동결융해에 대한 저항성 및 염류에 대한 저항성이 크며, 시공 용이, 수중 시공가능 등의 장점이 있다.

3) 용 도

기존 건축물의 보수·보강 공사, 수중 타설 Con'c, pile 공사, 주열식 지수벽 공사

4) Intrusion aid

수밀성 물질의 주성분, fly ash · AL분말(팽창재)을 mortar와 혼합하여 만듦.

12. 유동화 Con'c

1) 의 의

미리 비빔한 단위수량이 적은 콘크리트에 유동화제(고성능 감수제)를 혼입한 콘크리트

2) 특 징

① 장 점

단위수량이 적고 시공성이 좋으며, 건조수축이 적고 수밀성과 침하균열이 적음

② 단 점

공정의 증가, 시공관리 어려움, 투입시기의 어려움

3) 유동화 첨가방법

① 현장 첨가 유동화

② 공장 첨가 현장 유동화

③ 공장 첨가 공장 내 유동화

13. 고강도 Con'c

1) 의 의

강도, 내구성·수밀성이 확보되는 고품질의 콘크리트

2) 특 징

① 장 점

경량화 가능, 단면적 단축, 시공성 확보, creep 현상 적음

② 단 점

강도 발현에 변동 큼, 휨 파괴 우려, 품질변화 우려, 내화성 확보 문제

3) 양생법

초기에는 고압증기 양생, 초기 양생 후에는 습윤양생

4) 혼합재료

① 혼화재

Silica fume, fly ash, pozzolan 등이 사용되며, 장기강도·수밀성 증대, 수화
열 감소효과

② 혼화제

유동화제(고성능 감수제)를 사용하여 시공성 향상시킴

14. AE Con'c

1) 의 의

콘크리트 내부에 독립된 연행기포 발생, 시공연도 개선, 동결융해 저항성 증대
한 콘크리트

2) 특 징

① 장 점

시공연도 개선, 단위수량 감소, 동결융해 저항력 증대, 내구성·수밀성 향상,
알칼리 골재반응 감소

② 단 점

Slump의 증대, 강도의 저하, 측압증대, 부착강도 감소

3) 종 류

① 음이온계 AE제
② 양이온계 AE제
③ 비이온계 AE제

15. Fiber reinforced Con'c

1) 의 의

보통 Con'c의 단점인 인장·휨강도 및 충격강도에 대한 취성적 성질을 강재·
유리·비닐론 섬유 등으로 보강한 콘크리트

2) 특　성

인장・압축 강도 증대, 성형성 우수, 불연성・내충격성・동결융해에 대한 저항성
큼, 건조수축 방지

3) 종　류

① 강섬유 보강 Con'c(steel fiber reinforced Con'c)
② 유리섬유 보강 Con'c(glass fiber reinforced Con'c)
③ 탄소섬유 보강 Con'c(carbon fiber reinforced Con'c)
④ 비닐섬유 보강 Con'c(vinyl fiber reinforced Con'c)

16. 수중 Con'c

1) 의　의

담수 중이나 안정액 혹은 해수 중에 타설하는 콘크리트

2) 종　류

① 일반수중 콘크리트
② 수중 불분리성 콘크리트
③ 현장치기 말뚝 및 지하연속벽의 수중 콘크리트
④ Prepacked 콘크리트

17. 제치장 Con'c(exposed Con'c)

1) 의　의

외장재인 미장을 하지 않고, 콘크리트면을 그대로 노출시킨 콘크리트

2) 특　성

① 장　점

자재 절감, 자중 감소, 고강도 Con'c 추구, 공사비용 단일화로 경제적

② 단　점

거푸집 설비 비용 증가, 인건비 상승, 정밀도 유지의 어려움

18. Plastic Con′c

1) 의 의
결합재에 plastic(고분자 화합물)을 혼합·함침하여 만든 콘크리트

2) 종 류
① Polymer cement Con′c
② Resin Con′c
③ Polymer 함침 Con′c

19. A.L.C(Auto Claved Lightweight Con′c)

1) 의 의
초고층화에 따른 자중감소 및 조적공사의 성력화, 인건비 감소 등을 위해 개발된 경량 Con′c의 일종

2) 특 성
① 장 점
경량성, 단열성, 내화성, 시공성 증대
② 단 점
강도·탄성이 낮음, 내충격성에 약함, 흡수성이 큼, 동해에 의한 균열 우려

3) 시공법
① 재 료
석회질 재료(시멘트, 석회), 규산질 원료(규석, 규사 slug, fly ash)
② 제 조
기포제 AL분말 이용 다공질화, 고압의 autoclave 양생
③ 규 격
㉮ ALC block : 300×600mm, 450×450mm 등
㉯ ALC panel : 600×1800mm, 600×2,100mm 등

20. M.D.F(Macro Defect Free) Con′c

1) 의 의
Cement 재료에 기공을 없앤 고수밀성의 콘크리트

2) 시공법

① Cement에 포함된 큰 기공($2\sim15\mu m$)을 추출
② Twin roll mill로 입자경 조절
③ 비빔식 혼합에 의한 기포 압출(roll mill)

21. Ferro cement

1) 의 의

Wire mesh를 이용한 보강 콘크리트

2) 특 성

내충격성, 균열에 대한 분산성, 자유로운 디자인, 내부식성·내수성·내구성·경량화, 경제적임.

22. 초속경 Con´c

1) 의 의

콘크리트의 조기강도를 높여 양생시간 단축한 콘크리트

2) 양생법

고압증기 양생

3) 혼화재

초속경 혼화재($CaCl_2$, AE 감수 촉진형)

4) Cement

초속경 cement 사용($2\sim3$시간 내에 조기강도 발현시킴.)

23. 고로 Slag Con´c

1) 의 의

고로 slag cement 사용, 산업폐기물 활용 효과

2) 종 류

① 냉각 slag(도로용 Con´c 골재, 철도용 자갈, 뒤채움재)
② 수취 slag(cement용, 연약지반개량, 세골재용)
③ 팽창 slag(고압증기로 냉각 경량골재 사용)

24. 결 론

① 최근의 건축공사는 대형화·고층화·다양화·복잡화됨에 따라 일반 Con'c로는 특수조건(공해, 기상, 기온, 내화학성, 고강도, 고수밀성)들을 충족할 수 없으므로 콘크리트의 물성 중 필요한 성질을 크게 하거나 보강하여 만든 Con'c를 특수 Con'c라 한다.

② 종류는 많으나 실용화된 예가 별로 없고, 그나마 시험법이나 기준 등이 확립되어 있지 않아 신뢰성이 낮다. 그러나 특수 Con'c의 개발은 고품질의 시공이 가능하고, 무한한 개발 가능성을 내포하고 있어 정부기관 및 기업체, 연구단체의 지속적인 연구 개발이 필요하다.

레미콘(ready mixed Con´c)

● [93후(35), 95중(10), 96전(10), 99전(30), 02후(25), 02전(10), 04후(25), 06전(25), 07전(10), 08전(25), 09후(25), 09전(10), 12중(10), 15전(25), 16후(10)]

Ⅰ. 개 요

① 공장에서 배합, 계량, 비빔 및 현장까지 운반하여 타설한 콘크리트를 레미콘이라 한다.

② 현장에서의 Con´c 품질은 관리 여하에 따라 현저하게 차이가 나므로 현장과 공장간의 긴밀한 협조가 있어야 하며, 특히 cold joint가 발생하지 않도록 주의해야 한다.

③ 그렇게 하기 위해서는 타설 시공계획, 가설계획, 운반로의 점검 등을 철저히 수립하여 공사 진행에 차질이 없도록 해야 한다.

Ⅱ. 레미콘의 종류

1) Central mixed Con´c

① 믹싱 플랜트에서 고정 믹서로 비빔이 완료된 콘크리트를 agitator truck으로 휘저으며 현장까지 운반하는 것이다.

② 근거리에 주로 사용한다.

2) Shrink mixed Con´c

① 믹싱 플랜트의 고정믹서에서 어느 정도 비빈 것을 트럭 믹서에 실어 운반 도중에 truck mixer로 완전히 비벼 현장 도착과 동시에 부어넣을 수 있도록 한 것이다.

② 중거리에 주로 이용한다.

3) Transit mixed Con´c

① 트럭 믹서에 계량된 재료만을 넣어 운반 도중에 truck mixer로 비벼 현장까지 운반한다.

② 장거리에 주로 이용한다.

Ⅲ. 특 징

1) 장 점
① 품질 확실
② 노무 절감
③ 협소한 장소에서도 대량구입 가능

2) 단 점
① 현장과 공장간의 긴밀 협조
② 운반 중 재료분리 또는 slump치의 저하 우려
③ 중차량 진입을 위한 운반로 정비

Ⅳ. 레미콘 운반시간 한도 규정

KS F 4009	콘크리트 표준 시방서		건축공사 표준 시방서	
혼합 직후부터 배출까지	혼합 직후부터 타설완료까지		혼합 직후부터 타설완료까지	
	외기온도	일반	외기온도	일반
90분	25℃ 초과	90분	25℃ 이상	90분
	25℃ 이하	120분	25℃ 미만	120분

Ⅴ. 공장 선정 시 검토사항
① 운반 거리 및 시간
② 제조 설비 및 능력
③ 품질관리 상태
④ 운반거리 schedule

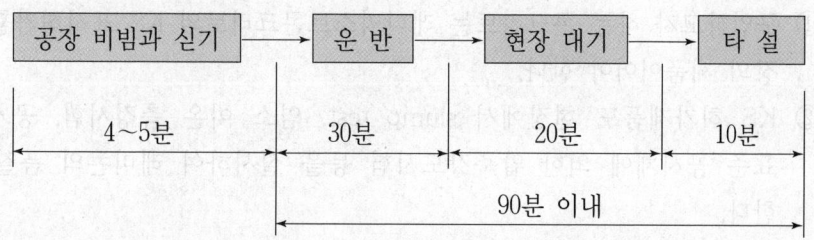

VI. 레미콘 공장과의 협의사항

1) 납품 일시

① 납품 전 레미콘이 진입하는데 장애가 되는 요소를 제거한다.

② 납품일시는 정확해야 하며, cold joint가 발생되지 않도록 연속 타설해야 한다.

2) 납품 장소

① 레미콘 트럭의 진입로, 교통량, 타설 후 레미콘의 청소장소 결정 등을 고려해야 한다.

② 납품장소의 불안 요소들은 미리 제거하고 납품을 받는다.

3) Con′c 종류

① 타설 후 1일평균기온이 4℃ 이하인 경우는 한중 Con′c 계획을 고려한다.

② 1일평균기온이 25℃를 초과할 때는 서중 Con′c 계획을 고려한다.

4) Con′c 수량

① 공장에 Con′c 기술에 관한 기술자를 두어 Con′c 품질관리 및 공급 등을 관리한다.

② 현장에서는 레미콘의 수량을 파악하여 수시로 공장과 연락을 취한다.

5) 운반시간

① Con′c의 비빔 시작부터 부어넣기 종료까지 시간의 한도는 외기온이 25℃ 미만의 경우 120분, 25℃ 이상의 경우는 90분을 한도로 한다.

② ①의 시간 제한은 Con′c의 온도를 낮추거나 혹은 응결을 지연시키는 등의 특별한 방법을 강구한 경우에는 담당원의 승인으로 변경할 수 있다.

6) 운반차의 수

① 운반, 부어넣기, 다짐의 방법, 사용기기의 종류 및 수량을 결정한다.

② 단위시간당 부어넣기량을 산정하여 운반차의 수량을 조정한다.

7) 시 험

① 구입하고자 하는 콘크리트는 레디믹스트콘크리트의 KS 표시허가를 받은 공장의 제품이어야 한다.

② KS 허가제품도 현장에서 slump test, 염소 이온 측정시험, 공기량 시험, 표준 공시체에 의한 압축강도시험 등을 실시하여 레미콘의 품질을 check한다.

③ 구조설계의 기준인 설계기준강도와 주문강도인 호칭강도에 적합하게 관리

8) 타설시간

① 타설 중의 이어붓기 시간간격을 외기온 25℃ 이하는 150분, 25℃ 초과는 120분 이하로 한다.

② 연속 타설 부위에 결함이 생기지 않도록 하고, 특별한 방법을 강구한 경우에는 담당원의 승인을 받아 연속 부어넣기 시간간격을 조정할 수 있다.

Ⅶ. 현장 사전조사 사항

1) 타설시공계획

① Con'c는 타설위치에 근접하게 계획하고, 기둥이 들어 있는 벽에서는 기둥 부위로 부어넣어 Con'c를 옆으로 흘려보내지 못하도록 시공계획한다.

② 1회에 타설하도록 계획된 구획 내에서는 콘크리트가 일체가 되도록 연속 타설한다.

2) 사전조사

① 레미콘의 진입문제, 진입로의 폭 및 교통량 등이 사전조사되어야 한다.

② 소음, 진동 등의 공해로 민원발생이 우려되므로 사전 양해를 얻어야 한다.

3) 가설계획

① Con'c 압송관은 거푸집 및 배근 등에 Con'c의 압송으로 인한 진동의 영향이 없도록 지지대 및 고정 철물을 이용하여 설치한다.

② 수직형 플랙시블 슈트 사용 시 투입과 배출구간의 수평거리는 수직높이의 1/2로 하고, 높은 곳에서 타설 시는 재료분리 방지를 위해 금속제 플랙시블 슈트 또는 고무호스 슈트를 이용한다.

4) 운반로

① 운반로의 진입상태가 양호해야 한다.

② 진입로에는 레미콘 트럭 이외의 타 차량은 가급적 통제한다.

5) 타설 구획 및 순서

① 1회에 타설계획된 구획 내에서는 콘크리트가 일체가 되도록 연속하여 타설한다.

② 콘크리트 타설순서는 일반적으로 기둥 → 벽 → 계단 → 보 → 바닥판의 순서로 타설한다.

6) 시공이음

① 시공이음의 위치는 보 및 바닥 슬래브의 중앙 부근에서 수직으로, 기둥 및 벽에서는 바닥 슬래브 위에서 수평으로 한다.

② 이음 부위는 laitance 및 취약한 Con´c를 wire brush로 제거하고 Con´c를 부어넣기 전에 충분히 적셔준다.

7) 양 생

① 직사광선, 바람에 의해 수분이 증발되지 않도록 보호

② 거푸집 판이 건조될 우려가 있을 때는 살수

③ 콘크리트 노출면은 일정 기간 습윤상태로 보호

8) 공정계획

① 1일 타설량, 비빔에서 타설까지의 시간, 기온 및 기상 등을 검토한다.

② 타설 후 양생기간 및 존치기간을 준수해야 한다.

9) 안전관리

① 콘크리트 작업은 도중에 기계기구, 작업인원, 기후, 기온 등의 변동에 대한 세심한 주의가 필요하다.

② Con´c 공사 중에는 목수 및 철근공을 대기시키고, 부어넣기 순서에 따라 목수는 거푸집 죄기, 지주의 침하 등을 조사 점검하여 변형을 방지해야 한다.

10) 노무계획

① Pump 압송 시공 시에는 압송작업 이외에도 배관·관 배치 변경·철거 등은 펌프 전문업자가 관리하며 pump 한 대에 5명이 한 조가 되어 작업한다.

② 구체 전문업자는 생 Con´c 수급, 부어넣기, 다지기, 보양 등을 전담한다.

③ 이에 필요한 인원은 플랙시블 호스 지지·돌리기 등에 3명, 기타에 10명, 합계 20명 정도의 작업인원이 필요하다.

11) 장비계획

① 타설 시 장비로는 특별히 정해진 경우를 제외하고는 Con´c pump, 버킷, 슈트 및 손수레 등이 주로 쓰인다.

② 장비 선정 시는 콘크리트 종류·품질 및 시공조건에 따라서 운반에 의한 Con´c 품질관리가 편한 것을 선정한다.

VIII. 불량자재의 기준 및 처리 시 유의사항

1) 불량자재의 기준

① Slump 측정결과 해당공사 시방기준에 벗어나는 경우

표준 슬럼프값

종류		슬럼프 값(단위 : mm)
철근콘크리트	일반적인 경우	80~150
	단면이 큰 경우	60~120
무근콘크리트	일반적인 경우	50~150
	단면이 큰 경우	50~100

단, 진동기를 사용할 경우임

② 공기량 측정결과 해당공사 시방기준에 벗어나는 경우

③ 염화물이온량(Cl^-) 측정결과 해당공사 시방기준에 벗어나는 경우

④ 레미콘 생산 후 시방기준에 규정된 시간을 경과하는 경우

⑤ 아스콘 온도측정 결과 시방기준 온도에 미달될 경우

⑥ 마샬 안정도 측정결과 시방기준에 벗어나는 경우

⑦ 역청함유량 측정결과 시방기준에 벗어나는 경우

⑧ 재료분리 등으로 사용이 불가능하다고 판단될 경우

⑨ 기타 불량자재 사용으로 향후 하자발생이 예상되는 등 품질관리상 사용이 적정하지 않다고 판단되는 경우

2) 처리 시 유의사항

① 감독자는 반품 자재가 타 현장에서 사용되지 않도록 불량자재폐기 확약서를 생산자에게 청구하여 준공시까지 보관

② 생산자는 불량자재폐기 확약서를 3년간 비치하고 불량자재의 유통 금지

③ 불량자재가 사용되어 시공된 부위는 원칙적으로 재시공함

IX. 결 론

① 최근 건축물은 고층화·대형화되고 있으며, 여기에 맞추어 운반기계의 발달로 인한 기계화 시공으로 공기단축 및 인력의 감소 등을 가져왔다.

② Con'c 공사는 습식공법이 많이 적용되고 있어 균질의 Con'c 확보가 어려우므로 현장과 공장과의 긴밀한 협의와 현장에서의 사전준비 등이 중요하다.

| 문제 3 | **Prestressed Con′c** |

● [76(10), 80(5), 83(5), 91전(10), 94후(5), 95전(10), 00후(10), 04전(10), 10중(25), 15후(25), 20전(10)]

I. 개 요

① Prestressed Con′c는 PS강재를 써서 prestress를 도입한 철근콘크리트로서 Con′c의 인장응력이 생기는 부분에 미리 압축력을 가해 두면 콘크리트의 인장강도가 증가되는 원리를 이용한다.

② 종류로는 pre-tension 공법과 post-tension 공법이 있으며, 두 공법 모두 유효단면적이 작아지며, 하중이 경감되고, 공기단축이 가능하다.

II. Prestressed Con′c의 특징

1) 장 점

① 균열 방지, 강재부식 방지 등의 효과가 있다.

② 작은 물결합재비로 내구성 증대, 탄산화 방지 등의 효과가 있다.

③ 탄력성이 크고, 복원성이 강하다.

④ 장 span 시공이 가능하다.

2) 단 점

① 내화성에 대한 각별한 주의가 필요하다.

② R.C에 비하여 강성이 적으므로 진동하기 쉽다.

③ 제작 시공에 고도의 기술과 세심한 주의가 필요하다.

III. 공법의 종류(긴장방법)

1) Pre-tension 공법

① PS강재에 미리 인장력을 주어 Con′c 타설 후 강재의 인장력을 단부에서 풀어 주어 강재와 Con′c의 부착력에 의해 Con′c에 prestress를 부여하는 방식이다.

② 공장생산의 소규모 벽판 등의 제작에 이용되는 공법이다.

2) Post-tension 공법

① Con′c 타설 전 거푸집 안에 내부 sheath관을 삽입하고, Con′c 타설 경화 후 PS강재에 인장력을 작용하여 Con′c에 압축력을 주고, Con′c 단부에 정착시켜 stress를 부여하는 방식이다.

② 현장생산의 대규모 교량, 큰 보 등의 공사에 이용되는 공법이다.

Ⅳ. 재 료

1) Cement

① Prestressed Con'c에 적용하는 시멘트는 portland cement, 고로 slag cement, fly ash cement 등이 사용된다.

② 압축강도가 크고, 건조수축이 적은 cement를 사용한다.

2) 골 재

① 골재는 유해량의 먼지, 흙, 유기불순물, 염화물 등을 포함하지 않고, 소요의 내구성 및 내화성을 가진 것으로 한다.

② 굵은 골재의 최대치수는 25mm 이하로 한다.

3) PS강재

① PS강재 및 PS강봉은 인장력이 크고, 응력변형률 곡선이 직선상의 것을 사용한다.

② Con'c와의 부착강도가 크고, 풀림·이완이 적은 것을 사용한다.

4) Grouting재

① 충전용 grouting 재료는 portland cement, 고로 slag cement, fly ash cement, portland pozzolan cement 등이 사용된다.

② Cement 분산제를 사용하여 유동성을 좋게 하고, 건조수축을 방지한다.

③ Alumina 분말을 사용하여 팽창성을 증대시킨다.

Ⅴ. 배 합

1) 설계기준 강도

Pre-tension 방식과 Post-tension 방식 모두 설계기준강도를 30MPa 이상으로 한다.

2) Slump치

① Slump치는 180mm 이하로 한다.

② 별도의 특기 시방이 없는 경우는 담당자의 승인을 받아 시행한다.

3) 염화물량

① Pre-tension에 사용하는 잔골재의 염화물량은 0.02% 이하이고, 부재의 염화물량은 염소이온량으로서 $0.2kg/m^3$ 이하로 한다.

② Post-tension에 사용하는 잔골재의 염화물량은 0.04% 이하이고, 부재의 염화물량은 염소이온량으로서 $0.3kg/m^3$ 이하로 한다.

4) 물결합재비

① 단위수량은 충전에 필요한 유동성을 얻는 범위 내에서 가능한 적게 한다.
② 물결합재비는 가능한 적게 한다.

Ⅵ. 시공관리

1) 타설 및 양생

① 최저기온 5℃ 이상에서 타설한다.
② 적절한 진동다짐 및 Autoclaved curing을 실시한다.
③ Autoclaved curing 시는 75℃ 이하로 유지하고, 온도 하강속도를 느리게 한다.

2) 운반 및 설치

① 받침 위치에서 과다한 인장응력의 발생을 방지한다.
② 지반의 침하가 없는 견고한 곳에 장소를 정한다.
③ Lifting 때나 wire 각도는 30° 이상을 유지한다.

Ⅶ. 시공 시 주의사항

① PS강선, 이형 PS강선, PS 꼬은 선은 규격품만 사용한다.
② 용접철망의 직경은 4mm 이상의 것으로 한다.
③ 시드에 Con′c를 부어넣을 때 변형하거나, 시드 내부에 cement paste가 스며들지 않아야 한다.
④ 정착장치와 접속구는 성능이 만족한가 확인해야 한다.
⑤ 거푸집은 prestress 도입시의 Con′c의 변형을 구속하지 않는 구조로 한다.
⑥ PS강재는 직접 지상에 쌓아두는 것을 피하고, 창고 또는 적당히 덮어서 저장한다.

Ⅷ. Prestress의 감소 원인

① Con′c의 탄성 변형
② 부재의 휨
③ Con′c의 건조수축 및 creep 변형
④ 마찰

Ⅸ. 결 론

① Prestressed Con'c는 현장타설 Con'c에 비하여 공기 단축효과가 크고, 고강도 Con'c 생산이 용이하며, 공장제작에 의한 균질의 Con'c를 얻을 수 있다.

② 현대 건축물의 고층화 및 대형화로 인하여 prestressed Con'c의 사용이 늘어날 전망이고, 3D 기피현상으로 인한 인력부족을 해소할 수 있는 성력화에도 크게 기여할 것이다.

| 문제 4 | 한중콘크리트(콘크리트 동해방지를 위한 시공법) |

● [78후(5), 82전(10), 88(20), 93전(30), 96후(10), 97후(30), 99중(30), 99중(20), 00후(25), 04전(25), 04후(10), 06전(25), 06전(10), 08전(10), 10전(10), 10후(25), 12전(25), 15전(10), 15중(25), 16전(10), 17전(25), 18전(25), 22전(25)]

Ⅰ. 개 요

① 한중콘크리트란 타설일의 일평균기온이 4℃ 이하 또는 콘크리트 타설 완료 후 24시간 동안 일최저기온이 0℃ 이하가 예상되는 조건이거나 그 이후라도 초기동해 위험이 있는 경우 시공하는 콘크리트를 말한다.

② Con'c 동해란 기온의 변화에 따른 동결융해로 Con'c 수축, 팽창, 균열현상을 일으켜 내구성이 저하되는 원인이 된다.

③ 그러므로 Con'c 타설 후 빙점 이하가 되면 경화 전 Con'c에 동해가 쉽게 발생되며, 초기 동해 후에는 충분한 양생을 한다 해도 회복이 불가능하므로 초기 양생이 매우 중요하다.

Ⅱ. 동해 원인

1) 기온의 변화

빙점 이하 온도 변화, 동절기 Con'c 타설

2) 골재, 물의 냉각

야적된 골재에 강설 시 눈·얼음 혼합

3) 양생 불량

Con'c 양생방법의 문제

4) 과다한 물 사용

저온, 동결의 원인

Ⅲ. 한중 Con'c 타설 시 시공계획

1) 초기 동해 방지계획

적정 온도 및 강도 유지로 초기 동해시간 단축

2) 조기 강도 발현

적정 혼화제를 사용하여 초기 양생계획

3) 보온계획

　타설 시 적정한 온·습도 유지, 타설 후 4주간 예상평균기온 3℃ 이하일 경우

4) 온도변화 방지

　양생 시 급격한 온도변화 방지, 보온이나 가열법 등으로 예방

5) 경제성

　경제성을 고려한 시공법 선정

Ⅳ. 재료 취급 및 관리

1) 시멘트

① 보통 포틀랜드 시멘트, 조강 시멘트 사용
② 시멘트는 냉각되지 않게 저장

2) 골　재

① 동결, 빙설이 혼입된 골재는 사용 금지
② 시멘트 응결을 지연시키는 유해물을 포함한 골재 사용 금지
③ 타설 시 기온 0℃ 이하 경우 가열하여 사용

3) 물

① 냉각된 물 사용 금지, 저수조 보온 조치
② 0℃ 이하 가열하여 사용

4) 혼화제

① AE제, 감수제 사용
② 응결 경화 촉진제 사용(철근 부식 주의)
③ 방동제(염화칼슘, 식염) 사용

5) 재료 가열

① 재료 중 물이 가열 용이하고 가장 유리함.
② 시멘트 직접 가열 금지
③ 타설 시 기온 5℃ 이하가 되면 재료 가열
④ 가열온도 60℃ 이하
⑤ 시멘트 투입 전 mixer 내 온도 40℃ 이하

-3~0℃	물·골재 가열 필요
-3℃	물·골재 가열

Ⅴ. 배합 설계

① 물결합재비 60% 이하
② 단위수량은 적정 시공연도 범위 내 가급적 적게 함
③ AE제, 감수제 사용
④ 초기 양생기간 내 조기 강도 확보

Ⅵ. 타설 시 시공관리

1) 소정온도 유지

① 5℃ 이상 20℃ 미만
② 기상조건, 시공조건 고려

2) 빙설 제거

부어넣기, 이어붓기 시 거푸집 내부 및 철근의 표면 빙설 완전 제거

3) 동결 지반 위 Con'c 타설 금지

거푸집, support 설치 금지

4) Con'c 펌프카

Con'c pump car 사용 시 필요한 경우 관 예열

5) 레미콘 공장 선정

운반시간 충분히 고려, 공장 가열 설비 고려

Ⅶ. 양생 · 보온

1) 초기 양생계획 수립

① 구조물의 모서리나 가장자리의 부분 주의
② 타설한 직후 찬바람이 콘크리트 표면에 닿는 것을 방지
③ 소요 압축강도가 얻어질 때까지 콘크리트의 온도를 5℃ 이상으로 유지
④ 소요 압축강도에 도달한 후 2일간은 구조물의 어느 부분이라도 0℃ 이상이
되도록 유지

⑤ 초기 동해를 방지하기 위한 소요 압축강도 기준[MPa]

구조물의 노출 \ 단면(mm)	300 이하	300 초과 800 이하	800 초과
자주 물로 포화되는 부분	15	12	10
보통 노출상태 부분	5	5	5

⑥ 소요 압축강도를 얻는 데 필요한 양생일수(보통단면)

구조물의 노출상태 \ 시멘트의 종류		• 조강PC • 보통PC + 촉진제	보통PC	혼합시멘트 (B종)
자주 물로 포화되는 부분	5℃	5일	9일	12일
	10℃	4일	7일	9일
보통 노출상태 부분	5℃	3일	4일	5일
	10℃	2일	3일	4일

2) 양생방법

① 단열 보온 양생 : 수화열 보존, 비닐·시트로 표면 보호
② 가열 보온 양생 : 인위적 가열

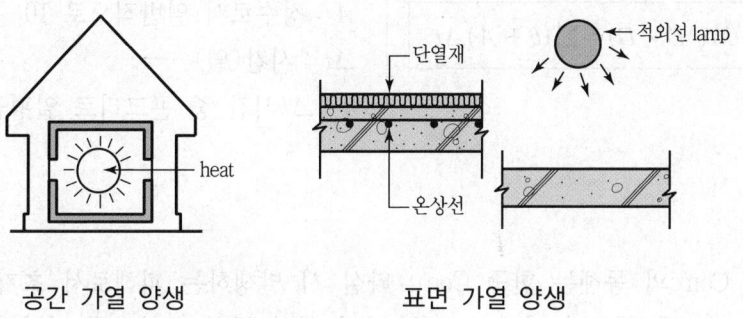

공간 가열 양생   표면 가열 양생

3) 양생온도 유지

단열 보온 양생 시 국부적으로 냉각되지 않도록 계획한 양생온도 유지

4) 가열 보온 양생 시

① 급격 건조 방지, 시험 가열 실시
② 살수·피막 처리 등으로 습윤 유지
③ 공간가열, 난방기구, 전기양생, 증기양생

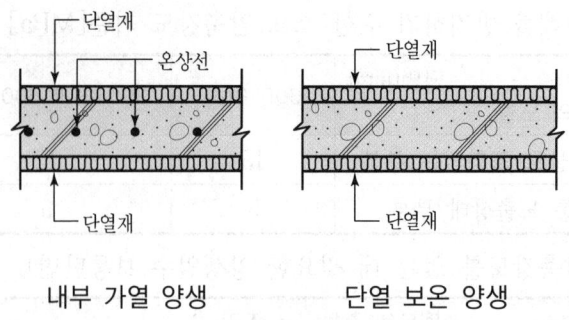

내부 가열 양생   단열 보온 양생

5) 초기 양생

① 타설 후 압축강도 5MPa가 될 동안 0℃ 이상 유지

② Mass Con′c는 과도하게 온도 상승하지 않도록 하며, 내·외부 온도 차이가 크지 않게 함

6) 적산온도 관리

① 비빈 후부터 양생온도와 경과기간의 곱의 적분함수로 나타낸 것

② 양생온도 상승 시 수화반응 촉진으로 콘크리트 조기강도에 유리

$$M(°D \cdot D) = \sum (\theta + A)\Delta t$$

M : 적산온도(°D×D 또는 ℃×日)

A : 정수로서 일반적으로 10

Δt : 시간(일)

θ : Δt시간 중 콘크리트 일평균 양생온도

Ⅷ. 결 론

① Con′c의 동해는 한중 Con′c 타설 시 발생하는 피해로서 초기 동해를 입지 않도록 재료의 가열과 보온 양생 실시 등의 초기양생 관리에 중점을 두어야 한다.

② 재료, 배합, 시공관리, 양생, 보온 등 전 작업 과정에서 품질관리를 철저히 시행하여야 한다.

문제
5
서중콘크리트 타설 시 문제점과 대책

● [78후(5), 80(5), 94후(25), 96중(10), 96후(30), 98중전(30), 00전(25), 04중(25), 04후(25), 04후(10), 06후(25), 08후(25), 09후(25), 10중(10), 11중(25), 16중(25), 17후(25), 20중(25), 22중(25)]

I. 개 요

① 서중 Con'c란 하루 평균기온이 25℃를 초과하는 시기에 시공하는 콘크리트 로서 slump의 저하, 수분의 급격한 증발 등으로 인하여 시공함에 있어 복합적인 결함이 발생되기도 한다.

② 그러므로 precooling 및 pipe cooling 등의 양생법 적용을 검토하고 혼화제를 사용하여 시공성 및 지연성을 확보한다.

II. 문제점

1) 단위수량의 증가

① 콘크리트 온도 10℃ 상승에 따라 2~5% 증가한다.

② 강도 및 내구성이 저하된다.

2) Slump 감소

① 콘크리트 온도 10℃ 상승하면 slump 25mm 감소한다.

② Con'c pump의 막힘현상(plug 현상)이 발생하고, 시공연도가 떨어진다.

3) 공기량 감소

① 콘크리트 온도 10℃ 상승하면 공기량 2% 감소한다.

② 시공연도 및 내구성이 저하된다.

4) 응결시간의 단축

① Cold joint가 발생할 우려가 크다.

② Workability 및 finishability가 떨어진다.

5) 강도의 저하

① 초기 고온에 의한 장기강도가 저하된다.

② 물결합재비의 증가로 강도 및 내구성이 저하된다.

6) 균열의 증가

① Bleeding의 증발속도보다 수분의 증발이 빨라 소성수축 균열이 발생한다.

② 수화 반응으로 인한 발열량의 증가로 건조수축에 의한 균열이 발생한다.

Ⅲ. 대 책

1. 재 료

1) 물
① 물은 낮은 온도의 것을 사용한다.
② 물은 깨끗하고, 기름·산·알칼리·유기불순물 등을 포함해서는 안 된다.

2) Cement
① 중용열 portland cement를 사용한다.
② 수화 발열량이 적은 cement를 사용한다.

3) 골 재
① 골재는 유해량의 먼지, 흙, 유기불순물, 염화물 등을 포함하지 않아야 한다.
② 서중 Con'c에서 골재는 낮은 온도의 것을 사용한다.

4) 혼화제
① 응결지연제를 사용하여 응결을 지연시킨다.
② AE제, 분산제 등을 사용하여 시공성을 향상시킨다.

2. 배 합

1) 물결합재비
① 시공성이 확보되는 한도 내에서 최대한 물결합재비를 낮춘다.
② 물결합재비의 감소 대신 혼화제를 사용하여 시공연도를 좋게 한다.

2) Slump치
① 일반적으로 특기 시방서에 표시가 없는 경우는 180mm 이하로 한다.
② 혼화제를 사용하면 소요 slump는 최소화하고, 작업성은 용이해진다.

3. 시공관리

1) 운 반
① 운반 중의 consistency의 저하를 방지하기 위하여 AE 감수제를 사용한다.
② 소요의 consistency를 확보하기 위해서는 적정량의 혼화제를 사용하여 cement paste의 증가를 방지한다.

2) 타 설

① 타설 시는 시공시간을 단축하기 위해 유동화제를 사용한다.

② 타설속도를 조정하고, 연속적으로 중단 없이 타설해야 한다.

3) 다 짐

① 다짐은 기계 다짐하여 수밀성을 확보한다.

② 봉상 진동기가 닿지 않는 곳은 거푸집 진동 다짐으로 시공계획한다.

4. 양 생

1) Precooling

① 물·조골재 등을 차게 해서 사용한다.

② 타설 시 콘크리트의 온도는 35℃ 이하로 한다.

③ 물의 일부는 얼음으로 대체하여 사용할 수도 있다.

2) Pipe cooling

① Con'c 타설 전에 25mm pipe를 수평으로 배치하고, 냉각수를 통과시킨다.

② 냉각 pipe는 타설 전에 누수검사를 실시하고, 2~3주간은 콘크리트의 소요 온도를 유지한다.

③ Pipe cooling이 끝나면 구멍을 그라우팅재로 마무리한다.

Ⅳ. 결 론

① 서중 Con'c는 타설 시 수화열을 낮게 하고, 초기양생은 습윤양생으로 하여 경화 전 수축으로 발생하는 균열의 방지가 중요하다.

② 서중 Con'c를 타설 시는 혼화제의 사용, precooling 및 pipe cooling의 채용이 검토되어야 하며, 하루 중 기온이 낮은 저녁에 치는 것이 유리하다.

<table>
<tr><td>문제
6</td><td>Mass Con'c</td></tr>
</table>

● [87(5), 94후(5), 97전(30), 97중전(30), 99후(30), 00중(25), 01중(10), 03후(10), 04전(25), 05전(25), 05후(25), 08전(10), 08후(10), 10전(25), 11중(10), 13후(25), 14전(10), 17후(25), 20전(25), 20후(25), 21전(25)]

I. 개 요

① Mass Con'c란 보통 부재 단면이 0.8m 이상, 하단이 구속된 경우에는 두께 0.5m 이상의 벽체 등에 적용되는 콘크리트를 말한다.

② 과도한 수화열의 발생으로 온도 균열이 발생되는 문제점이 있다.

II. 온도균열

1) 정 의

① Con'c 표면과 내부 온도와의 차이에 의해 온도균열(인장균열) 발생

② Con'c 타설 후 수일 이내에 발생하며, Con'c 강도 · 내구성 · 수밀성 저하

2) 발생원인

① 수화 발열량에 의한 내부 온도의 상승 및 거푸집 제거에 의해 Con'c 표면이 급속이 냉각되면서 발생한다.

② 콘크리트의 내외의 온도차에 의한 온도 구배로 인장력이 발생하여 온도균열이 생긴다.

III. 문제점

① 과도한 수화 발열량으로 온도충격과 온도균열이 발생한다.

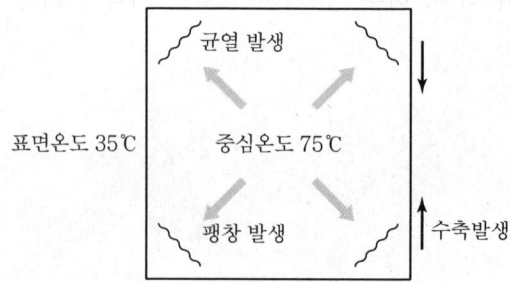

거푸집의 조기탈형으로 내외부 온도차가 20℃이상 차이 발생 시 온도충격 발생 우려

② 내·외부의 온도차에 의한 수축·팽창 균열이 발생한다.

③ 단면치수, 구속조건 등이 불균일하면 균열이 발생한다.

Ⅳ. 시공대책

1. 재 료

1) 시멘트

① 중용열 cement 및 저발열 cement를 사용한다.

② Fly ash cement, pozzolan cement, 고로 slag cement 등이 사용된다.

2) 골 재

① 굵은 골재의 최대치수는 크게 한다.

② 입도가 양호한 재료 및 저온골재를 사용한다.

3) 물

① 유기불순물의 함유량이 없는 음료수 정도의 물이 적당하다.

② 저온의 냉각수 및 일부는 얼음 등으로 대체하여 사용할 수 있다.

4) 혼화제

① AE제, AE 감수제 및 유동화제 등을 사용한다.

② 수화 발열량을 적게 하는 fly ash 등을 사용한다.

2. 배 합

1) 물결합재비

① 시공성이 확보되는 한도 내에서 최대한 적게 한다.

② 단위수량은 적어지는 대신에 혼화제를 사용한다.

2) Slump치

① 일반적으로 slump치는 150mm 이하로 한다.

② 단위시멘트량은 증가하나 pozzolan 등의 첨가로 수화발열량을 낮출 수 있다.

3. 시 공

1) 타 설

① 타설 시 수분 증발은 유동화제를 첨가하여 개선한다.

② 타설속도를 조정하고, 연속 타설한다.

2) 이 음

① 연속 타설로 cold joint를 방지한다.

② 건조수축에 의한 균열을 방지하기 위해서 control joint를 설치한다.

V. 냉각방법

1. Precooling

1) 의 의

재료의 일부 또는 전부를 미리 냉각시켜 콘크리트 온도를 저하시키는 방법

2) 냉각방법

① 골재의 냉각은 전 재료가 균등하게 냉각되도록 해야 한다.

② 얼음은 물량의 10~40%를 넣고 Con'c 비비기 완료 전에 완전히 녹인다.

③ Cement는 열을 내리게 하되 급랭되지 않게 하고, 골재는 그늘에 저장한다.

2. Pipe cooling

1) 의 의

Con'c 타설 전에 cooling용 pipe를 배관하고 관 내에 냉각수나 찬공기를 순환시켜 냉각한다.

2) 냉각방법

① Pipe 배치 간격은 1.5m마다 1개씩 설치하고, 통수량은 15ℓ/분으로 한다.

② 통수시간은 타설 직후부터 규정 온도가 유지될 때까지 계속한다.

3) 시공 시 주의사항

① Cooling시 급격한 온도구배가 생기지 않게 한다.

② Cooling 완료 후 pipe 속은 grouting한다.

VI. 결 론

① Mass Con'c의 균열은 단면치수, 내·외부의 온도차, 배근상태, 구속의 조건 등의 복합적인 작용에 의해 발생한다.

② 수화열에 의한 균열 방지는 재료, 배합, 양생 등의 시공적인 면에서의 대책과 보강근 배치계획 등 설계적인 면에서의 대책이 적극 검토되어야 한다.

<table>
<tr><td>문제
7</td><td>경량콘크리트</td></tr>
</table>

● [78전(25), 78후(5), 82전(10), 90후(8), 00중(10), 11전(10), 11중(10), 17전(25), 18후(25), 22전(25)]

1. 개 요

경량콘크리트는 건축물을 경량화하고 열을 차단하는 데 유리한 콘크리트로, 단위 용적 질량이 1,400~2,000kg/m³인 콘크리트이다.

2. 경제성

1) 가격 비교

구분	경량콘크리트	일반 콘크리트
m³당	50,000원	70,000원

2) 사용 골재

① 일반 콘크리트는 천연골재 사용으로 단가 상승

② 경량콘크리트는 천연골재 외 인공골재와 각종 부산물 사용으로 단가 하락

3) 콘크리트 타설

콘크리트 타설 시 장비 소요는 일반 콘크리트에 비해 감소

3. 종 류

1) 보통 경량콘크리트

(1) 골재의 종류

① 천연골재 : 화산암, 화산모래

② 인공골재 : 광석재, 팽창된 광재, 소성 점토, 소성 혈암, 소성 질석, 소성 흑요석

③ 부산물 경량골재 : 석탄재, 팽창 Slag

(2) 골재의 품질

① 최대치수를 20mm로 하되, 고강도를 요구할 경우에는 15mm로 한다.

② 비중 1.0 이하 골재는 압축강도와 탄성계수가 현저히 저하한다.

③ 부립률은 10% 이하로 한다.

2) 기포콘크리트

(1) 의의

기포제를 Cement에 혼합하여 물리적 반응에 의해 기포를 발생시키거나, 발포제를 사용하여 화학적 반응에 의한 Gas를 발생시켜 경량화한 콘크리트

(2) 적용대상

① 바닥 단열 및 흡음재

② 경량 Precast 제품

③ ALC(Autoclaved Light-weight Concrete)

(3) 기포도입 방법별 분류

① 기포법

기포제를 사용, 물리적인 방법(표면활성제, AE제 등)으로 기포 발생

② 발포법

발포제를 사용, 화학반응(알루미늄분말 등)으로 기포 발생

(4) 특징

① 건축물의 자중경감 효과가 큼

② Con'c 타설 시 시공성이 좋고, 노동력이 절감됨

③ 수밀도가 $1,500 \sim 1,600 kg/m^3$ 정도임

④ 흡수성, 건조수축 등이 큼

⑤ 열전도율은 일반 콘크리트의 1/10 정도임

(5) 시공 시 유의사항

① 염소가스는 철근의 부식을 촉진시킬 수 있으므로 유의해야 함

② 질소가스는 약품 자체의 독성으로 취급상 주의가 필요함

③ 질소가스는 고가이므로 적용 시 충분한 검토가 필요함

④ 현재는 수소가스(금속알루미늄분말+Cement 중 알칼리＝가스 발생)가 비용면과 반응성에서 유리하여 많이 채택하고 있음

3) 다공질 콘크리트(Porous Concrete)

(1) 정의

① 입경(粒徑)이 작은 굵은 골재만을 사용한 다공질의 투수성이 있는 콘크리트를 말한다.

② 내부에 많은 작은 구멍을 가지고 있어서 수로의 Filter로 사용되고 있으며, 단열·보온 성능이 우수하다.

(2) 제조법

① 모래 사용 금지, 압축강도는 7MPa 이상

② 잔자갈 5~10mm, 중량배합비 1 : 5, WC비 33% 정도

(3) 적용대상

① 배수용 수로

② 식수의 여과장치

③ 구조물에 적용(하중경감)

(4) 특징

① 잔골재(모래 등)는 사용하지 않음

② 굵은 골재의 치수는 5~10mm 정도의 것 사용

③ 기포는 골재를 둘러싼 Cement Paste로 만듦

(5) 시공 시 유의사항

① 중량 배합비 1(시멘트) : 5(골재)로 시공할 것

② 물시멘트비는 33% 정도로 할 것

③ 압축강도 7MPa 이상의 것을 사용함

4) 톱밥콘크리트

① 톱밥을 골재로 사용하여 못을 박을 수 있는 콘크리트로 수축·팽창이 큼

② 배합은 시멘트 : 모래 : 톱밥=1 : 1 : 1, Slump값 2.5~5cm, 중량 650~1,500kg/m³

5) 신더콘크리트(Cinder Con'c)

① 골재로 석탄재 사용

② 지붕 방수층 누름, 경량콘크리트로 사용

4. 성 질

① 자중이 적어, 건물 자중의 경감효과

② 콘크리트 타설 시 노동력 절감, 내화·단열·방음 효과

③ 시공이 복잡하고, 재료 처리가 필요

④ 다공질이고, 투수성이 크며, 건조수축이 크고 중성화가 빠름

5. 시공상의 주의사항

1) 품질의 균등성 확보

① 운반거리는 가능한 한 짧게 한다.

② Slump값 8cm 이하의 경우에 강제 교반식 믹서를 사용한다.

2) 재료분리 방지

① 타설 시 경사 슈트보다는 Bucket 공법을 적용한다.

② 표면다짐(Tamping) 공법 적용

3) 다짐 충분

고진동기를 사용하고, 30~40cm 간격 이내로 하여 충분히 진동 다짐한다.

4) 장기 습윤양생

① 2일간 살수하여 충분히 습윤상태를 유지한다.

② 타설 후 7일 이상 장기 양생한다.

5) 조기 건조 방지

① 조기 건조를 방지하기 위하여 양생제를 살포

② 급격한 증발 방지

6) 골재표면 건조 · 내부 포화상태 유지

① 흡수율이 크므로 시공연도가 저하되고, 시공성의 불량 원인이 된다.

② 배합 전에 충분히 흡수시키고, 표면건조 내부 포화상태로 사용한다.

7) 흙, 물 접촉부위 사용금지

① 흙이나 유해물질은 제거한다.

② 흙이나 물의 접촉부위에서는 수분이나 물을 많이 흡수하여 내구성 저하

8) 타설 시 침하량 주의

① 침하가 크므로 보, 바닥판의 침하와 기둥, 벽의 침하 차이를 확인한다.

② 보, 바닥판의 콘크리트는 충분히 안정된 뒤에 부어 넣는다.

6. 결 론

급속한 경제성장과 기술개발 등으로 대형화, 고층화에 적용되는 초경량화 콘크리트의 재료 개발이 필요하다.

문제 8	진공콘크리트(vacuum Con'c)

● [78후(5), 81전(6), 90후(8), 99후(20), 01후(25), 06전(10), 06후(10), 07전(25), 10중(10), 18후(10)]

I. 개 요

① 진공콘크리트는 진공 mat, 진공 pump 등을 이용하여 Con'c 속에 잔류해 있는 잉여수를 제거함으로써 콘크리트 강도를 증대시키는 공법으로 진공배수 (vacuum dewatering) 공법이라고도 한다.

② 타설 직후 콘크리트 내의 수분 중 수화에 필요한 수분 이외의 물을 제거하는 방법으로 Con'c의 조기 강도가 커지고, 소성 수축균열 및 침하균열이 작아지고, Con'c 표면의 경도가 증대된다.

II. 특 성

① 초기 및 장기 강도 증대
② 경화 수축 감소
③ 표면 경도와 콘크리트 마모 저항 증대
④ 동해에 대한 저항성 증대

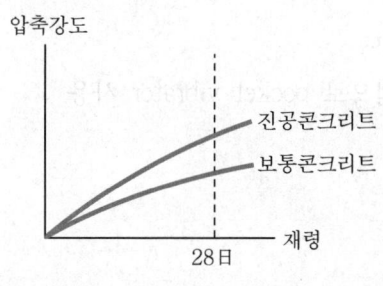

압축강도와 재령과의 관계

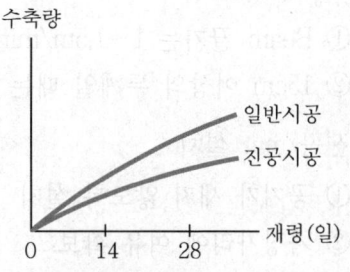

변화수축량과 재령과의 관계

III. 용 도

① 한중콘크리트 타설 시
② 포장콘크리트 및 댐 콘크리트 공사
③ 콘크리트 슬래브 타설용
④ 콘크리트 기성 pile 제품 및 P.C 대형 벽판 제품 제작 시

Ⅳ. Flow chart 및 시공 장치도

```
┌──────────────┐
│ Concrete 타설 │
└──────────────┘
       ↓
┌──────────────┐
│  표면 고르기   │
└──────────────┘
       ↓
┌──────────────┐
│  진공 mat 설치 │
└──────────────┘
       ↓
┌──────────────┐      ┌──────────────┐
│ 진공 pump 가동 │ ──→ │  수분공기 제거  │
└──────────────┘      └──────────────┘
       ↓
┌──────────────┐
│ 대기압 가압 다짐 │
└──────────────┘
```

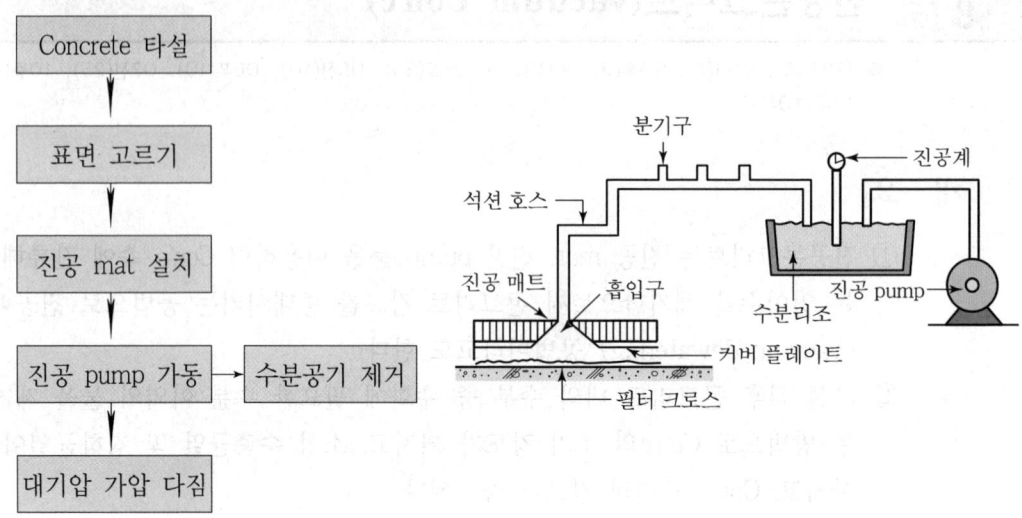

Ⅴ. 시 공

1) 준비 및 콘크리트 타설

　　① 표면 진동기는 수평이동 가능한 장치로서 전기 배관 철근 등 작업에 지장
　　　이 없도록 사전에 점검한다.

　　② Rail 대신 각재와 현장 유사 자재로 준비한다.

2) 표면 고르기

　　① Beam 끌기는 1~1.5m/min의 속도

　　② 15cm 이상의 두께일 때는 보조적으로 pocket vibrator 사용

3) 진공 mat 설치

　　① 공기가 새지 않도록 설치

　　② 가장자리에 여유 확보

4) 진공 pump 가동

　　대기압 6~8ton/m² 유지

5) 수분공기 제거

　　① Slab 두께 10mm당 약 2분 정도 탈수

　　② 두께 20mm 포장 콘크리트 경우 여름 20~25분, 겨울 30~40분 정도

6) 다 짐

　　대기압으로 가압 다짐

Ⅵ. 시공 시 유의사항

1) 재료상

① 시멘트는 풍화되지 않은 보통 포틀랜드 시멘트 사용
② 골재는 청정하고 견고하며, 표면·입도가 고른 둥근 제품 사용
③ 혼화재, AE제 및 감수제 사용

2) 배합상

① W/B비, workability 확보
② Slump 값 150mm 이내
③ 공기량 3~4%
④ 수화작용에 필요한 W/B비(수화작용 : 25%, gel수 : 15~20%)

3) 타설 시

① 진공시공 시간은 Con'c 타설 직후부터 경화 직전에 완료
② 물결합재비의 저하는 진공 개시 후 20~30분 사이에 발생
③ 두께 20cm의 경우 진공 작업시간은 20~40분 만에 완료
④ 작업계획서 작성(Con'c 타설속도와 타설 구획 준수)

Ⅶ. 문제점

① 진공시간과 Con'c 경화시간의 한계 구분
② Con'c 타설의 1회 시공면적의 제한
③ 타설속도의 진공 작업속도의 조절
④ Con'c 속에 불필요한 물의 양 측정방법 및 다량의 물을 제거했을 경우 대책 마련
⑤ 폐액처리 방안
⑥ 진공 mat의 공기 차단방법 개선

Ⅷ. 개선방향

① 공기·수분을 차단할 수 있는 수밀 진공 거푸집 개발
② 생콘크리트 내부에 함유하고 있는 물의 양 측정기기의 개발
③ 고유동화제 개발

581

IX. 결 론

① 진공콘크리트는 도로포장콘크리트, 댐콘크리트, P.C 제품 등 적용성이 좋아 다양한 용도로 사용할 수 있다.

② 그러나 초기 강도의 증가, 내구성·내마모성의 성능 확보를 위해서 수밀 진공 거푸집의 개발과 시공 시 품질 확보를 위한 생콘크리트 내부 수량측정 기기의 개발이 필요하다.

| 문제 9 | 고성능 Con′c(High Performance Concrete) |

● [97전(30), 97후(20), 04후(10), 08전(10), 08중(25), 11중(25)]

Ⅰ. 개 요

① 고성능 콘크리트는 유동성 증진 이외에 고강도, 고내구성, 고수밀성의 성능을 갖는 콘크리트이다.
② 현대 건축물의 고층화에 따라 콘크리트의 성능을 극대화시킨 콘크리트로서 사용부위에 따라 각각의 성능을 개량한 콘크리트이다.

Ⅱ. 특 징

① 시공능률 향상
② 작업량 감소
③ 진동다짐 감소
④ 처짐(변형) 감소
⑤ 재료 분리 감소
⑥ 공사기간 단축

Ⅲ. 고성능 콘크리트 재료

1) 고성능 감수제

보통 Con′c와 동일한 작업성으로 물결합재비를 대폭 감소할 목적인 경우에 사용되며, 감수율은 30% 정도로, 수밀성도 향상됨.

2) Silica fume

Silicon 등의 규산합금 제조시 발생하는 폐가스를 집진하여 얻어진 초미립자($1\mu m$ 이하)이며, 고성능 감수제와 같이 사용하면 수밀성·강도 등이 향상

3) MDF cement

콘크리트의 큰 기공($2\sim15\mu m$ 정도)이나 결함을 없게 함으로써 고수밀성 및 고강도화를 실현하는 cement

4) Autoclave 양생

고온·고압의 탱크 안에서 하는 고압 증기양생으로서, 이 방법에 의해 Con′c를 양생하면 최고 $100\sim120$MPa까지의 고강도가 가능함.

IV. 배 합

1) 물결합재비
① 물결합재비는 가능한 적게 하는 것이 유리
② 고성능 감수제 사용 시 된비빔 콘크리트 타설 가능

2) Slump
① Slump를 적게 하여 강도를 높임.
② Slump 값 130mm가 적당

V. 시 공

1) 운반
① 운반은 slump 변동이 없도록 주의
② 현장 도착시 시험을 통해 품질 확인

2) 타설
① 고성능 감수제의 사용으로 별도의 다짐 배제
② 타설 시간(1시간 이내) 엄수

VI. 고성능 콘크리트의 성능평가방법

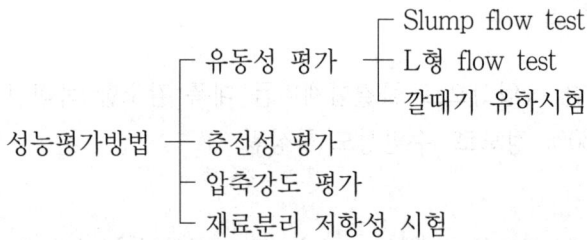

1. Slump flow test

1) 도해 설명

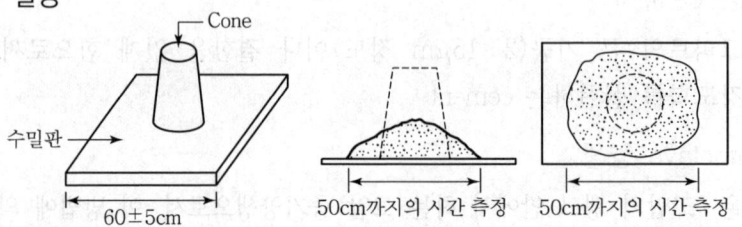

수밀판 위의 cone 속에 콘크리트를 넣고 slump flow 값을 측정하는 시험

2) 시험방법

① 콘크리트의 퍼진 지름이 50cm가 될 때까지의 시간 check
② 5±2초이면 합격

3) 특징

① 시험이 가장 간편
② 현장관리시험에 적용 가능

2. L형 flow test

1) 도해 설명

L-type의 form 속에 콘크리트를 흘러내려 slump flow 값을 측정하는 시험

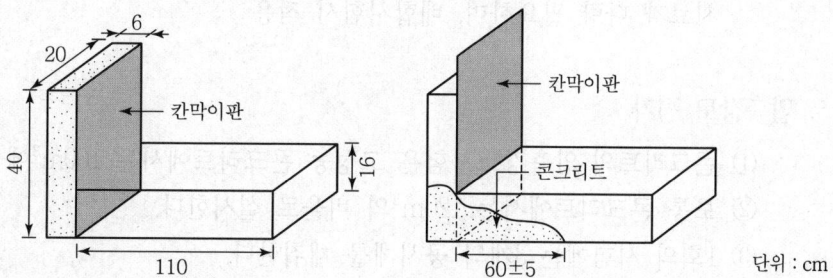

단위 : cm

2) 시험방법

① L형 form의 수직부위에 콘크리트를 채운 후
② 칸막이판을 끌어 올릴 때
③ L형 form 속으로 흘러내린 콘크리트의 수평길이(slump flow)를 측정하여
60±5cm이면 유동성 우수

3. 깔때기 유하시험

1) 도해설명

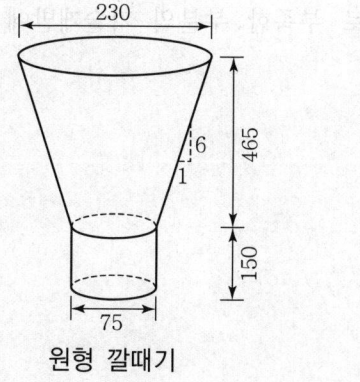

원형 깔때기   네모형 깔때기

시험장치는 형상에 따라 ○형 및 □형으로 구분되지만, 형상에 관계없이 기본적으로 유동속도에 따른 콘크리트의 겉보기 점도를 평가한다.

2) 특징

① Mortar의 점성에 따른 충전성 파악
② Mortar의 간극 통과성 평가
③ 자중에 의한 self leveling으로 충전

4. 충전성 평가

① 콘크리트가 과밀한 철근 배근상태에서도 거푸집 구석까지 도달하는 지를 평가
② 과밀 배근 충전성 시험
   시료가 다량 필요하며, 배합시험시 적용

5. 압축강도 평가

① 콘크리트의 압축강도시험은 고성능 콘크리트에서는 $100m^3$에 1회 실시한다.
② 보통 콘크리트에서는 $120m^3$의 비율로 실시한다.
③ 1회의 시험에는 3개의 공시체를 채취한다.
④ 채취한 공시체는 표준보양을 하여 압축강도를 검사한다.

6. 재료분리 저항성 시험

① 구성재료의 비중차에 의해 각각 재료간의 저항하는 성질을 파악하기 위한 시험
② 종류 : Slump flow test, L형 flow철근 통과시험

VII. 결 론

고성능 콘크리트는 시공연도가 개선되고 강도·내구성·수밀성이 향상되어 각종 균열 등의 발생이 최소화되므로 부족한 부분의 기술개발에 전념하여 실용화 시기를 앞당겨야 한다.

문제 10 유동화 Con´c

● [92후(40), 94후(25), 00중(25), 03후(25), 14후(25), 16중(25), 18전(10)]

Ⅰ. 개 요

① 유동화 Con´c란 단위수량이 작은 Con´c에 유동화제를 혼입하여 Con´c의 품질은 유지한 채 일시적으로 유동성을 증대시킨 Con´c를 말한다.
② 유동화 Con´c는 단위수량 및 단위시멘트량을 적게 하고, 단위시멘트량의 대폭적인 증가 없이 시공성 확보가 용이하고, 물결합재비가 감소되므로 고품질의 Con´c를 얻을 수 있다.

Ⅱ. 사용 목적

① 시공연도 개선
② 강도·내구성의 증대
③ 균열방지
④ Bleeding 및 laitance 감소

Ⅲ. 특 징

1) 장 점

① 단위수량은 적고, 시공성이 좋은 Con´c 타설이 가능하며, 건조수축에 의한 균열 등을 방지한다.
② Bleeding이 적어 마무리 시간의 단축이 가능하다.
③ 수밀성이 향상된다.
④ 침하균열이 적고, 철근의 부착강도 향상이 기대된다.

2) 단 점

① 투입 공정이 증가된다.
② 시공관리의 철저가 요망된다.
③ 유동화 Con´c는 시간관리가 중요하다.

Ⅳ. 제조방법

　① 현장 첨가 유동화(현장 첨가 방식)
　② 공장 첨가 유동화(공장 유동화 방식)
　③ 공장 첨가·현장 유동화(공장 첨가 방식)

Ⅴ. 시 공

1. 재 료

1) 물

　① 물은 깨끗하고, 유해량의 기름·산·알칼리·유기불순물 등을 포함하면 안 된다.
　② 물은 음료수 정도의 먹을 수 있는 물을 사용한다.

2) Cement

　① Cement는 portland cement, 고로 slag cement, portland pozzolan cement, fly ash cement 등이 사용된다.
　② Cement는 분말도가 높은 것을 사용한다.

3) 골 재

　① 골재는 유해량의 먼지, 흙, 유기불순물, 염화물 등을 포함하면 안 된다.
　② 골재는 단단하고, 표면이 거칠고, 소요 내구성 및 수밀성이 있어야 한다.

4) 혼화재료

　① 유동화제를 사용하여 일정시간 동안 공기의 연행성을 증대시킨다.
　② 방수제, 팽창제를 같이 사용한다.

2. 배 합

1) 물결합재비

　① 물결합재비는 55% 이하로 한다.
　② 단위수량은 185kg/m³ 이하로 하고, 단위시멘트량은 270kg/m³ 이상으로 한다.

2) Slump치

① 보통 유동화 Con'c는 210mm 이하로 한다.
② 유동성은 1시간 만에 회복한다.

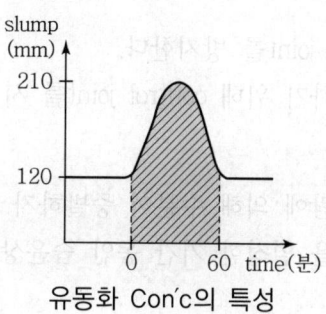

유동화 Con'c의 특성

3) 공기량

① 유동화 Con'c의 공기량은 4%로 한다.
② 경량 Con'c는 5%로 한다.

유동화 Con'c의 slump

Con'c의 종류	베이스 Con'c	유동화 Con'c
보통 Con'c	150mm 이하	210mm 이하
경량 Con'c	180mm 이하	210mm 이하

3. 시 공

1) 운 반

① Agitator truck으로 운반시 저속으로 운행한다.
② 유동화제의 첨가는 공장보다 현장에서 첨가하는 것이 품질관리에 유리하다.

2) 타 설

① 타설 시 이어붓기 시간은 25℃ 이하는 150분 이내, 25℃ 초과는 120분 이내로 한다.
② 그러나 유동화제의 경과시간을 고려하여 조정한다.

　　3) 다　짐

　　　① 다짐은 기계다짐으로 한다.

　　　② 보통 Con'c보다 다짐간격을 넓게, 다짐깊이는 작게 한다.

　　4) 이　음

　　　① 시공이음 및 cold joint를 방지한다.

　　　② 건조수축을 방지하기 위해 control joint를 시공한다.

　　5) 양　생

　　　① 직사광선이나 바람에 의해 수분이 증발하지 않도록 보호한다.

　　　② 콘크리트 노출면을 일정한 기간 동안 습윤상태로 보호한다.

Ⅵ. 문제점

　　① 경험이 없고 시공기술이 미흡하다.

　　② 표준이 되는 기준이 마련되어 있지 않다.

　　③ 유동화 공정의 품질 변동으로 철저한 품질관리가 필요하다.

　　④ 보통 Con'c와의 규준·규격·체계 등의 관계가 정립되어 있지 않다.

Ⅶ. 대　책

　　① 현장에서의 철저한 품질관리를 통하여 된 비빔 Con'c에 가까운 품질을 유지한다.

　　② 공장에서는 시험배합을 통한 기준을 마련한다.

　　③ 시험배합을 토대로 현장의 품질관리기록표를 작성한다.

　　④ 정부의 지원 및 기업체의 연구노력이 필요하다.

Ⅷ. 결　론

　　① 유동화 Con'c는 시공연도가 개선되고, 강도·내구성이 증대되며, 소성 수축 균열 및 건조수축에 의한 균열 등을 방지하는 효과가 있다.

　　② 아직 경험부족 및 기술미비 등의 많은 문제점이 있으므로 유동화 Con'c 사용에 대한 적극적인 홍보와 기술개발에 노력이 필요하다.

고강도 Con'c

● [90후(30), 96후(30), 97중후(30), 03중(25), 04전(25), 04후(25), 05후(25), 06전(25), 07중(25), 07후(25), 08후(25), 09전(10), 09중(25), 12전(10), 12중(25), 13전(25), 14중(10), 17중(25), 21중(25)]

Ⅰ. 개 요

① 고강도 Con'c란 강도·내구성·수밀성이 확보되는 고품질의 Con'c로서 설계 기준강도가 일반 콘크리트에서 40MPa 이상, 경량 골재 콘크리트에서 27MPa 이상의 콘크리트를 말한다.

② 고강도 Con'c는 단면의 축소 및 경량화가 가능하고, 화학적 작용에 강하며, 고성능 감수제의 사용으로 시공성 확보가 용이하다.

Ⅱ. 특 징

1) 장 점

① 부재의 경량화가 가능하다.

② 소요단면이 감소된다.

③ 시공 능률이 향상된다.

④ Creep 현상이 적다.

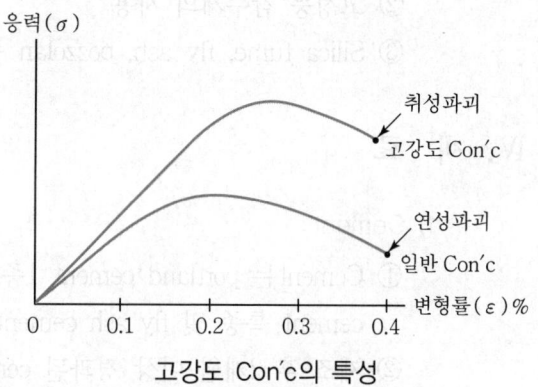

고강도 Con'c의 특성

2) 단 점

① 강도 발현에 변동이 커서 취성 파괴가 우려된다.

② 시공 시 품질변화가 우려된다.

③ 내화성에 문제가 있다.

Ⅲ. 제조방법

1) 결합재의 강도 개선

① 고성능 감수제의 사용으로 시공연도를 개선한다.

② Resin cement, polymer cement 등의 고강도 cement를 사용하여 macro defect free Con'c를 제조한다.

2) 활성골재의 사용

① Alumina 분말을 사용하여 팽창성을 좋게 한다.

② 인공골재(코팅)를 사용하여 시공성을 좋게 한다.

3) 다짐방법의 개선

① 고압 다짐, 가압 진동 다짐, 고주파 진동 다짐, 진동 탈수 다짐 등을 사용한다.

② 내부 진동기의 설치가 곤란한 곳은 거푸집 진동기를 이용한다.

4) 양생방법의 개선

① Autoclave 양생을 실시한다.

② Con´c 타설 후는 도막양생 및 습윤양생을 실시한다.

5) 보강재의 사용

① 섬유 보강재를 사용한다.

② Plastic polymer Con´c 및 ferro cement Con´c도 사용된다.

6) 물결합재비를 적게

① Slump는 150mm 이하로 한다.

② 고성능 감수제의 사용

③ Silica fume, fly ash, pozzolan 등의 미세 분말 사용

IV. 재 료

1) Cement

① Cement는 portland cement 1종, 2종 및 3종의 각 A급을 사용하고, 고로 slag cement 특종 및 fly ash cement A종을 사용한다.

② 제조 후 2개월 이상 경과된 cement는 사용해서는 안 된다.

2) 골 재

① 골재는 깨끗하고, 강하고, 내구적이며 알맞은 입도를 가져야 한다.

② 얇은 석편, 유기 불순물, 염분 등의 유해량을 함유해서는 안 된다.

3) 혼화재료

① 혼화재료로는 silica fume, fly ash, pozzolan 등이 사용되며, 장기강도 및 수밀성의 확보, 수화열 억제 등의 효과가 있다.

② 고성능 감수제(유동화제)를 이용하여 시공성 확보하며, 종류로는 멜라민계, 나프탈린계, 리그닌계가 있으나 나프탈린계가 주로 사용된다.

V. 배 합

1) 물결합재비

① 소요강도와 내구성을 고려하여 정한다.
② 물결합재비는 50% 이하로 한다.

2) 소요 공기량

① 공기 연행제는 사용하지 않는다.
② 기상변화가 심하거나 동결융해에 대한 대책이 필요한 경우에는 제외한다.

3) 단위수량 및 단위시멘트량

① 단위수량은 180kg/m³ 이하로 하고, 시공연도가 확보되는 범위 안에서 최소로 한다.
② 단위시멘트량은 시공연도가 확보되는 범위 내에서 최소로 한다.

4) 잔골재율

① 시험에 의해서 결정한다.
② 가능한 한 최소로 한다.

5) Slump

① 소요 slump값은 150mm 이하로 한다.
② 고성능 감수제의 사용 시는 210mm 이하로 한다.

VI. 시 공

1) 운 반

① Con'c는 재료분리 및 slump 값의 손실이 적은 방법으로 신속하게 운반한다.
② 운반시간 및 거리가 긴 경우는 truck mixer를 사용하여야 한다.

2) 타 설

① 부어넣기 순서는 구조물의 형상, Con'c의 공급상태, 거푸집 등의 변형을 고려하여 결정한다.
② 기둥·벽 Con'c와 보·slab Con'c가 일체가 되도록 타설하기 위하여는 보·slab의 Con'c를 기둥·벽의 Con'c가 침하한 후에 타설하는 V.H 공법을 채택한다.

3) 양 생

① 타설 후 경화에 필요한 온도·습도 조건을 유지하며, 진동·충격 등의 유해한 영향이 없도록 충분히 조치한다.

② 물결합재비가 낮으므로 습윤양생을 실시하며, 부득이한 경우는 현장 봉함양생을 실시한다.

VII. 고강도콘크리트의 폭열 현상

1. 폭열발생 매카니즘

2. 폭열 발생 원인

① 흡수율이 큰 골재의 사용

② 내화성이 약한 골재의 사용

③ 콘크리트 내부 함수율이 높을 때

④ 치밀한 조직으로 화재 시 수증기 배출이 안 될 때

3. 영향을 주는 요인

1) 화재의 강도(최대온도)

화재의 최대온도가 300℃까지는 콘크리트의 손상이 거의 미미

2) 화재의 형태

부분적인 것과 전면적인 것

3) 구조형태

① 보의 단면 및 slab의 두께가 작을수록 위험

② 부정정 구조물에는 변형이 억제되어 있으므로 구속력이 큼

4) 화재지속시간

화재지속시간	콘크리트 파손깊이
80분 후(800℃)	0~5mm
90분 후(900℃)	15~25mm
180분 후(1,100℃)	30~50mm

5) 콘크리트 및 골재의 종류

석회암을 골재로 사용한 콘크리트는 화재 시 높은 열에 의해 발생되는 증기압으로 Pop out현상 발생

6) 강재 종류

① 냉간가공강재

500℃ 이상에서 강도 상실

② 일반자연강재

900℃ 이상에서 강도 상실

Ⅷ. 내화성 증진 방안

1) 유기질 섬유 혼입

① 유기질 섬유를 콘크리트에 혼입 시 폭열현상 감소
② 화재 시 콘크리트 압축강도 손실률 저하

2) 부배합 mortar 사용

① 1 : 3~1 : 4의 부배합 mortar 사용 시 콘크리트의 온도 전도율이 낮음
② 부배합 mortar 사용 콘크리트는 방화 피복용으로 전열성이 낮음

3) 함수율 낮은 골재 사용

함수율 3.5% 이하의 골재 사용

4) 내화도료 사용

① 두께 1~6mm 정도 도포하여 화재 시 발포에 의해 단열층 형성
② 평상시에는 분자 상호간의 배열상태가 안정적이나 화재로 인하여 표면온도가 200~250℃ 정도 상승하게 되면 불연성 기체의 방출과 동시에 체적이 50~100배 팽창되어 단열 탄화층을 형성시켜 열전도를 차단하여 1,000℃ 이상의 고온에서도 구조물을 화재로부터 보호

5) 내화피복 시공

① 내화 mortar로 고강도 콘크리트를 미장으로 피복
② 화재 시 대피시간 확보에 유리

6) 피복두께 증대

피복두께 증대로 화재 시 철근이 열에 영향을 받는 시간 지연

7) Metal lath 시공

콘크리트 폭열로 인한 콘크리트 조각의 비산방지

Ⅸ. 개발방향

① 고강도 Con′c 설계기준의 확립
② 고강도 cement의 개발
③ 타설 시 품질관리 확보
④ 공업화

Ⅹ. 결 론

① 고강도 Con′c는 silica fume을 사용함으로써 고강도화할 수 있으며, 고성능 감수제의 사용으로 Con′c의 유동성 및 시공성을 개선함으로써 고강도·고내구·고수밀의 Con′c를 생산하는 데 그 목적이 있다.
② 고강도 Con′c를 일반화하기 위해서는 고강도·고분말의 cement 개발, 설계기준의 확립, 품질관리 확보, 공업화 및 장비화가 이루어져야 한다.

섬유 보강 Con'c(F.R.C ; Fiber Reinforced Con'c)

● [93전(8), 98중후(20), 00후(10), 01중(10), 06중(10), 08전(10), 11후(25), 13후(25), 22중(10)]

Ⅰ. 개 요

① 섬유 보강 Con'c란 보통 Con'c의 단점인 인장·휨강도를 증대시키고 취성적 성질을 보완하기 위해 석면섬유, 강재섬유, 유리섬유 등을 넣어 일반 Con'c 의 성질을 개선한 Con'c를 말한다.

② 섬유보강 Con'c는 cement 내에서 섬유가 골고루 분산되는 분산성이 좋아 혼합을 쉽게 하기 때문에 석면 대체효과가 있으며, 여러 형태의 Con'c 제품을 생산할 수 있어 발전이 기대된다.

Ⅱ. 특 성

① 인장강도와 압축강도가 증대된다.

② 성형성이 우수하다.

③ 불연성, 내충격성, 동결융해에 대한 저항성이 크다.

④ Plastic재의 성질이 건조수축에 의한 균열을 방지한다.

Ⅲ. 종 류

① 강섬유 보강 Con'c(Steel Fiber Reinforced Con'c ; S.F.R.C, SRC)

② 유리섬유 보강 Con'c(Glass Fiber Reinforced Con'c ; G.F.R.C, GRC)

③ 탄소섬유 보강 Con'c(Carbon Fiber Reinforced Con'c ; C.F.R.C)

④ 비닐섬유 보강 Con'c(Vinyl Fiber Reinforced Con'c ; V.F.R.C)

Ⅳ. 종류별 특성

1. 강섬유 보강 Con'c(S.F.R.C, SRC)

1) 제조 및 시공

① Mortar 또는 Con'c 속에 지름 0.3~0.9mm, 길이 25~60mm 정도의 냉연 박 강판 전단섬유를 용적비의 1~2% 정도로 혼합한다.

② 일반 Con'c 제조설비로 비벼서 거푸집 속에 타설한다.

③ 유의사항

㉮ 강섬유 혼입으로 발생하는 반죽질기의 저하와 재료분리에 유의한다.

㉯ 강섬유는 균일하게 분산하는 것이 중요하다.

㉰ 세골재율은 60% 정도로 하고, 자갈 크기는 최대 15mm 이하로 한다.

㉱ 시멘트량은 400kg/m³ 정도로 한다.

2) 성 질

① 초기 균열하중, 종국하중이 증대되며, 특히 인성이 비약적으로 향상된다.

② 보통 섬유 2% 보강시 인장강도 및 휨강도는 1.3~2배까지, 압축강도는 1~1.3배까지, 인성률은 30~200배까지 향상된다.

③ 내충격력, 내마모성, 내피로성, 동결융해에 대한 저항성이 향상된다.

3) 용 도

① Con′c panel 제조, tunnel lining, 건축 구조체

② 도로 및 활주로 공사

4) 문제점

① 섬유의 균일한 분산을 위한 연구가 부족하다.

② 세장비가 큰 섬유가 부착력이 크고 물성이 크게 되어 제조시에는 균일한 분산이 어렵다.

2. 유리섬유 보강 Con′c(G.F.R.C, GRC)

1) 정 의

Con′c 속에 짧은 유리섬유질 재료(길이 25~40mm 정도)를 분산시켜 Con′c의 취성 재료로서의 약점을 극복하고, 인성을 높인 재료이다.

2) 제조방법

① Spray법

㉮ Direct spray : 가장 많이 사용한다.

㉯ Spray suction

② Pre-mix법

③ Direct spray법

Mortar spray와 유리섬유 spray와의 pattern을 겹쳐 동시에 mold에 뿜은 채 경화시킴.

3) 성 질

① 고강도, 내충격성, 내화성이 우수하다.

② Design이 자유롭다.

③ 제조방법에 따라 역학적 성질이 크게 변화한다.

④ 섬유길이가 40mm까지는 긴 만큼의 휨강도도 증가한다.

⑤ Cement를 많이 사용할수록 강도는 크고, 안전성은 작다(최근에는 모래를 많이 사용).

4) 용 도

① Curtain wall 및 내·외장재로 많이 사용

② PRC

R.C 및 P.C와는 전혀 다른 획기적인 진보를 가져왔다.

5) 문제점

① 장기 휨강도가 2년 만에 초기의 1/2까지 저하된다.

② 2년 후에는 일정하다.

3. 탄소섬유 보강 Con'c(C.F.R.C)

1) 제조방법

① 아크릴 섬유를 소성하여 만든 폴리 아크릴 노트(PAN)계 섬유와 석탄의 피치를 원료로 하여 만든 pitch계 섬유 등을 특수 mixer로 혼합하여 mortar 중에 균등분산 혼입한 것으로 한다.

② 압출성형, 프레스 성형, 유입성형 등 각종 성형법으로 제조한다.

2) 성 질

① Con'c의 고알칼리 중에서도 안정적이고 열화하지 않아 강도변화가 없다.

② 인장강도, 휨강도, 휨 인성 등이 우수하다.

③ 적용분야가 넓고, 대량생산이 가능하며, 건식공법에 가능하다.

3) 용 도

① 초고층의 고성능 건축옹벽, 바닥공법 system 등에 사용된다.

② 축열냉조의 실용화 가능한 곳, 경량판, 불면 외벽재, 건축부재, 비구조재, P.C 부재 등에 사용된다.

4) 활용방안

① 내충격성, 내피로성, 동결융해 저항성, 내마모성 등이 요구되는 곳에 적용이 가능하다.

② 칸막이벽과 Con´c 패널 등의 P.C 제품 등에 적용 가능하다.

③ Tunnel lining과 건축구조체 등에 적용 가능하다.

4. 비닐 섬유 보강 Con´c(V.F.R.C)

1) 성 질

① 다른 합성수지에 비해 고강도 · 고탄성이고, 내후성(내자외선), 내산 · 내알칼리성이 우수하다.

② 섬유 표면의 복잡한 주름형성으로 접착력이 우수하다.

③ 수경성 물질에 대해 친화성이 좋아 습 · 건식 방사법으로 모두 성형이 가능하다.

④ 내알칼리의 glass fiber에 비해 강도는 낮으나 접착력이 우수하여 보수 · 보강법에 많이 사용된다.

⑤ Con´c의 강한 알칼리 성질에 대해 내후성 · 내약품성이 강하다.

⑥ 폴리비닐은 연소시 유동가스가 없어 저공해성 물질이다.

2) 재료별 특성

① 비닐론 보강 초조 슬레이트

㉮ 동결융해를 반복해도 휨강도, 충격강도에 전혀 강도의 변화가 없다.

㉯ 내구성이 우수하다.

② 비닐론 보강 mortar 및 Con´c

㉮ 비닐론은 steel fiber에 비해 휨강도에 대한 보강성이 크다.

㉯ 섬유 혼입률의 증가에 비해 파괴응력의 향상이 현저하다.

㉰ V.F.R.C는 균열이 미세하게 일어나 균열을 분산시킨다.

㉱ 일축보강시 균열강도는 보통 mortar의 2배가 되고, 평판 파단강도는 4배 이상, 인성도 현저히 향상된다.

③ 경량 mortar의 보강

㉮ 비닐론을 소량 혼입함에 따라 휨강도 및 인성이 증대된다.

㉯ 응집력이 우수하여 고강력 복합체를 얻을 수 있다.

3) 활용 방안

① 석면 대체 고급 슬레이트 및 균열 방지용 mortar 보강에 적용 가능하다.

② 경량 V.F.R.C 패널 및 mold 성형물 등에 활용 가능하다.

③ 법면 보강 및 석면 대체 압출성형품, 측도 블록, 보강 Con'c용 옥외계단 등에 활용 가능하다.

V. 개발방향

① Fiber ball의 발생이 적은 재료의 개발이 필요하다.

② 비빔중의 분산상태가 타설·다짐 후에도 재료분리가 일어나지 않고 유지될 수 있도록 하는 공법의 개발이 필요하다.

③ 현재 S.F.R.C나 G.F.R.C는 토목·건축 분야에 폭넓게 사용되고 있어 최근에는 alamide fiber reinforced Con'c와 carbon fiber reinforced Con'c의 개발이 활발히 진행되고 있다.

VI. 결 론

① 현재 생산되고 있는 섬유는 고가이므로 cost down이 필요하고, F.R.C에 대한 연구 개발이 초기 단계이므로 기술축적과 함께 각종 시험법 및 설계기준의 확립이 시급한 실정이다.

② F.R.C의 생산방식도 현장 유입성형법의 기계화·자동화와 함께 공장 생산방식의 기계화·자동화가 이루어져야 하며, 적합한 배합 및 mixing 기술 등의 연구 개발이 요망된다.

문제 13 | 제치장 Con´c(exposed Con´c)

● [00전(25), 02전(25), 03후(25), 07중(25), 08전(25), 11후(25), 14중(25), 18전(25)]

I. 개 요

① 제치장(제물치장) Con´c는 미장하지 않은 채 노출되는 Con´c면 자체가 치장이 되게 마감하는 Con´c로서 자연 그대로의 미를 살려보자는 근대 건축의 한 이념에서 출발한 것이다.

② 제물치장 Con´c는 마감재가 절약되고, 구체의 자중이 감소되며, 공종이 적어지고, 경제적으로 공사비가 절감되는 효과가 있다.

II. 특 성

1) 장 점

① 자재가 절감된다.
② 건축물의 자중이 감소된다.
③ 고강도 Con´c를 추구한다.
④ 공사 내용의 단일화로 경제적이다.
⑤ 마감공사의 생략으로 인하여 공기가 단축된다.

2) 단 점

① 거푸집 설비 비용이 증가한다.
② 인건비가 상승한다.
③ 정확성 유지가 어렵다.
④ 콘크리트면의 이색발생이 우려된다.
⑤ 곰보 및 cold joint 방지를 위한 품질시공이 필요하다.

III. 재 료

1) 물

① 물은 깨끗하고, 유해량의 기름·산·알칼리·유기불순물 등을 포함해서는 안 된다.
② 특히 염분 함유량이 많은 물은 사용해서는 안 된다.

2) Cement

① 중용열 portland cement, fly ash cement, pozzolan cement 등을 사용한다.

② 분말도가 작은 cement를 사용한다.

3) 골 재

① 굵은 골재의 최대치수는 20~40mm 이내로 하되 작은 것이 좋다.

② 골재는 유해량의 흙·유기불순물·염화물 등을 포함해서는 안 된다.

4) 혼화재료

① Fly ash, pozzolan, silica 등 미세분말을 혼입한다.

② 표면활성제를 사용하여 Con'c의 유동성을 높인다.

Ⅳ. 배 합

1) 물결합재비

① 물결합재비는 가급적 작게 하는 것이 좋다.

② 단위수량과 단위시멘트량은 미세분말 및 표면활성제의 사용으로 감소한다.

2) Slump치

① Slump치는 150mm 이하로 한다.

② 표면활성제를 사용할 경우 210mm 이하도 가능하다.

3) 굵은 골재 최대치수

① 굵은 골재 최대치수는 25mm 이하로 한다.

② 가급적 적게 배합 설계한다.

4) 잔골재율

① 잔골재율은 가능한 한 크게 한다.

② 잔골재율이 적으면 마감면 처리가 거칠어진다.

Ⅴ. 시 공

1) 운 반

① 운반시는 agitator truck이 많이 사용되며, 운반 도중 slump 저하에 주의한다.

② Cement paste와 골재의 중량 차이에 의한 재료분리를 감소시킨다.

2) 타 설

① 타설 시는 재료분리 발생에 주의한다.

② Con′c는 비빔에서부터 타설까지의 종료시간을 25℃ 미만은 120분, 25℃ 이상은 90분을 한도로 한다.

③ Cement paste 누출방지를 위해 스폰지류를 거푸집 joint부에 설치한다.

3) 다 짐

① 다짐은 철근 및 매설물 등의 주위와 거푸집 구석까지 밀실하게 한다.

② 기계다짐으로 하고, 예비전원과 예비진동기 1대를 준비한다.

4) 이 음

① 시공 전에 설계 시부터 이음계획을 철저히 세워 하자가 발생하지 않도록 한다.

② 제물치장 Con′c는 cement의 양이 많아 건조수축 균열 발생의 우려가 있으므로 control joint를 유효 적절하게 설치한다.

5) 양 생

① 타설 후 7일 이상 거적 또는 포장을 덮어 습윤양생을 실시한다.

② 양생기간이 끝난 후에도 중량물의 이동이나 진동·충격 등은 피한다.

6) 거푸집

① 제물치장 Con′c는 표면이 깨끗한 steel 판을 사용하여 시공한다.

② 거푸집과 거푸집의 이음부는 밀실하게 시공하여 cement paste의 유출을 방지한다.

VI. 보 수

① 구조적인 결함의 곰보는 Con′c면이 건조하기 전에 보수한다.

② 보수면이 거친 경우 2일 정도 경과 후 연마 기계로 갈아낸다.

③ 작은 결함은 mortar에 석고를 혼합(된비빔)하여 보수한다.

④ 작은 흠집은 나무주걱(도장공용)으로 땜질한다.

⑤ 결함부를 발라서 살려내는 것은 삼간다.

⑥ 빛깔은 본체와 유사하게 하고 부분적으로 광택이 나지 않도록 유의한다.

VII. 제치장면 손질

① Form tie 제거 후 발생한 구멍에는 된비빔 방수 mortar로 2회 이상 사춤한다.

② 표면은 구체와 같이 하거나 우묵하게 마무리한다.

③ 경우에 따라 색 mortar를 사용하여 빛깔을 다르게 할 수도 있다.

④ 거푸집의 이음자국은 벽돌망치 또는 널찍한 정으로 두드려 떨고 연마기계로 마무리한다.

⑤ Con'c 면은 솔로 물축임하고 cement paste를 헝겊에 묻혀 문질러서 cement paste가 반건조상태일 때 헝겊으로 문지른다.

VIII. 결 론

① 제치장 Con'c는 거푸집 공사의 품질관리가 중요하며, 부정확한 시공으로 인하여 수정할 수 없는 외관의 불량으로 외장공사를 추가하게 된다면 오히려 공사비의 증대를 가져오는 불합리가 발생할 수 있다.

② 그러므로 제치장 Con'c가 미려하고 강도와 경제성을 갖추기 위해서는 설계와 더불어 거푸집의 공작법과 Con'c의 시공에 대한 기술적인 연구가 필요하다.

| 문제 14 | 환경친화형 콘크리트(Eco - Con´c) |

● [98중전(20), 01중(10), 02전(10), 03전(10), 05전(10), 08후(10), 09후(25), 11후(10),
15후(10), 20후(25), 21중(10), 22중(10)]

I. 개 요

1) 정의

① 환경친화형 콘크리트는 지구환경의 부하저감에 기여함과 생태계와의 조화
또는 공생을 기할 수 있어 쾌적한 환경을 창조하는데 유용한 콘크리트를
말한다.

② 환경친화형 콘크리트는 사용목적에 따라 환경부하 저감형과 생물대응형으
로 분류된다.

2) 구성

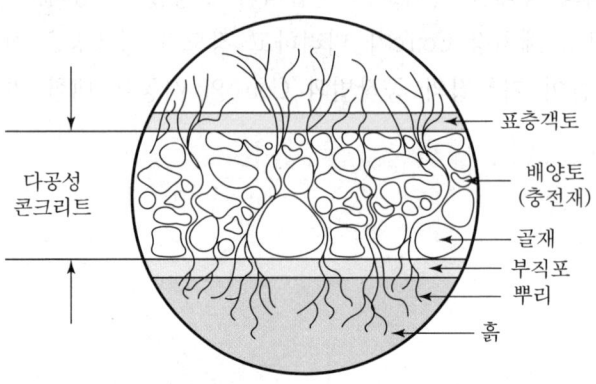

식생 콘크리트의 구성

① 입도 조성이 된 굵은 골재를 소량의 시멘트 페이스트로 골재를 서로 접착
시켜 형성된 것이다.

② 콘크리트의 비중은 1.6~2.0정도이다.

③ 물결합재비는 30~40%정도로 한다.

④ 공극률은 5~35%정도이다.

Ⅱ. 분류

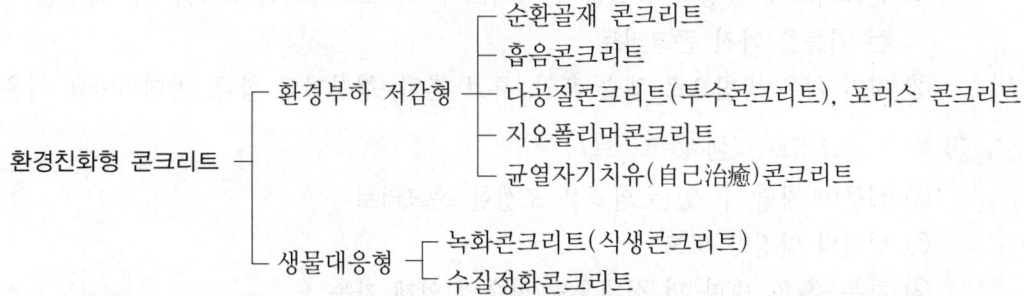

1) 환경부하 저감형

① 콘크리트 제조시 환경부하를 저감시킨 콘크리트
② 콘크리트 제조시 환경부하를 고려한 콘크리트
③ 콘크리트 제조시 환경부하를 도모한 콘크리트

2) 생물 대응형

① 생물의 성장을 확보한 콘크리트 구조
② 생물의 성장에 악영향을 미치지 않는 콘크리트 구조

Ⅲ. 특성

1) 순환골재 콘크리트

① 자원의 유효이용(순환골재와 천연골재 혼합사용)
② 순환골재의 사용 지침안 마련

2) 흡음 콘크리트

① 콘크리트 내에 연속 공극을 형성하여 음파의 파동에너지를 감소
② 도로변 방음벽 재료로 활용 가능

3) 다공질 콘크리트(투수 콘크리트, 포러스 콘크리트)

① 물이 쉽게 통과되어 토양의 사막화 방지 및 우수의 배수 능력 향상
② 주차장 바닥 및 보도블록 재료로 활용 가능

4) 지오폴리머 콘크리트(Geopolymer Concrete)

① Cement와 같은 무기질 cement를 전혀 사용하지 않고, Geopolymer만으로 골재를 결합시켜 제조한 콘크리트
② Plastic concrete 또는 resin concrete라고도 함

5) 균열 자기치유(自己治癒) 콘크리트

① 콘크리트에 발생한 균열을 콘크리트가 스스로 감지하여 보수 및 복구를 하는 기능을 가진 콘크리트

② 자기 치유 방법으로 캡슐 혼입, 튜브 혼입, 형상기억 합금, 박테리아를 이용

6) 녹화 콘크리트(식생 콘크리트)

① 식물이 자랄 수 있는 환경을 조성한 콘크리트

② 법면의 안정화 도모

③ 차음, 흡음, 방화 및 실내온도 상승의 억제 가능

7) 수질 정화 콘크리트

① 콘크리트의 공극표면에 미생물을 부착시켜 수질정화의 효율 증대

② 하천바닥 및 수처리 시설에 활용 가능

Ⅳ. 용도

1) 불안정한 토양의 조기 녹지화

① 불모지, 황무지 및 사막 등의 녹지화 기반 조성

② 굴착된 사면의 안전처리용

2) 일반녹지화 기능

① 건축구조물의 옥상, 벽면 및 실내 녹지화

② 댐, 교량 등의 대형구조물의 녹지화

③ 주차장 등 하중이 작은 장소의 표면 녹지화

④ 모래먼지를 줄이기 위한 광장, 옥외건설

⑤ 보도표층의 녹지화 포장

⑥ 기존 콘크리트 2차 제품의 대체용

⑦ 하천의 제방 호안 정지 작업용

3) 녹지화 이외의 용도

① 수질 및 대기오염 정화 블록

② 도로주변의 방음벽

③ 해양 양식용 인공어초

④ 재생골재의 이용

Ⅴ. 결론

① 지구 환경의 보존차원에서 환경친화 콘크리트의 연구 및 활용이 높아지고 있으며, 그 용도도 더욱 다양해지고 있다.

② 선진국에서는 이미 장기간의 연구성과로 환경친화 콘크리트에 대한 높은 기술수준을 보유하고 있으므로 국내에서도 기초단계에 머물러 있는 기술수준을 빨리 향상시켜야 한다.

| 문제 15 | 팽창콘크리트 |

● [95중(10), 04전(10), 08중(10), 16후(25)]

1. 개 요

① 팽창콘크리트란 팽창재를 시멘트, 물, 잔골재, 굵은 골재 등과 같이 비빈 것으로 경화한 후에도 체적 팽창을 일으키는 모든 콘크리트를 말한다.
② 팽창 효과에 따라 건조수축 등에 의한 균열을 줄일 수 있으며, 균열 내력이 향상되므로 정수 설비, 터널 등에 많이 사용한다.

2. 양생에 따른 팽창콘크리트의 변화

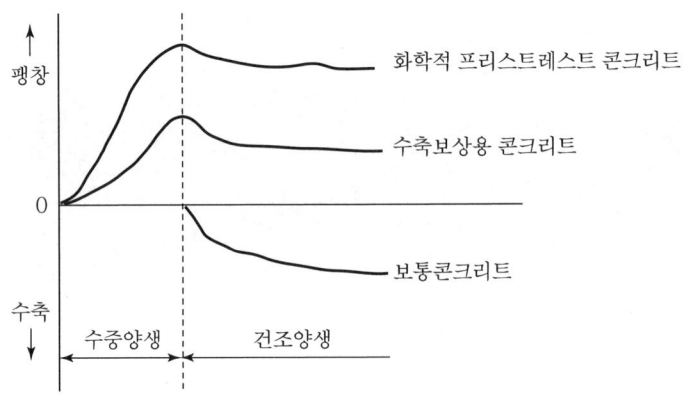

3. 특 징

① 강도 증대   ② 수밀성 증대
③ 균열 발생 억제   ④ 건조수축 방지
⑤ Prestress 도입 효과

4. 적용성

① 수밀을 요하는 구조물
② 정수장 시설 등 지하 구조물
③ 교량의 바닥틀
④ 터널 복공
⑤ 도로 포장 공사

5. 팽창재의 분류

1) 에트린자이트계

산화칼슘, 알루미나, 무수황산을 주성분으로 하고 팽창 속도와 팽창량을 억제하기 위하여 주성분의 비율, 분말도, 제조 시의 소성도 등을 변화시킨 것이다.

2) 석회계

유리된 산화칼슘을 주성분으로 하며 시멘트의 수화 반응을 이용한 것으로 제조 과정에서 소결, 피복, 점도 조정 등의 특별한 제조 방법으로 제조된 것이다.

6. 팽창콘크리트의 분류

1) 수축 보상용 콘크리트

건조수축균열을 줄이는 데 주목적으로 사용되는 것으로서 콘크리트의 팽창을 철근 등에 의해 구속하여 건조수축에 의한 인장응력을 상쇄시키거나 줄이는 정도의 작은 팽창력을 갖는 콘크리트이다.

2) 화학적 프리스트레스트 콘크리트

수축 보상용 콘크리트보다 큰 팽창력을 갖는 것으로서, 구속한 콘크리트에 건조수축이 생긴 후에도 큰 화학적 Prestress가 남기 때문에 외력에 의한 인장응력에 저항시키는 것을 목적으로 하는 콘크리트이다.

7. 시공 시 유의사항

① 팽창재 및 팽창콘크리트의 성질을 충분히 파악한다.
② 팽창 성능 강도, 내구성, 수밀성, 강재 보호 기능 및 품질 변동이 적어야 한다.
③ 팽창재의 저장 및 취급 시 품질 변화에 유의한다.
④ 팽창재의 사용량은 소요 팽창률이 얻어지도록 시험에 의해 결정한다.
⑤ 팽창재의 믹서 투입은 시멘트와 동시 투입 또는 단독 투입 시 충분히 비벼지는 것을 시험으로 미리 확인한다.
⑥ 팽창 콘크리트의 양생은 적어도 5일간은 습윤 상태를 유지한다.
⑦ 증기양생, 촉진양생을 실시할 경우 미리 시험을 통하여 확인하는 것이 원칙이다.
⑧ 포대가 파손되거나 저장기간이 길어진 경우에는 사용 전 품질 시험으로 확인 후 사용한다.

8. 팽창콘크리트 규정

   ① 팽창률 시험치는 재령 7일 시험치를 기준으로 한다.

   ② 수축 보상용 콘크리트 팽창률은 100×10^{-6} 이상, 250×10^{-6} 이하인 값을 표준으로 한다.

   ③ 화학적 Prestress용 콘크리트 팽창률은 200×10^{-6} 이상, 700×10^{-6} 이하인 값을 표준으로 한다.

   ④ 팽창 콘크리트 강도는 재령 28일의 압축강도를 기준으로 한다.

   ⑤ 팽창재의 저장은 습기 침투 방지를 위해 사일로 또는 창고에 저장한다.

   ⑥ 포대 팽창재는 지상 30cm 이상의 마루 위에 15포대 이상 적재를 금지한다.

   ⑦ 화학적 Prestress용 콘크리트의 단위시멘트량은 260kg/m^3 이상으로 한다.

9. 결 론

   ① 콘크리트의 강도증진 및 건조수축을 저감시키기 위한 팽창콘크리트의 사용이 요구된다.

   ② 수축보상용 콘크리트는 콘크리트의 건조수축으로 일어나는 균열을 감소시킬 목적으로, 화학적 프리스트레스용 콘크리트는 더 큰 팽창력으로 인장응력을 맞서게 할 목적으로 사용한다.

   ③ 소요강도, 팽창성능, 내구성, 수밀성 및 강재를 보호하는 성능이 있어야 하며 시공 때에는 작업에 적합한 워커빌리티(Workability)를 지녀야 한다.

콧대 높은 물리학자도 나비 날개짓이
수만 마일 떨어진 곳의 날씨를 변화시킨다고 인정했다.
우리 행동 가운데 중요하지 않은 것은 없다.

- 글로리아 스타이넘 -

5절 콘크리트의 일반구조

1. 골재부족 현상 시 공급방안 ····························· 618
2. 플랫 슬래브(flat slab, 무량판 slab) ················· 621
3. 건축물의 내진구조 ····································· 624
4. 콘크리트 구조물의 안전진단 ··························· 631

콘크리트의 일반구조 기출문제

1	1. 철근 콘크리트용 조골재의 부족 현상이 점차 심화되고 있는 바, 이에 대한 원활한 공급 방안을 설명하여라. [91후, 30점] 2. 초고층공사에서 고강도 골재 수급방안의 문제점과 해결방안에 대하여 설명하시오. [13후, 25점] 3. 건축물 골조공사 시 도급수량대비 시공수량 초과현상이 자주 발생되는 바, 철근과 콘크리트 수량 부족의 원인 및 대책에 대하여 설명하시오. [14전, 25점]
2	4. 무량판 slab(flat slab) [93전, 8점] 5. 플랫 슬래브의 특성과 그 시공법에 대하여 기술하시오. [95후, 30점] 6. 지하주차장 플랫슬래브(Flat slab) 드롭 패널(Drop panel)의 균열 원인과 시공 시 주의 사항을 기술하시오. [01전, 25점] 7. Flat Plate Slab [02후, 10점] 8. Flat slab와 Flat Plate Slab의 차이점 [06중, 10점] 9. Flat slab의 전단보강 [08후, 10점] 10. Flat Slab의 전단보강 [10후, 10점]
3	11. 고층 건축물의 내진대책과 내진구조 부위의 시공 시 유의사항을 설명하시오. [99후, 30점] 12. 초고층 건축물의 내진성 향상 방안에 대하여 기술하시오. [06중, 25점] 13. 지진발생에 의한 피해를 저감할 수 있는 재료 및 시공상의 대책에 대하여 설명하시오. [08중, 25점] 14. 지진이 건축물에 미치는 영향과 내진, 제진 및 면진구조를 비교 설명하시오. [08후, 25점] 15. 내진설계를 요구하는 건축물에서 비구조요소의 내진규정과 설계 및 시공법에 대하여 설명하시오. [11중, 25점] 16. 초고층 건축물의 진동제어방법에 대하여 설명하시오. [12전, 25점] 17. 건물의 진동제어 기법에 대하여 비교 설명하시오. [19전, 25점] 18. 건물의 내진(耐震), 면진(免震) 및 제진(制震) 구조의 특징 및 시공 시 유의사항에 대하여 설명하시오. [12후, 25점] 19. 기존 학교 건축물의 내진보강공법 적용 시 고려사항에 대하여 설명하시오. [14중, 25점] 20. 초고층 건물의 내진성능(耐震性能) 향상을 위한 품질 향상방안을 설계상·재료상·시공상으로 구분하여 설명하시오. [15전, 25점] 21. 제진, 면진 [16후, 10점] 22. 내진보강이 필요한 기존 건축물의 내진보강 방법과 지진안전성 표시제에 대하여 설명하시오. [17후, 25점] 23. 건축구조물의 내진보강공법 [19중, 10점] 24. 철근콘크리트 구조물 내진설계에 따른 부재별 내진배근에 대하여 설명하시오. [21전, 25점]
4	25. 노후화된 건축물에 대한 안전진단의 필요성 및 절차에 대하여 기술하시오. [05전, 25점] 26. 구조물 안전진단 결과 구조성능이 필요한 경우 보강재료 및 보강공법에 대하여 기술하시오. [05중, 25점] 27. 건축물 안전진단의 절차 및 보강공법에 대하여 설명하시오. [19전, 25점]

콘크리트의 일반구조 기출문제

기출

28. 일반적인 철근콘크리트공사에 있어서 슬래브 시공의 문제점과 그 개선책을 기술하여라. [91전, 30점]
29. 다음 그림과 같이 철근콘크리트보의 중앙부분에는 수직방향의 균열, 단부에는 경사방향의 균열이 발생하였다. 이에 대한 균열 추정원인, 손상정도, 보수보강 대책을 기술하시오. [99전, 30점]

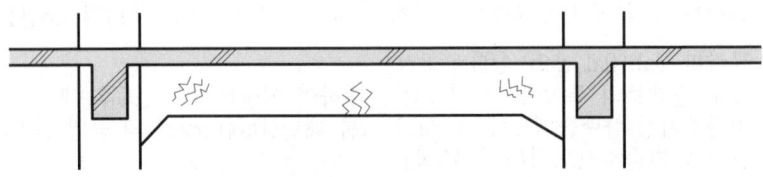

30. 공동주택 바닥충격음 차단 표준바닥구조(국토해양부고시 기준)에서 벽식 구조 및 혼합구조, 라멘구조, 무량판구조의 단면상세 구성기준과 시공 시 유의사항에 대하여 설명하시오. [13전, 25점]
31. 건축물에 작용하는 하중에 대하여 설명하시오. [18후, 25점]

용어

32. 고정하중(Dead Load)과 활하중(Live Load) [11전, 10점]
33. 강도의 단위로서 Pa(Pascal) [11후, 10점]
34. 철근콘크리트 구조의 원리 및 장단점 [11전, 10점]
35. 온도철근(Temperature Bar) [01후, 10점]
36. 온도철근(Temperature Bar) [02중, 10점]
37. 철근콘크리트구조의 온도철근 [10중, 10점]
38. 막구조(membrane structure) [01중, 10점]
39. 공기막 구조 [03중, 10점]
40. 공기막 구조 [99후, 20점]
41. Cable dome [98후, 20점]
42. 건축자재의 연성(延性) [03전, 10점]
43. 전단벽(shear wall) [04전, 10점]
44. 기둥 철근에서의 Tie Bar [07중, 10점]
45. Punching Shear Crack [07중, 10점]
46. 푸아송비(Poisson's ratio) [08전, 10점]
47. 단면 2차모멘트 [08전, 10점]
48. 사인장균열 [08후, 10점]
49. 강재의 취성 파괴(Brittle Failure) [09중, 10점]
50. 강재의 피로파괴(Fatigue Failure) [14후, 10점]
51. 반복하중에 의한 강재의 피로파괴(Fatigue Failure) [20중, 10점]
52. 제진에서의 동조질량감쇠기(TMD : Tuned Mass Damper) [16중, 10점]
53. TLD(Tuned Liquid Damper) [17중, 10점]

실패한 사실이 부끄러운 것이 아니다.
도전하지 못한 비겁함은 더 큰 치욕이다.

- 로버트 H 슐러 -

문제 1 골재부족 현상 시 공급방안

● [91후(30), 13후(25), 14전(25)]

Ⅰ. 개 요

① 건설경기 활성화에 따른 수요의 증가로 골재부족 현상이 심화되어 석산골재 및 해안골재 사용량이 증가 추세에 있다.

② 석산골재, 해안골재에 대한 품질기준 및 제도의 미비로 품질 확보에 어려움이 있다.

Ⅱ. 문제점

1) 법규 및 체계 복잡

① 관련법규 22여 개로 다양하고 복잡

② 복잡한 허가절차 및 1년 단위 허가로 장기계획 곤란

2) 재원통계 미비

① 골재 부족량 조사 미흡

② 장기 공급계획 수립 곤란

3) 품질기준 미비

① 해안 및 석산골재의 불량골재 양산 우려

② 품질에 관한 제도적 장치 부재

4) Con'c 품질 저하

① Cement 중의 알칼리 성분과 골재 중의 실리카 · 황산염이 만나 화학반응

② Con'c 균열이 발생하여 품질저하 우려

5) 수송거리 및 환경오염

① 골재 운송시 소음 · 진동 · 분진 · 교통장애 등 환경공해 유발

② 운반장비의 기술지원대책 강구

6) 수급 불균형

① 지역별, 시기별 골재 수급의 불균형

② 골재 수요시기의 일시적인 증가 현상

Ⅲ. 공급방안

1) 실태 파악

① 전국 골재 부족량 및 이용 가능량에 대한 정확한 실태조사
② 골재의 연간 소비량 조사

2) 수급 전담부서 설치

골재 수급 전담부서의 설치로 골재 채취와 관련된 각종 법령을 통·폐합하여
행정체계를 일원화

3) 법규정비

골재 채취에 관련된 관련법규의 통·폐합

4) 이용 용도 제한

① 공급이 부족한 양질의 골재는 이용 용도를 제한함으로써 부족난 해소
② 양질의 골재는 주요 구조 및 중요 공사에만 사용

5) 등급 분류

① 골재의 등급 분류를 통해 효율적 이용 도모
② 골재의 등급별 품질기준 마련

6) 해사 이용

① 염분 세척기술 개발 및 보급
② W/B비를 작게 한 고수밀의 Con'c 개발

7) 석산골재 이용

① 석산 개발에 대한 보다 합리적 법안 마련
② 쇄석 및 석분에 대한 정확한 품질기준 마련

8) S.E.C(Sand Enveloped Cement) 콘크리트

① 시멘트 페이스트를 골재 표면에 피복
② 골재 부착 성능 개선, 강도 및 내구성 증가

9) 골재 사용 절감법 개발

① 재료의 건식화
② Con'c를 고강도화하여 부재 단면의 크기를 감소시켜 절약
③ A.L.C 사용 확대

10) 품질기준

실리카 성분의 함유 규정 등 품질에 관한 제반 규정 정립

11) 공해 대책

① 석산 개발은 자연환경 파괴와 밀접한 관계가 있으므로 환경보전의 기본계획 수립 후 개발
② 골재 운반시 소음, 분진, 교통장애 등의 방지대책 마련

12) 행정지도 철저

① 골재 차량의 과적운송 방지
② 골재 채취 및 유통·통제 기능의 일원화

Ⅳ. 결 론

① 골재는 운반비 부담이 크고, 지역에 따라 수급이 제한되기 때문에 건설경기에 따른 골재의 수급대책은 매우 심각한 상태이다.
② 원활한 골재수급을 위해 부족량 및 소비량에 대한 정확한 통계와 해사 이용방법 및 골재 사용 절감공법 등의 개발이 절실히 요구되고 있다.

문제
2

플랫 슬래브(flat slab, 무량판 slab)

● [93전(8), 95후(30), 01전(25), 02후(10), 06중(10), 08후(10), 10후(10)]

Ⅰ. 개 요

① Flat slab 구조는 평바닥판 구조 또는 무량판 구조라고 하며, 건물의 외부 보를 제외하고는 내부에는 보가 없이 바닥판만으로 되어 있어 그 하중을 직접 기둥에 전달하는 구조이다.

② 기둥 상부에는 주두(capital) 모양으로 확대하고, 그 위에 받침판(drop panel)을 두어 바닥판을 지지한다.

③ 기둥 상부에 주두와 받침판이 없는 형식을 flat plate slab라고 한다.

Ⅱ. 특 징

1) 장 점

① 구조가 간단하다.

② 공사비가 저렴하다.

③ 실내공간 이용률이 높다.

④ 층고를 낮출 수 있다.

2) 단 점

① 주두의 철근층이 여러 겹이고 바닥판이 두꺼워서 고정하중이 증대된다.

② 뼈대의 강성에 난점이 있다.

③ 고층건물에 불리하다.

Ⅲ. 시 공

1) 철근배근방식

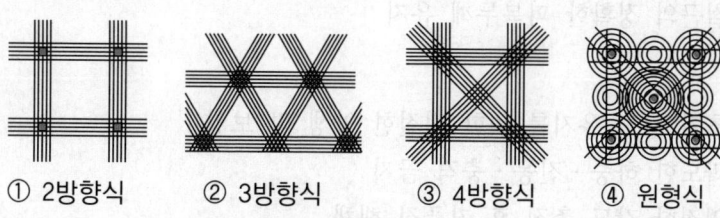

① 2방향식   ② 3방향식   ③ 4방향식   ④ 원형식

2) 구 조

① Slab 두께 : 15cm 이상

② 기둥 폭 : h/15, ℓ/20, 30cm 중 큰 값

③ Drop panel 폭 : 0.4ℓ 이상

④ Capital : punching shear 방지

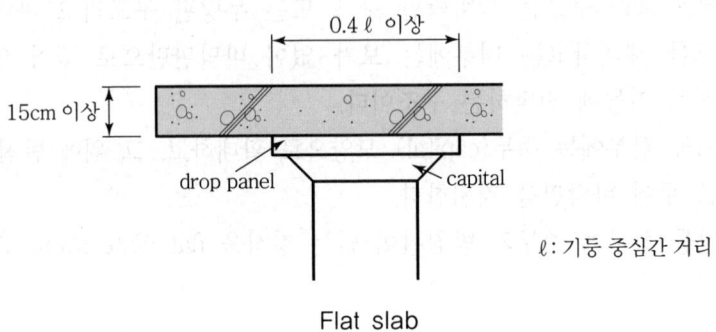

Flat slab

IV. 시공 시 유의사항

1) 설계 시

① 건물 용도에 적합한 계획

② 하중계산 적절하게

③ 배근방식 결정 : 우리나라에서는 2방향식을 주로 사용

2) 시공 시

① 기둥과 slab의 일체성 확보

② 철근의 이음과 정확한 정착길이 확보

③ 주각부 45° 이상

④ Con'c의 타설 및 다짐 철저

⑤ 거푸집 존치기간의 준수

⑥ 초기양생 시 진동·충격 금지

⑦ 철근의 정확한 피복두께 유지

3) 양생 시

① 초기 강도 유지를 위한 적절한 양생 및 보양

② 과도한 하중·진동·충격 금지

③ 일정한 강도 측정 후 거푸집 해체

④ 적정온도, 습윤 유지 양생

V. 문제점 및 개선방향

1. 문제점

① Flat slab에 대한 기술력 부족
② 구조적 이해 부족
③ 기술자들의 flat slab 회피
④ 국내 적용 현장의 시공사례 자료 부족

2. 개선방향

1) 설계 시

① 설계 단계부터 적극적인 구조 검토
② 안전성 확보 위한 구조
③ 경제적인 구조 및 경량화 유도

2) 시공 시

① 기술인들의 관습적 시공 지양
② 정확한 품질관리 및 시공
③ 안전한 시공방법의 연구개발

3) 유지관리

① 정기적인 건축물 점검 및 보완
② 설계하중의 초과 사용 금지
③ 용도 변경시 충분한 고려

VI. 결 론

① 최근의 건축물은 넓은 공간(백화점, 예식장)의 활용이 요구되는 대형 구조물이 많아지고 있으며, 이러한 요구조건을 충족하기 위하여 연구된 것이 flat slab 구조이다.
② 구조적 이해 부족 및 시공 능력 부족 등이 문제점으로 되어 있으며, 이러한 문제를 개선하기 위해서는 안전성 확보를 위한 구조 설계 및 정확한 품질관리, 그리고 유지관리를 철저히 하는 것이 무엇보다 중요하다.
③ 접합부의 강성 확보, 골조 구조물의 견고성 유지 등이 선결과제이며, 층고를 최대한 낮출 수 있는 설계 및 정확한 구조해석 system의 개발이 시급하다.

<table><tr><td>문제
3</td><td>건축물의 내진구조</td></tr></table>

● [99후(30), 06중(25), 08중(25), 08후(25), 11중(25), 12전(25), 12후(25), 14중(25), 15전(25), 16후(10), 17후(25), 19중(10), 21전(25)]

Ⅰ. 개 요

① 최근 건축물이 고층화·대형화됨에 따라 과거의 건축물에서는 무시되어 오던 내진설계에 대한 필요성이 서서히 부각되고 있다.

② 최근에는 지진이 자주 발생하던 일본 이외에도 우리나라·중국에서도 지진 피해가 잇따르고 있어 건축물의 내진설계는 고층·대형 건축물에만 제한하지 않고, 중규모의 건축물에도 적용되고 있는 실정이다.

Ⅱ. 지진의 원인

1) 판 경계지진

지진의 대부분이 판과 판의 경계에서 일어나는 지진

2) 판 내부지진

판 내부에서 국지적 응력변화에 의한 단층 운동으로 일어나는 지진

Ⅲ. 내진구조계획

1. 내진설계방법

1) 강도 지향성

① 건축물이 높은 강도를 가짐으로써 지진에 저항
② 건물의 강성이 지진하중보다 클 때 안전

2) 연성 지향성

① 강도는 낮으나 큰 변형 능력 보유
② 지진 에너지를 흡수하는 구조

2. 내진구조의 요소

1) 라 멘

수평력에 대한 저항을 기둥과 보의 접합 강성으로 저항

2) 내력벽

라멘과의 연성효과로 건물의 휨방향 변형을 제어함.

3) 구조체 tube system

① 내력벽의 휨 변형을 감소시키기 위해 외벽을 구체구조로 함.
② 라멘구조에 비해 휨변위 1/5 이하로 감소

4) D.I.B(Dynamic Intelligent Building)

건축물이 지진에 흔들려도 컴퓨터를 이용하여 흔들리는 반대방향으로 건축물을 움직여서 지진에 대한 진동을 소멸시키는 장치가 설치된 건축물

Ⅳ. 내진 향상방안(적용 시 고려사항)

1) 설계상 대책

① 대칭형 평면
② Tube system
③ 구조의 단순화
④ R.C → S.R.C 구조 → tube in tube system
⑤ 강성 → 연성 구조
⑥ D.I.B system
⑦ 편심 구조 해석방안
⑧ 내력벽 균등한 설치
⑨ 부동침하를 대비한 설계
⑩ Tie beam 구속력 강화

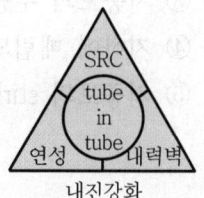

Tube system

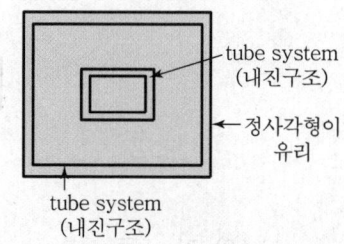

Tube in tube system

2) 재료상 대책

① 고강도 Con'c의 개발
② 고강도 철근의 이음방법 개선
③ Con'c의 취성파괴 감소
④ 재료의 경량화

3) 시공상 대책

① 지하 지중보의 보강공법 개선

② R.C 보의 hunch, spiral hoop, 띠철근 보강

③ 내진 옹벽구조

④ 칸막이의 층간 변위 흡수

⑤ 설비공사 시 배관구조

4) Con′c 및 철근의 강도

① 콘크리트 압축강도 18MPa 이상

② 철근의 강도는 420MPa 이하

③ 현장 타설 시 부재접합부의 일체성

5) 기 초

① 기초에서는 주각 고정도 확보가 중요

② 기초판은 지중보와 일체로 고정

③ 지중보의 주근은 D19 이상, 이음길이는 주근의 30배

④ 지하에 매립되는 기둥의 hoop 간격은 300mm 이하

⑤ 지중보의 stirrup은 D13 이상, 간격은 주근의 12배

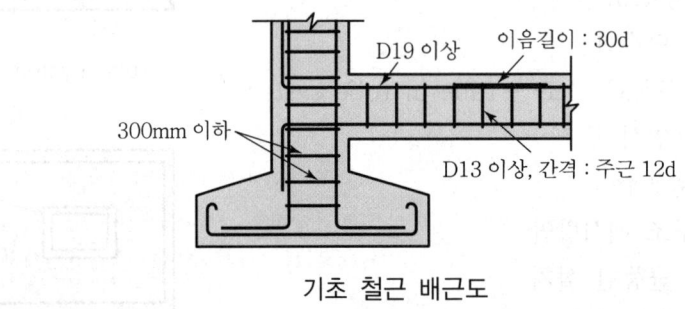

기초 철근 배근도

6) 기 둥

① 주근의 이음은 기둥의 h/3에서 한다.

② 이음길이는 주근의 16d 이상

③ 주근의 1/4 이상은 동일 평면에서 잇지 않는다.

④ 나선근은 D10 이상, 간격은 30mm 이상, 80mm 이하

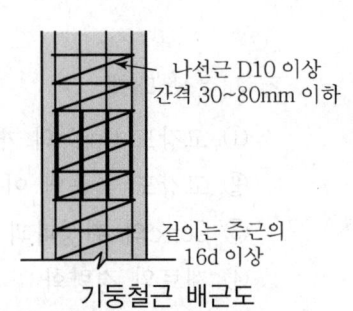

기둥철근 배근도

7) 보

① 최소철근비는 유효단면적의 0.4% 이상, 최대 2.5% 이하

② 지진으로 인한 응력반전에 따른 응력 집중현상 방지(bent bar 사용은 피한다.)

③ 철근 전단시 15d 이상 여장을 둔다.

④ 연속보의 경우 주근은 기둥을 관통하거나 기둥 속에 45d 이상 정착한다.

⑤ 보와 기둥의 접합부는 충분히 보강한다.

⑥ Stirrup은 폐쇄형을 조립한다.

간격은 보춤의 1/4, 주근의 50d, 늑근의 25d 또는 300mm 이하

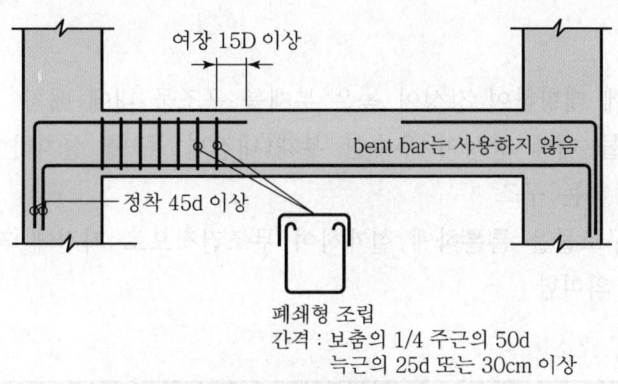

보 철근 배근도

8) 전단벽

① 모든 수직근은 전단벽 상하의 지지부까지 연결하고, 이음은 주근의 16d 이상으로 한다.

② 전단벽의 개구부 모서리는 응력집중에 대비하여 D13 이상의 철근으로 보강한다.

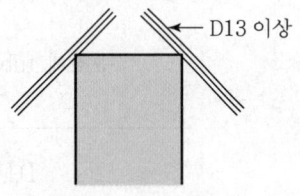

개구부 주위 보강 배근도

9) Slab

① Top bar는 15d 이상의 여장을 둔다.

② 캔틸레버는 복근으로 배근한다.

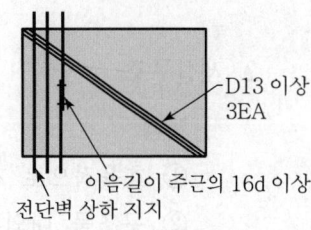

전단벽 보강 배근도

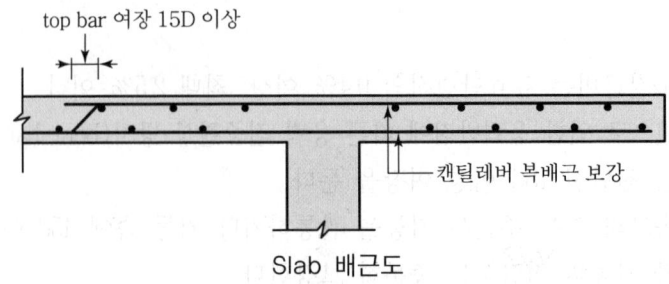

Slab 배근도

V. 내진 · 제진 및 면진구조의 비교

1. 내진구조

1) 개념

① 지진에 대항하여 강성이 높은 부재를 구조물 내에 배치

② 구조물 내에 강성이 우수한 부재(내진벽 등)를 설치하여 지진에 견딜 수 있게 하는 구조

③ 즉, 구조물을 튼튼하게 설계하여 무조건적으로 지진에 저항하고자 하는 구조를 의미함

2) 내진구조 요소

요 소	내 용
라멘	수평력에 대한 저항을 기둥과 보의 접합 강성으로 저항
내력벽	라멘과의 연성효과로 구조물의 휨방향 변형을 제어함
구조체 tube system	• 내력벽의 휨 변형을 감소시키기 위해 외벽을 구체구조로 함 • 라멘구조에 비해 휨변위 1/5 이하로 감소
D.I.B (Dynamic Intelligent Building)	구조물이 지진에 흔들려도 컴퓨터를 이용하여 흔들리는 반대방향으로 구조물을 움직여서 지진에 대한 진동을 소멸시키는 장치가 설치된 구조

2. 제진구조

1) 개념

① 효율적으로 지진에 대항하여 지진의 피해를 극복하고자 하는 개념

② 구조물 내외부에 필요한 장치를 부착하여 다가오는 지진파에 반대파를 작동하여 지진파를 감소, 상쇄 및 변형시켜 지진파를 소멸시키는 구조

③ 내진이나 면진은 적용사례가 많으나 제진구조는 적용사례가 적고 지속적인 연구가 필요함

2) 제진장치

① 수동형

진동시 구조물에 입력되는 에너지를 내부에 설치된 질량의 운동에너지로 변화시켜 구조물이 받는 진동에너지를 감소시킨다.

② 능동형

센서에 의해 지진파 또는 구조물의 진동을 감지하여 외부 에너지를 사용한 구동기를 이용하여 적극적으로 진동을 제어한다.

③ 준능동형

보와 역V형의 가새 사이에 실린더로크 장치를 설치하여, 이것을 고정하거나 풀어주면서 구조물의 강성 및 고유주기를 변화시킴으로써 진동을 제어한다.

3. 면진구조

1) 개념

① 지진에 대항하지 않고 피하고자 하는 수동적 개념
② 지반과 구조물 사이에 고무와 같은 절연체를 설치하여 지반의 진동에너지를 구조물에 크게 전파되지 않게 하는 구조
③ 지진에 의해 발생된 진동이 구조물에 전달되지 않도록 원천적으로 봉쇄하는 방법을 사용한 구조물

2) 주요기능

① 지진하중을 감소시키기 위해 주기를 길게 할 것
② 응답변위와 하중을 줄이기 위해 에너지 소산 효과가 탁월할 것
③ 사용하중하에서도 저항성이 있을 것
④ 온도에 의한 변위를 조절할 수 있을 것
⑤ 자체적으로 복원성을 보유할 것
⑥ 경제성이 있도록 유지비가 적게 들어야 할 것
⑦ 지진발생 후 손상을 입었을 경우에 수리 및 대체가 용이할 것
⑧ 지진하중에 의해서 과도한 변위가 발생하지 않아야 할 것

Ⅵ. 개발 방향

① 지진연구기구의 설립
② 전문인력 양성
③ 내진설계의 개발
④ 한반도에서 지진위험평가의 정착화

Ⅶ. 결   론

① 최근 신도시 내의 초고층 공동주택이 내진설계로 시공되었고, 초고층 오피스 빌딩 등은 tube system으로 설계・시공되는 경우가 많아지고 있다.
② 그러나 아직 정확한 내진구조 설계가 미흡하고, 전문인력이 부족하며, 지진 연구기관이 부족한 상태에 있어 한반도의 지진위험평가가 제대로 이루어지지 않고 있다.

문제 4 콘크리트 구조물의 안전진단

● [05전(25), 05중(25), 19전(25)]

I. 개 요

① 최근 건축물이 대형화·고층화되고 있어 대형 붕괴사고의 발생 가능성이 높고, 노후된 건축물의 재건축 판단 여부의 객관적 자료가 필요하게 됨에 따라 안전진단 관련 기관이 많이 생겨나고 있는 추세이다.

② 구조물의 안전진단은 기본자료를 검토하고 조사항목을 선정해야 하며, 시험 방법 및 계측항목 등을 결정하고, 육안조사 및 각종 시험을 토대로 대상 건축물에 대한 분석 및 판단을 하게 된다.

II. 필요성

① 안전성, 사용 여부 판단

② 증·개축 및 용도변경을 위한 진단

③ 각종 법규 및 행정소송에 필요한 증거 보존 차원의 진단

④ 시공 후 준공을 위한 안전성 평가

III. 대 상

① 균열(crack)

② 처짐(deflection)

③ 기울어짐(tilting)

④ 부식(corrosion)

⑤ 박리(spalling)

Ⅳ. Flow chart

| 기본 자료의 검토 | : 사전조사, 설계도서, 시공기록, 보수경력 및 사용환경 조건 등 |

| 조 사 항 목 선 정 |

| 시험방법, 계측항목 결정 |

| 육 안 검 사 | : 균열깊이, 크기, 길이, Con′c 표면의 얼룩 등 |

| 각 종 시 험 실 시 | : 골재의 알칼리 골재반응, 탄산화 깊이, 철근의 부식상황, Con′c 속 염분농도, 알칼리농도, 비파괴시험 |

| 분 석 평 가 |

| 보 수 · 보 강 |

Ⅴ. 안전진단 항목 및 조사사항

1) Con′c 균열

① 균열폭, 진행방향, 균열위치, 간격, 깊이, 길이
② 작용하중에 의한 균열의 개폐 유무
③ 균열면의 누수상태 및 변색 정도

2) 변위 및 변형

① 변위 및 변형 측정
② 철근의 응력 및 변형률

3) Con′c 열화

① 탄산화 및 열화깊이
② 비파괴 강도 및 core 강도
③ Con′c 유효단면 및 균열상태 조사

4) 철근 노출 및 부식

철근의 부식상태, 응력 및 변형률

5) PS강재의 부식

① Con'c의 균열상태 점검
② 비파괴시험 방법에 의한 PS강재의 배치현황

6) Prestress 부족

① 재하시험
② PS강재의 인장강도 시험

7) 구조물 단면 부족

① 구조계산
② 재하시험 및 진동시험

8) 기초 및 지반 조사

① 지내력 조사
② Boring 조사, 토질조사
③ 주변 지하수위 조사
④ 부동침하조사

9) 내진설계조사

VI. 성능 저하 요인

1) 콘크리트 탄산화

① Con'c의 알칼리성 감소 : 탄산염화
② 철근의 부식방지 피막파괴, 부식 촉진

2) 구조균열

① 방수 성능 저하
② 탄산화 촉진(습기, 수분 등에 의해)

3) 염 해

① 철근 표면의 보호막 파괴
② 함유 염분량 규제

4) 알칼리 골재반응

① 시멘트 paste 내의 gel상(狀)의 물질 생성
② 거북 등 모양의 균열 발생

5) 화　재

화재에 의한 탄산화 및 강도저하 발생

6) 지진 및 외부 충격

① 저항의 원인 등에 기인한 균열폭의 확대
② 균열 확대로 인한 구조체의 파괴

7) 하중작용

① 과대하중
② 반복하중

Ⅶ. 문제점

1) 객관성 결여

측정방법에 따라 오차가 심하며, 객관성 결여

2) 판단기준

진단공법별 측정과 각 공법별 판단기준이 불명확 → 평가기준의 미설정

3) 사회적 문제

진단의 양부에 따른 사회적인 문제 발생

Ⅷ. 보수 · 보강 방법

① 표면처리공법
② 충진공법
③ 주입공법
④ 강재 anchor 공법
⑤ 강판부착공법
⑥ 탄소섬유 sheet 공법
⑦ Prestress 공법
⑧ 치환공법

IX. 결 론

① 건축물의 부실시공을 방지하기 위해서는 시공 후 유지관리가 중요하므로 정기적인 안전진단이 필요하다.

② 안전진단 판단 여부와 관계없이 기업주·설계자·시공자는 건축물을 성실하게 시공하고 관리할 의무와 책임이 있으며, 그렇게 하기 위해서는 지속적인 기술개발 습득 노력이 필요하며, 근대화·정보화 시공을 해나가야 한다.

chapter

공사별 요약

FORM

Ⅰ. 서론(개요)
- 정의(Where, Why, How)
  _____
- 장점
  _____

Ⅱ. ① 종류
   ② 특징(장점, 단점)
   ③ 필요성(용도, 도입배경)
   ④ 사전조사
   ⑤ 공법선정
   ⑥ Flow Chart

Ⅲ. 본론
- 재료
- 시공순서   ※ 그림
- 시공시 주의사항＝Q.C

Ⅳ. ① 문제점 → 대책
   ② 개발방향
   ③ 현장경험

Ⅴ. 결론
- 문제점
  _____
- 대책
  _____

시공계획   (35가지)

1. 사전조사 : 설계도서 검토, 입지조건, 공해, 기상, 관계법규,
   계약조건 검토, 지반조사

2. 공법선정 : 시공성, 경제성, 안전성, 무공해성

3. 공사의 4요소 : 공정관리, 품질관리, 원가관리, 안전관리,
   (공기단축) (질 우수) (경제적)

4. 6M :   Man,   Material,   Machine,
         { 노무절감 }   { 자재건식화 }   { 기계화 }
         { 전문인력 }   { 자재관리 }   { 초기 투자비 }

           Money,   Method,   Memory
           (자금)   (시공법)   (기술축적)

5. 관리 : 하도급 관리, 실행예산,
   현장원 편성, 사무관리, 대외 업무관리

6. 가설 : 동력, 용수, 수송, 양중

7. 구조물 3요소 : 구조, 기능, 미

8. 기타 : 환경친화적 설계시공, 실명제, 민원

제1장 계약제도

계약제도 ─── 입찰제도 ── 낙찰제도 ── 문제점 ──────────── 대 책

계약제도

전통적 계약제도
- 공사실시방식
  - 일식도급
  - 분할도급
    - 전문공종별 분할도급
    - 직종별·공종별 분할도급
    - 공정별 분할도급
    - 공구별 분할도급
  - 공동도급(joint venture)
- 공사비지불방식
  - 정액도급
  - 단가도급
  - 실비정산보수가산식 도급
    - 실비비율보수가산식 도급
    - 실비준동률보수가산식 도급
    - 실비한정비율보수가산식 도급
    - 실비정액보수가산식 도급

변화된 계약제도
- TK
- SOC
- Partnering
- 성능발주방식
- 신기술지정제도
- 기술개발 보상제도

입찰제도
- 입찰제도
  - 부대입찰제도
  - 대안입찰제도
  - 내역입찰제도
  - 전자입찰제도
  - PQ 제도
- 입찰방식
  - 경쟁입찰
    - 공개경쟁입찰
    - 제한경쟁입찰
    - 지명경쟁입찰
  - 특명입찰
- 입찰순서 ; 입찰공고 ⇒ 참가등록 ⇒ 견 적 ⇒ 입찰등록 ⇒ 계 약
  - 참가등록: 설계도서교부 / 현장설명 / 질의응답
  - 입찰등록: 입찰(총액, 내역) / 개찰 / 낙찰

낙찰제도
- 최저가
- 저가심의제
- 부찰제
- 제한적 최저가
- 적격낙찰제도
- 최고가치 낙찰제도

문제점
- 경쟁제한요소
- 총액입찰제도
- 가격위주 낙찰제도
- 예정가격 미비
- 저가심의제 미비
- 기술경쟁체제 미흡
- 기술능력 향상방안 미흡

대 책
- 경쟁제한요소배제
- 내역입찰제도
- 능력위주 낙찰제도
- 표준품셈, 노임단가 현실화
- 저가심의기준확립
- 기술경쟁체제 개발
- 기술능력 향상방안 개발
- TK
- SOC
- Partnering
- 성능발주방식
- 신기술지정제도
- 기술개발 보상제도
- 부대입찰제도
- 대안입찰제도
- 내역입찰제도
- 전자입찰제도
- PQ 제도
- 부실시공 방지
- 부적당업체 제재
- 담합 방지
- Dumping 방지
- 계약금액조정

제2장 가설공사

공통가설 | 직접가설 = 안전시설 + 비보기규정

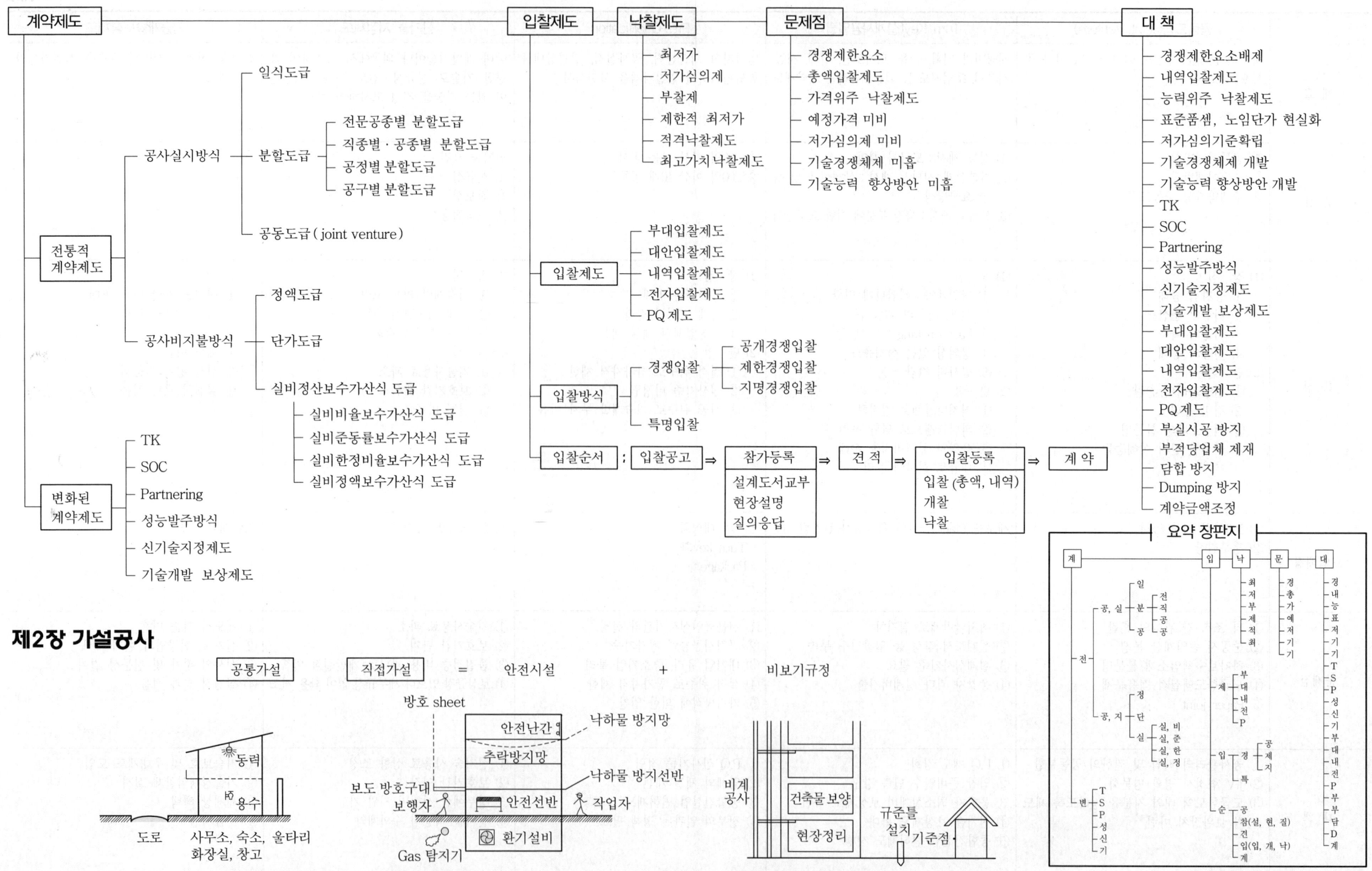

- 공통가설: 동력, 용수 / 도로 / 사무소, 숙소, 울타리, 화장실, 창고
- 직접가설: 방호 sheet / 안전난간 / 낙하물 방지망 / 추락방지망 / 낙하물 방지선반 / 보도 방호구대 / 보행자 / 안전선반 / 작업자 / 환기설비 / Gas 탐지기
- 비계공사: 건축물 보양 / 현장정리 / 규준틀 설치 / 기준점

요약 장판지

계 ─ 입 ─ 낙 ─ 문 ─ 대

제1장 계약제도 비교

	공동도급(Joint Venture)	Turn Key(설계시공일괄)	Pre-Qualification	신기술 지정제도	기술개발보상제도
개 요	하나의 Project에 2개 이상의 도급자가 공동으로 도급	시공자가 기획, 금융, 토지조달, 설계, 시공, 시운전, 조업지도 등 일괄도급하는 계약제도	입찰자의 기술능력, 공사실적, 경영상태를 종합평가하여 입찰자격을 사전심사	국내 개발기술이나 외국에서 도입하여 개량한 기술로 신규성·진보성·현장적용성이 있는 기술을 지정 고시하여 보호	신기술, 신공법 개발시 새로운 건설기술의 보호제도
종 류	① 공동이행방식 ② 분담이행방식 ③ 주계약자형 공동도급	① 성능 제시 : 도급자 제안 ② 기본설계, 시방서 제시 : 상세설계 및 성능 요구방식 ③ 설계도 제시 : 특정 부분에 대한 요구방식	① 300억 이상 모든 공사 ② 200억 이상 10개 공종	신기술 요건 ① 신규성 ② 진보성 ③ 현장적용성	
특 징	(1) 장 점 ① 융자력 증대 ② 위험의 분산 ③ 기술의 확충 ④ 신용의 증대 (2) 단 점 ① 현장관리의 혼란 ② 경비 증대 ③ 책임소재의 불분명 ④ 구성원 간의 이해충돌	(1) 장 점 ① 단일계약 : 책임한계 명확 ② 설계, 시공의 기술접목 ③ Fast tracking : 공기단축 ④ 창의성 있는 설계유도 ⑤ 공사비 절감 (2) 단 점 ① 최저낙찰제로 질저하 ② 과다경쟁으로 담합 우려 ③ 응찰자 설계비지출 손해 ④ 대규모 회사에 유리	(1) 장 점 ① 부실공사 방지 ② 국제 경쟁력 강화 ③ 건설업체의 체질 개선 (2) 단 점 ① 실적 위주로 참가자격 제한 ② 심사기준 미정립 ③ 시공 위주로 기술개발 투자 미흡	(1) 장 점 ① 기술개발 의욕 고려 ② 국내 기술발전 도모 ③ 국제 경쟁력 강화 (2) 단 점 ① 기술사용료 과소 ② 보호기간 짧음 ③ 실적 미흡	(1) 장 점 ① 신기술 개발 의욕 확대 ② 기술경쟁력 강화 (2) 단 점 ① 제도 미흡 ② 심사 평가의 문제 ③ 실질적 효과 적음
도입배경	① 100억원 이상 공사 ② 정부권장	새로운 Plant 공사와 특정공사(원자력 등) 공사의 대형화 Turn key화 Package화		건설기술개발 촉진	기술개발 촉진
문제점	① 타 조직 간 관리의 혼란 ② 준공시 손익계산 분쟁 ③ 하자보수책임소재 불분명 ④ 도급한도액실적 적용문제 ⑤ Paper joint	① 최저낙찰제로 질저하 ② 설계도서 작성 등 입찰일수 부족 ③ 설계심사기준 필요 ④ 응찰자 과다 설계비지출	① 전문공인심사기관의 선정 ② 공정시공능력 평가기준 ③ 대기업 유리, 중소기업 불리 ④ 실적 위주로 참가자격 제한 ⑤ 가격방식에 의한 입찰	① 기술사용료 과소 ② 보호기간 단기 ③ 품질검증 비용 과다로 개발실적 미흡 ④ 보상규정 있으나 세부규정 없어 활용 저조	① 제도적 기준 미흡 ② 신기술, 신공법의 한계 애매 ③ 심사의 평가 및 전문성 결여 ④ 실질적 효과 적음
대 책	① 공사관리의 책임 및 권한의 공동분할 ② J.V 협정시 명확 명문화 ③ 도급한도액 내의 지분율 정하도록 제도적 보완장치 마련	① P.Q 제도 강화 ② 입찰 준비일수 단축 강구 ③ 응찰자 최소설계비 보상제도 마련 ④ 신기술 보상제도 확대 ⑤ 종합건설업 면허제도 시행	① P.Q 심사기준 정립 ② 업체의 체질 개선 ③ 종합건설업 면허제도 ④ 정부의 일관된 정책 필요	① 신기술 사용료 상향 조정 ② 보호기간 연장 ③ 정부예산 시험비 지원 가능 ④ 신기술 적용시 수의계약	① 기술보호 및 우대제도 도입 ② 기술경쟁입찰제 실시 ③ 세제상 혜택 ④ 자금지원

제2장 가설공사

계획시 고려사항 ── **가설공사 항목** ── **가설공사비** ── **가설공사가 전체공사에 미치는 영향** ── **가설재 개발방향**

계획시 고려사항
- ① 본공사에 지장을 주지 않는 위치
- ② 본공사 공정과 설치시기 조정
- ③ 반복 사용으로 전용성 향상
- ④ 가설설비의 조립 및 해체 용이
- ⑤ 가설설비의 규모 적정

가설공사 항목
- (1) 공통 가설공사
  - ① 대지조사 　② 가설도로
  - ③ 가설울타리 　④ 가설건물
  - ⑤ 가설창고 　⑥ 가설전기
  - ⑦ 가설용수 　⑧ 시험설비
  - ⑨ 공사용 장비 　⑩ 인접건물 보상, 보양
  - ⑪ 운반 　⑫ 양수, 배수 설비
  - ⑬ 위험방지설비 　⑭ 종말 정리청소
  - ⑮ 기타 : 통신, 냉난방, 환기설비
- (2) 직접 가설공사
  - ① 안전시설 　② 비계공사
  - ③ 건축물 보양 　④ 기준점
  - ⑤ 규준틀 설치 　⑥ 현장정리

가설공사비
- (1) 가설공사비의 구성
  - 일반적으로 전체공사비의 약 10%
  - ① 가설재료비 : 3%
  - ② 가설노무비 : 2%
  - ③ 전력용수비 : 3%
  - ④ 기계기구비 : 2%
- (2) 가설공사비의 분류
  - ① 공통 가설공사비
  - ② 직접 가설공사비

가설공사가 전체공사에 미치는 영향
- ① 사전조사
- ② 가설공사 설치시기
- ③ 설치위치
- ④ 설치 규모 및 성능
- ⑤ 공사공정관리 측면
- ⑥ 공사품질관리 측면
- ⑦ 공사원가관리 측면
- ⑧ 공사안전관리 측면
- ⑨ 동력 · 용수 설비 적합성
- ⑩ 기계장비 적합 및 반출입
- ⑪ 화재예방 및 방화설비
- ⑫ 환경보전설비

가설재 개발방향
- ① 강재화
- ② 경량화
- ③ 표준화(standardization)
- ④ 단순화(simplification)
- ⑤ 전문화(specialization)

가설비계
- 재료상 분류
  - 통나무비계
  - 강관비계 ─ 단관비계 / 강관틀비계
- 위치상 분류
  - 내부비계
  - 외부비계
  - 비계다리
- 구조상 분류
  - 외줄비계
  - 겹비계
  - 쌍줄비계
  - 수평비계
  - 말비계
  - 달비계

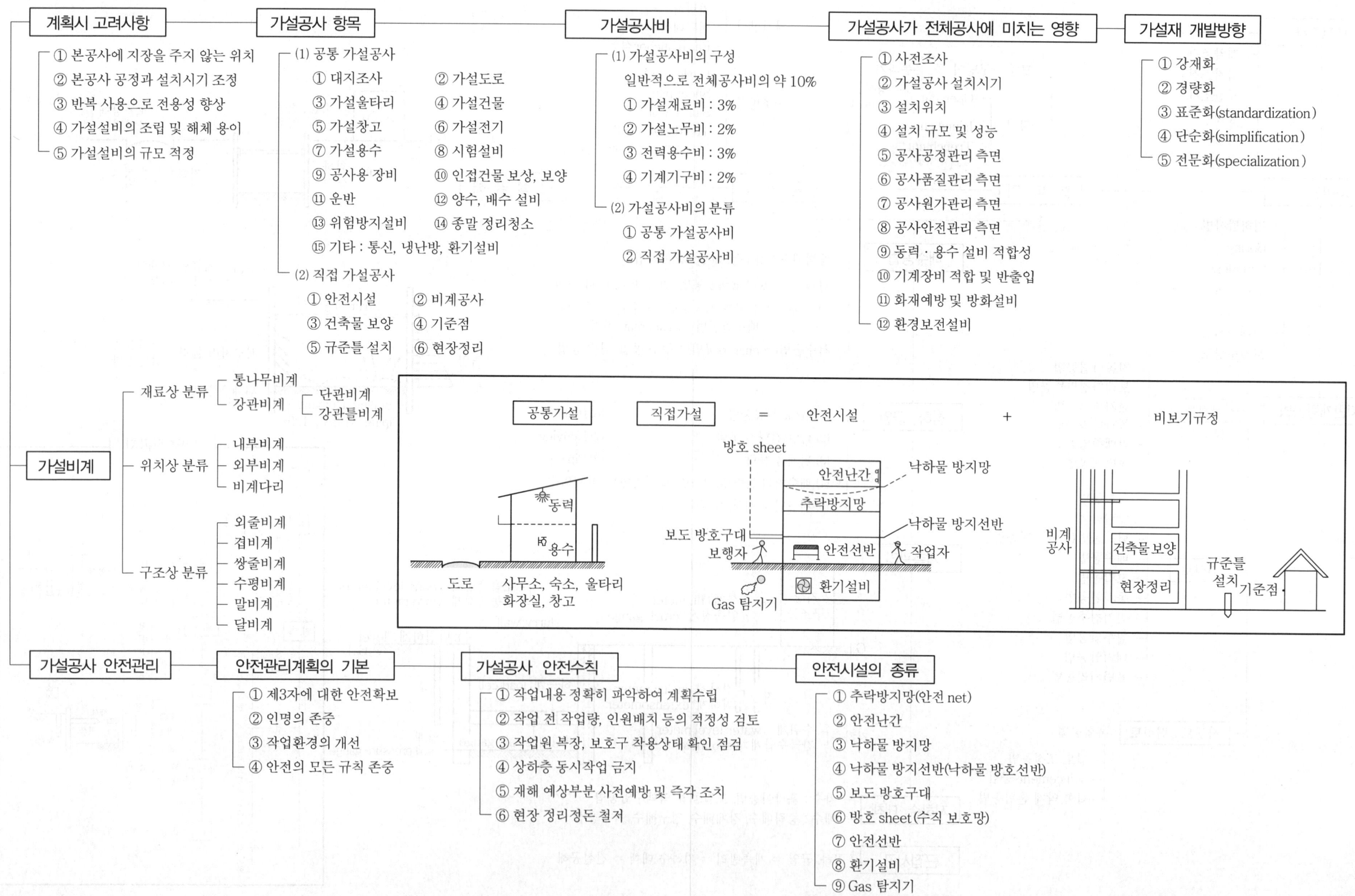

가설공사 안전관리 ── **안전관리계획의 기본** ── **가설공사 안전수칙** ── **안전시설의 종류**

안전관리계획의 기본
- ① 제3자에 대한 안전확보
- ② 인명의 존중
- ③ 작업환경의 개선
- ④ 안전의 모든 규칙 존중

가설공사 안전수칙
- ① 작업내용 정확히 파악하여 계획수립
- ② 작업 전 작업량, 인원배치 등의 적정성 검토
- ③ 작업원 복장, 보호구 착용상태 확인 점검
- ④ 상하층 동시작업 금지
- ⑤ 재해 예상부분 사전예방 및 즉각 조치
- ⑥ 현장 정리정돈 철저

안전시설의 종류
- ① 추락방지망(안전 net)
- ② 안전난간
- ③ 낙하물 방지망
- ④ 낙하물 방지선반(낙하물 방호선반)
- ⑤ 보도 방호구대
- ⑥ 방호 sheet(수직 보호망)
- ⑦ 안전선반
- ⑧ 환기설비
- ⑨ Gas 탐지기

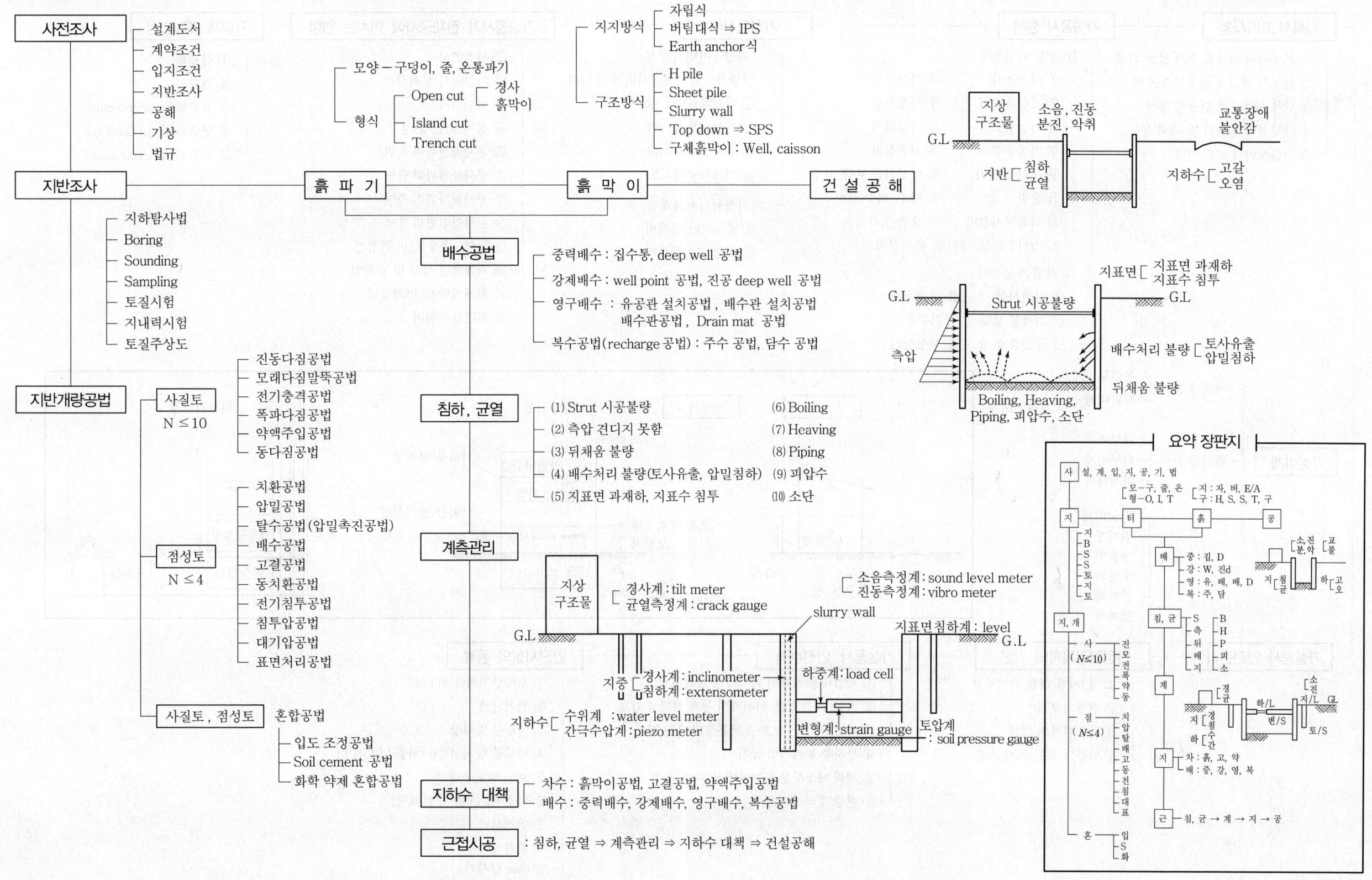

제4장 기초공사

기초판 형식 : 독립기초, 복합기초, 줄(연속)기초, 온통기초

지정형식
- 직접기초(보통지정) : 모래, 자갈, 잡석, 밑창 Con´c
- 말뚝기초(말뚝지정)
  - 기능상 : 지지 P, 마찰 P, 다짐 P
  - 재료상 : 나무 P, 기성 Con´c P, 현장 Con´c P, 강재 P
- 깊은기초 : Well, Caisson(Open C, Pneumatic C)

※ Pier 기초

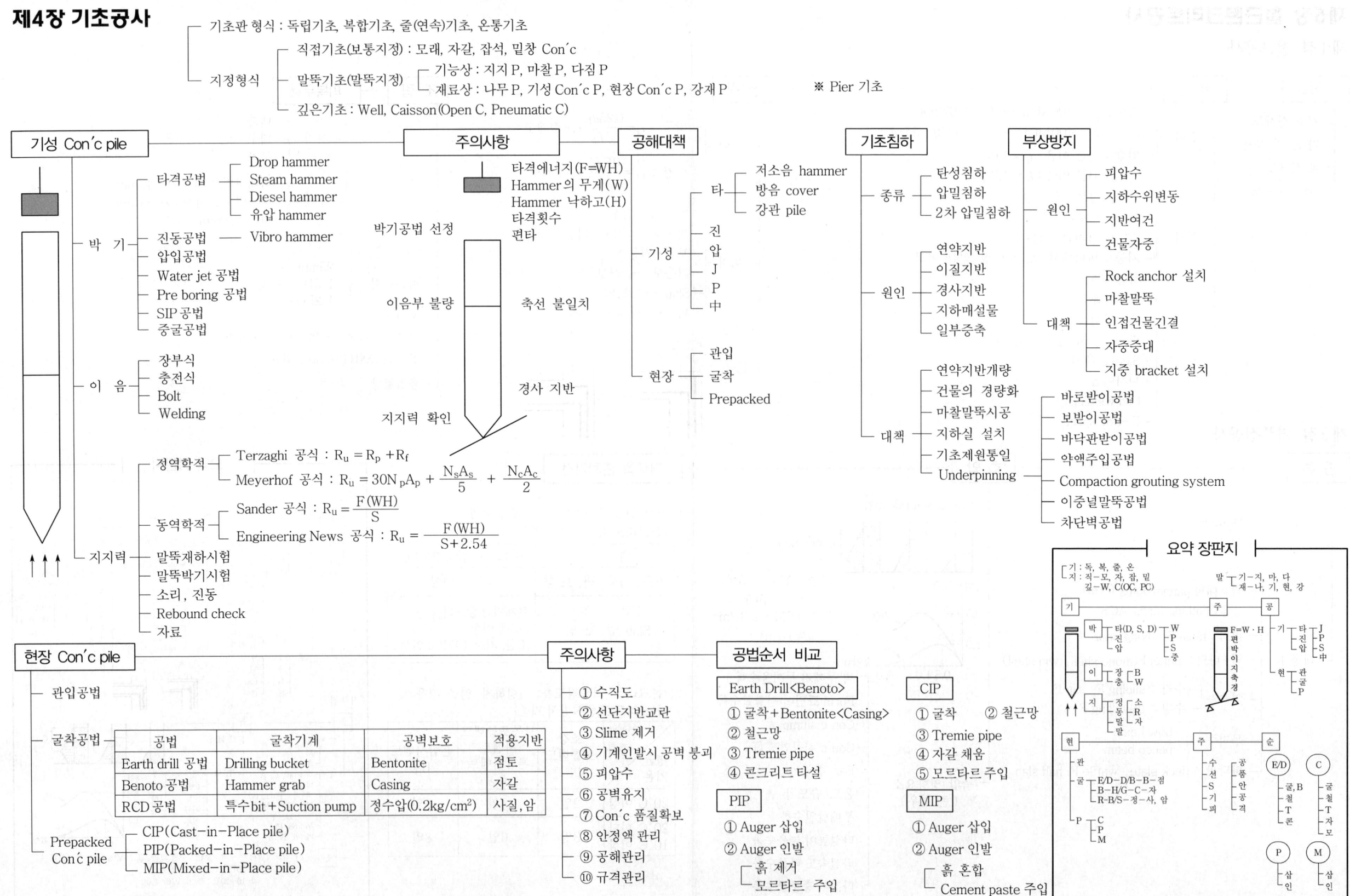

기성 Con´c pile

박 기
- 타격공법
  - Drop hammer
  - Steam hammer
  - Diesel hammer
  - 유압 hammer
- 진동공법 ─ Vibro hammer
- 압입공법
- Water jet 공법
- Pre boring 공법
- SIP 공법
- 중굴공법

이 음
- 장부식
- 충전식
- Bolt
- Welding

지지력
- 정역학적
  - Terzaghi 공식 : $R_u = R_p + R_f$
  - Meyerhof 공식 : $R_u = 30N_pA_p + \dfrac{N_sA_s}{5} + \dfrac{N_cA_c}{2}$
- 동역학적
  - Sander 공식 : $R_u = \dfrac{F(WH)}{S}$
  - Engineering News 공식 : $R_u = \dfrac{F(WH)}{S+2.54}$
- 말뚝재하시험
- 말뚝박기시험
- 소리, 진동
- Rebound check
- 자료

주의사항
- 박기공법 선정
  - 타격에너지(F=WH)
  - Hammer의 무게(W)
  - Hammer 낙하고(H)
  - 타격횟수
  - 편타
- 이음부 불량 ─ 축선 불일치
- 지지력 확인 ─ 경사 지반

공해대책
- 타
  - 저소음 hammer
  - 방음 cover
  - 강관 pile
- 기성
  - 진
  - 압
  - J
  - P
  - 中
- 현장
  - 관입
  - 굴착
  - Prepacked

기초침하
- 종류
  - 탄성침하
  - 압밀침하
  - 2차 압밀침하
- 원인
  - 연약지반
  - 이질지반
  - 경사지반
  - 지하매설물
  - 일부증축
- 대책
  - 연약지반개량
  - 건물의 경량화
  - 마찰말뚝시공
  - 지하실 설치
  - 기초제원통일
  - Underpinning

부상방지
- 원인
  - 피압수
  - 지하수위변동
  - 지반여건
  - 건물자중
- 대책
  - Rock anchor 설치
  - 마찰말뚝
  - 인접건물긴결
  - 자중증대
  - 지중 bracket 설치
- 바로받이공법
- 보받이공법
- 바닥판받이공법
- 약액주입공법
- Compaction grouting system
- 이중널말뚝공법
- 차단벽공법

현장 Con´c pile
- 관입공법
- 굴착공법

공법	굴착기계	공벽보호	적용지반
Earth drill 공법	Drilling bucket	Bentonite	점토
Benoto 공법	Hammer grab	Casing	자갈
RCD 공법	특수bit+Suction pump	정수압(0.2kg/cm²)	사질, 암

- Prepacked Con´c pile
  - CIP(Cast-in-Place pile)
  - PIP(Packed-in-Place pile)
  - MIP(Mixed-in-Place pile)

주의사항
- ① 수직도
- ② 선단지반교란
- ③ Slime 제거
- ④ 기계인발시 공벽 붕괴
- ⑤ 피압수
- ⑥ 공벽유지
- ⑦ Con´c 품질확보
- ⑧ 안정액 관리
- ⑨ 공해관리
- ⑩ 규격관리

공법순서 비교

Earth Drill<Benoto>
- ① 굴착+Bentonite<Casing>
- ② 철근망
- ③ Tremie pipe
- ④ 콘크리트 타설

PIP
- ① Auger 삽입
- ② Auger 인발
  - 흙 제거
  - 모르타르 주입

CIP
- ① 굴착 ② 철근망
- ③ Tremie pipe
- ④ 자갈 채움
- ⑤ 모르타르 주입

MIP
- ① Auger 삽입
- ② Auger 인발
  - 흙 혼합
  - Cement paste 주입

요약 장판지

기 : 독, 복, 줄, 온
지
- 직－모, 자, 잡, 밑
- 깊－W, C(OC, PC)

말
- 기－지, 마, 다
- 재－나, 기, 현, 강

기 ─ 주 ─ 공

박
- 타(D, S, D)
- 진
- 압

W, P, S, 中

이
- 장
- 충
  - B, W

지
- 정
- 동
  - 소, R, 자
- 말

F=W·H
편박이지축경

기
- 타
- 진
- 압
- J, P, S, 中
현
- 관
- 굴
- P

현
- 관
- 굴
  - E/D-D/B-B－점
  - B-H/G-C－자
  - R-B/S－정-사, 암
- P
  - C, P, M

주 ─ 순

수선 S 기 피
공품안공격

(E/D)
- 굴, B
- 철
- T
- 콘

(C)
- 굴
- 철
- T
- 자
- 모

(P)
- 삽
- 인

(M)
- 삽
- 인

제 5 장 철근콘크리트공사

제 1 절 철근공사

```
공작도 ── 이음 ─────────────────────────── 정착 ────────── 조립 ── 피복두께
```

공작도
- 기초 상세도
- 기둥, 벽 상세도
- 보 상세도
- Slab 상세도

이음
- 길이
  - 압축 : $f_y \leq 400\,\text{MPa} \rightarrow l_t \geq 0.072 f_y d$
    $f_y > 400\,\text{MPa} \rightarrow l_t \geq (0.13 f_y - 24)\,d$
  - 인장 : A급 이음 : $l_t = 1.0 l_d$
    B급 이음 : $l_t = 1.3 l_d$
- 위치
  - 보
    - 상부근 : 중앙
    - 하부근 : 단부
    - Bent근 : $\ell/4$
  - 기둥 : 바닥에서 0.5m 이상 3/4h 이하
- 공법
  - 겹침이음
  - 용접이음
  - Gas 압접
  - Sleeve joint (sleeve 압착)
  - Sleeve 충전
  - 나사이음
  - Cad welding
  - G-Loc splice

정착
- 길이
  - 압축 : $l_d = \dfrac{0.25 d f_y}{\sqrt{f_{ck}}} \times$ 보정계수
  - 인장 : $l_d = \dfrac{0.6 d f_y}{\sqrt{f_{ck}}} \times$ 보정계수
- 위치
  - 기둥 → 기초
  - 지중보 → 기초, 기둥
  - 보 → 기둥
  - 작은보 → 큰보
  - Slab → 보, 벽
  - 벽 → 보, slab, 기둥
- 기준
  - 최상층 : 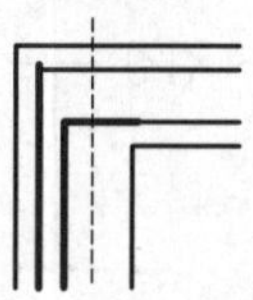
  - 기준층 :

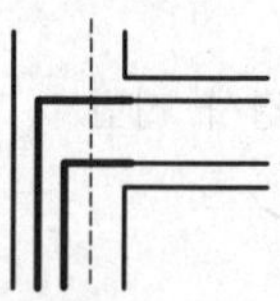

조립
- 철근간격
  - 25mm
  - 1.5D 大
  - 1.25G
- 조립순서
  기초 → 기둥 → 벽 → 보 → slab
- 철근선 조립 (Prefab 공법)
- 용접철망

피복두께
- 목적
  - 내화
  - 내구
  - 부착
- 두께
  - 비내력벽, Slab : 20~40mm
  - 내력벽, 보, 기둥 : 20~40mm
  - 기초 : 80mm

제 2 절 거푸집공사

```
종류 ──────── 측압 ──────── 거푸집 존치기간           요약 장판지
```

종류
- 일반 F
  - Wood F
  - Metal F
  - AL F
- 대형 F
  - 벽 : 대형 pannel (gang form), Climbing form, ACS
  - 바닥 : table F, flying shore F
  - 벽+바닥 : tunnel F (mono shell, twin shell)
  - 연속
    - 수직 : sliding F, slip F
    - 수평 : travelling F
  - 무지주
    - bow beam
    - pecco beam
  - 바닥판 : deck plate, waffle F, half slab

측압

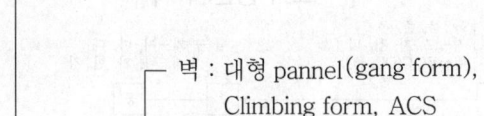

- Con´c head와 측압 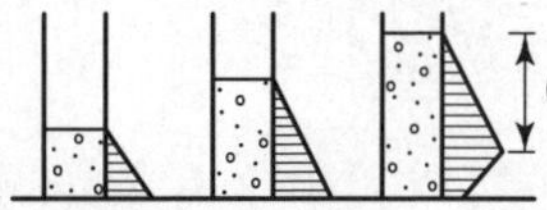 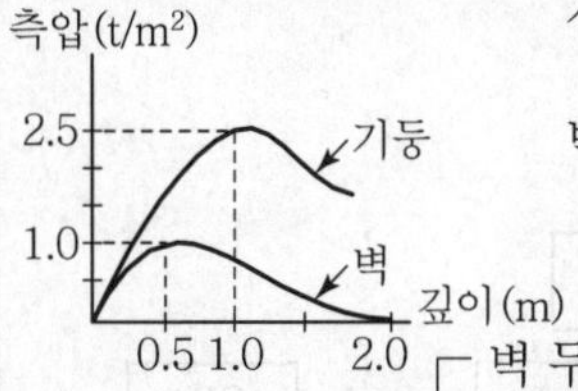
  - Con´c head
- 기둥 : 1M × 2.3t/m³ ≒ 2.5t/m²
- 벽 : 0.5M × 2.3t/m³ ≒ 1t/m²

측압(t/m²)
- 2.5 기둥
- 1.0 벽
- 0.5 1.0 2.0 깊이(m)

측압 영향요소 (큰 경우)
- 벽 두께가 두꺼울수록
- Form 표면이 평활할수록
- Con´c slump 大
- Con´c 시공연도 好
- Bar, 철골 小
- 온도, 습도 小
- 부배합일수록
- 타설높이 높을수록
- 타설속도 빠를수록
- 다짐이 충분할수록

거푸집 존치기간

① 콘크리트 압축강도를 시험할 경우
(콘크리트 표준시방서 기준)

부 재	콘크리트 압축강도(f_{cu})
기초, 기둥, 벽, 보 옆	5MPa 이상
Slab 밑, 보 밑	설계기준강도의 2/3배 이상 또한, 최소 14MPa 이상

② 콘크리트 압축강도를 시험하지 않을 경우
(콘크리트 표준시방서 기준)

평균 기온 \ 시멘트 종류	조강 포틀랜드 시멘트	보통포틀랜드 시멘트 혼합시멘트 A종	혼합시멘트 B종
20°C 이상	2일	4일	5일
20°C 미만 10°C 이상	3일	6일	8일

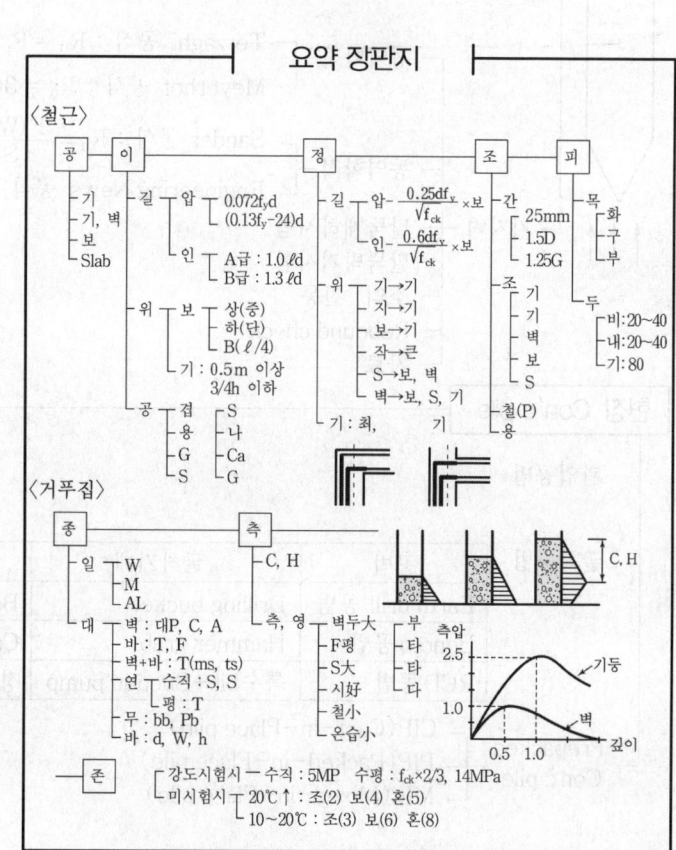

644

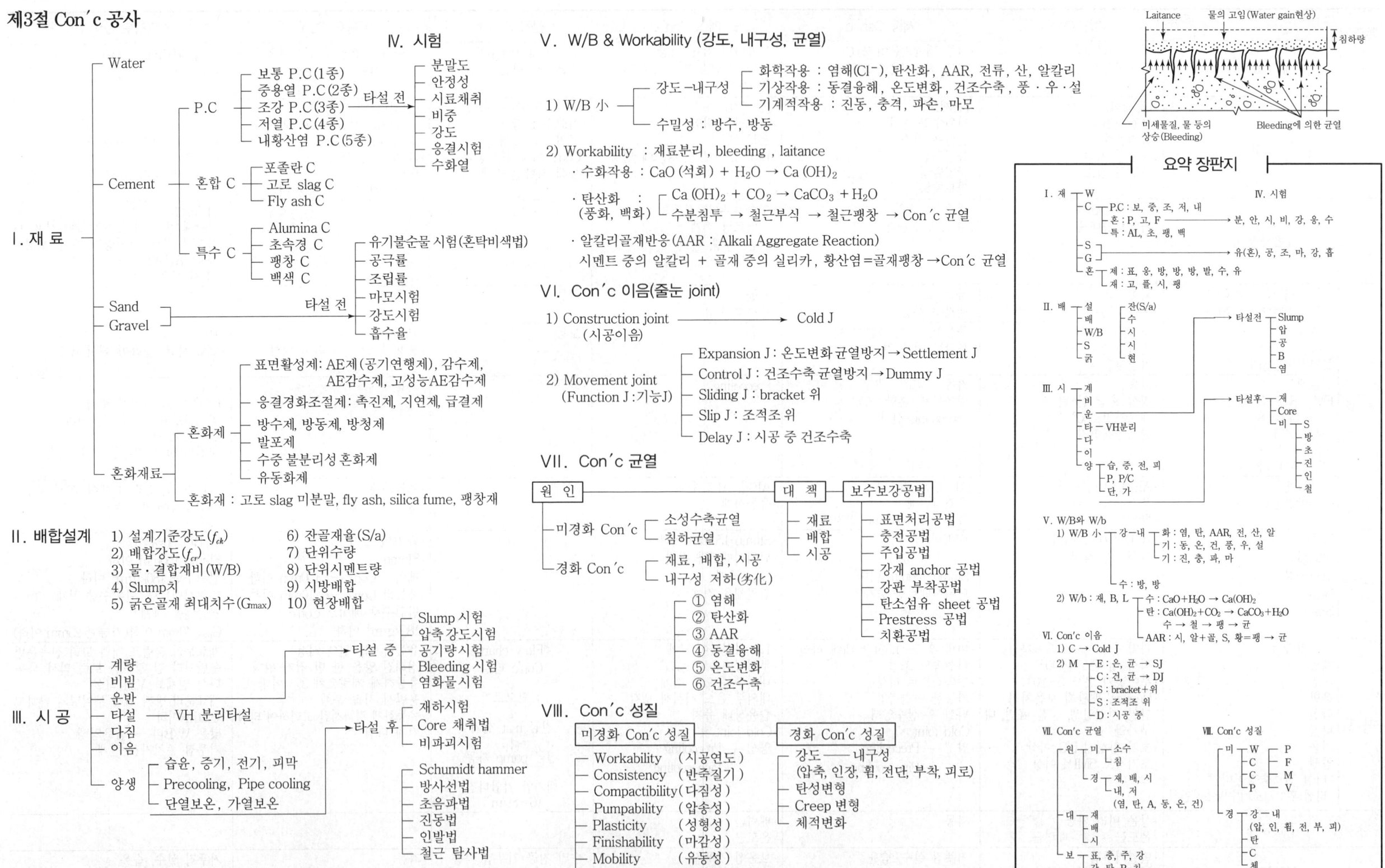

Item / 종류	한중 Con'c	서중 Con'c	매스 Con'c	진공 Con'c	유동화 Con'c	고강도 Con'c
개 요	·하루 평균기온 약 4℃ 이하 ·동결위험시	·하루 평균기온이 25℃ 또는 최고기온이 30℃	·부재단면 0.8m 이상 ·하부 구속이 있는 경우에는 50cm 이상	·진공 mat, pump로 수분 제거하는 Con'c	·유동화제 혼입해 일시적으로 유동성 증대시킨 Con'c	·$f_{ck} \geq$ 40MPa인 Con'c (경량 Con'c $f_{ck} \geq$ 27MPa)
특 징	[문제점] ·응결지연 ·동결융해 ·내구성 저하 ·수밀성 감소	[문제점] ·단위수량 증가 ·슬럼프 감소 ·응결촉진 ·균열발생 ·강도저하	[문제점] ·과도한 수화열 ·온도균열 ·내구성, 수밀성, 강도에 영향	·초기, 장기강도 증대 ·경화수축 감소 ·표면경도 증대 ·Con'c 마모저항 증대 ·동해 저항성 증대	[장점] ·시공연도 개선 ·균열방지 ·강도, 내구성 증대 ·B 감소, L 감소 [단점] ·투입공정 증가 ·시공·시간 관리	[장점] ·부재경량화, 소요단면 감소 ·시공능률 향상, creep 감소 [단점] ·취성파괴 우려, 내화적 ×
일반사항	·골재저장관리 ·가열보양대책	·골재저장관리 ·시공, 양생관리	·수화열 낮은 시멘트, 시멘트량 적게 ·시공, 양생, 관리			·제조방법 결합재 강도 개선, 활성골재 사용, 다짐방법 개선, 양생방법 개선, 보강재 사용, W/B비 적게 ·AE제 사용금지
재료 — ·물 ·음료수, 지하수 ·산 ×, 알칼리 ·염 ×	·좌동 ·온수 사용	·좌동 ·냉각수 사용	·좌동 ·냉각수 사용	·좌동	·좌동	·좌동
재료 — Cement ·풍화 ×, 저장 분안시비강응수	·조강, 알루미나 ·분말도 높은 것 ·가열사용 ×	·중용열, 고로, 플라이 애쉬 ·분말도 낮은 것	·중용열	·보통	·보통 ·중용열, 고로, 플라이 애쉬 ·분말도 높은 것	·보통 ·고로 특급, 플라이 애쉬 A종
재료 — 골재 FM - S 2~3 - G 6~8 ·청정, 견고 ·거칠고 둥근 ·유공체마강흡	·좌동 ·빙설 혼합 안 된 것 ·재료가열 ≦60° ·청정, 견고	·좌동 ·얼음사용. 혼합 ·Precooling 실시	·Precooling	·좌동	·좌동	·좌동 [굵은골재]-선정시 주의 ·입도분포好 → 공극률 저하 ·단단하고 견고 ·시멘트 풀과 열팽창 계수 비슷
재료 — 혼화제 표용방방방발수유	·AE제, AE감수제 ·응결경화촉진제 ·방동제	·AE제, AE감수제 ·응결지연제 ·유동화제, bleeding 방지제	·AE제, AE감수제 ·유동화제	·AE제	·유동화제 ·방수제, 팽창재	·실리카 흄, 플라이 애쉬, 고로 slag ·고성능 감수제
배합 — W/B비 Slump 단위수량 G_{max} S/a	·W/B비 60% 이하 ·단위수량 적게	·W/B비 낮게 ·단위수량 증가 ·Slump 180mm 이하 ·단위시멘트량 증가	·Slump 150mm 이하 ·단위시멘트량 적게 ·G_{max} 크게 ·잔골재율 적게		·W/B비 낮게 ·Slump 베이스 Con'c → 150mm 이하 유동화 Con'c → 210mm 이하 ·단위수량 베이스 Con'c 185kg/m³ 이하	·W/B비 50% 이하 ·Slump 150mm 이하 ·단위수량 180kg/m³ 이하 ·단위시멘트량, 단위수량 적게 ·잔골재율 적게 ·G_{max} 40mm 이하(가능히 25mm 이하)
시공 — 준비작업 계량 비빔 운반 타설 다짐 이음 양생 ·타설 전 : 슬강공비염 ·타설 후 : 재코비수방초진인철	·가열순서 물→모래→자갈 ·믹서 내 온도 ≦40℃ ·부어넣기 온도 5~20℃ ·Hopper, 배관재 보온처리 ·단열, 가열양생, 공간, 표면, 내부가열 ·초기 양생시 0℃ 이상 ·초기강도 5MPa 이상	·비빔 후 1~1.5시간 내에 타설 ·타설속도 조절 ·연속적으로 타설 ·가능한 야간작업 ·타설 후 살수양생 ·Cold joint × ·양생 ┬ Precooling └ Pipe cooling	·1회 타설높이 낮게 ·부어넣기온도 ≦35℃ ·내외부 온도차 적게 ·내외부 온도 서서히 냉각 ·습윤상태 유지 ·Cold joint × ·양생 ┬ Precooling └ Pipe cooling	\<Flow-chart\> Con'c 타설 ↓ 표면고르기 ↓ 진공 mat 설치 ↓ 진공 pump 가동 ↓ 대기압 가압다짐 (6~8t/m²)	·유동화제는 원액 사용 ·정해진 양을 한 번 첨가 원칙 ·유동화제 계량오차 3% 이내 ·운반시 저속 운행 ·유동화제 경과시간 고려하여 타설 ·기계 다짐	·재료분리 슬럼프 저하 고려 신속운반 ·운반거리 긴 경우는 트럭 믹서 사용 ·타설 일체화-V.H 타설 ·재료분리 방지 위해 부어넣기 낙하는 1m 이하 ·낮은 W/B비 → 습윤양생 ·거푸집 존치기간 길게
철근공사	·상온 미리 가공 ·온도근 ·배력근	·좌동	·배력근 ·온도근			
거푸집공사	·단열거푸집 ·지반동결융해로 인한 Support 설치시 주의	·거푸집 살수, 습윤 ·Metal form 사용시 Pipe cooling	·보온성 거푸집 ·단열거푸집 ·측압주의	·수밀 진공 거푸집 사용 (공기, 수분, 차단)	·좌동	·거푸집 살수, 습윤 ·받침기둥 견고

INDEX

(1)

1액형 ····················· 1015
1차 백화 ··················· 908

(2)

2액형 ····················· 1015
2차 백화 ··················· 908
2차 압밀침하 ··············· 319

(5)

5M과 5R ·················· 1278

(ㄱ)

가격비율에 의한 견적 ······· 1166
가동매입공법 ··············· 766
가설공사 항목 ··············· 74
가설공사계획 ················ 70
가설공사비의 구성 ··········· 78
가열 보온 양생 ············· 567
가열 보온양생 ·············· 468
가열법 ···················· 804
가조립 ···················· 757
각변형 ···················· 802
각장 부족 ················· 795
감도분석 ·················· 1350
감리의 종류 ··············· 1266
감리자 ··················· 1262
감리제도 ·················· 1266
감수제 ··················· 428
강관말뚝 ·················· 259
강구공법 ·················· 1100
강도 지향성 ··············· 624
강도시험 ··············· 419, 423
강섬유 보강 Con'c ········· 597
강재 anchor 공법 ·········· 521
강재 truss 지지공법 ········ 939
강재말뚝 ·················· 259
강재창호 ·················· 1035
강판부착공법 ·············· 521

강화유리 ·················· 1040
개량 떠붙임공법 ············ 944
개량 압착붙임공법 ·········· 944
개량 적재공법 ············· 944
개량형 아스팔트 시트 공법 ··· 1011
개산 견적방법 ············· 1165
개산 견적의 분류 ··········· 1165
개스킷 ··················· 1015
개찰 ······················ 47
객체 지향 DBMS ··········· 1400
거푸집 존치기간 ············ 385
거푸집공사의 안전성 검토 ····· 389
건물공해 ·············· 1084, 1090
건설 CALS ··············· 1405
건설 클레임 ··············· 1352
건설 폐기물 ··············· 1104
건설공해 ················· 1084
건설공해의 분류 ············ 1084
건설기계화 시공 ··········· 1126
건설사업의 위험도 관리 ····· 1346
건설산업정보통합화생산 ····· 1398
건설폐기물 재생자원 개념도 ·· 1104
건설폐기물 ··············· 1105
건식 접합 ················· 681
건식공법 ·················· 263
건식공법 ·················· 822
건조수축 균열 mechanism ···· 508
건조수축 진행속도 ·········· 508
건조수축 ················· 508
건축 구조물 해체요인 ······· 1099
건축 구조물의 해체공법 ····· 1099
건축물에너지 효율등급인증제도 ·· 1206
건축물의 결로 ············· 1065
격리재 ··················· 1136
견적 ······················ 46
견적순서 ················· 1163
견적의 종류 ··············· 1160
결로의 종류 ··············· 1065
결합점 ··················· 1436
겹친이음 ·················· 334
경량벽돌 ·················· 898
경로 ····················· 1436
경사 jib형 ················ 1145
경사, 法面 ················ 141

경제적 시공속도 ··········· 1456
계량 ····················· 446
계약제도의 분류 ·············· 6
계측관리 항목 ············· 228
계측관리 ················· 227
계측기 배치 ··············· 229
고강도 Con'c ············· 591
고결공법 ·············· 136, 232
고로 Slag Con'c ··········· 552
고로 slag 시멘트 ·········· 417
고로 slag ················ 431
고분자 루핑방수공법 ········ 999
고성능 AE 감수제 ·········· 428
고성능 감수제 ············· 428
고성능 콘크리트 ··········· 583
고속궤도방식 ············· 845
고장력 bolt 접합 ·········· 777
고장력 bolt의 종류 ········ 778
고정매입공법 ············· 765
고정방식 ················· 718
고정식 ··················· 1145
골재의 품질관리시험 ········ 422
골재의 함수상태 ··········· 425
골조식 ··················· 666
공개경쟁입찰 ··············· 40
공극률 시험 ··············· 422
공기 촉진 클레임 ·········· 1353
공기단축기법 ············· 1443
공기량 시험 ··············· 473
공기에 영향을 주는 요소 ···· 1443
공기와 시공속도 ··········· 1454
공기지연 ················· 1463
공동도급 운영방식 ··········· 15
공동도급 ·················· 14
공명흡음 ················· 1070
공법시방서 ··············· 1342
공사 비목 내용 ······· 1161, 1178
공사감리 ················· 1266
공사공해 ·············· 1084, 1090
공사관리 ················· 1257
공사관리의 3대 요소 ······· 1257
공사관리의 5M과 5R ······· 1258
공사관리자 ··············· 1262
공사범위 클레임 ··········· 1353

공사별 시방서 ·························· 1342
공사비 구성 ···························· 1161
공사지연 클레임 ···················· 1353
공사책임기술자 ······················ 1262
공업화 건축 ···························· 657
공업화 건축의 개념도 ··············· 672
공정관리 곡선 ························· 1449
공정관리기법 ·························· 1428
공정마찰 ······························· 1458
공정마찰의 개념 ······················ 1458
공정표의 종류 ························· 1428
공종별 수량에 의한 견적 ········· 1165
공통 가설공사 ·························· 74
공통시방서 ···························· 1340
관리도 ································· 1289
관리허용오차 ·························· 811
관입공법 ······························· 299
교란 시료 샘플링 ···················· 118
교류 arc 용접기 ······················ 785
교호법 ································· 805
구(球) 관입시험 ······················ 444
구멍가심 ······························· 757
구멍뚫기 ······························· 756
구체 흙막이공법 ······················ 151
국가규격 ······························· 1384
국가표준화 ···························· 1384
국제규격 ······························· 1384
국제표준화 ···························· 1384
국제표준화기구 ······················ 1381
굴착공법 ······························· 301
굴착기계 ······························· 1131
굴착치환공법 ·························· 132
굵은 골재 최대치수 ·················· 437
균배도 ································· 1448
금매김 ································· 781
금매김 ································· 756
금속재 form ···························· 361
급결제 ································· 429
기계화 ································· 1150
기성 Con'c 말뚝 ······················ 255
기술개발 보상제도의 필요성 ········ 31
기압차에 의한 물의 이동 및 대책 ··· 723
기업표준화 ···························· 1385
기초상부 배수관 설치공법 ········· 218
기초하부 유공관 설치공법 ········· 217
긴장재 ································· 1136
길이 쌓기 ······························· 901
깊은 우물 공법 ······················ 205

(ㄴ)

나무말뚝 ······························· 254
나사이음 ······························· 335
나중매입공법 ·························· 767
나중채워넣기 십자(十)바름법 ······ 769
나중채워넣기 중심바름법 ·········· 768
나중채워넣기법 ······················ 769
낙찰 ································· 47
낙찰제도 ······························· 50
낙찰제도의 분류 ······················ 50
낙하물 방지망 ·························· 83
낙하물 방지선반 ······················ 83
낙하물 방호선반 ······················ 83
내단열 ································· 1061
내부결로 ······························· 1065
내장재 개발방향 ······················ 1054
내장재 ································· 1051
내장재의 구비조건 ··················· 1051
내장재의 종류 ························· 1051
내진구조 ······························· 624
내진설계 ······························· 624
내화구조의 성능기준 ··············· 819
내화도료 ······························· 968
내화벽돌 ······························· 898
내화피복공법 분류 ··················· 820
내황산염 포틀랜드 시멘트 ········ 416
냉각법 ································· 804
냉교 ································· 1067
너트 회전법 ···························· 782
녹막이 페인트 ························· 968
녹막이칠 ······························· 757
녹색 건축 개론 ······················ 1194
녹색 건축물 ···························· 1197
녹색건축 인증제도 ··················· 1202

(ㄷ)

다짐 ································· 448
다공질흡음 ···························· 1070
다기능 panel ···························· 668
다짐계수시험 ·························· 445
다짐기계 ······························· 1131
다짐말뚝 ······························· 254
다짐성 ································· 532
단가도급 ······························· 9
단계 ································· 1436
단별시공방식 ·························· 844

단열 보온 양생 ······················ 567
단열 보온양생 ························· 468
단열공법 분류 ························· 1060
단열공법 ······························· 1060
단열재의 구비조건 ··················· 1060
단위기준에 의한 견적 ·············· 1165
단위면적에 의한 견적 ·············· 1165
단위설비에 의한 견적 ·············· 1165
단위수량 ······························· 438
단위시멘트량 ·························· 438
단위체적에 의한 견적 ·············· 1165
단체규격 ······························· 1385
단체표준화 ···························· 1385
담수공법 ······························· 211
대기압공법 ···························· 138
대리인형 CM ···························· 1270
대칭법 ································· 805
대형 breaker 공법 ····················· 1100
대형 panel form ························ 362
대형 시스템 거푸집 ·················· 371
도드락 다듬 ···························· 931
도막방수공법 ·························· 1006
도장검사 ······························· 970
도장공사의 결함 ······················ 971
도장면 바탕처리 ······················ 968
도장의 목적 ···························· 971
도장재료의 종류 ······················ 967
독립기초 ······························· 253
돌공사 치장줄눈 ······················ 933
돌붙임공법 ···························· 938
돌쌓기공법 ···························· 932
동(動)역학적 추정방법 ·············· 288
동결공법 ······························· 136
동결융해 ······························· 493
동다짐공법 ···························· 132
동바리 존치기간 ······················ 386
동시줄눈공법 ·························· 945
동압밀공법 ···························· 132
동재하시험 ···························· 289
동치환공법 ···························· 137
두부정리 ······························· 270
뒤채움재 ······························· 1017
떠붙임공법 ···························· 943
뜬바닥구조 ···························· 1071

(ㄹ)

래커 페인트 ···························· 967

레미콘 운반시간 한도 규정 ········ 555
레미콘 ····························· 554
레미콘의 종류 ····················· 554
로봇화 ···························· 1150
로이유리 ·························· 1040
롤러칠 ····························· 969
린 건설 ··························· 1414

(ㅁ)

마감성 ···························· 532
마구리 쌓기 ······················· 901
마름돌쌓기 ························· 932
마모시험 ·························· 423
마찰말뚝 ·························· 254
마찰접합 ·························· 777
막돌쌓기 ·························· 932
막힌 joint ························· 462
막힌줄눈 ·························· 899
말뚝박기공법 ······················ 275
말뚝파손의 형태 ··················· 293
망입유리 ························· 1041
맞댄 joint ························· 462
맞댄쪽매 ························· 1030
맞댐 용접 ·························· 786
메뚜기장이음 ····················· 1029
명목상 작업 ······················ 1436
명세 견적 ························ 1160
모래다짐말뚝공법 ·················· 130
모래지정 ·························· 253
모살용접 ·························· 787
목공사 ··························· 1028
목두께 불량 ················· 794, 795
목재 form ························· 361
무늬유리 ·························· 1041
무량판 slab ······················· 621
무재고 ··························· 1420
문지름칠 ·························· 969
물가변동 ··························· 61
물갈기 ···························· 931
물리·화학적 작용 ·················· 492
물리적 시험 ······················ 118
물리적 ···························· 116
물시멘트비 ························ 436
미국 시방서 ······················ 1344
미끄럼치환공법 ···················· 132
미식 쌓기 ························· 900
미장공법 ····················· 263, 821

미장공법의 분류 ··················· 958
미장공사 ·························· 958
미장공사의 결함 ··················· 962
밀착줄눈공법 ······················ 945
밑창 Con'c 지정 ··················· 254

(ㅂ)

바깥방수공법 ······················ 997
바니시 페인트 ····················· 967
바닥단열 ·························· 1062
바닥마감재 ······················· 1052
바닥판받이 공법 ··················· 323
바로받이 공법 ····················· 323
바른층쌓기 ······················· 932
반발 경도법 ······················ 484
반자동 arc 용접기 ················· 786
반자동용접 ······················· 785
반죽질기 ·························· 531
반턱맞춤 ························· 1030
반턱쪽매 ························· 1031
받침기둥 ·························· 386
발파공법 ························· 1101
발파법 ···························· 931
발포제 ···························· 430
방동제 ···························· 430
방사선 투과법 ····················· 799
방사선법 ·························· 486
방수제 ···························· 429
방습층 ···························· 913
방청제 ···························· 429
방호 Sheet ························· 85
배수공법 ·························· 204
배수판공법 ······················· 219
배합강도 ·························· 435
배합설계 ·························· 434
배합설계순서 ······················ 435
배합의 종류 ······················ 434
백색 시멘트 ······················ 418
백화 제거방법 ····················· 912
백화 ····························· 908
버팀대식 흙막이공법 ··············· 147
벽단열 ··························· 1062
벽식 공법 ························· 171
변성암 ···························· 930
변형바로잡기 ····················· 756
병행시공방식 ····················· 844
보도방호구대 ······················ 84

보받이 공법 ······················ 323
보수 후 검사확인 ·················· 522
보양 ····························· 466
보의 응력 ························· 349
보통 지정 ························· 253
보통 포틀랜드 시멘트 ·············· 415
보통유리 ························· 1040
보호 테이프 ······················ 1018
복층유리 ························· 1040
복합기초 ·························· 253
복합방수 ····················· 986, 1020
복합화 개념도 ····················· 1378
복합화 공법 ······················ 1377
본뜨기 ···························· 755
본조립 ···························· 757
부리쪼갬 ·························· 931
부분별 적산 ······················ 1169
부상방지 대책 ····················· 314
부실공사 ························· 1273
부위별 시방서 ····················· 1342
부위별 적산 ······················ 1169
부찰제 ····························· 51
분말도 시험 ······················ 418
분쟁 해결방안 ····················· 1354
분할 견적법 ······················ 1169
분할도급 ····························· 7
불교란 시료 샘플링 ················ 118
불식 쌓기 ························· 900
불안전 상태 ······················ 1326
불안전 행동 ······················ 1326
비교견적입찰 ······················ 42
비닐 섬유 보강 Con'c ·············· 600
비닐타일 ························· 1052
비례기준에 의한 견적 ·············· 1165
비빔 ····························· 447
비석법 ···························· 805
비성형 실링재 ····················· 1015
비용구배 ························· 1444
비중시험 ·························· 419
비탄성 shortening ················· 874
비탈면 open cut 공법 ·············· 141
비틀림변형 ······················· 803
비파괴검사 ······················· 799
비폭성 파쇄재 ····················· 1101
빗쪽매 ··························· 1031
빗턱맞춤 ························· 1030
뿜칠 ····························· 969
뿜칠공법 ····················· 263, 821

(ㅅ)

사면선단재하공법 ······················ 133
사선식 공정표 ···························· 1429
사업장 일반폐기물 ····················· 1105
사전압밀공법 ····························· 133
사전조사 사항 ···························· 1246
사회간접자본 ······························ 23
산업공학 ································· 1310
산업안전보건관리비 ··················· 1329
산점도 ·································· 1294
산포도 ·································· 1294
상자식 ·································· 667
상주감리 ································· 1266
생석회 말뚝공법 ························· 136
생애주기 비용 ···························· 1317
서중콘크리트 ····························· 569
석고 plaster ······························ 958
석재가공 ································· 931
석재의 보양 ······························ 936
석재의 종류 ······························ 930
선행굴착공법 ····························· 277
선행방식 ································· 184
선행재하공법 ····························· 133
설계기준강도 ····························· 435
설계품질 ································· 1299
섬유 보강 Con'c ·························· 597
성능시방서 ······························· 1341
성형 실링재 ······························ 1015
성형성 ·································· 531
성형판 붙임공법 ·················· 263, 822
소결공법 ································· 137
소리와 진동에 의한 방법 ············· 290
소성수축 균열 ···························· 512
소음의 원인 ······························ 1069
소형 breaker 공법 ······················ 1100
소형 양중기 ······························ 1140
손용접 ·································· 785
솔칠 ··································· 969
송곳뚫기 ································· 756
수동용접 ································· 785
수동토압 ································· 155
수량비율에 의한 견적 ·················· 1166
수사법 ·································· 276
수성암 ·································· 930
수성페인트 ······························· 967
수압계를 이용하는 방법 ·············· 383
수압판에 의한 방법 ···················· 383

수의계약 ································· 47
수중 불분리성 혼화제 ·················· 430
수직 보호망 ······························ 85
수축 줄눈 ································· 463
수평 jib형 ································· 1145
수화열 시험 ······························ 420
스웨덴식 sounding ······················ 117
슬리브 압착 ······························ 335
습식 공법 ································· 938
습식 접합 ································· 679
습윤양생 ································· 467
시공계획 ································· 1250
시공계획의 기본 방향 ·················· 1250
시공계획의 필요성 ····················· 1250
시공도면 ································· 1337
시공성 ·································· 531
시공연도 측정방법 ····················· 443
시공연도 ································· 440
시공이음 ································· 460
시공자형 CM ···························· 1270
시공품질 ································· 1300
시료 채취 ································· 118
시멘트 mortar ···························· 958
시멘트 벽돌 ······························ 898
시멘트의 분류 ···························· 415
시뮬레이션분석 ··························· 1350
시방 배합 ································· 434
시방서 ·································· 1340
시방서의 기재사항 ····················· 1343
시방서의 종류 ···························· 1340
시스템 공학 ······························ 1309
시험지법 ································· 502
신기술 지정제도 ························· 27
신재생에너지(Active요소) ············· 1220
신축 이음 ································· 461
실내공기 오염물질 ····················· 1095
실내공기질에 대한 법적규제 ········· 1094
실런트 ·································· 1015
실물대시험 ······························· 726
실적공사비 적산방법 ·················· 1174
실행 예산의 기능 ······················· 1184
실행예산의 구성 ························· 1185
실행예산의 분류 ························· 1185
쐐기 타입 공법 ··························· 1101

(ㅇ)

아스팔트 타일 ···························· 1052

안방수공법 ······························· 995
안장맞춤 ································· 1030
안전 net ································· 82
안전관리 목적 ···························· 1325
안전관리 ································· 1325
안전난간 ································· 83
안전선반 ································· 85
안전시설의 종류 ························· 82
안전진단 항목 ···························· 632
안전진단 ································· 631
안정성 시험 ······························ 418
안정액 ·································· 178
안정액 관리 방법 ······················· 180
안정액 역할 ······························ 179
알루미늄 form ···························· 361
알루미늄창호 ····························· 1037
알칼리 골재반응 ························· 492
압밀공법 ································· 133
압밀침하 ································· 318
압성토공법 ······························· 134
압쇄공법 ································· 1101
압입공법 ································· 276
압접기 ·································· 1136
압착붙임공법 ····························· 944
압축강도 부족시 대처방안 ············ 482
압축강도 시험 ···························· 476
액상화 현상 ······························ 214
약액주입 공법 ···························· 324
약액주입공법 ····························· 232
양벽구조 ································· 666
양생 ··································· 466
양생의 종류 ······························ 466
양중기 분류 ······························ 1140
억제법 ·································· 804
엇걸이이음 ······························· 1029
에너지절약방법 ··························· 1064
에멀션 페인트 ···························· 967
에폭시계 ································· 1007
역변형법 ································· 804
역타공법 ································· 189
역학적 시험 ······························ 119
연가 분석법 ······························ 1319
연성 지향성 ······························ 624
연속기초 ································· 253
연속반복방식 ····························· 845
연속방식 ································· 183
연직배수공법 ····························· 134
열가소성 수지 ···························· 1048

열경화성 수지 ·························· 1049
열반사유리 ··························· 1040
열흡수유리 ··························· 1040
염분 제거방법 ························· 501
염분 함유량 규제치 ··················· 498
염분 함유량 측정법 ··················· 502
염해 ································ 498
염화물 시험 ··························· 474
영구 구조물 흙막이 공법 ··············· 195
영구배수공법 ························· 217
영식 쌓기 ···························· 900
오니쪽매 ···························· 1031
옥상녹화방수 ························· 1231
온도균열 ···························· 572
온도변화 ···························· 493
온통기초 ···························· 253
완충공법 ···························· 1069
외단열 ······························ 1062
외벽 성능시험 ························· 726
외벽 접합부 ··························· 684
용입불량 ···························· 794
용접 결함 ···························· 793
용접변형 ···························· 802
용접변형의 종류 ······················ 802
용접순서를 바꾸는 공법 ··············· 805
용접식 이음 ··························· 284
용접이음 ···························· 334
용접접합 ···························· 784
용제형 ······························ 1007
우물통 기초 ··························· 151
운반 ································ 447
운반기계 ···························· 1131
원가분류체계 ························· 1412
원가절감 기법(tool) ··················· 1309
원가절감 방안 ························· 1308
원거리 데이터 통신 ··················· 1401
원심력 R.C. 말뚝 ····················· 255
원척도 ······························ 755
위험도 감소 ··························· 1351
위험도 관리 ··························· 1346
위험도 대응 ··························· 1351
위험도 배분 ··························· 1351
위험도 분석 ··························· 1350
위험도 식별 ··························· 1348
위험도 인자 ··························· 1346
위험도 회피 ··························· 1351
유기불순물 시험 ······················ 422
유닛 타일 공법 ························ 946

유닛 타일 압착공법 ··················· 946
유동성 ······························ 532
유동화 Con′c ························· 587
유동화제 ···························· 430
유리섬유 보강 Con′c ·················· 598
유리의 설치공법 ······················ 1042
유리의 요구 성능 ······················ 1039
유리의 종류 ··························· 1040
유성페인트 ··························· 967
유압 crane ··························· 1142
유압 jack 공법 ······················· 1101
유제형 ······························ 1007
음속법 ······························ 486
응결경화 조절제 ······················ 429
응결시험 ···························· 419
의사결정나무 분석 ···················· 1350
이온 전극법 ··························· 502
이음 ··························· 333, 460
이음공법 ···························· 334
이종재료 적층공법 ···················· 823
이중 천장 ···························· 1072
이중널말뚝 공법 ······················ 325
이질재료 접합공법 ···················· 823
인공지능 ···························· 1400
인발법 ······························ 487
인장접합 ···························· 778
인조석 ······························ 1053
일식도급 ···························· 7
입도조정공법 ························· 139
입찰등록 ···························· 46
입찰방식 ···························· 40
입찰순서 ···························· 44
입찰참가자격 사전심사제도 ·········· 34

(ㅈ)

자갈지정 ···························· 253
자기분말 탐상법 ······················ 800
자동 arc 용접기 ······················ 786
자동용접 ···························· 785
자동화 ······························ 1150
자립식 흙막이공법 ···················· 147
자원배당계획 ························· 1447
자원배당대상 ························· 1447
작업 ································ 1436
작업분류체계 ························· 1410
잔골재율 ···························· 438
잔다듬 ······························ 931

잠함기초 ···························· 151
잡석지정 ···························· 253
장막식 ······························ 668
장부식 이음 ··························· 284
재생 골재 ···························· 1111
재생 콘크리트의 성질 ·················· 1111
재입찰 ······························ 47
재하시험에 의한 방법 ·················· 289
재해원인 ···························· 1326
재해유형 ···························· 1325
저가심의제 ··························· 51
저열 포틀랜드 시멘트 ·················· 416
적산과 견적 ··························· 1160
적시생산방식 ························· 1418
적재공법 ···························· 943
적재기계 ···························· 1131
적층공법 ···························· 666
전기양생 ···························· 467
전기충격공법 ························· 131
전기침투공법 ························· 138
전도공법 ···························· 1101
전면바름 마무리법 ···················· 767
전문가 system ························ 1400
절 ································· 756
절단 ································ 1100
절판 slab ···························· 689
점성 ································ 532
점토벽돌 ···························· 898
접착붙임공법 ························· 945
접합유리 ···························· 1040
정착 ································ 336
정(靜)역학적 추정방법 ················· 287
정다듬 ······························ 931
정보관리 system ······················ 1393
정보화 시공 ··························· 227
정액도급 ···························· 9
정재하시험 ··························· 289
정전(靜電) 공법 ······················ 969
정지기계 ···························· 1131
정지토압 ···························· 155
제치장 Con′c ························· 602
제한경쟁입찰 ························· 41
제한적 최저가 낙찰제도 ················ 51
제한적 평균가 낙찰제 ·················· 51
제혀쪽매 ···························· 1031
조립 ································ 338
조강 포틀랜드 시멘트 ·················· 416
조립률 : Fineness Modulus, F.M ··· 422

조임 검사 ·················· 782
조임방법 ···················· 779
조적공법 ···················· 263
조적공법 ···················· 822
조적벽체의 control joint ········· 917
조절 줄눈 ···················· 463
조직분류체계 ················ 1412
종굽힘변형 ·················· 803
종벽구조 ···················· 665
종수축 ······················ 802
종합건설업제도 ·············· 1387
좌굴변형 ···················· 803
죄임철물의 변형에 의한 방법 ······ 383
주각 모르타르 시공 ············· 767
주동토압 ···················· 154
주름관 ······················ 858
주먹장맞춤 ·················· 1030
주먹장이음 ·················· 1029
주수공법 ···················· 210
주열식 공법 ·················· 171
주입공법 ···················· 520
주행식 ······················ 1146
중간관리일 ·················· 1461
중공굴착공법 ················· 277
중단열 ······················ 1061
중용열 포틀랜드 시멘트 ········· 416
증기양생 ···················· 467
지명경쟁입찰 ··················· 41
지반개량공법 ················· 127
지반조사 종류 ················· 116
지반조사의 순서 ··············· 115
지붕 slab 접합 ················· 685
지붕단열 ···················· 1062
지붕방수 ···················· 984
지압접합 ···················· 778
지압형 bolt ··················· 779
지연제 ······················ 429
지정폐기물 ·················· 1105
지주 ························· 386
지지말뚝 ···················· 254
지진의 원인 ·················· 624
지하실 방수공법 ··············· 995
지하연속벽 공법 ··············· 171
지하탐사법 ··················· 116
직류 arc 용접기 ··············· 785
직접 가설공사 ·················· 76
직접기초 ···················· 253
진공 deep well 공법 ············ 208

진공배수공법 ················· 579
진공압밀 공법 ················· 138
진공콘크리트 ················· 579
진도관리 ··················· 1449
진도관리 곡선 ················ 1449
진도관리 방법 ················ 1449
진도관리 순서 ················ 1450
진도관리 주기 ················ 1449
진동공법 ···················· 276
진동다짐공법 ················· 130
진동법 ······················ 486
진흙 바름 ···················· 959
질산은 적정법 ················· 502
질의응답 ······················ 46
집수통 배수 ·················· 205
짚어보기 ···················· 116

(ㅊ)

차단벽 공법 ·················· 325
차음공법 ··············· 1069, 1074
착색유리 ··················· 1041
착색재 ······················ 433
창단열 ······················ 1063
채산 시공속도 ················ 1457
채석법 ······················ 931
책임감리 ··················· 1266
천연 페인트 ·················· 968
철골공사의 내화피복 ············ 819
철근 prefab 공법 ·············· 340
철근의 가공 ·················· 332
철근의 배근 ·················· 351
철근콘크리트보의 구조원리 ······· 349
철근탐사법 ··················· 487
체가름 시험 ·················· 422
체크 시트 ··················· 1294
초고층 건축의 바닥판공법 ······· 866
초기 양생 ···················· 568
초속경 Con'c ················· 552
초속경 시멘트 ················· 417
초음파 탐상법 ················· 800
초음파법 ···················· 486
촉진제 ······················ 429
총공사비 구분 ··········· 1161, 1178
최고가치 낙찰제도 ··············· 52
최소비용계획 ················ 1444
최저가 낙찰제 ·················· 50
최적 시공속도 ················ 1456

추가비용 ··················· 1444
추락 방지망 ···················· 82
충전공법 ···················· 520
충전식(充塡式) 이음 ············ 284
측압의 측정방법 ··············· 383
층간 방화구획 ················· 825
층별 ······················ 1295
치장줄눈 ···················· 899
치환공법 ················ 132, 522
친환경시공 ·················· 1228
칠공법 ······················ 969
침투 탐상법 ·················· 800
침투압공법 ··················· 138
침하 joint ··················· 462
침하 균열 ··················· 513
침하의 종류 ·················· 318

(ㅋ)

커튼 월 공사의 시험 ············ 725
커튼 월의 분류 ················ 705
커튼 월의 비처리방식 ··········· 721
커튼 월의 요구성능 ············· 729
커튼 월의 파스너(fastener) 방식 ·· 717
코킹 ······················ 1015
콘크리트 균열 보수·보강대책 ···· 519
콘크리트 분배기 ··············· 858
콘크리트 비파괴 시험 ··········· 484
콘크리트 줄눈 ················· 460
콘크리트 측압 ················· 381
콘크리트 펌프 공법 ············· 455
콘크리트 프레이싱 붐 ··········· 859
콘크리트의 균열 종류 ··········· 512
콘크리트채움강관 공법 ·········· 878
큰지붕 lift 공법 ··············· 693
클레임 유형 ················· 1353
클레임 추진 절차 ············· 1353
클레임의 발생 원인 ············ 1352

(ㅌ)

타격공법 ·············· 275, 1100
타격법 ······················ 484
타설공법 ··············· 263, 452
타설공법 ···················· 821
타일 거푸집 선부착 공법 ········· 946
타일 선부착 P.C판 공법 ········· 946
타일붙임공법 ················· 943

타일의 접착력 시험 ······················· 948
타일의 종류 ································· 949
탄산화 ····································· 503
탄산화 시험방법 ························ 504
탄산화 이론 ································· 503
탄산화의 요인 ···························· 504
탄성 shortening ························· 874
탄성침하 ··································· 318
탄소섬유 Sheet 공법 ················· 521
탄소섬유 보강 Con'c ················· 599
탈수공법 ··································· 134
티파보기 ··································· 116
턱맞춤 ····································· 1030
테두리 보 ································· 906
토공사계획 ································· 102
토공사용 기계 ···························· 1131
토압 분포 ································· 155
토압의 종류 ································· 154
토질시험 ··································· 118
토질주상도(土質柱狀圖) ··········· 124
토크 관리법 ································· 782
통기구 ····································· 1068
통줄눈 ····································· 899
트인 joint ································· 462
특기시방서 ································· 1340
특명입찰 ··································· 42
특성요인도 ································· 1293
특수 시멘트 ································· 417

(ㅍ)

파레토도 ··································· 1292
판식 ······································· 665
판진동흡음 ································· 1071
팽창 시멘트 ································· 417
팽창재 ····································· 432
퍼티 ······································· 1015
펀칭 ······································· 756
평형철근비 ································· 351
폐기물 공해 ···················· 1084, 1090
폐기물의 종류 ···························· 1105
폐콘크리트의 재활용 방안 ········· 1109
포틀랜드 시멘트 ························ 415
폭파공법 ··································· 1102
폭파다짐공법 ···························· 131
폭파치환공법 ···························· 133
표면결로 ··································· 1065
표면처리공법 ···························· 519

표준공기제도 ···························· 1301
표준관입시험 ···························· 117
표준시방서 ································· 1340
표준화 ····································· 1384
표준화 대상 ································· 1385
품질·공정·원가의 상호관계 ···· 1279
품질경영 ··································· 1296
품질관리 단계 ···························· 1285
품질관리 ··································· 1278
품질관리의 7가지 tool ··········· 1289
품질보증 ··································· 1297
품질인증 ··································· 1297
풍동시험 ··································· 725
플라스틱 ··································· 1048
플랫 슬래브 ································· 621
피닝법 ····································· 805
피막양생 ··································· 467
피막양생제 ································· 467
피복 arc 용접 ···························· 785
피복두께 ··································· 339

(ㅎ)

하도급 계열화 ···························· 58
한계허용오차 ···························· 811
한중콘크리트 ···························· 564
합성 slab 공법 ···························· 688
합성공법 ··································· 823
합성수지 ··································· 1048
허튼층쌓기 ································· 933
현가 분석법 ································· 1319
현장 대리인 ································· 1262
현장 상이조건 클레임 ··············· 1353
현장배합 ··································· 435
현장설명 ··································· 45
현장실행 예산서 ························ 1184
현장타설 Con'c 말뚝 ··············· 299
혹떼기 ····································· 931
혼탁 비색법 ································· 422
혼합 시멘트 ································· 416
혼화재 ····································· 431
혼화재료의 종류 ························ 427
혼화제(混和劑) ························ 427
화란식 쌓기 ································· 900
화성암 ····································· 930
화학약제 혼합공법 ···················· 139
확률분석 ··································· 1350
환경관리 ··································· 1228

환경친화형 콘크리트 ··············· 606
환산재해율 ································· 1325
회반죽 ····································· 958
회전방식 ··································· 718
회전변형 ··································· 803
횡벽구조 ··································· 665
횡선식 공정표 ···························· 1428
횡수축 ····································· 802
후퇴법 ····································· 805
후판유리 ··································· 1040
휘발성유기화합물 ···················· 1094
흐름시험 ··································· 444
흙막이 open cut 공법 ··············· 141
흡수율 시험 ································· 424
흡음공법 ··································· 1070
히스토그램 ································· 1291
힘의 균형 도시 ························ 156

(A)

A.L.C 패널 ································· 921
AAR : Alkali ggregate Reaction ··· 492
accelerator ································· 429
ACM(Agency CM) ··············· 1271
Activity ··································· 1436
admixture ································· 431
AE water reducing agent ········· 428
AE 감수제 ································· 428
AE제(Air Entraining agent) ····· 427
all casing 공법 ························ 302
Alumina 시멘트 ························ 417
American bond ························ 900
Anchor bolt 매입 ···················· 765
Anchor 긴결공법 ···················· 939
Asphalt ··································· 987
Asphalt felt ································· 987
Asphalt primer ························ 987
asphalt roofing ························ 987
Asphalt 방수 ···························· 987

(B)

B.E법(Breakdown Element) ······ 1169
B.I.G.S 공법 ···························· 522
Back-up재 ································· 1017
Backhoe ··································· 1132
Baking out ································· 1097
ball penetration test ··············· 444

Balloon Injection Grouting System522
banana 곡선 ················· 1449
band식 이음 ··················· 284
base 고정방식 ················ 1145
base 상승방식 ················ 1145
Batcher plant ··············· 1136
Bender ······················ 1136
Benoto 공법 ··················· 302
Bentonite ····················· 181
Bentonite 방수 ················ 985
best value ····················· 52
BIM ························· 1402
Bleeding test ················· 473
Blow hole ···················· 793
Boiling 현상 ·················· 214
Bolt 접합 ···················· 772
Bolt식 이음 ··················· 284
Bond breaker ················ 1018
BOO(Build – Operate – Own) ·· 24
Boring 종류 ··················· 122
Boring ······················· 121
BOT(Build – Operate – Transfer) ··· 24
Bow beam ····················· 366
Box column 용접 ·············· 816
BTL(Build – Transfer – Lease) ······ 25
BTO(Build – Transfer – Operate) ··· 25
Bucket 공법 ··················· 452
Building pollution ·········· 1084, 1090
Bulldozer ··············· 1132, 1133
Butt joint ···················· 462
butt welding ················· 786

(C)

C.F.R.C ······················ 599
C.I.P(Cast – In – Place pile) ········· 310
C.M 제도 ···················· 1269
C.P(Critical Path) ············· 1436
Cad welding ················· 335
caisson foundation ············ 151
CALS 정의의 변화 ············ 1406
CALS의 개념도 ··············· 1405
CALS의 구축 단계 ············ 1407
Calweld 공법 ················· 301
Carpet 깔기 ················· 1052
Cart 공법 ···················· 452
Causes and effects diagram ······ 1293
CBS ························ 1412

Central mixed Con'c ············· 554
centrifugal reinforced concrete pile255
CFT 접합부 형식 ··············· 879
CFT 공법 ····················· 878
CFT의 콘크리트 타설공법 ········· 882
check sheet ·················· 1294
Chute 공법 ···················· 452
CIC ························ 1398
CIC의 개념도 ················· 1398
CIC의 기반 컴퓨터 기술 ·········· 1400
Clearance joint ··············· 462
Climbing form ················ 362
Climbing 방식 ················ 1145
Closed joint ·················· 462
Closed joint system ············ 721
Closed system ················ 669
CM at risk ·················· 1270
CM for fee ·················· 1270
CM 계약 방식 ················ 1269
CM 계약 유형 ················ 1269
CM 기본 형태 ················ 1269
CM 역할 수행자 ·············· 1269
CM의 단계별 업무 ············· 1271
CM의 분류 ··················· 1269
CO_2 arc 용접 ················· 785
Cold bridge ·················· 1067
Compactibility ··············· 532
compacting factor test ·········· 445
Compaction grouting system ······· 324
Compressor pile ·············· 300
Con'c head ··················· 381
Concrete distributor ··········· 858
Concrete Placing Boom ·········· 859
Cone 관입시험 ················ 117
Consistency ·················· 531
construction claim ············· 1352
construction joint ············· 460
Construction pollution ······· 1084, 1090
contraction joint ············· 463
control joint ················· 463
Conveyer ···················· 1133
core 선행공법 ················· 886
corosion inhibiting agent ········· 429
Cost slope ·················· 1444
CPM ························ 1430
Crack ······················· 793
Cramshell ··················· 1132
Crane climbing 방식 ············ 1145

Crane ·················· 1140, 1142
Crater ······················ 794
Crawler crane ················ 1142
Creep ······················· 534
cross wall system ············· 665
Cubicle unit 공법 ·············· 667
curing ······················ 466
curing compound ·············· 467
cutter 공법 ·················· 1100
Cutter기 ···················· 1136

(D)

Decision Tree Analysis ·········· 1350
Deck plate 밑창거푸집공법 ········· 867
Deep Well 공법 ················ 205
Delay joint ··················· 465
Deming의 관리 cycle ············ 1285
Derrick ····················· 1140
detail estimate ················ 1160
dewatering공법 ················ 217
Dispenser ··················· 1136
disturbed sampling ············· 118
Dolomite plaster ··············· 959
Dot point glazing system ········· 1046
double up 공법 ················ 196
Double wall method ············ 462
Down – up 공법 ················ 196
Dragline ···················· 1132
Drain mat 배수공법 ············· 220
drilling ····················· 756
dry joint ···················· 681
dummy activity ··············· 1436
dummy joint ················· 463
Dump truck ·················· 1133
Dutch bond ·················· 900
dynamic compaction method ······· 132
dynamic replacement ············ 137

(E)

E.C 정착방안 ················· 1389
E.C의 업무영역 ················ 1387
E.C화 ······················ 1387
E.C화 전략 ··················· 1388
Earth anchor 공법 ·············· 158
Earth drill 공법 ··············· 301
Eco – Con'c ·················· 606

efflorescence ·················· 908
electric curing ·················· 467
Element 방식 ·················· 184
emulsion paint ·················· 967
emulsion ·················· 1007
Energy Zero House ·················· 1210
Engineering news 공식 ·········· 288
English bond ·················· 900
epoxy ·················· 1007
Event ·················· 1436
EVMS 구성요약 ·················· 1452
EVMS ·················· 1451
EVMS의 수행절차 ·················· 1453
expansion joint ·················· 461
exposed Con'c ·················· 602
Extra cost ·················· 1444

(F)

F.R.C ; Fiber Reinforced Con'c ···· 597
fast track method ·················· 845
Fastener 방식의 분류 ·········· 718
fck ·················· 435
fcr ·················· 435
Ferro cement ·················· 552
Field test ·················· 728
fillet welding ·················· 787
Finishability ·················· 532
Fish eye ·················· 794
Fixed 방식 ·················· 718
flat plate slab ·················· 621
flat slab ·················· 621
Flat slab ·················· 688
Flemish bond ·················· 900
Flexible hose ·················· 858
flow test ·················· 444
Fly ash 시멘트 ·················· 417
Fly ash ·················· 431
follow up ·················· 1449
form tie ·················· 1136
Franky pile ·················· 300
Free access floor ·················· 1053
full up 공법 ·················· 693

(G)

G-LOC splice ·················· 336
G.F.R.C, GRC ·················· 598

G.P.C 공법 ·················· 940
Gang form ·················· 362
Gantt식 공정표 ·················· 1428
gas foaming agent ·················· 430
Gas 탐지기 ·················· 86
gasket ·················· 1015, 1043
general open bid ·················· 40
Gin pole ·················· 1141
Glass block ·················· 1041
Gmax ·················· 437
GMPCM ·················· 1271
Grader ·················· 1133
Granite veneer Precast Concrete · 940
Grid type ·················· 709
Grip bolt ·················· 778
Guy derrick ·················· 1141

(H)

H-column 용접 ·················· 817
H-pile 공법 ·················· 149
H.P.C 공법 ·················· 666
half P.C slab 공법 ·················· 688
header bond ·················· 901
Heaving 현상 ·················· 214
Hiley 공식 ·················· 289
histogram ·················· 1291
hollow slab ·················· 688
hydraulic ·················· 1142
H형강 P.C 공법 ·················· 666

(I)

I.E(Industrial Engineering) ········ 1310
individual negotiation ·················· 42
Island cut 공법 ·················· 143
ISO ·················· 1381
ISO 인증절차 ·················· 1382
ISO 인증제도 ·················· 1381

(J)

Jib 형식 ·················· 1145
Joint venture ·················· 14
Joint의 분류 ·················· 460
Just in time system ·················· 1418

(L)

L.C.C 계획 ·················· 1318
L.C.C 관리 ·················· 1318
L.C.C 구성 ·················· 1317
L.C.C 기법의 진행절차 ·········· 1318
L.C.C 분석 ·················· 1318
L.C.C의 경제 이론 ·················· 1319
L.P(Longest Path) ·················· 1436
lacquer paint ·················· 967
Lamellar tearing ·················· 795
laminated glass ·················· 1040
lap joint ·················· 334
lean construction ·················· 1414
leveling ·················· 1448
life cycle cost ·················· 1317
Lift slab ·················· 667
Lift slab 공법 ·················· 692, 693
Lift up 공법 ·················· 693
limited bid ·················· 41
limited open bid ·················· 41
Loader ·················· 1132
LOB(Line Of Balance) ·················· 1432
Locking 방식 ·················· 718
long wall system ·················· 665
lower limit ·················· 51

(M)

M.D.F(Macro Defect Free) Con'c ·· 551
M.I.P(Mixed-In-Place pile) ····· 311
Masking tape ·················· 1018
Mass Con'c ·················· 572
Mast climbing 방식 ·················· 1145
MBO 기법 ·················· 1321
MCX(minimum cost expediting) ·· 1444
MDF Cement ·················· 418
membrane curing ·················· 467
Membrane 방수 ·················· 982
metal form ·················· 361
milestone ·················· 1461
Mill sheet 검사 ·················· 808
MIS ·················· 1393
mixed wall system ·················· 666
mixing ·················· 447
Mobility ·················· 532
mock-up test ·················· 726
Mullion type ·················· 708

(N)

Network 공정표 ················· 1430
Network 공정표의 작성요령 ······ 1434
Network 구성 요소 ················ 1436
Network 표시법 ··················· 1438
node ···························· 1436
Non wall method ················ 463
nut 회전법 ························ 782

(O)

OBS ···························· 1412
OCM(Owner CM) ················ 1271
oil paint ························ 967
OK식 측압계 ····················· 384
Open joint system ·············· 722
Open system ···················· 670
Over hung ························ 794
Over lap ························· 794
Overlapping ····················· 1432

(P)

P.C 개발방식 ····················· 669
P.C 건축의 개념도 ················ 672
P.C 공법의 분류 ·················· 665
P.C 공법의 필요성 ················ 661
P.C 공사 ························· 652
P.C판의 부위별 접합부 방수처리 ··· 684
P.C판의 접합공법 ················· 679
P.I.P(Packed-In-Place pile) ··· 310
P.Q(Pre-Qualification) 제도 ······· 34
Pack drain 공법 ·················· 135
pair glass ······················ 1040
Panel system ···················· 708
paneling system ················· 939
Paper drain 공법 ················· 134
Parapet 접합 ···················· 686
Pareto diagram ·················· 1292
Partnering ························· 11
Passive 요소 ····················· 1215
path ····························· 1436
PDM ···························· 1431
Pecco beam ······················ 367
Pedestal pile ···················· 299
peening method ·················· 805
PERT ···························· 1430

(Q)

QM(Quality Management) ······· 1296
quality assurance ················ 1297
quality verification ··············· 1297
quantab법 ························ 502

(R)

R.C.D 공법 ······················ 303
R.C조 적층공법 ··················· 666
R.P.C 공법 ······················ 666
Rahmen P.C 공법 ················ 666
Raymond pile ···················· 300
ready mixed Con'c ·············· 554
reaming ························· 757
Rebound check ··················· 290

PHC 말뚝 ························ 256
pile dynamic analysis ············ 289
Pin hole 공법 ···················· 939
Pipe cooling ····················· 468
Piping 현상 ······················ 214
Pit ····························· 794
Plastic Con'c ···················· 551
Plasticity ························ 531
PMIS ···························· 1394
Pocket 타설공법 ·················· 453
Post-tension 공법 ················ 560
Power shovel ···················· 1132
Pozzolan ························· 432
Pre-boring 공법 ·················· 277
Pre-tension 공법 ················· 560
Pre-tensioning centrifugal PHC pile
································· 256
precast concrete pile ············· 255
Precooling ······················ 468
Preloading 공법 ·················· 133
Prepacked Con'c pile ············ 309
Press 공법 ······················ 453
Prestress 공법 ··················· 522
Prestressed Con'c ················ 560
prestressed concrete pile ········· 255
Prestress의 감소 원인 ············· 562
Probability Analysis ·············· 1350
PSC 말뚝 ························ 255
punching ························ 756
putty ······················· 1015, 1042

remodeling ······················ 1117
Remodeling 성능개선의 종류 ····· 1119
Remodeling의 구성요소 ··········· 1118
Remolding test ··················· 445
retarder ························· 429
Rib slab ························· 688
risk management ················· 1346
Rivet 접합 ······················ 773
Robot 작업 가능 분야 ············ 1151
Rock anchor 설치 ················ 314
RT : Radiographic Test ·········· 799
rust proofing paint ··············· 968

(S)

S-curve ························· 1449
S.C.W(Soil Cement Wall) 공법 ·· 183
S.F.R.C, SRC ···················· 597
S.P.T. ··························· 117
S.R.C 적층공법 ··················· 666
Sampling ························· 118
sand compaction pile 공법 ········· 130
Sand drain 공법 ·················· 134
Sander 공식 ······················ 288
Sc : consolidation settlement ········ 318
scatter diagram ·················· 1294
Scheduled ························ 1452
Schumidt hammer법 ··············· 484
Scr : creep settlement ·············· 319
Scraper ·························· 1132
SE(System Engineering) ·········· 1309
SE : elastic settlement ·············· 318
Sealing ·························· 1043
Sealing 방수 ····················· 986
Sealing 방수공법 ················· 1014
Sealing재의 분류 ················· 1014
semi unit system ················· 707
Sensitivity Analysis ··············· 1350
separator ························ 1136
Settlement joint ·················· 462
Sheath type ······················ 709
Sheet 방수공법 ··················· 999
shop drawing ···················· 1337
Shovel계 굴착기 ·················· 1132
Shrink mixed Con'c ·············· 554
Silica fume ······················ 432
Silica 시멘트 ····················· 416
Simplex pile ····················· 299

Simulation Analysis ·········· 1350
Single wall method ············ 462
SIP공법 ······························ 279
Slab+wall 접합 ·················· 686
Slag 감싸돌기 ···················· 794
Sleeve joint ······················· 335
Sleeve 충전공법 ·················· 335
Sliding form ······················ 375
Sliding joint ······················ 464
Sliding 방식 ······················· 718
Slip form ··························· 365
Slip joint ·························· 464
Slump test ························ 436
Slurry wall 공법 ················· 171
SOC 분류 ···························· 24
SOC(social overhead capital) ········ 23
Soil cement 공법 ················ 139
Soil Nailing 공법 ················ 166
solid slab ························· 688
solvent ···························· 1007
Sounding ·························· 117
soundness test ··················· 418
Space unit 공법 ················· 667
Spandrel type ···················· 709
specification ····················· 1340
SPS 공법 ··························· 195
steam curing ····················· 467
steel ball ························· 1100
steel pipe pile ···················· 259
Steel sheet pile 공법 ············ 150
Stick system ······················ 706
Stiffleg derrick ··················· 1141
stratification ····················· 1295
stretcher bond ···················· 901
structural glazing system ········· 1044
Structural sealant glazing system ·· 1044
strut 공법 ·························· 147
Submerged arc 용접 ············· 785
super plasticizer ················· 430
Surcharge 공법 ··················· 134
Suspended glazing system ······· 1044
suspension 공법 ·················· 1044
S조 적층공법 ······················ 666

(T)

T.P.C ····························· 946
T.S(Torque Shear) bolt ········· 778

T.S형 nut ························ 778
Table form ······················· 363
Tact 공정관리 ···················· 1461
tempered glass ··················· 1040
Throat 불량 ······················· 794
Top down 공법 ··················· 189
Top down 공법의 종류 ··········· 190
torque control 법 ················· 782
Tower crane ······················ 1144
Tower crane 고정방식 ············ 1147
Tower crane 설치방식 ············ 1145
Transit mixed Con'c ············· 554
Travelling form ·················· 366
Tremie pipe 타설공법 ············ 453
Trench cut 공법 ·················· 143
Truck crane ······················ 1142
Turn key 계약방식의 종류 ········· 19
Turn key 방식 ····················· 19

(U)

Under cut ························· 794
Underpinning 공법 ··············· 322
undisturbed sampling ············ 118
Unit and mullion system ········· 707
Unit system ······················ 706
unit tile method ················· 946
Up-up 공법 ······················ 196
UT : Ultrasonic Test ············· 800

(V)

V-cut ···························· 520
V.E 기본원리 ····················· 1313
V.E(Value Engineering) ········· 1313
V.F.R.C ·························· 600
V.H 분리타설공법 ················· 453
vacuum Con'c ···················· 579
vacuum deep well 공법 ·········· 208
vacuum dewatering 공법 ········· 579
Vane test ························ 117
vapor barrier ···················· 913
varnish paint ···················· 967
Vee-bee test ····················· 444
vertical drain 공법 ··············· 134
Vibrator ·························· 1138
vibro composer 공법 ············· 130
vibro floatation 공법 ············· 130

Viscosity ························· 532
VOC ····························· 1094
Void slab ························· 688

(W)

W/B비 ···························· 436
Wall anchoring 방식 ············· 1147
Wall girder ······················ 906
Waste pollution ··········· 1084, 1090
Water jet 공법 ··················· 276
water paint ······················ 967
water proofing agent ············ 429
Web 기반 공사관리체계 ·········· 1391
wedging ·························· 931
well foundation ·················· 151
Well point 공법 ·················· 206
Wellington 공식 ·················· 288
wet curing ························ 467
wet joint ························· 679
Winch ···························· 1141
Wind tunnel test ················· 725
Wire anchoring 방식 ············· 1147
wire glass ························ 1041
Work breakdown structure ······· 1410
Workability ················ 440, 531

(X)

XCM(Extended CM) ············· 1271

(Z)

Zero inventory ··················· 1420

建築施工技術士의 필독서 !!

金宇植 院長의
현장감 넘치는 講義를 직접 경험할 수 있는 교재

길잡이

: 주관식(2, 3, 4교시)을 위한 기본서 길잡이

다음과 같은 점에 중점을 두었다.
1. 건축공사 표준시방서 기준
2. 관리공단의 출제경향에 맞추어 내용 구성
3. 기출문제를 중심으로 각 공종의 흐름 파악에 중점
4. 공종 관리를 순서별로 체계화
5. 각 공종별로 요약, 정리
6. Item화에 치중하여 개념을 파악하며 문제를 풀어나가는 데 중점

저자 : 金宇植 著
판형 : 4×6배판
면수 : 1,776면
정가 : 90,000원

용어설명 上·下

: 단답형(1교시)을 위한 기본서 용어설명

다음과 같은 점에 중점을 두었다.
1. 최근 출제경향에 맞춘 내용 구성
2. 시간 배분에 따른 모범답안 유형
3. 기출문제를 중심으로 각 공종의 흐름 파악
4. 간략화·단순화·도식화
5. 난이성을 배제한 개념파악 위주
6. 개정된 건축 표준시방서 기준

저자 : 金宇植
판형 : 4×6배판
면수 : 2,056면
정가 : 90,000원

장판지랑 암기법

: 간추린 공종별 요약 및 암기법

다음과 같은 점에 중점을 두었다.
1. 문제의 핵심에 대한 정리 방법
2. 각 공종별로 요약·정리
3. 각 공종의 흐름파악에 중점
4. 최단 시간에 암기가 가능하도록 요점정리

저자 : 金宇植
판형 : 4×6배판
면수 : 242면
정가 : 25,000원

그림·도해

: 고득점을 위한 차별화된 그림·도해

다음과 같은 점에 중점을 두었다.
1. 최단기간에 합격할 수 있는 길잡이
2. 차별화된 답안지 변화의 지침서
3. 출제빈도가 높은 문제 수록
4. 새로운 item과 활용방안
5. 문장의 간략화, 단순화, 도식화
6. 핵심요점의 집중적 공부

저자 : 金宇植
판형 : 4×6배판
면수 : 1,196면
정가 : 60,000원

핵심·120문제

: 시험 출제 빈도가 높은 핵심 120문제

다음과 같은 점에 중점을 두었다.
1. 최근 출제 빈도가 높은 문제 수록
2. 시험 날짜가 임박한 상태에서의 마무리
3. 다양한 답안지 작성 방법의 습득
4. 새로운 item과 활용방안
5. 핵심 요점의 집중적 공부
6. 자기만의 독특한 답안지 변화의 지침서
7. 최단기간에 합격할 수 있는 길잡이

저자 : 金宇植
판형 : 4×6배판
면수 : 570면
정가 : 30,000원

공종별·기출문제

: 고득점을 위한 기출문제 완전 분석 공종별 기출문제

다음과 같은 점에 중점을 두었다.
1. 기출문제의 공종별 정리
2. 문제의 핵심 요구사항을 정확히 파악
3. 기출문제를 중심으로 각 공종의 흐름파악에 중점
4. 각 공종별로 요약, 정리
5. 최단 시간에 정리가 가능하도록 요점정리

저자 : 金宇植
판형 : 4×6배판
면수 : 1,024면(上)
정가 : 40,000원
면수 : 1,136면(下)
정가 : 40,000원

회수별·모범답안

(최근 5회 : 87회~91회)

: 최단기간 합격을 위한 회수별 모범답안

다음과 같은 점에 중점을 두었다.
1. 회수별 기출문제를 모범답안으로 작성
2. 모범답안으로 기출문제 유형, 문제경향을 요약, 분석정리
3. 차별화된 답안지로 모범답안 작성
4. 합격을 위한모범답안 풀이
5. 기출된 문제를 회수별 모범답안으로 편의제공

저자 : 金宇植
판형 : 4×6변형판
면수 : 474면
정가 : 28,000원

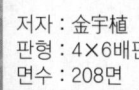

건설시공 실무사례

: 현장 시공경험에 의한 건설시공 실무사례

다음과 같은 점에 중점을 두었다.
1. 현장실무에서 시공중인 공법을 사진과 설명으로 구성
2. 시공순서에 따른 설명으로 쉽게 이해할 수 있다.
3. 시공실무경험이 부족한 분들을 위한 현장 사례로 구성
4. 건설현장의 흐름에 대한 이해를 높여준다.

저자 : 金宇植
판형 : 4×6배판
면수 : 208면
정가 : 22,000원

면접분석

: 2차(면접)합격을 위한 필독서 공종별 면접분석

다음과 같은 점에 중점을 두었다.
1. 면접 기출문제 내용을 공종별로 분석
2. 면접관이 질문하는 공종에 대한 대비책으로 정리
3. 각 공종 면접내용으로 요점정리

저자 : 金宇植
판형 : 4×6배판
면수 : 1,134면
정가 : 50,000원

저자약력
著者略歷

김우식
金宇植

- 한양대학교 공과대학 졸업
- 공학박사
- 한양대학교 공과대학 대학원 겸임교수
- 한국기술사회 감사
- 한국기술사회 건축분회 분회장
- 한국건축시공기술사협회 회장
- 국민안전처 안전위원
- 제2롯데월드 아쿠아리움 정부합동안전점검단
- 기술고등고시합격
- 국가직 건축기좌(시설과장)
- 국가공무원 7급, 9급 시험출제위원
- 국토교통부 주택관리사보 시험출제위원
- 한국산업인력공단 검정사고예방협의회 위원
- 브니엘고, 브니엘여고, 브니엘예술중·고등학교 이사장
- 건축시공기술사 / 건축구조기술사 / 건안전기술사
- 토목시공기술사 / 토질기초기술사 / 품질시험기술사 / 국제기술사

PROFESSIONAL-ENGINEER

1장 계약제도
2장 가설공사
3장 토공사
4장 기초공사
5장 철근콘크리트공사

1절 철근공사
2절 거푸집공사
3절 콘크리트공사
4절 특수 콘크리트공사
5절 콘크리트의 일반구조

공사별 요약
INDEX

建築施工技術士

PC,C/W/철골,초고층
마감/녹색건축/공사관리
공정관리　　공사별 요약

길잡이 II

金宇植 著

建築施工　技術士
建築構造　技術士
建設安全　技術士
土木施工　技術士
土質基礎　技術士
品質試驗　技術士

PROFESSIONAL-ENGINEER

예문사

建築施工技術士

PC,C/W/철골,초고층
마감/공사관리/공정관리
공사별 요약

길잡이 II

金宇植 著

建築施工　技術士
建築構造　技術士
建設安全　技術士
土木施工　技術士
土質基礎　技術士
品質試驗　技術士

PROFESSIONAL-ENGINEER

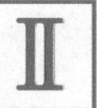 예문사

建築施工技術士

PC,C/W/철골,초고층
마감/공사관리/공정관리
공사별 요약

길잡이 II

金宇植 著

建築施工　技術士
建築構造　技術士
建設安全　技術士
土木施工　技術士
土質基礎　技術士
品質試驗　技術士

PROFESSIONAL–ENGINEER

 예문사

현대인은 생활 곳곳에서 국제화·세계화의 흐름을 감지하고 있으며, 대외시장 개방에 따른 경쟁에서 살아남기 위해 시야를 확대하고 실력을 연마하기 위한 일련의 노력을 기울이고 있다.

건축분야도 예외가 아니어서 고급 건축기술자들의 위치는 날로 높아지고 있고, 이들에 대한 사회적 기대와 책무 또한 증대되고 있다.

이러한 시점에서 기술사 자격취득은 사회적으로 요청되는 필수적 과제이며, 건축분야에서 얻을 수 있는 최고의 권위와 명예를 뜻한다.

사회적·개인적으로 최고의 명예를 상징하는 기술사(professional engineer) 자격을 취득하기 위한 노력은, 결국 자기 자신에 대한 도전이며 자신과의 싸움인 것이다. 만약 여러분이 새로운 것에 직면했을 때, '막연하다'라는 단어를 내뱉는다면 그것은 자기 개발을 위한 자세가 결여되고 목표의식을 상실한 상태와 같다고 할 수 있을 것이다.

성취하기 위해서는 항상 꾸준한 노력과 뚜렷한 목표의식이 뒤따라야 하며, 그러한 책임감과 사명감을 갖고 노력하는 수험자들은 결국 건축분야의 훌륭한 기술자가 되리라 필자는 믿는 바이다.

본서의 발간 의도는 바로 그러한 수험자들의 길잡이가 되고자 하는 데 있으며, 지침서의 역할을 다하기 위해 논리적이고 체계적으로 자료를 정리하여 최대한의 효과를 볼 수 있도록 하였다.

본서는 다음 사항에 중점을 두고 기술되었다.

1. 건축공사 표준시방서 기준
2. 한국산업인력공단의 출제경향에 맞추어 내용 구성
3. 기출문제를 중심으로 각 단원의 흐름 파악에 중점
4. 공정관리를 순서별로 체계화
5. 각 단원별 요약, 핵심정리
6. Item화에 치중하여 개념을 파악하여 문제를 풀어나 가는 데 중점

끝으로 본서의 발간을 함께한 이맹교 교수와 예문사 정용수 사장님 및 편집부 직원들의 노고에 감사드리며, 본서가 출간되도록 허락하신 하나님께 영광을 돌린다.

저자 金 宇 植

기술사 시험준비 요령

기술사를 준비하는 수험생 여러분들의 영광된 합격을 위해 시험준비 요령 몇 가지를 조언하겠으니 참조하여 도움이 되었으면 한다.

1. 평소 paper work의 생활화

① 기술사 시험은 논술형이 대부분이기 때문에 서론·본론·결론이 명쾌해야 한다.
② 따라서 평소 업무와 관련하여 paper work를 생활화하여 기록·정리가 남보다도 앞서야 시험장에서 당황하지 않고 답안을 정리할 수 있다.

2. 시험준비에 많은 시간 할애

① 학교를 졸업한 후 현장실무 및 관련 업무 부서에서 현장감으로 근무하기 때문에 지속적으로 책을 접할 수 있는 시간이 부족하며, 이론을 정립시키기에는 아직 준비가 미비한 상태이다.
② 따라서 현장실무 및 관련 업무 경험을 토대로 이론을 정립·정리하고 확인하는 최소한의 시간이 필요하다. 단, 공부를 쉬지 말고 하루에 단 몇 시간이든 지속적으로 할애하겠다는 마음의 각오와 준비가 필요하며, 대략적으로 400~600시간은 필요하다고 생각한다.

3. 과년도 및 출제경향 문제를 총괄적으로 정리

① 먼저 시험답안지를 동일하게 인쇄한 후 과년도문제를 자기 나름대로 자신이 좋아하고 평소 즐겨 쓰는 미사여구를 사용하여 point가 되는 item 정리작업을 단원별로 정리한다.
② 단, 정리시 관련 참고서적을 모두 읽으면서 모범 답안을 자신의 것으로 만들어낸다. 처음 시작은 어렵겠지만, 한 문제 한 문제 모범답안이 나올 때는 자신감이 생기고 뿌듯함을 느끼게 될 것이다.

4. Sub-note의 정리 및 item의 정리

① 각 단원별로 모범답안 정리가 끝나고 나면, 기술사의 1/2은 합격한 것과 마찬가지이다. 그러나 워낙 방대한 양의 정리를 끝낸 상태라 다 알 것 같지만 막상 쓰려고 하면 '내가 언제 이런 답안을 정리했지?' 하는 의구심과 실망에 접하게 된다. 여기서 실망하거나 포기하는 사람은 기술사가 되기 위한 관문을 영원히 통과할 수 없게 된다.
② 자! 이제 1차 정리된 모범답안을 약 10일간 정서한 후 각 문제의 item을 토대로 sub-note를 정리하여 전반적인 문제의 lay-out을 자신의 머리에 입력시킨다. 이 sub-note를 직장 또는 전철이나 버스에서 수시로 꺼내 보며 지속적으로 암기한다.

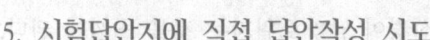

5. 시험답안지에 직접 답안작성 시도

① 자신이 정리작업한 모범답안과 sub-note의 item 작성이 끝난 상태라 자신도 모르게 문제제목에 맞는 item이 떠오르고 생각이 나게 된다.
이 상태에서 한 문제당 서너 번씩 쓰기를 반복하면 암기하지 못 하는 부분이 어디이며, 그 이유가 무엇인지 알게 된다.

② 예를 들어 '콘크리트의 내구성에 영향을 주는 원인 및 방지대책에 대하여 논하라'라는 문제를 외운다고 할 때 크게 그 원인은 중성화(탄산화), 동해, 알칼리 골재반응, 염해, 온도변화, 진동, 화재, 기계적 마모 등을 들 수 있다. 이때 중(탄), 동, 알, 염, 온, 진, 화, 기로 외우고, 그 단어를 상상하여 '중동에 홍해바닥 있어 알칼리와 염분이 많고 날씨가 더우니 온진화기'라는 문장을 생각해 낸다. 이렇듯 자신이 말을 만들어 외우는 것도 한 방법이라 하겠다. 그 다음 그 방지대책은 술술 생각이 나서 답안정리가 자연히 부드럽게 서술된다.

6. 시험 전일 준비사항

① 그동안 앞서 설명한 수험준비요령에 따라 또는 개인적 차이를 보완한 방법으로 갈고 닦은 실력을 최대한 발휘해야만 시험에 합격할 수 있다.

② 그러기 위해서는 시험 전일 일찍 취침에 들어가 다음날 맑은 정신으로 시험에 응시해야 한다. 시험 전일 준비해야 할 사항은 수검표, 신분증, 필기도구(검은색 볼펜), 자(20cm 정도), 연필(샤프), 지우개, 도시락, 음료수(녹차 등), 그리고 그동안 공부했던 모범답안 및 sub-note철 등이다.

7. 시험 당일 수험요령

① 수험 당일 시험입실 시간보다 1시간~1시간 30분 전에 현지교실에 도착하여 시험대비 워밍업을 해보고 책상상태 등을 파악하여 파손상태가 심하면 교체해야 한다. 그리고 차분한 마음으로 sub-note를 눈으로 읽으며 시험시간을 기다린다.

② 입실시간이 되면 시험관이 시험안내, 답안지 작성요령, 수검표, 신분증검사 등을 실시한다. 이때 시험관의 설명을 귀담아 듣고 그대로 시행하면 된다.
시험종이 울리면 문제를 파악하고 제일 자신있는 문제부터 답안작성을 하되, 시간배당을 반드시 고려해야 한다. 즉, 100점을 만점이라고 할 때 25점짜리 4문제를 작성한다고 하면 각 문제당 25분에 완성해야지, 많이 안다고 30분까지 활용한다면 어느 한 문제는 5분을 잃게 되어 답안지가 허술하게 된다.

③ 따라서 점수와 시간배당은 최적배당에 의해 효과적으로 운영해야만 합격의 영광을 안을 수 있다. 그리고 1교시가 끝나면 휴식시간이 다른 시험과 달리 길게 주어지는데, 그때 매교시 출제문제를 기록하고(시험종료 후 집에서 채점) 예상되는 시험문제를 sub-note에서 반복하여 읽는다.

④ 2교시가 끝나면 점심시간이지만 밥맛이 별로 없고 신경이 날카로워지는 것을 느끼게 된다. 그러나 식사를 하지 않으면 체력유지가 되지 않아 오후 시험을 망치게 될 확률이 높다. 따라서 준비해온 식사는 반드시 해야 하며, 식사가 끝나면 sub-note를 뒤적이며 오전에 출제되지 않았던 문제 위주로 유심히 눈여겨 본다.

⑤ 특히 공정관리 시험에서 서술형이 아닌 계산 도표문제가 출제되면 답안은 연필과 자를 이용하여 1차적으로 작성하고 검산을 해본 뒤 완벽하다고 판단될 때 볼펜으로 작성해야 답안지가 깨끗하게 되어 채점자에게 피곤함을 주지 않는다. 그리고 공정관리 문제는 만점을 받을 수 있는 유일한 문제이기 때문에 반드시 정답을 맞혀야 합격할 수 있다.

⑥ 답안작성시 고득점을 할 수 있는 요령은 일단은 깨끗한 글씨체로 그림, 영어, 한문, 비교표, flow-chart 등을 골고루 사용하여 지루하지 않게 작성하되, 반드시 써야 할 item, key point는 빠뜨리지 않아야 채점자의 눈에 들어오는 답안지가 될 수 있다.

⑦ 만일 시험준비를 많이 했는데도 전혀 모르는 문제가 나왔을 때는 문제를 서너 번 더 읽고 출제자의 의도가 무엇이며, 왜 이런 문제를 출제했을까 하는 생각을 하면서, 자료정리시 여러 관련 책자를 읽으면서 생각했던 예전으로 잠시 돌아가 시야를 넓게 보고 관련된 비슷한 답안을 생각해 보고 새로운 답안을 작성하면 된다. 이것은 자료정리시 열심히 한 수험생과 대충 남의 자료만 달달 외운 사람과 반드시 구별되는 부분이라 생각된다.

⑧ 1차 합격이 되고 나면 2차 경력서류, 면접 등을 준비해야 하는데, 면접 시 면접관 앞에서는 단정하고, 겸손하게 응해야 하며, 묻는 질문에 또렷하고 정확하게 답변해야 한다. 만일 모르는 사항을 질문하면, 대충 대답하는 것보다 솔직히 모른다고 하고, 그와 유사한 관련사항에 대해 아는 대로 답한 뒤 좀 더 공부하겠다고 하는 것도 한 방법이라 하겠다.

⑨ 이상으로 본인이 기술사 시험준비할 때의 과정을 대략적으로 설명했는데, 개인차에 따라 맞지 않는 부분도 있을 수 있다. 그러나 상기 방법에 의해 본인은 단 한번의 응시로 합격했음을 참고하여 크게 어긋남이 없다고 판단되면 상기 방법을 시도해 보기 바라며, 수험생 여러분 모두에게 합격의 영광이 있기를 바란다.

국가기술자격검정수험원서
인터넷 접수(견본)

※ 종로기술사학원 홈페이지(http://www.jr3.co.kr)

※ 한국산업인력공단 홈페이지(http://www.q-net.or.kr)

1. 원서 접수   바로가기   클릭

2. 회원가입

   1) 회원가입 약관
   2) 본인 인증
      ① 공공 I-PIN 인증
      ② 휴대폰 인증
   3) 신청서 작성
   4) 가입완료

3. 개인접수

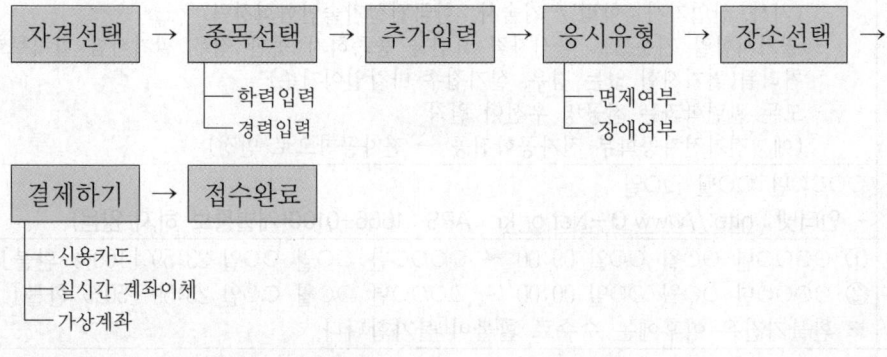

4. 수험표, 영수증 출력

【수험표 견본】

시험명	\multicolumn{3}{c} 0000년 정기 기술사 00회	사진
수험번호	12345678	시험구분	필기	
종 목 명	건축시공기술사			
성 명	홍길동	생년월일	○○○○년 ○○월 ○○일	

시험일시 및 장소	일시 : ○○○○년 ○○월 ○○일 (일) 08:30까지 입실완료 장소 : ○○○○학교 － 주소 : ○○ ○○○구 ○○동 － 위치 : ○호선지하철 ○○역 ○번 출구 접수기관 : ○○지역본부 결제일자 : ○○○○년 ○○월 ○○일 ○○○○년 ○○월 ○○일 인터넷 : http://www.Q-Net.or.kr 한국산업인력공단 이사장
응시자격 안 내	응시자격항목 : 기사 자격 취득 후 동일직무분야에서 4년 이상 실무에 종사한 자 서류제출기간 : 해당사항 없음 서류제출장소 : 해당사항 없음 제출서류안내 : 해당없음 ※ 외국학력취득자의 경우 응시자격 서류제출 시 공증절차가 필요하오니 다음 사항을 반드시 확인바랍니다. (http://www.q-net.or.kr > 원서 접수 > 필기 시험 안내 > 외국학력서류제출안내) - 실기접수기간 이전에도 응시자격 서류제추른 가능하나 경력서류는 4대보험 가입 증명을 할 수 있는 경우에 한하며, 학력서류는 상시 제출가능함 - 학력서류는 학사과정에 한하며 석·박사 과정은 경력으로 인정 - 실기시험 접수기간내(4일)에 응시자격서류(원본)를 제출해야 동회차 실기시험 접수가능함 - 온라인 학력서류제출은 필기합격(예정)자 발표일까지 가능 (기사, 산업기사 : 학력 / 기술사 : 한국건설기술인협회경력) - 필기시험일 기준으로 응시자격 요건을 충족하지 못한 경우 필기시험 합격무효 처리됨(필기시험 없는 경우, 실기접수 마감일이기준) - 모든 관련학과는 전공명 우선이 원칙 (예 : 전기전자공학부 전자공학전공 → 전자공학으로 인정)
합격(예정)자 발표일자	○○○○년 ○○월 ○○일 - 인터넷 : http://www.Q-Net.or.kr ARS : 1666-0100(개별통보 하지 않음)
검정수수료 환불안내	① ○○○○년 ○○월 ○○일 09:00 ~ ○○○○년 ○○월 ○○일 23:59 [100% 환불] ② ○○○○년 ○○월 ○○일 00:00 ~ ○○○○년 ○○월 ○○일 23:59 [50% 환불] ※ 환불기간은 이후에는 수수료 환불이 불가합니다.
실기시험 접수기간	○○○○년 ○○월 ○○일 09:00 ~ ○○○○년 ○○월 ○○일 18:00
\multicolumn{2}{c} 기타사항

◎ 선택과목 : [필기시험 : 해당 없음]
◎ 면제과목 : [필기시험 : 해당 없음]
◎ 장애 여부 및 편의요청 사항 : 해당없음 / 없음
 (장애 응시편의사항 요청자는 원서접수기간내에 장애인 수첩 등 관련 **증빙서류를 시험 시행기 관에 제출해야 하며 심사결과에 따라 편의제공 내역이 달라질 수 있음)**

응시자 유의사항

1. 수험표에 기재된 내용을 반드시 확인하여 시험응시에 착오가 없도록 하시기 바랍니다.
2. 수험원서 및 답안지 등의 기재착오, 누락 등으로 인한 불이익은 일체 수험자의 책임이오니 유의하시기 바랍니다.
3. 수험자는 필기시험 시 (1)수험표 (2)신분증 (3)흑색사인펜 (4)계산기, 필답시험시 (1)수험표 (2)신분증 (3)흑색사인펜(정보처리) (4)흑색 또는 청색볼펜 (5)계산기 등을 지참하여 시험시작 30분 전에 지정된 시험실에 입실완료해야 합니다.
4. 시험시간 중에 필기도구 및 계산기 등을 빌리거나 빌려주지 못하며, 메모리 기능이 있는 공학용계산기 등은 감독위원 입회하에 리셋 후 사용할 수 있습니다.(단, 메모리가 삭제되지 않는 계산기는 사용불가)
5. 필기(필답)시험 시간 중에는 화장실 출입을 전면 금지합니다.(시험시간 1/2 경과 후 퇴실 가능)
6. 시험관련 부정한 행위를 한 때에는 당해 시험이 중지 또는 무효되며, 앞으로 3년간 국가기술자격시험을 응시할 수 있는 자격이 정지됩니다.
7. 필기시험 합격자는 당해 필기시험 합격자 발표일로부터 2년간 필기시험을 면제받게 되며, 실기시험 응시자는 당해 실기시험의 발표 전까지는 동일종목의 실기시험에 중복하여 응시할 수 없습니다.
8. 기술사를 제외한 필기시험 전종목은 답안카드작성 시 수정테이프(수험자 개별지참)를 사용할 수 있으나(수정액, 스티커 사용불가) 불완전한 수정처리로 인해 발생하는 불이익은 수험자에게 있습니다.(단, 인적사항 마킹란을 제외한 "답안마킹란"만 수정 가능)
9. 실기시험(작업형, 필답형)문제는 비공개를 원칙으로 하며, 시험문제 및 작성답안을 수험표 등에 이기할 수 없습니다.

※ 본인사진이 아니면서 신분증을 미지참한 경우 시험응시가 불가하며 퇴실조치함
※ 통신 및 전자기기를 이용한 부정행위 방지를 위해 금속탐지기를 사용하여 검색할 수 있음
※ 시험장이 혼잡하므로 가급적 대중교통 이용바람
※ 수험자 인적사항이나 표식이 있는 복장(군복, 제복 등)의 착용을 삼가 주시기 바람

비번호

※비번호란은 수험자가 기재하지 않습니다.

제   회
국가기술자격검정 기술사 필기시험 답안지(제1교시)

제1교시	종목명	

답 안 지 작 성 시 유 의 사 항

1. 답안지는 표지 및 연습지를 제외하고 **총7매(14면)**이며, 교부받는 즉시 매수, 페이지 순서 등 정상여부를 반드시 확인하고 1매라도 분리되거나 훼손하여서는 안 됩니다.

2. 시행 회, 종목명, 수험번호, 성명을 정확하게 기재하여야 합니다.

3. 수험자 인적사항 및 답안작성(계산식 포함)은 **검정색** 또는 **청색** 필기구 중 한 가지 필기구만을 계속 사용하여야 합니다.(그 외 연필류·유색필기구·2가지 이상 색 혼합사용 등으로 작성한 답항은 0점 처리됩니다.)

4. 답안정정 시에는 두 줄(=)을 긋고 다시 기재 가능하며, 수정테이프(액)등을 사용했을 경우 채점상의 불이익을 받을 수 있으므로 사용하지 마시기 바랍니다.

5. 연습지에 기재한 내용은 채점하지 않으며, 답안지(연습지포함)에 답안과 관련 없는 특수한 표시를 하거나 특정인임을 암시하는 경우 답안지 전체가 0점 처리됩니다.

6. 답안작성 시 **홈(구멍)**이나 도형 등 그림이 없는 직선자(템플릿 사용금지)만 사용할 수 있습니다.

7. 문제의 순서에 관계없이 답안을 작성하여도 되나 주어진 문제번호와 문제를 기재한 후 답안을 작성하고 전문용어는 원어로 기재하여도 무방합니다.

8. 요구한 문제수보다 많은 문제를 답하는 경우 기재 순으로 요구한 문제수 까지 채점하고 나머지 문제는 채점대상에서 제외됩니다.

9. 답안작성 시 답안지 양면의 페이지 순으로 작성하시기 바랍니다.

10. 기 작성한 문항 전체를 삭제하고자 할 경우 반드시 해당 문항의 답안 전체에 대하여 명확하게 X표시(X표시 한 답안은 채점대상에서 제외) 하시기 바랍니다.

11. 시험시간이 종료되면 즉시 답안작성을 멈춰야 하며, 종료시간 이후 계속 답안을 작성하거나 감독위원의 답안제출 지시에 불응할 때에는 채점대상에서 제외됩니다.

12. 각 문제의 답안작성이 끝나면 **"끝"**이라고 쓰고 다음 문제는 두 줄을 띄워 기재하여야 하며 최종 답안작성이 끝나면 그 다음 줄에 **"이하여백"**이라고 써야 합니다.

※ 부정행위처리규정은 뒷면 참조

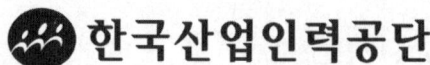
한국산업인력공단

부 정 행 위 처 리 규 정

국가기술자격법 제10조 제4항 및 제11조에 의거 국가기술자격검정에서 부정행위
를 한 응시자에 대하여는 당해 검정을 정지 또는 무효로 하고 3년간 이법에 의
한 검정에 응시할 수 있는 자격이 정지됩니다.

1. 시험 중 다른 수험자와 시험과 관련된 대화를 하는 행위
2. 답안지를 교환하는 행위
3. 시험 중에 다른 수험자의 답안지 또는 문제지를 엿보고 자신의 답안지를 작성하는
   행위
4. 다른 수험자를 위하여 답안을 알려주거나 엿보게 하는 행위
5. 시험 중 시험문제 내용과 관련된 물건을 휴대하여 사용하거나 이를 주고 받는
   행위
6. 시험장 내외의 자로부터 도움을 받고 답안지를 작성하는 행위
7. 사전에 시험문제를 알고 시험을 치른 행위
8. 다른 수험자와 성명 또는 수험번호를 바꾸어 제출하는 행위
9. 대리시험을 치르거나 치르게 하는 행위
10. 수험자가 시험시간에 통신기기 및 전자기기[휴대용 전화기, 휴대용 개인정보
    단말기(PDA), 휴대용 멀티미디어 재생장치(PMP), 휴대용 컴퓨터, 휴대용 카세트,
    디지털 카메라, 음성파일 변환기(MP3), 휴대용 게임기, 전자사전, 카메라 펜,
    시각표시 외의 기능이 부착된 시계]를 사용하여 답안지를 작성하거나 다른 수험자
    를 위하여 답안을 송신하는 행위
11. 그 밖에 부정 또는 불공정한 방법으로 시험을 치르는 행위

번호		

한국산업인력공단

전체 목차

〈Ⅰ권〉

1장 계약제도
2장 가설공사
3장 토공사
4장 기초공사
5장 철근콘크리트공사

1절 철근공사
2절 거푸집공사
3절 콘크리트공사
4절 특수 콘크리트공사
5절 콘크리트의 일반구조
공사별 요약

〈Ⅱ권〉

6장 P.C 및 Curtain wall 공사
　　1절 P.C 공사
　　2절 Curtain wall 공사
7장 철골공사 및 초고층 공사
　　1절 철골공사
　　2절 초고층 공사
8장 마감 및 기타
　　1절 조적공사
　　2절 석공사, 타일공사
　　3절 미장·도장 공사
　　4절 방수공사
　　5절 목·유리·내장 공사
　　6절 단열·소음 공사
　　7절 공해·해체·폐기물·기타

8절 건설기계
9절 적산
9장 녹색건축
10장 총 론
　　1절 공사관리
　　2절 시공의 근대화
11장 공정관리
　　1절 개론
　　2절 Data에 의한 공정표, 일정계산 및
　　　　bar chart 작성
　　3절 공기단축
　　4절 인력부하도
공사별 요약

〈Ⅲ권〉

부 록
　　1절 과년도 출제문제
　　2절 출제경향 분석표

Ⅱ권 목차

6장 P.C 및 Curtainwall 공사 | 648

1절 P.C 공사 | 648

- P.C 공사 기출문제 ·· 649
1. P.C 공사의 시공계획 ·· 652
2. 공업화 건축의 필요성과 장단점 ·· 657
3. P.C 공법의 문제점과 개선방향 ·· 661
4. P.C 공법의 종류 및 특성 ··· 665
5. P.C 개발방식(공업화 건축의 Closed system과 Open system) ········· 669
6. 조립식(P.C) 건축의 현장시공 ··· 672
7. P.C판의 접합공법 ··· 679
8. P.C판의 부위별 접합부 방수처리 ··· 684
9. 합성 slab(half P.C slab) 공법 ··· 688
10. Lift slab 공법 ··· 692
永生의 길잡이 - 일곱 : 어느 사형수의 편지 ······································· 695

2절 Curtain wall 공사 | 696

- Curtain wall 공사 기출문제 ·· 697
1. 커튼 월 공사의 시공계획 및 관리 ·· 700
2. 커튼 월(curtain wall)의 종류 및 특성 ··· 704
3. P.C 커튼 월 시공 ·· 711
4. 커튼 월의 파스너(fastener) 방식 ·· 717
5. 커튼 월의 비처리방식 ·· 721
6. 커튼 월 공사의 시험 ·· 725
7. 커튼 월 공사의 하자원인과 방지대책 ·· 729
8. 커튼 월 공사의 결로원인과 방지대책 ·· 733

7장 철골공사 및 초고층 공사 | 736

1절 철골공사 | 736

- 철골공사 기출문제 ·· 737
1. 철골공사 시공계획(공정계획) ··· 746
2. 철골공작도(shop drawing)의 검토 시 확인사항 ················· 750
3. 철골공사에서 공장가공 제작순서 및 제작공정별 품질관리방법 ········· 754
4. 철골세우기 공사 ·· 759
5. 철골세우기 공사 시 anchor bolt에서 주각부 시공까지
   시공품질관리 개선방안 ··· 765
6. 철골공사에서 부재의 접합공법 ·· 772
7. 고장력 bolt 접합 ··· 777
8. 용접접합 공법의 종류 ··· 784
9. 용접 접합 시 사전준비사항, 품질관리 유의사항 및 안전대책 ·········· 788
10. 용접 결함의 종류 및 방지대책 ··· 793
11. 용접공사 시 시공과정에 따른 검사방법 ································· 798
12. 용접변형의 발생원인 및 방지대책 ·· 802
13. 철골정밀도(현장반입 시 검사 항목) ····································· 808
14. 초고층 철골철근 Con′c 건축물의 box column과
    H형강 column에 대한 용접방법 ·· 816
15. 철골공사의 내화피복 ·· 819
16. 층간 방화구획 ··· 825

2절 초고층 공사 | 830

- 초고층 공사 기출문제 ··· 831
1. 초고층 건축의 시공계획(시공관리) ··· 836
2. 초고층 건축의 공정계획 ·· 841
3. 초고층 건축의 안전관리 ·· 846
4. 초고층 건축의 양중계획 ·· 850
5. 초고층 철골철근콘크리트(SRC)조의 시공 ······························ 855
6. 초고층 건축의 시공상 문제점 및 대책(금후 발전추세) ············· 861

7. 초고층 건축의 바닥판공법 ··· 866
8. Column shortening ·· 874
9. CFT(Concrete Filled steel Tube : 콘크리트채움강관) 공법 ··· 878
10. 초고층 건축의 core 선행공법 ··· 886
11. 초고층 건축의 연돌효과(Stack Effect) ····························· 891

8장 마감 및 기타 | 894

1절 조적공사 | 894

■ 조적공사 기출문제 ·· 895
1. 벽돌공사의 시공 ·· 898
2. 조적조 벽체의 균열원인과 대책 ··· 903
3. 건축물의 백화 발생원인과 방지대책 ··································· 908
4. 외벽에서 방습층의 설치목적과 구조공법 ···························· 913
5. 조적벽체의 control joint의 설치위치 및 공법 ····················· 917
6. A.L.C 패널공사 ·· 921

2절 석공사, 타일공사 | 926

■ 석공사, 타일공사 기출문제 ·· 927
1. 돌공사 ·· 930
2. 돌붙임공법 ·· 938
3. 타일붙임공법 ·· 943
4. 타일의 하자(박리·탈락·동해) 원인 및 방지대책(유의사항) ··············· 949

3절 미장·도장 공사 | 954

■ 미장·도장 공사 기출문제 ··· 955
1. 미장공사 ·· 958
2. 미장공사의 결함 종류·원인 및 방지대책(시공 시 유의사항) ··············· 962
3. 도장공사 ·· 967
4. 도장공사의 결함 종류·원인 및 방지대책(시공 시 유의사항) ··············· 971

4절 방수공사 | 976

- 방수공사 기출문제 ··· 977
1. 방수공법의 분류 ··· 980
2. Asphalt 지붕방수 ·· 987
3. 지붕방수공사의 하자요인과 대책 ··· 991
4. 지하실 방수공법의 종류와 특징 ··· 995
5. Sheet 방수공법(고분자 루핑방수공법) ··································· 999
6. 도막방수공법 ·· 1006
7. 개량형 아스팔트 시트 공법 ·· 1011
8. Sealing 방수공법 ·· 1014
9. 복합방수 ··· 1020
永生의 길잡이 – 여덟 : 예수 그리스도는 누구십니까? ················· 1023

5절 목·유리·내장 공사 | 1024

- 목·유리·내장 공사 기출문제 ·· 1025
1. 목공사 ·· 1028
2. 창호공사(강재창호와 알루미늄창호) ····································· 1035
3. 유리의 종류 및 특성 ··· 1039
4. 유리의 설치공법 ··· 1042
5. 합성수지(플라스틱) ·· 1048
6. 내장재의 종류 및 개발방향 ·· 1051

6절 단열·소음 공사 | 1056

- 단열·소음 공사 기출문제 ·· 1057
1. 건축물의 단열공법 ·· 1060
2. 건축물의 결로 발생원인과 방지대책 ····································· 1065
3. 공동주택의 소음원인 및 방지대책 ·· 1069
4. 차음공법 ··· 1074

7절 공해 · 해체 · 폐기물 · 기타 | 1078

- 공해 · 해체 · 폐기물 · 기타 기출문제 ·· 1079
1. 건설공해의 종류와 그 대책(환경보전계획) ··· 1084
2. 건축공사 시 발생하는 소음과 진동의 원인 및 대책 ··························· 1090
3. 실내공기 오염물질 개선방안 ·· 1094
4. 건축 구조물의 해체공법 ·· 1099
5. 건설 폐기물의 종류와 재활용 방안 ·· 1104
6. 폐콘크리트의 재활용 방안 ··· 1109
7. 석면 해체공사 ·· 1113
8. 건축물의 remodeling ·· 1117

8절 건설기계 | 1122

- 건설기계 기출문제 ··· 1123
1. 건설기계화 시공의 장단점, 현황 및 전망 ·· 1126
2. 토공사용 기계 ·· 1131
3. 철근콘크리트 공사 기계 ·· 1135
4. 건축현장의 양중기 종류와 특징 ·· 1140
5. Tower crane ·· 1144
6. 건축공사의 자동화와 robot화 ··· 1150

9절 적산 | 1154

- 적산 기출문제 ··· 1155
1. 견 적 ··· 1160
2. 개산 견적방법 ·· 1165
3. 부위별(부분별) 적산방법 ·· 1169
4. 실적공사비 적산방법 ··· 1174
5. 원가계산 방식에 의한 공사비 구성요소 ·· 1178
6. 현행 적산제도의 문제점 및 개선방향 ·· 1181
7. 현장실행 예산서 ··· 1184
永生의 길잡이 – 아홉 : 어쩌면 당신은 ·· 1189

9장 녹색건축 | 1190

- 녹색건축 기출문제 ·· 1191
1. 녹색건축 개론 ·· 1194
2. 녹색건축물 ··· 1197
3. 녹색건축 인증제도 ··· 1202
4. 건축물에너지 효율등급인증제도 ··· 1206
5. Zero Energy House ··· 1210
6. Passive 요소 ·· 1215
7. 신재생에너지(Active 요소) ··· 1220
8. 환경관리 및 친환경시공 ··· 1228
9. 옥상녹화방수 ·· 1231
永生의 길잡이 - 열 : 하나님께 이르는 길 ·· 1235

10장 총론 | 1236

1절 공사관리 | 1236

- 공사관리 기출문제 ·· 1237
1. 시공계획을 위한 사전조사 ·· 1246
2. 건축공사의 시공계획 ·· 1250
3. 건설업에서 공사관리의 중요성 ··· 1257
4. 현장 대리인(공사관리자, 공사책임기술자, 감리자)의 역할과 책임 ········· 1262
5. 감리제도의 문제점 및 대책 ·· 1266
6. C.M(Construction Management) 제도 ·· 1269
7. 부실공사의 원인과 방지대책 ·· 1273
8. 품질관리 ·· 1278
9. 건축공사의 품질관리 단계 ·· 1284
10. 품질관리의 7가지 tool(도구, 기법) ·· 1289
11. 품질경영(QM ; Quality Management) ··· 1296
12. 설계품질과 시공품질 ··· 1299
13. 품질관리의 표준이 지켜지지 않는 원인과 대책 ··································· 1303
14. 원가절감 방안 ·· 1308
15. V.E(Value Engineering) ··· 1313

16. 건축의 life cycle cost(생애주기 비용) ·········· 1317
17. MBO(Management By Objective) 기법 ·········· 1321
18. 안전관리 ·········· 1325
19. 건설공사의 산업안전보건관리비 ·········· 1329
20. 고층 건물의 시공상 안전시설공법 ·········· 1332
21. 시공도면(shop drawing) ·········· 1337
22. 시방서(specification) ·········· 1340
23. 건설사업의 위험도 관리(risk management) ·········· 1346
24. 건설 클레임(construction claim) ·········· 1352
25. 시설물을 발주자에게 인도 시 유의사항 ·········· 1358
26. 건축물의 유지관리 ·········· 1361
永生의 길잡이 – 열하나 : 성경은 무슨 책입니까? ·········· 1365

2절 시공의 근대화 | 1366

■ 시공의 근대화 기출문제 ·········· 1367
1. 시공의 근대화(시공법 발전추세, 건축생산의 금후 방향,
   UR 개방 시 문제점과 대응방안) ·········· 1370
2. 복합화 공법 ·········· 1377
3. ISO(국제표준화기구) 인증제도 ·········· 1381
4. 표준화(標準化) ·········· 1384
5. E.C화(종합건설업제도) ·········· 1387
6. Web 기반 공사관리체계 ·········· 1391
7. PMIS(Project Management Information System) ·········· 1394
8. CIC(Computer Integrated Construction ; 건설산업정보통합화생산) ·········· 1398
9. BIM(Building Information Modeling) ·········· 1402
10. 건설 CALS(Continuous Acquisition and Life cycle Support) ·········· 1405
11. Work breakdown structure(작업분류체계) ·········· 1410
12. 린 건설(lean construction) ·········· 1414
13. 적시생산방식(Just in time system) ·········· 1418

11장 공정관리 | 1422

1절 개 론 | 1422

■ 개론 기출문제 ·· 1423
1. 공정관리기법 ··· 1428
2. Network 공정표의 작성요령 ··· 1434
3. 공기단축기법 ··· 1443
4. 자원배당계획 ··· 1447
5. 공정관리에 있어서 진도관리(follow up) ······················· 1449
6. 시간과 비용의 통합관리기법(EVMS) ····························· 1451
7. 공기와 시공속도 ··· 1454
8. 공정마찰의 발생원인과 해소 방안 ·································· 1458
9. 공기지연 ·· 1463

2절 Data에 의한 공정표, 일정계산 및 bar chart 작성 | 1470

■ Data에 의한 공정표, 일정계산 및 bar chart 작성 기출문제 ··········· 1471
永生의 길잡이 – 열둘 : 죽음 저편 ·· 1483

3절 공기단축 | 1484

■ 공기단축 기출문제 ·· 1485
永生의 길잡이 – 열셋 : 꿈을 이루는 8가지 마음 ················ 1497

4절 인력부하도 | 1498

■ 인력부하도 기출문제 ··· 1499

공사별 요약 | 1506

※ INDEX

영생의 길잡이

- 永生의 길잡이 - 하나 : 人生案內 ································· 65
- 永生의 길잡이 - 둘 : 그 다음에는 ································· 91
- 永生의 길잡이 - 셋 : 인생의 종착지는 어디인가요? ················· 245
- 永生의 길잡이 - 넷 : 길은······ ································· 327
- 永生의 길잡이 - 다섯 : 세상 쉬운 것이 천국 가는 길! ············· 353
- 永生의 길잡이 - 여섯 : 삶의 가치를 아십니까? ··················· 397
- 永生의 길잡이 - 일곱 : 어느 사형수의 편지 ····················· 695
- 永生의 길잡이 - 여덟 : 예수 그리스도는 누구십니까? ·············· 1023
- 永生의 길잡이 - 아홉 : 어쩌면 당신은······ ···················· 1189
- 永生의 길잡이 - 열 : 하나님께 이르는 길 ······················ 1235
- 永生의 길잡이 - 열하나 : 성경은 무슨 책입니까? ················· 1365
- 永生의 길잡이 - 열둘 : 죽음 저편 ····························· 1483
- 永生의 길잡이 - 열셋 : 꿈을 이루는 8가지 마음 ················· 1497

"내일은 없다." 라고 생각하고
오늘을 살아라.
오늘이 내일이다.

- 앤드류 카네기 -

6장 | P. C 및 Curtain Wall 공사

1절 P.C 공사

1. P.C 공사의 시공계획 ·· 652
2. 공업화 건축의 필요성과 장단점 ························· 657
3. P.C 공법의 문제점과 개선방향 ························· 661
4. P.C 공법의 종류 및 특성 ································· 665
5. P.C 개발방식 ·· 669
6. 조립식(P.C) 건축의 현장시공 ····························· 672
7. P.C판의 접합공법 ··· 679
8. P.C판의 부위별 접합부 방수처리 ····················· 684
9. 합성 slab(half P.C slab) 공법 ························ 688
10. Lift slab 공법 ··· 692

P.C 공사 기출문제

1	1. Precast Concrete 설치공사에 있어서 부재의 운반, 반입과정부터 설치완료 시까지의 공사 품질관리 유의사항을 기술하시오. [02후, 25점]
2	2. 독립주택에 있어서 prefabrication 공법(조립식 공법)을 적용할 때 다음 사항의 이점을 기술하라. [78전, 25점] ㉮ 기초　　㉯ 내외 벽체　　㉰ 창호　　㉱ 지붕　　㉲ 열관리 3. 공업화 건축 system의 필요성과 기본방향에 대하여 논하여라. [82전, 50점] 4. 조립식 건축의 장단점을 설명하고, 조립식 공법 활용의 추진책을 기술하여라. [85, 25점] 5. 주택의 대량 생산공급을 위하여 공업화 건축이 필요한 이유를 설명하여라. [91전, 40점] 6. 건축공사에서 적용되고 있는 공업화 건축의 현황과 문제점 및 활성화방안에 대하여 설명하시오. [12중, 25점]
3	7. P.C 공법의 문제점과 개선방향 및 금후 전망에 대하여 설명하여라. [92전, 30점] 8. 대형 P.C panel 조립식 건축 시 요즘 많이 나타나고 있는 문제에 대하여 P.C 관리의 관점을 기술하여라. [92후, 30점] 9. P.C 공법이 국내에 활성화되지 못하고 있는 원인과 P.C 공법의 나아갈 방향을 설명하시오. [94후, 25점] 10. 국내의 건축공사에서 PC 공법을 활성화하기 위한 기술적 사항을 기술하시오. [99중, 30점] 11. 건축공사에서 PC(Precast Concrete) 공법의 개요를 설명하고, 현장타설 콘크리트 공법과 비교할 때 유리한 점과 불리한 점에 대하여 설명하시오. [11전, 25점]
4	12. PC 건축공사의 큐비클 유닛(Cubicle Unit)공법에 대하여 서술하시오. [04중, 25점] 13. PC 공법 중 골조식 구조(Skeleton Construction System) [05중, 10점] 14. PC(Precast Concrete)공법의 종류와 접합부 요구성능 및 접합부 시공 시 유의사항을 설명하시오. [22후, 25점]
5	15. PC(Precast Con´c) 공법에서 Open system과 Closed system에 대하여 설명하시오. [03중, 25점] 16. Open System(공업화 건축) [16후, 10점]
6	17. 조립식 건축시공방법에 관하여 설명하여라. [81후, 50점] 18. PC(Precast Concrete)공법의 종류와 접합부 요구성능 및 접합부 시공 시 유의사항을 설명하시오. [22후, 25점]
7	19. 콘크리트 벽판 조립식 공법에 있어서 공사계획, 조립 및 접합에 대하여 설명하여라. [81전, 30점] 20. 외벽 PC판의 접합공법에 대하여 기술하여라. [86, 25점] 21. 프리캐스트 콘크리트(precast concrete) 부재 간의 일반적인 연결법(typical connections) 8가지 이상을 그림으로 설명하여라. [89, 25점] 22. Wet Joint Method [01중, 10점] 23. 건축공사에서 PC(Precast concrete) 접합공법의 종류와 방수처리방안에 대하여 설명하시오. [13전, 25점] 24. PC 접합부의 요구성능과 부위별 방수처리방법, 시공 시 주의사항에 대하여 설명하시오. [21중, 25점]

P.C 공사 기출문제

8	25. PC판의 부위별 접합부의 방수처리방법에 대하여 설명하여라. [82전, 30점] 26. 프리캐스트 콘크리트(PC) 접합부 방수 [99전, 20점]
9	27. 시어 커넥터(shear connector) [85후, 5점] 28. 시어 커넥터(shear connector) [91후, 8점] 29. 합성 slab 공법의 개요와 특성에 대하여 설명하여라. [93후, 35점] 30. Half P.C slab [96중, 10점] 31. 합성 슬래브(half slab) 공법의 채용 시 유의할 점 [96후, 15점] 32. 합성 슬래브 [98중후, 20점] 33. Half Slab [00전, 10점] 34. Stud Bolt [00후, 10점] 35. Shear Connector [02중, 10점] 36. Half slab 工法에서의 slab·보 접합부를 그림으로 표현하여 설명하고 시공 시 유의사항을 기술하시오. [03중, 25점] 37. 철골 Stud-Bolt의 정의와 역할 [05후, 10점] 38. 합성 슬래브공법(Half P.C slab) [07전, 10점] 39. Shear Connector(전단보강철물) [08중, 10점] 40. 합성 슬래브(Half P.C Slab)의 전단철근 배근법 [19중, 10점] 41. 철골공사의 Stud 품질검사 [12후, 10점] 42. 합성 슬래브(Half Slab)의 일체성 확보 방안과 공법 선정 시 유의사항에 대하여 설명하시오. [16중, 25점] 43. 공동주택 지하주차장 half-PC(Precast Concrete) 슬래브 공법의 하자발생원인과 방지대책에 대하여 설명하시오. [17중, 25점] 44. Half P.C(Precast Concrete) Slab의 유형 및 특징, 시공 시 유의사항에 대하여 설명하시오. [20중, 25점] 45. 덧침 콘크리트(Topping concrete) [17후, 10점]
10	46. 리프트 슬래브(lift slab) 공법에 대하여 설명하여라. [88, 25점] 47. Lift Slab 공법 [04중, 10점] 48. Lift 공법의 특성 및 시공상 고려사항에 대하여 설명하시오. [10중, 25점] 49. Lift-Up 공법의 종류 및 시공 시 유의사항에 대하여 설명하시오. [11중, 25점] 50. 장경 간 또는 중량구조물에서 사용하는 Lift up 공법에 대하여 설명하시오. [20중, 25점]

**기
출**
	51. PC벽 패널 접합부에 발생하기 쉬운 시공상의 결함을 들고 그 대책을 기술하여라.
	[84, 25점]
	52. 프리캐스트 대형 벽판 공법과 그의 시공에 대하여 써라. [87, 25점]
	  ㉮ 프리캐스트 대형 벽판 공법의 개요 (8점)
	  ㉯ 프리캐스트 대형 공법의 시공 (8점)
	  ㉰ 부재의 제조기준 (9점)

용 어	53. Hollow-core slab [88, 5점] 54. 이방향 중공 슬래브(Slab) 공법 [14후, 10점] 55. Preflex Beam [06후, 10점]

사십 세가 지나면, 인간은 자신의 습관과 결혼해 버린다.
습관은 나무 껍질에 새겨놓은 문자 같아서 그 나무가 자라남에 따라 확대된다.

- 새뮤얼 스마일스 -

P.C 공사의 시공계획

● [02후(25)]

Ⅰ. 개 요

① P.C 공사의 시공계획은 충분한 사전조사와 부재생산 방식, 현장조립 공법 선정, 현장여건 등을 충분히 감안하여 능률적이고 경제적인 계획이 수립되어야 한다.

② 특히 안전관리와 병행한 양중관리를 시행해야 하며, 공정계획은 공장과 현장과의 상호작업의 연관성을 면밀하게 검토하여 수립하여야 한다.

Ⅱ. P.C 공사 flow chart

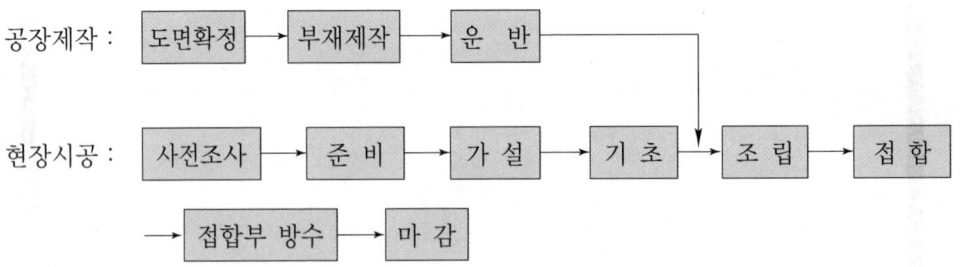

Ⅲ. 시공계획

1. 사전조사

1) 설계도서 및 계약조건 검토

설계도, 시방서, 현장설명서, 공사내용, 계약금액, 공사기간 등

2) 현장 입지조건 조사

대지 내, 대지 주변, 지하 매설물 등

3) 공장 생산조건 조사

부재생산량, 시공정밀도, 생산기간, 운반거리 등

2. 준 비

① 부재 반입도로 확보
② 조립용 양중장비의 주행로

③ 조립용 양중장비의 배치 및 양중 동원대수 산정
④ 도로의 지반상태 점검 및 보강

3. 가 설
① Stock yard 확보
② 가설전기 및 공사용수 확보

4. 기 초
① 지반 여건에 맞는 기초공법 선정
② 기초의 지내력 확보

5. 조 립
① 조립시공이 용이하게 현장조립 순서에 따라 부재반입
② 마감 및 방수 등에 영향을 미치므로 조립 시 정밀도 유지

6. 접 합
접합방식에는 습식 접합과 건식 접합이 있다.
① 습식 접합(Wet joint)
㉮ Con'c 또는 mortar로 충전하여 접합하는 방식
㉯ 벽판과 벽판의 수직이음에 주로 사용
㉰ 시공이 번거로우나 조립 오차의 조정 쉬움.
② 건식 접합(Dry joint)
㉮ 용접, bolt, insert 등으로 접합하는 방식
㉯ 상하 벽판 연결 및 벽과 바닥판의 수평접합에 이용
㉰ 시공은 간편하나 조립 수정이 어렵다.

7. 접합부 방수
1) 접합부는 각종 변위에 추종하고 수밀성, 방수성 확보
2) 접합부 방수
① 외벽 접합부
㉮ 접합부 외측에서 back-up재 넣고 코킹재 충전
㉯ 누수방지와 배수 겸용

② 지붕 slab 접합

　㉮ 수평 습식 접합으로 되어 있으며, seal 충전 후 그 위에 sheet 부착

　㉯ 평활하게 바탕면 마무리하여야 하며, 건조 철저

③ Slab+wall 접합

　㉮ 구석 부위를 고무 asphalt sheet로 L형으로 바르고, 홈 부위에 sealing재
　충전

　㉯ 방수처리가 가장 곤란한 부분

④ Parapet

　㉮ 접합면에 고무 asphalt sheet 처리 후 parapet와 slab 접합부는 sealing재
　충전

　㉯ Parapet 상단은 cap(flashing) 설치

8. 마 감

① 접합부위의 방수상태 점검 및 확인

② Sealing재는 표면을 충분히 건조 후 시공

③ 기후·온도 등 외부 노출에 변색되지 않는 마감재 사용

9. 공법 선정

1) 건설인력 부족, 공기단축, 품질향상 등을 고려하여 선정

2) 공법 종류

① 골조식

HPC, RPC, 적층공법 등

② 기 타

Half slab, lift slab 등

10. 공정계획

1) 공정계획은 공장과 현장과의 작업 연관성을 검토하여 수립

2) 공장 제작공정

부재제작 및 부재출하 공정

3) 부재 수송공정

부재의 list 작성 및 현장작업 순서에 따라 발송

4) 현장시공 공정

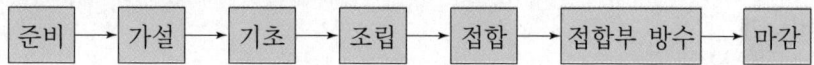

준비 → 가설 → 기초 → 조립 → 접합 → 접합부 방수 → 마감

11. 품질관리

① ISO 9000 시리즈 인증 획득
② 공장 생산부재의 품질 확보
③ 현장에서의 시공 정밀도 확보

12. 안전관리

① 안전관리 책임체제 확립
② 작업지시 단계에서 안전사항 철저 지시
③ 고소작업에 따른 사전교육과 안전예방

13. 수송계획

① 수량, 종류, 운반도로 조건 감안
② 도심 주도로 수송시간 확인
③ 가장 신속한 운반방법 계획

14. 양중계획

① 1일 작업능력 및 시간 검토, stock yard와의 거리
② 양중장비의 안전 고려
③ 안전관리와 병행한 양중관리 시행

15. 가설계획

1) 부재 반입도로 확보

① Stock yard와 연결
② 후속차량 대기 위한 장소 확보

2) 조립용 양중장비의 주행로

① 주행도로의 내력을 확보하여 부동침하 방지
② 주행로가 침하된 곳은 즉시 보강·보수

3) Stock yard 확보

4) 비 계

5) 가설전기 및 공사용수

IV. 결 론

① P.C 공사의 시공계획은 공장제작 공정과 현장조립 공정의 상호 작업의 연관성 여부가 공사의 승패를 좌우한다.

② 면밀한 시공계획으로 상호 긴밀한 협조체제가 이루어져야 하며, 철저한 품질관리 및 안전관리와 병행한 양중관리를 시행해야 한다.

문제
2
공업화 건축의 필요성과 장단점

● [78전(25), 82전(50), 85(25), 91전(40), 12중(25), 16후(10)]

I. 개 요

① 공업화 건축이란 부재를 공장에서 생산하여 현장에서 기계화에 의해 조립 시공하는 system을 말한다.

② 건축생산의 합리화 방안으로 품질의 균등화, 대량생산, 노동력 부족, 인건비 상승 등의 환경변화에 따른 대처방안으로 공업화 건축의 필요성이 대두되고 있다.

II. 기본방향

① 도면의 표준화

② 성능 시방서 제정

③ 제품의 open system화

④ 공장과 현장간 거리 고려

⑤ 적정 물량 공급

III. 필요성

1) 대량생산

① 건설 수요 급증

② 수요 급증으로 대량생산 필요

2) 노동력 부족

① 건설노동 기피현상으로 노동력 부족

② 건설노동력 부족에 따른 기능도 저하

3) 인건비 상승

① 인력 부족으로 인한 인건비 상승

② 인건비 상승으로 인한 건축생산비 증가

4) 공사기간 단축

① 공장생산 기계화 및 자동화로 생산기간 단축

② 현장작업 감소

5) 원가절감

　① 대량생산으로 생산비 절감

　② 가설공사의 생략 또는 감소

6) 재해 · 공해 예방

　① 기계화 시공에 의한 인적 재해 예방

　② 현장작업 감소로 건설공해 방지

Ⅳ. 장단점

1. 장 점

1) 공기단축

　공장생산 및 건식 공법

2) 노무비 절감

　기계화 시공에 의한 현장작업 감소

3) 품질향상

　공장생산에 의한 현장조립 시공으로 품질균등

4) 원가절감

　부재의 대량생산 및 공기단축으로 인한 원가절감

5) 안전관리 용이

　양중장비의 사용으로 위험작업 감소

6) 전천후 생산

　동절기에도 생산 가능

7) 숙련공 불필요

　기계화 시공으로 미숙련공도 작업 가능

8) 현장관리 용이

　작업인원 감소

9) 경량화

　P.C 도입으로 단면 감소

10) 신뢰도 향상

　공장의 집중관리로 제품의 신뢰도 향상

11) 작업장 면적 축소

완제품의 자재반입으로 현장이 정리정돈

12) 현장작업 간소화

미장, 조적, 타일 공사 등 마감공사의 축소

2. 단 점

1) 초기 투자 과다

초기 공장생산 설비의 투자로 채산성 악화

2) 수요·공급의 불안정

일시적 수요에 따른 수요의 불연속성

3) 공장생산 준비 소요기간 장기

공정의 단순화로 공기단축

4) 대형 양중장비 필요

중량부재 취급 및 중량부재의 운반

5) 부재파손

운반 및 설치시 부재파손 우려

6) 부재 결함시 대처 곤란

① 시공전 부재의 파손 및 결함시 공장생산 일정에 따른 부재교체에 많은 시간이 소요되므로 전체공기에 영향을 줌.
② 현장의 공기 유지를 위해 대처 공법(RC 공법) 고려 필요

7) 다양화 부족

의장의 단순화 및 고정화

8) 안전사고

중량부재 운반 및 양중작업으로 인한 안전사고 우려

9) 접합부 취약

접합부 방수, 차음, 강도의 취약

10) 기술투자 부족

자동화, 기계개발 투자 및 조립장비의 개발투자 미흡

11) 검　사

품질검사 항목이 많고, 육안에 의한 검사가 대부분

12) 운반거리 제약

운반거리 100km 이상 시 비경제적

13) 기　타

① 다양한 수요에 대한 대응 부족
② 운반 진입로 및 stock yard 필요

Ⅴ. 활성화 방안

1) 건설산업 측면 정책개선
① 건설업의 제조업화 추진
② 기능인력 부족 개선대책 마련
③ 건설 자재 및 장비 산업 육성

2) 건설기술 측면 정책개선
① 신기술, 신공법의 적극 활용
② 실적공사비 현실화
③ 중소기업 육성 R&D 확대

3) 평가 관련 기준정비
① 입찰시 인센티브 부여
② 건축물 인증관련제도 활성화
③ 성능 및 생산기준 정비

4) 시장확대 및 활성화 지원
① 도시형 생활 주택 보급 활성화
② 리모델링 시장 활성화
③ 그린홈, 그린빌딩 활성화

Ⅵ. 결　론

① 급속한 건설환경의 변화와 수요급증으로 인한 대량생산과 노동력 부족 및
자재수급의 불안정 등으로 공업화 건축의 필요성이 날로 증대되고 있다.
② 공업화 건축의 확대 및 기술개발 투자확대로 건설업의 기술경쟁 능력을 향
상시키고 관계기관, 산업체, 학회가 공동 연구하여 개발에 노력해야 한다.

문제
3

P.C 공법의 문제점과 개선방향

● [92전(30), 92후(30), 94후(25), 99중(30), 11전(25)]

I. 개 요

① 환경변화에 따른 건설업의 수요급증과 노동력 부족, 인건비 상승, 공기지연, 하자발생 등의 여러 가지 복합적인 문제로 공업화 건축의 필요성이 대두되고 있다.

② 그에 대한 기술적인 방안으로 P.C 공법 및 기계화 시공의 확대가 요구되고 있으나 기술력 부족, 접합부의 취약, 기술개발 투자미흡, 구성재의 호환성 미비 등 많은 문제점들이 발생되고 있다.

II. P.C 공법의 필요성

① 건설수요 급증으로 인한 대량생산 필요

② 건설노동력 부족에 대처

③ 인건비 상승에 대처

④ 공기단축 및 원가절감

⑤ 기계화 시공에 의한 재해, 공해 예방

III. 문제점

1) 정부지원 부족

① 세제, 금융지원 등의 실질적인 지원 미흡

② 공해 유발 업종으로 공장설립의 어려움 등 정책적 지원 부족

2) 기술수준 미흡

① 공업화 기술수준 미흡

② 부재의 표준화·규격화·단순화 미흡

3) 시공 복잡

① 공장 제작에서부터 현장의 조립과 접합이 복잡

② 접합부의 방수 등 시공 복잡

4) 부재 결함시 대처 곤란

부재 결함시 대체 부재의 조치기간이 많이 소요

5) 누수 발생

　① Joint 부위의 시공불량

　② 외벽, 지붕 slab, parapet 등의 접합부 하자

6) 발주 시 외면

　① 새로운 공법에 따른 위험 부담

　② 현장관리의 미숙에 따른 재래식 시공 선호

7) 입주자 선호도 외면

　① 소비자의 P.C 건물 성능의 불신

　② 방수, 차음 등 성능보장 불확실

8) 부실시공 불안감

　① 접합부의 방수상태 불량

　② 구조적인 응력 전달의 불확실

9) 구조 기술력 부족

　① 연쇄 붕괴 우려의 안전성 문제

　② 풍압, 지진, 횡력에 대한 구조내력 문제

10) 초기 투자비 과다

　① 공장부지, 공장 생산설비, 공법 개발비 등

　② 투자 자금의 회수기간이 길다.

11) 성능 인정제도 미비

　① 정부의 성능평가 항목 미비

　② 성능 결함에 대한 소비자의 보호제도 미비

Ⅳ. 개선방향

1. 제도적 측면

1) 공공부문 발주

　① 공공공사부터 우선 발주

　② 공공공사 수의계약 활성화

2) 성능제도 도입

　① 안전성, 거주성, 내구성의 성능평가 항목 도입

　② 성능 인정대상 확대

3) 세제 지원

① 세제 우대

② 자재, 장비, 공장설비 등에 세금 인하

4) 자금 융자

① 공장부지, 공장설비 등 초기 투자비 융자

② 융자조건 완화

2. 설계적 측면

1) 표준화

① 표준화로 부재의 호환성 높임.

② 부재의 표준화로 대량생산 및 원가절감

2) System 개발

① Open system 개발

② Closed system 개발

3) 신재료 개발

① 고강도화, 경량화, 표준화할 수 있는 신재료 개발

② 재료의 초경량화로 인력 및 자재의 절감

4) CAD화

① System의 지속적인 개발 및 투자

② 건축분야의 종합 system화

3. 시공적 측면

1) 가설재

① 가설재의 표준화 및 경량화

② 시설의 동력화

2) 기계화

① 조립·시공 장비의 개발

② 기계화 시공에 의한 안전재해 예방

3) Dry joint

① 조립·시공이 용이한 구조

② 수축, 팽창, 흡수 능력이 있는 구조

　4) 방수처리

① 기밀성·수밀성 유지

② 접합부 모르타르, Con'c의 균질 시공

4. 기술적 측면

　1) 신기술 개발

① 신기술 개발로 원가절감

② 신기술 채용으로 안전 및 품질 향상

　2) 기술 축적

① 자체 기술개발 활성화

② 기술개발 투자 확대

　3) 시공 지침서

① 부품자재의 성능, 품질, 기계적 요인 등을 성능시방서에 명시

② 성능시방서를 활용하여 생산과 시공의 지침서로 이용

　4) 성공 사례

① 부재의 단순화와 규격화에 의한 성공 사례 발표

② 공기, 품질, 경제성, 안정성의 P.C 개발 홍보

Ⅴ. 결 론

① 건축물의 대형화, 고층화, 고급화되어감에 따라 안전하면서 품질이 확보되고, 아울러 의장이 다양한 P.C 공법이 개발되어야 한다.

② 다양한 기술개발로 P.C 공사의 문제점 방지와 신기술의 개발 및 기술개발 투자 확대로 기술개발에 더욱 노력해야 하며, P.C 공법의 활성화를 위해서는 정부 차원의 실질적인 지원책이 마련되어야 한다.

P.C 공법의 종류 및 특성

● [04중(25), 05중(10), 22후(25)]

Ⅰ. 개 요

① P.C 공법이란 공장이나 현장 plant에서 생산된 부재를 양중장비를 이용하여 현장에서 조립, 시공하는 공법을 말한다.

② P.C 공법은 판식, 골조식, 상자식 등으로 분류하며 성력화, 기계화, 건식화를 추구할 수 있는 공법이다.

Ⅱ. P.C 공법의 분류

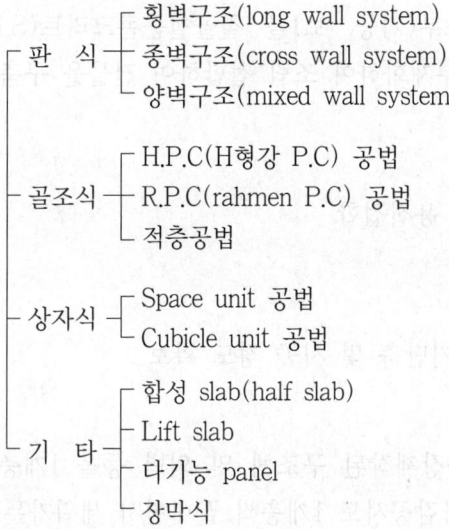

- 판 식
  - 횡벽구조(long wall system)
  - 종벽구조(cross wall system)
  - 양벽구조(mixed wall system)
- 골조식
  - H.P.C(H형강 P.C) 공법
  - R.P.C(rahmen P.C) 공법
  - 적층공법
- 상자식
  - Space unit 공법
  - Cubicle unit 공법
- 기 타
  - 합성 slab(half slab)
  - Lift slab
  - 다기능 panel
  - 장막식

Ⅲ. 공법별 특성

1. 판 식

1) 횡벽구조(long wall system)

① 평면 구조상 내력벽을 횡(가로)방향으로 배치하여 평면계획 유리

② 외벽이 내력벽 기능을 가지므로 개구부 설치시 불리

2) 종벽구조(cross wall system)

① 평면 구조상 내력벽을 종(세로)방향으로 배치

② 외벽을 비내력벽으로 처리 가능하므로 경량 curtain wall로 처리할 수 있음.

3) 양벽구조(mixed wall system)
  ① 종·횡 방향이 모두 내력벽인 구조
  ② 외벽은 내력벽체 또는 비내력벽체로 처리할 수 있음.

2. 골조식

1) H.P.C(H형강 P.C) 공법
  ① 기둥은 H형강을 사용하고 보, 바닥판, 내력벽 등을 P.C 부재화하여 현장에서 조립 접합하여 건물을 구축하는 공법
  ② H형강 기둥에는 현장 Con'c 타설
  ③ 고층 공동주택에 적합한 공법

2) R.P.C(Rahmen P.C) 공법
  ① Rahmen 구조의 주요 구조부(기둥, 보)를 철골철근콘크리트(S.R.C) 또는 철근콘크리트(R.C)로 P.C 부재화하여 조립 접합하여 건물을 구축하는 공법
  ② 부재의 접합방법
    ㉮ Dry joint
      고력 bolt 마찰접합 또는 용접접합
    ㉯ Wet joint
      접합부 현장 Con'c 타설
  ③ 건축의 공업화율이 높아 공기단축 및 시공 정도 확보

3) 적층공법
  ① 철골로 골조를 조립하고 공장제작된 구조체 및 외벽 등을 1개층씩 조립하면서 동시에 설비공사 및 마감공사도 1개층씩 끝내면서 세워가는 공법
  ② 공법 종류
    ㉮ S조 적층공법
      Unit floor를 사용하는 방법과 space unit을 사용하는 방법
    ㉯ R.C조 적층공법
      Prefab 공법에 부분적으로 현장타설 Con'c를 부어넣어 전체를 wet joint로 일체화시키는 공법
    ㉰ S.R.C 적층공법
      1층분의 철골기둥을 세워 P.C 부재화된 보, 바닥판, 벽체를 조립 접합하고, 기둥은 현장타설 Con'c로 1개층씩 조립해가는 공법
  ③ 고층 건물에 적합한 공법

3. 상자식

1) Space unit 공법

① 공장에서 생산된 space unit(주거 unit)을 순철골조로 가구(架構)된 구조체 안에 삽입하여 건물을 구축하는 공법
② 조립방식
㉮ Space unit을 현장에서 삽입만 하는 방법
㉯ 현장에서 어느 정도의 층(3~6층)마다 잘라서 벽이나 바닥판을 P.C 부재로 조립하는 방법
③ 고층의 공동주택에 적합한 공법

2) Cubicle unit 공법

① 공장에서 생산된 상자형의 주거 unit을 현장에서 연결하거나 또는 쌓아서 1~2층의 주택을 구축하는 공법
② 조립 순서
㉮ 외주에 PALC 벽을 설치한 U자형 철골 rahmen 구조를 공장에서 생산
㉯ 생산부재 현장으로 운반
㉰ 현장에서 평면 및 상하의 unit을 고력 bolt로 접합하여 주택 구성
③ 단독주택 양산공법으로 장래성 있는 공법

4. 기 타

1) 합성 slab(half slab)

① 바닥판 하부는 공장 생산된 P.C판을 사용하고, 상부부분은 현장타설 Con'c (topping Con'c)로 일체화하여 바닥 slab를 구축하는 공법
② P.C와 현장타설 Con'c의 장점만을 취한 공법
③ P.C 바닥판과 현장타설 Con'c와의 일체성 확보가 중요

2) Lift slab

① 바닥 slab나 지붕판을 지상에서 현장타설 Con'c로 P.C판으로 제작하여 이것을 소정의 위치까지 jack으로 달아 올려서 기둥에 접합 고정하여 건물을 구축하는 공법
② 공법 종류
㉮ Lift slab 공법
기둥 또는 코어부분을 선행 제작하여 건조하고, 그것을 지지기둥으로 지

상에서 몇 개 층분을 적층하여 제작한 slab를 순서대로 달아올려 고정하는 공법

㉯ 큰 지붕 lift 공법

공장, 광장 등의 철골조 대지붕의 건설에 쓰이며, 지상에서 완성도가 높고 설비, 도장 완료 후 달아올려 설치하는 공법

㉰ Lift up 공법

지상에서 조립하여 수직으로 높은 곳으로 달아올려 고정하는 공법으로 무선탑의 플랫폼(platform)의 설치에 쓰임.

③ 아파트, 빌딩, 공장, 무선탑 등에 주로 사용

3) 다기능 panel

① 공간 구성에 필요한 각종 기능을 가진 panel

② 공장생산 단계에서 각종 기능 부여

수납, 마감, 개구부, 설비, 차음 성능, 단열 성능 등

4) 장막식

① 주요 구조부(기둥, 보)는 철골로 하고 벽, 바닥 등의 면(面) 부재를 P.C로 조립하는 공법

② 일종의 concrete curtain wall

Ⅳ. 결 론

① 최근 건축물이 대규모화, 다양화되어 가면서 P.C 공법 채용이 늘어나고 있는 추세이다.

② 건축 구조형식의 다양화로 P.C 공법은 주택, 아파트, 공장, 오피스 빌딩 등에 이르기까지 점차 확대될 것이다.

<table>
<tr><td>문제
5</td><td>P.C 개발방식(공업화 건축의 Closed system과 Open system)</td></tr>
</table>

● [03중(25), 16후(10)]

Ⅰ. 개 요

① 건축의 공업화는 건축생산의 효율성을 높이고, 기술의 개발과 적용을 촉진하여 기술의 합리화를 이룩하는 것이다.

② P.C 개발방식에는 closed system과 open system으로 분류할 수 있다.

Ⅱ. P.C의 특징

1) 장 점
   ① 공기단축
   ② 노무비 절감
   ③ 품질향상
   ④ 원가절감

2) 단 점
   ① 초기 투자 과다
   ② 접합부 취약
   ③ 다양화 부족
   ④ 운반 설치시 파손 우려

Ⅲ. Closed system

1) 정 의

완성된 건물의 형태가 사전에 계획되고 이를 구성하는 부재, 부품들이 특정한 type의 건물에만 사용할 수 있도록 생산하는 방식

2) 특 징
   ① 단조로운 건물의 형태
   ② 부재, 부품 호환성이 없음
   ③ 주문공급 방식

669

④ 대형 구조물, 특수 구조물 대상

3) 문제점

① 의장의 단순화 및 고정화

② 주문생산으로 호환성 없음

③ 문제점 발생 시 대처하기 어려움

4) 개발방향

① 상징적 건축 구조물의 생산

② Semi open system화

IV. Open system

1) 정 의

건물을 구성하는 부재, 부품들이 여러 형태의 건물에 사용될 수 있도록 개발
생산하는 방식

2) 특 징

① 평면 구성이 자유로움

② 호환성 높음

③ 시장공급 방식

④ 대량생산 가능

3) 문제점

① 초기 투자비 과다

② 부재의 표준화, 규격화 미흡

③ 접합부 취약

④ 기술개발, 투자 미흡

4) 대 책

① 초기 투자비의 금융지원 및 세제 혜택

② 부재의 표준화, 규격화로 호환성 높임

③ 접합부의 강도 및 수밀성 개선

④ 기술개발 투자 확대로 자체 기술개발

⑤ 생산 설비의 자동화

V. 결 론

① 건축물이 고층화·대형화되어감에 따라 P.C의 경량화 및 표준화·규격화로 호환성을 높이고, 품질 확보와 원가절감을 할 수 있는 open system화의 개발이 시급하다.

② 관·산·학·연의 상호협조와 지속적인 기술개발 투자확대로 신재료, 신공법의 개발과 연구 노력만이 기술경쟁력을 향상시키고, 공업화 건축을 정착시킬 수 있을 것이다.

조립식(P.C) 건축의 현장시공

● [81후(50), 22후(25)]

Ⅰ. 개 요

① P.C 작업은 공장제작이 전체 공정에 미치는 영향이 크므로 공장과 현장간에 긴밀한 협조체제가 이루어져야 한다.

② P.C 공사의 현장조립은 구조적 영향을 좌우하는 중요한 작업으로 부재의 조립공법과 현장여건 등을 감안해야 한다.

Ⅱ. 공업화(P.C) 건축의 개념도

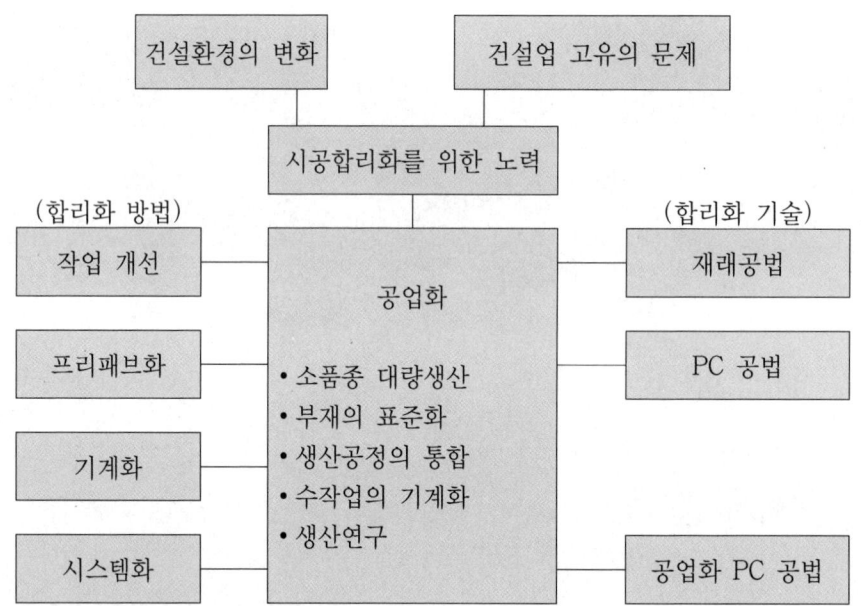

Ⅲ. 시공계획

1. 공정계획

1) 공장과 현장과의 작업 연관성을 검토하여 수립

2) 공장제작 공정

부재제작 및 부재출하 공정

3) 부재수송 공정

부재의 list 작성 및 현장작업 순서에 따라 발송

4) 현장시공 공정

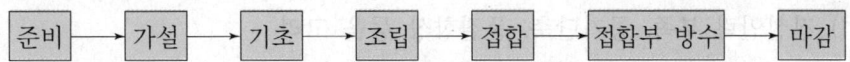

준비 → 가설 → 기초 → 조립 → 접합 → 접합부 방수 → 마감

2. 품질관리

① ISO 9000 시리즈 인증 취득
② 시공 품질관리 능력 배양
③ 시공 정밀도 확보

3. 안전관리

① 안전관리 책임체제 확립
② 작업지시 단계에서 안전사항 철저 지시
③ 고소작업에 따른 사전교육과 안전예방

4. 가설계획

1) 부재 반입도로 확보

① Stock yard와 연결
② 후속차량 대기 위한 장소 확보

2) 조립용 양중장비의 주행로

① 주행도로의 내력을 확보하여 부동침하 방지
② 주행로가 침하된 곳은 즉시 보강·보수

3) Stock yard 확보

① 위치는 작업장비 반경 내
② 바닥이 평탄해야 하고 주위에 배수로 설치

4) 비 계

① 외부 비계는 바닥면보다 1.0m 이상 높게 설치하여 작업에 지장을 주지 말 것
② 필요에 따라 달비계 설치

5) 가설전기 및 공사용수

　　충분한 전력용량과 용수량 확보

5. 공법 선정

　1) 건설인력 부족, 공기단축, 품질향상 등을 고려

　2) 공법 종류

　　① 골조식 : HPC, RPC, 적층공법 등

　　② 기타 : Half slab, lift slab 등

6. 수송계획

　　① 수량, 종류, 운반도로 조건 감안

　　② 도심 주도로의 수송시간 확인

　　③ 가장 신속한 운반방법 계획

7. 양중계획

　　① 1일 작업능력 및 시간 검토

　　② 양중장비의 안전 고려

　　③ Stock yard와의 거리

　　④ 안전관리와 병행한 양중관리 시행

Ⅳ. P.C 공사 flow chart

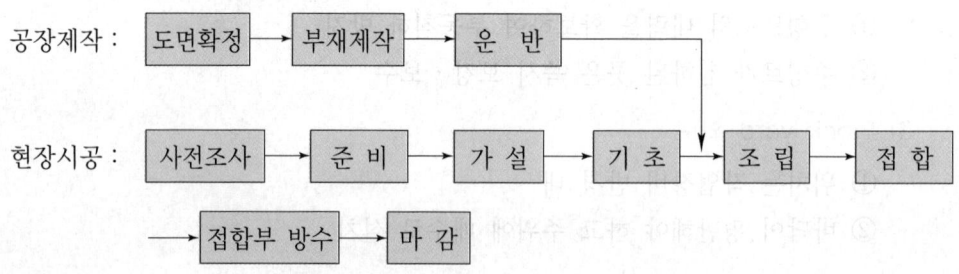

V. 현장시공

1. 사전조사

1) 설계도서 및 계약조건 검토

설계도, 시방서, 현장설명서, 공사내용, 계약금액, 공사기간 등

2) 현장 입지조건 조사

대지 내, 대지 주변, 지하 매설물 등

3) 공장 생산조건 조사

부재생산량, 시공정밀도, 생산기간, 운반거리 등

2. 준 비

① 부재 반입도로 확보
② 조립용 양중장비의 주행로
③ 조립용 양중장비의 배치 및 양중 동원대수 산정
④ 도로의 지반상태 점검 및 보강

3. 가 설

① Stock yard 확보
② 비계는 작업에 지장이 없고 안전성 확보
③ 가설전기 및 공사용수 확보

4. 기 초

① 지반 여건에 맞는 기초공법 선정
② 기초의 지내력 확보

5. 조 립

① 조립 시공이 용이하게 현장조립 순서에 따라 부재 반입
② 마감 및 방수 등에 영향을 미치므로 조립 시 정밀도 유지

6. 접 합

1) 접합방식에는 습식 접합과 건식 접합이 있다.

2) 접합방식

　① 습식 접합(Wet joint)
　　㉮ Con´c 또는 mortar로 충전하여 접합하는 방식
　　㉯ 벽판과 벽판의 수직이음에 주로 사용
　　㉰ 시공이 번거로우나 조립 오차의 조정이 쉽다.
　② 건식 접합(Dry joint)
　　㉮ 용접, bolt, insert 등으로 접합하는 방식
　　㉯ 상하 벽판 연결 및 벽과 바닥판의 수평접합에 이용
　　㉰ 시공은 간편하나 조립 수정이 어려움.

7. 접합부 방수

1) 접합부는 각종 변위에 추종하고 수밀성, 방수성을 확보

2) 위치별 방수

　① 지붕 slab 접합
　　㉮ 수평 습식 접합으로 되어 있으며 seal 충전 후 그 위에 sheet 부착
　　㉯ 바탕면은 평활하게 마무리해야 하며 건조 철저
　② Slab+wall 접합
　　㉮ 구석 부위를 고무 asphalt sheet로 L형으로 바르고, 홈 부위에 sealing재 충전
　　㉯ 방수처리가 가장 곤란한 부분
　③ Parapet
　　㉮ 접합면에 고무 asphalt sheet 처리 후 parapet과 slab 접합부는 sealing재 충전
　　㉯ Parapet 상단은 cap(flashing) 설치

8. 마 감
　① 접합부위의 방수상태 점검 및 확인
　② Sealing재는 표면을 충분히 건조 후 시공
　③ 기후·온도 등 외부 노출에 변색되지 않은 마감재 사용

Ⅵ. 시공 시 품질관리

1) 구조적 안전성
① 응력전달이 확실할 것
② 수축, 팽창, 흡수 능력이 있을 것

2) 접합부 처리
① 조립 시공이 용이한 구조
② 제작오차와 시공오차를 흡수

3) 단열, 결로, 차음, 방음성능 확보
① 틈이 생기지 않도록 기밀성 유지
② 접합부 및 코너부 열교현상 예방

4) 모서리 보강
① Panel 제작 시 보강 plate 설치
② 현장에서 모서리 파손 시 보수 후 조립

5) 접합부 방수
① 기밀성, 수밀성 유지
② 접합부 모르타르, Con'c의 균질시공

6) 접합부 보강
① 수직부 철근의 겹침이음 및 용접이음 시공
② Bolt 등을 사용하여 연속성 부여

7) 시공오차
① Plate와 plate의 간격이 5mm 이상 시 filler 채움.
② 수정 시 oil jack 사용

8) 구조물 연쇄붕괴 방지
① 층별 구별화
② 구조 계산시 보강

9) Insert 매입
① P.C 부재의 자중에 견딜 수 있는 강도
② 횡력저항 및 설치시 용이하게

10) Leveling mortar

① 전 평면상 정확한 level 유지

② 강성 확보 및 시공 정확도

11) Machine 배치

① 적정 양중장비 계획

② 배치시 부재 종류, 무게, 작업반경, 양중속도 등 고려

Ⅶ. 문제점

① 접합부 처리문제

② 부재의 중량문제

③ 구조적 안전성 문제

Ⅷ. 대 책

① 접합부 시공정밀도 확보

② 부재의 module화, 단순화, 규격화

③ 신재료, 신소재 개발로 부재의 경량화

④ 구조적 안전성 확보

⑤ 공업화 system 개발

Ⅸ. 결 론

① P.C 공사의 현장시공에서 접합부 처리, 부재의 중량, 구조의 안전성 등의 여러 문제가 공업화 건축의 활성화에 큰 장애로 나타나고 있다.

② 우수한 기능공의 확보와 양성 및 현장에서의 철저한 품질관리로 시공의 정밀도를 높여야 하며, 고소작업에 따른 안전예방에도 힘써야 한다.

P.C판의 접합공법

● [81전(30), 86(25), 89(25), 01중(10), 13전(25), 21중(25)]

Ⅰ. 개 요

① P.C 접합부는 각종 변위에 대응해야 하고 구조적 안전성, 수밀성, 기밀성 등의 확보 및 접합 시 정밀도를 유지하여야 한다.

② P.C판의 접합공법에는 습식 접합(wet joint)과 건식 접합(dry joint)이 있다.

Ⅱ. 접합부 요구조건

① 수밀성과 기밀성 유지

② 응력전달 확실

③ 조립시공 용이

④ 차음 성능

Ⅲ. 현장시공 flow chart

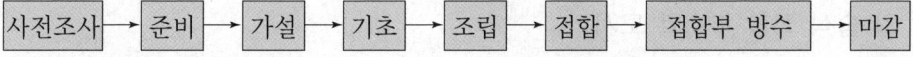

사전조사 → 준비 → 가설 → 기초 → 조립 → 접합 → 접합부 방수 → 마감

Ⅳ. 접합공법

1. 습식 접합(wet joint)

1) 정 의

① Con'c 또는 mortar로 충전하여 접합하는 방식으로 벽판과 벽판의 수직이음에 주로 사용

② 시공이 번거로우나 조립오차의 조정이 쉬움.

2) 시 공

① 순 서

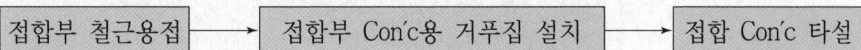

접합부 철근용접 → 접합부 Con'c용 거푸집 설치 → 접합 Con'c 타설

679

② 접합부 철근용접

㉮ Panel과 panel의 철근끼리 겹침용접

㉯ 최소 5개소 이상 용접

㉰ 용접 대신에 루프형 철근과 돌출 U자형 철근끼리 겹맞추고 철근을 수직으로 꽂는 방법도 있다.

㉱ 거푸집 부착 전 철근검사를 실시하여 미비한 부분은 수정 조립 후 곧바로 용접 시행

③ 거푸집 설치

㉮ 철근검사 후 거푸집 설치

㉯ 거푸집은 철제 또는 특수합판 거푸집을 사용

㉰ P.C 부재와 현장타설 Con′c 접합부에는 거푸집에 방수용 줄눈대를 설치

㉱ 1층 높이를 일시에 타설하므로 Con′c 측압에 대한 대책 필요

④ Con′c 타설

㉮ Con′c 타설 전 접합면 청소 및 살수

㉯ 접합용 Con′c는 panel 강도 이상으로 보통 압축강도 28MPa인 Con′c 사용

㉰ 접합면의 충전 단면이 작으므로 15mm 이하의 조골재를 사용하고, slump는 180~210mm 정도

㉱ 다짐을 철저히 하여 밀실한 Con′c 타설

3) 습식 접합 부위별 도시

① 현장타설 Con′c 벽체와 P.C slab 접합   ② 외벽과 내벽 접합

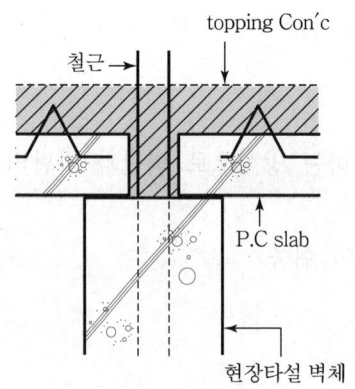

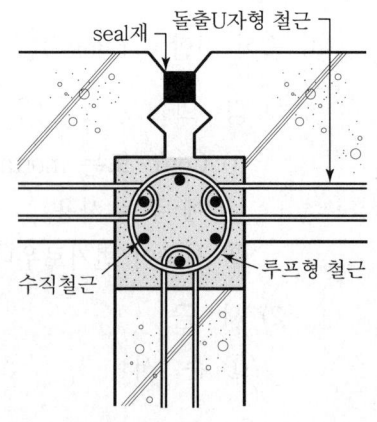

③ 외벽과 내벽 접합

④ 외벽 모서리 접합

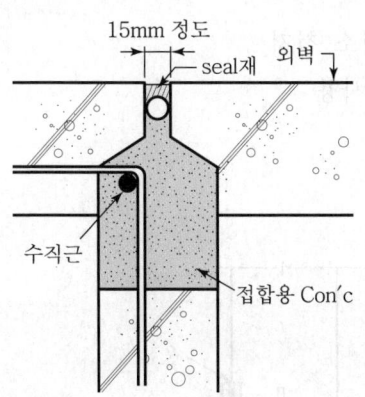

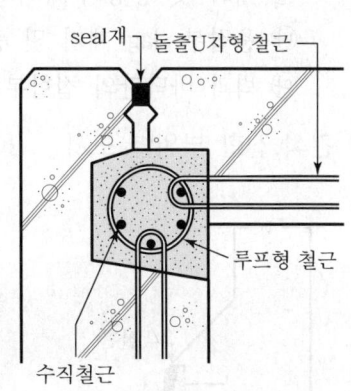

2. 건식 접합(dry joint)

1) 정 의

① 용접, bolt, insert 등으로 접합하는 방식으로 상하 벽판 연결 및 벽과 바닥
판의 수평접합에 사용하나 벽과 벽의 국부접합에도 사용

② 시공은 간편하나 조립 수정이 어려움.

2) 시 공

① 순 서

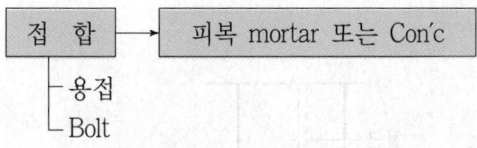

② 접 합

㉮ 용 접

㉠ 조립 시 구부렸던 철근, plate 등을 바른 위치로 수정한 후 용접

㉡ Plate와 plate의 간격은 5mm 이하로 하고, 그 이상 시에는 filler(끼움판)
사용

㉯ Bolt

㉠ Bolt의 조임력에 주의

㉡ Con'c에 매입되지 않는 부분 녹막이칠

③ 피복 mortar 또는 Con'c

㉮ 내화 및 방청의 목적

㉯ 용접부 slag 제거 및 충전부분 청소 철저

㉰ 벽과 바닥판의 접합부는 mortar 사용

3) 건식 접합 부위별 도시

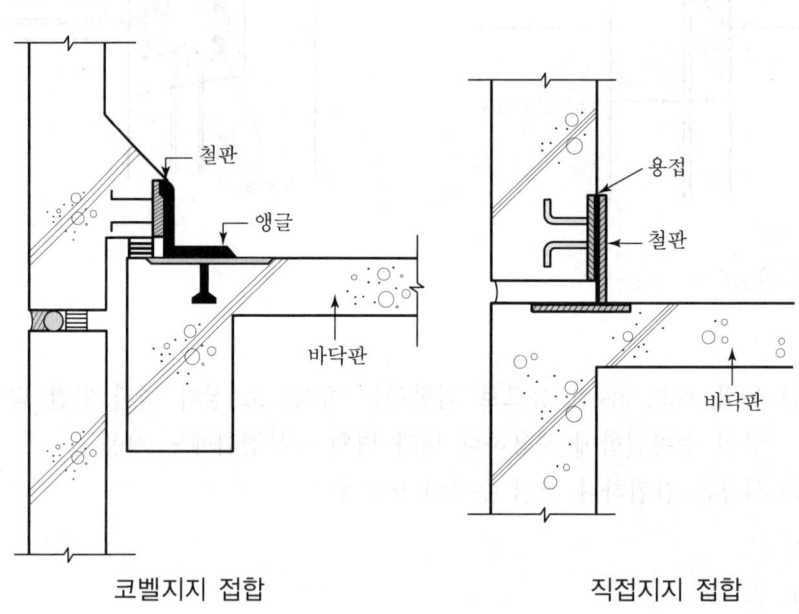

코벨지지 접합   직접지지 접합

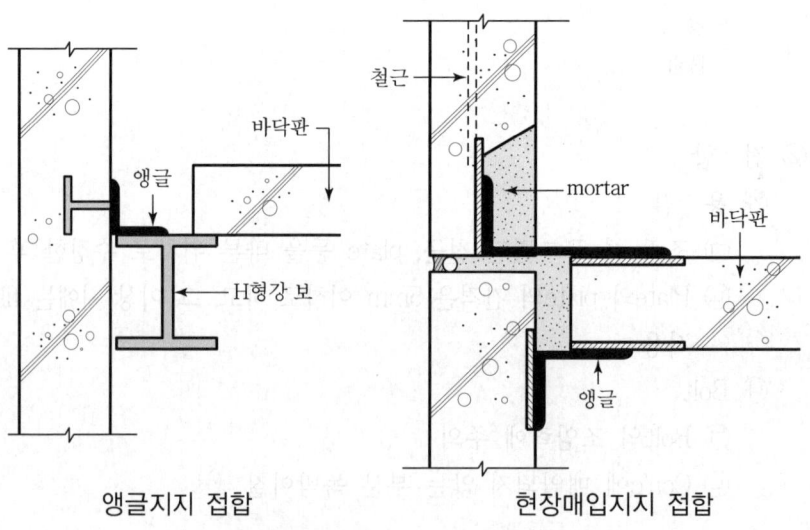

앵글지지 접합   현장매입지지 접합

V. 접합 시 유의사항

① 자중, 풍하중, 지진력에 대한 안전성 확보
② 경제성을 고려한 tolerance(허용오차)
③ 매입물 및 부재의 체적변화의 영향 고려
④ 변위의 영향 고려
⑤ 접합방식 및 내화기능 확보

VI. 부위별 접합부 방수

1) 외벽 접합부

접합부 외측에서 back-up재 넣고 코킹재 충전

2) 지붕 slab 접합

수평 습식 접합으로 되어 있으며, seal 충전 후 그 위에 sheet 부착

3) Slab + wall 접합

구석 부위에 고무 asphalt sheet를 L형으로 바르고, 홈 부위에 sealing재 충전

4) Parapet

접합면에 고무 asphalt sheet 처리 후 parapet과 slab 접합부는 sealing재 충전

VII. 결 론

① 현장에서 P.C판의 접합부 시공은 P.C 공정 중에서 가장 중요하며, 특히 접합부의 철저한 품질관리로 구조적 안전성, 수밀성, 기밀성, 차음성 등의 시공 정밀도를 확보하여야 한다.
② P.C 부재의 접합 시 접합부위에 맞는 시공법의 선택과 시공의 정밀도를 높이기 위한 접합공법의 개발에 많은 노력과 연구가 필요하다.

<table>
<tr><td>문제
8</td><td>P.C판의 부위별 접합부 방수처리</td></tr>
</table>

● [82전(30), 99전(20)]

Ⅰ. 개 요

① P.C 공사는 접합부 처리가 중요한 작업으로 응력전달, 방수성, 기밀성, 내구
성 등이 요구되며, 그 중에서도 방수 성능을 확보하는 것이 중요하다.
② 접합부 방수처리 부위로는 외벽 접합, 지붕 slab 접합, 벽 slab 접합, para-
pet 등이 있다.

Ⅱ. 누수에 의한 피해

① 벽면에 곰팡이 발생
② 실내 불쾌감 증대
③ 백화현상 발생
④ 내구성 저하

Ⅲ. 누수 원인

① 재료불량(primer, sealing재, 피착제)
② 바탕처리 미흡
③ 시공불량
④ 구조체 변형

Ⅳ. 부위별 접합부 방수처리

1. 외벽 접합부

① 접합부 외측에서 back-up재 넣고 코킹재 충전
② 누수방지와 배수 겸용
③ 건조 수축을 고려하여 줄눈 폭, 깊이 결정
④ 한 줄형과 두 줄형 줄눈이 있으나, 한 줄형 줄눈을 많이 사용
⑤ 외벽줄눈의 종류에는 수평줄눈과 수직줄눈이 있다.

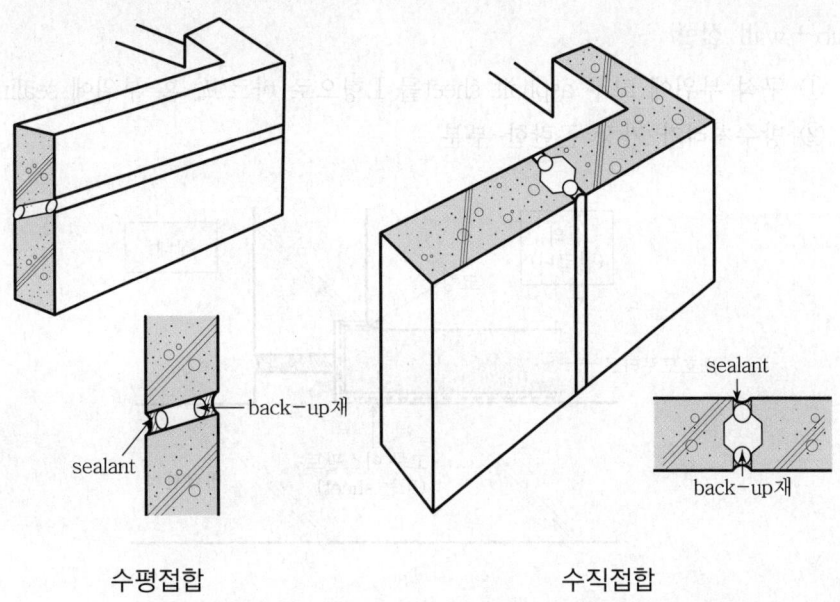

수평접합   수직접합

2. 지붕 slab 접합

① 수평 습식 접합이며, seal 충전 후 그 위에 sheet 부착
② 바탕면은 평활하게 마무리해야 하며, 건조 철저

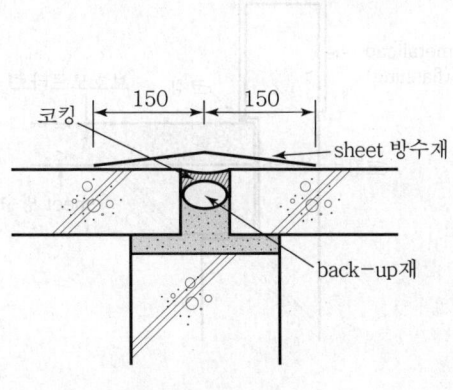

지붕 slab 접합

3. Slab + wall 접합

① 구석 부위에 고무 asphalt sheet를 L형으로 바르고, 홈 부위에 sealing재 충전
② 방수처리가 가장 곤란한 부분

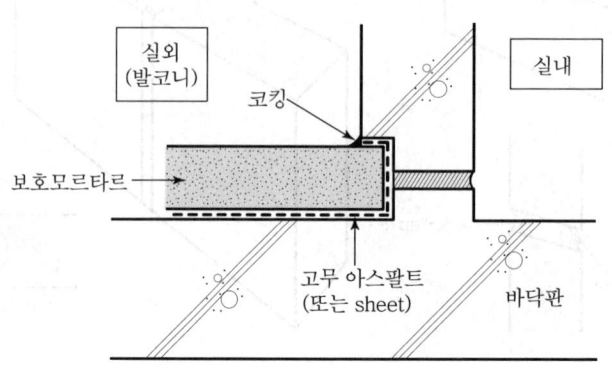

4. Parapet 접합

① 접합면에 고무 asphalt sheet 처리 후 parapet와 slab 접합부는 sealing재 충전
② Parapet 상단은 cap(flashing) 설치

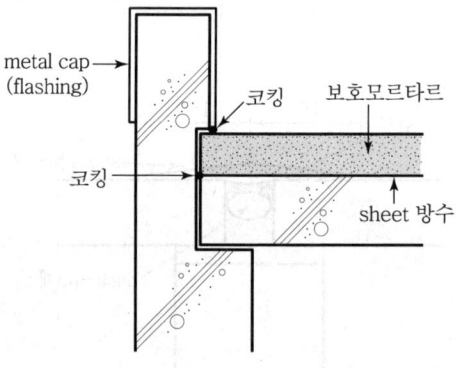

V. 접합부 방수처리시 주의사항

① 양호한 품질의 부재를 제조하여 공장제작 부재의 품질확보
② 부재의 균열, 파손 등이 생기지 않도록 Con´c의 품질관리를 철저히 한다.
③ 부재의 제품검사에서 방수시공부분에 생긴 미세한 파손은 보수공법으로 보수한다.

④ 접합부의 줄눈나비 확보 및 접합부의 표면처리는 조립공사의 과정으로 시
   공하여야 하며, 필요에 따라서 공사 관리자는 철저한 검사를 하도록 한다.
⑤ 방수시공은 경험있는 시공자가 하도록 한다.
⑥ 내·외장 마감 전에 담수시험을 실시하여 방수효과를 점검한다.

Ⅵ. 결 론

① P.C 접합부는 panel의 응력전달 매체로 접합이 불량하면 소정의 내력이나
   강성 및 방수성능을 갖는 접합부가 되지 않는다.
② 설계 시부터 재료, detail, 시공성 등을 검토하고 철저한 품질관리로 P.C 제
   품의 성능 확보와 접합부의 방수성능을 확보하여야 한다.

문제
9

합성 slab(half P.C slab) 공법

● [85후(5), 91후(8), 93후(35), 96중(10), 96후(15), 98중후(20), 00전(10), 00후(10), 02중(10), 03중(25), 05후(10), 07전(10), 08중(10), 12후(10), 16중(25), 17중(25), 17후(10), 19중(10), 20중(25)]

I. 개 요

① 합성 slab란 하부는 공장생산된 P.C판을 사용하고, 상부는 현장타설 Con'c로 일체화하여 바닥 slab를 구축하는 공법이다.
② P.C와 현장타설 Con'c의 장점을 취한 공법으로 기능인력의 해소와 안전시공을 확보할 수 있는 공법이다.

II. 종 류(일체성 확보 방안)

1) 구조 형상

① Flat slab(solid slab)

현장타설 Con'c(topping Con'c)

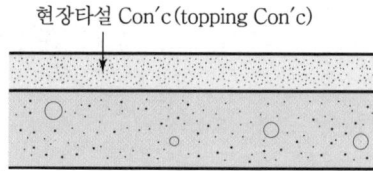

② Void slab(hollow slab)

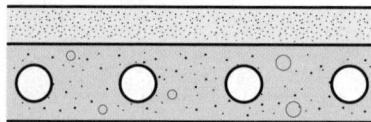

③ Rib slab

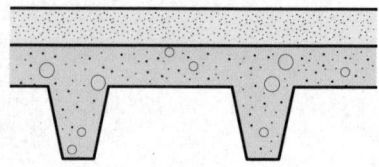

④ 절판 slab

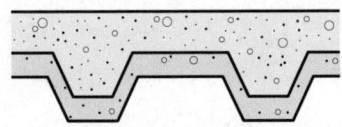

2) 전단연결철물

① dübel bar

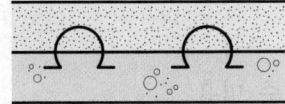

② Spiral bar

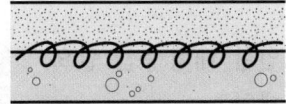

③ Omnier bar

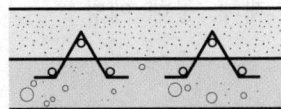

3) 타설 접합면 처리

① 거친 면 마감

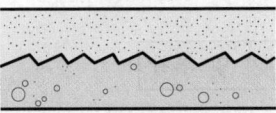

② 전단 key

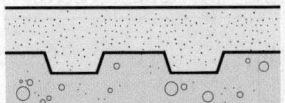

Ⅲ. 특 징

1) 장 점
① 보 없는 slab 가능
② 거푸집 불필요
③ 장 span 가능
④ 공기단축
⑤ 인건비 절감

2) 단 점
① 타설 접합면 일체화 부족
② 공인된 구조설계 기준 미흡
③ 수직·수평(V.H) 분리 타설 시 작업공정의 증가

Ⅳ. 필요성

① 건설수요 급증으로 인한 대량생산 필요
② 건설노동력 부족에 대처
③ 인건비 상승에 대처
④ 공기단축 및 원가절감
⑤ 기계화 시공에 의한 재해, 공해 예방

Ⅴ. 시공순서 flow chart

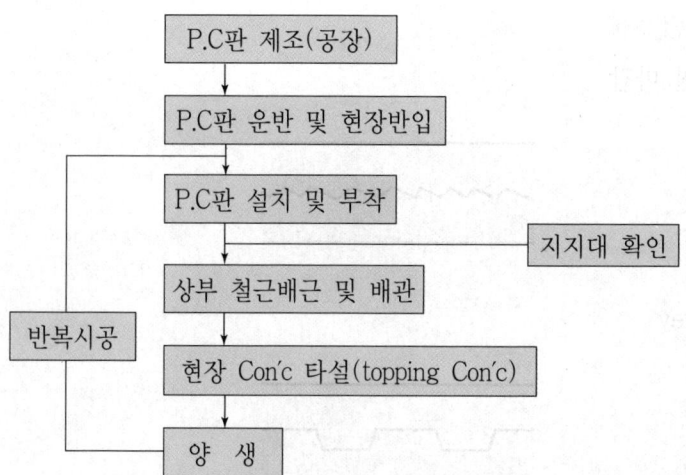

Ⅵ. 시공 시 유의사항

① 공법 채택시 제작, 양생기간 등을 예상하여 현장과의 연계성 고려
② 탈형, 운반, 양중 시 진동, 충격으로 인한 균열 발생 방지
③ 운반 및 stock시 balance에 유의
④ 상부 Con'c 타설 전 접합면 청소 철저
⑤ Topping Con'c 강도 유지 및 확보
⑥ 이동횟수 최소화
⑦ 타설 접합면 일체성 확보

Ⅶ. 개발방향

① 구조설계 기준정립
② 타설 접합면의 일체성 확보
③ 얇은 P.C판의 보강
④ 양중장비의 개발

Ⅷ. 결 론

① 합성 slab는 설계 단계에서부터 공법의 적용성 파악, 양중계획, 공정계획 등의 종합적 검토가 필요하다.
② 특히 탈형, 운반, 양중, 타설 시에 균열발생에 주의해야 하며, P.C판과 현장타설 Con'c와의 접합면 일체화에 대한 품질관리가 무엇보다도 중요하다.

문제 10 Lift slab 공법

● [88(25), 04중(10), 10중(25), 11중(25), 20중(25)]

Ⅰ. 개 요

① Lift slab 공법이란 바닥 slab나 지붕판을 지상에서 제작·조립하여 설치위치까지 jack으로 들어올려 접합하는 공법을 말한다.
② 건설노동 인력의 부족, 인건비 상승, 기계화 시공에 의한 안전재해 발생예방, 공기단축 등의 측면에서 연구해야 한다.

Ⅱ. 필요성

① 품질의 정도 관리 향상
② 건설노동력 부족에 대처
③ 인건비 상승에 대처
④ 공기단축 및 원가절감
⑤ 기계화 시공에 의한 재해, 공해 예방

Ⅲ. 특 징

1) 장 점

① 가설재 절약
② 고소작업이 적어 안전
③ 지상에서 Con'c 타설이 이루어지므로 작업이 간단
④ 노무비 절감
⑤ 공기단축

2) 단 점

① 일반공법보다 시공의 정확도 요구
② Lift up 시 다수의 숙련공 필요
③ Lift up 종료까지 하부작업 불가

IV. 공법의 종류 및 특성

1) Lift slab 공법

① 기둥 또는 코어 부분을 선행 제작하여 건조하고, 그것을 지지기둥으로 지상에서 몇 개층분을 적층하여 제작한 slab를 순서대로 달아올려 고정하는 공법

② 빌딩, 아파트, 주택의 지붕 및 바닥의 Con'c slab를 대상

2) 큰지붕 lift 공법

① 지상에서 완성도가 높고, 설비ㆍ도장 완료 후 달아올려 설치하는 공법

② 공장, 광장 등의 철골조 대지붕의 건설에 쓰임.

3) Lift up 공법(full up 공법)

① 지상에서 조립하여 수직으로 높은 곳으로 달아올려 고정하는 공법

② 높이가 높은 무선탑의 플랫폼(platform) 설치에 쓰임.

V. 시공순서 flow chart

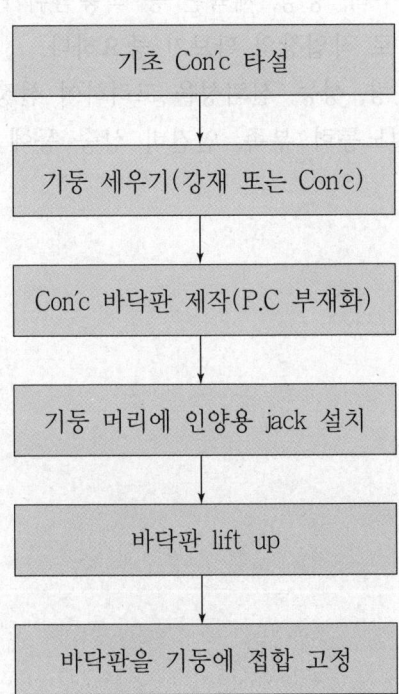

기초 Con'c 타설

↓

기둥 세우기(강재 또는 Con'c)

↓

Con'c 바닥판 제작(P.C 부재화)

↓

기둥 머리에 인양용 jack 설치

↓

바닥판 lift up

↓

바닥판을 기둥에 접합 고정

Ⅵ. 시공 시 유의사항

① 양중 시 하중의 불균형에 의한 부재변형 예측
② 풍력에 의한 수평력의 검토
③ Jack system의 안전성 확보
④ Lift up 시 지진에 대한 검토

Ⅶ. 전 망

① 중공 slab 또는 prestress를 도입한 flat slab의 기술적 개발 및 확립
② Core부 또는 기둥과의 접합부에 사용하는 칼라(collar)의 표준화
③ 양중 시 자동수평유지가 가능하고 균일한 양중하중을 유지하는 jack system 개발 필요
④ 계획, 설계, 시공의 유기적 관계가 결합된 system화 필요

Ⅷ. 결 론

① Lift slab 공법은 빌딩, 아파트, 주택, 공장, 체육관 등 적용범위가 넓은 공법으로 부재를 현장에서 제작하므로 작업장의 확보가 중요하다.
② 양중기계의 선정은 현장조건, 용량, 성능, 신뢰성을 고려하여 선정해야 하며, lift slab 공법은 공기지연, 건설노동력 부족, 인건비 상승 등에 대처할 수 있는 공법이다.

永生의 길잡이 – 일곱

어느 사형수의 편지

어머님!

원수 악마도 저같은 원수 악마가 없을텐데 어머님이라 불러 끔찍하시겠지만 달리 부를 말이 없으니 용서해 주시기 바랍니다. 저는 지금 제가 지은 죄의 엄청남에 한 없이 뉘우치며 몸부림치고 있습니다. 제 목숨 하나 없어지는 것으로 속죄할 길이 없으니 어떻게 해야 합니까? 어머님께서 사랑하는 자식과 그 가족이 살해되었다는 소식을 듣자마자 졸도하셨다는 검사님의 말을 듣고 제 마음은 갈기갈기 찢어졌습니다.

차라리 제가 형장의 이슬로 사라지는 대신 어머님이 원하시는 방법으로 죽어 조금이라도 마음이 풀어지실 수 있다면 그렇게 하겠지만 저는 갇힌 몸이 되어 그럴 수도 없습니다. 더욱이 중령님의 아들이 살아 있다니 그에겐 어떻게 사죄해야 하는지 모르겠습니다…. 어머님의 믿음이 깊으시다기에 감히 말씀드립니다. 제발 짐승만도 못한 저를 용서하시고 속죄할 수 있도록 해 주십시오. 무릎 꿇고 두 손 모아 빌겠습니다. 저도 집사님의 인도를 받아 하나님을 믿기로 했습니다.

저같이 끔직한 죄인이 회개한다고 죄사함을 받을 수는 없을지라도 속죄의 길을 찾아보겠습니다. 제가 죽어서 천국에 가면 이 중령님을 꼭 만나 뵙겠습니다. 제가 잘못을 빌어 용서를 받는다면 저는 그 곳에서 중령님의 부하가 되어 뭐든 명령대로 복종하며 살겠습니다. 꼭 저를 용서해 주시기 바랍니다. 손자를 생각해서라도 건강하시고 오래 사시기를 빌겠습니다. 안녕히 계십시오.

자기의 죄를 숨기는 자는 형통하지 못하나 죄를 자복하고 버리는 자는 불쌍히 여김을 받으리라.(잠언 28 : 13)

사형수 고재봉(당시 27세)은 1963년 10월 19일 새벽 2시경 강원도 인제군 남면 언론리 195에서 병기 대대장이었던 이중령 일가족 6명을 도끼와 칼로 살해하는 만행을 저질러 사형선고를 받고 복역 중 그리스도를 영접하고 새사람이 되어 사형 집행인에게 "예수 믿으십시오." 당부하고 찬송을 부르고 웃으면서 1964년 3월 10일 평안히 하나님의 앞으로 올라간 믿음의 형제이다.

예수 그리스도를 당신의 구세주로 영접하면 당신은 죄사함받고 구원받아 새로운 삶을 살게 됩니다.

6장 | P. C 및 Curtain Wall 공사

2절 Curtain Wall 공사

1. 커튼 월 공사의 시공계획 및 관리 ·················· 700

2. 커튼 월(Curtain Wall)의 종류 및 특성 ············ 704

3. P.C 커튼 월 시공 ························· 711

4. 커튼 월의 파스너(Fastener) 방식 ················ 717

5. 커튼 월의 비처리방식 ····················· 721

6. 커튼 월 공사의 시험 ····················· 725

7. 커튼 월 공사의 하자원인과 방지대책 ············ 729

8. 커튼 월 공사의 결로원인과 방지대책 ············ 733

Curtain Wall 공사 기출문제

1	1. 커튼 월 공사에 있어서 계획 및 관리 시에 따른 고려해야 할 사항에 대하여 기술하시오. [95중, 30점] 2. 커튼 월(Curtain Wall)을 설치하기 위한 먹매김(Line Marking)에 대하여 기술하시오. [05중, 25점] 3. 건축공사에서 금속커튼 월(Metal Curtain-Wall) 시공 시 단계별 유의사항을 설명하고, 금속커튼 월의 시공 허용오차를 국토해양부 제정 건축공사표준시방서 기준으로 설명하시오. [12중, 25점]
2	4. 고층 건물의 외벽에 사용하는 커튼 월(Curtain Wall)의 종류를 열거, 설명하여라. [87, 25점] 5. 초고층 건축물의 커튼 월(Curtain Wall) 종류를 열거하고, 각각 그 장단점을 비교 설명하시오. [94전, 30점] 6. 커튼 월(Curtain Wall)공사의 공법 종류 및 시공 시 고려사항을 기술하시오. [00전, 25점] 7. 외장 커튼 월 공사에서 Stick Wall System과 Unit Wall System의 개요를 설명하고 두 가지 System에 대하여 다음 항목을 비교 설명하시오. [01중, 25점] 　① 성능(단열, 수밀, 기밀)　② 운반　③ 시공성　④ 경제성 8. Aluminum Curtain Wall의 Knock Down System과 Unit System의 개요 장단점, 시공순서를 설명하시오. [07전, 25점] 9. 커튼 월 공사의 재료별, 조립공법별 특성에 대하여 기술하시오. [09전, 25점] 10. 커튼 월(Curtain Wall)의 스틱 월(Stick Wall) 공법 [13중, 10점]
3	11. Precast Concrete Curtain Wall의 외벽공사에 있어서 P.C Panel 설치에서 유리끼우기 완료까지의 시공순서를 상세히 기술하라. [78전, 25점] 12. 외주벽이 커튼 월인 철골조 고층 건물의 기준층 기본 공정을 Flow Chart 방식으로 도시하여라. [88, 20점] 13. P.C 커튼 월의 특성에 대하여 설명하여라. [89, 25점] 14. 고층 건물 Curtain Wall 중 석재를 사용하는 것과 AL Panel을 사용하는 공법의 장단점을 도시하여 설명하여라. [92후, 30점]
4	15. 커튼 월(Curtain Wall)의 파스너(Fastener) 방식에 대하여 기술하여라. [88, 20점] 16. 철골 건축물에서의 구조재, 알루미늄 패널, Curtain Wall 마감재의 연결부분에 대하여 도해하고 설명하시오. [96전, 30점] 17. Curtain Wall의 Fastener 방식의 종류에 따른 각각의 특징과 용도에 대하여 기술하시오. [04중, 25점] 18. 고층건물의 Column Shortening에 의한 부등(不等) 축소량 발생 시 커튼 월 공사의 조인트 설계보정계획과 현장설치시 보정계획에 대하여 기술하시오. [08전, 25점] 19. 알루미늄 커튼 월(Al. Curtain Wall) 공사에서 사용되는 파스너(Fastener)와 앵커(Anchor)의 종류 및 시공 시 유의사항에 대하여 설명하시오. [12전, 25점] 20. 알루미늄 커튼월의 파스너(Fastener)의 요구성능, 긴결방식 및 시공 시 유의사항을 설명하시오. [21후, 25점] 21. 회전방식 파스너(Locking Type Fastener) [15전, 10점] 22. 커튼 월의 파스너 접합방식 [18중, 10점] 23. 커튼 월의 Open Joint System [90전, 5점] 24. 초고층건물 Curtain Wall의 누수발생원인 및 대책을 기술하시오. [03전, 25점]

Curtain Wall 공사 기출문제

5	25. 시공방법에 따른 커튼 월 시스템(Curtain Wall System)의 종류(4가지)를 설명하고 커튼 월의 누수 원인과 대책에 대하여 기술하시오. [06후, 25점]
26. 외부 커튼 월의 우수유입 방지대책에 대하여 논하시오. [08전, 25점]
27. 커튼 월의 등압이론 [08후, 10점]
28. 커튼 월(Curtain Wall)에서 발생하는 누수의 원인 및 방지대책에 대하여 설명하시오. [12후, 25점]
29. 커튼 월 부재 간 접합부에서 발생하는 누수원인과 방지대책에 대하여 설명하시오. [15중, 25점]
6	30. 금속제 커튼 월의 요구성능 및 품질확보를 위한 시험방법을 기술하시오. [96후, 30점]
31. 커튼 월의 Mock-up Test에서 유의할 사항을 기술하시오. [97전, 30점]
32. 고층건물의 Curtain Wall에 대한 현장시험 실시 시기와 시험방법을 기술하시오. [01후, 25점]
33. 풍동실험(Wind Tunnel Test) [02전, 10점]
34. 커튼 월의 실물모형 시험(Mock-up Test) [04전, 10점]
35. 커튼 월(Curtain Wall) 실물대시험(Mock-up Test) [06중, 10점]
36. 커튼 월의 Field Test [09전, 10점]
37. 커튼 월 공사의 품질확보를 위한 시험방법에 대하여 설명하시오. [10전, 25점]
38. 커튼 월 공사에서 Mock-up Test의 종류 및 유의사항에 대하여 설명하시오. [11중, 25점]
39. 건축물 시공 후 외벽창호의 성능평가 방법에 대하여 설명하시오. [14전, 25점]
40. 초고층 건축공사 시 커튼 월 성능시험의 단계별 고려사항에 대하여 설명하시오. [14중, 25점]
41. 커튼 월 공사에서 Mock-up Test 방법과 성능시험 항목에 대하여 설명하시오. [14후, 25점]
42. 커튼 월 성능시험(Mock-up) 항목 및 시험체에 대하여 설명하시오. [20중, 25점]
43. 커튼 월 공사 시 시공 단계별 검사방법 및 판정기준에 대하여 설명하시오. [15후, 25점]
7	44. Curtain Wall 공사에서 발생하는 하자의 원인과 대책에 대하여 기술하시오. [98전, 40점]
45. 초고층 건축공사에서 Curtain Wall 공사의 하자원인 및 방지대책에 대하여 기술하시오. [04전, 25점]
46. Curtain Wall 공사의 하자 발생 원인과 대책에 대하여 설명하시오. [08중, 25점]
47. 금속 커튼 월(Curtain Wall)의 발음(發音) 현상 [12후, 10점]
8	48. 지하금속 커튼 월로 시공한 고층 건물 외벽에 결로가 발생하는 원인과 방지대책에 대하여 설명하시오. [96중, 30점]
49. 고층 건축물의 커튼 월 결로 발생 원인 및 대책 [02중, 25점]
50. 커튼 월의 결로 발생 원인과 대책을 설명하시오. [07후, 25점]
51. 알루미늄 프레임(Aluminium Frame)과 복층유리를 사용한 커튼 월(Curtain Wall)의 결로 방지대책에 대하여 설명하시오. [10후, 25점]
52. 주상복합 건물에서 알루미늄 커튼 월 공사의 부위별 결로 발생 원인 및 대책에 대하여 설명하시오. [14전, 25점]
53. 초고층건물 커튼 월의 결로 발생 원인과 대책을 설명하시오. [18중, 25점]

Curtain Wall 공사 기출문제

기 출	54. 비정형 건축물의 외피시스템 구현 시 발생하는 문제점과 시공 시 고려사항을 설명하시 오. [14중, 25점] 55. 건축물 커튼 월 공법인 S.S.G.S(Structural Sealant Glazing System)의 설계 및 시공관 리방안에 대하여 설명하시오. [17후, 25점] 56. 외벽 창호 주위의 누수 방지를 위한 마감공사 시 유의사항에 대하여 설명하시오. [18전, 25점]
용 어	57. 층간 변위(層間變位) [77, 5점] 58. 커튼 월(Curtain Wall)의 층간변위 [12전, 10점] 59. 건물 기밀성능 측정방법 [17전, 10점]

커튼 월 공사의 시공계획 및 관리

● [95중(30), 05중(25), 12중(25)]

Ⅰ. 개 요

① 건축물이 초고층화, 대형화되어감에 따라 마감형태가 다양하고, 외벽의 경량화가 가능한 curtain wall의 사용이 늘어나는 추세이다.

② Curtain wall의 시공계획은 설계 단계에서부터 충분히 검토되어야 하며, 타 공사와의 관련성을 검토하여 전체 공정에 따른 계획수립을 해야 한다.

Ⅱ. 커튼 월 공사 flow chart

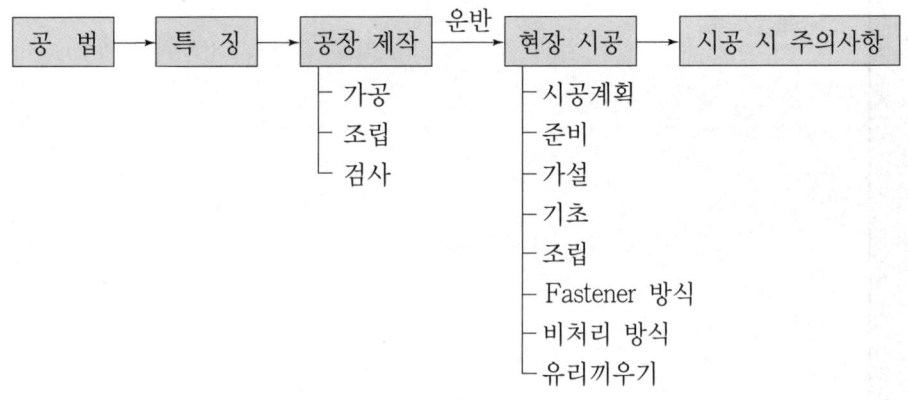

Ⅲ. 시공계획

1) 공장제작

① 설계도 및 시방서에 따라 shop drawing 작성

② 치수 및 형상의 정확도 유지

③ 현장과의 작업 연계성 고려

2) 운 반

① 수량, 종류, 운반도로 조건 감안

② 가장 신속한 운반방법 계획

③ 중량, 대형판은 운반시 도로 장애 유무 사전조사

3) 현장시공

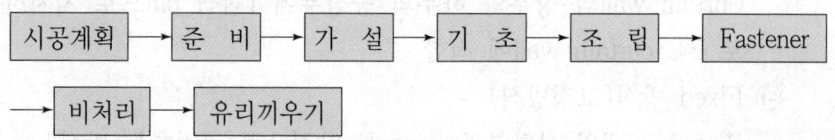

4) 준 비

① 부재의 반입도로 확보

② 적정 양중장비 선정

③ 도로의 지반상태 점검 및 보강

5) 가 설

① Stock yard 확보

② 양중장비 주행로 확보

③ 충분한 전력용량 확보

6) 기 초

① 지반 여건에 맞는 기초공법 선정

② 기초의 지내력 확보

7) 조 립

① Line mortar의 정밀도를 수회 확인

② 작업의 단순화 도모

③ 조임철물을 1, 2차로 나누어 부착준비를 하고 조립작업 시작

④ Insert 부분의 상태, 강도 검토 및 확인

⑤ 낙하, 추락 등의 안전대책 철저

8) Fastener 방식

① Fastener는 설치가 용이하고 내구성, 내화성 및 층간 변위에 대한 추종성 확보

② 1차와 2차 fastener로 구성되며, 초고층 건물의 경우 1, 2차 fastener에 의해 구성

③ Fastener 방식 분류

㉮ Sliding 방식

Curtain wall 하부에 장치되는 fastener는 고정하고, 상부에 설치되는 fastener는 sliding되도록 한 방식

ⓒ Locking 방식(회전방식)

Curtain wall의 상부와 하부의 중심부에 1점씩 pin으로 지지하는 방식으로 P.C curtain wall에 적합

ⓒ Fixed 방식(고정방식)

Curtain wall의 상하부 fastener를 용접으로 고정하는 방식

9) 비처리방식

① Closed joint system

㉮ Curtain wall unit의 접합부를 seal재로 완전히 밀폐시켜 틈을 없앰으로써 비처리하는 방식

㉯ 누수의 원인 중의 하나인 틈새를 없애는 것을 목적으로 하는 방식

② Open joint system

㉮ 벽이 외측면과 내측면 사이에 공간을 두어 옥외의 기압과 같은 기압을 유지하게 하여 배수하는 방식

㉯ 틈을 통해서 물을 이동시키는 압력차를 없애는 등압이론 이용

10) 유리끼우기

① 주로 seal재 사용

② 층간 변위를 고려하여 약간의 여유를 둘 것

③ 유리공사 후 청소 및 보양 철저

Ⅳ. 시공관리

1) 공정관리

① 타공사와의 관련성을 검토하여 전체 공정에 따른 계획수립

② 공장제작 공정

③ 부재수송 공정

④ 현장시공 공정

2) 품질관리

① 공장 생산부재의 품질 확보

② 현장에서의 시공 정밀도 확보

3) 원가관리

① 실행예산 분석

② V.E, L.C.C 개념 도입

4) 안전관리

① 안전관리 책임체제 확립

② 고소작업에 따른 사전교육과 안전예방

5) 공 해

① 소음, 분진, 교통장애 등에 대한 민원 문제 조사 실시

② 폐자재의 합법적인 처리와 재활용 계획

6) 기 상

① 공사현장에 영향을 주는 기상조건은 온도, 습도 및 풍·우·설

② 현장사무실에 천후표 작성하여 공사의 통계치로 활용

7) 노무관리

① 인력배당계획에 의한 적정인원 계산

② 과학적이고 합리적인 노무관리계획 수립

8) 자재관리

① 사전에 주문 제작하여 공사진행에 차질이 없도록 준비

② 자재의 수급계획은 주별, 월별로 수립

9) 장비관리

① 최적의 기종을 선택하여 적기에 사용하여 장비의 효율성 극대화

② 경제성, 속도성, 안전성 확보

10) 공법관리

① 주어진 시공조건 중에서 최적화하기 위한 계획 수립

② 품질, 안전, 생산성 및 위험을 고려하여 선택

V. 결 론

① Curtain wall의 시공계획은 부재의 공장제작 공정과 현장조립 공정의 상호 작업의 연관성을 면밀히 검토하여야 한다.

② 각종 시험을 통한 안전하고 경제적인 curtain wall의 설계와 내풍압성, 차음성, 내구성, 층간 변위의 추종성 등을 확보할 수 있는 면밀한 시공계획을 세워야 한다.

<table>
<tr><td>문제
2</td><td>커튼 월(curtain wall)의 종류 및 특성</td></tr>
</table>

● [87(25), 94전(30), 00전(25), 01중(25), 07전(25), 09전(25), 12중(25), 13중(10)]

I. 개 요

① Curtain wall은 공장생산 부재로 구성되는 비내력벽이며, 구조체의 외벽에 고정철물(fastener)을 사용하여 부착시킨 것으로 초고층 건물에 많이 사용한다.

② Curtain wall은 크게 재료별, 시공방법별, 외관형태별로 분류된다.

II. Curtain wall의 요구 성능

① 차음성

② 강 도

③ 층간변위 추종성

④ 내풍압성

⑤ 기밀성

⑥ 결로 방지

⑦ 시공성

⑧ 경제성

⑨ 내열성

⑩ 심미성

III. 특 징

① 외벽의 경량화

② 현장시공의 기계화에 따른 성력화

③ 공업화 제품

④ 가설비계의 생략 또는 절감

⑤ 외장마무리의 다양화

Ⅳ. 커튼 월의 분류

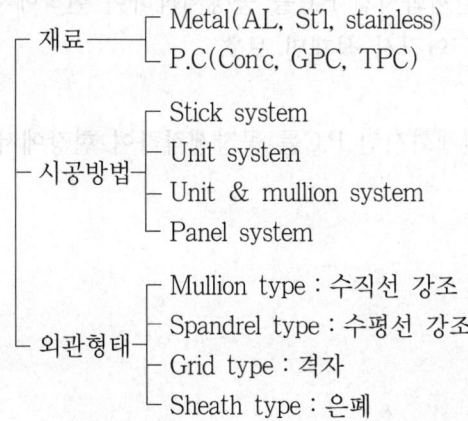

- 재료 ──┬── Metal(AL, St'l, stainless)
         └── P.C(Con'c, GPC, TPC)

- 시공방법 ──┬── Stick system
            ├── Unit system
            ├── Unit & mullion system
            └── Panel system

- 외관형태 ──┬── Mullion type : 수직선 강조
            ├── Spandrel type : 수평선 강조
            ├── Grid type : 격자
            └── Sheath type : 은폐

Ⅴ. 종류별 특성

1. 재료별

1) Metal curtain wall

① Aluminum
  ㉮ 경량으로 가공 용이
  ㉯ 조립 시공이 쉬우며, 부식이 적음.
  ㉰ 재료 종류 : AL, AL합금, AL합금 압출형재, AL합금 주물

② Steel
  ㉮ 재료비가 염가
  ㉯ 소재 정밀도, 방청 등 문제점 발생
  ㉰ 표면처리 : 불소수지도장, 정전분체도장, 법랑도장 등

③ Stainless
  ㉮ 재료비가 고가
  ㉯ 부식이 없고 변형이 적음.
  ㉰ 표면처리 : 판재에 line 처리, 표면에 자연발색 처리

2) P.C curtain wall

① Con'c
  ㉮ 수축, 팽창이 적다.
  ㉯ 열전도율이 낮다.

② G.P.C
　　㉮ 석재와 Con′c를 일체화시킨 P.C를 공장제작하여 현장에서 접합
　　㉯ Fastener와 G.P.C 연결시 석재면 보호
③ T.P.C
　　㉮ Tile과 Con′c를 일체화시킨 P.C를 공장제작하여 현장에서 접합
　　㉯ 박락사고에 주의

2. 시공방법별
　1) Stick system
　　① 의의
　　　㉮ Curtain wall 각 구성 부재를 현장에서 하나씩 조립하여 설치하는 system
　　　㉯ 단위 부재를 현장에서 조립하므로 knock down system이라고도 한다.
　　② 시공순서

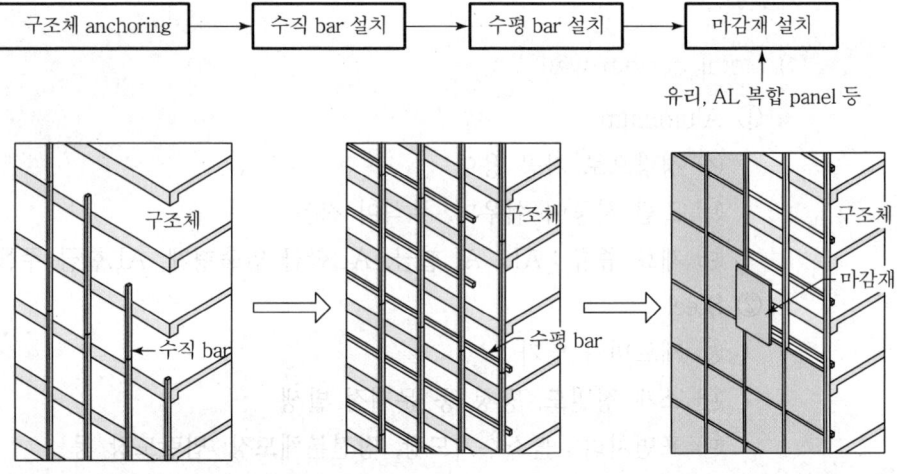

　　③ 특징
　　　㉮ 1층 전후의 중저층 건물에 채택
　　　㉯ 공정이 많아 시공관리 난해
　　　㉰ 시공속도가 느려서 공기가 많이 소요
　2) Unit system
　　① 의의
　　　Curtain wall 구성 부재를 공장에서 조립하여 unit화 한 후, 유리 등 마감재를
　　　미리 시공하고 현장에서는 unit만 설치하는 system

② 시공순서

| 구조체 anchoring | → | 공장 제품(unit) 현장입고 | → | 조립완료된 unit 설치 |

↑ Unit화된 부재에 마감재 부착

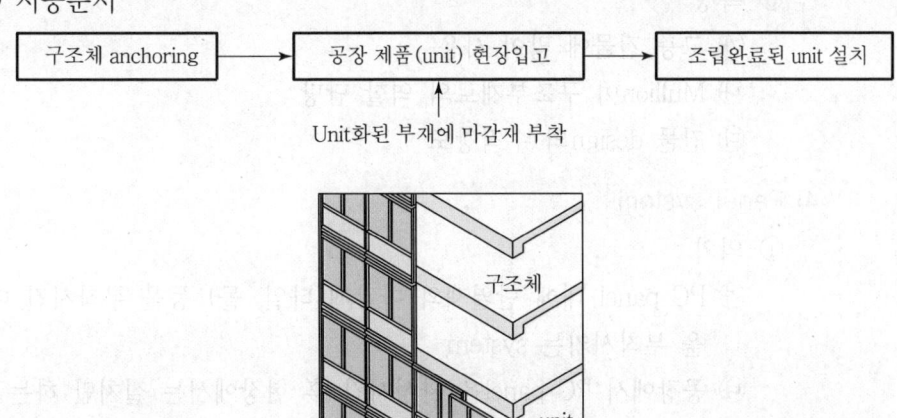

③ 특징

㉮ 대규모 건물에 적용하며 국내 건축물 적용도가 높음.

㉯ 공장에서 완제품이 생산되므로 품질 우수

㉰ 현장에서는 조립완료된 unit 설치로 공기 단축

3) Unit and mullion system(semi unit system)

① 의의

㉮ Stick system과 unit system이 혼합된 system

㉯ 수직 mullion bar를 먼저 설치하고 조립완료된 unit 설치

② 시공순서

| 구조체 anchoring | → | Mullion bar 설치 | → | 조립완료된 unit 설치 |

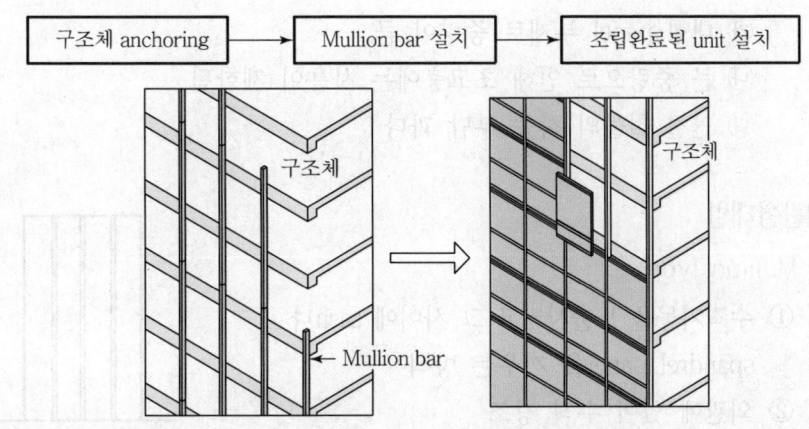

③ 특징

㉮ 고층 건물에 많이 사용

㉯ Mullion이 구조부재로의 역할 담당

㉰ 건물 design의 수직강도

4) Panel system

① 의의

㉮ PC panel 내에 단열재와 마감재(타일, 돌) 등을 부착시킨 대형 panel 등을 부착시키는 system

㉯ 공장에서 PC panel을 완성시킨 후 현장에서는 설치만 하는 system

② 시공순서

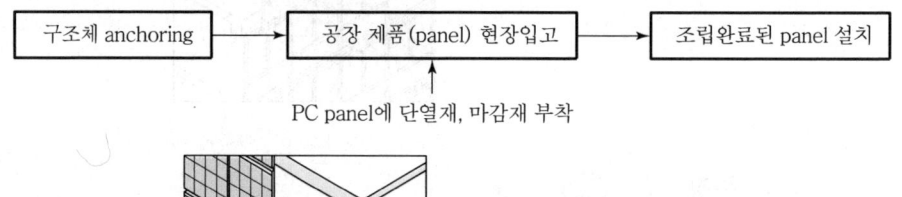

③ 특징

㉮ 대형 panel 부재로 중량이 큼.

㉯ 큰 중량으로 인해 초고층에는 사용이 제한됨.

㉰ 연결 철물의 하중 부담 과다

3. 외관형태별

1) Mullion type

① 수직기둥을 노출시키고 그 사이에 sash나 spandrel panel을 끼우는 방식

② 외관에 있어 수직 강조

③ 예 : 3.1 building

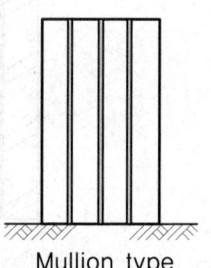

Mullion type

2) Spandrel type

① 수평선을 강조하는 창과 spandrel의 조합으로 이루어지는 방식

② 외관에 있어 수평을 강조

③ 예 : 국제 building, 동방생명 building

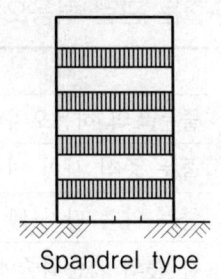

Spandrel type

3) Grid type

① 수직, 수평의 격자형 외관을 노출시키는 방식

② 외관에 있어 수직, 수평 강조

③ 예 : 63 building

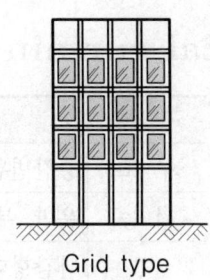

Grid type

4) Sheath type

① 구조체가 외부에 나타나지 않게 panel로 은폐시키고, sash가 panel 안에서 끼워지는 방식

② 예 : LG twin building

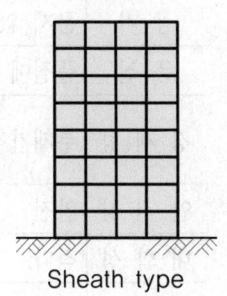

Sheath type

Ⅵ. 금속커튼월의 시공 허용오차

1) 수직도

① 부재길이 3m당 2mm 이내

② 12m당 5mm 이내

2) 수평도

① 부재길이 6m당 2mm 이내

② 12m당 5mm 이내

3) 부재 정렬

수평수직 1mm 이내

4) 줄눈 관련 허용오차

항 목	금속 커튼월(mm)
줄눈폭의 허용오차	±3
줄눈 중심 사이 허용오차	2
줄눈 양측 단차(段差)의 허용오차	2
각 층의 기준먹줄에서 각 부재까지 거리의 허용오차	±3

Ⅶ. Metal curtain wall과 P.C curtain wall의 특성 비교

구 분	Metal curtain wall	P.C curtain wall
구 조	층간변위 추종성이 크다.	강성으로 층간변위 추종성이 적다.
기 능	운반, 부착 용이	운반, 부착 난해
미	마감형태에 제약 양적으로 부족	마감형태에 비교적 유리 양적으로 유리
공 기	문제 없다.	대형장비 사용 시 전체공기가 연장
품 질	품질에 오차가 적다.	품질 확보에 난점
경 제 성	부재가격 높으나 시공비용이 적다.	부재가격 낮으나 운반이나 시공비가 많아짐.
안 전 성	안전	중량으로 불안전
내 화 성	적다.	높다.
내 풍 성	변형을 적게 하기 위해 부재의 강성을 높여야 한다.	변형에는 문제가 없다.
내 구 성	부재의 녹 발생에 따른 내구성 저하	내구성 우수
내 진 성	경량으로 변형 성능이 높다.	중량으로 변형 성능이 낮다.
단 열 성	단열재 사용하여 성능을 높인다.	금속제보다 우수
차 음 성	적다.	높다.

Ⅷ. 결 론

① Curtain wall은 건축물 외벽의 경량화가 가능하고 prefab에 따른 건식화와 현장시공의 기계화에 따른 성력화를 이룰 수 있다.

② 건축물이 고층화, 다양화됨에 따라 curtain wall은 입지조건이나 주변 환경을 고려하여 적정한 공법을 선택할 수 있다.

P.C 커튼 월 시공

● [78전(25), 88(20), 89(25), 92후(30)]

Ⅰ. 개 요

① P.C curtain wall은 외벽재료로 경량화, 건식화, 규격화되어 공기단축에 유리하나, 중량으로 취급에 어려움이 많아 최근에는 금속재 curtain wall이 증가되고 있다.

② P.C curtain wall의 시공은 설계단계부터 시공계획을 면밀히 검토해서 수립하여 안전하고 원만한 시공이 되어야 한다.

Ⅱ. 특 징

1) 장 점

① 내구성 우수

② 부재 자체의 변형 없음.

③ 현장시공의 기계화에 따른 성력화

④ 가설비계의 생략 또는 감소

2) 단 점

① 중량, 대형으로 운반 불리

② 대형장비 필요

③ 강성으로 층간변위 추종성 적음.

Ⅲ. 시공순서 flow chart

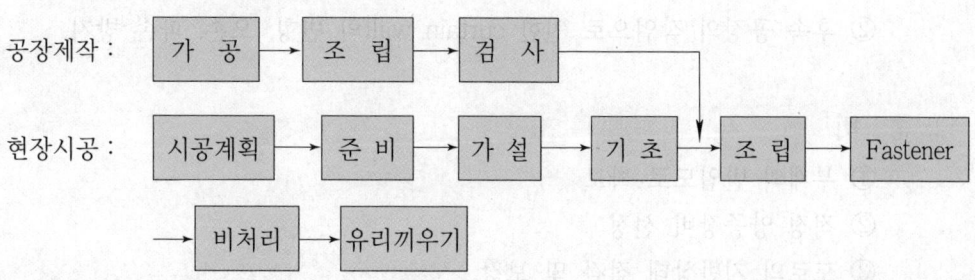

Ⅳ. 시공순서

1. 시공계획

1) 사전조사
① 현장 입지조건 조사
② 공장의 생산조건 조사

2) 공정관리
① 타 공사와의 관련성을 검토하여 전체 공정에 따른 계획수립
② 공장제작 공정
③ 부재수송 공정
④ 현장시공 공정

3) 품질관리
① 공장 생산부재의 품질 확보
② 현장에서의 시공 정밀도 확보

4) 안전관리
① 안전관리 책임체제 확립
② 상하신호 연결설비 준비
③ 고소작업에 따른 사전교육과 안전예방

5) 운반 및 양중 계획
① 수량, 종류, 운반도로 조건 감안
② 가장 신속한 운반방법 계획
③ 양중시설은 현장 규모, 여건, curtain wall 크기, 종류 등에 따라 결정

6) 보양계획
① curtain wall의 부착시 및 부착 후 보양처리 필요
② 후속 공정의 작업으로 인한 curtain wall의 변형, 오손, 파손 방지

2. 준 비
① 부재의 반입도로 확보
② 적정 양중장비 선정
③ 도로의 지반상태 점검 및 보강

3. 가 설

　　① Stock yard 확보
　　② 양중장비 주행로 확보
　　③ 충분한 전력용량 확보

4. 기 초

　　① 지반 여건에 맞는 기초공법 선정
　　② 기초의 지내력 확보

5. 조 립

1) Line marking의 정밀도를 수회 확인

2) 작업의 단순화 도모

3) 조임철물을 1, 2차로 나누어 부착준비를 하고 조립작업 시작

4) Insert 부분의 상태, 강도 검토 및 확인

5) 낙하, 추락 등의 안전대책 철저

6) 설치방법

　　① 동시설치방법(직접달기 동시설치)
　　　㉮ 외부에서 직접 부재를 달아올려 부착하는 방법
　　　㉯ Unit이 크고 건물높이 50m 이하인 경우에 유리
　　　㉰ 양중용 대형장비 필요
　　　㉱ P.C curtain wall, panel system에 사용
　　② 분리설치방법(집중달기 분리설치)
　　　㉮ 본품, 부품 등을 정위치에 운반하여 실내에서 별도의 소형 crane으로 부착하는 공법
　　　㉯ Unit이 작고 경량부재에 적합
　　　㉰ 소형 crane을 사용하므로 여러 곳의 동시작업이 가능
　　　㉱ Metal curtain wall, mullion system에 사용

6. Fastener

1) Fastener는 설치가 용이하고 내구성, 내화성 및 층간변위에 대한 추종성 확보

2) 1차와 2차 fastener로 구성되며, 초고층 건물의 경우 1, 2차 fastener에 의해 구성

3) Fastener 방식 분류

① Sliding 방식

㉮ Curtain wall 상부에 설치되는 fastener는 sliding되도록 한 방식

㉯ 하부 fastener는 용접으로 고정

㉰ 변형을 일으키기 어려운 P.C curtain wall 등에 적용하는 방식

② Locking 방식(회전방식)

㉮ Curtain wall의 상부와 하부의 중심부에 1점씩 pin으로 지지하는 방식으로 P.C curtain wall에 적합

㉯ 변형을 일으키기 어려운 P.C curtain wall 등에 적용하는 방식

③ Fixed 방식(고정방식)

㉮ Curtain wall의 상하부 fastener를 용접으로 고정하는 방식

㉯ 층간변위시 손상이 발생하지 않아야 하며, 부재의 열팽창을 흡수할 것

㉰ 변형하기 쉬운 metal curtain wall 등에 적용하는 방식

7. 비처리방식

1) Closed joint system

① Curtain wall unit의 접합부를 seal재로 완전히 밀폐시켜 틈을 없애므로 비처리하는 방식

② 누수의 원인 중의 하나인 틈새를 없애는 것을 목적으로 하는 방식

③ 누수를 외측면에서 차단하여 부재의 수명 연장

④ 중·고층 건물에 적합하며, 국내에서 주로 채택하는 방식

⑤ 외부 누수에 대비하여 내부에 배수구 설치

2) Open joint system

① 벽의 외측면과 내측면 사이에 공간을 두어 옥외의 기압과 같은 기압을 유지하게 하여 배수하는 방식

② 틈을 통해서 물을 이동시키는 압력차를 없애는 등압이론 이용

③ 기밀층(공기층)은 풍압에 충분히 견딜 수 있는 구조

④ 표면재의 내측에 기압을 생기게 하기 위해 내벽은 기밀 유지

⑤ 초고층 건물에 채택

8. 유리끼우기

    ① 주로 seal재 사용

    ② 충간변위를 고려하여 약간의 여유를 둘 것

    ③ 유리공사 후 청소 및 보양 철저

Ⅴ. 시공 시 주의사항

1) Line mortar

    수치, 정확도 확인

2) 완공 후 seal 부분 감추어지는 곳

    보수가 곤란하므로 정밀작업

3) Sealant 작업

    매구간마다 검사 실시

4) 고소작업 시 안전대책

    고소 낙하방지 대책, 작업원 추락방지 대책, 고소 비산방지 대책

5) 작업의 단순화 도모

    공수(工數) 줄이기, 부재의 규격화 및 표준화

6) 누수 방지대책

    중간 완료시마다 투수시험, 누수시험

7) 기준선 설정시 태양열에 의한 철골 신축 고려

    100m에 4~6mm

8) Insert

    Insert의 변형, 강도 사전검사로 재해사고 예방

9) Joint clearance 확인

    변위에 의한 변형과 파괴방지, 충간변위 고려하여 여유 둘 것

10) 차음, 방음

    틈이 생기지 않게 정밀 시공

11) 단열, 결로

    접합부 및 코너부 기밀성 유지

Ⅵ. 결 론

① P.C curtain wall은 내풍압성, 수밀성, 단열성, 차음성이 우수해서 고층 건물에서의 사용이 늘어나고 있다.

② P.C curtain wall은 시공불량시 보수가 곤란하고, 건축물의 외관이나 성능을 저하시키므로 철저한 품질관리에 의한 정밀작업을 해야 하며, 시공에 적합한 장비개발이 필요하다.

문제
4

커튼 월의 파스너(fastener) 방식

● [88(20), 96전(30), 04중(25), 08전(25), 12전(25), 15전(10), 18중(10), 21후(25)]

I. 개 요

① Fastener는 curtain wall을 구조체에 긴결시키는 부품을 말하며, 외력에 대응할 수 있는 강도를 가져야 하며, 설치가 용이하고 내구성, 내화성 및 층간변위에 대한 추종성이 있어야 한다.

② Fastener 설치방식에는 sliding 방식, locking 방식, fixed 방식으로 분류된다.

II. Fastener의 요구 성능

1) 시공성

설치 및 위치조정 용이

2) 내 력

Curtain wall에 부착되어 중력, 지진, 풍압, 팽창에 대응하는 강도 유지

3) Sliding 성능

수평 및 수직 방향의 sliding 성능, 수평 ±20~40mm, 수직 ±2~5mm

4) 내구성

성능 저하 없이 50년 이상의 내구성 유지

5) 층간변위 추종성

수평 및 수직 방향의 변위에 추종하는 성능

6) 내화성

열팽창 흡수 성능

III. Fastener의 구성

1) 1차 fastener

① 구조체+fastener

② 구조체에 직접 설치

2) 2차 fastener

1차 fastener와 curtain wall을 긴결 및 시공오차 조절

3) 일반적으로 초고층 건축물의 경우 1, 2차 fastener로 구성

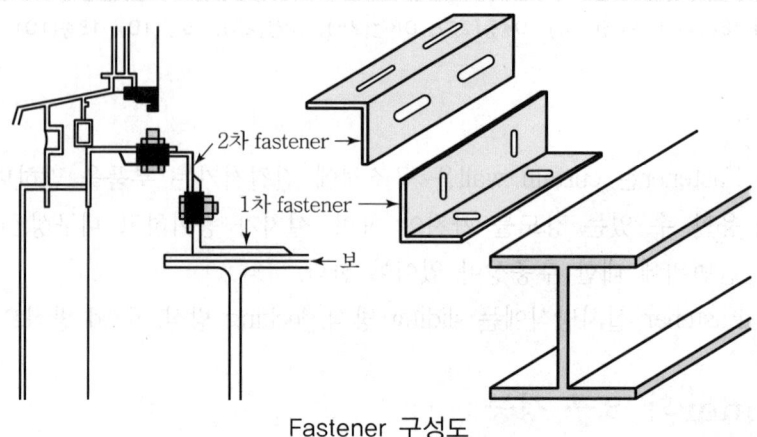

Fastener 구성도

Ⅳ. Fastener 방식의 분류

1) Sliding 방식

① Curtain wall 하부에 설치되는 fastener는 고정하고, 상부에 설치되는 fastener는 sliding되도록 한 방식
② 하부 fastener는 용접으로 고정
③ 변형을 일으키기 어려운 P.C curtain wall 등에 적용하는 방식
④ 층간변위 발생 시 수평방향 joint에 전단변위 방지

2) Locking 방식(회전방식)

① Curtain wall의 상부와 하부의 중심부에 한 점씩 pin으로 지지하는 방식으로 P.C curtain wall에 적합
② 변형을 일으키기 어려운 P.C curtain wall 등에 적용하는 방식
③ 층간변위 발생 시 수직 joint에 전단변위 방지
④ Metal curtain wall은 변형을 흡수하기가 쉬우므로 적용하지 않음

3) Fixed 방식(고정방식)

① Curtain wall의 상·하부 fastener를 용접으로 고정하는 방식
② 층간변위 시 손상이 발생하지 않아야 하며, 부재의 열팽창을 흡수할 것
③ 변형하기 쉬운 metal curtain wall 등에 적용하는 방식
④ Joint 줄눈재에 무리한 변형 방지
⑤ 용접으로 고정하므로 fastener 설치가 간단

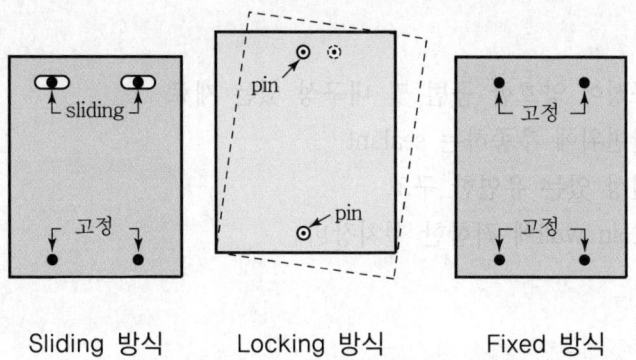

Sliding 방식   Locking 방식   Fixed 방식

V. 시공 시 유의사항

1) 계측 철저
   ① 시공 시 변위 발생량을 정확히 측정
   ② 계측기구 사용

2) Level 관리 철저

   Base plate의 level이 같아지도록 관리

3) 커튼월 재료에 따른 보정계획

   ① Metal : 알루미늄, stainless 등은 신축량이 많음
   ② PC : Metal에 비해 신축량이 적음

4) 시공법 선정

   ① 시공법에 따른 변위량 측정
   ② 시공 중 오차를 흡수할 수 있는 구조로 시공

5) 구간별 보정계획 수립

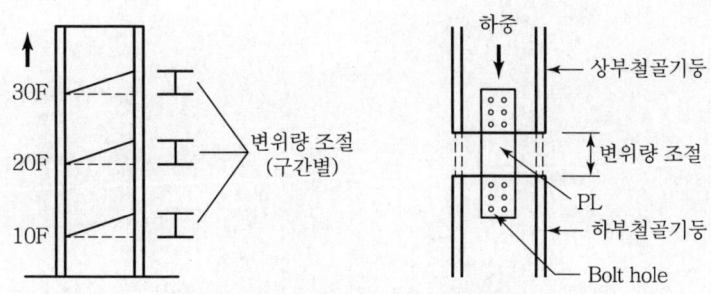

Ⅵ. 개발방향

① 시공성이 양호한 공법 및 내구성 있는 재료
② 층간변위에 추종하는 sealant
③ 안전성 있는 유연한 구조
④ Curtain wall에 적합한 설치장비

Ⅶ. 결 론

① Fastener는 설치와 위치 조정이 용이해야 하며, curtain wall의 자중 및 외부로부터의 횡력에 대응할 수 있는 내력 확보와 방청성이 있어야 한다.
② 초고층 건축물의 건설에 따라 curtain wall의 성능시험 및 설치방법도 많이 진보했지만, 내구성에 관한 문제는 앞으로도 계속 연구 개발되어야 한다.

문제
5

커튼 월의 비처리방식

● [90전(5), 03전(25), 06후(25), 08전(25), 08후(10), 12후(25), 15중(25)]

Ⅰ. 개 요

① Curtain wall은 접합부의 누수방지가 무엇보다도 중요하므로 정밀한 시공으로 접합부의 구조적 안전과 기밀성 및 방수성을 확보하여야 한다.

② 비처리방식은 closed joint system과 open joint system으로 분류된다.

Ⅱ. 누수에 의한 피해

① 벽면에 곰팡이 발생
② 실내 불쾌감 증대
③ 백화현상 발생
④ 내구성 저하

Ⅲ. 누수원인

① 재료불량(primer, sealing재, 피착제)
② 바탕처리 미흡
③ 시공 불량
④ 구조체 변형

Ⅳ. 비처리방식

1. Closed joint system

   1) 정 의

   ① Curtain wall unit의 접합부를 seal재로 완전히 밀폐시켜 틈을 없앰으로써 비처리하는 방식
   ② 누수 원인 중의 하나인 틈새를 없애는 것을 목적으로 하는 방식

   2) 특 징

   ① 누수를 외측면에서 차단하여 소재의 수명 연장
   ② 부재 내측면 내후성 증가

③ 중·고층 건물에 적합하며, 국내에서 주로 채택하는 방식

④ 외부 : 치오콜, 실리콘 사용

⑤ 내부 : 네오플렌 피막 스폰지, 발포고무 사용

⑥ 외부 누수에 대비하여 내부에 배수구 설치

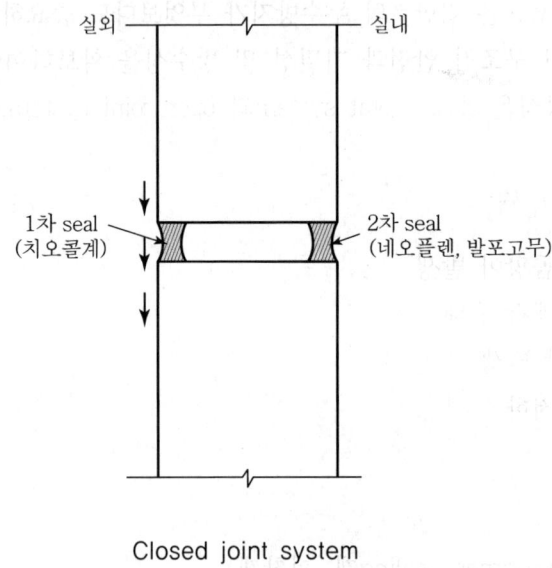

Closed joint system

2. Open joint system

1) 정 의

① 벽의 외측면과 내측면 사이에 공간을 두어 옥외의 기압과 같은 기압을 유지
하게 하여 배수하는 방식

② 틈을 통해서 물을 이동시키는 압력차를 없애는 등압이론 이용

2) 특 징

① 기밀층(공기층)은 풍압에 충분히 견딜 수 있는 구조

② 표면재의 내측에 기압을 생기게 하기 위해 내벽은 기밀 유지

③ 외벽에 물끊기를 설치하면 더욱 효과적

④ 초고층 건물에 채택

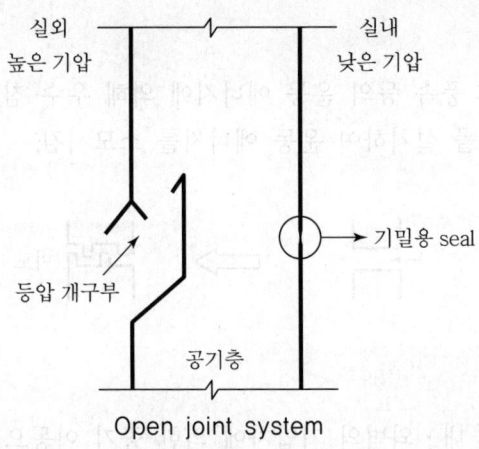

Open joint system

V. 기압차에 의한 물의 이동 및 대책

1) 중 력

① 침입 원인 : 아래쪽으로 향하는 경로로 중력에 의해 우수 침입

② 대책 : 상향물매

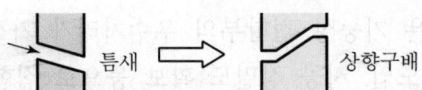

2) 표면장력

① 침입 원인 : 표면의 장력으로 우수 침입

② 대책 : 물끊기 설치

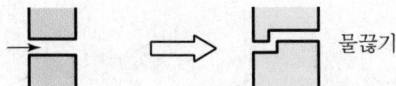

3) 모세관현상

① 침입 원인 : 0.5mm 이하의 좁은 틈으로 흡입

② 대책 : Air pocket 설치

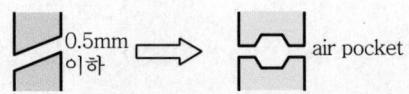

4) 운동 에너지

① 침입 원인 : 풍속 등의 운동 에너지에 의해 우수 침입

② 대책 : 미로를 설치하여 운동 에너지를 소모시킴.

5) 기압차

① 침입 원인 : 내·외벽의 기압차에 의한 공기 이동으로 우수 침입

② 대책 : 외벽과 내벽간에 공간을 두어 기압차를 없앰.

VI. 결 론

① Curtain wall은 기능상 접합부의 우수처리가 가장 중요하며, seal재의 개발, open joint의 도입, 시공 정밀도 확보 등으로 접합부 처리를 철저히 하여 하자를 예방해야 한다.

② 건축물이 초고층화됨에 따라 curtain wall의 수요가 증가 추세에 있으나 curtain wall 공법을 채택한 건축물은 준공 후 하자보수가 사실상 어려우므로 우수침입 방지를 위해서는 시공 시 정밀한 품질관리가 필요하다.

| 문제 6 | 커튼 월 공사의 시험 |

● [96후(30), 97전(30), 01후(25), 02전(10), 04전(10), 06중(10), 09전(10), 10전(25), 11중(25), 14전(25), 14중(25), 14후(25), 15후(25)]

Ⅰ. 개 요

① Curtain wall 시험의 목적은 curtain wall 공사가 시작되기 전 건축물의 준공 후에 예상되는 문제점을 파악하여 설계·시공상의 문제점들을 수정·보완하는 데 있다.

② Curtain wall의 시험방법으로는 풍동시험(wind tunnel test)과 실물대시험(mock-up test)이 있다.

Ⅱ. 목 적

① 예상되는 문제점 파악

② 건축물의 성능 보증

③ 하자발생 없는 설계 확보 및 교육효과

Ⅲ. 풍동시험(風洞試驗, Wind tunnel test)

1) 정 의

건축물 준공 후에 나타날지도 모를 문제점을 파악하고 설계에 반영할 목적으로 실시하며, 건물 주변의 기류(building wind)를 파악하여 풍해의 예측 및 그에 따른 대책을 수립하는 시험을 wind tunnel test라 한다.

2) 시험방법

건물 주변 600m 반경(지름 1,200m)의 지형 및 건물 배치를 축척모형으로 만들어 과거 100년간의 최대풍속을 가하여 풍압 및 영향 시험을 실시

3) 측정(시험방법)

① 외벽 풍압시험

② 구조 하중시험 및 고주파 응력시험

③ 보행자 풍압영향시험 및 빌딩풍(building wind) 시험

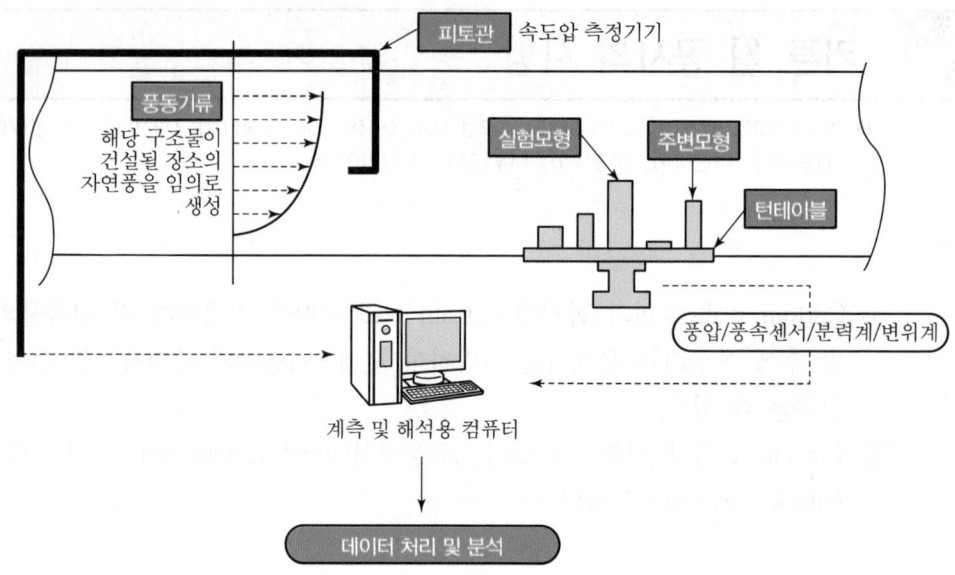

Ⅳ. 실물대시험(實物代試驗, mock-up test, 외벽 성능시험)

1. 정 의

① Curtain wall의 실물대시험은 현장이 아닌 시험소에서 대형시험장치를 이용하여 실제와 같은 가상구체에 실물 curtain wall을 실제와 같은 방법으로 설치하여 시험한다.

② Curtain wall의 변위측정, 온도변화에 따른 변형, 누수, 기밀, 접합부 검사, 창문의 열손실을 시험하기 위하여 풍동시험을 근거로 시험하는 것을 mock up test라 한다.

③ 시험결과에 따라 건축물의 각 부분 보완과 수정을 하여 안전하고 경제적인 외벽 curtain wall의 설계와 시공을 한다.

2. 필요성

① 누수 방지, 구조적인 안전성 확보

② 건축물의 내구성 증대, 냉·난방 효율 극대화

③ 건축비용과 유지비용 절감, 자연재해의 방지

3. 시험설비

1) 대형 동풍압 시험장치(large chamber)

2) 소형 동풍압 시험장치(small chamber)

기밀시험, 정압수밀시험, 동압수밀시험, 구조성능시험

3) 층간변위 시험장치(reaction frame)

층간변위에 대한 변형의 정도 시험

4. 시 험

1) 시험종목 및 판정기준은 특기시방서에 따른다.

2) 특기시방서에서 정한 바가 없을 때에는 담당원이 지정하는 국내·외 시험소에서 실시해야 하며, 시험종목은 다음과 같다.

① 예비시험

설계풍압력의 50%를 일정시간(30초) 동안 가압하여 시험장치에 설치된 시료의 상태를 일차적으로 점검한 후 시험실시 가능 여부를 판단하고자 실시

② 기밀시험

지정된 압력차(특기시방서에서 정한 바가 없을 때에는 1.57 P.S.F(시속 40km, 7.8kgf/m^2) 아래에서 유속을 측정한 뒤 시험체에서 발생하는 공기 누출량을 측정하고, 설계기준의 기밀 성능을 만족하여야 한다.

③ 정압수밀시험

설계풍압력의 20% 압력 아래에서 3.4 ℓ/min·m^{2}의 유량을 15분 동안 살수(water spray)하여 실시하며, 시험장치에 설치된 시료의 바깥에서 누수상태를 관찰하여 누수가 발생하지 않아야 한다.

④ 동압수밀시험

규정된 압력의 상한값까지 1분 동안 정압으로 예비로 가압한 뒤에 시료의 이상 여부를 확인하고, 시료 전면에 4 ℓ/min·m^{2}의 유량을 균등히 살수하면서 규정된 압력에 따라 KS 규준 맥동압을 10분 동안 가한 상태에서 누수가 없어야 한다.

⑤ 구조시험

㉮ 설계풍압력의 100%를 단계별로 증감(대개 50%, 100%, -50%, -100%의 4가지로 구분함)하여 설계풍압력 ±100% 아래에서 구조재의 변위(deflection)와 측정 유리의 파손 여부를 확인하고 설계기준을 만족하여야 한다.

㉯ 설계풍압력의 150%에 대해 ㉮와 같이 실시하며, 잔류 변형량을 측정하기 위해 0kg/m^2 압력하에서 변위(deflection)를 측정하여 L/100 이하

⑥ 층간변위

수평변위를 주어 변형정도 측정

V. Field test

1. 정의

Curtain wall 외벽시험에 있어서 mock up test는 시험소에서 실시하기 때문에 현장조건과 다를 수 있는 반면에, field test는 직접 현장에서 실시하여 현장 여건에 만족하는지를 확인하는 시험이다.

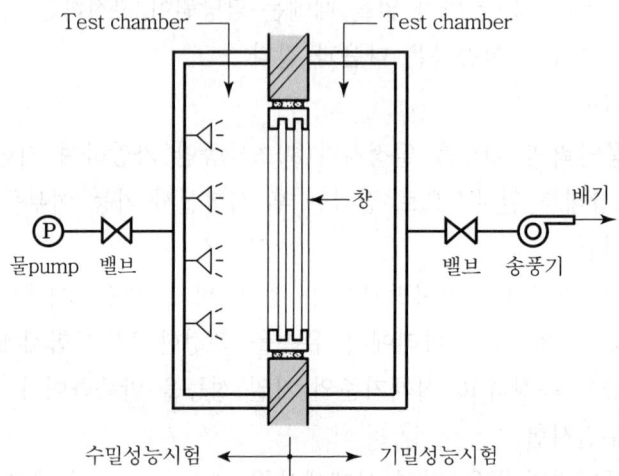

2. 목적

① 공정 진행률에 따른 요구성능 확인
② 공정률 90% 이상일 때 최종적으로 성능 확인

3. 시험시 유의사항

① 시험체는 외벽(door 포함)에 실시한다.
② 외부에서 작업가능한 발판이나 곤돌라, 비계 등을 설치한다.

VI. 결 론

① Curtain wall의 형태와 규격이 다양화됨에 따라 외벽구조에 대한 특수설계의 개발과 curtain wall의 안전성 및 경제성이 중요시되고 있다.
② Curtain wall 시험을 통한 안전하고 경제적인 curtain wall의 설계 및 시공을 함으로써 건축물의 내구성 증대 및 구조적인 안전성을 확보해야 한다.

문제
7

커튼 월 공사의 하자원인과 방지대책

● [98전(40), 04전(25), 08중(25), 12후(10)]

Ⅰ. 개 요

① Curtain wall은 접합부의 누수 방지가 무엇보다도 중요하므로 정밀한 시공으로 접합부의 구조적 안정과 기밀성 및 방수성을 확보하여야 한다.

② Curtain wall의 접합부 우수 처리를 위해서는, seal재의 개발, open joint의 도입, 시공 정밀도 확보 등으로 접합부 처리를 철저히 하여 하자를 예방해야 한다.

Ⅱ. 커튼 월의 요구성능

① 수밀성   ② 결로 방지

③ 강도 및 내구성   ④ 층간변위 추종성

⑤ 기밀성   ⑥ 차음성

⑦ 내풍압성

Ⅲ. 하자원인

1) 누수

① Primer, sealing재, 피착재 등의 재료 불량

② 접합면 바탕처리의 미흡

③ 시공불량 및 구조체의 변형

2) 결로발생

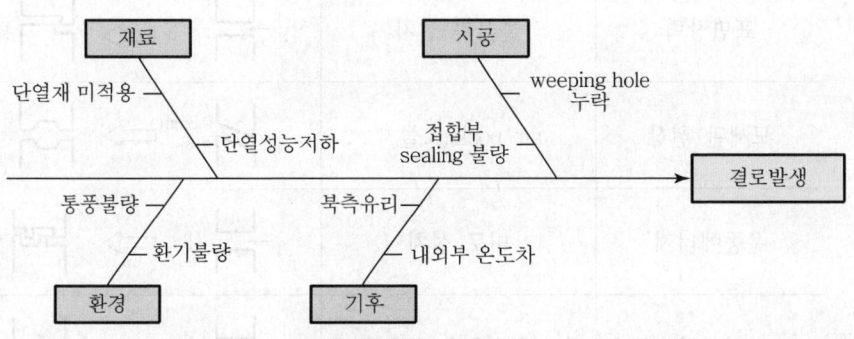

재료, 시공 및 환경적요인에 의해 결로발생

3) Sealing재의 파괴

① Sealing재료의 불량

② 바탕처리의 불량

③ 시공의 정밀도부족

4) 변형

① 온도 변화에 의한 변형

② 재료 자체의 변형

5) 탈락

① 시공정밀도 미흡

② Fastener 요구성능의 부족

6) 파손

① 공장에서 운반 및 현장도착시 이동 과정에서 파손 발생

② 양중기로 양중 및 설치시 파손 발생

7) 온도변화

금속재의 온도팽창 차이로 발음(發音)현상 발생

Ⅳ. 방지대책

1) 누수대책

원 인	대 책	도 해
중력	상향구배	틈새 ⇒ 상향구배
표면장력	물끊기 설치	⇒ 물끊기
모세관 현상	air pocket 설치	0.5mm 이하 ⇒ air pocket
운동에너지	미로 설치	⇒ 미로
기압차	내·외벽간의 감압 공간	⇒

2) 결로방지

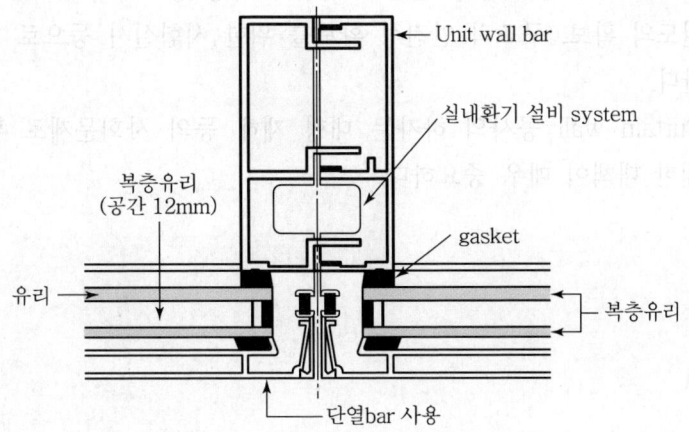

단열bar 및 복층유리를 사용하여 결로발생 방지

3) 층간변위 추종성 확보

① 고층 철골구조(유연구조) : 20mm 전후

② 중·저층 건물(강구조) : 10mm 전후

4) 단열성능 향상

① Curtain wall 부재사이에 단열재 설치

② Curtain wall의 이음부에는 내측으로 단열 보강

5) 적정 fastener 방식채택

건축물의 규모와 용도에 따른 fastener 방식의 채택으로 층간변위에 대한 추종성 확보

6) 파손 방지

적정 강도 유지

7) 구조안전성 확보를 위한 시험 실시

① 풍동시험(wind tunnel test)

② 실물대 시험(mock up test)

③ Field test

8) 금속 접촉부 절연재 시공

① 금속 접촉부 사이 절연시트 시공

② 테프론 등의 마찰계수가 낮은 소재 사용

V. 결 론

① Curtain wall은 기능상 접합부 처리가 가장 중요하며 seal재의 개발, 시공 정밀도의 확보, 구조적 안전성 확보를 위한 시험실시 등으로 하자를 예방해야 한다.

② Curtain wall 공사의 하자는 대형 재해 등의 사회문제로 확대되므로 그에 대한 대책이 매우 중요하다.

문제 8

커튼 월 공사의 결로원인과 방지대책

● [96중(30), 02중(25), 07후(25), 10후(25), 14전(25), 18중(25)]

1. 개 요

결로는 실내외의 온도차가 클수록 많이 발생하며, 커튼 월의 결로를 방지하기 위해서는 단열 Frame과 복층유리 등을 시공하고 결로 발생 시 결로수가 내부로 유입되지 않도록 하여야 한다.

2. 커튼 월 결로 발생원인

재료, 시공 및 환경적 요인에 의해 결로 발생

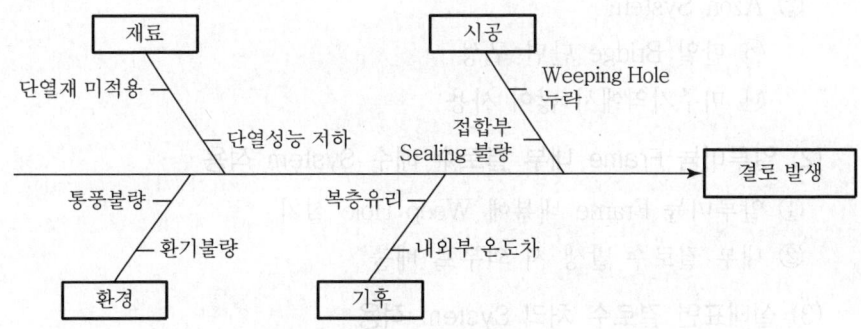

1) 입지조건 불량

2) 환기 부족

3) 실내외 온도차 과다

4) Cold Bridge 발생

5) 단열성능 부족

① 커튼 월의 단열성능 부족

② 단열 Frame, 복층유리 등의 미시공

③ 단열재의 미시공

6) 재료불량

① 단열성능, 방습성능이 부족한 재료로 시공

② 흡수율이 큰 재료의 사용

③ 건조율이 낮은 재료의 사용

3. 결로 방지대책

  1) 일반적인 대책

    ① 단열보강   ② 온도차 적게

    ③ 방습층 설치   ④ 난방 실시

    ⑤ 환기 철저

  2) 알루미늄 Frame

    (1) 단열바의 적용

      ① Polyamid System

        ㉮ 이중 Bridge 단면 구성

        ㉯ 유럽지역에서 많이 사용

      ② Azon System

        ㉮ 단일 Bridge 단면 구성

        ㉯ 미주지역에서 많이 사용

    (2) 알루미늄 Frame 내부 결로수 배수 System 적용

      ① 알루미늄 Frame 내부에 Weep Hole 설치

      ② 내부 결로수 발생 시 외부로 배출

    (3) 실내표면 결로수 처리 System 적용

      ① 트랜섬에 별도의 홈을 설치하여 결로수의 실내 유입방지

      ② 단열 및 외부 소음 문제 발생 우려

    (4) 실내 환기 System 적용

      실내의 환기를 자주 실행하여 결로 발생을 방지

  3) 복층유리

    (1) 복층유리 공기층 여유 확보

      ① 복층유리 공기층을 12mm 이상 확보

      ② 결로수가 실내에 유입되지 않도록 조치

    (2) 로이 복층유리 사용

      ① 여름철에는 적외선 상태의 열에너지를 차단하여 유리의 표면 온도를 낮춤

      ② 겨울철에는 복사열의 방사율이 대폭 감소

      ③ 결로 발생 습도의 60%까지 억제 가능

(3) 단열 복층유리의 사용

열관류율을 50% 정도로 낮출 수 있음

(4) 봉입가스의 사용

① 봉입가스로 아르곤 가스를 사용

② 열전달의 속도를 천천히 하여 결로 방지

③ 고급 복층유리에서 많이 활용

(5) Warm Edge 기술의 적용

① 재료의 모서리 부분을 따뜻하게 하여 열손실을 최소화

② 실내의 온도차를 적게 하여 결로 방지

4. 결 론

커튼 월에서 발생하는 주요 하자에는 누수와 결로 발생 등이 있으므로 시공 전에 결로 발생 방지를 위한 대책을 마련한 후 시공에 임하여야 한다.

1절 철골공사

1. 철골공사 시공계획(공정계획) ······························· 746
2. 철골공작도(shop drawing)의 검토 시 확인사항 750
3. 철골공사에서 공장가공 제작순서 및 제작공정별
   품질관리방법 ··· 754
4. 철골세우기 공사 ··· 759
5. 철골세우기 공사 시 anchor bolt에서 주각부
   시공까지 시공품질관리 개선방안 ······················ 765
6. 철골공사에서 부재의 접합공법 ··························· 772
7. 고장력 bolt 접합 ·· 777
8. 용접접합 공법의 종류 ······································ 784
9. 용접 접합 시 사전준비사항, 품질관리
   유의사항 및 안전대책 ······································ 788
10. 용접 결함의 종류 및 방지대책 ·························· 793
11. 용접공사 시 시공과정에 따른 검사방법 ············· 798
12. 용접변형의 발생원인 및 방지대책 ···················· 802
13. 철골정밀도(현장반입 시 검사 항목) ··················· 808
14. 초고층 철골철근 Con'c 건축물의 box column과
    H형강 column에 대한 용접방법 ······················ 816
15. 철골공사의 내화피복 ······································ 819
16. 층간 방화구획 ·· 825

철골공사 기출문제

1	1. 고층 사무소 건축의 철골공사 공정계획에 대하여 기술하여라. [91전, 30점] 2. 철골조 건물의 공기단축방안에 대하여 기술하시오. [98중후, 30점]
2	3. 철골공작도(shop drawing)의 검토 시 확인하여야 할 사항을 열거하여라. [88전, 25점] 4. 철골공사 시공 상세도면의 주요 검토 사항 및 시공 상세도면에 포함되어야 할 안전시설을 설명하시오. [20중, 25점] 5. 철골공사에서 철골 시공도를 작성할 때 필요한 내용과 유의사항을 설명하시오. 　　[99중, 30점] 6. 철골공사의 공장제작 전 철골공작도(Shop drawing) 작성절차 및 제작승인 검토항목에 대하여 설명하시오. [11후, 25점]
3	7. 철골공사에서 공장제작의 작업순서를 설명하고, 현장작업의 공정을 열거하여 설명하라. [76, 25점] 8. 철골공사의 작업순서와 공정을 철골의 공장 가공·제작 후 현장 반입에서부터 건립 완료 시까지 빠짐없이 기술하고 flow chart를 작성하라.(단, 접합방법은 주로 용접과 고장력 볼트(high tension bolt)를 사용하고 부득이한 곳만 리벳을 사용할 수 있다.) 　　[79, 25점] 9. 철골공사의 품질관리 주안점에 대하여 논하여라. [90전, 30점] 　　㉮ 공장 제작 시　　　　　　　　㉯ 현장 설치 시 10. 철골공사 시 공장 제작순서 및 제작공정별 품질관리방법에 대하여 기술하여라. 　　[92후, 30점] 11. 철골공사에 있어 공장 제작순서를 설명하고 제작에 따른 품질확보 방안을 기술하시오. 　　[96후, 30점] 12. 철골공사에서 공장 제작의 품질관리사항에 대하여 설명하시오. [19후, 25점] 13. 리밍(Reaming) [00후, 10점] 14. Reaming [02후, 10점] 15. 철골공사에서 단계별 시공 시 유의사항에 대하여 기술하시오. [04중, 25점] 16. 철골구조물공사에서 방청도장을 하지 않는 부분 [22전, 10점]
4	17. 철골공사 시공에 있어서 세우기 작업에 관하여 설명하여라. [81후, 25점] 18. 철골세우기 작업을 공정순서에 따라 기술하여라. [90후, 30점] 19. 철골세우기 공사의 공정과 품질관리 요점을 설명하여라. [92전, 30점] 20. 철골공사에 있어서 철골기둥의 정착, 철골세우기 공정 및 품질관리에 대하여 설명하여라. [93전, 40점] 21. 공장에서 가공된 철골부재를 현장에서 조립 설치 시 고려해야 할 사항을 설명하시오. 　　[94후, 25점] 22. 철골조 건물의 철골 세우기 작업 시 유의해야 할 사항에 대해서 아래 항목에 의거 기술하시오. [97중후, 30점] 　　㉮ 일반사항　　　　㉯ 기둥　　　㉰ 보　　　㉱ 계측 및 수정 23. 철골공사의 현장 접합시공에서 부재 간의 결합 부위를 분류하고 시공 시 유의사항을 기술하시오. [99전, 30점] 24. 대규모인 단층공장 철골 세우기 및 제작 운반에 대한 검토사항을 기술하시오. 　　[01후, 25점] 25. 철골 세우기 공사 시 수직도 관리방안에 대하여 설명하시오. [08중, 25점] 26. 단층인 철골공장 철골세우기 및 제작운반에 대한 검토사항을 설명하시오. [08후, 25점] 27. 도심지현장 철골 세우기 공사의 점검사항을 시공단계별로 구분하여 설명하시오. 　　[12전, 25점] 28. 철골공사에서 현장설치 시 시공단계별 유의사항에 대하여 설명하시오. [15중, 25점]

4	29. 도심지 초고층 현장에서 철골세우기의 단계별 유의사항에 대하여 설명하시오. [19중, 25점] 30. 철골공사 시 현장조립 순서별로 품질관리방안에 대하여 설명하시오. [20후, 25점] 31. 철골조 고층건축물의 현장 철골시공 시 작업순서 및 유의사항을 설명하시오. [16전, 25점] 32. 철골공사에서 철골세우기 수정작업 순서와 수정 시 유의사항에 대하여 설명하시오. [17후, 25점] 33. 철골 세우기 공사 시 철골수직도 관리방안 및 수정 시 유의사항을 설명하시오. [20전, 25점] 34. 철골공사에서 철골세우기 수정용 와이어로프의 배치계획 및 수정 시 유의사항에 대하여 설명하시오. [21중, 25점] 35. 철골 세우기 장비 선정 및 순서와 공정별 유의사항, 세우기 정밀도를 설명하시오. [22전, 25점]
5	36. 철골조의 기초에서 base plate와 anchor bolt의 설치 시공요령을 기술하여라. [78전, 25점] 37. 철골구조의 주각부 공사에 있어서 앵커볼트 설치와 주각 모르타르 시공의 공법별 품질관리 요점을 설명하여라. [91후, 30점] 38. 철골공사에서 anchor bolt에서부터 주각부 시공까지의 시공 품질관리 개선방안을 제시하오. [94후, 25점] 39. 철골세우기 공사에서 주각 고정방식과 순서에 대하여 설명하시오. [96중, 30점] 40. 철골조의 주각부 시공 시 유의할 사항을 기술하시오. [97중전, 30점] 41. 철골공사에서 철골 기초의 앵커볼트(Anchor Bolt) 매입 및 주각부 시공 시 고려할 사항을 기술하시오. [00전, 25점] 42. 철골기둥과 기초콘크리트를 고정하는 앵커볼트의 위치와 Base Plate Level을 정확하게 시공하는 방법을 설명하시오. [00중, 25점] 43. 철골공사의 베이스플레이트 설치방법에 대하여 설명하시오. [18후, 25점] 44. 철골 세우기 공사의 주각부 시공계획에 대하여 설명하시오. [04후, 25점] 45. 철골의 현장설치 시 Anchor Bolt에서 주각부 시공단계까지 품질관리 방안에 대하여 기술하시오. [07중, 25점] 46. 철골공사에서 주각부 시공 시 품질관리사항에 대하여 설명하시오. [19후, 25점] 47. 철골공사의 앵커볼트 매입방법 [10전, 10점] 48. 철골주각부의 고정 앵커볼트(Anchor Bolt) 매입방법에 대하여 설명하시오. [11중, 25점] 49. 철골 세우기 공사에서 세우기 공법을 열거하고 앵커볼트 주각고정방식과 시공 시 유의사항에 대하여 설명하시오. [16후, 25점] 50. 철골공사에서 철골기둥 하부의 기초상부 고름질(Padding) [20후, 10점] 51. 철골공사에서 앵커볼트 매입방법의 종류와 주각부 시공 시 고려사항에 대하여 설명하시오. [22후, 25점]
6	52. 철골공사에서 부재의 접합공법을 분류하여 설명하여라. [81전, 25점] 53. 철골 접합공법에 대하여 기술하시오. [05전, 25점] 54. 철골구조의 접합의 종류 및 현장검사방법에 대하여 기술하시오. [05중, 25점] 55. 철골공사에서 고력볼트접합과 용접접합 및 그에 따른 접합별 특징에 대하여 설명하시오. [20후, 25점]
7	56. 고장력 볼트(high tension bolt)에 있어서의 토크값(torque치) [78후, 5점] 57. 고장력 볼트(high tension bolt) [81전, 7점]

58. 고장력 볼트 접합공법의 재료관리, 접합 및 검사에 대하여 기술하여라. [82후, 50점]
59. Impact wrench [84, 5점]
60. 고장력 볼트(high tension bolt) 조이기에 대하여 설명하여라. [88, 20점]
61. 고장력 볼트 [90후, 10점]
62. 철골부재에 쓰이고 있는 고장력 볼트 접합의 종류를 들고, 그 방법을 설명하여라. [95중, 30점]
63. T.S bolt(Torque Shear bolt) [95중, 10점]
64. T.S.(Torque Shear) Bolt [19후, 10점]
65. 철골공사 고력볼트의 조임 방법과 검사에 대하여 기술하시오. [98중전, 30점]
66. T.C(Tension Control) bolt [98중전, 20점]
67. 철골공사에서 고장력 볼트 체결 시 유의사항을 기술하시오. [00중, 25점]
68. 철골구조에서 H-형강보(beam) 고장력 볼트로 접합 시공할 때 시공순서에 따라 품질관리 방안을 기술하시오. [01중, 25점]
69. 고장력 Bolt의 현장 관리에 있어서 다음 사항을 기술하시오. [03중, 25점]
   1) 반입   2) 보관   3) 사용관리
70. 철골 부재의 접합 시 마찰면 처리방법에서 다음을 설명하시오. [03중, 25점]
   1) 마찰면의 처리방법   2) 마찰면 처리의 유의사항
71. T.S(Torque Shear) Bolt [04중, 10점]
72. 고장력 Bolt 조임방법 [05중, 10점]
73. 철골공사의 고력볼트 조임검사 항목 및 방법에 대하여 기술하시오. [05후, 25점]
74. 철골공사에서 철골부재 접합면의 품질 확보방법을 설명하고, 고력볼트 조임방법 및 조임 시 유의사항에 대하여 기술하시오. [06후, 25점]
75. 고장력볼트 인장체결 시 1군(群)의 볼트 개수에 따른 Torque 검사기준 [07전, 10점]
76. 고장력 볼트의 조임방법과 검사법 [07중, 10점]
77. 철골공사에서 고장력 볼트의 현장반입 시 품질검사와 조임시공 시 유의사항에 대하여 기술하시오. [09중, 25점]
78. 고장력 볼트(High tension bolt)의 조임방법 [12전, 10점]
79. 철골공사의 고력볼트 조임방법, 검사방법 및 조임 시 유의사항에 대하여 설명하시오. [13전, 25점]
80. 고장력볼트의 접합방식과 조임방법 및 시공 시 유의사항에 대하여 설명하시오. [19전, 25점]
81. T/S(Torque Shear)형 고력볼트의 축회전 [13중, 10점]
82. TS볼트(Torque Shear Bolt) [22후, 10점]
83. Torque Control법 [14후, 10점]
84. 고력볼트 현장반입검사 [15중, 10점]
85. 고장력볼트 반입검사 [20전, 10점]
86. 철골공사에서 고장력볼트 접합 시 조임순서 및 조임 시 유의사항에 대하여 설명하시오. [16전, 25점]
87. 철골공사의 고장력 볼트 조임 후 검사에 대하여 조임방법별로 설명하시오. [21후, 25점]
88. 고장력 볼트 접합공법의 종류와 특성, 조임검사방법 및 시공 시 유의사항에 대하여 설명하시오. [22후, 25점]

89. 맞댄용접과 모살용접의 주의사항 [82전, 10점]
90. 용접기구 및 용접 재료에 따른 용접의 종류를 열거하고, 각각 간단히 설명하여라.(단, 피복용접재를 제외함) [84, 25점]
91. 철골공사의 피복금속 아크용접 작업의 현장 품질관리 유의사항을 들고, 기술하여라. [93후, 30점]

8	92. 용접에 있어서 목두께의 방향이 모재의 면과 45°의 각을 이루는 용접을 무엇이라 하는가? [94후, 5점] 93. 모살용접(Fillet Welding) [98전, 20점] 94. 모살용접(Fillet Welding) [20전, 10점] 95. 스터드 용접(Stud Welding) [10전, 10점] 96. 현장 철골 용접방법, 용접공 기량검사 및 합격기준에 대하여 설명하시오. [10후, 25점] 97. 철골의 CO_2 아크(Arc)용접 [11후, 10점] 98. 서브머지드 아크용접(Submerged Arc Welding) [22중, 10점]
9	99. 용접시공(welding)에 있어서의 작업 전 준비사항과 안전대책 [76, 10점] 100. 스캘럽(scallop) [85, 5점] 101. Scallop 가공 [00후, 10점] 102. Scallop [03전, 10점] 103. 철골공사에서 용접방법의 종류 및 유의사항에 대하여 기술하시오. [06전, 25점] 104. 철골공사 현장용접 시 품질관리 요점을 기술하시오. [07전, 25점] 105. Scallop [07전, 10점] 106. 철골 예열온도(Preheat) [15중, 10점] 107. 철골용접 전 예열(Preheat) 방법 [16전, 10점] 108. 철골공사 용접작업에서 예열 시 주의사항과 용접검사 중 육안검사방법에 대하여 설명하시오. [21중, 25점] 109. 강재의 스캘럽(Scallop) [17전, 10점] 110. 철골공사의 스캘럽(Scallop) [20전, 10점] 111. 철골부재 스캘럽(Scallop) [22중, 10점] 112. 철골부재 변형교정 시 강재의 표면온도 [20중, 10점]
10	113. 철골공사의 현장에서 피복(被覆) 아크(arc) 수용접(手鎔接) 작업 시에 용접부에 발생하는 여러 결함과 그 대책을 기술하여라. [77, 25점] 114. 철골공사에서 용접 시 용접부에 발생하는 결함을 열거하고, 그 방지책을 설명하여라. [82후, 20점] 115. 각장 부족 [92전, 8점] 116. 언더 컷(under cut) [92전, 8점] 117. 용접결함의 종류를 들고 그 원인과 대책에 관하여 설명하시오. [97전, 30점] 118. 철골조 접합부의 용접결함 종류를 나열하고, 방지대책을 기술하시오. [02전, 25점] 119. Fish eye 용접불량 [02중, 10점] 120. Blow hole [02후, 10점] 121. Under cut [03후, 10점] 122. Lamellar Tearing 현상 [04전, 10점] 123. 라멜라 테어링(Lamellar Tearing) 현상 [06후, 10점] 124. 철골공사 용접결함의 원인과 방지대책에 대하여 설명하시오. [10전, 25점] 125. 철골용접의 각장 부족 [10후, 10점] 126. 철골용접에서 Lamellar tearing [13후, 10점] 127. 라멜라 티어링(Lamellar Tearing) 현상 [21후, 10점] 128. 철골용접 결함 중 용입부족(Imcomplete Penetration) [14전, 10점] 129. 철골공사에서 용접결함의 종류, 시공 시 유의사항 및 불량용접부위 보정에 대하여 설명하시오. [14중, 25점]

철골공사 기출문제

10	130. 철골공사 용접결함 중 라멜라 테어링(Lamella Tearing)현상의 원인과 방지대책에 대하여 설명하시오. [16중, 25점]
	131. 철골용접 결함의 종류와 결함예방대책에 대하여 설명하시오. [17중, 25점]
	132. 철골공사 용접작업 시 용접 결함 및 변형을 방지하기 위한 품질관리방안과 안전대책에 대하여 설명하시오. [21전, 25점]
	133. 용접결함의 종류 및 결함원인, 검사방법 [22전, 10점]
11	134. 철골용접공사의 검사방법과 앞으로의 전망에 대하여 논하여라. [83, 25점]
	135. 철골구조물의 용접 접합부위를 검사하는 데 있어 시행하는 비파괴 용접검사에 대하여 그 종류를 기술하고, 장단점을 설명하여라. [87, 25점]
	136. 철골공사의 용접 시공과정에 따른 검사방법에 대하여 설명하시오. [95전, 30점]
	137. 용접 검사방법 [97후, 20점]
	138. 철골용접부의 비파괴검사법 [00후, 25점]
	139. 초음파 탐상법 [01전, 10점]
	140. 용접부의 비파괴 검사 중 초음파 탐상법 [21중, 10점]
	141. 철골공사 용접부의 비파괴검사방법의 종류와 그 특성에 대하여 기술하시오. [05후, 25점]
	142. 철골용접의 비파괴시험(Non-Destructive test) [08후, 10점]
	143. 용접부 비파괴 검사 중 자분탐상법의 특징 [15후, 10점]
	144. 철골공사의 현장용접 검사방법에 대하여 설명하시오. [18후, 25점]
	145. 철골공사 현장용접 시 고려사항과 검사방법(용접 전, 중, 후)에 대하여 설명하시오. [22후, 25점]
	146. 철골용접 결함검사 중 염색침투 탐상검사의 용도 및 방법에 대하여 설명하시오. [19전, 25점]
12	147. 철골공사의 용접부위 변형발생 원인, 용접불량 방지대책을 기술하여라. [93전, 30점]
	148. 철골제작 시 부재변형을 방지하기 위한 방안을 기술하시오. [03전, 25점]
	149. 철골공사 시 발생되는 변형에 대하여 1) 원인, 2) 종류, 3) 대책방안을 기술하시오. [03후, 25점]
	150. 철골부재의 온도 변화에 대응하기 위한 공법 및 그 검사방법에 대하여 설명하시오. [10전, 25점]
	151. 철골공사에서 용접변형의 종류 및 억제대책에 대하여 설명하시오. [11전, 25점]
	152. 철골 용접 변형의 발생원인 및 방지대책에 대하여 설명하시오. [18중, 25점]
	153. 철골공사에서 용접변형의 원인 및 방지대책에 대하여 설명하시오. [19후, 25점]
	154. 철골공사 용접작업 시 용접 결함 및 변형을 방지하기 위한 품질관리방안과 안전대책에 대하여 설명하시오. [21전, 25점]
13	155. 철골공사 시공에 있어 다음에 관하여 설명하여라. [82전, 50점] ㉮ 제품 정도의 검사 ㉯ 용접부의 검사 ㉰ 조립시공의 정도
	156. 건설 구조물의 기둥 수직도의 시공오차 허용범위 [97중후, 20점]
	157. 철골 부재의 현장반입 시 검사항목 [00후, 25점]
	158. 공장에서 제작된 철골부재의 현장 인수검사 항목과 내용에 대하여 기술하시오. [05후, 25점]
	159. 철골공사에서 철골부재 현장반입 시 검사항목 [22후, 10점]
	160. 철골 공장제작 시 검사계획(ITP ; Inspection Test Plan)에 대하여 기술하시오. [06후, 25점]
	161. 철골공사에서 철골 제작 시 검사계획(ITP ; Inspection Test Plan)의 주요검사 및 시험에 대하여 설명하시오. [12중, 25점]

13	162. 건축 철골공사 현장에서 시공정밀도의 관리허용차 및 한계허용차에 대하여 설명하시오. [15전, 25점] 163. 철골 세우기 장비 선정 및 순서와 공정별 유의사항, 세우기 정밀도를 설명하시오. [22전, 25점]
14	164. 초고층 철골철근콘크리트 건축물의 box column과 H형강 column에 대한 접합방법을 각각 기술하시오. [94전, 30점]
15	165. 철골 내화피복 공법의 종류를 들고, 각각의 특징에 대하여 기술하여라. [85, 25점] 166. 철골재의 내화피복 [89, 5점] 167. 철골공사에 있어서 내화피복의 공법별 특성 및 시공방법을 설명하여라. [91후, 30점] 168. 철골공사의 습식 내화피복에서 뿜칠 공법의 시공방법과 문제점을 설명하시오. [94후, 25점] 169. 철골공사에 있어서 내화피복 공법의 종류를 열거하고 내화성능 향상을 위한 품질관리 향상 방안에 대하여 기술하시오. [97후, 30점] 170. 철골 내화피복 검사 [99중, 20점] 171. 철골 내화피복 공법의 종류 [00후, 25점] 172. 철골 내화 피복의 요구성능 및 내화 기준에 대하여 기술하시오. [02후, 25점] 173. 건축 내화재료의 요구성능 및 종류와 내화피복공법에 대하여 기술하시오. [02후, 25점] 174. 철골 내화 피복공법 중 습식 공법에 대하여 기술하시오. [04후, 25점] 175. 철골 피복 중 건식 내화 피복공법 [05중, 10점] 176. 내화피복 공사의 현장품질관리 항목 [07전, 10점] 177. 철골공사의 내화피복의 종류에 대하여 기술하시오. [07중, 25점] 178. 철골공사의 내화피복의 종류와 시공상의 유의사항에 대하여 기술하시오. [09중, 25점] 179. 철골공사에서 뿜칠 내화피복의 종류 및 품질향상 방안에 대하여 설명하시오. [10후, 25점] 180. 철골 내화피복의 종류, 성능기준 및 검사방법에 대하여 설명하시오. [12후, 25점] 181. 도심지 철골조 건축물의 내화피복 뿜칠공사 시 유의사항 및 검사방법을 설명하시오. [20전, 25점] 182. 철골공사에서 내화 페인트공사의 시공순서와 건축물 높이에 따른 내화 성능기준에 대하여 설명하시오. [13후, 25점] 183. 최근 물류센터 현장에서 대형화재가 많이 발생하고 있다. 바닥면적의 합계가 10,000m², 최고높이는 45m, 층수는 5층인 철골조 창고의 주요구조부와 지붕에 대한 내화구조의 성능기준에 대하여 설명하고 도장공사 시공순서에 따른 철골 내화페인트성능 확보방안에 대하여 설명하시오. [21후, 25점] 184. 철골공사의 내화페인트의 특성, 시공순서별 품질관리 주요사항, 내화페인트 선정 시 고려사항, 시공 시 유의사항에 대하여 설명하시오. [22중, 25점] 185. 철골 내화피복 공사에서 습식 뿜칠공사 시공 시 두께 측정방법 및 판정기준에 대하여 설명하시오. [15전, 25점] 186. 철골구조물 내화피복공법의 종류 및 시공상 유의사항에 대하여 설명하시오. [16전, 25점] 187. 철골조 건축물의 내화피복 필요성 및 공법에 대하여 설명하시오. [19중, 25점] 188. 건축물의 내화구조 성능기준과 철골구조의 내화성능 확보방안에 대하여 설명하시오. [21전, 25점] 189. 철골조에서 내화피복의 목적 및 공법의 종류, 시공 시 주의사항, 검사 및 보수방법, 현장 뒷정리에 대하여 설명하시오. [22전, 25점]

철골공사 기출문제

15	190. 철골공사에서 내화구조 성능기준과 내화피복의 종류 및 검사방법, 시공 시 유의사항에 대하여 설명하시오. [22후, 25점]
16	191. 건축물의 층간 방화구획방법에 대하여 설명하시오. [04전, 25점] 192. 건축물 커튼 월 부위의 층간 방화구획 방법에 대하여 설명하시오. [08중, 25점] 193. 초고층 건축물에서 층간 방화구획을 위한 구법 및 재료의 종류별 특징에 대하여 설명하시오. [10후, 25점] 194. 커튼 월(Curtain wall) 층간방화구획 공사 시 요구 성능과 시공방법에 대하여 설명하시오. [11후, 25점] 195. 초고층건물에서 화재발생 시 수직 확산방지를 위한 층간방화 구획방법에 대하여 설명하시오. [14전, 25점] 196. 건축물 커튼 월의 화재확산방지 구조기준 및 시공방법에 대하여 설명하시오. [15중, 25점] 197. 건축물의 층간 화재확산 방지방안을 설명하시오. [18전, 25점] 198. 건축물의 화재발생 시 확산을 방지하기 위한 방화구획에 대하여 설명하시오. [21전, 25점]
기 출	199. 철골철근콘크리트구조에서 철골기둥과 철근콘크리트 보 철근의 접합방법에 대하여 설명하시오. [11중, 25점] 200. 철골공사 시공과정에 관한 각 검사 순서를 열거하고, 각 과정에서 필요로 하는 기기를 설명하여라. [80, 25점] 201. 대공간 구조물(체육관, 격납고 등) 지붕철골세우기 공법을 열거하고 시공 시 주의사항을 기술하시오. [98후, 30점] 202. 철골 구조물 P.E.B(Pre-Engineered Beam) system에 대하여 기술하시오. [02전, 25점] 203. PEB(Pre-Engineered Building) 시스템의 국내 활용실태 및 발전방향에 대하여 설명하시오. [14중, 25점] 204. 철골구조물 PEB(Pre-Engineering Building) System의 특징 및 시공 시 유의사항에 대하여 설명하시오. [16전, 25점] 205. 철골철근콘크리트구조에서 강재의 부식방지를 위해 적용 가능한 방식(防蝕) 처리 방법에 대하여 설명하시오. [12중, 25점] 206. 강재의 가공법과 부식 및 방지대책에 대하여 설명하시오. [17전, 25점] 207. 철골 방청도장 시공 시 유의사항 및 방청도장 금지 부분에 대하여 설명하시오. [18중, 25점] 208. 철골구조의 방청도장 시공 시 고려사항과 시공 시 유의사항에 대하여 설명하시오. [21중, 25점] 209. 강재 구조물의 노후화 종류 및 보수·보강방법에 대하여 설명하시오. [13후, 25점] 210. 철골부재 Mill sheet상의 강재화학성분에 의한 탄소당량(炭素當量 Ceq; Carbon Equivalant)에 대하여 설명하시오. [14전, 25점] 211. 철골공사에서 용접사의 용접자세 및 기량시험에 대하여 설명하시오. [20중, 25점] 212. 철골공사의 스터드(Stud)볼트 시공방법과 검사방법에 대하여 설명하시오. [20후, 25점]
용 어	213. 철골조 건축물의 가새(bracing)에 대하여 설명하여라. [84, 15점] 214. Metal Touch [78후, 5점] 215. 메탈 터치(Metal Touch) [91후, 8점] 216. Metal Touch [99전, 20점] 217. Metal Touch [03중, 10점] 218. Metal Touch [05후, 10점] 219. 철골공사의 Metal Touch [10중, 10점]

220. Metal Touch [19후, 10점]
221. 메탈 터치(Metal Touch) [21후, 10점]
222. 철골공사의 엔드탭(End Tab) [11중, 10점]
223. 하이브리드 빔(hybrid beam) [85, 5점]
224. Hybrid Beam [05후, 10점]
225. Hi-beam [02중, 10점]
226. Stiffener(스티프너) [99후, 20점]
227. 스티프너(Stiffener) [06전, 10점]
228. 철골공사에서 스티프너(Stiffener) [13후, 10점]
229. 철골구조의 스티프너(Stiffener) [20후, 10점]
230. 좌굴(Buckling) 현상 [09후, 10점]
231. 좌굴 현상 [19전, 10점]
232. Mill sheet [83, 5점]
233. Mill Sheet(밀 시트) [99후, 20점]
234. TMCP 강재 [01전, 10점]
235. TMCP강(Thermo Mechanical Control Process steels) [16중, 10점]
236. TMCP강(Thermo Mechanical Control Process) [21전, 10점]
237. Ferro Stair(시스템 철골계단) [10중, 10점]
238. Ferro Stair [14중, 10점]
239. 스페이스 프레임(space frame) [90전, 5점]
240. Space Frame [02전, 10점]
241. Space Frame [05중, 10점]
242. Taper steel frame [97전, 15점]
243. Taper steel frame [05전, 10점]
244. 철골공사의 Tapered Beam [16후, 10점]
245. 철골 Smart Beam [08후, 10점]
246. 철골 스마트빔(Smart Beam) [18중, 10점]
247. PEB(Prefabricated Engineered Build) [05중, 10점]
248. PEB(Pre-Engineering Building) system [08중, 10점]
249. PEB 시스템(Pre-Engineered Building System) [22중, 10점]
250. 하이퍼 빔(Hyper Beam) [12중, 10점]
251. 철골용접에서의 Weaving [14중, 10점]
252. 철근부식 허용치 [14전, 10점]
253. 박스컬럼(Box Column) 현장용접 순서 [15중, 10점]
254. 철골조립 작업 시 계측방법 [15후, 10점]
255. 일렉트로 슬래그(Electro Slag)용접 [16후, 10점]
256. 탄소당량 [17전, 10점]
257. PS(Pre-stressed) 강재의 Relaxation [17중, 10점]
258. HI BEAM((Hybrid Integrated Beam) [17후, 10점]
259. 강재 부식방지 방법 중 희생양극법 [17후, 10점]
260. 철골공사에서의 용접절차서(Welding Procedure Specifications) [18전, 10점]
261. 철골공사의 트랩(Trap) [20전, 10점]
262. 윈드컬럼(Wind Column) [20후, 10점]
263. 지하층 공사 시 강재기둥과 철근콘크리트 보의 접합 방법 [21전, 10점]
264. 철골보 부재에 설치하는 전단 연결재(Shear Connector)의 역할 및 시공, 시험방법
    [22전, 10점]

승자는 어린이에게도 사과할 수 있지만,
패자는 노인에게도 고개를 숙이지 못한다.

- J. 하비스 -

문제 1	철골공사 시공계획(공정계획)

● [91전(30), 98중후(30)]

I. 개 요

① 철골공사 시공계획은 부재를 가공·제작하는 공장 작업과 조립과 세우기를 하는 현장 작업으로 나뉜다.
② 철골공사는 건축물의 주공정 작업으로 전체공사 공기에 미치는 영향이 크며, 기상조건과 안전관리에 대한 대책이 필요하다.

II. 시공계획 flow chart

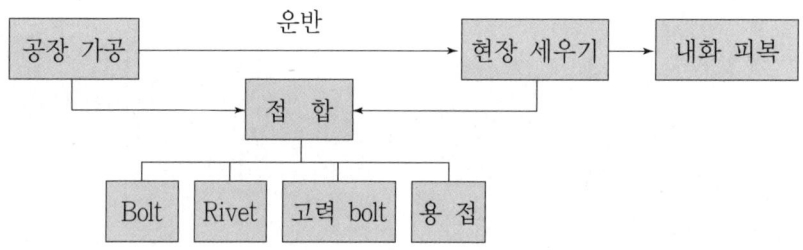

III. 공장 가공

① 철골의 공장 가공은 완성품에 가깝도록 하고, 현장에서는 세우기 작업만을 하도록 한다.
② 공장 가공 flow chart

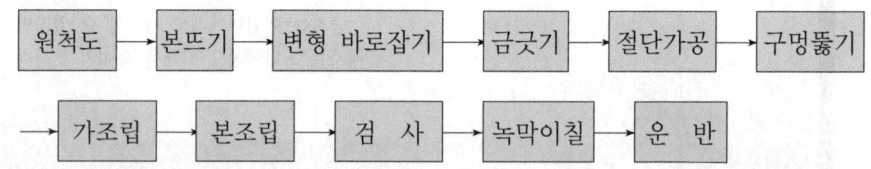

IV. 운 반

① 가공 공장과 세우기 현장의 위치
② 수송시간 및 교통규제
③ 중량제한(교량, 도로)

④ 길이, 폭, 용적의 제한(육교, 터널)(전장 12m : 전폭 2.5m, 전고 3.5m 이내로
제한 – 도로운송법)

V. 현장세우기

① 건축물의 규모, 구조, 입지조건, 사용기계 등을 고려하여 계획을 수립한다.
② 현장세우기 flow chart

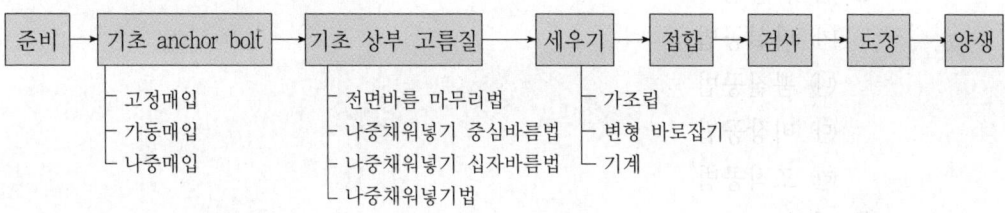

VI. 접 합

철골의 접합은 강도가 확보되고 시공이 용이하며, 경제성·안정성이 있고, 소음·
진동 등의 공해가 적어야 한다.

1) Bolt 접합

① 부재를 지압접합하여 응력이 전달되도록 하는 접합방식
② 간단하고, 소음이 없고, 시공이 용이함.

2) Rivet 접합

① 강재에 구멍을 뚫고, 900~1,000℃에서 가열된 리벳을 joe riveter 등으로 때
려서 접합하는 방식
② 소음·진동이 많고, 숙련도에 따라 품질이 좌우된다.

3) 고장력 볼트(high tension bolt) 접합

① 고탄소강 또는 합금강을 열처리하여 만든 고력볼트를 사용하며, 주로 마찰
접합으로 접합하는 방식
② 소음이 없고, 접합강도가 크나 정밀검사가 필요함.

4) 용접접합

① 강재와 용접봉의 상호간을 녹여서 용착시켜 접합하는 방식이다.
② 응력 전달이 확실하고 철골 중량이 감소되나, 결함의 검사가 어렵다.

VII. 내화피복

1) 철골의 온도가 500℃ 이상이면 강도가 50% 저하되므로 고온으로부터 철골을 보호하기 위하여 내화피복을 한다.

2) 종 류

① 도장공법

② 습식 공법

㉮ 타설공법

㉯ 뿜칠공법

㉰ 미장공법

㉱ 조적공법

③ 건식 공법

㉮ 성형판

㉯ 휘감기

㉰ 세리믹울

④ 합성공법

㉮ 이종 재료 적층공법

㉯ 이질 재료 접합공법

VIII. 안전관리

① 철골공사는 중량물 취급 및 고소 작업이 많아 추락, 낙하 등의 재해 발생 여지가 많기 때문에 안전대책을 세워야 한다.

② 안전설비에는 가설 통로, 난간, 수직·수평 방호망 등이 있고, 안전모 착용과 지상 2m 이상 작업 시 안전 belt를 사용한다.

IX. 품질관리

① 철골공사의 품질은 정밀도 및 접합부 강도가 확보되어야 한다.

② 허용오차(tolerance)는 기준 이내가 되어야 한다.

X. 공 해

① Rivet 접합 시 소음 및 진동 공해

② 도장 작업 시 페인트 및 용제의 비산으로 발생하는 공해

③ 중량물, 장척물 운반시 교통장애 등이 있다.

XI. 기 상

① 철골공사는 전체공사의 주공정으로 기상조건에 많은 영향을 받는다.
② 비, 바람, 눈 오는 날은 물론 습기나 안개가 많은 날에도 철골면은 미끄럽고 감전사고의 위험이 있으므로 작업을 하지 않는 것이 바람직하다.

XII. 장 비

① 철골작업은 중량, 장척물이 많아 기구 및 장비에 의존한다.
② 적정기구, 장비의 사용은 철골공사의 공기 및 품질을 좌우한다.
③ 용 도
  ㉮ 변형 바로잡기용
     Plate straining roll, straightening machine
  ㉯ 절단가공용
     Shearing machine, angle cutter
  ㉰ 구멍뚫기용
     Punching hammer, drill, reamer
  ㉱ 리벳치기용
     Joe riveter, pneumatic rivetting hammer
  ㉲ 볼트조임용
     Torque wrench, impact wrench
  ㉳ 용접용
     Arc 용접기, 반자동 용접기, 자동 용접기
  ㉴ 세우기용
     Guy derrick, stiff leg derrick, gin pole, truck crane, tower crane

XIII. 결 론

① 철골공사는 연속 반복작업의 기계화·robot화가 가능하며, 건설업의 기술인력 부족으로 인한 성력화 및 공장제작을 할 경우 현장에서는 단순기능만 가지고도 공사가 가능하므로 앞으로 적용이 확대될 전망이다.
② 소음·진동 및 분진 등의 건설공해로 민원이 발생되므로 안전대책 및 공해방지 대책수립이 요구된다.

철골공작도(shop drawing)의 검토 시 확인사항

● [88전(25), 99중(30), 11후(25), 20중(25)]

I. 개 요

① 철골공작도는 설계도서와 시방서를 근거로 해서, 원척으로 그린 시공도면을 말한다.
② 건축물의 복잡화로 마무리 재료의 설치, 설비·전기 공사와의 관련성 등 검토사항이 많아져 공작도 작성 및 검토의 중요성이 증대되고 있다.

II. 공작도의 필요성

① 정밀시공 확보
  ㉮ 설계상 누락부분을 집약하여 상호조정
  ㉯ 작업자에게 정확한 작업내용 전달
  ㉰ 시공관리체계의 확립
② 도면의 이해 부족(문제점 발생 방지)
③ 재시공 방지
④ 책임한계의 명확성
⑤ 건설인력 부족, 미숙련에 대응
⑥ 건설시장 개방에 따른 국제경쟁력 제고

III. 공작도 작성 flow chart

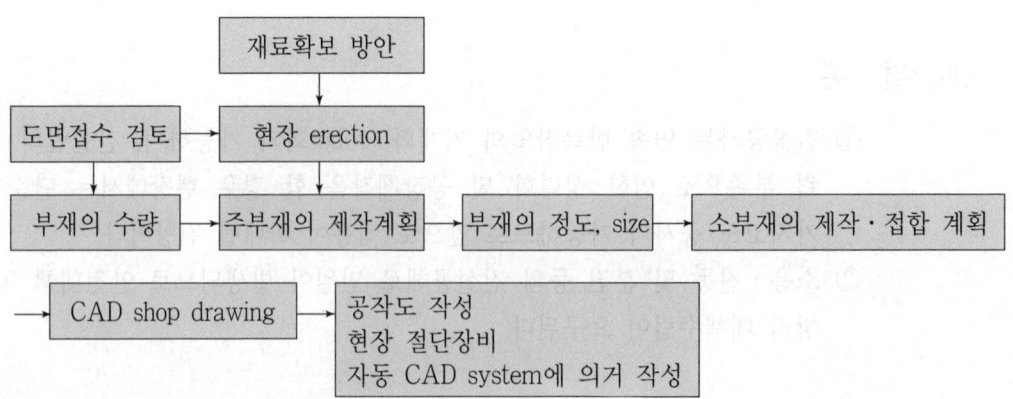

IV. 검토 시 확인사항

1) 공작도 작성 시

① 설계도 및 설계도서에 준하여 작성 여부 검토

② 제작, 운반, 양중 및 현장 세우기 작업 시 용이해야 하므로 사전조사 철저

2) 공작도의 종류, 축척

① 심선도, 각 평면도 및 골조도는 1/100~1/200로 축척할 것

② 상세도는 기둥, 보 등 중요한 곳에는 상세도를 작성해야 하며, 1/10~1/2 축척으로 할 것

③ 조립부호도, 각종 부속철물 설치 관계도 작성

3) Anchor bolt 설치계획도

① Anchor bolt 길이, 굵기, 간격, 위치, level 표시

② 매입공법 표기

4) 관통구멍 상세

기계 설비 도면과 비교분석, 용량계산 후 작성

5) 중도리 설치, 띠장 나누기

① 응력의 최소지점인 띠장 나누기부 및 처마 마무리부

② 접합방법, 작업가능 여부

6) 타공정과 연관성

① 후속 공정과의 작업순서, 작업 가능 여부

② 가설물 설치, 해체

7) 분할 가공시

중량물의 치수 부피, 접합방법, 접합시기, 운반 시 주의사항 기록 여부

8) 접 합

① 접합관계, 방법, 위치

② 부속철물 치수·사용방법

9) 현척도

① 작성순서와 공정순서 파악

② 기본 가구 검토

10) 층고 차이부분

접합관계, 마감공정 작업관계

11) 치수검사

① 각층 기준높이, 기둥이음 위치
② Span, 보 상단 위치

12) 부재위치 치수

① 기둥 중심으로 각면의 치수
② 보 상단에서 하단의 치수 및 haunch 치수
③ 보강판 접합 부속재 위치 치수

13) 각부의 clearance

① 기둥 또는 보의 flange면과 tie-plate 등의 단부
② 기둥 flange면과 flange재 단부

14) Rivet, bolt

위치 pitch, gauge, edge, rivet diameter

15) 용 접

① 용접 자세, 용접 종류
② 용접 위치, 길이, 각장, 형식, 표기 여부 및 작업 가능성 여부

16) 고려사항

① 증축 예정부분이 있는지 여부
② 기존 건물과의 마무리 정도
③ 세우기 문제점
④ 양중장비의 용량
⑤ 마감공사 작업 가능 여부

17) 기 타

① 도장 여부 및 방법, 재료의 검토
② 가설상 필요한 조치, 비계다리용 bracket, 승강기용 가설 발판의 설치 여부

V. 문제점

① 현장에서 사용하는 자(scale)의 불일치
② 허용오차에 대한 자료의 빈곤
③ 용접 변형에 대한 고려가 적음.
④ 공작도에 대한 인식 부족

VI. 개발방향

① CAD system화
② 현장의 자 통일
③ 표준 도면화

VII. 결 론

① Shop drawing의 정밀도는 철골구조체 전체 품질과 직결되므로 면밀한 사전 계획 및 검토가 요구된다.
② 공작도 및 현척도의 중요성 인식과 정확성 유지가 균일한 고품질의 제품을 확보하는 point가 된다.

<table>
<tr><td>문제
3</td><td>철골공사에서 공장가공 제작순서 및 제작공정별
품질관리방법</td></tr>
</table>

● [76(25), 79(25), 90전(30), 92후(30), 96후(30), 00후(10), 02후(10), 04중(25), 19후(25), 22전(10)]

I. 개 요

① 공장작업은 현장작업에 비하여 공장의 우수한 설비를 사용하여 제작하므로 정확성, 견고성, 공사기일 등에 유리하다.
② 현장세우기 작업의 용이성 여부와 품질관리는 공장제작 시 공정별 품질관리 양부에 결정되므로 공정 단계별로 철저한 검토, 분석, 제작이 필요하다.

II. 철골공사 flow chart

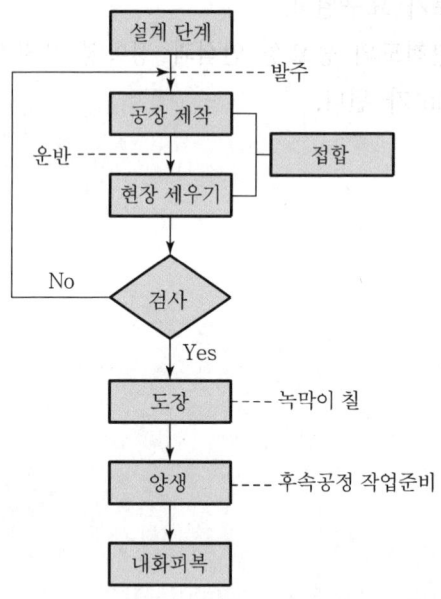

설계 단계에서부터 발주, 공장제작, 현장세우기 및 내화피복에 이르기까지 철저한 시공 관리가 필요하다.

Ⅲ. 공장제작 작업의 원칙

1) 가공순서

현장건립계획에 따라 가공순서를 정한다.

2) 가공크기

운반능력 및 조립조건에 따라 장대물, 중량물은 분할 가공한다.

3) 가공 line

동일 부재가 많을 경우 능률적인 작업을 위해 연속 가공한다.

4) 가공품 적치

반출이 용이하도록 적치한다.

Ⅳ. 공장가공 제작순서 flow chart

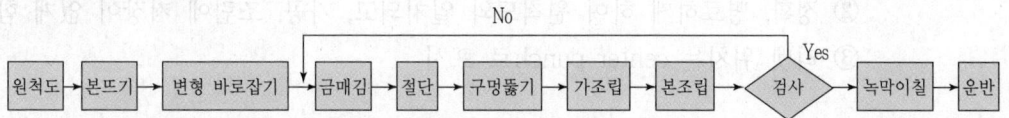

Ⅴ. 제작순서별 품질관리

1. 원척도

1) 설계도서, 시방서 기준으로 모재면에 각 부재에 상세 및 재의 길이 등을 원척으로 그린다.

2) 원척시 주의사항

① 층높이, 기둥높이, 기둥 중심간의 치수, 층보의 간 사이, 보와 바닥 마무리재의 관계치수

② 강재의 형상, 치수, 물매, 구부림 정도

③ 리벳 피치, 개수, gauge line, clearance

④ 강재 검측용 자(steel tape, rule)의 확인

2. 본뜨기

① 원척도에서 얇은 강판으로 본뜨기하여 본판을 정밀하게 작성

② 본판의 종류는 절단본과 구멍뚫기본
③ 본판에 용재의 두께, 장수, 부호, 기타 주의사항 기록

3. 변형바로잡기
① 강제에 변형이 있으면 공작이 곤란
② 강판 변형
플레이트 스트레이닝 롤(plate straining roll)
③ 형강 변형
스트레이트닝 머신(straightening machine)
④ 기타 경미한 부재
쇠메(hammer)

4. 금매김
① 강필로 리벳구멍 위치, 절단개소 그림.
② 정확, 명료하게 하여 원척도와 일치되고, 가공, 조립에 지장이 없게 함.
③ 리벳 위치는 center punch로 표시

5. 절 단
① 절단의 종류에는 전단절단, 톱절단, 가스절단이 있다.
② 자동가스절단기 사용 시 정확성 확보
③ 개선가공과 절단은 동시 작업

6. 구멍뚫기

1) 펀칭(punching)
① 송곳뚫기에 비해 속도가 빠르다.
② 구멍 주위 변형에 주의
③ 두께 13mm 이하

2) 송곳뚫기(drilling)
① 느린 속도
② 기계설비 필요
③ 두께 13mm 이상

3) 구멍가심(reaming)

① 틀림이 있는 구멍을 수정·정리작업

② 최대 편심거리는 1.5mm 이하

7. 가조립

① 각 부재를 1~2개의 bolt 또는 pin으로 가조립

② 가조립 bolt 수는 전체 bolt 수의 1/2~1/3 이상 또는 2개 이상

8. 본조립

1) 리벳치기(riveting)

① 공장 리벳치기는 현장 리벳치기보다 능률이 좋고, 품질관리가 쉽다.

② 수송, 양중에 지장이 없는 한 최대한 공장작업

2) 고력 bolt 조임

① 합금강을 열처리하여 만든 항복점 700MPa 이상, 인장강도 900MPa 이상인 bolt 사용

② 현장세우기 후 bolt 접합을 제외한 공장 bolt 작업

3) 용 접

① 용접 전 수분, 기름, 녹 제거

② 자동용접 최대화

9. 검 사

① 부재의 치수, 각도 확인

② 맞춤·이음 부분 및 비틀림, 편심 등을 검사

③ 접합상태검사(고력 bolt, rivet, 용접)

10. 녹막이칠

① 조립이 완료된 부재는 mill scale, slag, spatter, 기름, 녹, 오염제거

② 현장에 운반 전 1회, 필요한 부위는 2회까지 녹막이칠 한다.

③ 다음과 같은 부분에는 통상 녹막이칠을 하지 않는다.

⑦ Con'c에 밀착, 매입되는 부분

⑭ 조립, 접합에 의해 밀착되는 부분

757

    ㉰ 현장 용접부위의 양측 100mm 이내

    ㉱ 고력 bolt 마찰면

11. 운 반

① 현장세우기 순서대로 운반

② 조립 부호도에 따라 부재의 부호, 접합부호 등 기입하고, 부재표를 작성하여 반출

③ 포장된 부속 철물은 내용 명기할 것

Ⅵ. 개발방향

① 설계의 표준화 M.C화 정착

② 철골공사 시 보조 자재의 규격화 및 공업화 생산

③ 용접 및 제작은 자동화, robot화

④ 검사 기계, 장비의 개발

Ⅶ. 결 론

① 공장제작에서의 품질관리 합리화 방안은 공정에 따라 무엇을 누가 어떻게 할 것인가를 규명하는 것이 품질관리 체계확립의 기본이다.

② 공장의 관리자, 기능공의 품질관리의 단합된 의지가 요구되며, 제작 및 시공의 합리화를 위해 robot의 개발, 정밀한 검사기기의 개발이 필요하다.

문제	
4	**철골세우기 공사**

● [81후(25), 90후(30), 92전(30), 93전(40), 94후(25), 97중후(30), 99전(30), 01후(25), 08중(25), 08후(25), 12전(25), 15중(25), 16전(25), 17전(25), 17후(25), 19중(25), 20전 (25), 20후(25), 21중(25), 22전(25)]

I. 개 요

① 철골세우기 공사란 공장에서 제작된 부재를 운반하여 현장 여건에 적절한 건립공법에 의해 접합하는 것을 말한다.

② 현장세우기에 앞서 주각부 중심선, anchor bolt 매입 및 상부고름질, 철골부재 반입도로, 야적장 확보, 양중장비계획 등 충분한 사전준비가 필요하며, 후속 공사를 파악하여 공정계획을 세워야 한다.

II. 현장세우기 flow chart

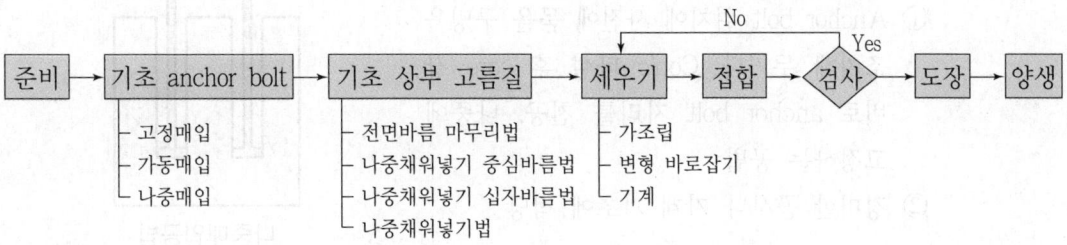

III. 세우기공사

1. 준 비

① 제작공장과 협의 후 공정계획서를 작성한다.

② 세우기 숙련공 확보 및 양중장비 설치

③ 진입로, 야적장 계획 및 확보

④ 주각부 중심 먹매김

2. 기초 anchor bolt 매입

1) 고정매입공법

① 기초 철근 조립 시 동시에 anchor bolt를 정확히 묻고 Con'c 타설하는 공법

② 위치 수정 불가능, 정밀 시공 필요

③ 대규모의 중요공사에 적용

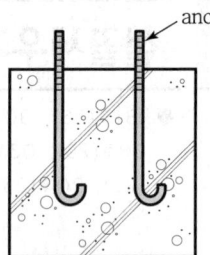

고정매입공법

2) 가동매입공법

① Anchor bolt 매입은 고정매입 공법과 동일하나 anchor bolt 상부부분을 조정할 수 있도록 Con'c 타설 전 사전 조치해 두는 공법

② Bolt 지름이 25mm 이하 중규모 공사에 적용

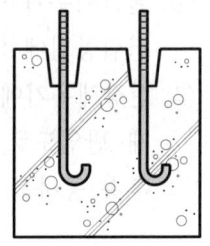

가동매입공법

3) 나중 매입공법

① Anchor bolt 위치에 사전에 묻을 구멍을 조치해 두거나, Con'c 타설 후 core 장비로 anchor bolt 자리를 천공, 나중에 고정하는 공법

② 경미한 공사나 기계 기초에 적당

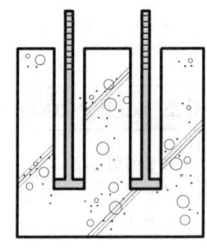

나중매입공법

3. 기초 상부 고름질

1) 전면바름 마무리법

기둥 저면의 주위보다 3cm 이상 넓게 하고, level checking한 후에 된 비빔 1 : 2 모르타르로 마무리하는 방법

2) 나중채워넣기 중심바름법

기둥 저면 중심부만 지정높이만큼 수평으로 바르고, 기둥을 세운 후 나중에 잔여부분 채워넣기 하는 방법

3) 나중채워넣기 십자(十)바름법

기둥 저면에서 대각선 방향 十자형으로 지정높이만큼 모르타르를 바르고, 기둥을 세운 후 그 주위를 채워넣기 하는 방법

4) 나중채워넣기법

Base plate 중앙에 구멍을 내고, 4귀에 철판을 괴어 수평조절하고, 기둥을 세운 후 모르타르를 다져넣는 방법

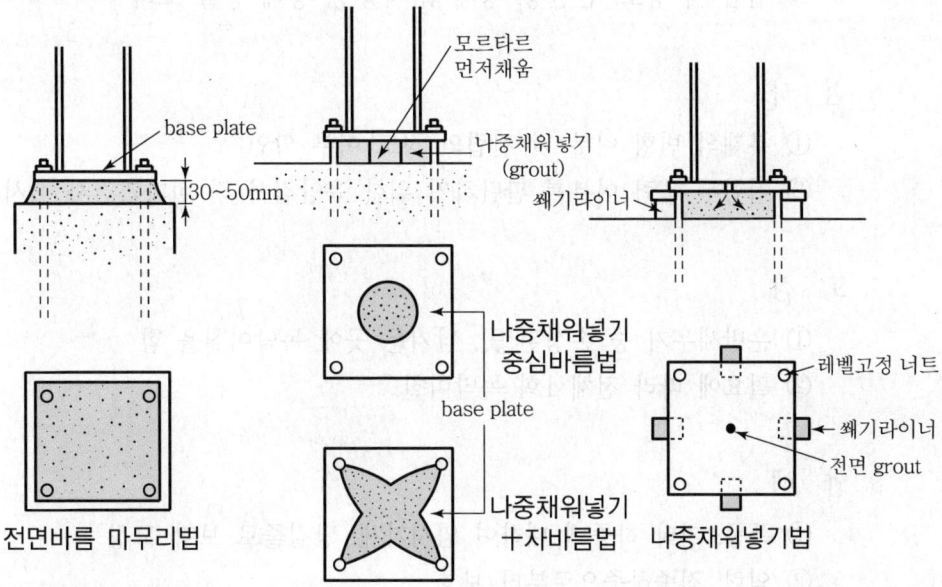

전면바름 마무리법   나중채워넣기 ╋자바름법   나중채워넣기법

4. 세우기

1) 가조립

① Bolt수의 1/3~1/2, 2개 이상 조립
② 전체 rivet수의 1/5이 표준
③ 외력에 의해 전도되지 않도록 조립 시 주의할 것

2) 변형 바로잡기

① 기준이 되는 요소에 수시로 변형 측정을 할 수 있도록 기준선 설치
② 와이어 로프, 턴 버클 등으로 수정
③ 본조립이 완료될 때까지 풀지 말 것

3) 세우기 주의사항

① 기둥의 중심선, level 정확히 할 것
② 기둥은 독립이 되지 않고, 보로 연결 가조립
③ 양중 시 건립 구조체에 충격 금지
④ 양중장비 하부지지력 확보
⑤ 건립시 가설재 활용하여 철골 변형 방지

5. 접 합

① 현장에서 사용하고 있는 부재의 접합방법은 bolt, rivet, 고장력 bolt, 용접 등이 있고, 두 종류를 함께 혼용하는 방법이 있음
② 접합 시 강도, 안전성, 경제성, 시공성, 공해 등을 고려

6. 검 사

① 부재의 변형 여부 및 건립의 정도 여부 확인
② 접합부 응력 여부를 판단하기 위한 육안검사 및 비파괴검사 실시

7. 도 장

① 운반세우기 중 손상된 곳, 남겨둔 곳에 녹막이칠을 함
② 필요에 따라 전체 1회 녹막이칠

8. 양 생

① 폭풍, 기타 하중에 대하여 임시가새, 당김줄로 보강 고정
② 외력, 집중하중으로부터 보호

Ⅳ. 문제점

① 고소작업으로 인한 산업재해 증가
② 설치 및 검사시 사용기계의 제약
③ 기후, 계절의 영향
④ 변형처리와 치수 · 정도 측정 곤란
⑤ 결함부 수정 곤란
⑥ 작업, 진행상태 관리 곤란(고소작업)

Ⅴ. 대 책

① 안전관리, 인양장비 점검철저 및 고소작업의 최소화
② 공장제작 및 접합의 최대화
③ Robot을 개발하여 시공의 합리화
④ 검사 기계의 개발
⑤ 공장제작을 자동화하여 품질 확보

Ⅵ. 수직도 관리방안

1) 기초 anchor bolt 매입시 정밀도 유지

　① Anchor bolt는 기둥 중심에서 2mm 이상 벗어나지 않을 것
　② Base plate 하단은 기준높이 및 인접기둥의 높이에서 3mm 이상 벗어나지
　　않을 것

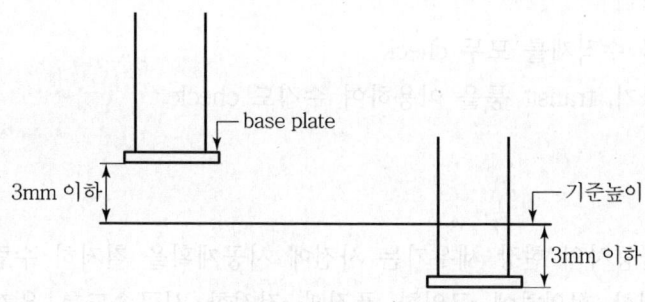

2) 현장 건립시 level 확보

　① 기둥의 중심선, level을 정확히 할 것
　② 기둥은 독립이 되지 않고, 보로 연결하여 가조립
　③ 건립시 가설재를 활용하여 철골변형 방지

3) 가조립 후 수직도 check

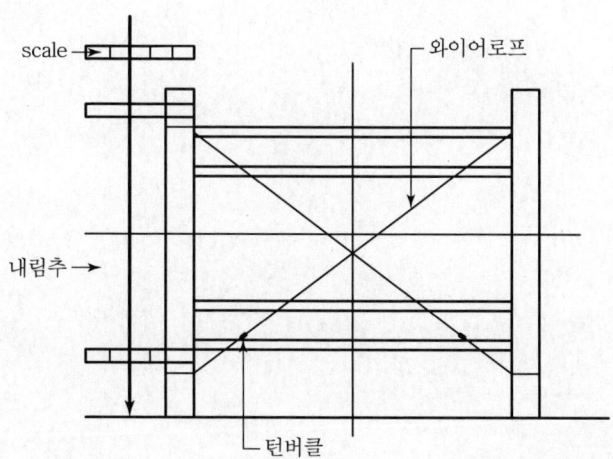

　① 철골 가조립 후 scale과 내림추를 이용하여 철골의 수직도 유지
　② 수직도 조절은 턴버클을 이용

763

4) 용접 시 수직도 관리

① 용접면 바탕 청소 철저

② 눈, 비 등으로 습도가 90% 초과 시나 풍속 10m/sec 이상 시 작업금지

③ −5~5℃인 경우 접합부에서 10cm 범위까지 예열

④ 기둥은 변형 방지를 위해 상호 대칭 용접

5) 최종 확인

① 철골 수직재를 모두 check

② 광파기, transit 등을 이용하여 수직도 check

Ⅶ. 결 론

① 철골공사의 현장 세우기는 사전에 시공계획을 철저히 수립하여 제작공장과 긴밀한 협의하에 균일한 품질과 적정한 시공속도를 유지하도록 노력해야 한다.

② 고소작업으로 인한 재해예방대책을 수립하여 안전관리에 철저를 기하고, 건설공해에 대한 공해 방지대책을 세워야 한다.

<table>
<tr><td>문제
5</td><td>철골세우기 공사 시 anchor bolt에서 주각부 시공까지 시공품질관리 개선방안</td></tr>
</table>

● [78전(25), 91후(30), 94후(25), 96중(30), 97중전(30), 00전(25), 00중(25), 04후(25), 07중(25), 10전(10), 11중(25), 16후(25), 18후(25), 19후(25), 20후(10), 22후(25)]

I. 개 요

① 철골세우기 공사란 공장에서 제작된 부재를 운반하여 현장 여건에 적절한 건립공법에 의해 접합하는 것을 말한다.

② 철골공사의 주각부 anchor bolt 공사는 구조물 전체의 집중하중을 지탱하는 중요한 부분이므로 가장 합리적인 공법을 선정하여 정밀 시공으로 품질을 확보하는 것이 철골공사에서 무엇보다 중요하다.

II. 현장세우기 flow chart

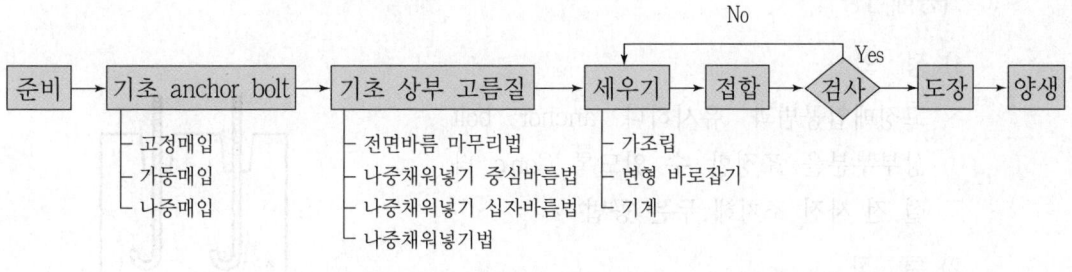

준비 → 기초 anchor bolt → 기초 상부 고름질 → 세우기 → 접합 → 검사(No/Yes) → 도장 → 양생

기초 anchor bolt
- 고정매입
- 가동매입
- 나중매입

기초 상부 고름질
- 전면바름 마무리법
- 나중채워넣기 중심바름법
- 나중채워넣기 십자바름법
- 나중채워넣기법

세우기
- 가조립
- 변형 바로잡기
- 기계

III. Anchor bolt 매입시 품질관리 개선방안

1. 고정매입공법

1) 정 의

기초 철근 배근시 동시에 anchor bolt를 기초상부에 정확히 묻고, Con'c를 타설하는 공법

2) 특 징

① 구조적으로 중요한 대규모 공사에 적합

② 불량시공 시 보수 난해

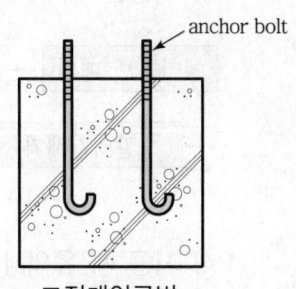

anchor bolt

고정매입공법

765

③ 구조 안정도가 양호

④ 시공관리가 난해

3) 시공순서

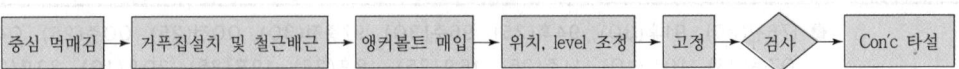

중심 먹매김 → 거푸집설치 및 철근배근 → 앵커볼트 매입 → 위치, level 조정 → 고정 → 검사 → Con'c 타설

4) 시공 시 유의사항

① 먹매김이 불가능하므로 transit을 이용하여 조절할 것

② 철근배근시 anchor bolt 위치와 중복되지 않도록 철근배근을 조정할 것

③ Anchor bolt는 4개를 1조로 서로 간격에 맞게 일체화한 후 설치할 것

④ Level 조정을 쉽게 하기 위해 임시 base plate를 설치 후 Con'c 타설할 것

⑤ Anchor bolt 고정을 철근배근에 고정하지 말 것(타설 시 이동)

⑥ Con'c 타설 시 움직이지 않도록 유의하고, 3회에 걸쳐 천천히 타설할 것

⑦ Con'c 타설 시 anchor bolt 이동 여부를 계속 확인할 것

2. 가동매입공법

1) 정 의

고정매입공법과 유사하나 anchor bolt 상부부분을 조정할 수 있도록 Con'c 타설 전 사전 조치해 두는 공법

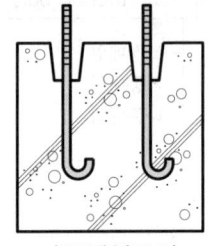

가동매입공법

2) 특 징

① 일반적인 중규모 공사 적합

② 시공오차의 수정 용이

③ 부착강도 저하

3) 시공순서

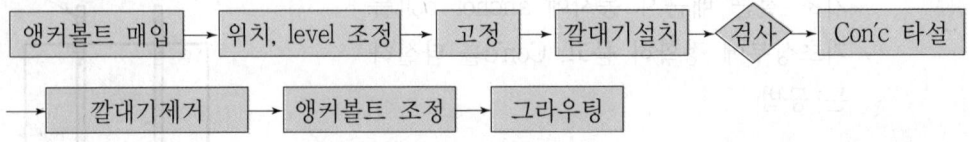

앵커볼트 매입 → 위치, level 조정 → 고정 → 깔대기설치 → 검사 → Con'c 타설

→ 깔대기제거 → 앵커볼트 조정 → 그라우팅

4) 시공 시 유의사항

① 깔대기로 보호할 경우 이동하지 않도록 할 것

② 무수축 그라우팅재 충전시 기존 콘크리트 부착강도 확보

③ Anchor bolt는 25mm 이하로 할 것

④ Anchor bolt 주변 공간을 확보할 목적으로 사용한 재료는 콘크리트 타설 후 조기 철거할 것

3. 나중매입공법

1) 정 의

Anchor bolt 위치에 콘크리트 타설 전 bolt를 묻을 구멍을 조치해 두거나, 콘크리트 타설 후 core 장비로 천공하여 나중에 고정하는 공법

2) 특 징

① 구조적으로 중요치 않는 경미한 공사 적합

② 시공이 간단하고, 보수가 쉽다.

③ 기계기초에 사용

④ 장비 사용 시 비경제적

⑤ Anchor bolt 깊이 제한

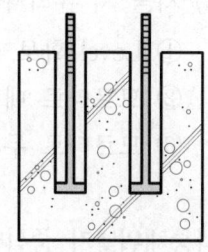

나중매입공법

3) 시공순서

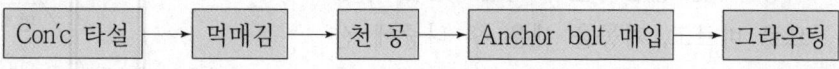

Con'c 타설 → 먹매김 → 천 공 → Anchor bolt 매입 → 그라우팅

4) 시공 시 유의사항

① 천공된 구멍 속에 찌꺼기 제거, 부착력 증대

② 무수축 모르타르 사용

③ Anchor bolt 길이가 큰 것은 적용 불가능

Ⅳ. 주각 모르타르 시공 시 품질관리 개선방안

1. 전면바름 마무리법

1) 정 의

기둥 저면을 주위보다 3cm 이상 넓게 하고, level checking한 후에 된비빔 1 : 2 모르타르로 마무리하는 방법

2) 특 징

   ① 시공 간단

   ② 시공 시 높은 정밀도 요구

   ③ 일반적으로 경미한 구조물에 사용

3) 시공순서

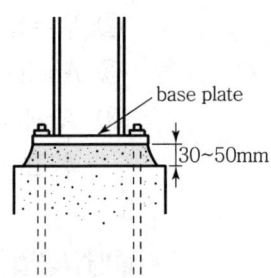

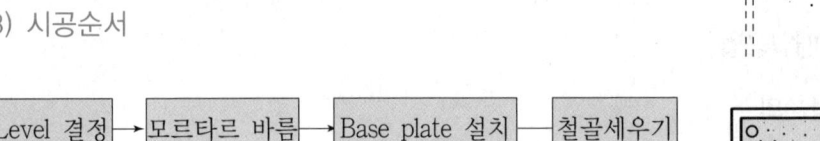

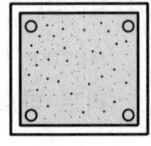

전면바름 마무리법

4) 시공 시 유의사항

   ① Level 확보, 모르타르면 평활도 유지

   ② 모르타르 배합비 1 : 2

   ③ 모르타르 두께 30~50mm, base plate보다 약간 넓게

2. 나중채워넣기 중심바름법

1) 정 의

기둥 저면 중심부만 지정높이만큼 수평으로 바르고, 기둥을 세운 후 나중에 잔여부분 채워넣기 하는 방법

2) 특 징

   ① 수정할 때 작업이 용이

   ② 나중 채워넣기시 모르타르 시공 어려움.

   ③ Level 조절이 쉬움.

   ④ Anchor bolt 수가 많고, 넓은 대규모 공사 시 적당

   ⑤ Base plate 중앙부 pad 모르타르가 자중 및 압축력에 견딜 수 있어야 함.

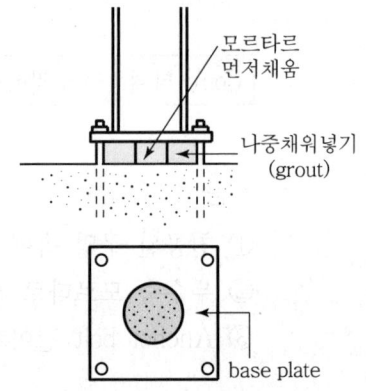

나중채워넣기 중심바름법

3) 시공순서

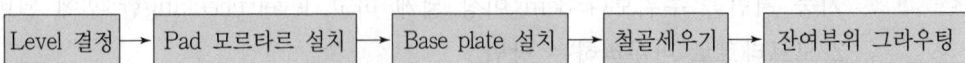

768

4) 시공 시 유의사항

① 중앙부 모르타르가 철골 자중의 압축력을 받을 것
② 중앙부 모르타르 상부에 철판으로 된 pad 설치
③ 그라우팅재는 무수축 시멘트 사용
④ Base plate 하부에 공극 방지
⑤ 주각 상부 chipping 후 청소 철저

3. 나중채워넣기 십자(十)바름법

1) 정 의

기둥 저면에서 대각선 방향 十
자형으로 지정높이만큼 모르타
르를 바르고, 기둥을 세운 후
그 주위를 채워넣기 하는 방법

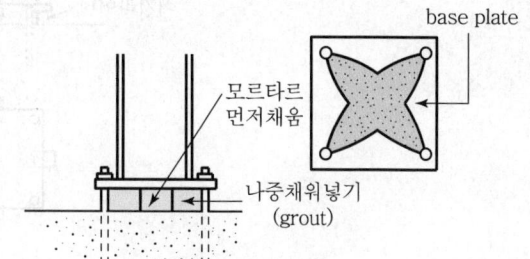

나중채워넣기 十자바름법

2) 특 징

① 구조체의 하중이 크고, 높은 고층 구조체 철골 시공 시 적용
② Base plate 중앙부 十형 pad 모르타르 설치
③ 그라우팅시 base plate 하부에 공극 발생 쉬움.

3) 시공순서

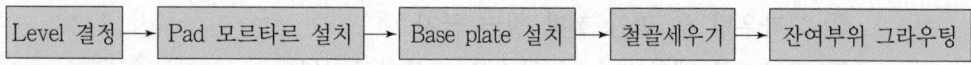

| Level 결정 | → | Pad 모르타르 설치 | → | Base plate 설치 | → | 철골세우기 | → | 잔여부위 그라우팅 |

4) 시공 시 유의사항

① 중앙부 十자 모르타르가 철골자중의 압축력을 받을 것
② 중앙부 모르타르 상부에 철판으로 된 pad를 설치하며, level 조정 용이
③ 그라우팅시 slump 치 높게 하며, 밀실하게 충전할 것

4. 나중채워넣기법

1) 정 의

Base plate 중앙에 구멍을 내고 4귀에 철판을 괴어 수평조절하고, 기둥을 세운 후 모르타르를 다져넣는 방법

2) 특 징

① 비교적 자중이 가볍고, 경미한 공사에 적합

② Level의 수정이 쉽고, 시공속도가 빠름.

③ Base plate 중앙부에 공기구멍 확보

④ Nut로 level 조절 가능

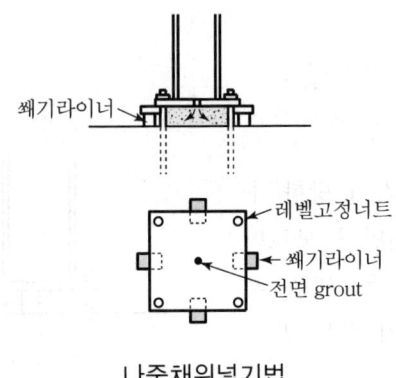

쐐기라이너

레벨고정너트
쐐기라이너
전면 grout

나중채워넣기법

3) 시공순서

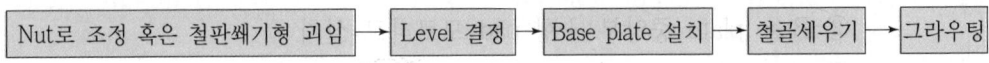

Nut로 조정 혹은 철판쐐기형 괴임 → Level 결정 → Base plate 설치 → 철골세우기 → 그라우팅

4) 시공 시 유의사항

① 그라우팅시 충전 여부 판단 및 base plate 상부에 구멍 확보

② 그라우팅 후 괴임 철판 철거 금지

③ 모르타르 배합비 1 : 1 무수축 모르타르 사용

④ Nut로 level 조정시 자중의 응력 검토할 것

Ⅴ. 시공 시 문제점 및 개선방안

1) Anchor bolt의 조임

① 조임시 균일한 장력 분포가 되도록 함.

② 풀림 방지 목적으로 이중 nut 사용 및 용접

2) Anchor bolt 파손에 주의

녹, 휨, 충격에 의한 손상 방지를 위해 비닐테이프, 염화비닐파이프, 천 등을 이용하여 양생

3) Anchor Bolt의 정밀도 유지

① 중심선은 콘크리트 타설 시 계속 확인하여 이동 방지할 것

② 허용한계 범위 내에서 시공오차 허용

4) Base mortar 시공 시

① 모르타르와 접하는 콘크리트 면은 laitance 제거

② 모르타르와 콘크리트 일체성 확보

5) 모르타르 배합시

① 배합비 1 : 1~1 : 2 용적비

② 무수축 모르타르 혹은 팽창 모르타르 사용, 건조수축 방지

6) 모르타르 양생

① 3일 이상 충분한 양생

② 충격·진동 금지, 상부작업 중단

7) 주각부 level 검사

① 모르타르 바름면 시공 시 기둥세우기 전 검사

② Pad mortar 크기는 200×200mm 정도가 적정

8) 바름 모르타르 두께

바름두께는 30~50mm 정도로 하고, 철골 자중 압축력을 견디어야 한다.

9) 바름 모르타르 그라우팅 시기

① 리벳치기 전 혹은 완료 후 작업할 것

② 모르타르 경화시까지 진동 충격 금지

Ⅵ. 결 론

① 철골기둥 base plate 접촉면의 콘크리트는 철골조로부터 전달된 압축력을 하부 구조물에 전달하는 역할을 하므로 품질관리에 유의해서 시공해야 한다.

② Anchor bolt는 조립 시 균질한 장력 분포가 되도록 하고, 충격에 의한 손상 방지를 위하여 양생이 필요하며, 허용한계 범위내 정밀도 확보가 중요하다.

문제 6   철골공사에서 부재의 접합공법

● [81전(25), 05전(25), 05중(25), 20후(25)]

I. 개 요

① 건축물이 대형화·고층화됨에 따라 접합부의 소요강도 확보와 응력이 무엇
보다 중요하므로, 접합 시 충분한 강도, 시공성, 안전성, 경제성을 고려하여
적절한 공법을 선정해야 한다.

② 접합공법에는 bolt, rivet, 고력 bolt, 용접이 있으며, 필요에 따라 서로 병용
할 수 있으며, 최근 접합공법의 개발이 급속히 발전하고 있다.

II. 접합의 구비조건

① 시공이 편리할 것
② 경제적일 것
③ 구조적으로 안전할 것
④ 소음이나 진동이 적을 것

III. 접합공법의 종류

접합공법 ┬ Bolt
         ├ Rivet
        ├ 고력 bolt
        └ 용접

IV. 공법별 특징

1. Bolt 접합

1) 정 의

지압접합에 의해 응력이 전달되는 접합으로 주요 구조부에는 사용되지 않고
가설건물이나 지붕의 처마 중도리 등의 접합에 사용한다.

2) 장 점

① 해체가 용이하며 시공이 간편하다.

② 가설건물, 소규모 공사, 가접합 시 사용한다.

3) 단 점

① 진동시 풀리는 경우 있음.

② 볼트축과 구멍 사이에 공극 발생

2. Rivet 접합

1) 정 의

미리 부재에 구멍을 뚫고, 가열된 rivet을 joe riveter나 pneumatic riveter로 충격을 주어 접합하는 방법

2) 장 점

① 인성이 큼.

② 보통 구조에 사용하기 간편

3) 단 점

① 소음 발생, 화재 위험

② 노력에 비해 적은 효율

③ 공장과 현장 품질의 현저한 차이

4) Rivet 종류

① 둥근머리 리벳

② 민머리 리벳

③ 평 리벳

④ 둥근접시머리 리벳

둥근머리 리벳　　민머리 리벳　　평 리벳　　둥근접시머리 리벳

5) Rivet 구멍 지름

공칭축 직경(d)	구멍지름(D)
d < 20	d + 1mm
d ≧ 20	d + 1.5mm

6) Rivet 치기

① 치기기계 : joe riveter, pneumatic rivetting hammer

② 가열온도 : 보통 900~1,000℃

③ 소요인원은 3인이 한 조로 하고, 접합부 → 가새 → 귀잡이순으로 친다.

7) 불량 rivet

① 헐거운 것, 리벳머리가 갈라진 것

② 모양이 부정한 것과 밀착되지 않은 것

③ 축심 불일치, 머리의 밀착 부족

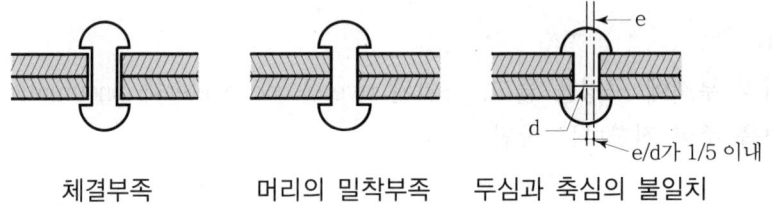

체결부족   머리의 밀착부족   두심과 축심의 불일치

8) 시공 시 유의사항

① 강우, 강설, 강풍시 작업중단

② 초과 가열 금지

③ 재rivetting시 주변 이완 않도록 함.

3. 고력 Bolt 접합

1) 정 의

고탄소강 또는 합금강을 열처리한 항복강도 700MPa 이상, 인장강도 900MPa 이상의 고력 bolt를 조여서 부재간의 마찰력으로 접합하는 방식

2) 장 점

① 접합부 강도가 크다.

② 강한 조임으로 nut 풀림이 없다.

③ 응력집중이 적고, 반복응력이 강하다.

④ 시공 간단, 공기단축, 성력화

3) 단 점

① 접촉면 관리와 나사 마무리 정도가 어렵다.

② 숙련공이 필요하며, 고가이다.

4) 접합방식

① 마찰접합 : 부재의 마찰력으로 힘 전달

② 인장접합 : 부재의 인장내력으로 힘 전달

③ 지압접합 : bolt의 전단력과 bolt 구멍 지압내력에 의한 힘 전달

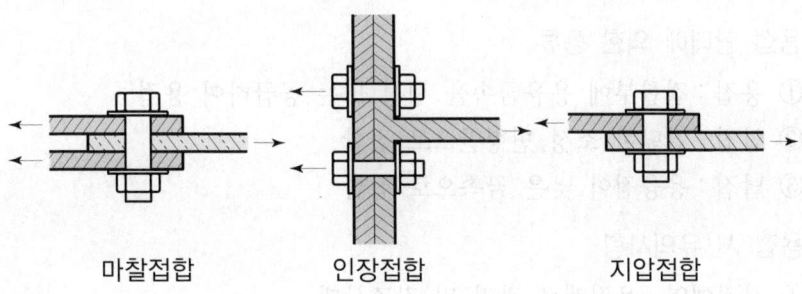

| 마찰접합 | 인장접합 | 지압접합 |

5) 고력 bolt 종류

T.S(Torque Shear) bolt, T.S형 nut, grip bolt, 지압형 bolt

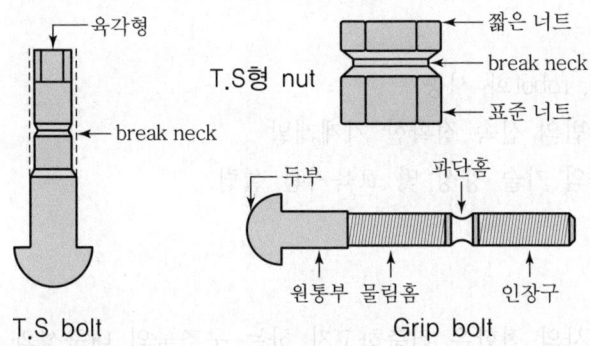

4. 용접접합

1) 정 의

2개의 물체를 국부적으로 원자간 결합에 의해 접합하는 방식

2) 장 점

① 소음이 없고, 하중 감소할 수 있다.

② 단면처리 이음이 쉽다.

③ 응력전달에 신뢰성이 있다.

3) 단 점

    ① 재질에 영향이 크다.

    ② 확인이 어렵고, 변형·왜곡이 발생한다.

    ③ 숙련공에 의존한다.

    ④ 응력집중이 민감하고, 검사가 복잡하다.

4) 용접 형태에 의한 종류

    ① 용접 : 접합부에 용융금속을 생성 또는 공급하여 용접

    ② 압접 : 간단한 소성 변형만으로 접합

    ③ 납접 : 용융점이 낮은 금속으로 접합

5) 용접 시 유의사항

    ① 사전예열·용접재료 관리 및 건조상태

    ② 개선면 정밀 여부와 청소상태

    ③ 잔류응력, 기온, 온도, 기후에 영향

Ⅴ. 개발방향

    ① 기계화, robot화 시공

    ② 검사방법의 신속 정확한 기계개발

    ③ 용접공의 기술 양성 및 교육기관 설립

Ⅵ. 결 론

    ① 철골공사의 접합은 건축하고자 하는 구조물의 내구성과 밀접한 관계가 있어 적정한 공법 선정이 필요하며, 시공 시 품질관리가 무엇보다 중요하다.

    ② 접합부 소요강도를 확보하기 위하여 시공의 기계화, robot화가 필요하며, 신속한 검사가 가능한 기기를 개발해야 한다.

문제 7	고장력 bolt 접합

● [78후(5), 81전(7), 82후(50), 84(5), 88(20), 90후(10), 95중(30), 95중(10), 98중전(30), 98중전(20), 00중(25), 01중(25), 03중(25), 03중(25), 04중(10), 05중(10), 05후(25), 06후(25), 07전(10), 07중(10), 09중(25), 12전(10), 13전(25), 13중(10), 14후(10), 15중(10), 16전(25), 19전(25), 20전(10), 21후(25), 22후(10), 22후(25)]

I. 개 요

① 고장력 bolt 접합이란, 고탄소강 또는 합금강을 열처리한 항복강도 700MPa 이상, 인장강도 900MPa 이상의 고장력 bolt를 죄여서 부재간의 마찰력을 이용한 접합방식이다.

② 접합부위 소요강도 확보와 응력상태가 타접합공법보다 우수하고, 소음·공해의 최소화 방안으로 많이 사용되고 있는 접합공법이다.

II. 특 징

1) 장 점

① 접합부 변형이 적고, 화재의 위험이 없다.

② 접합부분의 소요강도 확보가 크고, 소음 공해가 적다.

③ 설비가 간단하며, 불량개소 수정이 용이하다.

④ 공기단축이 가능하다.

⑤ 노동력이 절감된다.

2) 단 점

① 숙련공 필요

② 시공기계가 단순하여 능률 저하

③ 고소작업, 검사의 어려움.

④ 고가

III. 접합방식

1) 마찰접합

① Bolt 조임력에 의해 생기는 접착면에 마찰내력으로 힘을 전달하는 방식

② Bolt 축과 직각방향으로 응력전달

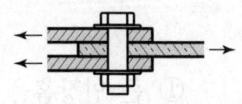

마찰접합

③ 내벽이 밀착되지 않으면 전단접합과 같은 힘 전달

2) 인장접합

① Bolt축 방향의 응력을 전달하는 소위
인장형의 접합방식

② Bolt의 인장내력으로 힘 전달

3) 지압접합

① 부재 사이의 마찰력과 bolt의 지압 내
력에 의해 힘 전달

② Bolt축과 직각으로 응력작용

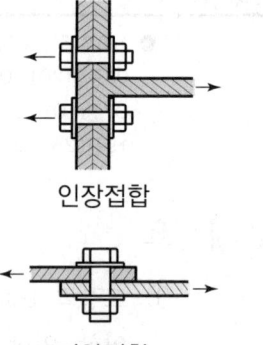

인장접합

지압접합

IV. 고장력 bolt의 종류

1) T.S(Torque Shear) bolt

① 나사부 선단에 6각형 단면의 pin-tail과
break neck으로 형성된 bolt

② 조임토크가 적당한 값에서 break neck
파단

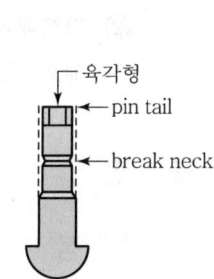

T.S bolt

2) T.S형 nut

① 표준 너트와 짧은 너트가 break neck
으로 결합된 nut

② 특수 socket을 사용, 짧은 너트쪽에
토크를 가하면 break neck 파단

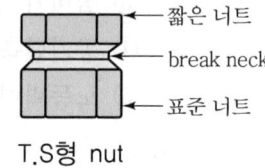

T.S형 nut

3) Grip bolt

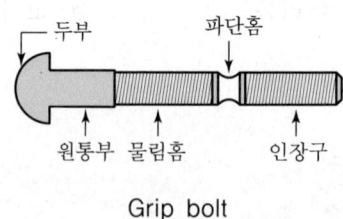

Grip bolt

① 큰 인장홈을 가진 pin-tail과 break neck으로 형성된 bolt

② 나사가 아니라 바퀴모양의 홈으로 bolt와 다름.

③ 조임의 확실성, 검사 용이

4) 지압형 bolt

    ① 축부에 파진 홈이 붙은 bolt

    ② 축경보다 약간 작은 bolt 구멍에 끼우며 너트를 강하게 조이는 방식

V. 재료관리

    ① 종류, 등급, 지름, 번호마다 구분할 것

    ② 온도변화가 적은 청결한 장소에 보관할 것

    ③ 운반, 조립 시에 나사산을 보호할 것

    ④ 마찰면의 변형, 반곡, 휨 등을 교정할 것

    ⑤ 제품검사 및 기존 검사 data를 제출하고, 검토할 것

VI. 접합 시 마찰면 처리방법

1) 마찰면의 처리방법

    ① 보관 시 이물질 제거   ② 마찰면 청소

    ③ 틈 발생 시 Filler 사용   ④ Bolt 구멍 보정

    ⑤ Bolt의 허용내력 확보

2) 마찰면 처리의 유의사항

    ① 흑피 제거

    ② 부재변형 방지

    ③ 접합면의 미끄럼계수는 0.45 이상이 되도록 할 것

    ④ 설계볼트 장력확보

    ⑤ 마찰내력 시험

VII. 조임방법

1. 조임방법

    ① 조임순서는 1차조임, 금매김, 본조임 순으로 함

    ② 조임(접합)은 표준 bolt 장력을 얻을 수 있도록 조임

    ③ 조임은 impact wrench를 사용하여 규정 torque 값이 나오도록 nut를 회전 시킴

④ 표준 Bolt 장력(시방서 기준)

Bolt 호칭	표준 Bolt 장력(ton · f)
M 12	6.26
M 16	11.7
M 20	18.2
M 22	22.6
M 24	26.2
M 27	34.1
M 30	41.7

1) 1차 조임

① 표준 bolt 장력의 80% 정도의 값이 나오도록 impact wrench로 조임
② 표준 bolt 장력에 의해 torque 값 (T=k·d·N)으로 산정
  일반적으로 현장시공 시 시방서에 주어진 1차 조임 torque 값으로 검사
③ Torque 값(torque 치)

  T=k×d×N

   T : torque 값(kgf · cm)
   k : torque 계수(한국 · 미국 0.2, 일본 0.17)
   d : Bolt 직경(mm, cm)
   N : 표준 bolt 장력(tonf, kgf)

④ 1차 조임 torque 값(시방서 기준)

  원칙적으로 계산(T=k·d·N)에 의해 torque 값을 구하여야 하나 현장에서는 다음의 값으로 검사

Bolt 호칭	1차 조임 Torque 값(kgf · cm)
M 12	500
M 16	1000
M 20, M 22	1500
M 24	2000
M 27	3000
M 30	4000

⑤ Impact wrench로 조임 후, 축력계를 붙인 torque meter가 달린 torque wrench로 표준 bolt 장력의 80%에 해당하는 torque 값 도달 여부를 검사
⑥ 덜 조여진 bolt는 규정 torque 값까지 추가로 impact wrench로 조임

2) 금매김

① 1차 조임 후(표준 bolt, 장력의 80%) 모든 bolt는 금매김을 함

② 금매김은 볼트, 너트, 와셔 및 부재를 지나도록 할 것

③ 아연 도금된 고력 bolt에는 붉은 색, 일반 고력 bolt에는 흰색의 금매김을 함

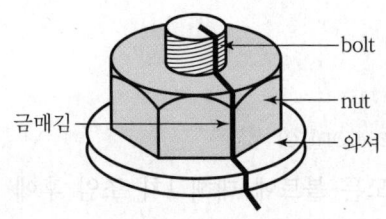

3) 본 조임

① 토크관리(torque control) 법

㉮ 표준 bolt 장력의 100%값이 얻어질 수 있도록 impact wrench로 조임.

㉯ Torque wrench로 표준 bolt 장력의 100%에 해당하는 torque 값을 산정 ($T=k \cdot d \cdot N$)하여 표준 bolt 장력 100% 여부를 검사하여야 하나, 시방서에서 값이 주어질 경우에는 그 값을 이용

② Nut 회전법

㉮ 1차 조임 후 금매김을 기점으로 nut를 120° 회전시킴.

즉, nut의 금매김이 bolt 조임 방향으로 120° 이동되게 조임을 함

㉯ Nut가 120° 회전시 표준 bolt 장력의 100% 값과 거의 동일

③ 조합법

토크 관리법과 Nut 회전법을 조합한 것으로 토크 관리법으로 볼트 조임을 하고 Nut 회전법으로 조임 후 검사하는 방법

④ 토크 전단형(T/S) 고장력 볼트 조임

T/S 고장력 볼트를 1차 조임 후 Nut에 마킹하고 본조임 시 핀테일이 파단될 때까지 조임하는 방법

4) 조임시 유의사항

① Torque wrench와 축력계의 정밀도는 ±3% 오차 범위 이내가 되도록 충분히 정비할 것

② Bolt 끼움에서 본조임까지는 당일 완료가 원칙

③ Bolt 군(群)의 조임시에는 중앙에서 단부로 조일 것

④ 1차 조임은 표준 bolt 장력의 80%, 본 조임은 100%로 할 것

⑤ 실무에서는 1차조임과 본조임을 1, 2차조임이라고도 하며, 1, 2차조임 후 금 매김을 함

⑥ 이때의 금매김은 bolt 조임의 풀림 여부를 check할 목적으로 함

⑦ T.S Bolt 조임시 전동렌치의 외측 소켓이 돌지 않고, 내측 소켓만 회전하는 축회전이 발생하지 않도록 주의

Ⅷ. 조임 검사

1) 토크 관리법(torque control 법)

① 조임 완료 후, 모든 볼트에 대해 1차 조임 후에 표시한 금매김에 의한 볼트와 너트의 동시 회전 유무를 check

② Nut 회전량 및 nut 여장의 길이를 육안 검사

③ 규정 torque 값의 ±10% 이내의 것은 합격

④ 조임부족 bolt는 규정 torque 값까지 추가로 조임.

⑤ 볼트 여장은 nut 면에서 돌출된 나사산이 1~6개 범위이면 합격

2) 너트(nut) 회전법

① 조임 완료 후, 모든 볼트에 대해 1차 조임 후에 표시한 금매김에 의한 볼트와 너트의 동시 회전 유무를 check

② Nut 회전량 및 nut 여장의 길이를 육안 검사

③ 1차 조임 후 nut 회전량이 120°±30°의 범위에 있는 것은 합격

④ Nut의 회전량이 부족한 nut는 규정 nut 회전량까지 추가로 조임.

⑤ 볼트 여장은 nut 면에서 돌출된 나사산이 1~6개 범위이면 합격

3) 조합법

① 조임완료 후, 모든 볼트에 대해서 1차조임 후에 표시한 금매김의 어긋남에 의한 동시 회전의 유무, 너트회전량 및 너트 여장의 과부족을 육안 검사하여 이상이 없을 시 합격

② 1차조임 후에 너트회전량이 120°±30°의 범위에 있는 것을 합격으로 함

③ 너트의 회전량에 현저하게 차이가 인정되는 볼트군에 대해서는 모든 볼트를 토크렌치를 사용하여 추가 조임에 따른 조임력의 적정 여부 검사

④ 이 결과 조임 시공법 확인을 위한 시험에서 얻어진 평균 토크의 ±10% 이내의 것을 합격으로 간주

⑤ 10%를 넘어서 조여진 볼트는 교체실시

⑥ 볼트 여장은 너트면에서 돌출된 나사산이 1~6개의 범위를 합격으로 판정

4) 토크전단형(T/S) 고장력볼트 조임 검사

① 검사는 토크-전단형(T/S) 고장력볼트조임 후 실시

② 너트나 와셔가 뒤집혀 끼어 있는지 확인

③ 핀테일의 파단 및 금매김의 어긋남을 육안으로 확인하여 검사

④ 핀테일이 정상적인 모습으로 파단되고 있으면 적절한 조임이 이루어진 것으로 판정하되, 금매김의 어긋남이 없는 토크-전단형(T/S) 볼트에 대하여 기타의 방법으로 조임을 실시하여 공회전이 확인될 경우에는 새로운 토크-전단형(T/S) 고장력볼트로 교체

IX. 결 론

① 최근 건축물이 고층화·대형화됨에 따라 철골구조에 대한 인지도가 확대되고 있는 추세에 있고, 따라서 철골 접합방식의 중요성으로 공법 선정 시 소음·진동 등이 적은 고장력 bolt가 많이 채용되고 있다.

② 고장력 bolt 접합은 소음 공해 해소와 접합부 소요강도 확보는 충분하나, 고소작업으로 인한 능률저하 및 확인검사 미비 등의 문제점이 있어 현장에서의 철저한 품질관리 노력과 함께 접합상태의 확인이 쉽고 정확한 검사기기의 개발이 무엇보다 시급하다.

문제 8 용접접합 공법의 종류

● [82전(10), 84(25), 93후(30), 94후(5), 98전(20), 10전(10), 10후(25), 11후(10), 22중(10)]

I. 개 요

① 철골공사의 용접접합은 짧은 시간 내에 국부적으로 두 강재를 원자결합에 의해 접합하는 방식으로 산업 전부분에 활용도가 매우 넓다.

② 접합 속도가 빠르며, 강재 절약 및 무진동·무소음으로 공해문제에 유리하며, 우수한 접합 품질을 확보하기 위해서는 용접의 종류별 특성 파악이 무엇보다 필요하다.

II. 용접접합의 장단점

1) 장 점

① 강재 절약으로 철골중량을 감소한다.

② 응력 전달이 명확하다.

③ 무진동·무소음이다.

④ 수밀성·기밀성이 유리하다.

⑤ 이음 처리와 작업성이 용이하다.

2) 단 점

① 숙련공이 필요하다.

② 인성이 약하다.

③ 용접부 검사방법이 곤란하다.

III. 접합 분류

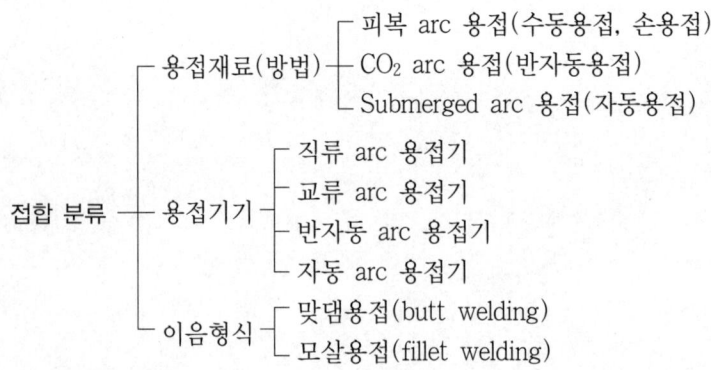

Ⅳ. 용접별 특징

1. 용접재료(방법)

1) 피복 arc 용접(수동용접, 손용접)

① 모재와 전기의 전극 사이에 발생시킨 arc 열에 의해 용접봉을 용융시켜 모재를 용접해 가는 방법이다.

② 설비비가 싸고, 간편하다.

③ 작업능률이 나쁘고, 용접봉을 갈아 끼워야 한다.

④ 기계화 작업이 어렵다.

2) CO_2 arc 용접(반자동용접)

① CO_2로 shield해서 작업하는 능률적인 반자동 용접방법으로 자동용접에 비하여 기계 설치가 비교적 간단한 방법이다.

② 용입이 깊고, 용접속도가 비교적 빠르다.

③ 용접시공이 용이하며, 결함 발생률이 낮다.

④ 경제적이다.

3) Submerged arc 용접(자동용접)

① 이음 표면 선상에 플럭스(flux)를 쌓아올려 그 속에 전극 와이어를 연속하여 송급하면서 용접하는 방법으로 공장에서 주로 사용한다.

② 대전류를 사용하여 용융속도를 높여 고능률 용접이 가능하다.

③ 자동용접이므로 안정된 용접과 이음의 신뢰도가 향상된다.

④ 설비비가 많이 들며, 용접의 양부를 확인하면서 작업진행이 곤란하다.

2. 용접기기

1) 직류 arc 용접기

① 교류 전원이 있을 때는 보통 3상 교류 유도전동기 직결하여 사용

② 전원이 없을 때에는 가솔린 또는 디젤 엔진과 직류 발전기를 직결하여 사용

2) 교류 arc 용접기

① 교류전원(220V, 110V 단상)을 용접작업에 적당한 특성을 가진 저전압 내전류로 바꾸는 일종의 변압기

② 교류기는 값이 싸고, 고장이 적어 많이 사용

3) 반자동 arc 용접기

① 용접봉은 용접숙련공의 손으로 운봉하는 것은 수동용접과 유사하나 봉의 내밀기를 자동화한 것으로서 코일상의 와이어 사용

② 플럭스(flux)를 와이어의 심에 혼합시킨 복합 와이어 사용

③ 플럭스를 쓰지 않고, 실체 와이어를 쓰고, 탄산가스 등의 불활성 가스로 shield

4) 자동 arc 용접기

① 자동 arc 용접기는 용접봉의 내밀기, 이동 등을 기계로 작동

② Submerged arc welding method에 사용

③ 용접봉은 coil로 되어 있는 것을 사용

④ 피복재 대용으로 분말 플럭스(flux) 이용

3. 이음형식

1) 맞댐 용접(butt welding)

① 접합재의 끝을 적당한 각도로 개선하여 서로 접합부재를 맞대어 홈에 용착 금속을 용융하여 접합

② 홈의 종류에는 H, I, J, K, U, V, X형이 있음.

③ 판두께 6mm 이하에는 I형 접합이 적합

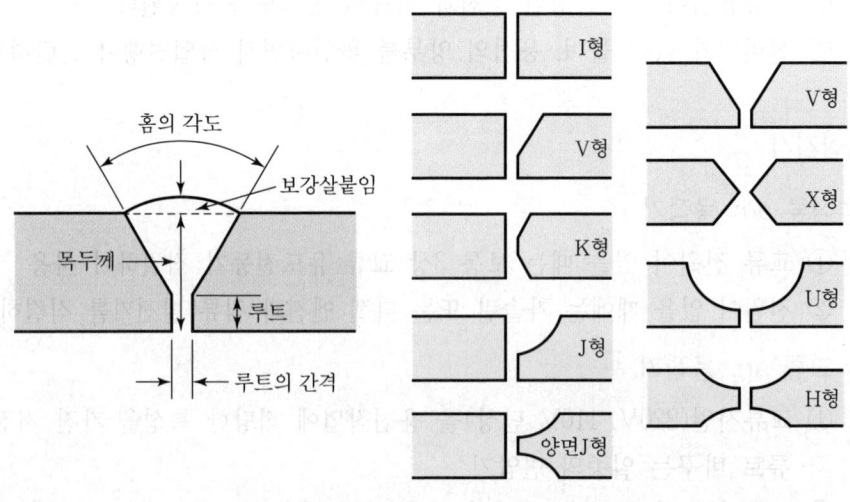

개선의 형태

2) 모살용접(fillet welding)

① 두 장의 강판을 직각 또는 60~90°로 겹쳐 모서리 부분을 용접금속으로 접합
   시키는 방법

② 이음의 종류 : 겹친이음, T형 이음, 모서리이음, 끝동이음(단부이음)

③ 용접법의 종류 : 연속모살, 단속모살, 병렬모살, 엇모모살

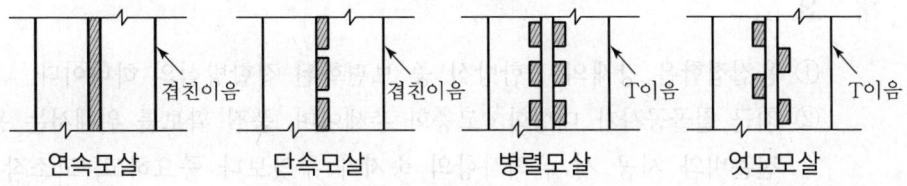

| 연속모살 | 단속모살 | 병렬모살 | 엇모모살 |

V. 개발방향

① 설계 시 부재의 표준화, 구조의 단순화 도모

② 용접 시공기계의 개발, robot 이용

③ 검사 정도 표준의 정착 및 검사방법의 간이화

④ 저수소계 용접봉 및 고장력강 용접봉의 활용

⑤ 용접 jig 및 보조장치의 적극적인 활용

VI. 결 론

① 최근의 용접접합은 용접의 자동화에 의한 CO_2 아크용접의 적용으로 품질
   확보 및 공기단축 등에 유리해졌으나, 아직 일부 현장에만 적용되고 있어
   일반화가 필요하다.

② 효율이 좋고 flexibility가 좋은 아크용접의 개발과 결함 방지 및 보조장치의
   적극적인 활용이 무엇보다 요구된다.

용접 접합 시 사전준비사항, 품질관리 유의사항 및 안전대책

● [76(10), 85(5), 00후(10), 03전(10), 06전(25), 07전(25), 07후(10), 15중(10), 16전(10), 17전(10), 20전(10), 20중(10), 21중(25), 22중(10)]

Ⅰ. 개 요

① 용접접합은 강재의 접합방식 중 보편화된 접합방식의 하나이다.

② 최근 철골공사가 대형화·고층화 추세이며, 품질 확보를 위해서는 용접 전 사전준비와 시공 시 유의사항의 숙지가 무엇보다 중요하고, 고소작업으로 인한 재해예방대책이 필요하다.

Ⅱ. 사전준비사항

1) 용접 숙련 정도 시험

① 용접봉, 용접기계, 용접재료의 적합성 여부를 파악하고, 용접시공 숙련 정도를 check한다.

② 숙련 정도에 맞게 현장배치계획을 세우고, 용접기술 교육을 병행 실시한다.

2) 개선관리

① 개선부의 도장, 기름, 녹, 오염 등의 청소상태를 사전에 검사한다.

② 개선부 각도, 폭, 간격, 용접 시 발생할 수 있는 결함을 분석하여 개선 정밀도를 확보한다.

3) 용접재료 관리

① 용접봉의 건조상태 및 보관함 속의 온도를 적정하게 관리한다.

② 적당한 반출로 오용하지 않도록 교육을 실시한다.

4) 예열관리

① 강재의 종류, 후판, 기후에 따라 필요한 예열계획을 수립한다.

② 예열방법, 예열시 온도 및 계측방법 계획을 검토한다.

5) 기후 관리

① 강우, 강설, 강풍, 습도가 90% 초과 시 작업을 중단한다.

② 기온이 0℃ 이하일 경우 작업을 중단한다.

6) 안전사고 예방

① 고소작업으로 인한 사고 예방, 낙하물 방지망, 개인 안전 장구 지급, 안전 여부를 파악한다.

② 감전, 차광방법, 화재예방, 화상 등 안전사고의 발생요소를 제거한다.

7) 설계도서 및 시방서 검토

① 용접 시 특히 유의할 사항인 용접순서, 용접방법 등을 숙지한다.

② 재료의 규격을 준수한다.

Ⅲ. 유의사항

1) 예 열

① 용접열 영향부의 터짐, 강도, 취성 등 재질변화를 사전에 예열함으로써 결함, 변형을 최소화한다.

② 진동을 감소시켜 인성을 증가시키고, 확산성 수소의 방출을 촉진하여 냉간 터짐의 발생을 방지한다.

③ 최소 예열온도는 모재의 표면온도가 0℃ 미만인 경우는 적어도 20℃ 이상 예열 실시

2) 용접재료 건조

① 손용접봉의 플럭스가 대기 중에 수분을 흡수하면 작업성 저하 및 터짐이 발생한다.

② 보통 30~40℃에서 30~60분 정도 건조시키고, 그후 10~15℃의 보관함에 보관한다.

3) 개선의 정밀도 및 청소

① 자동용접의 개선부 정밀도는 정확해야 하며, 손용접은 용접속도로 개선부의 제어가 가능하다.

② 개선부의 녹, 페인트, 유류, 먼지, 수분 등 기타 불순물을 제거하고, 각 용접 층마다 slag를 매회 깨끗이 청소해야 한다.

4) 뒤깎기

① 플럭스패킹이나 특수 뒷댐철을 안쓴 경우 완전용입이 안 되어 맞댄 용접은 제1층의 루트부에 용입불량 혹은 터짐이 발생한다.

② 뒤쪽에서 새로이 용접이 필요하다.

5) Arc strike

① 압열량이 적고, 터짐이나 공기구멍이 발생할 수 있으므로 특히 주의해야 한다.

② 모재에 순간적으로 접촉시켜 아크를 발생시키는 것은 결함의 원인이 된다.

6) 돌림용접

① 모살용접일 경우 완전히 돌림용접으로 작업한다.

② 모서리에는 비드(bead)의 이음매를 만들지 않고 연속이음한다.

7) End tab

① 용접의 시작지점과 끝지점에는 결함 발생이 특히 크므로 end tab를 연결시켜 용접한다.

② 돌림용접을 할 수 없는 모살용접이나 맞댐용접에 적용한다.

③ 용접 후 절단하여 시험편으로 이용한다.

8) 기후 · 온도

① 기온이 0℃ 이하에서는 용접 결함이 발생할 수 있으므로 작업을 중단하는 것이 좋다.

② 우천시 강풍시에는 작업을 중단한다.

③ 습도 90% 이상 시 결함이 발생하므로 작업을 중단한다.

9) 리벳, 고력볼트와 병용

① 고력볼트나 리벳으로 선작업 후 용접을 하므로 변형 및 결함을 예방할 수 있으며, 용접열에 의한 건조수축을 최소화할 수 있다.

② 두 가지 이상의 접합공법을 병용시는 응력의 분포가 비슷한 것이 유리하다.

10) 잔류응력

① 잔류응력은 용접의 품질에 미치는 영향이 크므로 용접순서의 개선을 통하여 최소화해야 한다.

② 먼저 용접한 것의 용접열이 팽창수축의 영향을 주므로 전체 가열법을 적용하는 것이 잔류응력을 해소시킬 수 있다.

11) Scallop 시공

① 용접선의 교차를 피하기 위해 설치한 홈

② 용접접근공이라고도 함

12) 기타 유의사항

① 상향 용접은 결함 발생이 많으므로 억제한다.

② 부재의 적합 각도는 90°로 하고, 60° 이하는 용접을 하지 않는다.

③ 고소작업 시 개인 안전장구를 착용 후 용접한다.

Ⅳ. 안전대책

1) 이상기후

① 강풍, 강설, 우천시 용접 중단한다.

② 강풍에 의한 추락사고 및 부재의 전도에 유의한다.

2) 차 광

① 안전한 용접용 색 글라스를 사용한다.

② 특히 야간작업의 경우 옆으로부터의 빛에 주의한다.

3) 화상예방

피부의 노출을 막고, 가죽장갑, 가죽에이프런, 가죽구두를 착용한다.

4) 추 락

① 발판을 안전하게 설치하고, 개인 추락방지용 안전장구를 착용한다.

② 낙하물 방지망을 설치한다.

5) 화재예방

① 용접부분 부근에 가연성 물건이나 인화성 물질을 두지 않는다.

② 불꽃이 비산할 수 있으므로 주위를 정리·정돈한다.

③ 용접용 전선의 합선과 용접봉의 잔봉처리를 철저히 한다.

6) 감 전

① 신체에 습윤이나 수분을 완전히 제거한 후 작업에 임한다.

② 누전차단기 설치 및 전격방지기를 부착한다.

③ 용접기의 접지를 철저히 한다.

④ 작업 중단 시 스위치로 단전하고, 송전 시 전기로 인하여 발생할 요소를 파악한 후 2~3회 반복 접촉 후 송전한다.

7) 환 기

① 좁은 공간에서 작업 시 발생 가스에 의한 질식 또는 중독을 방지하기 위해 환기시설을 설치한다.

② 환기에 위험이 있는 곳에서는 2인 1조로 교대 용접한다.

V. 용접공 기량검사 및 합격기준

1. 기량검사

1) 기량 Test 대상 품목

① 전체가 관통되는 용접물

② 두께 25mm 이상의 후판 Fillet이 용접되는 구조물

③ 도면사양에 RT, UT검사를 요구하는 구조물

④ 유해 Gas가 흐르는 용접관

⑤ 응력제거를 필요로 하는 구조물

2) 기량인정

① 국가검정기관에서 승인한 용접사

② 건축주가 인정하는 기량 보유자

③ 용접을 6개월 이상 작업하지 않은 자는 기량을 인정하지 않음

2. 합격기준

1) 합격자 판정과정

① 기량 Test 시 합격 여부 판정자가 입회한다.

② 기량 Test한 제품을 검사한다.

③ 검사후 합격여부를 판정한다.

2) 검사방법

① 외관검사

② UT(Ultrasonic Test, 초음파탐상법)

③ RT(Radiographic Test, 방사선 투과법)

④ Bending Test

VI. 결 론

① 용접 시 영향을 미치는 요인으로는 부재의 청소상태, 개선부 정밀도, 잔류 응력의 영향과 용접재료 및 용접봉 건조상태, 전기의 적정전류와 용접숙련도, 용접속도 등이 있다.

② 용접은 구조체의 응력을 접합·연결하는 중요한 작업이므로 시공 전, 시공 중, 시공 후의 철저한 품질관리가 요구되며, 우수한 품질과 안전한 시공을 위하여 용접접합의 무인 system 개발이 필요하다.

문제 10 | 용접 결함의 종류 및 방지대책

● [77(25), 82후(20), 92전(8), 92전(8), 97전(30), 02전(25), 02중(10), 02후(10), 03후(10), 04전(10), 06후(10), 10전(25), 10후(10), 13후(10), 14전(10), 14중(25), 16중(25), 17중(25), 21전(25), 21후(10), 22전(10)]

Ⅰ. 개 요

① 용접접합은 짧은 시간 내에 국부적으로 두 강재를 원자결합에 의해 접합하는 방식으로 재료, 운봉, 용접봉, 전류 등 여러 가지 외적 영향에 의해 결함이 발생한다.

② 용접부의 결함은 건물 구조체의 내구성을 저하시키고 접합부의 응력에 대한 강도를 상실시키므로 결함 방지를 위해서는 시공 시 결함의 종류를 파악하여 원인을 분석하고 품질관리를 철저히 하여야 미연에 방지할 수 있다.

Ⅱ. 결함의 원인

① 용접 시 전류에 높낮이가 고르지 못할 경우
② 용접속도가 일정치 못하고, 기능이 미숙할 때
③ 용접봉의 잘못된 선택과 관리 보관이 불량할 경우
④ 용접부의 개선 정밀도, 청소상태가 나쁠 때
⑤ 용접방법, 순서에 의한 변형이 생길 경우

Ⅲ. 결함의 종류

1) Crack

용착금속과 모재에 생기는 균열로서 용접결함의 대표적인 결함

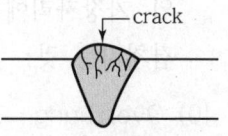

2) Blow hole

용융금속 응고시 방출가스가 남아 길쭉하게 된 구멍이 남아 혼입되어 있는 현상

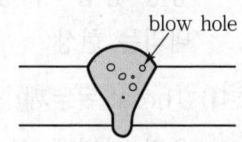

3) Slag 감싸돌기

용접봉의 피복제 심선과 모재가 변하여 slag가 용착금속 내 혼입된 것

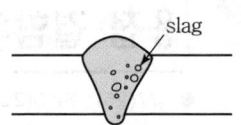

4) Crater

용접 시 bead 끝에 항아리 모양처럼 오목하게 파인 현상

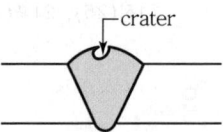

5) Under cut

과대전류 혹은 용입불량으로 모재 표면과 용접 표면이 교차되는 점에 모재가 녹아 용착금속이 채워지지 않은 현상

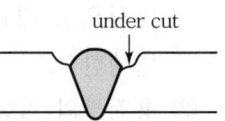

6) Pit

작은 구멍이 용접부 표면에 생기는 현상

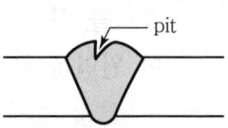

7) 용입불량(용입부족)

용입깊이가 불량하거나, 모재와의 융합이 불량한 것

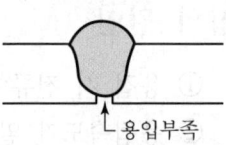

8) Fish eye

Blow hole 및 혼입된 slag가 모여서 둥근 은색 반점이 생기는 결함현상

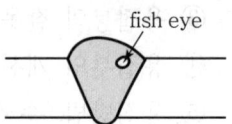

9) Over lap

겹침이 형성되는 현상으로서 용접금속의 가장자리에 모재와 융합되지 않고, 겹쳐지는 것

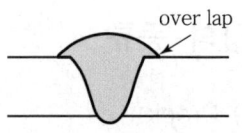

10) Over hung

상향 용접 시 용착금속이 아래로 흘러내리는 현상

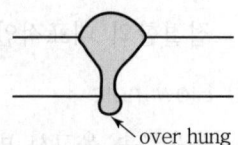

11) Throat(목두께) 불량

용접 단면에 있어서 바닥을 통하는 직선으로부터 잰 용접의 최소두께가 부족한 현상

12) 각장 부족

한쪽 용착면의 다리길이가 부족한 현상

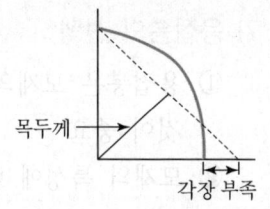

13) Lamellar tearing

국부 열변형으로 모재 내부에 구속응력
이 생겨 균열이 발생하는 현상

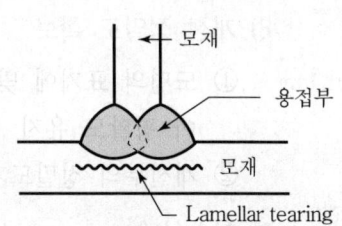

Ⅳ. 방지대책

1) 용접 재료

① 적정한 용접봉을 선택하여 사용

② 용접봉은 저수소계 제품을 사용, 보관·취급에 주의, 용접봉 건조

2) 용접방법

① 각 구조물에 대한 적절한 용접성을 고려하여 용접방법 선정

② 용접자세 및 개선부 유지

3) 기능인력의 숙련도

① 기능공의 숙련도를 측정하여 적절한 배치

② 용접기술 교육 및 작업 전에 용접 시 유의사항에 대한 지침 전달

4) 환경대책

① 고온, 저온, 고습도, 강풍, 야간시 작업중단

② 0℃ 이하는 작업중단이 원칙이며, 0~15℃일 경우 모재의 용접부위에 10cm
이내에서 36℃ 이상 가열이 원칙

5) 적정 전류

① 전류의 과도한 흐름을 막기 위하여 안전상 과전류 방지기를 설치함.

② 용접부위는 육안으로 전류의 과도를 판단할 수 있어, 주의만 하면 쉽게 막을
수 있음

6) 용접속도

① 일정한 속도로 운봉하되 용접방향이 서로 엇갈리게 용접

② 빠른 운봉속도는 용입불량이 발생할 우려가 있으므로 적정속도 유지

7) 용접봉의 선택

① 용접봉은 모재의 일부와 융합하여 접합부를 일체화시켜 모재와 동질화하는 것이 중요

② 모재의 특성에 맞는 적정한 재질의 용접봉 사용

8) 개선 정밀도 확보

① 도면의 표기에 맞게 개선하고, 기타 필요한 모양으로 만들어 그라인더로 갈아 평활도 유지

② 개선부의 정밀도가 좋지 못하면 용접이 힘들고, 결함 발생이 큼

9) 청소상태

① 용접부위의 녹 제거 및 오염, 청소상태를 점검하고, 개선부의 적정간격 유지

② 용접부분에서 200mm 이내(얇은 판의 경우 50mm 이내)는 용접 완료 후 도장

③ 용접면에 slag, 수분 제거

10) 예 열

① 급격한 용접에 의하여 용접변형, 팽창, 수축 발생

② 미리 용접부위에 예열하여 응력에 의한 변형 방지

11) 잔류응력

① 용접 후 잔류응력은 용접의 품질에 지대한 영향을 미침

② 용접작업의 방법·순서는 잔류응력을 최소화해야 함

12) 돌림용접

돌림용접은 모재의 변형을 최소화하여 잔류응력의 영향을 분산함으로써, 결함인 crack 방지

13) 리벳, 고력볼트와 병용

① 개선 정밀도를 확보하고, 용접열에 의한 변형 방지 및 잔류응력 분산

② 용접과 고력 bolt 병용, 접합의 합리화 방안

14) 수축력 제거

냉각법 및 가열법 등을 활용하여 수축력으로 인한 변형을 사전에 제거 후 모재의 잔류응력 해소

15) 대칭용접 및 역변형법

① 용접 시 계속되는 영향을 분산함으로써 결함 발생 방지

② 제작 시 용접의 영향으로 결함 발생하는 것을 역이용하여 결함 해소를 위해 대칭용접이나 역변형법으로 결함을 사전에 없앰

16) 용착 금속량

① 적정한 개선, 형상 정밀도 평활도 유지
② Over welding 금지

17) Back strip 및 end tab

① 용접으로 인한 건조수축의 최소화, 선용접의 영향이 후용접 시 피해가 없도록 함
② 시작지점과 끝지점의 불량용접 사전 방지

18) 기타 주의사항

① 용접부위에 설계 당시 용접순서 및 용접방법 검토, 도면에 명시
② Path수를 최소화하고, over welding 금지
③ 이상기후 시 작업 중단
④ 용착금속을 최소화

V. 용접 결함부위 보완방법

① 균열 발생 시 용착금속 전체 제거 후, 재용접
② 모재 균열 시 모재 교체
③ 용접 크기가 부족 시 용착금속 첨가용접으로 보강
④ 결함수정 용접봉은 작은 지름의 용접봉 사용, under cut의 수정은 4mm 이하 용접봉 사용
⑤ 변형수정 시 가열온도 650℃ 이하로 재질 손상시키지 않게 수정

VI. 결 론

① 용접접합은 재료, 기후, 전류, 용접방법, 용접순서, 숙련도 등 총체적 영향에 의하여 결함이 발생하게 되고 그 결함은 부재 일부분의 문제가 아니라 구조체 전체의 내구성을 저하시키게 되므로 접합부의 품질 확보를 위해서는 용접 전, 용접 중, 용접 후 검사를 철저히 실시해야 한다.
② 결함을 최소화하기 위한 제품생산의 자동화, 용접시공의 robot 개발이 필요하며, 정확한 검사기기의 개발로 결함을 파악·분석하는 것이 무엇보다 중요하다.

용접공사 시 시공과정에 따른 검사방법

● [83(25), 87(25), 95전(30), 97후(20), 00후(25), 01전(10), 05후(25), 08후(10), 15후(10), 18후(25), 19전(25), 21중(10), 22후(25)]

Ⅰ. 개 요

① 용접으로 접합한 후 접합된 용접의 상태를 분석, 올바른 판단을 내리는 것은 품질관리 측면에서 무엇보다 중요하다.

② 철골용접 검사에는 용접 전, 용접 중, 용접 후 검사로 구분되며, 용접 전 검사에서는 용접부재의 적합성 여부를 파악하고, 용접 중 검사에서는 사용재료 및 장비에서 발생하는 결함을 사전에 방지하기 위함이며, 용접 후 검사는 구조적으로 충분한 내력을 확보하고 있는지를 판단하게 된다.

Ⅱ. 용접 검사방법 분류

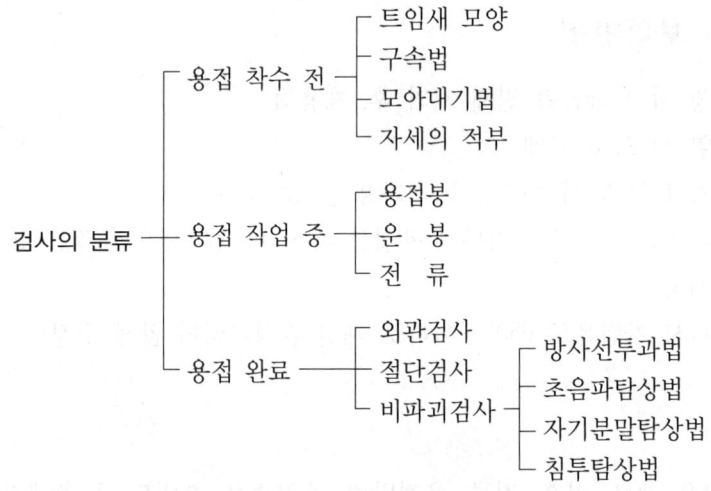

Ⅲ. 검사방법

1. 용접 착수 전

① 용접하기 전 단면의 형상과 용접부재의 직선도 및 청소상태를 검사한다.

② 용접결함에 영향을 미치는 사항으로는 트임새 모양, 구속법, 모아대기법, 자세의 적정 여부 등이 있다.

2. 용접 작업 중

   ① 용접 작업 시 재료와 장비로 인한 결함 발생을 용접 중에 검사한다.

   ② 용접봉, 운봉, 적절한 전류 등을 파악하며 용입상태, 용접폭, 표면형상 및 root 상태는 정확하여야 한다.

3. 외관검사(육안검사)

   ① 용접부의 구조적 손상을 입히지 않은 상태에서 용접부 표면을 육안으로 분석하는 방법이다.

   ② 외관검사만으로 용접결함의 70~80%까지 분석·수정 가능하므로 숙련된 기술자의 철저한 검사가 필요하다.

4. 절단검사

   ① 구조적으로 주요 부위, 비파괴검사로 확실한 결과를 분석하기 어려운 부위 등을 절단하여 검사하는 방법이다.

   ② 절단된 부분의 용접상태를 분석하여, 결함을 추정·예상하고 수정한다.

5. 비파괴검사

  1) 방사선 투과법(RT : Radiographic Test)

   ① 정 의

    가장 널리 사용하는 검사방법으로서 X선, γ선을 용접부에 투과하고, 그 상태를 필름에 형상을 담아 내부결함을 검출하는 방법이다.

   ② 결함분석

    ㉮ 균열, blow hole, under cut, 용입불량

    ㉯ Slag 감싸돌기, 융합불량

   ③ 특 징

    ㉮ 검사 장소에 제한

    ㉯ 검사한 상태를 기록으로 보존 가능

    ㉰ 두꺼운 부재의 검사 가능

    ㉱ 방사선은 인체 유해

    ㉲ 검사관의 판단에 개인판정 차이가 큼.

2) 초음파 탐상법(UT ; Ultrasonic Test)

① 정 의

용접부위에 초음파를 투입과 동시에 브라운관 화면에 용접상태가 형상으로 나타나며, 결함의 종류, 위치, 범위 등을 검출하는 방법으로, 현장에서 주로 사용하는 검사법이다.

② 특 징

㉮ 넓은 면을 판단할 수 있으므로 빠르고, 경제적

㉯ T형 접합부 검사는 가능하나, 복잡한 형상의 검사는 불가능

㉰ 기록성이 없음.

㉱ 검사관의 기량에 판정 의존

③ 검사시 유의사항

㉮ 검사 기술자는 초음파 기사에 합격한 자

㉯ 주파수는 1~5MHz를 사용

㉰ 작업 시작 30분 전에 감도의 안정 여부 확인

㉱ 검사할 용접부 주위를 깨끗이 손질 및 청소

㉲ 결함이 나타날 때는 그 주위를 정밀히 탐상하고 결함의 위치·종류·깊이 등을 기록

3) 자기분말 탐상법

① 정 의

용접부위 표면이나 표면 주변 결함, 표면 직하의 결함 등을 검출하는 방법으로 결함부의 자장에 의해 자분이 자화되어 흡착되면서, 결함을 발견하는 방법이다.

② 특 징

㉮ 육안으로 외관검사시 나타나지 않은 균열, 흠집, 검출 가능

㉯ 용접부위의 깊은 내부에 결함분석이 미흡

㉰ 검사 결과의 신뢰성 양호

4) 침투 탐상법

① 정 의

용접부위에 침투액을 도포하여 결함부위에 침투를 유도하고, 표면을 닦아낸 후 판단하기 쉬운 검사액을 도포하여 검출하는 방법이다.

② 특 징

㉮ 검사가 간단하며, 1회에 넓은 범위를 검사할 수 있음

　　㉯ 비철금속 가능
　　㉰ 표면결함 분석이 용이

Ⅳ. 검사 개발방향

① 검사방법, 검사기준의 표준화
② 전문인력 양성과 검사인정 공인기관 설립
③ 고성능 검사장비개발
④ 용접 시 computer로 분석할 수 있는 기기개발

Ⅴ. 결 론

① 접합부 용접은 건축물의 강도, 내구성에 영향을 미치므로, 구조적으로 요구하는 내력에 대한 검사를 해야 한다.
② 용접부 품질관리를 위해서는 용접 전, 용접 중, 용접 후 검사방법 및 유의사항을 준수하고, 검사방법·검사기준의 표준화와 고성능 검사장비의 개발 및 Robot화 시공이 필요하다.

문제 12 용접변형의 발생원인 및 방지대책

● [93전(30), 03전(25), 03후(25), 10전(25), 11전(25), 18중(25), 19후(25), 21전(25)]

Ⅰ. 개 요

① 용접변형은 용접 시 외력 및 온도변화에 의한 이음부의 응력변화를 말하며, 용융금속의 응고 시 모재의 열팽창과 소성변형, 용착금속의 냉각과정 동안의 수축 등이 용접변형의 발생원인이 된다.

② 그로 인해 세우기 정도불량, 강도저하, 용접불량 등으로 이어져 품질이 저하 되므로 원인을 분석하여 철저한 방지대책을 강구하여야 한다.

Ⅱ. 용접변형의 종류

1) 종수축

① 길이가 긴 부재를 용접할 때 용접선 방향으로 수축하는 현상

② 교량공사 시 부재, 철골조 공사 시 기둥, 장보 등에서 발생

③ 변형의 범위가 경미함.

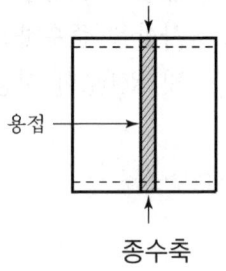

종수축

2) 횡수축

용접선에 따라 직각방향으로 수축변형 하는 것으로, 개선 정밀상태가 나쁘거나 용접층수가 많을수록 크게 발생

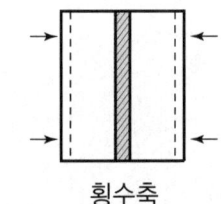

횡수축

3) 각변형

용접 시 온도가 일정치 못할 경우 이음부의 가장자리가 상부로 변형하는 것

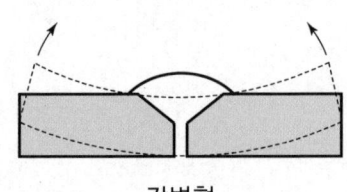

각변형

4) 종굽힘변형

길이가 긴 T형이나 I형 부재 용접 시
좌우 용접선의 종수축량의 차이에 의
해 발생

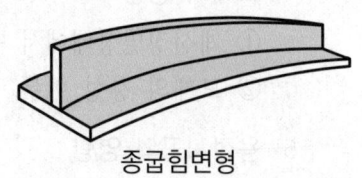

종굽힘변형

5) 비틀림변형

부재의 기본구조 설계 시 자체 강도 부족으로 용접과 동시에 비틀림 현상 발생

6) 좌굴변형

수축응력 때문에 중앙부에 파도모양으로 변형이 발생하는 현상

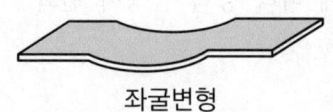

좌굴변형

7) 회전변형

부재를 용접할 때 용접되지 않는 개선
부가 개선간격이 커지거나 좁아지는 현
상을 말함

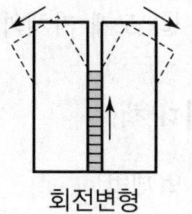

회전변형

Ⅲ. 용접변형의 발생원인

1) 모재의 열팽창

① 강재의 용융점은 1,500℃이므로 용접 시 용융금속의 영향으로 팽창
② 팽창된 모재가 응고 시 원상태로 회복하지 못할 경우

2) 모재의 소성변형

① 용접열에 의한 굳는 과정의 온도차이로 인한 변형
② 용접열의 cycle의 차이로 인한 발생

3) 냉각과정의 수축

① 용착금속이 냉각할 때 수축하여 변형
② 외기의 영향 또는 인접 용접 시 온도의 영향으로 수축상태 변화

4) 모재의 영향

① 개선정밀상태에서 용착금속의 두께, 면적 등의 차이
② 모재의 강성 여부, 모재가 얇을수록 변형이 큼

5) 용접시공의 영향

① 용접시공 시 숙련상태에 따라 변화
② 동일한 자세로 열의 변화를 최소화하고, 동일한 속도로 용접속도 유지

6) 잔류응력

용접순서, 자세, 방법 등에 의한 선작업된 용접부의 잔류응력이 연결된 후작업에 미치는 영향으로 변형 발생

7) 용접 순서·방법

① 용접순서와 방법에 따라 응력 발생이 변화
② 변형의 영향이 큼

8) 환경의 영향

① 외기온에 의한 용접열 cycle 과정에서 모재의 소성변형
② 모재 자체와 용접부위와의 온도차이로 인한 응력 발생

Ⅳ. 방지대책

1) 억제법

① 응력이 발생할 우려가 있는 부위에 미리 보강재 또는 보조판을 부착
② 부재가 변형이 발생치 못하도록 장비, 기구를 이용하여 구속시킴

2) 역변형법

용접상태를 분석하고, 응력 발생 분포도를 작성하여, 부재제작 시 미리 역변형을 주어 발생할 수 있는 변형을 예측하여 용접하는 방법

3) 냉각법

살수를 하거나 수냉동판 등을 사용하여 용접 시 온도를 낮추어 변형을 최소화하는 방법

4) 가열법

① 일부분의 가열을 피하고, 전체를 가열하여, 용접 시 변형을 흡수할 수 있도록 하는 방법
② 변형 여부를 파악하여 부분 가열도 가능

5) 피닝법(peening method)
 ① 잔류응력을 완화시키기 위하여 용접 시 용접부위를 두들겨 충격을 줌으로써
   응력을 분산하거나 완화하는 방법
 ② 정밀한 부재 요구 시 적용하지 말 것
6) 용접순서를 바꾸는 공법
 ① 대칭법
   용접부위를 대칭으로 용접
 ② 후퇴법
   구간방향은 정상용접을 하나, 전체 용접방향은 후진하면서 용접

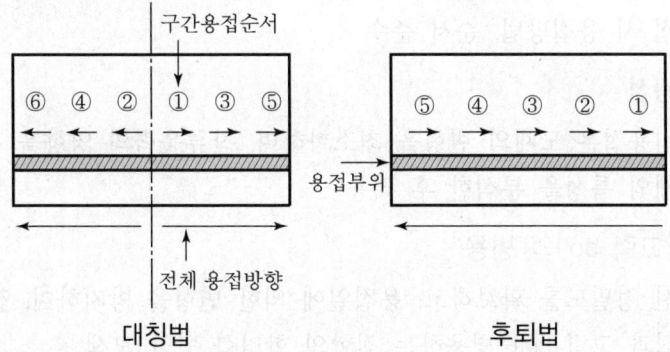

대칭법   후퇴법

 ③ 비석법
   구간방향, 전체 용접방향은 정상으로 하나, 한 구간 건너 뛰어 용접하는 방법
 ④ 교호법
   구간방향은 정상, 전체 용접방향은 후진하면서 용접하나 각 구간의 용접은
   용접부위의 가장자리에서 중심으로 대칭 용접하는 방법

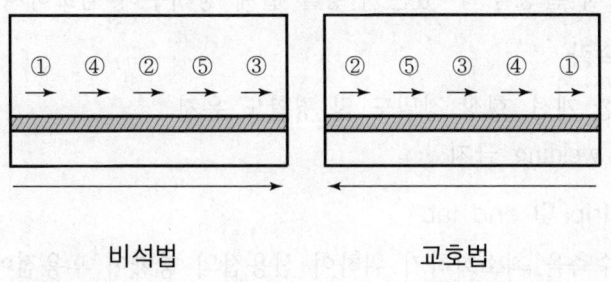

비석법   교호법

7) 재료보관, 재료, 전류, 자세
  ① 적정한 용접봉, 전류를 사용함으로써 용접결함 및 변형방지
  ② 용접봉은 건조하게 보관
  ③ 기능공의 숙련도 측정하여 적절한 배치가 필요하며, 작업 전 용접 시 유의
    사항 및 지침전달

8) 예 열
  ① 급격한 용접에 의하여 용접변형, 팽창 수축 발생
  ② 미리 용접부위에 예열하여 응력에 의한 변형방지

9) 잔류응력
  ① 잔류응력을 완전히 해소시켜 용접결함에 대비
  ② 용접 시 용접방법, 순서 준수

10) 돌림용접
  ① 돌림용접은 모재의 변형을 최소화하며, 잔류응력의 영향을 분산
  ② 부재의 특성을 분석한 후 적용

11) 리벳, 고력 bolt와 병용
  ① 개선 정밀도를 확보하고, 용접열에 의한 변형을 방지하며, 잔류응력 해소
  ② 용접과 고력 bolt 병용하는 접합의 합리화 방안 모색

12) 수축력 제거
  ① 냉각법 및 가열법 등을 활용하여 수축력으로 인한 변형을 사전에 제거 후
    모재의 잔류응력을 해소
  ② 피닝법(peening method) 적용

13) 대칭용접 및 역변형법
  ① 용접 시 계속되는 영향을 분산, 정지시킴으로써 변형방지
  ② 용접 시 발생할 수 있는 변형을 설계 당시부터 검토하여 역변형 방법 제시

14) 용착금속량
  ① 적당한 개선, 형상 정밀도 및 평활도 유지
  ② Over welding 금지

15) Back strip 및 end tab
  ① 건조수축을 최소화하기 위하여 선용접의 영향이 후용접에 피해가 없게 함.
  ② 시작시점과 끝지점의 불량요소 제거

16) 기 타

① 용접부위에 설계 당시 용접순서 및 용접방법을 검토하여 도면에 명시할 것
② Path수를 최소화하고, over welding을 금지할 것
③ 이상 기후시 작업 중단할 것
④ 용착금속을 최소화할 것

Ⅴ. 결 론

① 용접변형은 세우기 정도뿐만 아니라 강도저하, 내구성까지 영향을 미치므로 변형을 방지하기 위해서는 설계 당시부터 부재의 응력형태를 분석하여 분산 및 해소방법을 연구해야 한다.
② 신공법 개발과 변형방지 장비개발 및 기계화 제작이 필요하며, 특히 용접 robot을 개발함으로써 성력화, 균질한 품질 확보, 공기단축이 가능해진다.

문제
13

철골정밀도(현장반입 시 검사 항목)

● [82전(50), 97중후(20), 00후(25), 05후(25), 06후(25), 12중(25), 15전(25), 22전(25), 22후(10)]

Ⅰ. 개 요

① 철골구조물의 정밀도는 철골조의 제작 및 시공에 있어서 치수 정밀도의 허용오차로서, 철골구조물의 품질확보를 위하여 제품, 용접, 조립, 시공의 허용오차를 정하여 구조적 안전성 및 사용상 경제성의 확보가 필요하다.

② 또한 철골부재의 현장반입 시 공장에서 시험완료된 부재도 자재의 오제작이나 운반시의 변형 및 손상을 확인하기 위하여 확인 및 검사를 거쳐 합격된 자재만 시공에 투입해야 한다.

Ⅱ. 현장반입 전 검토사항

① 현장의 stock yard 확보
② 검사 장비의 준비 및 확인
③ 주변 교통상황 확인
④ 설치 기능공 및 양중장비 대기
⑤ 반입 list 준비
⑥ 기후, 기상 상태 및 작업 반경내 안전 검토

Ⅲ. 현장반입 시 검사항목

1) Mill sheet 검사

시방서나 KS규준에 맞는 시험규준 검사

검사 항목	검사 내용
역학적 시험 내용	• 압축강도, 인장강도, 휨강도, 전단강도, 휨moment 등
화학성분 시험 내용	• Fe(철), C(탄소), S(황), Si(규소), Pb(납) 등
규격표시	• 길이, 두께, 직경, 단위중량, 크기 및 형상, 제품번호 등

2) 외관 검사

① 부재의 변형, 뒤틀림
② 부재의 손상, 단면 결손
③ Bolt 구멍, reaming 상태 등

3) 공장제작 제품의 정밀도 검사

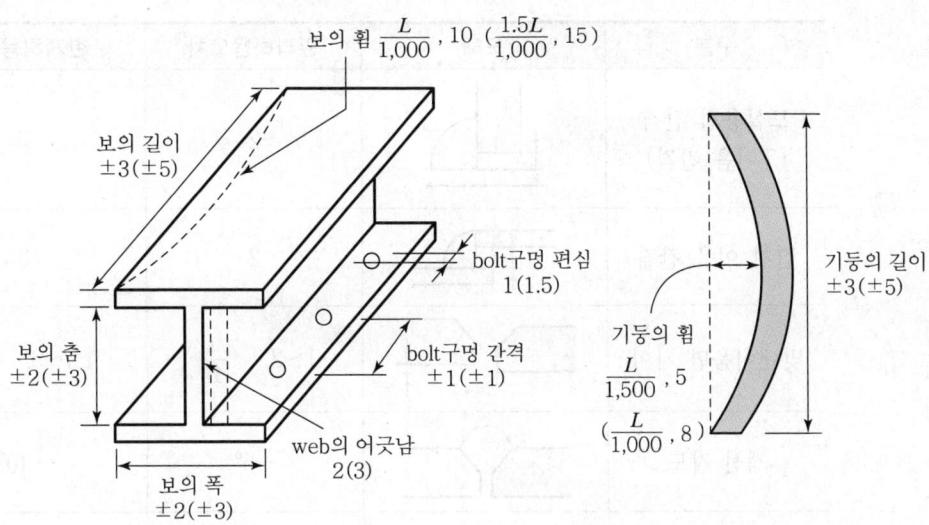

① 보

단위 : mm

구 분	관리허용오차	한계허용오차
보의 길이	±3	±5
보의 휨	$\dfrac{L}{1,000}$, 10	$\dfrac{1.5L}{1,000}$, 15
보의 춤	±2	±3
보의 폭	±2	±3
bolt 구멍 간격	±1	±1
bolt 구멍	1	1.5
web의 어긋남	2	3

② 기둥

단위 : mm

구 분	관리허용오차	한계허용오차
기둥의 길이	±3	±5
기둥의 휨	$\dfrac{L}{1,500}$, 5	$\dfrac{L}{1,000}$, 8

4) 용접부 정밀도 검사

단위 : mm

구분	도해	관리허용오차	한계허용오차
모살용접 간격 (T이음 간격)		2	3
겹친 이음 간격		2	3
맞댄이음면 차이		$1\sim2,\ \dfrac{t}{15}$	$1.5\sim3,\ \dfrac{t}{10}$
개선 각도		$-5°$	$-10°$
Under cut 깊이		0.5	0.8
모살용접 다리길이		5	8

5) 현장 세우기 조립 · 시공 정밀도

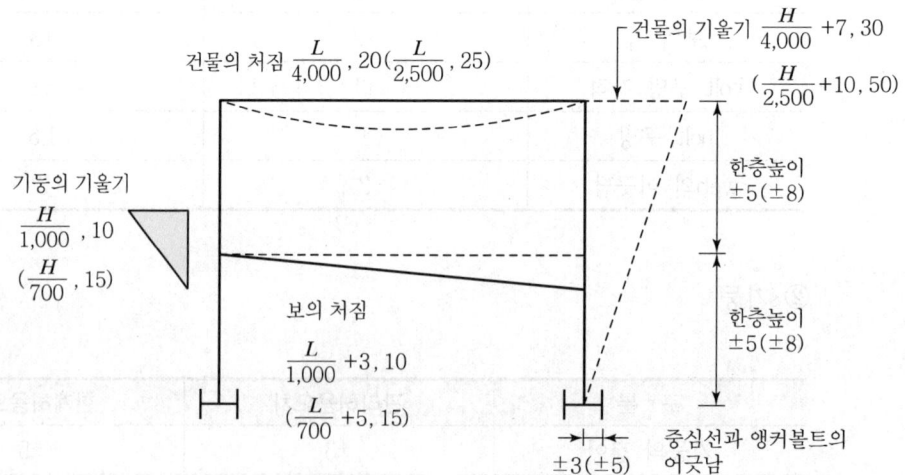

건물의 처짐 $\dfrac{L}{4,000}$, $20(\dfrac{L}{2,500}, 25)$

건물의 기울기 $\dfrac{H}{4,000}$ +7, 30

$(\dfrac{H}{2,500}+10, 50)$

한층높이 ±5(±8)

기둥의 기울기 $\dfrac{H}{1,000}$, 10 ($\dfrac{H}{700}$, 15)

한층높이 ±5(±8)

보의 처짐 $\dfrac{L}{1,000}$ +3, 10 ($\dfrac{L}{700}$ +5, 15)

±3(±5)

중심선과 앵커볼트의 어긋남

810

단위 : mm

구 분	관리허용오차	한계허용오차
건물의 기울기	$\dfrac{H}{4,000}+7$, 30	$\dfrac{H}{2,500}+10$, 50
건물의 처짐	$\dfrac{L}{4,000}$, 20	$\dfrac{L}{2,500}$, 25
보의 처짐	$\dfrac{L}{1,000}+3$, 10	$\dfrac{L}{700}+5$, 15
기둥의 기울기	$\dfrac{H}{1,000}$, 10	$\dfrac{H}{700}$, 15
한층높이	±5	±8

6) 목두께 검사

모재와 면과 45°의 각으로 용접의 최
소 두께 확보

7) 각장 검사

한쪽 용착면의 다리 길이가 부족한지
여부를 검사

8) 도장 검사

막두께계, 전자두께계 등으로 도장두
께 검사

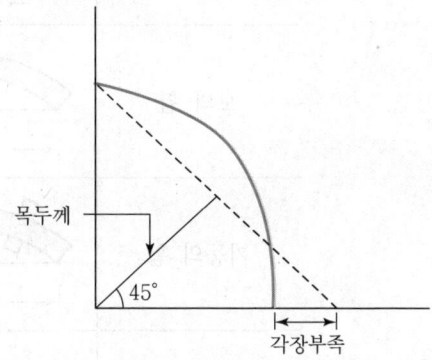

Ⅳ. 허용오차의 종류

1) 관리허용오차

① 95% 이상의 제품이 만족하도록 제작 또는 시공상의 목표값이다.
② 치수 정밀도의 반입검사시 검사 10Lot의 합격 판정을 위해 개개의 제품 합격,
불합격 판정값으로 이용된다.

2) 한계허용오차

① 이것을 초과하는 오차는 원칙적으로 허용되지 않은 개개의 제품에 대한 합격
판정을 위한 값이다.
② 개개의 제품이 한계허용오차를 초과할 경우 불량품으로 처리하고, 재제작하는
것을 원칙으로 한다.

V. 철골의 정밀도

1) Mill sheet 검사

　　공인된 시험소에서 강재에 대한 역학적 시험과 성분시험의 공인성적표

2) 공장제작 제품의 정밀도

명칭	그림	관리허용오차	한계허용오차
보의 길이		$\Delta L : \pm 3mm$	$\Delta L : \pm 5mm$
기둥의 길이		$\Delta L : \pm 3mm$	$\Delta L : \pm 5mm$
보의 휨		$e : \dfrac{L}{1,000}, 10$	$e : \dfrac{1.5L}{1,000}, 15$
기둥의 휨		$e : \dfrac{L}{1,500}, 5$	$e : \dfrac{L}{1,000}, 8$
단면의 폭		$\Delta B : \pm 2mm$	$\Delta L : \pm 3mm$

3) 용접부 정밀도

명칭	그림	관리허용오차	한계허용오차
모살용접 간격 (T이음 간격)		$e \leqq 2mm$	$e \leqq 3mm$
겹친이음 간격		$e \leqq 2mm$	$e \leqq 3mm$

명칭	그림	관리허용오차	한계허용오차
맞댄이음면 차이		$e \leqq 1\sim 2mm,$ $\dfrac{t}{15}$	$e \leqq 1.5\sim 3mm,$ $\dfrac{t}{10}$
개선 각도		$\Delta a_1 \geqq -5°$	$\Delta a_1 \geqq -10°$
베벨 각도		$\Delta a \geqq -2.5°$	$\Delta a \geqq -5°$

4) 현장 세우기 조립 · 시공의 정밀도

명칭	그림	관리허용오차	한계허용오차
건물의 기울기		$e \leqq \dfrac{H}{4,000}+7mm,$ 30mm	$e \leqq \dfrac{H}{2,500}+10mm,$ 50mm
건물의 굴곡		$e \leqq \dfrac{L}{4,000},$ 20mm	$e \leqq \dfrac{L}{2,500},$ 25mm
보의 처짐		$e \leqq \dfrac{L}{1,000}+3mm,$ 10mm	$e \leqq \dfrac{L}{700}+5mm,$ 15mm
기둥의 기울기		$e \leqq \dfrac{H}{1,000},$ 10mm	$e \leqq \dfrac{H}{700},$ 15mm

Ⅵ. 수정방법

① 열팽창이 적은 아침에 작업
② Wire rope를 설치하고, turnbuckle로 수정

③ 기둥 중심 선정

  ㉮ 외주기둥 4개소

  ㉯ 내부기둥

  ㉰ Elevator shaft

④ 내림추 혹은 광학기기 사용

⑤ 바람 영향이 없도록 추를 pipe 내부로 할 것

Ⅶ. 검사계획(ITP ; Inspection Test Plan)

1) 검사계획 flow chart

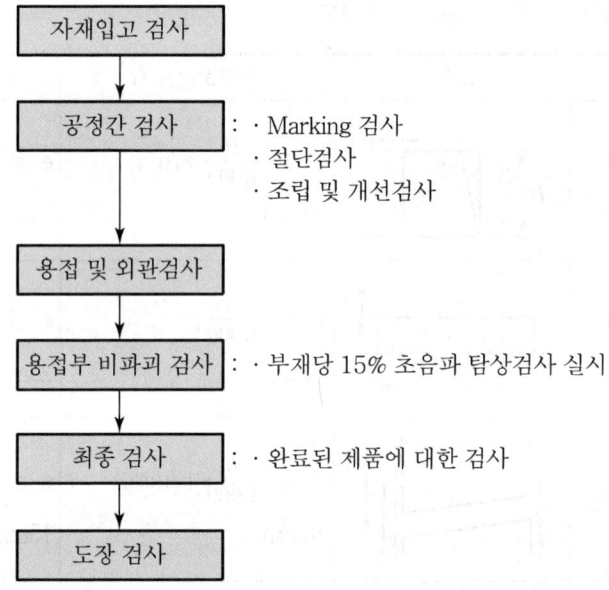

철골 자재의 공장 입고시부터 반출 전 도장까지 철저한 검사로 적정 품질 유지

2) 자재입고 검사

① 입고되는 자재는 자재입고 검사시 손상, 부식 또는 변형의 유무 확인

② 자재시험 성적서가 제품의 화학분석 및 기계시험 결과와 적합한지 확인

③ KS 규격품으로 규격 증명서가 있는 재료는 재료시험 생략 가능

3) 공정간 검사

Marking 검사	• 자재의 규격 및 marking이 제작도와 일치한지 여부 확인 • 제작도와 대조하여 기준 치수 확인
절단 검사	• 치수 및 절단선에 따른 정확한 절단 여부 확인 • 절단 후 자재의 변형 유무 확인
조립 및 개선 검사	• 부재의 조립상태에서 치수 검사 실시 • 용접 개선 각도 및 root면의 간격 확인 • 용접 부위의 이물질 유무 확인

4) 용접 및 외관 검사

① 용접 중 수시로 용접작업의 수행 정도 확인

② 용접부 외관검사는 육안검사 실시

5) 용접부 비파괴 검사

① 검사대상은 모든 안전 용입 용접부가 대상

② 비파괴 검사는 초음파 탐상 검사가 원칙

③ 기둥과 보의 접합부는 flange 상하부 각 1개소 검사

④ Box형 기둥은 1면당 1개소 이상 검사

⑤ 각 용접부분에 대해서는 부재당 15%는 초음파 탐상검사 실시

6) 최종 검사

① 가공, 조립, 용접 및 변형 등 완료된 제품을 검사

② 제품이 승인된 도면과의 치수 확인

③ 제품의 치수, 부재 번호, 외관 상태 등이 적절한지 확인

7) 도장 검사

① 검사 측정기기에 대한 검사 실시

② 도장부위 표면 처리상태의 적합성 여부 확인

Ⅷ. 결 론

① 철골공사의 대외 경쟁력을 확보하기 위해서는 mill sheet 검사에서부터 제품의 조립 및 건립 시 오차를 허용오차 내에 유지시키는 것이 중요하다.

② 철골 구조체의 정밀도를 확보할 수 있는 검측기기 개발과 제작 시 자동화, 생산 공정의 현대화, 접합공법에는 robot을 사용한 시공이 요구된다.

문제	초고층 철골철근 Con´c 건축물의 box column과 H형강
14	column에 대한 용접방법

● [94전(30)]

Ⅰ. 개 요

① 최근 건축물이 초고층화됨에 따라 구조체 공사에 철골구조 적용이 필수적이며, 각형 강관구조의 특성 때문에 구조용 강재로 사용한다.

② 철골구조의 접합방법은 column의 형태, 구조적 역학, 작업의 용이성 등을 고려하여 적절한 공법 적용이 요구된다.

Ⅱ. 용접의 특성

1) 장 점

① 응력 전달이 확실하고, 이음처리가 용이

② 소음, 진동이 없으므로 도심지 공사 시 적당

③ 철골 중량감소와 일체성 확보

2) 단 점

① 모재 재질에 영향이 크고, 응력집중 민감

② 변형, 내부 결함 발견시 검사방법, 보수방법에 어려움.

③ 숙련도에 영향 큼.

Ⅲ. Box column 용접

1. 제작방법

1) 원형강관제작방법

원형강관으로 공장생산하여 box column으로 제작하는 방법

2) Plate 휨 가공방법

Plate 강판을 대형 절곡 장비를 이용하여 휨 가공하여 box column을 제작하는 방법

3) 각형 강판제작방법

4개의 plate로 각형 강판을 각각 용접하여 현장에서 요구하는 box column 제
작하는 방법

2. 기둥·보의 접합방법

1) 관통형 diaphragm

① 보의 관통하는 부위에 diaphragm을 용접하는 접합방식
② 접합부 plate 두께 임의조정 가능
③ 조립이 용이
④ 고층에 적용

2) 안쪽 diaphragm

① 각형 강판 제작 시 내부 접합부위에 강성을 증가시킨 접합방식
② 시공성이 복잡

3) 바깥쪽 diaphragm

각형 강판의 외부 접합부위에 강성을 증가시킨 접합방식

Ⅳ. H-column 용접

1. 제작방법

1) H형 column 제작방법

H-column을 공장에서 주문 생산하는 방식

2) H형 column 현장제작방법

3개의 plate로 H형 column를 현장에서 제작하는 방식

2. 기둥·보의 접합방법

1) 기둥 관통식

① 조립이 용이
② 용접 시 수평입향 자세로 용접이 곤란
③ 고층 건물에 적용

2) Beam 관통식

    ① 조립이 복잡

    ② 용접 시 하향자세이므로 용접이 용이

    ③ 중층 건물에 적용

V. 용접 시 주의사항

    ① 개선부 정밀도 및 청소

    ② 용접재료의 건조상태 및 보관

    ③ 기능공의 숙련도 파악 및 예열관리

    ④ 안전장구 및 안전수칙 준수

VI. 용접검사

1) 용접착수 전

    트임새 모양, 구속법, 모아대기법, 자세의 적부

2) 용접 작업 중

    용접봉, 운봉, 전류

3) 용접 완료 후

    ① 외관검사 및 절단검사

    ② 비파괴검사

       방사선투과, 초음파탐상, 자기분말탐상, 침투탐상

VII. 결 론

    ① 최근 건축물이 초고층화됨에 따라 철골구조체는 적용성이 증가되고 있다.

    ② 복합의 철골철근구조체가 외력 및 하중에 대하여 하나의 힘으로 대응할 수 있는 접합공법의 개발이 필요하며, 설계 시부터 시공까지의 전과정을 통한 전사적 품질관리가 필요하다.

철골공사의 내화피복

● [85(25), 89(5), 91후(30), 94후(25), 97후(30), 99중(20), 00후(25), 02후(25), 02후(25), 04후(25), 05중(10), 07전(10), 07중(25), 09중(25), 10후(25), 12후(25), 13후(25), 15전(25), 16전(25), 20전(25), 21전(25), 21후(25), 22전(25), 22중(25), 22후(25)]

Ⅰ. 개 요

① 철골구조는 외력에 의한 높은 온도에 약하므로 화재열로 인한 내력저하를 최소화하기 위해서는 내화피복이 필요하며 내화시험 규준에 맞는 충분한 내화성능을 가져야 한다.

② 철골의 구조강재 융점은 1,500℃로 500~600℃이면 50% 저하, 800℃ 이상이면 응력이 0에 도달하므로 철저한 품질관리가 요구된다.

Ⅱ. 목 적

① 외기 온도에 의한 구조체 영향을 최소화
② 인명, 재산 보호
③ 간접적인 단열, 흡음, 결로 방지
④ 기타 마감자재 및 건축물 보호

Ⅲ. 내화재료 요구성능

① 불연성   ② 부착성
③ 경량성   ④ 단열성
⑤ 시공성   ⑥ 무공해성
⑦ 연소생성 가스의 무해성

Ⅳ. 내화구조의 성능기준

구분	층수/최고높이		기둥	보	Slab	내력벽
일반시설	12/50	초과	3시간	3시간	2시간	3시간
		이하	2시간	2시간	2시간	2시간
	4/20 이하		1시간	1시간	1시간	1시간

구분	층수/최고높이		기둥	보	Slab	내력벽
주거시설	12/50	초과	3시간	3시간	2시간	2시간
		이하	2시간	2시간	2시간	2시간
	4/20 이하		1시간	1시간	1시간	1시간
공장·창고	12/50	초과	3시간	3시간	2시간	2시간
		이하	2시간	2시간	2시간	2시간
	4/20 이하		1시간	1시간	1시간	1시간

Ⅴ. 내화피복공법 분류

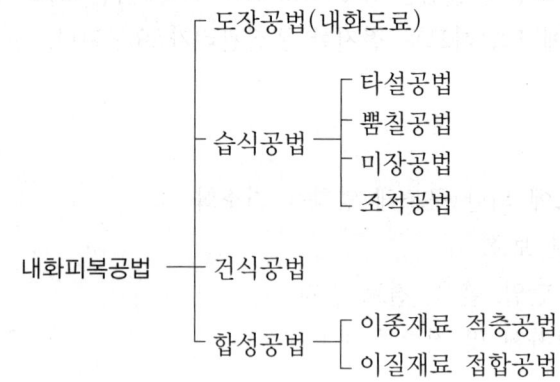

Ⅵ. 공법별 특성

1. 도장공법(내화도료)

1) 정의

내화 도료란 철골조에 두께 0.85mm 정도 도포하여 화재 시 발폼 의해 단열층이 형성되는 가열 발포형 고기능 내화피복제

2) 작용원리

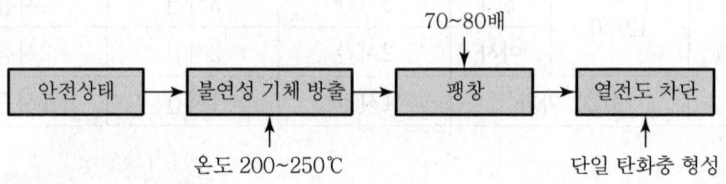

3) 시공 시 유의사항

① 기온이 4℃ 이하 작업 금지

② 5~40℃에서 작업하며 강우, 강풍 시 작업을 금함

③ 상대습도 85% 이하, 풍속 5m/sec 이하 시 작업

④ 수분에 민감하므로 중도 도장 후 강우 노출에 주의

2. 습식공법

1) 타설공법

① 철골구조체 주위에 거푸집을 설치하고, 경량 Con′c 및 모르타르 등을 타설하는 공법

② 특 징

㉠ 필요치수 제작이 용이하며, 구조체와 일체화로 시공성 양호

㉡ 표면 마감 용이, 강도 확보 및 내충격성

㉢ 시공시간이 길고 소요중량이 큼.

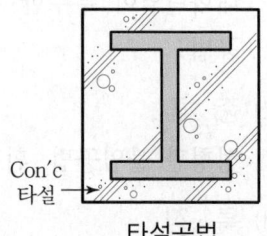

타설공법

2) 뿜칠공법

① 철골강재 표면에 접착제를 도포 후 내화재를 도포하는 공법

② 특 징

㉠ 복잡형상에도 시공성 간단

㉡ 내열성 및 간접적인 단열 흡음효과

㉢ 재료의 손실이 큼.

㉣ 피복 두께, 비중 등 관리 곤란

뿜칠공법

3) 미장공법

① 철골에 부착력 증대를 위해 metal lath 및 용접철망을 부착하여 단열모르타르로 미장하는 공법

② 특 징

㉠ 비교적 높은 신뢰성

㉡ 작업 소요기간이 길다.

㉢ 기계화 시공 곤란

㉣ 넓은 면적의 시공 곤란, 부분시공

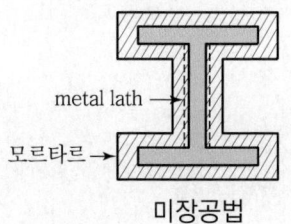

미장공법

4) 조적공법

① 콘크리트 블록, 벽돌, 석재 등으로
조적하는 방법

② 특 징

㉮ 충격에 비교적 강함

㉯ 박리 우려 없음

㉰ 시공시간이 길고, 중량

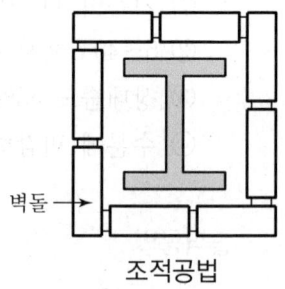

벽돌 →

조적공법

3. 건식공법

1) 정 의

내화단열이 우수한 경량의 성형판을 접착제나 연결철물을 이용하여 부착하는
공법

2) 종 류

성형판 붙임공법, 휘감기 공법, 세라믹울 피복공법

3) 특 징

① 재료, 품질관리 및 작업환경이 양
호함

② 부분보수 용이하나, 접합부의 내화
성능이 불리함

③ 충격에 비교적 약함

④ 보양기간이 길다.

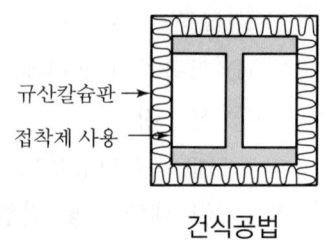

규산칼슘판 →

접착제 사용 →

건식공법

4) 시공 시 유의사항

① 내화피복두께 및 내화시험규준에 맞는지 여부 확인

② 부착판재의 맞춤시 접착부의 내화성능확보

③ 제품 주문시 규격분석하여 시공 여부 확인

④ 잔여 자재의 처리방안 검토(산업폐기물 처리업체에 위탁)

⑤ 우수에 대한 보양처리 및 지수층 형성

4. 합성공법

1) 정 의

이종재료를 적층하거나, 이질재료의 접합으로 일체화하여 내화성능을 발휘하는
공법

2) 종류 및 특성

① 이종재료 적층공법

㉮ 건식·습식 공사의 단점 보완

㉯ 바탕에는 석면성형판, 상부에는 질석
plaster 마무리

㉰ 건축물 마감의 평탄성 유지

㉱ 바름층의 탈락, 균열방지 방법을 검토

㉲ 부착성 검토

② 이질재료 접합공법

㉮ 초고층 건물의 외벽공사를 경량화
목적으로 공업화 제품을 사용하여
내부마감제품과 이질재료를 접합

㉯ 외부의 내화피복 공정 재료절약

㉰ 내화성능 사전검토 후 시공

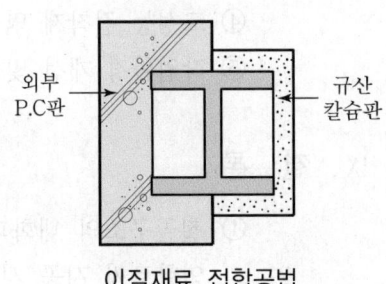

이종재료 적층공법

이질재료 접합공법

3) 시공 시 유의사항

① 내화피복 성능을 사전에 파악하여 시공

② Joint 부분 결함 여부 확인

③ 접합방법 및 강도 검토

Ⅶ. 내화피복 검사방법

1) 미장·뿜칠공법의 경우

① 시공 시 5m²당 1개소로 두께를 확인하면서 시공한다.

② 뿜칠시공 시 시공 후 코어를 채취하여 두께 및 비중을 측정한다.

③ 측정빈도는 각 층마다 또는 1,500m²마다 각 부위별로 1회씩 실시한다.

④ 1회에 5개소로 한다.

⑤ 연면적 1,500m² 미만의 건물은 2회 이상 측정한다.

2) 조적 · 붙임 · 멤브레인 공법의 경우

① 재료반입 시 두께 및 비중을 확인한다.

② 확인빈도는 각 층마다 또는 1,500m²마다 각 부위별로 1회씩 실시한다.

③ 1회에 3개소로 한다.

④ 연면적 1,500m² 미만의 건물은 2회 이상 검사한다.

3) 검사에 불합격시 덧뿜칠 또는 재시공에 의하여 보수한다.

VIII. 개발방향

① 내장 제품의 불연화성 재료의 개발

② 합성공법개발

③ 마감재료와 함께 처리하는 복합재료공법의 개발

④ 고성능 접착제 및 접합방식의 개발

⑤ 작업환경 개선 및 robot 개발로 성력화

IX. 결 론

① 철골구조의 내화피복은 외부 온도변화의 영향으로부터 구조체를 보호하는 역할로써 시공 시 정밀한 품질이 확보되어야 하며, 품질의 양부가 화재 등의 외력으로부터 건물을 보호하여 오랜 수명을 확보할 수 있다.

② 설계 당시부터 합리적인 내화설계법을 적용하고 성능기준제도의 현실화 및 시공장비의 무인 system화로 균질한 품질 확보가 가능하도록 하여야 한다.

| 문제 16 | 층간 방화구획 |

● [04전(25), 08중(25), 10후(25), 11후(25), 14전(25), 15중(25), 18전(25), 21전(25)]

I. 개 요

① 건축물에서 화재가 발생하면 건물 내외의 온도와 압력 차이로 인한 연돌효과 (stack effect) 때문에 각종 개구부를 통하여 급속하게 전 층으로 확대된다.

② 따라서 건물 내부를 관통하는 각종 개구부를 효과적으로 밀폐시켜 화재로 부터 재산과 인명을 보호하기 위해서는 층간 방화구획이 필요하다.

II. 층간 방화재료의 요구성능

① 불연성
② 부착성
③ 경량성
④ 단열성
⑤ 시공성
⑥ 무공해성
⑦ 연소생성가스의 무해성

III. 방화구획의 법적 기준

구획 종류	구획 단위
면적별 구획	• 10층 이하의 층은 바닥면적 1,000m² 이내마다 구획 • 11층 이상의 층은 층내 바닥면적 200m²(내장재가 불연재인 경우 500m²) 이내마다 구획 • 스프링클러 등 자동식 소화설비 설치부분은 상기 면적의 3배 이내마다 구획
층별 구획	• 3층 이상의 모든 층은 층마다 구획 • 지하층은 층마다 구획

Ⅳ. 층간 방화구획 방법

1) 창호화 slab 연결부

   철판 위 유리면 시공

2) 각종 배관 관통부

   ① 방화 우레아폼 충진
   ② 철판 위 Con'c 충진

3) Pit부

   ① 거푸집 위 콘크리트 타설
   ② 철판 취부

4) 계단실

   ① 계단실 출입 방화문은 갑종방화문 시공
   ② 화재 시 연기나 열에 의해 자동적으로 닫히도록 한다.
   ③ 자동폐쇄장치 해제 절대 금지

5) 설비 샤프트

   ① 샤프트의 벽체는 내화구조로 상층바닥 slab까지 축조
   ② 관통부 주위 틈새를 모르타르, 내화충전재로 밀폐
   ③ 점검구 문은 갑종방화문의 구조

6) 설비 덕트

   ① 덕트가 수직 샤프트 벽체를 관통하는 경우 방화 댐퍼를 벽체에 매립·고정
   ② 방화구획을 관통하는 댐퍼(damper) 주위 벽체는 밀폐

7) 방화문

   ① 방화문의 문틀은 불연재로 한다.
   ② 문을 닫은 경우에 방화에 지장이 있는 틈이 생기지 않도록 한다.
   ③ 문의 부착 철문은 문을 닫은 후에 화재에 노출되지 않아야 한다.

8) 자동방화셔터의 설치

   ① 전동 및 수동으로 수시로 작동하여야 함
   ② 임의 위치에서 정지시킬 수 있고 자중에 의해 개폐가 가능한 구조
   ③ 3m 이내에 갑종방화문이 설치된 곳에 설치

9) 외벽과 slab 틈새 구획

   ① Slab를 커튼 월까지 가능한 한 접근시킨다.

② 팬코일 박스 후면의 단열판을 내화성능이 있는 벽으로 구획
③ 틈새는 충전재료, 충전깊이, 시공방법을 고려하여 효과 극대화

Ⅴ. 재료의 종류별 특징

1) 방화 mortar 시공

① 시공기준 : 두께 1.6mm 이상 철판+암면 또는 두께 35mm 이상 방화 mortar 사춤

② 특징 : 습식 공법, AL-bar 부식, mortar 균열

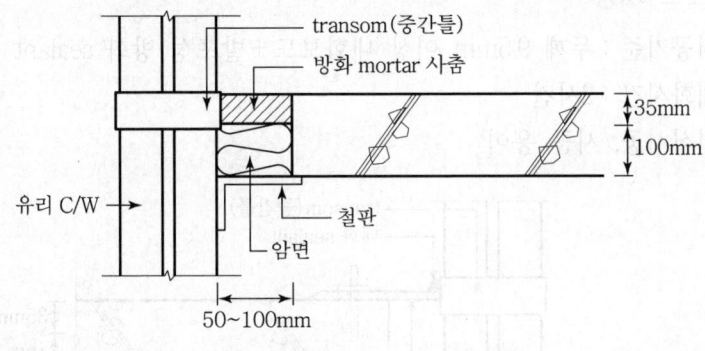

2) 방화 sealant

① 시공기준 : 두께 1.6mm 이상 철판+암면+방화 sealant

② 내화시간 : 2시간

③ 특징 : 상온 시공 가능, 변위 추종성능 우수, 시공 용이

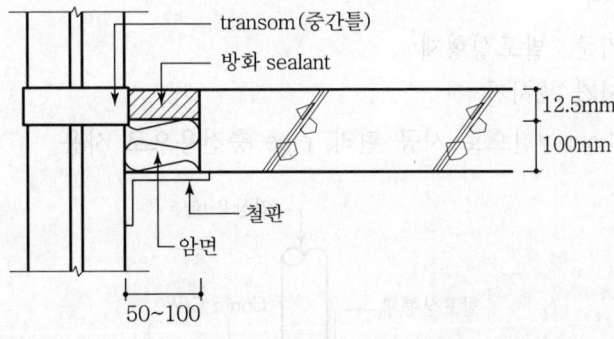

3) 방화 spray 뿜칠공법

① 시공기준 : 두께 1.6mm 이상 철판+암면+방화 spray

② 내화시간 : 2시간

③ 특징 : 층간변위 추종성 우수, 기밀성 우수

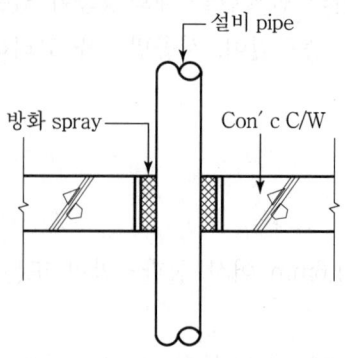

4) 내화보드 시공

　① 시공기준 : 두께 9.5mm 이상 내화보드＋발포성 방화 sealant

　② 내화시간 : 2시간

　③ 건식시공, 시공 용이

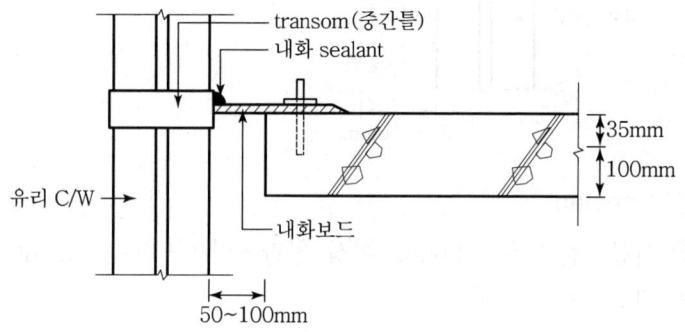

5) 발포성형재

　① 시공기준 : 발포성형재

　② 내화시간 : 2시간

　③ 특징 : spray건으로 시공 편리, pipe 충전용으로 사용

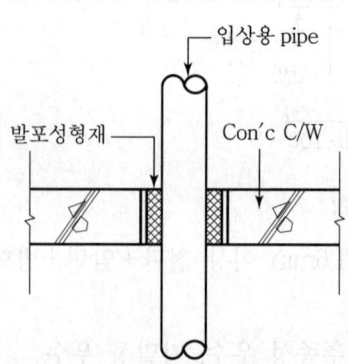

VI. 층간 방화 시공 시 주의사항

① 시공부위별 적합한 재료 및 시공법 선택
② 밀실, 기밀 시공이 중요
③ 층간방화구획 시공부 기밀 test 실시
④ 두께 1.6mm 이상 철판 사용 시 녹막이 처리
⑤ 시공이 복잡한 설비 매관용 sleeve는 골조 공사 시 선매입
⑥ 미시공 부위 최종 check

VII. 결 론

건축물에서 화재가 발생하면 건물 내부에 수용되어 있는 각종 가연성 물질의 연소로 인해 많은 유독성 연기와 화염을 발생시키면서 확산되므로 건물화재 시 연소 확대 경로를 철저히 차단해야 한다.

chapter

7장 | 철골공사 및 초고층 공사

2절 초고층 공사

1. 초고층 건축의 시공계획(시공관리) ·················· 836
2. 초고층 건축의 공정계획 ···························· 841
3. 초고층 건축의 안전관리 ···························· 846
4. 초고층 건축의 양중계획 ···························· 850
5. 초고층 철골철근콘크리트(SRC)조의 시공 ········· 855
6. 초고층 건축의 시공상 문제점 및 대책 ············· 861
7. 초고층 건축의 바닥판공법 ························· 866
8. Column shortening ····························· 874
9. CFT공법 ······································· 878
10. 초고층 건축의 core 선행공법 ··················· 886
11. 초고층 건축의 연돌효과(Stack Effect) ············· 891

초고층 공사 기출문제

1
1. 초고층 건축의 시공관리에 대하여 설명하여라. [91후, 40점]
2. 초고층 건물 [98중전, 20점]
3. 도심지 초고층 건축공사의 시공계획서 작성 시 주요관리항목과 내용을 기술하시오. [02후, 25점]
4. 초고층 공사 시 가설계획에 대하여 기술하시오. [05전 25점]
5. 초고층 건축공사 시 측량관리에 대하여 설명하시오. [08후, 25점]
6. 초고층 건축물 공사 시 고려해야 할 요소기술을 주요공종별로 구분하여 기술하시오. [12중, 25점]

2
7. 초고층 건축의 공정계획을 도시하여라. [90전, 30점]
8. Fast track method [92후, 8점]
9. 초고층 건축에서 공기에 영향을 미치는 요인을 들고 공정계획 방법에 대하여 기술하시오. [97중후, 40점]
10. 초고층 건물의 공기단축방안을 설계, 공법, 관리측면에서 기술하시오. [01전, 25점]
11. Fast Track Method에 대하여 기술하시오. [01후, 25점]
12. Fast Track Construction [00중, 10점]
13. 초고층 건축의 공정운영방식에 대하여 아래의 항목들에 따라서 설명하시오. [03전, 25점]
    ① 병행시공방식
    ② 단별시공방식
    ③ 연속반복방식
    ④ 고속궤도방식(FAST TRACK)
14. 철근 콘크리트구조 20층 이상 고층 공동주택의 골조공기 단축방안을 설명하시오. [07후, 25점]
15. 초고층 건축공사의 공정에 영향을 주는 요인과 공정운영방식에 대하여 설명하시오. [11전, 25점]
16. 초고층 건축물 공사에서 Fast track 기법 및 적용 시 유의사항에 대하여 설명하시오. [13전, 25점]

3
17. 철골조 고층 건축공사에서의 안전관리의 요점을 기술하여라. [92전, 30점]
18. 초고층 건축공사 시 산재 발생요인과 그 개선방향에 대하여 기술하시오. [96후, 40점]

4
19. 도심지에 위치한 고층 건물의 신축에 있어서 시공계획서 작성 시 유의해야 할 자재양중계획에 대하여 기술하라. [78후, 25점]
20. 초고층 건물의 양중방식과 양중계획에 대하여 기술하시오. [99중, 30점]
21. 초고층 건축물의 시공 계획서를 작성할 때 자재 양중 계획에 관하여 기술하시오. [00전, 25점]
22. 양중장비 계획 시의 고려사항 [00후, 25점]
23. 초고층공사의 특수성과 양중 계획 시 고려사항에 대하여 기술하시오. [05후, 25점]
24. 도심지 고층공사의 양중계획 시 고려사항에 대하여 기술하시오. [07중, 25점]
25. T/C(Tower Crane)에 대하여 다음을 설명하시오. [08전, 25점]
    1) 양중계획 수립절차를 flow chart로 작성하고
    2) 수립된 절차를 구체적으로 검토할 check list를 작성하시오.
26. 초고층 건축물의 고속시공을 위한 양중계획에 대하여 설명하시오. [08중, 25점]

초고층 공사 기출문제

4	27. 철골공사 양중장비의 선정과 설치 및 해체 시 유의사항에 대하여 설명하시오. [10전, 25점] 28. 초고층 건축공사에서 자재 양중계획 시 고려사항과 양중기계 선정 및 배치방법을 설명하시오. [11중, 25점] 29. 철골 양중계획 수립 시 고려사항과 수직도 관리방법에 대하여 설명하시오. [17전, 25점] 30. 고층건축물 공사현장의 자재양중계획 수립 시 고려사항에 대하여 설명하시오. [17중, 25점] 31. 초고층 건축물의 양중계획에 대하여 설명하시오. [19후, 25점] 32. 초고층공사에서 호이스트를 이용한 양중계획 시 고려사항에 대하여 설명하시오. [20중, 25점]
5	33. 초고층 철골철근콘크리트조 건물시공에 적합한 철근배근 및 콘크리트 타설방법에 대하여 논하시오. [98전, 40점] 34. 철골철근콘크리트(SRC)조 건물시공 시 부위별 철근 배근공사의 유의사항을 기술하시오. [01전, 25점] 35. SRC 구조에서 철근과 철골재 접합부의 철근정착 방법을 도시하여 기술하시오. [06중, 25점] 36. SRC 구조의 강재기둥과 철근콘크리트 보의 접합방법과 각각의 장단점에 대하여 설명하시오. [22중, 25점]
6	37. 도심지 고층 건축공사의 시공상 제약조건 및 문제점에 대하여 기술하여라. [82후, 20점] 38. 초고층 벽식 구조의 공동주택 골조공사에 있어서 시공상의 문제점과 대책을 설명하여라. [91후, 30점] 39. 도심 밀집지역의 초고층 건물 시공 시 문제점 및 대책에 대하여 기술하시오. [98중후, 40점]
7	40. 초고층 건축물에 있어서 바닥공법의 종류를 들고 각각의 시공에 대하여 간략히 기술하시오. [95중, 30점] 41. 고층건물에서 바닥판 공법의 종류와 시공방법을 설명하시오. [00중, 25점] 42. 초고층건물의 바닥판 시공법에 대하여 기술하시오. [05전, 25점] 43. 철골조 slab의 Deck plate 시공 시 유의사항에 대하여 기술하시오. [05중, 25점] 44. 강구조 Slab에 사용하는 Deck Plate의 시공법을 기술하고, Deck Plate 시공상 고려사항을 설명하시오. [07후, 25점] 45. 철골건물의 슬래브공법에 대해서 종류별로 설명하시오. [08전, 25점] 46. 고층건물 바닥시스템 중에서 보-슬래브 방식, 플랫슬래브 방식 및 메탈데크 위 콘크리트 슬래브 방식의 개요 및 장단점을 비교하여 서술하시오. [09중, 25점] 47. 초고층 건축에서 데크플레이트(Deck Plate)의 종류를 들고, 그 특성에 대하여 설명하시오. [09후, 25점] 48. 철골구조물에 시공하는 데크 플레이트(Deck plate)공법의 문제점 및 시공 시 유의사항에 대하여 설명하시오. [14후, 25점] 49. 철골구조에서 데크플레이트(Deck Plate)를 이용한 바닥슬래브와 보의 접합방법 및 시공 시 유의사항에 대하여 설명하시오. [18전, 25점] 50. 데크플레이트 슬래브의 균열발생 요인과 균열억제 대책 및 보수방법에 대하여 설명하시오. [18후, 25점] 51. 데크플레이트(Deck Plate)의 종류 및 특징 [19전, 10점]

7	52. 철골철근콘크리트공사 시 데크플레이트(Deck Plate)를 이용한 바닥 슬래브에서의 균열발생 원인과 억제대책 및 균열보수 방법에 대하여 설명하시오. [20중, 25점] 53. 철골공사 데크플레이트의 균열 발생원인, 균열 억제대책, 균열폭에 따른 균열 보수방법을 설명하시오. [21후, 25점] 54. 건축공사에서 데크플레이트(Deck Plate) 종류와 시공 시 유의사항에 대하여 설명하시오. [20후, 25점] 55. 최근 데크플레이트 적용 슬래브의 붕괴사고가 자주 발생하고 있다. 데크플레이트의 붕괴원인과 시공 시 유의사항에 대하여 설명하시오. [22중, 25점] 56. 데크플레이트(Deck Plate) 슬래브 공법 [22후, 10점]
8	57. Column shortening [97중후, 20점] 58. 초고층 건물시공에서 기둥의 부등축소(不等縮小)의 원인과 대책을 기술하시오. [98후, 30점] 59. 기둥축소량 [03전, 10점] 60. Column shortening에 있어서 탄성 변형과 비탄성 변형에 대하여 설명하시오. [03후, 25점] 61. 콘크리트 Column Shortening 발생원인을 요인별로 설명하시오. [04후, 25점] 62. Column Shortening [06후, 10점] 63. 초고층 건축공사에서 기둥부등축소현상(Column Shortening)의 발생원인, 문제점 및 대책에 대하여 설명하시오. [09후, 25점] 64. 고층 철골철근콘크리트조 건축물공사에서 수직부재 부등축소현상의 문제점과 발생원인 및 방지대책에 대하여 설명하시오. [20전, 25점] 65. Column shortening [12전, 10점] 66. 철골조 Column Shortening의 원인 및 대책 [16전, 10점] 67. 철골구조의 Column Shortening [18중, 10점] 68. 기둥의 부등축소(Differential Column Shortening) 발생원인과 그에 따른 문제점 및 대책에 대하여 설명하시오. [20후, 25점] 69. 초고층 건축공사에서 기둥의 부등축소(Column Shortening) 현상의 유형별 발생원인, 문제점 및 방지대책에 대하여 설명하시오. [21후, 25점] 70. 초고층 건축물 기둥부등축소현상(Differential Column Shortening)의 원인과 대책을 설명하시오. [22전, 25점]
9	71. 충전 강관 콘크리트(concrete filled steel tube) [97후, 20점] 72. 콘크리트 채움강관(concrete filled tube) [98후, 20점] 73. C.F.T(concrete filled tube) [01중, 10점] 74. C.F.T [05중, 10점] 75. CFT(Concrete Filled Tube) 공법에 대하여 다음 사항에 기술하시오.(공법개요, 장단점, 시공 시 유의사항, 시공프로세스 중 하부 압입공법 및 트레미관공법) [06중, 25점] 76. 충전 강관콘크리트기둥(Concrete Filled Tube)의 콘크리트 타설방법 [11중, 10점] 77. 건축물의 CFT(Concrete Filled Tube) 공법에서 품질관리계획과 콘크리트 하부 압입 타설 시 유의사항에 대하여 설명하시오. [16중, 25점] 78. 콘크리트충진강관(CFT)의 장단점과 시공 시 유의사항을 설명하시오. [18중, 25점] 79. CFT(콘크리트충전 강관기둥)공법의 장단점과 콘크리트 충전방법 및 시공 시 유의사항에 대하여 설명하시오. [20전, 25점]

초고층 공사 기출문제

10	80. 고층건축공사에서 Core 선행(先行)시공방법 [00중, 10점] 81. 고층 건축물 코어 선행공법 시공 시 유의사항 [02중, 25점] 82. 건축물 코어부의 Concrete 벽체에 철골 Beam 설치를 위한 매입철물(Embed Plate)의 설치방법을 기술하시오. [03중, 25점] 83. 코어(Core) 선행공법 [04전, 10점] 84. 고층 건축물의 코어 선행공법에서 구조체(Core wall)와 철골 접합부 시공상 유의사항을 기술하시오. [09전, 25점] 85. 매립철물(Embedded Plate) [09중, 10점] 86. 초고층 건축물의 RC조(Reinforced Concrete Structure) Core Wall 선행공사의 시공계획 시 주요관리 항목에 대하여 설명하시오. [10후, 25점] 87. 철골철근콘크리트(SRC)의 코어(Core)벽체와 연결되는 바닥철근 연결방법에 대하여 설명하시오. [12전, 25점] 88. 초고층 건축물 시공 시 사용하는 철근의 기계적 정착(Mechanical Anchorage of Rebar) [19전, 10점] 89. 초고층 건축물 시공에서 사용되는 코어(Core) 후행공법에 대하여 설명하시오. [15후, 25점] 90. 초고층 건축물 코어(Core)선행 공법의 접합부에 대한 공종별 관리사항에 대하여 설명하시오. [16중, 25점]
11	91. 고층건물 연돌효과(Stack Effect)의 발생원인, 문제점 및 대책을 설명하시오. [07전, 25점] 92. 초고층 건물화재 시 연돌효과(Stack Effect) 현상에 대하여 단계별(계획, 시공, 유지관리) 중점관리 사항 및 개선방안에 대하여 설명하시오. [14중, 25점] 93. 초고층 건축물의 연돌효과(Stack Effect)의 문제점과 대책을 설명하시오. [18중, 25점] 94. 연돌효과(Stack Effect) [02후, 10점] 95. 연돌효과(Stack Effect) [13전, 10점]
기 출	96. 초고층 건축물에 적용하는 벨트 트러스(Belt truss)의 시공을 위한 사전계획과 시공 시 고려사항에 대하여 설명하시오. [12중, 25점] 97. 초고층 건물에서 횡하중(바람, 지진) 저항을 위한 구조물 진동 저감방법 및 제어방식을 설명하시오. [18전, 25점] 98. 초고층 건축물의 피난안전구역 설치대상 및 설치기준에 대하여 설명하시오. [20후, 25점]
용 어	99. Super Frame [03중, 10점] 100. 고층 건축물의 지수층(Water Stop Floor) [09전, 10점] 101. 초고층공사의 Phased Occupancy [10중, 10점] 102. PAC(Pre-Assembled Composite) [13후, 10점] 103. 횡력지지시스템(Outrigger) [04전, 10점] 104. 아웃 리거(Out Rigger) [09후, 10점] 105. 초고층 아웃리거 시스템(Out Rigger System) [16전, 10점] 106. Belt Truss [21중, 10점] 107. 초고층 건물의 공진(共振) 현상 [12후, 10점]

인간은 항상 시간이 없다고 불평하면서
마치 시간이 무한정 있는 것처럼 행동한다.

- 세네카 -

문제
1

초고층 건축의 시공계획(시공관리)

● [91후(40), 98중전(20), 02후(25), 05전(25), 08후(25), 12중(25)]

Ⅰ. 개 요

① 초고층 건축은 건축법상 지상 50층 이상, 높이 200m 이상의 건물로서 공사의 작업내용이 복잡하고, 고소작업으로 인한 위험증대, 양중작업 등 종합적으로 검토하여 시공계획을 세워야 한다.
② 초고층 건축의 시공관리는 양중 능률 또는 안전관리 등의 관점에서 시공의 능률성, 경제성, 안전성 등을 추구하기 위하여 면밀한 관리가 실시되어야 한다.

Ⅱ. 시공계획의 필요성

① 시공관리의 목표를 달성
② 환경변화에 대비한 기술능력 제고
③ 5M의 효율적 활용
④ 경제적 시공의 창출

Ⅲ. 시공계획의 기본방향

① 과거의 경험을 최대한 활용
② 신기술과 신공법의 채택
③ 최적 시공법 창안
④ 각 분야에서 최고 수준으로 검토

Ⅳ. 시공계획 사전조사 실시

1) 사전조사 실시
① 설계도서 파악
설계도면과 시방서에서 대지면적, 건폐율, 용적률, 층수 및 건물의 높이 등을 파악
② 계약조건 파악
공사내용, 계약금액, 공사기간, 설계변경, 물가변동 사항 등을 파악

③ 현장조사

공사현장 내(內), 공사현장 주위, 대지 주변 매설물 등 파악 및 조사

④ 건설공해

소음, 진동, 분진, 악취, 교통장애 등에 대한 민원문제 조사 실시

⑤ 관계법규

인·허가에 대한 관련법규 검토 및 제반법규 저촉유무 조사

2) 공법선정계획

① 시공성

현장의 시공능력, 공기, 품질, 안전성 등을 파악하여 시공성을 종합적으로
전달

② 경제성

최소의 비용으로 공기, 품질, 안정성을 비교하여 최적 시공법 채택

③ 안전성

표준안전 관리를 효율적으로 사용하는 계획과 안전조직 검토

④ 무공해성

공사비가 다소 증대되더라도 여러 공법 중 공해 없는 공법 검토

3) 공정계획

① 면밀한 시공계획에 의하여 경제성 있는 공정표 작성
② 초고층 건축의 공정계획은 중요한 사항으로 어떤 방식을 채택할 것인가 검토

4) 품질관리계획

① 품질관리 시행

Plan → Do → Check → Action

② 하자발생 방지계획 수립

5) 원가관리계획

① 실행예산 분석
② V.E, L.C.C 개념 도입

6) 안전관리계획

① 상·하층간의 안전관리계획
② 안전교육을 철저히 시행하고, 안전사고시 응급조치 등 계획

7) 건설공해계획

① 무소음·무진동 공법선택

② 폐기물의 합법적인 처리와 재활용 대책

8) 기상 고려

  ① 공사현장에 영향을 주는 기상조건은 온도, 습도 및 풍우설

  ② 현장사무실에는 온도와 습도 등의 천후표를 작성하여 공사의 통계치로 활용

9) 노무계획

  ① 인력배당계획에 적정인원을 계산

  ② 과학적이고, 합리적인 노무관리계획 수립

10) 자재계획

  ① 적기에 구입하여 공급토록 계획

  ② 가공을 요하는 재료는 사전에 주문 제작하여 공사진행에 차질을 주지 말 것

11) 장비계획

  ① 최적의 기종을 선택하여 적기에 사용함으로써 장비의 효율성을 극대화

  ② 경제성, 속도성, 안전성 확보

12) 공법계획

  ① 주어진 시공조건 중에서 공법을 최적화하기 위한 계획 수립

  ② 품질, 안전, 생산성 및 위험을 고려하여 선택

13) 가설계획

  ① 동력 및 용수계획

  ② 수송 및 양중계획

14) 동력 · 용수 계획

  ① 간선으로부터의 인입거리, 배선 등을 파악하고, 정압(110V, 220V, 380V) 선택

  ② 상수도와 지하수 사용에 대한 검토와 충분한 용수량 확보

15) 수송계획

  ① 수송장비, 운반로, 수송방법 및 시기 파악

  ② 부재 포장방법, 장척재 및 중량재의 수송계획 검토

16) 양중계획

  ① 수직운반 장비의 적정용량 파악

  ② 양중장비 안전 및 해체 고려

V. 초고층 공사 시 고려사항

1. 설계 및 계획적 요소

1) 설계 및 계획적 측면
① BIM을 이용한 설계 시뮬레이션 실시
② 구조시스템별 건물 특성 반영
③ 풍동테스트를 통한 구조적 해석과 Mass 계획

2) 구조수축현상 대응
① RC core와 철골 복합구조 등의 부등수축 예상부위의 설계검토 및 반영
② 시공 중 지속적이고 정밀한 측량작업을 통한 보정 및 대응방안 수립

3) 연돌현상 제어
① BIM을 이용한 대응설계
② 건축적 제어에 대한 공조시스템의 지원 가능 여부 확인

4) 풍동현상 제어
① 풍동테스트를 통한 효과적인 단지 설계
② 주변 건물환경의 철저한 분석 및 설계 반영

2. 건축기술적 요소

1) 건물 구조 시스템
① 변위, 진동 및 구조수축 사항 검토
② 내진성능 규정 및 구조설계 반영

2) 커튼월 시스템
① 풍동테스트에 의한 구조성능 최적화
② 공정을 고려한 시스템 결정

3) 층간, 세대간 소음 및 진동 방지
① 중량 충격음에 대한 층간소음 및 진동 제어방안 수립
② 경량벽체의 설치시 투과소음의 차폐성능 설계 반영

4) 단위세대 및 공용부 인테리어
① Mock up test 실시 후 결과치 활용
② 구조부와 인테리어부의 통합

839

3. 건설공사적 요소

1) 양중 시스템

① 공정계획에 의한 고속 공정진행 반영
② T/C, Hoist 및 콘크리트 압송 등 모든 수직운반 시스템의 통합
③ 공사진행 단계별 계획 수립

2) 측량 시스템

① GPS 등을 이용한 측량
② 고정밀도 유지가 가능한 수직도 측량계획
③ 층별 Level 및 미세 수직 수축량 측정 및 관리계획

4. 건물 유지관리 요소

1) 피난 및 방재 시스템

① 건물 준공 후 관리 시스템의 적성성 및 검증
② 방화, 방재, 피난 시스템의 설정 및 적용 적정성 검토

2) 외벽청소 시스템

① 커튼월 시스템과 연계 검토
② 개인공간 침해 방지 및 작업 안전성 고려

VI. 결 론

① 초고층 건축의 시공계획은 사전조사를 철저히 하여 공사규모, 설계조건, 공기 등을 감안하여 계획하여야 하며, 현장 여건에 맞는 적정 공법을 선택하여야 한다.
② 특히 양중계획의 합리적 수립과 안전대책 및 공해 방지에도 충분한 검토가 필요하다.

초고층 건축의 공정계획

● [90전(30), 92후(8), 97중후(40), 00중(10), 01전(25), 01후(25), 03전(25), 07후(25), 11전(25), 13전(25)]

I. 개 요

① 초고층 건축의 공정계획은 중, 저층 공사에서와 같이 재래식 건축의 개념으로 시공을 하면 공사기간이 증대되어 비경제적인 시공이 되기 쉽다.

② 초고층 건물은 고소화에 따른 작업능률 저하 및 위험의 증대, 작업내용의 복잡, 기상조건, 양중작업 등을 종합적으로 고려하여 공정계획을 수립해야 한다.

II. 공정에 영향을 주는 요소

1) 도심지 교통규제

   ① 도심지 교통 번잡

   ② 대형 차량의 도심지 운행 제약

2) 고소작업

   ① 고소작업에 따른 안전성, 능률향상, 시공 정밀도 등을 확보할 수 있는 공법 강구

   ② 작업원 추락, 기재의 낙하, 기후변화 등의 재해대비책 수립

3) 기능공 확보

   ① 기계화 시공, 현장작업 단순화로 안정된 노동력 확보

   ② 동일작업 반복, 공정속도 균일화로 기능공 분산 방지

4) 건설공해

   ① 소음, 진동으로 인한 공해로 민원 발생

   ② 인접 건물 균열

   ③ 지중매설물의 이설

Ⅲ. 공정계획방법

1. Network 작성순서 flow chart

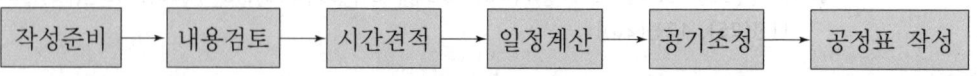

작성준비 → 내용검토 → 시간견적 → 일정계산 → 공기조정 → 공정표 작성

2. 공기단축기법

1) 목 적

① 공기 만회

② 공비 증가 최소화

2) 공기에 영향을 주는 요소

① 사전조사

② 공법선정

③ 6요소(공정관리, 품질관리, 원가관리, 안전관리, 공해, 기상)

④ 6M(Man, Material, Machine, Money, Method, Memory)

3) 공기단축기법

① 지정공기

㉮ M.C.X

각 요소 작업의 공기와 비용 관계를 조사하여 최소의 비용으로 공기를 단축하기 위한 기법으로 C.P.M의 핵심이론

㉯ 지정공기

비용구배(Cost slope)가 없을 시 지정공기에 의한 공기단축기법

② 진도관리(follow up)

각 공정이 계획공정에 맞도록 완성되어가고 있는가를 계속 감시하고, 차질이 있을 경우 수정조치를 취하는 기법

3. 자원배당

1) 목 적

① 자원변동의 최소화

② 자원의 효율화

③ 시간낭비 제거

④ 공사비 감소

2) 대 상

4M(Man, Material, Machine, Money)

3) 자원배당방법

① 공정표 작성
② 일정계산
③ EST 부하도
④ LST 부하도
⑤ 균배도

4. 진도관리

1) 주 기

① 공사의 종류, 난이도, 공기 등에 따라 다름.
② 통상 2~4주 기준 실시

2) 진도관리곡선(공정관리곡선)

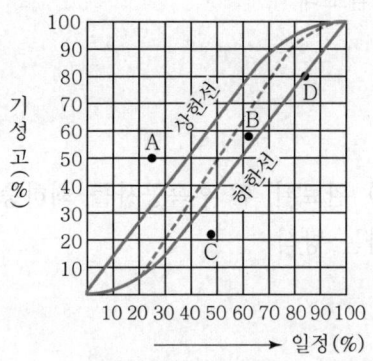

A점 : 공정이 예정보다 너무 진행되어 허용한계 외에 있으니 비경제적인 시공
B점 : 공정이 예정에 가까우니 그 속도로 진행하면 됨.
C점 : 허용한계를 벗어나 공정이 많이 지연되었으므로 공기단축을 위한 근본적인 대책 필요함.
D점 : 허용한계선에 있으므로 공정의 촉진을 요함.

3) 진도관리방법

① 횡선식과 사선식 공정표 파악
② 공사진척 check
③ 완료작업은 굵은 선으로 표시

④ 지연작업은 원인 파악하여 조정 및 촉진

⑤ 과속작업은 내용 파악

Ⅳ. 공정운영방식

1. 병행시공방식

1) 공정상에서 기본이 되는 선행작업이 하층에서 상층으로 진행될 때 후속되는 다음 작업이 시작 가능한 시점에서 후속작업을 하층에서부터 상층으로 시공해 나가는 방식

2) 문제점

① 작업 위험도 증대

② 양중설비 증대

③ 시공속도 조절 곤란

④ 작업동선 혼란

⑤ 빗물, 작업용수 등이 하층으로 흘러들어
작업방해 및 오염초래

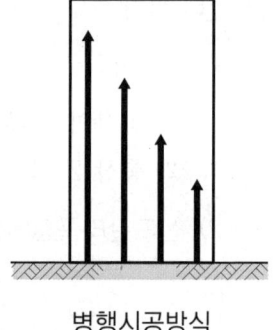

병행시공방식

2. 단별시공방식

1) 골조공사(철골공사) 완료된 후 후속공사를 최하층과 중간층에서 몇 단으로 나누어 동시에 시공하는 방식

2) 문제점

① 작업관리 복잡

② 양중설비 증대

③ 가설동력 증대

④ 작업자, 관리자 증대

⑤ 상부층의 재하중에 대한 가설보강 필요

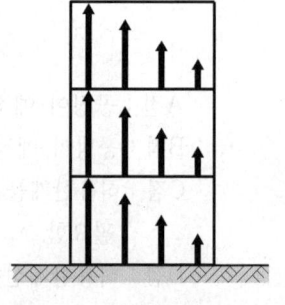

단별시공방식

3. 연속반복방식

1) 병행 및 단별시공방식을 개선하여 기준층의 기본공정을 편성하여 작업 상호간에 균형을 유지하면서 연속 되풀이하여 반복 시공하는 방식

2) 필요조건
   ① 재료의 부품화
   ② 공법의 단순화
   ③ 시공의 기계화
   ④ 양중 및 시공계획의 합리화

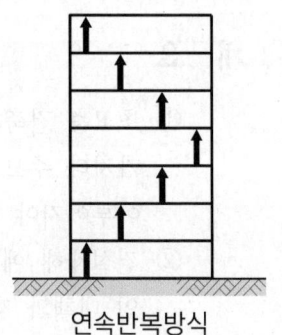

연속반복방식

3) 특 징
   ① 전체 작업의 연속적인 시공 가능
   ② 합리적인 공정 작업 가능
   ③ 일정한 시공속도에 따라 일정한 작업인원 확보 가능
   ④ 시공성 양호

4. 고속궤도방식(fast track method)

1) 건물의 설계도서가 완성되지 않은 상태에서 첫단계의 기초적인 도서에 의하여 부분적인 공사를 진행시켜 나가면서
   ① 다음 단계의 설계도서를 작성하고
   ② 작성 완료된 설계도서에 의해 공사를 계속 진행시켜 나가는 시공 method이다.

2) 특 징
   ① 설계 작성에 필요한 시간 절약 및 공기단축
   ② 건축주, 설계자, 시공자의 협조 필요
   ③ 계약조건에 따른 문제 발생 우려
   ④ 시공자의 설계 검토시간 부족
   ⑤ 작업의 연관성 부족 시 공기 지연 우려

V. 결 론

① 초고층 건축의 공정계획은 공사의 대형화로 공기가 길고, 기상조건에 따라 영향이 크므로 적절한 공법 선정으로 공기를 단축해야 한다.
② 고소화 작업으로 인한 위험증대와 양중작업에 따른 안전관리계획을 공정계획 수립 시 염두에 두어 합리적인 공정계획을 세워야 한다.

초고층 건축의 안전관리

● [92전(30), 96후(40)]

I. 개 요

① 초고층 건축의 안전사고는 중대재해로 연결되어 인적, 물적으로 많은 손실을 가져다 주므로, 공사의 성격에 따른 계획수립과 안전에 대한 검토가 사전에 이루어져야 한다.

② 건설재해 예방을 위해서는 계획단계에서부터 시공단계에 이르기까지 근본적인 대책과 재해의 위험요소를 제거해야 된다.

II. 안전관리 목적

① 근로자의 생명보호
② 기업 재산보호
③ 작업환경 개선
④ 안전의 모든 규칙 존중

III. 재해유형

① 추락
② 전도
③ 붕괴
④ 충돌
⑤ 감전
⑥ 화재

Ⅳ. 재해원인

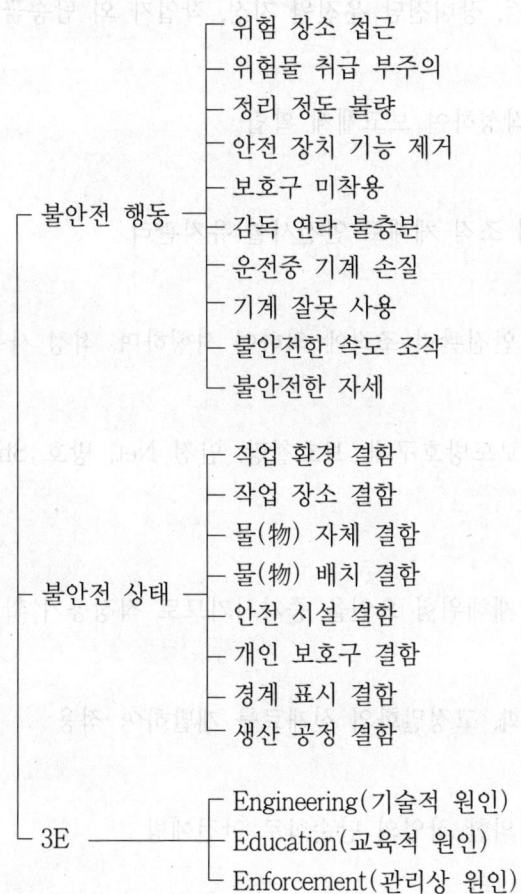

- 불안전 행동
  - 위험 장소 접근
  - 위험물 취급 부주의
  - 정리 정돈 불량
  - 안전 장치 기능 제거
  - 보호구 미착용
  - 감독 연락 불충분
  - 운전중 기계 손질
  - 기계 잘못 사용
  - 불안전한 속도 조작
  - 불안전한 자세
- 불안전 상태
  - 작업 환경 결함
  - 작업 장소 결함
  - 물(物) 자체 결함
  - 물(物) 배치 결함
  - 안전 시설 결함
  - 개인 보호구 결함
  - 경계 표시 결함
  - 생산 공정 결함
- 3E
  - Engineering(기술적 원인)
  - Education(교육적 원인)
  - Enforcement(관리상 원인)

Ⅴ. 재해발생 대책

1) 안전대책 3E 수립 및 실시

　① 기술적 대책(Engineering)

　② 교육적 대책(Education)

　③ 관리적 대책(Enforcement)

2) 기술적 대책

　승강대 및 안전대 설치, 작업발판 설치, 와이어 로프 수시점검 등

3) 교육적 대책

　실질적인 안전보건교육 및 안전교육 강화로 안전의식 고취

4) 관리적 대책

장비의 정기점검, 장비전담 운전원 지정, 작업자 외 탑승금지 등

5) 조 직

조직계통도를 작성하여 보고체제 확립

6) 운 영

안전관리기구의 조직 체계로 안전시설 유지관리

7) 표준관리비

집행은 현장의 안전관리 조직에 의하여 시행하며, 적정 사용으로 재해예방

8) 안전설비

낙하방지선반, 보도방호구대, 보호철망, 안전 Net, 방호 Sheet, 안전난간 등 설치 철저

9) 적정공기 확보

무리한 공기는 재해위험 요인을 증가시키므로 적정공기 확보

10) 신재료

경량화, 고강도화, 고정밀화의 신재료를 개발하여 적용

11) 성력화 공법

기계화 시공에 의한 작업의 단순화로 안전예방

12) 기계설비의 현대화

양중장비의 자동화 및 robot화

13) 공법의 건식화

공업화 생산에 의한 prefab화, 조립화

14) 양중설비

장비의 정비 및 점검 강화

15) 상하작업 연락관리

상하 동시 작업은 되도록 지양하며, 낙하물에 대한 상하 연락 철저

16) 무재해 운동

무재해 운동에 따른 성과금 지급

17) 사전 안전성 평가제도

사전에 안전성을 평가하여 점수제에 의한 관리로 사전 안전성 평가제도의 정착

Ⅵ. 결 론

① 건축물이 초고층화되어감에 따라 현장에서의 안전 확보는 공사관리에서 중요한 요소가 되고 있으며, 현장조건에 맞는 합리적이고 과학적인 안전관리가 이루어져야 한다.

② 따라서 안전성 평가 및 과학적인 시공관리계획에 의거하여 시공 및 양중에 따르는 안전사고의 방지로 인명과 재산에 대한 손실을 극소화시켜야 한다.

문제 4 초고층 건축의 양중계획

● [78후(25), 99중(30), 00전(25), 00후(25), 05후(25), 07중(25), 08전(25), 08중(25), 10전(25), 11중(25), 17전(25), 17중(25), 19후(25), 20중(25)]

Ⅰ. 개 요

① 초고층 건축의 양중계획은 시공계획의 중요한 부분을 차지하며, 양중계획이 세워지지 않으면 전체공사계획이 결정되지 않는다.

② 양중 내용의 파악과 형식을 설정하여 양중기계를 선정해야 하며, 적재적소에 배치해서 최적의 양중 system이 이루어지도록 계획하여야 한다.

Ⅱ. 양중계획 시 고려사항

① 주변 교통 사항

② 적정 양중기 선정

③ 수평운반계획

④ Stock yard

⑤ 안전관리와 병행한 양중계획

Ⅲ. 양중방식

1) 수직 운반

① 대형 양중

㉮ 크기 및 중량은 길이 4m 이상, 폭 1.8m 이상, 중량 2t 이상

㉯ 철골부재, 철근, P.C판, curtain wall 등을 양중

㉰ 종류

Tower crane, jib crane, truck crane 등

② 중형 양중

㉮ 크기 및 중량은 길이 1.8~4m, 폭 1.8m 미만, 중량 2t 미만

㉯ 창호, 유리, 석재, 천장재, A.L.C판 등을 양중

㉰ 종 류

Hoist, 화물전용 lift 등

③ 소형 양중

㉮ 크기 및 중량은 길이 1.8m 미만, 폭 1.8m 미만, 중량 2t 미만

㉯ 소형 마감재, 작업인원 등을 양중

㉰ 종류

인화물용 elevator, universal lift 등

2) 수평운반

① 양중기에 의한 반입시간 절약, 화물내리기 노력 절감을 위해 운반형식 통일

② 전용 컨테이너 또는 팔레트를 사용하면 효과적

③ 운반장비는 fork lift, hand lift, 손수레

Ⅳ. 양중계획 flow chart

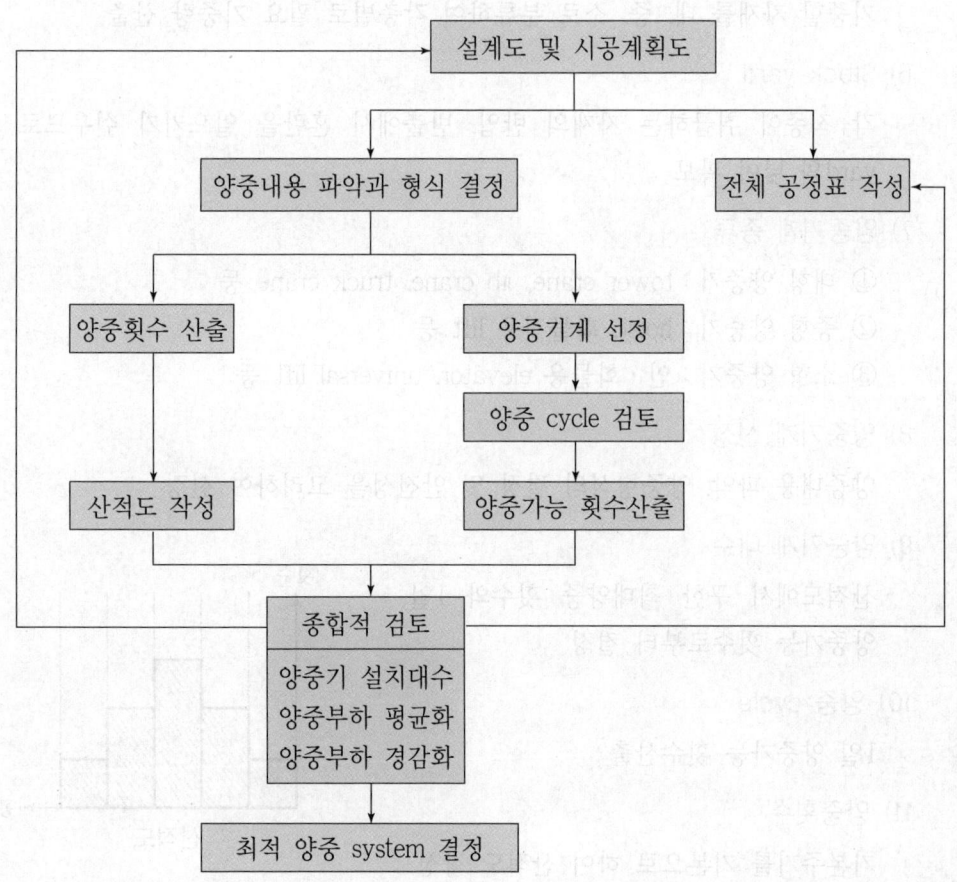

V. 양중계획

1) 설계도서 검토

　　설계도면과 시방서에서 대지면적, 층수, 건물높이 등을 파악

2) 주변 교통 사정

　　대형 차량의 도심지 운행 제약 및 교통 번잡 파악

3) 배치계획

　　외부 반입로와 stock yard의 위치 및 내부 동선과의 관계를 고려하여 결정

4) 가설계획

　　Tower crane 기초, 당김줄 기초, Con'c 타설 및 양생

5) 양중자재 구분

　　기중할 자재를 대, 중, 소로 분류하여 각층별로 필요 기중량 산출

6) Stock yard

　　각 직종이 취급하는 자재의 반입, 반출에서 혼란을 일으키기 쉬우므로 stock yard의 넓이 확보

7) 양중기계 종류

　　① 대형 양중기 : tower crane, jib crane, truck crane 등
　　② 중형 양중기 : hoist, 화물전용 lift 등
　　③ 소형 양중기 : 인·화물용 elevator, universal lift 등

8) 양중기계 선정

　　양중내용 파악, 양중형식의 결정 및 안전성을 고려하여 선정

9) 양중기계 대수

　　산적도에서 구한 최대양중 횟수와 1일 양중가능 횟수로부터 결정

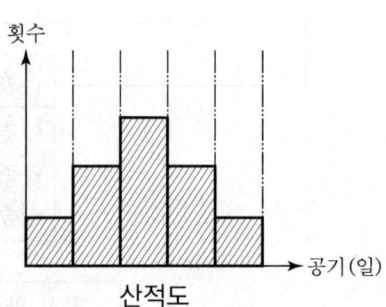

산적도

10) 양중 cycle

　　1일 양중가능 횟수산출

11) 양중횟수

　　기본주기를 기본으로 하여 산적도 작성

12) 양중부하 평준화

양중량을 대, 중, 소로 구분하여 계획적으로 수송하기 위한 양중량의 평균화

13) 안전관리계획

무리없는 공정계획과 안전관리 책임체제 확립

14) 운전자 교육

장비의 1일점검 및 과대중량 양중 배제로 안전예방

15) 양중작업 조직도

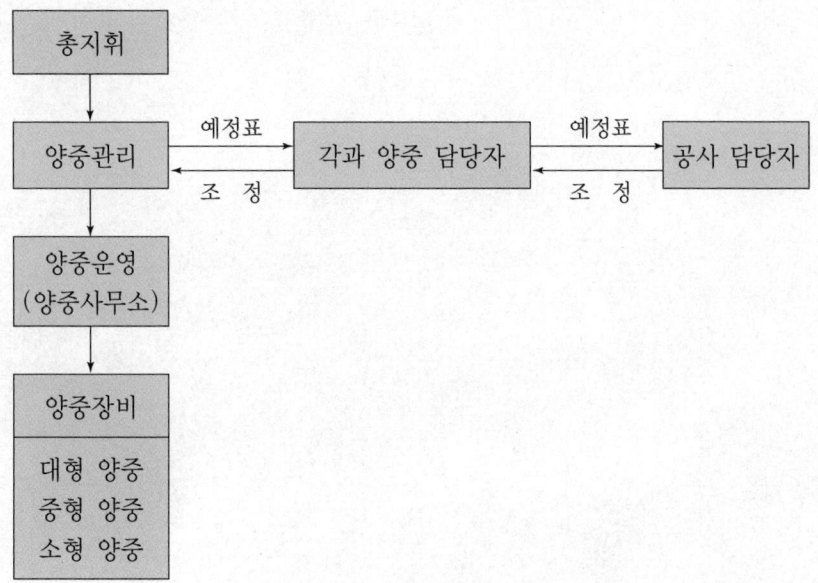

VI. 양중관리

① 집중관리방식 채택
② 양중의 운행관리 조직계통도 작성
③ 공사담당자는 작업 전에 양중량, 소요일수, 작업층별 등을 표시
④ 양중 구분에 따라 책임자 선정
⑤ 공사의 진척사항을 종합한 계획적인 양중 실시 유도

Ⅶ. 결 론

① 초고층 건축의 양중계획은 공사의 특성에 맞는 양중방식의 선정과 양중량을 계획적으로 수송하기 위한 양중량의 평균화와 양중부하의 경감을 도모하여 체계적이고, 종합적인 양중계획을 수립해야 한다.

② 건축물의 고층화로 인한 양중장비의 수요증가와 그에 따른 양중장비의 연구개발에 더욱 힘써야 하며, 안전대책과 병행한 양중계획이 무엇보다 중요하다.

문제 5

초고층 철골철근콘크리트(SRC)조의 시공

● [98전(40), 01전(25), 06중(25), 22중(25)]

I. 개 요

① 초고층 건물은 작업내용의 복잡·다양화, 공사기간의 증대, 고소화에 따른 위험성 증대 등의 특수성을 감안하여, 현장여건에 맞는 적정공법을 선정하여 면밀한 시공관리가 필요하다.

② 초고층 철골철근콘크리트(SRC)조의 시공은 철근배근 및 콘크리트 타설방법에 대한 시공의 능률성, 경제성 및 안전성 등을 종합적으로 분석하고 시공에 임하여야 한다.

II. 초고층 건축의 시공계획

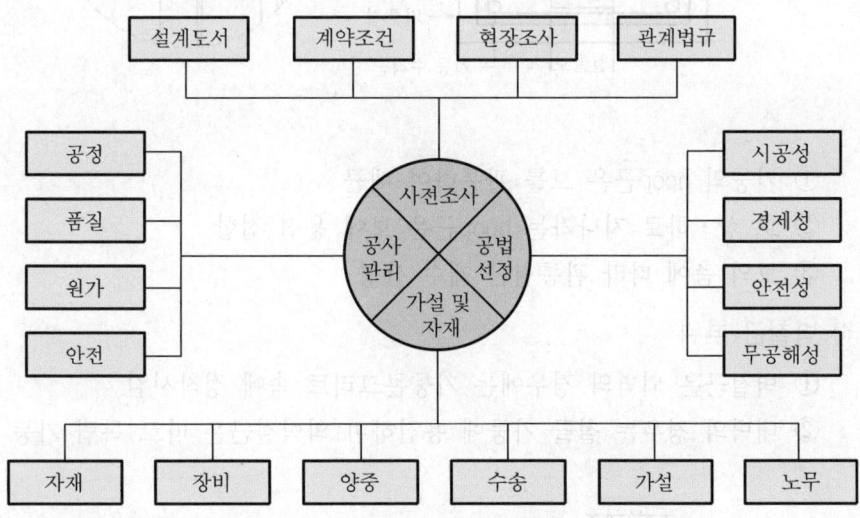

III. SRC조 부위별(철골과 철근의 접합부) 철근배근 방법

1) Shop drawing 검토

① 철근 시공 상세도의 사전 검토

② 철골에 관통하는 배근도는 사전에 가공 조립

③ Shop drawing을 검토하여 전체 철근량 산출

④ 구간별 양중량 산출로 양중계획 수립

2) 피복두께 확보

① 철골의 피복두께

부위	기둥	보
피복두께	10cm 이상	12~15cm

② 시공을 단순하게 하여 피복두께 확보

3) 기둥과 보의 접합부

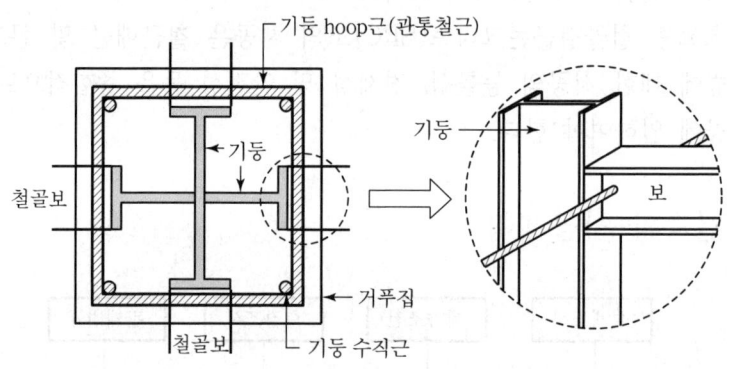

① 기둥의 hoop근은 보를 관통하여 배근
② 보 상·하로 지나가는 hoop근은 보에 용접 접합
③ 보의 춤에 따라 관통철근 개수 산정

4) 벽철근 부위

① 벽철근은 외벽의 경우에는 기둥콘크리트 속에 정착시킴.
② 내벽의 경우는 철골 기둥에 용접하며 외벽철근은 따로 독립 가능

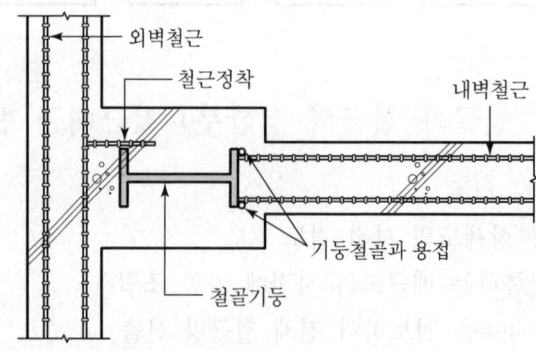

5) 기둥 및 보와 벽의 접합부

  ① 설계 시 철근 정착부의 마무리 검토
  ② 원칙적으로 구부림이 없도록 배근
  ③ 정착길이 확보를 위한 방안 마련
  ④ 콘크리트의 밀실한 충전이 될 수 있도록 유의

6) 큰보와 작은보가 만나는 부위

  ① 작은보의 철근은 큰보에 정착

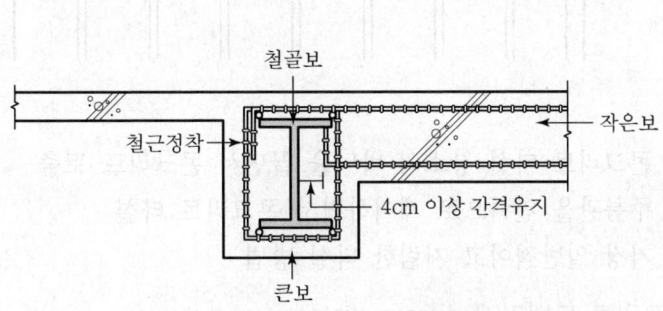

  ② 작은보 하부철근은 큰보의 철골에 닿지 않도록 유의(4cm 이상 간격유지)

7) 보와 slab가 만나는 부위

  ① Slab의 하부 철근은 보에 정착

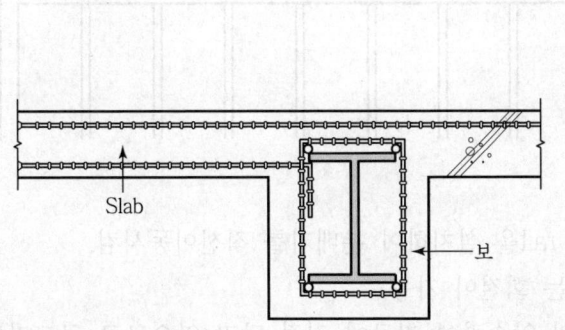

  ② 상부 철근은 용접철망 대체 가능

8) 기둥과 기초의 접합

  철골 주각부의 철근을 구부리지 않고 기둥철근을 배근할 수 있도록 할 것

Ⅳ. 콘크리트 타설요령

1) 주름관(Flexible hose)

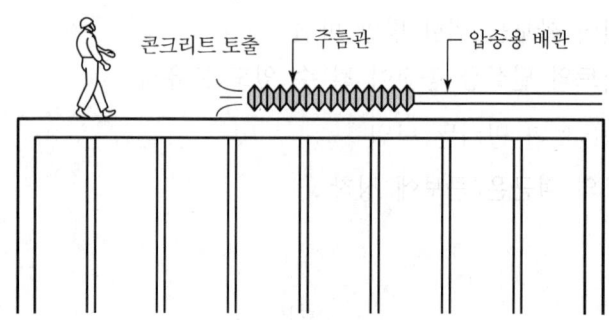

① 콘크리트 타설 장소의 바닥을 끌면서 콘크리트 토출
② 주름관을 인력으로 제어하면서 콘크리트 타설
③ 가장 일반적이고 저렴한 타설 방법

2) 콘크리트 분배기(Concrete distributor)

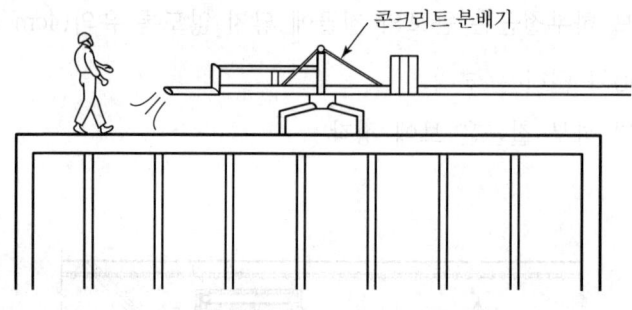

① 바닥에 rail을 설치하여 분배기를 직선이동시킴.
② 분배기는 회전이 가능
③ Pump의 압송력이 철근에 직접 닿지 않으므로 콘크리트 타설 시 철근에 영향을 최소화
④ 분배기의 이동은 tower crane을 이용
⑤ 분배기의 타설 영역은 15m 내외

3) 콘크리트 프레이싱 붐(Concrete Placing Boom)

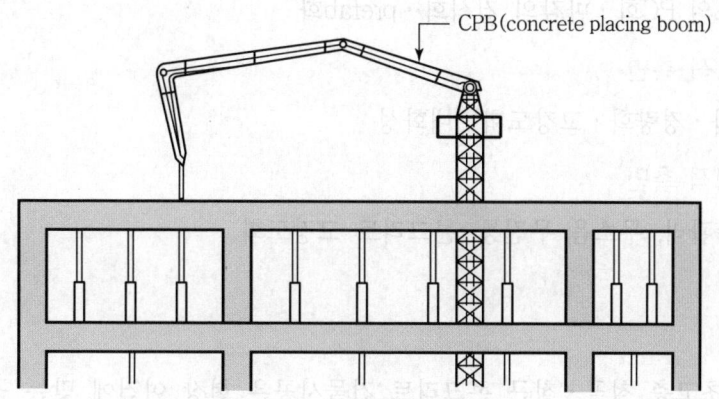

CPB(concrete placing boom)

① 초고층건물의 고강도콘크리트 타설 시 주로 이용
② 콘크리트 타설 시 철근에 영향이 전혀 없음
③ 적은 인원으로 신속한 타설 가능
④ 수직상승용 mast 별도 설치
⑤ 초기구입비나 임대료가 고가이므로 저층 공사 시 불리

V. 철근 배근 및 콘크리트 타설 시 유의사항

1) 철근 배근시 유의사항

① 철골과 철근의 간격은 25mm 이상 유지한다.
② 철골의 피복두께는 50mm 정도 유지한다.
③ 기둥철근과 철골보는 서로 닿지 않게 유의한다.
④ 원칙적으로 철근과 철골의 접촉은 피한다.

2) 콘크리트 타설 시 유의사항

① 타설 높이는 1.5m 이하로 하여 재료분리가 발생하지 않도록 한다.
② 보의 타설 시에는 양단에서 중앙으로 타설한다.
③ 기둥의 타설 시에는 콘크리트를 밀실하게 채우기 위해서 진동기를 사용한다.
④ 타설후 진동·충격을 방지한다.

Ⅵ. 초고층 건축의 금후 발전추세

   1) 설계적 측면

     골조의 PC화 · 마감의 건식화 · prefab화

   2) 재료적 측면

     3S화 · 경량화 · 고강도화 · 내화성

   3) 시공적 측면

     계측관리, 무소음 무진동, 콘크리트 고강도화

Ⅶ. 결 론

   ① 초고층 철골 · 철근 콘크리트 건물시공은 현장 여건에 맞는 공법의 선정 등 면밀한 시공관리 및 계획을 해야 한다.

   ② 문제점 등을 철저히 파악하여 대책을 세우며 신기술 개발 등에 지속적인 연구개발이 필요하다.

초고층 건축의 시공상 문제점 및 대책(금후 발전추세)

● [82후(20), 91후(30), 98중후(40)]

I. 개 요

① 초고층 건축은 공사의 복잡화, 다양화에 따라 공사내용이 복잡하고, 고소작업으로 인한 위험성 증대, 양중작업, 시공법 등에 따른 시공관리상 문제점이 발생되고 있다.

② 초고층 공사의 시공은 경제성, 안전성, 능률성 등을 종합적으로 검토한 시공계획을 수립하여 시공상 문제점을 최소화하여야 한다.

II. 초고층 건축의 특수성

① 도심지에 건축
② 지하구조물의 깊이 증대
③ 작업원의 수직동선 및 양중높이 증대
④ 조립 정밀도의 중요성 증대(공기 증대)
⑤ 고소작업으로 인한 안전대책
⑥ 공사비 증대

III. 문제점

1) 현장 가공·시공

① 현장 가공·시공으로 인한 품질저하 및 공기연장
② 기능인력 부족 및 기능도 저하

2) 습식 공법

① 재료의 습식으로 인한 공기지연, 노무비 증가, 안전사고 증가, 품질저하 등 초래
② 3S(표준화, 단순화, 규격화) 부족

3) 복잡화

① 대형화, 다양화에 따른 공사 내용 복잡
② 공사의 복잡화에 따른 품질저하 및 공기연장

861

4) 저강도

① 초고층 건축의 콘크리트 강도가 저강도 상태에서 단면 증가

② 고성능 감수제나 유동화제의 불신으로 고강도 콘크리트 제조의 어려움.

5) 비내화성

① 열팽창 흡수성능 저하

② 화재 시 내화성능 저하로 건물 전체 전소

6) 비강재

① 동적 안전성과 인성이 약함.

② 가구식이 아니고, 일체식 구조인 철근콘크리트의 층간변위에 대한 유연성 부족

7) 공해시공

① 소음, 진동, 분진, 악취, 교통장애 등에 대한 민원 발생

② 토공사 시 우물고갈, 지하수 오염, 지반의 침하와 균열 등 발생

8) 공기지연

① 현장제작 시공으로 인한 공기지연

② 노동력 저하와 기능인력 부족

9) 기상영향

① 강우기, 한랭기 등에 공정속도 저조

② 엄동기인 12~2월의 3개월간은 작업 곤란

10) 노무 위주

① 노동 집약의 시공 위주로 공기지연

② 현장제작 시공으로 인한 품질 저하

Ⅳ. 대 책

1. 설계 측면

1) 골조의 P.C화

① 공업화에 의한 대량생산으로 공기단축, 품질향상, 안전관리, 경제성 확보

② 기계화·자동화·robot화에 의한 노무절감 기대

2) 마감의 건식화

① 부재의 표준화·단순화·규격화에 의한 경비절감

② 공기단축, 동해방지, 기상변화 대응, 보수·유지관리 편리

3) 천장의 unit화

① 건축공사와 설비공사의 상호관계를 고려하여 module과 line을 일치시킴.

② M-bar 또는 T-bar 등을 통하여 천장의 unit화

4) 벽의 curtain wall

① 외벽의 경량화와 외장마무리의 다양화

② 공업화 제품으로 현장시공의 기계화에 따른 성력화

5) 바닥의 prefab화

① 기존의 현장타설 Con'c의 미비점을 보완하여 시공성이 우수한 P.C 바닥판 공법의 실용화 시도

② 안전한 작업바닥을 확보할 수 있고, 대형 양중기를 이용함으로써 양중횟수를 감소하여 공기단축 효과 발휘

2. 재료 측면

1) 건식화

① 부재의 표준화로 호환성을 높이는 open system의 개발

② 대량생산 가능하도록 재래의 습식공법에서 건식공법의 재료개발

2) 3S화

① 건축재료의 단순화·표준화·전문화에 의한 생산

② 공업화 생산으로 품질향상 및 대량생산으로 원가절감

3) 경량화

① 경량 거푸집재의 개발 및 재료의 경량화로 건물 자중 감소

② 경량화로 인한 시공기계의 소형화와 성력화

4) 고강도화

① 시멘트 paste와 골재의 강도개선, W/B비, 시공연도를 고려한 배합설계

② 고성능 감수제, silica fume을 통한 혼화재 개발

5) 내화성

① 열팽창 흡수 성능을 고려한 내장재 개발

② 화재 시 내화에 견디는 재료개발 및 내화피복재 개발

3. 시공 측면

1) 가설공사

① 가설공사 양부에 따라 공사 전반에 걸쳐 영향을 미침.

② 강재화, 경량화, 표준화를 통한 합리적인 공사관리

2) 토공사의 계측관리(정보화 시공)

① 현장 토공사의 제반정보 입수와 향후 거동을 사전에 파악

② 응력과 변위측정으로 굴착에 따른 인접 건물의 안전과 토류벽의 거동 파악

3) 기초공사의 무소음 · 무진동 공법

① 기초공사의 기성 Con'c pile 타격시 소음과 진동 유발에 대비

② 방음 cover나 저소음 hammer를 사용하거나 현장타설 Con'c pile 적용

4) Con'c 공사의 고강도화

① 구조물의 고층화 · 대형화에 따라 구조물의 단면증가에 대비하여 고강도화 필요

② 새로운 재료개발, 혼화재 사용, 양생방법 등의 개발 연구

5) P.C 공사의 open system화

① P.C 공사에서 P.C 제품의 호환성을 제공하여 효율적인 건축생산 가능

② 각 부품의 호환성을 보장하기 위하여 성능 및 규격에 적당한 제품생산

6) 철골공사의 자동용접

① 피복 arc 용접 및 CO_2 arc 용접보다는 직접 공장에서 자동적으로 용접하는 submerged arc 용접 개발

② 고전류를 사용하여 능률적이며, 후판용접이 가능하며, 연속 용접성이 좋음.

4. 공사관리적 측면

1) 공정관리

① 건축물을 지정된 공사기간 내에 공사예산에 맞추어 정밀도가 높은 양질의 시공을 확보

② 공정계획 시 면밀한 시공계획에 의하여 각 세부공사에 필요한 시간과 순서, 자재, 노무 및 기계설비 등을 적정하고, 경제성 있게 공정표로 작성

2) 품질관리(Q.C)

① L.C.C

② 하자발생 방지계획 수립

3) L.C.C, V.E

① L.C.C

종합적인 관리 차원의 total cost(총비용)로 경제성 유도

② V.E

원가절감, 조직력 강화, 기술력 축적, 경쟁력 제고, 기업의 체질개선 등의 효과를 기대

4) 안전관리

① 안전교육을 철저히 시행하고, 안전사고의 응급조치계획

② 안전대책 3E(기술적·교육적·관리적 대책) 수립 및 실시

5) 성력화

① 공업화 건축 활성화로 노무절감 및 합리적인 노무관리계획 수립

② 기계화 시공으로 경제성·속도성·안전성 확보는 물론 노무절감 기대

6) 기계화

① 최적의 기종을 선택하여 적기에 사용함으로써 장비의 효율성 극대화

② 자동화, robot화, 무인화 등을 통하여 공기단축, 품질향상, 원가절감 및 안전관리 도모

V. 결 론

① 초고층 건축의 시공은 설계조건, 공사계획, 공기 등의 감안과 현장 여건에 맞는 적정 공법의 선정 등 면밀한 시공관리를 통하여 시공상의 문제점을 최소화하여야 한다.

② 초고층 시공의 문제점들을 철저히 파악하여 대책을 세워야 하며, 또한 재료의 건식화, 시공의 기계화, 시공기술 개발, 신기술 개발 등에 대한 지속적인 연구개발이 필요하다.

| 문제 7 | 초고층 건축의 바닥판공법 |

● [95중(30), 00중(25), 05전(25), 05중(25), 07후(25), 08전(25), 09중(25), 09후(25), 14후(25), 18전(25), 18후(25), 19전(10), 20중(25), 20후(25), 21후(25), 22중(25), 22후(10)]

Ⅰ. 개 요

초고층 건물의 바닥판은 바닥의 강도, 내화성능 등의 성능과 시공성·작업성·경제성·안전성을 고려한 종합적인 검토가 필요하다.

Ⅱ. 바닥판공법의 분류

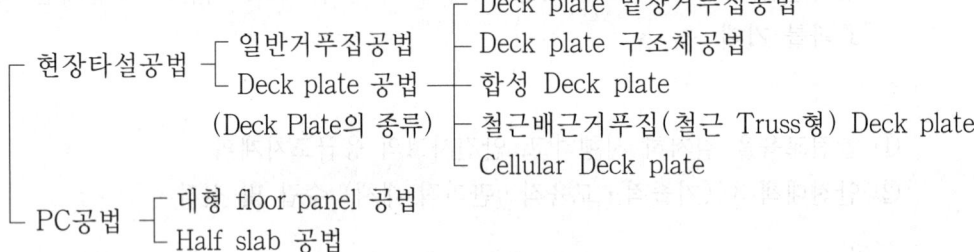

Ⅲ. 바닥판시공방법

1. 일반거푸집공법

1) 정의

합판, 철제 등의 일반거푸집을 사용하는 종래의 시공방법

2) 문제점

① 지보공 필요

② 하층 완료 후 상층작업을 하므로 Con'c 타설공사와 거푸집공사가 단속(斷續)

③ 작업자의 연속 채용이 불리

④ 가설재가 많아 기중량 증대 및 공기 지연

⑤ 고소작업에 따른 낙하, 비산의 위험

3) 개선대책

① 각 작업의 단순화, 전문화

② 거푸집의 unit화 : Table form, flying shore form, tunnel form 등

③ 거푸집 운반의 합리화

④ 공정의 일체화

2. Deck plate 밑창거푸집공법

1) 정 의

① Deck plate를 거푸집 대용으로만 사용하며 하중은 상부 Con'c와 그 속의 보강철근이 부담하는 공법

② 지보공이 불필요하며, 수개층 동시 시 공가능Deck plate를 거푸집 대용으로만 사용하며 하중은 상부 Con'c와 그 속의 보강철근이 부담하는 공법

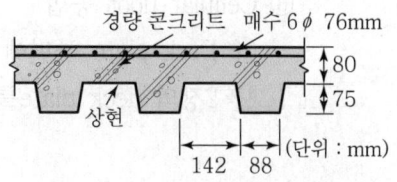

〈Deck plate 밑창거푸집 공법〉

2) 문제점

① 재래식 배근법 사용으로 철근 배근의 안정성이 나쁘고, Con'c 타설 난잡화

② 홈형으로 3면에서 가열시 내화적으로 불리

③ Deck plate의 거푸집으로서의 강도 확보 문제

3) 개선대책

① 철근배근의 합리화와 단순화 도모

② Deck plate의 골을 따라 1방향 배근 실시, 특수 spacer 사용

③ 내화성능을 갖도록 deck plate 산 위에 80mm 이상의 Con'c 두께 확보

④ 두께 1.2mm 이상의 deck plate를 사용하여 강도 확보

⑤ 경량 Con'c 타설

3. Deck plate 구조체공법

1) 정의

Deck plate를 구조체의 일부로 보고, 그 위에 타설하는 Con'c와 강도적으로 일체가 되도록 하는 공법

2) 문제점

① 내화피복 필요

② 배선·배관처리 문제

3) 개선대책

① 내화피복뿜칠공법

Deck plate에 직접 석면, 펄라이트, 모르타르 등을 뿜칠하는 공법

② Membrane 공법

　천장에 불연재를 사용하여 바닥과 천장의 양쪽에서 내화성능 발휘

③ Cellular floor 공법

　㉮ Deck plate 하면에 plate를 용접하여 중공부를 만드는 방법

　㉯ 2장의 deck plate를 겹쳐서 중공부를 만들어 배선, 배관하는 방법

4. 합성 Deck Plate

1) 정의

① 합성 deck plate는 콘크리트와 일체가 되어 압축응력은 Con'c가 부담하고 인장응력은 deck plate가 부담하는 구조체이다.

② 합성 deck plate는 시공 시에는 거푸집 용도로, 콘크리트 양생 후에는 구조적으로 휨응력에 저항할 수 있는 철근 대용으로 사용되는 여러 가지 형상으로 만들어진 구조재료이다.

③ 별도의 철근 배근이 필요없으며 내화성능을 겸비한 구조재료로 내화피복은 필요하다.

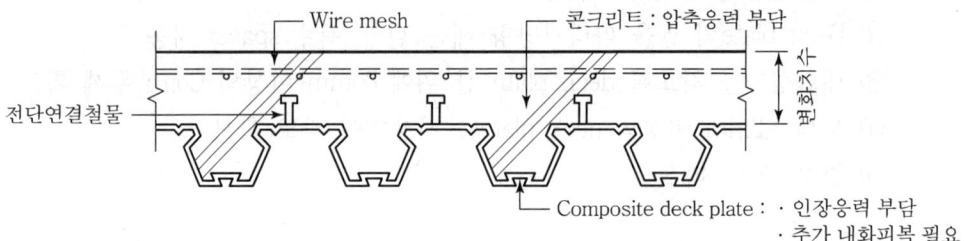

2) 특징

① 공장생산 및 현장설치로 공기단축

② 작업의 단순화로 노무비 절감

③ 여러 층의 연속작업 가능

④ Deck plate 하부의 전기배선작업 용이

⑤ 주철근이 없으므로 단면성능 저하 우려

⑥ 콘크리트의 균열방지를 위해 wire mesh 설치

5. 철근 배근 거푸집(철근 Truss형) Deck Plate

1) 정의

① 공장에서 일체화된 바닥구성재(거푸집 대용 아연도강판+slab용 철근주근)를 현장에서는 배력근·연결근만 시공함으로써, 철근과 거푸집공사를 동시에 pre-fab화한 공법이다.

② 철근작업을 공장에서 대신하고 현장에서는 설치작업만 하므로, 노무절감 및 공기단축을 할 수 있는 공법이다.

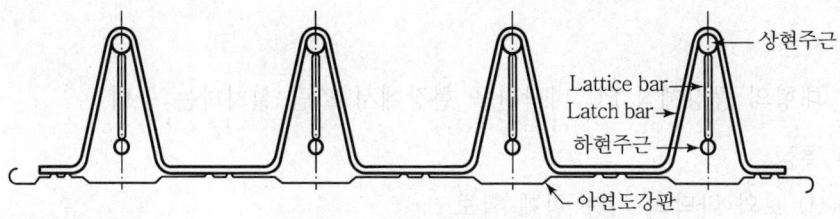

2) 특징

① 시공의 정밀도 향상   ② 공기단축(생산성 향상)

③ 공사비 절감   ④ 시공이 단순

⑤ 안전성이 높음   ⑥ 설계범위가 넓음

6. Cellular Deck Plate

1) 정의

① Deck Plate 요철 부분의 일부를 막아서 Box형태로 제작하여 전기·통신·전자 등의 배선이 가능하도록 만든 Deck Plate이다.

② Deck Plate 하부에도 Duct를 부착시켜 실내 냉난방과 신선한 공기를 제공할 수 있게 제작된다.

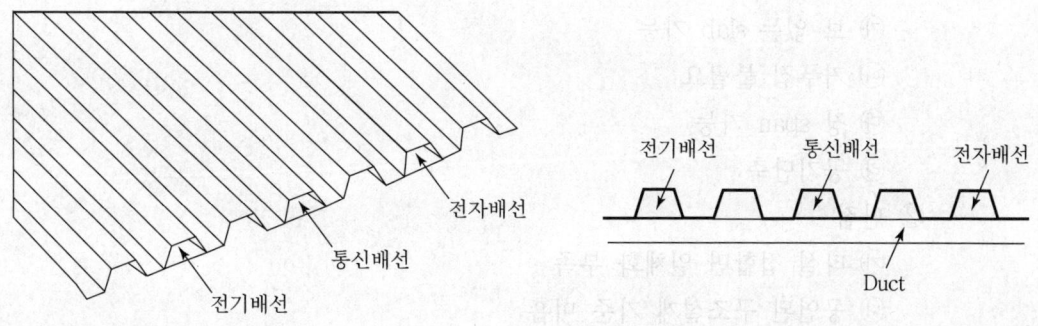

2) 특징

① 전기·통신·전자 등의 배선공사 용이

② 층고를 낮출 수 있어 경제적

③ Deck Plate 하부에 내화피복공사 용이

④ 상부 Duct의 시공으로 철근배근공사의 시공성 저하

⑤ Deck Plate의 크기가 대형화될 우려가 있음

7. 대형 floor panel 공법

1) 정의

대형의 공장제작 PC 바닥판을 현장에서 조립 설치하는 공법

2) 특징

① 보와 바닥의 기능 함께 확보

② 안전한 바닥의 조기 확보로 작업능률 및 안정성 확보

③ Panel의 내부에 설비배관 가능

④ 양중횟수 감소

8. Half slab(합성 slab) 공법

1) 정의

① Half slab란 하부는 공장생산된 PC판을 사용하고, 상부는 현장타설 Con'c로 일체화하여 바닥 slab를 구축하는 공법이다.

② PC와 현장타설 Con'c의 장점을 취한 공법으로 기능인력의 해소와 안전시공을 확보할 수 있는 공법이다.

2) 특징

① 장점

㉮ 보 없는 slab 가능

㉯ 거푸집 불필요

㉰ 장 span 가능

㉱ 공기단축

② 단점

㉮ 타설 접합면 일체화 부족

㉯ 공인된 구조설계 기준 미흡

㉰ 수직·수평(VH) 분리타설 시 작업공정의 증가

Ⅳ. Deck Plate의 특성

1) 공기 단축

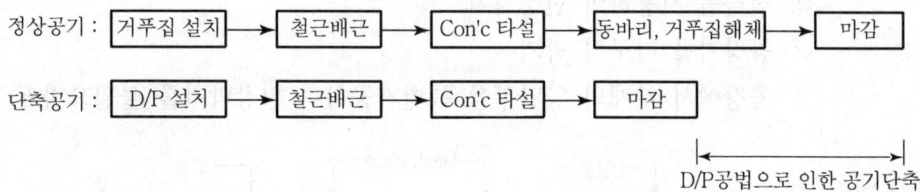

정상공기 : 거푸집 설치 → 철근배근 → Con'c 타설 → 동바리, 거푸집해체 → 마감

단축공기 : D/P 설치 → 철근배근 → Con'c 타설 → 마감

D/P공법으로 인한 공기단축

① 철골공사(주공정)와 병행설치 가능
② 철골조의 경우 별도의 연결철근 불필요

2) 시공성 양호

① 각종 sleeve 및 duct의 단순화 가능
② 시공 중 자재 야적 및 보행 가능

3) Total cost 절감

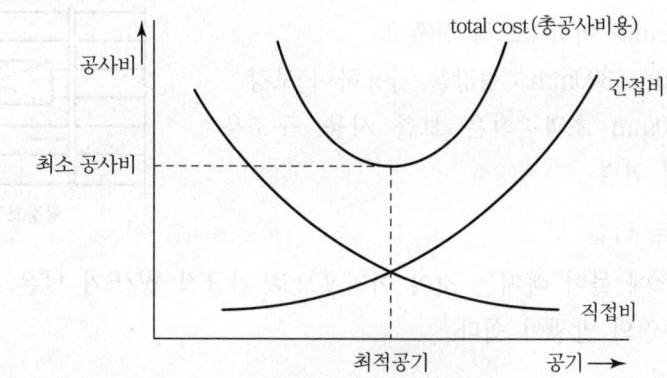

공기단축 및 자재비 절감으로 total cost 절감

4) 안전관리 유리

① Deck plate 하부의 안전 확보
② Deck plate 상부에서의 작업 및 콘크리트타설 시 안전에 유리

5) 이음부 콘크리트 유출

① 보에 걸쳐지는 Deck plate의 끝부분에는 콘크리트 유출 방지판 설치
② 각 부분에 용접으로 접합

6) 내화공법 필요

Deck plate 하부는 적정 내화공법 시공

V. Deck plate 시공 시 유의사항(시공 상 고려사항)

1) 마구리 막기

① 철물을 사용하여 현장막기

② 공장가공 마구리 막기

공장에서 부재의 양단부를 특별가공하여 현장막기를 불필요하게 처리한다.

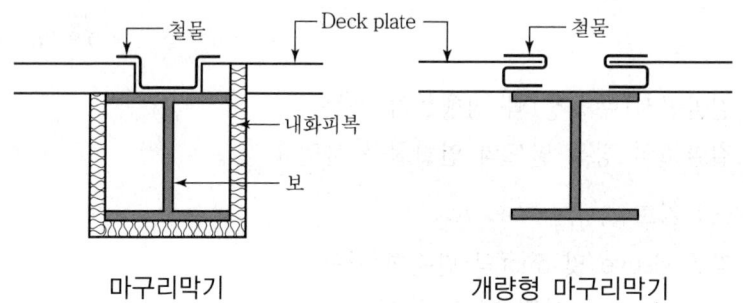

마구리막기   개량형 마구리막기

2) 개구부 보강

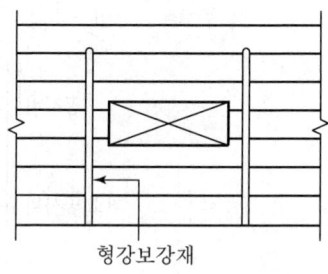

① ϕ100mm 이하 : 보강 불필요

② ϕ100~ϕ300mm : 형강을 사용하여 보강

③ ϕ300mm 초과 : 작은 보를 사용, 구조용 보에 연결

형강보강재

3) 콘크리트 타설 시

① Con'c에 물이 빠지는 것이 어려우므로 가급적 W/B가 낮은 것

② 잔균열의 발생이 쉽다.

4) Shear connector

① 모자형이나 이형철근 꺾어휨방법은 현장작업상 곤란하므로 공장용접이 필요

② Stud bolt를 현장에서 용접 시공

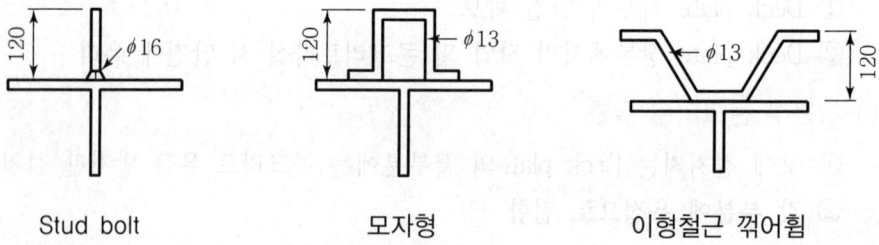

Stud bolt   모자형   이형철근 꺾어휨

5) 폭 조절용 철물설치

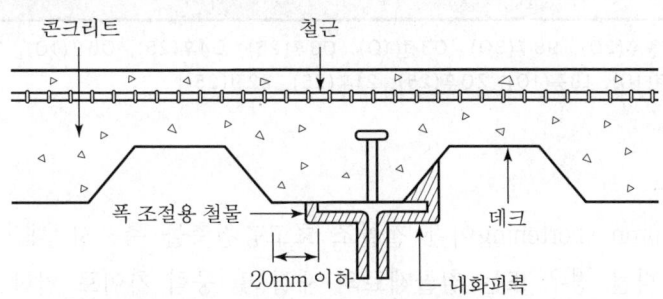

보와의 사이에 간격이 생기는 경우에는 폭 조절용 철물을 설치

Ⅵ. 고층건물 바닥 시스템 장단점 비교

구분	보-슬래브 방식	Flat slab 방식	Metal Deck 방식
개요	보-슬래브 방식은 RC 방식으로 보와 슬래브의 거푸집을 선시공한 후, 철근을 배근하고 콘크리트를 타설하는 라멘조 구조방식	• 평바닥 구조라고도 하며, 건축물의 외부 보를 제외하고는 내부에는 보가 없이 바닥판으로 되어 있어, 그 하중을 직접 기둥에 전달하는 구조이다. • 기둥 상부는 주두모양으로 확대하고, 그 위에 받침판(drop panel)을 두어 바닥판을 지지하는 구조로 보가 없으므로 층고를 낮출 수 있고, 공간이용률이 높아진다.	• 건축물의 보에 metal deck를 걸치고 철근배근을 한 후 콘크리트를 타설하는 방식이다. • Deck 하부에 동바리가 없거나 줄어들어 하부층의 작업이 용이하고, 공기단축이 가능해 고층건물에 많이 적용된다.
장점	• 가장 일반적인 방식으로 시공성우수 • 구조적 안정성 우수 • 경제성이 양호 • Slab의 진동이 적음	• 층고 저감 가능 • 공간이용률 상승 • 공사비가 저렴	• 공기단축이 가능한 공법 • 거푸집 해체공정이 없어 노무비가 절감 • 작업 하층부의 공간활용도가 높음 • 자중이 적어 고층건물에 적합
단점	• 공기지연 우려 • 거푸집의 전용성 떨어짐	• 철근배근에 대한 구조계산이 필요 • 뼈대 강성에 난점 • 자중이 높아 고층건물에 불리	• 재료비가 고가 • 소음, 진동에 취약

Ⅶ. 결 론

초고층 건축의 바닥판공법은 설계단계에서부터 신중히 검토해야 하며, 현장조건에 맞는 적정한 공법을 선택해야 한다.

<table>
<tr><td>문제
8</td><td>Column shortening</td></tr>
</table>

● [97중후(20), 98후(30), 03전(10), 03후(25), 04후(25), 06후(10), 09후(25), 12전(10),
16전(10), 18중(10), 20후(25), 21후(25), 22전(25)]

Ⅰ. 개 요

① Column shortening이란 철골조 초고층건축물 축조시, 내·외부의 기둥구조
가 다를 경우 또는 철골재료의 재질 및 응력 차이로 인한 신축량이 발생하
는데, 이때 발생하는 기둥의 축소변위를 말한다.

② 건물의 고층화로 인하여 기둥·벽과 같은 수직부재가 많은 하중을 받아 축
소 현상인 column shortening이 일어나는데, 이때 발생한 축소변위량을 조
절하기 위하여 전체 층을 몇 구간으로 나누어, 가조립 상태에서 변위량을
조절한 후 본조립으로 완전조립한다.

Ⅱ. 발생 형태

1) 분류

┌ 탄 성 shortening
│   구조물의 상부하중에 의해 발생하는 변위
│
└ 비탄성 shortening
     구조물의 응력이나 하중의 차이에 의해 발생하는 변위

2) 발생 형태

탄성 shortening	비탄성 shortening
• 기둥부재의 재질이 상이할 때 • 기둥부재의 단면적이 상이할 때 • 기둥부재의 높이가 다를 때 • 상부에 작용하는 하중의 차이가 날 때	• 방위에 따른 건조수축에 의한 차이 • 콘크리트 장기 하중에 따른 응력 차이 • 철근비, 체적, 부재크기 등에 의한 차이

Ⅲ. Column shortening의 원인

1) 온도차이

    ① 내·외부 온도차에 의해 변위가 다를 경우

    ② 온도차로 인한 발생

    ③ 태양열에 의한 철골 신축은 100m에 4~6cm 발생

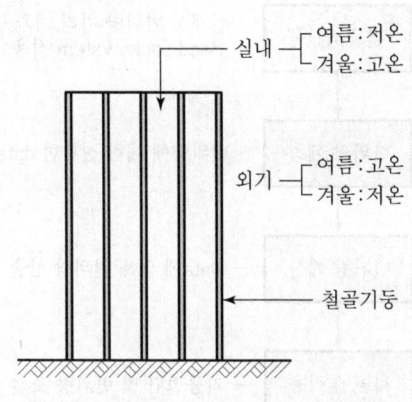

2) 기둥구조가 다를 때

    ① 초고층건물에서 내외부 기둥구조의 차이로 인해 부등축소가 발생

    ② 코어부분과 기둥과의 level 차이로 발생

3) 재질 상이

    ① 같은 층 기둥의 재질이 다를 경우

    ② 상하층 기둥 재질이 다를 경우

4) 압축 응력차

    내외부 기둥부재의 응력차이로 인한 변위가 다른 경우

5) 기초 상부고름질 불량

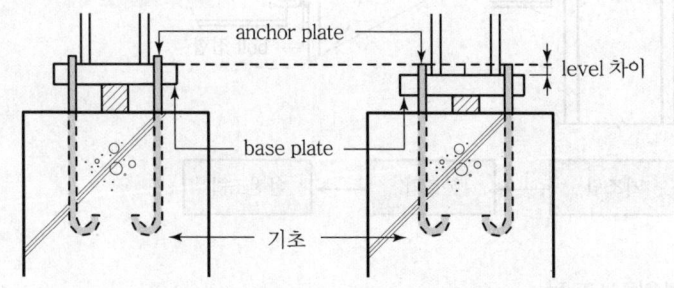

기초 상부고름 mortar의 두께 상이로 인한 level차 발생

6) 신축량 차이

부재간의 신축량의 차이가 심하게 발생하여 변위 발생

Ⅳ. 대책

1) 변위량 예측

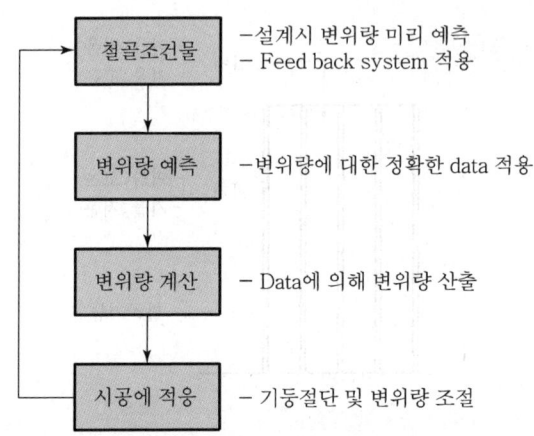

철골조건물	─설계시 변위량 미리 예측 ─ Feed back system 적용
변위량 예측	─변위량에 대한 정확한 data 적용
변위량 계산	─ Data에 의해 변위량 산출
시공에 적응	─ 기둥절단 및 변위량 조절

2) 변위량 최소화

① 구간별로 나누어진 발생 변위량을 등분조절하여 변위치수를 최소화 함.
② 변위가 일어날 수 있는 곳을 미리 예측하여 변위를 조절

3) 변위 발생 후 본조립

변위가 발생된 후에 가조립 상태에서 본조립 상태로 완전조립 함.

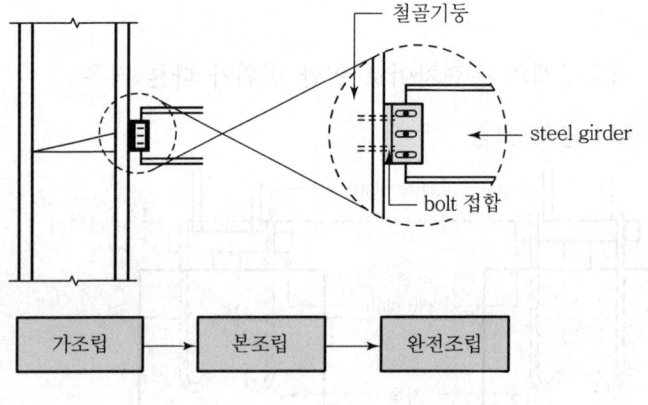

4) 구간별 변위량 조절

발생되는 변위량을 조절하기 위하여 전체층을 몇 개의 구간으로 구분

5) 계측 철저
  ① 시공 시 변위 발생량을 정확히 측정
  ② 계측기구 사용

6) Level 관리 철저

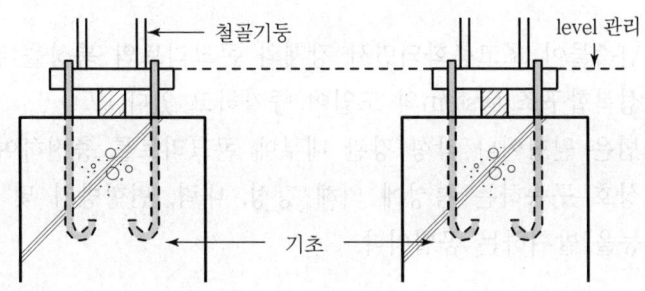

철골기둥

level 관리

기초

Base plate의 level이 같아지도록 관리

7) 콘크리트 채움강관 적용
  ① 초고층의 기둥을 콘크리트 채움강관(concrete filled tube)으로 시공
  ② 국부 좌굴 방지, 휨강성 증대로 변위량 감소

V. 결 론

① 초고층건물 시공 시 기둥의 부등 축소(column shortening)로 인하여 보, slab 등 다른 부재의 균열이 발생되므로, 사전에 변위량을 예측하여 이를 감안한 시공이 되어야 한다.

② Column shortening은 구조적인 영향보다는 마감재에 주는 영향이 크므로 마감자재의 균열, 뒤틀림 등의 하자가 column shortening으로 인하여 발생되지 않도록 유의해야 한다.

문제
9

CFT(Concrete Filled steel Tube : 콘크리트채움강관) 공법

● [97후(20), 98후(20), 01중(10), 05중(10), 06중(25), 11중(10), 16중(25), 18중(25), 20전(25)]

Ⅰ. 개 요

① 최근에 건축물이 초고층화되면서 강재와 콘크리트의 특성을 겸비한 CFT와 같은 합성복합구조 system의 도입이 증가하고 있다.

② CFT 공법은 원형이나 각형 강관 내부에 콘크리트를 충전하여 강관과 콘크리트가 상호 구속하는 특성에 의해 강성, 내력, 변형방지 및 내화 등에 뛰어난 성능을 발휘하는 공법이다.

Ⅱ. CFT 공법 구조 지침

구 분	구조 지침
적용높이	• 높이 60m 이하의 건물에 적용 • 내화설계의 경우는 높이 제한 없음.
사용재료	• 콘크리트 : 24~60MPa, 36MPa 이상을 권장 • 철골 : 440MPa 이하
구조형식	• S조, SRC조, RC조 및 이중병용 구조
시공법(콘크리트)	• Tremie관 공법, 하부압입 공법

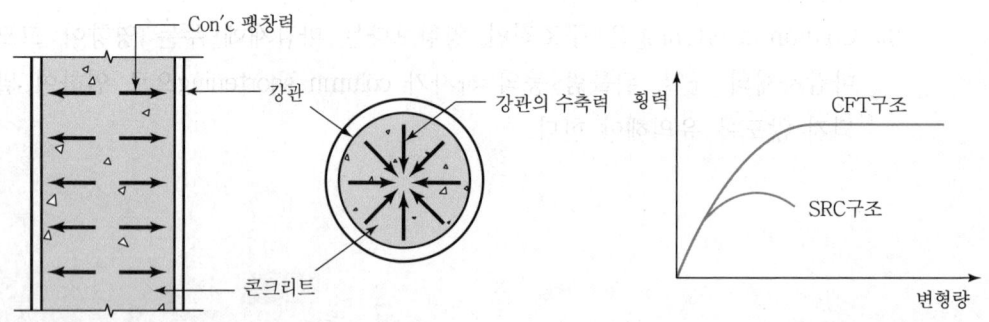

강관과 콘크리트 상호구속작용   횡력 – 변형량 관계

콘크리트의 팽창력(밀어내는 힘)을 강관이 구속하며, 강관의 수축력(오므려드는 힘)을 콘크리트가 구속하는 상호 구속 작용

Ⅲ. 특징

1. 장점

1) S구조와 비교

① 강관의 국부좌굴이 충전콘크리트에 의해 억제되어 연성 향상
② 충전콘크리트에 의해 강성 증대
③ 충전콘크리트의 축압축내력 및 열용량에 의해 내화성능 향상
④ 강관을 충전콘크리트로 치환함으로써 비용 절감
⑤ 판두께가 얇은 강관을 사용할 수 있어 시공성과 경제성 향상
⑥ 충전콘크리트가 강관 내부의 방청(녹방지) 효과 발휘

2) SRC, RC구조와 비교

① 강도 및 강성이 큰 강재가 단면의 최외곽선에 있는 합리적 구조
② 충전콘크리트가 강관에 의해 구속되어 내력 및 연성 향상
③ 고강도 재료(콘크리트, 철골)의 적용성이 높음.
④ 철근, 거푸집 공사의 축소로 인한 현장작업의 절약으로 생산성 향상
⑤ SRC, RC에 비해 compact한 단면 가능
⑥ 큰 span, 고층높이, 초고층 등의 대규모 구조에 적용 가능

2. 단점

① 강관 내부에 충전될 콘크리트를 적절하게 조합하는 설계법 확립 미비
② 강관의 공장 제작 규격에 의해 강관기둥을 선택하는데 제약
③ 내화성능이 우수하나 별도의 내화피복 필요
④ 보와 기둥의 연속접합 시공 곤란
⑤ 콘크리트의 충전성에 대한 품질검사 곤란
⑥ 밀폐된 강관 내부의 습기에 의해 동결 및 화재에 의한 파열 가능성 존재
⑦ 콘크리트 타설 시 강관기둥 내 바이브레이터 사용 곤란

Ⅳ. CFT 접합부 형식

각형 강관 : 외측 diaphragm, 내측 diaphragm, 관통 diaphragm
원형 강관 : 외측 diaphragm, 내측 diaphragm

1) 외측 diaphragm

① 접합부의 콘크리트 충전성 양호

② 접합부 강성 확보 유리

③ 접합부 크기가 커져 계획상 불리

④ 접합부 응력 집중으로 국부파괴 우려

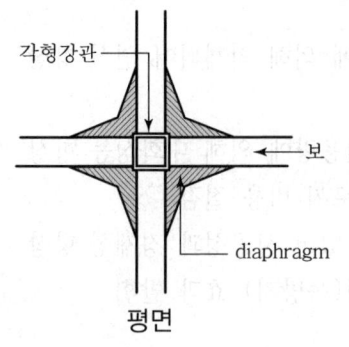

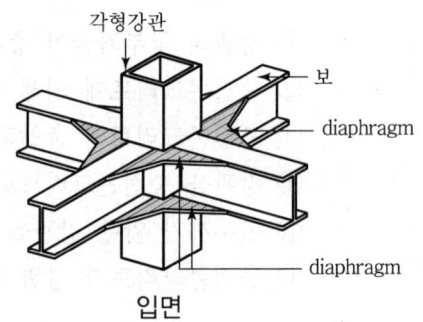

평면   입면

2) 내측 diaphragm

① 강관 내측에 diaphragm을 설치

② 보 flange에 작용하는 응력 전달이 효과적

③ 접합부에 국부적인 응력 집중현상 방지

④ 강관 내부 콘크리트 충전성에 불리

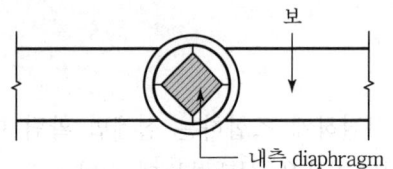

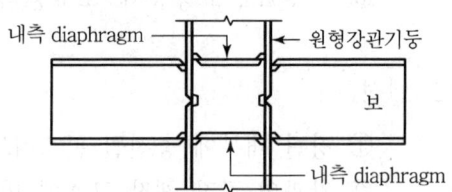

3) 관통 diaphragm

① 강관을 관통하여 강관 내측에 diaphragm을 설치

② 보 flange에 작용하는 응력 전달이 효과적

③ 접합부에 국부적인 응력 집중현상 방지

④ 원활한 콘크리트 충전을 위해 공기 구멍 설치

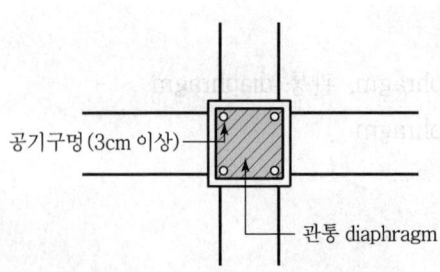

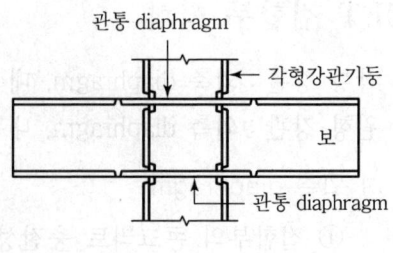

V. CFT 시공 순서

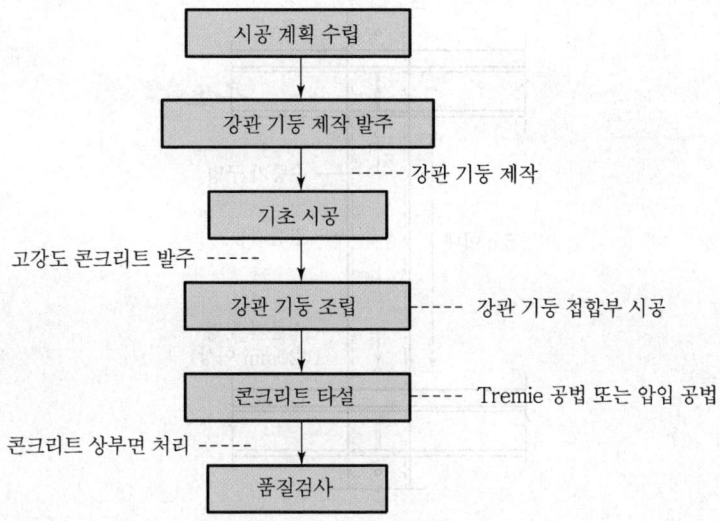

VI. CFT 콘크리트 타설 관리

① 내측 및 관통 diaphragm에는 콘크리트 타설용 구멍 설치
② 콘크리트 타설용 구멍 주변부에는 공기구멍 설치
③ 공기구멍은 콘크리트 타설 시 air를 배출하여 콘크리트의 밀실 충진을 위해 균등하게 설치
④ 콘크리트 최상부 타설면은 배수를 위한 구배를 두고 배수구멍 설치
⑤ 콘크리트 최상부 타설면은 강관기둥의 30cm 아래에 두어 상부 강관기둥 이음 용접 시 영향을 최소화 함.

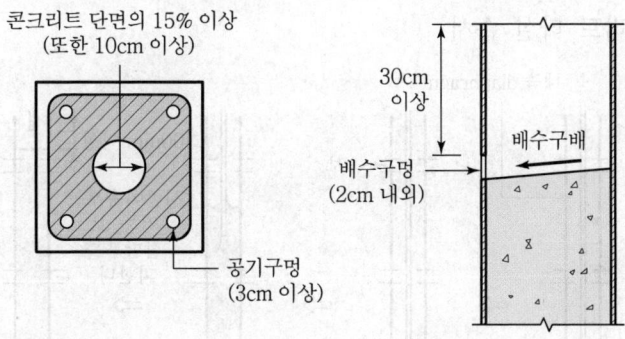

⑥ 화재 시에 강관내부에 있는 수증기를 배출함으로써 폭열현상을 방지하기 위하여 수증기 구멍을 설치
⑦ 수증기 구멍의 간격은 5m 이내로 하며 크기는 2cm 이상

⑧ 수증기 구멍은 콘크리트 타설 시 콘크리트 타설 높이의 확인용으로도 이용 가능

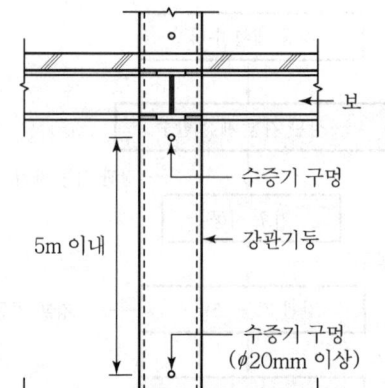

Ⅶ. CFT의 콘크리트 타설공법

1) Tremie관 공법

① 강관 상부로부터 tremie관(ϕ100mm 이하)을 설치하여 콘크리트 타설

② 콘크리트 타설 후 배수 구멍으로 배수가 원활하도록 콘크리트 상부면에 구배 설치

③ 콘크리트 타설 후 강관상부에 보호막으로 양생

④ 강관기둥에 과도한 응력이 발생하지 않도록 타설 높이 조정

⑤ 콘크리트 시공 이음부는 강관 용접 시 열영향을 받지 않도록 강관기둥 이음 위치 보다 300mm 이상 아래쪽에 둠

⑥ 콘크리트 타설 순서

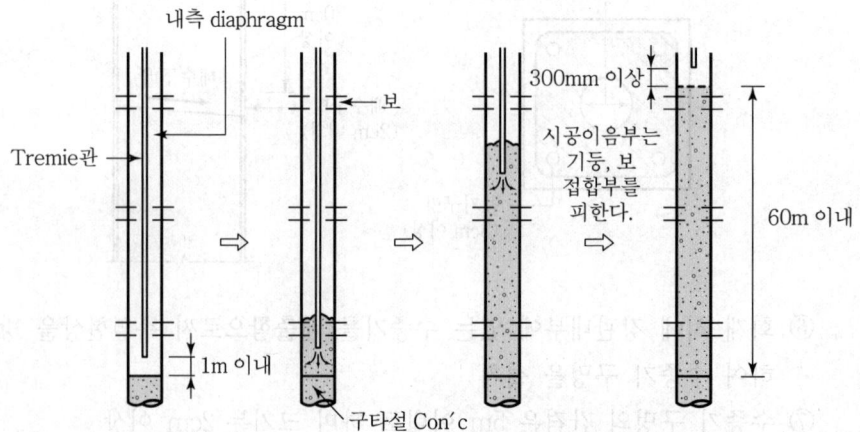

㉠ Tremie관을 강관 내에 설치

㉡ 콘크리트 타설 개시와 동시에 진동기 작동

㉢ 진동기는 외부 진동기를 주로 사용

㉣ Tremie관을 들어 올리면서 콘크리트 타설

2) 하부압입 공법

① 강관하부에 콘크리트 압송관을 설치하고 하부로부터 콘크리트를 밀어올리는 공법

② 압입 개시 후에는 연속적으로 소정의 높이까지 타설

③ 콘크리트 타설 중 상승높이를 check하여 적정 상승속도 유지

④ 압입높이는 60m 이내로 할 것

⑤ 콘크리트 압입 후 강관 상부에 sheet 등으로 보호 양생

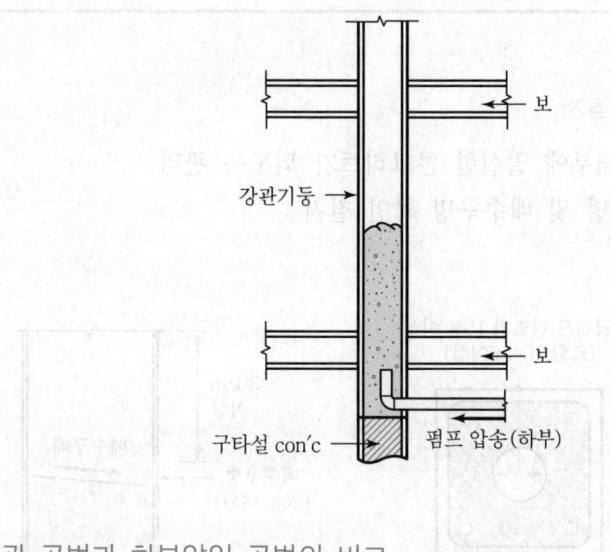

3) Tremie관 공법과 하부압입 공법의 비교

구분	Tremie관 공법	하부압입 공법
Con'c 품질	보통	양호
시공성	보통	양호
안전성	보통	양호
경제성	양호	불리

콘크리트 품질 및 시공성과 안전성에서 하부압입 공법이 유리하나, 경제성에서는 tremie관 공법이 유리함.

Ⅷ. 시공 시 유의사항

1) 철저한 시공계획서 필요

　① Shop drawing 작성 후 시공 계획서 수립

　② 1회 타설 높이, 콘크리트의 충전공법 선정

2) 콘크리트 품질관리

구분	품질관리
목표 공기량	2.0~4.5% 이하
Bleeding 수	0.1cc/cm² 이하
침하량	2mm 이하
단위수량	175kg/m³ 이하
물결합재비	50% 이하

3) 콘크리트 충전

　① CFT 내부에 밀실한 콘크리트가 되도록 관리

　② 공기구멍 및 배수구멍 확인 철저

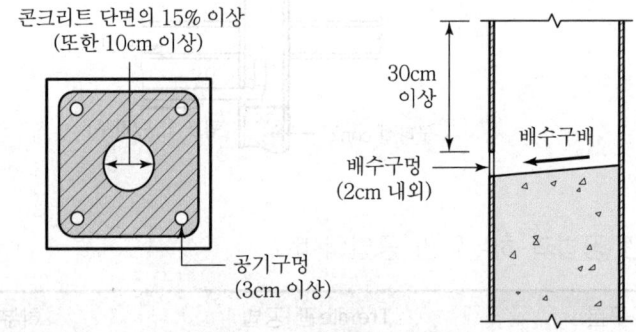

4) 적정 타설속도 유지

　① 타설속도가 빠르면 강관에 과다응력 발생

　② 타설속도가 너무 빠를 경우 콘크리트에 air pocket 발생

5) Construction joint 위치

① 강관의 이음 위치에서 300mm 이상 간격을 두고 시공이음면 설치

② 배수구멍으로의 원활한 배수를 위해 콘크리트를 경사지게 마감

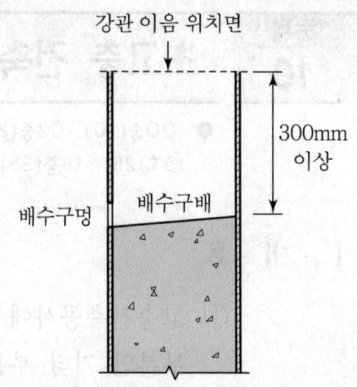

6) 타설높이 관리

① 원칙적으로 타설높이는 구조계산에 의해 산출

② 최고 타설 높이는 60m 이하

7) 접합부 응력 전달 확보

Ⅸ. 결 론

① CFT 공법은 좌굴에 약한 철골의 단점과 전단력이 약한 콘크리트의 단점을 합성구조로 보완한 합리적인 공법이다.

② CFT 기둥과 연결되는 보와의 응력전달 확보 및 시공성이 더욱 용이하도록 연구개발하여야 하며, 강관 내에 콘크리트의 충전성이 높아지도록 노력하여야 한다.

초고층 건축의 core 선행공법

● [00중(10), 02중(25), 03중(25), 04전(10), 09전(25), 09중(10), 10후(25), 12전(25),
15후(25), 16중(25)]

Ⅰ. 개 요

① 고층건축공사에서 고강도 부분인 core를 벽식구조로 선행시공하고, 저강도
부분인 기타 부분을 라멘구조로 후시공하여, 벽식구조와 라멘구조의 변위량
차이에 의한 건축물의 안전을 도모하는 공법이다.

② Core 벽식구조의 상부 변위는 라멘구조가 상쇄시켜 주고, 라멘구조의 하부
변위는 core 벽식구조가 상쇄시켜 준다.

Ⅱ. 현장 시공도

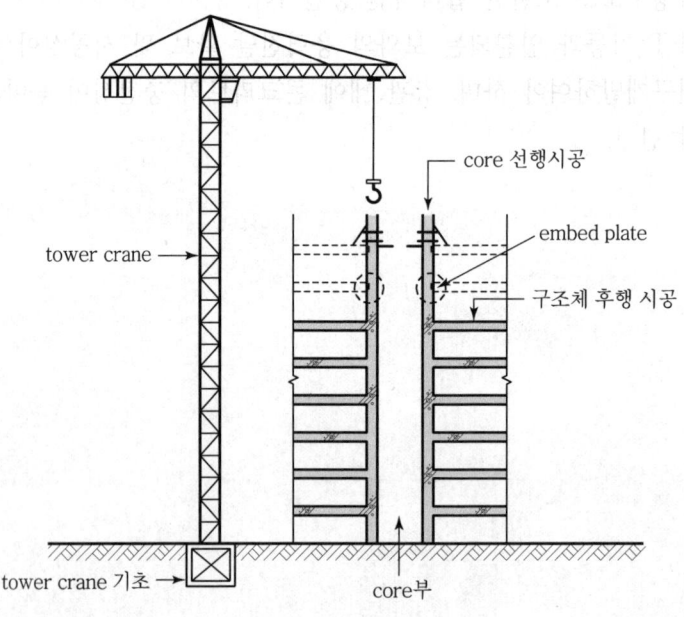

- core 선행시공
- embed plate
- 구조체 후행 시공
- tower crane
- tower crane 기초
- core부

Ⅲ. 특 징

1) 장점

    ① Core를 선행시키므로 공정관계 및 공사관계가 원활

    ② 전용횟수 증가로 초고층일수록 원가 절감

    ③ 기상조건 영향 최소화

    ④ 양중장비(T/C) 없이 거푸집이 상승 가능하므로 장비효율성 증대

    ⑤ 철근의 pre-fab 시공에 유리

2) 단점

    ① 초기검토기간 필요(2개월 정도)

    ② 초기투자비용 과다

    ③ 구조물 연결부위 시공정밀도 및 구조의 안전성 확보

    ④ 각 unit별 분할 상승되므로 안전사고 위험

    ⑤ 거푸집 system 대부분이 목재이므로 화재 위험

Ⅳ. 구조적 해석

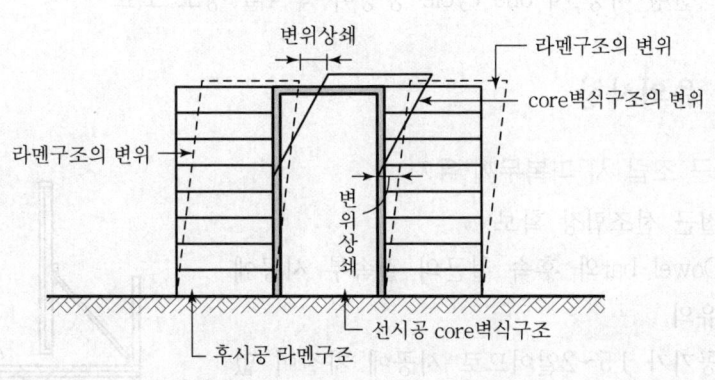

    ① 상부는 변위가 적은 라멘구조가 core 벽식구조의 변위를 상쇄

    ② 하부는 변위가 적은 core 벽식구조가 라멘구조의 변위를 상쇄

887

Ⅴ. One cycle flow chart

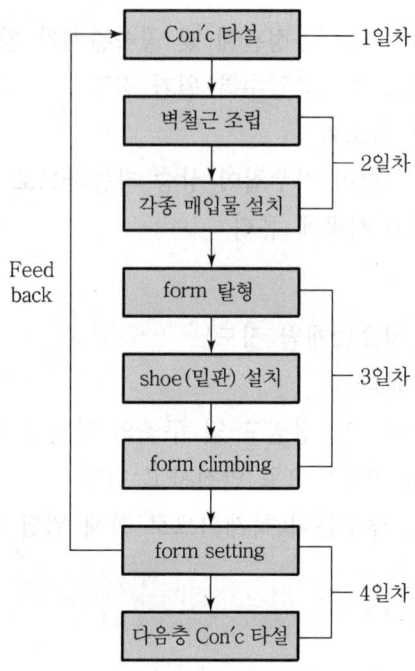

Core 선행 시공 시 one cycle 공정이 약 4일 정도 소요

Ⅵ. 시공 시 유의사항

1) 벽철근 조립 시 피복두께 유지
  ① 철근 선조립장 확보
  ② Dowel bar와 후속 철근의 결속부 시공에
     유의
  ③ 공기가 1.5~2일이므로 시공에 차질이 없
     도록 유의
  ④ 적정 피복두께 확보

2) 매입물 누락 유의

① 철근 조립 후 각종 sleeve 설치를 즉시 실시

② 각종 매입물 도면으로 철근 조립 전에 설치 위치, 개수 등 숙지

3) Form 탈형시 콘크리트 파손 주의

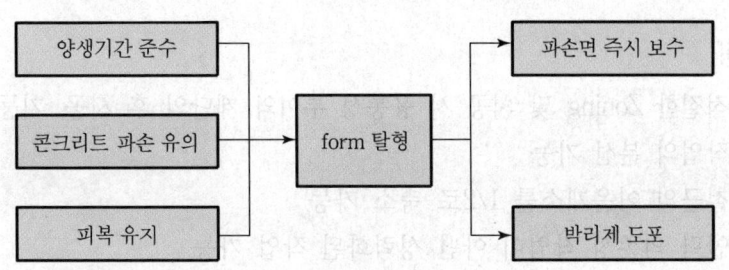

Form 탈형시 콘크리트의 일부 파손에 유의하여 파손부 보수 시 이색에 유의

4) Form climbing 속도 유지

① Sliding form 규정 climbing 속도를 준수하며 작업속도 조절

② Climbing 후 거푸집의 수직도 check

5) Embed plate box 시공 철저

① Core에서 연결되는 구조체의 시공을 위해 embed plate box 매입

② Core부 Con'c 타설 시 위치변동에 유의

③ 후시공 구조체에 연결될 때까지 관리 철저

6) 콘크리트 타설 시 측압 유의

① 밀실한 콘크리트를 위해 철저한 다짐으로 충전

② Embed plate box 주위에 공간이 발생하지 않도록 유의

③ 과대 측압발생에 유의

Ⅶ. 코아 후행 공법

1) 정의

① 코어 후행공법이란 코어선행공법과는 정반대로, 주변부 철골작업이 선행되고 내주부 코어는 기존과 같은 ACS+Gang-Form, 외주부에는 AL-Form 등을 설치하여 코어부의 작업을 후속으로 진행하는 공법이다.

② 코어 후행공법은 초고층건축물의 시공난이도를 낮추고 넓은 Stock Yard와 SCN으로 안정성을 향상시킨 공법이다.

2) 시공순서

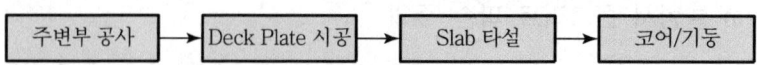

주변부 공사 → Deck Plate 시공 → Slab 타설 → 코어/기둥

3) 특징

① 적절한 Zoning 및 시공 시 융통성 부여와 계단의 후 시공, 기둥의 선시공으로 작업의 분산 가능
② 철근의 이음개소를 1/2로 축소 가능
③ 인력 의존성 작업이 아닌 성력화된 작업 가능
④ 대형 테이블폼의 적용 가능
⑤ 슬래브와 코어 구조의 단순화
⑥ 코어부와 주변부 작업의 동시 진행으로 작업순서 복잡
⑦ 상하 동시작업으로 안전사고 발생 가능성 증가
⑧ 코어 작업을 위한 Stock yard 필요

Ⅷ. 결 론

① 고층건물의 core 선행시공은 횡력(지진력, 풍력)에 의한 건물의 변위에 대응하고자 시공한다.
② Core 선행시공 시 거푸집 상승방법, 철근 선조립 장소, 고소에서 작업자의 작업 및 콘크리트 타설이 이어지므로 이에 대한 안전관리를 철저하게 한다.

| 문제 11 | 초고층 건축의 연돌효과(Stack Effect) |

● [07전(25), 13전(10), 14중(25), 18중(25)]

1. 정 의

① 연돌효과(Stack Effect)란 굴뚝으로 연기를 내보내는 원리로, 고층건물에서도 맨 아래층에서 최상층으로 향하는 강한 기류가 형성되는 것을 말한다.

② 고층건물의 계단실이나 엘리베이터(ELEV.)와 같은 수직공간 내의 온도와 건물 밖 온도차에 의한 압력차로 공기가 상승하는 현상이다.

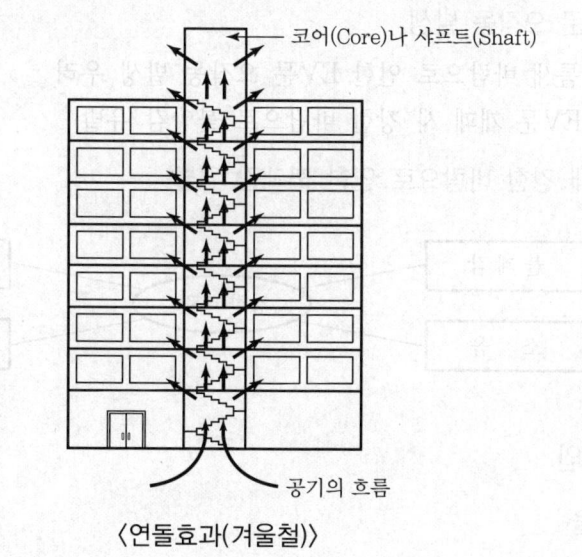

〈연돌효과(겨울철)〉

2. 연돌효과의 특징

1) 발생장소

계단실, 승강기 샤프트, 배관(기계, 전기) 샤프트, 슈트(우편, 쓰레기, 세탁물)

2) 작용방향

① 정방향 : 실내가 실외보다 온도가 높은 겨울철에 상층부로 상승기류 발생

② 역방향 : 여름철 냉방효과로 하층부 방향으로 하강기류 발생, 온도차가 작아 영향은 미미함

③ 유발요인 : 건물 내외부 온도차에 의해 바람의 압력차가 커져 건물 코어(또는 샤프트) 부분에 부력이 발생

3) 영향을 미치는 요인

　　건물의 구조(환기구조, 단열구조), 공조운전방식, 샤프트 배치, 승강기 운행

3. 문제점

1) 화재 시 1층에서 최상층으로 강한 통기력 발생

2) 공기 유출입에 따른 건물 내 에너지 손실

　① 공기의 유출입으로 겨울 난방 시 난방비용 증가
　② 여름 냉방 시 냉방사용료 증가

3) EV문 오작동 발생

　① 틈새 바람으로 인한 EV문 오작동 발생 우려
　② EV문 개폐 시 강한 바람으로 불안감 유발

4) 실내 강한 바람으로 인한 불쾌감 유발

4. 발생원인

1) 겨울

　① 난방 시 실내공기가 외기보다 온도가 높고 밀도가 적기 때문에 부력이 발생
　② 건물 위쪽에서는 밖으로, 아래쪽에서는 안쪽으로 향하는 압력 발생

2) 여름

　① 냉방 시 실내공기가 외기보다 온도가 낮고 밀도가 크기 때문에 발생
　② 겨울철 난방 시와 역방향의 압력 발생

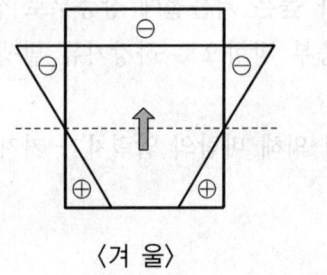

〈겨 울〉

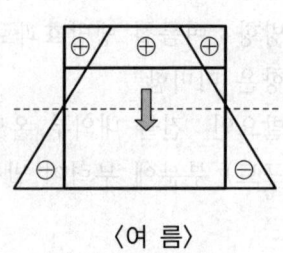

〈여 름〉

5. 대　책

1) 1층 출입구 회전 방풍문 설치

건물의 주출입구에는 회전 방풍문을 설치하여 공기유입 억제

2) 아래층에서 공기의 유입을 최대한 억제

무테문 등으로 외부의 공기유입을 최대로 막아 쾌적한 환경 조성

3) 건물 기밀성 유지와 현관의 방풍실 설치

① 건물 출입구의 밀실한 시공 철저

② 현관의 방풍실을 설치하여 내·외부 온도 및 압력차이 감소

4) 방화구획 철저

① 시공부위별 적합한 재료 및 시공법 선택

② 밀실, 기밀시공이 중요

③ 층간 방화구획 시공부 기밀 Test 실시

5) 공기통로의 미로 형성

6. 결　론

연돌효과(Stack Effect)로 인해 화재 시 인명 손실 및 재산상 피해가 많이 예상
되므로 방화구획설치 등의 방법으로 최대한의 억제책을 강구하여야 한다.

chapter

8장 | 마감 및 기타

1절 조적공사

1. 벽돌공사의 시공 ·· 898
2. 조적조 벽체의 균열원인과 대책 ························ 903
3. 건축물의 백화 발생원인과 방지대책 ················· 908
4. 외벽에서 방습층의 설치목적과 구조공법 ·········· 913
5. 조적벽체의 control joint의 설치위치 및 공법 ··· 917
6. A.L.C 패널공사 ··· 921

조적공사 기출문제

1	1. 벽돌쌓기공법에서 유의할 점을 열거하고(10점), 두께 2B일 때 영식 및 불식 쌓기의 첫 번째 층과 벽돌 배열방식을 도시하여라.(반드시 우각부를 도시할 것) [87, 15점] 2. 벽돌쌓기에서 모서리에 반절이 들어가는 쌓기방법은? [94후, 5점] 3. 조적벽체의 미식쌓기 [13중, 10점]
2	4. 콘크리트 블록(Concrete Block) 벽체의 시공에 있어서 균열방지공법을 설명하여라. [81후, 25점] 5. 벽돌조적공사의 품질개선 방안을 재료 및 시공상의 관점에서 기술하여라. [85, 25점] 6. 벽돌벽의 균열발생 원인과 대책에 대하여 설명하여라. [89, 25점] 7. 고층 벽식구조 APT 공사에서 구조물의 바닥처짐 원인과 조적조 내·외벽에 발생하는 균열원인과 사전예방 대책에 대하여 기술하시오. [96전, 30점] 8. 조적 벽체의 균열발생 원인과 방지대책을 기술하시오. [97중전, 40점] 9. 조적공사의 벽체 균열 원인과 대책을 기술하시오. [03중, 25점] 10. 조적조 벽체의 균열 및 방지대책을 설명하시오. [22전, 25점] 11. 조적조 벽돌벽체에서 발생하는 균열의 원인을 계획, 설계 측면과 시공 측면에서 설명하시오. [11전, 25점] 12. 점토벽돌 조적공사에서 수평방향 거동에 의한 균열의 방지 방법에 대하여 설명하시오. [20후, 25점] 13. 아파트 세대의 내부벽체 조적공사 시공순서와 품질관리 방안에 대하여 설명하시오. [21전, 25점]
3	14. 백화현상과 그 방지대책을 공종별로 구별하여 기술하라. [78전, 25점] 15. 건축물의 백화(Efflorescence)의 발생원인과 방지책에 대하여 설명하여라. [84, 15점] 16. 백화발생의 원리와 원인분석 및 공종별(타일, 벽돌, 미장, 석재, 콘크리트 등) 방지대책에 대해 설명하시오. [08중, 25점] 17. 조적조 벽체에 발생하는 백화현상과 관련된 특성요인도를 작성하고, 그 방지대책을 설명하시오. [09후, 25점] 18. 외벽 점토벽돌공사의 백화원인과 방지대책을 설계, 재료, 시공으로 구분하여 설명하시오. [13전, 25점] 19. 외벽타일 및 벽돌 벽체의 백화발생 원인, 방지책 및 제거 방법에 대하여 설명하시오. [14중, 25점] 20. 조적벽체 줄눈의 백화발생 원인과 방지대책에 대하여 설명하시오. [15중, 25점]
4	21. 외벽체에서 방습층의 설치 목적과 구조공법에 대하여 설명하여라. [87, 25점] 22. Vapor Barrier [00후, 10점] 23. 조적 외부벽체에서 방습층의 설치목적과 구성공법에 대하여 설명하시오. [08후, 25점]
5	24. 조적벽체에 쓰이는 컨트롤 조인트(Control Joint)의 설치위치 및 공법에 대하여 기술하여라. [82후, 50점] 25. 조적조 벽체에서 신축줄눈(Expansion Joint)의 설치목적, 설치위치 및 시공 시 유의사항에 대하여 설명하시오. [09후, 25점]
6	26. 에이엘시판(A.L.C판) [81전, 6점] 27. 철골조 외벽에 ALC 패널을 설치하는 공법에 대하여 기술하고 특성을 설명하시오. [99후, 30점]

조적공사 기출문제

6	28. 외벽 ALC Panel 설치공법의 종류와 시공방법을 기술하시오.(ALC-Autoclaved Lightweight Con'c) [03전, 25점] 29. ALC 블록공사에서 비내력벽 쌓기 방법과 시공 시 유의사항에 대하여 설명하시오. [15후, 25점] 30. ALC(Autoclaved Lightweight Concrete) 블록 [16후, 10점] 31. 경량벽체공사 중 ALC(Autoclaved Lightweight Concrete) 블록의 물성과 시공순서별 특기사항에 대하여 설명하시오. [18후, 25점]
기 출	32. 조적조 벽체의 누수원인을 들고, 방수공법에 대하여 기술하여라. [81전, 25점] 33. 조적조의 테두리보, 인방보의 상세도(Detail) 도해 및 시공 시 유의사항에 대하여 기술하시오. [05중, 25점] 34. 철근콘크리트 보강블럭(block) 노출면 쌓기에 대하여 기술하시오. [03후, 25점] 35. 공동주택 A.L.C 블록(block) 내벽, 외벽의 시공 및 그 마감방법에 대하여 기술하시오. [94전, 30점]

용
어
	36. 점토벽돌의 종류별 품질기준 [13후, 10점]
	37. 콘크리트(시멘트) 벽돌 압축강도시험 [16중, 10점]
	38. Bond beam의 기능과 그 설치 [87, 5점]
	39. Bond beam [00전, 10점]
	40. 테두리보(wall girder) [93전, 8점]
	41. 테두리보와 인방보 [98전, 20점]
	42. 내력벽(Bearing wall) [00전, 10점]
	43. 조적조의 부축벽 [05전, 10점]
	44. Wall girder [06중, 10점]
	45. 조적벽체의 테두리보 설치위치 [11중, 10점]
	46. 조적조에서 공간쌓기(cavity wall)에 관하여 다음 각 항을 설명하여라. [80, 20점]
	   ㉮ 공간쌓기의 재료 및 구조방법
	   ㉯ 쌓기 공법
	   ㉰ 방화·방습·방로 방법
	47. Weeping Hole [16전, 10점]
	48. Cavity wall [83, 5점]
	49. A.L.C [92후, 8점]

고난이 클수록 더 큰 영광이 다가온다.

– 키케로 –

<table>
<tr><td>문제
1</td><td>벽돌공사의 시공</td></tr>
</table>

● [87(15), 94후(5), 13중(10)]

Ⅰ. 개 요

① 조적조는 횡력에 대단히 취약한 구조이나 최근 들어 구조적으로 힘을 받지 않는 곳에는 A.L.C의 보급으로 수요가 증가하는 추세이다.

② 균열, 누수, 백화 등의 결함이 발생되지 않도록 시공관리를 철저히 하는 것이 무엇보다 중요하다.

Ⅱ. 벽돌의 종류

1) 점토벽돌

① 치 수

㉮ 표준형(장려형) : 190×90×57mm

㉯ 기존형(재래형) : 210×100×60mm

② 품 질

등 급	강도(MPa)	흡 수 율
1종	24.5 이상	10% 이하
2종	20.59 이상	13% 이하
3종	10.78 이상	15% 이하

2) 시멘트 벽돌

① 치수는 보통벽돌과 동일

② 강도는 4MPa 이상

③ 양생은 성형 후 500도시(度時) 이상으로 하며, 습도가 100%에 가까운 상태로 둔 다음, 통산 3,000도시(度時) 이상 보양하고 7일 후 사용

3) 경량벽돌

① 중공(中空) 벽돌과 다공질 벽돌이 있음.

② 단열, 방음벽 등에 사용

4) 내화벽돌

① 치수는 230×114×65, seger cone No. 26(연화온도 1,580℃) 내화도를 가진 벽

돌로서 용도는 굴뚝, 보일러 내부용 등으로 쓰인다.

② Seger cone이란 재료의 내화도나 노내(爐內) 온도를 측정하기 위해 노내에 각
종 seger cone(높이 50mm 정도의 삼각뿔)을 넣고 가열하여 변형의 정도로
seger cone No.(S.K)를 측정하는 내화도 측정법의 하나이다.

Ⅲ. 줄눈의 종류

1) 막힌줄눈
구조상 튼튼한 줄눈으로 일반적으로 많이 사용되는 방법이다.

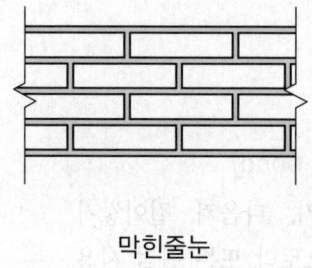

막힌줄눈

2) 통줄눈
① 구조상으로 불리하나 장식효과를 위해 사용한다.
② 배수효과가 좋아 백화방지를 위해 사용한다.

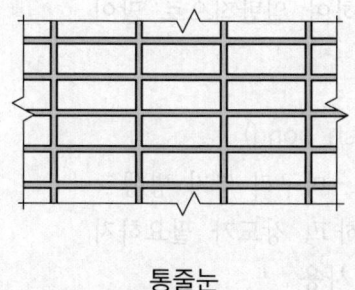

통줄눈

3) 치장줄눈
① 쌓기가 완료되는 대로 흙손으로 눌러둔 후 6mm 정도 줄눈파기한다.
② 1:1 또는 1:2 배합 모르타르를 밀실하게 눌러 시공한다.
③ 치장줄눈 모르타르에는 방수제를 넣어 사용한다.

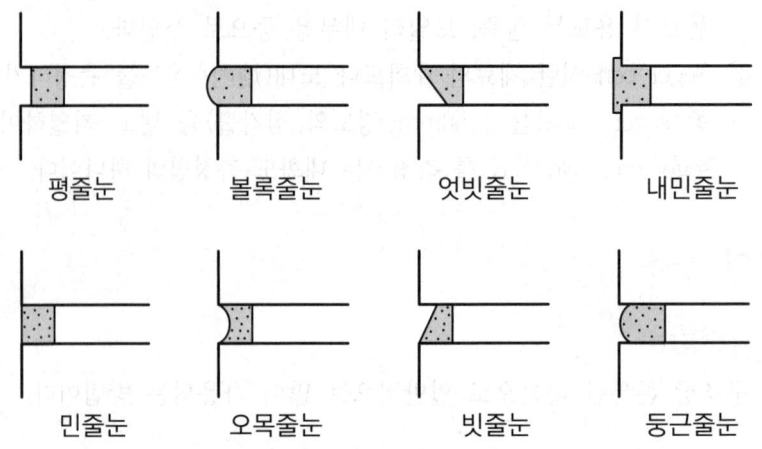

평줄눈   볼록줄눈   엇빗줄눈   내민줄눈

민줄눈   오목줄눈   빗줄눈   둥근줄눈

Ⅳ. 쌓기법 종류

1) 영식 쌓기(English bond)

① 한켜 마구리쌓기, 다음켜 길이쌓기, 모서리에는 이오토막 또는 반절 사용

② 통줄눈이 적고, 가장 견고한 방법

2) 화란식 쌓기(Dutch bond)

① 영식 쌓기와 같고 모서리벽 끝에 칠오토막 사용

② 쌓기가 용이하여 일반적으로 많이 사용

3) 불식 쌓기(Flemish bond)

① 매 켜에 길이·마구리 쌓기 병행

② 외관이 미려하고, 강도가 필요하지 않는 벽체에 사용

4) 미식 쌓기(American bond)

5켜까지 길이쌓기, 1켜는 마구리 쌓기 하여 벽돌벽에 물려 쌓는다.

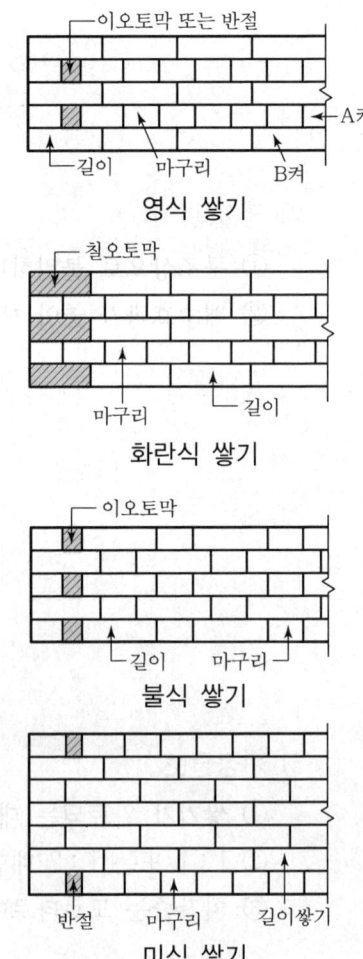

영식 쌓기

화란식 쌓기

불식 쌓기

미식 쌓기

5) 길이 쌓기(stretcher bond)

  ① 벽면에 길이 방향만 보이게 쌓는
방법

  ② 0.5B 두께의 칸막이벽 등에 사용

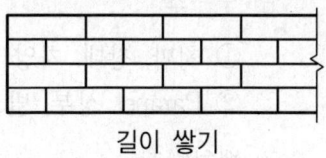

길이 쌓기

6) 마구리 쌓기(header bond)

  ① 벽면에 마구리방향만 보이도록 쌓
는 방식

  ② 굴뚝, 사일로 등에 사용

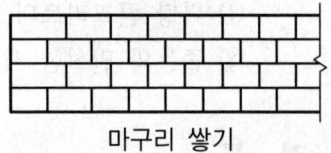

마구리 쌓기

Ⅴ. 시공순서 flow chart

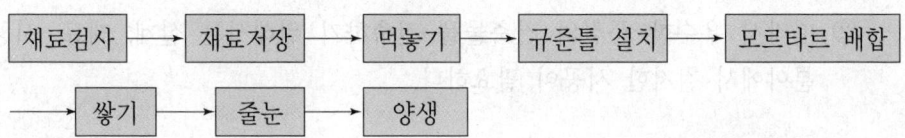

Ⅵ. 시공상 주의사항

1) 설계 시

  ① 지질조사에 의한 기초 결정으로 부동침하 예방

  ② 소요벽량 확보 및 균등한 벽의 배치

2) 재 료

  ① 벽돌의 강도와 흡수율이 KS 규정 이상인 것

  ② 반입 시 검수하고, 쌓기 전 물축임할 것

3) 시 공

  ① 1일 쌓기량 및 시방사항 준수

  ② 쌓기 끝난 후 곧 줄눈시공할 것

4) 양 생

  ① 벽돌을 쌓은 후 mortar의 미경화 상태에서 움직임이 없게 할 것

  ② 급격한 건조를 피할 것

5) 균 열

  ① 기초의 지내력 확보하여 부동침하 등 방지

  ② 창호 등 개구부 배치의 균형 유지

6) 누 수
① 처마, 창대, 차양 등에 물끊기 홈 설치
② Parapet 상부, 발코니 등의 방수처리 철저

7) 백화방지
① 바탕 콘크리트의 시공품질 확보
② 줄눈의 밀실한 시공으로 수분이 유입되지 않게 할 것

Ⅶ. 결 론

① 최근 보강 블록조 및 A.L.C 블록 등의 개발로 조적공사 수요가 증가하고 있으나, 건설현장에서 숙련 노무자의 인력난으로 품질저하가 우려되고 있다.
② 따라서 우수한 품질의 건축물을 건축하기 위해서는 설계, 재료, 시공의 각 분야에서 철저한 시공이 필요하다.

조적조 벽체의 균열원인과 대책

● [81후(25), 85(25), 89(25), 96전(30), 97중전(40), 03중(25), 11전(25), 20후(25), 21전(25)]

I. 개 요

① 조적조는 경제적이며, 재료의 구입이 용이하며 일반적인 건축양식과 소규모 구조의 건축물에 많이 채용된다.

② 조적조 벽체에 나타나는 균열은 설계, 재료, 시공 불량으로 인해 발생하므로 설계 및 시공에 있어서의 철저한 품질관리가 필요하다.

II. 균열에 의한 피해

① 동해로 인한 미장마감의 박락

② 소성벽돌의 백화발생

③ 공간 및 내부 단열성능 저하

④ 구조적인 불안감 조성

⑤ 미관상의 불쾌감

⑥ 균열에 의한 소음 및 누수

⑦ 내부 시설재, 창호 등의 변형·변색

III. 균열원인

1. 설계원인

1) 기초 부동침하

① 지질조사에 의한 이질지층 및 경사지반의 지내력 확보 미비

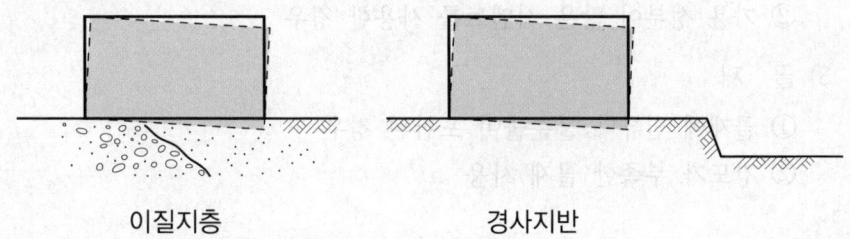

이질지층   경사지반

② 동결심도, 이질기초 고려한 건물자중 배치 결여

2) 불합리한 벽배치

   ① 개구부 문꼴 등의 배치 불균형

   ② 벽돌벽 두께에 대한 강도 부족

3) 벽량 부족

   ① 벽체 길이에 따른 벽량 미확보

   ② 소요벽량은 시방서에 준하여 시공

4) 이질재 접합부

   ① 접합부 빈틈이 있거나 밀실한 이음매 시공이 안 될 때

   ② 벽 상단이나 세로쌓기 부분에 충전이 잘 안 된 경우

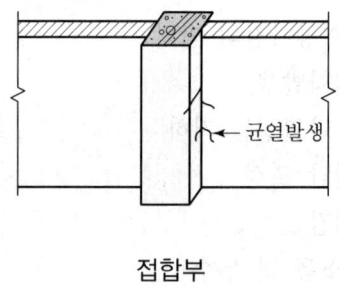

접합부

2. 재료결함

1) 조적재

   ① 벽돌이나 블록이 소요강도가 부족하거나 흡수율이 클 경우

   ② 쌓기 전 물축임하지 않았을 경우

2) 시멘트

   ① 풍화된 시멘트를 사용한 경우

   ② 가용 성분이 많은 시멘트를 사용한 경우

3) 골　재

   ① 골재에 염류나 불순물이 포함된 경우

   ② 강도가 부족한 골재 사용

3. 시공상 문제

1) 골조 자체
① 이어치기 불확실로 인한 결함발생
② 물결합재비 과다로 밀실하지 못한 골조의 시공

2) 테두리보
① 벽돌벽 상단부 테두리보 미설치
② 개구부 및 창호 상부 인방보 미설치

3) 줄눈시공
① 벽돌벽 쌓기 후 너무 오랜 시간이 지나서 시공한 경우
② 통줄눈 시공으로 구조적으로 강성이 약한 경우

4) 양 생
모르타르가 굳기 전에 큰 압력이 가해지거나 모서리 등의 모양이 불량한 경우

Ⅳ. 균열대책

1) 설계대책
① 지반조사에 의한 기초 결정으로 부동침하 예방
② 벽량 확보 및 균등한 벽의 배치

2) 재 료
① 소요강도와 흡수율 등 품질이 확보된 것 사용
② 당분, 염화물 등 불순물이 포함되지 않은 것

강도 및 흡수율

등 급	강도(MPa)	흡 수 율
1종	24.5 이상	10% 이하
2종	20.59 이상	13% 이하
3종	10.78 이상	15% 이하

3) 시공요소
① 1일쌓기량 및 쌓기법 준수
② 쌓기 전에 벽돌 및 바탕을 물축임할 것

4) Control joint

　① 접합부, 교차부 및 벽 높이, 두께 변화되는 곳
　② 창문, 개구부, 출입구 등의 양쪽

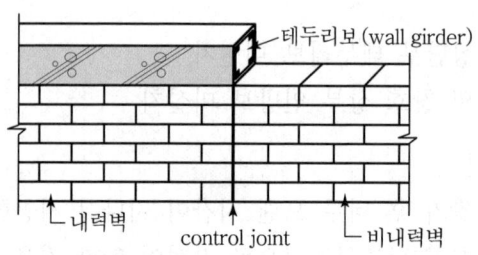

Control joint

5) 보강근 설치

　① 건물 모서리, 개구부 등에 보강근을 설치
　② 하중 분포가 한곳에 집중되는 곳

6) Wall girder(테두리 보)

　① 벽체의 상부에 일체식 개념으로 설치
　② 철근콘크리트로서 폭은 벽두께와 동일, 춤은 벽두께의 1.5배

7) 신축줄눈

　① 시멘트의 수축작용 감소 및 방지
　② 배수시설 고려

8) 줄 눈

　① 시멘트 흡수작용 방지
　② Weeping hole 고려

9) 쌓 기

　① 1일쌓기 높이를 1.2m로 하고, 충분히 건조한 다음 이어 쌓는다.
　② 매설물 설치 및 배관시 충격을 주지 않는다.

10) 양 생

모르타르가 굳기 전에 움직여서는 안되며, 매설물 설치시 충격을 받지 않게 한다.

11) 숙련공 확보

① 인력 배당계획에 의한 적정인원 확보

② 현장에 익숙한 근로자 채용하여 시공의 완벽을 도모

12) 자재검수

① 적기에 구입하여 공급되게 한다.

② 가공을 요하는 재료는 사전에 주문 제작하여 공사진행에 차질 없게 한다.

13) 공법계획

① 주어진 시공조건 중에서 최적공법 선정

② 품질, 안전, 생산성을 고려한 공법 선정

14) 가설비계

작업에 필요한 용수 및 전력 등의 확보 및 점검

15) 자재 양중

① 수직운반 장비의 적정용량 파악

② 안전대비를 위한 양중계획 수립

V. 결 론

① 조적조에 발생하는 결점 중 가장 비중이 큰 것은 균열이며, 이것을 방지하기 위해서는 설계에서 시공까지의 전공정을 통한 품질관리가 필요하다.

② 균열 발생의 원인과 형태를 분석하고 대책을 세워 우수한 품질의 시공을 할 수 있도록 하여야 하며, 자료를 feed-back하여 기술 축척하는 것이 무엇보다 중요하다.

건축물의 백화 발생원인과 방지대책

● [78전(25), 84(15), 08중(25), 09후(25), 13전(25), 14중(25), 15중(25)]

Ⅰ. 개 요

① 건축물의 백화는 시멘트 벽돌·타일 및 석재 등에 백색 가루가 나타나는 현상으로 한 번 발생하면 제거할 수 없고, 건물 외관을 손상시킨다.

② 백화현상은 시멘트 중의 수산화칼슘이 공기 중의 탄산가스와 반응해서 생기므로 방지를 위해서 재료의 선택, 우천시 작업중지 등의 철저한 시공이 요구된다.

Ⅱ. 백화(白花 : efflorescence)의 종류

1) 1차 백화

혼합수 중에 용해된 가용 성분이 시멘트 경화제의 표면 건조에 의해 수분이 증발함으로써 백화발생

2) 2차 백화

건조된 시멘트 경화제에 2차수인 우수, 지하수 또는 양생수가 침입하여 건조됨에 따라 시멘트 경화제 내의 가용 성분이 용출하여 백화발생

Ⅲ. 백화발생의 환경조건

① 그늘진 북측면
② 우기 등 습기가 많을 때
③ 기온이 낮을 때

백화발생

백화발생 환경

Ⅳ. 발생원인

1. 설계미비

1) 기초 부동침하

① 지질조사에 의한 기초형식 불량, 지내력 확보 미비
② 동결심도, 이질기초, 이질지반에 따른 건물자중 배치의 부적합

2) 우수처리

　　① Parapet 상부, 창대, 차양 등의 방수처리 미비

　　② 차양, 돌림띠 설치하여 빗물이 벽면을 타고 흐르는 경우

3) 연결부분

　　① 벽과 기둥, 보의 연결부분 균열 발생

　　② 미장하기 전 metal lath 미설치

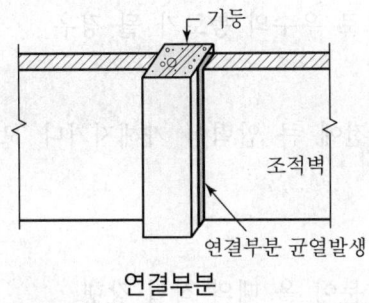

연결부분

2. 재료결함

1) 시멘트

　　① 시멘트 중의 가용 성분 CaO가 물에 녹아 증발되면서 백화 발생

　　② $Ca(OH)_2 + CO_2 \rightarrow CaCO_3 + H_2O \rightarrow$ 수분침투 $\rightarrow$ 백화 발생

2) 골　재

　　① 가용성 물질인 염류나 불순물 포함시

　　② 흡수율이 많은 골재 사용할 때

3) 물

　　① 깨끗하지 못하거나 불순물 포함시

　　② 규정 이상의 많은 물을 사용할 때

4) 혼화재료

　　① 백화 억제제의 사용시방 미준수

　　② 적정하지 못한 혼화제 사용

3. 시공 불량

1) 바탕골조

　　① 이어치기 시공의 불확실로 결함 발생

② W/B비 과다

2) Mortar

① 배합, 비빔이 충분하지 못한 경우
② 강도와 W/B비 적당하지 못한 경우

3) 줄눈시공

① 쌓기 후 너무 오랜 시간이 지나서 시공한 경우
② 통줄눈시공으로 우수의 통로가 될 경우

4) 양 생

Mortar가 굳기 전에 큰 압력이 가해지거나 모서리부·개구부 등의 보양이 불량한 경우

5) 기 후

① 비가 오거나 눈이 올 때의 작업 강행
② 양생 중에 빗물이 침투되는 경우

4. 백화현상 특성요인도

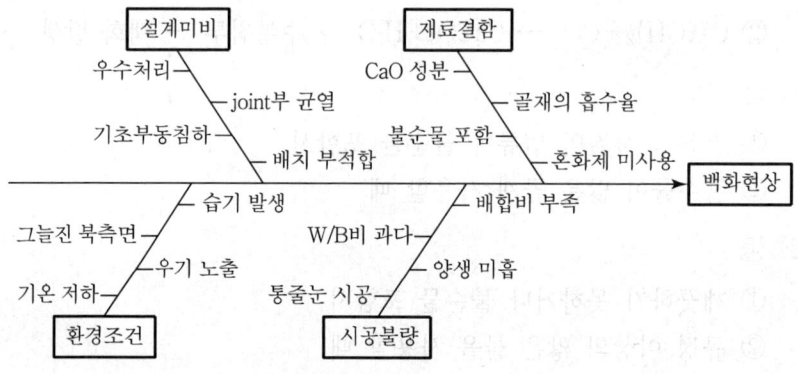

V. 방지대책

1. 설계상

1) 균열방지

① 기초의 부실로 부동침하 방지
② 건물 자중을 균등하게 배치하고, 개구부 보강 실시

2) 빗물처리

　① 처마, 창대, 차양 등에 물끊기 홈 설치

　② Parapet 상부, 캐노피 등의 방수처리
　　철저

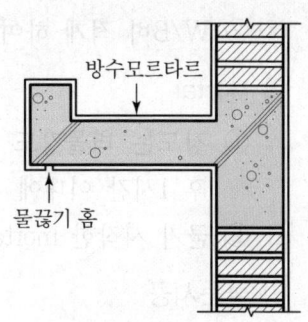

방수모르타르

물끊기 홈

빗물처리

3) 이질재 접촉부

　① 콘크리트 골조와 연결부의 조절 줄눈시공하여 균열방지

　② 미장하기 전 metal lath 설치 후 시공

2. 재료상

1) 벽 돌

　① 소요강도와 흡수율 등 품질이 확보된 것

　② 쌓기 전에 충분히 물에 축여 사용

등 급	강도(MPa)	흡 수 율
1종	24.5 이상	10% 이하
2종	20.59 이상	13% 이하
3종	10.78 이상	15% 이하

2) 골 재

　① 당분, 염화물 등 가용 성분이 포함되지 않은 것

　② 흡수율이 적은 골재

　③ 바닷모래는 가용성 염류가 포함되어 있기 때문에 사용 금지

3) 물

　① 가능한 소량 사용

　② 염분, 당분 등 불순물이 포함되지 않은 깨끗한 물

4) 혼화제

　① 백화 억제제 사용　　　② 감수제 사용

3. 시공상 대책

1) 콘크리트 골조

　① 이어치기 불량 방지대책으로 lap bar 설치

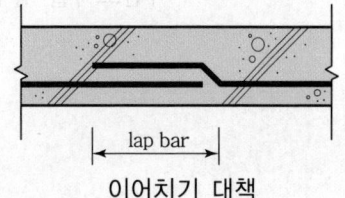

lap bar

이어치기 대책

② W/B비 적게 하여 밀실한 바탕 골조 시공

2) Mortar

① 강도는 벽돌강도 이상으로 하며, 적정한 배합강도 유지를 위해 물 비빔한 후 1시간 이내에 사용한다.

② 굳기 시작한 mortar는 사용하지 않는다.

3) 줄눈시공

① 쌓기가 끝나는 대로 가능한 한 빨리 시공한다.

② 통줄눈은 우수 통로가 되므로 피한다.

4) 벽 단열

결로현상으로 인한 백화를 막기 위하여 벽체 보온 시공

5) 양 생

Mortar가 굳기 전에 절대로 움직여서는 안 된다.

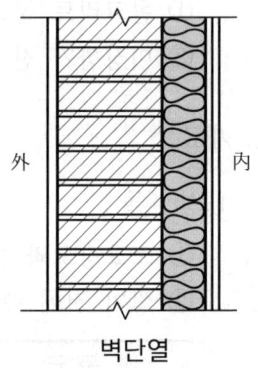

外　　内

벽단열

VI. 백화 제거방법

① 건조 후 brush, 마른 솔로 염분 제거
② 깨끗한 물로 세척 후 건조시킨다.
③ 염산희석액(염산 : 물=1 : 9)으로 세척 후 닦아낸다.
④ 건조 후 방수제 도포하여 물 침입 방지

VII. 결 론

① 백화 방지를 위해서는 본 구조물의 강성 확보와 우수한 재료의 선정 및 적정한 시공법 등이 중요하며, 무엇보다 철저한 품질관리가 필요하다.

② 건축물의 설계, 재료, 시공법, 기상조건 등에 따라 시공방법이 다르므로 철저한 사전조사를 통한 균열발생 원인을 분석하고 대처해 나가야 한다.

문제 4	외벽에서 방습층의 설치목적과 구조공법

● [87(25), 00후(10), 08후(25)]

Ⅰ. 개 요

① 지면에 접하는 벽돌벽은 지중습기가 조적벽체 상부로 상승하는 것을 방지하기 위하여 마루밑 G.L선 위 적당한 위치에 수평으로 방습층을 설치한다.

② 설치위치는 지반 위의 마루 밑이나 콘크리트 바닥 밑 사이에 설치한다.

Ⅱ. 방습층(vapor barrier)의 설치목적

1) 결로방지

① 지중의 습기가 조적벽을 따라 상승하는 것을 방지

② 모세관현상 차단

2) 방 습

지반면에 접한 부위를 따라 습한 기운의 이동을 방지하여 건조한 실내조성

3) 단열성능 확보

① 투습에 의한 단열성능 저하방지

② 방습재료, asphalt 재료, 폴리에틸렌 필름

4) 재료부식 방지

① 목질계 재료의 부패·부식 방지, 내구성 저하 방지

② 금속재료의 녹, 오염 방지

5) 내구성 증대

① 재료의 건조상태 유지로 내구성 증대

② 방습에 의한 재료의 파손, 마모의 방지

6) 실내 쾌적

① 실내 습도를 낮게 유지하여 쾌적한 실내 유지

② 외부 습기차단, 내부 건조공기 유출방지

7) 오 염

외부로부터의 습기를 차단하여야 실내 마감재와 구조재의 부패 및 오염을 방지할 수 있다.

8) 균 열

벽체의 건조상태를 유지하고, 동결융해를 방지하면 균열현상도 방지할 수 있다.

9) 강 도

① 목질계 재료 건조유지로 강도 확보

② 마감재의 내구강도 향상

10) 방습재료

① 금속판 방수, 아연판, 동판

② Asphalt felt, asphalt 루핑, 비닐

③ 방수 모르타르, 아스팔트 모르타르

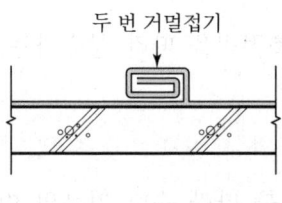

금속판 방수

Ⅲ. 구조공법

1. 설치위치

1) 벽체 방습층(wall vapor barrier)

① Con'c 블록, 벽돌 등의 벽체가 지면에 접하는 곳

② 지상 100~200mm 위에 수평으로 설치

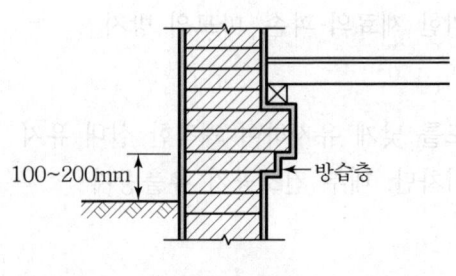

벽체 방습층

2) 바닥 밑 방습층

① Con´c 다짐바닥 벽돌깔기 등의 바닥면에 방습층을 둘 때에는 잡석다짐이나
모래다짐 위에 방습층 시공 후 Con´c나 벽돌로 시공

② Asphalt, 비닐지의 이음은 100mm 이상 겹치고, 접착제로 교착시킨다.

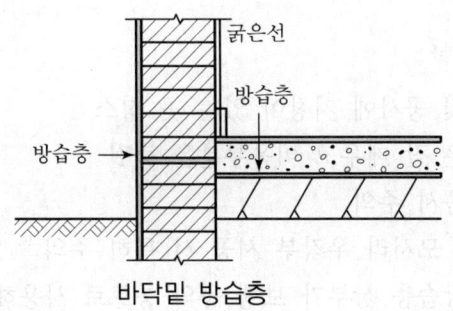

바닥밑 방습층

2. 재 료

① 방수 모르타르
② 아스팔트 모르타르
③ 시멘트 액체방수

3. 시 공

1) 아스팔트 펠트 · 루핑 방습층

① 바탕면은 수평하게 바르고, asphalt로 교착한다.
② 펠트 · 루핑의 나비는 벽체보다 10mm 정도 높게 하고, 직선으로 잘라 쓴다.
③ 이음은 100mm 이상 겹쳐서 교착시킨다.

2) 비닐 방습층

① 품질의 두께가 있는 재료 선정
② 교착제는 동종의 비닐수지계 교착제 또는 asphalt 사용

3) 금속판 방습층

① 지정하는 재질의 품질 선정
② 이음은 거멀접기 · 납땜하거나 겹치고 수밀도장

4) 방수모르타르 방습층

① 바탕면을 충분히 물씻기 청소
② 방수모르타르 두께는 15mm 내외 1회 바름.

5) 시멘트 액체 방습층

시공성, 경제성에서 유리하며, 바탕이 매끄러울 때는 거칠게 하여 시공

6) 아스팔트 방습층

아스팔트는 방수적으로 접착은 좋으나, 압축에 대하여 불완전하다.

4. 시공 시 주의사항

① 돌출부 및 공사에 지장이 있는 곳 청소
② 빈 공간은 잘 메우고 이음부분은 충전
③ 신축 이음시 주의
④ 비흘림과 모서리 우각부 시공 시 특히 주의
⑤ 설치된 방습층 상부가 보행 등의 통로로 사용해선 안 됨.
⑥ 설치시 구멍이 생기거나 하자가 생기지 않도록 주의
⑦ 이상 기후시 작업 금지
⑧ 유독가스의 환기 및 안전에 유의

Ⅳ. 결 론

① 방습층 공사는 지면에 접하는 Con´c 블록, 벽돌 및 이와 유사한 재료로, 구조된 벽체 또는 바닥판의 습기상승을 방지하는 것이다.
② 비에 접하는 벽면의 흡수성 방지를 위하여 asphalt 및 시멘트 액체 방수 등으로 시공한다.

문제
5

조적벽체의 control joint의 설치위치 및 공법

● [82후(50), 09후(25)]

Ⅰ. 개 요

① 조절줄눈은 온도나 습도의 변화에 따라 벽체에 수평방향의 응력으로 발생될 수 있는 균열을 조절하기 위해 설치하는 joint이다.

② 균열이 예상되는 곳에 미리 줄눈을 설치하여 균열을 예방하는 것이 중요하다.

Ⅱ. 필요성

1) 균열 방지

① 벽체의 수축에 의한 구조체의 움직임 흡수

② 조절줄눈 위치에서 균열이 일어나도록 유도

③ 다른 부분의 균열발생 억제

2) 누수 방지

① 벽체 균열을 통한 빗물의 누수방지

② 온도, 습기의 영향으로 벽체 수축방지

3) 백화발생 억제

물이 침투되는 벽의 틈이나 균열을 예방하여 백화의 발생 억제

4) 미관상 고려

① 균열을 일정한 위치로 유도하여 미관불량을 방지

② Joint 마감상태를 일정하게 시공

5) 마감재 손상방지

① 균열로 인해 발생하는 내부 마감재의 손상이나 오염방지

② 오염이나 부패방지로 내구성 확보

Ⅲ. 설치위치

1) 벽높이가 변화하는 곳

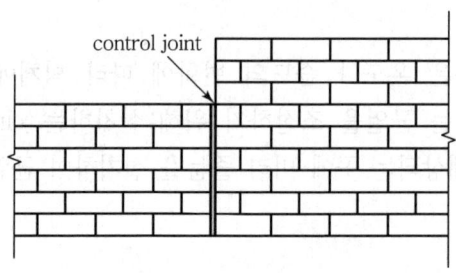

2) 벽두께가 변하는 곳

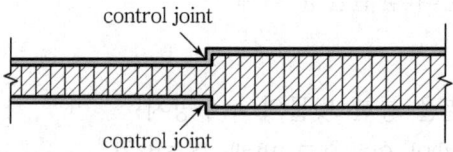

3) 벽체와 기둥, 붙임 기둥 접합부

4) 벽체, 기둥의 요철부

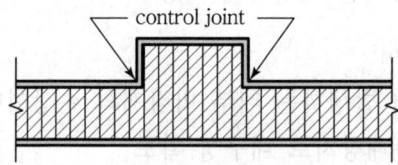

5) 내력벽과 비내력벽의 접합부

6) 약한 기초의 상부벽

Ⅳ. 설치공법

1) 교차되는 벽의 길이가 3.6m 이상인 접합부에 설치

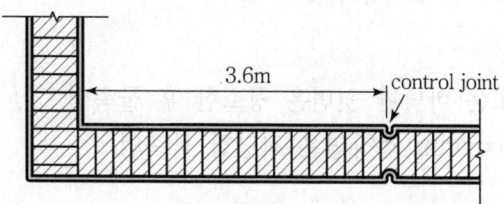

2) L.T.U형 건축물 벽체의 접합부에 팽창이음 대신 설치

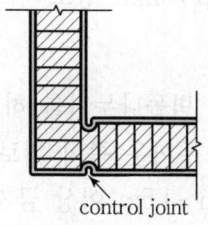

3) 줄눈보강을 하지 않을 때의 조절줄눈의 설치

  Block에서 4.5~9.0m 이내마다 설치

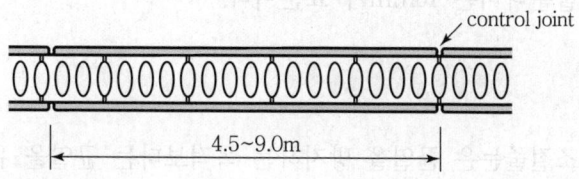

4) 줄눈보강 joint는 reinforcement block 벽체의 수축 균열방지

5) 줄눈 block 설치

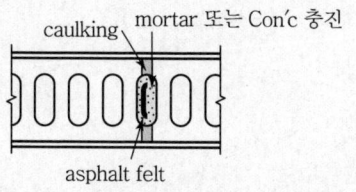

V. 시공 시 주의사항

1) 재 료

반입 시마다 모양, 치수, 강도 검사

2) 물축임

① 기초 또는 바닥판 윗면은 청소한 후 물축임.
② 블록의 mortar 접착면은 적당한 물축임.

3) 모르타르

① 배합한 mortar는 적당히 반죽하여 사용
② 응결된 모르타르 사용 금지
③ W/B비 60%, slump 80mm 정도

4) 쌓 기

① 규준틀을 설치하고, 벽돌나누기를 하여, 토막벽돌이 생기지 않도록 함.
② Block은 살 두께가 두꺼운 쪽이 위로 향하도록 쌓음.
③ 하루쌓기 기준 1.2m~1.5m 이상 금지
④ 쌓은 후 조적면 청소하고 줄눈파기 실시

5) 줄 눈

① 치장줄눈의 줄눈파기는 줄눈을 가만히 눌러서 2~3단 쌓은 후 줄눈파기한다.
② 줄눈나비는 10mm가 표준이다.

VI. 결 론

① 조절줄눈은 균열을 방지하는 목적보다는 균열을 유도하여 유도된 균열부위에 적정한 재료로 마감함으로써 구조체 전체의 품질을 확보할 수 있다.
② 시공은 설계도서에 명시된 정확한 위치에 조절줄눈을 설치하여 벽체에 발생하는 응력이 제어되도록 시공되어야 한다.

A.L.C 패널공사

● [81전(6), 99후(30), 03전(25), 15후(25), 16후(10), 18후(25)]

I. 개 요

① 석회질과 규산질 원료에 물, 발포제, 혼화제를 가하여 고온·고압 증기로 양생한 다공질 Con'c이다.

② A.L.C block과 A.L.C panel이 있으며 경량, 단열, 차음성 등이 우수하다.

II. 특 징

1) 장 점

① 경량성, 시공성

② 단열성, 내화성

2) 단 점

① 내충격성이 약하고, 모서리 파손이 많으며, 흡수·투수성이 크다.

② 강성이 적고, 마모성이 크며, 관리가 곤란하다.

III. 재 료

1) 석회질 원료

석회(CaO), 시멘트

2) 규산질 원료

① 규석, 규사, 고로 slag, fly ash

② 유기물, 유해 성분 포함되지 않은 재료

3) 기포제

Al 분말을 이용하여 기포를 고르게 발생시킴

4) 혼화제

기포안정 및 경화시간 조정

921

Ⅳ. 제조 flow chart

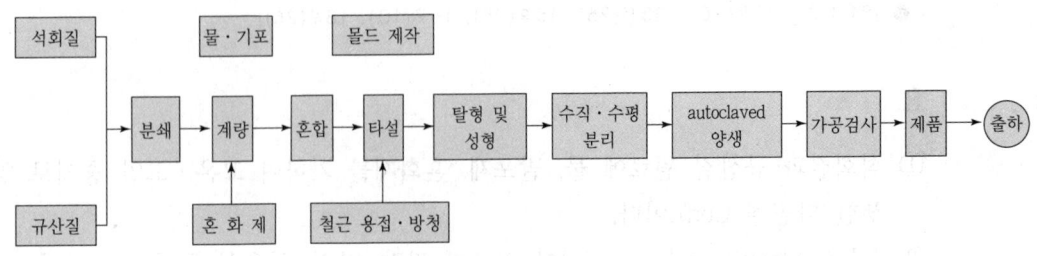

Ⅴ. 시공관리

1) 재료관리

　　① A.L.C 패널의 균열 파손이 없고, KS 규정 이상의 재질일 것
　　② 보강철물·접합철물은 방청처리된 것

2) 운　반

　　① 소운반 도구, 장비 사용·인력운반을 지양한다.
　　② 파손, 변형되지 않게 운반한다.

3) 보　관

　　① 가능한 옥내에 보관한다.
　　② 적재시 뒤틀림·균열을 방지한다.

4) 현장작업

　　① 주요 부재는 현장 절단하지 않는다.
　　② 지붕, 바닥재는 홈파기 하지 않는다.
　　③ 철물류가 가공에 의해 노출되면 방청처리한다.

5) 칸막이벽

　　① 깔모르타르를 사용하여 바탕면 level 조정
　　② 구조체와 연결부위에 10~20mm 신축줄눈 설치

6) 외부벽

　　① 깔모르타르로 level 조정
　　② 파손된 부위 보수 및 철저한 방수처리

7) 내력벽

① 테두리보 Con´c 부어넣기 전에 청소한다.

② 연결재나 버팀대로 지지한 후 타설한다.

8) 마 감

① 멍에, 장선재는 panel 장변에 직교로 배치한다.

② 줄눈부에는 충전재로 충전한다.

Ⅵ. ALC 패널 설치공법 종류와 시공방법

1) 수직철근 공법(보강근 삽입공법)

① Panel의 수직 접합부에 수직보강 철근(D10)을 삽입하고 모르타르를 충전하여 Panel 간을 연결시키는 공법이다.

② Panel 수직 이음 부위에 홈이 형성되어 있어 이곳에 철근을 삽입할 수 있다.

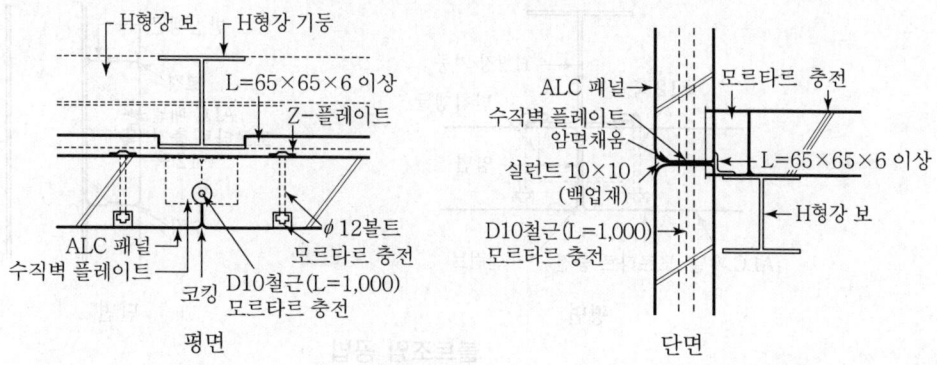

수직철근 공법

2) 슬라이드(slide) 공법

① 수직철근 공법에서 H형강 보 하부에 수평으로 sliding할 수 있는 sliding 앵글을 부착한다.

② ALC panel 수평부에 설치되는 plate는 고정용이 아닌 받침용으로 설치하여 함께 sliding되게 한다.

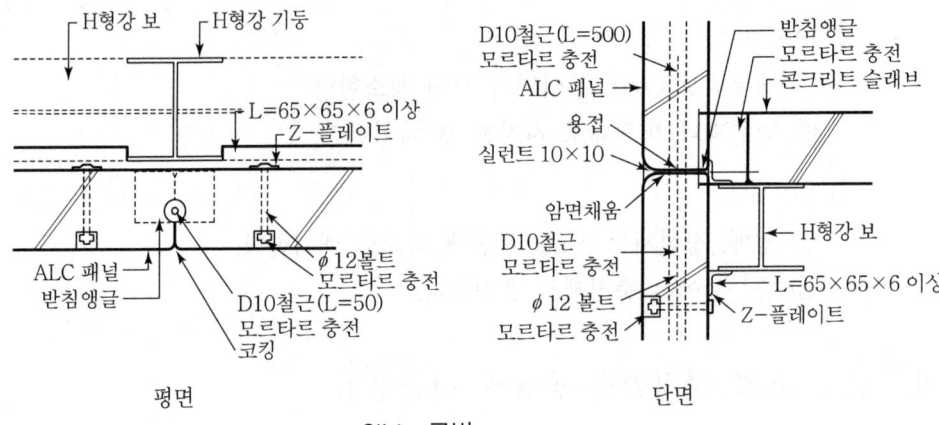

평면   단면

Slide 공법

3) 볼트조임 공법

① Panel 상하 양끝에 구멍을 뚫고 볼트를 삽입한다.

② 훅볼트의 끝과 H형강 기둥을 조여서 연결시킨다.

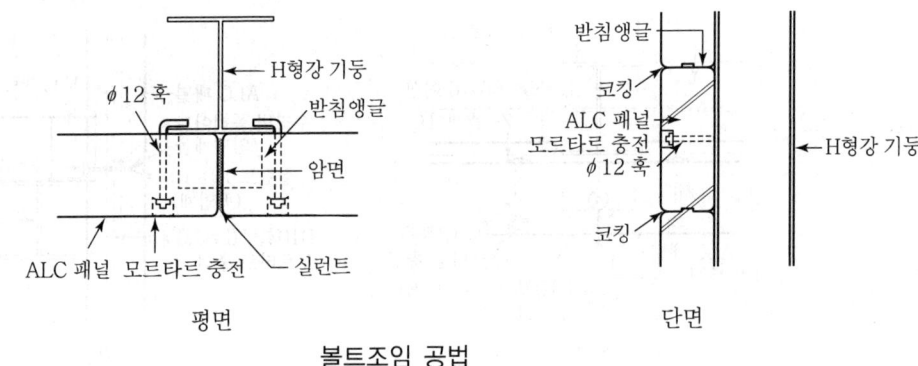

평면   단면

볼트조임 공법

4) Cover plate 공법

① Panel의 수직 이음부에 훅볼트를 삽입하여 H형강 기둥에 연결시킨다.

② Panel의 수직 이음부에 커버 플레이트를 설치하여 볼트와 연결한다.

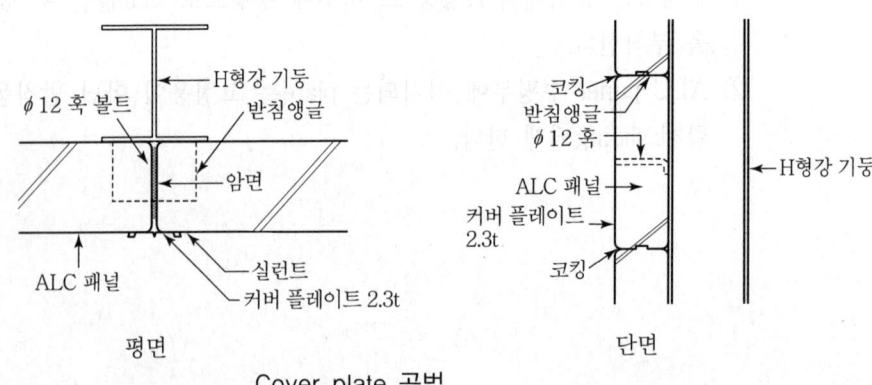

평면   단면

Cover plate 공법

Ⅶ. 시공 시 주의사항

① 설계 시 현장가공을 최소화하고 module화
② 부재 취급 횟수 최소화하여 파손 예방, 홈파기는 가능한 한 억제
③ 보관장소에서의 흡수방지, 현장가공시 노출된 철근은 방수처리
④ 신축줄눈부 내화 방수처리, 충전재의 밀실시공 및 양생

Ⅷ. 대 책

① A.L.C 전용 공구를 개발하여 시공효율 높임.
② A.L.C 부속자재의 기술 및 품질 개발

Ⅸ. 결 론

① A.L.C 패널은 고온·고압 증기로 양생된 경량기포 콘크리트로 경량성·내화성·단열성 등이 우수하여 최근 많이 사용되는 추세이다.
② 시공성은 우수하나 강도와 탄성이 적고, 투수·흡수성이 크므로 이러한 문제들을 보완한 제품 및 공법이 연구 개발되어야 하며, 철저한 품질관리를 통한 건축물의 질을 향상시켜 나아가야 한다.

chapter

8장 | 마감 및 기타

2절 석공사, 타일공사

1. 돌공사 ··· 930
2. 돌붙임공법 ·· 938
3. 타일붙임공법 ·· 943
4. 타일의 하자(박리·탈락·동해) 원인 및
   방지대책(유의사항) ·· 949

석공사, 타일공사 기출문제

1. 화강석 표면가공(끝마감)의 종류 및 그 공법을 열거하고, 표면오염(表面汚染, 불순물의 표면 노출) 발생원인과 그 방지대책에 대하여 기술하여라. [78전, 25점]
2. 돌붙임공사에서 제품 공정·공법·검사 및 보양에 대하여 기술하여라. [82후, 30점]
3. 최근의 석재공법을 다음 사항에 대하여 기술하여라. [85, 25점]
　㉮ 채석(5점)　　　　　　　㉯ 가공(5점)
　㉰ 시공법(10점)　　　　　　㉱ 양생(5점)
4. 석공사의 양생방법 [97전, 15점]
5. 건축물 외부 석재면의 변색원인과 방지대책에 대하여 기술하시오. [98후, 30점]
6. 석재가공 시 석재의 결함, 원인 및 대책에 대하여 기술하시오. [06후, 25점]
7. 석재공사에서 재료선정, 표면처리방법 및 시공 시 유의사항에 대하여 설명하시오. [06후, 25점]
8. 사용부위를 고려한 바닥용 석재표면 마무리의 종류 및 사용상 특성 [20중, 10점]
9. 석공사에서 석재 표면 마무리 종류와 설치공법에 대하여 설명하시오. [21전, 25점]
10. 석재가공 시 발생하는 결함의 종류와 그 원인 및 대책에 대하여 설명하시오. [15전, 25점]
11. 석재 가공 시 발생할 수 있는 결함과 원인 및 대책에 대하여 설명하시오. [17전, 25점]
12. 석재붙임공법 [82전, 10점]
13. 돌 외장공사에 대하여 기술하여라. [83, 25점]
14. 최근 사용되고 있는 석재외장 건식 공법에 대하여 상술하여라. [87, 25점]
15. 돌공사에서 건식 공법 및 습식 공법의 시공법, 장단점 및 공사비에 대하여 비교 설명하여라. [90후, 30점]
16. 외벽 돌붙이기 공사의 공법을 종류별로 도시 설명하고, 품질관리 요점을 설명하여라. [92전, 30점]
17. 건축물 외벽을 석재로 마감할 경우의 건식 붙임공법에 대하여 기술하시오. [95후, 40점]
18. 돌공사에서 붙임 공법을 열거하고 시공 시 주의사항에 대하여 기술하시오. [97후, 30점]
19. 돌공사 건식 공법의 장점과 하자발생 방지를 위한 시공 시 유의사항에 대하여 기술하시오. [98중후, 30점]
20. 외부 돌공사의 건식 공법에서 핀홀(pin hole) 방식을 설명하고 문제점과 품질 확보 방안을 기술하시오. [99중, 30점]
21. 석공사의 강재 Truss(Metal truss) 공법에 대해 기술하시오. [02전, 25점]
22. 외벽의 건식돌공사에서 Anchor 긴결 공법에 대하여 기술하시오. [03중, 25점]
23. 석재공사의 오픈조인트(Open Joint) 공법의 장단점과 시공 시 유의사항에 대하여 설명하시오. [09후, 25점]
24. 석공사에서 습식과 건식 공법의 특징을 비교하여 설명하시오. [10중, 25점]
25. GPC(Granite Veneer Precast Concrete) [10후, 10점]
26. 건축물의 외벽마감공사에서 석재외장 건식 공법의 종류 및 석재오염 방지대책에 대해 설명하시오. [11중, 25점]
27. 석공사의 오픈조인트(Open Joint) [16중, 10점]
28. 석공사의 오픈조인트(Open Joint)공법 [22전, 10점]
29. 바닥 석재공사 중 습식공법의 하자유형과 시공 시 주의사항에 대하여 설명하시오. [17후, 25점]
30. 외부 석재공사에서 화강석의 물성기준 및 파스너(Fastener)의 품질관리에 대하여 설명하시오. [19중, 25점]

석공사, 타일공사 기출문제

31. 타일의 압착공법(壓着工法) [78후, 5점]
32. 타일압착공법 [81전, 8점]
33. 타일(tile) 붙임 공법의 종류를 설명하고, 타일 붙임 후에 발생하는 하자의 원인에 대하여 설명하여라. [81전, 25점]
34. 타일공법의 종류 및 부착강도 저하요인에 대하여 설명하시오. [94후, 25점]
35. 타일의 유기질 접착제 공법 [97중전, 20점]
36. 타일 붙임 공법 중 습식 공법과 건식 공법을 비교하고 시공 시 유의사항에 대하여 설명하시오. [99후, 30점]
37. 타일공사 시 시멘트 모르타르의 open time [02중, 10점]
38. 다음 공법을 설명하고, 일반적인 공장생산방식의 현황에 대하여 기술하시오.
    [02중, 25점]
    1) 철근 선조립 공법
    2) 타일 선부착 공법
39. 타일 접착 모르타르 Open Time [04후, 10점]
40. 타일 붙임 공법의 종류별 특징과 공법의 선정절차 및 품질기준을 기술하시오.
    [05후, 25점]
41. 타일의 접착방식을 제시하고 부착강도의 저해요인과 방지대책에 대하여 기술하시오.
    [06후, 25점]
42. 모르타르 Open Time [07후, 10점]
43. 타일공사의 오픈타임(Open Time) 관리방법 [22전, 10점]
44. 타일 거푸집 선부착 공법 및 적용사례에 대하여 설명하시오. [08후, 25점]
45. 타일 붙임공법의 종류 및 시공 시 유의사항을 기술하시오. [09중, 25점]
46. 타일접착 검사법 [09중, 10점]
47. 타일시트(Sheet)법 [14전, 10점]
48. 타일 부착력 시험 [17전, 10점]
49. 타일 접착력 시험 [21후, 10점]

50. 외장 타일의 들뜸의 원인을 들고, 그 대책을 써라. [82전, 50점]
51. 도기질 타일공법의 동해 방지책에 대하여 기술하여라. [86, 25점]
52. 타일공사의 품질관리 유의사항을 기술하여라. [93후, 30점]
53. 외벽 타일시공 시에 있어서 타일의 박리 및 탈락에 대하여 그 원인과 방지대책에 대하여 설명하시오. [95전, 30점]
54. 타일의 동해 방지 [95중, 10점]
55. 외벽타일의 박리·탈락에 대한 원인 및 대책을 설계, 시공, 유지관리 측면에서 기술하시오. [99중, 30점]
56. 외벽 타일 붙임 공법의 종류 및 박리·탈락 방지 대책에 관하여 시공 시 고려사항을 기술하시오. [00전, 25점]
57. 옥내에 시공한 타일이 박리되는 원인 및 방지대책에 대하여 기술하시오. [05전, 25점]
58. 타일공사에서 발생하는 주요 하자요인 및 방지대책을 기술하시오. [07중, 25점]
59. 내벽타일공사의 부착강도를 저해하는 요인 및 방지대책에 대하여 설명하시오.
    [10전, 25점]
60. 타일공사의 하자원인과 대책에 대하여 설명하시오. [11전, 25점]
61. 타일공사에서 발생하는 하자의 원인과 방지대책을 설명하시오. [21중, 25점]
62. 타일공사에서 내부 바닥 및 벽체의 타일 줄눈나누기 방법, 박리·박락 원인 및 대책에 대하여 설명하시오. [13전, 25점]

3

4

석공사, 타일공사 기출문제

기 출	63. 공동주택 화장실 벽타일의 하자발생 유형별 원인과 대책에 대하여 설명하시오. [17후, 25점] 64. 외부 석재 공사에서 화강석의 물성기준 및 자재 반입 검수에 대하여 설명하시오. [16중, 25점] 65. 건축공사에서 타일시공 시 내벽타일 품질기준에 대하여 설명하시오. [14전, 25점] 66. 타일공사에서 타일 접착력 확인 방법과 접착강도 시험방법에 대하여 설명하시오. [14후, 25점]
용 어	67. 석재 혼드마감(Honded Surface) [16후, 10점] 68. Non-Grouting Double Fastener방식(석공사의 건식공법) [19전, 10점] 69. 타일 분할도 [03전, 10점] 70. 타일공사의 줄눈나누기 방법 [16전, 10점] 71. 전도성 타일(Conductive Tile) [01후, 10점] 72. 전도성 타일(Conductive Tile) [14후, 10점] 73. 타일공사에서 접착(부착)강도시험 방법 [20후, 10점]

문제
1
돌공사

● [78전(25), 82후(30), 85(25), 97전(15), 98후(30), 06후(25), 15전(25), 17전(25)]

Ⅰ. 개 요

① 석재는 외관이 장중·치밀하고 불연성이며 압축강도가 크므로 고층 건축물의 외장재, 내장재 등의 다양한 용도로 사용된다.

② 석재의 시공법은 습식, 건식, 앵커 긴결식, 강재 truss식, G.P.C 공법 등이 있으며, 습식보다는 건식 공법이 많이 사용된다.

Ⅱ. 석재의 종류

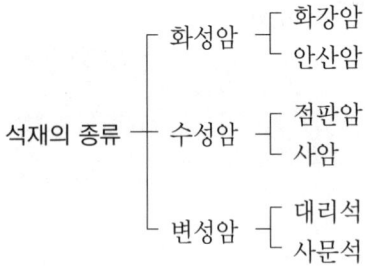

1) 화성암

① 용융상태에 있던 지구 내부의 암장이 응결된 것이다.

② 석질이 견고하고 강하며, 풍화는 적으나 화염에 약하다.

③ 용도는 구조용·장식용으로 쓴다.

2) 수성암

기존의 암석조각이나 수중에 용해한 광물질 생물의 유기물이 물밑이나 지상에 퇴적하여 응고한 것

3) 변성암

화성암과 수성암이 지반의 변동에 의한 압력과 열에 의해 그 조직 또는 광물 성분이 변화한 것

Ⅲ. 채석법

1) 발파법

석산에서 다이너마이트를 사용하여 발파시켜 채석

2) 부리쪼갬(wedging)

발파된 돌에 구멍을 뚫어 부리(철쐐기)를 쳐박아 쪼갬.

Ⅳ. 석재가공

1) 혹떼기

① 거친 돌이나 마름돌의 돌출부 등을 쇠메로 쳐서 비교적 평탄하게 마무리하는 것이다.

② 돌의 표면은 평탄하되 중간부가 우묵하지 않게 한다.

2) 정다듬

① 정으로 쪼아 평평하게 다듬은 것으로 거친 다듬, 중다듬, 고운 다듬으로 구분한다.

② 정자국의 거리간격은 균등하고, 깊이는 일정해야 하며, 정다듬기는 보통 2~3회 정도로 한다.

3) 도드락 다듬

① 도드락 망치는 날의 면이 약 5cm 각에 돌기된 이빨이 돋힌 것이다.

② 정다듬 위에 더욱 평탄히 할 때 쓰인다.

4) 잔다듬

① 날망치 날의 나비는 5cm 정도의 자귀모양의 공구이다.

② 잔다듬줄은 건물의 가중방향(加重方向)에 직각되게 한다.

5) 물갈기

① 잔다듬한 면을 각종 숫돌, 수동기계 갈기하여 마무리하는 것이다.

② 갈기한 다음 광내기 마무리한다.

V. 돌쌓기공법

1) 막돌쌓기

① 막돌은 야산석, 둥근돌 및 잡석을 말한다.

② 막돌은 보통 허튼층쌓기로 한다.

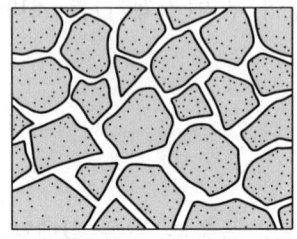

막돌허튼쌓기

2) 마름돌쌓기

① 직각단면과 길이가 있는 장대석 또는 각석을 말한다.

② 줄눈나비는 일정하게 할 수 있고, 수평쌓기도 용이하다.

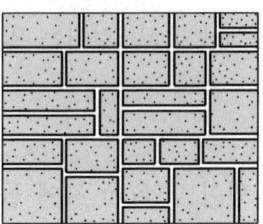

마름돌 층지어쌓기

3) 바른층쌓기

① 돌쌓기의 1켜 높이는 모두 동일한 것을 사용한다.

② 막돌이라도 일정한 것을 쓰면 바른층쌓기에 사용된다.

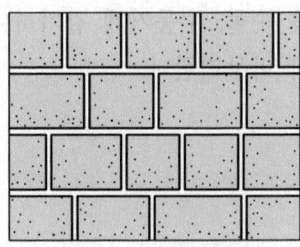

다듬돌 바른층쌓기

4) 허튼층쌓기

면이 네모진 돌을 수평줄눈이 부분적으로만 연속되게 쌓으며, 2~3개 높이의
돌로 수평쌓기한다.

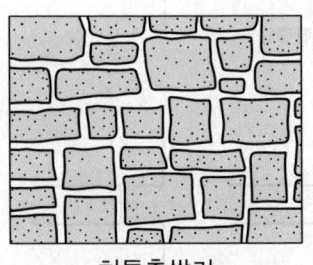

허튼층쌓기

Ⅵ. 돌붙임공법

1) 습식 공법
   ① 시공 실적이 많아 신뢰할 수 있는 공법
   ② 구체와 석재 사이에 모르타르를 채워 일체화

2) Anchor 긴결공법(conventional system, Pin hole공법)
   ① 구체와 석재 사이에 공간을 두고 연결 철물을 사용하여 부착
   ② 상부 하중이 하부로 전달되지 않음

3) 강재 truss 공법(paneling system)
   ① 강재 truss에 석판재를 지상에서 짜 맞추어 설치
   ② 품질이 우수하고, 공기단축이 가능

4) G.P.C 공법(Granite Veneer Precast Concrete)
   ① 거푸집에 화강석 판재를 배치하고, Con'c를 타설하여 P.C를 제작해서 설치
   ② 규격화하면 대량생산 가능

5) Open joint 공법
   ① 석재 외벽 건식공법에서 석재와 석재 사이의 줄눈에 등압이론을 적용
   ② 줄눈을 open시켜 물을 이동시키는 압력차를 없애는 공법

Ⅶ. 돌공사 치장줄눈

1) 돌쌓기가 완료되면 쐐기 등을 제거하고 줄눈 누르기 한 후에 1cm 정도로 파기
   한다.

2) 줄눈의 종류

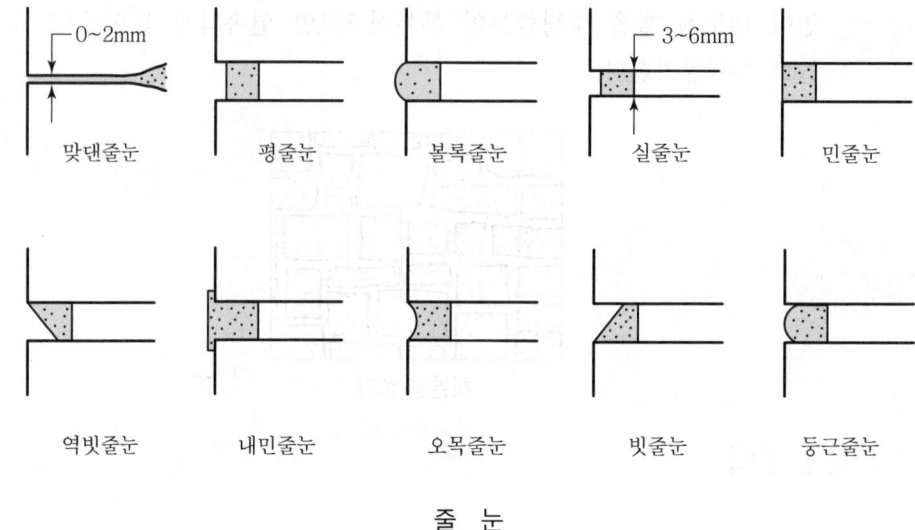

줄 눈

Ⅷ. 석공사 시 결함의 원인

1) 표면 요철
　　① 석재의 다듬가공시 표면 평탄작업 부족
　　② 물갈기 등 작업 정밀도 부족

2) 파손
　　① 석재 가공시 모서리부 파손이 흔히 발생
　　② 모서리부에 대한 가공시 배려 부족
　　③ 얇은 석재판의 경우 가공시 파손 발생

3) 균열
　　① 가공의 정도 부족으로 표면에 균열 발생
　　② 확인이 어려운 잔 균열의 경우 시공에 사용될 수 있으므로 유의

4) 백화
　　① 가공시 표면처리 불량으로 발생
　　② 시멘트 중의 가용성분 CaO가 물에 녹아 증발되면서 발생
　　③ $CaO + H_2O \rightarrow Ca(OH)_2$
　　　　$Ca(OH)_2 + CO_2 \rightarrow CaCO_3 + H_2O$

5) 녹 발생

① Fastener의 방청 처리 불량

② 석재에 포함되어 있는 성분 중 철분의 성분이 많은 경우

6) 염산 사용

① 석재 시공 후 외부 청소시 염산 사용의 불량에 의해 부분적 변색 현상

② 염산 : 물＝1 : 10～20

7) 산소 아세틸렌 및 용접

① 용접 시 불똥에 의해 석재면 탈락

② 산소 아세틸렌 사용으로 fastener 및 기타 재료 절단 시 변색

8) Sealing재

① 줄눈용 sealing재 사용 불량

② 외부 석재면에 오염

9) 석재의 불량

① 석재의 불량에 따른 외부 침투수 유입

② 흡수율의 차이가 심할 때

10) Pin hole 불량

① Fastener 설치시 Pin hole부 파손

② Pin hole의 강도 및 간격 부적절

Ⅸ. 석공사 시 결함 방지대책

1) 석재의 반입 및 보관

① 석재와 석재 사이는 보호용 cushion재 설치

② 석재끼리 마찰에 의한 파손 방지

2) 청소 철저

① 염산·유산 등의 사용을 금한다.

② 원칙적으로 물청소를 해야 하나, 부득이한 경우 염산을 사용한다.

③ 염산의 사용 시에는 희석시켜 사용하고 물로 깨끗이 씻어 낸다.

3) 작업 후 양생 철저

① 1일 작업 후 검사가 완료되면 호분이나 벽지 등으로 보양한다.

② 창대·문틀·바닥 등은 모포덮기·톱밥 등으로 보양한다.

③ 양생 중 보행금지를 위한 조치를 취한다.

4) 습식 공법 지양

부득이한 경우를 제외하고 가능한 건식 공법 사용

5) Fastener 방청

① 건식공법 사용 시 fastener의 방청 처리

② 시공 후 현장에서 1회 도색 처리

6) Back up재

① 규격에 맞는 back up재 삽입

② Bond breaker 방지

7) Sealing 철저

① Sealing 시공과 masking tape의 정밀부착

② Sealing 재료 충전 후 경화될 때까지 표면오염 방지

8) 철물의 외부노출 방지

① 구조체에서 나온 철물의 외부노출 금지

② 철물 제거 후 바탕 방수처리 시공

9) 재료적 대책

① 석재의 강도·흡수율 등 동등 재질 사용

② 운반 및 저장시 모서리 보양 철저

10) 보양 철저

① 석재 시공후 sheet·호분지 등으로 보양

② 석재 주변에서 용접 시 보양후에 작업을 실시

X. 석재의 보양

① 외벽에 부착할 때는 눈이나 비에 노출되지 않도록 한다.

② 동절기에는 모르타르의 동해나 경화불량 우려시 작업을 중지한다.

③ 바닥깔기 후 모르타르 경화 전에는 보행을 금한다.

④ 운반·양중 시 맞댄면·모서리가 구조물 등에 부딪히지 않게 다룬다.

⑤ 물씻기는 전체 하부까지 충분히 물씻기해야 한다.

⑥ 시멘트물을 씻기 위해 염산, 유산 등을 사용해서는 안 되며, 부득이한 경우 희석액을 쓴다.

XI. 결 론

① 석재는 외관이 장중·미려하여 외장재로 많이 사용되어 왔으나, 중량물이고 압축재로만 사용되는 한계점이 있다.

② 시공방법에는 습식보다는 공기가 빠르고 백화발생 우려가 없는 건식 공법의 기술 개발과 긴결 철물, 줄눈 및 설치공법에 대하여 개선의 노력이 필요하다.

문제 2 돌붙임공법

● [82전(10), 83(25), 87(25), 90후(30), 92전(30), 95후(40), 97후(30), 98중후(30), 99중(30), 02전(25), 03중(25), 09후(25), 10중(25), 10후(10), 11중(25), 16중(10), 17후(25), 19중(25), 22전(10)]

Ⅰ. 개 요

① 석재는 자연재로서 중후함과 내구성을 가지고 있어 오래 전부터 건축물의 내·외장재로 널리 사용되어 왔다.

② 붙임공법은 mortar의 사용 여부에 따라 습식 공법과 건식 공법으로 분류되며, 종래에는 주로 습식 공법이 사용되었으나, 최근 건식화되고 있는 추세이다.

Ⅱ. 돌붙임공법 분류

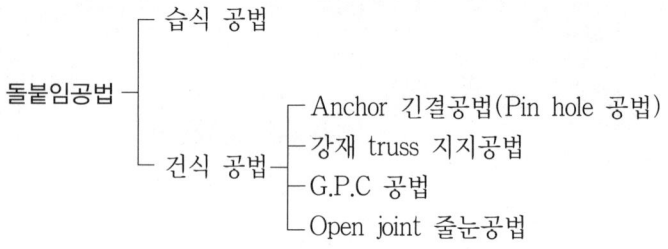

돌붙임공법 ┬ 습식 공법

└ 건식 공법 ┬ Anchor 긴결공법(Pin hole 공법)
　　　　　　├ 강재 truss 지지공법
　　　　　　├ G.P.C 공법
　　　　　　└ Open joint 줄눈공법

Ⅲ. 공법 종류별 특징

1. 습식 공법

1) 의 의

가장 오래된 공법으로 구체와 석재 사이를 연결철물과 모르타르 채움에 의해 일체화시키는 공법

2) 장 점

① 공사 시공 실적이 많음

② 정밀하게 시공하면 신뢰할 수 있는 공법

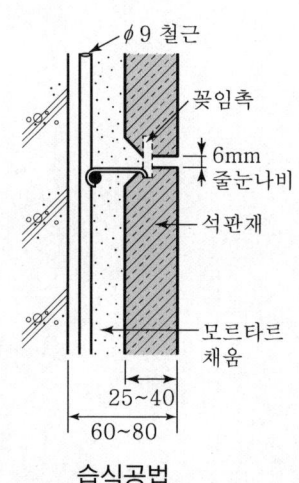

φ9 철근
꽂임촉
6mm 줄눈나비
석판재
모르타르 채움
25~40
60~80

습식공법

3) 단 점

    ① 모르타르의 충전불량으로 누수, 백화현상 발생

    ② 모르타르 경화시간 소요로 시공능률 저하

2. Anchor 긴결공법(Pin hole 공법)

1) 의 의

구체와 석재 사이에 공간을 두고, 각종 anchor를 사용하여 단위재를 벽체에 부착하는 공법

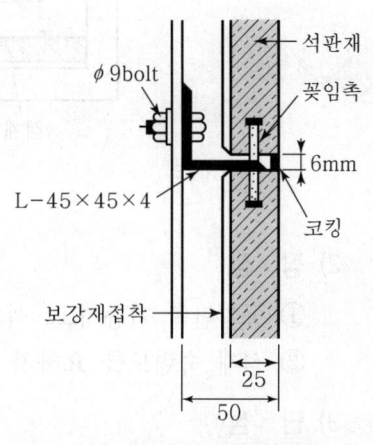

2) 장 점

    ① 백화현상의 우려가 없다.

    ② 상부하중이 하부로 전달되지 않는다.

3) 단 점

    ① 충격에 약하다.

    ② 긴결 철물에 녹이 발생할 수 있다.

Anchor 긴결공법

3. 강재 truss 지지공법(paneling system)

1) 의 의

미리 조립된 강재 truss에 여러 장의 석판재를 지상에서 짜 맞춘 후 이를 조립식으로 설치해 나가는 공법

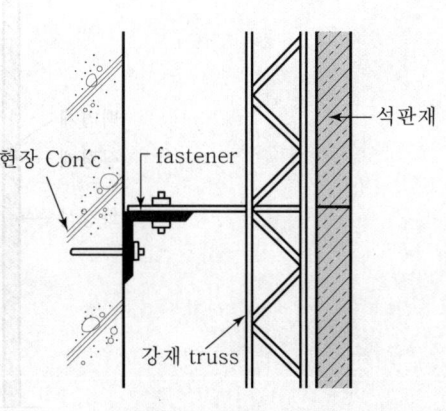

2) 장 점

    ① 품질이 우수하며, 비계가 불필요하다.

    ② 공기단축이 되며, 전천후 공법이다.

3) 단 점

    ① 설치용 양중 장비 필요

    ② 화강석끼리의 사이에 줄눈설계가 미흡

강재 truss 지지공법

4. G.P.C 공법(Granite veneer Precast Concrete)

1) 의 의

화강석을 외장재로 사용하는 방법의 하나로 거푸집에 화강석 판재를 배열한 후 석재 뒷면에 철근 조립 후 Con'c 타설하여 제작

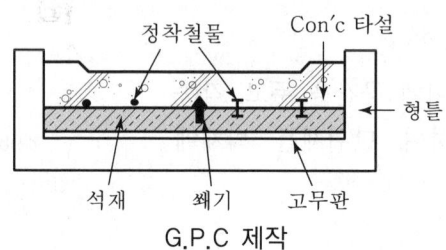

G.P.C 제작

2) 장 점

① 공기단축 가능하고, 석재를 얇게 하므로 원가절감
② 석재 숙련도를 요하지 않으며, 품질관리 용이

3) 단 점

① 중량이 무겁고, 양중 장비 필요
② 석재와 Con'c 사이의 백화현상 발생이 우려

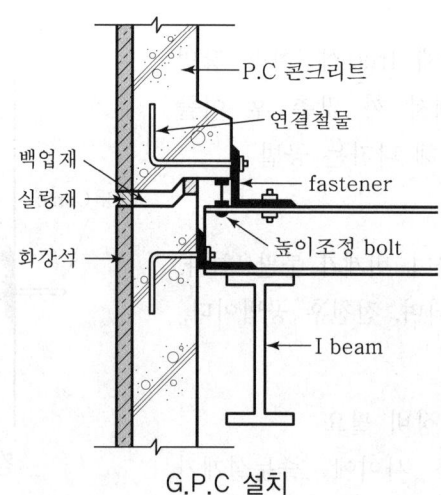

G.P.C 설치

4) 재 료

① 정착철물

② 줄눈은 open sealant재(材)

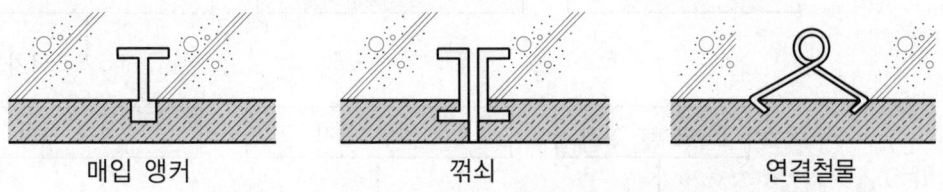

| 매입 앵커 | 꺾쇠 | 연결철물 |

5) 공정순서

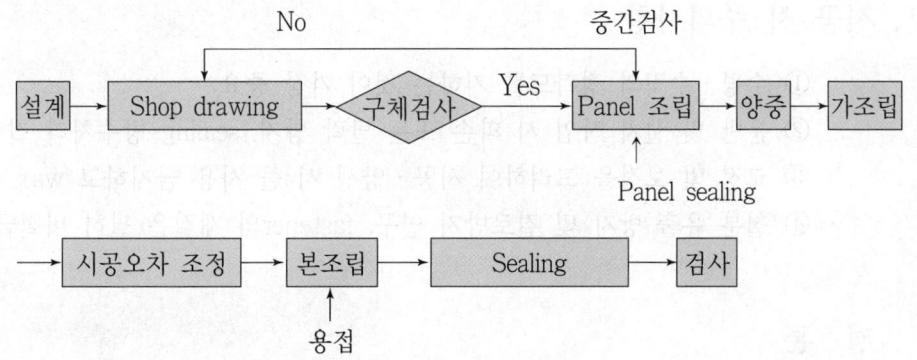

중간검사

설계 → Shop drawing → 구체검사 (No / Yes) → Panel 조립 → 양중 → 가조립

Panel sealing

→ 시공오차 조정 → 본조립 → Sealing → 검사

용접

5. Open joint 줄눈공법

1) 의 의

석재의 외벽 건식공법에서 석재와 석재 사이의 줄눈을 sealant로 처리하지 않고 틈을 통해 물을 이동시키는 압력차를 없애는 등압이론을 적용하여 open시키는 공법

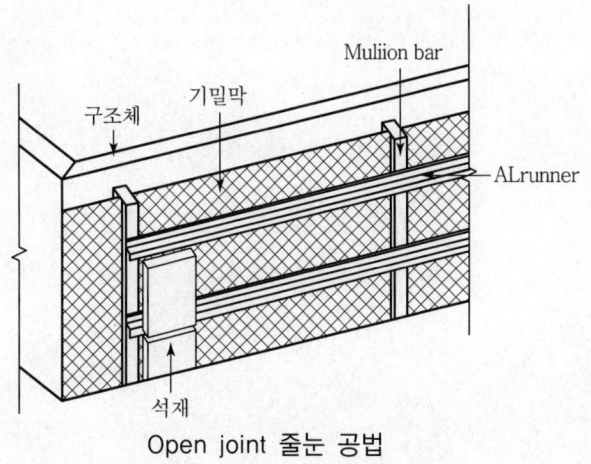

Open joint 줄눈 공법

2) 시공순서

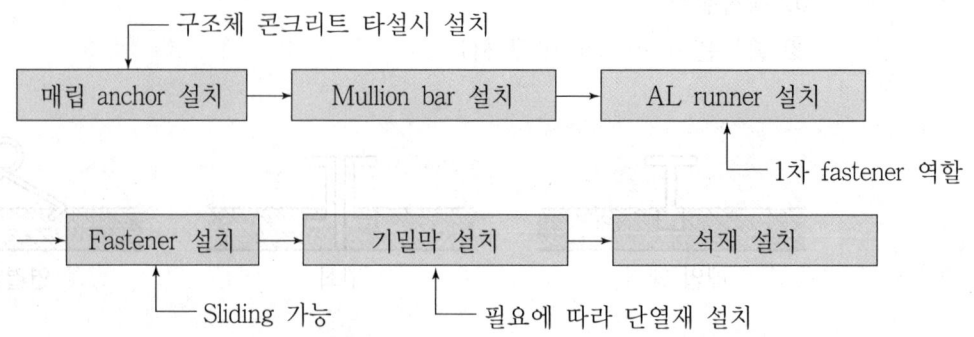

Ⅳ. 시공 시 주의사항

① 수평·수직의 정확도를 기하는 것이 가장 중요
② 운반 및 설치 작업 시 파손 또는 탈락 방지, sealing 방수처리 철저
③ 교정 및 보정을 고려하여 시공·양생 시 물 사용 금지하고 wax 사용
④ 철분 유출 방지 및 결로방지 연구, fastener의 재질은 필히 비철금속

Ⅴ. 결 론

① 돌붙임공법은 공기단축, 외벽재의 경량화 및 동절기 공사가 가능하고, 품질 관리가 용이하여 대형 건축물의 외장재 등에 많이 사용된다.
② 건식 공법은 fastener의 내구성과 조립작업의 강성 증대 등의 문제를 해소 하기 위한 방안이 마련되어야 한다.

타일붙임공법

● [78후(5), 81전(25), 81전(8), 94후(25), 97중전(20), 99후(30), 02중(25), 02중(10), 04후(10), 05후(25), 06후(25), 07후(10), 08후(25), 09중(25), 09중(10), 14전(10), 17전(10), 21후(10), 22전(10)]

I. 개 요

① 타일은 요업제품으로 표면이 견고하고, 내화, 내구, 내수성이 우수하며 색채가 미려하여 내·외장재로 많이 사용된다.

② 타일은 선정 시 결함이 없는 것을 선택하며, 현장에 반입되면 검사 후 종류별로 구분하여 정리해 두고 불합격품은 즉시 반출한다.

II. 붙임공법 분류

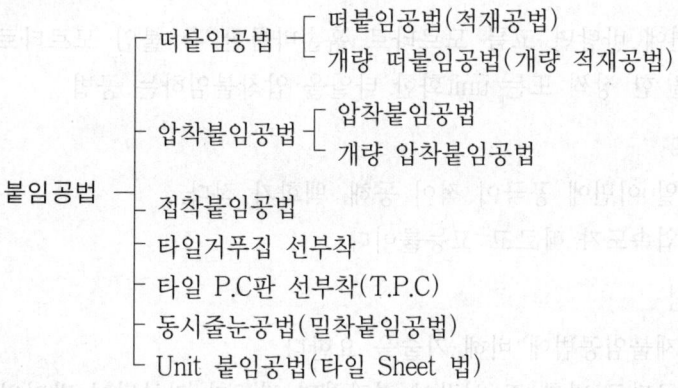

III. 공법별 특징

1. 떠붙임공법(적재공법)

1) 의 의

타일 이면에 붙임 모르타르를 두껍게 발라 바탕면에 그냥 붙여대는 공법

2) 장 점

① 비교적 접착성이 좋아 박리가 적다.

② 시공관리가 간편하다.

3) 단 점

① 타일 이면에 공극이 발생되기 쉬워 동해와 백화의 우려가 있다.

② 1장씩 부착하므로 능률이 저하되고 숙련도가 요구된다.

2. 개량 떠붙임공법(개량 적재공법)

1) 의 의

바탕면에 바탕면 고름 모르타르 흙손바름한 후 타일 이면에 얇게 붙임 모르타르를 발라 붙여대는 공법

2) 장 점

① 타일 이면의 공극이 적고, 백화현상이 감소한다.
② 접착성이 좋고, 시공속도는 적재 붙임보다 빠르다.

3) 단 점

바탕면에 모르타르 바름 공종이 추가된다.

3. 압착붙임공법

1) 의 의

바탕면에 바탕면 고름 모르타르 흙손바름한 후 붙임 모르타르를 얇게 바르고 타일을 한 장씩 또는 unit화한 타일을 압착붙임하는 공법

2) 장 점

① 타일 이면에 공극이 적어 동해, 백화가 적다.
② 작업속도가 빠르고 고능률이다.

3) 단 점

① 적재붙임공법에 비해 기술을 요한다.
② 모르타르 바름 후 시간이 경과하면 강도가 저하되어 박리의 원인이 된다.

4. 개량 압착붙임공법

1) 의 의

바탕면에 모르타르 흙손바름한 후 타일 이면과 흙손바름 면에 붙임 모르타르를 발라 눌러 붙여 타일 주변에 모르타르가 빠져 나오게 하는 공법

2) 장 점

① 타일의 접착성이 좋고, 신뢰도가 높다.
② 백화현상이 적어 외장타일붙임에 적합하다.

3) 단 점

① 압착붙임에 비해 작업속도가 늦다.
② 능률이 저하되어 고가시공이 된다.

5. 접착붙임공법

1) 의 의

① 유기질 접착제 또는 수지 모르타르를 바탕면에 바르고 그 위에 타일을 붙여대는 공법

② 내수, 내구성 문제로 주로 내벽에 시공

2) 장 점

① 숙련이 필요없고, 작업속도가 빠르다.

② 적용 바탕이 콘크리트, 석고판, 합판 등 다양하다.

3) 단 점

① 내열성이 적다.

② 작업환경에 민감하여 바탕재 함수・함습에 따라 접착성이 좌우된다.

6. 동시줄눈공법(밀착줄눈공법)

1) 의 의

압착붙임에서 붙임 모르타르의 건조현상을 방지하기 위하여 진동기로 진동밀착시켜 솟아오른 모르타르로 줄눈시공하는 방법

2) 장 점

① 진동기로 밀착시켜 접착성이 강화된다.

② 타일 이면의 공극을 최소화할 수 있다.

3) 단 점

줄눈시공을 따로 하지 않기 때문에 줄눈에 의한 지지효과가 감소된다.

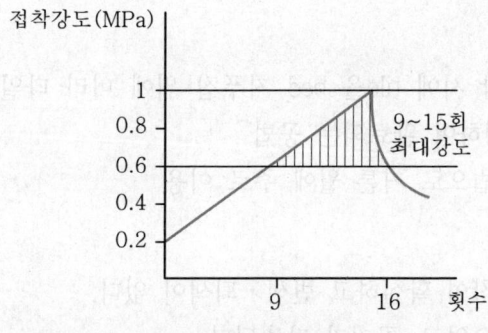

두들김 횟수와 접착강도

7. 유닛 타일 압착공법(유닛 타일 공법 : unit tile method, 타일 sheet법)

　　1) 의 의

　　　　종이 또는 섬유질 net를 쳐서 붙인 unit화한 타일을 압착붙임(바탕면 모르타르 위에 접착 모르타르를 바름)하는 공법

　　2) 장 점

　　　　① 작업속도가 빠르다.
　　　　② 공극이 적어 백화발생이 적다.

　　3) 단 점

　　　　모르타르에 의한 접착력이 약화된다.

8. 타일 거푸집 선부착 공법

　　1) 의 의

　　　　거푸집 안쪽 면에 미리 타일을 배치하고 콘크리트를 타설하여 골조와 타일을 일체화시키는 공법

　　2) 장 점

　　　　① 접착 성능이 우수하여 신뢰성이 높다.
　　　　② 콘크리트 공사와 동시에 타일공사가 끝난다.

　　3) 단 점

　　　　① 타일의 현장반입시기가 빨라진다.
　　　　② 마감의 정도 관리가 어렵다.

9. 타일 선부착 P.C판 공법(T.P.C)

　　1) 의 의

　　　　① P.C판 제작 시에 tile을 bed 거푸집 위에 미리 타일을 배치하고 콘크리트를 타설·양생하여 완료되는 공법
　　　　② 공업화 공법으로 커튼 월에 주로 이용

　　2) 장 점

　　　　① 타일의 접착이 확실하고 변색·퇴색이 없다.
　　　　② 비계가 필요없고, 공기가 단축된다.

3) 단 점

① 부재의 무게가 무거워 수송·양중이 어렵다.

② 치수 정확도가 금속 커튼 월에 비해 저하된다.

Ⅳ. 외장타일 공법 비교 도시

공법	떠붙임공법	개량떠붙임공법	압착붙임공법	개량압착붙임공법	유닛 타일 압착공법	비 고
시공 순서	C m	CM m	CM m 타일	CM m	CM m 유닛타일 종이 또는 섬유질 net	C : 콘크리트 M : 바탕면 　고름 　모르타르 m : 붙임 　모르타르
시공 완료	15~25 R R 1 : 3~4	15~20　7~9 R 1 : 2.5~3.5	15~20　5~6 R 1 : 2~2.5	15~20　8~10 R 1 : 2~2.5	15~20　2~4 R 1 : 0~0.5	두께(mm) R : 배합비

Ⅴ. 검 사

1) 시공 중 검사

하루 작업이 끝난 후 비계발판의 높이로 보아 눈높이 이상 부분과 무릎 이하 부분의 타일을 임의로 떼어 뒷면에 붙임 모르타르가 충분히 채워졌는지를 확인하여 탈락을 방지하여야 한다.

2) 두들김 검사

① 붙임 모르타르의 경화 후 검사봉으로 전면적을 두들겨 본다.

② 들뜸, 균열 등이 발견된 부위는 줄눈부분을 잘라내어 다시 붙인다.

3) 타일의 접착력 시험

① 타일의 접착력 시험은 600m²당 한 장씩 시험한다. 시험위치는 담당원의 지시에 따른다.

② 시험할 타일은 먼저 줄눈부분을 콘크리트면까지 절단하여 주위의 타일과 분리시킨다.

③ 시험할 타일을 부속장치(attachment)의 크기로 하되, 그 이상은 180×60mm 크기로 콘크리트면까지 절단한다. 다만, 40mm 미만의 타일은 4매를 1개조로 하여 부속장치를 붙여 시험한다.

④ 시험은 타일시공 후 4주 이상일 때 행한다.

⑤ 시험 결과의 판정은 접착강도가 0.4MPa 이상이어야 한다.

Ⅵ. 결 론

① 외장재로서 중요한 부분을 차지하고 있는 타일이지만 3D 기피현상 등 인력난으로 타일의 선붙임공법이나 P.C화가 가속화되리라고 기대된다.

② 설계·시공의 표준화와 합리화를 추진하여 양질의 타일시공이 이루어져야 한다.

<table>
<tr><td>문제
4</td><td>타일의 하자(박리 · 탈락 · 동해) 원인 및 방지대책(유의사항)</td></tr>
</table>

● [82전(50), 86(25), 93후(30), 95전(30), 95중(10), 99중(30), 00전(25), 05전(25), 07중(25), 10전(25), 11전(25), 13전(25), 17후(25), 21중(25)]

I. 개 요

① 건축물의 내 · 외장 마감 재료의 하나인 타일은 아직도 그 사용이 상당한 부분을 차지하고 있는 실정이다.

② 최근 건축물 마감을 타일로 하는 추세가 늘어나고 있으나, 탈락 등으로 인한 미관손상 등이 발생하므로 이에 대한 대책을 강구해야 한다.

II. 타일의 종류

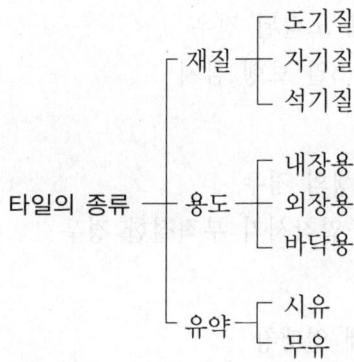

타일의 종류
- 재질
  - 도기질
  - 자기질
  - 석기질
- 용도
  - 내장용
  - 외장용
  - 바닥용
- 유약
  - 시유
  - 무유

III. 타일붙임공법

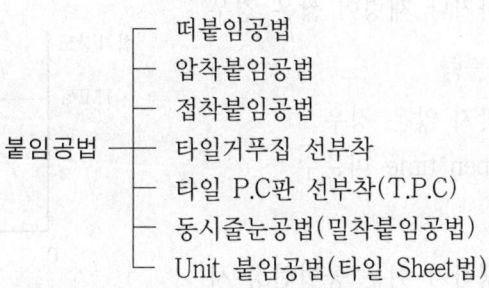

붙임공법
- 떠붙임공법
- 압착붙임공법
- 접착붙임공법
- 타일거푸집 선부착
- 타일 P.C판 선부착(T.P.C)
- 동시줄눈공법(밀착붙임공법)
- Unit 붙임공법(타일 Sheet법)

Ⅳ. 하자원인

1) 설계 미비
① 건축구조물의 변위가 발생하는 경우
② 신축줄눈 미설치

2) 재료불량
① 타일 접착면적이 지나치게 좁은 경우
② 붙임재료의 강도, 입도, 흡수율 등이 부적당

3) 부실시공
① 급속건조에 의한 경화불량, 접착력 약화
② 모르타르 충전 불충분

4) 양생 미흡
① 직사광선, 비, 바람 등에 노출된 경우
② 바닥타일 보양 후 최소 3일 보행 금지

5) 바탕면 건조수축
① 붙임모르타르에 피막발생의 경우
② 바탕 모르타르 바른 후 압착시기 부적절한 경우

6) 바탕면 열팽창
① 남측벽이 태양열에 의해 열팽창
② 초기 직사광선 차단 불량시

7) 타일불량
① 타일의 접착면적이 좁은 타일
② 강도가 약하거나 재령이 짧은 경우

8) 모르타르 배합불량
① 배합비가 맞지 않는 경우
② 모르타르 open time 미준수

9) 공법선정
① 하자가 발생하기 쉬운 공법선정 시
② 압착, 적재, 밀착 순서로 하지 않아 접착력이 약한 경우

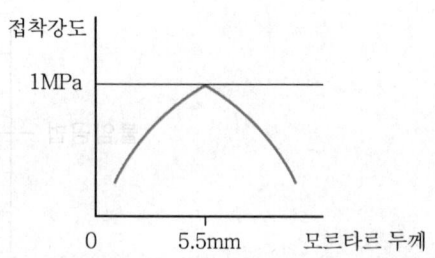

10) 줄눈시공

① 타일 붙인 후 과다한 시간이 지나 줄눈을 시공한 경우
② 줄눈을 밀실하게 시공하지 않아 구멍이 생긴 경우

V. 방지대책

1. 설계상

1) Control joint

① 콘크리트와 조적벽체의 접속부위에 설치
② 벽체의 두께, 길이, 높이가 변하는 곳

2) 팽창줄눈 설치

① 균열 유발줄눈을 설치한다.
② 이질기초로 균열이 예상되는 접합부에 설치한다.

2. 재료상

1) 타일 흡수성

① 흡수성이 지나치게 큰 타일을 피함.
② 접착성이 향상되는 흡수 정도를 가진 타일

2) 타일색깔

색상이 밝은 것을 선택하여 태양열을 반사하게 하여 온도균열을 예방한다.

3) 타일크기

① 접착력이 증가되는 정도의 크기를 선택한다.
② 적은 것보다는 큰 타일이 접착성에 강하다.

4) 뒷발모양

① 타일뒷발모양에 따라 접착성이 크게 좌우된다.
② Flat형이나 press형보다는 압출형이 접착성에 우수하다.

| 압출형 | Press형 | Flat형 |

5) 모르타르, 배합비

① 배합비는 1 : 2 정도로 하며 혼화제를 섞어 사용한다.

② 모르타르 두께와 open time을 준수한다.

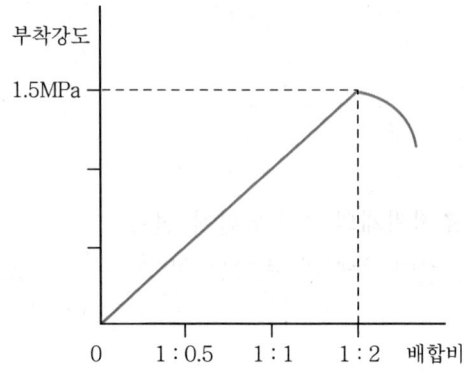

3. 시공상

1) 바탕처리

① 바탕면을 평활하게 한다.

② 충분히 양생한 후 청소한다.

2) 붙임 모르타르

① 비빔한 모르타르는 1시간 내에 사
용한다.

② 두께 5.5mm에 강도가 가장 좋다.

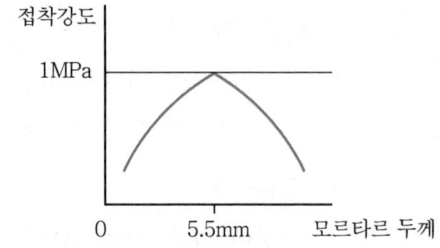

3) 접착제

① 유기질 접착제는 바탕을 완전히 건조시킨 후 바른다.

② 접착제 바르기 할 때 두께를 일정하게 한다.

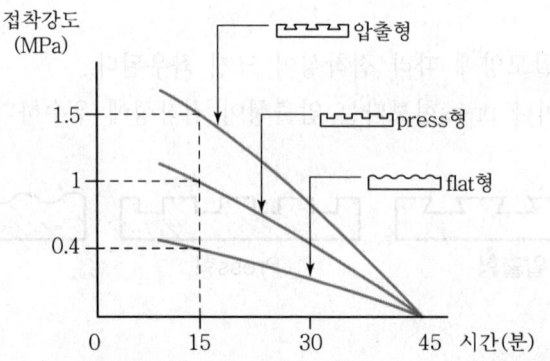

4) Open time

모르타르 비빈 후 15분 이내에 시공하여 접착강도를 크게 한다.

5) 공법선정

압착공법 > 떠붙임 공법 > 접착공법 순으로 하자발생이 적다.

6) 보양청소

① 초기에 직사광선, 비 등에 노출되지 않게 한다.
② 바닥타일은 보양하여 3일 동안 보행 금지한다.

4. 시공관리

1) 충분한 공기

① 무리한 공기단축은 타일 하자의 큰 원인이다.
② 마감공정에서는 공기단축을 지나치게 하지 않는다.

2) 품질향상

충분히 공사비와 공기를 확보하고, 우수한 자재의 적기공급으로 하자 없는 시공을 해야 한다.

3) 숙련된 노무

숙련된 노무자를 확보하여 시공시기에 맞추어 투입하여 안정된 작업을 수행할 것

4) 하도급자 관리

① 평상시 하도급 계열화에 의해 우수한 하도급자를 선정 관리하는 것이 중요하다.
② 하도급자와 유기적인 관계 형성으로 공사의 원활한 시공을 도모할 것

VI. 결 론

① 타일은 외관, 내구성, 구조체 보호기능에서 우수한 성능을 발휘하지만 시멘트 모르타르와의 접착성 확보가 문제점으로 남아 있다.
② 타일의 박리, 박락, 동해 등을 방지하기 위해서는 unit의 대형화, P.C화 및 건식화 등 기술 개발이 이루어져야 한다.

chapter

8장 | 마감 및 기타

3절 미장·도장 공사

1. 미장공사 ··· 958
2. 미장공사의 결함 종류·원인 및 방지대책 ········ 962
3. 도장공사 ··· 967
4. 도장공사의 결함 종류·원인 및 방지대책 ········ 971

미장·도장 공사 기출문제

2	1. 미장공사에서 일반적인 유의사항에 대하여 설명하여라. [81전, 25점] 2. 미장공사 시공 시 유의할 사항을 기술하여라. [83, 25점] 3. 시멘트 모르타르계 미장공사에 있어서 발생될 수 있는 결함의 종류를 들고 그 원인과 방지대책에 대하여 설명하시오. [95전, 30점] 4. 모르타르미장면의 균열 방지대책 [00후, 25점] 5. Mortar 바르기 미장공사에서의 보양, 바탕처리, 한랭기, 서중기 시공에 대한 유의사항을 기술하시오. [03중, 25점] 6. 미장공사의 하자유형과 방지대책에 대하여 기술하시오. [06중, 25점] 7. 공동주택 방바닥 미장공사의 균열발생요인과 대책에 대하여 기술하시오. [09전, 25점] 8. 콘크리트 벽체의 시멘트모르타르 바름공사에서 발생하는 결함의 형태별 원인 및 방지대책에 대하여 설명하시오. [12전, 25점] 9. 공동주택 바닥미장 공사에서 시멘트 모르타르 미장균열의 원인과 저감대책에 대하여 설명하시오. [12후, 25점], [17중, 25점]
기 출	10. 바닥강화재(Hardner)의 종류 및 시공법을 설명하시오. [03후, 25점] 11. 바닥강화재(Floor Hardner)의 특성과 시공법을 설명하시오. [07후, 25점] 12. 건축공사에서 수지미장의 특성과 시공 시 유의사항에 대하여 설명하시오. [15후, 25점] 13. 수지미장의 특징과 시공순서 및 시공 시 유의사항에 대하여 설명하시오. [17중, 25점]
용 어	14. 내식 모르타르(mortar) [80, 5점] 15. 耐蝕(내식) 모르타르(Mortar) [03후, 10점] 16. Dry packed mortar [89, 5점] 17. 셀프 레벨링(self leveling)재 공법 [95전, 10점] 18. Self Levelling [03중, 10점] 19. 셀프 레벨링(Self Leveling) 모르타르 [09후, 10점] 20. 단열 모르타르에 대해 간단히 기술하시오. [95후, 15점] 21. 단열(斷熱) mortar [00중, 10점] 22. 단열 모르타르 [09후, 10점] 23. 단열 모르타르 [17후, 10점] 24. 콘크리트 바닥 강화제 바름 [96후, 15점] 25. 코너 비드(corner bead) [97중전, 20점] 26. Corner bead [03중, 10점] 27. 미장공사에서 게이지비드(Gauge bead)와 조인트비드(Joint bead) [15전, 10점] 28. 수지(樹脂) 미장 [00중, 10점] 29. 수지(樹脂) 미장 [12중, 10점] 30. 엷은 바름재(thin wall coating) [01전, 10점]
3	31. 철공사에 있어서 금속재, 목재 및 콘크리트면에 대한 바탕처리에 대해서 설명하라. [76, 25점] 32. 유제(乳劑, emulsion) [79, 5점] 33. 목재와 철재 표면에 유성 페인트를 도장 시 그 시공법에 대하여 써라. [82전, 50점] 34. 시멘트 제품에 칠할 수 있는 도료는 어느 것인가? [94후, 5점] 35. 도장재료의 요구 성능 [97후, 20점] 36. 기능성 도장 [98후, 20점] 37. 내화도료 [99후, 20점]

3	38. 천연(天然) paint [00중, 10점] 39. 건축공사의 친환경 페인트(Paint) [14전, 10점] 40. 콘크리트 바탕면 수성페인트 시공 시 표면처리 방법과 시공 시 유의사항에 대하여 설명하시오. [17전, 25점] 41. 금속용사(金屬溶射) 공법 [19전, 10점] 42. 에폭시 도료 [20전, 10점]
4	43. 내화페인트 [07중, 10점] 44. 도장공사 중 금속계 피도장재의 바탕처리방법을 기술하시오. [09전, 25점] 45. 모르타르(Mortar) 부위 수성페인트 도장작업 시 바탕처리, 도장방법 및 시공 시 유의사항에 대하여 설명하시오. [13중, 25점] 46. 도장공사에 발생하는 결함의 종류와 특성 [96후, 15점] 47. 도장공사 후 건조과정에서 발생하는 도막 결함의 발생원인 및 방지대책을 기술하시오. [02전, 25점] 48. 도장공사에서 재료별 바탕처리와 균열 및 박리원인을 들고 대책에 대하여 기술하시오. [04중, 25점] 49. 도료의 구성요소와 도장 시에 발생하는 하자와 대책에 대하여 기술하시오. [06후, 25점] 50. 도장공사에서 발생하는 결함의 종류별 원인 및 방지대책에 대하여 설명하시오. [12후, 25점] 51. 도장공사에서 발생하는 결함의 종류와 원인 및 대책을 설명하시오. [18중, 25점] 52. 건설현장에서 사용되는 도료의 구성요소와 도장공사 결함의 종류별 원인 및 방지대책에 대하여 설명하시오. [19후, 25점] 53. 도장공사에서 발생하는 하자의 원인과 방지대책에 대하여 설명하시오. [20후, 25점] 54. 도장공사에서 복합적인 요인으로 발생되는 하자유형과 방지대책에 대하여 설명하시오. [14후, 25점] 55. 지하주차장의 천장 뿜칠재 시공 시 중점관리항목과 시공 시 유의사항, 도장공사 시 안전수칙에 대하여 설명하시오. [20전, 25점]
기출	56. 내부 도장공사 시 실내공기질 향상을 위한 시공 단계별 조치사항에 대하여 설명하시오. [15중, 25점] 57. 내화페인트 특성과 성능 확보 방안에 대하여 설명하시오. [17전, 25점] 58. 공동주택 지하주차장 바닥 에폭시 도장의 하자유형별 원인과 대책에 대하여 설명하시오. [17후, 25점] 59. 지하주차장 바닥의 에폭시 도장 시공방법 및 하자발생 원인과 방지대책에 대하여 설명하시오. [21전, 25점] 60. 오피스 계단실 도장공사 중, 무늬도장 시공순서 및 유의사항에 대하여 설명하시오. [18전, 25점]
용어	61. 도장공사의 전색제(Vehicle) [15전, 10점] 62. 도장공사의 미스트 코트(Mist coat) [17후, 10점]

하찮은 위치에서도 최선을 다하라.
말단에 있는 사람만큼 깊이 배우는 사람은 없다.

- S.D. 오코너 -

미장공사

Ⅰ. 개 요

① 미장공사는 시멘트계나 석회계 재료를 물비빔하여 쇠흙손으로 발라 두께 10~20mm 정도의 바름벽을 만드는 작업이다.

② 습식 공법이기 때문에 공사기간이 길고, 균열 등의 결함이 발생하므로 적절한 계획을 세워 시공해야 한다.

Ⅱ. 미장공법의 분류

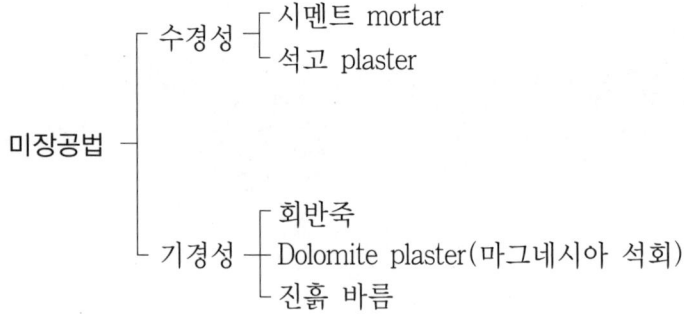

Ⅲ. 공법별 특징

1) 시멘트 mortar

① 바름 바탕이 충분히 건조된 다음 재벌 바름을 하며 균일한 두께로 한다.

② 급격한 건조를 피하고, 부배합보다 빈배합이 건조수축균열이 적게 생긴다.

2) 석고 plaster

① 혼합석고와 경석고의 두 가지가 있으며, 석고·석회·모래 등을 혼합하여 바른다.

② 생석회에 물을 주어 1주일 이상 경과하여 생석회죽을 만든다.

3) 회반죽

① 바탕바름에서 마무리 바름까지 3~5회에 이르므로 정식으로 시공할 때는 충분한 공기가 필요하다.

② 재료는 소석회, 모래를 주재료로 하고, 여기에 해초풀 등을 혼합하여 시공한다.

4) Dolomite plaster

① 석고 또는 석회를 주재로 하며, 기경성이므로 지하실에는 좋지 않다.

② 석고와 비교하여 저렴하나 조면도(粗面度)가 떨어지고, 경화가 느리며, 균열이 발생하기 쉽다.

5) 진흙 바름

① 공기중에 탄산가스와 화합하여 경화한다.

② 외벽에 주로 시공된다.

Ⅳ. 재 료

1) 시멘트

① 보통 포틀랜드 시멘트

② 백색 포틀랜드 시멘트

2) 모 래

① 염화물 등 불순물이 포함되지 않은 것

② 1.2mm 이하의 것이 좋다.

3) 혼화제

① AE제, 감수제, 안료

② 방수제, 포졸란

Ⅴ. 시 공

1. 바탕처리

1) 콘크리트

① 바탕의 결함은 메우고 청소한다.

② 매끈한 부분은 거칠게 하여 부착을 좋게 한다.

2) 벽돌벽면

① 우묵진 곳 구멍 등을 메우고 덧바르기 한다.

② 건조상태에 따라 물축임한다.

3) 접합부

① Metal lath를 설치하여 부착을 좋게 한다.

② 틈 사이가 벌어진 곳 등을 덧바르기한다.

4) 목모시멘트판

① 바탕면에 이물질을 제거하여 초벌바르기가 잘 부착되게 한다.

② 시공 중 진동이나 충격을 예방한다.

2. 바르기

1) 초 벌

① 초벌바름에 앞서 살붙임 등을 하고 청소한 다음 건조상태에 따라 적당한 물축임을 한 다음 초벌먹임을 한다.

② 벽면에 얇게 눌러 4mm 정도 바른다.

2) 재 벌

① 초벌바름면의 두께차가 심한 부분, 얼룩진 곳은 평탄하게 고름질한다.

② 약 1주간 방치하여 균열이 충분히 진행된 다음 재벌바름한다.

③ 바름두께를 얇게 할 때는 생략할 때가 있다.

3) 정 벌

① 정벌바름은 흙손으로 마무리 바름하여 다른 마무리로 최종 마무리한다.

② 정벌바름은 흙손자국·면얼룩 없이 정확하고 평활하게 바른다.

VI. 양 생

① 외벽미장은 강한 일조로 인한 급속건조를 막아준다.

② 비·바람으로 인한 백화방지 위해 sheet를 덮어 보양한다.

③ 측면은 발을 쳐 직사광선을 막는 것이 좋다.

④ 실내는 통풍을 차단함이 필요하다.

⑤ 급속건조에 의한 균열방지를 위해 창 등에 유리를 설치한다.

VII. 결 론

① 최근 건설현장에서는 노동인력의 부족으로 숙련된 노무자 확보가 어려워 많은 숙련공이 필요한 미장작업의 수행에 차질이 우려되므로 성력화가 가능한 공법의 개발이 무엇보다 시급하다.

② 노무자의 수작업에 의존하는 공정을 기계화 혹은 건식화하여 인력난에 대처하고, 품질의 확보에도 유의하여야 한다.

문제 2 | 미장공사의 결함 종류 · 원인 및 방지대책(시공 시 유의사항)

● [81전(25), 83(25), 95전(30), 00후(25), 03중(25), 06중(25), 09전(25), 12전(25), 12후(25)]

I. 개 요

① 미장공사 결함의 원인은 미장공사 이전의 결함인 구체의 부동침하, 외력에 의한 변형, 바탕불량과 미장재료 및 시공 부주의 등이 있다.

② 이러한 결함은 여러 요소가 관계되어 일어나므로 정확한 판단을 어렵게 하나 미장공사 결함 중 가장 큰 것은 균열과 박락이다.

II. 결함 종류 및 원인

1) 균 열

① 재료의 수축이나 건조가 불충분할 때

② 미장면의 수분이 급속히 증발할 때

2) 들 뜸

① 미장면과 미장모르타르의 접착이 되지 않는 현상

② Open time 미준수, Dry out 현상

3) 박 리

① 기존 미장면에 재미장했을 경우

② 피 미장면 위 불순물이 부착되어 있는 경우

4) 박 락

① 바탕면이 낙하하거나 초벌 또는 정벌에서 벗겨지는 경우

② 범위는 미장면 · 전면 또는 일부분이다.

5) 백 화

① 석회질 재료에서 볼 수 있는 흰 반점이다.

② 내부로 수분이 침투되면 심하게 발생한다.

6) 곰팡이반점

미장면에 곰팡이가 발생해서 생기는 반점으로 빨리 건조시키면 막을 수 있다.

7) 오 염

바탕에 수지분이 많은 졸대 혹은 미장재료에 유기질 재료를 사용한 경우 생기는 결함

8) 팽 창

① 석회가 재료 중에 포함되어 미장면 내에서 체적팽창하여 생기는 점
② 팥 정도의 크기로 팽창돌출한 결함

9) 동해·동결

① 미장면이 한 번 동결되면 아무리 오래 지나도 강도가 나지 않는다.
② 3℃ 이하에서 작업한 경우 발생

10) 미경화

수일이 지나도록 미장면이 경화되지 않거나 경화되어도 강도가 나지 않는 부분

11) 색 반

정벌바름 재료의 색조의 불균질이며 정벌바름재의 비빔 부족으로 착색안료가 균일하게 분포되지 않은 경우 생기는 결함

12) 흙손반점

쇠흙손의 사용법에 의해 생기는 반점으로 기능공의 숙련도에 기인한다.

13) 초 화

① 유기분에 고온다습한 조건이 갖추어지면 박테리아가 번식한다.
② 유기물을 사용한 경우와 고온다습의 조건이 원인이다.

Ⅲ. 방지대책(시공 시 주의사항)

1. 설 계

1) 바탕구조체

① 바탕구조체의 균열을 방지할 것
② 변형이 적은 구조공법으로 설계

2) Control joint

① 접합부, 교차부 및 벽높이 두께 변하는 곳
② 창문, 개구부, 출입구 등의 양쪽

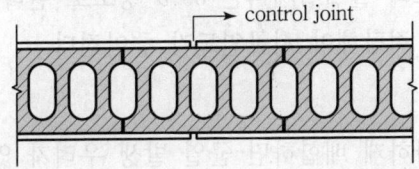

3) 팽창이음

① 벽체의 수축균열방지

② 교차되는 벽길이가 긴 경우 설치

4) 개구부 응력분산

① 개구부 주위는 철근보강으로 응력분산

② 필요한 곳에 줄눈 설치

2. 재 료

1) 청정수 사용

① 음료수 정도의 물 사용

② 산, 알칼리, 염분 등이 포함되지 않은 것

2) 보통 portland cement

① 풍화 안 된 시멘트 사용

② 분말도가 높으면 좋지 않음.

3) 거친 모래

① 염분, 당분이 함유되지 않은 것

② 너무 굵거나 가늘면 안 됨.

4) 혼화제

미장 모르타르 배합시 사용하는 혼화제는 AE제, 포졸란 등이 있다.

3. 배 합

1) 배합비

① 모르타르의 배합비는 초벌용 1 : 2, 정벌용 1 : 3으로 한다.

② 혼합은 충분히 하며 1시간 이내에 사용한다.

2) 물결합재비

① 배합 모르타르의 물결합재비는 60% 정도로 한다.

② 물결합재비가 적당해야 시공연도가 좋아진다.

3) 빈 배합

① 시멘트를 과다하게 배합하면 균열 발생 우려가 있다.

② 빈배합으로 하며 충분히 혼합한다.

4) 균일한 혼합

① 배합된 모르타르의 색상이 일정하게 혼합한다.

② 혼합 후 시험 바름 후 검토한다.

4. 바탕처리

1) 물축임

① 미장 바탕면에 물축임하여 접착 성능을 최대로 한다.

② 벽돌면 등에 물축임하므로 이물질을 씻어준다.

2) 청 소

① 쌓기 시작되는 면에는 물청소하여 접착이 좋게 한다.

② 벽, 기둥의 이물질을 제거한다.

3) 요철확인

미장바탕면에 긴 규준자로 측정하여 심한 요철의 경우 바탕정리한 후 미장한다.

4) 들뜸제거

기존 미장 위에 시공할 경우 두들겨 보고 들뜸을 제거한다.

5. 시 공

1) 충분히 누름

① 덧바름은 두껍지 않게 눌러 바른다.

② 바탕면은 모르타르 부착이 좋게 거칠게 한다.

2) Open time

① 모르타르 배합한 후 15분 정도에서 시공하도록 한다.

② 접착성이 최대가 되는 시점에서 시공한다.

3) 얇은 두께

① 초벌은 5~6mm 정도로 하고 알이 굵은 모래를 쓴다.

② 재벌은 6~7mm 정도이며 평활하게 바른다.

③ 정벌은 3~4mm로 하며 면이 얼룩지지 않게 바른다.

4) 소요두께 확보

① 바르기는 얇게 여러 번 바르는 것이 좋다.

② 천장은 15mm 정도, 내벽은 18mm 정도, 바깥벽 및 바닥은 24mm 정도이다.

6. 양 생

1) 직사광선, 동결

① 미장바름 후 통풍과 직사광선을 막는다.

② 기온이 5℃ 이하가 되지 않게 보온한다.

2) 진동, 충격

① 경화되기까지 진동이나 충격으로 손상을 입지 않게 한다.

② 심한 충격을 받은 경우 확인하여야 한다.

3) 모서리

경화되기 전에는 모서리 부분의 모양에 특히 주의하며, sheet, 보양지 등을 사용한다.

4) 오 염

① 다른 마감공사로 인한 오염을 방지한다.

② 보양지나 sheet로 보양하는 것이 필요하다.

7. 관 리

1) 충분한 공기

2) 기 상

3) 숙련기능공

4) 하도급 관리

Ⅳ. 결 론

① 건설업종 중에서도 대표적인 3D 업종에 속하는 미장공사를 원활히 수행하기 위해서는 인력을 효율적으로 관리할 수 있는 system과 신공법의 개발로 인력 부족을 해소해야 한다.

② 결함 발생이 적은 시공을 하기 위해서는 하도급 계열화 정착과 함께 숙련 노무자를 철저히 관리하고, 기계화·robot화에 대한 연구 개발이 요구된다.

문제 3 | 도장공사

● [76(25), 79(5), 82전(50), 94후(5), 97후(20), 98후(20), 99후(20), 00중(10), 07중(10), 09전(25), 13중(25), 14전(10), 17전(25), 19전(10), 20전(10)]

I. 개 요

① 도장공사란 건축물의 나무 부분이나 금속부, 벽면 등을 칠하여 부식의 방지와 보존을 도모하며, 아름답게 장식하는 공사를 말한다.

② 도장공사는 최종 마무리공사로 작업 시 조건, 바탕마감 정도, 재료 특성에 따라 균열, 박리, 흘러내림 등의 결함이 발생할 수 있으므로 유의해야 한다.

II. 재료의 종류 및 특성

1) 수성페인트(water paint)

   ① 내알칼리성, 내부용으로 주로 사용

   ② 내수성이 약함.

   ③ 아교, 전분, 카세인, 물, 안료 등을 혼합 제조

   ④ 콘크리트면, 미장면, 석고보드면, 텍스면

2) 에멀션 페인트(emulsion paint)

   물에 용해되지 않는 유성도료·니스·래커·수지 등을 에멀션화제(유화제) 작용에 의해 물속에 분산시킨 도료

3) 유성페인트(oil paint)

   ① 산성이며 내수, 내구, 내후성이 좋음.

   ② 건물 외벽, 욕실, 부엌 등 물을 많이 사용하는 곳

   ③ 광물질과 안료와 건성 유지, 그리고 건조제를 혼합하여 제조

4) 바니시 페인트(varnish paint)

   ① 유성 바니시, 휘발성 바니시

   ② 투명 피막 형성

5) 래커 페인트(lacquer paint)

   ① 건조가 빠르고, 도막이 견고하며, 광택 있으며, 내후·내유·내수성이 좋다.

   ② 에나멜 래커는 클리어래커에 안료를 혼합한 것

   ③ 0.35MPa 압력의 스프레이 건 사용

6) 녹막이 페인트(rust proofing paint)
  ① 광명단, 역청질 도료
  ② 산화철녹막이, 아연 분말도료, 알루미늄 분말도료
  ③ 이온교환 수지도료 등

7) 내화도료
  ① 화재 시 발포에 의해 단열층이 형성
  ② 가열 발포형 고기능 내화피복재

8) 천연(天然) 페인트
  ① 인체에 무해한 페인트
  ② 자연상태에서 완전분해되는 페인트

Ⅲ. 도장면 바탕처리

1) 목재면
  ① 충분히 건조시킨 후 평활하게 한다.
  ② 옹이나 틈은 퍼티로 눈먹임한다.
  ③ 연마지로 닦는다.

2) 콘크리트면
  ① 곰보·균열·결손부위 보수, 오목한 곳은 석고 퍼티로 땜질한다.
  ② 3~6개월 방치하여 탄산화 유발 후 중성도료 칠하는 것이 원칙이나 방치할
    수 없다.
  ③ 산성염류의 수용액 도포하여 표면 탄산화시킨다.

3) 철강제
  ① 녹, 먼지, 기타 오염된 부분을 제거한다.
  ② 기계적인 방법과 화학적인 방법이 있다.

4) 경금속재
  ① 경금속의 바탕면은 칠의 부착이 나쁘고, 대기 중에서 풍화되기 쉬우며, 제
    거청소가 곤란하여 칠의 부착이 불량해진다.
  ② 먼지, 기름 등은 용제를 묻혀 닦아내기 한다.

5) 아연 도금판
  ① 새 철판은 칠의 부착이 불량하므로 풍화시킨 후 칠한다.

② 초산 희석수 용액이나 wash primer를 칠한다.

Ⅳ. 칠공법

1) 솔 칠
① 솔에 칠을 충분히 묻혀 손이 닿을 수 있는 범위 내에서 이음새, 틈서리 등에 먼저 눌러 바른다.
② 솔칠은 가장 널리 쓰이지만 초기 건조가 빠른 래커 등에는 부적당하다.

2) 롤러칠
① 롤러는 스폰지나 털이 깊은 롤러를 써서 일정한 누름으로 칠하고 균일하게 넓혀 칠한다.
② 주로 평활하고 넓은 면을 칠할 때 쓴다.

3) 문지름칠
① 헝겊에 솜을 싸서 칠을 듬뿍 품게 하여 되게 문질러 바르는 것
② 칠의 건조가 진행되는 도중에 마찰을 주어 도막을 평활히 하고 광택이 나게 하는 것이다.

4) 뿜 칠
① 칠을 압축공기로 분무상으로 만들어 뿜어 칠하는 방법이다.
② 작업능률이 좋고 균등한 도막이 되므로 래커 이외의 칠에도 많이 이용된다.

5) 정전(靜電) 공법
① 이슬 모양으로 미립화된 도료를 고전압의 정전장(靜電場)에 분산시켜 물체의 표면에 도료를 부착시키는 공법이다.
② 도료의 손실이 적고 위생적이다.
③ 피도물의 표리(表裏)를 동시에 도장할 수 있어 효율이 좋다.

Ⅴ. 시공 시 주의사항

1) 작업사항
① 보관장소 설치하여 화기 등으로부터 격리
② 밀폐공간 보관 시 환기시킬 것
③ 바탕처리의 철저한 시공

2) 바탕처리

① 모재에 녹, 오염 등 제거

② 모르타르면은 충분히 건조 후 보수한다.

3) 도장방법

① 초벌, 재벌, 정벌의 순으로 칠한다.

② 초벌 도료의 충분한 건조 후 재벌, 정벌한다.

③ 기상이 다습하거나 기온 5℃ 이하일 때 작업 중단한다.

Ⅵ. 도장검사

1) 바탕검사

① 금속면은 녹, 용접자국, 기름 등 검사

② 모르타르면은 균열, 구멍, 평활도 등 검사

2) 도장중 검사

① 악천후시에는 작업 금지한다.

② 습기 많은 시간에는 작업을 중지한다.

3) 도장후 검사

① 피막두께 측정

② 절단시험, 인장시험, cross cutting test 등

Ⅶ. 개발방향

① 불소 수지계 도료 등 고내후성 도료 개발

② 투습성 마무리 도료의 개발

③ 기능성 도료의 개발

④ 시공의 합리화, robot화, 자동화의 적용

Ⅷ. 결 론

① 도장공사의 시공 정도는 바탕처리에 의해 크게 좌우되므로 각종 바탕면의 보수, 청소를 철저하게 하는 것이 중요하다.

② 도장공사의 결함방지를 위해서는 사전 준비사항과 함께 공사 전·중·후의 검사를 철저히 실시함으로써 결함에 대비할 수 있을 것이다.

도장공사의 결함 종류 · 원인 및 방지대책(시공 시 유의사항)

● [96후(15), 02전(25), 04중(25), 06후(25), 12후(25), 14후(25), 18중(25), 19후(25), 20전(25), 20후(25)]

Ⅰ. 개 요

① 도장공사에서 결함은 모재의 바탕면에 의한 것, 도료에 의한 것, 도장작업에 의한 것, 도장작업 후 상태에 의한 것으로 분류한다.

② 도장공사의 결함을 줄이기 위해서는 재료, 시공 측면에서 철저한 품질관리가 요구된다.

Ⅱ. 도장의 목적

1) 미 화

색채, 광택, 모양

2) 보 호

부식, 침식, 파손으로부터 보호

3) 성능 부여

내수, 내구, 내후, 내약품성, 절연성, 강도 부여

Ⅲ. 결함 종류 및 원인

1) 균 열

수축 팽창에 의해 균열 발생

2) 들 뜸

① 부적합 도료 사용

② 바탕처리 불량

3) 박 리

① 기존 도장면 위에 재도장했을 경우

② 피도장면 위에 기름 등 불순물이 부착되어 있는 경우

③ 도료의 화학성분 차이

4) 박 락

  ① 초벌이나 정벌에서 벗겨지는 경우

  ② 재도장시나 도장면에 불순물이 있을 시

5) 백 화

도장면의 수분과다시

6) 곰팡이

  ① 건조시 온도 상승

  ② 초벌칠 건조불량

7) 오 염

  ① 바탕처리 불량

  ② 시너 사용 과다

8) 팽 창

  ① 급격한 용제 가열로 가용성 물질이 용해되어 부풀어오름.

  ② 도막 밑의 녹 발생

9) 동 해

3℃ 이하에서 작업하는 경우 발생

10) 미경화

  ① 기온이 너무 낮거나 높을 때

  ② 통풍이 안 되어 희석제의 증발이 늦을 때

11) Pin - hole

  ① 도료의 부적합, 바탕처리 불량

  ② Spray - air 속에 물, 기름 있을 때

12) Chalking

  ① 혼합 불충분

  ② 안료입자의 분산성에 이상이 있는 경우

13) 결로현상

  ① 습도가 높을 때 기온이 내려가 수증기가 응축하는 현상

  ② 도장 후 기온 강하되어 공기 중의 수증기가 응축하는 현상

14) 흘러내림

① 도막이 지나치게 두꺼울 때

② 희석제 과다 사용, retarder thinner의 지나친 사용

15) 변색, 퇴색

① 안료의 종류에 따라 H_2S에 의한 변색

② 유기안료 과다 사용 시

16) 황색화

① 고온 다습한 기상에서 도장하는 경우

② 오동나무 기름을 전색제로 사용할 때

17) Gun으로 인한 결함

① Gun 운행속도 빠를 때

② 뿜칠압력이 낮을 때

③ 바탕에 흡수가 지나치게 많이 될 때

18) 광택 부족

바탕면 흡입 과다, 도막두께 부족 시

Ⅳ. 방지대책

1. 설 계

1) 바탕시공

① 바탕재의 균열을 예방하는 구조

② 조절줄눈 및 신축줄눈 설치

2) 물침투 방지

① 물끊기, parapet, 배수구 설치

② Parapet 및 balcony 방수처리

2. 재 료

1) 수성 paint

① 내부에 사용하여 물의 침입으로부터 멀리한다.

② 내수성 있는 도료 개발

2) 유성 paint

① 내후, 내수성이 우수한 재료이다.

② 물을 많이 사용하는 곳에 칠한다.

3) 녹막이 페인트

① 철부 등의 녹 발생이 우려되는 곳에 칠한다.

② 산화철 녹막이, 아연 분말도료가 있다.

3. 바탕처리

1) 목재면

① 건조를 잘 시킨 뒤 면을 평활히 한 후 도장한다.

② 오목진 곳, 틈서리 등은 퍼티로 눈먹임한다.

2) 콘크리트면

① 결함을 둔 채 도장하면 경화 후 그대로 나타나므로 보수하고 땜질한다.

② 탄산화 후 도료를 칠한다.

3) 경금속면

① 기름, 먼지 등을 깨끗이 닦아낸다.

② 신재료는 부착이 불량하므로 풍화시킨다.

4. 시 공

1) 솔 칠

① 솔에 칠을 충분히 묻혀 손이 닿는 부분을 먼저 바른다.

② 조기 건조가 빠른 재료는 부적당하다.

2) 롤러 칠

① 롤러는 스폰지나 털이 깊은 롤러로 일정한 누름으로 칠한다.

② 넓은 면 작업에 유리하다.

3) 뿜 칠

① 작업 능률이 좋고 균등한 도막이 된다.

② 압축 공기로 분무상태로 뿜어 칠한다.

5. 양 생

1) 건 조

칠한 후 건조되기 전에 다른 마감재에 의한 도장면의 오염을 방지한다.

2) 환 기

시너 및 희석제의 증발을 위해 환기 등을 한다.

6. 관 리

1) 공기단축

충분한 공기의 확보로 칠 작업의 결함이 발생하지 않게 여유있게 한다.

2) 노무 확보

현장에 익숙한 근로자를 채용하여 숙련을 도모한다.

3) 안전계획

① 고소작업자에 대한 안전교육 실시
② 밀폐된 장소인 경우 환기 시설의 가동

V. 결 론

① 도장 단계에서 충분한 시공이 실시되지 않는 경우 도막 형성이 불완전하게 되어 결함이 발생하게 되므로 설계 · 재료 · 시공 등의 전과정을 통한 품질관리가 필요하다.
② 바탕처리, 도장방법, 재료 등의 품질검사 실시 및 기계화 · robot화를 통하여 인력 부족의 해소방안 마련이 시급하다.

8장 | 마감 및 기타

4절 방수공사

1. 방수공법의 분류 ··· 980
2. Asphalt 지붕방수 ··· 987
3. 지붕방수공사의 하자요인과 대책 ······················ 991
4. 지하실 방수공법의 종류와 특징 ························· 995
5. Sheet 방수공법(고분자 루핑방수공법) ·············· 999
6. 도막방수공법 ··· 1006
7. 개량형 아스팔트 시트 공법 ···························· 1011
8. Sealing 방수공법 ·· 1014
9. 복합방수 ·· 1020

방수공사 기출문제

|---|---|
1	1. 방수 시스템에 필요한 성능에 대하여 간단히 설명하고 방수공법에 관하여 약술한 후 누수방지를 위한 현장관리방안에 대하여 설명하시오. [97후, 30점] 2. 방수공법 선정 시 검토사항을 기술하시오. [02전, 25점] 3. 방수층의 요구성능을 기술하시오. [03전, 25점] 4. 방수공사의 시행 전에 방수성능 향상을 위해 행해야 할 사전조치사항에 대하여 설명하시오. [10중, 25점] 5. 방수공사에서 방수공법 선정 시 고려해야 할 사항에 대하여 설명하시오. [12전, 25점] 6. 방수공법의 종류 및 선정 시 고려사항, 지붕방수의 하자원인을 설명하시오. [21전, 25점]
2	7. 철근콘크리트 슬래브 평지붕의 asphalt 방수공사 시공법에 대하여 설명하고, 방수보호층 및 단열층의 시공요령을 기술하라. [78후, 25점] 8. 아스팔트 지붕방수의 단면을 도시하고, 품질관리 요점을 설명하여라.(단, slab와 parapet 포함) [92전, 30점] 9. 아스팔트 재료의 침입도(Penetration Index) [09후, 10점] 10. 건축물 방수공사에 적용하고 있는 아스팔트(Asphalt) 방수공법, 시트(Sheet)방수공법, 도막방수공법의 장단점을 비교설명하고, 시공 시 유의사항을 설명하시오. [12중, 25점] 11. 아스팔트 침입도(Penetration Index) [15후, 10점]
3	12. 지붕방수공사의 공사 하자요인을 열거하고, 그 대책을 설명하시오. [94후, 25점] 13. 지붕 방수층 위에 타설한 누름 콘크리트 신축줄눈에 대하여 그 시공목적과 시공방법에 대하여 설명하시오. [01중, 25점] 14. 후레싱(Flashing) [01후, 10점] 15. 콘크리트 슬래브 지붕방수 시공계획에 대하여 설명하시오. [04후, 25점] 16. 벽식구조 APT의 외벽 및 옥상 Parapet에서 발생하는 누수하자 방지대책을 설명하시오. [07전, 25점] 17. 건축물 평지붕(Flat Roof)의 부위별 방수하자 원인 및 방지대책에 대하여 설명하시오. [14전, 25점] 18. 콘크리트 지붕층 슬래브 방수의 바탕처리 방법 [16전, 10점] 19. 건축물 지붕방수 작업 전 검토사항 및 지붕누수 원인과 방지대책을 설명하시오. [20전, 25점] 20. 지붕재의 요구성능과 지붕누수 방지대책을 설명하시오. [22전, 25점] 21. 방수공법의 종류 및 선정 시 고려사항, 지붕방수의 하자원인을 설명하시오. [21전, 25점] 22. 방수공사에서 부위별 하자 발생원인 및 대책에 대하여 설명하시오. [22후, 25점]
4	23. 지하실 방수공법의 종류를 열거하고, 각각 그 특징을 설명하라. [77, 25점] 24. 지하실 방수공법의 종류를 열거하고, 각각 그 특징을 설명하라. [81전, 25점] 25. 지하구조물 방수공법 선정 시 조사할 사항, 방수의 요구성능, 발전방향에 대하여 기술하시오. [05중, 25점] 26. 지하실에서 외방수가 불가능할 경우 채택하는 내방수 또는 다른 방수공법에 대하여 설명하시오. [07후, 25점] 27. 건축 지하구조물의 방수공사 시 재료선정의 유의사항, 조사대상항목, 기술개발 방향을 기술하시오. [09전, 25점] 28. 지하구조물에 적용되는 외벽 방수재료(방수층)의 요구조건 [21전, 10점] 29. Sheet 방수공법(고분자 루핑 방수공법) [82전, 25점]

5	30. 철근콘크리트 평지붕의 합성수지 sheet 방수공법에서 방수성능을 높이기 위한 시공상의 유의사항에 대하여 설명하여라. [84, 25점] 31. 시트(sheet) 방수공법의 시트의 종류, 특성 및 시공법에 대하여 기술하여라. [90후, 30점] 32. Sheet 방수 [98전, 20점] 33. 합성 고분자계 시트 방수층에서 발생하는 부풂 방지대책을 기술하시오. [00중, 25점] 34. 시트 방수공사에서의 하자원인과 예방책 [00후, 25점] 35. 시트(Sheet) 방수공법의 재료적 특징, 시공과정, 시공 시 유의사항에 대하여 기술하시오. [06중, 25점] 36. 도막방수공법에 대하여 다음을 설명하여라. [93후, 30점] 　　㉮ 재료의 특성　　　㉯ 시공방법　　　㉰ 시공 시 유의사항 37. 자착형(自着形) 시트 방수 [14전, 10점] 38. 시트(Sheet)방수 부착공법의 종류 및 하자방지 대책에 대하여 설명하시오. [17후, 25점]
6	39. 도막 방수 [98중전, 20점] 40. 옥상 도막 방수공사에서 방수 하자 원인과 방지대책을 기술하시오. [01전, 25점] 41. 도막 방수의 방수재료에 대하여 설명하고, 시공방법에 대하여 기술하시오. [04중, 25점] 42. 도막(Membrane) 방수 [07후, 10점] 43. 도막 방수 공법의 재료별 분류 및 시공 시 유의사항에 대하여 설명하시오. [14중, 25점]
7	44. 개량형 아스팔트 시트 방수에 관하여 기술하시오. [95후, 30점] 45. 개량 아스팔트방수공법의 장단점과 시공방법 및 주의사항에 대하여 설명하시오. 　　[08후, 25점]
8	46. Sealing 공법 [82, 10점] 47. 실링(sealing)재와 코킹(caulking)재의 시공법과 그 장단점에 대하여 기술하여라. 　　[86, 25점] 48. 실링(sealing) 방수 [95중, 10점] 49. 본드 브레이커(Bond Breaker) [01전, 10점] 50. 본드 브레이커(Bond Breaker) [18중, 10점] 51. 실링방수의 백업재 및 본드 브레이커 [22전, 10점] 52. Sealing 공사에 있어서 부정형 실링재의 요구성능과 시공 시 유의사항을 기술하시오. 　　[03중, 25점] 53. Sealing 공사의 Sealant 요구성능 및 선정 시 고려사항을 기술하시오. [07전, 25점] 54. Bond Breaker [10전, 10점] 55. 건축물의 실링(Sealing)공사에서 실링의 파괴형태별 원인 및 방지대책에 대하여 설명하시오. [11후, 25점] 56. 건축물의 실링(Sealing)재 시공 시 주의사항 및 설계검토 항목을 설명하시오. 　　[13중, 25점] 57. 외장공사 시 실링재의 작업 전 준비사항과 조인트 부위 충전 시 유의사항에 대하여 설명하시오. [17전, 25점] 58. 방수공사에서 실링재의 종류 및 시공순서에 대하여 설명하시오. [21후, 25점]
9	59. 복합방수공법 [05후, 10점] 60. 복합방수의 재료별 종류 및 시공 시 유의사항에 대하여 기술하시오. [09중, 25점] 61. 복합방수 [10중, 10점]

방수공사 기출문제

기출

62. 철근콘크리트조로 시공되는 산업 폐수(또는 오수) 처리 구조물의 방수대책(골조공사, 방수 공법 및 시공)에 대하여 기술하시오. [02전, 25점]
63. 단열층의 방수·방습 방법의 종류와 각각의 장단점을 기술하시오. [02중, 25점]
64. 공동주택의 다음 부위별 방수공법 선정 및 시공 시 유의사항을 기술하시오. [02후, 25점]
    1) 지붕
    2) 욕실 및 화장실
    3) 지하실
65. Membrane 방수공사의 사용재료별 시공방법을 기술하시오. [06전, 25점]
66. 공동주택에서 지하 저수조의 방수시공법을 설명하고, 시공 시 유의사항에 대하여 기술하시오. [06후, 25점]
67. 방수공사 시 설계 및 시공상의 품질관리 요령에 대하여 기술하시오. [07중, 25점]
68. 분말형 재료를 사용한 콘크리트 구체방수의 문제점 및 대책에 대하여 설명하시오. [10후, 25점]
69. 침투성 방수 메커니즘(Mechanism)과 시공과정을 기술하시오. [05중, 25점]
70. 사무소 신축공사에서 지하층 방수 시 시멘트 액체방수(안 방수)의 시공절차 및 온통기초와 벽체 연결부위의 누수 방지대책에 대하여 설명하시오. [14후, 25점]
71. 도심지 지하구조물 공사에서 누수발생 원인 및 대책에 대하여 설명하시오. [17후, 25점]
72. 방수 바탕면으로서의 철근콘크리트 바닥(Slab) 시공 시 유의사항에 대하여 설명하시오. [20전, 25점]
73. 공동주택의 외기에 면한 창호주위, 발코니, 화장실 누수의 원인 및 대책에 대하여 설명하시오. [22후, 25점]

용어

74. 폴리머 시멘트 모르타르(Polymer Cement Mortar) 방수 [10후, 10점]
75. 벤토나이트 방수공법 [99중, 20점]
76. 벤토나이트 방수공법 [04중, 10점]
77. 지수판(Water Stop) [06전, 10점]
78. 실베스터(Sylvester) 방수공법 [95전, 10점]
79. 금속판 방수공법 [11전, 10점]
80. 거멀접기 [18후, 10점]
81. 옥상드레인 설계 및 시공 시 고려사항 [17중, 10점]
82. 폴리우레아 방수 [21전, 10점]

<table>
<tr><td>문제
1</td><td>방수공법의 분류</td></tr>
</table>

● [97후(30), 02전(25), 03전(25), 10중(25), 12전(25), 21전(25)]

Ⅰ. 개 요

① 최근 건축물들이 대형화·복잡화됨에 따라 지하심도가 깊어져 방수공사의 중요성이 확대되고 있으며 다양한 방수성능이 요구되고 있다.

② 방수공법의 종류에는 시멘트 액체방수와 membrane계 방수로 asphalt 방수·sheet 방수·도막방수 등이 있으며, 공사 부위별 중요도에 따라 분류하기도 한다.

Ⅱ. 방수공법의 분류

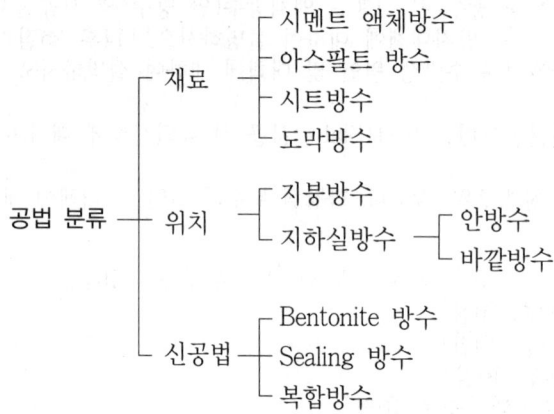

```
              ┌ 시멘트 액체방수
        재료 ─┤ 아스팔트 방수
              ├ 시트방수
              └ 도막방수

공법 분류 ─┤                      ┌ 안방수
        위치 ─┤ 지붕방수    ─┤
              └ 지하실방수 ─┤ 바깥방수

              ┌ Bentonite 방수
        신공법 ┤ Sealing 방수
              └ 복합방수
```

Ⅲ. 방수성능 향상을 위한 사전 조치사항

① 바탕처리 철저

② 적절한 구배 확보

③ Corner 부위 면접기

④ 신축줄눈 계획 수립

⑤ 방수층 밀착 접착

⑥ 관통 Sleeve부 보강

⑦ 바탕건조 철저

Ⅳ. 방수공법 선정 시 검토사항

1) 충분한 투수 저항

   재료의 투수 저항성이 높은 자재 사용

2) 멤브레인(membrane)의 연속성

   시트 재료의 사용 시 겹친 부분의 연속성 및 접합성 확보

3) 내기계적 손상성

   ① 강풍에 의한 노출 방수층의 날림
   ② 태양열에 의한 바탕재 습윤공기의 팽창압력에 의한 방수층의 부풀음
   ③ 작업자의 부주의에 의한 외상

4) 내화학적 열화성

   ① 태양열과 자외선 작용에 의한 노출 방수층의 화학적 열화
   ② 콘크리트에 접하는 방습층은 알칼리의 작용 고려

5) 시공성

   ① 품질관리가 용이한 시공성
   ② 구조체와의 접착 성능

6) 경제성

   ① 전체 공사비와 원가관리를 고려한 방수 공사비의 선정
   ② 공사규모·품질·공기를 고려한 방수공법의 선정

7) 접착성

   ① 박리 발생 방지를 위한 접착성 확보
   ② 방수공법의 특징에 따라 적절한 접착제 선택

8) 내구성

   ① 내후성, 내열성, 내알칼리성, 내충격성 등을 고려
   ② 필요한 경우 보호층 시공

9) 안전성

   ① 시공 중의 안전사고는 인명피해, 경제적인 손실 및 건설회사의 신용저하 등을 유발
   ② 표준 안전 관리비를 효율적으로 사용하는 계획과 안전조직 검토

10) 공기 및 품질

   ① 공정 계획 시 면밀한 시공계획에 의하여 방수공사에 필요한 시간과 순서, 자재, 노무 및 기계설비 등을 적정하고 경제성 있게 공정표로 작성

   ② 시험 및 검사의 조직적인 계획

Ⅴ. 시멘트 액체방수

1) 정 의

   ① 방수제를 모르타르와 혼합하여 시공하는 방수로 콘크리트면에 바르는 것이다.

   ② 지붕보다는 지하실 등 습기 많은 곳이 적당하다.

2) 장 점

   ① 시공이 용이하다.

   ② 건조와 관계없이 시공 가능하다.

   ③ 경제적이며, 보수가 용이하다.

3) 단 점

   ① 방수층이 갈라지기 쉽다.

   ② 신축성이 없다.

   ③ 기상영향을 많이 받는다.

Ⅵ. Membrane 방수

1. Asphalt 방수

아스팔트 방수와 시멘트 액체방수의 비교

내 용	시멘트 액체방수	아스팔트 방수
① 바탕처리	보통건조, 보수처리 잘한다. 바탕바름은 필요없다.	완전건조, 보수처리, 보통바탕 모르타르바름한다.
② 외기에 대한 영향	민감하다.	적다.
③ 방수층의 신축성	거의 없다.	크다.
④ 균열의 발생 정도	잘 생긴다.	비교적 안 생긴다.
⑤ 방수층의 중량	비교적 가볍다.	보호누름이 있으므로 무겁다.
⑥ 시공 용이도	간단하다.	번잡하다.
⑦ 시공 시일	짧다.	길다.
⑧ 보호누름	안 해도 무방하다.	절대 필요하다.
⑨ 경제성	다소 저렴	비싸다.

내 용	시멘트 액체방수	아스팔트 방수
⑩ 방수 성능 신용도	비교적 의심이 간다.	보통이다.
⑪ 재료취급 · 성능 판단	간단하지만 신빙성이 적다.	복잡하지만 명확하다.
⑫ 결함부 발견	용이하다.	어렵다.
⑬ 보수범위	국부적으로 보수할 수 있다.	광범위하고 보호누름도 재시공해야 한다.
⑭ 보수비	저렴	비싸다.
⑮ 방수층 끝마무리	확실히 할 수 있고 간단하다.	불확실하고 어려움이 있다.

2. Sheet 방수

1) 정 의

Sheet 방수는 합성고무계, 합성수지계, 고무화 아스팔트계의 시트방수제를 사용하여 바탕과 접착시키는 방수공법이다.

2) 분 류

① 재료상

합성고무계, 합성수지계, 고무화 아스팔트계가 있다.

② 시공법상

노출공법, 보호누름공법, 단열공법이 있다.

3. 도막방수

1) 정 의

합성고무와 합성수지의 용액을 도포해서 소요두께의 방수층을 형성하는 공법으로 간단한 방수 성능이 필요한 부위에 사용한다.

2) 특 징

① 신장능력이 크다.

② 내수성, 내후성, 내약품성이 우수하다.

③ 시공이 간단하고, 보수가 용이하다.

④ 균일한 두께의 시공이 곤란하며, 화재 위험이 있다.

3) 종 류

① 용제형

② 유제형

③ 에폭시계

Ⅶ. 지붕방수

1) 개 요

지붕방수의 하자발생은 내부마감재의 손상뿐 아니라 심리적 불안감마저 줄 수 있으므로 성실시공해야 한다.

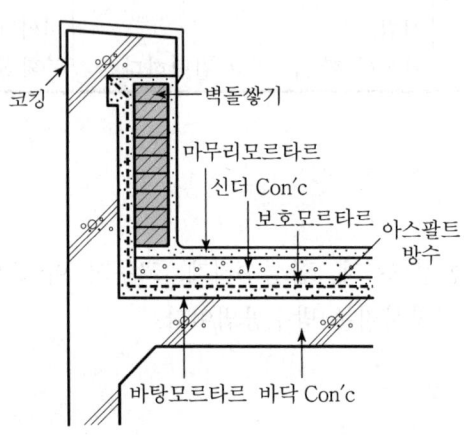

지붕방수

2) 공법 분류

① 시멘트 액체방수

② 아스팔트 방수

③ Sheet 방수

3) 개발방향

① 시공성이 우수한 공법

② 온도변화에 추종하는 공법

Ⅷ. 지하실 방수

1) 개 요

① 지하실 방수에는 안방수와 바깥방수가 있다.

② 지하심도가 깊거나 수압이 클 경우 바깥방수가 유리하다.

2) 공법 분류

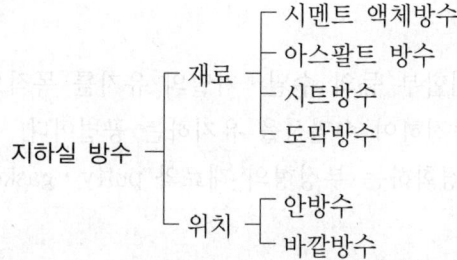

3) 안방수와 바깥방수 비교

항 목	안방수공법	바깥방수공법
적용대상	수압 적고 얕은 지하실	수압 크고 깊은 지하실
시공시기	구체 완료 후	되메우기 전
공사비	저 렴	고 가
시공성	용 이	곤 란
본공사 진행	지장 없다.	지장 있다.
보호층	필 요	무 관
하자보수	용 이	곤 란
수압처리	곤 란	용 이

Ⅸ. Bentonite 방수

1) 정 의

① Ventonite란 응회암·석영암 등의 유기질 부분이 분해하여 생성된 미세 점토질 광물로, 화산 폭발시 분출되는 화산재가 해저에서 염소와 작용하여 생성된다.

② 벤토나이트가 물을 많이 흡수하면 팽창하고, 건조하면 극도로 수축하는 성질을 이용한 방수공법이다.

2) 특 징

① 시공이 간편하고 신속하다.

② 자동 보수 기능(self-sealing) 겸비

③ 방수에 대한 신뢰도가 높다.

④ 까다로운 구조물에는 뿜질로 시공이 가능하다.

⑤ 외방수 공법으로 이상적인 공법이다.

⑥ 재료선택에 따라 시공가격이 달라진다.

⑦ 지중에 시공될 경우 보호층이 필요하다.

⑧ 시공 후 보수가 어렵다.

X. Sealing 방수

1) 정 의

① 실링 방수란 부재간의 접합부 등의 수밀·기밀의 유지를 목적으로 하여 접합부 틈새에 실링재를 충전하여 수밀성을 유지하는 공법이다.

② 실링 재료는 충전 후에 경화하는 부정형의 재료와 putty·gasket 같은 전형 재료가 있다.

2) 적용범위

① Steel sash 주위

② 균열부 보수주위

③ Fre-fab 및 curtain wall 접합부

XI. 복합방수

1) 정 의

① 복합방수공법은 방수성능의 향상을 위하여 2가지 이상의 방수재료를 사용하여 방수층을 형성하는 공법이다.

② 주로 sheet재료와 도막재를 복합적으로 사용하여 단일 방수재료의 취약점을 상호 보완하는 공법이 신기술로 개발되고 있다.

2) 특 징

① 부착성능 우수

② 콘크리트 바탕과 방수층과의 절연성 우수

③ 바탕면의 수분에 의한 하자(부풀음, 접착성 저하) 미발생

④ 구조체의 내구성 향상

⑤ Top coat재의 시공으로 방수층의 내후성 및 내구성 향상

XII. 결 론

① 근래 건축물들이 대형화되어 지하심도가 깊어지면서 방수 성능이 향상되고 보수가 용이한 공법이 절실히 요구되고 있다.

② 이러한 요구들을 충족시키기 위해 새로운 재료의 개발과 시공법의 연구개발이 산·학·연 공동으로 이루어져야 한다.

문제 2	Asphalt 지붕방수

● [78후(25), 92전(30), 09후(10), 12중(25), 15후(10)]

Ⅰ. 개 요

① 아스팔트 펠트·아스팔트 루핑류를 용해한 아스팔트로 여러 층을 접합하여 방수층을 형성하게 하는 방수 공법이다.

② 아스팔트 방수는 경제성 및 신뢰성이 높아 오래 전부터 많이 시공되어 왔으며, 앞으로도 많이 사용될 전망이다.

Ⅱ. 특 징

1) 장 점

① 오랜 시공 실적에 의한 경험이 풍부하다.

② 내수성, 내산성, 내식성이 좋고 가격이 싸다.

③ 액상이므로 굴곡면에도 사용이 용이하다.

④ 섬유보강하여 강한 피막을 형성할 수 있다.

2) 단 점

① 화기에 대한 위험방지대책이 필요하다.

② 결함부를 발견하기 어렵다.

③ 고약한 냄새가 난다.

④ 치켜올림부의 박리, 균열 등 결함발생 우려가 있다.

Ⅲ. 재 료

1) Asphalt primer

배합비에 의해 제조하며, 조성(組成)의 변화가 생긴 것을 사용하지 않는다.

2) Asphalt

방수공사용 아스팔트는 원유를 증류한 것을 쓴다.

3) Asphalt felt, asphalt roofing

내구성 있고, 규정치 이상의 제품을 쓴다.

4) 표면마감용 골재

강도가 있고 깨끗하며 입도 분포가 적당한 것을 사용한다.

5) 재료의 보관

습기가 차지 않고 통풍이 잘 되며, 기후 영향을 받지 않는 곳에 보관한다.

Ⅳ. 시 공

1) 시공순서

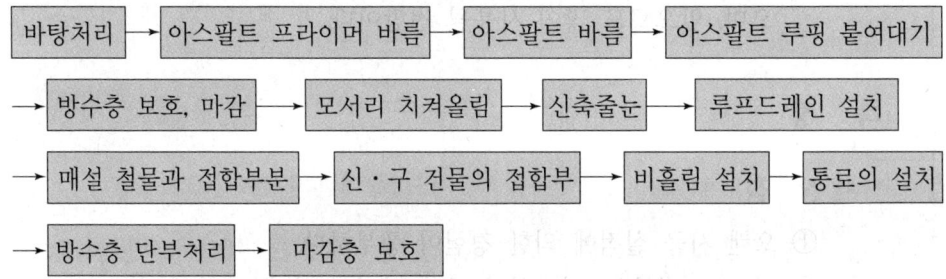

2) 바탕처리

① 방수층의 바탕을 청소 정리하고, 돌출물은 제거하며, 결손부분은 보수한다.
② 아스팔트에 기포가 발생하거나 냉각 후 벗겨지지 않게 한다.

3) 아스팔트 프라이머 바름

① 바탕이 충분히 건조된 후 청소하고 아스팔트 프라이머를 바른다.
② P.C판에 시공 시 joint 사이로 침투되지 않게 한다.

4) 아스팔트 바름

① 아스팔트가 바탕층 조인트, 틈 등에 침투되지 않게 한다.
② Joint나 굳은 아스팔트에 칠을 할 경우 조인트에서 5cm 이상 이격시킨다.

5) 아스팔트 루핑 붙여대기

① 아스팔트 루핑은 사용하기 전 안팎에 묻은 먼지, 흙 등을 청소한다.
② 루핑의 이음새는 엇갈리게 하고 90mm 이상 겹쳐 붙인다.

6) 방수층 보호, 마감

① 방수층 누름을 자갈뿌리기로 할 때 자갈의 크기는 지름 10mm 내외를 표준으로 한다.
② 자갈깔기는 경사도가 1/60 초과 시 피한다.

7) 모서리 치켜올림

방수층 치켜올림의 끝부분에는 물끊기 등을 적당히 만들고 뒷면에 우수가 침투하지 않도록 한다.

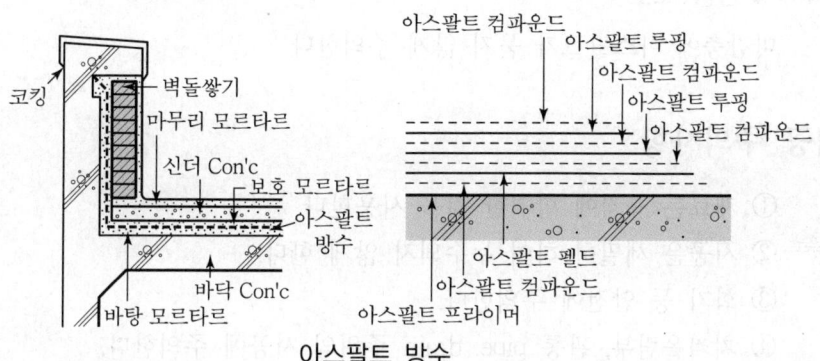

아스팔트 방수

8) 신축줄눈

① 방수층 누름에서 신축줄눈을 설치할 때는 가로 세로 3~5m마다 설치한다.
② 줄눈나비는 15mm, 깊이는 방수층까지 자르고, 아스팔트 컴파운드나 블로운 아스팔트를 주입한다.

9) Roof drain 설치

루프드레인은 아스팔트 용제가 주위에 충분히 침투되게 한다.

10) 매설철물과 접합부

골 홈통, 루프드레인, 벤틸레이터 등의 철물과 접합부는 망상루핑을 써서 세밀히 시공한다.

11) 신·구 건물의 접합부

신·구 건물의 접합부는 부동침하에 의하여 방수층이 끊어지기 쉬우므로 신축줄눈 또는 신축 방수층을 둔다.

12) 비흘림의 설치

① 방수층 끝단이나 경사진 부위에는 비흘림을 설치한다.
② 비흘림은 바탕으로부터 15cm 이상 튀어나오게 한다.

13) 통로의 설치

① 루핑이 완성된 층은 표면마감용의 자갈을 깔기 전에 통로부위를 보강한다.
② 추가 루핑폭은 통로폭보다 15cm 이상 넓게 한다.

989

14) 방수층 단부처리

비흘림 설치와 방수 끝단의 줄눈 설치가 끝난 후 방수층 끝단에 아스팔트나 자갈을 깐다.

15) 마감층 보호

마감층에 아스팔트가 묻지 않게 주의한다.

Ⅴ. 시공 주의사항

① 재료는 규격에 합격한 것을 사용한다.
② 시공은 세밀히 하여 누수되지 않게 한다.
③ 화기 등 안전에 주의한다.
④ 치켜올림부, 관통 pipe, drain 주위의 시공에 주의한다.

Ⅵ. 결 론

① 아스팔트 방수공법은 신뢰성이 크고 경제성이 높아 많이 시공되고 있지만, 기능공의 부족과 작업 시 악취 등의 문제점이 있다.
② 시공 시 악취 등의 문제점을 보완하고, 새로운 자재 및 공법의 개발로 인력 부족을 해소하여 성력화하는 노력이 필요하다.

문제
3

지붕방수공사의 하자요인과 대책

● [94후(25), 01중(25), 01후(10), 04후(25), 07전(25), 14전(25), 16전(10), 20전(25), 21전(25), 22전(25), 22후(25)]

I. 개 요

① 지붕방수의 하자는 slab, parapet 등에서 주로 발생하며 본 구조체의 강성 확보가 무엇보다 중요하다.

② 하자의 방지를 위해서 적절한 방수공법의 선정 및 시공 시 철저한 품질관리가 중요하다.

II. 지붕방수공법의 분류

① 시멘트 액체방수

② 아스팔트 방수

③ Sheet 방수

④ 도막방수

III. 하자요인

1) Slab의 균열

① 기초의 부동침하

② 지진, 풍력 등 수평력에 의한 변위

2) Parapet 마감처리 불량

① 물흘림 구배 및 물끊기의 미설치로 우수의 침입

② Sealing 작업의 시공불량

3) 치켜올림부 시공불량

① 면접기의 미시공이나 시공불량

② 치켜올림 길이의 부족

4) 루프드레인 주위 시공불량

① 방수작업 불량과 밀실하지 못한 시공

② 보강깔기 및 망상루핑의 미시공

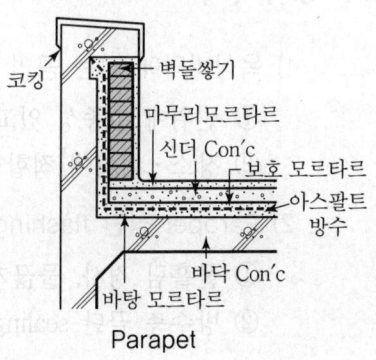

코킹 · 벽돌쌓기 · 마무리모르타르 · 신더 Con'c · 보호 모르타르 · 아스팔트 방수 · 바닥 Con'c · 바탕 모르타르
Parapet

5) 방수보호층 시공불량
  ① 신축줄눈의 처리 불량
  ② 보호층 두께 부족 및 부적당한 보호층

6) 바탕건조 불량
  ① 방수층의 습기로 들뜸현상 발생
  ② 접착력 약화로 방수능력 저하

7) 물흘림 경사
  ① 아스팔트 1/100, 액체방수 1/200, 도막방수 1/50
  ② 물흘림, 경사불량, 요철로 항시 물이 고이게 된다.

8) 방수층 시공 부적절
  ① 접착제 open time이 부적당할 경우
  ② 한중기 공사로 동결융해에 의한 파손

9) 바탕처리 불량
  ① 균열·곰보 부위 충전 부족
  ② Laitance, 먼지, 녹, 이물질, 오염처리 불량

10) 보양양생 불량
  방수막 건조시 오염

Ⅳ. 방지대책

1) 옥상바닥에 맞는 공법 선정
  ① 변위에 추종성 있고, 신장력을 가진 재료
  ② 장소·위치에 적합한 공법선정

2) Parapet 상단 flashing 처리
  ① 물흘림 경사, 물끊기 설치
  ② 방수층 끝단 sealing 처리

3) 루프드레인은 parapet과 일정거리 유지
  ① 보강시트에 망상루핑 깔고, 밀실하게 충전
  ② 배수시설은 철저히

4) 패러핏 방수 치켜올림

30cm 이상 치켜올림

5) Flashing 처리

① 지붕재와 벽체의 접합부
② Expansion joint 부위

6) 바탕처리 철저

① Laitance, 녹, 먼지, 오염 등의 철저한 청소
② 균열, 파손, 곰보부위 충전

7) 물흘림 구배확보

① 우수가 고여 있지 않도록 적당한 구배 확보
② 배수처리를 철저히 할 것

8) 방수층 밀실 접착

① 공극, 기포, 주름이 생기지 않게 함.
② 접착제의 open time 준수

9) 내수, 투수 접착, 신축 있는 재료 선정

① 내후, 내약품성, 변형의 추종성
② 유지관리 및 보수가 적은 공법 선정

10) 구조체의 변형방지

① 콘크리트 배합과 타설 시 품질관리로 균열방지
② 상부 과하중이나 기계진동에 의한 균열방지

11) 시공 시 동해방지

① 지나친 고온·저온시 작업중지
② 단열 보온양생

12) 보호층 시공

① 보호 모르타르 위에 cinder Con'c 타설하고 그 상부에 모르타르 마감
② 보호층 균열방지 위해 wire mesh 삽입

13) 구석 모서리 접합부

① 보강 깔기 sheet 사용
② 면접기 3~5cm 정도 둥글게

14) 바탕건조

바탕의 습윤으로 인한 방수층 들뜸방지

15) 방수층 상부하중

① 지나친 적재하중은 제거
② 기계설비는 진동이 없도록 완충장치 위에 설치

V. 방수공법 개발방향

① 시공성이 좋은 공법개발
② 방수전문기관의 설치
③ 철저한 기술자격제도 실시
④ 성능시험기준의 확립

VI. 결 론

① 방수공사는 본 구조체의 강성을 확보하지 못하게 되면 방수의 효과가 지속될 수 없으므로 전공정에 걸쳐 철저한 품질관리가 필요하다.
② 방수공사 하자예방을 위해서 설계 시 충분한 검토가 필요하며, 위치와 부위에 따른 적합한 공법을 선정하여 시공하여야 한다.

지하실 방수공법의 종류와 특징

● [77(25), 81전(25), 05중(25), 07후(25), 09전(25), 21전(10)]

I. 개 요

① 지하실은 대부분이 지표면 아래에 위치해 있고 항상 수압의 영향을 받게 되어 누수발생의 우려가 많으므로 공법의 선정 시 재료·시공 등의 충분한 검토를 통하여 적정한 공법을 선정해야 한다.

② 지하실 방수에는 안방수와 바깥방수가 있으며, 장단점을 파악하여 현장 여건에 맞는 공법을 채택하여 성실 시공해야 한다.

II. 공법의 선정

① 시공성
② 경제성
③ 안전성
④ 무공해성

III. 지하실 방수공법의 종류

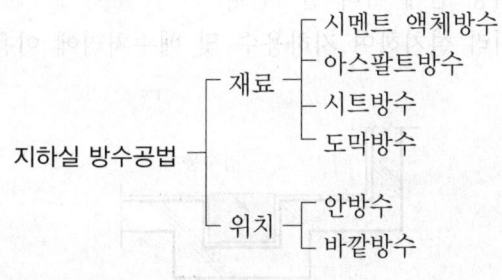

지하실 방수공법 ─┬─ 재료 ─┬─ 시멘트 액체방수
                │   ├─ 아스팔트방수
                │   ├─ 시트방수
                │   └─ 도막방수
                │
                └─ 위치 ─┬─ 안방수
                         └─ 바깥방수

IV. 안방수공법

1) 바탕청소
① 지하실공사 완료 후 결함부 보수 및 청소
② 콘크리트면의 모래, 자갈, laitance, 돌출물 제거

2) 지하수처리

　① 지하수가 유입되는 경우에는 배수처리한다.

　② 집수통을 설치하고 완전히 건조시켜 밀착이 잘 되게 한다.

3) 방수층 시공

　① 내부에 접속되는 부분, 창틀, pit 주위는 연속하여 감싼 부분이라도 단절되지 않게 한다.

　② 지하실 내부의 문 및 창틀은 방수층 시공 후 설치한다.

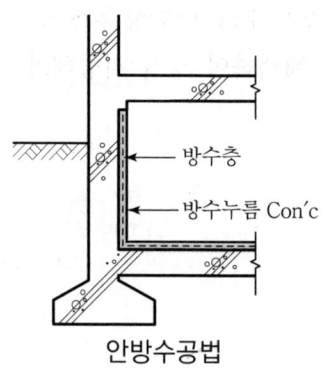

안방수공법

4) 집수통

　① 방수공사 시공 전에 미리 설치한다.

　② 집수정을 미리 설치하여 지하용수 및 배수처리에 이용한다.

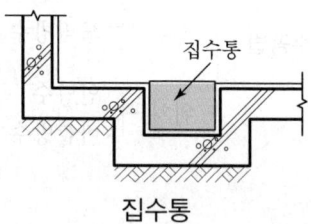

집수통

5) 보호누름

　① 아스팔트 방수층은 벽, 바닥 모두 방수층 보호누름을 한다.

　② 벽의 누름은 벽돌이나 콘크리트 등으로 하고, 바닥은 모르타르나 wire mesh Con'c 등으로 한다.

V. 바깥방수공법

1) 바탕처리

　① 기초파기 및 말뚝지정이 완성되면 방수층 바탕을 축조한다.

　② 콘크리트 표면에 이물질이나 돌출물을 제거하여 평탄하게 한다.

2) 지하용수

　① 지하용수는 배수하여 건조상태를 유지한다.

　② 배수된 물은 가급적 멀리서 처리한다.

3) 방수층 시공

　① 잡석, 자갈다짐을 한 위에 와이어 메시 Con′c나 철근 Con′c로 밑창을 만들고 방수층을 시공한다.

　② 밑창을 평탄히 하고 아스팔트나 sheet 방수층을 시공한다.

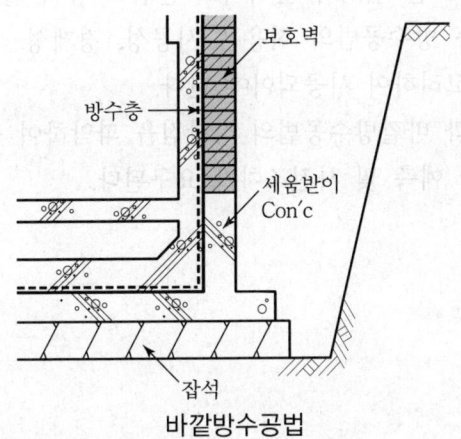

바깥방수공법

4) 치켜올림부

　바닥방수층을 시공할 때 치켜올림을 고려하여 밑창 Con′c는 60cm 이상 넓게 한다.

5) 보호누름벽

　① 방수층 시공 후 곧바로 보호층을 시공하여 방수층의 손상을 방지한다.

　② 보호누름벽의 모르타르가 방수층을 손상시키지 않게 주의한다.

VI. 안방수와 바깥방수의 비교

항 목	안방수공법	바깥방수공법
적용대상	수압 적고 얕은 지하실	수압 크고 깊은 지하실
시공시기	구체 완료 후 언제나	되메우기 전
공사비	저 가	고 가
시공성	용 이	곤 란
본공사 진행	지장 없다.	지장 있다.
보호층	필 요 시	필 요
하자보수	용 이	곤 란
수압처리	곤 란	용 이

VII. 결 론

① 최근 지하구조물 깊이가 깊어지고 근접 시공이 늘어나는 등 열악한 조건에 따라 지하층 방수공법의 적용은 시공성, 경제성, 내수성 및 공기에 미치는 영향 등을 고려하여 시공되어야 한다.

② 안방수공법과 바깥방수공법의 장단점을 파악하여 공법을 선정하며, 공사 시 하자에 대한 예측 및 사전조치가 요구된다.

Sheet 방수공법(고분자 루핑방수공법)

● [82전(25), 84(25), 90후(30), 98전(20), 00중(25), 00후(25), 06중(25), 14전(10), 17후(25)]

Ⅰ. 개 요

① 시트 방수는 합성고무계, 합성수지계, 고무화 아스팔트계의 시트방수재를 사용하여 바탕과 접착시키는 방수공법이다.

② 지하철 및 건축물의 지하 방수공법으로 널리 사용되고 있으며, 접합부위의 처리방법과 시트 자체의 신축성, 접착성이 향상된 sheet 방수공법의 개발이 요구된다.

Ⅱ. 공법 분류

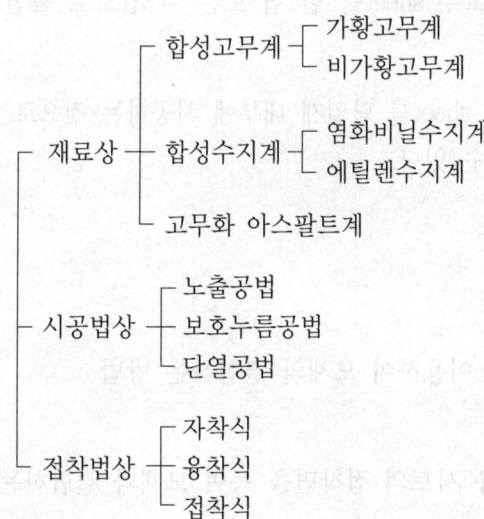

1. 재료상

1) 가황고무계

① EPDM과 부틸고무가 주원료이며, 보강재와 가황제를 가해서 가황시킨 것이다.

② 내후성이 우수하며, 노출공법에 이용한다.

2) 비가황고무계

① EPDM과 재생부틸고무에 보강재와 노화방지제를 가한 것이다.

② 접착성은 좋으나 인장강도가 적다.

3) 염화비닐수지계

① 외력이나 열 등으로 소성변형되기 쉽다.

② 용착되며 경보행이 가능하다.

4) 에틸렌수지계

아크릴, 에틸렌 등으로 현재는 사용하지 않는다.

2. 시공법

1) 노출공법

① 가황 및 비가황 고무계는 밀착붙임공법

② 염화비닐고무계는 절연붙임공법

2) 보호누름공법

가황 및 비가황 고무 sheet를 한 겹 또는 두 겹으로 붙인다.

3) 단열공법

보호누름공법에서 sheet를 단열재 내부에 시공하는 것으로 외부환경에 의한 sheet
의 열화를 줄일 수 있다.

3. 접착법

1) 자착식

시트의 접착력을 이용하여 모재와 결합하는 방법

2) 융착식

토치의 열을 이용 시트의 접착면을 녹여 모재와 결합하는 방법

3) 접착식

시트의 접착면에 접착제를 도포하여 모재와 결합하는 방법

Ⅲ. 재 료

1) Sheet 방수재

① 시트재 성능은 주재의 성질, 배합제의 종류, 비율에 따라 달라진다.

② 신장률, 인장강도, 견고성, 내후성, 내열성, 열팽창성 등의 특성이 고려되어
야 한다.

2) 접착제

접착제는 시트 방수재의 접착시공에 적합하고 바탕 및 시트 방수재의 품질을 저하시켜서는 안 된다.

3) 프라이머

프라이머는 솔 또는 뿜칠로 도포하는데 지장이 없고, 건조시간이 20℃±3℃ 에서 3시간 이내인 것을 사용한다.

4) 접착용 테이프

접착용 테이프는 시트 방수재 접착 후 모서리의 수밀을 확보하고, 충분한 접착 력이 있는 것으로 한다.

5) 실링재

실링재는 gun 또는 주걱으로 시공하는데 지장이 없고, 시트 방수재의 접착부 수밀을 확보하는 것으로 하여야 한다.

6) 신축줄눈재

신축줄눈재는 누름층이 줄눈시공에 적합하고, 누름층 등을 열화시키지 않는 것 으로 한다.

Ⅳ. 시 공

1) 시공순서

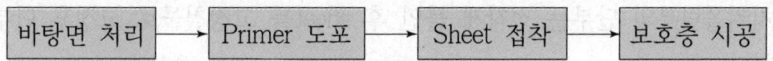

바탕면 처리 → Primer 도포 → Sheet 접착 → 보호층 시공

2) 바탕처리

① 바탕은 요철이 없도록 쇠흙손 마무리하고 건조한다.
② 모서리는 30mm 이상 면접기 한다.

3) Primer 도포

① 청소 후 primer를 바탕면에 충분히 도포
② Primer는 접착제와 동질의 재료를 녹여서 사용

4) Sheet 접착

① 접착공법

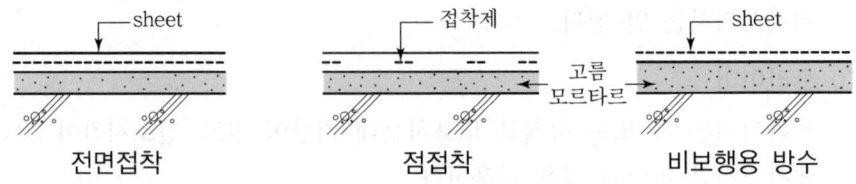

| 전면접착 | 점접착 | 비보행용 방수 |

② 접착시 겹침이음은 50mm 이상, 맞댄 이음은 100mm 이상

5) 보호층 시공

① 직사일광에 의한 시트 보호를 위해 경량콘크리트, 모르타르 등을 사용
② 신축줄눈은 3~4m 간격으로 설치

V. 시공 시 유의사항

① 시트는 기포, 주름, 공극이 없도록 roller로 충분히 밀착시키고, 접합부에 주의
② 시공과정에서 시트에 신장 제거
③ 작업중 유기용제에 의한 중독과 화재에 주의
④ 모서리부 등을 보강
⑤ 보호도장은 제조회사의 시방에 따라 균일하게 도포
⑥ 접합부 시공은 재질을 고려한 적절한 시공법 선정
⑦ Drain과 배관 주위는 wire brush나 용제로 기름, 녹을 제거 후 보강
⑧ 치켜올림부의 단부는 접착제 붙인 후 sheet를 고정철물로 고정후 단부는 sealing
한다.

VI. 시트방수 하자원인

1) 부풀음 현상

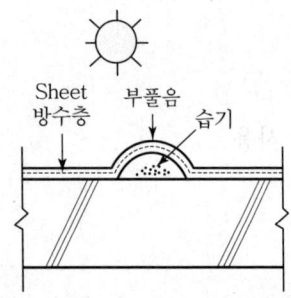

① 바탕 건조 미흡으로 sheet 하부에 습기가 있을 경우
② 태양열, 온도상승 등에 의한 수증기 발생으로 부
풀음 발생

2) 기포 및 공극

① Primer시공 일부 누락

② 바탕에 요철 처리 미흡

③ Sheet 접착제의 성능 부족

④ 시공 시 기후조건에 의함(습기과다, 기온저하)

3) Sheet재 신장

시공 시 sheet재의 지나친 신장

4) 벽체 부위 탈락

① 시트재의 벽체 접착 시공 불량

② 코너부 면접기 미시공

③ 벽체 상부 끝부분 코킹 시공 누락

④ 벽체에 외부로부터의 습기 침입

⑤ 시공 시 sheet재의 지나친 신장

5) 누수

① 이음부 접착시공 부족

② 이음길이(100mm 이상) 부족

③ 시공 완료후 담수 test(3일 이상) 누락

Ⅶ. 방지대책

1) 바탕처리 철저

① 바탕의 요철부위는 좋은 배합의 mortar로 처리 후 완전건조

② 바닥구배 시공 철저

③ 균열 부위는 V-cutting 후 보수

④ 이물질 제거, 곰보부위 면처리

2) 바탕건조

① 바탕은 습기가 완전히 제거될 때까지 건조

② 바탕의 요철이 없도록 쇠흙손 마무리

③ 모서리는 30mm 이상 면접기

3) 재료보관 철저

① 사용재료는 직사광선을 피하여 보관

② 운반 중 파손에 특히 유의

③ 방수재와 프라이머, 접착재 등은 품질변화가 발생하지 않도록 보관 철저

④ 파손된 재료는 사용하지 말고 즉시 반출

4) 시공방법

① 벽은 아래에서 위로 붙임

② 바닥은 중앙에서 양쪽 가장자리로 붙임

5) 프라이머 시공 철저

① 바닥 프라이머 칠은 골고루 충분히 칠함

② 프라이머 건조시간 준수

③ 프라이머는 접착제와 동일재료 사용

④ 프라이머 시공 전 바탕 청소 철저

6) 바탕과의 밀착

① 접착제 칠은 빠짐없이 충분히 칠할 것

② Sheet 붙인 후 roller로 밀착

③ 밀착시 공극이 발생하지 않도록 유의

7) 벽체 단부 sealing 처리

① 벽체 단부, sheet재가 끝나는 부위에는 sealing 처리 철저

② 벽 코너부는 면접기 시공

8) Sheet 이음부 누름

① 이음 길이(100mm 이상)를 충분히 확보

② 이음부는 충분히 눌러서 접착 정도 확인

9) 시공 후 부풀음 부위 보강

① 작업 완료 후 부풀음 검사

② 부풀음 부위는 +형으로 절단 후 보강

③ 보강한 주위의 부풀음에 대한 검사 철저

10) 누름 콘크리트의 조기타설

① 방수공사 완료 후 24시간 담수 test 실시

② 담수 test 후 곧바로 누름 콘크리트 타설

③ 보행 및 자재운반에 따른 방수층 파손에 유의

④ 누름 콘크리트 타설 중 방수층 훼손에 유의

11) 일사광선 차단

① 방수층 시공후 직사광선으로부터 노출 금지

② 방수층 하부 습기에 의한 부풀음 방지

Ⅷ. 결 론

① Sheet 방수공법은 차수성은 뛰어나나 하자부위 발견 및 보수가 어렵고, 기능공의 부족 및 폐자재가 공해물질이므로 취급하기 어려운 등의 문제점이 있다.

② 방수공사의 하자는 실내마감의 손상 및 다른 하자를 발생하게 하는 매우 중요한 문제이므로 현장 기능공의 성실한 시공이 요구되며, 보다 새로운 공법의 연구 개발이 필요하다.

8. Sheet 방수 공법과 비교한 도막방수 특성

도막방수공법

● [93후(30), 98중전(20), 01전(25), 04중(25), 07후(10), 14중(25)]

Ⅰ. 개 요

① 합성고무나 합성수지의 용액을 도포해서 소요두께의 방수층을 형성하는 공법이다.

② 주로 노출공법에 사용되므로 비보행부나 간단한 방수성능이 필요한 부위에 사용된다.

Ⅱ. 특 징

1) 장 점

① 신장능력이 크다.

② 경량이다.

③ 내수, 내후, 내약품성이 우수하다.

④ 시공이 간단하고, 보수가 용이하다.

⑤ 노출공법이 가능하다.

2) 단 점

① 균일한 두께의 시공이 곤란하다.

② 방수층 두께가 얇아 손상이 우려된다.

③ 바탕의 균열에 의해 파단이 우려된다.

④ 화재발생의 우려가 크다.

⑤ 단열 방수공법의 처리가 크다.

⑥ 방수 신뢰성이 적다.

⑦ 바탕 추종성이 적다.

Ⅲ. 재 료

1. 종 류

1) 용제형(solvent)

① 합성고무를 주재료로 한 네오플렌 고무계, 하이파론계, 클로로플렌계 등
② 용제의 증발에 의해 피막을 만든다.

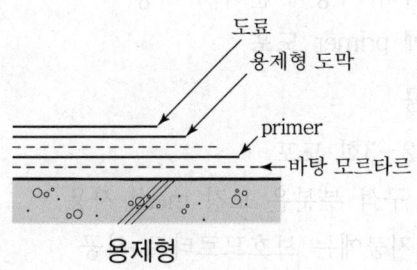

용제형

2) 유제형(emulsion)

① 아크릴수지, 초산비닐계 등의 수지유제
② 수중에 확산하여 수분증발에 의해 피막을 형성한다.

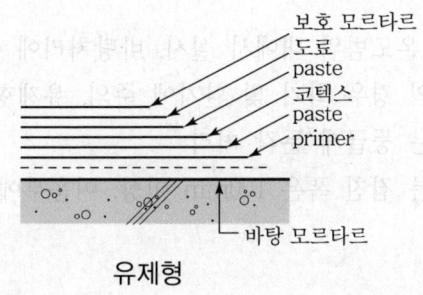

유제형

3) 에폭시계(epoxy)

① 에폭시 수지를 발라 도막을 형성하는 것
② 신축성은 약하나 내약품성, 내마모성이 우수하다.

2. 재료의 구비조건

① 내후성, 내수성, 내알칼리성, 내마모성
② 바탕의 거동에 대한 신축성, 접착성
③ 시공성, 경제성, 안전성, 무공해성

Ⅳ. 시 공

1) 바탕처리
  ① 쇠흙손으로 평활하게 마감, laitance, 거름, 녹 제거
  ② 균열, 흠집, 구멍은 보수 후 건조

2) Primer 도포
  ① 제조회사의 시방에 준하여 시공
  ② 도막제에 primer 도포

3) 방수층 시공
  ① 방수제 2~3회 도포
  ② 모서리, 구석 부분은 보강 mesh 사용
  ③ 보행용 지붕에는 보호모르타르 시공

4) 보 양
  ① 동결에 대비
  ② 강우에 대한 보양

Ⅴ. 시공 시 주의사항

① 규정된 온도범위 내에서 실시, 바탕처리에 주의
② 용제형의 경우 화기 및 환기에 주의, 유제형의 경우 pinhole에 주의
③ 모서리는 둥글게 둔각 처리
④ 이어바름 겹친 폭은 100mm 이상, 이음부에는 완충 테이프 등으로 마무리

Ⅵ. 하자 원인

1) 기포 및 공극 발생
  ① 바탕의 요철 처리 미흡
  ② 바탕 건조 불량
  ③ Primer 칠의 일부 누락
  ④ 재료의 접착성 부족
  ⑤ 시공 시 기후 조건(기온 저하, 습기 과다 등)

2) 재료의 신장 부족
  바탕 거동에 대한 재료의 추종성 미흡

3) 부풀음 현상

　　① 바탕 건조 미흡으로 하부에 습기 존재
　　② 태양열, 온도 상승 등에 의한 수증기 발생으로 부풀음
　　③ 내부 기포로 인한 방수층의 손상 발생

4) Parapet 벽체 부위 탈락

　　① 방수재의 parapet 벽체 접착 불량
　　② 벽체에 외부로부터의 물 침투

5) 누수

　　① 도막방수층 시공 불량
　　② 시공 완료 후 담수 test 누락

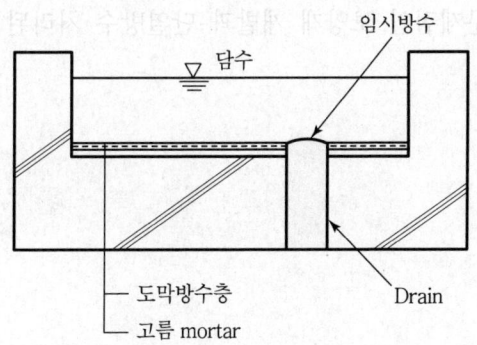

VII. 방지대책

1) 철저한 바탕처리

　　① 바탕의 요철 처리는 좋은 배합의 mortar로 처리한 후 완전 건조 처리
　　② 바닥 구배 시공 철저

2) 바탕과의 밀착

　　① Primer 칠은 빠짐없이 충분히 칠할 것
　　② 공극 발생에 유의

3) Roof drain 주위 보강

벽체나 바닥을 관통하는 배관 주위는 철저 시공

4) Parapet 벽체 단부 sealing 처리

① 벽체 단부 방수가 끝나는 부위는 sealing 처리

② 벽 코너부는 올려치기 시공

5) 담수 test 실시

24시간 이상 담수 test를 할 것

Ⅷ. 결 론

① 우레탄고무계 출현 이후 시트방수처럼 많이 보급되었다.

② 도막방수 문제점인 보양재 개발과 단열방수 처리된 공법의 개발이 요구된다.

개량형 아스팔트 시트 공법

● [95후(30), 08후(25)]

Ⅰ. 개 요

① 개량형 아스팔트 시트 방수는 sheet 뒷면에 asphalt를 도포하여 현장에서 torch로 구워 용융시킨 뒤 primer 바탕 위에 밀착시키는 방수공법이다.

② 시공성이 우수하고 공기가 단축되며 접착성이 우수할 뿐 아니라 하자발생이 적은 공법이다.

Ⅱ. 특 징

1) 장 점

① 신장성, 내후성, 접착성 우수하다.

② 시공이 간단하고 공기가 단축된다.

③ 이음부처리 용이하다.

④ 환경오염이 적다.

2) 단 점

① 결함부위의 발견이 어렵다.

② 화기사용으로 화재위험이 있다.

③ 복잡한 바탕에서는 시공성이 낮다.

④ 내구성 있는 보호층 필요하다.

Ⅲ. 재 료

1) 프라이머

① 8시간 이내 건조되는 제품

② 솔, 고무주걱 등으로 도포 가능

2) 개량 아스팔트 시트

Sheet 뒷면에 아스팔트를 발라 시공 시 torch로 가열하면서 바닥에 밀착하기 적합한 재료

3) 보강 깔기용 시트

비노출, 복층 방수에 적합하고, 보강깔기에 적합한 것

4) 접착층 부착시트

뒷면에 접착층이 붙은 것으로 torch 불꽃에 손상받지 않는 것

5) 실링재

폴리머 개량 아스팔트로 정형과 부정형이 있음.

6) 단열재

압축강도 0.15MPa 이상으로 개량형 asphalt와 상호접합한다.

7) 단열재용 접착제

단열재를 침해하지 않는 것

Ⅳ. 시 공

1) 시공순서

2) 바탕처리

① 균열, 곰보는 보수하고 청소한 뒤 충분히 건조시킨다.

② Laitance, 녹, 오염 등 이물질을 제거하고, 모서리는 면접기를 실시한다.

3) Primer

① Primer 도포는 바탕건조 후 균일도포한다.

② 얼룩지지 않게 침투시킨다.

4) Sheet 붙이기

① 뒷면을 torch로 바탕을 균일하게 용융시킨다.

② 개량 아스팔트를 용융시킨 후 밀착한다.

5) 특수부위 마무리

① 모서리 요철부는 200mm 보강깔기용으로 시트 처리한다.

② Pipe 주변 보강깔기용 시트를 파이프 주위의 100mm 이상 바닥면에 붙인 후 개량 아스팔트 시트를 겹쳐 깐다.

6) 단열재 붙이기

① 단열재용 접착제를 균일하게 바르고 빈틈없이 붙인다.

② 단열재 위에 접착층 부착시트를 붙인다.

7) 보호층 시공

① 시트 방수층 위에 15mm 이상 보호 모르타르를 시공한 후 기타 마감층을 시공한다.

② 누름 콘크리트를 타설한다.

8) 치켜올림부

① 방수층에서 20mm 이상 감아 올린다.

② 0.5B 벽돌쌓기 한다.

V. 시공 시 주의사항

① 무리하게 신장시키지 말 것

② 접착층에 기포 등이 남지 않도록 밀착시키고, 시트의 손상방지

③ Torch의 가열은 균일한 온도로 용융, 화기 주의

VI. 결 론

① Asphalt 방수공법은 공기가 길고 환경공해를 유발시키는 문제점이 있어 이를 보완 발전시킨 것이 개량형 아스팔트 시트 방수공법이다.

② 개량형 아스팔트 시트 방수공법은 종전의 시트 방수 및 아스팔트 방수공법보다 시공성이 좋고 공기단축이 가능하므로 근래에 들어 많이 채택되는 공법이다.

<table>
<tr><td>문제
8</td><td>Sealing 방수공법</td></tr>
</table>

● [82(10), 86(25), 95중(10), 01전(10), 03중(25), 07전(25), 10전(10), 11후(25), 13중(25), 17전(25), 21후(25)]

I. 개 요

① Sealing 방수공법이란 퍼티, 개스킷, caulking 및 sealant재 등을 접합부에 충전하여 수밀성·기밀성을 확보하는 공법이다.

② Sealing재는 수밀하고 기밀성 확보는 물론 신축성, 내구성, 시공성 등의 성질도 요구된다.

II. Sealing재의 요구 성능

① 부재에 밀착하여 접착성을 확보할 것

② Movement에 추종하고 수밀성이 존속할 것

③ 장기간 노출에도 변형 안 될 것

④ 시공이 용이할 것

⑤ 경화시간이 짧을 것

⑥ 신축에 대한 원상회복이 빠를 것

⑦ 내후, 내약품성이 클 것

⑧ 가격이 저렴할 것

III. Sealing재의 분류

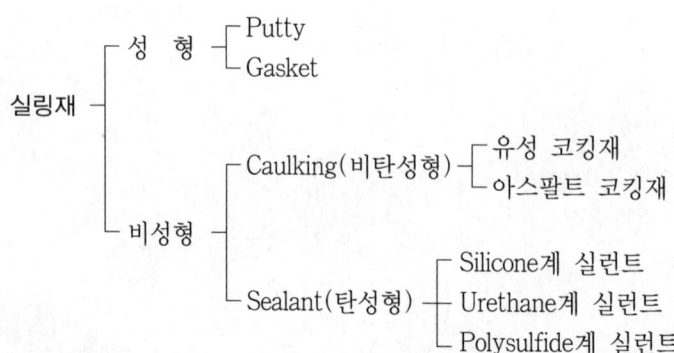

1. 성형 실링재

1) 퍼티(putty)

① 탄성복원력이 적거나 거의 없다.

② 일정압력 받는 sash의 접합부 cushion 겸 seal재로 사용

2) 개스킷(gasket)

① 필요한 단면 형상으로 뽑아낸 성형 개스킷

② 피부착재에 항상 압축상태로 부착

③ 재질은 네오플렌 고무가 많고 H형, Y형, U형의 형상

2. 비성형 실링재

1) 코킹(비탄성형)

① 광물 충전재(탄산칼슘 등)와 전색재를 혼합한 것

② 피착물의 손상없고 오랫동안 점성 유지하고 균열 없다.

③ Caulking gun과 주걱칼로 시공한다.

2) 실런트(탄성형)

① 사용 시는 paste 상으로 유동성이나 공기 중에서 시간경과 후 고무상태의 탄성체로 된다.

② 접착력, 기밀성이 커서 curtain wall, prefab, sash 등의 접합부에 부착 또는 충전재로 적당하다.

3) 1액형(液型)과 2액형(液型)

① 1액형(液型)

㉮ 사용 전에 혼합작업을 제거하기 위해 1액 상태 그대로 사용하는 것으로 cartridge에 포장되어 있다.

㉯ 경화속도가 빠르고 안전하다.

② 2액형(液型)

㉮ 기제(基劑)와 경화제의 2액을 시공 직전에 혼합하여 사용한다.

㉯ 경화속도가 느리고, 적정한 혼합비율에 따라 성능의 조절이 가능하다.

㉰ 주로 코킹재에서 많이 사용한다.

Ⅳ. 코킹(caulking)과 실런트(sealant) 비교

구 분	코 킹	실 런 트
가 격	저 렴	다소 비싸다.
용 도	외벽 창호 주변	유리끼우기, 싱크대, 욕조
액 형	주로 2액형	1액형
경 화 시 간	길 다.	짧 다.
접 착 력	다소 신빙성 적다.	우수하다.
추 종 성	다소 적다.	우수하다.
하 자 발 생	비교적 많다.	적 다.
시 공 성	약간 불편하다.	좋 다.
내 구 성	다소 저하된다.	우수하다.
색 상	단순(회색·밤색)	다양하다.
피착면 오염	크 다.	적 다.

Ⅴ. 시공관리

1) 시공계획

① 시공계획서 및 시공도 작성·검토
② 소정의 품질 확보를 위해 수시로 확인

2) 사용재료, 시공기기의 보관

① 소방법 및 산업안전보건법 등 법규에 따름.
② 비·이슬이나 직사광선·동결 안 되게 보관
③ 항상 사용할 수 있는 상태로 유지

3) 작업환경

① 풍·우·설시에는 시공 안 함.
② 고온 또는 저온시 시공에 주의

4) 충전 후의 검사

육안·손 등으로 접착성 및 경화상태 검사

5) Bond breaker

① 줄눈 깊이가 얕을 때에는 back-up 재료 삽입이 불가능하며, 3면 접착이 된다.
② 3면 접착시 seal재에 파괴가 발생하므로 2면만 접착하도록 bond tape를 붙여야 한다.

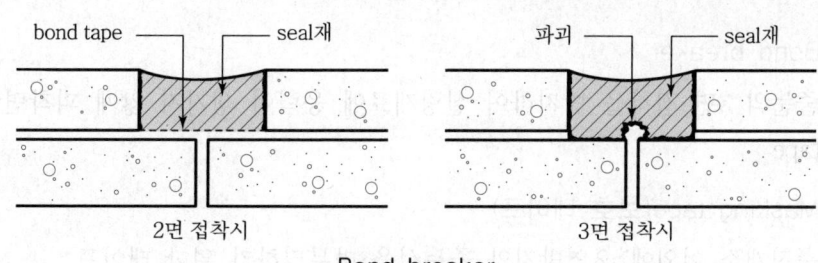

Bond breaker

Ⅵ. 재 료

1) 코킹재료

① 유성코킹재

㉮ 기름을 주성분으로 하는 충전재

㉯ 1액형 또는 2액형

② 기제(基劑)

2액형 주성분을 포함

③ 경화제

2액형의 기제에 섞어 경화작용

2) 실런트

① Joint나 움직임이 있는 줄눈에 채우고, 접착성, 기밀성 있는 비성형 재료

② 치오콜을 많이 사용

3) 프라이머(primer)

피착체와 sealing재의 부착성을 증가시키기 위해 사전에 피착체 표면에 도포하는 바탕처리 재료

4) Back - up재(뒤채움재)

줄눈 형상을 유지하고 3면 접착방지 위해 줄눈 바닥에 삽입하는 성형재료

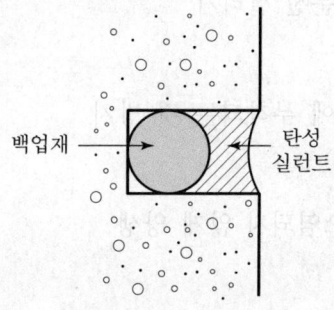

백업(back - up)재 사용

5) Bond breaker

줄눈의 3면 접착을 방지하여 실링재료에 응력이 생기지 않게 피착면에 붙이는 tape

6) Masking tape(보호 테이프)

충전개소 이외에 오염방지와 줄눈선을 마무리하기 위한 테이프

7) 양생 테이프

마스킹 테이프 및 실링재료의 손상·오염 등을 방지하기 위한 테이프

Ⅶ. 시 공

1. 시공순서

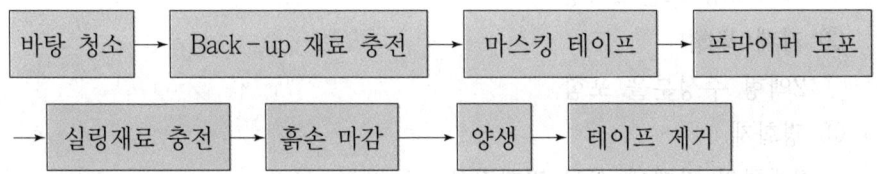

2. 시공 시 품질관리

1) 표면건조
   ① 바탕면 청소 후 표면은 완전 건조
   ② 충전 전에 습기·먼지 제거

2) Back-up 재료 충전
   ① 3면 전단 발생 방지
   ② Bond breaker용 tape 설치

3) 마스킹 테이프 정밀부착

   주변 오염 방지 및 줄눈선 살리기

4) 프라이머 도포

   비산되거나 접합부 외에 부착되는 것 방지

5) 실링재료 충전

   경화될 때까지 표면 오염되지 않게 양생

6) 흙손 마감

   마무리면은 평탄하게 하고 마무리 후 보양 필요

7) 테이프 제거

표면 경화 후 테이프 제거

8) 하자 방지

① 응집파괴

② 접착파괴

③ 오 염

Ⅷ. 결 론

① Sealing 방수는 접합되는 재질과 장소에 따라 적합한 설계가 중요하고, 전 작업과정에서 철저한 품질관리가 이루어져야 한다.

② 현재의 실링재료보다 완벽한 제품의 생산을 위해서 joint의 변화에 충분한 신축성을 가지고 박리와 파단사고가 적은 재료의 연구 개발이 필요하다.

<table>
<tr><td>문제
9</td><td>복합방수</td></tr>
</table>

● [05후(10), 09중(25), 10중(10)]

I. 개 요

① 복합방수공법은 방수성능의 향상을 위하여 2가지 이상의 방수재료를 사용하여 방수층을 형성하는 공법이다.

② 주로 sheet 재료와 도막재를 복합적으로 사용하여 단일 방수재료의 취약점을 상호 보완하는 공법이 신기술로 개발되고 있다.

II. 복합방수의 개념도

```
┌──────────────┐
│  Sheet 방수   │
└──────────────┘
   ⊕    · Sheet 상호간 접착력에 의해 방수 품질 좌우
        · 바탕면 균열발생시 접합부 겹침 시공으로 인한 방수층 파단현상 발생
┌──────────────┐
│   도막방수    │
└──────────────┘
   ↓    · 바탕면 상태에 따라 품질 좌우
        · 바탕면 수분 증발에 의한 수증기압으로 들뜸현상 발생
┌──────────────────┐
│ Sheet·도막 복합 방수 │
└──────────────────┘
        · Sheet와 도막의 장점을 취한 복합방수
        · 하부는 sheet, 상부는 도막방수 시공
        · 바탕면의 균열 및 수증기압으로부터 방수층 보호
```

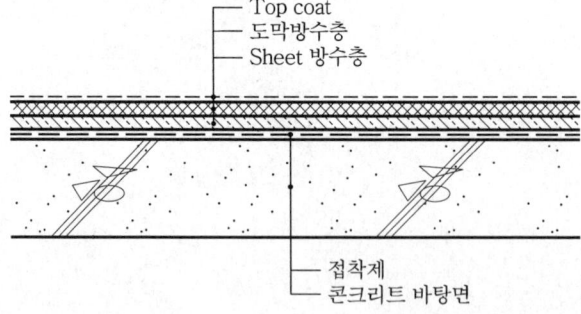

III. 특 징

① 부착성능 우수

② 콘크리트 바탕과 방수층과의 절연성 우수

③ 바탕면의 수분에 의한 하자(부풀음, 접착성 저하) 미발생

④ 구조체의 내구성 향상

⑤ Top coat재의 시공으로 방수층의 내후성 및 내구성 향상

Ⅳ. 재료별 종류

1) 도막방수+하층 깔기 시트 접착공법

도막두께 불균일 및 무브먼트(Movement) 개선

2) 도막방수+하층 깔기 시트 기계 고정공법

시트. 도막 방수공법과 같은 공법으로 하층 깔기 시트를 기계적으로 고정

3) 도막방수+합성 섬유매트 접착공법

내거동성 개선

4) 적층중후형 아스팔트 상온공법

도막재료와 부직포를 심재로 하여 그 양면에 아스팔트 루핑을 복수 상호 적층하는 공법

5) 무기·유기혼합형 도막방수

방수 바탕재 습윤상태 영향 방지

6) 시멘트액체계 복합방수공법

염화칼슘, 규산나트륨, 지방산, 금속 비누계 등의 방수제를 콘크리트 표면 도포 후 방수제와 모르타르를 번갈아 바르는 공법

Ⅴ. 시공 시 유의사항

1) 준비

① 방수의 종류 및 수량 확인

② 방수공법의 적합성 검토

③ 방수공사의 기능 및 실적 검토

2) 시공도 및 시방서

① 설계도서(특기시방서 포함)의 확인

② 각 부위별 시공도의 작성

3) 공정표 작성

준비·보양·시험 등을 포함

4) 시공 계획

① 시공 계획 순서

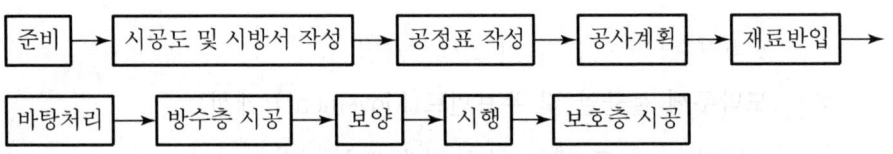

② 설비공사·마감공사와 관련성의 검토
③ 가설공사

재료 저장 및 반·출입, 비계작업 여부, 가설통로 설치 및 보양, 환기·소화
설비, 조명·동력·배수계획 등

5) 재료 반입

① 소정 재료 반입 유무 확인
② 보관방법의 타당성 확인
③ 품질보증서 확인

6) 시공 직전의 점검

① 바탕건조 및 청소상태
② 기상 조건
③ 소화용 설비의 준비

VI. 결론

방수 system에 필요한 성능과 시공 및 보수의 용이성을 충족시키기 위해서는
새로운 방수 재료의 개발과 복합방수기법의 연구가 지속되어야 한다.

永生의 길잡이 — 여덟

■ 예수 그리스도는 누구십니까?

우리의 구주(救主)가 되시며(마태복음 1 : 21), 살
아계신 하나님의 아들이십니다.(마태복음 16 : 16)

예수님은 유대땅 베들레헴 말구유에서 태어나셨습
니다. 30년 동안은 가정에서 가사를 돕는 일을 하
셨고, 마지막 3년은 구속사업(救贖事業)을 완성하
셨습니다.

예수님은 우리의 죄를 대신 짊어지고 십자가에 못
박혀 죽으셨습니다.(마태복음 27 : 35)

예수님은 장사 지낸 후 3일 만에 다시 살아나셔서
40일 동안 10여 차례에 걸쳐 제자들에게 나타나 보
이셨다가 하늘로 올라가셨습니다.(사도행전 1 : 11)

우리는 예수 그리스도를 믿음으로만 구원을 받을
수 있습니다.(사도행전 4 : 12)

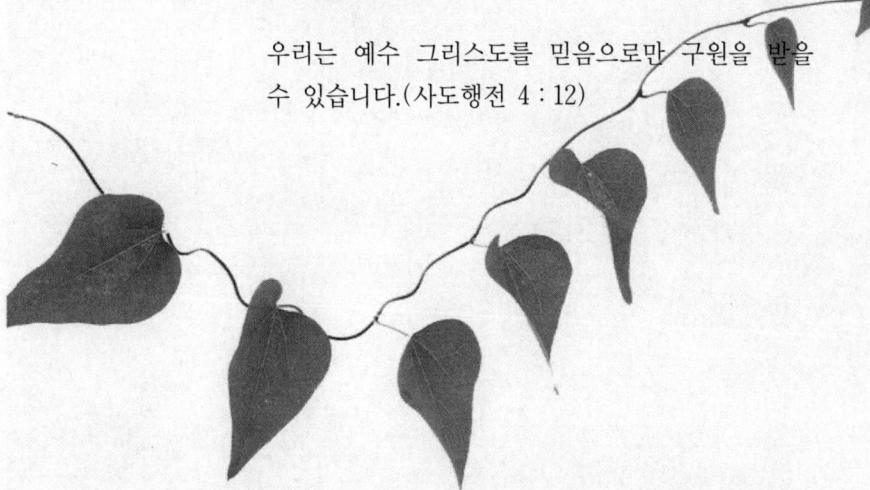

chapter

8장 | 마감 및 기타

5절 목·유리·내장 공사

1. 목공사 ·· 1028
2. 창호공사(강재창호와 알루미늄창호) ················· 1035
3. 유리의 종류 및 특성 ······································ 1039
4. 유리의 설치공법 ··· 1042
5. 합성수지(플라스틱) ·· 1048
6. 내장재의 종류 및 개발방향 ···························· 1051

목·유리·내장 공사 기출문제

1	1. 목구조의 이음과 맞춤 공법에 대하여 각각 5가지씩을 설명하여라. [82후, 30점] 2. 목재(木材)에 칠하는 방부제의 대표적인 것 한 가지는? [94후, 5점] 3. 생목(生木)이 건조하여 수분(水分)이 30%로 될 때를 무엇이라 하는가? [94후, 5점] 4. 목재 함수율 [98중후, 20점] 5. 목재의 품질검사 항목 [98후, 20점] 6. 목재의 방부처리 [02전, 10점] 7. 목공사에 있어서 목구조 접합의 이음, 맞춤, 쪽매에 대하여 기술하시오. [03후, 25점] 8. 목재 방부제 종류 및 방부처리법에 대하여 기술하시오. [04후, 25점] 9. 수장용 목재의 적정 함수율 [06전, 10점] 10. 목재건조의 목적 및 방법 [06중, 10점] 11. 목재의 함수율 [07중, 10점] 12. 목재의 함수율과 흡수율 [10전, 10점] 13. 건축용 목재의 내구성에 영향을 주는 요인과 내구성 증진방안에 대하여 설명하시오. [12전, 25점] 14. 목재의 함수율 [14중, 10점] 15. 목재의 방부법 [18중, 10점] 16. 목재의 방부처리에 대하여 설명하시오. [18후, 25점] 17. 수목(樹木) 자재 검수 시 고려사항과 수목의 종류에 따른 검수요령에 대하여 설명하시오. [18후, 25점] 18. PB(Particle Board) [17전, 10점]
2	19. 창호의 성능 평가방법 [98후, 20점] 20. 강제 창호의 외주 관리 시 유의사항과 현장 설치 공법에 대하여 설명하시오. [99후, 30점] 21. 강제 창호의 현장설치방법에 대하여 설명하시오. [04후, 25점] 22. 건축 창호공사에서 창호재의 요구성능, 하자유형 및 유의사항에 대하여 설명하시오. [14중, 25점] 23. 건설현장에서 시공하는 AL(Aluminium) 단열창호의 요구성능, 설치 전 확인사항 및 부식방지 대책에 대하여 설명하시오. [16후, 25점] 24. 창호의 지지개폐철물 [18후, 10점] 25. 창호공사의 Hardware Schedule [21전, 10점]
기출	26. 공동주택 확장형 발코니 새시(Sash)의 누수원인 및 방지대책에 대하여 설명하시오. [11후, 25점] 27. 공동주택의 발코니 확장공사에 따른 문제점 및 개선방안을 설명하시오. [12중, 25점] 28. 목재의 내화공법 [08전, 25점]
3	29. 건축용 유리의 종류를 열거하고, 각각의 특성과 용도를 간단히 설명하여라. [84, 25점] 30. 유리공사의 종류별 특징 및 시공 시 유의사항에 대하여 기술하시오. [04중, 25점] 31. 로이유리(Low-Emissivity Glass) [06전, 10점] 32. 열선 반사유리(Solar Reflective Glass) [09중, 10점] 33. Pair Glass(복층유리) [10중, 10점] 34. 접합유리 [12중, 10점] 35. 유리공사 중 복층유리 구성재료, 품질기준 및 가공 시 단계별 유의사항을 설명하시오. [13중, 25점]

목·유리·내장 공사 기출문제

3	36. 진공복층유리(Vaccum Pair Glass) [14중, 10점] 37. 유리공사에서 로이유리(Low-Emissivity Glass)의 코팅 방법별 특징과 적용성에 대하여 설명하시오. [16중, 25점] 38. 유리공사에서 로이유리(Low-Emissivity Glass)의 코팅 방법별 특징 및 적용성에 대하여 설명하시오. [19중, 25점]
4	39. 건축공사에서 유리공사의 시공방법의 종류와 유의할 사항에 대하여 기술하시오. [97전, 30점] 40. 유리공사에서 SSG(Structural Sealant Glazing System) 공법과 DPG(Dot Point Glazing System) 공법 [05후, 10점] 41. 공동주택 발코니 확장에 따른 창호공사의 요구성능 및 유의사항을 기술하시오. [07전, 25점] 42. S.P.G.(Structural Point Glazing)공법 [07후, 10점] 43. S.S.G.S(Structural Sealant Glazing System)의 설계 및 시공 시 유의사항에 대하여 설명하시오. [11중, 25점] 44. SSG(Structural Sealant Glazing)공법 [19중, 10점]
기 출	45. 초고층 건물에서 유리의 열에 의한 깨짐현상의 요인과 방지대책에 대하여 기술하시오. [03전, 25점] 46. 외장유리의 열파손 원인과 방지대책에 대하여 설명하시오. [15중, 25점] 47. 유리의 구성재료와 제조법에 대하여 설명하시오. [16후, 25점]
용 어	48. 유리의 열파손 [07중, 10점], [17후, 10점] 49. 유리 열파손(熱破損) 방지대책 [10후, 10점] 50. 유리 열파손 [21중, 10점] 51. 유리의 자파(自波)현상 [11후, 10점] 52. 유리의 영상현상 [14후, 10점] 53. 유리공사에서 Sealing 작업 시 Bite [15후, 10점] 54. 배강도유리 [17전, 10점] 55. 배강도유리 [21후, 10점]
5	56. 합성수지재의 재료 특성에 대하여 기술하여라. [86, 25점] 57. 플라스틱류(類) 건설재료의 특징과 현장적용 시 고려사항을 기술하시오. [04전, 25점]
6	58. 사무실 건물 내부 바닥마감재 5종을 열거하고, 그 시공법과 특성을 기술하여라. [78후, 25점] 59. 우리나라의 건축에서 내장재의 현황과 바람직한 개발방향에 대하여 설명하여라. [89, 25점] 60. 목공사의 마감부분(수장) 공사에서 유의할 점을 열거하여 설명하여라. [90후, 30점] 61. Access Floor [00전, 10점] 62. 이중 천장공사에서의 고려 사항 [00후, 25점] 63. 천장재의 재질과 요구 성능에 대하여 기술하시오. [01전, 25점] 64. 사무실 건축의 천장공사에 대하여 시공도면작성 방법과 시공순서 및 유의사항을 기술하시오. [02후, 25점] 65. 온돌 마루판 공사의 시공순서 및 시공 시 유의사항에 대하여 설명하시오. [09후, 25점]

6	66. 건축물의 바닥, 벽, 천장 마감재에서 요구되는 성능에 대하여 구분하여 설명하시오. [11전, 25점]
	67. 공동주택 거실 온돌마루판의 하자유형을 발생원인별로 분류하고, 솟아오름(팽창박리) 현상의 원인을 설명하시오. [14전, 25점]
기출	68. 공동주택 주방가구 설치공사에 따른 공종별 사전협의사항과 시공 시 유의사항에 대하여 설명하시오. [13전, 25점]
	69. 건축물의 층고가 높고 천장내부깊이가 큰 천장공사에서 경량철골천장틀의 시공순서와 방법, 개구부(등기구, 점검구, 환기구)보강 및 천장판 부착에 대하여 설명하시오. [14전, 25점]
	70. 공동주택공사 시 도배공사 착수 전 준비사항과 도배하자의 종류 및 대책에 대하여 설명하시오. [15전, 25점]
	71. 공동주택 공사현장의 도배공사에서 정배지 시공 시 유의사항에 대하여 설명하시오. [15후, 25점]
	72. 경량철골 바탕 칸막이 벽체(건식경량) 설치 공법의 특징과 시공 시 고려사항 및 시공순서에 대하여 설명하시오. [16중, 25점]
	73. 압출성형 경량콘크리트 패널의 시공방법 및 시공 시 유의사항에 대하여 설명하시오. [17전, 25점]
	74. 공동주택 마감공사에서 주방가구 설치공정과 설치 시 주의사항에 대하여 설명하시오. [18전, 25점]
	75. 주방가구 상부장 추락 안정성 시험 [20전, 10점]
	76. 건축물 마감재료의 난연성능 시험항목 및 기준에 대하여 설명하시오. [18전, 25점]
용어	77. F.R.P(Fiber Reinforced Plastics) [80, 5점]
	78. Joiner [92후, 8점]
	79. 드라이 월 칸막이(Dry Wall Partition)의 구성요소 [09전, 10점]
	80. 방화문 구조 및 부착 창호철물 [10후, 10점]
	81. 갑종방화문 시공상세도(Shop Drawing)에 표기할 사항 [17중, 10점]
	82. 공동주택 세대욕실의 층상배관 [17후, 10점]
	83. 복층유리의 단열간봉 [18전, 10점]

문제 1	**목공사**

● [82후(30), 94후(5), 98중후(20), 98후(20), 02전(10), 03후(25), 04후(25), 06전(10), 06중(10), 07중(10), 10전(10), 12전(25), 14중(10), 17전(10), 18중(10), 18후(25)]

Ⅰ. 개 요

① 목구조는 일반적으로 큰 하중이 작용하지 않는 부위에 적용된다.
② 목구조 적용 시 적절한 접합방식의 적용과 목재의 철저한 품질관리가 필요하다.

Ⅱ. 접합의 종류

1) 이 음

① 재의 길이방향으로 두 재를 길게 접합한다.
② 위치에 따른 이음으로 심이음과 낸 이음이 있다.
③ 모양에 따른 이음으로 맞댄이음 등이 있다.

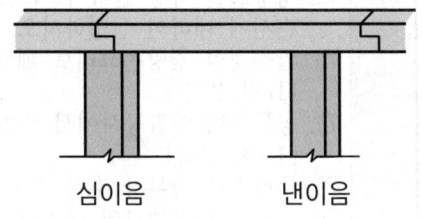

심이음   낸이음

2) 맞 춤

① 재와 재를 서로 직각으로 접합한다.
② 맞댄, 반턱, 걸침턱, 통넣기, 연귀, 주먹장 맞춤 등이 있다.

3) 쪽 매

① 재를 섬유방향과 평행으로 옆대어 붙이는 것이다.
② 맞댄, 반턱, 빗, 오니, 제혀, 딴혀 쪽매 등이 있다.

Ⅲ. 이음공법

1) 맞댄이음

① 재를 서로 맞대어 덧판(널 또는 철판)을 써서 볼트조임 또는 못치기로 한다.
② 특별히 강한 인장을 받는 것은 산지나 듀벨 등을 사용한다.

2) 빗이음

① 경사로 맞대어 잇는 방법이다.

② 서까래, 지붕널 등에 쓰인다.

3) 반턱이음

　① 재를 겹쳐 대고 못·볼트 또는 산지를 친 것

　② 두 재만으로 할 때에는 편심이 생겨 좋지 않음.

4) 주먹장이음

　① 가장 손쉽고 비교적 좋은 이음이며, 걸침턱 주먹장, 두겁주먹장, 내림주먹장 등이 있다.

　② 강력한 휨응력을 받는 곳은 사용할 수 없고 토대, 멍에, 도리 등에 쓰인다.

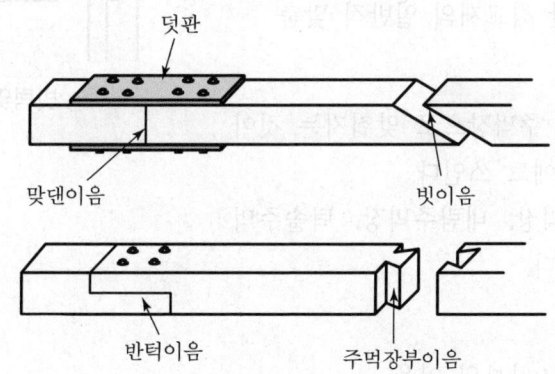

5) 메뚜기장이음

　① 주먹장보다 다소 인장에 유리하고, 토대, 멍에 등에 쓰인다.

　② 걸침턱 메뚜기장, 내림턱 메뚜기장이 있다.

6) 엇걸이이음

　① 튼튼한 이음으로 중요 가로재 이음에 사용한다.

　② 이음길이는 춤의 3~3.5배이다.

　③ 엇걸이 산지, 엇걸이 촉, 엇걸이 홈, 엇걸이 이음이 있다.

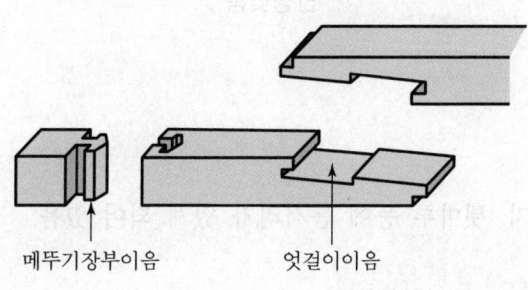

Ⅳ. 맞춤공법

1) 턱맞춤

한 재의 턱을 따내고 다른 재의 마구
리를 물려지게 하는 맞춤

2) 빗턱맞춤

한 재를 빗자르고 다른 재 중간을 경
사지게 파내고 물려지게 하는 맞춤

3) 반턱맞춤

가장 튼튼한 직교재의 일반적 맞춤

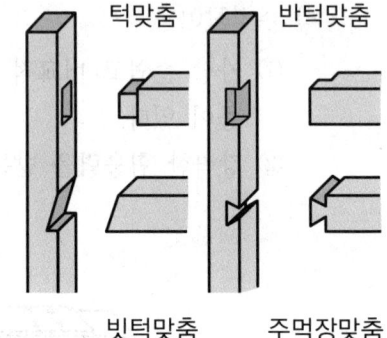

4) 주먹장맞춤

① 두 재가 주먹장으로 맞춰지는 것이
고 인장에도 쓰인다.
② 두겹주먹장, 내림주먹장, 턱솔주먹
장이 있다.

5) 안장맞춤

① 평보와 ㅅ자보의 이음.
② 작은 재를 두 갈래로 중간을 오려내고, 큰 재의 쌍구멍에 끼워 맞추는 맞춤

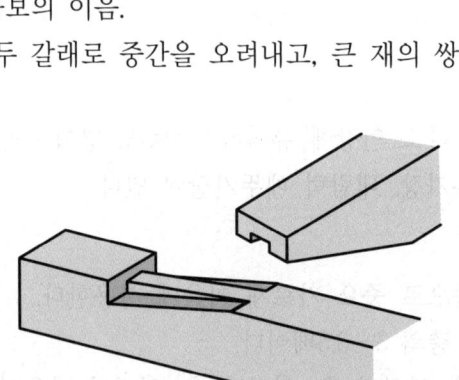

안장맞춤

Ⅴ. 쪽 매

1) 맞댄쪽매

경미한 널대기, 툇마루 등에 틈서리가 있게 되어 있음.

2) 빗쪽매

간단한 지붕, 반자널 쪽매에 사용

3) 반턱쪽매

15mm 미만 두께의 널의 세밀한 공작물에 사용

4) 오니쪽매

솔기를 살촉모양하여 흙막이 널말뚝에 사용

5) 제혀쪽매

① 널 한쪽에 홈을 파고 다른 쪽에 혀를 내어 물리는 방법
② 혀 위에서 빗 못질하여 진동있는 마루널에 사용

6) 딴혀쪽매

널의 양옆에 홈을 파서 혀를 딴쪽으로 끼워대고 홈 속에서 못질

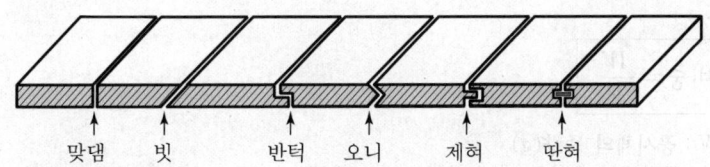

맞댐   빗   반턱   오니   제혀   딴혀

Ⅵ. 접합 주의사항

① 국부적 큰 응력이 작용하지 않도록 한다.
② 이음맞춤의 위치는 응력이 적은 곳에 둔다.
③ 각 부재는 약한 단면이 없게 한다.
④ 응력의 종류와 크기에 따라 적당한 방법을 선택한다.
⑤ 단순한 모양을 하고, 철물로 보강한다.

Ⅶ. 품질검사 항목

1) 외관검사

① 주문 치수와 반입 목재의 치수 확인
② 갈라짐·휨 등을 검사

2) 함수율

① 전 건재 중량에 대한 함수량의 백분율이다.
② 함수율이 약 30%일 때를 섬유 포화점이라 한다.

③ 섬유 포화점 이하가 되면 강도가 급속도로 증가한다.

④ 수장재 목재의 적정 함수율

수장재 목재 분류		적정 함수율
수장재	A종	18% 이하
	B종	20% 이하
	C종	24% 이하

3) 목재의 흠

① 옹이 : 나뭇가지의 밑동이 남은 것

② 갈램 : 건조 수축에 의해 발생

③ 썩음 : 목재가 썩은 것

④ 혹 : 섬유가 집중되어 볼록한 부분

⑤ 죽 · 껍질박이 · 송진구멍 · 엇 결 등이 있다.

4) 비중

① $$비중 = \frac{W}{V}$$

W : 공시체의 중량(g)
V : 공시체의 용량(cm³)

② 함수율에 따라 차이가 있다.

5) 수축률

① 목재의 균열 · 비틀림 측정에 사용된다.

② 목재의 수축변화는 함수율 변화에 기인된다.

6) 흡수율

① 목재는 유기 재료인 다공질 재료이므로 흡수율이 높다.

② $$흡수율(\%) = \frac{흡수\ 후\ 체적 - 흡수\ 전\ 체적}{흡수\ 전\ 체적} \times 100(\%)$$

7) 압축강도

① 목재의 강도 및 물리적 성질과 목재의 흠 판정

② $$압축강도 = \frac{P}{A}\,(MPa)$$

P : 최대하중
A : 단면적

8) 마모시험

① 마모저항은 비중에 비례한다.

② 마모저항은 침엽수가 크다.

Ⅷ. 목재 방부처리

1. 방부제의 종류

1) 유성(油性)

① Creosote

② Coaltar

③ Asphalt

④ 유성 paint

2) 수용성(水溶性)

① 황산염용액(1%)

② 염화아연용액(4%)

③ 염화제2수은용액(1%)

④ 불화소다용액(2%)

2. 방부처리법

1) 도포법(塗布法)

목재를 충분히 건조시킨 다음 솔 등으로 방부제를 도포하는 방법

2) 주입법(注入法)

① 상압주입법(常壓注入法)

방부제 용액 중에 목재를 침지

② 가압주입법(加壓注入法)

압력용기 속에 목재를 넣어 7~12기압의 고압하에서 방부제를 주입

3) 침지법(浸漬法)

방부제 용액 중에 목재를 몇 시간 또는 며칠 동안 침지하는 방법

4) 표면탄화법

목재의 표면을 두께 3~10mm 정도 태워서 탄화시키는 방법

5) 생리주입법

벌목 전 나무뿌리에 약액을 주입하여 수간(樹幹)에 이행시키는 방법

IX. 결 론

① 목재의 접합방법에는 여러 가지가 있으나, 응력의 종류와 크기에 따라 적당한 것을 선택해야 한다.
② 목재의 적극적인 활용을 위해 접합의 개발 및 목재 자체의 철저한 품질관리가 필요하다.

<table>
<tr><td>문제
2</td><td>창호공사(강재창호와 알루미늄창호)</td></tr>
</table>

● [98후(20), 99후(30), 04후(25), 14중(25), 16후(25), 18후(10), 21전(10)]

Ⅰ. 개 요

① 강재창호는 공장에서 제작하여 현장에서는 조립설치만 하므로 설치 시기에 합격품만 현장반입하여 조립한다.

② 창호는 건축물에 있어서 가동부분으로 건축물 성능에 직접 영향을 주므로 적정한 재료, 구조 및 시공의 충분한 배려가 있어야 하며, 현장설치공법에는 나중세우기와 먼저세우기 공법이 있으나 보통 나중세우기를 한다.

Ⅱ. 강재창호

1. 제작순서

1) 원척도

창호의 원척도는 창호 제작의 기본이 되는 것으로 치수, 형상, 기능, 관련 공사와의 마무리 등을 검토하여 작성한다.

2) 신장 녹떨기

새시바는 뒤틀림, 휨, 기타 밀 스케일(mill scale) 등이 있으므로, 상온에서 신장기(stretcher)에 실어 항복점을 넘지 않는 범위 내에서 신장 녹떨기를 한다.

3) 변형 바로잡기

레벨러(leveler)에 걸어 수정하고, 절단된 새시 울거미도 필요한 것은 수정한다. 단, 같은 강판, 고급 검정 철판의 변형은 바로잡을 필요가 없다.

4) 금긋기

공작도에 따라 재의 절단부, 이음부, 맞춤부 등의 위치를 정확히 표시한다.

5) 절 단

새시바는 압축기(power press)에 의해 적당한 맞춤새형의 철(凸)형과 요(凹)형 다이스를 대고 압력을 가하여 쌍방 다이스를 급강하시켜 절단한다. 강판 등은 전단기(sheaving machine)로 절단한다.

6) 구부리기

형상은 정확히 압축기로 프레스하여 접어 구부린다.

7) 조 립

부재의 조립은 형상·치수를 정확히 에어 해머(air hammer)로 장부 조여치기를 하고, 요소에 용접한다. 용접에 의한 변형은 대각선의 순서로 하면 변형이 균등히 분포되어 뒤틀리지 않게 된다.

8) 용 접

용접은 용접부의 강도가 필요하므로 감추임부의 용접은 살두께가 충분하고 각부는 균등히 되어야 한다. 보임부의 용접은 강도와 외관이 동시에 필요하므로 이음, 맞춤새는 잘 맞게 하고 그라인더로 갈아 얼룩이 없게 하여야 한다.

9) 마무리

녹막이칠 등 마무리 도장을 한다.

2. 현장설치

1) 시공자 지정

① 강제창호의 설치시공은 원칙적으로 제작자가 한다.
② 설계도, 창호표를 기준으로 전문업자에게 공작도를 제출케 하여 내용을 검토한 후 승인한다.

2) 설 치

① 창문 설치는 철물·부속품·작동장치 등을 고려하여 설치한다.
② 창문은 힘을 가하여도 뒤틀리지 않도록 버팀대, 가새 등으로 보강한다.
③ 창틀은 지지구조에 견고하게 고정시킨다.
④ 금속 표면은 깨끗하게 청소하고 변색되었을 때는 복구시킨다.

3) 보양, 청소 및 보수

① 설치중이나 후에 오염, 손상의 우려가 있는 부분에는 보호재로 보양한다.
② 제품에 모르타르 등이 부착된 경우 녹막이 바탕에 손상되지 않게 제거한다.
③ 부품에 경미한 손상이 생긴 경우 현장에서 보수한다.

4) 설치시 주의사항

① 설치는 공정표 및 시공요령서에 따라 순서대로 한다.
② 부품의 설치 및 소운반은 부품 주변에 손상이 생기지 않도록 한다.

5) 검 사
① 제작자는 설치 완료한 제품에 대하여 자체 검사를 실시하고, 결과를 기록하여 보관한다.
② 검사 결과 불합격한 경우에는 수정하거나 교체한다.
③ 설치위치, 여닫음 상태, 뒤틀림, 휨, 기울기 등의 항목에 대하여 검사한다.

Ⅲ. 알루미늄창호

1. 알루미늄 새시 특징

1) 장 점
① 경량이고, 미관이 좋다.
② 구조가 선명하고, 기밀한 가공이 가능하다.

2) 단 점
① 스틸 새시보다 강도가 약하다.
② 녹은 발생하지 않지만 이질재와의 접합에 약하다.
③ 강도가 비교적 약하므로 취급 시 주의해야 한다.

2. 제작순서

1) 제작자 지정
① 제작자는 창호표를 기준으로 공작도를 작성한다.
② 제작자는 원칙적으로 설치시공자가 된다.

2) 가 공
가공은 손상, 녹 등의 품질저하를 방지할 수 있는 작업조건에서 실시해야 한다.

3) 조 립
① 모서리는 나사나 철물을 사용하여 고정한다.
② 외부 문 및 창틀 주위에는 틈이 발생할 수 있으므로 신축성이 있는 실링재로 마무리한다.

4) 녹막이 처리
① 알루미늄 표면에 부식을 일으키는 염산·염분 등 화학성분과의 접촉은 피한다.
② 알루미늄재가 알칼리성 재료와 접하는 곳에는 내알칼리성 도장을 한다.

5) 보 양

공장 내에서의 조립으로 운반, 가공, 보관 등의 각 단계에서 손상, 오염 등을 방지하기 위해서 보양을 실시한다.

6) 운반저장

① 운반시는 파손이 안 되도록 주의하여 운반한다.

② 저장시는 세워서 저장하되 밑은 방습지를 깔고, 그 위에 팔레트를 설치하고, 재료가 파손되지 않게 쿠션 재료로 잘 감아 저장한다.

3. 창호 설치

1) 준 비

먹매김은 건물의 기준선을 기준한다.

2) 철근콘크리트조

① 창틀이 설치될 수 있는지 치수 확인 후 쐐기 등으로 가설치하고, 모르타르로 고정한다. 이때 모르타르가 굳은 후에는 반드시 나무쐐기는 제거해야 한다.

② 벽체가 조적조인 경우는 인방보, 창대 등을 미리 제작하여 조적공사 시 필히 설치하여야 한다.

③ 앵커 설치시는 미리 앵커체를 고정 매입하고, 창틀 설치 시 앵커에 고정 용접한다.

3) 철골조

철골조에서는 파스너방식에 의한 고정방식으로 한다.

4) A.L.C조

A.L.C 측에 창호를 고정하는 철물을 미리 부착한다.

Ⅳ. 결 론

① 창호공사는 재료상 철재와 aluminum으로 크게 나눌 수 있으나, 최근 합성수지 창호 제품이 많이 개발되어 보급되고 있는 추세이다.

② 목재 창호에 비하여 알루미늄 창호는 열전도율이 적고, 기밀성이 좋으며, 경제성 있는 제품으로서 장래에 외부 창호로 많이 사용될 전망이다.

| 문제 3 | 유리의 종류 및 특성 |

● [84(25), 04중(25), 06전(10), 09중(10), 10중(10), 12중(10), 13중(25), 14중(10), 16중(25), 19중(25)]

Ⅰ. 개 요

① 유리는 개구부 등에 끼워서 채광을 위한 기능적 역할을 담당하며, 특수유리는 제조기술의 발달과 대량생산으로 사용이 증가하는 추세에 있고 대형치수의 유리도 생산된다.

② 유리의 발달로 인하여 현대 건축물의 외형이 획기적으로 변화하여 다양하게 발전해 왔으며, 채광 목적 외에 건물의 외벽으로도 이용되는 현대 건축의 주요 재료 중 하나이다.

Ⅱ. 유리의 요구 성능

① 내풍압성
② 차수성과 배수성
③ 내진성
④ 내충격성
⑤ 방화·내화성
⑥ 차음성
⑦ 열깨짐방지성
⑧ 단열성
⑨ 일사열 차폐성

Ⅲ. 유리 선택시 유의사항

① 기포·줄·얼룩·혹·색·일그러진 면 등을 점검할 것
② 유리두께는 창의 유리면적과 높이에 따른 풍압에 의하여 결정하는 경우와 유리면적과 풍속에 의하여 결정하는 경우가 있음.
③ 열반사, 열흡수, 차음 등의 목적을 파악할 것
④ 2차 처리한 제품의 성능을 확인할 것

IV. 유리의 종류 및 특성

1) 보통유리
① 보통 일반 건축물에 사용되는 두께 2~3mm의 유리
② 기포 함유량에 의해 등급 결정

2) 후판유리
① 두께 6mm 이상인 유리이다.
② 유리물을 roller로 압축 통과시켜 만든다.

3) 강화유리(tempered glass)
① 강도가 보통판유리보다 3~5배 크다.
② 내충격성, 내압강도, 휨성이 크고, 내열성이 있어 200℃에서도 깨지지 않는다.
③ 파손시 파편에 의한 부상이 거의 없다.

4) 접합유리(laminated glass)
① 2장 또는 그 이상의 판유리를 합성수지로 겹붙여댄 것으로 파손이 되어도 비산하지 않은 안전유리이다.
② 두껍게 하여 방탄유리로 사용하기도 한다.

5) 복층유리(pair glass)
① 판과 판 사이를 6mm 정도 띠워 두 장의 유리를 납살로 누르고, 사이에 건조공기를 밀봉하여 만든 것이다.
② 보온 · 방음 · 단열용으로 사용한다.
③ 진공유리와 low−e 유리를 이용한 진공복층유리도 단열에 효과적

6) 열반사유리
① 유리에 금속코팅하여 가시광선을 차단한다.
② 외장재로 사용하며, 여름에 효과적이다.

7) 로이(Low−emissivity glass)유리
① 일반 유리 내부에 적외선 반사율이 높은 특수 금속막을 Coating시킨 유리
② 건축물의 단열성능을 높이는 유리

8) 열흡수유리
① 유리에 산화철, 코발트, 니켈을 첨가하여 열선을 흡수한다.
② 태양복사 에너지 흡수 및 가시광선을 부드럽게 한다.
③ 겨울에 효과적이다.

9) 망입유리(wire glass)

   ① 유리판 중간에 금속망을 넣은 것

   ② 방범용, 방화용, 기타 파손시 산란방지에 사용

10) Glass block

   ① 투명유리로서 상자형으로 만들어 내부공기가 감압되어 열전도율이 적다.

   ② 채광과 의장을 겸한 구조용 유리블록이다.

11) 무늬유리

   ① 유리의 한쪽 면에 요철을 넣어 만든 눈가림용으로 확산광선을 얻음.

   ② Privacy 보호 목적

12) 착색유리

   ① 유리제조시에 각종 착색제를 넣어 만든 판유리

   ② Stained glass가 대표적인 착색유리이다.

V. 결 론

   ① 건축물에서 유리는 채광, 일사, 차열, 흡음 등의 목적으로 하는 중요한 건축 재료이다.

   ② 유리는 건축공사에서 없어서는 안 될 중요한 마감재료로서 앞으로도 지속 적인 연구 개발을 통하여 초경량 고탄성체로 발전시켜 나가야 한다.

문제 4	유리의 설치공법

● [97전(30), 05후(10), 07전(25), 07후(10), 11중(25), 19중(10)]

Ⅰ. 개 요

① 유리는 두께차가 작고, 변형 기포 등이 없는 것을 사용하며, 조각유리가 생기지 않도록 판의 치수를 선정해야 경제적이다.

② 유리는 절단 가공하기 전에 유리에 붙은 종이, 기름, 먼지 등을 완전히 청소한다.

Ⅱ. 공법 선정

① 두께결정은 창의 유리면적과 높이에 따른 풍압에 의해 결정

② 두께결정은 유리면적과 풍속에 의하여 결정

③ 기포 등 결함검사

④ 유리의 사용 목적에 맞는 종류 선택

⑤ 2차 처리시 제품 성능 확인할 것

Ⅲ. 설치공법 분류

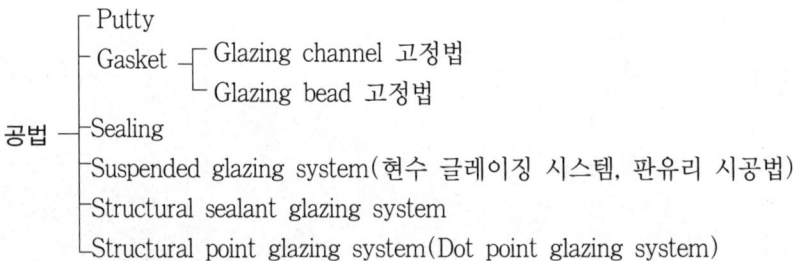

공법
- Putty
- Gasket
  - Glazing channel 고정법
  - Glazing bead 고정법
- Sealing
- Suspended glazing system(현수 글레이징 시스템, 판유리 시공법)
- Structural sealant glazing system
- Structural point glazing system(Dot point glazing system)

Ⅳ. 공법별 특징

1. Putty

① 일반적으로 창호의 내부에서 유리를 끼우고, 유리를 바꾸어 끼우기 위해서나 도난관계로 안 퍼티 대기를 한다.

② Putty 고정법

㉮ 나무퍼티를 사용할 때는 깔퍼티 생략하고, 직접 나무퍼티를 퍼티못으로 박는다.

㉯ 반죽퍼티는 철제 창호에 철사 클립(wire clip)을 스틸 새시 클 립구멍에 끼워 고정한 다음에 퍼티를 바른다.

㉰ 깔퍼티는 풍우 침입을 막고, 퍼 티 탈락을 막으며, 창문 진동에 유리가 파손되는 것을 막는다.

㉱ 유리면에 60℃ 경사지게 바름주 걱으로 미끈하게 마무리한다.

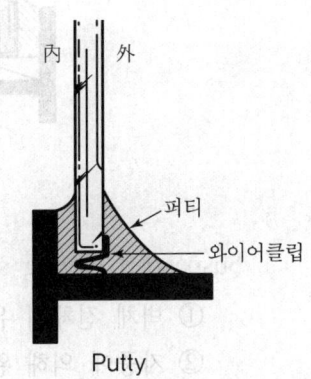

Putty

2. Gasket

① 고무나 합성수지 제품으로 sash의 유리홈에 끼워 고정한다.

② 나무퍼티나 반죽퍼티 대신에 사용한다.

③ 지퍼(zipper)는 개스킷을 꽉 죄는 쪽을 말한다.

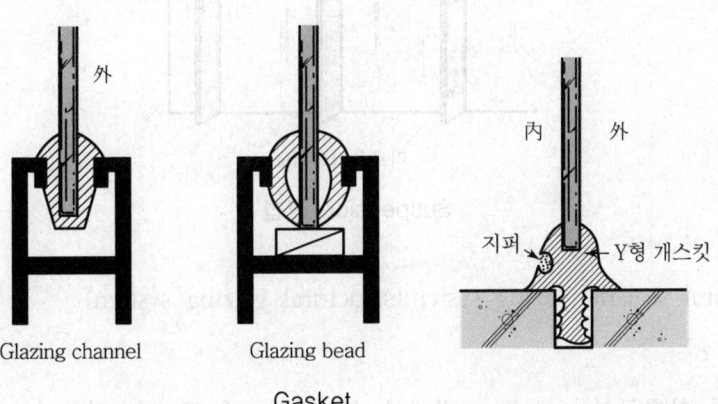

Glazing channel   Glazing bead

Gasket

3. Sealing

① Setting block으로 유리를 고정하고, 양쪽에서 sealing하는 방법

② 유리 끼우기 위한 clearance를 적당히 하는 것이 중요하다.

③ Thiokol이 sealing재로 주로 쓰인다.

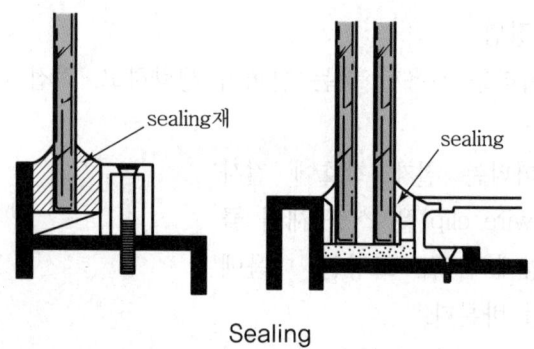

Sealing

4. Suspended glazing system(suspension 공법)

① 벽체 전체에 유리를 매달아 설치하여 개방감을 주고자 할 때 사용한다.

② 자중에 의해 완전한 평면이 되어 광학적 성능을 저해하지 않는다.

③ 유리 내부에 응력이 발생하지 않고, 굴곡이 없다.

④ 종래보다 두껍고, 대형의 유리를 사용한다.

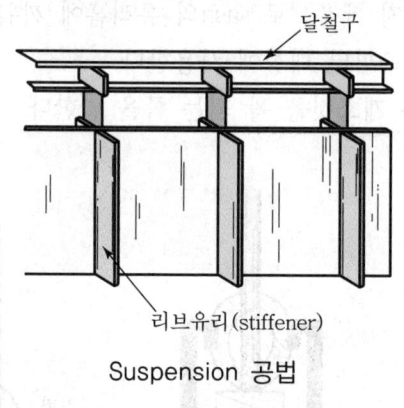

Suspension 공법

5. Structural sealant glazing system(structural glazing system)

1) 정 의

외벽 창호공사 curtain wall에서 AL frame에 구조용 접착제를 사용하여 유리를 고정하는 방법이다.

2) 특 징

① Structural sealant에는 내력이 요구된다.

② 외벽의 평활성이 있어야 한다.

③ 열선 반사형 유리를 사용할 경우 미려한 외관이 표현된다.

3) 시스템 분류

  ① Glass mullion system

  ② Metal mullion system

    ㉮ 2변 SG system

    ㉯ 4변 SG system

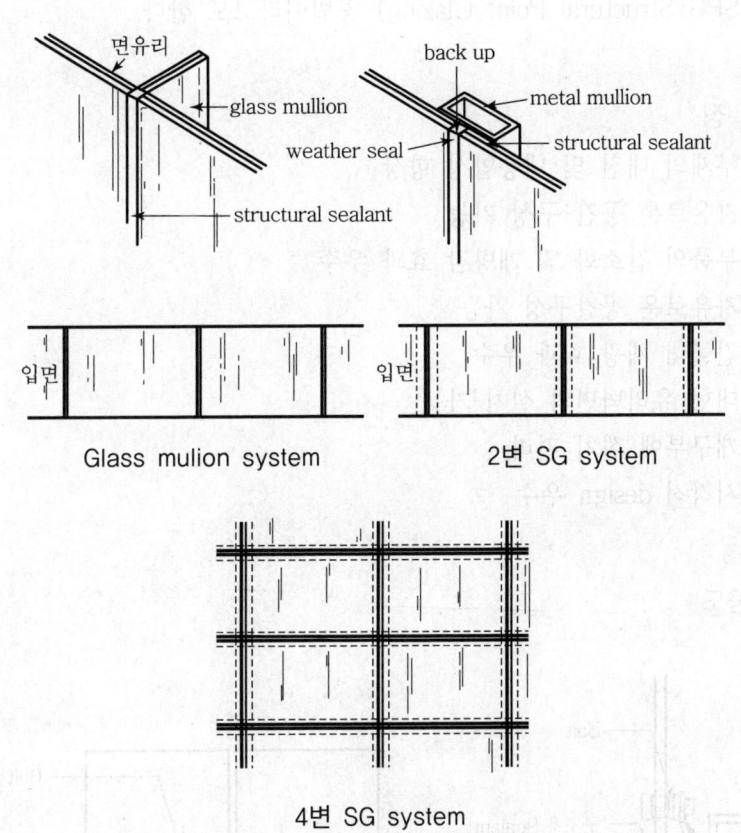

Glass mulion system   2변 SG system

4변 SG system

4) Joint 설계 시 유의사항

  ① Curtain wall과 동일하게 내풍압 설계

  ② 충분한 접착폭과 두께 산정

  ③ 층간변위에 의한 추종성

  ④ 온도 변화에 따른 movement

  ⑤ 접착제의 내구성, 수밀성, 접착성

6. Structural point glazing system(Dot point glazing system)

  1) 정 의

    ① 유리 curtain wall 시공 시 유리설치를 위한 framed 없이 강화유리판에 구멍을
      뚫어 특수 시스템볼트를 사용하여 유리를 점 지지형태로 고정하는 공법으로
      대형 유리설치 시 많이 사용한다.

    ② SPG(Structural Point Glazing) 공법이라고도 한다.

  2) 특 징

    ① 부재의 내진 및 내풍압성 향상

    ② 자유로운 공간 구성 가능

    ③ 부품의 간소화 및 개방감 효과 우수

    ④ 자유로운 공간구성 가능

    ⑤ 건물내 채광 효과 우수

    ⑥ 대형 유리벽면의 설치 가능

    ⑦ 개구부에 설치 편리

    ⑧ 시각적 design 우수

  3) 시공도

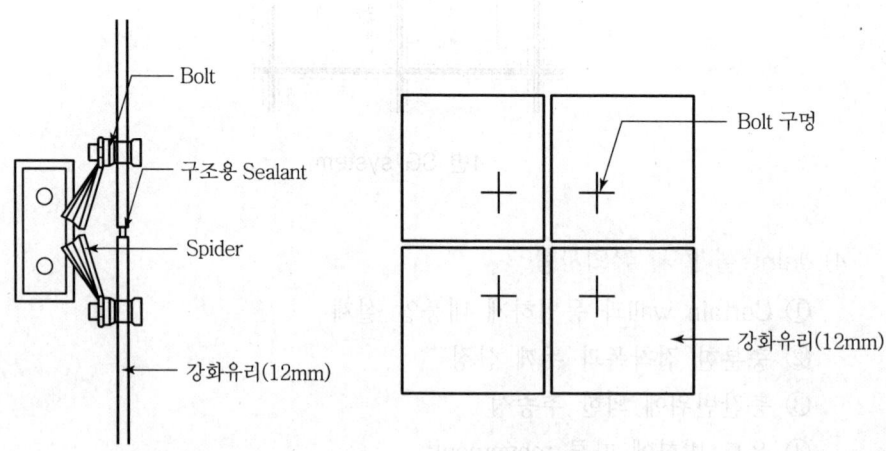

4) 종 류

① Angle형　　　　　② X형　　　　　③ H형

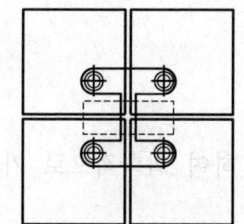　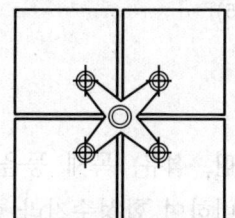　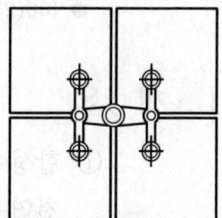

V. 보양 및 청소

① 유리 파손에 특히 주의한다.
② 공사 중 끼운 유리도 완성 때까지 파손이 생기므로 보양한다.
③ 큰 유리면은 호분으로 표시한다.
④ 유리회사의 종이는 젖지 않게 하고 실내쪽에 붙인다.

VI. 결 론

① 최근 건축물이 대형화·고급화되면서 유리 사용이 증가하는 추세이므로 현
　장에서 더욱 용이한 작업이 될 수 있는 공법의 개발 필요하다.
② 유리는 시공하기 전후에 걸쳐 보양에 주의하여 sealant가 오염되거나 파손
　되지 않게 하고, 고층에는 풍하중을 고려한 유리두께 및 고정방법이 선정되
　어야 한다.

문제 5	합성수지(플라스틱)

● [86(25), 04전(25)]

I. 개 요

① 합성수지란 석탄, 석유, 목재 등을 원료로 하여 화학적으로 가공한 것으로 천연수지에 대비하여 합성수지라 한다.

② 수지는 열경화성과 열가소성으로 분류되고, 건축에서는 주로 열경화성 수지가 많이 사용된다.

II. 장단점

1) 장 점

① 강도에 비해 비중이 작다.

② 일반적으로 투광성이 양호하다.

③ 내수성, 내투습성이 크다.

④ 착색이 자유롭고, 높은 투영성이 있다.

⑤ 접착성, 내약품성이 우수하다.

2) 단 점

① 강도 및 탄성계수가 작다.

② 내구, 내열성이 약하다.

③ 열에 대한 변형이 발생한다.

④ 팽창수축이 크다.

⑤ 내마모성과 표면 경도가 약하다.

III. 종류별 특징

1) 열가소성 수지

① 보통 무색투명하며, 열에 의해 유연하게 되며, 냉각하면 다시 원상태로 고체가 된다.

② 용제에 녹기도 하여 구조재로 사용하기보다는 마감재로 많이 쓴다.

수지의 종류	특 징	용 도
아크릴수지	투명도와 착색성이 우수하나 고가이다.	도료, 채광 재료
염화비닐수지	약품에 침식되지 않고, 성형이 용이하다. 착색이 자유롭고, 내열성이 낮고(약 70℃) 온도에 의한 신축이 크다.	필름, 시트판, 관, 타일 도료 등
초산비닐수지	에멀션 또는 염화비닐수지의 중합체로 사용한다.	도료, 접착제
폴리에틸렌수지	저온에서 탄성이 풍부, 내약품성이 크다. 노화가 비교적 되지 않는다.	필름, 시트 전선피복
폴리스티렌수지	내수성과 내약품성이 크다. 발포스티로폴은 단열 및 완충재로 사용한다.	포장재, 스티렌페이퍼
폴리아미드수지	인조섬유제로서 인장강도와 내마모성이 우수하며, 나일론의 재료이다.	내장재

2) 열경화성 수지

열을 가하면 연화되지 않고 용제에도 녹지 않아 화학약품 등에 안전하다.

수지의 종류	특 징	용 도
에폭시수지	내약품성이 크고, 접착성과 내열성이 있다.	구조용 접착제, 도료
실리콘수지	내열성이 크고, 발수성이 있다.	방수제, 윤활제, 보색제
페놀수지	견고하고, 강도가 크며, 내약품성, 내열성도 있고, 흑색 또는 흑갈색이다. 베이크라이트를 만든다.	전기절연재료, 도료접착제
요소수지	강도, 내약품성이 크고, 내열성이 있으며, 투명성 착색이 자유롭다.	기구, 합판접착제
멜라닌수지	투명하고, 표면경도가 크며, 내약품성과 내열성이 좋아 표면 치장재로 쓴다.	호마이카 접착제
폴리에스텔수지	강도가 크고, 투명하다. 유리섬유와 혼합하여 FRP 제품을 만든다.	강화판 도료

Ⅳ. 개발방향

① 구조재로 사용 가능한 제품
② 내열, 내화성의 재료
③ 팽창수축이 적은 재료

Ⅴ. 결 론

① 합성수지는 건축물의 건식화, 경량화에 따라 여러 용도로 사용되고 있으며, 가장 큰 장점은 내부식성, 내습성, 내구성 등이 있다.
② 합성수지는 건축물의 마감재료나 접착재료로 사용되고 있으나, 내화성 있고 수축팽창이 적은 구조재로 사용이 가능한 제품이 개발되어야 한다.

내장재의 종류 및 개발방향

● [78후(25), 89(25), 90후(30), 00전(10), 00후(25), 01전(25), 02후(25), 09후(25), 11전(25), 14전(25)]

I. 개 요

① 내·외장 재료로서 요구되는 조건은 방수, 단열, 방음, 방화, 내구성 등이 주가 되고, 내구·내후성에 있어서는 비교적 짧은 기간에도 열화되는 것이 많다.

② 내·외장재로는 sandwitch panel, 골판, 평판 등이 있으며, 내장재료에는 부위별로 바닥, 벽, 천장 마감재가 있다.

II. 내장재의 구비조건

① 미관이 아름답고, 내구성이 있는 것
② 방수, 단열, 방음, 방화성이 좋은 것
③ 고층건물에서 층간변위에 대한 추종성이 좋은 것
④ 치수가 정확하고, 신축성이 적으며, 시공이 용이할 것

III. 내장재의 종류

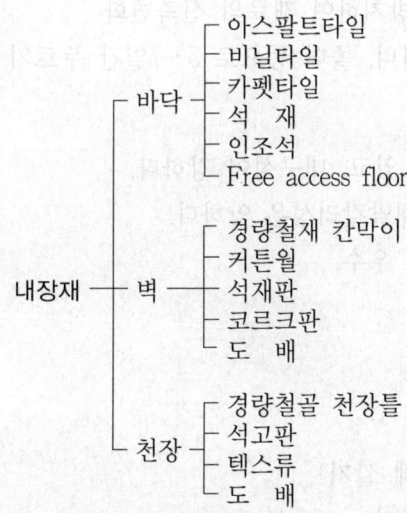

내장재
- 바닥
  - 아스팔트타일
  - 비닐타일
  - 카펫타일
  - 석 재
  - 인조석
  - Free access floor
- 벽
  - 경량철재 칸막이
  - 커튼월
  - 석재판
  - 코르크판
  - 도 배
- 천장
  - 경량철골 천장틀
  - 석고판
  - 텍스류
  - 도 배

Ⅳ. 바닥마감재

1. 아스팔트 타일

1) 시공법

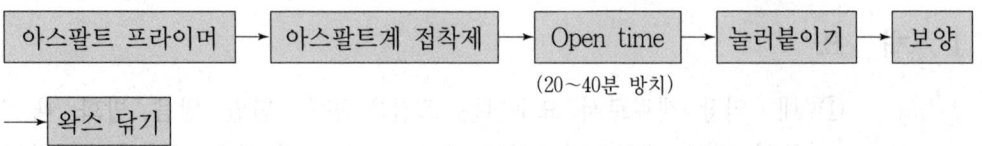

2) 특 성

① 내수성은 있으나, 내유성은 없음.

② 내마모성은 비닐타일의 1/5

③ 난연성 우수

2. 비닐타일

1) 시공법

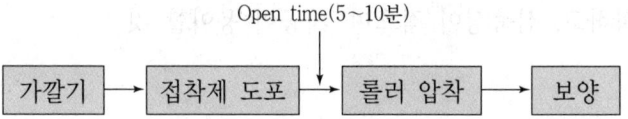

① 가깔기 7~10일 방치하여 재료의 신축변화

② 깔기 후 모래주머니, 졸대 등으로 5~7일간 누르기

2) 특 성

① 쾌적한 탄성감이 있고, 내구성이 강하다.

② 내산성이 크고, 내알칼리성은 약하다.

③ 내마모성, 방음성 우수

3. Carpet 깔기

1) 모 양

① Wall to wall(전체 깔기)

② 방의 중앙부만 깔기

2) 공 법

① Clipper 공법

② 접착공법

3) 시공법

① 바탕처리 : 건조, 강도 확보

② Under lay 깔기 : 흡음, 단열, cushion

③ 접합 : hidden bond tape

4. 인조석

1) 시공법

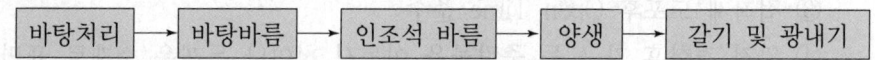

바탕처리 → 바탕바름 → 인조석 바름 → 양생 → 갈기 및 광내기

2) 특 성

① 내구성, 내마모성 우수, 내수성이 좋으며 물청소 가능

② 안료와 종석을 사용하고, 색감 우수

5. Free access floor

1) 정 의

최근 OA기기 보급과 intelligent building, EDPS실, 전화교환실 및 통신실 바닥에 이중 바닥 시스템으로 전선의 배관이 바닥에서 자유롭게 배치될 수 있도록 떠 있는 바닥구조

2) 분 류

① 깔아두는 type

② 지지각 분리 type

③ 배선, 바닥 기능분리 type

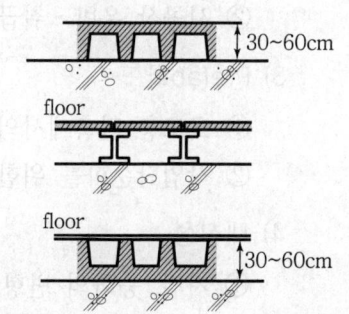

3) 시 공

① 주벽체, 가장자리 부분의 바탕처리부터 시작

② 지지각 분리형은 다리를 세워 바닥면에 접착제나 앵커로 고정하여 바닥면과 수평 유지

③ 깔아두는 형식은 네모퉁이의 패널 서포트 나사를 조절하면서 수평 유지

④ Floor panel은 600×600mm가 표준이며, panel support는 높이가 300~600mm임

6. 온돌마루판

　1) 정의

　　바닥열이 그대로 마루판을 통과하여 열효율의 감소없이 난방이 가능한 바닥재

　2) 시공순서

바탕처리 → 이물질 제거 → 바탕건조 → 시공 → 양생

　3) 시공 시 유의사항

　　① 기온이 5℃ 이하시 시공금지

　　② 작업장 온도는 15~20℃ 유지

　　③ 접착제 도포후 Open Time 준수

　　④ 완전 경화후 가구 등 중량물을 이동시 천이나 두꺼운 소재로 표면을 보호

Ⅴ. 내장재 개발방향

　1) 방재기능 강화

　　① 초고층 방재대책에 적합한 성능, 내화성능 향상, 유독가스 최소화

　　② 방화공법과 병행하여 연구 개발

　2) 경량화 추구

　　① 구조상 경량화 도모

　　② 시공상 운반·취급의 효율화

　3) Prefab화

　　① 초고층 건축에서의 반복시공

　　② 작업단순화를 위한 prefab 유도

　4) 내진성

　　① 지진, 풍화의 변형에 대응

　　② 층간변위 추종성은 15~20mm 정도

　5) 시공성

　　① 건식화, unit화, 표준화

　　② 경량화, 단순화, 고강도화

Ⅵ. 결 론

① 내장재료로 요구되는 조건은 방수, 단열, 방음, 내구성 등이며, 특수처리 가공한 경우 성능의 열화 정도를 검사하여야 한다.

② 건축물의 복잡화·고급화로 내장재의 개발이 급속히 진행되고 있지만 기본 성능의 강화가 중요한 연구과제이다.

chapter

8장 | 마감 및 기타

6절 단열·소음 공사

1. 건축물의 단열공법 ································· 1060

2. 건축물의 결로 발생원인과 방지대책 ············· 1065

3. 공동주택의 소음원인 및 방지대책 ··············· 1069

4. 차음공법 ······································· 1074

단열·소음 공사 기출문제

1

1. 건축물의 단열구조를 위한 효율적인 시공방법을 각 요소별로 설명하여라.(단, 지붕, 외벽, 바닥, 유리 및 창호에 대하여) [80, 20점]
2. 건축물의 방서시공법에 관하여 설명하여라. [81후, 30점]
3. 외벽의 단열시공법에 대하여 기술하여라. [82후, 20점]
4. 벽돌 벽체의 외단열 시공에 있어서 단열효과를 높이기 위한 시공성(단열재 취급 및 시공방법)에 대하여 설명하여라. [84, 25점]
5. 건축물 벽체의 단열공법 중 내단열벽 공법과 외단열벽 공법에 대하여 도시하고, 특히 문제점에 대하여 논하여라. [90전, 20점]
6. 건축물의 열적 성능을 높이기 위한 각 부위별 단열공법에 대하여 기술하시오.
   [94전, 30점]
7. 건축물 외벽 단열에 대한 시공방법과 그 효과에 관하여 기술하시오. [98전, 30점]
8. 에너지 절약을 위한 건축물의 부위별 단열공법에 대하여 기술하시오. [98중전, 30점]
9. 건설공사 시 단열공법의 유형과 시공방법에 대하여 기술하시오. [98후, 30점]
10. Heat bridge [02중, 10점]
11. 건축공사에 있어서 단열공법 적용 시 고려사항과 각 부위(벽체, 바닥, 지붕)별 시공방법을 기술하시오. [04전, 25점]
12. 건축물의 부위별 단열공법을 구분하여 기술하시오. [08전, 25점]
13. 건축물의 단열공사에서 고려하여야 할 사항과 단열공법의 종류에 대하여 설명하시오.
    [11전, 25점]
14. 건축공사에서 단열재의 선정 및 시공 시 주의사항에 대하여 설명하시오. [13중, 25점]
15. 단열재 시공부위에 따른 공법의 종류별 특징과 단열재 재질에 따른 시공 시 유의사항에 대하여 설명하시오. [18후, 25점]
16. 건축공사에서 시공부위별 단열공법과 단열재 선정 및 시공 시 유의사항에 대하여 설명하시오. [19후, 25점]
17. 콘크리트 타설 시, 선부착 단열재 시공부위에 따른 공법의 종류별 특징과 단열재 형상에 따른 시공 시 유의사항에 대하여 설명하시오. [20중, 25점]
18. 외단열 공법에 따른 열교사례 및 이에 대한 방지대책에 대하여 설명하시오. [20중, 25점]
19. 건축공사의 단열재 시공 시 주의사항과 시공부위에 따른 단열공법의 특징에 대하여 설명하시오. [22중, 25점]

2

20. 내부결로 방지대책 [82전, 10점]
21. 건물결로의 원인과 그 방지책에 대하여 기술하여라. [85, 25점]
22. 건축물의 표면결로와 관련된 다음 문제에 대하여 설명하여라. [88, 25점]
    ㉮ 결로발생의 원인(8점)
    ㉯ 결로부위(8점)
    ㉰ 결로 방지대책(9점)
23. 건축물 벽체의 내부 결로 [90전, 5점]
24. 지하구조물에서 결로 발생원인과 예방대책에 대하여 기술하시오. [96전, 30점]
25. 공동주택에서 결로 발생원인과 방지대책에 대해 설명하시오. [00중, 25점]
26. 공동주택의 부위별 결로 발생원인을 기술하고, 각각의 원인별 방지대책을 설계, 공법 및 시공상 유의사항으로 구분하여 기술하시오. [01전, 25점]
27. 지하층 외벽과 바닥에 발생하는 결로의 방지방법과 시공상 유의사항을 기술하시오.
    [01후, 25점]
28. 표면 결로 [02전, 10점]

29. 공동주택 지하주차장에 하절기에 발생하는 결로 원인과 대책에 대하여 설명하시오. [04후, 25점]
30. 건축물에서 발생하는 결로의 원인과 방지대책에 대하여 기술하시오. [07중, 25점]
31. 건축물에 발생하는 결로현상을 부위별, 계절별 요인으로 구분하여 원인을 설명하고 그 해결방안을 제시하시오. [08후, 25점]
32. 여름철 건축물 지하 최하층 바닥에 발생하는 결로(結露)현상의 발생원인과 방지대책에 대하여 설명하시오. [11후, 25점]
33. 공동주택 단위세대에서 부위별 결로 발생원인 및 방지대책에 대하여 설명하시오. [13전, 25점]
34. 지하주차장 최하층 바닥과 외벽에서 발생되는 누수 및 결로수 처리방안에 대하여 설명하시오. [13후, 25점]
35. 공동주택 결로 방지 성능기준 [14중, 10점]
36. 공동주택의 단위세대 부위별 결로발생 원인과 방지대책을 설명하시오. [15중, 25점]
37. 공동주택공사에서 세대 내 부위별 결로예방을 위한 시공방법에 대하여 설명하시오. [16전, 25점]
38. 공동주택공사에서 세대 내 부위별 결로 발생 원인과 대책에 대하여 설명하시오. [19전, 25점]
39. 열교, 냉교 [19전, 10점]
40. 건축물 벽체에 발생하는 결로의 종류, 발생원인 및 방지대책에 대하여 설명하시오. [21중, 25점]
41. 공동주택의 비난방 부위 결로 방지방안 [22중, 10점]

42. 공동주택에서 각 실의 소음방지를 위한 재료의 품질 및 공법상의 개선책에 대하여 설명하시오. [86, 25점]
43. 소음전달방지에 대한 원리와 시공상 유의할 실제 문제들을 기술하여라. [87, 25점]
44. 공동주택의 바닥 충격음 방지를 위한 공법에 대하여 설명하여라. [91전, 30점]
45. 공동주택의 층간 소음원인 및 그 소음 방지대책에 대하여 설명하시오. [96중, 40점]
46. 공동주택의 층간 소음 방지를 위한 시공상 고려할 사항을 기술하시오. [00전, 25점]
47. 공동주택에서 발생하는 소음의 종류와 저감대책을 설명하시오. [00중, 25점]
48. 층간 소음 방지 [01후, 10점]
49. 토공사의 암반파쇄 공사 시 소음 방지대책과 시공 유의사항에 대하여 기술하시오. [03후, 25점]
50. 공동주택에 발생하는 충격소음에 대한 원인 및 대책에 대하여 기술하시오. [05전, 25점]
51. 공동주택 바닥 차음을 위한 제반 기술(技術)에 대하여 설명하시오. [05후, 25점]
52. 공동주택의 바닥충격음 차단성능 향상 방안을 설명하시오. [07후, 25점]
53. 건축물의 흡음공사와 차음공사를 비교 설명하시오. [08전, 25점]
54. 층간소음 방지재 [08중, 10점]
55. 공동주택에서 발생하는 층간소음의 원인 및 저감대책에 대하여 설명하시오. [10전, 25점]
56. 뜬바닥 구조(Floating Floor) [13중, 10점]
57. 공동주택의 층간소음방지를 위한 바닥구조의 소음저감방안 및 시공 시 유의사항에 대하여 설명하시오. [16전, 25점]
58. 공동주택 세대 간 경계벽 시공기준을 설명하고, 층간 소음발생 원인 및 대책에 대하여 설명하시오. [16후, 25점]

3	59. 공동주택 층간소음 방지를 위한 30세대 이상 벽식구조 공동주택의 표준바닥구조(콘크리트)에 대하여 설명하시오. [18중, 25점]
	60. 공동주택에서 세대 내 소음의 종류와 저감대책에 대하여 설명하시오. [19전, 25점]
	61. 공동주택의 층간소음 저감을 위한 바닥충격음 차단구조의 시공 시 유의사항을 설명하시오. [19중, 25점]
	62. 공동주택에서 층간소음 저감을 위한 시공관리방안을 골조, 완충재 기포콘크리트, 방바닥 미장 측면에서 설명하고, 중량과 경량 충격음을 비교 설명하시오. [19후, 25점]
	63. 경량충격음과 중량충격음 [22중, 10점]
	64. Bang Machine [19후, 10점]
	65. 바닥충격음 차단 인정구조 [21전, 10점]
4	66. 차음계수(STC)와 흡음률(NRC) [98중후, 20점]
	67. 건축에 쓰이는 차음 재료를 벽체와 바닥으로 나누어 설명하고 시공방법에 대하여 기술하시오. [04중, 25점]
	68. 벽체의 차음공법에 대하여 기술하시오. [05중, 25점]
	69. 차음성능에 관한 이론으로 벽식 아파트의 고체 전파음에 대하여 설명하시오. [08후, 25점]
기출	70. 건축의 방진계획 [90전, 30점] 　　㉮ 방진원리 　　㉯ 방진재료 　　㉰ 방진계획
	71. 6층 건축물을 외단열공법으로 시공 시 화재확산방지구조에 대하여 설명하시오. [16후, 25점]
	72. 건축물에 사용되는 반사형 단열재의 특성과 시공 시 유의사항에 대하여 설명하시오. [17후, 25점]
용어	73. 열관류율 및 열전도율 [12전, 10점]
	74. 열관류율 [18후, 10점]
	75. 건축공사의 진공(Vacuum)단열재 [14전, 10점]

문제
1

건축물의 단열공법

● [80(20), 81후(30), 82후(20), 84(25), 90전(20), 94전(30), 98전(30), 98중전(30), 98후(30), 02중(10), 04전(25), 08전(25), 11전(25), 13중(25), 18후(25), 19후(25), 20중(25), 22중(25)]

Ⅰ. 개 요

① 단열공법은 열을 전달하기 어려운 재료를 외벽, 지붕, 바닥 등에 넣어 건물 외부와 주위 환경과의 열교환을 차단하는 것을 말한다.

② 단열은 에너지 절약, 쾌적한 실내환경 조성, 냉·난방 가동시간의 절약 등의 효과를 얻기 위하여 효과적인 단열시공법이 중요하며, 현장시공 불량시에는 단열 성능이 35~50% 격감하므로 시공 시 품질관리가 필요하다.

Ⅱ. 단열재의 구비조건

① 열전도율이 낮을 것
② 흡수율이 적을 것
③ 비중이 작을 것
④ 내화성이 좋을 것
⑤ 경제적일 것

Ⅲ. 단열공법 분류

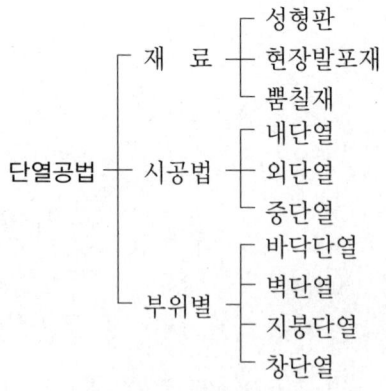

Ⅳ. 단열공법별 특징

1. 재 료

1) 성형판

① 구체의 시공 시 동시 타설이 가능하다.

② 다른 부재와 접합부에서 열교나 냉교발생을 방지해야 한다.

2) 현장발포

① 방수처리가 가능하므로 slab 전체의 단열성을 향상시킨다.

② 복잡한 형상의 부위에 골고루 압입 가능하다.

3) 뿜 칠

① 방화·단열성이 우수하다.

② 복잡한 형상에도 시공이 가능하다.

③ 재료에는 암면, 질석 및 석면이 있는데 아스베스토스(asbestos, 석면)는 인체에 유해하여 사용을 규제하고 있다.

2. 시공법

1) 내단열

① 구조체 실내에 단열재를 설치하는 공법이다.

② 시공이 간단하고, 공사비가 싸다.

③ 내부결로방지를 위한 보완이 필요하다.

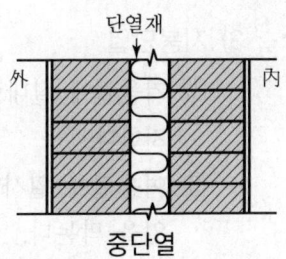

내단열

2) 중단열

① 구조체 내부에 단열재를 설치하는 공법이다.

② P.C판 단열에 사용되며, 원가가 비싸다.

③ 내부결로의 우려가 적다.

중단열

3) 외단열

① 구조체 외부에 단열재를 설치하는 공법이다.

② 건물 열용량을 실내측에서 유지한다.

③ 내부결로가 생기지 않는다.

④ 시공이 곤란하다.

⑤ 단열 성능이 우수하다.

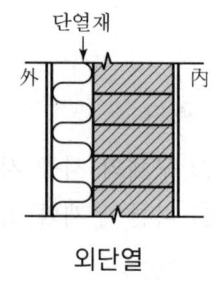

외단열

3. 부위별

1) 바닥단열

① 건물 내의 열을 땅속으로 열손실을 줄이기 위한 공법이다.

② 냉동고의 경우 지중의 동결방지를 위한 것이다.

③ 방습층, 단열재를 외부에 설치하며 지면습기의 침투를 방지한다.

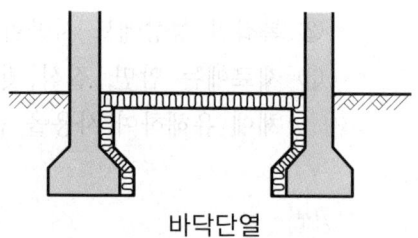

바닥단열

2) 벽단열

① 외단열이 가장 유리하다.

② 토대에서 보까지 취약부위가 없도록 단열시공한다.

③ 성형 단열재 공법이나 현장 발포성 공법을 적용한다.

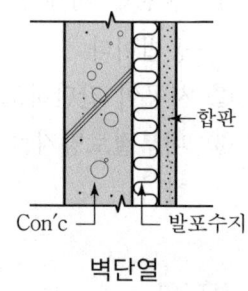

벽단열

3) 지붕단열

① 겨울철에 실내로부터의 열손실을 방지한다.

② 여름철에 일사에 의한 열의 실내유입을 막는다.

③ 최상층은 가급적 천장을 설치한다.

④ 환기구멍을 설치한다.

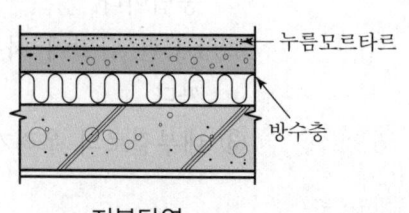

지붕단열

4) 창단열

① 동절기 난방 시에 실내에서부터 실외로
통하는 열손실을 방지한다.

② 하절기 냉방 시 밖으로부터의 열침입을
막는다.

③ 창면적을 필요 이상 크게 하지 않는다.

④ Pair glass 사용이나 이중창을 설치한다.

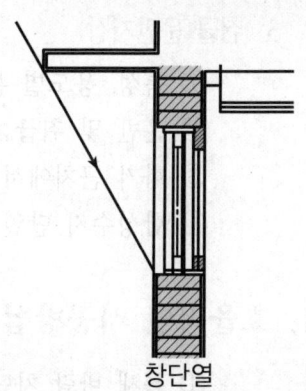

창단열

Ⅴ. 시공 시 유의사항

1. 재 료

1) 성형재

① 탈락방지 및 다른 부재와 접합부에서 열교·냉교를 방지한다.

② 재료에는 발포수지 및 인슐레이션이 있다.

2) 현장발포단열재

① 발포단열재 시공 시 방수층 시공을 확실히 한다.

② 재료에는 발포수지(우레아폼) 및 발포 Con'c가 있다.

3) 뿜칠재

① 복잡한 형상에 시공 시 단열층 두께를 일정하게 유지시켜야 한다.

② 재료에는 암면, 석면, 질석이 있다.

2. 시 공

1) 단열재가 너무 두꺼우면 성능은 좋으나 원가가 상승한다.

2) 단열재의 이음

① 겹친이음

② 반턱이음

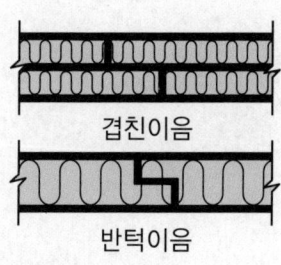

겹친이음

반턱이음

3) 단열층은 저온부에 설치한다.

4) 방습층은 고온다습부에 설치한다.

① 천장인 경우 단열재 하부에 설치한다.

② 바닥인 경우 단열재 하부에 설치한다.

5) 상시 고온 노출장소와 방화성능을 요구하는 장소에는 단열재 선정 시 주의한다.

3. 취급(운반저장)

　① 특성, 용도별 분리저장
　② 운반 및 취급 시 파손주의
　③ 화기 근처에서의 취급 시 특히 주의
　④ 합성수지 단열재는 일광에 노출 금지

Ⅵ. 효율적인 시공방법(에너지절약방법)

　① 틈새 바람 차단
　② 조적벽체 기밀화
　③ 창호 틈새 기밀화
　④ 벽의 연돌작용 차단
　⑤ 방습층 설치
　⑥ 냉기류 차단
　⑦ 결로 방지
　⑧ 양질의 재료 사용
　⑨ 우수한 시공
　⑩ 취급주의

Ⅶ. 결 론

　① 건축물의 열손실을 방지하기 위하여 틈새나 균열 등으로 통하는 외기의 침입과 바닥, 벽, 지붕 등으로 들어오는 열관류를 최소화시켜야 한다.
　② 단열시공이 불량하면 열교나 냉교현상이 발생하고 국부적으로 열손실이 생겨서 결로가 발생하므로 취약부위는 단열시공을 완벽하게 하여야 한다.

문제 2

건축물의 결로 발생원인과 방지대책

● [82전(10), 85(25), 88(25), 90전(5), 96전(30), 96중(30), 00중(25), 01전(25), 01후(25), 02전(10), 02중(25), 04후(25), 07중(25), 07후(25), 08후(25), 11후(25), 13전(25), 13후(25), 14전(25), 14중(10), 15중(25), 16전(25), 19전(25), 19전(10), 21중(25), 22중(10)]

I. 개 요

① 결로란 실내온도는 낮고 상대습도가 높을 때 발생하는바, 실내의 기온차가 클수록 많이 발생하며 한여름과 한겨울이 가장 심하다.

② 건축물의 결로방지를 위해서는 하나의 방법만으로는 완벽하게 할 수 없으므로 건물의 여러 조건들을 검토하여 모든 시공이 잘 되었을 때 결로는 방지될 수 있다.

II. 결로의 피해

① 열전도율 상승

② 곰팡이 발생

③ 목재부패 및 철부 녹 발생

④ 결로수 낙하

⑤ 마감재 손상

III. 결로의 종류

1) 표면결로

실내공기 중의 수증기가 벽 등의 저온 부분에 접촉하여 응결하는 현상

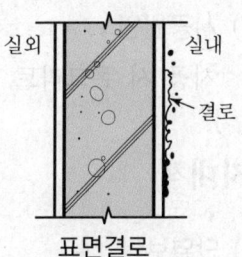

표면결로

2) 내부결로

벽체 등의 구성재 내부의 수증기가 온도저하에 따라 응결하는 현상

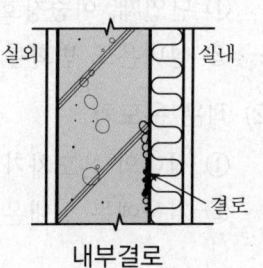

내부결로

Ⅳ. 발생원인

1) 건물입지조건
① 기후조건의 온도, 일사, 바람 등에 따라 결로발생
② 건물이 밀집되어 일조량, 통풍이 나쁠 때 결로발생

2) 건물조건
① 콘크리트, 새시, 방습층의 기밀성이 부족
② 바닥 콘크리트, 지하실 등에서 상부로 냉열이 전달

3) 방습층
① 건축물의 단열이 불량
② 방습층의 부족과 열화

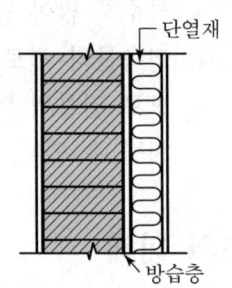

4) 내장재
① 내장재의 방습 성능이 부족
② 건조불량의 내장재 사용

5) 생활습관
① 실내 수증기가 배출
② 기밀화된 건물에 대한 인식 부족

6) 기상조건
① 일조량, 통풍이 잘 안 되는 경우
② 외기의 습도가 높은 경우

7) 시공원인
시공 시 콘크리트 등의 건조상태 불량

Ⅴ. 방지대책

1) 단열보강
① 단열재, 이중창호, 건물기밀화 등에 의해 실내를 보온한다.
② 실내온도 변화를 작게 하고, 각 실의 온도차를 균일화한다.

2) 적은 온도차
① 실내외 온도차가 클 때 발생하므로 온도차를 적게 한다.
② 겨울에는 실내온도를 낮게, 여름에는 실내온도를 높게 한다.

3) 방습층 설치

① 고온측에 방습층을 설치한다.

② 방습층의 이음은 tapping하여 습기가 새어나오지 않게 시공한다.

4) 난 방

① 수증기 발생 및 난방장치 주의한다.

② 북측 거실 난방에 주의한다.

③ 낮은 온도의 난방은 길게 하고, 높은 온도의 난방은 짧게 한다.

5) 환 기

① 수분발생과 과잉 수분 배출을 억제한다.

② 자연환기 및 강제환기를 고려한다.

③ 북측 거실은 환기를 자주 한다.

6) 생활습관

① 실내의 과다 습기발생을 억제한다.

② 환기로 습기를 제거한다.

③ 낮에는 방 전체를 open space 한다.

7) Cold bridge(냉교, 冷橋) 방지

① Heat bridge(열교, 熱橋)라고도 부르며, 건축물을 구성하는 부위에서 단면의 열관류 저항이 국부적으로 작은 부분에서 발생하는 현상을 말한다.

② 열교 발생부위에 단열보강하여 단열 성능을 높인다.

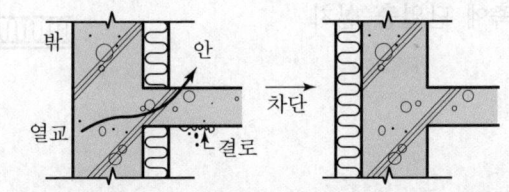

Cold bridge 방지

8) 단열재 관통부 주변 단열보강

열교가 생기는 부분에 결로방지를 위한 목적으로 단열 성능을 높여준다.

9) 우각부 보강

모서리, 구석 부분에 단열재를 보강한다.

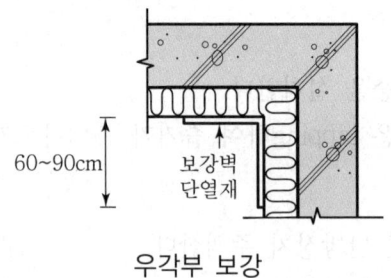

우각부 보강

10) 벽 내부 코너

단열재의 끊어짐이 없게 하고 보강한다.

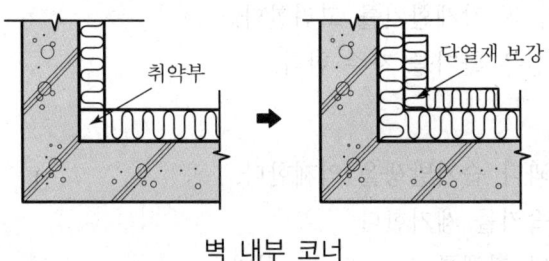

벽 내부 코너

11) 천장단열시 통기구 설치

단열재와 천장 사이에 통기구를 설치한다.

12) 내부결로 방지

① 벽 중공층에 수증기 유입 방지
② 실내 표면측에 단열층 설치

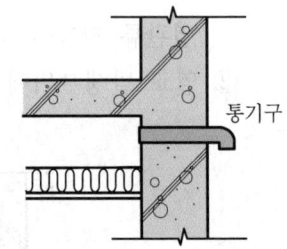

Ⅵ. 결 론

① 결로가 발생하면 실내 오염과 불쾌감을 조성하고, 건축물의 노후화를 가속화하므로 단열두께 및 방습층 등을 검토하여 결로를 방지해야 한다.
② 설계 시 결로에 대한 인식을 새롭게 하고 시공 시 틈새없는 단열층을 형성하여 쾌적한 생활이 될 수 있도록 연구노력해야 한다.

<table>
<tr><td>문제
3</td><td>공동주택의 소음원인 및 방지대책</td></tr>
</table>

● [86(25), 87(25), 91전(30), 96중(40), 00전(25), 00중(25), 01후(10), 03후(25), 05전(25),
05후(25), 07후(25), 08전(25), 08중(10), 10전(25), 13중(10), 16전(25), 16후(25), 18중(25),
19전(25), 19중(25), 19후(25), 19후(10), 21전(10), 22중(10)]

I. 개 요

① 최근 건축물이 고층화되면서 여러 가지 환경공해가 대두되고 있으며, 특히 고층 공동주택의 소음은 이웃간의 불화까지 초래하는 심각한 사회문제로 대두되고 있다.

② 주거용 건물에서의 소음문제는 쾌적한 주거환경 조성을 방해하고, 신경불안, 불안감 등 정서적인 생활을 해치므로 양질의 설계 및 시공을 위해 노력해야 한다.

II. 소음의 원인

① 실 외

건설소음, 도로교통소음, 지하철소음, 항공기소음

② 실 내

아동의 뛰는 소리, 계단·복도의 보행 충격음, elevator 소음, 급배수 배관소음

III. 방지대책

1. 완충공법

소음 발생하는 방과 소음이 격리되는 방 사이에 sound chamber(완충공간)를 만들어 음을 차단하는 방법

2. 차음공법

1) 개구부 기밀성

① 개구부의 틈은 외부소음의 가장 큰 유입경로가 되므로 기밀을 요함.

② 구조체와 문틀 틈은 가능한 sealant로 시공

2) 벽체중량

① 벽체중량을 크게 하여 음의 투과손실을 줄여서 차음성능을 발휘

② 가능한 벽두께는 두껍게 함.

3) 방음벽

① 소음원이 있는 곳에 방음벽을 설치하여 외부소음을 차단

② 특히 도로교통소음이 원인인 경우에 유효

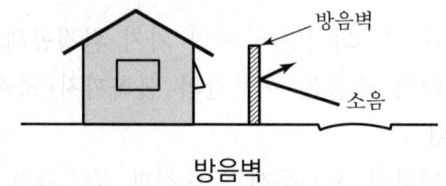

방음벽

4) 차음재료

① 음원이 실내에 전파되지 않도록 외부의 차음재료에 의해서 차단

② 차음재료는 음을 흡음하지 않는 재료 사용

3. 흡음공법

1) 다공질흡음

① 통기성 섬유나 연속 기포재료에 음파가 닿으면 공기의 점성마찰 또는 섬유 진동에 의해 에너지가 열로 변하여 흡음한다.

② Glass wool, rock wool, 발포수지제, 목모 시멘트판, 뿜칠흡음재 등이 있다.

③ 비교적 싸고 경량이며, 시공이 용이하다.

2) 공명흡음

① 인위적으로 재료에 구멍을 내어 소리를 흡수한다.

② 구멍 후면에 다공질 재료를 넣어 흡음범위를 크게 할 수 있다.

③ 유공판, 단일공명기, slit rib, 흡음재 등이 있다.

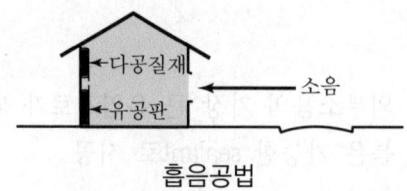

흡음공법

3) 판진동흡음

① 각종 판, 막으로 된 재료와 벽 사이에 공기층을 두고, 판이 진동하면서 음 에너지를 소멸한다.

② 다른 재료에 비해 흡음율이 비교적 적다.

③ 얇은 합판, AL판, 석고 tex판 등의 재료가 있다.

4. 설계상 대책

1) 일반계획

① 소음원 거리를 멀리하고, 차폐물 이용

② 소음피해가 적은 대지에 평면계획

③ 도로변은 급경사의 언덕이나 커브 지점에서 소음이 크므로 피한다.

2) 배치계획

① 소음원으로부터 거리, 고저, 방위에 주의

② 침실과 서재는 소음원 반대쪽에 배치

③ 소음원보다 높은 택지의 경우 대지경계선에서 후퇴시킨다.

3) 평면계획

① 각실 개구부방향의 위치 선정 주의

② 동일주거 내부평면계획 시 소리 성질 고려하여 적절한 방 배치

③ A.P.T 경계벽 중심 및 수직으로 같은 방 배치

5. 부위별 대책

1) 바 닥

① 바닥구조체의 중량화와 강성 향상으로 충격에 대한 전파음 저하

② 뜬 바닥층의 채택

③ 표면에 충격완충재 사용

④ 층간소음 방지재(EPS, EVA) 사용

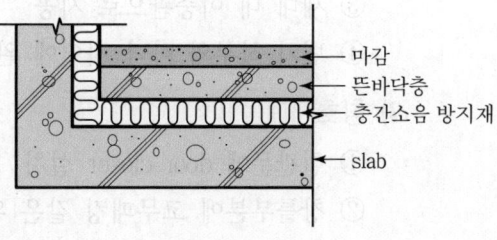

뜬바닥구조

2) 벽의 차음

① 간벽 연결부가 음교(sound bridge)를 초래하지 않도록 독립시킨다.

② 공명투과현상을 방지하도록 간벽의 간격·재료를 고려한다.

③ 벽체 내부에 충전재를 넣어 음의 투과를 줄인다.

3) 천 장

이중천장 속에 공기층을 둔 후 glass wool, rock wool 등의 흡음재를 바닥 slab 와 천장 사이에 충전

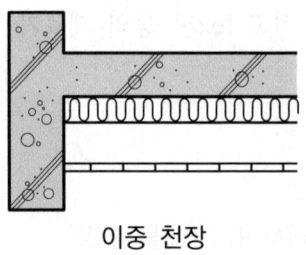

이중 천장

4) 개구부

① 필요한 공간 이외에는 밀실하게 sealing한다.

② 문 표면재는 흡음성 재질을 사용하고, 창문은 이중창이나 복층창(pair gl-ass)으로 한다.

5) Elevator 소음

① 침실 또는 거실과 격리시킨다.

② 방진고무, 방진 스프링을 이용한다.

③ Elevator shaft 벽의 시공오차를 최소화한다.

6) 급배수 설비음

① 세대 내 급수압력을 0.2MPa 이하 유지

② 매립배수관에 glass wool 커버 설치

③ 세대 내 이중관으로 시공

④ 변기 하부와 바닥 사이에 완충재 설치

7) 창호개폐음

① 현관문에 door closer 설치

② 창틀부분에 고무패킹 같은 완충재 설치

③ 기밀성 있는 건구류 사용

8) Piano 소음

① Piano를 둘러싼 차음 덮개 설치

② 방 내부 전체에 방음시설

9) Roof drain pipe

루프드레인 주위에 흡음재 시공

10) 현관방화문 밀폐

① 창호 주변 밀폐

② Door 주변 packing 정밀 시공

Ⅳ. 결 론

① 주거환경의 쾌적성에 대한 요구의 증가로 공동주택에서의 소음이 큰 문제점으로 대두되고 있다.

② 소음을 방지하기 위해서는 설계 시부터 소음에 대한 검토가 있어야 하며, 아울러 진동과 소음의 완화대책을 위한 다양한 연구 개발이 지속적으로 이루어져야 한다.

문제 4	차음공법

● [98중후(20), 04중(25), 05중(25), 08후(25)]

I. 개 요

① 건축에 있어서의 차음은 공간을 나누는 천장, 벽, 바닥 등의 평면을 구성하는 단판요소의 차음성능에 따른다.

② 차음의 성능은 차음계수와 흡음률로서 판정이 가능하다.

II. 차음재료

1. 벽체

① 콘크리트
② 샌드위치 판이나 적층판
③ 판유리
④ 석고보드
⑤ 발포수지
⑥ 합판
⑦ 다공질 흡음재

2. 바닥

① 콘크리트
② 기포 콘크리트
③ 다공질 흡음재
④ 고무판
⑤ 완충재
⑥ 기타 바닥마감재

III. 시공방법

1. 벽체

1) 이중벽 구조

① 벽 사이에 공기층을 두어 음 차단
② 기밀화된 벽체 시공

2) 이중벽 내에 다공질 흡음재 삽입

벽체 내부에 충진재 넣어 음의 투과 저감

3) 샌드위치 판이나 적층판 사용

4) 개구부 기밀성

구조체와 문틀 틈은 가능한 sealant로 시공

5) 벽체 중량화

① 벽체 중량을 크게 하여 투과손실 줄임으로써 차단
② 가능한 벽 두께는 두껍게 함

6) 기밀성 있는 창호(이중창) 시공

7) 틈새에 코킹 처리

8) 간벽 연결부에 음교가 생기지 않도록 독립

2. 바닥

1) 표면 완충공법

표면에 충격완충재 사용

2) 뜬바닥 공법

바닥구조체의 중량화와 강성 향상으로 충격에 대한 전파음 저하

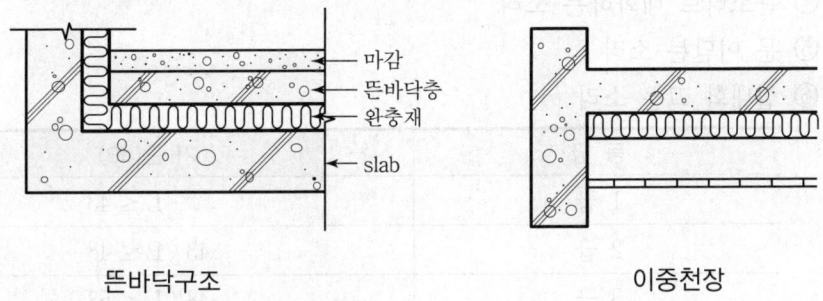

뜬바닥구조   이중천장

3) 차음 이중천장

이중천장 속에 공기층을 둔 후 흡음재를 충진

4) 바닥 슬래브의 고강성화 또는 중량화

① 바닥 구조체의 고강도화
② 바닥 구조체의 중량화 시공

5) 틈새에 코킹 처리

① 개구부, 틈새 등은 밀실하게 sealing
② 기밀성 있는 재료로 틈새처리

1075

Ⅳ. 벽식 아파트 고체전파음

1) 고체전파음 발생경로

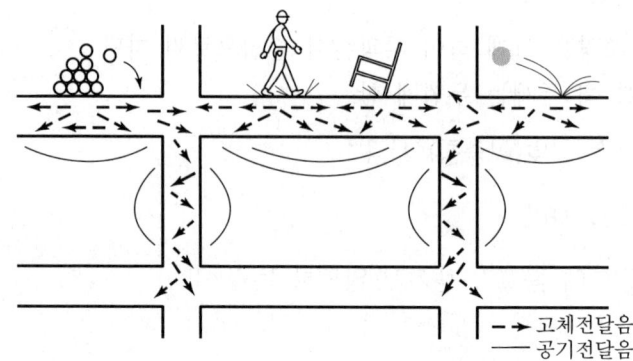

벽식 아파트에서의 바닥 충격음의 발생 및 전달 경로 확인

2) 경량충격음(L)

① 가볍고 딱딱한 소리로 잔향이 없어 불쾌함이 적음

② 식탁을 끌어 미는 소리

③ 물건을 끌어 옮기거나 떨어지는 소리

④ 큰소리로 대화하는 소리

⑤ 문 여닫는 소리

⑥ 실내화 끄는 소리

등 급	기 준(dB)
1 급	L ≤ 43
2 급	43 〈 L ≤ 48
3 급	48 〈 L ≤ 53
4 급	53 〈 L ≤ 58

3) 중량 충격음(L)

① 무겁고 부드러운 소리로 잔향이 남아 심한 불쾌감 유발

② 아이들이 뛰어다니는 소리

③ 중량의 어른이 쿵쿵거리는 소리

④ 물건 떨어지는 소리

⑤ 바람에 문 닫히는 소리

등 급	기 준(dB)
1 급	$L \leq 40$
2 급	$40 < L \leq 43$
3 급	$43 < L \leq 47$
4 급	$47 < L \leq 50$

V. 차음계수(STC)와 흡음률(NRC)

1) 차음계수(STC ; Sound Transmission Class)

차음등급 기준선이라는 표준곡선과 1/3 옥타브 대역의 16개 주파수의 실측 TL 곡선을 비교하여, 기준곡선 밑의 모든 주파수 대역별 투과손실과 기준곡선값과의 차이의 산술평균이 2dB 이내이며 8dB를 초과하지 않는다는 원칙하에서, 기준곡선상의 500Hz에서 음향투과손실을 STC 값이라 한다.

2) 흡음률(NRC ; Noise Rating Criteria)

입사음에너지에 대하여 재료에 흡수되거나 투과된 음에너지 합의 비를 말한다.

VI. 결 론

소음 방지를 위해서는 설계 시부터 소음에 대한 검토가 있어야 하며 소음 완화를 위한 차음재료 개발이 시급하다.

chapter

8장 | 마감 및 기타

7절 공해·해체·폐기물·기타

1. 건설공해의 종류와 그 대책(환경보전계획) ······· 1084
2. 건축공사 시 발생하는 소음과 진동의
   원인 및 대책 ··································· 1090
3. 실내공기 오염물질 개선방안 ····················· 1094
4. 건축 구조물의 해체공법 ························· 1099
5. 건설 폐기물의 종류와 재활용 방안 ·············· 1104
6. 폐콘크리트의 재활용 방안 ······················ 1109
7. 석면 해체공사 ································· 1113
8. 건축물의 remodeling ·························· 1117

공해 · 해체 · 폐기물 · 기타 기출문제

1	1. 건축공사 현장에서 발생하는 환경 공해의 종류와 그 대책에 대하여 설명하여라. [91전, 30점] 2. 도심지에서 대형 건축공사 시공으로 인하여 발생하는 건설 공해에 대하여 그 대책을 설명하여라. [91후, 30점] 3. 건설공사에 의한 공해유발 및 그 대책에 대하여 기술하시오. [94후, 25점] 4. 건설공해의 유형과 그 방지대책에 대하여 기술하시오. [97중전, 40점] 5. 건축 시공현장의 환경관리에 대해서 기술하시오. [98전, 30점] 6. 환경공해를 유발하는 주요 공종과 공해의 종류를 들고 공해발생 방지대책을 기술하시오. [98중후, 30점] 7. 도심밀집지에서 공사 진행 시 유의해야 할 환경공해 [00후, 25점] 8. 현장 시공 중에 주변 민원으로 공정에 영향을 받는 작업 종류와 대책에 대하여 기술하시오. [02후, 25점] 9. 건설공해의 예방을 위해 다음과 같은 현장환경관리의 요소별 대책에 대하여 기술하시오. [02후, 25점] 　1) 소음, 진동　　2) 대기오염　　3) 수질오염　　4) 폐기물 10. 해체공사 시 발생하는 공해종류 및 방지대안, 안전대책에 대하여 기술하시오. [05중, 25점] 11. 도심지 건축공사에서 주변환경에 영향을 미치는 건설공해의 종류와 방지대책에 대하여 기술하시오. [07중, 25점] 12. 공사현장에서 발생하는 건설공해의 종류와 방지대책에 대하여 설명하시오. [19후, 25점] 13. 도심지 지하 굴착공사 및 정지공사 시 소음과 진동의 저감대책에 대하여 설명하시오. [14중, 25점] 14. 건축물 준공 후 발생되는 건축공해의 유형을 구분하고 사전방지대책을 설명하시오. [18전, 25점] 15. 대기환경보전법령에 의한 토사 수송 시 비산먼지 발생을 억제하기 위한 시설의 설치 및 필요한 조치사항에 대하여 설명하시오. [20후, 25점] 16. 비산먼지 발생을 억제하기 위한 시설의 설치 및 필요한 조치에 관한 기준에 대하여 설명하시오. [22중, 25점]
2	17. 밀집 시가지에 건축할 고층 건물의 무진동·무소음 공법을 설명하여라.(단, 지표하 15m에 풍화암층이 있으며, 30층 이상의 건물임) [76, 10점] 18. 건축 시공 공사 시 발생되는 소음 및 진동의 원인과 그 대책에 대해 기술하시오. [95후, 40점] 19. 건설사업 추진 시 예상되는 소음·진동을 저감하기 위한 방안을 사업 추진단계별로 구분, 설명하시오. [07후, 25점]
3	20. 공동주택에서 발생하는 실내공기 오염 물질 및 그에 따른 대책을 기술하시오. [04전, 25점] 21. V.O.C(Volatile Organic Compounds) [04후, 10점] 22. 새집증후군 해소를 위한 베이크아웃(Bake Out) [05전, 10점] 23. 금년부터 시행 중인 신축공동주택의 실내공기질 권고기준 및 유해물질대상의 관리방안에 대하여 기술하시오. [06전, 25점] 24. 실내공기질 개선방안에 대하여 다음 각 시점에서의 조치사항을 설명하시오. [07전, 25점] 　1) 시공 시　　2) 마감공사　　3) 입주 전　　4) 입주 후 25. 신축 공동주택의 새집증후군을 설명하고 실내공기질 향상방안을 기술하시오. [08후, 25점]

Professional Engineer Architectural Execution

3
26. 청정건강주택 건설기준 [12중, 10점]
27. VOCs(Volatile Organic Compounds) 저감방법 [12후, 10점]
28. Bake Out(새집증후군 해소방안) [14후, 10점]
29. 베이크아웃(Bake-Out), 플러시아웃(Flush-Out) 실시 방법과 기준 [20중, 10점]
30. 건강친화형 주택 [16중, 10점]

4
31. 건축 구조물 해체공법에 대하여 기술하여라. [93전, 30점]
32. 비폭성 파쇄재 [94전, 8점]
33. 해체공사 시 고려해야 할 안전대책 [96전, 10점]
34. 건축물 해체공법의 종류를 들고 그 내용을 기술하시오. [98중전, 30점]
35. 도심지 RC조 고층건물을 해체할 경우 고려할 사항에 대하여 기술하시오. [00전, 25점]
36. 건축물 해체공사 작업 계획 [02중, 25점]
37. 건축 구조물 해체공법에 대하여 기술하시오. [05전, 25점]
38. 노후 공동주택 해체 시 공해 방지대책과 친환경적 철거방안에 대하여 기술하시오. [09전, 25점]
39. 도심지에서 건축물 지하공사 시 고심도의 터파기를 할 때 적용 가능한 암(岩) 파쇄(破碎)공법에 대하여 설명하시오. [11후, 25점]
40. 철근콘크리트 건축물 해체공법의 종류, 사전조사 내용 및 해체 시 주의사항에 대하여 설명하시오. [13전, 25점]
41. 도심지 철근콘크리트 구조물(지하 5층, 지상 19층 규모) 철거공사 추진 시 문제점 및 유의사항에 대하여 설명하시오. [17중, 25점]
42. 도심지 15층 사무소 건축물 해체공사 시 사전조사 및 조치사항, 안전대책에 대하여 설명하시오. [18전, 25점]
43. 건축물 해체공법 및 그에 따른 안전관리에 대하여 설명하시오. [21후, 25점]
44. 건축물관리법상 해체계획서 [22후, 10점]

5
45. 건축공사에서 발생하는 폐기물의 종류와 그 활용방안에 대하여 논하시오. [95후, 30점]
46. 건설 현장에서 발생되는 폐기물의 발생현황과 그 재활용 필요성 및 대책에 대하여 설명하시오. [96중, 30점]
47. 재건축 현장에서 발생되는 폐기물의 종류와 그 활용방안에 대하여 간략히 기술하시오. [98전, 30점]
48. 건설 현장에서 발생되는 폐기물의 종류와 그 처리 및 재활용 방안에 대하여 기술하시오. [99중, 40점]
49. 현장에서 발생하는 건설 폐기물의 저감방안 [00후, 25점]
50. 고층건물 시공에서 건설폐기물 발생에 대한 저감대책을 기술하시오. [04중, 25점]
51. 건설산업의 제로에미션(Zero Emission) [05전, 10점]
52. 건설현장에서 발생하는 폐기물의 종류와 재활용 방안에 대하여 기술하시오. [07중, 25점]
53. 건설폐기물의 종류와 처리방법에 대하여 설명하시오. [09후, 25점]
54. 건축물해체 시 발생하는 폐기물 문제의 해결을 위한 분별해체에 대하여 설명하시오. [10중, 25점]
55. 건축공사 현장에서 건설폐기물의 저감대책 및 관리방안에 대하여 설명하시오. [12후, 25점]
56. 건축물 신축공사 현장에서 발생하는 폐기물의 종류, 발생저감방안, 처리방안에 대하여 설명하시오. [17중, 25점]

공해·해체·폐기물·기타 기출문제

<table>
<tr><td rowspan="5">6</td><td>57. 구조 재료의 주종을 이루고 있는 콘크리트 기본 재료인 강모래, 강자갈의 고갈 및 부족 현상을 설명하고 콘크리트 폐기물의 적정 처리 및 재활용 방안에 대하여 논술하시오. [97후, 30점]</td></tr>
<tr><td>58. 콘크리트 재생골재의 특징과 사용상의 문제점에 대하여 설명하시오. [01중, 25점]</td></tr>
<tr><td>59. 재생골재의 사용가능범위를 제시하고 시공 시 조치사항에 대하여 기술하시오. [06전, 25점]</td></tr>
<tr><td>60. 레미콘 출하 후 발생하는 잔량 콘크리트의 효과적인 이용방법에 대하여 설명하시오. [13중, 25점]</td></tr>
<tr><td>61. 굵은 순환골재의 품질기준과 적용 시 유의사항에 대하여 설명하시오. [17전, 25점]</td></tr>
<tr><td rowspan="8">7</td><td>62. 건축물 철거현장에서 발생하는 폐석면의 문제점 및 처리방안에 대하여 기술하시오. [09중, 25점]</td></tr>
<tr><td>63. 수직증축 리모델링(Remodeling) 시 부분해체공사 및 석면처리방법에 대하여 설명하시오. [14전, 25점]</td></tr>
<tr><td>64. 석면지도 [14후, 10점]</td></tr>
<tr><td>65. 석면해체 및 제거작업 전 준비사항과 작업수행 시 유의사항에 대하여 설명하시오. [15전, 25점]</td></tr>
<tr><td>66. 석면건축물의 위해성 평가 [18전, 10점]</td></tr>
<tr><td>67. 건축물의 석면 조사 및 석면 제거 작업 시 유의사항에 대하여 설명하시오. [18중, 10점]</td></tr>
<tr><td>68. 석면해체·제거작업의 작업절차(조사 및 신고) 및 감리인 지정 기준에 대하여 설명하시오. [19후, 25점]</td></tr>
<tr><td>69. 석면조사 대상 및 해체·제거 작업 시 준수사항 [21후, 10점]</td></tr>
<tr><td rowspan="8">8</td><td>70. 건축물의 Remodeling 사업의 개요와 향후 발전전망에 대하여 기술하시오. [00중, 25점]</td></tr>
<tr><td>71. 도심지 고층 사무실 건물의 리모델링 시 검토사항 및 시공상의 유의점 [02중, 25점]</td></tr>
<tr><td>72. 공동주택 리모델링(Remodeling)공사의 시공계획에 대하여 기술하시오. [02후, 25점]</td></tr>
<tr><td>73. 건축물 Remodeling 공사의 성능개선 종류와 파급효과에 대해 설명하시오. [04중, 25점]</td></tr>
<tr><td>74. 건축물 리모델링 공사 시 보수 및 보강공사의 종류를 들고 각각에 대하여 기술하시오. [08전, 25점]</td></tr>
<tr><td>75. 주택 시설물의 노후부위에 따른 리모델링 공사범위를 유형별로 분류하고, 세부공사 대상항목 및 개선내용을 기술하시오. [09중, 25점]</td></tr>
<tr><td>76. 건축물의 리모델링(Remodeling)공사별 유형 및 특징에 대하여 설명하시오. [11중, 25점]</td></tr>
<tr><td>77. 공동주택에서 수직 증축 리모델링(Remodeling)의 문제점과 대책에 대하여 설명하시오. [13중, 25점]</td></tr>
<tr><td rowspan="6">기 출</td><td>78. 홈통공사에 관한 재료, 시공, 검사에 대하여 기술하여라. [83, 25점]</td></tr>
<tr><td>79. 공동주택의 온돌공사에 관하여 그 시공순서, 유의사항, 하자유형 및 개선사항에 대하여 기술하시오. [98후, 40점]</td></tr>
<tr><td>80. 공동주택의 미장공사에서 온돌바닥의 품질기준 및 균열저감을 위한 시공단계별(전, 중, 후) 관리방안에 대하여 설명하시오. [14중, 25점]</td></tr>
<tr><td>81. 옥내 주차장 바닥 마감재의 종류와 특징을 설명하시오. [00중, 25점]</td></tr>
<tr><td>82. 공동주택공사에서 기준층 화장실공사의 시공순서와 유의사항을 설명하시오. [00중, 25점]</td></tr>
<tr><td>83. 공동주택 1개층 공사의 1cycle 공정순서(flow chart)와 그 중점 관리사항을 설명하시오. [01중, 25점]</td></tr>
</table>

기출

84. 건축공사용 재료의 저장과 관리에 대하여 기술하여라. [83, 25점]
85. 클린룸(Clean Room)의 종류 및 요구조건과 시공 시 유의사항에 대하여 기술하시오. [05후, 25점]
86. 건축용 금속재료 간 이온화(Ionization) 현상에 따른 부식(腐蝕)에 대하여 설명하시오. [11후, 25점]
87. 금속공사에 사용되는 철강재 부식의 종류별 특성, 그리고 방식 방법에 대하여 설명하시오. [18중, 25점]
88. 현장 기술자로서 경험한 바 건축 시공 분야에서 기술적으로 특기할 만한 사항을 기술하여라. [81후, 30점]
89. 건축공사 현장관리 경험 중 특기할 사항에 대하여 기술하여라. [82후, 50점]
90. 귀하의 특기할 만한 시공기술 경험에 대하여 기술하여라. [83, 25점]
91. 귀하의 특기할 만한 시공기술 경험에 대하여 기술하여라. [87, 25점]
92. 귀하의 시공 경험에 대하여 다음의 사항을 기술하여라. [90전, 30점]
   ① 귀하가 시공한 현장 중 가장 큰 규모의 공사 개요
   ② 특기할 만한 시공사항
   ③ 타현장에 활용, 효용이 있고 신공법의 기술적 사항 및 문제점
93. 지하주차장 진출입을 위한 주차 램프(Ramp)의 시공 시 유의사항에 대하여 설명하시오. [13전, 25점]
94. 공동주택에서 난간의 설치기준과 시공 시 유의사항을 위치별(옥상, 계단실, 세대 내 발코니)로 구분하여 설명하시오. [15중, 25점]
95. 현대식으로 개량된 한옥의 공사 관리항목을 대공종과 중공종으로 분류하여 설명하시오. [15전, 25점]
96. 원전구조물 해체 시 방사선에 노출된 콘크리트의 오염제거 기술에 대하여 설명하시오. [16후, 25점]
97. 클린룸(Clean Room)의 요구조건과 시공 시 유의사항에 대하여 설명하시오. [17중, 25점]
98. 도심지 건축물 신축공사(지하 6층, 지상 23층 규모) 진행과정에서 발생되는 미세먼지 저감방안에 대하여 설명하시오. [17중, 25점]
99. 철재 방화문 시공 시 주요 하자 원인과 대책에 대하여 설명하시오. [18중, 25점]

용어

100. 방화재료(防火材料) [03후, 10점]
101. 건축용 방화재료(防火材料) [09전, 10점]
102. 시스템 천장(System Ceiling) [14전, 10점]
103. 준공공(準公共) 임대주택 [14전, 10점]
104. 커튼 월 공사에서 이종금속 접촉부식 [15후, 10점]
105. 설계 안전성 검토(Design For Safety) [16중, 10점]
106. 건축공사 설계의 안전성 검토 수립대상 [20후, 10점]

꿈꾸지 않는 자에게는 절망도 없다.

-버나드 쇼-

<table>
<tr><td>문제
1</td><td>건설공해의 종류와 그 대책(환경보전계획)</td></tr>
</table>

● [91전(30), 91후(30), 94후(25), 97중전(40), 98전(30), 98중후(30), OO후(25), O2후(25),
O5중(25), O7중(25), 14중(25), 18전(25), 19후(25), 2O후(25), 22중(25)]

Ⅰ. 개 요

① 건설공해란 건축 및 토목공사 등의 착공에서 준공까지의 기간 동안에 건설
작업으로 인하여 주변 주민의 생활 환경을 해치는 것을 말한다.

② 저소음 · 저진동 공법을 채택한다 하여도 기계 자체의 기계음은 막을 수가
없고, 지역 주민들의 집단 이기주의의 팽배와 기술력 부족 등으로 문제의
해결이 어렵다.

Ⅱ. 공해의 특성

① 문제 해결이 어렵다.

② 민원 발생으로 공기 및 공사비에 막대한 영향을 준다.

③ 공사 중 불가피한 사안이다.

④ 공사기간 중 주로 발생한다.

Ⅲ. 건설공해의 분류

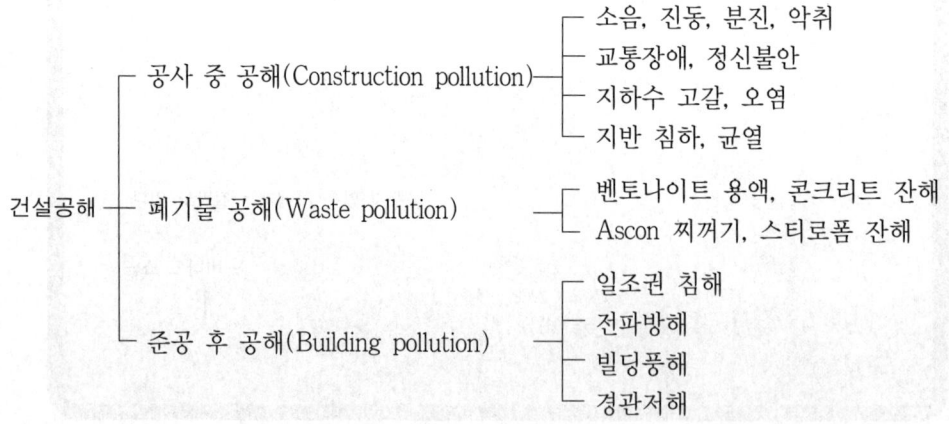

Ⅳ. 건설공해의 종류별 특성

1) 소 음

   ① 말뚝공사 시 타격장비에 의한 소음 발생
   ② 타격공법 중 drop hammer, diesel hammer, steam hammer 등의 소음이 가장 큼

2) 진 동

   ① 대형 굴삭기 사용으로 진동 공해 발생
   ② 토공사 시 굴삭기, 불도저, 덤프트럭의 운행

3) 분 진

   ① 현장 내외의 차량 통행에 의한 흙 먼지
   ② 구체공사 시 거푸집재의 먼지, 철골의 용접 불꽃, 콘크리트 비산

4) 악 취

   ① 아스팔트 방수작업의 연기, 의장 뿜칠재의 비산
   ② 차량 주행·정지·발차 시 배기가스 분출

5) 지하수 오염

   ① 지하수 개발을 위한 boring 굴착공의 방치
   ② 건설현장에서 발생하는 오물 등이 우천 시 땅속으로 유입

6) 지하수 고갈

   ① 대단위의 공동주택 단지 조성 시 지하수의 개발이 장기적인 면에서 수돗물 보다 경제적이므로 일반적으로 선호하는 경향
   ② 현장의 지하수 이용 및 토공사 시 배수로 인하여 주변의 우물 고갈

7) 지반침하

   ① 지하수의 과잉 양수로 압밀침하, 흙막이벽의 불량으로 주변 지반침하, 중량 차량의 주행 및 중량물 적치
   ② Underpinning을 고려하지 않은 흙파기공사 시 발생

8) 교통장애

   ① 콘크리트 타설 시 레미콘 차량이 한꺼번에 도로에 진입하여 정체현상 야기
   ② 토공사 시 흙의 반·출입 차량의 집중으로 교통장애 발생

9) 지반균열

   ① 대형 차량의 운행으로 도로 등에 과도한 진행하중으로 균열 발생

② 흙막이 공법의 미비로 boiling, heaving, piping 현상 발생

10) 정신적 불안감

① 대형 굴착 장비의 사용으로 소음 및 진동 등이 주변 건축물에 전달되어 불안감 조성

② 주택 내 소폭의 도로에 대형 차량 진입으로 불안감 조성

11) 벤토나이트 용액

① 토공사 시 공벽 붕괴 방지용으로 이용

② 분리침전조를 설치하여 처리

12) 콘크리트 잔해

① 콘크리트 타설 후와 해체 공사 시 발생

② 중량으로 취급 및 운반에 많은 경비 소요

13) Ascon 찌꺼기

① 부대 토목 공사 중 도로 정비 시 발생

② 발생 즉시 즉각적인 처리 필요

14) 스티로폼

① 단열공사 시 주로 발생

② 비중은 적으나 부피가 큼

15) 일조권 침해

① 대형 건축물 신축으로 기존 소규모 건축물의 일조량 부족

② 일조량 부족으로 심리적인 우울감, 불안감 발생

16) 전파방해

① 대형 건축물이 전파 방해물체가 되어 소규모 건축물의 방송전파 차단

② 전력공사, 경찰, 군 시설 등의 시설은 전파방해의 원인

17) 빌딩풍해

① 고층 건축물들의 사이에 골짜기 바람의 발생으로 풍속이 증대되어 빌딩풍(building wind)이 발생

② 풍속에 의한 자동차 배기가스 등 공해 확산

18) 경관 저해

① 대형 건축물 설계 시 주위 환경을 고려치 않아 sky line의 손상

② 아름다운 자연경관이 대형 건축물에 가려 보이지 않게 됨.

V. 대 책

1) 저소음 공법
① 말뚝 항타 시 방음커버 설치
② 진동공법, 압입공법, preboring 공법 등 저소음 공법 채택

2) 저진동 공법
① 치환공법 채택 시 저진동의 굴착치환, 미끄럼 치환 채택
② Pile 공사 시 중굴공법, jet 공법, benoto 공법 등 채택

3) 분진요소 제거
① 현장 주변에 살수차 배치하여 도로 및 현장 주변 살수·청소
② 현장 차량은 도로 운행 전에 반드시 세륜 실시

4) 악취물 수거
① 현장 오물 등은 정기적으로 청소차를 불러 수거
② 여름철에는 방역을 정기적으로 실시하고 음식물 쓰레기의 수거가 신속히 되도록 함

5) 지하 가설시설 점검
① 버팀대의 안전성 검토 → 계측관리
② 토압과 수압 판정을 정확하게 하고, 매설물에 대한 방호·철거·우회 등의 방법을 검토

6) 차수공법
① 과도한 배수방지 → 차수공법 병행
② 지하수 오염방지계획 수립

7) Underpinning 공법
① 차단벽 공법 및 well 공법을 적용
② 약액주입, 지반개량 공법의 적용

8) 복수 공법계획
① 배수공사에 의해 급격한 지하수위 하강을 sand pile을 통한 주수로 수위 변동 방지
② 차수벽 배면의 지반 교란으로 수위 하강된 것을 담수하여 조정

9) Boring공 관리

① 지하수가 나오지 않는 boring 굴착공은 cap으로 덮어 오염물질의 유입방지
② Boring 굴착공 관리를 위한 기록부 작성

10) 레미콘 계획 수립

① 수급이 가능한 경우 교통량이 적은 시간대를 이용
② 사전 계획 수립 시 레미콘 공장은 가까이 있는 곳을 선정

11) 현장내 배수계획

① 현장 내의 오물 등이 지하로 흘러가지 못하도록 간이 배수로 계획 수립
② 집수정을 두어 자동 배수 pump를 사용하여 배수

12) 팽창성 약액 발파공법

① 팽창성 물질을 주입하여 지반에 진동을 주지 않고 파쇄 함.
② 팽창 cement(alumina 분말)를 사용함.

13) 터파기 공사계획

① 터파기 흙 반출시 차량의 운행이 적은 시간대를 이용함.
② 현장 차량이 도로에 나갈 때는 세륜을 실시함.

14) 소리의 차단

① 간이 소음차단벽 설치
② 현장 주변에 trench를 설치하여 진동전달 차단

15) 도시 미관 고려

① 도시 미관 및 주변 환경을 고려한 설계
② 빌딩 풍해를 방지하기 위해 풍동시험의 실시 유무 사전결정

Ⅵ. 개발 방향

① 사전 simulation에 의한 영향 평가
② 결과치에 의한 시공계획 수립
③ Software 기법 개발

VII. 결 론

① 최근 건축물은 대지의 협소로 인하여 기존 건축물과 근접 시공되는 경우가 많고, 저소음·저진동의 기계가 개발되고는 있으나 기술력의 부족으로 근본적인 문제 해결에는 미흡하다.

② 그러므로 사회 전반에 걸친 이해와 신뢰를 바탕으로 관청, 발주자, 설계자, 시공업자, 주민 각자가 지혜를 모아 타당한 여론을 확립해 건설공해에 대처해 나가야 한다.

문제 2 · 건축공사 시 발생하는 소음과 진동의 원인 및 대책

● [76(10), 95후(40), 07후(25)]

Ⅰ. 개 요

① 최근 건축공사 시 가장 문제가 되고 있는 건설공해는 크게 소음과 진동이라 할 수 있으며, 이 문제에 대한 방안은 아직 미흡한 것이 사실이다.

② 기술적인 문제와 더불어 인근 주민들의 인식 부족 및 집단 이기주의가 팽배하여 적정한 합의점을 찾지 못하고 있으며, 정부측에서도 적극적인 대응책을 세우지 못하고 있는 실정이다.

Ⅱ. 건설공해의 분류

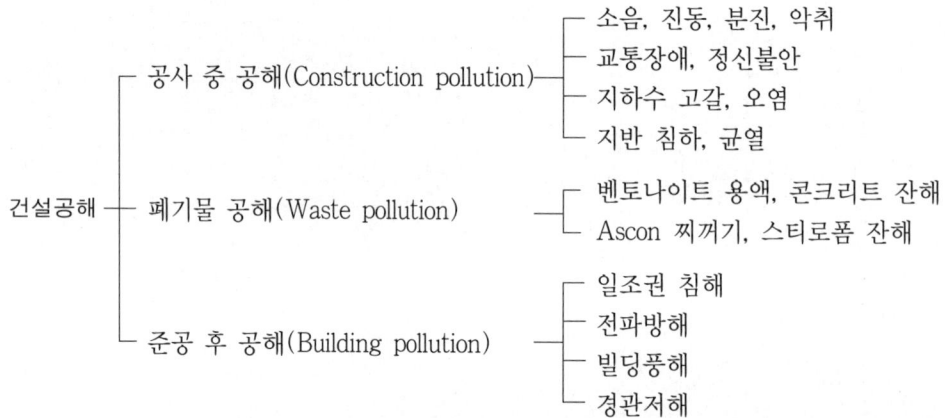

Ⅲ. 소음과 진동의 원인

1) 토공사

① 굴착기계에 의한 소음

② Truck에 의한 급경사 도로에서 운행시 소음

③ 경암 파쇄 및 굴착 시 소음

2) 기초공사

① 기성 Con'c pile 항타 소음→diesel hammer, drop hammer

② 다짐장비에 의한 소음→compactor, roller 등

3) 철근공사

　① 철근을 바닥에 부릴 때 발생하는 소음·진동

　② 양중기계에 의한 소음·진동

4) 거푸집공사

　① 거푸집 조립 시 발생하는 소음·진동

　② 거푸집 해체 시의 소음·진동

5) 콘크리트공사

　① Con'c pump 기계 작동에 의한 소음·진동

　② 레미콘 운행에 의한 소음·진동

　③ 진동기에 의한 소음·진동

6) P.C 공사

　① 양중기계에 의한 소음·진동

　② P.C 부재 접합 시 impact wrench에 의한 소음·진동

7) 철골공사

　① Erection 작업에 의한 소음·진동

　② Impact wrench 조임에 의한 소음·진동

8) 마감공사

　① 내부 천장 마감 공사 시 소음·진동

　② 골조공사 후 골조 배부름을 chipping할 때의 소음·진동

9) 해체공사

　① 해체 장비에 의한 소음

　② Steel ball, breaker 작업 시의 소음·진동

10) 발전기, compressor

　① 비상 발전기의 발전시 나는 소음·진동

　② 컴프레서 가동시 발생하는 소음·진동

Ⅳ. 대 책

1) 저소음 장비의 개발
   ① 방음성이 우수한 장비의 개발
   ② 기존 기계에 방음커버 보강

2) 작업 시간대 조정
   ① 새벽시간, 오전시간은 피하고, 일요일과 공휴일은 소음나는 작업 금지
   ② 소음작업의 운용 시간대 조정

3) 방음커버의 개발
   ① 새로운 기계의 개발보다 기존 기계의 소음 억제대책이 필요
   ② 기존 기계에 방음커버 보강으로 소음 억제

4) 사전 양해
   ① 주민 설명회를 통한 양해
   ② 사전에 공사개요 설명으로 이해 및 설득을 구함.

5) 소음 · 진동 방지시설
   소음 · 진동 방지시설로 흡음 · 차단

6) 무소음 해체공법 적용
   팽창 약액을 이용하여 무소음 · 무진동 해체공법 적용

7) Prefab 공법의 채택
   ① 현장에서는 조립에 의한 극소의 소음만 발생
   ② 소음 및 진동원의 감소 효과

8) 용접접합
   ① 용접접합은 리벳 접합이나 고력 bolt 접합에 비해 소음 · 진동이 적음.
   ② 거의 공장제작하고, 현장은 부분 제작하는 system으로 전환

9) 대형 거푸집 공사
   ① 대형 unit화된 form의 공장제작, 현장 조립하는 공사
   ② 망치 소리 등 작업소음 감소

10) P.C
   ① Con'c pump 공사 등에 의한 소음 · 진동이 없음.
   ② 작업에 의한 소음 및 진동기의 소음 · 진동이 없음.

11) 중굴 공법

① 강관 pile의 저부를 jet 공법과 병행하여 타입
② 타격에 의한 소음·진동 감소

12) Preboring 공법

① Earth drill 사용하여 굴착 시 precast pile을 넣고 선단은 cement paste로 고정
② 타격에 의한 소음·진동이 거의 없음.

13) Benoto 공법

① 현장에서 Con´c pile을 시공하므로 말뚝 타격에 의한 소음·진동이 없음.
② 대구경 굴삭기의 사용으로 소음·진동 감소

14) R.C.D(Reverse Circulation Drill) 공법

특수 비트가 달린 drill 사용하여 소음·진동이 적음.

15) Earth drill 공법

① Drilling에 의한 굴착으로 소음·진동이 적음.
② 기계가 소형으로 기계음이 비교적 적음.

V. 결 론

① 소음과 진동방지를 위해서는 시공기술의 개선, 제조업자, 건축주, 시공자 각각의 노력이 있어야 하며, 방지 사례 및 실적을 기록화하여 feed-back 관리 해야 한다.
② 현장관리자는 피해 대상자(민원인)와 충분히 협의하여 이해를 구하고, 상대방의 입장에서 문제를 해결하려고 하는 신중한 자세가 필요하다.

문제 3	실내공기 오염물질 개선방안

● [04전(25), 04후(10), 05전(10), 06전(25), 07전(25), 08후(25), 12중(10), 12후(10), 14후(10), 16중(10), 20중(10)]

I. 개 요

① 최근 환경에 대한 인식, 웰빙(well-being), 새집증후군(sick house syndrome) 등의 영향으로 실내공기질에 대한 관리방안 및 유해 · 오염물질에 대한 연구가 활발해지고 있다.

② 정부는 '다중이용시설 등의 실내공기질 관리법' 등을 통하여 실내공기질에 대한 규제, 관리를 강화시키고 있는 실정이다.

II. 실내공기질에 대한 법적규제(근거)

1) 다중이용시설 등의 실내공기질 관리법

구분	다중이용시설의 실내공기질 관리법(환경부)
신축공동주택	• 입주 전 공기질 측정 및 공고 의무
측정항목	• 포름알데히드(HCHO), 휘발성유기화합물(5개)
위반시 과태료	• 1,000만원 이하 부과 및 입주지연 예상
적용대상	• 100세대 이상의 공동주택

2) 건강친화형 주택건설기준

① 새집증후군 문제를 개선하여 거주자에게 건강하고 쾌적한 실내환경을 제공하기 위해 실내공기질과 환기성능을 확보한 주택

② 500세대 이상 신축 및 리모델링 주택

III. VOC(Volatile Organic Compounds : 휘발성유기화합물)

1) 정의

① 대기오염물질 중 발암성을 지닌 독성 화학물질로서 지구온난화의 원인물질이며 악취를 일으키기도 한다.

② 대기중에서 햇빛의 작용으로 광화학스모그를 유발하는 물질을 통틀어 일컫는 말이다.

2) 종류

벤젠, 아세틸렌 등 31개 물질

3) 배출원

① 토양과 습지 · 초목 · 초지 등의 자연적 배출

② 유기용제사용시설 · 도장시설 · 세탁소 · 주유소 및 각종 운송수단의 배기가스 등 인위적 배출

③ 배출량은 세계적으로 유기용제 사용시설과 운송수단의 배기가스가 대부분을 차지

4) 인체에 미치는 영향

① 백혈병   ② 각종 암(癌)

③ 중추신경계 장애   ④ 인체 염색체에 이상 유발

5) 규제

대기환경규제지역으로 지정된 지역에서는 VOC 배출억제 및 방지시설을 설치해야 함

Ⅳ. 실내공기 오염물질

1) 오염물질 및 기준

물 질	기 준(μg/m³)	유해성	발생원인
Formaldehyde	210 이하	0.1ppm 이상 시 눈 등에 미세한 자극, 목의 염증유발	단열재, 가구, 접착제에서 다량발생
Benzene	30 이하	마취증상, 호흡곤란, 혼수상태유발	페인트, 접착제, 파티클보드
Toluene	1,000 이하	현기증, 두통, 메스꺼움, 식욕부진, 폐렴유발	페인트, 벽지, 코킹, 실런트제품
Ethylbenzene	360 이하	눈, 코, 목 자극, 장기적으로 신장, 간에 영향	페인트, 가구광택제, 바닥왁스
Xylene	700 이하	중추신경계 억제작용, 호흡곤란, 심장 이상	페인트, 접착제, 카펫, 코킹제
Styrene	300 이하	코, 인후 등을 자극하여 기침, 두통, 재채기 유발	발포형단열재, 섬유형보드

2) 주요자재의 오염부하 기여율

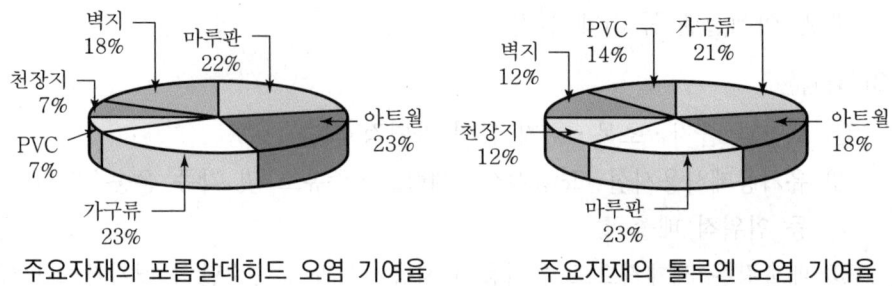

주요자재의 포름알데히드 오염 기여율　　　주요자재의 톨루엔 오염 기여율

3) 피해증상

① 새집증후군(sick house syndrome)

② 빌딩증후군(building syndrome)

V. 개선방안

1) 자재의 품질인증제 도입

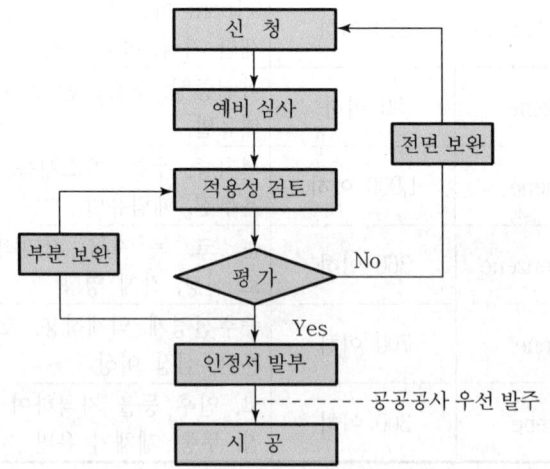

친환경건축자재의 개발과 인증제 시행으로 오염물질 저방출 자재의 시공 확립

2) 접착제 사용제한

마감재의 취부시 접착제의 사용을 줄이고 다른 공법을 적극 활용

3) 환기system 적용

자연환기 그릴을 설치하여 강제환기system과 함께 사용

4) 실내공기 측정

실내공기를 측정 및 분석하여 전체 환기시간 및 baking out실시 여부 확정

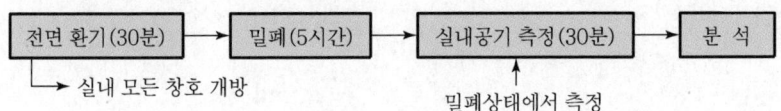

5) Bake out 활용

입주전 실내난방의 가동으로 실내오염물질의 70~80% 정도 감소 가능

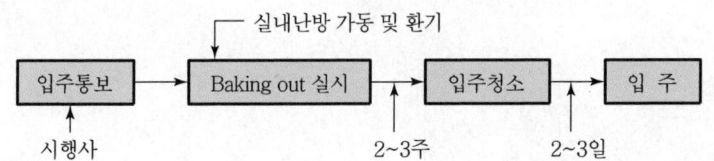

6) 적정 온습도 유지

Ⅵ. Bake out의 공동주택 실례

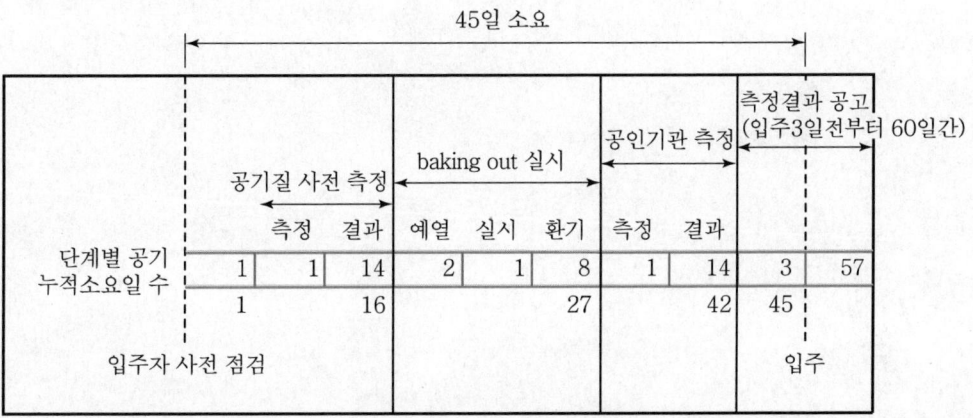

구분	공기질 사전 측정			baking out 실시			공인기관 측정		측정결과 공고 (입주3일전부터 60일간)	
		측정	결과	예열	실시	환기	측정	결과		
단계별 공기 누적소요일 수	1	1	14	2	1	8	1	14	3	57
	1		16			27		42	45	

45일 소요

입주자 사전 점검 / 입주

Ⅶ. 결 론

① 실내공기 오염물질의 효과적인 저감을 위해서는 설계 · 시공단계는 물론 입주단계, 거주단계까지의 지속적인 관리가 필요하다.

② 최초설계 및 model house 건립시 사전측정 체계화를 통해 simulation을 실시, 개선 반영하여야 하며 특히 입주단계에서는 적극적인 bake out을 실시하여 실내공기 오염으로 인한 피해를 예방해야 한다.

문제 4 | 건축 구조물의 해체공법

● [93전(30), 94전(8), 96전(10), 98중전(30), 00전(25), 02중(25), 05전(25), 09전(25), 11후(25), 13전(25), 17중(25), 18전(25), 21후(25), 22후(10)]

Ⅰ. 개 요

① 최근 들어 건축물의 생산기술과 함께 노후된 건축물을 인근에 피해를 최소화하면서 해체할 수 있는가 하는 것이 중요한 기술적·사회적 문제로 대두되고 있다.

② 이러한 해체공법은 구미 선진국에서 이미 보편화되었으나, 우리나라는 남산 외인 아파트를 시작으로 점차 확대되고 있다.

Ⅱ. 건축 구조물 해체요인

① 경제적인 수명한계

② 주거환경 개선

③ 도시정비 차원

④ 재개발 사업

⑤ 구조 및 기능적인 수명한계

⑥ 정책적인 차원 및 시대적 필요성

Ⅲ. 해체 시공계획

1) 현장조사

① 대상 건물의 조사, 부지상황의 조사 및 인근 주변 환경의 조사 실시

② 설계도서에 의해 직접 조사를 실시하고 설계도서가 없는 경우 외관조사 및 실측의 간접조사 실시

③ 부지 내 공지의 유무, 장애물, 인접 도로 및 매설물 등에 대한 조사 실시

④ 인근 건물, 거주자, 도로상황 등을 정확히 파악하여 피해 발생 방지

2) 시공계획서

① 사전조사에 의해 해체방법 선정과 작업내용 계획서를 담당자에게 제출

② 적절한 해체공법 선정

③ 해체공사 적용 시는 시공순서, 작업방법 및 인근 피해 방지 검토

④ 정확한 공사계획을 수립하여 무리한 공사 및 사고 발생방지

Ⅳ. 공법 선정 시 고려사항

① 규모 및 구조 등 해체 대상 구조물에 대한 조건
② 도로사정, 주변 건물, 부지 넓이 등의 조건
③ 환경 공해 조건
④ 안전대책
⑤ 주민 통제 계획
⑥ 철거방법의 안전성 · 효율성

Ⅴ. 공법의 종류별 특징

1) 타격공법(강구공법, steel ball)

① 크레인 선단에 steel을 매달고 수직 또는 좌우로 흔들어 충격에 의해 구조물을 파괴하는 공법
② 기둥 · 보 · 바닥 · 벽의 해체에 적합
③ 소음과 진동이 큼.

2) 소형 breaker 공법

① 압축공기를 이용한 breaker로 사람이 직접 해체하는 공법으로 hand breaker 라고도 함.
② 작은 부재의 파쇄가 용이하며, 광범위한 작업에도 용이함.
③ 소음, 진동, 분진의 발생으로 보호구 착용
④ 작업 방향은 위에서 아래로 작업수행

3) 대형 breaker 공법

① 압축공기 압력으로 파쇄하는 공법
② 소음을 완화하기 위해 소음기 부착
③ 공기 및 유압 사용
④ 기둥, 보, 바닥, 벽의 해체에 적합하며, 능률은 좋으나 진동 · 소음이 심함.

4) 절단(cutter) 공법

① Diamond cutter에 의해 절단하며, 인장 및 전단에 약한 Con'c의 성질 이용
② 보, 바닥, 벽의 해체에 유리하며, 저진동 공법임.
③ 안전하게 해체 가능, 부재의 재사용 가능

5) 압쇄공법

　① 'ㄷ'자형 프레임 내에 반력면과 jack을 서로 마주보게 설치하여 프레임 사이
　　에 Con'c를 넣어 압쇄하는 공법
　② 저소음·저진동·저공해의 공법으로 능률이 좋아 일반적으로 많이 사용
　③ 취급 간편

6) 유압 jack 공법

　① 상층보와 slab를 유압 jack으로 들어올려 해체하는 공법
　② 일반적으로 보나 slab는 밑에서 치켜 올리는 힘에 약함.
　③ 저진동·저소음의 공법으로 크롤러 사용할 때 시공능률이 향상됨.

7) 비폭성 파쇄재

　① 해체할 대상에 굴착공을 만들고 그속에 비폭성 파쇄재(불활성 가스·생석
　　회 등)를 넣어 팽창물질의 팽창력만으로 해체하는 공법
　② 비폭성 파쇄재의 종류
　　㉮ 고압가스공법 : 불활성 가스의 압력 이용
　　㉯ 팽창가스 생성공법 : 화학반응에 의해 팽창가스 생성
　　㉰ 생석회 충전공법 : 생석회 수화시 팽창압력에 의해 파쇄
　　㉱ 얼음공법 : 얼음의 팽창압에 의해 파괴
　③ 특수한 규산염을 주재로 한 무기질 화합물
　④ 물과 수화반응으로 팽창압이 생성되어 암 및 Con'c를 안전하게 파쇄
　⑤ 저소음·저진동 공법으로 취급이 용이하고, 시공이 간단하여 작업의 효율성이 큼.

8) 쐐기 타입 공법

　① 부재에 구멍을 뚫고 그 구멍에 쐐기를 넣고 파쇄
　② 천공기, 유압 쐐기, 타입기, compressor 필요
　③ 기초 및 무근 콘크리트의 파쇄에 적합

9) 전도공법

　① 부재를 일정한 크기로 절단하여 전도시키는 공법
　② 기둥, 벽 해체에 적합

10) 발파공법

　① 화약을 이용하여 발파, 그 충격파나 가스압에 의해 파쇄
　② 지하 구조물의 해체에 유리. 주변 지하구조물의 영향에 유의
　③ 소음·진동 공해 및 파편의 위험이 있음.

11) 폭파공법

① 구조물의 지지점마다 폭약 설치하여 정확한 시간차를 갖는 뇌관을 이용, 구조물 자체 중량에 의해 해체됨.

② 주변 시설물에 피해 및 진동·소음 발생

③ 시공순서 flow chart

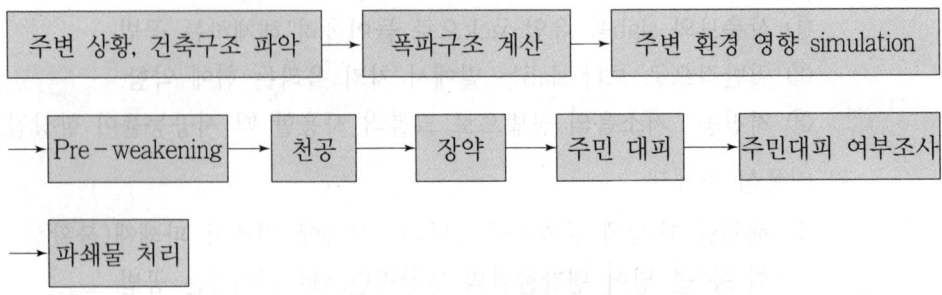

VI. 재래식 공법과 폭파공법의 비교

구 분	재래식 공법(타격공법, breaker 공법)	폭 파 공 법
① 원 리	충격 해체	폭발 해체
② 사용기계	steel ball, breaker	소형 착암기(천공용)
③ 특 성	비계 작업 필요	여유공간 불필요
④ 안 전 성	건물 불안정, 재해위험	안전성 양호
⑤ 공 기	공사기간 길다.	공사기간 짧다.
⑥ 공 해	환경공해 심각, 민원발생 높음.	공해성 거의 없고, 주변 시설물 피해 적음.

VII. 공해대책

① 주변의 소음, 진동, 분진 등 공해에 대한 법규조사 및 조치

② 착공 전 설명회를 통한 인근 주민 홍보

③ 먼지, 비산 방지를 위해 물뿌리기 및 임시 대피장소 마련

Ⅷ. 안전대책

① 안전·위생 관리계획서 작성
② 차량은 정기검사, 작업 전 점검 실시 및 적격자로 하여금 운전하게 하고 차량유도원 배치
③ 구조재의 부식상태 및 재료 접합상태 점검
④ 재료 특성 검토하여 화재방지에 유의
⑤ 구조물의 해체 시 기계를 사용할 때는 안전성 검토 및 비산에 주의

Ⅸ. 해체재 처분

① 콘크리트 조각, 강재토막, 내·외장재 등의 폐기물은 외부로 반출
② 재활용 가능 부품은 해체공사 시 별도 철거
③ 해체공사 시 1일 정도의 적치 공간 확보
④ 폐기물의 적재는 도로 위에 하지 못하나 부득이 적재할 때는 감시인 배치
⑤ 해체 폐기물의 운반 중 낙하 방지를 위해 적정 분할 운반함.
⑥ 지하실 및 빈틈 매입 시는 쓰레기, 나무 등의 유기물질은 제거하고, 바위, 자갈, 모래를 포함한 흙만 사용

Ⅹ. 결 론

① 건축물의 해체요인으로는 경제적 수명의 한계, 주거환경개선, 재개발 사업 등의 이유로 해체되고 있는 실정이다.
② 그러나 콘크리트 구조물의 해체는 부실공사로 건축물이 제수명을 다하지 못하고 조기에 해체되는 안타까운 이유도 있으므로 정부, 설계자, 시공자가 삼위일체가 되어 부실공사를 척결하고, 해체공법에 대한 신기술 및 신공법의 연구 개발에 노력해야한다.

문제 5	건설 폐기물의 종류와 재활용 방안

● [95후(30), 96중(30), 98전(30), 99중(40), 00후(25), 04중(25), 05전(10), 07중(25),
09후(25), 10중(25), 12후(25), 17중(25)]

Ⅰ. 개 요

① 최근 들어 사회 전반에 걸쳐 공해에 대한 인식도가 높아지고, 특히 건축물
의 폐기물에 대한 정부 및 기업체의 인식 전환으로 건설 폐기물에 대한 다
각적인 연구 개발이 실시되고 있다.

② 그러나 아직도 정부 차원의 홍보 및 강력규제가 미흡하고, 건설자재의 재활
용에 대한 인식이 일부의 기업주에게만 그치고 있어 범국가적인 홍보 및
규제가 필요한 실정이다.

Ⅱ. 재활용의 필요성

① 환경공해 억제

② 자원 회수

③ 절약의식

④ 운반비 절약 및 공기단축

⑤ 재생산업의 활성화 및 기계산업 발달

⑥ 실업률 저하

⑦ 국가경쟁력 강화

Ⅲ. 건설폐기물 재생자원 개념도

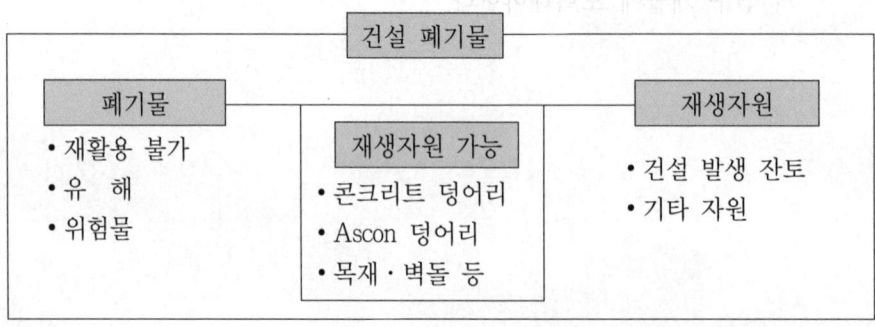

Ⅳ. 폐기물의 종류

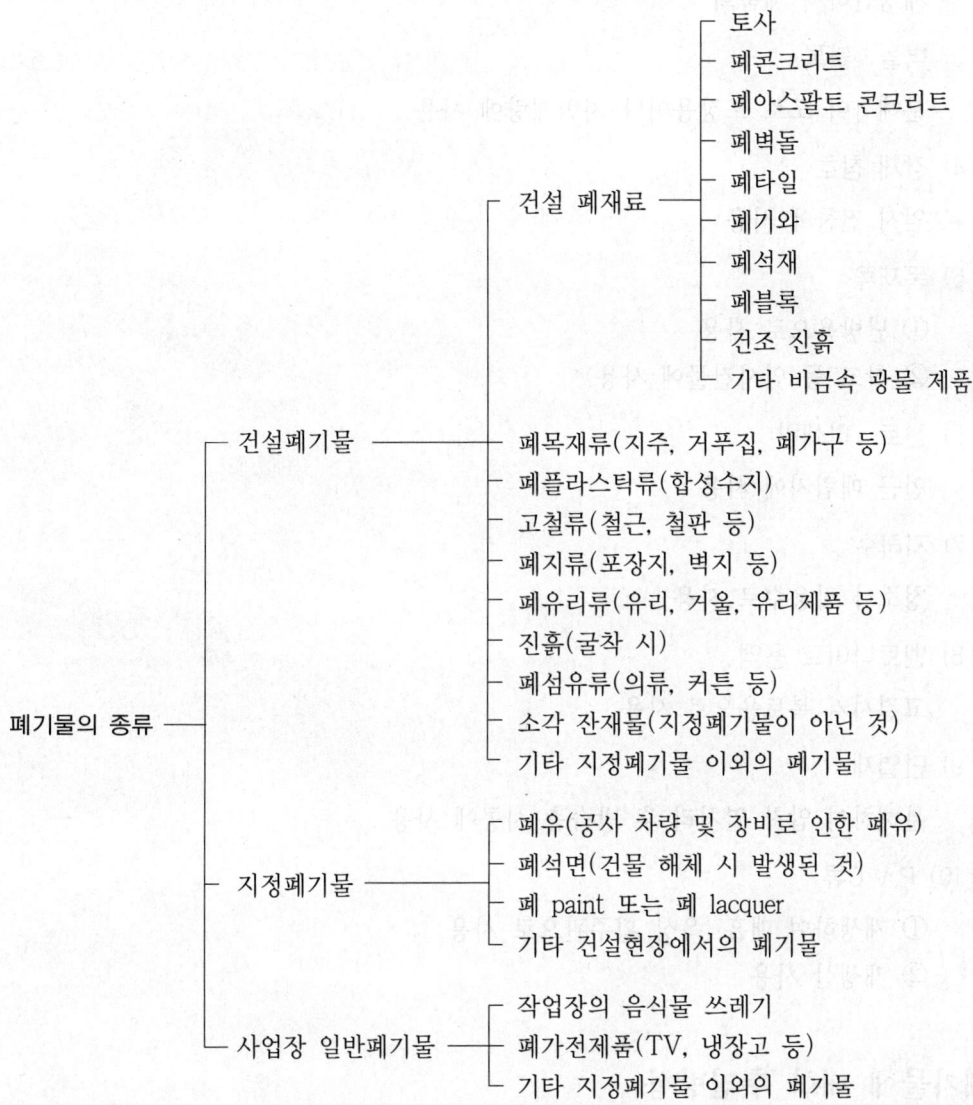

건설 폐재료
- 토사
- 폐콘크리트
- 폐아스팔트 콘크리트
- 폐벽돌
- 폐타일
- 폐기와
- 폐석재
- 폐블록
- 건조 진흙
- 기타 비금속 광물 제품

건설폐기물
- 폐목재류(지주, 거푸집, 폐가구 등)
- 폐플라스틱류(합성수지)
- 고철류(철근, 철판 등)
- 폐지류(포장지, 벽지 등)
- 폐유리류(유리, 거울, 유리제품 등)
- 진흙(굴착 시)
- 폐섬유류(의류, 커튼 등)
- 소각 잔재물(지정폐기물이 아닌 것)
- 기타 지정폐기물 이외의 폐기물

지정폐기물
- 폐유(공사 차량 및 장비로 인한 폐유)
- 폐석면(건물 해체 시 발생된 것)
- 폐 paint 또는 폐 lacquer
- 기타 건설현장에서의 폐기물

사업장 일반폐기물
- 작업장의 음식물 쓰레기
- 폐가전제품(TV, 냉장고 등)
- 기타 지정폐기물 이외의 폐기물

Ⅴ. 재활용 방안

1) 폐콘크리트

① 폐콘크리트 덩어리를 crusher로 분쇄하는 방법

② 매립재, 성토재, 기초 및 뒤채움재, 노반재, 아스팔트 혼합용 골재, 콘크리트 골재 등으로 이용

2) 철 근

　　재생산하여 제품화

3) 벽돌 · 블록

　　분해하여 도로 포장용이나 지반개량에 사용

4) 강재 창호

　　임시 건물에 사용

5) 목재류

　　① 난방용으로 사용
　　② 창고 등 임시건물에 사용

6) 잔토 · 파쇄암

　　인근 매립지에 사용

7) 지하수

　　청소나 잡용수로 사용

8) 벤토나이트 용액

　　고결시켜 복토용으로 사용

9) 단열재

　　분해하여 압착 열처리 후 방습층 시공에 사용

10) P.V.C류

　　① 재생하여 맨홀, 옥상 횡주관으로 사용
　　② 재생산 사용

VI. 폐기물에 대한 추진방향

1. 자원화 활용

1) 해체 시 재활용 고려

　　설계 단계에서부터 구조물의 설계변경이나 해체공사에 있어 해체제의 재활용 고려

2) 폐기물 발생량 감소

　　① 분류 해체 추진
　　② 건설시 폐기물 발생량 억제방안계획

3) 시범실시

공공공사에 재활용품 적용의 시범실시

4) 대책연구회 설치

건설 폐기물 처리대책연구회를 설립하여 대책 강구

5) 재활용 활성화 추진

재활용이 활성화되도록 incentive 부여

2. 정부 활동

1) 건설 폐기물의 발생 억제

　① 폐기물의 발생 억제를 고려한 자재의 사용법 및 공법 채택

　② 건설업자의 인식 전환을 위해 계몽 강화

2) 정책적 방안 확립

　① 건설공사 발주자 및 폐기물 배출자의 책임 강화

　② 폐기물의 처리 기준 강화

　③ 위탁 처리업자의 육성 및 재활용 처리시설의 확대

3) 품질 성능기준 설정

재활용품의 적절한 품질 성능기준의 설정

4) 재활용 사용의 의무 규정

발주자에게도 폐기물 재활용 의무 부여

5) 투기억제 방안

불법투기 억제 및 강력한 행정조치

6) 홍보 실시

다각적으로 홍보하여 쾌적한 환경 유도

3. 기업 활동

1) 재생 이용 추진

　① 공공사업 등에 있어서 재생 이용 추진

　② 폐콘크리트, 폐아스팔트 재생 이용

　③ 건설자재 재생 플랜트의 구체화

2) 기술개발의 추진

① 발생 억제, 감량화 등을 목적으로 기술 개발
② 재생산 체제의 기술개발

3) 경제성이 있도록 재활용

엄격한 설비규제 강화로 재활용품의 경쟁력 및 경제성을 높임.

4) 현장 소각로 설치

소모품, 재활용 안 되는 품목 등은 현장 소각

5) 분별 배출

폐기물은 재활용품과 소모품을 분별하여 배출

6) 설계 시부터 명시화

설계 단계에서부터 재활용의 적정처리 강구

Ⅶ. 결 론

① 건설 현장에서의 폐기물 재활용 및 쓰레기량을 줄이기 위해서는 초기 기획과 설계 단계에서부터 재처리 시설 및 저장창고 등의 계획이 있어야 한다.
② 그리고 현장에서는 건설기술자의 공해에 대한 관심과 새로운 기술 습득에 대한 노력이 필요하며, 신기술 및 신공법의 개발시 자연환경 보존 차원에서 폐기물의 저감 및 재활용 방안에 대한 고려가 있어야 한다.

폐콘크리트의 재활용 방안

● [97후(30), 01중(25), 06전(25), 13중(25), 17전(25)]

Ⅰ. 개 요

① 최근 도시 재개발 및 신도시 개발사업 등에 따른 건축물의 공급이 급증하고 있으나, 건설자재는 자원의 고갈로 채취가 어려운 실정에 있다.

② 그러므로 폐콘크리트의 재활용은 환경공해를 줄이고, 자원을 보존하며, 건설자재의 수급을 원활하게 하는 차원에서 대단히 중요한 의미를 갖는다.

Ⅱ. 재활용의 필요성

① 환경공해 억제

② 자원 회수

③ 운반비 절약 및 공기단축

④ 재생산업의 활성화 및 기계산업 발달

Ⅲ. 재활용 flow chart

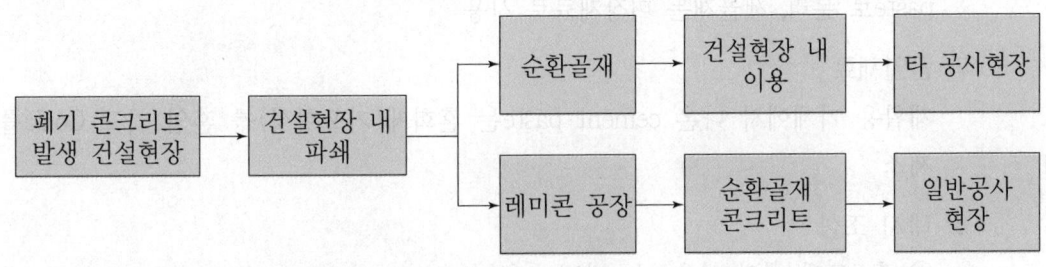

Ⅳ. 재활용 방안

1) 순환골재(재생골재)

① 재생골재의 품질은 콘크리트의 품질, 모르타르, 부착량, 제조공정, 입도 제조법, 불순물의 양 등에 영향을 받음

② 흙, 나뭇조각, 쇠부스러기 등이 혼입된 불순물이 콘크리트에 섞이면 강도에 나쁜 영향을 줌

2) 순환골재 콘크리트(재생 콘크리트)

　① 폐콘크리트 덩어리를 분쇄기로 분쇄하는 방법

　② 매립재, 성토재, 기초 및 뒤채움재, 노반재, 아스팔트 혼합용 골재, 콘크리트 골재 등으로 이용

3) 2차 제품

　① 타설 시간이 경과한 레미콘은 재활용 기계로 들어가 골재, 모래, 시멘트가 분리되어 재활용

　② 경화한 Con'c는 분쇄기로 분쇄하여 기초 및 뒤채움재, 노반재, 콘크리트 골재 등으로 재활용

4) 지반개량

　폐콘크리트 덩어리를 분쇄하여 지반 개량재로 재활용

5) 바닥다짐

　① 폐콘크리트 수거 · 재생하여 대지 조성재로 이용

　② 건설현장에서 분쇄하여 재사용하므로 경제적

6) 미장재료

　레미콘의 타설시간을 놓친 콘크리트는 재활용 기계에서 조골재, 세골재, cement paste로 분리, 세골재는 미장재료로 사용

7) 단열재료

　재활용 기계에서 나온 cement paste는 혼화제(기포형성)를 혼입 기포 Con'c를 제조

8) 대지 조성

　① 흙, 모래 대신 이용하는 방법

　② 재활용 양에 따라 경제성이 좌우됨.

9) 기초 매립재

　① 분쇄기를 사용하여 분쇄한 폐콘크리트를 기초 매립시 사용

　② 기초의 뒤채움재로 사용

10) 성토재

　① Crusher를 현장에 반입하여 분쇄 후 성토재로 재활용

　② 입경이 비교적 큰 것을 사용

11) 뒤채움재

① 입경이 큰 것이 좋음.

② Crusher로 분쇄한 그대로를 사용

12) 도로포장

① 적당한 입도 분포가 되도록 배합하여 노반재로 사용

② 도로의 노체·노상에 사용

13) 아스팔트 혼합물용 골재

① Crusher로 분쇄한 그대로를 이용하며, 입도조정하여 쇄석으로 이용

② 25mm 이하는 쇄석으로 이용

Ⅴ. 순환골재(재생 골재)

1) 품 질

① 폐콘크리트의 품질이나 모르타르 부착량에 영향을 받음.

② 섞여 있는 불순물에 따라 다름.

2) 성 질

① 불순물 함유

② 입형은 0.3mm 이하의 미립분이 많음.

③ 비중은 모르타르 부착량으로 천연골재에 비해 10~20% 정도 저하

④ 흡수율은 천연골재보다 높음.

Ⅵ. 순환골재 콘크리트(재생 콘크리트)의 성질

1) 적용대상

설계기준 압축강도 27MPa 이하에 적용

2) 품 질

① 같은 slump의 콘크리트를 비비는데 단위수량이 많음.

② 순환골재의 최대치환량은 골재용적의 30%

③ 콘크리트의 강도가 약간 저하하고, 건조 수축량이 많고, 강도와 탄성률이 낮고, 동결융해에 약함.

④ 재생 골재의 혼합비율이 클수록 압축강도는 저하(쇄석에 비해 10% 저하)

3) 성   질

① Slump는 감소하고 공기량은 재생 골재의 혼입량 증가에 따라 현저하게 증가
② Bleeding량은 적음.
③ 경화시 건조수축이 큼.
④ 압축강도는 30~40% 정도 감소하고 탄성력이 없음.

Ⅶ. 생산 · 유통상의 문제점 및 개선방안

1) 문제점

① 생산공장에 별도의 골재 저장소를 설치하여야 함.
② 건설업자와 골재업자 간의 비용부담의 원칙이 없음.
③ 품질 확보를 위해 별도의 시설이 필요하므로 경제적인 문제 발생

2) 개선방안

① 골재 저장소를 이용하여 천연골재와 혼합하여 사용하는 방법이 있다.
② 재생가공의 일정비율을 해체하는 건설회사에 부담시키므로 쇄석생산과 비교하여 원가절감 효과를 기대할 수 있다.
③ 환경공해에 대비하여 분쇄장비가 소규모인 것이 유리하다.

Ⅷ. 결   론

① 폐콘크리트의 재활용은 현장 내에 별도의 저장소가 필요하며, 아직 재활용 Con'c에 대한 품질 확보 및 품질기준이 제대로 정립되어 있지 않다.
② 그러나 세계적인 추세가 환경공해를 심각하게 고려하고, 제품에 대한 품질보증과 더불어 환경에 대한 ISO 14000의 인증을 중요시하고 있어, 앞으로 UR의 개방에 빠르게 대처하려면 폐콘크리트의 재활용에 대한 대책 마련이 시급하다.

석면 해체공사

● [09중(25), 14전(25), 14후(10), 15전(25), 18전(10), 18중(10), 19후(25), 21후(10)]

Ⅰ. 개 요

① 석면해체공사란 석면함유설비 또는 건축물의 파쇄, 개·보수 등으로 인하여 석면분진이 흩날릴 우려가 있고 작은 입자의 석면폐기물이 발생되는 작업을 말한다.

② 석면에 장기간 폭로될 경우 15~30년의 잠복기를 거쳐 폐암 등 근로자에게 치명적인 건강장해를 유발하므로 작업전 준비를 철저히 하고, 작업 시 안전에 유의해야 한다.

Ⅱ. 석면해체 및 제거작업의 범위

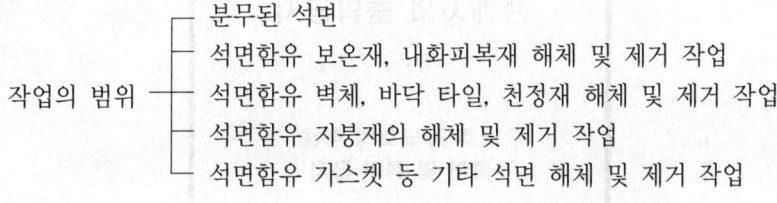

작업의 범위 ─┬─ 분무된 석면
　　　　　　 ├─ 석면함유 보온재, 내화피복재 해체 및 제거 작업
　　　　　　 ├─ 석면함유 벽체, 바닥 타일, 천정재 해체 및 제거 작업
　　　　　　 ├─ 석면함유 지붕재의 해체 및 제거 작업
　　　　　　 └─ 석면함유 가스켓 등 기타 석면 해체 및 제거 작업

Ⅲ. 석면해체 전 사전준비사항

1) 석면지도 작성등 사전조사 실시

① 석면지도란 건축물의 천장, 바닥, 벽면, 배관 및 담장 등에 대하여 석면 함유물질의 위치, 면적 및 상태 등을 표시하여 나타낸 지도를 말한다.

② 조사방법

㉮ 건축도면, 설비제작도면 또는 자재 사용이력 등

㉯ 자재 제조사의 제작사양 및 물질안전보건자료(MSDS)

㉰ 외형 및 색깔 등을 이용하여 육안으로 확인

㉱ 육안 확인 불가시 석면분석 기관에 분석의뢰하는 방법

③ 조사내용

㉮ 석면 함유 설비 또는 건축물의 위치 및 분포

㉯ 석면 함유 설비 또는 건축물의 종류 및 명칭

    ㉰ 석면 함유 설비 또는 건축물의 범위(면적, 량 등)

    ㉱ 석면 함유 설비 또는 건축물 중 해체·제거되는 부위 등

 2) 계획수립

   ① 석면피해 우려 건축물을 해체 제거 시 석면으로 인한 근로자의 위험을 예방하기 위하여 수립

   ② 계획수립 시 포함내용

    ㉮ 석면함유물질 사전조사내용

    ㉯ 석면해체·제거작업의 공사기간 및 투입인력

    ㉰ 석면해체·제거작업의 절차 및 방법

    ㉱ 석면 비산방지 및 폐기방법

    ㉲ 근로자 보호조치

 3) 경고표지의 설치

┌─────────────────────────────┐
│   │
│ **관계자외 출입금지** │
│   │
│   석면 취급/해체 등   │
│   │
│ **보호구/보호의 착용** │
│ **흡연 및 취식 금지** │
│   │
└─────────────────────────────┘

석면취급 해체 작업장의 경고표지

   ① 작업 출입구에 게시

   ② 크기는 가로 700mm, 세로 500mm 이상

 4) 개인보호구의 지급 및 착용

   ① 사업주는 작업조건에 적절한 방진마스크, 보호의 및 보호장갑 등의 개인보호구를 작업 근로자별로 지급하고 착용 지시

   ② 방진마스크는 1급 이상 방진마스크 또는 송기마스크 착용

   ③ 석면에 대해 불 침투성 보호의 지급

   ④ 근로자에게 전신용 일회용 보호의 지급 및 착용지시

   ⑤ 불 침투성의 보호장갑 및 보호장화 지급

5) 관계자외 출입금지 및 흡연 등의 금지

① 작업자 외에는 출입 엄금

② 작업장에 취식과 흡연을 금지시킴

6) 위생설비의 설치

① 탈의실 → 샤워실 → 작업복 탈의실(작업장비 보관실) → 작업장소 순으로 인접설치

② 각 실의 연결 복도의 출입구는 분진의 확산방지를 위해 폴리에틸렌 커튼 설치

7) 석면함유 잔재물 등의 처리 계획

해체·제거된 석면을 빨리 비닐 및 유사 재질의 포대에 담아 밀봉 후 폐기물 관리법에 따라 처리

Ⅳ. 석면해체 방법

1) 작업장의 개구부 밀폐 및 다른 장소과 격리조치

① 창문, 출입문 등 모든 개구부는 밀폐

② 다른 장소 등과 격리하기에 불충분할 경우에는 임시벽을 설치

③ 작업지역내 고정된 시설물이 존재시 폴리에틸렌시트 등으로 덮음

④ 벽과 바닥은 오염을 방지하기 위해 폴리에틸렌시트 등으로 덮고 갈라진 틈은 테이프 등을 이용 밀봉

2) 음압밀폐 시스템구조로 설치

① 음압밀폐를 위해 작업부위를 제외하고 바닥, 벽 등은 불침투성 재질의 시트로 덮음

② 작업장소과 외부와의 압력차 H_2O를 유지

③ 압력계를 사용하여 음압유지를 확인

④ 음압장치에는 작업장소 석면분진의 외부유출 방지를 위해 HEPA 필터를 장착

⑤ 시스템내 공기흐름은 근로자의 호흡방향에서부터 HEPA 필터 또는 분진 포집장치 방향을 유지

⑥ 작업 전에 음압밀폐시스템내 누출여부 검사 실시

3) 실외작업 시 HEPA 필터가 장착된 석면분진 포집장치를 설치

4) 습식작업 실시

① 습식작업은 해체·제거작업 전부터 대상 물질에 스프레이 등으로 실시하며 작업중에도 계속해서 습윤상태 유지

② 습윤제의 경우 물과 함께 사용하는 것이 유리

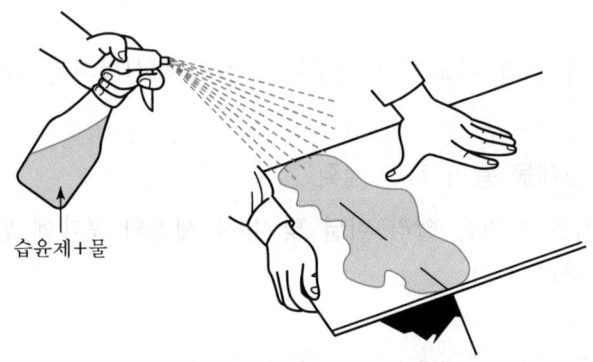

습윤제+물

5) 바닥에 불침투성 습윤천(dropcloths) 설치

바닥재에 축적된 석면 부스러기 또는 분진의 비산 방지

6) 1급 이상 방진마스크의 성능을 가진 호흡보호구 지급 및 착용

7) 석면자재 손상 최소화

① 가능한 한 절단용 동력도구 등을 이용

② 석면함유 물질을 직접 절단, 찢거나 깨는 등의 손상으로 방지하여 제거

V. 결 론

① 석면은 잠복기가 길어 인체에 누진적으로 피해를 가져다 주는 자재로 근로자의 안전을 확보하기 위한 노력이 필요하다.

② 석면자재의 사용을 지양하고 부득이하게 사용 시에는 그 사용부위 및 위치를 명확하게 기록하여 추후 철거시에 안전한 철거를 도모해야 한다.

건축물의 remodeling

● [00중(25), 02중(25), 02후(25), 04중(25), 08전(25), 09중(25), 11중(25), 13중(25)]

I. 개 요

① Remodeling이란 낡고 오래된 건물에 새로운 가치를 부여하여 자산가치를 상승시키고 건물의 수명을 연장시키는 사업을 말한다.

② 기존의 개·보수와의 차이점은 건물을 고치고 보완하는 데 정밀한 진단이 선행되며, 건물에 적합한 설계를 한 후, 경제적이고 합리적인 방법으로 시행하는 것이다.

II. 필요성

1) 사회적 변화

① Computer 등의 사용으로 기존 건물에 새로운 기능 부여

② 새로운 마감재료의 시공으로 임대율 상승

③ 입주자의 품질향상 요구

2) 물리적 노화

① 지붕, 창호 등의 누수

② 각종 기기 및 배관류의 마모 및 부식

③ 타일 등 외장재의 균열 및 마모

3) 기능적 저하

① 각종 기계 및 기구의 성능 저하

② 실내쾌적도 저하

③ 작업의 효율성 저하

④ 에너지 사용 증가

⑤ 근무의욕의 저하 또는 입주자의 불만

Ⅲ. Remodeling의 구성요소

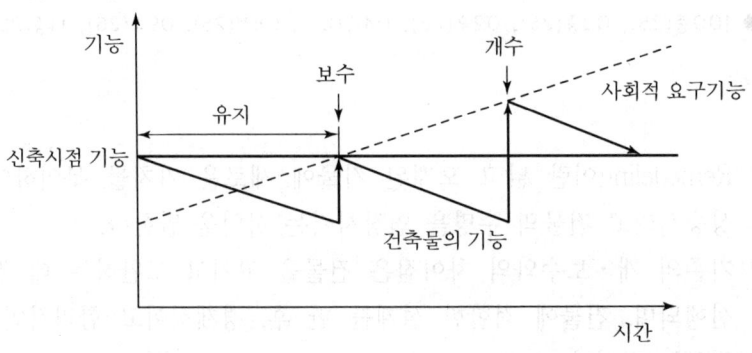

1) 유지

 ① 건축물의 기능수준 저하속도를 늦추는 활동

 ② 정기적 점검과 관리

2) 보수

 ① 진부화된 기능을 준공시점의 수준까지 향상

 ② 수리 및 수선

3) 개수

 ① 새로운 기능의 부가

 ② 준공시점보다 기능을 향상

 ③ 개축 및 대수선

4) 진단

 ① 경제성 분석과 계획수립 등을 통해 건물의 성능에 대한 객관적인 판단

 ② 건물의 현상태를 파악

Ⅳ. 기대효과

 ① 건물의 이미지 효과 상승

 ② 유지관리비의 절감

 ③ 수입의 증가

 ④ 안전성 향상

 ⑤ 쾌적성 향상

Ⅴ. 시공계획

1) Flow chart

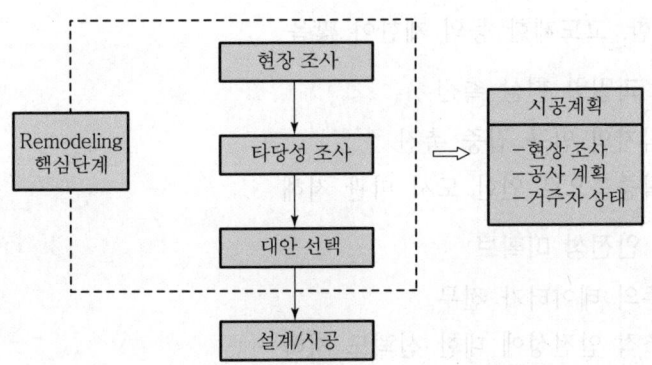

2) 유의사항

① 공사범위가 전체에 걸쳐서 행하여지는 경우가 거의 없음.

② 실제 건물을 사용하는 사람이 존재

③ 건물 사용자의 업무와 remodeling 공사를 동시에 진행

④ 거주자나 업무에 지장이 적은 시공계획 필요

Ⅵ. Remodeling 성능개선의 종류

1) 구조적 성능개선

① 건물의 안전을 위해 가장 우선적으로 고려해야 할 부분

② 건물의 노후화에 따른 구조적 성능저하 부분을 개선

2) 기능적 성능개선

① 건축설비시스템의 노후화에 따른 성능 개선

② 정보통신기술의 발달에 따라 기능적 성능개선의 중요성 부각

3) 미관적 성능개선

건물가치를 판단하는 일차적 요소로서 재료의 노후화에 따라 질적으로 저하

4) 에너지 성능개선

① 에너지 소비는 건물의 life cycle cost를 결정하는 중요한 요소

② 건물성능개선 분야 중에서 가장 중요하고 보편적인 분야

5) 환경적 성능개선

① 열환경, 음환경, 빛환경, 공기환경 등을 개선하여 쾌적성 증대

② 사용자의 생산성을 증대시키고 생활환경의 개선에도 기여

Ⅶ. 수직증축 리모델링의 문제점

1) 제도적 규제가 많음
사선제한, 고도제한 등의 제한이 많음

2) 도심의 과밀화 현상 촉진
① 도심지의 인구 집중 촉진
② 수직증축으로 인한 도시 미관 저해

3) 구조적 안전성 미확보
① 기존의 데이터가 전무
② 구조적 안전성에 대한 신뢰도 저하
③ 연결부에 대한 강성 확보 문제

4) 재건축과의 형평성 문제
① 재건축대상 건축물과 허용연한 관계
② 입주 주민의 반발 우려

5) 경제적 입장의 접근
① 삶의 질 저하 우려
② 주택의 투기 조성 우려

6) 수직증축의 시공경험 부족
① 시공경험 미숙으로 인한 안전사고 우려
② 관리 체계 미정립

7) 표준화된 관리체제 부족
법적으로 정형화된 관리체계 필요

Ⅷ. 활성화방안

1) 법적 제약요소의 개선
① Remodeling과 관련된 관련규제 완화
② 성능개선에 관련된 법규정 제정

2) 정부 지원
① 건축법 등 관련법규의 제정
② 개보수 자금의 저리 융자

③ 기존 건물의 용도 변경이 용이

3) 금융 및 조세지원

① 국민주택기금의 활용
② 부동산 신탁제도
③ 세액공제 및 조세 감면

4) 대형업체의 진출

① 국내 대형업체의 기술연구소 설립
② 대형업체들의 수주활동 활발

5) 건설업체의 영역분담 및 특성화

① 분야별, 규모별 건물 유형별로 주력분야 선택
② 차별화된 사업영역 구축

6) 사업모델의 다양화

① 부동산과 연계된 개발
② 원스톱(one-stop) 서비스체계 구축
③ 다양한 remodeling 상품개발

7) 표준화된 관리체계 구축

① 기존 구조체의 보강, 접합부 시공 등 표준화된 시공기준 확립
② 수행방법, 시공기술, 관리방법 등의 data base 구축

8) Remodeling 컨설팅 능력의 개발

9) 안전성 문제의 해결

① 기존 건축물 접합부의 강성 유지문제
② 전체구조물의 안전성 확보

IX. 결 론

① 건축물의 remodeling 사업은 선진국에 비해 걸음마 단계의 사업으로 국내에서의 무한한 성장 가능성이 있는 사업으로 평가되고 있다.
② 향후 건설시장을 선도할 remodeling 사업의 발전과 경쟁력강화를 위해서는 종합적인 사업관리체계를 구축하고, 이를 토대로 특화된 다양한 remodeling 상품을 개발하여 시장을 선점해 나가야 할 것이다.

8장 | 마감 및 기타

8절 건설기계

1. 건설기계화 시공의 장단점, 현황 및 전망 ········ 1126
2. 토공사용 기계 ·· 1131
3. 철근콘크리트 공사 기계 ································· 1135
4. 건축현장의 양중기 종류와 특징 ···················· 1140
5. Tower crane ·· 1144
6. 건축공사의 자동화와 robot화 ······················· 1150

건설기계 기출문제

1	1. 현장기계화 시공의 장단점에 대하여 기술하여라. [86, 25점] 2. 건설기계화 시공의 현황과 전망에 대하여 기술하여라. [93전, 30점] 3. 건설기계의 경제적 수명 [04전, 10점] 4. 시멘트 모르터공사의 기계화 시공의 체크포인트에 대하여 설명하시오. [08중, 25점] 5. 건설장비의 경제적 수명(Economic Life) [13후, 10점]
2	6. 그라우트(grout)공법에 필요한 기계의 종류를 들고, 각각 그 용도와 특징에 대해 설명하여라. [88전, 25점] 7. 토공사용 건설장비 선정에서 고려할 사항에 대하여 기술하시오. [98후, 30]

3	8. 도심지에 위치한 지하 2층, 지상 18층, 연건평 10,000평 규모의 철골철근콘크리트조 건물을 신축함에 있어, [77전, 25점]
	  ㉮ 공사비 내역서 작성 시 고려해야 할 가설공사비의 항목을 열거하여 설명하라.
	  ㉯ 사용이 예상되는 각종 시공기계 및 장비의 종류를 용량, 규격별로 기술하라.
	9. 다음 공사에 사용되는 건설 중기에 대하여 기술하여라. [83, 50점]
	  ㉮ 철근콘크리트조 공사(20점)
	  ㉯ 철골 공사(20점)
	  ㉰ Prefab apartment 건축공사(10점)

4	10. 양중기 장비의 종류와 시공 운용계획 [82후, 50점] 11. 건축현장의 수직 운반기 종류를 열거하여 각각 그 특징을 기술하시오. [94전, 30점]
5	12. 타워 크레인(tower crane) [79, 5점] 13. 타워 크레인(tower crane) [85전, 5점] 14. 대형 건축현장에서 설치하는 고정식 타워 크레인의 배치계획 및 기초시공에 대하여 기술하여라. [86전, 25점] 15. 현장 타워크레인의 기종 선정 시 고려사항과 운용 시의 유의사항을 설명하시오. [99후, 40점] 16. 대형 건축물의 신축공사 시 고정식 타워 크레인(Tower Crane)의 배치 방법 및 기초시공에서 시공상 고려할 사항을 기술하시오. [00전, 25점] 17. 공동주택 현장에서 Tower Crane 설치 계획과 운영 관리에 대하여 설명하시오. [01중, 25점] 18. S.R.C조 사무소 고층건물 골조 공사에서 Tower crane 양중작업의 효율화를 위한 양중자재별 대책을 기술하시오. [02전, 25점] 19. 고층건축 철골 조립용 크레인 선정 시 고려해야 할 요인 [02중, 25점] 20. 초고층 건축물에서 Tower Crane의 설치 및 해체 시 유의사항을 기술하시오. [03전, 25점] 21. Tower Crane의 재해 유형과 설치, 운영, 해체 시의 점검사항을 기술하시오. [03후, 25점] 22. 초고층건축물 공사 시 Tower Crane의 설치계획에 대하여 기술하시오. [06후, 25점] 23. Telescoping [08후, 10점] 24. 건축공사에서 양중장비인 타워크레인(Tower Crane)의 상승방식과 브레이싱(Bracing) 방식에 대하여 설명하시오. [09후, 25점] 25. 현장의 Tower Crane(T/C) 운용 시 유의사항에 대하여 설명하시오. [10중, 25점] 26. 러핑 크레인(Luffing Crane) [10후, 10점] 27. 고정식 타워크레인(Tower Crane)의 부위별 안전성 검토 및 조립·해체 시 유의사항을 설명하시오. [12중, 25점]

건설기계 기출문제

5

28. 타워크레인 마스트(Mast) 지지방식 [13전, 10점]
29. 초고층 공사 시 타워크레인(Tower Crane) 장비의 단계별(설치 시 및 사용 시) 검사 및 사고예방에 대하여 설명하시오. [13중, 25점]
30. 건축공사에서 타워크레인 설치 시 주요검토사항과 기초 보강방안에 대하여 설명하시오. [15전, 25점]
31. 초고층용 타워크레인과 일반용 타워크레인의 운용상 차이점을 설명하시오. [15후, 25점]
32. 최근 건축물의 고층화, 대형화로 건설기계 사용이 증가되고 있다. 건설기계 중 양중 장비인 타워크레인의 위험요소와 안전대책에 대하여 설명하시오. [16중, 25점]
33. 고층 건축물의 시공 시 타워크레인 현장배치 유의점 및 관리방안에 대하여 설명하시오. [16후, 25점]
34. 텔레스코핑(Telescoping) [16후, 10점]
35. 타워크레인(Tower Crane) 텔레스코핑(Telescoping) 작업 시 유의사항 및 순서 [19중, 10점]
36. 공동주택 건설현장에서 다수의 타워크레인 장비가 운용될 경우, 위험요인과 사고예방 대책에 대하여 설명하시오. [17중, 25점]
37. 최근 건설현장에서 붕괴횟수가 빈번한 타워크레인 사고방지를 위한 건설기계(타워크레인) 검사기준에 대하여 설명하시오. [18전, 25점]
38. 공동주택 건설현장에서 타워크레인 배치 시 고려사항과 타워크레인 운영 시 유의사항에 대하여 설명하시오. [18중, 25점]
39. Tower Crane의 주요 구성요소와 재해유형, 재해원인 및 안전대책에 대해서 설명하시오. [19후, 25점]
40. 타워크레인 설치 계획 시 고려사항 [21전, 10점]
41. 도심지 건축공사 시공계획 수립 시 Tower Crane 기종선정, 대수산정, 설치 시 검토사항에 대하여 설명하시오. [22중, 25점]

6

42. 건축공사에 있어서 robot화할 수 있는 작업분야 [96전, 10점]
43. 로봇(robot) 시공 [98중후, 20점]
44. 건설 로봇의 활용전망 [00후, 25점]
45. 건축시공에 있어 로봇(Robot)화에 대하여 기술하시오. [05후, 25점]

기출

46. 다음 건설용 기계공구류의 아는 바를 간단히 기술하라. [78전, 30점]
   ㉮ 포크 리프트(fork lift)
   ㉯ 애지테이터 트럭(agitator truck)
   ㉰ 타워 크레인(tower crane)
   ㉱ 드러그 셔블(drug shovel)
   ㉲ 슈미트 해머(schumit hammer)
   ㉳ 가솔린 레머(gasoline rammer)
   ㉴ 배처 플랜트(batcher plant)
   ㉵ 수중 모터펌프
   ㉶ 콘크리트 펌프(concrete pump)
   ㉷ 가이 데릭(guy derrick)
47. 건설공사에서 차량계 건설기계의 종류를 나열하고, 차량계 건설기계를 사용할 때 위험방지대책을 설명하시오. [13후, 25점]

건설기계 기출문제

기출	48. 초고층 건축물 공사현장의 리프트 카(Lift Car)의 운영관리 방안에 대하여 설명하시오. [12후, 25점] 49. 초고층 건축물 공사에서 건설용 리프트(Lift)설치기준과 안전대책 및 장비 선정 시 유의사항에 대하여 설명하시오. [14후, 25점]
용어	50. M.C.C(Mast Climbing Construction) [04중, 10점] 51. 곤돌라(Gondola) 운용 시 유의사항 [11후, 10점] 52. 외벽시공 곤돌라 와이어(Wire)의 안전조건 [15전, 10점] 53. 와이어로프(wire rope) 사용금지 기준 [17전, 10점] 54. 건설기계의 작업효율과 작업능률계수 [15전, 10점] 55. 더블데크 엘리베이터(Double Deck Elevator) [14후, 10점] 56. 건설작업용 리프트(Lift) [19중, 10점]

<table>
<tr><td>문제
1</td><td>건설기계화 시공의 장단점, 현황 및 전망</td></tr>
</table>

● [86(25), 93(30), 04전(10), 08중(25), 13후(10)]

Ⅰ. 개 요

① 최근의 건축공사는 대형화·고층화되어감에 따라 건설기계 또한 새로운 건설방향에 따라 대형화·중량화되어가고 있는 추세이다.

② UR 개방과 건설 환경 변화로 과거 인력에만 의존하던 건설에서 효율적이고 체계적인 건설로 변화하게 되었으며, 이에 부합하는 것이 건설공사의 기계화 시공이다.

Ⅱ. 장단점

1. 장 점

1) 성력화

① 건설기계 사용의 활성화로 노무절감 및 합리적인 노무관리계획 수립 가능

② 기계화 시공으로 경제성, 속도성, 안전성 확보

2) 공사비 절감

① 기계화 시공은 효율성이 증대되므로 공사비 절감 효과가 큼.

② 공사기간이 짧아지므로 공사비 절감 효과가 있음.

3) 공기의 단축

① 대형 양중 기계의 사용으로 작업성이 향상되어 공기단축 가능

② 소도구의 기계화 시공으로 인력작업의 효율성이 좋아져 공기단축 가능

4) 시공 품질의 확보 및 관리

① 시공성이 향상되므로 균질성이 높아짐.

② 기계화 시공으로 인하여 현장관리가 용이

5) 안전성 확보

① 인력작업은 여러 사람을 관리해야 하나 기계화 시공 시에는 관리대상이 대폭 축소됨

② 안전 관리비가 감소

6) 노동력 부족에 대처

　① 3D 기피현상에 의한 인력 감소에 대응

　② 노령화로 인한 인력 부족 및 기능도 저하에 대응

7) 고층화 및 speed화

　① 건설 장비의 발달로 초고층·대형 건축물의 시공 가능

　② 고성능 장비를 사용하여 공기단축이 가능

2. 단 점

1) 건설 공해

　① 건설 장비의 기계음 및 작업음으로 인한 소음 발생

　② 습식 공법은 건식 공법에 비하여 작업소음이 큼

2) 소음·진동·대기오염

　① 대형 굴삭 장비에 의한 소음·진동의 발생

　② 대형 운반 차량에 의한 대기오염 및 소음·진동 발생

3) 도심지 내의 건설장비 사용

　① 밀집한 도심지에서는 소음·진동의 차단이 어려움

　② 토공사 시 대형 장비의 유입으로 교통장애 발생

4) 교통 장애 발생

　① 콘크리트 타설 시 remicon 차량의 대량 진입으로 교통장애 발생

　② 소폭의 도로에 대형 차량의 운행으로 불안감 및 통행 불편 초래

5) 기계관리

　① 기계 성능 점검의 어려움

　② 기계의 고장시 수리하는 시간이 길어짐

Ⅲ. 현황(문제점)

1) 비효율성

　① 건설 현장의 가설계획 시 작업성의 정도를 분석하여 장비 사용 결정

　② 건축공사는 단순반복 작업이 적어 효율성 감소

2) 비연속성

① 건설작업은 작업공종이 많고 공정간에 연속성이 적음.
② 고층 건축물에서 연속병행 시공 시 작업의 집중현상 발생

3) 초기 투자비의 증대

① 대형 기계의 도입으로 초기 투자비 증대
② 장비의 고장으로 인한 대책마련이 어려움.

4) 신공법 기피 현상

① 신공법 적용 시 손해를 염려하여 신공법 적용을 기피
② 신공법 개발에 대한 인식 부족

5) 원가 분석

① 기계화 시공에 의한 원가 타당성 분석이 어려움.
② 기계화 시공과 인력시공 대비표 미비(공기 측면, 공사비 측면, 효율성 측면)

6) 과학적인 시공관리기법 미흡

① 기계화 시공의 과학적인 시공관리기법 개발 미흡
② 공정계획에 따른 효율적인 운용 미흡

7) 기계의 유지관리와 조직화

① 건설장비는 작업의 강약 구별이 정확하지 못해 작업량에 비해 과다장비 투입
② 건설장비의 운용은 소규모업자에 의한 경우가 많고, 조직이 미약하여 유지관리가 어려움.

8) 기계의 선정 문제

① 작업량에 대비한 정확한 장비의 선택이 어려움.
② 정확한 데이터에 의한 선정기준이 미흡하고, 경험에 의해 선정되는 경우가 많음.

Ⅳ. 전망(개발방향)

1) 도시형 건설 장비 개발

① 대지의 협소로 소형화된 장비가 요구됨.
② 저소음·저진동의 장비가 필요

2) 지하공사용 장비의 개발

① 지하공사 전문의 대형 굴삭기 개발이 필요(흙파기 전용 기계)
② 소형의 다기능의 굴삭기 개발(운반, 소량의 굴토, 상차, 소형의 짐·운반 등)

3) 수중공사 기계의 개발

대형 잠수정에 의한 굴삭기 개발

4) 대형화

① 건설공사의 대형화·고층화 추세로 장비의 대형화가 요구됨.
② 기계의 단위 부재 강성 요구

5) 고효율성

① 건축공사는 공종이 복잡하여 각 공종별로 효율성을 높이는 다기능의 장비 요구
② 소도구화된 장비로 성력화 필요

6) 장비의 강도 향상

① 건설장비는 대형화에 따른 양중능력 향상
② 고강도의 부재 개발이 중요

7) 운반 용이한 기계 개발

① 분해·조립이 간단한 기계 개발
② 작동이 간단하고 안전한 장비의 개발

8) 기계의 자동화·robot화·무인화

① 기계 작동시 발생할 수 있는 안전사고 예방
② 시공의 균질성 및 시공능력 향상

9) 기계 운전의 software 개발

① 무리한 운전 동작에 대한 자동제어장치의 개발
② 작업 반경 내의 물체에 대한 안전반응장치의 개발

10) 에너지 절약형 기계

① 저연료비 및 고효율계의 기계 개발
② 작동시 무리한 에너지 소모 방지

11) 저공해성 기계 개발

① 저소음·저진동의 굴삭기 개발
② 환경 보전 대책에 부합한 기계 개발

12) 안전성 있는 기계 개발

    ① 기계 동작 반경 내의 움직이는 물체에 대하여 안전기능이 요구됨.

    ② 무리한 동작에 대하여 자동으로 제어하는 기능 필요

13) 소음 · 진동

    ① 기계의 발생 소음 · 진동 방지책 마련

    ② 동력이 적정한 장비 개발

V. 결 론

    ① 최근의 건설현장은 3D 기피현상으로 노령화 및 기능 인력부족 등이 더욱 표면화되고 있고, 기업의 기술투자 노력부족 등의 복합적인 문제로 건설시장이 어려움을 겪고 있다.

    ② 이러한 문제점을 타개하기 위해서는 효율성이 뛰어난 장비의 개발, 소도구화 · 경량화된 장비의 개발이 이루어져야 하며, 끊임없는 기술 개발 노력을 경주해야 한다.

토공사용 기계

● [88전(25), 98후(30)]

I. 개 요

① 토공사는 다른 공종에 비하여 인근 건축물에 대한 피해 정도가 크며, 작업에 수반되는 소음·진동 등의 발생이 심한 편이므로 철저한 사전계획 수립이 필요하다.

② 사전계획 수립 시 고려해야 할 사항은 설계도서 검토, 입지조건 검토, 지반조사, 인근 주민 심리 파악 등을 통하여 대지 여건에 부합되는 적정한 건설장비를 선택해야 효율성·안전성·경제성 측면에서 유리하다.

II. 토공사용 기계 분류

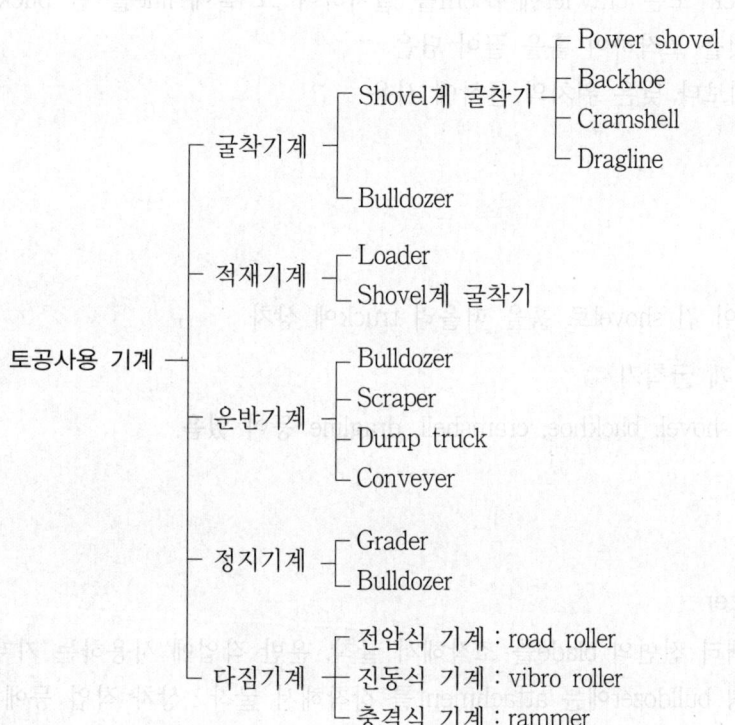

토공사용 기계
- 굴착기계
  - Shovel계 굴착기
    - Power shovel
    - Backhoe
    - Cramshell
    - Dragline
  - Bulldozer
- 적재기계
  - Loader
  - Shovel계 굴착기
- 운반기계
  - Bulldozer
  - Scraper
  - Dump truck
  - Conveyer
- 정지기계
  - Grader
  - Bulldozer
- 다짐기계
  - 전압식 기계 : road roller
  - 진동식 기계 : vibro roller
  - 충격식 기계 : rammer

Ⅲ. 굴착기계

1) Power shovel

① Bucket으로 전방의 흙을 파올려 몸체를 회전하여 truck에 적재
② 장비보다 높은 곳을 파냄.

2) Backhoe

① Power shovel의 몸체에 앞을 긁는 arm과 bucket을 달고 있는 기계
② 긁어 판 흙은 몸체를 회전하여 truck에 상차
③ Backhoe는 기체보다 낮은 곳을 굴삭함.

3) Cramshell

① Truck crane의 boom 끝에 cram bucket을 달아 자유 낙하시켜 흙을 파냄.
② 수중 굴삭에도 적합함.

4) Dragline

① Truck 또는 crawler에 boom을 설치하여 그 끝에 line을 단 bucket을 달고 이것을 조작하여 흙을 끌어 담음
② 기체보다 낮은 위치의 굴삭에 사용

Ⅳ. 적재기계

1) Loader

가로폭이 긴 shovel로 흙을 떠올려 truck에 상차

2) Shovel계 굴착기

Power shovel, backhoe, cramshell, dragline 등이 있음.

Ⅴ. 운반기계

1) Bulldozer

① 트랙터 전면의 blade를 조작해서 굴착, 운반 작업에 사용하는 기계
② 소형 bulldozer에는 attachment를 장착해서 굴착·상차 작업 등에 사용

2) Scraper

① 1회의 적재량을 가능한 한 많이 하기 위해서 하향 구배를 이용하고 push dozer를 사용함.

② 토취장과 scraper의 회전개소 등은 기계의 거동에 충분한 넓이가 필요하며, 또한 기계의 회전개소는 절토상의 단단한 지반에서 하도록 계획

③ 흙이 단단하여 절토가 곤란할 때는 ripper 작업을 한 후 작업하는 것이 작업량을 증가시킴.

3) Dump truck

① 적재함을 동력으로 경사시켜 적재물을 자동으로 부릴 수 있게 한 토사·골재 운반용의 특수 화물 차량

② 경사방향에 따라 측면식과 후면식의 2종이 있으며, 적재 용량은 1~25t 정도임.

4) Conveyer

① 컨베이어는 벨트 컨베이어가 가장 많이 쓰이며 골재운반 등에 많이 사용

② 벨트 위에 화물을 싣고 수평 또는 약간의 경사 위를 운반하는 기계로서 양측에는 회전축이 있고, 중간에는 벨트를 지지하는 회전차가 1~2m 간격으로 돌고 있음.

③ 설치 초기에는 설비비가 많이 소요되나, 장기간 사용할 때 유리함.

Ⅵ. 정지기계

1) Grader

① 토공사용 정지기계로서, 트랙터에 견인되는 것과 자주 할 수 있는 motor grader가 있고 공기 타이어가 장착된 것도 있음.

② 배토판(blade)의 크기에 따라 대·중·소로 구별됨.

2) Bulldozer

흙의 표면을 멀리서 깎거나 단거리의 운반 및 정지 작업을 하는 기계

Ⅶ. 다짐기계

1) 전압식 기계

① 전압식 기계 종류

㉠ Road roller(tandem roller, macadam roller)

㉡ Tire roller

㉢ Tamping roller

㉣ Bulldozer

② 전압식 기계는 점성토지반에 사용하는 다짐기계이며, roller의 중량을 이용하여 다짐.

2) 진동식 기계

① 진동식 기계 종류

㉮ Vibro roller

㉯ 진동 tire roller

㉰ 진동 compactor

② 진동식 기계는 사질토지반에 사용하는 다짐기계이며, roller의 진동을 이용하여 다짐.

3) 충격식 기계

① 충격식 기계 종류

㉮ Rammer

㉯ Tamper

② 구조물 뒤채움이나 접속부 다짐 시 소규모 장비로 정밀다짐을 요하는 다짐에 사용

③ Rammer는 자중이 70~80kg으로 가솔린 엔진을 이용하여 기계 전체가 뛰어올라 자중으로 낙하를 반복하여 다진다.

Ⅷ. 결 론

① 토공사용 기계 선정 여부는 효율성, 안전성, 경제성에 따라 정하여지나, 건축공사는 대부분이 도심지 공사가 많으므로 민원의 발생이 적은 저소음·저진동의 기계를 선택하는 것이 유리하다.

② 그리고 앞으로 토공사용 기계의 개발시 가장 중점을 두어야 하는 것은 기계음을 차단할 수 있는 방법에 대한 연구가 필요하며, 소형화되고 효율성이 큰 장비의 개발이 요구된다.

철근콘크리트 공사 기계

● [77전(25), 83(50)]

I. 개 요

① 종래의 철근 Con'c 공사는 제조에서 타설까지의 전과정이 건설현장에서 이루어졌으나, 최근에는 철근, 거푸집, Con'c 등의 과정이 공장 제작, 비빔 및 현장 설치로 변화하게 되었다.

② 이렇게 변화하게 된 계기는 근접 시공에 의한 공사장 확보가 어렵고, 3D 기피 현상으로 기능인력 감소, 임금인상 등의 이유로 현장관리가 용이한 기계화 시공을 선호하게 되었다.

II. 기계분류

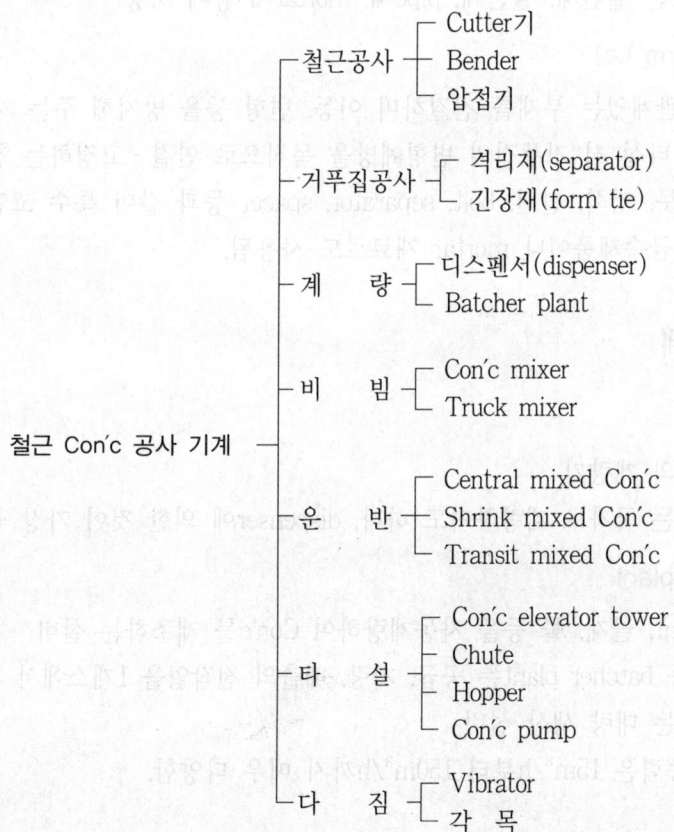

Ⅲ. 철근공사기계

1) Cutter기

철근을 절단하는 기계

2) Bender

철근을 구부려 hook 가공

3) 압접기

가스압접, 전기압접시 철근을 용접하는 기계

Ⅵ. 거푸집 공사기계

1) 격리재(separator)

① 거푸집 상호간의 일정한 간격을 유지하여 거푸집의 변형을 방지
② 재료로는 철판재, 철근재, pipe재, mortar재 등이 사용

2) 긴장재(form tie)

① 서로 관계있는 부재를 긴결하며 이동, 변형 등을 방지해 주는 재료
② Con'c 타설 시 거푸집의 변형예방을 목적으로 연결·고정하는 철선의 총칭
③ 보통 못, 꺾쇠, 철선, bolt, separator, spacer 등과 같이 특수 고안된 것이 있으며, 금속제품이나 mortar 재료로도 사용됨.

Ⅴ. 재료계량기계

1) Dispenser

① AE제의 계량기
② AE제는 국자로 계량하기도 하나, dispenser에 의한 것이 가장 좋음.

2) Batcher plant

① Cement, 골재, 물 등을 자동계량하여 Con'c를 제조하는 설비
② 전자동 batcher plant는 공급, 계량, 배출의 전작업을 1개소에서 1인이 조작할 수 있는 대량 생산 설비
③ 생산능력은 15m³/h부터 150m³/h까지 매우 다양함.

Ⅵ. 재료비빔기계

1) Con´c mixer

① 소정배합의 골재, cement, 물 및 혼화재를 혼합하여, 균질의 Con´c를 제조하는 기계

② Mixer의 종류에는 재료를 넣은 용기를 회전시켜 재료 낙하에 의한 중력을 이용한 중력식 mixer와 재료를 넣은 평탄한 원통형의 용기 내에서 휘젓는 날개에 의해 강제적으로 혼합되는 강제 mixer가 있음.

③ 강제 믹서는 됨비빔 콘크리트에 사용하며 1분 이상 믹서

④ 용량은 0.3~0.8m³/1회

2) Truck mixer

① 크기는 2~10t 정도이며, drum 형식은 입형 및 경사형이 있음.

② 경사형 구동방식은 chain 구동과 감속기 유압 motor로 되어 있음.

③ Drum 내 생 Con´c의 부착을 방지하고, 생 Con´c의 균일한 배출, 유압 motor 고장시 긴급조치 기능이 요구됨.

Ⅶ. Con´c 운반기계

1) Central mixed Con´c

① 믹싱 플랜트에서 고정믹서로 비빔이 완료된 Con´c를 agitator truck으로 휘저으며 현장까지 운반하는 것

② 근거리 운반에 이용

2) Shrink mixed Con´c

① 믹싱 플랜트의 고정믹서에서 어느 정도 비빈 것을 truck mixer에 실어 운반 도중 완전 비빔하여 현장 도착과 동시에 타설하는 것

② 비빔시간을 30초 단축 가능

3) Transit mixed Con´c

① 모든 재료가 공급되어 건비빔하면서 현장 도착 전에 물을 혼합하여 비빔을 완료하는 것

② Truck mixer를 이용함.

VIII. Con'c 타설기계

1) Con'c elevator tower

앵글제 tower의 가운데로 콘크리트 버켓을 승강시켜 bucket이 위에 도달하면 정지시켜 Con'c 배출함.

2) Chute

① chute에는 경사 슈트와 수직 슈트가 있음.
② 경사 슈트는 엘리베이터 타워에서 뻗친 boom에 달아 매어, 타워 호퍼에서 쏟아진 콘크리트는 자중으로 슈트를 미끄러져 내려 플로어 호퍼에 받아 손차에 분배됨.

3) Hopper

콘크리트를 쳐서 넣은 곳 부근에 일시적으로 장치해 놓은 깔대기

4) Con'c pump

① 주로 토목 현장에서 트레일러형으로 사용되어 왔으나 차량탑재식의 Con'c pump car가 등장하면서 건축공사에 널리 활용
② Con'c pump는 Con'c tower에 비해 기동성이 풍부하고, Con'c를 연속하여 타설 가능하고, 가설비계 등 배관 준비작업이 많이 줄어듦.

IX. Con'c 다짐기계

1) Vibrator

① 타설된 Con'c의 품질을 좋게 하여 거푸집 구석까지 또는 철근 주위 등 Con'c가 밀실하게 흘러들어가도록 하는 것
② 내진형 vibrator : 직접 진동 등을 삽입하여 다짐함.
③ 외진형 vibrator : form vibrator라고 하며, 거푸집을 진동시켜 간접 다짐함.
④ 평면형 vibrator : 도로, 활주로, 제방, 댐의 상면에 vibrator를 사용
⑤ 노면마무리용 vibrator : 평면 vibrating한 위에 다시 진동시켜 평활하게 마무리함.

2) 각 목

① 손다짐에 사용되며, 진동다짐(vibrator)보다 효율적이지 못함.

X. 결 론

① 최근에 철근 Con'c 공사가 기계화 시공으로 나아감에 따라, 제품의 품질이 향상되어 작업에 있어서의 시공성이 좋아지고, 안전성 확보가 용이하며, 작업인원 및 관리인원의 감축 등의 효과를 가져오게 되었다.

② 그러나 국제경기 악화 및 UR 개방 등으로 인하여 정부와 기업체 그리고 기술자는 꾸준한 기술 습득 노력을 통하여 신기술·신공법 개발에 혼신의 힘을 다하여야 한다.

건축현장의 양중기 종류와 특징

● [82후(50), 94전(30)]

I. 개 요

① 최근의 건축물이 고층화 및 부재의 대형화(prefab화)됨에 따라 양중기계 또한 대형화하게 되었고, 동시에 고능률적이고 안전성이 우수한 기계를 요구하게 되었다.

② 양중기의 선택시 공기단축을 위하여 조립 해체가 쉽고 시간이 절약되는 양중기를 선택하여야 하며, 특히 해체 시 안전사고의 발생이 크므로 유의해야 한다.

II. 양중기의 운용계획

① 설계도서 검토
② 주변 교통 사정 파악
③ 배치계획
④ 가설계획
⑤ 양중자재 구분
⑥ Stock yard

III. 양중기 분류

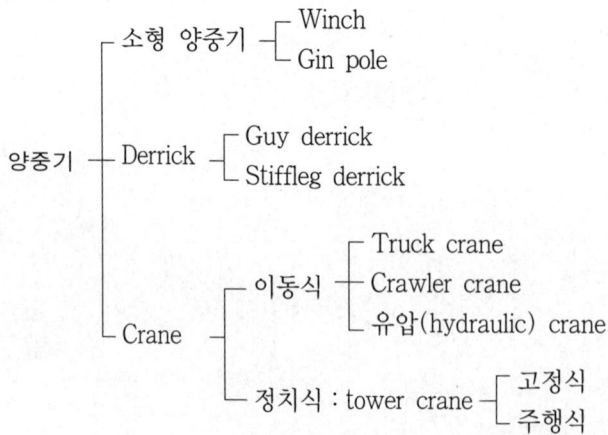

Ⅳ. 소형 양중기

1) Winch

① 자재의 인양, 콘크리트 버켓양중, 말뚝박기 등에 다양하게 활용
② 동력은 주로 모터 직결이지만 최근에는 유압식의 저소음으로 된 것도 있음.
③ 권상능력은 0.75~40kW 정도
④ 종류로는 싱글윈치, 더블윈치, 모터윈치, 브레이크모터윈치 등이 있음.

2) Gin pole

① 소규모 공사에 사용하는 crane 계통의 기기
② 1개의 지주를 버팀줄(guy)로 거치하고 활차를 장비한 것
③ Pole derrick이라고도 함.

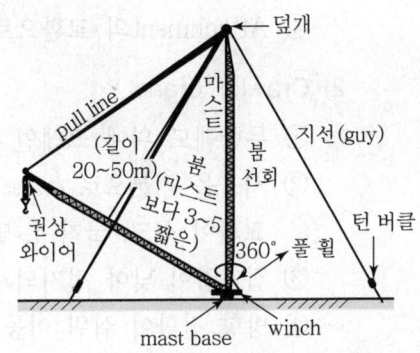

Ⅴ. Derrick

1) Guy derrick

① 버팀줄(guy)로 지지하는 derrick
② 철골공사의 세우기용, 주요 기계설비의 하나
③ 가장 많이 쓰이는 기중기, 능력이 크고, 중량물의 장내 운반, 여러 공사에 널리 사용됨.
④ Mast, boom, pull wheel로 구성되어 있고, 설치 15일, 해체 7일이 소요
⑤ 기초 당김줄 고정 위치가 필요함.

2) Stiffleg derrick

① 수평 이동이 용이하고, 당김줄은 불필요
② 당김줄은 leg로 교체하고, roller 달린 base 장착

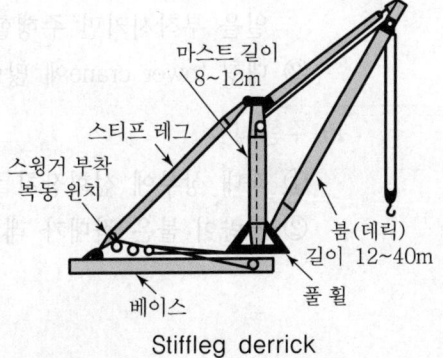

Stiffleg derrick

1141

Ⅵ. Crane

1. 이동식

1) Truck crane

① 셔블계의 크레인 본체를 타이어로 된 트럭에 탑재시킨 크레인
② 크롤러 크레인에 비해 용량이 크고 jib이 장대하며 능력이 큼.
③ 도로상 이동이 신속하고, 달아올릴 때 안전도와 인장 중량이 큼.
④ Attachment의 교환으로 각종 작업이 가능

2) Crawler crane

① 무한궤도 위에 크레인 본체를 탑재시킨 크레인
② 셔블을 기본으로 crane attachment를 부착시킨 것으로 각종의 attachment의 교환이 쉽고, 굴착기, 말뚝박기 기계 등으로 사용 가능
③ 접지압이 낮아 정지되지 않은 지반에서도 작업 가능
④ 방향 전환이 쉬워 이동작업 가능

3) 유압(hydraulic) crane

① 크레인차 또는 랙커차로 불리기도 함.
② 도로상의 이동속도가 빠르고, 기동성이 매우 높음.
③ 조작방식이 유압식으로 작업 안전성이 높음.
④ Jib의 신축이 가능하며 조립이 용이함.

2. 정치식(Tower crane)

1) 고정식

① 콘크리트 또는 철골 등의 기초면에 좌대를 고정하는 방식, 정치식이라도 레일을 부착시키면 주행할 수 있게 된다.
② 대형 tower crane에 많이 쓰는 형식이다.

2) 주행식

① 좌대 상부에 선회장치를 설치하여, 마스트가 선회하는 방식
② 차량이 붙은 좌대가 레일 위를 주행

Ⅶ. 개발방향

① 현대 건축물은 대형화, 고층화하기 때문에 양중기계의 대형화
② 안전하고, 해체 및 조립의 시간이 적은 고능률의 양중기계의 개발

Ⅷ. 결 론

① 양중기의 운용시 고려되어야 할 사항은 먼저 설계도서를 검토하고, 배치계획, 가설계획 및 stock yard 확보 등이 중요하다.
② 최근에 국내 건설은 UR의 개방 및 3D기피 현상에 의한 기능인력의 고령화 및 인력 확보 문제 등과 맞물려 어려운 시점에 봉착해 있으므로 이와 같은 문제점을 극복하기 위해서는 건설현장을 기계화 · 자동화 · robot화하여야 하며, 기능 인력을 감소시키고, 적은 인원으로 현장관리를 효율적으로 운용해 나가야 한다.

문제 5 Tower crane

● [79(5), 85전(5), 86전(25), 99후(40), 00전(25), 01중(25), 02전(25), 02중(25), 03전(25), 03후(25), 06후(25), 08후(10), 09후(25), 10중(25), 10후(10), 12중(25), 13전(10), 13중(25), 15전(25), 15후(25), 16중(25), 16후(25), 16후(10), 17중(25), 18전(25), 18중(25), 19중(10), 19후(25), 21전(10), 22중(25)]

Ⅰ. 개 요

① 최근의 건축물이 초고층화 및 대형화로 인하여 양중 가설 기계 또한 대형화, 중량화, 기계화로 변화하고 있는 추세이다.

② Tower crane의 설치시 가장 중요한 고려사항은 기초고정 및 당김줄의 고정 등이 가장 중요하며, 이 부분이 견고하지 못하면 대형 사고가 발생할 우려 가 크다.

Ⅱ. 요구조건(선정 시 고려사항)

① Climbing을 단시간 내에 할 수 있을 것

② 후속 작업에 지장이 없을 것

③ 안전 조건을 갖출 것

④ 범용성을 갖출 것

⑤ 구조체에 큰 보강 없이 tower crane을 지지할 것

Ⅲ. 종 류

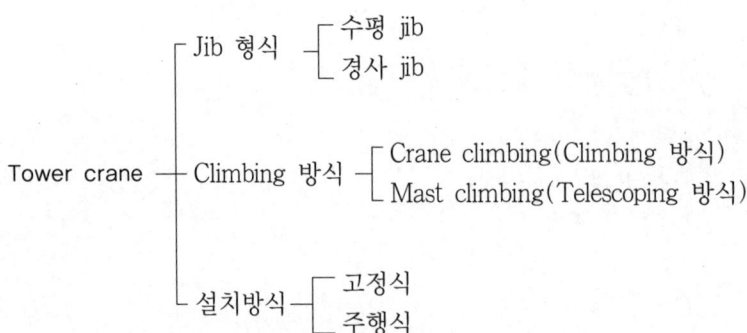

Ⅳ. 종류별 특성

1. Jib 형식

1) 수평 jib형(T형 crane)

① 수평 jib을 트롤리가 수평으로 이동하여 작업반경을 바꾼다.

② 소형 크레인에 많이 쓰는 형식이다.

2) 경사 jib형(Luffing crane)

① 지브를 들어올리면 작업반경이 바뀌면서 인양 능력이 증대된다.

② 고정식의 대형 크레인에 많이 사용된다.

2. Climbing 방식

1) Crane climbing 방식(Climbing 상승방식)

① 건축물의 기둥이나 바닥을 이용해서 크레인 본체와 마스트를 함께 상승시키는 방법으로서 climbing과 함께 마스트 base도 상부로 이동한다.

② Mast가 적으므로, 고층 빌딩용으로 바람직하다.

③ 클라이밍 중량이 커져서 구조체의 안전 문제, climbing의 안전성 등에 문제가 발생할 우려가 있어 설계 시 구조체 보강을 고려한다.

2) Mast climbing 방식(Telescoping 고정방식)

① 기초에 base를 고정하고 mast guide에서 한 개의 segment mast를 연결하여 상승시키는 방식이다.

② Mast guide에서 크레인 본체를 유압 jack으로 한 개의 segment mast 높이만큼 상승시킨 후, segment mast를 mast guide 안에 넣어 상승시킨다.

③ 크레인을 마스트 부분과 선회부분으로 분할하여 상승하므로 클라이밍 중량은 작아도 되며, 유압장치에 의해 클라이밍을 실시하기 때문에 단시간 내에 상승시킬 수 있다.

3. Tower crane 설치방식

1) 고정식

① 콘크리트 또는 철골 등의 기초면에 좌대를 고정하는 방식, 정치식이라도 레일을 부착시키면 주행할 수 있게 된다.

② 대형 tower crane에 많이 쓰는 형식이다.

③ Tower crane의 능력은 보통 하중 모멘트(t·m＝감아올리는 능력×작업반경)로 한다.

④ 45~200t·m가 보통 채용되고 있으며, 30t·m 이하를 소형, 45~80t·m를 중형, 100t·m 이상을 대형 타워 크레인으로 하고 있다.

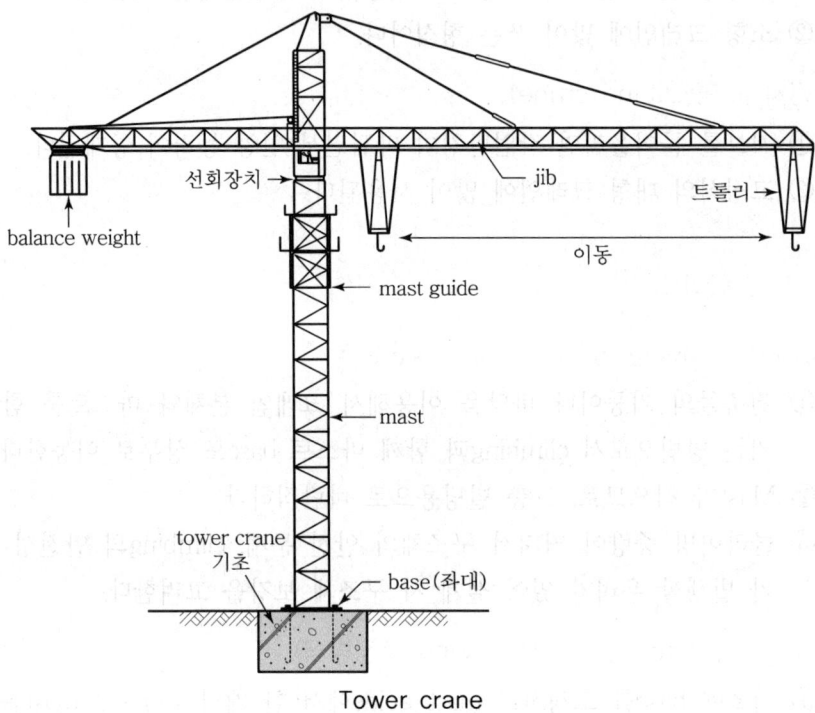

선회장치 →

jib

balance weight

트롤리 ←

mast guide

이동

mast

tower crane
기초

base(좌대)

Tower crane

2) 주행식

① 좌대 상부에 선회장치를 설치하여, 마스트가 선회하는 방식

② 차량에 붙은 좌대가 레일 위를 주행한다.

Ⅴ. 배치계획

① 가능한 평탄지를 선정

② 조립과 해체가 용이한 장소

③ 두 대 이상의 crane 설치시 충돌에 대한 고려

④ Crane의 작업반경이 건물배치의 중심이 되는 곳

⑤ 작업 및 주행시 지휘자의 연락이 용이한 곳

⑥ 자재의 운반 및 수급이 용이한 동선을 고려한 곳

⑦ 타 공정의 작업에 지장을 주지 않는 곳

Ⅵ. 기초시공

① 지반의 지지력에 따라 상부하중에 견딜 수 있는 구조
② 지반의 부동침하 방지
③ 연약지반일 때는 정치식의 경우 pile로 보강하며, 주행식의 경우 mat 기초로 함
④ 기초판 크기는 2×2m 이상이며, 기초판 두께는 1.5m 이상
⑤ 기초철근 배근시 crane의 하중 모멘트(t·m)에 견딜 수 있는 구조계산 고려
⑥ 기초판에 매입되는 앵커의 조립깊이는 1m 이상

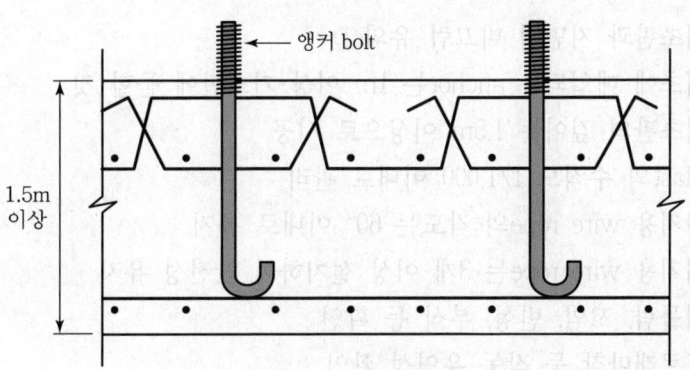

Tower crane 기초 철근 배근도

Ⅶ. Tower crane 고정방식

1) Wall bracing 방식

① Mast를 구조체의 벽에 고정시키는 방식
② 구조체 중앙에 설치하거나 외부에 설치하며 외부에 설치시는 mast의 두 군데만 고정

2) Wire bracing 방식

① Mast를 wire rope로 지면에 고정시키는 방식
② Wire rope는 mast의 상단부와 중간부에 고정하며 넓은 장소에서 간혹 사용

Ⅷ. 운영관리(운영 시 유의사항)

① 장비의 점검은 규칙적으로 실시
② 화물의 하중은 적정하중을 초과해서는 안 됨
③ 운전중 신호수 배치하며, 풍속 12m/s 이상 시 작업 중단
④ 흔들리기 쉬운 짐은 guide rope를 사용
⑤ Jib 및 후크의 위치가 소정의 위치에 있는지 확인

Ⅸ. 설치 및 해체 시 유의사항

1) 설치시 유의사항

① 기초판과 지면의 미끄럼 유의
② 기초에 매입되는 anchor는 1m 이상 기초판에 묻힐 것
③ 기초판의 깊이는 1.5m 이상으로 시공
④ Mast의 수직도 1/1,000 이내로 관리
⑤ 지지용 wire rope의 각도는 60° 이내로 유지
⑥ 지지용 wire rope는 3개 이상 설치하여 안전성 유지
⑦ 비틀림, 꼬임, 변형, 부식 등 확인
⑧ 도르래마찰 등 작동 유연성 확인
⑨ 도르래는 소모품이므로 수시확인 및 교체

2) 해체 시 유의사항

① 풍속 10m/sec 이상 시 해체작업 불가
② 사전 준비철저
③ 해체작업순서 준수
④ 반출차량 운행통로 확보
⑤ 안전교육 철저

Ⅹ. 안전사고

① 기초 좌대의 강도 부족
② Guide rope 파손 불량
③ 안전장치 미점검
④ Rope 끝 손잡이 및 joint부 pin의 빠짐.
⑤ Crane 최상부에 피뢰침 미설치

⑥ Crane 항공 장애등 미설치

XI. 결 론

① 최근의 건축물은 대지의 효율성을 높이기 위하여 고층화되고 있는 추세이고, 공법도 습식에서 건식으로 바뀌어 가고 있는 추세이므로 tower crane의 이용도는 점차 확대될 전망이다.

② 그러나 초기 조립 시 안전 문제, climbing을 할 경우 안전문제, tower crane 해체 시 안전 문제 등이 아직 미비하여 시공 중 안전사고의 원인이 되므로 이 부분에 대한 대책 마련이 시급한 실정이다.

문제 6 건축공사의 자동화와 robot화

● [96전(10), 98중후(20), 00후(25), 05후(25)]

Ⅰ. 개 요

① 인력에 의존하던 건축시공은 기계화→자동화→로봇화로 발전하여 시공성·효율성 향상에 기여하였다.

② 자동화와 로봇화에 의하여 안전사고 방지, 건축 생산성 향상, 품질향상, 기능공 부족에 대처하여 건설의 경영 합리화를 이루어야 한다.

Ⅱ. 자동화와 로봇화 의의

1) 기계화

인력에 의존하던 건축 시공에서 효율적 건설기계를 사용하여 시공성 향상을 도모

2) 자동화

건설기계나 기기에 computer, control 장치, sensor 등을 부착하여 기계의 작동, 제어(control) 및 정지 등을 조정하여 작업 효율성 향상

3) 로봇화

건설기계에 micro processor를 부착하여 단순한 작업의 control, 원격조정, 무인작업으로 인간과 동일한 판단하에 작업을 수행

Ⅲ. 발생배경

① 3D 현상으로 기능공 절대 부족
② 생산성에 비해 고임금 시대 도래
③ 노사 문제 급증
④ 건설재해 급증 및 안전사고 증가
⑤ 건설공사의 경영 합리화
⑥ 기계기술과 전자기술의 현저한 발달

VI. 효 과

① 기능공의 부족 및 고령화 대처
② 건축 생산성 향상
③ 노동 작업 환경의 개선
④ 품질 및 정도의 향상
⑤ 안전사고 방지

V. Robot 작업 가능 분야

1) 토공사

① 토공사 정지작업용
② 지반조사
③ Slurry wall 공사
④ 계측 관리

2) 기초공사

① Pile 지지력
② 현장타설 콘크리트 파일 굴착 상태

3) 콘크리트공사

① 철근 배근
② 비파괴 검사

4) 철골공사

① 철골 용접
② 비파괴 검사
③ 철골세우기
④ 양중
⑤ 내화 피복 뿜칠

5) 마감공사

① Tile 하자 감지
② 건물 미장
③ 외벽 도장

6) 청　소
　① Duct 내
　② 하수도
　③ 창호 유리

VI. 문제점

1) 경제적 측면
　① 구입·설치비 등 초기 투자비 과다
　② 가동률과 전용성이 적어 비경제적

2) 기술적 측면
　① 반복작업을 하는 것이 효율적이나 기존 건축공사는 반복 작업이 적다.
　② 작업의 공정이 많고 각 공정간의 연속성이 적으며 작업내용이 애매한 공정이 많다.
　③ 건축공사 현장이 자동화·로봇화하기에는 너무나 넓거나 부적합한 요소가 많다.
　④ 제조업에서의 로봇은 주로 고정식이다. 건축공사에서는 이동식이 대부분이며 이동하는 바닥이 불안정하다.
　⑤ 취급하는 부재의 중량이 너무 크다.

3) 구조적 측면
　① 도급제도가 발달하여 건설업자의 고유 기술로 발전시키기 어렵다.
　② 기능공 부족과 인건비 상승에 대한 두려움보다 초기 투자비와 자동화 시스템에 더 두려움을 느낀다.
　③ 작업시간에 제약이 많고 가동률이 나쁘다.
　④ 건축공사 현장에서 일년 내내 계속적이며 반복적으로 작업하는 일이 거의 없다.
　⑤ 품질에 대한 정량적인 평가방법이 확립되어 있지 않다.

VII. 대책(촉진방향)

1) 설계측면
　① 골조의 PC화를 통한 시공성 향상
　② 마감을 건식화하고 부재의 단순화, 표준화 및 규격화
　③ 바닥을 unit화하여 안전한 바닥 작업 확보

2) 재료 측면

　① M.C(Modular Coordination)화하여 치수상의 상호조정

　② 건식화하여 습식 아닌 건식 공법의 활성화

　③ 재료의 경량화

　④ 운반과 취급이 용이한 재료

3) 시공 측면

　① 반복성의 시공법 개발

　② 공정·공종별 작업의 단순화

　③ 공업화 건축 공법 연구

　④ C.A.M(Computer Aided Manufacturing)화

4) 신기술 개발

　① 설계·시공의 영역 확대를 위한 EC화

　② 발주자·시공자 사이를 조정하는 CM 제도 도입

　③ Sensor 개발

　④ High tech 건축

　⑤ Computer 개발

Ⅷ. 결 론

　① 건축공사에 자동화 및 로봇화의 도입은 인력 부족에 대한 대책으로 경영 합리화에 절대적으로 필요하다.

　② 정부 및 각 건설업체는 설계·재료·시공·신기술 개발면에서 과감한 투자와 연구 노력을 함으로써 건설시장의 개방에 따른 경쟁력을 확보하여야 한다.

Professional Engineer Architectural Execution

chapter ↵

8장 | 마감 및 기타

9절 적산

1. 견 적 ·································· 1160
2. 개산 견적방법 ························ 1165
3. 부위별(부분별) 적산방법 ············· 1169
4. 실적공사비 적산방법 ················· 1174
5. 원가계산 방식에 의한 공사비 구성요소 ········ 1178
6. 현행 적산제도의 문제점 및 개선방향 ············ 1181
7. 현장실행 예산서 ·················· 1184

적산 기출문제

1	1. 설계단계에서 적정공사비 예측방법에 대하여 기술하시오. [06후, 25점] 2. 건설 프로젝트의 기획 및 설계단계별 공사비 예측방법에 대하여 기술하시오. [08전, 25점]
2	3. 건축공사에 있어서 개산 견적방법에 관하여 설명하여라.(수량, 면적, 체적, 가격, 기타) [81후, 25점] 4. 개산 견적방법에 관하여 기술하여라. [85, 25점] 5. 개산(槪算) 견적 [99전, 20점] 6. 건설공사의 기획 및 설계 각 단계에서 사용되는 개산견적의 방법과 목적에 대하여 설명하시오. [10전, 25점] 7. 적산에서의 수량개산법 [15전, 10점]
3	8. 부위별(부분별) 적산내역서 [78후, 5점] 9. 건축물의 공사비 산출을 위한 부분별 적산방법에 대하여 설명하여라. [93전, 30점] 10. 철골공사의 적산 항목을 분류하고 부위별 수량 산출 방법을 설명하시오. [99전, 30점] 11. 합성단가(合成單價) [11후, 10점]
4	12. 표준 품셈 개선에 추진 방향으로 논의되고 있는 실적 공사비에 의한 적산 방식에 관하여 ㉮ 실적 공사비에 의한 적산 방식의 개념에 대하여 설명하시오. ㉯ 표준 품셈에 의한 적산 방식과 실적 공사비에 의한 적산제도 방식에 대한 특징과 기대 효과에 대하여 비교 설명하시오. ㉰ 실적 공사비 도입에 대비하여 국내 건설업체가 준비하여야 될 대책에 대하여 설 명하시오. [97후, 30점] 13. 실적 공사비 [01후, 10점] 14. 실적공사비 자료를 활용한 예정가격 산정방법에 대하여 다음 사항을 기술하시오. [03중, 25점] 　1) 실적공사비를 활용한 견적방법의 정의　　　2) 도입의 필요성 　3) 예정가격 산정방법　　　　　　　　　　　4) 도입시 예상되는 문제점 15. 실적공사비 적산제도 도입에 따른 문제점 및 대책에 대하여 기술하시오. [04전, 25점] 16. 현행 실적공사비 적산제도 시행에 따른 문제점 및 대책에 대하여 설명하시오. [10후, 25점] 17. 공공건설 공사비 결정방식에서 실적공사비의 문제점 및 개선방안에 대하여 설명하 시오. [15전, 25점]
5	18. 원가계산방식에 의한 공사비 구성요소를 기술하여라. [88, 15점] 19. 현장관리비의 구성항목과 운영상의 유의사항에 관하여 기술하시오. [97전, 40점] 20. 간접공사비 [05전, 10점] 21. 건축공사비 산정을 위한 내역서 작성 시 원가계산에 반영하여야 할 항목과 제반비율 및 개선방안에 대하여 설명하시오.(현행 국가계약법 및 조달청 원가계산 제비율 적 용기준) [13전, 25점]
6	22. 현행 적산방법에 개선방향을 제시하시오. [94후, 25점] 23. 표준 품셈 제도의 존폐와 관련하여 다음 사항을 설명하시오. [95전, 30점] ㉮ 표준 품셈에 기초한 현행 적산 제도의 문제점 ㉯ 현행 적산 제도의 보완 및 개선 방안

7	

24. 현장실행 예산서(본사 관리비 제외) 작성에 대하여 기술하여라. [85, 25점]

25. 실행 예산 [90후, 10점]

26. 실행예산 작성 시 검토할 사항에 대하여 기술하시오. [01중, 25점]

27. 건축공사현장 개설시 시공사의 실행예산서 편성요령, 구성 및 특징에 대하여 설명하시오. [13중, 25점]

28. 철근콘크리트 공사의 적산에 관하여 다음을 품셈하여라. [81전, 50점]
   ㉮ 배합(1:3:6 및 1:2:4)에 따른 m^3당 소요재료 및 품
   ㉯ 건물 종류별(6층 아파트, 10층 사무실) 콘크리트 및 거푸집, 소요량, 철근 소요량(m^2당)

29. 개산 견적방법을 설명하고 다음과 같은 건축물의 개산수량을 산출하여라. [89, 25점]
   • 구조 : 장막벽식(curtain wall type) 철근콘크리트 라멘조
   • 층수 : 지하 1층, 지상 10층, 연면적 : $10,000m^2$(단, 각 층 면적이 같은 것으로 한다.)
   ㉮ 콘크리트량
   ㉯ 철근량
   ㉰ 거푸집량
   ㉱ 미장을 포함하는 내장 면적
   ㉲ 외벽면적

30. 고층건축과 저층건축의 공사비 동향을 비교하시오. [94후, 25점]

31. 표준계량 용적 배합비 1:2:4 물·시멘트 비 60%, 슬럼프(slump) 19cm일 때의 콘크리트 $3,000m^3$에 소요되는 재료량을 산출하여라. [80, 20점]

재 료			실질용적 (절대용적)
재 료	비 중	단위용적 중량(t/m^3)	
시 멘 트	gc=3.15	Wc=1.5	
모 래	gs=2.65	Ws=1.6	
자 갈	gg=2.70	Wg=1.7	
물	gw=1.0	Ww=1.0	
합 계			Σ

기출

32. 현장용적 계량배분비 1:1.8:3.6, 물·시멘트 비 60%, slump 20cm일 때의 콘크리트 $3,000m^3$에 소요되는 재료를 산출하여라. [82전, 30점]

재 료	비 중	단위용적 중량(t/m^3)
시 멘 트	gc=3.15	Wc=1.5
모 래	gs=2.60	Ws=1.6
자 갈	gg=2.60	Wg=1.7
물	gw=1.0	Ww=1.0

33. 건축면적 $300m^2$, 연면적 $1,500m^2$인 철근콘크리트조 5층 사무소 건축물의 콘크리트 개산량을 산출하고 이에 소요되는 시멘트, 모래, 자갈 및 물의 양을 계산하되 다음 사항을 참작하여라. [82후, 30점]
   ㉮ 각 재료의 비중과 단위용적 중량

재 료	비 중	단위용적 중량(t/m^3)
시 멘 트	gc=3.15	Wc=1.5
모 래	gs=2.60	Ws=1.6
자 갈	gg=2.60	Wg=1.7
물	gw=1.0	Ww=1.0

㈏ 콘크리트는 slump 18cm, 물·시멘트 비 60%이다.
㈐ m²당 콘크리트 개량치는 0.6m³임
㈑ 지하층은 없다.

34. 상기와 같은 철근콘크리트골조에 대한 주요 자재 및 거푸집량을 산출하라.(단, 지하실 및 기초부 제외) [76, 30점]
 • 건물용도 : 사무실
 • 층수 : 4층
 • 층고 : 3.6m
 • 단면 : 기둥 50cm×50cm
   보 30cm×60cm(중간보 없음)

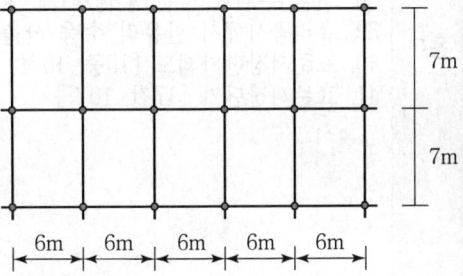

7m
7m
6m 6m 6m 6m 6m

기출

35. 다음과 같은 조건을 갖는 철골콘크리트조 office 건물에 대하여 다음과 같은 주요 자재를 개략 산출하라. [78전, 25점]

〈조 건〉
 • 지하 1층, 지상 10층
 • (중심선 기준) 6m-3span(종방향)
 • 층 고 : 지하층 4m, 지상층 3.6m
 • 일 반 보 : 30cm×60cm
 • 기둥간격 : 7m-5span(횡방향)
 • 기둥크기 : 1층에서 60cm 각
 • 지 중 보 : 30cm×80cm
 • 기 초 : 온통기초(mat 기초)
   지하외부벽 : 20cm 두께

㉮ 콘크리트량 ㉯ 철근량 ㉰ 거푸집량 ㉱ 지하 외벽 및 옥상 방수면적

36. 다음과 같은 조건의 건물 골조(지상부분)에 소요되는 주요 자재를 약산(略算)하라. (단, 1층 슬래브(slab) 이하는 제외) [79, 25점]

〈조 건〉
① 철근콘크리트 사무실 건물
② 층수 : 10층, 층고 : 3.6m
③ 기둥간격 및 경간(span)수 : 가로 6m×10span, 세로 7m×6span
④ 기둥단면 : 1~5층까지 50cm-70cm, 6~20층까지 50cm-50cm
⑤ 보의단면 : 40cm×70cm 중간보는 없음.
⑥ 슬래브(slab)의 두께 12cm

소요자재량 : ㉮ 콘크리트량(m³) ㉯ 철근량(t) ㉰ 거푸집(m²)

37. 철근콘크리트조 사무실 건축물 실축에 있어 다음과 같은 조건에서 골조에 대한 주요 재료 및 거푸집 양을 산출하여라. [83, 50점]
 ㉮ 지하 2층, 지상 15층
 ㉯ 평면크기 : 70m×42m
 ㉰ 기둥간격(중심선 기준) : 7m×7m
 ㉱ 기둥크기 : 70cm각(1층 이하), 60cm각(2층 이상)

적산 기출문제

기출	⑪ 층고 : 4m(1층 이하), 3.5m(2층 이상) ⑭ 보 : 90cm×40cm(1층 이하), 70cm×40cm(2층 이상) (단, 중간보 없음) ⑭ Slab 두께 : 15cm
용어	38. 건물 주위에 강관(鋼管)비계 설치시 비계면적 산출방법 [00중, 10점] 39. 유리공사에서 판유리 수량 산출방법 [00중, 10점] 40. 표준시장단가제도 [15중, 10점] 41. 표준시장단가 [17전, 10점]

꿈을 밀고 나가는 힘은
이성이 아니라 희망이며, 두뇌가 아니라 심장이다.

- 도스토예프스키 -

문제 1	견 적

● [06후(25), 08전(25)]

Ⅰ. 개 요

① 설계도서(설계도면·시방서) 현장설명 및 질의응답에 따라 공사시공 조건에 맞는 건축물의 공사비를 산출하는 것을 적산 또는 견적이라 한다.
② 견적에는 명세견적, 개산견적 및 부위별 견적방법이 있다.

Ⅱ. 적산과 견적

1) 적 산

공사에 필요한 재료 및 품의 수량, 즉 공사량을 산출하는 기술 활동

2) 견 적

공사량에 단가를 곱하여 공사비를 산출하는 기술 활동

Ⅲ. 견적의 종류

1) 명세 견적(detail estimate)

① 설계도서(설계도면·시방서), 현장설명, 질의응답에 의거하여 적산·견적을 하여 공사비를 산출하는 것
② 정밀견적이라고도 함.
③ 명세견적은 적산(수량조서)과 값넣기(단가)로 대별하며, 다음과 같이 세별할 수 있다.

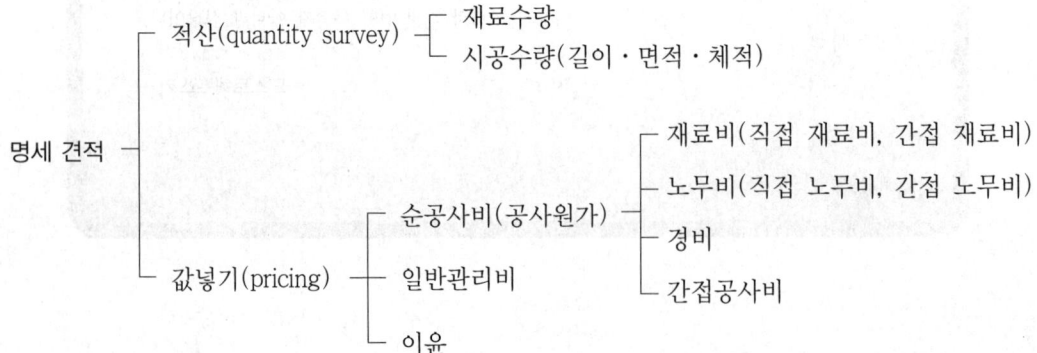

2) 개산견적(approximate estimate)

① 설계도서가 불완전할 때, 정밀 산출시간이 없을 때에 견적하는 방법

② 과거의 유사한 건물의 실적 통계 등을 참고하여 공사비를 계산하는 견적방법

개산견적 ─┬─ 단위기준에 의한 견적 ─┬─ 단위설비에 의한 견적
          │   ├─ 단위면적에 의한 견적
          │   └─ 단위체적에 의한 견적
          └─ 비례기준에 의한 견적 ─┬─ 가격비율에 의한 견적
                                   └─ 수량비율에 의한 견적

3) 부위별 견적

① 각 부위별의 바탕에서 마감까지를 포함하여 그 부분의 기능을 만들기 위한 모든 가격 요소를 종합하여 합성된 가격으로 cost를 표현하는 방법

② 공사 내역·물량 산출이 용이하고, 설계변경 및 cost planning이 쉬움.

Ⅳ. 공사비 구성

1. 총공사비 구분

총공사비는 순공사비와 일반관리비, 이윤 및 부가가치세로 각각 구분하고, 순공사비는 다음과 같이 구분한다.

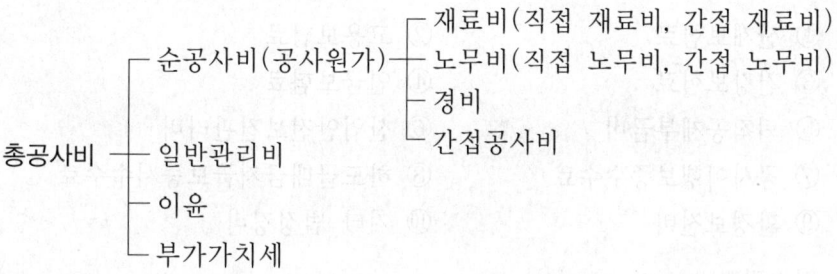

총공사비 ─┬─ 순공사비(공사원가) ─┬─ 재료비(직접 재료비, 간접 재료비)
          │   ├─ 노무비(직접 노무비, 간접 노무비)
          │   ├─ 경비
          │   └─ 간접공사비
          ├─ 일반관리비
          ├─ 이윤
          └─ 부가가치세

2. 공사 비목 내용

1) 재료비

① 직접재료비

㉮ 공사 목적물의 기본적 구성형태를 이루는 물품의 가치

㉯ 매각액 또는 이용가치를 추산하여 재료비에서 공제

② 간접재료비

㉮ 공사에 보조적으로 소비되는 물품의 가치

ⓙ 재료구입시 소요되는 운임, 보험료, 보관비 등

2) 노무비

노동의 대가로 노무자에게 지불되는 금액

① 직접 노무비

㉮ 작업(노무)만을 제공하는 하도급에 지불되는 금액

㉯ 노무량×단위당 가격(직접노무비, 간접노무비)

② 간접 노무비

㉮ 현장관리 인원의 노무비

㉯ 감독비, 감리비, 현장 직원 임금 등

3) 경비

① 공사현장에서 발생하는 순공사비 이외의 현장관리 비용

② 전력비, 운반비, 기계경비, 가설비, 특허권 사용료, 기술료, 시험검사비, 안전관리비 등

③ 외주가공비

외주업체에 발주된 재료에서 가공비만 경비로 산정

④ 감가상각비

건축물 기계설비 등의 고정자본의 감소분을 경비로 산정

4) 간접공사비

① 산재보험료　　② 고용보험료

③ 건강보험료　　④ 연금보험료

⑤ 퇴직공제부금비　　⑥ 산업안전보건관리비

⑦ 공사이행보증수수료　　⑧ 하도급대금지급보증서수수료

⑨ 환경보전비　　⑩ 기타 법정경비

5) 일반관리비

① 기업의 유지를 위한 관리활동부분에서 발생하는 제비용

② 임원급료, 직원급료, 제수당, 퇴직금, 충당금, 복리후생비

③ 여비, 교통통신비, 경상시험 연구개발비

④ 본사 수도광열비, 감가상각비, 운반비, 차량비

⑤ 지급임차료, 보험료, 세금공과금

6) 이윤

① 영업이윤을 지칭

② 공사규모, 공기, 공사의 난이에 따라 변동

③ 일반적으로 총공사비의 10% 정도

7) 부가가치세

① 물건을 사다가 파는 과정에서 부가된 가치(이윤)에 대하여 부과되는 세금

② 국세, 보통세, 간접세

③ 6개월을 과세기간으로 하여 신고납부

V. 견적순서

1) 수량조서

설계도서, 현장설명, 질의응답에 따라 견적가격구성표에 보인 분류와 순서로써 수량을 계산하고, 이것을 재검(再檢)하여 비목·과목·세목의 순서로 정리·정서한다.

2) 단 가

각 세목의 단위량 공사비(단가)를 산정한다.

3) 가 격

각 세목의 수량에 단가를 곱하여 세목가격을 산출한다.

4) 집 계

각 세목가격을 과목별로 집계하고, 또 각 비목별로 집계한다. 다시 이를 집계하여 순공사비를 산출한다.

5) 현장 경비

순공사비에 현장 경비를 산출 가산하여 공사비 원가를 산출한다.

6) 일반 관리

공사 원가에 일반관리비 부담액을 가산하여 총원가를 산출한다.

7) 이 윤

총원가의 10% 정도를 인정한다.

8) 총공사비(견적 가격)

총원가에 이윤을 가산하여 총공사비인 견적가격을 산출한다.

Ⅵ. 견적시 주의사항

① 설계도서의 충분한 숙지
② 견적은 노력과 주의를 요하며 성의를 요망
③ 정확도와 신속성 유지
④ 수량의 단위, 계산단위에 특히 주의
⑤ 결과를 자신이 직접 확인
⑥ 기존 data와의 비교 검토
⑦ 공사 개요의 수치 기억하고, 현장 작업과 대조하는 습관

Ⅶ. 문제점

① 예정가격시 불필요한 노력과 재원 낭비
② 적산능력 배양미흡, 표준 품셈의 경직
③ 품의 산정방법 미흡, 품셈 개정·제정 미흡
④ 적산 전문인력 미흡, 적산 전문연구기관 미비
⑤ 다양한 적산자료 미비, 수량산출기준 미비
⑥ 수량조서 작성의 기준 미비, 정부 노임단가의 불합리

Ⅷ. 대 책

① 적산 능력의 배양, 실적 공사비 적산방식의 도입
② 적산사 자격제도 도입, 적산전문기관의 육성
③ 입찰시 수량조서 체계를 단순화, 적산 자료 발간 회사 육성
④ 수량 산출의 기준 제정, 수량조서 작성의 기준 제정
⑤ 적산의 전산 system 개발

Ⅸ. 결 론

① 견적작업은 철저한 시장조사를 통하여 단가분석하고 부위별로 합성단가를 적용하여 신속·정확하게 함으로써 작업의 효율성을 높여 나가야 한다.
② 앞으로 실적 공사비에 의한 적산방법이 활성화되고 적산사 자격 제도가 도입되면 적산의 전산화가 활성화될 것이다.

문제
2

개산 견적방법

● [81후(25), 85(25), 99전(20), 10전(25), 15전(10)]

Ⅰ. 개 요

① 설계도서(설계도면, 시방서)가 불명확하거나 정밀하게 산출할 시간이 없을 때 하는 견적방법

② 건물의 구조, 용도, 마무리의 정도를 검토하여 과거와 유사한 건물조건의 실적, 통계 data 등을 참고로 공사비를 개산하는 방법

Ⅱ. 개산 견적의 분류

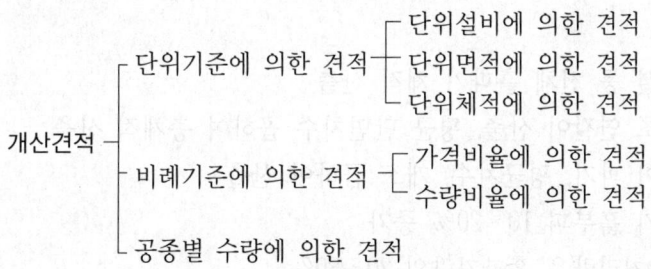

Ⅲ. 개산 견적방법

1. 단위기준에 의한 견적

1) 단위설비에 의한 견적

① 학교 : 1인당 통계가격×학생수=총공사비

② 병원 : 1병상당 통계가격×bed수=총공사비

③ 호텔 : 1객실당 통계가격×객실수=총공사비

④ 공장 : 1마력당 통계가격×마력수=총공사비

2) 단위면적에 의한 견적

m^2당 또는 평당으로 개산 견적하며, 비교적 정확도가 높고 편리해서 많이 사용한다.

3) 단위체적에 의한 견적

전체건물에 용적 m^3당 개산 견적으로 공장이나 강당같이 층고가 높을 때 많이 사용한다.

2. 비례기준에 의한 견적

1) 가격비율에 의한 견적

각 공사 부분에 통계상 공사비와 총공사비 비율을 기본으로 하여 결정

2) 수량비율에 의한 견적

건축물, 면적당 공종별 일정수량 통계시 사용하여 공종별 공사비 개산

3. 공종별 수량에 의한 견적

1) 가설공사

건축공사비의 5~10% 소요

2) 토공사

① 흙파기

㉮ 지하실 등 전체 흙파기 체적 산출

㉯ 줄기초 연길이 산출, 평균 단면치수 곱하여 총체적 산출

㉰ 구덩이 파기, 평균치수, 개소 곱하여 산출

㉱ 파내기 흙부피 10~20% 증가

㉲ 잔토 처리량은 흙파기량의 20~80%

② 지 정

㉮ 잡석다짐 : 면적×두께

㉯ 틈막이 자갈량 : 잡석의 30%

3) 철근 Con'c 공사

① Con'c

㉮ 철근 Con'c조 : 0.4~0.8m³/m²(면적당)

㉯ SRC조 : 0.6~0.8m³/m²

③ 거푸집

㉮ 면적당 : 4~5m²/m²

㉯ Con'c량 : 5~8m²/m³

③ 철 근

㉮ 철근 Con'c조 : 40~80kg/m²(면적당)
    80~120kg/m³(Con'c량)

㉯ SRC조 : 30~70kg/m²(면적당)
    70~110kg/m³(Con'c량)

4) 철골공사

① 지붕틀 철골조 : 20~40kg/m²

② S조 : 100~150kg/m²

③ SRC조 : 70~100kg/m²

④ Rivet : 300~400EA/t(철골수량)

5) 조적공사

① 외벽면적 : 건축면적 1배

② 내벽면적 : 건축면적 2배

6) Tile 공사

① 변소 tile 면적 : 바닥면적 3~5배

② 욕실 tile 면적 : 바닥면적 2~4배

7) 목공사

① 목조건축 : 60~100재/m²(건축면적)

② 왕대공지붕틀 : 8~10재/m²(건축면적)

8) 방수공사

① 지하실 안방수 : 지하실 바닥면적 3~5배

② 지하실 바깥방수 : 지하실 바닥면적 4~5배

③ 옥상, 지붕 방수 : 옥상 바닥면적 1.2~1.5배

9) 미장수장공사

① 바닥 : 건축면적 1배

② 천장 : 건축면적 1.2배(보측면 1.5배)

③ 외벽면 : 건축면적 1배

④ 내벽면 : 건축면적 2~3.5배

계 : 건축면적 5~7배

10) 창호유리공사

① 창문짝수(고급주택) : 건축면적 1m²당 1장(1장/m²)

② 사무실 창면적 : 건축면적 12~20%(curtain wall 경우 다름.)

③ 출입문 : 건축면적 8%

11) 칠공사

① 출입문(문틀 포함) : 안치수 면적의 2.5~4배

② 유리창 : 안치수 면적의 1~2.5배

③ 스틸 새시 : 자체 면적의 1.5~2배
④ 철골재 : 1.5~2배

12) 잡공사

① 잡공사비 : 건축공사비의 8~10%
② 현장경비 : 건축공사비의 8~10%
③ 운 반 비 : 건축공사비의 2~5%

Ⅳ. 통계치에 의한 자료

① 작은방 : 많을수록 단가 大
② 층고 : 높을수록 단가 大
③ 요철 : 많을수록 단가 大
④ 동일구조 : 반복시 단가 小
⑤ 기둥 : 규격 동일시 단가 小
⑥ 시공기계 : 적정하면 단가 小
⑦ 재료 : 운송조건 좋으면 단가 小
⑧ 품질, 품위 : 증대할수록 단가 大
⑨ 지질 지하수에 따라 단가 상이
⑩ 물가 변동에 따라 단가 상이
⑪ 계절에 따라 시공시기 단가 영향

Ⅴ. 결 론

① 근래에 들어서는 건축자재 및 신공법의 발달로 과거 실적 자료와 상당한 차이를 보이므로 막연하게 동종 건축물의 면적당 단가로 산출하는 것은 부정확할 때가 많다.
② 개산 견적은 건축물의 규모, 마감재의 종류, 신공법의 적용 등의 변화요소에 따라 오차가 크게 되므로 부위별로 합성단가를 만들어 feed-back하게 되면 정확성을 기할 수 있다.

부위별(부분별) 적산방법

● [78후(5), 93전(30), 99전(30), 11후(10)]

Ⅰ. 개 요

① 현행 공사비 구성방법은 시공자측의 표현방식으로서 발주자측과 설계자에게 있어서는 사용하기에 불편하였으며 cost 의식의 결여나 습성에 젖어 불편한 줄 알면서 사용해온 것이 사실이다.

② 근래에 들어 초보자도 알기 쉽고 설계 시 cost check에도 편리하도록 하며, 건축물의 요소와 부분을 기능별로 분류하고 집합된 것을 cost로 나타내는 것을 B.E법(Breakdown Element : 분할 견적법) 또는 부위별 적산방법이라 한다.

Ⅱ. 부위별 적산 실례

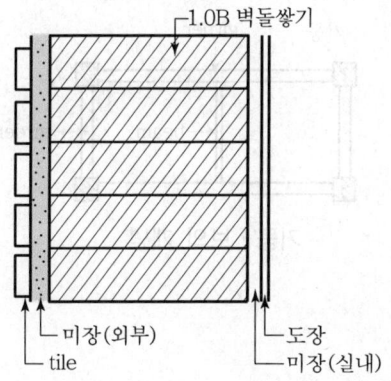

예) 조적(1.0B) 공사비 : 12,000원/m²
   미장(외부) : 7,500원/m²
   Tile : 3,000원/m²
   미장(실내) : 6,500원/m²
   도장 : 1,000원/m²
   계) 30,000원/m²

Ⅲ. 특 징

1) 수량 산출 용이

부분마다의 표현이기 때문에 각 부분(평면, 입면, 단면)을 보기만 해도 수량을 산출할 수 있다.

2) 설계 변경 용이

바탕과 마감 등이 같은 부분으로 계상되어 있기 때문에 설계변경 처리가 간단하고 착오도 적어 설계의 기능적인 전개가 가능함.

3) Cost planning 유리

부분별, 장소별로 공사비를 분석하기 때문에 기본설계 및 실시설계 단계에서 순조롭고 용이하게 대응할 수 있으므로 cost planning, cost balance에 유리

4) 공사내역 파악 용이

내용이 전문적 표현이 아니기 때문에 건물 또는 설계 내용의 cost를 알기 쉬움.

Ⅳ. 부위별 내역 분류

1) 공사간접비
   ① 제경비
   ② 가설공사(temporary work)

2) 기초공사
   ① 토공(earth particle work)
   ② 지정
   ③ 기초 구체

3) 골조공사
   ① 기둥(columm)
   ② 보(girder, beam)

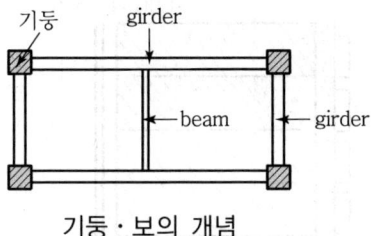

기둥 · 보의 개념

4) 바닥(floor)
   ① 최하층 바닥(base floor)
   ② 중간 바닥(standard floor)
   ③ 최상 층바닥(roof floor)

5) 벽(wall)
   ① 외주벽
   ② 칸막이벽(curtain wall)

6) 설비공사
   ① 전기공사
   ② 기계설비공사
      ㉮ 위생 : 급수, 급탕, 배관
      ㉯ 냉 · 난방
      ㉰ 소 화
      ㉱ 공 조

③ 승강기(elevator)

④ 기 타 : 부대토목, 조경 등

V. 문제점

1) 정부노임단가의 비현실

① 실제 노동자 임금과의 심한 격차

② 기능도에 따른 차등 적용 미흡

2) 노력과 재원의 낭비

① 예정가격 작성 시 표준 품셈을 적용

② 표준 품셈에 의존

3) 적산능력 개발 미흡

표준 품셈 적용의 타성에 기인

4) 표준 품셈의 경직

① 공종 항목의 부족

② 신기술 · 신공법 적용 곤란

5) 작업조건 반영의 미흡

다양한 환경, 지역적 작업조건의 미흡

6) 기술 발전에 추종성 미흡

① 품셈 개정 · 제정의 불합리

② 구습에 의한 기본틀 구사

7) 적산 전문인력 부족

① 전문연구기관 미비

② 전문교육 실습 system 없음.

8) 수량산출기준 미비

수량산출 및 수량조서 작성기준 미비

9) 적산자료, data의 부족

적산의 전산화 미비로 자료의 빈약

VI. 대 책

1) 공법 선정의 자율성 부여

① 입찰시 수량조서 체계를 단순화

② 공법 선정 및 활용을 자율적으로 적용

2) 실적 공사비 적산방식

① 시장가격을 제대로 반영

② 실적에 의한 공사비를 견적에 반영

3) 전문적산사 제도의 시행

① 예산견적·공사비 적산·입찰계약 서류 작성

② 입찰가 분석, 원가 관리, 기성고 사정 등 역할

4) 민간 적산전문기관에 이양

① 표준 품셈의 지속적인 보완 개정

② 기술 발전을 즉각적으로 반영

5) 민간 적산자료 발간 기관 육성

Cost data(美 MEANS 등) 등 발간을 유도

6) 수량산출 기준 제정

수량산출 및 수량조서의 작성기준 제정

7) 적산의 전산 system 개발

적산의 정확성 및 신속성 확보를 위한 전산 system의 개발

8) 개산 견적방법 연구개발

견적시간 및 노력 단축

9) 부위별 적산

부위별 적산의 활성화로 물량 산출기간 단축 및 공사내역 파악 용이

Ⅶ. 장래 전망

1) 적산제도의 혁신적 방법

2) EDPS(Electronic Data Processing System)에 적용
　① 시공계획 simulation
　② 구조해석
　③ CAD(자동설계 ; Computer Aided Design)
　④ 적산견적 : 부위별 견적

3) 상기와 같이 새로운 적산제도로서 향후 많은 관심과 연구개발 투자로 work breakdown structure 방식이 실용화될 것이다.

Ⅷ. 결 론

① 부위별 적산방식은 산출하는 그 자체가 종래의 방식과 다를 바 없지만 종합방법, 편집방식이 다를 뿐 조금만 숙련된다면 어려움이 없다.
② 견적의 전산처리 및 건축물의 성능을 부분별 코스트와 함께 파악하고 설계 진행에 맞추어 나가는 것이 바람직하다.

문제 4	실적공사비 적산방법

● [97후(30), 01후(10), 03중(25), 04전(25), 10후(25), 15전(25)]

Ⅰ. 개 요

① 실적공사비 적산방법이란 신규공사의 예정가격산정을 위하여 과거에 이미 시공된 유사한 공사의 시공단계에서 feed back된 자재·노임 등의 각종 공사비에 관한 정보를 기초자료로 활용하는 적산방식이다.

② 기수행공사의 data base된 단가를 근거로 입찰자가 현장여건에 적절한 입찰금액을 산정하고, 발주자는 이를 토대로 분석하므로 요구되는 품질과 성능을 확보할 수 있다.

Ⅱ. 기본개념도

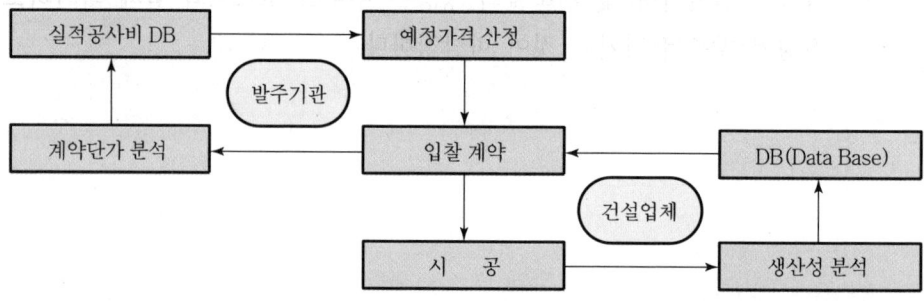

Ⅲ. 도입배경

① 정부 노임의 비현실화
② 현장별 작업 조건의 미반영
③ 표준품셈의 경직
④ 적산 능력의 개발 부족
⑤ 수량 산출기준의 미흡

Ⅳ. 실적공사비 도입시 문제점

1) 항목별 수량 산출기준 미정립

  ① 설계 및 공정의 미통합

  ② 견적, 시공 및 공정의 일체성 부족

2) 공종분류체계 표준화 부족

  시방서 및 각 기업간의 공종분류방법의 상이로 표준화의 필요성 절실

3) 시방서 내용의 경질

  신기술, 신공법등 시대적 요구에 따른 시방서의 변화 부족

4) 설계의 정도 부족

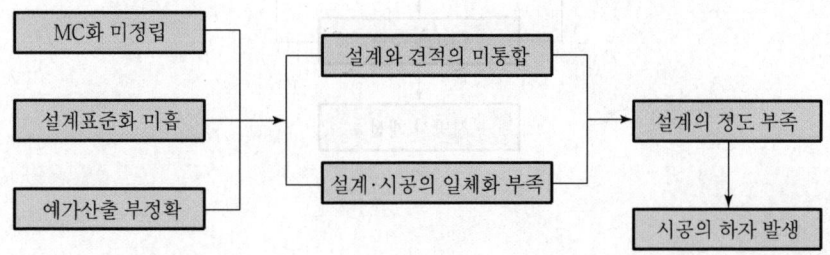

  설계에 의한 하자발생률이 전체하자의 50%가 넘는 수준임.

5) 작업조건 반영 미흡

  각 지역별로 다른 특수상황에 대한 반영 미흡

6) 적산제도의 합리화 부족

Ⅴ. 대책(선결과제)

1) 설계의 표준화 확립

  ① 설계의 치수조정을 통하여 공업화를 이룩함.

  ② 합리적인 건축생산을 하는 MC화

2) 작업조건 반영

  다양한 작업조건의 반영

3) 시방서 내용개선

신기술, 신공법에 대한 기능분석 및 test를 통하여 시방서내용의 지속적 보완
실시

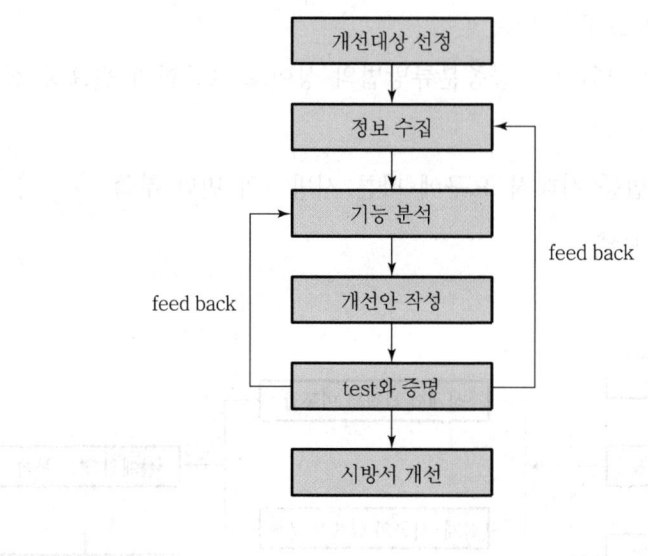

4) 신기술 적용

신기술 도입시 현장적용성의 간편화 및 과감한 도입

5) 적산과 관련된 제도의 개선

① 건축법과 관련법의 통폐합 및 규제의 일원화
② 설계, 적산 및 공정의 일체화

6) 공종분류체계의 확립

① 각기 다른 분류체계를 사용하고 있는 건축관련 법규를 통합
② 표준화를 마련하여 관리

7) 예가산정의 현실화

예가산정시 실제 조건 반영

VI. 실적공사비 적산방식과 표준품셈 적산방식의 비교

구 분	실적공사비 적산방식	표준품셈 적산방식
예산가격 산정	예정가격＝유사공사의 단가, 공사특수성을 고려한 단가×설계도서 산출수량	예정가격＝일위대가표×설계도서의 산출수량
작업조건 반영	다양한 환경 및 작업조건 반영	미반영(일률적)
신기술 적용	신기술, 신공법 적용 가능	신기술, 신공법 적용 미흡
노임 책정	실제 노임 반영	현실적 노임 책정 미흡
공사비 산정	적정공사비 산정 가능	적정공사비 산정 미흡
품질관리	적정노임 및 공사비가 책정되어 품질관리 유리	적정 노임이 책정되어 있지 않아 품질관리 불리
적산업무	간편	복잡

VII. 결 론

① 건설업의 환경 변화, 건설시장의 개방, 공사 발주 형태의 변화 등에 대응하기 위해서는 적절한 적산방식이 먼저 선행되어야 국제경쟁력을 갖출 수 있다.

② 실적공사비 적용과 더불어 견적기준과 견적방법의 연구개발 등으로 전산화하여 과학적이고 실용적인 적산기법이 개발되어야 한다.

<table>
<tr><td>문제
5</td><td>원가계산 방식에 의한 공사비 구성요소</td></tr>
</table>

● [88(15), 97전(40), 05전(10), 13전(25)]

I. 개 요

① 공사원가를 계산함에 있어 공사비 비목의 구성은 원가 관리에 있어서 매우 중요한 요소이다.
② 원가계산에 의한 예정가격 작성 준칙에 따른 공사비는 직접비·간접비·현장경비 및 일반관리비 등으로 구성되고, 예산 집행 후 결과가 차기공사의 참고자료로 이용된다.

II. 공사비 구성요소

1. 총공사비 구분

총공사비는 순공사비와 일반관리비, 이윤 및 부가가치세로 각각 구분하고, 순공사비는 다음과 같이 구분한다.

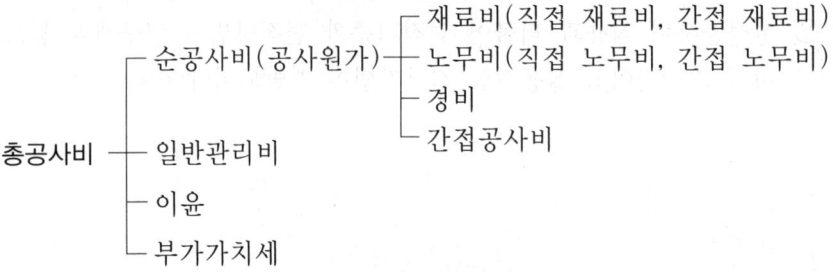

2. 공사비 비목 내역

1) 재료비

① 직접재료비
㉮ 공사 목적물의 기본적 구성형태를 이루는 물품의 가치
㉯ 매각액 또는 이용가치를 추산하여 재료비에서 공제
② 간접재료비
㉮ 공사에 보조적으로 소비되는 물품의 가치
㉯ 재료구입시 소요되는 운임, 보험료, 보관비 등

2) 노무비

노동의 대가로 노무자에게 지불되는 금액

① 직접 노무비

㉠ 작업(노무)만을 제공하는 하도급에 지불되는 금액

㉯ 노무량×단위당 가격(직접노무비, 간접노무비)

② 간접 노무비

㉠ 현장관리 인원의 노무비

㉯ 감독비, 감리비, 현장 직원 임금 등

3) 경비

① 공사현장에서 발생하는 순공사비 이외의 현장관리 비용

② 전력비, 운반비, 기계경비, 가설비, 특허권 사용료, 기술료, 시험검사비, 안전관리비 등

③ 외주가공비

외주업체에 발주된 재료에서 가공비만 경비로 산정

④ 감가상각비

건축물 기계설비 등의 고정자본의 감소분을 경비로 산정

4) 간접공사비

① 4대보험

② 산업안전보건관리비

③ 환경보전비

④ 기타

5) 일반관리비

① 기업의 유지를 위한 관리활동부분에서 발생하는 제비용

② 임원급료, 직원급료, 제수당, 퇴직금, 충당금, 복리후생비

③ 여비, 교통통신비, 경상시험 연구개발비

④ 본사 수도광열비, 감가상각비, 운반비, 차량비

⑤ 지급임차료, 보험료, 세금공과금

6) 이윤

① 영업이윤을 지칭

② 공사규모, 공기, 공사의 난이에 따라 변동

③ 일반적으로 총공사비의 10% 정도

7) 부가가치세

① 물건을 사다가 파는 과정에서 부가된 가치(이윤)에 대하여 부과되는 세금
② 국세, 보통세, 간접세
③ 6개월을 과세기간으로 하여 신고납부

Ⅲ. 결 론

① 원가계산방식에 의한 공사비 구성요소는 표준원가에 의한 공사진행과 철저한 원가관리를 통하여 공사비 증가 요인을 배제토록 노력하는 것이 무엇보다 중요하다.
② 구성된 요소별 투입 결과가 차기 공사의 원가계산 및 실행예산 작성에 참고 자료로 이용될 수 있어야 한다.

| 문제 6 | 현행 적산제도의 문제점 및 개선방향 |

● [94후(25), 95전(30)]

Ⅰ. 개 요

① 현행 적산제도는 정부노임단가의 비현실성, 적산 능력 기술자의 인력 부족 및 적산 자료 부족 등의 문제가 있다.

② 현행 적산제도를 개선하기 위해서는 전문 적산사 제도의 시행과 더불어 부위별 적산의 활성화가 필요하다.

Ⅱ. 적산과 견적

1) 적 산

공사에 필요한 재료 및 품의 수량, 즉 공사량을 산출하는 기술 활동

2) 견 적

공사량에 단가를 곱하여 공사비를 산출하는 기술 활동

Ⅲ. 문제점

1) 정부노임단가의 비현실

① 실제의 노동자 임금과 심한 격차

② 기능도에 따른 차등 적용이 미흡

2) 노력과 재원의 낭비

① 예정가격 작성 시 표준 품셈을 적용

② 표준 품셈에 의존

3) 적산 능력 개발 미흡

표준 품셈 적용의 타성에 기인

4) 표준 품셈의 경직

① 공종 항목의 부족

② 신기술·신공법의 적용 곤란

5) 작업조건 반영의 미흡

다양한 환경, 지역적 작업조건의 미흡

6) 기술 발전의 추종성 미흡

① 품셈 개정·제정의 불합리
② 구습에 의한 기본틀 구사

7) 적산 전문 인력의 부족

① 전문연구기관의 미비
② 전문교육 실습 system 없음.

8) 수량산출 기준의 미비

수량산출 및 수량조서의 작성 기준 미비

Ⅳ. 개선방향

1) 공법 선정의 자율성 부여

① 입찰시 수량조서 체계를 단순화
② 공법 선정 및 활용을 자율적으로 적용

2) 실적 공사비 적산방식

① 시장 가격을 제대로 반영
② 실적에 의한 공사비를 견적에 반영

3) 전문적산사 제도의 시행

① 예산 견적, 공사비 적산, 입찰 계약서류 작성
② 입찰가 분석, 원가관리, 기성고 사정 등 역할

4) 민간 적산전문기관에 이양

① 표준 품셈의 폐지
② 적산 기술 발전은 민간기업에게 이양

5) 민간 적산자료 발간기관 육성

Cost data(美 MEANS 등) 등 발간을 유도

6) 수량 산출 기준 제정

실적 공사비 등에 의한 과거의 시공 실적을 축적하여 수량산출 기준을 제정

7) 적산의 전산 system 개발

컴퓨터에 의한 수량산출과 일위대가 관리를 통한 전산 시스템 개발

8) 개산 견적방법의 연구개발

견적 시간 및 노력 단축에 대한 지속적인 연구

9) 부위별 적산

① 수량산출이 용이하고 설계 변경이 용이
② 공사관리가 편리하고 공사내역 파악이 용이

Ⅴ. 개발방향

① 적산제도의 혁신적인 방법
② E.D.P.S(Electronic Data Processing System)의 적용
  ㉮ 시공계획 simulation
  ㉯ 구조 해석
  ㉰ CAD(Computer Aided Design ; 자동설계)
  ㉱ 적산견적 : 부위별 견적
③ 위와 같은 새로운 적산제도로서 많은 관심과 연구개발 및 투자로 W.B.S
  (Work Breakdown Structure) 방식이 실용화될 것이다.

Ⅵ. 결 론

① 현행 적산제도는 정부노임단가 및 표준 품셈의 비현실성과 적산전문인력,
  적산방법, 자료의 부족 등 어려움이 많다.
② 하지만 실적 공사비를 적용하고, 견적기준과 견적방법의 연구 개발 등으로
  전산 system화하면 과학적인 적산기법이 개발될 것이다.

| 문제 7 | 현장실행 예산서 |

● [85(25), 90후(10), 01중(25), 13중(25)]

Ⅰ. 개 요

① 실행 예산이란 공사현장의 제반조건(자연조건, 공사장 내외 제조건, 측량 결과 등)과 공사시공의 제반조건(계약 내역서, 설계도, 시방서, 계약조건 등) 등에 대한 조사 결과를 검토, 분석한 후 계약 내역과 별도로 시공사의 경영 방침에 입각하여 당해 공사의 완공까지 필요한 실제 소요공사비를 말한다.

② 품질 저하, 공기지연 없이 생산 원가를 줄이는 노력을 기울여 공사를 완성하기 위한 현장의 집행 예산서를 지칭한다.

Ⅱ. 실행예산의 필요성

① 공사집행기준 및 이윤 확보
② 소정의 품질, 성능 확보
③ 현장 활용의 구체적 관리 및 경영 지침
④ 투자 손익대비 기준
⑤ 준공 후 흑·적자 판단기준

Ⅲ. 실행예산의 기능

1) 계획기능(planning function)

시공사의 경영방침에 따른 경영계획상의 목표이익 실현을 위하여 구체적인 작업방침과 실행예산 절감을 위한 기술적, 행정적 사항 등으로 효과적 목표달성이 되도록 상세한 내용이 계수화되어야 한다.

2) 조직기능(organization function)

목표달성을 위해 경영 관련 구성원의 업무할당 권한과 책임을 명확히 하여 구성원의 협동관계를 형성, 유지해야 한다.

3) 지휘기능(direction function)

각 구성원의 업무수행 활동이 효과적인 조화를 이룰 수 있도록 실행 예산을 통해 지휘되어야 한다.

4) 조정기능(coordination function)

활동에서 발생하는 문제에 대해 부서간 업무의 유기적 협조가 실행 예산을 근거로 하여 파악, 조정되어야 한다.

5) 통제기능(control function)

계수적으로 표시된 추산액을 목표로 경영방침과 원가 절감에 입각하여 각 관리부분의 집행 활동이 목표에 부합되도록 지휘, 감독되어야 한다.

Ⅳ. 실행예산의 구성

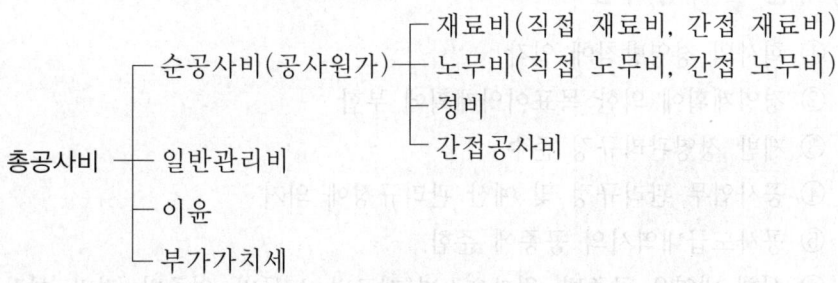

Ⅴ. 실행예산의 분류

1) 당초 실행예산

최초 계약내역서에 의거한 공사 시작부터 완공까지의 예측 실공사비

2) 일시적 예산

여유 없을 시 공사활동에 지장이 없도록 본 예산 편성 시까지의 공정에 대한 예측 실공사비(가예산)

3) 사전 공사예산

① 계약 전 상호 승인된 사전 공사분에 대한 본 예산 편성 시까지의 공정에 대한 예측 실공사비

② 계약 체결 즉시 본 예산이 편성, 승인되어야 함

4) 추가예산

누락, 추가 항목 발생 시 그 부분만을 묶어서 편성한 예측 실공사비

5) 미완성 공사예산

경영관리상 필요 시점에서의 잔여공사 예산

6) 수정예산

설계변경, 공법 변경 등 발생 시 본 예산에서 수정한 공사비 예산

7) 정산 예산

공사 완성 단계에서 추후 변동사항이 없을 것으로 판단하여 실제 집행한 금액에 대해 편성한 예산

Ⅵ. 실행예산의 작성지침

① 회사의 경영방침에 입각
② 경영계획에 의한 목표이익계획에 부합
③ 제반 경영관리규정 준수
④ 공사업무 관리규정 및 예산 관리규정에 의거
⑤ 공사도급내역서의 공종에 준함.
⑥ 실행 내역은 공종별, 원가요소별(재료비, 노무비, 외주비, 경비, 현장관리비)로 구분

Ⅶ. 실행예산 작성요령

① 조기 작성
② 달성가능 목표 설정
③ 대비 가능 작성
④ 지역 특성 고려
⑤ 물가 변동, 환율 고려
⑥ 공사의 성격 고려
⑦ 품질 정도 고려
⑧ 작업 기간 고려
⑨ Feed-back 가능 작성

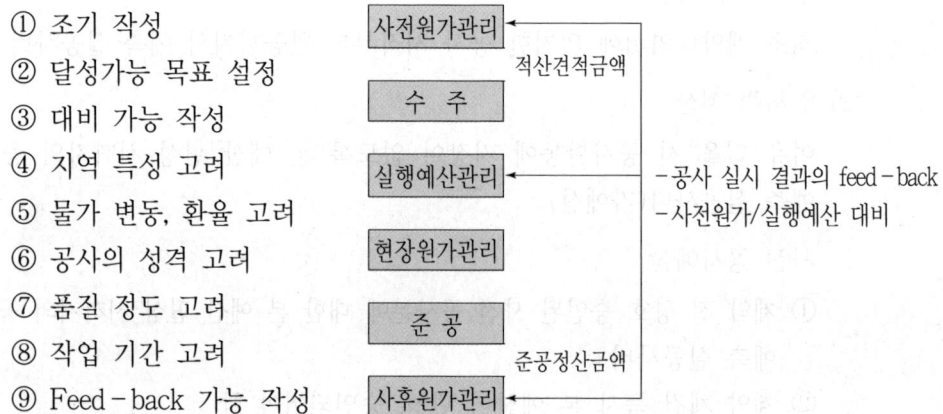

Ⅷ. 작성 시 유의사항

① 수입 지출을 대비할 수 있고, feed-back 가능한 system으로 한다.
② 하도급 계약 및 지불의 기초가 되므로 내역 분류에 따라 정리되어야 한다.
③ 실시 투입원가와의 대비 분석이 용이토록 작성한다.
④ 차기 수주시의 견적 data로 활용할 수 있게 한다.

Ⅸ. 문제점

1) 실행예산 양식 복잡

① 공종별 분류
② 비목별 분류
재료비, 노무비, 외주비, 경비의 1차 분류로 복잡

2) 표준화 미비

① 내역 분류방법의 표준화 미비
② 수량, 단가 산출방법의 표준화 미비
③ 구성 비용 표준화 미비

3) 자금이자 계상하지 않음

기성 지불조건을 검토하여 계상하지 않음.

4) 작성자에 따른 문제점

① 작성자의 경험, 능력 부족
② 전담요원 부족

Ⅹ. 대 책

1) 수입·지출의 대비 가능

Feed back 가능한 system

2) 사후 원가관리 철저

다른 공사 수주에 참조 및 결정적 영향

3) 실행예산 분류 양식의 표준화

① 다양한 각도에서 분석
② 세부적인 원인 규명

4) 하도급 분야 조기계약

공사이익 확보 및 공정관리계획에 효과적

XI. 결 론

① 실행예산은 공사집행의 지표이나 준공 후 정산시 실행대비 금액에 따라 현장소장의 능력을 판단하는 현 건설업의 잘못된 관행을 하루빨리 버리고 효율적인 경영으로의 인식전환을 꾀할 때이다.

② 선진 관리기법의 도입과 현장의 정보화 시공의 조속한 정착으로 경영 전략 차원의 원가절감이 바람직하다.

chapter

9장 | 녹색건축

1. 녹색건축 개론 ·· 1194

2. 녹색건축물 ·· 1197

3. 녹색건축 인증제도 ··· 1202

4. 건축물에너지 효율등급인증제도 ···················· 1206

5. Zero Energy House ······································ 1210

6. Passive 요소 ·· 1215

7. 신재생에너지(Active 요소) ···························· 1220

8. 환경관리 및 친환경시공 ································· 1228

9. 옥상녹화방수 ·· 1231

永生의 길잡이 - 아홉

■ 어쩌면 당신은……

착각은 있을 수 있습니다. 그렇지만 하나님과 예수님 그리고 구원과 생명에 관한 착각은 치명적인 불행을 초래하게 됩니다. **"다 내게로 오라!"** 이는 곧 당신을 지으신 자의 부르심입니다. 착각을 버리고 그분께로 나가십시오. 만일, 당신이 당신의 죄를 회개하고 그분께 나아간다면 이전에 경험해 보지 못했던 새로운 삶이 시작될 것입니다.
우리 인간의 유일한 구원자이신 [예수 그리스도]!
그분을 당신의 마음 속에 구세주와 주인으로 모셔 들이십시오. 그러면 당신은 구원을 받으며 참 행복을 누리게 될 것입니다.

"**영접**하는 자 곧 그 이름을 **믿는** 자들에게는 **하나님의 자녀**가 되는 권세를 주셨으니"(요한복음 1:12)

"사람이 마음으로 믿어 의에 이르고 입으로 시인하여 구원에 이르느니라"(로마서 10:10)

녹색건축 기출문제

1	1. 콘크리트 구조물공사에서 탄산가스(CO_2) 발생저감방안에 대하여 설명하시오. [11전, 25점] 2. CO_2 발생량 분석기법(LCA ; Life-Cycle Assessment) [12후, 10점]
2	3. 환경친화적 건축물에 대하여 설명하시오. [00중, 25점] 4. 환경친화 건축 [01중, 10점] 5. 환경친화적 주거환경을 조성하기 위한 대책을 5가지 이상 기술하시오. [02전, 25점] 6. Green-Building [03후, 10점] 7. 친환경 건축물(Green Building)의 정의와 구성요소에 대하여 설명하시오. [09후, 25점] 8. 정부의 저탄소 녹색성장 정책에 따른 친환경 건설(Green Construction)의 활성화 방안에 대하여 설명하시오. [10후, 25점]
3	9. 주택성능표시제도 [05전, 10점] 10. 주택성능평가제도 [06전, 10점] 11. 친환경 건축물 인증대상과 평가항목 [07전, 10점] 12. 아파트 성능등급 [09전, 10점] 13. 공동주택에서 친환경 인증기준에 의한 부문별 평가범주 및 인증등급에 대하여 설명하시오. [10전, 25점] 14. 친환경 건축물 인증제도의 적용대상과 인증절차에 대하여 설명하시오. [11중, 25점] 15. 녹색건축물 조성지원법상의 녹색건축인증 의무 대상 건축물 및 평가분야에 대하여 설명하시오. [19전, 25점]
4	16. 건축물 에너지효율등급 인증제도 [13후, 10점] 17. 건축물 에너지효율등급 인증제도의 인증기준과 등급에 대하여 설명하시오. [22중, 25점]
5	18. BIPV(Building Integrated Photovoltaic) [10전, 10점] 19. 제로에너지빌딩(Zero-Energy Building)의 요소기술을 패시브(Passive)기술과 액티브(Active)기술로 구분하여 설명하시오. [16전, 25점] 20. 제로에너지빌딩(Zero Energy Building) [18전, 10점]
6	21. 이중외피(Double skin) [08전, 10점] 22. 외벽의 이중외피 시스템(Double Skin System)의 구성과 친환경 성능에 대하여 설명하시오. [22중, 25점] 23. Passive House [11전, 10점] 24. 패시브하우스(Passive House)의 요소기술 및 활성화 방안에 대하여 설명하시오. [19전, 25점]
7	25. 공동주택에서 신재생 에너지 적용방안에 대하여 설명하시오. [10전, 25점] 26. 기존 건축물에서 지열시스템을 적용하여 리모델링하고자 한다. 검토하여야 할 사항을 건축, 기계설비 및 지열시스템 설치부분으로 구분하여 설명하시오. [13전, 25점] 〈조건〉 1) 도심지 건축물(지하 4층, 지상 20층)로 여유부지는 없음 2) 지하 4층에 기계실 있음 3) 지하에 지열시스템 설치 예정 27. 신재생에너지의 정의 및 특징, 종류, 장단점에 대하여 설명하시오. [22중, 25점]

녹색건축 기출문제

8	28. 지속가능건설(Sustainable Construction)에 대하여 설명하시오. [11전, 25점] 29. 온실가스 배출원과 건설시공과정에서의 저감 대책을 설명하시오. [19전, 25점]
9	30. 옥상녹화방수의 개념 및 시공 시 고려사항에 대하여 기술하시오. [06전, 25점] 31. 옥상 및 주차장 상부조경에 따른 시공 시 검토사항에 대하여 설명하시오. [08중, 25점] 32. 도심지 건축물에서 옥상녹화 시스템의 필요성 및 시공방안에 대하여 기술하시오. 　　[09중, 25점] 33. 벽면녹화(壁面綠化) [11후, 10점] 34. 옥상녹화 방수공사 시 재료의 요구 성능 및 시공 시 주의사항에 대하여 설명하시오. 　　[13전, 25점] 35. 옥상 녹화방수 시 방수재의 요구성능과 적용 시 검토사항에 대하여 설명하시오. 　　[17전, 25점] 36. 옥상정원을 위한 방수, 방근공법 적용 시 시공형태별 특징과 시공환경에 따른 유의사 　　항에 대하여 설명하시오. [18후, 25점]
기 출	37. 건설사업 추진 시 환경 보존계획에 대하여 (1) 계획 및 설계 시, (2) 시공 시로 구분하 　　여 설명하시오. [04후, 25점] 38. 건설현장에서 공사 중 환경관리 업무의 종류와 내용에 대하여 기술하시오. [06중, 25점] 39. 열섬(Heat Island)현상의 원인 및 완화대책에 대하여 설명하시오. [16후, 25점] 40. 장수명주택의 보급 저해요인 및 활성화 방안에 대하여 설명하시오. [18전, 25점]
용 어	41. 환경영향평가제도 [05후, 10점] 42. 환경관리비 [02전, 10점] 43. 건설기술진흥법에서 규정하고 있는 환경관리비 [19후, 10점] 44. 생태면적 [04중, 10점] 45. Trombe wall [90전, 5점] 46. 탄소포인트제 [13중, 10점] 47. 건축물에너지 관리시스템(BEMS, Building Energy Management System) [14중, 10점] 48. 장수명 주택 인증기준 [15전, 10점] 49. 건축물 에너지성능지표(EPI ; Energy Performance Index) [16중, 10점] 50. 대형챔버법(건강친화형주택 건설기준) [17중, 10점] 51. 공동주택 라돈 저감방안 [20전, 10점]

현명한 사람은 기회를 찾지 않고, 기회를 창조한다.

- 프란시스 베이컨 -

| 문제 1 | 녹색건축 개론 |

● [11전(25), 12후(10)]

I. 개 요

① 지구 온난화의 주범이 되는 온실가스(CO_2)의 규제가 전 세계적인 문제로 대두되는 가운데, 국제적으로도 교토의정서 등의 국가차원의 규제안이 마련되고 있다.

② 건축물의 설계, 시공, 유지관리의 전 과정에 걸쳐 친환경적 관리가 필요하다.

II. 지구 온난화(地球 溫暖化)

1) 정 의

주로 화석 연료의 소비에 의해 온실가스가 발생, 대기에 잔류하여 태양열의 방출을 차단하여 대기의 온도가 상승하는 현상

2) Mechanism

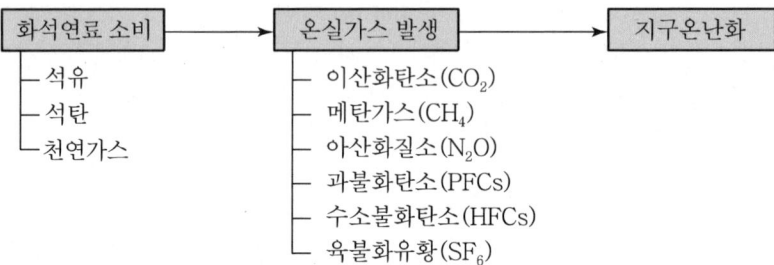

화석연료 소비 → 온실가스 발생 → 지구온난화

화석연료 소비
- 석유
- 석탄
- 천연가스

온실가스 발생
- 이산화탄소(CO_2)
- 메탄가스(CH_4)
- 아산화질소(N_2O)
- 과불화탄소(PFCs)
- 수소불화탄소(HFCs)
- 육불화유황(SF_6)

3) 온난화로 인한 문제점

① 기후변화 유발
② 열대지방 농작물 생산량 감소
③ 해수면 상승
④ 주요 생물종의 멸종 위기
⑤ 지구촌 식수 부족
⑥ 각종 질병 발생 증가
⑦ 기아 현상 발생

Ⅲ. 교토 의정서

1) 정 의
지구온난화 규제 및 방지의 국제협약인 기후 변화 협약의 구체적 이행방안으로 선진국의 온실가스 감축목표치를 규정한 서약

2) 세부사항

분류	세부사항
대상국가	38개국
목표연도	2008년~2012년
감축목표율	1990년 배출량 대비 평균 5.2%
감축대상	이산화탄소, 메탄, 아산화질소, 불화탄소, 수소화불화탄소, 불화유황
감축수단	교토메카니즘 (탄소배출권거래제, 공동이행방식, 청정개발체제)

3) 탄소배출권 거래제
① 국가나 기업 간의 온실가스 배출권리에 대한 거래제도
② 온실가스를 감축한 국가가 미감축국에 대해 배출권을 판매

4) 탄소 배출권 획득 방법
① 탄소배출권 거래제도(ET ; Emission Trading)
   의무감축국이 감축실적을 거래할 수 있는 제도
② 청정 개발체제(CDM ; Clean Developmentation Mechanism)
   비 의무 감축국에게 기술과 자본을 제공 후 감축실적을 획득
③ 공동 이행 방식(JI ; Joint Implementation)
   의무 감축국간 기술, 자본 등을 공유, 감축실적을 분할하는 체제

Ⅳ. 한국의 온실가스 감축 목표

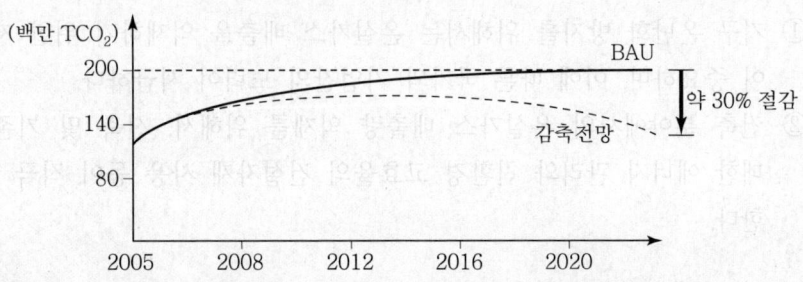

2020년 온실가스 배출전망치(BAU, Business As Usual) 대비 약 30% 절감

V. 건축분야 온실가스 감축

1) 건축분야 이산화탄소 발생량

① 전체 이산화탄소 발생량 중 산업분야가 가장 큰 비중을 차지하나, 이산화탄소의 감축이 가장 용이한 것은 건축분야

② 선진국으로 발전할수록 건축분야의 에너지 절감율은 40%에 근접

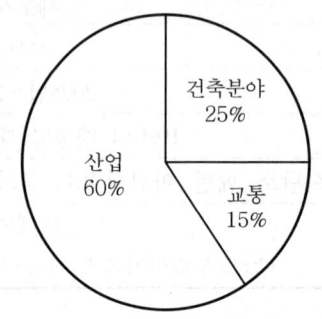

건축분야 집중관리로 온실가스 배출량 감축률 최대화

2) 활성화 방안(탄산가스 발생저감 방안)

① 건축물의 에너지 기준 강화 및 효율 개선

② 녹색 건축 기술 개발 및 인프라 구축

③ Zero Energy House 보급

④ 신재생 에너지 확대

⑤ 건설자재의 고 효율화

⑥ Passive 요소의 적극 도입

⑦ CO_2 발생량 분석기법(LCA)을 통한 관리

VI. 결 론

① 지구 온난화 방지를 위해서는 온실가스 배출을 억제하기 위한 제도의 확립이 중요하며, 이에 따른 국가와 기업간의 노력이 시급하다.

② 건축 분야에서의 온실가스 배출량 억제를 위해서, 신축 및 기존 건축물에 대한 에너지 관리와 친환경 고효율의 건설자재 사용 등이 적극 권장되어야 한다.

<table>
<tr><td>문제
2</td><td>녹색건축물</td></tr>
</table>

● [00중(25), 01중(10), 02전(25), 03후(10), 09후(25), 10후(25)]

I. 개 요

① 친환경적이고 친인간적이며 비용을 절감할 수 있는 개념을 건축의 대전제로 하여 건축물의 기획에서 철거에 이르는 전 과정에서 자연환경 보전, 에너지 및 자원의 절약을 통해 건강과 쾌적성을 추구하는 건축물이다.
② 녹색건축물, 그린빌딩(Green Building)＝지속 가능 건축(Sustainable Architecture) ＝친환경 건축물＝환경공생주택＝생태 건축(Ecological Building)＝지속 가능 건설(Sustainable Construction)이라고도 한다.

II. 녹색건축물 평가항목

녹색건축물 평가항목은 토지이용 및 교통, 에너지 및 환경오염, 재료 및 자원, 물순환관리, 유지관리, 생태환경, 실내환경의 7개 심사분야로 구분

전문분야	해당 세부분야
토지이용 및 교통	단지계획, 교통계획, 교통공학, 건축계획 또는 도시계획
에너지 및 환경오염	에너지, 전기공학, 건축환경, 건축설비, 대기환경, 폐기물처리 또는 기계공학
재료 및 자원	건축시공 및 재료, 재료공학, 자원공학 또는 건축구조
물순환관리	수공학, 상하수도공학, 수질환경, 건축환경 또는 건축설비
유지관리	건축계획, 건설관리, 건축설비 또는 건축시공 및 재료
생태환경	건축계획, 생태건축, 조경 또는 생물학
실내환경	온열환경, 소음·진동, 빛환경, 실내공기환경, 건축계획, 건축환경 또는 건축설비

III. 친환경 건축물 요소기술

1. Passive 요소

Passive 요소란 건축물을 하나의 보온병과 같은 원리로 외피단열을 통해 외부로 빠져나가는 열에너지를 차단시키는 것으로 대표적인 요소로 고단열, 고기밀, 고성능 창호, 외부차양, 이중외피 등으로 구성

1) 고단열

단열재를 이용 내외부 공간의 열의 이동을 차단하는 것

2) 고기밀

외부공기의 유입이나 실내공기의 유출을 방지하여 에너지 손실을 제거하는 기술

3) 고성능 창호

① 창호의 열관류율 성능을 높인 창호로 현재 3중창호가 확대 보급

② 종류 : 복층창호, 3중창호 등

4) 외부차양

건물 외부에 차양을 설치하여 여름의 냉방에너지 절감 가능

5) 이중외피

기존의 단열외벽에 유리외벽을 붙여 건물의 외피를 이중으로 조성하여 그 사이로 공기가 순환하도록 한 것

2. Active 요소(신재생에너지)

자연의 에너지를 이용하여 자체적으로 건축물의 에너지를 생산하는 요소로 대표적으로 '신재생에너지'가 이에 속함

1) 신에너지

종류	정의
수소에너지	수소를 기체상태에서 연소 시 발생하는 폭발력을 이용하여 기계적 운동에너지로 변환하여 활용하거나 수소를 다시 분해하여 에너지원으로 활용하는 기술
연료전지	수소, 메탄 및 메탄올 등의 연료를 산화시켜서 생기는 화학에너지를 직접 전기에너지로 변환시키는 기술
석탄을 액화·가스화한 에너지 및 중질잔사유(重質殘渣油)를 가스화한 에너지	석탄, 중질잔사유 등의 저급원료를 고온·고압하에서 불완전 연소 및 가스화 반응을 시켜 일산화탄소와 수소가 주성분인 가스를 제조하여 정제한 후 가스터빈 및 증기터빈을 구동하여 전기를 생산하는 신발전기술

2) 재생에너지

종류	정의
태양열에너지	집열부, 축열부 및 이용부로 구성된 태양열이용시스템을 이용하여 태양광선의 파동성질과 광열학적 성질을 이용한 분야로 태양열 흡수·저장·열변환을 통하여 건물의 냉난방 및 급탕 등에 활용하는 기술
태양광에너지	태양전지, 모듈, 축전지 및 전력변환장치로 구성된 태양광발전시스템을 이용하여 태양광을 직접 전기에너지로 변환시키는 기술
풍력	운동량변환장치, 동력전달장치, 동력변환장치 및 제어장치로 구성된 풍력발전시스템을 이용하여 바람의 힘을 회전력으로 전환시켜 발생하는 유도전기를 전력계통이나 수요자에게 공급하는 기술
수력	개천, 강이나 호수 등 물의 흐름으로 얻은 운동에너지를 전기에너지로 변환하여 전기를 발생시키는 시설용량 10MW 이하의 소규모 수력발전
해양에너지	해수면의 상승하강운동을 이용한 조력발전, 해안으로 입사하는 파랑에너지를 회전력으로 변환하는 파력발전, 해저층과 해수표면층의 온도차를 이용한 온도차 발전 등으로 에너지를 이용하는 기술
지열에너지	지표면으로부터 지하로 수 m에서 수 km 깊이에 존재하는 뜨거운 온천과 마그마를 포함하여 땅이 가지고 있는 에너지를 이용하는 기술
생물자원을 변환시켜 이용하는 바이오에너지	태양광을 이용하여 광합성되는 유기물 및 동유기물을 소비하여 생성되는 모든 유기체(바이오매스)의 에너지
폐기물에너지	사업장 또는 가정에서 발생되는 가연성 폐기물 중 에너지 함량이 높은 폐기물을 열분해에 의한 오일화 기술, 성형고체연료의 제조기술, 가스화에 의한 가연성 가스제조기술 및 소각에 의한 열회수기술 등의 가공·처리방법을 통하여 연료를 생산
수열에너지	해수 표층 및 하수의 열을 히트펌프(Heat Pump)를 이용하여 냉난방에 활용하는 기술로서 주로 건물 냉난방, 농가, 급탕열원, 지역 냉난방, 공장, 온실, 수산양식장, 제설작업 등의 열원으로 이용

IV. 녹색건축 관련 인증제도

녹색건축 관련제도가 다수라서 제도적용이 복잡하고 난해함으로 관련제도의 일원화와 정비가 필요

구 분	녹색건축 인증제도	건축물에너지 효율등급인증제도	지능형 건축물 인증제도
목 적	자연친화 지속가능 실현 ── 쾌적성 자원절약	에너지성능 우수건축 효과적인 에너지관리	각종 기술의 통합으로 건축물의 생산성과 설비 운영 효율성 유도
법률근거	녹색건축물 조성지원법 제16조	녹색건축물 조성지원법 제17조	건축법 제65조의 2
운영기관	건설기술연구원	에너지관리공단	국토교통부
인증기관	LH공사 등 11개 기관	LH공사 등 9개 기관	IBS코리아 등 2개 기관
인증대상	모든 건축물 (공공건축물 신축, 증축, 500세대 이상 공동주택, 3,000m² 이상 공공건축물 의무)	단독주택 공동주택 업무시설 냉난방 면적 500m² 이상인 건축물	공동주택, 문화집회시설, 판매시설, 교육연구시설, 업무시설, 숙박시설, 방송통신시설
심사분야	• 토지이용 및 교통 • 에너지 및 환경오염 • 재료 및 자원 • 물순환관리 • 유지관리 • 생태환경 • 실내환경	1차 에너지 소요량 (난방, 냉방, 급탕, 조명, 환기)	• 건축계획 및 환경 • 기계설비 • 전기설비 • 정보통신 • 시스템통합 • 시설경영관리
인증등급	최우수, 우수, 우량, 일반	1^{+++}, 1^{++}, 1^+, 1, 2, 3, 4, 5, 6, 7등급	1, 2, 3, 4, 5등급 (5등급)

V. 문제점

① 녹색 관련제도의 복잡성 및 종류가 다양
② 경험부족으로 인한 품질 신뢰도 저하
③ 녹색 건설기술 적용 시 초기 비용 과다
④ 추가 공정으로 인한 공사관리비 증가
⑤ 녹색 공법 적용으로 인한 공기증가
⑥ 친환경 건설사업 및 기술 평가 체계가 미흡

VI. 대책 및 활성화 방안

1) 정책 및 제도적 측면
   ① 녹색 관련제도의 일원화
   ② 법령 및 지침의 정비
   ③ 제도의 신설 및 보완
   ④ 친환경 건설 추진체계의 구축
   ⑤ 건설 행정의 환경, 투명성 강화

2) 녹색 건설기술 측면
   ① 녹색 건설기술의 연구 및 개발
   ② 녹색 건설기술의 보급확대
   ③ 녹색 건설기술 지원센터의 지정
   ④ 녹색 건설기술·개발의 재원확보
   ⑤ 녹색 건설기술·개발계획

VII. 결 론

① 녹색건축물은 공사 시 공기증가, 초기 공사비 과다와 기술 개발의 미흡으로 인한 품질 신뢰도에 문제가 있으나, 정책 제도의 개선과 녹색 건설기술의 발전으로 극복 가능하다.
② 체계적인 제도의 정비와 저에너지 고효율 건설기술을 통한 규격화된 건설 기술 표준화가 필요하다.

● [05전(10), 06전(10), 07전(10), 09전(10), 10전(25), 11중(25), 19전(25)]

문제 3 녹색건축 인증제도

I. 개 요

① 녹색건축 인증제도는 녹색 건축물 활성화 및 기술개발을 통하여 저탄소 녹색성장에 따른 녹색건축물의 건축을 유도하는 제도이다.

② 자재 생산, 설계, 시공, 유지관리, 폐기 등 건설과정 중 쾌적한 주거환경에 영향을 미치는 주요 요소를 평가, 인증한다.

II. 인증기준

1) 법률근거

녹색건축물 조성지원법 제16조

2) 운영기관

건설기술연구원

3) 인증기관

① (사)한국환경건축연구원　　② LH공사 주택도시연구원

③ 한국교육환경연구원　　　　④ 한국에너지기술연구원

⑤ 크레비즈인증원　　　　　　⑥ 한국감정원

⑦ 한국시설안전공단　　　　　⑧ 한국환경공단

⑨ 한국환경산업기술원　　　　⑩ (사)한국그린빌딩협의회

⑪ 한국생산성본부 인증원

4) 인증대상

① 모든 건축물

② 의무대상

㉮ 공공 건축물의 신축 · 증축

㉯ 500세대 이상의 공동주택

㉰ 3,000m² 이상의 공공 건축물

Ⅲ. 심사분야

녹색건축 인증제도의 평가항목은 토지이용 및 교통, 에너지 및 환경오염, 재료 및 자원, 물순환관리, 유지관리, 생태환경, 실내환경의 7개 심사분야로 구분

전문분야	해당 세부분야
토지이용 및 교통	단지계획, 교통계획, 교통공학, 건축계획 또는 도시계획
에너지 및 환경오염	에너지, 전기공학, 건축환경, 건축설비, 대기환경, 폐기물처리 또는 기계공학
재료 및 자원	건축시공 및 재료, 재료공학, 자원공학 또는 건축구조
물순환관리	수공학, 상하수도공학, 수질환경, 건축환경 또는 건축설비
유지관리	건축계획, 건설관리, 건축설비 또는 건축시공 및 재료
생태환경	건축계획, 생태건축, 조경 또는 생물학
실내환경	온열환경, 소음·진동, 빛환경, 실내공기환경, 건축계획, 건축환경 또는 건축설비

Ⅳ. 인증절차 및 등급

1) 인증절차

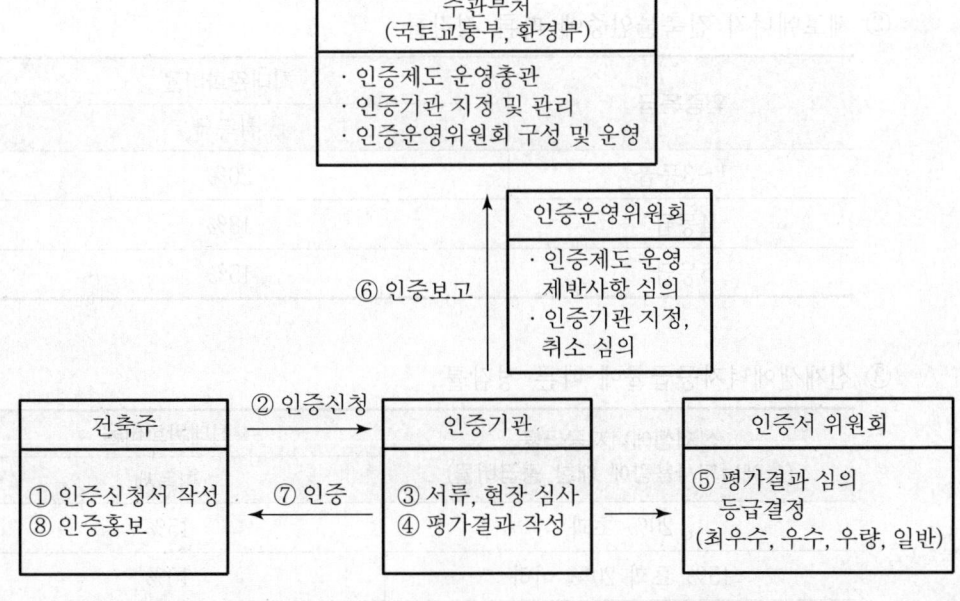

인증기관 내의 인증심의위원회에서 평가결과를 심의하여 등급을 결정

2) 인증등급

    ① 최우수(그린 1등급)

    ② 우수(그린 2등급)

    ③ 우량(그린 3등급)

    ④ 일반(그린 4등급)

V. 인센티브

녹색건축물에 대한 각종 혜택을 부여하여 녹색건축물의 활성화 유도

1) 세금(취득세, 재산세) 경감률 기준(「지방세특례제한법 시행령」 제24조)

① 건축물에너지 효율인증과 녹색건축인증에 대한 경감률

건축물에너지 효율인증등급	녹색건축 인증등급	최대완화비율	
		취득세	재산세
1+ 이상	최우수	10%	10%
1+ 이상	우수	5%	7%
1	최우수	–	7%
1	우수	–	3%

② 제로에너지 건축물인증에 따른 경감률

인증등급	최대완화비율
	취득세
1~3등급	20%
4등급	18%
5등급	15%

③ 신재생에너지공급률에 따른 경감률

신재생에너지공급률 (총에너지사용량에 대한 공급비율)	최대완화비율
	취득세
20% 초과	15%
15% 초과 20% 이하	10%
10% 초과 15% 이하	5%

2) 건축기준 완화(용적률, 건축물 높이 제한)

① 녹색건축인증에 따른 건축기준 완화비율

최대완화비율	완화조건
6%	녹색건축 최우수 등급
3%	녹색건축 우수 등급

② 건축물에너지 효율등급 및 제로에너지 건축물인증에 따른 건축기준 완화비율

최대완화비율	완화조건
15%	제로에너지건축물 1등급
14%	제로에너지건축물 2등급
13%	제로에너지건축물 3등급
12%	제로에너지건축물 4등급
11%	제로에너지건축물 5등급
6%	건축물에너지효율 1++등급
3%	건축물에너지효율 1+등급

Ⅵ. 결 론

① 건축물의 계획에서 철거에 이르는 전과정에 걸쳐 탄소배출의 저감이 중요한 요소로 부각되고 있으며 이에 대한 정부 차원의 규제 및 인증제도의 체계화가 중요하다.

② 녹색건축 인증제도의 인증절차 간소화와 체계화를 통해 제도의 활성화가 우선되어야 한다.

문제 4	건축물에너지 효율등급인증제도

● [13후(10), 22중(25)]

Ⅰ. 개 요

① 건축물에너지 효율등급인증제도란 설계 도면을 바탕으로 1차 에너지 소비량을 평가하고, 현장 실사를 통해 도면과 비교·검증하는 제도이다.
② 건축물의 설계 및 시공단계에서 에너지효율적인 설계를 채택하여 에너지 고효율형 건축물을 보급하는 데 목적이 있다.

Ⅱ. 인증기준

1) 법률근거

녹색건축물 조성지원법 제17조

2) 주관부처

국토교통부, 산업통상자원부

3) 운영기관

녹색건축센터로 지정된 기관 중 에너지관리공단으로 선정

4) 인증기관

① 한국에너지기술연구원 ② 건설기술연구원
③ 한국시설안전공단 ④ LH토지주택공사
⑤ 한국교육환경연구원 ⑥ 한국환경건축연구원
⑦ 한국건물에너지기술원 ⑧ 한국생산성본부인증원
⑨ 한국감정원

5) 인증대상

건축물 용도	적용대상
• 단독주택 • 공동주택 • 업무시설	면적 무관 모든 건축물
그 외 용도 건축물	냉방 또는 난방 면적이 500m² 이상인 건축물

Ⅲ. 평가분야

① ISO 13790에 근거하여 평가
② 건물의 냉방, 난방, 급탕, 조명 및 환기 등에 대한 1차 에너지 소요량(kWh/m²·년)을 기준

Ⅳ. 인증절차 및 등급

1) 인증절차

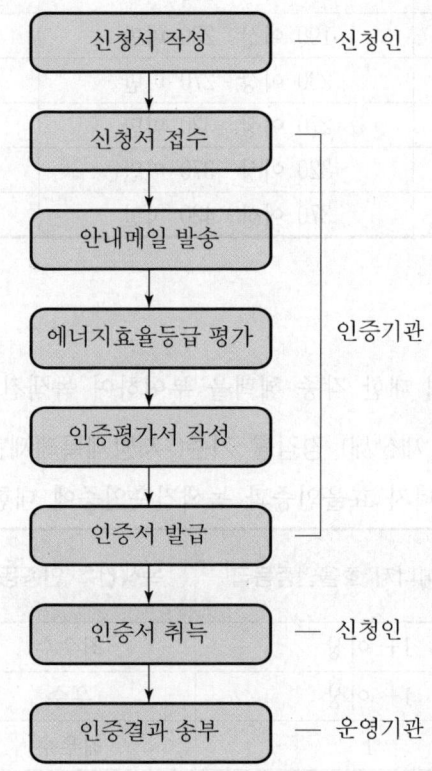

2) 인증등급

① 인증등급체제가 10단계 등급체계
② 주거용 건축물이란 기숙사를 제외한 단독주택 및 공동주택이며 비주거용 건축물이란 주거용 건축물을 제외한 건축물을 의미
③ 등외 등급을 받은 건축물의 인증은 등외로 표기

건축물에너지 효율등급 인증등급

등급	주거용 건축물 연간 단위면적당 1차 에너지소요량 (kWh/m² · 년)	주거용 이외의 건축물 연간 단위면적당 1차 에너지소요량 (kWh/m² · 년)
1+++	60 미만	80 미만
1++	60 이상 90 미만	80 이상 140 미만
1+	90 이상 120 미만	140 이상 200 미만
1	120 이상 150 미만	200 이상 260 미만
2	150 이상 190 미만	260 이상 320 미만
3	190 이상 230 미만	320 이상 380 미만
4	230 이상 270 미만	380 이상 450 미만
5	270 이상 320 미만	450 이상 520 미만
6	320 이상 370 미만	520 이상 610 미만
7	370 이상 420 미만	610 이상 700 미만

V. 인센티브

녹색건축물에 대한 각종 혜택을 부여하여 녹색건축물의 활성화 유도

1) 세금(취득세, 재산세) 경감률 기준(「지방세특례제한법 시행령」 제24조)

① 건축물에너지 효율인증과 녹색건축인증에 대한 경감률

건축물에너지 효율인증등급	녹색건축 인증등급	최대완화비율	
		취득세	재산세
1+ 이상	최우수	10%	10%
1+ 이상	우수	5%	7%
1	최우수	–	7%
1	우수	–	3%

② 제로에너지 건축물인증에 따른 경감률

인증등급	최대완화비율
	취득세
1~3등급	20%
4등급	18%
5등급	15%

③ 신재생에너지공급률에 따른 경감률

신재생에너지공급률 (총에너지사용량에 대한 공급비율)	최대완화비율 취득세
20% 초과	15%
15% 초과 20% 이하	10%
10% 초과 15% 이하	5%

2) 건축기준 완화(용적률, 건축물 높이 제한)
① 녹색건축인증에 따른 건축기준 완화비율

최대완화비율	완화조건
6%	녹색건축 최우수 등급
3%	녹색건축 우수 등급

② 건축물에너지 효율등급 및 제로에너지 건축물인증에 따른 건축기준 완화비율

최대완화비율	완화조건
15%	제로에너지건축물 1등급
14%	제로에너지건축물 2등급
13%	제로에너지건축물 3등급
12%	제로에너지건축물 4등급
11%	제로에너지건축물 5등급
6%	건축물에너지효율 1++등급
3%	건축물에너지효율 1+등급

VI. 결 론

① 인증대상 건축물은 신축 건물에서 기존 건축물로, 공공 건축물에서 민간 건축물로 확대되어 갈 예정이다.
② 매매·임대하는 건축물의 에너지소비증명이 전국에 시행됨에 따라 건축물에너지 효율등급인증제도의 활성화가 필요하다.

| 문제 5 | **Zero Energy House** |

● [10전(10), 16전(25), 18전(10)]

I. 개요

① Zero Energy House는 건축물 내부의 에너지 유출을 차단함과 동시에 신재생 에너지 등을 이용하여 건축물에 필요한 에너지를 생산, 사용함으로써 외부의 에너지를 필요로 하지 않는 에너지 자립형 건축물을 말한다.

② Zero Energy House는 건축물 내부의 에너지를 보존하는 Passive 요소와 화석연료를 변환하거나 재생가능한 에너지를 변환시켜 에너지를 발생시키는 Active 요소로 구성되어 있다.

II. Zero Energy House의 개념

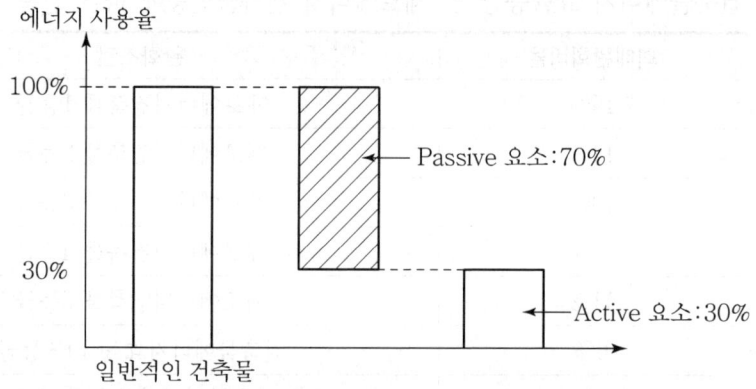

일반적인 건축물이 100%의 에너지를 사용한다고 가정했을 때, Passive 요소 적용 시 70% 에너지의 절감이 가능하며, Active 요소 적용 시 30%의 에너지 절감 가능

III. 목적

① 건축물 내 재실자의 쾌적성능 극대화
② 건축물 유지를 위한 에너지 사용의 억제
③ 이산화탄소의 배출억제
④ 친환경적 건축기술의 확대

Ⅳ. Zero Energy House의 요소기술

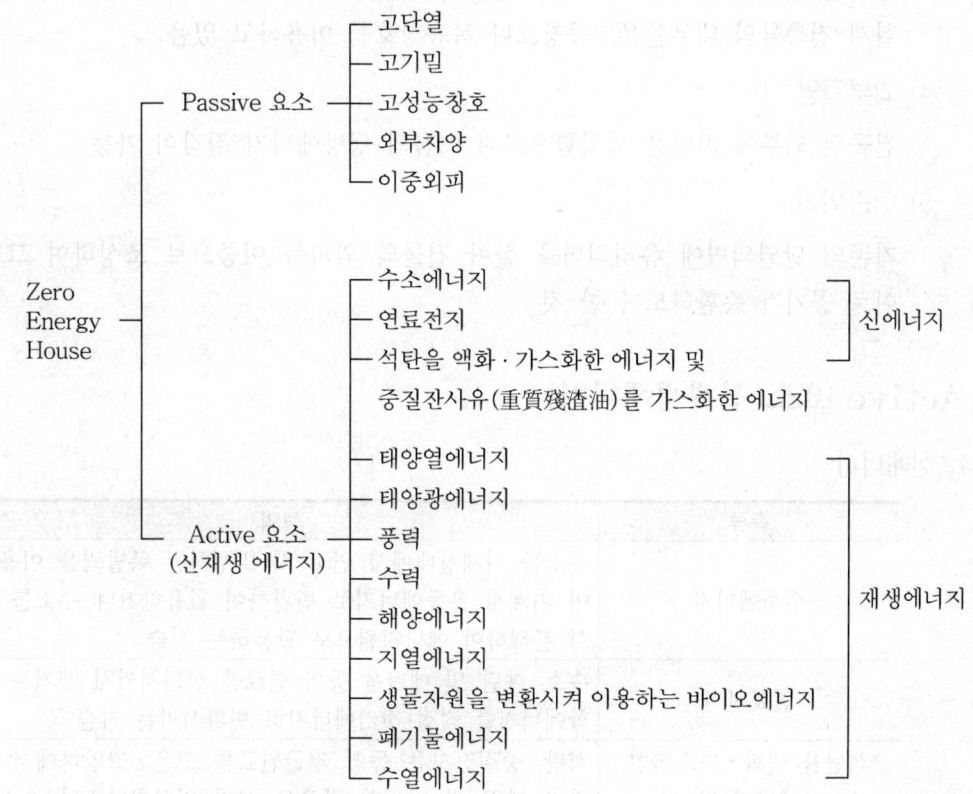

① Zero Energy House의 Passive 요소와 Active 요소로 구성된다.
② Passive 요소는 건축물 내부에너지를 보존하는 것을 목적으로 하며, 고단열, 고기밀, 고성능창호, 외부차양, 이중외피 등으로 구성된다.
③ Active 요소는 화석연료 또는 재생 가능한 에너지를 변환시켜 에너지로 변환시키며, 신재생에너지가 이에 속한다.

Ⅴ. Passive 요소

1) 고단열
   내외부 공간 간의 열적 차단성을 의미하는 것
2) 고기밀
   건물의 틈새를 통한 의도하지 않은 외부의 공기의 유입이나 실내공기의 유출을 제거하여 적용 대상 공간을 밀실하게 하는 것

3) 고성능창호

창호는 열적으로 가장 취약한 부위로 겨울철 난방비의 가장 큰 요인으로 작용
현재 건축물의 대부분은 3중창호나 복층창호를 이용하고 있음

4) 외부차양

건물의 외부에 차양을 설치함으로써 여름의 냉방에너지 절감이 가능

5) 이중외피

기존의 단열외벽에 유리외벽을 붙여 건물의 외피를 이중으로 조성하여 그 사
이로 공기가 순환하도록 한 것

Ⅵ. Active 요소(신재생에너지)

1. 신에너지

종류	정의
수소에너지	수소를 기체상태에서 연소 시 발생하는 폭발력을 이용하여 기계적 운동에너지로 변환하여 활용하거나 수소를 다시 분해하여 에너지원으로 활용하는 기술
연료전지	수소, 메탄 및 메탄올 등의 연료를 산화시켜서 생기는 화학에너지를 직접 전기에너지로 변환시키는 기술
석탄을 액화·가스화한 에너지 및 중질잔사유(重質殘渣油)를 가스화한 에너지	석탄, 중질잔사유 등의 저급원료를 고온·고압하에서 불완전 연소 및 가스화 반응을 시켜 일산화탄소와 수소가 주성분인 가스를 제조하여 정제한 후 가스터빈 및 증기터빈을 구동하여 전기를 생산하는 신발전기술

2. 재생에너지

종류	정의
태양열에너지	집열부, 축열부 및 이용부로 구성된 태양열이용시스템을 이용하여 태양광선의 파동성질과 광열학적 성질을 이용한 분야로 태양열 흡수·저장·열변환을 통하여 건물의 냉난방 및 급탕 등에 활용하는 기술
태양광에너지	태양전지, 모듈, 축전지 및 전력변환장치로 구성된 태양광발전시스템을 이용하여 태양광을 직접 전기에너지로 변환시키는 기술
풍력	운동량변환장치, 동력전달장치, 동력변환장치 및 제어장치로 구성된 풍력발전시스템을 이용하여 바람의 힘을 회전력으로 전환시켜 발생하는 유도전기를 전력계통이나 수요자에게 공급하는 기술

종류	정의
수력	개천, 강이나 호수 등 물의 흐름으로 얻은 운동에너지를 전기에너지로 변환하여 전기를 발생시키는 시설용량 10MW 이하의 소규모 수력발전
해양에너지	해수면의 상승하강운동을 이용한 조력발전, 해안으로 입사하는 파랑에너지를 회전력으로 변환하는 파력발전, 해저층과 해수표면층의 온도차를 이용한 온도차 발전 등으로 에너지를 이용하는 기술
지열에너지	지표면으로부터 지하로 수 m에서 수 km 깊이에 존재하는 뜨거운 온천과 마그마를 포함하여 땅이 가지고 있는 에너지를 이용하는 기술
생물자원을 변환시켜 이용하는 바이오에너지	태양광을 이용하여 광합성되는 유기물 및 동유기물을 소비하여 생성되는 모든 유기체(바이오매스)의 에너지
폐기물에너지	사업장 또는 가정에서 발생되는 가연성 폐기물 중 에너지 함량이 높은 폐기물을 열분해에 의한 오일화 기술, 성형고체연료의 제조기술, 가스화에 의한 가연성 가스제조기술 및 소각에 의한 열회수기술 등의 가공·처리방법을 통하여 연료를 생산
수열에너지	해수 표층 및 하수의 열을 히트펌프(Heat Pump)를 이용하여 냉난방에 활용하는 기술로서 주로 건물 냉난방, 농가, 급탕열원, 지역 냉난방, 공장, 온실, 수산양식장, 제설작업 등의 열원으로 이용

VII. 문제점 및 대책

1) 문제점

① 초기 공사비 과다
② 공사비 회수기간이 김
③ 기존 건축물에 적용 난해
④ 에너지 효율이 낮음
⑤ 환경의 제약이 큼

2) 대책

① 제도적 지원책 마련
② 자재의 표준화를 통한 공사비 절감
③ 고효율 자재 생산
④ 리모델링 시 의무 적용
⑤ BIM(Building Information Modeling)을 통한 환경요소 파악

Ⅷ. 결론

① 탄소배출 억제와 친환경 주거공간의 창출을 위해 기획 및 설계의 단계에서 부터 Passive 요소와 Active 요소가 고려되어야 한다.

② Zero Energy House의 활성화를 위해 제도적인 지원과 초기 공사비의 절감을 위한 혁신적 기술개발과 연구가 선행되어야 한다.

문제 6	Passive 요소

● [08전(10), 11전(10), 19전(25)]

Ⅰ. 개요

① 건축물에서 패시브(Passive) 요소는 건축물을 하나의 보온병과 같은 원리로 외피단열을 통해 외부로 빠져나가는 열에너지를 차단시키는 것이다.

② 건축물의 벽체, 천장, 바닥의 전반에 열차단 성능이 우수한 재료를 적용함으로써 자체의 열만으로도 쾌적한 생활환경을 유지시켜 준다.

Ⅱ. Passive 요소의 개념도

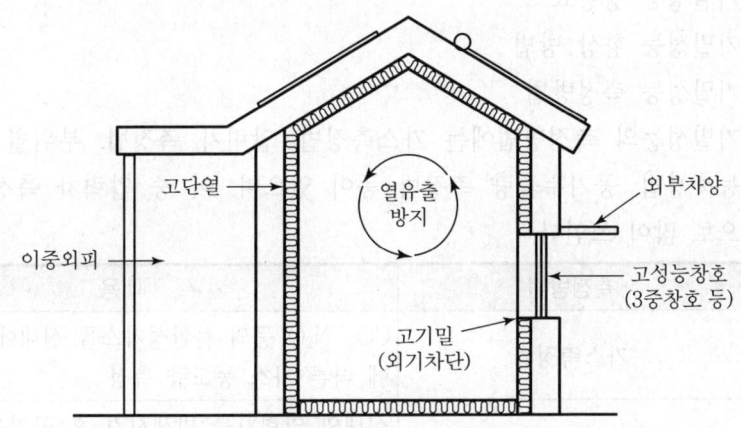

설계 시 사전검토와 철저한 시공으로 내부 열의 유출 방지

Ⅲ. Passive 요소

1) 고단열

① 내외부 공간 간의 열적 차단성을 의미하는 것으로 Passive 요소의 핵심사항

② 단열의 종류 : 벽체단열, 바닥단열, 지붕단열

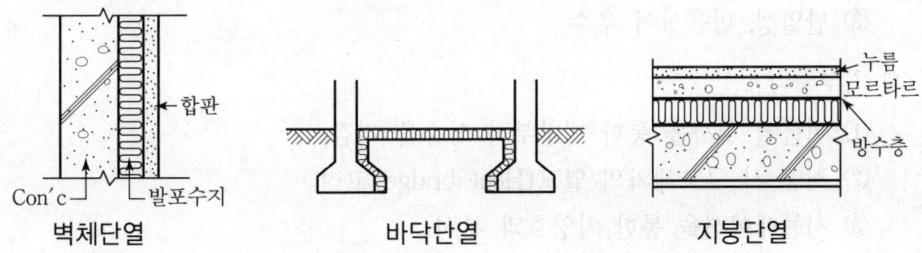

벽체단열   바닥단열   지붕단열

③ 단열재의 종류

현재 가장 보편적으로 사용되는 단열재는 EPS이나, 점차 단열 효율이 높은 진공단열재로 적용되고 있다.

단열재 ─┬─ 유기질 단열재 : EPS(Extended Polystyrene Sheet), 폴리우레탄 폼, 우레아 폼
        ├─ 무기질 단열재 : 그라스울, 미네랄울, 섬유질 단열재
        └─ 특수 단열재 : 진공단열재, 에어로젤, 열반사 단열재

④ 단열 시공 시에는 열교(Heat bridge)의 발생을 고려

2) 고기밀

① 건축물의 틈새를 통한 의도하지 않은 외기와 내기를 차단하여 공간을 밀실하게 하는 것

② 기밀성능 영향요소

③ 기밀성능 향상 방법

④ 기밀성능 측정방법

기밀성능의 측정방법에는 가스측정법, 압력차 측정법, 부위별 현장기밀 성능측정법, 공기누출량 측정법 등이 있으며, 이 중 압력차 측정법이 일반적으로 많이 쓰인다.

측정방법	내용
가스측정법	CO_2, N_2O 등의 불활성가스를 실내에 분출후 시간에 따른 가스 농도량 측정
압력차 측정법	실내외 압력차를 발생시킨 후 공기유동량의 변화를 측정
부위별 현장기밀 성능측정법	개구부를 통한 공기유동량을 현장에서 측정
공기누출량 측정법	연돌효과 및 공기저항에 의한 열손실량의 측정

3) 고성능창호

① 열관류율 개선으로 열손실 저감효과

② 현재 열관류율이 우수한 3중 창호로 확대 보급

③ 단열성, 방음성이 우수

4) 외부차양

① 여름철 일사를 통한 냉방부하 상승을 저감

② 시공 시 구조체와의 열교(Heat bridge)고려

③ 시뮬레이션을 통한 차양효과 분석

5) 이중외피

① 기존의 외피에 하나의 외피를 추가하여, 중공층을 통하여 계절에 따른 공기
의 흐름을 조절, 에너지 부하를 저감시키는 공법

② 이중외피의 원리
실내의 열변화에 따라 계절별로 급기구, 배기구, 환기구를 통해 공기량을
조절하여 쾌적한 실내환경을 도모

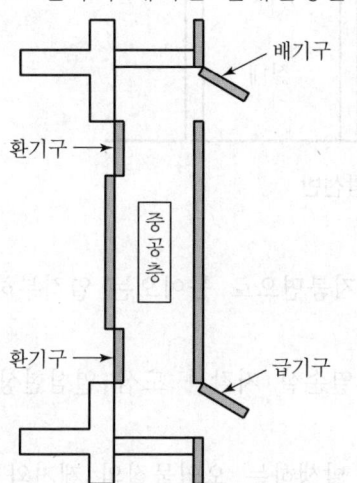

분류	급기구	배기구	환기구
겨울(난방 시)	Close	Close	Close
여름(냉방 시)	Open	Open	Close
환기 시	Open	Open	Open

6) 향을 고려한 건축물 배치 및 친환경 설계

① 지역에 따른 향을 고려
② 일사량이 많은 향으로 건축물 배치
③ 자연채광과 차양계획
④ 열손실이 적은 에너지 절약적 설계

7) 열교환 환기장치

① 건축물의 기밀화에 따른 실내공기질의 악화를 방지
② 내부의 따뜻한 공기와 외부의 차가운 공기를 교환
③ 교환 시 내부와 외부 공기의 열교환으로 에너지 부하 저감

8) 광선반, 광덕트

① 외부의 태양광을 내부로 끌어들여 조명에 이용하는 기술
② 광선반 : 창호 외부에 광선반을 설치하여 반사를 이용 내부를 조명하는 기술
③ 광덕트 : 옥상이나 외부에 집광기를 설치하여, 덕트(duct)로 빛을 모아 덕트
내부의 반사판을 이용하여 내부로 빛을 끌어들이는 장치

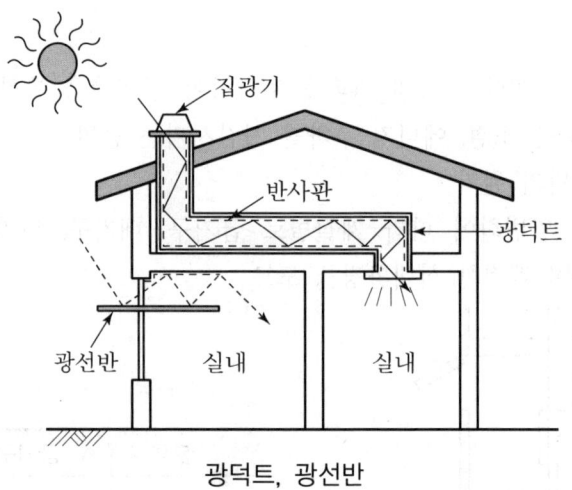

광덕트, 광선반

9) 입체녹화

① 옥상녹화 : 옥상에 식재를 하여 지붕면으로 들어오는 열적부하를 저감하는 방법

② 벽면녹화 : 벽면에 식재를 하여 열손실 저감과 도심 열섬현상을 방지하며, 도시경관을 향상시키는 방법

③ 가로녹화 : 도심의 차량통행에서 발생하는 오염물질의 제거와 도심 열섬현상 방지 및 도심지 녹화부족을 보완하기 위해 시행하는 방법

10) 축열벽(Trombe wall)

① 일사열을 주간에 모았다가 야간에 이용하는 간접획득방식의 난방

② 태양열 에너지를 벽돌벽 또는 물벽 등에 집열시켜, 열의 전도, 복사, 대류와 같은 자연현상에 의하여 실내난방효과를 얻는 것

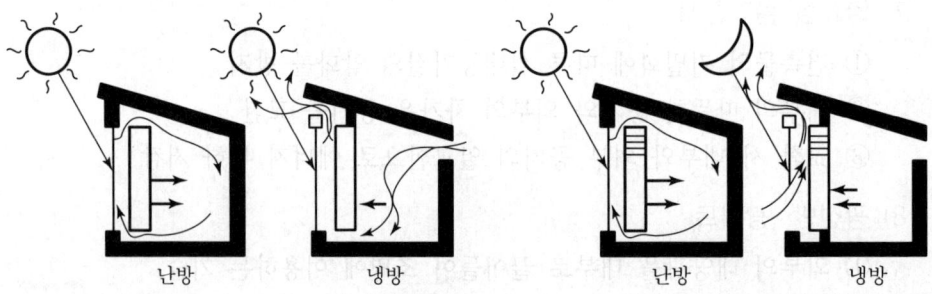

난방   냉방   난방   냉방

11) 잠열보유 플라스터(PCM ; Phase Change material)

① 열을 흡수, 방출하는 성질을 가진 물질

② 조건에 따라 열을 흡수, 방출함으로써 자동적으로 온도의 조절이 가능한 물질

12) White roof

① 옥상면을 흰색의 마감재로 마감하여 태양과의 반사율을 높여 에너지를 절약하는 방식

② 색상의 변경으로 건물내부의 에너지 부하를 감소시키는 방법

Ⅳ. 장단점

1) 장점

① 기존 건물대비 난방비용 절감

② 이산화탄소 배출량 감소

③ 단열을 통한 방음효과

④ 에너지 부하 저감

⑤ 기후변화에 대한 자발적 참여

2) 단점

① 초기 공사비 과다

② 추가 공사에 따른 공기증가

③ 전문적인 인력 필요

④ 환경에 영향이 큼

⑤ 공사 품질 확보에 난해

Ⅴ. 결론

① Passive 요소의 적용 시에는 사전 시뮬레이션을 통한 에너지 계산을 통해 공사비 낭비를 제거하면서, 최대한의 에너지 효율을 낼 수 있도록 설계, 시공되어야 한다.

② Active 요소와의 결합으로 최적의 에너지 성능을 발휘할 수 있도록 각 공종에 대한 녹색 기술에 대한 연구와 투자가 필요하다.

| 문제 7 | 신재생에너지(Active 요소) |

● [10전(25), 13전(25), 22중(25)]

I. 개요

1) 의의

① 신재생에너지란 '기존의 화석연료를 변환시켜 이용하거나 햇빛, 물, 지열, 강수, 생물유기체 등을 포함하는 재생 가능한 에너지를 변환시켜 이용하는 에너지'로 11개 분야를 지정하고 있다.

② Active 요소란 자연의 에너지를 이용하여 자체적으로 건축물의 에너지를 생산하는 요소로 대표적으로 '신재생에너지'가 이에 속한다.

2) 신재생에너지의 분류

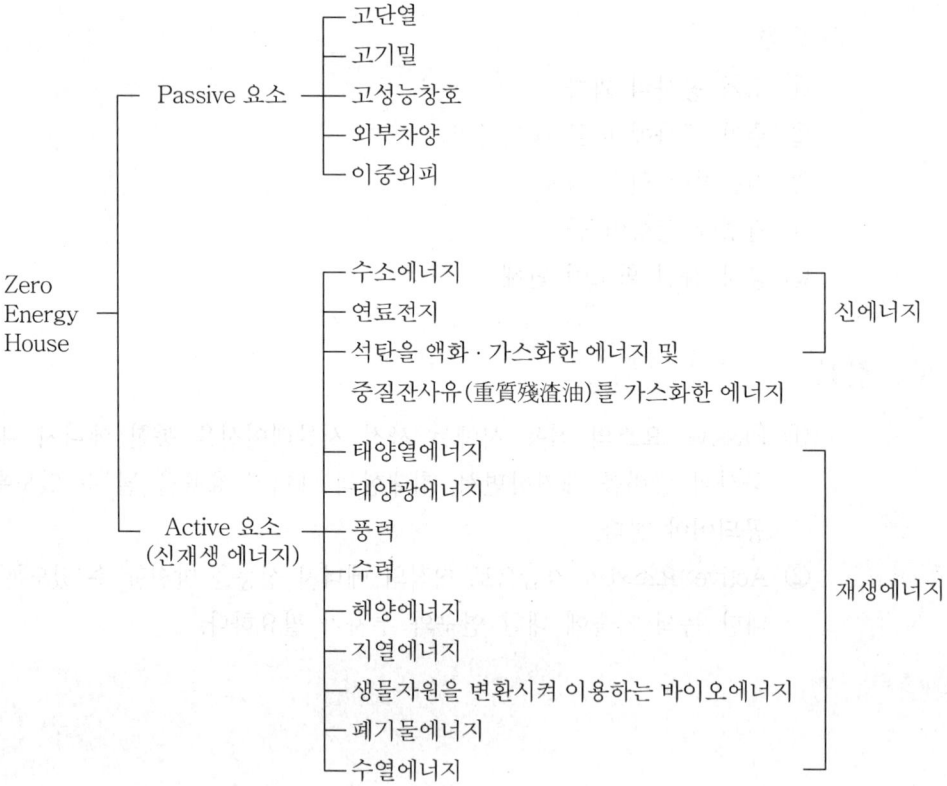

① 자연의 에너지를 이용하여 자체적으로 건축물의 에너지를 생산하는 요소로 대표적으로 '신재생에너지'가 이에 속함

② 신에너지는 기존의 화석연료를 변환시켜 이용하거나 수소·산소 등의 화학 반응을 통하여 전기 또는 열을 이용하는 에너지로 수소에너지, 연료전지, 석탄을 액화·가스화한 에너지 및 중질잔사유(重質殘渣油)를 가스화한 에너지를 말함

③ 재생에너지란 햇빛·물·지열(地熱)·강수(降水)·생물유기체 등을 포함하는 재생 가능한 에너지를 변환시켜 이용하는 에너지로 태양에너지, 풍력, 수력, 해양에너지, 지열에너지, 바이오에너지, 폐기물에너지, 수열에너지를 말함

Ⅱ. 분류별 특징

1) 연료전지

수소와 산소의 화학반응으로 생기는 화학에너지를 전기에너지로 변환시키는 기술

$$2H^+ + 1/2O_2 + e^- \rightarrow H_2O + 전기(1.23V)$$

2) 석탄액화·가스화

가스화 복합발전기술은 석탄, 중질잔사유 등의 저급원료를 고온, 고압의 가스화기에서 수증기와 함께 한정된 산소로 불완전연소 및 가스화시켜 일산화탄소와 수소가 주성분인 합성가스를 만들어 정제공정을 거친 후 가스터빈 및 증기터빈등을 구동하여 발전하는 신기술

3) 수소에너지

물, 유기물, 화석연료 등의 화합물 형태로 존재하는 수소를 분리, 생산해서 이용하는 기술

4) 태양광

① 태양광발전(PV ; Photovoltaic)이란 태양광을 이용하여 전기를 생산하는 기술

② 태양광발전의 원리

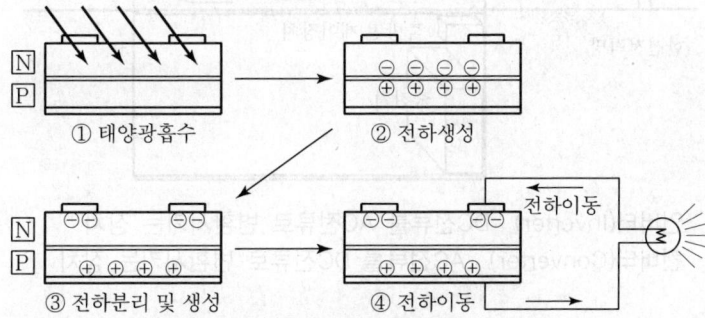

반도체가 태양광을 흡수하면 전하가 생성되며, 생성된 전하의 이동에 의해 전기가 발생된다.

③ 태양전지의 기본단위

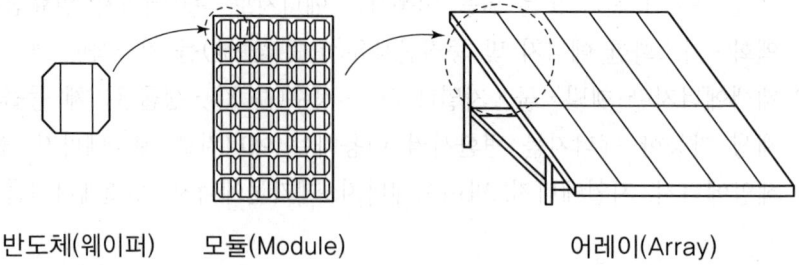

반도체(웨이퍼)   모듈(Module)   어레이(Array)

원석에서 실리콘 잉곳(ingot)을 추출 반도체(웨이퍼)를 제조한 후, 각각의 반도체가 모여 모듈(Module)을 이루고, 이 모듈이 모인 것을 어레이(Array)라 한다.

② 태양광 발전의 계통도

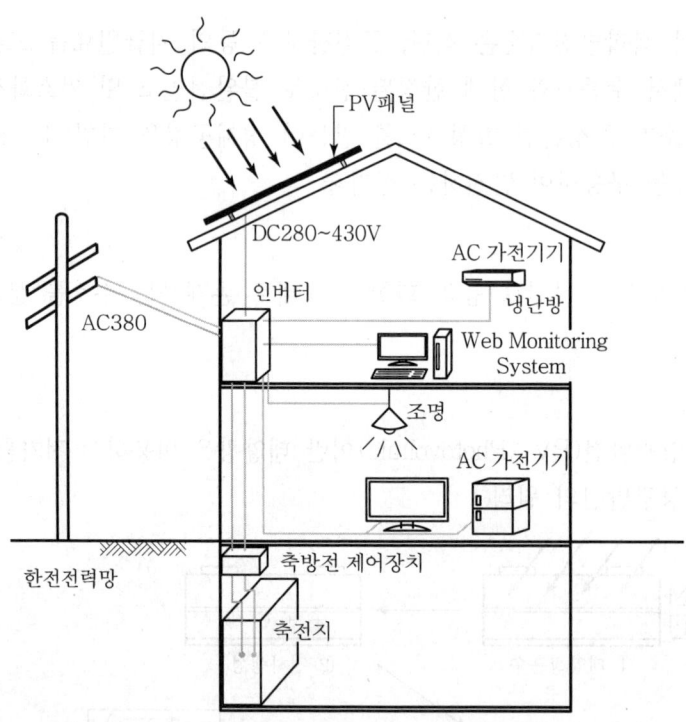

인버터(Inverter) : DC전류를 AC전류로 변환시키는 장치
컨버터(Converter) : AC전류를 DC전류로 변환시키는 장치

③ 태양광발전 시스템 구성

태양광 발전 시스템은 계통연계형, 계통지원형, 독립형이 있으며, 주로 계통
연계형이 가장 일반적인 형태이다.

```
                  ┌─ 계통연계형 : 태양광 발전량이 부족할 때는 한전에서 공급받고,
                  │              전기가 남을 때는 한전으로 공급하는 구조
 태양광발전        ├─ 계통지원형 : 한전과 연결되어 있을 뿐만 아니라, 자체의 축전
 시스템 구성       │              지로 연결이 되어 있는 구조
                  └─ 독립형 : 한전과 완전히 분리되어 있는 방식으로 충전장치와
                              축전지에 연결시켜 생산된 전기를 사용하는 구조
```

④ BIPV(Building Integrated Photovoltaic)

태양광발전을 통합적으로 건물 외피 구성요소로서 적용하고자하는 기술

⑤ BIPV는 옥상, 벽면 등 일조량이 많고 장애물이 없는 곳에 설치

5) 태양열

① 집열기에 태양열의 흡수, 저장, 열변환 등을 통하여 건물의 냉난방 및 급탕
등에 활용하는 기술

② 시스템 구성

집열기에서 태양열을 모은 후 실내의 열교환기에 내부 축열조와 열교환하여
온수를 얻는 방식으로 온도가 낮을 때에는 보일러와 병행하여 사용

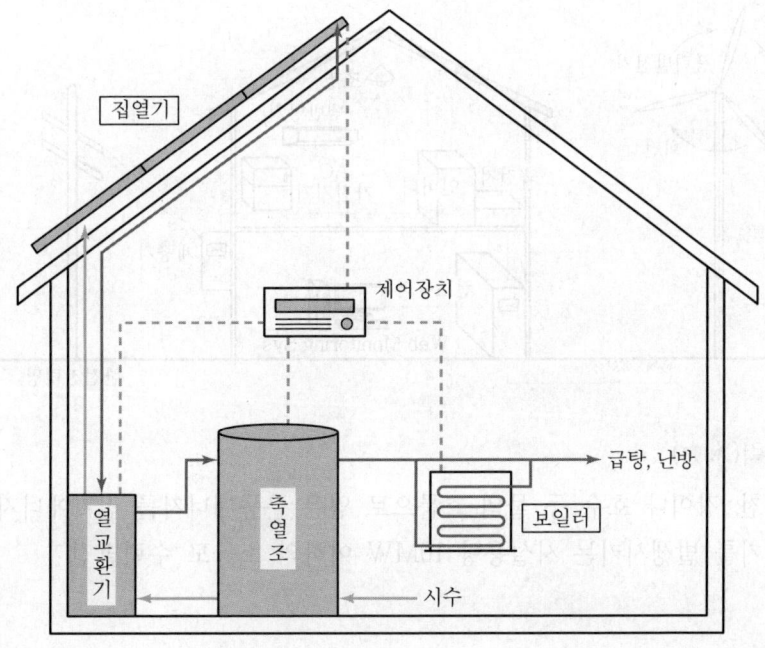

③ 태양열 집열기의 종류

태양열 집열기의 종류에는 평판형 집열기와 단일진공관식 집열기, 이중진공관식 집열기가 있으며 현재 주로 이중진공관식 집열기가 사용되고 있다.

- 평판형 집열기
- 진공관형 집열기
  - 단일진공관식 집열기
  - 이중진공관식 집열기

6) 풍력

① 바람에너지를 변환시켜 전기를 생산하는 발전기술로 수직형과 수평형이 사용됨

공동주택내 이용방안	• 공동주택 단지 내 빌딩풍을 이용
	• 공동주택과 주변의 고층건물 사이의 빌딩풍도 이용 가능
	• 풍속이 강한 지점을 선택하여 미적 감각이 있는 system으로 개발 필요

② 풍력발전 계통도

풍력에 의해 발전기를 가동, 직류전기를 생산하고 이를 컨트롤러와 인버터를 통해 교류전류로 변환 가전기기나 외부 전력망으로 공급하는 발전방식

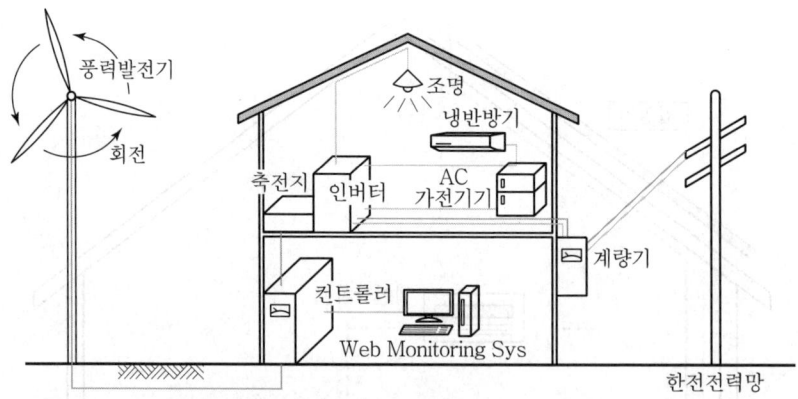

7) 수력(水力)

개천, 강이나 호수 등 물의 흐름으로 얻은 운동에너지를 전기에너지로 변환하여 전기를 발생시키는 시설용량 10MW 이하의 소규모 수력발전

8) 해양

해수면의 상승하강운동을 이용한 조력발전, 해안으로 입사하는 파랑에너지를 회전력으로 변환하는 파력발전, 해저층과 해수표면층의 온도차를 이용한 온도차 발전 등으로 에너지를 이용하는 기술

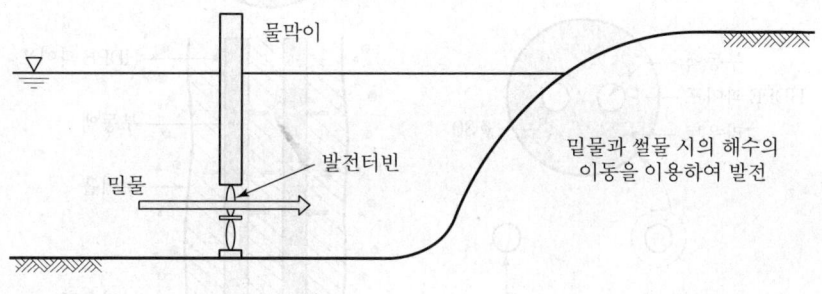

9) 지열

① 지상과 지하의 온도차를 이용하여 냉난방에 활용하는 기술
② 지열시스템의 종류

지열시스템에서 환경의 문제 등으로 주로 폐쇄형이 이용되고 있으며, 보편적으로 수직형이 이용되고 있다.

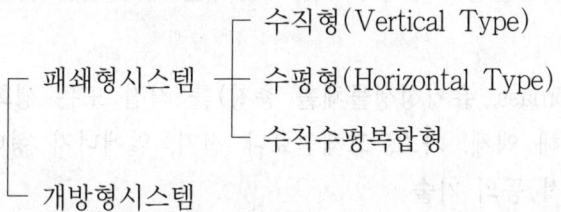

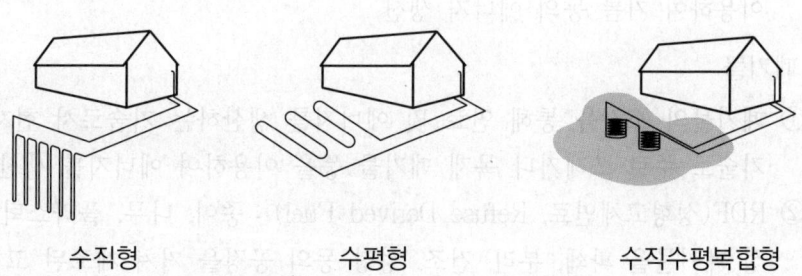

③ 지중열교환기의 구조 및 원리

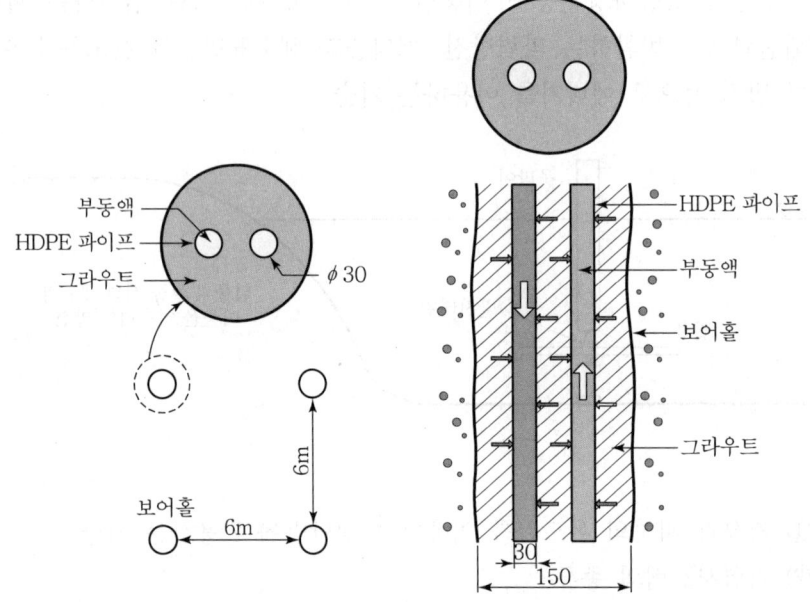

지하 15m 정도에서는 연중내내 온도가 일정하게 유지되는 것을 이용하여, 여름철의 냉방부하와 겨울철의 난방부하를 저감하는 데 지열을 이용

10) 바이오에너지

① 바이오매스(Biomass, 유기성생물체를 총칭)를 직접 또는 생화학적, 물리적 변환과정을 통해 액체, 가스, 고체연료나 전기, 열에너지 형태로 이용하는 화학적 생물학적 등의 기술

② 바이오매스의 재료로 주로 옥수수 등의 식량으로 이용되는 식물성 재료를 이용하여 기름 등의 에너지 생산

11) 폐기물

① 폐기물의 소각을 통해 연료 및 에너지를 생산하는 기술로서 현재 각광받는 기술로 주로 쓰레기나 목재 폐기물 등을 이용하여 에너지를 생산

② RDF(성형고체연료, Refuse Derived Fuel) : 종이, 나무, 플라스틱 등의 가연성 폐기물을 파쇄, 분리, 건조, 성형 등의 공정을 거쳐 제조된 고체연료

12) 수열

해수 표층 및 하수의 열을 히트펌프(Heat Pump)를 이용하여 냉난방에 활용하는 기술로서 주로 건물 냉난방, 농가, 급탕열원, 지역 냉난방, 공장, 온실, 수산양식장, 제설작업 등의 열원으로 이용

Ⅲ. 신재생에너지 개발방향

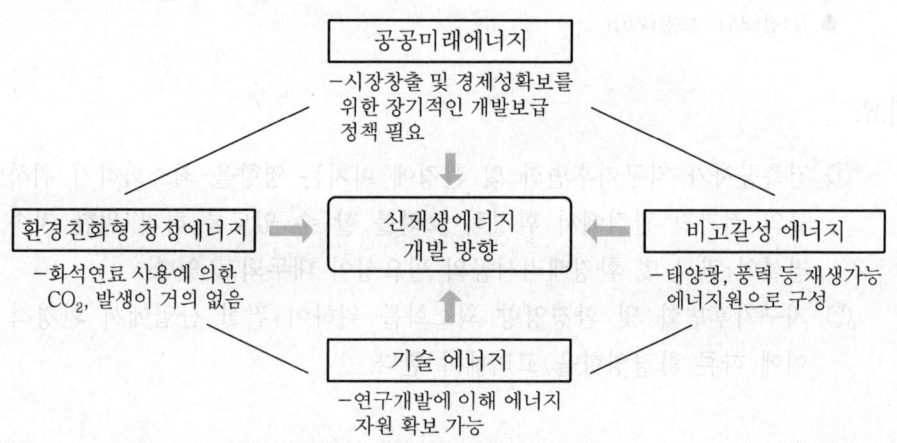

신재생에너지 산업의 육성으로 지속가능한 결제발전 system 구축

Ⅳ. 결론

① 기후변화협약에 대비하여 온실가스 배출량이 상태적으로 높은 우리나라의 경우 신재생에너지 기술개발 및 적용이 긴급하고 강력히 요구되고 있는 상황이다.

② 실질적인 이용단계까지 도달한 기술은 미흡한 상태이나 신재생에너지 기술은 21C 핵심산업으로 정부의 장기적이고 지속적인 투자와 더불어 실제 적용 가능한 이용기술로의 개발이 시급한 과제이다.

| 문제 8 | 환경관리 및 친환경시공 |

● [11전(25), 19전(25)]

I. 개요

① 건축공사가 지구기후변화 및 환경에 미치는 영향을 최소화하기 위하여 건축물의 전과정 관점에서 환경적 고려를 할 수 있도록 하기 위한 지속 가능한 건설의 관리 및 환경배려시공의 필요성이 대두되고 있다.

② 지구기후변화 및 환경영향 최소화를 위하여 건설 산업에서 환경적 요소와 이에 따른 환경영향을 고려해야 한다.

II. 환경관리 요소

1) 자원 및 에너지 사용

① 재생 불가능한 원재료 사용
② 재생 불가능한 1차 에너지 사용
③ 재생 가능한 원재료 사용
④ 재생 가능한 1차 에너지 사용
⑤ 담수 소비

2) 폐기물 발생

① 유해 폐기물
② 비유해 폐기물

3) 배출

① 대기로의 배출
② 수계로의 배출
③ 토양으로의 배출

4) 대지와 관련한 토지이용

① 대지의 토지이용
② 대지 주변의 토지이용

5) 실내환경

① 실내공기 오염물질 배출(유해물질, 냄새 등)

② 환기효율성

③ 온습도 조절

④ 시각적 조건(눈부심, 자연채광에의 접근성, 외부 경관, 빛의 질)

⑤ 수질

⑥ 전자장 세기

⑦ 곰팡이 등 존재 여부

⑧ 기타 건강유해물질 배출

⑨ 소음 및 진동

6) 기타 시공, 운반, 사용 및 유지관리

① 건설폐기물 및 폐재류, 폐토사 발생 최소화

② 건설폐기물 및 폐재류, 폐토사의 회수 및 재활용

③ 오염물질 배출

④ 물 사용

⑤ 폐수 처리

⑥ 건축물에서 사용 중인 제품의 수리, 보존 및 교체

⑦ 생물종 다양성을 증진시키기 위한 대지 내의 환경 보전과 가치 증대

⑧ 현장에서의 수송량 및 수송거리 저감

⑨ 건축물 전 과정(life cycle)의 온실가스 배출 최소화

Ⅲ. 건설자재관리 요소

1) 자재의 선정 요건

① 내구성(장수명)

② 자원재활용 제품 우선 적용

③ 저탄소 제품 사용

④ 유해 물질 저방출 자재

⑤ 탄소표시 등 환경마크 인증 자재

⑥ 물류 최소화 자재

⑦ 자원 저소비 자재

2) 자재의 선정 시 고려사항

① 재시공이 빈번한 자재 선택 지양

② 공사지역에서 생산되는 자재 우선 사용 고려

③ 재생가능한 자재나 재활용 자재의 사용 우선 고려

④ 환경 유해 자재 사용 제한

⑤ 화학적 처리가 필요한 자재 사용 제한

Ⅳ. 시공관리 요소

1) 환경관리 및 친환경시공

① 환경영향이 적은 자재 사용

② 환경을 고려한 공법 적용

2) 환경오염방지

① 시공 중 분진, 진동, 충격, 소음 등으로 인근주민의 민원이나 공해 저감대책 수립

② 비산먼지 발생 억제 시설 설치.

③ 소음, 진동의 규제 필요성이 있는 지역은 담당자가 건설 소음, 진동 규제지역으로 지정

④ 현장 및 인근의 수질, 수목식생, 표토층 및 생태계 보전을 위한 조치 수립

3) 수송에 의한 환경영향 저감

① 자재 공급자의 수송계획서 제출요구 및 효율적인 수송계획 수립

② 지역 공급자를 통한 자재의 구매 고려

③ 수송동선과 회수를 최소화하여 수송에 의한 환경부하 저감 및 비용절감 유도

4) 환경보호

공사 중 또는 준공 후에 공사장 및 인근의 환경오염이 없도록 관리

Ⅴ. 결 론

지속적인 환경관리와 친환경시공의 활성화를 위해서는 녹색 건축 시공을 실현할 수 있는 좋은 재료들이 개발되어야 하며, 이에 대한 정책적 지원과 환경친화적 기술에 대한 투자와 노력이 필요하다.

문제 9	옥상녹화방수

● [06전(25), 08중(25), 09중(25), 11후(10), 13전(25), 17전(25), 18후(25)]

Ⅰ. 개요

① 옥상녹화방수는 방수층이 항상 습기가 있고 화학비료나 방제 등의 식재 관리가 이루어지므로 미생물이나 화학비료 등에 영향을 받지 않는 옥상녹화 특유의 안전한 방수 성능이 요구된다.

② 옥상녹화, 벽면녹화 등을 통한 건축물의 녹화를 통해 도심지의 열섬 방지 및 미관 개선 등의 효과를 얻을 수 있다.

Ⅱ. 옥상녹화방수의 개념

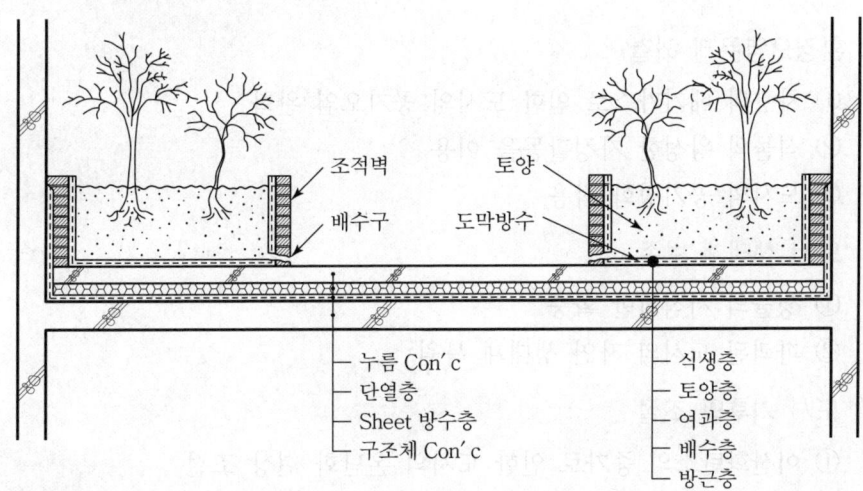

1) 의의

① 옥상에 자연상태에 근접한 환경을 만들어 생태계의 기능을 회복시키고 사람들의 휴식공간으로의 활용이 가능하도록 하는 것

② 도시의 열섬화(熱劇化) 현상을 완화하고 생물의 서식기반을 마련하는 것

2) 선결과제

① 배수나 누수 등을 해결할 수 있는 방수공법 시공

② 상부 하중에 대한 구조적 안전 보장

3) 장점

① 환경오염문제의 해결

② 도시의 생태계 보호

③ 도시 기후의 조절 기능 수행

④ 도시의 열섬화(熱刻化) 현상 완화

⑤ 파괴된 자연 생태계의 복원

⑥ 생물들의 서식 기반 확충

⑦ 옥상공원 조성으로 근무의욕 증진

4) 단점

① 옥상에 내구연한이 우수한 방수 시공 필요

② 구조적인 강화로 건축 시공비 증가

③ 유지 관리비의 소요

Ⅲ. 필요성

1) 환경오염문제 해결

① 차량의 배기가스로 인한 도시의 공기오염 완화

② 식물의 왕성한 자정활동을 이용

③ 도시의 공기정화 작용

2) 도시 생태계 보존

① 생물의 서식기반 확충

② 파괴된 도시의 자연 생태계 복원

3) 도시 기후의 조절

① 이산화탄소의 증가로 인한 도시의 온난화 현상 조절

② 녹지공간 및 흙공간의 조성으로 도시기온의 저하 유도

③ 도시의 열대야 현상 완화

4) 도시 열섬화 현상 완화

① 도시의 고립된 열섬화 현상 완화

② 도시온도가 주변 자연환경과 조화

5) 쾌적한 환경조성

① 옥상의 식물공원 조성으로 근무의욕 증진

② 도심근로자의 쾌적한 근무환경 조성

③ 도심근로자의 불쾌지수 저하

Ⅳ. 시공 시 주의사항

1) 완벽한 단열성 확보

  ① 옥상면에 대한 누수 및 콘크리트 면 보호
  ② 콘크리트 면의 온도 상승 차단
  ③ 겨울철에 크랙 발생 현상을 원천적으로 차단하는 보온효과
  ④ 단열성 있는 방수재 사용

2) 수축 팽창작용 등 온도변화에 대응

  ① 방수재료가 수축 팽창에 저항
  ② 독립기포 조직으로 된 방수재 선택
  ③ 정지된 공기층 형성

3) 도막두께 확보

  ① 10mm 이상의 두꺼운 막 형성
  ② 요철을 정리하여 평활도 확보
  ③ 완전 건조 상태에서 시공

4) 빗물 누수 차단

  ① 방수층 확실하게 시공
  ② Roof drain 주위 보호

5) 방수층의 경량화

  ① 경량 토양 사용
  ② 흙막이벽, 플랜트, 포장재, 배수층의 경량화
  ③ 경량화로 하중 및 안전성 확보

6) 배수층 시공

  ① 유공관 등으로 배수
  ② 토양과 배수층 사이에 토목용 부직포 등으로 filter층 시공

7) 관수장치 시공

  ① 자동관수장치 설치
  ② 고장 및 살수가 어려운 곳에 대비한 수전 설치

8) 옥상 방수층 파손

  ① 조경공사 옥상 방수층 파손에 유의
  ② 식물의 뿌리 성장에 대한 옥상의 방수층 보호

9) 구조적 안정성 확보

    ① 상부 추가 하중에 대한 구조적 안정성 검토

    ② 구조 도면을 검토하여 가능한 추가 하중 산출

    ③ 조경공사에 소요되는 각종 자재들의 중량 산출

    ④ 하부 건축물의 구조적 안정성 확보

V. 결 론

옥상녹화가 되기 위해서는 옥상 부분의 완벽한 방수 성능을 실현할 수 있는 좋은 재료들이 개발되어야 하며, 이에 대한 정책적 지원과 환경친화적 기술에 대한 투자와 노력이 필요하다.

永生의 길잡이 – 열

■ 하나님께 이르는 길

"내가 곧 길이요 진리요 생명이니 나로 말미암지 않고는 아버지께로 올 자가 없느니라"(요 14 : 6)

하나님은 2천년 전에 그의 외아들 예수 그리스도를 이 세상에 보내어 우리를 대신해서 십자가에 못박혀 죽게 하심으로써 하나님과 사람 사이에 구원의 다리를 놓아주셨습니다.

사람의 죄를 해결할 수 있는 분은 오직 예수 그리스도이십니다.

1절 공사관리

1. 시공계획을 위한 사전조사 ···················· 1246
2. 건축공사의 시공계획 ························· 1250
3. 건설업에서 공사관리의 중요성 ················ 1257
4. 현장 대리인의 역할과 책임 ··················· 1262
5. 감리제도의 문제점 및 대책 ··················· 1266
6. C.M(Construction Management) 제도 ······· 1269
7. 부실공사의 원인과 방지대책 ·················· 1273
8. 품질관리 ································· 1278
9. 건축공사의 품질관리 단계 ···················· 1284
10. 품질관리의 7가지 tool(도구, 기법) ··········· 1289
11. 품질경영(QM ; Quality Management) ········· 1296
12. 설계품질과 시공품질 ························ 1299
13. 품질관리의 표준이 지켜지지 않는 원인과 대책 1303
14. 원가절감 방안 ····························· 1308
15. V.E(Value Engineering) ···················· 1313
16. 건축의 life cycle cost(생애주기 비용) ········· 1317
17. MBO(Management By Objective) 기법 ········ 1321
18. 안전관리 ································· 1325
19. 건설공사의 산업안전보건관리비 ·············· 1329
20. 고층 건물의 시공상 안전시설공법 ············· 1332
21. 시공도면(shop drawing) ···················· 1337
22. 시방서(specification) ······················ 1340
23. 건설사업의 위험도 관리(risk management) ··· 1346
24. 건설 클레임(construction claim) ············· 1352
25. 시설물을 발주자에게 인도 시 유의사항 ········· 1358
26. 건축물의 유지관리 ························· 1360

공사관리 기출문제

1	1. 건축공사 착공 시 시공계획을 함에 있어 시공 관리자로서 사전조사 준비할 사항을 설명하여라. [88, 25점] 2. 착공 시 시공계획의 사전조사 준비사항 [22전, 10점]
2	3. 도심지에 대규모의 고층 건물을 설립하고자 한다. 이에 대한 시공 준비작업에 관하여 설명하여라. [80, 20점] 4. 시공계획의 기본 사항에 대하여 설명하여라. [81, 25점] 5. 현장 시공계획에 포함되는 내용을 기술하여라. [85, 25점] 6. 건축 현장에서 시공계획서 작성 항목을 열거하고 시공관리 측면에서 기술하시오. [99중, 30점] 7. 시공계획서 작성 시 기본방향과 계획에 포함되는 내용에 대하여 기술하시오. [04중, 25점] 8. 건축공사 착공 전 현장 책임자로서 공사계획의 준비항목과 내용에 대하여 기술하시오. [06후, 25점] 9. 건축공사의 시공계획서 작성의 목적, 내용 및 작성 시 고려사항을 설명하시오. [07후, 25점] 10. 건축현장 시공계획에 포함되어야 할 내용에 대해 기술하시오. [09전, 25점] 11. 도심지공사의 착공 전에 공사 준비를 위하여 현장대리인으로서 확인하여야 할 공사 계획 전반에 대해서 설명하시오. [12중, 25점] 12. 건설공사의 생산성(Productivity) 관리 [12중, 10점] 13. 건설공사의 직접시공계획서 [22전, 10점]
3	14. 공사관리에 대하여 다음 각 항을 설명하여라. [87, 25점] 　㉮ 품질관리(10점)　　㉯ 공정관리(10점)　　㉰ 원가관리(5점) 15. 건설업에서 공사관리의 중요성에 대하여 기술하시오. [95중, 30점] 16. 시공 실명제 [98전, 20점] 17. 시공성(constructability) [98중후, 20점] 18. 시공성 분석(constructability) [01중, 10점] 19. 시공성(constructability) [02중, 10점] 20. 건축물공사에서 철근콘크리트공사의 철골공사의 중점 관리방안에 대하여 각각 비교 설명하시오. [15전, 25점]
4	21. 공사관리자의 자질과 책임에 대하여 설명하여라. [89, 25점] 22. 건설기술자의 현장 배치에 관한 건설업법상의 규정을 설명하고, 공사책임 기술자(현장대리인)의 역할에 대하여 기술하여라. [90후, 30점] 23. 건설산업기본법상 현장대리인 배치기준 [18전, 10점] 24. 철근콘크리트공사에서 공사감리자의 역할 및 책임에 대하여 시공자의 역할 및 책임과 비교하여 설명하여라. [91후, 30점] 25. 책임 감리자로서 기술적 지도검사의 역할 및 책임에 대하여 설명하시오. [95전, 40점] 26. 관리적 감독 및 감리적 감독 [03후, 10] 27. 도심지 건축공사 착수 전 현장 대리인으로서 수행해야 할 대관 인·허가 업무 (공통 및 건축, 안전, 환경 관련)에 대하여 기술하시오. [04중, 25점] 28. 건축공사현장에서 공무담당자의 역할과 주요업무에 대하여 설명하시오. [11전, 25점] 29. 건설현장의 계약부터 준공 시까지 단계별 현장 대리인으로서 하여야 할 대관 인허가 업무에 대하여 설명하시오. [14후, 25점]

공사관리 기출문제

5

30. 감리제도의 문제점 및 대책을 논하여라. [92후, 30점]
31. 현행 감리제도의 방식을 논하고, 그 문제점과 개선방향에 대하여 논술하시오. [96후, 30점]
32. 책임 감리와 CM(건설 사업관리)의 유사점 및 차이점과 개선방안에 대하여 기술하시오. [99후, 40점]
33. 건축법에서의 공사감리와 건설기술진흥법에서의 건설사업관리를 비교하여 설명하시오. [21중, 25점]

6

34. CM(Construction Management) [88, 5점]
35. CM제도의 단계별 업무내용을 기술하여라. [92후, 30점]
36. Construction Management [96중, 10점]
37. CM 계약의 유형 [97후, 20점]
38. 사업관리(project management)의 업무내용에 대하여 기술하시오. [98중후, 40점]
39. 우리나라 건설업의 CM 필요성, 현황, 발전방안에 대하여 기술하시오. [98중후, 40점]
40. 건설사업관리(CM)의 주요업무 [00전, 10점]
41. 건설프로젝트 단계별 CM(Construction Management) 업무에 대하여 기술하시오. [06후, 25점]
42. 건설사업관리(Construction Management)의 계약방식을 설명하고 향후 발전방향에 대하여 기술하시오. [09중, 25점]
43. 시공책임형 사업관리(CM at Risk) 계약방식의 특징과 국내 도입 시 기대효과에 대하여 설명하시오. [10전, 25점]
44. XCM(Extended Construction Management) [10중, 10점]
45. 시공책임형 건설사업관리(CM at Risk) 발주방식의 특징과 공공부문 도입 시 선결조건 및 기대효과에 대하여 설명하시오. [16후, 25점]
46. 프리콘(Pre-construction) 서비스 [18중, 10점]
47. CM at Risk의 프리컨스트럭션(Pre-construction) 서비스 [20전, 10점]
48. CM at Risk에서의 GMP(Guaranteed Maximum Price) [20중, 10점]
49. 건축법에서의 공사감리와 건설기술진흥법에서의 건설사업관리를 비교하여 설명하시오. [21중, 25점]
50. 건설사업관리(CM) 계약의 유형과 주요업무에 대하여 설명하시오. [22중, 25점]

7

51. 근래 건축물의 시공의 질이 저하되고 있는데 그 개선대책을 전반적으로 논하여라. [79, 25점]
52. 건설업이 당면하고 있는 인력부족, 인건비 상승에 따른 품질저하, 공기문제에 대한 대책을 논하여라. [90전, 40점]
53. 최근 국내 건축물의 도괴 사고가 있었다. 이와 같은 사고의 일반적인 원인과 방지대책에 관하여 기술하여라. [93전, 40점]
54. 설계 및 시공 측면에서 본 부실공사 방지대책에 대하여 기술하시오. [94전, 30점]
55. 부실시공의 원인과 방지대책에 대하여 기술하시오. [05전, 25점]
56. 부실공사와 하자의 차이점 [06중, 10점]
57. 부실공사(不實工事)와 하자(瑕疵)의 차이점 [11후, 10점]
58. 건설기술관리법의 부실벌점 부과항목(건설업자, 건설기술자 대상) [13중, 10점]

8

59. 품질 특성 [94전, 8점]
60. 품질 특성 [97중후, 20점]
61. 품질관리가 건축공사비에 미치는 영향에 대하여 기술하시오. [98후, 30점]

공사관리 기출문제

8	62. 품질비용(Quality Cost) [04전, 10점] 63. 품질비용 [07중, 10점] 64. 6-시그마(Sigma) [07후, 10점]
9	65. 건축공사에서 품질 경영기법으로 활용되는 품질비용의 구성 및 품질개선과 비용의 연계성에 대하여 설명하시오. [13후, 25점] 66. 품질관리를 단계적으로 설명하고, 특히 건축 시공에서 품질관리의 필요성에 대하여 기술하여라. [85, 25점] 67. 건축공사의 품질관리방법을 순서대로 기술하시오. [95중, 40점]
10	68. 관리도 [85, 5점] 69. 특성 요인도 [85, 5점] 70. 종합품질관리(T.Q.C)의 주안점을 열거하고, 그 품질관리에 쓰이는 기법(tool)을 설명하여라. [86, 25점] 71. 특성 요인도 [92전, 8점] 72. 건축 품질관리 시에 사용되는 관리도 및 산포도에 관하여 설명하시오. [94후, 25점] 73. 품질관리의 7가지 도구 [97중전, 20점] 74. Pareto [00후, 10점] 75. 산포도(산점도, Scatter Diagram) [01전, 10점] 76. 건축공사 품질관리에 대하여 　1) 생산성에 미치는 효과를 기술하고 　2) 품질관리 Tool을 항목별로 기술하시오. [03후, 25점] 77. 히스토그램(Histogram) [08전, 10점] 78. 품질관리 7가지 도구 [22중, 10점]
11	79. TQM(Total Quality Management) [98중전, 20점] 80. 품질경영(Quality Management)을 구성하는 3단계 활동에 대하여 기술하시오. [99전, 30점] 81. 품질보증(Quality Assurance) [01후, 10점] 82. 건설 프로젝트에 있어서 품질 매니지먼트(quality-management)에 대하여 설명하시오. [01후, 25점] 83. 건설공사 품질보증에 대하여 다음을 각각 설명하시오. [02후, 25점] 　1) 도급계약서상의 품질보증 　2) TQC에 의한 품질보증 　3) ISO 9000 규격에 의한 품질보증
12	84. 국내 공사현장에서 설계품질이 시공품질에 미치는 영향에 대하여 현장관리자로서 논하라. [96전, 30점] 85. 공사현장 책임자로서 시공품질 보증을 하기 위한 운영계획을 기술하시오. [96전, 40점] 86. 설계품질과 시공품질에 대하여 설명하시오. [01후, 25점]
13	87. 품질관리 시 표준이 지켜지지 않는 원인과 그 대책에 대해 기술하시오. [95후, 30점] 88. 건설기술관리법상 현장에서 하여야 할 품질시험 업무의 　㉮ 종류와 각각의 내용을 설명하고 　㉯ 현장 수행 업무과정에서 문제점과 개선방안에 대하여 쓰시오. [97후, 30점] 89. 건설기술관리법에 의한 발주청 또는 해당 인·허가관청에 승인을 득한 후 실시해야 하는 품질관리계획과 품질시험계획에 대하여 설명하시오. [12중, 25점]

공사관리 기출문제

기출

90. 다음 값은 10개의 콘크리트 압축강도시험을 한 결과이다(단위 : kg/cm²). 품질관리적 평가를 하기 위한 자료를 분석(analysis of data)을 하여라(central tendency, dispersion) [88, 30점] 305, 400, 310, 350, 365, 325, 330, 360, 355, 320

91. 공사관리에 있어서 다음 각 항에 대하여 설명하여라. [83, 25점]
㉮ 공사의 질적 향상(10점)　　　㉯ 시공 정밀도(15점)

92. 건축 현장에서 수행하는 품질시험과 시험 관리업무에 대하여 기술하시오. [99후, 30점]

93. 건설근로자의 생산성 향상을 위한 동기부여이론에 대하여 설명하시오. [15중, 25점]

94. 건축현장에서 사용되는 주요 자재의 승인요청부터 시공까지의 업무흐름 및 단계별 검사방법에 대하여 설명하시오. [15후, 25점]

95. 건설기술진흥법상 품질관리계획 및 품질시험계획 수립대상 공사와 건설기술인 배치기준, 품질관리기술인 업무에 대하여 설명하시오. [21전, 25점]

용어

96. 건축현장에서 시험(Sample)시공 [13전, 10점]

97. 현장시험실 규모 및 품질관리자 배치기준 [15전, 10점]

98. 품질관리 중 발췌 검사(Sample Inspection) [21후, 10점]

14

99. 건축공사에서 원가절감(cost down)을 할 수 있는 요소를 열거하고 그 방법을 간략히 기술하여라. [91전, 30점]

100. 건축공사 원가계산서 [17중, 10점]

101. 건설원가 구성 체계 [18후, 10점]

102. 건축마감공사에서 노력, 재료, 공기를 절감할 수 있는 방안을 설명하시오. [91전, 30점]

103. 현장공사 경비절감방안에 대하여 기술하시오. [98전, 30점]

104. 공사원가 관리의 필요성 및 원가절감방안에 대하여 기술하시오. [06중, 25점]

105. 건설공사의 원가측정(Cost Measurement)방법에 대하여 설명하시오. [08중, 25점]

106. 건설공사에서 원가구성 요소를 설명하고 원가관리의 문제점 및 대책을 기술하시오. [09중, 25점]

107. 건설공사의 원가 구성요소를 구분하고, 원가관리의 문제점 및 대책에 대하여 설명하시오. [12중, 25점]

15

108. VE(Value Engineering) [88, 5점]

109. Value Engineering [94전, 8점]

110. Value Engineering [96중, 10점]

111. 현장건설 활동에 있어서 V.E(Value Engineering) 적용대상에 대하여 기술하시오. [98중전, 25점]

112. 건축공사의 설계 및 시공과정에서 VE(Value Engineering) 적용상 문제점 및 활성화 방안에 관하여 기술하시오. [00전, 25점]

113. VECP(Value Engineering Change Proposal)제도 [01전, 10점]

114. 건설 V.E(Value Engineering)의 개념과 적용시기 및 그 효과에 대하여 설명하시오. [01중, 25점]

115. V.E(Value Engineering)의 개념과 시공상에 있어 건설 V.E의 필요성과 효과에 대하여 기술하시오. [04중, 25점]

116. 공동주택 건축설계단계에서의 VE 적용방법과 절차에 대하여 기술하시오. [06전, 25점]

117. FAST(Function Analysis System Technique) [06중, 10점]

118. LCC(Life Cycle Cost) 측면에서 효과적인 VE(Value Engineering) 활동기법을 설명하시오. [07전, 25점]

15

119. VE(Value Engineering) [11전, 10점]
120. 국내 건설공사에서 VE(Value Engineering)의 법적 요건과 적용상의 문제점 및 개선 방안에 대하여 설명하시오. [13중, 25점]
121. VE(Value Engineering)의 수행단계 및 수행방안에 대하여 설명하시오. [19중, 25점]
122. 설계의 경제성 검토(설계 VE : Value Engineering)에 대하여 실시대상공사, 실시시기 및 횟수, 업무절차를 설명하시오. [22후, 25점]

16

123. Life cycle cost [93전, 30점]
124. 건축의 life cycle cost [94후, 25점]
125. 건축생산의 라이프사이클 [95중, 10점]
126. 시멘트 액체방수공법의 문제점과 LCC(life cycle cost) 관점에서의 대책을 설명하시오. [99중, 30점]
127. L.C.C(life cycle cost) [01중, 10점]
128. 건설 프로젝트의 진행 단계별 LCC(Life Cycle Cost) 분석방안 [02중, 25점]
129. 건축물 LCC(Life Cycle Cost)를 설명하고, LCC 분석 전(全) 단계의 VE(Value Engineering) 효과에 대하여 설명하시오. [09후, 25점]
130. 건축물의 효과적인 유지관리를 위한 방법을 Life Cycle 단계별(설계, 시공, 사용 단계)로 설명하시오. [10후, 25점]
131. 건축물의 생애주기비용(LCC) 산정절차에 대하여 설명하시오. [15중, 25점]
132. 건축물 생애주기비용(LCC) 분석방법 중 확정적 및 확률적 분석방법의 적용 조건과 적용 방법에 대하여 설명하시오. [16전, 25점]

17

133. 원가관리의 이점과 MBO(Managemant By Objective) 기법의 필요성을 기술하시오. [97중전, 30점]
134. 공사원가 관리의 MBO(Managemant By Objective) 기법 적용상 유의사항에 대하여 기술하시오. [00전, 25점]
135. 공사원가 관리의 MBO(Management By Objective)기법에 대하여 기술하시오. [05전, 25점]
136. 공사원가 관리에서 MBO(Management By Objective)기법의 실행단계 및 평가방법에 대하여 설명하시오. [15후, 25점]

18

137. 다음과 같은 고층 사무실 건물을 건설함에 있어 시공사의 안전관리를 여하(如何)히 할 것인가 기술하라. [79, 25점]
   조건 : ① 도심지, 대로변
        ② 철골철근콘크리트 라멘구조
        ③ 대지 2,000평, 건평 500평, 지하 3층, 지상 18층, 옥탑 2층
138. 건축공사에 있어 안전관리에 대하여 설명하여라. [82전, 30점]
139. 도심지에서 철골조 건축공사(사례 : 지하 5층, 지상 20층)의 사전안전계획 수립에 대하여 기술하시오. [96전, 30점]
140. 건설 현장에서 발생하는 안전사고의 발생유형과 예방대책을 기술하시오. [02후, 25점]
141. 건축공사 현장에서 발생하는 안전사고의 유형과 예방대책에 대하여 기술하시오. [04전, 25점]
142. 우기(雨期)에 건설공사현장에서 점검해야 할 사항을 열거, 설명하시오. [07후, 25점]
143. 우기(雨期)철 건축공사 현장에서 집중호우, 토사의 붕괴, 폭풍으로 인한 낙하·비래(飛來)에 대한 안전사고 예방대책을 설명하시오. [11후, 25점]

공사관리 기출문제

18

144. 혹서기(酷暑期) 건축공사 현장의 안전보건 관리방안과 밀폐공간작업 및 집중호우 관리방안에 대하여 설명하시오. [16후, 25점]
145. 밀폐공간보건작업 프로그램 [21중, 10점]
146. 밀폐공간에서 도막방수 시공 시, 작업 전(前) 과정의 안전관리 절차에 대하여 설명하시오. [22중, 25점]
147. 건설기술진흥법 시행령 제75조의 2(설계의 안전성 검토)에 따른 건설공사 안전관리 업무수행 지침(국토교통부 고시 제2018-532)상 시공자의 안전관리업무를 설명하시오. [19중, 25점]
148. 안전관리계획서를 수립해야 하는 건설공사 및 구성항목에 대하여 설명하시오. [21후, 25점]
149. DFS(Design For Safety) [22중, 10점]
150. 건설현장 작업허가제의 대상과 절차 및 화재예방을 위한 화기작업 프로세스를 설명하시오. [22중, 25점]

19

151. 재해율(災害率) [97전, 10점]
152. 건축 현장의 유해 위험방지 계획서의 작성 요령에 대하여 기술하시오. [99후, 30점]
153. 일반 건설공사의 안전관리비 구성항목과 사용내역에 대하여 기술하시오. [01전, 25점]
154. Tool Box Meeting [01전, 10점]
155. 유해 위험방지 계획서 제출서류 항목 및 세부내용에 대하여 기술하시오.(높이 31m이상인 건축공사) [01전, 25점]
156. PL法(제작물 책임법) [03중, 10점]
157. 품질관리, 공정관리, 원가관리 및 안전관리의 상호 연관관계에 대하여 설명하시오. [05후, 25점]
158. 현장안전관리비 사용계획서, 작성 및 집행에 따른 문제점 및 개선방안에 대하여 기술하시오. [06전, 25점]
159. 건축공사에서 표준안전관리비의 적정 사용방안에 대하여 설명하시오. [08중, 25점]
160. 산업안전보건법령에 규정하고 있는 유해위험방지계획서 제출대상과 구비서류 및 작성 시 유의사항에 대하여 설명하시오. [13후, 25점]
161. 일반건설공사의 규모별 산업안전보건관리비의 계상기준과 운영상 문제점 및 대책에 대하여 설명하시오. [17후, 25점]
162. 산업안전보건법령에 의한 안전보건교육 교육대상별 다음 항목에 대하여 설명하시오. [20후, 25점]
   1) 근로자 정기교육 내용
   2) 관리감독자 정기교육 내용
   3) 채용 시 교육 및 작업내용 변경 시 교육 내용
163. 건설기술진흥법상 안전관리비 [22중, 10점]

21

164. 철근콘크리트조 및 철골조에 있어서 건축시공도의 종류와 작성의 의의를 기술하라. [78전, 25점]
165. 시공도 [78후, 5점]
166. 현장 시공에 사용되는 시공도면(shop drawing)에 관하여 다음 사항을 설명하시오. [95전, 30점]
   ㉮ 시공도면의 의의 및 역할   ㉯ 활용에 관한 문제점 및 대책
167. 시공도와 제작도(Shop Drawing)에 관하여 다음 사항을 설명하시오. [99전, 20점]

공사관리 기출문제

22	168. 건축공사 시방서에 기재되어야 할 사항을 요점별로 기술하라. [79, 25점] 169. 국내 건축공사 표준시방서와 미국 시방서(16 division) 체제의 차이점에 대하여 기술하시오. [96전, 30점] 170. 성능시방과 공법시방 [96중, 10점] 171. 현행 건축공사 표준시방서의 개선방안에 관하여 논술하시오. [96후, 40점] 172. 건축공사 시방서에 관한 기재사항 및 작성절차를 기술하시오. [00전, 25점] 173. 건축표준시방서상의 현장관리 항목 [06중, 10점] 174. 건축공사 표준시방서상 건축공사의 현장관리 항목에 대하여 설명하시오. [22중, 25점] 175. 시방서의 종류 및 포함되어야 할 주요사항 [11전, 10점]
23	176. 건설사업 추진과정에서 예상되는 리스크(risk) 인자를 서술하시오.(기획, 설계, 시공, 유지관리 단계별) [01후, 25점] 177. 계약 및 시공단계에서의 리스크요인별 대응방안 [02중, 25점] 178. 건축사업 시행(기획, 설계, 시공) 시 예상되는 리스크의 요인별 대응방안을 기술하시오. [03후, 25점] 179. 초고층건축공사의 공정리스크(Risk) 관리방안에 대하여 기술하시오. [06전, 25점] 180. 건설사업단계별(기획, 입찰 및 계약, 시공) 위험관리 중점사항에 대하여 기술하시오. [09전, 25점] 181. 건설위험관리에서 위험약화전략(Risk Mitigation Strategy) [09전, 10점], [17후, 10점] 182. 건축공사의 시공단계에서 발생할 수 있는 위험(Risk)요인(要因)별 대응방안에 대하여 설명하시오. [12전, 25점] 183. 건설공사 시공단계에서 잠재된 위험요인(Risk)들을 인지, 분석, 대응하는 방법에 대하여 설명하시오. [13후, 25점] 184. 건설프로젝트 리스크관리에 대하여 설명하시오. [18후, 25점] 185. 건설 리스크관리(Risk Management)의 대응전략과 건설분쟁(클레임, Claim) 발생 시 해결방법에 대하여 설명하시오. [19중, 25점]
24	186. 건설공사 시 클레임(claim)의 유형을 열거하고 그 예방대책과 분쟁해결 방안에 대하여 기술하시오. [98후, 30점] 187. 공기 지연 유발 원인을 유형별로 열거하고, 클레임 제기에 필요한 사전 조치사항을 기술하시오. [01전, 25점] 188. 국내건설 클레임 및 분쟁해결 방법을 설명하시오. [01중, 25점] 189. 건설공사에 발생하는 클레임(Claim)의 발생유형과 사전대책에 대하여 기술하시오. [04전, 25점] 190. 건설 클레임(Claim)의 유형을 설명하고 그 해결방안과 예방대책을 설명하시오. [05후, 25점] 191. 건설공사 공기지연 클레임(Claim)의 원인별 대응방안에 대하여 기술하시오. [06전, 25점] 192. 건축시공자의 입장에서 클레임(Claim) 추진절차 및 방법에 대하여 기술하시오. [06후, 25점] 193. 현장시공 시 클레임(Claim) 발생의 직접요인들을 설명하고, 클레임 예방 및 최소화 방안에 대하여 기술하시오. [09중, 25점] 194. 건축공사에서 클레임(Claim)발생 직접요인들을 설명하고, 클레임 예방 및 최소화 방안에 대하여 설명하시오. [12중, 25점]

공사관리 기출문제

24	195. 건설현장 공사분쟁의 정의와 분쟁해결 방안을 단계별로 설명하시오. [17후, 25점] 196. 건축공사 분쟁에 있어서 클레임의 유형과 발생요인 및 분쟁해결방안에 대하여 설명하시오. [19전, 25점] 197. 건설 리스크관리(Risk Management)의 대응전략과 건설분쟁(클레임, Claim) 발생 시 해결방법에 대하여 설명하시오. [19중, 25점] 198. 건설클레임의 유형과 해결방안에 대하여 설명하시오. [21전, 25점] 199. 건설클레임 준비를 위한 통지의무와 자료유지 및 입증에 대하여 기술하고, 클레임 청구 절차 항목을 설명하시오. [21중, 25점] 200. 건설공사의 클레임(Claim) [22전, 10점]
25	201. 시설물을 발주자에게 인도할 때의 유의사항을 기술하시오. [97전, 30점] 202. 공사 완료 후 시설물을 발주자에게 인도할 때에 준비사항과 제반 구비되어야 할 사항을 기술하시오. [03전, 25점]
26	203. 건축물의 유지관리에 있어서 사후보전과 예방보전 [02중, 25점] 204. FM(facility management) [02중, 10점] 205. 철근콘크리트 구조물의 유지관리 방법에 대하여 기술하시오. [06중, 25점] 206. 건물 시설물통합관리시스템(FMS ; Facility Management System)에 대하여 다음을 설명하시오. [08전, 25점] 　　1) 개요 및 목적　　　2) 구성요소
기 출	207. 아파트 분양가 자율화가 건설업체에 미치는 영향에 대하여 논술하시오. [97전, 30점] 208. R.C조 아파트 현장에서 자주 발생하는 문제점 중 설계와 관련된 사항 등을 기술하고 이를 예방하기 위하여 설계도서 검토 시에 유의해야 할 요점을 설명하시오. [99전, 40점] 209. 공동주택의 하자로 인한 분쟁발생의 저감방안에 대하여 설명하시오. [10중, 25점] 210. 공법 개선의 대상으로 우선시 되는 공종의 특성에 대하여 기술하시오. [98중후, 30점] 211. 주5일 근무제 시행에 따른 현장관리 문제점과 대책에 대하여 　　1) 생산성　　　　　2) 공정관리를 구분하여 설명하시오. [04후, 25점] 212. 도심지 공사에서 현장 인근 민원문제의 대응방안에 대하여 기술하시오. [05전, 25점] 213. 최근 건설 기능 인력난의 원인 및 대책 [02중, 25점] 214. 현장 하도급업체의 부도 발생 시 효율적 대처방안을 단계별로 설명하시오. [10후, 25점] 215. 건설현장에서 하도급 부도발생 시 중점관리 대상 업무 및 부도예상 징후내용에 대하여 설명하시오. [15전, 25점] 216. 대규모 공사장에서 현장 사무소의 조직도를 작성하고 인원편성계획에 대하여 기술하여라. [82전, 30점] 217. 초등학교 신축공사(연면적 5000평, RC조)에 직종별 기능인력 투입계획 및 문제점에 대하여 설명하시오. [01후, 25점] 218. 최근 건설현장에서 발생하고 있는 화재원인 및 방지대책에 대하여 설명하시오. [14후, 25점] 219. 건설기술진흥법령에 따라 발주청이 시행한 건설공사의 사후평가에 대하여 설명하시오. [15후, 25점] 220. 정부에서 발주하는 공공사업에서의 건설공사 사후평가제도(건설기술진흥법 제52조)에 대하여 설명하시오. [20중, 25점]

기출

221. 건축물 인·허가 기관인 지방자치단체에 건축물 사용승인을 신청하고자 한다. 건축물 사용승인 신청 시 선행사항(각종 증명서, 필증, 신고 등)과 절차에 대하여 설명하시오.(건축물 조건 : 도심지역의 업무시설, 연면적 30,000㎡, 지하 5층, 지상 15층, SRC 구조) [17중, 25점]

222. 건축물의 인허가기관인 지방자치단체에 건물(도심지역 업무시설로 연면적 50,000㎡, 지하 5층, 지상 20층 규모) 사용승인 신청 시 선행 조치사항(각종 증명서, 필증, 신고 등)과 절차에 대하여 설명하시오. [20전, 25점]

223. 안전점검 및 정밀안전진단에 대하여 설명하시오. [17후, 25점]

224. 외국인 건설근로자 유입에 따른 문제점 및 건설생산성 향상 방안에 대하여 설명하시오. [17후, 25점]

225. 2018년 7월부터 시행되는 근로기준법의 근로시간 단축에 따른 건축현장에 미치는 영향과 대응 방안에 대하여 설명하시오. [18중, 25점]

226. 최근 법정 근로시간 단축에 따른 공사기간 부족으로 동절기 마감공사(타일, 미장, 도장)의 시공이 증가할 것으로 예상되는 바, 이에 따른 마감공사의 품질확보를 위해 고려해야 할 사항에 대하여 설명하시오 [19중, 25점]

227. 건설기술진흥법령에 따른 건설공사 등의 벌점관리기준에서 벌점의 정의와 벌점의 산정방법 및 시공단계에서 건설사업관리기술인의 주요 부실내용에 따른 벌점 부과 기준에 대하여 설명하시오. [20후, 25점]

228. 지식경영 시스템의 정의와 목적을 기술하고, 지식경영의 장애요인 및 극복방안을 설명하시오. [21전, 25점]

229. 중대재해처벌법(중대재해 처벌 등에 관한 법률)에 대해 '안전보건관리체계의 구축 및 이행조치' 사항을 포함하여 설명하시오. [22전, 25점]

230. 중대재해 처벌 등에 관한 법률에 따른 중대산업재해의 정의와 사업주, 경영책임자 등의 안전보건확보의무 및 처벌사항에 대하여 설명하시오. [22후, 25점]

용어

231. SCM(Supply Chain Management) [05중, 10점], [17중, 10점]
232. 재개발과 재건축의 구분 [08후, 10점]
233. 시공계획도 [78후, 5점]
234. 작업표준 [02전, 10점]
235. 건설근로자 노무비 구분관리 및 지급확인제도 [12중, 10점]
236. 건설공사대장 통보제도 [14전, 10점]
237. 안전관리의 MSDS(Material Safety Data Sheet) [15중, 10점]
238. 안전관리의 물질안전보건자료(MSDS ; Material Safety Data Sheet) [19중, 10점]
239. 건설사업관리에서의 RAM(Responsibility Assignment Matrix) [18전, 10점]
240. 지하안전영향평가 [18전, 10점]
241. 브레인스토밍(Brain Storming)의 원칙 [18중, 10점]
242. 건설업 기초안전보건교육 [18후, 10점]
243. 다중이용 건축물 [21중, 10점]
244. 장애물 없는 생활환경 인증(Barrier Free) [22후, 10점]
245. 소방관 진입창 [22후, 10점]
246. 건설산업의 ESG(Environmental, Social, and Governance)경영 [22후, 10점]

문제 1 시공계획을 위한 사전조사

● [88(25), 22전(10)]

Ⅰ. 개 요

① 시공계획이란 공사를 완성하기 위한 각 부분별 공사의 진행방법을 말하며, 철저한 사전조사를 통하여 시공 중에 문제점의 발생이 없도록 하여야 한다.

② 시공계획을 위한 사전조사는 계약조건 및 설계도서 검토와 현장조사를 통한 대지 주위 상황, 지반조사, 기상, 관계법규 등을 파악하여 합리적인 시공계획을 세워야 한다.

Ⅱ. 사전조사의 필요성

① 공법 선정
② 공사내용 파악
③ 합리적인 시공계획
④ 경제적인 시공관리

Ⅲ. 사전조사 사항

1. 계약조건 검토

1) 계약조건 파악

① 계약서를 검토하여 불가항력이나 공사중지에 대한 손실 조치
② 자재, 노무비 변동에 따른 조치
③ 수량 증감 및 착오계산의 조치

2) 설계도서 파악

① 대지 면적, 건폐율, 용적률, 층수 및 건물 높이 등을 파악
② 구조 계산서에서 공사 중 하중에 대한 안전성 확인

2. 현장 조사

1) 대지 주위 상황

① 대지 경계 확인, 인접 건물, 도로 및 교통 상황
② 인접 지역 주민들을 파악하여 민원 발생에 대비

2) 대지 내, 지상 및 지하

  ① 대지 내의 고저, 장애물

  ② 가설 건물 및 가설 작업장 용지 파악

  ③ 상하수도관, 전기·전화선, 가스관 매설

3) 지반조사

  ① 건축물 기초 및 토공사의 설계 및 시공한 data 구함.

  ② 토질의 공학적 특성과 시료 채취 계획

  ③ 사전조사, 예비조사, 본조사 및 추가조사 계획

4) 건설공해

  ① 소음, 진동, 분진, 악취, 교통장애 등에 대한 민원문제 조사

  ② 토공사 시 발생할 우물 고갈, 지하수 오염, 지반의 침하 및 균열에 대비한 조사 실시

5) 기 상

  ① 기상 통계를 참고하여 강수기, 한랭기 등에 해당하는 공정 파악

  ② 엄동기인 12~2월의 3개월간 물 쓰는 공사는 중지

6) 관계법규

  ① 도로의 공공시설이 공사에 지장을 주는 경우에는 관계부처의 승인을 득한 후 이설

  ② 지중 매설물(상하수도, 가스, 전기, 전화선)을 조사하여 관계법규에 따라 처리

3. 공법 조사

1) 시공성

  ① 시공조건에 따라 계획이 변경되므로 기술적인 문제에 대하여 충분히 검토

  ② 현장의 시공능력, 공기, 품질, 안전성을 파악하여 시공성을 종합적으로 판단

2) 경제성

  ① 공법 선정 시 최소의 비용으로 최적의 시공법 채택

  ② 경제성은 단순히 싸다는 개념만으로는 판단할 수 없고 공기, 품질, 안전성을 비교하여 결정

3) 안전성

  ① 시공 중의 안전사고는 인명피해, 경제적인 손실 및 건설회사의 신용 저하 등을 유발

  ② 표준안전관리비를 효율적으로 사용하는 계획과 안전조직 검토

4) 무공해성

① 소음이나 진동 등 공해가 발생되면 공사지연과 보상 문제 등이 발생

② 공사비가 다소 증가되더라도 공해 없는 공법 검토

4. 시공조건 조사

1) 공기 파악

공정계획 시 면밀한 시공계획에 의하여 각 세부공사에 필요한 시간과 순서, 자재·노무 및 기계 설비 등을 적정하고 경제성 있게 공정표로 작성

2) 노무조사

인력배당계획에 의한 적정 인원 계산

3) 자재 수급

① 적기에 구입하여 적기에 공급

② 가공을 요하는 재료는 사전에 주문 제작하여 공사진행에 차질이 없도록 준비

4) 장비 적절성

최적의 기종을 선택하여 적기에 사용하므로 장비의 효율을 극대화

5. 공사내용 조사

1) 가설공사

① 가설공사의 양부에 따라 공사 전반에 걸쳐 영향을 미침.

② 강재화, 경량화 및 표준화에 의한 가설

2) 토공사

① 토사의 굴착, 운반·흙막이 공법

② 배수공법, 지하수 대책, 침하·균열 및 계측관리

3) 기초공사

충분한 지반조사의 시행 후 적정한 공법을 선택

4) 골조공사

배합설계를 통하여 경제적이고 안전한 배합치 결정

5) 마감공사

박리·박락·곰팡이 등의 환경적 결함은 철저한 사전조사로 배제

Ⅳ. 결 론

① 시공계획을 위한 사전조사는 경험을 바탕으로 한 실적자료를 충분히 활용하여 시행과정에서부터 착오가 없도록 구성원들의 중지를 모아 대처해야 한다.

② 사전준비 단계에서부터 철저한 품질관리로 작업의 재시공 및 혼란의 발생으로 시간과 예산이 낭비되지 않도록 최선의 노력을 다해야 한다.

<table>
<tr><td>문제
2</td><td>건축공사의 시공계획</td></tr>
</table>

● [80(20), 81(25), 85(25), 99중(30), 04중(25), 06후(25), 07후(25), 09전(25), 12중(25), 12중(10), 22전(10)]

Ⅰ. 개 요

① 최근 건축물의 고층화, 대형화, 복잡화, 다양화에 따라 시공의 어려움이 많아지므로 공사착수에 앞서 시공계획을 철저히 수립해야 한다.

② 시공계획은 계약 공기 내에 우수한 시공과 최소의 비용으로 안전하게 건축물을 완성함에 그 목적이 있다.

Ⅱ. 시공계획의 필요성

① 시공관리의 목표를 달성
② 환경변화에 대비한 기술 능력 제고
③ 5M의 효율적 활용
④ 경제적 시공의 창출

Ⅲ. 시공계획의 기본 방향

① 과거의 경험을 최대한 활용
② 신기술과 신공법의 채택
③ 최적 시공법 창안
④ 각 분야에서 최고기술 수준으로 검토

Ⅳ. 시공계획

1. 사전조사 실시

1) 설계도서 파악

① 설계도면과 시방서에서 대지면적, 건폐율, 용적률, 층수 및 건축물 높이 등을 파악
② 구조계산서에서 공사용 하중에 대한 안전성 확인

2) 계약조건 파악

① 계약서 서류의 검토를 통하여 불가항력이나 공사중지에 의한 손실 조치
② 자재, 노무비 변동에 따른 조치
③ 수량증감 및 계산착오의 조치

3) 현장조사

① 공사현장 내의 부지조건, 가설건물 용지 및 작업장 용지 파악
② 공사현장 주위의 대지나 인접 건물에 대한 조사
③ 지하의 매설물(상하수도, 전기, 전화선, gas 등)과 지하수 파악

4) 지반조사

① 건축물의 기초 및 토공사의 설계 시공한 data 구함.
② 토질의 공학적 특성과 시료채취계획
③ 사전조사, 예비조사, 본조사 및 추가조사 계획

5) 건설 공해

① 소음, 진동, 분진, 악취, 교통장애 등에 대한 민원문제 조사 실시
② 토공사 시 발생할 우물 고갈, 지하수 오염, 지반의 침하와 균열 등에 대비한 조사 실시

6) 기 상

① 기상통계를 참고로 하여 강우기(降雨期)·한랭기(寒冷期) 등에 해당하는 공정을 파악
② 엄동기(嚴冬期)인 12~2월의 3개월간은 물 쓰는 공사를 중지

7) 관계법규

① 도로의 공공시설이 공사에 지장을 주는 경우에는 관계부처의 승인을 득한 후 이설
② 지중 매설물(상하수도, 가스, 전기·전화선)을 조사하여 관계법규에 따라 처리

2. 공법 선정 계획

1) 시공성

① 시공조건에 따라 계획이 변경되므로 기술적인 문제에 대하여 충분히 검토
② 현장의 시공능력, 공기, 품질, 안전성 등을 파악하여 시공성을 종합적으로 판단

2) 경제성

① 공사 상호간에는 서로 연관성이 많아 공법 선정 시 최소의 비용으로 최적의 시공법을 채택
② 경제성은 단순히 싸다는 개념만으로는 판단할 수 없고, 공기·품질·안전성을 비교하여 결정

3) 안전성

① 시공 중의 안전사고는 인명피해, 경제적인 손실 및 건설회사의 신용 저하 등을 유발

② 표준안전관리비를 효율적으로 사용하는 계획과 안전조직을 검토

4) 무공해성

① 소음이나 진동 등 공해가 발생하면 공기지연과 보상문제 등이 발생

② 공사비가 다소 증가되더라도 여러 공법 중에서 공해 없는 공법 검토

3. 공사관리계획

1) 공정계획

① 건축물을 지정된 공사기간 내에 공사예산에 맞추어 정밀도가 높은 좋은 질의 시공을 하기 위하여 세우는 계획

② 공정계획 시 면밀한 시공계획에 의하여 각 세부 공사에 필요한 시간과 순서, 자재·노무 및 기계설비 등을 적정하고 경제성 있게 공정표로 작성

2) 품질계획

① 품질관리 시행(plan → do → check → action)

② 시험 및 검사의 조직적인 계획

③ 하자 발생 방지계획 수립

3) 원가계획

① 실행예산의 손익분기점 분석

② 1일 공사비의 산정

③ V.E, L.C.C 개념 도입

4) 안전계획

① 재해발생은 무리한 공기단축, 안전설비의 미비, 안전교육의 부실로 인하여 발생

② 안전교육을 철저히 시행하고 안전사고시 응급조치 등 계획

5) 건설공해

① 무소음·무진동 공법 채택

② 폐기물의 합법적인 처리와 재활용 대책

③ 습식 공법보다 건식 공법이나 P.C화 공법 선정

6) 기 상
① 공사현장에 영향을 주는 기상조건은 온도, 습도 및 풍우설
② 현장 사무실에 온도와 습도 등의 천후표를 작성하여 공사의 통계치로 활용

4. 조달계획(6M)

1) 노무계획(Man)
① 인력배당계획에 의한 적정 인원을 계산
② 과학적이고 합리적인 노무관리계획 수립
③ 현장에 익숙한 근로자는 계속 취업시켜 안전에 도움이 되도록 함.

2) 자재계획(Material)
① 적기에 구입하여 공급하도록 계획
② 가공을 요하는 재료는 사전에 주문 제작하여 공사진행에 차질이 없도록 준비
③ 자재의 수급계획은 주별·월별로 수집

3) 장비계획(Machine)
① 최적의 기종을 선택하여 적기에 사용하므로 장비 효율을 극대화
② 경제성, 속도성, 안전성 확보
③ 가동률 및 실작업시간을 향상
④ 시공기계의 선정 및 조합

4) 자금계획(Money)
① 자금의 흐름 파악, 자금의 수입·지출계획
② 어음, 전도금 및 기성금 계획

5) 공법계획(Method)
① 주어진 시공조건 중에서 공법을 최적화하기 위한 계획 수립
② 품질, 안전, 생산성 및 위험을 고려한 선택

6) 기술축적(Memory)
① System engineering에 의한 최적 시공에 대한 기술
② Value engineering 기법을 사용한 공사실적
③ Simulation, VAN 및 robot 등의 high tech를 적용한 신기술

5. 가설계획

1) 동 력

① 전압(110V, 220V, 380V)의 선택과 전기방식 검토
② 간선으로부터의 인입위치, 배선 등 파악

2) 용 수

① 상수도와 지하수 사용에 대한 검토
② 수질의 적합성과 경제성 비교

3) 수송계획

① 수송장비, 운반로, 수송방법 및 시기 파악
② 차량대수, 기종, 보험 및 송장 관리계획
③ 화물 포장방법, 장척재 및 중량재의 수송계획 검토

4) 양중계획

① 수직 운반장비의 적정 용량 및 대수 파악
② 안전대비를 위한 가설 계획도 작성

6. 관리계획

1) 하도급업자 선정

① 건축·생산 방식의 주류를 이루고 있는 것이 하도급 제도로 하도급업자의 선정은 공사 전체의 성과를 좌우
② 과거의 실적을 중심으로 신뢰성 있고 책임감 있는 하도급업자 선정
③ 하도급업자의 현재의 작업 상황을 조사하여 능력 이상의 일이 부과되는지의 여부 파악

2) 실행예산 편성

① 공사수량을 정확히 계산하여 공사원가 산출
② 시공관리시 실행예산의 기준이 되도록 편성

3) 현장원 편성

① 관리부의 총무, 경리, 자재 및 안전관리 부서와 기술부의 건축, 토목, 설비, 전기 및 시험실로 편성
② 각 부서는 적정 인원으로 하되 책임분량의 계획을 수립

4) 사무관리

① 현장사무는 간소화하며 공무적 공사관리자와 협의

② 사무적 처리에 착오나 지체없이 수행하고 기록

5) 대외 업무관리

① 공사현장과 밀접한 관계부처와 긴밀 협조

② 관계법규에 따른 시청·구청·동사무소·노동부·병원·경찰서 등의 위치나 연락망 수립

7. 공사내용계획

1) 가설공사

① 가설공사의 양부에 따라 공사 전반에 걸쳐 영향을 미침.

② 가설물 배치계획

③ 강재화, 경량화 및 표준화에 의한 가설

2) 토공사

① 토사의 굴착, 운반, 흙막이의 계획

② 배수공법, 지하수 대책, 침하·균열 및 계측관리 계획수립

③ 사전조사를 철저히 하여 신중한 공사계획 수립

3) 기초공사

① 충분한 지반조사 후, 직접기초나 말뚝기초 결정

② 기성 콘크리트 파일 타격시 소음·진동 고려

③ 현장 타설 콘크리트 파일의 경우 수직도·규격 등 품질관리 확보 계획

4) 골조공사

① 소요 품질의 구조체가 될 수 있도록 합리적인 시공계획 수립

② 콘크리트의 타설계획·거푸집 조립계획 및 철근 조립계획

③ 재료·시공 중에 수반되는 각종 시험

5) 마감공사

① 타일공사·미장공사의 박리나 들뜸의 방지계획

② 방수·수장재·창호 등 마감공사에서 취약 하자부분

V. 결 론

① 시공계획의 목적을 충분히 인식하고, 최적 시공법인 system engineering을 통하여 경제적인 시공계획을 수립한다.

② 과거의 경험을 십분 발휘하고 새로운 신기술을 도입하여 시공과정에서 착오가 발생치 않도록 충분한 시공계획을 세운다.

| 문제 3 | 건설업에서 공사관리의 중요성 |

● [87(25), 95중(30), 98전(20), 98중후(20), 01중(10), 02중(10), 15전(25)]

I. 개 요

① 건축공사의 대형화·다양화로 주어진 공기와 비용 내에서 요구되는 품질의 건축물을 완성하기 위해서는 계획적인 공사관리가 필요하고 치밀한 계획관리 없이는 공사의 성공적인 완성을 기대할 수 없다고 본다.

② 따라서 건설업에서 공사관리는 생산수단 5M을 사용하여 공사관리의 3요소 (좋게, 빠르게, 싸게)를 통하여 목표 5R을 달성하는데 있다.

II. 공사관리의 3대 요소

1) 3대 요소

공 사 관 리	목 적
공정관리	신속하게
품질관리	양호하게
원가관리	싸게

2) 공정, 품질, 원가의 상호관계

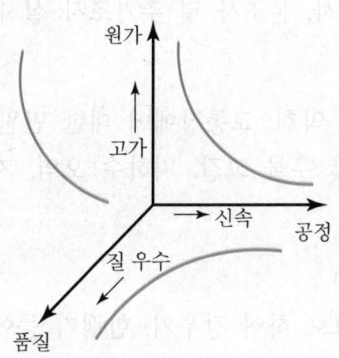

Ⅲ. 공사관리의 5M과 5R

5M (생산수단)	5R (목표)
Man(노무)	Right time(적정한 시기)
Material(재료)	Right quality(적정한 품질)
Machine(장비)	Right price(적정한 가격)
Money(자금)	Right quantity(적정한 수량)
Method(시공법)	Right product(적정한 생산)

Ⅳ. 사전조사

1) 설계도서 파악

① 대지면적, 건폐율, 용적률, 층수 및 건축물 높이 등 파악
② 구조계산서에서 공사용 하중에 대한 안전성 확인

2) 계약조건 파악

① 계약서를 검토하여 불가항력이나 공사중지에 대한 손실조치
② 수량증감 및 계산착오의 조치

3) 입지조건

① 공사 현장 내의 부지조건, 가설 건물 및 작업장 용지 파악
② 지하 매설물(상하수도, 전기·전화선, 가스)과 지하수 파악

4) 지반조사

① 토질의 공학적 특성과 시료채취
② 사전조사, 예비조사, 본조사 및 추가조사 실시

5) 건설공해

① 소음, 진동, 분진, 악취, 교통장애에 대한 민원문제 조사
② 토공사 시 발생할 우물 고갈, 지하수 오염, 지반의 침하·균열 등에 대비한 조사

6) 기 상

① 기상 통계를 참고로 하여 강우기, 한랭기 등에 해당하는 공정을 파악
② 엄동기인 12~2월의 3개월간 물 쓰는 공사는 중지

7) 관계법규

① 도로의 공공시설이 공사에 지장을 주는 경우에는 관계부처의 승인을 득한 후 이설

② 지중 매설물(상하수도, 전기·전화선, 가스관)을 조사하여 관계법규에 따라 처리

V. 공사관리의 중요성

1) 공정관리

① 건축물을 지정된 공사기간 내에 공사예산에 맞추어 정밀도 높은 질 좋은 시공을 하기 위한 관리

② 공정 계획 시 면밀한 시공계획에 의하여 각 세부공사에 필요한 시간과 순서, 자재·노무 및 기계설비 등을 적정하고 경제성 있게 공정표로 작성하여 관리

2) 품질관리

① 품질관리의 시행(plan → do → check → action)

② 시험 및 검사의 조직적인 관리

③ 하자 발생 방지

3) 원가관리

① 실행예산의 손익분기점 분석

② 일일공사비의 산정

③ V.E, L.C.C 개념 도입

4) 안전관리

① 재해발생은 무리한 공기단축, 안전설비 미비, 안전교육의 부실로 발생

② 안전교육을 철저히 시행하고 안전사고시 응급조치 요령을 관리

5) 건설공해

① 무소음·무진동 공법 채택

② 폐기물의 합법적인 처리와 재활용 대책

③ 습식 공법보다 건식 공법이나 P.C화 공법 선정

6) 기 상

① 공사현장에 영향을 주는 기상조건은 온도·습도 및 풍우설
② 현장 사무실에 온도와 습도의 천후표를 작성하여 공사의 통계치로 활용

7) 노무관리

① 인력배당계획에 의한 적정 인원을 계산
② 과학적이고 합리적인 노무관리

8) 자재관리

① 적기에 구입하여 공급할 수 있도록 관리
② 가공을 요하는 재료는 사전에 주문 제작하여 공사진행에 차질이 없도록 관리

9) 장비 관리

① 최적의 기종을 선택하여, 적기에 사용하므로 장비 효율을 극대화
② 경제성·속도성·안전성 확보
③ 가동률 및 실제 작업시간을 향상

10) 자금 관리

① 자금의 흐름 파악, 자금의 수입·지출 관리
② 어음·전도금 및 기성금 관리

11) 공법 관리

① 주어진 시공조건 중에서 공법을 최적화하기 위한 관리
② 품질·안전·생산성 및 위험을 고려한 선택

12) 기술 축적

① System engineering에 의한 최적 시공에 대한 기술
② Value engineering 기법을 사용한 공사실적
③ Simulation, VAN 및 robot 등의 high tech를 적용한 신기술

13) 가설공사 관리

① 가설 동력 및 용수 사용에 관한 검토
② 수송장비, 운반로, 수송방법 및 시기의 파악
③ 수직 운반 양중장비의 적정 용량 및 대수 파악

14) 하도급 관리

① 우수한 하도급업자의 선정이 공사 전체의 성과를 좌우
② 실적을 중심으로 신뢰성 있고 책임감 있는 업체를 선정하여 관리
③ 하도급업자의 현재 작업상황을 조사하여 능력 이상의 일이 부과되는지의 여부 파악

15) 실행예산 관리

① 공사수량을 정확히 계산하여 공사원가 산출
② 시공관리시 실행예산의 기준이 되도록 편성

16) 현장원 편성

① 관리부의 총무, 경리, 자재 및 안전관리부서와 기술부의 건축, 토목, 설비, 전기 및 시험실로 편성
② 각 부서는 적정 인원으로 하되 책임 분담

17) 사무관리

① 현장 사무는 간소화하며 공무담당자와 협의
② 사무적 처리에 착오나 지체없이 수행하고 기록

18) 대외 업무 관리

① 공사 현장과 밀접한 관계부처와 긴밀 협조
② 관계법규에 따른 시청, 구청, 동사무소, 노동부, 경찰서, 병원 등의 위치나 연락망 수립

Ⅵ. 결 론

① 현재의 건축공사는 전보다 인건비는 상승하고 주어지는 공기는 짧으며, 공사비는 불리하게 되어 공사관리의 중요성이 더욱 절실하게 대두되고 있다.
② 이와 같은 건설환경 속에서 품질, 공정, 원가, 안전관리를 과학적이고 효율적으로 운영하여 품질을 확보하면서 계약공기 내에 최소의 비용으로 기업의 근본목표인 적정이윤 확보와 발주자에게 만족을 제공해야 한다.

<table>
<tr><td>문제
4</td><td>현장 대리인(공사관리자, 공사책임기술자, 감리자)의 역할과 책임</td></tr>
</table>

● [89(25), 90후(30), 91후(30), 95전(40), 03후(10), 04중(25), 11전(25), 14후(25), 18전(10)]

I. 개 요

① 건설업자는 건설업법상에 규정된 현장 대리인을 현장에 배치 및 상주하게 하여 성실한 시공과 현장의 전반적인 관리 책임을 다하도록 해야 한다.

② 현장 대리인은 당해 공사의 규모와 성격을 충분히 파악하여 우수한 시공관리가 될 수 있도록 시공계획을 철저히 수립해야 한다.

II. 대리인의 자질

① 공사에 대한 충분한 지식 겸비

② 도면, 시방서의 충분한 이해력 보유

③ 재료 판별, 노무, 기계류의 운용 지식 보유

④ 설계 개선, 공기단축, 원가절감 위한 자세 겸비

⑤ 품질관리, 안전관리에 대한 관심 제고

⑥ 재무관리의 건전

⑦ 신기술의 연구 개발의 자세

⑧ 건전한 도덕관, 윤리관

⑨ 합리적인 조직관리·통솔력 보유

III. 대리인의 역할

1) 시공계획

① 최근 건축물의 고층화, 대형화, 복잡화 및 다양화에 따른 충분한 계획

② 계약공기 내에 우수한 시공을 최소의 비용으로 완성 가능한 시공계획 수립

2) 공사관리

① 시공계획의 공정에 따라 공사의 성공적인 완성을 위한 공사관리 수행

② 공사관리의 3요소와 생산수단 5M을 통하여 시공 목표 5R를 달성

3) 설계도서 검토

① 대지면적, 건폐율, 용적률, 층수 및 건축물 높이 등 파악

② 구조계산서에서 공사용 하중에 대한 안전성 확보

4) 계약조건 파악

① 계약서를 검토하여 불가항력이나 공사중지에 대한 손실 조치

② 수량 증감 및 착오계산의 조치

5) 지반조사

① 토질의 공학적 특성과 시료 채취

② 사전조사, 예비조사, 본조사 및 추가조사 실시

6) 건설 공해

① 소음, 진동, 분진, 악취, 교통장애에 대한 민원문제 해결

② 토공사 시 발생할 우물 고갈, 지하수 오염, 지반의 침하·균열에 대비한 조사

7) 관계법규

① 도로의 공공시설이 공사에 지장을 주는 경우에는 관계부처의 승인을 득한 후 이설

② 지중 매설물(상하수도, 전기·전화선, 가스관)을 조사하여 관계법규에 따라 처리

8) 공법 선정

① 주어진 시공 조건 중에서 최적의 공법을 선정

② 품질, 안전, 생산성 및 위험을 고려한 선택

9) 공정관리

① 건축물을 지정된 공사기간 내에 공사예산에 맞추어 정밀도 높은 질 좋은 시공을 하기 위한 관리

② 공정 계획 시 면밀한 시공계획에 의하여 각 세부 공사에 필요한 시간과 순서, 자재, 노무 및 기계·설비 등을 적정하고 경제성 있게 공정표로 작성

10) 품질관리

① 품질관리의 시행(plan → do → check → action)

② 시험 및 검사의 조직적인 관리

③ 하자 발생 방지

11) 원가관리

    ① 실행 예산의 손익분기점 분석

    ② V.E, L.C.C 개념 도입

12) 안전관리

    ① 재해 발생은 무리한 공기단축, 안전시설 미비, 안전교육의 부실로 발생

    ② 안전교육을 철저히 시행하고 안전사고시 응급처치

13) 노무관리

    ① 인력배당계획에 의한 적정 인원을 계산

    ② 과학적이고 합리적인 노무관리

14) 자재관리

    ① 적기에 구입하여 공급할 수 있도록 관리

    ② 가공을 요하는 재료는 사전에 주문제작하여 공사진행에 차질이 없도록 관리

15) 장비관리

    ① 최적의 기종을 선택하여 적기에 사용하므로 장비 효율 극대화

    ② 경제성, 속도성, 안전성 확보

Ⅳ. 대리인의 책임

1) 계약서 이행

    ① 도급계약서 내용대로 정확한 이행

    ② 자재, 노무비의 변동에 따른 조속한 조치

2) 설계도서에 의한 시공

    ① 시공도면, 시방서 검토하여 시공도면대로 실시되는지 여부 검토

    ② 구조물 규격, 사용자재의 적합성 검토

3) 민원 발생 제거

    ① 소음, 진동, 분진을 최소화한 공법 채택

    ② 인근 주민들과의 원만한 관계 유지

4) 부실시공 책임

    ① P, D, C, A에 따른 모든 조치를 취하여 부실시공 방지

    ② 품질관리 7가지 tool의 적절한 사용과 전사적 품질관리 이행

5) 기술자 상주 배치

① 현장에 적합한 기술자 1인 이상 상주 배치
② 정당한 사유없이는 교체되거나 현장이탈 금지

V. 대리인 제도의 문제점

① 현장 배치기준의 완화
② 무자격자 배치
③ 무능력자의 현장 배치

VI. 대리인 제도의 개선방향

① 유자격자 배치
② 배치기준의 강화
③ 기술자의 교육 강화

VII. 결 론

① 건설기술자는 최종학교 졸업 후 자격시험이 아니면 실제로 공부할 기회가 전무한 실정이므로 일정기간 경력자는 전문기술기관에서 재교육을 실시하여야 한다.
② 현장 대리인은 추진능력, 사무처리능력, 결단능력 등을 겸비하여야 하며, 합리적인 사고로 현장을 이끌어 나가야 한다.

| 문제 5 | 감리제도의 문제점 및 대책 |

● [92후(30), 96후(30), 99후(40), 21중(25)]

I. 개 요

① 감리자는 전문지식과 기술 및 경험을 활용하여 설계도서대로 시공되었는지 여부를 검사하며, 공정한 입장에서 공사관리 및 기술 지도하는 기술자이다.

② 현행 감리제도는 감리자의 업무 및 책임 한계가 불분명하고 감리회사의 감리능력 부족, 감리제도 미정착 등 많은 문제점을 내포하고 있다.

II. 감리의 종류

1) 공사감리

허가 대상 건축(3층 이상 또는 200m² 이상)

2) 상주감리

① 연면적 5,000m² 이상, 5개층 이상으로 3,000m² 이상

② 300세대 미만의 공동주택

3) 책임감리

① 300세대 이상의 공동주택

② 국가·정부 투자기관이 발주하는 다음의 공사

㉮ 200억 이상으로서 PQ 대상인 11개 공종

㉯ 발주관서장이 인정하는 공사

III. 감리제도의 문제점

1) 전문 인력 부족

감리를 전문으로 하는 경험이 풍부한 기술자 부족

2) 감리자의 기술 수준 저조

감리 업무를 고급 기술자들이 기피하여 감리능력 저하

3) 감리지침서 결여

감리 업무에 대한 세부지침서 결여 및 행동강령 미비

4) 감리비 비현실화

지방주재비, 차량유지비, 교육비 등이 반영 안 됨.

5) 감독자와 감리자의 책임한계

감독자와의 업무관계 및 책임소재 불분명

6) 감리제도 미정착

감리개념의 미정립 및 감리 업무의 형식화

7) 감리회사의 능력 부족

감리회사의 경험 및 기술력 부족과 영세성

8) 부실감리에 대한 제재방안 미흡

엄격한 법적 제재 미흡 및 부실감리의 책임한계 모호

9) 업무과다

중복 및 대관서류의 과다 및 적은 인원으로 막중업무 수행

Ⅳ. 개선방향(대책)

1) 감리체제 확립

감리회사 자체의 기술축적 및 감리요원의 자질향상

2) 감리제도 개선

실시 설계자에 공사 감리권 배당 및 감리기술자의 복지개선

3) 감리권한 강화

시정명령권, 공사중지권 등의 실질적인 권한 부여 및 강화

4) 감리보수 현실화

① 감리비의 현실수준에 맞는 책정
② 정부고시제도를 폐지하고 감리협회에서 조사한 노임 적용

5) 감리업체 육성

① 감리 전문업체 육성으로 감리수준 향상
② 지역별 감리업체 배정하여 감리 부족 대처

6) 감리자의 자질향상

① 감리 기술자의 기술수준 향상
② 감리교육제도의 개선으로 분야별, 등급별로 교육 실시

7) 부실감리 제재

① 부실감리회사에 대한 제재 강화

② 감리입찰 참여금지 등의 실질적인 법적 제재 강화

8) 감리장비 현대화

① 신장비 구입하여 현장배치

② 정보화 시공 실시 및 software적 기술 축적

9) C.M 활성화

① 전문감리자의 감리로 질적 향상

② 감리업체의 전문성 극대화 및 총체적인 공사관리

10) 전문인력 양성

전문인력 양성 교육기관의 설립 및 감리전문 교육기관 이수제 실시

11) 감리회사 사전 선정

건설공사 전 감리회사 선정으로 설계도서의 사전검토 및 확인

12) 감리교육 강화

감리기술자의 정기적인 보수교육 강화

13) 선진 감리기술 도입

① 선진국의 발달된 감리기술을 도입하여 부실감리 추방

② 감리업체의 국제경쟁력 강화

V. 결 론

① 현행 감리제도는 전문인력 부족, 감리비 비현실, 감독자와의 책임한계 불명확, 업무의 과다 등 많은 문제점들을 내포하고 있다.

② 감리제도의 정착과 감리자의 자질 향상을 위한 신기술, 신공법 등의 연구 및 교육과 실질적인 감리제도의 개선을 통하여 감리 여건이 조성될 수 있도록 부단한 노력을 해야 한다.

문제 6

C.M(Construction Management) 제도

● [88(5), 92후(30), 96중(10), 97후(20), 98중후(40), 98중후(40), 00전(10), 06후(25), 09중(25),10전(25), 10중(10), 16후(25), 18중(10), 20전(10), 20중(10), 21중(25), 22중(25)]

I. 개 요

① 종래에는 도급자 주도로 결과에만 치중하여 관리해 오던 건설관리방식에서 과정을 중시하는 관리방식으로의 전환체계를 맞아 CM의 필요성이 크게 대두되었다.

② CM은 건설업의 과정인 사업에 관한 기획·타당성 조사·설계·계약·시공관리·유지관리 등에 관한 업무의 전부 또는 일부를 발주처와의 계약을 통하여 수행할 수 있는 건설사업관리제도이다.

③ CM은 건축물의 개념적 구상에서 완성에 이르기까지 전 과정을 통해 품질뿐만 아니라, 일정·비용 등을 유기적으로 결합하여 관리하는 관리 기술이다.

II. CM의 장점

① 발주자·설계자·시공자간을 조정하여 원활한 공사 진행
② 공기·품질 및 공사비 절감
③ 설계 단계에서 가치공학(VE : Value Engineering) 적용
④ 설계에 시공지식을 반영하여 재설계 위험의 감소
⑤ 시공자의 위험부분 감소로 저렴한 입찰가 제시

III. CM의 분류

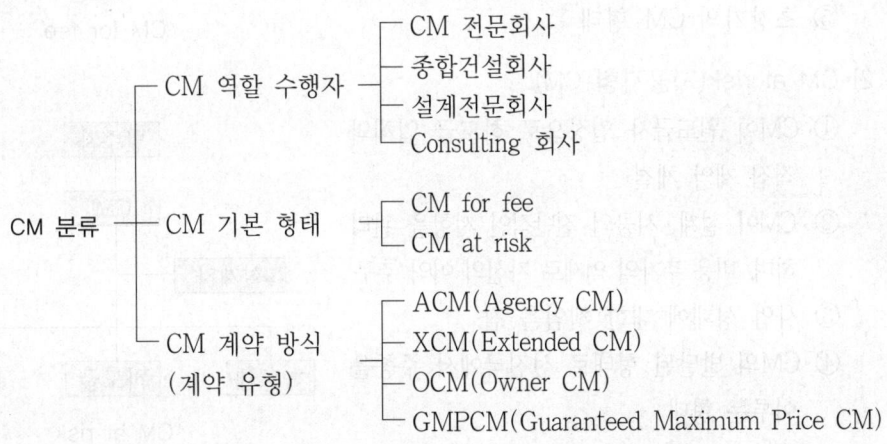

CM 분류
- CM 역할 수행자
  - CM 전문회사
  - 종합건설회사
  - 설계전문회사
  - Consulting 회사
- CM 기본 형태
  - CM for fee
  - CM at risk
- CM 계약 방식 (계약 유형)
  - ACM(Agency CM)
  - XCM(Extended CM)
  - OCM(Owner CM)
  - GMPCM(Guaranteed Maximum Price CM)

Ⅳ. CM 역할 수행자

1) CM 전문회사
① 건축의 설계·시공을 따로 하지 않으며, CM만을 수주하는 회사이다.
② CM 수행에 관한 전문가 집단을 보유하고 있어야 한다.
③ 운영상 상당히 부담이 된다.

2) 종합건설회사
① 종합건설을 주로 수행하면서 CM 업무를 겸직할 수 있는 형태이다.
② CM을 수행할 수 있는 부서를 따로 둔다.

3) 설계전문회사
① 건축 설계를 주로 수행하면서 CM 업무를 겸직할 수 있는 형태이다.
② 기존의 감리업무 수행보다 전문가 집단이 필요하다.

4) Consulting 회사
사업에 관한 상담업무와 더불어 CM 업무를 수행하는 회사

Ⅴ. CM 기본 형태

1) CM for fee(대리인형 CM)
① CM은 발주자의 대리인으로 역할 수행
② 설계 및 시공에 대한 전문적인 관리 업무로 약정된 보수만 수령
③ 시공자는 원도급자 입장이 됨.
④ CM은 사업 성패에 관한 책임은 없음.
⑤ 초창기의 CM 형태

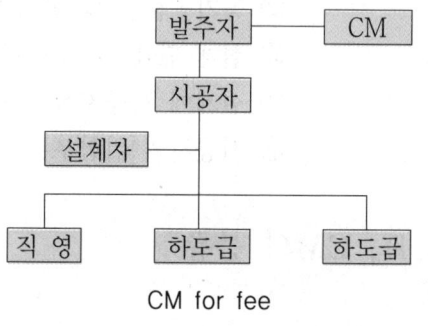

CM for fee

2) CM at risk(시공자형 CM)
① CM이 원도급자 입장으로 하도급 업체와 직접 계약 체결
② CM이 설계·시공의 전반적인 사항을 관리하며, 비용 추가의 억제로 자신의 이익 추구
③ 사업 성패에 대한 책임을 짐.
④ CM의 발달된 형태로 선진국에서 주종을 이루는 형태

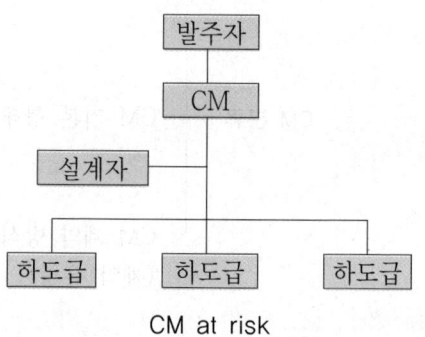

CM at risk

VI. CM 계약 방식(계약 유형)

1) ACM(Agency CM)

공사의 설계단계에서부터 고용되어 CM의 본래 업무를 수행

2) XCM(Extended CM)

CM의 본래업무와 기획에서 설계·시공 및 유지관리까지의 건설산업 전 과정을 관리

3) OCM(Owner CM)

발주자 자체가 CM 업무를 수행

4) GMPCM(Guaranteed Maximum Price CM)

① 계약시 산정된 공사 금액을 초과하지 않기 위한 조치
② 예상된 공사 금액의 절감 또는 초과 시 CM이 일정 비율로 부담

VII. CM의 단계별 업무

1) 계획 단계

① 사업의 발굴 및 구상
② 기본 계획 수립
③ 타당성 검토

2) 설계 단계

① 건축물의 기획 입안
② 발주자의 의향 반영
③ 설계도서에 대한 전반적인 검토
④ 계약 방침 및 시방 작성

3) 발주 단계

① 입찰 및 계약 절차 지침 마련
② 전문 공종별 업체 선정 및 계약 체결
③ 공정 계획 및 자금 계획 수립

4) 시공 단계

① 공정·원가·품질 및 안전 관리
② 공사 및 기성 관리
③ 설계 변경 및 claim 관리

5) 완공후 단계

① 유지관리 지침서

② 사용계획 및 최종 인허가

③ 하자보수계획

Ⅷ. 문제점

① C.M은 발주자의 이해 없이는 성공하지 못함.

② 국내에서는 C.M에 대한 위화감이 강함.

③ C.M 방식은 강력한 하청업체 필요

④ 발주자, 설계자, 시공자간의 이해 상충

⑤ C.M 방식의 적용 분위기 미조성

Ⅸ. 대 책

① 건축 생산 system 개선

② Engineering service의 극대화

③ 설계·시공 조직간의 communication 활성화

④ C.M 요원의 육성

⑤ 간접인력 최소화 및 관리기술 향상에 의한 경쟁력 향상

⑥ 기술 집약형태의 고부가가치 산업으로 발전 유도

Ⅹ. 결 론

① C.M 제도는 부실시공 감소, 사업비의 최적화 및 건설관리 기술의 기틀을 만들고 다음 공사를 위한 자료제공 등의 효과를 얻을 수 있다.

② 건설산업의 발전을 위해서는 필수적으로 도입·시행되어야 할 제도이며, 빠른 시일 내에 국내 정착을 위해서는 제도의 정비, 법령의 개정 등 지속적인 노력이 필요하다.

문제 7 부실공사의 원인과 방지대책

● [79(25), 90전(40), 93전(40), 94전(30), 05전(25), 06중(10), 11후(10), 13중(10)]

I. 개 요

① 부실공사는 설계도서나 시방서에 규정된 기준대로 시공하지 않아 결함이나 하자를 발생하게 한 공사를 말한다.

② 부실공사 방지를 위해서는 가격 위주의 입찰방식에서 벗어나 기술 위주의 입찰방식으로 전환해야 하며, 감리기능을 강화시키고 유지 보수에 각별한 신경을 써야 한다.

II. 부실공사의 원인

1) 사전조사 미비

① 설계도서나 시방서 및 구조계산서 등에 의한 구조물의 안전성에 대한 사전조사 미비

② 계약서류 검토 및 현장조사에 의한 지반, 인접 건물 등의 사전조사 미비

2) 부적합한 공법 선정

① 경제적인 면만을 생각하여 현장감 없이 부적합한 공법 선정

② 안전성과 무공해성을 배제한 공법의 선정

3) 무리한 공기

① 발주자의 요구나 현장의 지나친 의욕으로 거푸집·지주의 존치기간이나 양생기간 등을 무시한 공사진행

② 야간 작업, 돌관 작업으로 공기는 단축할 수 있으나 공사의 품질이 저하

4) 부실한 품질관리

① 품질관리의 plan → do → check → action 단계의 미시행

② 시험 및 검사를 실시하여 하자 발생을 방지할 대책 미흡

5) Dumping 수주

① 저가 입찰제도에 의한 원가 이하의 무리한 수주

② 과다경쟁으로 인하여 dumping 수주

6) 안전관리 미비

① 안전 기술자의 겸직 및 미상주로 안전관리 소홀

② 안전설비 및 장비 구입은 안 할수록 이익이라는 인식

7) 기상에 미대처

① 폭우를 예기치 못하고 콘크리트 타설을 진행하여 부실화 조장

② 동·하절기 및 기온, 기상의 변화에 미대처

8) 미숙련공 고용

① 기능공 부족으로 미숙련공을 교육이나 훈련 없이 현장 투입

② 젊은 사람들의 현장 기피현상으로 숙련공의 고령화 가속

9) 하도급자의 부실

① 하도급업체의 기능공 및 자금의 부족

② 하도급자의 전문성 결여

③ 하도급 대금의 결재 지연

10) 민원 야기

① 건설 공해로 법적인 민원 발생

② 교통장애·불안감 등으로 인한 인근 주민의 불만

Ⅲ. 방지대책

1. 계약제도

1) 부대입찰제도

① 건설업체의 하도급 계열화 도모를 위하여 도입

② 공정한 하도급 거래 질서 확립은 건축생산의 품질향상과 근대화 시공에 이바지함.

2) 대안입찰제도

① 기술능력 향상 및 개발을 위하고 UR에 대비한 입찰제도

② 기술개발 축적 및 체계화 유도로 미래의 시공법 발전 추세에 대비한 제도

3) P.Q 제도

① 적격업체 선정으로 품질 확보와 건설업체의 의식 개혁 추진

② 부실시공 방지를 위한 입찰참가자격 심사제도 장려

4) 기술개발 보상제도

① 시공 중에 시공자가 신기술이나 신공법을 개발하여 공사비를 절감하였을 때 절감액을 감하지 않고 시공자에게 보상하는 제도

② 공기단축, 품질관리, 안전관리, 공사비 절감면에서 건설회사의 기술 개발 연구 및 투자 확대

5) 신기술 지정 및 보호제도

① 새로운 신기술을 개발하였을 때 그 신기술을 일정기간 신기술로 지정하고 보호하는 제도

② 지정된 신기술을 사용하는 자는 신기술로 지정받은 자에게 기술사용료 지불

6) Dumping 방지

① 원가 이하의 저가로 수주하는 행위를 방지

② 최적격 낙찰제도, P.Q제도 등을 적용

7) 담합 금지

① 업자들끼리 미리 짜고 낙찰금액과 낙찰자를 결정하는 것

② 공정거래 질서의 확립과 담합의 강력한 법적 제재

2. 공사관리자

1) 설계자

① 건축사로서 설계도서와 시방서를 작성하는 자

② 설계도면의 충분한 검토시간으로 부실시공 사전예방

2) 현장대리인

① 현장에 상주하면서 시공업무 및 전반적인 관리 책임이 있는 건설기술자

② 공기의 법적 준수와 공정별 보양 철저

3) 감리자

① 공사가 설계도서대로 실시되는지의 여부를 확인하고 시공방법을 지도

② 감리자의 기술 향상 및 전면 책임감리제의 확대 실시

4) C.M 제도

① 건설업의 전 과정인 기획·타당성조사·설계·계약·시공관리·유지관리 등에 관한 업무의 전부 또는 일부를 관리하는 건설사업관리제도이다.

② 품질 확보, 공기단축, 원가절감 및 합리적인 시공을 기할 수 있다.

3. 설 계

1) 골조의 P.C화

공업화에 의한 대량생산으로 품질향상 및 설계시간 단축

2) 마감재료의 건식화

설계의 표준화 및 마감재의 척도기준 일원화

3) 바닥의 unit화

P.C 공법의 도입으로 구조체의 unit화

4. 재 료

1) M.C(Modular Coordination)화

인체치수 고려, sub-module 규격 제정, M.C 추진위원회 발족 등 활성화 유도

2) 건식화

부재의 표준화, 단순화, 규격화로 경비절감

3) 고강도화

고성능 유동화제 등 혼화재료에 의한 고강도화

5. 시 공

① 계측 관리(정보화 시공)
② 무소음·무진동 공법 채택
③ Open system의 실시
④ 자동용접기의 개발

6. 공사관리

① EVMS의 새로운 기법 도입
② ISO 9000 인증
③ V.E 기법 도입
④ 성력화(labor saving) 및 기계화

7. 신기술 개발

① E.C(Engineering Construction)화

② C.M(Construction Management)제도 도입

③ Web 기반 공사관리체계 구축

Ⅳ. 결 론

① 부실공사는 정부의 제도 미비, 건설업체의 저가입찰 및 담합, 형식적인 공사 감리 등의 총체적인 부실이 원인이다.

② 부실공사를 방지하기 위해서는 제도의 개선과 건설업계의 의식 개혁, 강력한 감리제도의 정착 및 기술자들의 책임의식이 있어야 된다.

문제 8	품질관리

● [94전(8), 97중후(20), 98후(30), 04전(10), 07중(10), 07후(10), 13후(25)]

Ⅰ. 개 요

① 품질관리란 설계도, 시방서 등에 표시되어 있는 규격에 만족하는 공사의 목적물을 경제적으로 만들기 위해 실시하는 관리수단을 말한다.

② 건축공사에서의 품질관리는 공사의 초기부터 품질을 확보하여 품질이 향상된 상태로 유지하는 예방 차원의 품질관리가 필요하다.

Ⅱ. 필요성

① 품질 확인
② 품질개선
③ 품질균일
④ 하자방지
⑤ 신뢰성 증가
⑥ 원가절감

Ⅲ. 5M과 5R

생산수단인 5M을 유효 적절히 사용하여 5가지 목표(5R)를 달성한다.

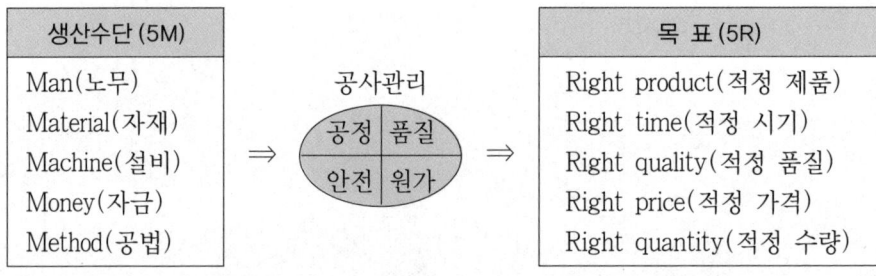

생산수단 (5M)	공사관리	목 표 (5R)
Man(노무) Material(자재) Machine(설비) Money(자금) Method(공법)	⇒ 공정 품질 안전 원가 ⇒	Right product(적정 제품) Right time(적정 시기) Right quality(적정 품질) Right price(적정 가격) Right quantity(적정 수량)

Ⅳ. 주안점

① Top manager로부터 모든 구성원이 혼연일체가 되어 실시
② 절차를 착실히 밟음.
③ 더욱 실질적이고 효과적일 경우 상의하달의 관리형식을 취함.
④ 기법(tool)을 효율적으로 사용
⑤ 새 기법의 도입에 과감
⑥ 현장의 특성에 맞는 기법 선택
⑦ 과학적으로 접근
⑧ 사용자 우선 원칙에 입각한 고객의 수용에 만족하는 품질 확보에 전력
⑨ 원가절감 및 품질 확보
⑩ 연구 활동의 강화 및 연구비(활동비) 지급 원칙

Ⅴ. 품질 · 공정 · 원가의 상호관계

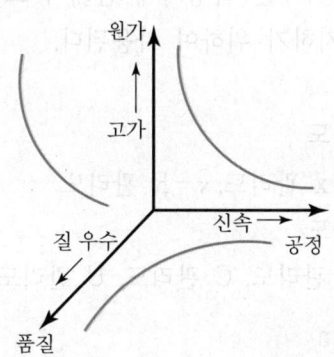

Ⅵ. 품질관리의 단계

Deming의 관리 cycle
품질에 대한 사항을 토대로 하여 단계적으로 관리 목표를 설정

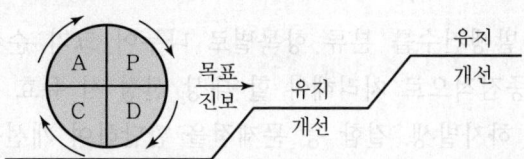

① Plan(목적 명확화를 위한 계획)

계획을 세운다.

② Do(교육, 훈련 및 실시)

계획에 대해 교육하고 그에 따라 실행시킨다.

③ Check(결과 검토)

실행한 것이 계획대로 되었는지 검사, 확인

④ Action(계획변경, 수정조치 및 feed back 반영)

Check 사항에 대한 조치를 취한다.

⑤ 위의 P→D→C→A 과정을 cycle화

단계적으로 목표를 향해 진보, 개선, 유지해 나간다.

Ⅶ. 품질관리 7가지 기법(tool)

1) 관리도

① 공정도 상태를 나타내는 특정치에 관해서 그려진 graph로 공정을 관리상태(안전상태)로 유지하기 위하여 사용된다.

② 관리도의 종류

㉮ 계량치의 관리도

$\bar{x}$-R 관리도, x 관리도, $\tilde{x}$-R 관리도

㉯ 계수치의 관리도

Pn 관리도, P 관리도, C 관리도, U 관리도

2) 히스토그램(histogram)

① 계량치의 data가 어떠한 분포를 하고 있는지 알아보기 위하여 작성하는 그림으로 일종의 막대 graph

② 공사 또는 제품의 품질상태가 만족한 상태인지의 여부를 판단

③ 형 태

낙도형, 이빠진형, 비뚤어진형, 낭떠러지(절벽)형 등

3) 파레토도(pareto diagram)

① 불량 등 발생건수를 분류 항목별로 나누어 크기 순서대로 나열해 놓은 그림으로, 중점적으로 처리해야 할 대상 선정 시 유효

② 현장에서 하자발생, 결함 등 문제점을 판단하여 개선을 위한 목적

4) 특성요인도(causes and effects diagram)

① 결과(특성)에 원인(요인)이 어떻게 관계하고 있는가를 한눈에 알 수 있도록 작성한 그림

② 발생문제 하자 분석시 사용

5) 산포도(산점도, scatter diagram)

① 대응하는 두 개의 짝으로 된 data를 graph 용지 위에 점으로 나타낸 그림으로 품질 특성과 이에 영향을 미치는 두 종류의 상호관계 파악

② 종 류

정상관, 부상관, 무상관 등

6) 체크 시트(check sheet)

① 계수치의 data가 분류 항목의 어디에 집중되어 있는가를 알아보기 쉽게 나타낸 그림 또는 표

② 종 류

㉮ 기록용 check sheet

Data를 몇 개의 항목별로 분류하여 표시할 수 있도록 한 표 또는 그림

㉯ 점검용 check sheet

확인해 두고 싶은 것을 나열한 표

7) 층별(stratification)

① 집단을 구성하고 있는 많은 data를 어떤 특징에 따라서 몇 개의 부분 집단으로 나누는 것

② 층별된 작은 그룹의 품질의 분포를 서로 비교하고, 또 전체의 품질 분포와 대비하여 전체 품질의 분포의 산포가 작을수록 층별은 성공한 것으로 본다.

Ⅷ. 시행상 문제점(품질관리가 지켜지지 않는 원인)

1) Q.C system 미정립

품질검사, 시험방법, 조직 미비

2) 인식 부족

품질관리는 검사로 잘못 이해

3) 배타적 관습

과정보다 결과를 중시하는 풍토와 새로운 요구에 대한 거부감

4) 과학적 접근 미숙

Data에 의한 과학적 관리 미숙

5) 공기단축

짧은 공기로 인해 품질을 check하고 관리할 시간적 여유 없음.

6) Q.C기법 미숙

시험 및 검사의 조직적인 계획과 관리 부족

7) 부서간 협력 외면

품질관리는 해당 부서에서 하는 것으로 오해

IX. 활성화 방안

1) ISO 9000 품질관리 system 도입

과학적이고 체계적인 선진 관리법 도입

2) 합리적인 현장 품질관리

경험, 직감에서 탈피하여 과정을 중요시하는 합리적 사고 정착

3) 인식전환

품질이 원가절감이라는 품질에 대한 인식전환

4) 업체의 의식개혁

전문인력의 육성과 하도급 계열화 추진

5) 지속적인 교육

품질관리의 중요성 및 방법의 지속적인 교육 실시

6) 품질관리 system

새로운 품질관리 system의 도입으로 환경변화에 대응

7) 전사적 품질관리

전 구성원이 혼연일체되어 실시

8) 표준공기 이행

표준공기를 이행하여 정밀도가 높은 양질의 시공으로 품질 확보

9) 과학적인 관리기법 도입

V.E 기법, T.Q.C 활동, 통계적 관리수법 등을 도입 활용

10) 6-시그마(Sigma) 도입

1백만 개의 제품 중 3.4개의 결함을 말하는 무결점 운동

X. 결 론

① 품질관리는 공정관리, 원가관리에 뒤지지 않는 중요한 관리 항목으로 건축물의 품질확보, 품질개선, 품질균일 등을 통한 하자 방지로 신뢰성 증가와 원가절감을 꾀해야 한다.

② 품질관리는 현장의 특성에 맞는 기법(tool)을 선택해야 하며 신재료, 신공법 등의 기술의 변화에도 대응할 수 있는 품질관리 system을 연구 개발하는 지속적인 노력이 필요하다.

| 문제 9 | 건축공사의 품질관리 단계 |

● [85(25), 95중(40)]

Ⅰ. 개 요

① 건축공사에 있어서 품질관리란 각자의 품질에 대한 관심사항을 토대로 하여 단계적으로 관리 목표를 설정하고 이에 따라 P→D→C→A 과정을 cycle화하여 단계적으로 목표를 향해 진보, 개선, 유지해 나가는 것을 말한다.

② 품질관리는 전 구성원이 혼연일체가 되어 실시되어야 하며, 현장의 특성에 맞는 기법을 효율적으로 사용하여야 한다.

Ⅱ. 필요성

① 품질확보
② 품질개선
③ 품질균일
④ 하자 방지
⑤ 신뢰성 증가
⑥ 원가절감

Ⅲ. 주안점

① Top manager로부터 모든 구성원이 혼연일체가 되어 전사적으로 실시
② 절차를 착실히 밟을 것
③ 기법(tool)을 효율적으로 사용
④ 새 기법의 도입에 과감
⑤ 현장의 특성에 맞는 기법 선택
⑥ 원가절감 및 품질확보

Ⅳ. 품질관리 단계

1. Deming의 관리 cycle

품질에 대한 사항을 토대로 하여 단계적으로 관리 목표 설정

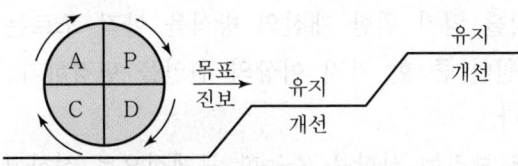

① Plan(목적 명확화를 위한 계획)

계획을 세운다.

② Do(교육, 훈련 및 실시)

계획에 대해 교육하고 그에 따라 실행시킨다.

③ Check(결과 검토)

실행한 것이 계획대로 되었는지 검사, 확인

④ Action(계획변경, 수정조치 및 feed-back 반영)

Check 사항에 대한 조치를 취한다.

⑤ 위의 P→D→C→A 과정을 cycle화

단계적으로 목표를 향해 진보, 개선, 유지해 나간다.

2. Plan(계획) 단계

1) 작업하는 목적을 명확히 결정

2) 목적달성을 위한 수단 결정

3) 목적 결정 및 표시

Check를 위한 항목을 고려하여 표준치, 목표치를 결정해 두면 check 단계가 용이

① 현상 유지작업

표준치로 표시

② 현상 탈피작업

목표치로 표시

4) 목표달성을 위한 수단과 방법의 결정

① 현상 유지작업

표준치에 의한 결과가 얻어질 방식(수단)을 이미 알고 있는 단계이므로 이를 명료하게 문서화하면 된다(작업 표준화).

② 현상 탈피작업

㉮ 목표치를 얻기 위한 개선의 방식을 아직 모르는 단계이므로 개선을 요하는 원인 중 한 가지 이상의 원인을 변경하기 위한 절차를 결정해 두면 된다.

㉯ 검토해 보려는 사항을 가능한 구체적으로 정하고 일정이나 분담을 충분히 고려해서 '계획서'라는 형식으로 문서화할 필요가 있다.

5) 계획수립을 위한 방법

① 정확한 정보의 수집, 활용과 종합판단력의 배양

② Deming cycle의 cycling을 시행하면서 합리적인 방법 모색의 지속

3. Do(실시) 단계

1) 집합교육훈련과 기회교육훈련의 병행

2) 집합교육훈련

여러 명이 한곳에서 전반적인 지식 습득

3) 기회교육훈련

① 일상작업 도중 적당한 기회에 실시

② 개별적 기능 습득에 유효하며, O.J.T(On the Job Training) 교육 실시한다.

4. Check(검사) 단계

1) 결과와 실시방법을 대상으로 검사

2) 결과 검사

① 현상 유지작업

관리도 유효

② 현상 탈피작업

목표치나 예정선 등을 graph에 기입해 두고 실시 결과를 표시하며 검사가 용이한 방법을 연구

3) 실시방법 검사

① 현상 유지작업

작업 시행자가 자신의 작업에 책임지고 check sheet를 이용하며 문제 발생 시에는 제3자의 검사 필요

② 현상 탈피작업

어떤 방법이 효력이 있었는가를 반드시 확인

5. Action(조치) 단계

1) 응급처치

① 검사에 의해 계획 시의 기대 결과가 얻어지지 않을 경우 필요에 따라 즉각 취해야 하는 조치

② 더 이상의 문제 발생이 없도록 방지

2) 항구조치

① 재발방지 조치를 하는 근본적인 조치로 응급조치 이후 즉시 원인을 조사하여 재차 발생이 없도록 조치

② 원인분석 결과를 feed-back

3) 관련조치(유사조치)

현장 내 또는 현장간 유사 공종 사례에 대해 전사적으로 검토, 분석하여 반영 조치

V. Deming cycle 기법 적용 시 주의사항

1) 사전 engineering

관계도서 숙지 후 불명확 요소, 개선점 등을 감리, 감독자와 사전에 명확화

2) 관리 standard

관련도서에 근거하여 최적 시공계획과 관리기준 수립

3) Inspection 지침

반입자재 등은 지침에 따라 엄격히 검수

4) Constructor 엄선

전문시공자는 신뢰도가 높은 업자를 선정

5) 공정확인

관련 공사들의 공정, 협의 필요사항 등을 조정

6) 교육훈련

각종 관리기준 등에 대해 관련자 교육 실시

7) 실시확인

계획대로 실시 여부를 충분히 확인, 관리

8) 원인규명 및 조치

이상 발견시 즉시 원인규명 및 조치

9) 조치 후 확인

조치 후 반드시 결과 양부의 확인 및 재검토하여 시행착오 방지

10) Feed - back

개량, 수정, 문제점 등을 계획 단계로 필히 재반영 및 cycle화

Ⅵ. 결 론

① 품질관리는 최적 시공계획과 관리기준을 수립하여 시행해야 하며 품질관리
시의 개량, 수정, 문제점 등은 feed - back하여 cycle화해야 한다.

② 품질관리는 계획대로의 실시 여부를 반드시 확인 관리해야 하며, 이상 발견
시는 즉각적인 원인규명 및 조치를 하여 원가절감 및 품질을 확보하여야
한다.

<table>
<tr><td>문제</td></tr>
<tr><td>10</td></tr>
</table>

품질관리의 7가지 tool(도구, 기법)

● [85(5), 85(5), 86(25), 92전(8), 94후(25), 97중전(20), 00후(10), 01전(10), 03후(25), 08전(10), 22중(10)]

Ⅰ. 개 요

① 품질관리란 사용자 우선 원칙에 입각하여 공사의 목적물을 경제적으로 만들기 위해 실시하는 관리수단을 말하며, 전 구성원이 참여하여 실시되어야 한다.

② 품질관리의 7가지 기법(tool)으로는 관리도, 히스토그램, 파레토도, 특성 요인도, 산포도(산점도), 체크 시트, 층별 등의 기법이 있다.

Ⅱ. 품질관리의 필요성

① 품질확보
② 품질개선
③ 품질균일
④ 하자 방지
⑤ 신뢰성 증가
⑥ 원가절감

Ⅲ. 7가지 tool

1. 관리도

1) 정 의

① 공정의 상태를 나타내는 특정치에 관해서 그려진 graph로서 공정을 관리상태(안전상태)로 유지하기 위하여 사용된다.

② 관리도는 제조공정이 잘 관리된 상태에 있는지를 조사하기 위하여 사용하는 경우도 있다.

2) 관리도의 종류

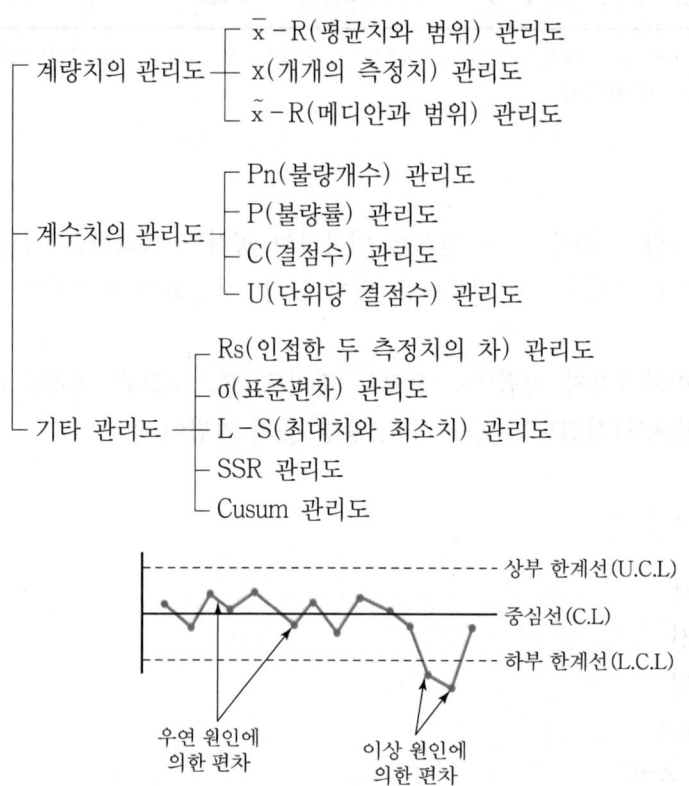

- 계량치의 관리도
  - $\bar{x}-R$(평균치와 범위) 관리도
  - x(개개의 측정치) 관리도
  - $\tilde{x}-R$(메디안과 범위) 관리도
- 계수치의 관리도
  - Pn(불량개수) 관리도
  - P(불량률) 관리도
  - C(결점수) 관리도
  - U(단위당 결점수) 관리도
- 기타 관리도
  - Rs(인접한 두 측정치의 차) 관리도
  - σ(표준편차) 관리도
  - L-S(최대치와 최소치) 관리도
  - SSR 관리도
  - Cusum 관리도

상부 한계선(U.C.L)
중심선(C.L)
하부 한계선(L.C.L)

우연 원인에 의한 편차

이상 원인에 의한 편차

3) 종류별 특성

① $\bar{x}-R$ 관리도

관리대상이 되는 항목이 길이, 무게, 시간, 강도, 성분, 수확률 등과 같이 data
가 연속량(계량치)으로 나타나는 공정을 관리할 때 사용

② x 관리도

㉮ Data를 군으로 나누지 않고 측정치 하나하나를 그대로 사용하여 공정을
관리할 경우에 사용

㉯ Data를 얻는 간격이 크거나 군으로 나누어도 별 의미가 없는 경우 또는
정해진 공정으로부터 한 개의 측정치밖에 얻을 수 없을 때 사용

③ $\tilde{x}-R$ 관리도

㉮ $\bar{x}-R$ 관리도의 $\bar{x}$ 대신에 $\tilde{x}$(메디안)을 사용한 것으로서 $\bar{x}$의 계산을 하
지 않는 관리도법이다.

㉯ 평균치 $\bar{x}$를 계산하는 시간과 노력을 줄이기 위해 사용하며, 작성방법은
$\bar{x}-R$ 관리도와 거의 같다.

④ Pn 관리도

  ㉮ Data가 계량치가 아니고 하나하나의 물품을 양품, 불량품으로 판정하여 시료 전체 속에 불량품의 개수로서 공정을 관리할 때 사용

  ㉯ 시료의 크기 n(개수)이 항상 일정한 경우에만 사용

⑤ P 관리도

  ㉮ 불량률로서 공정을 관리할 때 사용

  ㉯ P 관리도는 시료의 크기가 일정하지 않아도 됨.

⑥ C 관리도

  일정크기의 시료 가운데 나타나는 결점수에 의거하여 공정을 관리할 때 사용

⑦ U 관리도

  결점수에 의해 공정을 관리할 때 제품의 크기가 여러 가지로 변할 경우에 결점수를 일정단위당으로 바꾸어서 U 관리도를 사용

2. 히스토그램(histogram)

1) 정 의

① 계량치의 data가 어떠한 분포를 하고 있는지 알아보기 위하여 작성하는 그림으로 일종의 막대 graph

② 공사 또는 제품의 품질상태가 만족한 상태에 있는가의 여부를 판단

2) 작 성

① N(data 수)을 가능한 한 많이 수집

② 범위 R을 구한다.

$$R = 최대치(x_{max}) - 최소치(x_{min})$$

③ 급의 수(k)를 결정

  ㉮ 경험적 방법

N	k
50~100	5~10
100~250	7~12
250	9~20

  ㉯ $k = \sqrt{N}$

④ 급의 폭을 구한다.

$$h = \frac{R}{k} \quad (\text{h는 측정치 정도의 정배수로 한다.})$$

⑤ 경계치를 결정
⑥ 급간의 중심치를 계산
⑦ 도수분포표를 작성
⑧ Histogram을 작성
⑨ Histogram과 규격값을 대조하여 안정, 불안정을 검토

3) Histogram의 여러 형태

① 낙도형
　Data의 이력을 조사하고 원인을 추구
② 이빠진형
　계급의 폭의 값, 측정 최소단위의 정배수 등을 조사
③ 비뚤어진형
　한쪽에 제한조건이 없는가 조사
④ 낭떠러지(절벽)형
　측정방법의 이상 유무 조사

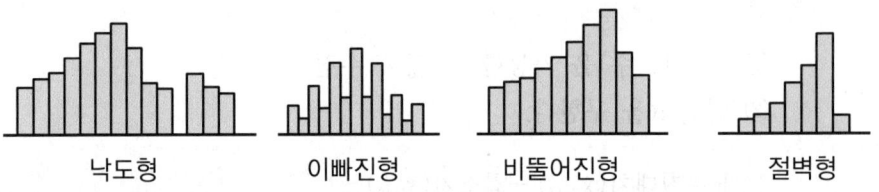

낙도형　　　　이빠진형　　　　비뚤어진형　　　　절벽형

3. 파레토도(Pareto diagram)

1) 정　의

① 불량 등 발생건수를 분류 항목별로 나누어 크기 순서대로 나열해 놓은 그림
② 중점적으로 처리해야 할 대상 선정 시 유효

2) 작성순서

① Data(불량건수 또는 손실금액)의 분류 항목을 정한다.
② 기간을 정해서 data를 수집
③ 분류 항목별로 data 집계

④ Data가 큰 순서대로 막대 graph를 그린다.
⑤ Data의 누적 돗수를 꺾은 선으로 기입
⑥ Data의 기간, 기록자, 목적 등을 기입하여 완성

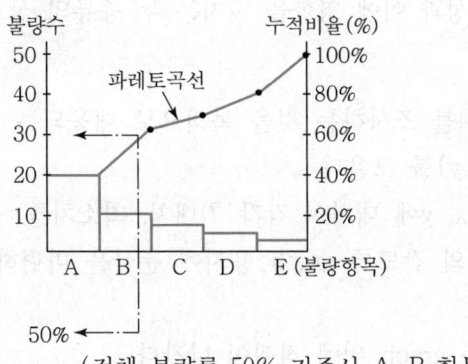

(전체 불량률 50% 기준시 A, B 항목이 집중관리 필요)

4. 특성요인도(Causes and effects diagram)

1) 정 의

품질 특성(결과)과 요인(원인)이 어떻게 관계하고 있는가를 한눈으로 알아보기 쉽게 작성한 그림이며, 그 모양이 생선뼈 모양을 닮았다는 점에서 생선뼈 그림(fish-bone diagram)이라고도 한다.

2) 작성방법

① 품질의 특성을 정한다.
② 왼편으로부터 비스듬하게 화살표로 큰 가지를 쓰고 요인을 기입
③ 요인의 그룹마다 더 적은 요인(소요인)을 기입

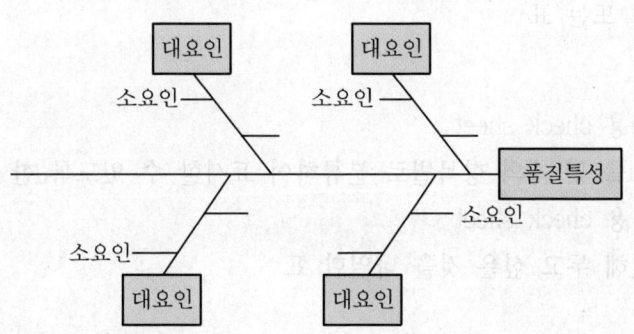

5. 산포도(산점도, scatter diagram)

1) 정 의

① 대응하는 두 개의 짝으로 된 data를 graph 용지 위에 점으로 나타낸 그림
② 품질 특성과 이에 영향을 미치는 두 종류의 상호관계 파악

2) 작성방법

① 상관관계를 조사하는 것을 목적으로 대응되는 그 종류의 특성 혹은 원인의 data(x, y)를 모은다.
② Data의 x, y에 대하여 각각 최대치, 최소치를 구하고 세로축과 가로축의 간격이 거의 같도록 graph 용지에 눈금을 마련하고 위로 갈수록 큰 값이 되게 한다.
③ 측정치를 graph 위에 점찍어 나간다.
④ Data 수, 기간, 기록자, 목적 등을 기입한다.

3) 종 류

| x가 증가하면 y도 증가 | x가 증가하면 y는 감소 | x, y 특별상관 없음 |
| 정상관 | 부상관 | 무상관 |

6. 체크 시트(check sheet)

1) 정 의

계수치의 data가 분류 항목의 어디에 집중되어 있는가를 알아보기 쉽게 나타낸 그림 또는 표

2) 종 류

① 기록용 check sheet
Data를 몇 개의 항목별로 분류하여 표시할 수 있도록 한 표 또는 그림
② 점검용 check sheet
확인해 두고 싶은 것을 나열한 표

月	火	水	木	…	날씨
1	2	3	4	…	맑음 ☀ 흐림 ☁
☀	⛈	☁	☀	…	비 🌧

7. 층별(stratification)

1) 정 의

집단을 구성하고 있는 많은 data를 어떤 특징에 따라 몇 개의 부분 집단으로 나누는 것

2) 층별의 방법

① 층별할 대상을 분명히 규정한다.

② 전체의 품질 분포를 파악한다.

③ 산포의 원인을 살핀다.

④ 품질(결과)을 나타내는 data를 산포의 원인이라고 생각되는 것에 따라 여러 개의 작은 그룹으로 층별(구분)한다.

⑤ 층별한 작은 그룹의 품질의 분포를 살핀다.

⑥ 층별된 작은 그룹의 품질의 분포를 서로 비교하고, 또 전체의 품질 분포와 대비하여 전체품질의 분포의 산포가 작을수록 층별은 성공한 것으로 본다.

Ⅳ. 결 론

① 현장에서의 품질관리는 과정을 중요시하는 합리적인 사고와 품질 확보가 곧 원가절감이라는 품질에 대한 인식전환이 필요하며, 현장조건에 맞는 적정한 기법(tool)을 선정하여 시행해야 한다.

② 품질관리의 지속적인 교육으로 현장에서의 품질관리 중요성을 인식하고 양질의 품질을 확보할 수 있도록 노력해야 한다.

문제 11	품질경영(QM ; Quality Management)

● [98중전(20), 99전(30), 01후(25), 01후(10), 02후(25)]

Ⅰ. 개 요

① 품질경영은 경영자가 참여하여 원가절감과 공기단축 등을 통하여 경쟁력 확보와 고객 만족을 위한 방안을 마련하는 것이다.
② 품질경영을 통한 고객만족과 기업의 경쟁력을 확보하여 조직과 사회에 지속적으로 기여하는 체계를 구축하여야 한다.

Ⅱ. 효 과

① 재시공과 보수작업이 감소한다.
② 작업환경이 개선된다.
③ 현장안전에 기여한다.
④ 공사 발주처의 만족도가 높아진다.
⑤ 품질 비용이 감소한다.
⑥ 기업의 이윤이 증대된다.

Ⅲ. 품질경영

품질경영은 품질관리, 품질보증, 품질인증의 3단계 활동으로 구성된다.

1. 품질관리(quality control)

1) 정의

품질관리란 설계도서 및 계약서에 명시되어 있는 규격에 만족하는 공사의 목적물을 경제적으로 만들기 위해 실시하는 관리수단을 말한다.

2) 특징

① 품질관리 부서를 조직 및 운영한다.
② 과정과 결과를 분석하여 규정된 품질을 확립한다.
③ 현장 특성에 맞는 기법(tool)을 선택 및 활용한다.
④ 사용자 우선원칙에 입각한 품질확보에 전력한다.

3) 업무

① 견본의 채취 및 실험하여 실험 성적표를 작성한다.

② 품질검사를 수행한다.

③ 간단한 실험이나 공정을 확인한다.

④ 시공 품질을 확인할 수 있는 방법을 개발한다.

2. 품질보증(quality assurance)

1) 정의

① 품질보증이란 품질관리의 결과를 관련규정과의 일치 여부를 확인하는 제반 행위로, 품질감리라고도 한다.

② 시공사에서 하도업체의 품질관리 결과를 확인할 때 시공사나 하도업체 입장에서는 품질감리가 되고 감리자나 건축주의 관점에서는 품질관리가 된다.

2) 특징

① 품질관리와 거의 같은 의미로 사용된다.

② 시공자의 외주업체 또는 하도급자의 품질관리 결과를 감독 및 확인한다.

③ 품질관리 결과의 feed back이 필요하다.

④ 공사비 절감에 노력을 해야 되며, 건축주와의 원활한 업무관계를 유지해야 한다.

3. 품질인증(quality verification)

1) 정의

품질인증은 품질보증 결과, 규정된 품질의 구현이 의심되거나 품질관리 규정에서 특별한 품질검사나 실험을 요구할 때 검사·실험을 실시하는 것을 말한다.

2) 특징

① 특정한 품질검사나 실험을 요구할 때에 행하는 검사활동이나 실험이다.

② 공사의 품질뿐만 아니라, 사용재료의 품질이나 특수공법 또는 장비의 성능과 제원을 확인해야 한다.

③ 시공자와 감리자간에 품질에 관한 이견이 발생했을 때에 이를 객관적으로 증명해야 한다.

④ 과학적인 검사와 실험으로 재료·공법·장비 등의 성능을 확인하는 절차이다.

1297

Ⅳ. 품질경영의 성공 요건

① 최고경영진의 의지와 leadership
② 사내 전 조직구성원에 대한 교육 실시
③ 결함 방지를 위한 system 개발
④ 최고경영진에서 일선 작업자에 이르는 전 조직의 적극적이고 능동적인 참여

Ⅴ. 결 론

품질경영의 올바른 시행을 통해 기업의 생명이 미래로 나아가고, 기업의 문화 및 평가도 이어지게 되므로 각 업체마다 조화될 수 있는 품질 기법을 연구개발하여야 한다.

설계품질과 시공품질

● [96전(40), 96전(30), 01후(25)]

I. 개 요

① 설계품질이란 기본 설계도서(설계도, 구조계산서, 시방서)와 특기시방서 및 부분별 상세도를 의미하며, 이를 완벽하게 구성하기 위한 노력이 필요하다.

② 설계품질이 시공품질 전체를 좌우하므로 설계는 건축 전반에 걸쳐 전문지식을 겸비하고 시공 경험이 풍부한 전문가에 의해서 작성되는 것이 이상적이다.

II. 설계품질

1) 설계도

① 기본설계도서에 의해 실시설계도서를 작성

② 구조계산에 의해 구조도면 작성

③ 배치도, 평면도, 단면도, 입면도, 전기·설비 도면 등

2) 구조 계산서

① 탄성 설계법과 극한 설계법에 의거

② 구조도, 철근배근도 등

3) 시방서

① 도면이나 내역서 등에 기재하거나 표기할 수 없는 자재규격, 등급, 품질, 시공방법, 검사방법 등 표기

② 시방서는 표준시방서, 특기시방서 등이 있다.

4) 특기 시방서

① 일반시방서에 표기되어 있지 않은 특수공법이나 재료를 기재

② 그 외 건축주의 요구조건을 상세히 기재

5) 부분별 상세도

① 일반 도면에 상세히 표기할 수 없거나 공법지시를 하기 위한 shop drawing

② 작업 지시서라고도 한다.

Ⅲ. 시공 품질보증의 필요성

① 대외신용도 우수
② 사회적 요구의 다양화
③ 부실시공 추방
④ 기업의 기술축적
⑤ 경쟁력 강화

Ⅳ. 시공품질

1) 공정표 작성

① 작업순서와 시간을 명시하여 공사 전체가 일목요연하게 나타나는 공정표를 작성·운영한다.
② Gantt식과 network식 공정표

2) 시공 계획도

① 현장 조건에 적합한 시공방법과 시공계획을 수립한다.
② 공종별로 각종 공사의 전반적인 시공법을 설명한다.

3) 현장시공 정도 확보

Shop drawing, 시방서 등

4) 적정 배치

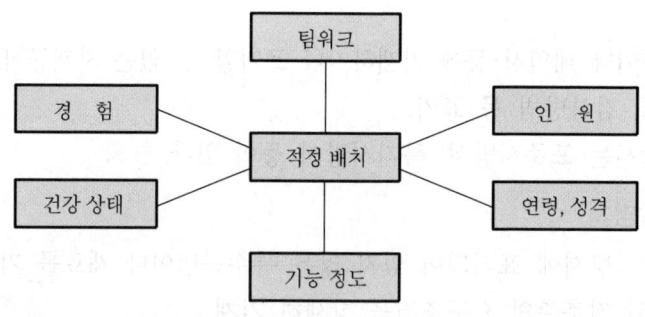

근로자 개개인의 적정배치로 시공품질의 향상 기틀 마련

5) 표준공기제도 이행

구분	공기
일반건축공사	165일 + (층수 × 15일)
PC공사	155일 + (층수 × 15일)
Turn - key 공사	일반건축공사 + 55일

표준공기를 성실히 이행하므로 시공품질의 질적 향상 도모

V. 설계품질이 시공품질에 미치는 영향

1) 시공계획적인 면

① 공정표 및 공정계획 작성 시 영향
② 설계도서의 품질에 의해 시공계획 양부를 좌우
③ 도면 검토 작업 시 공법계획 영향 받음

2) 품질관리적인 면

① 설계자 의도와 시공자간의 의사소통 역할
② 설계품질이 품질관리에 영향을 미침
③ 도면 미비에 의해 구조 품질 악영향

3) 경제적 측면

① 외관적인 면에만 치우칠 경우 원가 상승
② 시공의 난이도에 의해 재료할증과 노무비 상승
③ 과도한 면적 산정으로 토공사비 증대

4) 안전관리적 측면

① 복잡한 평면구성으로 인한 안전관리 소홀
② 복잡한 외형추구로 시공 난이에 의한 안전사고 우려

5) 환경, 공해적인 측면

① 복잡한 구조로 인한 재료 손실
② 재료의 폐자재 처리에 의한 공해
③ 재래공법의 설계지시로 인한 민원 초래

6) 노무관리적 측면

① 신공법에 맞지 않는 설계로 인한 기능공 혼란 야기
② 애매한 표현으로 인한 기계화 시공 불가

7) 기계장비 배치적 측면

① 건물 배치의 불균형으로 인한 기계 중복 배치
② 기계화 시공의 불가

8) 공법 적용상

① 표준화되지 않은 공법 적용
② 지하시설의 불연속으로 인한 토공사의 애로
③ 주변 여건을 고려하지 않은 설계로 공법 적용 애로

9) 자재관리적 측면

① 보편화되지 않은 자재 사용 시 시공 곤란
② 자재 수급 고려하지 않을 시 공기지연 우려
③ 자재 건식화의 외면

10) 기타

① 입찰시 도면과 시공상의 차이에 의한 견적 곤란
② 시공 불능적인 면 돌출시 설계변경의 기준 애매
③ 시공 정밀도에 관한 오차 관계 미비
④ 설계자와 시공자간의 불일치로 인한 해석상 문제
⑤ 잦은 설계변경에 의한 품질 저하

VI. 결 론

① 설계품질이 시공품질에 영향을 미치는 것은 주지의 사실이며, 아무리 설계자와 시공자간의 협의를 거쳐도 해석상의 차이는 남는다.
② 제도개선을 통하여 설계자는 시공적인 면을, 시공자는 설계적인 측면을 상호 교류 및 연구 개발하여 상호 차이에서 오는 품질 영향을 최소화해야 한다.

문제 13	품질관리의 표준이 지켜지지 않는 원인과 대책

● [95후(30), 97후(30), 12중(25)]

I. 개 요

① 건축물이 고층화, 대형화되어 감에 따라 기능인력 부족에 의한 품질저하와 생산성을 중시하는 경영적 사고로 인해 건축물의 품질이 나빠지고 부실시공이 우려되고 있다.

② 건축의 품질관리에서 경험에 의존하는 전근대적인 사고방식과 인식 부족, 무리한 공기단축과 원가절감 등으로 인해 많은 문제가 발생하고 있으며, 이에 따라 품질관리의 활성화 방안이 시급한 실정이다.

II. 품질관리의 필요성

① 품질확보
② 품질개선
③ 품질균일
④ 하자 방지
⑤ 신뢰성 증가
⑥ 원가절감

III. 원 인

1) Q.C system 미정립

① 품질검사, 시험방법, 조직 미비
② 전문기술자 부족과 경험에 의존

2) 인식 부족

① 품질관리를 검사로 잘못 이해
② 품질관리는 해당 부서에서 하는 것으로 오해

3) 책임한계 불투명

① 전문화가 되어 있지 않아 책임한계가 불투명
② 품질관리부서가 하부 위치에 배치되어 책임과 권한 약화

4) 배타적 습관

① 과정보다 결과 중시하는 풍토

② 새로운 요구에 대한 거부감

5) 과학적 접근 미숙

① Data에 의한 과학적 관리 미숙

② 경험에 의존하는 전근대적인 방식

6) 공기단축

① 무리한 공기단축으로 인한 품질저하

② 짧은 공기로 인해 품질을 check하고 관리할 시간적 여유가 없다.

7) Q.C법 미숙

① 시험 및 검사의 조직적인 계획과 관리 부족

② 정확한 정보의 수집 부족과 활용 미숙

8) 무리한 원가절감

① 덤핑수주에 의한 무리한 원가절감으로 인한 부실공사

② 원가절감으로 인해 품질관리 비용을 원가 상승요인으로 생각

9) 부서간 협력 외면

① 품질관리는 해당 부서에서 하는 것으로 오해

② 품질관리부서의 권한 약화로 협력 외면

10) 하도급 계열화 미정립

① 우수 전문건설업체 수의 부족

② 실제 시공에 참여하지 않고 재하청으로 품질저하

Ⅳ. 대 책

1) ISO 9000 품질관리 system 도입

과학적이고 체계적인 선진 관리법 도입

2) 합리적인 현장 품질관리

경험, 직감에서 탈피하여 과정을 중요시하는 합리적 사고 정착

3) 인식전환

품질이 원가절감이라는 품질에 대한 인식 전환

4) 업체의 의식개혁

전문인력의 육성과 하도급 계열화 추진

5) 권한 부여

품질관리부서의 시정명령, 공사중지 등의 강력한 권한 부여

6) 지속적인 교육

품질관리의 중요성 및 방법의 지속적인 교육 실시

7) 품질관리 system

새로운 품질관리 system의 도입으로 환경변화에 대응

8) 규격화, unit화

공장생산으로 품질확인

9) 정보화 관리

과학적 장비, 기기에 의해 관리

10) 전사적 품질관리

전 구성원이 혼연일체되어 실시

11) 공법의 개발

부재의 공업화, 재료의 건식화, 시공의 기계화

12) 하도급 계열화 추진

전문기술 개발을 통한 전문성 확보로 품질 향상

13) 표준공기 이행

표준공기를 이행하여 정밀도가 높은 양질의 시공으로 품질 확보

14) 과학적인 관리기법 도입

V.E 기법, T.Q.C 활동, 통계적 관리수법 등을 도입 활용

15) 도급제도의 개선

입찰방식을 개선하여 가격 위주에서 품질관리에 의한 기술능력 배양

16) 감리제도 정착

감리제도를 정착시켜 품질관리 및 각종 시험을 실시하여 품질관리 강화

17) 기법(tool) 선택

현장의 특성에 맞는 기법을 선택하여 원가절감 및 품질 확보

18) 관리기법 단계 준수

단계적(P→D→C→A)으로 관리 목표를 사용

19) 기 타

① 품질관리 기법(tool)을 효율적으로 사용
② 새로운 기법의 도입에 과감
③ 연구활동 강화 및 연구비 지급

V. 건설기술관리법상 품질관리계획과 품질시험계획 업무

1. 품질관리계획

1) 건설공사 정보

발주자 요구사항의 결정 및 충족 여부

2) 현장품질방침 및 품질목표

① 현장 품질방침의 수립 여부
② 현장 품질목표 설정, 추진계획의 수립 및 실행 여부
③ 품질관리계획 실행과 관련하여 전 직원의 참여를 위한 동기부여 여부

3) 책임 및 권한

① 조직편성 및 적정 인력 배치 여부
② 각 조직 인원의 업무분장 실시 여부

4) 문서관리

① 품질관리계획을 운영하는 방식의 적절성
② 고객문서와 자료의 비치 및 관리 상태

5) 자원관리

① 품질관리 업무 수행자의 적격인력 배치 여부
② 품질관리에 필요한 자원의 적정 확보 및 유지 여부

6) 설계관리

① 설계계획의 수립 여부 및 적절성
② 설계입력 기준의 적절성과 설계출력물의 관리 여부
③ 설계검토, 설계검증 및 설계타당성 확인의 실시 여부 및 방법의 적절성

7) 계약변경

계약변경 관리의 적절성

8) 교육훈련

품질에 영향을 미치는 업무를 수행하는 모든 종사자의 교육훈련 실시 여부

9) 기자재의 구매관리

기자재 수급계획의 수립, 검증, 식별, 보관, 재고관리 및 주기적인 점검실시 여부

10) 지급자재의 관리

지급자재 수급계획의 수립, 식별, 검증, 보관, 재고관리의 적정 수행 여부

11) 하도급 관리

① 하도급에 대한 선정 및 평가 여부
② 하도급에 대한 계약 및 이행상태 관리 여부

2. 품질시험계획

1) 품질시험·검사에 필요한 관련 자료의 구비·활용 여부

2) 품질시험계획 내용의 적정성 여부

① 주요 자재의 검사포함 여부
② 주요 공정의 검사포함 여부

3) 품질관리자, 시설 및 장비 등의 적정 확보 여부

4) 품질시험계획에 따른 품질시험·검사의 적기, 적정 빈도 실시 여부

5) 품질시험·검사 성과의 기록유지 여부

6) 품질시험·검사 장비의 관리 여부

① 교정검사 실시 및 교정 상태의 식별 표시
② 검사장비·측정장비 및 시험장비의 적정관리

7) 부적합품 및 부적합공정 처리 등의 적정 여부

Ⅵ. 결 론

① 현장에서 경험에 의존하는 사고방식의 탈피와 인식전환으로 합리적인 품질 관리를 해야 하며, 정밀도가 높은 양질의 시공으로 품질을 확보하여 품질관 리의 문제점을 최소화해야 한다.

② 품질관리의 중요성 및 품질관리방법의 지속적인 교육과 V.E, T.Q.C, 통계적 관리수법 등의 활용으로 원가절감 및 품질을 확보해야 하며, 과학적이고 새 로운 품질관리 system의 도입으로 급변하는 건설환경 변화에 대응해야 한다.

원가절감 방안

● [91전(30), 91전(30), 98전(30), 06전(25), 08중(25), 09중(25), 12중(25), 17중(10), 18후(10)]

Ⅰ. 개 요

① 건설공사에서 원가관리란 경제적인 시공계획의 작성과 합리적인 실행예산을 편성하여 공사결산까지의 실소요 비용을 절감하기 위한 것을 말한다.

② 원가관리의 본질은 원가절감에 있기 때문에 원가변동 요인을 파악하여 보다 경제적으로 신속 정확하게 관리하여야 한다.

Ⅱ. 원가관리의 필요성

① 원가절감
② 원가관리 체계 확립
③ 시공계획
④ 시공법

Ⅲ. 원가관리 순서

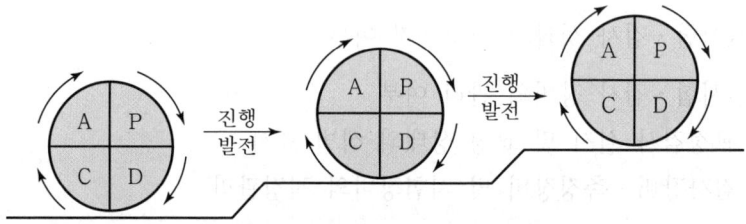

① Plan(실행예산 편성)
② Do(원가통제)
③ Check(원가대비)
④ Action(조치)

Ⅳ. 원가·공정·품질의 상호관계

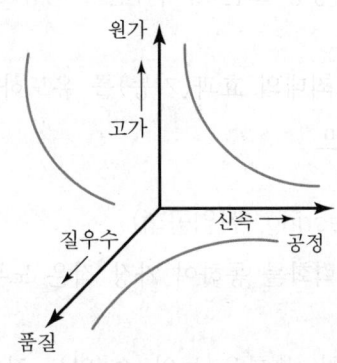

Ⅴ. 원가절감 기법(tool)

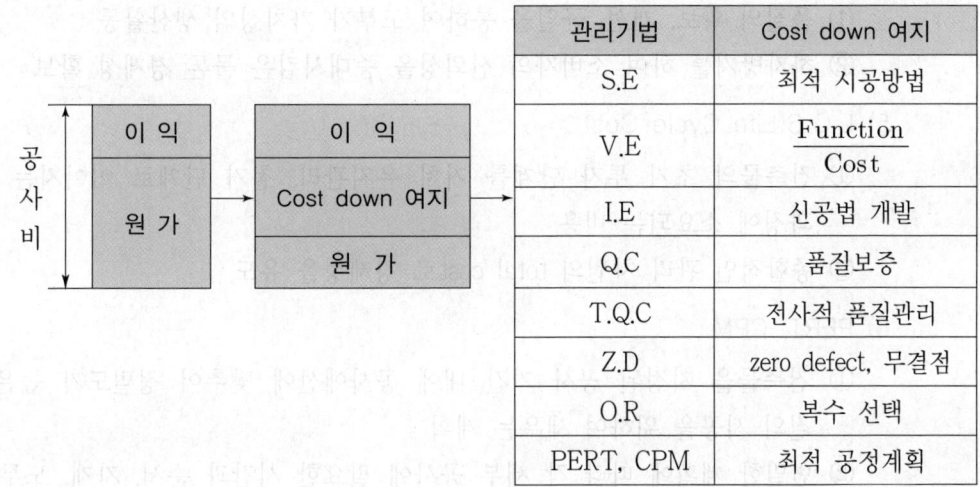

관리기법	Cost down 여지
S.E	최적 시공방법
V.E	$\dfrac{\text{Function}}{\text{Cost}}$
I.E	신공법 개발
Q.C	품질보증
T.Q.C	전사적 품질관리
Z.D	zero defect, 무결점
O.R	복수 선택
PERT, CPM	최적 공정계획

Ⅵ. 원가 절감 방안

1) SE(System Engineering, 시스템 공학)

① 설계 단계에서 시공에 대한 공법의 최적화를 설계하여 공사관리의 극대화를 꾀함

② 시공성, 경제성, 안전성 및 무공해 공법을 개발

2) V.E(Value Engineering, 가치공학)

① 기능(function)을 향상 또는 유지하면서 비용(cost)을 최소화하여 가치(value)를 극대화시킴

② 최소의 비용으로 최대의 효과(기능)를 유도하는 공학

$$Value = \frac{Function}{Cost}$$

3) I.E(Industrial Engineering, 산업공학)

① 시공 단계에서 성력화를 통하여 가장 적은 노무와 노력으로 원가절감을 하는 공학

② 작업원의 적정배치, 능률을 높일 수 있는 작업조건, 작업원의 수를 적절히 조정함으로써 경제적인 극대화를 꾀함.

4) Q.C(Quality Control, 품질관리)

① 품질의 확보, 개선, 균일을 통하여 고부가 가치성의 생산활동

② 하자방지를 하여 소비자의 신뢰성을 증대시킴은 물론 경제성 확보

5) L.C.C(Life Cycle Cost)

① 건축물의 초기 투자 단계를 거쳐 유지관리, 철거 단계로 이어지는 일련의 과정에 소요되는 비용

② 종합적인 관리 차원의 total cost로 경제성을 유도

6) PERT, CPM

① 건축물을 지정된 공사 기간 내에 공사예산에 맞추어 정밀도가 높은, 좋은 질의 시공을 위하여 세우는 계획

② 면밀한 계획에 따라 각 세부 공사에 필요한 시간과 순서, 자재, 노무 및 기계설비 등을 경제성 있게 배열

7) ISO 9000

① ISO(International Organization for Standardization, 국제표준화기구)는 국제적인 공업 표준화의 발전을 촉진시킬 목적으로 창립된 기구

② 품질에 대하여 발주자의 신뢰를 얻어 경제성을 확보

8) E.C(Engineering Construction)화

① 건설산업의 업무기능 확대 및 영역 확대를 도모

② 건설 사업의 일괄입찰방식에 의한 건설생산 능력 확보

9) C.M(Construction Management)제도

① 건설업의 전 과정인 기획·타당성조사·설계·계약·시공관리·유지관리 등
   에 관한 업무의 전부 또는 일부를 수행하는 건설사업관리제도
② 품질 확보, 공기단축은 물론 설계 단계에서 6~8%, 시공 단계에서 5%의
   원가절감

10) Computer화

① 건축물의 고층화, 대형화, 복잡화, 다양화 등으로 현장시공 관리에서 수작업
   으로는 비능률적이므로
② 공정계획, 노무관리, 자재관리 등을 통하여 시공의 합리화 추구

11) CAD(Computer Aided Design)

① 설계자의 경험이나 판단을 컴퓨터에서 고속처리 하여 고도의 설계활동을
   추구
② 설계제도, 구조해석, 견적 등을 통하여 능률적인 관리수행

12) VAN(Value Added Network, 부가가치통신망)

① 건설 산업의 복잡화에 따라 대외 경쟁력 강화와 대내 능률 향상을 위하여
   전산망 필요
② 본사와 지사와의 신속한 업무처리와 업무내용의 처리 가능으로 노무비 절감

13) Robot

① 건축물의 고층화, 대형화, 다양화, 복잡화되고 있는 추세에 따라 건축생산성
   은 낙후되어 있어 robot을 이용하여 생산성 향상
② 성력화로 기능인력 부족에 대응하며 작업의 능률성 확보

14) CIC(Computer Integrated Construction, 컴퓨터 통합 생산)

① 컴퓨터를 이용하여 설계, 공장생산, 현장시공의 과정 등을 물리적으로 연계
   하여 건축생산 활동의 능률화를 꾀함.
② 공기단축, 시공오차 줄임, 안전관리 등을 통한 건축생산

15) IB(Intelligent Building, 정보화 빌딩)

① 반도체 및 통신기술의 발달로 정보화 시대에 진입하여 건축물에 고도의 정
   보통신 system을 갖추어 건물관리시 종합적인 관리기능 부여
② 쾌적성, 효율성, 안전성, 편리성, 신뢰성 확보

16) 재료의 건식화

① 부재의 MC화가 가능하여 표준화, 단순화, 규격화를 도모

② 공기단축, 동해방지, 보수 유지관리 편리

17) P.C(Precast Concrete)화

① 공업화에 의한 대량생산으로 공기단축, 품질향상, 안전관리, 경제성 확보

② 기계화, robot 시공 가능

18) 시공의 근대화

① 환경변화에 따라 도급제도의 개선, 자재의 건식화, 신기술 도입 등을 통하여 대외 경쟁력 강화

② 합리적이고 과학적인 계획수립, 시공관리, 유지관리 도모

19) 신공법

① 가설공사 시 강재화, 경량화, 표준화

② 계측관리, 무소음·무진동 공법, P.C화 등을 통한 안전 및 경제적 시공

20) 기술개발

① 새로운 기술을 개발하여 신기술에 의한 원가절감

② PERT·CPM, VAN, computer 관리, CIC, CAD 등을 통한 공사의 합리화

Ⅶ. 결 론

① 건설공사에 있어서의 원가관리는 공사장소, 시공조건에 따라 가격이 유동적이며, 불확정 요소가 많기 때문에 체계적이고 계획적인 원가관리가 필요하다.

② 원가관리는 공사진행에 있어 각 공종이 계획대로 수행되는지의 여부를 통제하고 공사비 절감요소를 파악하여 원가절감을 해야 하며, 항상 새로운 기술의 개발과 관리기술의 향상에 의한 원가관리가 이루어져야 한다.

V.E(Value Engineering)

● [88(5), 94전(8), 96중(10), 98중전(25), 00전(25), 01전(10), 01중(25), 04중(25), 06전(25),
06중(10), 07전(25), 11전(10), 13중(25), 19중(25)]

I. 개 요

① V.E(가치공학, Value Engineering)란 전 작업과정에서 최저의 비용으로 필
요한 기능을 달성하기 위하여 기능 분석과 개선에 쏟는 조직적인 노력이다.
② 건축현장에서 최저의 비용으로 각 공사에서 요구되는 공기, 품질, 안전 등
필요한 기능을 철저히 분석해서 원가절감 요소를 찾아내는 개선활동이다.

II. V.E 기본원리

기능(function)을 향상 또는 유지하면서 비용(cost)을 최소화하여 가치(value)
를 극대화시키는 것

$$V = \frac{F}{C}$$

V(value) : 가치
F(function) : 기능
C(cost) : 비용

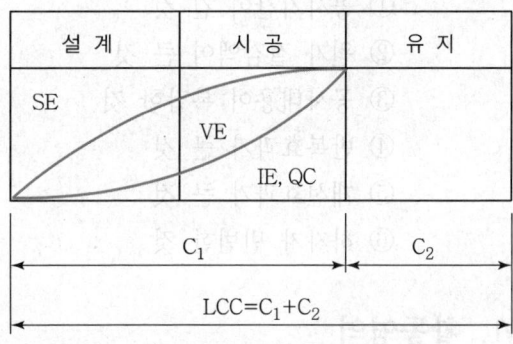

III. 필요성

① 원가절감
② 조직력 강화
③ 기술력 축적
④ 경쟁력 제고
⑤ 기업체질 개선

IV. V.E에서 본 건설업의 특성

① 개별 수주산업이다.

구조물의 외관, 규모는 달라도 되풀이되는 부분과 공통성이 높다.

② 공사금액이 크다.

단가가 큰 만큼 원가절감(cost down) 요소가 많다.

③ 옥외 작업이 많고 작업장소가 일정치 않다.

작업방법의 개선과 현장에서 불필요한 기능을 밝혀 철저한 기능 중심으로 운영

④ 가설물의 설치, 철거, 운반이 따른다.

전 공사비의 25% 내·외로 원가절감(cost down)의 여지가 크다.

⑤ 집합산업이다.

설계 및 시방서 재검토, 계약, 자재조달 등에 V.E 적용

V. 대상 선정

① 공사기간이 긴 것

② 원가 절감액이 큰 것

③ 공사내용이 복잡한 것

④ 반복효과가 큰 것

⑤ 개선효과가 큰 것

⑥ 하자가 빈번한 것

VI. 활동영역

1) 설계자에 의한 V.E

① 가능한 기성재료의 module에 맞게 설계

② 설계의 단순화 및 규격화

③ 불필요한 특수 시공요소 최소화

④ 설계 시 경험, 판단력이 풍부한 현장 기술자의 자문

2) 시공자에 의한 V.E

① 입찰 전 현지 여건, 인력공급 등의 사업검토

② 경제적인 공법 및 장비 활용

③ 원가절감 시공에 따른 bonus 지급

④ 실질적인 안전대책 확립

Ⅶ. 효과적인 V.E

L.C.C(Life Cycle Cost)가 최소일 때

기 획	타당성 조사	기본설계	본설계	시 공	유지관리

C_1(생산비) ← ──────────────── → C_2(유지관리비)

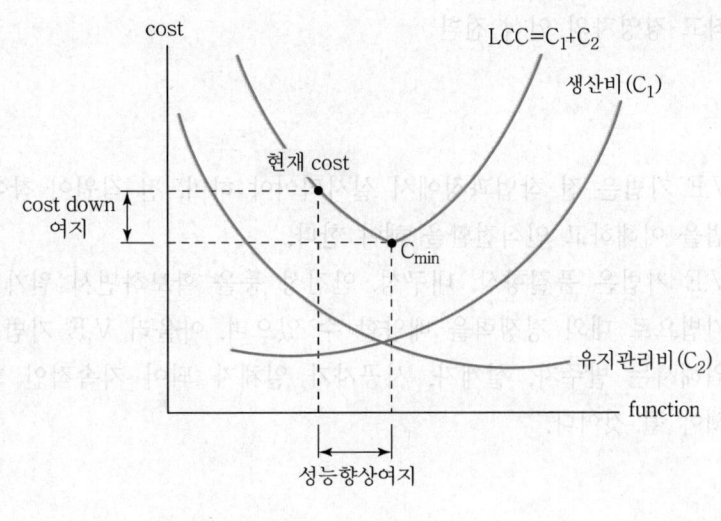

L.C.C 곡선

Ⅷ. 문제점

① V.E에 대한 이해 부족
② 인식 부족
③ 안이한 생각
④ 성급한 기대
⑤ V.E 활동시간 부족

IX. 대 책

① 교육실시
② 활동시간 확보
③ 전 조직의 참여
④ 이익확보 수단으로 이용
⑤ 사업계획 일부로 생각 추진
⑥ 기술개발 보상의 제도화
⑦ 전직원의 원가관리 의식화
⑧ 최고 경영자의 인식 전환

X. 결 론

① V.E 기법은 전 작업과정에서 실시되어야 하며, 전 직원이 참여하여 V.E 기법을 이해하고 인식전환을 해야 한다.
② V.E 기법은 품질향상, 내구성, 안전성 등을 확보하면서 원가절감이 가능한 기법으로 대외 경쟁력을 배양할 수 있으며, 아울러 V.E 기법을 활성화하기 위해서는 발주자, 설계자, 시공자가 일체가 되어 지속적인 협력과 노력을 해야 될 것이다.

문제 16	건축의 life cycle cost(생애주기 비용)

● [93전(30), 94후(25), 95중(10), 99중(30), 01중(10), 02중(25), 09후(25), 10후(25), 15중(25), 16전(25)]

Ⅰ. 개 요

① 건축물의 초기 투자 단계를 거쳐 유지관리, 철거 단계로 이어지는 일련의 과정을 건축물의 life cycle이라 하며, 여기에 필요한 제비용을 합친 것을 L.C.C(life cycle cost)라 한다.

② L.C.C(life cycle cost) 기법이란 종합적인 관리 차원의 제비용의 합으로 경제성을 평가하는 기법을 말한다.

Ⅱ. 목 적(효과)

① 설계의 합리적 선택
② 건축주의 비용 절감
③ 설계자의 노동력 절감
④ 시공자의 시공 편리
⑤ 입주자의 유지관리비 절감
⑥ 건물의 효과적인 운영체계 수립

Ⅲ. L.C.C 구성

기 획	타당성 조사	기본설계	본설계	시 공	유지관리
C_1(생산비)					C_2(유지관리비)
L.C.C(Life Cycle Cost) = 생산비(C_1) + 유지관리비(C_2)					

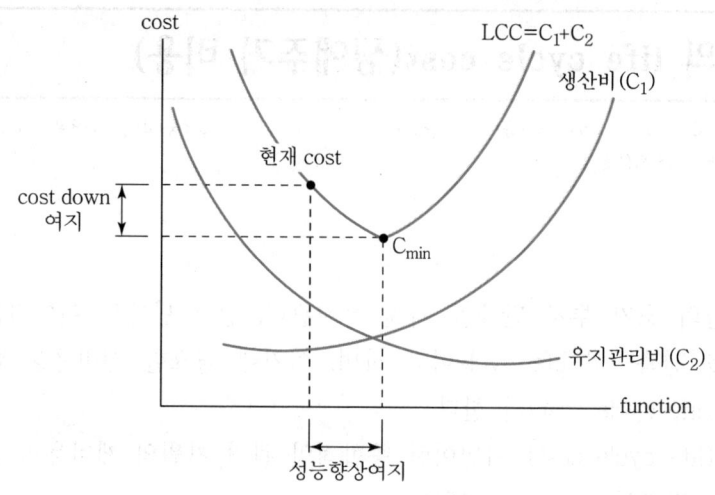

L.C.C 곡선

Ⅳ. L.C.C 기법의 진행절차

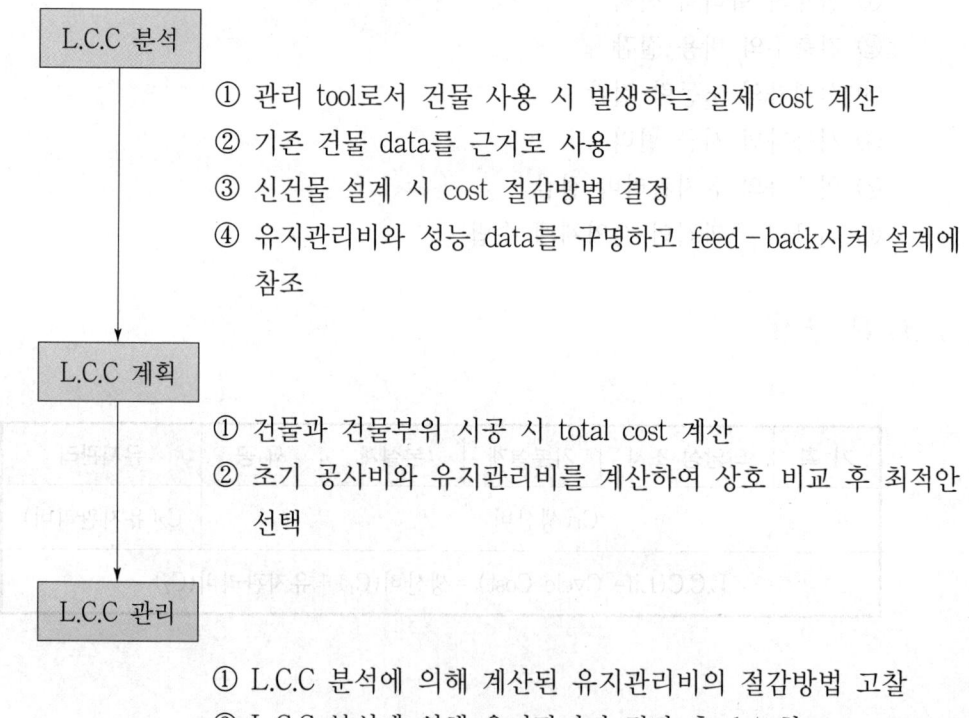

L.C.C 분석

① 관리 tool로서 건물 사용 시 발생하는 실제 cost 계산
② 기존 건물 data를 근거로 사용
③ 신건물 설계 시 cost 절감방법 결정
④ 유지관리비와 성능 data를 규명하고 feed-back시켜 설계에 참조

L.C.C 계획

① 건물과 건물부위 시공 시 total cost 계산
② 초기 공사비와 유지관리비를 계산하여 상호 비교 후 최적안 선택

L.C.C 관리

① L.C.C 분석에 의해 계산된 유지관리비의 절감방법 고찰
② L.C.C 분석에 의해 유지관리비 절감 후 data화
③ 유지관리비 절감 data를 다음 project에 적용

V. L.C.C의 경제 이론

1) 현가 분석법

현재와 미래의 모든 비용을 현재 가치로 환산하는 방법

현재가치   n년 후의 발생비율

$$P = F \cdot \frac{1}{(1+i)^n}$$

P : 현재 가치
F : n년 후의 발생비율
i : 할인율
n : 연수
(1+i) : 현가지수

2) 연가 분석법

화폐의 총현가를 균일연가 비용으로 평균화하는 방법

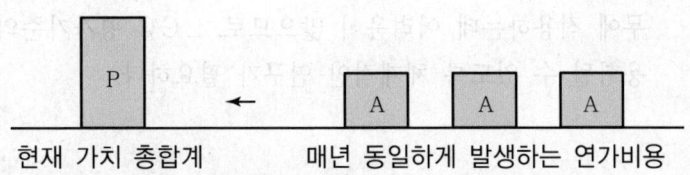

현재 가치 총합계   매년 동일하게 발생하는 연가비용

$$P = A \cdot \frac{(1+i)^n - 1}{i(1+i)^n}$$

P : 현재가치 총합계
A : 매년 동일하게 발생하는 연가비용
$\dfrac{(1+i)^n - 1}{i(1+i)^n}$: 일정한 연가의 현재 가치 계수

Ⅵ. 문제점(개발이 늦어지는 이유)

① 사용자, 설계자, 이용자의 관심 및 이해 부족
② 조직 미비
③ System 미확립
④ 정보수집 부족
⑤ 적용상 예측 곤란
⑥ 대상 부분의 기능 복잡

Ⅶ. 대 책

① 사용자, 설계자, 이용자의 인식전환
② L.C.C 기법을 위한 조직 및 system 정비
③ 정보의 data화
④ L.C.C 평가기준의 개선 및 정립

Ⅷ. 결 론

① L.C.C(Life Cycle Cost) 기법은 기획에서부터 건물의 유지관리에 이르기까지 종합적인 관점에서 비용절감을 기할 수 있는 기법으로 설계자, 건축주, 입주자의 노동력 절감, 비용 절감, 유지관리비 절감의 효과를 기대할 수 있다.
② L.C.C 대상 부분의 기능 복잡, 정보수집 부족, 적용상 예측곤란 등으로 실무에 적용하는데 어려움이 많으므로, L.C.C 평가기준의 개선과 정립으로 실용화될 수 있도록 체계적인 연구가 필요하다.

MBO(Management By Objective) 기법

● [97중전(30), 00전(25), 05전(25), 15후(25)]

Ⅰ. 개 요

① MBO(management by objective) 기법은 직원들이 자기의 목표를 자신이 설정하고 스스로 목표를 달성하기 위해 노력하도록 분위기를 조성하는 기법이다.

② 공사원가 관리에 MBO기법을 도입하여 본사와 현장의 직원들이 스스로 목표를 설정하고 달성하게 함으로써, 실행예산과 공정계획의 작성 시 많은 원가절감 효과를 기대할 수 있다.

Ⅱ. MBO 기법의 필요성

① 경영의 계획성 부여
② 동기부여 및 자기통제 능력 부여
③ 원가 낭비 요소 제거
④ 원가의 효율적 관리
⑤ 상호 협조 분위기 조성

Ⅲ. MBO 기법의 특징

① 달성해야 할 목표를 본인이 스스로 결정한다.
② 목표 달성을 위한 방법을 본인의 재량에 일임한다.
③ 작업의 목표를 잘 이해하고 회사의 목표나 작업 목표에 직접 참여함으로써 책임감을 느끼며 사기가 진작된다.
④ 자기 통제하에 업무가 수행·평가되므로 개인의 능력이 개발된다.
⑤ 직원들의 능력 향상으로 경영 능률이 향상된다.

Ⅳ. MBO 기법

1) 제1단계 : 목표의 발견

① 통계자료, 경기동향, 장단기 계획 등을 조직의 관점에서 점검
② 회사의 활동자원과 업무성과를 타회사와 비교

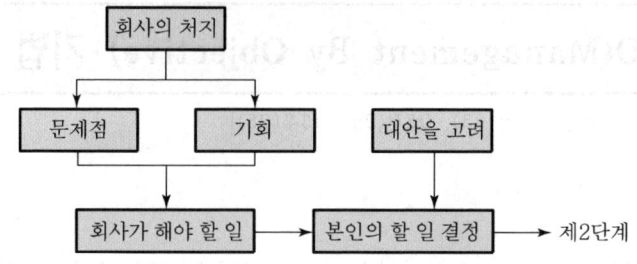

2) 제2단계 : 목표의 설정

  ① 1단계에서 제시된 목표를 근거로 구체적 목표 설정
  ② 직원들의 능력을 활용하기 위하여 목표설정에 참여하여 책임감 고취

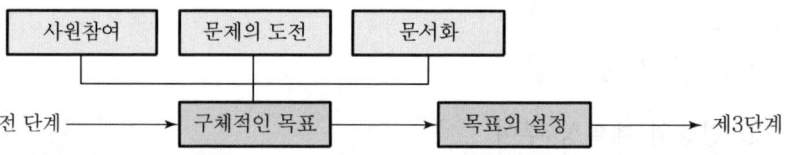

3) 제3단계 : 목표의 내용과 정당화

  ① 위험성, 기본가정, 수정의 필요성 check
  ② 목표달성의 참여를 구체적으로 확정

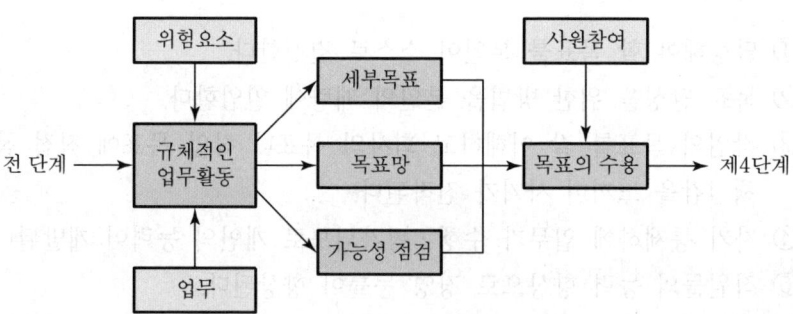

4) 제4단계 : 목표의 실천

  ① 목표달성의 참여에 대하여 동기유발 요소 가미
  ② 직원들의 적극적인 실천을 위한 조치 마련
  ③ 목표달성을 위한 행동과 실천 필요

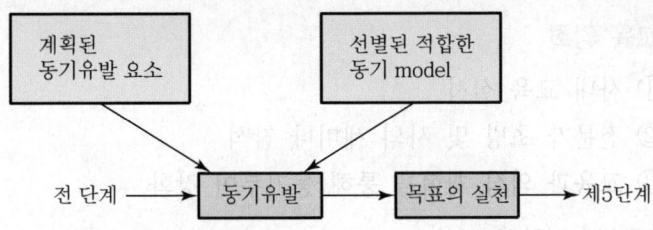

5) 제5단계 : 목표의 통제와 실천상황의 평가

   ① 업무성과는 직원들이 측정하면서 평가

   ② 목표달성에 기여한 정도를 측정하고 보고

   ③ 지난 일의 측정을 통하여 나아갈 방향을 제시

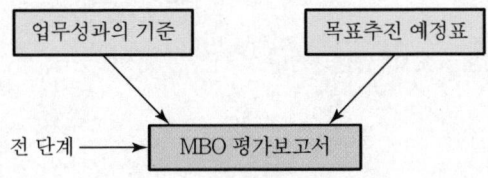

Ⅴ. 적용 시 유의사항

1) 목표의 본질 파악

   ① 모든 목표는 기업의 목표로부터 결정

   ② 목표 성취에 대한 관리자의 공헌이 명확

2) 목표설정 방법과 주체를 설정

   ① 기업의 목표를 이해하고 목표 달성의 책임을 가짐.

   ② 각부서간의 목표 설정으로 기업의 목표 달성

3) 측정을 통한 자기통제

   자기통제를 위한 강한 동기부여 필요

4) 목표의 평가에 따른 조치

   ① 목표와 실제 결과의 차이를 비교 및 분석

   ② 적절한 조치 필요

5) 교육 강화

    ① 사내 교육 실시

    ② 전문가 초빙 및 사외 세미나 참석

    ③ 교육과 의식 개혁을 통해 동기부여 강화

6) 책임과 권한의 부여

Ⅵ. 결 론

MBO 기법이 효과적으로 활용되기 위해 직원들의 책임의식과 동기유발의 요소가 가미되어야 하며, 직원들이 적극적으로 실천하기 위한 사내의 분위기 및 경영주의 협조가 전제되어야 한다.

문제 18	안전관리

● [79(25), 82전(30), 96전(30), 02후(25), 04전(25), 07후(25), 11후(25), 16후(25), 19중(25), 21중(10), 21후(10), 22중(10), 22중(25)]

Ⅰ. 개 요

① 건설공사 현장의 안전사고 발생률은 타산업에 비해 높으며, 또한 대부분의 재해가 중·대형 재해로 연결되기 때문에 인적, 물적으로 많은 손실을 가져다 준다.

② 안전관리란 모든 과정에 내포되어 있는 위험한 요소를 미리 예측하여 재해를 예방하려는 관리활동을 말하며, 건설현장에서의 안전 확보는 공사관리의 중요한 요소가 되고 있다.

Ⅱ. 안전관리 목적

① 근로자의 생명보호
② 기업 재산보호
③ 근로자의 사기향상
④ 기업의 대외 신뢰도 확보

Ⅲ. 재해유형

① 추락　　② 낙하　　③ 붕괴　　④ 충돌
⑤ 감전　　⑥ 화재　　⑦ 협착　　⑧ 전도

Ⅳ. 환산재해율

① 최근 건설현장에서의 재해율은 환산재해율을 사용한다.
② 환산재해율은 상시 근로자수에 대한 환산재해자수의 백분율로 나타낸다.

V. 재해원인

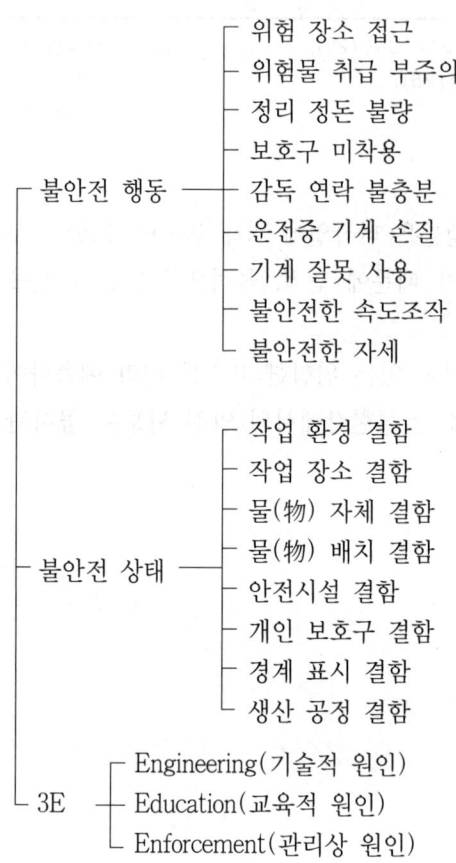

불안전 행동
- 위험 장소 접근
- 위험물 취급 부주의
- 정리 정돈 불량
- 보호구 미착용
- 감독 연락 불충분
- 운전중 기계 손질
- 기계 잘못 사용
- 불안전한 속도조작
- 불안전한 자세

불안전 상태
- 작업 환경 결함
- 작업 장소 결함
- 물(物) 자체 결함
- 물(物) 배치 결함
- 안전시설 결함
- 개인 보호구 결함
- 경계 표시 결함
- 생산 공정 결함

3E
- Engineering(기술적 원인)
- Education(교육적 원인)
- Enforcement(관리상 원인)

VI. 문제점

1) 설계 시

① 설계과정에 안전관리전문가의 참여 미흡

② 설계 시 안전관리비 반영 미흡

2) 공사계약의 편무성

① 무리한 수주로 근로조건 열악

② 무리한 공기로 재해위험 요인 증가

3) 작업환경의 특수성

① 옥외 작업, 지형, 기후 등의 영향으로 사전재해 위험성 예측이 어렵다.

② 공정 진행에 따라 작업환경이 수시로 변동

4) 작업체제의 위험성

① 작업의 복합성으로 인한 재해 위험성이 다양

② 고소작업으로 안전사고

5) 하도급 안전관리 체계 미흡

① 하도급 계약에 따른 안전관리 조직 미약

② 여러 차례의 재하도급에 따른 안전관리 소홀

6) 고용의 불안정과 유동성

① 근로자의 이동이 많고 고용관계가 불분명

② 정기적인 안전교육 실시의 어려움.

7) 근로자 안전의식 미흡

① 공사현장의 위험성에 대한 지식 결여

② 누적된 피로에 따른 안전의식 결여

Ⅶ. 안전대책

1) 설계 시 대책

설계담당자 안전보건교육 및 안전관리비 기준 설정

2) 안전교육

실질적인 안전보건교육 실시 및 안전의식 고취

3) 보호구

안전보호구 착용지도 및 작업장 내에서는 보호구 착용 의무화

4) 현장 정리정돈

현장 내의 자재 및 작업 잔재물 등을 정리 · 정돈하여 깨끗한 작업환경 조성

5) 책임의식

실무 책임자의 책임의식 고취 및 안전관리 책임체제 확립

6) 안전점검

정기적인 안전점검 및 수시점검으로 이상 유무 확인

7) 추락예방

개구부, pit, 승강설비 등에서의 추락 위험이 있는 곳에 안전 net, 안전난간 등을 설치

8) 낙하방지

비계 바깥쪽에 보호망 설치 및 작업원의 안전장구 착용

9) 보고체제 확립

재해 발생 우려시 관계자에게 즉시 보고하고 재해 사전예방 및 즉각 조치체계 확립

10) 상하 동시작업 금지

상하 동시작업을 실시할 때에는 안전조치 후 작업시행

11) 작업내용 파악

작업내용을 정확히 파악하여 여유있는 계획을 수립하여 안전 확보

12) 작업원의 확인 점검

안전모, 안전벨트의 착용상태, 작업복장, 사용기구, 공구의 취급요령 등을 확인 점검

13) 기 타

① 위험공사 시 관계자 입회하여 안전지도
② 작업 지시 단계에서부터 안전사항 철저지시
③ 신규 채용 근로자의 기능 정도와 건강상태 체크

Ⅷ. 결 론

① 건설현장에서의 안전관리란 안전관리기준의 검토와 안전관리기법의 개선 및 현장원 모두의 안전관리에 대한 중요성과 안전에 대한 의식개혁에 있다.
② 계획, 설계, 시공의 전 작업과정에서 위험요소를 정확히 파악하여 재해 예상 부분에 대한 사전예방과 철저한 안전교육 및 점검으로 재해예방에 주력해야 한다.

문제
19
건설공사의 산업안전보건관리비

● [97전(10), 99후(30), 01전(25), 01전(10), 03중(10), 05후(25), 06전(25), 08중(25), 13후(25), 17후(25), 20후(25), 22중(10)]

I. 개 요

① 산업안전보건관리비는 사업주가 일정금액이상을 산업안전보건관리비로 사용해야 하는 의무사항으로 산업재해의 예방 및 사업장의 안전 확보를 위하여 필요한 비용이다.
② 건설업 등의 기타 사업을 타인에게 도급하거나 이를 자체사업으로 할 경우 산업안전보건관리비를 도급금액 또는 사업비에 계상하여야 한다.

II. 건설공사 종류 및 규모별 산업안전보건관리비

공사종류 \ 대상액	5억 원 미만	5억 원 이상 50억 원 미만 비율	5억 원 이상 50억 원 미만 기초액	50억 원 이상	보건관리자 선임대상공사
건축공사	2.93%	1.86%	5,349,000원	1.97%	2.15%
토목공사	3.09%	1.99%	5,499,000원	2.10%	2.29%
중건설공사	3.43%	2.35%	5,400,000원	2.44%	2.66%
특수건설공사	1.85%	1.20%	3,250,000원	1.27%	1.38%

III. 공사진척에 따른 산업안전보건관리비 사용기준

기성공정률	50% 이상 70% 미만	70% 이상 90% 미만	90% 이상
사용기준	50% 이상	70% 이상	90% 이상

IV. 산업안전보건관리비 사용 가능 항목

① 안전관리자 · 보건관리자의 임금
② 안전난간, 추락방호망, 안전대 부착설비, 방호장치 등 안전시설비
③ 안전보호구의 구입 · 수리 · 관리 등에 소요되는 비용
④ 용접 작업 등 화재 위험작업 시 사용하는 소화기의 구입 · 임대 비용

⑤ 작업환경 측정비용, 안전보건 교육비용

⑥ 유해위험방지계획서의 작성비용, 위험성평가 비용

⑦ 스마트 안전장비 구입·임대 비용의 5분의 2에 해당하는 비용

⑧ 중대재해 목격으로 발생한 정신질환을 치료하기 위해 소요되는 비용

⑨ 마스크, 손소독제, 체온계 구입비용

⑩ 근로자 심폐소생을 위해 사용되는 자동심장충격기(AED) 구입에 소요되는
비용

V. 운영상 문제점

1) 공사비에 따른 정률 적용

일괄적인 요율산정으로 불합리하다.

2) 산업안전보건관리비 사용항목

항목의 한계 설정이 애매하다.

3) 사업주의 억제 사용

산업안전보건관리비를 이윤으로 생각하고 최소한으로 억제 사용

4) 하도업체 직접 집행시

산업안전보건관리비 오용 우려

5) 제도상의 미비

산업안전보건관리비 사용 및 집행에 대한 적절한 제도적 장치 부재

VI. 운영상 대책

1) 입찰시 조건명시

입찰시 관계법규 준수 및 안전시설 조건 명시

2) 항목 및 요율산정 차등화

항목설정 명시 및 공사제반 조건에 따라 요율산정 차등 명시

3) 사업주의 인식전환

산업안전보건관리비의 적정 사용으로 기업의 재산보호 및 image 향상

4) 실행예산 반영

실행예산 편성 시 산업안전보건관리비 산정하여 반영

5) 산업안전보건관리비 집행

현장의 안전관리 조직에 의하여 시행

6) 하도업체 집행 확인

산업안전보건관리비 사용계획을 하도업자에게 제시하여 협의 후 결정

7) 제도적 장치

산업안전보건관리비 지출의무화 및 산업안전보건관리비 지출에 따른 제도적 감독 체계 확립

Ⅶ. 결 론

① 건설공사 현장의 안전사고 발생률은 해마다 늘어나고 있는 추세로 노동부에서는 모든 건설공사에 공사원가에 따라 일정비율을 산업안전보건관리비로 책정하도록 의무화했다.

② 산업안전보건관리비에 대한 사업주의 인식전환과 관계자들의 지속적인 교육과 산업안전보건관리비의 적정 사용으로 현장에서 재해예방 및 안전 확보를 할 수 있도록 해야 한다.

문제 20 고층 건물의 시공상 안전시설공법

Ⅰ. 개 요

① 건축물이 고층화, 대형화되어 감에 따라 재해 발생 시 중·대형 재해로 연결되므로 공사의 성격에 따른 계획수립과 안전에 대한 검토가 사전에 이루어져야 한다.

② 안전시설공법의 종류에는 낙하물방지선반, 보도방호구대, 낙하물방지망, 안전 net, 방호 sheet, 안전난간, 안전선반 등이 있다.

Ⅱ. 재해원인

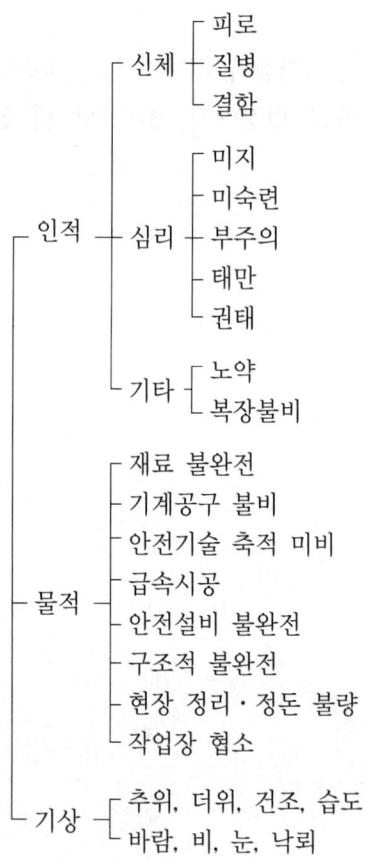

Ⅲ. 안전시설공법의 종류 및 특성

1. 추락 방지망(안전 net)

1) 설치 목적

① 고소 작업 시 작업원의 추락방지를 위해 추락 방지용(안전 net)으로 사용되는 방망
② 작업원의 추락 방지를 위한 목적으로 사용

2) 유의 사항

① 작업장소의 3~4.5m 아래에 설치
② 인장강도는 안전기준에 적합한 것을 사용
③ 철골 작업 시 내부에 높이 10m 이내마다 수평으로 설치
④ 용접 등으로 파손된 망은 즉시 교체
⑤ 설치후 10m 높이에서 80kg의 무게로 낙하시험 실시

2. 안전난간

1) 설치 목적

개구부, 작업발판, 가설계단의 통로 등에서 작업원의 추락사고를 방지하기 위해 사용

2) 설치 기준

① 난간의 높이는 0.9m 이상
② 난간 중간대의 높이는 0.45m 이상
③ 사람이나 물체를 기대어도 도괴되지 않고 견딜 수 있을 것

3) 유의 사항

① 안전난간을 작업을 위해서 함부로 제거하지 말 것
② 안전난간에 재료를 기대어 두지 말 것
③ 안전난간에 rope, 비계판 등을 설치하지 말 것

3. 낙하물 방지망

1) 설치 목적

고소작업 시 재료나 공구 등의 낙하로 인한 피해를 방지하기 위한 망

2) 설치 방법

① 높이가 20m 이하일 때는 1단 이상, 20m 이상일 때는 2단 이상 설치

② 첫단 망의 설치높이는 지상에서 8m 이내 설치

③ 설치 간격은 10m를 기준

④ 내민 길이는 비계 외측으로부터 2m 이상

⑤ 설치 각도는 20~30° 유지

⑥ 망의 겹침 폭은 150mm 이상

4. 낙하물 방지선반(낙하물 방호선반)

1) 설치 목적

고소작업 시 재료나 공구 등의 낙하로 인한 피해를 방지하기 위한 합판 또는 철판

2) 유의 사항

① 풍압, 진동, 충격 등에 의해 탈락하지 않도록 견고하게 설치

② 방호선반의 깔판은 틈새가 없도록 설치

③ 내민 길이는 구조체의 외측으로부터 2m 이상

④ 설치 높이는 지상으로부터 8m 이내

⑤ 철판 설치시에는 두께 1.2mm 이상

5. 보도방호구대

1) 설치 목적

① 보도상의 통행인을 위험에서 방호할 목적으로 설치

② 반드시 보도가 아니라도 통행인의 보호가 필요한 곳에 설치

2) 유의 사항

① 통행인의 보호구조틀은 철골조 또는 경량 철골조로 만들어 그 위에 발패널을 깔고 지붕 설치

② 지붕의 주위에는 낙하물이 밖으로 튀어나가지 않도록 0.6~1.0m 정도 높이의 징두리벽 설치

③ 지붕은 물매를 주어 물이 고이지 않게 함.

④ 천장은 없어도 되나 미관상 이중천장으로 많이 설치하고, 천장높이는 3m 이상으로 하며 천장에 조명시설 설치

6. 방호 sheet(수직 보호망)

1) 설치 목적

외부 발판에 설치하여 내부의 먼지, 쓰레기 또는 콘크리트 분말 등이 외부로 비산되지 않도록 방지

2) 유의 사항

① 화재 위험이 있는 작업 시에는 난연 처리된 보호망 설치
② 망을 붙여서 설치할 때 틈이 생기지 않도록 유의
③ 망연결에 사용되는 긴결재는 인장강도 100kg 이상의 것을 사용
④ 용접작업 등에 의해 파손시 즉시 교체

7. 안전선반

① 추락의 위험이 있는 개구부 주위 등에 잠정적으로 사용
② 고정식이 아니므로 해체 및 반복이 용이하나 안전난간의 대용이 될 수는 없다.
③ 설치할 경우 위험장소에서 조금 떨어지게 하여 설치

8. 환기설비

① 건축공사에서 지하실, pit 등 밀폐된 공간의 환기가 나쁜 장소나 산소 결핍의 염려가 있는 장소에 강제환기의 목적으로 사용
② 환기장치로는 블로어 모터가 내장되어 있는 저압의 블로어를 많이 사용

9. Gas 탐지기

① 산소 결핍의 우려가 있는 장소나 유독 gas가 발생할 염려가 있는 장소에서 작업 시 gas 탐지기를 사용하여 기체의 검측과 농도측정
② 산소 결핍은 노동안전위생규칙에 의한 규제가 있고 공기 속의 산소농도를 최저 18%로 규정

10. 기 타

위험표시 테이프, 안전표시, 낙하물표시, 추락방지표시 등의 표시물 부착

Ⅳ. 결 론

① 안전시설은 소홀히 취급할 때 재해와 바로 직결되므로 작업내용을 정확히 파악하여 안전시설에 대한 계획을 세워야 하며, 안전성 확보에 유의해야 한다.

② 공사관리자는 안전관리의 중요성을 인식하여 안전에 대한 사전검토와 위험요소를 정확히 파악하여 안전시설을 미리 설치하여 안전사고 예방에 만전을 기해야 한다.

문제 21	시공도면(shop drawing)

● [78전(25), 78후(5), 95전(30), 99전(20)]

Ⅰ. 개 요

① 기본 설계도면이 공사발주, 계약 및 허가를 위한 도면인 반면 시공도면은 현장에서 기본 설계도면의 미비된 detail을 상세히 도면화하여 시공이 가능한 도면이다.

② 정밀시공과 설계자 및 시공자간의 정확한 의사전달을 위해 필요하다.

Ⅱ. 역 할

1) 정밀시공 확보

① 작업자에게 정확하게 지시하여 누락방지

② 시공관리체계의 확보 및 개선

2) 정확한 communication 수단

① 설계자의 의도 정확히 전달

② 재시공을 최대한 억제

3) 부실시공 방지

① 정밀시공 확보

② 안정된 공사 수행

4) 해외공사 경험의 활용

① 해외에서 습득한 기술의 사장방지

② 해외공사 know-how로 기술능력 향상

5) 건설 환경변화에 대응

① 정확한 shop drawing 작성

② 시공관리 체제 개선으로 시공의 정밀도 확보

Ⅲ. 활용상 문제점

1) 수(手)작업

　도면작성의 수작업으로 인한 능률 저하

2) 이해도 부족

　효용성에 대한 이해 부족

3) 인식부족

　간접비의 상승요인으로 인식

4) 도면작성 능력 부족

　시공자의 설계도면 작성 능력 부족

5) 표준화 미정착

　표준설계도서의 확보 부족

Ⅳ. 대　책

1) CAD화

　Computer에 의한 정밀설계

2) 기술자 인식전환

　정밀시공의 확보가 원가절감이라는 인식전환

3) 전문인력 육성

　설계교육 실시로 전문인력 육성

4) 표준화 작업

　적합한 설계기준 확립하여 표준화 및 단순화

5) 조직력 증대

　설계 · 시공의 조직력 강화

6) E.C화

　Soft 기술강화로 설계 · 시공의 종합화

7) Data base화

　체계적인 자료의 축적으로 기술력 확보

8) ISO 9000

ISO 9000에 의한 설계로 세계 공통 표기법 준수 및 단순화

9) 기 타

① 시공자의 직접설계 실시
② System화 도면체계 확립

Ⅴ. 결 론

① Shop drawing은 현장에서 직접 시공되는 도면으로 시공의 질적 향상을 위해 정밀도가 확보된 도면이어야 한다.
② 적합한 설계기준의 확립으로 표준화된 설계도서의 보급과 기술자의 인식전환으로 기술력에 의한 정밀시공을 확보하여야 하며, 체계적인 교육실시로 전문인력 육성이 필요하다.

문제 22 시방서(specification)

● [79(25), 96전(30), 96중(10), 96후(40), 00전(25), 06중(10), 11전(10), 22중(25)]

I. 개 요

① 공사 발주 시 계약서나 설계도면만으로는 표기나 표현할 수 없는 사항을 문장 또는 수치로 표현하는 것을 시방서라 한다.

② 시방서는 공사 전반에 대한 지침을 주고 각 공사의 부분이 설계 의도대로 표현되어야 한다.

II. 시방서의 종류 및 특징

1. 표준시방서(공통시방서)

1) 정 의

건축공사를 구성하는 모든 재료, 시공법, 부위 등을 집대성, 평균하여 모든 경우에 공통된 표준적인 것을 정리한 것

2) 특 징

① 표준시방서는 아주 특수한 것을 제외한 통상의 건축공사에 대한 지도서로서 시공에 있어서 예상되는 모든 항목에 대하여 빠짐없이 기재

② 표준시방서의 사용을 통하여 설계자는 공사 시마다 재료나 공법의 기본적인 조사 연구를 포함하여 모든 것을 지시하는 노력의 반복을 절약

3) 추진방향

① 시방서는 합리적이고 경제성을 추구해야 한다.

② 새로운 기술을 도입하여 보완·개정해 나가야 한다.

2. 특기시방서

1) 정 의

① 특정한 건축공사에만 적용되는 지시사항을 지시한 것으로 표준시방서에 기재하지 않은 특별한 시방을 기재

② 그 공사에 한하여 적용하는 재료, 시공법, 부위 등의 각종 지정 및 특수 재료의 생산자, 특수 공법의 전문업자의 지정 등을 기재

2) 특 징

① 반드시 각 건축공사마다 작성

② 다른 공사에 유용할 수 있도록 해서는 안 됨.

③ 통상 표준시방서 중에서 공사마다 특기해야 할 사항이 규정되어 있음.

3) 특기시방서 보충

다음과 같은 것을 견적, 공사시공 또는 기타 이유에 의해 필요한 것으로 특기시방서 보충으로 정리하여 제본한 후 이것을 특기시방서로서 사용

① 개요서

공사 목적물의 규모, 구조 등을 알 수 있는 자료로 개요서를 작성하여 도면의 설명으로 첨부하여 놓으면 당사자, 관계자 등이 설계의도의 요지를 이해할 수 있어서 실무상 편리

② 질의응답서

설계도서에 대하여 견적자 또는 시공자로부터의 질의에 대한 설계자의 회답은 반드시 문서화하여 기록을 작성하여 이것을 시방서의 보충으로 사용

③ 설계변경 지시서

설계도서를 견적자 또는 시공자에 인도한 후 현장설명, 질의 응답에 기초를 두거나 견적 제출 후의 협의 결과 및 기타의 이유에 의해 설계변경이 필요 시 설계도서의 내용을 변경하는 요지의 지시서를 작성하여 시방서의 보충으로 사용

3. 성능시방서

1) 정 의

공사 목적물의 전체 또는 구성하는 각각의 부위에 관하여 필요한 구조내력이나 성능을 명시하여 놓은 것

2) 특 징

① 도면에서 표시할 수 없었던 설계의도를 기술

② 주문자는 시공자의 기술을 신뢰한다는 전제하에 이루어짐.

③ 완성 후의 각 부위 또는 전체에 관해서만 처음 지시한 대로의 형태, 구조, 마감, 성능, 품질로 되어 있는지의 여부를 검사한 후 인도받음.

④ Turn-key base에서 활용될 수 있음.

3) 성능시방이 곤란한 요소

① Con'c 강도

완성 후의 검사에서 부적합부가 판명되어도 수정하거나 대체가 불가능하다.

② 지정공사

장기간의 지내력을 기대하는 것으로 성능 판정을 단기적으로 할 수 없다.

③ 방수공법

과정을 미리 결정해 두지 않으면 소정의 성능을 실현시킬 수 없다.

④ 벽면마감

의장적 요소의 성능 판정이 다각적 요소가 많다.

4. 공법시방서

1) 정 의

설계의도를 명확히 실현시켜 공사 목적물을 완성시키기 위한 지시로서 결과의 성능을 명시하는 것은 물론이고, 어떠한 방법으로 하면 될 수 있는가의 수단을 제시하여 의도하고 있는 성능이 얻어질 수 있다고 설명한 것

2) 문제점

① 시공자의 기술진보, 신재료개발, 부품공장생산 등의 경향으로 실정에 맞지 않다.

② 단순히 완성 결과를 지시하는 것만으로는 설계의도대로 정확한 실현을 기대하기 어렵다.

5. 공사별 시방서

1) 정 의

도면에 제시된 공사 목적물 각 부위에 관해 그 성능을 지시하거나 또는 그 공법을 지정하는 것

2) 현행 건축공사 시방서는 대부분이 공사별 시방형태를 취하고 있다.

6. 부위별 시방서

각 부위에 관해 그 성능을 지시하거나 또는 그 공법을 지정하는 것

Ⅲ. 시방서의 기재사항

시방서의 기재사항은 각 공종별로 재료·구성법·공법 등을 상세하게 기재하고, 필요에 따라 견본품·모형물제작·검사시험방법·기타 주의사항·금기사항들을 기술해야 한다. 그 주요한 사항들을 요약하면 다음과 같다.

① 시방서의 적용범위·사전준비사항(제반수속·측량·원척도 작성)
② 사용재료(종별·품질·규격품의 사용·시험검사방법·견본품의 제출)
③ 시공방법(사용기계공구·공사정밀도·공정·공법·보양책·시공입회·시공검사)
④ 관련사항(후속 공사와의 처리·안전관리·특기사항·별도공사)

Ⅳ. 시방서 기재시 주의사항

① 공사 전반에 걸쳐 세밀하게 기재
② 간단 명료하게 작성
③ 재료의 품종을 명확하게 규정
④ 공법의 정도 및 마무리 정도 규정
⑤ 도면의 표시가 불충분한 부분은 충분히 보충설명
⑥ 오자, 오기가 없을 것

Ⅴ. 국내 시방서와 미국 시방서의 비교

1. 계약관련부분 포함 여부

1) 국 내

'계약조건', '입찰유의서' 등의 비기술사항이 '예산회계법' 및 관계규정으로 정해져 있어 이를 시방서와 별도로 취급하고 있다.

2) 미 국

시방서에 비기술적 공사 전반에 관계되는 입찰, 계약서식, 조건 등이 포함되어 있어 사업주와 도급자간 계약체결시 활용할 수 있게 하고 있다.

2. 내용 분류

1) 국내 시방서

① 건설부 제정 표준시방서는 미주지역, 일본과 유사하게 공정별로 분류 구성
② 각 절별로 일반사항, 재료조건, 공사방법, 특기시방 작성양식 등으로 되어 있다.

③ 총칙에서는 공사 전반에 걸친 일반사항으로서 공사담당자 자격, 제출용 공작 도면, 제출방법, 자재관련 일반사항, 견본품, 검사 및 시험, 공사관리사항 등으로 구성

2) 미국 시방서

① 대개 3개부문 구성

입찰요구조건, 계약조건, 기술시방서

② 입찰요구조건

계약증명, 입찰초청서, 입찰지시서, 입찰서식 및 추가보강, 입찰보증서식, 계약서식, 이행보증서식, 입찰도서목록 등으로 분류

③ 계약조건

일반계약조건, 특수계약조건

④ 기술시방서

입찰과 하도급을 유연하게 조정할 수 있도록 되어 있고 수정, 변경, 삭제 등이 용이하게 되어 있다.

Ⅵ. 문제점

① 기준의 미정립
② 시방서 비현실화
③ 현장의 실정 반영 미흡
④ 신기술 · 신자재 적용 미흡

Ⅶ. 개선방안

1) 시방서 정착

정부 시방서 적용 활성화 및 신기술 적용을 통한 시방서 정착

2) 현장감 도입

현장에서의 문제점 시방서에 반영 및 신공법 적용

3) 표준화 작업

정부 시방서 표준화 및 공법별 · 자재별 표현방법의 표준화

4) 설계도면과 일치

설계도면에 적합한 시방서 및 공사항목에 적합한 내용 기재

5) 지역성 고려

지역의 특성을 고려 지역별 조사기구 설치 및 지역별 시방서 작성

6) 인식의 전환

건설기술자 및 관계자의 정부 시방서에 대한 인식 전환

7) 내용의 정확성

시방서 설명 간결화 및 일괄된 내용 표현

8) 자료의 전산화 및 정보화 도입

정보 수집 및 시방서 배포시 전산망을 이용

9) 작성요원 양성

시방서 작성 전문인력 및 연구기관 설립

10) 신공법 시방서

신공법 개발시 시방서 선 작성

11) 국제화

시장개방에 따른 국내업체의 국제화 촉진

12) 입찰내용 포함

입찰·계약서식·조건 등 비기술적인 공사 전반에 대한 내용 포함

13) 자료의 공유 및 정부 발행책자

각 연구기관의 연구자료 공유 및 업계에 시방서 비매품 보급

14) 개정주기 단축

시방서 개정주기 단축 및 신속한 배포 노력

Ⅷ. 결 론

① 시방서는 공사 전반에 걸쳐 하나도 빠짐없이 기록해야 하고, 도면과 상이하지 않게 작성해야 하며, 재료의 품질을 명확하게 규정해야 한다.

② Computer를 활용하여 기업간에 통일된 시방서 작성이 필요하며, 국제간의 계약과 수주 등에 신속 대응할 수 있는 시방서의 국제화가 필요하다.

문제 23 건설사업의 위험도 관리(risk management)

● [01후(25), 02중(25), 03후(25), 06전(25), 09전(25), 09전(10), 12전(25), 13후(25), 17후(10), 18후(25), 19중(25)]

I. 개 요

① 건설 project 시공 시 발생하는 불확실성을 체계적으로 규명하고 분석하는 일련의 과정을 건설 project risk 관리라고 한다.

② 건설공사 project는 항상 위험도 또는 불확실성을 내재하고 있으며, project의 목적을 성공적으로 달성하기 위해서는 위험도에 대한 관리가 필요하다.

II. 위험도 변화

건설사업의 위험도는 뒷단계로 갈수록 위험도 발생으로 인한 손실은 크게 나타난다.

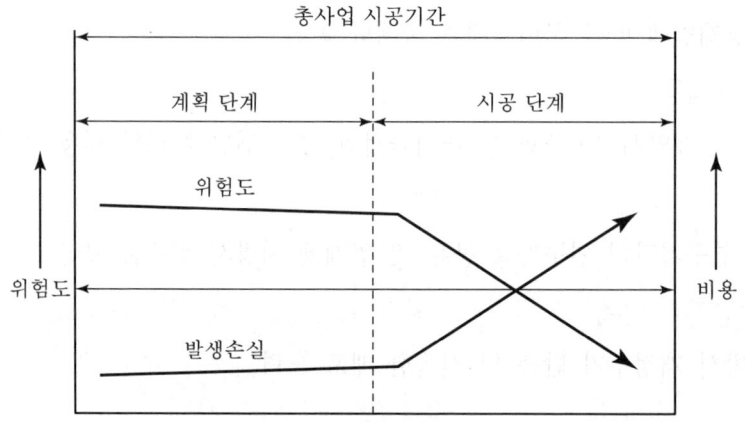

III. 단계별 위험도 인자 및 대응방안

1. 기획 및 타당성 분석단계

1) Risk 인자

① 타당성 분석 결함

② 자금조달 능력 부족

③ 지가 상승, 금리 인상

④ 기대수익 예측 오류

2) 대응방안

① 치밀한 사업성 검토
② 적정규모 사업진행
③ 부동산 시장의 흐름 파악
④ 다양한 예측기법 적용

2. 계획 및 설계단계

1) Risk 인자

① 설계누락 및 하자
② 설계기간 부족
③ 공사비 예측 오류
④ 설계범위 미확정

2) 대응방안

① 시공성 검토
② Fast track method 적용
③ 적산 및 견적 검토
④ 분명한 업무영역 합의

3. 계약 및 시공단계

1) Risk 인자

① 부적합한 설계도서
② 낙찰률 저조
③ 공사비 또는 공기 부족
④ 설계변경 또는 안전사고

2) 대응방안

① 공사전 도면검토 철저
② 적정 공사비 계약
③ EVMS 기법 도입
④ 파트너링 및 안전경영 도입

4. 사용 및 유지관리 단계

  1) Risk 인자

     ① 부적절한 관리방식

     ② 에너지비용 상승

     ③ 각종 하자발생

     ④ 용도 변경

  2) 대응방안

     ① 합리적인 관리조직 운영

     ② LCC 관점에서 대안 선택

     ③ 하자발생 최대한 억제

     ④ 분야별 전문가 의견 청취

Ⅳ. 위험도 식별

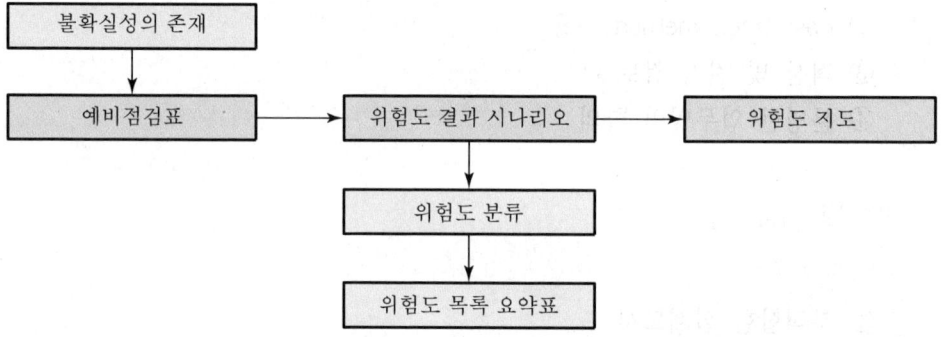

  1) 예비 점검표

  점검표에는 생산성, 진행과정, 품질 등 건설경제에 영향을 주는 모든 위험도를 포함한다.

  2) 위험도 결과 시나리오

  예비 점검표에서의 위험도가 실제 일어날 경우를 가상하여 가장 합리적인 가능성을 나타낸 것이다.

  3) 위험도 지도

  위험도 지도는 2차원 그래프로서 프로젝트 관리자가 초기 단계에서 위험도의 상대적 중요도를 평가하는 데 도움을 주는 것이다.

4) 위험도 분류

위험도 분류는 관련된 위험도에 대한 인식을 확장시키고, 위험도를 완화하기 위한 대응 전략을 세우기 위해 실시한다.

5) 위험도 목록 요약표

위험도의 중요성을 판단하기 위하여 여러 사람이 정보를 교환하고 토의하여 요약표를 작성한다.

위험도 목록 요약표

위험사고의 유형	전형적인 사례
천재지변	홍수, 지진, 산사태, 화재, 바람, 번개
물리적인 사고	구조물의 파손, 장비파손, 산업재해, 자재 및 장비의 소실·도난
재정적·경제적 사고	물가상승, 발주자의 재정변동, 환율 폭락, 하도급자의 재정부실, 재화의 환금성 결여
정치적·환경적 사고	법과 규정의 변화, 전쟁과 시정불안, 허가 및 승인 요구, 공해 및 안전규정, 징발, 억류
설계상의 사고	부정확한 설계계획, 설계결손, 착오 및 누락, 불충분한 시방서, 상이한 현장조건
건설 관련 사고	날씨로 인한 지연, 노동분규 및 파업, 노동생산성, 상이한 현장조건, 부실한 작업, 설계변경, 장비파손

V. 위험도 관리 절차

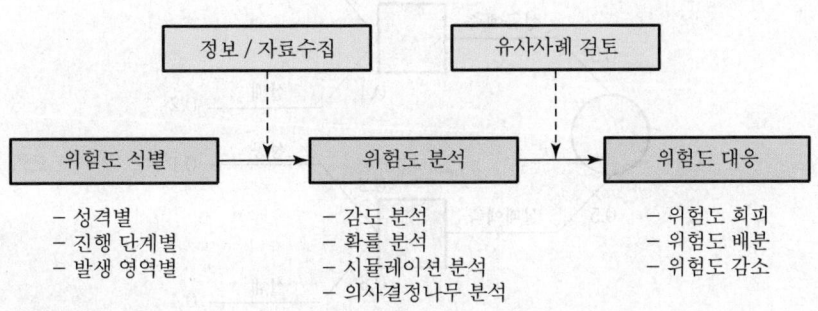

Ⅵ. 위험도 분석

1) 감도분석(Sensitivity Analysis)

감도분석은 특정 위험도 인자가 위험도 발생결과에 미치는 영향도를 파악하는 것으로 사용이 간편하다.

2) 확률분석(Probability Analysis)

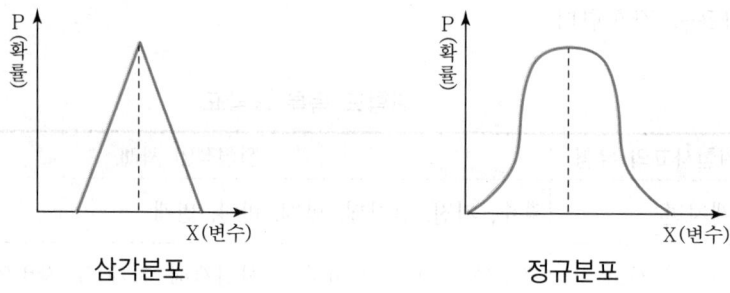

삼각분포   정규분포

확률분석은 위험도에 영향을 주는 모든 변수의 변화를 다양한 확률분포로 표현할 수 있다.

3) 시뮬레이션분석(Simulation Analysis)

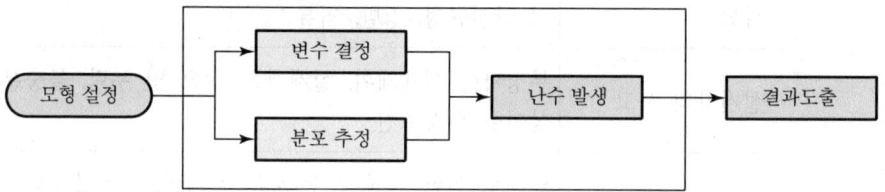

시뮬레이션은 각 위험도 변수에 대한 무작위 값을 취하여 수많은 횟수의 반복적 분석을 실시하는 방법이다.

4) 의사결정나무 분석(Decision Tree Analysis)

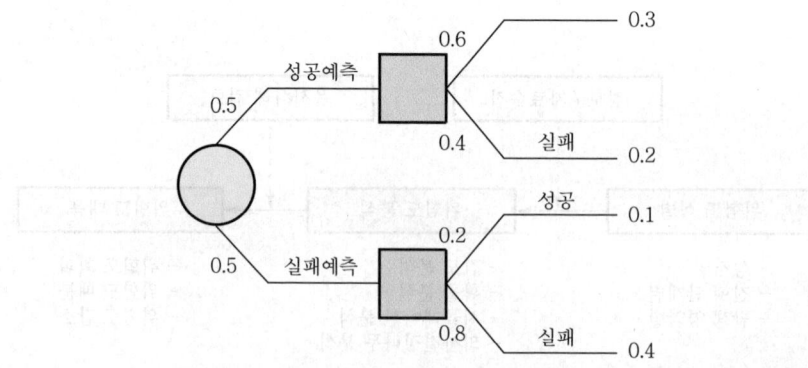

의사결정나무 분석은 예측과 분류를 위해 나무구조로 규칙을 표현하는 방법이다.

Ⅶ. 위험도 대응

1) 위험도 회피

Project 자체를 포기함으로써 위험도를 피하는 것

2) 위험도 배분

① 위험도를 발주자, 설계자, 시공자에게 할당하거나 분담한다.

② 배분시 국제표준 약관 및 보험 등을 고려하여 공평한 규율을 구한다.

③ 시공자에게 위험도를 부담시키면 견적에 임시비로 추가하거나, 경우에 따라서는 그 위험에 의해 도산되거나 공사 중단의 가능성이 있다.

3) 위험도 감소

① 보증

㉮ 프로젝트가 완성되기 전 시공자의 도산이나 계약상 의무 위반 등으로 발주자의 손해를 막기 위해 필요하다.

㉯ 보증의 종류 : 입찰보증, 계약 이행보증, 하자보증, 보증보험 증권 등

② 보험

위험도를 관리하기 위해 가장 많이 사용되는 중대한 대응전략이다.

Ⅷ. 결 론

① 아직 국내에서는 위험도에 대한 방안으로 보험에 의존하고 있는 실정인데, 국제화된 건설시장에서 경쟁력을 확보하기 위해서는 체계적인 관리가 필요하다.

② 위험도에 대응하기 위한 관리방안과 위험도 대처방안이 체계화될 경우, 건설사업에서의 원가절감이 더욱 용이해질 수 있다.

건설 클레임(construction claim)

● [98후(30), 01전(25), 01중(25), 04전(25), 05후(25), 06전(25), 06후(25), 09중(25), 12중(25), 17후(25), 19전(25), 19중(25), 21전(25), 21중(25), 22전(10)]

Ⅰ. 개 요

① 클레임이란 시공자나 발주자가 자기의 권리를 주장하거나, 손해배상, 추가 공사비 등을 청구하는 것으로서, 계약하의 양 당사자 중 어느 일방이 일종의 법률상의 권리로서 계약과 관련하여 발생하는 제반 분쟁에 대한 구체적인 조치를 요구하는 서면 청구 또는 주장을 말한다.

② 건설 클레임 대상으로는 불완전한 계약서, 공기지연, 손해배상, 추가공사비 등의 시공 중 의견이 일치하지 못한 사항을 말하는 것으로 여의치 않을 경우 중재 또는 소송으로 해결해야 한다.

Ⅱ. 클레임의 발생 원인

1) 계약서

① 계약에 대한 변경을 요구할 때
② 현장조건이 상이할 때
③ 계약에 사용된 언어가 모호할 때

2) 계약에 의한 당사자의 행위

① 도면에 미완성 정보나 설계상의 오류
② 부적절한 작업수행에 의한 비용 추가
③ 부실한 공사 품질

3) 불가항력적인 사항

① 혹독한 기상, 홍수, 화재
② 지진 등 천재지변

4) Project의 특성

① 복합적, 대규모, 오지지역, 밀집지역 등
② 특수한 기술을 요구하는 공사

Ⅲ. 클레임 유형

1) 공사지연 클레임
   ① 계획한 시간 내에 작업을 완료할 수 없을 경우
   ② 전체 클레임의 60% 정도를 차지한다.

2) 공사범위 클레임
   ① 발주자, 시공자간의 이견으로 기술적, 기능적 전문지식이 필요하다.
   ② Project 전반에 관계된다.

3) 공기 촉진 클레임
   ① 공기지연, 공사범위 클레임 결과로 발생한다.
   ② 생산성 클레임이라고도 한다.
   ③ 계획공기보다 단축할 것을 요구하거나, 생산체계를 촉진하기 위해 추가 혹은 다른 자원의 사용을 요구할 때 발생한다.

4) 현장 상이조건 클레임
   ① 공사범위 클레임과 유사하다.
   ② 주로 견적시와 다른 굴토조건에 의해 발생한다.

Ⅳ. 클레임 추진 절차

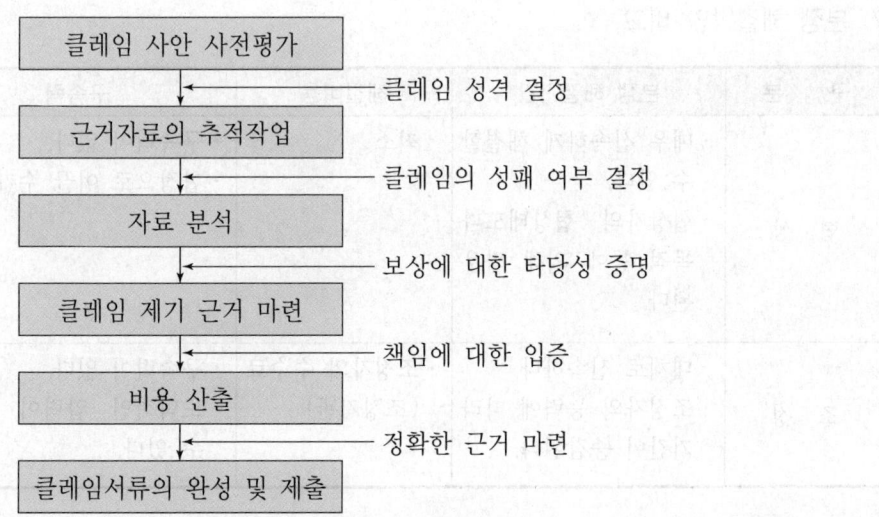

Ⅴ. 분쟁 해결방안

1) 협상(negotiation)

　① 신속하고 가장 순조롭게 해결하는 방법이다.

　② 시간과 경제적인 투자가 최소가 된다.

2) 조정(mediation)

　① 독립적이고 중립적인 조정자를 임명한다.

　② 대체로 신속하게 분쟁이 해결된다.

3) 조정 – 중재

　활용절차에 따라 분쟁 해결 속도가 결정된다.

4) 중재(arbitration)

　① 중립적 제3자에게 의견서를 제출한다.

　② 법적 구속력에 해당하며 시간과 비용의 투자가 많아진다.

5) 소송(litigation)

　① 전문적인 consultants의 노력으로도 해결되지 않을 경우

　② 시간과 비용의 손실이 막대하다.

6) 클레임 철회

　클레임 자체가 사라짐으로써 분쟁의 여지도 함께 없어진다.

7) 분쟁 해결방안 비교

구　분	분쟁 해결기간	해결비용	구속력
협　상	· 매우 신속하게 해결할 수 있다. · 협상자의 협상태도나 목적 등에 의해 좌우된다.	· 최소	· 구속력이 없다. · 협정으로 이끌 수가 있다.
조　정	· 대체로 신속하다. · 조정자의 능력에 따라 기간이 증감된다.	· 조정자의 수수료 (조정기관)	· 구속력이 없다. · 도덕적인 압력이 발생될 수 있다.

구 분	분쟁 해결기간	해결비용	구속력
조정-중재	·형식이 제거되면 빠른 결과가 가능하다. ·활용절차에 따라 좌우된다.	·조정자(조정기관)의 수수료	·미국의 경우 사전에 대부분 주(州)에서 협정될 수 있고 상대방은 그 결정에 따른다.
중 재	·규칙들이 제한을 가한다. ·소송보다는 빠르다. ·중재인의 능력과 가용성에 따라 좌우된다.	·중재인의 급료 ·서류 정리에 드는 비용 ·대리인 사용 시 대리인의 급료	·계약에 따라 구속될 수 있다.
소 송	·준비시간이 많이 소요된다. ·5년 이상 소요될 수도 있다.	·시간비용과 대리인 급료 등 많은 비용이 소요된다.	·구속력이 있다.
클레임철회	·없다.	·철회사정에 따라 다르다.	·계약적 합의

Ⅵ. 예방대책

1) 표준공기 확보

① 발주자측에서 설계 및 시공에 필요한 공사기간을 표준화
② 일반건축＝165＋(층수×15일)
③ 부실시공·품질저하를 사전에 예방

2) 적정이윤 공사비 산정

① 시공자의 적정이윤이 보장된 공사비 산정
② 정밀 시공 유도

3) 준비 단계 철저

① 기획·조사·설계·공사 등 준비 철저
② 부실시공 사전예방

4) 설계자 책임체제 도입

① 설계 시부터 납품 이후 준공에 이르기까지 철저한 책임체제 도입
② 설계의 data base화시킬 것

5) 자재 질적 향상

① 국산 자재 질적 향상

② 합리적인 자재 사용

6) 자질 향상

① 기능인력의 자질 향상

② 숙련공 양성을 위해 교육실시

③ 품질관리에 대한 의식개혁

7) 책임한계

① 업무분담을 확실히 할 것

② 발주자, 설계자, 시공자의 책임한계 구분

8) 연말회계연도에 따른 제도적 문제 보완

9) 책임소재를 가릴 클레임 제도 정착 필요

Ⅶ. 문제점 및 개선방향

1) 문제점

① 공사 관련 계약서류의 미정형화 및 국제화 미비

② 분쟁해결기구의 부적정

③ 불평등 계약

④ 설계와 엔지니어링의 기술능력 부족

⑤ 건설 분쟁 해결의 전문가 부족

⑥ 분쟁 해결방법의 융통성 결여

2) 개선방향

① 공사 관련 계약서류의 국제화 및 정형화

② 분쟁해결기구의 전문화

③ 평등계약 풍토 조성

④ 설계 및 엔지니어링 분야의 기술 확보

⑤ 장기적 마스터플랜에 의한 체계적 사업추진

⑥ 분쟁해결 활성화 유도

⑦ 분쟁조정위원회의 역할 증대

⑧ 연구기관 및 관련기관의 분쟁 관련 연구 활성화

Ⅷ. 결 론

① 우리나라 건설산업 환경의 관행상 클레임 및 분쟁에 대하여 심각한 문제로 인식하지 못하였으나, 건설시장 개방과 국제화시대를 맞아 건설산업에 큰 영향을 미칠 것으로 예상된다.

② 따라서 건설분쟁을 예방하고 대처하기 위해서는 공사 관련 계약서류의 국제화 및 정형화, 분쟁해결기구의 전문화 설계 및 엔지니어링 기술확보, 감리자 책임과 권한 부여 등의 분쟁 및 방지대책에 대한 연구가 선행되어야 할 것이다.

| 문제 |
| 25 |

시설물을 발주자에게 인도 시 유의사항

● [97전(30), 03전(25)]

Ⅰ. 개 요

① 시공자는 공사 완료 후 시설물을 인도할 때 책임한계를 명확히 할 수 있는 서류 및 물품을 인계하여야 한다.

② 시설물의 인도하는 마지막 단계로서 추후 건축주가 시설물을 유지관리함에 있어 제반의 서류관계, 시설관계 등에 대해 명확하게 인도해야 한다.

Ⅱ. 시설물 인도 시 준비사항

1) 완성 검사 필증

① EV 완성 검사 필증

② 소방 설비의 설치 및 작동에 관한 필증

③ 오폐수 정화조 완성 필증

④ 조경 및 건축물 외부 배수 시설 완비

⑤ 주차 설비 및 주차장 완성 사진

2) 시공 사진

① 시공 과정에 따른 사진 준비

② 구조적 검토가 가능한 구조체 시공 과정 사진

③ 방수, 단열재 설치 과정 사진

3) 승인 · 협의 · 지시된 제반 사항

시공 과정에서 발주자 · 감리자 · 설계자 및 시공자의 상호 협의 및 지시된 사항

4) 시험 및 검사

① 각종 재료의 시험 성적서

② 시공 과정의 검측 결과서

5) 준공 도면

실제 건축물이 형성된 도면

Ⅲ. 인도 시 유의사항

1) 완성보고서
   ① 공사감리, 발주자 측 감독의 입회하에 현장 확인
   ② 감리자가 작성한 감리완료보고서 첨부
   ③ 건축주가 관련 관청에 사용승인을 신청하도록 협조

2) 시설물인도서
   ① 공사계약서 및 특기시방서에 준한 인도서 작성
   ② 쌍방 대표자의 서명 날인

3) 열쇠인도서
   ① Key system의 설명서 첨부
   ② Master key의 특별관리

4) 열쇠함
   층별, room별로 구분하여 열쇠함을 제작 인도

5) 공구인도서
   사용법(instruction 또는 manual) 설명

6) 공구함
   건축설비를 운용할 수 있는 각종 공구 및 특수 공구

7) 각종 공사사진
   ① 공사 시공과정을 공종별·월별로 작성
   ② 공정 check가 가능하도록 촬영일자를 반드시 기재

8) 건축물 사용설명서
   ① 시공된 자재의 제조원, 공급처, catalog 등
   ② 지하 유입수에 대한 배수공법

9) 설비시설물의 사용설명서
   ① 승강설비, 주차설비의 제조사, 시공사, 연락처 등 기재
   ② 기계, 전기설비 및 제품에 대한 설명서

10) 매설물 위치도
    증설, 보수, 안전사고에 대비한 도면 및 시방서

11) 준공도서

   ① 설계변경의 반영 및 승인

   ② 완공상태의 도면 및 시방서 작성 및 제출

12) 시공도면

   상세도를 포함한 현장 시공도 목록 및 원본 제출

13) 하자이행증권

   ① 공인된 기관에서 발급한 증권 제출

   ② 이행기간은 계약서에 준함

14) 정리정돈

   ① 공사 시 파손된 인접시설물의 원상 복구

   ② 현장 주위 청소

15) 민원 관련사항

   ① 발생된 민원의 진행 및 해결과정을 기록 정리

   ② 미해결 민원에 대한 인수인계

Ⅳ. 결 론

시설물의 인도는 시공사와 발주자의 최종 단계로서, 공사 진행중에 각종 기록을 문서화하고 철저한 품질관리로 하자가 발생하지 않도록 노력해야 한다.

건축물의 유지관리

● [02중(25), 02중(10), 06중(25), 08전(25)]

Ⅰ. 개 요

유지관리는 고정 자산인 건물의 경제성 · 생산성을 보존하고 이를 취득 · 운용 · 처분하는 것으로, 협의로는 건축물의 가치와 효율을 저하시키지 않게 하기 위해 수선 · 손질하는 관리적 작업이다.

Ⅱ. 유지관리의 목적

① 시설물의 경제적 가치 상승   ② 투자 재원의 효율성 증대
③ 선전 관리체계 구축   ④ 최적 상태 유지
⑤ 시설물 유지보수 비용 절감

Ⅲ. 유지관리방법

1. 유지관리기준

1) 경영 관리면

① 조직의 표준 : 조직 및 조직규정
② 관리제도의 기준 : 관리규정(관리제도, 절차)

2) 기술면

① 준수해야 할 표준 : 규격, 시방서
② 권장되는 표준 : 기준, 지도서

2. 사후 보전

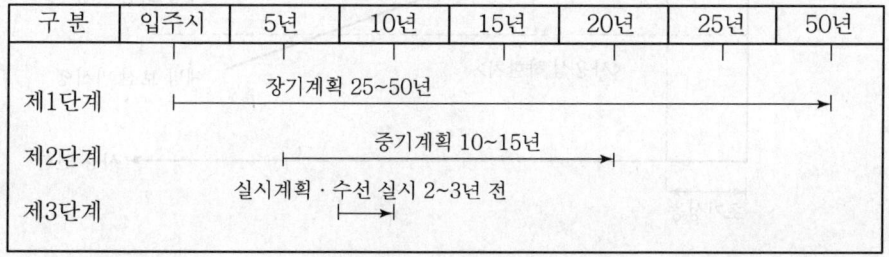

구 분	입주시	5년	10년	15년	20년	25년	50년
제1단계		장기계획 25~50년					
제2단계			중기계획 10~15년				
제3단계	실시계획 · 수선 실시 2~3년 전						

1) 장기계획(제1단계)

　① 5~6년 후 보완을 전제하고 중기수선계획 작성 시 자료로 이용될 수 있도록 정리한다.

　② 입주시 수선 적립금을 산정하여 적립해 둔다.

2) 중기계획(제2단계)

　① 수선 검토기간을 5년으로 하여 수선비용을 포함한 구체적인 수선방법을 설정한다.

　② 수선비용의 검토 결과로부터 연도별 지출계획을 책정한다.

　③ 지출에 대한 누적 비용으로 적립금의 징수계획을 구체화한다.

3) 실시계획(제3단계)

　① 전문위원회를 통해 개보수 공사의 실시시기와 범위를 검토한다.

　② 실시설계 작성에 필요한 현장조사, 개수공사방법을 검토한 후, 실시시기 및 자금계획을 검토한다.

　③ 외부 전문가에게는 기술적 자문뿐 아니라 업자선정, 시공계획서, 개략 공사비 작성, 공사감리 등 공사의 전반적인 부분에 자문을 구한다.

　④ 실시 2~3년 전에 계획을 수립한다.

3. 예방 보전

1) 예방 보전의 목적

　① 건축물의 효율성을 지속적으로 확보

　② 효과적인 안전 관리

　③ LCC 관점에서 종합적 비용의 최소화

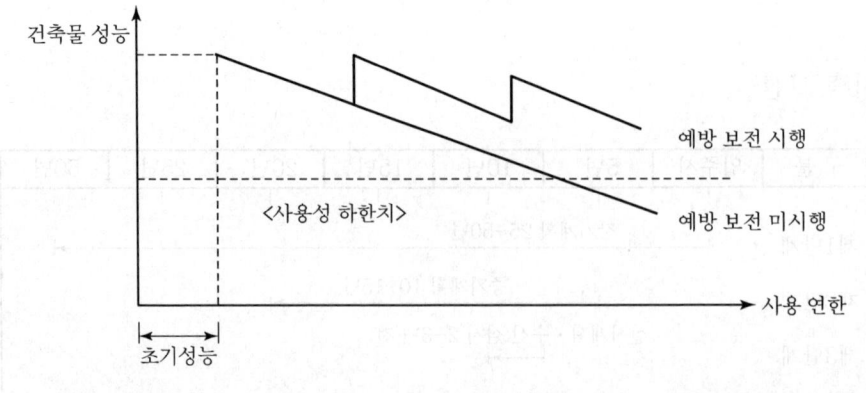

2) 예방 보전 점검사항

① 구조부

기초	균열, 변형, 지반 및 손상 점검	3년 이내 주기적 점검
기둥, 벽, 바닥	균열, 부식, 접합부 및 도장 열화 점검	

② 마감부

건축물 부분	점 검 내 용	점검 주기
바닥, 계단	• 마감재의 균열, 손상, 들뜸, 부식 및 마모 • 도장의 열화 및 결로의 유무 • 논슬립의 변형, 손상 및 설치 상태	1년 이내
벽	• 마감재 손상, 도장 열화, 우수의 침입 • 방수층의 방수 성능 • 철물류 및 sealing재의 파손	3년 이내 (외벽은 1년 이내)
천장	• 마감재의 손상 및 우수의 침입 여부 • 커튼 box 및 천장 점검구 변형 • 철물류의 변형, 부식 및 설치 상태	3년 이내

Ⅳ. 시설물통합관리시스템(FMS ; Facility Management System)

1. 정의

시설물을 체계적으로 관리(management)하여 원가를 절감하고 투자 재원의 효율성을 높이기 위한 관리 system

2. 구성요소

1) 시설관리

① 시설관리 체계의 합리화
② 건축물 이력관리 체계의 선진화
③ 작업 표준의 구축
④ 예비부품 관리의 선진화

2) 운영관리

① 비용관리 체계의 구축
② 보존 계획의 합리화
③ 관련 system 운영의 극대화

④ 관리조직 체계의 효율성 추구

3) 유지보수

① 보수작업 체계의 선진화

② 보수공사의 관리체계 구축

③ 위탁관리체계의 구축

V. 결 론

① 우리나라의 건설업은 설계·시공단계에만 관심을 국한시켜 건물의 보존과 관리를 잊고 지내왔다.

② 건축물 유지관리를 통하여 건축물의 이용과정에서 발생될 결합 부위를 사전에 발견하여 대처함으로써, 건축물의 사용수명을 연장시키고 또한 이용의 안전성을 높여야 한다.

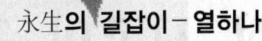

永生의 길잡이 – 열하나

성경은 무슨 책입니까?

우리의 신앙과 생활의 유일한 법칙은 신구약 성경
입니다. 성경은 하나님의 정확무오(正確無誤)한 말
씀으로, 구약 39권, 신약 27권, 합 66권으로 되어
있습니다.

**구약은 선지자, 신약은 사도들이 성령의 감동을 받
아서 기록하였습니다.(디모데후서 3 : 16)**

구약에 기록된 내용은
① 천지만물의 창조로부터
② 인간창조와 타락
③ 인류 구속을 위한 메시아의 탄생을 예언하고
   있습니다.(이사야 7 : 14)

신약에 기록된 내용은
① 예수 그리스도의 탄생으로부터
② 역사의 종말과
③ 내세에 관한 일까지 기록하고 있습니다.(요한계
   시록 22 : 18)

성경을 매일매일 읽고 묵상하되, 그대로 지키려고
힘써야 합니다.

chapter

10장 | 총론

Professional Engineer Architectural Execution

2절 시공의 근대화

1. 시공의 근대화 ··· 1370
2. 복합화 공법 ··· 1377
3. ISO(국제표준화기구) 인증제도 ···················· 1381
4. 표준화(標準化) ··· 1384
5. E.C화(종합건설업제도) ································· 1387
6. Web 기반 공사관리체계 ······························ 1391
7. PMIS ·· 1394
8. CIC ··· 1398
9. BIM(Building Information Modeling) ··········· 1402
10. 건설 CALS ·· 1405
11. Work breakdown structure(작업분류체계) ···· 1410
12. 린 건설(lean construction) ························· 1414
13. 적시생산방식(Just in time system) ·············· 1418

시공의 근대화 기출문제

1	1. 시공법의 발전 추세에 대하여 논하여라. [83, 25점] 2. 건축 생산의 금후 동향에 대하여 기술하여라. [85, 25점] 3. 앞으로 UR(우루과이 라운드)협상에서 국내 건설업이 개방될 경우 우리 건설업계의 문제점과 대응방안에 대하여 기술하여라. [90후, 30점] 4. 건축 생산의 특수성을 약술하고, 건축 생산을 근대화하기 위한 방안에 대하여 설명하시오. [96중, 40점] 5. 일회적 현장 생산인 건축산업의 특성과 관련하여 우리나라 건축산업의 총생산성 향상 방안을 논하시오. [97중전, 40점] 6. 현재와 같은 IMF 시점에 있어서 건설산업의 위기극복을 위한 대처방안에 대하여 기술하시오. [98중전, 40점] 7. 건설업의 기술 경쟁력 방안을 위한 전략의 방향을 기술하시오. [99전, 30점] 8. 건축생산성 향상을 위한 다음의 3과제에 대하여 설명하시오. [99전, 40점] 　　① 계획설계의 합리화　　② 생산기술의 공업화　　③ 생산기술의 과학화 9. 우리나라 해외건설의 침체원인과 활성화 방안을 기술하시오. [01전, 25점] 10. 최근 건설업의 환경변화에 대한 건설업의 경쟁력 향상을 위한 방안에 대해 기술하시오. [04중, 25점] 11. 최근 국내 건설경기 부진에 따른 건설경기 침체원인, 사회에 미치는 영향 및 활성화를 위한 방안에 대하여 설명하시오. [13전, 25점]
2	12. 복합화 공법의 목적과 적용 사례에 대하여 기술하시오. [98중후, 30점] 13. 철근콘크리트 구체공사의 합리화를 위한 공법을 설명하고 이 공법의 하드(Hard) 요소 기술과 소프트(Soft) 요소 기술에 대하여 기술하시오. [99전, 40점] 14. 복합공법 적용현장의 효율적인 공정관리 System을 설명하시오. [00중, 25점] 15. 복합화 공법에서 최적 System 선정방법에 대하여 기술하시오. [03전, 25점] 16. 복합화공법 [07중, 10점] 17. PC(Precast Concrete) 복합화 공법을 적용할 경우 시공 시 유의사항에 대하여 설명하시오. [18후, 25점]
3	18. ISO 9000 [94전, 8점] 19. ISO 14000 [00후, 10점]
4	20. 건설 표준화 추진방법 및 그 예상효과에 대하여 아래 항목에 의거 기술하시오. [97중후, 30점] 　　① 기술표준의 정의, 목적 및 종류 　　② 표준화 방법 　　③ 기술표준화 효과 21. 건설산업에서 건축물의 표준화 설계가 건축시공에 미치는 영향에 대해서 기술하시오. [98전, 40점] 22. 건설표준화에 대하여 설명하고, 시공에 미치는 영향을 기술하시오. [01중, 25점] 23. 건설자재 표준화의 필요성 [11후, 10점]
5	24. EC화에 대하여 논하고 단계적 추진방향에 대하여 논하여라. [90전, 40점] 25. 종합건설업제도에 대하여 설명하여라. [93후, 35점]
6	26. 컴퓨터를 이용한 현장관리에 대하여 기술하여라. [85, 25점] 27. High tech [89, 5점]

시공의 근대화 기출문제

6	28. 건축시공의 지식관리 시스템 추진방안 [02중, 25점] 29. 효율적인 공사관리를 위하여 웹(Web) 기반 공사 관리체계를 도입하려고 한다. 다음사항을 기술하시오. [03중, 25점] 　1) 필요성 　2) 초기도입 시 예상되는 문제점 　3) 변화가 예상되는 공사관리의 범위와 대상 　4) 현장 준비사항 30. 데이터 마이닝(Data Mining) [07후, 10점]
7	31. P.M.I.S(Project Management Information System) [01중, 10점] 32. P.M.D.B(Project Management Data Base) [00전, 10점] 33. Web기반 PMIS(Project Management Information System)의 내용, 장점 및 문제점에 대하여 기술하시오. [07중, 25점]
8	34. C.I.C(Computer Integrated Construction) [96전, 10점] 35. 건축산업의 정보 통합화 생산(computer integrated construction) [98중후, 20점]
9	36. 건설공사에서 BIM(Building Information Modeling)의 필요성과 활용방안에 대하여 설명하시오. [08중, 25점] 37. BIM(Building Information Modeling) [10전, 10점] 38. 건축 시공분야에서의 BIM(Building Information Modeling) 적용방안에 대하여 설명하시오. [11전, 25점] 39. 5D BIM(5 Dimensional Building Information Modeling) 요소기술 [16전, 10점] 40. 건축시공 및 원가관리 중심의 BIM(Building Information Modeling) 현장 적용방안에 대하여 설명하시오. [16중, 25점] 41. 개방형 BIM(Open Bim)과 IFC(Industry Foundation Class) [18중, 10점] 42. BIM(Building Information Modeling) [19전, 10점] 43. BIM LOD(Level of Development) [19후, 10점] 44. BIM(Building Information Modeling)기술의 시공분야 활용에 대하여 4D, 5D를 중심으로 설명하시오. [20중, 25점] 45. BIM기술의 활용 중에서 드론과 VR(Virtual Reality) 및 AR(Augmented Reality)에 대하여 설명하시오. [21중, 25점]
10	46. 건설 CALS [97중후, 20점] 47. 건설 CALS(Continuous Acquisition & Life Cycle Support) [00전, 10점]
11	48. Work breakdown structure에 대하여 설명하시오. [94후, 25점] 49. W.B.S(Work Breakdown Structure) [00전, 10점] 50. 건설공사 관리에 있어 작업분류(Work Break Down)의 목적, 방법 및 그 활용방안과 범위 [02중, 25점] 51. 건설공사의 통합관리를 위한 WBS(작업분류체계)와 CBS(원가분류체계)의 연계방안에 대하여 기술하시오. [06전, 25점] 52. WBS(Work Breakdown Structure) [15후, 10점]
12	53. Lean Construction(린 건설)의 기본개념, 목표, 적용요건, 활용방안 등에 대하여 기술하시오. [04전, 25점]

12	54. 린 건설(Lean Construction) [06후, 10점] 55. 린 건설(Lean Construction) 생산방식의 개념 및 특징에 대하여 설명하시오. [11전, 25점] 56. Lean Construction의 개념, 특징 및 활용방안에 대하여 설명하시오. [16중, 25점] 57. 린 건설(Lean Construction)의 장점 및 단점 [20전, 10점]
13	58. 현장 소운반 최소화 방안을 적시 생산(just in time) 시스템과 관련하여 기술하시오. [97중전, 30점] 59. 적시 생산방식(just in time) [98중후, 20점] 60. 현장에서 소운반을 최소화하기 위한 적시생산방식(Just-In time)에 대해서 기술하시 오. [06중, 25점]
기 출	61. 공업화 공법에서의 척도조정(Modular Coordination)에 대하여 기술하시오. [04중, 25점] 62. 모듈러(Modular) 건축의 부위별 소음저감방안에 대하여 설명하시오. [14전, 25점] 63. 모듈러 공법의 장단점과 종류별 특징에 대하여 설명하시오. [17전, 25점] 64. 모듈러 공법의 장단점과 공법별 특징에 대하여 설명하시오. [20전, 25점] 65. Business Reengineering에 의한 건설경영 혁신방안에 대하여 기술하시오. [03전, 25점] 66. 유비쿼터스(Ubiquitous)에 대응하기 위한 건설업체의 전략에 대하여 기술하시오. [09전, 25점] 67. 최근 건축공사 프로젝트 파이낸싱(Project financing) 사업이 사회 및 건설업계에 미치 는 문제점과 대책에 대하여 설명하시오. [11후, 25점] 68. 최근 국토교통부에서 '국토교통 4차 산업혁명 대응전략'을 제시하는 등, 우리 사회·경 제 전반에 지능화, 고도화가 요구되고 있다. 건설안전 및 현장시공 효율성 제고에 적용 할 수 있는 방안을 설명하시오. [17중, 25점] 69. Smart Construction의 개념, 적용분야, 활성화 방안을 설명하시오. [20전, 25점] 70. 스마트 건설기술의 종류와 건설단계별 적용방안에 대하여 설명하시오. [22후, 25점]
용 어	71. Intelligent building [88, 5점] 72. I.B.S(Intelligent Building System) [96전, 10점] 73. 지능형 건축물(IB : Intelligent Building) [19후, 10점] 74. 무선인식기술(RFID) [05전, 10점] 75. RFID(Radio Frequency Identification) [10중, 10점] 76. RFID(Radio Frequency Identification) [14후, 10점] 77. U.B.C(Universal Building Code) [96전, 10점] 78. U.B.C(Universal Building Code) [98중전, 20점] 79. Project Financing [04후, 10점] 80. 경영혁신의 기법으로서의 벤치마킹 [97후, 20점] 81. MC(Modular Coordination) [10전, 10점] 82. 3D 프린팅 건축 [15후, 10점] 83. Smart Construction 요소기술 [19전, 10점] 84. 사물인터넷(IoT : Internet of Things) [20후, 10점] 85. 모듈러 시공방식 중 인필(Infill)공법 [21중, 10점] 86. OSC(Off-Site Construction)공법 [22전, 10점]

<table>
<tr><td>문제
1</td><td>시공의 근대화(시공법 발전추세, 건축생산의 금후 방향,
UR 개방 시 문제점과 대응방안)</td></tr>
</table>

● [83(25), 85(25), 90후(30), 96중(40), 97중전(40), 98중전(40), 99전(40), 99전(30), 01전(25), 04중(25), 13전(25)]

I. 개 요

① 최근 건축물의 대형화, 고층화, 다양화, 양산화에 따라 노동집약적인 형태의 기존 건축시공으로는 현대 건축생산에 한계가 있으므로 시공의 근대화를 통한 환경변화에 대처해야 한다.

② 시공법의 발전추세나 건축생산의 금후 방향으로는 입찰제도의 개선, 재료의 건식화, 시공의 근대화, 신기술 개발 등을 통하여 UR 개방에 대응하는 한편 국제화 건설시장에서의 경쟁력을 강화해야 한다.

II. 국내 건설업의 문제점(UR 개방 시 문제점)

1) 도급제도 미흡
   ① 제한 경쟁입찰이나 지명 경쟁입찰 등으로 경쟁 제한요소
   ② 정부의 노임단가 비현실화 등으로 예정가격 미비
   ③ 기술보상제도의 형식화로 인한 기술능력 향상방안 미흡
   ④ 하도급 계열화에 의한 전문화 시공 부족

2) 공사관리 부실
   ① 지정된 공사기간 내에 공사예산에 맞추어 시행하는 표준공기제 도입 미비
   ② 품질시험 및 검사의 조직적인 관리 부족
   ③ V.E, L.C.C 개념 도입 미비
   ④ 재해발생 예방대책 미흡

3) 고임금
   ① 3D 현상으로 건설현장의 고령화와 여성화
   ② 인력배당계획에 의한 적정 인원 계산 부족
   ③ 고임금으로 국제 경쟁력 약화
   ④ 노무자의 잦은 교체로 기능도 저하 및 숙지도 저하

4) 재료의 습식

① 재료의 습식으로 공기지연, 노무비 증가, 안전사고 증가, 품질저하 등 초래
② 3S(표준화·단순화·규격화) 부족
③ 재료의 습식 불균형 초래
④ 동절기 공사 시 동해 우려

5) 신기술 부족

① PERT·CPM에 의한 공정관리 미흡
② ISO 9000 획득 부진
③ V.E, L.C.C 개념
④ High tech 건축의 부진

6) 교육의 무관심

① 전문기술자 육성에 투자를 기피하고 기술자 데려오기에 급급
② 해외기술 연수를 통한 교육의 미흡
③ 신기술의 개념 및 현장활용에 대한 교육 외면
④ 산·학·연(産·學·硏)계 교육 미비

7) 기술개발 미흡

① System engineering에 의한 최적 시공 개발 미흡
② Value engineering 기법을 사용한 공사 실적 빈약
③ Simulation, VAN 및 robot 등의 신기술 개발 미흡
④ 품질, 안전, 원가 및 무공해성의 기술 개발 부족

8) Engineering 능력 부족

① 전체 project에 대한 engineering 능력 부족
② 시공 위주의 건축 생산 활동
③ 사업 발굴과 타당성 조사의 근거에 의하지 않는 기본설계
④ 설계와 시공의 E.C화 부족

9) 국제화 의식 빈곤

① UR 개방에 대비한 의식 결여
② 국제화 추진에 의한 해외건설 투자 미흡
③ 기술자의 언어구사능력 부족
④ 해외 건설시장과의 경쟁력 약화

10) 산·학·연·관(産·學·硏·官)의 협력 미흡

① 건설생산에서 유관기관들과의 연계 부족
② 급변하는 건설환경에 적응력 미비
③ 건설경영의 부실화 초래
④ 기술개발의 걸림돌

Ⅲ. 시공의 근대화(시공법 발전추세, 건축생산의 금후 방향, UR 개방 시 대응방안)

1. 계약 제도적 측면

1) 부대입찰제도

① 건설업체의 하도급 계열화 도모를 위하여 부대입찰제도 도입
② 공정한 하도급 거래질서확립은 건축생산의 품질향상과 근대화 시공에 이바지함.

2) 대안입찰제도

① 기술능력 향상 및 개발을 위하고 UR에 대비한 획기적인 입찰제도
② 기술개발 축적 및 체계화 유도로 미래의 시공법 발전추세에 대비한 제도

3) P.Q 제도

① 적격업체 선정으로 품질확보 및 건설업체의 의식개혁 추진
② 부실시공 방지를 위한 입찰참가자격 사전심사제도를 장려

4) 기술개발 보상제도

① 시공 중 시공자가 신기술이나 신공법을 개발하여 공사비를 절감하였을 때 절감액을 감하지 않고 시공자에게 보상하는 제도
② 공기단축, 품질관리, 안전관리, 공사비 절감면에서 건설회사의 기술 개발 연구 및 투자확대

5) 신기술 지정 및 보호제도

① 건설회사가 새로운 신기술을 개발하였을 때 그 신기술을 일정기간 신기술로 지정하고 보호하는 제도
② 지정된 신기술을 사용한 자는 신기술로 지정받은 자에게 기술사용료를 지급

2. 설계측면

1) 골조의 P.C화

① 공업화에 의한 대량생산으로 공기단축, 품질향상, 안전관리, 경제성 확보
② 기계화, 자동화, robot화에 의한 노무절감 기대

2) 마감의 건식화

① 부재의 표준화, 단순화, 규격화에 의한 경비절감
② 공기단축, 동해방지, 기상변화 대응, 보수유지관리 편리

3) 천장의 unit화

① 건축공사와 설비공사의 상호관계를 고려하여 module과 line을 일치시킴.
② M-bar 또는 T-bar 등을 통하여 천장의 unit화

4) 칸막이 벽의 내화 성능

① 화재 시 피난을 위한 내화성의 벽체를 개발
② 내화, 불연, 차음 성능을 갖춘 시공이 간편한 칸막이 벽체 사용

5) 바닥의 unit화

① 기존 현장 타설 콘크리트의 미비점을 보완하여 시공성이 우수한 P.C 바닥판 공법의 실용화 시도
② 안전한 작업 바닥을 확보할 수 있고 대형 양중기를 이용하므로 양중 횟수를 감소하여 공기단축 효과를 발휘

3. 재료 측면

1) M.C화(Modular Coordination화)

① 기준치수를 사용하여 설계, 재료 및 시공의 건축생산 전반에 걸쳐 치수상의 상호조정을 하는 과정
② 공업화 system의 활성화, 공기단축 및 공비절감의 효과 기대

2) 건식화

① 부재의 표준화로 호환성 높이는 open system 개발
② 대량생산 가능하도록 재래의 습식 공법에서 건식 공법으로의 재료개발

3) 고강도화

① 시멘트 paste와 골재강도 개선, W/B비, 시공연도를 고려한 배합설계
② 고성능 감수제, silica fume을 통한 혼화재 개발

4) 내화성

① 열팽창·흡수 성능을 고려한 내장재의 개발

② 화재 시 내화에 견디는 재료개발 및 내화피복재 개발

4. 시공측면

1) 가설공사 합리화

① 가설공사의 양부에 따라 공사 전반에 걸쳐 영향을 미침.

② 강재화, 경량화, 표준화를 통한 합리적인 공사관리

2) 계측관리(정보화 시공)

① 현장 토공사의 제반 정보 입수와 향후 거동을 사전에 파악

② 응력과 변위 측정으로 굴착에 따른 인접 건물의 안전과 토류벽의 거동 파악

3) 무소음·무진동 공법

① 기초공사의 기성콘크리트 파일 타격시 소음과 진동 유발에 대비

② 방음 cover 또는 저소음 해머를 사용하거나 현장 타설 콘크리트 파일의 개발

4) 고강도화

① 구조물의 고층화, 대형화에 따라 구조물의 단면 증가에 대비하여 고강도화 필요

② 새로운 재료개발, 혼화재 사용, 양생방법 등 개발 연구

5) Open system

① P.C 공사에서 P.C 제품의 호환성을 제공하여 효율적인 건축 생산 가능

② 각 부품의 호환성을 보장하기 위하여 성능 및 규격에 적당한 제품 생산

6) 자동 용접

① 피복 arc 용접과 CO_2 arc 용접보다 직접 공장에서 자동적으로 용접하는 sub-merged arc 용접 개발

② 고전류를 사용하여 능률적이며, 후판(厚板) 용접이 가능하며 연속용접성이 좋다.

5. 공사관리 측면

1) PERT · CPM

① 건축물을 지정된 공사기간 내에 공사 예산에 맞추어 정밀도가 높은 양질의 시공을 위하여 새로운 공정관리기법의 도입

② 면밀한 계획에 따라 각 세부 공사에 필요한 시간과 순서, 자재, 노무 및 기계설비 등을 균등하게 배당

2) ISO 9000

① ISO(International Organization for Standardization)는 국제표준화기구로서 국제 공업 표준화를 위하여 설립된 기구

② 품질에 대하여 설계, 제조, 시험검사, 설치, 유지관리 등 전체 생산과정을 표준화하여 폭넓은 품질향상 유도

3) V.E(Value Engineering, 가치공학)

① 기능(function)이나 성능을 향상시키거나 또는 유지하면서 비용(cost)을 최소화하여 가치(value)를 극대화시킴.

② 원가절감, 조직력 강화, 기술력 축적, 경쟁력 제고, 기업의 체질 개선의 효과를 기대

4) L.C.C(Life Cycle Cost)

① 건축물의 초기 투자 단계를 거쳐 유지관리, 철거 단계로 이어지는 일련의 과정에서의 비용

② 종합적인 관리 차원의 total cost(총비용)로 경제성 유도

5) 성력화(省力化, labour saving)

① 공업화 건축 활성화로 노무절감 및 합리적인 노무관리계획을 수립

② 기계화 시공으로 경제성, 속도성, 안전성 확보는 물론 노무절감 기대

6) 기계화

① 최적의 기종을 선택하여 적기에 사용함으로써 장비의 효율성 극대화

② 자동화, robot화 및 무인화 등을 통하여 공기단축, 품질향상, 원가절감 및 안전관리를 도모

6. 신기술 개발

1) E.C화

① 사업 발굴, 기획, 타당성 조사, 기본설계, 본설계, 시공, 시운전, 인도, 조업 및 유지관리 등을 통하여 건설산업의 업무기능을 확대

② 건설사업의 일괄입찰방식에 의한 건설 생산 능력의 확보

2) C.M(Construction Management)

① 건설사업의 전 과정인 기획·타당성조사·설계·계약·시공관리·유지관리 등에 관한 전부 또는 일부를 수행하는 건설사업관리제도

② 품질확보와 공기단축은 물론 설계 단계에서 6~8%, 시공 단계에서 5%의 원가절감효과 발생

3) High tech 건축

① 건축물의 고층화, 대형화, 복잡화, 다양화 등에 대비하여 건축설계, 시공, 유지관리까지 합리적이고 과학적인 신기술 도입

② Simulation, CAD, VAN, robot, IB 등을 통한 computer화

4) Computer화

① 기술자의 경험이나 판단을 컴퓨터에서 고속 처리하여 고도의 설계·시공 활동을 추구

② 설계제도, 구조해석, 견적, 공정관리, 시공 등 건축활동에서 신속 정확한 처리에 의해 능률적인 관리 수행

Ⅳ. 결 론

① UR에 의한 건설시장의 개방과 해외의 건설시장에서의 경쟁력 강화를 위하여 국내 건설의 근대화는 시급한 현실이다.

② 국제화에 대비하여 국제기업으로서 발돋움하기 위해서는 현 건설시장의 문제점을 파악하여 전반적인 개선방향을 국가·기업·연구·학교 등에서 함께 연구되어야 한다.

복합화 공법

● [98중후(30), 99전(40), 00중(25), 03전(25), 07중(10), 18후(25)]

I. 개 요

① 복합화 공법이란 골조공사 시 현장 노동력 절감(labor saving)을 목적으로 합리적인 재래공법과 P.C 공법을 복합한 공법을 말한다.

② 각 부위별로 최적의 공법을 채택하여 현장작업의 생산성을 높이기 위해서는 설계 단계에서부터 시공에 이르기까지 종합적인 검토가 이루어져야 한다.

II. 복합화 도입 배경

① 기능공 부족

② 시공성 향상

③ 안전성 확보

④ 건설공해

III. 기대 효과

① 현장작업의 성력화

② 공기단축

③ 품질향상

④ 합리적인 현장관리

Ⅳ. 복합화 개념도

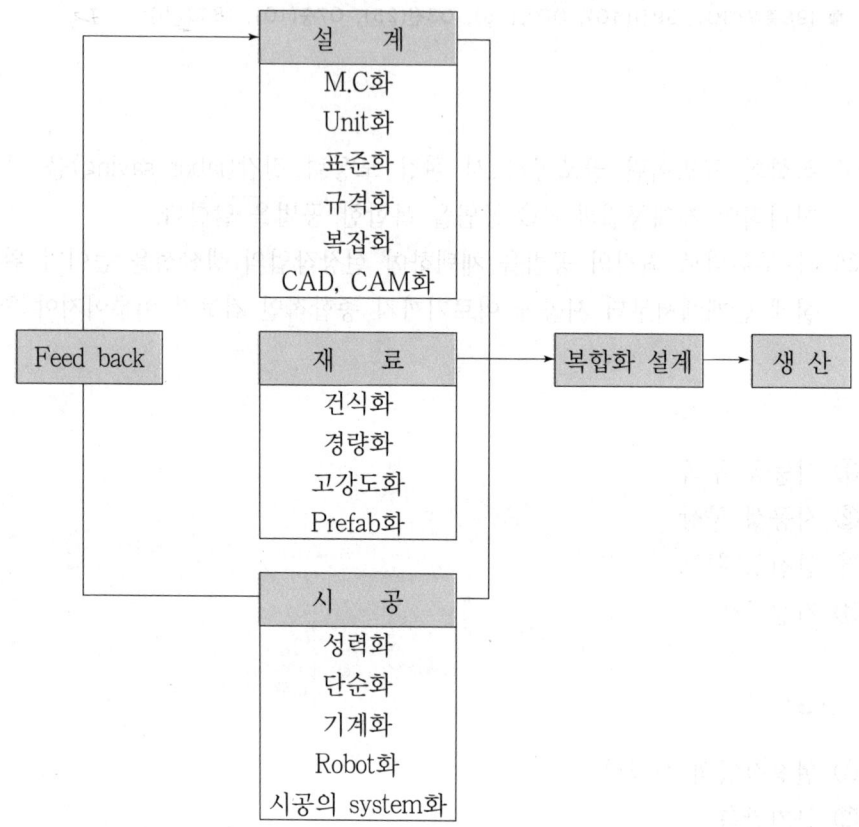

Ⅴ. 복합화 공법

1. 철근공사

1) Prefab공법

기둥, 보, 바닥, 벽 등을 부위별로 미리 공장에서 제작하여 운반 후 현장에서 부재를 접합시키는 공법

2) 철근이음

압착이음, 용접이음

3) 자동화 및 robot화

가공, 이음, 접합의 기계화 및 현장시공의 robot화

2. 거푸집 공사

1) 대형 거푸집의 사용으로 성력화, 장비화, 효율성 증대

2) System form

Tunnel form, gang form, flying shore, table form, sliding form 등

3. Con´c 공사

1) 고성능 Con´c

고강도, 고내구성, 고수밀성, 초경량화의 Con´c 개발

2) 고성능 감수제 개발

작업의 용이성, 고강도, 고수밀, 고내구성의 Con´c 시공 가능

3) P.C화

① 작업의 건식화, 기계화 시공, 안전성 확보
② Half P.C, full P.C

4. P.C의 open system화

① 건축생산의 효율성을 높이고 표준화, 규격화가 가능
② 자재의 공급이 원활하며, 원가절감 및 건축물의 품질향상

5. ALC

① 공장생산 현장조립으로 시공편리
② 건식 공법으로 인력절감 및 공기단축

6. G.P.C

① 공장제품으로 석재두께 조절 가능하여 원가절감
② 석재면이 표면을 보호하므로 Con´c 내구성 향상

7. T.P.C

① 공장 제작으로 prefab를 촉진
② Tile 마감면이 우수하고 부착강도가 높아 tile의 박락 방지

Ⅵ. 현행 공법 문제점

① 재료의 습식으로 공기지연, 노무비 증가, 안전사고 증가, 품질저하 등 초래
② 신기술 부족으로 PERT, CPM에 의한 공정관리 미흡과 ISO 9000 획득 부진
③ Engineering 능력 부족으로 설계와 시공의 E.C화 부족
④ 산·학·연·관(産·學·硏·官)의 협력 미흡으로 건설생산에서 유관기관들과의 연계 부족

Ⅶ. 대 책

① S.E 기법으로 설계 단계에서 시공에 대한 공법의 최적화를 설계하여 공사관리의 극대화를 꾀함.
② V.E 기법으로 전 작업과정에서 각 공종의 기능을 철저히 분석해서 원가절감
③ 품질관리(Q.C)를 통해 정밀도가 높은 품질의 확보로 경제성 확보
④ CAD화에 의한 computer 처리로 설계제도, 구조해석, 견적 등의 능률적인 관리수행
⑤ 건설업의 E.C화로 업무기능 확대 및 설계, 시공의 능력배양

Ⅷ. 결 론

① 복합화 공법은 공업화 생산 system의 개발과 설계 단계에서부터 시공에 대한 공법의 최적화로 설계하여 최적 시공계획을 강구해야 한다.
② 건설업계에서는 복합화 공법을 통한 현장노동력 절감과 시공합리화를 효율적으로 운영해야 하며 각 부위별로 기술의 적용과 공법 개발에 지속적인 연구 개발로 건설환경의 변화에 대응해야 한다.

문제 3	**ISO(국제표준화기구) 인증제도**

● [94전(8), 00후(10)]

Ⅰ. 개 요

① ISO(International Organization for Standardization)는 각국별로 또한 사업 분야별로 정해져 있는 품질보증 system에 대한 요구사항을 통일시켜 고객(소비자)에게 품질보증을 해주기 위한 국제표준화기구를 말한다.

② ISO는 국제표준의 보급과 제정, 각국 표준의 조정과 통일, 국제기관과 표준에 관한 협력 등을 취지로 세계 각국의 표준화의 발전 촉진을 목적으로 설립되었다.

Ⅱ. 특 성

① 체계화   ② 문서화   ③ 기록화

Ⅲ. 필요성

① 품질보증을 수행하는 업무절차의 기초 수립
② 품질보증에 대한 고객들의 의식 증대
③ 생산자 스스로 품질 신뢰를 객관적으로 입증
④ 품질보증된 제품의 수준척도 설정
⑤ 외국 고객들의 품질 system 인증에 대한 요구 증대
⑥ 기업 경영활동이 형식적에서 실질적인 것으로 변화

Ⅳ. 효 과

① 경영의 안정화
② 고객의 신뢰성 증대
③ 기업의 know-how 축척
④ 매출액의 증대
⑤ 실패율 감소에 따른 이익 증대
⑥ 생산자 책임에 대한 예방책
⑦ 개별 고객들로부터 중복평가 감소

Ⅴ. 구성 및 내용

① ISO 9000 : 품질 관리(Quality Management)

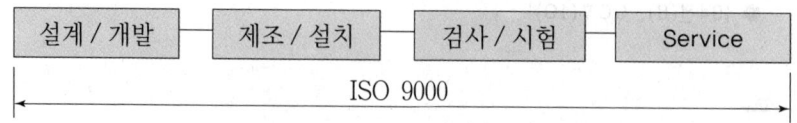

② ISO 14000 : 환경 관리(Environmental Management)
③ ISO 18000 : 안전 관리(Safety Management)
④ ISO 50001 : 에너지 관리(Energy Management)
⑤ ISO 31000 : 위험 관리(Risk Management)

Ⅵ. ISO 인증절차

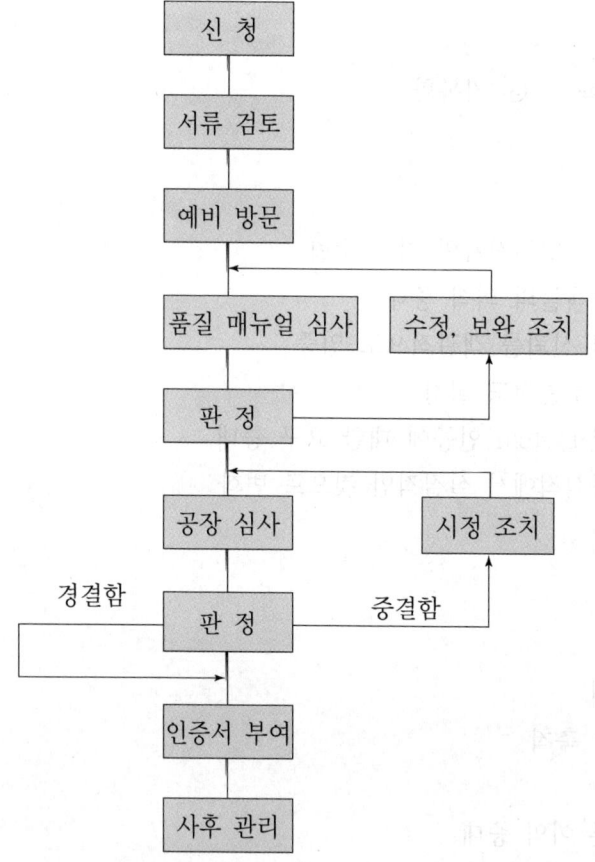

VII. 문제점

1) 인증절차 복잡
신청서류 과다 및 인증절차 복잡

2) 실적저조
ISO 인정범위의 한계 미달

3) 표준화 미비
발주자에 따라 요구가 다양하며 표준화가 어려움.

4) 건설업의 특성상의 문제
공정우선으로 품질관리에 대한 인식 부족

VIII. 대응방안

1) 인증절차 간소화
신청서류 및 인증절차 간소화

2) ISO 활성화
ISO 취득업체에게 P.Q 등 혜택 부여 및 관공사 수의계약 우선

3) 표준화 정착
건설업에 적합한 품질 system 개발 및 선진 system 도입으로 표준화 정착

4) 품질의 data화
Data에 의한 과학적이고 체계적인 관리

5) 도급제도의 개선
가격 위주에서 품질관리에 의한 기술능력 배양

6) 관리철저
ISO를 통한 품질 확보로 사후관리 철저

IX. 결 론

① 건설업계의 ISO 9000 system 적용 및 인정이 활발하지 않고 있지만, 해외 공사 시 발주처에서 품질관리 system 적용의 요구 및 ISO 9000 미취득 업체의 입찰제한 등으로 ISO에 대한 관심이 증대하고 있다.

② ISO의 도입을 통하여 품질 system의 개발과 data에 의한 과학적이고 체계적인 관리로 기술의 확충 및 품질 향상으로 건설환경 변화에 대응해야 한다.

<table>
<tr><td>문제
4</td><td>표준화(標準化)</td></tr>
</table>

● [97중후(30), 98전(40), 01중(25), 11후(10)]

Ⅰ. 개 요

① 건축생산의 활동에 있어서 우수한 품질 확보를 위해 건축생산의 설계, 시공 과정에서 규준, 규칙, 규격을 정하여 운영해 나가는 system을 표준화라 한다.

② KS(한국공업표준규격), ISO(국제표준화기구) 등이 표준화를 위한 공인기구 로서 표준화를 이행하는 생산업체에 대한 신뢰도는 커지고 있다.

Ⅱ. 목 적

① 소비자 이익보호
② 국제경쟁력 확보
③ 기업 이미지 제고
④ 안전, 보건 및 생명보호

Ⅲ. 표준화 분류

1) 국제표준화(국제규격)

① ISO(International Organization for Standardization)
② IEC(International Electrotechnical Commission)

2) 국가표준화(국가규격)

① KS(한국)
② JIS(일본)
③ BS(영국)
④ DIN(독일)
⑤ ASTM(미국)

3) 단체표준화(단체규격)

　① 단체 및 학·협회에 의한 표준화 활동

　② 한국공업규격

4) 기업표준화

　① 기업의 표준활동

　② 비영리 조직체의 표준화 활동

Ⅳ. 표준화 대상

1) 설계기술 및 설계관리기술

　설계방식, 방법, 기준, data 등

2) 생산기술 및 생산관리기술

　공작방법, 조건, 순서, 설비, 시간 등

3) 부품의 원자재

　소재, 부품, 조립부품, unit service 부품 등

4) 제 품

　제품, 제품계열, system 등

5) 각종 설비

　건물, 기계장치, 운반기구, 공작기구, 시험검사장치, 계측기 등

6) 사무처리기술 및 사무관리기술

　사무처리나 정보처리의 방식, 방법, 서식 등

7) 관리 방법 및 제도

　업무의 순서, 절차, 기준, 책임, 권한, 분담 등

8) 개념의 기준

　용어, 정의, 코드, 표시 등

V. 표준화의 한계

1) 경제적 한계
   ① 표준화 대상에 대한 기준설정에 요하는 비용
   ② 교육비와 인건비 비용

2) 기술적 한계
   ① 현재의 기술보유 수준
   ② 장래의 기술개발 한계

3) 관리적 한계
   ① 관리조직의 운영과 능력의 한계
   ② 구표준에서 신표준으로의 교체

VI. 결 론

① 건축생산에서의 표준화는 건축의 특수성으로 생산지인 현장이 유동적이기 때문에 다른 분야와 비교하여 현저히 늦다.
② 표준화 대상을 잘 파악하여 system 공학, group-technology 등의 모든 기법을 적극적으로 도입하여 건축생산에서의 우수한 품질 확보에 힘써야 한다.

● [90전(40), 93후(35)]

Ⅰ. 개 요

① E.C(Engineering Costruction)란 건설 project를 하나의 흐름으로 보아 사업 발굴, 기획, 타당성 조사, 설계, 시공, 유지관리까지 업무영역을 확대하는 것을 말한다.

② 종래의 일반적인 건설업자는 오직 시공 분야만을 업무로 하는 반면, 종합건설업자(general construction : 제네콘)는 설계와 시공 분야로까지 업무영역을 확대하는 업자를 말한다.

③ E.C화를 행정적으로 현실화, 구체화시킨 것이 종합건설업제도이다.

Ⅱ. E.C의 업무영역

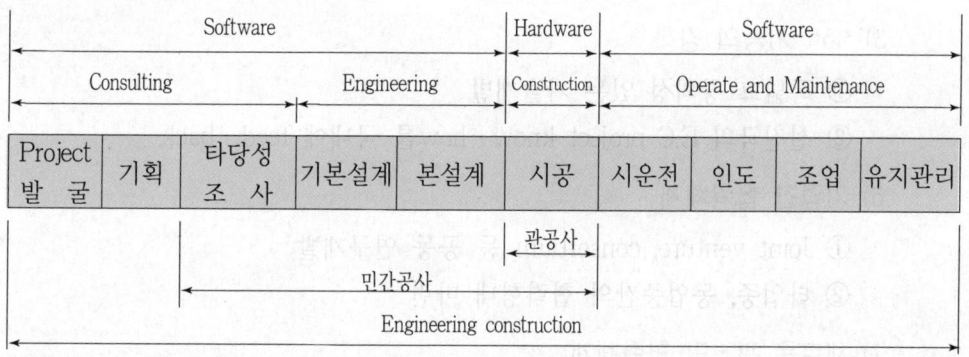

Ⅲ. 필요성

① 건설공사의 고층화, 대형화, 복잡화, 다양화

② Turn-key 발주방식 증가

③ 건설수요 및 기술력 요구

④ 해외공사의 단순 건설공사 감소

⑤ 국제 수주 경쟁력 강화

⑥ 기존 건설업계의 비효율적 운영 배제

⑦ 건설업의 환경변화

⑧ 건설사업의 package화

Ⅳ. 추진방향(E.C화 전략)

1) 종합건설업체의 육성

① 설계, 시공, engineering 능력 향상
② Consulting 및 engineering 기능 확립

2) 하도급 계열화

① 부대입찰제도 확대 실시
② 협력업체의 전문계열화 유도 및 육성

3) Turn-key 발주 활성화

① 신기술 개발 유도
② 공공공사의 turn-key 방식 발주 확대

4) 유능한 기술인력 양성

① Project manager 육성
② 전문 engineering 육성

5) Soft 기능의 강화

① 폭넓고 창의성 있는 기술개발
② 선진국의 E.C project know-how를 국내에 feed-back

6) 기업간 협력체계

① Joint venture, consortium 등 공동 연구개발
② 타업종, 동업종간의 협력형태 마련

7) 새로운 관·민 협력체계

① 발주방식, 관리체제에 E.C 개념 도입
② 환경변화에 맞는 제도적 개선

8) 인재 육성

① 사원의 외국유학 및 견학
② 기업간의 인재교류

9) High tech화

① 사업기능의 확대 및 신기술·신재료 활용
② Simulation, CAD, VAN, robot, IB 등을 통한 computer화

10) 기술개발 투자 확대

① 기술개발을 통한 원가절감
② 전문업종 개발

11) 탈도급화

① 자체 개발 공사의 확대
② Software 분야 강화

12) 단계적 확대 및 특성화

① 자사의 전문 분야를 한정하여 단계적 특성화
② 전문분야를 단계적으로 확대

13) 제도의 개선

① 종합건설업제도 도입, P.Q 제도 및 적격낙찰제 확대 실시
② 기술개발 보상제도의 정착

14) 기 타

① 부분적, 한계적, 단계적으로 E.C화 확대
② 중소 건설업체의 전문화 유도
③ 고부가가치 추구 산업 개발

V. E.C 정착방안

1) Turn - key 계약제도

E.C화를 실현시키기 위하여 도급계약제도를 turn-key화

2) 종합건설업 제도

E.C화를 건설분야에 정착시키기 위해서는 종합건설업 면허제도를 확립하여 종합건설업 면허를 취득한 업체에게 설계, 시공 업무를 담당하게 함.

3) 정착방안

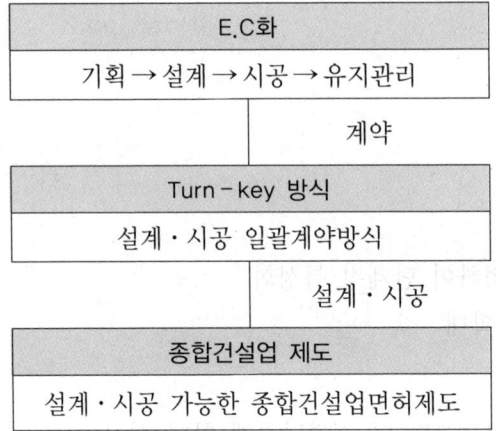

VI. 결 론

① 종래의 국내 건설업은 단순 시공업에만 치중함으로써 대외 경쟁력이 약화
되어 건설 수요의 환경변화에 대응하지 못하고 있었던 것이 사실이다.

② 따라서 건설환경의 변화와 대외 건설시장의 개방에 대비한 E.C화의 정착이
시급한 실정으로 계약제도의 turn-key화와 국내 대형 건설업체의 육성을
위한 종합건설업제도를 활성화하여 고부가가치를 창출할 수 있도록 연구
개발을 해야 한다.

Web 기반 공사관리체계

● [85(25), 89(5), 02중(25), 03중(25), 07후(10)]

Ⅰ. 개 요

① Web 기반 공사관리체계란 computer 기술을 통하여 기획, 설계, 재료, 시공, 유지관리에 이르기까지 전 건축 생산활동을 하는 것을 말한다.

② 최근 발전을 거듭하고 있는 전산화를 건축 생산활동에 이용하여 경제적인 건축 생산성 향상에 극대화를 이룬다.

Ⅱ. 특 성

① 건축 생산 기술의 혁신
② 고도의 기술 이미지 창조
③ 건축 생산성 향상
④ 합리적인 디자인 개념 부여
⑤ 독창성 확대

Ⅲ. 효 과

① 공기단축   ② 품질향상
③ 성력화   ④ 유지비 절감

Ⅳ. Web 기반 공사관리(High tech 건축)

1) Simulation

① 현실계에 저촉되는 일 없이 그 기능과 메커니즘을 추상적으로 꺼내어 마치 그 계(系)를 작동시킨 경우와 같은 결과를 얻도록 하는 수법

② 공사의 개선, 실적 자료를 토대로 신규공사의 예측, 미경험 공사의 계획 등에 이용

2) CAD(Computer Aided Design, 설계자동화 system)

① 설계자의 경험이나 판단을 computer에서 고속처리하여 고도의 설계활동을 추구

② 설계제도, 구조해석, 견적 등을 통하여 능률적인 관리수행

3) VAN(Value Added Network, 부가가치통신망)

　① 건설산업의 복잡화에 따라 대외 경쟁력 강화와 대내 능률향상을 위하여 전
　　　산망 필요

　② 본사와 지사와의 신속한 업무처리와 업무내용의 처리가공으로 노무비 절감

4) PMIS(Project Management Information System)

　① 사업 전반에 있어서 수행 조직을 관리 운영하고 경영의 계획 및 전략을 수
　　　립하도록 관련 정보를 신속 정확하게 경영자에게 전해줌으로써, 합리적인
　　　경영을 유도하는 project별 경영정보체계

　② PMDB(Project Management Data Base)라고도 함

5) CIC(Computer Integrated Construction, 컴퓨터 통합생산)

　① Computer를 이용하여 설계, 공장생산, 현장시공의 과정 등을 유기적으로 연
　　　계하여 건축생산 활동의 능률화를 꾀함.

　② 공기단축, 시공오차 극소화, 안전관리 등을 통한 건축생산

6) BIM(Building Information Modeling)

　① 건축정보모델링으로 3차원 가상공간에서 실제로 건축물을 모델링

　② 실제공사 시 발생할 수 있는 문제점의 사전 검토

　③ 다양한 환경평가가 가능한 시스템

7) CALS(Continuous Acquisition and Life cycle Support)

　건설업의 기획·설계·계약·시공·유지관리 등 건설 생산 활동의 전 과정을
　통하여 정보를 발주기관·건설 관련 업체들이 Computer 전산망을 통하여 신속
　하게 교환 및 공유하여, 건설사업을 지원하는 건설분야 통합정보 시스템

8) Robot

　① 건축물의 고층화, 대형화, 다양화, 복잡화되고 있는 추세에 맞추어 robot을
　　　이용하여 건축생산성 향상

　② 성력화로 기능인력 부족에 대응하여 작업의 능률성 확보

9) IB(Intelligent Building, 정보화 빌딩)

　① 반도체 및 통신기술의 발달로 정보화 시대에 발맞추어 건축물에 고도의 정
　　　보통신 system을 갖추어 건물 관리시 종합적인 관리기능 부여

　② 쾌적성, 효율성, 안전성, 편리성, 신뢰성 확보

10) PERT · CPM

① 공사의 공정, 원가, 인원배치 등을 simulation하기 위한 수법

② 경험 또는 미경험 공사에 대한 공기계획을 다방면으로 시도하여 전산화로 판단

11) MIS(Management Information System, 정보관리 system)

① 필요한 정보를 수집, 정리, 분석, 보관함으로써 주어진 목표를 달성하기 위해 computer를 이용한 합리적인 관리 system

② 관리업무의 효율화, 정보전달 신속, 원가관리 system의 추진 효과

12) Data Mining

대량의 Data로부터 쉽게 드러나지 않는 잠재적 활용가치가 있는 유용한 정보를 추출하는 과정

V. 문제점

① 초기 투자비 증대

② 대형 project에 국한

③ 시험시공에 의한 공사비 증대

④ 각종 설비에 의한 설비비 증가

VI. 대 책

① 시험시공으로 설계의 불합리 check하여 공사비 축소

② Computer 기술의 software 개발

③ 중규모 이하 건물 적용 확대

④ 시공성 향상에 근거한 기술 개발

⑤ 자동화에 의한 공법 연구

VII. 결 론

① 건축물의 고층화, 대형화와 건설환경 변화에 정보를 적극적으로 도입하여 기술혁신으로 이루어야 한다.

② Software의 개발은 물론 자동화, 기계화, CAD, VAN, CIC 등을 활용한 명실상부한 high tech 건축으로 발전시켜야 한다.

문제
7

PMIS(Project Management Information System)

● [01전(10), 00전(10), 07중(25)]

Ⅰ. 개 요

① 사업 전반에 있어서 수행 조직을 관리 운영하고 경영의 계획 및 전략을 수립하도록 관련 정보를 신속 정확하게 경영자에게 전해줌으로써, 합리적인 경영을 유도하는 project별 경영정보체계를 PMIS 또는 PMDB라고 한다.

② PMIS를 통해 WEB을 통한 통합적 공사관리가 가능하다.

Ⅱ. PMIS의 내용

1) PMIS의 구성

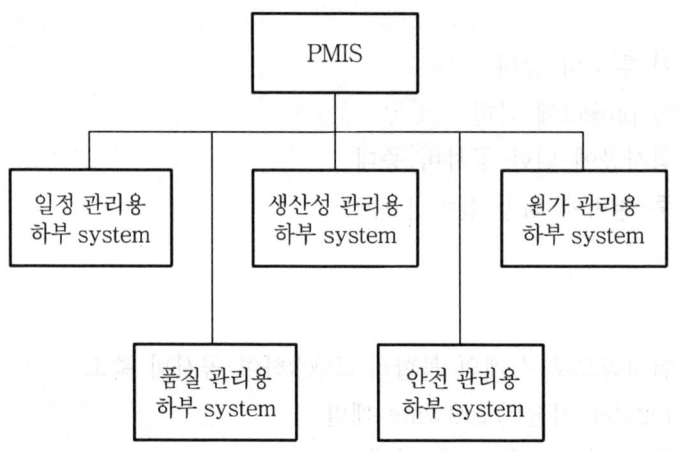

2) 필요성

① 현재의 공사수행 분석정보 필요

② 건설사업의 발주 및 규모가 다양

③ 건설산업의 환경변화

④ 기성청구와 관련된 정보의 분석

⑤ 투자자본 분석을 위한 정보 필요

Ⅲ. PMIS의 장점

  1) 신속한 정보수집 및 교류

    ① 적정 정보의 신속 제공

    ② 수정이 가능한 정보를 제시간에 제공

    ③ 관리운영, 계획, 전략수립, 정보교류

  2) 현장 및 본사의 정보 단계적 수집

    ① 공사현장 세부 정보의 수집

    ② 본사의 경영 전반에 걸친 정보의 수집

  3) 각 정보별 체계적 분류

    ① 각각 정보에 대한 분류의 확실성

    ② 정보의 전체적인 분류체계 확립 가능

  4) 모든 정보의 data base화

    ① 각 project의 운영 전반에 대한 data base화

    ② 현장의 세부 항목에 대한 data 체계화

    ③ 본사의 경영에 관한 정보의 수집 및 기록화

  5) 운영에 대한 code화

    ① 각 project의 운영에 대한 지원 code화

    ② 본사 차원의 통제가 가능토록 정보의 code화

Ⅳ. PMIS의 문제점

  1) 보안 유지 곤란

    ① 현장의 세부항목 노출로 인한 보안유지 곤란

    ② 본사 경영 전반에 관한 내용의 보안 노출 우려

  2) 불필요한 정보 남발

    ① 방대한 양의 정보 남발 우려

    ② 적절치 못한 정보 수집시 혼란 우려

  3) 정보처리 우수인력 확보 곤란

    ① 정보처리를 원활히 운영하는 우수인력 확보 곤란

    ② 전문인력의 교육 투자비 증대

    ③ 각종 교육 program을 활용한 우수인력 확보 곤란

4) 단위 현장에 국한

① 건설업체의 큰 규모가 아닌 단위현장에서의 DB 구축

② 사용자(user)는 본사단위 현장직원에 한정됨

V. 건설업에서의 PMIS 구축방안

① 신속한 자료수집 및 교류를 위한 data 통신망 설치

② 공사현장의 세부자료 및 본사의 경영 전반에 걸친 자료까지 단계적으로 수집

③ 각 자료별 체계적인 분류

④ 각 project의 운영 전반에 관한 모든 자료의 DB화

⑤ 각 project의 운영에 대한 본사 차원의 지원과 통제가 가능하도록 자료의 code화

VI. CALS, MIS, PMIS(PMDB)의 비교

1. 비교 도해

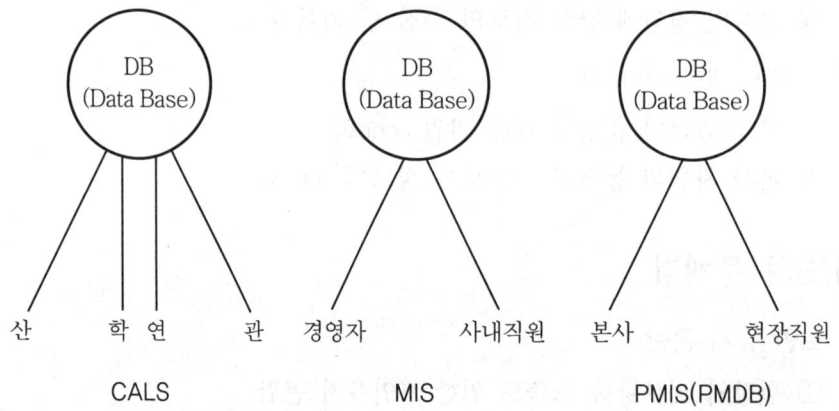

① CALS, MIS, PMIS(PMDB)는 data base를 구축하여 사용자들이 정보를 공유하는 동일한 system이다.

② 단, data base의 정보 내용과 사용자들이 다를 뿐이다.

2. 비교표

구 분	CALS (Continuous Acquisition and Life Cycle Support, 건설분야 통합정보 시스템)	MIS (Management Information System, 경영정보 시스템)	PMIS (Project Management Information System, project 별 경영정보시스템, PMDB)
DB (data base) 구축	발주, 기획, 입찰, 설계, 시공, 유지관리 등 건설 전부분	견적, 수주, 지사 및 현장 관리	공기, 원가, 품질, 안전, 자재, 생산성 등
사 용 자 (user)	• 건설업 종사자 • 자재업체 등 건설 관련자 • 일반 이용자	• 경영자 • 사내직원	• 본사 • 단위 현장 직원
활 용 도	높다.(건설 관련자)	단위 건설업체에 국한	단위현장에 국한
구축기간	길다.(약 8년)	비교적 짧다.(1~3년)	짧다.(단위현장에 국한)

VII. 결 론

건설업에도 환경변화로 인한 효율적 정보관리에 대한 요구가 증가하고 있으며, 건설업은 경영의 많은 부분을 각 project별로 운영하므로, PMIS를 이용하면 경영 전반의 MIS(Management Information System, 정보관리 system) 구축이 용이하다.

문제	CIC(Computer Integrated Construction ; 건설산업 정보통합화생산)
8	

● [96전(10), 98중후(20)]

I. 개 요

① CIC란 건설 project 수행과 관련된 엔지니어링 분야가 세분화, 전문화됨에 따라 각 분야의 전문가들 사이에 원활한 의사 교환 및 조정의 필요성이 제기됨에 따라 대두되었다.

② 건설산업정보통합화생산은 건설 생산과정에 참여하는 모든 참가자들로 하여금 공사 진행시 모든 과정에 걸쳐 서로 협조하며 하나의 팀으로 구성하여 건설분야의 생산성 향상, 품질확보, 공기단축, 원가절감 및 안전확보를 통한 대외 경쟁력을 높이는데 적절한 system이다.

II. CIC의 개념도

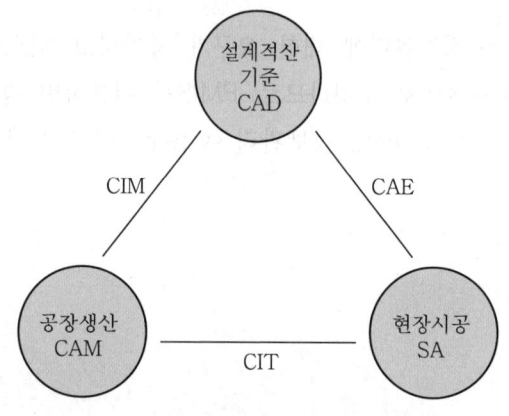

CIM : Computer Integrated Manufacture
CAE : Computer Aided Engineering
CIT : Computer Integrated Transportation
CAD : Computer Aided Design
CAM : Computer Aided Manufacture
SA : Site Automation

III. CIC의 용도(목적)

① 다양한 정보와 조직을 체계화하여 통합한다.
② 각 조직의 목적에 합당하게 정보화 처리한다.
③ 생산 자동화를 통하여 생산성을 증대한다.
④ 건설현장의 생산을 공장화로 추진한다.
⑤ 습식 공법을 건식 공법으로 발전시킨다.
⑥ 건설 부품화에 의한 prefab화를 추진한다.

Ⅳ. CIC 구현방안

1) 경영주의 지원의지 확보
　① CIC의 당위성을 인식한다.
　② 전산화와 자동화를 위한 장기적인 투자의지를 고취시킨다.
　③ CIC가 회사의 조직원에게 미치는 영향을 파악한다.

2) CIC의 팀구성 및 기본계획 수립
　① CIC팀은 기본계획 수립 후 완성한다.
　② 기본계획 수립
　　㉮ 개념 설정 단계
　　㉯ 기능별 요소 설정 단계
　　㉰ 기능별 요소 구현방안 설정 단계

Ⅴ. CIC 구현의 기대 효과

1) 전략적 측면
　① 회사의 이미지 향상
　② 회사의 기술 경쟁력 강화

2) 운영적 측면
　① 설계 및 시공의 생산성 향상
　② 비용절감 및 공기단축
　③ 공기 및 공정의 조화
　④ 설계·시공의 품질향상
　⑤ 원활하고 신속한 의사소통
　⑥ 새로운 건물의 설계·시공에 적응할 수 있는 유연성 확보
　⑦ 건설 robot 사용 기회 부여

3) Project의 효율적 관리
　① 완성된 시설의 유지관리에 대한 시스템을 제공하는 시스템 구현 가능
　② 설계·시공 단계에서 생성된 정보를 제공하는 시스템 구현 가능

VI. CIC의 기반 컴퓨터 기술

1) CAD

① 최종 제품의 기하학적인 형상에 관한 정보를 창출한다.

② 창출된 정보는 해석 및 제조공정으로 연결한다.

③ 표준화 준수

2) CAE

① 컴퓨터를 이용한 해석 및 분석에 적용한다.

② 소요시간의 절약과 그에 따른 경비절감 및 기술 파급효과를 기대한다.

3) 인공지능

인간의 지능이 할 수 있는 사고, 학습, 자기개발 등을 컴퓨터가 할 수 있도록 하는 방법이다.

① 전문가 시스템, 컴퓨터 시각 시스템, 음성이해 시스템 등에 적용한다.

② 신경회로망, 유전이론 등을 연구한다.

③ 건설에서는 계획관리, 수주계획, 기획 및 연구개발 등의 초기 단계에 적용한다.

4) 전문가 system

전문가들의 전문지식 및 문제해결 과정을 인공지능 기법으로 체계화·기호화하여 컴퓨터 시스템에 입력한 것이다.

① 분야별 최고 전문가의 지식을 문제해결에 적용한다.

② 문제의 상황이 변함에 따라 추적, 파악하여 새로운 상황에 대한 해답을 추론한다.

③ 전문가들의 지식을 습득하여 제도화된 지식 베이스를 구축한다.

④ 주요 전문 지식들을 체계화하여 교육 훈련에 이용한다.

5) 객체 지향 DBMS

기존의 데이터베이스 기술들의 단점을 보완하고자 제시된 차세대 데이터베이스 기술이다.

① 개체의 복합화를 추진한다.

② 실제 세계의 의미체계를 표현하는데 유용하다.

6) 시각적 simulation

① 시각효과가 중요시되는 디스플레이 분야에 적용한다.

② 복잡한 시공을 요하는 공사에서 가상적으로 공사를 수행하면 실제 공사 시 시행착오를 줄일 수 있다.

7) 원거리 데이터 통신

① 화상회의 서비스 제공

② 정지화상 서비스 제공

③ PC통신과 DB 검색 서비스 제공

Ⅶ. 개발 방향

① 기업의 국제화 의식을 고취한다.

② 자동화 system을 구축한다.

③ 설계 자동화를 실시한다.

④ 공장 생산부품의 공업화를 실현한다.

⑤ 고도의 정보화를 활용한다.

⑥ 현장시공의 VAN에 의한 정보화를 구축한다.

Ⅷ. 결 론

① 건설 개방화에 따른 외국업체와의 경쟁에서 우위를 확보하기 위해서는 국내업체 특유의 CIC 구현 철학을 정립하여 그에 입각한 과감하고도 치밀한 세부 계획을 세워야 할 것이다.

② CIC가 21세기를 주도할 첨단 건설기술이 될 것임에 따라 건설업체들도 CIC 기술을 확보하지 않고서는 세계건설시장에서 경쟁우위를 확보하기는 불가능하다.

③ 결국 CIC는 21세기 기업 경쟁력과 국가 경쟁력을 확보하기 위한 전략적 기술로 개발되어야 할 것이다.

문제 9 | BIM(Building Information Modeling)

● [08중(25), 10전(10), 11전(25), 16전(10), 16중(25), 18중(10), 19전(10), 19후(10), 20중(25), 21중(25)]

I. 개 요

① BIM(Building Information Modeling)이란 건축정보모델링으로 3차원 가상 공간에서 실제로 건축물을 모델링하여 실제공사 시 발생할 수 있는 여러 문제점을 사전에 검토하여 원활한 공사진행이 가능하도록 하며, 부가적인 프로그램과 결합하여 다양한 환경평가가 가능한 시스템이다.

② BIM은 3D의 가상 세계에서 미리 건물을 설계하고, 시공까지 해보는 개념 으로, 설계과정과 시공과정에서 발생하는 문제점을 미리 예측할 수 있으며, 각 공정이 Data Base화 되어서 환경부하, 에너지소비량 분석, 탄소배출량 확인, 견적·공기·공정 등 알고싶은 모든 정보를 제공하는 System이다.

II. 필요성

1) 환경부하 측정 및 에너지 분석

① 자재에 따른 환경부하량 계산 가능

② 건축물의 방위에 따른 에너지 소모량 분석

③ 건축물 준공 후 전체 에너지 소비량 측정 가능

2) 탄소배출량 확인

① 부가적인 Program과 결합하여 건축물의 탄소배출량 측정

② 신재생에너지의 적용으로 인한 탄소배출량 변동측정 가능

③ 건축물 준공 후 발생되는 전체 탄소배출량의 사전 확인

3) 생산성과 투명성 향상

① 공사 참여자가 3D 정보를 손쉽게 이해하고, 원활하고 신속한 의사결정 가능

② 공기 단축과 상호 이해 증진으로 신뢰성 증대

③ 생산성의 획기적 향상

4) 정확한 사업성 보장

① BIM은 정확한 물량 산출이 가능하고 공기상의 위험성이 사전에 파악되므 로 사업에 필요한 정확한 견적산출 가능

② 정확한 원가계산과 공기 산출로 안전성과 생산성 향상 및 상호 신뢰성 증진

5) 설계 변경 용이

① 손쉬운 설계변경과 디자인 개발 가능

② 설계변경이 손쉽고 3D 가상공간에 다양한 설계개발 가능

③ 디자인된 새로운 공간의 느낌과 효용성의 사전 검증 가능

6) 설계와 시공 data base 누적

① 모든 과정이 data화로 지속적 정보 축적

② BIM은 비용절감, 공기단축, 독창적인 디자인과 효율적인 건물 운영이 가능한 핵심기술

7) 국제 경쟁력 제고

여러차례 실제로 시공되어진 검증된 핵심기술

Ⅲ. 활용방안

1) 친환경 건축물 축조

① 건축물 전체에 사용되는 에너지의 저감

② 건축물 준공 후 발생되는 탄소배출량 저감

③ LCC 관점에서 경제적이고 친환경적인 건축물 축조

2) 생산성 향상

① 공사금액과 공사일정의 투명화로 건설 생산성 향상

② 발주자와 건설업체 간에 발생되는 공사비 증감의 원인을 쉽게 파악 가능

3) 건설 claim 감소

① 건설 claim의 진행 방향

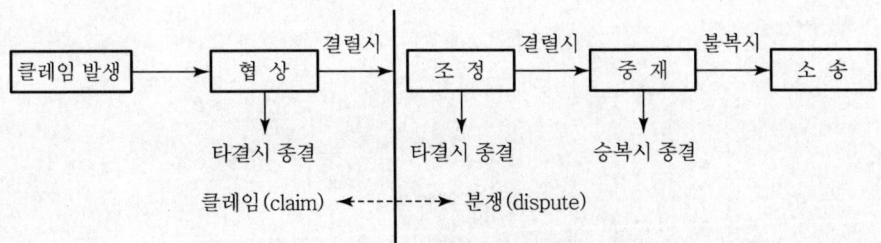

해결되지 않은 클레임은 분쟁으로 발전하게 되며, 이런 분쟁의 해결에는 조정이나 소송 등의 여러 가지 방법들이 사용

② 건설공사에서 BIM의 적용으로 건설 claim의 감소

4) 설계의 선진화

① 기존 설계사무소의 전근대적인 설계방식에서 건물 디자인 능력 향상에 기여
② 설계 기술자의 설계 능력 향상 및 건물 디자인 능력 향상에 기여

5) 산·학·연의 연계 강화

① 학계에서 연구하고 발표되는 신기술을 설계에서 쉽게 적용 가능성을 확인 가능
② 설계 가능한 기술은 현장에서 적용 가능하므로 상호 간 communication 양호
③ 학계와 실무의 교류 증진에 기여

6) 신기술 적용 용이

① 신기술은 3D system으로 사전 검토 가능
② 신기술의 보완 및 향상작업이 3D system에서 가능
③ 실용성이 확인된 신기술의 적용에 유리

Ⅳ. 결론

① 국내에는 공공건축 프로젝트에 BIM을 통한 기본 실시설계가 적용되고 있으며 민간으로도 확산되고 있다.
② BIM의 적극적 도입으로 공사관리 전반에 걸쳐 공정, 품질, 원가 등의 비약적인 발전이 예상된다.

문제

10

건설 CALS(Continuous Acquisition and Life cycle Support)

● [97중후(20), 00전(10)]

Ⅰ. 개 요

① 건설 CALS란 건설업의 기획, 설계, 계약, 시공, 유지관리 등 건설 생산활동의 전과정을 통하여 정보를 발주기관, 건설 관련 업체들이 computer 전산망을 통해 신속하게 교환 및 공유하여 건설사업을 지원하는 건설분야 통합 정보 시스템을 말한다.
② 고도정보화 시대의 국제 경쟁력을 강화하기 위해 정부에서 대규모의 자금을 투입하여 CALS를 적극 추진하고 있다.

Ⅱ. CALS의 개념도

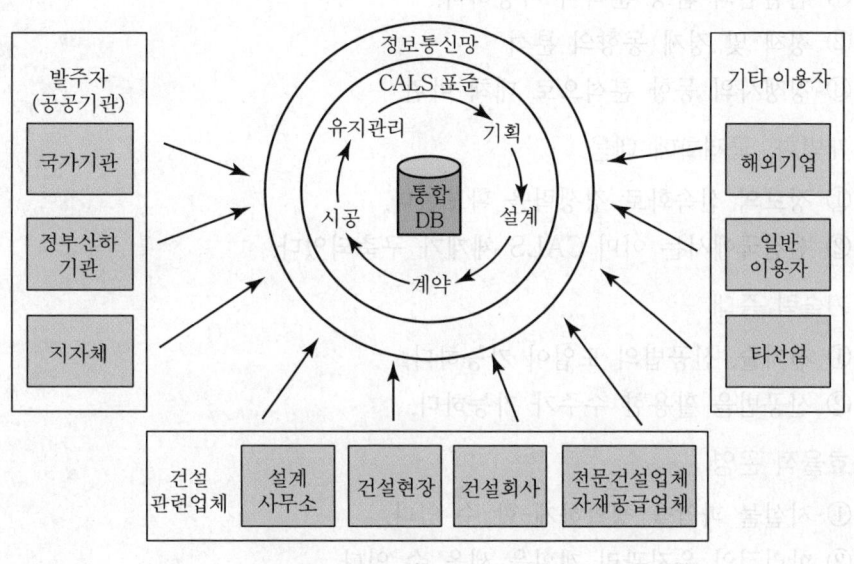

Ⅲ. CALS 정의의 변화

연 도	CALS 의미의 변화
1985	컴퓨터에 의한 병참지원(computer-aided logistic support)
1988	컴퓨터에 의한 조달과 병참 지원(computer-aided acquisition & logistic support)
1993	계속적인 조달과 라이프사이클 지원(continuous acquisition & life-cycle support)
1995	광속전자 상거래(commerce at light speed)

Ⅳ. 건설 CALS의 필요성

1) 입찰 및 인·허가 업무의 투명성

① 건전한 입찰 및 계약 풍토를 조성한다.

② 민원의 일괄처리로 국민 생활의 편의를 제공한다.

③ 입찰, 계약, 인·허가 과정에서 투명성이 보장된다.

2) 업체의 경쟁우위 확보

① 건설업의 환경 분석이 가능하다.

② 정책 및 경제 동향의 분석

③ 경쟁사의 동향 분석으로 대책 마련

3) 개방화, 국제화에 대응

① 정보의 신속화로 경쟁력을 확보한다.

② 선진국에서는 이미 CALS 체계가 구축되었다.

4) 기술력 증대

① 신기술, 신공법의 도입이 가능하다.

② 신공법을 활용한 수주가 가능하다.

5) 효율적 운영

① 시설물 파악을 정확하게 할 수 있다.

② 합리적인 유지관리 계획을 세울 수 있다.

6) 생산성 향상

① 공사계획 및 관리의 합리화

② EC화 및 시공의 자동화 도모

③ 합리적인 자원 투입 가능

7) 수주능력 향상

① 수주 전략의 수립이 가능하다.

② 건설시장의 동향 파악이 가능하다.

V. CALS의 목표

① 종이 없이 업무 수행이 가능한 체계를 구축한다.

② System 획득 및 개발 기간이 단축된다.

③ 정보화 경영혁신 및 비용을 절감한다.

④ 종합적 품질 향상 및 생산성이 향상된다.

VI. CALS의 구축 단계

1) 1단계

① Database의 표준화

② 조달청 연계로 입찰 및 자재조달 시범 실시

2) 2단계

① 일정금액의 공공공사에서 시범 실시

② 설계, 시공, 유지관리 등 분야별 시범 실시

3) 3단계

① 모든 건설 정보의 통합 전산망을 구축한다.

② 공공 건설공사에서의 CALS를 적용한다.

③ 국내 종합물류망 및 선진국 정보망과 연계하여 구축한다.

④ 점차로 민간공사에 파급을 지원한다.

VII. 건설업체의 CALS 활용효과

1) 시간단축

① 견적의뢰 시간의 단축

② 통화대기 시간의 단축

2) 구매 system 구축

통신을 이용하여 자재 전자구매 시스템 구축

3) 원거리 감리 가능

현장에서 PC통신으로 보내온 사진과 자료에 의해 본사에서 감리가 가능하다.

4) 계측 결과치 공유

① 각종 계측 데이터를 그래픽 처리해서 활용 가능
② 리엔지니어링의 실현으로 업무의 낭비가 감소한다.

5) 인·허가 시간의 단축

① 계약 및 각종 인·허가 시간의 낭비 요소가 없어진다.
② 인·허가 업무의 투명성이 제고된다.

Ⅷ. 문제점

① 조사, 기획 단계에서의 전문인력 부족
② 기초조사, 기획 과정 소홀로 인한 부실설계로 예산 낭비
③ 표준공종 체계 미설정
④ 정부의 전산 시스템 부족과 네트워크 미구축
⑤ 정보화 수준이 타업체에 비해 미흡

Ⅸ. 개선방향

1) 건설사업 절차 개선

① 인·허가 업무의 표준화 체계의 구축
② 민원업무의 전자처리 체계의 구축
③ 표준시방서의 전자 매뉴얼화
④ 건설사업 통합 시스템의 개발

2) 정보의 교환 체계 확충

① 건설 CALS의 통신망 구축
② 건설 CALS의 표준화 개발 및 실시
③ 통합 database 구축

3) 제도 정비

① 건설 CALS의 기본 계획 및 추진팀 구성
② 건설 CALS 관련 제도의 정비
③ 건설 관련 업체에 교육 및 홍보
④ 공공사업부터 CALS 체계의 운영 의무화

X. 결 론

① 건설사업의 복잡화, 대형화 추세에 따라 건설경영 및 기술의 고도화가 필요하며, 또한 건설업의 개방화와 국제 경쟁력의 향상을 위해 CALS 시스템의 구축이 시급하게 되었다.

② 이미 선진국에서는 CALS 시스템의 구축이 완료되어 수주 및 건설관리에 적용되고 있으므로 국내에서도 정부의 강력한 의지로 제반 문제점을 해결하여 정부 주도하에 CALS 체계의 운영을 구축해야 한다.

Work breakdown structure(작업분류체계)

● [94후(25), 00전(10), 02중(25), 06전(25), 15후(10)]

I. 개 요

① 공사를 효율적으로 계획하고 관리하고자 할 때, 그 공사내용을 조직적으로 분류하여, 목표를 달성하는데 이용해야 한다.

② 공사내용의 분류방법에는 목적에 따라 WBS, OBS, CBS 방법 등이 있으며, 경제적이고 5M의 활용을 통하여 최상의 시공관리에 그 목적이 있다.

③ WBS는 공사내용을 작업에 주안점을 둔 깃으로 공종별로 계속 세분화하면 공사내역의 항목별 구분까지 나타낼 수 있다.

II. Breakdown structure 종류

Breakdown structure ┬ WBS(Work Breakdown Structure : 작업분류체계)
├ OBS(Organization Breakdown Structure : 조직분류체계)
└ CBS(Cost Breakdown Structure : 원가분류체계)

III. WBS 필요성

① 작업내용 파악
② 작업 상호관계의 조정 용이
③ 작업량과 투입인력 분배
④ 작업별 예산 파악

Ⅳ. WBS

1) WBS(작업분류체계)

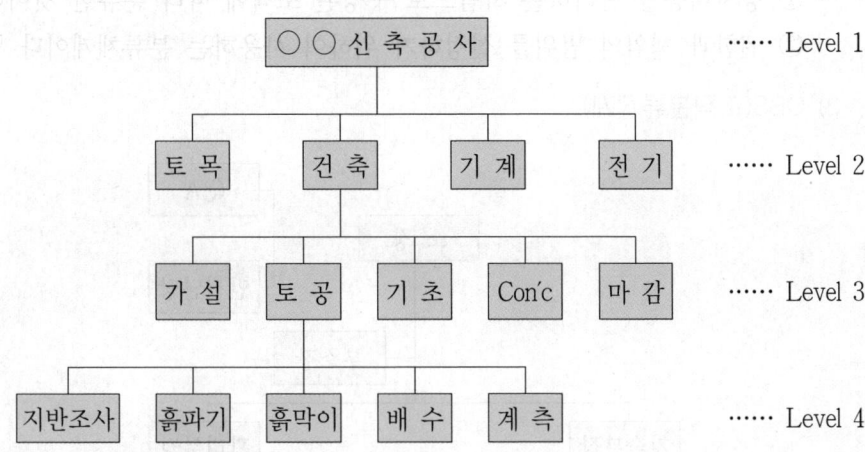

2) 분 류
① 공종별로 분류할 수 있고, level(계층) 구조를 가진다.
② 하위계층 수준까지 계속 내려가면 공사내역의 항목별 구분까지 나타낼 수 있다.
③ 일반적으로 4단계까지의 분류를 많이 사용하며, 이는 원가분류체계와 밀접한 관계가 있으므로 서로의 자료연계와 공유가 용이하다.
④ 경영자, 관리자 및 담당자 등의 업무 범위나 내용에 따라 요구되는 계층수준이 다르고 관리 목표에 따라 분류방법이 다를 수 있다.

3) 유의사항
① 공사내용의 중복이나 누락이 없어야 한다.
② 관리가 용이한 분류체계가 되어야 한다.
③ 합리적인 분류체계가 되어야 한다.
④ 분류체계의 최소단위에서는 물량과 인력이 각 단위 요소별로 명확히 분류되어야 한다.
⑤ 실작업의 물량과 투입인력을 관리할 수 있는 분류가 되어야 한다.

V. OBS

1) 의 의

① 공사내용을 관리하는 사람으로 구성된 조직에 따라 분류한 것이다.
② 권한과 책임의 범위를 설정하기 위하여 사용하는 분류체계이다.

2) OBS(조직분류체계)

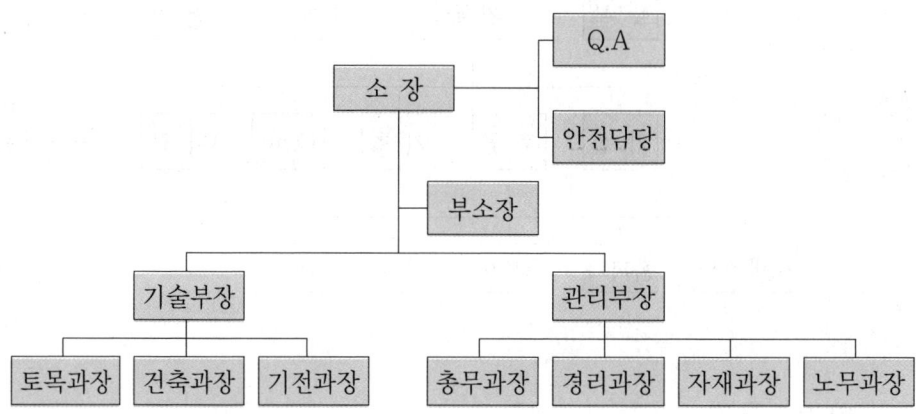

VI. CBS

1) 의 의

① 공사내용을 원가발생요소의 관점에서 분류한 것이다.
② 자원의 성격에 따라 재료비, 노무비, 경비 등으로 나누어 투입한 원가를 대비하여 분석할 수 있다.

2) CBS(원가분류체계)

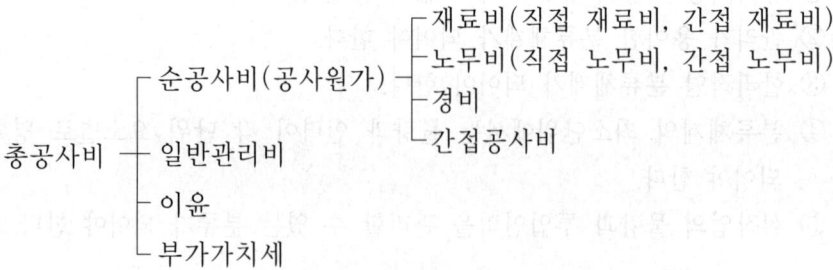

Ⅶ. 3차원으로 본 각 분류 체계 관계

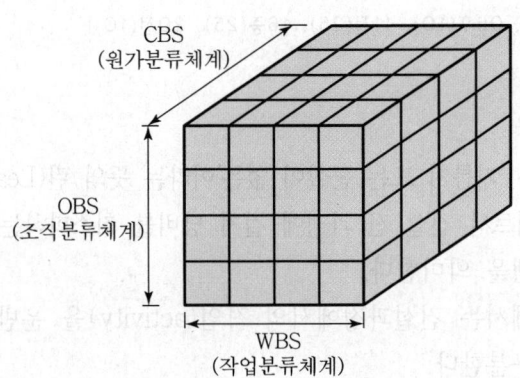

① WBS는 작업에 따라, OBS는 조직에 따라, CBS는 원가에 따라 분류한 것이다.

② 공사 전체를 어떤 시각으로 나누어 관리하느냐에 따라 하나의 단위작업의 의미는 달라진다.

③ 3차원 형식으로 표현하면 CBS의 직접공사부분이 WBS이고, 이를 수행하는 주체별로 나눈 것이 OBS라고 할 수 있다.

Ⅷ. 결 론

① 공사의 분류 체계 및 자료로서 WBS의 중요성은 이를 근간으로 협의의 모든 공사관리뿐만 아니라 모든 시방서, 도면, 작업계획, 기술문헌 등이 하나로 통일될 때 의미를 가지게 된다.

② 미국의 건설시방협회가 사용하는 미국 시방서(16 division) 체계의 대분류는 16개의 WBS를 기본으로 하여 분류 체계를 자리잡고 있어 앞으로 우리 건설업계도 UR에 대비하여 좀더 체계적이고 합리적인 WBS에 의한 시공관리를 해야 한다.

문제 12 린 건설(lean construction)

● [04전(25), 06후(10), 11전(25), 16중(25), 20전(10)]

I. 개 요

① 린 건설은 '기름기 또는 군살이 없는'이라는 뜻의 린(Lean)과 건설(Construction)의 합성어로서 건설 전 과정에 걸쳐 낭비를 최소화하는 가장 효율적인 건설생산 시스템을 의미한다.

② 린 건설에서는 건설과정에서의 작업(activity)을 운반, 대기, 시공, 검사의 4단계로 구분한다.

II. 개 념

1. 기본개념

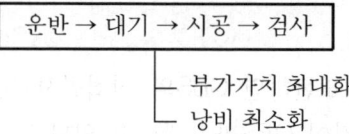

2. 목표

1) 무낭비(Zero waste)

① 시간 낭비의 최소화

② 시공을 제외한 이동, 대기, 검사 작업은 비가치 창출작업이므로 최소화

2) 무재고(Zero inventory)

① 재고를 유지하기 위해서는 구입비용, 창고운영비, 관리비, 각종 세금, 보험료 등 많은 재고비용 발생을 줄이기 위한 just in time 시행

② 재고와 생산효율성의 관계

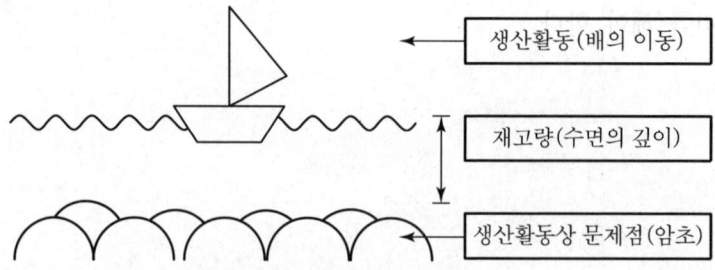

품질 저하, 산만한 작업환경, 운영 미숙, 자재운반 지연.
작업 중단, 장기 결근, 자재 반입 지연 … 등

재고량이 많은 경우에는 여유를 가지고 큰 문제 없이 생산활동을 하는 것처럼 보이지만 생산활동상의 문제점은 인식하지 못하게 되어 나중에 생산의 비효율성을 유발하게 된다. 하지만 재고량이 적으면 문제점을 바로 인식하여 이러한 문제점을 더욱 효과적으로 관리하고 궁극적으로 재고도 줄게 된다.

3) 원가의 낭비

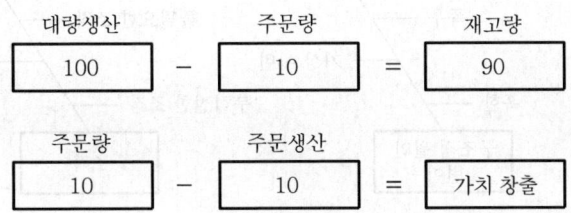

과잉생산은 추가비용을 발생시키는 낭비요소이므로 억제

4) 무결점(Zero defect)

지속적인 개선을 통한 고객만족을 위하여 완벽성 추구

5) 고객만족(Customer satisfaction)

① 린 건설에서는 선행 프로세스를 갖는 후행 프로세스가 고객이 됨

② 고객인 후행 프로세스의 수행자가 만족하지 않으면 완료된 것으로 보지 않음

6) 품질의 낭비

① 최종생산품이 고객의 요구를 만족시키지 못하는 것은 낭비 요소

② 후속공정을 만족시키지 못하는 선행공정의 결과물도 낭비 요소

Ⅲ. 적용요건

1) 변이 관리

① 변이는 시스템에 존재하는 불확실성에 의해 초래되는 것으로 목적물의 성과치가 일정한 값으로 나타나지 않고 불규칙적으로 변하는 현상

② 변이가 크면 클수록 계획에 대한 신뢰성이 저하되므로 이를 극복하기 위해서는 변위관리 필요

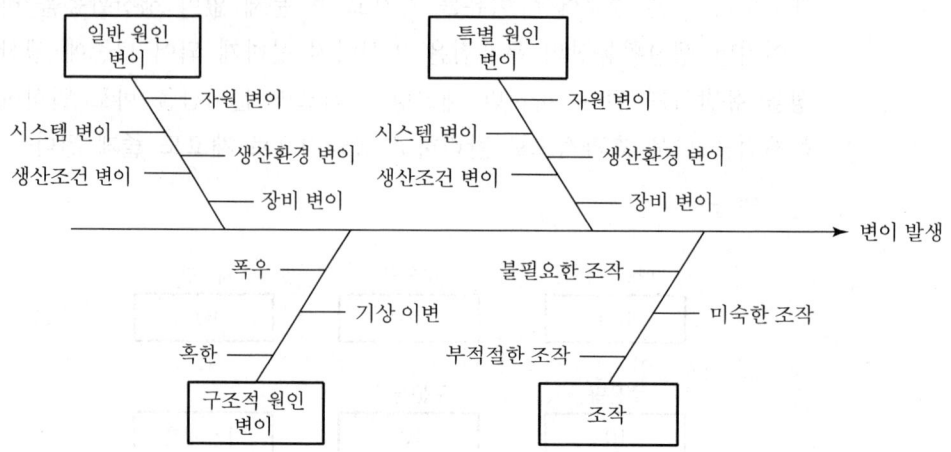

2) 소단위 생산

① 린 건설에서는 대량생산보다는 소단위 생산을 요구

② 소단위 생산은 신속한 시험시공에 의해 낭비요소의 조기 발견 및 조치 가능

3) 당김 생산(Pull-type system)

① 기존의 건설생산은 후행 프로세스를 고려하지 않고 무조건 생산하여 제품을 밀어내는 밀어내기식 생산

② 린 건설은 후속작업의 상황을 고려하여 후속작업의 필요한 품질수준에 맞추어 필요로 하는 만큼만 생산하는 당김식 생산

4) 흐름 생산

① 전체적인 관점에서의 생산 프로세스의 개선이 중요

② 후속공정의 요구에 따른 생산 및 각 공정 간의 의사소통 확립

Ⅳ. 활용방안

1) Just in time(적시생산 시스템)

① 재고가 없는 것을 목표로 하는 생산 시스템

② 자재의 운반 및 작업대기 과정에서의 효율성 극대화

2) 건설 CALS

① 모든 자료와 정보를 디지털화하여 자동화된 환경제공

② 신속한 정보 공유, 유통체계 확립, 비용절감 및 시간단축

3) 표준화 통한 개선

① 낭비요소의 발견 및 분석

② 표준작업, 작업개선, 장비개선

4) Tact 공정관리

① 작업을 층별·공종별로 세분화 → 다공구

② 각 액티비티 작업기간이 같아지게 인원, 장비배치 → 동기화

③ 같은 층내의 작업들의 선후행 단계를 조정한후 층별 작업이 순차적으로 진행될 수 있도록 계획

5) 데이터에 의한 공사관리

① 데이터의 디지털화

② 네트워크를 이용한 정보공유 및 의사소통

③ 디지털화된 정보의 통계분석을 통한 개선점 강구

6) 마감공기 30% 단축

① 린 건설 기법 적용

㉮ 운반대기과정 단축

도면 검토회의 활동

㉯ 처리과정 합리화

Tact 관리기법에 의한 체계적 시공

㉰ 당김식 생산체계 확립

협력업체 간 협의

② 마감공기 단축을 위한 적용기법

㉮ 도면검토회 운영

㉯ 커뮤니케이션 프로세스 확립

㉰ 린 건설에 의한 Tact 관리기법 도입

V. 결 론

건축생산 프로세스의 개선을 위해서는 비가치 창출작업인 운반, 대기, 검사 과정을 최소화하고 가치 창출작업인 시공과정의 효율성을 극대화시킬 필요가 있으므로, 국내 건설환경에 적합한 맞춤형 린 건설 이론과 기법 그리고 도구들이 연구·개발되어야 한다.

문제 13	적시생산방식(Just in time system)

● [97중전(30), 98중후(20), 06중(25)]

Ⅰ. 개 요

① 건설공사 현장에서 소운반이 많을수록 공사가 복잡하고, 위험성 증대·양중 작업 등에 따른 관리상의 많은 문제가 대두되고 있다.

② 적시생산방식이란 소운반을 최소화하기 위하여 경제성·안전성·능률성 등을 종합적으로 검토하고, 현장자재의 적재현상은 감소시켜 무재고 system 이 가능하게 하는 방식이다.

Ⅱ. 개념도

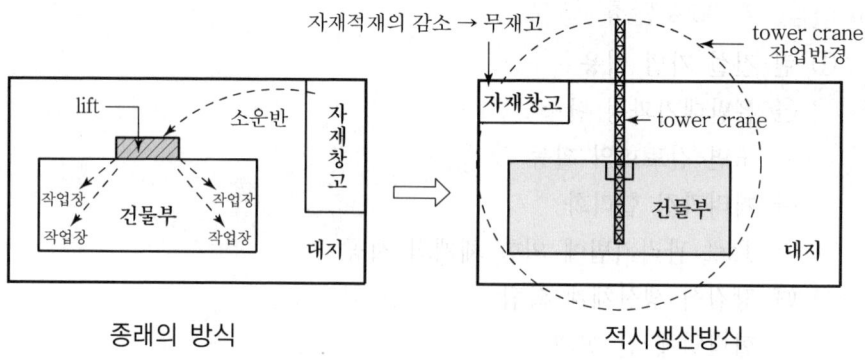

종래의 방식   적시생산방식

Ⅲ. 효과

① 자재반입과 동시에 시공이 가능하므로 공기 단축

② 현장 자재의 적재 감소 및 무재고 가능

③ 현장 정리정돈에 따른 안전성 증대

④ 품질향상

⑤ 공장과 현장의 연계작업 가능

⑥ 노동력 부족에 대처

⑦ 소운반 비용의 절감으로 공사비 절감

⑧ 건설시장 개방에 따른 경쟁력 향상

Ⅳ. 적시생산방식의 특성

1) 설계 방안
   ① 골조의 MC화, 현장제작 공정 축소
   ② 마감의 건식화로 현장 소운반 요소 배제

2) 재료 방안

   경량화 · 고강도화 · 내화성 · 내구성

3) 공정계획 방안

   자재반입계획과 공정진행계획을 비교 검토하여 운반동선 및 소운반의 최소화

4) 자재정리 계획
   ① 자재적재는 lift car 주위에 적재
   ② 자재반입 시 정리계획 마련

5) 가설 공사 시
   ① 표준화 · 경량화 · 강재화 · 기계화
   ② 반복사용 고려, 부속자재의 일체화

6) 골조 PC화
   ① 골조의 PC화로 현장작업 감소
   ② 골조에 사용되는 자재의 무재고 확립

7) 바닥 천창의 unit화
   ① 바닥의 unit화로 현장작업 감소
   ② 천장작업 unit화로 소운반 감소

8) 철근 prefab 공법
   ① 철근이음 · 가공 · 접합의 공정을 공장에서 제작
   ② 현장에서 적시 생산 방식에 따른 조립
   ③ 철근 조립 후 잉여 철근의 무재고 가능

9) 복합화 공법
   ① 골조와 마감재의 일체화
   ② 내외부 마감의 동시화

10) 동선 검토
   ① 자재 적재 장소에서 시공 위치까지 짧은 동선
   ② 운반 동선 위치 내의 장애물 제거 및 최단거리 확보

V. 무재고(Zero inventory)

1) 재고의 문제점

재고를 유지하기 위해서는 구입비용, 창고운영비, 관리비, 각종 세금, 보험료 등 많은 재고비용 발생

2) 재고와 생산효율성의 관계

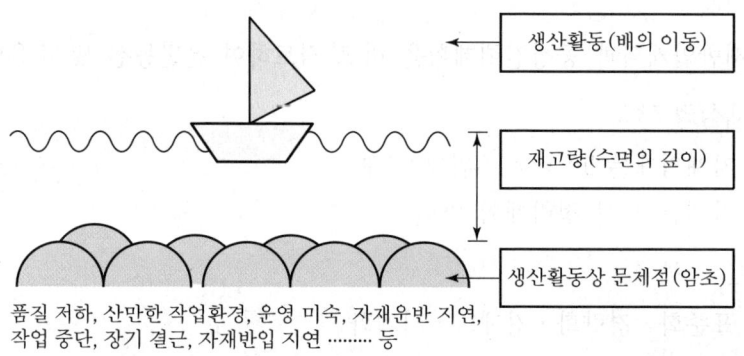

품질 저하, 산만한 작업환경, 운영 미숙, 자재운반 지연, 작업 중단, 장기 결근, 자재반입 지연 ········ 등

① 재고량이 많은 경우에는 여유를 가지고 큰 문제없이 생산 활동을 하는 것처럼 보이지만 생산 활동상의 문제점은 인식하지 못하게 되어 나중에 생산의 비효율성을 유발하게 된다.

② 재고량이 적으면 문제점을 바로 인식하여 이러한 문제점을 더욱 효과적으로 관리하고 궁극적으로 재고도 줄게 된다.

대량생산		주문량		재고량
100	−	10	=	90

주문량		주문생산		
10	−	10	=	가치 창출

3) 원가의 낭비

과잉생산은 추가비용을 발생시키는 낭비요소이므로 억제

Ⅵ. 개발방향

① 공업화 건축의 지속적 개발
② Just in time system의 활성화
③ 양중장비 시설의 현대화
④ 공정관리 system에 의한 적시 공급
⑤ 복합화 공법에 따른 양중 횟수의 최소화

Ⅶ. 결 론

소운반을 최소화하기 위한 적시생산시스템의 활성화를 위해서는 공업화 건축의 지속적인 개발에 노력해야 한다.

chapter

11장 | 공정관리

1절 개 론

1. 공정관리기법 ··· 1428
2. Network 공정표의 작성요령 ····················· 1434
3. 공기단축기법 ··· 1443
4. 자원배당계획 ··· 1447
5. 공정관리에 있어서 진도관리(follow up) ········· 1449
6. 시간과 비용의 통합관리기법(EVMS) ··············· 1451
7. 공기와 시공속도 ··· 1454
8. 공정마찰의 발생원인과 해소 방안 ················· 1458
9. 공기지연 ··· 1463

1. 공정관리기법에 대하여
   ㉮ Gantt식 공정관리와 PERT/CPM식에 의한 공정관리의 장단점을 비교하고,
   ㉯ 다음 공정망(network)의 소요일수 및 주공정선(Critical path)을 구하라. [76, 25점]

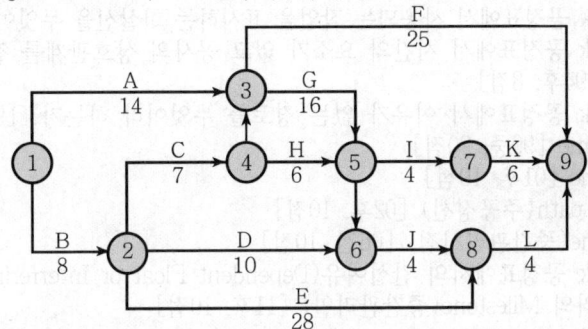

2. 연 60평의 주택을 신축하기 위한 공정표를 Gantt식과 PERT식으로 작성하고 공정관리
   상의 장단점에 대하여 비교 설명하라. [78전, 25점]
   (단, 공기 : 10일, 구조계획 : 임의, 지반 : 견고)
3. 새로운 공정관리기법에 관하여 설명하여라. [81후, 25점]
4. C.P.M/PERT의 차이 [95후, 15점]
5. Network 공정표와 bar chart 공정표를 실례 및 그 장단점을 기술하시오. [97중후, 30점]
6. PDM(Precedence Diagramming Method) [99중, 20점]
7. PERT-CPM 공정표의 현장 활용 실태를 설명하고 적용 활성화를 위한 방안을 기술하
   시오. [99중, 30점]
8. CPM 공정표 작성기법 중 ADM(Arrow Diagramming Method) 기법과 PDM(Pre-
   cedence Diagramming Method)에 대하여 장단점을 비교 설명하시오. [00중, 25점]
9. 공정관리에서 L.O.B(Line of Balance) [02전, 10점]
10. 공정관리의 overlapping 기법 [05전, 10점]
11. C.P.M과 PERT에 대하여 비교 기술하시오. [05전, 25점]
12. 네트워크 공정관리기법 중 화살형 기법(AOA : Activity On Arrow)과 노드형 기법
    (AON ; Activity On Node)을 설명하고 특징을 비교 분석하시오. [05중, 25점]
13. TACT 공정 관리에 대하여 기술하시오. [05중, 25점]
14. LOB(Line of Balance) [06전, 10점]
15. 공정관리에서의 LSM(Linear Scheduling Method)기법 [18전, 10점]
16. 공정관리기법이 전통적인 ADM기법에서 Overlapping Relationships를 갖는 PDM기법
    으로 변화하는 원인과 이에 대한 건설현장의 대책에 대하여 기술하시오. [09전, 25점]
17. TACT 기법 [10후, 10점]
18. PDM(Precedence Diagramming Method) 공정관리기법의 중복관계를 설명하고 중복
    관계의 표현상 한계점에 대하여 설명하시오. [11중, 25점]
19. PDM(Precedence Diagramming Method)기법 [21전, 10점]
20. TACT 공정관리의 특성과 공기단축효과에 대하여 설명하시오. [12후, 25점]
21. 선형공정계획(Linear Scheduling) [14중, 10점]
22. 공정관리에서 LOB(Line Of Balance)공정표 [14후, 10점]

2	23. 네트워크 공정표(network progress chart)의 작성요령을 상세히 설명하라. [78전, 25점] 24. Node time [83, 5점] 25. 공정표에서 dummy [93후, 8점] 26. Network 공정표에서 사용되는 작업을 표시하는 화살선을 무엇이라 하는가? [94후, 5점] 27. Network 공정표에서 시간의 요소가 없고 공사의 상호관계를 점선 화살표로 표시하는 것은? [94후, 8점] 28. Network 공정표에서 여유가 없는 경로를 무엇이라 하는가? [94후, 5점] 29. Lead time [99중, 20점] 30. Milestone [01후, 10점] 31. Critical path(주공정선) [02후, 10점] 32. Milestone(중간관리시점) [06전, 10점] 33. Network 공정표에서의 간섭여유(Dependent Float or Interfering Float) [11전, 10점] 34. 공정관리의 Milestone(중간관리일) [11후, 10점]
3	35. 총비용(total cost) [91전, 8점] 36. 특급점(Crash Point) [92전, 8점] 37. 최적공기 [94전, 8점] 38. Network 공정표의 공기 단축을 위하여는 작업순서의 형과 작업 소요시간의 단축 등의 기법이 사용된다. 이러한 Network 공정표의 공기조정기법에 대하여 현장 사례에 따른 구체적인 방법을 들고 설명하시오. [95전, 40점] 39. 비용 구배 [95중, 10점] 40. 최적 공기 [95중, 10점] 41. 공기단축과 공사비와의 관계 [98전, 20점] 42. Cost slope(비용 구배) [99중, 20점] 43. Cost slope(비용 구배) [00중, 10점] 44. 특급점(Crash Point) [00후, 10점] 45. MCX(Minimum Cost Expediting)기법 [00후, 10점] 46. Cost slope(비용 구배) [05후, 10점] 47. Tack 공정관리기법 [08중, 10점] 48. 공정관리의 급속점(Crash Point) [09중, 10점] 49. 네트워크 공정표의 공기단축에서 MCX(Minimum Cost Expediting)나 SAM(Siemens Approximation Method) 기법 등에 의한 공기단축에 앞서 실시하는 네트워크 조정기법에 대하여 설명하시오. [09후, 25점] 50. 비용구배(Cost slope) [13전, 10점]
4	51. 공정관리 시 자원배당(resource allocation)의 정의와 방법 및 순서에 대하여 설명하시오. [96후, 40점] 52. 인력부하도와 균배도 [99전, 20점] 53. 자원분배(resource allocation) [01후, 10점] 54. 다음 공정표에서 일일 작업에 공급될 수 있는 최대 동원자원(인력)이 3명일 경우, 자원할당(Resource Allocation)에 의한 최소 공사기간을 산출하시오. [04전, 25점]

개론 기출문제

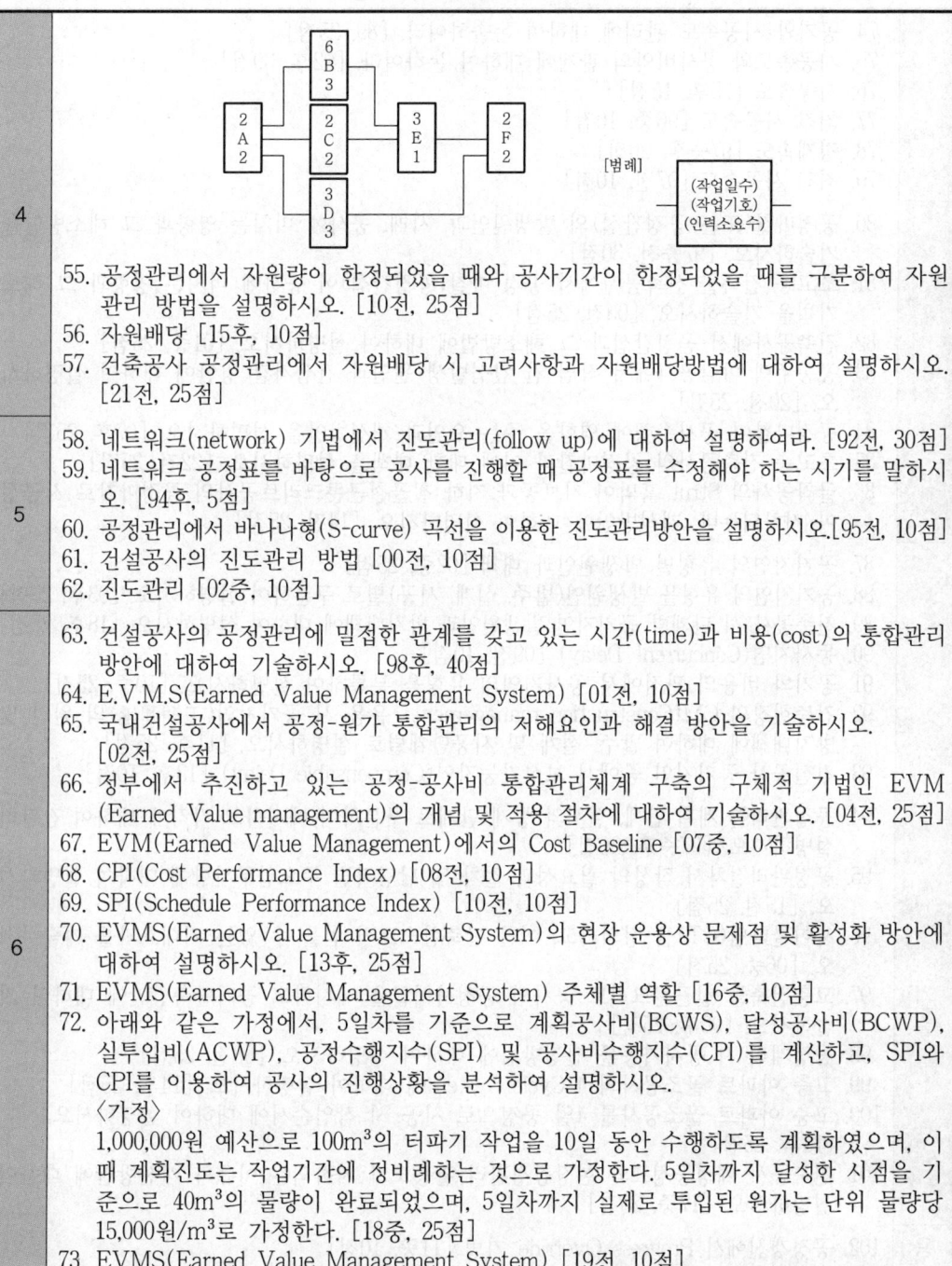

[범례]

(작업일수)
(작업기호)
(인력소요수)

4

55. 공정관리에서 자원량이 한정되었을 때와 공사기간이 한정되었을 때를 구분하여 자원 관리 방법을 설명하시오. [10전, 25점]

56. 자원배당 [15후, 10점]

57. 건축공사 공정관리에서 자원배당 시 고려사항과 자원배당방법에 대하여 설명하시오. [21전, 25점]

5

58. 네트워크(network) 기법에서 진도관리(follow up)에 대하여 설명하여라. [92전, 30점]

59. 네트워크 공정표를 바탕으로 공사를 진행할 때 공정표를 수정해야 하는 시기를 말하시 오. [94후, 5점]

60. 공정관리에서 바나나형(S-curve) 곡선을 이용한 진도관리방안을 설명하시오.[95전, 10점]

61. 건설공사의 진도관리 방법 [00전, 10점]

62. 진도관리 [02중, 10점]

6

63. 건설공사의 공정관리에 밀접한 관계를 갖고 있는 시간(time)과 비용(cost)의 통합관리 방안에 대하여 기술하시오. [98후, 40점]

64. E.V.M.S(Earned Value Management System) [01전, 10점]

65. 국내건설공사에서 공정-원가 통합관리의 저해요인과 해결 방안을 기술하시오. [02전, 25점]

66. 정부에서 추진하고 있는 공정-공사비 통합관리체계 구축의 구체적 기법인 EVM (Earned Value management)의 개념 및 적용 절차에 대하여 기술하시오. [04전, 25점]

67. EVM(Earned Value Management)에서의 Cost Baseline [07중, 10점]

68. CPI(Cost Performance Index) [08전, 10점]

69. SPI(Schedule Performance Index) [10전, 10점]

70. EVMS(Earned Value Management System)의 현장 운용상 문제점 및 활성화 방안에 대하여 설명하시오. [13후, 25점]

71. EVMS(Earned Value Management System) 주체별 역할 [16중, 10점]

72. 아래와 같은 가정에서, 5일차를 기준으로 계획공사비(BCWS), 달성공사비(BCWP), 실투입비(ACWP), 공정수행지수(SPI) 및 공사비수행지수(CPI)를 계산하고, SPI와 CPI를 이용하여 공사의 진행상황을 분석하여 설명하시오.

〈가정〉

1,000,000원 예산으로 100m³의 터파기 작업을 10일 동안 수행하도록 계획하였으며, 이 때 계획진도는 작업기간에 정비례하는 것으로 가정한다. 5일차까지 달성한 시점을 기준으로 40m³의 물량이 완료되었으며, 5일차까지 실제로 투입된 원가는 단위 물량당 15,000원/m³로 가정한다. [18중, 25점]

73. EVMS(Earned Value Management System) [19전, 10점]

7	74. 공기와 시공속도 관리에 대하여 논술하여라. [89, 25점] 75. 시공속도와 공사비와의 관계에 대하여 논하여라. [92후, 30점] 76. 시공속도 [95후, 15점] 77. 최적 시공속도 [96중, 10점] 78. 경제속도 [97중후, 20점] 79. 최적 시공속도 [07전, 10점]
8	80. 공정마찰(또는 공정간섭)의 발생원인과, 사례, 공사에 미치는 영향과 그 해소방안을 기술하시오. [97중전, 30점] 81. 초고층 건축물 신축공사에서 공정 마찰(공정간섭)이 공사에 미치는 영향과 그 해소기법을 기술하시오. [00전, 25점] 82. 건축공사에서 공정간섭과 그 해소방법에 대하여 설명하시오. [01중, 25점] 83. 공동주택 마감공사에서 작업 간 간섭발생 원인과 간섭저감 방안에 대하여 설명하시오. [20전, 25점] 84. 공정마찰이 공사수행에 영향을 주는 요인과 개선방안을 설명하시오. [07후, 25점] 85. 초고층 건축공사의 공정마찰과 이에 대한 대책을 설명하시오. [22전, 25점] 86. 굴착공사의 Strut 흙막이 지보공과 지하 철골철근콘크리트공사의 공정마찰로 시공성이 저하되는바, 개선방안에 대하여 설명하시오. [14전, 25점]
9	87. 공기지연의 유형별 발생원인과 대책 [02중, 25점] 88. 공기지연의 유형을 발생원인(발주, 설계, 시공)별로 구분하여 설명하시오. [03후, 25점] 89. 건축공사 시 단계별 공기지연 발생원인과 방지대책에 대하여 설명하시오. [18후, 25점] 90. 동시지연(Concurrent Delay) [09전, 10점] 91. 공기와 비용의 관점에서 공사지연의 유형을 분류하여 설명하시오. [10중, 25점] 92. 건축현장의 CM(Construction management) 운용 시 공기지연(工期遲延)의 원인 및 방지대책에 대하여 발주, 설계 및 시공단계별로 설명하시오. [11후, 25점] 93. 건설공사 공기지연 중에서 보상가능지연(Compensable Delay) [13후, 10점]
기 출	94. 공정관리를 계획 단계, 실시와 통제 단계로 구분하여 예시하고 각각에 대하여 간단히 설명하시오. [97중후, 30점] 95. 공정관리절차서 작성의 필요성과 절차 및 담당자별 주요업무사항에 대하여 설명하시오. [15전, 25점] 96. 사이클타임(CT)을 정의하고, 이를 단축함으로써 얻을 수 있는 기대효과를 기술하시오. [06중, 25점] 97. 고층건축물 철근콘크리트 공사의 공정사이클을 제시하고 공기단축방안에 대하여 기술하시오. [06후, 25점] 98. 공정계획 시 공사가동률 산정방법에 대하여 설명하시오. [08전, 25점] 99. 고층 아파트 골조공사의 4-Cycle System에 대하여 설명하시오. [14후, 25점] 100. 고층 아파트 골조공사를 4일 공정으로 시공 시 작업순서에 대하여 설명하시오. [16후, 25점] 101. 건축공사 예정공정표와 현장공정관리 활용도가 저하되는 이유와 개선방안에 대하여 설명하시오. [17중, 25점]
용 어	102. 공정갱신에서 Progress Override 기법 [11중, 10점] 103. 공정관리의 Last Planner System [14전, 10점]

세상에서
가장 아름답고 소중한 것은
보이거나 만져지지 않는다.
단지 가슴으로만 느낄 수 있다.

- 헬렌 켈러 -

<table>
<tr><td>문제
1</td><td>공정관리기법</td></tr>
</table>

● [76(25), 78전(25), 81후(25), 95후(15), 97중후(30), 99중(30), 99중(20), 00중(25),
02전(10), 05전(25), 05전(10), 05중(25), 06전(10), 09전(25), 10후(10), 11중(25),
12후(25), 14중(10), 14후(10), 18전(10), 21전(10)]

I. 개 요

① 공정관리는 건축생산에 필요한 자원 5M을 경제적으로 운영하여 주어진 공기
내에 좋고, 싸고, 빠르고, 안전하게 건축물을 완성하는 관리기법을 말한다.

② 공정관리를 위해서는 작업의 순서와 시간이 병시되고, 공사 전체가 일목요
연하게 나타나 있는 공정표를 작성하여 운영한다.

II. 공정표의 종류

1) Gantt식 공정표

① 횡선식 공정표

② 사선식 공정표

2) Network식 공정표

① PERT(Program Evaluation and Review Technique)

② CPM(Critical Path Method)

3) 기타 공정표

① PDM(Precedence Diagraming Method)

② Overlapping

③ LOB(Line Of Balance)

III. Gantt식 공정표

1) 횡선식 공정표

① 공정별 공사를 종축에 순서대로 나열하고, 횡축에 날짜를 나타내고, 공정을
횡선으로 표시한다.

② 횡선의 길이는 작업소요시간이다.

③ 생산경로를 간단하게 표시한다.

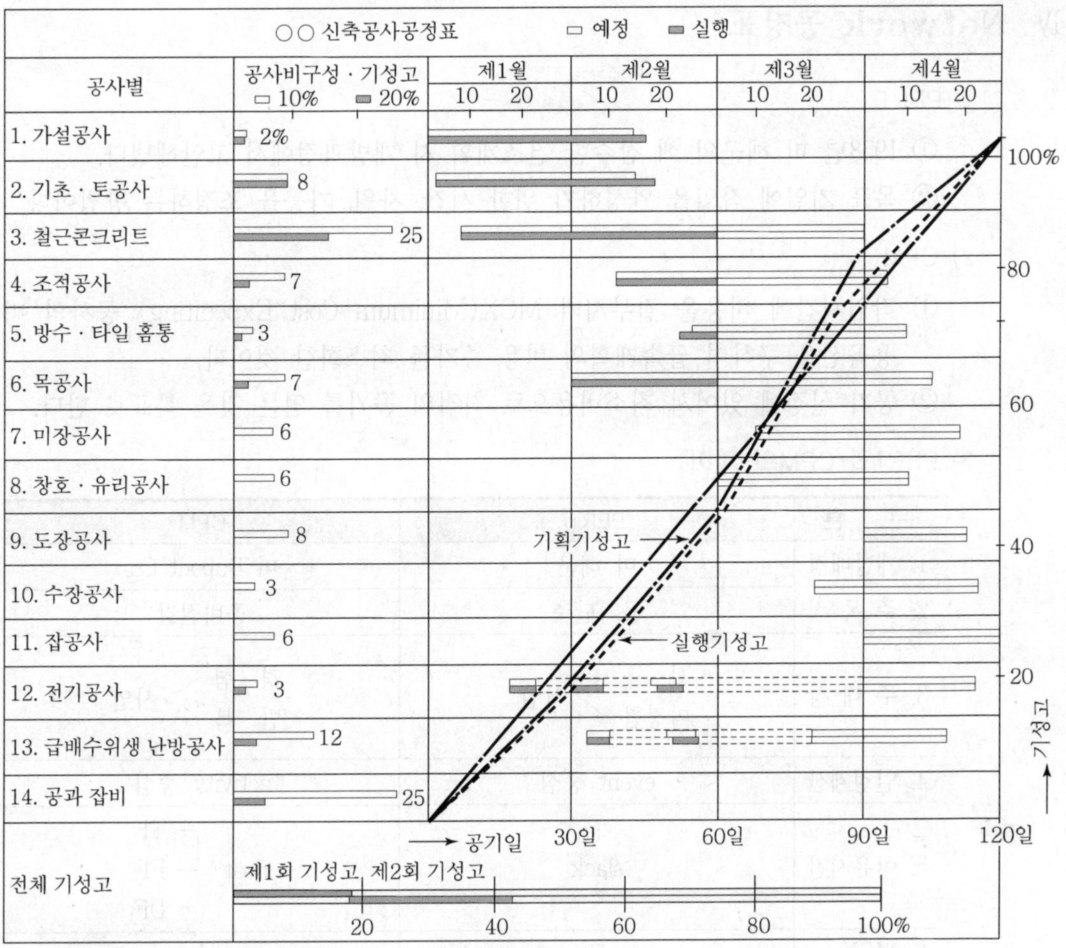

공사별	공사비구성 · 기성고 ☐ 10% ▨ 20%	제1월 10 20	제2월 10 20	제3월 10 20	제4월 10 20
1. 가설공사	2%				
2. 기초 · 토공사	8				
3. 철근콘크리트	25				
4. 조적공사	7				
5. 방수 · 타일 홈통	3				
6. 목공사	7				
7. 미장공사	6				
8. 창호 · 유리공사	6				
9. 도장공사	8				
10. 수장공사	3				
11. 잡공사	6				
12. 전기공사	3				
13. 급배수위생 난방공사	12				
14. 공과 잡비	25				

○○ 신축공사공정표   ☐ 예정   ▨ 실행

기획기성고 →

실행기성고 →

→ 100%

→ 80

→ 60

→ 40

→ 20

기성고 →

→ 공기일   30일   60일   90일   120일

전체 기성고

제1회 기성고 제2회 기성고

20   40   60   80   100%

횡선식 공정표

2) 사선식 공정표

① 매일 기성고를 누계곡선으로 표현하고, 실적을 대비해 보는 방법이다.

② 공사 지연에 조속히 대처할 수 있다.

③ 횡선식 공정표와 병용하기도 하며, 금액 check가 가능하다.

④ 기성고 곡선에서는 계획선 상하 허용한계선을 설치하여 공정을 조정하는데, 이 상하 허용한계선을 바나나 곡선(공정관리곡선)이라 한다.

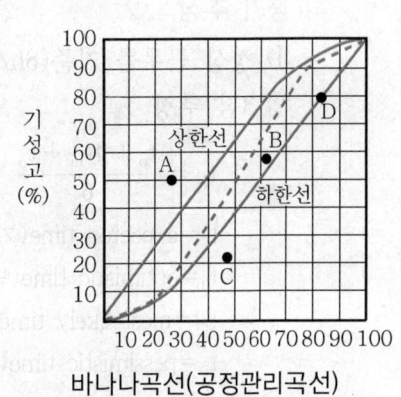

바나나곡선(공정관리곡선)

Ⅳ. Network 공정표

1) PERT

① 1958년 미 해군의 핵 잠수함 건조계획 시 개발과정에서 고안해냈다.

② 목표 기일에 작업을 완성하기 위한 시간, 자원, 기능을 조정하는 방법이다.

2) CPM

① 작업시간에 비용을 결부시켜 MCX(Minimum Cost Expediting) 공사의 비용곡선을 구하여 급속계획의 비용 증가를 최소화한 것이다.

② 공기 설정에 있어서 최소비용으로 최적의 공기를 얻는 것을 목표로 한다.

3) PERT와 CPM의 차이

구 분	PERT	CPM
1. 개발배경	미 해군	미 Dupont Co.
2. 주 목 적	공기단축	공비절감
3. 주 대 상	신 규 미경험 $>$ 사업	경 험 반 복 $>$ 사업
4. 일정계산	event 중심	activity 중심
5. 여유시간	slack	float ┬ TF ├ FF └ DF
6. MCX	무	유
7. 공기추정	3점 추정	1점 추정

4) 공기 추정

① 정상 근무를 기준(8h/day)

② 3점 추정

㉮ $t_e = \dfrac{t_o + 4t_m + t_p}{6}$

t_e = expected time(기대시간)

t_o = optimistic time(낙관시간)

t_m = most likely time(정상시간)

t_p = pessimistic time(비관시간)

例) 미사일 방어망 개발

甲 → 7년 : 비관

乙 → 3년 : 낙관

丙 → 5년 : 정상

$$기대시간 \ t_e = \frac{t_o + 4t_m + t_p}{6}$$

$$= \frac{3 + 4 \times 5 + 7}{6} = 5년$$

㉯ 분산 $\sigma^2 = \left(\dfrac{t_p - t_0}{6}\right)^2 = \left(\dfrac{7-3}{6}\right)^2 = 0.44$

Q.C에서 분산 $\sigma^2 = \dfrac{S(편차제곱의 합)}{n(data \ 수)}$

③ 1점 추정

$t_e = t_m$

Ⅴ. 기타 공정표

1) PDM(Precedence Diagramming Method)

① 의의

1964년 스탠포드 대학에서 개발한 네트워크로서 반복적이고 많은 작업이 동시에 일어날 때 CPM보다 효율적이며 event(node) 안에 작업과 관련된 많은 사항들을 기입할 수 있어 event(node) type 네트워크라고도 한다.

② 특징

㉮ 더미(dummy)의 사용이 불필요하므로 간명하다.

㉯ 한 작업이 하나의 숫자로 표기되므로 컴퓨터의 적용이 용이하다.

㉰ 반복적이고 많은 작업이 동시에 수행될 경우 효율적이다.

③ 선후작업의 연결관계

기존의 네트워크 기법에서는 선행작업이 끝나야 후속작업을 시작하는 FTS 관계만 허용되지만 PDM 기법에서는 다음과 같은 4가지의 다양한 연결관계 표시가 가능하다.

종 류	도 해
1. 개시-개시(STS ; Start To Start) 2. 종료-종료(FTF ; Finish To Finish) 3. 개시-종료(STF ; Start To Finish) 4. 종료-개시(FTS ; Finish To Start)	

④ ADM(Arrow Diagramming Method) 방식과의 비교

구 분 　　　　　 종 류	ADM(=CPM기법)	PDM
1. 형태	Activity Type Network	Event Type Network
2. 연결관계	FTS만 허용	STS, FTF, STF, FTS 가능
3. Dummy	발생	발생하지 않음.
4. 네트워크 작성·수정	난해	용이

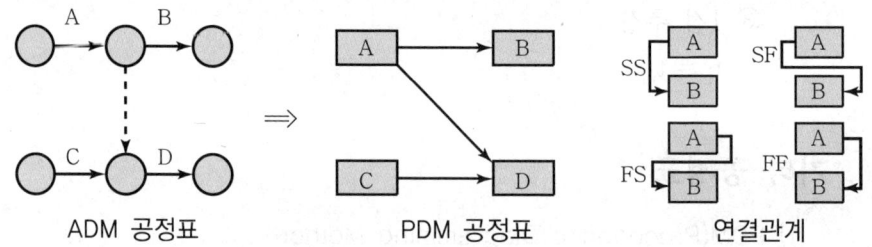

ADM 공정표 　　　　　 PDM 공정표 　　　　　 연결관계

2) Overlapping

　PDM을 응용·발전시킨 것으로 선후작업 간의 overlap 관계를 간단하게 표기
하는 데 사용된다.

3) LOB(Line Of Balance)

① 의의

　LOB기법은 반복되는 각 작업들의 상호관계를 명확하게 나타낼 수 있어 도로나
고층빌딩골조와 같은 반복되는 공사에 주로 사용되며 LSM(Liner Scheduling
Method) 기법이라고도 한다.

② 특징

장 점	도 해
1. 네트워크 공정표에 비해 사용하기 쉬우며 작성하기 쉽다. 2. 바 차트에 비해 보다 많은 정보를 사용한다. 3. 네트워크 공정표나 바 차트가 나타낼 수 없는 진도율을 나타낼 수 있다. 4. 문제를 쉽게 전달하고 해결책을 제시하며 다른 기법을 사용하여 일정관리를 하더라도 일정이 의도하는 바를 나타낸다. 5. 간단하며 세부 작업일정을 나타낸다.	단위작업량 / 공기 / A B C D

③ 구성요소

발산(diverge)	한 작업의 생산성 기울기가 선행작업의 기울기보다 작을 때
수렴(converge)	한 작업의 생산성 기울기가 선행작업의 기울기보다 클 때
간섭(interference)	공사 중 발생하는 각 공종 간의 마찰현상
버퍼(buffer)	간섭을 피하기 위한 연관된 선후작업 간의 여유시간

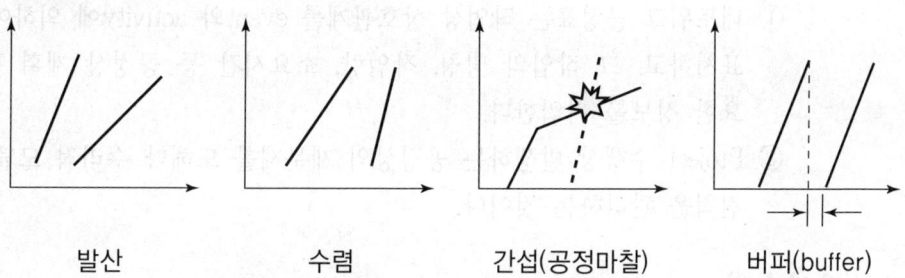

| 발산 | 수렴 | 간섭(공정마찰) | 버퍼(buffer) |

4) Tact 공정관리

① 의의

Tact 공정관리는 마감공사의 합리적 운용을 위해 각 작업을 일정하게 반복
되도록 공정의 동기화(同期化)에 따라 생산을 평준화하여 작업의 낭비나
대기 시간을 줄이는 생산방식이다.

② 특성

특성	개념도
① 공기 단축 가능 ② 비용감축 및 관리의 편이성 향상 ③ 평균화, 동기화 생산 가능 ④ 공정간 불필요한 재고 감소 ⑤ 작업라인의 이상 발생 즉시 파악 ⑥ 공정간 불균형 개선으로 효율 향상 ⑦ 빠른 작업 대처능력 향상	[3공구]　　　　　　　　A작업 [2공구]　　　A작업　B작업 [1공구]　A작업　B작업　C작업

VI. 결 론

① 공정관리에는 공정계획의 입안과 계획에 따른 자재, 노무, 장비 등에 배치와
작업을 실시하고 결과의 검토 및 수정 조치하는 진도관리를 해야 한다.

② 공정계획과 실적치 차이를 기록하고 명확하게 하여 검토 결과를 차후
공정계획관리에 활용하면 보다 정확한 공정관리가 될 것이다.

| 문제 2 | Network 공정표의 작성요령 |

● [78전(25), 83(5), 93후(8), 94후(8), 94후(5), 99중(20), 01후(10), 02후(10), 06전(10), 11전(10), 11후(10)]

Ⅰ. 개 요

① 네트워크 공정표는 작업상 상호관계를 event와 activity에 의하여 망상형으로 표시하고, 그 작업의 명칭, 작업량, 소요시간 등 공정상 계획 및 관리에 필요한 정보를 기입한다.

② Project 수행싱 발생하는 공정상의 제문제를 도해나 수리적 모델로 해명하고, 진척을 관리하는 것이다.

Ⅱ. 작성순서

1) 준 비

① 설계도서, 시방서, 공정별 적산 수량서

② 입지조건 및 기상조건

③ 개략적인 시공계획서

2) 내용 검토

① 공사내용 분석

② 관리 목적을 명확히 하고 배열

③ 작업은 세분화 · 집약화한다.

④ 작업량에서 소요인원, 장비대수 파악

3) 시간 계산

① 모든 path에서 각 작업의 EST, EFT, LST, LFT 계산

② 각 작업의 여유시간(float time) 산정

③ 계산공기(計算工期) 계산

4) 공기 조정

계산공기가 지정공기를 초과할 때에는 계산공기를 재검토하여 지정공기에 맞춤

5) 공정표 작성

① 작업에 결합점(i, j)이 표시되어야 하고, 그 작업은 하나이어야 한다.

② 작업 표시하는 화살선은 역진 또는 회송 안 됨.

③ 가급적이면 작업 상호간의 교차 피함.

Ⅲ. 작성 기본원칙

1) 공정 원칙

　① 모든 작업은 작업의 순서에 따라 배열되도록 작성

　② 모든 공정은 반드시 수행·완료되어야 함.

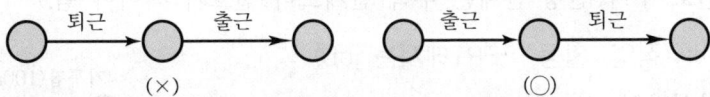

2) 단계 원칙

　① 작업의 개시점과 종료점은 event로 연결되어야 함.

　② 작업이 완료되기 전에는 후속작업 개시 안 됨.

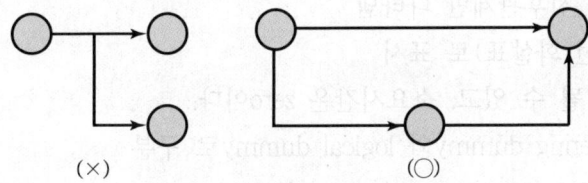

3) 활동 원칙

　① Event와 event 사이에 반드시 1개 activity 존재

　② 논리적 관계와 유기적 관계 확보 위해 numbering dummy 도입

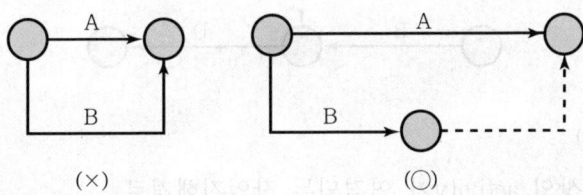

4) 연결 원칙

　① 각 작업은 화살표를 한쪽 방향으로만 표시하며 되돌아갈 수 없다.

　② 오른쪽으로 일방통행 원칙

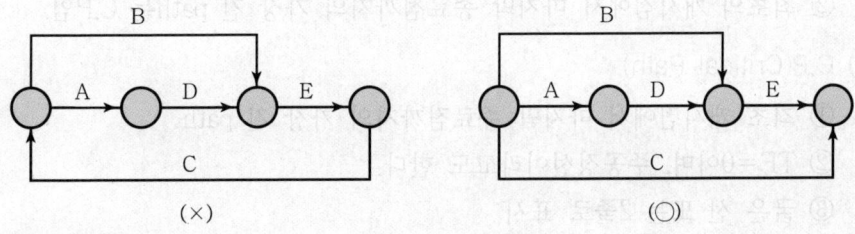

Ⅳ. Network 구성 요소

1) Event(단계, 결합점, PERT에서는 node)

   ① 작업의 개시점과 종료점

   ② ○으로 표시

   ③ 번호 부여(선행 단계는 후속 단계보다 번호가 적어야 됨.)

2) Activity(작업, 활동, PERT에서는 job)

   ① 단위작업

   ② →(화살표, arrow)로 표시

   ③ 위에는 작업병과 물량을, 아래에는 소요공기와 인원을 기입

3) 명목상 작업(dummy activity)

   ① 작업의 선후관계만 나타냄

   ② ⇢(점선 화살표)로 표시

   ③ C.P가 될 수 있고, 소요시간은 zero이다.

   ④ Numbering dummy와 logical dummy로 구분

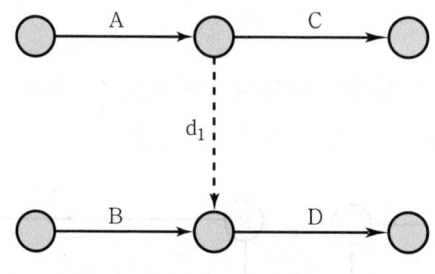

4) 경로(path)

   ① 2개 이상의 activity가 연결되는 작업진행경로

   ② 시점과 종점으로 결합

5) L.P(Longest Path)

   ① 임의의 두 결합점에서 가장 긴 path

   ② 최초의 개시점에서 마지막 종료점까지의 가장 긴 path는 C.P임.

6) C.P(Critical Path)

   ① 최초 개시점에서 마지막 종료점까지의 가장 긴 path

   ② TF=0이며, 주공정선이라고도 한다.

   ③ 굵은 선 또는 2줄로 표시

Ⅴ. 일정 계산

1) 일정의 종류

① 최조 개시시각 : EST(Earliest Starting Time)

　작업을 시작할 수 있는 가장 빠른 시각

② 최조 종료시각 : EFT(Earliest Finishing Time)

　작업을 종료할 수 있는 가장 빠른 시각

③ 최지 개시시각 : LST(Latest Starting Time)

　프로젝트의 공기에 영향이 없는 범위에서 작업을 가장 늦게 시작하여도 좋은 시각

④ 최지 종료시각 : LFT(Latest Finishing Time)

　프로젝트의 공기에 영향이 없는 범위에서 작업을 가장 늦게 종료하여도 좋은 시각

2) 계산방법

① EST, EFT의 계산

　㉮ EST는 전진계산에 의해 구함.

　㉯ 개시 결합점의 EST=0

　㉰ EFT는 EST에 공기(D)를 더하여 구함.

　㉱ 결합점에서는 EST=EFT

② LST, LFT의 계산

　㉮ 후진 계산에 의해 구함.

　㉯ LST는 LFT에서 공기(D)를 빼서 구함.

　㉰ 결합점에서는 LST=LFT

3) 플로트(float)

EST, EFT, LST, LFT를 구하면 개개의 작업의 여유인 플로트가 생긴다. 플로트는 공기에 영향을 주지 않고 작업의 착수나 완료를 늦게 할 수 있다.

① TF(Total Float)

　EST로 시작하고, LFT로 완료할 때에 생기는 여유시간

② FF(Free Float)

　EST로 시작하고, 후속작업도 EST로 시작하여도 생기는 여유시간

③ DF(Dependant Float)

　후속작업의 토털 플로트에 영향을 미치는 여유시간

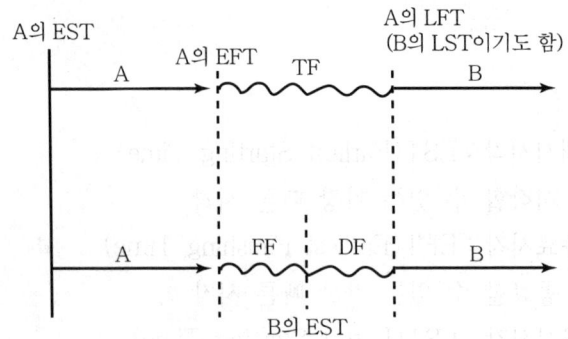

$$TF = 그 \ 작업의 \ LFT - 그 \ 작업의 \ EFT$$
$$FF = 후속작업의 \ EST - 그 \ 작업의 \ EFT$$
$$DF = TF - FF$$
$$= LFT - 후속작업의 \ EST$$

Ⅵ. Network 표시법

1) ② · ④ event에 A · B activity가 존재할 때의 표시법

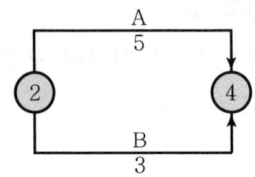

개시점과 종료점이 일치하는 activity는 1개를 초과할 수 없으므로 다음 4가지 방법 중 하나로 한다.

공기가 작은 작업에 dummy를 부여하되, 가능한 작업 뒤쪽에 dummy를 둠이 바람직하다.

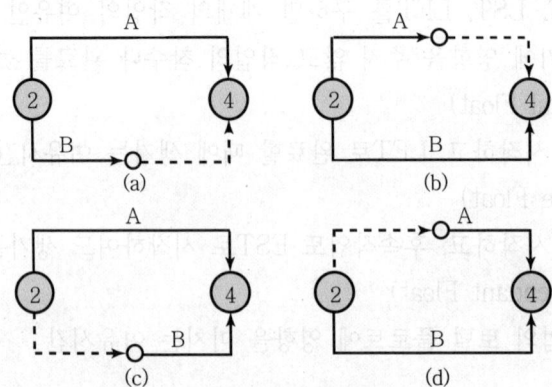

2) ②·⑤ event에 A·B·C activity가 존재할 때의 표시법

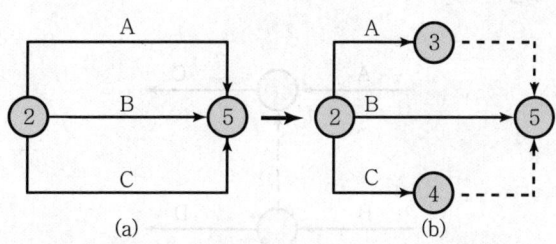

(a)   (b)

(b)와 같이 1개만 activity, 2개는 dummy로 한다.

3) A activity의 후속작업이 B·C activity일 때의 표시법(B·C작업의 선행작업이 A작업일 때)

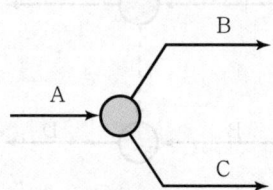

4) A·B activity의 후속작업이 C activity일 때의 표시법(C작업의 선행작업이 A, B 작업일 때)

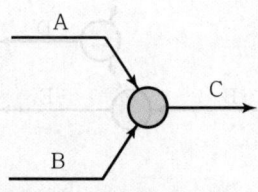

5) A·B activity의 후속작업이 C·D activity일 때의 표시법

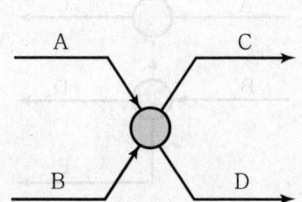

6) A activity의 후속작업이 C activity이고, B activity의 후속작업이 C · D activity 일 때의 표시법

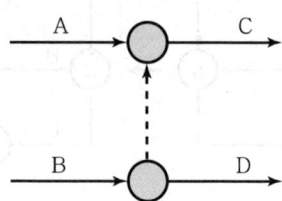

7) A activity의 후속작업이 C activity이고, A · B의 후속작업이 D activity일 때의 표시법

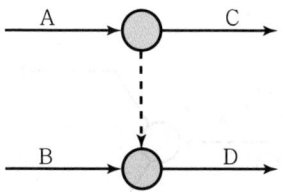

8) A activity의 후속작업이 C · D activity이고, B activity의 후속작업이 D · E activity일 때의 표시법

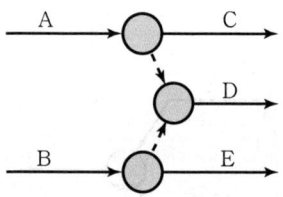

9) A activity의 후속작업이 C · D · E activity이고, B activity의 후속작업이 D · E activity일 때의 표시법

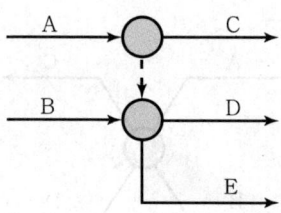

10) A activity의 후속작업이 D · E · F activity이고, B activity의 후속작업이 E · F activity이며, C activity의 후속작업이 F activity일 때의 표시법

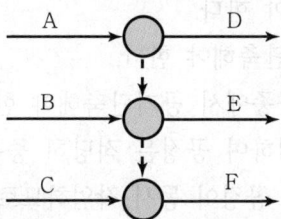

11) A activity의 후속작업이 D activity이고, A · B activity의 후속작업이 E activity 이며, B activity의 후속작업이 F activity일 때의 표시법

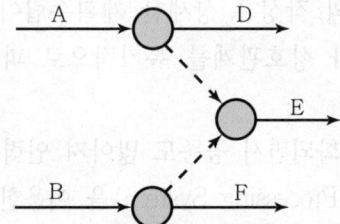

12) A · C activity의 후속작업이 D activity이고, A · B · C activity의 후속작업이 E activity이며, B · C activity의 후속작업이 F activity일 때의 표시법

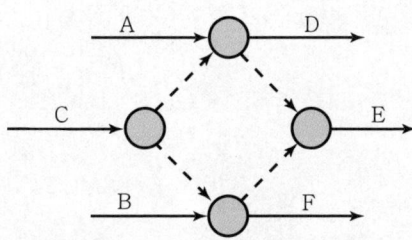

13) B activity의 후속작업이 D activity이고, A · B · C activity의 후속작업이 E activity이며, C activity의 후속작업이 F activity일 때의 표시법

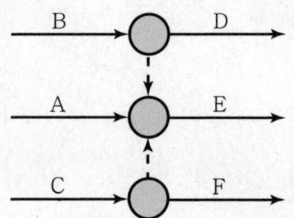

Ⅶ. 작성 시 주의사항

① 시공순서에 맞아야 한다.
② 기상조건을 고려해야 한다.
③ 주체공사에서 공기단축해야 한다.
④ 공장가공이 많은 공종에서 공기단축해야 한다.
⑤ 공기를 단축하기 위하여 공정은 적당히 중복되게 한다.
⑥ 마무리 공사는 여러 공정이 동시 작업하므로 충분한 공기가 확보되어야 한다.
⑦ 비오는 날의 추정일수를 고려한다.

Ⅷ. 결 론

① Network 공정표의 작성은 상세한 계획수립이 쉽고, 변화에 바로 대처하며, 각 작업의 순서와 상호관계를 유기적으로 파악하여 정확한 분석이 가능한 장점이 있다.
② 공사 규모가 대형화되면서 공종도 많아져 인력으로는 관리한계가 있어 EDPS (Electronic Data Processing System)을 이용한 관리기법이 개선 및 개발되어야 한다.

| 문제 3 | 공기단축기법 |

● [91전(8), 92전(8), 94전(8), 95전(40), 95중(10), 98전(20), 99중(20), 00중(10), 00후(10), 00후(10), 05후(10), 09중(10), 09후(25), 13전(10)]

I. 개 요

① 공기단축은 계산공기가 지정공기보다 길거나 공사 수행중 작업이 지연되었을 때 공기 만회를 위하여 필요하다.

② 공기 만회를 위하여 공사비를 증가시켜서 공기는 단축하나 최소의 공사비로 최적의 공기를 단축할 수 있도록 공비 증가를 최소화하여야 한다.

II. 목 적

① 공기 만회

② 공사비 증가 최소화

III. 공기에 영향을 주는 요소

① 현장 요인

㉮ 6M(Man, Material, Machine, Money, Method, Memory)

㉯ 6요소(공정관리, 품질관리, 안전관리, 원가관리, 공해, 기상)

② 민원 야기

㉮ 소음·진동 등 건설공해

㉯ 교통장애·불안감

③ 기상

④ 설계변경

IV. 공기단축기법의 종류

1) 지정공기에 의한 공기단축

① MCX

② 지정공기(To)

2) 진도관리(follow up)에 의한 공기단축

V. MCX(minimum cost expediting, 최소비용계획)에 의한 공기단축

1) 의 의

각 요소작업의 공기와 비용의 관계를 조사하여 최소비용으로 공기를 단축하기 위한 기법

2) Cost slope(비용구배, 1일 비용증가액)

① 공기 1일 단축하는데 추가되는 비용

② 공기단축일수와 비례하여 비용이 증가

③ $Cost\ slope = \dfrac{급속비용 - 정상비용}{정상공기 - 급속공기} = \dfrac{특급비용 - 표준비용}{표준공기 - 특급공기}$

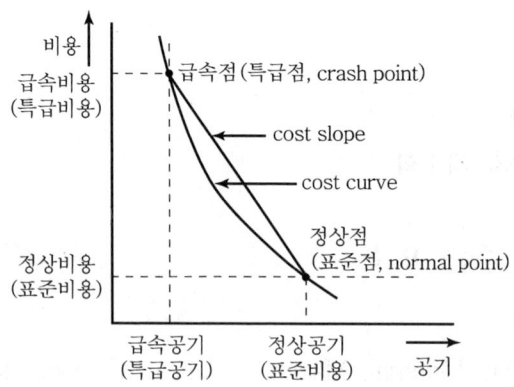

3) 공기단축 요령

① 1단계

Critical path에서 cost slope가 가장 적은 작업에서 단축

② 2단계

㉮ Sub path는 CP가 되면 CP 표시

㉯ CP는 sub path가 되어서는 안 됨

③ 3단계

㉮ 공기단축이 불가능한 작업은 ×표시

㉯ CP가 복수가 되면 cost slope가 적은 것부터 단축

4) Extra cost(추가비용)

① 각 작업에서 단축 일수×cost slope

② 공기단축시 발생하는 추가비용의 합

5) 총공사비

① 직접공사비만을 고려한 총공사비

② 공기단축하여 추가비용 발생 시 총공사비

  총공사비＝normal cost＋extra cost

6) 최적공기와 총비용(total cost)

① Total cost가 최소가 되는 가장 경제적인 공기

② 직접비

  노무비, 재료비, 정상작업비, 부가세, 경비

③ 간접비

  ㉮ 관리비, 감가상각비

  ㉯ 공기단축에 따라 일정액 감소

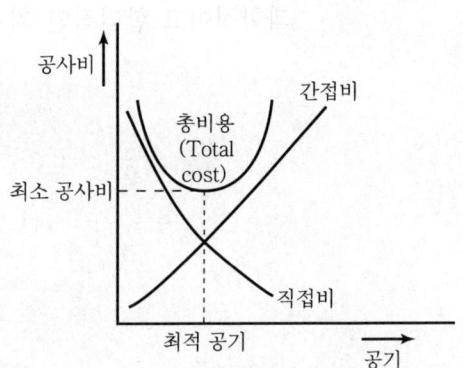

7) 실례

(문제) 공기 5일을 단축하시오.

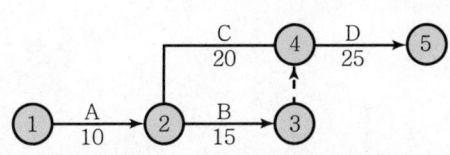

작업	일수	단축가능일수	cost slope
A	10	3	25
B	15	2	20
C	20	3	15
D	25	2	10

(해설)

① CP :   A → C → D 55일

  Cost slope : 25원 15원 10원

② 공기 단축

  1차 D작업 2일 단축 ⎤
  2차 C작업 3일 단축 ⎦ −5일 단축

③ Extra cost＝3C＋2D

       ＝3×15＋2×10

       ＝65원

Ⅵ. 결 론

① 공기단축은 공기를 만회하기 위하여 공사비 증가를 최소화시키는 것을 목적으로 하나 일부에서 원가절감은 바로 공기단축이라고 하여 무리하게 공사를 진행하고 있다.

② 그로 인해 안전사고 발생 및 품질저하의 원인이 되어 민원의 대상이 되므로 과학적이고 합리적인 최적 공사기간을 산출하는 기법을 활용해야 한다.

자원배당계획

● [96후(40), 99전(20), 01후(10), 04전(25), 10전(25), 15후(10)]

Ⅰ. 개 요

① 자원배당은 자원(노무, 자재, 장비, 자금) 소요량과 투입 가능량을 상호조정하며, 자원의 비효율성을 제거하여 비용의 증가를 최소화하는 것이다.

② 여유시간을 이용하여 논리적 순서에 따라 작업을 조절하여 자원배당함으로써 자원 이용에 대한 loss를 줄이고, 자원 수요를 평준화(leveling)하는 것을 말한다.

Ⅱ. 목 적

① 자원 변동의 최소화   ② 자원의 시간낭비 제거

③ 자원의 효율화   ④ 공사비 절감

Ⅲ. 자원배당대상

① 인력(man)   ② 자재(material)

③ 장비(machine)   ④ 자금(money)

Ⅳ. 자원배당 방법 및 순서

1. Flow chart

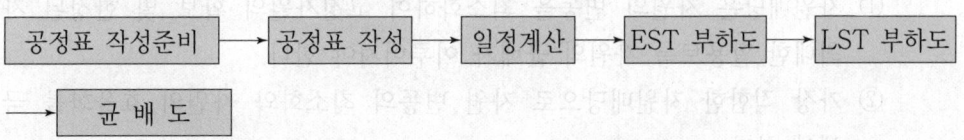

공정표 작성준비 → 공정표 작성 → 일정계산 → EST 부하도 → LST 부하도 → 균 배 도

2. 공정표 작성

1) 작성 원칙 : 공정 원칙 · 단계 원칙 · 활동 원칙 · 연결 원칙 등

2) 단계(event)   3) 작업(activity)

4) Path(경로)   5) CP(Critical Path)

1447

3. 일정계산

   EST, EFT, LST, LFT, TF, FF, DF

4. EST에 의한 부하도

5. LST에 의한 부하도

6. 균배도(leveling)

   ① 산봉도라고도 하며, 자원배당의 효율화를 유도
   ② CP 작업 우선 배당
   ③ 작업순서 유지
   ④ 작업분리 불가능

Ⅴ. 자원배당 실례

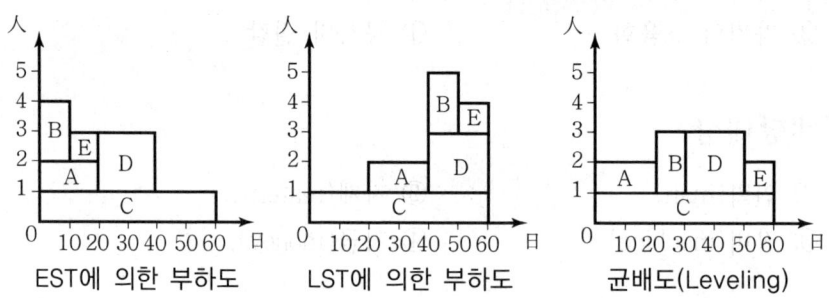

EST에 의한 부하도 　　　LST에 의한 부하도 　　　균배도(Leveling)

Ⅵ. 결 론

① 자원배당은 자원의 변동을 최소화하여 고정자원의 확보 및 한정된 자원을 최대한 활용토록 자원의 균배가 이루어져야 한다.
② 가장 적합한 자원배당으로 자원 변동의 최소화와 자원의 효율화를 극대화 해야 한다.

공정관리에 있어서 진도관리(follow up)

● [92전(30), 94후(5), 95전(10), 00전(10), 02중(10)]

Ⅰ. 개 요

① 진도관리는 각 공정이 계획공정표와 공사 실적이 나타난 실적공정표를 비교하여 전체공기를 준수할 수 있도록 공사지연 대책을 강구하고 수정 조치하는 것을 말한다.

② 완성된 network상의 공정계획에 의거하여 공사진행이 충분히 적용하도록 하고 중점관리의 필요성을 수치적으로 나타내 주는 것이다.

Ⅱ. 진도관리 주기

① 공사의 종류, 난이도, 공기의 장단에 따라 다르다.

② 통상 2주(15일), 4주(30일) 기준으로 실시공정표 작성하여 관리한다.

③ 최대 30일을 초과하지 않도록 한다.

Ⅲ. 진도관리 곡선(공정관리 곡선, banana 곡선, S-curve)

① 공정계획선의 상하에 허용한계선을 설치하여 그 한계 내에 들어가게 공정을 조정하는 방법

② 통상적으로 예정진도곡선은 한 줄로 표시되나 실시진도곡선이 예정진도곡선에 대하여 안전한 구역 내에 있도록 진도를 관리하는 수단으로 상하 허용한계선이 바나나처럼 둘러싸여 있다고 해서 banana 곡선이라고도 한다.

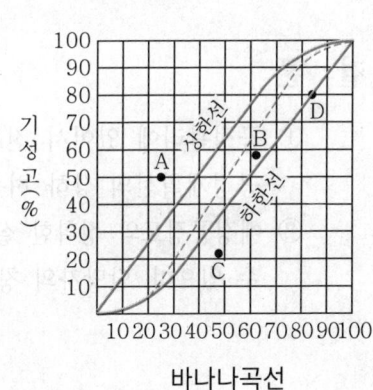

바나나곡선

Ⅳ. 진도관리 방법

① Bar chart에 의한 방법

② Network 기법에 의한 방법

③ Banana 곡선(S-curve)에 의한 방법

1449

V. 진도관리 순서

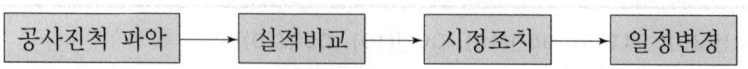

| 공사진척 파악 | → | 실적비교 | → | 시정조치 | → | 일정변경 |

① 횡선식·사선식 공정표 파악
② 공사진척 check
③ 완료작업 → 굵은 선 표시
④ 지연작업 → 원인 파악, 공사 촉진
⑤ 과속작업 → 내용 파악, 적합성 여부

VI. 주의사항

① 공정회의를 정기 또는 수시로 개최
② 부분 공정마다 부분 상세공정표 작성
③ Network의 각종 정보 활용
④ 공정계획과 실적의 차이를 명확히 검토
⑤ 작업의 실적치(소요일수, 인원, 자재수량) 기록 및 공정관리에 활용
⑥ 각종 노무, 자재, 외주공사 등의 수급시기 검토
⑦ 담당자의 창의적인 연구 노력 필요

VII. 결 론

① 공정관리에 있어서 진도관리는 공사의 종류, 공기의 장단에 따라 다르지만, 공정계획선의 상하 허용한계선 내에 들어가게 공정을 조정하는 것이다.
② 예정공정표와 정확한 실시공정표를 비교·분석함으로써 엄밀한 진도관리를 할 수 있으며, 담당자의 창의적인 연구 노력과 data의 feed-back이 필요하다.

<table>
<tr><td>문제
6</td><td>시간과 비용의 통합관리기법(EVMS)</td></tr>
</table>

● [98후(40), 01전(10), 02전(25), 04전(25), 07중(10), 08전(10), 10전(10), 13후(25), 16중(10), 18중(25), 19전(10)]

I. 개 요

① 현행 원가관리의 문제점을 해결하기 위하여 원가관리 체계의 재구축이 요구되는바, 재구축할 원가관리 체계는 EVMS를 기반으로 자료를 축적하여 축적된 자료를 바탕으로 향후 공사에 대한 정확한 예측을 할 수 있도록 많은 정보를 재이용할 수 있어야 한다.

② 현행 원가관리 체계는 단지 실행예산과 투입공사비와의 비교에 그치며 어떠한 기준이 없으므로 향후 공사에 대한 예측이 불가능한 반면, EVMS는 건설공사의 원가관리, 견적, 공사관리 등을 유기적으로 연결하여 종합적으로 관리하고자 하는 측면에서 출발한 적극적인 체계라 할 수 있다.

II. 현행 원가관리 체계의 문제점

① 원가관리와 공정관리의 분리 운영
② 실행과 실적비교의 한계성
③ 향후 공사비의 예측 난이
④ 원가관리의 전산화 곤란
⑤ CIC 및 CALS 적용 난이

III. 시간과 비용의 통합관리방안 발전단계

PERT/CPM	: 1961년 시간과 비용을 함께 계획하고 관리하기 위하여 소개되었으나 건설산업에 널리 활용되지 못하였다.
시스팩 (C/SCSC)	: 1967년 미국방성에서 조달물자에 대한 공정진척도를 효과적으로 측정하기 위하여 개발되었으며 Cost and Schedule Control System Criteria의 약어로, C-SPEC(시스팩)이라고도 한다.
EVMS	: 최근에는 시스팩을 근간으로 한 EVMS(Earned Value Management System) 기법이 프로젝트 성과 특정기법으로 광범위하게 채용되고 있다.

Ⅳ. EVMS 구성요약

구 성	자료분석	실행금액＝실행물량×실행단가
		실행기성＝실제물량×실행단가
		실투입비＝실제물량×실투입단가
		총 실행예산＝각 작업의 실행합산금액
		변경 실행예산＝총 실행예산/원가수행지수
	분 산	회계분산＝실행금액－실투입비
		원가분산＝실행기성－실투입비
		공기분산＝실행기성－실행금액
	지 수	실행집행률＝실행기성/총 실행예산
		원가 수행지수＝실행기성/실투입비
		공기 수행지수＝실행기성/실행금액

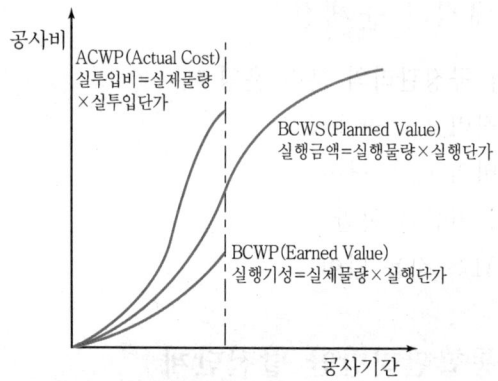

공기분산(SV ; Schedule Variance)
원가분산(CV ; Cost Variance)
실투입비(ACWP ; Actual Cost of Work Performed)
실행금액(BCWS ; Budgeted Cost of Work Scheduled)
실행기성(BCWP ; Budgeted Cost of Work Performed)
총 실행예산(BAC ; Budget at Completion)
변경 실행예산(EAC ; Estimate at Completion)
원가수행지수(CPI ; Cost Performance Index)
공기수행지수(SPI ; Schedule Performance Index)

V. EVMS의 수행절차

EVMS를 건설공사에 적용하기 위해서는 일반적으로 다음과 같은 절차를 따른다.

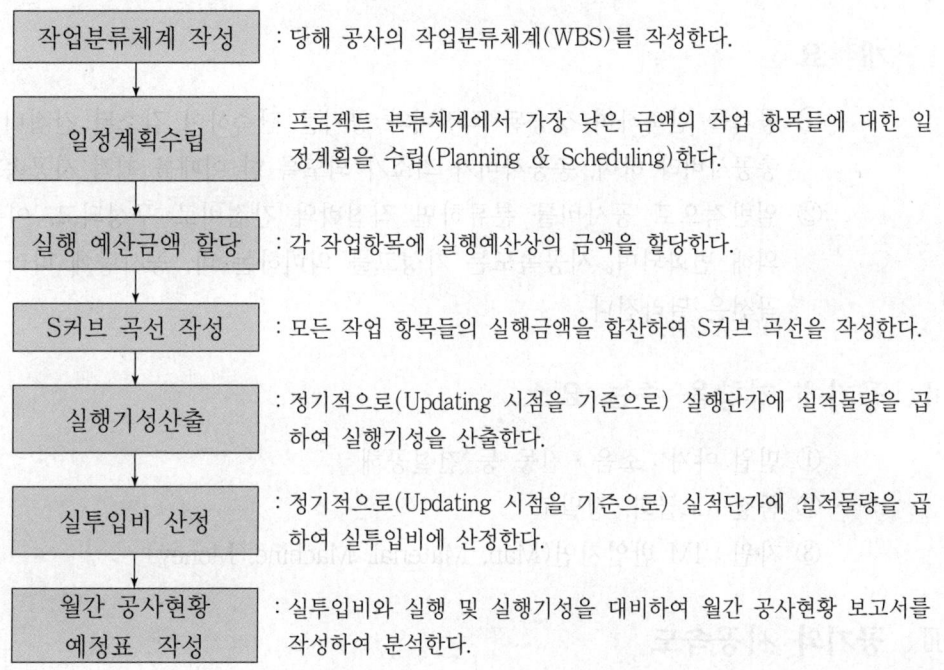

작업분류체계 작성	: 당해 공사의 작업분류체계(WBS)를 작성한다.
일정계획수립	: 프로젝트 분류체계에서 가장 낮은 금액의 작업 항목들에 대한 일정계획을 수립(Planning & Scheduling)한다.
실행 예산금액 할당	: 각 작업항목에 실행예산상의 금액을 할당한다.
S커브 곡선 작성	: 모든 작업 항목들의 실행금액을 합산하여 S커브 곡선을 작성한다.
실행기성산출	: 정기적으로(Updating 시점을 기준으로) 실행단가에 실적물량을 곱하여 실행기성을 산출한다.
실투입비 산정	: 정기적으로(Updating 시점을 기준으로) 실적단가에 실적물량을 곱하여 실투입비에 산정한다.
월간 공사현황 예정표 작성	: 실투입비와 실행 및 실행기성을 대비하여 월간 공사현황 보고서를 작성하여 분석한다.

VI. EVMS의 기대효과

① 향후 공사비에 대한 예측 가능
② 공사진척의 현황 파악 용이
③ 원가관리, 견적, 공정관리 등을 유기적으로 연결
④ 종합적 원가관리 체계를 구축

VII. 결 론

① EVMS가 효과적으로 건설 프로젝트에 활용되어 이에 대한 자료가 축적되어지면 실행집행률, 원가 수행지수, 공기 수행지수 등과 같은 각종 지수를 근거로 공사진척 현황 및 향후 공사에 대한 예측을 정확하게 할 수 있다.
② 또한 원가관리, 견적, 공정관리 등을 유기적으로 원활하게 연결하여 종합적 원가관리 체계를 구축할 수 있다.

문제 7 공기와 시공속도

● [89(25), 92후(30), 95후(15), 96중(10), 97중후(20), 07전(10)]

Ⅰ. 개 요

① 공기를 단축하여 상승된 직접비와 공기를 단축하여 감소된 간접비의 합계를 총공사비라 하며, 총공사비가 최소가 되도록 한 이때를 최적 시공속도라 한다.

② 일반적으로 공사비를 분류하면 직접비와 간접비로 구성되고, 이는 공기에 의해 변화되며, 시공속도는 기성고를 의미하는 비, 공사량에 따라 진도관리곡선은 달라진다.

Ⅱ. 공기에 영향을 주는 요소

① 민원 야기 : 소음·진동 등 건설공해

② 품질 : 고급화, 정밀도

③ 자원 : 4M 반입지연(Man, Material, Machine, Money)

Ⅲ. 공기와 시공속도

1) 공기와 시공속도(매일 기성고)

(1) 단일공사를 매일 같은 양으로 완수하면 공기와 매일 기성고 관계는 직선 ① 이 되고

(2) 초기에는 느리고, 중간에는 일정하며, 후기에 서서히 감소하면 사다리꼴 ② 가 되지만

(3) 실제로는 여러 가지 이유로 초기에는 더디고, 중기에는 활발하게 되며, 후기에 감퇴하는 것이 일반적으로 산형(山形) ③이 된다.

(4) ①, ②, ③선의 하부면적은 전체공사량이며 다 동일한 면적이다.

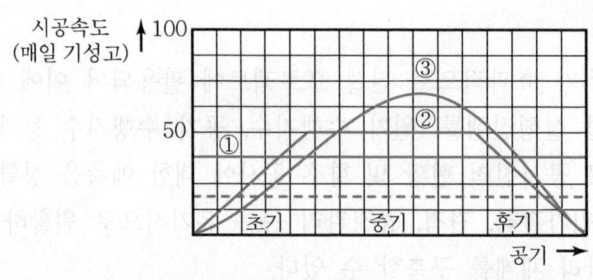

공기와 시공속도(매일 기성고)

2) 공기와 누계 기성고

(1) 공기와 매일 기성고 표로부터 공기와 누계 기성고로 나타내면 각각 ①, ②, ③ 도형과 같이 나타낸다.

(2) 매일 공사량이 일정하면 누계 기성고와 공기 관계는 개시의 점과 종료의 점을 직선으로 연결되는 ①이 되고

(3) 일반적으로 공사 초기 및 후기 공사량이 적고, 중기에 많으며, ②와 ③ 같이 되어 S자형 곡선이 된다.

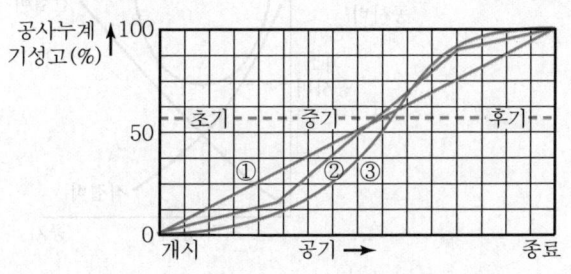

공기와 누계 기성고

3) 진도관리 곡선

(1) 공사 누계 기성고 곡선을 공사진척의 예정 기성고 곡선으로 작성하여

(2) 실제의 기성고와 비교하면 공사가 촉진 또는 지연되는지를 판단할 수 있다.

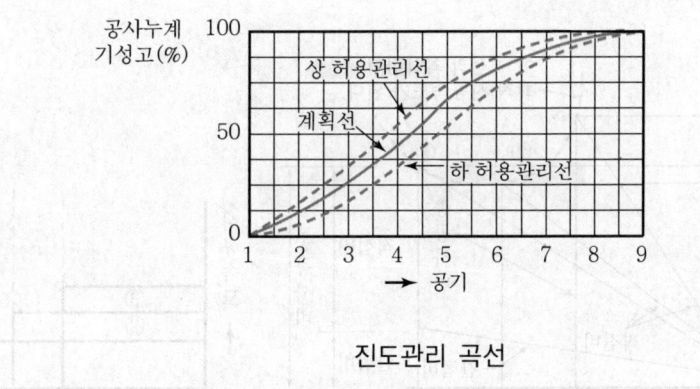

진도관리 곡선

Ⅳ. 최적 시공속도(경제적 시공속도)

1) 총공사비(total cost)는 간접비와 직접비의 합으로 구성된다.

2) 시공속도를 빠르게 하면 간접비는 감소되고, 직접비는 증대한다.

3) 공기를 단축함으로써 직접비는 증대하고, 간접비는 감소하는데, 직접비와 간접비 합을 총공사비라 하고, 그 총공사비가 최소일 때를 최적 시공속도 또는 경제적 시공속도라고 한다.

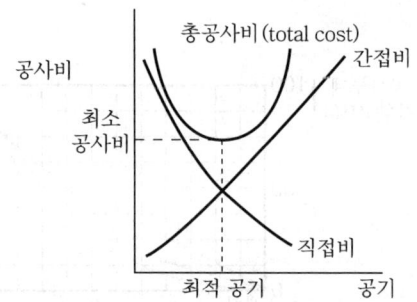

4) 예를 들면
   (1) (B)에서 공사량이 같다고 하면 100일 공사를 50일에 완료하기 위해 1일 시공량은 2배가 되어 시공속도는 2배가 된다.
   (2) (A)에서 50일에 완료하려면 간접비는 절감되지만, 직접비는 증대되어 100일(①)에 하는 것보다 총공사비(③)가 증가된다.
   (3) 따라서 (A)의 ②와 같이 총공사비 곡선이 최하점에 위치할 때 가장 경제적 시공속도로서 최적 시공속도가 된다.

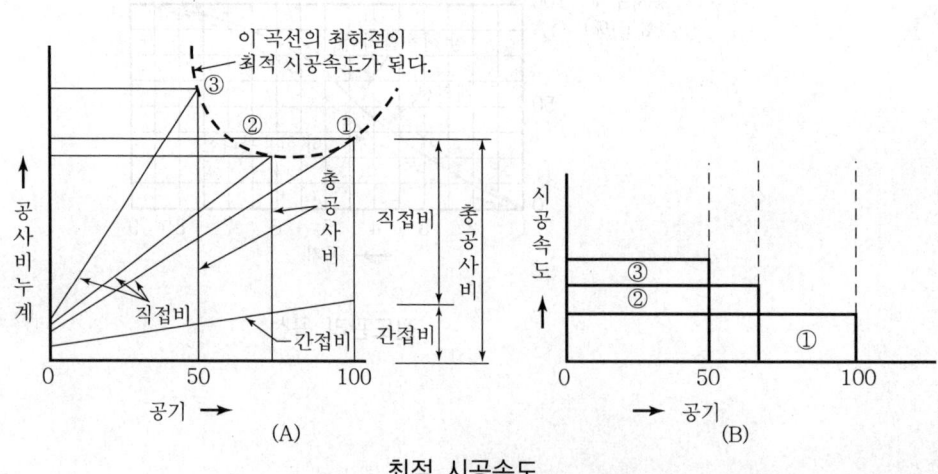

최적 시공속도

V. 채산 시공속도

① 손익분기점은 수입(단가×시공량)과 직접비가 일치하는 곳이다.

② 매일 기성고가 손익분기점 이상이 되는 시공량을 채산 시공속도라 한다.

③ 시공속도를 너무 크게 하여도 이익은 비례해서 증가하지 않는다.

④ 휴일(수리를 위한 휴무, 우천 등) 일수를 고려한다.

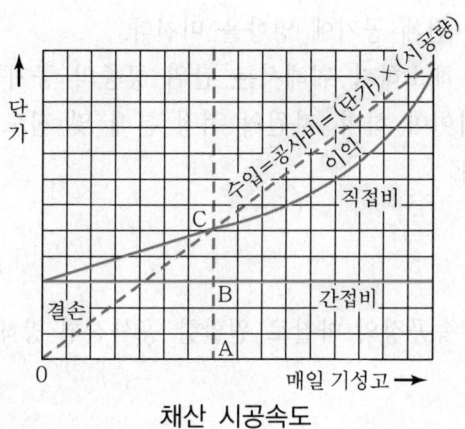

채산 시공속도

VI. 결 론

① 적정한 시공속도는 최적속도에 채산성 있는 시공속도가 되어 이익이 보장 되어야 하며, 공기와 시공속도는 공법의 합리화·정보화를 통하여 개선되어 야 한다.

② 일반적으로 발주자의 요구에 따라 공기단축이 강요되는 경우가 많아 무리 한 속도로 공사계획을 세워야 하는데 공정이 공기를 지배하는 것이 아니라 공기가 공정을 지배하는 경우가 생기므로 충분히 고려해야 한다.

문제 8 공정마찰의 발생원인과 해소 방안

● [97중전(30), 00전(25), 01중(25), 07후(25), 14전(25), 20전(25), 22전(25)]

I. 개 요

① 공정마찰은 설계변경, 민원발생, 무리한 공기단축 등에 의해 발생하며, 공사비, 안전 및 전체 공기에 영향을 미친다.

② 공정마찰을 해소하기 위해서는 단위 공종의 공기를 정확히 산정하여 공정표에 반영하여야 하며, 자원의 적정 분배 및 진도관리를 통한 철저한 관리가 필요하다.

II. 공정마찰의 개념

선행 공정과 후속공정의 마찰로 원활한 공사진행 방해

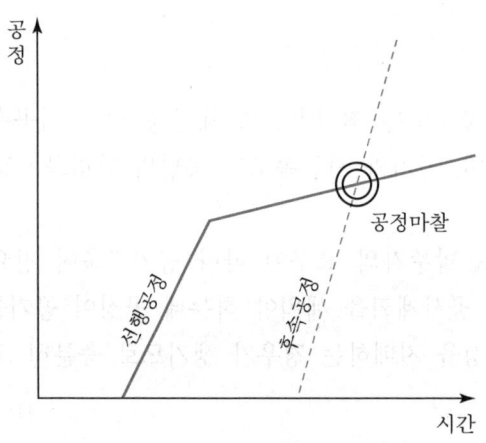

III. 발생원인

1) 공정계획의 착오

① 단위 공종 일정 계산의 착오

② 설계도서 미비로 인한 공정계획의 미비

2) 설계변경

① 자재구매를 즉시에 행하지 못함으로 인한 후속공정과의 마찰 발생
② 주공정일 경우 전체 공기에 영향을 준다.

3) 자재구매의 지연

① 자재구매를 즉시에 행하지 못함으로 인한 후속공정과의 마찰 발생
② 주공정일 경우 전체 공기에 영향을 준다.

4) 민원 발생

① 소음·분진 등으로 인한 민원 발생 야기
② 민원 발생 시 주로 주공정에 대한 공기지연으로 후속공정에 마찰 발생

5) 현장사고

① 안전조치의 미흡 및 형식적인 안전 교육
② 중대 재해 발생 시 공기에 막대한 지장을 초래하여 마감 공종의 마찰 발생

6) 천후조건

① 토공사·기초공사 시 천우에 의한 영향이 절대적이다.
② 토사유실 및 붕괴 시에는 공기에 막대한 차질을 준다.

7) 무리한 공기 단축

야간작업, 과다 인원 및 장비 투입 등으로 각 공정간의 마찰 발생

Ⅳ. 공사에 미치는 영향

1) 공기지연

공정마찰로 인한 각 공정간의 조정작업으로 인한 공기지연

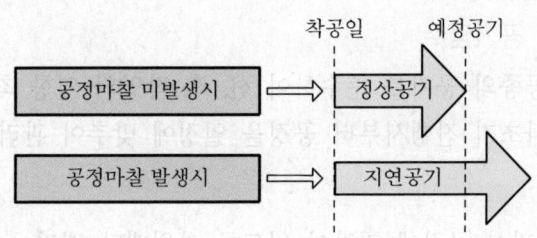

2) 품질저하

　① 공정마찰을 피하기 위해 임기응변식 시공
　② 돌관작업 등 무리한 공기단축의 시행시 품질저하 우려

3) 원가상승

공정마찰로 인한 비능률적인 작업의 수행으로 원가상승

4) 안전미비

돌관작업, 야간작업으로 인한 안전사고 우려

5) 관리의 미비

공사관리의 미비로 부실시공 우려

V. 해소방안

1) 적정 공정계획 수립

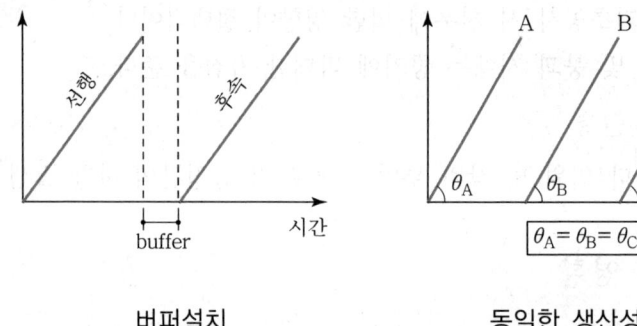

버퍼설치　　　　　　　　　동일한 생산성 유지

　① 작업간의 선후관계 및 일정을 정확히 파악
　② 선행작업과 후속작업을 고려하여 각 공종의 착수시기 결정

2) 단위 공종의 공기엄수

　① 각 단위공종의 공기를 준수하여 선, 후 작업의 영향 최소화
　② 특히 공사초기 진행시부터 공정을 일정에 맞추어 관리

3) 자원배당

주공정의 관리시 공정에 지장이 없도록 자원배당 배려

4) 진도관리

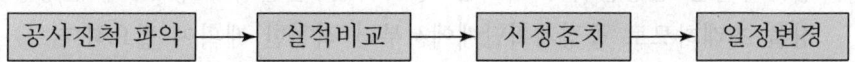

공사의 규모, 특성, 난이도에 따라 적정한 진도관리

5) 중간관리일(milestone)

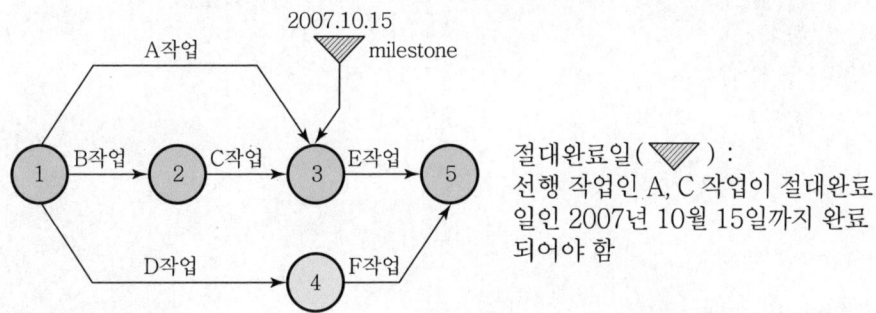

① 공사 전체에 영향을 미치는 작업의 관리
② 직종간의 교차부분 또는 후속 작업의 착수에 크게 영향을 미치는 작업의
   완료 및 개시시점

6) 하도급의 계열화
   ① 시공능력 및 기술력을 보유한 하도급업체 선정
   ② 건실한 하도급업체를 계열화하여 전체 공정 유지

7) Tact 공정관리
   연속적인 작업을 위한 단위시간(tact time)을 정하고 흐름 생산이 되게 하는
   방식

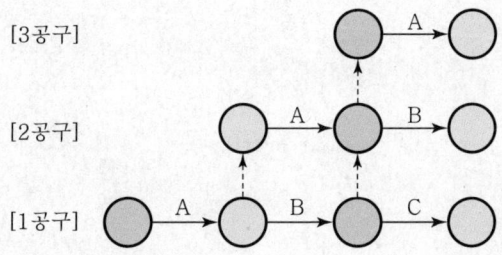

VI. 결 론

공정마찰은 현장관리의 어려움, 공기지연, 품질저하 등 공사 진행상 막대한 지장을 초래하므로 공정계획단계에서부터 적절한 계획이 필요하다.

문제
9
공기지연

● [02중(25), 03후(25), 09전(10), 10중(25), 11후(25), 13후(10), 18후(25)]

Ⅰ. 개 요

① 공기지연이란 건설 현장에서 예기치 못한 환경으로 인해 전체 Project의 일부분이 지연되거나 실행되지 않아 공기가 지연되는 것이다.

② 공기지연은 시공자가 계획한 기간 동안 작업할 수 없는 경우에 필연적으로 발생하며 시공자와 발주자 모두에게 심각한 손실이 야기된다.

Ⅱ. 공기지연 분석 절차

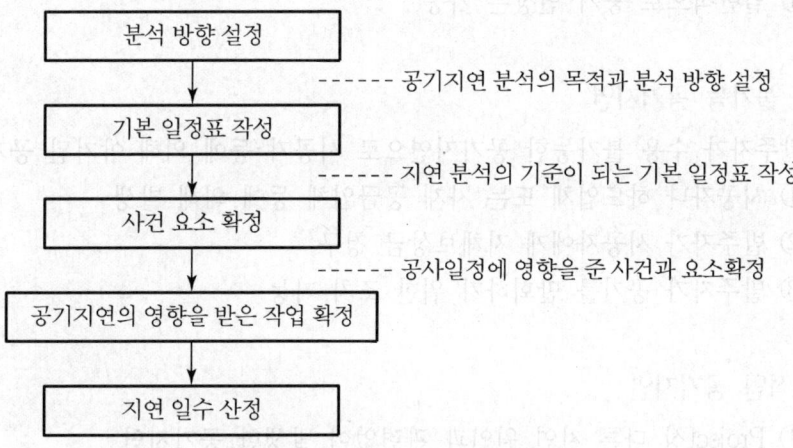

Ⅲ. 공기지연의 유형

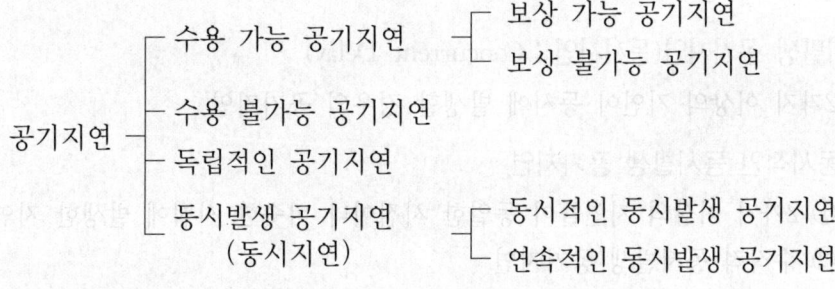

1. 수용 가능 공기지연

    발주자가 수용 가능한 공기지연으로 시공자 등에 의해 야기되지 않는 공기지연

    1) 보상 가능 공기지연
        ① 발주자의 태만이나 잘못으로 인해 발생
        ② 시공자는 배상을 청구할 수 있음
        ③ 일반적으로 공기 연장과 부대비용을 청구

    2) 보상 불가능 공기지연
        ① 예측 불가한 사항으로 발생된 공기지연
        ② 시공자나 발주자 모두에게 책임이 없는 경우
        ③ 계약서상 불가항력의 조항에 규정된 경우
        ④ 일반적으로 공기 연장은 가능

2. 수용 불가능 공기지연

    발주자가 수용 불가능한 공기지연으로 시공자 등에 의해 야기된 공기지연
        ① 시공자나 하도업체 또는 자재 공급업체 등에 의해 발생
        ② 발주자가 시공자에게 지체보상금 청구
        ③ 발주자가 공기를 만회하기 위한 조치 가능

3. 독립적인 공기지연
        ① Project상 다른 지연 원인과 관련없이 발생한 공기지연
        ② 시공자가 공기를 단축하여야 함
        ③ 예를 들면 자재를 구할 수 없는 경우가 이에 속한다.

4. 동시발생 공기지연(동시지연 ; Concurrent Delay)

    2가지 이상의 지연이 동시에 발생할 경우의 공기지연

    1) 동시적인 동시발생 공기지연
        ① 2가지 이상의 지연들이 동일한 시점이나 비슷한 시점에 발생한 지연 상황
        ② 수직적 동시발생 공기지연

    2) 연속적인 동시발생 공기지연
        ① 같은 시점이 아니고 순차적으로 발생한 지연 상황

② 선행지연의 발생이 후속지연에 영향을 주지 않고 발생한 공기지연

③ 수평적 동시발생 공기지연

3) 동시지연 분석방법

① 계획대비 실적비교방법

㉮ 예정공정과 실적공정을 비료하여 지연을 분석하는 방법

㉯ 책임일수 산정이 간단

㉰ 예정공정이 부정확할 경우 채택곤란

② What-if 방법

㉮ 예정공정에 발주자만의 지연이나 시공자만의 지연을 반영하여 전체공사에 미치는 영향을 분석하는 방법

㉯ 분석의 절차나 최종값이 명확

㉰ 실제공사 내용의 반영 미흡

③ But-for 방법

㉮ 실적공정을 분석의 baseline으로 하여 발주자 지연을 제거한 후 시공자의 책임일수를 산정하는 방식

㉯ 실제 발생한 지연을 사실적으로 분석 가능

㉰ 분석철차가 간단

㉱ 시공자의 책임일수가 실제와 다르게 나타남

④ CPA(Contemporaneous Period Analysis) 방법

㉮ 예정공정에 지연과 실적을 반영하여 순차적으로 분석하여 결국에 실적공정과 동일한 상태까지 분석하는 방법

㉯ 지연 발생 시 그 책임일수를 분석하는 데 가장 효과적인 분석방법

㉰ 분석철차가 복잡

Ⅳ. 공기지연의 유형별 발생원인

1. 발주 시

1) 기본계획변경

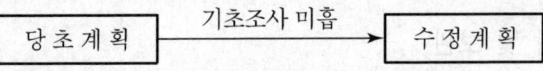

사전조사 및 타당성 분석상의 결함으로 인한 계획변경

2) 각종 민원발생

　　발주 시 각종 민원의 미해결로 공사 착공의 지연

3) 착수시기의 조정

　　① 정부정책 및 제도의 급격한 변화
　　② 여름의 장마철, 겨울의 동절기 영향

4) 입찰지연

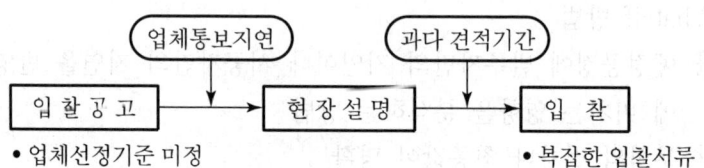

5) 자금 조달능력 부족

　　① 지가상승에 의한 추가비용 발생
　　② 투자기간 변동으로 인한 자금 부족

2. 설계 시

1) 설계도서 수정보완

　　① 설계누락 및 하자에 따른 보완
　　② 신기술, 신공법 적용에 따른 타당성 검토 미흡

2) 설계변경

　　① 잦은 설계변경에 따른 지연
　　② 공사비 예측의 오류

3) 의사소통 부족

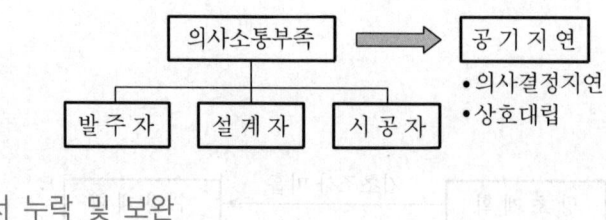

4) 시방서 누락 및 보완

3. 시공 시

1) 기상악화

① 폭우, 폭설 등 기상여건 악화

② 지진, 홍수, 태풍 등의 천재지변 발생

2) 조달지연

자재, 인력, 장비의 반입지연과 손실 및 고장

3) 공정마찰

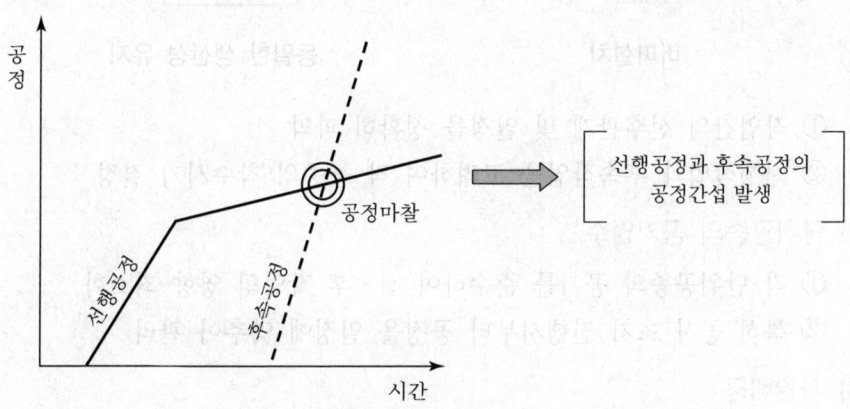

4) 현장여건 상이

① 지질보고서와 실제 지반조건의 상이

② 현장주위의 교통 및 입지조건의 상이

5) Claim 발생

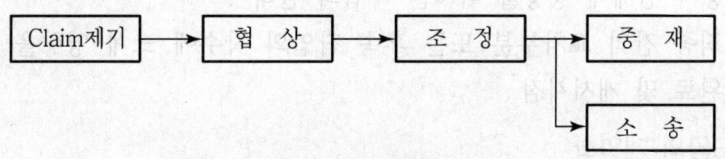

Claim 발생으로 인한 공사기간의 지연

6) 업체의 부도 및 노사분규

V. 대 책

1) 적정 공정계획 수립

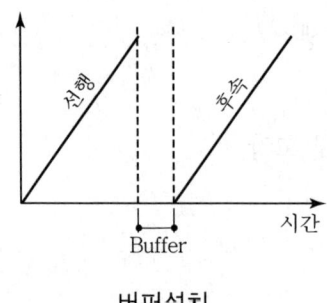

| 버퍼설치 | 동일한 생산성 유지 |

① 작업간의 선후관계 및 일정을 정확히 파악
② 선행작업과 후속작업을 고려하여 각 공종의 착수시기 결정

2) 단위공종의 공기엄수

① 각 단위공종의 공기를 준수하여 선·후 작업의 영향 최소화
② 특히 공사 초기 진행시부터 공정을 일정에 맞추어 관리

3) 자원배당

주공정의 관리시 공정에 지장이 없도록 자원배당 배려

4) 진도관리

공사의 규모, 특성, 난이도에 따라 적정한 진도관리

5) 중간관리일(milestone)

① 공사 전체에 영향을 미치는 작업의 관리
② 직종 간의 교차부분 또는 후속 작업의 착수에 크게 영향을 미치는 작업의 완료 및 개시시점

6) 하도급의 계열화

① 시공능력 및 기술력을 보유한 하도급업체 선정
② 건실한 하도급업체를 계열화하여 전체 공정 유지

7) Tact 공정관리

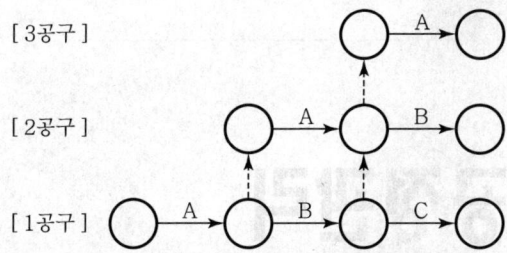

[3공구]

[2공구]

[1공구]

연속적인 작업을 위한 단위시간(tact time)을 정하고 흐름 생산이 되게 하는 방식

VI. 결 론

최근 공기지연과 관련된 분쟁이 빈번하게 발생하고 있으며, 특히 도심지 공사의 경우 교통난과 민원 발생 등 복합적인 요소로 발전하므로 공기지연의 조속한 분석 및 보상으로 원활한 공사 진행이 되도록 하여야 한다.

11장 | 공정관리

2절 Data에 의한 공정표, 일정계산 및 bar chart 작성

Data에 의한 공정표, 일정계산 및 bar chart 작성 기출문제

1. 다음은 ○○ 건축공사 작업 리스트(list)이다. 네트워크 다이어그램(network diagram)을 그리고 작업일정표(schedule) 를 작성하여라. critical path는 diagram에 굵은 선으로 표시하여라. [81전, 50점]

【작업리스트】

작 업	기 호	선행작업	소요일수
설 계	A	none	3일
기초파기	B	A	5
목재반입	C	A	4
자갈, 모래, 시멘트 반입(1)	D	A	3
철물제작	E	A	6
거푸집 고정	F	B, C	5
바 심 질	G	C	6
기초 콘크리트 치기	H	D, F	1
보 양(1)	I	H	3
자갈, 모래, 시멘트 반입(2)	J	D	3
되메우기	K	I	1
세 우 기	L	G, I	7
바닥 콘크리트 치기	M	J, K	1
보 양(2)	N	M	4
철물달기	O	E, L	3

2. 다음 network의 작업 리스트(계산표)를 작성하여라. [81후, 40점]
   ㉮ TF(Total Float)
   ㉯ FF(Free Float)
   ㉰ 주공정선(critical path)을 굵은 선으로 표시하여라.

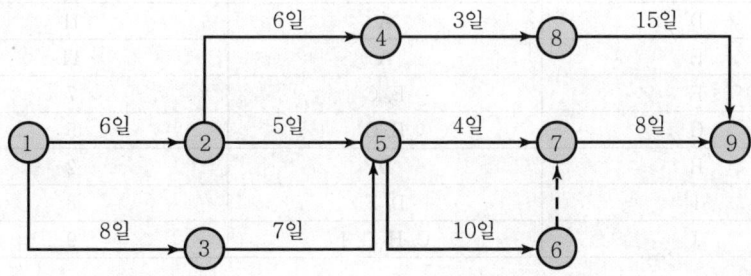

Data에 의한 공정표, 일정계산 및 bar chart 작성 기출문제

3. 다음과 같은 network의 작업 리스트를 작성하고 주공정선(critical path)을 굵은 선으로 표시할 것
[82전, 50점]
  ㉮ 최초작업일정(earliest time)　　㉯ 자유여유(free float)
  ㉰ 최지작업일정(latest time)　　㉱ 주공정(critical path)
  ㉲ 전여유(total float)

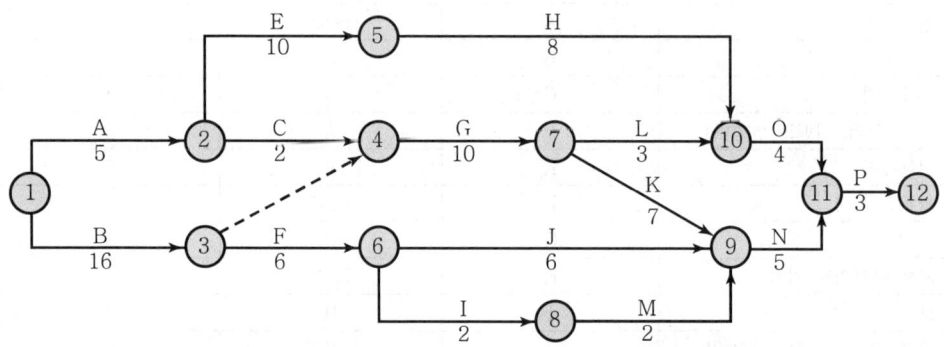

4. 다음과 같은 작업 리스트(list)에 의거 네트워크 다이어그램(network diagram)을 그리고, 작업일정표(schedule)를 작성하여라.(단, 다음 사항을 포함시킬 것) [82후, 50점]
  ㉮ 최초작업일정(ET)　　㉯ 최지작업일정(LT)
  ㉰ 전여유(TF)　　㉱ 자유여유(FF)
  ㉲ 주공정(CP)

【작업 리스트】

작　　　업	선 행 작 업	소 요 일 수
A	–	4
B	–	8
C	A	6
D	A	11
E	A	14
F	B, C	7
G	B, C	5
H	D	2
I	D, F	8
J	C, H, G, I	9

Data에 의한 공정표, 일정계산 및 bar chart 작성 기출문제

5 . 다음 네트워크(network)를 사용하여 작업 리스트를 작성하고 EST, EFT, LST, LFT와 전체여유시간(TF)과 자유여유시간(FF)을 계산한 다음 critical path를 결정하여라. [87, 25점]

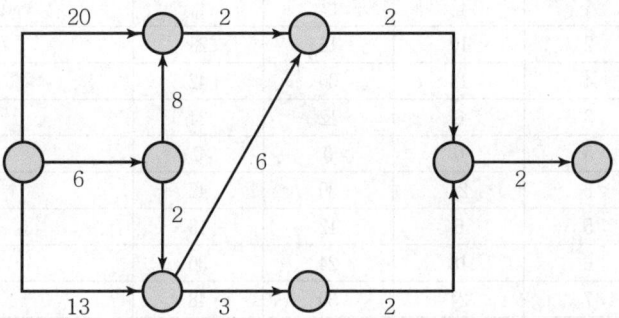

6 . 어느 공사의 작업분할 작업별 소요일수 선행작업 조건이 아래와 같을 때 다음의 질문에 답하시오.
[92후, 40점]

작 업 명	소 요 일 수	선 행 작 업
A	4	–
B	8	A
C	3	A
D	2	A
E	7	B, C, D
F	8	C, D
G	1	E, F

㉮ 이 공사의 공정표를 CPM 화살형 네트워크로 그리시오.
   (네트워크상에 event 번호, 작업명, 소요일수를 표시)
㉯ 총공사기간을 산정하고 주공정선(critical path)을 표시하시오.
㉰ 총공사기간을 연장하지 않으며 작업 C를 늦출 수 있는 최대한의 여유(TF)일수를 구하시오.
㉱ '작업 E'와 '작업 F'의 최초개시일(earlist start date)을 늦추지 않고 '작업 D'를 늦출 수 있는 여유(FF)일수를 구하시오.

Data에 의한 공정표, 일정계산 및 bar chart 작성 기출문제

7. 다음에 답변하시오. [96전, 30점]

액티비티		3점 시간치			기대 시간치
i	j	t_o	t_m	t_p	t_e
1	2	10	16	28	
1	4	18	30	42	
2	3	6	12	24	
3	5	0	0	0	
3	8	24	30	42	
4	5	6	12	18	
4	6	18	24	30	
5	7	24	30	48	
6	9	12	12	18	
7	8	6	18	36	
8	9	6	12	24	

① 상기 표에서 각각의 액티비티의 기대시간치(t_e)를 구하시오.
② 네트워크를 연결하고 CP를 구하시오.

8. 다음 network 공정표에 의거 각 작업의 EST, LST, LFT, EFT, TF, FF를 계산하여 공정표 및 표 빈칸에 수치를 기입하고 CP를 굵은 선으로 표시하시오. [96중, 30점]

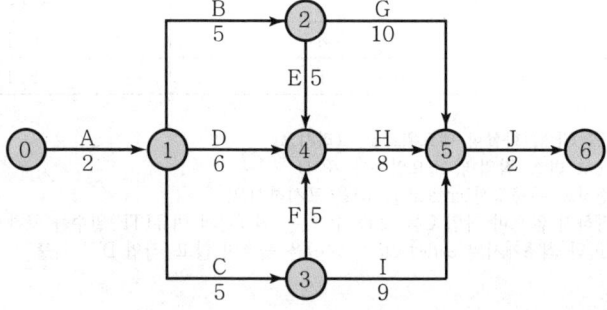

Data에 의한 공정표, 일정계산 및 bar chart 작성 기출문제

작업명	작업공정	작업일수	ET		LT		TF	FF	CP
			EST	EFT	LST	LFT			
A	0-1	2							
B	1-2	5							
C	1-3	5							
D	1-4	6							
E	2-4	5							
F	3-4	5							
G	2-5	10							
H	4-5	8							
I	3-5	9							
J	5-6	2							

9. CPM을 이용한 공정계획에서 작업 여유(float)의 개념은 공사관리의 목적상 전체여유(TF : Total Float), 자유여유(FF : Free Float), 방해여유(INTF : Interfering Float)의 세가지로 흔히 분류된다. 다음의 그림 (a)가 어느 CPM 공정표의 작업 'X', 'Y', 'Z' 부분을 나타내고, 그림 (b)가 이들 작업에 대한 바 챠트(bar chart)를 표시한다고 할 때 아래 물음에 답하시오. [97후, 40점]

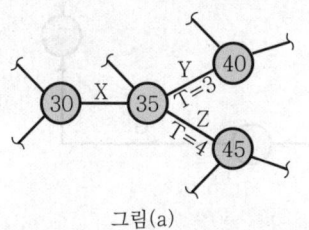

그림(a)

범 례
T   : 소요일수(time)
ESD : Early Start Date
EFD : Early Finish Date
LSD : Late Start Date
LFD : Late Finish Date

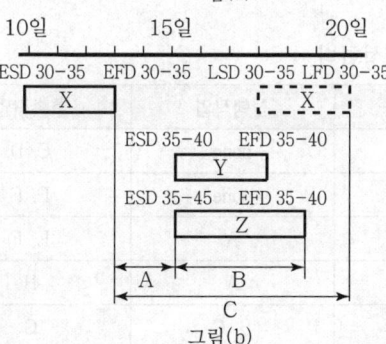

그림(b)

① 작업 'X'에 대한 TF, FF, INTF는 그림 (b)에 표시된 A, B, C중 어느 것을 의미하는가?
② 세 가지의 작업 여유, 즉 TF, FF, INTF에 대한 각각의 의미를 설명하시오.
③ 작업 여유를 이용한 자원 평준화 개념과 이 개념의 현장 적용성에 관하여 설명하시오.

【問題 1】

다음 data를 이용하여 공정표, 일정계산, bar chart를 작성하시오.

Activity	Event No.	Duration
A	0→1	4
B	0→2	8
C	1→2	6
D	1→4	9
E	2→3	4
F	2→4	5
G	3→5	3
H	4→5	7

해설 주어진 event No.에 의하여 다음과 같이 공정표를 작성한다.

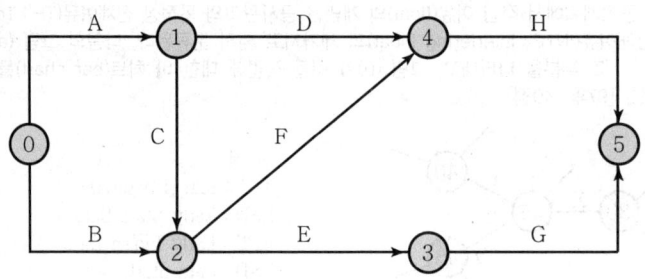

참고로 위 공정표에 의하여 다음과 같이 data를 작성한다.

Activity	Event No.	Duration	선행작업	후속작업
A	0→1	4	none	C, D
B	0→2	8	none	E, F
C	1→2	6	A	E, F
D	1→4	9	A	H
E	2→3	4	B, C	G
F	2→4	5	B, C	H
G	3→5	3	E	none
H	4→5	7	D, F	none

1. 공정표 작성(event 중심의 일정계산)

데이터 중에서 event No. 선행작업, 후속작업 중 하나만 있으면 network 표시법에 의하여 공정표를 작성할 수 있다. 그 중에서 event No.를 가지고 공정표를 만들 경우가 제일 쉬운 방법이긴 하지만 dummy가 나타나지 않을 경우가 있으므로 주의하여야 한다. 주공정선은 굵은 선으로 표시하며, 결합점 위에는 여러 가지 표시방법이 있으나 다음과 같이 표시하는 것이 일반적이다.

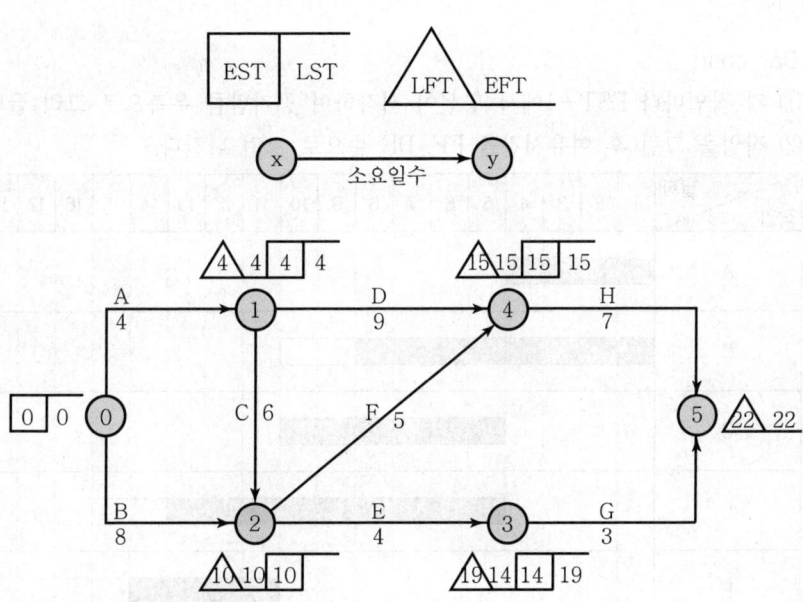

2. 일정계산(activity 중심의 일정계산)

일정계산에는 다음과 같이 2가지가 있다.

① Event 중심의 일정계산 : 공정표를 의미하며 PERT에 의한 일정계산이다. Node time이라고도 한다.

② Activity 중심의 일정계산 : 일반적으로 말하는 일정계산이며 CPM에 의한 일정계산이다. Activity time이라고도 한다.

작업	Event	D	ET		LT		Float			CP
			EST	EFT	LST	LFT	TF	FF	DF	
A	0→1	4	0	4	0	4	0	4-4=0	0	*
B	0→2	8	0	8	2	10	2	10-8=2	0	
C	1→2	6	4	10	4	10	0	10-10=0	0	*
D	1→4	9	4	13	6	15	2	15-13=2	0	

작업	Event	D	ET		LT		Float			CP
			EST	EFT	LST	LFT	TF	FF	DF	
E	2→3	4	10	14	15	19	5	14−14=0	5	
F	2→4	5	10	15	10	15	0	15−15=0	0	*
G	3→5	3	14	17	19	22	5	22−17=5	0	
H	4→5	7	15	22	15	22	0	22−22=0	0	*

3. Bar chart

① 각 작업마다 EST+1에서 횡선이 시작하여 공기만큼 우측으로 그려 끝난다.

② 작업을 그린 후 여유시간을 FF, DF 순으로 그려 나간다.

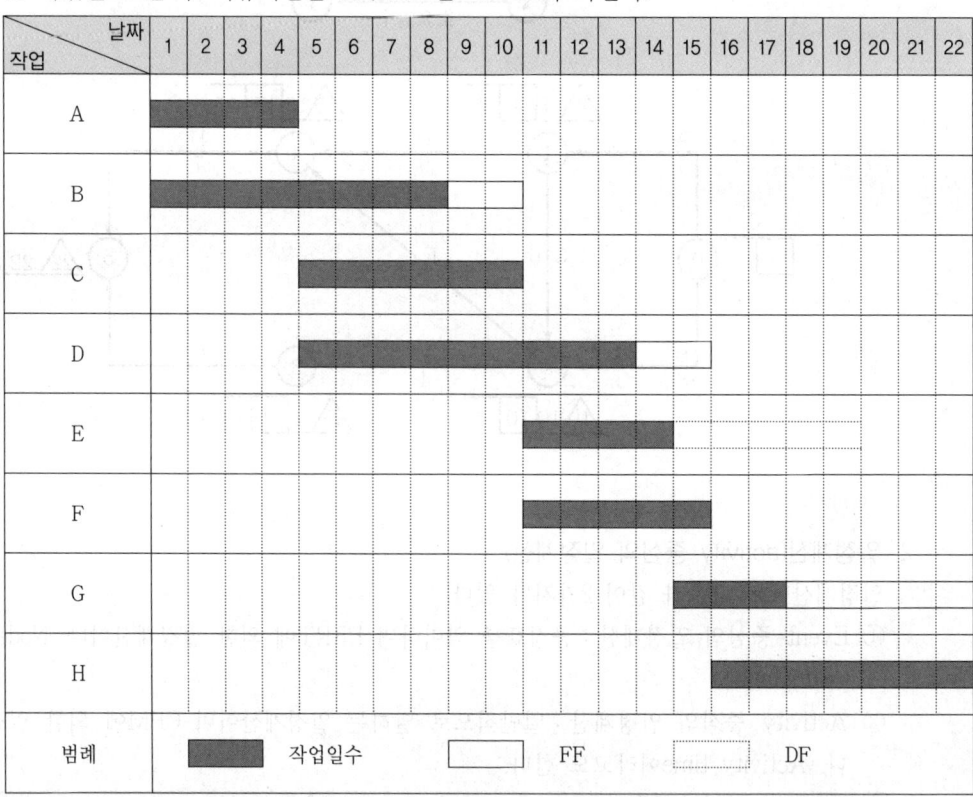

【問題 2】

다음 data로 공정표, 일정계산, bar chart를 작성하시오.

Activity	Event No.	Duration	선행작업	후속작업
A	0→1	5	none	D
B	0→2	4	none	D, E
C	0→3	6	none	D, E, F
D	1→4	7	A, B, C	G
E	2→5	8	B, C	G, H
F	3→6	4	C	G, H, I
G	4→7	6	D, E, F	J
H	5→7	4	E, F	J
I	6→7	5	F	J
J	7→8	2	G, H, I	none

해설 1. 공정표 작성

Data 중에서 event No.로 공정표를 작성 시 dummy가 나타나지 않으므로 선행작업 또는 후속작업으로 공정표를 작성함에 유의한다.

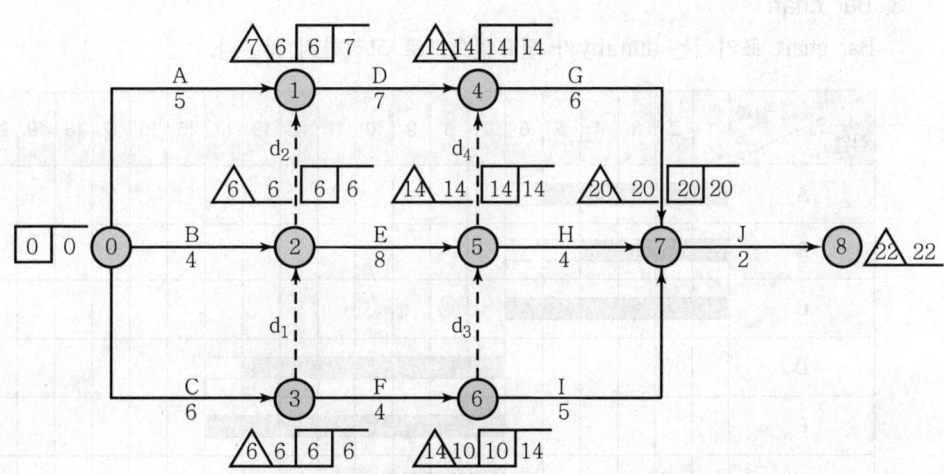

2. 일정계산

작업	Event No.	D	ET		LT		Float			CP
			EST	EFT	LST	LFT	TF	FF	DF	
A	0→1	5	0	5	2	7	2	6-5=1	1	
B	0→2	4	0	4	2	6	2	6-4=2	0	
C	0→3	6	0	6	0	6	0	6-6=0	0	*
D	1→4	7	6	13	7	14	1	14-13=1	0	
E	2→5	8	6	14	6	14	0	14-14=0	0	*
F	3→6	4	6	10	10	14	4	10-10=0	4	
G	4→7	6	14	20	14	20	0	20-20=0	0	*
H	5→7	4	14	18	16	20	2	20-18=2	0	
I	6→7	5	10	15	15	20	5	20-15=5	0	
J	7→8	2	20	22	20	22	0	22-22=0	0	*
d_1	3→2	0	6	6	6	6	0	6-6=0	0	*
d_2	2→1	0	6	6	7	7	1	6-6=0	1	
d_3	6→5	0	10	10	14	14	4	14-10=4	0	
d_4	5→4	0	14	14	14	14	0	14-14=0	0	*

3. Bar chart

Bar chart 표기에는 dummy가 필요없으므로 고려하지 않는다.

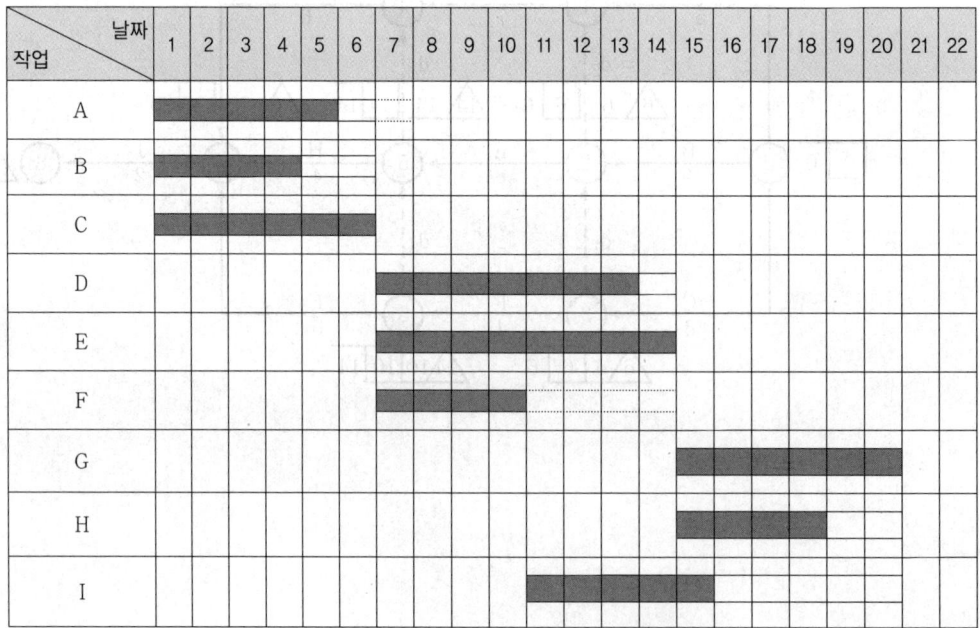

1480

작업 \ 날짜	1	2	3	4	5	6	7	8	9	10	11	12	13	14	15	16	17	18	19	20	21	22
J																						

▓ 작업일수	▭ FF	▱ DF	

【問題 3】

다음 바 차트 공정표를 네트워크 공정표로 작성하시오.(단, 크리티컬 패스는 굵은 선으로 표시한다.)

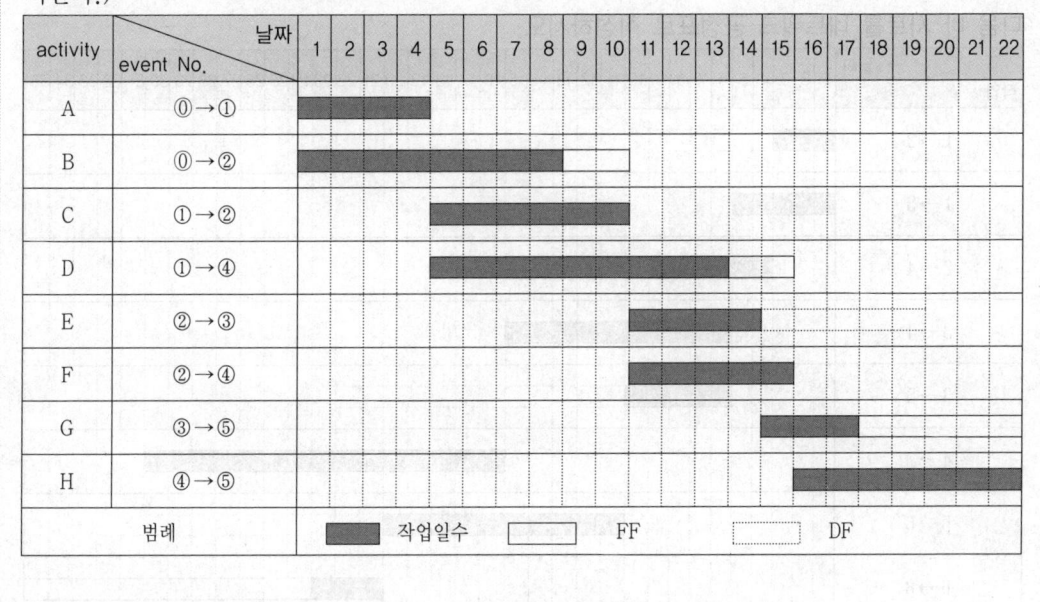

activity \ event No. \ 날짜	1	2	3	4	5	6	7	8	9	10	11	12	13	14	15	16	17	18	19	20	21	22
A ⓪→①																						
B ⓪→②																						
C ①→②																						
D ①→④																						
E ②→③																						
F ②→④																						
G ③→⑤																						
H ④→⑤																						

범례	▓ 작업일수	▭ FF	▱ DF

해설 Bar chart를 가지고 공정표 작성 시 그 순서는 다음과 같다.

① DF는 무시한다. ② data를 작성한다. ③ 공정표를 작성한다. 그러나 bar chart 공정표에 event No.가 있으면 위 순서를 거치지 않고 event No.만을 가지고 공정표를 쉽게 작성할 수 있다.

1. Data 작성

Activity	Event No.	공 기	후속작업	Activity	Event No.	공 기	후속작업
A	⓪→①	4	C, D	E	②→③	4	G
B	⓪→②	8	E, F	F	②→④	5	H
C	①→②	6	E, F	G	③→⑤	3	none
D	①→④	9	H	H	④→⑤	7	none

2. 공정표 작성

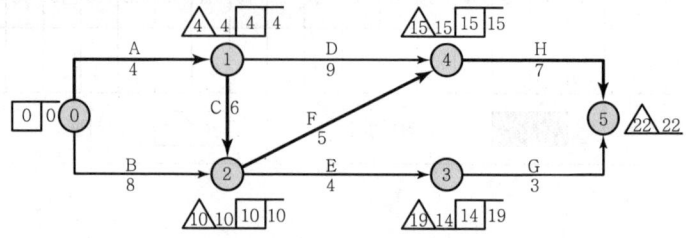

【問題 4】

다음 바 차트를 네트워크 공정표로 작성하시오.

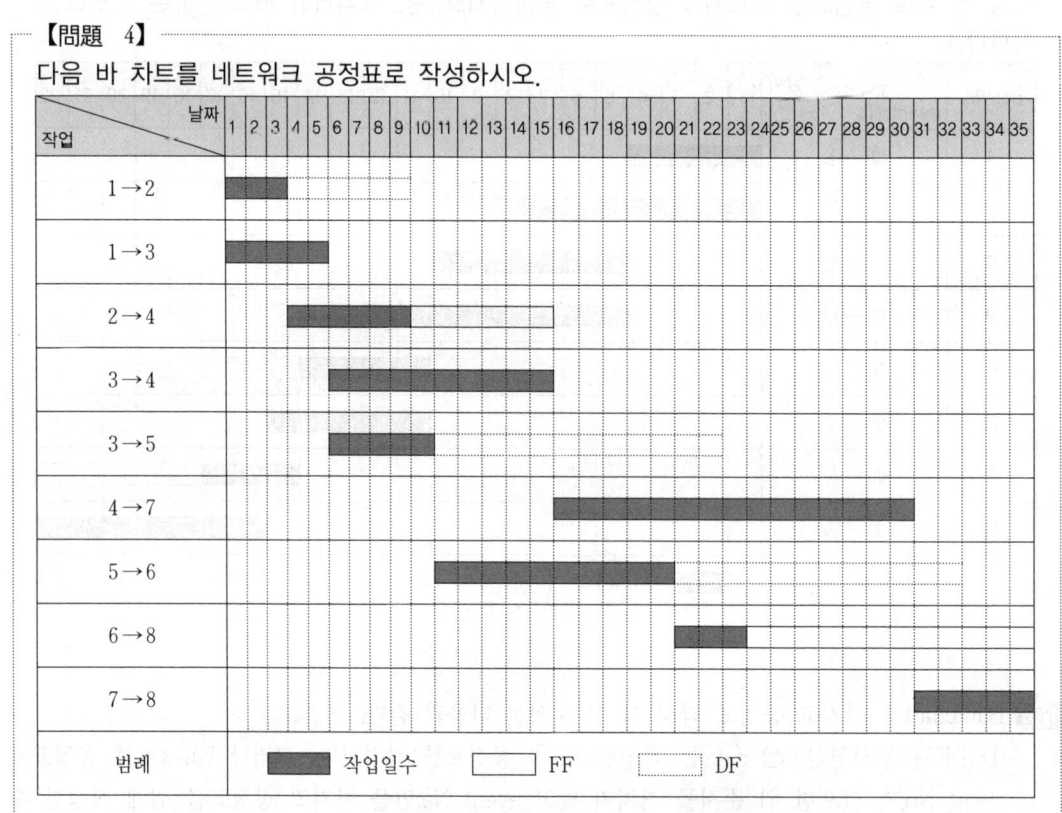

해설 Event No.만을 가지고 직접 공정표를 작성한다.

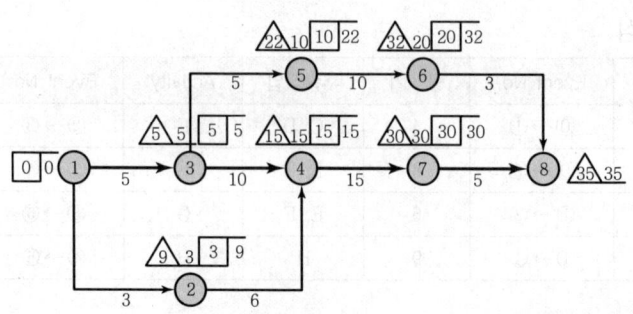

永生의 길잡이 - 열둘

죽음 저편

안늑하고 부드러운 10개월의 생애. 행복하긴 했지만 너무 짧은 세월이었지요.
밖에는 다른 세계가 있다고들 하지만 내눈으로 보지 못했으니 믿을 수가 있나요?

↓

결혼도 하고 매우 행복했죠.
그러나 알 수 없는 미래와 피할 수 없는 죽음……
100년도 못되는 인생을 생각하면 허무하기만 하군요.

↓

?

죽음 저편!
그곳에 과연 어떤 세계가 나를 기다리고 있는 것일까요?

하나님이 세상을 이토록 사랑하사 독생자를 주셨으니 이는 저를 믿는 자마다 멸망치 않고 영생을 얻게 하려 하심이라.

-요한복음 3장 16절-

chapter
11장 | 공정관리

3절 공기단축

공기단축 기출문제

1. 다음 네트워크의 (일정)계산표를 작성하고 다음에 답하여라.(단, 액티비티상의 숫자는 작업에 소요되는 일수이고 50만원/일 등은 그 액티비티를 1일간 단축할 때에 소요되는 추가 금액이다.) [90후, 40점]
   ㉮ 주공정선(critical path)을 구하여라.
   ㉯ 이 네트워크 공정표의 일정을 3일간 단축할 때의 단축할 액티비티를 표시하고 그 추가 금액(최소)을 산출하여라.

   〈단축할 때의 조건〉
   (1) 하나의 액티비티에서 2일간까지만 단축한다.
   (2) 단축으로 인해 크리티컬 패스(critical path)가 생기지 않도록 한다.

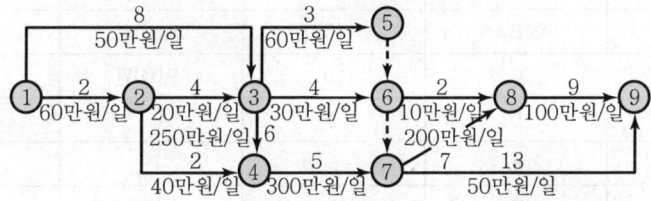

2. 다음과 같은 네트워크에서 공정을 5일 단축할 때의 최소비용 및 각 작업마다의 단축일수를 구하여라.
   (단, 각 작업의 단축가능 일수 및 1일 단축하는 데 요하는 비용은 다음과 같다.) [91전, 40점]

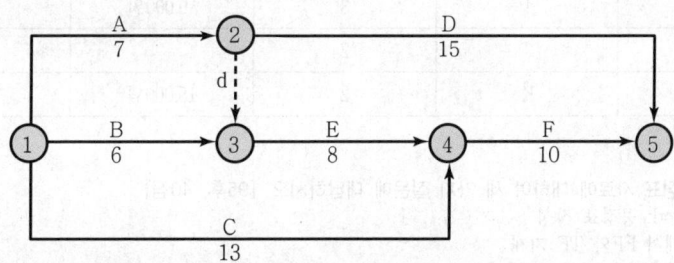

작 업	작업일수	단축가능 일수	소요비용(만원/일)
A	7	3	3
B	6	1	1
C	13	5	4
D	15	4	2
E	8	3	5
F	10	2	6

3. 다음 물음에 답하시오. [94전, 40점]
　　㉮ Normal 공정표를 작성하고 주공정선을 표시하시오.
　　㉯ 공기를 5일간 단축한 후의 공정표를 작성하시오.
　　㉰ 5일 단축했을 경우 총공사비를 산출하시오.
　　* 정상 공기 비용은 1,000,000원
　　* 각 구간 최대 단축일은 공기의 1/2을 초과할 수 없다.

Activity	Event	공사기간	Cost slope	CP
① - ②	A	3	–	
① - ③	B	13	10,000원	
① - ④	C	20	9,000원	*
② - ③	D	2		
② - ④	E	5		
④ - ⑤	F	2	단축불가	*
③ - ⑤	G	6	8,000원	
③ - ⑥	H	3		
⑤ - ⑦	I	3	6,000원	*
⑥ - ⑦	J	2		
⑦ - ⑧	K	2	15,000원	*

4. 다음과 같은 공정표 자료에 대하여 세 가지 질문에 대답하시오. [95후, 40점]
　　㉮ Normal network 공정표 작성
　　㉯ 각각의 작업에서 FF와 TF 기재
　　㉰ 공기를 3일 단축했을 때의 추가 비용이 최소가 되는 작업을 기술하고 추가 비용을 산출하시오.

기 호	작 업	선행작업	day	공기 1일 단축비용	비 고
A	① - ②	없 음	7	단축 불가능	
B	① - ③	없 음	5	단축 불가능	
C	① - ④	없 음	2	단축 불가능	1. 공기 단축은 각각의 작
D	② - ⑤	A	8	10,000원	업일수의 1/2를 초과
E	③ - ⑤	B	3	10,000원	할 수 없다.
F	④ - ⑥	B, C	10	10,000원	2. 공정표 작성 시에는
G	⑤ - ⑦	D, E	10	20,000원	더미를 반드시 표시
H	⑤ - ⑦	D, E	5	20,000원	해야 한다.
I	⑥ - ⑦	F	8	20,000원	
J	⑦ - ⑧	H, I	7	20,000원	
K	⑧ - ⑨	G, J	1	단축 불가능	

공기단축 기출문제

5. 다음 네트워크(network)를 사용하여 작업 리스트(list)를 작성하고, 그것에 의한 시간 계산을 하여 표를 작성하여라.
   (단, 지정 공기는 23일로 한다.) [80, 25점]

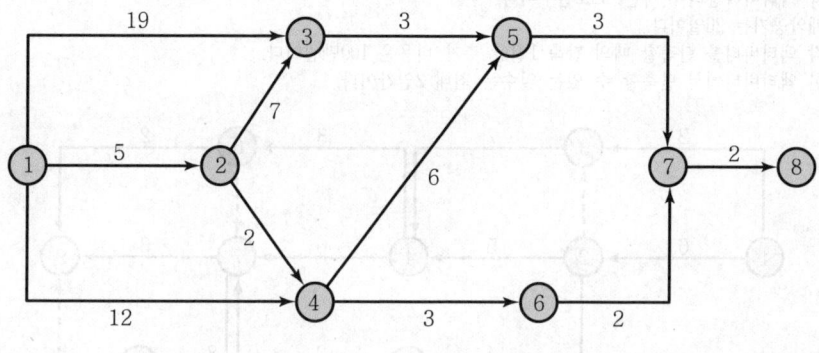

6. 다음 네트워크(network)를 분석하고 다음 사항에 답하여라. [84, 50점]
   ㉮ 각 액티비티(activity)의 전체여유(total float) 및 자유여유(free float)를 구하여라.
   ㉯ 주공정선(critical path)을 구하여라.
   ㉰ 공기를 2일간 단축하여라.(단, 일정을 단축함에 있어 각 액티비티의 단축 1일당 추가 비용은 동일한 것으로 하고 각 액티비티는 최대 1일 이내만을 단축할 수 있는 것으로 한다.)

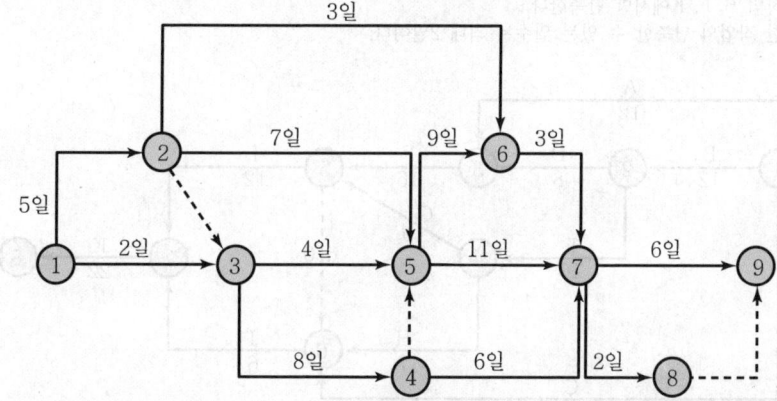

공기단축 기출문제

7. 다음 네트워크(network)의 계산표를 작성하여 각 액티비티(activity)의 ES, EF, LS, LF, TF, FF를 산출하고 공기 단축으로 인한 추가 비용이 최소가 되도록 단축하여라. [85, 25점]

   단, ㉮ 각 액티비티상의 숫자는 소요일수이다.
   　㉯ 계약공기는 26일이다.
   　㉰ 각 액티비티를 단축할 때의 단축 1일당 추가 비용은 100만원이다.
   　㉱ 한 액티비티에서 단축할 수 있는 일수는 최대 2일간이다.

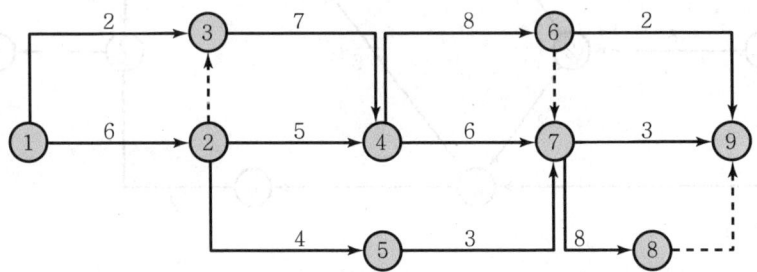

8. 다음과 같은 network에서 공기를 5일 단축하려고 한다. [86, 25점]

   ㉮ Critical path 경로를 network에 표시하여라.
   ㉯ 이 경로에 바탕을 두고 공기가 5일 단축되도록 계산표를 작성하고 표시하여라.

   단, ㉠ 비용은 고려하지 않는다.
   　㉡ 작업 B, F, K에서만 단축한다.
   　㉢ 한 작업의 단축할 수 있는 일수는 최대 2일이다.

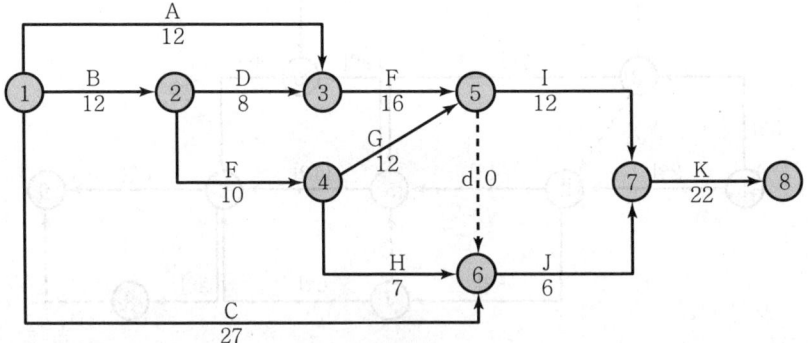

공기단축 기출문제

9. 다음 네트워크와 같이 일정계산표를 작성하여 계산하고, 공기를 3일간 단축할 때 고려해야 할 경로를 표시하고, 공기를 3일간 단축할 때 여유시간이 가장 큰 작업(activity)과 여유 일수(전체여유, 자유여유, 관계여유)를 산출하여라. [92전, 40점]

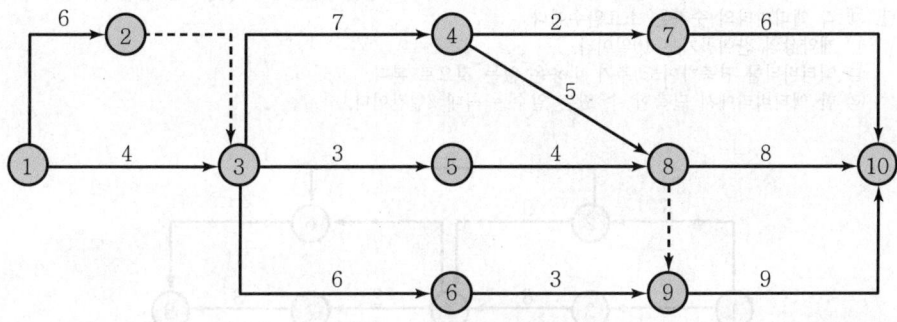

10. 다음 내용과 같은 network 공정표를 작성하고 ① C.P, ② 공기를 3일간 단축할 때 단축을 고려해야 할 경로, ③ 각 액티비티 비용 구배가 동일하다고 가정하고 1개의 액티비티에서 최고 2일까지만 단축할 수 있는데, 단축대상 액티비티를 표시하라.(단, 각 액티비티의 소요일수는 별표와 같음) [93후, 40점]
㉮ 작업 ①-②, ①-③, ①-⑤는 동시에 발생한다.
㉯ 작업 ①-③, ②-③은 동시에 완료하고 ②-③은 dummy이다.
㉰ 작업 ③-④, ③-⑥은 동시에 발생한다.
㉱ 작업 ①-⑤의 후속작업은 작업 ⑤-⑦이고, 작업 ⑤-⑦은 작업 ⑥-⑦과 동시에 완료한다.
㉲ 작업 ④-⑧, ⑥-⑧, ⑦-⑧은 동시에 완료하고 최종 작업이다.

작 업	작업일수	작 업	작업일수
①-②	6	④-⑧	4
①-③	3	⑤-⑦	2
①-⑤	4	⑥-⑦	0
②-③	0	⑥-⑧	4
③-④	6	⑦-②	7
③-⑥	5		

공기단축 기출문제

11. 다음 네트워크(network)의 계산표를 작성하고 다음에 답하여라. [89, 25점]
    ㉮ 주공정선(critical path)을 표시하여라.
    ㉯ 착공한 후 16일째 되는 날에 현상을 파악한 결과 ②-⑥ 작업은 2일, ④-⑥ 작업은 6일, ⑦-⑨ 작업은 2일,
    ⑦-⑧ 작업은 8일의 공정이 남아 있다. 이 시점(착공 후 16일째)에 있어서 공정표를 수정하여라.
    단, ㉠ 각 액티비티의 숫자는 소요일수이다.
       ㉡ 계약상의 잔여공기는 10일이다.
       ㉢ 액티비티를 단축하여도 추가 비용은 없는 것으로 본다.
       ㉣ 한 액티비티에서 단축할 수 있는 일수는 최대 2일간이다.

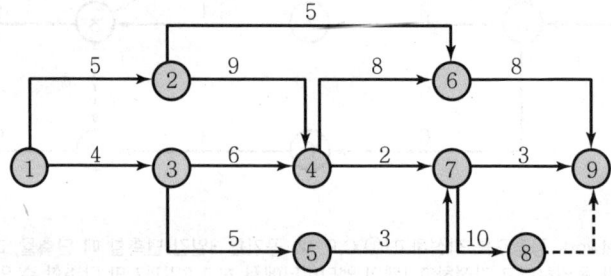

12. 다음과 같은 network 공사가 있다. 10일의 작업이 끝난 단계에서 진도관리를 한 결과 잔여일수는 다음 표와 같다.
    물음에 답하여라. [95중, 40점]
    ㉮ 진도관리를 실시한 시점에서의 공기지연 일수는 몇 일인가?
    ㉯ 당초 공기대로 공사를 완료시키기 위해서는 어느 작업에서 몇 일을 단축해야 하는가?
    ㉰ 수정 후의 일정계산표를 작성하라. C.P(Critical Path)에는 *표를 하라.

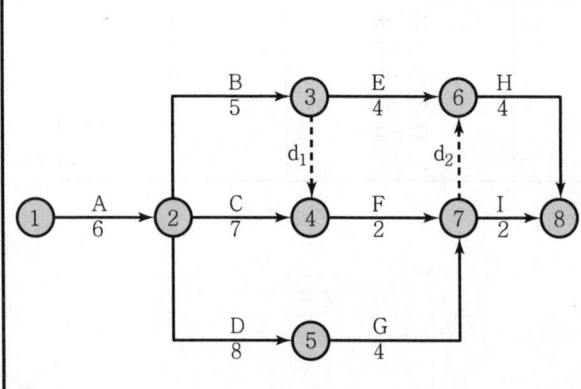

작업명	당초일정	잔여일정	구 분
A	6	0	완 료
B	5	2	공사 중
C	7	5	공사 중
D	8	6	공사 중
E	4	4	미착수
F	2	2	미착수
G	4	4	미착수
H	4	4	미착수
I	2	2	미착수

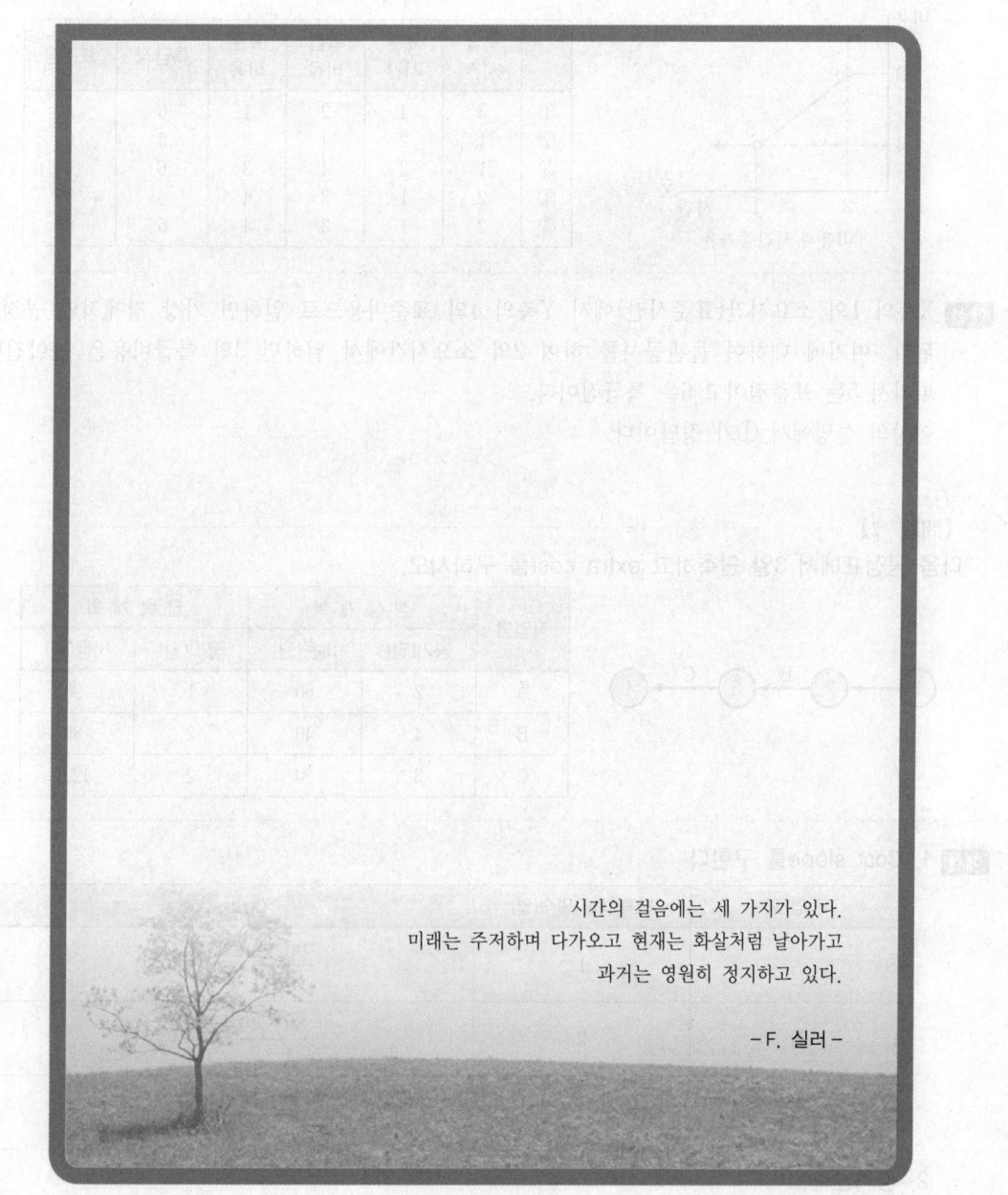

시간의 걸음에는 세 가지가 있다.
미래는 주저하며 다가오고 현재는 화살처럼 날아가고
과거는 영원히 정지하고 있다.

– F. 실러 –

【問題 1】
왼쪽 그림은 CPM의 고찰에 의한 비용과 시간증가의 율을 표시한 것이다. 그림의 번호에 대응하는 용어 중에 바른 것은 어느 것인가?

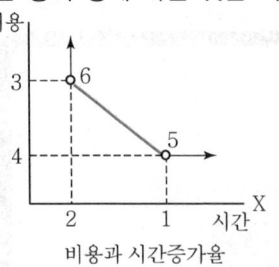

	특급 시간	표준 시간	특급 비용	표준 비용	특급점	표준점
①	3	4	2	1	6	5
②	1	2	4	3	5	6
③	1	2	4	3	6	5
④	2	1	3	4	6	5
⑤	2	1	3	4	5	6

해설 X축의 1의 소요시간(표준시간)에서 Y축의 4의 표준비용으로 일하면 가장 경제적인 공정이 된다. 여기에 대하여 돌관공사를 하여 2의 소요시간에서 일하면 3의 특급비용은 높아진다. 따라서 5는 표준점이고 6은 특급점이다.
이상의 설명에서 ④가 정답이다.

【問題 2】
다음 공정표에서 3일 단축하고 extra cost를 구하시오.

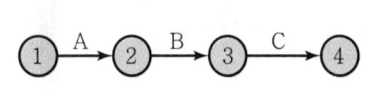

작업명	정 상 계 획		급 속 계 획	
	공기(일)	비용(원)	공기(일)	비용(원)
A	2	60	1	90
B	4	40	2	80
C	3	80	2	120

해설 1. Cost slope를 구한다.

작 업 명	단축가능 일수(일)	Cost slope
A	1	$\dfrac{90-60}{2-1}=\dfrac{30}{1}=30$
B	2	$\dfrac{80-40}{4-2}=\dfrac{40}{2}=20$
C	1	$\dfrac{120-80}{3-2}=\dfrac{40}{1}=40$

2. 공기단축

　　1차 : 비용구배가 가장 적은 B작업에서 2일 단축하며, B작업은 더 이상 단축이 불가능하다.

　　2차 : B작업 이외 작업 중에서 A작업이 비용구배가 가장 적으므로 A작업에서 1일 단축한다.

3. Extra Cost

　　E.C = 2×B + 1×A = 2×20 + 1×30 = 70원

【問題 3】
다음 공정표에서 3일 단축하고 extra cost를 구하시오.

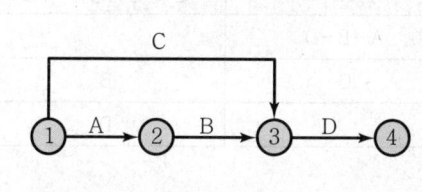

작업명	정 상 계 획		급 속 계 획	
	공기(일)	비용(원)	공기(일)	비용(원)
A	2	120	1	150
B	4	50	2	100
C	4	40	2	80
D	3	40	2	80

해설 1. 공정표 작성

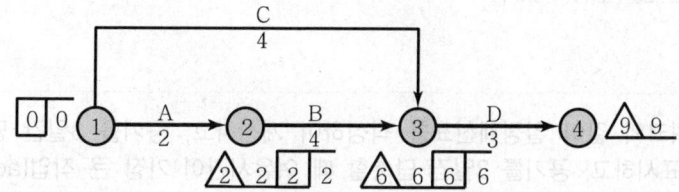

2. Cost slope를 구한다.

작 업 명	단축가능 일수(일)	Cost slope
A	1	$\dfrac{150-120}{2-1} = \dfrac{30}{1} = 30$
B	2	$\dfrac{100-50}{4-2} = \dfrac{50}{2} = 25$
C	2	$\dfrac{80-40}{4-2} = \dfrac{40}{2} = 20$
D	1	$\dfrac{80-40}{3-2} = \dfrac{40}{1} = 40$

3. 공기단축

1차 : CP에서 비용구배가 가장 적은 B작업에서 단축이 가능한 2일을 단축한다. C작업이 CP가 된다.

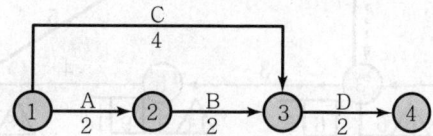

2차 : 전공정이 all CP이므로 다음과 같은 2가지 방법의 비용구배를 비교하여 보아야 한다.

1) 방법   ③-④ : 1일 단축   cost slope   40원
2) 방법 ┌ ①-③ : 1일 단축   cost slope   20원
        └ ①-② : 1일 단축   cost slope   30원
                          total cost slope   50원

1)방법의 ③-④ 작업의 cost slope가 적으므로 ③-④ 작업에서 공기단축한다.

단축단계	작 업	단축일수	단축으로 인하여 발생한	
			CP	단축 불가능한 작업
출 발			A-B-D	
1 차	B	2	C	B
2 차	D	1		D

4. Extra Cost

E.C = 2×B + 1×D

= 2×25 + 1×40 = 90원

【問題 4】

다음 네트워크와 같이 일정계산표를 작성하여 계산하고, 공기를 3일간 단축할 때 고려해야
할 경로를 표시하고, 공기를 3일간 단축할 때 여유시간이 가장 큰 작업(activity)과 여유 일수
(전체여유, 자유여유, 관계여유)를 산출하여라. [92전, 40점]

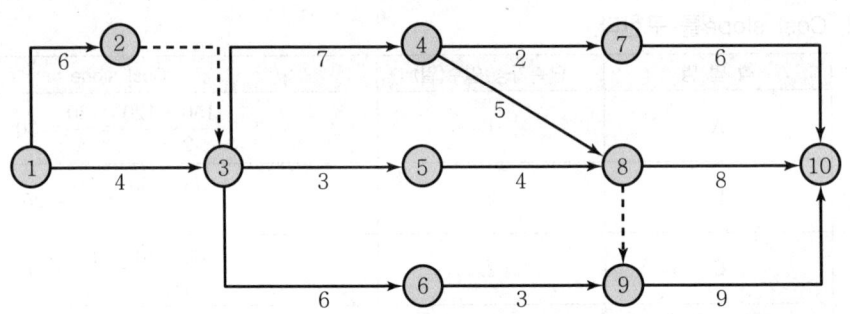

해설 1. 네트워크

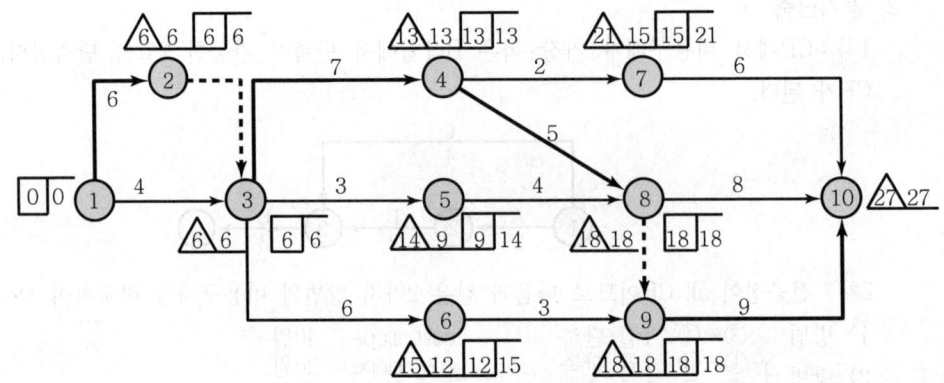

2. 일정계산표

Event No.	ET		LF		Float			CP
	EST	EFT	LST	LFT	TF	FF	DF	
①→②	0	6	0	6	0	6-6=0	0	*
①→③	0	4	2	6	2	6-4=2	0	
③→④	6	13	6	13	0	13-13=0	0	*
③→⑤	6	9	11	14	5	9-9=0	5	
③→⑥	6	12	9	15	3	12-12=0	3	
④→⑦	13	15	19	21	6	15-15=0	6	
④→⑧	13	18	13	18	0	18-18=0	0	*
⑤→⑧	9	13	14	18	5	18-13=5	0	
⑥→⑨	12	15	15	18	3	18-15=3	0	
⑦→⑩	15	21	21	27	6	27-21=6	0	
⑧→⑩	18	26	19	27	1	27-26=1	0	
⑨→⑩	18	27	18	27	0	27-27=0	0	*

3. 공기 3일 단축시 고려해야 할 경로

1) ①→②→③→④→⑧→⑨→⑩=27일
2) ①→②→③→④→⑧→⑩=26일
3) ①→③→④→⑧→⑨→⑩=25일

4. 공기 3일 단축

①-②
③-④ } 에서 각각 1일씩 단축
④-⑧

5. 공기 3일 단축시 여유시간이 가장 큰 작업(activity)

단 계	TF	FF	DF
④→⑦	5	0	5
⑦→⑩	5	5	0

【問題 5】
다음의 network에 의하여 공사를 개시한 후 24일째 진도관리(follow up)하여 작업의 잔여일수는 각각 표와 같다. 당초 공기를 분석하고 그에 대한 조치를 취하시오.

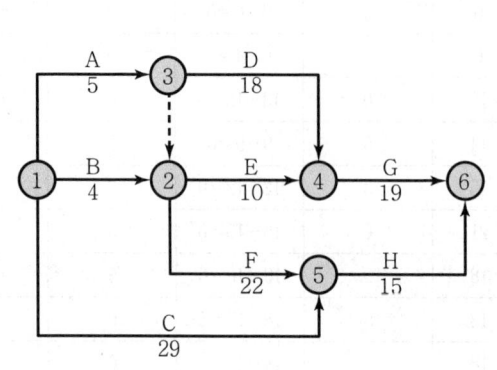

작업	당초 작업일수	잔여 소요일수	비고
A	5	0	완 료
B	4	0	완 료
C	29	5	작 업 중
D	18	2	작 업 중
E	10	0	완 료
F	22	4	작 업 중
G	19	19	미 착 수
H	15	15	미 착 수

해설 1. 공정표

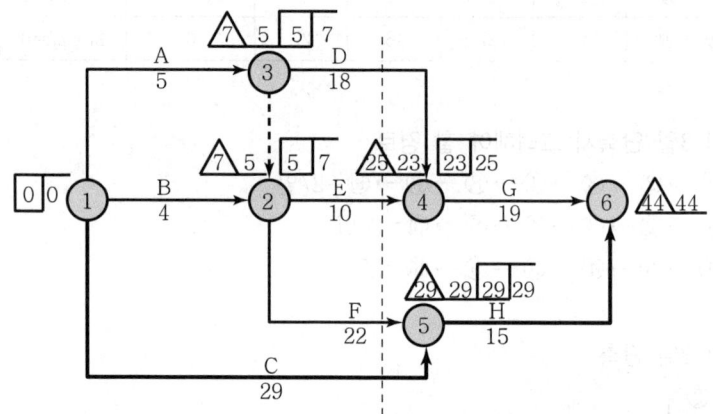

2. 공기분석 및 조치
진도관리(follow up)는 항상 현시점에서 잔여물량을 고려하여 장래를 관리하는 것이며, 지난 것은 크게 신경을 쓰지 않는다.
진도관리 24일을 기준으로 여유일과 잔여일을 계산하면 다음과 같다.

작 업	여 유 일	잔 여 일	분 석
C	29 - 24 = 5일	5일	정 상
D	25 - 24 = 1일	2일	1일 지연
E	25 - 24 = 1일	0	1일 빠름
F	29 - 24 = 5일	4일	1일 빠름

작업 D에서 1일 지연되었으므로 1일 단축은 주공정선(CP)과 관계 없으므로 D작업에서 1일 단축하여야 하나, 후속작업인 G작업의 공기가 길므로 G작업에서 1일 단축함이 바람직하다.

永生의 길잡이 - 열셋 [꿈을 이루는 8가지 마음]

1. '나도 할 수 있다'는 생각으로 새롭게 시작하십시오.
   적극적인 사고방식은 위대한 창조력의 원동력입니다.
   '그것은 가능해'라는 생각을 거듭하십시오.

2. 당신의 목표를 마음의 소원과 일치 시키십시오.
   이미 결정한 목표가 마음의 원함과 전혀 다른 것이
   라면 지금 곧 목표를 수정하십시오.

3. 부정적인 생각을 버려야 합니다.
   '나는 안돼' '할 수 없어' '나 같은 것이'라는 소리가
   들려오거든 '이전의 나는 무능했었지. 그러나 이제는
   달라. 새 사람이 되었어'라고 응답하십시오.

4. 언제나 긍정적인 말을 매일같이 반복하십시오.
   '나는 성장하고 있다' '나는 성공할 수 있다' '해낼 수
   있고말고'라고 다짐하는 말을 합시다.
   말은 힘과 용기를 더하는 영양소입니다.

5. 대가를 지불하십시오.
   진정한 성공은 땀과 수고를 통해서만 완성됩니다.
   심는 대로 거두는 법입니다.

6. 문제가 생기고 어려움이 닥쳐도
   낙심하거나 포기하지 맙시다.
   일곱 번 넘어져도 여덟 번 일어선다는
   용기와 신념을 가집시다.

7. 될 수 있는 대로 꿈을 크게 가지십시오.
   꿈꾸는 데는 수고도 돈도 필요치 않습니다.

8. 모든 일을 감사하십시오.
   그리고 기회라고 생각하십시오.

4절 인력부하도

인력부하도 기출문제

1. 아래의 network에 대하여 인력부하도(load diagram)를 도시하고 작업을 추진하기 위한 최소한의 인원을 산출하여라. [90전, 40점]

〈조건〉
EST, LST에 의한 인력부하도 및 smooth level diagram에 대한 인력부하도를 도시할 것
① → ③ 작업은 〈〈〈 표시, ② → ④ 작업은 /// 표시, critical path는 ▨▨ 표시할 것

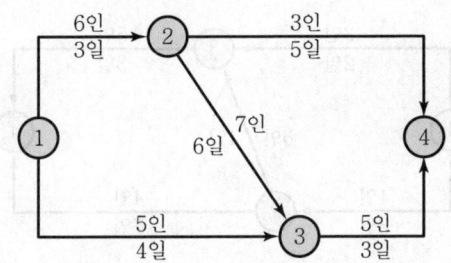

2. 다음과 같은 network에서 최조개시일정에 의한 인력부하도와 균배도(leveling diagram)를 작성하여라. [91전, 30점]

3. 다음 네트워크와 같이 공사를 진행시키고자 한다. 가장 빠른 시작 시간(earliest start time), 가장 늦은 시작 시간(latest start time)에 의한 인력부하도(loading diagram)와 균배도(leveling diagram)를 작성하고, 총동원 인원수 및 최소동원 인원수를 산출하여라. [91후, 40점]

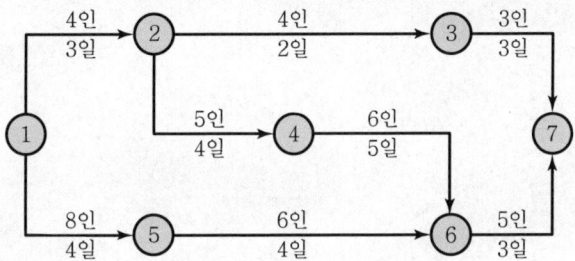

4. 다음 공정표에 대한 아래 사항을 구하여라. [93전, 40점]
   ㉮ 최조개시일에 대한 부하도   ㉯ 최지개시일에 대한 부하도
   ㉰ Leveling(균배도)(8인 기준)   ㉱ 최대동원인원수
   ㉲ 최소동원인원수   ㉳ 총동원인원수

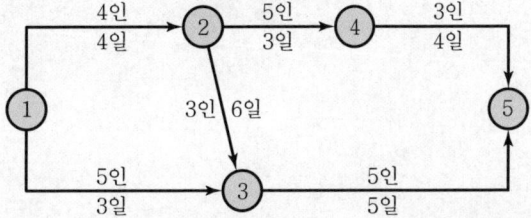

인력부하도 기출문제

5. 다음 공정표(network)를 보고 일정계산을 하고 아래 물음에 답하시오. [94후, 25점]
   ㉮ 3일 공기단축 후 인력부하도를 작성하시오.
   ㉯ 공기단축 후 현장에서 발생할 수 있는 문제점에 대하여 설명하시오.
   (단, ③→④ 1일 단축 가능, ②→④ 단축 불가능)

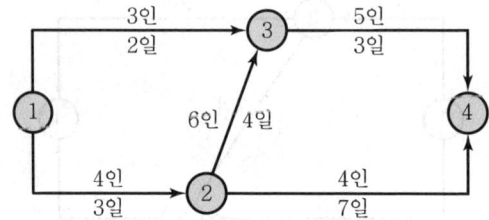

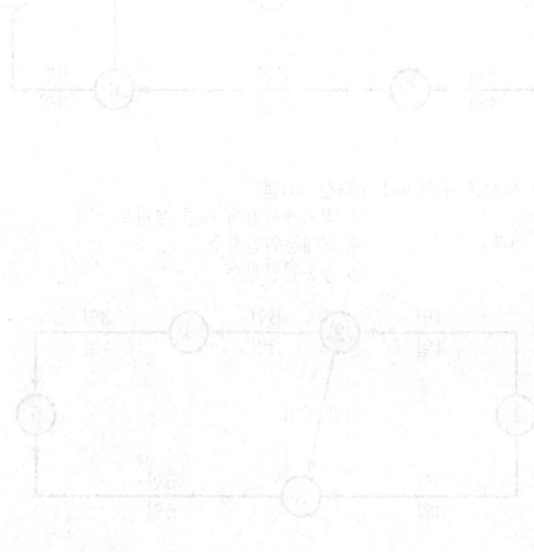

습관

어떤 이가 작은 습관을
하나 만들었다.
그는 그것을 늘 끌고 다녔다.
그 습관이 자라서
큰 습관이 되었다.
지금 그는 그 큰 습관에
끌려 다닌다.

― 짧은동화 긴생각 中 ―

【問題 1】
다음 network에서 공정표, 일정계산, 부하도, 동원인원수, 노동력 이용효율(E)을 구하시오.

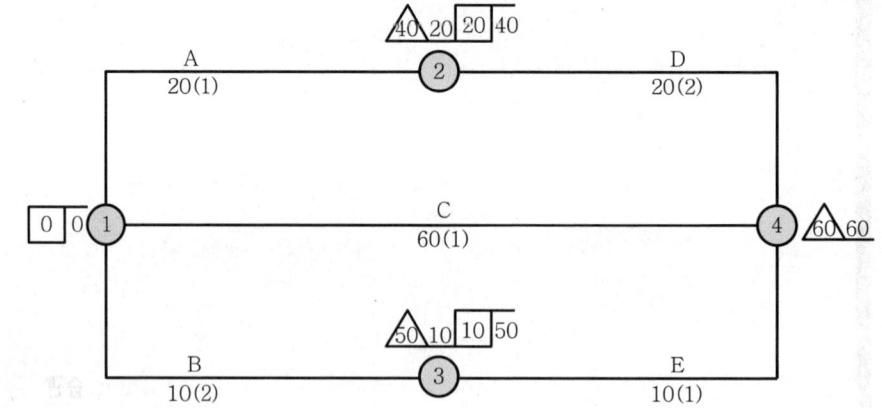

해설 1. 공정표

2. 일정계산

작업	Event No.	소요 일수	ET		LT		Float			CP
			EST	EFT	LST	LFT	TF	FF	DF	
A	①→②	20	0	20	20	40	20	0	20	
B	①→③	10	0	10	40	50	40	0	40	
C	①→④	60	0	60	0	60	0	0	0	*
D	②→④	20	20	40	40	60	20	20	0	
E	③→④	10	10	20	50	60	40	40	0	

3. EST에 의한 부하도   4. LST에 의한 부하도   5. 균배도

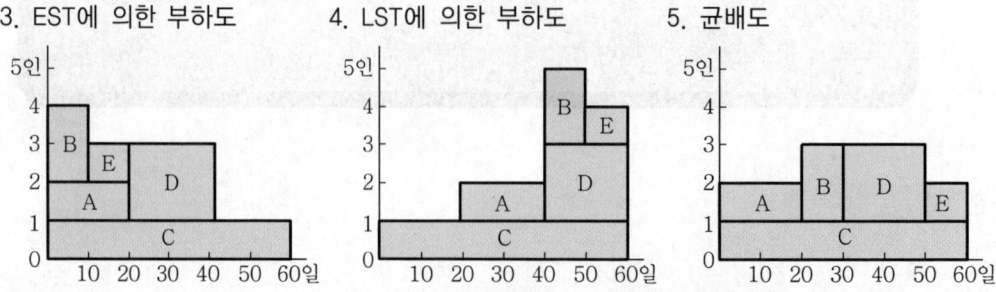

6. 최대동원인원수 $\begin{cases} \text{EST}=4인 \\ \text{LST}=5인 \\ \text{균배도}=3인 \end{cases}$

7. 최소동원인원수 $\begin{cases} \text{EST}=1인 \\ \text{LST}=1인 \\ \text{균배도}=2인 \end{cases}$

8. 총동원인원수 $20{\times}1+20{\times}2+60{\times}1+10{\times}2+10{\times}1=150인$

9. 노동력 이용효율(E)

$$\text{EST}=\frac{총동원\ 인원수}{\text{C.P일수}\times\text{EST 부하도의 최대동원 인원수}}=\frac{150}{60\times4}\times100=62.5\%$$

$$\text{LST}=\frac{총동원\ 인원수}{\text{C.P일수}\times\text{LST 부하도의 최대동원 인원수}}=\frac{150}{60\times5}\times100=50\%$$

$$균배도=\frac{총동원\ 인원수}{\text{C.P일수}\times균배도의\ 최대동원인원수}=\frac{150}{60\times3}\times100=83.3\%$$

【問題 2】

다음 네트워크 공정표를 근거로 아래 물음에 답하시오.[단, ( ) 속의 숫자는 1일당 소요인원이고, 지정공기는 계산공기와 같다.]

    ㉮ 각 작업을 EST에 따라 실시할 경우의 1일 최대소요인원은 몇 명인가?

    ㉯ 각 작업을 LST에 따라 실시할 경우의 1일 최대소요인원은 몇 명인가?

    ㉰ 가장 적합한 계획에 의해 인원배당을 행할 경우의 1일 최대소요인원은 몇 명인가?

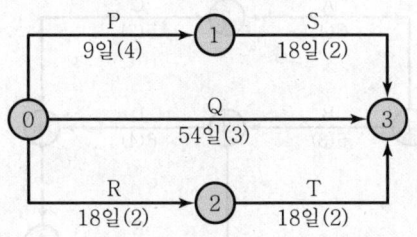

해설 ㉮ EST에 의한 산적표(9명)

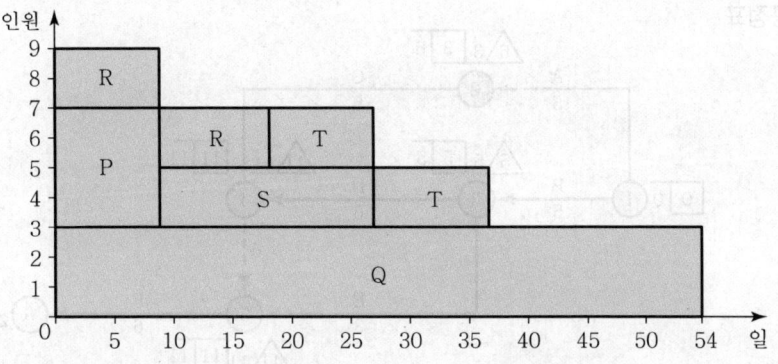

㉯ LST에 의한 산적표(9명)

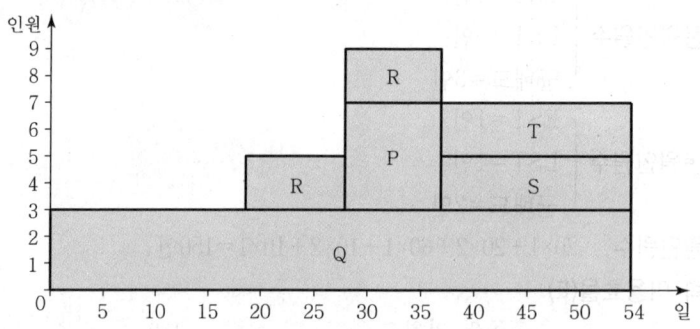

㉰ 가장 적합한 계획에 의한 산적표(7명)

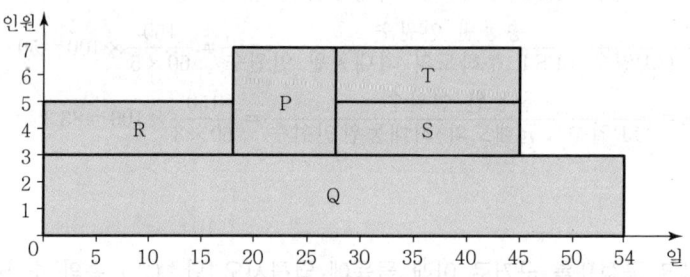

【問題 3】
다음 network에서 공정표, 일정계산, EST와 LST에 의한 인력산적표를 작성하고, 가장 적합한 인력배당을 실시하시오. [단, ( ) 안의 숫자는 1일당 소요인원이다.]

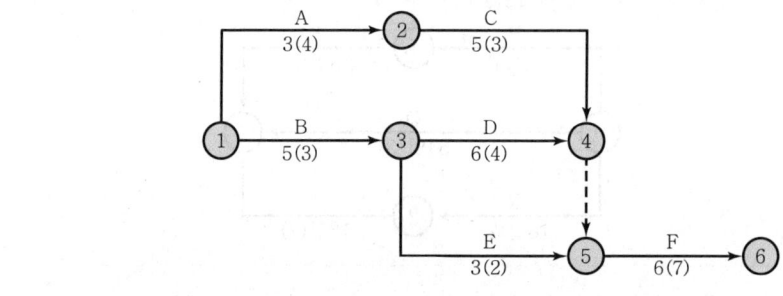

해설 1. 공정표

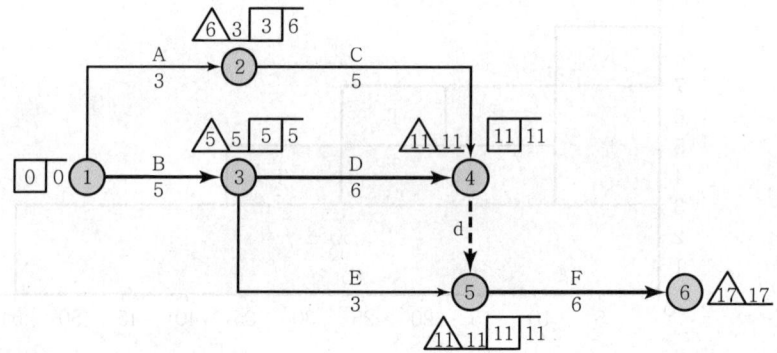

2. 일정계산

작업	Event No.	소요 일수	ET		LT		Float			CP
			EST	EFT	LST	LFT	TF	FF	DF	
A	①→②	3	0	3	3	6	3	0	3	
B	①→③	5	0	5	0	5	0	0	0	*
C	②→④	5	3	8	6	11	3	3	0	
D	③→④	6	5	11	5	11	0	0	0	*
E	③→⑤	3	5	8	8	11	3	3	0	
F	⑤→⑥	6	11	17	11	17	0	0	0	*
d	④→⑤	0	11	11	11	11	0	0	0	*

3. EST에 의한 인력 산적표

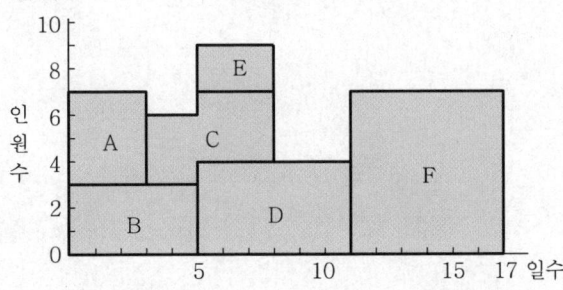

4. LST에 의한 인력 산적표

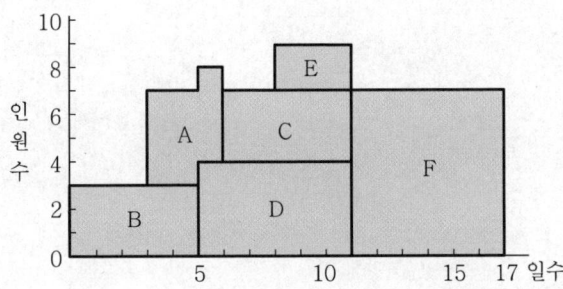

5. 가장 적합한 인력배당

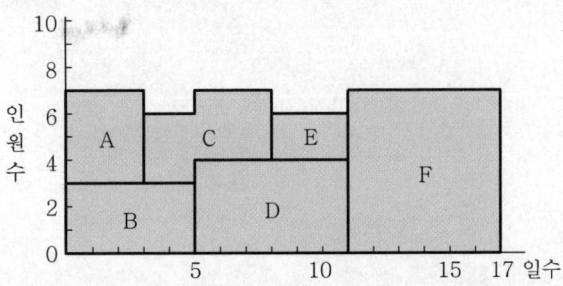

chapter

공사별 요약

Professional Engineer Architectural Execution

제6장 P.C, Curtain Wall

P.C :

공법 종류 ─── **특 징** ─── **시공순서** ─── **시공시 주의사항** = QC

공법 종류
- 판식 (panel sys)
  - 횡벽구조 (long wall system)
  - 종벽구조 (cross wall system)
  - 양벽구조 (mixed wall system)
- 골조식 (skeleton sys)
  - H P.C : H형강 기둥 + P.C
  - R P.C : 기둥, 보를 P.C
  - 적층공법 : 한 층씩 조립 + 설비 + 마감
- 상자식 (box unit sys)
  - Space unit : 순철골조 구조체에 넣음
  - Cubicle unit : 쌓아 연결
- 기타
  - 합성 slab, lift slab
  - 다기능 panel, 장막식

특 징
- 필요성
- P.C 개발방식
  - Closed sys : (특정건물)
  - Open sys : (호환성)
- 문제점
  (활성화 안 된 이유)
- 대책
  - 금후 방향
  - 나아갈 방향

시공순서 〈운반〉
- 시공계획
- 준비
- 가설
- 기초
- 조립
- 접합방식
  - Wet joint
  - Dry joint
- 접합부 방수 : wall, slab, wall + slab, parapet
- 마감

시공시 주의사항
① 구조적 안정성 확보
② 구조물 연쇄붕괴방지
③ 접합부 보강철근
④ 접합부 방수처리
⑤ 모서리 보강
⑥ 시공오차
⑦ 단열 성능 향상
⑧ 차음, 방음
⑨ Insert 매입
⑩ Level mortar
⑪ Machine 배치

C/W :

공법종류 ─── **특 징** ─── **시공순서** ─── **시공시 주의사항** = QC ─── **시 험**

공법 종류
- 재료
  - Metal (AL, St'l, stainless)
  - P.C (Conc, GPC, TPC)
- 시공방법
  - Stick system
  - Unit system
  - Unit & mullion system
  - Panel system
- 외관형태
  - Mullion type : 수직선 강조
  - Spandrel type : 수평선 강조
  - Grid type : 격자
  - Sheath type : 은폐

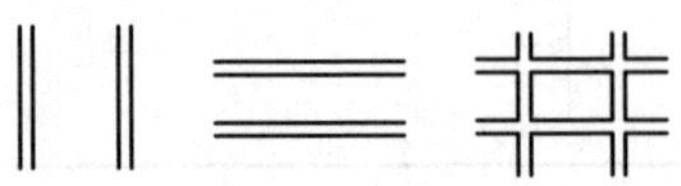

특 징
- 필요성
- C/W 설치방법
  - 동시설치방법
  - 분리설치방법
- 문제점
- 대책

시공순서
- 시공계획
- 준비
- 가설
- 기초
- 조립
  - Stick system
  - Unit system
  - Unit & mullion system
  - Panel system
- Fastener 방식
  - Sliding 방식
  - Locking 방식
  - Fixed 방식
- 비처리 방식
  - Closed joint sys
  - Open joint sys
- 유리끼우기

시공시 주의사항
① 누수 (물끊기, 상향구배, air pocket)
② 결로 (단열 bar, 복층유리, 통풍)
③ 층간변위 추종성 확보
④ 변형방지
⑤ Fastener 방식 적정 채택
⑥ 양중시 변형
⑦ 시공정밀도 향상
⑧ 접합부 관리 철저

시 험
- 풍동시험 (Wind tunnel test)
- 실물대시험 (Mock up test)
- Field test

요약 장판지

PC

공 ─── 특 ─── 순 ─── 주
- 판 : 횡, 종, 양
- 골 : H, R, 적
- 상 : SU, CU
- 기 : 합, li, 다, 장

특:
- 필
- 개 ─ C/S, O/S
- 문
- 대

순:
- 시
- 준
- 가
- 기
- 조
- 접 ─ W, J / D, J
- 접방 ─ W / S / W+S / P
- 마

주:
- 구
- 접
- 접
- 모
- 시
- 단
- 차, 방
- I
- L
- M

C/W

공 ─── 특 ─── 순 ─── 주 ─── 시
- 재 ─ Me, P.C
- 시 ─ S/S, U/S, UM/S, P/S
- 외 ─ Mu, Sp, Gr, Sh

특:
- 필
- 설 ─ 동 / 분
- 문
- 대

순:
- 시
- 준
- 가
- 기
- 조 ─ S/S, U/S, UM/S, P/S
- 설
- 문
- 대
- F ─ S / L / F
- 비 ─ C/S / O/S
- 유

주:
- 누
- 결
- 층
- 변
- F
- 양
- 시
- 접

시:
- 풍
- 실
- F

1507

제7장 철골공사 및 초고층공사

공장 제작
- 원척도
- 본뜨기
- 변형 바로잡기
- 금긋기
- 절단가공
- 구멍뚫기 (reaming)
- 가조립
- 본조립
- 검사
- 녹막이칠
- 운반

현장 세우기

Bolt
- 가조립
- 소규모
- 임시건물

Rivet
- 종류
- 구멍
- 치기
- 불량 리벳

- 시공계획
- 준비
- 가설
- 기초 anchor bolt
  - 고정매입
  - 가동매입
  - 나중매입
- 기초상부 고름질
  - 전면바름 마무리법
  - 나중채워넣기 ― 중심바름법 / 십자바름법
  - 나중채워넣기
- 세우기
  - 가조립
  - 변형 바로잡기
  - 기계
- 접합(metal touch)
- 검사
- 도장
- 양생

접합

고력 bolt
- Bolt 종류 : T.S, T.S형 nut, grip, 지압
- 접합방식 : 마찰, 인장, 지압
- 조임방식
  - Torque control 법 ― Impact wrench(전동) / Torque wrench(수동)
    토크치 $T = k \cdot d \cdot N$
  - Nut 회전법 : 1차 조임(spanner) → 2차 조임(120°)
- 조임검사
  - Torque control 법 : 규정 torque 값이 ±10% 이내 합격
  - Nut 회전법 : 120°±30° 범위 내 합격

용접
- 종류
- 용접방법

용접방법(용접재료)	Torch 운봉	봉 내밀기	Flux (shield)
수동용접 (피복 arc w)	손	손	피복
반자동용접 (CO_2 arc w)	손	기계 (coil)	CO_2 gas
자동용접 (submerged arc w)	기계 (rail)	기계 (coil)	분말

- 용접이음 ― 맞댐 용접(butt w) / 모살 용접(fillet w)
- 결함
  Under cut, over lap, blow hole, pit, weeping hole
  Crack, slag 감싸들기 / Crater, fish eye / lamellar tearing
  각장(L) 부족, size(s) 부족, 목두께(a) 부족, 보강살 과다/
  용입불량, over hung, root /
- 검사
  용접 전 : 트임새 모양, 구속법, 모아대기법, 자세의 적부
  용접 중 : 용접봉, 운봉, 전류
  용접 후
    외관검사
    절단검사
    비파괴검사 ― 방사선 (X선, γ선) 투과 / 초음파 / 자기분말 / 침투액
- 시공시 유의사항 : 예열, 용접순서
  재료건조, 재해예방
  잔류응력, 돌림용접,
  리벳·고력 bolt 병용, 기온
- 용접변형
  - 종류 : 종수축, 횡수축
    각변형, 종굽힘, 비틀림, 좌굴
    회전
  - 방지법 : 억제법, 역변형법, 냉각법, 가열법, 피닝법
    용접순서(대칭법, 후퇴법, 비석법, 교호법)

정밀도
- Mill sheet
- 공장제작 제품의 정밀도
- 용접부 정밀도
- 현장세우기 조립 시공 정밀도

내화피복
- 도장
- 습식 ― 타설 / 뿜칠 / 미장 / 조적
- 건식
- 합성

초고층
- 공정운영
  - 병행시공
  - 단별시공
  - 연속반복
  - 고속궤도 (fast track system)
- 바닥판공법
  - 일반거푸집
  - Deck plate
  - 대형 floor panel
  - Half slab
- 양중계획
- 안전관리
- Column shortening
- 충전 강관 콘크리트
- Core 선행공법

요약 장판지

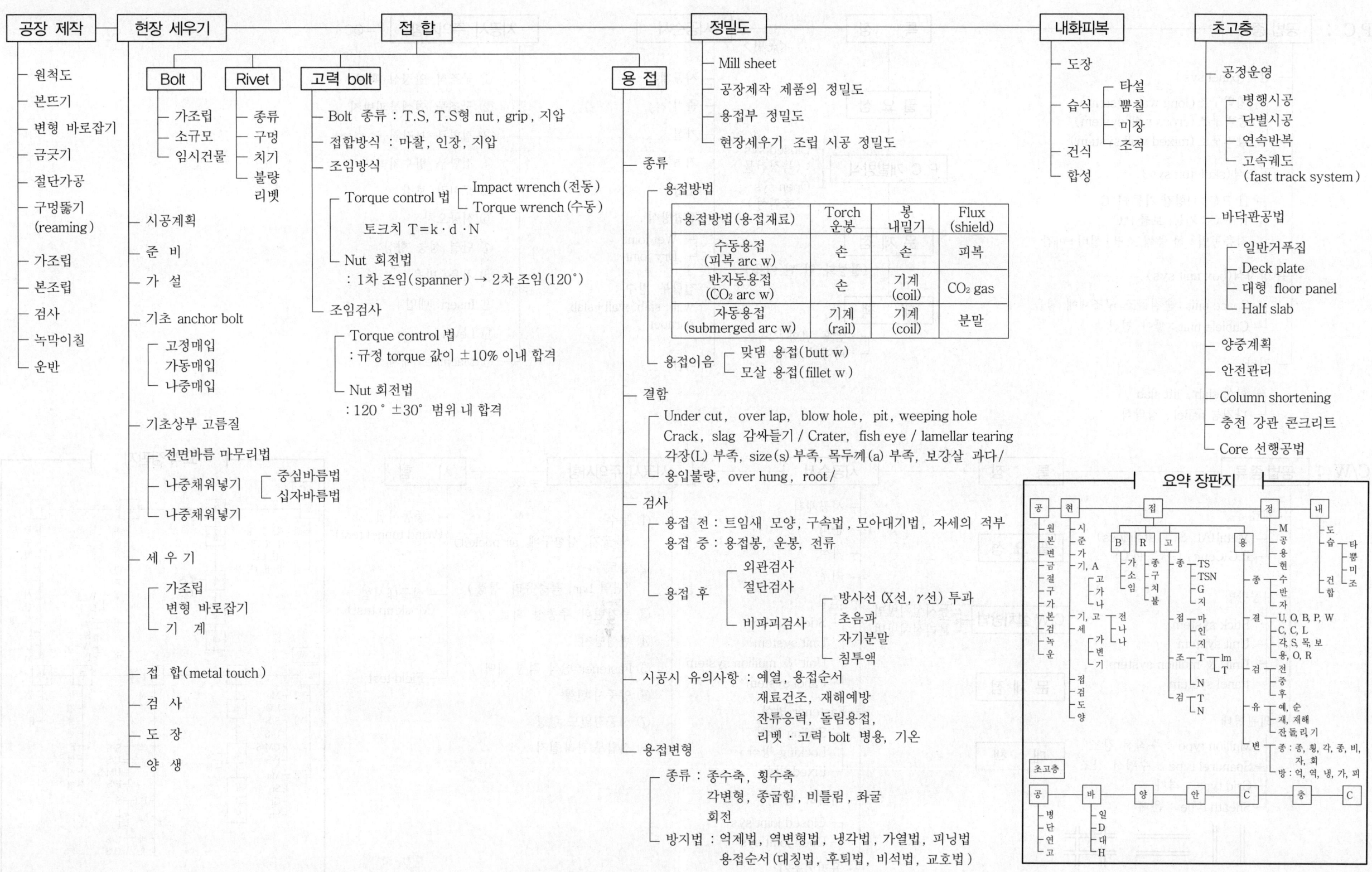

제8장 마감

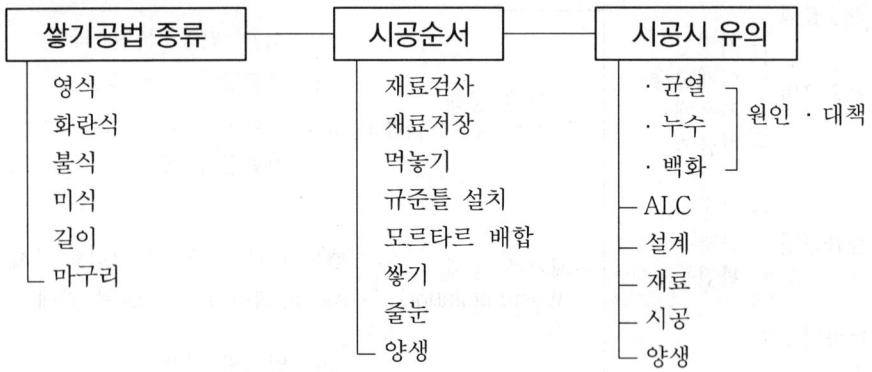

〈조적공사〉

쌓기공법 종류	시공순서	시공시 유의
영식	재료검사	· 균열
화란식	재료저장	· 누수 ─ 원인 · 대책
불식	먹놓기	· 백화
미식	규준틀 설치	ALC
길이	모르타르 배합	설계
마구리	쌓기	재료
	줄눈	시공
	양생	양생

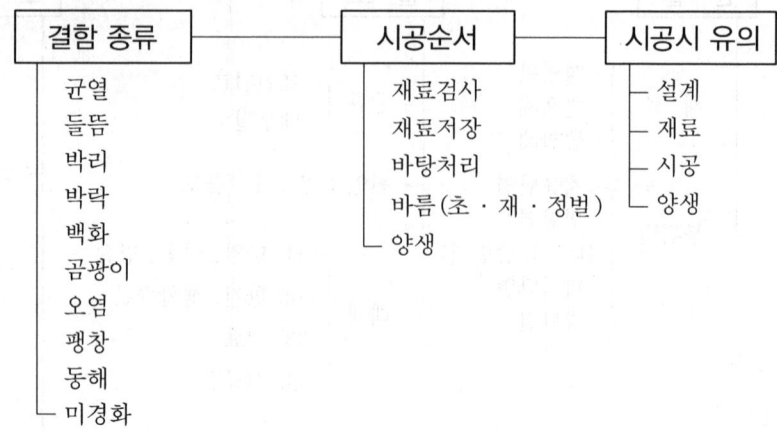

〈미장공사〉

결함 종류	시공순서	시공시 유의
균열	재료검사	설계
들뜸	재료저장	재료
박리	바탕처리	시공
박락	바름(초 · 재 · 정벌)	양생
백화	양생	
곰팡이		
오염		
팽창		
동해		
미경화		

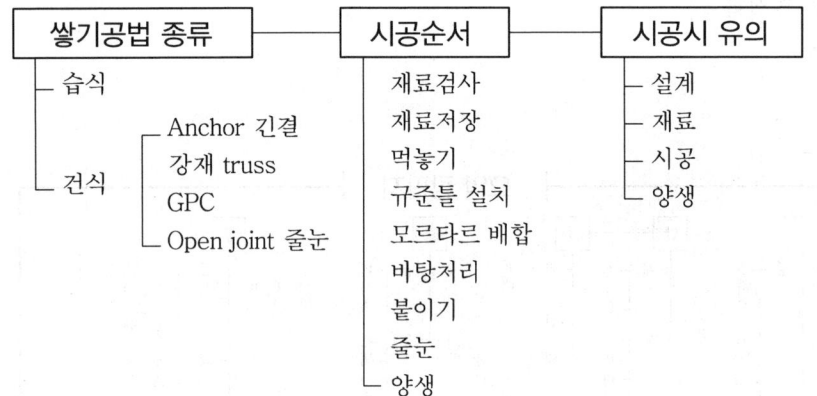

〈석공사〉

쌓기공법 종류	시공순서	시공시 유의
습식	재료검사	설계
건식 ─ Anchor 긴결	재료저장	재료
강재 truss	먹놓기	시공
GPC	규준틀 설치	양생
Open joint 줄눈	모르타르 배합	
	바탕처리	
	붙이기	
	줄눈	
	양생	

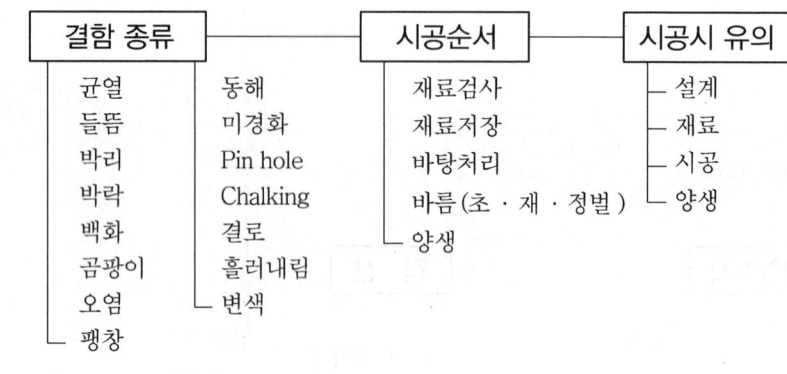

〈도장공사〉

결함 종류		시공순서	시공시 유의
균열	동해	재료검사	설계
들뜸	미경화	재료저장	재료
박리	Pin hole	바탕처리	시공
박락	Chalking	바름(초 · 재 · 정벌)	양생
백화	결로	양생	
곰팡이	흘러내림		
오염	변색		
팽창			

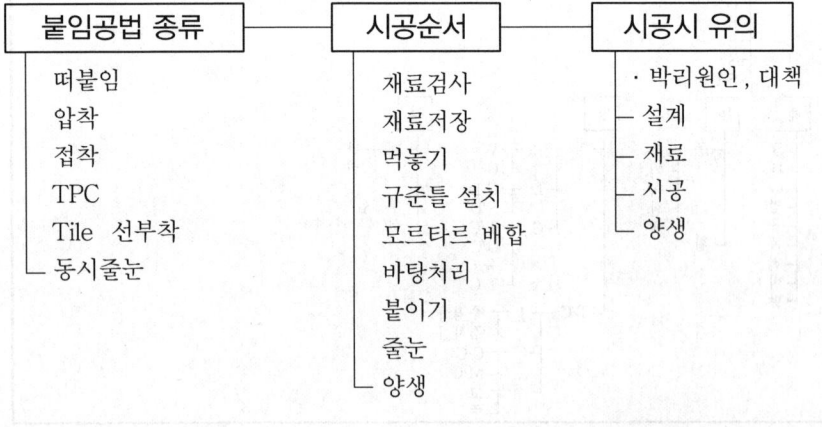

〈타일공사〉

붙임공법 종류	시공순서	시공시 유의
떠붙임	재료검사	· 박리원인, 대책
압착	재료저장	· 설계
접착	먹놓기	· 재료
TPC	규준틀 설치	· 시공
Tile 선부착	모르타르 배합	· 양생
동시줄눈	바탕처리	
	붙이기	
	줄눈	
	양생	

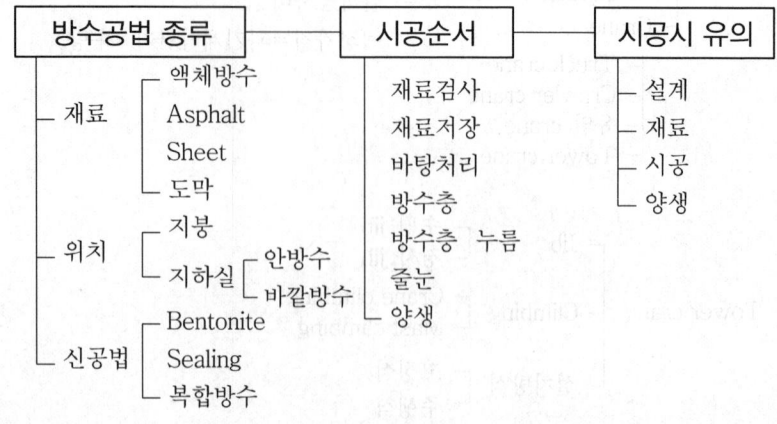

〈방수공사〉

방수공법 종류		시공순서	시공시 유의
재료 ─ 액체방수		재료검사	설계
	Asphalt	재료저장	재료
	Sheet	바탕처리	시공
	도막	방수층	양생
위치 ─ 지붕		방수층 누름	
	지하실 ─ 안방수	줄눈	
	바깥방수	양생	
신공법 ─ Bentonite			
	Sealing		
	복합방수		

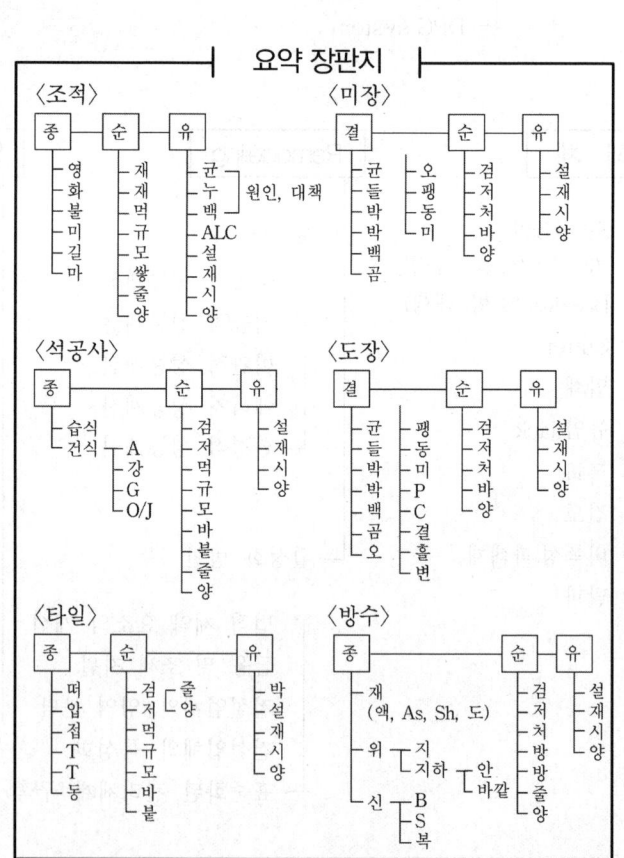

요약 장판지

〈조적〉 종 — 순 — 유
영 / 화 / 불 / 미 / 길 / 마
재 / 재 / 먹 / 규 / 모 / 쌓 / 줄 / 양
균 / 누 / 백 ─ 원인, 대책 / ALC / 설 / 재 / 시 / 양

〈미장〉 결 — 순 — 유
균 / 들 / 박 / 박 / 백 / 곰
오 / 팽 / 동 / 미
검 / 저 / 처 / 바 / 양
설 / 재 / 시 / 양

〈석공사〉 종 — 순 — 유
습식 / 건식 ─ A / 강 / G / O/J
검 / 저 / 먹 / 규 / 모 / 바 / 붙 / 줄 / 양
설 / 재 / 시 / 양

〈도장〉 결 — 순 — 유
균 / 들 / 박 / 박 / 백 / 곰 / 오
팽 / 동 / 미 / P / C / 결 / 홀 / 변
검 / 저 / 처 / 바 / 양
설 / 재 / 시 / 양

〈타일〉 종 — 순 — 유
떠 / 압 / 접 / T / T / 동
검 / 저 / 먹 / 규 / 모 / 바
줄 / 양
박 / 설 / 재 / 시 / 양

〈방수〉 종 — 순 — 유
재 (액, As, Sh, 도)
위 ─ 지붕 / 지하 ─ 안 / 바깥
신 ─ B / S / 복
검 / 저 / 처 / 바 / 방 / 방 / 줄 / 양
설 / 재 / 시 / 양

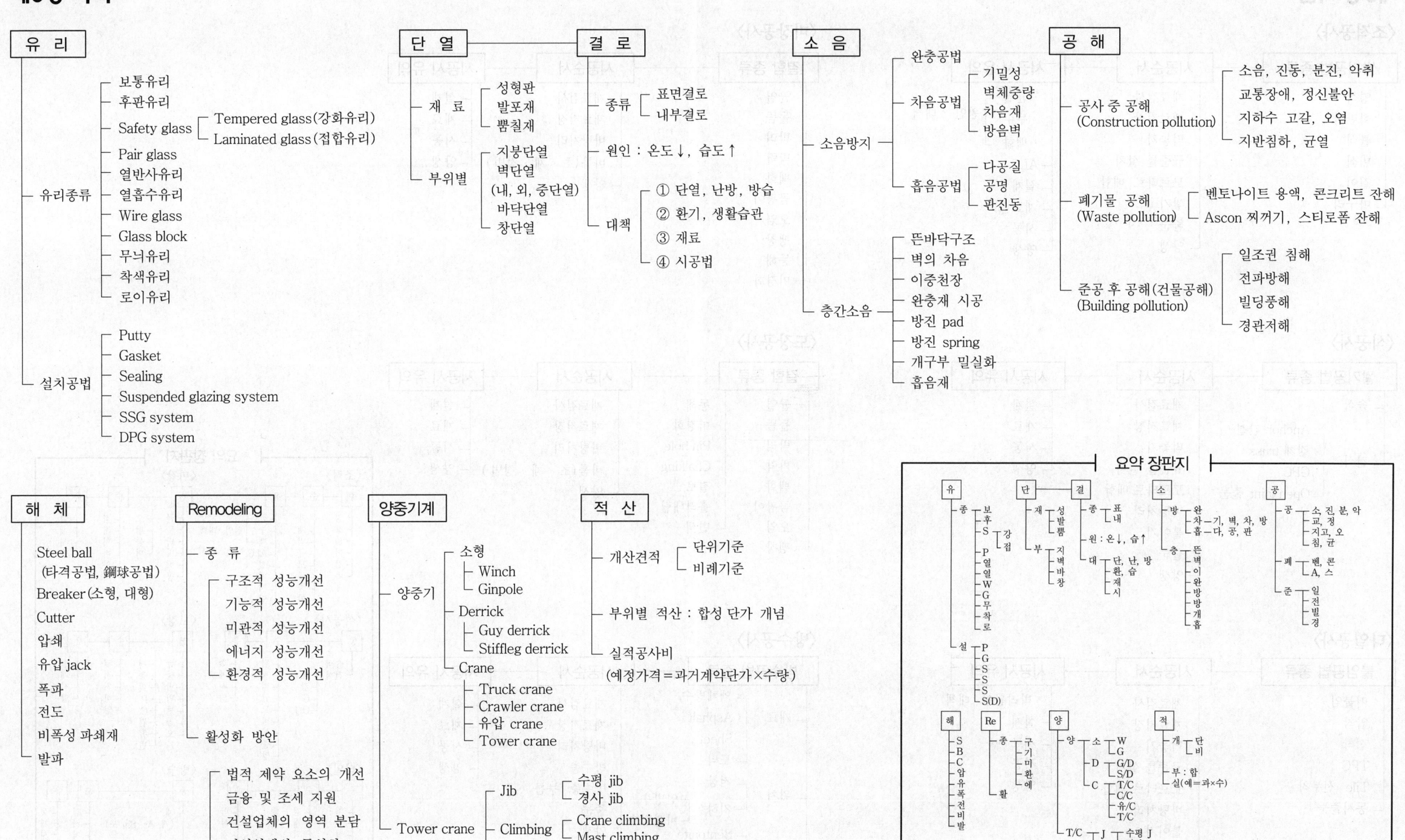

제8장 기타

유리

유리종류
- 보통유리
- 후판유리
- Safety glass
  - Tempered glass(강화유리)
  - Laminated glass(접합유리)
- Pair glass
- 열반사유리
- 열흡수유리
- Wire glass
- Glass block
- 무늬유리
- 착색유리
- 로이유리

설치공법
- Putty
- Gasket
- Sealing
- Suspended glazing system
- SSG system
- DPG system

단열

재료
- 성형판
- 발포재
- 뿜칠재

부위별
- 지붕단열
- 벽단열 (내, 외, 중단열)
- 바닥단열
- 창단열

결로

종류
- 표면결로
- 내부결로

원인 : 온도↓, 습도↑

대책
- ① 단열, 난방, 방습
- ② 환기, 생활습관
- ③ 재료
- ④ 시공법

소음

소음방지
- 완충공법
- 차음공법
  - 기밀성
  - 벽체중량
  - 차음재
  - 방음벽
- 흡음공법
  - 다공질
  - 공명
  - 판진동

층간소음
- 뜬바닥구조
- 벽의 차음
- 이중천장
- 완충재 시공
- 방진 pad
- 방진 spring
- 개구부 밀실화
- 흡음재

공해

공사 중 공해 (Construction pollution)
- 소음, 진동, 분진, 악취
- 교통장애, 정신불안
- 지하수 고갈, 오염
- 지반침하, 균열

폐기물 공해 (Waste pollution)
- 벤토나이트 용액, 콘크리트 잔해
- Ascon 찌꺼기, 스티로폼 잔해

준공 후 공해(건물공해) (Building pollution)
- 일조권 침해
- 전파방해
- 빌딩풍해
- 경관저해

해 체

- Steel ball (타격공법, 鋼球공법)
- Breaker(소형, 대형)
- Cutter
- 압쇄
- 유압 jack
- 폭파
- 전도
- 비폭성 파쇄재
- 발파

Remodeling

종류
- 구조적 성능개선
- 기능적 성능개선
- 미관적 성능개선
- 에너지 성능개선
- 환경적 성능개선

활성화 방안
- 법적 제약 요소의 개선
- 금융 및 조세 지원
- 건설업체의 영역 분담
- 건설업체의 특성화
- 표준화된 관리체계 구축

양중기계

양중기
- 소형
  - Winch
  - Ginpole
- Derrick
  - Guy derrick
  - Stiffleg derrick
- Crane
  - Truck crane
  - Crawler crane
  - 유압 crane
  - Tower crane

Tower crane
- Jib
  - 수평 jib
  - 경사 jib
- Climbing
  - Crane climbing
  - Mast climbing
- 설치방식
  - 고정식
  - 주행식

적 산

- 개산견적
  - 단위기준
  - 비례기준
- 부위별 적산 : 합성 단가 개념
- 실적공사비
  (예정가격＝과거계약단가×수량)

요약 장판지

유	단	결	소	공
종 보 후 S — 강 접 P 열 열 W G 무 착 로	재 성 발 뿜 부 지 벽 바 창	종 표 내 원 : 온↓, 습↑ 대 단, 난, 방 환, 습 재 시	방 차 — 기, 벽, 차, 방 흡 — 다, 공, 판 층 뜬 벽 이 완 방 방 개 흡	공 소, 진, 분, 악 교, 정 지고, 오 침, 균 폐 벤, 콘 A, 스 준 일 전 빌 경
설 P G S S S(D)				

해	Re	양	적
S B C 압 유 폭 전 비 발	종 구 기 미 환 에 활	양 소 W G D G/D S/D C T/C C/C 유/C T/C T/C J 수평J 경사J C C/C M/C 설 고 주	개 단 비 부 : 합 실(예＝과×수)

제9장 녹색건축

개 론 ─── 녹색건축 ─────────────── 녹색건축 관련제도 ─── Zero Energy House

개 론
- 지구온난화
- 교토의정서

녹색건축
- 목적 : 자연친화 / 지속가능실현 / 자원절약 → 쾌적성
- 심사분야 : 토, 에, 재, 물, 유, 생, 실
- 녹색건축 관련제도 :
  - 녹색건축인증제도
  - 건축물에너지효율등급인증제도
  - 지능형건축물인증제도
- 문제점 :
  - 공기 증가
  - 품질 신뢰도 저하
  - 공사비 증가
- 대 책 :
  - 정책 : 제도, 법령, 지침
  - 기술 : 연구, 개발, 보급

녹색건축 관련제도

구 분	녹색건축인증제도	건축물에너지효율등급인증제도
목 적	• 자연친화 • 지속가능실현 → 쾌적성 • 자원절약	• 에너지성능 우수 건축 • 효과적인 에너지관리
법률근거	녹색건축물조성지원법 제16조	녹색건축물조성지원법 제17조
운영기관	건설기술연구원	에너지관리공단
인증기관	LH공사 등 11개 기관	LH공사 등 9개 기관
인증대상	모든 건축물 (공공건축물 신축, 증축, 500세대 이상 공동주택, 3,000m² 이상 공공건축물은 의무)	• 단독주택 • 공동주택 • 업무시설 • 냉·난방면적 500m² 이상인 건축물
심사분야	• 토지이용 및 교통 • 에너지 및 환경오염 • 재료 및 자원 • 물순환 관리 • 유지관리 • 생태환경 • 실내환경	• 에너지소요량 (난방, 냉방, 급탕, 조명, 환기)
인증등급	최우수, 우수, 우량, 일반	1^{+++}, 1^{++}, 1^{+}, 1, 2, 3, 4, 5, 6, 7 (10등급)

Zero Energy House

Passive 요소
- 고단열
- 고기밀
- 고성능창호
- 외부차양
- 이중외피

Active 요소(신재생에너지)
- 수소에너지
- 연료전지 } 신에너지
- 석탄액화·가스화
- 태양열
- 태양광
- 풍력
- 수력
- 해양
- 지열
- 바이오에너지
- 폐기물
- 수열
} 재생에너지

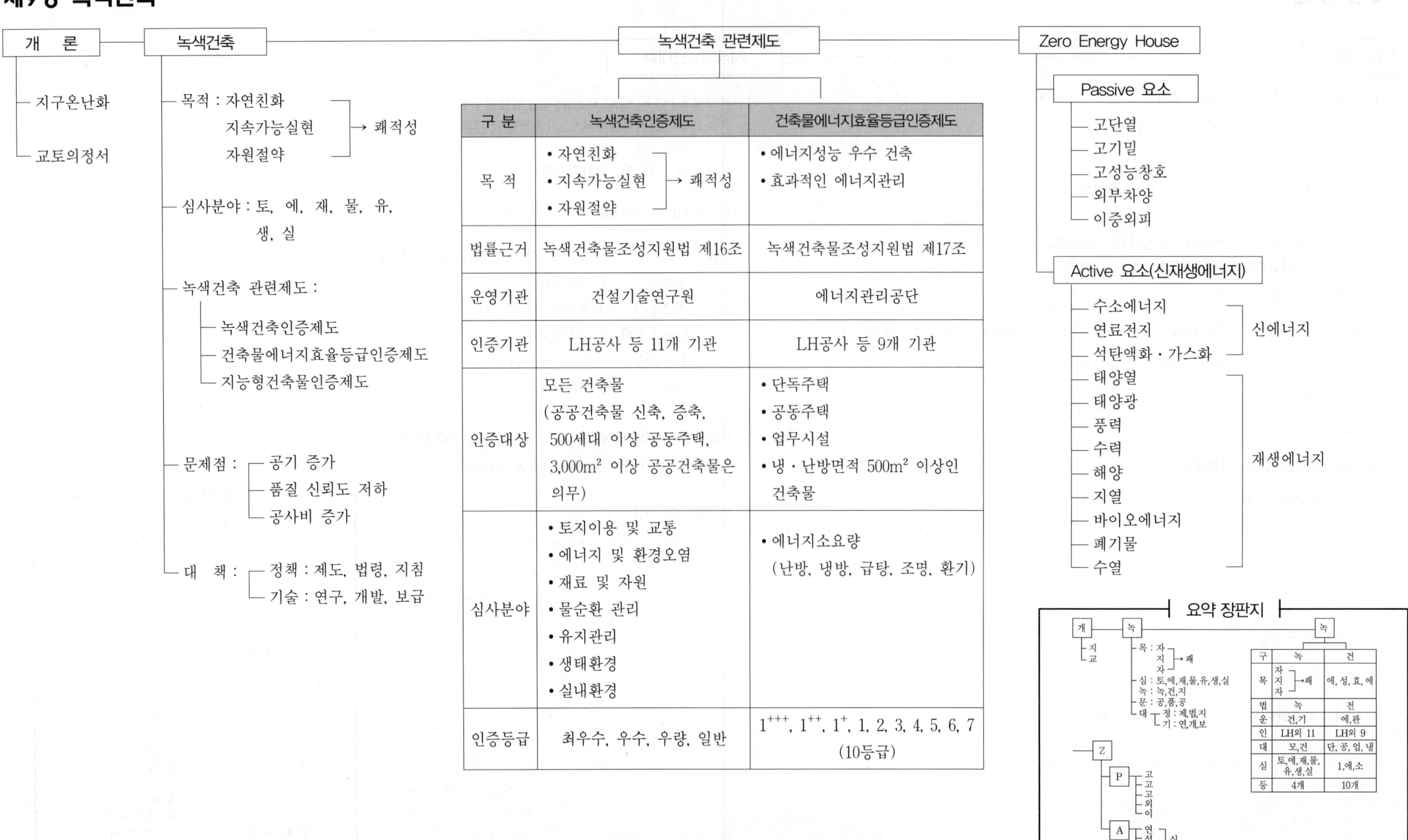

요약 장판지

개 ─ 녹 ──────── 녹

개
- 지
- 교

녹
- 목 : 자 / 지 / 자 → 쾌
- 심 : 토,에,재,물,유,생,실
- 녹 : 녹,건,지
- 문 : 공,품,공
- 대 ─ 정 : 제,법,지 / 기 : 연,개,보

구	녹	건
목	자/지/자 → 쾌	에,성,효,에
법	녹	전
운	건,기	에,관
인	LH외 11	LH외 9
대	모,건	단,공,업,냉
심	토,에,재,물, 유,생,실	1,에,소
등	4개	10개

Z
- P ─ 고 / 고 / 고 / 이
- A ─ 연,석,수,태,태,지,풍,바,폐,소,해 (신 / 재)

| 시공 계획 | 시공의 근대화 |

시공 계획

1. 사전조사 : 설계도서 검토, 계약조건 검토, 입지조건,
　　　　　지반조사, 공해, 기상, 법규

2. 공법선정 : 시공성, 경제성, 안정성, 무공해성

3. 4요소 : 공정관리, 품질관리, 원가관리, 안전관리
　　　　(공기단축) (질우수) (경제성) (안정성)

4. 6M : Man,　　　Material,　　　Machine,　　Money, Method, Memory
　　　┌ 노무절감 ┐ ┌ 자재건식화 ┐ ┌ 기계화 ┐ {자금관리} {시공법} {기술축적 }
　　　└ 전문인력 ┘ └ 자재관리 ┘ └ 초기투자비 ┘

5. 관리 : 하도급 관리, 실행예산
　　　　현장원 편성, 사무관리, 대외업무 관리

6. 가설 : 동력, 용수, 수송, 양중

7. 구조물의 3요소 : 구조, 기능, 미

8. 기타 : 환경친화적 설계시공, 실명제, 민원

시공의 근대화

1. 계약제도 : TK, SOC, Partnering, 성능발주방식
　　　　　신기술지정제도, 기술개발 보상제도

2. 설계 : 골조 PC화, 마감건식화

3. 재료 : MC화, 건식화

4. 시공 : 가설공사　→ 강재화, 경량화, 3S(표준화, 단순화, 전문화)
　　　　토공사　→ 계측관리
　　　　기초공사　→ 무소음, 무진동
　　　　Con c 공사　→ 고강도화
　　　　PC 공사　→ Open system
　　　　철골공사　→ 자동 용접

5. 시공관리 : 4요소(EVMS, ISO 9000, VE, ISO 18000)
　　　　　6M(성력화, 자재건식화, 기계화)

6. 신기술 : EC, CM

　　　Web 기반(Computer, High Tech 건축)
　　　　　→ Data Mining
　　　　┌ PMIS(PMDB), CIC, BIM(BEMS)
　　　　└ CALS

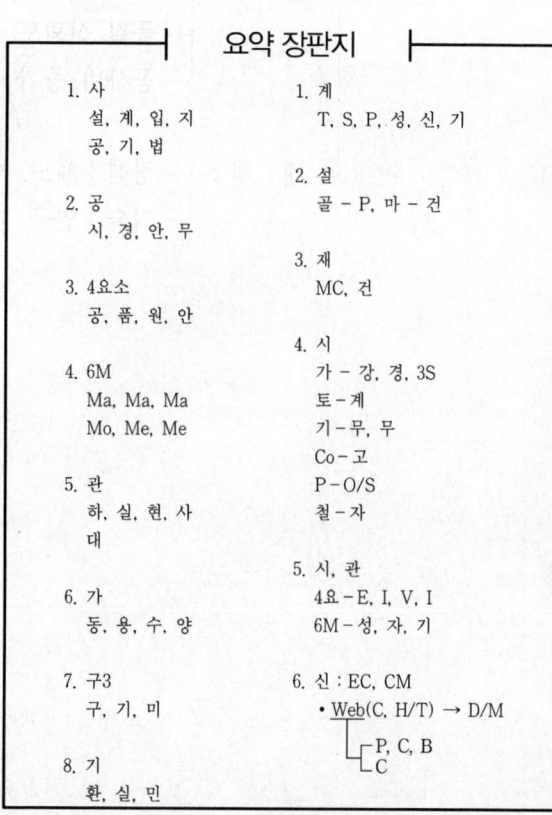

요약 장판지

1. 사
　설, 계, 입, 지
　공, 기, 법

2. 공
　시, 경, 안, 무

3. 4요소
　공, 품, 원, 안

4. 6M
　Ma, Ma, Ma
　Mo, Me, Me

5. 관
　하, 실, 현, 사
　대

6. 가
　동, 용, 수, 양

7. 구3
　구, 기, 미

8. 기
　환, 실, 민

1. 계
　T, S, P, 성, 신, 기

2. 설
　골 – P, 마 – 건

3. 재
　MC, 건

4. 시
　가 – 강, 경, 3S
　토 – 계
　기 – 무, 무
　Co – 고
　P – O/S
　철 – 자

5. 시, 관
　4요 – E, I, V, I
　6M – 성, 자, 기

6. 신 : EC, CM
　• Web(C, H/T) → D/M
　　┌ P, C, B
　　└ C

제10장 품질관리

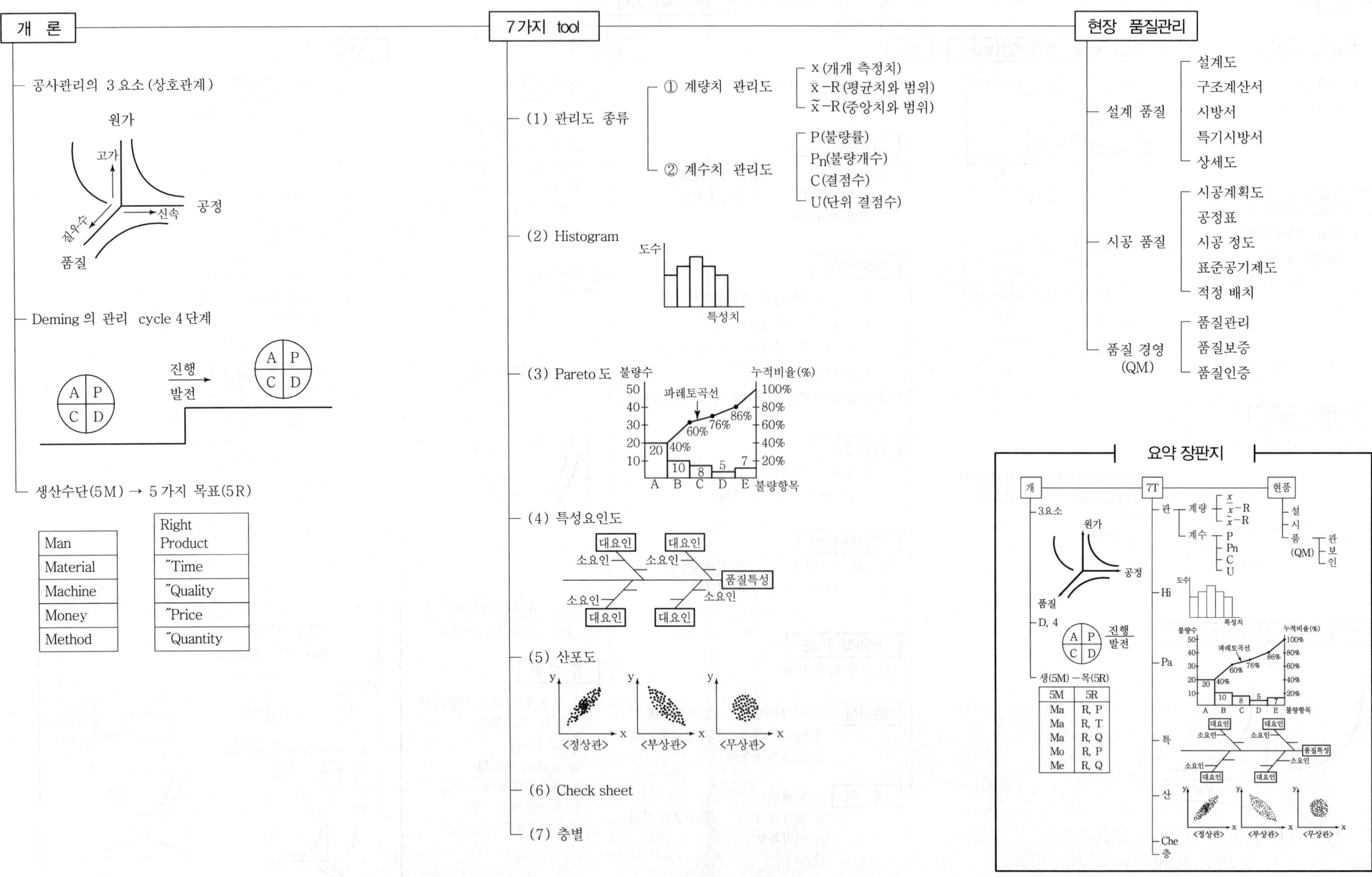

개 론 ─── 원가관리 기법

필요성(目的)
① 원가절감
② 원가관리체계
③ 시공계획(35)
④ 시공법

원가관리 방법
① Plan(실행예산편성)
② Do(원가통제)
③ Check(원가대비)
④ Action(조치)

※ 내용은 6M으로

원가관리 체계
(원가구성 요소)

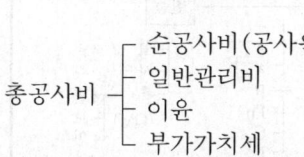

총공사비 ─┬ 순공사비(공사원가) ─┬ 재료비(직접재료비, 간접재료비)
　　　　　├ 일반관리비　　　　　├ 노무비(직접노무비, 간접노무비)
　　　　　├ 이윤　　　　　　　　├ 경비
　　　　　└ 부가가치세　　　　　└ 간접공사비

원가·공정·품질 상호관계

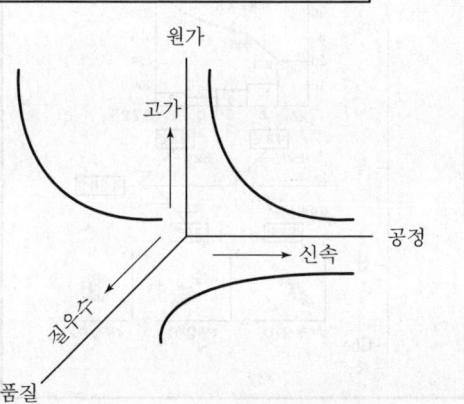

원가관리 기법

Cost down 관리기법(tool)

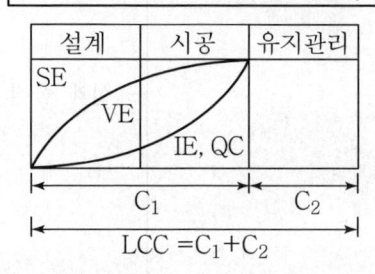

설계 | 시공 | 유지관리
SE / VE / IE, QC
C₁ ─── C₂
LCC = C₁ + C₂

관리기법	Cost down
SE	최적공법
VE	=Function/Cost
IE	노무절감
QC	품질관리

VE

기본원리
$$V = \dfrac{Function}{Cost}$$

필요성(효과)
① 원가절감　　② 조직력 강화
③ 기술력 축적　④ 경쟁력 제고
⑤ 기업 체질 개선

대상 선정
① 공기大, 품질향상大, 원가절감大,
　안전사고大, 기상영향大, 공해大
② 노무품多, 자재건식화 가능, 장비효율,
　자금화가 빠른 것
③ 수량多, 하자多, 공사내용 복잡, 개선효과大

활동 영역
① 설계자에 의한 VE ── 4요소
② 시공자에 의한 VE ── 6M

활성화 방안
① TQC 7 TOOL　　② 설계자 VE
③ 시공자 VE　　　④ 시공법

효과적인 VE
LCC가 최소인 때

문제점
① 이해부족　　② 인식부족
③ 안이한 생각　④ 성급한 기대
⑤ 활동시간 부족

대 책 ↔ 문제점
① 교육실시　　② 전조직 참여
③ 이익확보

LCC

목적(효과)
① 설계의 합리적 선택
② 건축주─비용 절감
③ 설계자─노동력 절감
④ 시공자─시공 편리
⑤ 입주자─유지관리비 절감
⑥ 건물의 효과적인 운영체계수립

LCC 구성

설계	시공	유지관리

C₁ ─── C₂
LCC = C₁ + C₂

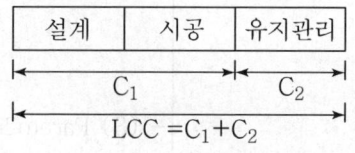

Cost
LCC = C₁ + C₂　C₁
C₂
Function

LCC 기법의 진행절차
분석-계획-관리(PDCA)

문 제 점
① 사용자, 설계자, 시공자의
　관심·이해 부족
② 조직 미비
③ System 미확립
④ 정보수집 부족
⑤ 적용상 예측 곤란
⑥ 대상부분의 기능복잡

MBO

목적(필요성)
① 경영의 계획성 부여
② 동기 부여
③ 자기 통제 능력 부여
④ 원가 낭비 요소 제거
⑤ 상호 협조 분위기 조성

진행단계
① 1단계 : 목표의 발견
② 2단계 : 목표의 설정
③ 3단계 : 목표의 내용과 정당화
④ 4단계 : 목표의 실천
⑤ 5단계 : 목표의 통제와 평가

적용시 유의사항
① 목표의 본질 파악
② 목표설정 방법과 주체 설정
③ 측정을 통한 자기 통제
④ 목표의 평가에 따른 조치
⑤ 교육 강화
⑥ 책임과 권한의 부여

요약 장판지

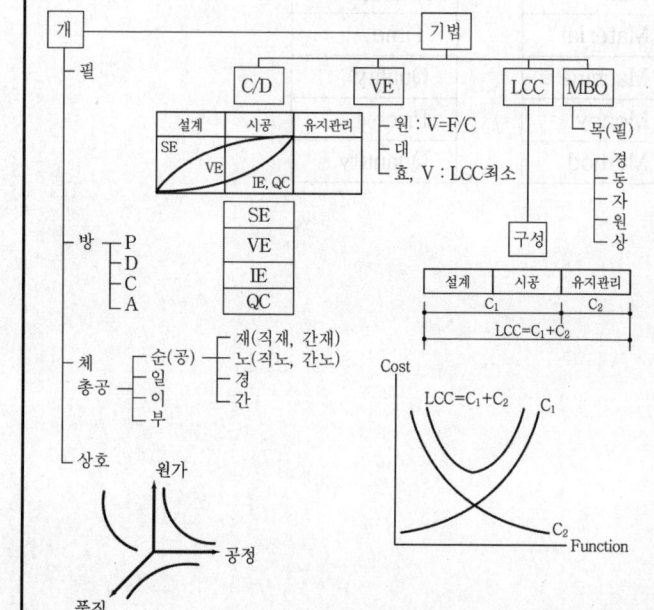

제10장 안전관리

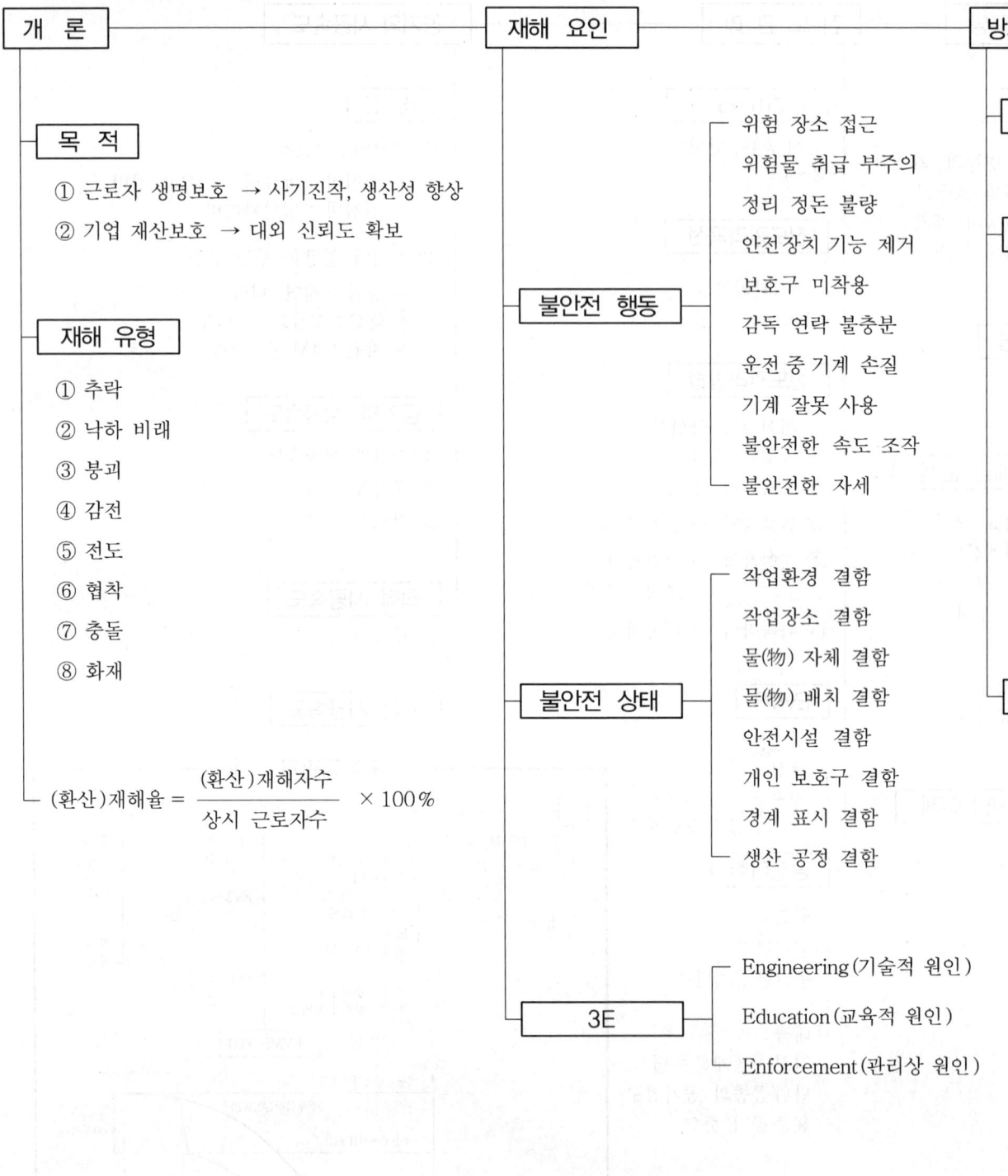

개 론

목 적
- ① 근로자 생명보호 → 사기진작, 생산성 향상
- ② 기업 재산보호 → 대외 신뢰도 확보

재해 유형
- ① 추락
- ② 낙하 비래
- ③ 붕괴
- ④ 감전
- ⑤ 전도
- ⑥ 협착
- ⑦ 충돌
- ⑧ 화재

$$(환산) 재해율 = \frac{(환산) 재해자수}{상시 근로자수} \times 100\%$$

재해 요인

불안전 행동
- 위험 장소 접근
- 위험물 취급 부주의
- 정리 정돈 불량
- 안전장치 기능 제거
- 보호구 미착용
- 감독 연락 불충분
- 운전 중 기계 손질
- 기계 잘못 사용
- 불안전한 속도 조작
- 불안전한 자세

불안전 상태
- 작업환경 결함
- 작업장소 결함
- 물(物) 자체 결함
- 물(物) 배치 결함
- 안전시설 결함
- 개인 보호구 결함
- 경계 표시 결함
- 생산 공정 결함

3E
- Engineering(기술적 원인)
- Education(교육적 원인)
- Enforcement(관리상 원인)

방지 대책

3E
- Engineering(기술적 대책)
- Education(교육적 대책)
- Enforcement(관리적 대책)

산업안전보건관리비

공사종류 \ 대상액	5억원 미만	5억원 이상 50억원 미만		50억원 이상
		비율	기초액	
일반건설공사(갑)	2.93%	1.86%	5,349,000	1.97%
일반건설공사(을)	3.09%	1.99%	5,499,000	2.10%
중건설공사	3.43%	2.35%	5,400,000	2.44%
철도·궤도 신설공사	2.45%	1.57%	4,411,000	1.66%
특수 및 기타 건설공사	1.85%	1.20%	3,250,000	1.27%

안전 시설
- ① 추락 방지망(안전 net)
- ② 안전난간
- ③ 낙하물 방지망
- ④ 낙하물 방지선반(낙하물 방호선반)
- ⑤ 보도 방호구대
- ⑥ 방호 sheet(수직 보호망)
- ⑦ 안전선반
- ⑧ 환기설비
- ⑨ Gas 탐지기

요약 장판지

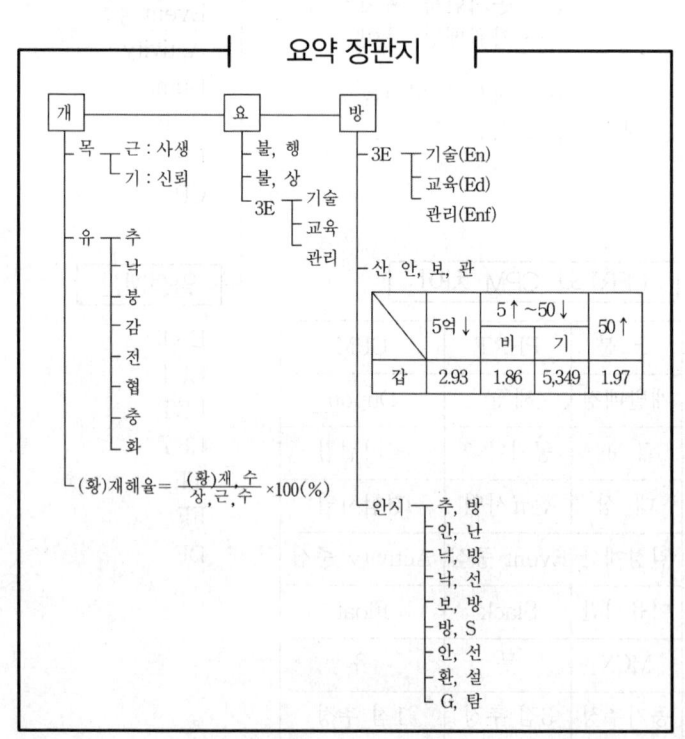

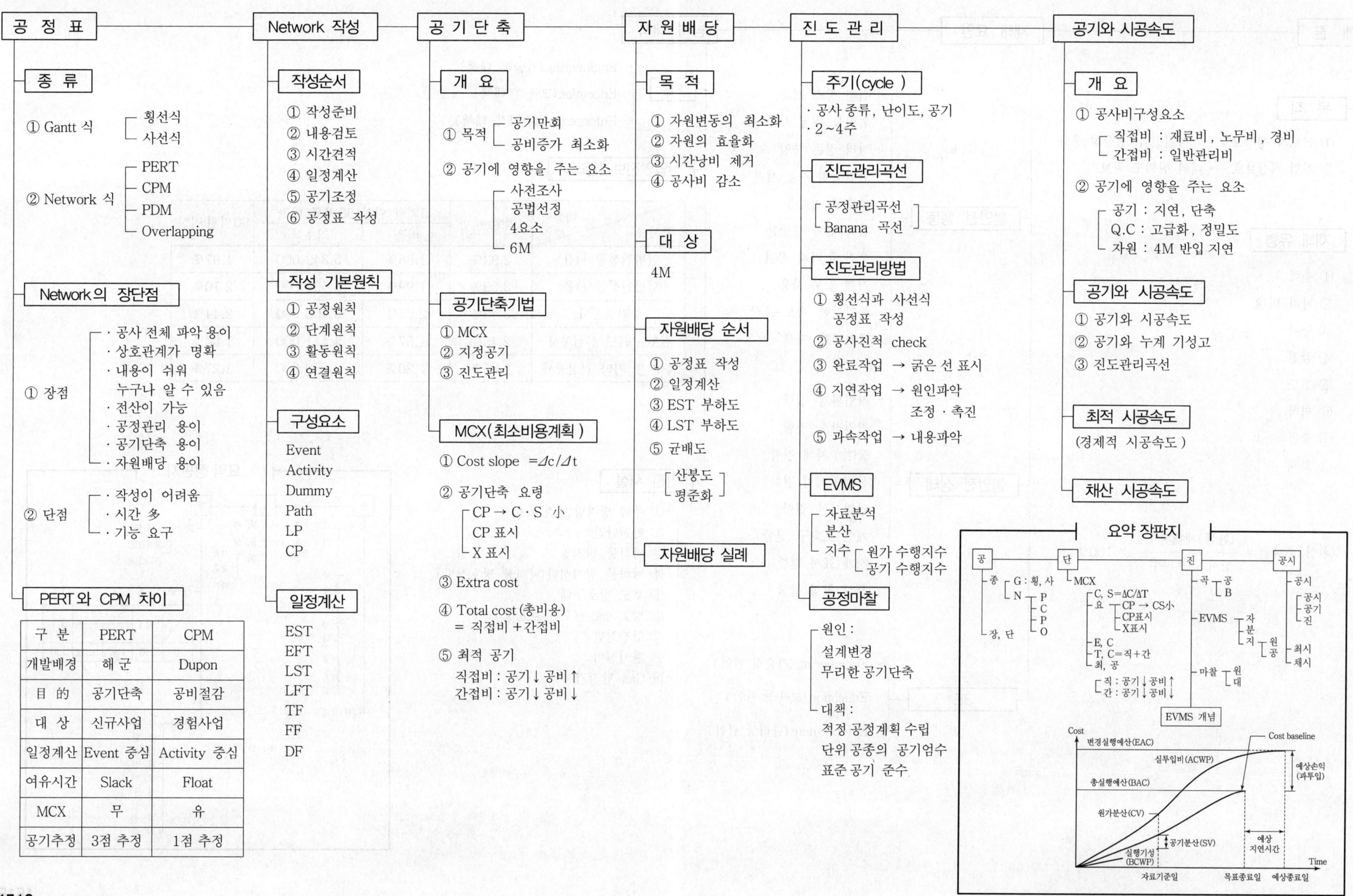

공정표	

종 류

① Gantt 식 ┬ 횡선식
          └ 사선식

② Network 식 ┬ PERT
            ├ CPM
            ├ PDM
            └ Overlapping

Network 의 장단점

① 장점
- 공사 전체 파악 용이
- 상호관계가 명확
- 내용이 쉬워 누구나 알 수 있음
- 전산이 가능
- 공정관리 용이
- 공기단축 용이
- 자원배당 용이

② 단점
- 작성이 어려움
- 시간 多
- 기능 요구

PERT 와 CPM 차이

구 분	PERT	CPM
개발배경	해 군	Dupon
目 的	공기단축	공비절감
대 상	신규사업	경험사업
일정계산	Event 중심	Activity 중심
여유시간	Slack	Float
MCX	무	유
공기추정	3점 추정	1점 추정

Network 작성

작성순서

① 작성준비
② 내용검토
③ 시간견적
④ 일정계산
⑤ 공기조정
⑥ 공정표 작성

작성 기본원칙

① 공정원칙
② 단계원칙
③ 활동원칙
④ 연결원칙

구성요소

Event
Activity
Dummy
Path
LP
CP

일정계산

EST
EFT
LST
LFT
TF
FF
DF

공 기 단 축

개 요

① 목적 ┬ 공기만회
       └ 공비증가 최소화

② 공기에 영향을 주는 요소
- 사전조사
- 공법선정
- 4요소
- 6M

공기단축기법

① MCX
② 지정공기
③ 진도관리

MCX(최소비용계획)

① Cost slope $= \Delta c / \Delta t$

② 공기단축 요령
- CP → C·S 小
- CP 표시
- X 표시

③ Extra cost

④ Total cost (총비용)
= 직접비 + 간접비

⑤ 최적 공기
직접비 : 공기↓ 공비↑
간접비 : 공기↓ 공비↓

자 원 배 당

목 적

① 자원변동의 최소화
② 자원의 효율화
③ 시간낭비 제거
④ 공사비 감소

대 상

4M

자원배당 순서

① 공정표 작성
② 일정계산
③ EST 부하도
④ LST 부하도
⑤ 균배도
┌ 산봉도
└ 평준화

자원배당 실례

진 도 관 리

주기(cycle)

· 공사 종류, 난이도, 공기
· 2~4주

진도관리곡선

┌ 공정관리곡선
└ Banana 곡선

진도관리방법

① 횡선식과 사선식 공정표 작성
② 공사진척 check
③ 완료작업 → 굵은 선 표시
④ 지연작업 → 원인파악 조정·촉진
⑤ 과속작업 → 내용파악

EVMS

자료분석
분산
지수 ┬ 원가 수행지수
     └ 공기 수행지수

공정마찰

· 원인 :
설계변경
무리한 공기단축

· 대책 :
적정 공정계획 수립
단위 공종의 공기엄수
표준 공기 준수

공기와 시공속도

개 요

① 공사비구성요소
┌ 직접비 : 재료비, 노무비, 경비
└ 간접비 : 일반관리비

② 공기에 영향을 주는 요소
┌ 공기 : 지연, 단축
├ Q.C : 고급화, 정밀도
└ 자원 : 4M 반입 지연

공기와 시공속도

① 공기와 시공속도
② 공기와 누계 기성고
③ 진도관리곡선

최적 시공속도

(경제적 시공속도)

채산 시공속도

INDEX

(1)

1액형 ·· 1015
1차 백화 ·· 908

(2)

2액형 ·· 1015
2차 백화 ·· 908
2차 압밀침하 ····································· 319

(5)

5M과 5R ·· 1278

(ㄱ)

가격비율에 의한 견적 ·············· 1166
가동매입공법 ·································· 766
가설공사 항목 ·································· 74
가설공사계획 ···································· 70
가설공사비의 구성 ·························· 78
가열 보온 양생 ······························ 567
가열 보온양생 ································· 468
가열법 ·· 804
가조립 ·· 757
각변형 ·· 802
각장 부족 ······································· 795
감도분석 ·· 1350
감리의 종류 ··································· 1266
감리자 ··· 1262
감리제도 ······································· 1266
감수제 ·· 428
강관말뚝 ··· 259
강구공법 ·· 1100
강도 지향성 ··································· 624
강도시험 ······························ 419, 423
강섬유 보강 Con'c ····················· 597
강재 anchor 공법 ······················ 521
강재 truss 지지공법 ·················· 939
강재말뚝 ··· 259
강재창호 ······································· 1035
강판부착공법 ································· 521

강화유리 ······································ 1040
개량 떠붙임공법 ·························· 944
개량 압착붙임공법 ······················ 944
개량 적재공법 ······························ 944
개량형 아스팔트 시트 공법 ······· 1011
개산 견적방법 ···························· 1165
개산 견적의 분류 ························ 1165
개스킷 ·· 1015
개찰 ··· 47
객체 지향 DBMS ························ 1400
거푸집 존치기간 ·························· 385
거푸집공사의 안전성 검토 ········· 389
건물공해 ······························ 1084, 1090
건설 CALS ·································· 1405
건설 클레임 ································· 1352
건설 폐기물 ································· 1104
건설공해 ······································ 1084
건설공해의 분류 ·························· 1084
건설기계화 시공 ·························· 1126
건설사업의 위험도 관리 ············ 1346
건설산업정보통합화생산 ············ 1398
건설폐기물 재생자원 개념도 ······ 1104
건설폐기물 ·································· 1105
건식 접합 ······································ 681
건식공법 ·· 263
건식공법 ·· 822
건조수축 균열 mechanism ········· 508
건조수축 진행속도 ······················ 508
건조수축 ·· 508
건축 구조물 해체요인 ··············· 1099
건축 구조물의 해체공법 ············ 1099
건축물에너지 효율등급인증제도 ··· 1206
건축물의 결로 ······························ 1065
격리재 ·· 1136
견적 ··· 46
견적순서 ······································ 1163
견적의 종류 ································· 1160
결로의 종류 ································· 1065
결합점 ·· 1436
겹친이음 ··· 334
경량벽돌 ··· 898
경로 ·· 1436
경사 jib형 ···································· 1145
경사, 法面 ······································ 141

경제적 시공속도 ························· 1456
계량 ·· 446
계약제도의 분류 ····························· 6
계측관리 항목 ······························ 228
계측관리 ······································· 227
계측기 배치 ·································· 229
고강도 Con'c ································ 591
고결공법 ································ 136, 232
고로 Slag Con'c ·························· 552
고로 slag 시멘트 ························ 417
고로 slag ····································· 431
고분자 루핑방수공법 ·················· 999
고성능 AE 감수제 ······················ 428
고성능 감수제 ······························ 428
고성능 콘크리트 ·························· 583
고속궤도방식 ································· 845
고장력 bolt 접합 ························· 777
고장력 bolt의 종류 ····················· 778
고정매입공법 ································· 765
고정방식 ·· 718
고정식 ·· 1145
골재의 품질관리시험 ·················· 422
골재의 함수상태 ·························· 425
골조식 ·· 666
공개경쟁입찰 ·································· 40
공극률 시험 ·································· 422
공기 촉진 클레임 ······················ 1353
공기단축기법 ······························ 1443
공기량 시험 ·································· 473
공기에 영향을 주는 요소 ·········· 1443
공기와 시공속도 ························· 1454
공기지연 ······································ 1463
공동도급 운영방식 ······················· 15
공동도급 ··· 14
공명흡음 ······································ 1070
공법시방서 ·································· 1342
공사 비목 내용 ················· 1161, 1178
공사감리 ······································ 1266
공사공해 ································ 1084, 1090
공사관리 ······································ 1257
공사관리의 3대 요소 ·················· 1257
공사관리의 5M과 5R ················· 1258
공사관리자 ·································· 1262
공사범위 클레임 ························· 1353

공사별 시방서 ·························· 1342
공사비 구성 ························· 1161
공사지연 클레임 ················ 1353
공사책임기술자 ················ 1262
공업화 건축 ······················· 657
공업화 건축의 개념도 ········ 672
공정관리 곡선 ··················· 1449
공정관리기법 ····················· 1428
공정마찰 ··························· 1458
공정마찰의 개념 ················ 1458
공정표의 종류 ··················· 1428
공종별 수량에 의한 견적 ······ 1165
공통 가설공사 ····················· 74
공통시방서 ······················· 1340
관리도 ····························· 1289
관리허용오차 ······················ 811
관입공법 ·························· 299
교란 시료 샘플링 ················ 118
교류 arc 용접기 ·················· 785
교호법 ····························· 805
구(球) 관입시험 ················ 444
구멍가심 ·························· 757
구멍뚫기 ·························· 756
구체 흙막이공법 ················ 151
국가규격 ·························· 1384
국가표준화 ······················· 1384
국제규격 ·························· 1384
국제표준화 ······················· 1384
국제표준화기구 ················ 1381
굴착공법 ·························· 301
굴착기계 ·························· 1131
굴착치환공법 ···················· 132
굵은 골재 최대치수 ············ 437
균배도 ····························· 1448
금매김 ····························· 781
금매김 ····························· 756
금속재 form ······················ 361
급결제 ····························· 429
기계화 ····························· 1150
기성 Con'c 말뚝 ················· 255
기술개발 보상제도의 필요성 ········ 31
기압차에 의한 물의 이동 및 대책 ········ 723
기업표준화 ······················· 1385
기초상부 배수관 설치공법 ········ 218
기초하부 유공관 설치공법 ········ 217
긴장재 ····························· 1136
길이 쌓기 ·························· 901
깊은 우물 공법 ··················· 205

(ㄴ)

나무말뚝 ·························· 254
나사이음 ·························· 335
나중매입공법 ···················· 767
나중채워넣기 십자(十)바름법 ······ 769
나중채워넣기 중심바름법 ········ 768
나중채워넣기법 ················ 769
낙찰 ································· 47
낙찰제도 ·························· 50
낙찰제도의 분류 ················ 50
낙하물 방지망 ··················· 83
낙하물 방지선반 ················ 83
낙하물 방호선반 ················ 83
내단열 ····························· 1061
내부결로 ·························· 1065
내장재 개발방향 ················ 1054
내장재 ····························· 1051
내장재의 구비조건 ············· 1051
내장재의 종류 ··················· 1051
내진구조 ·························· 624
내진설계 ·························· 624
내화구조의 성능기준 ··········· 819
내화도료 ·························· 968
내화벽돌 ·························· 898
내화피복공법 분류 ············· 820
내황산염 포틀랜드 시멘트 ······ 416
냉각법 ····························· 804
냉교 ································· 1067
너트 회전법 ····················· 782
녹막이 페인트 ··················· 968
녹막이칠 ·························· 757
녹색 건축 개론 ·················· 1194
녹색 건축물 ····················· 1197
녹색건축 인증제도 ············· 1202

(ㄷ)

다짐 ································· 448
다공질흡음 ······················· 1070
다기능 panel ····················· 668
다짐계수시험 ···················· 445
다짐기계 ·························· 1131
다짐말뚝 ·························· 254
다짐성 ····························· 532
단가도급 ·························· 9
단계 ································· 1436
단별시공방식 ···················· 844

단열 보온 양생 ·················· 567
단열 보온양생 ··················· 468
단열공법 분류 ··················· 1060
단열공법 ·························· 1060
단열재의 구비조건 ············· 1060
단위기준에 의한 견적 ·········· 1165
단위면적에 의한 견적 ·········· 1165
단위설비에 의한 견적 ·········· 1165
단위수량 ·························· 438
단위시멘트량 ···················· 438
단위체적에 의한 견적 ·········· 1165
단체규격 ·························· 1385
단체표준화 ······················· 1385
담수공법 ·························· 211
대기압공법 ······················· 138
대리인형 CM ····················· 1270
대칭법 ····························· 805
대형 breaker 공법 ·············· 1100
대형 panel form ················ 362
대형 시스템 거푸집 ············ 371
도드락 다듬 ····················· 931
도막방수공법 ···················· 1006
도장검사 ·························· 970
도장공사의 결함 ················ 971
도장면 바탕처리 ················ 968
도장의 목적 ····················· 971
도장재료의 종류 ················ 967
독립기초 ·························· 253
돌공사 치장줄눈 ················ 933
돌붙임공법 ······················· 938
돌쌓기공법 ······················· 932
동(動)역학적 추정방법 ·········· 288
동결공법 ·························· 136
동결융해 ·························· 493
동다짐공법 ······················· 132
동바리 존치기간 ················ 386
동시줄눈공법 ···················· 945
동압밀공법 ······················· 132
동재하시험 ······················· 289
동치환공법 ······················· 137
두부정리 ·························· 270
뒤채움재 ·························· 1017
떠붙임공법 ······················· 943
뜬바닥구조 ······················· 1071

(ㄹ)

래커 페인트 ····················· 967

레미콘 운반시간 한도 규정 ········ 555
레미콘 ······································· 554
레미콘의 종류 ·························· 554
로봇화 ···································· 1150
로이유리 ································· 1040
롤러칠 ······································· 969
린 건설 ··································· 1414

(ㅁ)

마감성 ······································· 532
마구리 쌓기 ······························ 901
마름돌쌓기 ······························· 932
마모시험 ··································· 423
마찰말뚝 ··································· 254
마찰접합 ··································· 777
막돌쌓기 ··································· 932
막힌 joint ································· 462
막힌줄눈 ··································· 899
말뚝박기공법 ···························· 275
말뚝파손의 형태 ························ 293
망입유리 ·································· 1041
맞댄 joint ································· 462
맞댄쪽매 ·································· 1030
맞댐 용접 ································· 786
메뚜기장이음 ···························· 1029
명목상 작업 ···························· 1436
명세 견적 ······························· 1160
모래다짐말뚝공법 ······················ 130
모래지정 ··································· 253
모살용접 ··································· 787
목공사 ···································· 1028
목두께 불량 ····················· 794, 795
목재 form ································· 361
무늬유리 ·································· 1041
무량판 slab ······························ 621
무재고 ···································· 1420
문지름칠 ··································· 969
물가변동 ······································ 61
물갈기 ····································· 931
물리 · 화학적 작용 ···················· 492
물리적 시험 ······························ 118
물리적 ···································· 116
물시멘트비 ································ 436
미국 시방서 ···························· 1344
미끄럼치환공법 ·························· 132
미식 쌓기 ································· 900
미장공법 ························· 263, 821

미장공법의 분류 ························ 958
미장공사 ··································· 958
미장공사의 결함 ························ 962
밀착줄눈공법 ···························· 945
밑창 Con'c 지정 ························ 254

(ㅂ)

바깥방수공법 ···························· 997
바니시 페인트 ··························· 967
바닥단열 ·································· 1062
바닥마감재 ······························ 1052
바닥판받이 공법 ························ 323
바로받이 공법 ··························· 323
바른층쌓기 ······························· 932
반발 경도법 ······························ 484
반자동 arc 용접기 ····················· 786
반자동용접 ······························· 785
반죽질기 ··································· 531
반턱맞춤 ·································· 1030
반턱쪽매 ·································· 1031
받침기둥 ··································· 386
발파공법 ·································· 1101
발파법 ····································· 931
발포제 ····································· 430
방동제 ····································· 430
방사선 투과법 ··························· 799
방사선법 ··································· 486
방수제 ····································· 429
방습층 ····································· 913
방청제 ····································· 429
방호 Sheet ································· 85
배수공법 ··································· 204
배수판공법 ······························· 219
배합강도 ··································· 435
배합설계 ··································· 434
배합설계순서 ···························· 435
배합의 종류 ······························ 434
백색 시멘트 ······························ 418
백화 제거방법 ··························· 912
백화 ·· 908
버팀대식 흙막이공법 ·················· 147
벽단열 ···································· 1062
벽식 공법 ································· 171
변성암 ····································· 930
변형바로잡기 ···························· 756
병행시공방식 ···························· 844
보도방호구대 ····························· 84

보받이 공법 ······························ 323
보수 후 검사확인 ······················ 522
보양 ·· 466
보의 응력 ································· 349
보통 지정 ································· 253
보통 포틀랜드 시멘트 ················ 415
보통유리 ·································· 1040
보호 테이프 ···························· 1018
복층유리 ·································· 1040
복합기초 ··································· 253
복합방수 ···························· 986, 1020
복합화 개념도 ·························· 1378
복합화 공법 ···························· 1377
본뜨기 ····································· 755
본조립 ····································· 757
부리쪼갬 ··································· 931
부분별 적산 ···························· 1169
부상방지 대책 ··························· 314
부실공사 ·································· 1273
부위별 시방서 ·························· 1342
부위별 적산 ···························· 1169
부찰제 ······································· 51
분말도 시험 ······························ 418
분쟁 해결방안 ·························· 1354
분할 견적법 ···························· 1169
분할도급 ······································ 7
불교란 시료 샘플링 ····················· 118
불식 쌓기 ································· 900
불안전 상태 ···························· 1326
불안전 행동 ···························· 1326
비교견적입찰 ····························· 42
비닐 섬유 보강 Con'c ················· 600
비닐타일 ·································· 1052
비례기준에 의한 견적 ················ 1165
비빔 ·· 447
비석법 ····································· 805
비성형 실링재 ·························· 1015
비용구배 ·································· 1444
비중시험 ··································· 419
비탄성 shortening ······················ 874
비탈면 open cut 공법 ·················· 141
비틀림변형 ······························· 803
비파괴검사 ······························· 799
비폭성 파쇄재 ·························· 1101
빗쪽매 ···································· 1031
빗턱맞춤 ·································· 1030
뿜칠 ·· 969
뿜칠공법 ························· 263, 821

(ㅅ)

사면선단재하공법 ·························· 133
사선식 공정표 ····························· 1429
사업장 일반폐기물 ····················· 1105
사전압밀공법 ······························· 133
사전조사 사항 ···························· 1246
사회간접자본 ································· 23
산업공학 ···································· 1310
산업안전보건관리비 ··················· 1329
산점도 ······································ 1294
산포도 ······································ 1294
상자식 ·· 667
상주감리 ···································· 1266
생석회 말뚝공법 ·························· 136
생애주기 비용 ···························· 1317
서중콘크리트 ······························ 569
석고 plaster ································ 958
석재가공 ····································· 931
석재의 보양 ································· 936
석재의 종류 ································· 930
선행굴착공법 ······························ 277
선행방식 ····································· 184
선행재하공법 ······························ 133
설계기준강도 ······························ 435
설계품질 ···································· 1299
섬유 보강 Con'c ························· 597
성능시방서 ································· 1341
성형 실링재 ······························ 1015
성형성 ·· 531
성형판 붙임공법 ················· 263, 822
소결공법 ····································· 137
소리와 진동에 의한 방법 ············ 290
소성수축 균열 ····························· 512
소음의 원인 ······························ 1069
소형 breaker 공법 ····················· 1100
소형 양중기 ······························ 1140
손용접 ·· 785
솔칠 ·· 969
송곳뚫기 ···································· 756
수동용접 ····································· 785
수동토압 ····································· 155
수량비율에 의한 견적 ················ 1166
수사법 ·· 276
수성암 ·· 930
수성페인트 ·································· 967
수압계를 이용하는 방법 ·············· 383
수압판에 의한 방법 ···················· 383

수의계약 ······································ 47
수중 불분리성 혼화제 ················· 430
수직 보호망 ································· 85
수축 줄눈 ···································· 463
수평 jib형 ································· 1145
수화열 시험 ································· 420
스웨덴식 sounding ······················ 117
슬리브 압착 ································· 335
습식 공법 ···································· 938
습식 접합 ···································· 679
습윤양생 ····································· 467
시공계획 ···································· 1250
시공계획의 기본 방향 ················ 1250
시공계획의 필요성 ····················· 1250
시공도면 ···································· 1337
시공성 ·· 531
시공연도 측정방법 ····················· 443
시공연도 ····································· 440
시공이음 ····································· 460
시공자형 CM ···························· 1270
시공품질 ···································· 1300
시료 채취 ···································· 118
시멘트 mortar ····························· 958
시멘트 벽돌 ································· 898
시멘트의 분류 ····························· 415
시뮬레이션분석 ························· 1350
시방 배합 ···································· 434
시방서 ······································ 1340
시방서의 기재사항 ····················· 1343
시방서의 종류 ···························· 1340
시스템 공학 ······························ 1309
시험지법 ····································· 502
신기술 지정제도 ························· 27
신재생에너지(Active요소) ·········· 1220
신축 이음 ···································· 461
실내공기 오염물질 ····················· 1095
실내공기질에 대한 법적규제 ······· 1094
실런트 ······································ 1015
실물대시험 ·································· 726
실적공사비 적산방법 ················· 1174
실행 예산의 기능 ······················ 1184
실행예산의 구성 ························· 1185
실행예산의 분류 ························· 1185
쐐기 타입 공법 ·························· 1101

(ㅇ)

아스팔트 타일 ···························· 1052

안방수공법 ································· 995
안장맞춤 ···································· 1030
안전 net ······································ 82
안전관리 목적 ···························· 1325
안전관리 ···································· 1325
안전난간 ····································· 83
안전선반 ····································· 85
안전시설의 종류 ························· 82
안전진단 항목 ····························· 632
안전진단 ····································· 631
안정성 시험 ································· 418
안정액 ·· 178
안정액 관리 방법 ······················· 180
안정액 역할 ································· 179
알루미늄 form ····························· 361
알루미늄창호 ···························· 1037
알칼리 골재반응 ························· 492
압밀공법 ····································· 133
압밀침하 ····································· 318
압성토공법 ·································· 134
압쇄공법 ···································· 1101
압입공법 ····································· 276
압접기 ······································ 1136
압착붙임공법 ······························ 944
압축강도 부족시 대처방안 ··········· 482
압축강도 시험 ····························· 476
액상화 현상 ································· 214
약액주입 공법 ····························· 324
약액주입공법 ······························ 232
양벽구조 ····································· 666
양생 ·· 466
양생의 종류 ································· 466
양중기 분류 ······························ 1140
억제법 ······································· 804
엇걸이이음 ································· 1029
에너지절약방법 ························· 1064
에멀션 페인트 ····························· 967
에폭시계 ··································· 1007
역변형법 ····································· 804
역타공법 ····································· 189
역학적 시험 ································· 119
연가 분석법 ······························ 1319
연성 지향성 ································· 624
연속기초 ····································· 253
연속반복방식 ······························ 845
연속방식 ····································· 183
연직배수공법 ······························ 134
열가소성 수지 ···························· 1048

열경화성 수지 …………………… 1049
열반사유리 …………………… 1040
열흡수유리 …………………… 1040
염분 제거방법 …………………… 501
염분 함유량 규제치 …………… 498
염분 함유량 측정법 …………… 502
염해 ……………………………… 498
염화물 시험 ……………………… 474
영구 구조물 흙막이 공법 ……… 195
영구배수공법 …………………… 217
영식 쌓기 ………………………… 900
오니쪽매 ………………………… 1031
옥상녹화방수 …………………… 1231
온도균열 ………………………… 572
온도변화 ………………………… 493
온통기초 ………………………… 253
완충공법 ………………………… 1069
외단열 …………………………… 1062
외벽 성능시험 …………………… 726
외벽 접합부 ……………………… 684
용입불량 ………………………… 794
용접 결함 ………………………… 793
용접변형 ………………………… 802
용접변형의 종류 ………………… 802
용접순서를 바꾸는 공법 ……… 805
용접식 이음 ……………………… 284
용접이음 ………………………… 334
용접접합 ………………………… 784
용제형 …………………………… 1007
우물통 기초 ……………………… 151
운반 ……………………………… 447
운반기계 ………………………… 1131
원가분류체계 …………………… 1412
원가절감 기법(tool) …………… 1309
원가절감 방안 …………………… 1308
원거리 데이터 통신 …………… 1401
원심력 R.C. 말뚝 ……………… 255
원척도 …………………………… 755
위험도 감소 ……………………… 1351
위험도 관리 ……………………… 1346
위험도 대응 ……………………… 1351
위험도 배분 ……………………… 1351
위험도 분석 ……………………… 1350
위험도 식별 ……………………… 1348
위험도 인자 ……………………… 1346
위험도 회피 ……………………… 1351
유기불순물 시험 ………………… 422
유닛 타일 공법 ………………… 946

유닛 타일 압착공법 …………… 946
유동성 …………………………… 532
유동화 Con'c …………………… 587
유동화제 ………………………… 430
유리섬유 보강 Con'c …………… 598
유리의 설치공법 ……………… 1042
유리의 요구 성능 ……………… 1039
유리의 종류 …………………… 1040
유성페인트 ……………………… 967
유압 crane …………………… 1142
유압 jack 공법 ………………… 1101
유제형 …………………………… 1007
음속법 …………………………… 486
응결경화 조절제 ………………… 429
응결시험 ………………………… 419
의사결정나무 분석 …………… 1350
이온 전극법 ……………………… 502
이음 ……………………… 333, 460
이음공법 ………………………… 334
이종재료 적층공법 ……………… 823
이중 천장 ……………………… 1072
이중널말뚝 공법 ………………… 325
이질재료 접합공법 ……………… 823
인공지능 ……………………… 1400
인발법 …………………………… 487
인장접합 ………………………… 778
인조석 ………………………… 1053
일식도급 ………………………………… 7
입도조정공법 …………………… 139
입찰등록 ………………………… 46
입찰방식 ………………………… 40
입찰순서 ………………………… 44
입찰참가자격 사전심사제도 …… 34

(ㅈ)

자갈지정 ………………………… 253
자기분말 탐상법 ………………… 800
자동 arc 용접기 ………………… 786
자동용접 ………………………… 785
자동화 ………………………… 1150
자립식 흙막이공법 ……………… 147
자원배당계획 …………………… 1447
자원배당대상 …………………… 1447
작업 …………………………… 1436
작업분류체계 …………………… 1410
잔골재율 ………………………… 438
잔다듬 …………………………… 931

잠함기초 ………………………… 151
잡석지정 ………………………… 253
장막식 …………………………… 668
장부식 이음 ……………………… 284
재생 골재 ……………………… 1111
재생 콘크리트의 성질 ………… 1111
재입찰 …………………………… 47
재하시험에 의한 방법 ………… 289
재해원인 ……………………… 1326
재해유형 ……………………… 1325
저가심의제 ……………………… 51
저열 포틀랜드 시멘트 ………… 416
적산과 견적 …………………… 1160
적시생산방식 ………………… 1418
적재공법 ………………………… 943
적재기계 ……………………… 1131
적층공법 ………………………… 666
전기양생 ………………………… 467
전기충격공법 …………………… 131
전기침투공법 …………………… 138
전도공법 ……………………… 1101
전면바름 마무리법 ……………… 767
전문가 system ………………… 1400
절 ………………………………… 756
절단 …………………………… 1100
절판 slab ……………………… 689
점성 ……………………………… 532
점토벽돌 ………………………… 898
접착붙임공법 …………………… 945
접합유리 ……………………… 1040
정착 ……………………………… 336
정(靜)역학적 추정방법 ………… 287
정다듬 …………………………… 931
정보관리 system ……………… 1393
정보화 시공 ……………………… 227
정액도급 ………………………………… 9
정재하시험 ……………………… 289
정전(靜電) 공법 ………………… 969
정지기계 ……………………… 1131
정지토압 ………………………… 155
제치장 Con'c …………………… 602
제한경쟁입찰 …………………… 41
제한적 최저가 낙찰제도 ……… 51
제한적 평균가 낙찰제 ………… 51
제혀쪽매 ……………………… 1031
조립 …………………………… 338
조강 포틀랜드 시멘트 ………… 416
조립률 : Fineness Modulus, F.M … 422

조임 검사 …………………… 782
조임방법 ……………………… 779
조적공법 ……………………… 263
조적공법 ……………………… 822
조적벽체의 control joint ……… 917
조절 줄눈 ……………………… 463
조직분류체계 ………………… 1412
종굴힘변형 …………………… 803
종벽구조 ……………………… 665
종수축 ………………………… 802
종합건설업제도 ……………… 1387
좌굴변형 ……………………… 803
죄임철물의 변형에 의한 방법 …… 383
주각 모르타르 시공 …………… 767
주동토압 ……………………… 154
주름관 ………………………… 858
주먹장맞춤 …………………… 1030
주먹장이음 …………………… 1029
주수공법 ……………………… 210
주열식 공법 …………………… 171
주입공법 ……………………… 520
주행식 ………………………… 1146
중간관리일 …………………… 1461
중공굴착공법 ………………… 277
중단열 ………………………… 1061
중용열 포틀랜드 시멘트 ……… 416
증기양생 ……………………… 467
지명경쟁입찰 …………………… 41
지반개량공법 ………………… 127
지반조사 종류 ………………… 116
지반조사의 순서 ……………… 115
지붕 slab 접합 ………………… 685
지붕단열 ……………………… 1062
지붕방수 ……………………… 984
지압접합 ……………………… 778
지압형 bolt …………………… 779
지연제 ………………………… 429
지정폐기물 …………………… 1105
지주 …………………………… 386
지지말뚝 ……………………… 254
지진의 원인 …………………… 624
지하실 방수공법 ……………… 995
지하연속벽 공법 ……………… 171
지하탐사법 …………………… 116
직류 arc 용접기 ……………… 785
직접 가설공사 ………………… 76
직접기초 ……………………… 253
진공 deep well 공법 ………… 208

진공배수공법 ………………… 579
진공압밀 공법 ………………… 138
진공콘크리트 ………………… 579
진도관리 ……………………… 1449
진도관리 곡선 ………………… 1449
진도관리 방법 ………………… 1449
진도관리 순서 ………………… 1450
진도관리 주기 ………………… 1449
진동공법 ……………………… 276
진동다짐공법 ………………… 130
진동법 ………………………… 486
진흙 바름 ……………………… 959
질산은 적정법 ………………… 502
질의응답 ……………………… 46
집수통 배수 …………………… 205
짚어보기 ……………………… 116

(ㅊ)

차단벽 공법 …………………… 325
차음공법 ………………… 1069, 1074
착색유리 ……………………… 1041
착색재 ………………………… 433
창단열 ………………………… 1063
채산 시공속도 ………………… 1457
채석법 ………………………… 931
책임감리 ……………………… 1266
천연 페인트 …………………… 968
철골공사의 내화피복 ………… 819
철근 prefab 공법 …………… 340
철근의 가공 …………………… 332
철근의 배근 …………………… 351
철근콘크리트보의 구조원리 …… 349
철근탐사법 …………………… 487
체가름 시험 …………………… 422
체크 시트 ……………………… 1294
초고층 건축의 바닥판공법 …… 866
초기 양생 ……………………… 568
초속경 Con'c ………………… 552
초속경 시멘트 ………………… 417
초음파 탐상법 ………………… 800
초음파법 ……………………… 486
촉진제 ………………………… 429
총공사비 구분 …………… 1161, 1178
최고가치 낙찰제도 …………… 52
최소비용계획 ………………… 1444
최저가 낙찰제 ………………… 50
최적 시공속도 ………………… 1456

추가비용 ……………………… 1444
추락 방지망 …………………… 82
충전공법 ……………………… 520
충전식(充塡式) 이음 ………… 284
측압의 측정방법 ……………… 383
층간 방화구획 ………………… 825
층별 …………………………… 1295
치장줄눈 ……………………… 899
치환공법 ………………… 132, 522
친환경시공 …………………… 1228
칠공법 ………………………… 969
침투 탐상법 …………………… 800
침투압공법 …………………… 138
침하 joint …………………… 462
침하 균열 ……………………… 513
침하의 종류 …………………… 318

(ㅋ)

커튼 월 공사의 시험 ………… 725
커튼 월의 분류 ………………… 705
커튼 월의 비처리방식 ………… 721
커튼 월의 요구성능 …………… 729
커튼 월의 파스너(fastener) 방식 ·· 717
코킹 …………………………… 1015
콘크리트 균열 보수·보강대책 … 519
콘크리트 분배기 ……………… 858
콘크리트 비파괴 시험 ………… 484
콘크리트 줄눈 ………………… 460
콘크리트 측압 ………………… 381
콘크리트 펌프 공법 …………… 455
콘크리트 프레이싱 붐 ………… 859
콘크리트의 균열 종류 ………… 512
콘크리트채움강관 공법 ……… 878
큰지붕 lift 공법 ……………… 693
클레임 유형 …………………… 1353
클레임 추진 절차 ……………… 1353
클레임의 발생 원인 …………… 1352

(ㅌ)

타격공법 ………………… 275, 1100
타격법 ………………………… 484
타설공법 ………………… 263, 452
타설공법 ……………………… 821
타일 거푸집 선부착 공법 …… 946
타일 선부착 P.C판 공법 ……… 946
타일붙임공법 ………………… 943

타일의 접착력 시험 ······· 948
타일의 종류 ······· 949
탄산화 ······· 503
탄산화 시험방법 ······· 504
탄산화 이론 ······· 503
탄산화의 요인 ······· 504
탄성 shortening ······· 874
탄성침하 ······· 318
탄소섬유 Sheet 공법 ······· 521
탄소섬유 보강 Con′c ······· 599
탈수공법 ······· 134
터파보기 ······· 116
턱맞춤 ······· 1030
테두리 보 ······· 906
토공사계획 ······· 102
토공사용 기계 ······· 1131
토압 분포 ······· 155
토압의 종류 ······· 154
토질시험 ······· 118
토질주상도(土質柱狀圖) ······· 124
토크 관리법 ······· 782
통기구 ······· 1068
통줄눈 ······· 899
트인 joint ······· 462
특기시방서 ······· 1340
특명입찰 ······· 42
특성요인도 ······· 1293
특수 시멘트 ······· 417

(ㅍ)

파레토도 ······· 1292
판식 ······· 665
판진동흡음 ······· 1071
팽창 시멘트 ······· 417
팽창재 ······· 432
퍼티 ······· 1015
펀칭 ······· 756
평형철근비 ······· 351
폐기물 공해 ······· 1084, 1090
폐기물의 종류 ······· 1105
폐콘크리트의 재활용 방안 ······· 1109
포틀랜드 시멘트 ······· 415
폭파공법 ······· 1102
폭파다짐공법 ······· 131
폭파치환공법 ······· 133
표면결로 ······· 1065
표면처리공법 ······· 519

표준공기제도 ······· 1301
표준관입시험 ······· 117
표준시방서 ······· 1340
표준화 ······· 1384
표준화 대상 ······· 1385
품질·공정·원가의 상호관계 ······· 1279
품질경영 ······· 1296
품질관리 단계 ······· 1285
품질관리 ······· 1278
품질관리의 7가지 tool ······· 1289
품질보증 ······· 1297
품질인증 ······· 1297
풍동시험 ······· 725
플라스틱 ······· 1048
플랫 슬래브 ······· 621
피닝법 ······· 805
피막양생 ······· 467
피막양생제 ······· 467
피복 arc 용접 ······· 785
피복두께 ······· 339

(ㅎ)

하도급 계열화 ······· 58
한계허용오차 ······· 811
한중콘크리트 ······· 564
합성 slab 공법 ······· 688
합성공법 ······· 823
합성수지 ······· 1048
허튼층쌓기 ······· 933
현가 분석법 ······· 1319
현장 대리인 ······· 1262
현장 상이조건 클레임 ······· 1353
현장배합 ······· 435
현장설명 ······· 45
현장실행 예산서 ······· 1184
현장타설 Con′c 말뚝 ······· 299
혹떼기 ······· 931
혼탁 비색법 ······· 422
혼합 시멘트 ······· 416
혼화재 ······· 431
혼화재료의 종류 ······· 427
혼화제(混和劑) ······· 427
화란식 쌓기 ······· 900
화성암 ······· 930
화학약제 혼합공법 ······· 139
확률분석 ······· 1350
환경관리 ······· 1228

환경친화형 콘크리트 ······· 606
환산재해율 ······· 1325
회반죽 ······· 958
회전방식 ······· 718
회전변형 ······· 803
횡벽구조 ······· 665
횡선식 공정표 ······· 1428
횡수축 ······· 802
후퇴법 ······· 805
후판유리 ······· 1040
휘발성유기화합물 ······· 1094
흐름시험 ······· 444
흙막이 open cut 공법 ······· 141
흡수율 시험 ······· 424
흡음공법 ······· 1070
히스토그램 ······· 1291
힘의 균형 도시 ······· 156

(A)

A.L.C 패널 ······· 921
AAR : Alkali ggregate Reaction ··· 492
accelerator ······· 429
ACM(Agency CM) ······· 1271
Activity ······· 1436
admixture ······· 431
AE water reducing agent ········· 428
AE 감수제 ······· 428
AE제(Air Entraining agent) ······· 427
all casing 공법 ······· 302
Alumina 시멘트 ······· 417
American bond ······· 900
Anchor bolt 매입 ······· 765
Anchor 긴결공법 ······· 939
Asphalt ······· 987
Asphalt felt ······· 987
Asphalt primer ······· 987
asphalt roofing ······· 987
Asphalt 방수 ······· 987

(B)

B.E법(Breakdown Element) ······ 1169
B.I.G.S 공법 ······· 522
Back-up재 ······· 1017
Backhoe ······· 1132
Baking out ······· 1097
ball penetration test ······· 444

7

Balloon Injection Grouting System 522
banana 곡선 ································ 1449
band식 이음 ··························· 284
base 고정방식 ······················· 1145
base 상승방식 ······················· 1145
Batcher plant ······················· 1136
Bender ································· 1136
Benoto 공법 ·························· 302
Bentonite ····························· 181
Bentonite 방수 ······················ 985
best value ····························· 52
BIM ································· 1402
Bleeding test ························· 473
Blow hole ····························· 793
Boiling 현상 ·························· 214
Bolt 접합 ····························· 772
Bolt식 이음 ·························· 284
Bond breaker ······················· 1018
BOO(Build – Operate – Own) ········ 24
Boring 종류 ·························· 122
Boring ································· 121
BOT(Build – Operate – Transfer) ··· 24
Bow beam ···························· 366
Box column 용접 ···················· 816
BTL(Build – Transfer – Lease) ······ 25
BTO(Build – Transfer – Operate) ··· 25
Bucket 공법 ·························· 452
Building pollution ··········· 1084, 1090
Bulldozer ······················ 1132, 1133
Butt joint ····························· 462
butt welding ·························· 786

(C)

C.F.R.C ······························· 599
C.I.P(Cast – In – Place pile) ········· 310
C.M 제도 ···························· 1269
C.P(Critical Path) ··················· 1436
Cad welding ·························· 335
caisson foundation ··················· 151
CALS 정의의 변화 ··················· 1406
CALS의 개념도 ······················ 1405
CALS의 구축 단계 ··················· 1407
Calweld 공법 ························· 301
Carpet 깔기 ·························· 1052
Cart 공법 ····························· 452
Causes and effects diagram ······· 1293
CBS ································· 1412

Central mixed Con'c ················· 554
centrifugal reinforced concrete pile 255
CFT 접합부 형식 ····················· 879
CFT 공법 ······························ 878
CFT의 콘크리트 타설공법 ·········· 882
check sheet ··························· 1294
Chute 공법 ···························· 452
CIC ································· 1398
CIC의 개념도 ························· 1398
CIC의 기반 컴퓨터 기술 ··········· 1400
Clearance joint ······················ 462
Climbing form ························ 362
Climbing 방식 ························ 1145
Closed joint ··························· 462
Closed joint system ·················· 721
Closed system ························ 669
CM at risk ··························· 1270
CM for fee ··························· 1270
CM 계약 방식 ························· 1269
CM 계약 유형 ························· 1269
CM 기본 형태 ························· 1269
CM 역할 수행자 ······················ 1269
CM의 단계별 업무 ··················· 1271
CM의 분류 ···························· 1269
CO₂ arc 용접 ························· 785
Cold bridge ·························· 1067
Compactibility ························ 532
compacting factor test ·············· 445
Compaction grouting system ······· 324
Compressor pile ····················· 300
Con'c head ···························· 381
Concrete distributor ················· 858
Concrete Placing Boom ·············· 859
Cone 관입시험 ························ 117
Consistency ··························· 531
construction claim ··················· 1352
construction joint ···················· 460
Construction pollution ······ 1084, 1090
contraction joint ····················· 463
control joint ··························· 463
Conveyer ···························· 1133
core 선행공법 ························· 886
corosion inhibiting agent ··········· 429
Cost slope ···························· 1444
CPM ································· 1430
Crack ································· 793
Cramshell ···························· 1132
Crane climbing 방식 ················· 1145

Crane ···························· 1140, 1142
Crater ································· 794
Crawler crane ························ 1142
Creep ································· 534
cross wall system ···················· 665
Cubicle unit 공법 ···················· 667
curing ································· 466
curing compound ····················· 467
cutter 공법 ·························· 1100
Cutter기 ······························· 1136

(D)

Decision Tree Analysis ············· 1350
Deck plate 밑창거푸집공법 ········· 867
Deep Well 공법 ······················· 205
Delay joint ···························· 465
Deming의 관리 cycle ················ 1285
Derrick ······························ 1140
detail estimate ······················ 1160
dewatering공법 ······················· 217
Dispenser ···························· 1136
disturbed sampling ··················· 118
Dolomite plaster ····················· 959
Dot point glazing system ··········· 1046
double up 공법 ························ 196
Double wall method ·················· 462
Down – up 공법 ······················· 196
Dragline ······························ 1132
Drain mat 배수공법 ·················· 220
drilling ································· 756
dry joint ······························ 681
dummy activity ······················ 1436
dummy joint ··························· 463
Dump truck ·························· 1133
Dutch bond ···························· 900
dynamic compaction method ······· 132
dynamic replacement ················ 137

(E)

E.C 정착방안 ························· 1389
E.C의 업무영역 ······················· 1387
E.C화 ································· 1387
E.C화 전략 ···························· 1388
Earth anchor 공법 ···················· 158
Earth drill 공법 ······················ 301
Eco – Con'c ··························· 606

efflorescence ·········· 908
electric curing ·········· 467
Element 방식 ·········· 184
emulsion paint ·········· 967
emulsion ·········· 1007
Energy Zero House ·········· 1210
Engineering news 공식 ·········· 288
English bond ·········· 900
epoxy ·········· 1007
Event ·········· 1436
EVMS 구성요약 ·········· 1452
EVMS ·········· 1451
EVMS의 수행절차 ·········· 1453
expansion joint ·········· 461
exposed Con'c ·········· 602
Extra cost ·········· 1444

(F)

F.R.C ; Fiber Reinforced Con'c ···· 597
fast track method ·········· 845
Fastener 방식의 분류 ·········· 718
fck ·········· 435
fcr ·········· 435
Ferro cement ·········· 552
Field test ·········· 728
fillet welding ·········· 787
Finishability ·········· 532
Fish eye ·········· 794
Fixed 방식 ·········· 718
flat plate slab ·········· 621
flat slab ·········· 621
Flat slab ·········· 688
Flemish bond ·········· 900
Flexible hose ·········· 858
flow test ·········· 444
Fly ash 시멘트 ·········· 417
Fly ash ·········· 431
follow up ·········· 1449
form tie ·········· 1136
Franky pile ·········· 300
Free access floor ·········· 1053
full up 공법 ·········· 693

(G)

G-LOC splice ·········· 336
G.F.R.C, GRC ·········· 598

G.P.C 공법 ·········· 940
Gang form ·········· 362
Gantt식 공정표 ·········· 1428
gas foaming agent ·········· 430
Gas 탐지기 ·········· 86
gasket ·········· 1015, 1043
general open bid ·········· 40
Gin pole ·········· 1141
Glass block ·········· 1041
Gmax ·········· 437
GMPCM ·········· 1271
Grader ·········· 1133
Granite veneer Precast Concrete · 940
Grid type ·········· 709
Grip bolt ·········· 778
Guy derrick ·········· 1141

(H)

H-column 용접 ·········· 817
H-pile 공법 ·········· 149
H.P.C 공법 ·········· 666
half P.C slab 공법 ·········· 688
header bond ·········· 901
Heaving 현상 ·········· 214
Hiley 공식 ·········· 289
histogram ·········· 1291
hollow slab ·········· 688
hydraulic ·········· 1142
H형강 P.C 공법 ·········· 666

(I)

I.E(Industrial Engineering) ·········· 1310
individual negotiation ·········· 42
Island cut 공법 ·········· 143
ISO ·········· 1381
ISO 인증절차 ·········· 1382
ISO 인증제도 ·········· 1381

(J)

Jib 형식 ·········· 1145
Joint venture ·········· 14
Joint의 분류 ·········· 460
Just in time system ·········· 1418

(L)

L.C.C 계획 ·········· 1318
L.C.C 관리 ·········· 1318
L.C.C 구성 ·········· 1317
L.C.C 기법의 진행절차 ·········· 1318
L.C.C 분석 ·········· 1318
L.C.C의 경제 이론 ·········· 1319
L.P(Longest Path) ·········· 1436
lacquer paint ·········· 967
Lamellar tearing ·········· 795
laminated glass ·········· 1040
lap joint ·········· 334
lean construction ·········· 1414
leveling ·········· 1448
life cycle cost ·········· 1317
Lift slab ·········· 667
Lift slab 공법 ·········· 692, 693
Lift up 공법 ·········· 693
limited bid ·········· 41
limited open bid ·········· 41
Loader ·········· 1132
LOB(Line Of Balance) ·········· 1432
Locking 방식 ·········· 718
long wall system ·········· 665
lower limit ·········· 51

(M)

M.D.F(Macro Defect Free) Con'c ·· 551
M.I.P(Mixed-In-Place pile) ····· 311
Masking tape ·········· 1018
Mass Con'c ·········· 572
Mast climbing 방식 ·········· 1145
MBO 기법 ·········· 1321
MCX(minimum cost expediting) ·· 1444
MDF Cement ·········· 418
membrane curing ·········· 467
Membrane 방수 ·········· 982
metal form ·········· 361
milestone ·········· 1461
Mill sheet 검사 ·········· 808
MIS ·········· 1393
mixed wall system ·········· 666
mixing ·········· 447
Mobility ·········· 532
mock-up test ·········· 726
Mullion type ·········· 708

(N)

Network 공정표 ···································· 1430
Network 공정표의 작성요령 ······· 1434
Network 구성 요소 ····························· 1436
Network 표시법 ································· 1438
node ·· 1436
Non wall method ····························· 463
nut 회전법 ·· 782

(O)

OBS ·· 1412
OCM(Owner CM) ····························· 1271
oil paint ··· 967
OK식 측압계 ···································· 384
Open joint system ·························· 722
Open system ··································· 670
Over hung ·· 794
Over lap ··· 794
Overlapping ····································· 1432

(P)

P.C 개발방식 ···································· 669
P.C 건축의 개념도 ·························· 672
P.C 공법의 분류 ······························ 665
P.C 공법의 필요성 ··························· 661
P.C 공사 ··· 652
P.C판의 부위별 접합부 방수처리 ··· 684
P.C판의 접합공법 ···························· 679
P.I.P(Packed-In-Place pile) ····· 310
P.Q(Pre-Qualification) 제도 ········ 34
Pack drain 공법 ····························· 135
pair glass ·· 1040
Panel system ··································· 708
paneling system ······························ 939
Paper drain 공법 ····························· 134
Parapet 접합 ···································· 686
Pareto diagram ······························ 1292
Partnering ·· 11
Passive 요소 ···································· 1215
path ··· 1436
PDM ·· 1431
Pecco beam ····································· 367
Pedestal pile ···································· 299
peening method ······························· 805
PERT ··· 1430

PHC 말뚝 ·· 256
pile dynamic analysis ·················· 289
Pin hole 공법 ··································· 939
Pipe cooling ····································· 468
Piping 현상 ····································· 214
Pit ··· 794
Plastic Con'c ··································· 551
Plasticity ··· 531
PMIS ··· 1394
Pocket 타설공법 ······························ 453
Post-tension 공법 ························· 560
Power shovel ··································· 1132
Pozzolan ·· 432
Pre-boring 공법 ···························· 277
Pre-tension 공법 ·························· 560
Pre-tensioning centrifugal PHC pile
··· 256
precast concrete pile ··················· 255
Precooling ·· 468
Preloading 공법 ······························ 133
Prepacked Con'c pile ···················· 309
Press 공법 ······································· 453
Prestress 공법 ································· 522
Prestressed Con'c ·························· 560
prestressed concrete pile ············· 255
Prestress의 감소 원인 ··················· 562
Probability Analysis ····················· 1350
PSC 말뚝 ··· 255
punching ·· 756
putty ··································· 1015, 1042

(Q)

QM(Quality Management) ·········· 1296
quality assurance ·························· 1297
quality verification ······················· 1297
quantab법 ·· 502

(R)

R.C.D 공법 ······································ 303
R.C조 적층공법 ································· 666
R.P.C 공법 ······································· 666
Rahmen P.C 공법 ··························· 666
Raymond pile ··································· 300
ready mixed Con'c ························· 554
reaming ··· 757
Rebound check ································· 290

remodeling ······································ 1117
Remodeling 성능개선의 종류 ······ 1119
Remodeling의 구성요소 ················ 1118
Remolding test ································ 445
retarder ··· 429
Rib slab ··· 688
risk management ···························· 1346
Rivet 접합 ······································· 773
Robot 작업 가능 분야 ·················· 1151
Rock anchor 설치 ···························· 314
RT : Radiographic Test ··············· 799
rust proofing paint ························ 968

(S)

S-curve ·· 1449
S.C.W(Soil Cement Wall) 공법 ·· 183
S.F.R.C, SRC ·································· 597
S.P.T. ·· 117
S.R.C 적층공법 ································· 666
Sampling ·· 118
sand compaction pile 공법 ··········· 130
Sand drain 공법 ······························ 134
Sander 공식 ····································· 288
Sc : consolidation settlement ······· 318
scatter diagram ····························· 1294
Scheduled ·· 1452
Schumidt hammer법 ······················ 484
Scr : creep settlement ················· 319
Scraper ··· 1132
SE(System Engineering) ·········· 1309
SE : elastic settlement ················· 318
Sealing ·· 1043
Sealing 방수 ··································· 986
Sealing 방수공법 ····························· 1014
Sealing재의 분류 ····························· 1014
semi unit system ··························· 707
Sensitivity Analysis ····················· 1350
separator ··· 1136
Settlement joint ······························ 462
Sheath type ····································· 709
Sheet 방수공법 ································ 999
shop drawing ··································· 1337
Shovel계 굴착기 ······························ 1132
Shrink mixed Con'c ······················ 554
Silica fume ······································· 432
Silica 시멘트 ···································· 416
Simplex pile ····································· 299

Simulation Analysis ················ 1350
Single wall method ················ 462
SIP공법 ································· 279
Slab+wall 접합 ····················· 686
Slag 감싸돌기 ························· 794
Sleeve joint ·························· 335
Sleeve 충전공법 ····················· 335
Sliding form ························· 375
Sliding joint ························· 464
Sliding 방식 ·························· 718
Slip form ····························· 365
Slip joint ···························· 464
Slump test ···························· 436
Slurry wall 공법 ···················· 171
SOC 분류 ······························ 24
SOC(social overhead capital) ······· 23
Soil cement 공법 ···················· 139
Soil Nailing 공법 ··················· 166
solid slab ···························· 688
solvent ······························ 1007
Sounding ····························· 117
soundness test ······················ 418
Space unit 공법 ····················· 667
Spandrel type ······················· 709
specification ························ 1340
SPS 공법 ····························· 195
steam curing ························· 467
steel ball ··························· 1100
steel pipe pile ······················ 259
Steel sheet pile 공법 ················ 150
Stick system ························· 706
Stiffleg derrick ···················· 1141
stratification ······················ 1295
stretcher bond ······················ 901
structural glazing system ·········· 1044
Structural sealant glazing system ·· 1044
strut 공법 ···························· 147
Submerged arc 용접 ················· 785
super plasticizer ···················· 430
Surcharge 공법 ······················ 134
Suspended glazing system ········· 1044
suspension 공법 ···················· 1044
S조 적층공법 ························· 666

(T)

T.P.C ································· 946
T.S(Torque Shear) bolt ············· 778

T.S형 nut ····························· 778
Table form ··························· 363
Tact 공정관리 ······················ 1461
tempered glass ······················ 1040
Throat 불량 ·························· 794
Top down 공법 ······················ 189
Top down 공법의 종류 ··············· 190
torque control 법 ··················· 782
Tower crane ························· 1144
Tower crane 고정방식 ··············· 1147
Tower crane 설치방식 ··············· 1145
Transit mixed Con'c ················ 554
Travelling form ····················· 366
Tremie pipe 타설공법 ··············· 453
Trench cut 공법 ····················· 143
Truck crane ························· 1142
Turn key 계약방식의 종류 ············ 19
Turn key 방식 ························· 19

(U)

Under cut ···························· 794
Underpinning 공법 ··················· 322
undisturbed sampling ··············· 118
Unit and mullion system ··········· 707
Unit system ·························· 706
unit tile method ···················· 946
Up-up 공법 ·························· 196
UT : Ultrasonic Test ················ 800

(V)

V-cut ································· 520
V.E 기본원리 ························ 1313
V.E(Value Engineering) ············ 1313
V.F.R.C ······························ 600
V.H 분리타설공법 ···················· 453
vacuum Con'c ························ 579
vacuum deep well 공법 ·············· 208
vacuum dewatering 공법 ············· 579
Vane test ···························· 117
vapor barrier ························ 913
varnish paint ························ 967
Vee-bee test ························· 444
vertical drain 공법 ·················· 134
Vibrator ····························· 1138
vibro composer 공법 ················ 130
vibro floatation 공법 ················ 130

Viscosity ···························· 532
VOC ·································· 1094
Void slab ···························· 688

(W)

W/B비 ································· 436
Wall anchoring 방식 ················ 1147
Wall girder ··························· 906
Waste pollution ·············· 1084, 1090
Water jet 공법 ······················ 276
water paint ·························· 967
water proofing agent ················ 429
Web 기반 공사관리체계 ············· 1391
wedging ····························· 931
well foundation ····················· 151
Well point 공법 ····················· 206
Wellington 공식 ····················· 288
wet curing ···························· 467
wet joint ···························· 679
Winch ································ 1141
Wind tunnel test ···················· 725
Wire anchoring 방식 ················ 1147
wire glass ··························· 1041
Work breakdown structure ········· 1410
Workability ·················· 440, 531

(X)

XCM(Extended CM) ··············· 1271

(Z)

Zero inventory ······················ 1420

핵심 · 120문제

저자 : 金宇植
판형 : 4×6배판
면수 : 570면
정가 : 30,000원

: 시험 출제 빈도가 높은 핵심 120문제

다음과 같은 점에 중점을 두었다.
1. 최근 출제 빈도가 높은 문제 수록
2. 시험 날짜가 임박한 상태에서의 마무리
3. 다양한 답안지 작성 방법의 습득
4. 새로운 item과 활용방안
5. 핵심 요점의 집중적 공부
6. 자기만의 독특한 답안지 변화의 지침서
7. 최단기간에 합격할 수 있는 길잡이

공종별 · 기출문제

저자 : 金宇植
판형 : 4×6배판
면수 : 1,024면(上)
정가 : 40,000원
면수 : 1,136면(下)
정가 : 40,000원

: 고득점을 위한 기출문제 완전 분석 공종별 기출문제

다음과 같은 점에 중점을 두었다.
1. 기출문제의 공종별 정리
2. 문제의 핵심 요구사항을 정확히 파악
3. 기출문제를 중심으로 각 공종의 흐름파악에 중점
4. 각 공종별로 요약, 정리
5. 최단 시간에 정리가 가능하도록 요점정리

회수별 · 모범답안

(최근 5회 : 87회~91회)

저자 : 金宇植
판형 : 4×6변형판
면수 : 474면
정가 : 28,000원

: 최단기간 합격을 위한 회수별 모범답안

다음과 같은 점에 중점을 두었다.
1. 회수별 기출문제를 모범답안으로 작성
2. 모범답안으로 기출문제 유형, 문제경향을 요약, 분석정리
3. 차별화된 답안지로 모범답안 작성
4. 합격을 위한모범답안 풀이
5. 기출된 문제를 회수별 모범답안으로 편의제공

건설시공 실무사례

저자 : 金宇植
판형 : 4×6배판
면수 : 208면
정가 : 22,000원

: 현장 시공경험에 의한 건설시공 실무사례

다음과 같은 점에 중점을 두었다.
1. 현장실무에서 시공중인 공법을 사진과 설명으로 구성
2. 시공순서에 따른 설명으로 쉽게 이해할 수 있다.
3. 시공실무경험이 부족한 분들을 위한 현장 사례로 구성
4. 건설현장의 흐름에 대한 이해를 높여준다.

면접분석

저자 : 金宇植
판형 : 4×6배판
면수 : 1,134면
정가 : 50,000원

: 2차(면접)합격을 위한 필독서 공종별 면접분석

다음과 같은 점에 중점을 두었다.
1. 면접 기출문제 내용을 공종별로 분석
2. 면접관이 질문하는 공종에 대한 대비책으로 정리
3. 각 공종 면접내용으로 요점정리

저자약력
著者略歷

김우식
金宇植

- 한양대학교 공과대학 졸업
- 공학박사
- 한양대학교 공과대학 대학원 겸임교수
- 한국기술사회 감사
- 한국기술사회 건축분회 분회장
- 한국건축시공기술사협회 회장
- 국민안전처 안전위원
- 제2롯데월드 아쿠아리움 정부합동안전점검단
- 기술고등고시합격
- 국가직 건축기좌(시설과장)
- 국가공무원 7급, 9급 시험출제위원
- 국토교통부 주택관리사보 시험출제위원
- 한국산업인력공단 검정사고예방협의회 위원
- 브니엘고, 브니엘여고, 브니엘예술중·고등학교 이사장
- 건축시공기술사 / 건축구조기술사 / 건안전기술사
- 토목시공기술사 / 토질기초기술사 / 품질시험기술사 / 국제기술사

建築施工技術士

과년도 출제문제/
출제경향분석표

길잡이 Ⅲ

PROFESSIONAL-ENGINEER

金宇植 著

建築施工　技術士
建築構造　技術士
建設安全　技術士
土木施工　技術士
土質基礎　技術士
品質試驗　技術士

예문사

현대인은 생활 곳곳에서 국제화·세계화의 흐름을 감지하고 있으며, 대외시장 개방에 따른 경쟁에서 살아남기 위해 시야를 확대하고 실력을 연마하기 위한 일련의 노력을 기울이고 있다.

건축분야도 예외가 아니어서 고급 건축기술자들의 위치는 날로 높아지고 있고, 이들에 대한 사회적 기대와 책무 또한 증대되고 있다.

이러한 시점에서 기술사 자격취득은 사회적으로 요청되는 필수적 과제이며, 건축분야에서 얻을 수 있는 최고의 권위와 명예를 뜻한다.

사회적·개인적으로 최고의 명예를 상징하는 기술사(professional engineer) 자격을 취득하기 위한 노력은, 결국 자기 자신에 대한 도전이며 자신과의 싸움인 것이다. 만약 여러분이 새로운 것에 직면했을 때, '막연하다'라는 단어를 내뱉는다면 그것은 자기 개발을 위한 자세가 결여되고 목표의식을 상실한 상태와 같다고 할 수 있을 것이다.

성취하기 위해서는 항상 꾸준한 노력과 뚜렷한 목표의식이 뒤따라야 하며, 그러한 책임감과 사명감을 갖고 노력하는 수험자들은 결국 건축분야의 훌륭한 기술자가 되리라 필자는 믿는 바이다.

본서의 발간 의도는 바로 그러한 수험자들의 길잡이가 되고자 하는 데 있으며, 지침서의 역할을 다하기 위해 논리적이고 체계적으로 자료를 정리하여 최대한의 효과를 볼 수 있도록 하였다.

본서는 다음 사항에 중점을 두고 기술되었다.

1. 건축공사 표준시방서 기준
2. 한국산업인력공단의 출제경향에 맞추어 내용 구성
3. 기출문제를 중심으로 각 단원의 흐름 파악에 중점
4. 공정관리를 순서별로 체계화
5. 각 단원별 요약, 핵심정리
6. Item화에 치중하여 개념을 파악하여 문제를 풀어나
   가는 데 중점

끝으로 본서의 발간을 함께한 이맹교 교수와 예문사 정용수 사장님 및 편집부 직원들의 노고에 감사드리며, 본서가 출간되도록 허락하신 하나님께 영광을 돌린다.

저 자　金　宇　植

기술사 시험준비 요령

기술사를 준비하는 수험생 여러분들의 영광된 합격을 위해 시험준비 요령 몇 가지를 조언하겠으니 참조하여 도움이 되었으면 한다.

1. 평소 paper work의 생활화

① 기술사 시험은 논술형이 대부분이기 때문에 서론·본론·결론이 명쾌해야 한다.
② 따라서 평소 업무와 관련하여 paper work를 생활화하여 기록·정리가 남보다도 앞서야 시험장에서 당황하지 않고 답안을 정리할 수 있다.

2. 시험준비에 많은 시간 할애

① 학교를 졸업한 후 현장실무 및 관련 업무 부서에서 현장감으로 근무하기 때문에 지속적으로 책을 접할 수 있는 시간이 부족하며, 이론을 정립시키기에는 아직 준비가 미비한 상태이다.
② 따라서 현장실무 및 관련 업무 경험을 토대로 이론을 정립·정리하고 확인하는 최소한의 시간이 필요하다. 단, 공부를 쉬지 말고 하루에 단 몇 시간이든 지속적으로 할애하겠다는 마음의 각오와 준비가 필요하며, 대략적으로 400~600시간은 필요하다고 생각한다.

3. 과년도 및 출제경향 문제를 총괄적으로 정리

① 먼저 시험답안지를 동일하게 인쇄한 후 과년도문제를 자기 나름대로 자신이 좋아하고 평소 즐겨 쓰는 미사여구를 사용하여 point가 되는 item 정리작업을 단원별로 정리한다.
② 단, 정리시 관련 참고서적을 모두 읽으면서 모범 답안을 자신의 것으로 만들어낸다. 처음 시작은 어렵겠지만, 한 문제 한 문제 모범답안이 나올 때는 자신감이 생기고 뿌듯함을 느끼게 될 것이다.

4. Sub-note의 정리 및 item의 정리

① 각 단원별로 모범답안 정리가 끝나고 나면, 기술사의 1/2은 합격한 것과 마찬가지이다. 그러나 워낙 방대한 양의 정리를 끝낸 상태라 다 알 것 같지만 막상 쓰려고 하면 '내가 언제 이런 답안을 정리했지?' 하는 의구심과 실망에 접하게 된다. 여기서 실망하거나 포기하는 사람은 기술사가 되기 위한 관문을 영원히 통과할 수 없게 된다.
② 자! 이제 1차 정리된 모범답안을 약 10일간 정서한 후 각 문제의 item을 토대로 sub-note를 정리하여 전반적인 문제의 lay-out을 자신의 머리에 입력시킨다. 이 sub-note를 직장 또는 전철이나 버스에서 수시로 꺼내 보며 지속적으로 암기한다.

5. 시험답안지에 직접 답안작성 시도

① 자신이 정리작업한 모범답안과 sub-note의 item 작성이 끝난 상태라 자신도 모르게 문제제목에 맞는 item이 떠오르고 생각이 나게 된다.

이 상태에서 한 문제당 서너 번씩 쓰기를 반복하면 암기하지 못 하는 부분이 어디이며, 그 이유가 무엇인지 알게 된다.

② 예를 들어 '콘크리트의 내구성에 영향을 주는 원인 및 방지대책에 대하여 논하라'라는 문제를 외운다고 할 때 크게 그 원인은 중성화(탄산화), 동해, 알칼리 골재반응, 염해, 온도변화, 진동, 화재, 기계적 마모 등을 들 수 있다. 이때 중(탄), 동, 알, 염, 온, 진, 화, 기로 외우고, 그 단어를 상상하여 '중동에 홍해바닥 있어 알칼리와 염분이 많고 날씨가 더우니 온진화기'라는 문장을 생각해 낸다. 이렇듯 자신이 말을 만들어 외우는 것도 한 방법이라 하겠다. 그 다음 그 방지대책은 술술 생각이 나서 답안정리가 자연히 부드럽게 서술된다.

6. 시험 전일 준비사항

① 그동안 앞서 설명한 수험준비요령에 따라 또는 개인적 차이를 보완한 방법으로 갈고 닦은 실력을 최대한 발휘해야만 시험에 합격할 수 있다.

② 그러기 위해서는 시험 전일 일찍 취침에 들어가 다음날 맑은 정신으로 시험에 응시해야 한다. 시험 전일 준비해야 할 사항은 수검표, 신분증, 필기도구(검은색 볼펜), 자(20cm 정도), 연필(샤프), 지우개, 도시락, 음료수(녹차 등), 그리고 그동안 공부했던 모범답안 및 sub-note철 등이다.

7. 시험 당일 수험요령

① 수험 당일 시험입실 시간보다 1시간~1시간 30분 전에 현지교실에 도착하여 시험대비 워밍업을 해보고 책상상태 등을 파악하여 파손상태가 심하면 교체해야 한다. 그리고 차분한 마음으로 sub-note를 눈으로 읽으며 시험시간을 기다린다.

② 입실시간이 되면 시험관이 시험안내, 답안지 작성요령, 수검표, 신분증검사 등을 실시한다. 이때 시험관의 설명을 귀담아 듣고 그대로 시행하면 된다.

시험종이 울리면 문제를 파악하고 제일 자신있는 문제부터 답안작성을 하되, 시간배당을 반드시 고려해야 한다. 즉, 100점을 만점이라고 할 때 25점짜리 4문제를 작성한다고 하면 각 문제당 25분에 완성해야지, 많이 안다고 30분까지 활용한다면 어느 한 문제는 5분을 잃게 되어 답안지가 허술하게 된다.

③ 따라서 점수와 시간배당은 최적배당에 의해 효과적으로 운영해야만 합격의 영광을 안을 수 있다. 그리고 1교시가 끝나면 휴식시간이 다른 시험과 달리 길게 주어지는데, 그때 매교시 출제문제를 기록하고(시험종료 후 집에서 채점) 예상되는 시험문제를 sub-note에서 반복하여 읽는다.

④ 2교시가 끝나면 점심시간이지만 밥맛이 별로 없고 신경이 날카로워지는 것을 느끼게 된다. 그러나 식사를 하지 않으면 체력유지가 되지 않아 오후 시험을 망치게 될 확률이 높다. 따라서 준비해온 식사는 반드시 해야 하며, 식사가 끝나면 sub-note를 뒤적이며 오전에 출제되지 않았던 문제 위주로 유심히 눈여겨 본다.

⑤ 특히 공정관리 시험에서 서술형이 아닌 계산 도표문제가 출제되면 답안은 연필과 자를 이용하여 1차적으로 작성하고 검산을 해본 뒤 완벽하다고 판단될 때 볼펜으로 작성해야 답안지가 깨끗하게 되어 채점자에게 피곤함을 주지 않는다. 그리고 공정관리 문제는 만점을 받을 수 있는 유일한 문제이기 때문에 반드시 정답을 맞혀야 합격할 수 있다.

⑥ 답안작성시 고득점을 할 수 있는 요령은 일단은 깨끗한 글씨체로 그림, 영어, 한문, 비교표, flow-chart 등을 골고루 사용하여 지루하지 않게 작성하되, 반드시 써야 할 item, key point는 빠뜨리지 않아야 채점자의 눈에 들어오는 답안지가 될 수 있다.

⑦ 만일 시험준비를 많이 했는데도 전혀 모르는 문제가 나왔을 때는 문제를 서너 번 더 읽고 출제자의 의도가 무엇이며, 왜 이런 문제를 출제했을까 하는 생각을 하면서, 자료정리시 여러 관련 책자를 읽으면서 생각했던 예전으로 잠시 돌아가 시야를 넓게 보고 관련된 비슷한 답안을 생각해 보고 새로운 답안을 작성하면 된다. 이것은 자료정리시 열심히 한 수험생과 대충 남의 자료만 달달 외운 사람과 반드시 구별되는 부분이라 생각된다.

⑧ 1차 합격이 되고 나면 2차 경력서류, 면접 등을 준비해야 하는데, 면접 시 면접관 앞에서는 단정하고, 겸손하게 응해야 하며, 묻는 질문에 또렷하고 정확하게 답변해야 한다. 만일 모르는 사항을 질문하면, 대충 대답하는 것보다 솔직히 모른다고 하고, 그와 유사한 관련사항에 대해 아는 대로 답한 뒤 좀 더 공부하겠다고 하는 것도 한 방법이라 하겠다.

⑨ 이상으로 본인이 기술사 시험준비할 때의 과정을 대략적으로 설명했는데, 개인차에 따라 맞지 않는 부분도 있을 수 있다. 그러나 상기 방법에 의해 본인은 단 한번의 응시로 합격했음을 참고하여 크게 어긋남이 없다고 판단되면 상기 방법을 시도해 보기 바라며, 수험생 여러분 모두에게 합격의 영광이 있기를 바란다.

국가기술자격검정수험원서
인터넷 접수(견본)

※ 종로기술사학원 홈페이지(http://www.jr3.co.kr)

※ 한국산업인력공단 홈페이지(http://www.q-net.or.kr)

1. 원서 접수 　　바로가기　　 클릭

2. 회원가입

　　1) 회원가입 약관
　　2) 본인 인증
　　　　① 공공 I-PIN 인증
　　　　② 휴대폰 인증
　　3) 신청서 작성
　　4) 가입완료

3. 개인접수

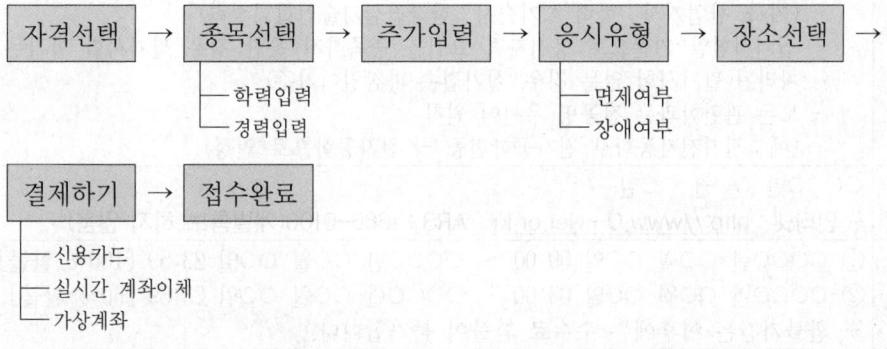

4. 수험표, 영수증 출력

【수험표 견본】

시험명	0000년 정기 기술사 00회		
수험번호	12345678	시험구분	필기
종 목 명	건축시공기술사		사진
성 명	홍길동	생년월일	○○○○년 ○○월 ○○일

시험일시 및 장소	일시 : ○○○○년 ○○월 ○○일 (일) 08:30까지 입실완료
	장소 : ○○○○학교
	     − 주소 : ○○ ○○○구 ○○동
	     − 위치 : ○호선지하철 ○○역 ○번 출구
	접수기관 : ○○지역본부
	결제일자 : ○○○○년 ○○월 ○○일 ○○○○년 ○○월 ○○일
	인터넷 : http://www.Q−Net.or.kr 한국산업인력공단 이사장

응시자격
안   내
	응시자격항목 : 기사 자격 취득 후 동일직무분야에서 4년 이상 실무에 종사한 자
	서류제출기간 : 해당사항 없음
	서류제출장소 : 해당사항 없음
	제출서류안내 : 해당없음
	    ※ 외국학력취득자의 경우 응시자격 서류제출 시 공증절차가 필요하오니 다음 사항을
	      반드시 확인바랍니다.
	      (http://www.q-net.or.kr 〉 원서 접수 〉 필기 시험 안내 〉 외국학력서류제출안내)
	    - 실기접수기간 이전에도 응시자격 서류제추른 가능하나 경력서류는 4대보험
	      가입 증명을 할 수 있는 경우에 한하며, 학력서류는 상시 제출가능함
	    - 학력서류는 학사과정에 한하며 석·박사 과정은 경력으로 인정
	    - 실기시험 접수기간내(4일)에 응시자격서류(원본)를 제출해야 동회차 실기시험
	      접수가능함
	    - 온라인 학력서류제출은 필기합격(예정)자 발표일까지 가능
	      (기사, 산업기사 : 학력 / 기술사 : 한국건설기술인협회경력)
	    - 필기시험일 기준으로 응시자격 요건을 충족하지 못한 경우 필기시험 합격무효
	      처리됨(필기시험 없는 경우, 실기접수 마감일이기준)
	    - 모든 관련학과는 전공명 우선이 원칙
	      (예 : 전기전자공학부 전자공학전공 → 전자공학으로 인정)

합격(예정)자 발표일자	○○○○년 ○○월 ○○일 − 인터넷 : http://www.Q−Net.or.kr ARS : 1666−0100(개별통보 하지 않음)
검정수수료 환불안내	① ○○○○년 ○○월 ○○일 09:00 ~ ○○○○년 ○○월 ○○일 23:59 [100% 환불] ② ○○○○년 ○○월 ○○일 00:00 ~ ○○○○년 ○○월 ○○일 23:59 [50% 환불] ※ 환불기간은 이후에는 수수료 환불이 불가합니다.
실기시험 접수기간	○○○○년 ○○월 ○○일 09:00 ~ ○○○○년 ○○월 ○○일 18:00

기타사항

◎ 선택과목 : [필기시험 : 해당 없음]
◎ 면제과목 : [필기시험 : 해당 없음]
◎ 장애 여부 및 편의요청 사항 : 해당없음 / 없음
    (장애 응시편의사항 요청자는 원서접수기간내에 장애인 수첩 등 관련 증빙서류를 시험 시행기
    관에 제출해야 하며 심사결과에 따라 편의제공 내역이 달라질 수 있음)

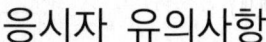

응시자 유의사항

1. 수험표에 기재된 내용을 반드시 확인하여 시험응시에 착오가 없도록 하시기 바랍니다.
2. 수험원서 및 답안지 등의 기재착오, 누락 등으로 인한 불이익은 일체 수험자의 책임이오니 유의하시기 바랍니다.
3. 수험자는 필기시험 시 (1)수험표 (2)신분증 (3)흑색사인펜 (4)계산기, 필답시험시 (1)수험표 (2)신분증 (3)흑색사인펜(정보처리) (4)흑색 또는 청색볼펜 (5)계산기 등을 지참하여 시험시작 30분 전에 지정된 시험실에 입실완료해야 합니다.
4. 시험시간 중에 필기도구 및 계산기 등을 빌리거나 빌려주지 못하며, 메모리 기능이 있는 공학용계산기 등은 감독위원 입회하에 리셋 후 사용할 수 있습니다.(단, 메모리가 삭제되지 않는 계산기는 사용불가)
5. 필기(필답)시험 시간 중에는 화장실 출입을 전면 금지합니다.(시험시간 1/2 경과 후 퇴실 가능)
6. 시험관련 부정한 행위를 한 때에는 당해 시험이 중지 또는 무효되며, 앞으로 3년간 국가기술자격시험을 응시할 수 있는 자격이 정지됩니다.
7. 필기시험 합격자는 당해 필기시험 합격자 발표일로부터 2년간 필기시험을 면제받게 되며, 실기시험 응시자는 당해 실기시험의 발표 전까지는 동일종목의 실기시험에 중복하여 응시할 수 없습니다.
8. 기술사를 제외한 필기시험 전종목은 답안카드작성 시 수정테이프(수험자 개별지참)를 사용할 수 있으나(수정액, 스티커 사용불가) 불완전한 수정처리로 인해 발생하는 불이익은 수험자에게 있습니다.(단, 인적사항 마킹란을 제외한 "답안마킹란"만 수정 가능)
9. 실기시험(작업형, 필답형)문제는 비공개를 원칙으로 하며, 시험문제 및 작성답안을 수험표 등에 이기할 수 없습니다.

※ 본인사진이 아니면서 신분증을 미지참한 경우 시험응시가 불가하며 퇴실조치함
※ 통신 및 전자기기를 이용한 부정행위 방지를 위해 금속탐지기를 사용하여 검색할 수 있음
※ 시험장이 혼잡하므로 가급적 대중교통 이용바람
※ 수험자 인적사항이나 표식이 있는 복장(군복, 제복 등)의 착용을 삼가 주시기 바람

비번호

※비번호란은 수험자가 기재하지 않습니다.

※ 10권 이상은 분철(최대 10권 이내)

제　　　회
국가기술자격검정 기술사 필기시험 답안지(제1교시)

제1교시	종목명	

답 안 지 작 성 시 유 의 사 항

1. 답안지는 표지 및 연습지를 제외하고 **총7매(14면)**이며, 교부받는 즉시 매수, 페이지 순서 등 정상여부를 반드시 확인하고 1매라도 분리되거나 훼손하여서는 안 됩니다.

2. 시행 회, 종목명, 수험번호, 성명을 정확하게 기재하여야 합니다.

3. 수험자 인적사항 및 답안작성(계산식 포함)은 **검정색 또는 청색 필기구 중 한 가지 필기구만을 계속 사용하여야 합니다.**(그 외 연필류·유색필기구·2가지 이상 색 혼합사용 등으로 작성한 답항은 0점 처리됩니다.)

4. 답안정정 시에는 두 줄(=)을 긋고 다시 기재 가능하며, 수정테이프(액)등을 사용했을 경우 채점상의 불이익을 받을 수 있으므로 사용하지 마시기 바랍니다.

5. 연습지에 기재한 내용은 채점하지 않으며, 답안지(연습지포함)에 답안과 관련 없는 특수한 표시를 하거나 특정인임을 암시하는 경우 답안지 전체가 0점 처리됩니다.

6. 답안작성 시 홈(구멍)이나 도형 등 그림이 없는 직선자(템플릿 사용금지)만 사용할 수 있습니다.

7. 문제의 순서에 관계없이 답안을 작성하여도 되나 주어진 문제번호와 문제를 기재한 후 답안을 작성하고 전문용어는 원어로 기재하여도 무방합니다.

8. 요구한 문제수보다 많은 문제를 답하는 경우 기재 순으로 요구한 문제수 까지 채점하고 나머지 문제는 채점대상에서 제외됩니다.

9. 답안작성 시 답안지 양면의 페이지 순으로 작성하시기 바랍니다.

10. 기 작성한 문항 전체를 삭제하고자 할 경우 반드시 해당 문항의 답안 전체에 대하여 명확하게 X표시(X표시 한 답안은 채점대상에서 제외) 하시기 바랍니다.

11. 시험시간이 종료되면 즉시 답안작성을 멈춰야 하며, 종료시간 이후 계속 답안을 작성하거나 감독위원의 답안제출 지시에 불응할 때에는 채점대상에서 제외됩니다.

12. 각 문제의 답안작성이 끝나면 "끝"이라고 쓰고 다음 문제는 두 줄을 띄워 기재하여야 하며 최종 답안작성이 끝나면 그 다음 줄에 "이하여백"이라고 써야 합니다.

※ 부정행위처리규정은 뒷면 참조

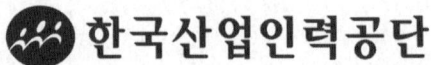
한국산업인력공단

부 정 행 위   처 리 규 정

국가기술자격법 제10조 제4항 및 제11조에 의거 국가기술자격검정에서 부정행위를 한 응시자에 대하여는 당해 검정을 정지 또는 무효로 하고 3년간 이법에 의한 검정에 응시할 수 있는 자격이 정지됩니다.

1. 시험 중 다른 수험자와 시험과 관련된 대화를 하는 행위

2. 답안지를 교환하는 행위

3. 시험 중에 다른 수험자의 답안지 또는 문제지를 엿보고 자신의 답안지를 작성하는 행위

4. 다른 수험자를 위하여 답안을 알려주거나 엿보게 하는 행위

5. 시험 중 시험문제 내용과 관련된 물건을 휴대하여 사용하거나 이를 주고 받는 행위

6. 시험장 내외의 자로부터 도움을 받고 답안지를 작성하는 행위

7. 사전에 시험문제를 알고 시험을 치른 행위

8. 다른 수험자와 성명 또는 수험번호를 바꾸어 제출하는 행위

9. 대리시험을 치르거나 치르게 하는 행위

10. 수험자가 시험시간에 통신기기 및 전자기기[휴대용 전화기, 휴대용 개인정보 단말기(PDA), 휴대용 멀티미디어 재생장치(PMP), 휴대용 컴퓨터, 휴대용 카세트, 디지털 카메라, 음성파일 변환기(MP3), 휴대용 게임기, 전자사전, 카메라 펜, 시각표시 외의 기능이 부착된 시계]를 사용하여 답안지를 작성하거나 다른 수험자를 위하여 답안을 송신하는 행위

11. 그 밖에 부정 또는 불공정한 방법으로 시험을 치르는 행위

0쪽

번호			

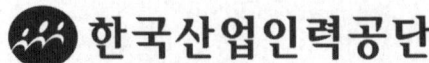 한국산업인력공단

전체 목차

〈Ⅰ권〉

1장 계약제도
2장 가설공사
3장 토공사
4장 기초공사
5장 철근콘크리트공사

1절 철근공사
2절 거푸집공사
3절 콘크리트공사
4절 특수 콘크리트공사
5절 콘크리트의 일반구조
공사별 요약

〈Ⅱ권〉

6장 P.C 및 Curtain wall 공사
  1절 P.C 공사
  2절 Curtain wall 공사
7장 철골공사 및 초고층 공사
  1절 철골공사
  2절 초고층 공사
8장 마감 및 기타
  1절 조적공사
  2절 석공사, 타일공사
  3절 미장·도장 공사
  4절 방수공사
  5절 목·유리·내장 공사
  6절 단열·소음 공사
  7절 공해·해체·폐기물·기타

  8절 건설기계
  9절 적산
9장 녹색건축
10장 총 론
  1절 공사관리
  2절 시공의 근대화
11장 공정관리
  1절 개론
  2절 Data에 의한 공정표, 일정계산 및 bar chart 작성
  3절 공기단축
  4절 인력부하도
공사별 요약

〈Ⅲ권〉

부 록
  1절 과년도 출제문제
  2절 출제경향 분석표

Ⅲ권 목차

부 록 | 1518

1절 과년도 출제문제 | 1518

- 일본 과년도 시험문제(1990년~1993년) ·························· 1519
- 1976년(13회)~2023년(131회) 건축시공기술사 시험문제 ············· 1527

2절 출제경향 분석표 | 1642

1976년~2023년(후반기) ·· 1645

영생의 길잡이

- 永生의 길잡이 - 하나 : 人生案內 ··· 65
- 永生의 길잡이 - 둘 : 그 다음에는 ·· 91
- 永生의 길잡이 - 셋 : 인생의 종착지는 어디인가요? ················· 245
- 永生의 길잡이 - 넷 : 길은····· ··· 327
- 永生의 길잡이 - 다섯 : 세상 쉬운 것이 천국 가는 길! ············ 353
- 永生의 길잡이 - 여섯 : 삶의 가치를 아십니까? ····················· 397
- 永生의 길잡이 - 일곱 : 어느 사형수의 편지 ························· 695
- 永生의 길잡이 - 여덟 : 예수 그리스도는 누구십니까? ············· 1023
- 永生의 길잡이 - 아홉 : 어쩌면 당신은····· ··························· 1189
- 永生의 길잡이 - 열 : 하나님께 이르는 길 ···························· 1235
- 永生의 길잡이 - 열하나 : 성경은 무슨 책입니까? ·················· 1365
- 永生의 길잡이 - 열둘 : 죽음 저편 ·· 1483
- 永生의 길잡이 - 열셋 : 꿈을 이루는 8가지 마음 ···················· 1497

잘못이 부끄러운 것이 아니라 잘못을 고치지 못하는 것이 부끄러운 것이다.

- 루소 -

부 록

1절 과년도 출제문제

PART
1

● 일본 과년도 시험문제(1990년)

【問題 1】 당신이 경험했던 건축공사에 대해서 다음 물음에 답하시오.

㉮ 최근 경험했던 공사를 하나 골라 다음 사항에 대하여 기술하시오.
  ㉠ 공 사 명 :
  ㉡ 공사장소 :
  ㉢ 공사개요 : 신축의 경우-건물용도, 구조, 규모 등, 개수 등의 경우-건물용도, 개수내용, 개수규모 등
  ㉣ 공   기 :
  ㉤ 당신의 입장과 구체적인 업무내용 : ⓐ 입장 ⓑ 업무내용
㉯ 전기의 공사에 있어서 시공의 합리화라는 관점으로 공법(또는 구법)상 유의했던 사항을 하나 들어 그 이유와 실시했던
  구체적 내용을 간결하게 기술하시오.
  ㉠ 유의했던 사항 ㉡ 이유 ㉢ 실시했던 구체적 내용

【問題 2】 구체(軀體)공사에 관한 다음의 질문에 간결하게 답하시오.

㉮ 콘크리트 구체에 생기는 유해한 갈라짐을 적게 하기 위하여 하기의 항목에 있어서 콘크리트 계획조합상의 유의점을
  설명하고 ㉠, ㉡에 대해서는 목표로 하는 수치를 들어 필요한 경우는 설명을 더하시오.
  ㉠ 슬럼프   ㉡ 단위수량   ㉢ 단위시멘트량
   (유의점)   (유의점)   (유의점)
   (목표로 하는 수치)   (목표로 하는 수치)
㉯ 철골공사에 있어서 눈으로 확인할 수 있는 용접부의 결함을 하나 들어 이것이 불량 용접으로 된 경우의 보정(補正)방
  법을 설명하시오.
  ㉠ 용접부의 결함 ㉡ 보정방법
㉰ 고력볼트 접합에 있어서 예비 조임 후 마킹하는 이유를 두 가지 열거하시오.
㉱ 현장 콘크리트 말뚝에 있어서 구멍 밑의 슬라임(slime) 처리방법을 하나 열거하시오.

【問題 3】 당신의 경험에 근거해서 건축시공의 합리화는 어떻게 해야만 하는가를 간결하게 기술하시오.

【問題 4】 마무리공사에 관한 다음의 기술에 있어서 하선부 중 틀린 곳이 있는 개소(箇所)를 1개소 지적하여
해답란에 바른 어구를 기입하시오. 틀린 곳이 없는 경우는 正이라고 기입하시오.

㉮ 화점이라는 것은 아스팔트의 고온시 특성을 나타내는 값으로서 그 값이 낮은 것일수록 특성이 좋다.
                              ㉠   ㉡   ㉢

㉯ 모르타르칠 각층의 조합은 칠하는 층에 따라서 다르나 上에 칠하는 것일수록 부조합으로 하고, 강도를 크게 한다.
                                              ㉠   ㉡   ㉢

㉰ 그리퍼 공법에 있어서 카펫의 붙여까는 것은 롤러로 퍼 나가면서 그리퍼로 잡아 걸어서, 카펫의 가장자리를
                                  ㉠   ㉡

  스테어 툴로 홈에 감아 잡아넣듯이 한다.
  ㉢

㉱ 아스팔트 방수공사에 있어서 아스팔트 루핑의 이음매는 종횡 모두 100mm 이상 겹쳐대어 원칙적으로
                                    ㉠   ㉡

  수하측의 아스팔트 루핑이 하측이 되도록 겹치어 붙인다.
  ㉢

㉲ JIS가 규정하는 알루미늄제 창호의 내풍압성, 기밀성, 차음성의 등급에서는 그 수치가 클수록 성능이 우수하다.
                                ㉠   ㉡   ㉢

설 문 번 호	틀린 곳이 있는 개소의 기호	맞 는 어 순
①		
②		
③		
④		
⑤		

【問題 5】 그림의 네트워크에서 표시된 공사에 대해서 다음의 질문에 답하시오. 그림에서 화살표선의 상단은 작업명, 하단은 소요일수, ( ) 내는 각각의 작업에 필요한 1일 해당 작업원 수이다.

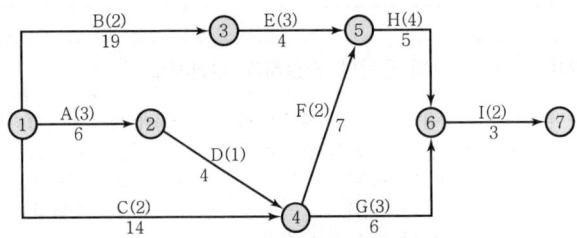

㉮ 작업 A의 토털 플로트를 구하시오.
㉯ 작업 F의 프리 플로트를 구하시오.
㉰ 작업 G의 가장 빠른 종료시각을 구하시오.
㉱ 가장 빠른 개시시각의 경우, 산적도를 작도하시오. 그림 중에서 크리티컬 패스로 되어 있는 작업을 사선 ▨으로 나타내시오.

【問題 6】 '건축기준법'에서 정하는 공사현장의 위·방해방지(危防害防止)에 관한 다음 문장에서 ①~④에 알 맞는 숫자를 보기에서 골라 쓰고, 또한 ㉠~㉢에 알맞는 어구를 해답란에 기입하시오.

> 1, 1.5, 1.8, 2, 3, 3.5, 4.5

㉮ 목조 건축물에서 높이가 13m 또는 처마의 높이가 9m를 넘는 것 또는 목조 이외의 건축물에서 (①) 이상의 층수를 갖는 것에 대해서 건축, 수선, 모양바꾸기 또는 제거하기 위해 공사를 행하는 경우에 있어서는, 공사기간 중 공사현장의 주위에 그 지반면으로부터의 높이가 (②) m 이상의 판으로 된 담, 그 밖에 이것에 유사한 (㉠)을 설치하지 않으면 안 된다.
㉯ 건축공사 등에 있어서 깊이 (③)m 이상의 지반면 이하의 흙을 굴삭하는 공사를 할 경우는 지반이 붕괴할 염려가 없을 때 내지는 주변 상황으로부터 위해방지상 지장이 없을 때를 제외하고는 (㉡)을 설치하지 않으면 안 된다.
㉰ 건축공사 등을 하는 경우에 있어서 건축을 위해 공사를 하는 부분이 공사현장의 경계선으로부터 수평거리가 (④)m 이내에서, 또한 지반면으로부터 높이가 7m 이상일 때, 그 밖에는 돌이나 콘크리트 등으로 깎는 것, (㉢), 외벽의 수선 등에 수반되는 낙하물에 의해 공사현장 주변에 위해가 발생될 염려가 있을 때는 건설부장관이 정하는 기준에 따라서 공사현장의 주위, 그 밖에 위해방지상 필요한 부분을 철망 또는 천으로 치는 등 낙하물에 의한 위해를 방지하기 위한 조치를 강구해야만 한다.

PART 2 ● 일본 과년도 시험문제(1991년)

【問題 1】 당신이 경험했던 건축공사에 대하여 다음 물음에 답하시오.

㉮ 최근 경험했던 공사를 하나 골라 다음 사항에 대해서 기술하시오.
  ㉠ 공 사 명 :
  ㉡ 공사장소 :
  ㉢ 공사개요 : 신축 등의 경우 ― 건물용도, 구조, 규모 등, 개수 등의 경우 ― 건물용도, 개수내용, 개수규모 등
  ㉣ 공   기 :
  ㉤ 당신의 입장과 구체적인 업무내용 : ⓐ 입장   ⓑ 업무내용
㉯ 전기의 공사에 있어서 작업장소 내에서의 사고방지를 위해서 유의했던 사항과 구체적 방지대책을 간결하게 기술하시오.
  ㉠ 유의했던 사항   ㉡ 구체적 방지대책

【問題 2】 당신의 경험에 근거하여 공사현장의 안전관리를 어떻게 행하여야 하는가를 간결하게 기술하시오.

【問題 3】 마무리 공사에 관한 다음 기술에 대해서 올바른 것은 '正', 틀린 것은 '誤'로 기입하고, '誤'로 한 것은 그 이유 또는 바른 공법, 방법을 간결하게 기술하시오.

㉮ 방수공사에서 PC판, ALC판 등의 지붕 아스팔트 방수에는 밀착공법이 알맞다.
㉯ 벽 모르타르칠은 각층마다 건조상태를 보아가면서 칠해 나간다. 칠한 뒤에는 가능한 빨리 건조시키기 위해 통풍을 좋게 한다.
㉰ 타일 압착 붙이기는 접착 모르타르를 바른 후 부착시킬 때까지의 시간이 25~30분 이하로 되도록 위에서 밑으로 충분히 만져주며, 두들겨 붙여 나간다.
㉱ 외부창호의 망삽입 유리의 고정에 글레이징 채널을 사용한 경우는 횡단면의 방청처리는 불필요하다.

【問題 4】 그림의 네트워크에서 표시된 공사에 대해서 다음의 질문에 답하시오.(단, 그림에서 화살표선의 상단은 작업명, 하단은 소요일수를 나타낸다.)

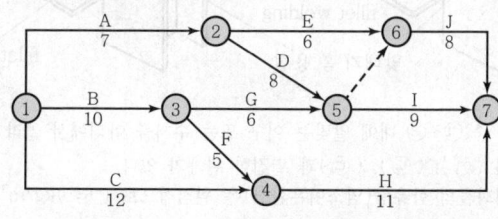

작 업 명	A	B	C	D	E	F	G	H	I	J
남은 소요일수	2	3	7	10	6	5	6	12	9	10

㉮ 공기를 구하시오.
㉯ 작업 A의 가장 늦은 완료시각을 구하시오.
㉰ 작업 D의 토털 플로트를 구하시오.
㉱ 작업 D의 프리 플로트를 구하시오.
㉲ 착공 후 7일의 작업을 끝낸 단계에서 공정의 follow up을 행할 때, 각 작업의 남은 소요일수는 위의 표와 같다. 소요공기는 며칠이 되는가?

【問題 5】'건설업법'에 규정하는 다음 문장 중 (   ) 안에 알맞는 어구를 밑의 보기에서 하나씩 골라 해답란에 기입하시오.(단, 어구는 중복하여 사용해서는 안 된다.)

청부인, 관리책임자, 건설업자, 현장 대리인, 하청부인,
지배인, 주문자, 특정 건설업자, 보증인, 임원

㉮ 일반 건설업의 허가를 받고자 하는 자가 법인인 경우에는 그 (①) 중 항상 근무하는 사람 1인이, 개인인 경우에는 그 사람 또는 그 (②) 중 1인이 허가를 받고자 하는 건설업에 관해 5년 이상 경영업무의 (③)으로서의 경험을 갖고 있는 사람이라야 할 필요가 있다.

㉯ 건설공사 청부계약에 있어서 청부대금의 전부 또는 일부의 금액을 선불로 하는 경우, 주문자는 (④)에 대해서 선불을 내기 전에 (⑤)을 세울 것을 청구할 수 있다. 단지, 보증사업회사의 보증에 관계된 공사 또는 경미한 공사에 대해서는 이것에 한정되지 않는다.

㉰ (⑥)가 주문자로 된 하청계약에 있어서 하청대금의 지불기일은 (㉠)이 신청한 날로부터 계산하여 50일을 경과하는 날 이전에, 가능한 한 짧은 기간 내에 정해야만 한다.

㉱ (⑧)은 청부계약의 이행에 관해 공사현장에 (⑨)을 두는 경우에는, 해당 대리인의 권한에 관한 사항 및 해당 대리인의 행위에 대해서 주문자의 청부인에 대한 의견 제출방법을 서면으로 (⑩)에 통지해야 한다.

【問題 6】 구체공사에 관한 물음에 답하시오.

㉮ 그림에 표시한 철골구조에 있어서 부적당한 사항을 3개 들어 그 이유를 기술하시오.

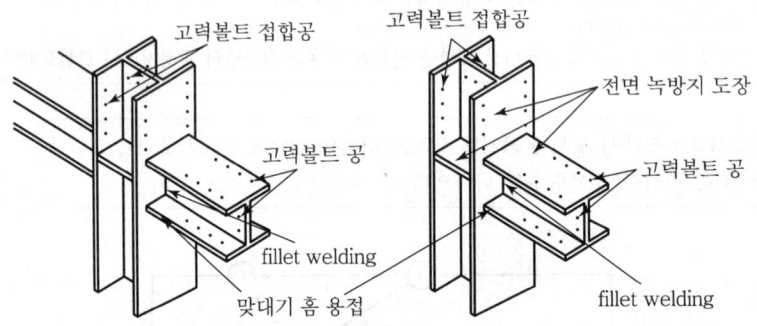

㉯ 콘크리트에 관한 다음 문장 중 ㉠~㉣ 내에 알맞는 어구 또는 수치를 아래에서 골라 해답란에 기입하시오.
　㉠ 물시멘트비는 콘크리트의 (㉠), (㉡), (㉢)과 밀접한 관계가 있다.
　㉡ 콘크리트 중에 포함된 염화물의 함유량(염소이온환산)은 원칙적으로 (㉣)kg/m³ 이상으로 한다.

강도, 레이턴스, 공기량, 단위용적중량, 내구성, 수밀성, 0.30, 3.0, 30.0

㉰ 콘크리트 공사에서 다음 항목에 있어 유의점을 기술하시오.
　㉠ 외기온과 조합강도
　㉡ 양생

【問題 7】 네트워크 공정표의 특징을 4가지 간결하게 기술하시오.

PART 3 ● 일본 과년도 시험문제(1992년)

【問題 1】 당신이 경험했던 건축공사에 대해서 다음의 질문에 답하시오.

㉮ 최근 경험했던 공사를 하나 골라 다음의 사항에 대해서 기술하시오.
　㉠ 공 사 명 :
　㉡ 공사장소 :
　㉢ 공사개요 : 신축 등의 경우 – 건물용도, 구조, 규모 등, 정수 등의 경우 – 건물용도, 정수내용, 정수규모 등
　㉣ 공　　기 :
　㉤ 당신의 입장과 구체적인 업무내용 : ⓐ 입장　ⓑ 업무내용
㉯ 상기 공사의 가설에 있어서 위험방지를 위해서 실시했던 구체적 대책과 그 이유를 기술하시오.
　㉠ 실시했던 구체적 대책　㉡ 그 이유

【問題 2】 당신의 경험에 근거해서 안전관리를 고려했던 가설계획은 어떻게 해야만 하는가를 기술하시오.

㉮ 공사명 : ○○빌딩 신축공사
㉯ 공사장소 : 서울시 ○○구 ○○동
㉰ 공사개요 • 건물용도 – 사무소 빌딩　　　　• 구조 – SRC조 지하 1층, 지상 8층
　　　　　　• 건축면적 – 675m²　　　　　　• 연면적 – 5,800m²
㉱ 공기 : 1990년 5월~1991년 10월
㉲ 당신의 입장과 구체적인 업무내용
　㉠ 입장 : 공무과장대리　　　　　　　　㉡ 업무내용 : 시공계획입안, 실행예산작성, 품질관리

【問題 3】 구체(軀體) 공사에 관한 다음의 물음에 답하시오.

㉮ 콘크리트 공사에 관한 다음의 기술의 공란 ①~④에 적절한 어구를 기입하시오. '레디믹스 콘크리트' 공장의 선정에 있어서는 JIS에 정해진 시간의 한도 내에서 콘크리트를 타설할 수 있도록 공사현장까지의 (①), 공사현장 내의 운반 방법, 레디믹스 콘크리트 공장의 (②), 운반능력을 고려하지 않으면 안 된다.
　또한 콘크리트의 내구성을 확보하기 위한 재료, 조합에 관한 중요한 사항으로서 단위시멘트량의 최소치, (③)의 최대치, (④)의 최대치, 적절한 공기량의 범위, 염화물의 최대치, 알칼리 골재반응을 일으킬 염려가 없는 것 등이 있다.
㉯ 콘크리트 공사의 품질관리에 대해서 타설 당일에 타설 전의 준비에서 타설 완료까지의 공정에 있어서 유의사항을 3항목, 간결하게 기입하시오.

【問題 4】 콘크리트 마무리 시공부분의 도장에 관한 특성요인도에 있어서, ☐ 내의 번호에 적당한 어구를 밑의 어군(語群)에서 골라 기입하시오.

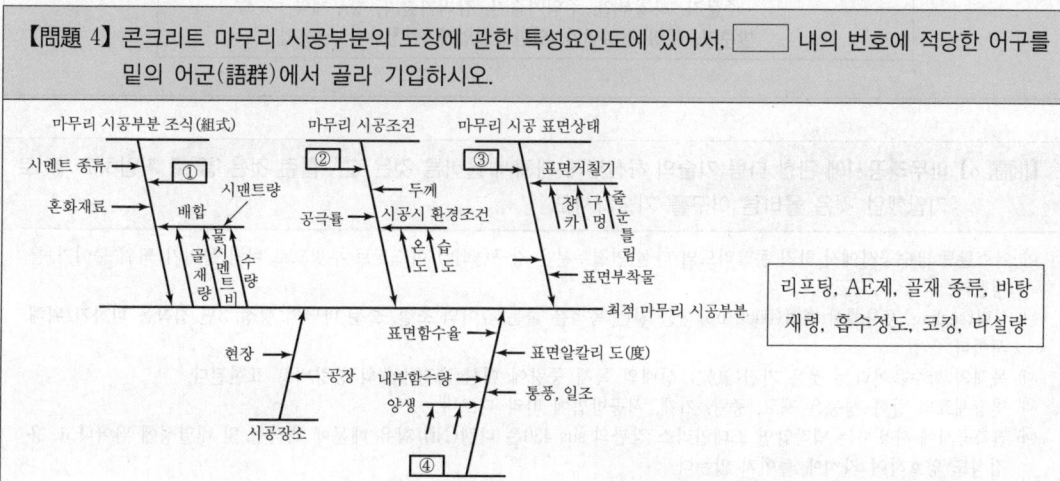

마무리 시공부분 조식(組式)　　마무리 시공조건　　마무리 시공 표면상태
시멘트 종류 → ①　　　　　　② 　　　　　③ → 표면거칠기
혼화재료 → 　시멘트량　　두께　　　　장카 구멍 줄눈 들림
배합　　　　공극률　시공시 환경조건
골시멘트비물시재량 수량　　　　온도 습도　　→ 표면부착물
　　　　　　　　　　　　　　　　　→ 최적 마무리 시공부분
현장　　　表面함수율 →
공장 →　　　　→ 표면알칼리 도(度)
시공장소 →　내부함수량 →　통풍, 일조
　　　　　양생
　　　　　④

리프팅, AE제, 골재 종류, 바탕
재령, 흡수정도, 코킹, 타설량

【問題 5】 건설공사의 청부계약 체결에 있어서 서면에 기재해야만 할 사항으로서 건설업법에 정해져 있는 것 중 공사내용, 청부대금액 이외의 것을 3개 열거하시오.

【問題 6】 다음의 네트워크에 있어서 다음 물음에 답하시오.

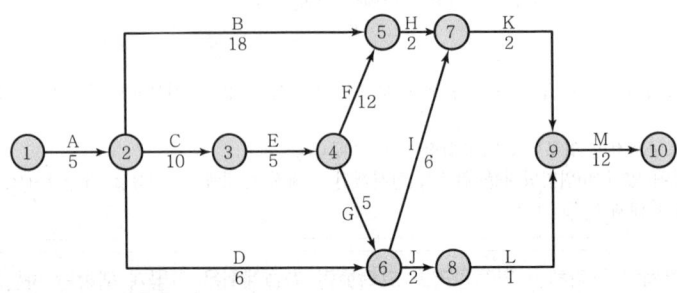

㉮ Critical path를 A – B – C와 같이 작업명으로 답하시오.
㉯ 소요공기는 며칠인가?
㉰ 작업 D의 토털 플로트(total float)는 며칠인가?

【問題 7】 '건설업법'에 규정하는 다음의 문장 중 ( ) 내에 알맞는 어구를 밑의 어군에서 골라 기입하시오.

㉮ 이 법률은 건설업을 영위하는 자의 자질향상, 건설공사의 (㉠) 적정화 등을 도모함으로써 건설공사의 적정한 시공을 확보하여 발주자를 보호함과 동시에 (㉡)의 건전한 발달을 촉진함으로써 공공의 복지증진에 기여함을 목적으로 한다.
㉯ 이 법률에 있어서 '(㉢)'라는 것은 건설공사(다른 사람으로부터 청부받은 것을 제외함)의 주문자를 말하고, '(㉣)'라는 것은 하청계약에 있어서 주문자로서 건설업자인 것을 말하고, '(㉤)'라는 것은 하청계약에 있어서 청부인을 말한다.
㉰ (㉥)는 자기 거래상의 지위를 부당히 이용하여 주문했던 건설공사를 시공하기 위해 통상 필요로 인정되는 원가에 만족치 못한 금액을 청부대금액으로 청부계약을 체결하여서는 안 된다.
㉱ 발주자로부터 직접 건설공사를 청부받은 특정 건설업자는 해당 건설공사를 시공하기 위해 체결했던 하청계약의 청부대금액이 2,000만엔(해당 공사가 건축일식공사의 경우는 3,000만엔 이상)이 되는 경우에 있어서는 (㉦)를 두지 않으면 안 된다.

> 주문자, 하청부인, 주임기술자, 감리기술자, 청부계약
> 발주자, 특정 건설업자, 일반건설업자, 원청부인, 건설업

【問題 8】 마무리공사에 관한 다음 기술의 하선부에 대해서 올바른 것은 '正', 틀린 것은 '誤'로 기입하고 '誤'로 기입했던 것은 올바른 어구를 기술하시오.

㉮ 아스팔트 방수공사에서 하지 콘크리트의 타설 연결부분은 강구(綱救) 아스팔트 루핑으로 버림 붙이기(띄워 붙이기)를 행한다.
㉯ 실링(sealing)공사에서 백업(back-up)재를 넣는 목적은 줄눈 깊이의 조절, 줄눈 바닥의 형성, 3면 접착을 피하기 위해서이다.
㉰ 목재의 함수율이라는 것은 기건(氣乾) 상태의 목재 중량에 대한 含有水分의 중량비로 표현된다.
㉱ 벽장재료의 방화 성능은 재료, 중량, 기재, 시공방법에 따라 다르다.
㉲ 건축공사에 사용하는 냉각압연 스테인리스 강판의 sus 430은 니켈(Ni) 함유 때문에 내식성 및 내열성에 뛰어나고, 용접성도 양호하여 자석에 붙지 않는다.

PART 4 ● 일본 과년도 시험문제(1993년)

【問題 1】 당신이 경험했던 건축공사에 대해서 다음의 질문에 답하시오.

㉮ 최근 경험했던 공사를 하나 골라 다음 사항에 대하여 기술하시오.
  ㉠ 공 사 명: ㉡ 공사장소: ㉢ 공사개요: ㉣ 공   기:
  ㉤ 당신의 입장과 구체적인 업무내용
㉯ 상기의 공사에 있어서 공중재해(제3자 재해)의 발생을 방지하기 위해서 유의했던 사항과 강구했던 구체적 조치를 간결하게 기술하시오.

【問題 2】 당신의 경험에 근거해서 추락에 의한 노동재해의 발생을 방지하기 위해서 취해야만 할 조치를 간결하게 기술하시오.

【問題 3】 구체공사에 관한 다음의 물음에 답하시오.

㉮ 콘크리트공사에 있어서 거푸집의 제거에 관한 다음의 문장 중 공란 ①~④에 해당하는 적절한 어구를 기입하시오.
  ㉠ 거푸집의 존치기간을 시공개소 시멘트의 종류 및 존치기간 중의 평균기온에 맞는 콘크리트의 (①) 또는 (②)에 근거해서 정한다.
  ㉡ 지주의 위치변경은 원칙으로서 행하지 않으나 자재 등의 반출을 위해 어쩔 수 없이 지주의 변경을 행할 경우에도 (③)의 밑지주나 직상층에 현저하게 큰 (④)이 있는 경우에 있어서는 행해서는 안 된다.
㉯ 현장타설 콘크리트 말뚝작업에 있어서 공벽보호의 방법을 3종류 기술하시오.
㉰ 철근공사에 있어서 주근에 겹침이음을 사용할 경우의 시공계획상 유의사항을 3항목 간결하게 기술하시오.
㉱ 고력볼트의 공사현장에 있어서 보관 및 운반에 관한 유의사항을 각각 간결하게 기술하시오.

【問題 4】 마무리공사에 관한 다음의 기술에 있어서 하선부 ㉠ 또는 ㉡ 중 잘못된 개소를 각 문장에 있어서 1개소 지적하고 바르게 어구를 기입하시오.

㉮ 합성 고분자계 루핑방수에 있어서 비가류 고무계 루핑 붙이기에서는 겹치는 폭은 종으로 10mm 이상.
  막을 <u>50mm 이상</u>으로 한다. 또한 지하에 붙이기는 <u>전면 접착</u>으로 한다.
      ㉠   ㉡
㉯ 타일 밀착붙이기 공법에서는 붙이는 모르타르의 하지면에 도장작업을 2번 바르기 하여 그 칠하는 두께
  <u>7mm</u>를 정도로 하고 도장면적은 <u>4cm² 이내</u>로 한다.
      ㉠   ㉡
㉰ 갑종 방화문으로서 사용하는 셔터는 <u>슬래트</u> 강판의 두께는 <u>1.2mm 이상</u>으로 해야 한다.
                              ㉠   ㉡
㉱ 합성수지 조합페인트 칠하는 데 있어서 도막이 <u>흐르는</u> 원인은 <u>너무 엷게 칠한 경우</u>, <u>너무 희석된 경우</u> 등이다.
                                        ㉠   ㉡
㉲ 열선 흡수판 유리는 집어넣어 맞추는 공법에 있어서 열 갈라짐을 방지하기 위해서 유리의
  절단을 <u>크리어컷</u>으로 하는 것은 일사 등에 의한 팽창으로 주변부에 <u>압축력</u>이 생겨 갈라지기 쉽게 되기 때문이다.
      ㉠   ㉡

【問題 5】 다음의 시점에 있어서 품질관리를 위해서 행하는 시험 또는 검사명을 각각 2가지씩 기술하시오.

㉮ 콘크리트의 하역작업시   ㉯ 철근의 가스압접 완료 후
㉰ 철골의 현장용접 완료 후   ㉱ 외벽의 타일붙이기 완료 후

【問題 6】'노동안전위생법'에 관한 다음 문장 중 (   ) 내에 알맞는 수치를 보기에서 골라 기입하시오.

> 5, 7, 10, 14, 20, 21, 30, 31, 50, 100

㉮ 건설업에 있어서 원방사업자(元方事業者)는 동일 공사장소에서 관계 청부인의 노동자를 합쳐서 상시 (①)인 이상이 작업을 행하는 현장(압기, 교량의 건설현장에서 정령으로 정하는 것을 제외함)에서는 총괄 안전위생책임자를 선임하지 않으면 안 된다.

㉯ 건설업에 있어서 원방사업자는 주요 구조부가 철골조인 건축물인 건설현장에서 관계청부인의 노동자를 합쳐서 상시 (②)인 이상이 작업을 행하는 현장(총괄 안전위생 책임자를 선임하는 현장을 제외함)에서는 검사안전위생관리자를 선임하지 않으면 안 된다.

㉰ 사업자는 높이 (③)m를 넘는 건축물의 건설을 개시하고자 할 때에는, 그 계획을 해당 공사의 개시일의 (④)일 전까지는 노동기준감독서장에게 제출하지 않으면 안 된다.

【問題 7】다음 네트워크에 있어서 다음의 질문에 답하시오.

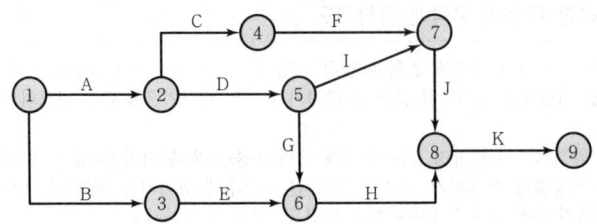

작 업 명	A	B	C	D	E	F	G	H	I	J	K
소요일수(일)	2	3	5	3	4	4	4	5	3	6	2
1일 해당작업인수(인/일)	3	2	4	3	2	4	3	3	4	2	4

㉮ ㉠ 크리티컬 패스를 A-B-C와 같이 작업명으로 답하시오.
　　㉡ 소요공기는 며칠인가?
　　㉢ 작업 E의 프리(F.F) 플로트는 며칠인가?
㉯ 작업 G가 4일 연장된 경우, 소요공기는 며칠 연장되는가?
㉰ 공기를 바꾸지 않고 균배 작업을 행하여 1일 해당의 최대작업인수를 가능한 적게 한다면 그 사람수는 몇 명이 되는가?

【問題 8】'건설업법'에 정하는 원청부인의 의무에 관한 다음의 문장 중 (   ) 안에 알맞는 수치를 보기에서 선택하여 기입하시오.

> (보기)　　　10, 14, 20, 30, 50, 60

㉮ 원청부인은 하청부인으로부터 건설공사가 완성되었다는 내용의 통지를 받았을 때는 (①)일 이내로, 더욱이 가능한 짧은 기간 내에 그 완성을 확인하기 위한 검사를 완료하지 않으면 안 된다.

㉯ 특정건설업자가 주문자로 된 하청계약에 있어서 하청대금의 지불기일은 계약에 특별한 규정이 없는 한, 공사완성의 확인 후 하청부인으로부터의 신청이 있던 날로부터 (②)일을 경과하는 날 이전 가능한 짧은 기간 내에 정하지 않으면 안 된다.

【問題 9】'건설업법'상 건설업자가 건설공사의 현장마다 거는 표식에 기재하지 않으면 안 되는 사항 중 '허가년월일', '허가번호' 이외의 것을 4가지 열거하시오.

제13회 ● 건축시공기술사 시험문제(1976년)

【기 초】 다음 문제를 설명하시오.(각 문항 25점)

1. 철근콘크리트의 강도에 영향을 주는 요인을 설명하라.
2. 공사입찰방식과 공사도급 계약내용의 요점에 대하여 설명하라.
3. 칠공사에 있어서 금속재·목재 및 콘크리트면에 대한 바탕처리에 대해서 설명하라.
4. 공정관리기법에 대하여
   ㉮ Gantt식 공정관리와 PERT/CPM식에 의한 공정관리의 장단점을 비교하고,
   ㉯ 다음 공정망(network)의 소요일수 및 주공정선(critical path)을 구하라.

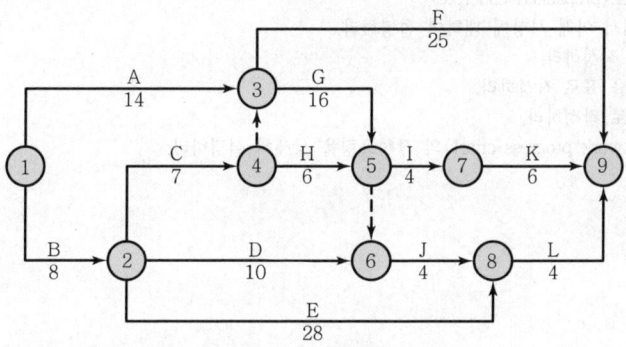

【전 문】 다음 문제를 설명하시오.

1. 철골공사에서 공장제작의 작업순서를 설명하고 현장작업의 공정을 열거하여 설명하라.(25점)
2. 흙막이공사에 있어서 주변 지반의 침하를 일으키는 원인을 열거 설명하고, 그 응급대책을 기술하라.(25점)
3. 다음 사항을 설명하라.(단, 2개 문제만 선택하라.)(20점)
   ㉮ 밀집시가지에 건축할 고층건물의 무진동·무소음 공법
      (단, 지표하 15m에 풍화암층이 있으며, 30층 이상의 건물임.)
   ㉯ Prestressed concrete에 사용되는 주재료인 시멘트, 골재, 콘크리트, 강재의 품질
   ㉰ 용접시공(welding)에 있어서의 작업 전 준비사항과 안전대책

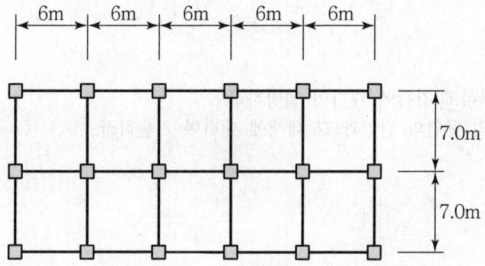

4. 상기와 같은 철근콘크리트골조에 대한 주요 재료 및 거푸집량을 산출하라. (단, 지하실 기초부 제외)(30점)
   • 건물용도 : 사무실
   • 층   수 : 4층
   • 층   고 : 3.6m
   • 단   면 : 기둥 50cm×50cm, 보 35cm×60cm(중간보 없음.)

제14회 ● 건축시공기술사 시험문제(1977년)

【기 초】 다음 문제를 설명하시오.(각 문항 25점)

1. 지하실 방수공법의 종류를 열거하고, 각각 그 특징을 설명하라.
2. 하기(下記)에 대하여 각각 설명하라.
   ㉮ Soil cement
   ㉯ 토사의 안식각(安息角)
   ㉰ 재하시험
   ㉱ 층간변위
   ㉲ 프리팩트 콘크리트(prepacked concrete)
3. 콘크리트공사에 있어서 아래 사항에 대하여 설명하라.
   ㉮ 피복두께를 표로 작성하라.
   ㉯ 거푸집 존치기간을 표로 작성하라.
   ㉰ 소요슬럼프를 표로 작성하라.
4. 네트워크 공정표(network progress chart)의 작성요령을 상세히 설명하라.

【전 문】 다음 문제를 설명하시오.(각 문항 25점)

1. 도심지에 위치한 지하 2층, 지상 18층, 연건평 10,000평 규모의 철골 철근콘크리트조 건물을 신축함에 있어,
   ㉮ 공사비 내역서 작성 시 고려해야 할 가설공사비의 항목을 열거하여 설명하라.
   ㉯ 사용이 예상되는 각종 시공기계 및 장비의 종류를 용량, 규격별로 기술하라.
2. 철골공사의 현장에서 피복 아크(arc) 용접(手鎔接) 작업시에 용접부에 발생하는 여러 결함과 그 대책을 기술하라.
3. 흙파기 기초공사에서
   ㉮ 흙파기공법의 종류
   ㉯ 흙막이공법의 종류
   ㉰ 배수방법의 종류를 열거하고 각각에 대하여 설명하라.
4. 건축물에 있어서 콘크리트의 균열의 원인과 그 대책에 대하여 기술하라.

제15회 ● 건축시공기술사 시험문제(1978년 전반기)

【기 초】문제 1~4 총점 : 100점

1. 연약지반에 대한 지반안정공법(지반개량안정)의 종류를 들고 각각 그 특징에 대하여 설명하라.
2. 경량콘크리트 2종류 이상을 열거하고 다음 각항별로 설명하라.
   - ㉮ 경제성
   - ㉯ 성 질
   - ㉰ 종 류
   - ㉱ 시공상의 주의사항
3. 연 60평의 주택을 신축하기 위한 공정표를 gantt식과 PERT식으로 작성하고 공정관리상의 장단점에 대하여 비교 설명하라.
   단, 공기 : 100일
      구조계획 : 임의
      지반 : 견고
4. 독립주택에 있어서 prefabrication공법(조립식 공법)을 적용할 때 다음 사항의 이점을 기술하라.
   - ㉮ 기 초
   - ㉯ 내 · 외벽체
   - ㉰ 창 호
   - ㉱ 지 붕
   - ㉲ 열관리

【전 문】다음 6문제 중 4문제를 택하여 답하라.(총 100점)

1. 철근콘크리트조 및 철골조에 있어서 건축시공도의 종류와 작성의 의의를 기술하라.
2. 백화현상과 그 방지대책을 공종별로 구별하여 기술하라.
3. 화강석 표면가공(끝마감)의 종류 및 그 공법을 열거하고 표면오염(불순물의 표면노출) 발생원인과 그 방지대책에 대하여 기술하라.
4. Precast concrete curtain wall의 외벽공사에 있어서 P.C panel 설치에서 유리끼우기 완료까지의 시공순서를 상세히 기술하라.
5. 철골주의 기초에서 base plate와 anchor bolt의 설치 시공요령을 기술하라.
6. 아래와 같은 조건을 갖는 철골콘크리트조 office 건물에 대하여 다음과 같은 주요자재를 개략산출하라.
   - 조 건 : 지하 1층, 지상 10층
   - 기둥간격 : 7m~5span(횡방향)
   - (중심선기준) 6m~3span(종방향)
   - 기둥크기 : 1층에서 60cm각(角)
   - 층 고 : 지하층 4m
     　　　　지상층 3.6m
   - 지 중 보 : 30cm×80cm
   - 일 반 보 : 30cm×60cm
   - 기 초 : 온통기초(mat 기초)
     　　　　두께 : 30cm
     　　　　지하외부벽 : 20cm 두께
   - ㉮ 콘크리트량
   - ㉯ 철근량
   - ㉰ 거푸집량
   - ㉱ 지하외벽 및 옥상 방수면적

제16회 • 건축시공기술사 시험문제(1978년 후반기)

【기 초】 다음 문제를 설명하시오.

1. 지반조사의 종류와 방법에 관하여 설명하라.(30점)
2. 다음 건설용 기계공구류의 아는 바를 간단히 기술하라.(30점)
   - ㉮ 포크 리프트(fork lift)
   - ㉯ 가솔린 래머(gasoline rammer)
   - ㉰ 애지데이터 트럭(agitator truck)
   - ㉱ 배처 플랜트(batcher plant)
   - ㉲ 타워 크레인(tower crane)
   - ㉳ 수중모터펌프
   - ㉴ 드러그 셔블(drag shovel)
   - ㉵ 콘크리트 펌프(concrete pump)
   - ㉶ 슈미트 해머(schümit hammer)
   - ㉷ 가이 데릭(guy derick)
3. 다음 8문항 중 5문항을 택하여 각각의 특색을 간단히 기술하라.(25점)
   - ㉮ 경량콘크리트
   - ㉯ 진공콘크리트(vacuum concrete)
   - ㉰ AE콘크리트
   - ㉱ 한중(寒中)콘크리트
   - ㉲ 수중(水中)콘크리트
   - ㉳ 서중(暑中)콘크리트
   - ㉴ 수밀콘크리트
   - ㉵ 프리팩트 콘크리트(prepacked concrete)
4. 다음에 대하여 정의를 기술하라.(15점)
   - ㉮ 부위별(부분별) 적산내역서
   - ㉯ 시공도
   - ㉰ 시공계획도

【전 문】 다음 5문제 중 4문제를 택하여 답하라.(각 25점)

1. 제자리말뚝 지정의 종류를 열거하고 그 특성을 간단히 설명하라.
2. 철근콘크리트 슬래브 평지붕의 asphalt 방수공사 시공법에 대하여 설명하고 방수보호층 및 단열층의 시공요령을 기술하라.
3. 도심지에 위치한 고층건물의 신축에 있어서 시공계획서 작성 시 유의해야 할 자재양중계획에 대하여 기술하라.
4. 사무실 건물 내부 바닥마감재 5종을 열거하고 그 시공법과 특성을 기술하라.
5. 다음 사항을 설명하라.(각 5점)
   - ㉮ 공동도급(共同都給 : joint venture)
   - ㉯ 표준관입시험(標準貫入試驗)
   - ㉰ 타일의 압착공법(壓着工法)
   - ㉱ Metal touch
   - ㉲ 고장력 볼트(high tension bolt)에 있어서의 토크값(torque치)

제17회 　●건축시공기술사 시험문제(1979년)

【기 초】다음 문제를 설명하시오.(각 문항 25점)

1. 건축공사 시방서에 기재되어야 할 사항을 요점별로 기술하라.
2. 건축시공계약제도에 대하여 다음 각항별로 설명하라.
   ㉮ 분 류
   ㉯ 장단점
   ㉰ 책임과 권한
3. 근래 건축물 시공의 질이 저하되고 있는데 그 개선대책을 전반적으로 논하라.
4. 콘크리트 강도를 좌우하는 요소를 항목별로 설명하라.

【전 문】다음 문제를 설명하시오.(각 문항 25점)

1. 철골공사의 작업순서와 공정을 철골의 공장가공 제작 후 현장반입에서부터 건립 완료시까지 빠짐없이 기술하고 flow chart를 작성하라.
   (단, 접합방법은 주로 용접과 고력볼트(high tension bolt)를 사용하고 부득이한 곳만 리벳을 사용할 수 있다.)
2. 다음과 같은 고층 사무실 건물을 건설함에 있어 시공상의 안전관리를 如何히 할 것인가 기술하라.
   (단, 노무관리, 재해대비(화재, 풍우설), 낙하물, 재료운반, 조명신호 등에 대하여)
   • 조건 : ① 도심지, 대로변
   　　　　 ② 철골철근콘크리트 라멘구조
   　　　　 ③ 대지 2,000평, 건평 500평, 지하 3층, 지상 18층, 옥탑 2층
3. 아래와 같은 조건의 건물골조(지상부분)에 소요되는 주요 자재를 약산하라. (단, 1층 슬래브(slab) 이하는 제외)
   • 조　　건 : ① 철근콘크리트조 사무실 건물
   　　　　 ② 층수 : 10층, 층고 : 3.6m
   　　　　 ③ 기둥간격 및 경간(span)수
   　　　　 가로 6m/10span
   　　　　 세로 7m/6span
   　　　　 ④ 기둥단면
   　　　　 1층~5층까지 50cm×70cm
   　　　　 6층~20층까지 50cm×50cm
   　　　　 ⑤ 보의 단면
   　　　　 ⑥ 슬래브(slab)의 두께 12cm
   　　　　 40cm×70cm(중간보는 없음.)
   • 소요자재량 : ① 콘크리트량(m^3)
   　　　　 ② 철근량(t)
   　　　　 ③ 거푸집(m^2)
4. 다음 기술용어를 간단히 설명하라.
   ㉮ 지반의 압밀(壓密)
   ㉯ N치(지내력조사시)
   ㉰ 철근의 압접(壓接)
   ㉱ 유제(乳劑, emulsion)
   ㉲ 타워크레인(tower crane)

제18회 • 건축시공기술사 시험문제(1980년)

【기 초】 다음 문제를 설명하시오.(각 문항 20점)

1. 건축물의 단열구조를 위한 효율적인 시공방법을 각 요소별로 설명하여라. (단, 지붕, 외벽, 바닥, 유리 및 창호에 대하여)
2. 도심지에 대규모의 고층 건물을 설립하고자 한다. 이에 대한 시공 준비 작업에 관하여 설명하여라.
3. 조적조에서 공간쌓기(cavity wall)에 관하여 다음 각 항을 설명하여라.
   ㉮ 공간쌓기의 재료 및 구조방법
   ㉯ 쌓기공법
   ㉰ 방화 · 방습 · 방로 방법
4. 표준계량용적 배합비 1 : 2 : 4, 물시멘트비 60%, 슬럼프(slump) 19cm일 때의 콘크리트 3,000m³에 소요되는 재료량을 산출하여라.

재　　　　　료			실질용적(절대용적)
종　류	비　중	단위용적중량(t/m³)	
시 멘 트	$g_c = 3.15$	$W_c = 1.5$	
모　래	$g_s = 2.65$	$W_s = 1.6$	
자　갈	$g_s = 2.70$	$W_g = 1.7$	
물	$g_w = 1.0$	$W_w = 1.0$	
합　계			Σ

5. 다음 기술용어를 간단히 설명하여라.
   ㉮ 내식 모르타르(mortar)
   ㉯ 서중콘크리트
   ㉰ FRP(Fiber Reinforced Plastics)
   ㉱ PSC(Prestressed Concrete)

【전 문】 다음 문제를 설명하시오.(각 문항 25점)

1. 건축물 기초 공법 4종을 열거하고, 그 시공상 주의사항을 설명하여라.
2. 거푸집의 종류를 열거하고, 각 종류의 특징을 논하여라.
3. 철골공사 시공과정에 관한 각 검사 순서를 열거하고, 각 과정에서 필요로 하는 기기를 설명하여라.
4. 다음 네트워크(network)를 사용하여 작업 리스트(list)를 작성하고, 그것에 의한 시간 계산을 하여 표를 작성하여라. (단, 지정 공기는 23일로 한다.)

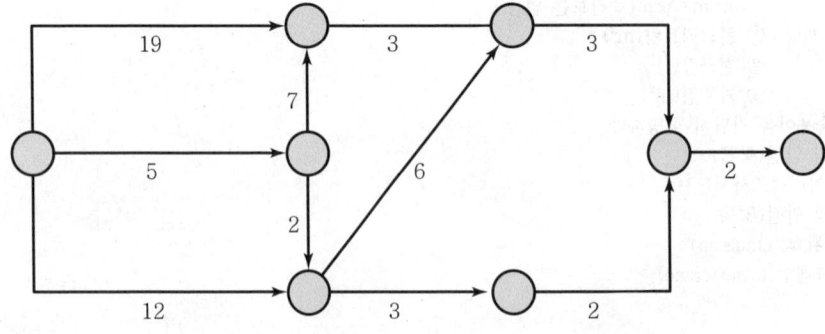

제19회 · 건축시공기술사 시험문제(1981년 전반기)

【기 초】 - (제1교시)※ 다음 문제를 설명하시오.(각 문항 25점)

1. 미장공사에서 일반적인 유의사항에 대하여 설명하여라.
2. 철골공사에서 부재의 접합공법을 분류하여 설명하여라.
3. 조적조 벽체의 누수 원인을 들고, 방수공법에 대하여 기술하여라.
4. 다음에 대하여 간단히 설명하여라.
   ㉮ 프리팩트 콘크리트(prepacked concrete)   ㉯ 진공 콘크리트(vacuum concrete)
   ㉰ 에이 엘 시판(A.L.C판)   ㉱ 고장력 볼트(bolt)

【기 초】 - (제2교시)※ 다음 문제를 설명하시오.(각 문항 25점)

1. 시공계획의 기본사항에 대하여 설명하여라.
2. 지하실 방수공법의 종류를 열거하고 각각 그 특징을 설명하여라.
3. 철근의 이음, 정착 및 피복에 대하여 설명하여라.
4. 콘크리트의 물시멘트비와 관련된 사항에 대하여 설명하여라.
   ㉮ 물시멘트비의 선정방법   ㉯ 물시멘트비의 적정범위

【전 문】 - (제1교시)※ 다음 문제를 설명하시오.

1. 다음은 ○○건축 공사 작업 리스트(list)이다. 네트워크 다이어그램(network diagram)을 그리고, 작업 일정표(schedule)를 작성하여라. critical path는 diagram에 굵은 선으로 표시하여라.(50점)

〈작업리스트〉

작업	기호	선행작업	소요일수(일)	작업	기호	선행작업	소요일수(일)
설 계	A	none	3	보 양(1)	I	H	3
기초파기	B	A	5	자갈, 모래, 시멘트 반입(2)	J	D	3
목재반입	C	A	4	되메우기	K	I	1
자갈, 모래, 시멘트 반입(1)	D	A	3	세 우 기	L	G, I	7
철물제작	E	A	6	바닥콘크리트 치기	M	J, K	1
거푸집고정	F	B, C	5	보 양(2)	N	M	4
바 심 질	G	C	6	철물달기	O	E, L	3
기초콘크리트 치기	H	D, F	1				

2. 지반개량공법에 대하여 설명하여라.(25점)
3. 타일(tile) 붙임 공법의 종류를 설명하고, 타일 붙임 후에 발생하는 하자의 원인에 대하여 설명하라.(25점)

【전 문】 - (제2교시)※ 다음 문제를 설명하시오.

1. 흙막이공법에 대하여 기술하여라.(30점)
2. 콘크리트 벽판 조립식 공법에 있어서 공사계획, 조립 및 접합에 대하여 설명하여라.(30점)
3. 철근콘크리트공사의 적산에 관하여 다음을 품셈하여라.(40점)
   ㉮ 배합(1 : 3 : 6 및 1 : 2 : 4)에 따른 m³당 소요 재료 및 품
   ㉯ 건물 종류별(6층 아파트, 10층 사무실) 콘크리트 및 거푸집 소요량, 철근 소요량(m²당)

제20회 • 건축시공기술사 시험문제(1981년 후반기)

【기 초】 - (제1교시)※ 다음 문제를 설명하시오.

1. 현장 기술자로서 경험한 바 건축시공 분야에서 기술적으로 특기할 만한 사항을 기술하여라.(30점)
2. 조립식 건축시공방법에 관하여 설명하여라.(30점)
3. 콘크리트 배합설계에 관하여 설명하여라.(40점)

【기 초】 - (제2교시)※ 다음 문제를 설명하시오.

1. 건축물의 방서시공법에 관하여 설명하여라.(30점)
2. Remicon의 품질관리에 관하여 설명하여라.(30점)
3. 다음 network의 작업 리스트(계산표)를 작성하여라.(40점)
   ㉮ TF(Total Float)
   ㉯ FF(Free Float)
   ㉰ 주공정선(critical path)을 굵은 선으로 표시하여라.

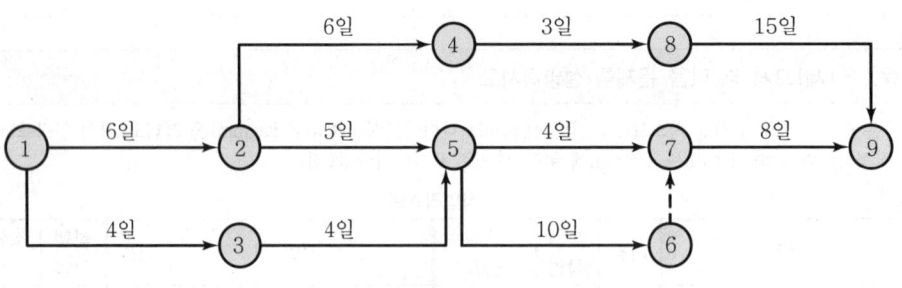

【전 문】 - (제3교시)※ 다음 문제를 설명하시오.(각 문항 25점)

1. 새로운 공정관리기법에 관하여 설명하여라.
2. 흙파기공법에 관하여 설명하여라.
3. 철골공사 시공에 있어서 세우기 작업에 관하여 설명하여라.
4. 건축공사에 있어서 개산 견적방법에 관하여 설명하여라.(수량, 면적, 체적, 가격, 기타)

【전 문】 - (제4교시)※ 다음 문제를 설명하시오.(각 문항 25점)

1. 공동 도급(joint venture) 방식에 있어서 다음의 물음에 답하시오.
   ㉮ 특 징
   ㉯ 이 점
   ㉰ 상호간의 의무사항에 관하여 기술하여라.
2. 중동지방에서의 지반안정공법에 관하여 기술하여라.
3. 건축공사 시공 시 가설공사가 전체 공사에 미치는 영향에 관하여 설명하여라.
4. 콘크리트 블록(concrete block) 벽체의 시공에 있어서 균열방지공법을 설명하여라.

제21회 • 건축시공기술사 시험문제(1982년 전반기)

【기 초】 - (제1교시) ※ 다음 문제를 설명하시오.

1. 대규모 공사장에서 현장 사무소의 조직도를 작성하고 인원편성계획에 대하여 기술하여라.(30점)
2. P.C판의 부위별 접합부의 방수처리방법에 대하여 설명하여라.(30점)
3. 다음에 대하여 설명하여라.(40점)
   ㉮ 시험말뚝박기(10점)　　　　　　　　㉯ Sealing 공법(10점)
   ㉰ 석재붙임공법(10점)　　　　　　　　㉱ 기포 콘크리트 시공(10점)

【기 초】 - (제2교시) ※ 다음 문제를 설명하시오.

1. 건축공사에 있어 안전관리에 대하여 설명하여라.(30점)
2. 현장 용적 계량 배분비 1 : 1.8 : 3.6, 물시멘트비 60%, slump 20cm일 때의 콘크리트 3,000m³에 소요되는 재료를 산출하여라.(30점)

재 료	비 중	단위용적중량(t/m³)	재 료	비 중	단위용적중량(t/m³)
시 멘 트	$g_c = 3.15$	$W_c = 1.5$	자 갈	$g_g = 2.60$	$W_g = 1.7$
모 래	$g_s = 2.60$	$W_s = 1.6$	물	$g_w = 1.0$	$W_w = 1.0$

3. 다음에 대하여 설명하여라.(40점)
   ㉮ 맞댄용접과 모살용접상의 주의사항(10점)　　㉯ 한중콘크리트(10점)
   ㉰ Sheet 방수공법(고분자 루핑 방수공법)(10점)　㉱ 내부 결로 방지 대책(10점)

【전 문】 - (제1교시) ※ 다음 문제를 설명하시오.(각 문항 50점)

1. 공업화 건축 system의 필요성과 기본방향에 대하여 논하여라.
2. 외장 타일의 들뜸의 원인을 들고, 그 대책을 써라.
3. 목재와 철재 표면에 유성 페인트를 도장시 그 시공법에 대하여 써라.

【전 문】 - (제2교시) ※ 다음 문제를 설명하시오.(각 문항 50점)

1. 다음과 같은 network의 작업 리스트를 작성하고 주공정선(critical path)을 굵은 선으로 표시할 것
   ㉮ 최초작업일정(earliest time)　　㉯ 자유여유(free float)　　㉰ 최지작업일정(latest time)
   ㉱ 주공정(critical path)　　　　　㉲ 전여유(total float)

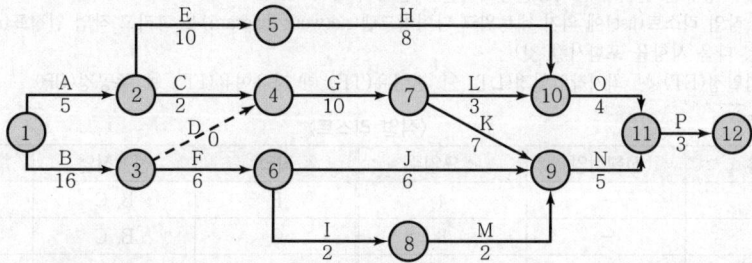

2. 철근콘크리트조 5층 사무실 시공 시에 공정을 순서대로 기술하여라.
3. 철골공사 시공에 있어 다음에 관하여 설명하여라.
   ㉮ 제품 정도의 검사　　　　㉯ 용접부의 검사　　　　㉰ 조립 시공의 정도

제22회 •건축시공기술사 시험문제(1982년 후반기)

【기 초】 - (제1교시)※ 다음 문제를 설명하시오.

1. 돌붙임 공사에서 제품공정, 공법, 검사 및 보양에 대하여 기술하여라.(30점)
2. 콘크리트의 배합설계법을 기술하여라.(30점)
3. 외벽의 단열시공법에 대하여 기술하여라.(20점)
4. 도심지 고층 건축 공사의 시공상 제약조건 및 문제점에 대하여 기술하여라.(20점)

【기 초】 - (제2교시)※ 다음 문제를 설명하시오.

1. 건축면적 300m², 연면적 1,500m²인 철근콘크리트조 5층 사무소 건축물의 콘크리트 개산량을 산출하고 이에 소요되는 시멘트, 모래, 자갈 및 물의 양을 계산하여라. 다음 사항을 참작하여라.(30점)
   ㉠ 각 재료의 비중과 단위용적중량

재 료	비 중	단위용적중량(t/m³)	재 료	비 중	단위용적중량(t/m³)
시 멘 트	g_c=3.15	W_c=1.5	자 갈	g_g=2.60	W_g=1.6
모 래	g_s=2.60	W_s=1.6	물	g_w=1.00	W_w=1.0

   ㉡ 콘크리트는 Slump 18cm, 물시멘트비 60%이다.
   ㉢ m²당 콘크리트 개량치는 0.6m³임.
   ㉣ 지하층은 없음.
2. 목구조의 이음과 맞춤공법에 대하여 각각 5가지씩을 설명하여라.(30점)
3. 거푸집의 경제적 공법을 예를 들어 기술하여라.(20점)
4. 철골공사에서 용접 시 용접부에 발생하는 결함을 열거하고, 그 방지책을 설명하여라.(20점)

【전 문】 - (제1교시)※ 다음 문제를 설명하시오.(각 문항 50점)

1. 인접지에 고층 건물이 있는 도심지 대지에서 지하 3층(깊이 약 12m)의 터파기공법을 기술하여라.
2. 조적벽체에 쓰이는 컨트롤 조인트(control joint)의 설치 위치 및 공법에 대하여 기술하여라.
3. 건축공사 현장관리 경험 중 특기할 사항에 대하여 기술하여라.

【전 문】 - (제2교시)※ 다음 문제를 설명하시오.(각 문항 50점)

1. 고력볼트 접합공법의 재료 관리, 접합 및 검사에 대하여 기술하여라.
2. 양중기 장비의 종류를 열거하고 시공운용계획을 기술하여라.
3. 다음과 같은 작업 리스트(list)에 의거 네트워크 다이어그램(network diagram)을 그리고 작업 일정표(schedule)를 작성하여라. (단, 다음 사항을 포함시킬 것)
   ㉠ 최초작업일정(ET) ㉡ 최지작업일정(LT) ㉢ 전여유(TF) ㉣ 자유여유(FF) ㉤ 주공정(CP)

<작업 리스트>

작업	선행작업	소요일수	작업	선행작업	소요일수
A	–	4	F	B, C	7
B	–	8	G	B, C	5
C	A	6	H	D	2
D	A	11	I	D, F	8
E	A	14	J	E, H, G, I	9

제23회 • 건축시공기술사 시험문제(1983년)

【제1교시】 다음 문제를 설명하시오.(각 문항 25점)

1. 공사관리에 있어서 다음 각 항에 대하여 설명하여라.
   ㉮ 공사의 질적 향상(10점)　　㉯ 시공정밀도(15점)
2. 말뚝기초의 종류를 들고 시공법에 대하여 기술하여라.
3. 철근표준공작도 작성 시 유의할 사항을 설명하여라.
4. 다음 각항을 설명하여라.
   ㉮ Slump test(5점)　　㉯ Concrete pump(5점)
   ㉰ Earth anchor(5점)　　㉱ Post-tensioning(5점)
   ㉲ 가설 공정계획의 기본방침(5점)

【제2교시】 다음 문제를 설명하시오.(각 문항 25점)

1. 다음 각 항에 대하여 설명하여라.
   ㉮ Node time(5점)　　㉯ Sliding 공법(5점)
   ㉰ 거푸집의 측압(5점)　　㉱ Cavity wall(5점)
   ㉲ Mill sheet(5점)
2. 귀하의 특기할 만한 시공 기술경험에 대하여 기술하여라.
3. 홈통공사에 관한 재료, 시공, 검사에 대하여 기술하여라.
4. 미장공사 시공에 유의할 사항을 기술하여라.

【제3교시】 다음 문제를 설명하시오.

1. 시공법의 발전 추세에 대하여 논하여라.(25점)
2. 건축공사용 재료의 저장과 관리에 대하여 기술하여라.(25점)
3. 철근콘크리트조 사무실 건축물 신축에 있어 다음과 같은 조건에서 골조에 대한 주요 재료 및 거푸집 양을 산출하여라.(50점)
   ㉮ 지하 2층, 지상 15층　　㉯ 평면 크기 : 70m×42m
   ㉰ 기둥 간격(중심선 기준) : 7m×7m　　㉱ 기둥 크기 : 70cm각(1층 이하), 60cm각(2층 이상)
   ㉲ 층고 : 4m(1층 이하), 3.5m(2층 이상)
   ㉳ 보 : 90cm×40cm(1층 이하), 70cm×40cm(2층 이상) (단, 중간보 없음.)
   ㉴ Slab 두께 : 15cm

【제4교시】 다음 문제를 설명하시오.

1. 돌외장 공사에 대하여 기술하여라.(25점)
2. 다음 공사에 사용되는 건설 중기에 대하여 기술하여라.(50점)
   ㉮ 철근콘크리트조공사(20점)
   ㉯ 철골공사(20점)
   ㉰ Prefab apartment 건축공사(10점)
3. 철골용접공사의 검사 방법과 앞으로의 전망에 대하여 논하여라.(25점)

제24회 ●건축시공기술사 시험문제(1984년)

【제1교시】 다음 문제를 설명하시오.(각 문항 25점)

1. 현장치기 콘크리트에 있어서 강도에 영향을 미치는 시공성에 대하여 설명하여라.
2. 철근콘크리트 평지붕의 합성 수지 sheet 방수공법에서 방수 성능을 높이기 위한 시공상의 유의사항에 대하여 설명하여라.
3. 벽돌 벽체의 외단열 시공에 있어서 단열 효과를 높이기 위한 시공법(단열재 취급 및 시공방법)에 대하여 설명하여라.
4. 콘크리트에 사용되는 혼화제의 종류를 열거하고, 각각의 사용 목적을 간단히 설명하여라.

【제2교시】 다음 문제를 설명하시오.

1. 용접기구 및 용접재료에 따른 용접의 종류를 열거하고 각각 간단히 설명하여라. (단, 피용접재를 제외함)(25점)
2. 아래에 기술한 공법을 설명하고, 아파트에 적용할 때 재래식 라멘(rahmen) 공법과 비교하여 장단점을 기술하여라.(20점)
   ㉮ 터널(tunnel) 공법   ㉯ 벽식 대형 패널(panel) 공법
3. 흙막이 벽의 종류를 설명하고 이에 따른 기초파기방법을 분류하여 각각 간단히 설명하여라.(30점)
4. 건축용 유리의 종류를 열거하고 각각의 특성과 용도를 간단히 설명하여라.(25점)

【제3교시】 다음 문제를 설명하시오.

1. P.C벽 패널 접합부에 발생하기 쉬운 시공상의 결함을 들고 그 대책을 기술하여라.(25점)
2. 철근콘크리트조 건물의 철근공사에서 다음 사항에 대하여 설명하여라.(25점)
   ㉮ 가공   ㉯ 이음   ㉰ 정착 길이   ㉱ 조립(배근)   ㉲ 피복 두께
3. 다음을 설명하여라.(20점)
   ㉮ 표준관입시험   ㉯ Impact wrench   ㉰ Under-pinning 공법   ㉱ 압밀 현상(consolidation)
4. 현장 소장으로서 흙막이의 안전관리상 유의해야 할 사항을 기술하여라.(30점)

【제4교시】 다음 문제를 설명하시오.

1. 건축물의 백화(efflorescence)의 발생원인과 방지책에 대하여 설명하여라.(15점)
2. 철골조 건축물의 가새(bracing)에 대하여 설명하여라.(15점)
3. 건축물의 신축이음(expansion joint)에 대하여 설명하여라.(20점)
4. 다음 네트워크(network)를 분석하고 다음 사항에 답하여라.(50점)
   ㉮ 각 액티비티(activity)의 전체여유(total float) 및 자유여유(free float)를 구하여라.
   ㉯ 주공정선(critical path)을 구하여라.
   ㉰ 공기를 2일간 단축하여라. (단, 일정을 단축함에 있어 각 액티비티의 단축 1일당 추가비용은 동일한 것으로 하고 각 액티비티는 최대 1일 이내만을 단축할 수 있는 것으로 한다.)

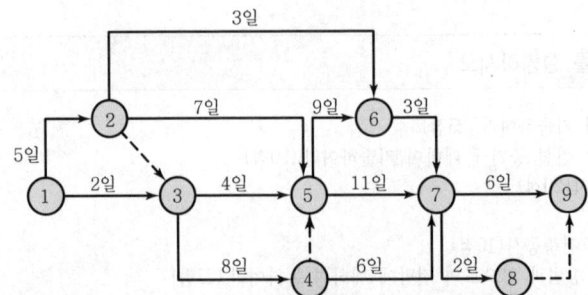

제25회 ● 건축시공기술사 시험문제(1985년)

【제1교시】 다음 문제를 설명하시오.(각 문항 25점)

1. 현장시공계획에 포함되는 내용을 기술하여라.
2. 벽돌 조적공사의 품질 개선방안을 재료 및 시공상의 관점에서 기술하여라.
3. 현장 실행예산서(본사 관리비 제외) 작성에 대하여 기술하여라.
4. 다음에 대하여 설명하여라.
   ㉮ 시어 커넥터(shear connector)   ㉯ 하이브리드 빔(hybrid beam)   ㉰ 블리딩(bleeding)
   ㉱ 벤토나이트(bentonite)   ㉲ 스컬럽(scallop)

【제2교시】 다음 문제를 설명하시오.(각 문항 25점)

1. 철근콘크리트보의 응력을 설명하고, 이에 대응하는 배근방법에 대하여 기술하여라.
2. 건물 결로의 원인과 그 방지책에 대하여 기술하여라.
3. 철골 내화 피복공법의 종류를 들고, 각각의 특징에 대하여 기술하여라.
4. 다음에 대하여 설명하여라.
   ㉮ 특성 요인도   ㉯ 관리도   ㉰ 보일링(boiling) 및 히빙(heaving)
   ㉱ 웰 포인트(well point) 공법   ㉲ 타워 크레인(tower crane)

【제3교시】 다음 문제를 설명하시오.(각 문항 25점)

1. 조립식 건축의 장단점을 설명하고, 조립식 공법 활용의 추진책을 기술하여라.
2. 품질관리를 단계적으로 설명하고, 특히 건축 시공에서 품질관리의 필요성에 대하여 기술하여라.
3. 개산 견적방법에 대하여 기술하여라.
4. 컴퓨터를 이용한 현장관리에 대하여 기술하여라.

【제4교시】 다음 문제를 설명하시오.(각 문항 25점)

1. 흙막이공법에 대하여 기술하여라.
2. 최근의 석재공법을 다음 사항에 대하여 기술하여라.
   ㉮ 채석(5점)   ㉯ 가공(5점)   ㉰ 시공법(10점)   ㉱ 양생(5점)
3. 다음 네트워크(network)의 계산표를 작성하여 각 액티비티(activity)의 ES, EF, LS, LF, TF, FF를 산출하고, 공기단축으로 인한 추가 비용이 최소가 되도록 단축하라.
   단, ㉮ 각 액티비티상의 숫자는 소요일수이다.
   ㉯ 계약 공기는 26일이다.
   ㉰ 각 액티비티를 단축할 때의 단축 1일당 추가 비용은 100만원이다.
   ㉱ 한 액티비티에서 단축할 수 있는 일수는 최대 2일간이다.

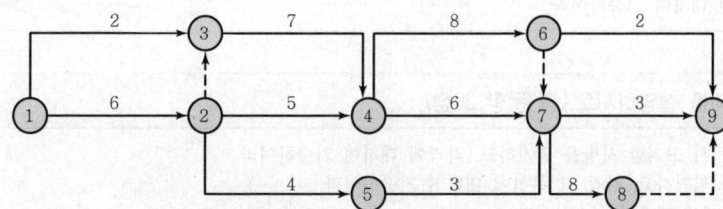

4. 건축 생산의 금후 동향에 대하여 기술하여라.

제27회 • 건축시공기술사 시험문제(1986년)

【제1교시】 다음 문제를 설명하시오.(각 문항 25점)

1. 현장 기계화 시공의 장단점에 대하여 기술하여라.
2. 공동주택에서 각 실의 소음방지를 위한 재료의 품질 및 공법상의 개선책에 대하여 기술하여라.
3. 현장 제작 거푸집 공법의 문제점을 열거하고, 그 개선책을 기술하여라.
4. 실행 예산으로서의 가설 공사비 구성에 대하여 기술하여라.

【제2교시】 다음 문제를 설명하시오.(각 문항 25점)

1. 건축물의 지하공사 계획 시 고려해야 할 사항을 열거하고, 계획순서에 대하여 기술하여라.
2. 실링(sealing)재와 코킹(caulking)재의 시공법과 그 장단점에 대하여 기술하여라.
3. 종합품질관리(T.Q.C)의 주안점을 열거하고, 그 품질관리에 쓰이는 기법(tool)을 설명하여라.
4. 도자기질 타일 공법의 동해방지책에 대하여 기술하여라.

【제3교시】 다음 문제를 설명하시오.(각 문항 25점)

1. 대형 건축현장에서 설치하는 고정식 타워 크레인의 배치계획 및 기초시공에 대하여 기술하여라.
2. 다음과 같은 network에서 공기를 5일 단축하려고 한다.
   ㉮ Critical path별로 경로를 network에 표시하여라.
   ㉯ 이 경로에 바탕을 두고 공기가 5일 단축되도록 계산표를 작성하고 표시하여라.
      단, ㉠ 비용은 고려하지 않는다.
         ㉡ 작업 B, F, K에서만 단축한다.
         ㉢ 한 작업의 단축할 수 있는 일수는 최저 2일이다.

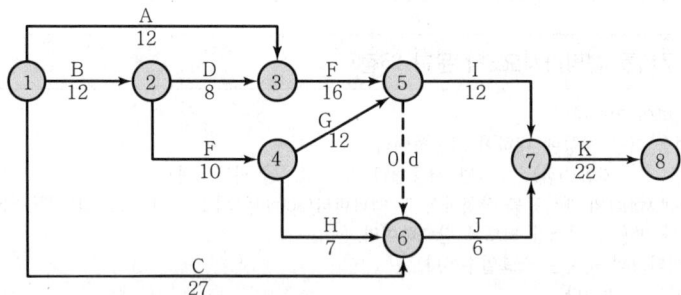

3. 콘크리트 펌프 공법의 장단점에 대하여 기술하여라.
4. 피어(pier) 기초 공법에 대하여 기술하여라.

【제4교시】 ※ 다음 문제를 설명하시오.(각 문항 25점)

1. 철근콘크리트공사 계획 시 고려할 사항을 열거하고, 각각에 대하여 기술하여라.
2. 지반개량공법의 종류를 열거하고, 각각 그 특성에 대하여 기술하여라.
3. 합성 수지재의 재료 특성에 대하여 기술하여라.
4. 외벽 P.C판의 접합공법에 대하여 기술하여라.

제29회 • 건축시공기술사 시험문제(1987년)

【제1교시】 다음 문제를 설명하시오.(각 문항 25점)

1. 콘크리트 품질관리와 시험에 대하여 써라.
   - ㉮ 콘크리트 제조시에 있어서의 품질관리(7점)
   - ㉯ 현장지점에 있어서의 콘크리트의 품질관리(6점)
   - ㉰ 공사현장에서의 운반의 개시부터 타설까지의 품질관리(6점)
   - ㉱ 치기 직전에서의 콘크리트의 품질관리(6점)
2. 고층 건물의 외벽에 사용하는 커튼 월(Curtain Wall)의 종류를 열거, 설명하여라.
3. 벽돌쌓기공법에서 유의할 점을 열거하고(10점), 두께 2B일 때 영식 및 불식쌓기의 첫 번째 층과 벽돌 배열 방식을 도시하여라.(반드시 우각부를 도시할 것)
4. 소음전달방지에 대한 원리와 시공상에 유의할 실제 문제들을 기술하여라.

【제2교시】 다음 문제를 설명하시오.(각 문항 25점)

1. 귀하의 특기할 만한 시공관리경험에 대하여 기술하여라.
2. 프리캐스트 대형 벽판공법과 그의 시공에 대하여 써라.
   - ㉮ 프리캐스트 대형 벽판공법의 개요(8점)
   - ㉯ 프리캐스트 대형 공법의 시공(8점)
   - ㉰ 부재의 제조기준(9점)
3. 철골 구조물의 용접 접합부위를 검사하는데 있어 시행하는 비파괴 용접검사에 대하여 그 종류를 기술하고 장단점을 설명하여라.
4. 현장 타설 파일(Cast-in-place Pile)의 종류와 공법을 설명하여라.

【제3교시】 다음 문제를 설명하시오.(각 문항 25점)

1. 실비정산식 시공계약제도에 대하여 설명하여라.
2. 공사관리에 대하여 다음 각항을 설명하여라.
   - ㉮ 품질관리(10점)
   - ㉯ 공정관리(10점)
   - ㉰ 원가관리(5점)
3. 최근 사용되고 있는 석재 외장 건식 공법에 대하여 상술하여라.
4. 다음에 대하여 설명하여라.
   - ㉮ Bond Beam의 기능과 그 설치 위치(5점)
   - ㉯ 사질 지반의 액상화(Quick Sand, Boiling 현상)(5점)
   - ㉰ Dummy Joint(5점)
   - ㉱ Flying Form(5점)
   - ㉲ 단면이 두꺼운 콘크리트 부재의 온도 균열을 막기 위한 시공상의 유의점(5점)

【제4교시】 다음 문제를 설명하시오.(각 문항 25점)

1. 콘크리트의 배합 설계에 대하여 기술하여라.(단, A급 관리일 때를 예시하여라.)
2. 다음 네트워크(Network)를 사용하여 작업 리스트를 작성하고 EST, EFT, LST, LFT와 전체여유시간(TF)과 자유여유시간(FF)를 계산한 다음 Critical Path를 결정하여라.

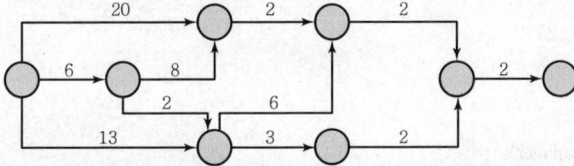

3. 외벽체에서 방습층의 설치 목적과 구조공법에 대하여 설명하여라.
4. 건축물의 기초공법에 대하여 설명하여라.
   - ㉮ Slurry Wall(15점)
   - ㉯ Reverse Circulation 공법(15점)

제30회 • 건축시공기술사 시험문제(1988년)

【제1교시】 다음 문제를 설명하시오.

1. 설계 시공 일괄계약방식(Turn Key 방식) 및 국내 건설 시장에서의 적용상 문제점에 대하여 설명하여라.(25점)
2. 건설업법 규정에 의한 공사도급계약에 명시하여야 할 사항을 기술하여라.(15점)
3. 원가계산방식에 의한 공사비 구성 요소를 기술하여라.(15점)
4. 건축공사 착공시 시공계획을 함에 있어 시공관리자로서 사전조사 준비할 사항을 설명하여라.(25점)
5. 외주벽이 커튼 월인 철골조 고층건물의 기준층 기본 공정을 Flow Chart 방식으로 도시하여라.(20점)

【제2교시】 다음 문제를 설명하시오.

1. 다음 값은 10개의 콘크리트 압축강도시험을 한 결과이다(단위 : kg/cm^2). 품질관리적 평가를 하기 위한 자료의 분석 (Analysis of Data)을 하여라(Central Tendency, Dispersion 등). 305, 400, 310, 350, 365, 325, 330, 360, 355, 320 (30점)
2. 한중 콘크리트의 초기 동해 방지를 위한 양생방법에 대하여 기술하여라. (20점)
3. 콘크리트 내구성에 영향을 주는 원인을 설계, 재료, 시공 각 항목별로 기술하여라.(30점)
4. 고력볼트(High Tension Bolt) 조이기에 대하여 설명하여라.(20점)

【제3교시】 다음 문제를 설명하시오.(각 문항 25점)

1. 건축물의 표면 결로와 관련된 다음 문제에 대하여 설명하여라.
    ㉮ 결로 발생의 원인(8점)
    ㉯ 결로 부위(8점)
    ㉰ 결로 방지 대책(9점)
2. 그라우트(Grout)공법에 필요한 기계의 종류를 들고, 각각 그 용도와 특징에 대해 설명하여라.
3. 철골 공작도(Shop Drawing)의 검토 시 확인하여야 할 사항을 열거하여라.
4. 리프트 슬래브(Lift-slab) 공법에 대하여 설명하여라.

【제4교시】 다음 문제를 설명하시오.

1. 커튼 월(Curtain Wall)의 파스너(Fastener) 방식에 대하여 기술하여라.(20점)
2. 흙막이공사에 있어서 다음 공법들의 적용 장소, 관리상 유의사항에 대하여 기술하여라.(25점)
    ㉮ Island Cut(15점)
    ㉯ Top-down(10점)
3. 다음 용어를 설명하여라.(25점)
    ㉮ Hollow-core Slab
    ㉯ Intelligent Building
    ㉰ Settlement Joint
    ㉱ CM(Construction Manager)
    ㉲ VE(Value Engineering)
4. 거푸집공사와 철근공사의 성력화, 품질 및 생산성 향상 관점에서의 최근 기술 개발 현황(국내외)과 앞으로의 방향에 대하여 기술하여라.(30점)

제32회 •건축시공기술사 시험문제(1989년)

【제1교시】 다음 문제를 설명하시오.(각 문항 25점)

1. 우리나라의 건축에서 내장재의 현황과 바람직한 개발방향에 대하여 설명하여라.
2. 우리나라의 공사 도급 제도상의 문제점을 열거하고, 그 개선대책을 설명하여라.
3. 공사관리자의 자질과 책임에 대하여 설명하여라.
4. 벽돌벽의 균열 발생 원인과 대책에 대하여 설명하여라.

【제2교시】 다음 문제를 설명하시오.(각 문항 25점)

1. 철근콘크리트보의 구조 원리에 대하여 설명하여라.
2. 공기와 시공 속도 관리에 대하여 논술하여라.
3. 부력이 작용하는 고층건물에 대한 대책방안을 기술하여라.
4. 토공사 계획 수립을 위한 사전조사사항에 대하여 설명하여라.

【제3교시】 다음 문제를 설명하시오.(각 문항 25점)

1. 콘크리트의 측압에 대하여 설명하여라.
2. P.C 커튼 월의 특성에 대하여 설명하여라.
3. 프리캐스트 콘크리트(Precast Concrete) 부재간의 일반적인 연결법(Typical Connections) 8가지 이상을 그림으로 설명하여라.
4. 콘크리트 공사(레미콘 사용)의 시공관리를 함에 있어서 준비, 계획, 레미콘 수송, 시험, 치기, 양생 등 단계별로 유의하여야 할 사항(Check-point)을 열거하여라.

【제4교시】 ※ 다음 문제를 설명하시오.(각 문항 25점)

1. 다음 네트워크(Network)의 계산표를 작성하고 다음에 답하여라.
   ㉮ 주공정선(Critical Path)을 표시하여라.
   ㉯ 착공한 후 16일째 되는 날에 현상을 파악한 결과 ②~⑥ 작업은 2일, ④~⑥ 작업은 6일, ⑦~⑨ 작업은 2일, ⑦~⑧ 작업은 8일의 공정이 남아 있다. 이 시점(착공 후 16일째)에 있어서 공정표를 수정하여라.
   단, ㉠ 각 액티비티의 숫자는 소요일수이다.
   　　ㄴ 계약상의 잔여 공기는 10일이다.
   　　ㄷ 액티비티를 단축하여도 추가 비용은 없는 것으로 본다.
   　　ㄹ 한 액티비티에서 단축할 수 있는 일수는 최대 2일간이다.

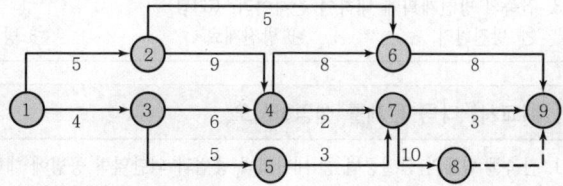

2. 철근콘크리트 공사에 있어 콘크리트의 세골재로서 해사를 사용할 경우에 관하여 기술하여라.
3. 개산 견적방법을 설명하고 다음과 같은 건축물의 개산 수량을 산출하여라.
   • 구조 : 장막벽식(Curtain Wall Type) 철근콘크리트 라멘조
   • 층수 : 지하 1층, 지상 10층, 연면적 : 10,000m²(단, 각층 면적이 같은 것으로 한다.)
   ㉮ 콘크리트량, ㉯ 철근량, ㉰ 거푸집량, ㉱ 미장을 포함하는 내장 면적, ㉲ 외벽면적
4. 다음에 대하여 설명하여라.
   ㉮ Dry Packed Mortar(5점)　　　㉯ High Tech(5점)　　　㉰ Sleeve Joint(5점)
   ㉱ 철근의 이음과 정착(5점)　　　㉲ 철골재의 내화 피복(5점)

제33회 • 건축시공기술사 시험문제(1990년 전반기)

【제1교시】 다음 문제를 설명하시오.

1. 콘크리트의 균열에 대비한 줄눈(Joint)의 종류, 기능 및 설치 위치에 대하여 논하여라.(30점)
2. 콘크리트의 내구성에 대하여 다음을 논하여라.(30점)
   ㉮ 동해　　　　　　　　　㉯ 중성화　　　　　　　　㉰ 염해
3. 건설업이 당면하고 있는 인력 부족, 인건비 상승에 따른 품질 저하, 공기지연 문제에 대한 대책을 논하여라.(40점)

【제2교시】 다음 문제를 설명하시오.

1. 초고층 건축의 공정계획을 도시하여라.(30점)
2. 흙막이공사의 H-pile에 토압이 작용할 시 철판 말뚝 힘의 균형 관계를 단면도를 통하여 도시하여 설명하여라.(30점)

3. E.C화에 대하여 논하고 단계적 추진방향에 대하여 논하여라.(40점)

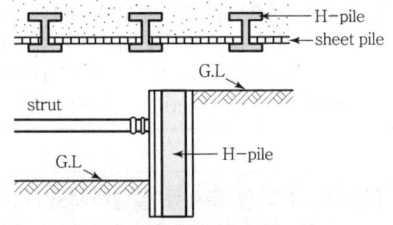

【제3교시】 다음 문제를 설명하시오.

1. 철골공사의 품질관리 주안점에 대하여 논하여라. (30점)
   ㉮ 공장 제작 시　　　　　　　　　　㉯ 현장 설치 시
2. 아래의 Network에 대하여 인력 부하도(Load Diagram)를 도시하고 작업을 추진하기 위한 최소한의 인원을 산출하여라.(40점)
   〈조건〉 EST, LST에 의한 인력 부하도 및 Smooth Level Diagram에 대한 인력부하도를 도시할 것
   ① → ③ 작업은 ▨ 표시
   ② → ④ 작업은 ▨ 표시
   Critical Path는 ▨ 표시할 것
3. 건축의 방진계획에 대하여 논하여라. (30점)
   ㉮ 방진원리　　　　　　　㉯ 방진재료　　　　　　　㉰ 방진계획

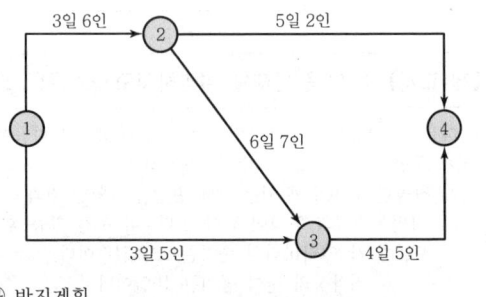

【제4교시】 다음 문제를 설명하시오.

1. 건축물 벽체의 단열공법 중 내단열벽 공법과 외단열벽 공법에 대하여 도시하고, 특히 문제점에 대하여 논하여라.(20점)
2. 귀하의 시공경험에 대하여 다음의 사항을 기술하여라.(30점)
   ㉮ 귀하가 시공한 현장 중 가장 큰 규모의 공사 개요
   ㉯ 특기할 만한 시공 사항
   ㉰ 타 현장에 활용, 효용이 있고 신공법의 기술적 사항 및 문제점
3. 지하공사 계획 시 다음에 대하여 논하여라.(30점)
   ㉮ 흙막이공법 선정　　　　㉯ 지하수 대책　　　　　㉰ 현장 주변의 환경보전계획
4. 다음의 사항에 대하여 간단히 논하여라.(20점)
   ㉮ 트롬 월(Tromb Wall)　　　　　　　㉯ 건축물 벽체의 내부 결로
   ㉰ 커튼 월의 Open Joint System　　　　㉱ 스페이스 프레임(Space Frame)

제34회 ● 건축시공기술사 시험문제(1990년 후반기)

【제1교시】 다음 문제를 설명하시오.

1. 앞으로 UR(우루과이 라운드) 협상에서 국내 건설업이 개방될 경우 우리 건설업계의 문제점과 대응방안에 대하여 기술하여라.(30점)
2. 목공사의 마감 부분(수장) 공사에서 유의할 점을 열거하여 설명하여라.(30점)
3. 다음의 사항을 설명하여라.(40점)
   ㉮ 고장력 볼트   ㉯ 실행 예산   ㉰ 벤토나이트(Bentonite)   ㉱ 콘크리트의 유동화제

【제2교시】 다음 문제를 설명하시오.

1. 건설기술자의 현장 배치에 관한 건설업법상의 규정을 설명하고, 공사 책임 기술자(현장대리인)의 역할에 대하여 기술하여라.(30점)
2. 시트(Sheet) 방수공법의 시트의 종류, 특성 및 시공법에 대하여 기술하여라.(30점)
3. 다음 각종 콘크리트의 특성 및 용도에 대하여 기술하여라.(40점)
   ㉮ 프리팩트 콘크리트(Prepacked Concrete)   ㉯ 수밀콘크리트
   ㉰ 경량콘크리트   ㉱ 진공콘크리트(Vacuum Concrete)   ㉲ AE 콘크리트

【제3교시】 다음 문제를 설명하시오.

1. 대지의 좌우 측면 및 후 측면에는 20층의 건축물이 있고, 지하철이 있는 전면 넓은 도로에 접한 대지에 지하 7층, 지상 25층의 건축물을 건축하고자 할 때 현장 책임 기술자로서 귀하가 택하고자 하는 지하굴착공법에 대하여 기술하여라.(40점)
2. 돌공사에서 건식 공법 및 습식 공법의 시공법, 장단점 및 공사비에 대하여 비교 설명하여라.(30점)
3. 철골 세우기 작업을 공정 순서에 따라 기술하여라.(30점)

【제4교시】 다음 문제를 설명하시오.

1. 다음 네트워크의 (일정)계산표를 작성하고 다음에 답하여라.(단, 액티비티상의 숫자는 작업에 소요되는 일수이고 50만원/일 등은 그 액티비티를 1일간 단축할 때에 소요되는 추가 금액이다.)(40점)
   ㉮ 주공정선(Critical Path)을 구하여라.
   ㉯ 이 네트워크 공정표의 일정을 3일간 단축할 때의 단축할 액티비티를 표시하고 그 추가 금액(최소)을 산출하여라.
   〈단축할 때의 조건〉 (1) 하나의 액티비티에서 2일간까지만 단축한다.
                    (2) 단축으로 인해 서브 크리티컬 패스(Sub Critical Path)가 생기지 않도록 한다.

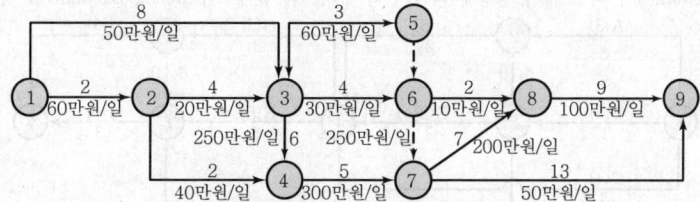

2. 벽식 구조의 초고층 아파트(25~30층)공사에서 고강도 콘크리트의 품질 관리 및 시공에 대하여 설명하여라.(단, 레미콘 공급 부족 현상과 관련하여 설명할 것)(30점)
3. 보링(Boring)방법에 의한 지반조사에 관하여 기술하여라.(30점)

제35회 ●건축시공기술사 시험문제(1991년 전반기)

【제1교시】 다음 문제를 설명하시오.

1. 철근콘크리트 구조물의 균열 발생원인과 방지대책에 대하여 기술하여라.(30점)
2. 건축 마감공사에서 노력, 재료, 공기를 절감할 수 있는 방안을 설명하여라.(30점)
3. 지하 구조물 공사 중 지하수위의 급격한 상승으로 인한 구조물의 부상을 방지하기 위한 공사 전 점검사항과 공사 중 점검사항을 설명하여라.(40점)

【제2교시】 다음 문제를 설명하시오.

1. 일반적인 철근콘크리트공사에 있어서 슬래브 시공의 문제점과 그 개선책을 기술하여라.(30점)
2. 공동주택의 바닥 충격음 방지를 위한 공법에 대하여 설명하여라.(30점)
3. 주택의 대량 생산 공급을 위하여 공업화 건축이 필요한 이유를 설명하여라.(40점)

【제3교시】 다음 문제를 설명하시오.

1. 건축공사에서 원가 절감(Cost Down)을 할 수 있는 요소를 열거하고 그 방법을 간략히 기술하여라.(30점)
2. 건축공사 현장에서 발생하는 환경 공해의 종류와 그 대책에 대하여 설명하여라.(30점)
3. 다음과 같은 네트워크에서 공정을 5일 단축할 때의 최소 비용 및 각 작업마다의 단축 일수를 구하여라.(단, 각 작업의 단축 가능일수 및 1일 단축하는데 요하는 비용은 다음과 같다.)(40점)

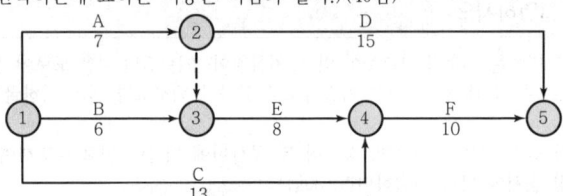

작업	작업일수	단축가능일수	소요비용(만원/일)	작업	작업일수	단축가능일수	소요비용(만원/일)
A	7	3	3	D	15	4	2
B	6	1	1	E	8	3	5
C	13	5	4	F	10	2	6

【제4교시】 다음 문제를 설명하시오.

1. 고층 사무소 건축의 철골공사 공정계획에 대하여 기술하여라.(30점)
2. 다음과 같은 Network에서 최초 개시 일정에 의한 인력 부하도와 균배도(Leveling Diagram)를 작성하여라.(30점)

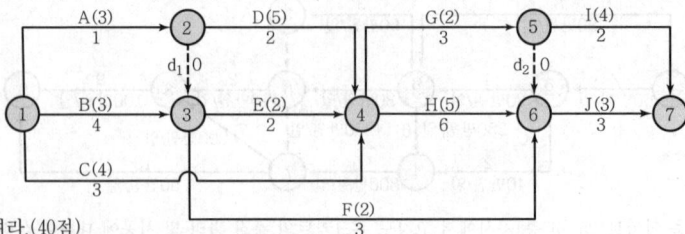

3. 다음을 설명하여라.(40점)
   ㉮ 콜드 조인트(Cold Joint)(8점)　　㉯ Prestressed Concrete(8점)　　㉰ 슬리브 조인트(Sleeve Joint)(8점)
   ㉱ 총비용(Total Cost)(8점)　　㉲ 타일압착공법(8점)

제36회   • 건축시공기술사 시험문제(1991년 후반기)

【제1교시】 다음 문제를 설명하시오.

1. 철근콘크리트 구조물의 염해 및 염해방지대책을 설명하여라.(30점)
2. 철골구조의 주각부 공사에 있어서 앵커볼트 설치와 주각 모르타르 시공의 공법별 품질관리 요점을 설명하여라.(30점)
3. 초고층 건축의 시공관리에 대하여 설명하여라.(40점)

【제2교시】 다음 문제를 설명하시오.

1. 다음의 용어를 설명하여라.(40점)
   ㉮ 메탈 터치(Metal Touch)
   ㉯ 리바운드 체크(Rebound Check)
   ㉰ 트렌치 컷 공법(Trench Cut Method)
   ㉱ 시어 커넥터(Shear Connector)
   ㉲ 표준관입시험
2. 철골공사에 있어서 내화 피복의 공법별 특성 및 시공방법을 설명하여라.(30점)
3. 철근콘크리트 공사에서 공사감리자의 역할 및 책임에 대하여 시공자의 역할 및 책임과 비교하여 설명하여라.(30점)

【제3교시】 다음 문제를 설명하시오.

1. 최근 콘크리트용 조골재의 부족현상이 점차 심화되고 있는 바 이에 대한 원활한 공급방안을 설명하여라.(30점)
2. 초고층 벽식 구조의 공동주택 골조공사에 있어서 시공상의 문제점과 대책을 설명하여라.(30점)
3. 철근콘크리트공사에 있어서 레미콘이 Batcher Plant를 출발하여 현장 타설이 완료될 때까지의 다음 각 단계별 품질관리 요점을 설명하여라.(40점)
   ㉮ 운반
   ㉯ 타설
   ㉰ 다짐
   ㉱ 양생

【제4교시】 다음 문제를 설명하시오.

1. 철근콘크리트공사에서 거푸집 및 동바리의 존치 기간에 대하여 설명하여라.(30점)
2. 도심지에서 대형 건축공사 시공으로 인하여 발생하는 건설 공해에 대하여 그 대책을 설명하여라.(30점)
3. 다음 네트워크와 같이 공사를 진행하고자 한다. 가장 빠른 시작 시간(Earliest Start Time), 가장 늦은 시작 시간(Latest Start Time)에 의한 인력 부하도(Loading Diagram)와 균배도(Leveling Diagram)를 작성하고, 총동원 인원수 및 최소 동원 인원수를 산출하여라.(40점)

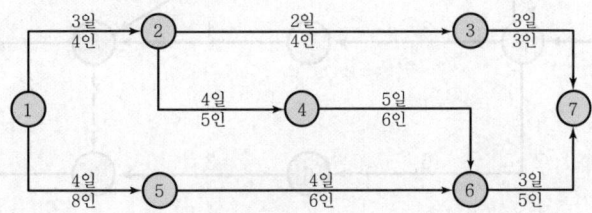

제37회 • 건축시공기술사 시험문제(1992년 전반기)

【제1교시】 다음 문제를 설명하시오.

1. P.C 공법의 문제점과 개선방향 및 금후의 전망에 대하여 설명하여라.(30점)
2. 철골세우기 공사의 공정과 품질관리 요점을 설명하여라.(30점)
3. 기성 콘크리트 말뚝박기 공사의 시공 품질관리 요점을 설명하고, 특히 현장에서 항타 중 소정의 지지력에 도달하였는지 판단하는 방법을 설명하여라.(40점)

【제2교시】 다음 문제를 설명하시오.

1. 네트워크(Network) 기법에서 진도 관리(Follow Up)에 대하여 설명하여라.(30점)
2. 터파기공사에서 차수공법을 기술하고 강제 배수 시 발생하는 문제점과 대책을 설명하여라.(30점)
3. 철근콘크리트 골조공사의 공법 발전 방향을 거푸집, 철근콘크리트공사별로 설명하여라.(40점)

【제3교시】 다음 문제를 설명하시오.

1. 아스팔트 지붕 방수의 단면을 도시하고, 품질관리 요점을 설명하여라.(단, Slab와 Parapet 포함)(30점)
2. 철골조 고층 건축공사에서의 안전관리의 요점을 기술하여라.(30점)
3. 다음의 용어를 설명하여라.(40점)
   ㉮ 언터컷(Under Cut)(8점)
   ㉯ 각장 부족(8점)
   ㉰ 특성 요인도(8점)
   ㉱ 턴키 방식(Turn Key System)(8점)
   ㉲ 특급점(Crash Point)(8점)

【제4교시】 다음 문제를 설명하시오.

1. 콘크리트공사의 품질관리 순서를 기술하여라.(30점)
2. 외벽 돌붙이기 공사의 공법을 종류별로 도시 설명하고, 품질관리 요점을 설명하여라.(30점)
3. 다음 네트워크와 같이 일정을 계산표를 작성하여 계산하고, 공기를 3일간 단축할 때 고려해야 할 경로를 표시하고, 공기를 3일간 단축할 때 여유시간이 가장 큰 작업(Activity)과 여유일수(전체여유, 자유여유, 관계여유)를 산출하여라.(40점)

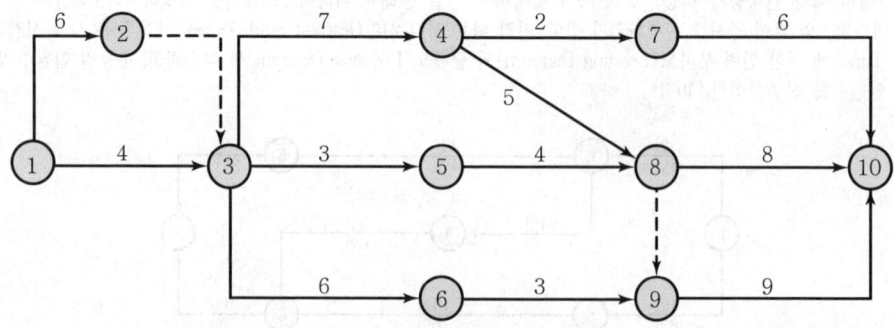

제38회 ● 건축시공기술사 시험문제(1992년 후반기)

【제1교시】 다음 문제를 설명하시오.

1. 기술 개발 보상금 제도의 필요성에 대하여 논하여라.(30점)
2. 초고층 건물 RC 공사에서 대형 거푸집 Panel 시공법을 논하고 재래식 공법과 비교하여 장단점을 논하여라.(30점)
3. 유동화 콘크리트의 사용 시 품질관리 방법에 대하여 논하여라.(40점)

【제2교시】 다음 문제를 설명하시오.

1. 대형 P.C Panel 조립식 건축시 요즘 많이 나타나고 있는 문제에 대하여 P.C 관리의 관점에서 기술하여라.(30점)
2. 연약지반에서 흙막이공사 및 굴토 시공 시 주의사항에 대하여 논하여라.(30점)
3. 감리제도의 문제점 및 대책을 논하여라.(40점)

【제3교시】 다음 문제를 설명하시오.

1. 고층 건물 Curtain Wall 중 석재를 사용하는 것과 AL Panel 사용하는 공법의 장단점을 도시하여 설명하여라.(30점)
2. CM 제도의 단계별 업무 내용을 기술하여라.(30점)
3. 용어를 설명하여라.(40점)
   ㉮ ALC
   ㉯ CIP
   ㉰ Joiner
   ㉱ Fast Track Method
   ㉲ 대안 입찰

【제4교시】 다음 문제를 설명하시오.

1. 시공 속도와 공사비와의 관계에 대하여 논하여라.(30점)
2. 철골공사 시 공장 제작순서 및 제작 공정별 품질관리 방법에 대하여 기술하여라.(30점)
3. 어느 공사의 작업분할 작업별 소요일수 선행작업 조건이 아래와 같을 때 다음의 질문에 답하시오.(40점)

작업명	소요일수	선행작업
A	4	–
B	8	A
C	3	A
D	2	A
E	7	B, C, D
F	8	C, D
G	1	E, F

㉮ 이 공사의 공정표를 CPM 화살형 네트워크로 그리시오.(네트워크상에 Event 번호, 작업명, 소요일수를 표시)
㉯ 총공사 기간을 산정하고 주공정선(Critical Path)을 표시하시오.
㉰ 총공사 기간을 연장하지 않으면 작업 C를 늦출 수 있는 최대한의 여유(TF)일수를 구하시오.
㉱ '작업 E'와 '작업 F'의 최초개시일(Earlist Start Date)을 늦추지 않고 '작업 D'를 늦출 수 있는 여유(FF)일수를 구하시오.

제39회 •건축시공기술사 시험문제(1993년 전반기)

【제1교시】 다음 문제를 설명하시오.

1. 콘크리트 동해방지를 위한 시공방법에 대하여 설명하여라.(30점)
2. 건축구조물 해체공법에 대하여 기술하여라.(30점)
3. 철골공사에 있어서 철골기둥의 정착, 철골 세우기 공정 및 품질관리에 대하여 설명하여라.(40점)

【제2교시】 다음 문제를 설명하시오.

1. 건설 기계화 시공의 현황과 전망에 대하여 기술하여라.(30점)
2. 도심지의 지하 흙막이공사의 계측관리에 대하여 설명하여라.(30점)
3. 최근 국내 건축물의 도괴 사고가 있었다. 이와 같은 사고의 일반적인 원인과 방지대책에 관하여 기술하여라.(40점)

【제3교시】 다음 문제를 설명하시오.

1. 콘크리트 내구성에 대하여 설명하여라.(30점)
2. Life Cycle Cost를 설명하여라.(30점)
3. 다음 공정표에 대한 아래 사항을 구하여라.(40점)
   ㉮ 최초개시일에 대한 부하도
   ㉯ 최지개시일에 대한 부하도
   ㉰ Leveling(균배도)(8인 기준)
   ㉱ 최대동원인원수
   ㉲ 최소동원인원수
   ㉳ 총동원인원수

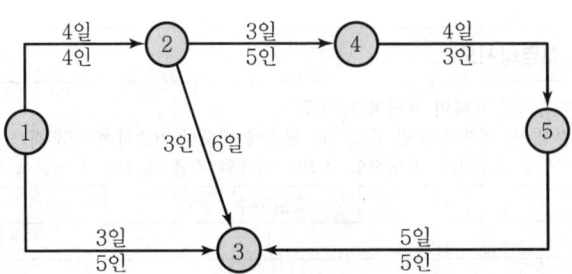

【제4교시】 다음 문제를 설명하시오.

1. 건축물의 공사비 산출을 위한 부분별 적산방법에 대하여 설명하여라.(30점)
2. 철골공사의 용접부위 변형원인과 용접 불량 방지대책을 기술하여라.(30점)
3. 다음 각 용어에 대하여 설명하여라.(40점)
   ㉮ GRC(8점)
   ㉯ 무량판 Slab(Flat Slab)(8점)
   ㉰ 테두리보(Wall Girder)(8점)
   ㉱ 지내력 시험(8점)
   ㉲ 콘크리트의 수화열(8점)

제40회 •건축시공기술사 시험문제(1993년 후반기)

【제1교시】 다음 문제를 설명하시오.

1. 타일공사의 품질관리 유의사항을 기술하여라.(30점)
2. 합성 Slab 공법의 개요와 특성에 대하여 설명하여라.(35점)
3. 흙파기공사 시공계획 수립 시 근접 시공의 유의사항과 주변 구조물의 피해방지대책에 대하여 기술하여라.(35점)

【제2교시】 다음 문제를 설명하시오.

1. 도막방수공법에 대하여 다음을 설명하여라.(30점)
   ㉮ 재료의 특성
   ㉯ 시공방법
   ㉰ 시공 시 유의사항
2. 건축공사 현장에서 콘크리트 타설에 앞서 현장과 레미콘 공장과의 협의사항과 현장에서 사전준비할 사항을 기술하여라.(35점)
3. 종합건설업 제도에 대하여 설명하여라.(35점)

【제3교시】 다음 문제를 설명하시오.

1. 중량콘크리트에 대해서 설명하여라.(30점)
2. 부대 입찰제도에 대해서 설명하고, 시행상 예상되는 문제점과 대책에 대하여 설명하여라.(30점)
3. 다음에 대하여 설명하여라.(40점)
   ㉮ Tremie관
   ㉯ Sand Drain
   ㉰ VH 타설 공법
   ㉱ 철근 Prefab 공법
   ㉲ 공정표에서 Dummy

【제4교시】 다음 문제를 설명하시오.

1. 건축공사 시공을 위한 가설공사 계획수립에 대하여 기술하여라.(30점)
2. 철골공사의 피복 금속 아크 용접 작업의 현장 품질관리 유의사항을 들고 기술하여라.(30점)
3. 다음 내용과 같은 Network 공정표를 작성하고 ① C.P, ② 공기를 3일간 단축할 때 단축을 고려해야 할 경로, ③ 각 액티비티 비용 구배가 동일하다고 가정하고 1개의 액티비티에서 최고 2일까지만 단축할 수 있는데, 단축 대상 액티비티를 찾으시오.(단, 각 액티비티의 소요 일수는 별표와 같음)(40점)
   ㉮ 작업 ①-②, ①-③, ①-⑤는 동시에 발생한다.
   ㉯ 작업 ①-③, ②-③은 동시에 완료하고 ②-③은 Dummy이다.
   ㉰ 작업 ③-④, ③-⑥은 동시에 발생한다.
   ㉱ 작업 ①-⑤의 후속작업은 작업 ⑤-⑦이고, 작업 ⑤-⑦은 작업 ⑥-⑦과 동시에 완료한다.
   ㉲ 작업 ④-⑧, ⑥-⑧, ⑦-⑧은 동시에 완료하고 최종 작업이다.

제41회 ● 건축시공기술사 시험문제(1994년 전반기)

【제1교시】 다음 문제를 설명하시오.

1. 도심지에서 굴착심도가 25m 이상이고, 지상 20층의 건축물을 건축할 때 지하수 대책 및 굴착방법에 대하여 기술하시오.(30점)
2. 콘크리트의 압축강도에 영향을 미치는 현장 시공에 대한 유의할 사항을 기술하시오.(30점)
3. 현장 타설 콘크리트 말뚝 시공에서 고려할 사항을 기술하시오.(40점)

【제2교시】 다음 문제를 설명하시오.

1. 건축물의 열적 성능을 높이기 위한 각 부위별 단열공법에 대하여 기술하시오.(30점)
2. 건축현장의 수직 운반기 종류를 열거하고 각각 그 특징을 기술하시오.(30점)
3. 철근콘크리트 구조물의 균열발생에 대한 그 원인과 공사 전 대책과 공사 후 보수공법에 대하여 기술하시오.(40점)

【제3교시】 다음 문제를 설명하시오.

1. 초고층 철골철근콘크리트 건축물의 Box Column과 H형강 Column에 대한 용접방법을 각각 기술하시오.(30점)
2. 공동주택 A.L.C 블록(Block) 내벽, 외벽의 시공 및 그 마감방법에 대하여 기술하시오.(30점)
3. 다음에 대하여 설명하여라.(40점)
   ㉮ ISO 9000   ㉯ Value Engineering   ㉰ 품질 특성   ㉱ 최적 공기   ㉲ 비폭성 파쇄재

【제4교시】 ※ 다음 문제를 설명하시오.

1. 다음 물음에 답하시오.(40점)
   ㉮ Normal 공정표를 작성하고 주공정선을 표시하시오.
   ㉯ 공기를 5일간 단축한 후의 공정표를 작성하시오.
   ㉰ 5일 단축했을 경우 총공사비를 산출하시오.
   　*정상 공기 비용은 1,000,000원
   　*각 구간 최대단축일은 공기의 1/2을 초과할 수 없다.

Activity	Event	공사기간	Cost Slope	CP
①-②	A	3	-	
①-③	B	13	10,000원	
①-④	C	20	9,000원	*
②-③	D	2		
②-④	E	5		
④-⑤	F	2	단축 불가	*
③-⑤	G	6	8,000원	
③-⑥	H	3		
⑤-⑦	I	3	6,000원	*
⑥-⑦	J	2		
⑦-⑧	K	2	15,000원	*

2. 설계 및 시공 측면에서 본 부실공사 방지대책에 대하여 기술하시오.(30점)
3. 초고층 건축물의 커튼 월(Curtain Wall) 종류를 열거하고, 각각 그 장단점을 비교 설명하시오.(30점)

제42회　●건축시공기술사 시험문제(1994년 후반기)

【제1교시】 다음 문제를 설명하시오.(각 문항 5점)

1. 지하철 흙파기를 할 때 중앙부분을 먼저 파고 기초 등 시설물을 설치한 후 시설물 등을 주위 흙막이 벽의 버팀대 받이로 한 후 주위의 흙을 파 들어가는 공법은 무엇인가?
2. 사일로를 시공할 때와 같이 콘크리트 거푸집을 쉬지 않고 조금씩 끌어올리며 시공하는 거푸집공법은?
3. 생목(生木)이 건조하여 수분이 30%로 될 때를 무엇이라 하는가?
4. PS 콘크리트를 현장에서 시공하는 방법으로 강재를 여러 차례 걸쳐 긴장시키는 공법은 무슨 공법인가?
5. 용접에 있어서 목두께의 방향이 모재의 면과 45°의 각을 이루는 용접을 무엇이라 하는가?
6. 네트워크 공정표를 바탕으로 공사를 진행할 때 공정표를 수정해야 하는 시기를 말하시오.
7. 시멘트 제품에 칠할 수 있는 도료는 어느 것인가?
8. 벽돌쌓기에서 모서리에 반절이 들어가는 쌓기 방법은?
9. 보통 부재 단면의 최소 치수가 80cm 이상이고, 내부 최고 온도와 외기 온도의 차가 25℃ 이상이 예상되는 경우의 콘크리트를 무엇이라 하는가?
10. 사질지반에 널 말뚝을 박고 배수하면서 기초 파기를 하면 외부 지반 수위와 기초 파기 저면과의 수위차에 의해서 모래와 물이 함께 속출하는 현상은?
11. Network 공정표에서 여유가 없는 경로를 무엇이라 하는가?
12. Network 공정표에서 시간의 요소가 없고 공사의 상호관계를 점선 화살표로 표시하는 것은?
13. Network 공정표에서 사용되는 작업을 표시하는 화살선을 무엇이라 하는가?
14. 부동침하를 방지할 목적으로 흙 입자 사이의 공극을 시멘트, 벤토나이트, 약액 등으로 충전하여 연약지반을 개량하여 지지력을 증가시키는 공법을 무엇이라 하는가?
15. 일정한 하중을 장기간 가하는 경우에 시간의 경과에 따라 Concrete의 처짐이 서서히 진행되는 현상을 무엇이라 하는가?
16. 한 공사를 수주함에 있어 두 개 이상의 건설회사가 자본, 자재 등을 출자하여 함께 수주하는 도급방식을 무엇이라 하는가?
17. 아직 굳지 않은 모르타르 또는 콘크리트에 있어서 물이 상승하여 표면에 고이는 현상은?
18. 목재에 칠하는 방부제의 대표적인 것 한 가지는?
19. 입찰에 있어서 경쟁자간에 미리 낙찰자를 협정하여 낙찰자를 정하기 위하여 공모(모의)하는 것은?
20. 도심지에서 깊은 지하실 건축을 할 때 주위의 흙이 무너지는 것을 방지하기 위해 두께 800mm 정도의 콘크리트 벽을 만들어 흙파기를 하는 공법은?

【제2교시】 다음 아래의 6문제 중 4문제를 선택하여 답하시오.(각 문항 25점)

1. 서중콘크리트 타설 시 발생하는 문제점과 그 대책을 설명하시오.
2. 공장에서 가공된 철골부재로 현장에서 조립 설치시 고려해야 할 사항을 설명하시오.
3. PC 공법이 국내에 활성화되지 못하고 있는 원인과 PC 공법의 나아갈 방향을 설명하시오.
4. 고층 건축과 저층 건축의 공사비 동향을 비교하시오.
5. 지하공사 시 지반에 대한 영향을 최소화하고 지상 공사까지를 합하여 공기를 단축할 수 있는 방안을 제시하시오.
6. 타일공법의 종류 및 부착강도 저하요인에 대하여 설명하시오.

【제3교시】 다음 아래의 6문제 중 4문제를 선택하여 답하시오.(각 문항 25점)

1. 콘크리트 구조물의 균열 보수 보강대책을 설명하시오.
2. 철골공사의 습식 내화 피복에서 뿜칠공법의 시공방법과 문제점을 설명하시오.
3. 건축 품질관리시에 사용되는 관리도 및 산포도에 관하여 설명하시오.
4. 건설공사에 의한 공해유발 및 그 대책에 대하여 기술하시오.
5. 현행 적산방법의 개선방향을 제시하시오.
6. 지붕방수공사의 공사 하자 요인을 열거하고 그 대책을 설명하시오.

【제4교시】 다음 아래의 6문제 중 4문제를 선택하여 답하시오.(각 문항 25점)

1. 저 Slump Con'c에 유동화제를 사용하여 Con'c의 강도를 증진시키는 방법에 대하여 설명하시오.
2. 철골공사에서 Anchor Bolt에서부터 주각부 시공까지의 시공 품질관리 개선방안을 제시하시오.
3. 건축에 Life Cycle Cost에 관하여 설명하시오.
4. Work Breakdown Structure에 대하여 설명하시오.
5. 부실건축 방지를 위한 입찰제도 개선방안을 제시하시오.
6. 다음 공정표(Network)를 보고 일정계산을 하고 아래 물음에 답하시오.
    ㉮ 3일 공기 단축 후 인력부하도를 작성하시오.
    ㉯ 공기단축 후 현장에서 발생할 수 있는 문제점에 대하여 설명하시오.
    (단, ③→④ 1일 단축 가능, ②→④ 단축 불가능)

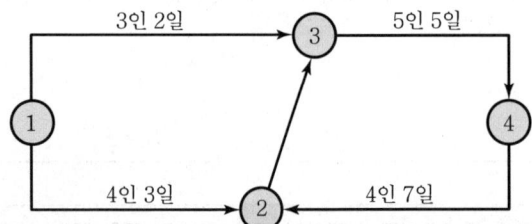

제43회 •건축시공기술사 시험문제(1995년 전반기)

【제1교시】 다음 문제를 설명하시오.(각 문항 10점)

1. 흙의 간극비에 대해 간단히 설명하시오.
2. 역타공법(Top and Down 공법)에 대해 간단히 설명하시오.
3. Rock Anchor 공법에 대해 간단히 설명하시오.
4. 실베스터(Sylvester) 방수공법에 대해 간단히 설명하시오.
5. 셀프 레벨링(Self Leveling)재 공법에 대해 간단히 설명하시오.
6. V.H 분리타설 공법(수직·수평 분리)에 대해 간단히 설명하시오.
7. Prestress 공법 중에서 Long-line 공법에 대해 간단히 설명하시오.
8. 입찰 참가자격 사전심사제도에 대해 간단히 설명하시오.
9. 건설공사의 계약방식에서 CM 방식과 턴키(Turn key) 방식의 가장 큰 차이점을 설명하시오.
10. 공정관리에서 바나나형(S-curve) 곡선을 이용한 진도관리방안을 설명하시오.

【제2교시】 다음 문제를 설명하시오.

1. 현장 시공에 사용되는 시공도면(Shop Drawing)에 관하여 다음 사항을 설명하시오.(30점)
   ㉮ 시공도면의 의의 및 역할
   ㉯ 활용에 관한 문제점 및 대책
2. 표준품셈제도의 존폐와 관련하여 다음 사항을 설명하시오.(30점)
   ㉮ 표준품셈에 기초한 현행 적산제도의 문제점
   ㉯ 현행 적산제도의 보완 및 개선 방안
3. 책임감리자로서 기술적 지도 검사의 역할 및 책임에 대하여 설명하시오.(40점)

【제3교시】 다음 문제를 설명하시오.

1. 콘크리트 제품의 촉진 양생방법에 관하여 그 종류와 특성에 대하여 설명하시오.(30점)
2. 철골공사의 용접 시공과정에 따른 검사방법에 대하여 설명하시오.(30점)
3. 철근콘크리트 구조물의 누수 발생 원인을 열거하고 그 방지대책에 대하여 설명하시오.(40점)

【제4교시】 다음 문제를 설명하시오.

1. 외벽 타일 시공 시에 있어서 타일의 박리 및 탈락에 대하여 그 원인과 방지대책에 대하여 설명하시오.(30점)
2. 시멘트 모르타르계 미장공사에 있어서 발생될 수 있는 결함의 종류를 들고 그 원인과 방지대책에 대하여 설명하시오.(30점)
3. Network 공정표의 공기단축을 위하여는 작업 순서의 변경과 작업 소요 시간의 단축 등의 기법이 사용된다. 이러한 Network 공정표의 공기조정기법에 대하여 현장 사례에 따른 구체적인 방법을 들고 설명하시오.(40점)

제44회 ●건축시공기술사 시험문제(1995년 중반기)

【제1교시】다음 문제를 설명하시오.(각 문항 10점)

1. 정보화 시공에 대해 간단히 설명하시오.
2. 공동도급(Joint Venture)에 대해 간단히 설명하시오.
3. 최적 공기에 대해 간단히 설명하시오.
4. 비용구배에 대해 간단히 설명하시오.
5. 타일의 동해방지에 대해 간단히 설명하시오.
6. 건축생산의 라이프사이클에 대해 간단히 설명하시오.
7. T.S(Torque Shear) Bolt에 대해 간단히 설명하시오.
8. 트럭 애지테이터(Truck Agitator)에 대해 간단히 설명하시오.
9. 팽창콘크리트에 대해 간단히 설명하시오.
10. 실링(Sealing) 방수에 대해 간단히 설명하시오.

【제2교시】다음 문제를 설명하시오.

1. 건설업에서 공사관리의 중요성에 대하여 기술하시오.(30점)
2. 철골부재에 쓰이고 있는 고장력 볼트 접합의 종류를 들고 그 방법을 설명하라.(30점)
3. 흙파기공사의 시공관리에 대하여 기술하시오.(40점)

【제3교시】다음 문제를 설명하시오.

1. 커튼 월 공사에 있어서 계획 및 관리시에 따른 고려해야 할 사항에 대하여 기술하시오.(30점)
2. 초고층 건축물에 있어서 바닥공법의 종류를 들고 각각의 시공에 대하여 간략히 기술하시오.(30점)
3. 건축공사의 품질관리 방법을 순서대로 기술하시오.(40점)

【제4교시】다음 문제를 설명하시오.

1. 콘크리트 내구성에 영향을 미치는 염해, 동해, 중성화를 방지할 수 있는 시공방법에 대해 기술하시오.(30점)
2. 설계시공 분리방식과 설계시공 일괄(일명 턴키 방식)의 차이점을 설명하고 각각의 장단점을 기술하시오.(30점)
3. 다음과 같은 Network 공사가 있다. 10일의 작업이 끝난 단계에서 진도관리를 한 결과 잔여일수는 다음 표와 같았다. 물음에 답하여라.(40점)
   ㉮ 진도관리를 실시한 시점에서의 공기지연 일수는 며칠인가?
   ㉯ 당초 공기대로 공사를 완료시키기 위해서는 어느 작업에서 며칠을 단축해야 하는가?
   ㉰ 수정 후의 일정 계산표를 작성하라. C.P(Critical Path)에는 *표를 하라.

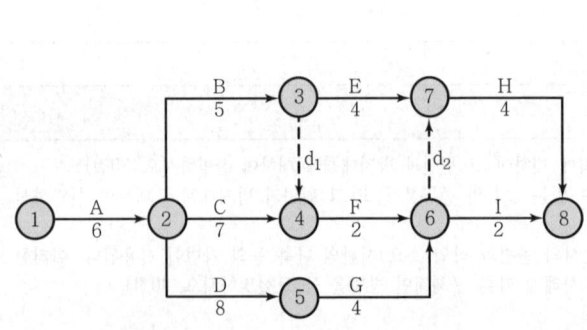

작업명	당초일정	잔여일정	비 고
A	6	0	완 료
B	5	2	공사 중
C	7	5	공사 중
D	8	6	공사 중
E	4	4	미착수
F	2	2	미착수
G	4	4	미착수
H	4	4	미착수
I	2	2	미착수

제45회 • 건축시공기술사 시험문제(1995년 후반기)

【제1교시】 다음 문제를 설명하시오.

1. 예민비에 대해 간단히 기술하시오.(10점)
2. 철근의 이음 및 정착길이에 대해 간단히 기술하시오.(15점)
3. PERT/CPM에 간단히 기술하시오.(15점)
4. 블리딩 현상에 대해 간단히 기술하시오.(15점)
5. 시공속도에 대해 간단히 기술하시오.(15점)
6. 슬라이딩 폼에 대해 간단히 기술하시오.(15점)
7. 단열 모르타르에 대해 간단히 기술하시오.(15점)

【제2교시】 다음 문제를 설명하시오.

1. 건축공사에서 발생하는 폐기물의 종류와 그 활용방안에 대하여 간략히 기술하시오.(30점)
2. 개량형 아스팔트 시트 방수에 관하여 기술하시오.(30점)
3. 건축물 외벽을 석재로 마감할 경우의 건식 붙임공법에 대하여 기술하시오.(40점)

【제3교시】 다음 문제를 설명하시오.(각 문항 30점)

1. 플랫 슬래브의 특성과 그 시공법에 대하여 기술하시오.
2. 품질관리 시 표준이 지켜지지 않는 원인과 그 대책에 대해 기술하시오.
3. 건축시공 공사 시 발생되는 소음과 진동의 원인과 그 대책에 대해 기술하시오.

【제4교시】 다음 문제를 설명하시오.

1. 다음과 같은 공정표 자료에 대하여 세 가지 질문에 대답하시오.(40점)
   ㉮ Normal Network 공정표 작성
   ㉯ 각각의 작업에서 FF와 TF 기재
   ㉰ 공기를 3일 단축했을 때의 추가 비용이 최소가 되는 작업을 기술하고 추가 비용을 산출하시오.

기호	작업	선행작업	day	공기 1일 단축비용	비 고
A	①-②	없음	7	단축 불가능	
B	①-③	없음	5	단축 불가능	
C	①-④	없음	2	단축 불가능	
D	②-⑤	A	8	10,000원	
E	③-⑤	B	3	10,000원	1. 공기 단축은 각각의 작업일수의 1/2을 초과할 수 없다.
F	④-⑥	B, C	10	10,000원	
G	⑤-⑧	D, E	10	20,000원	2. 공정표 작성 시에는 더미를 반드시 표시해야 한다.
H	⑤-⑦	D, E	5	20,000원	
I	⑥-⑦	F	8	20,000원	
J	⑦-⑧	H, I	7	20,000원	
K	⑧-⑨	G, J	1	단축 불가능	

2. 콘크리트공사가 부실 시공되는 원인을 열거하고 그 대책을 기술하시오.(30점)
3. 기성재 말뚝의 종류 및 그 특성과 이음에 대해 기술하시오.(30점)

제46회 •건축시공기술사 시험문제(1996년 전반기)

【제1교시】 다음 문제를 설명하시오.(각 문항 10점)

1. I.B.S(Intelligent Building System)에 대하여 기술하시오.
2. U.B.C(Universal Building Code)에 대하여 기술하시오.
3. Dry mix에 대하여 기술하시오.
4. False Set(헛응결)에 대하여 기술하시오.
5. C.I.C(Computer Integrated Construction)에 대하여 기술하시오.
6. Camber에 대하여 기술하시오.
7. Schumit Hammer에 대하여 기술하시오.
8. Half P.C Slab에 대하여 기술하시오.
9. 해체공사 시 고려해야 할 안전대책에 대하여 기술하시오.
10. 건축공사에 있어서 Robot화 할 수 있는 작업 분야에 대하여 기술하시오.

【제2교시】 문제 4번은 필수, 1~3번 중 2문제 선택

1. 대형 지하구조물(사례 : 가로 80m, 세로 120m, 지하 20m, 지상 20m) 공사에 있어서 지하수압에 대한 고려사항에 대하여 기술하시오.(30점)
2. 고층 벽식 구조 APT 공사에서 구조물의 바닥처짐 원인과 조적조 내외벽에 발생하는 균열 원인과 사전예방대책에 대하여 기술하시오.(30점)
3. 국내 건축공사 표준시방서와 미국 시방서(16 Division) 체제의 차이점에 대하여 기술하시오.(30점)
4. 공사현장 책임자로서 시공품질 보증을 하기 위한 운영계획을 기술하시오.(40점)

【제3교시】 문제 1번은 필수, 2~4문제 중 2문제 선택

1. 철근콘크리트조 구조물에서 나타나는 열화현상의 종류, 예방대책 및 보수방법에 대하여 기술하시오.(40점)
2. 철골건축물에서의 구조재, 알루미늄 패널, Curtain Wall 마감재의 연결부분에 대하여 도해하고 설명하시오.(30점)
3. 국내 공사현장에서 설계품질이 시공품질에 미치는 영향에 대하여 현장관리자로서 논하라.(30점)
4. 도심지 내 저층 건축물을 증축할 때 지하 기초 보강을 위한 Underpinning에 대하여 기술하시오.(30점)

【제4교시】 문제 1번은 필수, 2~4번 중 2문제 선택

1. 콘크리트 구조물과 철골구조물의 비파괴시험 종류를 각각 기술하시오.(40점)
2. 도심지에서 철골조 건축공사(사례 : 지하 5층, 지상 20층)의 사전안전 계획수립에 대하여 기술하시오.(30점)
3. 지하구조물에서 결로 발생원인과 예방대책에 대하여 기술하시오.(30점)
4. 다음에 답변하시오.(30점)

액티비티		3점 시간치			기대 시간치	액티비티		3점 시간치			기대 시간치
i	i	t_o	t_m	t_p	t_e	i	i	t_o	t_m	t_p	t_e
1	2	10	16	28	17	4	6	18	24	30	24
1	4	18	30	42	30	5	7	24	30	48	32
2	3	6	12	24	13	6	9	12	12	18	13
3	5	0	0	0	0	7	8	6	18	36	19
3	8	24	30	42	31	8	9	6	12	24	13
4	5	6	12	18	12						

① 상기 표에서 각각의 액티비티의 기대시간치(t_e)를 구하시오.
② 네트워크를 연결하고 CP를 구하시오.

제47회　●건축시공기술사 시험문제(1996년 중반기)

【제1교시】 다음 문제를 설명하시오.(각 문항 10점)

1. 서중콘크리트와 한중콘크리트에 대하여 간단히 설명하시오.
2. Value Engineering에 대하여 간단히 설명하시오.
3. 콘크리트의 품질관리와 품질검사에 대하여 간단히 설명하시오.
4. 콘크리트 중성화에 대하여 간단히 설명하시오.
5. 아일랜드 공법과 트렌치 컷 공법에 대하여 간단히 설명하시오.
6. 최적 시공 속도에 대하여 간단히 설명하시오.
7. Construction Management에 대하여 간단히 설명하시오.
8. 콘크리트 염해에 대하여 간단히 설명하시오.
9. 성능시방과 공법시방에 대하여 설명하시오.
10. Well Point 공법에 대하여 설명하시오.

【제2교시】 다음 문제를 설명하시오.

1. 건축생산의 특수성을 약술하고, 건축생산을 근대화하기 위한 방안에 대하여 설명하시오.(40점)
2. 고강도, 유동화 콘크리트의 성질 및 개발현황과 건축생산에 있어서 그 적용성 및 문제점에 대하여 설명하시오.(30점)
3. 건축생산 현장에서 건설폐기물의 발생현황과 그 재활용 필요성 및 대책에 대하여 설명하시오.(30점)

【제3교시】 다음 문제를 설명하시오.

1. 철골세우기 공사에서 주각고정(柱脚固定)방식과 순서에 대하여 설명하시오.(30점)
2. 금속 커튼 월로 시공한 고층 건물 외벽이 결로가 발생하는 원인과 방지대책에 대하여 설명하시오.(30점)
3. 철근콘크리트 공사에서 균열발생을 방지하기 위한 시공상의 대책과 시공 후에 발생된 균열의 보수보강 방법에 대하여 기술하시오.(40점)

【제4교시】 다음 문제를 설명하시오.

1. 공동주택의 층간 소음원인 및 그 소음 방지대책에 대하여 설명하시오.(40점)
2. 역타공법(Top Down 공법)의 특징, 시공순서 및 시공 시 유의사항에 대하여 설명하시오.(30점)
3. 다음 Network 공정표에 의거 각 작업의 EST, LST, LFT, EFT, TF, FF를 계산하여 공정표 및 표 빈칸에 수치를 기입하고 CP를 굵은 선으로 표시하시오.(30점)

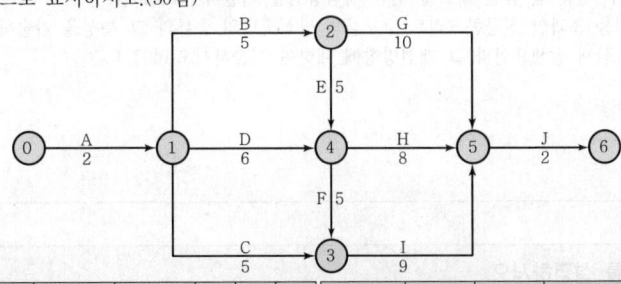

작업명	작업공정	작업일수	EST	EFT	LST	LFT	TF	FF	CP	작업명	작업공정	작업일수	EST	EFT	LST	LFT	TF	FF	CP
A	0-1	2								F	3-4	5							
B	1-2	5								G	2-5	10							
C	1-3	5								H	4-5	8							
D	1-4	6								I	3-5	9							
E	2-4	5								J	5-6	2							

제48회 · 건축시공기술사 시험문제(1996년 후반기)

【제1교시】 다음 문제를 설명하시오.

1. 콘크리트 바닥 강화제 바름(15점)
2. 시공연도에 영향을 주는 요인(15점)
3. 콘크리트공사의 시공 시 균열 방지대책(15점)
4. 합성 슬래브(Half Slab) 공법의 채용시 유의할 점(15점)
5. 거푸집의 해체 및 존치 기간(15점)
6. 도장공사에 발생하는 결함의 종류와 특성(15점)
7. 콘크리트의 적산온도(10점)

【제2교시】 다음 문제를 설명하시오.

1. 사전자격심사제도(PQ 제도)의 필요성과 정착방안을 논술하시오.(30점)
2. 현행 감리제도의 방식을 논하고, 그 문제점과 개선방향에 대하여 논술하시오.(30점)
3. 현행 건축공사 표준시방서의 개선방안에 관하여 논술하시오.(40점)

【제3교시】 다음 문제를 설명하시오.

1. 금속제 커튼 월의 요구 성능 및 품질 확보를 위한 시험방법을 기술하시오.(30점)
2. 염분 함유량의 허용치를 초과한 철근콘크리트 구조물의 방식방법의 종류와 그 특성을 기술하시오.(30점)
3. 초고층 건축 공사 시 산재 발생요인과 그 개선방향에 대하여 기술하시오.(40점)

【제4교시】 다음 문제를 설명하시오.

1. 서중콘크리트 타설 시의 주의사항에 대해서 기술하고, 양생방법에 대해서 설명하시오.(30점)
2. 철골공사에 있어 공장제작 순서를 설명하고, 제작에 따른 품질 확보 방안을 기술하시오.(30점)
3. 공정관리시 자원배당(Resource Allocation)의 정의와 방법 및 순서에 대하여 설명하시오.(40점)

제49회 •건축시공기술사 시험문제(1997년 전반기)

【제1교시】 다음 문제를 설명하시오.

1. 실비 정산식 계약제도(15점)
2. Taper Steel Frame(15점)
3. 잔골재율(15점)
4. 콘크리트의 시험 비비기(15점)
5. 조립식 철근공법(Pre-fab 공법)(15점)
6. 석공사의 양생방법(15점)
7. 재해율(災害率)(10점)

【제2교시】 문제 1번은 필수, 2~4번 중 2문제 선택

1. 펌프카를 이용한 콘크리트 타설 시 유의할 사항에 대하여 기술하시오.(40점)
2. 고성능 콘크리트(High Performance Con'c)에 대하여 기술하시오.(30점)
3. 커튼 월의 Mock Up Test에서 유의할 사항을 기술하시오.(30점)
4. 건축공사에서 유리공사의 시공방법의 종류와 유의할 사항에 대하여 기술하시오.(30점)

【제3교시】 문제 1번은 필수, 2~4번 중 2문제 선택

1. 건축공사 시공 중 지하수 수압에 의한 부상을 방지하는 시공법의 종류와 그 특징을 기술하시오.(4점)
2. 지하층의 흙막이 공사 중 스트러트(Strut) 공법에 대하여 설명하시오.(30점)
3. 철근콘크리트공사에서 콘크리트 체적변화의 요인 및 방지대책을 기술하시오.(30점)
4. Mass 콘크리트 타설 시 현장에서 유의사항을 기술하시오.(30점)

【제4교시】 문제 1번은 필수, 2~4번 중 2문제 선택

1. 현장관리비의 구성 항목과 운영상의 유의사항에 관하여 기술하시오.(40점)
2. 아파트 분양가 자율화가 건설업체에 미치는 영향에 대하여 논술하시오.(30점)
3. 용접 결함의 종류를 들고 그 원인과 대책에 관하여 설명하시오.(30점)
4. 시설물을 발주자에게 인도할 때의 유의사항을 기술하시오.(30점)

제50회　●건축시공기술사 시험문제(1997년 중반기·전)

【제1교시】 다음 9문제 가운데 5개를 선택하여 간단히 설명하시오.(각 문항 20점)

1. 코너 비드(Corner Bead)
2. 철근 선조립 공법
3. 거푸집 박리재
4. 철근 피복두께
5. 시항타
6. 콘크리트 이어치기
7. 경사 지층에서의 파일 시공
8. 품질관리의 7가지 도구
9. 타일의 유기질 접착제 공법

【제2교시】 다음 문제를 설명하시오.

1. 파일 항타 시 발생하는 결함의 유형과 대책을 논하시오.(30점)
2. 철골조의 주각부 시공 시 유의할 사항을 기술하시오.(30점)
3. 일회적 현장 생산인 건축산업의 특성과 관련하여 우리나라 건축산업의 총생산성 향상 방안을 논하시오.(40점)

【제3교시】 다음 문제를 설명하시오.

1. 건설공해의 유형과 그 방지대책에 대하여 기술하시오.(40점)
2. 현장 소운반 최소화 방안을 적시 생산(Just In Time) 시스템과 관련하여 기술하시오.(30점)
3. 대형 건축 구조물에서의 Mass Concrete 시공관리상 고려할 사항에 대하여 기술하시오.(30점)

【제4교시】 다음 문제를 설명하시오.

1. 공정마찰(또는 공정간섭)의 발생원인과 사례, 공사에 미치는 영향과 그 해소 방안을 기술하시오.(30점)
2. 원가관리의 이점과 MBO(Management By Objective) 기법의 필요성을 기술하시오.(30점)
3. 조적 벽체의 균열 발생원인과 방지대책을 기술하시오.(40점)

제51회 ● 건축시공기술사 시험문제(1997년 중반기·후)

【제1교시】 다음 문제 중 5문제를 골라 쓰시오.(각 문항 20점)

1. 품질 특성
2. 정액 보수가산 실비계약
3. 경제속도
4. 건설 구조물의 기둥 수직도의 시공오차 허용범위
5. BOO & BOT
6. 건설 CALS
7. Column Shortening

【제2교시】 다음 문제를 설명하시오.

1. 지하흙막이 공사 시 계측관리에 대하여 기술하시오.(30점)
2. 건설 표준화 추진방법 및 그 예상 효과에 대하여 아래 항목에 의거 기술하시오.(30점)
    ① 기술표준의 정의, 목적 및 종류
    ② 표준화 방법
    ③ 기술표준화 효과
3. 비계 및 거푸집 공사의 현황 및 문제점을 들고 개선방향에 대하여 기술하시오.(40점)

【제3교시】 다음 문제를 설명하시오.

1. 고강도 콘크리트 품질관리에 대하여 아래 항목에 의거 기술하시오.(30점)
    ① 배합관리
    ② 비비기 관리
    ③ 운반관리
    ④ 타설관리
    ⑤ 보양관리
2. 철골조 건물의 철골 세우기 작업 시 유의해야 할 사항에 대해서 아래 항목에 의거 기술하시오.(30점)
    ① 일반사항
    ② 기둥
    ③ 보
    ④ 계측 및 수정
3. 콘크리트 구조의 Construction Joint에서 구조 성능저하 및 방수 결함을 방지하기 위한 기술적인 처리 방안을 기술하시오.(40점)

【제4교시】 다음 문제를 설명하시오.

1. 공정관리를 계획 단계, 실시와 통제 단계로 구분하여 예시하고 각각에 대하여 간단히 설명하시오.(30점)
2. Network 공정표와 Bar Chart 공정표를 실례를 들어 그 장단점을 기술하시오.(30점)
3. 초고층 건축에서 공기에 영향을 미치는 요인을 들고 공정계획방법에 대하여 기술하시오.(40점)

제52회 •건축시공기술사 시험문제(1997년 후반기)

【제1교시】 다음 문제 중 5문제를 골라 쓰시오.(각 문항 20점)

1. 충전 강관 콘크리트(Concrete Filled Steel Tube)
2. 콘크리트 부어넣기 주의사항
3. High Performance Con'c
4. 콘크리트 이어치기 및 콜드 조인트(Cold Joint)
5. 용접 검사방법
6. 도장 재료의 요구 성능
7. 경영 혁신의 기법으로서의 벤치마킹
8. CM 계약의 유형

【제2교시】 다음 문제 중 1번 필수, 2~4번 중 2문제를 골라 쓰시오.

1. 건축 구조물의 대형화에 따른 지정 및 기초 공사의 중요성과 주의사항에 대하여 기술하고, 공사 안전을 위한 지반조사, 부지 주변 및 근린 시설 상황조사, 공사 중 계측관리에 관하여 중점적으로 논술하시오.(40점)
2. 콘크리트 품질 및 내구성을 저해하는 요인을 설명하고, 건축 생산 현장에서의 콘크리트 품질 및 내구성 향상방안을 약술하시오.(30점)
3. 방수 시스템에 필요한 성능에 대하여 간단히 설명하고 방수공법에 관하여 약술한 후 누수 방지를 위한 현장관리방안에 대하여 설명하시오.(30점)
4. 구조 재료의 주종을 이루고 있는 콘크리트 기본 재료인 강모래, 강자갈의 고갈 및 부족현상을 설명하고 콘크리트 폐기물의 적정처리 및 재활용방안에 대하여 논술하시오.(30점)

【제3교시】 다다음 문제 중 1번 필수, 2~4번 중 2문제를 골라 쓰시오.

1. 거푸집 공법 시스템(System) 선정 시 고려할 점에 대하여 기술하시오.(40점)
2. 한중 콘크리트 타설 시 주의사항과 보온양생방법에 대하여 기술하시오.(30점)
3. 돌공사에서 붙임공법을 열거하고 시공 시 주의사항에 대하여 기술하시오.(30점)
4. 철골공사에 있어서 내화피복공법의 종류를 열거하고 내화 성능 향상을 위한 품질관리 향상방안에 대하여 기술하시오.(30점)

【제4교시】 다음 문제 중 1번 필수, 2~4번 중 2문제를 골라 쓰시오.

1. CPM을 이용한 공정계획에서 작업여유(Float)의 개념은 공사관리의 목적상 전체여유(TF, total Float), 자유여유(FF, free float), 방해여유(INTF, interfering float)의 세 가지로 흔히 분류된다.
다음의 그림 (a)가 어느 CPM 공정표의 작업 'X', 'Y', 'Z' 부분을 나타내고, 그림 (b)가 이들 작업에 대한 바 차트(Bar Chart)를 표시한다고 할 때 아래 물음에 답하시오.(40점)

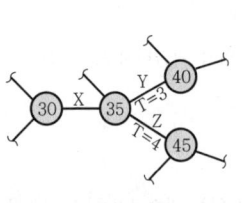

범례
T : 소요일수(Time)
ESD : Early Start Date
EFD : Early Finish Data
LSD : Late Start Date
LFD : Late Finish Data

그림 (a)   그림 (b)

① 작업 X에 대한 TF, FF, INTF는 그림(b)에 표시된 A, B, C 중 어느 것을 의미하는가?
② 세 가지의 작업 이유, 즉 TF, FF, INTF에 대한 각각의 의미를 설명하시오.
③ 작업여유를 이용한 자원 평준화 개념과 이 개념의 현장 적용성에 관하여 설명하시오.
2. 턴키 베이스의 발주자와 수급자의 측면에서 특성을 설명하고 현행 제도의 문제점과 제도개선방향을 설명하시오.(30점)
3. 표준 품셈 개선에 추진방향으로 논의되고 있는 실적 공사비에 의한 적산방식에 관하여(30점)
① 실적 공사비에 의한 적산방식의 개념에 대하여 설명하시오.
② 표준 품셈에 의한 적산방식과 실적 공사비에 의한 적산제도방식에 대한 특징과 기대효과에 대하여 비교 설명하시오.
③ 실적 공사비 도입에 대비하여 국내 건설업체가 준비하여야 될 대책에 대하여 설명하시오.
4. 건설기술관리법상 현장에서 하여야 할 품질시험 업무의(30점)
① 종류와 각각의 내용을 설명하고 ② 현장 수행 업무과정에서 문제점과 개선방안에 대하여 쓰시오.

제53회 ● 건축시공기술사 시험문제(1998년 전반기)

【제1교시】 다음 8문제 중 5문제를 간단히 설명하시오.(각 문항 20점)

1. Gang Form
2. 골재 함수량
3. 모살용접(Fillet Welding)
4. 테두리보와 인방보
5. 공기단축과 공사비와의 관계
6. 시공 실명제
7. Sheet 방수
8. Construction Joint, Expansion Joint와 Control Joint를 각기 비교 설명

【제2교시】 다음 문제를 설명하시오.

1. 공사현장에서 콘크리트의 품질을 확보하기 위한 방법에 대하여 논하시오.(30점)
2. 재건축 현장에서 발생되는 폐기물의 처리 및 활용방안에 대하여 논하시오.(30점)
3. 초고층 철골철근콘크리트조 건물시공에 적합한 철근배근 및 콘크리트 타설방법에 대하여 논하시오.(40점)

【제3교시】 다음 문제를 설명하시오.

1. 건축물 외벽 단열에 대한 시공방법과 그 효과에 관하여 기술하시오.(30점)
2. 현장공사 경비절감방안에 대하여 기술하시오.(30점)
3. 건설산업에서 건축물의 표준화 설계가 건축시공에 미치는 영향에 대해서 기술하시오.(40점)

【제4교시】 다음 문제를 설명하시오.

1. 건축물의 부동침하 발생원인과 대책에 대하여 기술하시오.(30점)
2. 건축 시공현장의 환경관리에 대해서 기술하시오.(30점)
3. Curtain Wall 공사에서 발생하는 하자의 원인과 대책에 대하여 기술하시오.(40점)

제54회 • 건축시공기술사 시험문제(1998년 중반기 · 전)

【제1교시】 다음 문제 중 5문제를 골라 쓰시오.(각 문항 20점)

1. 도막 방수
2. 폴리머 콘크리트
3. 콘크리트 피복두께
4. U.B.C(Universal Building Code)
5. T.C(Tension Control) Bolt
6. T.Q.M(Total Quality Management)
7. 초고층 건물
8. 철근 가스 압접

【제2교시】 다음 문제를 설명하시오.

1. 철근 콘크리트 구조물의 내구성 향상방안에 대하여 기술하시오.(30점)
2. 철골공사 고력볼트의 조임방법과 검사에 대하여 기술하시오.(30점)
3. 현재와 같은 IMF 시점에 있어서 건설산업의 위기극복을 위한 대처방안에 대하여 기술하시오.(40점)

【제3교시】 다음 문제를 설명하시오.

1. 건축 생산현장에서 서중(署中) 콘크리트의 시공계획을 기술하시오.(30점)
2. 현장건설 활동에 있어서 V.E(Value Engineering) 적용대상에 대하여 기술하시오.(30점)
3. 대규모 흙막이공사 계획에서 조사, 검토하여야 할 사항을 들고 그 이유를 간단히 기술하시오.(40점)

【제4교시】 다음 문제를 설명하시오.

1. 건축물 해체공법의 종류를 들고 그 내용을 기술하시오.(30점)
2. 에너지 절약을 위한 건축물의 부위별 단열공법에 대하여 기술하시오.(30점)
3. 우리나라 건설업의 CM(Construction Management) 필요성, 현황, 발전방안에 대하여 기술하시오.(40점)

제55회 • 건축시공기술사 시험문제(1998년 중반기 · 후)

【제1교시】 다음 8문제 중 5문제를 선택하여 각 문항을 적절히 설명하시오.(각 문항 20점)

1. 시공성(constructability)
2. 건축산업의 정보 통합화 생산(computer integrated construction)
3. 로봇(robot) 시공
4. 적시 생산방식(just in time)
5. 목재 함수율
6. 차음계수(STC)와 흡음률(NRC)
7. 합성 슬래브
8. 섬유보강 콘크리트

【제2교시】 다음 4문제 중 1번 문제(필수)를 포함한 3문제를 선택하여 기술하시오.

1. 사업관리(project management)의 업무내용에 대하여 기술하시오.(40점)
2. 성능발주방식에 대하여 기술하시오.(30점)
3. 공법 개선의 대상으로 우선시되는 공종의 특성에 대하여 기술하시오.(30점)
4. 환경공해를 유발하는 주요 공종과 공해의 종류를 들고 공해발생 방지대책을 기술하시오.(30점)

【제3교시】 다음 4문제 중 1번 문제(필수)를 포함한 3문제를 선택하여 기술하시오.

1. 도심 밀집지역의 초고층 건물 시공 시 문제점 및 대책에 대하여 기술하시오.(40점)
2. 복합화 공법과 목적과 적용 사례에 대하여 기술하시오.(30점)
3. 철골조 건물의 공기단축방안에 대하여 기술하시오.(30점)
4. 구조용 용접 철망의 사용 목적과 시공 시 유의사항에 대하여 기술하시오.(30점)

【제4교시】 다음 4문제 중 1번 문제(필수)를 포함한 3문제를 선택하여 기술하시오.

1. 콘크리트 구조물의 균열보수 및 보강방법에 대하여 기술하시오.(40점)
2. 흙막이공사 계측관리 기기의 종류와 용도에 대하여 기술하시오.(30점)
3. 건축공사에 적용되는 주요 지반개량공법에 대하여 기술하시오.(30점)
4. 돌공사 건식 공법의 장점과 하자발생 방지를 위한 시공 시 유의사항에 대하여 기술하시오.(30점)

제56회 • 건축시공기술사 시험문제(1998년 후반기)

【제1교시】 다음 9문제 중 5문제를 선택하여 각 문항을 간단히 설명하시오.(각 문항 20점)

1. 기능성 도장
2. 파일 동재하 시험(pile dynamic analysis)
3. Cable dome
5. 파트너링(partnering) 공사수행방식
6. 콘크리트 채움강관(concrete filled tube)
7. Soil cement 주열벽
8. 창호의 성능 평가방법
9. 클라이밍 폼(Climbing Form)

【제2교시】 다음 4문제 중 1번 문제(필수)를 포함한 3문제를 선택하여 기술하시오.

1. 흙막이벽 설치기간 중에 발생하는 이상현상을 열거하고 그 원인, 발견방법 및 방지대책에 대하여 기술하시오.(40점)
2. 우리나라 공공공사에서 현재 실시하고 있는 설계, 일괄방식(Turn-key base contract system)에 대한 문제점을 제시하고 개선방안을 기술하시오.(30점)
3. 초고층 건물시공에서 기둥의 부등축소(不等縮小)의 원인과 대책을 기술하시오.(30점)
4. 건설공사 시 단열공법의 유형과 시공방법에 대하여 기술하시오.(30점)

【제3교시】 다음 4문제 중 1번 문제(필수)를 포함한 3문제를 선택하여 기술하시오.

1. 건설공사의 공정관리에 밀접한 관계를 갖고 있는 시간(time)과 비용(cost)의 통합관리방안에 대하여 기술하시오.(40점)
2. 제자리 콘크리트 말뚝시공 시 슬라임(Slime) 처리방법과 말뚝머리 높이설정에 관한 유의사항을 기술하시오.(30점)
3. 대공간 구조물(체육관, 격납고 등) 지붕철골세우기 공법을 열거하고 시공 시 주의사항을 기술하시오.(30점)
4. 건축물 외부 석재면의 변색원인과 방지대책에 대하여 기술하시오.(30점)

【제4교시】 다음 4문제 중 1번 문제(필수)를 포함한 3문제를 선택하여 기술하시오.

1. 공동주택의 온돌공사에 관하여 그 시공순서, 유의사항, 하자유형 및 개선사항에 대하여 기술하시오.(40점)
2. 건설공사 시 클레임(claim)의 유형을 열거하고 그 예방대책과 분쟁해결방안에 대하여 기술하시오.(30점)
3. 토공사용 건설장비 선정에서 고려할 사항에 대하여 기술하시오.(30점)
4. 품질관리가 건축공사비에 미치는 영향에 대하여 기술하시오.(30점)

제57회 ● 건축시공기술사 시험문제(1999년 전반기)

【제1교시】 다음 8개 문제 중 5개의 문제를 택하여 간략하게 기술하시오.(각 문항 20점)

1. 시공도와 제작도(Shop Drawing)의 차이점
2. 인력부하도와 균배도
3. J.S.P(Jumbo Special Pile)
4. 개산(개산) 견적
5. 낙찰자 결정을 위한 적격 심사제도
6. Metal Touch
7. 트레미관(Tremie Pipe)
8. 프리캐스트 콘크리트(PC) 접합부 방수

【제2교시】 다음 4문제 중 1번 문제(필수)를 포함한 3문제를 선택하여 답하시오.

1. RC조 아파트 현장에서 자주 발생하는 문제점 중 설계와 관계된 사항 등을 기술하고 이를 예방하기 위하여 설계도서 검토 시에 유의해야 할 요점을 설명하시오.(40점)
2. 현장 타설 콘크리트 말뚝(Bored Cast in Situ Pile)의 시공 시 주의사항을 기술하시오.(30점)
3. 철골공사의 적산 항목을 분류하고 부위별 수량산출방법을 설명하시오.(30점)
4. 품질경영(Quality Management)을 구성하는 3단계 활동에 대하여 기술하시오.(30점)

【제3교시】 다음 4문제 중 1번 문제(필수)를 포함한 3문제를 선택하여 답하시오.

1. 건축 생산성 향상을 위한 다음의 3과제에 대하여 설명하시오.(40점)
   ① 계획설계의 합리화
   ② 생산기술의 공업화
   ③ 생산기술의 과학화
2. 다음 그림과 같이 철근 콘크리트보의 중앙부분에는 수직방향의 균열, 단부에는 경사방향의 균열이 발생하였다. 이에 대한 균열의 추정원인, 손상정도, 보수보강대책을 기술하시오.(30점)

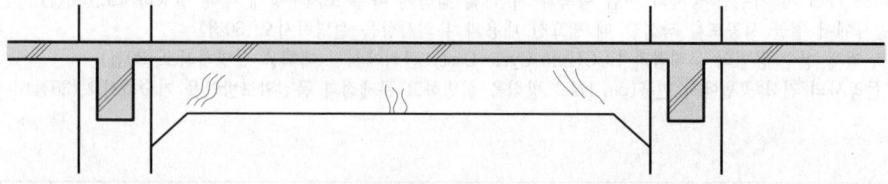

3. 슬러리 월(Slurry Wall) 시공 현장에서 확인해야 할 품질관리 사항을 시공 순서대로 기술하시오.(30점)
4. 철골공사에 현장 접합 시공에서 부재간의 결합 부위를 분류하고 시공 시 유의사항을 기술하시오.(30점)

【제4교시】 다음 4문제 중 1번 문제(필수)를 포함한 3문제를 선택하여 답하시오.

1. 철근 콘크리트 구체공사의 합리화를 위한 복합공법을 설명하고 이 공법의 하드(Hard) 요소 기술과 소프트(Soft) 요소 기술에 대하여 기술하시오.(40점)
2. 건축현장에서 레미콘 공장의 선정 기준과 레미콘 발주 시 유의사항을 기술하시오.(30점)
3. 건설업의 기술 경쟁력 방안을 위한 전략의 방향을 기술하시오.(30점)
4. 거푸집 존치기간이 철근콘크리트 강도에 미치는 영향과 이를 반영한 거푸집 전용계획에 대하여 기술하시오.(30점)

제58회 • 건축시공기술사 시험문제(1999년 중반기)

【제1교시】 다음 문제 중 5문제를 선택하여 답하시오.(각 문항 20점)

1. 철골 내화피복 검사
2. 벤토나이트 방수공법
3. 적산온도
4. Lead Time
5. Cost Slope(비용구배)
6. PDM(Precedence Diagram Method)
7. 토질주상도(柱狀圖)
8. Soil Nailing 공법
9. 기둥 밑잡이

【제2교시】 다음 5문제 중 1번 문제(필수)를 포함한 3문제를 선택하여 답하시오.

1. 건설 현장에서 발생되는 폐기물의 종류와 그 처리 및 재활용 방안에 대하여 기술하시오.(40점)
2. 공동도급방식의 방법과 장단점을 설명하고 국내에서의 시행 실태를 기술하시오.(30점)
3. 국내의 건축공사에서 PC 공법을 활성화하기 위한 기술적 사항을 기술하시오.(30점)
4. 한중 콘크리트를 설명하고 양생 초기에 주의하여야 할 관리내용을 열거하고 설명하시오.(30점)
5. 건축 현장에서 시공계획서 작성 항목을 열거하고 시공관리 측면에서 기술하시오.(30점)

【제3교시】 다음 5문제 중 1번 문제(필수)를 포함한 3문제를 선택하여 답하시오.

1. 기존 건물에서 PC 말뚝 기초의 침하에 의한 하자를 열거하고 보수, 보강 방법을 설명하시오.(40점)
2. 콘크리트 타설 시 거푸집 공사의 점검 항목과 처짐 및 침하에 따른 조치사항에 대해 설명하시오.(30점)
3. 철골공사에서 철골 시공도를 작성할 때 필요한 내용과 유의사항을 설명하시오.(30점)
4. 시멘트 액체 방수 공법의 문제점과 LCC(Life Cycle Cost) 관점에서의 대책을 설명하시오.(30점)
5. 외부 돌공사의 건식 공법에서 핀홀(pin hole) 방식을 설명하고 문제점과 품질확보방안을 기술하시오.(30점)

【제4교시】 다음 5문제 중 1번 문제(필수)를 포함한 3문제를 선택하여 답하시오.

1. RC조 고층아파트의 건축공사에서 철근공사의 시공실태와 개선방안을 현장적 측면에서 기술하시오.(40점)
2. 외벽타일의 박리・탈락에 대한 원인 및 대책을 설계, 시공, 유지관리 측면에서 기술하시오.(30점)
3. PERT-CPM 공정표의 현장 활용 실태를 설명하고 적용 활성화를 위한 방안을 기술하시오.(30점)
4. 부력을 받는 구조물의 부상방지대책에 대하여 기술하시오.(30점)
5. 초고층 건물의 양중방식과 양중계획에 대하여 기술하시오.(30점)

제59회 • 건축시공기술사 시험문제(1999년 후반기)

【제1교시】 다음 문제 중 5문제를 선택하여 답하시오.(각 문항 20점)

1. Fast Track 턴키 수행방식
2. 공기막 구조
3. Sand Bulking(샌드 벌킹)
4. 진공 배수 콘크리트
5. Mill Sheet(밀 시트)
6. 내화도료
7. 전기적 부식
8. Stiffener(스티프너)

【제2교시】 다음 4문제 중 1번 문제(필수)를 포함한 3문제를 선택하여 답하시오.

1. 흙막이벽의 하자 유형을 기술하고 하자 발생에 대한 사전대책과 사후대책을 설명하시오.(40점)
2. 매스콘크리트의 특성과 시공 시 유의사항을 기술하시오.(30점)
3. 강제 창호의 외주 관리 시 유의사항과 현장설치공법에 대하여 설명하시오.(30점)
4. 건축 현장에서 수행하는 품질시험과 시험 관리 업무에 대하여 기술하시오.(30점)

【제3교시】 다음 4문제 중 1번 문제(필수)를 포함한 3문제를 선택하여 답하시오.

1. 현장 타워크레인의 기종 선정 시 고려사항과 운용 시의 유의사항을 설명하시오.(40점)
2. 철골조 외벽에 ALC 패널을 설치하는 공법에 대하여 기술하고 특성을 설명하시오.(30점)
3. 고층 건축물의 내진 대책과 내진 구조 부위의 시공 시 유의사항을 설명하시오.(30점)
4. 타일 붙임 공법 중 습식 공법과 건식 공법을 비교하고 시공 시 유의사항에 대하여 설명하시오.(30점)

【제4교시】 다음 4문제 중 1번 문제(필수)를 포함한 3문제를 선택하여 답하시오.

1. 책임 감리와 CM(건설 사업관리)의 유사점 및 차이점과 개선방안에 대하여 기술하시오.(40점)
2. 현장 타설 구체 콘크리트의 압축강도를 공시체로 추정하는 방법에 대하여 설명하시오.(30점)
3. 건축 현장의 유해위험방지계획서의 작성 요령에 대하여 기술하시오.(30점)
4. 대형 시스템 거푸집(Gang Form, Climbing Form, Slip Form, Tunnel Form, Euro Form 등)의 종류별 특성과 현장 적용 조건에 대하여 설명하시오.(30점)

제60회 ● 건축시공기술사 시험문제(2000년 전반기)

【제1교시】 다음 13문제 중 10문제를 선택하여 설명하시오.(각 문항 10점)

1. 건설사업관리(CM)의 주요업무
2. W.B.S(Work Breakdown Structure)
3. Heaving현상
4. P.M.D.B(Project Management Data Base)
5. 거푸집의 고려하중 및 측압
6. Bond Beam
7. 건설공사의 진도관리 방법
8. Access Floor
9. 평판재하시험(Plate Bearing Test)
10. Half Slab
11. 내력벽(Bearing Wall)
12. S.C.W(Soil Cement Wall) 공법
13. 건설CALS(Continuous Acquisition & Life Cycle Support)

【제2교시】 다음 6문제 중 4문제를 선택하여 설명하시오.(각 문항 25점)

1. 도심지 RC조 고층건물을 해체할 경우 고려할 사항에 대하여 기술하시오.
2. 건축공사의 설계 및 시공과정에서 VE(Value Engineering) 적용상 문제점 및 활성화 방안에 관하여 기술하시오.
3. 공사원가 관리의 MBO(Management By Objective) 기법 적용상 유의사항에 대하여 기술하시오.
4. 공동주택의 층간 소음방지를 위한 시공 상 고려할 사항을 기술하시오.
5. 건축물 신축공사 시 지하주차장 1층 상부 슬라브의 균열방지대책에 관하여 기술하시오.
6. 철골공사에서 철골 기초의 앵커볼트(Anchor Bolt) 매입 및 주각부 시공 시 고려할 사항을 기술하시오.

【제3교시】 다음 6문제 중 4문제를 선택하여 설명하시오.(각 문항 25점)

1. 지하수 수위가 높은 지반의 대규모 흙막이 공사에서 지하수 수압으로 인한 문제점 및 수압방지대책을 기술하시오.(단, 지하수위 G.L-8m, 굴착심도 30m, 지상 30층)
2. 대형 건축물의 신축공사 시 고정식 타워 크레인(Tower Crane)의 배치방법 및 기초시공에서 시공상 고려할 사항을 기술하시오.
3. 초고층 건축물의 시공계획서를 작성할 때 자재양중계획에 관하여 기술하시오.
4. 아파트 옥상 바닥 누름 콘크리트의 균열 발생 및 들뜸 원인에 관하여 방지대책으로 시공상 고려사항을 기술하시오.
5. 커튼월(Curtain Wall) 공사의 공법 종류 및 시공 시 고려사항을 기술하시오.
6. 제치장 콘크리트(Exposed Concrete)의 시공 시 고려사항을 기술하시오.

【제4교시】 다음 6문제 중 4문제를 선택하여 설명하시오.(각 문항 25점)

1. 건축공사 시방서에 관한 기재사항 및 작성절차를 기술하시오.
2. 하절기 철근콘크리트 공사에서 서중 콘크리트 타설 시 문제점 및 시공 시 고려사항을 기술하시오.
3. 외벽 타일 붙임 공법의 종류 및 박리·탈락 방지대책에 관하여 시공 시 고려사항을 기술하시오.
4. 공동주택 콘크리트 측벽의 균열 발생원인 및 방지대책에 관하여 기술하시오.
5. 초고층 건축물 신축공사에서 공정 마찰(공정간섭)이 공사에 미치는 영향과 그 해소 기법을 기술하시오.
6. 지하수 수압에 의한 건축물의 부상방지대책으로서 지하수위 저하공법의 종류 및 시공 시 고려사항을 기술하시오.

제61회 ● 건축시공기술사 시험문제(2000년 중반기)

【제1교시】 다음 13문제 중 10문제를 선택하여 설명하시오.(각 문항 10점)

1. 고층 건축공사의 낙하물 방지망 설치방법
2. 기포 Concrete
3. 수지(樹脂)미장
4. Sleeve Joint
5. 고층건축공사에서 Core 선행(先行)시공방법
6. 천연(天然) Paint
7. Cost Slope(비용구배)
8. 단열(斷熱) Mortar
9. 혼화(混和) 재료
10. 잔골재율
11. 건물 주위에 강관(鋼管)비계 설치시 비계면적 산출방법
12. 유리공사에 판유리 수량 산출방법
13. Fast Track Construction

【제2교시】 다음 6문제 중 4문제를 선택하여 설명하시오.(각 문항 25점)

1. 철근콘크리트공사에서 철근 Pre-fabrication 공법에 대하여 설명하시오.
2. 공동주택에서 결로 발생원인과 방지대책에 대해 설명하시오.
3. 고층건물에서 바닥판 공법의 종류와 시공방법을 설명하시오.
4. 지하실 터파기 공사에서 강제배수 시 발생하는 문제점과 대책을 설명하시오.
5. 복합 공법적용현장의 효율적인 공정관리 System을 설명하시오.
6. 철골공사에서 고장력 볼트 체결시 유의사항을 기술하시오.

【제3교시】 다음 6문제 중 4문제를 선택하여 설명하시오.(각 문항 25점)

1. 공동주택에서 발생하는 소음의 종류와 저감대책을 설명하시오.
2. 고유동(초유동) 콘크리트의 특성과 유동성 평가방법을 설명하시오.
3. 철골기둥과 기초콘크리트를 고정하는 앵커볼트의 위치와 Base Plate Level을 정확하게 시공하는 방법을 설명하시오.
4. 엄지 말뚝 흙막이 공사에서 주위의 지반이 침하하는 주요원인과 방지대책을 설명하시오.
5. 환경친화적 건축물에 대하여 설명하시오.
6. CPM 공정표 작성기법 중 ADM(Arrow Diagramming Method) 기법과 PDM(Precedence Diagramming Method)에 대하여 장단점을 비교설명하시오.

【제4교시】 다음 6문제 중 4문제를 선택하여 설명하시오.(각 문항 25점)

1. 공동주택공사에서 기준층 화장실공사의 시공순서와 유의사항을 설명하시오.
2. 건축물의 REMODELING 사업의 개요와 향후 발전전망에 대하여 기술하시오.
3. 옥내 주차장 바닥 마감재의 종류와 특징을 설명하시오.
4. 합성 고분자계 시트 방수층에서 발생하는 부풀음 방지대책을 기술하시오.
5. MASS CONCRETE의 온도 균열을 방지하기 위한 시공대책을 기술하시오.
6. SLURRY WALL 공사의 콘크리트 타설 시 유의사항을 기술하시오.

제62회 • 건축시공기술사 시험문제(2000년 후반기)

【제1교시】 다음 13문제 중 10문제를 선택하여 설명하시오.(각 문항 10점)

1. MCX(Minimum Cost Expediting)기법
2. Control Joint
3. 특급점(Crash Point)
4. 부대 입찰제
5. ISO 14000
6. Scallop 가공
7. Vapor Barrier
8. Stud Bolt
9. Pareto 도
10. 리밍(Reaming)
11. 섬유 보강 콘크리트
12. Post Tension 공법
13. 개착(Open Cut) 공법

【제2교시】 다음 6문제 중 4문제를 선택하여 설명하시오.(각 문항 25점)

1. 철골용접부의 비파괴검사법
2. 철골내화피복공법의 종류
3. 부동침하 시의 기초보강공법
4. 동절기 콘크리트 공사의 시공관리
5. 콘크리트 구조물의 부위별 구조 보강공법
6. 양중장비 계획 시의 고려사항

【제3교시】 다음 6문제 중 4문제를 선택하여 설명하시오.(각 문항 25점)

1. 이중천장 공사에서의 고려사항
2. 동바리 시공 시의 문제점과 기술상의 대책
3. 시트 방수공사에서의 하자원인과 예방책
4. 콘크리트 구조물에서의 철근 부식 원인과 방지대책
5. 콘크리트의 품질시험방법
6. 모르타르 미장면의 균열 방지대책

【제4교시】 다음 6문제 중 4문제를 선택하여 설명하시오.(각 문항 25점)

1. 하도급업체의 선정 및 관리방법
2. 도심밀집지에서 공사진행 시 유의해야 할 환경공해
3. 종합가설계획에서의 고려사항
4. 철골 부재의 현장반입 시 검사항목
5. 현장에서 발생하는 건설 폐기물의 저감방안
6. 건설 로봇의 활용전망

제63회 ● 건축시공기술사 시험문제(2001년 전반기)

【제1교시】 다음 13문제 중 10문제를 선택하여 설명하시오.(각 문항 10점)

1. 성능발주방식
2. 콘크리트 헤드(Concrete Head)
3. TMCP 강재
4. E.V.M.S(Earned Value Management System)
5. VH 분리 타설공법
6. Delay Joint
7. Tool Box Meeting
8. 엷은 바름재(Thin Wall Coating)
9. 산포도(산점도, Scatter Diagram)
10. 지반 투수 계수
11. 본드 브레이커(Bond Breaker)
12. VECP(Value Engineering Change Proposal) 제도
13. 초음파 탐상법

【제2교시】 다음 6문제 중 4문제를 선택하여 설명하시오.(각 문항 25점)

1. 역타공법의 선정배경과 가설 및 장비계획에 대하여 기술하시오.
2. 아파트 발코니 균열 발생의 원인 및 방지대책에 대하여 기술하시오.
3. 철골 구조물의 슬래브 공사에서 데크 플레이트(Deck plate) 상부 콘크리트의 균열발생 원인 및 억제대책에 관하여 기술하시오.
4. 옥상 도막 방수공사에서 방수하자 원인과 방지대책을 기술하시오.
5. 일반 건설공사의 안전관리비 구성항목과 사용내역에 대하여 기술하시오.
6. 우리나라 해외건설의 침체원인과 활성화 방안을 기술하시오.

【제3교시】 다음 6문제 중 4문제를 선택하여 설명하시오.(각 문항 25점)

1. 기성 콘크리트 말뚝 매입 공정 중에서 선행굴착(pre-boring) 공법에 대한 시공 시 유의사항을 기술하시오.
2. 지하주차장 플랫 슬래브(Flat slab) 드롭 패널(Drop panel)의 균열 원인과 시공 시 주의사항을 기술하시오.
3. 거푸집 및 동바리 해체(떼어내기) 기준에 대하여 각 부위별로 기술하고, 기준시기보다 조기 탈형할 수 있는 강도확인방법을 설명하시오.
4. 최저가 낙찰제도의 장단점과 발전방안에 대하여 기술하시오.
5. 유해위험방지계획서 제출서류 항목 및 세부내용에 대하여 기술하시오.(높이 31m 이상인 건축공사)
6. 철골철근콘크리트(SRC)조 건물시공 시 부위별 철근배근공사의 유의사항을 기술하시오

【제4교시】 다음 6문제 중 4문제를 선택하여 설명하시오.(각 문항 25점)

1. 골조공사에 적용되는 무비계공법을 열거하고, 공법별 특성을 기술하시오.
2. 도심지 밀집지역 근접공사의 인접시설물 및 매설물 안전대책에 대하여 기술하시오.
3. 초고층 건물의 공기단축방안을 설계, 공법, 관리 측면에서 기술하시오.
4. 공동주택의 부위별 결로 발생 원인을 기술하고, 각각의 원인별 방지대책을 설계, 공법 및 시공상 유의사항으로 구분하여 기술하시오.
5. 천장재의 재질과 요구성능에 대하여 기술하시오.
6. 공기 지연 유발 원인을 유형별로 열거하고, 클레임 제기에 필요한 사전조치사항을 기술하시오.

제64회 •건축시공기술사 시험문제(2001년 중반기)

【제1교시】 다음 13문제 중 10문제를 선택하여 설명하시오.(각 문항 10점)

1. 콘크리트 타설 시 거푸집에 작용하는 측압
2. P.M.I.S(Project Management Information System)
3. 공동도급공사에서의 공동이행 방식과 분담이행방식
4. Wet Joint Method
5. 막구조(Membrane Structure)
6. L.C.C(Life Cycle Cost)
7. Slump Flow
8. 환경친화건축
9. C.F.T(Concrete Filled Tube)
10. S.F.R.C(Steel Fiber Reinforced Concrete)
11. Mass Concrete 타설 시 온도균열 방지대책
12. 시공성 분석(Constructability)
13. 녹화(綠化) 콘크리트

【제2교시】 다음 6문제 중 4문제를 선택하여 설명하시오.(각 문항 25점)

1. 공동주택현장에서 1개층 공사의 1cycle 공정순서(Flow Chart)와 그 중점관리사항을 설명하시오.
2. 콘크리트의 내구성 저하 원인과 방지대책을 기술하시오.
3. 도심지 공사에서 지하외벽의 합벽처리공사와 관련하여 준공 후 발생되는 주요 하자 유형을 열거하고, 설계 및 시공상의 방지대책을 기술하시오.
4. 건설 V.E(Value Engineering)의 개념과 적용시기 및 그 효과에 대하여 설명하시오.
5. 건설표준화에 대하여 설명하고, 시공에 미치는 영향을 기술하시오.
6. 철골구조에서 H형강 보(Beam)를 고장력 볼트로 접합시공할 때 시공순서에 따라 품질관리방안을 기술하시오.

【제3교시】 다음 6문제 중 4문제를 선택하여 설명하시오.(각 문항 25점)

1. 콘크리트의 균열발생 요인 중 시공적 요인에 의한 균열의 저감대책에 대하여 설명하시오.
2. 외장 커튼월 공사에서 Stick Wall System과 Unit Wall System의 개요를 설명하고, 두 가지 system에 대하여 다음 항목을 비교하여 설명하시오.
   ① 성능(단열, 수밀, 기밀)
   ② 운반
   ③ 시공성
   ④ 경제성
3. 공동주택 현장에서 Tower Crane 설치계획과 운영관리에 대하여 설명하시오.
4. 해안 매립지에 위치한 건축공사에서, PC말뚝공사에 관한 시공관리방안을 기술하시오.
5. 국내의 건설 클레임 및 분쟁의 해결방법을 설명하시오.
6. 건축공사에서 공정간섭의 원인과 그 해소방법을 설명하시오.

【제4교시】 다음 6문제 중 4문제를 선택하여 설명하시오.(각 문항 25점)

1. 지붕 방수층 위에 타설한 누름 콘크리트의 신축줄눈에 대하여 그 시공목적과 시공방법에 대하여 설명하시오.
2. 실행예산 작성 시 검토할 사항에 대하여 설명하시오.
3. 물가 변동에 의한 계약금액 조정방법을 설명하시오.
4. 콘크리트 재생골재의 특징과 사용상의 문제점에 대하여 설명하시오.
5. 지반 굴착공사에서 사면안정공법으로 활용되고 있는 Soil Nailing 공법의 개요, 장단점, 시공방법에 대하여 기술하시오.
6. 콘크리트 Pump에 의한 현장 Con'c 타설 시 Pump 압송(壓送)을 향상시키기 위한 Con'c 배합상의 대책과 시공상의 유의사항에 대하여 설명하시오.

제65회 • 건축시공기술사 시험문제(2001년 후반기)

【제1교시】 다음 13문제 중 10문제를 선택하여 설명하시오.(각 문항 10점)

1. 층간 소음방지
2. 온도철근(Temperature Bar)
3. 부마찰력
4. 전도성 타일(Conductive Tile)
5. 후레싱(Flashing)
6. 프리쿨링(Pre-cooling)
7. 콘크리트 프레이싱 붐(Concrete Placing Boom)
8. 와플폼(Waffle-Form)
9. 기준점(Bench Mark)
10. Milestone
11. 자원분배(Resource Allocation)
12. 실적공사비
13. 품질보증(Quality Assurance)

【제2교시】 다음 6문제 중 4문제를 선택하여 설명하시오.(각 문항 25점)

1. 토질주상도의 용도 및 현장시공 시 활용방안을 기술하시오.
2. Fast Track Method에 대하여 기술하시오.
3. 고층 건축물의 Curtain Wall에 대한 현장시험 실시시기와 시험방법을 기술하시오.
4. 설계품질과 시공품질에 대하여 설명하시오.
5. 공사중지로 방치된 구조체 공사를 다시 시공할 때 고려해야 할 사항을 설명하시오.
6. J.S.P(Jumbo Special Pile) 공법을 설명하고 적용범위를 기술하시오.

【제3교시】 다음 6문제 중 4문제를 선택하여 설명하시오.(각 문항 25점)

1. 거푸집에 작용하는 각종 하중으로 인한 사고의 유형 및 대책을 기술하시오.
2. 건설 프로젝트에 있어서 품질 매니지먼트(Quality-Management)에 대하여 설명하시오.
3. 건설사업 추진과정에서 예상되는 리스크(Risk) 인자를 서술하시오. (기획, 설계, 시공, 유지관리 단계별)
4. 대규모 바닥 콘크리트 타설 시 진공배수공법에 대하여 기술하시오.
5. 시스템 거푸집(System Form)에 대하여 기술하시오.
6. 공동도급 계약시 공동이행방식에 의한 현장운영 현황을 기술하시오.(목적, 장단점, 현실태, 문제점, 개선방안 등)

【제4교시】 다음 6문제 중 4문제를 선택하여 설명하시오.(각 문항 25점)

1. 벽체 상부에 Dry Wall이 설치되는 연속지중벽(Slurry Wall) 공사의 굴착과 콘크리트 타설방법에 대하여 논하시오.
2. 도심지 고층 건축공사에서 옥상측벽용 노출 concrete 대형 거푸집 설치의 고정방법 및 유의사항을 기술하시오.
3. 파일공사의 동재하시험시 유의사항을 기술하시오.
4. 지하층 외벽과 바닥에 발생하는 결로 방지의 방법과 시공사 유의사항을 기술하시오.
5. 대규모인 단층공장 철골세우기 및 제작운반에 대한 검토사항을 기술하시오.
6. 초등학교 신축공사(연면적 5,000평 RC조)에 직종별 기능인력 투입계획 및 문제점에 대하여 설명하시오.

제66회 • 건축시공기술사 시험문제(2002년 전반기)

【제1교시】 다음 13문제 중 10문제를 선택하여 설명하시오.(각 문항 10점)

1. 규준틀(Batter Board) 설치방법
2. Soil Cement
3. Space Frame
4. 환경친화형 Concrete
5. 작업표준
6. 파트너링(Partnering)
7. Curing Compound(큐어링 컴파운드)
8. 공정관리에서 L.O.B(Line of Balance)
9. 풍동실험(Wind Tunnel Test)
10. 환경관리비
11. 목재의 방부처리
12. 표면결로
13. Sliding Joint

【제2교시】 다음 6문제 중 4문제를 선택하여 설명하시오.(각 문항 25점)

1. 석공사의 강재 Truss(Metal truss) 공법에 대해 기술하시오.
2. 철근 피복두께의 필요성과 건축표준시방서 상에서의 피복두께 기준에 대하여 기술하시오.
3. S.R.C조 사무소 고층건물 골조공사에서 Tower Crane 양중 작업의 효율화를 위한 양중자재별 대책을 기술하시오.
4. 현장 타설 Concrete의 건조 수축을 유발하는 요인과 저감대책을 기술하시오.
5. 건설현장에 신공법을 적용할 경우 사전검토사항을 구체적으로 기술하시오.
6. 철골 구조물 P.E.B(Pre-Engineered Beam) System에 대하여 기술하시오.

【제3교시】 다음 6문제 중 4문제를 선택하여 설명하시오.(각 문항 25점)

1. 신축건물의 지하층 벽체에 다음과 같이 균열이 발생하였다. 균열 원인과 균열저감대책을 기술하시오.
   • 시공일자 : 서울 소재 6월 27일(Con'c 타설 2일 후 비가 내림)
   • 콘크리트 : 240kgf/cm², 타설구획 및 1회 타설높이를 사전 계획 수립, 시공하였고, 거푸집 탈형 후 기건 양생함.
   • 벽 체 : 두께 80cm, 높이 4m, 기둥간격 10m
   • 균 열 : 최초발견 - 타설 후 20일 경과
            균 열 폭 - 0.4~0.5m/m
            균열길이 - 벽높이의 2/3 정도 수직균열
            균열진행 - 3개월 후 균열폭 0.7m/m로 증대
2. 도장공사 후 건조과정에서 발생하는 도막결함의 발생원인 및 방지대책을 기술하시오.
3. 철근 콘크리트조로 시공되는 산업폐수(또는 오수) 처리 구조물의 방수대책(골조공사, 방수공법 및 시공)에 대하여 기술하시오.
4. 옥상 파라펫트(Parapet) 콘크리트 타설 시 바닥 콘크리트와의 타설구획방법을 단면으로 도시하고 시공 시 유의사항을 기술하시오.
5. 철골조 접합부의 용접결함 종류를 나열하고, 방지대책을 기술하시오.
6. 노출 콘크리트 벽체의 시공품질관리 사항을 거푸집, 철근, 콘크리트 공사별로 기술하시오.

【제4교시】 다음 6문제 중 4문제를 선택하여 설명하시오.(각 문항 25점)

1. 콘크리트 타설 시 거푸집 측압의 특성 및 영향 요인에 대하여 기술하시오.
2. 국내 건설공사에서 공정-원가 통합관리의 저해요인과 해결방안을 기술하시오.
3. 흙막이 공사에 필요한 계측관리 항목 및 유의사항에 대하여 기술하시오.
4. 환경 친화적 주거환경을 조성하기 위한 대책을 5가지 이상 기술하시오.
5. 방수공법 선정 시 검토사항을 기술하시오.
6. Rock Anchor 공법의 용도와 시공방법을 기술하시오.

제67회 • 건축시공기술사 시험문제(2002년 중반기)

【제1교시】 다음 13문제 중 10문제를 선택하여 설명하시오.(각 문항 10점)

1. Delayed Joint
2. Shear Connector
3. 온도철근(Temperature Bar)
4. Hi-beam
5. 예민비(sensitivity ratio)
6. 타일공사 시 시멘트 모르타르의 open time
7. Fish eye 용접불량
8. FM(Facility management)
9. 시공성(Constructability)
10. Heat bridge
11. 진도관리
12. GPS 측량기법
13. Cost plus time 계약

【제2교시】 다음 6문제 중 4문제를 선택하여 설명하시오.(각 문항 25점)

1. 도심지 고층 사무실 건물의 리모델링 시 검토사항 및 시공 상의 유의점
2. 단열층의 방수·방습 방법의 종류와 각각의 장단점을 기술하시오.
3. 공기지연의 유형별 발생원인과 대책
4. 도심지 심층지하 흙막이 공법 선정 시 고려사항
5. 다음 공법을 설명하고, 일반적인 공장 생산방식의 현황에 대하여 기술하시오.
   ① 철근 선조립 공법
   ② 타일 선부착 공법
6. 서중 콘크리트 타설 시 콜드조인트 방지대책

【제3교시】 다음 6문제 중 4문제를 선택하여 설명하시오.(각 문항 25점)

1. 최근 건설 기능 인력난의 원인 및 대책
2. 건축물 해체공사 작업계획
3. 고층 건축 철골조립용 크레인 선정 시 고려해야 할 요인
4. 계약 및 시공단계에서의 리스크 요인별 대응방안
5. 건축물의 유지관리에 있어서 사후보전과 예방보전
6. 고층 아파트 지하 주차장 익스펜션 조인트(Expansion joint) 시공 시의 유의사항

【제4교시】 다음 6문제 중 4문제를 선택하여 설명하시오.(각 문항 25점)

1. 건축시공의 지식관리 시스템 추진방안
2. 건설공사 관리에 있어 작업분류(Work Break Down)의 목적, 방법 및 그 활용방안과 범위
3. 콘크리트 타설 시 발생되는 수화열이 미치는 영향과 제어공법
4. 고층 건축물 커튼월 결로 발생의 원인 및 대책
5. 고층 건축물 코어 선행공법 시공 시 유의사항
6. 건설 프로젝트의 진행단계별 LCC(Life Cycle Cost) 분석방안

제68회 • 건축시공기술사 시험문제(2002년 후반기)

【제1교시】 다음 13문제 중 10문제를 선택하여 설명하시오.(각 문항 10점)

1. Critical Path(주공정선)
2. 크리프(Creep)
3. Reaming
4. 토질별(모래, 연약점토, 강한 점토) 측압분포
5. 레미콘의 호칭강도
6. Flat Plate Slab
7. 레미콘의 압축강도 검사기준과 판정기준
8. Boiling
9. 수화반응
10. 알루미늄 합금 프레임 거푸집
11. 연돌효과(Stack Effect)
12. Blow Hole
13. Control Joint

【제2교시】 다음 6문제 중 4문제를 선택하여 설명하시오.(각 문항 25점)

1. 건설공해의 예방을 위해 다음과 같은 현장 환경관리의 요소별 대책에 대하여 기술하시오.
   ① 소음·진동
   ② 대기오염
   ③ 수질오염
   ④ 폐기물
2. 거푸집공사의 동바리 시공 관리상 Con'c 타설 전, 타설 중, 해체 시 유의사항을 기술하시오.
3. 건설현장에서 발생하는 안전사고의 발생유형과 예방대책을 기술하시오.
4. 철골 내화피복의 요구성능 및 내화기준에 대하여 기술하시오.
5. 유공관을 사용한 지하 영구배수(DEWATERING) 공법에 대하여 기술하시오.
6. 수중(水中) 콘크리트의 재료와 배합 및 타설방법을 기술하시오.

【제3교시】 다음 6문제 중 4문제를 선택하여 설명하시오.(각 문항 25점)

1. 건설공사 품질보증에 대하여 다음을 각각 설명하시오.
   ① 도급 계약서상의 품질보증
   ② TQC에 의한 품질보증
   ③ ISO 9000 규격에 의한 품질보증
2. 흙막이 공사의 지반계측에 있어서 다음 측정 대상에 대한 계측항목, 계측기기, 계측목적을 설명하시오.
   ① 토류벽
   ② 스트러트(Strut)
   ③ 주변지반
   ④ 인접 구조물
3. 사무실 건축의 천장공사에 대하여 시공도면 작성방법과 시공순서 및 유의사항을 기술하시오.
4. 현장시공 중에 주변 민원으로 공정에 영향을 받는 작업종류와 대책에 대하여 기술하시오.
5. 기존 구조물에 근접하여 터파기공사 및 말뚝박기공사를 시행할 때 예상되는 문제점과 대책을 기술하시오.
6. 건축 내화재료의 요구성능 및 종류와 내화피복공법에 대하여 기술하시오.

【제4교시】 다음 6문제 중 4문제를 선택하여 설명하시오.(각 문항 25점)

1. 콘크리트 타설 후 발생하는 소성수축균열과 건조수축균열에 대하여 다음 사항을 설명하시오.
   ① 발생기구(Mechanism)
   ② 균열양상
   ③ 발생시기
   ④ 방지대책
2. 레미콘의 운반시간 관리 규준에 대하여 KS규정과 건축공사 표준시방서 규정을 비교 설명하고 유의사항을 기술하시오.
3. 공동주택 리모델링(Remodeling) 공사의 시공계획에 대하여 기술하시오.
4. 도심지 초고층 건축공사의 시공계획서 작성 시 주요관리 항목과 내용을 기술하시오.
5. Precast Concrete 설치공사에 있어서 부재의 운반, 반입과정부터 설치완료시까지의 공사 품질관리 유의사항을 기술하시오.
6. 공동주택의 다음 부위별 방수공법 선정 및 시공 시 유의사항을 기술하시오.
   ① 지붕
   ② 욕실 및 화장실
   ③ 지하실

제69회 ● 건축시공기술사 시험문제(2003년 전반기)

【제1교시】 다음 13문제 중 10문제를 선택하여 설명하시오.(각 문항 10점)

1. Vane Test
2. Consolidation
3. 복합기초
4. 기둥축소량
5. 간극수압계(Piezometer)
6. Flow Test
7. Pile Dynamic Analysis
8. 타일분할도
9. 강판보강공법
10. 다공질 콘크리트(Porous Concrete)
11. 정액도급(Lump-Sum Contract)
12. 건축자재의 연성(延性)
13. Scallop

【제2교시】 다음 6문제 중 4문제를 선택하여 설명하시오.(각 문항 25점)

1. 방수층의 요구성능을 기술하시오.
2. 미경화 콘크리트의 침하균열에 대하여 ① 발생시기 ② 원인 ③ 대책을 기술하시오.
3. 거푸집공사의 안전사고를 예방하기 위한 검토사항을 거푸집 설계 및 시공단계별로 기술하시오.
4. 우기(雨期)시 지하골조공사의 시공관리에 대하여 기술하시오.
5. 초고층 건물 Curtain Wall의 누수발생 원인 및 대책을 기술하시오.
6. 외벽 ALC Panel 설치공법의 종류와 시공방법을 기술하시오.(A.L.C ; Autoclaved Light weight Con'c)

【제3교시】 다음 6문제 중 4문제를 선택하여 설명하시오.(각 문항 25점)

1. 거푸집공사의 생산성을 향상시키기 위한 방안을 기술하시오.
2. 공사완료 후 시설물을 발주자에게 인도할 때에 준비사항과 제반 구비되어야 할 사항을 기술하시오.
3. 콘크리트 타설을 부득이 이어치기로 할 경우 위치 및 시공방법 등 유의사항을 기술하시오.
4. 초고층 건축물에서 Tower Crane의 설치 및 해체 시 유의사항을 기술하시오.
5. 세골재의 입도가 시멘트 모르타르 시공에 미치는 영향에 대하여 기술하시오.
6. 복합화공법에서 최적 System 선정방법에 대하여 기술하시오.

【제4교시】 다음 6문제 중 4문제를 선택하여 설명하시오.(각 문항 25점)

1. 철골제작 시 부재변형을 방지하기 위한 방안을 기술하시오.
2. 콘크리트 타설 시 철근의 피복두께가 과다하게 시공될 경우 발생되는 문제점을 기술하시오.
3. 초고층 건축의 공정운영 방식에 대하여 아래의 항목들에 따라서 설명하시오.
   ① 병행시공방식　　　　　　　　② 단별시공방식
   ③ 연속반복방식　　　　　　　　④ 고속궤도방식(Fast Track)
4. Business Reengineering에 의한 건설경영 혁신 방안에 대하여 기술하시오.
5. 연약지반 지하층 구체공사 시 검토할 사항을 기술하시오.
6. 초고층 건물에서 유리의 열에 의한 깨짐현상의 요인과 방지대책을 기술하시오.

제70회 ● 건축시공기술사 시험문제(2003년 중반기)

【제1교시】 다음 13문제 중 10문제를 선택하여 설명하시오.(각 문항 10점)

1. Rebound check
2. Super Frame
3. Cold Joint
4. Corner Bead
5. PL法(제작물 책임법)
6. N値(N Value)
7. Key stone plate
8. Bleeding
9. Metal Touch
10. Self Levelling
11. Removal anchor(제거용 Anchor)
12. 철근 정착 위치
13. 공기막 구조

【제2교시】 다음 6문제 중 4문제를 선택하여 설명하시오.(각 문항 25점)

1. 지하토공사에서 사용하는 안정액(安定液)에 대하여 그 역할과 시공 시 관리사항을 기술하시오.
2. 건축물 코어부의 Concrete 벽체에 철골 Beam 설치를 위한 매입철물(Embed Plate)의 설치방법을 기술하시오.
3. 고장력 Bolt의 현장관리에 있어서 다음 사항을 기술하시오.
   1) 반입
   2) 보관
   3) 사용관리
4. 외벽의 건식돌공사에 있어서 Anchor 긴결공법에 대하여 기술하시오.
5. Mortar 바르기 미장공사에서의 보양, 바탕처리, 한냉기·서중기 시공에 대한 유의사항을 기술하시오.
6. 철근 콘크리트 공사에서의 철근이음 방법의 종류와 시공 시 유의사항을 기술하시오.

【제3교시】 다음 6문제 중 4문제를 선택하여 설명하시오.(각 문항 25점)

1. 콘크리트 Pile 항타 시 두부파손의 원인과 대책에 대하여 기술하시오.
2. 현장에서 거푸집의 가공, 제작과 조립, 설치 상태를 점검하려고 한다. 이때 유의해야 할 사항을 기술하시오.
3. Concrete의 보수·보강 공법에 대하여 기술하시오.
4. PC(Precast Con'c) 공법에서 Open System과 Close System에 대하여 설명하시오.
5. Sealing 공사에 있어서 부정형 실링재의 요구성능과 시공 시 유의사항을 기술하시오.
6. 실적공사비 자료를 활용한 예정가격 산정방법에 대하여 다음 사항을 기술하시오.
   1) 실적공사비를 활용한 견적방법의 정의
   2) 도입의 필요성
   3) 예정가격 산정방법
   4) 도입 시 예상되는 문제점

【제4교시】 다음 6문제 중 4문제를 선택하여 설명하시오.(각 문항 25점)

1. 가설공사에 있어서 다음 사항을 설명하시오.
   ① 공통가설 공사와 직접가설 공사의 주요 항목
   ② 공사품질에 미치는 영향
   ③ 가설 계획 시 유의사항
2. Half Slab 工法에서의 Slab, 보 접합부를 그림으로 표현하여 설명하고 시공 시 유의사항을 기술하시오.
3. 고강도 Concrete의 특성과 시공 시 유의사항에 대하여 기술하시오.
4. 철골부재의 접합 시 마찰면 처리방법에서 다음을 설명하시오.
   1) 마찰면의 처리방법
   2) 마찰면 처리의 유의사항
5. 조적공사의 벽체균열 원인과 대책을 기술하시오.
6. 효율적인 공사관리를 위하여 웹(Web)기반 공사관리체계를 도입하려고 한다. 다음 사항을 기술하시오.
   1) 필요성
   2) 초기도입시 예상되는 문제점
   3) 변화가 예상되는 공사관리의 범위와 대상
   4) 현장 준비사항

제71회 ● 건축시공기술사 시험문제(2003년 후반기)

【제1교시】 다음 13문제 중 10문제를 선택하여 설명하시오.(각 문항 10점)

1. Green-Building
2. 흙의 전단강도
3. Cap Beam
4. Mass Concrete의 온도 구배
5. 부마찰력(Negative Friction)
6. 관리적 감독 및 감리적 감독
7. Under cut
8. 시공능력 평가제도
9. Pozzolan(포졸란)
10. 액상화(液狀化)
11. 방화재료(防火材料)
12. 耐蝕(내식) 모르타르(Mortar)
13. 동바리 바꾸어 세우기(Reshoring)

【제2교시】 다음 6문제 중 4문제를 선택하여 설명하시오.(각 문항 25점)

1. 철근 콘크리트 보강블록(Block) 노출면 쌓기에 대하여 기술하시오.
2. 토공사의 암반파쇄 공사 시 소음방지대책과 시공유의사항에 대하여 기술하시오.
3. 레미콘의 압축강도시험에 대하여 다음을 설명하시오.
   1) 시험시기, 횟수, 시료채취 방법
   2) 합격 여부 판정방법
4. 건축사업 시행(기획, 설계, 시공)시 예상되는 리스크의 요인별 대응방안을 기술하시오.
5. 바닥강화재(Hardener)의 종류 및 시공법을 설명하시오.
6. Tower Crane의 재해 유형과 설치, 운영, 해체 시의 점검사항을 기술하시오.

【제3교시】 다음 6문제 중 4문제를 선택하여 설명하시오.(각 문항 25점)

1. 목공사에 있어서 목구조 접합의 이음, 맞춤, 쪽매에 대하여 기술하시오.
2. 초유동(고유동) 콘크리트를 Slab와 기둥에 타설 시 유의사항을 일반 콘크리트와 비교하여 설명하시오.
3. 도심지 기성콘크리트 말뚝공사의 준비사항과 공법을 기술하시오.
4. 기초 침하에 대하여 1) 종류, 2) 원인, 3) 방지대책을 기술하시오.
5. 철골공사 시 발생되는 변형에 대하여 1) 원인, 2) 종류, 3) 대책방안을 기술하시오.
6. 제치장 콘크리트 품질 확보를 위한 거푸집 설계 및 시공 시 유의사항을 기술하시오.

【제4교시】 다음 6문제 중 4문제를 선택하여 설명하시오.(각 문항 25점)

1. 공기지연의 유형을 발생원인(발주, 설계, 시공)별로 구분하여 설명하시오.
2. 흙막이 벽체에 작용하는 1) 토압의 종류 2) 토압 분포도 3) 지지방법을 기술하시오.
3. Column shortening에 있어서 탄성변형과 비탄성 변형에 대하여 설명하시오.
4. 보통 포틀랜드 시멘트를 사용한 콘크리트를 현장 타설(외기온도 20℃) 할 때 다음을 설명하시오.
   1) 응결개시 시간
   2) 응결종결 시간
   3) 경화개시 시간
5. 콘크리트 구조물 보강공법의 종류와 시공방법을 기술하시오.
6. 건축공사 품질관리에 대하여 1) 생산성에 미치는 효과를 기술하고 2) 품질관리 Tool을 항목별로 기술하시오.

제72회 ●건축시공기술사 시험문제(2004년 전반기)

【제1교시】 다음 13문제 중 10문제를 선택하여 설명하시오.(각 문항 10점)

1. 코어(Core) 선행공법
2. 건설 CITIS(Contractor Intergrated Technical Information System)
3. 커튼월의 실물모형 시험(Mock-up Test)
4. 횡력지지 시스템(Outrigger)
5. Lamellar Tearing 현상
6. 전단벽(Shear Wall)
7. 건설기계의 경제적 수명
8. 철근의 부착강도에 영향을 주는 요인
9. 품질비용(Quality Cost)
10. Composite Deck Plate(합성데크)
11. 팽창콘크리트
12. Soil Cement Pile
13. Pre-stressed concrete

【제2교시】 다음 6문제 중 4문제를 선택하여 설명하시오.(각 문항 25점)

1. 건축물의 층간 방화구획방법에 대하여 설명하시오.
2. 동절기 콘크리트 공사의 보양방법에 대하여 설명하시오.
3. 다음의 공정표에서 일일 작업에 공급될 수 있는 최대 동원자원(인력)이 3명일 경우, 자원할당(Resource Allocation)에 의한 최소 공사기간을 산출하시오.

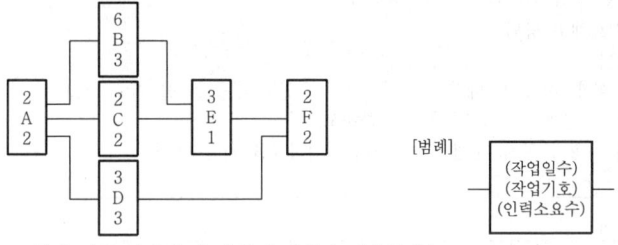

4. 실적공사비 적산제도 도입에 따른 문제점 및 대책에 대하여 기술하시오.
5. 건축공사 현장에서 발생하는 안전사고의 유형과 예방대책에 대하여 기술하시오.
6. 콘크리트의 고강도화 방법과 현장 적용을 위한 재료, 시공 측면의 관리기술에 대하여 기술하시오.

【제3교시】 다음 6문제 중 4문제를 선택하여 설명하시오.(각 문항 25점)

1. 지하 연속벽(Slurry Wall) 공법의 ① 장비동원계획 ② 시공순서 ③ 시공 시 유의사항을 기술하시오.
2. 플라스틱류(類) 건설재료의 특징과 현장적용 시 고려사항을 기술하시오.
3. Slab Concrete 타설 후 소성 수축 균열이 발생하였을 경우 현장 조치 방안을 기술하시오.
4. 건축공사에 있어서 Concrete의 V.H(수직, 수평) 분리 타설공법의 개요와 적용 목적을 기술하시오.
5. 초고층 건축공사에서 Curtain Wall 공사의 하자원인 및 방지대책에 대하여 기술하시오.
6. 공동주택에서 발생하는 실내공기 오염 물질 및 그에 따른 대책을 기술하시오.

【제4교시】 다음 6문제 중 4문제를 선택하여 설명하시오.(각 문항 25점)

1. 건설공사에서 발생하는 클레임(Claim)의 발생유형과 사전대책에 대하여 기술하시오.
2. 매스(Mass)콘크리트에서 발생하는 온도균열의 특징과 방지대책에 대하여 기술하시오.
3. 건축공사에 있어서 단열공법 적용 시 고려사항과 각 부위(벽체, 바닥, 지붕)별 시공방법을 기술하시오.
4. 정부에서 추진하고 있는 공정·공사비 통합관리체계 구축의 구체적 기법인 EVM(Earned Value management)의 개념 및 적용 절차에 대하여 기술하시오.
5. 부력(浮力)으로 인한 건물의 피해를 해결하기 위한 방법에 대하여 기술하시오.
6. Lean Construction(린 건설)의 기본개념, 목표, 적용요건, 활용방안 등에 대하여 기술하시오.

제73회 ● 건축시공기술사 시험문제(2004년 중반기)

【제1교시】 다음 13문제 중 10문제를 선택하여 설명하시오.(각 문항 10점)

1. WATER GAIN 현상
2. T.S.(TORQUE SHEAR) BOLT
3. 흙의 연경도 (CONSISTENCY)
4. 일수(逸水) 현상
5. GRIP JOINT
6. 전자입찰제도
7. CAISSON 기초
8. 반발경도법
9. FERRO DECK
10. 생태면적
11. M.C.C.(Mast Climbing Construction)
12. 벤토나이트 방수공법
13. Lift Slab 공법

【제2교시】 다음 6문제 중 4문제를 선택하여 설명하시오.(각 문항 25점)

1. 서중 Concrete (Hot Weather Concrete) 타설 시 유의사항을 기술하시오.
2. 도막방수의 방수재료에 대하여 설명하고 시공방법에 대하여 기술하시오.
3. 공업화 공법에서의 척도조정(MODULAR COORDINATION)에 대하여 기술하시오.
4. 공사착수 전 기초의 안전성 검토 시 고려할 사항에 대하여 기술하시오.
5. 시공계획서 작성 시 기본방향과 계획에 포함되는 내용에 대해 기술하시오.
6. 도심지 건축공사 착수 전 현장대리인으로서 수행해야 할 대관 인·허가 업무(공통 및 건축·안전·환경관련)에 대하여 기술하시오.

【제3교시】 다음 6문제 중 4문제를 선택하여 설명하시오.(각 문항 25점)

1. SIP(Soil Cement Injected Precast Pile) 공사 시 시공순서와 유의사항을 설명하시오.
2. 철골공사에서 단계별 시공 시 유의사항에 대하여 기술하시오.
3. 도장공사의 재료별 바탕처리와 균열 및 박리원인을 들고 대책에 대해 기술하시오.
4. Curtain Wall의 Fastener 방식의 종류에 따른 각각의 특징과 용도에 대하여 기술하시오.
5. 유리공사의 종류별 특징 및 시공 시 유의사항에 대하여 기술하시오.
6. V.E.(Value Engineering)의 개념과 시공상에 있어 건설 V.E의 필요성과 그 효과에 대하여 기술하시오.

【제4교시】 다음 6문제 중 4문제를 선택하여 설명하시오.(각 문항 25점)

1. PC 건축공사의 큐비클 유닛(Cubicle Unit) 공법에 대하여 서술하시오.
2. Slurry Wall 공법에서 Guide Wall의 역할과 시공 시 유의사항을 기술하시오.
3. 건축에 쓰이는 차음재료를 벽체와 바닥으로 나누어 설명하고, 시공방법에 대하여 기술하시오.
4. 건축물 Remodeling 공사의 성능개선 종류와 파급효과에 대해 설명하시오.
5. 고층건물 시공에서 건설폐기물 발생에 대한 저감대책을 기술하시오.
6. 최근 건설업의 환경 변화에 따른 건설업의 경쟁력 향상을 위한 방안에 대하여 기술하시오.

제74회 ● 건축시공기술사 시험문제(2004년 후반기)

【제1교시】 다음 13문제 중 10문제를 선택하여 설명하시오.(각 문항 10점)

1. 타일접착 모르타르의 Open Time
2. 한중 콘크리트의 적산온도
3. 고성능 콘크리트
4. Project Financing
5. Sand Drain
6. Floating Foundation
7. 서중 콘크리트의 적용범위
8. Lane Rental 계약방식
9. 건설공사비 지수
10. 콘크리트의 응결과 경화
11. V.O.C(Volatile Organic Compounds)
12. 소성수축 균열 발생 시 현장조치 방안
13. Micro Pile

【제2교시】 다음 6문제 중 4문제를 선택하여 설명하시오.(각 문항 25점)

1. 목재의 방부제 종류와 방부처리법에 대하여 기술하시오.
2. 건설사업 추진 시 환경보전계획에 대하여 (1) 계획 및 설계 시, (2) 시공 시로 구분하여 설명하시오.
3. 최근 골재 수급난과 관련 부순골재 사용 시 콘크리트의 품질 특성에 대하여 설명하시오.
4. 층고가 높은 슬래브 콘크리트 타설 전 동바리 점검사항을 기술하시오.
5. 콘크리트 구조물의 화재 시 발생하는 폭열현상 및 방지대책에 대하여 설명하시오.
6. 철골 내화피복공법 중 습식공법에 대하여 기술하시오.

【제3교시】 다음 6문제 중 4문제를 선택하여 설명하시오.(각 문항 25점)

1. 주5일 근무제 시행에 따른 현장관리의 문제점과 대책에 대하여 1) 생산성 2) 공정관리로 구분하여 설명하시오.
2. SPS(Strut as a Permanent System)에 대하여 설명하시오.
3. 콘크리트 슬래브 지붕방수 시공계획에 대하여 설명하시오.
4. 공동주택 지하주차장에 하절기에 발생하는 결로원인과 대책에 대하여 설명하시오.
5. 레미콘 회수수의 슬러지를 효율적으로 활용하는 방안에 대하여 기술하시오.
6. 기성재 말뚝기초의 침하발생 시 보강방안을 설명하시오.

【제4교시】 다음 6문제 중 4문제를 선택하여 설명하시오.(각 문항 25점)

1. 철골세우기 공사의 주각부 시공계획에 대하여 설명하시오.
2. 강재(鋼材)창호의 현장설치방법에 대하여 기술하시오.
3. 건축공사 표준시방서에 따른 레미콘 강도시험용 공시체 제작의 다음 사항에 대하여 설명하시오.
   1) 시험횟수
   2) 시료채취방법
   3) 합격판정기준
4. 서중콘크리트의 제조운반타설 시 다음 운반관리 사항을 설명하시오.
   1) 콘크리트 온도 관리방안
   2) 운반시 슬럼프 저하 방지대책
   3) 타설 시 콜드 조인트 방지대책
   4) 타설 후 양생 유의사항
5. 트레미관을 이용하여 Slurry Wall 콘크리트 타설 시 유의사항 기준에 대하여 설명하시오.
6. 콘크리트 Column Shortening 발생원인을 요인별로 설명하시오.

제75회 ● 건축시공기술사 시험문제(2005년 전반기)

【제1교시】 다음 13문제 중 10문제를 선택하여 설명하시오.(각 문항 10점)

1. 입찰제도 중 TES(Two Envelope System)
2. 건설산업의 제로에미션(Zero Emission)
3. 무선인식기술(RFID : Radio Frequency IDentification)을 활용한 현장관리
4. 주택성능 표시제도
5. 기초공사 중 JSP(Jumbo Special Pile)
6. 콘크리트 배합의 공기량 규정목적
7. 식생(植生) 콘크리트
8. 콘크리트 동해의 Pop Out 현상
9. Taper Steel Frame
10. 조적조의 부축벽(Buttress Wall)
11. 새집증후군 해소를 위한 베이크 아웃(Bake Out)
12. 공정관리의 Overlapping 기법
13. 간접공사비

【제2교시】 다음 6문제 중 4문제를 선택하여 설명하시오.(각 문항 25점)

1. 도심지 지하 토공사 계획수립 시 사전조사사항에 대하여 기술하시오.
2. 한중매스(寒中 mass) 콘크리트를 기초매트에 적용 시 콘크리트 시공계획에 대하여 기술하시오.
3. 철골공사에서 부재의 상호접합공법에 대하여 기술하시오.
4. 건축구조물 해체공법에 대하여 기술하시오.
5. 신기술 지정 및 채택의 절차, 문제점 및 대책에 대하여 기술하시오.
6. 부실공사의 발생원인과 방지대책에 대하여 기술하시오.

【제3교시】 다음 6문제 중 4문제를 선택하여 설명하시오.(각 문항 25점)

1. Top Down 공법의 시공순서 및 시공 시 주의사항에 대하여 기술하시오.
2. 콘크리트 타설 후 조기(1일 이내)에 발생하는 균열의 종류, 발생원인 및 방지대책에 대하여 기술하시오.
3. 도심지 초고층공사계획 시 가설공사계획에 대하여 기술하시오.
4. CPM 공정표와 PERT 공정표의 차이점을 비교하여 기술하시오.
5. 공동주택의 충격 소음의 발생원인 및 방지대책에 대하여 기술하시오.
6. 하도급업체 선정 및 관리시 점검사항에 대하여 기술하시오.

【제4교시】 다음 6문제 중 4문제를 선택하여 설명하시오.(각 문항 25점)

1. 콘크리트 표면에 발생하는 결함의 종류 및 방지대책에 대하여 기술하시오.
2. 초고층 건축물의 바닥판 시공법에 대하여 기술하시오.
3. 옥내에 시공한 타일이 박리되는 원인 및 방지대책에 대하여 기술하시오.
4. 도심지공사에서 현장 인근 민원문제의 대응방안에 대하여 기술하시오.
5. 공사원가관리의 MBO(Management By Objective) 기법에 대하여 기술하시오.
6. 노후화된 건축물에 대한 안전진단의 필요성 및 절차에 대하여 기술하시오.

제76회 • 건축시공기술사 시험문제(2005년 중반기)

【제1교시】 다음 13문제 중 10문제를 선택하여 설명하시오.(각 문항 10점)

1. 시공이음(Construction joint)
2. PEB(Prefabricated Engineered Building)
3. SCM(Supply Chain Management)
4. PC(Precast Concrete) 공법 중 골조식구조(Skeleton Construction System)
5. 철골피복 중 건식내화피복공법
6. 고강도 철근
7. BTL(Build, Transfer, Lease)사업
8. 흙의 전단강도와 쿨롱의 법칙
9. CFT(Concrete Filled Tube)구조
10. 고장력 Bolt 조임방법
11. 드레인 매트(Drain mat) 배수시스템 공법
12. 페코 빔(Pecco Beam)
13. 스페이스 프레임(Space Frame)

【제2교시】 다음 6문제 중 4문제를 선택하여 설명하시오.(각 문항 25점)

1. 철골조의 Slab 공사에서 Deck plate 시공 시 유의사항을 기술하시오.
2. 콘크리트 혼화재료에서 감수제에 대하여 작용방식(역할)과 특징 및 용도를 설명하시오.
3. PHC 말뚝의 두부정리 및 시공 시 문제점과 대책에 대하여 기술하시오.
4. 지하구조물 방수공법 선정 시 조사해야 할 사항과 방수공법의 요구성능 및 발전방향을 기술하시오.
5. 택트(Tact) 공정관리기법에 대하여 논하시오.
6. 해체 공사 시 발생하는 공해와 그에 대한 방지 및 안전대책을 기술하시오.

【제3교시】 다음 6문제 중 4문제를 선택하여 설명하시오.(각 문항 25점)

1. 커튼월(Curtain wall)을 설치하기 위한 먹매김(Line Marking)에 대하여 기술하시오.
2. 비벼진 콘크리트에서 굵은 골재의 재료분리가 일어나는 원인과 재료분리에 영향을 주는 요소, 재료분리를 방지하기 위한 주의사항을 열거하시오.
3. 건축공사 착공 전에 시추 주상도(柱狀圖)의 활용방안에 관하여 기술하시오.
4. 벽체의 차음공법에 대하여 설명하시오.
5. 네트워크 공정관리기법 중 화살형 기법(AOA : Activity On Arrow)과 노드형 기법(AON : Activity On Node)을 설명하고, 특징을 비교 분석하시오.
6. 침투성 방수메커니즘(mechanism)과 시공과정을 설명하시오.

【제4교시】 다음 6문제 중 4문제를 선택하여 설명하시오.(각 문항 25점)

1. 조적조공사에서 테두리보 및 인방보를 시공할 때 필요한 상세도(Detail)를 도해하고, 시공 시 유의사항을 기술하시오.
2. 구조물의 안전진단결과 구조성능 보강이 필요한 경우 보강재료와 보강공법에 대하여 설명하시오.
3. 흙막이 공법에서 주열식 공법에 대하여 배치형식과 특징을 설명하시오.
4. 철골공사 시 접합방법과 접합별 품질검사방법을 설명하시오.
5. 보강토 옹벽공사의 개요, 특징, 구성재료 및 시공 시 유의사항을 기술하시오.
6. 지하구조물에 작용하는 양압력(up-lift pressure)을 줄이기 위한 영구배수공법에 대하여 기술하시오.

제77회 ● 건축시공기술사 시험문제(2005년 후반기)

【제1교시】 다음 문제 중 10문제를 선택하여 설명하시오.(각 문항 10점)

1. Cost Slope(비용구배)
2. Dam Up 현상
3. Metal Touch
4. 수밀콘크리트
5. 유리공사에서 SSG(Structural Sealant Glazing System)공법과 DPG(Dot Point Glazing System)공법
6. 복합방수공법
7. 시공능력평가제도
8. 철골 Stud-Bolt의 정의와 역할
9. 환경영향평가제도
10. 부마찰력(Negative-Friction)
11. 콘크리트 공시체의 현장 봉합(밀봉)양생
12. 콘크리트 이어붓기면의 요구되는 성능과 위치
13. Hybrid Beam

【제2교시】 다음 문제 중 4문제를 선택하여 설명하시오.(각 문항 25점)

1. SIP(Soil Cement-Injected Precast Pile)파일 공사의 시공순서와 유의사항을 기술하시오.
2. 콘크리트 타설 시 시공연도에 영향을 주는 요인과 시공연도 측정방법에 대하여 기술하시오.
3. 철골공사의 고력볼트 조임 검사항목 및 방법에 대하여 기술하시오.
4. 타일붙임공법의 종류별 특징과 공법의 선정절차 및 품질기준을 기술하시오.
5. 건축시공에 있어 로봇(Robot)화에 대하여 기술하시오.
6. 품질관리, 공정관리, 원가관리 및 안전관리의 상호 연관관계에 대하여 설명하시오.

【제3교시】 다음 문제 중 4문제를 선택하여 설명하시오.(각 문항 25점)

1. 흙막이벽 시공 시에 있어 주위지반 침하의 원인과 그 대책에 대하여 기술하시오.
2. 매스콘크리트 시공 시 균열 발생원인과 그 대책에 대하여 기술하시오.
3. 공장에서 제작된 철골부재의 현장 인수검사 항목과 내용에 대하여 기술하시오.
4. 초고층공사의 특수성과 양중 계획 시 고려사항에 대하여 기술하시오.
5. 공동주택 바닥 차음을 위한 제반 기술(技術)에 대하여 설명하시오.
6. 건설 클레임(Claim)의 유형을 설명하고 그 해결방안과 예방대책을 설명하시오.

【제4교시】 다음 문제 중 4문제를 선택하여 설명하시오.(각 문항 25점)

1. 고강도 콘크리트의 재료와 배합 및 시공 시 유의사항에 대하여 설명하시오.
2. 흙막이공법 중 소일네일링(Soil Nailing)공법과 어스앵커(Earth Anchor)공법을 비교하여 설명하시오.
3. 플라이애시(Fly-Ash)가 치환된 레디믹스트 콘크리트가 현장에 납품되고 있는데 이에 대하여 시공관리상 현장에서 조치하여야 할 사항을 기술하시오.
4. 철골공사 용접부의 비파괴검사방법의 종류와 그 특성에 대하여 기술하시오.
5. 클린룸(Clean Room)의 종류 및 요구조건과 시공 시 유의사항에 대하여 기술하시오.
6. 철근의 선조립 공법에 대하여 기술하시오.

제78회 • 건축시공기술사 시험문제(2006년 전반기)

【제1교시】 다음 문제 중 10문제를 선택하여 설명하시오.(각 문항 10점)

1. 주택성능평가제도
2. 수장용 목재의 적정 함수율
3. 한중콘크리트의 적용범위
4. 토질주상도(柱狀圖)
5. 지수판(Water Stop)
6. 최고가치(Best Value)낙찰제도
7. 로이유리(Low-Emissivity Glass)
8. 절대공기
9. LOB(Line of Balance)
10. 콘크리트 염분함량기준
11. Milestone(중간관리시점)
12. 진공콘크리트
13. 스티프너(Stiffener)

【제2교시】 다음 문제 중 4문제를 선택하여 설명하시오.(각 문항 25점)

1. 동절기 콘크리트의 초기동해 방지대책과 소요압축강도($50kgf/cm^2$)를 확보하기 위한 현장 조치사항을 기술하시오.
2. 콘크리트시방서와 KS기준에 의한 「레미콘 운반시간의 한도규정」을 준수하기 위한 현장 조치사항에 대하여 기술하시오.(기온 26℃일 때)
3. 건설공사의 통합관리를 위한 WBS(작업분류체계)와 CBS(원가분류체계)의 연계방안에 대하여 기술하시오.
4. 철골공사에서 용접방법의 종류 및 유의사항에 대하여 기술하시오.
5. Slurry Wall 공사의 안정액 관리방법에 대하여 기술하시오.
6. Membrane 방수공사의 사용재료별 시공방법을 기술하시오.

【제3교시】 다음 문제 중 4문제를 선택하여 설명하시오.(각 문항 25점)

1. 기둥 콘크리트 타설 시 거푸집에 미치는 측압의 분포를 비교, 도시(圖示)하고 설명하시오.
2. 콘크리트 타설 후 발생하는 건조수축균열의 현장저감대책에 대해서 기술하시오.
3. 금년부터 시행중인 신축공동주택의 실내공기질 권고기준 및 유해물질대상의 관리방안에 대하여 기술하시오.
4. 옥상녹화방수의 개념 및 시공 시 고려사항에 대하여 기술하시오.
5. 지하수 수압에 의해 발생할 수 있는 지하구조물의 변위와 이를 방지하기 위한 설계 및 시공 시 유의사항에 대해 기술하시오.
6. 현장안전관리비 사용계획서, 작성 및 집행에 따른 문제점 및 개선방안에 대하여 기술하시오.

【제4교시】 다음 문제 중 4문제를 선택하여 설명하시오.(각 문항 25점)

1. 고강도콘크리트의 내화성을 증진시키기 위한 방안을 기술하시오.
2. 건설공사 공기지연 클레임(Claim)의 원인별 대응방안에 대하여 기술하시오.
3. 초고층건축공사의 공정리스크(Risk) 관리방안에 대하여 기술하시오.
4. 지하토공사 작업 시 발생하는 Slime 처리방법에 대하여 기술하시오.
5. 재생골재의 사용가능범위를 제시하고 시공 시 조치사항에 대하여 기술하시오.
6. 공동주택 건축설계단계에서의 VE적용방법과 절차에 대하여 기술하시오.

제79회 •건축시공기술사 시험문제(2006년 중반기)

【제1교시】 다음 문제 중 10문제를 선택하여 설명하시오.(각 문항 10점)

1. Wall Girder
2. 목재건조의 목적 및 방법
3. 건축표준시방서상의 현장관리 항목
4. 콘크리트 중성화
5. Flat Slab와 Flat Plate Slab의 차이점
6. 압밀도와 시험방법
7. 부실공사와 하자의 차이점
8. 커튼월(Curtain Wall) 실물대시험(Mock-up Test)
9. 철근피복 두께
10. 부대입찰제도
11. 섬유보강 콘크리트
12. 콘크리트의 양생방법
13. FAST(Function Analysis System Technique)

【제2교시】 다음 문제 중 4문제를 선택하여 설명하시오.(각 문항 25점)

1. 건설산업 경쟁력 강화를 위한 기술개발의 필요성과 추진방안에 대하여 기술하시오.
2. 토질조사 방법에 대하여 기술하시오.
3. 철근콘크리트 구조물의 유지관리 방법에 대하여 기술하시오.
4. 미장공사의 하자유형과 방지대책에 대하여 기술하시오.
5. 현장에서 소운반을 최소화 하기 위한 적시생산 방식(Just-in time)에 대해서 기술하시오.
6. 공사원가 관리의 필요성 및 원가절감 방안에 대하여 기술하시오.

【제3교시】 다음 문제 중 4문제를 선택하여 설명하시오.(각 문항 25점)

1. 구조물의 침하발생 원인과 방지대책을 기술하시오.
2. 시트(Sheet)방수공법의 재료적 특징, 시공과정, 시공 시 유의사항에 대하여 기술하시오.
3. 거푸집 공사로 인하여 발생하는 콘크리트하자에 대하여 기술하시오.
4. 초고층 건축물의 내진성 향상 방안에 대하여 기술하시오.
5. 사이클타임(CT)을 정의하고, 이를 단축함으로써 얻을 수 있는 기대효과를 기술하시오.
6. SRC구조에서 철근과 철골재 접합부의 철근정착 방법을 도시하여 기술하시오.

【제4교시】 다음 문제 중 4문제를 선택하여 설명하시오.(각 문항 25점)

1. 현장타설 콘크리트 품질관리의 중요성과 방법을 단계(타설 전, 타설 중, 타설 후)별로 기술하시오.
2. 기존 고층 APT에서 PC 말뚝기초의 침하에 의한 하자 및 보수보강 방안을 기술하시오.
3. 지하, 지상 동시공법(Up-Up 또는 Double Up 공법)의 시공 프로세스와 각 프로세스에서의 내용을 간략하게 기술하시오.
4. 건설현장에서 공사 중 환경관리 업무의 종류와 내용에 대하여 기술하시오.
5. CFT(Concrete Filled Tube)공법에 대하여 다음 사항에 기술하시오.(공법개요, 장·단점, 시공 시 유의사항, 시공프로세스 중 하부 압입공법 및 트레미관공법)
6. ACS(Auto-Climbing System) Form과 Sliding Form 공법을 비교 논술하시오.

제80회 •건축시공기술사 시험문제(2006년 후반기)

【제1교시】 다음 문제 중 10문제를 선택하여 설명하시오.(각 문항 10점)

1. 균형철근비
2. Column Shortening
3. 철근 Gas 압접
4. Letter of Intent(계약 의향서)
5. 흙막이 공사의 IPS(Innovative Prestressed Support)
6. Delay Joint (Shrinkage Strips : 지연조인트)
7. 탄소섬유 시트 보강법
8. 바닥 배수 Trench
9. Preflex Beam
10. 진공배수공법
11. 라멜라 티어링(Lamellar Tearing) 현상
12. Metal Lath 거푸집
13. 린건설(Lean Construction)

【제2교시】 다음 문제 중 4문제를 선택하여 설명하시오.(각 문항 25점)

1. 건설프로젝트 단계별 CM(Construction Management) 업무에 대하여 기술하시오.
2. 서중(暑中) 콘크리트 시공 시 발생할 수 있는 문제점을 제시하고 방지대책에 대하여 기술하시오.
3. 용접 철망을 이용한 철근 선조립공법에 대하여 기술하시오.
4. 초고층건축물 공사 시 Tower Crane의 설치계획에 대하여 기술하시오.
5. 공동주택에서 지하 저수조의 방수시공법을 설명하고, 시공 시 유의사항에 대하여 기술하시오.
6. 건축시공자의 입장에서 클레임(Claim) 추진절차 및 방법에 대하여 기술하시오.

【제3교시】 다음 문제 중 4문제를 선택하여 설명하시오.(각 문항 25점)

1. 건축공사 착공 전 현장 책임자로서 공사계획의 준비항목과 내용에 대하여 기술하시오.
2. 타일의 접착방식을 제시하고 부착강도의 저해요인과 방지대책에 대하여 기술하시오.
3. 시공방법에 따른 커튼월시스템(Curtain Wall system)의 종류(4가지)를 설명하고 커튼월의 누수 원인과 대책에 대하여 기술하시오.
4. 토공사 시 사면안정성(斜面安定性) 검토에 관해 기술하시오.
5. 설계단계에서 적정공사비 예측방법에 대하여 기술하시오.
6. 철골공사에서 철골부재 접합면의 품질 확보방법을 설명하고, 고력볼트 조임방법 및 조임시 유의사항에 대하여 기술하시오.

【제4교시】 다음 문제 중 4문제를 선택하여 설명하시오.(각 문항 25점)

1. 고층건축물 철근콘크리트 공사의 공정사이클을 제시하고 공기단축방안에 대하여 기술하시오.
2. 공동주택 지하주차장의 바닥면적 크기가 거대화됨에 따라 지면에 접하는 바닥층 공사에서 발생할 수 있는 부력 방지대책을 기술하시오.
3. 도료의 구성요소와 도장시에 발생하는 하자와 대책에 대하여 기술하시오.
4. 석재가공시 석재의 결함, 원인 및 대책에 대하여 기술하시오.
5. 도심지 흙막이공사에 적용되는 주열식 흙막이벽 공법의 종류(Soil Cement Wall, Cast In Place Pile, Packed In Place Pile)를 비교 설명하시오.
6. 철골 공장제작 시 검사계획(ITP : Inspection Test Plan)에 대하여 기술하시오.

제81회 ● 건축시공기술사 시험문제(2007년 전반기)

【제1교시】 다음 문제 중 10문제를 선택하여 설명하시오.(각 문항 10점)

1. 합성슬래브공법(Half P.C. slab)
2. Mat 기초공사의 Dowel Bar 시공방법
3. 친환경 건축물 인증대상과 평가항목
4. Slurry Wall의 안정액
5. 고강도 철근
6. Scallop
7. 콘크리트의 호칭강도
8. 콘크리트 타설 시 발생하는 침하균열의 예방법과 발생후 현장조치 방법
9. 고장력볼트 인장체결시 1군(群)의 볼트 개수에 따른 Torque 검사기준
10. 콘크리트 타설 시 진동다짐 방법
11. 내화피복 공사의 현장품질관리 항목
12. 최적시공속도
13. Concrete 타설 시 거푸집 측압에 영향을 주는 요소

【제2교시】 다음 문제 중 4문제를 선택하여 설명하시오.(각 문항 25점)

1. 벽식구조 APT의 외벽 및 옥상 Parapet에서 발생하는 누수하자 방지대책을 설명하시오.
2. Concrete 건조수축에 대하여 진행속도와 4개의 영향인자를 쓰고 각 영향인자와 건조수축과의 관계를 설명하시오.
3. 진공배수(Vacuum De-Watering)공법의 특성을 설명하시오.
4. 실내공기질 개선방안에 대하여 다음 각 시점에서의 조치사항을 설명하시오.
   1) 시공 시   2) 마감공사 후
   3) 입주 전   4) 입주 후
5. Concrete 압축강도시험의 합격판정기준을 다음 경우에 따라 설명하시오.
   1) 1일/회 타설량 150m³ 이하   2) 1일/회 타설량 200m³~450m³일 때
6. Aluminum Curtain Wall의 Knock Down System과 Unit System의 개요 장단점, 시공순서를 설명하시오.

【제3교시】 다음 문제 중 4문제를 선택하여 설명하시오.(각 문항 25점)

1. 도심지 지하 4층, 지상 20층 규모의 오피스건물 신축공사의 종합가설공사 계획수립 시 유의사항을 설명하시오.
2. 건축물 기초침하의 종류와 방지대책을 열거하시오.
3. L.C.C(Life Cycle Cost)측면에서 효과적인 V.E(Value Engineering)활동기법을 설명하시오.
4. Concrete 중성화의 진행속도와 Mechanism을 설명하시오.
5. 철골공사 현장용접 시 품질관리 요점을 기술하시오.
6. 공동주택 발코니 확장에 따른 창호공사의 요구성능 및 유의사항을 기술하시오.

【제4교시】 다음 문제 중 4문제를 선택하여 설명하시오.(각 문항 25점)

1. 층고 6M인 R.C조건물의 골조공사 거푸집 시공 시 동바리 바꾸어 세우기(Reshoring)의 시기와 유의사항을 설명하시오.
2. 고층건물 연돌효과(Stack Effect)의 발생원인, 문제점 대책을 설명하시오.
3. 골조공사 시 Aluminum Form System의 장·단점, 시공순서, 유의사항을 기술하시오.
4. 도심지 흙막이 공사의 계측관리 항목과 유의사항에 대하여 기술하시오.
5. Sealing 공사의 Sealant 요구성능 및 선정 시 고려사항을 기술하시오.
6. 외부강관비계의 조립설치 기준 및 시공 시 유의사항을 설명하시오.

제82회 •건축시공기술사 시험문제(2007년 중반기)

【제1교시】 다음 문제 중 10문제를 선택하여 설명하시오.(각 문항 10점)

1. EVM(Earned Value Management)에서의 Cost Baseline
2. 기둥 철근에서의 Tie Bar
3. 복합화공법
4. 내화페인트
5. Concrete Kicker
6. Punching Shear Crack
7. 목재의 함수율
8. 고장력 볼트의 조임방법과 검사법
9. 유리의 열파손
10. 토질주상도
11. 제한경쟁입찰
12. 토공사 지내력 시험의 종류와 방법
13. 품질비용

【제2교시】 다음 문제 중 4문제를 선택하여 설명하시오.(각 문항 25점)

1. 철골공사의 내화피복의 종류에 대하여 기술하시오.
2. 철근의 정착 및 이음에 대하여 기술하시오.
3. CGS(Compaction Grouting System) 공법의 특징 및 용도에 대하여 기술하시오.
4. 건설현장에서 발생하는 폐기물의 종류와 재활용 방안에 대하여 기술하시오.
5. 건축물에서 발생하는 결로의 원인과 방지대책에 대하여 기술하시오.
6. 제치장 콘크리트의 특징 및 품질관리 방안에 대하여 기술하시오.

【제3교시】 다음 문제 중 4문제를 선택하여 설명하시오.(각 문항 25점)

1. 콘크리트 공사에 사용되는 혼화재료의 종류와 특징에 대하여 기술하시오.
2. 방수공사 시 설계 및 시공상의 품질관리 요령에 대하여 기술하시오.
3. 기성콘크리트 파일공사 시 두부파손의 원인과 대책에 대하여 기술하시오.
4. Web기반 PMIS(Project Management Information System)의 내용, 장점 및 문제점에 대하여 기술하시오.
5. 도심지 건축공사에서 주변환경에 영향을 미치는 건설공해의 종류와 방지대책에 대하여 기술하시오.
6. 초고층 건축물에 사용되는 고강도콘크리트의 내화성을 증진시키는 방안에 대하여 기술하시오.

【제4교시】 다음 문제 중 4문제를 선택하여 설명하시오.(각 문항 25점)

1. 거푸집 공사의 구조적 안전성 검토 방법에 대하여 기술하시오.
2. 철골의 현장설치 시 Anchor Bolt에서 주각부 시공단계까지 품질관리 방안에 대하여 기술하시오.
3. 도심지 고층공사의 양중계획 시 고려사항에 대하여 기술하시오.
4. 내력벽식구조 공동주택에서 발생하는 균열의 종류와 방지대책에 대하여 기술하시오.
5. 타일공사에서 발생하는 주요 하자요인 및 방지대책을 기술하시오.
6. 건설사업 발주방식에서 BTL(Build-Transfer-Lease)과 BTO(Build-Transfer-Operate) 사업의 구조를 설명하고 특성을 비교하여 기술하시오.

제83회 ● 건축시공기술사 시험문제(2007년 후반기)

【제1교시】 다음 문제 중 10문제를 선택하여 설명하시오.(각 문항 10점)

1. 히빙(Heaving)현상
2. S.P.G.(Structural Point Glazing)공법
3. 콘크리트 골재 입도
4. 모르타르 Open Time
5. 제거식 U-Turn 앵커(Anchor)
6. 6-시그마(Sigma)
7. 구조체 신축이음(Expansion Joint)
8. Floating Foundation
9. 주계약자형 공동도급제도
10. Auto Climbing System Form
11. Rebound Check
12. 데이터 마이닝(Data Mining)
13. 도막(Membrane) 방수

【제2교시】 다음 문제 중 4문제를 선택하여 설명하시오.(각 문항 25점)

1. 공동주택 가설공사의 특성 및 계획 시 고려사항을 설명하시오.
2. 우기(雨期)에 건설공사현장에서 점검해야 할 사항을 열거, 설명하시오.
3. 커튼월의 결로발생 원인과 대책을 설명하시오.
4. 건축공사의 시공계획서 작성의 목적, 내용 및 작성 시 고려사항을 설명하시오.
5. 철근 콘크리트공사에서 철근 선조립공법에 대하여 설명하시오.
6. S.I.P.(Soil Cement Injected Precast Pile) 공법의 특징과 시공상 유의사항을 설명하시오.

【제3교시】 다음 문제 중 4문제를 선택하여 설명하시오.(각 문항 25점)

1. 철근 콘크리트구조 20층 이상 고층 공동주택의 골조공기 단축방안을 설명하시오.
2. 기성 콘크리트 말뚝박기의 시공상 고려사항 및 지지력 판단방법을 설명하시오.
3. 콘크리트 공사의 품질유지를 위한 활동을 준비단계, 진행단계 및 완료단계로 나누어 설명하시오.
4. 강구조 Slab에 사용하는 Deck Plate의 시공법을 기술하고, Deck Plate 시공상 고려사항을 설명하시오.
5. 지하굴토공사에 사용되는 계측기기의 종류를 쓰고, 각 계측기기의 설치위치 및 용도를 설명하시오.
6. 흙막이 공사에 적용되는 S.P.S(Strut as Permanent System) 공법을 설명하시오.

【제4교시】 다음 문제 중 4문제를 선택하여 설명하시오.(각 문항 25점)

1. 건설사업 추진시 예상되는 소음·진동을 저감하기 위한 방안을 사업 추진단계별로 구분, 설명하시오.
2. 고강도 콘크리트의 폭열 현상 및 방지대책에 대하여 설명하시오.
3. 공동주택의 바닥충격음 차단성능 향상 방안을 설명하시오.
4. 지하실에서 외방수가 불가능할 경우 채택하는 내방수 또는 다른 방수공법에 대하여 설명하시오.
5. 바닥강화재(Floor Hardner)의 특성과 시공법을 설명하시오.
6. 공정마찰이 공사수행에 영향을 주는 요인과 개선방안을 설명하시오.

제84회 •건축시공기술사 시험문제(2008년 전반기)

【제1교시】 다음 문제 중 10문제를 선택하여 설명하시오.(각 문항 10점)

1. 혼화재
2. 단면 2차 모멘트
3. 목재의 내화공법
4. 콘크리트 적산 온도
5. 지하구조물 보조기둥(Shoring Column)
6. 이중외피(Double Skin)
7. CPB(Concrete Placing Boom)
8. CPI(Cost Performance Index)
9. GFRC(Glass Fiber Reinforced Concrete)
10. 포아송비(Poisson's ratio)
11. 고성능 콘크리트
12. 히스토그램(Histogram)
13. 콘크리트의 균열 유발줄눈의 유효 단면감소율

【제2교시】 다음 문제 중 4문제를 선택하여 설명하시오.(각 문항 25점)

1. 흙막이 공사 시 주변침하 원인과 방지대책에 대하여 논하시오.
2. 외부 커튼월의 우수유입 방지대책에 대하여 논하시오.
3. 건축물의 기둥 콘크리트 타설 시 다음 사항을 설명하시오.
   1) 타설방법(콘크리트 시방서 기준)　　　　2) 한개의 기둥을 연속으로 타설하여 완료하는 것을 금지하는 이유
4. 레미콘 운반 시간의 한도 규정 준수에 대하여 다음을 설명하시오.
   1) 일반 콘크리트의 경우(콘크리트 시방서 기준)　　2) KS규정의 경우
   3) 운반시간의 한도 규정을 초과하지 말아야 하는 이유
5. 콘크리트의 중성화에 대하여 다음을 기술하시오.
   1) 개요　　2) 중성화 진행속도　　3) 중성화에 의한 구조물의 손상
6. 철골 건물의 슬래브 공법에 대해서 종류별로 설명하시오.

【제3교시】 다음 문제 중 4문제를 선택하여 설명하시오.(각 문항 25점)

1. 공정계획 시 공사가동율 산정 방법에 대해서 설명하시오.
2. 대형 system 거푸집의 종류를 나열하고 설명하시오.
3. 건축물 리모델링 공사 시 보수 및 보강공사의 종류를 들고 각각에 대하여 기술하시오.
4. 건축물의 부위별 단열공법을 구분하여 기술하시오.
5. T/C(Tower Crane)에 대하여 다음을 설명하시오.
   1) 양중계획 수립절차를 Flow Chart로 작성하고 2) 수립된 절차를 구체적으로 검토할 Check List를 작성하시오.
6. 노출 콘크리트 마감공법의 다음 항목에 대하여 각각 영향요인과 관리 방법을 서술하시오.
   1) 색채균일성　2) 균열방지　3) 충전성(재료분리저항)　4) 내구성

【제4교시】 다음 문제 중 4문제를 선택하여 설명하시오.(각 문항 25점)

1. 건축물의 흡음공사와 차음공사를 비교 설명하시오.
2. 건축공사 현장에서 사용되는 동바리의 종류를 나열하고 각각 장단점을 설명하시오.
3. 고층건물의 column shortening에 의한 부등(不等)축소량 발생 시 커튼월 공사의 조인트 설계보정 계획과 현장 설치시 보정계획에 대하여 기술하시오.
4. 건설 프로젝트의 기획 및 설계 단계별 공사비 예측 방법에 대하여 기술하시오.
5. 건물 시설물통합관리시스템(FMS : Facility Management System)에 대해서 다음을 설명하시오.
   1) 개요 및 목적 2) 구성요소
6. Bleeding에 대하여 다음을 설명하시오.
   1) 개요 2) 블리딩 시 발생하는 균열 3) 균열 발생 시 현장조치 방법 4) 블리딩 시 수분 증발속도에 영향을 주는 요인

제85회 •건축시공기술사 시험문제(2008년 중반기)

【제1교시】 다음 문제 중 10문제를 선택하여 설명하시오.(각 문항 10점)

1. 나사식 철근이음
2. Shear Connector(전단보강 철물)
3. Tact 공정관리기법
4. 방수층 시공 후 누수시험
5. Aluminium Form
6. 양방향 말뚝 재하시험
7. 순수내역입찰제도
8. 층간소음 방지재
9. 팽창콘크리트
10. 콘크리트 표면에 발생하는 결함
11. 지하연속벽 공사 중의 일수(逸水)현상
12. 부마찰력(Negative Friction)
13. PEB(Pre-Engineering Building) System

【제2교시】 다음 문제 중 4문제를 선택하여 설명하시오.(각 문항 25점)

1. 시멘트모르터 공사의 기계화 시공의 체크 포인트에 대하여 설명하시오.
2. 철근공사에서 철근의 Loss를 줄이기 위한 설계 및 시공방법에 대하여 설명하시오.
3. 건설현장에서 콘크리트의 운반 및 타설방법에 대하여 설명하시오.
4. 지하연속벽 시공 시 하자발생의 원인과 대책에 대하여 설명하시오.
5. 건축공사에서 BIM(Building Information Modeling)의 필요성과 활용방안에 대하여 설명하시오.
6. 초고층 건축물의 고속시공을 위한 양중계획에 대하여 설명하시오.

【제3교시】 다음 문제 중 4문제를 선택하여 설명하시오.(각 문항 25점)

1. 거푸집공사에서 발생할 수 있는 문제점과 그 방지대책에 대하여 설명하시오.
2. 지하 흙막이 공사의 안전관리에 대하여 설명하시오.
3. 지진 발생에 의한 피해를 저감할 수 있는 재료 및 시공상의 대책에 대하여 설명하시오.
4. 건축물 커튼월(Curtain wall) 부위의 층간방화구획 방법에 대하여 설명하시오.
5. 굳지 않은 고성능콘크리트의 성능평가 방법에 대하여 설명하시오.
6. 물가변동에 따른 계약금액의 조정 절차 및 내용에 대하여 설명하시오.

【제4교시】 다음 문제 중 4문제를 선택하여 설명하시오.(각 문항 25점)

1. 도심지공사의 굴착공사 중에 발생하는 지하수처리 방안에 대하여 설명하시오.
2. 철골 세우기 공사 시 수직도 관리방안에 대하여 설명하시오.
3. 옥상 및 주차장 상부조경에 따른 시공 시 검토사항에 대하여 설명하시오.
4. 건설공사의 원가측정(Cost Measurement)방법에 대하여 설명하시오.
5. 백화발생의 원리와 원인 분석 및 공종별(타일, 벽돌, 미장, 석재, 콘크리트 등) 방지대책에 대해 설명하시오.
6. 건축공사에서 표준안전관리비의 적정사용방안에 대하여 설명하시오.

제86회 • 건축시공기술사 시험문제(2008년 후반기)

【제1교시】 다음 문제 중 10문제를 선택하여 설명하시오.(각 문항 10점)

1. 자연친화 녹화 콘크리트
2. 철근선조립공법
3. 커튼월(Curtain Wall)의 등압이론
4. Flat Slab의 전단보강
5. 온도균열지수
6. 재개발과 재건축의 구분
7. Telescoping
8. Jacket Anchor공법
9. 철골 Smart Beam
10. Sleeve Joint
11. 단품(單品) 슬라이딩 제도
12. 사인장 균열
13. 철골용접의 비파괴시험(Non Destructive Test)

【제2교시】 다음 문제 중 4문제를 선택하여 설명하시오.(각 문항 25점)

1. 콘크리트의 동결 융해를 방지할 수 있는 대책에 대하여 설명하시오.
2. 서중(暑中)콘크리트의 배합설계 시 유의사항, 운반 및 부어넣기 계획에 대하여 설명하시오.
3. 철근부식의 발생 Mechanism과 철근의 녹(Rust)이 공사품질에 미치는 영향 및 관리방안에 대하여 설명하시오.
4. 건축물에 발생하는 결로현상을 부위별, 계절적 요인으로 구분하여 원인을 설명하고 그 해결방안을 제시하시오.
5. 언더피닝(Underpinning)공법에 대하여 종류별로 적용대상과 효과를 설명하시오.
6. 차음성능에 관한 이론으로 벽식아파트의 고체전파음에 대하여 설명하시오.

【제3교시】 다음 문제 중 4문제를 선택하여 설명하시오.(각 문항 25점)

1. 콘크리트 균열의 종류별 발생원인과 보수보강공법에 대하여 설명하시오.
2. 개량 아스팔트 방수공법의 장단점과 시공방법 및 주의사항에 대하여 설명하시오.
3. 초고강도 콘크리트, 초유동화 콘크리트의 제조원리 및 적용사례에 대하여 설명하시오.
4. Curtain Wall 공사의 하자발생 원인과 대책에 대하여 설명하시오.
5. 조적외부벽체에서 방습층의 설치목적과 구성공법에 대하여 설명하시오.
6. 단층인 철골공장 철골세우기 및 제작운반에 대한 검토사항을 설명하시오.

【제4교시】 다음 문제 중 4문제를 선택하여 설명하시오.(각 문항 25점)

1. 초고층건축공사 시 측량관리에 대하여 기술하시오.
2. 타일거푸집 선부착공법 및 적용사례에 대하여 설명하시오.
3. 철근이음방법 중 기계식 이음방법의 특성 및 장단점을 설명하시오.
4. 신축 공동주택의 새집증후군을 설명하고 실내공기질 향상방안을 기술하시오.
5. 설계시공일괄발주방식(Design-Build or Turn Key)과 설계시공분리발주방식(Design-Bid-Build)의 특징 및 장단점을 비교 설명하시오.
6. 지진이 건축물에 미치는 영향과 내진, 제진 및 면진구조를 비교 설명하시오.

제87회 • 건축시공기술사 시험문제(2009년 전반기)

【제1교시】 다음 문제 중 10문제를 선택하여 설명하시오.(각 문항 10점)

1. 최고가치(Best Value) 입찰방식
2. 커튼월의 필드 테스트(Field Test)
3. 흙의 압밀침하
4. 고층건물의 지수층(Water Stop Floor)
5. 아파트 성능등급
6. 콘크리트 조인트(Joint) 종류
7. 비(非)폭열성 콘크리트
8. 건축용 방화재료(防火材料)
9. 건설위험관리에서 위험약화전략(Risk Mitigation Strategy)
10. 실리카 흄(Silica Fume)
11. 보일링(Boiling)과 히빙(Heaving)
12. 동시지연(Concurrent Delay)
13. 드라이월 칸막이(Dry Wall Partition)의 구성요소

【제2교시】 다음 문제 중 4문제를 선택하여 설명하시오.(각 문항 25점)

1. 고층 건축물의 코어 선행공법에서 구조체(Core Wall)와 철골 접합부 시공상 유의사항을 기술하시오.
2. 건축현장시공계획에 포함되어야 할 내용에 대해 기술하시오.
3. 건축지하구조물의 방수공사 시 재료 선정의 유의사항, 조사대상항목, 기술개발방향을 기술하시오.
4. 커튼월공사의 재료별, 조립공법별 특성에 대하여 기술하시오.
5. 거푸집 동바리와 관련된 안전사고의 원인과 대책에 대하여 기술하시오.
6. 대규모 공장건축물 바닥콘크리트 타설 시 구조적 문제점 및 시공상 유의사항에 대하여 기술하시오.

【제3교시】 다음 문제 중 4문제를 선택하여 설명하시오.(각 문항 25점)

1. 기성콘크리트파일의 시공순서(Flow Chart) 및 두부정리시 유의사항에 대하여 기술하시오.
2. 유비쿼터스(Ubiquitous)에 대응하기 위한 건설업계의 전략에 대하여 기술하시오.
3. 도장공사 중 금속계 피도장재의 바탕처리방법을 기술하시오.
4. 콘크리트 타설 시 거푸집 측압에 영향을 주는 요소 및 저감 대책에 대하여 기술하시오.
5. 현장 철근공사의 문제점 및 개선방안과 시공도면(Shop Drawing) 작성의 필요성에 대하여 기술하시오.
6. 건설사업 단계별(기획, 입찰 및 계약, 시공) 위험관리 중점사항에 대하여 기술하시오.

【제4교시】 다음 문제 중 4문제를 선택하여 설명하시오.(각 문항 25점)

1. 공정관리기법이 전통적인 ADM 기법에서 Overlapping Relationships를 갖는 PDM기법으로 변화하는 원인과 이에 대한 건설현장의 대책에 대하여 기술하시오.
2. 초고층 건물 코어월(Core Wall) 거푸집 공법 계획 시 종류별 장단점을 비교하여 기술하시오.
3. 노후 공동주택 해체 시 공해방지 대책과 친환경적 철거방안에 대하여 기술하시오.
4. 공동주택 방바닥 미장공사의 균열 발생요인과 대책에 대하여 기술하시오.
5. 도심지 대형건축물 토공사 시 지하흙막이의 붕괴전 징후, 붕괴 원인 및 방지대책을 기술하시오.
6. 해변에 접하는 건축물의 콘크리트 요구성능, 시공상의 유의사항 및 염해 방지대책에 대하여 기술하시오.

제88회 ● 건축시공기술사 시험문제(2009년 중반기)

【제1교시】 다음 문제 중 10문제를 선택하여 설명하시오.(각 문항 10점)

1. 철근의 피복두께의 목적
2. 표준관입시험의 N치(N Value)
3. DRA(Double Rod Auger) 공법
4. 콘크리트 타설 시 굵은골재의 재료분리
5. 시공이음(Construction Joint)과 팽창이음(Expansion Joint)
6. 매립철물(Embedded Plate)
7. 타일접착 검사법
8. 석회석 미분말(Lime Stone Powder)
9. 강재의 취성파괴(Brittle Failure)
10. De-Watering 공법
11. 공정관리의 급속점(Crash Point)
12. 열선 반사유리(Solar Reflective Glass)
13. 소성수축균열(Plastic Shrinkage Crack)

【제2교시】 다음 문제 중 4문제를 선택하여 설명하시오.(각 문항 25점)

1. 거푸집 공사 중 Gang Form, Auto Climbing System Form, Sliding Form의 특징 및 장단점을 비교하여 기술하시오.
2. 철골공사에서 고장력 볼트의 현장반입 시 품질검사와 조임시공 시 유의사항에 대하여 기술하시오.
3. 콘크리트의 현장 품질관리를 위한 시험에서 ① 타설 전 ② 타설 중 ③ 타설 후를 구분하여 기술하시오.
4. 타일 붙임공법의 종류 및 시공 시 유의사항을 기술하시오.
5. 널말뚝식 흙막이공사의 하자발생요인 중에서 Heaving failure, Boiling failure 및 Piping 현상에 대한 방지대책에 대해 기술하시오.
6. 현장시공 시 클레임(Claim)발생의 직접요인들을 설명하고, 클레임 예방 및 최소화 방안에 대하여 기술하시오.

【제3교시】 다음 문제 중 4문제를 선택하여 설명하시오.(각 문항 25점)

1. 콘크리트 타설 후, 응결 및 경화과정에서 콘크리트의 표면에서 발생할 수 있는 결함의 종류와 원인 및 대책에 대하여 기술하시오.
2. 토질 지반조사의 지하탐사법 및 보링(Boring)에 대하여 기술하시오.
3. 건설공사에서 원가구성 요소를 설명하고 원가관리의 문제점 및 대책을 기술하시오.
4. 주택 시설물의 노후부위에 따른 리모델링 공사범위를 유형별로 분류하고, 세부공사 대상 항목 및 개선내용을 기술하시오.
5. 복합방수의 재료별 종류 및 시공 시 유의사항에 대하여 기술하시오.
6. 고강도 콘크리트의 제조방법 및 내화성을 증진시키기 위한 방안에 대하여 기술하시오.

【제4교시】 다음 문제 중 4문제를 선택하여 설명하시오.(각 문항 25점)

1. 도심지 건축물에서 옥상녹화 시스템의 필요성 및 시공방안에 대하여 기술하시오.
2. 고층건물 바닥시스템 중에서 보-슬래브 방식, 플랫슬래브 방식 및 메탈데크 위 콘크리트 슬래브 방식의 개요 및 장단점을 비교하여 서술하시오.
3. 현장타설 콘크리트 말뚝 중 C.I.P(Cast in place), M.I.P(Mixed in place) 및 P.I.P(Packed in place)에 대하여 공법의 특징 및 시공 시 유의사항에 대하여 기술하시오.
4. 철골공사의 내화피복의 종류와 시공상의 유의사항에 대하여 기술하시오.
5. 건축물 철거현장에서 발생하는 폐석면의 문제점 및 처리방안에 대하여 기술하시오.
6. 건설사업관리(Construction Management)의 계약방식을 설명하고 향후 발전방향에 대하여 기술하시오.

제89회 ● 건축시공기술사 시험문제(2009년 후반기)

【제1교시】 다음 문제 중 10문제를 선택하여 설명하시오.(각 문항 10점)

1. 트레미(Tremie) 관을 이용한 콘크리트 타설 공법
2. 레미콘의 호칭강도와 설계기준 강도의 차이점
3. 콜드 조인트(Cold Joint)
4. 레이턴스(Laitance)
5. 단열 모르타르
6. 좌굴(Buckling) 현상
7. 구조체 관리용 공시체
8. MDF(Macro Defect Free) 시멘트
9. 강열감량(强熱減量)
10. 아웃 리거(Out Rigger)
11. 시공능력 평가제도
12. 셀프 레벨링(Self Leveling) 모르타르
13. 아스팔트 재료의 침입도(Penetration Index)

【제2교시】 다음 문제 중 4문제를 선택하여 설명하시오.(각 문항 25점)

1. 레미콘 가수(加水)의 유형을 들고, 그 방지대책에 대하여 설명하시오.
2. 친환경 건축물(Green Building)의 정의와 구성요소에 대하여 설명하시오.
3. 어스앵커(Earth Anchor) 공법의 정의, 분류, 시공순서 및 붕괴방지대책에 대하여 설명하시오.
4. 초고층 건축공사에서 기둥부등축소현상(Column Shortening)의 발생원인, 문제점 및 대책에 대하여 설명하시오.
5. 조적조 벽체에 발생하는 백화현상과 관련된 특성요인도를 작성하고, 그 방지대책을 설명하시오.
6. 건축공사에서 양중장비인 타워크레인(Tower Crane)의 상승방식과 브레이싱(Bracing) 방식에 대하여 설명하시오.

【제3교시】 다음 문제 중 4문제를 선택하여 설명하시오.(각 문항 25점)

1. 기성 콘크리트 말뚝공사 중 발생되는 문제점 및 대응방안에 대하여 설명하시오.
2. 건축물 LCC(Life Cycle Cost)를 설명하고, LCC 분석 전(全)단계의 VE(Value Engineering)효과에 대하여 설명하시오.
3. 철근콘크리트 공사의 공기단축과 관련하여 콘크리트 강도의 촉진 발현 대책을 설명하시오.
4. 석재공사의 오픈조인트(Open Joint) 공법의 장단점과 시공 시 유의사항에 대하여 설명하시오.
5. 온돌 마루판 공사의 시공순서 및 시공 시 유의사항에 대하여 설명하시오.
6. 서중 콘크리트 공사에서 서중환경이 굳지 않은 콘크리트의 품질에 미치는 영향과 그 방지 대책을 설명하시오.

【제4교시】 다음 문제 중 4문제를 선택하여 설명하시오.(각 문항 25점)

1. 조적조 벽체에서 신축줄눈(Expansion Joint)의 설치목적, 설치위치 및 시공 시 유의사항에 대하여 설명하시오.
2. 초고층 건축에서 데크플레이트(Deck Plate)의 종류를 들고, 그 특성에 대하여 설명하시오.
3. 내구성이 요구되는 콘크리트 구조물에 콘크리트 양생 중 소성수축 균열 발생 시 그 원인과 복구대책에 대하여 설명하시오.
4. 건설폐기물의 종류와 처리방법에 대하여 설명하시오.
5. 환경친화형 콘크리트(Eco-concrete)의 정의, 분류, 특성 및 용도에 대하여 설명하시오.
6. 네크워크 공정표의 공기단축에서 MCX(Minimum Cost Expediting)나 SAM(Siemens Approximation Method)기법 등에 의한 공기단축에 앞서 실시하는 네크워크 조정기법에 대하여 설명하시오.

제90회 •건축시공기술사 시험문제(2010년 전반기)

【제1교시】 다음 문제 중 10문제를 선택하여 설명하시오.(각 문항 10점)

1. 한중콘크리트
2. BIM(Building Information Modeling)
3. 액상화 현상
4. 스터드 용접(Stud Welding)
5. 목재의 함수율과 흡수율
6. 부력기초(Floating Foundation)
7. SPI(Schedule Performance Index)
8. 슬라이딩 폼(Sliding Form)
9. Bond Breaker
10. BIPV(Building Integrated Photovoltaic)
11. 철근의 부착강도
12. 철골공사의 앵커볼트 매입방법
13. MC(Modular Coordination)

【제2교시】 다음 문제 중 4문제를 선택하여 설명하시오.(각 문항 25점)

1. 지하흙막이 공사에서 고려해야 할 계측관리에 대하여 설명하시오.
2. 콘크리트 구조물의 내구성에 영향을 미치는 요인과 내구성 저하 방지대책에 대하여 설명하시오.
3. 내벽타일공사의 부착강도를 저해하는 요인 및 방지대책에 대하여 설명하시오.
4. 철골공사 양중장비의 선정과 설치 및 해체 시 유의사항에 대하여 설명하시오.
5. 건설공사의 기획 및 설계 각 단계에서 사용되는 개산견적의 방법과 목적에 대하여 설명하시오.
6. 초고층 건축공사의 거푸집 공법 선정 시 고려사항에 대하여 설명하시오.

【제3교시】 다음 문제 중 4문제를 선택하여 설명하시오.(각 문항 25점)

1. 도심지 건축공사에서 기초의 부동침하원인과 대책에 대하여 설명하시오.
2. 콘크리트 펌프 압송시 압송관 막힘 현상의 원인과 대책에 대하여 설명하시오.
3. 철골공사 용접결함의 원인과 방지대책에 대하여 설명하시오.
4. 공동주택에서 친환경 인증기준에 의한 부문별 평가범주 및 인증등급에 대하여 설명하시오.
5. 시공책임형 사업관리(CM at Risk) 계약방식의 특징과 국내 도입시 기대효과에 대하여 설명하시오.
6. 커튼월 공사의 품질확보를 위한 시험방법에 대하여 설명하시오.

【제4교시】 다음 문제 중 4문제를 선택하여 설명하시오.(각 문항 25점)

1. 공동주택에서 신재생 에너지 적용방안에 대하여 설명하시오.
2. 공정관리에서 자원량이 한정되었을 때와 공사기간이 한정되었을 때를 구분하여 자원관리 방법을 설명하시오.
3. 콘크리트 공사의 시공성에 영향을 주는 요인과 시공성 향상방안에 대하여 설명하시오.
4. 철골부재의 온도 변화에 대응하기 위한 공법 및 그 검사방법에 대하여 설명하시오.
5. 매스 콘크리트(Mass Concrete) 구조물의 온도균열 발생원인 및 대책에 대하여 설명하시오.
6. 공동주택에서 발생하는 층간소음의 원인 및 저감대책에 대하여 설명하시오.

제91회 • 건축시공기술사 시험문제(2010년 중반기)

【제1교시】다음 문제 중 10문제를 선택하여 설명하시오.(각 문항 10점)

1. 철근콘크리트구조의 온도철근
2. 시스템 동바리(System Support)
3. 복합방수
4. 진공탈수 콘크리트 공법(Vacuum Dewatering Method)
5. XCM(Extended Construction Management)
6. Pair Glass(복층유리)
7. 서중(暑中)콘크리트
8. RFID(Radio Frequency Identification)
9. Ferro Stair(시스템 철골계단)
10. 말뚝기초의 부마찰력(Negative Friction)
11. 콘크리트의 비파괴검사
12. 철골공사의 Metal Touch
13. 초고층공사의 Phased Occupancy

【제2교시】다음 문제 중 4문제를 선택하여 설명하시오.(각 문항 25점)

1. 공동주택의 하자로 인한 분쟁발생의 저감방안에 대하여 설명하시오.
2. 현장에서 콘크리트의 동시 타설량이 대량이어서 복수의 공장에서 공급받는 경우의 콘크리트 품질확보방안에 대하여 설명하시오.
3. 방수공사의 시행 전에 방수성능향상을 위해 행해야 할 사전조치사항에 대하여 설명하시오.
4. H-Pile 토류벽에 L.W. Grouting 공법을 적용한 흙막이에서 발생할 수 있는 하자요인과 방지대책에 대하여 설명하시오.
5. 철근콘크리트 공사에서 거푸집이 구조체의 품질, 안전, 공기 및 원가에 미치는 영향과 역할에 대하여 설명하시오.
6. 공동도급방식의 기본사항과 특징을 설명하고, 조인트 벤처(Joint Venture)와 컨소시움(Consortium) 방식을 비교 설명하시오.

【제3교시】다음 문제 중 4문제를 선택하여 설명하시오.(각 문항 25점)

1. 철근콘크리트공사에서 Expansion Joint와 Control Joint(균열유도줄눈)의 시공방법에 대하여 설명하시오.
2. 프리스트레스트(Pre-Stressed) 콘크리트의 공사방법과 건축공사에 적용 시 장점에 대하여 설명하시오.
3. 거푸집 및 지주의 존치기간 미준수가 경화콘크리트에 미치는 영향에 대하여 설명하시오.
4. 흙막이벽 공사 중 발생하는 하자유형 및 방지대책에 대하여 설명하시오.
5. 건축물해체 시 발생하는 폐기물 문제의 해결을 위한 분별해체에 대하여 설명하시오.
6. SPS(Strut as Permanent System)공법의 개요와 특징을 설명하고, Up-Up 공법의 시공순서에 대하여 설명하시오.

【제4교시】다음 문제 중 4문제를 선택하여 설명하시오.(각 문항 25점)

1. 석공사에서 습식과 건식공법의 특징을 비교하여 설명하시오.
2. 공기와 비용의 관점에서 공사지연의 유형을 분류하여 설명하시오.
3. 현장의 Tower Crane(T/C) 운용 시 유의사항에 대하여 설명하시오.
4. 현장타설말뚝공법 중에서 Pre-Packed 콘크리트 말뚝의 종류 및 시공 시 유의사항에 대하여 설명하시오.
5. 철근콘크리트구조의 균열발생 원인과 억제대책에 대하여 설명하시오.
6. Lift 공법의 특성 및 시공상 고려사항에 대하여 설명하시오.

제92회 ● 건축시공기술사 시험문제(2010년 후반기)

【제1교시】 다음 문제 중 10문제를 선택하여 설명하시오.(각 문항 10점)

1. 방화문 구조 및 부착 창호철물
2. GPC(Granite Veneer Precast Concrete)
3. 폴리머 시멘트 모르타르(Polymer Cement Mortar) 방수
4. 유리 열파손(熱破損) 방지대책
5. TACT 기법
6. 순수내역 입찰제도
7. 크리프(Creep) 현상
8. Flat Slab의 전단보강
9. 콘크리트 펌프타설(Concrete Pumping) 시 검토사항
10. 콘크리트 자기수축(自己收縮)
11. 철골용접의 각장부족
12. 현장 타설 콘크리트 말뚝의 건전도 시험
13. 러핑 크레인(Luffing Crane)

【제2교시】 다음 문제 중 4문제를 선택하여 설명하시오.(각 문항 25점)

1. 정부의 저탄소 녹색성장 정책에 따른 친환경 건설(Green Construction)의 활성화 방안에 대하여 설명하시오.
2. 초고층 건축물의 중·대구경 현장 타설 콘크리트 말뚝의 종류 및 시공 시 유의사항에 대하여 설명하시오.
3. 부력을 받는 건축물의 Rock Anchor 공사에서 아래사항에 대하여 설명하시오.
   1) 천공 직경을 앵커본체(Anchor Body) 직경보다 크게 하는 이유, 천공 깊이를 소요깊이 보다 크게 하는 이유
   2) 자유장과 정착장 길이 확보 이유
   3) Anchor Hole의 누수 대책
4. 한중 콘크리트 타설 시 발생할 수 있는 초기 동해의 원인 및 방지대책에 대하여 설명하시오.
5. 철골공사에서 뿜칠 내화피복의 종류 및 품질향상 방안에 대하여 설명하시오.
6. 건축물의 효과적인 유지관리를 위한 방법을 Life Cycle 단계별(설계, 시공, 사용 단계)로 설명하시오.

【제3교시】 다음 문제 중 4문제를 선택하여 설명하시오.(각 문항 25점)

1. 현장 하도급업체의 부도발생 시 효율적 대처방안을 단계별로 설명하시오.
2. 대지가 협소한 도심공사에서 지하 6층, 지상 20층 이상 건축물의 효율적 시공을 위한 종합가설계획을 설명하시오.
3. SCW(Soil Cement Wall)의 굴착방식, 공법적용 및 시공 시 고려사항에 대하여 설명하시오.
4. Deck Plate 상부에 타설한 콘크리트에 발생하는 균열의 원인 및 대책에 대하여 설명하시오.
5. 초고층 건축물에서 층간 방화구획을 위한 구법 및 재료의 종류별 특징에 대하여 설명하시오.
6. 알루미늄 프레임(Aluminium Frame)과 복층유리를 사용한 커튼월(Curtain Wall)의 결로 방지대책에 대하여 설명하시오.

【제4교시】 다음 문제 중 4문제를 선택하여 설명하시오.(각 문항 25점)

1. 현행 실적공사비 적산제도 시행에 따른 문제점 및 대책에 대하여 설명하시오.
2. 건축물 기초 선정을 위한 보오링 테스트(Boring Test)에서 보오링 간격 및 깊이에 대하여 설명하시오.
3. 기둥과 슬래브(Slab) 부재의 압축강도가 다른 경우 콘크리트 품질관리 방안에 대하여 설명하시오.
4. 초고층 건축물의 RC조(Reinforced Concrete Structure) Core Wall 선행공사의 시공계획 시 주요관리 항목에 대하여 설명하시오.
5. 현장 철골 용접방법, 용접공 기량검사 및 합격기준에 대하여 설명하시오.
6. 분말형 재료를 사용한 콘크리트 구체방수의 문제점 및 대책에 대하여 설명하시오.

제93회 ● 건축시공기술사 시험문제(2011년 전반기)

【제1교시】 다음 문제 중 10문제를 선택하여 설명하시오.(각 문항 10점)

1. 철근콘크리트 구조의 원리 및 장단점
2. Network 공정표에서의 간섭여유(Dependent Float or Interfering Float)
3. 경량 콘크리트
4. 시방서의 종류 및 포함되어야 할 주요사항
5. VE(Value Engineering)
6. 건축공사에서의 Bench Mark
7. Passive House
8. 건설 산업에서의 IPD(Integrated Project Delivery)
9. 금속판 방수공법
10. 잔골재율
11. Piezo-cone 관입시험
12. 고정하중(Dead Load)과 활하중(Live Load)
13. 콘크리트용 유동화제(Super Plasticizer)

【제2교시】 다음 문제 중 4문제를 선택하여 설명하시오.(각 문항 25점)

1. 건축공사현장에서 공무담당자의 역할과 주요업무에 대하여 설명하시오.
2. 건축공사에서 PC(Precast Concrete) 공법의 개요를 설명하고, 현장타설 콘크리트 공법과 비교할 때 유리한 점과 불리한 점에 대하여 설명하시오.
3. 지반조사의 목적과 방법을 설명하고, 설계단계와 시공단계의 지반조사 자료가 서로 상이할 경우 대처방안에 대하여 설명하시오.
4. 건축물의 바닥, 벽, 천장 마감재에서 요구되는 성능에 대하여 구분하여 설명하시오.
5. 건축물의 단열공사에서 고려하여야 할 사항과 단열공법의 종류에 대하여 설명하시오.
6. 콘크리트 구조물공사에서 탄산가스(CO_2) 발생저감방안에 대하여 설명하시오.

【제3교시】 다음 문제 중 4문제를 선택하여 설명하시오.(각 문항 25점)

1. 건축현장에서 사용되는 철근의 강도별 종류, 용도, 표시방법, 관리방법에 대하여 설명하시오.
2. 조적조 벽돌벽체에서 발생하는 균열의 원인을 계획, 설계 측면과 시공 측면에서 설명하시오.
3. 철근콘크리트 구조물의 화재발생 시 구조안전에 미치는 영향을 설명하고, 구조물 피해의 조사내용과 복구방법에 대하여 설명하시오.
4. 지속가능건설(Sustainable Construction)에 대하여 설명하시오.
5. 철골공사에서 용접변형의 종류 및 억제대책에 대하여 설명하시오.
6. 고강도 콘크리트의 자기수축(自己收縮, Self Shrinkage) 현상과 저감방안에 대하여 설명하시오.

【제4교시】 다음 문제 중 4문제를 선택하여 설명하시오.(각 문항 25점)

1. 타일공사의 하자원인과 대책에 대하여 설명하시오.
2. 기성콘크리트말뚝의 지지력 판단방법의 종류 및 유의사항에 대하여 설명하시오.
3. 초고층 건축공사의 공정에 영향을 주는 요인과 공정운영방식에 대하여 설명하시오.
4. 건축 시공분야에서의 BIM(Building Information Modeling) 적용방안에 대하여 설명하시오.
5. 린 건설(Lean Construction) 생산방식의 개념 및 특징에 대하여 설명하시오.
6. 철근콘크리트공사 중 거푸집 시공계획 및 검사방법에 대하여 설명하시오.

제94회 • 건축시공기술사 시험문제(2011년 중반기)

【제1교시】 다음 문제 중 10문제를 선택하여 설명하시오.(각 문항 10점)

1. 말뚝(Pile)의 정마찰력과 부마찰력
2. 현장콘크리트말뚝(Pile) 공내재하시험(Pressure Meter Test)
3. 철골공사의 엔드탭(End Tab)
4. 직할시공제
5. 바닥온돌 경량기포콘크리트의 멀티폼(Multi Foam) 콘크리트
6. 매스콘크리트의 수화열 저감방안
7. CGS(Compaction Grouting System)
8. 조적벽체의 테두리보 설치위치
9. 파일의 Toe Grouting
10. 물량내역 수정입찰 제도
11. 흙막이 공사의 Boiling 현상
12. 충전 강관콘크리트기둥(Concrete Filled Tube)의 콘크리트 타설방법
13. 공정갱신에서 Progress Override 기법

【제2교시】 다음 문제 중 4문제를 선택하여 설명하시오.(각 문항 25점)

1. 콘크리트 타설과정에서 콘크리트의 거푸집 측압 증가요인, 측압 측정방법 및 과다 측압발생 시 대응방법에 대하여 설명하시오.
2. 철골주각부의 고정 앵커볼트(Anchor Bolt) 매입방법에 대하여 설명하시오.
3. 초고층 건축공사에서 자재 양중계획 시 고려사항과 양중기계선정 및 배치방법을 설명하시오.
4. 서중콘크리트 시공 시 발생하는 영향과 각종재료준비, 운반, 타설, 양생과정에 대하여 설명하시오.
5. 커튼월공사에서 Mock-Up Test의 종류 및 유의사항에 대하여 설명하시오.
6. 친환경 건축물 인증제도의 적용대상과 인증절차에 대하여 설명하시오.

【제3교시】 다음 문제 중 4문제를 선택하여 설명하시오.(각 문항 25점)

1. 흙막이공사에서 CWS(Buried Wale Continuous Wall System) 공법과 SPS(Strut as Permanent System) 공법을 비교 설명하시오.
2. 건축물의 외벽마감공사에서 석재외장 건식공법의 종류 및 석재오염 방지대책에 대해 설명하시오.
3. PDM(Precedence Diagramming Method) 공정관리기법의 중복관계를 설명하고 중복관계의 표현상 한계점에 대하여 설명하시오.
4. 지하 굴착공사 시 지하수 처리방안에 대하여 설명하시오.
5. 콘크리트 성능의 향상을 위해 사용되고 있는 고성능 콘크리트의 시공 시 유의사항에 대하여 설명하시오.
6. 건축물의 리모델링(Remodeling)공사별 유형 및 특징에 대하여 설명하시오.

【제4교시】 다음 문제 중 4문제를 선택하여 설명하시오.(각 문항 25점)

1. 콘크리트 타설 전(前) 및 타설 중(中) 품질관리 방안에 대하여 설명하시오.
2. 흙막이공사에서 Strut 시공 시 유의사항에 대하여 설명하시오.
3. Lift-Up공법의 종류 및 시공 시 유의사항에 대하여 설명하시오.
4. 내진설계를 요구하는 건축물에서 비구조요소의 내진규정과 설계 및 시공법에 대하여 설명하시오.
5. 철골철근콘크리트구조에서 철골기둥과 철근콘크리트 보 철근의 접합방법에 대하여 설명하시오.
6. S.S.G.S(Structural Sealant Glazing System)의 설계 및 시공 시 유의사항에 대하여 설명하시오.

제95회 ●건축시공기술사 시험문제(2011년 후반기)

【제1교시】다음 문제 중 10문제를 선택하여 설명하시오.(각 문항 10점)

1. 주계약자형(主契約者型) 공동도급
2. 합성단가(合成單價)
3. 도심지공사의 착공 전 사전조사(事前調査)
4. 지오폴리머 콘크리트(Geopolymer Concrete)
5. 균열 자기치유(自己治癒) 콘크리트
6. 벽면녹화(壁面綠化)
7. 철골의 CO_2 아크(Arc)용접
8. 유리의 자파(自波)현상
9. 건설자재 표준화의 필요성
10. 공정관리의 Mile stone(중간관리일)
11. 강도의 단위로서 Pa(Pascal)
12. 부실공사(不實工事)와 하자(瑕疵)의 차이점
13. 곤도라(Gondola) 운용시 유의사항

【제2교시】다음 문제 중 4문제를 선택하여 설명하시오.(각 문항 25점)

1. 최근 건축공사 프로젝트 파이낸싱(Project Financing)사업이 사회 및 건설업계에 미치는 문제점과 대책에 대하여 설명하시오.
2. 건축공사 흙막이 배면의 차수공법인 SGR(Soil Grouting Rocket)의 현장 적용범위와 시공 시 유의사항에 대하여 설명하시오.
3. 콘크리트에 사용하는 하이브리드 섬유(Hybrid fiber 혹은 Cocktail fiber)의 사용목적 및 실용화 실례(實例)에 대하여 설명하시오.
4. 공동주택 확장형 발코니 섀시(Sash)의 누수원인 및 방지대책에 대하여 설명하시오.
5. 건축현장의 CM(Construction management) 운용 시 공기지연(工期遲延)의 원인 및 방지대책에 대하여 발주, 설계 및 시공단계별로 설명하시오.
6. 건축공사에서 지하 흙막이 벽체와 외벽 콘크리트합벽공사 시 하자유형 및 방지대책에 대하여 설명하시오.

【제3교시】다음 문제 중 4문제를 선택하여 설명하시오.(각 문항 25점)

1. 가설공사가 품질, 공정, 원가 및 안전에 미치는 영향에 대하여 설명하시오.
2. 건축물의 장수명화(長壽命化)와 관련하여 콘크리트의 중성화 기구(Mechanism) 및 방지대책에 대하여 설명하시오.
3. 여름철 건축물 지하 최하층 바닥에 발생하는 결로(結露)현상의 발생원인과 방지대책에 대하여 설명하시오.
4. 건축물의 실링(Sealing)공사에서 실링의 파괴형태별 원인 및 방지대책에 대하여 설명하시오.
5. 우기(雨期)철 건축공사 현장에서 집중호우, 토사의 붕괴, 폭풍으로 인한 낙하 · 비래(飛來)에 대한 안전사고 예방대책을 설명하시오.
6. 커튼월(Curtain wall) 층간방화구획 공사 시 요구 성능과 시공방법에 대하여 설명하시오.

【제4교시】다음 문제 중 4문제를 선택하여 설명하시오.(각 문항 25점)

1. 도심지에서 건축물 지하공사 시 고심도의 터파기를 할 때 적용 가능한 암(岩) 파쇄(破碎)공법에 대하여 설명하시오.
2. 제치장콘크리트(Exposed Concrete)의 거푸집설치, 철근배근 및 콘크리트 타설 시 유의사항에 대하여 설명하시오.
3. 콘크리트의 품질시험검사 중 표준양생공시체의 압축강도 시험결과가 불합격되었다. 불합격시 조치에 대하여 설명하시오.
4. 철골공사의 공장제작전 철골공작도(Shop drawing) 작성절차 및 제작승인 검토항목에 대하여 설명하시오.
5. 건축용 금속재료 간 이온화(Ionization) 현상에 따른 부식(腐蝕)에 대하여 설명하시오.
6. 대지가 협소한 도심지 건축공사에서 골조공사를 효율적으로 시행하기 위한 1층 바닥 작업장 구축방안에 대하여 설명하시오.

제96회 • 건축시공기술사 시험문제(2012년 전반기)

【제1교시】 다음 문제 중 10문제를 선택하여 설명하시오.(각 문항 10점)

1. 흙의 전단강도
2. 철근콘크리트공사의 거푸집에 작용하는 하중
3. 커튼월(Curtain Wall)의 층간변위
4. 고장력 볼트(High tension bolt)의 조임방법
5. 선단(先端)확장 말뚝(Pile)
6. 파일의 시간경과 효과
7. 철근의 피복목적
8. Column shortening
9. 열관류율 및 열전도율
10. GPS(Global Positioning System)측량
11. 외부비계용 브래킷(Bracket)
12. 최고가치(Best value)입찰방식
13. 고강도 콘크리트(High strength concrete)

【제2교시】 다음 문제 중 4문제를 선택하여 설명하시오.(각 문항 25점)

1. 건설공사의 원가 구성요소를 구분하고, 원가관리의 문제점 및 대책에 대하여 설명하시오.
2. 건축현장에서 콘크리트 펌프(Pump)압송 타설 시 발생할 수 있는 품질저하의 원인과 대책에 대하여 설명하시오.
3. 건축용 목재의 내구성에 영향을 주는 요인과 내구성 증진방안에 대하여 설명하시오.
4. 수밀성콘크리트의 효율적인 품질관리를 위하여 (1) 재료 (2) 배합 (3) 타설에 대하여 설명하시오.
5. 도심지공사에서 지하굴착할 때 강제배수공법 적용 시 발생될 수 있는 문제점 및 대책에 대하여 설명하시오.
6. 철골철근콘크리트(SRC)의 코어(Core)벽체와 연결되는 바닥철근 연결방법에 대하여 설명하시오.

【제3교시】 다음 문제 중 4문제를 선택하여 설명하시오.(각 문항 25점)

1. 건축공사의 시공단계에서 발생할 수 있는 위험(Risk)요인(要因)별 대응방안에 대하여 설명하시오.
2. 방수공사에서 방수공법 선정 시 고려해야 할 사항에 대하여 설명하시오.
3. 콘크리트 벽체의 시멘트모르타르바름공사에서 발생하는 결함의 형태별 원인 및 방지대책에 대하여 설명하시오.
4. 한중(寒中)콘크리트의 배합, 운반 및 타설 시 유의사항에 대하여 설명하시오.
5. 도심지현장 철골세우기 공사의 점검사항을 시공단계별로 구분하여 설명하시오.
6. 건축현장의 거푸집공사에서 발생되는 거푸집붕괴의 원인과 대책을 설명하시오.

【제4교시】 다음 문제 중 4문제를 선택하여 설명하시오.(각 문항 25점)

1. 대구경 콘크리트 현장말뚝 시공 시 발생할 수 있는 하자발생유형 및 대책에 대하여 설명하시오.
2. 초고층 건축물의 진동제어방법에 대하여 설명하시오.
3. 콘크리트 구조물의 균열방지를 위하여 설치하는 줄눈의 종류 및 시공 시 유의사항에 대하여 설명하시오.
4. 알루미늄 커튼월(Al. curtain wall) 공사에서 사용되는 패스너(Fastener)와 앵커(Anchor)의 종류 및 시공 시 유의사항에 대하여 설명하시오.
5. 건축현장의 지하토공사 시공계획 시 사전조사사항과 장비선정 시 고려사항에 대하여 설명하시오.
6. 콘크리트의 내구성 저하요인 및 방지대책에 대하여 설명하시오.

제97회 • 건축시공기술사 시험문제(2012년 중반기)

【제1교시】 다음 문제 중 10문제를 선택하여 설명하시오.(각 문항 10점)

1. 건설근로자 노무비구분관리 및 지급확인제도
2. 건설공사의 생산성(Productivity) 관리
3. 청정건강주택 건설기준
4. 부력(浮力)과 양압력(揚壓力)
5. 거푸집존치기간(국토해양부제정 건축공사표준시방서 기준)
6. 친환경 콘크리트
7. 레디믹스트 콘크리트 납품서(송장)
8. 알루미늄 거푸집(Aluminium Form)
9. 접합유리
10. 하이퍼 빔(Hyper Beam)
11. 수지(樹脂)미장
12. 지반의 팽윤(Swelling)현상
13. 자기응력 콘크리트(Self Stressed Concrete)

【제2교시】 다음 문제 중 4문제를 선택하여 설명하시오.(각 문항 25점)

1. 도심지공사의 착공 전에 공사 준비를 위하여 현장대리인으로서 확인하여야 할 공사 계획전반에 대해서 설명하시오.
2. 고정식 타워크레인(Tower Crane)의 부위별 안전성 검토 및 조립·해체 시 유의사항을 설명하시오.
3. 콘크리트공사용 고로슬래그 미분말(Slag Powder)을 첨가한 콘크리트의 특징을 설명하고, 현장에서 사용 시 문제점과 대책을 설명하시오.
4. 지하구조물 구축용 Top Down 공법의 일반사항을 요약하고, 공기단축, 공사비 절감, 작업성 및 안전성 향상 등을 위한 응용적용사례를 설명하시오.
5. 건축공사에서 철근의 가스압접이음 시공 검사기준(KS 등) 및 시공 시 유의사항에 대하여 설명하시오.
6. 철골공사에서 철골제작 시 검사계획(ITP : Inspection Test Plan)의 주요검사 및 시험에 대하여 설명하시오.

【제3교시】 다음 문제 중 4문제를 선택하여 설명하시오.(각 문항 25점)

1. 건축공사에서 클레임(Claim)발생 직접요인들을 설명하고, 클레임 예방 및 최소화 방안에 대하여 설명하시오.
2. 고강도 콘크리트의 폭열현상 발생원인과 제어대책 및 내화성능관리기준에 대하여 설명하시오.
3. 거푸집공사에서 시스템 동바리 조립·해체 시 주의사항과 붕괴원인 및 방지대책을 설명하시오.
4. 철골철근콘크리트구조에서 강재의 부식방지를 위해 적용 가능한 방식(防蝕)처리 방법에 대하여 설명하시오.
5. 건축공사에서 금속커튼월(Metal Curtain-Wall) 시공 시 단계별 유의사항을 설명하고, 금속커튼월의 시공 허용오차를 국토해양부제정 건축공사표준시방서 기준으로 설명하시오.
6. 초고층 건축물 공사 시 고려해야 할 요소기술을 주요 공종별로 구분하여 기술하시오.

【제4교시】 다음 문제 중 4문제를 선택하여 설명하시오.(각 문항 25점)

1. 초고층 건축물에 적용하는 벨트 트러스(Belt truss)의 시공을 위한 사전계획과 시공 시 고려사항에 대하여 설명하시오.
2. 건축공사에서 적용되고 있는 공업화건축의 현황과 문제점 및 활성화방안에 대하여 설명하시오.
3. 건설기술관리법에 의한 발주청 또는 해당 인·허가관청에 승인을 득한 후 실시해야 하는 품질관리계획과 품질시험계획에 대하여 설명하시오.
4. 공동주택의 발코니 확장공사에 따른 문제점 및 개선방안을 설명하시오.
5. 건축물 방수공사에 적용하고 있는 아스팔트(Asphalt)방수공법, 시트(Sheet)방수공법, 도막방수공법의 장단점을 비교 설명하고, 시공 시 유의사항을 설명하시오.
6. 철근콘크리트 건축물의 균열원인 및 방지대책에 대하여 설명하시오.

제98회 • 건축시공기술사 시험문제(2012년 후반기)

【제1교시】 다음 문제 중 10문제를 선택하여 설명하시오.(각 문항 10점)

1. VOCs(Volatile Organic Compounds) 저감방법
2. 기술제안입찰제도
3. Slurry Wall의 안정액
4. 기초공사의 마이크로 파일(Micro-pile)
5. 철근의 벤딩마진(Bending Margin)
6. 콘크리트 블리스터(Blister)
7. 콘크리트의 건조수축 균열
8. 철골공사의 Stud 품질검사
9. 가설공사의 Jack Support
10. 금속 커튼월(Curtain Wall)의 발음(發音) 현상
11. CO_2 발생량 분석기법(LCA ; Life-Cycle Assessment)
12. 초고층 건물의 공진(共振) 현상
13. 콘크리트 슬래브 처짐(Camber)

【제2교시】 다음 문제 중 4문제를 선택하여 설명하시오.(각 문항 25점)

1. 건축공사 현장에서 건설폐기물의 저감대책 및 관리 방안에 대하여 설명하시오.
2. 서중 콘크리트 타설 시 공사관리 방안에 대하여 설명하시오.
3. 초고층 건축물 공사현장의 리프트 카(Lift Car) 운영관리 방안에 대하여 설명하시오.
4. 도장공사에서 발생하는 결함의 종류별 원인 및 방지대책에 대하여 설명하시오.
5. 토공사에서 흙막이 Earth Anchor의 붕괴 원인 및 방지대책에 대하여 설명하시오.
6. 콘크리트 구조물의 누수발생 원인 및 방지대책에 대하여 설명하시오.

【제3교시】 다음 문제 중 4문제를 선택하여 설명하시오.(각 문항 25점)

1. 철근의 이음(접합) 공법의 종류 및 특성에 대하여 설명하시오.
2. 지정공사에서 PHC 말뚝(Pre-tensioned Spun High Strength Concrete Pile)의 두부(頭部) 정리 및 기초에 정착 시 유의사항에 대하여 설명하시오.
3. 철골 내화피복의 종류, 성능기준 및 검사방법에 대하여 설명하시오.
4. 고층 건축물의 외벽에 적용 가능한 System Form의 종류와 시공 시 유의사항에 대하여 설명하시오.
5. 건축현장의 친환경 요소를 고려한 가설공사 계획에 대하여 설명하시오.
6. 커튼월(Curtain Wall)에서 발생하는 누수의 원인 및 방지대책에 대하여 설명하시오.

【제4교시】 다음 문제 중 4문제를 선택하여 설명하시오.(각 문항 25점)

1. 공동주택 바닥미장 공사에서 시멘트 모르타르 미장균열의 원인과 저감대책에 대하여 설명하시오.
2. 콘크리트 시공연도(Workability)에 영향을 주는 요인과 측정방법에 대하여 설명하시오.
3. 건물의 내진(耐震), 면진(免震) 및 제진(制震) 구조의 특징 및 시공 시 유의사항에 대하여 설명하시오.
4. 토공사에서 Island Cut 공법과 Trench Cut 공법의 특징 및 시공 시 유의사항에 대하여 설명하시오.
5. 현장 콘크리트 타설 후 경화되기 전에 발생하는 초기 균열 및 방지대책에 대하여 설명하시오.
6. TACT 공정관리의 특성과 공기단축 효과에 대하여 설명하시오.

제99회 •건축시공기술사 시험문제(2013년 전반기)

【제1교시】 다음 문제 중 10문제를 선택하여 설명하시오.(각 문항 10점)

1. LOI(Letter of intent)
2. Tilt meter와 Inclinometer
3. 철재 비탈형(非脫型) 거푸집
4. LW(Labiles wasserglass) Grouting
5. 배력철근
6. 시방배합과 현장배합
7. Pop-out 현상
8. 연돌효과(Stack effect)
9. 비용구배(Cost slope)
10. 건축현장에서 시험(Sample)시공
11. 알칼리(Alkali) 골재반응
12. 타워크레인 마스트(Mast) 지지방식
13. NSC(Nominated sub-contractor) 방식

【제2교시】 다음 문제 중 4문제를 선택하여 설명하시오.(각 문항 25점)

1. 공동주택 단위세대에서 부위별 결로 발생원인 및 방지대책에 대하여 설명하시오.
2. 건축공사비 산정을 위한 내역서 작성 시 원가계산에 반영하여야 할 항목과 제반비율 및 개선방안에 대하여 설명하시오.(현행 국가계약법 및 조달청 원가계산 제비율 적용기준)
3. 기존 건축물에서 지열시스템을 적용하여 리모델링하고자 한다. 검토하여야 할 사항을 건축, 기계설비 및 지열시스템설치 부분으로 구분하여 설명하시오.
   〈조건〉 1) 도심지 건축물(지하 4층, 지상 20층)로 여유부지는 없음
   2) 지하 4층에 기계실 있음
   3) 지하에 지열시스템 설치 예정
4. 외벽 점토벽돌공사의 백화원인과 방지대책을 설계, 재료, 시공으로 구분하여 설명하시오.
5. 철골공사의 고력볼트 조임방법, 검사방법 및 조임시 유의사항에 대하여 설명하시오.
6. 고강도 콘크리트의 제조방법 및 사용에 따른 장점에 대하여 설명하시오.

【제3교시】 다음 문제 중 4문제를 선택하여 설명하시오.(각 문항 25점)

1. 지하주차장 진출입을 위한 주차 램프(Ramp)의 시공 시 유의사항에 대하여 설명하시오.
2. 공동주택 바닥충격음 차단 표준바닥구조(국토해양부고시 기준)에서 벽식구조 및 혼합구조, 라멘구조, 무량판구조의 단면상세 구성기준과 시공 시 유의사항에 대하여 설명하시오.
3. 철근콘크리트 건축물 해체공법의 종류, 사전조사 내용 및 해체 시 주의사항에 대하여 설명하시오.
4. 최근 국내 건설경기 부진에 따른 건설경기 침체 원인, 사회에 미치는 영향 및 활성화를 위한 방안에 대하여 설명하시오.
5. 초고층 건축물 공사에서 Fast track 기법 및 적용 시 유의사항에 대하여 설명하시오.
6. 철근콘크리트 공사에서 철근의 손실(Loss) 발생요인과 절감방안에 대하여 설명하시오.

【제4교시】 다음 문제 중 4문제를 선택하여 설명하시오.(각 문항 25점)

1. 건축공사에서 PC(Precast concrete) 접합공법의 종류와 방수처리 방안에 대하여 설명하시오.
2. 건축물 신축공사 시 현장 측량관리 및 수직도 관리방법에 대하여 설명하시오.
3. 타일공사에서 내부 바닥 및 벽체의 타일 줄눈나누기 방법, 박리·박락 원인 및 대책에 대하여 설명하시오.
4. 옥상녹화 방수공사 시 재료의 요구 성능 및 시공 시 주의사항에 대하여 설명하시오.
5. 공동주택 주방가구 설치공사에 따른 공종별 사전협의 사항과 시공 시 유의사항에 대하여 설명하시오.
6. 석재공사에서 재료선정, 표면처리방법 및 시공 시 유의사항에 대하여 설명하시오.

제100회 • 건축시공기술사 시험문제(2013년 중반기)

【제1교시】 다음 문제 중 10문제를 선택하여 설명하시오.(각 문항 10점)

1. 탄소포인트제
2. 터널 폼(Tunnel Form)의 모노 쉘(Mono Shell) 방식
3. 조적벽체의 미식쌓기
4. 커튼 월(Curtain Wall)의 스틱 월(Stick Wall) 공법
5. 콘크리트의 모세관 공극
6. 토량환산계수에서 L값과 C값
7. 콘크리트에서 초결시간과 종결시간
8. 뜬바닥 구조(Floating Floor)
9. 시험말뚝 박기
10. 제안요청서(RFP ; Request For Proposal)
11. 건설기술관리법의 부실벌점 부과항목(건설업자, 건설기술자 대상)
12. 토공사에서 피압수
13. T/S(Torque Shear)형 고력볼트의 축회전

【제2교시】 다음 문제 중 4문제를 선택하여 설명하시오.(각 문항 25점)

1. 도심지 지하 4층, 지상 20층, 연면적 30,000m² 규모의 업무시설 신축공사 시 공통가설 계획을 수립하고 각 항목에 대하여 설명하시오.
2. SIP(Soil Cement Injected Precasted Pile) 공법 시공 시 유의사항에 대하여 설명하시오.
3. 지하주차장 거푸집 작업에서 동바리 수평연결재 및 가새 설치시 주의사항에 대하여 설명하시오.
4. 공동주택에서 수직 증축 리모델링(Remodeling)의 문제점과 대책에 대하여 설명하시오.
5. 건축공사에서 단열재의 선정 및 시공 시 주의사항에 대하여 설명하시오.
6. 혼화재 다량치환 콘크리트의 중성화 억제 대책에 대하여 설명하시오.

【제3교시】 다음 문제 중 4문제를 선택하여 설명하시오.(각 문항 25점)

1. 건축물의 실링(Sealing)재 시공 시 주의사항 및 설계검토 항목을 설명하시오.
2. 공사착수 시점에서 측량 시 검토사항과 유의사항에 대하여 설명하시오.
3. 건축공사에서 기초공사 형식 선정 시 고려사항과 품질확보 방안에 대하여 설명하시오.
4. 국내 건설공사에서 VE(Value Engineering)의 법적요건과 적용상의 문제점 및 개선 방안에 대하여 설명하시오.
5. 지하층 합벽용 무폼타이 거푸집공법(Tie-less Form work)의 특징 및 시공 시 유의 사항에 대하여 설명하시오.
6. 레미콘 출하 후 발생하는 잔량 콘크리트의 효과적인 이용 방법에 대하여 설명하시오.

【제4교시】 다음 문제 중 4문제를 선택하여 설명하시오.(각 문항 25점)

1. 건축공사현장 개설시 시공사의 실행예산서 편성요령, 구성 및 특징에 대하여 설명하시오.
2. 초고층 공사 시 타워크레인(Tower Crane) 장비의 단계별(설치 시 및 사용 시)검사 및 사고예방에 대하여 설명하시오.
3. 전문건설업체의 적정 수익률 확보와 기술력 발전을 위한 계약제도의 종류와 특성에 대하여 설명하시오.
4. 최근 1~5년 정도 경과한 옥외 주차장바닥이나 도로 등에서 콘크리트 표면이 벗겨지는 피해 현상이 자주 발견되는데, 그 발생원인과 방지대책에 대하여 설명하시오.
5. 모르타르(Mortar) 부위 수성페인트 도장작업 시 바탕처리, 도장방법 및 시공 시 유의 사항에 대하여 설명하시오.
6. 유리공사 중 복층유리 구성재료, 품질기준 및 가공 시 단계별 유의사항을 설명하시오.

제101회 ● 건축시공기술사 시험문제(2013년 후반기)

【제1교시】 다음 문제 중 10문제를 선택하여 설명하시오.(각 문항 10점)

1. 낙하물방지망 설치방법
2. 건축물 에너지효율등급 인증제도
3. PAC(Pre-Assembled Composite)
4. 건설공사 입찰제도 중에서 종합심사제도
5. 대구경말뚝에서 양방향 말뚝재하시험
6. 철골공사에서 스티프너(Stiffener)
7. 점토벽돌의 종류별 품질기준
8. 시멘트 종류별 표준 습윤 양생기간
9. 철골용접에서 Lamellar tearing
10. 해사의 제염(制鹽)방법
11. 건설장비의 경제적 수명(Economic Life)
12. 콘크리트 내구성시험(Durability test)
13. 건설공사 공기지연 중에서 보상가능지연(Compensable Delay)

【제2교시】 다음 문제 중 4문제를 선택하여 설명하시오.(각 문항 25점)

1. 가설공사에서 강관비계의 설치기준에 대하여 설명하시오.
2. 공동주택공사에서 거푸집 시공계획을 수립하기 위한 고려사항 및 안전성 검토방안에 대하여 설명하시오.
3. 지하주차장 최하층 바닥과 외벽에서 발생되는 누수 및 결로수 처리방안에 대하여 설명하시오.
4. 산업안전보건법령에 규정하고 있는 유해위험방지계획서 제출대상과 구비서류 및 작성 시 유의사항에 대하여 설명하시오.
5. 강섬유 콘크리트의 재료, 배합, 시공 시 단계별 관리방법에 대하여 설명하시오.
6. 초고층공사에서 고강도 골재 수급방안의 문제점과 해결방안에 대하여 설명하시오.

【제3교시】 다음 문제 중 4문제를 선택하여 설명하시오.(각 문항 25점)

1. 지정공사에서 말뚝의 지지력 감소원인 및 방지대책에 대하여 설명하시오.
2. 매스 콘크리트(Mass Concrete)의 온도균열 발생원인 및 내, 외부 온도차 관리방안에 대하여 설명하시오.
3. 건설공사 시공단계에서 잠재된 위험요인(Risk)들을 인지, 분석, 대응하는 방법에 대하여 설명하시오.
4. 건축공사에서 품질 경영기법으로 활용되는 품질비용의 구성 및 품질개선과 비용의 연계성에 대하여 설명하시오.
5. 콘크리트공사에서 이어붓기면의 이음위치와 효율적인 이어붓기 시공방법에 대하여 설명하시오.
6. 흙막이공사에서 숏크리트(Shotcrete)의 건식공법과 습식공법을 비교 설명하고, 숏크리트 타설 시 Rebound 저감방법을 설명하시오.

【제4교시】 다음 문제 중 4문제를 선택하여 설명하시오.(각 문항 25점)

1. 강재 구조물의 노후화 종류 및 보수, 보강방법에 대하여 설명하시오.
2. EVMS(Earned Value Management System)의 현장 운용상 문제점 및 활성화 방안에 대하여 설명하시오.
3. 콘크리트의 성질을 미경화(未硬化) 콘크리트와 경화(硬化) 콘크리트로 구분하여 설명하시오.
4. 철골공사에서 내화 페인트공사의 시공순서와 건축물 높이에 따른 내화 성능기준에 대하여 설명하시오.
5. 지하주차장의 효율적 배수를 위한 슬래브 구배시공에 대하여 설명하시오.
6. 건설공사에서 차량계 건설기계의 종류를 나열하고, 차량계 건설기계를 사용할 때 위험방지대책을 설명하시오.

제102회 • 건축시공기술사 시험문제(2014년 전반기)

【제1교시】 다음 문제 중 10문제를 선택하여 설명하시오.(각 문항 10점)

1. 건설공사대장 통보제도
2. 팽이말둑기초(Top Base)공법
3. Top Down 공법에서 철공기둥의 정렬(Alignment)
4. 철근부식 허용치
5. 매스(Mass)콘크리트의 온도충격(Thermal Shock)
6. 건축공사의 진공(Vacuum)단열재
7. 시스템 천장(System Ceiling)
8. 자착형(自着刑) 시트 방수
9. 타일시트(Sheet)법
10. 철골용접 결함중 용입부족(Incomplete Penetration)
11. 준공공(準公共) 임대주택
12. 건축공사의 친환경 페인트(Paint)
13. 공정관리의 Last Planner System

【제2교시】 다음 문제 중 4문제를 선택하여 설명하시오.(각 문항 25점)

1. 건설공사 Projet의 Partnering 계약방식의 문제점 및 활성화 방안에 대하여 설명하시오.
2. 굴착공사의 Strut흙막이 지보공과 지하 철골・철근콘크리트공사의 공정마찰로 시공성이 저하되는 바, 개선방안에 대하여 설명하시오.
3. 주상복합 건물에서 알루미늄 커튼월공사의 부위별 결로발생 원인 및 대책에 대하여 설명하시오.
4. 건축물 골조공사 시 도급수량대비 시공수량 초과현상이 자주 발생되는 바, 철근과 콘크리트수량 부족의 원인 및 대책에 대하여 설명하시오.
5. 연약지반 공사에서의 주요 문제점(전단과 압밀 구분) 및 개량공법의 목적에 대하여 설명하시오.
6. 공동주택 거실 온돌마루판의 하자유형을 발생원인별로 분류하고, 솟아오름(팽창박리) 현상의 원인을 설명하시오.

【제3교시】 다음 문제 중 4문제를 선택하여 설명하시오.(각 문항 25점)

1. 해외건설 진출을 위한 경쟁력 확보차원에서 전문업체(하도급업체) 육성방안에 대하여 설명하시오.
2. 철골부태 Mill Sheet상의 강재화학성분에 의한 탄소당량(炭素當量 Ceq : Carbon Equivalent)에 대하여 설명하시오.
3. 건축물 시공 후 외벽창호의 성능평가 방법에 대하여 설명하시오.
4. 모듈러(Modular) 건축의 부위별 소음저감방안에 대하여 설명하시오.
5. 건축물 평지붕(Flat Roof)의 부위별 방수하자 원인 및 방지대책에 대하여 설명하시오.
6. 수직증축 리모델링(Remodeling)시 부분해체공사 및 석면처리방법에 대하여 설명하시오.

【제4교시】 다음 문제 중 4문제를 선택하여 설명하시오.(각 문항 25점)

1. 콘크리트타설 후 기둥과 벽체의 철근피복두께가 설계기준과 다르게 시공되는 원인과 수직철근 이음위치 이탈시 조치사항에 대하여 설명하시오.
2. 건축공사에서 타일시공 시 내벽타일 품질기준에 대하여 설명하시오.
3. 콘크리트 양생과정에서 처짐방지를 위한 동바리(支柱)바꾸어 세우기 방법에 대하여 설명하시오.
4. 건축물의 층고가 높고 천장내부깊이가 큰 천장공사에서 경량철골천장틀의 시공순서와 방법, 개구부(등기구, 점검구, 환기구)보강 및 천장판 부착에 대하여 설명하시오.
5. 옥상 누름콘크리트의 신축줄눈(Expansion Joing)과 조절줄눈(Control Joint)의 단면을 도시하고, 준공 후 예상되는 하자의 원인 및 대책에 대하여 설명하시오.
6. 초고층건물에서 화재발생 시 수직 확산방지를 위한 층간방화 구획방법에 대하여 설명하시오.

제103회 • 건축시공기술사 시험문제(2014년 중반기)

【제1교시】 다음 문제 중 10문제를 선택하여 설명하시오.(각 문항 10점)

1. 성능검정 가설 기자재
2. 목재의 함수율
3. Top Down공법에서 Skip시공
4. 폭렬발생 메카니즘
5. 건설공사 직접시공 의무제
6. 공동주택 결로 방지 성능기준
7. 철골용접에서 Weaving
8. 진공복층유리(Vacuum Pair Glass)
9. 선형공정계획(Linear Scheduling)
10. 벽체두께에 따른 거푸집 측압 변화
11. 통합 발주방식(IPD ; Integrated Project Delivery)
12. 건축물 에너지관리시스템(BEMS, Building Energy Management System)
13. Ferro Stair

【제2교시】 다음 문제 중 4문제를 선택하여 설명하시오.(각 문항 25점)

1. 초고층 건축공사 시 커튼월 성능시험의 단계별 고려사항에 대하여 설명하시오.
2. 기존 학교 건축물의 내진보강공법 적용 시 고려사항에 대하여 설명하시오.
3. 건축구조물 공사에서 콘크리트 표면의 기포발생 원인과 저감대책에 대하여 설명하시오.
4. 비정형 건축물의 외피시스템 구현 시 발생하는 문제점과 시공 시 고려사항을 설명하시오.
5. 공동주택의 미장공사에서 온돌바닥의 품질기준 및 균열저감을 위한 시공단계별(전, 중, 후) 관리방안에 대하여 설명하시오.
6. 흙막이 구조물의 설계도면 검토 사항과 굴착 시 발생할 수 있는 붕괴형태 및 대책에 대하여 설명하시오.

【제3교시】 다음 문제 중 4문제를 선택하여 설명하시오.(각 문항 25점)

1. PEB(Pre-Engineered Building)시스템의 국내 활용실태 및 발전방향에 대하여 설명하시오.
2. 초고층 건물화재 시 연돌효과(Stack Effect)현상에 대하여 단계별(계획, 시공, 유지관리) 중점관리 사항 및 개선방안에 대하여 설명하시오.
3. 공동주택 콘크리트 구조체 균열의 하자 판정 기준과 조사방법에 대하여 설명하시오.
4. 도심지 지하 굴착공사 및 정지공사 시 소음과 진동의 저감대책에 대하여 설명하시오.
5. 건축공사에서 노출콘크리트 구조물의 품질확보를 위한 시공계획 및 시공 시 유의사항에 대하여 설명하시오.
6. 건축 창호공사에서 창호재의 요구성능, 하자유형 및 유의사항에 대하여 설명하시오.

【제4교시】 다음 문제 중 4문제를 선택하여 설명하시오.(각 문항 25점)

1. 구조물의 부력(UP-Lifting Force) 발생 원인 및 대책 공법에 대하여 설명하시오.
2. 기성콘크리트 말뚝의 지지력 예측 방법의 종류 및 특성을 설명하시오.
3. 철골공사에서 용접결함의 종류, 시공 시 유의사항 및 불량용접부위 보정에 대하여 설명하시오.
4. 건축 토공사 되메우기 후 흙의 동상(Frost Heaving)발생 원인과 방지대책에 대하여 설명하시오.
5. 도막방수 공법의 재료별 분류 및 시공 시 유의사항에 대하여 설명하시오.
6. 외벽타일 및 벽돌 벽체의 백화발생 원인, 방지책 및 제거방법에 대하여 설명하시오.

제104회 •건축시공기술사 시험문제(2014년 후반기)

【제1교시】 다음 문제 중 10문제를 선택하여 설명하시오.(각 문항 10점)

1. Bake Out(새집증후군 해소방안)
2. 공정관리에서 LOB(Line Of Balance)공정표
3. 석면지도
4. 코일(coil)형 철근
5. 현장치기 콘크리트 피복두께
6. 거푸집공사에서 드롭헤드 시스템(Drop Head System)
7. 전도성 타일(Conductive Tile)
8. RFID(Radio Frequency Identification)
9. Torque Control법
10. 이방향 중공 슬래브(Slab)공법
11. 더블데크 엘리베이터(Double Deck Elevator)
12. 유리의 영상현상
13. 강재의 기계적 성질에서 피로파괴(Fatigue Failure)

【제2교시】 다음 문제 중 4문제를 선택하여 설명하시오.(각 문항 25점)

1. 건설현장의 계약부터 준공 시 까지 단계별 현장 대리인으로서 하여야 할 대관 인허가 업무에 대하여 설명하시오.
2. 지하합벽 시공 시 흙막이 엄지말뚝 변위에 따라 발생되는 지하외벽의 단면손실에 대한 보강방법과 관련하여 다음사
   항을 설명하시오.
   1) 설계 및 시공 시 고려사항
   2) 시공 상의 또는 지반조건에 따라 이격거리 이상의 변위 발생 시 보강방안
3. 토공사에서 어스앵커(Earth anchor) 내력시험의 필요성과 시공 단계별 확인 시험에 대하여 설명하시오.
4. 타일공사에서 타일 접착력 확인 방법과 접착강도 시험방법에 대하여 설명하시오.
5. 콘크리트 타설 시 온도와 습도가 거푸집측압, 콘크리트공기량 및 크리프(Creep)에 미치는 영향에 대하여 설명하시오.
6. 사무소 신축공사에서 지하층 방수 시 시멘트 액체방수(안 방수)의 시공절차 및 온통기초와 벽체 연결부위의 누수 방
   지대책에 대하여 설명하시오.

【제3교시】 다음 문제 중 4문제를 선택하여 설명하시오.(각 문항 25점)

1. 최근 건설현장에서 발생하고 있는 화재원인 및 방지대책에 대하여 설명하시오.
2. 고층 건축물공사에서 초유동 콘크리트의 유동성평가 방법과 시험방법에 대하여 설명하시오.
3. 가설공사 중 가설통로의 종류 및 설치기준에 대하여 설명하시오.
4. 커튼월 공사에서 Mock-Up Test 방법과 성능시험 항목에 대하여 설명하시오.
5. 도심지 지하흙막이 공사 시 계측기 배치 및 관리방안에 대하여 설명하시오.
6. 주상복합건축물 구조에서 하부층은 라멘조이며, 상부층은 벽식구조로 계획된 전이층(轉移層)의 트랜스퍼 거더
   (Transfer Girder)의 콘크리트 이어치기면 처리, 철근 배근 및 하부 Shoring 시공 시 유의사항에 대하여 설명하시오.

【제4교시】 다음 문제 중 4문제를 선택하여 설명하시오.(각 문항 25점)

1. 철골구조물에 시공하는 데크 플레이트(Deck Plate)공법의 문제점 및 시공 시 유의사항에 대하여 설명하시오.
2. 철근콘크리트 구조물의 철근 부식과정과 염분함유량의 측정법에 대하여 설명하시오.
3. 도심지에서 근접 시공 시 인접 구조물의 피해방지 대책에 대하여 설명하시오.
4. 고층 아파트 골조공사의 4-Day Cycle System에 대하여 설명하시오.
5. 초고층 건축물 공사에서 건설용 리프트(Lift)설치기준과 안전대책 및 장비 선정 시 유의사항에 대하여 설명하시오.
6. 도장공사에서 복합적인 요인으로 발생되는 하자유형과 방지대책에 대하여 설명하시오.

제105회 •건축시공기술사 시험문제(2015년 전반기)

【제1교시】 다음 문제 중 10문제를 선택하여 설명하시오.(각 문항 10점)

1. 가설계단의 구조기준
2. Koden test(코멘테스트)
3. 미장공사에서 게이지비드(Gauge bead)와 조인트비드(Joint bead)
4. PRD(Percussion Rotary Drill)공법
5. 한중 콘크리트의 적산온도
6. 굳지않은 콘크리트의 공기량
7. 장수영 주택 인증기준
8. 현장시험실 규모 및 품질관리자 배치기준
9. 회전방식 패스너(Locking Type Fastener)
10. 도장공사의 전색제(Vehicle)
11. 외벽시공 곤도라 와이어(Wire)의 안전조건
12. 적산에서의 수량개산법
13 건설기계의 작업효율과 작업능 률 계수

【제2교시】 다음 문제 중 4문제를 선택하여 설명하시오.(각 문항 25점)

1. 건축 철골공사 현장에서 시공정밀도의 관리허용차 및 한계허용차에 대하여 설명하시오.
2. 건설공사의 부실공사를 방지하고, 품질을 확보하기 위한 레디믹스트 콘크리트 공장의 사전점검·정기점검·특별점검에 대하여 설명하고, 불량자재의 기준 및 처리 시 유의사항에 대하여 설명하시오.
3. 초고층 건물의 내진성능(耐震性能) 향상을 위한 품질 향상방안을 설계상·재료상·시공상으로 구분하여 설명하시오.
4. 건축공사에서 타워크레인 설치 시 주요검토사항과 기초 보강방안에 대하여 설명하시오.
5. 지반조사에서 보링(Boring) 시 유의사항과 시추 주상도(柱狀圖)에서 확인할 수 있는 사항에 대하여 설명하시오.
6 공공건설 공사비 결정방식에서 실적공사비의 문제점 및 개선방안에 대하여 설명하시오.

【제3교시】 다음 문제 중 4문제를 선택하여 설명하시오.(각 문항 25점)

1. 건축물공사에서 철근콘크리트공사와 철골공사의 중점 관리방안에 대하여 각각 비교 설명하시오.
2. 콘크리트공사에서 Bleeding 발생원인 및 저감대책에 대하여 설명하시오.
3. 건설현장에서 하도급 부도발생 시 중점관리 대상 업무 및 부도예상 징후내용에 대하여 설명하시오.
4. 석면해체 및 제거작업전 준비사항과 작업수행 시 유의사항에 대하여 설명하시오.
5. 건축공사에서 설계변경 및 계약금액 조정업무의 업무흐름도와 처리절차에 대하여 설명 하시오.
6. 철골 내화피복 공사에서 습식뿜칠공사 시공 시 두께 측정방법 및 판정기준에 대하여 설명하시오.

【제4교시】 다음 문제 중 4문제를 선택하여 설명하시오.(각 문항 25점)

1. Slurry wall공사 완료 후 구조체와의 일체성 확보를 위한 작업방안에 대하여 설명하시오.
2. 공정관리절차서 작성의 필요성과 절차 및 담당자별 주요업무사항에 대하여 설명하시오.
3. 공동주택공사 시 도배공사 착수 전 준비사항과 도배하자의 종류 및 대책에 대하여 설명하시오.
4. 혹한기 콘크리트 공장제조시 소요재료 가열방법 및 공사 현장 주요관리사항에 대하여 설명 하시오.
5. 현대식으로 개량된 한옥의 공사 관리항목을 대공종과 중공종으로 분류하여 설명하시오.
6. 석재가공 시 발생하는 결함의 종류와 그 원인 및 대책에 대하여 설명하시오.

제106회 • 건축시공기술사 시험문제(2015년 중반기)

【제1교시】 다음 문제 중 10문제를 선택하여 설명하시오.(각 문항 10점)

1. 주동토압, 수동토압, 정지 토압
2. 철골 예열온도(Preheat)
3. 고력볼트 현장반입검사
4. 현장타설 말뚝의 건전도 시험
5. 표준시장단가제도
6. 시멘트 수화반응의 단계 별 특징
7. 콘크리트의 크리프(Creep)
8. 흙의 압밀(Consolidation)
9. 박스컬럼(Box Column) 현장용접 순서
10. 압력식 Soil Nailing
11. 말뚝의 부마찰력(Negative Friction)
12. 안전관리의 MSDS(Material Safety Data Sheet)
13. 고층건축물 가설공사의 SCN(Self Climbing Net)

【제2교시】 다음 문제 중 4문제를 선택하여 설명하시오.(각 문항 25점)

1. 공동주택에서 지하주차장 슬래브의 균열 발생원인과 방지대책에 대해서 설명하시오.
2. 건축물의 생애주기비용(LCC) 산정절차에 대하여 설명하시오.
3. 공동주택에서 난간의 설치기준과 시공 시 유의사항을 위치별(옥상, 계단실, 세대내 발코니)로 구분하여 설명하시오.
4. 철골공사에서 현장설치시 시공단계별 유의사항에 대하여 설명하시오.
5. 구조물의 부동침하 원인과 방지대책에 대하여 설명하시오.
6. 커튼월 부재간 접합부에서 발생하는 누수원인과 방지대책에 대하여 설명하시오.

【제3교시】 다음 문제 중 4문제를 선택하여 설명하시오.(각 문항 25점)

1. 건축물 커튼월의 화재확산방지 구조기준 및 시공방법에 대하여 설명하시오.
2. 지하4층, 지상20층 건축물의 공통가설공사계획을 수립하고 항목별 유의사항에 대하여 설명하시오.
3. 콘크리트 비파괴 검사 중 슈미트해머방법의 특징, 시험방법, 강도추정방식에 대하여 설명하시오.
4. 건설근로자의 생산성 향상을 위한 동기부여이론에 대하여 설명하시오.
5. 콘크리트 압축강도 시험방법과 구조체 관리용 공시체 평가방법에 대하여 설명하시오.
6. 조적벽체 줄눈의 백화발생 원인과 방지대책에 대하여 설명하시오.

【제4교시】 다음 문제 중 4문제를 선택하여 설명하시오.(각 문항 25점)

1. 목재의 부식을 막기 위한 방부제의 종류 및 처리법에 대하여 설명하시오.
2. 내부 도장공사 시 실내공기질 향상을 위한 시공 단계별 조치사항에 대하여 설명하시오.
3. 공동주택의 단위세대 부위별 결로발생 원인과 방지대책을 설명하시오.
4. 외장유리의 열파손 원인과 방지대책에 대하여 설명하시오.
5. 건축물의 기초저변에 설치하는 락 앵커(Rock Anchor)의 시공목적 및 장, 단점과 시공단계별 유의사항에 대하여 설명하시오.
6. 콘크리트타설 시 배관의 압송폐색현상의 원인과 방지대책에 대하여 설명하시오.

제107회 • 건축시공기술사 시험문제(2015년 후반기)

【제1교시】 다음 문제 중 10문제를 선택하여 설명하시오.(각 문항 10점)

1. 생콘크리트 거푸집 측압
2. 가설용 사다리식 통로의 구조
3. 흙의 투수압(透水壓)
4. 아스팔트 침입도(Penetration Index)
5. 자원배당
6. 포러스 콘크리트(Porous Concrete)
7. 3D프린팅 건축
8. 동결심도 결정방법
9. 유리공사에서 Sealing 작업 시 Bite
10. 용접부 비파괴 검사중 자분탐상법의 특징
11. 커튼월 공사에서 이종금속 접촉부식
12. 철골조립 작업 시 계측방법
13. WBS(Work Breakdown Structure)

【제2교시】 다음 문제 중 4문제를 선택하여 설명하시오.(각 문항 25점)

1. 초고층용 타워크레인과 일반용 타워크레인의 운용상 차이점을 설명하시오.
2. 건축공사에서 수지미장의 특성과 시공 시 유의사항에 대하여 설명하시오.
3. 관급공사에서 하도급업체 선정 시 유의사항에 대하여 설명하시오.
4. 주상복합 건물의 지하수위가 G.L-7.5m에 있으며, 지하굴착 깊이는 30m일 때 지하수 부력에 대한 대응 및 감소방법에 대하여 설명하시오
5. 흙막이공사에서 Earth Anchor 천공 시 유의사항과 시공 전 검토사항에 대하여 설명하시오.
6. 철근콘크리트 공사에서 재료분리의 종류와 특징 및 방지대책에 대하여 설명하시오.

【제3교시】 다음 문제 중 4문제를 선택하여 설명하시오.(각 문항 25점)

1. 건축현장에서 사용되는 주요 자재의 승인요청부터 시공까지의 업무흐름 및 단계별 검사방법에 대하여 설명하시오.
2. 초고층 건축물 시공에서 사용되는 코아(Core) 후행공법에 대하여 설명하시오.
3. 지정공사에서 강관말뚝 공사 시 말뚝의 파손원인과 방지대책에 대하여 설명하시오.
4. ALC(Autoclaved Lightweight Concrete)블록공사에서 비내력벽 쌓기 방법과 시공 시 유의사항에 대하여 설명하시오.
5. 프리스트레스트(Pre-Stressed) 콘크리트의 특징, 긴장방법 및 시공 시 유의사항에 대하여 설명하시오.
6. 공사원가 관리에서 MBO(Management By Objective)기법의 실행단계 및 평가방법에 대하여 설명하시오.

【제4교시】 다음 문제 중 4문제를 선택하여 설명하시오.(각 문항 25점)

1. 건설기술진흥법령에 따라 발주청이 시행한 건설공사의 사후평가에 대하여 설명하시오.
2. 가설 거푸집 동바리 및 비계에 대한 붕괴 메카니즘에 대하여 설명하시오.
3. 현장대리인이 착공 전 확인하여야 할 사항 중 대지 및 주변현황 조사에 대하여 설명하시오.
4. 지하주차장 보 하부 Jack Support 설치 시 현장에서 사전에 검토할 사항을 설명하시오.
5. 커튼월공사 시 시공 단계별 검사방법 및 판정기준에 대하여 설명하시오.
6. 공동주택 공사현장의 도배공사에서 정배지 시공 시 유의사항에 대하여 설명하시오.

제108회 ● 건축시공기술사 시험문제(2016년 전반기)

【제1교시】 다음 문제 중 10문제를 선택하여 설명하시오.(각 문항 10점)

1. Weeping Hole
2. 타일공사의 줄눈나누기 방법
3. 배수판(Plate) 공법
4. 초고층 아웃리거 시스템(Out Rigger System)
5. JSP(Jumbo Special Pattern) 공법의 특성
6. 콘크리트 슬래브의 거푸집 존치기간과 강도와의 관계
7. 시공줄눈(Construction Joint)의 시공 위치 및 방법
8. 일일 평균기온 4℃ 이하 시 콘크리트의 양생방법
9. 철골용접 전 예열(Preheat) 방법
10. 콘크리트 지붕층 슬래브 방수의 바탕처리 방법
11. 기초에 사용되는 파일(Pile)의 재질상 종류 및 간격
12. 5D BIM(5 Dimensional Building Information Modeling) 요소기술
13. 철골조 Column Shortening의 원인 및 대책

【제2교시】 다음 문제 중 4문제를 선택하여 설명하시오.(각 문항 25점)

1. 공동주택의 층간소음방지를 위한 바닥구조의 소음저감방안 및 시공 시 유의사항에 대하여 설명하시오.
2. 철근콘크리트공사 중 콘크리트의 구조적 균열과 비구조적인 균열의 주요 요인과 보수보강 방법에 대하여 설명하시오.
3. 원도급업체가 전문협력업체를 선정하는 방법과 관리하는 기법을 설명하시오.
4. 철골조 고층건축물의 현장 철골시공 시 작업순서 및 유의사항을 설명하시오.
5. 현장에서 콘크리트 타설할 때 현장에서의 준비사항 및 주변 조치사항을 설명하시오.
6. Slurry Wall공사에서 Guide Wall의 시공방법 및 시공 시 유의사항에 대하여 설명하시오.

【제3교시】 다음 문제 중 4문제를 선택하여 설명하시오.(각 문항 25점)

1. 제로에너지빌딩(Zero-Energy Building)의 요소기술을 패시브(Passive)기술과 액티브(Active)기술로 구분하여 설명하시오.
2. 콘크리트타설 후 경화하기 전에 발생하는 콘크리트의 수축균열(Shrinkage Crack)의 종류 및 그 각각의 원인과 대책을 설명하시오.
3. 고층건축물의 인접현장에서 기초공사를 할 때 언더피닝(Under Pinning) 공법 및 시공 시 유의사항을 설명하시오.
4. 철골구조물 내화피복공법의 종류 및 시공상 유의사항에 대하여 설명하시오.
5. 가설공사가 본공사의 공사품질에 미치는 영향을 설명하시오.
6. 철골공사에서 고장력볼트 접합 시 조임순서 및 조임 시 유의사항에 대하여 설명하시오.

【제4교시】 다음 문제 중 4문제를 선택하여 설명하시오.(각 문항 25점)

1. 흙막이 공법 중 IPS 시스템(Innovative Prestressed Support Earth Retention System)의 공법순서 및 시공 시 유의사항을 설명하시오.
2. 건축물 생애주기비용(LCC) 분석방법 중 확정적 및 확률적 분석방법의 적용 조건과 적용 방법에 대하여 설명하시오.
3. 공동주택공사에서 세대 내 부위별 결로예방을 위한 시공방법에 대하여 설명하시오.
4. 철근콘크리트의 부위별 피복두께 기준 및 피복두께 확보방법에 대하여 설명하시오.
5. 철근콘크리트 공사에서 철근 선조립 공법의 특징과 시공 상 유의사항에 대하여 설명하시오.
6. 철골구조물 PEB(Pre-Engineering Building) System의 특징 및 시공 시 유의사항에 대하여 설명하시오.

제109회 ● 건축시공기술사 시험문제(2016년 중반기)

【제1교시】 다음 문제 중 10문제를 선택하여 설명하시오.(각 문항 10점)

1. 배력철근과 온도철근
2. 거푸집 공사에서 Stay-in-place Form
3. 잭서포트(Jack Support)
4. 초속경 시멘트
5. 복합파일(합성파일, Steel & PHC Composite Pile)
6. 콘크리트(시멘트) 벽돌 압축강도시험
7. EVMS(Earned Value Management System) 주체별 역할
8. 건강친화형 주택
9. 건축물 에너지성능지표(EPI : Energy Performance Index)
10. 제진에서의 동조질량감쇠기(TMD : Tuned Mass Damper)
11. 설계 안전성 검토(Design For Safety)
12. 석공사의 오픈조인트(Open Joint)
13. TMCP강(Thermo Mechanical Control Process steels)

【제2교시】 다음 문제 중 4문제를 선택하여 설명하시오.(각 문항 25점)

1. 건축공사에서 가설공사의 특징과 가설용수 및 가설전기와 관련하여 계획수립 시 고려사항에 대하여 설명하시오.
2. 토공사에서 기초의 부등침하 원인과 침하의 종류 및 부등침하 대책에 대하여 설명하시오.
3. 현장에 도착한 콘크리트의 슬럼프(Slump)가 배합설계한 값보다 저하되어 펌프카(Pump Car)로 타설하기 곤란한 경우에 슬럼프(Slump)저하의 원인과 조치방안에 대하여 설명하시오.
4. 유리공사에서 로이유리(Low-Emissivity Glass)의 코팅 방법별 특징과 적용성에 대하여 설명하시오.
5. 합성 슬래브(Half Slab)의 일체성 확보 방안과 공법 선정 시 유의사항에 대하여 설명하시오.
6. 초고층 건축물 코어(Core)선행 공법의 접합부에 대한 공종별 관리사항에 대하여 설명하시오.

【제3교시】 다음 문제 중 4문제를 선택하여 설명하시오.(각 문항 25점)

1. 지하연속벽(Slurry wall) 시공 시 안정액의 기능과 요구 성능 및 굴착 시 관리기준에 대하여 설명하시오.
2. 일정상 공정이 지연되어 부득이 일평균 기온이 25℃ 또는 최고 온도가 30℃를 초과하는 하절기 콘크리트 공사에서 발생되는 문제점과 조치방안에 대하여 설명하시오.
3. 외부 석재 공사에서 화강석의 물성기준 및 자재 반입 검수에 대하여 설명하시오.
4. 공동주택 평지붕 옥상 신축줄눈 배치기준과 줄눈시공 시 유의사항에 대하여 설명하시오.
5. Lean Construction의 개념, 특징 및 활용방안에 대하여 설명하시오.
6. 건축물의 CFT(Concrete Filled Tube) 공법에서 품질관리계획과 콘크리트 하부 압입 타설 시 유의사항에 대하여 설명하시오.

【제4교시】 다음 문제 중 4문제를 선택하여 설명하시오.(각 문항 25점)

1. 건축시공 및 원가관리 중심의 BIM(Building Information Modeling) 현장 적용방안에 대하여 설명하시오.
2. 초유동 자기 충전 콘크리트의 품질관리 방안 및 시공 시 유의사항에 대하여 설명하시오.
3. 최근 건축물의 고층화, 대형화로 건설기계 사용이 증가되고 있다. 건설기계 중 양중 장비인 타워크레인의 위험요소와 안전대책에 대하여 설명하시오.
4. 철골공사 용접결함 중 라멜라 테어링(Lamella Tearing)현상의 원인과 방지대책에 대하여 설명하시오.
5. 경량철골 바탕 칸막이 벽체(건식경량) 설치 공법의 특징과 시공 시 고려사항 및 시공순서에 대하여 설명하시오.
6. 철근콘크리트 공사에서 철근배근 오류로 인한 콘크리트 피복두께 유지가 잘못된 경우에 구조물에 미치는 영향에 대해서 설명하시오.

제110회 •건축시공기술사 시험문제(2016년 후반기)

【제1교시】 다음 문제 중 10문제를 선택하여 설명하시오.(각 문항 10점)

1. 액상화(Liquefaction)
2. 순수내역입찰제도
3. Open System(공업화 건축)
4. 석재 혼드마감(Honded Surface)
5. 루나 콘크리트(Lunar Concrete)
6. CfFa(Carbon-free Fly Ash)
7. 레디믹스트 콘크리트의 설계기준강도 및 호칭강도
8. 철근의 가스압접부 형상기준
9. 철골공사의 Tapered Beam
10. 일렉트로 슬래그(Electro Slag)용접
11. ALC(Autoclaved Lightweight Concrete) 블록
12. 제진, 면진
13. 텔레스코핑(Telescoping)

【제2교시】 다음 문제 중 4문제를 선택하여 설명하시오.(각 문항 25점)

1. 혹서기(酷署期) 건축공사 현장의 안전보건 관리방안과 밀폐공간작업 및 집중호우 관리방안에 대하여 설명하시오.
2. 시공책임형 건설사업관리(CM at Risk) 발주방식의 특징과 공공부문 도입시 선결조건 및 기대효과에 대하여 설명하시오.
3. 거푸집공사에서 시스템동바리(System Support)의 적용범위, 특성 및 조립 시 유의사항에 대하여 설명하시오
4. SPS(Strut as Permanent System) Up-Up 공법에 대하여 설명하시오.
5. 6층 건축물의 외단열공법으로 시공 시 화재확산방지구조에 대하여 설명하시오.
6. 고내구성 콘크리트의 적용대상, 피복두께 및 시공 시 고려해야 할 사항에 대하여 설명하시오.

【제3교시】 다음 문제 중 4문제를 선택하여 설명하시오.(각 문항 25점)

1. 열섬(Heat Island)현상의 원인 및 완화대책에 대하여 설명하시오.
2. 공동도급공사에서 Paper Joint의 문제점 및 대책에 대하여 설명하시오.
3. 고층 건축물의 시공 시 타워크레인 현장배치 유의점 및 관리방안에 대하여 설명하시오.
4. 철골세우기 공사에서 세우기 공법을 열거하고 앵커볼트 주각고정방식과 시공 시 유의사항에 대하여 설명하시오.
5. 공동주택 지하주차장 Half PC(Precast Concrete) Slab 상부의 Topping Concrete에서 발생되는 균열의 원인과 원인별 저감방안에 대하여 설명하시오.
6. 건설현장에서 시공하는 AL(Aluminium) 단열창호의 요구성능, 설치 전 확인사항 및 부식방지 대책에 대하여 설명하시오.

【제4교시】 다음 문제 중 4문제를 선택하여 설명하시오.(각 문항 25점)

1. 팽창콘크리트의 사용목적과 성능에 영향을 미치는 요인에 대하여 설명하시오.
2. 공동주택 세대간 경계벽 시공기준을 설명하고, 층간 소음발생 원인 및 대책에 대하여 설명하시오.
3. 원전구조물 해체 시 방사선에 노출된 콘크리트의 오염제거 기술에 대하여 설명하시오.
4. 고층아파트 골조공사를 4일 공정으로 시공 시 작업순서에 대하여 설명하시오.
5. 유리의 구성재료와 제조법에 대하여 설명하시오.
6. 건설현장의 가설울타리와 세륜시설 설치기준을 설명하시오.

제111회 • 건축시공기술사 시험문제(2017년 전반기)

【제1교시】다음 문제 중 10문제를 선택하여 설명하시오.(각 문항 10점)

1. PDD(Permanent Double Drain) 공법
2. Sand Bulking
3. 내한촉진제
4. 포졸란 반응
5. 나사형 철근
6. 탄소당량
7. 강재의 스캘럽(Scallop)
8. 건물 기밀성능 측정방법
9. PB(Particle Board)
10. 배강도유리
11. 타일 부착력 시험
12. 표준시장단가
13. 와이어로프(wire rope) 사용금지 기준

【제2교시】다음 문제 중 4문제를 선택하여 설명하시오.(각 문항 25점)

1. 현장타설말뚝 시공 시 수직 정밀도 확보방안과 공벽붕괴 방지대책에 대하여 설명하시오.
2. 지하연속벽 공사 시 안정액에 포함된 슬라임의 영향 및 처리방안에 대하여 설명하시오.
3. 경량기포콘크리트의 특성 및 시공 시 주의사항에 대하여 설명하시오.
4. 강재의 가공법과 부식 및 방지대책에 대하여 설명하시오.
5. 모듈러 공법의 장단점과 종류별 특징에 대하여 설명하시오.
6. 외장공사 시 실링재의 작업전 준비사항과 조인트 부위 충전시 유의사항에 대하여 설명하시오.-lv1

【제3교시】다음 문제 중 4문제를 선택하여 설명하시오.(각 문항 25점)

1. 도심지 흙막이 스트러트(Strut) 공법 적용 시 시공순서와 해체 시 주의사항에 대하여 설명하시오.
2. 콘크리트 타설 중 압송배관 막힘 현상 발생 원인과 대책에 대하여 설명하시오.
3. 한중콘크리트의 품질관리 방안과 양생 시 주의사항에 대하여 설명하시오.
4. 철골 양중계획 수립 시 고려사항과 수직도 관리방법에 대하여 설명하시오.
5. 콘크리트 바탕면 수성페인트 시공 시 표면처리 방법과 시공 시 유의사항에 대하여 설명하시오.
6. 옥상 녹화방수 시 방수재의 요구성능과 적용 시 검토사항에 대하여 설명하시오.

【제4교시】다음 문제 중 4문제를 선택하여 설명하시오.(각 문항 25점)

1. 아파트 현장의 PHC파일 시공 시 유의사항과 재하시험 방법에 대하여 설명하시오.
2. 공동주택 외벽 거푸집 갱폼 제작 시 세부 검토사항에 대하여 설명하시오.
3. 굵은 순환골재의 품질기준과 적용 시 유의사항에 대하여 설명하시오.
4. 내화페인트 특성과 성능 확보 방안에 대하여 설명하시오.
5. 압출성형 경량콘크리트 패널의 시공방법 및 시공 시 유의사항에 대하여 설명하시오.
6. 석재 가공 시 발생할 수 있는 결함과 원인 및 대책에 대하여 설명하시오.

제112회 ●건축시공기술사 시험문제(2017년 중반기)

【제1교시】 다음 문제 중 10문제를 선택하여 설명하시오.(각 문항 10점)

1. 슬러리월(Slurry Wall)공법의 카운트월(Count Wall)
2. 노출바닥 콘크리트공법 中 초평탄 콘크리트
3. 대형 챔버법(건강친화형주택 건설기준)
4. 총사업비관리제도
5. 하이브리드 FRP(Fiber Reinforced Polymer) 보강근
6. SCM(Supply Chain Management)
7. BTO-rs(Build Transfer Operate-risk sharing)
8. 옥상드레인 설계 및 시공 시 고려사항
9. TLD(Tuned Liquid Damper)
10. GPS(Global Positioning System)측량
11. 갑종방화문 시공상세도(Shop Drawing)에 표기할 사항
12. PS(Pre-stressed) 강재의 Relaxation
13. 건축공사 원가계산서

【제2교시】 다음 문제 중 4문제를 선택하여 설명하시오.(각 문항 25점)

1. 건축물 인·허가 기관인 지방자치단체에 건축물 사용승인을 신청하고자 한다. 건축물 사용승인 신청 시 선행사항(각종 증명서, 필증, 신고 등)과 절차에 대하여 설명하시오.(건축물 조건 : 도심지역의 업무시설, 연면적 30,000m², 지하 5층, 지상 15층, SRC 구조)
2. 건축물 신축공사현장에서 발생하는 폐기물의 종류, 발생저감방안, 처리방안에 대하여 설명하시오.
3. RCS(Rail Climbing System)공법의 특징과 시공 시 유의사항을 설명하시오.
4. 콘크리트 구조물의 화재 시 발생하는 폭렬(爆裂)현상 및 방지대책을 설명하시오.
5. 수지미장의 특징과 시공순서 및 시공 시 유의사항에 대하여 설명하시오.
6. 클린룸(Clean Room)의 요구조건과 시공 시 유의사항에 대하여 설명하시오.

【제3교시】 다음 문제 중 4문제를 선택하여 설명하시오.(각 문항 25점)

1. 콘크리트 구조물의 28일 압축강도가 설계기준강도에 미달될 경우, 현장의 처리절차와 구조물 조치방안에 대하여 설명하시오.
2. 고층건축물 공사현장의 자재양중계획 수립 시 고려사항에 대하여 설명하시오.
3. 공사현장의 여건상 2개 사 이상의 레미콘 공장 제품을 사용할 경우, 콘크리트 혼용 타설의 문제점과 품질확보방안에 대하여 설명하시오.
4. 도심지 건축물 신축공사(지하 6층, 지상 23층 규모) 진행과정에서 발생되는 미세먼지 저감방안에 대하여 설명하시오.
5. 철골용접 결함의 종류와 결함예방대책에 대하여 설명하시오.
6. 건축공사 예정공정표와 현장공정관리 활용도가 저하되는 이유와 개선방안에 대하여 설명하시오.

【제4교시】 다음 문제 중 4문제를 선택하여 설명하시오.(각 문항 25점)

1. 공동주택 건설현장에서 다수의 타워크레인 장비가 운용될 경우, 위험요인과 사고예방 대책에 대하여 설명하시오.
2. 도심지 철근콘크리트 구조물(지하5층, 지상19층 규모) 철거공사 추진시 문제점 및 유의사항에 대하여 설명하시오.
3. 콘크리트의 중성화가 구조물에 미치는 영향과 예방대책 및 사후 조치방안을 설명하시오.
4. 도심지 대형건축물 토공사 시 지하흙막이 벽의 붕괴 전 징후, 붕괴원인 및 방지대책을 설명하시오.
5. 공동주택 지하주차장 half-PC(Precast Concrete) 슬래브 공법의 하자 발생원인과 방지대책에 대하여 설명하시오.
6. 최근 국토교통부에서 '국토교통 4차 산업혁명 대응전략'을 제시하는 등, 우리 사회·경제 전반에 지능화, 고도화가 요구되고 있다. 건설안전 및 현장시공 효율성 제고에 적용할 수 있는 방안을 설명하시오.

제113회 ● 건축시공기술사 시험문제(2017년 후반기)

【제1교시】 다음 문제 중 10문제를 선택하여 설명하시오.(각 문항 10점)

1. DBS(Double Beam System)
2. 부력과 양압력
3. 헬리컬 파일(Helical Pile)
4. 콘크리트 온도균열지수
5. 콘크리트의 건조수축과 자기수축
6. 단열모르타르
7. HI BEAM((Hybrid Integrated Beam)
8. 강재 부식방지 방법 중 희생양극법
9. 유리의 열파손
10. 도장공사의 미스트 코트(Mist coat)
11. 덧침 콘크리트(Topping concrete)
12. 공동주택 세대욕실의 층상배관
13. 위험약화 전략(Risk Mitigation Strategy)

【제2교시】 다음 문제 중 4문제를 선택하여 설명하시오.(각 문항 25점)

1. 시트(Sheet)방수 부착공법의 종류 및 하자방지 대책에 대하여 설명하시오.
2. 건축물에 사용되는 반사형 단열재의 특성과 시공 시 유의사항에 대하여 설명하시오.
3. 일반건설공사의 규모별 산업안전보건관리비의 계상기준과 운영상 문제점 및 대책에 대하여 설명하시오.
4. 철근콘크리트 공사의 공기단축을 위한 방안에 대하여 설명하시오.
5. 바닥 석재공사 중 습식공법의 하자유형과 시공 시 주의사항에 대하여 설명하시오.
6. 서중 콘크리트의 현장관리 방안에 대하여 설명하시오.

【제3교시】 다음 문제 중 4문제를 선택하여 설명하시오.(각 문항 25점)

1. 초고층 건축물의 콘크리트공사에서 타설 전 관리사항과 압송장비 선정방안에대하여 설명하시오.
2. 철골공사에서 철골세우기 수정작업 순서와 수정 시 유의사항에 대하여 설명하시오.
3. 공동주택 화장실 벽타일의 하자발생 유형별 원인과 대책에 대하여 설명하시오.
4. 해양콘크리트의 요구성능과 시공 시 유의사항에 대하여 설명하시오.
5. 안전점검 및 정밀안전진단에 대하여 설명하시오.
6. 내진보강이 필요한 기존 건축물의 내진보강 방법과 지진안전성 표시제에 대하여 설명하시오.

【제4교시】 다음 문제 중 4문제를 선택하여 설명하시오.(각 문항 25점)

1. 외국인 건설근로자 유입에 따른 문제점 및 건설생산성 향상 방안에 대하여 설명하시오.
2. 건축물 커튼월 공법인 S.S.G.S(Structural Sealant Glazing System)의 설계 및 시공관리방안에 대하여 설명하시오.
3. 도심지 지하구조물 공사에서 누수발생 원인 및 대책에 대하여 설명하시오.
4. 공동주택 지하주차장 바닥 에폭시 도장의 하자유형별 원인과 대책에 대하여 설명하시오.
5. 매스콘크리트의 온도균열발생 메커니즘(Mechanism)과 균열방지 대책에 대하여 설명하시오.
6. 건설현장 공사분쟁의 정의와 분쟁해결 방안을 단계별로 설명하시오.

제114회 · 건축시공기술사 시험문제(2018년 전반기)

【제1교시】 다음 문제 중 10문제를 선택하여 설명하시오.(각 문항 10점)

1. 제로에너지빌딩(Zero Energy Building)
2. 지하안전영향평가
3. 기초공사에서의 PF(Point Foundation)공법
4. 공정관리에서의 LSM(Linear Scheduling Method)기법
5. 추정가격과 예정가격
6. 건설산업기본법상 현장대리인 배치기준
7. 고유동 콘크리트의 자기충전(Self-Compacting)
8. 흙의 전단강도
9. 건설사업관리에서의 RAM(Responsibility Assignment Matrix)
10. 철골공사에서의 용접절차서(Welding Procedure Specifications)
11. 석면건축물의 위해성 평가
12. 콘크리트의 표면층 박리(Scaling)
13. 복층유리의 단열간봉

【제2교시】 다음 문제 중 4문제를 선택하여 설명하시오.(각 문항 25점)

1. 주상복합현장 1층(층고 8m)에 시스템비계 적용 시, 시공순서와 시공 시 유의사항에 대하여 설명하시오.
2. 도심지 15층 사무소 건축물 해체공사 시 사전조사 및 조치사항 안전대책에 대하여 설명하시오.
3. 시스템거푸집 중 갱폼(Gang Form)의 구성요소 및 제작 시 고려사항에 대하여 설명하시오.
4. 흙막이 공사에서 어스앵커(Earth Anchor)의 홀(Hole) 누수경로 및 경로별 방수처리에 대하여 설명하시오.
5. 공동주택 마감공사에서 주방가구 설치공정과 설치 시 주의사항에 대하여 설명하시오.
6. 초고층 건물에서 횡하중(바람, 지진) 저항을 위한 구조물 진동저감방법 및 제어방식을 설명하시오.

【제3교시】 다음 문제 중 4문제를 선택하여 설명하시오.(각 문항 25점)

1. 동절기 콘크리트 공사 시 초기동해 발생원인 및 방지대책에 대하여 설명하시오.
2. 최근 건설현장에서 붕괴횟수가 빈번한 타워크레인 사고방지를 위한 건설기계(타워크레인) 검사기준에 대하여 설명하시오.
3. 장수명주택의 보급 저해요인 및 활성화 방안에 대하여 설명하시오.
4. 오피스 계단실 도장공사 중, 무늬도장 시공순서 및 유의사항에 대하여 설명하시오.
5. 건축물의 층간 화재확산 방지방안을 설명하시오.
6. 철골구조에서 데크플레이트(Deck Plate)를 이용한 바닥슬래브와 보의 접합방법 및 시공 시 유의사항에 대하여 설명하시오.

【제4교시】 다음 문제 중 4문제를 선택하여 설명하시오.(각 문항 25점)

1. 건축물 마감재료의 난연성능 시험항목 및 기준에 대하여 설명하시오.
2. 공동주택현장의 PHC 말뚝박기 작업 중, 허용오차 초과 시 조치요령에 대하여 설명하시오.
3. 외부 벽체를 노출콘크리트 구조로 시공할 경우, 요구성능 및 시공 시 유의사항에 대하여 설명하시오.
4. 외벽 창호 주위의 누수 방지를 위한 마감공사 시 유의사항에 대하여 설명하시오.
5. 건축물 준공 후 발생되는 건축공해의 유형을 구분하고 사전방지대책을 설명하시오.
6. 콘크리트공사에서 균열발생의 원인 및 대책을 설명하시오.

제115회 • 건축시공기술사 시험문제(2018년 중반기)

【제1교시】 다음 문제 중 10문제를 선택하여 설명하시오.(각 문항 10점)

1. 흙의 연경도(Consistency)
2. 흙막이 벽체의 Arching 현상
3. 목재의 방부법
4. 슈미트해머의 종류와 반발경도 측정방법
5. 철근콘크리트 할렬균열
6. 철골구조의 Column Shortening
7. 커튼월 패스너 접합방식
8. 알루미늄 거푸집(AL Form)
9. 철골 스마트빔(Smart Beam)
10. 본드 브레이커(Bond Breaker)
11. 프리콘(Pre Construction) 서비스
12. 개방형 BIM(Open BIM)과 IFC(Industry Foundation Class)
13. 브레인스토밍(Brain Storming)의 원칙

【제2교시】 다음 문제 중 4문제를 선택하여 설명하시오.(각 문항 25점)

1. 도심지에서 터파기 공사 중 지하수가 유입되면서 철골수평버팀대가 붕괴되는 사고발생 시 긴급 조치할 사항과 지하수 유입에 대한 사전 대책을 설명하시오.
2. 콘크리트의 성능개선을 위해 첨가하는 재료의 종류와 특징을 설명하시오.
3. 초고층 건축물의 연돌효과(Stack Effect)의 문제점과 대책을 설명하시오.
4. 콘크리트충전강관(CFT)의 장단점과 시공 시 유의사항을 설명하시오.
5. 도장공사에서 발생하는 결함의 종류와 원인 및 대책을 설명하시오.
6. 철재 방화문 시공 시 주요 하자 원인과 대책에 대하여 설명하시오.

【제3교시】 다음 문제 중 4문제를 선택하여 설명하시오.(각 문항 25점)

1. 언더피닝 공법이 적용되는 경우와 공법의 종류 및 시공절차에 대하여 설명하시오.
2. 철골 용접 변형의 발생원인 및 방지대책에 대하여 설명하시오.
3. 옥상누수와 지하누수로 구분하여 누수 보수공사 공법에 대하여 설명하시오.
4. 금속공사에 사용되는 철강재의 부식 종류별 특성, 그리고 방식 방법에 대하여 설명하시오.
5. 건축물의 석면 조사 및 석면 제거 작업 시 유의사항에 대하여 설명하시오.
6. 2018년 7월부터 시행되는 근로기준법에서의 근로시간 단축에 따른 건설현장에 미치는 영향과 대응 방안에 대하여 설명하시오.

【제4교시】 다음 문제 중 4문제를 선택하여 설명하시오.(각 문항 25점)

1. RCD(Reverse Circulation Drill)의 품질관리 방법에 대하여 설명하시오.
2. 공동주택 현장에서 타워크레인 배치 시 고려사항과 타워크레인 운영 시 유의사항에 대하여 설명하시오.
3. 공동주택 층간소음 방지를 위한 30세대 이상 벽식구조 공동주택의 표준바닥구조(콘크리트)에 대하여 설명하시오.
4. 철골 방청도장 시공 시 유의사항 및 방청도장 금지 부분에 대하여 설명하시오.
5. 초고층건물 커튼월의 결로 발생원인과 대책을 설명하시오.
6. 아래와 같은 가정에서, 5일차를 기준으로 계획공사비(BCWS), 달성공사비(BCWP), 실투입비(ACWP), 공정수행지수(SPI) 및 공사비수행지수(CPI)를 계산하고, SPI와 CPI를 이용하여 공사의 진행상황을 분석하여 설명하시오.

〈가정〉

1000000원 예산으로 100m³의 터파기 작업을 10일 동안 수행하도록 계획하였으며, 이때 계획진도는 작업 기간에 정비례하는 것으로 가정한다. 5일차까지 달성한 시점을 기준으로 40m³의 물량이 완료되었으며, 5일차까지 실제로 투입된 원가는 단위 물량 당 15000원/m³으로 가정한다.

제116회 ● 건축시공기술사 시험문제(2018년 후반기)

【제1교시】 다음 문제 중 10문제를 선택하여 설명하시오.(각 문항 10점)

1. 창호의 지지개폐철물
2. 건설원가 구성 체계
3. 거멀접기
4. 표준관입시험
5. 콘크리트 블리스터
6. 건축공사의 토질시험
7. 마이크로파일공법
8. 콘크리트 진공배수공법
9. 열관류율
10. 알루미늄거푸집공사 중 Drop Down System 공법
11. 건설업 기초안전보건교육
12. 비탈형 거푸집
13. 균형철근비

【제2교시】 다음 문제 중 4문제를 선택하여 설명하시오.(각 문항 25점)

1. 철골공사 현장용접 검사방법에 대하여 설명하시오.
2. 건축물에 작용하는 하중에 대하여 설명하시오.
3. 건축공사 시 단계별 공기지연 발생원인과 방지대책에 대하여 설명하시오.
4. 흙막이공법을 지지방식으로 분류하고 Top-Down 공법으로 시공계획 시 검토사항에 대하여 설명하시오.
5. 경량기포 콘크리트의 종류 및 선정 시 고려사항에 대하여 설명하시오.
6. 단열재 시공부위에 따른 공법의 종류별 특징과 단열재 재질에 따른 시공 시 유의사항에 대하여 설명하시오.

【제3교시】 다음 문제 중 4문제를 선택하여 설명하시오.(각 문항 25점)

1. 건설현장의 세륜시설 및 가설울타리 설치기준에 대하여 설명하시오.
2. 철골공사의 베이스플레이트 설치방법에 대하여 설명하시오.
3. 콘크리트 중성화의 영향 및 진행과정과 측정방법에 대하여 설명하시오.
4. 수목(樹木) 자재 검수 시 고려사항과 수목의 종류에 따른 검수요령에 대하여 설명하시오.
5. 옥상정원을 위한 방수·방근공법 적용 시 시공형태별 특징과 시공환경에 따른 유의사항에 대하여 설명하시오.
6. 건설프로젝트 리스크관리에 대하여 설명하시오.

【제4교시】 다음 문제 중 4문제를 선택하여 설명하시오.(각 문항 25점)

1. 목재의 방부처리에 대하여 설명하시오.
2. 거푸집공사에 사용하는 터널폼의 종류 및 특성에 대하여 설명하시오.
3. 경량벽체공사 중 ALC(Autoclaved Lightweight Concrete)블록의 물성과 시공순서별 특기사항에 대하여 설명하시오.
4. 데크플레이트 슬래브의 균열발생 요인과 균열억제 대책 및 보수방법에 대하여 설명하시오.
5. 부력을 받는 지하주차장에 발생하는 문제점 및 대응방안에 대하여 설명하시오.
6. PC(Precast Concrete)복합화 공법을 적용할 경우 시공 시 유의사항에 대하여 설명하시오.

제117회 ● 건축시공기술사 시험문제(2019년 전반기)

【제1교시】다음 문제 중 10문제를 선택하여 설명하시오.(각 문항 10점)

1. 컵록 서포트(Cuplock Support)
2. 언더피닝(Underpinning)
3. 철근 격자망
4. BIM(Building Information Modeling)
5. 금속용사(金屬溶射) 공법
6. 좌굴현상
7. 물가변동(Escalation)
8. 무근콘크리트 슬래브 컬링(Curling)
9. 열교, 냉교
10. Non-Grouting Double Fastener방식(석공사의 건식공법)
11. Smart Construction 요소기술
12. EVMS(Earned Value Management System)
13. 초고층 건축물 시공 시 사용하는 철근의 기계적 정착(Mechanical Anchorage of Re-bar)

【제2교시】다음 문제 중 4문제를 선택하여 설명하시오.(각 문항 25점)

1. 흙막이 공사 시 계측관리를 위한 기기종류와 위치선정에 대하여 설명하시오.
2. 콘크리트 타설 시 거푸집 측압의 특성과 측압에 영향을 미치는 요인에 대하여 설명하시오.
3. 공동주택공사에서 세대 내 부위별 결로 발생 원인과 대책에 대하여 설명하시오.
4. 건물의 진동제어 기법에 대하여 비교 설명하시오.
5. 고장력볼트의 접합방식과 조임 방법 및 시공 시 유의사항에 대하여 설명하시오.
6. 녹색건축물 조성지원법상의 녹색건축인증 의무 대상 건축물 및 평가분야에 대하여 설명하시오.

【제3교시】다음 문제 중 4문제를 선택하여 설명하시오.(각 문항 25점)

1. 도심지 공사에서 적용 가능한 흙막이 공법에 대하여 설명하시오.
2. 알루미늄 거푸집을 이용한 아파트 구조체공사 시 유의사항에 대하여 설명하시오.
3. 건축물 안전진단의 절차 및 보강공법에 대하여 설명하시오.
4. 패시브하우스(Passive house)의 요소기술 및 활성화 방안에 대하여 설명하시오.
5. 공동주택에서 세대내 소음의 종류와 저감 대책에 대하여 설명하시오.
6. 온실가스 배출원과 건설시공과정에서의 저감 대책을 설명하시오.

【제4교시】다음 문제 중 4문제를 선택하여 설명하시오.(각 문항 25점)

1. 콘크리트타설 계획의 수립내용에 대하여 설명하시오.
2. 가설공사에서 강관비계의 설치기준 및 시공 시 유의사항에 대하여 설명하시오.
3. 콘크리트 구조물표면의 손상 및 결함의 종류에 대한 원인과 방지대책에 대하여 설명하시오.
4. 철골용접 결함검사 중 염색침투 탐상검사의 용도 및 방법에 대하여 설명하시오.
5. 국내 건설 발주체계의 문제점 및 개선방안에 대하여 설명하시오.
6. 건축공사 분쟁에 있어서 클레임의 유형과 발생요인 및 분쟁해결방안에 대하여 설명하시오.

제118회 ● 건축시공기술사 시험문제(2019년 중반기)

【제1교시】 다음 문제 중 10문제를 선택하여 설명하시오.(각 문항 10점)

1. 안전관리의 물질안전보건자료(MSDS : Material Safety Data Sheet)
2. 건설작업용 리프트(Lift)
3. 기성콘크리트말뚝의 이음 종류
4. 철근과 콘크리트의 부착력
5. 콘크리트의 소성수축균열(Plastic Shrinkage Crack)과 자기수축균열(Autogenous Shrinkage Crack)
6. 거푸집의 수평 연결재와 가새 설치 방법
7. 합성슬래브(Half P.C Slab)의 전단철근 배근법
8. 철근콘크리트 기둥철근의 이음 위치
9. 정지토압이 주동토압보다 더 큰 이유
10. 타워크레인(Tower Crane) 텔레스코핑(Telescoping) 작업 시 유의사항 및 순서
11. 건축구조물의 내진보강공법
12. SSG(Structural Sealant Glazing)공법
13. 데크플레이트(Deck Plate)의 종류 및 특징

【제2교시】 다음 문제 중 4문제를 선택하여 설명하시오.(각 문항 25점)

1. 건설기술진흥법시행령 제75조의 2(설계의 안전성 검토)에 따른 건설공사 안전관리 업무수행 지침(국토교통부 고시 제2018-532호)상 시공자의 안전관리업무를 설명하시오.
2. 잭서포트(Jack Support), 강관시스템서포트(System Support)의 특성과 설치 시 유의사항에 대하여 설명하시오.
3. 생콘크리트 펌프압송 시 막힘현상의 원인 및 예방대책과 막힘 발생 시 조치사항에 대하여 설명하시오.
4. 갱폼(Gang Form)의 제작 시 고려사항 및 케이지(Cage)구성요소에 대하여 설명하시오.
5. 철골조 건축물의 내화피복 필요성 및 공법에 대하여 설명하시오.
6. 공동주택 층간소음 저감을 위한 바닥충격음 차단구조의 시공 시 유의사항을 설명하시오.

【제3교시】 다음 문제 중 4문제를 선택하여 설명하시오.(각 문항 25점)

1. 건설 리스크관리(Risk Management)의 대응전략과 건설분쟁(클레임, Claim) 발생 시 해결방법에 대하여 설명하시오.
2. 흙막이 계측관리의 목적, 계측계획 수립 시 고려사항 및 계측기의 종류에 대하여 설명하시오.
3. 철근콘크리트 공사에서 철근배근 오류로 인하여 콘크리트의 피복두께 유지가 잘못된 경우, 구조물에 미치는 영향에 대하여 설명하시오.
4. 철근콘크리트 구조물의 표준양생 28일 강도를 설계기준강도로 정하는 이유와 압축강도 시험의 합격 판정 기준을 설명하시오.
5. 철근콘크리트 골조공사에서 결로방지재를 선매립하는 경우, 발생 가능한 하자 유형과 방지 대책에 대하여 설명하시오.
6. 최근 법정 근로시간 단축에 따른 공사기간 부족으로 동절기 마감공사(타일, 미장, 도장)의 시공이 증가할 것으로 예상되는 바, 이에 따른 마감공사의 품질확보를 위해 고려해야 할 사항에 대하여 설명하시오.

【제4교시】 다음 문제 중 4문제를 선택하여 설명하시오.(각 문항 25점)

1. VE(Value Engineering)의 수행단계 및 수행방안에 대하여 설명하시오.
2. 구조물의 부등침하 원인 및 방지대책을 나열하고, 언더피닝(Under Pinning)공법에 대하여 설명하시오.
3. 콘크리트 타설 시, 거푸집에 대한 고려하중과 측압 특성 및 측압 증가 요인에 대하여 설명하시오.
4. 유리공사에서 로이유리(LOW-Emissivity Glass)의 코팅방법별 특징 및 적용성에 대하여 설명하시오.
5. 도심지 초고층 현장에서 철골세우기의 단계별 유의사항에 대하여 설명하시오.
6. 외부 석재공사에서 화강석의 물성기준 및 파스너(Fastener)의 품질관리에 대하여 설명하시오.

제119회 • 건축시공기술사 시험문제(2019년 후반기)

【제1교시】 다음 문제 중 10문제를 선택하여 설명하시오.(각 문항 10점)

1. 건설공사비지수(Construction Cost Index)
2. CPB(Concrete Placing Boom)
3. PPS(Pre-stressed Pipe Strut) 흙막이 지보공법 버팀방식
4. MPS(Modularized Pre-stressed System) 보
5. Dowel Bar
6. 콘크리트 침하균열
7. T.S.(Torque Shear) Bolt
8. Metal Touch
9. BIM LOD(Level of Development)
10. Bang Machine
11. BOT(Build Operate Transfer)와 BTL(Build Transfer Lease)
12. 지능형 건축물(IB : Intelligent Building)
13. 건설기술진흥법에서 규정하고 있는 환경관리비

【제2교시】 다음 문제 중 4문제를 선택하여 설명하시오.(각 문항 25점)

1. Tower Crane의 주요 구성요소와 재해유형, 재해원인 및 안전대책에 대해서 설명하시오.
2. 건설현장에서 사용되는 도료의 구성요소와 도장공사 결함의 종류별 원인 및 방지대책에 대하여 설명하시오.
3. 철골공사에서 용접변형의 원인 및 방지대책에 대하여 설명하시오.
4. 공사현장에서 발생하는 건설공해의 종류와 방지대책에 대하여 설명하시오.
5. 박리제의 종류와 시공 시 유의사항에 대하여 설명하시오.
6. 철근이음의 종류 중 기계적 이음의 품질관리 방안에 대하여 설명하시오.

【제3교시】 다음 문제 중 4문제를 선택하여 설명하시오.(각 문항 25점)

1. 지하구조물의 부상요인 및 방지대책에 대하여 설명하시오.
2. 건축공사에서 시공부위별 단열공법과 단열재 선정 및 시공 시 유의사항에 대하여 설명하시오.
3. 철골공사에서 공장제작의 품질관리사항에 대하여 설명하시오.
4. 계약형식 중 공동도급(Joint Venture)에 대하여 설명하시오.
5. 건설신기술지정제도에 대하여 설명하시오.
6. 콘크리트의 펌프 압송시 유의사항에 대하여 설명하시오.

【제4교시】 다음 문제 중 4문제를 선택하여 설명하시오.(각 문항 25점)

1. 공동주택에서 층간소음 저감을 위한 시공관리방안을 골조, 완충재, 기포콘크리트, 방바닥 미장 측면에서 설명하고, 중량과 경량 충격음을 비교 설명하시오.
2. 철골공사에서 주각부 시공 시 품질관리사항에 대하여 설명하시오.
3. 초고층 건축물의 양중계획에 대하여 설명하시오.
4. 석면해체·제거작업 작업절차(조사 및 신고) 및 감리인지정 기준에 대하여 설명하시오.
5. 콘크리트의 수직-수평 분리타설 방법과 시공 시 유의사항을 설명하시오.
6. 지하구조물 공사 시 발생하는 싱크홀(Sink hole)의 원인과 유형을 정의하고, 지하수 변화에 따른 싱크홀 방지 대책에 대하여 설명하시오.

제120회 ● 건축시공기술사 시험문제(2020년 전반기)

【제1교시】다음 문제 중 10문제를 선택하여 설명하시오.(각 문항 10점)

1. RCS(Rail Climbing System) Form
2. 철골공사의 스캘럽(Scallop)
3. 철근콘크리트공사 시 캠버(Camber)
4. 고장력볼트 반입검사
5. 에폭시 도료
6. 프리스트레스트 콘크리트(Prestressed Concrete)
7. 주방가구 상부장 추락 안정성 시험
8. 철골공사의 트랩(Trap)
9. 공동주택 라돈 저감방안
10. CM at Risk의 프리컨스트럭션(Pre-construction) 서비스
11. 린건설(Lean Construction)의 장점 및 단점
12. 암질지수(Rock Quality Designation)
13. 모살용접(Fillet Welding)

【제2교시】다음 문제 중 4문제를 선택하여 설명하시오.(각 문항 25점)

1. Smart Construction의 개념, 적용분야, 활성화 방안을 설명하시오.
2. Top Down공법의 특징과 공법의 주요 요소를 설명하시오.
3. 철근 피복두께를 유지해야 하는 이유와 최소피복두께 기준에 대하여 설명하시오.
4. 철골 세우기 공사 시 철골수직도 관리방안 및 수정 시 유의사항을 설명하시오.
5. 지하주차장 천장 뿜칠재 시공 시 중점관리항목과 시공 시 유의사항, 도장공사 시 안전수칙에 대하여 설명하시오.
6. 방수 바탕면으로서의 철근콘크리트 바닥(Slab) 시공 시 유의사항에 대하여 설명하시오.

【제3교시】다음 문제 중 4문제를 선택하여 설명하시오.(각 문항 25점)

1. 건축공사에서 설계변경 및 계약금액 조정의 업무흐름과 처리절차를 설명하시오.
2. 기성콘크리트 말뚝의 시공방법과 말뚝의 파손원인 및 대책을 설명하시오.
3. Mass Concrete의 온도균열 방지를 위한 사전 계획과 시공 시 유의사항에 대하여 설명하시오.
4. 철근콘크리트 구조의 내구성에 영향을 미치는 요인과 내구성 저하 방지대책에 대하여 설명하시오.
5. 고층 철골철근콘크리트조 건축물공사에서 수직부재 부등축소현상의 문제점과 발생원인 및 방지대책에 대하여 설명하시오.
6. 모듈러 공법의 장·단점과 공법별 특징에 대하여 설명하시오.

【제4교시】다음 문제 중 4문제를 선택하여 설명하시오.(각 문항 25점)

1. 건축물의 인허가기관인 지방자치단체에 건물(도심지역 업무시설로 연면적 50,000m², 지하 5층, 지상 20층 규모) 사용승인 신청 시 선행 조치사항(각종 증명서, 필증, 신고 등)과 절차에 대하여 설명하시오.
2. 공동주택 마감공사에서 작업 간 간섭발생 원인과 간섭저감 방안에 대하여 설명하시오.
3. 철근콘크리트공사에서 발생하는 시공이음(Construction Joint) 시공 시 유의사항에 대하여 설명하시오.
4. CFT(콘크리트충전 강관기둥)공법의 장·단점과 콘크리트 충전방법 및 시공 시 유의사항에 대하여 설명하시오.
5. 도심지 철골조 건축물의 내화피복 뿜칠공사 시 유의사항 및 검사방법을 설명하시오.
6. 건축물 지붕방수 작업 전 검토사항 및 지붕누수 원인과 방지대책을 설명하시오.

제121회 ● 건축시공기술사 시험문제(2020년 중반기)

【제1교시】 다음 문제 중 10문제를 선택하여 설명하시오.(각 문항 10점)

1. 콘크리트의 시공연도(Workability)
2. 현장 가설 출입문 설치 시 고려사항
3. 철골부재 변형교정 시 강재의 표면온도
4. 초고층 공사에서의 GPS(Global Positioning System)측량
5. 사용부위를 고려한 바닥용 석재표면 마무리 종류 및 사용상 특성
6. 낙하물 방지망
7. 콘크리트 배합 시 응결경화 조절제
8. CM at Risk에서의 GMP(Guaranteed Maximum Price)
9. 표준사
10. 반복하중에 의한 강재의 피로파괴(Fatigue Failure)
11. SDA(Separated Doughnut Auger) 공법
12. 베이크아웃(Bake-Out), 플러쉬아웃(Flush-Out) 실시 방법과 기준
13. 균형철근비

【제2교시】 다음 문제 중 4문제를 선택하여 설명하시오.(각 문항 25점)

1. 초고층 건축공사에서 콘크리트 타설 시 고려사항과 콘크리트 압송장비의 운용방법에 대하여 설명하시오.
2. 대규모 도심지공사에서 지반굴착공사 시 사전조사사항, 발생되는 문제점 및 현상에 대하여 설명하시오.
3. 철골공사의 시공 상세도면 주요검토 사항 및 시공 상세도면에 포함되어야 할 안전시설을 설명하시오.
4. 철근콘크리트 기초와 주각부에 접한 지중보 시공 시 유의사항에 대하여 설명하시오.
5. 거푸집 선정 시 고려할 사항 및 발전방향에 대하여 설명하시오.
6. BIM(Building Information Modeling)기술의 시공분야 활용에 대하여 4D, 5D를 중심으로 설명하시오.

【제3교시】 다음 문제 중 4문제를 선택하여 설명하시오.(각 문항 25점)

1. 철골철근콘크리트공사 시 데크플레이트(Deck Plate)를 이용한 바닥 슬래브에서의 균열 발생원인과 억제대책 및 균열 보수 방법에 대하여 설명하시오.
2. 흙막이 공법을 지지방식에 따라 분류하고, 탑다운 공법 선정 시 그 이유와 장단점을 설명하시오.
3. 콘크리트 타설 시, 선 부착 단열재 시공부위에 따른 공법의 종류별 특징과 단열재 형상에 따른 시공 시 유의사항에 대하여 설명하시오.
4. 서중콘크리트 재료의 사용 및 생산 시 주의사항에 대하여 설명하시오.
5. 커튼월 성능시험(Mock-up) 항목 및 시험체에 대하여 설명하시오.
6. 장경간 또는 중량구조물에서 사용하는 Lift up 공법에 대하여 설명하시오.

【제4교시】 다음 문제 중 4문제를 선택하여 설명하시오.(각 문항 25점)

1. 초고층공사의 호이스트를 이용한 양중계획 시 고려사항에 대하여 설명하시오.
2. 지붕층 콘크리트 타설 시 시공단계별 품질관리 방안에 대하여 설명하시오.
3. Half P.C(Precast Concrete) Slab의 유형 및 특징, 시공 시 유의사항에 대하여 설명하시오.
4. 정부에서 발주하는 공공사업에서의 건설공사 사후평가제도(건설기술진흥법 제52조)에 대하여 설명하시오.
5. 외단열 공법에 따른 열교사례 및 이에 대한 방지대책에 대하여 설명하시오.
6. 철골공사에서 용접사의 용접자세 및 기량시험에 대하여 설명하시오.

제122회 • 건축시공기술사 시험문제(2020년 후반기)

【제1교시】 다음 문제 중 10문제를 선택하여 설명하시오.(각 문항 10점)

1. 물가변동으로 인한 계약금액조정
2. 건축공사 설계의 안전성검토 수립대상
3. 사물인터넷(IoT : FInternet of Things)
4. 표준관입시험의 N값
5. 현장타설말뚝공법의 공벽붕괴방지 방법
6. 물 – 결합재비(Water – Binder Ratio)
7. 철근부식 허용값
8. 철근콘크리트 공사 시 지연줄눈(Delay Joint)
9. 철근 결속선의 결속기준
10. 윈드컬럼(Wind Column)
11. 철골공사에서 철골기둥 하부의 기초상부 고름질(Padding)
12. 철골구조의 스티프너(Stiffener)
13. 타일공사에서 접착(부착)강도시험 방법

【제2교시】 다음 문제 중 4문제를 선택하여 설명하시오.(각 문항 25점)

1. 기성 콘크리트말뚝 타입 시 말뚝머리 파손 유형과 유형별 파손 원인 및 방지 대책에 대하여 설명하시오.
2. 콘크리트 타설 전에 현장에서 확인 및 조치할 사항에 대하여 설명하시오.
3. 건축공사에서 데크플레이트(Deck Plate) 종류와 시공 시 유의사항에 대하여 설명하시오.
4. 철골공사에서 고력볼트접합과 용접접합 및 그에 따른 접합별 특징에 대하여 설명하시오.
5. 점토벽돌 조적공사에서 수평방향 거동에 의한 균열의 방지 방법에 대하여 설명하시오.
6. 초고층 건축물 피난안전구역의 설치대상 및 설치기준에 대하여 설명하시오.

【제3교시】 다음 문제 중 4문제를 선택하여 설명하시오.(각 문항 25점)

1. 콘크리트공사에서 수직도 유지를 위한 기준 먹매김 방법과 유의사항에 대하여 설명하시오.
2. 레디 믹스트 콘크리트의 적절한 수급과 품질을 확보하기 위해 공장방문 시 확인할 사항에 대하여 설명하시오.
3. 매스 콘크리트의 수화열에 의한 균열의 발생원인과 구조체에 미치는 영향 및 대책에 대하여 설명하시오.
4. 기둥의 부등축소(Differential Column Shortening) 발생원인과 그에 따른 문제점 및 대책에 대하여 설명하시오.
5. 대기환경보전법령에 의한 토사 수송 시 비산먼지 발생을 억제하기 위한 시설의 설치 및 필요한 조치사항에 대하여 설명하시오.
6. 산업안전보건법령에 의한 안전보건교육 교육대상별 다음 항목에 대하여 설명하시오.
   1) 근로자 정기교육 내용
   2) 관리감독자 정기교육 내용
   3) 채용 시 교육 및 작업내용 변경 시 교육 내용

【제4교시】 다음 문제 중 4문제를 선택하여 설명하시오.(각 문항 25점)

1. 도장공사에서 발생하는 하자의 원인과 방지대책에 대하여 설명하시오.
2. 시멘트 생산과 이산화탄소 발생의 상관관계를 제시하고, 점차 확대되는 친환경 콘크리트의 사용 전망에 대하여 설명하시오.
3. 철골공사의 스터드(Stud)볼트 시공방법과 검사방법에 대하여 설명하시오.
4. 철골공사 시 현장조립 순서별로 품질관리방안에 대하여 설명하시오.
5. 종합심사낙찰제에서 일반공사의 심사항목 및 배점기준에 대하여 설명하시오.
6. 건설기술진흥법령에 따른 건설공사 등의 벌점관리기준에서 벌점의 정의와 벌점의 산정 방법 및 시공 단계에서 건설사업관리기술인의 주요 부실내용에 따른 벌점 부과 기준에 대하여 설명하시오.

제123회 • 건축시공기술사 시험문제(2021년 전반기)

【제1교시】 다음 문제 중 10문제를 선택하여 설명하시오.(각 문항 10점)

1. 공사계약기간 연장사유
2. 바닥충격음 차단 인정구조
3. PRD(Percussion Rotary Drill)공법
4. 시스템비계
5. PDM(Precedence Diagramming Method)기법
6. 내한촉진제
7. IPS(Innovative Prestressed Support)공법
8. 지하층공사 시 강재기둥과 철근콘크리트 보의 접합 방법
9. TMCP강(Thermo Mechanical Control Process)
10. 타워크레인 설치 계획 시 고려사항
11. 폴리우레아 방수
12. 창호공사의 Hardware Schedule
13. 콘크리트 Creep

【제2교시】 다음 문제 중 4문제를 선택하여 설명하시오.(각 문항 25점)

1. 도심지 공사에 적합한 역타공법 중 BRD(Bracketed Supported R/C Downward)와 SPS(Strut as Permanent System) 공법에 대하여 설명하시오.
2. 건축물의 화재발생 시 확산을 방지하기 위한 방화구획에 대하여 설명하시오.
3. 철근콘크리트 구조물 내진설계에 따른 부재별 내진배근에 대하여 설명하시오.
4. 현장타설 콘크리트의 품질관리 방안을 단계별(타설 전·중·후)로 설명하시오.
5. 철골공사 용접작업 시 용접 결함 및 변형을 방지하기 위한 품질관리 방안과 안전대책에 대하여 설명하시오.
6. 지하 주차장 바닥 에폭시 도장의 시공방법 및 하자발생 원인과 방지대책에 대하여 설명하시오.

【제3교시】 다음 문제 중 4문제를 선택하여 설명하시오.(각 문항 25점)

1. 매스콘크리트 타설 시 발생하는 온도균열의 원인과 균열 제어대책을 설명하시오.
2. 건설클레임의 유형과 해결방안에 대하여 설명하시오.
3. 공동주택 철근콘크리트공사의 갱폼(Gang form) 시공 시 위험요인과 외부 작업발판 설치기준, 설치 및 해체 시 주의사항에 대하여 설명하시오.
4. 도심지 지하굴착공사 흙막이 공법 중 CIP, SCW, Slurry Wall 공법의 장단점과 설계·시공 시 고려사항에 대하여 설명하시오.
5. 건축물 내화구조 성능기준과 철골구조의 내화성능 확보방안에 대하여 설명하시오.
6. 석공사에서 석재 표면 마무리 종류와 설치공법에 대하여 설명하시오.

【제4교시】 다음 문제 중 4문제를 선택하여 설명하시오.(각 문항 25점)

1. RC조 건축물의 증축 및 리모델링공사에서 주요구조부 보수·보강공법 및 시공 시 품질 확보방안에 대하여 설명하시오.
2. 아파트세대 내부벽체 조적공사 시공순서와 품질관리 방안에 대하여 설명하시오.
3. 건설공사에서 발주자에게 제출하는 하도급계약 통보서의 첨부서류와 하도급계약 적정성검토에 대하여 설명하시오.
4. 건설기술진흥법상 품질관리계획 및 품질시험계획 수립대상 공사와 건설기술인 배치 기준, 품질관리 기술인 업무에 대하여 설명하시오.
5. 지정공사에서 기성 강관말뚝의 특징과 파손원인 및 대책, 용접이음 시 주의사항에 대하여 설명하시오.
6. 방수공법 종류 및 선정 시 고려사항, 지붕방수 하자원인을 설명하시오.

제124회 • 건축시공기술사 시험문제(2021년 중반기)

【제1교시】 다음 문제 중 10문제를 선택하여 설명하시오.(각 문항 10점)

1. 유리 열파손
2. 혼화재료
3. 밀폐공간보건작업 프로그램
4. Belt Truss
5. 콘크리트의 수분증발률
6. 블리딩(Bleeding) 현상
7. 건설기술진흥법상 가설구조물의 안전성 확인 대상
8. 모듈러 시공방식 중 인필(Infill)공법
9. 지하구조물에 적용되는 외벽 방수재료(방수층)의 요구조건
10. 용접부 비파괴 검사 중 초음파 탐상법
11. 자기 치유 콘크리트
12. 타이로드(Tie rod) 공법
13. 다중이용 건축물

【제2교시】 다음 문제 중 4문제를 선택하여 설명하시오.(각 문항 25점)

1. 철골구조의 방청도장 공사 시 고려사항과 시공 시 유의사항에 대하여 설명하시오.
2. 굳지 않은 콘크리트의 성질에 대해 쓰고, 콘크리트의 시공성에 영향을 주는 요인에 대하여 설명하시오.
3. 철골공사에서 철골세우기 수정용 와이어 로프의 배치계획 및 수정 시 유의사항에 대하여 설명하시오.
4. BIM기술의 활용 중에서 드론과 VR(Virtual Reality) 및 AR(Augmented Reality)에 대하여 설명하시오.
5. 건축법에서의 공사감리와 건설기술진흥법에서의 건설사업관리를 비교하여 설명하시오.
6. 국토교통부 고시에서 지정하고 있는 대형공사 등의 입찰방법 심의기준에 근거한, 일괄·대안·기술제안 등 기술형입
   찰의 종류와 특성을 쓰고 적용효과와 개선방향을 설명하시오.

【제3교시】 다음 문제 중 4문제를 선택하여 설명하시오.(각 문항 25점)

1. 건설 클레임 준비를 위한 통지의무와 자료유지 및 입증에 대하여 기술하고, 클레임 청구 절차 항목을 설명하시오.
2. 철근의 기계식 이음의 종류별 장단점을 기술하고 품질관리시험 기준을 설명하시오.
3. 고강도콘크리트의 폭렬현상 발생원인과 방지대책 및 내화성능관리 기준에 대하여 설명하시오.
4. 부력을 받는 지하구조물의 부상방지 대책에 대하여 설명하시오.
5. 건축물 벽체에 발생하는 결로의 종류, 발생원인 및 방지대책에 대하여 설명하시오.
6. 철골 공사 용접작업에서 예열 시 주의사항과 용접검사 중 육안검사 방법에 대하여 설명하시오.

【제4교시】 다음 문제 중 4문제를 선택하여 설명하시오.(각 문항 25점)

1. 철근콘크리트 구조 건축물에 화재발생 시 구조물의 피해조사방법과 복구방법을 설명하시오.
2. 타일공사에서 발생하는 하자의 원인과 방지대책을 설명하시오.
3. 건축물 외부에 설치하는 시스템비계의 재해유형, 조립기준, 점검·보수사항 및 조립·해체 시 안전대책에 대하여 설명
   하시오.
4. 지하 흙막이 공사 시 계측항목과 계측 관리방안에 대하여 설명하시오.
5. PC접합부 요구성능과 부위별 방수 처리방법, 시공 시 주의사항에 대하여 설명하시오.
6. 지식경영 시스템의 정의와 목적을 기술하고, 지식경영의 장애요인 및 극복방안을 설명하시오.

제125회 ● 건축시공기술사 시험문제(2021년 후반기)

【제1교시】 다음 문제 중 10문제를 선택하여 설명하시오.(각 문항 10점)

1. 석면조사 대상 및 해체·제거 작업 시 준수사항
2. 스마트콘크리트
3. 품질관리 중 발취 검사(Sample Inspection)
4. 배강도유리
5. 영구배수공법(Dewatering)
6. 추락 및 낙하물에 의한 위험방지 안전시설
7. 타일 접착력 시험
8. 콘크리트 거푸집의 해체시기(기준)
9. 내진 철근(Seismic Resistant Steel Deformed Bar)
10. 콘크리트의 플라스틱 수축균열
11. 철근 피복두께 기준과 피복두께에 따른 구조체의 영향
12. 메탈 터치(Metal Touch)
13. 라멜라 티어링(Lamellar Tearing) 현상

【제2교시】 다음 문제 중 4문제를 선택하여 설명하시오.(각 문항 25점)

1. 안전관리계획서를 수립해야 하는 건설공사 및 구성항목에 대하여 설명하시오.
2. 지반조사에서 보링(Boring) 시 유의사항과 토질주상도에 포함되어야 할 사항을 설명하시오.
3. 방수공사에서 실링재의 종류 및 시공순서에 대하여 설명하시오.
4. 굳지 않은 콘크리트의 재료분리 발생 원인과 대책, 구조에 미치는 영향에 대하여 설명하시오.
5. 초고층 건축물 콘크리트 타설 시 압송관 관리사항과 펌프 압송 시 막힘현상의 대책에 대하여 설명하시오.
6. 철골공사 데크플레이트의 균열 발생원인, 균열 억제대책, 균열폭에 따른 균열 보수방법을 설명하시오.

【제3교시】 다음 문제 중 4문제를 선택하여 설명하시오.(각 문항 25점)

1. 계약형식 중 공동도급(Joint Venture)의 공동이행방식과 분담이행방식의 정의와 장단점에 대하여 설명하시오.
2. 최근 물류센터 현장에서 대형화재가 많이 발생하고 있다. 바닥면적의 합계가 10,000m², 최고높이는 45m, 층수는 5층인 철골조 창고의 주요구조부와 지붕에 대한 내화구조의 성능기준에 대하여 설명하고 도장공사 시공순서에 따른 철골 내화페인트성능확보방안에 대하여 설명하시오.
3. 알루미늄 커튼월의 파스너(Fastener)의 요구성능, 긴결방식 및 시공 시 유의사항을 설명하시오.
4. 거푸집공사에서 시스템 동바리와 강관동바리의 장단점을 비교하고, 동바리 조립 시 유의사항에 대하여 설명하시오.
5. 콘크리트 구조물 표면의 손상 및 결함의 종류에 대한 원인과 방지대책에 대하여 설명하시오.
6. 초고층 건축공사에서 기둥의 부등축소(Column Shortening) 현상의 유형별 발생원인, 문제점 및 방지대책에 대하여 설명하시오.

【제4교시】 다음 문제 중 4문제를 선택하여 설명하시오.(각 문항 25점)

1. 건축물 해체공법 및 그에 따른 안전관리에 대하여 설명하시오.
2. 토공사에서 흙막이벽의 붕괴원인에 따른 대책 및 시공 시 주의사항에 대하여 설명하시오.
3. 건축공사 공정관리에서 자원배당 시 고려사항과 자원배당 방법에 대하여 설명하시오.
4. 현장 콘크리트 타설 전 시공확인 사항과 레미콘 반입 시 확인사항에 대하여 설명하시오.
5. 알루미늄 폼의 장단점을 유로 폼과 비교하고, 시공 시 유의사항에 대하여 설명하시오.
6. 철골공사의 고장력 볼트 조임 후 검사에 대하여 조임 방법별로 설명하시오.

제126회 •건축시공기술사 시험문제(2022년 전반기)

【제1교시】다음 문제 중 10문제를 선택하여 설명하시오.(각 문항 10점)

1. 건설공사의 직접시공계획서
2. OSC(Off – Site Construction)공법
3. 착공 시 시공계획의 사전조사 준비사항
4. 건설공사의 클레임(Claim)
5. 석공사의 오픈조인트(Open Joint)공법
6. 타일공사의 오픈 타임(Open Time) 관리방법
7. 지하수에 의한 부력(浮力) 대처 방안
8. 콘크리트공사의 콜드 조인트(Cold Joint) 방지대책
9. 거푸집의 존치기간
10. 콘크리트 침하균열(Settlement Crack)
11. 용접 결함의 종류 및 결함원인, 검사방법
12. 철골구조물 공사에서 방청도장을 하지 않는 부분
13. 철골보 부재에 설치하는 전단 연결재(Shear Connector)의 역할 및 시공, 시험방법

【제2교시】다음 문제 중 4문제를 선택하여 설명하시오.(각 문항 25점)

1. 공사계약 일반조건에서 규정하는 설계변경 사유와 설계변경 단가의 조정방법을 설명하시오.
2. 건설현장 작업허가제의 대상과 절차 및 화재예방을 위한 화기작업 프로세스를 설명하시오.
3. 조적조 벽체의 균열원인 및 방지대책을 설명하시오.
4. 부위별 거푸집(동바리 포함)에 작용하는 하중과 하중에 대응하기 위한 거푸집 설치방법(동바리 설치방법 포함) 및 콘크리트 타설방법을 설명하시오.
5. 탄소섬유 시트 보강공법의 특징 및 적용분야, 시공순서, 부위별 보강방법을 설명하시오.
6. 초고층 건축물 기둥부등축소현상(Differential Column Shortening)의 원인과 대책을 설명하시오.

【제3교시】다음 문제 중 4문제를 선택하여 설명하시오.(각 문항 25점)

1. 개산견적의 정의에 대해서 설명하고, 다음의 개산견적기법을 설명하시오.
   ① 비용지수법   ② 비용용량법   ③ 계수견적법   ④ 변수견적법   ⑤ 기본단가법
2. 건설현장에 설치되는 가설통로의 경사도에 따른 종류와 설치기준, 조립·해체 시 주의사항을 설명하시오.
3. 지붕재의 요구성능과 지붕누수 방지대책을 설명하시오.
4. 갱폼(Gang Form) 시공 시 재해예방대책을 설명하시오.
5. 한중콘크리트의 타설 시 주의사항 및 양생 시 초기양생, 보온양생과 현장 품질관리에 대하여 설명하시오.
6. 철골 세우기 장비 선정 및 순서와 공정별 유의 사항, 세우기 정밀도를 설명하시오.

【제4교시】다음 문제 중 4문제를 선택하여 설명하시오.(각 문항 25점)

1. 초고층 건축공사의 공정마찰과 이에 대한 개선대책을 설명하시오.
2. 중대재해처벌법(중대재해 처벌 등에 관한 법률)에 대해 '안전보건관리체계의 구축 및 이행조치' 사항을 포함하여 설명하시오.
3. 흙막이벽의 붕괴원인과 어스앵커(Earth Anchor) 시공 시 유의사항을 설명하시오.
4. 용접철망의 사용목적과 시공 시 유의사항을 설명하시오.
5. 경량 골재 콘크리트의 정의 및 종류, 배합, 시공에 대하여 설명하시오.
6. 철골조에서 내화피복의 목적 및 공법의 종류, 시공 시 주의사항, 검사 및 보수방법, 현장 뒷정리에 대하여 설명하시오.

제127회 ● 건축시공기술사 시험문제(2022년 중반기)

【제1교시】 다음 문제 중 10문제를 선택하여 설명하시오.(각 문항 10점)

1. 일식도급(General Contract)
2. DFS(Design for Safety)
3. 건설기술진흥법상 안전관리비
4. 경량충격음과 중량충격음
5. 품질관리 7가지 도구
6. 슬러리월(Slurry Wall)공사 중 가이드월(Guide Wall)
7. 서브머지드 아크 용접(Submerged Arc Welding)
8. PEB 시스템(Pre-Engineered Building System)
9. 철골부재 스캘럽(Scallop)
10. 저탄소 콘크리트(Low Carbon Concrete)
11. GFRC(Glass Fiber Reinforced Concrete)
12. 공동주택의 비난방 부위 결로방지 방안
13. 콘크리트 공사 표준 습윤양생 기간

【제2교시】 다음 문제 중 4문제를 선택하여 설명하시오.(각 문항 25점)

1. 건설사업관리(CM) 계약의 유형과 주요업무에 대하여 설명하시오.
2. 연약지반을 관통하는 말뚝항타 시 지지력 감소원인과 대책에 대하여 설명하시오.
3. 콘크리트 내구성 저하 요인에 대하여 설명하시오.
4. 초고층 공동주택에서 콘크리트 타설 시 고려사항과 콘크리트 압송장비(CPB : ConcretePlacing Boom) 운용방법에 대하여 설명하시오.
5. 밀폐공간에서 도막방수 시공 시, 작업 전(前) 과정의 안전관리 절차에 대하여 설명하시오.
6. 신재생에너지의 정의 및 특징, 종류, 장단점에 대하여 설명하시오.

【제3교시】 다음 문제 중 4문제를 선택하여 설명하시오.(각 문항 25점)

1. 건축물 에너지효율등급 인증제도의 인증기준과 등급에 대하여 설명하시오.
2. 설계의 경제성 검토(설계 VE : Value Engineering)에 대하여 실시대상공사, 실시시기 및 횟수, 업무절차를 설명하시오.
3. 도심지 건축공사 시공계획 수립 시 Tower Crane 기종선정, 대수산정, 설치 시 검토사항에 대하여 설명하시오.
4. 최근 데크플레이트 적용 슬래브의 붕괴사고가 자주 발생하고 있다. 데크플레이트의 붕괴원인과 시공 시 유의사항에 대하여 설명하시오.
5. 철골공사의 내화페인트의 특성, 시공순서별 품질관리 주요사항, 내화페인트 선정 시 고려사항, 시공 시 유의사항에 대하여 설명하시오.
6. 외벽의 이중외피 시스템(Double Skin System)의 구성과 친환경 성능에 대하여 설명하시오.

【제4교시】 다음 문제 중 4문제를 선택하여 설명하시오.(각 문항 25점)

1. 건축공사 표준시방서상 건축공사의 현장관리 항목에 대하여 설명하시오.
2. 비산먼지 발생을 억제하기 위한 시설의 설치 및 필요한 조치에 관한 기준에 대하여 설명하시오.
3. 콘크리트 구조물에 발생하는 균열의 유형별 종류, 원인, 보수·보강 대책에 대하여 설명하시오.
4. 초고층 건축시공 시 서중콘크리트 시공관리의 문제점 및 대책에 대하여 설명하시오.
5. SRC 구조의 강재기둥과 철근콘크리트 보의 접합방법과 각각의 장단점에 대하여 설명하시오.
6. 건축공사의 단열재 시공 시 주의사항과 시공부위에 따른 단열공법의 특징에 대하여 설명하시오.

제128회 ● 건축시공기술사 시험문제(2022년 후반기)

【제1교시】 다음 문제 중 10문제를 선택하여 설명하시오.(각 문항 10점)

1. 건축물관리법상 해체계획서
2. TS볼트(Torque Shear Bolt)
3. 건설산업의 ESG(Environmental, Social, and Governance) 경영
4. 어스앵커(Earth Anchor)의 홀(Hole) 방수
5. 실링방수의 백업재 및 본드 브레이커
6. 슬러리월 시공 시 안정액의 기능
7. 콘크리트용 혼화제(混和劑)
8. 콘크리트의 최소 피복두께
9. 콘크리트의 스케일링(Scaling) 동해(凍害)
10. 철골공사에서 철골부재 현장 반입 시 검사항목
11. 데크플레이트(Deck Plate) 슬래브공법
12. 장애물 없는 생활환경 인증(Barrier Free)
13. 소방관 진입창

【제2교시】 다음 문제 중 4문제를 선택하여 설명하시오.(각 문항 25점)

1. 지반조사의 목적과 조사단계별 내용 및 방법을 설명하시오.
2. 콘크리트공사의 거푸집 존치기간, 거푸집 해체 시 준수사항과 동바리 재설치 시 준수사항에 대하여 설명하시오.
3. 건축물의 철근콘크리트공사 중 익스팬션 조인트(Expansion Joint)를 시공해야 할 주요부위와 설치위치, 형태에 관하여 설명하시오.
4. 고장력 볼트 접합공법의 종류와 특성, 조임검사 방법 및 시공 시 유의사항에 대하여 설명하시오.
5. 중대재해처벌에 관한 법률에 따른 중대산업재해의 정의와 사업주, 경영책임자 등의 안전보건 확보의무 및 처벌사항에 대하여 설명하시오.
6. 방수공사에서 부위별 하자 발생원인 및 대책에 대하여 설명하시오.

【제3교시】 다음 문제 중 4문제를 선택하여 설명하시오.(각 문항 25점)

1. 건축물의 말뚝기초공사에서 발생하는 말뚝 파손원인 및 방지대책에 대하여 설명하시오.
2. 콘크리트 탄산화 과정과 탄산화 측정방법 및 탄산화 저감대책에 대하여 설명하시오.
3. 지하구조물에 미치는 부력의 영향 및 부상방지 공법에 대하여 설명하시오.
4. 공동주택의 외기에 면한 창호주위, 발코니, 화장실 누수의 원인 및 대책에 대하여 설명하시오.
5. 철골공사에서 내화구조 성능기준과 내화피복의 종류 및 검사방법, 시공 시 유의사항에 대하여 설명하시오.
6. 스마트 건설기술의 종류와 건설단계별 적용방안에 대하여 설명하시오.

【제4교시】 다음 문제 중 4문제를 선택하여 설명하시오.(각 문항 25점)

1. 지하굴착공사에 사용되는 계측기의 종류와 용도, 위치선정에 대하여 설명하시오.
2. 굳지 않은 콘크리트의 블리딩에 의해 발생하는 문제점과 저감대책을 설명하시오.
3. 철골공사 현장용접 시 고려사항과 검사방법(용접 전, 중, 후)에 대하여 설명하시오.
4. PC(Precast Concrete)공법의 종류와 접합부 요구성능 및 접합부 시공 시 유의사항을 설명하시오.
5. 철골공사에서 앵커볼트 매입방법의 종류와 주각부 시공 시 고려사항에 대하여 설명하시오.
6. 물가변동으로 인한 계약금액 조정방법(품목조정률, 지수조정률)을 비교하여 설명하시오.

제129회 ● 건축시공기술사 시험문제(2023년 전반기)

【제1교시】다음 문제 중 10문제를 선택하여 설명하시오.(각 문항 10점)

1. 건설소송에서 기성고 비율
2. 건설프로젝트의 SCM(Supply Chain Management)
3. 굳지 않은 콘크리트의 단위수량 시험방법
4. 양방향 재하시험
5. 부력방지용 인장파일(Micro Pile)공법
6. 언더피닝(Underpinning)
7. 건축공사 중 금속의 부식
8. 저방사 유리(Low Emissive Glass)
9. 팽창콘크리트
10. 갱폼 인양용 안전고리
11. 초고층공사의 매립철물(Embedded Plate) 시공
12. 철골세우기 자립도 및 검토대상 건축물
13. 철강 제품의 품질확인서(Mill Sheet)

【제2교시】다음 문제 중 4문제를 선택하여 설명하시오.(각 문항 25점)

1. 한중콘크리트 타설 시 주의사항과 양생방법에 대하여 설명하시오.
2. 지하주차장 슬래브(Slab) 균열 발생원인 및 방지대책에 대하여 설명하시오.
3. 철골공사의 철골제작도(Shop Drawing) 작성 시 시공과 안전을 위하여 반영되어야 할 사항에 대하여 설명하시오.
4. ESG경영의 3가지 주요 구성별로 건설관리 측면에서의 적용방안에 대하여 설명하시오.
5. 재건축정비사업과 재개발정비사업의 특성을 비교하고, 건설사업관리 측면에서의 문제점 및 대응방향에 대하여 설명하시오.
6. 장수명 주택 인증의 세부 평가항목 및 방법에 대하여 설명하시오.

【제3교시】다음 문제 중 4문제를 선택하여 설명하시오.(각 문항 25점)

1. 콘크리트 타설 시 거푸집에 대한 고려하중과 측압 특성 및 측압 증가 요인에 대하여 설명하시오.
2. 공사현장 철골 정밀도 검사기준(관리허용차) 및 수직도 관리방안에 대하여 설명하시오.
3. 건축물 지하 터파기 시 지하수에 대한 검토사항과 차수공법 및 배수공법에 대하여 설명하시오.
4. 건설현장의 안전시설(추락방망, 안전난간, 안전대 부착설비, 낙하물 방지망, 낙하물 방호선반, 수직보호망 등)의 기준 및 설치 방법에 대하여 설명하시오.
5. 국토교통부 가이드라인에 의한 적정 공사기간 산정방법에 대하여 설명하시오.
6. 시공책임형 건설사업관리(CM at Risk)의 정의, 한계점 및 개선방안, 적용확대방안에 대하여 설명하시오.

【제4교시】다음 문제 중 4문제를 선택하여 설명하시오.(각 문항 25점)

1. 초고층 철근콘크리트 건축공사에서 Column Shortening 발생 시 문제점과 그 해결방법에 대하여 설명하시오.
2. 용접결함의 원인과 대책, 비파괴 검사 방법, 용접결함 부위 보완방법에 대하여 설명하시오.
3. 실링(Sealing)방수에서 실링재의 종류, 백업(Back Up)재, 본드 브레이커(Bond Breaker), 마스킹 테이프(Masking Tape)의 역할과 시공순서별 주의사항에 대하여 설명하시오.
4. 탄소중립·녹색성장기본법에 대비한 건설업 온실가스 저감방안을 ①자재생산 및 운송단계, ②현장시공단계, ③건물 운영단계 및 철거단계로 나누어 설명하시오.
5. 가설공사에 대한 내용 중 공통가설공사 시설의 종류와 설치기준에 대하여 설명하시오.
6. 커튼월 조인트의 유형과 누수원인 및 방지대책에 대하여 설명하시오.

제130회 • 건축시공기술사 시험문제(2023년 중반기)

【제1교시】다음 문제 중 10문제를 선택하여 설명하시오.(각 문항 10점)

1. 시스템 비계 설치 기준
2. BIM(Building Information Modeling)의 활성화 방안
3. 말뚝공사의 부마찰력
4. 석면해체 사전허가제도
5. 액상화 현상
6. 강우 시 콘크리트 타설
7. 잔골재율이 콘크리트에 미치는 영향
8. 철골공사의 엔드탭(End tab)
9. 설계 경제성 평가(VE)의 원칙과 수행시기 및 효과
10. 국내 기술형 입찰제도의 종류와 특징
11. 굳지 않은 콘크리트의 재료분리 현상
12. 철골공사의 내화피복공법
13. 철골공사 주각부 시공 시 유의사항

【제2교시】다음 문제 중 4문제를 선택하여 설명하시오.(각 문항 25점)

1. 안전관리 계획수립의 기준 및 절차에 대하여 설명하시오.
2. 데크 플레이트 상부의 콘크리트 균열발생 원인과 대책에 대하여 설명하시오.
3. 공동주택 바닥충격음 차단성능의 등급기준과 층간소음저감을 위한 완충재 설치 전·후 확인사항, 경량기포콘크리트 및 방바닥 미장 타설 전·후 확인사항에 대하여 설명하시오.
4. 건축물 벽체에 발생하는 결로의 종류, 발생원인 및 방지대책에 대하여 설명하시오.
5. 항타기·항발기의 조립 및 해체 시 점검사항과 무너짐방지 준수사항에 대하여 설명하시오.
6. 거푸집 및 동바리의 안전성 검토에 대하여 설명하시오.

【제3교시】다음 문제 중 4문제를 선택하여 설명하시오.(각 문항 25점)

1. 콘크리트 타설 시 압송관 막힘에 대하여 설명하시오.
2. 콘크리트 균열 보수공법의 적용 및 시공방법에 대하여 설명하시오.
3. 갱폼 작업 시 안전사고 예방대책에 대하여 설명하시오.
4. 철골공사 방청도장 시공 시 유의사항 및 방청도장 제외부분에 대하여 설명하시오.
5. 흙막이 공사에서 H-Pile + 토류판 흙막이공법의 시공순서 및 시공 시 유의사항에 대하여 설명하시오.
6. 공동주택 욕실 벽체에 시공한 도기질 타일의 하자발생 원인 및 대책에 대하여 설명하시오.

【제4교시】다음 문제 중 4문제를 선택하여 설명하시오.(각 문항 25점)

1. 고층 건축물 거푸집공사에 사용되는 대형 시스템 거푸집(System Form) 공법을 분류하고, 특징 및 문제점에 대하여 설명하시오.
2. 도장공사의 하자 유형(들뜸, 백화, 균열, 부풀어오름)에 대한 원인 및 방지대책을 쓰고, 도장작업 전·중·후 확인사항에 대하여 설명하시오.
3. 콘크리트 이음의 종류 및 방법에 대하여 설명하시오.
4. 콘크리트 재료 중 하나인 골재의 부족현상에 대한 대책에 대하여 설명하시오.
5. 철골도장면 표면처리 검사에 포함되어야 할 검사사항과 부위별 검사기준 및 조치사항에 대하여 설명하시오.
6. 순수 내역 입찰제의 대상 및 계약절차와 장·단점에 대하여 설명하시오.

제131회 ● 건축시공기술사 시험문제(2023년 후반기)

【제1교시】다음 문제 중 10문제를 선택하여 설명하시오.(각 문항 10점)

1. 흙의 압밀현상(consolidation)
2. LCC(life cycle cost)에서 현재가치화법
3. 『기후위기 대응을 위한 탄소중립 · 녹색성장 기본법』상의 탄소중립도시와 녹색 건축물의 정의
4. 지하층 마감공사에서 결로수 처리를 위한 지하 이중벽 구조
5. 커튼월 공사 시 시공단계의 유의사항
6. 철근의 부동태 피막 파괴 시 영향
7. PC(precast concrete) 접합부의 요구 성능과 현장 접합시공 시 유의사항
8. 철골공사에서 내화피복공사의 공법별 검사
9. 가설공사비의 구성
10. PEB(pre-engineered building system)
11. 『중대재해 처벌 등에 관한 법률』상의 중대산업재해와 중대시민재해
12. 골재의 함수상태(4가지)
13. 철근콘크리트보의 유효높이(effective depth) 확보의 중요성

【제2교시】다음 문제 중 4문제를 선택하여 설명하시오.(각 문항 25점)

1. 철골제작 검사계획(Inspect Test Plan)의 검사 및 시험에 대하여 설명하시오.
2. 건설현장에서 로봇의 공종별 활용방안에 대하여 설명하시오.
3. 무량판 구조에서 취약부위인 기둥 접합부 전단철근(전단보강근)의 배근을 누락시공 시 발생하는 문제점과 제도적 방지대책을 설명하시오.
4. 흙막이 굴착 시 주변지반의 침하원인 및 방지대책에 대하여 설명하시오.
5. 클레임의 정의와 처리절차[①협의②조정③중재④소송]에 대하여 설명하시오.
6. 어스앵커 시공의 기준 및 주의사항을 천공 → 앵커의 삽입 → 그라우트혼입과 주입 → 긴장과 정착의 4단계로 구분하여 설명하시오.

【제3교시】다음 문제 중 4문제를 선택하여 설명하시오.(각 문항 25점)

1. 우기철 부력을 받는 구조물의 부상 방지대책에 대하여 설명하시오.
2. 철골구조 건축물 시공 시 철골 세우기 정밀도(한계허용치)와 세우기 장비 선정 시 고려사항 및 세우기 작업 시 유의사항에 대해서 설명하시오.
3. 철근이음과 관련된 다음 사항에 대하여 설명하시오.
   (1)철근 이음위치 결정 시 유의사항
   (2)철근 이음방식 중 기계식 이음 방법의 종류
   (3)기둥과 보에서 철근이음 시 적정한 위치와 부적정한 위치
4. 굳지 않은 콘크리트의 재료분리 현상 및 방지대책에 대하여 설명하시오.
5. 장스팬 철근콘크리트 슬래브 처짐의 원인과 방지대책에 대하여 설명하시오.
6. 건설공사와 관련하여 발생하는 공해의 종류와 방지대책에 대하여 설명하시오.

【제4교시】다음 문제 중 4문제를 선택하여 설명하시오.(각 문항 25점)

1. 철골공사 접합부에 대하여 다음을 설명하시오.
   (1) 용접결함 및 보수방법
   (2) 고력볼트의 조임검사
2. 도막 방수공법 시공 및 품질관리 방안에 대하여 설명하시오.
3. 콘크리트 공사 후 시간경과에 따라 나타나는 균열을 경화 전, 경화 후 및 내구성 균열로 구분하여 균열의 원인 및 대책에 대하여 설명하시오.
4. 알루미늄 창호의 부식원인과 대책에 대하여 설명하시오.
5. 최근 건설현장이 고층화, 대형화됨에 따라 거푸집의 안정성 검토가 중요시 되고 있다. 거푸집 설치 시 안정성 검토절차, 거푸집의 붕괴 원인 및 방지대책에 대해서 설명하시오.
6. 건축물의 지하 공사 중에 흙막이와 주변지반, 인접 건물 등에 대한 계측 관리에 대하여 설명하시오.

chapter

부 록

2절 출제경향 분석표

• 건축시공기술사 과년도 출제경향 분석표 •

구분＼연도		1976년	1977년	1978년(전반기)	1978년(후반기)	1979년
계약/가설		[25]입찰방식과 도급계약내용	[25]도심지 SRC조 B2, 18F, 연면적 1만평 ㉮ 가설공사비 항목		⑤ 공동도급	[25]계약제도 (분류, 장단점, 책임과 권한)
토공사/기초		[25]흙막이 주변지반의 침하원인 및 대책	[25]흙파기공사 ㉮ 흙파기공법의 종류 ㉯ 흙막이공법의 종류 ㉰ 배수방법의 종류 ⑤ 재하시험 ⑤ Soil cement ⑤ 토사의 안식각	[25]연약지반 지반안정 공법 종류 및 특징	[30]지반조사 종류와 방법 [25]제자리말뚝 종류 및 특성 ⑤ 표준관입시험	⑤ N치(지내력탐사) ⑤ 지반의 압밀
구조체공사	R.C 공사	[25]철근 Con'c 강도 영향요인 ⑩ Prestressed Con'c의 시멘트, 골재, Con'c 강재의 품질	[25]아래 사항 표작성 ㉮ 피복두께 ㉯ 거푸집 존치기간 ㉰ 소요 Slump [25]Con'c 균열 원인과 대책 ⑤ Prepacked Con'c	[25]경량 Con'c 2종 이상 열거하고 설명 ㉮ 경제성 ㉯ 성질 ㉰ 종류 ㉱ 시공상 주의사항	[25]Con'c 특색 설명 (경량, 진공, AE, 한중, 수중, 서중, 수밀, 프리팩트 Con'c) ③ Batcher plant ③ Agitator truck ③ Con'c pump ③ Schumidt hammer	[25]Con'c 강도 결정요소 ⑤ 철근의 압접
	P.C 및 C/W			[25]독립주택 조립식 공법의 이점 기술 (기초, 내외벽체, 창호, 지붕, 열관리) [25]PC, 커튼 월의 외벽공사 시공순서		
	철골/초고층	[25]철골공장제작순서 현장작업공정 ⑩ 용접작업준비, 안전	[25]현장피복 Arc 용접 시 결합과 대책 ⑤ 층간변위	[25]철골 기초 Base Plate와 앵커볼트의 설치 시공요령	[25]도심지 고층건물 자재양중계획 ⑤ HTB의 토크값 ⑤ Metal touch	[25]철골작업순서, 공정 및 Flow chart 작성 (현장반입에서 건립)
마감 및 기타공사	조적/석공사 타일/미장 도장/방수 목/유리공사	[25]칠공사 바탕처리	[25]지하실 방수 종류 및 특징	[25]공종별 백화현상 방지대책 [25]화강석 표면가공 종류, 공법, 표면 오염 발생원인과 대책	[25]Asphalt 방수시 공법과 방수보호층 및 단열층 시공요령 [25]사무실 바닥마감재 5종의 시공법, 특징 ⑤ 타일 압착공법	⑤ 유제(Emulsion)
	단열/소음 공해/해체 폐기물 건설기계 기타	⑩ 고층건물(30F 이상) 무소음·무진동 공법	[25]도심지 SRC조 B2, 18F, 연면적 1만평 ㉯ 시공기계 및 장비		③ Fork Lift ③ Gasoline rammer ③ Tower crane ③ 수중모터 펌프 ③ Drag shovel ③ Guy derrick	⑤ Tower crane
	적산	[30]4F 사무실 RC조 주요 자재 및 거푸집량 산출		[25]SRC조 B1, 10F 사무실 주요자재 개략산출	⑤ 부위별 적산내역서	[25]지상 골조부분 주요자재 약산 (Con'c, 철근, 거푸집)
총론	공사관리			[25]RC조, 철골조의 시공도의 종류 및 작성 의의	⑤ 시공도 ⑤ 시공계획도	[25]시공질 저하 개선대책 [25]시방서 기재사항
	품질/원가 안전					[25]고층사무실 건물 시공 시 안전관리
	근대화					
	공정관리	[25]공정관리기법 Gantt식과 PERT/CPM의 장단점 소요일수 및 CP	[25]Network 공정표 작성요령 설명	[25]Gantt식과 PERT식 공정표 작성하고 장단점 비교설명		

구분 \ 연도		1980년	1981년(전반기)	1981년(후반기)	1982년(전반기)	1982년(후반기)
	계약/가설			[25]공동도급의 특징, 이점, 상호 의무사항 [25]가설공사가 전체 공사에 미치는 영향		
	토공사/기초	[25]기초공법 4종 열거 및 시공상 주의사항	[25]지반개량공법 [30]흙막이공법	[25]중동지방에서의 지반안 정공법 [25]흙파기공법	⑩ 시험말뚝박기	[50]도심지 터파기공법 (고층건물 인접, 깊이 약 12m)
구조체공사	R.C 공사	[25]거푸집 종류 및 특징 ⑤ 서중 Con'c ⑤ Prestressed Con'c	[25]철근의 이음, 정착, 피복 [25]Con'c W/C비 ㉮ W/C비 선정방법 ㉯ W/C비 적정범위 ⑥ Prepacked Con'c ⑥ 진공 Con'c	[40]Con'c 배합설계 [30]Remicon 품질관리	[50]RC조 5F 사무실 시공 시 공정순서 ⑩ 한중 Con'c ⑩ 기포 Con'c	[50]거푸집의 경제적 공법, 예를 들어 설명 [30]Con'c 배합설계법
	P.C 및 C/W		[30]Con'c 벽판조립식 공법의 공사계획, 조립, 접합	[30]조립식 건축 시공방법	[50]공업화건축 System 필요성과 기본방향 [30]PC 부위별 접합부 방수처리	
	철골/초고층	[25]철골 시공과정별 검사순서 및 기기 [20]도심 대규모 고층건물 시 공준비작업	[25]철골 부재접합공법 분류설명 ⑦ 고장력 Bolt	[25]철골 세우기작업	[50]철골공사 시공설명 ㉮ 제품 정도의 검사 ㉯ 용접부의 검사 ㉰ 조립시공의 정도 ⑩ 맞댄용접과 모살용접 주의사항	[50]HTB재료, 접합, 검사 [20]철골 용접발생결함 및 방지책 [20]도심지 고층 건축시 시공상 제약조건 및 문제점 [50]양중장비 종류, 운용
마감및기타공사	조적/석공사 타일/미장 도장/방수 목/유리공사	[20]조적조 공간쌓기 (재료 및 구조, 쌓기, 방화, 방습, 방로) ⑤ 내식 Mortar ⑤ FRP	[25]조적조벽체 누수원인과 방수공법 [25]타일붙임공법 종류 및 하자원인 [25]미장공사 유의사항 [25]지하실 방수공법 ⑥ A.L.C판	[25]Con'c block 벽체 균열방지공법	[50]외장타일 들뜸원인 및 대책 [50]유성페인트 시공법 (목재, 철재 표면) ⑩ 석재붙임공법 ⑩ Sheet 방수공법 ⑩ Sealing 공법	[50]조적벽 Control joint 설치위치, 공법 [30]돌붙임공사 제품공정, 공법검사 및 보양 [30]목구조 이음과 맞춤 5가지씩 설명
	단열/소음 공해/해체 폐기물 건설기계 기타	[20]단열시공방법 (지붕, 외벽, 바닥, 유리, 창호)		[30]건축물의 방서시공법 [30]현장경험상 기술적 특기사항	⑩ 내부결로 방지대책	[20]외벽 단열시공법 [50]현장관리 경험 중 특기할 사항
	적산	[20]배합비 1 : 2 : 4 W/C비 60%, slump 19cm, Con'c 3,000m³에 소요되는 재료량 산출	[40]RC 공사 품셈 ㉮ 1 : 3 : 6 및 1 : 2 : 4 ㉯ 건물종류별 Con'c, 거푸집, 철근량	[25]개산견적방법 설명 (수량, 면적, 체적, 가격, 기타)	[30]배합비 : 1.8 : 3.6 W/C비 60%, slump 20cm, Con'c 3,000m³에 소요되는 재료량 산출	[30]RC조 5F 사무소 개산량 산출 (Con'c, 시멘트, 모래, 자갈, 물)
총론	공사관리		[25]시공계획 기본사항		[30]대규모 현장사무소 조직도 및 인원편성계획	
	품질/원가 안전				[30]건축공사 안전관리	
	근대화					
	공정관리	[25]Network 작업 list 작성 및 시간 계산표 작성	[50]Network diagram 및 작업 일정표 작성 CP 굵은 선 표시	[25]새로운 공정관리기법 [40]작업 list 작성 TF, FF, CP	[50]Network 작업 list 작성 CP 굵은 선 표시	[50]Network diagram 및 작업일정표 작성

구분 \ 연도		1983년	1984년	1985년	1986년	1987년
계약/가설		⑤ 가설공정계획의 기본방침			[25]실행예산으로서의 가설공사비 구성	[25]실비정산 계약제도
토공사/기초		[25]말뚝기초 종류 및 시공법 ⑤ Earth anchor	[30]흙막이벽의 종류 및 기초파기방법 분류 [30]흙막이 안전관리상 유의사항 ⑤ 표준관입시험 ⑤ Underpinning 공법 ⑤ 압밀현상	[25]흙막이공법 ⑤ Boiling 및 heaving ⑤ Well point 공법 ⑤ Bentonite	[25]지하공사 계획 시 고려할 사항, 계획순서 [25]지반개량공법 종류 및 특성 [25]Pier 기초공법	[25]현장타설 파일의 종류 및 공법 ⑤ 사질지반의 액상화 ⑮ Slurry wall 공법 ⑩ RCD 공법
구조체공사	R.C 공사	[25]철근표준공작도 작성 시 유의사항 ⑤ Slump test ⑤ Con'c pump ⑤ Post-tensioning ⑤ Sliding 공법 ⑤ 거푸집의 측압	[25]RC조 철근가공, 이음 정착 길이, 조립, 피복두께 [25]혼화제의 종류 및 사용 목적 [25]Con'c 강도에 영향을 미치는 시공성 [20]Expansion joint	[25]RC 보의 응력 및 배근방법 ⑤ Bleeding	[25]현장제작 거푸집 공법 문제점, 개선책 [25]RC 공사 계획 시 고려 사항 [25]Con'c pump 공법의 장단점	[25]Con'c 품질관리 시험 ㉮ Con'c 제조시 QC ㉯ 현장지점 QC ㉰ 운반, 타설까지 QC ㉱ 치기직전 Con'c QC [25]Con'c 배합설계/A급 ⑤ Flying form ⑤ Dummy joint ⑤ 단면이 두꺼운 Con'c의 온도균열방지
	P.C 및 C/W		[20]공법 설명 및 APT에 적용 시 라멘 공법과 비교 ㉮ 터널공법 ㉯ 벽식 대형 패널공법 [25]PC벽 패널접합부 시공상 결함 및 대책	[25]조립식 건축의 장단점과 활용촉진책 ⑤ Shear connector	[25]외벽 PC판의 접합공법	[25]PC 대형벽판공법 개요, 시공, 제조기준 [25]고층건물 외벽 C/W 종류
	철골/초고층	[25]철골 용접검사방법 및 전망 ⑤ Mill sheet	[25]용접기구 및 재료에 따른 용접 종류 ⑤ Impact wrench ⑮ 철골조가 가새(bracing)	[25]철골 내화피복공법 종류 및 특징 ⑤ Scallop ⑤ Hybrid beam		[25]철골 용접부위 비파괴검사의 종류 및 장단점
마감 및 기타공사	조적/석공사 타일/미장 도장/방수 목/유리공사	[25]돌 외장공사 [25]미장공사 시공 시 유의사항 [25]흙공사의 재료, 시공, 검사 ⑤ Cavity wall	[25]RC 평지붕 합성수지 sheet 방수성능 향상 [25]건축용 유리의 종류, 특성과 온도 ⑮ 백화 발생원인과 방지책	[25]조적공사의 재료 및 시공상 품질개선 [25]석재의 채석, 가공, 시공법, 양생	[25]도자기타일공법의 동해방지책 [25]실링재와 코킹재의 시공법과 장단점 [25]합성수지재의 재료 특성	[25]벽돌쌓기공법의 유의할 점, 불식쌓기의 배열도시 [25]석재 외장 건식 공법 [25]외벽체 방습층의 설치목적과 구조공법 ⑤ Bond beam 기능, 위치
	단열/소음 공해/해체 폐기물 건설기계 기타	[25]공사용 재료의 저장과 관리 [50]건설중기 ㉮ R.C 공사(20) ㉯ 철골공사(20) ㉰ Prefab APT(10) [25]시공기술 경험사항	[25]벽돌벽체 외단열 시공 시 단열재 취급 및 시공방법	[25]결로의 원인과 방지책 ⑤ Tower crane	[25]공동주택 각실 소음 방지 위한 재료품질 및 공법상 개선책 [25]현장 기계화 시공의 장단점 [25]고정식 tower crane 배치계획, 기초시공	[25]소음전달방지의 원리 및 시공상 유의사항 [25]특기할 만한 시공관리 경험 기술
	적산	[50]RC조 B2, 15F 사무실 주요 재료 및 거푸집량		[25]개산견적방법		
총론	공사관리	[25]공사관리 ㉮ 공사의 질적 향상 ㉯ 시공 정밀도		[25]현장 시공계획에 포함 되는 내용 [25]Computer를 이용한 현장관리		
	품질/원가 안전			[25]품질관리 단계 및 필요성 [25]현장 실행예산 작성 ⑤ 관리도 ⑤ 특성요인도	[25]TQC의 주안점 열거 및 품질관리기법	⑩ 품질관리 ⑤ 원가관리
	근대화	[25]시공법 발전추세		[25]건축생산 금후동향		
	공정관리	⑤ Node time	[50]Network 분석 TF, FF, CP, 공기단축	[25]Network 일정계산 표 공기단축 MCX	[25]Network에 CP 표시 5일 단축되도록 계산표 작성 후 표시	[25]작업 list 작성 CP 결정 ⑩ 공정관리

구분＼연도	1988년	1989년	1990년(전반기)	1990년(후반기)	1991년(전반기)
계약/가설	[25]Turn key 방식의 국내 적용 시 문제점 ⑮ 건설업법 규정에 의한 공사도급계약 명시사항	[25]국내 공사도급 제도상의 문제점, 대책			
토공사/기초	[25]흙막이공사 적용 장소, 관리상 유의 ㉮ Island cut ㉯ Top-down	[25]토공사 계획수립 위한 사전조사사항 [25]부력이 작용하는 고층 건물 대책방안	[30]지하공사계획 (흙막이공법 선정, 지하수, 환경보전) [30]흙막이공사의 H-pile에 토압 작용 시 철말뚝에 대한 힘의 균형관계 단면도시	[30]Boring 방법에 의한 지반조사 [40]지하굴착공법 선정 (B7, 25F에 측면 20F 전면도로에 지하철) ⑩ Bentonite	[40]지하수위 급상승 시 구조물 부상방지 위한 공사 전 공사 중 점검사항
구조체공사 ／ R.C 공사	[30]거푸집과 철근공사의 기술개발현황과 앞으로의 방향 [30]Con'c 내구성에 영향을 주는 요인(설계, 재료, 시공) [20]한중 Con'c 초기동해방지 위한 양생방법 [25]Grout 공법 기계종류별 각 용도와 특징 ⑤ Settlement joint	[25]R.C 보의 구조원리 [25]Con'c 측압 [25]레미콘공사 단계별 시공관리상 유의사항(준비, 계획, 수송, 시험, 치기, 양생) [25]R.C 공사에 해사 사용할 경우 기술 ⑤ 철근 이음과 정착 ⑤ Sleeve joint	[30]Con'c 균열대비 줄눈 종류, 기능, 설치위치 [30]Con'c의 내구성 ㉮ 동해 ㉯ 중성화 ㉰ 염해	[40]Con'c의 특성, 용도 ㉮ Prepacked Con'c ㉯ 경량 Con'c ㉰ AE Con'c ㉱ 수밀 Con'c ㉲ 진공 Con'c [30]고강도 Con'c의 품질관리 및 시공(초고층 APT 25~30F 레미콘공급 부족현상) ⑩ Con'c 유동화제	[30]R.C 구조물의 균열발생 원인 및 대책 [30]R.C 공사 시 slab 시공의 문제점과 개선책 ⑧ Sleeve joint ⑧ Cold joint ⑧ Prestressed Con'c
구조체공사 ／ P.C 및 C/W	[25]Lift slab 공법 [20]C/W의 fastener방식 ⑤ Hollow core slab	[25]P.C 부재간 연결법 8가지 이상 도해 [25]P.C, C/W의 특성	⑤ C/W의 open joint system		[40]주택 대량생산공급을 위한 공업화 건축의 필요성
구조체공사 ／ 철골/초고층	[25]철골공작도 검토 시 확인사항 [20]HTB 조이기 [20]고층건물 기준층 기본공정 flow chart(외주벽 C/W, 철골조)	⑤ 철골재의 내화피복	[30]철골 공장제작 및 현장 설치시 품질관리 주안점 [30]초고층 건축의 공정계획 도시 ⑤ Space frame	[30]철골 세우기 공정순서 ⑩ 고장력 bolt	[30]고층사무소 철골공사 공정계획
마감 및 기타 공사 ／ 조적/석공사 타일/미장 도장/방수 목/유리공사		[25]벽돌벽 균열발생 원인과 대책 [25]국내 내장재의 현황과 개발 방향 ⑤ Dry packed mortar		[30]돌공사 건식, 습식 공법의 시공법 및 장단점, 공사비 비교 [30]Sheet 방수시트 종류 특성 및 시공법 [30]목공사의 마감부분 공사에서 유의할 점	[30]마감공사에서 노력 재료, 공기절감방안 ⑧ 타일압착공법
마감 및 기타 공사 ／ 단열/소음 공해/해체 폐기물 건설기계 기타	[25]건물 표면결로 ㉮ 결로 발생원인 ㉯ 결로 부위 ㉰ 결로 방지대책		[20]벽체의 내외단열 도시, 문제점, 대책 [30]방진계획 (원리, 재료, 계획) [30]건축공사 시공경험 ⑤ Trombe wall ⑤ 벽체의 내부결로		[30]공동주택의 바닥 충격음 방지공법 [30]건축현장에서 발생되는 환경공해의 종류 및 대책
마감 및 기타 공사 ／ 적산	⑮ 원가계산방식에 의한 공사비 구성요소	[25]개산견적방법 설명 개산 수량 산출		⑩ 실행예산	
총론 ／ 공사관리	[25]착공시 시공계획에 시공관리자의 사전조사 준비사항 ⑤ C.M	[25]공사관리자의 자질과 책임	[40]건설업이 당면하고 있는 인력부족, 인건비 상승에 따른 품질저하, 공기지연 문제의 대책	[30]기술자 현장 배치시 건설업법상의 규정 및 현장대리인의 역할	
총론 ／ 품질/원가 안전	[30]Con'c 압축강도시험 품질관리 자료분석 ⑤ V.E				[30]원가절감 요소 열거 및 방법기술
총론 ／ 근대화	⑤ 인텔리전트 빌딩	⑤ High tech	[40]EC화의 단계적 추진방향	[30]UR 개방 시 국내건설업계의 문제점 및 대응방안	
총론 ／ 공정관리		[25]공기와 시공속도 관리 [25]Network 계산표 작성 CP 및 16일 이후 수정공정표 작성	[40]인력부하도, 균배도 최소 동원 인원수	[40]일정계산표 작성 CP, MCX	[40]MCX [30]인력부하도, 균배도 ⑧ 총비용(total cost)

구분		1991년(후반기)	1992년(전반기)	1992년(후반기)	1993년(전반기)	1993년(후반기)
계약/가설			⑧ Turn key 방식	[30]기술개발 보상금 제도의 필요성 ⑧ 대안입찰		[30]부대입찰제도 설명 및 문제점과 대책 [30]공사시공을 위한 가설공사 계획수립
토공사/기초		⑧ 표준관입시험 ⑧ Trench cut 공법 ⑧ Rebound check	[30]터파기의 차수공법 및 강제 배수 시 문제점과 대책 [40]기성 Con'c 말뚝의 시공 품질관리 요점 및 항타 시 지지력 판정	[30]연약지반 흙막이공사 및 굴토 시공 시 주의사항 ⑧ CIP	[30]도심 지하흙막이 공사의 계측관리 ⑧ 지내력시험	[35]흙파기공사 시공계획 수립 시 근접시공 유의사항과 주변 구조물의 피해방지대책 ⑧ Tremie관 ⑧ Sand drain
구조체공사	R.C 공사	[30]RC 공사 거푸집, 동바리의 존치기간 [40]레미콘 품질관리 (운반, 타설, 다짐, 양생) [30]RC 구조물의 염해 및 염해방지대책 [30]Con'c용 조골재 부족현상 시 원활한 공급방안	[40]R.C 골조공사 공법발전 방향(거푸집, 철근, Con'c 공사별) [30]Con'c 공사의 품질관리 순서	[30]대형 거푸집 시공법 및 재래식과 장단점 비교 [40]유동화 Con'c 사용 시 품질관리 방법	[30]Con'c 동해방지 위한 시공방법 [30]Con'c의 내구성 ⑧ Flat slab ⑧ Con'c의 수화열 ⑧ G.R.C	[35]Con'c 타설에 앞서 현장과 레미콘공장과의 협의사항 및 현장 사전 준비사항 [30]중량 Con'c ⑧ 철근 prefab 공법 ⑧ VH 타설 공법
	P.C 및 C/W	⑧ Shear connector	[30]PC 공법 문제점과 개선방향, 금후전망	[30]대형 PC panel 문제점 PC관리 관점에서 기술 [30]석재와 AL C/W 공법의 장단점 비교		[35]합성 slab 공법의 개요와 특성
	철골/초고층	[30]철골주각부 anchor bolt 매립 [30]철골 내화피복 종류 [40]초고층 시공관리 [40]초고층 벽식 공동주택 골조시공 문제점 ⑧ Metal touch	[30]철골세우기 공정과 품질관리 요점 [30]철골 고층건물 안전관리 요점 ⑧ Under cut ⑧ 각장 부족	[30]철골 공장제작 순서 및 제작 공정별 품질관리 ⑧ Fast track method	[40]철골 기둥정착 철골세우기 공정 및 품질관리 [30]철골 용접 부위의 변형원인과 용접불량 방지대책	[30]철골 피복금속 arc 용접작업의 현장 품질관리
마감 및 기타 공사	조적/석공사 타일/미장 도장/방수 목/유리공사		[30]외벽 돌붙이기공법 종류별로 도시설명 품질관리 요점 [30]Asphalt 지붕방수 단면도시 및 품질관리 요점(slab, parapet 포함)	⑧ ALC ⑧ Joiner	⑧ 테두리 보 (wall girder)	[30]타일공사의 품질관리 유의사항 [30]도막방수공법 ㉮ 재료의 특성 ㉯ 시공방법 ㉰ 시공 시 유의사항
	단열/소음 공해/해체 폐기물 건설기계 기타	[30]도심지 대형 건축물 시공 시 건설공해 대책			[30]구조물 해체공법 [30]건설 기계화 시공의 현황과 전망	
	적산				[30]공사비 산출 위한 부분별 적산방법	
총론	공사관리	[30]RC 공사 시 감리자, 시공자의 역할 및 책임 비교설명		[40]감리제도 문제점 및 대책 [30]C.M 제도의 단계별 업무내용	[40]건축물 도괴사고시 원인과 방지대책	
	품질/원가 안전		⑧ 특성요인도		[30]Life cycle cost	
	근대화					[35]종합건설업제도
	공정관리	[40]인력부하도, 균배도 총동원 인원수 최소동원 인원수	[30]Follow up [40]일정계산표 작성 공기단축 ⑧ 특급점(crash point)	[30]시공속도와 공사비와의 관계 [40]공정표 작성 CP, TF, FF 계산	[40]인력부하도, 균배도, 최대·최소·총동원 인원수	[40]CP, 공기단축 단축대상 activity ⑧ 공정표에서 dummy

구분	1994년(전반기)	1994년(후반기)	1995년(전반기)	1995년(중반기)	1995년(후반기)
계약/가설		[25]부실건축 방지 위한 입찰 제도 개선방안 ⑤ Joint venture ⑤ 담합	⑩ P.Q 제도 ⑩ CM과 turn key 차이점	[30]설계시공 분리방식과 턴키방식의 차이점 ⑩ 공동도급	
토공사/기초	[30]지하수대책 및 굴착방법 (도심지, 굴착심도 25m, 지상 20F 건축시) [40]현장타설 Con'c 말뚝 시공 시 고려사항	[25]지하공사 시 지상공사까지 공기단축방안 ⑤ Boiling 현상 ⑤ 약액주입공법 ⑤ Island cut 공법 ⑤ Slurry wall 공법	⑩ 흙의 간극비 ⑩ 역타공법 ⑩ Rock anchor 공법	[40]흙파기공사의 시공관리 ⑩ 정보화 시공	[30]기설말뚝의 종류 및 특성과 이음 ⑩ 예민비
구조체공사 — R.C 공사	[30]Con'c 압축강도에 영향 미치는 요소 [40]R.C 구조물 균열발생 원인과 공사 전 대책 및 공사 후 보수방법	[25]Con'c 균열 보수보강대책 [25]서중 Con'c 문제점 및 대책 [25]유동화제 사용하여 Con'c 강도 증진방법 ⑤ Sliding 공법 ⑤ Water gain 현상 ⑤ Creep 현상 ⑤ Post tension 공법 ⑤ Mass Con'c	[30]Con'c 제품 촉진양생방법 [40]R.C 구조물 누수발생 원인 및 방지대책 ⑩ VH 분리타설 공법 ⑩ P.S 공법 중 long line 공법	[30]Con'c 내구성에 영향 미치는 염해, 동해, 중성화 방지 시공방법 ⑩ Truck agitator ⑩ 팽창 Con'c	[30]Flat slab [30]Con'c 공사 부실시공 원인, 대책 ⑮ 철근의 이음, 정착길이 ⑮ Sliding form ⑮ Bleeding 현상
구조체공사 — P.C 및 C/W	[30]C/W의 종류 및 장단점 비교설명	[25]P.C 공법이 활성화 안 되는 원인과 나아갈 방향		[30]C/W 공사의 계획 및 관리시 고려사항	
구조체공사 — 철골/초고층	[30]SRC 건축물의 box column과 H형강 column에 대한 용접방법	[25]Anchor bolt에서 주각부 시공까지 품질관리 개선방안 [25]철골 현장조립 시 고려사항 [25]철골 습식 내화피복 ⑤ 모살용접	[30]철골 용접 시공과정에 따른 검사방법	[30]철골 고장력 볼트 접합 종류 및 방법 [30]초고층 바닥공법의 종류 및 시공 ⑩ T.S bolt	
마감 및 기타 공사 — 조적/석공사 타일/미장 도장/방수 목/유리공사	[30]공동주택 ALC 블록 내외벽 시공 및 마감방법	[25]타일공법 종류와 부착강도 저하요인 [25]지붕방수 하자, 대책 ⑤ 영식 쌓기 ⑤ 수성 페인트 ⑤ 크레오소트 ⑤ 섬유포화점	[30]외벽타일 박리, 탈락 원인과 방지대책 [30]미장공사 결함 종류 원인과 방지대책 ⑩ Self leveling ⑩ 실베스터 방수	⑩ 타일의 동해방지 ⑩ Sealing 방수	[40]석재의 건식 공법 [30]개량형 asphalt sheet 방수 ⑮ 단열 mortar
마감 및 기타 공사 — 단열/소음 공해/해체 폐기물 건설기계 기타	[30]각 부위별 단열공법 [30]수직운반기 종류, 특징 ⑧ 비폭성 파쇄제	[25]건설공사의 공해 유발 및 대책			[30]소음, 진동의 원인과 대책 [30]폐기물의 종류와 활용방안
마감 및 기타 공사 — 적산		[25]현행 적산방법 개선	[30]표준품셈제도의 존폐		
총론 — 공사관리	[30]설계·시공 측면의 부실공사 방지대책		[40]책임감리자 역할 및 대책 [30]시공 도면의 의의, 역할, 문제점, 대책	[30]공사관리의 중요성	
총론 — 품질/원가 안전	⑧ 품질특성 ⑧ Value engineering	[25]품질관리의 관리도와 산포도 [25]고층·저층 건축의 공사비 동향 [25]Life cycle cost		[40]품질관리방법 순서 ⑩ Life cycle cost	[30]품질관리 표준이 지켜지지 않은 원인 및 대책
총론 — 근대화	⑧ ISO 9000	[25]W.B.S			
총론 — 공정관리	[40]공정표 작성 MCX ⑧ 최적 공기	[25]공기단축 후 인력부하도 작성 ⑤ 상하 한계선 ⑤ C.P ⑤ Dummy ⑤ Activity	[40]공기조정 기법의 현장사례 ⑩ 바나나형 곡선 이용한 진도관리 방안	[40]진도관리 공기단축 수정 후 일정계산표 ⑩ 최적 공기 ⑩ 비용구배	[40]공정표 작성 FF와 TF 기재 MCX ⑮ PERT/CPM 차이 ⑮ 시공속도

연도 / 구분	1996년(전반기)	1996년(중반기)	1996년(후반기)	1997년(전반기)	1997년(중반기·전)
계약/가설			[30]P.Q 제도의 필요성과 정착방안	⑮ 실비 정산식 계약제도	
토공사/기초	[30]대형 지하구조물 공사의 지하수압에 대한 고려사항 [30]Underpinning	[30]역타공법 ⑩ Island, trench cut ⑩ Well point 공법		[30]흙막이공사의 strut 공법 [40]지하수압에 의한 부상 방지법	[30]Pile 항타 시 결함유형과 대책 ⑳ 경사 지층의 파일 시공 ⑳ 시항타
구조체공사 — R.C 공사	[40]R.C조 열화현상의 종류, 예방대책 및 보수방법 ⑩ Camber ⑩ Schumidt hammer ⑩ False set(헛응결) ⑩ Dry mix	[40]RC 공사 균열발생 방지 대책과 시공 후 균열보수 보강방법 [30]고강도, 유동화 Con'c의 성질, 개발현황, 적용성, 문제점 ⑩ Con'c 품질관리, 검사 ⑩ Con'c 중성화 ⑩ Con'c 염해 ⑩ 서중·한중 Con'c	[30]염분함유량 초과한 R.C 구조물의 방법의 종류와 특성 [30]서중 Con'c 타설 시 주의사항, 양생방법 ⑮ 거푸집 해체, 존치기간 ⑮ 시공연도 영향요인 ⑮ Con'c 균열 방지대책 ⑩ Con'c 적산온도	[40]펌프카로 타설 시 유의사항 [30]Con'c 체적변화 요인 및 대책 [30]Mass Con'c 타설 시 유의사항 [30]고성능 Con'c ⑮ 철근 prefab ⑮ 잔골재율 ⑮ Con'c 시험 비비기	[30]Mass Con'c 시공상 고려사항 ⑳ 철근 피복두께 ⑳ 철근 선조립 공법 ⑳ 거푸집 박리재 ⑳ 콘크리트 이어치기
구조체공사 — P.C 및 C/W	[30]철골 건축물 구조재 AL 패널, C/W 마감재의 연결부분 도해설명 ⑩ Half P.C slab		[30]금속제 C/W의 요구 성능 및 시험방법 ⑮ Half slab 유의할 점	[30]C/W mock up test 유의사항	
구조체공사 — 철골/초고층	[40]Con'c 구조물과 철골 구조물의 비파괴시험 종류 (복합문제) [30]철골조 건축공사 사전안전 계획수립	[30]철골세우기 공사 중 주각 고정 방식과 순서	[30]철골 공장제작 순서 제작에 따른 품질확보 방안 [40]초고층 건축공사 시 산재 발생요인 및 개선방향	[30]용접결함 종류, 원인과 대책 ⑮ Taper steel frame	[30]철골조 주각부 시공 시 유의사항
마감 및 기타 공사 — 조적/석공사 타일/미장 도장/방수 목/유리공사	[30]구조물의 바닥처짐 원인과 조적조 내외벽의 균열원인 및 대책(복합문제)		⑮ Con'c 바닥강화제 바름 ⑮ 도장 결함 종류와 특성	[30]유리공사 시공방법과 유의사항 ⑮ 석공사 양생방법	[40]조적벽체의 균열원인과 대책 ⑳ 타일의 유기질 접착제 공법 ⑳ 코너 비드(corner bead)
마감 및 기타 공사 — 단열/소음 공해/해체 폐기물 건설기계 기타	[30]지하 구조물에서 결로 발생원인과 예방대책 ⑩ 해체공사 시 안전대책 ⑩ Robot화 작업분야	[30]금속 C/W 외벽의 결로 발생 원인, 대책 [40]공동주택 층간 소음 원인 및 대책 [30]건설 폐기물 발생 현황과 재활용 필요성 및 대책			[40]건설공해 유형과 그 대책 [30]현장 소운반 최소화 방안 적시 생산(just in time)
마감 및 기타 공사 — 적산				[40]현장관리비 구성항목과 운영상 유의사항	
총론 — 공사관리	[30]국내건축표준시방서와 미국시방서 (16 division) 체제의 차이점	⑩ C.M ⑩ 성능시방, 공법시방	[30]현행감리제도방식 문제점과 개선방향 [40]현행 건축표준 시방서의 개선방안	[30]아파트 분양가 자율화가 건설업체에 미치는 영향 [30]시설물 인도 시 유의사항	
총론 — 품질/원가 안전	[40]시공품질 보증 위한 운영계획 [30]설계품질이 시공품질에 미치는 영향	⑩ Value engineering		⑩ 재해율	[30]원가관리 이점과 MBO 기법 필요성 ⑳ 품질관리 7가지 도구
총론 — 근대화	⑩ I.B.S ⑩ U.B.S ⑩ C.I.C	[40]건축생산 근대화			[40]건축산업의 특성과 총생산성 향상방안
총론 — 공정관리	[30]PERT 3점 추정 기대시간치(t_e) Network 및 CP	[30]일정계산 CP 표시 ⑩ 최적 시공속도	[40]자원배당의 정의, 방법, 순서		[30]공정마찰의 발생원인과 사례, 공사에 미치는 영향과 해소 방안

구분 / 연도		1997년(중반기·후)	1997년(후반기)	1998년(전반기)	1998년(중반기·전)	1998년(중반기·후)
계약/가설		[20] 정액보수 가산 실비계약 [20] BOO and BOT	[30]턴키의 특성 및 문제점과 개선방향			[30]성능발주방식
토공사/기초		[30]계측관리	[40]지정 및 기초공사의 주의사항 및 공사안전을 위한 지반조사, 상황조사, 계측관리	[30]부등침하 발생 원인과 대책	[30]대규모 흙막이 공사 계획 시 조사 검토사항과 그 이유	[30]지반개량공법 [30]계측관리기기의 종류와 용도
구조체공사	R.C 공사	[40]비계, 거푸집 현황 및 문제점, 개선방향 [40]Construction Joint 성능 저하 및 방수 결함, 방지 대책 [30]고강도 Con'c	[40]거푸집 시스템 선정 시 고려사항 [30]콘크리트 품질 및 내구성 저해요인과 향상방안 [30]한중콘크리트 주의사항 보온양생 [20] 부어넣기시 주의사항 [20] High Perfomance Con'c [20] 이어치기 및 콜드 조인트	[40]초고층 건물시공에 철근 배근 및 Con'c 타설 방법 [30]Con'c 품질 확보 방법 [20] Gang Form [20] 골재 함수량 [20] Construction Joint Expansion Joint Control Joint 비교	[30]R.C구조물의 내구성 향상방안 [30]서중 콘크리트 시공계획 [20] 폴리머 콘크리트 [20] 콘크리트 피복두께 [20] 철근 가스압접	[30]구조용 철망사용목적과 시공 시 유의사항 [40]Con'c균열 보수방법 [20] 섬유보강 콘크리트
	P.C 및 C/W			[40]C/W공사에서 하자 원인과 대책		[20] 합성 슬래브
	철골/초고층	[30]철골 세우기 작업 [40]초고층 공정계획방법 [20] 구조물 기둥 수직도 [20] Column Shortening	[30]내화피복종류와 품질향상 방안 [20] 용접 검사방법 [20] 충진 강관 콘크리트	[20] 모살 용접	[30]고력볼트 조임방법과 검사 [20] 초고층 건물 [20] T.C bolt	[30]철골조 건물의 공기 단축 방안 [40]초고층 건물시공 시 문제점 및 대책
마감 및 기타 공사	조적/석공사 타일/미장 도장/방수 목/유리공사		[30]돌붙임 시공법 [30]방수공법과 누수방지위한 현장관리방안 [20] 도장재료 요구성능	[20] 테두리보와 인방보 [20] Sheet 방수	[20] 도막방수	[30]돌공사 건식공법의 장점과 시공 시 유의사항 [20] 목재 함수율
	단열/소음 공해/해체 폐기물 건설기계 기타		[30]콘크리트 폐기물 재활용 방안	[30]외벽 단열 시공 방법과 효과 [30]현장 환경관리 [30]재건축 현장의 폐기물 처리 및 활용 방안	[30]에너지 절약을 위한 부위별 단열공법 [30]해제공법의 종류 및 내용	[30]환경공해 유발 주요공종과 공해종류 및 공해방지 대책 [20] 차음계수와 흡음률 [20] 로봇 시공 [20] 적시생산방식 (just in time)
	적산		[30]실적공사비에 의한 적산 방식			
총론	공사관리		[20] 경영혁신 기법의 벤치 마킹 [20] C.M계약 유형	[30]현장 공사 경비절감 방안 [20] 시공 실명제	[40]C.M 필요성, 현황, 발전방안	[40]사업관리(PM) 업무내용 [20] 시공성
	품질/원가 안전	[20] 품질특성	[30]건기법상 품질시험업무 (종류와 내용 및 문제점과 개선방안)		[30]V.E 적용대상 [20] T.Q.M	
	근대화	[30]표준화 방법 및 효과 [20] CALS		[40]표준화 설계가 시공에 미치는 영향	[30]IMF시 건설산업의 위기극복을 위한 대처방안 [20] U.B.C	[30]공법개선 대상의 공종 특성 [30]복합화 공법 목적과 적용사례 [20] 건축산업정보통합화 생산(CIC)
	공정관리	[30]Network, bar chart 실내외 장단점 [30]공정관리 단계구분 [20] 경제속도	[40]TF, FF, INTF 및 자원 평준화 개념과 현장 적용성	[20] 공기 단축과 공사비 관계		

구분 \ 연도		1998년(후반기)	1999년(전반기)	1999년(중반기)	1999년(후반기)
계약/가설		[30]턴키의 문제점과 개선방향 ⑳ 파트너링 공사수행방식	⑳ 적격 심사제도 [30]건설업 기술 경쟁력 방안전략 방향	[30]공동도급방식의 방법과 장단점, 국내에서의 시행실태	⑳ Fast Track 턴키 수행방식
토공사/기초		[40]흙막이벽 이상현상의 원인, 발견방법, 대책 ⑳ Soil cement 주열벽 ⑳ 파일 동재하 시험(PDA) [30]제자리 콘크리트 말뚝 슬라임 처리방법	⑳ J.S.P. [30]Slurry Wall 시공 시 품질관리 사항 ⑳ 트레미관(Tremie Pipe) [30]현장타설 콘크리트 말뚝 시공 시 주의	⑳ 토질 주상도 ⑳ Soil Nailing 공법 [40]PC 말뚝 기초 침하에 의한 하자 및 대책 [30]부력을 받는 구조물의 부상 방지 대책	[40]흙막이벽의 하자유형과 하자의 사전대책과 사후대책 ⑳ Sand Bulking(샌드 벌킹)
구조체공사	R.C 공사	⑳ 클라이밍 폼(climbing form)	[30]거푸집 존치기간이 콘크리트 강도에 미치는 영향 [30]콘크리트보의 균열원인, 손상 정도, 보강 [30]레미콘 공장 선정기준과 발주 시 유의 [40]RC조 아파트에서 설계상 문제점과 유의	[40]고층아파트 철근공사의 시공 실태와 개선방안 [30]거푸집 공사의 점검 항목과 처짐 및 침하에 따른 조치사항 ⑳ 기둥 밑잡이 [30]한중 콘크리트를 설명하고 양생 초기의 관리 내용 ⑳ 적산온도	[30]대형시스템 거푸집의 종류별 특성과 현장 적용 [30]콘크리트 압축강도를 공시체로 추정하는 방법 ⑳ 전기적 부식 [30]매스콘크리트의 특성과 시공 시 유의사항 ⑳ 진공배수 콘크리트 [30]내진대책과 내진 구조 부위의 시공 시 유의사항 ⑳ 공기막 구조
	P.C 및 C/W		⑳ P.C 접합부 방수	[30]PC공법을 활성화 하기 위한 기술적 사항	
	철골/초고층	[30]대공간 지붕 철골 세우기 공법과 주의사항 ⑳ Cable dome [30]초고층 건물 기둥축소 원인과 대책 ⑳ 콘크리트 채움 강판	[30]철골현장 접합 시 부재간 결합 부위 및 시공 시 유의사항 ⑳ Metal Touch	[30]철골시공도 작성 시의 필요한 내용과 유의사항 ⑳ 철골 내화 피복 검사 [30]초고층 건물의 양중방식과 양중 계획	⑳ Mill sheet ⑳ Stiffener
마감 및 기타 공사	조적/석공사 타일/미장 도장/방수 목/유리공사	[30]외부석재면 변색원인과 방지 대책 ⑳ 기능성 도장 ⑳ 목재의 품질검사 항목 ⑳ 창호의 성능 평가방법		[30]돌공사 건식공법의 Pin hole 방식 설명 문제점 및 품질 확보방안 [30]외벽타일 박리·탈락의 원인 및 대책 ⑳ 벤토나이트 방수	[30]ALC 패널의 공법과 특성 [30]타일 습식공법과 건식공법의 비교 및 시공 시 유의 [30]강제장호 외주관리 시 유의사항과 현장설치공법 ⑳ 내화도료
	단열/소음 공해/해체 폐기물 건설기계 기타	[30]단열공법 유형과 시공방법 [30]토목사용 건설장비 선정 시 고려사항 [40]공동주택 온돌공사 순서, 유의, 하자, 개선사항		[40]건설 폐기물의 종류와 그 처리 및 재활용 방안	[40]타워크레인 기종 선정 시 고려 사항과 운용 시 유의사항
	적산		⑳ 개산 견적 [30]철골공사 적산 항목과 부위별 수량 산출		
총론	공사관리	⑳ 파트너링 공사 수행 방식 [30]클레임의 유형, 예방대책, 분쟁해결 방안	⑳ 시공도와 제작도의 차이 [30]생산성 향상을 위한 3과제	[30]시공계획서 작성항목을 열거하고 시공 관리 측면에서 기술 [30]액체 방수의 문제점과 L.C.C 관점에서의 대책	[40]책임 감리와 CM의 유사점 및 차이점과 개선 방안
	품질/원가 안전	[30]품질관리가 공사비에 미치는 영향	[30]품질경영 3단계 활동		[30]품질시험과 시험관리 업무 [30]유해 위험 방지서 작성
	근대화		[40]복합공법과 Hard 요소, Soft 요소		
	공정관리	[40]공정관리와 관계있는 시간과 비용이 통합관리 방안	⑳ 인력부하도와 균배도	[30]PERT-CPM의 현장활용 실태와 활성화 ⑳ Cost solpe(비용구배) ⑳ PDM ⑳ Lead time	

구분 \ 연도		2000년(전반기)	2000년(중반기)	2000년(후반기)
계약/가설			⑩ 고층 건축공사의 낙하물 방지망 설치방법	[25]하도급 선정 및 관리 ⑩ 부대 입찰제 [25]가설계획의 고려
토공사/기초		[25]수압 문제점 및 대책 [25]부상 방지 대책의 수위 저하공법 및 고려사항 ⑩ S.C.W ⑩ 평판재하시험 ⑩ Heaving 현상	[25]흙막이 공사에서 주위 지반침하 원인과 대책 [25]강제배수 시 문제점과 대책 [25]Slurry wall의 콘크리트 타설 시 유의	[25]부동침하 시의 기초보강공법 ⑩ 개착(Open Cut)공법
구조체공사	R.C 공사	[25]지하주차장 슬래브의 균열 [25]공동주택 콘크리트 균열 원인 및 대책 [25]옥상 누름 콘크리트 균열 발생 및 시공상 고려 [25]서중 콘크리트 타설 시 문제점 및 고려사항 [25]제치장 콘크리트의 시공 시 고려사항 [25]거푸집의 고려하중 및 측압	[25]철근 Pre-fabrication [25]MASS CONCRETE의 온도 균열 방지 대책 [25]고유동 콘크리트의 특성과 유동성 평가 방법 ⑩ Sleeve Joint ⑩ 혼화(混和) 재료 ⑩ 잔골재율 ⑩ 기포 Concrete	[25]동바리 문제점과 대책 [25]콘크리트의 품질시험 [25]콘크리트 철근 부식 원인과 방지대책 [25]콘크리트 구조물 부위별 보강 [25]동절기 콘크리트 공사의 시공관리 ⑩ Control Joint ⑩ Post Tension 공법 ⑩ 섬유 보강 콘크리트
	P.C 및 C/W	[25]커튼월 공법 종류 및 고려 ⑩ Half Slab		⑩ Stud Bolt
	철골/초고층	[25]철골 기초의 앵커볼트 매입 및 주각부 시공 [25]초고층 건축물의 시공 계획서 작성 시 자재양중 계획	[25]앵커볼트의 위치와 Base Plate Level 시공방법 [25]고장력 볼트 체결시 유의사항 [25]바닥판 공법의 종류와 시공방법 ⑩ Fast Track Construction ⑩ Core 선행시공	[25]철골 현장반입 시 검사 [25]철골의 비파괴검사법 [25]철골내화피복 종류 ⑩ 리밍(Reaming) ⑩ Scallop 가공 [25]양중장비 계획 시 고려
마감 및 기타 공사	조적/석공사 타일/미장 도장/방수 목/유리공사	[25]외벽타일붙임 공법의 종류 및 박리·탈락 ⑩ Bond Beam ⑩ 내력벽(Bearing Wall) ⑩ Access Floor	[25]합성 고분자계 시트 방수층의 부풀음 방지대책 ⑩ 수지(樹脂)미장 ⑩ 단열(斷熱) Mortar ⑩ 천연(天然) Paint	⑩ Vapor Barrier [25]모르타르미장면의 균열 방지대책 [25]시트 방수공사의 하자원인과 예방책
	단열/소음 공해/해체 폐기물 건설기계 기타	[25]공동주택의 층간 소음방지 [25]도심지 RC조 고층건물을 해체 시 고려사항 [25]고정식 타워 크레인의 배치 방법 및 기초 시공 시 고려사항	[25]결로 발생원인과 방지대책 [25]공동주택 소음과 대책 [25]옥내 주차장 바닥 마감재의 종류와 특징 [25]기준층 화장실공사의 시공순서와 유의사항 [25]환경친화적 건축물	[25]도심밀집지에서 공사진행시 환경공해 [25]건설 폐기물 저감방안 [25]이중천장 공사 고려사항 [25]건설 로봇의 활용전망
	적산		⑩ 건물주위에 강관비계 설치시 비계면적 산출방법 ⑩ 판유리 수량 산출방법	
총론	공사관리	[25]건축공사 시방서에 기재 사항 및 작성 절차 ⑩ 건설사업관리(CM)의 주요업무		
	품질/원가 안전	[25]MBO기법 적용 유의 [25]VE 문제점 및 방안		⑩ Pareto 도
	근대화	⑩ 건설CALS ⑩ W.B.S ⑩ P.M.D.B	[25]복합 공법적용현장의 공정관리 System [25]REMODELING 사업의 개요와 발전전망	⑩ ISO 14000
	공정관리	[25]공정마찰이 공사에 미치는 영향과 그 해소 기법 ⑩ 건설공사의 진도관리 방법	[25]ADM 기법과 PDM의 장단점 비교 설명 ⑩ Cost Slope(비용구배)	⑩ MCX 기법 ⑩ 특급점(Crash Point)

연도\구분		2001년(전반기)	2001년(중반기)	2001년(후반기)
계약/가설		[25]최저가 낙찰제도의 장단점과 발전방안 ⑩ 성능 발주 방식	[25]물가 변동금액 조정 ⑩ 공동이행 방식과 분담이행 방식	[25]공동이행방식의 현장운영 ⑩ 기준점
토공사/기초		[25]역타공법의 선정 배경과 가설 및 장비계획 [25]근접공사 시 인접 시설물 및 매설물 안전대책 [25]선행 굴착 공법에 대한 시공 시 유의사항 ⑩ 지반 투수 계수	[25]지하외벽 합벽관련 하자유형 설계 및 방지 [25]해안 매립지 PC말뚝 관리방안 [25]Soil Nailing 공법의 장단점	[25]J.S.P 공법 적용범위 [25]토질 주상도 용도 및 활용 [25]지중 연속벽 굴착과 타설 [25]파일 동재하 유의사항 ⑩ 부마찰력
구조체공사	R.C 공사	[25]거푸집 및 동바리 해체 기준과 조기 탈형 강도 확인 방법 [25]무비계 공법 특성 [25]아파트 발코니 균열 발생의 원인 및 방지대책 [25]Deck plate 상부 콘크리트의 균열발생원인 및 그 대책 [25]지하 주차장 flat slab drop panel의 균열 원인과 주의 사항 ⑩ 콘크리트 헤드(concrete head) ⑩ Delay joint ⑩ VH 분리 타설 공법	[25]내구성 저하 원인과 대책 [25]균열원인 중 시공상 대책 [25]Pump 압송시 배합대책 및 유의사항 ⑩ 녹화콘크리트 ⑩ 온도균열방지대책 ⑩ S.F.R.C ⑩ 막구조 ⑩ Slump Flow ⑩ 거푸집 측압	[25]거푸집 사고유형 및 대책 [25]바닥 Con'c 타설 시 진공배수공법 [25]시스템 거푸집 [25]노출 콘크리트 거푸집 고정방법 및 유의사항 ⑩ 와플폼 ⑩ 콘크리트 프레이싱 붐 ⑩ 프리쿨링 ⑩ 온도철근
	P.C 및 C/W		[25]stic wall system과 unit wall system ⑩ Wet Joint 공법	[25]Curtain Wall 시험 시기와 방법
	철골/초고층	[25]SRC 조에서 부위별 철근 배근공사의 유의사항 [25]초고층 건물 공기 단축 방안의 설계, 공법, 관리 측면 ⑩ 초음파 탐상법 ⑩ TMCP 강재	[25]고장력볼트 품질관리 방안 ⑩ C.F.T	[25]철골세우기 및 제작운반시 검토사항 [25]고속궤도 방식을 설명하시오.
마감 및 기타 공사	조적/석공사 타일/미장 도장/방수 목/유리공사	[25]도막 방수공사의 하자 원인과 방지대책 [25]천장재의 재질과 요구성능 ⑩ 엷은 바름재(Thin Wall Coating) ⑩ 본드 브레이커(Bond Breaker)	[25]누름콘크리트 신축줄눈 목적과 방법	⑩ 후레싱 ⑩ 전도성 타일
	단열/소음 공해/해체 폐기물 건설기계 기타	[25]공동 주택 부위별 결로 발생 원인 및 대책	[25]Tower crane 설치계획 및 관리 [25]재생골재의 특징과 문제점 ⑩ 환경 친화건축	[25]지하층 외벽 및 바닥 결로방지 방법 및 유의사항 ⑩ 층간 소음방지
	적산		[25]실행예산 작성 시 검토사항	⑩ 실적공사비
총론	공사관리	[25]공기 지연 유발 원인과 클레임 제기에 필요한 사항 ⑩ VECP 제도	[25]공동주택 1개층 공정순서 및 관리사항 [25]건설 클레임 및 분쟁해결 ⑩ 시공성 분석	[25]방치된 구조체 재시공 시 고려할 점 [25]초등학교 신축공사 직종별 기능인력 투입계획 및 문제점 [25]건설사업 리스크 인자
	품질/원가 안전	[25]안전관리비 구성 항목과 사용내역 [25]유해 위험방지 계획서 제출 서류 항목 및 세부 내용 ⑩ 산포도 ⑩ Tool Box Meeting	[25]V.E 적용시기 및 효과 ⑩ L.C.C	[25]설계품질과 시공품질 [25]품질 매니지먼트 ⑩ 품질보증
	근대화	[25]해외 건설의 침체 원인과 활성화 방안	[25]건설표준화의 영향 ⑩ P.M.S	
	공정관리		[25]공정간섭과 해소방안	⑩ 자원분배 ⑩ Milestone

1655

연도 구분		2002년(전반기)	2002년(중반기)	2002년(후반기)
계약/가설		⑩ 규준틀 설치방법 ⑩ 파트너링	⑩ Cost Plus Time 계약 ⑪ GPS 측량기법	
토공사/기초		[25]Rock Anchor 용도 및 방법 [25]계측관리 항목 및 유의사항 ⑩ Soil cement	[25]도심지 흙막이 공법 ⑩ 예민비	[25]흙막이 공사의 지반계측 [25]근접공사 시 문제점과 대책 [25]DEWATERING ⑩ 토질별(모래, 연약점토, 강한점토) 측압 분포 ⑩ Boiling
구조체공사	R.C 공사	[25]거푸집 측압 특성 및 영향 [25]두께 80cm 콘크리트의 균열원인과 대책 [25]노출 콘크리트 품질관리 [25]파라펫트 타설 시 구획방법 [25]건조수축 요인과 대책 [25]철근 피복두께 필요성 및 기준 ⑩ 환경친화형 콘크리트 ⑩ Curing Compound ⑩ Sliding Joint	[25]철근 선조립 공법 · 타일 선부착 공법 [25]주차장 익스펜션조인트 [25]콜드조인트 대책 [25]수화열 제어공법 ⑩ 온도철근 ⑩ Delayed Joint	[25]동바리 시공 유의사항 [25]소성수축균열과 건조수축균열 [25]레미콘의 운반시간 관리규준 [25]수중 콘크리트 ⑩ 알루미늄 합금 프레임 거푸집 ⑩ Control Joint ⑩ 수화반응 ⑩ 크리프(Creep) ⑩ 레미콘의 호칭강도 ⑩ 레미콘이 압축강도 검사기준과 판정기준 ⑩ Flat Plate Slab
	P.C 및 C/W	⑩ 풍동실험	[25]커튼월 결로 원인과 대책 ⑩ Shear Connector ⑩ Hi-beam	[25]PC 설치공사
	철골/초고층	[25]철골조 용접결함 및 대책 [25]철골구조물 P.E.B system [25]Space Frame	[25]고층 건축물 선행공법 ⑩ Fish Eye 용접불량	[25]내화재료와 내화피복공법 [25]철골내화 피복 요구성능 및 기준 [25]초고층 시공계획서 항목과 내용 ⑩ Reaming ⑩ Blow Hole
마감 및 기타 공사	조적/석공사 타일/미장 도장/방수 목/유리공사	[25]산업폐수처리, 시설 방수대책 [25]도장공사 결함 및 대책 [25]방수방법 선정 검토사항 [25]강재 Truss 공법 ⑩ 목재의 방부처리	⑩ 타일공사 시 시멘트 모르타르의 Open Time	[25]공동주택 방수공법 [25]사무실 건축 천정공사
	단열/소음 공해/해체 폐기물 건설기계 기타	[25]환경친화적 주거환경조성 대책 [25]Tower crane의 양중자재별 대책 ⑩ 표면결로	[25]단열층의 방수 방습방법 [25]건축물 해체공사 작업계획 [25]철골조립용 크레인 선정 시 고려요인 ⑩ Heat Bridge	[25]건설공해 대책 [25]민원 영향을 받는 작업종류와 대책 ⑩ 연돌 효과(Stack Effect)
	적산			
총론	공사관리	[25]신공법 적용할 경우 검토사항	[25]LCC 분석방안 [25]건설기술 인력난 원인 및 대책 [25]계약 및 시공단계 리스크 요인 방안 [25]건축물의 유지관리 [25]건물 리모델링 ⑩ 시공성 ⑩ FM	[25]공동주택 리모델링
	품질/원가 안전			[25]건설공사 품질보증 [25]안전사고 발생유형과 대책
	근대화	⑩ 작업표준	[25]건축시공의 지식관리 시스템 추진방안 [25]작업분류(Work Break Down)	
	공정관리	[25]공정-원가 통합관리 저해요인 ⑩ L.O.B	[25]공기지연 원인과 대책 ⑩ 진도 관리	⑩ Critical Path(주공정선)

구분 \ 연도		2003년(전반기)	2003년(중반기)	2003년(후반기)
계약/가설		⑩ 정액도급	[25]가설공사의 항목, 영향, 유의사항	⑩ 시공능력평가제도
토공사/기초		[25]연약지반 지하층 공사 시 검토사항 ⑩ Vane Test ⑩ 간극수압계(Piezometer) ⑩ Consolidation ⑩ 복합기초 ⑩ Pile Dynamic Analysis	[25]안정액의 역할, 시공관리사항 [25]Pile의 두부파손 원인과 대책 ⑩ N치 ⑩ Removal Anchor(제거용 앵커) ⑩ Rebound Check	[25]토압의 종류, 분포, 지지방법 [25]말뚝공사 준비사항 공법 [25]기초침하 종류, 원인, 방지대책 ⑩ 전단강도 ⑩ 액상화 ⑩ Cap Beam ⑩ 부마찰력
구조체공사	R.C 공사	[25]철근 피복두께 과다시 문제점 [25]거푸집 안전사고 예방 검토사항 [25]거푸집 생산성 향상 방안 [25]콘크리트 타설 이어치기 유의사항 [25]미중화 콘크리트의 침하균열 [25]세골재 입도가 시멘트 모르타르 시공에 미치는 영향 ⑩ Flow Test ⑩ 강판 보강공법 ⑩ 다공질 콘크리트(Porous Conerete)	[25]철근이음 종류와 유의사항 [25]거푸집 가공·조립·설치 시 유의사항 [25]콘크리트 보수·보강방법 [25]고강도 특성과 시공 시 유의사항 ⑩ 철근정착위치 ⑩ Key Stone Plate ⑩ Cold Joint ⑩ Bleeding ⑩ 공기막 구조	[25]콘크리트 응결기간, 경화시간 [25]보강공법 종류, 시공방법 [25]레미콘 압축강도시험 [25]제치장 콘크리트 설계, 시공 [25]초유동 콘크리트 유의사항 ⑩ 포졸란 ⑩ 온도구배
	P.C 및 C/W	[25]초고층 건물 누수 원인·대책 [25]외벽 ALC Panel공법 종류·시공방법	[25]Open System과 Close System [25]Half Slab 도해 유의사항	
	철골/초고층	[25]철골제작 시 부재변형 방지 방안 [25]지하 철골공사 시공관리 [25]초고층 공정 운영 방식 ⑩ Scallop ⑩ 기둥 축모양	[25]고장력 볼트 현장관리 [25]코어벽체에 철골보 설치위한 매입철물 설치 방법 [25]철골부재 마찰면 처리방법 ⑩ Metal Touch ⑩ Super Frame	[25]철골변형의 원인, 종류, 대책 [25]Column Shortening ⑩ Under Cut
마감 및 기타 공사	조적/석공사 타일/미장 도장/방수 목/유리공사	[25]방수층 요구 성능 [25]초고층 건물 유리 열 깨짐요인과 방지 대책 ⑩ 타일 분할도	[25]조적벽체 균열원인과 대책 [25]Anchor 긴결공법 [25]실링재의 요구 성능과 유의사항 [25]미장공사 시공 유의사항 ⑩ Corner Bead ⑩ Self Levelling	[25]보강블록 노출면 쌓기 [25]바닥강화재 종류 및 시공법 [25]목구조 이음, 맞춤, 쪽매 ⑩ 내식모르타르 ⑩ 방화재료
	단열/소음 공해/해체 폐기물 건설기계 기타	[25]TOWER CRANE의 설치 및 해체 시 유의사항		[25]암반파쇄 공사 시 소음방지대책, 유의사항 [25]Tower Crane 재해유형, 점검사항
	적산		[25]실적공사비 정의, 필요성, 산정방법, 문제점	
총론	공사관리		[25]웹기반 공사관리체계 ⑩ PL법(제작물 책임법)	[25]리스크 요인별 대응방안 ⑩ 관리적 감독, 감리적 감독
	품질/원가 안전/환경			[25]품질관리가 생산성에 미치는 효과와 품질관리 Tool ⑩ Green-Building
	근대화	[25]Business Reengineering [25]복합화 공법 최적 System 선정방법 [25]공사 후 시설물 발주자 인도 시 준비사항 ⑩ 건축자재의 연성		
	공정관리			[25]공기지연 유형

구분＼연도		2004년(전반기)	2004년(중반기)	2004년(후반기)
계약/가설			⑩ 전자 입찰제도	⑩ Project Financing ⑩ Lane Rental 계약방식
토공사/기초		[25]지하연속벽 공법의 장비동원계획, 시공순서, 시공 시 유의사항 [25]부력으로 인한 건물피해방법 ⑩ Soil Cement Pile	[25]공사 착수 전 기초의 안전성 [25]SIP(Soil Cement Injected Precast Pile) [25]Slurry Wall 공법 Guide Wall 역할 ⑩ 흙의 연경도(Consistency) ⑩ 일수(逸水) 현상 ⑩ Caisson 기초	[25]SPS(Strut as a Permanent System) [25]기성재 말뚝 기초 침하 발생 시 보강방안 [25]트래미관 Slurry Wall 콘크리트 타설 ⑩ Sand Drain ⑩ Floating Foundation ⑩ Micro Pile

구조체공사	R.C 공사	[25]소성수축균열의 현장대처방안
		[25]VH분리타설공법의 개요, 적용목적
		[25]동절기 콘크리트 보양방법
		[25]콘크리트 고강도화 방법, 관리기술
		[25]매스 콘크리트의 온도균열 특징, 방지대책
		⑩ 부착강도
		⑩ 팽창 콘크리트
		⑩ PSC
			[25]서중 Concrete(Hot Weather Concrete)
			⑩ Water gain 현상
			⑩ Grip Joint
			⑩ 반발 경도법
			⑩ FERRO DECK
				[25]골재수급난 부순골재 콘크리트 품질 특성
				[25]슬래브 콘크리트 타설 전 동바리 점검사항
				[25]콘크리트 구조물 화재 시 발생하는 폭열 현상 및 방지대책
				[25]레미콘 슬러지 효율적 활용 방안
				[25]표준시방서 레미콘 강도시험
				  1) 시험횟수 2) 시료채취 방법
				  3) 합격 판정기준
				[25]서중 콘크리트 타설 시 운반관리사항
				  1) 콘크리트 온도 관리방안
				  2) 운반시 슬럼프 저하 방지대책
				  3) 타설 시 콜드조인트 방지대책
				  4) 타설 후 양생 유의사항
				⑩ 한중 콘크리트 적산온도
				⑩ 고성능 콘크리트
				⑩ 서중 콘크리트 적용범위
				⑩ 콘크리트 응결강화
				⑩ 소성수축균열 발생 시 현장관리방안

	P.C 및 C/W	[25]커튼월 하자원인, 방지대책 ⑩ 실물모형시험	[25]Curtain Wall의 fastener 방식 종류 특징 [25]PC 건축공사의 큐비클 유닛(Cubicle Unit) 공법 ⑩ Lift Slab 공법	
	철골/초고층	⑩ Lamellar Tearing 현상 ⑩ 코어(Core) 선행공법 ⑩ 횡력지지 시스템 ⑩ 전단벽(Shear Wall) ⑩ Composite Deck Plate(합성 데크)	[25]철골 공사 단계별 시공 시 유의사항 ⑩ T.S(Torque Shear) Bolt	[25]철골 내화 피복공법 중 습식공법 [25]철골세우기 공사의 주각부 시공계획 [25]콘크리트 Column Shortening 발생원인
마감 및 기타 공사	조적/석공사 타일/미장 도장/방수 목/유리공사	[25]플라스틱 건설재료 특징, 현장 적용 시 고려사항	[25]도막방수 방수재료 설명, 시공방법 [25]도장공사 재료별 바탕처리와 균열 [25]유리공사 종류별 특징 시공 시 유의사항 ⑩ 벤토나이트 방수공법	[25]목재 방부제 종류 및 방부처리법 [25]콘크리트 슬래브 지붕방수 시공계획 [25]강재창호의 현장설치방법 ⑩ 타일 접착 모르타르 Open Time

	단열/소음 공해/해체 폐기물 건설기계 기타	[25]단열공법 적용 시 고려사항, 각 부위별 시공방법
		[25]공동주택의 실내공기 오염물질 및 대책
		[25]층간 방화구획
		⑩ 건설기계의 경제적 수명
			[25]건축에 쓰이는 재료 시공방법
			[25]고층건물 건설폐기물 발생저감대책
			⑩ M.C.C(Mast Climbing Construction)
				[25]건설사업 환경 보존계획
				  (1) 계획 및 설계 시
				  (2) 시공 시 구분
				[25]공동주택 지하주차장 하절기 발생하는 결로원인과 대책
				⑩ V.O.C(Volatile Organic Compounds)

	적산	[25]실적공사비 적산제도의 문제점, 대책		⑩ 건설공사비 지수
총론	공사관리	[25]클레임 발생유형과 사전대책	[25]시공계획 기본방향과 계획 [25]건축공사 인·허가 업무(공통 및 건축, 안전, 환경관련) [25]V.E(Value Engineering), 건설 V.E효과 ⑩ 생태면적	
	품질/원가 안전/환경	[25]안전사고 유형과 예방대책 ⑩ 품질비용		

	근대화	[25]Lean Construction의 개념, 목표, 적용요건, 활용방안
		⑩ 건설 CITIS
			[25]공업화 공법 척도조정
			  (MODULAR COORDINATION)
			[25]건축물 Remodeling 공사성능개선
			[25]건설업의 환경변화 건설업 경쟁력
				[25]주5일 근무시행 현장관리 문제점과 대책
				  1) 생산성
				  2) 공정관리를 구분

	공정관리	[25]자원할당에 의한 최소 공사기간 [25]EVM 개념과 적용절차		

구분 \ 연도		2005(전반기)	2005년(중반기)	2005년(후반기)
계약/가설		[25]신기술 지정 및 채택의 절차, 문제점 및 대책 ⑩ 입찰제도 중 TES	⑩ SCM(Supply Chain Management) ⑩ BTL(Build Transfer Lease)사업	⑩ 시공능력 평가제도
토공사/기초		[25]도심지 지하 토공사 계획수립 시 사전조사 사항 [25]Top Down 공법의 시공순서 및 시공 시 주의사항 [25]도심지공사에서 현장 인근 민원문제의 대응방안 ⑩ 기초공사 중 JSP	[25]PHC 말뚝의 두부정리 및 시공 시 문제점과 대책 [25]건축공사 착공 전에 시추 주상도의 활용방안 [25]흙막이 공법, 주열식 공법 배치형식과 특징 [25]보강토 옹벽공사의 개요, 특징, 구성재료 시공 시 유의사항 [25]지하구조물에 작용하는 양압력을 줄이기 위한 영구배수공법 ⑩ 흙의 전단강도와 쿨롱의 법칙 ⑩ 드레인 매트 배수시스템 공법	[25]SIP파일 공사의 시공순서와 유의사항 [25]흙막이벽 시공 시 주위지반 침하의 원인과 그 대책 [25]흙막이공법 중 소일네일링공법과 어스앵커 공법 비교 ⑩ Dam up 현상 ⑩ 부마찰력
구조체공사	R.C 공사	[25]한중매스 콘크리트를 기초매트에 적용 시 콘크리트 시공계획 [25]콘크리트 타설 후 조기(1일 이내) 발생하는 균열의 종류, 발생원인 및 방지대책 [25]콘크리트 표면에 발생하는 결함의 종류 및 방지대책 ⑩ 콘크리트 배합의 공기량 규정목적 ⑩ 식생(植生) 콘크리트 ⑩ 콘크리트 동해의 Pop Out현상	[25]콘크리트 혼화 재료, 감수제 작용방식(역할)과 특징 및 용도 [25]비벼진 콘크리트 굵은 골재 재료분리가 일어나는 원인과 재료분리에 영향을 주는 요소, 재료분리 방지 주의사항 ⑩ 시공이음(Construction joint) ⑩ 고강도 철근 ⑩ 페코 빔(Pecco Beam)	[25]철근의 선조립 공법 [25]콘크리트 타설 시 시공연도에 영향을 주는 요인과 시공연도 측정방법 [25]매스콘크리트 시공 시 균열 발생원인과 그 대책 [25]고강도 콘크리트의 재료와 배합 및 시공 시 유의사항 [25]플라이애쉬가 치환된 레디믹스트 콘크리트 현장에 납품되고 있는데 시공관리상 현장에서 조치 사항 ⑩ 콘크리트 이어붓기면의 요구되는 성능과 위치 ⑩ 콘크리트 공시체의 현장 봉합(밀봉)양생 ⑩ 수밀콘크리트
	P.C 및 C/W	⑩ 주택성능 표시제도	[25]커튼 월을 설치하기 위한 먹매김 ⑩ PC공법 중 골조식구조	
	철골/초고층	[25]철골공사에서 부재의 상호접합공법 [25]도심지 초고층 공사 계획 시 가설공사 계획 [25]초고층 건축물의 바닥판 시공법 ⑩ Taper Steel Frame	[25]철골조의 Slab 공사에서 Deck plate 시공 시 유의사항 [25]철골공사 시 접합공법과 접합별 품질검사방법 ⑩ PEB(prefabricated Engineered Building) ⑩ 철골피복 중 건식내화피복공법 ⑩ CFT(Concrete Filled Tube)구조 ⑩ 고장력 Bolt 조임 방법 ⑩ 스페이스 프레임(Space Frame)	[25]철골공사 고력볼트 조임 검사항목 및 방법 [25]공장에서 제작된 철골부재의 현장 인수 검사 항목과 내용 [25]초고층공사 특수성과 양중계획 고려사항 [25]철골공사 용접부 비파괴검사방법 종류와 그 특성 ⑩ 철골 Stud Bolt의 정의와 역할 ⑩ Metal Touch ⑩ Hybrid Beam
마감 및 기타 공사	조적/석공사 타일/미장 도장/방수 목/유리공사	[25]옥내에 시공한 타일이 박리되는 원인 및 방지대책 ⑩ 조적조의 부축벽(Buttress Wall)	[25]지하구조물 방수공법 선정 시 조사사항과 방수공법 요구성능 및 발전방향 [25]침투성 방수 메커니즘과 시공과정 [25]조적공사 테두리보, 인방보 시공할 때 필요한 상세도 도해, 시공 시 유의사항	[25]타일 붙임 공법의 종류별 특징과 공법의 선정절차 및 품질기준 ⑩ 복합방수공법 ⑩ 유리공사에서 SSG공법과 DPG공법
	단열/소음 공해/해체 폐기물 건설기계 기타	[25]건축구조물 해체공법 [25]공동주택의 충격 소음의 발생원인 및 방지대책	[25]해체공사 시 발생하는 공해와 그에 대한 방지 및 안전대책 [25]벽체의 차음공법	[25]공동주택 바닥 차음을 위한 제반기술 [25]클린룸의 종류 및 요구조건과 시공 시 유의사항 ⑩ 환경영향평가제도
	적산	⑩ 간접공사비		
총론	공사관리	[25]부실공사의 발생원인과 방지대책 [25]하도급업체 선정 및 관리시 점검사항 [25]노후화된 건축물에 대한 안전진단의 필요성 및 절차	[25]구조물 안전진단결과 구조성능 보강이 필요한 경우 보강재료, 보강공법	[25]건설 클레임의 유형을 설명하고 그 해결 방안과 예방대책
	품질/원가 안전/환경	[25]공사원가관리의 MBO기법 ⑩ 건설산업의 제로에미션 ⑩ 새집증후군 해소를 위한 베이크 아웃		[25]품질관리, 공정관리, 원가관리 및 안전관리 상호 연관관계
	근대화	⑩ 무선인식기술을 활용한 현장관리		[25]건축시공에 있어 로봇(Robot)화
	공정관리	[25]CPM 공정표와 PERT 공정표의 차이점을 비교 ⑩ 공정관리의 Overlapping 기법	[25]택트(Tact) 공정관리 기법 [25]네트워크 공정관리 기법 중 화살형 기법과 노드형 기법 비교분석	⑩ Cost Slope

구분 / 연도		2006(전반기)	2006(중반기)	2006(후반기)
계약/가설		⑩ 최고가치(Best Value)낙찰제도 ⑩ 절대공기	[25]기술개발의 필요성과 추진방안 ⑩ 부대입찰제도	⑩ Letter of Intent(계약 의향서)
토공사/기초		[25]Slurry Wall공사의 안정액 관리방법 [25]지하수 수압에 발생할 수 있는 지하구조물 변위와 이를 방지하기 위한 설계 및 시공 시 유의사항 [25]지하토공사 작업 시 발생하는 Slime처리방법 ⑩ 토질주상도(柱狀圖)	[25]토질조사 방법 [25]구조물의 침하원인과 방지대책 [25]up-up 또는 up-down 공법의 시공 process [25]PC말뚝기초의 침하에 의한 하자 및 보수보강 방안 ⑩ 압밀도와 시험방법	[25]사면안정성 검토 [25]공동주택 지하주차장 부력 방지대책 [25]주열식 흙막이 공법의 종류를 비교 ⑩ 흙막이 공사의 IPS(Innovative Prestressed Support) ⑩ 바닥 배수 Trench
구조체공사	R.C 공사	[25]동절기 콘크리트의 초기동해방지대책과 소요 압축강도(50kgf/cm²) 확보 현장조치사항 [25]콘크리트시방서와 KS기준「레미콘운반 시간 의 한도규정」을 준수하기 위한 현장조치사항 [25]기둥 콘크리트 타설 시 거푸집에 미치는 측압의 분포를 비교, 도시(圖示) [25]콘크리트 타설 후 발생하는 건조수축균열의 현장저감대책 [25]고강도 콘크리트 내화성을 증진시키기 위한 방안 ⑩ 한중콘크리트의 적용범위 ⑩ 콘크리트 염분함량기준 ⑩ 진공콘크리트	[25]거푸집공사로 발생하는 콘크리트 하자 [25]ACS form과 sliding form 비교 [25]콘크리트 품질관리의 중요성과 방법을 단계별(타설 전, 타설 중, 타설 후)설명 ⑩ 콘크리트 중성화 ⑩ Flat Slab과 Flat Plate Slab의 차이점 ⑩ 철근피복 두께 ⑩ 섬유보강 콘크리트 ⑩ 콘크리트의 양생방법	[25]용접철망을 이용한 철근 선조립공법 [25]서중콘크리트 문제점 및 방지대책 ⑩ 균형철근비 ⑩ 철근 Gas 압접 ⑩ Delay Joint (Shrinkage Strips : 지연조인트) ⑩ 탄소섬유 시트 보강법 ⑩ 진공배수공법 ⑩ Metal Lath 거푸집
	P.C 및 C/W		⑩ 커튼월(Curtain Wall) 실물대시험 (Mock-up Test)	[25]Curtain wall system 종류(4가지)와 누수원인 및 대책 ⑩ Preflex beam
	철골/초고층	[25]철골공사에서 용접방법의 종류 및 유의사항 [25]초고층건축공사의 공정리스크(Risk) 관리방안 ⑩ 스티프너(Stiffener)	[25]SRC에서 철근과 철골 접합부의 철근 정착방법 [25]초고층 건축물의 내진성 향상 방안 [25]CFT공법의 개요, 장단점 시공 시 유의사항 시공 process중 하부압밀 공법 및 tremie 공법	[25]철골공장 제작 시 검사계획 [25]철골부재 접합면 품질확보방법, 고력 bolt 조임방법 및 조임시 유의사항 ⑩ Column Shortening ⑩ 라멜라 티어링(Lamellar Tearing)현상
마감 및 기타 공사	조적/석공사 타일/미장 도장/방수 목/유리공사	[25]Membrane방수공사의 사용재료별 시공방법 [25]금년부터 시행 중인 신축공동주택의 실내 공기질 권고기준 및 유해물질대상의 관리방안 [25]옥상녹화방수의 개념 및 시공 시 고려사항 [25]재생골재의 사용가능 범위를 제시하고 시공 시 조치사항 ⑩ 주택성능평가제도 ⑩ 수장용 목재의 적정 함수율 ⑩ 지수판(Water Stop) ⑩ 로이유리(Low-Emissivity Glass)	[25]미장공사의 하자유형과 방지대책 [25]sheet 방수공법의 재료적 특성, 시공과정, 시공 시 유의사항 ⑩ wall girder ⑩ 목재건조의 목적 및 방법	[25]타일접착 방식 부착강도 저해요인과 방지대책 [25]지하저수조 방수시공법 및 시공 시 유의사항 [25]도료의 구성요소 및 도장 하자의 대책 [25]석재가공시 석재의 결함, 원인 및 대책
	단열/소음 공해/해체 폐기물 건설기계 기타		[25]소운반을 최소화하기 위한 적시생산방식 (just in time) [25]철근콘크리트 구조물의 유지관리 방법	[25]tower crane 설치계획
	적산			
총론	공사관리	[25]건설공사 공기지연 클레임(Claim) 원인별 대응방안 [25]공동주택 건축설계단계에서의 VE적용 방법과 절차	⑩ 건축표준시방서상의 현장관리 항목 ⑩ 부실공사와 하자의 차이점 ⑩ FAST(Function Analysis System Technique)	[25]설계단계에서 적정공사비 예측방법 [25]단계별 CM의 업무 [25]Claim 추진절차 및 방법 [25]공사계획의 준비항목과 내용
	품질/원가 안전/환경	[25]현장안전관리비 사용계획서, 작성 및 집행에 따른 문제점 및 개선방안	[25]공사원가 관리의 필요성 및 원가 절감 방안 [25]환경관리 업무의 종류와 내용	
	근대화			⑩ 린건설(Lean Construction)
	공정관리	[25]건설공사의 통합관리 WBS(작업분류체계)와 CBS(원가분류체계)의 연계방안 ⑩ LOB(Line of Balance) ⑩ Milestone(중간관리시점)	[25]Cycle time의 정의 및 단축시 기대 효과	[25]철근콘크리트공사의 공정 cycle 및 공기단축 방안

연도 구분		2007(전반기)	2007(중반기)	2007(후반기)
계약/가설		[25]도심 오피스건물의 종합 가설계획 [25]외부 강관비계의 조립설치 기준 및 시공 시 유의사항	[25]BTL과 BTO 사업의 구조를 설명하고 특성을 비교 ⑩ 제한경쟁입찰	[25]공동주택 가설공사의 특성 및 계획 시 고려사항 ⑩ 주계약자형 공동도급제도
토공사/기초		[25]기초침하의 종류와 방지대책 [25]흙막이공사 계측관리 항목과 유의사항 ⑩ Slurry Wall의 안정액	[25]CGS 공법의 특징 및 용도 [25]기성콘크리트 파일공사 시 두부파손의 원인과 대책 [25]토질주상도 ⑩ 토공사 지내력 시험의 종류와 방법	[25]SPS(Strut as Permanent System) 공법 [25]지하굴토 계측기기의 종류와 계측기기의 설 치위치 및 용도 [25]SIP 공법의 특징과 시공상 유의사항 [25]기성콘크리트 말뚝박기의 시공상 고려 사항 및 지지력 판단방법 ⑩ 제거식 U-Trun 앵커(Anchor) ⑩ 히빙(Heaving)현상 ⑩ Rebound Check ⑩ Floating Foundation
구조체공사	R.C 공사	[25]Aluminum form system 장단점, 시공순서, 유의사항 [25]동바리 바꾸어세우기 시기와 유의사항 [25]건조수축의 진행속도와 영향인자 [25]콘크리트 압축강도의 합격판정기준 [25]진공배수공법의 특성 [25]중성화 진행속도와 mechanism ⑩ Mat 기초공사의 Dowel Bar 시공방법 ⑩ 고강도 철근 ⑩ 콘크리트의 호칭강도 ⑩ 콘크리트 타설 시 침하균열의 예방법 및 현장조치 방법 ⑩ 콘크리트 타설 시 진동다짐 방법 ⑩ Concrete 타설 시 거푸집 측압에 영향을 주는 요소	[25]철근의 정착 및 이음 [25]거푸집 공사의 구조적 안전성검토 방법 [25]혼화재료의 종류와 특징 [25]내력벽구조 공동주택에서 발생하는 균열의 종류와 방지대책 [25]고강도콘크리트의 내화성을 증진시키는 방안 [25]제치장 콘크리트의 특징 및 품질관리 방안 ⑩ Concrete Kicker ⑩ 기둥 철근에서의 Tie Bar ⑩ Punching Shear Crack	[25]철근 선조립 공법 [25]콘크리트 공사의 품질유지를 위한 활동을 준 비단계, 진행단계 및 완료단계 [25]고강도 콘크리트의 폭열 현상 및 방지대책 ⑩ Auto Climbing System Form ⑩ 콘크리트 골재 입도 ⑩ 구조체 신축이음(Expansion Joint)
	P.C 및 C/W	[25]Knock down system과 unit system의 개요, 장단점, 시공순서 ⑩ 합성슬래브공법(Half P.C. slab)		[25]커튼월의 결로발생 원인과 대책
	철골/초고층	[25]현장용접 시 품질관리 요점 [25]연돌효과 발생원인, 문제점과 대책 ⑩ Scallop ⑩ 고장력볼트 1군(群)의 볼트 개수에 따른 Torque 검사기준 ⑩ 내화피복 공사의 현장품질관리 항목	[25]Anchor Bolt에서 주각부 종류와 방지대책 [25]철골공사 내화피복의 종류 [25]도심지 고층공사의 양중계획 시 고려사항 ⑩ 고장력 볼트의 조임방법과 검사법	[25]20층 이상 고층 공동주택의 골조공기 방안 [25]Deck Plate의 시공법 및 시공상 고려사항
마감 및 기타 공사	조적/석공사 타일/미장 도장/방수 목/유리공사	[25]APT 외벽 및 옥상 parapet 누수방지 대책 [25]APT 발코니 확장 시 창호공사의 요구성능 및 유의사항 [25]Sealant 요구성능 및 선정 시 고려사항	[25]타일공사에서 발생하는 주요 하자요인 및 방지대책 [25]방수공사 시 설계 및 시공상의 품질관리 요령 ⑩ 내화페인트 ⑩ 목재의 함수율 ⑩ 유리의 열파손	[25]바닥강화재(Floor Hardner)의 특성과 시공법 [25]지하실에서 내방수 또는 다른 방수공법 ⑩ 모르타르 Open Time ⑩ 도막(Membrane) 방수 ⑩ SPG(Structural Point Glazing)공법
	단열/소음 공해/해체 폐기물 건설기계 기타	[25]실내공기질 개선방안	[25]건축물에서 발생하는 결로의 원인과 방지대책 [25]건설공해의 종류와 방지대책 [25]건설현장에서 발생하는 폐기물의 종류와 재활용 방안	[25]공동주택의 바닥충격음 차단성능 향상 방안 [25]소음·진동을 저감하기 위한 방안
	적산			
총론	공사관리	[25]LCC측면에서 효과적인 VE활동 기법		[25]시공계획서 작성의 목적, 내용 및 작성 시 고려 사항 [25]우기(雨期)에 건설공사현장에서 점검해야 할 사항
	품질/원가 안전/환경		⑩ 품질비용	⑩ 6-시그마(Sigma)
	근대화	⑩ 친환경 건축물 인증대상과 평가항목	[25]Web기반 PMIS의 내용, 장점 및 문제점 ⑩ 복합화공법	⑩ 데이터 마이닝(Data Mining)
	공정관리	⑩ 최적시공속도	⑩ EVM에서의 Cost Baseline	[25]공정마찰이 공사수행에 영향을 주는 요인과 개선방안

연도 구분		2008(전반기)	2008(중반기)	2008(후반기)
계약/가설			[25]물가변동시 계약금액 조정 절차 및 내용 ⑩ 순수내역입찰제도	[25]설계시공일괄발주방식과 설계시공분리발주 방식의 특징 및 장단점 ⑩ 단품(單品) 슬라이딩 제도
토공사/기초		[25]흙막이 공사 시 주변침하 원인과 방지대책	[25]지하연속벽 시공 시 하자발생 원인과 대책 [25]지하 흙막이 공사의 안전관리 [25]도심지 굴착공사 중의 지하수 처리방안 ⑩ 일수현상 ⑩ 부마찰력 ⑩ 양방향 말뚝 재하시험	[25]언더피닝공법의 종류별 적용대상 및 효과 ⑩ Jacket Anchor공법
구 조 체 공 사	R.C 공사	[25]대형 system 거푸집의 종류 [25]동바리의 종류 및 장단점 [25]건축물의 기둥 콘크리트 타설 [25]콘크리트 중성화 [25]Bleeding의 개요 및 균열 [25]레미콘 운반 시간의 한도 규정 준수 [25]노출콘크리트 마감의 영향요인과 관리방법 ⑩ 지하구조물 보조기둥(Shoring Column) ⑩ 혼화재 ⑩ CPB(Concrete Placing Boom) ⑩ 콘크리트 적산 온도 ⑩ 콘크리트 균열 유발줄눈의 유효 단면감소율 ⑩ 고성능 콘크리트 ⑩ GFRC(Glass Fiber Reinforced Concrete) ⑩ 포아송비(Poisson's ratio) ⑩ 단면 2차 모멘트	[25]철근 loss를 줄이기 위한 설계 및 시공방법 [25]거푸집공사에서의 문제점과 방지대책 [25]콘크리트의 운반 및 타설방법 [25]굳지 않은 고성능콘크리트의 성능평가방법 [25]지진피해 저감할 수 있는 재료 및 시공대책 ⑩ 나사식 철근이음 ⑩ Aluminium form ⑩ 콘크리트 표면에 발생하는 결함 ⑩ 팽창콘크리트	[25]철근기계식 이음방법의 특성 및 장단점 [25]콘크리트 균열별 발생원인과 보수보강공법 [25]철근부식의 발생 mechanism과 녹이 공사품질에 미치는 영향 및 관리방안 [25]콘크리트 동결융해 방지대책 [25]서중콘크리트의 배합설계 시 유의사항, 운반 및 부어넣기 계획 [25]초고강도, 초유동화 콘크리트의 제조원리 및 적용사례 [25]지진의 영향과 내진, 제진 및 면진구조 ⑩ 철근선조립공법 ⑩ Sleeve Joint ⑩ 온도균열지수 ⑩ 자연친화 녹화 콘크리트 ⑩ 사인장 균열 ⑩ Flat Slab의 전단보강
	P.C 및 C/W	[25]외부 커튼월의 우수유입 방지대책 [25]Column Shortening에 의한 부등(不等) 축소량 발생 시 커튼월의 보정계획	⑩ Shear connector	[25]Curtain Wall공사의 하자발생 원인과 대책 ⑩ 커튼월의 등압이론
	철골/초고층	[25]Tower Crane 양중계획 수립절차 [25]철골 건물의 슬래브 공법	[25]철골 세우기 공사 시 수직도 관리방안 [25]초고층 건축물 고속시공을 위한 양중계획 [25]커튼월부위의 층간방화구획 방법 ⑩ PEB	[25]단층인 철골공장 철골세우기 및 제작운반에 대한 검토사항 [25]초고층건축공사 시 측량관리 ⑩ 철골 Smart Beam ⑩ 철골용접의 비파괴시험
마 감 및 기 타 공 사	조적/석공사 타일/미장 도장/방수 목/유리공사	⑩ 목재의 내화공법 ⑩ 이중외피(Double Skin)	[25]백화발생 원리와 원인 분석 및 방지대책 [25]옥상 및 주차장 상부조경 시공 시 검토사항 ⑩ 방수층 시공후 누수시험	[25]조적외부벽체 방습층 설치목적과 구성공법 [25]타일 거푸집 선부착공법 및 적용사례 [25]개량아스팔트 방수공법의 장단점과 시공방법 및 주의사항
	단열/소음 공해/해체 폐기물 건설기계 기타	[25]건축물의 부위별 단열공법 [25]건축물의 흡음공사와 차음공사 [25]건축물 리모델링 공사 시 보수 및 보강 공사의 종류	[25]시멘트몰탈 공사의 기계화 시공의 체크포인트 ⑩ 층간소음 방지재	[25]결로현상의 부위별, 계절적 원인 및 해결방안 [25]벽식아파트의 고체전파음 [25]신축 공동주택의 새집증후군 및 실내공기질 향상방안 ⑩ Telescoping
	적산	[25]건설 프로젝트의 기획 및 설계 단계별 공사비 예측 방법		
총 론	공사관리	[25]시설물통합관리시스템(FMS ; Facility Management System) ⑩ 히스토그램(Histogram)		⑩ 재개발과 재건축의 구분
	품질/원가 안전/환경		[25]건설공사의 원가 측정방법 [25]건축공사 표준안전관리비의 적정사용방안	
	근대화		[25]건축공사 BIM의 필요성과 활용방안	
	공정관리	[25]공정계획 시 공사가동률 산정방법 ⑩ CPI(Cost Performance Index)	⑩ Tact 공정관리기법	

구분 \ 연도		2009(전반기)	2009(중반기)	2009(후반기)
계약/가설		⑩ 최고가치 입찰방식		⑩ 시공능력 평가제도
토공사/기초		[25]기성콘크리트파일의 시공순서 및 두부 정리시 유의사항 [25]토공사 시 지하흙막이의 붕괴전 징후, 붕괴원인 및 방지대책 ⑩ 흙의 압밀침하 ⑩ 보일링과 히빙	[25]Heaving, Boiling 및 Piping 현상의 방지대책 [25]지하탐사법 및 Boring [25]CIP, MIP, PIP 특징 및 시공 시 유의사항 ⑩ 표준관입시험의 N치 ⑩ De-Watering 공법 ⑩ DRA 공법	[25]Earth Anchor 공법의 정의, 분류, 시공순서 및 붕괴방지대책 [25]기성콘크리트말뚝공사 문제점 및 대응방안 ⑩ 트레미 콘크리트 타설공법
구조체공사	R.C 공사	[25]거푸집 동바리의 안전사고 원인과 대책 [25]공장건축물 바닥콘크리트 타설 시 구조적 문제점 및 시공상 유의사항 [25]거푸집 측압에 영향을 주는 요소 및 저감대책 [25]철근공사의 문제점 및 개선방안과 시공도면 작성의 필요성 [25]해변 건축물의 콘크리트 요구성능, 시공상의 유의사항 및 염해 대책 ⑩ 콘크리트 조인트 종류 ⑩ 비(非)폭열성 콘크리트 ⑩ 실리카 흄	[25]Gang Form, ACS Form, Sliding Form의 특징 및 장단점 [25]보-슬래브, 플랫슬래브 방식 및 메탈데크 위 콘크리트 슬래브 방식의 개요 및 장단점 [25]콘크리트의 현장 품질관리 시험 [25]콘크리트 표면에 발생하는 결함의 종류, 원인 및 대책 [25]고강도콘크리트의 제조 및 내화성 증진방안 ⑩ 철근의 피복두께 목적 ⑩ 시공이음과 팽창이음 ⑩ 소성수축균열 ⑩ 굵은골재의 재료 분리 ⑩ 석회석 미분말(Lime Stone Powder) ⑩ 강재의 취성파괴	[25]Deck Plate의 종류 및 특성 [25]소성수축 균열 발생 시 원인과 복구대책 [25]레미콘 가수의 유형 및 방지대책 [25]콘크리트 강도의 촉진발현 대책 [25]서중환경이 굳지 않은 콘크리트의 품질에 미치는 영향과 방지대책 [25]환경친화형콘크리트 정의, 분류, 특성, 용도 ⑩ MDF 시멘트 ⑩ 강열감량 ⑩ 콜드 조인트 ⑩ 레이턴스 ⑩ 구조체 관리용 공시체 ⑩ 호칭강도와 설계기준 강도의 차이점
	P.C 및 C/W	[25]커튼월공사의 재료별, 조립공법별 특성 ⑩ 커튼월의 필드 테스트		
	철골/초고층	[25]초고층 코어월 거푸집공법의 종류별 장단점 비교 [25]고층 건축물의 코어 선행공법에서 Core Wall과 철골 접합부 시공상 유의사항 ⑩ 고층건물의 지수층	[25]고력볼트반입 시 품질검사와 조임 시 유의사항 [25]철골 내화피복 종류와 시공 유의사항 ⑩ 매립철물(Embedded Plate)	[25]Column Shortening 원인, 문제점 및 대책 ⑩ 좌굴현상 ⑩ 아웃 리거
마감 및 기타 공사	조적/석공사 타일/미장 도장/방수 목/유리공사	[25]지하구조물의 방수공사 시 재료 선정의 유의사항, 조사대상항목, 기술개발 방향 [25]금속계 피도장재의 바탕처리방법 [25]공동주택 방바닥 미장공사의 균열 발생 요인과 대책	[25]타일 붙임공법의 종류 및 시공 시 유의사항 [25]복합방수의 재료별 종류 및 시공 시 유의사항 [25]옥상 녹화 시스템의 필요성 및 시공 방안 ⑩ 타일접착 검사법 ⑩ 열선 반사유리	[25]백화현상의 특성 요인도 작성 및 방지대책 [25]Open Joint공법 장단점과 시공 시 유의사항 [25]온돌마루판공사 시공순서, 시공 시 유의사항 [25]조적벽체 신축줄눈의 설치목적, 위치 및 시공 시 유의사항 ⑩ 단열 모르타르 ⑩ 셀프 레벨링 ⑩ 아스팔트 재료의 침입도
	단열/소음 공해/해체 폐기물 건설기계 기타	[25]공동주택 해체 시 공해방지 대책과 친환경적 철거방안 ⑩ 건축용 방화재료 ⑩ 드라이월 칸막이의 구성요소	[25]리모델링 공사범위 유형, 대상항목 및 개선내용 [25]폐석면의 문제점 및 처리방안	[25]타워크레인의 상승방식과 브레이싱 방식 [25]건설 폐기물의 종류와 처리방법
	적산			
총론	공사관리	[25]건축현장시공계획에 포함되어야 할 내용 ⑩ 아파트 성능등급	[25]CM계약방식 및 향후 발전 방향 [25]원가관리 요소, 문제점 및 대책 [25]클레임 발생 요인, 예방 및 최소화 방안	[25]LCC 설명 및 VE 효과
	품질/원가 안전/환경	[25]건설사업 단계별 위험관리 중점사항 ⑩ 건설위험관리에서 위험약화전략		
	근대화	[25]유비쿼터스에 대응하기 위한 건설업계의 전략		[25]친환경 건축물의 정의와 구성요소
	공정관리	[25]ADM기법에서 PDM기법으로 변화하는 원인과 대책 ⑩ 동시지연(Concurrent Delay)	⑩ 급속점(Crash Point)	[25]MCX, SAM 기법에 의한 공기단축에 앞서 실시하는 네트워크 조정기법

구분 \ 연도		2010(전반기)	2010(중반기)	2010(후반기)
계약/가설			[25]공동도급방식의 기본사항과 특징 및 조인트 벤처(Joint Venture)와 컨소시움(Consortium) 비교	[25]대지가 협소한 도심공사에서 지하 6층, 지상 20층 이상 건축물의 효율적 시공을 위한 종합가설계획 ⑩ 순수내역 입찰제도
토공사/기초		[25]지하흙막이 공사에서 고려할 계측관리 [25]기초의 부동침하원인과 대책 ⑩ 액상화 현상 ⑩ 부력기초	[25]H-Pile 토류벽에 LW Grouting 공법을 적용한 흙막이의 하자요인과 방지대책 [25]흙막이벽 공사의 하자유형 및 방지대책 [25]SPS(Strut as Permanent System)공법의 개요와 특징 및 Up-Up 공법의 시공순서 [25]Pre-Packed 콘크리트 말뚝의 종류 및 시공 시 유의사항 ⑩ 말뚝기초의 부마찰력	[25]부력을 받는 건축물의 Rock Anchor공사 1) 천공 직경을 앵커본체(Anchor Body) 직경보다 크게 하는 이유, 천공 깊이를 소요 깊이 보다 크게 하는 이유 2) 자유장과 정착장 길이 확보 이유 3) Anchor Hole의 누수 대책 [25]SCW(Soil Cement Wall)의 굴착방식, 공법적용 및 시공 시 고려사항 [25]보오링 테스트의 보오링 간격 및 깊이 [25]초고층 건축물의 중·대구경 현장 타설콘크리트말뚝의 종류 및 시공 시 유의사항 ⑩ 현장 타설 콘크리트 말뚝의 건전도 시험
구조체공사	R.C 공사	[25]초고층 건축의 거푸집 선정 시 고려사항 [25]콘크리트 공사 시공성에 영향을 주는 요인과 시공성 향상방안 [25]콘크리트 구조물 내구성에 영향을 미치는 요인과 내구성 저하 방지대책 [25]펌프 압송관 막힘 현상의 원인과 대책 [25]매스 콘크리트 온도균열 발생원인 및 대책 ⑩ 철근의 부착강도 ⑩ 슬라이딩 폼 ⑩ 한중콘크리트	[25]복수의 공장에서 콘크리트 공급시 콘크리트 품질확보방안 [25]거푸집이 구조체의 품질, 안전, 공기 및 원가에 미치는 영향과 역할 [25]Expansion Joint와 Control Joint의 시공방법 [25]프리스트레스트 콘크리트의 공사방법과 건축공사에 적용 시 장점 [25]거푸집 및 지주의 존치기간 미준수가 경화콘크리트에 미치는 영향 [25]철근콘크리트구조의 균열발생 원인과 대책 ⑩ 시스템 동바리 ⑩ 철근콘크리트구조의 온도철근 ⑩ 진공탈수 콘크리트 공법 ⑩ 서중콘크리트 ⑩ 콘크리트의 비파괴검사	[25]Deck Plate 상부에 타설한 콘크리트에 발생하는 균열의 원인 및 대책 [25]한중 콘크리트 타설 시 발생할 수 있는 초기 동해의 원인 및 방지대책 [25]기둥과 슬래브 부재의 압축강도가 다른 경우 콘크리트 품질관리 방안 [25]분말형 재료를 사용한 콘크리트 구체방수의 문제점 및 대책 ⑩ 크리프 현상 ⑩ Flat Slab의 전단보강 ⑩ 콘크리트 펌프타설 시 검토사항 ⑩ 콘크리트 자기수축
	P.C 및 C/W	[25]커튼월 공사의 시험방법	[25]Lift 공법의 특성 및 시공상 고려사항	[25]알루미늄 프레임과 복층유리를 사용한 커튼월의 결로 방지대책
	철골/초고층	[25]용접결합의 원인과 방지대책 [25]철골부재 온도변화의 대응공법 및 검사방법 ⑩ 앵커볼트 매입방법 ⑩ 스터드 용접	⑩ Ferro Stair(시스템 철골계단) ⑩ 철골공사의 Metal Touch ⑩ 초고층공사의 Phased Occupancy	[25]뿜칠 내화피복의 종류 및 품질향상 방안에 대하여 설명하시오. [25]초고층 건축물에서 층간 방화구획을 위한 구법 및 재료의 종류별 특징 [25]초고층 건축물의 RC조 Core Wall 선행공사의 시공계획 시 주요관리 항목 [25]현장 철골 용접방법, 용접공 기량검사 및 합격기준 ⑩ 철골용접의 각장부족
마감 및 기타공사	조적/석공사 타일/미장 도장/방수 목/유리공사	[25]내벽타일 부착강도 저해요인 및 방지대책 ⑩ 목재의 함수율과 흡수율 ⑩ Bond Breaker	[25]방수공사 전 방수성능향상을 위한 사전조치 사항 [25]석공사에서 습식과 건식공법의 특징 비교 ⑩ 복합방수 ⑩ Pair Glass(복층유리)	⑩ GPC(Granite Veneer Precast Concrete) ⑩ 폴리머 시멘트 모르타르 방수 ⑩ 유리 열파손 방지대책 ⑩ 방화문 구조 및 부착 창호철물
	단열/소음 공해/해체 폐기물 건설기계 기타	[25]공동주택 층간소음의 원인과 저감대책 [25]양중장비 선정과 설치 및 해체 시 유의사항	[25]Tower Crane(T/C) 운용 시 유의사항 [25]해체 시 발생하는 폐기물 문제해결을 위한 분별 해체	[25]정부의 저탄소 녹색성장 정책에 따른 친환경건설(Green Construction) 활성화방안 ⑩ 러핑 크레인
	적산	[25]개산견적의 방법과 목적		[25]현행 실적공사비 적산제도 시행에 따른 문제점 및 대책
총론	공사관리	[25]CM at Risk 계약의 특징과 도입시 기대효과	[25]공동주택 하자로 인한 분쟁발생의 저감방안 [25]공기와 비용의 관점에서 공사지연 유형의 분류 ⑩ XCM(eXtended Construction Management)	[25]건축물의 효과적인 유지관리를 위한 Life Cycle 단계별(설계, 시공, 사용단계) 방법 [25]현장 하도급업체의 부도발생 시 효율적 대처방안
	품질/원가 안전/환경			
	근대화	[25]공동주택 친환경 평가범주 및 인증등급 [25]공동주택 신재생 에너지 적용방안 ⑩ MC(Modular Coordination) ⑩ BIM(Building Information Modeling) ⑩ BIPV(Building Integrated Photovoltaic)	⑩ RFID(Radio Frequency Identification)	
	공정관리	[25]자원량이 한정되었을 때와 공사기간이 한정되었을 때의 자원관리 방법 ⑩ SPI(Schedule Performance Index)		⑩ TACT 기법

연도 구분		2011(전반기)	2011(중반기)	2011(후반기)
계약/가설		⑩ IPD(Integrated Project Delivery) ⑩ Bench Mark	⑩ 물량내역 수정입찰 제도 ⑩ 직할시공제	[25]가설공사가 품질, 공정, 원가 및 안전에 미치는 영향 ⑩ 주계약자형 공동도급
토공사/기초		[25]지반조사의 목적과 방법 및 설계와 시공단계의 지반조사 자료 상이시 대처방안 [25]기성콘크리트말뚝의 지지력 판단방법의 종류 및 유의사항 ⑩ Piezo-cone 관입시험	[25]CWS 공법과 SPS 공법의 비교 [25]지하 굴착공사 시 지하수 처리방안 [25]Strut 시공 시 유의사항 ⑩ Boiling 현상 ⑩ 말뚝의 정마찰력과 부마찰력 ⑩ 공내재하시험(Pressure Meter Test) ⑩ CGS(Compaction Grouting System) ⑩ Toe Grouting	[25]도심지 건축공사에서 골조공사를 효율적 시행을 위한 1층 바닥작업장 구축방안 [25]SGR(Soil Grouting Rocket)의 현장 적용범위와 시공 시 유의사항 [25]지하 흙막이 벽체와 외벽 콘크리트합벽 공사 시 하자유형 및 방지대책 ⑩ 도심지공사의 착공 전 사전조사
구조체공사	R.C 공사	[25]철근콘크리트 구조물 화재발생 시 구조물의 안전에 미치는 영향 및 피해 조사내용과 복구방법 [25]거푸집 시공계획 및 검사방법 [25]철근의 강도별 종류, 용도 표시방법, 관리방법 [25]콘크리트공사에서 탄산가스 발생저감방안 [25]고강도 콘크리트 자기수축 현상과 저감방안 ⑩ 잔골재율 ⑩ 유동화제(Super Plasticizer) ⑩ 경량 콘크리트 ⑩ 철근콘크리트 구조의 원리 및 장단점 ⑩ 고정하중과 활하중	[25]콘크리트 타설 시 거푸집 측압 증가요인, 측압 측정방법 및 과다 측압발생 시 대응방법 [25]콘크리트 타설 전(前) 및 타설 중(中) 품질관리 방안 [25]서중콘크리트 시공 시 발생하는 영향과 각종 재료준비, 운반, 타설, 양생과정 [25]고성능 콘크리트의 시공 시 유의사항 [25]내진설계를 요하는 건축물에서 비구조요소의 내진규정과 설계 및 시공법 ⑩ 멀티폼(Multi Foam) 콘크리트 ⑩ 매스콘크리트 수화열 저감방안	[25]제치장 콘크리트의 거푸집설치, 철근배근 및 콘크리트 타설 시 유의사항 [25]콘크리트의 중성화 기구(Mechanism) 및 방지대책 [25]표준양생공시체의 압축강도 시험결과가 불합격시 조치 [25]콘크리트에 사용하는 하이브리드 섬유의 사용목적 및 실용화 실례 ⑩ 지오폴리머 콘크리트 ⑩ 균열 자기치유 콘크리트 ⑩ Pa(Pascal)
	P.C 및 C/W	[25]PC공법의 개요 및 현장타설 콘크리트공법과 비교시 장점과 단점	[25]Mock-Up Test의 종류 및 유의사항 [25]Lift-Up공법의 종류 및 시공 시 유의사항	[25]커튼월 층간방화구획 공사 시 요구성능과 시공방법
	철골/초고층	[25]용접변형의 종류 및 억제대책 [25]초고층 건축공사 시 공정의 영향요인과 공정운영방식	[25]철골주각부의 고정 앵커볼트 매입방법 [25]초고층 건축공사에서 자재 양중계획 시 고려사항과 양중기계선정 및 배치방법 [25]철골기둥과 철근콘크리트 보 철근의 접합방법 ⑩ 충전 강관콘크리트기둥의 콘크리트 타설방법 ⑩ 엔드탭(End Tab)	[25]철골공사의 공장제작전 철골공작도 작성절차 및 제작승인 검토항목 ⑩ CO2 아크(Arc)용접
마감 및 기타 공사	조적/석공사 타일/미장 도장/방수 목/유리공사	[25]건축물 바닥, 벽, 천장 마감재의 요구성능 [25]조적조에서 발생하는 계획, 설계 측면과 시공 측면에서 균열의 원인 [25]타일공사의 하자원인과 대책 ⑩ 금속판 방수공법	[25]석재외장 건식공법의 종류 및 석재오염 방지대책 [25]S.S.G.S(Structural Sealant Glazing System)의 설계 및 시공 시 유의사항 ⑩ 테두리보 설치위치	[25]실링의 파괴형태별 원인 및 방지대책 [25]공동주택 확장형 발코니 새시(Sash)의 누수원인 및 방지대책 ⑩ 유리 자파현상
	단열/소음 공해/해체 폐기물 건설기계 기타	[25]단열공사에서 고려사항과 단열공법의 종류 [25]지속가능건설(Sustainable Construction) ⑩ Passive House	[25]친환경 건축물 인증제도의 적용대상과 인증절차 [25]건축물의 리모델링 공사별 유형 및 특징	[25]여름철 건축물 지하 최하층 바닥에 발생하는 결로현상의 발생원인과 방지대책 [25]도심지에서 건축물 지하공사 시 고심도의 터파기시 암 파쇄공법 [25]금속재료 간 이온화 현상에 따른 부식 ⑩ 벽면녹화 ⑩ 곤도라(Gondola) 운용시 유의사항
	적산			⑩ 합성단가
총론	공사관리	[25]공무담당자의 역할과 주요업무 ⑩ 시방서의 종류 및 주요사항		[25]우기철 집중호우, 토사의 붕괴, 폭풍으로 인한 낙하·비래(飛來)에 대한 안전사고 예방대책 [25]공기지연의 발주, 설계 및 시공단계별 원인 및 방지대책 ⑩ 부실공사와 하자의 차이점
	품질/원가 안전/환경	⑩ VE(Value Engineering)		
	근대화	[25]시공분야에서 BIM(Building Information Modeling) 적용방안 [25]린 건설 생산방식의 개념 및 특징		[25]프로젝트 파이낸싱 사업이 사회 및 건설업계에 미치는 문제점과 대책 ⑩ 건설자재 표준화의 필요성
	공정관리	⑩ 간섭여유(Dependent Float or Interfering Float)	[25]PDM 공정관리기법의 중복관계와 중복관계의 표현상 한계점 ⑩ Progress Override 기법	⑩ Mile stone(중간관리일)

구분 \ 연도		2012(전반기)	2012(중반기)	2012(후반기)
계약/가설		[10] 최고가치(Best Value) 입찰방식 [10] 외부비계용 브래킷(Bracket)		[25]친환경요소를 고려한 가설공사 계획 [10] 기술제안 입찰제도
토공사/기초		[25]지하토공사 계획 시 사전조사사항과 장비선정 시 고려사항 [25]도심지공사 지하굴착 시 강제배수공법 적용에 따른 문제점 및 대책 [25]대구경 현장콘크리트 말뚝 시공 시 하자발생유형과 대책 [10] 흙의 전단강도 [10] GPS(Global Positioning System) 측량 [10] 선단(先端)확장 말뚝(Pile) [10] 파일의 시간경과 효과	[25]Top down 공법의 일반사항 및 공기단축, 공사비 절감, 작업성 및 안전성 향상을 위한 응용적용 사례 [10] 부력과 양압력 [10] 지반의 팽윤현상	[25]Island Cut공법과 Trench Cut공법의 특징 및 시공 시 유의사항 [25]Earth Anchor의 붕괴원인과 방지대책 [25]PHC말뚝의 두부정리 및 기초 정착시 유의사항 [10] Slurry Wall의 안정액 [10] 기초공사의 마이크로 파일(Micro-pile)
구조체공사	R.C 공사	[25]거푸집 붕괴의 원인과 대책 [25]콘크리트 펌프압송 타설 시 발생하는 품질저하 원인과 대책 [25]줄눈의 종류 및 시공 시 유의사항 [25]수밀성콘크리트의 품질관리를 위한 재료, 배합, 타설 [25]한중콘크리트의 배합, 운반 및 타설 시 유의사항 [25]콘크리트 내구성 저하요인 및 방지대책 [10] 철근의 피복목적 [10] 철근콘크리트공사의 거푸집에 작용하는 하중 [10] 고강도 콘크리트(High strength concrete)	[25]철근 가스압접이음 시공 시 검사기준(KS 등) 및 시공 시 유의사항 [25]시스템동바리 조립해체 시 주의사항과 붕괴원인 및 방지대책 [25]RC조 건축물의 균열원인 및 방지대책 [25]고로슬래그 미분말 함유 콘크리트의 특징 및 현장 적용 시 문제점과 대책 [25]고강도 콘크리트의 폭열 발생원인과 제어대책 및 내화성능관리기준 [10] 거푸집존치기간 [10] 알루미늄 거푸집(Aluminium Form) [10] 레디믹스트 콘크리트 납품서(송장) [10] 자기응력 콘크리트(Self Stressed Concrete) [10] 친환경 콘크리트	[25]철근 이음(접합)공법의 종류 및 특성 [25]고층건물의 외벽에 적용 가능한 System Form의 종류와 시공 시 유의사항 [25]콘크리트 시공연도에 영향을 주는 요인과 측정방법 [25]콘크리트 경화전 발생하는 초기균열 및 시공 시 유의사항 [25]콘크리트 구조물 누수 발생원인과 방지대책 [25]서중콘크리트 타설 시 공사관리 방안 [25]건물의 내진, 면진, 제진 구조의 특징 및 시공 시 유의사항 [10] 철근의 벤딩마진(Bending Margin) [10] 가설공사의 Jack Support [10] 콘크리트 블리스터(Blister) [10] 콘크리트의 건조수축 균열 [10] 콘크리트 슬래브 처짐(Camber)
	P.C 및 C/W	[25]알루미늄 커튼월 시공 시 패스너와 앵커의 종류 및 시공 시 유의사항 [10] 커튼월(Curtain Wall)의 층간변위	[25]금속커튼월 시공 시 단계별 유의사항과 시공허용오차 [25]공업화건축의 현황과 문제점 및 활성화 방안	[25]커튼월의 누수원인 및 방지대책 [10] 금속 커튼월(Curtain Wall)의 발음(發音)현상 [10] 철골공사의 Stud 품질검사
	철골/초고층	[25]철골세우기 공사의 시공단계별 점검사항 [25]SRC의 코어벽체와 연결되는 바닥철근 연결방법 [25]초고층 건축물 진동제어방법 [10] 고장력볼트(High tension bolt)의 조임방법 [10] Column Shortening	[25]철골제작 시 검사계획(ITP)의 주요검사 및 시험 [25]SRC조의 강재 부식방지를 위한 방식처리방법 [25]초고층 건축물 주요공종별 요소기술 [25]벨트트러스 시공을 위한 사전계획과 시공 시 고려사항 [10] 하이퍼빔(Hyper beam)	[25]철골내화피복의 종류, 성능기준 및 검사방법 [10] 초고층 건물의 공진(共振)현상
마감 및 기타 공사	조적/석공사 타일/미장 도장/방수 목/유리공사	[25]시멘트모르타르바름공사에서 발생하는 결함의 형태별 원인 및 대책 [25]방수공법 선정 시 고려사항 [25]목재의 내구성에 영향을 주는 요인과 내구성 증진방안	[25]아스팔트, 시트, 도막방수공법의 장단점 비교설명 및 시공 시 유의사항 [10] 수지(樹脂)미장 [10] 접합유리	[25]공동주택 바닥미장시 시멘트 모르타르의 미장균열 원인과 저감대책 [25]도장공사 시 발생하는 결함의 종류별 원인 및 방지대책
	단열/소음 공해/해체 폐기물 건설기계 친환경/기타	[10] 열관류율 및 열전도율	[25]고정식 타워크레인의 부위별 안전성 검토 및 조립, 해체 시 유의사항 [10] 청정건강주택 건설기준	[25]건설폐기물 저감대책 및 관리방안 [25]초고층 건축공사 시 리프트카 운영관리 방안 [10] VOCs(Volatile Organic Compounds) 저감방법 [10] CO2 발생량분석기법 (LCA : Life-Cycle Assessment)
	적산			
총론	공사관리	[25]건축공사 시공단계의 위험요인별 대응방안	[25]공사 착공 전 현장대리인의 공사계획전반 확인사항 [25]클레임발생 직접요인과 예방 및 최소화 방안 [25]공동주택 발코니 확장공사의 문제점 및 개선방안 [10] 건설공사의 생산성(Productivity) 관리	
	품질/원가 안전/환경	[25]건설공사의 원가 구성요소 및 원가관리 문제점 및 대책	[25]발주청 및 인허가관청의 승인을 득한 후 실시해야 하는 품질관리계획 및 품질시험계획 [10] 건설근로자 노무비구분관리 및 지급확인제도	
	근대화			
	공정관리			[25]TACT공정관리의 특성과 공기단축 효과

구분 \ 연도		2013(전반기)	2013(중반기)	2013(후반기)
계약/가설		⑩ LOI(Letter of intent) ⑩ NSC(Nominated sub-contractor) 방식	⑩ 제안요청서(RFP : Request For Proposal) [25]공통가설계획 수립 및 항목 설명(지하 4층, 지상 20층, 연면적 30,000㎡) [25]전문건설업체 적정 수익률 확보와 기술력 발전을 위한 계약제도의 종류와 특성	⑩ 낙하물방지망 설치방법 ⑩ 건설공사 입찰제도 중에서 종합심사제도 [25]강관비계의 설치기준
토공사/기초		⑩ Tilt meter와 Inclinometer ⑩ LW(Labiles wasserglass) Grouting [25]현장 측량관리와 수직도 관리방법	⑩ 토량환산계수에서 L값과 C값 ⑩ 시험말뚝 박기 ⑩ 토공사에서 피압수 [25]SIP공법 시공 시 유의사항 [25]공사착수시점의 측량시 검토사항과 유의사항	⑩ 대구경말뚝에서 양방향 말뚝재하시험 [25]말뚝의 지지력 감소원인과 방지대책
구조체공사	R.C 공사	⑩ 철재 비탈형(非脫型) 거푸집 ⑩ 배력철근 ⑩ 시방배합과 현장배합 ⑩ Pop-out 현상 ⑩ 알칼리(Alkali) 골재반응 [25]고강도 콘크리트 제조방법 및 장점 [25]주차램프 시공 시 유의사항 [25]철근의 손실 발생요인고 절감방안	⑩ 터널 폼의 모노 쉘(Mono Shell) 방식 ⑩ 콘크리트의 모세관 공극 ⑩ 콘크리트에서 초결시간과 종결시간 ⑩ 뜬바닥 구조(Floating Floor) [25]동바리 수평연결재 및 가새 설치시 주의사항 [25]혼화재 다량치환 콘크리트의 중성화 억제 대책 [25]푸품타이 거푸집 특징 및 시공 시 유의사항 [25]잔량콘크리트의 효과적인 이용 방법 [25]콘크리트 표면이 벗겨지는 피해현상의 원인과 대책	⑩ 시멘트 종류별 표준 습윤 양생기간 ⑩ 해사의 제염(制鹽)방법 ⑩ 콘크리트 내구성시험(Durability test) [25]거푸집 시공계획 시 고려사항 및 안전성 검토방안 [25]강섬유 콘크리트의 재료, 배합, 시공 시 단계별 관리방법 [25]고강도 골재 수급방안의 문제점과 해결방안 [25]매스 콘크리트의 온도균열 발생원인 및 내외부 온도차 관리방안 [25]이어붓기면의 이음위치와 효율적인 이어붓기 시공방법 [25]숏크리트의 건식공법과 습식공법 비교설명, Rebound 저감방법 [25]미경화 콘크리트와 경화콘크리트의 구분 [25]슬래브 구배시공
	P.C 및 C/W	[25]PC접합공법 종류와 방수처리 방안	⑩ 커튼 월의 스틱 월(Stick Wall) 공법	
	철골/초고층	⑩ 연돌효과(Stack effect) [25]고력볼트 조임방법, 검사방법 및 조임시 유의사항 [25]Fast track 기법 및 적용 시 유의사항	⑩ T/S(Torque Shear)형 고력볼트의 축회전	⑩ PAC(Pre-Assembled Composite) ⑩ 철골공사에서 스티프너(Stiffener) ⑩ 철골용접에서 Lamellar tearing [25]강재구조물 노후화 종류 및 보수, 보강법
마감 및 기타 공사	조적/석공사 타일/미장 도장/방수 목/유리공사	[25]외벽 점토벽돌의 백화원인과 대책을 설계, 재료, 시공으로 구분 [25]바닥 및 벽체의 타일줄눈 나누기 방법, 박리·박락 원인 및 대책 [25]옥상녹화방수 재료 요구성능 및 시공 시 유의사항 [25]석공사의 재료선정, 표면처리방법 및 시공 시 유의사항	⑩ 조적벽체의 미식쌓기 [25]실링(Sealing)재 시공 시 주의사항 및 설계검토 항목 [25]모르타르 부위 수성페인트 도장의 바탕처리, 도장방법 및 시공 시 유의사항 [25]복층유리 구성재료, 품질기준 및 가공시 단계별 유의사항	⑩ 점토벽돌의 종류별 품질기준 [25]내화페인트공사의 시공순서, 높이에 따른 내화성능 기준
	단열/소음 공해/해체 폐기물 건설기계 친환경/기타	⑩ 타워크레인 마스트(Mast) 지지방식 [25]공동주택 단위세대 부위별 결로 원인과 대책 [25]기존건물 지열적용 리모델링시 검토사항 (건축, 기계설비 및 지열시스템) [25]표준바닥구조 벽식 및 혼합, 라멘, 무량판 구조의 단면상세 구성기준과 시공 시 유의사항 [25]철근콘크리트 해체공법의 종류, 사전조사 내용 및 해체 시 주의사항 [25]주방가구 설치 시 공봉별 사전협의 사항과 시공 시 유의사항	⑩ 탄소포인트제 [25]단열재의 선정 및 시공 시 주의사항 [25]타워크레인의 단계별(설치 시 및 사용 시) 검사 및 사고예방	⑩ 건축물 에너지효율등급 인증제도 ⑩ 건설장비의 경제적 수명(Economic Life) [25]지하주차장 최하층 바닥과 외벽의 누수 및 결로수 처리방안 [25]차량계 건설기계의 종류 및 위험방지대책
	적산			
총론	공사관리	⑩ 건축현장에서 시험(Sample) 시공 [25]건설경기 침체원인과, 사회적 영향 및 활성화 방안	⑩ 건설기술관리법의 부실벌점 부과항목(건설업자, 건설기술자 대상) [25]공동주택 수직증축 리모델링 문제점과 대책 [25]VE 법적요건과 적용상 문제점 및 개선방안	⑩ 건설공사 공기지연 중에서 보상가능지연(Compensable Delay) [25]시공단계 위험요인 인지, 분석, 대응방법
	품질/원가 안전/환경	⑩ 비용구배(Cost slope) [25]내역서 작성 시 원가계산 반영 항목과 제반비율 및 개선방안	[25]실행예산서 편성요령, 구성 및 특징	[25]유해위험방지계획서 제출대상과 구비서류 및 작성 시 유의사항 [25]품질비용 구성 및 품질개선과 비용의 연계성
	근대화			
	공정관리			[25]EVMS 현장운용 문제점과 활성화 방안

구분 \ 연도		2014(전반기)	2014(중반기)	2014(후반기)
계약/가설		[25]Partnering 계약방식의 문제점 및 활성화방안 [25]해외건설 진출을 위한 경쟁력 확보차원에서 전문업체(하도급업체) 육성방안	⑩ 성능검정 가설기자재 ⑩ 건설공사 직접시공 의무제 ⑩ 통합발주방식(IPD : Integrated Project Delivery)	[25]가설통로의 종류 및 설치기준

토공사/기초		⑩ Top down 공법에서 철골기둥의 정렬(Alignment)
		⑩ 팽이말뚝기초(Top Base)공법
		[25]연약지반 공사에서의 주요 문제점 (전단과 압밀 구분) 및 개량공법의 목적
			⑩ Top down공법에서 Skip시공
			[25]흙막이 구조물의 설계도면 검토사항과 굴착 시 발생할 수 있는 붕괴형태 및 대책
			[25]부력의 발생원인 및 대책공법
			[25]기성콘크리트 말뚝의 지지력 예측방법의 종류 및 특성
			[25]되메우기 후 흙의 동상(Frost Heaving) 발생원인과 방지대책
				[25]지하외벽의 단면손실 보강방법과 관련하여 다음사항을 설명
				  1) 설계 및 시공 시 고려사항
				  2) 시공 상의 또는 지반조건에 따라 이격거리 이상의 변위 발생 시 보강방안
				[25]어스앵커(Earth anchor) 내력시험의 필요성과 시공 단계별 확인 시험
				[25]도심지 지하흙막이 공사 시 계측기 배치 및 관리방안
				[25]도심지 근접 시공 시 인접 구조물의 피해방지대책

구조체공사	R.C 공사	⑩ 철근부식 허용치 ⑩ 매스(Mass)콘크리트의 온도충격(Thermal Shock) [25]기둥과 벽체의 철근피복두께가 설계기준과 다르게 시공되는 원인과 수직철근 이음위치 이탈시 조치사항 [25]동바리(支柱)바꾸어 세우기 방법 [25]누름콘크리트의 신축줄눈과 조절줄눈의 단면을 도시하고, 준공 후 예상되는 하자의 원인 및 대책	⑩ 폭렬발생 메카니즘 ⑩ 벽체두께에 따른 거푸집 측압 변화 [25]기존 학교 건축물의 내진보강공법 적용 시 고려사항 [25]콘크리트 표면의 기포발생 원인과 저감대책 [25]공동주택 콘크리트 구조체 균열의 하자 판정 기준과 조사방법 [25]노출콘크리트 구조물의 품질확보를 위한 시공계획 및 시공 시 유의사항	⑩ 코일(Coil)형 철근 ⑩ 현장치기 콘크리트 피복두께 ⑩ 거푸집 공사에서 드롭헤드 시스템(Drop Head System) ⑩ 강재의 피로파괴(Fatigue Failure) [25]콘크리트 타설 시 온도와 습도가 거푸집측압, 콘크리트 공기량 및 크리프에 미치는 영향 [25]초유동 콘크리트 유동성 평가방법과 시험방법 [25]하부층은 라멘조, 상부층은 벽식구조인 전이층의 트랜스퍼 거더의 콘크리트 이어붓기 처리, 철근배근 및 하부 Shoring 시공 시 유의사항 [25]철근 부식과정과 염분향유량 측정법
	P.C 및 C/W	[25]알루미늄 커튼월공사의 부위별 결로발생 원인 및 대책 [25]시공 후 외벽창호의 성능평가 방법	[25]커튼월 성능시험의 단계별 고려사항 [25]비정형 건축물의 외피시스템 구현 시 발생하는 문제점과 시공 시 고려사항	⑩ 이방향 중공 슬래브(Slab) 공법 [25]Mock-Up Test 방법과 성능시험 항목
	철골/초고층	⑩ 철골용접 결합증 용입부족(Imcomplete Penetration) [25]Mill sheet상의 강재화학성분에 의한 탄소당량(炭素當量 Ceq; Carbon Equivalant) [25]초고층건물에서 화재발생 시 수직 확산방지를 위한 층간방화 구획방법	⑩ 철골용접에서의 Weaving ⑩ Ferro Stair [25]PEB(Pre-Engineered Building) 시스템의 국내 활용실태 및 발전방향 [25]연돌효과 현상의 단계별(계획, 시공, 유지관리) 중점관리 사항 및 개선방안 [25]용접결함의 종류, 시공 시 유의사항 및 불량용접 부위 보정	⑩ Torque Control법 [25]데크 플레이트(Deck plate)공법의 문제점 및 시공 시 유의사항
마감 및 기타공사	조적/석공사 타일/미장 도장/방수 목/유리공사	⑩ 자착형(自着形) 시트 방수 ⑩ 타일시트(Sheet)법 ⑩ 건축공사의 친환경 페인트(Paint) [25]평지붕(Flat Roof)의 부위별 방수하자 원인 및 방지대책 [25]타일시공 시 내벽타일 품질기준	⑩ 목재의 함수율 ⑩ 진공복층유리(Vaccum Pair Glass) [25]온돌바닥의 품질기준 및 균열저감을 위한 시공단계별(전, 중, 후) 관리방안 [25]창호재의 요구성능, 하자유형 및 유의사항 [25]도막방수시 재료별 분류 및 시공 시 유의사항 [25]외벽타일 및 벽돌 벽체의 백화발생 원인, 방지책 및 제거 방법	⑩ 전도성타일(Conductive Tile) ⑩ 유리의 영상현상 [25]타일접착력 확인방법과 접착강도 시험방법 [25]지하층 방수 시 시멘트 액체방수(안방수)의 시공절차 및 온통 기초와 벽체 연결부위의 누수 방지대책 [25]도장공사에서 복합적인 요인으로 발생되는 하자유형과 방지대책
	단열/소음 공해/해체 폐기물 건설기계 친환경/기타	⑩ 건축공사의 진공(Vacuum)단열재 ⑩ 시스템 천장(System Ceiling) ⑩ 준공공(準公共) 임대주택 [25]온돌마루판 하자유형의 발생원인별 분류 및 솟아오름(팽창밀림) 현상의 원인 [25]수직증축 리모델링(Remodeling)시 부분 해체공사 및 석면처리방법 [25]층고가 높고 천장내부깊이가 큰 천장공사 시 경량철골천장틀 시공순서와 방법, 개구부(등기구, 점검구, 환기구)보강 및 천장판 부착	⑩ 공동주택 결로방지 성능기준 ⑩ 건축물에너지 관리시스템(BEMS, Building Energy Management System) [25]도심지 지하 굴착공사 및 정지공사 시 소음과 진동 저감대책	⑩ Bake Out(새집증후군 해소방안) ⑩ 석면지도 ⑩ 더블데크 엘리베이터(Double Deck Elevator) [25]건설용 리프트(Lift)설치기준과 안전대책 및 장비 선정 시 유의사항
	적산			
총론	공사관리	⑩ 건설공사대장 통보제도 [25]철근과 콘크리트 수량 부족 원인 및 대책		[25]계약부터 준공 시 까지 단계별 현장 대리인으로서 하여야 할 대관 인허가 업무
	품질/원가 안전/환경			[25]건설현장의 화재원인 및 방지대책
	근대화	[25]모듈러 건축의 부위별 소음저감방안		⑩ RFID (Radio Frequency Identification)
	공정관리	⑩ 공정관리의 Last Planner System [25]Strut 흙막이 지보공과 지하 철골철근콘크리트 공사의 공정마찰로 시공성이 저하 시 개선방안	⑩ 선형공정계획(Linear Scheduling)	⑩ 공정관리에서 LOB(Line Of Balance)공정표 [25]고층 아파트 골조공사의 4-Cycle System

구분 / 연도		2015(전반기)	2015(중반기)	2015(후반기)
계약/가설		⑩ 가설계단의 구조기준 [25]설계변경 및 계약금액 조정업무의 업무 흐름도와 처리절차	⑩ 고층건축물 가설공사의 SCN (Self Climbing Net) [25]지하4층, 지상20층 건축물의 공통가설공사계획 및 항목별 유의사항	⑩ 가설용 사다리식 통로의 구조 [25]하도급업체 선정 시 유의사항
토공사/기초		⑩ Koden test(코덴테스트) ⑩ PRD(Percussing Rotary Drill) 공법 [25]보링(Boring) 시 유의사항과 시추 주상도(柱狀圖)에서 확인할 수 있는 사항 [25]Slurry wall공사 완료 후 구조체와의 일체성 확보를 위한 작업방안	⑩ 주동토압, 수동토압, 정지토압 ⑩ 현장타설 말뚝의 건전도 시험 ⑩ 흙의 압밀(Consolidation) ⑩ 압력식 Soil Nailing ⑩ 말뚝의 부마찰력(Negative Friction) [25]구조물의 부동침하 원인과 방지대책 [25]기초저면 락 앵커(Rock Anchor)의 시공목적 및 장,단점과 시공단계별 유의사항	⑩ 흙의 투수압(透水壓) ⑩ 동결심도 결정방법 [25]주상복합 건물의 지하수위가 G.L -7.5m에 있으며, 지하굴착 깊이는 30m일 때 지하수 부력에 대한 대응 및 감소방법 [25]Earth Anchor 천공 시 유의사항과 시공 전 검토사항 [25]강관말뚝 공사 시 말뚝의 파손원인과 방지대책 [25]현장대리인이 착공 전 확인하여야 할 사항 중 대지 및 주변현황 조사
구조체공사	R.C 공사	⑩ 한중콘크리트의 적산온도 ⑩ 굳지않은 콘크리트의 공기량 [25]레디믹스트 콘크리트 공장의 사전점검·정기점검·특별점검 및 불량자재 기준 및 처리 시 유의사항 [25]초고층 건물의 내진성능 향상을 위한 품질 향상 방안(설계상·재료상·시공상) [25]Bleeding 발생원인 및 저감대책 [25]혹한기 콘크리트 공장제조시 소요재료 가열방법 및 공사 현장 주요관리사항	⑩ 시멘트 수화반응의 단계적 특징 ⑩ 콘크리트의 크리프(Creep) [25]공동주택 지하주차장 슬래브의 균열 발생원인과 방지대책 [25]슈미트해머방법의 특징, 시험방법, 강도추정 방식 ⑩ 콘크리트 압축강도 시험방법과 구조체 관리용 공시체 평가방법 [25]배관의 압송폐색현상의 원인과 방지대책	⑩ 생콘크리트 거푸집 측압 ⑩ 포러스 콘크리트(Porous Concrete) [25]재료분리의 종류와 특징 및 방지대책 [25]프리스트레스트 콘크리트의 특징, 긴장방법 및 시공 시 유의사항 [25]거푸집 동바리 및 비계의 붕괴 메카니즘 [25]지하주차장 보 하부 Jack Support 설치 시 현장 사전검토사항
	P.C 및 C/W	⑩ 회전방식 패스너(Locking Type Fastener)	[25]커튼월 부재간 접합부에서 발생하는 누수원인과 방지대책	[25]커튼월공사 시 시공 단계별 검사방법 및 판정기준
	철골/초고층	[25]철골공사 시 시공정밀도의 관리허용차 및 한계허용차 [25]철골 내화피복 공사에서 습식 뿜칠공사 시공 시 두께 측정방법 및 판정기준	⑩ 철골 예열온도(Preheat) ⑩ 고력볼트 현장반입검사 ⑩ 박스컬럼(Box Column) 현장용접 순서 [25]철골공사에서 현장설치시 시공단계별 유의사항 [25]커튼월의 화재확산방지 구조기준 및 시공방법	⑩ 용접부 비파괴 검사 중 자분탐상법의 특징 ⑩ 철골조립 작업 시 계측방법 [25]코어(Core) 후행공법
마감및기타공사	조적/석공사 타일/미장 도장/방수 목/유리공사	⑩ 미장공사에서 게이지비드(Gauge bead)와 조인트비드(Joint bead) ⑩ 도색공사의 전색제(Vehicle) [25]석재가공 시 발생하는 결함의 종류와 그 원인 및 대책	⑩ 조적벽체 줄눈의 백화발생 원인과 방지대책 [25]내부 도장공사 시 실내공기질 향상을 위한 시공 단계별 조치사항 [25]외장유리의 열파손 원인과 방지대책	⑩ 아스팔트 침입도(Penetration Index) ⑩ 유리공사에서 Sealing 작업 시 Bite [25]수지미장의 특성과 시공 시 유의사항 [25]ALC 블록공사에서 비내력벽 쌓기 방법과 시공 시 유의사항
	단열/소음 공해/해체 폐기물 건설기계 친환경/기타	⑩ 장수명 주택 인증기준 ⑩ 외벽시공 곤도라 와이어(Wire)의 안전조건 ⑩ 건설기계의 작업효율과 작업능률계수 [25]타워크레인 설치 시 주요검토사항과 기초 보강 방안 [25]석면해체 및 제거작업전 준비사항과 작업수행 시 유의사항 [25]도배공사 착수 전 준비사항과 도배 하자의 종류 및 대책 [25]현대식으로 개량된 한옥의 공사 관리 항목을 대공종과 중공종으로 분류	[25]공동주택에서 난간의 설치기준과 시공 시 유의사항을 위치별(옥상, 계단실, 세대내 발코니)로 구분 [25]공동주택의 단위세대 부위별 결로발생 원인과 방지대책	⑩ 커튼월 공사에서 이종금속 접촉부식 ⑩ 초고층용 타워크레인과 일반용 타워크레인의 운용상 차이점 [25]공동주택 공사현장의 도배공사에서 정배지 시공 시 유의사항
	적산	⑩ 적산에서의 수량개산법 [25]실적공사비의 문제점 및 개선방안	⑩ 표준시장단가제도	
총론	공사관리	[25]도급 부도발생 시 중점관리 대상 업무 및 부도예상 징후내용 [25]철근콘크리트공사의 철골공사의 중점 관리방안	[25]건설근로자의 생산성 향상을 위한 동기부여 이론	[25]주요 자재의 승인요청부터 시공까지의 업무흐름 및 단계별 검사방법 [25]건설공사의 사후평가
	품질/원가 안전/환경	⑩ 현장시험실 규모 및 품질관리자 배치기준	⑩ 안전관리의 MSDS (Material Safety Data Sheet) [25]건축물의 생애주기비용(LCC) 산정절차	[25]MBO(Management By Objective)기법의 실행단계 및 평가방법
	근대화			⑩ 3D 프린팅 건축 ⑩ WBS(Work Breakdown Structure)
	공정관리	[25]공정관리절차서 작성의 필요성과 절차 및 담당자별 주요업무사항		⑩ 자원배당

구분 / 연도		2016(전반기)	2016(중반기)	2016(후반기)
계약/가설		[25]원도급업체가 전문협력업체를 선정하는 방법과 관리하는 기법 [25]가설공사가 본공사의 공사품질에 미치는 영향	[25]가설공사의 특징과 가설용수 및 가설전기와 관련한 계획수립 시 고려사항	[25]순수내역입찰제도 [25]Paper Joint의 문제점 및 대책 [25]가설울타리와 세륜시설 설치기준
토공사/기초		⑩배수판(Plate) 공법 ⑩JSP(Jumbo Special Pattern)공법의 특성 ⑩기초 파일(Pile)의 재질상 종류 및 간격 [25]Slurry wall에서 Guide wall의 시공방법 및 시공 시 유의사항 [25]언더피닝 공법 및 시공 시 유의사항 [25]IPS(Innovative Prestressed Support Earth Retention System)의 공법순서 및 시공 시 유의사항	⑩복합파일(합성파일, Steel & PHC Composite Pile) [25]기초의 부동침하 원인과 침하의 종류 및 부동침하 대책 [25]지하연속벽(Slurry wall) 시공 시 안정액의 기능과 요구 성능 및 굴착 시 관리기준	⑩액상화 [25]SPS(Strut as Permanent System) Up-Up 공법
구조체공사	R.C 공사	⑩콘크리트 슬래브의 거푸집 존치기간과 강도와의 관계 ⑩시공줄눈의 시공 위치 및 방법 ⑩일일 평균기온 4℃ 이하 시 콘크리트의 양생방법 [25]콘크리트의 구조적 균열과 비구조적 균열의 주요 요인과 보수보강방법 [25]현장 콘크리트 타설 시 현장 준비사항 및 주변 조치사항 [25]콘크리트 경화전 발생하는 콘크리트 수축균열의 종류 및 그 각각의 원인과 대책 [25]철근콘크리트의 부위별 피복두께 기준 및 피복두께 확보방법 [25]철근선조립 공법의 특징과 시공상 유의사항	⑩배력철근과 온도철근 ⑩Stay-in-place Form ⑩잭서포트(Jack Support) ⑩초속경 시멘트 ⑩제진에서의 동조질량감쇠기(TMD : Tuned Mass Damper) [25]현장 도착 콘크리트의 슬럼프가 배합설계한 값보다 저하되어 펌프카로 타설 관리 시 슬럼프 저하원인과 조치방안 [25]일평균 기온이 25℃ 또는 최고 온도가 30℃를 초과하는 하절기 콘크리트 공사에서 발생되는 문제점과 조치방안 [25]공동주택 평지붕 옥상 신축줄눈 배치기준과 줄눈시공 시 유의사항 [25]초유동 자기충전콘크리트의 품질관리 방안 및 시공 시 유의사항 [25]철근배근 오류로 인한 콘크리트 피복두께 유지가 잘못된 경우에 구조물에 미치는 영향	⑩철근의 압접부 형상기준 ⑩루나 콘크리트(Lunar Concrete) ⑩CfFA(Carbon-free Fly Ash) ⑩레디믹스트 콘크리트의 설계기준강도 및 호칭강도 ⑩제진, 면진 [25]시스템동바리(System Support)의 적용범위, 특성 및 조립 시 유의사항 [25]고내구성 콘크리트의 적용대상, 피복두께 및 시공 시 고려해야 할 사항 [25]팽창콘크리트의 사용목적과 성능에 영향을 미치는 요인
	P.C 및 C/W		[25]합성슬래브의 일체성 확보방안과 공법 선정 시 유의사항	[25]공동주택 지하주차장 Half PC Slab 상부의 Topping Concrete에서 발생되는 균열의 원인과 원인별 저감방안
	철골/초고층	⑩철골용접 전 예열(Preheat) 방법 ⑩초고층 아웃리거 시스템 ⑩철골조 Column Shortening의 원인 및 대책 [25]철골시공 시 작업순서 및 유의사항 [25]철골구조물 내화피복공법의 종류 및 시공상 유의사항 [25]고장력볼트 접합 시 조임순서 및 조임 시 유의사항 [25]PEB(Pre Engineering Building) System의 특징 및 시공 시 유의사항	⑩TMCP강(Thermo Mechanical Control Process steels) [25]코어선행공법의 접합부에 대한 공종별 관리사항 [25]CFT(Concrete Filled Tube) 공법에서 품질관리계획과 콘크리트 하부 압입 타설 시 유의사항 [25]라멜라 테어링(Lamella Tearing)현상의 원인과 방지대책	⑩철골공사의 Tapered Beam ⑩일렉트로 슬래그(Electro Slag) 용접 [25]철골공사에서 세우기 공법을 열거하고 앵커볼트 주각고정방식과 시공 시 유의사항 [25]고층아파트 골조공사를 4일 공정으로 시공 시 작업순서
마감 및 기타 공사	조적/석공사 타일/미장 도장/방수 목/유리공사	⑩Weeping Hole ⑩타일공사의 줄눈나누기 방법 ⑩콘크리트 지붕층 슬래브 방수 바탕처리 방법	⑩콘크리트(시멘트) 벽돌 압축강도 시험 ⑩석공사의 오픈조인트(Open Joint) [25]로이유리의 코팅방법별 특징과 적용성 [25]외부석재 공사에서 화강석의 물성기준과 자재반입 검수	⑩ALC(Autoclaved Lightweight Concrete) ⑩석재혼드마감(Honded Surface) [25]유리의 구성재료와 제조법
	단열/소음 공해/해체 폐기물 건설기계 친환경/기타	[25]공동주택 층간소음방지를 위한 바닥구조 소음 저감방안 및 시공 시 유의사항 [25]제로에너지빌딩(Zero Energy Building)의 요소기술을 패시브(Passive)기술과 액티브(Active) 기술로 구분 [25]공동주택 세대내 부위별 결로예방을 위한 시공방법	⑩건축물 에너지성능지표(EPI : Energy Performance Index) ⑩건강친화형 주택 [25]타워크레인의 위험요소와 안전대책 [25]경량철골 바탕 칸막이 벽체(건식경량) 설치 공법의 특징과 시공 시 고려사항 및 시공순서	⑩텔레스코핑(Telescoping) [25]6층 건축물의 외단열공법 시공 시 화재확산방지구조 [25]열섬(Heat Island)현상의 원인 및 완화대책 [25]타워크레인의 현장배치 유의점 및 관리방안 [25]AL(Aluminium) 단열창호의 요구성능, 설치 전 확인사항 및 부식방지 대책 [25]공동주택 세대간 경계벽 차음기준, 층간 소음발생 원인 및 대책 [25]원전구조물 해체 시 방사선에 노출된 콘크리트의 오염제거 기술
	적산			
총론	공사관리		[25]Lean Construction의 개념, 특징 및 활용방안	⑩Open System(공업화 건축) [25]시공책임형 건설사업관리(CM at Risk) 발주방식의 특징과 공공부문 도입시 선결조건 및 기대효과
	품질/원가 안전/환경	[25]LCC 분석방법 중 확정적 및 확률적 분석방법의 적용조건과 적용방법	⑩EVMS(Earned Value Management System) 주체별 역할	[25]혹서기(酷暑期) 현장의 안전보건 관리방안과 밀폐공간작업 및 집중호우 관리방안
	근대화	⑩5D BIM 요소기술	⑩설계 안전성 검토(Design For Safety) [25]건축시공 및 원가관리 중심의 BIM 현장 적용방안	
	공정관리			

구분	연도	2017(전반기)	2017(중반기)	2017(후반기)
	계약/가설		⑩ 총사업비 관리제도	
	토공사/기초	⑩ PDD(Permanent Double Drain) 공법 ⑩ Sand Bulking [25]현장타설말뚝 시공 시 정밀도 확보방안과 공벽 붕괴 방지대책 [25]지하연속벽 공사 시 안정액에 포함된 슬라임의 영향 및 처리방안 [25]스트러트(Strut)공법 적용 시 시공순서와 해체 시 주의사항 [25]PHC파일 시공 시 유의사항과 재하시험 방법	⑩ Slurry Wall의 카운트 월 ⑩ GPS 측량 [25]도심지 대형건축물 토공사 시 지하흙막이벽 붕괴 전 징후, 붕괴원인, 방지대책	⑩ DBS(Double Beam Sys.) ⑩ 부력과 양압력 ⑩ 헬리컬 파일 [25]도심지 지하구조물 공사에서 누수발생원인 및 대책
구조체공사	R.C 공사	⑩ 내한촉진제 ⑩ 포졸란 반응 ⑩ 나사형 철근 [25]경량기포콘크리트의 특성 및 시공 시 유의사항 [25]콘크리트 타설 중 압송배관 막힘현상 발생원인과 대책 [25]한중콘크리트의 품질관리 방안과 양생 시 주의사항 [25]공동주택 외벽 갱폼 제작 시 세부검토사항 [25]굵은 순환골재의 품질기준과 적용 시 유의사항	⑩ 하이브리드 FRP 보강근 ⑩ 노출바닥 콘크리트공법 중 초평탄 콘크리트 ⑩ PS강재의 Relaxation ⑩ TLD (Tuned Liquid Damper) [25]RCS(Rail Climbing System)공법의 특징과 시공 시 유의사항 [25]28일 압축강도가 설계기준강도에 미달될 경우, 처리절차 및 구조물 조치방안 [25]2개 사 이상의 레미콘 공장 제품을 사용할 경우, 콘크리트 혼용 타설의 문제점과 품질확보방안 [25]콘크리트 중성화가 구조물에 미치는 영향과 예방대책, 사후 조치방안	⑩ 온도균열지수 ⑩ 건조수축과 자기수축 [25]철근콘크리트 공사 공기단축방안 [25]서중콘크리트 현장관리방안 [25]해양콘크리트 요구성능, 시공 시 유의사항 [25]매스콘크리트 온도균열발생 메커니즘, 균열방지 대책
	P.C 및 C/W	⑩ 건물 기밀성능 측정방법	[25]공동주택 지하주차장 Half-PC 슬래브 공법의 하자 발생원인과 방지대책	⑩ 덧침 콘크리트 [25]SSGS 설계 및 시공관리방안
	철골/초고층	⑩ 탄소당량 ⑩ 강재의 스캘럽(Scallop) [25]강재의 가공방법과 부식 및 방지대책 [25]철골 양중계획 수립 시 고려사항과 수직도 관리방법	[25]콘크리트구조물의 화재 시 발생하는 폭렬현상 및 방지대책 [25]고층건축물의 공사현장의 자재 양중계획 수립 시 고려사항 [25]철골용접 결함의 종류와 결함예방대책	⑩ HI-Beam ⑩ 강재부식방지 방법 중 희생양극법 [25]초고층건축물 콘크리트공사 타설 전 관리사항, 압송장비 선정방식 [25]철골세우기 수정작업순서, 수정 시 유의사항
마감 및 기타공사	조적/석공사 타일/미장 도장/방수 목/유리공사	⑩ PB(Particle Board) ⑩ 배강도유리 ⑩ 타일 부착력 시험 [25]실링재 작업전 준비사항과 조인트 부위 충전시 유의사항 [25]콘크리트 바탕면 수성페인트 시공 시 표면처리 방법과 시공 시 유의사항 [25]옥상녹화방수 시 방수재의 요구성능과 적용 시 검토사항 [25]내화페인트 특성과 성능확보 방안 [25]석재 가공시 결함과 원인 및 대책	⑩ 옥상드레인 설계 및 시공 시 고려사항 ⑩ 갑종방화문 시공상세도에 표기할 사항 [25]수지미장의 특징과 시공순서 및 유의사항	⑩ 단열모르타르 ⑩ 미스트 코트 (Mist Coat) ⑩ 유리의 열파손 [25]바닥 석재공사 중 습식공사 하자유형 및 시공 시 유의사항 [25]공동주택 화장실 벽타일 하자발생 유형, 원인, 대책 [25]시트방수 부착공법 종류 및 하자방지 대책 [25]공동주택 지하주차장 바닥 에폭시 도장의 하자유형별 원인, 대책
	단열/소음 공해/해체 폐기물 건설기계 친환경/기타	⑩ 와이어로프(wire rope) 사용금지 기준 [25]압출성형 경량콘크리트 패널의 시공방법 및 시공 시 유의사항	[25]도심지 건축물 신축공사(지하 6층, 지상 23층 규모) 진행과정에서 발생되는 미세먼지 저감방안 [25]건축물 신축공사 현장에서 발생하는 폐기물의 종류, 발생저감방안, 처리방안 [25]다수의 타워크레인장비 운용 시 위험요인과 사고예방 대책 [25]클린룸의 요구조건과 시공 시 유의사항 [25]도심지 철근콘크리트 구조물(지하5층, 지상19층 규모) 철거공사 추진시 문제점 및 유의사항	[25]반사형 단열재 특성 및 시공 시 유의사항
	적산	⑩ 표준시장단가		
총론	공사관리		⑩ SCM (Supply Chain Management)	⑩ 위험약화전략
	품질/원가 안전/환경		⑩ BTO-rs(Build Transper Operate-risk sharing)	[25]산업안전관리비 계상기준, 운영상 문제점 및 대책 [25]안전점검 및 정밀안전진단
	근대화	[25]모듈러 공법의 장단점과 종류별 특징	⑩ 대형 챔버법(건강친화형주택 건설기준)	[25]공사분쟁 정의, 분쟁해결방안을 단계별 설명
	공정관리		⑩ 건축공사의 원가계산서 [25]건축공사 예정공정표의 현장공정관리 활용도가 저하되는 이유 및 개선방안	
기타	신유형		[25]사용승인신청시 선행사항과 절차(조건 : 도심지역의 업무시설, 연면적 30,000m2, 지하 5층, 지상 15층, SRC 구조) [25]4차 산업혁명 관련 건설안전 및 시공 효율성 제고에 적용 방안	⑩ 공동주택 세대욕실의 층상배관 [25]기존건축물의 내진 보강방법 및 지진안전성 표시제 [25]외국인 건설근로자 유입에 따른 문제점, 건설생산성 향상방안

구분 \ 연도		2018(전반기)	2018(중반기)	2018(후반기)
계약/가설		⑩ 추정가격과 예정가격 [25]주상복합현장 1층(층고 8m)에 시스템비계 적용 시 시공순서와 시공 시 유의사항		[25]건설현장의 세륜시설 및 가설울타리 설치기준
토공사/기초		⑩ 흙의 전단강도 ⑩ 기초공사에서 PF공법(Point Foundation) [25]어스앵커의 홀 누수경로 및 결로별 방수처리 [25]공동주택현장에서의 PHC 말뚝박기 작업 중 허용오차 초과 시 조치요령	⑩ 흙의 연경도(Consistency) ⑩ 흙막이 벽체의 Arching 현상 [25]도심지 터파기 공사 중 지하수 유입으로 철골 수평 버팀대 붕괴 발생 시 긴급 조치 사항과 지하수 유입 사전 대책 [25]언더피닝 공법 적용되는 경우와 공법의 종류 및 시공절차 [25]RCD(Reverse Circulation Drill)의 품질관리 방법	⑩ 표준관입시험 ⑩ 건축공사의 토질시험 ⑩ 마이크로파일공법 [25]흙막이공법 지지방식 분류, Top-Down 공법 시공계획 시 검토사항 [25]부력 받는 지하주차장 발생 문제점 및 대응방안
구조체공사	R.C 공사	⑩ 콘크리트의 표면층 ⑩ 박리(Scaling) ⑩ 고유동 콘크리트의 자기충전(Self-Compaction) [25]시스템 거푸집 중 갱폼의 구성요소 및 제작 시 고려사항 [25]동절기 콘크리트 공사 시 초기동해 발생원인 및 방지대책 [25]외부 벽체를 노출콘크리트구조로 시공할 경우, 요구성능 및 시공 시 유의사항 [25]콘크리트 공사에서 균열발생의 원인 및 대책	⑩ 슈미트해머의 종류와 반발경도 측정방법 ⑩ 철근콘크리트 할렬균열 ⑩ 알루미늄 거푸집(AL Form) [25]콘크리트 성능개선 시 첨가하는 재료의 종류와 특징 [25]옥상누수와 지하누수 구분한 누수 보수공사 공법	⑩ 콘크리트 블리스터 ⑩ 콘크리트 진공배수공법 ⑩ 알루미늄거푸집공사 중 Drop Down System 공법 ⑩ 비탈형 거푸집 ⑩ 균형철근비 [25]경량기포 콘크리트의 종류 및 선정 시 고려사항 [25]콘크리트 중성화의 영향 및 진행과정과 측정방법 [25]거푸집공사 시 사용하는 터널폼의 종류 및 특성 [25]건축물에 작용하는 하중
	P.C 및 C/W		⑩ 커튼월의 패스너 접합방식 [25]초고층건물 커튼월의 결로 발생원인 및 대책	[25]PC(Precast Concrete)복합화 공법 적용할 경우 시공 시 유의사항
	철골/초고층	⑩ 철골공사에서의 용접절차서(welding Procedure Specification) [25]초고층 건물에서 횡하중(바람, 지진) 저항을 위한 구조물진동 저감방법 및 제어방식 [25]건축물의 층간화재 확산 방지방안 [25]철골구조에서 데크플레이트를 이용한 바닥 슬래브와 보의 접합방법 및 유의사항	⑩ 철골구조의 Column Shortening ⑩ 철골 스마트빔(Smart Beam) [25]초고층 건축물 연돌효과(Stack Effect)의 문제점 및 대책 [25]콘크리트충진강관(CFT)의 장단점과 시공 시 유의사항 [25]철골 용접 변형의 발생원인 및 방지대책 [25]철골 방청도장 시공 시 유의사항 및 방청도장 금지	[25]철골공사 현장용접 검사방법 [25]철골공사의 베이스플레이트 설치방법 [25]데크플레이트 슬래브의 균열발생 요인과 균열억제 대책 및 보수방법
마감 및 기타 공사	조적/석공사 타일/미장 도장/방수 목/유리공사	⑩ 복층유리의 단열간봉 [25]오피스 계단실 도장 중 무늬도장 시공순서 및 유의사항 [25]외벽 창호 주위 누수 방지를 위한 마감공사 시 유의사항 [25]공동주택 마감공사에서의 주방가구 설치공정 및 설치 시 유의사항 [25]건축물 마감재료의 난연성능 시험항목 및 기준	⑩ 목재의 방부법 ⑩ 본드 브레이커(Bond Breaker) [25]도장공사 시 발생하는 결함 종류와 원인 및 대책	⑩ 거멀접기 ⑩ 창호의 지지개폐철물 [25]옥상정원 방수·방근공법 적용 시 시공형태별 특징과 시공환경에 따른 유의사항 [25]목재의 방부처리 [25]경량벽체공사 중 ALC(Autoclaved Lightweight Concrete)블록의 물성과 시공순서별 특기사항
	단열/소음 공해/해체 폐기물 건설기계 친환경/기타	⑩ 석면 건축물의 위해성 평가 [25]건축물 준공 후 발생되는 건축공해의 유형을 구분하고, 사전방지대책 설명 [25]타워크레인 사고 방지를 위한 건설기계(타워크레인) 검사기준 [25]장수명주택의 보급 저해요인 및 활성화 방안 [25]도심지 15층 사무소 건축물 해체공사 시 사전조사 및 조치사항 안전대책	[25]철재 방화문 시공 시 주요 하자 원인과 대책 [25]금속공사에 사용되는 철강재 부식 종류별 특성과 방식 방법 [25]건축물의 석면 조사 및 석면 제거 작업 시 유의사항 [25]공동주택 현장에서 타워크레인 배치 시 고려사항과 운영 시 유의사항 [25]공동주택 충간소음 방지 위한 30세대 이상 벽식구조 공동주택의 표준바닥구조(콘크리트)	⑩ 열관류율 [25]단열재 시공부위에 따른 공법의 종류별 특징과 단열재 재질에 따른 시공 시 유의사항 [25]수목(樹木) 자재 검수 시 고려사항과 수목의 종류에 따른 검수요령
	적산			
총론	공사관리	⑩ 제로에너지빌딩(Zero Energy Building)	⑩ 프리콘(Pre-Construction) 서비스 ⑩ 브레인스토밍(Brain Storming)의 원칙 [25]2018년 7월 시행되는 근로기준법, 근로시간 단축에 따른 건축현장에 미치는 영향과 대응 방안	[25]건설프로젝트 리스크관리
	품질/원가 안전/환경	⑩ 건설사업관리에서의 RAM(Responsibility Assignment Matrix)		⑩ 건설원가 구성 체계 ⑩ 건설업 기초안전보건교육
	근대화	⑩ 건설산업기본법상의 현장대리인 배치기준	⑩ 개방형 BIM(Open Bim)과 IFC(Industry Foundation Class)	
	공정관리	⑩ 공정관리에서의 LSM(Liner Scheduling Method)	[25]아래와 같은 가정에서, 5일차 기준으로 계획공사비(BCWS), 달성공사비(BCWP), 실투입비(ACWP), 공정수행지수(SPI) 및 공사수행지수(CPI) 계산, SPI와 CPI를 이용 공사의 진행상황을 분석 및 설명 〈가정〉 1,000,000원 예산으로 100m³의 터파기 작업을 10일 동안 수행 계획, 이때 계획진도는 작업 기간에 정비례로 가정. 5일차 달성된 시점을 기준 40m³의 물량이 완료, 5일차까지 실제 투입 원가는 단위 물량당 15,000원/m³	[25]건축공사 시 단계별 공기지연 발생원인과 방지대책
기타	신유형	⑩ 지하안전영향평가		

구분 \ 연도		2019(전반기)	2019(중반기)	2019(후반기)
	계약/가설	⑩ 물가변동(Escalation) [25]가설공사 시 강관비계의 설치기준 및 시공 시 유의사항 [25]국내 건설 발주체계의 문제점 및 개선방안		⑩ 건설공사비지수(Construction Cost Index) ⑩ BOT(Build Operate Transfer)와 BTL(Build Transfer Lease) [25]계약형식 중 공동도급(Joint Venture) [25]건설신기술지정제도
	토공사/기초	⑩ 언더피닝(Underpinning) [25]흙막이 공사 시 계측관리를 위한 기기종류와 위치선정 [25]도심지 공사 시 적용 가능한 흙막이 공법	⑩ 기성콘크리트말뚝의 이음 종류 ⑩ 정지토압이 주동토압보다 더 큰 이유 [25]구조물의 부등침하 원인 및 방지대책, 언더피닝(Under pinning)공법 [25]흙막이 계측관리의 목적 계측계획 수립 시 고려사항 및 계측기의 종류	⑩ PPS(Pre-stressed Pipe Strut) 흙막이 지보공법 버팀방식 ⑩ MPS(Modularized Pre-stressed System) 보 [25]지하구조물의 부상원인 및 방지대책 [25]지하구조물 공사 시 발생하는 싱크홀(Sink hole)의 원인과 유형 정의, 지하수 변화에 따른 싱크홀 방지 대책
구조체공사	R.C 공사	⑩ 컵록 서포트(Cuplock Support) ⑩ 철근 격자망 ⑩ 무근콘크리트 슬래브 컬링(Curling) [25]콘크리트 타설 시 거푸집 측압의 특성과 측압에 영향을 미치는 요인 [25]알루미늄 거푸집을 이용한 아파트 구조체공사 시 유의사항 [25]콘크리트 타설 계획의 수립내용 [25]콘크리트 구조물표면의 손상 및 결함의 종류에 대한 원인과 방지대책 [25]건축물 안전진단의 절차 및 보강공법 [25]건물의 진동제어 기법 비교	⑩ 철근과 콘크리트의 부착력 ⑩ 콘크리트의 소성수축균열(Plastic Shrinkage Crack)과 자기수축균열(Autogenous Shrinkage Crack) ⑩ 거푸집의 수평 연결재와 가새 설치 방법 ⑩ 철근콘크리트 기둥철근의 이음 위치 ⑩ 건축구조물의 내진보강공법 [25]잭서포트(Jack Support), 강관시스템서포트(System Support)의 특성과 설치 시 유의사항 [25]철근콘크리트 펌프압송 시 막힘현상의 원인 및 예방대책와 막힘 발생 시 조치사항 [25]갱폼(Gang Form)의 제작 시 고려사항과 케이지(Cage) 구성요소 [25]콘크리트 타설 시, 거푸집에 대한 고려하중과 측압 특성 및 측압 증가 요인 [25]철근콘크리트 공사 시 철근배근 오류로 콘크리트의 피복두께 유지가 잘못된 경우, 구조물에 미치는 영향 [25]철근콘크리트 구조물의 표준양생 28일 강도를 설계기준강도로 정하는 이유와 압축강도 시험의 합격 판정 기준 [25]철근콘크리트 골조공사에서 결로방지재 선매립 시, 발생 가능한 하자 유형과 방지 대책	⑩ CPB(Concrete Placing Boom) ⑩ Dowel Bar ⑩ 콘크리트 침하균열 [25]박리제의 종류와 시공 시 유의사항 [25]철근이음의 종류 중 기계적 이음의 품질관리 방안 [25]콘크리트의 펌프 압송 시 유의사항에 대하여 설명 [25]콘크리트의 수직-수평 분리타설 방법과 시공 시 유의사항
	P.C 및 C/W	⑩ 좌굴현상	⑩ 합성슬래브(half P.C Slab)의 전단철근 배근법	
	철골/초고층	⑩ 초고층 건축물 시공 시 사용하는 철근의 기계적 정착(Mechanical Anchorage of Re-bar) [25]고력볼트의 접합방식과 조임 방법 및 시공 시 유의사항 [25]철골용접 결합검사 중 염색침투 탐상검사의 용도 및 방법	⑩ 데크플레이트(Deck Plate)의 종류 및 특징 [25]철골조 건축물의 내화피복 필요성 및 공법 [25]도심지 초고층 현장 철골 세우기의 단계별 유의사항	⑩ T.S.(Torque Shear) Bolt ⑩ Metal Touch [25]철골공사에서 용접변형의 원인 및 방지대책 [25]철골공사에서 공장제작의 품질관리사항 [25]철골공사에서 주각부 시공 시 품질관리사항 [25]초고층 건축물의 양중계획
마감 및 기타 공사	조적/석공사 타일/미장 도장/방수 목/유리공사	⑩ 금속용사(金屬溶射) 공법 ⑩ Non-Grouting Double Fastener방식(석공사의 건식공법)	⑩ SSG(Structural Sealant Glazing)공법 [25]유리공사에서 로이유리(Low-Emissivity Glass)의 코팅방법별 특징 및 적용성 [25]외부 석재공사 화강석의 물성기준 및 파스너(Fastener)의 품질관리	[25]건설현장에서 사용되는 도료의 구성요소와 도장공사 결함의 종류별 원인 및 방지대책
	단열/소음 공해/해체 폐기물 건설기계 친환경/기타	⑩ 열교, 냉교 [25]공동주택공사 시 세대 내 부위별 결로 발생 원인과 대책 [25]녹색건축물 조성지원법상의 녹색건축인증 의무 대상 건축물 및 평가분야 [25]패시브하우스(Passive House)의 요소기술 및 활성화 방안 [25]공동주택 세대 내 소음의 종류와 저감 대책 [25]온실가스 배출원과 건설시공과정에서의 저감 대책	⑩ 타워크레인(Tower Crane) 텔레스코핑(Telescoping) 작업 시 유의사항 및 순서 ⑩ 건설작업용 리프트(Lift) [25]공동주택 층간소음 저감을 위한 바닥충격음 차단구조의 시공 시 유의사항 [25]건설기술진흥법 시행령 제75조의 2(설계의 안전성 검토)에 따른 건설공사 안전관리 업무수행 지침(국토교통부 고시 제2018-532)상 시공자의 안전관리업무	⑩ Bang Machine ⑩ 건설기술진흥법에서 규정하고 있는 환경관리비 ⑩ Tower crane의 주요 구성요소와 재해유형, 재해원인 및 안전대책 [25]공사현장에서 발생하는 건설공해의 종류와 방지대책 [25]건축공사 시공부위별 단열공법과 단열재 선정 및 시공 시 유의사항 [25]공동주택 층간소음 저감을 위한 골조, 완충재 기포콘크리트, 방바닥 미장 측면의 시공관리방안과 중량과 경량 충격음 비교 [25]석면해체·제거작업 작업절차(조사 및 신고) 및 감리인 지정 기준
	적산			
총론	공사관리	[25]건축공사 분쟁 클레임의 유형과 발생요인 및 분쟁해결방안	[25]건설 리스크관리(Risk Management)의 대응전략과 건설분쟁(클레임,Claim) 발생 시 해결방법 [25]최근 법정 근로시간 단축에 따른 공사기간 부족으로 동절기 마감공사(타일, 미장, 도장)의 시공이 증가할 것으로 예상되는 바, 이에 따른 마감공사의 품질확보를 위해 고려해야 할 사항	
	품질/원가 안전/환경		⑩ 안전관리의 물질안전보건자료(MSDS ; Material Safety Data Sheet) [25]VE(Value Engineering)의 수행단계 및 수행방안	
	근대화	⑩ BIM(Building Information Modeling) ⑩ Smart Construction 요소기술		⑩ BIM LOD(Level Of Development) ⑩ 지능형 건축물(IB : Intelligent Building)
	공정관리	⑩ EVMS(Earned Value Management System)		
기타	신유형			

구분		2020(전반기)	2020(중반기)	2020(후반기)
계약/가설		[25]건축공사 설계변경 및 계약금액 조정의 업무흐름과 처리절차	⑩ 현장 가설 출입문 설치 시 고려사항 ⑩ 낙하물 방지망	⑩ 물가변동으로 인한 계약금액조정 [25]종합심사낙찰제에서 일반공사의 심사항목 및 배점기준
토공사/기초		⑩ 암질지수(Rock Quality Designation) [25]Top Down공법의 특징과 공법의 주요 요소 [25]기성콘크리트 말뚝의 시공방법과 말뚝의 파손 원인 및 대책	⑩ 초고층 공사에서의 GPS(Global Positioning System) 측량 ⑩ 표준사 ⑩ SDA(Separated Doughnut Auger) 공법 [25]대규모 도심지공사에서 지반굴착공사 시 사전 조사사항, 발생되는 문제점 및 현상 [25]흙막이 공법을 지지방식에 따라 분류 및 톱다운 공법 선정 시 그 이유와 장단점	⑩ 표준관입시험의 N값 ⑩ 현장타설말뚝공법의 공벽붕괴방지 방법 [25]기성콘크리트말뚝 타입 시 말뚝머리 파손 유형과 유형별 파손 원인 및 방지 대책
구조체공사	R.C 공사	⑩ RCS(Rail Climbing System) Form ⑩ 철근콘크리트공사 시 캠버(Camber) ⑩ 프리스트레스트 콘크리트(Prestressed Concrete) [25]철근 피복두께를 유지해야 하는 이유와 최소피복두께 기준 [25]Mass Concrete의 온도균열 방지를 위한 사전 계획과 시공 시 유의사항 [25]철근콘크리트 구조의 내구성에 영향을 미치는 요인과 내구성 저하 방지대책 [25]철근콘크리트공사에서 발생하는 시공이음(Construction Joint) 시공 시 유의사항	⑩ 콘크리트의 시공연도(Workability) ⑩ 콘크리트 배합 시 응결경화 조절제 ⑩ 반복하중에 의한 강재의 피로파괴(Fatigue Failure) ⑩ 균형철근비 [25]초고층 건축공사에서 콘크리트 타설 시 고려사항과 콘크리트 압송장비의 운용방법 [25]철근콘크리트 기초와 주각부에 접한 지중보 시공 시 유의사항 [25]거푸집 선정 시 고려할 사항 및 발전방향 [25]서중콘크리트 재료의 사용 및 생산 시 주의사항 [25]지붕층 콘크리트 타설 시 시공단계별 품질관리 방안	⑩ 물-결합재비(Water-Binder Ratio) ⑩ 철근부식 허용값 ⑩ 철근콘크리트 공사 시 지연줄눈(Delay Joint) ⑩ 철근 결속선의 결속기준 [25]콘크리트 타설 전 현장에서 확인 및 조치사항 [25]철근콘크리트공사에서 수직도 유지를 위한 기준 먹매김 방법과 유의사항 [25]레디 믹스트 콘크리트의 적절한 수급과 품질을 확보하기 위해 공장방문 시 확인할 사항 [25]매스 콘크리트의 수화열에 의한 균열의 발생원인과 구조체에 미치는 영향 및 대책 [25]시멘트 생산과 이산화탄소 발생의 상관관계 제시, 점차 확대되는 친환경 콘크리트의 사용 전망
	P.C 및 C/W		[25]커튼 월 성능시험(Mock-up) 항목 및 시험체 [25]장경 간 또는 중량구조물에서 사용하는 Lift up 공법 [25]Half P.C(Precast Concrete) Slab의 유형 및 특징, 시공 시 유의사항	
	철골/초고층	⑩ 철골공사의 스캘럽(Scallop) ⑩ 고장력볼트 반입검사 ⑩ 철골공사의 트랩(Trap) ⑩ 모살용접(Fillet Welding) [25]철골 세우기 공사 시 철골수직도 관리방안 및 수정 시 유의사항 [25]고층 철골철근콘크리트조 건축물공사 시 수직부재 부등축소현상의 문제점과 발생원인 및 방지대책 [25]CFT(콘크리트충전 강관기둥)공법의 장단점과 콘크리트 충전방법 및 시공 시 유의사항 [25]도심지 철골조 건축물의 내화피복 뿜칠공사 시 유의사항 및 검사방법	⑩ 철골부재 변형교정 시 강재의 표면온도 [25]철골공사의 시공 상세도면 주요검토 사항 및 시공 상세도면에 포함되어야 할 안전시설 [25]철골철근콘크리트공사 시 데크플레이트(Deck Plate)를 이용한 바닥 슬래브의 균열 발생원인과 억제대책 및 균열보수 방법 [25]초고층공사의 호이스트를 이용한 양중계획 시 고려사항 [25]철골공사에서 용접사의 용접자세 및 기량시험	⑩ 윈드컬럼(Wind Column) ⑩ 철골기둥 하부의 기초상부 고름질(Padding) ⑩ 철골구조의 스티프너(Stiffener) [25]건축공사에서 데크플레이트(Deck Plate) 종류와 시공 시 유의사항 [25]철골공사에서 고력볼트접합과 용접접합 및 그에 따른 접합별 특징 [25]초고층 건축물 피난안전구역의 설치대상 및 설치기준 [25]기둥의 부등축소(Differential Column Shortening) 발생원인과 그에 따른 문제점 및 대책 [25]철골공사의 스터드(Stud)볼트 시공방법과 검사방법 [25]철골공사 시 현장조립 순서별로 품질관리방안
마감 및 기타 공사	조적/석공사 타일/미장 도장/방수 목/유리공사	⑩ 애폭시 도료 [25]지하주차장 천장 뿜칠재 시공 시 중점관리항목과 시공 시 유의사항, 도장공사 시 안전수칙 [25]건축물 지붕방수 작업 전 검토사항 및 지붕누수 원인과 방지대책 [25]방수 바탕면으로서의 철근콘크리트 바닥(Slab) 시공 시 유의사항	⑩ 사용부위를 고려한 바닥용 석재표면 마무리 종류 및 사용상 특성	⑩ 타일공사의 접착(부착)공법 방법 ⑩ 점토벽돌 조적공사에서 수평방향 거동에 의한 균열의 방지 방법 [25]도장공사에서 발생하는 하자의 원인과 방지대책
	단열/소음 공해/해체 폐기물 건설기계 친환경/기타	⑩ 주방가구 상부장 추락 안정성 시험	⑩ 베이크아웃(Bake-Out), 플러시아웃(Flush-Out) 실시 방법과 기준 [25]콘크리트 타설 시, 선부착 단열재 시공부위에 따른 공법의 종류별 특징과 단열재 형상에 따른 시공 시 유의사항 [25]외단열 공법에 따른 열교사례 및 이에 대한 방지대책	⑩ 건축공사 설계의 안전성검토 수립대상 [25]대기환경보전법령에 의한 토사 수송 시 비산먼지 발생을 억제하기 위한 시설의 설치 및 필요한 조치사항
	적산			
총론	공사관리	⑩ CM at Risk의 프리컨스트럭션(Pre-construction) 서비스 [25]건축물의 인허가기관인 지방자치단체에 건물(도심지역 업무시설로 연면적 50,000m², 지하 5층, 지상 20층 규모) 사용승인 신청 시 선행조치사항(각종 증명서, 필증, 신고 등)과 절차	⑩ CM at Risk에서의 GMP(Guaranteed Maximum Price) [25]정부에서 발주하는 공공사업에서의 건설공사 사후평가제도(건설기술진흥법 제52조)	[25]건설기술진흥법령에 따른 건설공사 등의 벌점관리기준에서 벌점의 정의와 벌점의 산정방법 및 시공 단계에서 건설사업관리기술인의 주요 부실내용에 따른 벌점 부과 기준
	품질/원가 안전/환경	⑩ 공동주택 라돈 저감방안		[25]산업안전보건법령에 의한 안전보건교육 교육대상별 다음 항목에 대한 설명 1) 근로자 정기교육 내용 2) 관리감독자 정기교육 내용 3) 채용 시 교육 및 작업내용 변경 시 교육 내용
	근대화	⑩ 린건설(Lean Construction)의 장점 및 단점 [25]Smart Construction의 개념, 적용분야, 활성화 방안 [25]모듈러 공법의 장단점과 공법별 특징	[25]BIM(Building Information Modeling)기술의 시공분야 활용에 대한 4D, 5D를 중심으로 설명	⑩ 사물인터넷(IoT : Internet of Things)
	공정관리		[25]공동주택 마감공사에서 작업 간 간섭발생 원인과 간섭저감 방안	
기타	신유형			

구분 / 연도		2021(전반기)	2021(중반기)	2021(후반기)
계약/가설		⑩ 공사계약기간 연장사유 ⑩ 시스템비계 [25]건설공사에서 발주자에게 제출하는 하도급계약 통보서의 첨부서류와 하도급계약 적정성검토	⑩ 건설기술진흥법상 가설구조물의 안전성 확인 대상 [25]국토교통부 고시에서 지정하고 있는 대형공사 등의 입찰방법 심의기준에 근거한, 일괄·대안·기술제안 등 기술형 입찰의 종류와 특성, 적용효과와 개선방향 [25]건축물 외부에 설치하는 시스템비계의 재해유형, 조립기준, 점검·보수사항 및 조립·해체 시 안전대책	⑩ 추락 및 낙하물에 의한 위험방지 안전시설 [25]계약형식 중 공동도급(Joint Venture)의 공동이행방식과 분담이행방식의 정의와장단점
토공사/기초		⑩ PRD(Percussion Rotary Drill)공법 ⑩ IPS(Innovative Prestressed Support)공법 [25]도심지 지하굴착공사 흙막이 공법 중 CIP, SCW, Slurry Wall 공법의 장단점과 설계·시공 시 고려사항 [25]지정공사에서 기성 강관말뚝의 특징과 파손원인 및 대책, 용접이음 시 주의사항 [25]도심지 공사에 적합한 역타공법 중 BRD(Bracketed Supported R/C Downward)와 SPS(Strut as Permanent System) 공법	⑩ 타이로드(Tie rod) 공법 [25]부력을 받는 지하구조물의 부상방지 대책 [25]지하 흙막이공사 시 계측항목과 계측 관리방안	⑩ 영구배수공법(Dewatering) [25]지반조사에서 보링(Boring) 시 유의사항과 토질주상도에 포함되어야 할 사항 [25]토공사에서 흙막이벽의 붕괴 원인에 따른 대책 및 시공 시 주의사항
구조체공사	R.C 공사	⑩ 내한촉진제 ⑩ 콘크리트 Creep [25]철근콘크리트 구조물 내진설계에 따른 부재별 내진배근 [25]현장타설 콘크리트의 품질관리 방안을 단계별(타설 전·중·후)로 설명 [25]매스콘크리트 타설 시 발생하는 온도균열의 원인과 균열 제어대책 [25]공동주택 철근콘크리트공사의 갱폼(Gang form) 시공 시 위험요인과 외부 작업발판 설치기준, 설치 및 해체 시 주의사항 [25]RC조 건축물의 증축 및 리모델링공사에서 주요 구조부 보수·보강공법 및 시공 시 품질 확보방안	⑩ 혼화재료 ⑩ 콘크리트의 수분증발률 ⑩ 블리딩(Bleeding) 현상 ⑩ 자기 치유 콘크리트 [25]굳지 않은 콘크리트의 성질, 콘크리트의 시공성에 영향을 주는 요인 [25]철근의 기계식 이음의 종류별 장단점을 기술하고 품질관리시험 기준 [25]고강도콘크리트의 폭렬현상 발생원인과 방지대책 및 내화성능관리 기준 [25]철근콘크리트 구조 건축물에 화재발생 시 구조물의 피해조사방법과 복구방법	⑩ 스마트콘크리트 ⑩ 콘크리트 거푸집의 해체시기(기준) ⑩ 내진철근(Seismic Resistant Steel Deformed Bar) ⑩ 콘크리트의 플라스틱 수축균열 ⑩ 철근 피복두께 기준과 피복두께에 따른 구조체의 영향 [25]굳지 않은 콘크리트의 재료분리 발생원인과 대책, 이를 방지하기 위한 시공 시 주의사항 [25]초고층 건축물 콘크리트 타설 시 압송관 관리사항과 펌프 압송 시 막힘현상의 대책 [25]거푸집공사에서 시스템 동바리와 강관동바리의 장단점을 비교하고, 동바리 조립 시 유의사항 [25]콘크리트 동바리의 손상 및 결합의 종류에 대한 원인 및 방지대책 [25]현장 콘크리트 타설 전 시공확인 사항과 레미콘 반입 시 확인사항 [25]알루미늄 폼의 장단점을 유로 폼과 비교하고, 시공 시 유의사항
	P.C 및 C/W		[25]PC접합부 요구성능과 부위별 방수 처리방법, 시공 시 주의사항	[25]알루미늄 커튼월의 파스너(Fastener)의 요구성능, 긴결방식 및 시공 시 유의사항
	철골/초고층	⑩ TMCP강(Thermo Mechanical Control Process) ⑩ 지하철공사 시 강재기둥과 철근콘크리트 보의 접합 방법 [25]철골공사 용접작업 시 용접결함 및 변형을 방지하기 위한 품질관리 방안과 안전대책 [25]건축물 내화구조 성능기준과 철골구조의 내화성능 확보방안 [25]건축물의 화재발생 시 확산을 방지하기 위한 방화구획	⑩ Belt Truss ⑩ 용접부 비파괴 검사 중 초음파 탐상법 [25]철골구조의 방청도장 공사 시 고려사항과 시공 시 유의사항 [25]철골공사에서 철골세우기 수정용 와이어로프의 배치계획 및 수정 시 유의사항 [25]철골공사 용접작업에서 예열 시 주의사항과 용접검사 중 육안검사 방법	⑩ 메탈 터치(Metal Touch) ⑩ 라멜라 티어링(Lamellar Tearing) 현상 [25]철골공사 데크플레이트의 균열 발생원인, 균열 억제대책, 균열폭에 따른 균열 보수방법 [25]최근 물류센터 현장에서 대형화재가 많이 발생하고 있다. 바닥면적의 합계가 10,000m², 최고높이는 45m, 층수는 5층인 철골조 창고의 주요구조부와 지붕에 대한 내화구조의 성능기준에 대하여 설명하고 도장공사 시공순서에 따른 철골 내화페인트성능 확보방안 [25]초고층 건축공사에서 기둥의 부등축소(Column Shortening) 현상의 유형별 발생원인, 문제점 및 방지대책 [25]철골공사의 고장력 볼트 조임 후 검사
마감 및 기타공사	조적/석공사 타일/미장 도장/방수 목/유리공사	⑩ 폴리우레아 방수 [25]지하 주차장 바닥 에폭시 도장의 시공방법 및 하자 발생원인과 방지대책 [25]석공사에서 석재 표면 마무리 종류와 설치공법 [25]아파트세대 내부벽체 조적공사 시공순서와 품질관리 방안 [25]방수공법 종류 및 선정 시 고려사항, 지붕방수 하자원인	⑩ 유리 열파손 ⑩ 지하구조물에 적용되는 외벽 방수재료(방수층)의 요구조건 [25]타일공사에서 발생하는 하자의 원인과 방지대책	⑩ 배강도유리 ⑩ 타일 접착력 시험 [25]방수공사에서 실링재의 종류 및 시공순서
	단열/소음 공해/해체 폐기물 건설기계 친환경/기타	⑩ 바닥충격음 차단 인정구조 ⑩ 타워크레인 설치 계획 시 고려사항 ⑩ 창호공사의 Hardware Schedule	[25]건축물 벽체에 발생하는 결로의 종류, 발생원인 및 방지대책	⑩ 석면조사 대상 및 해체·제거 작업 시 준수사항 [25]건축물 해체공법 및 그에 따른 안전관리
	적산			
총론	공사관리	[25]건설클레임의 유형과 해결방안	⑩ 다중이용 건축물 [25]건축법에서의 공사감리와 건설기술진흥법에서의 건설사업관리를 비교 설명 [25]건설 클레임 준비를 위한 통지의무와 자료유지 및 입증, 클레임 청구 절차 항목 [25]지식경영 시스템의 정의와 목적을 기술하고, 지식경영의 장애요인 및 극복방안	
	품질/원가 안전/환경	[25]건설기술진흥법상 품질관리계획 및 품질시험계획 수립대상 공사와 건설기술인 배치기준, 품질관리기술인 업무	⑩ 밀폐공간보건작업 프로그램	⑩ 품질관리 중 발취 검사(Sample Inspection) [25]안전관리계획서를 수립해야 하는 건설공사 및 구성항목
	근대화		⑩ 모듈러 시공방식 중 인필(Infill)공법 [25]BIM기술의 활용 중에서 드론과 VR(Virtual Reality) 및 AR(Augmented Reality)	
	공정관리	⑩ PDM(Precedence Diagramming Method)기법		[25]건축공사 공정관리에서 자원배당 시 고려사항과 자원배당방법
기타	신유형			

구분 \ 연도		2022(전반기)	2022(중반기)	2022(후반기)
계약/가설		[25]공사계약 일반조건에서 규정하는 설계변경 사유와 설계변경 단가의 조정방법 [25]건설현장에 설치되는 가설통로의 경사도에 따른 종류와 설치기준, 조립·해체 시 주의사항	⑩ 일식도급	[25]물가변동으로 인한 계약금액 조정방법(품목조정률, 지수조정률)을 비교
토공사/기초		⑩ 지하수에 의한 부력 대처 방안 [25]흙막이벽의 붕괴원인과 어스앵커(Earth anchor) 시공 시 유의사항	⑩ 슬러리월(Slurry Wall)공사 중 가이드월(Guide Wall) [25]연약지반을 관통하는 말뚝 항타 시 지지력 감소 원인과 대책	⑩ 어스앵커(Earth Anchor)의 홀(Hole)방수 ⑩ 슬러리월 시공 시 안정액의 기능 [25]지반조사의 목적과 조사단계별 내용 및 방법 [25]건축물의 말뚝기초공사에서 발생하는 말뚝 파손원인 및 방지대책 [25]지하구조물에 미치는 부력의 영향 및 부상방지 공법 [25]지하굴착공사에 사용되는 계측기의 종류와 용도, 위치선정
구조체공사	R.C 공사	⑩ 콘크리트공사의 콜드 조인트(Cold Joint) 방지대책 ⑩ 거푸집의 존치기간 ⑩ 콘크리트 침하균열(Settlement Crack) [25]부위별 거푸집(동바리 포함)에 작용하는 하중과 하중에 대응하기 위한 거푸집 설치방법(동바리 설치방법 포함) 및 콘크리트 타설방법 [25]탄소섬유 시트 보강공법의 특징 및 적용분야, 시공순서, 부위별 보강방법 [25]갱폼(Gang Form) 시공 시 재해예방대책 [25]한중콘크리트의 타설 시 주의사항 및 양생 시 초기양생, 보온양생과 현장품질관리 [25]용접철망의 사용목적과 시공 시 유의사항 [25]경량 골재 콘크리트의 정의와 종류, 배합, 시공	⑩ 저탄소 콘크리트(Losw Carbon Concrete) ⑩ GFRC(Glass Fiber Reinforced Concrete) ⑩ 콘크리트공사 표준 습윤양생 기간 [25]콘크리트 내구성 저하 요인 [25]초고층 공동주택에서 콘크리트 타설 시 고려사항과 콘크리트 압송장비(CPB : Concrete Placing Boom) 운용방법 [25]콘크리트 구조물에 발생하는 균열의 유형별 종류, 원인 보수·보강 대책 [25]초고층 건축시공 시 서중콘크리트 시공관리의 문제점 및 대책	⑩ 콘크리트용 혼화제 ⑩ 콘크리트의 최소 피복두께 ⑩ 콘크리트의 스케일링(Scaling) 동해 [25]콘크리트공사의 거푸집 존치기간, 거푸집 해체 시 준수사항과 동바리 재설치 시 준수사항 [25]건축물의 철근콘크리트공사 중 익스팬션 조인트(Expansion joint)를 시공해야 할 주요 부위와 설치위치, 형태 [25]콘크리트 탄산화 과정과 탄산화 측정방법 및 탄산화 저감대책 [25]굳지 않은 콘크리트의 블리딩에 의해 발생하는 문제점과 저감대책
	P.C 및 C/W			[25]PC(Precast Concrete)공법의 종류와 접합부 요구성능 및 접합부 시공 시 유의사항
	철골/초고층	⑩ 용접 결함의 종류 및 결함원인, 검사방법 ⑩ 철골구조물공사에서 방청도장을 하지 않는 부분 ⑩ 철골보 부재에 설치하는 전단 연결재(Shear Connector)의 역할 및 시공, 시험방법 [25]초고층 건축물 기둥부등축소현상(Differential Column Shortening)의 원인과 대책 [25]철골 세우기 장비 선정 및 순서와 공정별 유의사항, 세우기 정밀도 [25]철골조에서 내화피복의 목적 및 공법의 종류, 시공 시 주의사항, 검사 및 보수방법, 현장 뒷정리	⑩ 서브머지드 아크 용접(Submerged Arc Welding) ⑩ PEB 시스템(Pre-Engineered Building System) ⑩ 철골부재 스캘럽(Scallop) [25]최근 데크플레이트 적용 슬래브의 붕괴사고가 자주 발생하고 있다. 데크플레이트의 붕괴원인과 시공 시 유의사항 [25]철골공사의 내화페인트의 특성, 시공순서별 품질관리 주요사항, 내화페인트 선정 시 고려사항, 시공 시 유의사항 [25]SRC 구조의 강재기둥과 철근콘크리트 보의 접합방법과 각각의 장단점	⑩ TS볼트(Torque Shear Bolt) ⑩ 철골공사에서 철골부재 현장 반입 시 검사항목 ⑩ 데크플레이트(Deck Plate) 슬래브 공법 [25]고장력 볼트 접합공법의 종류와 특성, 조임검사 방법과 검사방법, 시공 시 유의사항 [25]철골공사에서 내화구조 성능기준과 내화피복의 종류와 검사방법, 시공 시 유의사항 [25]철골공사 현장용접 시 고려사항과 검사방법(용접 전, 중, 후) [25]철골공사에서 앵커볼트 매입방법의 종류와 주각부 시공 시 고려사항
마감 및 기타공사	조적/석공사 타일/미장 도장/방수 목/유리공사	⑩ 석공사의 오픈조인트(Open Joint)공법 ⑩ 타일공사의 오픈타임(Open Time) 관리방법 [25]조적조 벽체의 균열 및 방지대책 [25]지붕재의 요구성능과 지붕누수 방지대책		⑩ 실링방수의 백업재와 본드 브레이커 [25]방수공사에서 부위별 하자 발생원인 및 대책 [25]공동주택의 외기에 면한 창호주위, 발코니, 화장실 누수의 원인 및 대책
	단열/소음 공해/해체 폐기물 건설기계 친환경/기타		⑩ 경량충격음과 중량충격음 ⑩ 공동주택의 비난방 부위 결로 방지방안 [25]신재생에너지의 정의 및 특징, 종류, 장단점 [25]건축물 에너지효율등급 인증제도의 인증기준과 등급 [25]도심지 건축공사 시공계획 수립 시 Tower Crane 기종선정, 대수산정, 설치 시 검토사항 [25]외벽의 이중외피 시스템(Double Skin System)의 구성과 친환경 성능 [25]비산먼지 발생을 억제하기 위한 시설의 설치 및 필요한 조치에 관한 기준 [25]건축공사의 단열재 시공 시 주의사항과 시공부위에 따른 단열공법의 특징	⑩ 건축물관리법상 해체계획서
	적산	[25]개산견적의 정의에 대해서 설명하고, 다음의 개산적기법을 설명 ① 비용지수법 ② 비용용량법 ③ 계수견적법 ④ 변수견적법 ⑤ 기본단가법		
총론	공사관리	⑩ 건설공사의 직접시공계획서 ⑩ 착공 시 시공계획의 사전조사 준비사항 ⑩ 건설공사의 클레임(Claim) [25]건설현장 작업허가제의 대상과 절차 및 화재예방을 위한 화기작업 프로세스	[25]건설사업관리(CM) 계약의 유형과 주요업무 [25]건축공사 표준시방서상 건축공사의 현장관리 항목	
	품질/원가 안전/환경	[25]중대재해처벌법(중대재해 처벌 등에 관한 법률)에 대해 '안전보건관리체계의 구축 및 이행 조치' 사항	⑩ DFS(Design for Safety) ⑩ 건설기술진흥법상 안전관리비 ⑩ 품질관리 7가지 도구 [25]밀폐공간에서 도막방수 시공 시, 작업 전(前)과정의 안전관리 절차 [25]설계의 경제성 검토(설계 VE : Value Engineering)에 대하여 실시대상공사, 실시시기 및 횟수, 업무절차	⑩ 장애물 없는 생활환경 인증(Barrier Free) ⑩ 소방관 진입창 ⑩ 건설산업의 ESG(Environmental, Social, and Governance)경영 [25]중대재해 처벌 등에 관한 법률에 따른 중대산업재해의 정의와 사업주, 경영책임자 등의 안전보건확보의무 및 처벌사항
	근대화	⑩ OSC(Off-Site Construction)공법		[25]스마트 건설기술의 종류와 건설단계별 적용방안
	공정관리	[25]초고층 건축공사의 공정마찰과 이에 대한 개선대책		
기타	신유형			

구분 \ 연도		2023(전반기)	2023(중반기)	2023(후반기)
계약/가설		[25]건설현장의 안전시설(추락방망, 안전난간, 안전대 부착설비, 낙하물 방지망, 낙하물 방호선반, 수직보호망 등)의 기준 및 설치 방법 [25]가설공사에 대한 내용 중 공통가설공사 시설의 종류와 설치기준	⑩시스템 비계 설치 기준 ⑩국내 기술형 입찰제도의 종류와 특징 [25]순수 내역 입찰제도의 대상 및 계약절차와 장·단점	⑩가설공사비의 구성
토공사/기초		⑩양방향 재하시험 ⑩부력방지용 인장파일(Micro Pile)공법 ⑩언더피닝(Underpinning) [25]건축물 지하 터파기 시 지하수에 대한 검토사항과 차수공법 및 배수공법	⑩말뚝공사의 부마찰력 ⑩액상화 현상 [25]향타기·항발기의 조립 및 해체 시 점검사항과 무너짐방지 준수사항 [25]흙막이 공사에서 H-Pile+토류판 흙막이공법의 시공순서 및 시공 시 유의사항	⑩흙의 압밀현상(consolidation) [25]흙막이 굴착 시 주변지반의 침하원인 및 방지대책 [25]어스앵커 시공의 기준 및 주의사항을 천공→앵커의 삽입→그라우트혼입과 주입→긴장과 정착의 4단계로 구분 [25]우기철 부력을 받는 구조물의 부상 방지대책 [25]건축물의 지하 공사 중에 흙막이와 주변지반, 인접 건물 등에 대한 계측 관리
구조체공사	R.C 공사	⑩굳지 않은 콘크리트의 단위수량 시험방법 ⑩팽창콘크리트 ⑩갱폼 인양용 안전고리 [25]한중콘크리트 타설 시 주의사항과 양생방법 [25]지하주차장 슬래브(Slab) 균열 발생원인 및 방지대책 [25]콘크리트 타설 시 거푸집에 대한 고려하중과 측압 특성 및 측압 증가 요인	⑩강우시 콘크리트 타설 ⑩잔골재율이 콘크리트에 미치는 영향 ⑩굳지 않은 콘크리트의 재료분리 현상 [25]거푸집 동바리의 안전성 검토 [25]콘크리트 타설 시 압송관 막힘 [25]콘크리트 균열 보수공법의 적용 및 시공방법 [25]갱폼 작업 시 안전사고 예방대책 [25]고층 건축물 거푸집공사의 사용되는 대형 시스템 거푸집(System Form) 공법을 분류하고, 특징 및 문제점 [25]콘크리트 이음의 종류 및 방법 [25]콘크리트 재료 중 하나인 골재의 부족현상에 대한 대책	⑩철근의 부동태 피막 파괴 시 영향 ⑩골재의 함수상태(4가지) ⑩철근콘크리트보의 유효높이(effective depth) 확보의 중요성 [25]무량판 구조에서 취약부위인 기둥 접합부 전단철근(전단보강근)의 배근을 누락시공 시 발생하는 문제점과 제도적 방지대책 [25]철근이음과 관련된 다음 사항에 대하여 설명 (1) 철근 이음위치 결정 시 유의사항 (2) 철근 이음방식 중 기계식 이음 방법의 종류 (3) 기둥과 보에서 철근이음 시 적정한 위치와 부적정한 위치 [25]굳지 않은 콘크리트의 재료분리 현상 및 방지대책 [25]장스팬 철근콘크리트 슬래브 처짐의 원인과 방지대책 [25]콘크리트 공사 후 시간경과에 따라 나타나는 균열을 경화 전, 경화 후 및 내구성 균열로 구분하여 균열의 원인 및 대책 [25]최근 건설현장이 고층화, 대형화됨에 따라 거푸집의 안정성 검토가 중요시 되고 있다. 거푸집 설치 시 안정성 검토절차, 거푸집의 붕괴 원인 및 방지대책
	P.C 및 C/W	[25]커튼월 조인트의 유형과 누수원인 및 방지대책		⑩커튼월 공사 시 시공단계의 유의사항 ⑩PC(precast concrete) 접합부의 요구 성능과 현장 접합시공 시 유의사항
	철골/초고층	⑩초고층공사의 매립철물(Embedded Plate) 시공 ⑩철골세우기 자립도 및 검토대상 건축물 ⑩철강 제품의 품질확인서(Mill Sheet) [25]철골공사의 철골제작도(Shop Drawing) 작성 시 시공과 안전을 위하여 반영되어야 할 사항 [25]공사현장 철골 정밀도 검사기준(관리허용차) 및 수직도 관리방안 [25]초고층 철근콘크리트 건축공사에서 Column Shortening 발생 시 문제점과 그 해결방법 [25]용접결함의 원인과 대책, 비파괴 검사 방법, 용접결함 부위 보완방법	⑩철골공사의 엔드탭(End tab) ⑩철골공사의 내화피복공사 ⑩철골공사 주각부 시공 시 유의사항 [25]데크 플레이트 상부의 콘크리트 균열발생 원인과 대책 [25]철골공사 방청도장 시공 시 유의사항 및 방청도장 제외부위 [25]철골도장별 표면처리 검사에 포함되어야 할 검사사항과 부위별 검사기준 및 조치사항	⑩철골공사에서 내화피복공사의 공법별 검사 ⑩PEB(pre-engineered building system) [25]철골제작 검사계획(Inspect Test Plan)의 검사 및 시험 [25]철골구조 건축물 시공 시 철골 세우기 정밀도(한계허용치)와 세우기 장비 선정 시 고려사항 및 세우기 작업 시 유의사항 [25]철골공사 접합부에 대하여 다음을 설명 (1) 용접결합 및 보수방법 (2) 고력볼트의 조임검사
마감 및 기타공사	조적/석공사 타일/미장 도장/방수 목/유리공사	⑩저방사 유리(Low Emissive Glass) [25]실링(Sealing)방수에서 실링재의 종류, 백업(Back up)재, 본드 브레이커(Bond Breaker), 마스킹 테이프(Masking Tape)의 역할과 시공순서별 주의사항	[25]공동주택 욕실 벽체에 시공한 도기질 타일의 하자발생 원인 및 대책 [25]도장공사의 하자 유형(들뜸, 백화, 균열, 부풀어 오름)에 대한 원인 및 방지대책을 쓰고, 도장작업 전·중·후 확인사항	⑩도막 방수공법 시공 및 품질관리 방안 ⑩알루미늄 창호의 부식원인과 대책
	단열/소음 공해/해체 폐기물 건설기계 친환경/기타	⑩건축공사 중 금속의 부식	⑩석면해체 사전허가제도 [25]공동주택 바닥충격음 차단성능의 등급기준과 층간소음 저감을 위한 완충재 설치 전·후 확인사항, 경량기포콘크리트 및 바닥 미장 타설 전·후 확인사항 [25]공동주택 벽체에 발생하는 결로의 종류, 발생원인 및 방지대책	⑩지하층 마감공사에서 결로수 처리를 위한 지하 이중벽 구조 [25]건설현장에서 로봇의 공종별 활용방안 [25]건설공사와 관련하여 발생하는 공해의 종류와 방지대책
	적산			
총론	공사관리	⑩건설소송에서 기성고 비율 ⑩건설프로젝트의 SCM(Supply Chain Management) [25]재건축정비사업과 재개발정비사업의 특성을 비교하고, 건설사업관리 측면에서의 문제점 및 대응방향 [25]국토교통부 가이드라인에 의한 적정 공사기간 산정방법 [25]시공책임형 건설사업관리(CM at Risk)의 정의, 한계점 및 개선방안, 적용확대방안	⑩설계 경제성 평가(VE)의 원칙과 수행시기 및 효과 [25]안전관리 계획수립의 기준 및 절차	[25]클레임의 정의와 처리절차(①협의②조정③중재④소송]
	품질/원가 안전/환경	[25]장수명 주택 인증의 세부 평가항목 및 방법 [25]ESG경영의 3가지 주요 구성별로 건설관리 측면에서의 적용방안 [25]탄소중립/녹색성장기본법에 대비한 건설업 온실가스 저감방안을 ①자재생산 및 운송단계, ②현장시공단계, ③건물 운영단계 및 철거단계로 나누어 설명		⑩LCC(life cycle cost)에서 현재가치화법 ⑩『기후위기 대응을 위한 탄소중립·녹색성장 기본법』 상의 탄소중립도시와 녹색건축물의 정의 ⑩『중대재해 처벌 등에 관한 법률』 상의 중대산업재해와 중대시민재해
	근대화		⑩BIM(Building Information Modeling)의 활성화 방안	
	공정관리			
기타	신유형			

建築施工技術士의 필독서 !!

金宇植 院長의
현장감 넘치는 講義를 직접 경험할 수 있는 교재

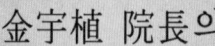

저자 : 金宇植
판형 : 4×6배판
면수 : 1,776면
정가 : 90,000원

길잡이

: 주관식(2, 3, 4교시)을 위한 기본서 길잡이

다음과 같은 점에 중점을 두었다.
1. 건축공사 표준시방서 기준
2. 관리공단의 출제경향에 맞추어 내용 구성
3. 기출문제를 중심으로 각 공종의 흐름 파악에 중점
4. 공종 관리를 순서별로 체계화
5. 각 공종별로 요약, 정리
6. Item화에 치중하여 개념을 파악하며 문제를 풀어나가는 데 중점

저자 : 金宇植
판형 : 4×6배판
면수 : 2,056면
정가 : 90,000원

용어설명 上·下

: 단답형(1교시)을 위한 기본서 용어설명

다음과 같은 점에 중점을 두었다.
1. 최근 출제경향에 맞춘 내용 구성
2. 시간 배분에 따른 모범답안 유형
3. 기출문제를 중심으로 각 공종의 흐름 파악
4. 간략화·단순화·도식화
5. 난이성을 배제한 개념파악 위주
6. 개정된 건축 표준시방서 기준

저자 : 金宇植
판형 : 4×6배판
면수 : 242면
정가 : 25,000원

장판지랑암기법

: 간추린 공종별 요약 및 암기법

다음과 같은 점에 중점을 두었다.
1. 문제의 핵심에 대한 정리 방법
2. 각 공종별로 요약·정리
3. 각 공종의 흐름파악에 중점
4. 최단 시간에 암기가 가능하도록 요점정리

저자 : 金宇植
판형 : 4×6배판
면수 : 1,196면
정가 : 60,000원

그림·도해

: 고득점을 위한 차별화된 그림·도해

다음과 같은 점에 중점을 두었다.
1. 최단기간에 합격할 수 있는 길잡이
2. 차별화된 답안지 변화의 지침서
3. 출제빈도가 높은 문제 수록
4. 새로운 item과 활용방안
5. 문장의 간략화, 단순화, 도식화
6. 핵심요점의 집중적 공부

핵심 · 120문제

저자 : 金宇植
판형 : 4×6배판
면수 : 570면
정가 : 30,000원

: 시험 출제 빈도가 높은 핵심 120문제

다음과 같은 점에 중점을 두었다.
1. 최근 출제 빈도가 높은 문제 수록
2. 시험 날짜가 임박한 상태에서의 마무리
3. 다양한 답안지 작성 방법의 습득
4. 새로운 item과 활용방안
5. 핵심 요점의 집중적 공부
6. 자기만의 독특한 답안지 변화의 지침서
7. 최단기간에 합격할 수 있는 길잡이

공종별 · 기출문제

저자 : 金宇植
판형 : 4×6배판
면수 : 1,024면(上)
정가 : 40,000원
면수 : 1,136면(下)
정가 : 40,000원

: 고득점을 위한 기출문제 완전 분석 공종별 기출문제

다음과 같은 점에 중점을 두었다.
1. 기출문제의 공종별 정리
2. 문제의 핵심 요구사항을 정확히 파악
3. 기출문제를 중심으로 각 공종의 흐름파악에 중점
4. 각 공종별로 요약, 정리
5. 최단 시간에 정리가 가능하도록 요점정리

회수별 · 모범답안

(최근 5회 : 87회~91회)

저자 : 金宇植
판형 : 4×6변형판
면수 : 474면
정가 : 28,000원

: 최단기간 합격을 위한 회수별 모범답안

다음과 같은 점에 중점을 두었다.
1. 회수별 기출문제를 모범답안으로 작성
2. 모범답안으로 기출문제 유형, 문제경향을 요약, 분석정리
3. 차별화된 답안지로 모범답안 작성
4. 합격을 위한모범답안 풀이
5. 기출된 문제를 회수별 모범답안으로 편의제공

건설시공 실무사례

저자 : 金宇植
판형 : 4×6배판
면수 : 208면
정가 : 22,000원

: 현장 시공경험에 의한 건설시공 실무사례

다음과 같은 점에 중점을 두었다.
1. 현장실무에서 시공중인 공법을 사진과 설명으로 구성
2. 시공순서에 따른 설명으로 쉽게 이해할 수 있다.
3. 시공실무경험이 부족한 분들을 위한 현장 사례로 구성
4. 건설현장의 흐름에 대한 이해를 높여준다.

면접분석

저자 : 金宇植
판형 : 4×6배판
면수 : 1,134면
정가 : 50,000원

: 2차(면접)합격을 위한 필독서 공종별 면접분석

다음과 같은 점에 중점을 두었다.
1. 면접 기출문제 내용을 공종별로 분석
2. 면접관이 질문하는 공종에 대한 대비책으로 정리
3. 각 공종 면접내용으로 요점정리

저자약력
著者略歷

김우식
金宇植

- 한양대학교 공과대학 졸업
- 공학박사
- 한양대학교 공과대학 대학원 겸임교수
- 한국기술사회 감사
- 한국기술사회 건축분회 분회장
- 한국건축시공기술사협회 회장
- 국민안전처 안전위원
- 제2롯데월드 아쿠아리움 정부합동안전점검단
- 기술고등고시합격
- 국가직 건축기좌(시설과장)
- 국가공무원 7급, 9급 시험출제위원
- 국토교통부 주택관리사보 시험출제위원
- 한국산업인력공단 검정사고예방협의회 위원
- 브니엘고, 브니엘여고, 브니엘예술중·고등학교 이사장
- 건축시공기술사 / 건축구조기술사 / 건안전기술사
- 토목시공기술사 / 토질기초기술사 / 품질시험기술사 / 국제기술사

길잡이 ——————————————

建築施工技術士

발행일 / 2007. 5. 30   초판발행
          2008. 3. 10   개정1판1쇄
          2009. 3. 30   개정2판1쇄
          2010. 6. 1   개정3판1쇄
          2012. 3. 20   개정4판1쇄
          2014. 3. 10   개정5판1쇄
          2016. 2. 20   개정6판1쇄
          2017. 5. 20   개정7판1쇄
          2018. 5. 20   개정8판1쇄
          2019. 4. 10   개정8판2쇄
          2020. 7. 20   개정9판1쇄
          2021. 6. 20   개정10판1쇄
          2022. 8. 20   개정10판2쇄
          2024. 2. 20   개정11판1쇄

저 자 / 김 우 식
발행인 / 정 용 수

발행처 /  예문사

주 소 / 경기도 파주시 직지길 460(출판도시) 도서출판 예문사
T E L / (031) 955-0550
F A X / (031) 955-0660

등록번호 / 11-76호

정가 : 95,000원

ISBN 978-89-274-5372-7   13540

본 서적에 대한 의문사항이나 난해한 부분에 대해 아래와 같이 저자가 직접
성심성의껏 답변해 드립니다.
• 서울지역 ➡ 매주   토요일 오후 4:00~5:00
                  전화 : (02)749-0010 (종로기술사학원)
                  팩스 : (02)749-0076
• 부산지역 ➡ 매주   수요일 오후 6:00~7:00
                  전화 : (051)644-0010(부산건축·토목학원)
                  팩스 : (051)643-1074
• 대전지역 ➡ 매주   토요일 오후 5:00~6:00
                  전화 : (042)254-2535(현대건축·토목학원)
                  팩스 : (042)252-2249

특히, 팩스로 문의하시는 경우에는 독자의 성명, 전화번호 및 팩스번호를
꼭 기록해 주시기 바랍니다.
• 홈페이지 http://www.jr3.co.kr
• 동 영 상 http://www.jr3.co.kr(종로기술사학원 동영상 센터)
• 카   페 http://cafe.naver.com/archpass
         (카페명 : 김우식 건축시공기술사 공부방)
• E - mail : acpass@hanmail.net

建筑施工技术士

ISBN 978-89-274-5372-7　13540